# 찐합격

당신도 이번에 반드시 합격합니다!

# 30년 과년도 소방시설관리사 1차

## 30년 과년도 출제문제

우석대학교 소방방재학과 교수 공하성

## ■ 도서 A/S 안내

성안당에서 발행하는 모든 도서는 저자와 출판사, 그리고 독자가 함께 만들어 나갑니다.

좋은 책을 펴내기 위해 많은 노력을 기울이고 있습니다. 혹시라도 내용상의 오류나 오탈자 등이 발견되면 "좋은 책은 나라의 보배"로서 우리 모두가 함께 만들어 간다는 마음으로 연락주시기 바랍니다. 수정 보완하여 더 나은 책이 되도록 최선을 다하겠습니다.

성안당은 늘 독자 여러분들의 소중한 의견을 기다리고 있습니다. 좋은 의견을 보내주시는 분께는 성안당 쇼핑몰의 포인트(3,000포인트)를 적립해 드립니다.

잘못 만들어진 책이나 부록 등이 파손된 경우에는 교환해 드립니다.

저자 문의 : Ch http://pf.kakao.com/_iCdixj
Daum cafe.daum.net/firepass
NAVER cafe.naver.com/fireleader

본서 기획자 e-mail : coh@cyber.co.kr(최옥현)

홈페이지 : http://www.cyber.co.kr 전화 : 031) 950-6300

# 머리말

*Believe in the Lord Jesus, and you will be saved.*

산업의 급격한 발전과 함께 건축물이 대형화·고층화되고, 각종 석유화학제품들의 범람으로 날로 대형화되어 가고 있는 각종 화재는 막대한 재산과 생명을 빼앗아 가고 있습니다. 이를 사전에 예방하고 초기에 진압하기 위해서는 소방에 관한 체계적이고 전문적인 지식을 습득한 Engineer와 자동화·과학화된 System에 의해서만 가능할 것입니다.

이에 전문 Engineer가 되기 위하여 소방시설관리사 및 각종 소방분야 시험에 응시하고자 하는 많은 수험생들과 소방공무원·현장 실무자들을 위해 본서를 집필하게 되었습니다. 저자가 공부할 때 사용했던 초스피드 기억법을 그대로 수록하여 본문을 최대한 간략화하였고, 소방시설관리사의 출제경향을 완전분석하여 출제가능한 문제들만 최대한 많이 수록하였습니다.

저자는 본 초스피드 기억법을 정리해 가면서 하루에 5시간씩 30일 동안 공부했던 기억이 납니다. 여러분도 이 책을 활용한다면 30일만에 충분히 가능하다고 생각됩니다.

참고로 해답의 근거를 다음과 같이 약자로 표기하여 신뢰성을 높였습니다.

- **기본법** : 소방기본법
- **기본령** : 소방기본법 시행령
- **기본규칙** : 소방기본법 시행규칙
- **소방시설법** : 소방시설 설치 및 관리에 관한 법률
- **소방시설법 시행령** : 소방시설 설치 및 관리에 관한 법률 시행령
- **소방시설법 시행규칙** : 소방시설 설치 및 관리에 관한 법률 시행규칙
- **화재예방법** : 화재의 예방 및 안전관리에 관한 법률
- **화재예방법 시행령** : 화재의 예방 및 안전관리에 관한 법률 시행령
- **화재예방법 시행규칙** : 화재의 예방 및 안전관리에 관한 법률 시행규칙
- **공사업법** : 소방시설공사업법
- **공사업령** : 소방시설공사업법 시행령
- **공사업규칙** : 소방시설공사업법 시행규칙
- **위험물법** : 위험물안전관리법
- **위험물령** : 위험물안전관리법 시행령
- **위험물규칙** : 위험물안전관리법 시행규칙
- **건축령** : 건축법 시행령
- **위험물기준** : 위험물안전관리에 관한 세부기준
- **건축물방화구조규칙** : 건축물의 피난·방화구조 등의 기준에 관한 규칙
- **건축물설비기준규칙** : 건축물의 설비기준 등에 관한 규칙
- **다중이용업소법** : 다중이용업소의 안전관리에 관한 특별법
- **다중이용업소법 시행령** : 다중이용업소의 안전관리에 관한 특별법 시행령
- **다중이용업소법 시행규칙** : 다중이용업소의 안전관리에 관한 특별법 시행규칙
- **초고층재난관리법** : 초고층 및 지하연계 복합건축물 재난관리에 관한 특별법
- **초고층재난관리법 시행령** : 초고층 및 지하연계 복합건축물 재난관리에 관한 특별법 시행령
- **초고층재난관리법 시행규칙** : 초고층 및 지하연계 복합건축물 재난관리에 관한 특별법 시행규칙
- **화재안전성능기준** : NFPC
- **화재안전기술기준** : NFTC

이 책에는 잘못된 부분이 있을 수 있으며, 잘못된 부분에 대해서는 발견 즉시 성안당(www.cyber.co.kr) 또는 예스미디어(www.ymg.kr)에 올리도록 하겠으며, 새로운 책이 나올 때마다 늘 수정·보완하도록 하겠습니다.

이 책의 집필에 도움을 준 이종화 교수님·김혜원님에게 감사드리며, 끝으로 이 책에 대한 모든 영광을 그분께 돌려 드립니다.

공하성 올림

# 이 책의 공부방법

소방시설관리사의 가장 효율적인 공부방법을 소개합니다. 본 책으로 이대로만 공부하면 반드시 한 번에 합격할 수 있을 것입니다.

**첫째, 본 책의 출제문제 수를 파악하고, 시험 때까지 5번 정도 반복하여 공부할 수 있도록 1일 공부 분량을 정한다.**
(이때 너무 무리하지 않도록 1주일에 하루 정도는 쉬는 것으로 하여 계획을 짜는 것이 좋다.)

**둘째, 책을 부담 없이 1번 정도 읽은 후, 처음부터 차근차근 문제를 풀어나간다.**
(해설을 보며 암기할 사항이 있으면 여백에 기록한다.)

**셋째, 책을 3번 정도 반복한 후에는 모의고사 보듯이 최근 기출문제를 풀어 본다.**
(평균 70점이 넘으면 자신감을 가지고 공부하며 그 이하의 경우는 좀 더 분발하여 더 열심히 공부하라.)

**넷째, 시험 전날에는 책 전체를 한 번 쭉 훑어보며 문제와 답만 체크(check)하며 보도록 한다.**
(가능한 한 시험 전날에는 책 전체 내용을 밤을 새우더라도 꼭 점검하기를 바란다. 시험 전날 본 문제가 의외로 많이 출제된다.)

**다섯째, 시험장에 갈 때에도 책을 반드시 지참한다.**
(가능한 한 대중교통을 이용하여 시험장으로 향하며 가는 동안에도 책을 계속 본다.)

**여섯째, 시험장에 도착해서는 책을 다시 한번 훑어본다.**
(마지막 5분까지 최선을 다하면 반드시 한 번에 합격할 수 있습니다.)

# 출제경향분석

## 제 1 편 소방안전관리론 및 화재역학

1. 연소 및 소화 20%(5문제)
2. 화재예방관리 20%(5문제)
3. 건축물 소방안전기준 20%(5문제)
4. 인원수용 및 피난계획 16%(4문제)
5. 화재역학 24%(6문제)

## 제 2 편 소방관련법령

1. 소방기본법령 20%(5문제)
2. ┌소방시설 설치 및 관리에 관한 법령<br>└화재의 예방 및 안전관리에 관한 법령 20%(5문제)
3. 소방시설공사업법령 20%(5문제)
4. 위험물안전관리법령 20%(5문제)
5. 다중이용업소의 안전관리에 관한 특별법령 20%(5문제)

## 제 3 편 소방수리학 · 약제화학 및 소방전기

1. 소방수리학 28%(7문제)
2. 약제화학 28%(7문제)
3. 소방전기 28%(7문제)
4. 소방관련 전기공사재료 및 전기제어 16%(4문제)

## 제 4 편 소방시설의 구조 원리

1. 소방기계시설의 구조 원리 60%(15문제)
2. 소방전기시설의 구조 원리 40%(10문제)

## 제 5 편 위험물의 성질 · 상태 및 시설기준

1. 위험물의 성질 · 상태 40%(10문제)
2. 위험물의 시설기준 60%(15문제)

## 1 시행지역

(1) **시행지역** : 서울, 부산, 대구, 인천, 광주, 대전 6개 지역

(2) 시험지역 및 시험장소는 인터넷 원서접수시 수험자가 직접 선택

## 2 시험과목 및 시험방법

(1) **시험과목** : 「소방시설 설치 및 관리에 관한 법률 시행령」 부칙 제6조

| 구 분 | 시험과목 |
|---|---|
| 제1차 시험 | • 소방안전관리론(연소 및 소화, 화재예방관리, 건축물소방안전기준, 인원수용 및 피난계획에 관한 부분으로 한정) 및 화재역학(화재의 성질·상태, 화재하중, 열전달, 화염확산, 연소속도, 구획화재, 연소생성물 및 연기의 생성·이동에 관한 부분으로 한정)<br>• 소방수리학·약제화학 및 소방전기(소방관련 전기공사재료 및 전기제어에 관한 부분으로 한정)<br>• 소방관련 법령(「소방기본법」, 「소방기본법 시행령」, 「소방기본법 시행규칙」, 「소방시설공사업법」, 「소방시설공사업법 시행령」, 「소방시설공사업법 시행규칙」, 「소방시설 설치 및 관리에 관한 법률」, 「소방시설 설치 및 관리에 관한 법률 시행령」, 「소방시설 설치 및 관리에 관한 법률 시행규칙」, 「화재의 예방 및 안전관리에 관한 법률」, 「화재의 예방 및 안전관리에 관한 법률 시행령」, 「화재의 예방 및 안전관리에 관한 법률 시행규칙」, 「위험물안전관리법」, 「위험물안전관리법 시행령」, 「위험물안전관리법 시행규칙」, 「다중이용업소의 안전관리에 관한 특별법」, 「다중이용업소의 안전관리에 관한 특별법 시행령」, 「다중이용업소의 안전관리에 관한 특별법 시행규칙」)<br>• 위험물의 성질·상태 및 시설기준<br>• 소방시설의 구조원리(고장진단 및 정비를 포함) |
| 제2차 시험 | • 소방시설의 점검실무행정(점검절차 및 점검기구 사용법 포함)<br>• 소방시설의 설계 및 시공 |

※ 시험과 관련하여 법률 등을 적용하여 정답을 구해야 하는 문제는 **시험시행일 현재 시행 중인 법률** 등을 적용하여 그 정답을 구해야 함

(2) **시험방법** : 「소방시설 설치 및 관리에 관한 법률 시행령」 제38조

① **제1차 시험** : 객관식 4지 선택형

② **제2차 시험** : 논문형을 원칙으로 하되, 기입형 포함 가능

※ 1차 시험 문제지 및 가답안은 모두 공개, 2차 시험은 문제지만 공개하고 답안 및 채점기준은 비공개

시험안내

## 3 시험시간 및 시험방법

| 구 분 | 시험과목 | | 시험시간 | 문항수 | 시험방법 |
|---|---|---|---|---|---|
| 제1차 시험 | 5개 과목 | | 09:30~11:35(125분)<br>(09:00까지 입실) | 과목별<br>25문항<br>(총 125문항) | 4지<br>택일형 |
| | 4개 과목(일부 면제자) | | 09:30~11:10(100분)<br>(09:00까지 입실) | | |
| 제2차 시험 | 1교시 | 소방시설의<br>점검실무행정 | 09:30~11:00(90분)<br>(09:00까지 입실) | 과목별<br>3문항<br>(총 6문항) | 논문형 원칙<br>(기입형<br>포함 가능) |
| | 2교시 | 소방시설의<br>설계 및 시공 | 11:50~13:20(90분)<br>(11:20까지 입실) | | |

※ 1·2차 시험 분리시행

## 4 응시자격 및 결격사유

(1) **응시자격** : 「소방시설 설치 및 관리에 관한 법률 시행령」 부칙 제6조

① **소방기술사**·위험물기능장·건축사·건축기계설비기술사·건축전기설비기술사 또는 공조냉동기계기술사

② **소방설비기사** 자격을 취득한 후 **2년** 이상 소방청장이 정하여 고시하는 소방에 관한 실무경력(이하 "**소방실무경력**"이라 함)이 있는 사람

③ **소방설비산업기사** 자격을 취득한 후 **3년** 이상 소방실무경력이 있는 사람

④ 「국가과학기술 경쟁력 강화를 위한 이공계지원 특별법」 제2조 제1호에 따른 이공계(이하 "**이공계**"라 함) 분야를 전공한 사람으로서 다음의 어느 하나에 해당하는 사람

㉠ 이공계 분야의 박사학위를 취득한 사람

㉡ 이공계 분야의 석사학위를 취득한 후 2년 이상 소방실무경력이 있는 사람

㉢ 이공계 분야의 학사학위를 취득한 후 3년 이상 소방실무경력이 있는 사람

⑤ 소방안전공학(소방방재공학, 안전공학을 포함) 분야를 전공한 후 다음의 어느 하나에 해당하는 사람

㉠ 해당 분야의 석사학위 이상을 취득한 사람

㉡ 2년 이상 소방실무경력이 있는 사람

⑥ **위험물산업기사** 또는 **위험물기능사** 자격을 취득한 후 **3년** 이상 소방실무경력이 있는 사람

⑦ **소방공무원**으로 **5년** 이상 근무한 경력이 있는 사람

⑧ 소방안전관련학과의 학사학위를 취득한 후 3년 이상 소방실무경력이 있는 사람

⑨ **산업안전기사** 자격을 취득한 후 **3년** 이상 소방실무경력이 있는 사람

⑩ 다음의 어느 하나에 해당하는 사람

㉠ 특급 소방안전관리대상물의 소방안전관리자로 2년 이상 근무한 실무경력이 있는 사람

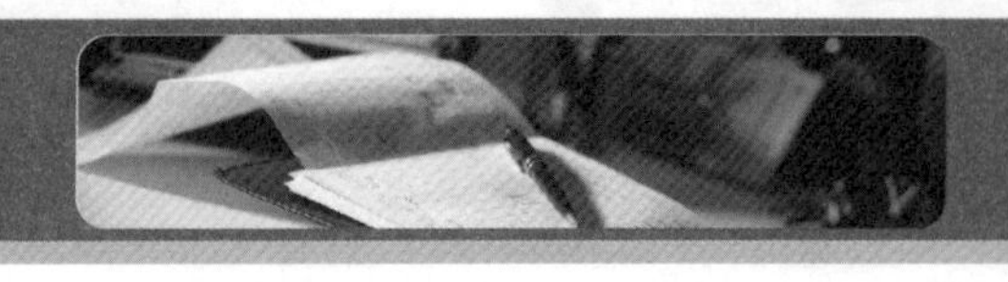

ⓛ 1급 소방안전관리대상물의 소방안전관리자로 3년 이상 근무한 실무경력이 있는 사람
ⓒ 2급 소방안전관리대상물의 소방안전관리자로 5년 이상 근무한 실무경력이 있는 사람
ⓔ 3급 소방안전관리대상물의 소방안전관리자로 7년 이상 근무한 실무경력이 있는 사람
ⓜ 10년 이상 소방실무경력이 있는 사람
※ ㉠~㉣은 선임경력만 인정 / ㉤은 선임, 보조선임 둘 다 인정

**응시자격 관련 참고사항**

- **대학졸업자란?**
  고등교육법 제2조 제1호부터 제6호의 학교[대학, 산업대학, 교육대학, 전문대학, 원격대학(방송대학, 통신대학, 방송통신대학 및 사이버대학), 기술대학] 학위 및 평생교육법 제4조 제4항 및 「학점인정 등에 관한 법률」 제7조와 제9조 등에 의거한 학위 인정
- 석사학위 이상의 소방안전공학분야는 방재공학과, 방재안전관리학과, 그린빌딩시스템학과, 소방도시방재학과 등이 있으며, 대학원에서 관련학과의 교과목 내용에 "소방시설의 점검·관리에 관한 사항"이 있을 경우 이를 입증할 수 있는 증명서류를 제출하면 응시자격을 부여함
- 소방관련학과 및 소방안전관련학과의 인정범위, 소방실무경력의 인정범위 및 경력기간 산정방법은 소방시설관리사 홈페이지 참조
  ※ 응시자격 경력산정 서류심사 기준일은 제1차 시험일

※ **시험에서 부정한 행위를 한 응시자에 대하여는** 그 시험을 정지 또는 무효로 하고, 그 처분이 있은 날부터 **2년간 시험 응시자격을 정지**(법 제26조)

**(2) 결격사유** : 「소방시설 설치 및 관리에 관한 법률」 제27조
다음의 어느 하나에 해당하는 사람
① 피성년후견인
② 「소방시설 설치 및 관리에 관한 법률」, 「소방기본법」, 「화재의 예방 및 안전관리에 관한 법률」, 「소방시설공사업법」 또는 「위험물안전관리법」을 위반하여 금고 이상의 실형을 선고받고 그 집행이 끝나거나(**집행이 끝난 것으로 보는 경우를 포함**) 집행이 면제된 날부터 2년이 지나지 아니한 사람
③ 「소방시설 설치 및 관리에 관한 법률」, 「소방기본법」, 「화재의 예방 및 안전관리에 관한 법률」, 「소방시설공사업법」 또는 「위험물안전관리법」을 위반하여 금고 이상의 형의 집행유예를 선고받고 그 유예기간 중에 있는 사람
④ 「소방시설 설치 및 관리에 관한 법률」 제28조에 따라 자격이 취소(제27조 제1호에 해당하여 자격이 취소된 경우는 제외)된 날부터 2년이 지나지 아니한 사람
※ 최종합격자 발표일을 기준으로 결격사유에 해당하는 사람은 소방시설관리사 시험에 응시할 수 없음(법 제25조 제3항)

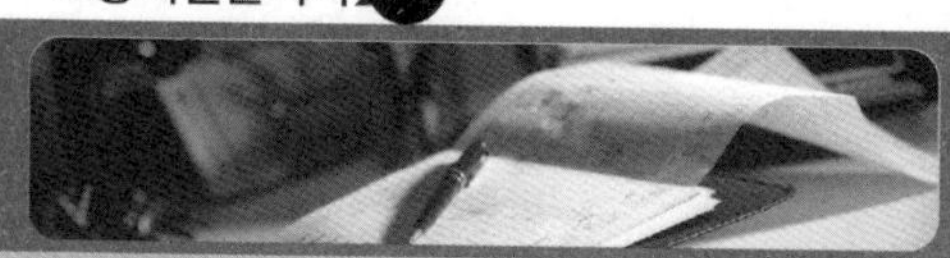

## 5 합격자 결정

(1) **제1차 시험** : 과목당 100점을 만점으로 하여 **모든 과목의 점수가 40점** 이상, **전 과목 평균 60점** 이상 득점한 자

(2) **제2차 시험** : 과목당 100점을 만점으로 하되, 시험위원의 채점점수 중 최고점수와 최저점수를 제외한 점수가 **모든 과목에서 40점** 이상, **전 과목 평균 60점** 이상을 득점한 자

## 6 시험의 일부(과목) 면제 사항

「소방시설 설치 및 관리에 관한 법률 시행령」 제38조 및 부칙 제6조

### (1) 제1차 시험의 면제

① 제1차 시험에 합격한 자에 대하여는 다음 회의 시험에 한하여 제1차 시험을 면제한다. 단, 면제받으려는 시험의 응시자격을 갖춘 경우로 한정함

※ 전년도 1차 시험에 합격한 자에 한하여 1차 시험 면제

② 별도 제출서류 없음(원서접수시 자격정보시스템에서 자동 확인)

### (2) 제1차 시험과목의 일부 면제

| 면제대상 | 면제과목 |
|---|---|
| 소방기술사 자격을 취득한 후 15년 이상 소방실무경력이 있는 자 | 소방수리학・약제화학 및 소방전기(소방관련 전기공사재료 및 전기제어에 관한 부분에 한정) |
| 소방공무원으로 15년 이상 근무한 경력이 있는 사람으로서 5년 이상 소방청장이 정하여 고시하는 소방관련 업무 경력이 있는 자 | 다음의 소방관련법령<br>• 「소방기본법」, 같은 법 시행령 및 같은 법 시행규칙<br>• 「소방시설공사업법」, 같은 법 시행령 및 같은 법 시행규칙<br>• 「소방시설 설치 및 관리에 관한 법률」, 같은 법 시행령 및 같은 법 시행규칙<br>• 「화재의 예방 및 안전관리에 관한 법률」, 같은 법 시행령 및 같은 법 시행규칙<br>• 「위험물안전관리법」, 같은 법 시행령 및 같은 법 시행규칙<br>• 「다중이용업소의 안전관리에 관한 특별법」, 같은 법 시행령 및 같은 법 시행규칙 |

※ 면제 대상을 모두 충족하는 사람은 본인이 선택한 한 과목만 면제받을 수 있음

### (3) 제2차 시험과목의 일부 면제

| 면제대상 | 면제과목 |
|---|---|
| 소방기술사・위험물기능장・건축사・건축기계설비기술사・건축전기설비기술사・공조냉동기계기술사 | **소방시설의 설계 및 시공** |
| 소방공무원으로 5년 이상 근무한 경력이 있는 사람 | **소방시설의 점검실무행정**<br>(점검절차 및 점검기구 사용법 포함) |

※ 면제 대상을 모두 충족하는 사람은 본인이 선택한 한 과목만 면제받을 수 있음

**(4) 일부과목 면제서류 제출**

대상별 제출서류

| 면제대상 | 제출서류 |
|---|---|
| 소방기술사 자격을 취득한 후 15년 이상 소방실무경력이 있는 사람 | • 서류심사신청서(공단 소정양식) 1부<br>• 경력(재직)증명서 1부<br>• 4대 보험 가입증명서 중 선택하여 1부<br>※ 개인정보 제공 동의서상 행정정보공동이용 조회에 동의시, 제출 불필요<br>• 소방실무경력관련 입증서류 |
| 소방공무원으로 15년 이상 근무한 경력이 있는 사람으로서 5년 이상 소방청장이 정하여 고시하는 **소방관련 업무 경력**이 있는 사람 | • 서류심사신청서(공단 소정양식) 1부<br>• 소방공무원 재직(경력)증명서 1부<br>• 5년 이상 **소방업무가 명기**된 경력(재직)증명서 1부 |
| 소방기술사 · 위험물기능장 · 건축사 · 건축기계설비기술사 · 건축전기설비기술사 또는 공조냉동기계기술사 | • 서류심사신청서(공단 소정양식) 1부<br>• 건축사 자격증 사본(원본지참 제시) 1부<br>※ 국가기술자격취득자는 자동조회(제출 불필요) |
| 소방공무원으로 5년 이상 근무한 사람 | • 서류심사신청서(공단 소정양식) 1부<br>• 재직증명서 또는 경력증명서 원본 1부 |

※ 1차 시험 합격 예정자 대상 응시자격 서류심사와 별도

## 7 응시원서 접수

**(1) 접수방법**

① 큐넷 소방시설관리사 자격시험 홈페이지(http://www.Q-Net.or.kr)를 통한 인터넷 접수만 가능

※ 인터넷 활용 불가능자의 내방접수(공단지부 · 지사)를 위해 원서접수 도우미 지원

※ 단체접수는 불가함

② 인터넷 원서접수시 최근 6개월 이내에 촬영한 탈모 상반신 여권용 사진을 파일(JPG, JPEG 파일, 사이즈 : 150×200 이상, 300DPI 권장, 200KB 이하)로 첨부하여 인터넷 회원가입 후 접수(기존 큐넷 회원의 경우 마이페이지에서 사진 수정 등록)

③ 원서접수 마감시각까지 수수료를 결제하고, 수험표를 출력하여야 접수 완료

**(2) 수험표 교부**

① 수험표는 인터넷 원서접수가 정상적으로 처리되면 출력 가능

② 수험표 분실시 시험 당일 아침까지 인터넷으로 재출력 가능

③ 수험표에는 시험일시, 입실시간, 시험장 위치(교통편), 수험자 유의사항 등이 기재되어 있음

※ 「SMART Q-Finder」 도입으로 시험 전일 18:00부터 시험실 확인 가능

(3) **원서접수 완료(결제완료) 후 접수내용 변경방법** : 원서접수기간 내에는 취소 후 재접수가 가능하나, 원서접수기간 종료 후에는 접수내용 변경 및 재접수 불가

(4) **시험 일부(과목) 면제자 원서접수방법**

① **일반응시자 및 제1차 시험 면제자**(전년도 제1차 시험 합격자)는 별도의 제출서류 없이 **큐넷 홈페이지에서 바로 원서접수 가능**

② 제1차 시험 및 제2차 시험 일부과목 면제에 해당하는 **소방기술사 자격취득 후 소방실무경력자, 건축사 자격취득자, 소방공무원**은 면제근거서류를 시행기관(서울・부산・대구・광주・대전지역본부, 인천지사)에 제출하여 **심사 및 승인을 받은 후 원서접수 가능**

## 8 수험자 유의사항

(1) **제1・2차 시험 공통 수험자 유의사항**

① 수험원서 또는 제출서류 등의 허위작성・위조・기재오기・누락 및 연락불능의 경우에 발생하는 불이익은 전적으로 수험자 책임임

※ Q-Net의 회원정보에 반드시 연락 가능한 전화번호로 수정

※ 알림서비스 수신동의시에 시험실 사전 안내 및 합격축하 메시지 발송

② 수험자는 시험시행 전까지 시험장 위치 및 교통편을 확인하여야 하며(**단, 시험실 출입은 할 수 없음**), 시험 당일 교시별 입실시간까지 신분증, 수험표, 필기구를 지참하고 해당 시험실의 지정된 좌석에 착석하여야 함

※ 매 교시 **시험 시작 이후 입실 불가**

※ 수험자 입실 완료 시각 20분 전 교실별 좌석 배치도 부착

※ 신분증 인정범위는 관련 규정에 따라 변경될 수 있으므로 자세한 사항은 큐넷 소방시설관리사 홈페이지 공지사항 참조

※ **신분증(증명서)에는 사진, 성명, 주민번호(생년월일), 발급기관이 반드시 포함(없는 경우 불인정)**

※ **원본이 아닌 화면 캡쳐본, 녹화・촬영본, 복사본 등은 신분증으로 불인정**

※ **신분증 미지참자는 응시 불가**

③ 본인이 원서접수시 선택한 시험장이 아닌 다른 시험장이나 지정된 시험실 좌석 이외에는 응시할 수 없음

④ 시험시간 중에는 화장실 출입이 불가하고 종료시까지 퇴실할 수 없음

※ '시험 포기 각서' 제출 후 퇴실한 수험자는 다음 교(차)시 재입실・응시 불가 및 당해 시험 무효 처리

※ 단, 설사/배탈 등 긴급사항 발생으로 중도 퇴실시, 해당 교시 재입실이 불가하고, 시험시간 종료 전까지 시험본부에 대기

⑤ 결시 또는 기권, 답안카드(답안지) 제출 불응한 수험자는 해당 교시 이후 시험에 응시할 수 없음

⑥ 시험 종료 후 감독위원의 답안카드(답안지) 제출지시에 불응한 채 계속 답안카드(답안지)를 작성하는 경우 당해 시험은 **무효 처리**하고 부정행위자로 처리될 수 있으니 유의하시기 바람

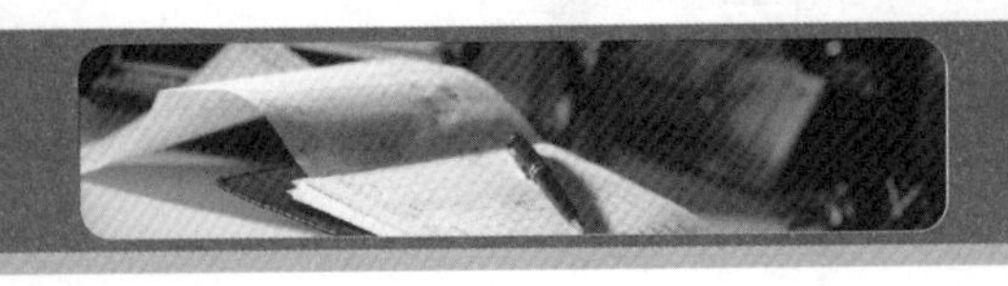

⑦ 수험자는 감독위원의 지시에 따라야 하며, 부정한 행위를 한 수험자에게는 **당해 시험을 무효**로 하고, 그 처분일로부터 **2년간 시험에 응시할 수 없음**(소방시설 설치 및 관리에 관한 법률 제26조)

⑧ 시험실에는 벽시계가 구비되지 않을 수 있으므로 **손목시계를 준비**하여 시간관리를 하시기 바라며, **스마트워치** 등 전자・통신기기는 시계대용으로 사용할 수 없음

※ 시험시간은 타종에 의하여 관리되며, 교실에 비치되어 있는 시계 및 감독위원의 시간안내는 단순 참고사항이며 시간관리의 책임은 수험자에게 있음

※ 손목시계는 시각만 확인할 수 있는 단순한 것을 사용하여야 하며, 스마트워치 등 부정행위에 활용될 수 있는 일체의 시계 착용을 금함

⑨ 전자계산기는 필요시 1개만 사용할 수 있고 공학용 및 재무용 등 데이터 저장기능이 있는 전자계산기는 **수험자 본인**이 반드시 메모리(SD카드 포함)를 제거, 삭제(리셋, 초기화)하고 시험위원이 초기화 여부를 확인할 경우에는 협조하여야 함. 메모리(SD카드 포함) 내용이 제거되지 않은 계산기는 사용 불가하며 사용시 부정행위로 처리될 수 있음

※ 단, 메모리(SD카드 포함) 내용이 제거되지 않은 계산기는 사용 불가

※ **시험일 이전에 리셋 점검하여 계산기 작동 여부 등 사전확인 및 재설정(초기화 이후 세팅) 방법 숙지**

⑩ 시험시간 중에는 **통신기기 및 전자기기**[휴대용 전화기, 휴대용 개인정보 단말기(PDA), 휴대용 멀티미디어 재생장치(PMP), 휴대용 컴퓨터, 휴대용 카세트, 디지털 카메라, 음성 파일 변환기(MP3), 휴대용 게임기, 전자사전, 카메라펜, 시각표시 외의 기능이 부착된 시계, 스마트워치 등]를 일체 휴대할 수 없으며, **금속(전파)탐지기** 수색을 통해 시험 도중 관련 **장비를 소지・착용하다가 적발될 경우 실제 사용 여부와 관계없이 당해 시험을 정지(퇴실) 및 무효(0점) 처리하며 부정행위자로 처리될 수 있음을 유의하기 바람**

※ 전자・통신기기(전자계산기 등 소지를 허용한 물품 제외)의 시험장 반입 원칙적 금지

※ 휴대폰은 전원 OFF하여 시험위원 지시에 따라 보관

⑪ 시험 당일 시험장 내에는 주차공간이 없거나 협소하므로 대중교통을 이용하여 주시고, 교통 혼잡이 예상되므로 미리 입실할 수 있도록 하시기 바람

⑫ 시험장은 전체가 금연구역이므로 흡연을 금지하며, 쓰레기를 함부로 버리거나 시설물이 훼손되지 않도록 주의 바람

⑬ 가답안 발표 후 의견제시 사항은 반드시 정해진 기간 내에 제출하여야 함

⑭ 접수 취소시 시험응시 수수료 환불은 정해진 규정 이외에는 환불받을 수 없음을 유의하시기 바람

⑮ 기타 시험 일정, 운영 등에 관한 사항은 큐넷 소방시설관리사 홈페이지의 시행공고를 확인하시기 바라며, 미확인으로 인한 불이익은 수험자의 귀책임

⑯ 응시편의 제공을 요청하고자 하는 수험자는 소방시설관리사 국가자격시험 시행계획 공고문의 "장애인 등 유형별 편의 제공사항"을 확인하여 주기 바람

※ 편의 제공을 요구하지 않거나 해당 증빙서류를 제출하지 않은 응시편의 제공 대상 수험자는 일반수험자와 동일한 조건으로 응시하여야 함(응시편의 제공 불가)

(2) 제1차 시험 수험자 유의사항

① 답안카드에 기재된 '**수험자 유의사항 및 답안카드 작성시 유의사항**'을 준수하시기 바람

② 수험자 교육시간에 감독위원 안내 또는 방송(유의사항)에 따라 답안카드에 수험번호를 기재 마킹하고, 배부된 시험지의 인쇄상태를 확인하여야 함

③ 답안카드는 국가전문자격 공통 표준형으로 문제번호가 1번부터 125번까지 인쇄되어 있고, 답안 마킹시에는 반드시 시험문제지의 문제번호와 **동일한 번호에 마킹**하여야 함

※ 답안카드 견본을 큐넷 소방시설관리사 홈페이지 공지사항에 공개

④ 답안카드 기재 · 마킹시에는 **반드시 검은색 사인펜을 사용**하여야 함

※ **지워지는 펜 사용 불가**

⑤ 채점은 전산 자동 판독 결과에 따르므로 유의사항을 지키지 않거나(검은색 사인펜 미사용) 수험자의 부주의(답안카드 기재 · 마킹착오, 불완전한 마킹 · 수정, 예비마킹 등)로 판독불능, 중복판독 등 불이익이 발생할 경우 **수험자 책임**으로 이의제기를 하더라도 받아들여지지 않음

※ 답안을 잘못 작성했을 경우, 답안카드 교체 및 수정테이프 사용 가능(단, 답안 이외 수험번호 등 인적사항은 수정 불가)하며 재작성에 따른 시험시간은 별도로 부여하지 않음

※ 수정테이프 이외 수정액 및 스티커 등은 사용 불가

(3) 제2차 시험 수험자 유의사항

① 국가전문자격 주관식 답안지 표지에 기재된 '**답안지 작성시 유의사항**'을 준수하시기 바람

② 수험자 인적사항 · 답안지 등 작성은 반드시 **검은색 필기구만 사용**하여야 함(그 외 연필류, 유색 필기구, 2가지 이상 혼합사용 등으로 작성한 답항 등으로 작성한 **답항은 채점하지 않으며 0점 처리**)

※ 필기구는 본인 지참으로 별도 지급하지 않음

※ **지워지는 펜 사용 불가**

③ **답안지의 인적사항 기재란 외의 부분에 특정인임을 암시하거나** 답안과 관련 없는 특수한 표시를 하는 경우, **답안지 전체를 채점하지 않으며 0점 처리**함

④ 답안 정정시에는 반드시 정정 부분을 두 줄(=)로 긋고 다시 기재하거나 수정테이프를 사용하여 수정하며, 수정액 등을 사용했을 경우 채점상의 불이익을 받을 수 있으므로 사용하지 마시기 바람

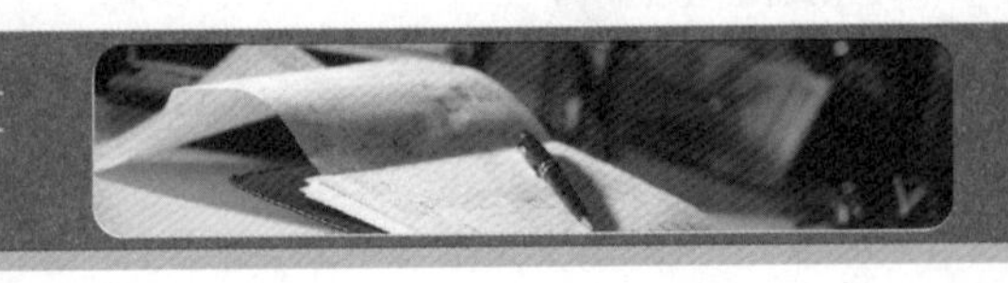

## 9 시행기관

| 기관명 | 담당부서 | 주 소 | 우편번호 | 연락처 |
|---|---|---|---|---|
| 서울지역본부 | 전문자격시험부 | 서울 동대문구 장안벚꽃로 279 | 02512 | 02-2137-0553 |
| 부산지역본부 | 필기시험부 | 부산 북구 금곡대로 441번길26 | 46519 | 051-330-1801 |
| 대구지역본부 | 필기시험부 | 대구 달서구 성서공단로 213 | 42704 | 053-580-2375 |
| 광주지역본부 | 필기시험부 | 광주 북구 첨단벤처로 82 | 61008 | 062-970-1767 |
| 대전지역본부 | 필기시험부 | 대전 중구 서문로 25번길1 | 35000 | 042-580-9140 |
| 인천지사 | 필기시험부 | 인천 남동구 남동서로 209 | 21634 | 032-820-8694 |

## 10 합격예정자 발표 및 응시자격 서류 제출

### (1) 합격(예정)자 발표

| 구 분 | 발표내용 | 발표방법 |
|---|---|---|
| 제1차 시험 | • 개인별 합격 여부<br>• 과목별 득점 및 총점 | • 소방시설관리사 홈페이지[**60일간**]<br>• ARS(유료)(1666-0100)[**4일간**] |
| 제2차 시험 | | |

※ 제1차 시험 합격예정자의 응시자격 서류 제출 등에 관한 자세한 사항은 소방시설관리사 홈페이지(http://www.Q-Net.or.kr/site/sbsiseol)에 추후 공지

※ 제2차 시험 합격자에 대하여 소방청에서 신원조회를 실시하며, 신원조회 결과 결격사유에 해당하는 자에 대해서는 제1차 시험 및 제2차 시험 합격을 취소

### (2) 응시자격 서류 제출(경력 산정 기준일 : 1차 시험 시행일)

제출대상 : 제1차 시험 합격예정자

※ 제2차 시험 일부과목 면제자와 동일 기간에 서류 접수 · 심사 실시

※ 응시자격 증명서류 제출 대상자가 제출기간 내에 서류를 제출하지 않거나 심사 후 부적격자일 경우 제1차 시험 합격예정을 취소

※ 제1차 시험 일부과목 면제자 중 면제 증명서류를 제출한 제1차 시험 합격예정자는 서류 제출이 불필요

# 차 례

## 초스피드 기억법



## 과년도 출제문제

CONTENTS

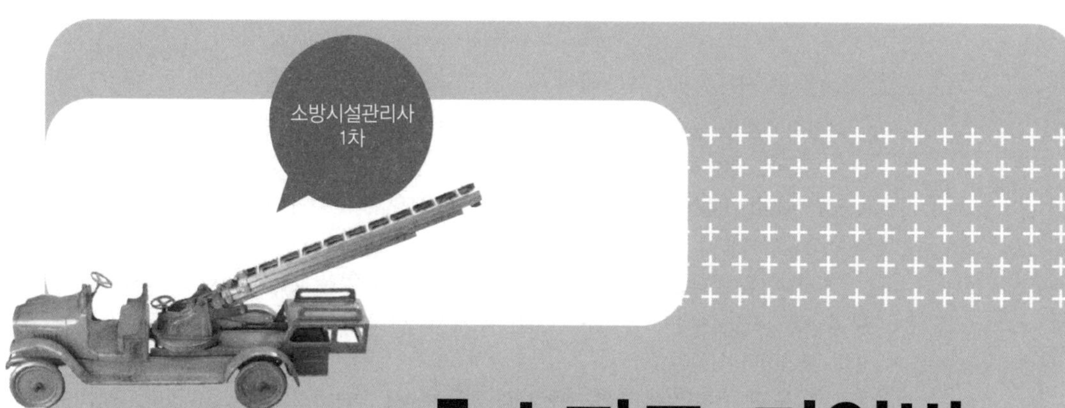


# 초스피드 기억법



길을 걷다가 돌이 나타나면 약자는 그것을 걸림돌이라고 말하고, 강자는 그것을 디딤돌이라고 말한다.

- 토마스 칼라일 -

# 상대성 원리

아인슈타인이 '상대성 원리'를 발견하고 강연회를 다니기 시작했다. 많은 단체 또는 사람들이 그를 불렀다.

30번 이상의 강연을 한 어느날이었다. 전속 운전기사가 아인슈타인에게 장난스럽게 이런말을 했다.

"박사님! 전 상대성 원리에 대한 강연을 30번이나 들었기 때문에 이제 모두 암송할 수 있게 되었습니다. 박사님은 연일 강연하시느라 피곤하실텐데 다음번에는 제가 한번 강연하면 어떨까요?"

그 말을 들은 아인슈타인은 아주 재미있어 하면서 순순히 그 말에 응하였다.

그래서 다음 대학을 향해 가면서 아인슈타인과 운전기사는 옷을 바꿔입었다.

운전기사는 아인슈타인과 나이도 비슷했고 외모도 많이 닮았다.

이때부터 아인슈타인은 운전을 했고 뒷자석에는 운전기사가 앉아 있게 되었다.

학교에 도착하여 강연이 시작되었다.

가짜 아인슈타인 박사의 강의는 정말 훌륭했다. 말 한마디, 얼굴 표정, 몸의 움직임까지도 진짜 박사와 흡사했다.

성공적으로 강연을 마친 가짜 박사는 많은 박수를 받으며 강단에서 내려오려고 했다. 그 때 문제가 발생했다. 그 대학의 교수가 질문을 한 것이다.

가슴이 '쿵'하고 내려앉은 것은 가짜 박사보다 진짜 박사쪽이었다.

운전기사 복장을 하고 있으니 나서서 질문에 답할 수도 없는 상황이었다.

그런데 단상에 있던 가짜 박사는 조금도 당황하지 않고 오히려 빙그레 웃으며 이렇게 말했다.

"아주 간단한 질문이오. 그 정도는 제 운전기사도 답할 수 있습니다."

그러더니 진짜 아인슈타인 박사를 향해 소리쳤다.

"여보게나? 이 분의 질문에 대해 어서 설명해 드리게나!"

그말에 진짜 박사는 안도의 숨을 내쉬며 그 질문에 대해 차근차근 설명해 나갔다.

인생을 살면서 아무리 어려운 일이 닥치더라도 결코 당황하지 말고 침착하고 지혜롭게 대처하는 여러분들이 되시길 바랍니다.

# 제1편 소방안전관리론 및 화재역학

## 제1장 소방안전관리론

### 1 화재의 발생현황(눈을 크게 뜨고 보라!)

① 원인별 : 부주의>전기적 요인>기계적 요인>화학적 요인>교통사고>가스누출
② 장소별 : 근린생활시설>공동주택>공장 및 창고>복합건축물>업무시설>숙박시설>교육연구시설
③ 계절별 : 겨울>봄>가을>여름

### 2 화재의 종류

| 구 분 \ 등 급 | A급 | B급 | C급 | D급 | K급 |
|---|---|---|---|---|---|
| 화재종류 | 일반화재 | 유류화재 | 전기화재 | 금속화재 | 주방화재 |
| 표시색 | **백**색 | **황**색 | **청**색 | **무**색 | – |

• 최근에는 색을 표시하지 않음

● 초스피드 기억법

**백황청무**(**백**색 **황**새가 **청**나라 **무**서워 한다.)

### 3 연소의 색과 온도

| 색 | 온 도[℃] |
|---|---|
| 암적색(진홍색) | 700~750 |
| 적색 | 850 |
| 휘적색(주황색) | 925~950 |
| 황적색 | 1100 |
| 백적색(백색) | 1200~1300 |
| 휘백색 | 1500 |

* 불꽃의 색상 중 낮은 온도에서 높은 온도의 순서 : 암적색<황적색<백적색<휘백색

● 초스피드 기억법

**진7**(**진**출), **적8**(**저**팔개), **주9**(**주**먹**구**구), **휘백5**, **암황백휘**

---

Key Point

※ **화재**
자연 또는 인위적인 원인에 의하여 불이 물체를 연소시키고, 인명과 재산의 손해를 주는 현상

※ **일반화재**
연소 후 재를 남기는 가연물

※ **유류화재**
연소 후 재를 남기지 않는 가연물

※ **전기화재가 아닌 것**
① 승압
② 고압전류

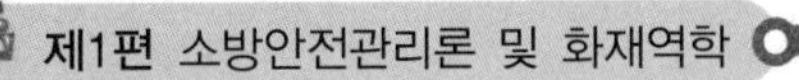

**※ 단락**
두 전선의 피복이 녹아서 전선과 전선이 서로 접촉되는 것

**※ 누전**
전류가 전선 이외의 다른 곳으로 흐르는 것

## 4 전기화재의 발생원인

❶ **단락**(합선)에 의한 발화
❷ **과부하**(과전류)에 의한 발화
❸ **절연저항 감소**(누전)로 인한 발화
❹ 전열기기 과열에 의한 발화
❺ 전기불꽃에 의한 발화
❻ 용접불꽃에 의한 발화
❼ 낙뢰에 의한 발화

**※ 폭발한계와 같은 의미**
① 폭발범위
② 연소한계
③ 가연한계
④ 가연범위

## 5 공기 중의 폭발한계(역사천리로 나와야 한다.)

| 가 스 | 하한계[vol%] | 상한계[vol%] |
|---|---|---|
| 아세틸렌($C_2H_2$) | 2.5 | 81 |
| 수소($H_2$) | 4 | 75 |
| 일산화탄소(CO) | 12 | 75 |
| 암모니아($NH_3$) | 15 | 25 |
| 메탄($CH_4$) | 5 | 15 |
| 에탄($C_2H_6$) | 3 | 12.4 |
| 프로판($C_3H_8$) | 2.1 | 9.5 |
| 부탄($C_4H_{10}$) | 1.8 | 8.4 |

● 초스피드 기억법

수475(수사 후 치료하세요.)
부18(부자의 일반적인 팔자)

**※ 분진폭발을 일으키지 않는 물질**
① 시멘트
② 석회석
③ 탄산칼슘($CaCO_3$)
④ 생석회(CaO)

기억법 분시석탄칼생

## 6 폭발의 종류(물 흐르듯 나와야 한다.)

| 폭발 종류 | 설 명 |
|---|---|
| 분해폭발 | 아세틸렌, 과산화물, 다이너마이트 |
| 분진폭발 | 밀가루, 담뱃가루, 석탄가루, 먼지, 전분, 금속분 |
| 중합폭발 | 염화비닐, 시안화수소 |
| 분해·중합폭발 | 산화에틸렌 |
| 산화폭발 | 압축가스, 액화가스 |

● 초스피드 기억법

아과다해(아세틸렌이 과다해.)

**※ 폭굉**
화염의 전파속도가 음속보다 빠르다.

## 7 연소속도

| 폭 발 | 폭 굉 |
|---|---|
| 0.1~10m/s | 1000~3500m/s |

Key Point

## 8 가연물이 될 수 없는 물질

| 구 분 | 설 명 |
|---|---|
| 주기율표의 0족 원소 | 헬륨(He), 네온(Ne), 아르곤(Ar), 크립톤(Kr), 크세논(Xe), 라돈(Rn) |
| 산소와 더이상 반응하지 않는 물질 | 물($H_2O$), 이산화탄소($CO_2$), 산화알루미늄($Al_2O_3$), 오산화인($P_2O_5$) |
| 흡열반응 물질 | 질소($N_2$) |

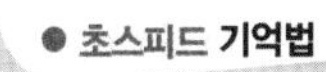

● 초스피드 기억법

질흡(진흙탕)

※ 질소
복사열을 흡수하지 않는다.

## 9 점화원이 될 수 없는 것

① 흡착열
② 기화열
③ 융해열

● 초스피드 기억법

흡기 융점없(호흡기의 융점은 없다.)

※ 점화원과 같은 의미
① 발화원
② 착화원

## 10 연소의 형태(다 외웠는가? 훌륭하다!)

| 연소형태 | 설 명 |
|---|---|
| 표면연소 | 숯, 코크스, 목탄, 금속분 |
| 분해연소 | 아스팔트, 플라스틱, 중유, 고무, 종이, 목재, 석탄 |
| 증발연소 | 황, 왁스, 파라핀, 나프탈렌, 가솔린, 등유, 경유, 알코올, 아세톤 |
| 자기연소 | 나이트로글리세린, 나이트로셀룰로오스(질화면), TNT, 피크린산 |
| 액적연소 | 벙커C유 |
| 확산연소 | 메탄($CH_4$), 암모니아($NH_3$), 아세틸렌($C_2H_2$), 일산화탄소(CO), 수소($H_2$) |

● 초스피드 기억법

아플 중고종목 분석(아플땐 중고종목을 분석해.)
자나T피

## 11 연소와 관계되는 용어

| 발화점 | 인화점 | 연소점 |
|---|---|---|
| 가연성 물질에 불꽃을 접하지 아니하였을 때 연소가 가능한 **최저온도** | 휘발성 물질에 불꽃을 접하여 연소가 가능한 **최저온도** | 어떤 인화성 액체가 공기 중에서 열을 받아 점화원의 존재하에 지속적인 연소를 일으킬 수 있는 온도 |

※ 물질의 발화점
① 황린
: 30~50℃
② 황화인 · 이황화탄소
: 100℃
③ 나이트로셀룰로오스
: 180℃

● 초스피드 기억법

연지(연지 곤지)

## 12 물의 잠열

| 구 분 | 설 명 |
|---|---|
| 융해잠열 | 80cal/g |
| 기화(증발)잠열 | 539cal/g |
| 0℃의 **물** 1g이 100℃의 수증기로 되는 데 필요한 열량 | 639cal |
| 0℃의 **얼음** 1g이 100℃의 수증기로 되는 데 필요한 열량 | 719cal |

**※ 융해잠열**
고체에서 액체로 변할 때의 잠열

**※ 기화잠열**
액체에서 기체로 변할 때의 잠열

● 초스피드 기억법

융8(왕파리), 5기(오기가 생겨서)

## 13 증기비중

$$증기비중 = \frac{분자량}{29}$$

여기서, 29 : 공기의 평균 분자량

## 14 증기-공기밀도

$$증기-공기밀도 = \frac{P_2 d}{P_1} + \frac{P_1 - P_2}{P_1}$$

여기서, $P_1$ : 대기압
$P_2$ : 주변온도에서의 증기압
$d$ : 증기밀도

## 15 일산화탄소의 영향

**※ 일산화탄소**
화재시 인명피해를 주는 유독성 가스

| 농 도 | 영 향 |
|---|---|
| 0.2% | 1시간 호흡시 생명에 위험을 준다. |
| 0.4% | 1시간 내에 사망한다. |
| 1% | 2~3분 내에 실신한다. |

## 16 스테판-볼츠만의 법칙

$$Q = aAF(T_1^{\ 4} - T_2^{\ 4})$$

여기서, $Q$ : 복사열〔W/s〕
$a$ : 스테판-볼츠만 상수〔$W/m^2 \cdot K^4$〕
$F$ : 기하학적 factor

$A$ : 단면적[m²]
$T_1$ : 고온[K]
$T_2$ : 저온[K]

※ **스테판-볼츠만의 법칙** : 복사체에서 발산되는 복사열은 복사체의 절대온도의 4제곱에 비례한다.

● 초스피드 기억법

복스4(복수 하기전에 사과)

## 17 보일 오버(Boil over)

① 중질유의 탱크에서 장시간 조용히 연소하다 탱크 내의 잔존기름이 갑자기 분출하는 현상
② 유류탱크에서 탱크바닥에 물과 기름의 **에멀전**이 섞여 있을 때 이로 인하여 화재가 발생하는 현상
③ 연소유면으로부터 100℃ 이상의 열파가 탱크 저부에 고여 있는 물을 비등하게 하면서 연소유를 탱크 밖으로 비산시키며 연소하는 현상

## 18 열전달의 종류

① 전도
② 복사 : 전자파의 형태로 열이 옮겨지며, 가장 크게 작용한다.
③ 대류

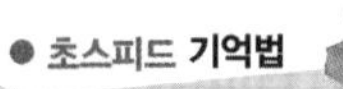

● 초스피드 기억법

전복열대(전복은 열대어다.)

## 19 열에너지원의 종류(이 내용은 자다가도 말할 수 있어야 한다.)

### (1) 전기열

① 유도열 : 도체주위의 자장에 의해 발생
② 유전열 : **누설전류**(절연감소)에 의해 발생
③ 저항열 : 백열전구의 발열
④ 아크열
⑤ 정전기열
⑥ 낙뢰에 의한 열

### (2) 화학열

① 연소열 : 물질이 완전히 산화되는 과정에서 발생

Key Point

**※ 에멀전**
물의 미립자가 기름과 섞여서 기름의 증발능력을 떨어뜨려 연소를 억제하는 것

**※ 자연발화의 형태**
1. 분해열
   ① 셀룰로이드
   ② 나이트로셀룰로오스
2. 산화열
   ① 건성유(정어리유, 아마인유, 해바라기유)
   ② 석탄
   ③ 원면
   ④ 고무분말
3. 발효열
   ① 먼지
   ② 곡물
   ③ 퇴비
4. 흡착열
   ① 목탄
   ② 활성탄

기억법 자먼곡발퇴(자네 먼곳에서 오느라 발이 붙어텄나.)

Key Point

② 분해열

③ 용해열 : **농황산**

④ 자연발열(자연발화) : 어떤 물질이 외부로부터 열의 공급을 받지 아니하고 온도가 상승하는 현상

⑤ 생성열

**연분용 자생화(연분홍 자생화)**

## 20 자연발화의 방지법

① 습도가 높은 곳을 피할 것(건조하게 유지할 것)

② 저장실의 **온도**를 **낮출 것**

③ 통풍이 잘 되게 할 것

④ 퇴적 및 수납시 열이 쌓이지 않게 할 것

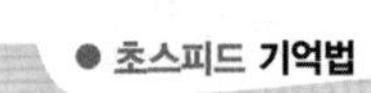

**자발습높피**

## 21 보일-샤를의 법칙

*** 샤를의 법칙**
압력이 일정할 때 기체의 부피는 절대온도에 비례한다.

기체가 차지하는 부피는 **압력**에 **반비례**하며, **절대온도**에 **비례**한다.

$$\frac{P_1 V_1}{T_1} = \frac{P_2 V_2}{T_2}$$

여기서, $P_1$, $P_2$ : 기압[atm]
$V_1$, $V_2$ : 부피[m$^3$]
$T_1$, $T_2$ : 절대온도[K]

## 22 목재 건축물의 화재진행과정

*** 무염착화**
가연물이 재로 덮힌 숯불모양으로 불꽃 없이 착화하는 현상

*** 발염착화**
가연물이 불꽃을 발생하면서 착화하는 현상

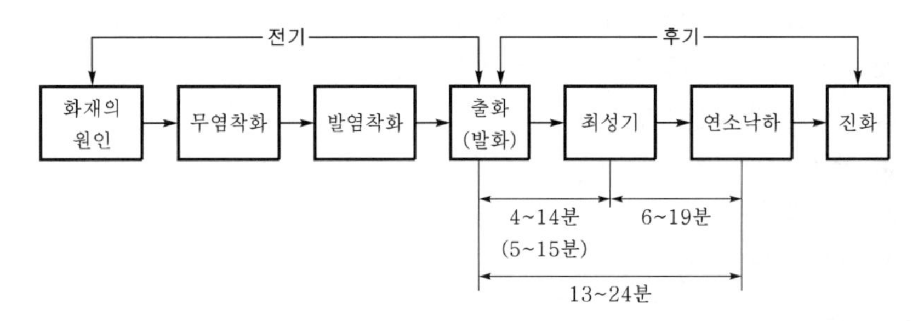

## 23 건축물의 화재성상(다 중요! 참 중요!)

### (1) 목재 건축물

① 화재성상 : 고온 단기형

② 최고온도 : 1300℃

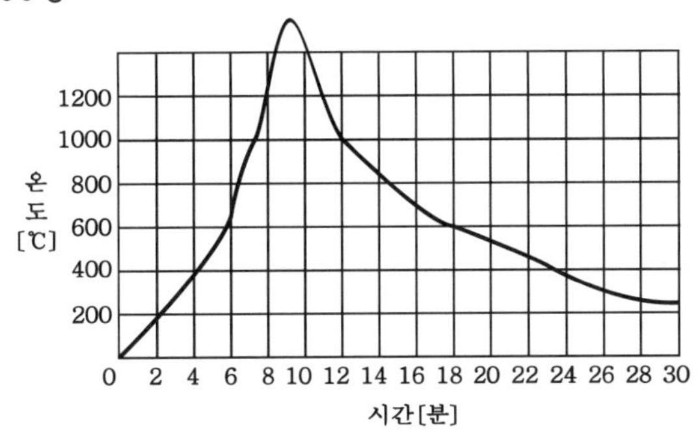


● 초스피드 기억법

고단목(고단할 땐 목캔디가 최고야!)

### (2) 내화 건축물

① 화재성상 : 저온 장기형

② 최고온도 : 900~1000℃

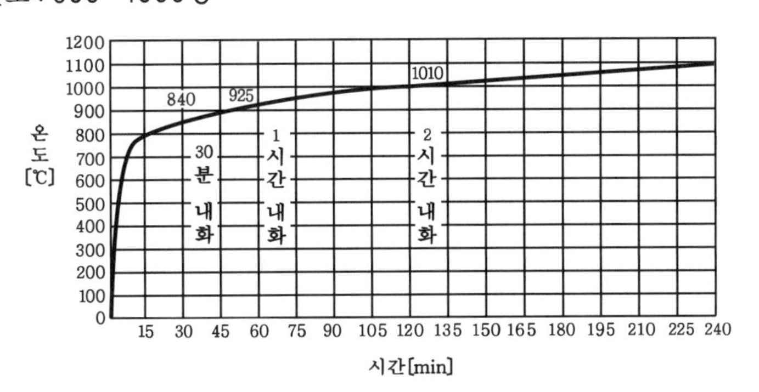


※ 내화 건축물의 표준온도

① 30분 후 : 840℃

② 1시간 후 : 925~950℃

③ 2시간 후 : 1010℃

## 24 플래시 오버(Flash over)

### (1) 정의

① 폭발적인 착화현상

② 순발적인 연소확대현상

③ 화재로 인하여 실내의 온도가 급격히 상승하여 화재가 순간적으로 실내 전체에 확산되어 연소되는 현상

### (2) 발생시점

**성장기~최성기**(성장기에서 최성기로 넘어가는 분기점)

Key Point

(3) 실내온도 : 약 800~900℃

● 초스피드 기억법

내플89(내풀팔고 네플쓰자.)

## 25 플래시 오버에 영향을 미치는 것

※ 플래시 오버와 같은 의미
① 순발연소
② 순간연소

❶ 개구율(창문 등의 개구부 크기)
❷ 내장재료의 종류(실내의 내장재료)
❸ 화원의 크기
❹ 실의 내표면적(실의 넓이・모양)

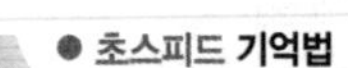

● 초스피드 기억법

내화플개(내화구조를 풀게나.)

## 26 연기의 이동속도

※ 연기의 형태
1. 고체 미립자계
 : 일반적인 연기
2. 액체 미립자계
 ① 담배연기
 ② 훈소연기

| 구 분 | 설 명 |
|---|---|
| 수평방향 | 0.5~1m/s |
| 수직방향 | 2~3m/s |
| 계단실 내의 수직이동속도 | 3~5m/s |

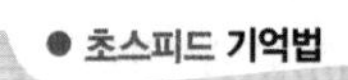

● 초스피드 기억법

연직23(연구직은 이상해.)

## 27 연기의 농도와 가시거리(아주 중요! 정말 중요!)

| 감광계수[$m^{-1}$] | 가시거리[m] | 상 황 |
|---|---|---|
| 0.1 | 20~30 | 연기감지기가 작동할 때의 농도 |
| 0.3 | 5 | 건물 내부에 익숙한 사람이 피난에 지장을 느낄 정도의 농도 |
| 0.5 | 3 | 어두운 것을 느낄 정도의 농도 |
| 1 | 1~2 | 앞이 거의 보이지 않을 정도의 농도 |
| 10 | 0.2~0.5 | 화재 최성기 때의 농도 |
| 30 | - | 출화실에서 연기가 분출할 때의 농도 |

● 초스피드 기억법

0123 감
035 익
053 어
112 보
100205 최
30 분

## 28 공간적 대응

① 도피성
② 대항성 : 내화성능 · 방염성능 · 초기소화 대응 등의 화재사상의 저항능력
③ 회피성

**도대회공**(**도**에서 **대회**를 개최하는 것은 **공**무방해이다.)

## 29 건축물 내부의 연소확대방지를 위한 방화계획

① 수평구획(면적단위)
② 수직구획(층단위)
③ 용도구획(용도단위)

**연수용**(**연수용** 건물)

## 30 내화구조 · 불연재료(진짜 중요!)

| 내화구조 | 불연재료 |
|---|---|
| ① 철근콘크리트조<br>② 석조<br>③ 연와조 | ① 콘크리트 · 석재<br>② 벽돌 · 기와<br>③ 석면판 · 철강<br>④ 알루미늄 · 유리<br>⑤ 모르타르 · 회 |

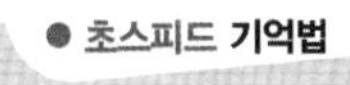

**철석연내**(**철**썩 소리가 나더니 **연내** 무너졌다.)

## 31 내화구조의 기준(피난 · 방화구조 3조)

| 내화구분 | 기 준 |
|---|---|
| 벽 · 바닥 | 철골 · 철근콘크리트조로서 두께가 10cm 이상인 것 |
| 기둥 | 철골을 두께 5cm 이상의 콘크리트로 덮은 것 |
| 보 | 두께 5cm 이상의 콘크리트로 덮은 것 |

● 초스피드 기억법

**벽바내1**(**벽**을 **바**라보면 **내**일이 보인다.)

Key Point

※ **회피성**
불연화 · 난연화 · 내장제한 · 구획의 세분화 · 방화훈련(소방훈련) · 불조심 등 출화유발 · 확대 등을 저감시키는 예방조치 강구사항을 말한다.

※ **내화구조**
공동주택의 각 세대간의 경계벽의 구조

※ 방화구조
화재시 건축물의 인접 부분으로의 연소를 차단할 수 있는 구조

## 32 방화구조의 기준(피난·방화구조 4조)

| 구조내용 | 기 준 |
|---|---|
| • 철망모르타르 바르기 | 두께 2cm 이상 |
| • 석고판 위에 시멘트모르타르를 바른 것<br>• 회반죽을 바른 것<br>• 시멘트모르타르 위에 타일을 붙인 것 | 두께 2.5cm 이상 |
| • 심벽에 흙으로 맞벽치기 한 것 | 그대로 모두 인정함 |

※ 방화문
① 직접 손으로 열 수 있을 것
② 자동으로 닫히는 구조(자동폐쇄장치)일 것

## 33 방화문의 구분(건축령 64조)

| 60분+방화문 | 60분 방화문 | 30분 방화문 |
|---|---|---|
| 연기 및 불꽃을 차단할 수 있는 시간이 60분 이상이고, 열을 차단할 수 있는 시간이 30분 이상인 방화문 | 연기 및 불꽃을 차단할 수 있는 시간이 60분 이상인 방화문 | 연기 및 불꽃을 차단할 수 있는 시간이 30분 이상 60분 미만인 방화문 |

※ 주요 구조부
건물의 주요 골격을 이루는 부분

## 34 주요 구조부(정말 중요!)

① 주계단(옥외계단 제외)
② 기둥(사이기둥 제외)
③ 바닥(최하층 바닥 제외)
④ 지붕틀(차양 제외)
⑤ 벽
⑥ 보(작은보 제외)

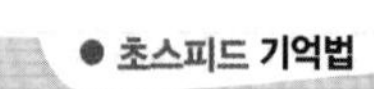

● 초스피드 기억법

벽보지 바주기

## 35 피난행동의 성격

① 계단 보행속도
② 군집 보행속도 ─┬ 자유보행 : 0.5~2m/s
　　　　　　　　　└ 군집보행 : 1m/s
③ 군집 유동계수

● 초스피드 기억법

계단 군보유(그 계단은 군이 보유하고 있다.)

## 36 피난동선의 특성

① 가급적 **단순형태**가 좋다.
② **수평동선**과 **수직동선**으로 구분한다.
③ 가급적 상호 반대방향으로 다수의 출구와 연결되는 것이 좋다.
④ 어느 곳에서도 2개 이상의 방향으로 피난할 수 있으며, 그 말단은 화재로부터 안전한 장소이어야 한다.

Key Point

※ 피난동선
**'피난경로'**라고도 부른다.

## 37 제연방식

① 자연제연방식 : **개구부** 이용
② 스모크타워 제연방식 : **루프 모니터** 이용
③ 기계제연방식
- 제1종 기계제연방식 : **송풍기 + 배연기**
- 제2종 기계제연방식 : **송풍기**
- 제3종 기계제연방식 : **배연기**

※ 제연방법
① 희석
② 배기
③ 차단

※ 모니터
창살이나 넓은 유리창이 달린 지붕 위의 구조물

● 초스피드 기억법

송2(**송이**버섯), **배**3(**배삼**룡)

## 38 제연구획

| 구 분 | 설 명 |
|---|---|
| 제연경계의 폭 | 0.6m 이상 |
| 제연경계의 수직거리 | 2m 이내 |
| 예상제연구역~배출구의 수평거리 | 10m 이내 |

## 39 건축물의 안전계획

### (1) 피난시설의 안전구획

| 안전구획 | 설 명 |
|---|---|
| 1차 안전구획 | **복**도 |
| 2차 안전구획 | **부**실(계단전실) |
| 3차 안전구획 | **계**단 |

● 초스피드 기억법

**복부계**(**복부**인 **계**하나 더 하세요.)

### (2) 패닉(Panic)현상을 일으키는 피난형태

① H형
② CO형

※ 패닉현상
인간이 극도로 긴장되어 돌출행동을 하는 것

● 초스피드 기억법

패H(피해), Panic C(Panic C)

## 40 적응 화재

| 화재의 종류 | 적응 소화기구 |
|---|---|
| A급 | • 물<br>• 산 · 알칼리 |
| AB급 | • 포 |
| BC급 | • 이산화탄소<br>• 할론<br>• 1, 2, 4종 분말 |
| ABC급 | • 3종 분말<br>• 강화액 |

## 41 주된 소화작용(참 중요!)

| 소화제 | 주된 소화작용 |
|---|---|
| • **물** | • **냉**각효과 |
| • 포<br>• 분말<br>• 이산화탄소 | • 질식효과 |
| • **할**론 | • **부**촉매효과(연쇄반응**억**제) |

● 초스피드 기억법

물냉(물냉면)
할부억(할아버지 억지부리지 마세요.)

## 42 분말 소화약제

| 종 별 | 소화약제 | 약제의 착색 | 적응 화재 | 비 고 |
|---|---|---|---|---|
| 제1종 | 중탄산나트륨<br>($NaHCO_3$) | 백색 | BC급 | **식**용유 및 지방질유의 화재에 적합 |
| 제2종 | 중탄산칼륨<br>($KHCO_3$) | 담자색<br>(담회색) | BC급 | – |
| 제3종 | 제1인산암모늄<br>($NH_4H_2PO_4$) | 담홍색 | ABC급 | **차**고 · **주**차장에 적합 |
| 제4종 | 중탄산칼륨+요소<br>($KHCO_3+(NH_2)_2CO$) | 회(백)색 | BC급 | – |

❋ **질식효과**
공기 중의 산소농도를 16%(10~15%) 이하로 희박하게 하는 방법

❋ **할론 1301**
① 할론 약제 중 소화효과가 가장 좋다.
② 할론 약제 중 독성이 가장 약하다.
③ 할론 약제 중 오존 파괴지수가 가장 높다.

❋ **중탄산나트륨**
**'탄산수소나트륨'**이라고도 부른다.

❋ **중탄산칼륨**
**'탄산수소칼륨'**이라고도 부른다.

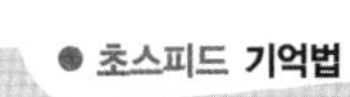

● 초스피드 기억법

1식분(일식 분식)
3차주(삼보컴퓨터 차주)

# 제2장 화재역학

## 43 확산화염의 형태

① 제트화염
② 누출액체화재
③ 산불화재

## 44 열유속(열류, Heat flux)

| 열유속 | 설 명 |
|---|---|
| $1kW/m^2$ | 노출된 피부에 통증을 줄 수 있는 열유속의 최소값 |
| $4kW/m^2$ | 화상을 입힐 수 있는 값 |
| $10\sim20kW/m^2$ | 물체가 발화하는 데 필요한 값 |

## 45 일반적인 화염확산속도

| 확산유형 | | 확산속도 |
|---|---|---|
| 훈소 | | 0.001~0.01cm/s |
| 두꺼운 고체의 측면 또는 하향확산 | | 0.1cm/s |
| 숲이나 산림부스러기를 통한 바람에 의한 확산 | | 1~30cm/s |
| 두꺼운 고체의 상향확산 | | 1~100cm/s |
| 액면에서의 수평확산(표면화염) | | |
| 예혼합화염 | 층류 | 10~100cm/s |
| | 폭굉 | 약 $10^5$cm/s |

## 46 화재성장의 3요소

① 발화(Ignition)
② 연소속도(Burning rate)
③ 화염확산(Flame spread)

Key Point

* 확산화염
연료와 산소가 서로 반대쪽으로부터 반응대로 확산하는 화염

* 열유속
흐름의 경로에 있어서 단위면적당 열의 유동속도

* 훈소
산소와 고체연료 간의 느린 연소과정

## 47 탄화수소계 연료

| 구 분 | 온 도 |
|---|---|
| 난류화염 | 800℃ |
| 층류화염 | 1800~2000℃ |
| 단열화염 | 2000~2300℃ |

※ 플래시 오버
실 전체가 화염에 휩싸이는 급격한 화재 성상현상으로 일반적으로 연기의 온도가 500~600℃일 때 일어난다.

## 48 플래시 오버(Flash over)가 일어나기 위한 조건의 온도계산 방법

① Babraukas(바브라카스)의 방법
② McCaffrey(맥케프레이)의 방법
③ Thomas(토마스)의 방법

## 49 원자량

| 물 질 | 원자량 |
|---|---|
| 수소(H) | 1 |
| 탄소(C) | 12 |
| 산소(O) | 16 |

※ 연기
화학적으로 더 이상 반응하지 않는 가스로서 화재시 방출된다.

## 50 연기배출시 고려사항

① 화재의 크기
② 건물의 높이
③ 지붕의 형태
④ 지붕 전체의 압력분포

## 51 연기제어시스템의 설계변수 고려사항

① 누설면적
② 기상자료
③ 압력차
④ 공기흐름
⑤ 연기제어시스템 내의 개방문 수

# 제2편 소방관련법령

## 1 기 간(30분만 눈에 불을 켜고 보라!)

### (1) 1일

제조소 등의 변경신고(위험물법 6조)

### (2) 2일

① 소방시설공사 착공 · 변경신고처리(공사업규칙 12조)
② 소방공사감리자 지정 · 변경신고처리(공사업규칙 15조)
③ 다중이용업 조치명령 미이행업소 공개사항 삭제(다중이용업령 18조)

### (3) 3일

① 하자보수기간(공사업법 15조)
② 소방시설업 등록증 분실 등의 재발급(공사업규칙 4조)
③ 다중이용업소 안전시설 등의 완비증명서 재발급(다중이용업규칙 11조)

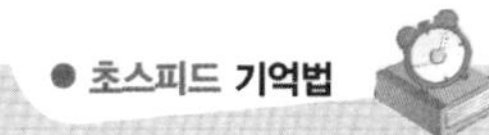
● 초스피드 기억법

3하등분재(상하이에서 동생이 분재를 가져왔다.)

### (4) 4일

건축허가 등의 동의요구서류 보완(소방시설법 시행규칙 3조)

### (5) 5일

① 일반적인 건축허가 등의 동의여부 회신(소방시설법 시행규칙 3조)
② 소방시설업 등록증 변경신고 등의 재발급(공사업규칙 6조)

● 초스피드 기억법

5변재(오이로 변제해.)

### (6) 7일

① 옮긴 물건 등의 보관기간(화재예방법 시행령 17조)
② 건축허가 등의 취소통보(소방시설법 시행규칙 3조)
③ 소방공사 감리원의 배치통보일(공사업규칙 17조)
④ 소방공사 감리결과 통보 · 보고일(공사업규칙 19조)

● 초스피드 기억법

감 배7(감 배치)

---

**Key Point**

**※ 제조소**
위험물을 제조할 목적으로 지정수량 이상의 위험물을 취급하기 위하여 허가를 받은 장소

**※ 건축허가 등의 동의요구**
① 소방본부장
② 소방서장

**※ 소방시설업**
① 소방시설설계업
② 소방시설공사업
③ 소방공사감리업
④ 방염처리업

**※ 종합점검과 작동점검**
① 종합점검 : 소방시설 등의 작동점검을 포함하여 설비별 주요 구성부품의 구조기준이 화재안전기준에 적합한지 여부를 점검하는 것
② 작동점검 : 소방시설 등을 인위적으로 조작하여 화재안전기준에서 정하는 성능이 있는지를 점검하는 것

Key Point

**※ 화재예방강화지구**
화재발생 우려가 크거나 화재가 발생할 경우 피해가 클 것으로 예상되는 지역에 대하여 화재의 예방 및 안전관리를 강화하기 위해 지정·관리하는 지역

**※ 위험물안전관리자와 소방안전관리자**
① 위험물안전관리자 : 제조소 등에서 위험물의 안전관리에 관한 직무를 수행하는 사람
② 소방안전관리자 : 특정소방대상물에서 화재가 발생하지 않도록 관리하는 사람

### (7) 10일

1. 화재예방강화지구 안의 소방훈련·교육 통보일(화재예방법 시행령 20조)
2. 50층 이상(지하층 제외) 또는 200m 이상인 아파트의 건축허가 등의 동의여부회신(소방시설법 시행규칙 3조)
3. 30층 이상(지하층 포함) 또는 120m 이상의 건축허가 등의 동의여부 회신(소방시설법 시행규칙 3조)
4. 연면적 **10만$m^2$** 이상의 건축허가 등의 동의여부 회신(소방시설법 시행규칙 3조)
5. 소방안전교육 통보일(화재예방법 시행규칙 40조)
6. 소방기술자의 **실무교육** 통지일(공사업규칙 26조)
7. 소방기술자 **실무교육기관** 교육계획의 변경보고일(공사업규칙 35조)
8. 소방기술자 **실무교육기관** 지정사항 변경보고일(공사업규칙 33조)
9. **소방시설업**의 등록신청서류 보완일(공사업규칙 2조 2)
10. 제조소 등의 재발급 완공검사합격확인증 제출일(위험물령 10조)

### (8) 14일

1. 옮긴 물건 등을 보관하는 경우 공고기간(화재예방법 시행령 17조)
2. 소방기술자 실무교육기관 휴폐업신고일(공사업규칙 34조)
3. 제조소 등의 용도폐지 신고일(위험물법 11조)
4. 위험물안전관리자의 선임신고일(위험물법 15조)
5. 소방안전관리자의 선임신고일(화재예방법 26조)
6. 다중이용업 허가관청의 통보일(다중이용업법 7조)

● 초스피드 기억법

**14제폐선(일사**천리로 **제패**하여 **성**공하라.)

### (9) 15일

1. 소방기술자 실무교육기관 신청서류 보완일(공사업규칙 31조)
2. 소방시설업 등록증 발급(공사업규칙 3조)

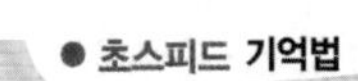

● 초스피드 기억법

**실 15보(실**제 **일**과는 **오**전에 **보**라!)

### (10) 20일

소방안전관리자의 강습실시 공고일(화재예방법 시행규칙 25조)

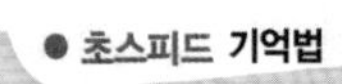

● 초스피드 기억법

**강2(강의)**

Key Point

(11) 30일

1. 소방시설업 등록사항 변경신고(공사업규칙 6조)
2. 위험물안전관리자의 **재선임**(위험물법 15조)
3. 소방안전관리자의 **재선임**(화재예방법 시행규칙 14조)
4. **도급계약** 해지(공사업법 23조)
5. 소방시설공사 중요사항 변경시의 신고일(공사업규칙 12조)
6. 소방기술자 실무교육기관 지정서 발급(공사업규칙 32조)
7. 소방안전관리자의 **실무교육** 통보일(화재예방법 시행규칙 29조)
8. 소방시설업 등록증 지위승계 신고시 서류제출(공사업규칙 7조)
9. 소방공사감리자 변경서류제출(공사업규칙 15조)
10. **승계**(위험물법 10조)
11. 위험물안전관리자의 직무대행(위험물법 15조)
12. 탱크시험자의 변경신고일(위험물법 16조)
13. 다중이용업 휴·폐업 등의 통보(다중이용업법 7조)

(12) 90일

1. 소방시설업 등록신청 자산평가액·기업진단보고서 유효기간(공사업규칙 2조)
2. 위험물 임시저장기간(위험물법 5조)
3. 소방시설관리사 시험공고일(소방시설법 시행령 42조)

● 초스피드 기억법

등유9(등유 구해와.)

## 2 횟수

(1) **월 1회 이상**: 소방용수시설 및 지리조사(기본규칙 7조)

● 초스피드 기억법

월1지(월요일이 지났다.)

(2) 연 1회 이상

1. 화재예방강화지구 안의 화재안전조사·훈련·교육(화재예방법 시행령 20조)
2. 특정소방대상물의 소방훈련·교육(화재예방법 시행규칙 36조)
3. 제조소 등의 정기점검(위험물규칙 64조)
4. 종합점검(특급 소방안전관리대상물은 반기별 1회 이상)(소방시설법 시행규칙 〔별표 3〕)
5. 작동점검(소방시설법 시행규칙 〔별표 3〕)

**＊소방용수시설**
① 소화전
② 급수탑
③ 저수조

**＊종합점검자의 자격**
① 소방시설관리업자 : 소방시설관리사
② 소방안전관리자 : 소방시설관리사 · 소방기술사

● 초스피드 기억법

연1정종(연일 정종술을 마셨다.)

(3) 2년마다 1회 이상

❶ 소방대원의 소방교육 · 훈련(기본규칙 9조)

❷ 실무교육(화재예방법 시행규칙 29조)

● 초스피드 기억법

실2(실리)

## 3 담당자(모두 시험에 쏙! 잘 나온다.)

(1) 소방대장

소방활동구역의 설정(기본법 23조)

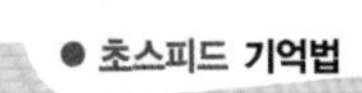

● 초스피드 기억법

대구활(대구의 활동)

(2) 소방본부장 · 소방서장

❶ 소방용수시설 및 지리조사(기본규칙 7조)

❷ 건축허가 등의 동의(소방시설법 6조)

❸ 소방안전관리자 · 소방안전관리보조자의 선임신고(화재예방법 26조)

❹ 소방훈련의 지도 · 감독(화재예방법 37조)

❺ 소방시설의 자체점검결과 보고(소방시설법 23조)

❻ 소방계획의 작성 · 실시에 관한 지도 · 감독(화재예방법 시행령 27조)

❼ 소방안전교육 실시(화재예방법 시행규칙 40조)

❽ 소방시설공사의 착공신고 · 완공검사(공사업법 13 · 14조)

❾ 소방공사 감리결과보고서 제출(공사업법 20조)

❿ 소방공사 감리원의 배치통보(공사업규칙 17조)

(3) 소방본부장 · 소방서장 · 소방대장

❶ 소방활동 종사명령(기본법 24조)

❷ 강제처분(기본법 25조)

❸ 피난명령(기본법 26조)

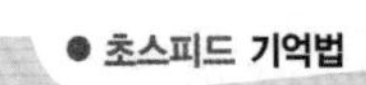

● 초스피드 기억법

소대종강피(소방대의 종강파티)

Key Point

**＊ 소방활동구역**
화재, 재난 · 재해, 그 밖의 위급한 상황이 발생한 현장에 정하는 구역

**＊ 소방본부장 · 소방서장**
소방시설공사의 착공신고 · 완공검사

**＊ 소방본부장과 소방대장**
① 소방본부장 : 시 · 도에서 화재의 예방 · 경계 · 진압 · 조사 · 구조 · 구급 등의 업무를 담당하는 부서의 장
② 소방대장 : 소방본부장 또는 소방서장 등 화재, 재난 · 재해, 그 밖의 위급한 상황이 발생한 현장에서 소방대를 지휘하는 사람

Key Point

### (4) 시 · 도지사

1. 제조소 등의 설치**허**가(위험물법 6조)
2. 소방업무의 지휘 · 감독(기본법 3조)
3. 소방체험관의 설립 · 운영(기본법 5조)
4. 소방업무에 관한 세부적인 종합계획수립 및 소방업무 수행(기본법 6조)
5. 소방시설업의 지위**승**계(공사업법 7조)
6. 제조소 등의 **승**계(위험물법 10조)
7. 소방력의 기준에 따른 계획수립(기본법 8조)
8. **화**재예방강화지구의 지정(화재예방법 18조)
9. 소방시설관리업의 **등록**(소방시설법 29조)
10. 탱크시험자의 **등록**(위험물법 16조)
11. 소방시설관리업의 과징금부과(소방시설법 36조)
12. 탱크안전 성능검사(위험물법 8조)
13. 제조소 등의 **완공검사**(위험물법 9조)
14. 제조소 등의 용도 폐지(위험물법 11조)
15. **예**방규정의 제출(위험물법 17조)

● 초스피드 기억법 

**허시승화예**(농구선수 **허**재가 **차** **시승**장에서 나와 **화해**했다.)

### (5) 시 · 도지사 · 소방본부장 · 소방서장

1. 소방**시**설업의 **감**독(공사업법 31조)
2. 탱크시험자에 대한 명령(위험물법 23조)
3. **무**허가장소의 위험물 조치명령(위험물법 24조)
4. 소방기본법령상 **과**태료부과(기본법 56조)
5. 제조소 등의 수리 · 개조 · 이전명령(위험물법 14조)

● 초스피드 기억법 

**감무시소과**(**감**나**무** 아래에 있는 **시소**에서 **과**일 먹기)

### (6) 소방청장

1. 소방업무에 관한 종합계획의 수립 · 시행(기본법 6조)
2. **방**염성능 **검**사(소방시설법 21조)
3. 소방박물관의 설립 · 운영(기본법 5조)
4. 한국소방안전원의 정관 변경(기본법 43조)
5. 한국소방안전원의 **감독**(기본법 48조)

**✻ 시 · 도지사**
제조소 등의 완공검사

**✻ 소방체험관**
화재현장에서의 피난 등을 체험할 수 있는 체험관

**✻ 소방력 기준**
행정안전부령

**✻ 위험물**
인화성 또는 발화성 등의 성질을 가지는 것으로서 대통령령으로 정하는 물질

**✻ 한국소방안전원**
소방기술과 안전관리 기술의 향상 및 홍보, 그 밖의 교육훈련 등 행정기관이 위탁하는 업무를 수행하는 기관

※ 우수품질인증
형식승인의 대상이 되는 소방용품 중 품질이 우수하다고 인정되는 소방용품에 대하여 인증

※ 119 종합상황실
화재 · 재난 · 재해 · 구조 · 구급 등이 필요한 때에 신속한 소방활동을 위한 정보를 수집 · 분석과 판단 · 전파, 상황관리, 현장 지휘 및 조정 · 통제 등의 업무수행

⑥ 소방대원의 소방교육 · 훈련 정하는 것(기본규칙 9조)
⑦ 소방박물관의 설립 · 운영(기본규칙 4조)
⑧ 소방용품의 형식승인(소방시설법 37조)
⑨ 우수품질제품 인증(소방시설법 43조)
⑩ 시공능력평가의 공시(공사업법 26조)
⑪ 실무교육기관의 지정(공사업법 29조)
⑫ 소방기술자의 실무교육 필요사항 제정(공사업규칙 26조)

● 초스피드 기억법

**검방청**(검사는 방청객)

### (7) 소방청장 · 소방본부장 · 소방서장(소방관서장)

① 119 종합상황실의 설치 · 운영(기본법 4조)
② 소방활동(기본법 16조)
③ 소방대원의 소방교육 · 훈련 실시(기본법 17조)
④ 특정소방대상물의 화재안전조사(화재예방법 7조)
⑤ 화재안전조사 결과에 따른 조치명령(화재예방법 14조)
⑥ 화재의 예방조치(화재예방법 17조)
⑦ 옮긴 물건 등을 보관하는 경우 공고기간(화재예방법 시행령 17조)
⑧ 화재예방강화지구의 화재안전조사(화재예방법 18조)
⑨ 화재위험경보발령(화재예방법 20조)
⑩ 화재예방강화지구 안의 화재안전조사 · 소방훈련 및 교육(화재예방법 시행령 20조)
⑪ 다중이용업소의 소방안전교육대상 통지(다중이용업규칙 5조)
⑫ 소방안전관리자의 실무교육(화재예방법 48조)
⑬ 소방안전관리자의 강습(화재예방법 48조)

● 초스피드 기억법

**종청소**(종로구 청소), **실강**(실강이 벌이지 말고 원망해라.)

### (8) 소방청장 · 시 · 도지사 · 소방본부장 · 소방서장

① 「소방시설 설치 및 관리에 관한 법령」상 과태료 부과권자(소방시설법 61조)
② 「화재의 예방 및 안전관리에 관한 법령」상 과태료 부과권자(화재예방법 52조)
③ 제조소 등의 출입 · 검사권자(위험물법 22조)

## 4 관련법령

### (1) 대통령령

1. 소방장비 등에 대한 국고보조 기준(기본법 9조)
2. 불을 사용하는 설비의 관리사항 정하는 기준(화재예방법 17조)
3. 특수가연물 저장 · 취급(화재예방법 17조)
4. 방염성능 기준(소방시설법 20조)
5. 건축허가 등의 동의대상물의 범위(소방시설법 6조)
6. 소방시설관리업의 등록기준(소방시설법 29조)
7. 화재의 예방조치(화재예방법 17조)
8. 소방시설업의 업종별 영업범위(공사업법 4조)
9. 소방공사감리의 종류 및 대상에 따른 감리원 배치, 감리의 방법(공사업법 16조)
10. 위험물의 정의(위험물법 2조)
11. 탱크안전성능검사의 내용(위험물법 8조)
12. 제조소 등의 위험물안전관리자의 자격(위험물법 15조)

### (2) 행정안전부령

1. 119 종합상황실의 설치 · 운영에 관하여 필요한 사항(기본법 4조)
2. 소방박물관(기본법 5조)
3. 소방력 기준(기본법 8조)
4. 소방용수시설의 기준(기본법 10조)
5. 소방대원의 소방교육 · 훈련 실시규정(기본법 17조)
6. 소방신호의 종류와 방법(기본법 18조)
7. 국고보조대상사업 소방활동장비 및 설비의 종류와 규격(기본령 2조)
8. 소방용품의 형식승인의 방법(소방시설법 37조)
9. 우수품질제품 인증에 관한 사항(소방시설법 43조)
10. 소방공사감리원의 세부적인 배치기준(공사업법 18조)
11. 시공능력평가 및 공시방법(공사업법 26조)
12. 실무교육기관 지정방법 · 절차 · 기준(공사업법 29조)
13. 탱크안전성능검사의 실시 등에 관한 사항(위험물법 8조)

● 초스피드 기억법 

용력기박

Key Point

**※ 특수가연물**
화재가 발생하면 불길이 빠르게 번지는 물품

**※ 방염성능**
화재의 발생초기단계에서 화재확대의 매개체를 단절시키는 성질

**※ 소방신호의 목적**
① 화재예방
② 소화활동
③ 소방훈련

**※ 시공능력의 평가기준**
① 소방시설공사 실적
② 자본금

※ **조례**
지방자치단체가 고유 사무와 위임사무 등을 지방의회의 결정에 의하여 제정하는 것

※ **지정수량**
제조소 등의 설치허가 등에 있어서 최저의 기준이 되는 수량

### (3) 시 · 도의 조례

1. 소방**체**험관(기본법 5조)
2. 지정수량 **미**만의 위험물 취급(위험물법 4조)

● 초스피드 기억법

**시체미**(시체는 미가 없다.)

## 5 인가 · 승인 등(꼭! 외워야 할지니라.)

### (1) 인가

한국소방안전원의 **정**관변경(기본법 43조)

● 초스피드 기억법

**인정**(인정사정)

### (2) 승인

한국소방안전원의 **사**업계획 및 예산(기본령 10조)

● 초스피드 기억법

**승사**(성사)

### (3) 등록

1. 소방시설관리업(소방시설법 29조)
2. 소방시설업(공사업법 4조)
3. 탱크안전성능시험자(위험물법 16조)

※ **소방시설업 종류**
① 소방시설설계업
② 소방시설공사업
③ 소방공사감리업
④ 방염처리업

※ **방염처리업**
① 섬유류 방염업
② 합성수지류 방염업
③ 합판 · 목재류 방염업

※ **승계**
직계가족으로부터 물려 받음.

### (4) 신고

1. 위험물안전관리자의 **선**임(위험물법 15조)
2. 소방안전관리자 · 소방안전관리보조자의 **선**임(화재예방법 26조)
3. 제조소 등의 **승**계(위험물법 10조)
4. 제조소 등의 용도폐지(위험물법 11조)

● 초스피드 기억법

**신선승**(신선이 승천했다.)

(5) 허가

제조소 등의 설치(위험물법 6조)

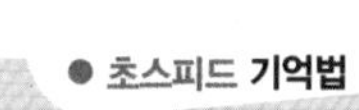

● 초스피드 기억법

허제(농구선수 허재)

## 6 용어의 뜻

### (1) 소방대상물

건축물 · 차량 · 선박(매어둔 것) · 선박건조구조물 · 산림 · 인공구조물 · 물건(기본법 2조)

비교

**위험물의 저장 · 운반 · 취급에 대한 적용 제외**(위험물법 3조)

① 항공기 ② 선박 ③ 철도 ④ 궤도

### (2) 소방시설(소방시설법 2조)

1. 소화설비
2. 경보설비
3. 소화용수설비
4. 소화활동설비
5. 피난구조설비

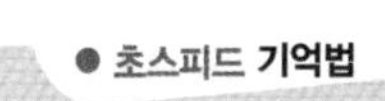

● 초스피드 기억법

소경소피(소경이 소피본다.)

### (3) 소방용품(소방시설법 2조)

소방시설 등을 구성하거나 소방용으로 사용되는 제품 또는 기기로서 **대통령령**으로 정하는 것

### (4) 관계지역(기본법 2조)

**소방대상물**이 있는 **장소** 및 그 **이웃지역**으로서 화재의 예방 · 경계 · 진압, 구조 · 구급 등의 활동에 필요한 지역

### (5) 무창층(소방시설법 시행령 2조)

지상층 중 개구부의 면적의 합계가 해당 층의 바닥면적의 $\frac{1}{30}$ 이하가 되는 층

Key Point

**※ 인공구조물**
전기설비, 기계설비 등의 각종 설비를 말한다.

**※ 소화설비**
물, 그 밖의 소화약제를 사용하여 소화하는 기계 · 기구 또는 설비

**※ 소화용수설비**
화재를 진압하는 데 필요한 물을 공급하거나 저장하는 설비

**※ 소화활동설비**
화재를 진압하거나 인명구조활동을 위하여 사용하는 설비

Key Point

**※ 개구부**
화재시 쉽게 피난할 수 있는 출입문, 창문 등을 말한다.

**※ 자위소방대**
빌딩 · 공장 등에 설치한 사설소방대

**※ 자체소방대**
다량의 위험물을 저장 · 취급하는 제조소에 설치하는 소방대

**※ 주택(주거)**
해뜨기 전 또는 해진 후에는 화재안전조사를 할 수 없다.

(6) **개구부**(소방시설법 시행령 2조)

① 개구부의 크기가 지름 50cm 이상의 원이 통과할 수 있을 것
② 해당 층의 바닥면으로부터 개구부 밑부분까지의 높이가 1.2m 이내일 것
③ 개구부는 **도로** 또는 **차량**이 진입할 수 있는 **빈터**를 향할 것
④ 화재시 건축물로부터 쉽게 피난할 수 있도록 개구부에 창살, 그 밖의 장애물이 설치되지 않을 것
⑤ 내부 또는 외부에서 **쉽게** 부수거나 열 수 있을 것

(7) **피난층**(소방시설법 시행령 2조)

곧바로 지상으로 갈 수 있는 출입구가 있는 층

## 7 특정소방대상물의 소방훈련의 종류(화재예방법 37조)

① 소화훈련
② 피난훈련
③ 통보훈련

● 초스피드 기억법

소피통훈(소의 피는 통 훈기가 없다.)

## 8 특정소방대상물의 관계인과 소방안전관리대상물의 소방안전관리자의 업무(화재예방법 24조)

| 특정소방대상물(관계인) | 소방안전관리대상물(소방안전관리자) |
|---|---|
| ① 피난시설 · 방화구획 및 방화시설의 관리<br>② 소방시설 · 그 밖의 소방관련시설의 관리<br>③ **화기취급**의 감독<br>④ 소방안전관리에 필요한 업무<br>⑤ 화재발생시 초기대응 | ① 피난시설 · 방화구획 및 방화시설의 관리<br>② 소방시설, 그 밖의 소방관련시설의 관리<br>③ **화기취급**의 감독<br>④ 소방안전관리에 필요한 업무<br>⑤ **소방계획서**의 작성 및 시행(대통령령으로 정하는 사항 포함)<br>⑥ **자위소방대** 및 **초기대응체계**의 구성 · 운영 · 교육<br>⑦ 소방훈련 및 교육<br>⑧ 소방안전관리에 관한 업무수행에 관한 기록 · 유지<br>⑨ 화재발생시 초기대응 |

## 9 제조소 등의 설치허가 제외장소(위험물법 6조)

① 주택의 난방시설(공동주택의 **중앙난방시설**을 제외)을 위한 **저장소** 또는 **취급소**
② 지정수량 20배 이하의 농예용 · 축산용 · 수산용 난방시설 또는 건조시설을 위한 **저장소**

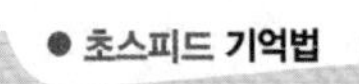

농축수2

Key Point

## 10 제조소 등 설치허가의 취소와 사용정지(위험물법 12조)

① **변경허가**를 받지 아니하고 제조소 등의 위치 · 구조 또는 설비를 변경한 경우
② **완공검사**를 받지 아니하고 제조소 등을 사용한 경우
③ **안전조치 이행명령**을 따르지 아니한 때
④ **수리 · 개조** 또는 **이전**의 **명령**에 **위반**한 경우
⑤ **위험물안전관리자**를 선임하지 아니한 경우
⑥ 안전관리자의 직무를 대행하는 **대리자**를 지정하지 아니한 경우
⑦ **정기점검**을 하지 아니한 경우
⑧ **정기검사**를 받지 아니한 경우
⑨ **저장 · 취급기준 준수명령**에 위반한 경우

## 11 소방시설업의 등록기준(공사업법 4조)

① 기술인력
② 자본금

● 초스피드 기억법

기자등(**기자**가 **등**장했다.)

## 12 소방시설업의 등록취소(공사업법 9조)

① 거짓, 그 밖의 **부정한 방법**으로 등록을 한 경우
② **등록결격사유**에 해당된 경우(단, 등록결격사유가 된 법인이 그 사유가 발생한 날부터 3개월 이내에 그 사유를 해소한 경우 제외)
③ 영업정지기간 중에 소방시설공사 등을 한 경우

## 13 하도급 범위(공사업법 22조)

(1) 도급을 받은 자는 소방시설의 설계, 시공, 감리를 제3자에게 하도급할 수 없다(단, 시공의 경우에는 대통령령으로 정하는 바에 따라 도급받은 소방시설공사의 일부를 다른 공사업자에게 하도급할 수 있다).

(2) 하수급인은 제3자에게 다시 하도급 불가

(3) **소방시설공사의 시공을 하도급 할 수 있는 경우**(공사업령 12조 ①항)

① 주택건설사업
② 건설업
③ 전기공사업
④ 정보통신공사업

## 14 소방기술자의 의무(공사업법 27조)

2 **이상**의 업체에 취업금지(1개 업체에 취업)

**※ 소방시설업의 종류**
① 소방시설설계업 : 소방시설공사에 기본이 되는 공사계획 · 설계도면 · 설계설명서 · 기술계산서 등을 작성하는 영업
② 소방시설공사업 : 설계도서에 따라 소방시설을 신설 · 증설 · 개설 · 이전 · 정비하는 영업
③ 소방공사감리업 : 소방시설공사가 설계도서 및 관계법령에 따라 적법하게 시공되는지 여부의 확인과 기술지도를 수행하는 영업
④ 방염처리업 : 방염대상물품에 대하여 방염처리하는 영업

**※ 소방기술자**
① 소방시설관리사
② 소방기술사
③ 소방설비기사
④ 소방설비산업기사
⑤ 위험물기능장
⑥ 위험물산업기사
⑦ 위험물기능사

## 15 소방대(기본법 2조)

① 소방공무원
② 의무소방원
③ 의용소방대원

## 16 의용소방대의 설치(기본법 37조, 의용소방대법 2조)

① 특별시 ② 광역시, 특별자치시·도, 특별자치도 ③ 시
④ 읍 ⑤ 면

※ 의용소방대의 설치권자
① 시·도지사
② 소방서장

## 17 무기 또는 5년 이상의 징역(위험물법 33조)

제조소 등 허가를 받지 않고 지정수량 이상의 위험물을 저장 또는 취급하는 장소에서 위험물을 유출·방출 또는 확산시켜 사람을 **사망**에 이르게 한 사람

## 18 무기 또는 3년 이상의 징역(위험물법 33조)

제조소 등 허가를 받지 않고 지정수량 이상의 위험물을 저장 또는 취급하는 장소에서 위험물을 유출·방출 또는 확산시켜 사람을 **상해**에 이르게 한 사람

중요

| 10년 이하의 징역·금고 또는 1억원 이하의 벌금 | 7년 이하의 금고 또는 7천만원 이하의 벌금 |
|---|---|
| 업무상 과실로 위험물을 유출·방출 또는 확산시켜 사람을 사상에 이르게 한 사람 | 업무상 과실로 제조소 등 허가를 받지 않고 지정수량 이상의 위험물을 저장 또는 취급하는 장소에서 위험물을 유출·방출 또는 확산시켜 위험을 발생시킨 사람 |

## 19 1년 이상 10년 이하의 징역(위험물법 33조)

제조소 등 허가를 받지 않고 지정수량 이상의 위험물을 저장 또는 취급하는 장소에서 위험물을 유출·방출 또는 확산시켜 사람의 생명·신체 또는 재산에 대하여 **위험**을 발생시킨 사람

## 20 5년 이하의 징역 또는 1억원 이하의 벌금(위험물법 34조 2)

제조소 등의 설치허가를 받지 아니하고 제조소 등을 설치한 자

※ 벌금
범죄의 대가로서 부과하는 돈

## 21 5년 이하의 징역 또는 5000만원 이하의 벌금

① 소방자동차의 출동 방해(기본법 50조)
② 사람 구출 방해(기본법 50조)
③ 소방용수시설 또는 비상소화장치의 효용 방해(기본법 50조)
④ 소방시설에 폐쇄·차단 등의 행위를 한 자(소방시설법 56조)

※ 소방용수시설
화재진압에 사용하기 위한 물을 공급하는 시설

## 22 벌칙(소방시설법 56조)

| 5년 이하의 징역 또는 5천만원 이하의 벌금 | 7년 이하의 징역 또는 7천만원 이하의 벌금 | 10년 이하의 징역 또는 1억원 이하의 벌금 |
|---|---|---|
| **소방시설 폐쇄·차단** 등의 행위를 한 자 | **소방시설 폐쇄·차단** 등의 행위를 하여 사람을 **상해**에 이르게 한 자 | **소방시설 폐쇄·차단** 등의 행위를 하여 사람을 **사망**에 이르게 한 자 |

Key Point

## 23 3년 이하의 징역 또는 3000만원 이하의 벌금

① 화재안전조사 결과에 따른 조치명령 위반자(화재예방법 50조)
② 소방시설관리업 무등록자(소방시설법 57조)
③ **형식승인**을 받지 않은 소방용품 제조 · 수입자(소방시설법 57조)
④ **제품검사** · 합격표시를 하지 않은 소방용품 판매 · 진열(소방시설법 57조)
⑤ 거짓이나 그 밖의 **부정한 방법**으로 제품검사 전문기관의 지정을 받은 자(소방시설법 57조)
⑥ 제품검사를 받지 않은 자(소방시설법 57조)
⑦ 소방활동에 필요한 소방대상물 및 토지의 강제처분을 방해한 자(기본법 51조)
⑧ 저장소 또는 제조소 등이 아닌 장소에서 지정수량 이상의 위험물을 저장 · 취급한 사람(위험물법 34조 3)
⑨ 소방시설업 **무**등록자(공사업법 35조)
⑩ **부정한 청탁**을 받고 재물 또는 재산상의 이익을 취득하거나 부정한 청탁을 하면서 재물 또는 재산상의 이익을 제공한 자(공사업법 35조)

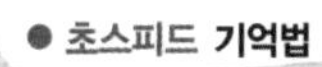

무330(**무**더위에는 **삼**계탕이 제일로 좋다.)

## 24 1년 이하의 징역 또는 1000만원 이하의 벌금

① 소방시설의 **자체점검** 미실시자(소방시설법 58조)
② **소방시설관리사증** 대여(소방시설법 58조)
③ **소방시설관리업**의 등록증 대여(소방시설법 58조)
④ 제조소 등의 정기점검기록 허위 작성(위험물법 35조)
⑤ **자체소방대**를 두지 않고 제조소 등의 허가를 받은 사람(위험물법 35조)
⑥ **위험물 운반용기**의 검사를 받지 않고 유통시킨 사람(위험물법 35조)
⑦ 제조소 등의 긴급사용정지 위반자(위험물법 35조)
⑧ 영업정지처분 위반자(공사업법 36조)
⑨ 허위 감리자(공사업법 36조)
⑩ 공사감리자 미지정자(공사업법 36조)
⑪ 설계, 시공, 감리를 하도급한 자(공사업법 36조)
⑫ 소방시설업자가 아닌 사람에게 **소방시설공사** 등을 도급한 관계인(공사업법 36조)
⑬ 소방시설공사업법을 위반하여 설계나 시공을 한 자(공사업법 36조)

**※ 소방시설관리업**
소방안전관리업무의 대행 또는 소방시설 등의 점검 및 유지 · 관리업

**※ 감리**
소방시설공사에 관한 발주자의 권한을 대행하여 소방시설공사가 설계도서와 관계법령에 따라 적법하게 시공되는지를 확인하고, 품질 · 시공관리에 대한 기술지도를 하는 영업

## 25 1500만원 이하의 벌금(위험물법 36조)

① **위험물의 저장 · 취급**에 관한 중요기준 위반
② 제조소 등의 무단 변경
③ **제조소** 등의 **사용정지** 명령 위반
④ **안전관리자**를 **미선임**한 관계인
⑤ 대리자를 미지정한 관계인
⑥ 탱크시험자의 업무정지명령 위반
⑦ **무허가장소**의 위험물 조치 명령 위반

## 26 1000만원 이하의 벌금(위험물법 37조)

❶ **위험물 취급**에 관한 안전관리와 감독하지 않은 자
❷ **위험물 운반**에 관한 중요기준 위반
❸ 위험물운반자 요건을 갖추지 아니한 위험물운반자
❹ **위험물 운송규정**을 위반한 위험물운송자
❺ 관계인의 **출입 · 검사**를 방해하거나 **비밀누설**

※ **관계인**
① 소유자
② 관리자
③ 점유자

## 27 300만원 이하의 벌금

❶ 관계인의 **화재안전조사**를 정당한 사유없이 거부 · 방해 · 기피(화재예방법 50조)
❷ 위탁받은 업무에 종사하거나 종사하였던 사람의 **비밀누설**(소방시설법 59조, 화재예방법 50조)
❸ 방염성능검사 합격표시 위조 및 거짓시료 제출(소방시설법 59조)
❹ 소방안전관리자, 총괄소방안전관리자 또는 소방안전관리보조자 미선임(화재예방법 50조)
❺ 소방안전관리자에게 불이익한 처우를 한 관계인(화재예방법 50조)
❻ 다른 자에게 자기의 성명이나 상호를 사용하여 소방시설공사 등을 수급 또는 시공하게 하거나 소방시설업의 등록증 · 등록수첩을 빌려준 사람(공사업법 37조)
❼ 감리원 미배치자(공사업법 37조)
❽ 소방기술인정 자격수첩을 빌려준 사람(공사업법 37조)
❾ 2 **이상**의 업체에 취업한 사람(공사업법 37조)
❿ 관계인의 업무를 방해하거나 비밀누설(공사업법 37조)
⓫ 화재의 예방조치명령 위반(화재예방법 50조)

비3(비상)

## 28 100만원 이하의 벌금

❶ **피난명령** 위반(기본법 54조)
❷ 위험시설 등에 대한 긴급조치 방해(기본법 54조)
❸ 소방활동을 하지 않는 관계인(기본법 54조)
❹ 거짓보고 또는 자료 미제출자(공사업법 38조)
❺ 관계공무원의 출입 또는 검사 · 조사를 거부 · 방해 또는 기피한 자(공사업법 38조)
❻ 위험시설 등에 정당한 사유없이 **물**의 **사용**이나 **수도**의 **개폐장치**의 사용 또는 조작을 하지 못하게 하거나 **방해**한 자(기본법 54조)
❼ 소방대의 생활안전활동을 방해한 자(기본법 54조)

피1(차일피일)

Key Point

## 29 500만원 이하의 과태료

1. **화재** 또는 **구조 · 구급**이 필요한 상황을 **거짓**으로 알린 사람(기본법 56조)
2. 정당한 사유없이 화재, 재난 · 재해, 그 밖의 위급한 상황을 소방본부, 소방서 또는 관계행정기관에 알리지 아니한 관계인(기본법 56조)
3. **위험물의 임시저장** 미승인(위험물법 39조)
4. 위험물의 운반에 관한 세부기준 위반(위험물법 39조)
5. 제조소 등의 지위 승계 허위신고(위험물법 39조)
6. **예방규정 미준수**(위험물법 39조)
7. **제조소** 등의 **점검결과**를 기록 · 보존하지 아니한 자(위험물법 39조)
8. **위험물**의 **운송기준** 미준수자(위험물법 39조)
9. 제조소 등의 폐지 허위신고(위험물법 39조)

## 30 300만원 이하의 과태료

1. 소방시설을 화재안전기준에 따라 설치 · 관리하지 아니한 자(소방시설법 61조)
2. **피난시설 · 방화구획** 또는 **방화시설**의 **폐쇄 · 훼손 · 변경** 등의 행위를 한 자(소방시설법 61조)
3. 임시소방시설을 설치 · 관리하지 아니한 자(소방시설법 61조)
4. 관계인의 소방안전관리 업무 미수행(화재예방법 52조)
5. 관계인의 거짓 자료제출(소방시설법 61조)
6. **소방훈련** 및 **교육** 미실시자(화재예방법 52조)
7. 소방시설의 점검결과 미보고(소방시설법 61조)
8. 공무원의 출입 또는 검사를 거부 · 방해 또는 기피한 자(소방시설법 61조)

## 31 200만원 이하의 과태료

1. 소방용수시설 · 소화기구 및 설비 등의 설치명령 위반(화재예방법 52조)
2. 특수가연물의 저장 · 취급 기준 위반(화재예방법 52조)
3. 한국 119 청소년단 또는 이와 유사한 명칭을 사용한 자(기본법 56조)
4. 소방활동구역 출입(기본법 56조)
5. 소방자동차의 출동에 지장을 준 자(기본법 56조)
6. 한국소방안전원 또는 이와 유사한 명칭을 사용한 자(기본법 56조)
7. 관계서류 미보관자(공사업법 40조)
8. 소방기술자 미배치자(공사업법 40조)
9. 하도급 미통지자(공사업법 40조)

⑩ 완공검사를 받지 아니한 자(공사업법 40조)

⑪ 방염성능기준 미만으로 방염한 자(공사업법 40조)

⑫ 관계인에게 지위승계 · 행정처분 · 휴업 · 폐업 사실을 거짓으로 알린 자(공사업법 40조)

## 32 건축허가 등의 동의대상물(소방시설법 시행령 7조)

① 연면적 400m²(학교시설 : 100m², **수련시설 · 노유자시설** : 200m², **정신의료기관 · 장애인 의료재활시설** : 300m²) 이상

② **6층** 이상인 건축물

③ 차고 · 주차장으로서 바닥면적 200m² 이상(자동차 20대 이상)

④ **항공기격납고, 관망탑, 항공관제탑, 방송용 송수신탑**

※ **항공기격납고**
항공기를 안전하게 보관하는 장소

⑤ 지하층 또는 무창층의 바닥면적 150m² 이상(공연장은 100m² 이상)

⑥ **위험물저장 및 처리시설**

⑦ 전기저장시설, 풍력발전소

⑧ 조산원, 산후조리원, 의원(입원실 있는 것)

⑨ 결핵환자나 한센인이 24시간 생활하는 노유자시설

⑩ **지하구**

⑪ 요양병원(의료재활시설 제외)

⑫ 노인주거복지시설 · 노인의료복지시설 및 재가노인복지시설, 학대피해노인 전용쉼터, 아동복지시설, 장애인거주시설

⑬ 정신질환자 관련시설(공동생활가정을 제외한 재활훈련시설과 종합시설 중 24시간 주거를 제공하지 않는 시설 제외)

⑭ 노숙인자활시설, 노숙인재활시설 및 노숙인요양시설

⑮ 공장 또는 창고시설로서 지정수량의 **750배 이상**의 특수가연물을 저장 · 취급하는 것

⑯ 가스시설로서 지상에 노출된 탱크의 저장용량의 합계가 100t 이상인 것

● **초스피드 기억법**

2자(이자)

## 33 관리의 권원이 분리된 특정소방대상물의 소방안전관리(화재예방법 35조, 화재예방법 시행령 35조)

① 복합건축물(지하층을 제외한 11층 이상 또는 연면적 3만m² 이상인 건축물)

② 지하가

③ **도매시장, 소매시장** 및 **전통시장**

※ **복합건축물**
하나의 건축물 안에 둘 이상의 특정소방대상물로서 용도가 복합되어 있는 것

Key Point

## 34 소방안전관리자의 자격(화재예방법 시행령 〔별표 4〕)

### (1) 특급 소방안전관리대상물의 소방안전관리자 선임조건

| 자 격 | 경 력 | 비 고 |
|---|---|---|
| • 소방기술사<br>• 소방시설관리사 | 경력 필요 없음 | 특급 소방안전관리자 자격증을 받은 사람 |
| • 1급 소방안전관리자(소방설비기사) | 5년 | |
| • 1급 소방안전관리자(소방설비산업기사) | 7년 | |
| • 소방공무원 | 20년 | |
| • 소방청장이 실시하는 특급 소방안전관리대상물의 소방안전관리에 관한 시험에 합격한 사람 | 경력 필요 없음 | |

### (2) 1급 소방안전관리대상물의 소방안전관리자 선임조건

| 자 격 | 경 력 | 비 고 |
|---|---|---|
| • 소방설비기사 · 소방설비산업기사 | 경력 필요 없음 | 1급 소방안전관리자 자격증을 받은 사람 |
| • 소방공무원 | 7년 | |
| • 소방청장이 실시하는 1급 소방안전관리대상물의 소방안전관리에 관한 시험에 합격한 사람 | 경력 필요 없음 | |
| • 특급 소방안전관리대상물의 소방안전관리자 자격이 인정되는 사람 | | |

### (3) 2급 소방안전관리대상물의 소방안전관리자 선임조건

| 자 격 | 경 력 | 비 고 |
|---|---|---|
| • 위험물기능장 · 위험물산업기사 · 위험물기능사 | 경력 필요 없음 | 2급 소방안전관리자 자격증을 받은 사람 |
| • 소방공무원 | 3년 | |
| • 소방청장이 실시하는 2급 소방안전관리대상물의 소방안전관리에 관한 시험에 합격한 사람 | 경력 필요 없음 | |
| • 「기업활동 규제완화에 관한 특별조치법」에 따라 소방안전관리자로 선임된 사람(소방안전관리자로 선임된 기간으로 한정) | | |
| • 특급 또는 1급 소방안전관리대상물의 소방안전관리자 자격이 인정되는 사람 | | |

### (4) 3급 소방안전관리대상물의 소방안전관리자 선임조건

| 자 격 | 경 력 | 비 고 |
|---|---|---|
| • 소방공무원 | 1년 | 3급 소방안전관리자 자격증을 받은 사람 |
| • 소방청장이 실시하는 3급 소방안전관리대상물의 소방안전관리에 관한 시험에 합격한 사람 | 경력 필요 없음 | |
| • 「기업활동 규제완화에 관한 특별조치법」에 따라 소방안전관리자로 선임된 사람(소방안전관리자로 선임된 기간으로 한정) | | |
| • 특급 소방안전관리대상물, 1급 소방안전관리대상물 또는 2급 소방안전관리대상물의 소방안전관리자 자격이 인정되는 사람 | | |

**※ 특급 소방안전관리대상물(동식물원, 철강 등 불연성 물품 저장 · 취급창고, 지하구, 위험물제조소 등 제외)**
① 50층 이상(지하층 제외) 또는 지상 200m 이상 아파트
② 30층 이상(지하층 포함) 또는 지상 120m 이상(아파트 제외)
③ 연면적 10만$m^2$ 이상인 것

**※ 1급 소방안전관리대상물(동식물원, 철강 등 불연성 물품 저장 · 취급창고, 지하구, 위험물제조소 등 제외)**
① 30층 이상(지하층 제외) 또는 지상 120m 이상인 아파트
② 연면적 15000$m^2$ 이상인 것(아파트, 연립주택 제외)
③ 11층 이상(아파트 제외)
④ 가연성 가스를 1000t 이상 저장 · 취급하는 시설

**※ 2급 소방안전관리대상물**
① 지하구
② 가연성 가스를 100~1000t 미만 저장 · 취급하는 시설
③ 옥내소화전설비 · 스프링클러설비
④ 물분무 등 소화설비 설치대상물(호스릴 방식 제외)
⑤ 목조건축물(국보 · 보물)
⑥ 의무관리대상 공동주택(옥내소화전설비 또는 스프링클러설비가 설치된 것)

# 35 특정소방대상물의 방염

**※ 방염**
연소하기 쉬운 건축물의 실내장식물 등 또는 그 재료에 어떤 방법을 가하여 연소하기 어렵게 만든 것

## (1) 방염성능기준 이상 적용 특정소방대상물(소방시설법 시행령 30조)

1. 체력단련장, 공연장 및 종교집회장
2. 문화 및 집회시설
3. 종교시설
4. 운동시설(수영장은 제외)
5. 의원, 조산원, 산후조리원
6. 의료시설(종합병원, 정신의료기관)
7. 교육연구시설 중 합숙소
8. 노유자시설
9. 숙박이 가능한 수련시설
10. 숙박시설
11. 방송국 및 촬영소
12. 다중이용업소(단란주점영업, 유흥주점영업, 노래연습장의 영업장 등)
13. 층수가 11층 이상인 것(아파트는 제외)

## (2) 방염대상물품(소방시설법 시행령 31조)

| 제조 또는 가공 공정에서 방염처리를 한 물품 | 건축물 내부의 천장이나 벽에 부착하거나 설치하는 것 |
|---|---|
| ① 창문에 설치하는 **커튼류**(블라인드 포함)<br>② 카펫<br>③ **벽지류**(두께 **2mm 미만**인 **종이벽지 제외**)<br>④ **전시용 합판·목재** 또는 **섬유판**<br>⑤ **무대용 합판·목재** 또는 **섬유판**<br>⑥ **암막·무대막**(영화상영관·가상체험 체육시설업의 **스크린** 포함)<br>⑦ 섬유류 또는 합성수지류 등을 원료로 하여 제작된 소파·의자(단란주점영업, 유흥주점영업 및 노래연습장업의 영업장에 설치하는 것만 해당) | ① 종이류(두께 **2mm 이상**), **합성수지류** 또는 **섬유류**를 주원료로 한 물품<br>② **합판**이나 **목재**<br>③ 공간을 구획하기 위하여 설치하는 **간이칸막이**<br>④ **흡음재**(흡음용 커튼 포함) 또는 **방음재**(방음용 커튼 포함)<br><br>※ 가구류(옷장, 찬장, 식탁, 식탁용 의자, 사무용 책상, 사무용 의자, 계산대)와 너비 10cm 이하인 반자돌림대, 내부 마감재료 제외 |

**※ 잔염시간**
버너의 불꽃을 제거한 때부터 불꽃을 올리며 연소하는 상태가 그칠 때까지의 시간

**※ 잔진시간(잔신시간)**
버너의 불꽃을 제거한 때부터 불꽃을 올리지 않고 연소하는 상태가 그칠 때까지의 시간

## (3) 방염성능기준(소방시설법 시행령 31조)

1. 버너의 불꽃을 올리며 연소하는 상태가 그칠 때까지의 시간 **20초** 이내
2. 버너의 불꽃을 올리지 않고 연소하는 상태가 그칠 때까지의 시간 **30초** 이내
3. 탄화한 면적 **50cm²** 이내(길이 **20cm** 이내)
4. 불꽃의 접촉횟수는 **3회** 이상
5. 최대 연기밀도 **400** 이하

Key Point

● 초스피드 기억법

올2(올리다.)

## 36 자체소방대의 설치제외 대상인 일반취급소(위험물규칙 73조)

1. **보일러 · 버너**로 위험물을 소비하는 일반취급소
2. **이동저장탱크**에 위험물을 주입하는 일반취급소
3. **용기**에 위험물을 옮겨 담는 일반취급소
4. **유압장치 · 윤활유순환장치**로 위험물을 취급하는 일반취급소
5. **광산안전법의 적용을 받는** 일반취급소

## 37 소화활동설비(소방시설법 시행령 〔별표 1〕)

1. 연결송수관설비
2. 연결살수설비
3. 연소방지설비
4. 무선통신보조설비
5. 제연설비
6. 비상콘센트설비

● 초스피드 기억법

3연 무제비콘(3년에 한 번은 **제비**가 **콘**도에 오지 않는다.)

## 38 소화설비(소방시설법 시행령 〔별표 4〕)

### (1) 소화설비의 설치대상

| 종 류 | 설치대상 |
|---|---|
| • 소화기구 | ① 연면적 33m² 이상<br>② 국가유산<br>③ 가스시설<br>④ 터널<br>⑤ 지하구<br>⑥ 발전시설 중 전기저장시설 |
| • 주거용 주방자동소화장치 | ① 아파트 등<br>② 오피스텔 |

● 초스피드 기억법

아자(아자!)

**※ 광산안전법**
광산의 안전을 유지하기 위해 제정해 놓은 법

**※ 연소방지설비**
지하구에 헤드를 설치하여 지하구의 화재시 소방자동차에 의해 물을 공급받아 헤드를 통해 방사하는 설비

**※ 제연설비**
화재시 발생하는 연기를 감지하여 화재의 확대 및 연기의 확산을 막기 위한 설비

**※ 주거용 주방자동소화장치**
가스레인지 후드에 고정설치하여 화재시 100℃의 열에 의해 자동으로 소화약제를 방출하며 가스자동차단, 화재경보 및 가스누출 경보 기능을 함

### (2) 옥내소화전설비의 설치대상

| 설치대상 | 조 건 |
|---|---|
| ① 차고 · 주차장 | • 200m² 이상 |
| ② 근린생활시설<br>③ 업무시설(금융업소 · 사무소) | • 연면적 1500m² 이상 |
| ④ 문화 및 집회시설, 운동시설<br>⑤ 종교시설 | • 연면적 3000m² 이상 |
| ⑥ 특수가연물 저장 · 취급 | • 지정수량 750배 이상 |
| ⑦ 지하가 중 터널길이 | • 1000m 이상 |

### (3) 옥외소화전설비의 설치대상

| 설치대상 | 조 건 |
|---|---|
| ① 목조건축물 | • 국보 · 보물 |
| ② 지상 1 · 2층 | • 바닥면적 합계 9000m² 이상 |
| ③ 특수가연물 저장 · 취급 | • 지정수량 750배 이상 |

● 초스피드 기억법

지9외(지구의)

### (4) 스프링클러설비의 설치대상

| 설치대상 | 조 건 |
|---|---|
| ① 문화 및 집회시설(동 · 식물원 제외)<br>② 종교시설(주요구조부가 목조인 것 제외)<br>③ 운동시설[물놀이형 시설, 바닥(불연재료), 관람석 없는 운동시설 제외] | • 수용인원－100명 이상<br>• 영화상영관－지하층 · 무창층 500m²(기타 1000m²)<br>• 무대부<br>① 지하층 · 무창층 · 4층 이상 300m² 이상<br>② 1~3층 500m² 이상 |
| ④ 판매시설<br>⑤ 운수시설<br>⑥ 물류터미널 | • 수용인원 500명 이상<br>• 바닥면적 합계 5000m² 이상 |
| ⑦ 조산원, 산후조리원<br>⑧ 정신의료기관<br>⑨ 종합병원, 병원, 치과병원, 한방병원 및 요양병원<br>⑩ 노유자시설<br>⑪ 수련시설(숙박 가능한 곳)<br>⑫ 숙박시설 | • 바닥면적 합계 600m² 이상 |
| ⑬ 지하가(터널 제외) | • 연면적 1000m² 이상 |
| ⑭ 지하층 · 무창층(축사 제외)<br>⑮ 4층 이상 | • 바닥면적 1000m² 이상 |
| ⑯ 10m 넘는 랙식 창고 | • 바닥면적 합계 1500m² 이상 |
| ⑰ 창고시설(물류터미널 제외) | • 바닥면적 합계 5000m² 이상 |

**＊ 노유자시설**
① 아동관련시설
② 노인관련시설
③ 장애인관련시설

**＊ 랙식 창고**
선반 또는 이와 비슷한 것을 설치하고 승강기에 의하여 수납을 운반하는 장치를 갖춘 것

| 설치대상 | 조 건 |
| --- | --- |
| ⑱ 기숙사<br>⑲ 복합건축물 | • 연면적 5000m$^2$ 이상 |
| ⑳ 6층 이상 | 모든 층 |
| ㉑ 공장 또는 창고시설 | • 특수가연물 저장 · 취급 – 지정수량 1000배 이상<br>• 중 · 저준위 방사성 폐기물의 저장시설 중 소화수를 수집 · 처리하는 설비가 있는 저장시설 |
| ㉒ 지붕 또는 외벽이 불연재료가 아니거나 내화구조가 아닌 공장 또는 창고시설 | • 물류터미널(⑥에 해당하지 않는 것)<br>① 바닥면적 합계 2500m$^2$ 이상<br>② 수용인원 250명<br>• 창고시설(물류터미널 제외) – 바닥면적 합계 2500m$^2$ 이상<br>• 지하층 · 무창층 · 4층 이상(⑭ · ⑮에 해당하지 않는 것) – 바닥면적 500m$^2$ 이상<br>• 랙식 창고(⑯에 해당하지 않는 것) – 바닥면적 합계 750m$^2$ 이상<br>• 특수가연물 저장 · 취급(㉑에 해당하지 않는 것) – 지정수량 500배 이상 |
| ㉓ 교정 및 군사시설 | • 보호감호소, 교도소, 구치소 및 그 지소, 보호관찰소, 갱생보호시설, 치료감호시설, 소년원 및 소년분류심사원의 수용거실<br>• 보호시설(외국인보호소는 보호대상자의 생활공간으로 한정)<br>• 유치장 |
| ㉔ 발전시설 | • 전기저장시설 |

## (5) 물분무등소화설비의 설치대상

| 설치대상 | 조 건 |
| --- | --- |
| ① 차고 · 주차장(50세대 미만 연립주택 및 다세대주택 제외) | • 바닥면적 합계 200m$^2$ 이상 |
| ② 전기실 · 발전실 · 변전실<br>③ 축전지실 · 통신기기실 · 전산실 | • 바닥면적 300m$^2$ 이상 |
| ④ 주차용 건축물 | • 연면적 800m$^2$ 이상 |
| ⑤ 기계식 주차장치 | • 20대 이상 |
| ⑥ 항공기격납고 | • 전부(규모에 관계없이 설치) |
| ⑦ 중 · 저준위 방사성 폐기물의 저장시설(소화수를 수집 · 처리하는 설비 미설치) | • 이산화탄소 소화설비, 할론소화설비, 할로겐화합물 및 불활성기체 소화설비 설치 |
| ⑧ 지하가 중 터널 | • 예상교통량, 경사도 등 터널의 특성을 고려하여 행정안전부령으로 정하는 터널 |
| ⑨ 지정문화유산(문화유산자료 제외) | • 소방청장이 국가유산청장과 협의하여 정하는 것 또는 적응소화설비 |

**※ 물분무등소화설비**
① 물분무소화설비
② 미분무소화설비
③ 포소화설비
④ 이산화탄소 소화설비
⑤ 할론소화설비
⑥ 분말소화설비
⑦ 할로겐화합물 및 불활성기체 소화설비
⑧ 강화액소화설비

## 39 비상경보설비의 설치대상(소방시설법 시행령 [별표 4])

| 설치대상 | 조 건 |
|---|---|
| ① 지하층 · 무창층 | • 바닥면적 150m$^2$(공연장 100m$^2$) 이상 |
| ② 전부 | • 연면적 400m$^2$ 이상 |
| ③ 지하가 중 터널 | • 길이 500m 이상 |
| ④ 옥내작업장 | • 50인 이상 작업 |

**※ 인명구조기구와 피난기구**

1. **인**명구조기구
   ① **방**열복
   ② 방화복(안전모, 보호장갑, 안전화 포함)
   ③ **공**기호흡기
   ④ **인**공소생기

기억법 **방공인**(방공인)

2. 피난기구
   ① 완강기
   ② 피난사다리
   ③ 구조대
   ④ 소방청장이 정하여 고시하는 화재안전기준으로 정하는 것(미끄럼대, 피난교, 공기안전매트, 피난용 트랩, 다수인 피난장비, 승강식 피난기, 간이 완강기, 하향식 피난구용 내림식 사다리)

## 40 인명구조기구의 설치장소(소방시설법 시행령 [별표 4])

1. 지하층을 포함한 **7층** 이상의 **관광호텔**[방열복, 방화복(안전모, 보호장갑, 안전화 포함), 인공소생기, 공기호흡기]
2. 지하층을 포함한 **5층** 이상의 **병원**[방열복, 방화복(안전모, 보호장갑, 안전화 포함), 공기호흡기]

● **초스피드 기억법**

**5병**(오**병**이어의 기적)

## 41 제연설비의 설치대상(소방시설법 시행령 [별표 4])

| 설치대상 | 조 건 |
|---|---|
| ① 문화 및 집회시설, 운동시설<br>② 종교시설 | • 바닥면적 200m$^2$ 이상 |
| ③ 기타 | • 1000m$^2$ 이상 |
| ④ 영화상영관 | • 수용인원 **100명** 이상 |
| ⑤ 지하가 중 터널 | • 예상교통량, 경사도 등 터널의 특성을 고려하여 행정안전부령으로 정하는 터널 |
| ⑥ 특별피난계단<br>⑦ 비상용 승강기의 승강장<br>⑧ 피난용 승강기의 승강장 | • 전부 |

**※ 제연설비**

화재시 발생하는 연기를 감지하여 방염 및 제연함은 물론 화재의 확대, 연기의 확산을 막아 연기로 인한 탈출로 차단 및 질식으로 인한 인명피해를 줄이는 등 피난 및 소화활동상 필요한 안전설비

## 42 소방용품 제외대상(소방시설법 시행령 6조)

1. 주거용 주방자동소화장치용 소화약제
2. 가스자동소화장치용 소화약제
3. 분말자동소화장치용 소화약제
4. 고체에어로졸 자동소화장치용 소화약제
5. 소화약제 외의 것을 이용한 간이소화용구
6. 휴대용 비상조명등
7. 유도표지

Key Point

❽ 벨용 푸시버튼스위치
❾ 피난밧줄
❿ 옥내소화전함
⓫ 방수구

## 43 화재예방강화지구의 지정지역(화재예방법 18조)

❶ **시장**지역
❷ **공장 · 창고**가 밀집한 지역
❸ **목조건물**이 밀집한 지역
❹ 노후 · 불량 건축물이 밀집한 지역
❺ **위험물의 저장** 및 **처리시설**이 **밀집**한 지역
❻ **석유화학제품**을 생산하는 공장이 있는 지역
❼ **「산업입지 및 개발에 관한 법률」**에 따른 산업단지
❽ **소방시설 · 소방용수시설** 또는 **소방출동로**가 **없는** 지역
❾ **「물류시설의 개발 및 운영에 관한 법률」**에 따른 물류단지
❿ **소방청장, 소방본부장** 또는 **소방서장**(소방관서장)이 화재예방강화지구로 지정할 필요가 있다고 인정하는 지역

## 44 근린생활시설(소방시설법 시행령 〔별표 2〕)

| 면 적 | 적용장소 |
|---|---|
| 150m² 미만 | • 단란주점 |
| 300m² 미만 | • 종교집회장<br>• 공연장<br>• 비디오물 감상실업<br>• 비디오물 소극장업 |
| 500m² 미만 | • 탁구장<br>• 서점<br>• 볼링장<br>• 체육도장<br>• 금융업소<br>• 사무소<br>• 부동산 중개사무소<br>• 학원 |
| 1000m² 미만 | • 자동차 영업소<br>• 슈퍼마켓<br>• 일용품 |
| 전부 | • 의원 · 이용원<br>• 독서실<br>• 안마원(안마시술소 포함)<br>• 휴게음식점 · 일반음식점<br>• 제과점<br>• 기원 |

**※ 화재예방강화지구**
시 · 도지사가 화재발생 우려가 크거나 화재가 발생할 경우 피해가 클 것으로 예상되는 지역에 대하여 화재의 예방 및 안전관리를 강화하기 위해 지정 · 관리하는 지역

**※ 의원과 병원**
① 의원 : 근린생활시설
② 병원 : 의료시설

● 초스피드 기억법

종3(중세시대)

※ 업무시설
오피스텔

## 45 업무시설(소방시설법 시행령 〔별표 2〕)

| 면 적 | 적용장소 |
|---|---|
| 전부 | • 주민자치센터(동사무소) • 경찰서<br>• 소방서 • 우체국<br>• 보건소 • 공공도서관<br>• 국민건강보험공단<br>• 금융업소 · **오피스텔** · 신문사 |

## 46 위험물(위험물령 〔별표 1〕)

| 위험물 | 설 명 |
|---|---|
| 과산화수소 | 농도 36wt% 이상 |
| 황 | 순도 60wt% 이상 |
| 질산 | 비중 1.49 이상 |

● 초스피드 기억법

3과(삼가 인사올립니다.)
질49(제일 싸구려.)

※ 소방시설공사업의 보조기술인력
① 전문공사업 : 2명 이상
② 일반공사업 : 1명 이상

## 47 소방시설공사업(공사업령 〔별표 1〕)

| 구 분 | 전 문 | 일 반 |
|---|---|---|
| 자본금 | • 법인 : **1억원** 이상<br>• 개인 : **1억원** 이상 | • 법인 : **1억원** 이상<br>• 개인 : **1억원** 이상 |
| 영업범위 | • 특정소방대상물 | • 연면적 10000$m^2$ 미만<br>• **위험물제조소** 등 |

※ 소방용수시설
화재진압에 사용하기 위한 물을 공급하는 시설

## 48 소방용수시설의 설치기준(기본규칙 〔별표 3〕)

| 100m 이하 | 140m 이하 |
|---|---|
| • 주거지역<br>• 공업지역<br>• 상업지역 | • 기타지역 |

● 초스피드 기억법

주공 100상(주공아파트에 백상어가 그려져 있다.)

Key Point

## 49 소방용수시설의 저수조의 설치기준(기본규칙 〔별표 3〕)

| 구 분 | 설 명 |
|---|---|
| 낙차 | 4.5m 이하 |
| 수심 | 0.5m 이상 |
| 투입구의 길이 또는 지름 | 60cm 이상 |

① 소방펌프자동차가 **쉽게 접근**할 수 있도록 할 것

② 흡수에 지장이 없도록 **토사** 및 **쓰레기** 등을 제거할 수 있는 설비를 갖출 것

③ 저수조에 물을 공급하는 방법은 **상수도**에 연결하여 **자동**으로 **급수**되는 구조일 것

## 50 소방신호표(기본규칙 〔별표 4〕)

| 신호방법 / 종 별 | 타종신호 | 사이렌신호 |
|---|---|---|
| 경계신호 | **1타**와 **연 2타**를 반복 | **5초** 간격을 두고 **30초**씩 **3회** |
| 발화신호 | **난타** | **5초** 간격을 두고 **5초**씩 **3회** |
| 해제신호 | 상당한 간격을 두고 **1타**씩 반복 | **1분**간 **1회** |
| 훈련신호 | **연 3타** 반복 | **10초** 간격을 두고 **1분**씩 **3회** |

**＊경계신호**
화재예방상 필요하다고 인정되거나 화재위험경보시 발령

**＊발화신호**
화재가 발생한 때 발령

**＊해제신호**
소화활동이 필요없다고 인정되는 때 발령

**＊훈련신호**
훈련상 필요하다고 인정되는 때 발령

제3편

# 소방수리학 · 약제화학 및 소방전기

## 제1장 소방수리학

※ 유체
외부 또는 내부로부터 어떤 힘이 작용하면 움직이려는 성질을 가진 액체와 기체상태의 물질

### 1 유체의 종류

| 유체 종류 | 설 명 |
|---|---|
| 실제 유체 | **점**성이 **있**으며, **압축성**인 유체 |
| 이상 유체 | 점성이 없으며, **비압축성**인 유체 |
| 압축성 유체 | **기체**와 같이 체적이 변화하는 유체 |
| 비압축성 유체 | **액체**와 같이 체적이 변화하지 않는 유체 |

● 초스피드 기억법

**실점있압**(실점이 있는 사람만 압박해!), **기압**(기압)

### 2 열량

$$Q = rm + mC\Delta T$$

여기서, $Q$ : 열량〔cal〕
$r$ : 융해열 또는 기화열〔cal/g〕
$m$ :질량〔g〕
$C$ : 비열〔cal/g · ℃〕
$\Delta T$ : 온도차〔℃〕

※ 비열
1g의 물체를 1℃만큼 온도 상승시키는 데 필요한 열량〔cal〕

### 3 유체의 단위(다 시험에 잘 나온다.)

1. $1N = 10^5 dyne$
2. $1N = 1kg \cdot m/s^2$
3. $1dyne = 1g \cdot cm/s^2$
4. $1Joule = 1N \cdot m$
5. $1kg_f = 9.8N = 9.8kg \cdot m/s^2$
6. $1P(poise) = 1g/cm \cdot s = 1dyne \cdot s/cm^2$
7. $1cP(centipoise) = 0.01g/cm \cdot s$
8. $1stokes(St) = 1cm^2/s$
9. $1atm = 760mmHg = 1.0332kg_f/cm^2$
   $= 10.332mH_2O(mAq)$
   $= 14.7PSI(lb_f/in^2)$
   $= 101.325kPa(kN/m^2)$
   $= 1013mbar$

## 4 체적탄성계수

$$K = -\frac{\Delta P}{\Delta V / V}$$

여기서, $K$ : 체적탄성계수〔Pa〕
$\Delta V$ : 체적의 변화(체적의 차)〔$m^3$〕
$\Delta P$ : 가해진 압력〔Pa〕
$V$ : 처음 체적〔$m^3$〕
$\Delta V / V$ : 체적의 감소율

압축률

$$\beta = \frac{1}{K}$$

여기서, $\beta$ : 압축률〔1/Pa〕
$K$ : 체적탄성계수〔Pa〕

## 5 절대압(꼭! 알아야 한다.)

① 절대압=대기압+게이지압(계기압)
② 절대압=대기압−진공압

● 초스피드 기억법

절대게(절대로 개입하지 마라.)
절대−진(절대로 마이너지진이 남지 않는다.)

## 6 동점성 계수(동점도)

$$V = \frac{\mu}{\rho}$$

여기서, $V$ : 동점도〔$cm^2/s$〕
$\mu$ : 일반점도〔g/cm·s〕
$\rho$ : 밀도〔$g/cm^3$〕

## 7 비중량

$$\gamma = \rho g$$

여기서, $\gamma$ : 비중량〔$N/m^3$〕
$\rho$ : 밀도〔$kg/m^3$〕
$g$ : 중력가속도(9.8$m/s^2$)

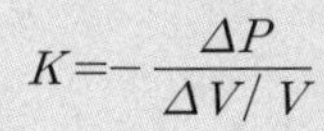

Key Point

※ 체적탄성계수
① 등온압축

$K = P$

② 단열압축

$K = kP$

여기서,
$K$: 체적탄성계수〔Pa〕
$P$: 절대압력〔Pa〕
$k$: 단열지수

※ 절대압
완전진공을 기준으로 한 압력

기억법 절진(절전)

※ 게이지압(계기압)
국소대기압을 기준으로 한 압력

※ 동점도
유체의 저항을 측정하기 위한 절대점도의 값

※ 비중량
단위체적당 중량

※ 비체적
단위질량당 체적

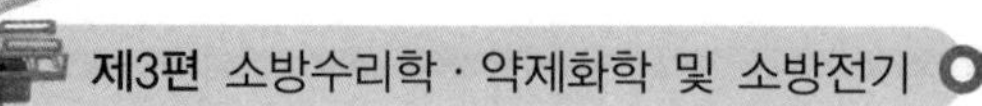

① 물의 비중량

$1g_f/cm^3 = 1000kg_f/m^3 = 9800N/m^3 = 9.8kN/m^3$

② 물의 밀도

$\rho = 1g/cm^3 = 1000kg/m^3 = 1000N \cdot s^2/m^4 = 102kg_f \cdot s^2/m^4$

## 8 이상기체 상태방정식

$$PV = nRT = \frac{m}{M}RT, \quad \rho = \frac{PM}{RT}$$

여기서, $P$ : 압력〔atm〕
$V$ : 부피〔$m^3$〕
$n$ : 몰수$\left(\frac{m}{M}\right)$
$R$ : 0.082(atm · $m^3$/kmol · K)
$T$ : 절대온도(273+℃)〔K〕
$m$ : 질량〔kg〕
$M$ : 분자량
$\rho$ : 밀도〔kg/$m^3$〕

**＊몰수**

$$n = \frac{m}{M}$$

여기서, $n$ : 몰수
$M$ : 분자량
$m$ : 질량〔kg〕

## 9 물체의 무게

$$W = \gamma V$$

여기서, $W$ : 물체의 **무**게〔N〕
$\gamma$ : **비**중량〔N/$m^3$〕
$V$ : 물체가 잠긴 **체**적〔$m^3$〕

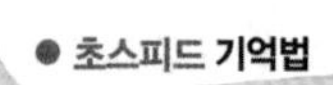

**무비체**(**무비**카메라 가진 사람을 **체**포하라!)

## 10 열역학의 법칙(이 내용들이 확하면 그대는 '열역학' 박사!)

| | |
|---|---|
| 열역학 제0법칙<br>(열평형의 법칙) | 온도가 높은 물체와 낮은 물체를 접촉시키면 온도가 높은 물체에서 낮은 물체로 열이 이동하여 두 물체의 **온도**는 **평형**을 이루게 된다. |
| 열역학 제1법칙<br>(에너지보존의 법칙) | 기체의 공급에너지는 **내부에너지**와 외부에서 한 일의 합과 같다. |
| 열역학 제2법칙 | ① 자발적인 변화는 **비가역적**이다.<br>② 열은 스스로 **저온**에서 **고온**으로 절대로 흐르지 않는다.<br>③ 열을 완전히 일로 바꿀 수 있는 **열기관**을 만들 수 **없다**. |
| 열역학 제3법칙 | 순수한 물질이 1atm하에서 결정상태이면 엔트로피는 0K에서 0이다. |

**＊비가역적**

어떤 물질에 열을 가한 후 식히면 다시 원래의 상태로 되돌아 오지 않는 것

Key Point

● 초스피드 기억법

**열1내**(**열**받으면 **일내**다.)
**열비 저고 2**(**열**이나 **비**에 강한 **저고**리)

## 11 엔트로피($\Delta S$)

| 가역 단열과정 | 비가역 단열과정 |
|---|---|
| $\Delta S = 0$ | $\Delta S > 0$ |

여기서, $\Delta S$ : 엔트로피[J/K]

등엔트로피 과정=가역 단열과정

● 초스피드 기억법

**가0**(**가영**이)

## 12 유량

$$Q = AV = \left(\frac{\pi D^2}{4}\right)V$$

여기서, $Q$ : 유량[$m^3/s$]
$A$ : 단면적[$m^2$]
$V$ : 유속[m/s]
$D$ : 직경(지름)[m]

## 13 베르누이 방정식(Bernoulli's equation)

$$\frac{V^2}{2g} + \frac{p}{\gamma} + Z = \text{일정}$$

(속도수두) (압력수두) (위치수두)

여기서, $V$ : 유속[m/s]
$p$ : 압력([$kN/m^2$] 또는 [kPa])
$Z$ : 높이[m]
$g$ : 중력가속도($9.8m/s^2$)
$\gamma$ : 비중량[$kN/m^3$]

※ 베르누이 방정식에 의해 2개의 공 사이에 기류를 불어 넣으면(**속도**가 증가하여) **압력**이 **감소**하므로 2개의 공은 **달라붙는다**.

**＊ 엔트로피**
어떤 물질의 정렬상태를 나타내는 수치

**＊ 유량**
관 내를 흘러가는 유체의 양

**＊ 베르누이 방정식의 적용 조건**
① 정상 흐름
② 비압축성 흐름
③ 비점성 흐름
④ 이상유체

기억법 **베정비이**(배를 정비해서 이곳을 떠나라!)

Key Point

## 14 토리첼리의 식(Torricelli's theorem)

$$V = \sqrt{2gH}$$

여기서, $V$ : 유속〔m/s〕
$g$ : 중력가속도(9.8m/$s^2$)
$H$ : 높이〔m〕

※ 수압기
파스칼의 원리를 이용한 대표적 기계

기억법 파수(파수꾼)

## 15 파스칼의 원리(Principle of Pascal)

$$\frac{F_1}{A_1} = \frac{F_2}{A_2}, \quad P_1 = P_2$$

여기서, $F_1$, $F_2$ : 가해진 힘〔$kg_f$〕
$A_1$, $A_2$ : 단면적〔$m^2$〕
$P_1$, $P_2$ : 압력〔Pa〕 또는 〔N/$m^2$〕

※ 레이놀즈수
층류와 난류를 구분하기 위한 계수

## 16 레이놀즈수(Reynolds number)(잊지 말자!)

| 구 분 | 레이놀즈수 |
|---|---|
| 층류 | $Re < 2100$ |
| 천이영역(임계영역) | $2100 < Re < 4000$ |
| 난류 | $Re > 4000$ |

$$Re = \frac{DV\rho}{\mu} = \frac{DV}{\nu}$$

여기서, $Re$ : 레이놀즈수
$D$ : 내경〔m〕
$V$ : 유속〔m/s〕
$\rho$ : 밀도〔kg/$m^3$〕
$\mu$ : 점도〔g/cm · s〕
$\nu$ : 동점성계수$\left(\frac{\mu}{\rho}\right)$〔$cm^2$/s〕

※ 레이놀즈수
① 층류
② 천이영역
③ 난류

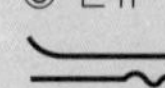

## 17 관마찰계수

$$f = \frac{64}{Re}$$

여기서, $f$ : 관마찰계수
$Re$ : 레이놀즈수

| 구 분 | 설 명 |
|---|---|
| 층류 | **레이놀즈수**에만 관계되는 계수 |
| 천이영역(임계영역) | **레이놀즈수**와 관의 **상대조도**에 관계되는 계수 |
| 난류 | 관의 **상대조도**에 **무관한** 계수 |

※ 마찰계수$(f)$는 파이프의 **조도**와 **레이놀즈**에 관계가 있다.

## 18 다르시 - 바이스바하 공식(Darcy - Weisbach's formula)

$$H=\frac{\Delta P}{\gamma}=\frac{f\,l\,V^2}{2g\,D}$$

여기서, $H$ : 마찰손실〔m〕
$\Delta P$ : 압력차(〔kPa〕 또는 〔$kN/m^2$〕)
$\gamma$ : 비중량(물의 비중량 9.8$kN/m^3$)
$f$ : 관마찰계수
$l$ : 길이〔m〕
$V$ : 유속〔m/s〕
$g$ : 중력가속도(9.8$m/s^2$)
$D$ : 내경〔m〕

**Key Point**

**※ 다르시-바이스바하 공식**
곧고 긴 관에서의 손실수두 계산

## 19 수력반경(hydraulic radius)

$$R_h=\frac{A}{l}=\frac{1}{4}(D-d)$$

여기서, $R_h$ : 수력반경〔m〕
$A$ : 단면적〔$m^2$〕
$l$ : 접수길이〔m〕
$D$ : 관의 외경〔m〕
$d$ : 관의 내경〔m〕

**※ 수력반경**
면적을 접수길이(둘레길이)로 나눈 것

## 20 무차원의 물리적 의미(마르고 닳도록 보라!)

| 명 칭 | 물리적 의미 |
|---|---|
| 레이놀즈(Reynolds)수 | 관성력/점성력 |
| 프루드(Froude)수 | 관성력/중력 |
| 마하(Mach)수 | 관성력/탄성력 |
| **웨**버(Weber)수 | **관**성력/**표**면장력 |
| 오일러(Euler)수 | 압축력/관성력 |

**※ 무차원**
단위가 없는 것

**웨관표**(왜관행 표)

Key Point

**※ 위어의 종류**
① V-notch 위어
② 4각 위어
③ 예봉위어
④ 광봉위어

# 21 유체계측기기

| 정압 측정 | 동압(유속) 측정 | 유량 측정 |
|---|---|---|
| ① 피에조미터<br>② 정압관 | ① 피토관<br>② 피토-정압관<br>③ 시차액주계<br>④ 열선속도계 | ① 벤투리미터<br>② 위어<br>③ 로터미터<br>④ 오리피스 |

● 초스피드 기억법

조정(조정)
속토시 열(속이 따뜻한 토시는 열이 난다.)
벤위로 오량(벤치 위로 오양이 보인다.)

**※ 시차액주계**
유속 및 두 지점의 압력을 측정하는 장치

# 22 시차액주계

$$p_A + \gamma_1 h_1 = p_B + \gamma_2 h_2 + \gamma_3 h_3$$

여기서, $p_A$ : 점 A의 압력([kPa] 또는 [kN/m$^2$])
$p_B$ : 점 B의 압력([kPa] 또는 [kN/m$^2$])
$\gamma_1$, $\gamma_2$, $\gamma_3$ : 비중량(물의 비중량 9.8kN)
$h_1$, $h_2$, $h_3$ : 높이[m]

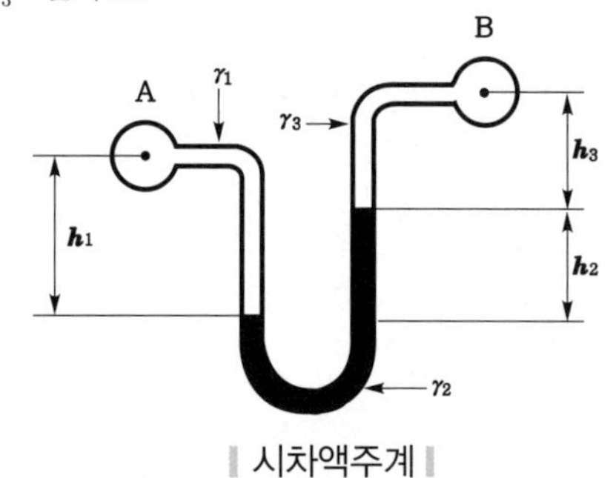


‖ 시차액주계 ‖

※ **시차액주계의 압력계산 방법** : 경계면에서 내려올 때 **더하고**, 올라갈 때 **뺀다**.

**※ 단위**
① 1HP=0.746kW
② 1PS=0.735kW

# 23 펌프의 동력

## ❶ 전동력

$$P = \frac{0.163QH}{\eta}K$$

여기서, $P$ : 전동력[kW]
$Q$ : 유량[m$^3$/min]
$H$ : 전양정[m]
$K$ : 전달계수
$\eta$ : 효율

② 축동력

$$P=\frac{0.163QH}{\eta}$$

여기서, $P$ : 축동력〔kW〕
$Q$ : 유량〔$m^3$/min〕
$H$ : 전양정〔m〕
$\eta$ : 효율

③ 수동력

$$P=0.163\,QH$$

여기서, $P$ : 수동력〔kW〕
$Q$ : 유량〔$m^3$/min〕
$H$ : 전양정〔m〕

## 24 원심펌프

| 벌류트펌프 | 터빈펌프 |
|---|---|
| 안내깃이 없고, **저양정**에 적합한 펌프 | 안내깃이 있고, **고양정**에 적합한 펌프 |

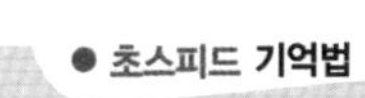

● 초스피드 기억법

저벌(저벌관)

※ 안내깃=안내날개=가이드 베인

## 25 펌프의 운전

### (1) 직렬운전

① 토출량 : $Q$

② 양정 : $2H$(토출량 : $2P$)

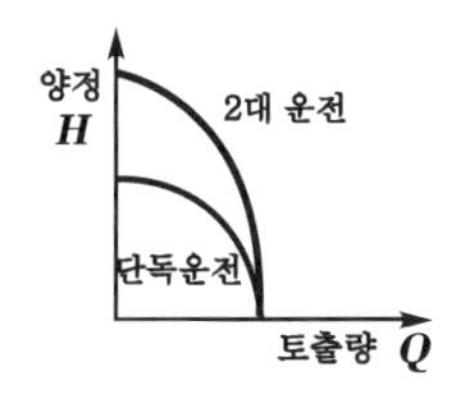


‖ 직렬운전 ‖

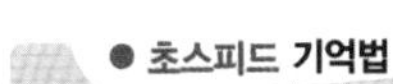

● 초스피드 기억법

정2직(정이 든 직장)

### (2) 병렬운전

① 토출량 : $2Q$

② 양정 : $H$(토출량 : $P$)

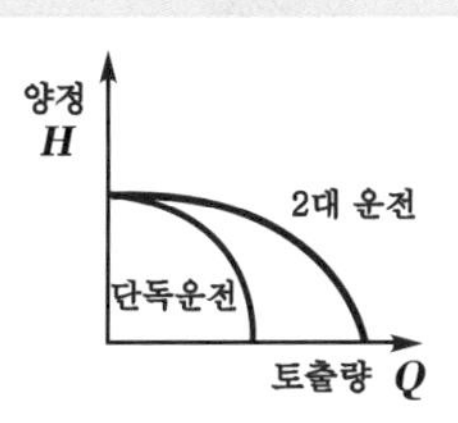


‖ 병렬운전 ‖

**Key Point**

**＊ 펌프의 동력**
① 전동력 : 전달계수와 효율을 모두 고려한 동력
② 축동력 : 전달계수를 고려하지 않은 동력

기억법 축전(축전)

③ 수동력 : 전달계수와 효율을 고려하지 않은 동력

기억법 효전수(효를 전수해 주세요.)

**＊ 원심펌프**
소화용수펌프

기억법 소원(소원)

**＊ 안내날개**
임펠러의 바깥쪽에 설치되어 있으며, 임펠러에서 얻은 물의 속도에너지를 압력에너지로 변환시키는 역할을 한다.

**＊ 펌프**
전동기로부터 에너지를 받아 액체 또는 기체를 수송하는 장치

Key Point

* 공동현상
① 소화펌프의 흡입고가 클 때 발생
② 펌프의 흡입측 배관 내의 물의 정압이 기존의 증기압보다 낮아져서 물이 흡입되지 않는 현상

## 26 공동현상(정말 잊지 말라.)

### (1) 공동현상의 발생현상

1. 펌프의 성능저하
2. 관 부식
3. 임펠러의 손상(수차의 날개 손상)
4. 소음과 진동발생

● 초스피드 기억법 

공성부임소(공하성이 부임한다는 소리를 들었다.)

### (2) 공동현상의 방지대책

1. 펌프의 흡입수두를 작게 한다.
2. 펌프의 마찰손실을 작게 한다.
3. 펌프의 임펠러속도(회전수)를 작게 한다.
4. 펌프의 설치위치를 수원보다 낮게 한다.
5. 양흡입펌프를 사용한다(펌프의 흡입측을 가압한다).
6. 관 내의 물의 정압을 그 때의 증기압보다 높게 한다.
7. 흡입관의 구경을 크게 한다.
8. 펌프를 2대 이상 설치한다.

* 수격작용
흐르는 물을 갑자기 정지시킬 때 수압이 급상승하는 현상

## 27 수격작용의 방지대책

1. 관로의 관경을 크게 한다.
2. 관로 내의 유속을 낮게 한다(관로에서 일부 고압수를 방출한다).
3. 조압수조(Surge tank)를 설치하여 적정압력을 유지한다.
4. **플라이휠**(Flywheel)을 설치한다.
5. 펌프 송출구 가까이에 밸브를 설치한다.
6. **에어 챔버**(Air chamber)를 설치한다.

● 초스피드 기억법 

수방관크 유낮(소방관은 크고, 유부남은 작다.)

## 제2장 약제화학

Key Point

### 28 산소농도

| 공기 중의 산소농도 | 소화에 필요한 공기 중의 산소농도 |
|---|---|
| 21vol% | 10~15vol%(16vol% 이하) |

※ **공기의 구성성분**
① 산소 : 21%
② 질소 : 78%
③ 아르곤 : 1%

### 29 연소의 3요소

1. 가연물질(연료)
2. 산소공급원(산소)
3. 점화원(온도)

※ **연소**
가연물이 공기 중의 산소와 반응하여 열과 빛을 동반하며 산화하는 현상

● 초스피드 기억법

연3 가산점(연소의 3요소를 알면 가산점을 준다.)

### 30 공기포(기계포) 소화약제의 특징(자다가도 말할 수 있어야 한다.)

| 약제의 종류 | 특 징 |
|---|---|
| 단백포 | ① 흑갈색이다.<br>② 냄새가 지독하다.<br>③ 포안정제로서 **제1철염**으로 첨가한다.<br>④ 다른 포약제에 비해 **부식성**이 **크다**. |
| 수성막포 | ① 안전성이 좋아 장기보관이 가능하다.<br>② 내약품성이 좋아 **타약제**와 **겸용**사용이 가능하다.<br>③ 석유류 표면에 신속히 피막을 형성하여 유류증발을 억제한다.<br>④ 일명 AFFF(Aqueous Film Forming Foam)라고 한다.<br>⑤ 표면장력 · 점성이 작기 때문에 가연성 기름의 표면에서 쉽게 피막을 형성한다. |
| 내알코올형포 | ① 알코올류 위험물(**메탄올**)의 소화에 사용<br>② 수용성 유류화재(**아세트알데하이드, 에스터류**)에 사용<br>③ **가연성 액체**에 사용 |
| 합성계면 활성제포 | ① **고팽창포**(1%, 1.5%, 2%형)<br>② **유동성**이 좋다.<br>③ 카바이드 저장소에는 부적합하다. |

※ **점성**
물질의 끈끈한 성질

※ **표면장력**
액체표면에 있는 분자가 표면에 접선인 방향으로 끌어당기는 힘

● 초스피드 기억법

수표점작(수표점유율이 작년과 같다.)

## 31 팽창비

| 저발포 | 고발포 |
|---|---|
| 20배 이하 | ① 제1종 기계포 : 80~250배 미만<br>② 제2종 기계포 : 250~500배 미만제<br>③ 3종 기계포 : 500~1000배 미만 |

● 초스피드 기억법

저2(저이가 누구래요?), 고81

※ 혼합장치의 종류
① 차압혼합방식
② 관로혼합방식
③ 압입혼합방식
④ 펌프혼합방식

## 32 포소화약제의 혼합장치

### (1) 프레져 프로포셔너 방식(차압혼합방식)

1. 가압송수관 도중에 **공기포소화 원액혼합조**(P.P.T)와 혼합기를 접속하여 사용하는 방법
2. **격막방식 휨탱크**를 사용하는 에어휨 혼합방식

### (2) 라인 프로포셔너 방식(관로혼합방식)

1. 펌프와 발포기의 중간에 설치된 벤투리관의 **벤투리작용**에 의하여 포소화약제를 흡입 · 혼합하는 방식
2. 급수관의 배관 도중에 **흡입기**를 설치하여 그 흡입관에서 포소화약제를 흡입 · 혼합하는 방식

● 초스피드 기억법

라벤(라벤더 향)

### (3) 프레져 사이드 프로포셔너 방식(압입혼합방식)

1. 소화원액 가압펌프(**압입용 펌프**)를 별도로 사용하는 방식
2. 펌프 토출관에 압입기를 설치하여 포소화약제 **압입용 펌프**로 포소화약제를 압입시켜 혼합하는 방식

● 초스피드 기억법

프사압(프랑스의 압력)

### (4) 펌프 프로포셔너 방식

### (5) 압축공기포 믹싱챔버방식

## 33 기체의 용해도

① 온도가 일정할 때 압력이 증가하면 용해도는 증가한다.
② 온도가 낮고 압력이 높을수록(저온·고압) 용해되기 쉽다.

## 34 할론소화약제

① **부촉매 효과**가 우수하다.
② 금속에 대한 **부식성**이 **적다.**
③ 전기절연성이 우수하다(전기의 불량도체이다).
④ 인체에 대한 독성이 있다(할론 1301은 할론 중 독성이 가장 적다).
⑤ 가연성 액체화재에 대해 소화속도가 빠르다.

## 35 할론소화약제의 약칭 및 분자식

| 종 류 | 약 칭 | 분자식 |
|---|---|---|
| Halon 1011 | CB | $CH_2ClBr$ |
| Halon 104 | CTC | $CCl_4$ |
| Halon 1211 | BCF | $CF_2ClBr$ |
| Halon 1301 | BTM | $CF_3Br$ |
| Halon 2402 | FB | $C_2F_4Br_2$ |

**중요** 할론소화약제의 명명법

Halon 1 3 0 1

- 탄소원자수(C) → 1
- 불소원자수(F) → 3
- 염소원자수(Cl) → 0
- 브로민원자수(Br) → 1

※ 수소원자의 수=(첫 번째 숫자×2)+2−나머지 숫자의 합

● 초스피드 기억법

할탄불염브(할머니! 탄불에 염색약 뿌렸어?)

**Key Point**

**※ 용해도**
용액 100g 중에 기체(액체)가 녹는 비율

**※할론원소**
① 불소 : F
② 염소 : Cl
③ 브로민(취소) : Br
④ 아이오딘(옥소) : I

**※브로민(Br)**
'**취소**'라고도 부른다.

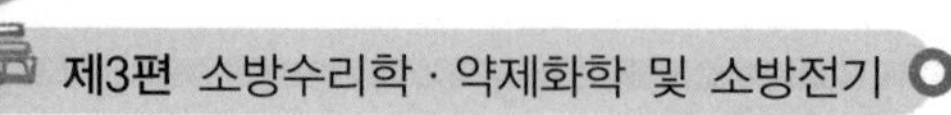

**＊상온**
평상시의 온도

**＊상압**
평상시의 압력

## 36 상온 · 상압하에서의 소화약제 상태

| 기체상태 | 액체상태 |
|---|---|
| ① 할론 1211<br>② 할론 1301 | ① 할론 1011<br>② 할론 104<br>③ 할론 2402<br>④ $CO_2$ |

● 초스피드 기억법

2기할3(비둘기 할머니 삼삼해.)

## 37 충전가스

| 질소($N_2$) | 이산화탄소($CO_2$) |
|---|---|
| 분말소화설비, 할론소화설비 | 기타설비 |

● 초스피드 기억법

질충분할(질소가 충분할 것)

**＊방진작용**
가연물의 표면에 부착되어 차단을 나타내는 것

**＊부촉매작용**
'**연소억제작용**'이라고도 부른다.

## 38 제3종 분말의 소화작용

1. 열분해에 의한 냉각작용
2. 발생한 불연성 가스에 의한 질식작용
3. 메타인산($HPO_3$)에 의한 방진작용 : A급 화재에 적응
4. 유리된 $NH_4^+$의 부촉매작용
5. 분말운무에 의한 열방사의 차단효과

● 초스피드 기억법

메A(메아리)

중요 입자크기(입도)

20~25$\mu$m의 입자로 미세도의 분포가 골고루 되어 있어야 한다.

Key Point

# 제3장 소방전기

## 1 직류회로

### 39 전력

$$P = VI = I^2R = \frac{V^2}{R} \text{[W]}$$

여기서, $P$ : 전력[W], $V$ : 전압[V]
$I$ : 전류[A], $R$ : 저항[Ω]

### 40 줄의 법칙(Joule's law)

$$H = 0.24Pt = 0.24VIt = 0.24I^2Rt = 0.24\frac{V^2}{R}t \text{ [cal]}$$

여기서, $H$ : 발열량[cal], $P$ : 전력[W], $t$ : 시간[s]
$V$ : 전압[V], $I$ : 전류[A], $R$ : 저항[Ω]

### 41 전열기의 용량

$$860P\eta t = M(T_2 - T_1)$$

여기서, $P$ : 용량[kW], $\eta$ : 효율
$t$ : 소요시간[h], $M$ : 질량[$l$]
$T_2$ : 상승후 온도[℃], $T_1$ : 상승전 온도[℃]

### 42 단위환산

1. 1W = 1J/s
2. 1J = 1N · m
3. 1kg = 9.8N
4. 1Wh = 860cal
5. 1BTU = 252cal

### 43 물질의 종류

| 물 질 | 종 류 |
|---|---|
| 도체 | 구리(Cu), 알루미늄(Al), 백금(Pt), 은(Ag) |
| 반도체 | 실리콘(Si), 게르마늄(Ge), 탄소(C), 아산화동 |
| 절연체 | 유리, 플라스틱, 고무, 페놀수지 |

※ 전력
전기장치가 행한 일

※ 줄의 법칙
전류의 열작용

※ 옴의 법칙

$$I = \frac{V}{R} \text{[A]}$$

여기서, $I$ : 전류[A]
$V$ : 전압[V]
$R$ : 저항[Ω]

※ 전압

$$V = \frac{W}{Q} \text{[V]}$$

여기서, $V$ : 전압[V]
$W$ : 일[J]
$Q$ : 전기량[C]

※ 실리콘
'규소'라고도 부른다.

● 초스피드 기억법

반실계탄아(반듯하고 실하게 탄생한 아기)

## 44 여러 가지 법칙

| 법 칙 | 설 명 |
|---|---|
| 플레밍의 오른손 법칙 | 도체운동에 의한 유기기전력의 방향 결정<br>기억법 방유도오(방에 우유를 도로 갖다 놓게!) |
| 플레밍의 왼손 법칙 | 전자력의 방향 결정<br>기억법 왼전(왠 전쟁이냐?) |
| 렌츠의 법칙 | 전자유도현상에서 코일에 생기는 유도기전력의 방향 결정<br>기억법 렌유방(오렌지가 유일한 방법이다.) |
| 패러데이의 법칙 | 유기기전력의 크기 결정<br>기억법 패유크(폐유를 버리면 큰일난다.) |
| 앙페르의 법칙 | 전류에 의한 자계의 방향을 결정하는 법칙<br>기억법 앙전자(양전자) |

※ 플레밍의 오른손 법칙
발전기에 적용

기억법 오발(오발탄)

※ 플레밍의 왼손 법칙
전동기에 적용

※ 앙페르의 법칙
'암페어의 오른나사 법칙'이라고도 한다.

## 45 전지의 작용

| 전지의 작용 | 현 상 |
|---|---|
| 국부작용 | ① 전극의 불순물로 인하여 기전력이 감소하는 현상<br>② 전지를 쓰지 않고 오래두면 못쓰게 되는 현상 |
| 분극작용<br>(성극작용) | ① 일정한 전압을 가진 전지에 부하를 걸면 단자전압이 저하하는 현상<br>② 전지에 부하를 걸면 양극 표면에 수소가스가 생겨 전류의 흐름을 방해하는 현상 |

※ 전류의 3대 작용
① 발열작용(열작용)
② 자기작용
③ 화학작용

기억법 발전자화(발전체가 자화됐다.)

● 초스피드 기억법

불못국(불못에 들어가면 국물도 없다.)
성분단수(성분이 나빠서 단수시켰다.)

# 2 정전계

## 46 정전용량

$$C = \frac{\varepsilon A}{d} \text{[F]}$$

※ 정전용량
'커패시턴스(Capacitance)'라고도 부른다.

여기서, $A$ : 극판의 면적[$m^2$]
$d$ : 극판 간의 간격[m]
$\varepsilon$ : 유전율[F/m]($\varepsilon=\varepsilon_0 \cdot \varepsilon_s$ )

## 47 정전계와 자기

| 정전계 | 자 기 |
|---|---|
| **(1) 정전력**<br>$F=\frac{Q_1 Q_2}{4\pi\varepsilon r^2}=QE$[N]<br>여기서, $F$ : 정전력[N]<br>$Q_1, Q_2$ : 전하[C]<br>$\varepsilon$ : 유전율[F/m]($\varepsilon=\varepsilon_0 \cdot \varepsilon_s$)<br>$r$ : 거리[m]<br>$E$ : 전계의 세기[V/m]<br>※ **진공의 유전율** :<br>$\varepsilon_0=8.855\times10^{-12}$[F/m] | **(1) 자기력**<br>$F=\frac{m_1 m_2}{4\pi\mu r^2}=m\,H$[N]<br>여기서, $F$ : 자기력[N]<br>$m_1, m_2$ : 자하[Wb]<br>$\mu$ : 투자율[H/m]($\mu=\mu_0 \cdot \mu_s$)<br>$r$ : 거리[m]<br>$H$ : 자계의 세기[A/m]<br>※ **진공의 투자율** :<br>$\mu_0=4\pi\times10^{-7}$[H/m] |
| **(2) 전계의 세기**<br>$E=\frac{Q}{4\pi\varepsilon r^2}$[V/m]<br>여기서, $E$ : 전계의 세기[V/m]<br>$Q$ : 전하[C]<br>$\varepsilon$ : 유전율[F/m]($\varepsilon=\varepsilon_0 \cdot \varepsilon_s$)<br>$r$ : 거리[m] | **(2) 자계의 세기**<br>$H=\frac{m}{4\pi\mu r^2}$[AT/m]<br>여기서, $H$ : 자계의 세기[AT/m]<br>$m$ : 자하[Wb]<br>$\mu$ : 투자율[H/m]($\mu=\mu_0 \cdot \mu_s$)<br>$r$ : 거리[m] |
| **(3) P점에서의 전위**<br>$V_P=\frac{Q}{4\pi\varepsilon r}$[V]<br>여기서, $V_P$ : P점에서의 전위[V]<br>$Q$ : 전하[C]<br>$\varepsilon$ : 유전율[F/m]($\varepsilon=\varepsilon_0 \cdot \varepsilon_s$)<br>$r$ : 거리[m] | **(3) P점에서의 자위**<br>$U_m=\frac{m}{4\pi\mu r}$[AT]<br>여기서, $U_m$ : P점에서의 자위[AT]<br>$m$ : 자극의 세기[Wb]<br>$\mu$ : 투자율[H/m]($\mu=\mu_0 \cdot \mu_s$)<br>$r$ : 거리[m] |
| **(4) 전속밀도**<br>$D=\varepsilon_0\varepsilon_s E$[C/$m^2$]<br>여기서, $D$ : 전속밀도[C/$m^2$]<br>$\varepsilon_0$ : 진공의 유전율[F/m]<br>$\varepsilon_s$ : 비유전율(단위 없음)<br>$E$ : 전계의 세기[V/m] | **(4) 자속밀도**<br>$B=\mu_0\mu_s H$[Wb/$m^2$]<br>여기서, $B$ : 자속밀도[Wb/$m^2$]<br>$\mu_0$ : 진공의 투자율[H/m]<br>$\mu_s$ : 비투자율(단위 없음)<br>$H$ : 자계의 세기[AT/m] |

Key Point

**✱ 정전력**
전하 사이에 작용하는 힘

**✱ 자기력**
자석이 금속을 끌어당기는 힘

**✱ 전속밀도**
단면을 통과하는 전속의 수

**✱ 자속밀도**
자속으로서 자기장의 크기 및 철의 내부의 자기적인 상태를 표시하기 위하여 사용한다.

**※ 정전에너지**
콘덴서를 충전할 때 발생하는 에너지, 다시 말하면 콘덴서를 충전할 때 짧은 시간이지만 콘덴서에 나타나는 역전압과 반대로 전류를 흘리는 것이므로 에너지가 주입되는데 이 에너지를 말한다.

| 정전계 | 자 기 |
| --- | --- |
| **(5) 정전에너지**<br>$W=\frac{1}{2}QV=\frac{1}{2}CV^2=\frac{Q^2}{2C}$ [J]<br>여기서, $W$ : 정전에너지[J]<br>$Q$ : 전하[C]<br>$V$ : 전압[V]<br>$C$ : 정전용량[F] | **(5) 코일에 축적되는 에너지**<br>$W=\frac{1}{2}LI^2=\frac{1}{2}IN\phi$ [J]<br>여기서, $W$ : 코일의 축적에너지[J]<br>$L$ : 자기인덕턴스[H]<br>$I$ : 전류[A]<br>$N$ : 코일권수<br>$\phi$ : 자속[Wb] |
| **(6) 에너지밀도**<br>$W_0=\frac{1}{2}ED=\frac{1}{2}\varepsilon E^2=\frac{D^2}{2\varepsilon}$ [J/m³]<br>여기서, $W_0$ : 에너지밀도[J/m³]<br>$E$ : 전계의 세기[V/m]<br>$D$ : 전속밀도[C/m²]<br>$\varepsilon$ : 유전율[F/m]($\varepsilon=\varepsilon_0 \cdot \varepsilon_s$) | **(6) 단위체적당 축적되는 에너지**<br>$W_m=\frac{1}{2}BH=\frac{1}{2}\mu H^2=\frac{B^2}{2\mu}$ [J/m³]<br>여기서, $W_m$ : 단위체적당 축적에너지[J/m³]<br>$B$ : 자속밀도[Wb/m²]<br>$H$ : 자계의 세기[AT/m]<br>$\mu$ : 투자율[H/m]($\mu=\mu_0 \cdot \mu_s$) |

**※ 자기**
자기력이 생기는 원인이 되는 것. 즉, 자석이 금속을 끌어당기는 성질을 말한다.

## 3 자 기

### 48 자석이 받는 회전력

$$T=MH\sin\theta=mHl\sin\theta \text{ [N·m]}$$

여기서, $T$ : 회전력[N · m]
$M$ : 자기모멘트[Wb · m]
$H$ : 자계의 세기[AT/m]
$\theta$ : 이루는 각[rad]
$m$ : 자극의 세기[Wb]
$l$ : 자석의 길이[m]

**※ 자기력**
자속을 발생시키는 원동력. 즉, 철심에 코일을 감고 전류를 흘릴 때 이 코일권수와 전류의 곱을 말한다.

### 49 자기력

$$F=NI=Hl=R_m\phi \text{ [AT]}$$

여기서, $F$ : 자기력[AT]
$N$ : 코일 권수
$I$ : 전류[A]
$H$ : 자계의 세기[AT/m]
$l$ : 자로의 길이[m]
$R_m$ : 자기저항[AT/Wb]
$\phi$ : 자속[Wb]

Key Point

## 50 자계

### (1) 무한장 직선전류의 자계

$$H=\frac{I}{2\pi r}\,\text{[AT/m]}$$

여기서, $H$ : 자계의 세기[AT/m], $I$ : 전류[A], $r$ : 거리[m]

### (2) 원형 코일 중심의 자계

$$H=\frac{NI}{2a}\,\text{[AT/m]}$$

여기서, $H$ : 자계의 세기[AT/m], $N$ : 코일권수, $I$ : 전류[A], $a$ : 반지름[m]

### (3) 무한장 솔레노이드에 의한 자계

① 내부 자계 : $Hi=nI$[AT/m]

② 외부 자계 : $He=0$

여기서, $n$ : 1m당 권수, $I$ : 전류[A]

● 초스피드 기억법 

**무솔 외0**(무술을 익히려면 외워라!)

### (4) 환상 솔레노이드에 의한 자계

① 내부 자계 : $H_i=\frac{NI}{2\pi a}$[AT/m]

② 외부 자계 : $He=0$

여기서, $N$ : 코일권수, $I$ : 전류[A], $a$ : 반지름[m]

● 초스피드 기억법 

**환솔 외0**(한솔에 취직하려면 외워라!)

## 51 유도기전력

$$e=-N\frac{d\phi}{dt}=-L\frac{di}{dt}=Bl\,v\sin\theta\,\text{[V]}$$

여기서, $e$ : 유기기전력[V]
$N$ : 코일권수
$d\phi$ : 자속의 변화량[Wb]
$dt$ : 시간의 변화량[s]
$L$ : 자기 인덕턴스[H]
$di$ : 전류의 변화량[A]

**＊원형 코일**
코일 내부의 자장의 세기는 모두 같다.

**＊솔레노이드**
도체에 코일을 일정하게 감아놓은 것

**＊유도기전력**
전자유도에 의해 발생된 기전력으로서 '**유기기전력**'이라고도 부른다.

**＊자속**
자극에서 나오는 전체의 자기력선의 수

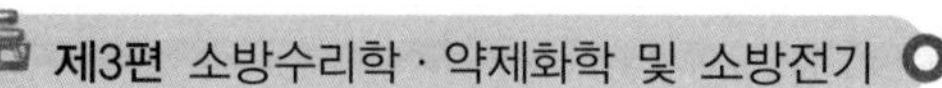

$B$ : 자속밀도[Wb/m$^2$]
$l$ : 도체의 길이[m]
$v$ : 도체의 이동속도[m/s]
$\theta$ : 이루는 각[rad]

**※ 상호인덕턴스**
1차 전류의 시간변화량과 2차 유도전압의 비례상수

**※ 결합계수**
누설자속에 의한 상호인덕턴스의 감소비율

## 52 상호인덕턴스

$$M = K\sqrt{L_1 L_2} \text{ [H]}$$

여기서, $M$ : 상호인덕턴스[H]
$K$ : 결합계수
$L_1, L_2$ : 자기인덕턴스[H]

- 이상결합 · 완전결합시 : $K=1$
- 두 코일 직교시 : $K=0$

● 초스피드 기억법

**1이완상**(**일**반적인 **이완상**태)
**0직상**(**영**문도 없이 **직상**층에서 발화했다.)

# 4 교류회로

**※ 순시값**
교류의 임의의 시간에 있어서 전압 또는 전류의 값

**※ 평균값**
순시값의 반주기에 대하여 평균을 취한 값

**※ 실효값**
교류의 크기를 교류와 동일한 일을 하는 직류의 크기로 바꿔 나타냈을 때의 값. 일반적으로 사용되는 값이다.

## 53 순시값 · 평균값 · 실효값

| 순시값 | 평균값 | 실효값 |
|---|---|---|
| $v = V_m \sin\omega t$<br>$= \sqrt{2}\, V \sin\omega t$ [V] | $V_{av} = \frac{2}{\pi} V_m = 0.637\, V_m$ [V] | $V = \frac{V_m}{\sqrt{2}} = 0.707\, V_m$ [V] |
| 여기서,<br>$v$ : 전압의 순시값[V]<br>$V_m$ : 전압의 최대값[V]<br>$\omega$ : 각주파수[rad/s]<br>$t$ : 주기[s]<br>$V$ : 실효값[V] | 여기서,<br>$V_{av}$ : 전압의 평균값[V]<br>$V_m$ : 전압의 최대값[V] | 여기서,<br>$V$ : 전압의 실효값[V]<br>$V_m$ : 전압의 최대값[V] |

● 초스피드 기억법

**평637**(**평**소에 **육상**선수는 **칠**칠맞다.)
**실707**(**실**제로 **칠공**주는 **칠**면조를 좋아한다.)

Key Point

## 54 $RLC$의 접속

| 회로의 종류 | | 위상차($\theta$) | 전류($I$) | 역률 및 무효율 |
|---|---|---|---|---|
| 직렬회로 | $R-L$ | $\theta=\tan^{-1}\frac{\omega L}{R}$ | $I=\frac{V}{Z}=\frac{V}{\sqrt{R^2+X_L^{\,2}}}$ | $\cos\theta=\frac{R}{\sqrt{R^2+X_L^{\,2}}}$ <br> $\sin\theta=\frac{X_L}{\sqrt{R^2+X_L^{\,2}}}$ |
| | $R-C$ | $\theta=\tan^{-1}\frac{1}{\omega CR}$ | $I=\frac{V}{Z}=\frac{V}{\sqrt{R^2+X_C^{\,2}}}$ | $\cos\theta=\frac{R}{\sqrt{R^2+X_C^{\,2}}}$ <br> $\sin\theta=\frac{X_C}{\sqrt{R^2+X_C^{\,2}}}$ |
| | $R-L-C$ | $\theta=\tan^{-1}\frac{X_L-X_C}{R}$ | $I=\frac{V}{Z}=\frac{V}{\sqrt{R^2+(X_L-X_C)^2}}$ | $\cos\theta=\frac{R}{Z}$ <br> $\sin\theta=\frac{X_L-X_C}{Z}$ |
| 병렬회로 | $R-L$ | $\theta=\tan^{-1}\frac{R}{\omega L}$ | $I=YV=\sqrt{\left(\frac{1}{R}\right)^2+\left(\frac{1}{X_L}\right)^2}\cdot V$ | $\cos\theta=\frac{X_L}{\sqrt{R^2+X_L^{\,2}}}$ <br> $\sin\theta=\frac{R}{\sqrt{R^2+X_L^{\,2}}}$ |
| | $R-C$ | $\theta=\tan^{-1}\omega CR$ | $I=YV=\sqrt{\left(\frac{1}{R}\right)^2+\left(\frac{1}{X_C}\right)^2}\cdot V$ | $\cos\theta=\frac{X_C}{\sqrt{R^2+X_C^{\,2}}}$ <br> $\sin\theta=\frac{R}{\sqrt{R^2+X_C^{\,2}}}$ |
| | $R-L-C$ | $\theta=\tan^{-1}R\left(\frac{1}{X_C}-\frac{1}{X_L}\right)$ | $I=YV=\sqrt{\left(\frac{1}{R}\right)^2+\left(\frac{1}{X_C}-\frac{1}{X_L}\right)^2}\cdot V$ | $\cos\theta=\frac{\frac{1}{R}}{Y}$ <br> $\sin\theta=\frac{\frac{1}{X_C}-\frac{1}{X_L}}{Y}$ |

여기서, $\theta$ : 이루는 각[°], $R$ : 저항[Ω], $I$ : 전류[A], $\omega$ : 각주파수[rad/s]
$C$ : 커패시턴스, $Z$ : 임피던스[Ω], $L$ : 리액턴스[Ω], $V$ : 전압[V]
$X_L$ : 유도 리액턴스[Ω], $X_C$ : 용량 리액턴스[Ω], $Y$ : 어드미턴스[℧]
$\cos\theta$ : 역률, $\sin\theta$ : 무효율

※ **저항($R$)**
동상

※ **인덕턴스($L$)**
전압이 전류보다 90° 앞선다.

※ **커패시턴스($C$)**
전압이 전류보다 90° 뒤진다.

## 55 전력

| 구 분 | 단 상 | 3상 |
|---|---|---|
| 유효전력 | $P=VI\cos\theta=I^2R$[W] <br> 여기서, $P$ : 유효전력[W] <br> $V$ : 전압[V] <br> $I$ : 전류[A] <br> $\theta$ : 이루는 각[rad] <br> $R$ : 저항[Ω] | $P=3V_PI_P\cos\theta=\sqrt{3}\,V_lI_l\cos\theta=3I_P^{\,2}R$[W] <br> 여기서, $P$ : 유효전력[W] <br> $V_P$, $I_P$ : 상전압[V]·상전류[A] <br> $V_l$, $I_l$ : 선간전압[V]·선전류[A] <br> $R$ : 저항[Ω] |

※ **유효전력**
전원에서 부하로 실제 소비되는 전력

| 구 분 | 단 상 | 3상 |
|---|---|---|
| 무효<br>전력 | $P_r = VI\sin\theta = I^2X$ [Var]<br>여기서, $P_r$ : 무효전력[Var]<br>$V$ : 전압[V]<br>$I$ : 전류[A]<br>$\theta$ : 이루는 각[rad]<br>$X$ : 리액턴스[Ω] | $P_r = 3V_PI_P\sin\theta = \sqrt{3}\,V_lI_l\sin\theta = 3I_P^{\,2}X$ [Var]<br>여기서, $P_r$ : 무효전력[Var]<br>$V_P$, $I_P$ : 상전압[V] · 상전류[A]<br>$V_l$, $I_l$ : 선간전압[V] · 선전류[A]<br>$X$ : 리액턴스[Ω] |
| 피상<br>전력 | $P_a = VI = \sqrt{P^2 + P_r^{\,2}} = I^2Z$ [VA]<br>여기서, $P_a$ : 피상전력[VA]<br>$V$ : 전압[V]<br>$I$ : 전류[A]<br>$P$ : 유효전력[W]<br>$P_r$ : 무효전력[Var]<br>$Z$ : 임피던스[Ω] | $P_a = 3V_PI_P = \sqrt{3}\,V_lI_l = \sqrt{P^2 + P_r^{\,2}} = 3I_P^{\,2}Z$ [VA]<br>여기서, $P_a$ : 피상전력[VA]<br>$V_P$, $I_P$ : 상전압[V] · 상전류[A]<br>$V_l$, $I_l$ : 선간전압[V] · 선전류[A]<br>$Z$ : 임피던스[Ω] |

**※ 무효전력**
실제로는 아무런 일을 하지 않아 부하에서는 전력으로 이용될 수 없는 전력

**※ 피상전력**
교류의 부하 또는 전원의 용량을 표시하는 전력

## 56 Y결선 · △결선

| 구 분 | 선간전압 | 선전류 |
|---|---|---|
| Y결선 | $V_l = \sqrt{3}\,V_P$<br>여기서, $V_l$ : 선간전압[V]<br>$V_P$ : 상전압[V] | $I_l = I_P$<br>여기서, $I_l$ : 선전류[A]<br>$I_P$ : 상전류[A] |
| △결선 | $V_l = V_P$<br>여기서, $V_l$ : 선간전압[V]<br>$V_P$ : 상전압[V] | $I_l = \sqrt{3}\,I_P$<br>여기서, $I_l$ : 선전류[A]<br>$I_P$ : 상전류[A] |

**※ 선간전압**
부하에 전력을 공급하는 선들 사이의 전압

**※ 선전류**
3상 교류회로에서 단자로부터 유입 또는 유출되는 전류

## 57 분류기 · 배율기

| 분류기 | 배율기 |
|---|---|
| $I_0 = I\left(1 + \frac{R_A}{R_S}\right)$ [A]<br>여기서, $I_0$ : 측정하고자 하는 전류[A]<br>$I$ : 전류계의 최대눈금[A]<br>$R_A$ : 전류계 내부저항[Ω]<br>$R_S$ : 분류기 저항[Ω] | $V_0 = V\left(1 + \frac{R_m}{R_v}\right)$ [V]<br>여기서, $V_0$ : 측정하고자 하는 전압[V]<br>$V$ : 전압계의 최대눈금[V]<br>$R_v$ : 전압계 내부저항[Ω]<br>$R_m$ : 배율기 저항[Ω] |

**※ 분류기**
전류계의 측정범위를 확대하기 위해 전**류**계와 **병**렬로 접속하는 저항

기억법 **분류병**(분류하여 병에 담아)

**※ 배율기**
전압계의 측정범위를 확대하기 위해 전**압**계와 **직**렬로 접속하는 저항

기억법 **배압직**(배에 압정이 직접 꽂혔다.)

# 제4장 소방관련 전기공사재료 및 전기제어

## 1 소방관련 전기공사재료

### 58 전선 단면적의 계산

| 전기방식 | 전선 단면적 |
|---|---|
| 단상 2선식 | $A=\dfrac{35.6LI}{1000e}$ |
| 3상 3선식 | $A=\dfrac{30.8LI}{1000e}$ |

여기서, $A$ : 전선의 단면적〔$mm^2$〕
$L$ : 선로길이〔m〕
$I$ : 전부하전류〔A〕
$e$ : 각 선간의 전압강하〔V〕

※ 소방펌프 : 3상 3선식, 기타 : 단상 2선식

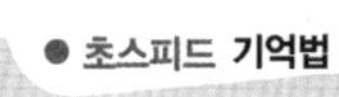

● 초스피드 기억법

33펌(삼삼하게 펌프질한다.)

### 59 축전지의 비교표

| 구 분 | 연축전지 | 알칼리축전지 |
|---|---|---|
| 기전력 | 2.05~2.08V | 1.32V |
| 공칭전압 | 2.0V | 1.2V |
| 공칭용량 | 10Ah | 5Ah |
| 충전시간 | 길다 | 짧다 |
| 수 명 | 5~15년 | 15~20년 |
| 종 류 | 클래드식, 페이스트식 | 소결식, 포켓식 |

● 초스피드 기억법

연2 10(연이어 열차가 온다.)

Key Point

※ 예비전원
상용전원 고장시 또는 용량부족시 최소한의 기능을 유지하기 위한 전원

※ 기전력
전류를 연속해서 흘리기 위해 전압을 연속적으로 만들어 주는 힘

Key Point

**※ 제연설비와 배연설비**

① 제연설비 : 화재실의 연기를 배출함과 동시에 신선한 공기를 공급하는 설비

② 배연설비 : 화재실의 연기를 배출하는 설비

**※ $l$pm**

'liter per minute'의 약자이다.

**※ 슬립**

유도전동기의 회전자 속도에 대한 고정자가 만든 회전자계의 늦음의 정도를 말하며, 평상운전에서 슬립은 4~8% 정도되며 슬립이 클수록 회전속도는 느려진다.

**※ 역률개선용 전력용 콘덴서**

전동기와 병렬로 연결

## 60 전동기의 용량

| 일반설비의 전동기 용량산정 | 제연설비(배연설비)의 전동기 용량산정 |
|---|---|
| $P\eta t = 9.8KHQ$ | $P = \dfrac{P_T Q}{102 \times 60\eta} K$ |
| 여기서, $P$ : 전동기 용량[kW]<br>$\eta$ : 효율<br>$t$ : 시간[s]<br>$K$ : 여유계수<br>$H$ : 전양정[m]<br>$Q$ : 양수량[$m^3$] | 여기서, $P$ : 배연기 동력[kW]<br>$P_T$ : 전압(풍압)[mmAq, $mmH_2O$]<br>$Q$ : 풍량[$m^3$/min]<br>$K$ : 여유율<br>$\eta$ : 효율 |

※ 단위환산

① $1l\text{pm} = 10^{-3}\text{m}^3/\text{min}$

② $1\text{mmAq} = 10^{-3}\text{m}$

③ $1\text{HP} = 0.746\text{kW}$

## 61 전동기의 속도

| 동기속도 | 회전속도 |
|---|---|
| $N_S = \dfrac{120f}{P}$ [rpm] | $N = \dfrac{120f}{P}(1-S)$ [rpm] |
| 여기서, $N_S$ : 동기속도[rpm]<br>$P$ : 극수<br>$f$ : 주파수[Hz] | 여기서, $N$ : 회전속도[rpm]<br>$P$ : 극수<br>$f$ : 주파수[Hz]<br>$S$ : 슬립 |

## 62 역률개선용 전력용 콘덴서의 용량

$$Q_C = P\left(\frac{\sin\theta_1}{\cos\theta_1} - \frac{\sin\theta_2}{\cos\theta_2}\right) = P\left(\frac{\sqrt{1-\cos\theta_1^{\,2}}}{\cos\theta_1} - \frac{\sqrt{1-\cos\theta_2^{\,2}}}{\cos\theta_2}\right) \text{[kVA]}$$

여기서, $Q_C$ : 콘덴서의 용량[kVA]

$P$ : 유효전력[kW]

$\cos\theta_1$ : 개선 전 역률

$\cos\theta_2$ : 개선 후 역률

$\sin\theta_1$ : 개선 전 무효율($\sin\theta_1 = \sqrt{1-\cos\theta_1^{\,2}}$)

$\sin\theta_2$ : 개선 후 무효율($\sin\theta_2 = \sqrt{1-\cos\theta_2^{\,2}}$)

Key Point

## 63 자가발전설비

| 발전기의 용량 | 발전기용 차단용량 |
|---|---|
| $P_n > \left(\frac{1}{e}-1\right) X_L P$ [kVA] | $P_s = \frac{1.25P_n}{X_L}$ [kVA] |
| 여기서, $P_n$ : 발전기 정격출력[kVA]<br>$e$ : 허용전압강하<br>$X_L$ : 과도 리액턴스<br>$P$ : 기동용량[kVA] | 여기서, $P_s$ : 발전기용 차단용량[kVA]<br>$P_n$ : 발전기 용량[kVA]<br>$X_L$ : 과도 리액턴스 |

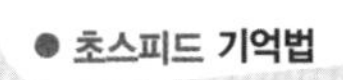

**발차**125(**발**에 물이 **차**면 **일일이 오**도록 하라.)

## 64 조명

$$FUN = AED$$

여기서, $F$ : 광속[lm]
$U$ : 조명률
$N$ : 등개수
$A$ : 단면적[$m^2$]
$E$ : 조도[lx]
$D$ : 감광보상률$\left(D=\frac{1}{M}\right)$
$M$ : 유지율

## 65 실지수

$$K = \frac{XY}{H(X+Y)}$$

여기서, $X$ : 가로의 길이[m]
$Y$ : 세로의 길이[m]
$H$ : 작업대에서 광원까지의 높이(광원의 높이)[m]

*** 감광보상률**
먼지 등으로 인하여 빛이 감소되는 것을 보상해 주는 비율

*** 실지수(방지수)**
방의 크기와 모양에 대한 광속의 이용척도를 나타내는 수치

Key Point

# 2 전기제어

## 66 제어량에 의한 분류

| 분 류 | 종 류 |
|---|---|
| 프로세스제어<br>(Process control) | 온도, 압력, 유량, 액면<br>기억법 **프온압유액**(프레온의 압력으로 우유액이 쏟아졌다.) |
| 서보기구<br>(Servo mechanism) | 위치, 방위, 자세<br>기억법 **서위방자**(스위스는 방자하다.) |
| 자동조정<br>(Automatic regulation) | 전압, 전류, 주파수, 회전속도, 장력 |

## 67 불대수의 정리

**※ 불대수**
임의의 회로에서 일련의 기능을 수행하기 위한 가장 최적의 방법을 결정하기 위하여 이를 수식적으로 표현하는 방법

| 논리합 | 논리곱 | 비 고 |
|---|---|---|
| $X+0=X$ | $X \cdot 0=0$ | − |
| $X+1=1$ | $X \cdot 1=X$ | − |
| $X+X=X$ | $X \cdot X=X$ | − |
| $X+\overline{X}=1$ | $X \cdot \overline{X}=0$ | − |
| $X+Y=Y+X$ | $X \cdot Y=Y \cdot X$ | 교환법칙 |
| $X+(Y+Z)=(X+Y)+Z$ | $X(YZ)=(XY)Z$ | 결합법칙 |
| $X(Y+Z)=XY+XZ$ | $(X+Y)(Z+W)$<br>$=XZ+XW+YZ+YW$ | 분배법칙 |
| $X+XY=X$ | $X+\overline{X}Y=X+Y$ | 흡수법칙 |
| $(\overline{X+Y})=\overline{X} \cdot \overline{Y}$ | $(\overline{X \cdot Y})=\overline{X}+\overline{Y}$ | 드모르간의 정리 |

## 68 시퀀스회로와 논리회로

**※ 논리회로**
집적회로를 논리기호를 사용하여 알기 쉽도록 표현해 놓은 회로

**※ 진리표**
논리대수에 있어서 ON, OFF 또는 동작, 부동작의 상태를 1과 0으로 나타낸 표

| 명 칭 | 시퀀스회로 | 논리회로 | 진리표 |
|---|---|---|---|
| AND 회로 | A, B, $X_{-a}$ | A, B, X<br>$X=A \cdot B$<br>입력신호 $A$, $B$가 동시에 1일 때만 출력신호 $X$가 1이 된다. | A B X / 0 0 0 / 0 1 0 / 1 0 0 / 1 1 1 |

| 명 칭 | 시퀀스회로 | 논리회로 | 진리표 |
|---|---|---|---|
| OR 회로 | | $X=A+B$<br>입력신호 $A$, $B$ 중 어느 하나라도 1이면 출력신호 $X$가 1이 된다. | A B X: 0 0 0 / 0 1 1 / 1 0 1 / 1 1 1 |
| NOT 회로 | | $X=\overline{A}$<br>입력신호 $A$가 0일 때만 출력신호 $X$가 1이 된다. | A X: 0 1 / 1 0 |
| NAND 회로 | | $X=\overline{A \cdot B}$<br>입력신호 $A$, $B$가 동시에 1일 때만 출력신호 $X$가 0이 된다. (AND 회로의 부정) | A B X: 0 0 1 / 0 1 1 / 1 0 1 / 1 1 0 |
| NOR 회로 | | $X=\overline{A+B}$<br>입력신호 $A$, $B$가 동시에 0일 때만 출력신호 $X$가 1이 된다. (OR회로의 부정) | A B X: 0 0 1 / 0 1 0 / 1 0 0 / 1 1 0 |
| Exclusive OR 회로 | | $X=A \oplus B=\overline{A}B+A\overline{B}$<br>입력신호 $A$, $B$ 중 어느 한쪽만이 1이면 출력신호 $X$가 1이 된다. | A B X: 0 0 0 / 0 1 1 / 1 0 1 / 1 1 0 |
| Exclusive NOR 회로 | | $X=\overline{A \oplus B}=AB+\overline{A}\,\overline{B}$<br>입력신호 $A$, $B$가 동시에 0이거나 1일 때만 출력신호 $X$가 1이 된다. | A B X: 0 0 1 / 0 1 0 / 1 0 0 / 1 1 1 |

**※ 논리회로**
집적회로를 논리기호를 사용하여 알기 쉽도록 표현해 놓은 회로

**※ 진리표**
논리대수에 있어서 ON, OFF 또는 동작, 부동작의 상태를 1과 0으로 나타낸 표

제4편

# 소방시설의 구조 원리

## 제1장 소화설비(기계분야)

### 1 소화기의 사용온도

| 종 류 | 사용온도 |
|---|---|
| • 강화액<br>• 분말 | −20~40℃ 이하 |
| • 그 밖의 소화기 | 0~40℃ 이하 |

● 초스피드 기억법

강분24온(강변에서 이사온 나)

※ 소화기 설치거리
① 소형소화기 : 20m 이내
② 대형소화기 : 30m 이내

※ 이산화탄소 소화기
고압·액상의 상태로 저장한다.

### 2 각 설비의 주요사항(역사천리로 나와야 한다.)

| 구 분 | 드렌처설비 | 스프링클러설비 | 소화용수설비 | 옥내소화전설비 | 옥외소화전설비 | 포소화설비, 물분무소화설비, 연결송수관설비 |
|---|---|---|---|---|---|---|
| 방수압 | 0.1 MPa 이상 | 0.1~1.2 MPa 이하 | 0.15 MPa 이상 | 0.17~0.7 MPa 이하 | 0.25~0.7 MPa 이하 | 0.35 MPa 이상 |
| 방수량 | 80 l /min 이상 | 80 l /min 이상 | 800 l /min 이상 (가압송수장치 설치) | 130 l /min 이상 (30층 미만 : **최대 2개**, 30층 이상 : **최대 5개**) | 350 l /min 이상 (**최대 2개**) | 75 l /min 이상 (포워터 스프링클러 헤드) |
| 방수구경 | – | – | – | 40mm | 65mm | – |
| 노즐구경 | – | – | – | 13mm | 19mm | – |

### 3 수원의 저수량(참 중요!)

※ 드렌처설비
건물의 창, 처마 등 외부화재에 의해 연소·파손하기 쉬운 부분에 설치하여 외부 화재의 영향을 막기 위한 설비

#### ① 드렌처설비

$$Q = 1.6N$$

여기서, $Q$ : 수원의 저수량[m³]
$N$ : 헤드의 설치개수

#### ② 스프링클러설비(폐쇄형)

$Q = 1.6N$ (1~29층 이하)
$Q = 3.2N$ (30~49층 이하)
$Q = 4.8N$ (50층 이상)

여기서, $Q$ : 수원의 저수량[m³]
$N$ : 폐쇄형 헤드의 기준개수(설치개수가 기준개수보다 적으면 그 설치개수)

중요 폐쇄형 헤드의 기준개수

| 특정소방대상물 | | 폐쇄형 헤드의 기준개수 |
|---|---|---|
| 지하가 · 지하역사 | | 30 |
| 11층 이상 | | |
| 10층 이하 | 공장(특수가연물) | |
| | 판매시설(백화점 등), 복합건축물(판매시설이 설치된 것) | |
| | 근린생활시설, 운수시설, 복합건축물(판매시설 미설치) | 20 |
| | 8m 이상 | |
| | 8m 미만 | 10 |
| 공동주택(아파트 등) | | 10(각 동이 주차장으로 연결된 주차장 : 30) |

### ③ 옥내소화전설비

$$Q = 2.6N\ (1\sim29\text{층 이하},\ N : \text{최대 2개})$$
$$Q = 5.2N\ (30\sim49\text{층 이하},\ N : \text{최대 5개})$$
$$Q = 7.8N\ (50\text{층 이상},\ N : \text{최대 5개})$$

여기서, $Q$ : 수원의 저수량[m³]
$N$ : 가장 많은 층의 소화전 개수

### ④ 옥외소화전설비

$$Q = 7N$$

여기서, $Q$ : 수원의 저수량[m³]
$N$ : 옥외소화전 설치개수(최대 2개)

## 4 가압송수장치(펌프방식)(합격이 눈앞에 있소이다.)

### ① 스프링클러설비

$$H = h_1 + h_2 + \underline{10}$$

여기서, $H$ : 전양정[m]
$h_1$ : 배관 및 관부속품의 마찰손실수두[m]
$h_2$ : 실양정(흡입양정+토출양정)[m]

● 초스피드 기억법 

스10(서열)

**✽ 폐쇄형 헤드**
정상상태에서 방수구를 막고 있는 감열체가 일정온도에서 자동적으로 파괴·용해 또는 이탈됨으로써 분사구가 열려지는 헤드

**✽ 수원**
물을 공급하는 곳

**✽ 스프링클러설비**
스프링클러헤드를 이용하여 건물 내의 화재를 자동적으로 진화하기 위한 소화설비

**※ 물분무소화설비**
물을 안개모양(분무) 상태로 살수하여 소화하는 설비

**※ 소방호스의 종류**
① 고무내장 호스
② 소방용 아마 호스
③ 소방용 젖는 호스

**※ 포소화설비**
차고, 주차장, 비행기 격납고 등 물로 소화가 불가능한 장소에 설치하는 소화설비로서 물과 포원액을 일정비율로 혼합하여 이것을 발포기를 통해 거품을 형성하게 하여 화재 부위에 도포하는 방식

## ② 물분무소화설비

$$H = h_1 + h_2 + h_3$$

여기서, $H$ : 필요한 낙차[m]
$h_1$ : 물분무헤드의 설계압력환산수두[m]
$h_2$ : 배관 및 관부속품의 마찰손실수두[m]
$h_3$ : 실양정(흡입양정+토출양정)[m]

## ③ 옥내소화전설비

$$H = h_1 + h_2 + h_3 + \underline{17}$$

여기서, $H$ : 전양정[m]
$h_1$ : 소방호스의 마찰손실수두[m]
$h_2$ : 배관 및 관부속품의 마찰손실수두[m]
$h_3$ : 실양정(흡입양정+토출양정)[m]

● 초스피드 기억법

내17(내일 칠해.)

## ④ 옥외소화전설비

$$H = h_1 + h_2 + h_3 + \underline{25}$$

여기서, $H$ : 전양정[m]
$h_1$ : 소방호스의 마찰손실수두[m]
$h_2$ : 배관 및 관부속품의 마찰손실수두[m]
$h_3$ : 실양정(흡입양정+토출양정)[m]

● 초스피드 기억법

외25(왜이래요?)

## ⑤ 포소화설비

$$H = h_1 + h_2 + h_3 + h_4$$

여기서, $H$ : 펌프의 양정[m]
$h_1$ : 방출구의 설계압력환산수두 또는 노즐선단의 방사압력환산수두[m]
$h_2$ : 배관의 마찰손실수두[m]
$h_3$ : 소방호스의 마찰손실수두[m]
$h_4$ : 낙차[m]

Key Point

## 5 옥내소화전설비의 배관구경

| 구 분 | 가지배관 | 주배관 중 수직배관 |
|---|---|---|
| 호스릴 | 25mm 이상 | 32mm 이상 |
| 일반 | 40mm 이상 | 50mm 이상 |
| 연결송수관 겸용 | 65mm 이상 | 100mm 이상 |

※ **순환배관** : 체절운전시 수온의 상승 방지

● **초스피드 기억법**

가4(가사 일)
주5(주5일 근무)

## 6 헤드수 및 유수량(다 외웠으면 신통하다.)

### ① 옥내소화전설비

| 배관구경[mm] | 40 | 50 | 65 | 80 | 100 |
|---|---|---|---|---|---|
| 유수량[$l$/min] | 130 | 260 | 390 | 520 | 650 |
| 옥내소화전수 | 1개 | 2개 | 3개 | 4개 | 5개 |

### ② 연결살수설비

| 배관구경[mm] | 32 | 40 | 50 | 65 | 80 |
|---|---|---|---|---|---|
| 살수헤드수 | 1개 | 2개 | 3개 | 4~5개 | 6~10개 |

### ③ 스프링클러설비

| 급수관구경[mm] | 25 | 32 | 40 | 50 | 65 | 80 | 90 | 100 | 125 | 150 |
|---|---|---|---|---|---|---|---|---|---|---|
| 폐쇄형 헤드수 | 2개 | 3개 | 5개 | 10개 | 30개 | 60개 | 80개 | 100개 | 160개 | 161개 이상 |

## 7 유속

| 설 비 | | 유 속 |
|---|---|---|
| 옥내소화전설비 | | 4m/s 이하 |
| 스프링클러설비 | 가지배관 | 6m/s 이하 |
| | 기타의 배관 | 10m/s 이하 |

● **초스피드 기억법**

6가스유(육교에 갔어유.)

※ **가지배관**
헤드에 직접 물을 공급하는 배관

※ **연결살수설비**
실내에 개방형 헤드를 설치하고 화재시 현장에 출동한 소방자동차에서 실외에 설치되어 있는 송수구에 물을 공급하여 개방형 헤드를 통해 방사하여 화재를 진압하는 설비

※ **유속**
유체(물)의 속도

Key Point

**※ 체절운전**
펌프의 성능시험을 목적으로 펌프 토출측의 개폐밸브를 닫은 상태에서 펌프를 운전하는 것

## 8 펌프의 성능

❶ 체절운전시 정격토출압력의 140%를 초과하지 않을 것
❷ 정격토출량의 150%로 운전시 정격토출압력의 65% 이상이 되어야 한다.

## 9 옥내소화전함

❶ 소화전용 배관이 통과하는 부분의 구경은 32mm 이상
❷ 문의 면적 : 0.5m² 이상(짧은 변의 길이가 500mm 이상)

● 초스피드 기억법

5내(오네 가네)

**※ 옥외소화전함 설치기구**

| 옥외소화전 개수 | 소화전함 개수 |
|---|---|
| 10개 이하 | 5m 이내마다 1개 이상 |
| 11~30개 이하 | 11개 이상 소화전함 분산 설치 |
| 31개 이상 | 소화전 3개마다 1개 이상 |

## 10 옥외소화전함의 설치거리

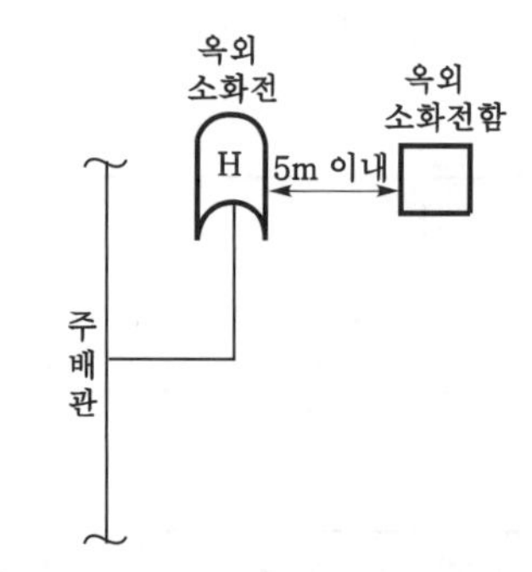


‖ 옥외소화전~옥외소화전함의 설치거리 ‖

**※ 스프링클러헤드**
화재시 가압된 물이 내뿜어져 분산됨으로써 소화기능을 하는 헤드이다. 감열부의 유무에 따라 폐쇄형과 개방형으로 나눈다.

## 11 스프링클러헤드의 배치기준(다 외웠으면 장하다.)

| 설치장소의 최고 주위온도 | 표시온도 |
|---|---|
| 39℃ 미만 | 79℃ 미만 |
| 39~64℃ 미만 | 79~121℃ 미만 |
| 64~106℃ 미만 | 121~162℃ 미만 |
| 106℃ 이상 | 162℃ 이상 |

● 초스피드 기억법

39 79
64 121
106 162

Key Point

## 12 헤드의 배치형태

**① 정방형**(정사각형)

$$S = 2R\cos 45°, \ L = S$$

여기서, $S$ : 수평헤드간격
$R$ : 수평거리
$L$ : 배관간격

**② 장방형**(직사각형)

$$S = \sqrt{4R^2 - L^2}, \ S' = 2R$$

여기서, $S$ : 수평헤드간격
$R$ : 수평거리
$L$ : 배관간격
$S'$ : 대각선헤드간격

중요

수평거리($R$)

| 설치장소 | 설치기준 |
|---|---|
| 무대부 · 특수가연물(창고 포함) | 수평거리 1.7m 이하 |
| 기타구조(창고 포함) | 수평거리 2.1m 이하 |
| 내화구조(창고 포함) | 수평거리 2.3m 이하 |
| 공동주택(아파트) 세대 내 | 수평거리 2.6m 이하 |

● 초스피드 기억법

무특 17
기 1
내 3
공아 26

## 13 스프링클러헤드 설치장소

① 위험물 취급장소
② 복도
③ 슈퍼마켓
④ 소매시장
⑤ 특수가연물 취급장소
⑥ 보일러실
⑦ 거실
⑧ 불연재료인 천장과 반자 사이가 2m 이상인 부분

※ 무대부
노래, 춤, 연극 등의 연기를 하기 위해 만들어 놓은 부분

※ 랙식 창고
바닥에서 반자까지의 높이가 10m를 넘는 것으로 선반 등을 설치하고 승강기 등에 의하여 수납물을 운반하는 장치를 갖춘 창고

● 초스피드 기억법

위스복슈소 특보거(위스키는 복잡한 수소로 만들었다는 특보가 거실의 TV에서 흘러나왔다.)

## 14 압력챔버 · 리타딩챔버

| 압력챔버 | 리타딩챔버 |
|---|---|
| 모터펌프를 가동시키기 위하여 설치 | ① 오작동(오보) 방지<br>② 안전밸브의 역할<br>③ 배관 및 압력스위치의 손상보호 |

**＊ 압력챔버**
펌프의 게이트밸브(Gate valve) 2차측에 연결되어 배관 내의 압력이 감소하면 압력스위치가 작동되어 충압펌프(Jockey pump) 또는 주펌프를 작동시킨다. '**기동용 수압개폐장치**' 또는 '**압력탱크**'라고도 부른다.

**＊ 리타딩챔버**
화재가 아닌 배관 내의 압력불균형 때문에 일시적으로 흘러들어온 압력수에 의해 압력스위치가 작동되는 것을 방지하는 부품

## 15 스프링클러설비의 비교(잘 구분이 되는가?)

| 방 식<br>구 분 | 습 식 | 건 식 | 준비작동식 | 부압식 | 일제살수식 |
|---|---|---|---|---|---|
| 1차측 | 가압수 | 가압수 | 가압수 | 가압수 | 가압수 |
| 2차측 | 가압수 | 압축공기 | 대기압 | 부압 | 대기압 |
| 밸브종류 | 습식 밸브<br>(자동경보밸브, 알람체크밸브) | 건식 밸브 | 준비작동식 밸브 | 준비작동식 밸브 | 일제개방밸브<br>(델류즈밸브) |
| 헤드종류 | 폐쇄형 헤드 | 폐쇄형 헤드 | 폐쇄형 헤드 | 폐쇄형 헤드 | 개방형 헤드 |

## 16 고가수조 · 압력수조

| 고가수조에 필요한 설비 | 압력수조에 필요한 설비 |
|---|---|
| ① 수위계<br>② 배수관<br>③ 급수관<br>④ 맨홀<br>⑤ **오버플로관** | ① 수위계<br>② 배수관<br>③ 급수관<br>④ 맨홀<br>⑤ **급기관**<br>⑥ **압력계**<br>⑦ **안전장치**<br>⑧ **자동식 공기압축기** |

**＊ 오버플로관**
필요 이상의 물이 공급될 경우 이 물을 외부로 배출시키는 관

● 초스피드 기억법

고오(Go!)
기압안자(기아자동차)

## 17 배관의 구경

| 40mm 이상 | 50mm 이상 |
|---|---|
| ① **교**차배관<br>② **청**소구(청소용) | **수직**배수배관 |

**＊ 교차배관**
수평주행배관에서 가지배관에 이르는 배관

Key Point

● 초스피드 기억법 

교4청(교사는 청소 안하냐?)
수오(수호천사)

## 18 행거의 설치

| 3.5m 이내마다 설치 | 4.5m 이내마다 설치 | 8cm 이상 |
|---|---|---|
| 가지배관 | ① 교차배관<br>② 수평주행배관 | 헤드와 행거 사이의 간격 |

※ **시험배관** : **유수검지장치**(유수경보장치)의 기능점검

교4(교사), 행8(해파리)

## 19 기울기(진짜로 중요하데이~)

| 기울기 | 구 분 |
|---|---|
| $\frac{1}{100}$ 이상 | 연결살수설비의 수평주행배관 |
| $\frac{2}{100}$ 이상 | 물분무소화설비의 배수설비 |
| $\frac{1}{250}$ 이상 | 습식 · 부압식 설비 외의 설비의 가지배관 |
| $\frac{1}{500}$ 이상 | 습식 · 부압식 설비 외의 설비의 수평주행배관 |

## 20 설치높이

| 0.5~1m 이하 | 0.8~1.5m 이하 | 1.5m 이하 |
|---|---|---|
| ① 연결송수관설비의 송수구<br>② 연결살수설비의 송수구<br>③ 소화용수설비의 채수구<br>기억법 연소용 51(연소용 오일은 잘 탄다.) | ① 제어밸브(수동식 개방밸브)<br>② 유수검지장치<br>③ 일제개방밸브<br>기억법 제유일 85(제가 유일하게 팔았어요.) | ① 옥내소화전설비의 방수구<br>② 호스릴함<br>③ 소화기<br>기억법 옥내호소 5(옥내에서 호소하시오.) |

**＊ 행거**
천장 등에 물건을 달아매는 데 사용하는 철재

**＊ 습식 설비**
습식 밸브의 1차측 및 2차측 배관 내에 항상 가압수가 충수되어 있다가 화재발생시 열에 의해 헤드가 개방되어 소화하는 방식

**＊ 부압식 스프링클러설비**
가압송수장치에서 준비작동식 유수검지장치의 1차측까지는 항상 정압의 물이 가압되고, 2차측 폐쇄형 스프링클러헤드까지는 소화수가 부압으로 되어 있다가 화재시 감지기의 작동에 의해 정압으로 변하여 유수가 발생하면 작동하는 스프링클러설비

Key Point

**※ 케이블트레이**
케이블을 수용하기 위한 관로로 사용되며 윗부분이 개방되어 있다.

**※ 포워터 스프링클러헤드**
포디플렉터가 있다.

**※ 포헤드**
포디플렉터가 없다.

## 21 물분무소화설비의 수원

| 특정소방대상물 | 토출량 | 최소기준 | 비 고 |
|---|---|---|---|
| 컨베이어벨트 | $10l/\text{min}\cdot\text{m}^2$ | 없음 | 벨트부분의 바닥면적 |
| 절연유 봉입변압기 | $10l/\text{min}\cdot\text{m}^2$ | 없음 | 표면적을 합한 면적(바닥면적 제외) |
| 특수가연물 | $10l/\text{min}\cdot\text{m}^2$ | 최소 $50\text{m}^2$ | 최대 방수구역의 바닥면적 기준 |
| 케이블트레이 · 덕트 | $12l/\text{min}\cdot\text{m}^2$ | 없음 | 투영된 바닥면적 |
| 차고 · 주차장 | $20l/\text{min}\cdot\text{m}^2$ | 최소 $50\text{m}^2$ | 최대 방수구역의 바닥면적 기준 |
| 위험물 저장탱크 | $37l/\text{min}\cdot\text{m}$ | 없음 | 위험물탱크 둘레길이(원주길이) : 위험물규칙 〔별표 6〕 Ⅱ |

※ 모두 20분간 방수할 수 있는 양 이상으로 하여야 한다.

## 22 포소화설비의 적응대상

‖ 특정소방대상물에 따른 헤드의 종류 ‖

| 특정소방대상물 | 설비 종류 |
|---|---|
| • 차고 · 주차장 | • 포워터 스프링클러설비<br>• 포헤드 설비<br>• 고정포 방출설비<br>• 압축공기포 소화설비 |
| • 항공기 격납고<br>• 공장 · 창고(특수가연물 저장 · 취급) | • 포워터 스프링클러설비<br>• 포헤드 설비<br>• 고정포 방출설비<br>• 압축공기포 소화설비 |
| • 완전개방된 옥상 주차장(주된 벽이 없고 기둥뿐이거나 주위가 위해방지용 철주 등으로 둘러싸인 부분)<br>• **지상 1층**으로서 지붕이 없는 차고 · 주차장<br>• 고가 밑의 주차장(주된 벽이 없고 기둥뿐이거나 주위가 위해방지용 철주 등으로 둘러싸인 부분) | • 호스릴포 소화설비<br>• 포소화전 설비 |
| • 발전기실<br>• 엔진펌프실<br>• 변압기<br>• 전기케이블실<br>• 유압설비 | • 고정식 압축공기포 소화설비(바닥면적 합계 $300\text{m}^2$ 미만) |

**※ 고정포방출구**
포를 주입시키도록 설계된 탱크 등에 반영구적으로 부착된 포소화설비의 포방출장치

## 23 고정포방출구 방식

$$Q = A \times Q_1 \times T \times S$$

여기서, $Q$ : 포소화약제의 양〔$l$〕
$A$ : 탱크의 액표면적〔$\text{m}^2$〕
$Q_1$ : 단위포 소화수용액의 양〔$l/\text{m}^2$ · 분〕
$T$ : 방출시간〔분〕
$S$ : 포소화약제의 사용농도

## 24 고정포방출구(위험물안전관리에 관한 세부기준 133조)

| 탱크의 종류 | 포방출구 |
|---|---|
| 고정지붕구조(콘루프탱크) | • Ⅰ형 방출구<br>• Ⅱ형 방출구<br>• Ⅲ형 방출구(표면하 주입식 방출구)<br>• Ⅳ형 방출구(반표면하 주입식 방출구) |
| 부상덮개부착 고정지붕구조 | • Ⅱ형 방출구 |
| 부상지붕구조(플루팅루프탱크) | • 특형 방출구 |

● 초스피드 기억법

부특(보트)

## 25 $CO_2$ 설비의 특징

1. 화재진화 후 깨끗하다.
2. **심부화재**에 적합하다.
3. 증거보존이 양호하여 화재원인 조사가 쉽다.
4. 방사시 소음이 크다.

## 26 $CO_2$ 설비의 가스압력식 기동장치(NFTC 106 2.3.2.3.1, 2.3.2.3.3)

| 구 분 | 기 준 |
|---|---|
| 비활성기체 충전압력 | 6MPa 이상(21℃ 기준) |
| 기동용 가스용기의 체적 | 5$l$ 이상 |
| 기동용 가스용기의 안전장치의 압력 | 내압시험압력의 0.8~내압시험압력 이하 |
| 기동용 가스용기 및 해당용기에 사용하는 밸브의 견디는 압력 | 25MPa 이상 |

## 27 약제량 및 개구부 가산량(끝에나도 안 외울 생각은 마라!)

저장량[kg] = 약제량[kg/m³]×방호구역체적[m³]+개구부면적[m²]×개구부가산량[kg/m²]

● 초스피드 기억법

저약방개산(저약방에서 계산해.)

**Key Point**

**※ Ⅰ형 방출구**
고정지붕구조의 탱크에 상부포주입법을 이용하는 것으로서 방출된 포가 액면 아래로 몰입되거나 액면을 뒤섞지 않고 액면상을 덮을 수 있는 통계단 또는 미끄럼판 등의 설비 및 탱크 내의 위험물증기가 외부로 역류되는 것을 저지할 수 있는 구조·기구를 갖는 포방출구

**※ Ⅱ형 방출구**
고정지붕구조 또는 부상덮개부착 고정지붕구조의 탱크에 상부포주입법을 이용하는 것으로서 방출된 포가 탱크 옆판의 내면을 따라 흘러내려가면서 액면 아래로 몰입되거나 액면을 뒤섞지 않고 액면상을 덮을 수 있는 반사판 및 탱크 내의 위험물증기가 외부로 역류되는 것을 저지할 수 있는 구조·기구를 갖는 포방출구

**※ 특형 방출구**
부상지붕구조의 탱크에 상부포주입법을 이용하는 것으로서 부상지붕의 부상부분상에 높이 0.9m 이상의 금속제의 칸막이를 탱크 옆판의 내측로부터 1.2m 이상 이격하여 설치하고 탱크 옆판과 칸막이에 의하여 형성된 환상부분에 포를 주입하는 것이 가능한 구조의 반사판을 갖는 포방출구

※ **심부화재**
가연물의 내부 깊숙한 곳에서 연소하는 화재

### ① $CO_2$ 소화설비(심부화재)(NFPC 106 5조, NFTC 106 2.2.1.2.1, 2.2.1.2.2)

| 방호대상물 | 약제량 | 개구부 가산량<br>(자동폐쇄장치 미설치시) |
|---|---|---|
| 전기설비, 케이블실 | 1.3kg/$m^3$ | 10kg/$m^2$ |
| 전기설비(55$m^2$ 미만) | 1.6kg/$m^3$ | |
| 서고, 박물관, 목재가공품창고, 전자제품창고 | 2.0kg/$m^3$ | |
| 석탄창고, 면화류창고, 고무류, 모피창고, 집진설비 | 2.7kg/$m^3$ | |

● 초스피드 기억법

서박목전(선박이 목전에 보인다.)
석면고모집(석면은 고모집에 있다.)

### ② 할론 1301(NFPC 107 5조, NFTC 107 2.2.1.1)

| 방호대상물 | 약제량 | 개구부 가산량<br>(자동폐쇄장치 미설치시) |
|---|---|---|
| 차고·주차장·전기실·전산실·통신기기실 | 0.32~0.64kg/$m^3$ | 2.4kg/$m^2$ |
| 사류·면화류 | 0.52~0.64kg/$m^3$ | 3.9kg/$m^2$ |

● 초스피드 기억법

차주전통할(전통활)
할사면(할아버지 사면)

※ **전역방출방식**
불연성의 벽 등으로 밀폐되어 있는 경우 방호구역 전체에 가스를 방출하는 방식

### ③ 분말소화설비(전역방출방식)(NFPC 108 6조, NFTC 108 2.3.2.1)

| 종 별 | 약제량 | 개구부 가산량(자동폐쇄장치 미설치시) |
|---|---|---|
| 제1종 | 0.6kg/$m^3$ | 4.5kg/$m^2$ |
| 제2·3종 | 0.36kg/$m^3$ | 2.7kg/$m^2$ |
| 제4종 | 0.24kg/$m^3$ | 1.8kg/$m^2$ |

※ **호스릴방식**
호스와 약제 방출구만 이동하여 소화하는 방식으로서, 호스를 원통형의 호스감개에 감아놓고 호스의 말단을 잡아당기면 호스감개가 회전하면서 호스가 풀리어 화재부근으로 이동시켜 소화하는 방식

## 28 호스릴방식

### ① $CO_2$ 소화설비(NFPC 106 5조, 10조, NFTC 106 2.2.1.4, 2.7.4.2)

| 약제 종별 | 약제 저장량 | 약제 방사량(20℃) |
|---|---|---|
| $CO_2$ | 90kg | 60kg/min |

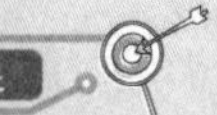

## ② 할론소화설비(NFPC 107 5조, 10조, NFTC 107 2.2.1.3, 2.7.4.4)

| 약제 종별 | 약제량 | 약제 방사량(20℃) |
|---|---|---|
| 할론 1301 | 45kg | 35kg/min |
| 할론 1211 | 50kg | 40kg/min |
| 할론 2402 | 50kg | 45kg/min |

## ③ 분말소화설비(NFPC 108 6조, 11조, NFTC 108 2.3.2.3, 2.8.4.4)

| 약제 종별 | 약제 저장량 | 약제 방사량(20℃) |
|---|---|---|
| 제1종 분말 | 50kg | 45kg/min |
| 제2 · 3종 분말 | 30kg | 27kg/min |
| 제4종 분말 | 20kg | 18kg/min |

## 29 할론소화설비의 저장용기('안 외워도 되겠지'하는 용감한 사람이 있다.)(NFPC 107 10조, NFTC 107 2.1.2.1, 2.1.2.2, 2.7.1.3)

| 구 분 | | 할론 1211 | 할론 1301 |
|---|---|---|---|
| 저장압력 | | 1.1MPa 또는 2.5MPa | 2.5MPa 또는 4.2MPa |
| 방출압력 | | 0.2MPa | 0.9MPa |
| 충전비 | 가압식 | 0.7~1.4 이하 | 0.9~1.6 이하 |
| | 축압식 | | |

## 30 할론 1301($CF_3Br$)의 특징

① 여과망을 설치하지 않아도 된다.

② **제3류 위험물**에는 사용할 수 없다.

## 31 호스릴방식(NFPC 102 7조, NFTC 102 2.4.2.1, NFPC 105 12조, NFTC 105 2.9.3.5, NFPC 106 10조, NFTC 106 2.7.4.1, NFPC 107 10조, NFTC 107 2.7.4.1, NFPC 108 11조, NFTC 108 2.8.4.1)

| 수평거리 15m 이하 | 수평거리 20m 이하 | 수평거리 25m 이하 |
|---|---|---|
| 분말 · 포 · $CO_2$ 소화설비 | 할론소화설비 | 옥내소화전설비 |

● 초스피드 기억법

호할20(호텔의 할부이자가 영아니네.)
호옥25(홍옥이오!)

## 32 분말소화설비의 배관(NFPC 108 9조, NFTC 108 2.6)

① 전용

② 강관 : **아연도금**에 의한 **배관용 탄소강관**

③ 동관 : 고정압력 또는 최고 사용압력의 **1.5배** 이상의 압력에 견딜 것

Key Point

* **할론설비의 약제량 측정법**
① 중량측정법
② 액위측정법
③ 비파괴검사법

* **여과망**
이물질을 걸러내는 망

* **호스릴방식**
분사헤드가 배관에 고정되어 있지 않고 소화약제 저장용기에 호스를 연결하여 사람이 직접 화점에 소화약제를 방출하는 이동식 소화설비

※ **토너먼트방식 적용 설비**
① 분말소화설비
② 할론소화설비
③ 이산화탄소 소화설비
④ 할로겐화합물 및 불활성기체 소화설비

※ **토너먼트방식**
가스계 소화설비에 적용하는 방식으로 용기로부터 노즐까지의 마찰손실을 일정하게 유지하기 위한 방식

※ **가압식**
소화약제의 방출원이 되는 압축가스를 압력봄베 등의 별도의 용기에 저장했다가 가스의 압력에 의해 방출시키는 방식

④ 밸브류 : **개폐위치** 또는 **개폐방향**을 표시한 것
⑤ 배관의 관부속 및 밸브류 : 배관과 동등 이상의 강도 및 내식성이 있는 것

## 33 압력조정장치(압력조정기)의 압력(NFPC 108 5조, NFTC 108 2.2.3, NFPC 107 4조, NFTC 107 2.1.5)

| 할론소화설비 | 분말소화설비 |
|---|---|
| 2MPa 이하 | 2.5MPa 이하 |

※ **정압작동장치**의 **목적** : 약제를 적절히 보내기 위해

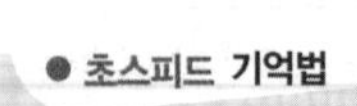

● 초스피드 기억법

분압25(분압이오.)

## 34 분말소화설비 가압식과 축압식의 설치기준(NFPC 108 5조, NFTC 108 2.2.4)

| 구 분 / 사용가스 | 가압식 | 축압식 |
|---|---|---|
| 질소($N_2$) | 40$l$/kg 이상 | 10$l$/kg 이상 |
| 이산화탄소($CO_2$) | 20g/kg＋배관청소 필요량 이상 | 20g/kg＋배관청소 필요량 이상 |

## 35 약제 방사시간(NFPC 106 8조, NFTC 106 2.5.2, NFPC 107 10조, NFTC 107 2.7, NFPC 108 11조, NFTC 108 2.8, 위험물안전관리에 관한 세부기준 134~136조)

<table>
<tr><th colspan="2" rowspan="2">소화설비</th><th colspan="2">전역방출방식</th><th colspan="2">국소방출방식</th></tr>
<tr><th>일반건축물</th><th>위험물제조소</th><th>일반건축물</th><th>위험물제조소</th></tr>
<tr><td colspan="2">할론소화설비</td><td>10초 이내</td><td rowspan="2">30초 이내</td><td>10초 이내</td><td rowspan="4">30초 이내</td></tr>
<tr><td colspan="2">분말소화설비</td><td>30초 이내</td><td rowspan="3">30초 이내</td></tr>
<tr><td rowspan="2">$CO_2$ 소화설비</td><td>표면화재</td><td>1분 이내</td><td rowspan="2">60초 이내</td></tr>
<tr><td>심부화재</td><td>7분 이내</td></tr>
</table>

● 초스피드 기억법

심7(심취하다.)

Key Point

## 제2장 피난구조설비(기계분야)

### 36 피난사다리의 분류

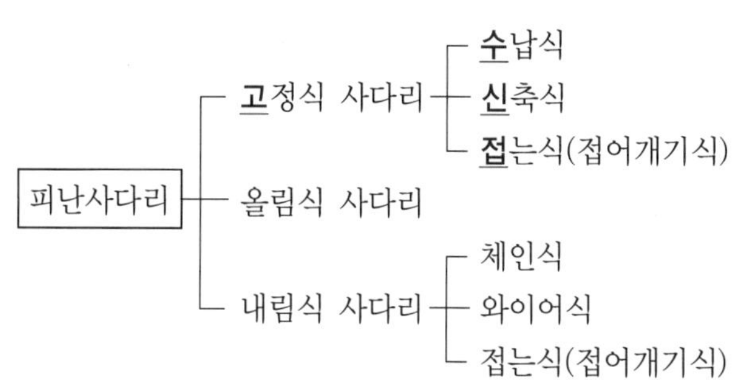

● 초스피드 기억법

고수접신(고수의 접시)

### 37 피난기구의 적응성(NFTC 301 2.1.1)

| 구 분 \ 층 별 | 3층 |
|---|---|
| • 노유자시설 | • 피난교<br>• 구조대<br>• 미끄럼대<br>• 다수인 피난장비<br>• 승강식 피난기 |

## 제3장 소화활동설비 및 소화용수설비(기계분야)

### 38 제연구역의 구획(NFPC 501 4조, NFTC 501 2.1.1)

1. 1제연구역의 면적은 1000m² 이내로 할 것
2. 거실과 통로는 각각 **제연구획**할 것
3. 통로상의 제연구역은 보행중심선의 길이가 60m를 초과하지 않을 것
4. 1제연구역은 직경 60m 원 내에 들어갈 것
5. 1제연구역은 2개 이상의 층에 미치지 않을 것

● 초스피드 기억법

제10006(충북 제천에 육교 있음)

**※ 올림식 사다리**
① 사다리 상부지점에 안전장치 설치
② 사다리 하부지점에 미끄럼방지장치 설치

**※ 피난기구의 종류**
① 완강기
② 피난사다리
③ 구조대
④ 소방청장이 정하여 고시하는 화재안전기준으로 정하는 것(미끄럼대, 피난교, 공기안전매트, 피난용 트랩, 다수인 피난장비, 승강식 피난기, 간이 완강기, 하향식 피난구용 내림식 사다리)

※ 제연구획에서 제연경계의 폭은 0.6m 이상, 수직거리는 2m 이내이어야 한다.

## 39 제연설비의 풍속(잊지 말라!)(NFPC 501 9조, 10조, NFTC 501 2.6.2.2, 2.7.1)

| 15m/s 이하 | 20m/s 이하 |
|---|---|
| 배출기의 흡입측 풍속 | ① 배출기 배출측 풍속<br>② 유입 풍도안의 풍속 |

※ 연소방지설비 : **지하구**에 설치한다.

**＊ 연소방지설비**
지하구의 화재시 지하구의 진입이 곤란하므로 지상에 설치된 송수구를 통하여 소방펌프차로 가압수를 공급하여 설치된 지하구 내의 살수헤드에서 방수가 이루어져 화재를 소화하기 위한 연결살수설비의 일종이다.

● **초스피드 기억법**

5입(옷 입어.)

## 40 연결살수설비 헤드의 설치간격(NFPC 503 6조, NFTC 503 2.3.2.2)

| 스프링클러헤드 | 살수헤드 |
|---|---|
| 2.3m 이하 | 3.7m 이하 |

**＊ 지하구**
지하의 케이블 통로

※ 연결살수설비에서 하나의 송수구역에 설치하는 개방형 헤드수는 **10개** 이하로 하여야 한다.

● **초스피드 기억법**

살37(살상은 칠거지악 중의 하나다.)

## 41 연결송수관설비의 설치순서(NFTC 502 2.1.1.8.1, 2.1.1.8.2)

| 습 식 | 건 식 |
|---|---|
| 송수구 → 자동배수밸브 → 체크밸브 | 송수구 → 자동배수밸브 → 체크밸브 → 자동배수밸브 |

**＊ 연결송수관설비**
건물 외부에 설치된 송수구를 통하여 소화용수를 공급하고, 이를 건물 내에 설치된 방수구를 통하여 화재 발생장소에 공급하여 소방관이 소화할 수 있도록 만든 설비

● **초스피드 기억법**

**송자체습**(**송자**는 **채식**주의자)

## 42 연결송수관설비의 방수구(NFPC 502 6조, NFTC 502 2.3.1.3)

**＊ 방수구의 설치장소**
비교적 연소의 우려가 적고 접근이 용이한 계단실과 같은 곳

1. **층**마다 설치(**아파트**인 경우 3층부터 설치)
2. **11층** 이상에는 **쌍구형**으로 설치(**아파트**인 경우 **단구형** 설치 가능)
3. 방수구는 **개폐기능**을 가진 것일 것
4. 방수구의 결합금속구는 구경 65mm로 한다.
5. 방수구는 바닥에서 0.5~1m 이하에 설치한다.

## 43 수평거리 및 보행거리(다 읽었으면 용타!)

| 수평거리 · 보행거리 | 설 명 |
|---|---|
| 수평거리 10m 이하<br>(NFPC 501 7조, NFTC 501 2.4.2) | 예상제연구역 |
| 수평거리 15m 이하<br>(NFPC 105 12조, NFTC 105 2.9.3.5, NFPC 106 10조, NFTC 106 2.7.4.1, NFPC 108 11조, NFTC 108 2.8.4.1) | ① 분말호스릴<br>② 포호스릴<br>③ $CO_2$ 호스릴 |
| 수평거리 20m 이하<br>(NFPC 107 10조, NFTC 107 2.7.4.1) | 할론 호스릴 |
| 수평거리 25m 이하<br>(NFPC 102 7조, NFTC 102 2.4.2.1, NFPC 105 12조, NFTC 105 2.9.3.5, NFPC 502 6조, NFTC 502 2.3.1.2.3) | ① 옥내소화전 방수구<br>② 옥내소화전 호스릴<br>③ 포소화전 방수구<br>④ 연결송수관 방수구(지하가)<br>⑤ 연결송수관 방수구(지하층 바닥면적 3000m² 이상) |
| 수평거리 40m 이하(NFPC 109 6조, NFTC 109 2.3.1) | 옥외소화전 방수구 |
| 수평거리 50m 이하(NFPC 502 6조, NFTC 502 2.3.1.2.3) | 연결송수관 방수구(사무실) |
| 보행거리 30m 이하(NFPC 101 4조, NFTC 101 2.1.1.4.2) | 대형소화기 |
| 보행거리 20m 이하(NFPC 101 4조, NFTC 101 2.1.1.4.2) | 소형소화기 |

용어

수평거리와 보행거리

| 수평거리 | 보행거리 |
|---|---|
| 직선거리로서 반경을 의미하기도 한다. | 걸어선 간 거리 |

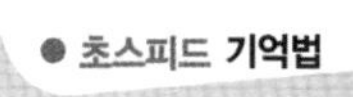

● 초스피드 기억법

호15(호일 오려.)
옥호25(오후에 이사 오세요.)

Key Point

※ 수평거리

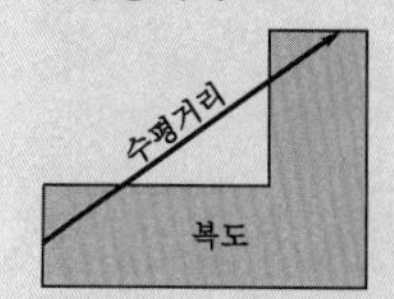


※ 보행거리

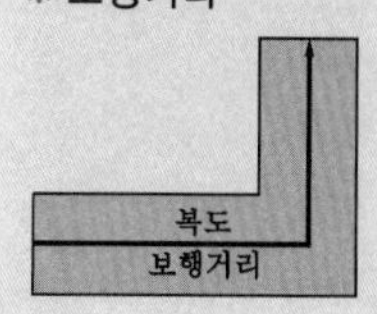


# 제4장 경보설비의 구조 원리

## 44 경보설비의 종류

경보설비
- 자동화재탐지설비 · 시각경보기
- 자동화재속보설비
- 가스누설경보기
- 비상방송설비
- 비상경보설비(비상벨설비, 자동식 사이렌설비)
- 누전경보기
- 단독경보형 감지기
- 통합감시시설
- 화재알림설비

※ 자동화재탐지설비
① 감지기
② 수신기
③ 발신기
④ 중계기
⑤ 음향장치
⑥ 표시등
⑦ 전원
⑧ 배선

● 초스피드 기억법

경자가비누단(경자가 비누를 단독으로 쓴다.)

## 45 고정방법(NFPC 203 7조, NFTC 203 2.4.3.12.2, 2.4.3.12.3)

| 구 분 | 정온식 감지선형 감지기 |
|---|---|
| 단자부와 마감고정금구 | 10cm 이내 |
| 굴곡반경 | 5cm 이상 |

## 46 감지기의 부착높이(NFPC 203 7조, NFTC 203 2.4.1)

| 부착높이 | 감지기의 종류 |
|---|---|
| 8~15m 미만 | • 차동식 분포형<br>• 이온화식 1종 또는 2종<br>• 광전식(스포트형 · 분리형 · 공기흡입형) 1종 또는 2종<br>• 연기복합형<br>• 불꽃감지기 |
| 15~20m 미만 | • 이온화식 1종<br>• 광전식(스포트형 · 분리형 · 공기흡입형) 1종<br>• 연기복합형<br>• 불꽃감지기 |

**※ 연기복합형 감지기**
이온화식+광전식을 겸용한 것으로 두 가지 기능이 동시에 작동되면 신호를 발함.

● 초스피드 기억법

차분815(차분히 815 광복절을 맞이하자!)

## 47 반복시험 횟수

| 횟 수 | 기 기 |
|---|---|
| 1000회 | 감지기 · 속보기 |
| 2000회 | 중계기 |
| 2500회 | 유도등 |
| 5000회 | 전원스위치 · 발신기 |
| 10000회 | 비상조명등 · 스위치접점, 기타의 설비 및 기기 |

**※ 속보기**
감지기 또는 P형 발신기로부터 발신하는 신호나 중계기를 통하여 송신된 신호를 수신하여 관계인에게 화재발생을 경보함과 동시에 소방관서에 자동적으로 전화를 통한 해당 특정소방대상물의 위치 및 화재발생을 음성으로 통보하여 주는 것

● 초스피드 기억법

감속1(감속하면 한발 먼저 간다.)
중2(중이염)
5전발(오기가 생기면 전을 부쳐 먹고 발장구치자.)

## 48 대상에 따른 음압

| 음 압 | 대 상 |
|---|---|
| 40dB 이하 | • 유도등 · 비상조명등의 소음 |
| 60dB 이상 | • 고장표시장치용<br>• 전화용 부저<br>• 단독경보형 감지기(건전지 교체 **음성안내**) |
| 70dB 이상 | • 가스누설경보기(단독형 · 영업용)<br>• 누전경보기<br>• 단독경보형 감지기(건전지 교체 **음향경보**) |
| 85dB 이상 | • 단독경보형 감지기(화재경보음) |
| 90dB 이상 | • 가스누설경보기(공업용)<br>• 자동화재탐지설비의 음향장치 |

● **초스피드 기억법**

유비음4 (유비는 음식 중 사발면을 좋아한다.)
고전음6 (고전음악을 유창하게 해.)
9공자

**※ 유도등**
평상시에 상용전원에 의해 점등되어 있다가, 비상시에 비상전원에 의해 점등된다.

**※ 비상조명등**
평상시에 소등되어 있다가 비상시에 점등된다.

## 49 수평거리 · 보행거리 · 수직거리

### ① 수평거리

| 수평거리 | 기 기 |
|---|---|
| 25m 이하 | • 발신기<br>• 음향장치(확성기)<br>• 비상콘센트(지하상가 또는 지하층 바닥면적 합계 $3000m^2$ 이상) |
| 50m 이하 | • 비상콘센트(기타) |

● **초스피드 기억법**

발음2비지(발음이 비슷하지.)

**※ 수평거리**
최단거리 · 직선거리 또는 반경을 의미한다.

### ② 보행거리

| 보행거리 | 기 기 |
|---|---|
| 15m 이하 | • 유도표지 |
| 20m 이하 | • 복도통로유도등<br>• 거실통로유도등<br>• 3종 연기감지기 |
| 30m 이하 | • 1 · 2종 연기감지기 |

**※ 보행거리**
걸어서 가는 거리

● 초스피드 기억법

보통2(보통이 아니네요!)
3무(상무)

③ 수직거리

| 수직거리 | 기 기 |
|---|---|
| 15m 이하 | • 1 · 2종 연기감지기 |
| 10m 이하 | • 3종 연기감지기 |

## 50 비상전원 용량

※ 비상전원
상용전원 정전시에 사용하기 위한 전원

※ 예비전원
상용전원 고장시 또는 용량부족시 최소한의 기능을 유지하기 위한 전원

| 설비의 종류 | 비상전원 용량 |
|---|---|
| • 자동화재탐지설비 • 비상경보설비 • 자동화재속보설비 | 10분 이상 |
| • 유도등 • 비상조명등 • 비상콘센트설비<br>• 옥내소화전설비(30층 미만) • 제연설비<br>• 특별피난계단의 계단실 및 부속실 제연설비(30층 미만)<br>• 스프링클러설비(30층 미만) • 연결송수관설비(30층 미만) | 20분 이상 |
| • 무선통신보조설비의 증폭기 | 30분 이상 |
| • 옥내소화전설비(30~49층 이하)<br>• 특별피난계단의 계단실 및 부속실 제연설비(30~49층 이하)<br>• 연결송수관설비(30~49층 이하)<br>• 스프링클러설비(30~49층 이하) | 40분 이상 |
| • 유도등 · 비상조명등(지하상가 및 11층 이상)<br>• 옥내소화전설비(50층 이상)<br>• 특별피난계단의 계단실 및 부속실 제연설비(50층 이상)<br>• 연결송수관설비(50층 이상)<br>• 스프링클러설비(50층 이상) | 60분 이상 |

## 51 주위온도 시험

※ 변류기
누설전류를 검출하는 데 사용하는 기기

| 주위온도 | 기 기 |
|---|---|
| −35~70℃ | 경종(옥외형), 발신기(옥외형) |
| −20~50℃ | 변류기(옥외형) |
| −10~50℃ | 기타 |
| 0~40℃ | 가스누설경보기(분리형) |

● 초스피드 기억법

분04(분양소)

Key Point

## 52 스포트형 감지기의 바닥면적

(단위 : $m^2$)

| 부착높이 및 소방대상물의 구분 | | 감지기의 종류 | | | | |
|---|---|---|---|---|---|---|
| | | 차동식 · 보상식 스포트형 | | 정온식 스포트형 | | |
| | | 1종 | 2종 | 특종 | 1종 | 2종 |
| 4m 미만 | 내화구조 | 90 | 70 | 70 | 60 | 20 |
| | 기타구조 | 50 | 40 | 40 | 30 | 15 |
| 4m 이상 8m 미만 | 내화구조 | 45 | 35 | 35 | 30 | – |
| | 기타구조 | 30 | 25 | 25 | 15 | – |

※ **정온식 스포트형 감지기**
일국소의 주위온도가 일정한 온도 이상이 되는 경우에 작동하는 것으로서 외관이 전선으로 되어 있지 않은 것

## 53 연기감지기의 바닥면적

(단위 : $m^2$)

| 부착높이 | 감지기의 종류 | |
|---|---|---|
| | 1종 및 2종 | 3종 |
| 4m 미만 | 150 | 50 |
| 4~20m 미만 | 75 | 설치할 수 없다. |

※ **연기감지기**
화재시 발생하는 연기를 이용하여 작동하는 것으로서 주로 계단, 경사로, 복도, 통로, 엘리베이터, 전산실, 통신기기실에 쓰인다.

## 54 절연저항시험(절대!절대!중요!)

| 절연저항계 | 절연저항 | 대 상 |
|---|---|---|
| 직류 250V | 0.1MΩ 이상 | • 1경계구역의 절연저항 |
| 직류 500V | 5MΩ 이상 | • 누전경보기<br>• 가스누설경보기<br>• 수신기<br>• 자동화재속보설비<br>• 비상경보설비<br>• 유도등(교류입력측과 외함간 포함)<br>• 비상조명등(교류입력측과 외함간 포함) |
| | 20MΩ 이상 | • 경종<br>• 발신기<br>• 중계기<br>• 비상콘센트<br>• 기기의 절연된 선로간<br>• 기기의 충전부와 비충전부간<br>• 기기의 교류입력측과 외함간(유도등 · 비상조명등 제외) |
| | 50MΩ 이상 | • 감지기(정온식 감지선형 감지기 제외)<br>• 가스누설경보기(10회로 이상)<br>• 수신기(10회로 이상) |
| | 1000MΩ 이상 | • 정온식 감지선형 감지기 |

※ **경계구역**
소방대상물 중 화재신호를 발신하고 그 신호를 수신 및 유효하게 제어할 수 있는 구역

※ **정온식 감지선형 감지기**
일국소의 주위온도가 일정한 온도 이상이 되는 경우에 작동하는 것으로서 외관이 전선으로 되어 있는 것

## 55 소요시간

| 기 기 | 시 간 |
|---|---|
| • P형 · P형 복합식 · R형 · R형 복합식 · GP형 · GP형 복합식 · GR형 · GR형 복합식<br>• 중계기 | 5초 이내 |
| 비상방송설비 | 10초 이하 |
| 가스누설경보기 | 60초 이내 |
| 축적형 수신기 | • 축적시간 : 30~60초 이하<br>• 화재표시감지시간 : 60초 |

● 초스피드 기억법

시중5(시중을 드시오!), 6가(육체미가 아름답다.)

## 56 설치높이

| 기 기 | 설치높이 |
|---|---|
| 기타기기 | 0.8~1.5m 이하 |
| 시각경보장치 | 2~2.5m 이하(단, 천장의 높이가 2m 이하이면 천장에서 0.15m 이내에 설치) |

● 초스피드 기억법

시25(CEO)

## 57 누전경보기의 설치방법(NFPC 205 4조, NFTC 205 2.1.1)

| 정격전류 | 경보기 종류 |
|---|---|
| 60A 초과 | 1급 |
| 60A 이하 | 1급 또는 2급 |

❶ 변류기는 옥외인입선의 **제1지점**의 **부하측** 또는 **제2종**의 **접지선측**의 점검이 쉬운 위치에 설치할 것

❷ 옥외전로에 설치하는 변류기는 **옥외형**으로 설치할 것

● 초스피드 기억법

1부접2누(일부는 접이식 의자에 누워 있다.)

**※ 변류기의 설치**

① 옥외인입선의 제1 지점의 부하측

② 제2종의 접지선측

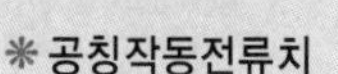

## 58 누전경보기

| 공칭작동전류치 | 감도조정장치의 조정범위 |
|---|---|
| 200mA 이하<br>기억법 누공2(누구나 공짜이면 좋아해.) | 1A 이하(1000mA)<br>기억법 누감1(누가 감히 일부러 그럴까?) |

참고

검출누설전류 설정치 범위

| 경계전로 | 제2종 접지선 |
|---|---|
| 100~400mA | 400~700mA |

※ 공칭작동전류치
누전경보기를 작동시키기 위하여 필요한 누설전류의 값으로서 제조자에 의하여 표시된 값

# 제5장 피난구조설비 및 소화활동설비(전기분야)

## 59 설치높이(NFPC 303 5조, 6조, 8조, NFTC 303 2.2, 2.3)

| 유도등 · 유도표지 | 설치높이 |
|---|---|
| • 복도통로유도등<br>• 계단통로유도등<br>• 통로유도표지 | 1m 이하 |
| • 피난구유도등<br>• 거실통로유도등 | 1.5m 이상 |

● 초스피드 기억법

계복1, 피유15상

※ 조도
① 객석유도등 : 0.2lx 이상
② 통로유도등 : 1lx 이상
③ 비상조명등 : 1lx 이상

※ 통로유도등
백색바탕에 녹색문자

※ 피난구유도등
녹색바탕에 백색문자

## 60 설치개수

| 복도 · 거실 통로유도등 | 유도표지 | 객석유도등 |
|---|---|---|
| $\text{개수} \geq \frac{\text{보행거리}}{20} - 1$ | $\text{개수} \geq \frac{\text{보행거리}}{15} - 1$ | $\text{개수} \geq \frac{\text{직선부분 길이}}{4} - 1$ |

● 초스피드 기억법

통2
유15
객4

## 61 비상콘센트 전원회로의 설치기준(NFPC 504 4조, NFTC 504 2.1)

| 구 분 | 전 압 | 용 량 | 플러그접속기 |
|---|---|---|---|
| 단상교류 | 220V | 1.5kVA 이상 | 접지형 2극 |

❶ 1전용회로에 설치하는 비상콘센트는 10개 이하로 할 것

❷ 풀박스는 1.6mm 이상의 철판을 사용할 것

※ 풀박스
배관이 긴 곳 또는 굴곡부분이 많은 곳에서 시공을 용이하게 하기 위하여 배선 도중에 사용하여 전선을 끌어들이기 위한 박스

단2(단위), 16철콘, 접2(접이식)

# 제6장 소방전기시설

## 62 감지기의 적응장소

| 정온식 스포트형 감지기 | 연기감지기 |
|---|---|
| ① 영사실<br>② 주방 · 주조실<br>③ 용접작업장<br>④ 건조실<br>⑤ 조리실<br>⑥ 스튜디오<br>⑦ 보일러실<br>⑧ 살균실 | ① 계단 · 경사로<br>② 복도 · 통로<br>③ 엘리베이터 승강로<br>④ 린넨슈트<br>⑤ 파이프덕트<br>⑥ 전산실<br>⑦ 통신기기실 |

※ 린넨슈트
병원, 호텔 등에서 세탁물을 구분하여 실로 유도하는 통로

영주용건 정조스 보살(영주의 용건이 정말 죠스와 보살을 만나는 것이냐?)

## 63 전원의 종류

❶ 상용전원

❷ 비상전원 : 상용전원 정전 때를 대비하기 위한 전원

❸ 예비전원 : 상용전원 고장시 또는 용량부족시 최소한의 기능을 유지하기 위한 전원

## 64 부동충전방식의 2차 전류

$$2차\ 전류 = \frac{축전지의\ 정격용량}{축전지의\ 공칭용량} + \frac{상시부하}{표준전압} \text{[A]}$$

## 65 부동충전방식의 축전지의 용량

$$C = \frac{1}{L} KI \text{[Ah]}$$

여기서, $C$ : 축전지용량
$L$ : 용량저하율(보수율)
$K$ : 용량환산시간[h]
$I$ : 방전전류[A]

## 66 금속제 옥내소화전설비, 자동화재탐지설비의 공사방법(NFTC 102 2.7.2)

① 금속제 가요전선관공사
② 합성수지관공사
③ 금속관공사
④ 금속덕트공사
⑤ 케이블공사

● 초스피드 기억법 

옥자가 합금케(옥자가 합금을 캐냈다.)

## 67 경계구역

### (1) 경계구역의 설정기준

① 1경계구역이 2개 이상의 **건축물**에 미치지 않을 것
② 1경계구역이 2개 이상의 **층**에 미치지 않을 것
③ 1경계구역의 면적은 600m² 이하로 하고, 1변의 길이는 50m 이하로 할 것

● 초스피드 기억법 

경600

### (2) 1경계구역 높이 : 45m 이하

**Key Point**

※ 부동충전방식
축전지와 부하를 충전기에 병렬로 접속하여 충전과 방전을 동시에 행하는 방식

※ 용량저하율(보수율)
축전지의 용량저하를 고려하여 축전지의 용량산정시 여유를 주는 계수로서, 보통 0.8을 적용한다.

※ 경계구역
화재신호를 발신하고 그 신호를 수신 및 유효하게 제어할 수 있는 구역

※ 지하구
지하의 케이블 통로

## 68 대상에 따른 전압

| 전 압 | 대 상 |
|---|---|
| 0.5V | 누전경보기의 전압강하 최대치 |
| 60V 미만 | 약전류회로(NFPC 203 11조, NFTC 203 2.8.1.6) |
| 60V 초과 | 접지단자 설치(수신기 형식승인 및 제품검사의 기술기준 3조) |
| 300V 이하 | • 전원변압기의 1차 전압<br>• 유도등 · 비상조명등의 사용전압 |
| 600V 이하 | 누전경보기의 경계전로전압 |

● 초스피드 기억법

5경전, 변3(변상해), 누6(누룩)

# 제5편
# 위험물의 성질 · 상태 및 시설기준

## 제1장 위험물의 성질 · 상태

### 1 위험물의 일반 사항(술술 나오도록 외우자!)

| 위험물 | 성 질 | 소화방법 |
|---|---|---|
| 제1류 | 강산화성 물질(산화성 고체)<br>기억법 1강산(일류, 강산) | 물에 의한 **냉각소화**<br>(단, **무기과산화물**은 **마른모래** 등에 의한 질식소화) |
| 제2류 | **환원성 물질**(가연성 고체) | 물에 의한 **냉각소화**<br>(단, **금속분**은 **마른모래** 등에 의한 **질식소화**) |
| 제3류 | **금수성 물질 및 자연발화성 물질** | **마른모래** 등에 의한 질식소화<br>(단, **칼륨 · 나트륨**은 연소확대 방지) |
| 제4류 | 인화성 물질(인화성 액체)<br>기억법 4인(싸인해.) | 포 · 분말 · $CO_2$ · 할론소화약제에 의한 **질식소화** |
| 제5류 | 폭발성 물질(자기반응성 물질)<br>기억법 5폭자(오폭으로 자멸하다.) | 화재초기에만 대량의 물에 의한 **냉각소화**<br>(단, 화재가 진행되면 자연진화되도록 기다릴 것) |
| 제6류 | **산화성 물질**(산화성 액체) | 마른모래 등에 의한 **질식소화**<br>(단, **과산화수소**는 다량의 **물**로 **희석소화**) |

* **금수성 물질**
  ① 금속칼슘
  ② 탄화칼슘

* **마른모래**
  예전에는 '**건조사**'라고 불렸다.

### 2 물질에 따른 저장방법

| 물 질 | 저장방법 |
|---|---|
| 황린, 이황화탄소($CS_2$) | 물속 |
| 나이트로셀룰로오스 | 알코올 속 |
| 칼륨(K), 나트륨(Na), 리튬(Li) | 석유류(등유) 속 |
| 아세틸렌($C_2H_2$) | 디메틸프로마미드(DMF), 아세톤 |

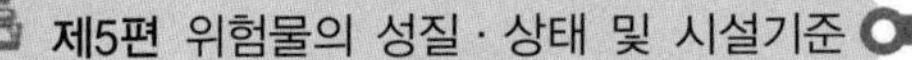

● 초스피드 기억법 

황물이(황토색 물이 나온다.)

※ 주수소화
물을 뿌려 소화하는 것

## 3 주수소화시 위험한 물질

| 구 분 | 설 명 |
|---|---|
| 무기과산화물 | 산소 발생 |
| 금속분 · 마그네슘 · 알루미늄 · 칼륨 · 나트륨 | 수소 발생 |
| 가연성 액체의 유류화재 | 연소면(화재면) 확대 |

● 초스피드 기억법 

무산(무산됐다.)

※ 최소 정전기 점화에너지(최소발화에너지)
국부적으로 온도를 높이는 전기불꽃과 같은 점화원에 의해 점화될 때의 에너지 최소값

## 4 최소 정전기 점화에너지

| 가연성 가스 | 최소 정전기 점화에너지 |
|---|---|
| 수소($H_2$) | 0.02mJ |
| ① 메탄($CH_4$)<br>② 에탄($C_2H_6$)<br>③ 프로판($C_3H_8$)<br>④ 부탄($C_4H_{10}$) | 0.3mJ |

002점수(국제전화 002의 점수)

# 제2장 위험물의 시설기준

## 5 도로(위험물규칙 2조)

1. 도로법에 의한 도로
2. 임항교통시설의 도로
3. 사도
4. 일반교통에 이용되는 너비 2m 이상의 도로(자동차의 통행이 가능한 것)

## 6 위험물제조소의 안전거리(위험물규칙 〔별표 4〕)

| 안전거리 | 대 상 |
|---|---|
| 3m 이상 | • 7~35kV 이하의 특고압가공전선 |
| 5m 이상 | • 35kV를 초과하는 특고압가공전선 |
| 10m 이상 | • **주거용**으로 사용되는 것 |
| 20m 이상 | • 고압가스 **제조**시설(용기에 충전하는 것 포함)<br>• 고압가스 **사용**시설(1일 30$m^3$ 이상 용적 취급)<br>• 고압가스 **저장**시설<br>• 액화산소 **소비**시설<br>• 액화석유가스 제조 · 저장시설<br>• 도시가스 공급시설 |
| 30m 이상 | • 학교<br>• 병원급 의료기관<br>• 공연장, • 영화상영관 — 300명 이상 수용시설<br>• 아동복지시설<br>• 노인복지시설<br>• 장애인복지시설<br>• 한부모가족 복지시설<br>• 어린이집<br>• 성매매 피해자 등을 위한 지원시설<br>• 정신건강증진시설<br>• 가정폭력피해자 보호시설<br>(아동복지시설~가정폭력피해자 보호시설) — **20명** 이상 수용시설 |
| 50m 이상 | • 유형문화재<br>• 지정문화재 |

## 7 위험물제조소의 게시판 설치기준(위험물규칙 〔별표 4〕 Ⅲ)

| 위험물 | 주의사항 | 비 고 |
|---|---|---|
| • 제1류 위험물(알칼리금속의 과산화물)<br>• 제3류 위험물(금수성 물질) | 물기엄금 | **청색**바탕에 **백색**문자 |
| • 제2류 위험물(인화성 고체 제외) | 화기주의 | **적색**바탕에 **백색**문자 |
| • 제2류 위험물(인화성 고체)<br>• 제3류 위험물(자연발화성 물질)<br>• 제4류 위험물<br>• 제5류 위험물 | 화기엄금 | **적색**바탕에 **백색**문자 |
| • 제6류 위험물 | 별도의 표시를 하지 않는다. | |

## 8 위험물제조소 방유제의 용량(위험물규칙 〔별표 4〕 Ⅸ)

| 1개의 탱크 | 2개 이상의 탱크 |
|---|---|
| 방유제용량＝탱크용량×0.5 | 방유제용량＝탱크최대용량×0.5<br>＋기타 탱크용량의 합×0.1 |

**Key Point**

**※ 안전거리**
건축물의 외벽 또는 이에 상당하는 인공구조물의 외측으로부터 해당 제조소의 외벽 또는 이에 상당하는 인공구조물의 외측까지의 수평거리

**※ 방유제**
위험물의 유출을 방지하기 위하여 위험물 옥외탱크저장소의 주위에 철근콘크리트 또는 흙으로 둑을 만들어 놓은 것

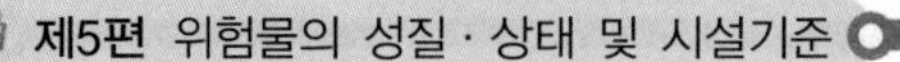


Key Point

**※ 보유공지**
위험물을 취급하는 건축물, 그 밖의 시설의 주위에 마련해 놓은 안전을 위한 빈터

**※ 지정수량**
제조소 등의 설치허가 등에 있어서 최저의 기준이 되는 수량

**※ 수압시험**
탱크에 높은 압력의 물 등을 가하여 탱크의 내압력 및 누설을 검사하는 시험

**※ 충수시험**
탱크에 물 등의 액체를 일정량 채워 탱크의 이상유무를 확인하는 시험

## 9 보유공지

### ❶ 옥내저장소의 보유공지(위험물규칙 〔별표 5〕)

| 위험물의 최대수량 | 공지너비 | |
|---|---|---|
| | 내화구조 | 기타구조 |
| 지정수량의 5배 이하 | – | 0.5m 이상 |
| 지정수량의 5배 초과 10배 이하 | 1m 이상 | 1.5m 이상 |
| 지정수량의 10배 초과 20배 이하 | 2m 이상 | 3m 이상 |
| 지정수량의 20배 초과 50배 이하 | 3m 이상 | 5m 이상 |
| 지정수량의 50배 초과 200배 이하 | 5m 이상 | 10m 이상 |
| 지정수량의 200배 초과 | 10m 이상 | 15m 이상 |

### ❷ 옥외저장소의 보유공지(위험물규칙 〔별표 11〕)

| 위험물의 최대수량 | 공지의 너비 |
|---|---|
| 지정수량의 10배 이하 | 3m 이상 |
| 지정수량의 11~20배 이하 | 5m 이상 |
| 지정수량의 21~50배 이하 | 9m 이상 |
| 지정수량의 51~200배 이하 | 12m 이상 |
| 지정수량의 200배 초과 | 15m 이상 |

### ❸ 옥외탱크저장소의 보유공지(위험물규칙 〔별표 6〕)

| 위험물의 최대수량 | 공지의 너비 |
|---|---|
| 지정수량의 500배 이하 | 3m 이상 |
| 지정수량의 501~1000배 이하 | 5m 이상 |
| 지정수량의 1001~2000배 이하 | 9m 이상 |
| 지정수량의 2001~3000배 이하 | 12m 이상 |
| 지정수량의 3001~4000배 이하 | 15m 이상 |
| 지정수량의 4000배 초과 | 당해 탱크의 수평단면의 **최대지름**(가로형인 경우에는 긴 변)과 **높이** 중 **큰 것**과 같은 거리 이상(단, 30m 초과의 경우에는 **30m 이상**으로 할 수 있고, 15m 미만의 경우에는 **15m 이상**) |

## 10 옥외저장탱크의 외부구조 및 설비(위험물규칙 〔별표 6〕 Ⅵ)

| 압력탱크 | 압력탱크 외의 탱크 |
|---|---|
| **수압시험**(최대 상용압력의 **1.5배**의 압력으로 **10분**간 실시) | **충수시험** |

비교

지하탱크저장소의 수압시험(위험물규칙 〔별표 8〕)

| 압력탱크 | 압력탱크 외 |
|---|---|
| 최대 상용압력의 1.5배 압력 | 70kPa의 압력 |
| 10분간 실시 | |

Key Point

※ 압력탱크의 최대 상용압력
46.7kPa 이상

## 11 옥외탱크저장소의 방유제(위험물규칙 〔별표 6〕 Ⅸ)

| 구 분 | 설 명 |
|---|---|
| 높이 | 0.5~3m 이하 |
| 탱크 | 10기(모든 탱크용량이 20만 *l* 이하, 인화점이 70~200℃ 미만은 20기) 이하 |
| 면적 | $80000m^2$ 이하 |
| 용량 | ① 1기 : **탱크용량**×110% 이상<br>② 2기 이상 : **탱크최대용량**×110% 이상 |

## 12 수치(아주 중요!)

| 수 치 | 설 명 |
|---|---|
| 0.15m 이상 | **레버**의 길이(위험물규칙 〔별표 10〕)<br>수동폐쇄장치(레버) : 길이 15cm 이상<br>▮ 이동저장탱크 배출밸브 수동폐쇄장치 레버 ▮ |
| 0.2m 이상 | $CS_2$ 옥외탱크저장소의 두께(위험물규칙 〔별표 6〕) |
| 0.3m 이상 | 지하탱크저장소의 철근콘크리트조 **뚜껑** 두께(위험물규칙 〔별표 8〕) |
| 0.5m 이상 | ① **옥내탱크저장소**의 탱크 등의 **간격**(위험물규칙 〔별표 7〕)<br>② 지정수량 **100배** 이하의 지하탱크저장소의 상호간격(위험물규칙 〔별표 8〕) |
| 0.6m 이상 | 지하탱크저장소의 철근 콘크리트 뚜껑 크기(위험물규칙 〔별표 8〕) |
| 1m 이내 | 이동탱크저장소 측면틀 탱크 상부 **네 모퉁**이에서의 위치(위험물규칙 〔별표 10〕) |
| 1.5m 이하 | 황 옥외저장소의 **경계표시** 높이(위험물규칙 〔별표 11〕) |
| 2m 이상 | 주유취급소의 **담** 또는 **벽**의 높이(위험물규칙 〔별표 13〕) |
| 4m 이상 | 주유취급소의 **고정주유설비**와 **고정급유설비** 사이의 **이격거리**(위험물규칙 〔별표 13〕) |
| 5m 이내 | 주유취급소의 주유관의 길이(위험물규칙 〔별표 13〕) |
| 6m 이하 | 옥외저장소의 **선반** 높이(위험물규칙 〔별표 11〕) |
| 50m 이내 | 이동탱크저장소의 **주입설비**의 길이(위험물규칙 〔별표 10〕) |

※ **고정주유설비와 고정급유설비**
① 고정주유설비 : 펌프기기 및 호스기기로 되어 위험물을 자동차 등에 직접 주유하기 위한 설비로서 현수식 포함
② 고정급유설비 : 펌프기기 및 호스기기로 되어 위험물을 용기에 채우거나 이동저장탱크에 주입하기 위한 설비로서 현수식 포함

## 13 용량 (절대 중요!)

| 용 량 | 설 명 |
|---|---|
| 100$l$ 이하 | ① 셀프용 고정주유설비 **휘발유 주유량**의 상한(위험물규칙 〔별표 13〕)<br>② 셀프용 고정주유설비 **급유량**의 상한(위험물규칙 〔별표 13〕) |
| 200$l$ 이하 | 셀프용 고정주유설비 **경유** 주유량의 상한(위험물규칙 〔별표 13〕) |
| 400$l$ 이상 | 이송취급소 **기자재창고 포소화약제** 저장량(위험물규칙 〔별표 15〕 Ⅳ) |
| 600$l$ 이하 | 간이 탱크저장소의 탱크용량(위험물규칙 〔별표 9〕) |
| 1900$l$ 미만 | **알킬알루미늄** 등을 저장 · 취급하는 이동저장탱크의 용량(위험물규칙 〔별표 10〕 Ⅹ) |
| 2000$l$ 미만 | 이동저장탱크의 방파판 설치 제외(위험물규칙 〔별표 10〕 Ⅱ) |
| 2000$l$ 이하 | 주유취급소의 폐유 탱크용량(위험물규칙 〔별표 13〕) |
| 4000$l$ 이하 | 이동저장탱크의 칸막이 설치(위험물규칙 〔별표 10〕 Ⅱ)<br><br>‖ 이동저장탱크 ‖ |
| 40000$l$ 이하 | 일반취급소의 지하전용탱크의 용량(위험물규칙 〔별표 16〕 Ⅶ)<br><br>‖ 지하전용탱크 ‖ |
| 60000$l$ 이하 | **고속국도** 주유취급소의 특례(위험물규칙 〔별표 13〕) |
| 50만~100만$l$ 미만 | **준특정 옥외탱크저장소**의 용량(위험물규칙 〔별표 6〕 Ⅴ) |
| 100만$l$ 이상 | ① **특정 옥외탱크저장소**의 용량(위험물규칙 〔별표 6〕 Ⅳ)<br>② 옥외저장탱크의 **개폐상황확인장치** 설치(위험물규칙 〔별표 6〕 Ⅸ) |
| 1000만$l$ 이상 | 옥외저장탱크의 **간막이둑** 설치용량(위험물규칙 〔별표 6〕 Ⅸ) |

## 14 온도(아주 중요!)

| 온 도 | 설 명 |
|---|---|
| 15℃ 이하 | **압력탱크 외**의 **아세트알데하이드**의 온도(위험물규칙 〔별표 18〕 Ⅲ) |
| 21℃ 미만 | ① 옥외저장탱크의 **주입구 게시판** 설치(위험물규칙 〔별표 6〕 Ⅵ)<br>② 옥외저장탱크의 **펌프설비 게시판** 설치(위험물규칙 〔별표 6〕 Ⅵ) |

**※ 셀프용 고정주유설비**
고객이 직접 자동차 등의 연료탱크 또는 용기에 위험물을 주입하는 고정주유설비

**※ 방파판의 설치 제외**
칸막이로 구획된 부분의 용량이 2000$l$ 미만인 부분

**※ 준특정 옥외탱크저장소**
옥외탱크저장소 중 저장 · 취급하는 액체위험물의 최대수량이 50만~100만$l$ 미만인 것

**※ 특정 · 준특정 옥외탱크저장소**
옥외탱크저장소 중 저장 · 취급하는 액체위험물의 최대수량이 50만$l$ 이상인 것

| 온 도 | 설 명 |
|---|---|
| 30℃ 이하 | **압력탱크** 외의 **다이에틸에터 · 산화프로필렌**의 온도(위험물규칙 〔별표 18〕 Ⅲ) |
| 38℃ 이상 | **보일러** 등으로 위험물을 소비하는 일반취급소(위험물규칙 〔별표 16〕) |
| 40℃ 미만 | 이동탱크저장소의 **원동기** 정지(위험물규칙 〔별표 18〕 Ⅳ) |
| 40℃ 이하 | ① **압력탱크**의 **다이에틸에터 · 아세트알데하이드**의 온도(위험물규칙 〔별표 18〕 Ⅲ)<br>② **보냉장치**가 **없는 다이에틸에터 · 아세트알데하이드**의 온도(위험물규칙 〔별표 18〕 Ⅲ) |
| 40℃ 이상 | ① 지하탱크저장소의 배관 **윗부분** 설치제외(위험물규칙 〔별표 8〕)<br>② **세정작업**의 일반취급소(위험물규칙 〔별표 16〕)<br>③ 이동저장탱크의 **주입구 주입호스** 결합 제외(위험물규칙 〔별표 18〕 Ⅳ) |
| 55℃ 미만 | 옥내저장소의 **용기수납** 저장온도(위험물규칙 〔별표 18〕 Ⅲ) |
| 70℃ 미만 | **옥내저장소** 저장창고의 **배출설비** 구비(위험물규칙 〔별표 5〕)<br>환기설비 / 채광설비 / 배출설비 공기유입구 / 조명설비 / 25mm / 통기관 / 인화점이 70℃ 미만의 위험물을 저장하는 곳에는 배출설비 설치 / 옥외 설치시 1m 이상 / 0.5m 이상 / 0.5m 이상 / 휘발유 / 경유 / 등유 / 환기설비 공기유입구 / 배출설비 / 집유설비 / 출입구는 갑종 또는 을종 방화문으로 한다.<br>‖ 간이탱크저장소 ‖ |
| 70℃ 이상 | ① 옥내저장탱크의 **외벽 · 기둥 · 바닥**을 **불연재료**로 할 수 있는 경우(위험물규칙 〔별표 7〕)<br>② **열처리작업** 등의 일반취급소(위험물규칙 〔별표 16〕) |
| 100℃ 이상 | **고인화점** 위험물(위험물규칙 〔별표 4〕 Ⅺ) |
| 200℃ 이상 | 옥외저장탱크의 **방유제** 거리확보 제외(위험물규칙 〔별표 6〕 Ⅸ) |

Key Point

**※ 보냉장치**
저온을 유지하기 위한 장치

**※ 불연재료**
화재시 불에 녹거나 열에 의해 빨갛게 되는 경우는 있어도 연소현상을 일으키지 않는 재료

**※ 고인화점 위험물**
인화점이 100℃ 이상인 제4류 위험물

## 15 주유취급소의 게시판(위험물규칙 〔별표 13〕)

주유 중 엔진 정지 : **황색**바탕에 **흑색**문자

중요

표시방식

| 구 분 | 표시방식 |
|---|---|
| 옥외탱크저장소 · 컨테이너식 이동탱크저장소 | **백색**바탕에 **흑색**문자 |
| 주유취급소 | **황색**바탕에 **흑색**문자 |
| 물기엄금 | **청색**바탕에 **백색**문자 |
| 화기엄금 · 화기주의 | **적색**바탕에 **백색**문자 |

## 16 주유취급소의 특례기준(위험물규칙 〔별표 13〕)

1. 항공기
2. 철도
3. 고속국도
4. 선박
5. 자가용

※ 위험물의 혼재기준 꼭 기억하세요.

## 17 위험물의 혼재기준(위험물규칙 〔별표 19〕 부표 2)

1. 제1류 위험물+제6류 위험물
2. 제2류 위험물+제4류 위험물
3. 제2류 위험물+제5류 위험물
4. 제3류 위험물+제4류 위험물
5. 제4류 위험물+제5류 위험물

● 초스피드 기억법

1-6
2-4, 5
3-4
4-5

# 과년도 출제문제

- 제24회 소방시설관리사 2024. 05. 11. 시행
- 제23회 소방시설관리사 2023. 05. 20. 시행
- 제22회 소방시설관리사 2022. 05. 21. 시행
- 제21회 소방시설관리사 2021. 05. 08. 시행
- 제20회 소방시설관리사 2020. 05. 16. 시행
- 제19회 소방시설관리사 2019. 05. 11. 시행
- 제18회 소방시설관리사 2018. 04. 28. 시행
- 제17회 소방시설관리사 2017. 04. 29. 시행
- 제16회 소방시설관리사 2016. 04. 30. 시행
- 제15회 소방시설관리사 2015. 05. 02. 시행
- 제14회 소방시설관리사 2014. 05. 17. 시행
- 제13회 소방시설관리사 2013. 05. 04. 시행
- 제12회 소방시설관리사 2011. 08. 21. 시행
- 제11회 소방시설관리사 2010. 09. 05. 시행
- 제10회 소방시설관리사 2008. 09. 28. 시행
- 제09회 소방시설관리사 2006. 07. 02. 시행
- 제08회 소방시설관리사 2005. 07. 03. 시행
- 제07회 소방시설관리사 2004. 10. 31. 시행
- 제06회 소방시설관리사 2002. 11. 03. 시행
- 제05회 소방시설관리사 2000. 10. 15. 시행
- 제04회 소방시설관리사 1998. 09. 20. 시행
- 제03회 소방시설관리사 1996. 03. 31. 시행
- 제02회 소방시설관리사 1995. 03. 19. 시행
- 제01회 소방시설관리사 시행하지 않음(제2차 시험만 시행)

# 2024년도 제24회 소방시설관리사 1차 국가자격시험

| 문제형별 | 시 간 | 시험과목 |
|---|---|---|
| A | 125분 | ① 소방안전관리론 및 화재역학<br>② 소방수리학, 약제화학 및 소방전기<br>③ 소방관련 법령<br>④ 위험물의 성질 · 상태 및 시설기준<br>⑤ 소방시설의 구조 원리 |

| 수험번호 | | 성 명 | |
|---|---|---|---|

【 수험자 유의사항 】

1. **시험문제지**는 단일형별(A형)이며, 답안카드형별 기재란에 표시된 형별(A형)을 확인하시기 바랍니다. 시험문제지의 **총면수**, **문제번호 일련순서**, **인쇄상태** 등을 확인하시고, 문제지 표지에 수험번호와 성명을 기재하시기 바랍니다.

2. 답은 각 문제마다 요구하는 **가장 적합하거나 가까운 답 1개**만 선택하고, 답안카드 작성시 **마킹착오**로 인한 불이익은 전적으로 **수험자에게 책임**이 있음을 알려드립니다.

3. 답안카드는 국가전문자격 공통 표준형으로 문제번호가 1번부터 125번까지 인쇄되어 있습니다. 답안 마킹시에는 반드시 **시험문제지의 문제번호와 동일한 번호**에 마킹하여야 합니다.

4. **감독위원의 지시에 불응하거나 시험시간 종료 후 답안카드를 제출하지 않을 경우** 불이익이 발생할 수 있음을 알려드립니다.

5. 시험문제지는 시험 종료 후 가져가시기 바랍니다.

# 24회 2024. 05. 11. 시행

## 제 1 과목 소방안전관리론 및 화재역학

★★★
**01** 고체가연물의 연소방식이 아닌 것은?

06회 문 16

유사문제부터 풀어보세요. 실력이 팍!팍! 올라갑니다.

① 표면연소
② 예혼합연소
③ 분해연소
④ 자기연소

해설

② 예혼합연소 : 기체가연물 연소

| 고체가연물 연소 | 액체가연물 연소 | 기체가연물 연소 |
|---|---|---|
| ① 표면연소 보기 ①<br>② 분해연소 보기 ③<br>③ 증발연소<br>④ 자기연소 보기 ④ | ① 분해연소<br>② 증발연소<br>③ 액적연소 | ① 예혼합연소 보기 ②<br>② 확산연소 |

답 ②

★★
**02** 면적이 $0.12m^2$인 합판이 완전연소시 열방출량(kW)은? (단, 평균질량 감소율은 $1800g/m^2 \cdot min$, 연소열은 25kJ/g, 연소효율은 50%로 가정한다.)

19회 문 23
14회 문 12
08회 문 25

① 45　② 270
③ 450　④ 2700

해설 (1) 기호

- $A$ : $0.12m^2$
- $\mathring{m}''$ : $1800g/m^2 \cdot min = 1800g/m^2 \cdot 60s = 30g/m^2 \cdot s$ (1min=60s)
- $\Delta H$ : 25kJ/g
- $\eta$ : 50%=0.5

(2) **열방출량**(열방출속도, 화재크기, 에너지 방출속도)

$$\mathring{Q} = \mathring{m}'' A \Delta H \eta$$

여기서, $\mathring{Q}$ : 열방출량[kW]
$\mathring{m}''$ : 단위면적당 연소속도[$g/m^2 \cdot s$]
$\Delta H$ : 연소열[kJ/g]
$A$ : 연소관여 면적[$m^2$]
$\eta$ : 연소효율

**열방출량** $\mathring{Q}$는

$\mathring{Q} = \mathring{m}'' A \Delta H \eta$
$= 30g/m^2 \cdot s \times 0.12m^2 \times 25kJ/g \times 0.5$
$\fallingdotseq 45kW$

용어

**열방출량**
연소에 의하여 열에너지가 발생되는 속도로서 '**열방출속도, 화재크기, 에너지 방출속도**'라고도 부른다.

답 ①

★★★
**03** 내화건축물의 구획실 내에서 가연물의 연소 시 최성기의 지배적 열전달로 옳은 것은?

21회 문 17
19회 문 16
18회 문 13
14회 문 11
04회 문 19

① 확산　② 전도
③ 대류　④ 복사

해설 **열전달**의 **형태**

| 전 도 | 대 류 | 복 사 |
|---|---|---|
| 푸리에의 법칙 | 뉴턴의 법칙 | 스테판-볼츠만의 법칙 |
| - | **성장기** 단계의 지배적 열전달 | **최성기** 단계의 지배적 열전달 보기 ④ |

열이 전달되는 것은 **전도, 대류, 복사**가 모두 연관된다.

중요

**열전달**의 **종류**

| 종 류 | 설 명 |
|---|---|
| 전도 (Conduction) | 하나의 물체가 다른 물체와 직접 **접촉**하여 열이 이동하는 현상 |
| 대류 (Convection) | ① 내화건축물의 구획실 내에서 가연물의 연소시 **성장기**의 지배적 열전달<br>② **유체**의 흐름에 의하여 열이 이동하는 현상 |

| 종 류 | 설 명 |
|---|---|
| 복사 (Radiation) | ① 화재시 화원과 **격리**된 인접 가연물에 불이 옮겨 붙는 현상<br>② 열전달 **매질**이 **없이** 열이 전달되는 형태<br>③ 열에너지가 **전자파**의 형태로 옮겨지는 현상으로, **가장 크게 작용**<br>④ 내화건물의 구획실 화재시 **최성기**의 지배적 열전달 **보기 ④** |

답 ④

② 가연성 물질이 공기와 혼합되어 있는 상태에서 착화시켜 연소가 지속되기 위한 최소에너지

답 ③



★★★
## 04 최소발화에너지(MIE)에 영향을 주는 요소에 관한 내용으로 옳은 것은? (단, 일반적인 경향성으로 예외는 적용하지 않는다.)

21회 문 01 / 19회 문 01 / 17회 문 07 / 12회 문 22 / 10회 문 20 / 02회 문 14

① 온도가 낮을수록 MIE는 감소한다.
② 압력이 상승하면 MIE는 증가한다.
③ 산소농도가 증가할수록 MIE는 감소한다.
④ MIE는 화학양론적 조성 부근에서 가장 크다.

해설
① 낮을수록 → 높을수록
② 증가 → 감소
④ 크다. → 작다.

**최소착화에너지**(MIE)가 낮아지는 조건
(1) 온도와 압력이 높을 때 **보기 ① ②**
(2) 산소의 농도가 높을 때(산소의 분압이 높을 때) **보기 ③**
(3) 표면적이 넓을 때

- 최소착화에너지=최소발화에너지=최소점화에너지
- 연소범위에 따라 최소발화에너지는 변함
- 최소발화에너지는 화학양론비 부근에서 가장 작다. **보기 ④**

중요

**최소발화에너지**가 **극히 작은 것**

(1) 수소($H_2$) — 0.02mJ
(2) 아세틸렌($C_2H_2$) — 0.02mJ
(3) 메탄($CH_4$) — 0.3mJ
(4) 에탄($C_2H_6$) — 0.3mJ
(5) 프로판($C_3H_8$) — 0.3mJ
(6) 부탄($C_4H_{10}$) — 0.3mJ

※ **최소발화에너지**(ME : Minimum Ignition Energy)
① 국부적으로 온도를 높이는 전기불꽃과 같은 점화원에 의해 점화될 때의 에너지 최소값

★★★
## 05 표준상태에서 5몰(mol)의 프로페인가스($C_3H_8$)가 완전연소를 하는 데 발생하는 이산화탄소($CO_2$)의 부피($m^3$)는?

22회 문 02 / 20회 문 21 / 18회 문 27 / 18회 문 76 / 17회 문 01 / 16회 문 77 / 15회 문 85 / 15회 문 12 / 12회 문 21 / 12회 문 86 / 11회 문 22 / 11회 문 95 / 10회 문 84 / 06회 문 96

① 0.336
② 0.560
③ 336
④ 560

해설 **프로페인(프로판) 연소반응식**

**프로페인가스**($C_3H_8$)가 **연소**되므로 **산소**($O_2$)가 필요함

$aC_3H_8 + bO_2 \rightarrow cCO_2 + dH_2O$

C : $3\overset{1}{a} = \overset{3}{c}$

H : $8\overset{1}{a} = 2\overset{4}{d}$

O : $2\overset{5}{b} = 2\overset{3}{c} + \overset{4}{d}$

$1\,C_3H_8 + 5\,O_2 \rightarrow 3\,CO_2 + 4H_2O$

1mol — 3mol
5mol — $x$

- 5mol : 문제에서 주어짐

$1x = 3 \times 5$

$x = 3 \times 5 = 15\text{mol}$

**표준상태**에서 1mol의 기체는 0℃, 1기압에서 **22.4L**를 가지므로

$15\text{mol} \times 22.4\text{L/mol} = 336\text{L} = 0.336\text{m}^3$

$(1000\text{L} = 1\text{m}^3)$

중요

**탄화수소계 가스**의 **연소반응식**

| 성 분 | 연소반응식 | 산소량 |
|---|---|---|
| 메탄 | $CH_4 + 2O_2 \rightarrow CO_2 + 2H_2O$ (2몰) | 2.0mol |
| 에틸렌 | $C_2H_4 + 3O_2 \rightarrow 2CO_2 + 2H_2O$ | 3.0mol |
| 에탄 | $2C_2H_6 + 7O_2 \rightarrow 4CO_2 + 6H_2O$ | 3.5mol |
| 프로필렌 | $2C_3H_6 + 9O_2 \rightarrow 6CO_2 + 6H_2O$ | 4.5mol |
| 프로페인(프로판) | $C_3H_8 + 5O_2 \rightarrow 3CO_2 + 4H_2O$ | 5.0mol |
| 부틸렌 | $C_4H_8 + 6O_2 \rightarrow 4CO_2 + 4H_2O$ | 6.0mol |
| 부탄 | $2C_4H_{10} + 13O_2 \rightarrow 8CO_2 + 10H_2O$ | 6.5mol |

답 ①

★★★

## 06 물질을 연소시키는 열에너지원의 종류와 발생되는 열원의 연결이 옳은 것을 모두 고른 것은?

21회 문 02
18회 문 19
17회 문 03
16회 문 09

> ㉠ 전기적 에너지－유도열, 아크열
> ㉡ 기계적 에너지－마찰열, 압축열
> ㉢ 화학적 에너지－연소열, 자연발열

① ㉠　　② ㉠, ㉡
③ ㉡, ㉢　　④ ㉠, ㉡, ㉢

해설 **열에너지원의 종류**

| 기계열 (기계적 열에너지) | 전기열 (전기적 열에너지) | 화학열 (화학적 열에너지) | 원자력 에너지 |
|---|---|---|---|
| ① 압축열 보기 ㉡<br>② 마찰열 보기 ㉡<br>③ 마찰스파크<br>기억법 기압마마 | ① 유도열 보기 ㉠<br>② 유전열<br>③ 저항열<br>④ 아크열 보기 ㉠<br>⑤ 정전기열<br>⑥ 낙뢰에 의한 열 | ① 연소열 보기 ㉢<br>② 용해열<br>③ 분해열<br>④ 생성열<br>⑤ 자연발화열 (자연발열) 보기 ㉢<br>기억법 화연용분생자 | 원자핵 중성자 입자를 충돌시킬 때 발생하는 열 |

- 기계열＝기계적 열원＝기계적 열에너지＝기계적 에너지
- 전기열＝전기적 열원＝전기적 열에너지＝전기적 에너지
- 화학열＝화학적 열원＝화학적 열에너지＝화학적 에너지

답 ④

★

## 07 두께 3cm인 내열판의 한쪽 면의 온도는 400℃, 다른 쪽 면의 온도는 40℃일 때, 이 판을 통해 일어나는 열유속(W/m²)은? (단, 내열판의 열전도도는 0.1W/m · ℃)

① 1.2
② 12
③ 120
④ 1200

해설 (1) 기호

- $l$ : 3cm＝0.03m(100cm＝1m)
- $T_2$ : 400℃
- $T_1$ : 40℃
- $\mathring{g}''$ : ?
- $h$ : 0.1W/m · ℃

(2) 전도

$$\mathring{g}'' = \frac{h(T_2 - T_1)}{l}$$

여기서, $\mathring{g}''$ : 전도열유속(열류)〔W/m²〕
$h$ : 열전도도〔W/m · ℃〕
$T_2 - T_1$ : 온도차〔℃〕
$l$ : 두께〔m〕

열유속 $\mathring{g}''$는

$$\mathring{g}'' = \frac{h(T_2 - T_1)}{l} = \frac{0.1\text{W/m} \cdot ℃ \times (400-40)℃}{0.03\text{m}} = 1200\text{W/m}^2$$

비교

**전도**

$$\mathring{g} = \frac{Ah(T_2 - T_1)}{l}$$

여기서, $\mathring{g}$ : 전도열유속(전도열류)〔W〕
$A$ : 단면적〔m²〕
$h$ : 열전도도〔W/m · ℃〕
$T_2 - T_1$ : 온도차〔℃〕
$l$ : 두께〔m〕

답 ④

★★★

## 08 연소생성물과 주요 특성의 연결로 옳지 않은 것은?

23회 문 21
22회 문 23
20회 문 23
19회 문 18
19회 문 19
16회 문 16
15회 문 11
15회 문 16

① CO : 헤모글로빈과 결합해 산소운반기능 약화
② $H_2S$ : 계란 썩은 냄새
③ $COCl_2$ : 맹독성 가스로 허용농도는 0.1ppm
④ HCN : 맹독성 가스로 0.3ppm의 농도에서 즉사

④ 0.3ppm → 0.3%(3000ppm)

**연소생성물**의 **특성**

| 연소가스 | 설 명 |
|---|---|
| **일**산화탄소<br>(CO) | ① 화재시 흡입된 일산화탄소(CO)의 화학적 작용에 의해 **헤모글로빈**(Hb)이 혈액의 산소운반작용을 저해하여 사람을 질식·사망하게 한다. 보기 ①<br>② 목재류의 화재시 인명피해를 가장 많이 주며, 연기로 인한 의식불명 또는 질식을 가져온다.<br>③ 인체의 **폐**에 큰 자극을 준다.<br>④ **산**소와의 **결**합력이 극히 강하여 질식작용에 의한 독성을 나타낸다.<br>⑤ 가연성 기체로서 호흡률은 방해하고 독성가스의 흡입을 증가시킨다.<br>기억법 **일헤폐산결** |
| **이**산화탄소<br>($CO_2$) | ① 연소가스 중 **가장 많은 양**을 차지하고 있으며 가스 그 자체의 독성은 거의 없으나 다량이 존재할 경우 호흡속도를 증가시키고, 이로 인하여 화재가스에 혼합된 유해가스의 혼입을 증가시켜 위험을 가중시키는 가스이다.<br>기억법 **이많**<br>② 화재시 발생하는 연소가스로서 자체는 유독성 가스는 아니나 **호흡률**을 **증대**시켜 화재현장에 공존하는 다른 **유독가스**의 **흡입량 증가**로 인명피해를 유발한다. |
| **암**모니아<br>($NH_3$) | ① 나무, **페**놀수지, **멜**라민수지 등의 **질소함유물**이 연소할 때 발생하며, 냉동시설의 **냉**매로 쓰인다.<br>② **눈·코·폐** 등에 매우 **자극성**이 큰 가연성 가스이다.<br>③ **질소**가 함유된 수지류 등의 연소시 생성되는 유독성 가스로서 다량 노출시 눈, 코, 인후 및 폐에 심한 손상을 주며, 냉동창고 냉동기의 냉매로도 쓰인다.<br>기억법 **암페멜냉자** |
| **포**스겐<br>($COCl_2$) | ① 독성이 매우 강한 가스로서 **소**화제인 **사염화탄소($CCl_4$)**를 화재시에 사용할 때도 발생한다.<br>기억법 **포소사**<br>② 공기 중에 **25ppm**만 있어도 **1시간** 이내에 사망한다.<br>③ 맹독성 가스로 허용농도 **0.1ppm** 보기 ③ |

| 연소가스 | 설 명 |
|---|---|
| **황**화수소<br>($H_2S$) | ① **달걀 썩는 냄새**가 나는 특성이 있다. 보기 ②<br>② 황분이 포함되어 있는 물질의 불완전연소에 의하여 발생하는 가스이다.<br>③ **자**극성이 있다.<br>④ **무색** 기체<br>⑤ 특유의 **달걀 썩는 냄새**(무취 아님)가 난다.<br>⑥ **발화성**과 **독성**이 강하다(인화성 없음).<br>⑦ 황을 가진 유기물의 원료, **고압 윤활제**의 원료, 분석화학에서의 **시약** 등으로 사용한다(살충제의 원료 아님).<br>⑧ 공기 중에 0.02%의 농도만으로도 치명적인 위험상태에 빠질 수 있다.<br>기억법 **황달자** |
| **아**크롤레인<br>($CH_2CHCHO$) | ① 독성이 매우 높은 가스로서 **석유제품, 유지** 등이 연소할 때 생성되는 가스이다.<br>② 눈과 호흡기를 자극하며, 기도장애를 일으킨다.<br>기억법 **아석유** |
| **이**산화질소<br>($NO_2$) | ① **질산셀룰로이즈**가 연소될 때 생성된다.<br>② **붉은 갈색**의 **기체**로 낮은 온도에서는 **푸른색**의 **액체**로 변한다.<br>③ 이산화질소를 흡입하면 인후의 **감각신경**이 **마비**된다.<br>④ 공기 중에 노출된 이산화질소 농도가 **200~700ppm**이면 인체에 **치명적**이다.<br>⑤ **질소**가 함유된 물질이 완전연소시 발생한다.<br>기억법 **이붉갈기(이불갈기)** |
| 시안화수소<br>(HCN) | ① 모직, 견직물 등의 불완전연소시 발생하며, 독성이 커서 인체에 치명적이다.<br>② 증기는 공기보다 **가볍다**.<br>③ **0.3%(3000ppm)** 농도에서 즉사 보기 ④ |
| 염화수소<br>(HCl) | 폴리염화비닐 등과 같이 염소가 함유된 수지류가 탈 때 주로 생성되며 금속에 대한 강한 부식성이 있다. |

답 ④

★★★
## 09 다음에서 설명하는 것은?

18회 문 25 / 17회 문 16 / 17회 문 18 / 17회 문 23 / 15회 문 15 / 13회 문 24 / 10회 문 05 / 09회 문 02 / 07회 문 07 / 04회 문 09

> 건축물 내부와 외부의 온도차·공기밀도차로 인하여 발생하며, 일반적으로 저층보다 고층건축물에서 더 큰 효과를 나타낸다.

① 플래시오버
② 백드래프트
③ 굴뚝효과
④ 롤오버

해설 **굴뚝효과**(Stack effect)

(1) 건물 내의 연기가 **압력차**에 의하여 순식간에 상승하여 상층부로 이동하는 현상이다.
(2) 실내·외 공기 사이의 **온도**와 **밀도 차이**에 의해 공기가 건물의 **수직방향**으로 이동하는 현상이다. 보기 ③
(3) 건물 내부와 외부의 **공기밀도차**로 인해 발생한 **압력차**로 발생하는 현상이다.
(4) 저층건축물보다 **고층건축물**에서 더 큰 효과가 있다. 보기 ③

중요

**굴뚝효과**와 **관계**있는 **것**
(1) 건물의 높이(**고층건축물**에서 발생) 보기 ③
(2) 누설틈새
(3) 내·외부 온도차
(4) 외벽의 기밀성
(5) 건물의 구획
(6) 건물의 층간 공기누출
(7) 공조설비

비교

**연기**를 **이동**시키는 **요인**
(1) **연돌**(굴뚝)**효과**
(2) 외부에서의 **풍력**의 영향
(3) 온도상승에 의한 증기**팽창**(온도상승에 따른 기체의 팽창)
(4) 건물 내에서의 강제적인 공기이동(공조설비)
(5) 건물 내에서의 **온도차**(기후조건)
(6) 비중차
(7) **부력**

용어

(1) **플래시오버** vs **롤오버**

| 구 분 | 플래시오버(Flash over) 보기 ① | 롤오버(Roll over) 보기 ④ |
|---|---|---|
| 정의 | 화재로 인하여 실내의 온도가 급격히 상승하여 화재가 순간적으로 실내 전체에 확산되어 연소되는 현상으로 일반적으로 **순발연소**라고도 함 | 작은 화염이 실내에 흩어져 있는 상태 |
| 발생시간 | ① 화재발생 후 5~6분경<br>② 난연성 재료보다는 가연성 재료의 소요시간이 짧음 | – |
| 발생시점 | **성장기~최성기**(성장기에서 최성기로 넘어가는 분기점) | **플**래시오버 직전<br>기억법 **롤플** |
| 실내온도 | 약 800~900℃ | – |
| 특징 | 공간 내 전체 가연물 발화 | ① 화염이 주변 공간으로 확대되어 감<br>② 작은 화염은 고열의 연기가 충만한 실의 천장 부근 또는 개구부 상부로 나오는 연기에 혼합되어 나타남 |

(2) **백드래프트(Back draft)** 보기 ②
① 화재실 내에 연소가 계속되어 산소가 심히 부족한 상태에서 개구부를 통하여 **산소**가 **공급**되면 화염이 산소의 공급통로로 분출되는 현상
② **밀폐**된 공간의 화재시 **산소농도 저하**로 불꽃을 내지 못하고 가연물질의 열분해에 의해 발생된 가연성 가스가 축적된 경우, 진화를 위하여 출입문 등을 개방할 때 신선한 **공기의 유입**으로 폭발적인 연소가 다시 시작되는 현상

답 ③

★★
## 10 건축물의 피난·방화구조 등의 기준에 관한 규칙상 방화구획의 설치기준 중 ( )에 들어갈 내용으로 옳은 것은?

14회 문 23
10회 문 07

- 10층 이하의 층은 바닥면적 ( ㉠ )제곱미터(스프링클러 기타 이와 유사한 자동식 소화설비를 설치한 경우가 아님) 이내마다 구획할 것
- 11층 이상의 층은 바닥면적 ( ㉡ )제곱미터(스프링클러 기타 이와 유사한 자동식 소화설비를 설치한 경우가 아님) 이내마다 구획할 것(다만, 벽 및 반자의 실내에 접하는 부분의 마감을 불연재료로 한 경우가 아님)

① ㉠ : 500, ㉡ : 200
② ㉠ : 500, ㉡ : 300
③ ㉠ : 1,000, ㉡ : 200
④ ㉠ : 1,000, ㉡ : 300

해설 **건축령 제46조, 피난·방화구조 제14조**
**방화구획의 설치기준**

| 구획 종류 | 구획단위 | |
|---|---|---|
| 층·면적 단위 | 10층 이하의 층 | • 바닥면적 **1000m²**(자동식 소화설비 설치시 **3000m²**) 이내마다 **보기 ㉠** |
| | 11층 이상의 층 | • 바닥면적 **200m²**(자동식 소화설비 설치시 **600m²**) 이내마다 **보기 ㉡**<br>• 실내마감을 불연재료로 한 경우 바닥면적 **500m²**(자동식 소화설비 설치시 **1500m²**) 이내마다 |
| 층단위 | **매층마다 구획**(단, 지하 1층에서 지상으로 직접 연결하는 경사로 부위 제외) | |
| 용도 단위 | 필로티나 그 밖에 이와 비슷한 구조(벽면적의 $\frac{1}{2}$ 이상이 그 층의 바닥면에서 위층 바닥 아래면까지 공간으로 된 것만 해당한다)의 부분을 주차장으로 사용하는 경우 그 부분은 건축물의 다른 부분과 구획할 것 | |

비교

**방화벽**의 **기준**(건축령 제57조, 피난·방화구조 제21조)

| | |
|---|---|
| 대상 건축물 | 주요 구조부가 내화구조 또는 불연재료가 아닌 연면적 **1000m²** 이상인 건축물 |
| 구획단지 | 연면적 **1000m²** 미만마다 구획 |
| 방화벽의 구조 | • 내화구조로서 홀로 설 수 있는 구조일 것<br>• 방화벽의 양쪽 끝과 위쪽 끝을 건축물의 외벽면 및 지붕면으로부터 **0.5m** 이상 튀어나오게 할 것<br>• 방화벽에 설치하는 출입문의 너비 및 높이는 각각 **2.5m** 이하로 하고 이에 **60분+방화문** 또는 **60분 방화문**을 설치할 것 |

답 ③

★★★
## 11 건축물의 피난·방화구조 등의 기준에 관한 규칙상 내화구조로 옳지 않은 것은?

23회 문 03
21회 문 12
17회 문 14
13회 문 12
07회 문 01

① 벽의 경우에는 철골·철근콘크리트조로서 두께가 10센티미터 이상인 것
② 기둥의 경우에는 철근콘크리트조로서 그 작은 지름이 15센티미터 이상인 것(다만, 고강도 콘크리트를 사용하는 경우가 아님)
③ 바닥의 경우에는 철재의 양면을 두께 5센티미터 이상의 철망 모르타르 또는 콘크리트로 덮은 것
④ 지붕의 경우에는 철골·철근콘크리트조

해설 ② 15센티미터 → 25센티미터

**피난·방화구조 제3조**
**내화구조의 기준**

| 내화 구분 | | 기 준 |
|---|---|---|
| 벽 | 모든 벽 | ① 철골·철근콘크리트조로서 두께가 **10cm** 이상인 것 **보기 ①**<br>② 골구를 철골조로 하고 그 양면을 두께 **4cm** 이상의 철망 모르타르로 덮은 것<br>③ 두께 **5cm** 이상의 콘크리트블록·벽돌 또는 석재로 덮은 것<br>④ 철재로 보강된 **콘크리트블록조·벽돌조** 또는 석조로서 철재에 덮은 콘크리트블록 등의 두께가 **5cm** 이상인 것 |

| 내화 구분 | | 기 준 |
|---|---|---|
| 벽 | 모든 벽 | ⑤ 벽돌조로서 두께가 19cm 이상인 것<br>⑥ 고온·고압의 증기로 양생된 경량기포 콘크리트패널 또는 경량기포 콘크리트블록조로서 두께가 10cm **이상**인 것 |
| | 외벽 중 비내력벽 | ① 철골·철근콘크리트조로서 두께가 7cm 이상인 것<br>② 골구를 철골조로 하고 그 양면을 두께 3cm 이상의 철망 모르타르로 덮은 것<br>③ 두께 4cm 이상의 콘크리트블록·벽돌 또는 석재로 덮은 것<br>④ 석조로서 두께가 7cm 이상인 것 |
| 기둥(작은 지름이 25cm 이상인 것) 보기 ② | | ① 철근콘크리트조 또는 철골·철근콘크리트조<br>② 철골을 두께 6cm 이상의 철망모르타르로 덮은 것<br>③ 두께 7cm 이상의 콘크리트 블록·벽돌 또는 석재로 덮은 것<br>④ 철골을 두께 5cm 이상의 콘크리트로 덮은 것 |
| 바닥 | | ① 철골·철근콘크리트조로서 두께가 10cm 이상인 것<br>② 석조로서 철재에 덮은 콘크리트블록 등의 두께가 5cm 이상인 것<br>③ 철재의 양면을 두께 5cm 이상의 철망 모르타르 또는 콘크리트로 덮은 것 보기 ③ |
| 보 | | ① 철골을 두께 6cm 이상의 철망모르타르로 덮은 것<br>② 두께 5cm 이상의 콘크리트로 덮은 것 |
| 계단 | | ① 철근콘크리트조 또는 철골·철근콘크리트조<br>② 무근콘크리트조·콘크리트블록조·벽돌조 또는 석조<br>③ **철재로 보강된 콘크리트블록조·벽돌조 또는 석조**<br>④ **철골조** |
| 지붕 | | 철골·철근콘크리트조 보기 ④ |

답 ②

## 12 건축물의 피난·방화구조 등의 기준에 관한 규칙 및 건축법령상 소방관의 진입창의 기준으로 옳은 것은?

20회 문 15

① 3층 이상 11층 이하인 층에 각각 1개소 이상 설치할 것. 이 경우 소방관이 진입할 수 있는 창의 가운데에서 벽면 끝까지의 수평거리가 50미터 이상인 경우에는 50미터 이내마다 소방관이 진입할 수 있는 창을 추가로 설치해야 한다.

② 창문의 가운데에 지름 30센티미터 이상의 삼각형을 야간에도 알아볼 수 있도록 빛 반사 등으로 붉은색으로 표시할 것

③ 창문의 한쪽 모서리에 타격지점을 지름 3센티미터 이상의 원형으로 표시할 것

④ 창문의 크기는 폭 75센티미터 이상, 높이 1.1미터 이상으로 하고, 실내 바닥면으로부터 창의 아랫부분까지의 높이는 80센티미터 이내로 할 것

해설

① 3층 → 2층, 50미터 이상 → 40미터 이상, 50미터 이내 → 40미터 이내
② 30센티미터 이상 → 20센티미터 이상, 삼각형 → 역삼각형
④ 75센티미터 이상 → 90센티미터 이상, 1.1미터 이상 → 1.2미터 이상

**피난·방화구조 제18조의2**
**소방관 진입창의 기준**

(1) **2층** 이상 **11층** 이하인 층에 각각 **1개소 이상** 설치할 것(이 경우 소방관이 진입할 수 있는 창의 가운데에서 벽면 끝까지의 수평거리가 **40m 이상**인 경우에는 **40m 이내**마다 소방관이 진입할 수 있는 창을 추가 설치) 보기 ①
(2) 소방차 진입로 또는 소방차 진입이 가능한 **공터**에 면할 것
(3) 창문의 가운데에 지름 **20cm 이상**의 **역삼각형**을 **야간**에도 알아볼 수 있도록 **빛 반사** 등으로 **붉은색** 표시 보기 ②
(4) 창문의 한쪽 모서리에 타격지점을 지름 **3cm 이상**의 **원형**으로 표시할 것 보기 ③
(5) 창문의 크기는 폭 **90cm 이상**, 높이 **1.2m 이상**으로 하고, 실내 바닥면으로부터 창의 아랫부분까지의 높이는 **80cm 이내**로 할 것 보기 ④

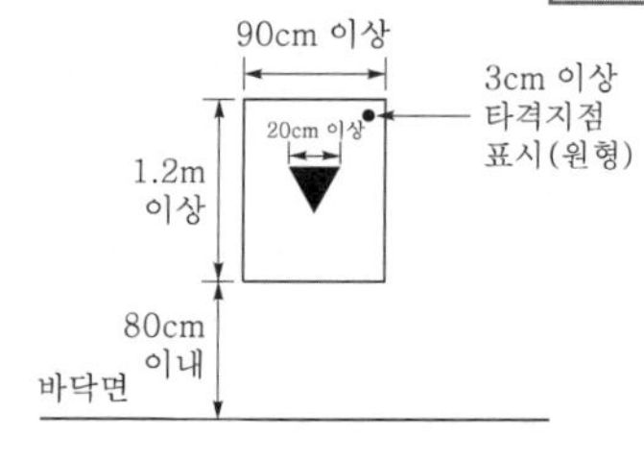


소방관 진입창

(6) 다음에 해당하는 유리 사용
① **플로트판유리**로서 그 두께가 **6mm 이하**
② **강화유리** 또는 **배강도유리**로서 그 두께가 **5mm 이하**
③ ① 또는 ②에 해당하는 유리로 구성된 **이중 유리**로서 그 두께가 **24mm 이하**

답 ③

★★★
## 13 내화건축물과 비교한 목조건축물의 화재 특성에 관한 설명으로 옳은 것은?

23회 문 12 / 22회 문 18 / 18회 문 11 / 17회 문 25 / 14회 문 04 / 13회 문 11 / 10회 문 03 / 08회 문 18 / 06회 문 04 / 05회 문 02 / 04회 문 17 / 02회 문 01

① 공기의 유입이 불충분하여 발염연소가 억제된다.
② 건축물의 구조와 특성상 열이 외부로 방출되는 것보다 축적되는 것이 많다.
③ 화재시 연기 등 연소생성물이 계단이나 복도 등을 따라 상층부로 이동하는 경향이 있다.
④ 화염의 분출면적이 크고 복사열이 커서 접근하기 어렵다.

해설 ①~③ 내화건축물의 화재 특성

(1) **목조건축물**의 **화재 특성**
① 화염의 **분출면적**이 **크고 복사열**이 **커서** 접근하기 어렵다. 보기 ④
② **습도**가 **낮을수록** 연소확대가 빠르다.
③ 횡방향보다 **종방향**의 화재성장이 빠르다.
④ 화재 최성기 이후 **비화**에 의해 화재확대의 위험성이 높다.
⑤ 최성기에 도달하는 시간이 빠르다.

(2) **내화건축물**의 **화재 특성**
① 공기의 유입이 불충분하여 **발염연소**가 **억제**된다. 보기 ①
② 열이 외부로 방출되는 것보다 축적되는 것이 많다. 보기 ②
③ **저온장기형**의 특성을 나타낸다.
④ 목조건축물에 비해 밀도가 높기 때문에 초기에 연소가 느리다.
⑤ 내화건축물의 온도-시간 표준곡선에서 화재 발생 후 **30분**이 경과되면 온도는 약 **1000℃** 정도에 달한다.
⑥ 내화건축물은 목조건축물에 비해 **연소온도**는 **낮지만 연소지속시간**은 **길다**.
⑦ 내화건축물의 화재진행상황은 **초기-성장기-종기**의 순으로 진행된다.
⑧ 내화건축물은 견고하여 **공기**의 **유통조건**이 거의 **일정**하고 최고온도는 목조의 경우보다 낮다.
⑨ 화재시 연기 등 연소생성물이 **계단**이나 **복도** 등을 따라 **상층부**로 이동하는 경향이 있다. 보기 ③

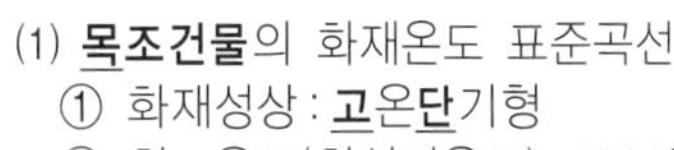


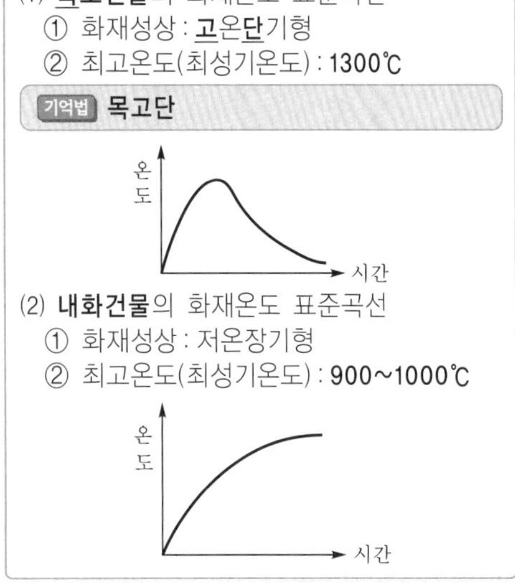
(1) **목조건물**의 화재온도 표준곡선
① 화재성장 : **고**온**단**기형
② 최고온도(최성기온도) : 1300℃

기억법 목고단



(2) **내화건물**의 화재온도 표준곡선
① 화재성장 : 저온장기형
② 최고온도(최성기온도) : 900~1000℃



답 ④

★★
## 14 건축물의 피난·방화구조 등의 기준에 관한 규칙상 지하층의 비상탈출구의 기준으로 옳은 것은? (단, 주택의 경우에는 해당되지 않음)

22회 문 12 / 15회 문 23

① 비상탈출구의 유효너비는 0.6미터 이상으로 하고, 유효높이는 1.2미터 이상으로 할 것
② 비상탈출구는 출입구로부터 2미터 이상 떨어진 곳에 설치할 것
③ 지하층의 바닥으로부터 비상탈출구의 아랫부분까지의 높이가 1.1미터 이상이 되는 경우에는 벽체에 발판의 너비가 26센티미터 이상인 사다리를 설치할 것
④ 피난층 또는 지상으로 통하는 복도나 직통계단까지 이르는 피난통로의 유효너비는 0.75미터 이상으로 하고, 피난통로의 실내에 접하는 부분의 마감과 그 바탕은 불연재료로 할 것

해설
① 0.6미터 → 0.75미터, 1.2미터 → 1.5미터
② 2미터 → 3미터
③ 1.1미터 → 1.2미터, 26센티미터 → 20센티미터

**피난·방화구조 제25조**
**지하층 비상탈출구의 설치기준**

(1) 비상탈출구의 유효너비는 **0.75m** 이상으로 하고, 유효높이는 **1.5m** 이상으로 할 것 **보기 ①**
(2) 비상탈출구의 문은 **피난방향**으로 열리도록 하고, 실내에서 항상 열 수 있는 구조로 하여야 하며, 내부 및 외부에는 비상탈출구의 표시를 할 것
(3) 비상탈출구는 출입구로부터 **3m** 이상 떨어진 곳에 설치할 것 **보기 ②**
(4) 지하층의 바닥으로부터 비상탈출구의 아랫부분까지의 높이가 **1.2m** 이상이 되는 경우에는 벽체에 발판의 너비가 **20cm** 이상인 **사다리**를 설치할 것 **보기 ③**
(5) 비상탈출구는 피난층 또는 지상으로 통하는 복도나 직통계단에 직접 접하거나 통로 등으로 연결될 수 있도록 설치하여야 하며, 피난층 또는 지상으로 통하는 복도나 직통계단까지 이르는 피난통로의 유효너비는 **0.75m** 이상으로 하고, 피난통로의 실내에 접하는 부분의 마감과 그 바탕은 **불연재료**로 할 것 **보기 ④**
(6) 비상탈출구의 진입부분 및 피난통로에는 통행에 지장이 있는 물건을 방치하거나 시설물을 설치하지 아니할 것
(7) 비상탈출구의 유도등과 피난통로의 비상조명등의 설치는 소방법령이 정하는 바에 의할 것

답 ④

★★
**15** 23회 문 14 / 19회 문 14
**건축물의 피난·방화구조 등의 기준에 관한 규칙상 피난안전구역의 구조 및 설비 기준으로 옳지 않은 것은? (단, 초고층건축물과 준초고층건출물에 한 함)**

① 피난안전구역의 내부마감재료는 불연재료로 설치할 것
② 건축물의 내부에서 피난안전구역으로 통하는 계단은 피난계단의 구조로 설치할 것
③ 비상용 승강기는 피난안전구역에서 승하차할 수 있는 구조로 설치할 것
④ 피난안전구역의 높이는 2.1미터 이상일 것

해설
② 피난계단 → 특별피난계단

**피난·방화구조 제8조의2**
**피난안전구역의 구조 및 설비**

(1) 피난안전구역의 바로 **아래층** 및 **위층**은 「녹색건축물 조성지원법」에 적합한 **단열재**를 설치할 것. 이 경우 아래층은 **최상층**에 있는 거실의 반자 또는 지붕기준을 준용하고, **위층**은 **최하층**에 있는 거실의 바닥기준을 준용할 것
(2) 피난안전구역의 내부마감재료는 **불연재료**로 설치할 것 **보기 ①**
(3) 건축물의 내부에서 피난안전구역으로 통하는 계단은 **특별피난계단**의 구조로 설치할 것 **보기 ②**
(4) **비상용 승강기**는 피난안전구역에서 **승하차** 할 수 있는 구조로 설치할 것 **보기 ③**
(5) 피난안전구역에는 식수공급을 위한 급수전을 **1개소** 이상 설치하고 예비전원에 의한 **조명설비**를 설치할 것
(6) 관리사무소 또는 방재센터 등과 긴급연락이 가능한 **경보** 및 **통신시설**을 설치할 것
(7) [별표 1의 2]에서 정하는 기준에 따라 산정한 면적 이상일 것
(8) 피난안전구역의 높이는 **2.1m 이상**일 것 **보기 ④**
(9) 「건축물의 설비기준 등에 관한 규칙」에 따른 **배연설비**를 설치할 것
(10) 그 밖에 **소방청장**이 정하는 소방 등 재난관리를 위한 설비를 갖출 것

답 ②

★
**16**
**건축물의 피난·방화구조 등의 기준에 관한 규칙상 건축물에 설치하는 계단의 기준 중 (　　)에 들어갈 내용으로 옳은 것은? (단, 연면적 200제곱미터를 초과하는 건축물임)**

| 초등학교의 계단인 경우에는 계단 및 계단참의 유효너비는 ( ㉠ )센티미터 이상, 단높이는 ( ㉡ )센티미터 이하, 단너비는 ( ㉢ )센티미터 이상으로 할 것 |
|---|

① ㉠ : 120, ㉡ : 16, ㉢ : 26
② ㉠ : 120, ㉡ : 18, ㉢ : 30
③ ㉠ : 150, ㉡ : 16, ㉢ : 26
④ ㉠ : 150, ㉡ : 18, ㉢ : 30

**해설** **건축물의 피난·방화구조 등의 기준에 관한 규칙 제15조 계단 및 계단참의 너비, 계단 단높이 및 단너비 치수기준**

<table>
<tr><th>구 분</th><th colspan="2">계단 및 계단참</th><th>단높이</th><th>단너비</th></tr>
<tr><td>초등학교</td><td colspan="2">150cm 이상 보기 ㉠</td><td>16cm 이하 보기 ㉡</td><td>26cm 이상 보기 ㉢</td></tr>
<tr><td>중·고등학교</td><td colspan="2">150cm 이상</td><td>18cm 이하</td><td>26cm 이상</td></tr>
<tr><td>• 공연장<br>• 집회장<br>• 관람장<br>• 판매시설</td><td colspan="2">120cm 이상</td><td>–</td><td>–</td></tr>
<tr><td rowspan="3">• 기타</td><td colspan="2">120cm 이상</td><td rowspan="3">–</td><td rowspan="3">–</td></tr>
<tr><td>지상층</td><td>거실 바닥면적 합계 200m² 이상</td></tr>
<tr><td>지하층</td><td>거실 바닥면적 합계 100m² 이상</td></tr>
</table>

**답** ③

☆

## 17 메테인(methane)의 완전연소반응식이 다음과 같을 때, 메테인의 발열량(kcal)은?

> $CH_4 + 2O_2 \rightarrow CO_2 + 2H_2O + Q\text{kcal}$
> 다만, 표준상태에서 메테인, 이산화탄소, 물의 생성열은 각각 17.9kcal, 94.1kcal, 57.8kcal이다.

① 187.7　② 191.8
③ 201.4　④ 229.3

**해설** (1) **주어진 값**

- 메테인(메탄)($CH_4$)의 생성열 : 17.9kcal
- 이산화탄소($CO_2$)의 생성열 : 94.1kcal
- 물($H_2O$)의 생성열 : 57.8kcal

(2) **메테인(메탄) 완전연소반응식**

메테인(메탄)($CH_4$)이 **연소**되므로 **산소**($O_2$)가 필요함

$aCH_4 + bO_2 \rightarrow cCO_2 + dH_2O$

C : $\overset{1}{a} = \overset{1}{c}$

H : $4\overset{1}{a} = 2\overset{2}{d}$

O : $2\overset{2}{b} = 2\overset{1}{c} + \overset{2}{d}$

$\underline{CH_4 + 2O_2} \rightarrow \underline{CO_2 + 2H_2O} + Q\text{kcal}$

(반응물)　(생성물)

17.9kcal　94.1kcal　2×57.8kcal

**메테인(메탄) 발열량(반응열)**

=생성물의 생성열－반응물의 생성열

=(94.1+2×57.8)kcal－17.9kcal

=191.8kcal 보기 ②

**답** ②

☆

## 18 제1인산암모늄의 열분해생성물 중 부촉매 소화작용에 해당하는 것은?

17회 문 41

① $NH_3$　② $HPO_3$
③ $H_3PO_4$　④ $NH_4$

**해설** **제3종 분말소화약제**($NH_4H_2PO_4$)의 **소화작용**

(1) 열분해에 의한 **냉각작용**
(2) 발생한 불연성 가스에 의한 **질식작용**
(3) 메타인산($HPO_3$)에 의한 **방진작용**
(4) 유리된 $NH_4^+$의 **부촉매작용** 보기 ④
(5) 분말운무에 의한 **열방사**의 **차단효과**

- 방진작용=방진소화효과

※ 제3종 분말소화약제가 A급 화재에도 적용되는 이유 : **인산분말암모늄계**가 열에 의해 분해되면서 생성되는 불연성의 용융물질이 가연물의 표면에 부착되어 **차단효과**를 보여주기 때문이다.

**용어**

**방진작용**
가연물의 표면에 부착되어 차단효과를 나타내는 것

**중요**

**분말소화약제**

| 종 별 | 주성분 | 착 색 |
|---|---|---|
| 제1종 | 중탄산나트륨($NaHCO_3$) | **백**색 |
| 제2종 | 중탄산칼륨($KHCO_3$) | **담자**색(담회색) |
| 제3종 | 제1인산암모늄($NH_4H_2PO_4$) | 담**홍**색 |
| 제4종 | 중탄산칼륨+요소($KHCO_3+(NH_2)_2CO$) | **회**(백)색 |

**기억법** 백담자 홍회

**답** ④

★

## 19 화재시 발생하는 일산화탄소(CO)에 관한 설명으로 옳지 않은 것은?

① 일산화탄소의 농도는 분해생성물의 양에 반비례한다.
② 공기가 부족할 때 또는 환기량이 적을수록 증가한다.
③ 셀룰로오스계 가연물 연소시 또는 화재하중이 클수록 증가한다.
④ OH 라디칼은 일산화탄소의 산화에 결정적인 요소이다.

해설 ① 반비례 → 비례

**일산화탄소(CO)의 특징**
(1) 일산화탄소의 농도는 분해생성물의 양에 **비례** 보기 ①
(2) 공기가 부족할 때 또는 **환기량**이 **적을수록 증가** 보기 ②
(3) 셀룰로오스계 가연물 연소시 또는 **화재하중**이 **클수록 증가** 보기 ③
(4) OH 라디칼은 일산화탄소의 **산화**에 결정적인 요소 보기 ④

답 ①

★

## 20 가연성 액화가스 저장탱크 주변 화재로 BLEVE 발생시 Fire ball 형성에 영향을 미치는 요인이 아닌 것은?

① 높은 연소열
② 넓은 폭발범위
③ 높은 증기밀도
④ 연소상한계에 가까운 조성

해설 ③ 높은 → 낮은

**파이어볼(Fire ball)의 형성에 영향을 미치는 요인**
(1) 높은 연소열 보기 ①
(2) 넓은 폭발범위 보기 ②
(3) 낮은 증기밀도 보기 ③
(4) 연소상한계에 가까운 조성 보기 ④

용어

BLEVE vs Fire ball

| 블래비(BLEVE)현상 | 파이어볼(Fire ball)현상 |
|---|---|
| **액화가연가스**의 용기가 과열로 파손되어 가스가 분출된 후 불이 붙는 현상 | 대량으로 증발한 가연성 액체가 갑자기 연소할 때에 만들어지는 공모양의 불꽃이 생기는 현상 |

답 ③

★★★

## 21 연소범위(폭발범위)에 관한 설명으로 옳지 않은 것은?

20회 문 10
19회 문 01
17회 문 07
15회 문 09
12회 문 22
10회 문 20
02회 문 14

① 불활성 가스를 첨가할수록 연소범위는 좁아진다.
② 온도가 높아질수록 폭발범위가 넓어진다.
③ 혼합기를 이루는 공기의 산소농도가 높을수록 연소범위는 좁아진다.
④ 가연물의 양과 유동상태 및 방출속도 등에 따라 영향을 받는다.

해설 ③ 좁아진다. → 넓어진다.

(1) **연소범위**의 **온도**와 **압력**에 **따른 변화**
① 온도가 낮아지면 좁아진다. 보기 ②
② 압력이 상승하면 넓어진다.
③ 불활성기체(불연성 가스)를 첨가하면 좁아진다. 보기 ①
④ **일**산화탄소(CO), **수**소($H_2$)는 압력이 상승하면 **좁**아진다.
⑤ 산소농도가 높을수록 연소범위는 넓어진다. 보기 ③
⑥ 가연물의 양과 유동상태 및 방출속도 등에 따라 영향을 받는다. 보기 ④

기억법 **연범일수좁**

(2) **연소범위**와 **위험성**
① 하한계가 낮을수록 위험하다.
② 상한계가 높을수록 위험하다.
③ 연소범위가 넓을수록 위험하다.
④ 연소범위에서 하한계는 그 물질의 인화점에 해당된다.
⑤ 연소범위는 주위온도와 관계가 깊다.
⑥ 압력상승시 하한계는 불변, 상한계만 상승한다.

답 ③

## 22 연소시 산소공급원의 역할에 관한 설명으로 옳은 것은?

① 염소($Cl_2$)는 조연성 가스로서 산소공급원의 역할을 할 수 있다.
② 일산화탄소(CO)는 불연성 가스로서 산소공급원의 역할을 할 수 없다.
③ 이산화질소($NO_2$)는 가연성 가스로서 산소공급원의 역할을 할 수 있다.
④ 수소($H_2$)는 인화성 가스로서 산소공급원의 역할을 할 수 있다.

해설
② 불연성 가스 → 가연성 가스, 없다. → 있다.
③ 가연성 가스 → 지연성(조연성) 가스
④ 인화성 가스 → 가연성 가스

(1) **가연성 가스**와 **지연성**(조연성) **가스**

| 가연성 가스 | 지연성 가스(조연성 가스) |
|---|---|
| • **수**소($H_2$) 보기 ④<br>• **메**탄($CH_4$)<br>• **일**산화탄소(CO) 보기 ②<br>• **천**연가스<br>• **부**탄<br>• **에**탄($C_2H_6$) | • 산소($O_2$)<br>• 공기<br>• 오존($O_3$)<br>• 불소(F)<br>• 염소($Cl_2$) 보기 ①<br>• 이산화질소($NO_2$) 보기 ③ |

기억법 **가수메 일천부에**

용어

| 가연성 가스 | 지연성 가스(조연성 가스) |
|---|---|
| 물질 자체가 연소하는 것 | 자기자신은 연소하지 않지만 연소를 도와주는 가스 |

(2) **불연성 물질**(불연성 가스)

| 구 분 | 설 명 |
|---|---|
| 주기율표의 0족 원소 | **헬륨**(He), **네온**(Ne), **아르곤**(Ar), **크립톤**(Kr), **크세논**(Xe), **라돈**(Rn) |
| 산소와 더 이상 반응하지 않는 물질 | **물**($H_2O$), **이산화탄소**($CO_2$), **산화알루미늄**($Al_2O_3$), **오산화인**($P_2O_5$) |
| 흡열반응 물질 | **질소**($N_2$) |
| 기타 | **수증기** |

용어

**불연성 가스**
연소되지 않는 가스

답 ①

## 23 분말소화약제인 탄산수소나트륨 84g이 1기압(atm), 270℃에서 분해되었다. 이때, 분해생성된 이산화탄소의 부피(L)는 약 얼마인가?

① 11.1　　② 22.3
③ 28.6　　④ 44.6

해설 (1) **주어진 값**

• 탄산수소나트륨($NaHCO_3$) 1mol=84g
• $V$ : ?

| 원 자 | 원자량 |
|---|---|
| H | 1 |
| C | 12 |
| O | 16 |
| Na | 23 |

$NaHCO_3$=23+1+12+(16×3)=84g/mol

(2) **온도**에 따른 **제1종 분말소화약제**의 **열분해반응식**

| 온 도 | 열분해반응식 |
|---|---|
| 270℃ ⟶ | $2NaHCO_3 \rightarrow Na_2CO_3+H_2O+CO_2$ |
| 850℃ | $2NaHCO_3 \rightarrow Na_2O+H_2O+2CO_2$ |

비교

**온도**에 따른 **제3종 분말소화약제**의 **열분해반응식**

| 온 도 | 열분해반응식 |
|---|---|
| 190℃ | $NH_4H_2PO_4 \rightarrow H_3PO_4$(올소인산)$+NH_3$ |
| 215℃ | $2H_3PO_4 \rightarrow H_4P_2O_7$(피로인산)$+H_2O$ |
| 300℃ | $H_4P_2O_7 \rightarrow 2HPO_3$(메타인산)$+H_2O$ |
| 250℃ | $2HPO_3 \rightarrow P_2O_5$(오산화인)$+H_2O$ |

문제에서 270℃에서의 열분해반응식이므로

$(2)NaHCO_3 \rightarrow Na_2CO_3+H_2O+(1)CO_2$

2mol ⟶ 1mol
1mol(84g)일 때는 ⟶ 0.5mol(∴ $n$=0.5mol)

중요

**이상기체 상태방정식**

$$PV=nRT=\frac{m}{M}RT$$

여기서, $P$ : 압력[atm], $V$ : 부피[$m^3$]
$n$ : 몰수$\left(\frac{m}{M}\right)$[mol]
$R$ : 0.082(atm · $m^3$/kmol · K)
$T$ : 절대온도(273+℃)[K]
$m$ : 질량(반응량)[kg]
$M$ : 분자량[kg/kmol]

$$PV = nRT$$

$$V = \frac{nRT}{P}$$

$$= \frac{0.5\text{mol} \times 0.082\text{atm} \cdot \text{m}^3/\text{kmol} \cdot \text{K} \times (273+270)\text{K}}{1\text{atm}}$$

$$= \frac{0.5\text{mol} \times 0.082\text{atm} \cdot \text{m}^3/1000\text{mol} \cdot \text{K} \times (273+270)\text{K}(1\text{kmol}=1000\text{mol})}{1\text{atm}}$$

$$= 0.02226\text{m}^3 (1\text{m}^3 = 1000\text{L})$$

$$= 22.26\text{L} \fallingdotseq 22.3\text{L}$$

답 ②

★★

**24** **가시거리의 한계치를 연기의 농도로 환산한 감광계수($m^{-1}$)와 가시거리(m)에 관한 설명으로 옳은 것은?**

13회 문 23
11회 문 03

① 감광계수 0.1은 연기감지기가 작동할 정도이다.
② 감광계수 0.3은 가시거리 2이다.
③ 감광계수 1은 어두침침한 것을 느끼는 정도이다.
④ 감광계수로 표시한 연기의 농도와 가시거리는 비례관계를 갖는다.

해설

② 가시거리 2 → 가시거리 5
③ 감광계수 1 → 감광계수 0.5
④ 비례 → 반비례

**연기**의 **농도**와 **가시거리**

| 감광계수 〔$m^{-1}$〕 | 가시거리 〔m〕 | 상 황 |
|---|---|---|
| 0.1 (0.07~0.13) 보기 ① | 20~30 | 연기감지기가 작동할 때의 농도 |
| 0.3 보기 ② | 5 | 건물 내부에 익숙한 사람이 피난에 지장을 느낄 정도의 농도 |
| 0.5 보기 ③ | 3 | 어두운 것을 느낄 정도의 농도(어두침침한 것을 느낄 정도) |
| 1 | 1~2 | 앞이 거의 보이지 않을 정도의 농도 |
| 10 | 0.2~0.5 | 화재 최성기 때의 농도 |
| 30 | – | 출화실에서 연기가 분출할 때의 농도 |

• 감광계수〔$m^{-1}$〕와 가시거리〔m〕는 **반비례** 관계(단위만 보면 금방 알 수 있음) 보기 ④

답 ①

★★★

**25** **분말소화기의 특성에 관한 설명으로 옳지 않은 것은?**

22회 문 62
21회 문 03
20회 문 01
19회 문 35
19회 문 63
18회 문 33
18회 문 67
17회 문 34
16회 문 35
15회 문 37
14회 문 34
14회 문111
13회 문 39
06회 문117

① 분말소화약제의 분해반응시 발열반응을 한다.
② 축압식 소화기는 소화분말을 채운 용기에 이산화탄소 또는 질소가스로 축압시킨다.
③ 인산암모늄 소화기의 열분해생성물은 메타인산, 암모니아, 물이다.
④ 제3종 분말소화기는 A급, B급, C급 화재에 모두 적응성이 있다.

해설

① 발열반응 → 흡열반응 또는 산소차단반응

(1) **제3종 분말소화약제**($NH_4H_2PO_4$)의 **소화작용**
① 열분해에 의한 **냉각작용**(**흡열반응** 또는 **산소차단반응**) 보기 ①
② 발생한 불연성 가스에 의한 **질식작용**
③ 메타인산($HPO_3$)에 의한 **방진작용**(방진소화효과)
④ 유리된 $NH_4^+$의 **부촉매작용**
⑤ 분말운무에 의한 **열방사**의 **차단효과**

(2) **분말소화약제 가압식**과 **축압식**의 **설치기준**(35℃에서 1기압의 압력상태로 환산한 것)

| 구분 / 사용가스 | 가압식 | 축압식 |
|---|---|---|
| $N_2$(질소) 보기 ② | **40L/kg** 이상 | **10L/kg** 이상 |
| $CO_2$(이산화탄소) 보기 ② | **20g/kg**+배관청소 필요량 이상 | **20g/kg**+배관청소 필요량 이상 |

• 배관청소용 가스는 별도의 용기에 저장한다.

(3) **분말소화기**(질식효과)

| 종 별 | 소화약제 | 약제의 착색 | 화학반응식 (열분해반응식) | 적응 화재 |
|---|---|---|---|---|
| 제1종 | 중탄산나트륨 ($NaHCO_3$) | **백**색 | $2NaHCO_3 \rightarrow Na_2CO_3 + CO_2 + H_2O$ | BC급 |
| 제2종 | 중탄산칼륨 ($KHCO_3$) | 담**자**색 (담회색) | $2KHCO_3 \rightarrow K_2CO_3 + CO_2 + H_2O$ | BC급 |
| 제3종 | 인산암모늄 ($NH_4H_2PO_4$) | 담**홍**색 | $NH_4H_2PO_4 \rightarrow HPO_3$(메타인산) $+ NH_3$(암모니아) $+ H_2O$(물) 보기 ③ | ABC급 보기 ④ |
| 제4종 | 중탄산칼륨+요소 ($KHCO_3 + (NH_2)_2CO$) | **회**(백)색 | $2KHCO_3 + (NH_2)_2CO \rightarrow K_2CO_3 + 2NH_3 + 2CO_2$ | BC급 |

기억법 **백자홍회**

답 ①

- 화학반응식=열분해반응식
- 담자색=보라색
- 담홍색=핑크색

답 ①

## 제 2 과목 소방수리학 · 약제화학 및 소방전기

★★★
### 26 지름 100mm인 관내의 물이 평균유속 5m/s로 흐를 때, 유량($m^3/s$)은 약 얼마인가?

18회 문 45 / 15회 문 30 / 08회 문 44 / 07회 문 37

① 0.039 ② 0.39
③ 3.9 ④ 39

해설 (1) **기호**

- $D$ : 100mm=0.1m(1000mm=1m)
- $V$ : 5m/s
- $Q$ : ?

(2) **유량**

$$Q=AV=\left(\frac{\pi}{4}D^2\right)V$$

여기서, $Q$ : 유량[$m^3/s$]
$A$ : 단면적[$m^2$]
$V$ : 유속[m/s]
$D$ : 내경[m]

$$Q=AV=\left(\frac{\pi}{4}D^2\right)V$$
$$=\frac{\pi}{4}\times(0.1m)^2\times 5m/s$$
$$=0.039m^3/s$$

답 ①

★★★
### 27 유체의 점성에 관한 설명으로 옳지 않은 것은?

19회 문 32 / 18회 문 47 / 17회 문 27 / 17회 문 31 / 16회 문 31 / 14회 문 29 / 13회 문 30 / 12회 문 29 / 11회 문 29 / 09회 문 26 / 05회 문 32 / 05회 문 34 / 03회 문 39 / 03회 문 47

① 동점성계수의 MLT 차원은 $L^2T^{-1}$이다.
② 동점성계수는 점성계수와 유체의 밀도로 나타낼 수 있다.
③ 점성계수와 동점성계수의 단위는 같다.
④ 점성은 유체에 전단응력이 작용할 때 변형에 저항하는 정도를 나타내는 유체의 성질로 정의된다.

해설 ③ 같다. → 다르다.

(1) **물리량**

| 차 원 | SI 단위[차원] |
|---|---|
| 표면장력 | $N/m[FL^{-1}]$ |
| 동점성계수 | $m^2/s[L^2T^{-1}]$ 보기 ① |
| 점성계수 | $N \cdot s/m^2[FL^{-2}T]$ |
| 단위중량(비중량) | $N/m^3[FL^{-3}]$ |
| 일(에너지, 열량) | $N \cdot m[FL]$ |
| 길이 | m[L] |
| 시간 | s[T] |
| 운동량 | $N \cdot s[FT]$ |
| 힘 | N[F] |
| 속도 | $m/s[LT^{-1}]$ |
| 가속도 | $m/s^2[LT^{-2}]$ |
| 질량 | $N \cdot s^2/m[FL^{-1}T^2]$ |
| 압력 | $N/m^2[FL^{-2}]$ |
| 밀도 | $N \cdot s^2/m^4[FL^{-4}T^2]$ |
| 비중 | 무차원 |
| 비체적 | $m^4/N \cdot s^2[F^{-1}L^4T^{-2}]$ |
| 일률 | $N \cdot m/s[FLT^{-1}]$ |

(2) **동점성계수** 보기 ② ③

$$\nu=\frac{\mu}{\rho}$$

여기서, $\nu$ : 동점성계수[$m^2/s$]
$\mu$ : 점성계수[$kg/m \cdot s$]
$\rho$ : 밀도[$kg/m^3$]

(3) **점성**
① 유체에 전단응력이 작용할 때 **변형**에 **저항**하는 정도를 나타내는 유체의 성질 보기 ④
② 어떤 물질의 흐름을 방해하는 끈끈한 정도

답 ③

★★★
### 28 Darcy-Weisbach 공식에서 마찰손실수두에 관한 설명으로 옳은 것은?

19회 문 29 / 18회 문 46 / 15회 문 28 / 12회 문 36 / 08회 문 05 / 07회 문 36 / 02회 문 28

① 관의 직경에 반비례한다.
② 관의 길이에 반비례한다.
③ 마찰손실계수에 반비례한다.
④ 유속의 제곱에 반비례한다.

해설
② 반비례 → 비례
③ 반비례 → 비례
④ 반비례 → 비례

**다시-바이스바하 공식**(다르시-웨버 공식 ; Darcy-Weisbach식)

$$H=\frac{\Delta P}{\gamma}=\frac{flV^2(\text{비례})}{2gD(\text{반비례})}$$

여기서, $H$ : 마찰손실(손실수두)〔m〕
$\Delta P$ : 압력차〔kPa 또는 kN/m²〕
$\gamma$ : 비중량(물의 비중량 9.8kN/m³)
$f$ : 관마찰계수(마찰손실계수)
$l$ : 길이〔m〕
$V$ : 유속〔m/s〕
$g$ : 중력가속도(9.8m/s²)
$D$ : 내경(직경)〔m〕

- 공식을 볼 때 **분자**에 있으면 **비례**, **분모**에 있으면 **반비례**한다는 것을 기억!

답 ①

★★★
**29** 16회 문 29 / 11회 문 34 / 02회 문 37

**다음 그림에서 유량이 $Q$인 물이 방출되고 있다. 이때, 방출유량을 4배 높이기 위한 수위로 옳은 것은? (단, 방출구의 직경 변화는 없고, 점성 등의 영향은 무시한다.)**

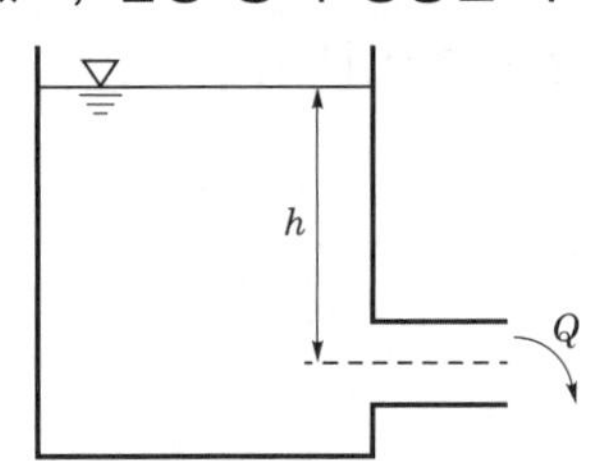


① $2h$ ② $4h$
③ $8h$ ④ $16h$

해설 (1) **기호**

- $Q$ : $4Q'$
- $h$ : ?

(2) **유량**

$$Q=AV$$

여기서, $Q$ : 유량〔m³/s〕
$A$ : 단면적〔m²〕
$V$ : 유속〔m/s〕

(3) **토리첼리의 식**

$$V=\sqrt{2gh}$$

여기서, $V$ : 유속〔m/s〕
$g$ : 중력가속도(9.8m/s²)
$h$ : 높이〔m〕

$Q=AV=A\sqrt{2gh}\propto\sqrt{h}$
$Q\propto\sqrt{h}$
$\sqrt{h}\propto Q$
$(\sqrt{h})^2\propto Q^2$
$h\propto Q^2=4^2=16$

답 ④

★★★
**30** 21회 문 34 / 19회 문 27 / 15회 문 33 / 10회 문 39

**모세관현상에서 대기압 $P_a$를 고려하여 액체의 상승높이를 구하는 공식으로 옳은 것은? (단, 표면장력 $\sigma$, 접촉각 $\theta$, 단위체적당 비중량 $\gamma$, 모세관 직경 $d$이다.)**

① $\dfrac{4\sigma\cos\theta}{\gamma d}-\dfrac{P_a}{\gamma}$ ② $\dfrac{4\sigma\cos\theta}{\gamma d}-P_a$
③ $\dfrac{4\sigma\cos\theta}{\gamma d}-\dfrac{4P_a}{d}$ ④ $\dfrac{4\sigma\cos\theta}{\gamma d}-\dfrac{4P_a}{\gamma}$

해설 (1) **모세관현상**(Capillarity in tube)

① 액체와 고체가 접촉하면 상호 **부착**하려는 **성질**을 갖는데 이 **부착력**과 액체의 **응집력**의 **상대적 크기**에 의해 일어나는 현상
② 액체 속에 가는 관을 넣으면 액체가 상승 또는 하강하는 현상

$$h=\frac{4\sigma\cos\theta}{\gamma d}$$

여기서, $h$ : 상승높이〔m〕
$\sigma$ : 표면장력〔N/m〕
$\theta$ : 각도(접촉각)
$\gamma$ : 비중량〔N/m³〕
$d$ : 관의 내경(모세관 직경)〔m〕

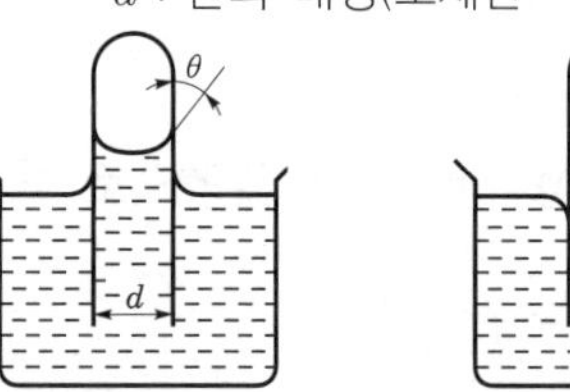


(a) 물($H_2O$) 응집력<부착력 (b) 수은(Hg) 응집력>부착력

**| 모세관현상 |**

중요

**모세관현상**

| 액면 상승 | 액면 하강 |
|---|---|
| 응집력<부착력 | 응집력>부착력 |

(2) **압력수두**

$$h=\frac{P_a}{\gamma}$$

여기서, $h$ : 압력수두[m]

$P_a$ : 대기압[N/m²]

$\gamma$ : 비중량(단위체적당 비중량)[N/m³]

(3) **대기압 $P_a$를 고려한 상승높이**

$$h = \frac{4\sigma\cos\theta}{\gamma d} - \frac{P_a}{\gamma}$$

여기서, $h$ : 상승높이[m]

$\sigma$ : 표면장력[N/m]

$\theta$ : 각도(접촉각)

$\gamma$ : 비중량[N/m³]

$d$ : 관의 내경(모세관 직경)[m]

$P_a$ : 대기압[N/m²]

**답** ①

★

## 31 관수로 흐름의 손실 중 미소손실이 아닌 것은?

23회 문 28

① 관마찰손실

② 급확대손실

③ 점차확대손실

④ 밸브에 의한 손실

해설

① 주손실

(1) **주손실**

관마찰손실(관로에 의한 마찰손실, 관벽과의 마찰에 의한 손실) **보기 ①**

(2) **미소손실(부차적 손실)**

① 유입손실

② 유출손실

③ 굴곡손실

④ 단면 급확대손실(확대손실) **보기 ②**

⑤ 단면 급축소손실(축소손실)

⑥ 밸브설치부손실(밸브손실) **보기 ④**

⑦ 점차확대손실 **보기 ③**

마찰손실 > 각종 미소손실

(3) **손실수두**

유체가 관을 통하여 이동할 때 관내 마찰이나 굴곡 또는 위치 차이로 인하여 손실되는 에너지를 물의 위치에너지로 바꾸어 나타낸 것

손실수두 = 주손실(마찰손실)
　　　　+ 부차적 손실(각종 미소손실)

**답** ①

★★★

## 32 펌프의 상사법칙으로 옳은 것을 모두 고른 것은? (단, 펌프의 비속도는 동일하다.)

18회 문 18
18회 문125
17회 문108
16회 문124
15회 문101
13회 문102
10회 문 41
08회 문 41
08회 문102
07회 문109

ㄱ 유량은 회전수 비에 비례한다.

ㄴ 전양정은 회전수 비의 제곱에 비례한다.

ㄷ 펌프의 축동력은 회전수 비의 4승에 비례한다.

① ㄱ　　② ㄷ

③ ㄱ, ㄴ　　④ ㄴ, ㄷ

해설

ㄷ 4승 → 3승

ㄱ $Q_2 = Q_1\left(\frac{N_2}{N_1}\right) \Rightarrow \frac{Q_2}{Q_1} = \frac{N_2}{N_1}$ **비례**

ㄴ $H_2 = H_1\left(\frac{N_2}{N_1}\right)^2 \Rightarrow \frac{H_2}{H_1} = \left(\frac{N_2}{N_1}\right)^2$ **제곱**에 **비례**

ㄷ $P_2 = P_1\left(\frac{N_2}{N_1}\right)^3 \Rightarrow \frac{P_2}{P_1} = \left(\frac{N_2}{N_1}\right)^3$ **3승**에 **비례**

중요

**유량, 양정, 축동력**

| 유 량 | 양 정 | 축동력 |
|---|---|---|
| 회전수에 비례하고 **직경**(관경)의 세제곱에 비례한다. | 회전수의 제곱 및 **직경**(관경)의 제곱에 비례한다. | 회전수의 세제곱 및 **직경**(관경)의 오제곱에 비례한다. |
| $Q_2 = Q_1\left(\frac{N_2}{N_1}\right)\left(\frac{D_2}{D_1}\right)^3$ 또는 $Q_2 = Q_1\left(\frac{N_2}{N_1}\right)$ | $H_2 = H_1\left(\frac{N_2}{N_1}\right)^2\left(\frac{D_2}{D_1}\right)^2$ 또는 $H_2 = H_1\left(\frac{N_2}{N_1}\right)^2$ | $P_2 = P_1\left(\frac{N_2}{N_1}\right)^3\left(\frac{D_2}{D_1}\right)^5$ 또는 $P_2 = P_1\left(\frac{N_2}{N_1}\right)^3$ |
| 여기서,<br>$Q_2$ : 변경 후 유량[L/min]<br>$Q_1$ : 변경 전 유량[L/min]<br>$N_2$ : 변경 후 회전수[rpm]<br>$N_1$ : 변경 전 회전수[rpm]<br>$D_2$ : 변경 후 직경(관경)[mm]<br>$D_1$ : 변경 전 직경(관경)[mm] | 여기서,<br>$H_2$ : 변경 후 양정[m]<br>$H_1$ : 변경 전 양정[m]<br>$N_2$ : 변경 후 회전수[rpm]<br>$N_1$ : 변경 전 회전수[rpm]<br>$D_2$ : 변경 후 직경(관경)[mm]<br>$D_1$ : 변경 전 직경(관경)[mm] | 여기서,<br>$P_2$ : 변경 후 축동력[kW]<br>$P_1$ : 변경 전 축동력[kW]<br>$N_2$ : 변경 후 회전수[rpm]<br>$N_1$ : 변경 전 회전수[rpm]<br>$D_2$ : 변경 후 직경(관경)[mm]<br>$D_1$ : 변경 전 직경(관경)[mm] |

**답** ③

★★★

**33** **직경 0.5m의 수평관에 $1m^3/s$의 유량과 $2.2kg_f/cm^2$의 압력으로 송수하기 위한 펌프의 소요동력(kW)은 약 얼마인가? (단, 펌프 효율은 85%이며, 관내 마찰손실은 무시한다.)**

20회 문112 / 19회 문 30 / 15회 문 31 / 02회 문 39

① 15.2 ② 253.6
③ 268.9 ④ 283.6

해설 (1) **기호**

- $D$ : 0.5m(소요동력 구하는 데 필요없음)
- $Q$ : $1m^3/s$
- $H$ : $2.2kg_f/cm^2 \times \left(\dfrac{10.332m}{1.0332kg_f/cm^2}\right) = 22m$

  ($1.0332kg_f/cm^2 = 10.332m$)

  **〈표준대기압〉**

  1atm=760mmHg
  =$1.0332kg_f/cm^2$
  =$10.332mH_2O$〔mAq〕
  =10.332m
  =14.7psi〔$lb_f/in^2$〕
  =101.325kPa〔$kN/m^2$〕
  =1013mbar
- $P$ : ?
- $\eta$ : 85%=0.85

(2) **펌프**의 **소요동력**

$$P = \frac{0.163\,QH}{\eta}K$$

여기서, $P$ : 펌프 소요동력(전동력)〔kW〕
$Q$ : 유량〔$m^3/min$〕
$H$ : 전양정〔m〕
$K$ : 전달계수
$\eta$ : 효율

$$P = \frac{0.163QH}{\eta}K$$
$$= \frac{0.163 \times 1m^3/s \times 22m}{0.85}$$
$$= \frac{0.163 \times 1m^3 \Big/ \frac{1}{60}\min \times 22m}{0.85}$$
$$= \frac{0.163 \times (1 \times 60)m^3/\min \times 22m}{0.85}$$
$$= 253.129kW$$

∴ 근사값인 253.6kW 정답

- $K$ : 주어지지 않았으므로 무시

중요

(1) **전동기**의 **용량**을 **구하는 식**

① 일반적인 설비 : **물** 사용설비

| $t$(시간)〔s〕인 경우 | $t$(시간)〔min〕인 경우 | 비중량이 주어진 경우 적용 |
|---|---|---|
| $P = \dfrac{9.8KHQ}{\eta t}$ | $P = \dfrac{0.163KHQ}{\eta}$ | $P = \dfrac{\gamma HQ}{1000\eta}K$ |
| 여기서,<br>$P$ : 전동기 용량〔kW〕<br>$\eta$ : 효율<br>$t$ : 시간〔s〕<br>$K$ : 여유계수(전달계수)<br>$H$ : 전양정〔m〕<br>$Q$ : 양수량(유량)〔$m^3$〕 | 여기서,<br>$P$ : 전동기 용량〔kW〕<br>$\eta$ : 효율<br>$H$ : 전양정〔m〕<br>$Q$ : 양수량(유량)〔$m^3/min$〕<br>$K$ : 여유계수(전달계수) | 여기서,<br>$P$ : 전동기 용량〔kW〕<br>$\eta$ : 효율<br>$\gamma$ : 비중량(물의 비중량 9800 $N/m^3$)<br>$H$ : 전양정〔m〕<br>$Q$ : 양수량(유량)〔$m^3/s$〕<br>$K$ : 여유계수 |

② 제연설비(배연설비) : **공기** 또는 **기류** 사용설비

$$P = \frac{P_T\,Q}{102 \times 60\eta}K$$

여기서, $P$ : 배연기(전동기) (소요)동력〔kW〕
$P_T$ : 전압(풍압)〔mmAq, $mmH_2O$〕
$Q$ : 풍량〔$m^3/min$〕
$K$ : 여유율(여유계수, 전달계수)
$\eta$ : 효율

주의

**제연설비**(배연설비)의 전동기 소요동력은 반드시 위의 식을 적용하여야 한다. 주의! 또 주의!

(2) **아주 중요한 단위환산**(꼭! 기억하시라!)

① $1mmAq = 10^{-3}mH_2O = 10^{-3}m$
② $760mmHg = 10.332mH_2O = 10.332m$
③ $1Lpm = 10^{-3}m^3/min$
④ 1HP=0.746kW

답 ②

★★★

**34** **직경 40mm 호스로 200L/min의 물이 분출되고 있다. 이 호스의 직경을 20mm로 줄이면 분출속도(m/s)는 약 얼마나 증가하는가?**

18회 문 45 / 15회 문 30 / 08회 문 44 / 07회 문 37

① 1.95 ② 4.95
③ 7.95 ④ 12.95

해설 (1) **기호**

- $D_1$ : 40mm=0.04m(1000mm=1m)
- $Q$ : 200L/min=0.2m³/60s=$\frac{0.2}{60}$m³/s (1000L=1m³, 1min=60s)
- $D_2$ : 20mm=0.02m(1000mm=1m)
- $V_2$ : ?

(2) **유량**

$$Q = AV = \left(\frac{\pi}{4}D^2\right)V$$

여기서, $Q$ : 유량[m³/s]
$A$ : 단면적[m²]
$V$ : 유속[m/s]
$D$ : 직경[m]

분출속도(유속) $V_1$는

$$V_1 = \frac{Q}{\frac{\pi}{4}{D_1}^2} = \frac{\frac{0.2}{60}\text{m}^3/\text{s}}{\frac{\pi}{4}\times(0.04\text{m})^2} = 2.652\text{m/s}$$

$$V_2 = \frac{Q}{\frac{\pi}{4}{D_2}^2} = \frac{\frac{0.2}{60}\text{m}^3/\text{s}}{\frac{\pi}{4}\times(0.02\text{m})^2} = 10.61\text{m/s}$$

$$V_2 - V_1 = 10.61\text{m/s} - 2.652\text{m/s} = 7.958\text{m/s}$$

∴ 7.95m/s

답 ③

★★★
## 35 소화원리 중 화학적 소화방법에 해당하는 것은?

21회 문 04 / 18회 문 02 / 16회 문 25 / 16회 문 37 / 16회 문 14 / 15회 문 05 / 15회 문 34 / 14회 문 08 / 13회 문 34 / 08회 문 08 / 07회 문 16 / 06회 문 03

① 질식소화
② 냉각소화
③ 희석소화
④ 억제소화

해설 ①~③ 물리적 소화방법

| 물리적 소화방법 | 화학적 소화방법 |
|---|---|
| • 냉각소화 **보기 ②**<br>• 질식소화 **보기 ①**<br>• 제거소화<br>• 희석소화 **보기 ③** | • 억제소화(부촉매소화, 화학소화) **보기 ④** |

중요

**소화의 형태**

| 소화 형태 | 설 명 |
|---|---|
| **냉**각<br>소화 | • **점화원**을 냉각시켜 소화하는 방법<br>• **증**발잠열을 이용하여 열을 빼앗아 가연물의 **온**도를 떨어뜨려 화재를 진압하는 소화<br>• 다량의 물을 뿌려 소화하는 방법<br>• 가연성 물질을 **발화점 이하**로 **냉각** |
| **질**식<br>소화 | • 공기 중의 **산소농도**를 **16%**(10~15%) 이하로 희박하게 하여 소화<br>• 산화제의 농도를 낮추어 연소가 지속될 수 없도록 함<br>• **산소공급**을 **차단**하는 소화방법 |
| 제거<br>소화 | • **가연물**을 **제거**하여 소화하는 방법 |
| 부촉매소화,<br>억제소화<br>(=화학소화) | • **연쇄반응**을 **차단**하여 소화하는 방법<br>• **화학적**인 **방법**으로 화재억제 |
| 희석<br>소화 | • 기체·고체·액체에서 나오는 분해가스나 증기의 농도를 낮춰 소화하는 방법 |

• 부촉매소화=연쇄반응 차단 소화

기억법 **냉점온증발**
**질산**

답 ④

★★★
## 36 소화약제와 주된 소화방법의 연결이 옳은 것은?

18회 문 07 / 16회 문 25 / 16회 문 37 / 15회 문 05 / 15회 문 34 / 14회 문 08 / 13회 문 34 / 08회 문 08 / 07회 문 16 / 06회 문 03

① 합성계면활성제포－냉각소화
② $CHF_2CF_3$－냉각소화
③ $NH_4H_2PO_4$－억제소화
④ $CF_3Br$－억제소화

해설
① 냉각소화 → 질식소화
② 냉각소화 → 억제소화(부촉매효과, 부촉매소화)
③ 억제소화 → 질식소화

**주된 소화효과**

| 소화설비 | 소화효과 |
|---|---|
| • 포소화설비(합성계면활성제포 등) **보기 ①**<br>• 분말소화설비($NH_4H_2PO_4$ 등) **보기 ③**<br>• 이산화탄소 소화설비 | 질식소화 |

| 소화설비 | 소화효과 |
|---|---|
| • 물분무소화설비 | 냉각소화 |
| • 할론소화설비($CF_3Br$ 등) 보기 ④<br>• 할로겐화합물 소화설비($CHF_2CF_3$ 등) 보기 ② | 억제소화<br>(화학소화, 부촉매효과, 부촉매소화) |

중요

(1) **할로겐화합물** 및 **불활성기체 소화약제**의 **종류** (NFPC 107A 제4조, NFTC 107A 2.1.1)

| 종 류 | 소화약제 | 상품명 | 화학식 | 방출시간 | 주된 소화 원리 |
|---|---|---|---|---|---|
| 할로겐화합물 소화약제 | 퍼플루오로부탄(FC-3-1-10) | CEA-410 | $C_4F_{10}$ | 10초 이내 | 부촉매 효과 (억제 작용) |
| | 트리플루오로메탄(HFC-23) | FE-13 | $CHF_3$ | | |
| | 펜타플루오로에탄(HFC-125) | FE-25 | $CHF_2CF_3$ 보기 ② | | |
| | 헵타플루오로프로판(HFC-227ea) | FM-200 | $CF_3CHFCF_3$ | | |
| | 클로로테트라플루오로에탄(HCFC-124) | FE-241 | $CHClFCF_3$ | | |
| | 하이드로클로로플루오로카본 혼화제(HCFC BLEND A) | NAF S-Ⅲ | HCFC-22($CHClF_2$) : 82%<br>HCFC-123($CHCl_2CF_3$) : 4.75%<br>HCFC-124($CHClFCF_3$) : 9.5%<br>$C_{10}H_{16}$ : 3.75% | | |
| 불활성 기체 소화약제 | 불연성·불활성 기체 혼합가스(IG-541) | Inergen | $N_2$ : 52%<br>Ar : 40%<br>$CO_2$ : 8% | 60초 이내 | 질식 효과 |
| | 불연성·불활성 기체 혼합가스(IG-55) | 아르고나이트 | $N_2$ : 50%<br>Ar : 50% | | |
| | 불연성·불활성 기체 혼합가스(IG-100) | NN-100 | $N_2$ | | |
| | 불연성·불활성 기체 혼합가스(IG-01) | – | Ar | | |

(2) **분말소화약제**(질식효과)

| 종 별 | 주성분 | 착 색 |
|---|---|---|
| 제1종 | 중탄산나트륨($NaHCO_3$) | 백색 |
| 제2종 | 중탄산칼륨($KHCO_3$) | 담자색(담회색) |
| 제3종 | 제1인산암모늄($NH_4H_2PO_4$) 보기 ③ | 담홍색 |
| 제4종 | 중탄산칼륨 + 요소($KHCO_3$+$(NH_2)_2CO$) | 회(백)색 |

(3) **할론소화설비**

| 종 류 | 약 칭 | 분자식 |
|---|---|---|
| Halon 1011 | CB | $CH_2ClBr$ |
| Halon 104 | CTC | $CCl_4$ |
| Halon 1211 | BCF | $CF_2ClBr$ |
| Halon 1301 | BTM | $CF_3Br$ 보기 ④ |
| Halon 2402 | FB | $C_2F_4Br_2$ |

답 ④

★★★

**37** **방호대상물이 서고이며 체적이 $80m^3$인 방호구역에 전역방출방식의 이산화탄소 소화설비를 설치하고자 한다. 이산화탄소 소화설비의 화재안전성능기준(NFPC 106)에 의해 산정한 최소약제량(kg)은?**

19회 문118
19회 문122
16회 문107
15회 문112
13회 문109
10회 문 28
10회 문118
05회 문104
04회 문117
02회 문115

- 방호구역 내 모든 물체는 가연성이다.
- 방호구역의 개구부 총면적은 $2m^2$이다.
- 개구부에는 자동개폐장치가 설치되어 있다.
- 설계농도[%]는 고려하지 않는다.

① 130
② 140
③ 150
④ 160

해설 (1) **주어진 값**

- 서고
- 체적 : $80m^3$
- 개구부 면적 : $2m^2$
- 자동폐쇄장치 : 설치

(2) **이산화탄소 소화설비 저장량**

$CO_2$ 저장량[kg]
= **방**호구역 체적[$m^3$] × **약**제량[$kg/m^3$] + **개**구부 면적[$m^2$] × 개구부 가**산**량($10kg/m^2$)

기억법 **방약개산**

$80m^3 \times 20kg/m^3 = 160kg$

- 개구부는 자동개폐장치가 설치되어 있으므로 제외

중요

**이산화탄소 소화설비**(심부화재)(NFPC 106 제5조, NFTC 106 2.2.1.2.1)

| 방호대상물 | 약제량 | 개구부 가산량 (자동폐쇄장치 미설치시) | 설계농도 |
|---|---|---|---|
| 전기설비, 케이블실 | $1.3kg/m^3$ | $10kg/m^2$ | 50% |
| 전기설비($55m^3$ 미만) | $1.6kg/m^3$ | | |
| 서고, 박물관, 목재가공품창고, 전자제품창고 기억법 서박목전(선박이 목전에 보인다.) | $2.0kg/m^3$ | | 65% |
| 석탄창고, 면화류창고, 고무류, 모피창고, 집진설비 기억법 석면고모집(석면은 고모집에 있다.) | $2.7kg/m^3$ | | 75% |

답 ④

★★★

**38** 19회 문 89 18회 문 22 18회 문 30 16회 문 30 15회 문 06 14회 문 30 13회 문 03 11회 문 36 11회 문 47 04회 문 45

**소화약제로 사용된 4℃의 물이 모두 200℃ 과열수증기로 변화하였다면, 물은 약 몇 배 팽창하였는가? (단, 화재실은 대기압상태로 화재발생 전·후 압력의 변화는 없으며, 과열수증기는 이상기체로 가정한다. 4℃에서의 물의 밀도=$1g/cm^3$, H 및 O의 원자량은 각각 1과 16이다.)**

① 1700 ② 1928
③ 2156 ④ 2383

해설 (1) 기호

- $T$ : 200℃=(273+200℃)K
- $P$ : 1atm(대기압상태이므로)
- $m$ : 1g(단서에서 밀도=$1g/cm^3$이므로 질량 $m$은 $1cm^3$당 1g)
- $M$ : 18g/mol($H_2O$ : 1×2+16=18g/mol)
- 4℃에서 물의 부피〔L〕: $1cm^3=10^{-6}m^3=10^{-6}\times10^3L=10^{-3}L$($1m^3=1000L=10^3L$)

(2) **이상기체상태 방정식**

$$PV=nRT$$

여기서, $P$ : 기압〔atm〕
$V$ : 부피〔L〕
$n$ : 몰수$\left(n=\dfrac{m(\text{질량〔g〕})}{M(\text{분자량〔g/mol〕})}\right)$
$R$ : 기체상수(0.082L·atm/K·mol)
$T$ : 절대온도(273+℃)〔K〕

$PV=\dfrac{m}{M}RT$에서

200℃에서의 물의 부피

$$V=\frac{mRT}{PM}$$
$$=\frac{1g\times0.082L\cdot atm/K\cdot mol\times(273+200℃)K}{1atm\times18g/mol}$$
$$=2.154L$$

$$\frac{200℃(\text{물부피})}{4℃(\text{물부피})}=\frac{2.154L}{10^{-3}L}=2154\text{배}$$

∴ 근사값인 2156배 정답

답 ③

★

**39** 17회 문 41

**제3종 분말소화약제의 소화효과는 다음과 같다. 제3종 분말소화약제가 다른 분말소화약제와 달리 일반(A급)화재에도 적용이 가능한 이유로 옳은 것을 모두 고른 것은?**

㉠ 열분해시 흡열반응에 의한 냉각효과
㉡ 열분해시 발생되는 불연성 가스에 의한 질식효과
㉢ 메타인산의 방진효과
㉣ Ortho 인산에 의한 섬유소의 탈수탄화 작용
㉤ 분말운무에 의한 열방사의 차단효과
㉥ 열분해시 유리된 $NH_4^+$에 의한 부촉매 효과

① ㉠, ㉡
② ㉢, ㉣
③ ㉣, ㉤, ㉥
④ ㉠, ㉡, ㉢, ㉣, ㉤, ㉥

- 제3종 분말소화약제가 A급 화재에도 적용되는 이유
  - 메탄인산의 방진효과(불꽃을 덮어 불을 끄는 것) 보기 ⓒ
  - Ortho(오쏘) 인산에 의한 섬유소의 탈수탄화작용(탈수와 탄화를 촉진하여 불이 붙기 어렵게 만듦) 보기 ⓓ

**중요**

**제3종 분말소화약제**($NH_4H_2PO_4$)의 **소화작용**

(1) 열분해에 의한 **냉각작용** 보기 ㉠
(2) 열분해시 발생한 불연성 가스에 의한 **질식작용** 보기 ㉡
(3) 메타인산($HPO_3$)에 의한 **방진작용** 보기 ㉢
(4) 열분해시 유리된 $NH_4^+$의 **부촉매작용** 보기 ㉥
(5) 분말운무에 의한 **열방사**의 **차단효과** 보기 ㉤
(6) 탈수탄화효과 보기 ㉣
 ① 열분해시 Ortho-인산($H_3PO_4$) 발생으로 수분을 흡수하는 탈수효과
 ② 섬유소의 탈수탄화로 불연성 탄소와 물 분해

- 방진작용=방진소화효과

**용어**

**방진작용**
가연물의 표면에 부착되어 차단효과를 나타내는 것

**중요**

**분말소화약제**

| 종 별 | 주성분 | 착 색 |
|---|---|---|
| 제1종 | 중탄산나트륨 ($NaHCO_3$) | **백**색 |
| 제2종 | 중탄산칼륨 ($KHCO_3$) | **담자**색 (담회색) |
| 제3종 | 제1인산암모늄 ($NH_4H_2PO_4$) | 담**홍**색 |
| 제4종 | 중탄산칼륨+요소 ($KHCO_3+(NH_2)_2CO$) | **회**(백)색 |

기억법 **백담자 홍회**

답 ②

★★★

**40** 화재현장에서 15℃의 물이 100℃의 수증기로 모두 바뀌었다고 가정할 때, 소화약제로 사용된 물의 냉각효과에 관한 설명으로 옳지 않은 것?

22회 문 40
20회 문 03
16회 문 38
10회 문 35
07회 문 39

① 물 1kg당 흡수한 현열은 약 355.3kJ이다.
② 물 1kg당 흡수한 용융잠열은 약 80kcal이다.
③ 물 1kg당 흡수한 증발잠열은 약 2253kJ이다.
④ 물 1kg당 흡수한 총열은 약 624kcal이다.

② 80kcal → 0kcal, 얼음이 물이 되는 융해(용융)는 없으므로 용융잠열은 없음

(1) **기호**

- $m$ : 1kg
- $\Delta T$ : (100−15)℃
- $Q$ : ?

(2) **열량**

$$Q=\underbrace{r_1m}_{\text{용융잠열}}+\underbrace{mC\Delta T}_{\text{현열}}+\underbrace{r_2m}_{\text{증발잠열}}$$

여기서, $Q$ : 열량[kcal]
$r_1$ : 융해열[kcal/kg]
$r_2$ : 기화열[kcal/kg]
$m$ : 질량[kg]
$C$ : 비열(물의 비열 1kcal/kg·℃)
$\Delta T$ : 온도차[℃]

**용어**

**잠열 VS 현열**

| 잠 열 | 현 열 |
|---|---|
| 온도의 변화 없이 물질의 **상태변화**에 필요한 열(예 물 100℃ → 수증기 100℃) | 상태의 변화 없이 물질의 **온도변화**에 필요한 열(예 물 0℃ → 물 100℃) |

보기 ① **현열**

$$Q=mC\Delta T$$

여기서, $Q$ : 열량[kcal]
$m$ : 질량[kg]
$C$ : 비열(물의 비열 : 1kcal/kg·℃)
$\Delta T$ : 온도차[℃]

현열 $Q$는

$Q = mC\Delta T$

$= 1\text{kg} \times 1\text{kcal/kg} \cdot ℃ \times (100-15)℃$

$= 85\text{kcal}$

$= \dfrac{85\text{kcal}}{0.239\text{kcal}} \times 1\text{kJ}$ ∵ 1kJ=0.239cal

$= 355.6\text{kJ}$(약 355.3kJ로 볼 수 있으므로 옳음)

**보기 ③** **증발잠열**

$$Q = r_2 m$$

여기서, $Q$ : 열량〔kcal〕
$r_2$ : 기화열〔kcal/kg〕
$m$ : 질량〔kg〕

증발잠열 $Q$는

$Q = r_2 m = 539\text{kcal/kg} \times 1\text{kg}$

$= 539\text{kcal}$

$= \dfrac{539\text{kcal}}{0.239\text{kcal}} \times 1\text{kJ}$

$= 2255.2\text{kJ}$(약 2253kJ로 볼 수 있으므로 옳음)

**보기 ④** **총열**

**열량**

$$Q = r_1 m + mC\Delta T + r_2 m$$

여기서, $Q$ : 열량〔kcal〕
$r_1$ : 융해열(용융잠열)〔kcal/kg〕
$r_2$ : 기화열(증발잠열)〔kcal/kg〕
$m$ : 질량〔kg〕
$C$ : 비열〔kcal/kg · ℃〕
$\Delta T$ : 온도차〔℃〕

총열 $Q$는

$Q = r_1 m + mC\Delta T + r_2 m$ (여기서 $r_1 m$은 사선으로 지움)

$= 1\text{kg} \times 1\text{kcal/kg} \cdot ℃ \times (100-15)℃ + 539\text{kcal/kg} \times 1\text{kg}$

$= 624\text{kcal}$

- 문제에 얼음이란 말이 없으므로 용융잠열(융해열, $r_1 m$) 무시

답 ②

★★★

## 41 충전비가 1.6인 이산화탄소 소화설비에 필요한 약제량이 230kg일 때, 68L 표준용기는 몇 개가 필요한가?

21회 문 40
07회 문 44
06회 문114

① 4 ② 5
③ 6 ④ 7

해설 (1) 기호

- $C$ : 1.6L/kg
- 약제량 : 230kg
- 저장용기수 : ?
- $V$ : 68L

(2) 충전비

$$C = \frac{V}{G}$$

여기서, $C$ : 충전비〔L/kg〕
$V$ : 내용적〔L〕
$G$ : 저장량〔kg〕

**저장량** $G$는

$G = \dfrac{V}{C} = \dfrac{68\text{kg}}{1.6\text{L/kg}} = 42.5\text{kg}$

**저장용기수**는

저장용기수 $= \dfrac{\text{약제량}}{G} = \dfrac{230\text{kg}}{42.5\text{kg}}$

$= 5.41 ≒ 6$병(절상)

 중요

**$CO_2$ 소화약제**의 **충전비**(저장용기)

| 구 분 | 충전비 |
|---|---|
| 고압식 | **1.5~1.9** 이하 |
| 저압식 | **1.1~1.4** 이하 |

답 ③

★★

## 42 할로겐화합물 소화약제 중 오존파괴지수(ODP)가 0인 소화약제가 아닌 것은?

17회 문 40
12회 문 09

① HCFC−124
② HFC−23
③ FC−3−1−10
④ FK−5−1−12

해설

① HCFC−124의 오존파괴지수 : 0.022
②~④의 오존파괴지수 : 0

**오존파괴지수(ODP) 0**인 **약제**

| FC 계열 | FK 계열 | HFC 계열 |
|---|---|---|
| • FC−3−1−10 **보기 ③** | • FK−5−1−12 **보기 ④** | • HFC−23 **보기 ②**<br>• HFC−125<br>• HFC−227ea |

24회

용어

| 오존파괴지수 (ODP : Ozone Depletion Potential) | 지구온난화지수 (GWP : Global Warming Potential) |
|---|---|
| 오존파괴지수는 어떤 물질의 오존파괴능력을 상대적으로 나타내는 지표로 기준물질인 CFC 11(CFC 13)의 ODP를 1로 하여 다음과 같이 구한다. | 지구온난화지수는 지구온난화에 기여하는 정도를 나타내는 지표로 $CO_2$(이산화탄소)의 GWP를 1로 하여 다음과 같이 구한다. |
| ODP= $\frac{\text{어떤 물질 1kg이 파괴하는 오존량}}{\text{CFC 11의 1kg이 파괴하는 오존량}}$ | GWP= $\frac{\text{어떤 물질 1kg이 기여하는 온난화 정도}}{CO_2\text{의 1kg이 기여하는 온난화 정도}}$ |

기억법 G온O오(지온 오오)

답 ①

★★★

**43** 콘덴서의 직렬 및 병렬 접속에 관한 설명으로 옳지 않은 것은?

19회 문 46
17회 문 49
16회 문 42
15회 문 45
14회 문 49
13회 문 42
12회 문 49

① 직렬접속시 정전용량이 큰 콘덴서에 전압이 많이 걸린다.
② 직렬접속시 합성정전용량은 감소한다.
③ 병렬접속시 총전하량은 각 콘덴서의 전하량의 합과 같다.
④ 병렬접속시 합성정전용량은 각 콘덴서의 정전용량의 합과 같다.

해설 ① 많이 → 적게

(1) **각각**의 **전압**

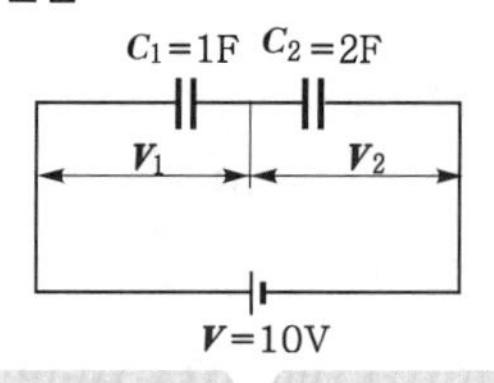


$$V_1 = \frac{C_2}{C_1 + C_2} V, \quad V_2 = \frac{C_1}{C_1 + C_2} V$$

여기서, $V_1$ : $C_1$에 걸리는 전압[V]
$V_2$ : $C_2$에 걸리는 전압[V]
$C_1 \cdot C_2$ : 각각의 정전용량[F]
$V$ : 전체 전압[V]

$C_1$ =1F, $C_2$ =2F, $V$=10V라고 가정하면

$$V_1 = \frac{C_2}{C_1 + C_2} V = \frac{2F}{1F + 2F} \times 10V = 6.667V$$

$$V_2 = \frac{C_1}{C_1 + C_2} V = \frac{1F}{1F + 2F} \times 10V = 3.333V$$

∴ 직렬접속시 정전용량이 큰 콘덴서에 전압이 적게 걸린다. 보기 ①

(2) **정전용량**

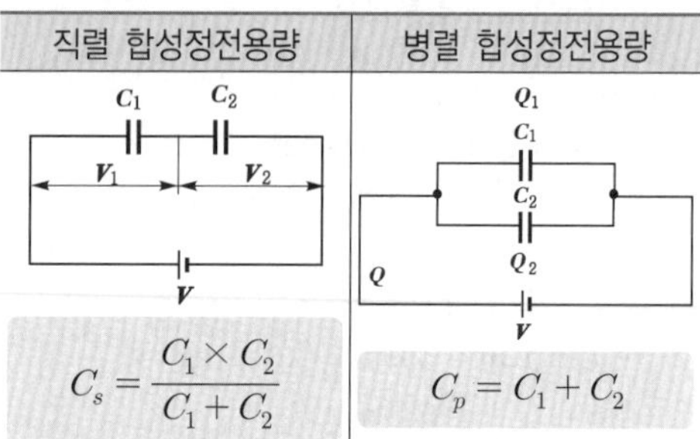

| 직렬 합성정전용량 | 병렬 합성정전용량 |
|---|---|
| $C_s = \frac{C_1 \times C_2}{C_1 + C_2}$ | $C_p = C_1 + C_2$ |
| 여기서, $C_s$ : 직렬 합성정전용량[F] $C_1 \cdot C_2$ : 각각의 정전용량[F] | 여기서, $C_p$ : 병렬 합성정전용량[F] $C_1 \cdot C_2$ : 각각의 정전용량[F] |

$C_1$ =1F, $C_2$ =1F라고 가정하면

$$C_s = \frac{C_1 \times C_2}{C_1 + C_2} = \frac{1F \times 1F}{1F + 1F} = 0.5F$$

∴ 직렬접속시 합성정전용량은 감소한다. 보기 ②

(3) **콘덴서**의 **접속**

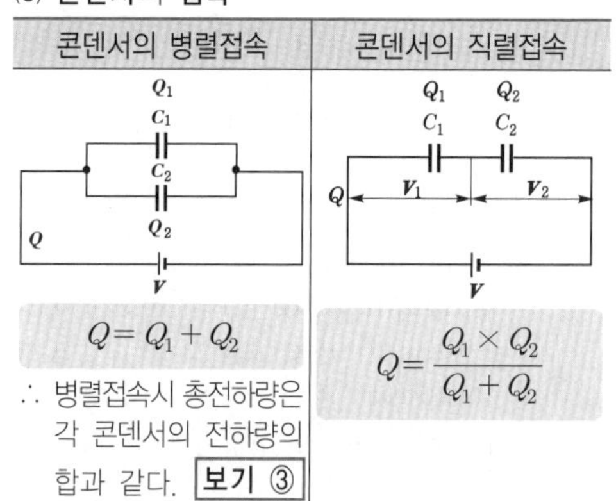

| 콘덴서의 병렬접속 | 콘덴서의 직렬접속 |
|---|---|
| $Q = Q_1 + Q_2$ ∴ 병렬접속시 총전하량은 각 콘덴서의 전하량의 합과 같다. 보기 ③ | $Q = \frac{Q_1 \times Q_2}{Q_1 + Q_2}$ |

여기서, $Q$ : 총전하량[C]
$Q_1$ : $C_1$의 전하량[C]
$Q_2$ : $C_2$의 전하량[C]

$C_1$ =1F, $C_2$ =1F라고 가정하면

$C_p = C_1 + C_2 = 1F + 1F = 2F$

∴ 병렬접속시 합성정전용량은 각 콘덴서의 정전용량의 합과 같다. 보기 ④

답 ①

★
## 44 동종 금속도선의 두 점 간에 온도차를 주고 고온쪽에서 저온쪽으로 전류를 흘리면, 줄열 이외에 도선 속에서 열이 발생하거나 흡수가 일어나는 현상은?

21회 문 47

① 제벡효과　② 톰슨효과
③ 펠티에효과　④ 핀치효과

해설 **열전효과**(Thermoelectric effect)

| 효 과 | 설 명 |
|---|---|
| 제에벡효과 (Seebeck effect) : 제벡효과 | ① 다른 종류의 금속선으로 된 **폐회로**의 두 접합점의 온도를 달리하였을 때 **전기**(**열기전력**)가 발생하는 효과<br>② 이종 금속을 접합하여 **폐회로**를 만든 후 두 접합점의 온도를 다르게 하여 **열전류**를 얻는 열전현상 |
| 펠티에효과 (Peltier effect) | **두 종류**의 **금속**으로 된 회로에 **전류**를 통하면 각 접속점에서 열의 흡수 또는 발생이 일어나는 현상 |
| **톰슨효과** (Thomson effect) | ① 균질의 철사에 **온도구배**가 있을 때 여기에 전류가 흐르면 **열**의 **흡수** 또는 **발생**이 일어나는 현상<br>② 동종 금속도선의 두 점 간에 온도차를 주고 고온쪽에서 저온쪽으로 **전류**를 흘리면, 줄열 이외에 도선 속에서 **열**이 발생하거나 흡수가 일어나는 현상 보기 ② |

중요

**여러 가지 효과**

| 효 과 | 설 명 |
|---|---|
| 홀효과 (Hall effect) | 전류가 흐르고 있는 도체에 **자계**를 가하면 도체 측면에는 정부의 전하가 나타나 두 면 간에 전위차가 발생하는 현상 |
| 핀치효과 (Pinch effect) | 전류가 **도선 중심**으로 흐르려고 하는 현상 |
| 압전기효과 (Piezoelectric effect) | **수정, 전기석, 로셀염** 등의 결정에 전압을 가하면 일그러짐이 생기고, 반대로 압력을 가하여 일그러지게 하면 전압이 발생하는 현상 |
| 광전효과 | 반도체에 빛을 쬐이면 전자가 방출되는 현상 |

답 ②

★★
## 45 자기력선의 성질에 관한 설명으로 옳지 않은 것은?

① 자기력선은 서로 교차하지 않는다.
② 자계의 방향은 자기력선 위의 한 점에서의 접선방향이다.
③ 자기력선의 밀도는 자계의 세기와 같다.
④ 자기력선은 자석 내부에서는 S극에서 나와 N극으로 들어간다.

해설 ④ S극에서 나와 N극 → N극에서 나와 S극

**자기력선의 성질**

(1) 자기력선은 **N극**에서 시작해서 **S극**에서 끝난다. 보기 ④
(2) 자기력선은 서로 **반발**하여 **교차**할 수 **없다**. 보기 ①
(3) 자기장의 방향은 그 점을 통과하는 **자력선**의 **방향**으로 표시한다.
(4) 자기력선의 밀도는 **자계**의 **세기**와 **같다**. 보기 ③
(5) 자기력선은 **등자위면**에 수직한다.
(6) 자기 스스로 **폐곡선**을 이룰 수 있다.
(7) 자기력선은 고무줄과 같이 **응축력**이 있다.
(8) **자계**의 **방향**은 자기력선 위의 한 점에서의 **접선방향**이다. 보기 ②

• 자기력선=자력선

비교

**전기력선의 성질**

(1) **정(+)전하**에서 **시작**하여 **부(-)전하**에서 끝난다.
(2) 전기력선의 접선방향은 그 접점에서의 **전계의 방향과 일치**한다.
(3) 전위가 **높은 점에서 낮은 점**으로 향한다.
(4) 그 자신만으로 **폐곡선이 안 된다.**
(5) 전기력선은 서로 **교차하지 않는다.**
(6) 단위전하에서는 $\frac{1}{\varepsilon_0}$개의 전기력선이 출입한다.
(7) 전기력선은 도체 표면(동전위면)에서 **수직으로 출입**한다.
(8) 전하가 없는 곳에서는 전기력선의 발생, 소멸이 없고 연속적이다.
(9) **도체 내부**에는 **전기력선이 없다.**

답 ④

★★★

## 46 자기장 내에 존재하는 도체에 전류를 흘릴 때 도체가 받는 전자력의 방향을 결정하는 법칙은?

22회 문 45
15회 문 43
14회 문 41
06회 문 37

① 렌츠의 법칙
② 플레밍의 왼손법칙
③ 플레밍의 오른손법칙
④ 암페어의 오른나사법칙

해설 **여러 가지 법칙**

| 법 칙 | 설 명 |
|---|---|
| 플레밍의 오른손법칙 보기 ③ | 도체운동에 의한 유도기전력의 방향 결정<br>기억법 방유도오(방에 우유를 도로 갖다 놓게!) |
| 플레밍의 왼손법칙 | 전자력의 방향 결정 보기 ②<br>기억법 왼전(왠 전쟁이냐?) |
| 렌츠의 법칙 (렌쯔의 법칙) 보기 ① | 자속변화에 의한 유도기전력의 방향 결정<br>기억법 렌유방(오렌지가 유일한 방법이다.) |
| 패러데이의 전자유도법칙 (패러데이의 법칙) | ① 자속변화에 의한 유기기전력의 크기 결정<br>② 전자유도현상에 의하여 생기는 유도기전력의 크기를 정의하는 법칙<br>기억법 패유크(폐유를 버리면 큰일난다.) |
| 암페어의 오른나사법칙 (앙페르의 법칙) 보기 ④ | ① 전류에 의한 자기장(자계)의 방향 결정<br>② 전류가 흐르는 도체 주위의 자계방향 결정<br>기억법 암전자(양전자) |
| 비오-사바르의 법칙 | 전류에 의해 발생되는 자기장의 크기 결정<br>기억법 비전자(비전공자) |

답 ②

★

## 47 한국전기설비규정(KEC)에 따른 전선의 식별에서 상과 색상이 옳은 것을 모두 고른 것은?

> ㉠ $L_1$ : 검은색　　㉡ $L_2$ : 갈색
> ㉢ $L_3$ : 회색　　㉣ N : 파란색

① ㉣　　② ㉡, ㉢
③ ㉢, ㉣　　④ ㉠, ㉡, ㉢, ㉣

해설
㉠ $L_1$ : 갈색
㉡ $L_2$ : 검은색

**한국전기설비규정(KEC 121.2)**
**전선식별**

| 상(문자) | 색 상 |
|---|---|
| $L_1$ | 갈색 보기 ㉠ |
| $L_2$ | 검은색 보기 ㉡ |
| $L_3$ | 회색 보기 ㉢ |
| N | 파란색 보기 ㉣ |
| 보호도체 | 녹색-노란색 |

답 ③

★

## 48 다음 회로에서 공진시의 임피던스값은?

03회 문 35

R L C

① $R-\frac{1}{\sqrt{LC}}$　　② $R+\frac{1}{\sqrt{LC}}$
③ $\frac{RC}{L}$　　④ $\frac{L}{RC}$

해설 **병렬공진회로**

| 공진임피던스 | 공진어드미턴스 |
|---|---|
| $Z_0=\frac{L}{RC}[\Omega]$<br>여기서,<br>$Z_0$ : 공진임피던스[Ω]<br>$L$ : 인덕턴스[H]<br>$R$ : 저항[Ω]<br>$C$ : 정전용량[F] | $Y_0=\frac{1}{Z_0}=\frac{RC}{L}[℧]$<br>여기서,<br>$Y_0$ : 공진어드미턴스[℧]<br>$Z_0$ : 공진임피던스[Ω]<br>$L$ : 인덕턴스[H]<br>$R$ : 저항[Ω]<br>$C$ : 정전용량[F] |

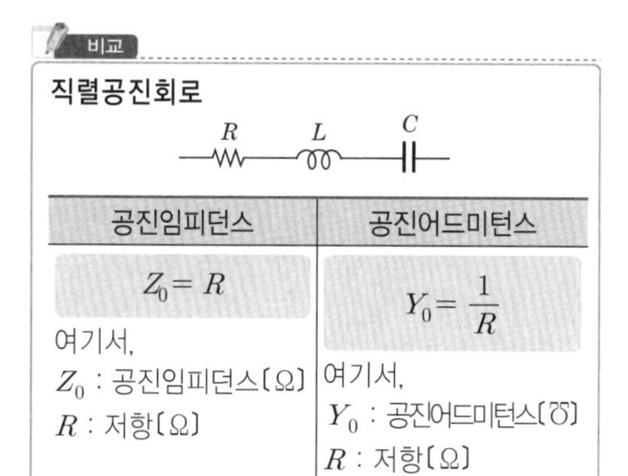

비교

**직렬공진회로**



| 공진임피던스 | 공진어드미턴스 |
|---|---|
| $Z_0 = R$<br>여기서,<br>$Z_0$ : 공진임피던스[Ω]<br>$R$ : 저항[Ω] | $Y_0 = \frac{1}{R}$<br>여기서,<br>$Y_0$ : 공진어드미턴스[℧]<br>$R$ : 저항[Ω] |

답 ④

★

## 49 다음 회로에서 단자 C, D 간의 전압을 40V라고 하면, 단자 A, B 간의 전압(V)은?

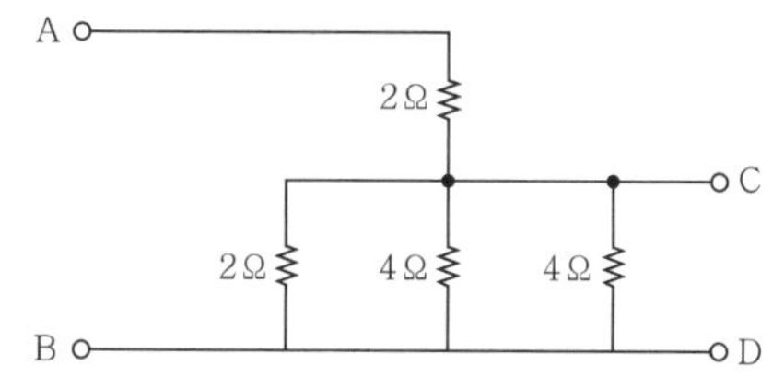


① 60　　② 120
③ 180　　④ 240

해설 회로를 이해하기 쉽도록 변형하면

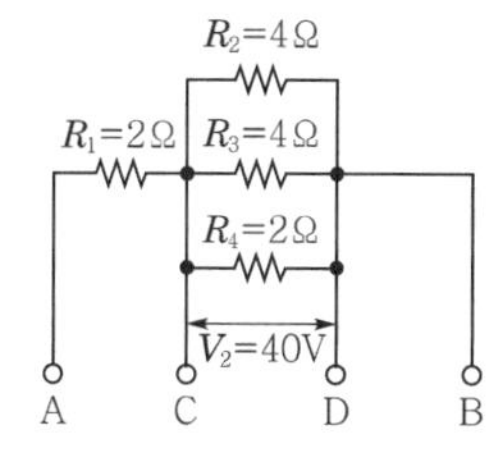


병렬회로의 합성저항 $R$은

$$R = \frac{1}{\frac{1}{R_2}+\frac{1}{R_3}+\frac{1}{R_4}}$$

$$= \frac{1}{\frac{1}{4\Omega}+\frac{1}{4\Omega}+\frac{1}{2\Omega}} = 1\Omega$$

저항 직렬접속시 각각의 전압은

$$V_1 = \frac{R_1}{R_1+R_2}V\,[\mathrm{V}],$$

$$V_2 = \frac{R_2}{R_1+R_2}V\,[\mathrm{V}]$$

여기서, $V_1$ : $R_1$에 걸리는 전압[V]
$V_2$ : $R_2$에 걸리는 전압[V]
$V$ : 전체 전압[V]
$R_1 \cdot R_2$ : 각각의 저항[Ω]

$$V_2 = \frac{R}{R_1+R}V \quad \text{에서}$$

$$\frac{R}{R_1+R}V = V_2$$

$$V = V_2 \times \frac{R_1+R}{R} = 40\mathrm{V} \times \frac{2\Omega+1\Omega}{1\Omega} = 120\mathrm{V}$$

답 ②

★

## 50 유도전동기 기동시 각 상당 임피던스가 동일한 고정자 권선의 접속을 △결선에서 Y결선으로 변환할 때의 선전류비$\left(\frac{I_Y}{I_\triangle}\right)$는?

21회 문 49

① $\frac{1}{\sqrt{3}}$　　② $\frac{1}{3}$
③ $\sqrt{3}$　　④ 3

해설 **Y－△ 기동방식**의 **기동전류**

$$I_Y = \frac{1}{3}I_\triangle$$

여기서, $I_Y$ : Y결선시 전류[A]
$I_\triangle$ : △결선시 전류[A]

$$\therefore \frac{I_Y}{I_\triangle} = \frac{1}{3}$$

중요

| 기동전류 | 소비전력 | 기동토크 |
|---|---|---|
| $\frac{\text{Y－△ 기동방식}}{\text{직입기동방식}} = \frac{1}{3}$ | | |

※ 3상 유도전동기의 기동시 직입기동방식을 Y－△ 기동방식으로 변경하면 **기동전류**, **소비전력**, **기동토크**가 모두 $\frac{1}{3}$로 감소한다.

답 ②

## 제 3 과목 소방관련법령



★

**51** 13회 문 54

**소방기본법령상 소방기술 및 소방산업의 국제경쟁력과 국제적 통용성을 높이기 위하여 소방청장이 추진하는 사업으로 명시되지 않은 것은?**

① 소방기술 및 소방산업의 국제 협력을 위한 조사·연구
② 소방기술과 안전관리에 관한 교육 및 조사·연구
③ 소방기술 및 소방산업의 국외시장 개척
④ 소방기술 및 소방산업에 관한 국제 전시회, 국제 학술회의 개최 등 국제 교류

② 한국소방안전원의 업무

**기본법 제39조 7**
**소방기술 및 소방산업의 국제화사업**
(1) 소방기술 및 소방산업의 국제 협력을 위한 조사·연구 보기 ①
(2) 소방기술 및 소방산업에 관한 국제 전시회, 국제 학술회의 개최 등 국제 교류 보기 ④
(3) 소방기술 및 소방산업의 국외시장 개척 보기 ③
(4) 그 밖에 소방기술 및 소방산업의 국제경쟁력과 국제적 통용성을 높이기 위하여 필요하다고 인정하는 사업

비교

**한국소방안전원**의 **업무**(기본법 제41조)
(1) 소방기술과 안전관리에 관한 **조사·연구** 및 **교육** 보기 ②
(2) 소방기술과 안전관리에 관한 각종 **간행물**의 **발간**
(3) 화재예방과 안전관리의식의 고취를 위한 **대국민 홍보**
(4) 소방업무에 관하여 **행정기관**이 **위탁**하는 **사업**
(5) 소방안전에 관한 **국제협력**
(6) **회원**에 대한 **기술지원** 등 정관이 정하는 사항

답 ②

★

**52** 22회 문 52

**소방기본법령상 소방대의 소방지원활동에 해당하지 않는 것은?**

① 산불에 대한 예방·진압 등 지원활동
② 자연재해에 따른 급수·배수 및 제설 등 지원활동
③ 집회·공연 등 각종 행사시 사고에 대비한 근접대기 등 지원활동
④ 끼임, 고립 등에 따른 위험제거 및 구출활동

④ 생활안전활동에 해당

**소방지원활동 vs 생활안전활동**

| 소방지원활동 (기본법 제16조 2) | 생활안전활동 (기본법 제16조 3) |
|---|---|
| (1) **산불**에 대한 예방·진압 등 지원활동 보기 ①<br>(2) **자연재해**에 따른 급수·배수 및 제설 등 지원활동 보기 ②<br>(3) **집회·공연** 등 각종 행사시 사고에 대비한 근접대기 등 지원활동 보기 ③<br>(4) **화재, 재난·재해**로 인한 피해복구 지원활동<br>(5) 그 밖에 **행정안전부령**으로 정하는 활동 | (1) **붕괴, 낙하** 등이 우려되는 고드름, 나무, 위험구조물 등의 제거활동<br>(2) **위해동물**, 벌 등의 포획 및 퇴치 활동<br>(3) **끼임, 고립** 등에 따른 위험제거 및 구출활동 보기 ④<br>(4) **단전사고**시 비상전원 또는 조명의 공급<br>(5) 그 밖에 방치하면 급박해질 우려가 있는 위험을 예방하기 위한 활동 |

답 ④

★★★

**53** 20회 문 55 / 16회 문 56 / 05회 문 67

**소방시설공사업법령상 벌칙에 관한 내용으로 옳은 것은?**

① 공사감리 결과보고서의 제출을 거짓으로 한 자는 3천만원 이하의 벌금에 처한다.
② 소방시설공사를 다른 업종의 공사와 분리하여 도급하지 아니한 자는 1천만원 이하의 벌금에 처한다.
③ 소방기술자를 공사현장에 배치하지 아니한 자에게는 200만원 이하의 과태료를 부과한다.
④ 공사대금의 지급보증을 정당한 사유 없이 이행하지 아니한 자에게는 300만원 이하의 과태료를 부과한다.

해설

① 3천만원 이하 → 1년 이하의 징역 또는 1천만원 이하
② 1천만원 이하 → 300만원 이하
④ 300만원 이하 → 200만원 이하

(1) **1년 이하의 징역** 또는 **1000만원 이하**의 **벌금**
① 소방시설의 **자체점검** 미실시자(소방시설법 제58조)
② **소방시설관리사증** 대여(소방시설법 제58조)
③ **소방시설관리업**의 등록증 또는 등록수첩 대여(소방시설법 제58조)
④ 화재안전조사시 관계인의 정당업무방해 또는 **비밀누설**(화재예방법 제50조)
⑤ **제품검사** 합격표시 위조(소방시설법 제58조)
⑥ **성능인증** 합격표시 위조(소방시설법 제58조)
⑦ **우수품질 인증표시** 위조(소방시설법 제58조)
⑧ 제조소 등의 정기점검 기록 허위 작성(위험물법 제35조)
⑨ **자체소방대**를 두지 않고 제조소 등의 허가를 받은 자(위험물법 제35조)
⑩ **위험물 운반용기**의 검사를 받지 않고 유통시킨 자(위험물법 제35조)
⑪ 제조소 등의 긴급 사용정지 위반자(위험물법 제35조)
⑫ 영업정지처분 위반자(공사업법 제36조)
⑬ 감리 결과보고서 거짓 제출(공사업법 제36조) 보기 ①
⑭ 공사감리자 미지정자(공사업법 제36조)
⑮ 소방시설 설계 · 시공 · 감리 하도급자(공사업법 제36조)
⑯ 소방시설공사 재하도급자(공사업법 제36조)
⑰ 소방시설업자가 아닌 자에게 **소방시설공사** 등을 도급한 관계인(공사업법 제36조)
⑱ 공사업법의 명령에 따르지 않은 소방기술자(공사업법 제36조)

(2) **300만원 이하**의 **벌금**
① 관계인의 **화재안전조사**를 정당한 사유 없이 거부 · 방해 · 기피(화재예방법 제50조)
② 방염성능검사 합격표시 위조 및 거짓시료 제출(소방시설법 제59조)
③ 소방안전관리자, 총괄소방안전관리자 또는 소방안전관리보조자 미선임(화재예방법 제50조)
④ 위탁받은 업무종사자의 **비밀누설**(화재예방법 제50조, 소방시설법 제59조)
⑤ 다른 자에게 자기의 성명이나 상호를 사용하여 소방시설공사 등을 수급 또는 시공하게 하거나 소방시설업의 등록증 · 등록수첩을 빌려준 자(공사업법 제37조)
⑥ 감리원 미배치자(공사업법 제37조)
⑦ 소방기술인정 자격수첩을 빌려준 자(공사업법 제37조)
⑧ **2 이상**의 업체에 취업한 자(공사업법 제37조)
⑨ 소방시설업자나 관계인 감독시 관계인의 업무를 방해하거나 **비밀누설**(공사업법 제37조)
⑩ 공사 분리 미도급(공사업법 제37조) 보기 ②
⑪ 화재의 예방조치명령 위반(화재예방법 제50조)

(3) **200만원 이하**의 **과태료**
① 소방용수시설 · 소화기구 및 설비 등의 설치명령 위반(화재예방법 제52조)
② 특수가연물의 저장 · 취급 기준 위반(화재예방법 제52조)
③ 한국 119 청소년단 또는 이와 유사한 명칭을 사용한 자(기본법 제56조)
④ 소방활동구역 출입(기본법 제56조)
⑤ 소방자동차의 출동에 지장을 준 자(기본법 제56조)
⑥ 한국소방안전원 또는 이와 유사한 명칭을 사용한 자(기본법 제56조)
⑦ 관계서류 미보관자(공사업법 제40조)
⑧ 감리관계서류를 인수인계하지 아니한 자(공사업법 제40조)
⑨ **소방기술자 공사현장 미배치자**(공사업법 제40조) 보기 ③
⑩ 완공검사를 받지 아니한 자(공사업법 제40조)
⑪ 방염성능기준 미만으로 방염한 자(공사업법 제40조)
⑫ 하도급 미통지자(공사업법 제40조)
⑬ 관계인에게 지위승계 · 행정처분 · 휴업 · 폐업 사실을 거짓으로 알린 자(공사업법 제40조)
⑭ 공사대금 지급보증 미이행(공사업법 제40조) 보기 ④

답 ③

★
**54 소방시설공사업법령상 소방시설공사 분리도급의 예외로 명시되지 않은 것은? (단, 다른 조건은 고려하지 않음)**

① 연소방지설비의 살수구역을 증설하는 공사인 경우
② 연면적이 1천제곱미터 이하인 특정소방대상물에 비상경보설비를 설치하는 공사인 경우
③ 국방 및 국가안보 등과 관련하여 기밀을 유지해야 하는 공사인 경우
④ 「재난 및 안전관리 기본법」에 따른 재난의 발생으로 긴급하게 착공해야 하는 공사인 경우

해설 **공사업령 제11조의2**
**소방시설공사 분리 도급의 예외**

(1) 재난의 발생으로 긴급하게 착공해야 하는 공사인 경우 보기 ④
(2) 국방 및 국가안보 등과 관련하여 기밀을 유지해야 하는 공사인 경우 보기 ③
(3) 소방시설공사에 해당하지 않는 공사인 경우
(4) 연면적이 **1000m²** 이하인 특정소방대상물에 비상경보설비를 설치하는 공사인 경우 보기 ②
(5) 다음에 해당하는 입찰로 시행되는 공사인 경우
 ① **대안입찰** 또는 **일괄입찰**
 ② **실시설계 기술제안입찰** 또는 **기본설계 기술제안입찰**
(6) 국가첨단전략기술 관련 연구시설·개발시설 또는 그 기술을 이용하여 제품을 생산하는 시설 공사인 경우
(7) 그 밖에 국가유산수리 및 재개발·재건축 등의 공사로서 공사의 성질상 분리하여 도급하는 것이 곤란하다고 **소방청장**이 인정하는 경우

답 ①

☆
## 55 소방시설공사업법령상 2차 위반시 100만원의 과태료를 부과하는 경우를 모두 고른 것은? (단, 가중 또는 감경사유는 고려하지 않음)

㉠ 방염처리업자가 방염성능기준 미만으로 방염을 한 경우
㉡ 감리업자가 소방시설공사의 감리를 위하여 소속 감리원을 소방시설 공사현장에 배치 후 소방본부장이나 소방서장에게 배치통보를 하지 않은 경우
㉢ 소방시설공사 등의 도급을 받은 자가 해당 공사를 하도급할 때 미리 관계인과 발주자에게 하도급 등의 통지를 하지 않은 경우

① ㉠, ㉡  ② ㉠, ㉢
③ ㉡, ㉢  ④ ㉠, ㉡, ㉢

해설 ㉠ 200만원 과태료

**공사업령 [별표 5]**
**과태료 부과기준**

| 위반행위 | 과태료 금액 | | |
|---|---|---|---|
| | 1차 위반 | 2차 위반 | 3차 위반 |
| 등록, 휴업, 폐업, 지위승계를 위반하여 신고를 하지 않거나 거짓으로 신고한 경우 | 60만원 | 100만원 | 200만원 |
| 관계인에게 지위승계, 행정처분 또는 **휴업·폐업**의 사실을 **거짓**으로 알린 경우 | 60만원 | 100만원 | 200만원 |
| **관계서류**를 보관하지 않은 경우 | 200만원 | | |
| **소방기술자**를 공사현장에 **배치**하지 않은 경우 | 200만원 | | |
| **완공검사**를 받지 않은 경우 | 200만원 | | |
| **3일** 이내에 **하자**를 **보수**하지 않거나 하자보수계획을 관계인에게 거짓으로 알린 경우 | | | |
| ① **4일~30일** 이내에 **보수**하지 않은 경우 | 60만원 | | |
| ② **30일**을 초과하도록 **보수**하지 않은 경우 | 100만원 | | |
| ③ **거짓**으로 알린 경우 | 200만원 | | |
| **감리**관계서류를 **인수·인계**하지 않은 경우 | 200만원 | | |
| **배치통보** 및 **변경통보**를 하지 않거나 **거짓**으로 통보한 경우 보기 ㉡ | 60만원 | 100만원 | 200만원 |
| **방염성능기준 미만**으로 방염을 한 경우 보기 ㉠ | 200만원 | | |
| **방염처리능력평가**에 관한 서류를 거짓으로 제출한 경우 | 200만원 | | |
| **도급계약** 체결시 의무를 이행하지 않은 경우(하도급 계약의 경우에는 하도급 받은 소방시설업자는 제외) | 200만원 | | |
| **하도급** 등의 통지를 하지 않는 경우 보기 ㉢ | 60만원 | 100만원 | 200만원 |
| 공사대금의 **지급보증**, 담보의 제공 또는 보험료 등의 지급을 정당한 사유 없이 이행하지 않은 경우 | 200만원 | | |

| 위반행위 | 과태료 금액 | | |
|---|---|---|---|
| | 1차 위반 | 2차 위반 | 3차 위반 |
| **시공능력평가**에 관한 서류를 **거짓**으로 제출한 경우 | 200만원 | | |
| **사업수행능력평가**에 관한 서류를 **위조**하거나 변조하는 등 거짓이나 그 밖의 부정한 방법으로 입찰에 참여한 경우 | 200만원 | | |
| **소방시설업의 감독 · 명령**을 **위반**하여 보고 또는 자료제출을 하지 않거나 거짓으로 보고 또는 자료제출을 한 경우 | 60만원 | 100만원 | 200만원 |

답 ③

★

## 56 소방시설공사업법령상 소방시설업의 업종별 등록기준 중 기계 및 전기분야 소방설비기사 자격을 함께 취득한 사람을 주된 기술인력으로 볼 수 있는 경우는?

① 전문 소방시설설계업과 화재위험평가 대행업을 함께 하는 경우
② 일반 소방시설설계업과 전문 소방시설공사업을 함께 하는 경우
③ 전문 소방시설설계업과 전문 소방시설공사업을 함께 하는 경우
④ 전문 소방시설설계업과 일반 소방시설공사업을 함께 하는 경우

해설 공사업령 [별표 1]
자격조건에 따라 함께 하는 소방시설업

| 자격조건 | 함께 하는 소방시설업 |
|---|---|
| 소방기술사 자격과 소방시설관리사 자격을 함께 취득한 사람 | 전문 소방시설설계업과 소방시설관리업 |
| 소방기술사 자격을 취득한 사람 | • 전문 소방시설설계업과 전문 소방시설공사업 보기 ③<br>• 전문 소방시설설계업과 화재위험평가 대행업 보기 ①<br>• 전문 소방시설설계업과 일반 소방시설공사업 보기 ④ |
| • 소방기술사 자격과 소방시설관리사 자격을 함께 취득한 사람<br>• 기계분야 소방설비기사 또는 전기분야 소방설비기사 자격을 취득한 사람 중 소방시설관리사 자격을 취득한 사람 | 일반 소방시설설계업과 소방시설관리업 |
| 소방기술사 자격을 취득하거나 기계 또는 전기 소방설비기사 자격을 취득한 사람 | 일반 소방시설설계업과 일반 소방시설공사업 |
| 소방기술사 자격을 취득하거나 기계 및 전기 소방설비기사 자격을 **함께** 취득한 사람 | 일반 소방시설설계업과 전문 소방시설공사업 보기 ② |

답 ②

★

## 57 소방시설 설치 및 관리에 관한 법령상 중앙소방기술심의위원회의 심의사항을 모두 고른 것은?

22회 문 63

> ㉠ 화재안전기준에 관한 사항
> ㉡ 소방시설의 설계 및 공사감리의 방법에 관한 사항
> ㉢ 소방시설공사의 하자를 판단하는 기준에 관한 사항

① ㉠, ㉡　　② ㉠, ㉢
③ ㉡, ㉢　　④ ㉠, ㉡, ㉢

해설 소방시설법 제18조
소방기술심의위원회의 심의사항

| 중앙소방기술심의위원회 | 지방소방기술심의위원회 |
|---|---|
| ① 화재안전기준에 관한 사항 보기 ㉠<br>② 소방시설의 구조 및 원리 등에서 공법이 특수한 설계 및 시공에 관한 사항<br>③ 소방시설의 설계 및 공사감리의 방법에 관한 사항 보기 ㉡<br>④ 소방시설공사의 하자를 판단하는 기준에 관한 사항 보기 ㉢ | **소방시설**에 하자가 있는지의 판단에 관한 사항 |

답 ④

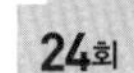

★★★
**58** 소방시설 설치 및 관리에 관한 법령상 특정소방대상물 중 근린생활시설에 해당하는 것은?

18회 문 63 / 14회 문 67 / 13회 문 58 / 12회 문 68 / 09회 문 73 / 08회 문 55 / 06회 문 58 / 05회 문 63 / 05회 문 69 / 02회 문 54

① 같은 건축물에 해당 용도로 쓰는 바닥면적의 합계가 800m²인 슈퍼마켓
② 같은 건축물에 해당 용도로 쓰는 바닥면적의 합계가 600m²인 테니스장
③ 같은 건축물에 해당 용도로 쓰는 바닥면적의 합계가 500m²인 공연장
④ 같은 건축물에 해당 용도로 쓰는 바닥면적의 합계가 700m²인 금융업소

해설

② 600m² → 500m² 미만
③ 500m² → 300m² 미만
④ 700m² → 500m² 미만

**소방시설법 시행령 [별표 2]**
**근린생활시설**

| 면 적 | 적용장소 |
|---|---|
| 150m² 미만 | • 단란주점 |
| 300m² 미만 | • **종**교시설<br>• 공연장 **보기 ③**<br>• 비디오물 감상실업<br>• 비디오물 소극장업 |
| 500m² 미만 | • **탁**구장<br>• **서**점<br>• **볼**링장<br>• **체**육도장<br>• **금**융업소 **보기 ④**<br>• **사**무소<br>• **부**동산 중개사무소<br>• **학**원<br>• **골**프연습장<br>• 테니스장 **보기 ②** |
| 1000m² 미만 | • 의약품 판매소<br>• 의료기기 판매소<br>• 자동차영업소<br>• 슈퍼마켓 **보기 ①**<br>• 일용품 |
| 전부 | • 기원<br>• 의원 · 이용원<br>• 휴게음식점 · 일반음식점<br>• 독서실<br>• 제과점<br>• 안마원(안마시술소 포함)<br>• 조산원(산후조리원 포함) |

기억법 종3(중세시대), 5탁볼 금부골 서체사학

답 ①

★★
**59** 소방시설 설치 및 관리에 관한 법령상 소방청장 및 시 · 도지사가 처분 전에 청문을 하여야 하는 경우가 아닌 것은?

05회 문 64 / 02회 문 70

① 소방시설관리사 자격의 취소 및 정지
② 방염성능검사 결과의 취소 및 검사 중지
③ 우수품질인증의 취소
④ 전문기관의 지정 · 취소 및 업무정지

해설

② 해당 없음

**화재예방법 제46조, 소방시설법 제49조**
**청문실시 대상**
(1) 소방시설**관리사 자격**의 취소 및 정지 **보기 ①**
(2) 소방시설**관리업**의 **등록취소** 및 **영업정지**
(3) **소방용품**의 **형식승인 취소** 및 제품검사
(4) 소방용품의 성능시험 **전문기관**의 **지정취소** 및 업무정지 **보기 ④**
(5) 우수품질인증의 취소 **보기 ③**
(6) 소화용품의 성능인증 취소
(7) 소방안전관리자의 자격취소
(8) 진단기관의 지정취소

답 ②

★★★
**60** 소방시설 설치 및 관리에 관한 법령상 소방시설 등의 자체점검에 관한 설명으로 옳지 않은 것은?

22회 문 58 / 17회 문 57 / 16회 문 55 / 15회 문 58 / 14회 문 58 / 12회 문 45 / 12회 문 60 / 03회 문 56

① 해당 특정소방대상물의 소방시설 등이 신설된 경우, 관계인은 「건축법」에 따라 건축물을 사용할 수 있게 된 날부터 30일 이내에 최초점검을 실시해야 한다.
② 스프링클러가 설치된 특정소방대상물이나 제연설비가 설치된 터널은 종합점검 대상이다.
③ 자체점검의 면제를 신청하려는 관계인은 자체점검의 실시 만료일 3일 전까지 자체점검 면제신청서를 소방본부장 또는 소방서장에게 제출해야 한다.
④ 관리업자가 자체점검을 실시한 경우 그 점검이 끝난 날부터 10일 이내에 소방시설 등 점검표를 첨부하여 소방시설 등 자체점검 실시 결과보고서를 관계인에게 제출해야 한다.

① 30일 → 60일

(1) **소방시설** 등 **자체점검**의 **점검대상, 점검자**의 **자격, 점검횟수** 및 **시기**(소방시설법 시행규칙 [별표 3])

<table>
<tr><th>점검구분</th><th>정 의</th><th>점검대상</th><th>점검자의 자격(주된 인력)</th><th>점검횟수 및 점검시기</th></tr>
<tr><td rowspan="3">작동점검</td><td rowspan="3">소방시설 등을 인위적으로 조작하여 정상적으로 작동하는지를 점검하는 것</td><td>① 간이스프링클러설비·자동화재탐지설비</td><td>• 관계인<br>• 소방안전관리자로 선임된 소방시설관리사 또는 소방기술사<br>• 소방시설관리업에 등록된 기술인력 중 소방시설관리사 또는 「소방시설공사업법 시행규칙」에 따른 특급 점검자</td><td rowspan="3">• 작동점검은 연 1회 이상 실시하며, 종합점검대상은 종합점검을 받은 달부터 6개월이 되는 달에 실시<br>• 종합점검대상 외의 특정소방대상물은 사용승인일이 속하는 달의 말일까지 실시</td></tr>
<tr><td>② ①에 해당하지 아니하는 특정소방대상물</td><td>• 소방시설관리업에 등록된 기술인력 중 소방시설관리사<br>• 소방안전관리자로 선임된 소방시설관리사 또는 소방기술사</td></tr>
<tr><td colspan="2">③ 작동점검 제외대상<br>• 특정소방대상물 중 소방안전관리자를 선임하지 않는 대상<br>• 위험물제조소 등<br>• 특급 소방안전관리대상물</td></tr>
<tr><td>종합점검</td><td>소방시설 등의 작동점검을 포함하여 소방시설 등의 설비별 주요 구성 부품의 구조기준이 화재안전기준과 「건축법」 등 관련 법령에서 정하는 기준에 적합한지 여부를 점검하는 것<br>(1) 최초점검 : 특정소방대상물의 소방시설이 새로 설치되는 경우 건축물을 사용할 수 있게 된 날부터 60일 이내에 점검하는 것 보기 ①<br>(2) 그 밖의 종합점검 : 최초점검을 제외한 종합점검</td><td>④ 소방시설 등이 신설된 경우에 해당하는 특정소방대상물<br>⑤ 스프링클러설비가 설치된 특정소방대상물 보기 ②<br>⑥ 물분무등소화설비(호스릴 방식의 물분무등소화설비만을 설치한 경우는 제외)가 설치된 연면적 5000m² 이상인 특정소방대상물(위험물제조소 등 제외)<br>⑦ 다중이용업의 영업장이 설치된 특정소방대상물로서 연면적이 2000m² 이상인 것<br>⑧ 제연설비가 설치된 터널 보기 ②<br>⑨ 공공기관 중 연면적(터널·지하구의 경우 그 길이와 평균폭을 곱하여 계산된 값)이 1000m² 이상인 것으로서 옥내소화전설비 또는 자동화재탐지설비가 설치된 것(단, 소방대가 근무하는 공공기관 제외)<br><br>중요<br>종합점검<br>① 공공기관 : 1000m²<br>② 다중이용업 : 2000m²<br>③ 물분무등(호스릴 ×) : 5000m²</td><td>• 소방시설관리업에 등록된 기술인력 중 소방시설관리사<br>• 소방안전관리자로 선임된 소방시설관리사 또는 소방기술사</td><td>〈점검횟수〉<br>㉠ 연 1회 이상(특급 소방안전관리대상물은 반기에 1회 이상) 실시<br>㉡ ㉠에도 불구하고 소방본부장 또는 소방서장은 소방청장이 소방안전관리가 우수하다고 인정한 특정소방대상물에 대해서는 3년의 범위에서 소방청장이 고시하거나 정한 기간 동안 종합점검을 면제할 수 있다(단, 면제기간 중 화재가 발생한 경우는 제외).<br>〈점검시기〉<br>㉠ ④에 해당하는 특정소방대상물은 건축물을 사용할 수 있게 된 날부터 60일 이내 실시<br>㉡ ㉠을 제외한 특정소방대상물은 건축물의 사용승인일이 속하는 달에 실시(단, 학교의 경우 해당 건축물의 사용승인일이 1월에서 6월 사이에 있는 경우에는 6월 30일까지 실시할 수 있다.)<br>㉢ 건축물 사용승인일 이후 ⑥에 따라 종합점검대상에 해당하게 된 경우에는 그 다음 해부터 실시<br>㉣ 하나의 대지경계선 안에 2개 이상의 자체점검대상 건축물 등이 있는 경우 그 건축물 중 사용승인일이 가장 빠른 연도의 건축물의 사용승인일을 기준으로 점검할 수 있다.</td></tr>
</table>

[비고] 작동점검 및 종합점검(최초점검 제외)은 건축물 사용승인 후 그 다음 해부터 실시한다.

(2) 3일
① 하자보수기간(공사업법 제15조)
② 소방시설업 등록증 분실 등의 재발급(공사업규칙 제4조)
③ 소방시설 등의 자체점검 면제 또는 연기신청(소방시설법 시행규칙 제22조) 보기 ③

기억법 3하분재(상하이에서 분재를 가져왔다.)

(3) **소방시설 등**의 **자체점검**(소방시설법 시행규칙 제23조, [별표 3])

| 구 분 | 제출기간 | 제출처 |
|---|---|---|
| 관리업자 또는 소방안전관리자로 선임된 소방시설관리사·소방기술사 | 10일 이내 보기 ④ | 관계인 |
| 관계인 | 15일 이내 | 소방본부장·소방서장 |

답 ①

★★★
## 61 소방시설 설치 및 관리에 관한 법령상 성능위주설계를 해야 하는 특정소방대상물(신축하는 것만 해당)로 옳지 않은 것은?

17회 문 65
12회 문 74
10회 문 73

① 연면적 3만제곱미터 이상인 철도 및 도시철도 시설
② 길이가 5천미터 이상인 터널
③ 30층 이상(지하층을 포함)이거나 지상으로부터 높이가 120미터 이상인 아파트 등
④ 연면적 10만제곱미터 이상인 창고시설

해설 ③ 30층 → 50층, 포함 → 제외, 120m → 200m

**소방시설법 시행령 제9조**
**성능위주설계를 하여야 하는 특정소방대상물의 범위**
(1) 연면적 **20만**$m^2$ 이상(단, 아파트 제외)
(2) 50층 이상(지하층 제외)이거나 지상으로부터 높이가 200m 이상인 아파트 보기 ③
(3) 30층 이상(지하층 포함)이거나 지상으로부터 높이가 120m 이상인 특정소방대상물(아파트 등 제외)
(4) 연면적 **3만**$m^2$ 이상인 **철도** 및 **도시철도 시설, 공항시설** 보기 ①
(5) 연면적 **10만**$m^2$ 이상이거나 지하 2층 이하이고 지하층의 바닥면적의 합이 **3만**$m^2$ 이상인 창고시설 보기 ④
(6) 하나의 건축물에 영화상영관이 **10개** 이상
(7) 지하연계 복합건축물에 해당하는 특정소방대상물
(8) 터널 중 수저터널 또는 길이가 **5000m** 이상인 것 보기 ②

중요

(1) **영화상영관**

| 영화상영관 10개 이상 | 영화상영관 1000명 이상 |
|---|---|
| 성능위주설계 대상(소방시설법 시행령 제9조) | 소방안전특별관리시설물(화재예방법 제40조) |

(2) **성능위주설계**를 할 수 있는 **사람**의 **자격·기술인력**(공사업령 [별표 1의 2])

| 성능위주설계자의 자격 | 기술인력 |
|---|---|
| ① **전문 소방시설설계업**을 등록한 사람<br>② 전문 소방시설설계업 등록기준에 따른 **기술인력**을 갖춘 사람으로서 **소방청장**이 정하여 고시하는 연구기관 또는 단체 | **소방 기술사 2명** 이상 |

답 ③

★★★
## 62 소방시설 설치 및 관리에 관한 법령상 300만원 이하의 과태료가 부과되는 자는?

19회 문 64
17회 문 63
16회 문 55
13회 문 66

① 소방시설관리사증을 다른 사람에게 빌려준 자
② 방염성능검사에 합격하지 아니한 물품에 합격표시를 한 자
③ 형식승인을 받은 후 해당 소방용품에 대하여 형상 등의 일부를 변경하면서 변경승인을 받지 아니한 자
④ 자체점검을 실시한 후 그 점검결과를 거짓으로 보고한 자

해설 ①·③ 1년 이하의 징역 또는 1천만원 이하의 벌금
② 300만원 이하의 벌금

(1) **300만원 이하**의 **과태료**
① 관계인의 소방안전관리업무 미수행(화재예방법 제52조)
② **소방훈련** 및 **교육** 미실시자(화재예방법 제52조)
③ 소방시설의 점검결과 미보고 또는 거짓 보고(소방시설법 제61조) 보기 ④
④ 관계인의 **허위자료제출**(소방시설법 제61조)
⑤ 공무원의 출입·검사를 거부·방해·기피한 자(소방시설법 제61조)
⑥ 방염대상물품을 방염성능기준 이상으로 설치하지 아니한 자(소방시설법 제61조)

(2) **300만원 이하**의 **벌금**

① 화재안전조사를 정당한 사유 없이 거부·방해 또는 기피(화재예방법 제50조)

② 위탁받은 업무에 종사하거나 종사하였던 사람의 **비밀누설**(소방시설법 제59조)

③ 방염성능검사 합격표시 위조(소방시설법 제59조) **보기 ②**

④ **소**방안전관리자, 총괄소방안전관리자 또는 소방안전관리보조자 **미**선임(화재예방법 제50조)

⑤ 소방안전관리자에게 불이익한 처우를 한 관계인(화재예방법 제50조)

기억법 **비3미소(비상미소)**

(3) **1년 이하**의 **징역** 또는 **1천만원 이하**의 **벌금**(소방시설법 제58조)

① 관리업의 등록증이나 등록수첩을 다른 자에게 빌려준 자

② 영업정지처분을 받고 그 영업정지기간 중에 관리업의 업무를 한 자

③ 소방시설 등에 대하여 스스로 점검을 하지 아니하거나 관리업자 등으로 하여금 정기적으로 점검하게 하지 아니한 자

④ 소방시설관리사증을 다른 자에게 빌려주거나 동시에 둘 이상의 업체에 취업한 사람 **보기 ①**

⑤ 형식승인의 변경승인을 받지 아니한 자 **보기 ③**

답 ④

★
**63 화재의 예방 및 안전관리에 관한 법령상 보일러 등의 설비 또는 기구 등의 위치·구조 등에 관한 설명으로 옳지 않은 것은?**

① 화목 등 고체연료를 사용할 때에는 연통의 배출구는 사업장용 보일러 본체보다 1미터 이상 높게 설치해야 한다.

② 주방설비에 부속된 배출덕트는 0.5밀리미터 이상의 아연도금강판 또는 이와 같거나 그 이상의 내식성 불연재료로 설치해야 한다.

③ 사업장용 보일러 본체와 벽·천장 사이의 거리는 0.6미터 이상이어야 한다.

④ 난로의 연통은 천장으로부터 0.6m 이상 떨어지고, 연통의 배출구는 건물 밖으로 0.6미터 이상 나오게 설치해야 한다.

해설

① 1m → 2m

**화재예방법 시행령 [별표 1]**
**보일러 등의 설비 또는 기구 등의 위치·구조 및 관리와 화재예방을 위하여 불을 사용할 때 지켜야 하는 사항**

<table>
<tr><th>종 류</th><th colspan="3">내 용</th></tr>
<tr><td rowspan="5">보일러</td><td colspan="3">① 가연성 벽·바닥 또는 천장과 접촉하는 증기기관 또는 연통의 부분은 규조토 등 난연성 또는 불연성 단열재로 덮어 씌워야 한다.<br>| 지켜야 할 사항 |</td></tr>
<tr><td>화목 등 고체연료 사용시</td><td>경유·등유 등 액체연료 사용시</td><td>기체연료 사용시</td></tr>
<tr><td>㉠ 고체연료는 보일러 본체와 수평거리 2m 이상 간격을 두어 보관하거나 불연재료로 된 별도의 구획된 공간에 보관할 것<br>㉡ 연통은 천장으로부터 0.6m 떨어지고, 연통의 배출구는 건물 밖으로 0.6m 이상 나오도록 설치할 것<br>㉢ 연통의 배출구는 보일러 본체보다 2m 이상 높게 설치할 것 보기 ①<br>㉣ 연통이 관통하는 벽면, 지붕 등은 불연재료로 처리할 것<br>㉤ 연통재질은 불연재료로 사용하고 연결부에 청소구를 설치할 것</td><td>㉠ 연료탱크는 보일러 본체로부터 수평거리 1m 이상의 간격을 두어 설치할 것<br>㉡ 연료탱크에는 화재 등 긴급상황이 발생하는 경우 연료를 차단할 수 있는 개폐밸브를 연료탱크로부터 0.5m 이내에 설치할 것<br>㉢ 연료탱크 또는 보일러 등에 연료를 공급하는 배관에는 여과장치를 설치할 것<br>㉣ 사용이 허용된 연료 외의 것을 사용하지 않을 것<br>㉤ 연료탱크가 넘어지지 않도록 받침대를 설치하고, 연료탱크 및 연료탱크 받침대는 불연재료로 할 것</td><td>㉠ 보일러를 설치하는 장소에는 환기구를 설치하는 등 가연성 가스가 머무르지 않도록 할 것<br>㉡ 연료를 공급하는 배관은 금속관으로 할 것<br>㉢ 화재 등 긴급시 연료를 차단할 수 있는 개폐밸브를 연료용기 등으로부터 0.5m 이내에 설치할 것<br>㉣ 보일러가 설치된 장소에는 가스누설경보기를 설치할 것</td></tr>
<tr><td colspan="3">② 보일러 본체와 벽·천장 사이의 거리는 0.6m 이상 되도록 할 것 보기 ③</td></tr>
<tr><td colspan="3">③ 보일러를 실내에 설치하는 경우에는 콘크리트바닥 또는 금속 외의 불연재료로 된 바닥 위에 설치</td></tr>
</table>

| 종 류 | 내 용 |
|---|---|
| 난로 | ① 연통은 천장으로부터 **0.6m** 이상 떨어지고, 연통의 배출구는 건물 밖으로 **0.6m** 이상 나오게 설치해야 한다. **보기 ④**<br>② 가연성 벽·바닥 또는 천장과 접촉하는 연통의 부분은 **규조토** 등 **난연성** 또는 **불연성**의 **단열재**로 덮어 씌워야 한다.<br>③ 이동식 난로는 다음의 장소에서 사용해서는 안 된다(단, 난로가 쓰러지지 않도록 받침대를 두어 고정시키거나 쓰러지는 경우 즉시 소화되고 연료의 누출을 차단할 수 있는 장치가 부착된 경우 제외).<br>㉠ 다중이용업<br>㉡ 학원<br>㉢ 독서실<br>㉣ 숙박업·목욕장업·세탁업의 영업장<br>㉤ 종합병원·병원·치과병원·한방병원·요양병원·정신병원·의원·치과의원·한의원 및 조산원<br>㉥ 식품접객업의 영업장<br>㉦ 영화상영관<br>㉧ 공연장<br>㉨ 박물관 및 미술관<br>㉩ 상점가<br>㉪ 가설건축물<br>㉫ 역·터미널 |
| 건조설비 | ① 건조설비와 벽·천장 사이의 거리는 **0.5m** 이상 되도록 할 것<br>② 건조물품이 열원과 직접 접촉하지 않도록 할 것<br>③ 실내에 설치하는 경우 **벽·천장** 또는 **바닥**은 **불연재료**로 할 것 |
| 불꽃을 사용하는 용접·용단 기구 | 용접 또는 용단 작업장에서는 다음의 사항을 지켜야 한다(단, 「산업안전보건법」의 적용을 받는 사업장의 경우는 제외).<br>① 용접 또는 용단 작업장 주변 반경 **5m 이내**에 **소화기**를 갖추어 둘 것<br>② 용접 또는 용단 작업장 주변 반경 **10m 이내**에는 **가연물**을 쌓아두거나 놓아두지 말 것(단, 가연물의 제거가 곤란하여 방화포 등으로 방호조치를 한 경우는 제외) |

| 종 류 | 내 용 |
|---|---|
| 가스·전기시설 | ① 가스시설의 경우 「고압가스 안전관리법」, 「도시가스사업법」 및 「액화석유가스의 안전관리 및 사업법」에서 정하는 바에 따른다.<br>② 전기시설의 경우 「전기사업법」 및 「전기안전관리법」에서 정하는 바에 따른다. |
| 노·화덕설비 | ① 실내에 설치하는 경우에는 **흙바닥** 또는 **금속 외**의 **불연재료**로 된 바닥에 설치<br>[노·화덕설비: •**흙**바닥 •금속의 **불연재료** / 보일러: •**콘크리트** 바닥 •금속의 **불연재료**]<br>② 노 또는 화덕을 설치하는 장소의 벽·천장은 **불연재료**로 된 것이어야 한다.<br>③ 노 또는 화덕의 주위에는 녹는 물질이 확산되지 않도록 높이 **0.1m** 이상의 턱 설치<br>④ 시간당 열량이 **300000kcal** 이상인 노를 설치하는 경우에는 다음의 사항을 지켜야 한다.<br>㉠ 주요 구조부는 **불연재료**로 할 것<br>㉡ 창문과 출입구는 **60분+방화문** 또는 **60분 방화문**으로 설치할 것<br>㉢ 노 주위에는 **1m 이상** 공간을 확보할 것 |
| 음식조리를 위하여 설치하는 설비 | 〈지켜야 할 사항〉<br>① 주방설비에 부속된 배기덕트는 **0.5mm** 이상의 **아연도금강판** 또는 이와 같거나 그 이상의 내식성 불연재료로 설치할 것 **보기 ②**<br>② 주방시설에는 동물 또는 식물의 기름을 제거할 수 있는 **필터** 등을 설치할 것<br>③ 열을 발생하는 조리기구는 반자 또는 선반으로부터 **0.6m** 이상 떨어지게 할 것<br>④ 열을 발생하는 조리기구로부터 **0.15m** 이내의 거리에 있는 가연성 주요 구조부는 **단열성**이 있는 **불연재료**로 덮어 씌울 것<br>[그림: 배출덕트, 0.5m 이상 반자 또는 선반, 0.6m 이상, 0.15m 이내, 불연재료]<br>▮음식조리설비▮ |

중요

**벽·천장 사이의 거리**(화재예방법 시행령 [별표 1])

| 종 류 | 벽·천장 사이의 거리 |
|---|---|
| 음식조리기구 | 0.15m 이내 |
| 건조설비 | 0.5m 이상 |
| 보일러 | 0.6m 이상 |
| 난로연통 | 0.6m 이상 |
| 음식조리기구 반자 | 0.6m 이상 |
| 보일러(경유·등유) | 수평거리 1m 이상 |

답 ①

☆☆☆

**64** **화재의 예방 및 안전관리에 관한 법령상 300만원 이하의 벌금에 처해지는 자는?**

22회 문 68 / 21회 문 52 / 21회 문 60 / 20회 문 54

① 화재예방안전진단 결과를 제출하지 아니한 진단기관

② 실무교육을 받지 아니한 소방안전관리자 또는 소방안전관리보조자

③ 소방안전관리자를 선임하지 아니한 소방안전관리대상물의 관계인

④ 근무자 또는 거주자에게 피난유도 안내정보를 정기적으로 제공하지 않은 소방안전관리대상물의 관계인

해설

①·④ 300만원 이하의 과태료
② 100만원 이하의 과태료

(1) **300만원 이하**의 **벌금**

① 화재안전조사를 정당한 사유 없이 거부·방해·기피(화재예방법 제50조)
② 위탁받은 업무종사자의 **비밀누설**(소방시설법 제59조)
③ 방염성능검사 합격표시 위조(소방시설법 제59조)
④ 방염성능검사를 할 때 거짓시료를 제출한 자(소방시설법 제59조)
⑤ 소방시설 등의 자체점검 결과조치를 위반하여 필요한 조치를 하지 아니한 관계인 또는 관계인에게 중대위반사항을 알리지 아니한 관리업자 등(소방시설법 제59조)
⑥ 소방안전관리자 또는 소방안전관리보조자 미선임(화재예방법 제50조) **보기 ③**
⑦ 다른 자에게 자기의 성명이나 상호를 사용하여 소방시설공사 등을 수급 또는 시공하게 하거나 소방시설업의 등록증·**등록수첩을 빌려준 자**(공사업법 제37조)
⑧ **감리원 미배치자**(공사업법 제37조)
⑨ 소방기술인정 자격수첩을 빌려준 자(공사업법 제37조)
⑩ **2 이상의 업체에 취업**한 자(공사업법 제37조)
⑪ 소방시설업자나 관계인 감독시 관계인의 업무를 방해하거나 비밀누설(공사업법 제37조)

기억법 비3(비상)

(2) **300만원 이하**의 **과태료**

① 소방시설을 **화재안전기준**에 따라 설치·관리하지 아니한 자(소방시설법 제61조)
② 공사현장에 **임시소방시설**을 설치·관리하지 아니한 자(소방시설법 제61조)
③ 피난시설, 방화구획 또는 방화시설의 폐쇄·훼손·변경 등의 행위를 한 자(소방시설법 제61조)
④ 방염대상물품을 방염성능기준 이상으로 설치하지 아니한 자(소방시설법 제61조)
⑤ 점검능력평가를 받지 아니하고 점검을 한 관리업자(소방시설법 제61조)
⑥ 관계인에게 점검결과를 제출하지 아니한 관리업자 등(소방시설법 제61조)
⑦ 점검인력의 배치기준 등 자체점검시 준수사항을 위반한 자(소방시설법 제61조)
⑧ 점검결과를 보고하지 아니하거나 거짓으로 보고한 자(소방시설법 제61조)
⑨ 이행계획을 기간 내에 완료하지 아니한 자 또는 이행계획 완료 결과를 보고하지 아니하거나 거짓으로 보고한 자(소방시설법 제61조)
⑩ 점검기록표를 기록하지 아니하거나 특정소방대상물의 출입자가 쉽게 볼 수 있는 장소에 게시하지 아니한 관계인(소방시설법 제61조)
⑪ 등록사항의 변경신고 또는 관리업자의 지위승계를 위반하여 신고를 하지 아니하거나 거짓으로 신고한 자(소방시설법 제61조)
⑫ 지위승계, 행정처분 또는 휴업·폐업의 사실을 특정소방대상물의 관계인에게 알리지 아니하거나 거짓으로 알린 관리업자(소방시설법 제61조)
⑬ 소속 기술인력의 참여 없이 자체점검을 한 관리업자(소방시설법 제61조)
⑭ **점검실적**을 **증명**하는 서류 등을 거짓으로 제출한 자(소방시설법 제61조)
⑮ 보고 또는 자료제출을 하지 아니하거나 거짓으로 보고 또는 자료제출을 한 자 또는 정당한 사유 없이 관계 공무원의 출입 또는 검사를 거부·방해 또는 기피한 자(소방시설법 제61조)

24회

⑯ 정당한 사유 없이 화재의 예방조치 등 금지 행위에 해당하는 행위를 한 자(화재예방법 제52조)
⑰ 소방안전관리자를 겸한 자(화재예방법 제52조)
⑱ 소방안전관리업무를 하지 아니한 특정소방대상물의 관계인 또는 소방안전관리대상물의 소방안전관리자(화재예방법 제52조)
⑲ 소방안전관리업무의 지도·감독을 하지 아니한 자(화재예방법 제52조)
⑳ 건설현장 소방안전관리대상의 소방안전관리자의 업무를 하지 아니한 소방안전관리자(화재예방법 제52조)
㉑ 피난유도 안내정보를 제공하지 아니한 자(화재예방법 제52조) **보기 ④**
㉒ **소방훈련** 및 **교육**을 하지 아니한 자(화재예방법 제52조)
㉓ 화재예방안전진단 결과를 제출하지 아니한 자(화재예방법 제52조) **보기 ①**

(3) **100만원 이하**의 **과태료**(화재예방법 제52조)
실무교육을 받지 아니한 소방안전관리자 및 소방안전관리보조자 **보기 ②**

답 ③

## ★ 65 화재의 예방 및 안전관리에 관한 법령상 소방안전관리자에 관한 설명으로 옳은 것은?

① 신축된 소방안전관리대상물의 관계인은 해당 소방안전관리대상물의 사용승인일부터 20일 이내에 신규 소방안전관리자를 선임해야 한다.
② 소방안전관리자 선임연기신청서를 제출받은 소방본부장 또는 소방서장은 7일 이내에 소방안전관리자 선임기간을 정하여 2급 또는 3급 소방안전관리 대상물의 관계인에게 통보해야 한다.
③ 소방안전관리자는 소방안전관리자로 선임된 날부터 3개월 이내에 실무교육을 받아야 하며, 그 이후에는 2년마다 1회 이상 실무교육을 받아야 한다.
④ 건설현장 소방안전관리대상물의 공사 시공자는 소방안전관리자를 선임한 날부터 14일 이내에 소방본부장 또는 소방서장에게 선임신고를 해야 한다.

해설
① 20일 → 30일
② 7일 → 3일
③ 3개월 → 6개월

(1) 3일
① **하**자보수기간(공사업법 제15조)
② 소방시설업 등록증 **분**실 등의 **재발급**(공사업규칙 제4조)
③ 소방안전관리자 선임연기신청서 관계인 통보(화재예방법 시행규칙 제14조) **보기 ②**

기억법 3하분재(상하이에서 분재를 가져왔다.)

(2) 14일
① 옮긴 물건 등을 보관하는 경우 공고기간(화재예방법 시행령 제17조)
② 소방기술자 실무교육기관 휴폐업신고일(공사업규칙 제34조)
③ **제**조소 등의 용도**폐**지 신고일(위험물법 제11조)
④ 위험물안전관리자의 **선**임신고일(위험물법 제15조)
⑤ 소방안전관리자의 **선**임신고일(화재예방법 제26조)
⑥ 건설현장 소방안전관리자의 선임신고일(화재예방법 시행규칙 제17조) **보기 ④**

기억법 14제폐선(일사천리로 제패하여 성공하라.)

(3) 30일
① 소방시설업 등록사항 변경신고(공사업규칙 제6조)
② 위험물안전관리자의 **재선임**·신규선임(위험물법 제15조)
③ 소방안전관리자의 **재선임**·신규선임(화재예방법 시행규칙 제14조) **보기 ①**
④ 소방안전관리자의 실무교육 통보일(화재예방법 시행규칙 제29조)

(4) 2년마다 1회 이상
① 소방대원의 소방교육·훈련(기본규칙 제9조)
② 선임된 날부터 **6개월** 이내, 그 이후 **2년**마다 **1회 실**무교육(화재예방법 시행규칙 제29조) **보기 ③**

기억법 실2(실리)

답 ④

★★★

## 66 화재의 예방 및 안전관리에 관한 법령상 특수가연물에 관한 설명으로 옳지 않은 것은?

21회 문 53 / 17회 문 54 / 15회 문 53 / 14회 문 52 / 11회 문 54 / 10회 문 04 / 08회 문 71

① 10000킬로그램 이상의 석탄·목탄류는 특수가연물에 해당한다.

② 특수가연물인 가연성 고체류 또는 가연성 액체류를 저장하는 장소에는 특수가연물 표지에 품명과 인화점을 표시하여야 한다.

③ 살수설비를 설치한 경우 특수가연물(발전용 석탄·목탄류 제외)은 15미터 이하의 높이로 쌓아야 한다.

④ 특수가연물(발전용 석탄·목탄류 제외)을 실외에 쌓는 경우, 쌓는 부분 바닥면적의 사이는 3미터 또는 쌓는 높이 중 큰 값 이상으로 간격을 두어야 한다.

해설

② 품명과 인화점 → 품명

(1) **특수가연물**(화재예방법 시행령 [별표 2])

| 품 명 | | 수 량 |
|---|---|---|
| 가연성 액체류 | | $2m^3$ 이상 |
| 목재가공품 및 나무부스러기 | | $10m^3$ 이상 |
| 면화류 | | 200kg 이상 |
| 나무껍질 및 대팻밥 | | 400kg 이상 |
| 넝마 및 종이부스러기 | | 1000kg 이상 |
| 사류(絲類) | | 1000kg 이상 |
| 볏짚류 | | 1000kg 이상 |
| 가연성 고체류 | | 3000kg 이상 |
| 고무류·플라스틱류 | 발포시킨 것 | $20m^3$ 이상 |
| 고무류·플라스틱류 | 그 밖의 것 | 3000kg 이상 |
| 석탄·목탄류 보기 ① | | 10000kg 이상 |

기억법
가액목면나 넝사볏가고 고석
2 1 2 4 1 3 3 1

• **특수가연물**: 화재가 발생하면 불길이 빠르게 번지는 물품

(2) **특수가연물**의 **저장** 및 **취급**의 **기준**(화재예방법 시행령 [별표 3])

① 특수가연물을 저장 또는 취급하는 장소에는 **품명, 최대저장수량, 단위부피당 질량** 또는 **단위체적당 질량, 관리책임자 성명·직책, 연락처** 및 **화기취급의 금지표시**가 **포함**된 특수가연물 표지 설치 보기 ②

② 쌓아 저장하는 기준(단, 석탄·목탄류를 발전용으로 저장하는 것 제외)

㉠ **품명별**로 구분하여 쌓을 것

㉡ 쌓는 높이는 **10m** 이하가 되도록 하고, 쌓는 부분의 바닥면적은 **$50m^2$**(석탄·목탄류는 **$200m^2$**) 이하가 되도록 할 것(단, 살수설비를 설치하거나 방사능력 범위에 해당 특수가연물이 포함되도록 대형 수동식 소화기를 설치하는 경우에는 쌓는 높이를 **15m** 이하, 쌓는 부분의 바닥면적을 **$200m^2$**(석탄·목탄류는 **$300m^2$**) 이하로 할 수 있다) 보기 ③

㉢ 쌓는 부분의 바닥면적 사이는 실내의 경우 **1.2m** 또는 **쌓는 높이**의 $\frac{1}{2}$ 중 **큰 값**(실외 **3m** 또는 **쌓는 높이** 중 **큰 값**) 이상으로 간격을 둘 것 보기 ④

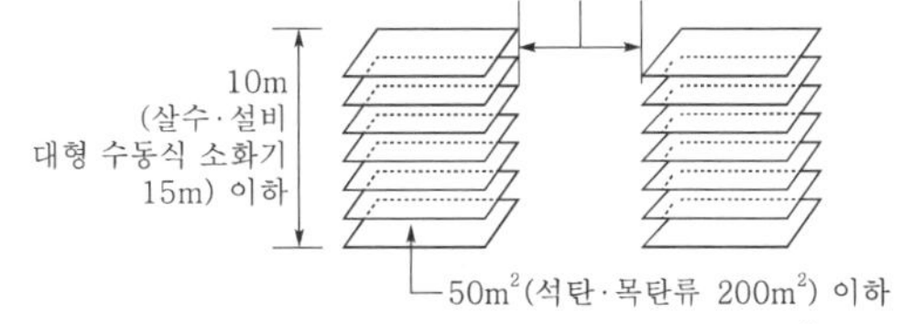


‖ 살수·설비 대형 수동식 소화기 $200m^2$ (석탄·목탄류 $300m^2$) 이하 ‖

답 ②

★

## 67 위험물안전관리법령상 탱크안전성능시험자가 30일 이내에 시·도지사에게 변경신고를 해야 하는 경우가 아닌 것은?

① 영업소 소재지의 변경

② 보유장비의 변경

③ 대표자의 변경

④ 상호 또는 명칭의 변경

해설 (1) **탱크안전성능시험자 30일 이내 변경신고**(위험물규칙 제61조)

| 변경신고 해야 하는 경우 | 첨부서류 |
|---|---|
| 영업소 소재지의 변경 보기 ① | 사무소의 사용을 증명하는 서류와 위험물 탱크안전성능시험자 등록증 |
| 기술능력의 변경 | 변경하는 기술인력의 자격증과 위험물 탱크안전성능시험자 등록증 |
| 대표자의 변경 보기 ③ | 위험물 탱크안전성능시험자 등록증 |
| 상호 또는 명칭의 변경 보기 ④ | 위험물 탱크안전성능시험자 등록증 |

(2) **소방시설관리업**의 **중요사항 변경**(소방시설법 시행규칙 제33조)

① 영업소 소재지의 변경
② 상호 또는 명칭의 변경
③ 대표자의 변경
④ 기술인력의 변경

비교

**소방시설공사업**의 **등록사항 변경신고 항목**(공사업규칙 제5조)
(1) 명칭·상호 또는 영업소 소재지
(2) 대표자
(3) 기술인력

답 ②

★★
**68** 위험물안전관리법령상 옥외저장소에 관한 설명으로 옳지 않은 것은?

12회 문 79
03회 문 89

① 옥외저장소를 설치하는 경우, 그 설치장소를 관할하는 시·도지사의 허가를 받아야 한다.
② 옥외저장소에는 제2류 위험물 및 제5류 위험물을 저장할 수 있다.
③ 옥외저장소에 선반을 설치하는 경우 선반의 높이는 6m를 초과하지 않아야 한다.
④ 알코올류를 저장하는 옥외저장소에는 살수설비 등을 설치하여야 한다.

해설 ② 제5류 위험물 → 제4류 위험물, 제6류 위험물

(1) **허**가 : 시·도지사(위험물법 제6조) 보기 ①
**제**조소, 저장소, 취급소의 설치

기억법 **허제**(농구선수 **허재**)

(2) **옥외저장소**에 **지정수량 이상**의 **위험물**을 **저장**할 수 있는 **경우**(위험물령 [별표 2]) 보기 ②

| 위험물 | 물질명 |
|---|---|
| 제2류 위험물 | • 황<br>• 인화성 고체(인화점 0℃ 이상) : 고형알코올 |
| 제4류 위험물 | • 제1석유류(인화점 0℃ 이상) : 톨루엔<br>• 제2석유류 : 등유·경유·크실렌<br>• 제3석유류 : 중유·크레오소트유<br>• 제4석유류 : 기어유·실린더유<br>• 알코올류 : **메틸알코올**·에틸알코올<br>• 동식물유류 : 아마인유·해바라기유·**올리브유** |
| 제6류 위험물 | • 과염소산<br>• **과산화수소**<br>• 질산 |

(3) **옥외저장소**의 **선반 설치기준**(위험물규칙 [별표 11])

① 선반은 **불연재료**로 만들고 견고한 지반면에 고정할 것
② 선반은 해당 선반 및 그 부속설비의 자중·저장하는 위험물의 **중량·풍하중·지진**의 영향 등에 의하여 생기는 응력에 대하여 안전할 것
③ 선반의 높이는 **6m**를 초과하지 아니할 것 보기 ③

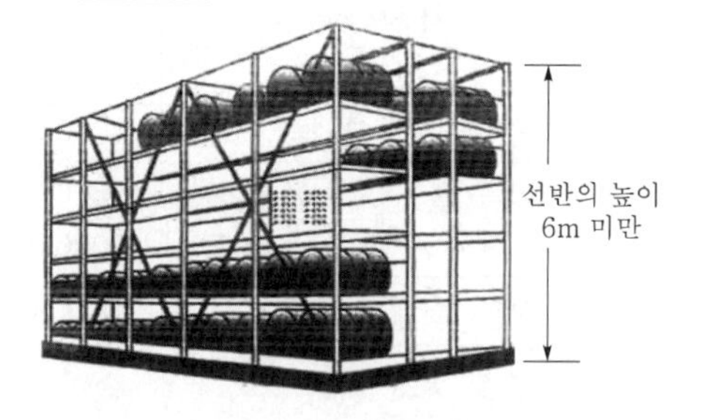

| 옥외저장소의 선반 |

④ 선반에는 위험물을 수납한 용기가 쉽게 낙하하지 아니하는 조치를 강구할 것

(4) **인화성 고체, 제1석유류 또는 알코올류의 옥외저장소의 특례**(위험물규칙 [별표 11] Ⅱ)

| 배수구 및 집유설비 설치 | 위험물을 적당한 온도로 유지하기 위한 살수설비 등을 설치 보기 ④ |
|---|---|
| **제1석유류** 또는 **알코올류**를 저장 또는 취급하는 장소의 주위 | **인화성 고체**, **제1석유류** 또는 **알코올류**를 저장 또는 취급하는 장소 |

중요

**제4류 위험물**의 **종류** 및 **지정수량**

| 성질 | 품명 | | 지정수량 | 대표물질 |
|---|---|---|---|---|
| 인화성 액체 | 특수인화물 | | 50L | **다이에틸에터** · 이황화탄소 · 아세트알데하이드 · 산화프로필렌 · 이소프렌 · 펜탄 · 디비닐에터 · 트리클로로실란 |
| | 제1석유류 | 비수용성 | 200L | 휘발유 · 벤젠 · **톨루엔** · 시클로헥산 · 아크롤레인 · 에틸벤젠 · 초산에스터류(**초산에틸**) · 의산에스터류 · 콜로디온 · 메틸에틸케톤 |
| | | 수용성 | 400L | 아세톤 · 피리딘 · 시안화수소 |
| | 알코올류 | | 400L | 메틸알코올 · **에틸알코올** · 프로필알코올 · 이소프로필알코올 · 부틸알코올 · 아밀알코올 · 퓨젤유 · 변성알코올 |
| | 제2석유류 | 비수용성 | 1000L | 등유 · 경유 · 테레빈유 · 장뇌유 · 송근유 · 스티렌 · 클로로벤젠 · 크실렌 |
| | | 수용성 | 2000L | 의산 · 초산 · 메틸셀로솔브 · 에틸셀로솔브 · 알릴알코올 |
| | 제3석유류 | 비수용성 | 2000L | 중유 · 크레오소트유 · 니이트로벤젠 · 아닐린 · 담금질유 |
| | | 수용성 | 4000L | 에틸렌글리콜 · 글리세린 |
| | 제4석유류 | | 6000L | 기어유 · 실린더유 |
| | 동식물유류 | | 10000L | 아마인유 · 해바라기유 · 들기름 · 대두유 · 야자유 · 올리브유 · 팜유 |

답 ②

**69** 위험물안전관리법령상 과태료 처분에 해당하지 않는 경우는?

19회 문 68

① 관할소방서장의 승인을 받지 아니하고 지정수량 이상의 위험물을 90일 동안 임시로 저장한 경우
② 제조소 등 설치자의 지위를 승계한 날부터 30일 이내에 시 · 도지사에게 그 사실을 신고하지 아니한 경우
③ 제조소 등의 관계인이 안전관리자를 해임한 날부터 30일 이내에 다시 안전관리자를 선임하지 아니한 경우
④ 제조소 등의 정기점검을 한 날부터 30일 이내에 점검결과를 시 · 도지사에게 제출하지 아니한 경우

해설 ③ 1500만원 이하의 벌금

**위험물법 제39조**
**500만원 이하의 과태료**
(1) **위험물**의 **임시저장** 미승인 보기 ①
(2) 위험물의 운반에 관한 세부기준 위반
(3) 제조소 등의 지위 승계 허위신고 · 미신고 보기 ②
(4) **예방규정 미준수**
(5) **제조소** 등의 **점검결과**를 기록보존 아니한 자
(6) 제조소 등의 점검결과 미제출 보기 ④
(7) **위험물**의 **운송기준** 미준수자
(8) 제조소 등의 폐지 허위신고

비교

**1500만원 이하**의 **벌금**(위험물관리법 제36조)
(1) 제조소 등의 **완공검사**를 받지 아니하고 위험물을 저장 · 취급한 자
(2) **안전관리자**를 **선임**하지 **아니한 관계인**으로서 규정에 따른 허가를 받은 자 보기 ③
(3) 변경허가를 받지 아니하고 제조소 등을 변경한 자
(4) 제조소 등의 사용정지명령을 위반한 자
(5) **위험물**의 **저장** 또는 **취급**에 관한 **중요기준** 위반

답 ③

★★★
**70** 위험물안전관리법령상 이동탱크저장소의 위치구조 및 설비의 기준 중 이동저장탱크의 구조에 관한 조문의 일부이다. (    )에 들어갈 숫자로 옳은 것은?

18회 문 95 / 14회 문100 / 13회 문 96 / 11회 문 90

> 압력탱크(최대상용압력이 ( ㉠ )kPa 이상인 탱크를 말한다) 외의 탱크는 70kPa의 압력으로, 압력탱크는 최대상용압력의 ( ㉡ )배의 압력으로 각각 ( ㉢ )분 간의 수압시험을 실시하여 새거나 변형되지 아니할 것

① ㉠ 20, ㉡ 1.1, ㉢ 5
② ㉠ 20, ㉡ 1.5, ㉢ 5
③ ㉠ 46.7, ㉡ 1.1, ㉢ 10
④ ㉠ 46.7, ㉡ 1.5, ㉢ 10

해설 **위험물규칙 [별표 10] Ⅰ·Ⅱ, [별표 19] Ⅲ**
**이동저장탱크의 수압탱크**

| 압력탱크 외의 탱크 | 압력탱크 |
|---|---|
| 70kPa 압력 | 최대상용압력의 1.5배의 압력 **보기 ㉡** |
| 10분간 시험 **보기 ㉢** | |

용어
**압력탱크** **보기 ㉠**
최대상용압력이 **46.7kPa** 이상인 탱크

답 ④

★★
**71** 위험물안전관리법령상 위험물시설의 안전관리자에 관한 설명으로 옳지 않은 것은?

18회 문 69 / 08회 문 76

① 제조소 등에 있어서 위험물 취급자격자가 아닌 자는 안전관리자 또는 그 대리자가 참여한 상태에서 위험물을 취급하여야 한다.
② 시·도지사, 소방본부장 또는 소방서장은 안전관리자가 안전교육을 받지 아니한 때에는 그 교육을 받을 때까지 그 자격으로 행하는 행위를 제한할 수 있다.
③ 안전관리자가 되려는 사람은 16시간의 강습교육을 받아야 한다.
④ 지정수량 5배 이하의 제4류 위험물만을 취급하는 제조소에서는 소방공무원경력 3년인 자를 안전관리자로 선임할 수 있다.

해설 ③ 16시간 → 24시간

**위험물시설**의 **안전관리자**
(1) 제조소 등에 있어서 위험물 취급자격자가 아닌 자는 **안전관리자** 또는 그 **대리자**가 참여한 상태에서 위험물 취급 **보기 ①**
(2) **시·도지사, 소방본부장** 또는 **소방서장**은 안전관리자가 안전교육을 받지 아니한 때에는 그 교육을 받을 때까지 그 자격으로 행하는 행위를 제한할 수 있다. **보기 ②**
(3) 교육과정·교육대상자·교육시간·교육시기 및 교육기관(위험물규칙 [별표 24]) **보기 ③**

| 교육과정 | 교육대상자 | 교육시간 | 교육시기 | 교육기관 |
|---|---|---|---|---|
| 강습교육 | 안전관리자가 되려는 사람 | 24시간 **보기 ③** | 최초 선임되기 전 | 한국소방안전원 |
| | 위험물 운반자가 되려는 사람 | 8시간 | 최초 종사하기 전 | 한국소방안전원 |
| | 위험물 운송자가 되려는 사람 | 16시간 | 최초 종사하기 전 | 한국소방안전원 |
| 실무교육 | 안전관리자 | 8시간 이내 | ① 제조소 등의 안전관리자로 선임된 날부터 6개월 이내<br>② ①에 따른 교육을 받은 후 2년마다 1회 | 한국소방안전원 |
| | 위험물 운반자 | 4시간 | ① 위험물운반자로 종사한 날부터 6개월 이내<br>② ①에 따른 교육을 받은 후 3년마다 1회 | 한국소방안전원 |
| | 위험물 운송자 | 8시간 이내 | ① 이동탱크저장소의 위험물운송자로 종사한 날부터 6개월 이내<br>② ①에 따른 교육을 받은 후 3년마다 1회 | 한국소방안전원 |
| | 탱크시험자의 기술인력 | 8시간 이내 | ① 탱크시험자의 기술인력으로 등록한 날부터 6개월 이내<br>② ①에 따른 교육을 받은 후 2년마다 1회 | 한국소방산업기술원 |

(4) **위험물 취급자격자**의 **자격**(위험물령 [별표 5]) 보기 ④

| 구 분 | 취급위험물 |
|---|---|
| 위험물기능장 | 모든 위험물 (제1류~제6류 위험물) |
| 위험물산업기사 | |
| 위험물기능사 | |
| 안전관리자 교육이수자 | 제4류 위험물 |
| 소방공무원 경력자(**3년** 이상) | |

답 ③

## 72 다중이용업소의 안전관리에 관한 특별법령상 피난설비 중 비상구 설치 예외에 관한 조문의 일부이다. (  )에 들어갈 내용으로 옳은 것은?

- 주된 출입구 외에 해당 영업장 내부에서 피난층 또는 지상으로 통하는 직통계단이 주된 출입구 중심선으로부터 수평거리로 영업장의 긴 변 길이의 ( ㉠ ) 이상 떨어진 위치에 별도로 설치된 경우
- 피난층에 설치된 영업장(영업장으로 사용하는 바닥면적이 ( ㉡ )제곱미터 이하인 경우로서 영업장 내부에 구획된 실(室)이 없고, 영업장 전체가 개방된 구조의 영업장을 말한다)으로서 그 영업장의 각 부분으로부터 출입구까지의 수평거리가 ( ㉢ )미터 이하인 경우

① ㉠ 2분의 1, ㉡ 33, ㉢ 10
② ㉠ 2분의 1, ㉡ 66, ㉢ 20
③ ㉠ 3분의 2, ㉡ 33, ㉢ 10
④ ㉠ 3분의 2, ㉡ 66, ㉢ 20

해설 **다중이용업소**의 주된 **출입구** 및 **비상구**(비상구 등) **설치기준**(다중이용업령 [별표 1의 2], 다중이용업규칙 [별표 2])

| 구 분 | 설치기준 |
|---|---|
| 설치 대상 | **〈비상구 설치제외대상〉**<br>① 주출입구 외에 해당 영업장 내부에서 **피난층** 또는 지상으로 통하는 **직통계단**이 주출입구 중심선으로부터의 수평거리로 영업장의 긴 변 길이의 $\frac{1}{2}$ 이상 떨어진 위치에 **별도**로 **설치**된 경우 보기 ㉠<br>② 피난층에 설치된 영업장(영업장으로 사용하는 바닥면적이 $33m^2$ 이하인 경우로서 영업장 내부에 구획된 실이 없고 영업장 전체가 개방된 구조의 영업장)으로서 그 영업장의 각 부분으로부터 출입구까지의 **수평거리**가 10m 이하인 경우 보기 ㉡㉢ |
| 설치 위치 | 비상구는 영업장의 **주출입구 반대방향**에 설치하되, 주출입구 중심선으로부터의 수평거리가 영업장의 가장 긴 대각선 길이, 가로 또는 세로 길이 중 가장 긴 길이의 $\frac{1}{2}$ 이상 떨어진 위치에 설치할 것(단, 건물 구조상 불가피한 경우에는 주출입구 중심선으로부터의 수평거리가 영업장의 가장 긴 대각선 길이, 가로 또는 세로 길이 중 가장 긴 길이의 $\frac{1}{2}$ 이상 떨어진 위치에 설치 가능) |
| 비상구 규격 | **가로 75cm** 이상, **세로 150cm** 이상(문틀을 제외한 가로×세로) |
| 문의 열림 방향 | 피난방향으로 열리는 구조로 할 것. 단, 주된 출입구의 문이 「건축법 시행령」에 따른 피난계단 또는 특별피난계단의 설치기준에 따라 설치해야 하는 문이 아니거나 방화구획이 아닌 곳에 위치한 주된 출입구가 다음의 기준을 충족하는 경우에는 자동문(미서기(슬라이딩)문)으로 설치할 수 있다.<br>① 화재감지기와 연동하여 개방되는 구조<br>② 정전시 자동으로 개방되는 구조<br>③ 정전시 수동으로 개방되는 구조 |
| 문의 재질 | 주요구조부(영업장의 벽, 천장, 바닥)가 내화구조인 경우 비상구 및 주출입구의 문은 **방화문**으로 설치할 것<br>**〈불연재료로 설치할 수 있는 경우〉**<br>① 주요구조부가 **내화구조**가 아닌 경우<br>② 건물의 구조상 비상구 또는 주출입구의 문이 지표면과 접하는 경우로서 화재의 연소확대 우려가 없는 경우<br>③ 피난계단 또는 특별피난계단의 설치기준에 따라 설치해야 하는 문이 아니거나 방화구획이 아닌 곳에 위치한 경우 |

답 ①

★★★
**73** 다중이용업소의 안전관리에 관한 특별법령상 안전관리기본계획(이하 '기본계획'이라 함)에 관한 설명으로 옳지 않은 것은?

23회 문 73 / 22회 문 73 / 18회 문 75 / 17회 문 72 / 16회 문 74 / 15회 문 75 / 14회 문 72 / 13회 문 72 / 12회 문 63

① 소방청장은 기본계획을 관계 중앙행정기관의 장과 협의를 거쳐 5년마다 수립해야 한다.
② 기본계획 수립지침에는 화재 등 재난발생 경감대책이 포함되어야 한다.
③ 소방청장은 기본계획을 수립하면 행정안전부장관에게 보고하여야 한다.
④ 소방청장은 매년 연도별 안전관리계획을 전년도 12월 31일까지 수립하여야 한다.

해설 ③ 행정안전부장관 → 국무총리

(1) **다중이용업소**의 **안전관리기본계획 수립·시행**(다중이용업법 제5조)
① 기본계획에는 다중이용업소의 안전관리에 관한 **기본방향**이 **포함**되어야 한다.
② **소방청장**은 수립된 기본계획을 **시·도지사**에게 통보하여야 한다.
③ **소방청장**은 기본계획에 따라 **연도별 계획**을 **수립·시행**하여야 한다.
④ **소방청장**은 **5년**마다 다중이용업소의 **기본계획**을 **수립·시행**하여야 한다. 보기 ①

(2) **안전관리기본계획 수립지침**(다중이용업령 제5조)
① **화재** 등 **재난**발생 **경감대책** 보기 ②
㉠ **화재피해 원인조사**·분석
㉡ **안전관리정보**의 전달·관리체계 구축
㉢ **교육·훈련·예방**에 관한 홍보
② **화재** 등 **재난**발생을 줄이기 위한 **중·장기 대책**
㉠ 다중이용업소 안전시설 등의 관리 및 유지계획
㉡ 소관법령 및 관련기준의 정비

(3) **안전관리기본계획**의 **수립절차** 등(다중이용업령 제4조)
**소방청장**은 기본계획을 수립하면 **국무총리**에게 보고하고 관계 **중앙행정기관**의 **장**과 **시·도지사**에게 통보한 후 이를 공고해야 한다. 보기 ③

(4) **연도**별 **안전관리계획**의 **통보** 등(다중이용업령 제7조)
① **소방청장**은 매년 연도별 안전관리계획(연도별 계획)을 **전년도 12월 31일까지** 수립해야 한다. 보기 ④
② **소방청장**은 연도별 계획을 수립하면 지체 없이 관계 **중앙행정기관**의 **장**과 **시·도지사** 및 **소방본부장**에게 통보해야 한다.

답 ③

★★★
**74** 다중이용업소의 안전관리에 관한 특별법령상 1천만원의 이행강제금을 부과하는 경우를 모두 고른 것은? (단, 가중 또는 감경사유는 고려하지 않음)

21회 문 74 / 19회 문 74 / 14회 문 73

> ㉠ 실내장식물에 대한 교체 또는 제거 등 필요한 조치명령을 위반한 경우
> ㉡ 영업장의 내부구획에 대한 보완 등 필요한 조치명령을 위반한 경우
> ㉢ 다중이용업소의 사용금지 또는 제한명령을 위반한 경우

① ㉠, ㉡ ② ㉠, ㉢
③ ㉡, ㉢ ④ ㉠, ㉡, ㉢

해설 ㉢ 600만원의 이행강제금 부과

**다중이용업령 제24조 [별표 7]**
**이행강제금을 부과하는 경우**

| 위반행위 | 이행강제금 금액 |
|---|---|
| 안전시설 등에 대하여 보완 등 필요한 조치명령을 위반한 경우 | |
| ① 안전시설 등의 작동·기능에 지장을 주지 않는 경미한 사항인 경우 | 200만원 |
| ② 안전시설 등을 고장상태로 방치한 경우 | 600만원 |
| ③ 안전시설 등을 설치하지 않은 경우 | 1000만원 |
| 화재안전조사 조치명령을 위반한 경우 | |
| ① 다중이용업소의 공사의 정지 또는 중지 명령을 위반한 경우 | 200만원 |
| ② 다중이용업소의 사용금지 또는 제한명령을 위반한 경우 보기 ㉢ | 600만원 |
| ③ 다중이용업소의 개수·이전 또는 제거명령을 위반한 경우 | 1000만원 |
| 실내장식물에 대한 교체 또는 제거 등 필요한 조치명령을 위반한 경우 보기 ㉠ | 1000만원 |
| 영업장의 내부구획에 대한 보완 등 필요한 조치명령을 위반한 경우 보기 ㉡ | 1000만원 |

중요

**다중이용업소 이행강제금**(다중이용업법 제26조)

| 구 분 | 설 명 |
|---|---|
| 부과권자 | • 소방청장<br>• 소방본부장<br>• 소방서장 |
| 부과금액 | **1000만원** 이하 |
| 위반종별 금액사항 | 대통령령 |
| 이행강제금 부과징수 | 매년 **2회** |

답 ①

★★★
**75** 다중이용업소의 안전관리에 관한 특별법령상 다중이용업소에 대한 화재위험평가 대상에 관한 조문의 일부이다. ( )에 들어갈 내용으로 옳은 것은?

22회 문 72
18회 문 74
12회 문 52

> • ( ㉠ )제곱미터 지역 안에 다중이용업소가 50개 이상 밀집하여 있는 경우
> • 5층 이상인 건축물로서 다중이용업소가 ( ㉡ )개 이상 있는 경우
> • 하나의 건축물에 다중이용업소로 사용하는 영업장 바닥면적의 합계가 ( ㉢ )제곱미터 이상인 경우

① ㉠ 1천, ㉡ 10, ㉢ 2천
② ㉠ 1천, ㉡ 40, ㉢ 2천
③ ㉠ 2천, ㉡ 10, ㉢ 1천
④ ㉠ 2천, ㉡ 40, ㉢ 1천

해설 **다중이용업법 제15조**
**화재위험평가**

| 구 분 | 설 명 |
|---|---|
| 평가자 | • 소방청장<br>• 소방본부장<br>• 소방서장 |
| 평가대상 | • **2000**$m^2$ 내에 다중이용업소 **50개** 이상 보기 ㉠<br>• **5층** 이상 건축물에 다중이용업소 **10개** 이상 보기 ㉡<br>• 하나의 건축물에 다중이용업소 바닥면적 합계 **1000**$m^2$ 이상 보기 ㉢ |

용어

**화재위험평가**
다중이용업소가 밀집한 지역 또는 건축물에 대하여 화재의 가능성과 화재로 인한 불특정 다수인의 생명·신체·재산상의 피해 및 주변에 미치는 영향을 예측분석하고 이에 대한 대책을 강구하는 것

답 ③

## 제 4 과목 위험물의 성질·상태 및 시설기준

★★
**76** 제1류 위험물 중 질산칼륨에 관한 설명으로 옳지 않은 것은?

09회 문100
05회 문 99

① 물, 글리세린, 에탄올, 에터에 잘 녹는다.
② 무색 또는 백색 결정이거나 분말이다.
③ 강산화제이며 가열하면 분해하여 산소를 방출한다.
④ 흑색화약, 불꽃류, 금속열처리제, 산화제 등으로 사용된다.

해설

> ① 에탄올, 에터에 잘 녹는다. → 에탄올, 에터에 잘 녹지 않는다.

**질산칼륨**($KNO_3$) : 제1류 위험물
(1) **물**, **글리세린**에 잘 녹는다. 보기 ①
(2) **무색** 또는 **백색 결정**이거나 **분말** 보기 ②
(3) **강산화제**이며 가열하면 분해하여 **산소**를 방출 보기 ③
(4) **흑색화약**, **불꽃류**, **금속열처리제**, **산화제** 등으로 사용 보기 ④
(5) **차가운** 자극성의 **짠맛**이 있다.
(6) 수용액은 **중성반응**을 나타낸다.

중요

**질산칼륨**($KNO_3$)의 **저장·취급시 주의사항**
(1) **유기물**과의 접촉을 피한다.
(2) 용기는 **밀전**하고 위험물의 누출을 막는다.
(3) **가열·충격·마찰** 등을 피한다.
(4) 환기가 좋은 **냉암소**에 저장한다.

답 ①

★

**77** 제1류 위험물 중 아염소산나트륨에 관한 설명으로 옳지 않은 것은?

① 섬유, 펄프의 표백, 살균제, 염색의 산화제, 발염제로 사용된다.
② 가열, 충격, 마찰에 의해 폭발적으로 분해한다.
③ 산을 가할 경우는 $ClO_2$ 가스가 발생한다.
④ 무색 결정성 분말로 조해성이 있고, 비극성 유류에 잘 녹는다.

해설

④ 비극성 유류 → 물

**아염소산나트륨**($NaClO_2$) : 제1류 위험물
(1) 섬유, 펄프의 표백, 살균제, 염색의 산화제, 발염제로 사용된다. 보기 ①
(2) 가열, 충격, 마찰에 의해 폭발적으로 분해한다. 보기 ②
(3) 산을 가할 경우는 이산화염소($ClO_2$) 가스가 발생한다. 보기 ③
(4) 무색 결정성 분말로 조해성이 있고, 물에 잘 녹는다. 보기 ④
(5) 매우 불안정하여 **180℃** 이상 가열하면 발열 분해하여 **$O_2$를 발생**한다.
(6) **강산화제**로서 **단독**으로 **폭발**이 가능하다.
(7) **암모니아**, **아민류**와 반응하여 **폭발성**의 물질을 생성한다.
(8) 수용액상태에서도 **산화력**을 가지고 있다.
(9) 황·금속분 등의 **환원성 물질**과 혼촉시 발화한다.

답 ④

★★★

**78** 제2류 위험물 중 황에 관한 설명으로 옳지 않은 것은?

18회 문 78
18회 문 80
16회 문 78
16회 문 84
15회 문 80
15회 문 81
14회 문 79
13회 문 78
13회 문 79
12회 문 71
09회 문 82
02회 문 80

① 물에 불용이고, 알코올에 난용이다.
② 공기 중에서 연소하기 쉽다.
③ 미세한 분말상태로 공기 중에 부유하면 분진폭발을 일으킨다.
④ 전기의 도체로 마찰에 의해 정전기가 발생할 우려가 있다.

④ 전기의 도체 → 전기절연체

**황**(S) : 제2류 위험물
(1) **일반성질**
① **황색**의 결정 또는 미황색 분말이다.
② **이황화탄소**($CS_2$)에는 녹지만, **물**에는 녹지 않는다(물에 불용, 알코올에는 난용). 보기 ①
③ 고온에서 **탄소**(C)와 반응하여 **이황화탄소**($CS_2$)를 생성시키며, 금속이나 할론원소와 반응하여 황화합물을 만든다.
④ 공기 중에서 연소하기 쉽다(공기 중에서 연소하면 **이산화황가스**($SO_2$)가 발생한다). 보기 ②
⑤ **전기절연체**이므로 마찰에 의한 **정전기**가 발생한다. 보기 ④
(2) **위험성**
① **산화제**와 혼합시 가열·충격·마찰 등에 의해 발화, 폭발한다.
② 분말은 분진폭발의 우려도 있다. 보기 ③
(3) **저장 및 취급방법**
① **정전기**에 의한 축적을 방지할 것
② 환기가 잘 되는 냉암소에 보관할 것
(4) **소화방법**
① 다량의 물로 **분무주수**에 의한 **냉각소화**한다(소량 화재시는 모래로 질식소화한다).
② 직사주수는 비산의 위험이 있다.
(5) 순도가 60wt% 미만인 것을 제외하고 순도측정에 있어서 불순물은 활석 등 불연성 물질과 수분에 한함

용어

**불용 vs 난용**

| 불 용 | 난 용 |
|---|---|
| 녹지 않는다. | 잘 녹지 않는다. |

답 ④

★

**79** 제2류 위험물 중 주석분에 관한 설명으로 옳은 것은?

① 뜨겁고 진한 염산과 반응하여 수소가 발생된다.
② 염기와 서서히 반응하여 산소가 발생된다.
③ 미세한 조각이 대량으로 쌓여 있더라도 자연발화 위험이 없다.
④ 공기나 물속에서 녹이 슬기 쉽다.

② 산소 → 수소
③ 없다. → 있다.
④ 슬기 쉽다. → 잘 슬지 않는다.

**주석분**(Sn) : 제2류 위험물

(1) 뜨겁고 진한 염산과 반응하여 수소가 발생된다. 보기 ①

(2) 염기와 서서히 반응하여 수소가 발생된다. 보기 ②

(3) 미세한 조각이 대량으로 쌓여 있을 경우 자연발화 위험이 있다. 보기 ③

(4) 공기나 물속에서 녹이 잘 슬지 않는다(공기나 물속에서 안정하다). 보기 ④

(5) 황산, 진한 질산, 왕수와 반응하면 수소를 발생하지 못한다.

(6) 덩어리는 자연발화의 위험성은 없다.

답 ①

★★
**80** 제3류 위험물 중 리튬에 관한 설명으로 옳은 것은?

23회 문 80
21회 문 93

① 건조한 실온의 공기에서 반응하며, 100℃ 이상으로 가열하면 휘백색 불꽃을 내며 연소한다.

② 주기율표상 알칼리토금속에 해당한다.

③ 상온에서 수소와 반응하여 수소화합물을 만든다.

④ 습기가 존재하는 상태에서는 은색으로 변한다.

해설
① 반응하며 → 반응하지 않으며, 휘백색 → 적색
② 알칼리토금속 → 알칼리금속
④ 은색 → 황색

**리튬**(Li) : 제3류 위험물

(1) 건조한 실온의 공기에서 반응하지 않으며, 100℃ 이상으로 가열하면 적색 불꽃을 내며 연소한다. 보기 ①

(2) 주기율표상 알칼리금속에 해당한다. 보기 ②

(3) 상온에서 수소와 반응하여 수소화합물을 만든다. 보기 ③

(4) 습기가 존재하는 상태에서는 황색으로 변한다. 보기 ④

(5) 은백색의 금속으로 무르고 연하며, 금속 중 가장 가볍고 고체 금속 중 비열(0.97cal/gm℃)이 가장 크다.

(6) 활성이 대단히 커서 대부분의 다른 금속과 직접 반응하며, 질소와는 25℃에서 서서히, 400℃에서는 빠르게 적색 결정의 질화물($Li_3N$)을 만든다.

답 ③

★★★
**81** 제3류 위험물 중 알킬알루미늄에 관한 설명으로 옳은 것은?

20회 문 79
18회 문 83
15회 문 79
14회 문 82
13회 문 81
11회 문 60
11회 문 91
10회 문 90
09회 문 87
03회 문 82

① 물, 산과 반응하지 않는다.

② 탄소 수가 $C_1$~$C_4$까지 공기 중에 노출되면 자연발화한다.

③ 저장탱크에 희석안정제로 핵산, 벤젠, 톨루엔, 알코올 등을 넣어둔다.

④ 무색의 투명한 액체 또는 고체로 독성이 없다.

해설
① 반응하지 않는다. → 반응한다.
③ 헥산, 벤젠, 톨루엔, 알코올 → 벤젠, 펜탄, 헥산, 톨루엔
④ 액체 또는 고체 → 액체, 없다. → 있다.

**트리에틸알루미늄** [$(C_2H_5)_3Al$] : TEA

| 분자량 | 114.17 |
|---|---|
| 비 중 | 0.83 |
| 융점(녹는점) | −46℃ 또는 −52.5℃ |
| 비점(끓는점) | 185℃ 또는 194℃ |

(1) **무색투명**한 **액체**로 독성이 있다. 보기 ④

(2) 외관은 등유와 비슷한 **가연성**이다.

(3) $C_1$~$C_4$는 공기 중에서 자연발화성이 강하다. 보기 ②

(4) 공기 중에 노출되면 **백색연기**가 발생하며 연소한다.

(5) **유기금속화합물**이다.

(6) **폴리에틸렌 · 폴리스티렌** 등을 공업적으로 합성하기 위해서 사용한다.

(7) **저장 및 취급방법**
① 화기엄금할 것
② 공기와 수분의 접촉을 피할 것
③ 용기의 희석안정제로 **벤젠 · 펜탄 · 헥산 · 톨루엔** 등을 넣어 줄 것 보기 ③

(8) **위험성**
물 · 산 · 알코올과 접촉하면 폭발적으로 반응하여 **에탄**($C_2H_6$)을 발생시킨다. 보기 ①

답 ②

★★★
**82** 탄화칼슘 10kg이 물과 반응하여 발생시키는 아세틸렌 부피($m^3$)는 약 얼마인가? (단, 원자량 Ca 40, C 12, 반응시 온도와 압력은 30℃, 1기압으로 가정한다.)

19회 문 89 / 18회 문 77 / 18회 문 82 / 17회 문 79 / 15회 문 84 / 14회 문 80 / 13회 문 80 / 09회 문 83

① 3.15 ② 3.50
③ 3.88 ④ 4.23

해설 (1) **기호**

$V$ : ?
$T$ : (273+30℃)
$P$ : 1기압

(2) **탄화칼슘**($CaC_2$)

물과 반응하여 **수산화칼슘**[$Ca(OH)_2$]과 가연성 가스인 **아세틸렌**($C_2H_2$)을 발생시킨다.

$$CaC_2+2H_2O \rightarrow Ca(OH)_2+C_2H_2\uparrow$$

물과 반응하므로

$aCaC_2 + b2H_2O \rightarrow cCa(OH)_2 + dC_2H_2$

Ca : $\overset{1}{a}=\overset{1}{c}$

C : $2\overset{1}{a}=2\overset{1}{d}$

H : $2\overset{2}{b}=2\overset{1}{c}+2\overset{1}{d}$

O : $\overset{2}{b}=2\overset{1}{c}$

(3) **원자량**

| 원 자 | 원자량 |
|---|---|
| H | 1 |
| C | 12 |
| O | 16 |
| N | 14 |
| Ca | 40 |

분자량 $CaC_2=40+12\times2=64$
$C_2H_2=12\times2+1\times2=26$

(4) **탄화칼슘**과 **물**의 **반응식**

$CaC_2 + 2H_2O \rightarrow Ca(OH)_2 + C_2H_2\uparrow$
64kg/kmol ╳ 26kg/kmol 분자량
10kg ╳ $x$ 실제량

비례식으로 풀면

64kg/kmol : 26kg/kmol=10kg : $x$

$26\text{kg/kmol}\times10\text{kg}=64\text{kg/kmol}\times x$

$$x=\frac{26\text{kg/kmol}\times10\text{kg}}{64\text{kg/kmol}}=4.0625\text{kg}$$

(5) **이상기체 상태방정식**

$$PV=nRT=\frac{m}{M}RT$$

여기서, $P$ : 압력[atm], $V$ : 부피[$m^3$], $n$ : 몰수$\left(\frac{m}{M}\right)$
$R$ : 0.082(atm · $m^3$/kmol · K)
$T$ : 절대온도(273+℃)[K]
$m$ : 질량[kg], $M$ : 분자량[kg/kmol]

$$PV=\frac{m}{M}RT \rightarrow V=\frac{m}{PM}RT$$

$$V=\frac{m}{PM}RT$$
$$=\frac{4.0625\text{kg}}{1\text{atm}\times26\text{kg/kmol}}\times0.082\text{atm}\cdot\text{m}^3/\text{kmol}\cdot\text{K}\times(273+30℃)\text{K}$$
$$=3.88\text{m}^3$$

답 ③

★★★
**83** 제4류 위험물 중 다이에틸에터(diethyl ether)에 관한 설명으로 옳지 않은 것을 모두 고른 것은?

19회 문 80 / 11회 문 78 / 06회 문 85 / 04회 문 98 / 02회 문 94

㉠ 무색 투명한 액체로서 휘발성이 매우 높고 마취성을 가진다.
㉡ 강환원제와 접촉시 발열·발화한다.
㉢ 물에 잘 녹는 물질로 유지 등을 잘 녹이는 용제이다.
㉣ 건조·여과·이송 중에 정전기 발생·축적이 용이하다.

① ㉠, ㉣ ② ㉡, ㉢
③ ㉠, ㉡, ㉣ ④ ㉠, ㉡, ㉢, ㉣

해설 ㉡ 강환원제 → 강산화제
㉢ 물에 잘 녹는 물질 → 물에 녹지 않는 물질

**다이에틸에터**($C_2H_5OC_2H_5$)

(1) 증기의 비중은 **2.6**이다.
(2) 전기의 **불량도체**이다.
(3) **알코올**에는 잘 녹지만 **물**에는 녹지 않는 물질로, 유지 등을 잘 녹이는 용제로 사용된다. **보기 ㉢**
(4) 물보다 가볍다.
(5) 비점, 인화점, 발화점이 매우 낮고 **연소범위**가 **넓다**.
(6) 연소범위의 하한치가 낮아 약간의 증기가 누출되어도 폭발을 일으킨다.
(7) 증기압이 높아 저장용기가 가열되면 변형이나 파손되기 쉽다.

(8) 공기와 장시간 접촉하면 **과산화물**을 생성하며 폭발할 수 있다.
(9) 무색 투명한 액체로서 휘발성이 매우 높고 마취성을 가진다.
(10) **강산화제**와 접촉시 발열·발화한다(강산화제와 혼합시 폭발의 위험이 있다). **보기 ㉡**
(11) 건조·여과·이송 중에 정전기 발생·축적이 용이하다.
(12) 나트륨(Na)과 반응하여 수소($H_2$)를 발생시키지 않는다.

다이에틸에터=에틸에터=에터=산화에틸

답 ②

★

**84** **4mol의 나이트로글리세린[$C_3H_5(ONO_2)_3$]이 폭발할 때 생성되는 질소의 양(g)은? (단, 원자량 C 12, H 1, O 16, N 14이다.)**

① 32 ② 168
③ 180 ④ 528

해설 문제에서 '**폭발할 때**'라고 하였으므로 화학반응식 왼쪽에는 **나이트로글리세린**만 필요함

$aC_3H_5(ONO_2)_3 \rightarrow bO_2 + cN_2 + dH_2O + eCO_2$

C : $3\overset{4}{a} = \overset{12}{e}$

H : $5\overset{4}{a} = 2\overset{10}{d}$

O : $9\overset{4}{a} = 2\overset{1}{b} + \overset{10}{d} + 2\overset{12}{e}$

N : $3\overset{4}{a} = 2\overset{6}{c}$

$4C_3H_5(ONO_2)_3 \rightarrow O_2 + 6N_2 + 10H_2O + 12CO_2$

| 원 자 | 원자량 |
|---|---|
| H | 1 |
| C | 12 |
| O | 16 |
| N | 14 |

$6N_2 = 6 \times 14 \times 2 = 168g$

답 ②

★★

**85** **제5류 위험물 중 유기과산화물에 포함되는 물질은?**

20회 문 84
17회 문 83

① 벤조일퍼옥사이드 $-(C_6H_5CO)_2O_2$
② 질산에틸 $-C_2H_5ONO_2$
③ 나이트로글리콜 $-C_2H_4(ONO_2)_2$
④ 트리나이트로페놀 $-C_6H_2(NO_2)_3OH$

해설 ②·③ 질산에스터류
④ 나이트로화합물

**제5류 위험물**의 **종류** 및 **지정수량**

| 성질 | 품 명 | 지정수량 | 대표물질 |
|---|---|---|---|
| 자기반응성 물질 | 유기과산화물 | • 제1종 : 10kg<br>• 제2종 : 100kg | ① 과산화벤조일(벤조일퍼옥사이드) **보기 ①**<br>② 메틸에틸케톤퍼옥사이드 |
| | 질산에스터류 | | ① 질산메틸<br>② 질산에틸 **보기 ②**<br>③ 나이트로셀룰로오스<br>④ 나이트로글리세린<br>⑤ 나이트로글리콜 **보기 ③**<br>⑥ 셀룰로이드 |
| | **나**이트로화합물 | | ① 트리나이트로페놀(**피**크린산, TNP) **보기 ④**<br>② **트**리나이트로톨루엔<br>③ 트리나이트로벤젠<br>④ **테**트릴 |
| | 나이트로소화합물 | | ① 파라나이트로소벤젠<br>② 다이나이트로소레조르신<br>③ 나이트로소아세트페논 |
| | 아조화합물 | | ① 아조벤젠<br>② 하이드록시아조벤젠<br>③ 아미노아조벤젠<br>④ 아족시벤젠 |
| | 다이아조화합물 | | ① 다이아조메탄<br>② 다이아조다이나이트로페놀<br>③ 다이아조카르복실산에스터<br>④ 질화납 |
| | 하이드라진 유도체 | | ① 하이드라진<br>② 하이드라조벤젠<br>③ 하이드라지드<br>④ 염산하이드라진<br>⑤ 황산하이드라진 |

기억법 **나트피테(니트를 입고 비데에 앉아?)**

중요

**제5류 위험물**

| 지정수량 | 위험등급 |
|---|---|
| 제1종 : 10kg | Ⅰ |
| 제2종 : 100kg | Ⅱ |

답 ①

★

**86** **제6류 위험물인 질산의 용도로 옳지 않은 것은?**

① 의약 ② 비료
③ 표백제 ④ 셀룰로이드 제조

해설 **질산**($NO_3$)의 **용도**

(1) 의약 보기 ①
(2) 비료 보기 ②
(3) 셀룰로이드 제조 보기 ④
(4) 염료제조
(5) 화약

답 ③

★★★
**87 제6류 위험물에 관한 설명으로 옳지 않은 것은?**

23회 문 84 / 19회 문 82 / 16회 문 86 / 14회 문 87

① 과염소산은 무색의 유동성 액체이다.
② 과산화수소의 농도가 36wt% 미만인 것은 위험물에 해당되지 않는다.
③ 질산의 비중이 1.49 미만인 것은 위험물에 해당되지 않는다.
④ 산소를 많이 포함하여 다른 가연물의 연소를 도우며, 가연성이다.

해설 ④ 가연성 → 불연성

(1) **위험물령 [별표 1]**

| 과산화수소 | 질 산 |
|---|---|
| 수용액의 농도 | 비중 |
| 36wt% 이상 보기 ② | 1.49 이상 보기 ③ |
|  과36 | 기억법 질49 |

(2) **과염소산**($HClO_4$)
① 종이, 나무조각 등의 유기물과 접촉하면 연소·폭발한다.
② 알코올과 에터에 폭발위험이 있고, 불순물과 섞여 있는 것은 폭발이 용이하다.
③ 물과 반응하면 심하게 발열하며 소리를 내고 고체수화물을 만든다.
④ 염소산 중에서 **가장 강하다.**
⑤ **무색·무취**의 유동성 액체이다. 보기 ①
⑥ **흡습성**이 강하다.
⑦ **산화력**이 강하다.
⑧ 공기 중에서 강하게 발열한다.
⑨ 물과 작용해서 **6종**의 **고체수화물**을 만든다.
⑩ **조연성** 무기화합물이다.
⑪ 철, 아연과 격렬히 반응하여 산화물을 만든다.

(3) **제6류 위험물**의 **특징**
① 위험물안전관리법령상 모두 **위험등급** Ⅰ에 해당한다.
② 과염소산은 밀폐용기에 넣어 냉암소에 저장한다.
③ 과산화수소 분해시 발생하는 발생기 산소는 **표백**과 **살균효과**가 있다.
④ 질산은 단백질과 **크산토프로테인**(Xantho-protein) 반응을 하여 **황색**으로 변한다.
⑤ 자신들은 **모두 불연성** 물질이다. 보기 ④
⑥ 과산화수소 저장용기의 뚜껑은 가스가 배출되는 구조로 한다.
⑦ **질산**이 목탄분, 솜뭉치와 같은 가연물에 스며들면 **자연발화**의 위험이 있다.
⑧ 산소를 많이 포함하여 다른 가연물의 연소를 돕는다. 보기 ④

답 ④

★★★
**88 위험물안전관리법령상 제조소에서 저장 또는 취급하는 위험물의 주의사항을 표시한 게시판으로 옳은 것은?**

23회 문 95 / 22회 문 87 / 20회 문 96 / 19회 문 92 / 18회 문 90 / 16회 문100 / 10회 문 85 / 05회 문 78

① 트리에틸알루미늄 - 물기주의 - 백색바탕에 청색문자
② 과산화나트륨 - 물기엄금 - 청색바탕에 백색문자
③ 질산메틸 - 화기주의 - 적색바탕에 백색문자
④ 적린 - 화기엄금 - 백색바탕에 적색문자

해설
① 트리에틸알루미늄(제3류 위험물) - 물기엄금 - 청색바탕에 백색문자
③ 질산메틸(제5류 위험물) - 화기엄금 - 적색바탕에 백색문자
④ 적린(제2류 위험물) - 화기주의 - 적색바탕에 백색문자

중요

(1) **위험물제조소**의 **주의사항**(위험물규칙 [별표 4])

| 위험물 | 주의사항 | 비 고 |
|---|---|---|
| • 제1류 위험물 보기 ② (알칼리금속의 과산화물)<br>• 제3류 위험물 보기 ① (금수성 물질) | 물기엄금 | **청색**바탕에 **백색**문자 |
| • 제2류 위험물 보기 ④ (인화성 고체 제외) | 화기주의 | **적색**바탕에 **백색**문자 |
| • 제2류 위험물 (인화성 고체)<br>• 제3류 위험물 (자연발화성 물질)<br>• 제4류 위험물<br>• 제5류 위험물 보기 ③ | 화기엄금 | **적색**바탕에 **백색**문자 |
| • 제6류 위험물 | 별도의 표시를 하지 않는다. | |

(2) **위험물 운반용기**의 **주의사항**(위험물규칙 [별표 19])

| 위험물 | | 주의사항 |
|---|---|---|
| 제1류 위험물 | 알칼리금속의 과산화물 | • 화기·충격주의<br>• 물기엄금<br>• 가연물 접촉주의 |
| | 기타 | • 화기·충격주의<br>• 가연물 접촉주의 |
| 제2류 위험물 | 철분·금속분·마그네슘 | • 화기주의<br>• 물기엄금 |
| | 인화성 고체 | • 화기엄금 |
| | 기타 | • 화기주의 |
| 제3류 위험물 | 자연발화성 물질 | • 화기엄금<br>• 공기접촉엄금 |
| | 금수성 물질 | • 물기엄금 |
| 제4류 위험물 | | • 화기엄금 |
| 제5류 위험물 | | • 화기엄금<br>• 충격주의 |
| 제6류 위험물 | | • 가연물 접촉주의 |

(3) **제1류 위험물**

| 성질 | 품 명 | 대표물질 |
|---|---|---|
| 산화성 고체 | 염소산염류 | 염소산칼륨·염소산나트륨·염소산암모늄 |
| | 아염소산염류 | 아염소산칼륨·아염소산나트륨 |
| | 과염소산염류 | 과염소산칼륨·과염소산나트륨·과염소산암모늄 |
| | 무기과산화물 | 과산화칼륨·**과산화나트륨** 보기 ②·과산화바륨 |
| | 크로뮴·납 또는 아이오딘의 산화물 | 삼산화크로뮴 |
| | 브로민산염류 | 브로민산칼륨·브로민산나트륨·브로민산바륨·브로민산마그네슘 |
| | 질산염류 | 질산칼륨·질산나트륨·질산암모늄 |
| | 아이오딘산염류 | 아이오딘산칼륨·아이오딘산칼슘 |
| | 과망가니즈산염류 | 과망가니즈산칼륨·과망가니즈산나트륨 |
| | 다이크로뮴산염류 | 다이크로뮴산칼륨·다이크로뮴산나트륨·다이크로뮴산암모늄 |

(4) 제2류 위험물

| 성 질 | 품 명 |
|---|---|
| 가연성 고체 | • 황화인(삼황화인·오황화인·칠황화인)<br>• 적린 보기 ④<br>• 황<br>• 마그네슘<br>• 철분<br>• 금속분(알루미늄분·아연분·안티몬분·티탄분·은분)<br>• 그 밖에 행정안전부령이 정하는 것<br>• 인화성 고체 |

(5) **제3류 위험물**

| 성 질 | 품 명 |
|---|---|
| 자연발화성 물질 및 금수성 물질 | 칼륨 |
| | 나트륨 |
| | 알킬알루미늄(트리메틸알루미늄, 트리에틸알루미늄 보기 ①, 트리아이소부틸알루미늄) |
| | 알킬리튬 |
| | 황린 |
| | 알칼리금속(K, Na 제외) 및 알칼리토금속 |
| | 유기금속화합물(알킬알루미늄, 알킬리튬 제외) |
| | 금속의 수소화물 |
| | 금속의 인화물 |
| | 칼슘 또는 알루미늄의 탄화물 |

(6) **제5류 위험물**

| 성질 | 품 명 | 대표물질 |
|---|---|---|
| 자기반응성 물질 | 유기과산화물 | ① 과산화벤조일<br>② 메틸에틸케톤퍼옥사이드 |
| | 질산에스터류 | ① 질산메틸 보기 ③<br>② 질산에틸<br>③ 나이트로셀룰로오스<br>④ 나이트로글리세린<br>⑤ 나이트로글리콜<br>⑥ 셀룰로이드 |
| | **나**이트로화합물 | ① **피**크린산<br>② **트**리나이트로톨루엔<br>③ 트리나이트로벤젠<br>④ **테**트릴 |
| | 나이트로소화합물 | ① 파라나이트로소벤젠<br>② 다이나이트로소레조르신<br>③ 나이트로소아세트페논 |

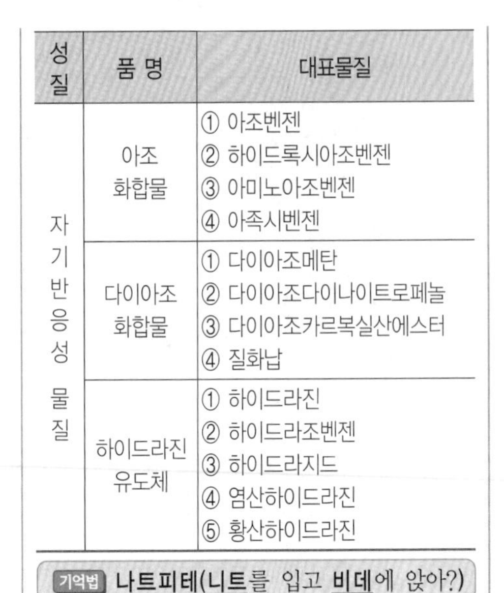

| 성질 | 품 명 | 대표물질 |
|---|---|---|
| 자기반응성 물질 | 아조 화합물 | ① 아조벤젠<br>② 하이드록시아조벤젠<br>③ 아미노아조벤젠<br>④ 아족시벤젠 |
| | 다이아조 화합물 | ① 다이아조메탄<br>② 다이아조다이나이트로페놀<br>③ 다이아조카르복실산에스터<br>④ 질화납 |
| | 하이드라진 유도체 | ① 하이드라진<br>② 하이드라조벤젠<br>③ 하이드라지드<br>④ 염산하이드라진<br>⑤ 황산하이드라진 |

기억법 나트피테(니트를 입고 비데에 앉아?)

답 ②

★★★

**89** **위험물안전관리법령상 제조소의 위치·구조 및 설비의 기준 중 위험물을 취급하는 건축물에 설치하는 환기설비의 기준으로 옳은 것은?**

18회 문 89 / 14회 문 89 / 12회 문 72 / 11회 문 81 / 11회 문 88 / 10회 문 53 / 10회 문 76 / 09회 문 76 / 07회 문 86 / 04회 문 78

① 환기는 강제배기방식으로 할 것

② 환기구는 지붕 위 또는 지상 1.8m 이상의 높이에 설치할 것

③ 급기구는 높은 곳에 설치하고 가는 눈의 구리망 등으로 인화방지망을 설치할 것

④ 급기구가 설치된 실의 바닥면적이 $115m^2$인 경우 급기구의 면적은 $450m^2$ 이상으로 할 것

해설

① 강제배기방식 → 자연배기방식
② 1.8m → 2m
③ 높은 곳 → 낮은 곳

**위험물규칙 [별표 4]**
**제조소의 환기설비 시설기준**

(1) 환기는 **자연배기방식**으로 할 것 보기 ①

(2) 급기구는 바닥면적 $150m^2$마다 1개 이상으로 하되, 그 크기는 $800cm^2$ 이상으로 할 것

| 바닥면적 | 급기구의 면적 |
|---|---|
| $60m^2$ 미만 | $150cm^2$ 이상 |
| $60\sim90m^2$ 미만 | $300cm^2$ 이상 |
| $90\sim120m^2$ 미만 | $450cm^2$ 이상 보기 ④ |
| $120\sim150m^2$ 미만 | $600cm^2$ 이상 |

(3) 급기구는 **낮은 곳**에 설치하고 **가는 눈의 구리망** 등으로 **인화방지망**을 설치할 것 보기 ③

(4) 환기구는 지붕 위 또는 지상 **2m** 이상의 높이에 **회전식 고정 벤틸레이터** 또는 **루프팬방식**으로 설치할 것 보기 ②

답 ④

★★★

**90** **위험물안전관리법령상 제조소의 위치·구조 및 설비의 기준 중 위험물을 취급하는 건축물에 설치하는 채광 및 조명설비의 기준으로 옳은 것은? (단, 예외규정은 고려하지 않는다.)**

16회 문 93 / 15회 문 89 / 13회 문 89

① 채광설비는 난연재료로 할 것

② 연소의 우려가 없는 장소에 설치하되 채광면적을 최대로 할 것

③ 조명설비의 전선은 내화·내열전선으로 할 것

④ 조명설비의 점멸스위치는 출입구 내부에 설치할 것

해설

① 난연재료 → 불연재료
② 최대 → 최소
④ 내부 → 바깥부분

**위험물규칙 [별표 4] V**

(1) **채광설비**의 **설치기준** : 채광설비는 **불연재료**로 하고, 연소의 우려가 없는 장소에 설치하되 채광면적을 **최소**로 할 것 보기 ①②

(2) **조명설비**의 **설치기준**

① 가연성 가스 등이 체류할 우려가 있는 장소의 조명등은 **방폭등**으로 할 것

② 전선은 **내화·내열전선**으로 할 것 보기 ③

③ 점멸스위치는 **출입구 바깥부분**에 설치할 것(단, 스위치의 스파크로 인한 화재·폭발의 우려가 없을 경우 제외) 보기 ④

답 ③

★★★
## 91
23회 문 69 19회 문 88 18회 문 71 18회 문 86 17회 문 87 16회 문 80 16회 문 85 14회 문 77 14회 문 78 13회 문 76 11회 문 82

위험물안전관리법령상 제조소의 위치·구조 및 설비의 기준 중 위험물을 취급하는 건축물 그 밖의 시설 주위에 3m 이상 너비의 공지를 보유해야 하는 경우를 모두 고른 것은?

> ㉠ 아염소산나트륨 500kg
> ㉡ 철분 5000kg
> ㉢ 부틸리튬 100kg
> ㉣ 메틸알코올 5000L

① ㉠ ② ㉡, ㉢
③ ㉠, ㉡, ㉢ ④ ㉡, ㉢, ㉣

해설

㉠ 아염소산나트륨 지정수량 : 50kg
㉡ 철분 지정수량 : 500kg
㉢ 부틸리튬 지정수량 : 10kg
㉣ 메틸알코올 지정수량 : 400L

(1) **위험물제조소**의 **보유공지**(위험물규칙 [별표 4])

| 취급하는 위험물의 최대수량 | 공지의 너비 |
|---|---|
| 지정수량의 10배 이하 → | 3m 이상 |
| 지정수량의 10배 초과 | 5m 이상 |

(2) 지정수량
① 아염소산나트륨 지정수량 배수
$=\frac{500\text{kg}}{50\text{kg}}=10$배(지정수량 50kg)
② 철분 지정수량 배수
$=\frac{5000\text{kg}}{500\text{kg}}=10$배(지정수량 500kg)
③ 부틸리튬 지정수량 배수
$=\frac{100\text{kg}}{10\text{kg}}=10$배(지정수량 10kg)
④ 메틸알코올 지정수량 배수
$=\frac{5000\text{L}}{400\text{L}}=12.5$배(지정수량 400L)
(∴ 10배 초과이므로 해당 없음)

답 ③

★★★
## 92
23회 문 71 19회 문 95 18회 문 94 17회 문 91 16회 문 95 13회 문 90 13회 문 95 10회 문 95 09회 문 94 09회 문 89 08회 문 86 07회 문 78 06회 문 82 03회 문 90

위험물안전관리법령상 위험물제조소의 옥외에 있는 위험물취급탱크 3기가 다음과 같이 하나의 방유제 내에 있을 때, 방유제의 최소용량($m^3$)은?

> • 등유 30000L
> • 크레오소트유 20000L
> • 기어유 5000L

① 17 ② 17.5
③ 18 ④ 18.5

해설

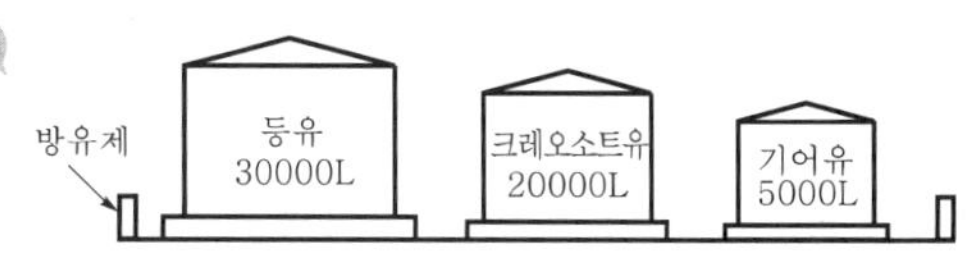


**위험물제조소**의 **방유제 용량**
=탱크 최대용량×0.5+기타 탱크용량의 합×0.1
=30000L×0.5+(20000L+5000L)×0.1
=17500L
=17.5$m^3$(1000L=1$m^3$)

중요

방유제용량

| 위험물제조소 | 옥외탱크저장소 |
|---|---|
| ① **1기의 탱크** 방유제용량 =탱크용량×0.5<br>② **2기 이상의 탱크** 방유제용량 =탱크 최대용량×0.5+기타 탱크용량의 합×0.1 | ① 1기의 탱크 방유제용량 =탱크용량×1.1<br>② 2기 이상의 탱크 방유제용량=탱크 최대용량×1.1 |

답 ②

★
## 93
16회 문 89

위험물안전관리법령상 제조소의 위치·구조 및 설비의 기준 중 피뢰침(「산업표준화법」에 따른 한국산업표준 중 피뢰설비 표준에 적합한 것)을 설치하여야 하는 제조소는? (단, 제조소의 주위의 상황에 따라 안전상 피뢰침을 설치해야 하는 상황이다.)

① 염소산칼륨 300kg을 취급하는 제조소
② 수소화칼슘 1500kg을 취급하는 제조소
③ 과염소산 3000kg을 취급하는 제조소
④ 이황화탄소 500L를 취급하는 제조소

해설

① 염소산칼륨 지정수량 배수
$=\frac{300\text{kg}}{50\text{kg}}=6$배(지정수량 50kg)
∴ 10배 미만이므로 해당 없음
② 수소화칼슘 지정수량 배수
$=\frac{1500\text{kg}}{300\text{kg}}=5$배(지정수량 300kg)
∴ 10배 미만이므로 해당 없음

③ 제6류 위험물은 해당 없음
④ 이황화탄소 지정수량 배수

$= \frac{500L}{50L} = 10$배(지정수량 50L)

(1) **위험물규칙 [별표 4]**
지정수량의 **10배** 이상의 위험물을 취급하는 제조소(**제6류 위험물**을 취급하는 위험물 제조소 제외)에는 **피**뢰침을 설치하여야 한다. 단, 위험물제조소 주위의 상황에 따라 안전상 지장이 없는 경우에는 피뢰침을 설치하지 아니할 수 있다.

기억법 피10(피식 웃다.)

(2) **위험물**(위험물령 [별표 1])

| 유 별 | 성 질 | 품 명 |
|---|---|---|
| 제1류 | 산화성 고체 | • 아염소산염류(아염소산칼륨)<br>• 염소산염류(염소산칼륨) 보기 ①<br>• 과염소산염류<br>• 질산염류<br>• 무기과산화물<br>기억법 1산고(일산GO) |
| 제2류 | 가연성 고체 | • **황화**인<br>• **적**린<br>• **황**<br>• **마**그네슘<br>기억법 2황화적황마 |
| 제3류 | 자연발화성 물질 및 금수성 물질 | • **황**린<br>• **칼**륨<br>• **나트**륨<br>• 알킬리튬<br>• 수소화칼륨<br>• 수소화칼슘 보기 ②<br>기억법 3황칼나트 |
| 제4류 | 인화성 액체 | • 특수인화물(이황화탄소) 보기 ④<br>• 알코올류<br>• 석유류<br>• 동식물유류 |
| 제5류 | 자기반응성 물질 | • 셀룰로이드<br>• 유기과산화물<br>• 질산에스터류 |
| 제6류 | 산화성 액체 | • **과염소산**($HClO_4$) 보기 ③<br>• 과**산**화수소($H_2O_2$)(농도 36 중량퍼센트 이상)<br>• **질**산($HNO_3$)(비중 1.49 이상)<br>기억법 6산액과염산질 |

답 ④

★★★

## 94

18회 문 93 / 15회 문 94 / 12회 문 83 / 10회 문 89 / 09회 문 93 / 04회 문 88

**위험물안전관리법령상 지하저장탱크 용량이 40000L인 경우 탱크의 최대지름은 몇 mm인가?**

① 1625 ② 2450
③ 3200 ④ 3657

해설 **위험물규칙 [별표 8] Ⅰ**
**지하탱크저장소의 기준**

| 탱크용량 (단위 : L) | 탱크의 최대직경 (단위 : mm) | 강철판의 최소두께 (단위 : mm) |
|---|---|---|
| 1000 이하 | 1067 | 3.20 |
| 1000 초과 2000 이하 | 1219 | 3.20 |
| 2000 초과 4000 이하 | 1625 | 3.20 |
| 4000 초과 15000 이하 | 2450 | 4.24 |
| 15000 초과 45000 이하 → | 3200 | 6.10 |
| 45000 초과 75000 이하 | 3657 | 7.67 |
| 75000 초과 189000 이하 | 3657 | 9.27 |
| 189000 초과 | − | 10.00 |

답 ③

★

## 95

22회 문 70

**위험물안전관리법령상 1인의 안전관리자를 중복하여 선임할 수 있는 경우, 행정안전부령이 정하는 저장소의 기준으로 옳은 것은? (단, 동일구 내에 있거나 상호 100m 이내의 거리에 있는 저장소로서 저장소의 규모, 저장하는 위험물의 종류 등을 고려하여 동일인이 설치한 경우이다.)**

① 10개 이하의 암반탱크저장소
② 35개 이하의 옥외탱크저장소
③ 30개 이하의 옥내저장소
④ 30개 이하의 옥외저장소

해설
② 35개 → 30개
③ 30개 → 10개
④ 30개 → 10개

위험물규칙 제56조
1인의 안전관리자를 중복하여 선임할 수 있는 저장소 등

(1) **10개** 이하의 **옥내저장소** 보기 ③
(2) **10개** 이하의 **옥외저장소** 보기 ④
(3) **10개** 이하의 **암반탱크저장소** 보기 ①
(4) **30개** 이하의 **옥외탱크저장소** 보기 ②
(5) 옥내탱크저장소
(6) 지하탱크저장소
(7) 간이탱크저장소

답 ①

★★★
## 96 위험물안전관리법령상 이동탱크저장소의 위치·구조 및 설비의 기준에 관한 설명으로 옳은 것을 모두 고른 것은?

23회 문 96 / 22회 문 95 / 18회 문 95 / 14회 문100 / 13회 문 96 / 12회 문 85 / 11회 문 90 / 10회 문 91 / 07회 문 84 / 06회 문 77

㉠ 안전장치는 상용압력이 20kPa 이하인 탱크에 있어서는 20kPa 이상 24kPa 이하의 압력에서, 상용압력이 20kPa를 초과하는 탱크에 있어서는 상용압력의 1.1배 이하의 압력에서 작동하는 것으로 할 것
㉡ 옥내에 있는 상치장소는 벽·바닥·보·서까래 및 지붕이 내화구조 또는 난연재료로 된 건축물의 1층에 설치하여야 한다.
㉢ 이동탱크저장소에 주입설비를 설치하는 경우에는 주입설비의 길이는 60m 이내로 하고, 분당 배출량은 200L 이하로 할 것
㉣ 이동저장탱크는 그 내부에 4000L 이하마다 1.6mm 이상의 강철판 또는 이와 동등 이상의 강도·내열성 및 내식성이 있는 금속성의 것으로 칸막이를 설치하여야 한다.

① ㉠
② ㉠, ㉡
③ ㉠, ㉡, ㉢
④ ㉡, ㉢, ㉣

해설
㉡ 난연재료 → 불연재료
㉢ 60m → 50m
㉣ 1.6mm → 3.2mm

(1) **이동탱크저장소**의 **시설기준**(위험물규칙 [별표 10] Ⅰ·Ⅱ·Ⅶ, [별표 19] Ⅲ)

① 옥외에 있는 상치장소는 화기를 취급하는 장소 또는 인근의 건축물로부터 **5m** 이상(**1층**은 **3m** 이상)의 거리를 확보하여야 한다(단, 하천의 공지나 수면, **내화구조** 또는 **불연재료**의 담 또는 벽, 그 밖에 이와 유사한 것에 접하는 경우 제외)([별표 10] Ⅰ).
② 옥내에 있는 상치장소는 벽·바닥·보·서까래 및 지붕이 **내화구조** 또는 **불연재료**로 된 건축물의 **1층**에 설치([별표 10] Ⅰ). 보기 ㉡
③ 압력탱크 외의 탱크는 **70kPa**의 압력으로 **10분간** 수압시험을 실시하여 새거나 변형되지 않아야 한다([별표 10] Ⅱ).
④ 액체위험물의 탱크 내부에는 **4000L** 이하마다 **3.2mm** 이상의 강철판 등으로 칸막이를 설치해야 한다([별표 10] Ⅱ). 보기 ㉣
⑤ 위험물의 운반도중 위험물이 현저하게 새는 등 재난발생의 우려가 있는 경우에는 응급조치를 강구하는 동시에 가까운 소방관서, 그 밖의 관계기관에 통보하여야 한다([별표 19] Ⅲ).
⑥ 제4류 위험물 중 **특수인화물**, **제1석유류** 또는 **제2석유류**의 이동탱크저장소에는 접지도선설치([별표 10] Ⅶ)
  ㉠ 양도체의 도선에 비닐 등의 **전열차단재료**로 피복하여 끝부분에 **접지전극** 등을 결착시킬 수 있는 **클립**(Clip) 등을 부착할 것
  ㉡ 도선이 손상되지 아니하도록 도선을 수납할 수 있는 장치를 부착할 것

중요

**위험물 표시방식**(위험물규칙 [별표 4·6·10·13])

| 구 분 | 표시방식 |
|---|---|
| 옥외탱크저장소·컨테이너식 이동탱크저장소 | **백색**바탕에 **흑색**문자 |
| 주유취급소 | **황색**바탕에 **흑색**문자 |
| 물기엄금 | **청색**바탕에 **백색**문자 |
| 화기엄금·화기주의 | **적색**바탕에 **백색**문자 |

⑦ **이동탱크저장소**의 **두께**(위험물규칙 [별표 10] Ⅱ)

| 구 분 | 두 께 |
|---|---|
| 방파판 | 1.6mm 이상 |
| 방호틀 | 2.3mm 이상 (정상부분은 50mm 이상 높게 할 것) |
| 탱크 본체 | 3.2mm 이상 |
| 주입관의 뚜껑 | 10mm 이상 |
| 맨홀 | 10mm 이상 |

㉠ **방파판**의 **면적**: 수직단면적의 **50%**(원형·타원형은 **40%**) 이상

ⓛ 하나의 구획부분에 **2개 이상**의 방파판을 이동탱크저장소의 진행방향과 **평행**으로 설치하되, 각 방파판은 그 높이 및 칸막이로부터의 거리를 **다르게** 할 것

ⓒ 하나의 구획부분에 설치하는 각 방파판의 면적의 합계는 당해 구획부분의 **최대수직단면적**의 **50% 이상**으로 할 것(단, 수직단면이 원형이거나 짧은 지름이 **1m 이하**의 타원형일 경우에는 **40% 이상** 가능)

⑧ **이동탱크저장소**의 **안전장치**(위험물규칙 [별표 10] Ⅱ) **보기 ㉠**

| 상용압력 | 작동압력 |
|---|---|
| 20kPa 이하 | 20~24kPa 이하 |
| 20kPa 초과 | 상용압력의 1.1배 이하 |

(2) **결합금속구** 등 **이동탱크저장소**의 **주입설비기준**(위험물규칙 [별표 10] Ⅳ)

① 위험물이 샐 우려가 없고 화재예방상 안전한 구조로 할 것

② 주입설비의 길이는 **50m** 이내로 하고, 그 끝부분에 축적되는 정전기를 유효하게 제거할 수 있는 장치를 할 것 **보기 ⓒ**

③ 분당 배출량은 **200L** 이하로 할 것 **보기 ⓒ**

답 ①

★★★

## 97 위험물안전관리법령상 옥내저장소에 벤젠 20L 용기 200개와 포름산 200L 용기 20개를 저장하고 있다면, 이 저장소에는 지정수량 몇 배를 저장하고 있는가? (단, 용기에 가득 차 있다고 가정한다.)

17회 문 85 / 16회 문 98 / 15회 문 82 / 12회 문 93 / 11회 문 99

① 12 ② 21
③ 22 ④ 26

해설 (1) **주어진 값**

- 벤젠 : 20L 용기 200개
- 포름산 : 200L 용기 20개

(2) **제4류 위험물**의 **종류** 및 **지정수량**

| 성질 | 품 명 | | 지정수량 | 대표물질 |
|---|---|---|---|---|
| 인화성 액체 | 특수인화물 | | 50L | 다이에틸에터 · 이황화탄소 · 아세트알데하이드 · 산화프로필렌 · 이소프렌 · 펜탄 · 디비닐에터 · 트리클로로실란 |
| | 제1석유류 | 비수용성 | 200L | 휘발유 · **벤젠** · 톨루엔 · 시클로헥산 · 아크롤레인 · 에틸벤젠 · 초산에스터류 · 의산에스터류 · 콜로디온 · 메틸에틸케톤 |
| | | 수용성 | 400L | 아세톤 · 피리딘 · 시안화수소 |
| | 알코올류 | | 400L | 메틸알코올 · 에틸알코올 · 프로필알코올 · 이소프로필알코올 · 부틸알코올 · 아밀알코올 · 퓨젤유 · 변성알코올 |
| | 제2석유류 | 비수용성 | 1000L | 등유 · 경유 · 테레빈유 · 장뇌유 · 송근유 · 스티렌 · 클로로벤젠 · 크실렌 |
| | | 수용성 | 2000L | **포름산**(의산) · 초산 · 메틸셀로솔브 · 에틸셀로솔브 · 알릴알코올 |
| | 제3석유류 | 비수용성 | 2000L | 중유 · 크레오소트유 · 니이트로벤젠 · 아닐린 · 담금질유 |
| | | 수용성 | 4000L | 에틸렌글리콜 · 글리세린 |
| | 제4석유류 | | 6000L | 기어유 · 실린더유 |
| | 동식물유류 | | 10000L | 아마인유 · 해바라기유 · 들기름 · 대두유 · 야자유 · 올리브유 · 팜유 |

지정수량의 배수

$$= \frac{\text{저장량}}{\text{지정수량}} + \frac{\text{저장량}}{\text{지정수량}}$$

$$= \frac{20\text{L} \times 200\text{개}}{200\text{L}} + \frac{200\text{L} \times 20\text{개}}{2000\text{L}} = 22\text{배}$$

답 ③

★★★

## 98 위험물안전관리법령상 판매취급소의 위치 · 구조 및 설비의 기준으로 옳지 않은 것은?

21회 문 98 / 18회 문 98 / 17회 문 99 / 16회 문 97 / 15회 문 98 / 14회 문 91 / 10회 문 55 / 11회 문 84 / 03회 문 93

① 제1종 판매취급소는 건축물의 1층에 설치할 것

② 제1종 판매취급소의 위험물을 배합하는 실의 바닥면적은 $5m^2$ 이상 $15m^2$ 이하로 할 것

③ 제2종 판매취급소의 용도로 사용하는 부분은 벽 · 기둥 · 바닥 및 보를 내화구조로 할 것

④ 제2종 판매취급소의 용도로 사용하는 부분에 상층이 있는 경우에 있어서는 상층의 바닥을 내화구조로 하는 동시에 상층으로의 연소를 방지하기 위한 조치를 강구할 것

해설 ② $5m^2$ 이상 → $6m^2$ 이상

위험물규칙 [별표 14] Ⅰ
**제1종 판매취급소의 기준**

(1) 제1종 판매취급소는 건축물의 **1층**에 설치할 것 보기 ①
(2) 제1종 판매취급소 : 저장 또는 취급하는 위험물의 수량이 지정수량의 **20배** 이하인 판매취급소
(3) 위험물을 배합하는 실 바닥면적 : **6~15m²** 이하 보기 ②
(4) 제1종 판매취급소의 용도로 사용되는 건축물의 부분은 **내화구조** 또는 **불연재료**로 하고, 판매취급소로 사용되는 부분과 다른 부분과의 격벽은 **내화구조**로 할 것
(5) 제1종 판매취급소의 용도로 사용하는 부분의 **창** 및 **출입구**에는 60분+방화문, 60분 방화문 또는 30분 방화문을 설치할 것
(6) 판매취급소의 용도로 사용하는 건축물의 부분은 **보**를 **불연재료**로 하고, 천장을 설치하는 경우에는 **천장**을 **불연재료**로 할 것
(7) 판매취급소의 용도로 사용하는 부분에 상층이 있는 경우에 있어서는 그 상층의 **바닥**을 **내화구조**로 하고, 상층이 없는 경우에 있어서는 **지붕**을 **내화구조** 또는 **불연재료**로 할 것
(8) 판매취급소의 용도로 사용하는 부분의 **창** 또는 **출입구**에 유리를 이용하는 경우에는 **망입유리**로 할 것
(9) 판매취급소의 용도로 사용하는 건축물에 설치하는 전기설비는 「전기사업법」에 의한 「전기설비기술기준」에 의할 것

비교

**제2종 판매취급소 위치·구조 및 설비의 기준**
(위험물규칙 [별표 14] Ⅰ)

(1) **벽·기둥·바닥** 및 **보**를 **내화구조**로 하고, **천장**이 있는 경우에는 이를 **불연재료**로 하며, 판매취급소로 사용되는 부분과 다른 부분과의 **격벽**은 **내화구조**로 할 것 보기 ③
(2) 상층이 있는 경우에는 상층의 **바닥**을 **내화구조**로 하는 동시에 상층으로의 연소를 방지하기 위한 조치를 강구하고, 상층이 없는 경우에는 **지붕**을 **내화구조**로 할 것 보기 ④
(3) 연소의 우려가 없는 부분에 한하여 창을 두되, 해당 창에는 60분+방화문, 60분 방화문 또는 30분 방화문을 설치할 것
(4) **출입구**에는 60분+방화문, 60분 방화문 또는 30분 방화문을 설치할 것

답 ②

★★★
**99** 위험물안전관리법령상 소화설비 기준 중 소화난이도등급 Ⅰ의 제조소 및 일반취급소에 설치하여야 하는 소화설비로 옳은 것을 모두 고른 것은?

22회 문 93 / 19회 문 93 / 16회 문 90 / 10회 문 94 / 09회 문 90 / 08회 문 82

㉠ 옥내소화전설비
㉡ 옥외소화전설비
㉢ 스프링클러설비

① ㉠　② ㉠, ㉡
③ ㉡, ㉢　④ ㉠, ㉡, ㉢

해설 **위험물규칙 [별표 17]**
**소화난이도등급 Ⅰ의 제조소 등에 설치하여야 하는 소화설비**

| 제조소 등의 구분 | | | 소화설비 |
|---|---|---|---|
| 제조소 및 일반취급소 | | | ① 옥내소화전설비 보기 ㉠<br>② 옥외소화전설비 보기 ㉡<br>③ 스프링클러설비 또는 물분무등 소화설비 보기 ㉢ |
| 주유취급소 | | | ① 스프링클러설비(건축물에 한정)<br>② 소형 수동식 소화기 등 |
| 옥내저장소 | 처마높이가 6m 이상인 단층 건물 또는 다른 용도의 부분이 있는 건축물에 설치한 옥내저장소 | | 스프링클러설비 또는 이동식 외의 물분무등소화설비 |
| 옥외탱크저장소 | 지중탱크 또는 해상탱크 외의 것 | 황만을 저장·취급하는 것 | 물분무소화설비 |
| | | 인화점 70℃ 이상의 제4류 위험물만을 저장·취급하는 것 | 물분무소화설비 또는 고정식 포소화설비 |
| | 지중탱크 | | ① 고정식 포소화설비<br>② 이동식 이외의 불활성가스 소화설비<br>③ 이동식 이외의 할로겐화합물소화설비 |
| | 해상탱크 | | 고정식 포소화설비, 물분무소화설비, 이동식 이외의 불활성가스 소화설비 또는 이동식 이외의 할로겐화합물소화설비 |
| 옥내탱크저장소 | 황만을 저장·취급하는 것 | | 물분무소화설비 |
| | 인화점 **70℃ 이상**의 제4류 위험물만을 저장·취급하는 것 | | 물분무소화설비, 고정식 포소화설비, 이동식 이외의 불활성가스 소화설비, 이동식 이외의 할로겐화합물소화설비 또는 이동식 이외의 분말소화설비 |

| 제조소 등의 구분 | | 소화설비 |
|---|---|---|
| 옥외저장소 및 이송취급소 | | 옥내소화전설비, 옥외소화전설비, 스프링클러설비 또는 물분무등소화설비(화재발생시 연기가 충만할 우려가 있는 장소에는 스프링클러설비 또는 이동식 이외의 물분무등소화설비에 한함) |
| 암반 탱크 저장소 | 황만을 저장·취급하는 것 | 물분무소화설비 |
| | 인화점 **70℃ 이상**의 제4류 위험물만을 저장·취급하는 것 | 물분무소화설비 또는 고정식 포소화설비 |

답 ④

★

## 100 다음은 위험물안전관리법령상 옮겨 담는 일반취급소의 특례기준이다. (  )에 알맞은 숫자로 옳은 것은? (단, 당해 일반취급소에 인접하여 연소의 우려가 있는 건축물은 없다.)

> 일반취급소의 주위에는 높이 (  )m 이상의 내화구조 또는 불연재료로 된 담 또는 벽을 설치하여야 한다.

① 1 ② 2
③ 3 ④ 4

해설 **위험물규칙 [별표 16]**
**옮겨 담는 위험물의 특례기준**
일반취급소의 주위에는 높이 **2m** 이상의 **내화구조** 또는 **불연재료**로 된 담 또는 벽을 설치하여야 한다. 이 경우 당해 일반취급소에 인접하여 연소의 우려가 있는 건축물이 있을 때에는 담 또는 벽을 방화상 안전한 높이로 하여야 한다.

답 ②

# 제 5 과목 소방시설의 구조 원리

★

## 101 옥내소화전설비의 화재안전기술기준상 물올림장치의 설치기준 중 일부이다. (  )에 들어갈 것으로 옳은 것은?

12회 문112

> 수조의 유효수량은 ( ㉠ )L 이상으로 하되, 구경 ( ㉡ )mm 이상의 급수배관에 따라 해당 수조에 물이 계속 보급되도록 할 것

① ㉠ : 100, ㉡ : 15 ② ㉠ : 100, ㉡ : 20
③ ㉠ : 200, ㉡ : 15 ④ ㉠ : 200, ㉡ : 20

해설 (1) **용량** 및 **구경**

| 구 분 | 설 명 |
|---|---|
| 급수배관 구경 | **15mm** 이상 **보기 ㉡** |
| 순환배관 구경 | **20mm** 이상(정격토출량의 **2~3%** 용량) |
| 물올림관 구경 | **25mm** 이상(높이 **1m** 이상) |
| 오버플로관 구경 | **50mm** 이상 |
| 물올림수조 용량 | **100L** 이상 **보기 ㉠** |

(2) **물올림장치**의 **주위배관**

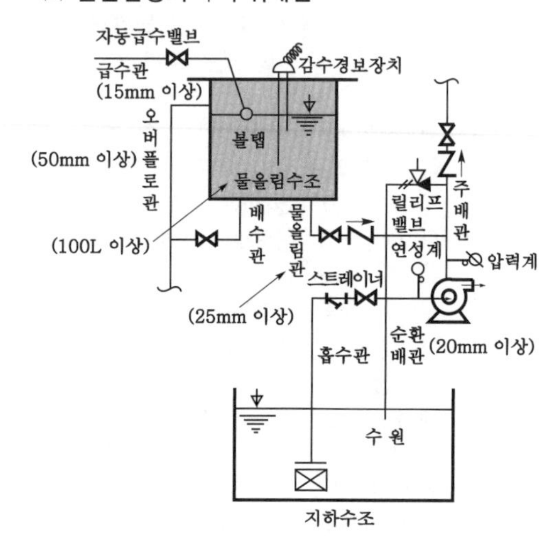


답 ①

★★★

## 102 옥외소화전설비의 화재안전기술기준에 따라 옥외소화전 3개가 다음 조건과 같이 설치된 경우, 펌프의 축동력(kW)은 약 얼마인가?

21회 문112
19회 문 30
15회 문 31
02회 문 39

> 〔조건〕
> ① 실양정 30m
> ② 배관 및 배관부속품의 마찰손실수두는 실양정의 30%
> ③ 호스길이는 40m(호스길이 100m당 마찰손실수두는 4m)
> ④ 펌프의 효율 75%, 전달계수 1.1
> ⑤ 주어진 조건 이외의 다른 조건은 고려하지 않고, 계산결과값은 소수점 둘째자리에서 반올림한다.

① 7.5 ② 10.0
③ 11.0 ④ 13.0

해설 (1) 기호

- $h_3$ : 30m 〔조건 ①〕
- $h_2$ : 30m×30%=30m×0.3=9m 〔조건 ②〕
- $h_1$ : $\frac{4}{100} \times 40\text{m} = 1.6\text{m}$(호스길이 100m당 마찰손실수두 4m) 〔조건 ③〕
- $\eta$ : 0.75(75%=0.75) 〔조건 ④〕
- $K$ : 1.1 〔조건 ④〕
- $P$ : ?

(2) **옥외소화전설비 토출량**

$$Q = N \times 350$$

여기서, $Q$ : 토출량〔L/min〕
$N$ : 옥외소화전 개수(**최대 2개**)

옥외소화전 토출량 $Q$는

$Q = N \times 350 = 2 \times 350$
$= 700\text{L/min} = 0.7\text{m}^3\text{/min}(1000\text{L} = 1\text{m}^3)$

- $N$ : 문제에서 3개이므로 최대 2개 적용

(3) **옥외소화전설비 전양정**

$$H = h_1 + h_2 + h_3 + 25$$

여기서, $H$ : 전양정〔m〕
$h_1$ : 소방용 호스의 마찰손실수두〔m〕
$h_2$ : 배관 및 관부속품의 마찰손실수두〔m〕
$h_3$ : 실양정(흡입양정+토출양정)〔m〕
25 : 관창(노즐)에서의 방수압(수두)〔m〕

옥외소화전 전양정 $H$는

$H = h_1 + h_2 + h_3 + 25$
$= 1.6\text{m} + 9\text{m} + 30\text{m} + 25\text{m} = 65.6\text{m}$

(4) **축동력**

$$P = \frac{0.163\,QH}{\eta}$$

여기서, $P$ : 전동력〔kW〕
$Q$ : 유량〔$\text{m}^3$/min〕
$H$ : 전양정〔m〕
$\eta$ : 효율

**축동력** $P$는

$P = \frac{0.163QH}{\eta}$
$= \frac{0.163 \times 0.7\text{m}^3\text{/min} \times 65.6\text{m}}{0.75}$
$= 9.979 ≒ 10\text{kW}$

참고

**소방펌프**의 **동력**

(1) **전동력** : 일반적인 전동기의 동력(용량)을 말한다.

$$P = \frac{\gamma QH}{1000\eta}K$$

여기서, $P$ : 전동력〔kW〕
$\gamma$ : 비중량(물의 비중량 9800N/$\text{m}^3$)
$Q$ : 유량〔$\text{m}^3$/s〕
$H$ : 전양정〔m〕
$K$ : 전달계수
$\eta$ : 효율

또는,

$$P = \frac{0.163\,QH}{\eta}K$$

여기서, $P$ : 전동력〔kW〕
$Q$ : 유량〔$\text{m}^3$/min〕
$H$ : 전양정〔m〕
$K$ : 전달계수
$\eta$ : 효율

(2) **축동력** : 전달계수($K$)를 고려하지 않은 동력이다.

$$P = \frac{\gamma QH}{1000\eta}$$

여기서, $P$ : 전동력〔kW〕
$\gamma$ : 비중량(물의 비중량 9800N/$\text{m}^3$)
$Q$ : 유량〔$\text{m}^3$/s〕
$H$ : 전양정〔m〕
$\eta$ : 효율

또는,

$$P = \frac{0.163\,QH}{\eta}$$

여기서, $P$ : 전동력〔kW〕
$Q$ : 유량〔$\text{m}^3$/min〕
$H$ : 전양정〔m〕
$\eta$ : 효율

(3) **수동력**
전달계수($K$)와 효율($\eta$)을 고려하지 않은 동력이다.

$$P = \frac{\gamma QH}{1000}$$

여기서, $P$ : 전동력〔kW〕
$\gamma$ : 비중량(물의 비중량 9800N/$\text{m}^3$)
$Q$ : 유량〔$\text{m}^3$/s〕
$H$ : 전양정〔m〕

또는,

$$P = 0.163\,QH$$

여기서, $P$ : 전동력〔kW〕
$Q$ : 유량〔$\text{m}^3$/min〕
$H$ : 전양정〔m〕

답 ②

★

**103** 옥내소화전설비의 화재안전기술기준상 옥상수조를 설치하지 않아도 되는 기준으로 옳은 것은?

03회 문108

① 압력수조를 가압송수장치로 설치한 경우
② 수원이 건축물의 최하층에 설치된 방수구보다 높은 위치에 설치된 경우
③ 건축물의 높이가 지표면으로부터 10m를 초과하는 경우
④ 고가수조를 가압송수장치로 설치한 경우

해설

① 압력수조 → 가압수조
② 최하층 → 최상층
③ 10m를 초과하는 → 10m 이하인

**유효수량**의 $\frac{1}{3}$ **이상**을 **옥상**에 설치하지 않아도 되는 경우(30층 이상은 제외)(NFPC 102 제4조, NFTC 102 2.1.2)

(1) **지하층**만 있는 건축물
(2) **고가수조**를 가압송수장치로 설치한 옥내소화전설비 **보기 ④**
(3) **수원**이 건축물의 최상층에 설치된 **방수구**보다 높은 위치에 설치된 경우 **보기 ②**
(4) **건**축물의 높이가 지표면으로부터 **10m** 이하인 경우 **보기 ③**
(5) **주펌프**와 동등 이상의 성능이 있는 별도의 펌프를 설치하고, **내연기관**의 기동에 따르거나 **비상전원**을 연결하여 설치한 경우
(6) **아파트 · 업무시설 · 학교 · 전시장 · 공장 · 창고시설** 또는 **종교시설** 등으로서 동결의 우려가 있는 장소
(7) **가압수조**를 가압송수장치로 설치한 옥내소화전설비 **보기 ①**

기억법 지고수 건가옥

답 ④

★★★

**104** 내화구조이고 물품보관용 렉이 설치되지 않은 가로 50m, 세로 30m인 창고에 라지드롭형 스프링클러헤드를 정방형으로 배치하는 경우 필요한 헤드의 최소설치개수는? (단, 특수가연물을 저장 또는 취급하지 않음)

21회 문115
16회 문102
11회 문105
05회 문112

① 84개
② 160개
③ 187개
④ 273개

해설 **스프링클러헤드**의 **수평거리**(NFPC 103 제10조, NFTC 103 2.7.3 / NFPC 609 제7조, NFTC 609 2.3.5)

| 설치장소 | 설치기준 |
|---|---|
| **무**대부 · **특**수가연물(창고 포함) | 수평거리 **1.7**m 이하 |
| **기**타구조(창고 포함) | 수평거리 **2.1**m 이하 |
| **내**화구조(창고 포함) → | 수평거리 **2.3**m 이하 |
| **공**동주택(**아**파트) 세대 내 | 수평거리 **2.6**m 이하 |

기억법
무특 17
기 1
내 3
공아 26

**수평헤드간격** $S$는

$$S = 2R\cos 45° = 2\times 2.3\text{m}\times\cos 45° \fallingdotseq 3.252\text{m}$$

(1) 가로헤드 설치개수 $= \dfrac{\text{가로길이}}{\text{수평헤드간격}} = \dfrac{50\text{m}}{3.252\text{m}} = 15.3 \fallingdotseq 16$개(절상)

(2) 세로헤드 설치개수 $= \dfrac{\text{세로길이}}{\text{수평헤드간격}} = \dfrac{30\text{m}}{3.252\text{m}} = 9.2 = 10$개(절상)

(3) 헤드 설치개수 = 가로헤드 설치개수 × 세로헤드 설치개수
= 16개 × 10개 = 160개

참고

**헤드**의 **배치형태**

(1) **정방형**(정사각형)

$$S = 2R\cos 45°,\ L = S$$

여기서, $S$ : 수평헤드간격
$R$ : 수평거리
$L$ : 배관간격

(2) **장방형**(직사각형)

$$S = \sqrt{4R^2 - L^2},\ L = 2R\cos\theta,\ S' = 2R$$

여기서, $S$ : 수평헤드간격
$R$ : 수평거리
$L$ : 배관간격
$S$ : 대각선 헤드간격
$\theta$ : 각도

(3) **지그재그형**(나란히꼴형)

$$S = 2R\cos 30°, \quad b = 2S\cos 30°, \quad L = \frac{b}{2}$$

여기서, $S$ : 수평헤드간격
$R$ : 수평거리
$b$ : 수직헤드간격
$L$ : 배관간격

답 ②

**105** (14회 문106) **물분무소화설비의 화재안전기술기준상 고압의 전기기기가 있는 장소는 전기의 절연을 위하여 전기기기와 물분무헤드 사이에 거리를 두어야 한다. 전기기기의 전압(kV)에 따라 이격한 거리(cm)로 옳은 것은?**

① 66kV－60cm
② 120kV－130cm
③ 150kV－160cm
④ 200kV－190cm

해설
- ③ 150cm 이상이므로 정답
- ① 60cm → 70cm 이상,
  ② 130cm → 150cm 이상,
  ④ 190cm → 210cm 이상

**전기기기**와 **물분무헤드**의 **거리**(NFPC 104 제10조, NFTC 104 2.7.2)

| 전압[kV] | 거 리 |
|---|---|
| 66 이하 | 70cm 이상 **보기 ①** |
| 66 초과 77 이하 | 80cm 이상 |
| 77 초과 110 이하 | 110cm 이상 |
| 110 초과 154 이하 | 150cm 이상 **보기 ②③** |
| 154 초과 181 이하 | 180cm 이상 |
| 181 초과 220 이하 | 210cm 이상 **보기 ④** |
| 220 초과 275 이하 | 260cm 이상 |

기억법
6 7
7 8
1 1
5 5
8 8
2 1
7 6

참고

**물분무헤드**의 **종류**

| 종류 | 설 명 |
|---|---|
| 충돌형 | 유수와 유수의 충돌에 의해 미세한 물방울을 만드는 물분무헤드 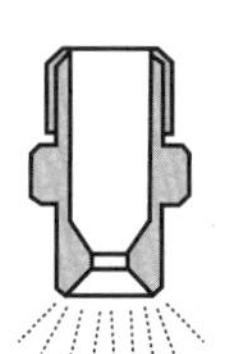 ▮충돌형▮ |
| 분사형 | 소구경의 오리피스로부터 고압으로 분사하여 미세한 물방울을 만드는 물분무헤드 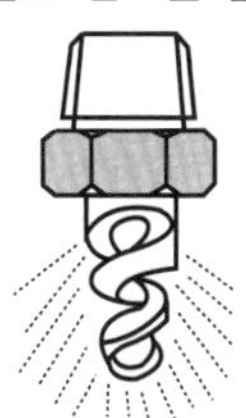 ▮분사형▮ |
| 선회류형 | 선회류에 의해 확산방출하든가 선회류와 직선류의 충돌에 의해 확산방출하여 미세한 물방울로 만드는 물분무헤드 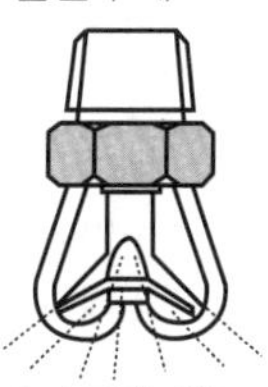 ▮선회류형▮ |
| 디플렉터형 | 수류를 살수판에 충돌하여 미세한 물방울을 만드는 물분무헤드 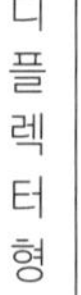 ▮디플렉터형▮ |

| | |
|---|---|
| 슬리트형 | 수류를 슬리트에 의해 방출하여 수막상의 분무를 만드는 물분무헤드<br>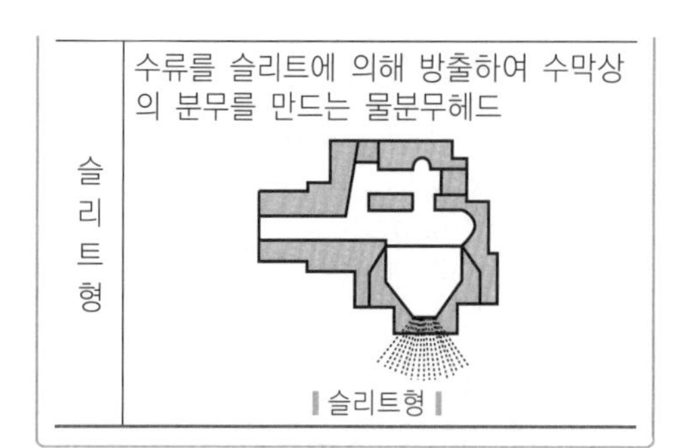<br>❙슬리트형❙ |

답 ③

★

## 106 포소화설비의 화재안전기술기준상 용어의 정의로 옳지 않은 것은?

① "비확관형 분기배관"이란 배관의 측면에 분기호칭내경 이상의 구멍을 뚫고 배관이음쇠를 용접이음한 배관을 말한다.

② "포소화전설비"란 포소화전방수구・호스 및 이동식 포노즐을 사용하는 설비를 말한다.

③ "주펌프"란 구동장치의 회전 또는 왕복운동으로 소화용수를 가압하여 그 압력으로 급수하는 주된 펌프를 말한다.

④ "프레져 프로포셔너방식"이란 펌프의 토출관에 압입기를 설치하여 포소화약제 압입용 펌프로 포소화약제를 압입시켜 혼합하는 방식을 말한다.

해설

④ 프레져 프로포셔너방식 → 프레져 사이드 프로포셔너방식

**포소화설비 용어**의 **정의**(NFPC 105 제3조, NFTC 105 1.7)

| 용 어 | 정 의 |
|---|---|
| 고가수조 | **구조물** 또는 **지형지물** 등에 설치하여 자연낙차의 압력으로 급수하는 수조 |
| 압력수조 | 소화용수와 공기를 채우고, **일정압력 이상**으로 **가압**하여 그 압력으로 급수하는 수조 |
| 충압펌프 | 배관 내 압력손실에 따른 **주펌프**의 **빈번한 기름**을 **방지**하기 위하여 충압역할을 하는 펌프 |
| 연성계 | **대기압 이상**의 압력과 **대기압 이하**의 압력을 측정할 수 있는 계측기 |
| 진공계 | **대기압 이하**의 압력을 측정하는 계측기 |
| 정격토출량 | 펌프의 정격부하운전시 토출량으로서 **정격토출압력**에서의 토출량 |
| 정격토출압력 | 펌프의 정격부하운전시 토출압력으로서 **정격토출량**에서의 토출측 압력 |
| 전역방출방식 | 소화약제 공급장치에 배관 및 분사헤드 등을 고정 설치하여 **밀폐**방호구역 내에 소화약제를 방출하는 방식 |
| 국소방출방식 | 소화약제 공급장치에 배관 및 분사헤드 등을 설치하여 **직접** 화점에 소화약제를 **방출**하는 방식 |
| 팽창비 | **최종 발생한 포체적**을 **원래 포수용액 체적**으로 **나눈 값** |
| 개폐표시형 밸브 | 밸브의 **개폐여부**를 외부에서 **식별**이 가능한 밸브 |
| 기동용 수압개폐장치 | 소화설비의 배관 내 **압력변동**을 **검지**하여 자동적으로 **펌프**를 **기동** 및 **정지**시키는 것으로서 **압력챔버** 또는 **기동용 압력스위치** 등 |
| 포워터 스프링클러설비 | **포워터 스프링클러헤드**를 사용하는 포소화설비 |
| 포헤드설비 | **포헤드**를 사용하는 포소화설비 |
| 고정포 방출설비 | **고정포방출구**를 사용하는 설비 |
| 호스릴 포소화설비 | **호스릴포방수구・호스릴** 및 **이동식 포노즐**을 사용하는 설비 |
| 포소화전설비 | **포소화전방수구・호스** 및 **이동식 포노즐**을 사용하는 설비 보기 ② |
| 송액관 | 수원으로부터 **포헤드・고정포방출구** 또는 **이동식 포노즐** 등에 급수하는 배관 |
| 급수배관 | 수원 및 옥외송수구로부터 포소화설비의 **헤드** 또는 **방출구**에 급수하는 배관 |

| 용 어 | 확관형 분기배관 | 비확관형 분기배관 보기 ① |
|---|---|---|
| 분기배관 : 배관 측면에 구멍을 뚫어 둘 이상의 관로가 생기도록 가공 | 배관의 측면에 조그만 구멍을 뚫고 소성가공으로 확관시켜 배관 용접이음자리를 만들거나 배관 용접이음자리에 배관이음쇠를 용접이음한 배관 | 배관의 측면에 분기호칭내경 이상의 구멍을 뚫고 배관이음쇠를 용접이음한 배관 |

| 용 어 | 정 의 |
|---|---|
| 펌프 프로포셔너 방식 | 펌프의 토출관과 흡입관 사이의 배관도중에 설치한 흡입기에 펌프에서 토출된 물의 일부를 보내고, 농도조정밸브에서 조정된 포소화약제의 필요량을 포소화약제 저장탱크에서 펌프흡입측으로 보내어 이를 혼합하는 방식 |
| 프레져 프로포셔너 방식 | 펌프와 발포기의 중간에 설치된 벤투리관의 벤투리작용과 펌프가압수의 포소화약제 저장탱크에 대한 압력에 따라 포소화약제를 흡입·혼합하는 방식 **보기 ④** |
| 라인 프로포셔너 방식 | 펌프와 발포기의 중간에 설치된 **벤투리관**의 **벤투리작용**에 따라 포소화약제를 흡입·혼합하는 방식 |
| 프레져 사이드 프로포셔너 방식 | 펌프의 토출관에 압입기를 설치하여 **포소화약제 압입용 펌프**로 포소화약제를 압입시켜 혼합하는 방식 **보기 ④** |
| 가압수조 | 가압원인 **압축공기** 또는 **불연성 기체**의 압력으로 소화용수를 가압하여 그 압력으로 급수하는 수조 |
| 압축공기 포소화설비 | **압축공기** 또는 **압축질소**를 일정비율로 포수용액에 강제 주입 혼합하는 방식 |
| 주펌프 | 구동장치의 회전 또는 왕복운동으로 소화용수를 가압하여 그 압력으로 급수하는 주된 펌프 **보기 ③** |
| 호스릴 | 원형의 형태를 유지하고 있는 소방호스를 수납장치에 감아 정리한 것 |
| 압축공기포 믹싱챔버방식 | **물, 포소화약제** 및 **공기**를 믹싱챔버로 **강제주입**시켜 챔버 내에서 포수용액을 생성한 후 포를 방사하는 방식 |

답 ④

★★★
**107** (18회 문117)
**포소화설비의 화재안전성능기준상 특수가연물을 저장·취급하는 특정소방대상물 중 바닥면적이 200m²인 부분에 포헤드방식으로 포소화설비를 설치하는 경우 1분당 최소방사량(L)은? (단, 포소화약제의 종류는 합성계면활성제포로 함)**

① 740　　② 1300
③ 1600　　④ 1700

해설 **포헤드** 및 **고정포방출구**의 **설치기준**

(1) **주어진 값**
바닥면적 200m²

(2) **포헤드**의 **분당 방사량**

| 특정소방대상물 | 포소화약제의 종류 | 방사량 |
|---|---|---|
| • 차고·주차장<br>• 항공기격납고 | • 수성막포 | 3.7L/m²·분 |
| | • 단백포 | 6.5L/m²·분 |
| | • 합성계면활성제포 | 8.0L/m²·분 |
| • 특수가연물 저장·취급소 | • 수성막포<br>• 단백포<br>• 합성계면활성제포 | 6.5L/m²·분 |

(3) **포헤드**의 **수원**의 **양**

$$Q = AQ_1TS$$

여기서, $Q$ : 수원의 양[L]
$A$ : 탱크의 액표면적[m²]
$Q_1$ : 단위 포소화수용액의 양(방사량) [L/m²·분]
$T$ : 방출시간[분]
$S$ : 사용농도

(4) **펌프**의 **토출량**(1분당 방사량)

$$Q = AQ_1 = 200\text{m}^2 \times 6.5\text{L/m}^2 \cdot \text{분}$$
$$= 1300\text{L/분} = 1300\text{L/min}$$

(∵ 1분당 최소방사량=1300L)

• 1분당 방사량은 위 수원의 양 $Q = AQ_1TS$에서 $T$와 $S$를 제외한 $Q = AQ_1$ 식을 적용하면 됨. 왜냐하면 $T$는 1분당 방사량 단위에 이미 포함되어 있고, 방사량은 포수용액을 적용하므로 $S$=1이기 때문에

답 ②

★★★
**108** (21회 문118, 18회 문109, 12회 문104, 10회 문117, 07회 문102)
**피난기구의 화재안전기술기준상 설치장소별 피난기구 적응성에서 지상 4층 노유자시설에 적응성이 있는 피난기구를 모두 고른 것은?**

| | |
|---|---|
| ㉠ 미끄럼대 | ㉡ 구조대 |
| ㉢ 완강기 | ㉣ 피난교 |
| ㉤ 피난사다리 | ㉥ 승강식 피난기 |

① ㉠, ㉢, ㉣　　② ㉠, ㉢, ㉤
③ ㉡, ㉣, ㉥　　④ ㉡, ㉤, ㉥

해설 **피난기구**의 **적응성**(NFTC 301 2.1.1)

| 층별 / 설치 장소별 구분 | 1층 | 2층 | 3층 | 4층 이상 10층 이하 |
|---|---|---|---|---|
| 노유자시설 | • 미끄럼대 • 구조대 • 피난교 • 다수인 피난 장비 • 승강식 피난기 | • 미끄럼대 • 구조대 • 피난교 • 다수인 피난 장비 • 승강식 피난기 | • 미끄럼대 • 구조대 • 피난교 • 다수인 피난 장비 • 승강식 피난기 | • 구조대[1] 보기 ㉡ • 피난교 보기 ㉣ • 다수인 피난 장비 • 승강식 피난기 보기 ㉥ |
| 의료시설 · 입원실이 있는 의원 · 접골원 · 조산원 | – | – | • 미끄럼대 • 구조대 • 피난교 • 피난용 트랩 • 다수인 피난 장비 • 승강식 피난기 | • 구조대 • 피난교 • 피난용 트랩 • 다수인 피난 장비 • 승강식 피난기 |
| 영업장의 위치가 4층 이하인 다중 이용업소 | – | • 미끄럼대 • 피난사다리 • 구조대 • 완강기 • 다수인 피난 장비 • 승강식 피난기 | • 미끄럼대 • 피난사다리 • 구조대 • 완강기 • 다수인 피난 장비 • 승강식 피난기 | • 미끄럼대 • 피난사다리 • 구조대 • 완강기 • 다수인 피난 장비 • 승강식 피난기 |
| 그 밖의 것 | – | – | • 미끄럼대 • 피난사다리 • 구조대 • 완강기 • 피난교 • 피난용 트랩 • 간이완강기[2] • 공기안전매트[2] • 다수인 피난 장비 • 승강식 피난기 | • 피난사다리 • 구조대 • 완강기 • 피난교 • 간이완강기[2] • 공기안전매트[2] • 다수인 피난 장비 • 승강식 피난기 |

[비고] 1) **구조대**의 적응성은 장애인관련시설로서 주된 사용자 중 스스로 피난이 불가한 자가 있는 경우 추가로 설치하는 경우에 한한다.
2) 간이완강기의 적응성은 **숙박시설**의 **3층 이상**에 있는 객실에, **공기안전매트**의 적응성은 **공동주택**에 추가로 설치하는 경우에 한한다.

답 ③

★★★
## 109 창고시설의 화재안전기술기준상 피난유도선의 설치기준이다. (   )에 들어갈 것으로 옳은 것은?

18회 문110
17회 문112
16회 문117
13회 문119

> 피난유도선은 연면적 ( ㉠ )$m^2$ 이상인 창고시설의 지하층 및 무창층에 다음의 기준에 따라 설치해야 한다.
> • 각 층 직통계단 출입구로부터 건물 내부 벽면으로 ( ㉡ )m 이상 설치할 것
> • 화재시 점등되며 비상전원 ( ㉢ )분 이상을 확보할 것

① ㉠ : 10000, ㉡ : 10, ㉢ 20
② ㉠ : 10000, ㉡ : 20, ㉢ 20
③ ㉠ : 15000, ㉡ : 10, ㉢ 30
④ ㉠ : 15000, ㉡ : 20, ㉢ 30

해설 **창고시설**(NFPC 609 제10조, NFTC 609 2.6)
(1) 피난유도선의 설치기준
피난유도선은 연면적 **15000$m^2$** 이상인 창고시설의 지하층 및 무창층의 기준 **보기 ㉠**
(2) 광원점등방식으로 바닥으로부터 **1m** 이하의 높이에 설치할 것
① 각 층 직통계단 출입구로부터 건물 내부 벽면으로 **10m** 이상 설치할 것 **보기 ㉡**
② 화재시 점등되며 비상전원 **30분** 이상을 확보할 것 **보기 ㉢**

비교

**피난유도선 설치기준**(NFPC 303 제9조, NFTC 303 2.6)

| **축광방식**의 피난유도선 | **광원점등방식**의 피난유도선 |
|---|---|
| ① 구획된 각 실로부터 **주출입구** 또는 **비상구**까지 설치<br>② 바닥으로부터 높이 **50cm 이하**의 위치 또는 바닥면에 설치<br>③ 피난유도표시부는 **50cm 이내**의 간격으로 연속되도록 설치 | ① 구획된 각 실로부터 **주출입구** 또는 **비상구**까지 설치<br>② 피난유도표시부는 바닥으로부터 높이 **1m 이하**의 위치 또는 바닥면에 설치 |

| 축광방식의 피난유도선 | 광원점등방식의 피난유도선 |
|---|---|
| ④ 부착대에 의하여 견고하게 설치<br>⑤ **외부의 빛** 또는 **조명장치**에 의하여 상시 조명이 제공되거나 비상조명등에 의한 조명이 제공되도록 설치 | ③ 피난유도표시부는 **50cm 이내**의 간격으로 연속되도록 설치하되 실내장식물 등으로 설치가 곤란할 경우 **1m 이내**로 설치<br>④ 수신기로부터의 **화재신호** 및 **수동조작**에 의하여 광원이 점등되도록 설치<br>⑤ 비상전원이 **상시 충전상태**를 유지하도록 설치<br>⑥ 바닥에 설치되는 피난유도표시부는 **매립**하는 방식을 사용<br>⑦ 피난유도 제어부는 조작 및 관리가 용이하도록 바닥으로부터 **0.8~1.5m** 이하의 높이에 설치 |

답 ③

★★★
**110** 18회 문112

**자동화재탐지설비 및 시각경보장치의 화재안전성능기준상 다음 조건에 따른 계단에 설치하여야 하는 연기감지기(㉠)의 수와 경계구역(㉡)의 수는?**

〔조건〕
① 지하 2층에서 지상 25층 및 옥상층까지의 계단은 2개소이며, 계단 상호간 수평거리 20m
② 층고 : 지하층 4m, 지상층 3m, 옥상층 3m
③ 광전식(스포트형) 2종 감지기 설치

① ㉠ 8개, ㉡ 4개 ② ㉠ 8개, ㉡ 6개
③ ㉠ 14개, ㉡ 4개 ④ ㉠ 14개, ㉡ 6개

- 〔조건 ③〕에서 2종이므로 수직거리 15m 이하
- 〔조건 ①〕에서 지하 2층이므로 지상층을 별개의 경계구역으로 설정

(1) **연기감지기 수**

| 구 분 | 연기감지기 |
|---|---|
| 지하층 | • 수직거리 : 4m×2개층=8m<br>• 연기감지기수 : $\frac{\text{수직거리}}{15\text{m}} = \frac{8\text{m}}{15\text{m}}$<br>$= 0.53 ≒ 1$개(절상)<br>∴ 1개×2개소=2개 |
| 지상층 | • 수직거리 : 3m×25개층=75m<br>• 연기감지기수 : $\frac{\text{수직거리}}{15\text{m}} = \frac{75\text{m}}{15\text{m}}$<br>$= 5$개<br>∴ 5개×2개소=10개 |
| 옥상층 | • 수직거리 : 3m×1개층=3m<br>• 연기감지기수 : $\frac{\text{수직거리}}{15\text{m}} = \frac{3\text{m}}{15\text{m}}$<br>$= 0.2 ≒ 1$개(절상)<br>∴ 1개×2개소=2개 |
| 합계 | 2개+10개+2개=14개 |

중요

**수직거리**

| 수직거리 | 적용대상 |
|---|---|
| 15m 이하 | • 1·2종 연기감지기 |
| 10m 이하 | • 3종 연기감지기 |

(2) **수직 경계구역수** : 계단

| 구 분 | 경계구역 |
|---|---|
| 지하층 | • 수직거리 : 4m×2개층=8m<br>• 경계구역 : $\frac{\text{수직거리}}{45\text{m}} = \frac{8\text{m}}{45\text{m}} = 0.17$<br>≒ **1경계구역**(절상)<br>∴ 1경계구역×2개소=**2경계구역** |
| 지상층 | • 수직거리 : 3m×25개층=75m<br>• 경계구역 : $\frac{\text{수직거리}}{45\text{m}} = \frac{75\text{m}}{45\text{m}} = 1.66$<br>≒ **2경계구역**(절상)<br>∴ 2경계구역×2개소=**4경계구역** |
| 합계 | 2경계구역+4경계구역=**6경계구역** |

- **지하층**과 **지상층**은 **별개**의 **경계구역**으로 한다.
- 수직거리 **45m 이하**를 **1경계구역**으로 하므로 $\frac{\text{수직거리}}{45\text{m}}$를 하면 경계구역을 구할 수 있다.
- 경계구역 산정은 **소수점**이 발생하면 반드시 **절상**한다.

중요

**계단의 경계구역 산정**
(1) **수직거리 45m** 이하마다 **1경계구역**으로 한다.
(2) **지하층**과 **지상층**은 **별개**의 **경계구역**으로 한다(단, **지하 1층**인 경우는 지상층과 **동일 경계구역**으로 한다).

답 ④

★★★
## 111 화재안전기술기준상 비상방송설비의 음향장치 설치기준으로 옳지 않은 것은?

19회 문101
14회 문114

① 아파트 등의 경우 실내에 설치하는 확성기 음성입력은 1W 이상일 것
② 음량조정기를 설치하는 경우 음량조정기의 배선은 3선식으로 할 것
③ 조작부의 조작스위치는 바닥으로부터 0.8m 이상 1.5m 이하의 높이에 설치할 것
④ 창고시설에서 발화한 때에는 전층에 경보를 발해야 한다.

① 1W → 2W

(1) **비상방송설비**의 **설치기준**(NFPC 202 제4조, NFTC 202 2.1)
① 확성기의 음성입력은 실내 1W, 실외 3W 이상일 것

비교

**예외 규정**

| 아파트 등(NFPC 608 제12조, NFTC 608 2.8) | 창고시설(NFPC 609 제8조, NFTC 609 2.4) |
|---|---|
| 실내 2W 이상 **보기 ①** | 3W 이상(실내 포함) |

② 확성기는 각 **층**마다 설치하되, 각 부분으로부터의 수평거리는 **25m 이하**일 것
③ **음**량조정기는 **3선식 배선**일 것 **보기 ②**
④ 조작스위치는 바닥으로부터 **0.8~1.5m** 이하의 높이에 설치할 것 **보기 ③**
⑤ 다른 전기회로에 의하여 **유도장애**가 생기지 않을 것
⑥ 비상방송 **개**시시간은 **10초** 이하일 것
⑦ **엘리베이터** 내부에도 **별도**의 **음향장치**를 설치할 것

기억법 방3실1, 3음방(삼엄한 방송실) 개10방

(2) **창고**시설의 비상방송설비는 **전층 경보**(NFPC 609 제8조, NFTC 609 2.4.2) **보기 ④**

중요

**비상방송설비 · 자동화재탐지설비 우선경보방식 적용대상물**
11층(공동주택 16층) 이상의 특정소방대상물의 경보

‖ 음향장치의 경보 ‖

| 발화층 | 경보층 | |
|---|---|---|
| | 11층(공동주택 16층) 미만 | 11층(공동주택 16층) 이상 |
| 2층 이상 발화 | 전층 일제경보 | • 발화층<br>• 직상 4개층 |
| 1층 발화 | | • 발화층<br>• 직상 4개층<br>• 지하층 |
| 지하층 발화 | | • 발화층<br>• 직상층<br>• 기타의 지하층 |

답 ①

★★★
## 112 비상조명등의 화재안전기술기준상 휴대용 비상조명등의 설치기준으로 옳지 않은 것은?

17회 문113
16회 문118
12회 문101
11회 문124
09회 문110
08회 문120

① 사용시 자동으로 점등되는 구조일 것
② 건전지 및 충전식 배터리의 용량은 20분 이상 유효하게 사용할 수 있는 것으로 할 것
③ 외함은 난연성능이 있을 것
④ 지하상가 및 지하역사에는 수평거리 50m 이내마다 3개 이상 설치

④ 수평거리 50m 이내 → 보행거리 25m 이내

**휴대용 비상조명등**의 **설치기준**(NFPC 304 제4조 제②항, NFTC 304 2.1.2)

(1) 다음의 장소에 설치할 것

| 설치개수 | 설치장소 |
|---|---|
| 1개 이상 | • **숙**박시설 또는 **다**중이용업소에는 객실 또는 영업장 안의 구획된 실마다 잘 보이는 곳(외부에 설치시 출입문 손잡이로부터 **1m 이내** 부분) |
| 3개 이상 | • **지**하**상**가 및 **지하역사**의 **보행거리 25m** 이내마다 보기 ④<br>• **대**규모점포(지하상가 및 지하역사 제외)와 **영화**상영관의 **보행거리 50m** 이내마다 |

기억법 **숙다1, 지상역, 대영화3**

(2) 설치높이는 바닥으로부터 **0.8~1.5m** 이하의 높이에 설치할 것
(3) 어둠 속에서 위치를 확인할 수 있도록 할 것
(4) 사용시 **자동**으로 **점등**되는 구조일 것 보기 ①
(5) 외함은 **난연성능**이 있을 것 보기 ③
(6) 건전지를 사용하는 경우에는 **방전방지조치**를 하여야 하고, **충전식 배터리**의 경우에는 **상시 충전**되도록 할 것
(7) 건전지 및 충전식 배터리의 용량은 **20분** 이상 유효하게 사용할 수 있는 것으로 할 것 보기 ②

답 ④

★★★
**113** 21회 문121 15회 문111 09회 문109

**자동화재탐지설비 및 시각경보장치의 화재안전기술기준에 관한 설명으로 옳지 않은 것은?**

① 광전식 분리형 감지기의 광축(송광면과 수광면의 중심을 연결한 선)은 나란한 벽으로부터 0.5m 이상 이격하여 설치할 것
② 청각장애인용 시각경보장치의 설치높이는 천장의 높이가 2m 이하인 경우에는 천장으로부터 0.15m 이내의 장소에 설치해야 한다.
③ 수신기는 화재로 인하여 하나의 층의 지구음향장치 또는 배선이 단락되어도 다른 층의 화재통보에 지장이 없도록 각 층 배선상에 유효한 조치를 할 것
④ 외기에 면하여 상시 개방된 부분이 있는 차고·주차장·창고 등에 있어서는 외기에 면하는 각 부분으로부터 5m 미만의 범위 안에 있는 부분은 경계구역의 면적에 산입하지 않는다.

해설
① 0.5m → 0.6m

(1) **광전식 분리형 감지기**의 **설치기준**(NFPC 203 제7조, NFTC 203 2.4.3.15)
① 감지기의 송광부와 수광부는 설치된 뒷벽으로부터 **1m 이내** 위치에 설치할 것
② 감지기의 광축의 길이는 **공칭감시거리** 범위 이내일 것
③ 광축의 높이는 천장 등 높이의 **80%** 이상일 것
④ 광축은 나란한 벽으로부터 **0.6m** 이상 이격하여 설치할 것 보기 ①
⑤ 감지기의 수광면은 **햇빛**을 직접 받지 않도록 설치할 것

중요

**아날로그식 분리형 광전식 감지기**의 **공칭감시거리**(감지기의 형식승인 및 제품검사의 기술기준 제19조)
**5~100m** 이하로 하며 5m **간격**으로 한다.

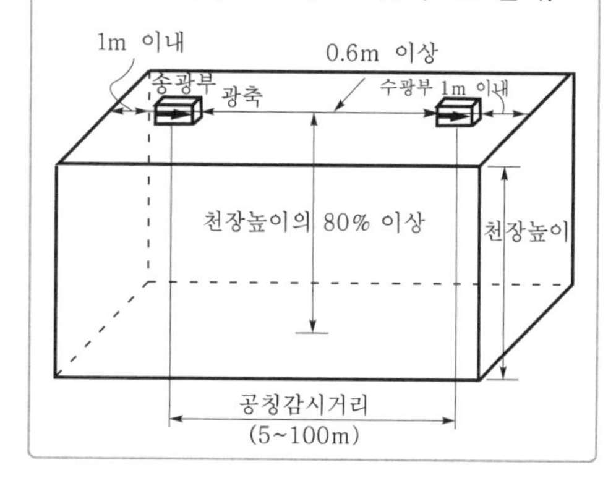

‖ 설치높이 ‖

| 기 기 | 설치높이 |
|---|---|
| 기타 기기 | **0.8~1.5m** 이하 |
| 시각경보장치 | 2~2.5m 이하 (단, 천장높이 2m 이하는 천장에서 0.15m 이내의 장소) 보기 ② |

기억법 시25(CEO)

중요

**청각장애인용 시각경보장치**의 **설치기준**(NFPC 203 제8조, NFTC 203 2.5.2)

(1) **복도·통로·청각장애인용 객실** 및 공용으로 사용하는 **거실**에 설치하며, 각 부분으로부터 유효하게 경보를 발할 수 있는 위치에 설치할 것

(2) **공연장·집회장·관람장** 또는 이와 유사한 장소에 설치하는 경우에는 시선이 집중되는 **무대부 부분** 등에 설치할 것

(3) 바닥으로부터 **2~2.5m** 이하의 장소에 설치할 것(단, 천장의 높이가 2m 이하인 경우에는 천장으로부터 0.15m 이내의 장소)

(4) 시각경보장치의 광원은 **전용**의 **축전지설비** 또는 **전기저장장치**에 의하여 점등되도록 할 것(단, 시각경보기에 작동전원을 공급할 수 있도록 형식승인을 얻은 수신기를 설치한 경우는 제외)

※ **하나의 특정소방대상물에 2 이상의 수신기가 설치된 경우** : 어느 수신기에서도 **지구음향장치** 및 **시각경보장치**를 작동할 수 있도록 할 것

(2) **자동화재탐지설비**의 **수신기 설치기준**(NFPC 203 제5조, NFTC 203 2.2.3)

① 해당 특정소방대상물의 경계구역을 각각 표시할 수 있는 **회선수 이상**의 수신기를 설치할 것

② 해당 특정소방대상물에 가스누설탐지설비가 설치된 경우에는 가스누설탐지설비로부터 가스누설신호를 수신하여 가스누설경보를 할 수 있는 수신기를 설치할 것(가스누설탐지설비의 수신부를 별도로 설치한 경우 제외)

③ 수위실 등 상시 사람이 근무하는 장소에 설치할 것. 단, 사람이 상시 근무하는 장소가 없는 경우에는 관계인이 쉽게 접근할 수 있고 관리가 쉬운 장소에 설치할 수 있다.

④ 수신기가 설치된 장소에는 **경계구역 일람도**를 비치할 것(단, 모든 수신기와 연결되어 각 수신기의 상황을 감시하고 제어할 수 있는 수신기를 설치하는 경우에는 주수신기를 제외한 기타 수신기는 제외)

⑤ 수신기의 **음**향기구는 그 음량 및 음색이 다른 기기의 소음 등과 명확히 구별될 수 있는 것으로 할 것

⑥ 수신기는 **감지기·중계기** 또는 **발신기**가 작동하는 경계구역을 표시할 수 있는 것으로 할 것

⑦ 화재·가스·전기 등에 대한 **종합방재반**을 설치한 경우에는 해당 조작반에 수신기의 작동과 연동하여 감지기·중계기 또는 발신기가 작동하는 경계구역을 표시할 수 있는 것으로 할 것

⑧ 하나의 경계구역은 **하**나의 **표시등** 또는 하나의 **문자**로 표시되도록 할 것

⑨ 수신기의 조작**스**위치는 바닥으로부터의 높이가 **0.8~1.5m 이하**인 장소에 설치할 것

⑩ 하나의 특정소방대상물에 2 이상의 **수신기**를 설치하는 경우에는 수신기를 **상호**간 **연동**하여 화재발생 상황을 각 수신기마다 확인할 수 있도록 할 것

⑪ 화재로 인하여 하나의 층의 지구음향장치 배선이 단락되어도 다른 층의 화재통보에 지장이 없도록 각 층 배선상에 유효한 조치를 할 것 보기 ③

기억법 장경음 종감하2스

(3) **자동화재탐지설비**의 **경계구역 설정기준**(NFPC 203 제4조, NFTC 203 2.1)

① 하나의 경계구역이 **2개** 이상의 **건축물**에 미치지 아니하도록 할 것

② 하나의 경계구역이 **2개** 이상의 **층**에 미치지 아니하도록 할 것(단, **500m²** 이하의 범위 안에서는 2개의 층을 하나의 경계구역으로 할 수 있다)

③ 하나의 경계구역의 면적은 **600m²** 이하로 하고 한 변의 길이는 **50m** 이하로 할 것(단, 해당 특정소방대상물의 주된 출입구에서 그 내부 전체가 보이는 것에 있어서는 한 변의 길이가 **50m**의 **범위** 내에서 **1000m²** 이하로 할 수 있다)

④ 외기에 면하여 상시 개방된 부분이 있는 **차고·주차장·창고** 등에 있어서는 외기에 면하는 각 부분으로부터 **5m 미만**의 범위 안에 있는 부분은 경계구역의 면적에 산입하지 아니한다. **보기 ④**

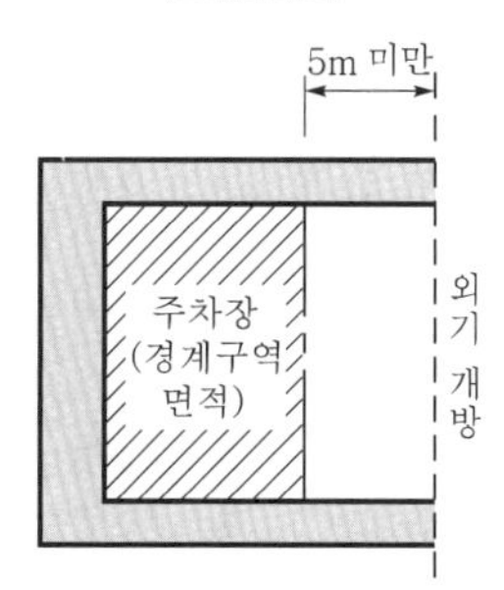


경계구역면적 산입 제외

⑤ **계단**(직통계단 외의 것에 있어서는 떨어져 있는 상하계단의 상호간의 **수평거리**가 **5m** 이하로서 서로 간에 구획되지 아니한 것에 한한다)·경사로(에스컬레이터 경사로 포함)·**엘리베이터 승강로**(권상기실이 있는 경우에는 권상기실)·**린넨슈트·파이프 피트** 및 **덕트** 기타 이와 유사한 부분에 대하여는 별도로 경계구역을 설정하되, 하나의 경계구역은 **높이 45m** 이하(계단 및 경사로에 한한다)로 하고, 지하층의 계단 및 경사로(**지하층**의 층수가 1일 경우는 **제외**)는 별도로 하나의 경계구역으로 하여야 한다.

⑥ **스프링클러설비·물분무등소화설비** 또는 **제연설비**의 화재감지장치로서 화재감지기를 설치한 경우의 경계구역은 해당 소화설비의 방사구역 또는 제연구역과 동일하게 설정할 수 있다.

답 ①

★★★

**114** 소방펌프의 설계시 유량 $0.8m^3$/min, 양정 70m였으나 시운전시 양정이 60m, 회전수는 2000rpm으로 측정되었다. 양정이 70m가 되려면 회전수는 최소 몇 rpm으로 조정해야 하는가? (단, 계산결과값은 소수점 첫째자리에서 반올림함)

18회 문 18 / 18회 문125 / 17회 문108 / 16회 문124 / 15회 문101 / 13회 문102 / 12회 문 34 / 10회 문 41 / 08회 문102 / 07회 문109

① 1852 ② 2105
③ 2160 ④ 2333

해설 (1) 기호

- $Q=0.8m^3$/min
- $H_1=60m$
- $H_2=70m$
- $N_1=2000rpm$
- $N_2$ : ?

(2) 회전수

$$H_2=H_1\left(\frac{N_2}{N_1}\right)^2$$

$$70\text{m}=60\text{m}\times\left(\frac{N_2}{2000\text{rpm}}\right)^2$$

$$60\text{m}\times\left(\frac{N_2}{2000\text{rpm}}\right)^2=70\text{m}$$

$$\left(\frac{N_2}{2000\text{rpm}}\right)^2=\frac{70\text{m}}{60\text{m}}$$

$$\frac{N_2}{2000\text{rpm}}=\sqrt{\frac{70\text{m}}{60\text{m}}}$$

$$N_2=\sqrt{\frac{70\text{m}}{60\text{m}}}\times2000\text{rpm}$$

$$=2160.24\fallingdotseq2160\text{rpm}$$

중요

**유량, 양정, 축동력**

| 유 량 | 양 정 | 축동력 |
|---|---|---|
| 회전수에 비례하고 **직경**(관경)의 세제곱에 비례한다. | 회전수의 제곱 및 **직경**(관경)의 제곱에 비례한다. | 회전수의 세제곱 및 **직경**(관경)의 오제곱에 비례한다. |
| $Q_2=Q_1\left(\frac{N_2}{N_1}\right)\left(\frac{D_2}{D_1}\right)^3$ 또는 $Q_2=Q_1\left(\frac{N_2}{N_1}\right)$ | $H_2=H_1\left(\frac{N_2}{N_1}\right)^2\left(\frac{D_2}{D_1}\right)^2$ 또는 $H_2=H_1\left(\frac{N_2}{N_1}\right)^2$ | $P_2=P_1\left(\frac{N_2}{N_1}\right)^3\left(\frac{D_2}{D_1}\right)^5$ 또는 $P_2=P_1\left(\frac{N_2}{N_1}\right)^3$ |
| 여기서,<br>$Q_2$ : 변경 후 유량[L/min]<br>$Q_1$ : 변경 전 유량[L/min]<br>$N_2$ : 변경 후 회전수[rpm]<br>$N_1$ : 변경 전 회전수[rpm]<br>$D_2$ : 변경후 직경(관경)[mm]<br>$D_1$ : 변경전 직경(관경)[mm] | 여기서,<br>$H_2$ : 변경 후 양정[m]<br>$H_1$ : 변경 전 양정[m]<br>$N_2$ : 변경 후 회전수[rpm]<br>$N_1$ : 변경 전 회전수[rpm]<br>$D_2$ : 변경후 직경(관경)[mm]<br>$D_1$ : 변경전 직경(관경)[mm] | 여기서,<br>$P_2$ : 변경 후 축동력[kW]<br>$P_1$ : 변경 전 축동력[kW]<br>$N_2$ : 변경 후 회전수[rpm]<br>$N_1$ : 변경 전 회전수[rpm]<br>$D_2$ : 변경후 직경(관경)[mm]<br>$D_1$ : 변경전 직경(관경)[mm] |

답 ③

★

## 115 자동화재탐지설비 및 시각경보장치의 화재안전기술기준상 배선의 기준으로 옳은 것은?

① P형 수신기 및 GP형 수신기의 감지기 회로의 배선에 있어서 하나의 공통선에 접속할 수 있는 경계구역은 6개 이하로 할 것
② 감지기회로 및 부속회로의 전로와 대지 사이 및 배선 상호간의 절연저항은 1경계구역마다 직류 250V의 절연저항측정기를 사용하여 측정한 절연저항이 0.1MΩ 이상이 되도록 할 것
③ 감지기회로의 전로저항은 30Ω 이하가 되도록 할 것
④ 감지기회로의 도통시험을 위한 종단저항의 전용함을 설치하는 경우 그 설치높이는 바닥으로부터 2.0m 이내로 할 것

해설

① 6개 → 7개
③ 30Ω → 50Ω
④ 2.0m → 1.5m

(1) **자동화재탐지설비 배선**의 **설치기준**
① 감지기 사이의 회로배선 : **송배선식**
② P형 수신기 및 GP형 수신기의 감지기회로의 배선에 있어서 하나의 공통선에 접속할 수 있는 경계구역은 **7개** 이하 **보기 ①**
③ ㉠ 감지기 회로의 전로저항 : **50Ω 이하** **보기 ③**
㉡ 감지기에 접속하는 배선전압 : 정격전압의 80% 이상
④ 자동화재탐지설비의 배선은 다른 전선과 **별도**의 관·덕트·몰드 또는 풀박스 등에 설치할 것(단, **60V** 미만의 약전류회로에 사용하는 전선으로서 각각의 전압이 같을 때는 제외)
⑤ 감지기회로의 도통시험을 위한 종단저항은 감지기회로의 끝부분에 설치할 것

(2) **감지기회로**의 **도통시험**을 위한 **종단저항**의 **기준**
① **점검** 및 **관리**가 쉬운 장소에 설치할 것
② 전용함 설치시 **바닥**에서 **1.5m** 이내의 높이에 설치할 것 **보기 ④**
③ 감지기회로의 **끝부분**에 설치하며, 종단감지기에 설치할 경우 구별이 쉽도록 해당 감지기의 기판 및 감지기 외부 등에 별도의 표시를 할 것

용어

**도통시험**
감지기회로의 단선 유무 확인

(3) **절연저항시험**

| 절연저항계 | 절연저항 | 대 상 |
|---|---|---|
| 직류 250V | **0.1MΩ 이상** | • 1경계구역의 절연저항 **보기 ②** |
| 직류 500V | 5MΩ 이상 | • 누전경보기<br>• 가스누설경보기<br>• 수신기<br>• 자동화재속보설비<br>• 비상경보설비<br>• 유도등(교류입력측과 외함 간 포함)<br>• 비상조명등(교류입력측과 외함 간 포함) |
| | 20MΩ 이상 | • 경종<br>• 발신기<br>• 중계기<br>• 비상콘센트<br>• 기기의 절연된 선로 간<br>• 기기의 충전부와 비충전부 간<br>• 기기의 교류입력측과 외함 간(유도등·비상조명등 제외) |
| | 50MΩ 이상 | • 감지기(정온식 감지선형 감지기 제외)<br>• 가스누설경보기(10회로 이상)<br>• 수신기(10회로 이상) |
| | 1000MΩ 이상 | • 정온식 감지선형 감지기 |

답 ②

★★★

## 116 건설현장의 화재안전기술기준에 관한 설명으로 옳지 않은 것은?

① 용접·용단 작업시 11m 이내에 가연물이 있는 경우 해당 가연물을 방화포로 보호할 것
② 비상경보장치는 피난층 또는 지상으로 통하는 각 층 직통계단의 출입구마다 설치할 것
③ 비상조명등이 설치된 장소의 조도는 각 부분의 바닥에서 1lx 이상이 되도록 할 것
④ 가스누설경보기는 지하층에 가연성 가스를 발생시키는 작업을 하는 부분으로부터 수평거리 15m 이내에 바닥으로부터 탐지부 상단까지의 거리가 0.3m 이하인 위치에 설치할 것

④ 15m → 10m

**건설현장**의 **화재안전기술기준**(NFTC 606)

(1) **방화포**의 **설치기준**

용접·용단 작업시 11m 이내에 가연물이 있는 경우 해당 가연물을 방화포로 보호할 것 보기 ①

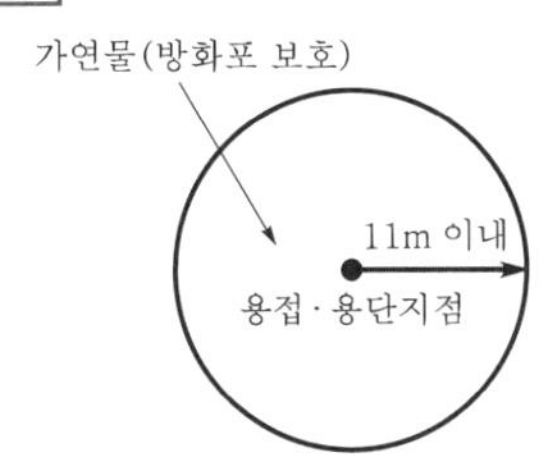


▌용접·용단 작업시 주의사항▐

(2) **비상경보장치**의 **설치기준**

① 피난층 또는 지상으로 통하는 각 층 직통계단의 출입구마다 설치할 것 보기 ②

② 발신기를 누를 경우 해당 발신기와 결합된 경종이 작동할 것. 이 경우 다른 장소에 설치된 경종도 함께 연동하여 작동되도록 설치 가능

③ 발신기의 위치표시등은 함의 상부에 설치하되, 그 불빛은 부착면으로부터 **15도** 이상의 범위 안에서 부착지점으로부터 **10m** 이내의 어느 곳에서도 쉽게 식별할 수 있는 적색등으로 할 것

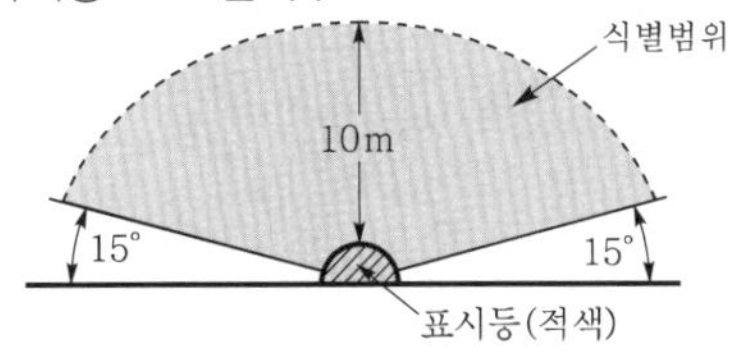


▌발신기표시등의 식별범위▐

④ 시각경보장치는 발신기함 상부에 위치하도록 설치하되 바닥으로부터 2m 이상 2.5m 이하의 높이에 설치하여 건설현장의 각 부분에 유효하게 경보할 수 있도록 할 것

⑤ "**비상경보장치**"라고 표시한 표지를 비상경보장치 상단에 부착할 것

(3) **비상조명등**의 **설치기준**

① 지하층이나 무창층에서 피난층 또는 지상으로 통하는 직통계단의 계단실 내부에 각 층마다 설치할 것

② 비상조명등이 설치된 장소의 조도는 각 부분의 바닥에서 1lx 이상이 되도록 할 것 보기 ③

③ 비상경보장치가 작동할 경우 연동하여 점등되는 구조로 설치할 것

(4) **가스누설경보기**의 **설치기준**

가연성 가스를 발생시키는 작업을 하는 지하층 또는 무창층 내부(내부에 구획된 실이 있는 경우에는 구획실마다)에 가연성 가스를 발생시키는 작업을 하는 부분으로부터 수평거리 10m 이내에 바닥으로부터 탐지부 상단까지의 거리가 0.3m 이하인 위치에 설치할 것 보기 ④

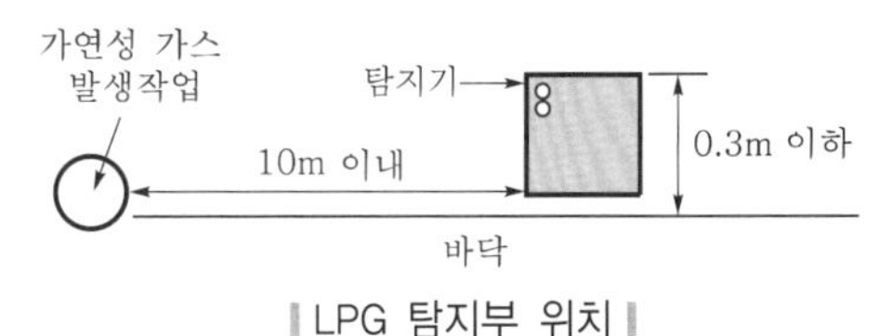


▌LPG 탐지부 위치▐

답 ④

★★

**117** 23회 문110 14회 문108

**이산화탄소 소화설비의 화재안전성능기준 및 화재안전기술기준에 관한 설명으로 옳은 것은?**

① "전역방출방식"이란 소화약제 공급장치에 배관 및 분사헤드 등을 고정 설치하여 직접 화점에 소화약제를 방출하는 방식을 말한다.

② "설계농도"란 규정된 실험 조건의 화재를 소화하는 데 필요한 소화약제의 농도를 말한다.

③ 저장용기의 충전비는 고압식은 1.1 이상 1.4 이하로 한다.

④ 소화약제 저장용기는 온도가 40℃ 이하이고, 온도변화가 작은 곳에 설치하여야 한다.

해설

① 직접 화점에 → 밀폐방호구역 내에
② 소화농도에 대한 설명
③ 1.1 이상 1.4 이하 → 1.5 이상 1.9 이하

(1) **이산화탄소 소화설비**의 **용어**(NFPC 106 제2~3·11·16·17조, NFTC 106 1.7)

① **전역방출방식** vs **국소방출방식** 보기 ①

| 전역방출방식 | 국소방출방식 |
|---|---|
| 소화약제 공급장치에 배관 및 분사헤드 등을 고정 설치하여 밀폐방호구역 내에 소화약제를 방출하는 방식 | 소화약제 공급장치에 배관 및 분사헤드를 설치하여 직접 화점에 소화약제를 방출하는 방식 |

② **소화농도** vs **설계농도** 보기 ②

| 소화농도 | 설계농도 |
|---|---|
| • 규정된 실험 조건의 화재를 소화하는 데 필요한 소화약제의 농도<br>• 형식승인대상의 소화약제는 형식승인된 소화농도 | 방호대상물 또는 방호구역의 소화약제 저장량을 산출하기 위한 농도로서 **소화농도**에 **안전율**을 고려하여 설정한 농도 |

(2) **이산화탄소 소화설비**의 **저장용기**(NFPC 106 제4조, NFTC 106 2.1)

|  | |  |
|---|---|---|
| 자동냉동장치 | | 2.1MPa 유지, −18℃ 이하 |
| 압력경보장치 | | 2.3MPa 이상, 1.9MPa 이하 |
| 선택밸브 또는 개폐밸브의 안전장치 | | 내압시험압력의 0.8배 |
| 저장용기 | | • 고압식 : **25MPa** 이상<br>• 저압식 : **3.5MPa** 이상 |
| 안전밸브 | | 내압시험압력의 **0.64~0.8**배 |
| 봉 판 | | 내압시험압력의 0.8~내압시험압력 |
| 충전비 | 고압식 | **1.5~1.9** 이하 보기 ③ |
| | 저압식 | **1.1~1.4** 이하 |

(3) **이산화탄소 소화약제**의 **저장용기 설치기준**(NFPC 106 제4조, NFTC 106 2.1)

① **방호구역 외**의 장소에 설치할 것(단, 방호구역 내에 설치할 경우에는 피난 및 조작이 용이하도록 **피난구부근**에 설치)

② 온도가 **40℃ 이하**이고, 온도변화가 작은 곳에 설치할 것 보기 ④

③ **직사광선** 및 **빗물**이 침투할 우려가 없는 곳에 설치할 것

④ **방화문**으로 구획된 실에 설치할 것

⑤ 용기의 설치장소에는 해당 용기가 설치된 곳임을 표시하는 **표**지를 할 것

⑥ 용기 간의 **간**격은 점검에 지장이 없도록 **3cm 이상**의 간격을 유지할 것

⑦ 저장용기와 **집**합관을 연결하는 연결배관에는 **체크밸브**를 설치할 것(단, 저장용기가 하나의 방호구역만을 담당하는 경우는 제외)

기억법 **이저외4 직방 표집간**

비교

**저장용기**의 **온도**

| ① 분말소화설비<br>② 이산화탄소 소화설비<br>③ 할론소화설비 | 할로겐화합물 및 불활성기체 소화설비 |
|---|---|
| **40℃** 이하 | **55℃** 이하 |

답 ④

★★★

**118** **할로겐화합물 및 불활성기체 소화설비의 화재안전기술기준상 사람이 상주하고 있는 곳에서 할로겐화합물 및 불활성기체 소화약제의 최대허용설계농도(%)가 옳은 것을 모두 고른 것은?**

22회 문 41
21회 문103
20회 문 39
19회 문 36
19회 문117
18회 문 31
17회 문 37
15회 문110
14회 문 36
14회 문110
12회 문 31
07회 문121

> ㉠ FC−3−1−10 : 40%
> ㉡ HFC−125 : 10.5%
> ㉢ HFC−227ea : 10.5%
> ㉣ IG−100 : 43%
> ㉤ IG−55 : 30%

① ㉡, ㉢　　② ㉣, ㉤
③ ㉠, ㉡, ㉢　　④ ㉠, ㉢, ㉣

㉡ 10.5% → 11.5%
㉤ 30% → 43%

| 소화약제 | 최대허용설계농도〔%〕 |
|---|---|
| FIC−13I1 | 0.3 |
| HCFC−124 | 1.0 |
| FK−5−1−12 | 10 |
| HCFC BLEND A | 10 |
| HFC−**227e**a 보기 ㉢<br>기억법 227e(**둘둘치킨이** 맛있다.) | 10.5 |
| HFC−**125** 보기 ㉡<br>기억법 125(**이리온**) | 11.5 |
| HFC−236fa | 12.5 |
| HFC−23 | 30 |
| **FC**−**3**−**1**−10 보기 ㉠<br>기억법 FC31(**FC** 서울의 **3.1**절) | 40 |
| IG−01 | 43 |
| IG−100 보기 ㉣ | 43 |
| IG−541 | 43 |
| IG−55 보기 ㉤ | 43 |

답 ④

★★★

**119** 분말소화설비의 화재안전성능기준상 방호구역에 분말소화설비를 전역방출방식으로 설치하고자 한다. 방호구역의 조건이 다음과 같을 때 제3종 분말소화약제의 최소저장량(kg)은?

22회 문116
19회 문122
19회 문118
16회 문107
15회 문112
13회 문109
10회 문 28
10회 문118
05회 문104
04회 문117
02회 문115

〔조건〕
① 방호구역의 체적은 $200m^3$
② 방호구역의 개구부면적은 $4m^2$
③ 자동폐쇄장치는 설치하지 않음

① 55.2
② 82.8
③ 130.8
④ 138.0

해설

• 〔조건 ③〕에서 자동폐쇄장치가 설치되어 있지 않으므로 개구부면적 및 개구부가산량 적용

**분말소화설비 전역방출방식**의 **약제량** 및 **개구부가산량**(NFPC 108 제6조, NFTC 108 2.3.2.1)

| 종 별 | 약제량 | 개구부가산량 (자동폐쇄장치 미설치시) |
|---|---|---|
| 제 1 종 | $0.6kg/m^3$ | $4.5kg/m^2$ |
| 제 2 · 3 종 → | $0.36kg/m^3$ | $2.7kg/m^2$ |
| 제 4 종 | $0.24kg/m^3$ | $1.8kg/m^2$ |

분말소화약제 저장량
**방**호구역체적$[m^3]$×**약**제량$[kg/m^3]$
+**개**구부면적$[m^2]$×개구부가**산**량$[kg/m^2]$

기억법 **방약+개산**

$= 200m^3 \times 0.36kg/m^3 + 4m^2 \times 2.7kg/m^2$
$= 82.8kg$

답 ②

★★★

**120** 제연설비의 화재안전기술기준상 제연구역에 관한 기준이 아닌 것은?

21회 문101
14회 문120
04회 문121
03회 문106

① 하나의 제연구역의 면적은 $1000m^2$ 이내로 할 것
② 통로상의 제연구역은 보행중심선의 길이가 60m를 초과하지 않을 것
③ 하나의 제연구역은 직경 50m 원 내에 들어갈 수 있을 것
④ 거실과 통로(복도를 포함한다)는 각각 제연구획할 것

해설

③ 50m → 60m

**제연설비**의 **화재안전기준**(NFPC 501 제4·7조, NFTC 501 2.1.1, 2.4.2)
(1) 하나의 제연구역의 면적은 **$1000m^2$** 이내로 할 것 보기 ①
(2) 거실과 통로(복도 포함)는 각각 **제연구획**할 것 보기 ④
(3) 통로상의 제연구역은 보행중심선의 길이가 **60m**를 초과하지 않을 것 보기 ②

‖ 통로상의 제연구역 ‖

(4) 하나의 제연구역은 직경 **60m** 원 내에 들어갈 수 있을 것 보기 ③

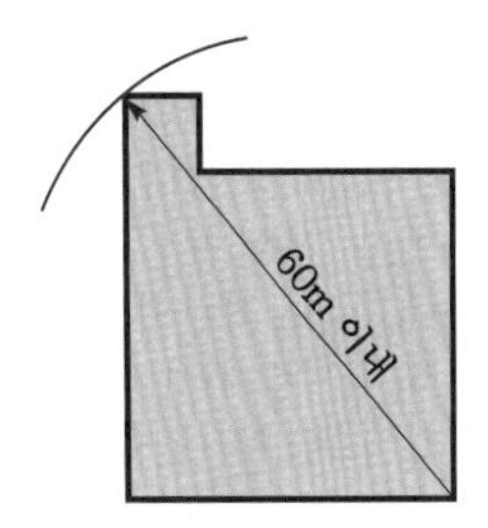


‖ 제연구역의 직경 ‖

(5) 하나의 제연구역은 **2개 이상** 층에 미치지 아니하도록 할 것(단, 층의 구분이 불분명한 부분은 그 부분을 다른 부분과 별도로 제연구획할 것)
(6) 제연경계는 제연경계의 폭이 **0.6m 이상**이고, 수직거리는 **2m 이내**이어야 한다(단, 구조상 불가피한 경우는 2m를 초과할 수 있다).
(7) 예상제연구역의 각 부분으로부터 하나의 배출구까지의 **수평거리**는 **10m 이내**가 되도록 하여야 한다.

답 ③

★★★

**121** **연결송수관설비의 화재안전성능기준상 송수구와 방수구의 설치기준이다. ( )에 들어갈 것으로 옳은 것은?**

19회 문123 18회 문105 16회 문121 15회 문119 12회 문103

- 연결송수관설비의 송수구는 지면으로부터 높이가 ( ㉠ )미터 이상 ( ㉡ )미터 이하의 위치에 설치할 것
- 연결송수관설비의 송수구는 구경 ( ㉢ )밀리미터의 쌍구형으로 할 것
- 연결송수관설비의 ( ㉣ )층 이상의 부분에 설치하는 방수구는 쌍구형으로 할 것

① ㉠ 0.5, ㉡ 1, ㉢ 65, ㉣ 11
② ㉠ 0.5, ㉡ 1, ㉢ 80, ㉣ 15
③ ㉠ 0.8, ㉡ 1.5, ㉢ 65, ㉣ 11
④ ㉠ 0.8, ㉡ 1.5, ㉢ 80, ㉣ 15

해설 (1) **연결송수관설비 송수구**의 **설치기준**(NFPC 502 제4조, NFTC 502 2.1)

① 송수구는 송수 및 그 밖의 소화작업에 지장을 주지 않도록 설치할 것
② 지면으로부터 높이가 **0.5m 이상 1m 이하**의 위치에 설치할 것 보기 ㉠㉡
③ 송수구로부터 연결송수관설비의 주배관에 이르는 연결배관에 **개폐밸브**를 설치한 때에는 그 개폐상태를 쉽게 확인 및 조작할 수 있는 **옥외** 또는 **기계실** 등의 장소에 설치하고, 그 밸브의 개폐상태를 감시제어반에서 확인할 수 있도록 급수개폐밸브 작동표시스위치를 설치할 것
④ 구경 **65mm**의 **쌍구형**으로 할 것 보기 ㉢
⑤ 송수구에는 그 가까운 곳의 보기 쉬운 곳에 **송수압력범위**를 표시한 표지를 할 것
⑥ 송수구는 연결송수관의 **수직배관마다 1개 이상**을 설치할 것
⑦ 송수구의 가까운 부분에 **자동배수밸브** 및 **체크밸브**를 설치할 것

‖ 설치순서 ‖

| 습 식 | 건 식 |
|---|---|
| 송수구 → 자동배수밸브 → 체크밸브 | **송**수구 → **자**동배수밸브 → **체**크밸브 → **자**동배수밸브 |

기억법 **송자체자건**

⑧ 송수구에는 가까운 곳의 보기 쉬운 곳에 **"연결송수관설비 송수구"**라고 표시한 표지를 설치할 것
⑨ 송수구에는 이물질을 막기 위한 **마개**를 씌울 것

(2) **연결송수관설비 방수구**의 **설치기준**(NFPC 502 제6조, NFTC 502 2.3.1.2, 2.3.1.5, 2.3.1.7)

① 아파트의 경우 계단으로부터 **5m** 이내에 설치한다.
② 바닥면적이 **1000m$^2$** 미만인 층에 있어서는 계단(계단부속실 포함)으로부터 **5m** 이내에 설치한다.
③ 방수구는 **개폐기능**을 가진 것으로 설치해야 하며, 평상시 **닫힌 상태**를 유지한다.
④ 방수구는 연결송수관설비의 **전용방수구** 또는 **옥내소화전 방수구**로서 구경 **65mm**의 것으로 설치한다.
⑤ **층**마다 설치(**아파트**인 경우 **3층**부터 설치)
⑥ **11층** 이상에는 **쌍구형**으로 설치(**아파트**인 경우 **단구형** 설치 가능) 보기 ㉣
⑦ 방수구의 호스접결구는 바닥으로부터 높이 0.5~1m 이하에 설치한다.

답 ①

★★★

**122** **소화기구 및 자동소화장치의 화재안전기술기준상 다음 조건에 따른 창고시설에 설치해야 하는 소형 소화기의 최소설치개수는?**

23회 문101 21회 문110 20회 문123 17회 문101 15회 문102 13회 문101 11회 문106

- 소형 소화기 1개의 능력단위는 3단위이다.
- 창고시설의 바닥면적은 가로 80m×세로 75m이다.
- 주요구조부가 내화구조이고, 벽 및 반자의 실내에 면하는 부분이 난연재료로 되어 있다.
- 주어진 조건 이외의 다른 조건은 고려하지 않는다.

① 5개
② 10개
③ 20개
④ 34개

해설 **특정소방대상물별 소화기구**의 **능력단위기준**(NFTC 101 2.1.1.2)

| 특정소방대상물 | 능력단위(바닥면적) | 건축물의 주요구조부가 **내화구조**이고, 벽 및 반자의 실내에 면하는 부분이 **불연재료 · 준불연재료 또는 난연재료**로 된 특정소방대상물의 능력단위 |
|---|---|---|
| • **위**락시설<br>기억법 위3(위상) | 바닥면적 **30m²**마다 1단위 이상 | 바닥면적 **60m²**마다 1단위 이상 |
| • **공연**장<br>• **집**회장<br>• **관람**장 및 **문**화재<br>• **의**료시설 · **장**례시설(장례식장)<br>기억법 5공연장 문의 집관람(손오공 연장 문의 집관람) | 바닥면적 **50m²**마다 1단위 이상 | 바닥면적 **100m²**마다 1단위 이상 |
| • **근**린생활시설<br>• **판**매시설<br>• 운수시설<br>• **숙**박시설<br>• **노**유자시설<br>• **전**시장<br>• 공동**주**택(아파트 등)<br>• **업**무시설<br>• **방**송통신시설<br>• 공장 · **창**고시설<br>• **항**공기 및 자동**차** 관련 시설 및 **관광**휴게시설<br>기억법 근판숙노전 주업방차창 1항관광(근판숙노전주업방차창 일본항관광) | 바닥면적 **100m²** 마다 1단위 이상 | 바닥면적 **200m²**마다 1단위 이상 |
| • 그 밖의 것 (교육연구시설) | 바닥면적 **200m²** 마다 1단위 이상 | **400m²**마다 1단위 이상 |

**참고시설**

$$소화기구\ 능력단위 = \frac{바닥면적}{능력단위\ 바닥면적}$$

$$= \frac{80m \times 75m}{200m^2}$$

$$= 30단위$$

소형 소화기 설치개수

$$= \frac{소화기구\ 능력단위}{소형\ 소화기\ 1개\ 능력단위}$$

$$= \frac{30단위}{3단위}$$

$$= 10개$$

답 ②

★★★
**123** 18회 문107 15회 문123 13회 문122 03회 문121

**연결살수설비의 화재안전기술기준상 송수구를 단구형으로 설치할 수 있는 경우 하나의 송수구역에 부착하는 살수헤드의 수는 몇 개 이하인가?**

① 10개 ② 15개
③ 20개 ④ 25개

해설 ① 연결살수설비에서 하나의 송수구역에 설치하는 개방형 헤드의 수는 **10개** 이하로 한다.

**연결살수설비**(NFPC 503 제4조, NFTC 503 2.1.1.3, 2.1.4)
송수구는 구경 **65mm**의 **쌍구형**으로 하여야 한다(단, 하나의 송수구역에 부착하는 살수헤드의 수가 **10개** 이하인 것에 있어서는 **단구형**의 것으로 할 수 있다).

비교

**스프링클러설비**(NFPC 103 제8조, NFTC 103 2.5.9.2)
한쪽 가지배관에 설치되는 헤드의 개수는 **8개** 이하로 한다.

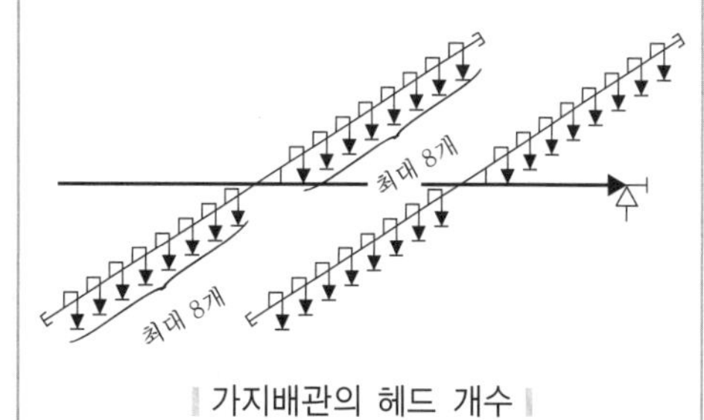


| 가지배관의 헤드 개수 |

답 ①

★★★
**124** 비상콘센트설비의 화재안전성능기준상 전원 및 콘센트에 관한 기준이 아닌 것은?

18회 문114
15회 문122
14회 문123
13회 문123
09회 문119

① 절연저항은 전원부와 외함 사이를 500볼트 절연저항계로 측정할 때 20메가옴 이상일 것
② 비상전원의 설치장소는 다른 장소와 방화구획할 것
③ 비상전원은 비상콘센트설비를 유효하게 30분 이상 작동시킬 수 있는 용량으로 할 것
④ 비상콘센트용의 풀박스 등은 방청도장을 한 것으로서, 두께 1.6밀리미터 이상의 철판으로 할 것

③ 30분 → 20분

(1) **비상콘센트설비 비상전원**의 **설치기준**(NFPC 504 제4조, NFTC 504 2.1.1.3)
① 점검에 편리하고 화재 및 침수 등의 재해로 인한 피해를 받을 우려가 없는 곳에 설치할 것
② 비상콘센트설비를 유효하게 **20분** 이상 작동시킬 수 있는 용량으로 할 것 보기 ③
③ 상용전원으로부터 전력의 공급이 중단된 때에는 자동으로 **비상전원**으로부터 전력을 공급받을 수 있도록 할 것
④ 비상전원의 설치장소는 다른 장소와 방화구획할 것 보기 ②
⑤ 비상전원을 실내에 설치하는 때에는 그 실내 **비상조명등**을 설치할 것

‖ 비상전원의 용량 ‖

| 설 비 | 비상전원의 용량 |
|---|---|
| 자동화재**탐**지설비, 비상**경**보설비, 자동화재**속**보설비<br>기억법 **탐경속1** | 10분 이상 |
| ① 유도등, 비상조명등, **비상콘센트설비**, 제연설비<br>② 옥내소화전설비(30층 미만)<br>③ 특별피난계단의 계단실 및 부속실 제연설비(30층 미만)<br>④ 스프링클러설비(30층 미만)<br>⑤ 연결송수관설비(30층 미만) | 20분 이상<br>보기 ③ |
| 무선통신보조설비의 증폭기 | 30분 이상 |
| ① 옥내소화전설비(30~49층 이하)<br>② 특별피난계단의 계단실 및 부속실 제연설비(30~49층 이하)<br>③ 연결송수관설비(30~49층 이하)<br>④ 스프링클러설비(30~49층 이하) | 40분 이상 |
| ① 유도등·비상조명등(지하상가 및 11층 이상)<br>② 옥내소화전설비(50층 이상)<br>③ 특별피난계단의 계단실 및 부속실 제연설비(50층 이상)<br>④ 연결송수관설비(50층 이상)<br>⑤ 스프링클러설비(50층 이상) | 60분 이상 |

(2) **비상콘센트설비**의 **설치기준**(NFPC 504 제4조, NFTC 504 2.1.2, 2.1.5)

| 구 분 | 전 압 | 공급용량 | 플러그 접속기 |
|---|---|---|---|
| 단상 교류 | 220V | 1.5kVA 이상 | 접지형 2극 |

① 하나의 전용회로에 설치하는 비상콘센트는 **10개** 이하로 할 것(전선의 용량은 최대 **3개**)

| 설치하는 비상콘센트 수량 | 전선의 용량산정시 적용하는 비상콘센트 수량 | 전선의 용량 |
|---|---|---|
| 1 | 1개 이상 | 1.5kVA 이상 |
| 2 | 2개 이상 | 3.0kVA 이상 |
| 3~10 | 3개 이상 | 4.5kVA 이상 |

② 전원회로는 각 층에 있어서 **2** 이상이 되도록 설치할 것(단, 설치하여야 할 층의 콘센트가 1개인 때에는 하나의 회로로 할 수 있다)
③ 플러그접속기의 칼받이 접지극에는 **접지공사**를 하여야 한다.
④ 풀박스는 **1.6mm** 이상의 철판을 사용할 것 보기 ④
⑤ 절연저항은 전원부와 외함 사이를 **직류 500V** 절연저항계로 측정하여 **20MΩ** 이상일 것 보기 ①
⑥ 전원으로부터 각 층의 비상콘센트에 분기되는 경우에는 **분기배선용 차단기**를 보호함 안에 설치할 것

⑦ 바닥으로부터 0.8~1.5m 이하의 높이에 설치할 것
⑧ 전원회로는 주배전반에서 **전용회로**로 하며, 배선의 종류는 **내화배선**이어야 한다.
⑨ 콘센트마다 **배선용 차단기**를 설치하며, 충전부가 노출되지 않도록 할 것

답 ③

★★★
## 125 무선통신보조설비의 화재안전성능기준 및 화재안전기술기준에 관한 설명으로 옳지 않은 것은?

23회 문124 / 22회 문124 / 21회 문107 / 18회 문102 / 17회 문118 / 15회 문121 / 14회 문124 / 07회 문 27

① 누설동축케이블 및 안테나는 고압의 전로로부터 1.0m 이상 떨어진 위치에 설치하여야 한다.
② 지하층으로서 특정소방대상물의 바닥부분 2면 이상이 지표면과 동일한 경우에는 해당층에 한해 무선통신보조설비를 설치하지 아니할 수 있다.
③ 분배기의 임피던스는 50Ω의 것으로 할 것
④ 증폭기에는 비상전원이 부착된 것으로 하고 해당 비상전원용량은 무선통신보조설비를 유효하게 30분 이상 작동시킬 수 있는 것으로 할 것

해설

① 1.0m → 1.5m

(1) **무선통신보조설비**의 **설치기준**(NFPC 505 제5~7조, NFTC 505 2.2)
① **건축물**, **지하가**, **터널** 또는 **공동구**의 **출입구** 및 **출입구 인근**에서 통신이 가능한 장소에 설치할 것
② 다른 용도로 사용되는 안테나로 인한 통신장애가 발생하지 않도록 설치할 것
③ 누설동축케이블 및 안테나는 **금속판** 등에 의하여 **전파**의 **복사** 또는 **특성**이 현저하게 저하되지 아니하는 위치에 설치할 것
④ **누설동축케이블**과 이에 접속하는 **안테나** 또는 **동축케이블**과 이에 접속하는 **안테나**일 것
⑤ 누설동축케이블 및 동축케이블은 화재에 따라 해당 케이블의 피복이 소실된 경우에 케이블 본체가 떨어지지 아니하도록 **4m** 이내마다 **금속제** 또는 **자기제** 등의 지지금구로 벽·천장·기둥 등에 견고하게 고정시킬 것(**불연재료**로 구획된 반자 안에 설치하는 경우는 제외)
⑥ 누설동축케이블 및 안테나는 고압전로로부터 **1.5m** 이상 떨어진 위치에 설치할 것(해당 전로에 **정전기차폐장치**를 유효하게 설치한 경우에는 제외) 보기 ①
⑦ 누설동축케이블의 **끝**부분에는 **무반사종단저항**을 설치할 것
⑧ 누설동축케이블, 동축케이블, 분배기, 분파기, 혼합기 등의 임피던스는 **50Ω**으로 할 것 보기 ③
⑨ 증폭기의 전면에는 **표시등** 및 **전압계**를 설치할 것
⑩ 소방전용 주파수대에 **전파의 전송** 또는 **복사**에 적합한 것으로서 **소방전용**의 것으로 할 것(단, 소방대 상호간의 **무선연락**에 지장이 없는 경우에는 다른 용도와 겸용할 수 있다)
⑪ 누설동축케이블 및 동축케이블은 불연 또는 난연성의 것으로서 습기에 따라 전기의 특성이 변질되지 아니하는 것으로 하고, 노출하여 설치한 경우에는 피난 및 통행에 장애가 없도록 할 것
⑫ 누설동축케이블 또는 동축케이블과 이에 접속하는 안테나가 설치된 층은 **모든 부분**(**계단실**, **승강기**, **별도 구획된 실** 포함)에서 유효하게 통신이 가능할 것
⑬ 옥외안테나와 연결된 무전기와 **건축물 내부**에 존재하는 무전기 간의 상호통신, 건축물 내부에 존재하는 무전기 간의 상호통신, 옥외안테나와 연결된 무전기와 방재실 또는 건축물 내부에 존재하는 무전기와 방재실 간의 상호통신이 가능할 것

(2) **무선통신보조설비**의 **설치제외**(NFPC 505 제4조, NFTC 505 2.1)
① **지**하층으로서 특정소방대상물의 바닥부분 **2면 이상**이 지표면과 동일한 경우의 해당층 보기 ②
② 지하층으로서 지표면으로부터의 깊이가 **1m 이하**인 경우의 해당층

기억법 2면무지(이면 계약의 무지)

(3) **비상전원**의 **용량**

| 설 비 | 비상전원의 용량 |
|---|---|
| 자동화재**탐**지설비, 비상**경**보설비, 자동화재**속**보설비<br>기억법 **탐경속1** | 10분 이상 |
| ① 유도등, 비상조명등, 비상콘센트설비, 제연설비<br>② 옥내소화전설비(30층 미만)<br>③ 특별피난계단의 계단실 및 부속실 제연설비(30층 미만)<br>④ 스프링클러설비(30층 미만)<br>⑤ 연결송수관설비(30층 미만) | 20분 이상 |
| 무선통신보조설비의 증폭기 | 30분 이상<br>보기 ④ |
| ① 옥내소화전설비(30~49층 이하)<br>② 특별피난계단의 계단실 및 부속실 제연설비(30~49층 이하)<br>③ 연결송수관설비(30~49층 이하)<br>④ 스프링클러설비(30~49층 이하) | 40분 이상 |
| ① 유도등·비상조명등(지하상가 및 11층 이상)<br>② 옥내소화전설비(50층 이상)<br>③ 특별피난계단의 계단실 및 부속실 제연설비(50층 이상)<br>④ 연결송수관설비(50층 이상)<br>⑤ 스프링클러설비(50층 이상) | 60분 이상 |

답 ①

# 2023년도 제23회 소방시설관리사 1차 국가자격시험

| 문제형별 | 시 간 | 시험과목 |
| --- | --- | --- |
| A | 125분 | ① 소방안전관리론 및 화재역학<br>② 소방수리학, 약제화학 및 소방전기<br>③ 소방관련 법령<br>④ 위험물의 성질 · 상태 및 시설기준<br>⑤ 소방시설의 구조 원리 |

| 수험번호 | | 성 명 | |
| --- | --- | --- | --- |

【 수험자 유의사항 】

1. **시험문제지**는 단일형별(A형)이며, 답안카드형별 기재란에 표시된 형별(A형)을 확인하시기 바랍니다. 시험문제지의 **총면수**, **문제번호 일련순서**, **인쇄상태** 등을 확인하시고, 문제지 표지에 수험번호와 성명을 기재하시기 바랍니다.
2. 답은 각 문제마다 요구하는 **가장 적합하거나 가까운 답 1개**만 선택하고, 답안카드 작성시 **마킹착오**로 인한 불이익은 전적으로 **수험자에게 책임**이 있음을 알려드립니다.
3. 답안카드는 국가전문자격 공통 표준형으로 문제번호가 1번부터 125번까지 인쇄되어 있습니다. 답안 마킹시에는 반드시 **시험문제지의 문제번호와 동일한 번호**에 마킹하여야 합니다.
4. **감독위원의 지시에 불응하거나 시험시간 종료 후 답안카드를 제출하지 않을 경우** 불이익이 발생할 수 있음을 알려드립니다.
5. 시험문제지는 시험 종료 후 가져가시기 바랍니다.

# 23회 2023. 05. 20. 시행

## 제 1 과목 소방안전관리론 및 화재역학

★★★
**01** Methane 20vol%, Butane 30vol%, Propane 50vol%인 혼합기체의 공기 중 폭발하한계는 약 몇 vol%인가? (단, 공기 중 각 가스의 폭발하한계는 Methane 5.0vol%, Butane 1.8vol%, Propane 2.1vol%이다.)

17회 문 05
14회 문 01
10회 문 16
05회 문 05
04회 문 13

① 1.86 ② 2.25
③ 2.86 ④ 3.29

해설 **폭발하한계**

(1) **기호**

- $V_1$ : 20vol%
- $V_2$ : 30vol%
- $V_3$ : 50vol%
- $L$ : ?
- $L_1$ : 5.0vol%
- $L_2$ : 1.8vol%
- $L_3$ : 2.1vol%

(2) **폭발하한계**

혼합가스의 용량이 100vol%일 때

$$\frac{100}{L}=\frac{V_1}{L_1}+\frac{V_2}{L_2}+\cdots\cdots+\frac{V_n}{L_n}$$

여기서, $L$ : 혼합가스의 폭발하한계〔vol%〕
$L_1$, $L_2$, $L_n$ : 가연성 가스의 폭발하한계〔vol%〕
$V_1$, $V_2$, $V_n$ : 가연성 가스의 용량〔vol%〕

**혼합가스**의 **폭발하한계** $L$은

$$L=\frac{100}{\dfrac{V_1}{L_1}+\dfrac{V_2}{L_2}+\cdots\cdots+\dfrac{V_n}{L_n}}$$

$$=\frac{100}{\dfrac{20}{5}+\dfrac{30}{1.8}+\dfrac{50}{2.1}}$$

$=2.248 ≒ 2.25\text{vol\%}$

※ 연소하한계=폭발하한계

비교

**폭발하한계**

혼합가스의 용량이 100%가 아닐 때

$$\frac{\text{혼합가스의 용량}}{L}=\frac{V_1}{L_1}+\frac{V_2}{L_2}+\cdots\cdots+\frac{V_n}{L_n}$$

여기서, $L$ : 혼합가스의 폭발하한계〔vol%〕
$L_1$, $L_2$, $L_n$ : 가연성 가스의 폭발하한계〔vol%〕
$V_1$, $V_2$, $V_n$ : 가연성 가스의 용량〔vol%〕

답 ②

★★★
**02** 다음에서 설명하고 있는 현상은?

22회 문 05
19회 문 06
19회 문 13
18회 문 02
17회 문 06
16회 문 04
16회 문 14
13회 문 07
10회 문 11
09회 문 06
08회 문 24
06회 문 15
04회 문 03

> 밀폐된 유류저장탱크가 가열로 인해 유류의 비등과 압력상승으로 폭발하는 현상으로 점화원에 의해 분출된 유증기가 착화되어 저장탱크 위쪽에 공 모양의 화구를 형성하기도 한다.

① Boil Over
② Slop Over
③ UVCE(Unconfined Vapor Cloud Explosion)
④ BLEVE(Boiling Liquid Expanding Vapor Explosion)

해설 **유류탱크, 가스탱크**에서 **발생**하는 **현상**

| 여러 가지 현상 | 정 의 |
|---|---|
| **블래비** (BLEVE) 보기 ④ | ① 과열상태의 탱크에서 내부의 **액화가스**가 분출하여 기화되어 폭발하는 현상<br>② 유류저장탱크가 가열로 인해 유류의 비등과 압력상승으로 폭발하는 현상 |

| 여러 가지 현상 | 정 의 |
|---|---|
| **보일오버** (Boil over) 보기 ① | ① **중**질유의 석유탱크에서 장시간 조용히 연소하다 탱크 내의 잔존 기름이 갑자기 분출하는 현상<br>② 유류탱크에서 탱크 바닥에 물과 기름의 **에멀션**이 섞여 있을 때 이로 인하여 화재가 발생하는 현상<br>③ 연소 유면으로부터 100℃ 이상의 열파가 탱크 저부에 고여 있는 물을 비등하게 하면서 연소유를 탱크 밖으로 비산시키며 연소하는 현상<br>④ 유류탱크의 화재시 탱크 저부의 물이 뜨거운 열류층에 의하여 수증기로 변하면서 급작스러운 부피팽창을 일으켜 유류가 탱크 외부로 분출하는 현상<br>⑤ **탱크 저부**의 물이 급격히 증발하여 탱크 밖으로 화재를 동반하며 방출되는 현상 |
| **오일오버** (Oil over) | ① 저장탱크에 저장된 유류저장량이 내용적의 **50% 이하**로 충전되어 있을 때 화재로 인하여 **탱크**가 **폭발**하는 현상<br>② 위험물 저장탱크 내에 저장된 양이 내용적 **1/2 이하**로 충전된 경우 화재로 인하여 증기압력이 상승하고 저장탱크 내의 유류를 외부로 분출하면서 **탱크**가 **파열**되는 현상 |
| **프로스오버** (Froth over) | **물**이 점성의 뜨거운 **기름표면 아래서 끓을 때** 화재를 수반하지 않고 용기가 넘치는 현상 |
| **슬롭오버** (Slop over) 보기 ② | ① 중질유 탱크화재시 유류표면 온도가 물의 비점 이상일 때 소화용수를 유류표면에 방수시키면 물이 수증기로 변하면서 급격한 부피팽창으로 인해 유류가 탱크의 외부로 분출되는 현상<br>② **물**이 연소유의 **뜨거운 표면**에 **들어갈 때** 기름표면에서 화재가 발생하는 현상<br>③ 유화제로 **소**화하기 위한 물이 수분의 급격한 증발에 의하여 액면이 거품을 일으키면서 열유층 밑의 냉유가 급히 열팽창하여 기름의 일부가 불이 붙은 채 탱크벽을 넘어서 일출하는 현상 |

| 여러 가지 현상 | 정 의 |
|---|---|
| **증기운 폭발** (UVCE ; Unconfined Vapor Cloud Explosion) 보기 ③ | 가연성 액체 저장탱크 지역에서 **가스**가 **누설**되어 **급격한 증발**로 증기운을 형성하며 떠다니다가 **점화원**과 **접촉시 발생**할 수 있는 누설착화형 폭발현상 |

기억법 **블액, 보중에탱저, 오5, 프기아, 슬물소**

- UVCE(Unconfined Vapor Cloud Explosion) =VCE(Vapor Cloud Explosion)

답 ④

★★★
## 03 다음 (  ) 안에 들어갈 내용으로 옳은 것은?

12회 문 09

가. $GWP = \dfrac{\text{비교물질 1kg이 기여하는 지구온난화 정도}}{(\text{ ㉠ })\text{ 1kg이 기여하는 지구온난화 정도}}$

나. $ODP = \dfrac{\text{비교물질 1kg이 파괴하는 오존량}}{(\text{ ㉡ })\text{ 1kg이 파괴하는 오존량}}$

① ㉠ : CO, ㉡ : CFC-11
② ㉠ : CFC-12, ㉡ : CO
③ ㉠ : $CO_2$, ㉡ : CFC-11
④ ㉠ : CFC-12, ㉡ : $CO_2$

해설 **GWP vs ODP**

| 지구온난화지수 (GWP ; Global Warming Potential) 보기 ㉠ | 오존파괴지수 (ODP ; Ozone Depletion Potential) 보기 ㉡ |
|---|---|
| 지구온난화지수는 지구온난화에 기여하는 정도를 나타내는 지표로 **$CO_2$**(이산화탄소)의 GWP를 1로 하여 다음과 같이 구한다. | 오존파괴지수는 어떤 물질의 오존파괴능력을 상대적으로 나타내는 지표로 기준물질인 **CFC-11**(CFC 13)의 ODP를 1로 하여 다음과 같이 구한다. |
| $GWP = \dfrac{\text{어떤 물질 1kg이 기여하는 온난화 정도}}{CO_2\text{의 1kg이 기여하는 온난화 정도}}$ | $ODP = \dfrac{\text{어떤 물질 1kg이 파괴하는 오존량}}{\text{CFC-11의 1kg이 파괴하는 오존량}}$ |

기억법 G온O오(지온 오오)

답 ③

★★★

## 04 연소점, 인화점 및 발화점에 관한 내용으로 옳지 않은 것은?

22회 문 01

① 연소점, 인화점, 발화점 순으로 온도가 높다.

② 인화점은 외부에너지(점화원)에 의해 발화하기 시작되는 최저온도를 말한다.

③ 발화점은 점화원 없이 스스로 발화할 수 있는 최저온도를 말한다.

④ 연소점은 외부에너지(점화원)를 제거해도 연소가 지속되는 최저온도를 말한다.

① 연소점, 인화점, 발화점 → 발화점, 연소점, 인화점

**인화성 액체**의 **온도**가 **높은 순서**

발화점>연소점>인화점 **보기 ①**

**연소와 관계되는 용어**

| 구 분 | 설 명 |
|---|---|
| **발화점**<br>(Ignition point) | ① 가연성 물질에 불꽃을 접하지 아니하였을 때 즉, 점화원 없이 연소가 가능한 최저온도 **보기 ③**<br>② 파라핀계 탄화수소화합물의 경우 탄소수가 적을수록 높아진다.<br>③ 일반적으로 탄화수소계의 분자량이 클수록 낮아진다.<br>**〈발화점〉**<br>• 발열량이 클 때, 열전도율이 작을 때 낮아진다.<br>• 고체 가연물의 발화점은 가열된 공기의 유량, 가열속도에 따라 달라질 수 있다. |
| **인화점**<br>(Flash point) | ① 휘발성 물질에 **불꽃**을 접하여 연소가 가능한 **최저온도**<br>② 가연물이 **점화원**과 **접촉**했을 때 연소가 시작되는 **최저온도** **보기 ②**<br>③ 가연성 증기 발생시 연소범위의 **하한계**에 이르는 **최저온도**<br>④ 가연성 증기를 발생하는 액체가 공기와 혼합하여 기상부에 다른 불꽃이 닿았을 때 연소가 일어나는 **최저온도**<br>⑤ 점화원에 의하여 연소를 시작할 수 있는 최저온도<br>⑥ **위험성 기준**의 척도<br>기억법 **위인하**<br>**〈인화점〉**<br>• 가연성 액체의 발화와 깊은 관계가 있다.<br>• 연료의 조성, 점도, 비중에 따라 달라진다. |
| **연소점**<br>(Fire point) | ① 인화점보다 **10℃** 높으며 연소를 **5초** 이상 **지속**할 수 있는 온도<br>② 어떤 인화성 액체가 공기 중에서 열을 받아 점화원의 존재하에 **지속적**인 연소를 일으킬 수 있는 온도 **보기 ④**<br>③ 가연성 액체에 점화원을 가져가서 인화된 후에 점화원을 제거하여도 가연물이 **계속** 연소되는 **최저온도**<br>기억법 **연지(연지 곤지)** |

답 ①

★★★

## 05 가연성 기체의 폭발한계범위에서 위험도가 가장 높은 것은?

① 수소

② 에틸렌

③ 아세틸렌

④ 에테인

해설 **위험도**

$$H=\frac{U-L}{L}$$

여기서, $H$ : 위험도(degree of Hazards)

$U$ : 연소상한계(Upper limit)

$L$ : 연소하한계(Lower limit)

① **수소** $=\frac{75-4}{4}=17.75$

② **에틸렌** $=\frac{36-2.7}{2.7}=12.33$

③ **아세틸렌** $=\frac{81-2.5}{2.5}=31.4$

④ **에테인(에탄)** $=\frac{12.4-3}{3}=3.13$

중요

공기 중의 **폭발한계**(상온, 1atm)

| 가 스 | 하한계 〔vol%〕 | 상한계 〔vol%〕 |
|---|---|---|
| 아세틸렌($C_2H_2$) 보기 ③ | 2.5 | 81 |
| 수소($H_2$) 보기 ① | 4 | 75 |
| 일산화탄소(CO) | 12 | 75 |
| 에터[$(C_2H_5)_2O$] | 1.7 | 48 |
| 이황화탄소($CS_2$) | 1 | 50 |
| 에틸렌($C_2H_4$) 보기 ② | 2.7 | 36 |
| 암모니아($NH_3$) | 15 | 25 |
| 메탄($CH_4$) | 5 | 15 |
| 에탄($C_2H_6$) 보기 ④ | 3 | 12.4 |
| 프로판($C_3H_8$) | 2.1 | 9.5 |
| 부탄($C_4H_{10}$) | 1.8 | 8.4 |

- 연소한계=연소범위=가연한계=가연범위=폭발한계=폭발범위
- 메테인=메탄
  에테인=에탄

기억법
아 2581
수 475
일 1275
에터 1748
이 150
에틸 2736
암 1525
메 515
에 3124
프 2195
부 1884

답 ③

★★

## 06 아레니우스(Arrhenius)의 반응속도식에 관한 설명으로 옳지 않은 것은?

20회 문 17

① 온도가 높을수로 반응속도는 증가한다.
② 압력이 높을수록 반응속도는 감소한다.
③ 활성화에너지가 클수록 반응속도는 감소한다.
④ 분자의 충돌횟수가 많을수록 반응속도는 증가한다.

해설 ② 감소한다. → 증가한다.

(1) **아레니우스(Arrhenius) 반응속도식**

$$k_f = AT^n e^{\left(-\frac{E}{RT}\right)}$$

여기서, $k_f$ : 속도상수
$A$ : 충돌계수(충돌빈도, 단위시간당 충돌횟수)
$T$ : 절대온도(273+℃)〔K〕
$n$ : 상수(대부분 0)
$E$ : 활성화에너지〔J/mol〕
$R$ : 기체상수(8.314J/mol·K)

(2) **이상기체 상태방정식**

$$\rho = \frac{P}{RT},\ R = \frac{P}{\rho T} \propto P$$

여기서, $\rho$ : 밀도〔$kg/m^3$〕
$P$ : 압력〔kPa〕
$R$ : 기체상수〔kJ/kg·K〕
$T$ : 절대온도(273+℃)〔K〕

$R = \frac{P}{\rho T} \propto P$(기체상수는 압력에 비례)

① 자주 충돌할수록(충돌횟수가 많을수록) 반응속도는 증가한다. 보기 ④
② **활성화에너지**가 **낮을수록** 반응속도는 **증가**한다. 보기 ③
③ 온도가 높을수록 반응속도는 증가한다. 보기 ①
④ 기체상수가 클수록 반응속도는 증가한다.
⑤ 압력이 높을수록 반응속도는 증가한다. 보기 ②

용어

**아레니우스(Arrhenius) 반응속도식**
속도상수($k$)의 온도($T$) 의존성을 정량적으로 또는 수식으로 나타낸 것

답 ②

★★★

## 07 폭발의 분류에서 기상폭발이 아닌 것은?

21회 문 05
19회 문 06
19회 문 13
18회 문 02
17회 문 06
16회 문 04
16회 문 14
13회 문 07
11회 문 16
10회 문 11
09회 문 06
08회 문 24
06회 문 15
04회 문 03
03회 문 23

① 가스폭발
② 분해폭발
③ 수증기폭발
④ 분진폭발

해설

③ 수증기폭발 : 응상폭발

**물리적 상태**에 따른 **폭발종류**

| 기상폭발 | 응상폭발 |
|---|---|
| ① **가스폭발** : 가연성 가스와 지연성 가스의 혼합기체폭발 보기 ①<br>② **분무폭발** : 가연성 액체가 무상으로 되어 폭발<br>③ **분진폭발** : 가연성 고체가 미분말로 되어 폭발 보기 ④<br>④ **증기운폭발** : 가연성 가스 또는 가연성 액체가 지표면에 유출되어 폭발<br>⑤ **분해폭발** : 가스의 폭발적인 분해 보기 ②<br>⑥ **액화가스탱크**의 **폭발**(BLEVE) | ① **수증기폭발** 보기 ③<br>② **증기폭발**(액화가스의 증기폭발)<br>③ **전선폭발**<br>④ 고상 간의 **전이**에 의한 **폭발** |

답 ③

★★

## 08 소실 정도에 따른 화재분류에 관한 설명이다. ( ) 안에 들어갈 내용으로 옳은 것은?

05회 문 06

( )란 건물의 30% 이상 70% 미만이 소실된 것이다.

① 즉소 ② 전소
③ 부분소 ④ 반소

해설 **화재조사 및 보고규정 제16조**
**소실 정도에 의한 분류**

| 분 류 | 설 명 |
|---|---|
| 전소 | 건물의 **70% 이상**(입체면적에 대한 비율)이 소실되었거나 또는 그 미만이라도 잔존부분을 보수하여도 재사용이 불가능한 것 |
| 반소 보기 ④ | 건물의 **30~70% 미만**이 소실된 것 |
| 부분소 | 전소, 반소에 해당하지 아니하는 것(건물의 **30% 미만** 소실) |

답 ④

★★★

## 09 폭발의 종류와 해당 폭발이 일어날 수 있는 물질의 연결이 옳은 것은?

19회 문 06
19회 문 13
18회 문 02
17회 문 06
16회 문 04
16회 문 14
13회 문 07
11회 문 16
10회 문 11
09회 문 06
08회 문 24
06회 문 15
04회 문 03
03회 문 23

① 산화폭발 – 가연성가스
② 분진폭발 – 시안화수소
③ 중합폭발 – 아세틸렌
④ 분해폭발 – 염화비닐

해설

② 중합폭발 → 시안화수소
③ 분해폭발 → 아세틸렌
④ 중합폭발 → 염화비닐

**폭발**의 **종류**

| 폭발 종류 | 물 질 |
|---|---|
| **분해**폭발 | • **과**산화물 · **아**세틸렌 보기 ③<br>• **다**이너마이트 |
| 분진폭발 | • 밀가루 · 담뱃가루<br>• 석탄가루 · 먼지<br>• 전분 · 금속분 |
| **중**합폭발 | • **염**화비닐 보기 ④<br>• **시**안화수소 보기 ② |
| **분**해 · **중**합폭발 | • **산**화에틸렌 |
| **산**화폭발 | • 가연성가스 보기 ①<br>• **압**축가스<br>• **액**화가스 |

기억법 **분해과아다**
**중염시**
**분중산**
**산압액**

중요

(1) **폭발**의 **종류**

| 종 류 | 설 명 |
|---|---|
| 산화폭발 | 가연성 가스가 공기 중에 누설 혹은 인화성 액체 저장탱크에 **공기**가 **유입**되어 폭발성 혼합가스를 형성하고 여기에 탱크 내에서 정전기 불꽃이 발생하든지 탱크 내로 착화원이 유입되어 착화 폭발하는 현상 |
| 분무폭발 | 착화에너지에 의하여 일부의 **액적**이 가열되어 그의 표면부분에 가연성의 혼합기체가 형성되고 이것이 연소하기 시작하여 이 연소열에 의하여 부근의 액적의 주위에는 가연성 혼합기체가 형성되고 순차적으로 연소반응이 진행되어 이것이 가속화되어 폭발이 발생하는 현상 |
| 분진폭발 | 미분탄, 소맥분, 플라스틱의 분말 같은 가연성 고체가 **미분말**로 되어 공기 중에 부유한 상태로 폭발농도 이상으로 있을 때 착화원이 존재함으로써 발생하는 폭발현상 |
| 분해폭발 | **산화에틸렌, 아세틸렌, 에틸렌** 등의 분해성 가스와 다이아조화합물 같은 자기 분해성 고체가 **분해**하면서 폭발하는 현상 |

(2) 분진폭발을 일으키지 않는 물질
① 시멘트
② 석회석
③ 탄산칼슘($CaCO_3$)
④ 생석회(CaO)
⑤ 소석회($Ca(OH)_2$)=수산화칼슘

기억법 분시석탄칼생

답 ①

**10 건축물의 피난·방화구조 등의 기준에 관한 규칙상 피난안전구역의 면적 산정기준에서 문화·집회 용도에서 고정좌석을 사용하지 않는 공간의 재실자 밀도기준으로 옳은 것은?**

① 0.28　　② 0.45
③ 2.80　　④ 9.30

해설 **건축물의 피난·방화구조 등의 기준에 관한 규칙 [별표 1의 2]**
**피난안전구역의 면적 산정기준**
(1) **피난안전구역**의 **면적 산정**

피난안전구역 면적=(피난안전구역 위층의 재실자수×0.5)×0.28$m^2$

여기서, 피난안전구역 위층의 재실자수 :

$$=\frac{\text{해당 피난안전구역+다음 피난안전구역 사이의 용도별 바닥면적}}{\text{사용형태별 재실자 밀도}}$$

**[예외]**

| 문화·집회 벤치형 좌석을 사용하는 공간 | 문화·집회 고정좌석을 사용하는 공간 |
|---|---|
| $\frac{\text{좌석길이}}{45.5\text{cm}}$ | 휠체어 공간수+고정좌석수 |

(2) **피난안전구역 설치 대상 건축물**의 **용도**에 따른 **사용형태별 재실자 밀도**

| 용 도 | 사용형태별 | | 재실자 밀도 |
|---|---|---|---|
| 문화·집회 | 벤치형 좌석을 사용하는 공간 | | - |
| | 고정좌석을 사용하는 공간 | | - |
| | 고정좌석을 사용하지 않는 공간 | | 0.45 보기 ② |
| | 게임제공업 등의 공간 | | 1.02 |
| | 고정좌석이 아닌 의자를 사용하는 공간 | | 1.29 |
| | 무대 | | 1.4 |
| 보육 | 보호시설 | | 3.3 |
| 운동 | 운동시설 | | 4.6 |
| 교육 | 학교 및 학원 | 교실 | 1.9 |
| | 도서관 | 열람실 | 4.6 |
| | | 서고 | 9.3 |
| 업무 | 업무시설, 운수시설 및 관련 시설 | | 9.3 |
| 산업 | 공장 | | 9.3 |
| | 취사장·조리장 | | 9.3 |
| | 제조업 시설 | | 18.6 |
| 교정 | 교정시설 및 보호관찰소 등 | | 11.1 |
| 주거 | 호텔 등 숙박시설 | | 18.6 |
| | 공동주택 | | 18.6 |
| 의료 | 수면구역 | | 11.1 |
| | 입원치료구역 | | 22.3 |
| 판매 | 지하층 및 1층 | | 2.8 |
| | 그 외의 층 | | 5.6 |
| | 배송공간 | | 27.9 |
| 저장 | 창고, 자동차 관련 시설 | | 46.5 |

• **계단실**, **승강로**, **복도** 및 **화장실** : 사용형태별 재실자 밀도의 산정에서 제외

비교

**수용인원**의 **산정방법**(소방시설법 시행령 [별표 7])

| 특정소방대상물 | | 산정방법 |
|---|---|---|
| • 숙박시설 | 침대가 있는 경우 | 종사자수+침대수 |
| | 침대가 없는 경우 | 종사자수+$\frac{\text{바닥면적의 합계}}{3m^2}$ |
| • 강의실 • 교무실 • 상담실 • 실습실 • 휴게실 | | $\frac{\text{바닥면적의 합계}}{1.9m^2}$ |
| • 기타 | | $\frac{\text{바닥면적의 합계}}{3m^2}$ |
| • 강당 • 문화 및 집회시설, 운동시설 • 종교시설 | | $\frac{\text{바닥면적의 합계}}{4.6m^2}$ |

답 ②

★★★

**11** 가로 10m, 세로 5m, 높이 10m인 실내공간에 저장되어 있는 발열량 10500kcal/kg인 가연물 1000kg과 발열량 7500kcal/kg인 가연물 2000kg이 완전연소하였을 때 화재하중(kg/m²)은 약 얼마인가? (단, 목재의 단위 발열량은 4500kcal/kg이다.)

22회 문 17 / 20회 문 12 / 18회 문 14 / 17회 문 10 / 16회 문 24 / 14회 문 09 / 13회 문 17 / 12회 문 20 / 11회 문 20 / 08회 문 10 / 07회 문 15 / 06회 문 05 / 06회 문 09 / 04회 문 01 / 02회 문 11

① 56.67　② 70.35
③ 113.33　④ 120.56

해설 (1) 기호

- $A$ : (10m×5m)
- $\Sigma G_t H_t$ : (1000kg×10500kcal/kg)+(2000kg ×7500kcal/kg)
- $q$ : ?
- $H$ : 4500kcal/kg

(2) 화재하중

$$q = \frac{\Sigma G_t H_t}{HA} = \frac{\Sigma Q}{4500A}$$

여기서, $q$ : 화재하중〔kg/m²〕
$G_t$ : 가연물의 양〔kg〕
$H_t$ : 가연물의 단위중량당 발열량〔kcal/kg〕
$H$ : 목재의 단위중량당 발열량(목재의 단위발열량)〔kcal/kg〕
$A$ : 바닥면적〔m²〕
$\Sigma Q$ : 가연물의 전체 발열량〔kcal〕

화재하중 $q$는

$$q = \frac{\Sigma G_t H_t}{HA}$$

$$= \frac{(1000\text{kg} \times 10500\text{kcal/kg}) + (2000\text{kg} \times 7500\text{kcal/kg})}{4500\text{kcal/kg} \times (10\text{m} \times 5\text{m})}$$

$$= 113.33\text{kg/m}^2$$

- $A$(바닥면적)=(10m×5m) : 높이는 적용하지 않는 것에 주의!
- $\Sigma$ : '**시그마**'라고 읽으며 '**모두 더한다**'라는 의미로서 여기서는 **가연물 전체의 무게**를 말한다.

답 ③

★★★

**12** 내화건축물과 비교한 목조건축물의 화재특성에 관한 설명으로 옳은 것을 모두 고른 것은?

22회 문 18 / 18회 문 11 / 17회 문 25 / 14회 문 04 / 13회 문 11 / 10회 문 03 / 08회 문 18 / 06회 문 04 / 05회 문 02 / 04회 문 17 / 02회 문 01

> ㉠ 최성기에 도달하는 시간이 빠르다.
> ㉡ 저온장기형의 특성을 갖는다.
> ㉢ 화염의 분출면적이 크고, 복사열이 커서 접근하기 어렵다.
> ㉣ 횡방향보다 종방향의 화재성장이 빠르다.

① ㉡, ㉢
② ㉢, ㉣
③ ㉠, ㉡, ㉣
④ ㉠, ㉢, ㉣

해설 ㉡ 저온장기형 → 고온단기형

(1) **목조건물**의 화재온도 표준곡선
① 화재성상 : **고**온**단**기형 보기 ㉠
② 최고온도(최성기온도) : 1300℃

기억법 목고단

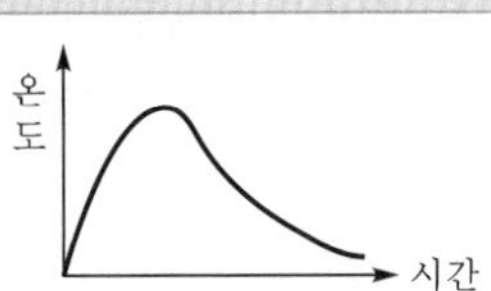


(2) **내화건물**의 화재온도 표준곡선
① 화재성상 : 저온장기형 보기 ㉡
② 최고온도(최성기온도) : 900~1000℃

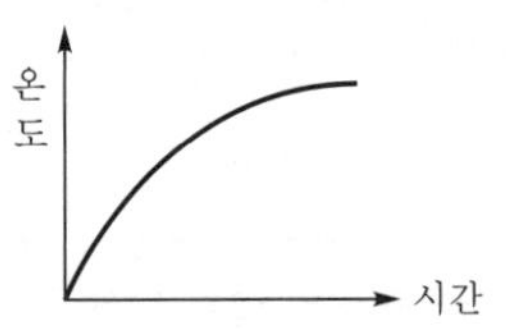


중요

(1) **목조건축물**의 **화재 특성**
① 화염의 **분출면적**이 **크고 복사열**이 **커서** 접근하기 어렵다. 보기 ㉢
② **습도**가 **낮을수록** 연소확대가 빠르다.
③ 횡방향보다 **종방향**의 화재성장이 빠르다. 보기 ㉣
④ 화재 최성기 이후 **비화**에 의해 화재확대의 위험성이 높다.
⑤ 최성기에 도달하는 시간이 빠르다. 보기 ㉠

(2) **내화건축물**의 **화재 특성**

① 공기의 유입이 불충분하여 **발염연소**가 **억제**된다.

② 열이 외부로 방출되는 것보다 축적되는 것이 많다.

③ **저온장기형**의 특성을 나타낸다.

④ 목조건축물에 비해 밀도가 높기 때문에 초기에 연소가 느리다.

⑤ 내화건축물의 온도－시간 표준곡선에서 화재 발생 후 **30분**이 경과되면 온도는 약 **1000℃** 정도에 달한다.

⑥ 내화건축물은 목조건축물에 비해 **연소온도**는 **낮지만 연소지속시간**은 **길다**.

⑦ 내화건축물의 화재진행상황은 **초기－성장기－종기**의 순으로 진행된다.

⑧ 내화건축물은 견고하여 **공기**의 **유통조건**이 거의 **일정**하고 최고온도는 목조의 경우보다 낮다.

답 ④

★★★
## 13 건축물의 피난·방화구조 등의 기준에 관한 규칙상 벽의 내화구조에 관한 내용으로 옳지 않은 것은?

21회 문 12 / 17회 문 14 / 13회 문 12 / 07회 문 01

① 철근콘크리트조 또는 철골·철근콘크리트조로서 두께가 10센티미터 이상인 것

② 철재로 보강된 콘크리트블록조·벽돌조 또는 석조로서 철재에 덮은 콘크리트 블록 등의 두께가 5센티미터 이상인 것

③ 벽돌조로서 두께가 15센티미터 이상인 것

④ 고온·고압의 증기로 양생된 경량기포 콘크리트패널 또는 경량기포 콘크리트블록조로서 두께가 10센티미터 이상인 것

③ 15센티미터 → 19센티미터

**피난·방화구조 제3조**
**내화구조의 기준**

| 내화구분 | | 기 준 |
|---|---|---|
| 벽 | 모든 벽 | ① 철골·철근콘크리트조로서 두께가 10cm 이상인 것 **보기 ①**<br>② 골구를 철골조로 하고 그 양면을 두께 4cm 이상의 철망 모르타르로 덮은 것<br>③ 두께 5cm 이상의 콘크리트블록·벽돌 또는 석재로 덮은 것<br>④ 철재로 보강된 **콘크리트블록조·벽돌조** 또는 석조로서 철재에 덮은 콘크리트블록의 두께가 5cm 이상인 것 **보기 ②**<br>⑤ 벽돌조로서 두께가 19cm 이상인 것 **보기 ③**<br>⑥ 고온·고압의 증기로 양생된 경량기포 콘크리트패널 또는 경량기포 콘크리트블록조로서 두께가 10cm **이상**인 것 **보기 ④** |
| 벽 | 외벽 중 비내력벽 | ① 철골·철근콘크리트조로서 두께가 7cm 이상인 것<br>② 골구를 철골조로 하고 그 양면을 두께 3cm 이상의 철망 모르타르로 덮은 것<br>③ 두께 4cm 이상의 콘크리트블록·벽돌 또는 석재로 덮은 것<br>④ 석조로서 두께가 7cm 이상인 것 |
| 기둥(작은 지름이 25cm 이상인 것) | | ① 철골을 두께 6cm 이상의 철망 모르타르로 덮은 것<br>② 두께 7cm 이상의 콘크리트 블록·벽돌 또는 석재로 덮은 것<br>③ 철골을 두께 5cm 이상의 콘크리트로 덮은 것 |
| 바닥 | | ① 철골·철근콘크리트조로서 두께가 10cm 이상인 것<br>② 석조로서 철재에 덮은 콘크리트블록 등의 두께가 5cm 이상인 것<br>③ 철재의 양면을 두께 5cm 이상의 철망 모르타르로 덮은 것 |
| 보 | | ① 철골을 두께 6cm 이상의 철망 모르타르로 덮은 것<br>② 두께 5cm 이상의 콘크리트로 덮은 것 |
| 계단 | | ① 철근콘크리트조 또는 철골·철근콘크리트조<br>② 무근콘크리트조·콘크리트블록조·벽돌조 또는 석조<br>③ **철재로 보강된 콘크리트블록조·벽돌조 또는 석조**<br>④ **철골조** |

답 ③

☆

**14** 19회 문 14 **건축물의 피난·방화구조 등의 기준에 관한 규칙상 피난안전구역 설치기준에 관한 설명으로 옳은 것은?**

① 피난안전구역의 내부마감재료는 난연재료로 설치할 것
② 비상용 승강기는 피난안전구역에서 승하차 할 수 있는 구조로 설치할 것
③ 건축물의 내부에서 피난안전구역으로 통하는 계단은 피난계단의 구조로 설치할 것
④ 피난안전구역의 높이는 1.8미터 이상일 것

해설

① 난연재료 → 불연재료
③ 피난계단 → 특별피난계단
④ 1.8미터 → 2.1미터

**피난·방화구조 제8조의2**
**피난안전구역의 구조 및 설비**

(1) 피난안전구역의 바로 아래층 및 위층은 「녹색건축물 조성지원법」 제15조 제1항에 적합한 단열재를 설치할 것. 이 경우 아래층은 **최상층**에 있는 거실의 반자 또는 지붕 기준을 준용하고, **위층**은 **최하층**에 있는 거실의 바닥기준을 준용할 것
(2) 피난안전구역의 내부마감재료는 **불연재료**로 설치할 것 보기 ①
(3) 건축물의 내부에서 피난안전구역으로 통하는 계단은 **특별피난계단**의 구조로 설치할 것 보기 ③
(4) **비상용 승강기**는 피난안전구역에서 **승하차** 할 수 있는 구조로 설치할 것 보기 ②
(5) 피난안전구역에는 식수공급을 위한 급수전을 **1개소** 이상 설치하고 예비전원에 의한 **조명설비**를 설치할 것
(6) 관리사무소 또는 방재센터 등과 긴급연락이 가능한 **경보** 및 **통신시설**을 설치할 것
(7) [별표 1의 2]에서 정하는 기준에 따라 산정한 면적 이상일 것
(8) 피난안전구역의 높이는 **2.1m 이상**일 것 보기 ④
(9) 「건축물의 설비기준 등에 관한 규칙」에 따른 **배연설비**를 설치할 것
(10) 그 밖에 **소방청장**이 정하는 소방 등 재난관리를 위한 설비를 갖출 것

답 ②

☆

**15 초고층 및 지하연계 복합건축물 재난관리에 관한 특별법 시행령상 피난안전구역 면적 산정기준에 관한 설명으로 ( ) 안에 들어갈 내용으로 옳은 것은?**

> 지하층이 하나의 용도로 사용되는 경우
> 피난안전구역 면적=(수용인원×0.1)×( )$m^2$

① 0.28　② 0.50
③ 0.70　④ 1.80

해설 **문제 10 참조**

**초고층 및 지하연계 복합건축물 재난관리에 관한 특별법 시행령 [별표 2]**
**피난안전구역 면적 산정기준**

| 지하층이 하나의 용도로 사용되는 경우 보기 ① | 지하층이 둘 이상의 용도로 사용되는 경우 |
|---|---|
| 피난안전구역 면적=(수용인원×0.1)×0.28$m^2$ | 피난안전구역 면적=(사용형태별 수용인원의 합×0.1)×0.28$m^2$ |

• **수용인원** : 사용형태별 면적×거주밀도

**[예외]** 업무용도와 주거용도의 수용인원 : 용도의 면적×거주밀도

‖ 건축물의 사용형태별 거주밀도 ‖

| 건축용도 | 사용형태별 | | 거주밀도 (명/$m^2$) | 비 고 |
|---|---|---|---|---|
| 의료용도 | ① 입원치료구역 | | 0.04 | – |
| | ② 수면구역 | | 0.09 | |
| 주거용도 | – | | 0.05 | – |
| 업무용도 | – | | 0.25 | – |
| 상업용도 | ① 창고 및 배송공간 | | 0.37 | 연속식 점포 : 벽체를 연속으로 맞대거나 복도를 공유하고 있는 점포수가 둘 이상인 경우 |
| | ② 매장 | | 0.50 | |
| | ③ 연속식 점포 | ㉠ 매장 | 0.50 | |
| | | ㉡ 통로 | 0.25 | |
| | ④ 음식점(레스토랑)·바·카페 | | 1.0 | |

| 건축용도 | 사용형태별 | | 거주밀도 〔명/$m^2$〕 | 비 고 |
|---|---|---|---|---|
| 문화·집회용도 | ① 무대 | | 0.7 | ㉠ $n$은 좌석수를 말한다.<br>㉡ 극장·회의장·전시장 및 그 밖에 이와 비슷한 것에는 공연장을 포함한다.<br>㉢ 극장·회의장·전시장에는 로비·홀·전실 포함 |
| | ② 전시장(산업전시장) | | 0.7 | |
| | ③ 게임제공업 | | 1.0 | |
| | ④ 회의실 | | 1.5 | |
| | ⑤ 나이트클럽 | | 1.7 | |
| | ⑥ 좌석이 있는극장·회의장·전시장 및 기타 이와 비슷한 것 | ㉠ 고정식 좌석 | $n$ | |
| | | ㉡ 이동식 좌석 | 1.3 | |
| | | ㉢ 입석식 | 2.6 | |
| | ⑦ 좌석이 없는 극장·회의장·전시장 및 기타 이와 비슷한 것 | | 1.8 | |

답 ①

★★★

**16** 다음에서 설명하는 화재시 인간의 피난행동 특성으로 옳은 것은?

20회 문 16
18회 문 20
16회 문 22
14회 문 25
10회 문 09
09회 문 04
05회 문 07

> 피난시 인간은 평소에 사용하는 문·통로를 사용하거나, 자신이 왔던 길로 되돌아가려는 본능이 있다.

① 귀소본능 ② 지광본능
③ 추정본능 ④ 회피본능

해설 **화재발생시 인간의 피난 특성**

| 피난 특성 | 설 명 |
|---|---|
| 귀소본능 | ① 피난시 **평소**에 사용하는 **문**, 길, **통로**를 사용하거나 자신이 왔었던 길로 **되돌아가려는** 본능 보기 ①<br>② **친숙한 피난경로**를 선택하려는 행동<br>③ 무의식 중에 **평상시** 사용하는 **출입구**나 **통로**를 사용하려는 행동<br>④ 화재시 본능적으로 **원래** 왔던 길 또는 늘 사용하는 경로로 탈출하려고 하는 것<br>⑤ **원래** 왔던 길을 더듬어 피하려는 경향<br>⑥ **처음**에 들어온 빌딩 등에서 내부 상황을 모를 경우 들어왔던 경로로 피난하려는 본능을 귀소본능이라 한다. |
| 지광본능 | ① 화재시 연기 및 정전 등으로 시야가 흐려질 때 어두운 곳에서 개구부, 조명부 등의 **밝은 빛**을 따르려는 본능<br>② **밝은 쪽**을 지향하는 행동<br>③ 화재의 공포감으로 인하여 **빛**을 따라 외부로 달아나려고 하는 행동<br>④ 폐쇄공간 또는 어두운 공간에 대한 불안심리에 기인하는 행동<br>⑤ 건물 내부에 연기로 인해 시야가 제한을 받을 경우 **빛**이 새어나오는 방향으로 피난하려는 본능 |
| 퇴피본능 | ① 반사적으로 **위험**으로부터 **멀리**하려는 본능<br>② 화염, 연기에 대한 공포감으로 **발화**의 **반대방향**으로 이동하려는 행동<br>③ 화재가 발생하면 확인하려 하고, 그것이 비상사태로 확인되면 **화재**로부터 **멀어지려고** 하는 본능<br>④ 연기, 불의 **차폐물**이 있는 곳으로 도망가거나 숨는다.<br>⑤ **발화점**으로부터 조금이라도 **먼 곳**으로 피난한다. |
| 추종본능 | ① 많은 사람이 달아나는 방향으로 쫓아가려는 행동<br>② 화재시 **최초**로 **행동**을 **개시**한 사람을 따라 전체가 움직이려는 행동<br>③ **집단**의존형 피난행동, 집단을 선도하는 사람의 존재 및 지시가 크게 영향력을 가짐 |
| 좌회본능 | **좌측통행**을 하고 **시계반대방향**으로 회전하려는 행동 |
| 폐쇄공간 지향본능 | 가능한 **넓은 공간**을 찾아 **이동**하다가 위험성이 높아지면 의외의 좁은 공간을 찾는 본능 |
| 초능력본능 | 비상시 **상상**도 **못할 힘**을 내는 본능 |
| 공격본능 | **이상심리현상**으로서 구조용 헬리콥터를 부수려고 한다든지 무차별적으로 주변사람과 구조인력 등에게 공격을 가하는 본능 |
| 패닉(Panic) 현상 | 인간의 비이성적인 또는 부적합한 **공포반응행동**으로서 무모하게 높은 곳에서 뛰어내리는 행위라든지, 몸이 굳어서 움직이지 못하는 행동 |

| 피난 특성 | 설 명 |
|---|---|
| **일상동선 지향성** | **일상**적으로 사용하고 있는 경로를 사용해 피하려는 경향 |
| **향개방성** | **열린** 느낌이 드는 방향으로 피하려는 경향 |
| **일시경로 선택성** | **처음**에 눈에 들어온 경로, 또는 눈에 **띄기 쉬운 계단**을 향하는 경향 |
| **지근거리 선택성** | 책상을 타고 넘어도 **가까운 거리**의 계단을 선택하는 경향 |
| **직진성** | **정면**의 계단과 통로를 선택하거나 막다른 곳이 나올 때까지 **직진**하는 경향 |
| **위험 회피본능** | **발화반대방향**으로 피하려는 본능, **뛰어내리는 행동**도 이에 포함 |
| **이성적 안전 지향성** | **안전**하다고 생각되는 **경로**로 향하는 경향 |

답 ①



★★★

## 17 건축물의 피난·방화구조 등의 기준에 관한 규칙상 건축물의 바깥쪽에 설치하는 피난계단의 구조에 관한 설명으로 옳은 것을 모두 고른 것은?

20회 문 19
12회 문 75

> ㉠ 계단은 그 계단으로 통하는 출입구외의 창문 등(망이 들어 있는 유리의 붙박이창으로서 그 면적이 각각 1제곱미터 이하인 것을 제외한다)으로부터 1.5미터 이상의 거리를 두고 설치할 것
> ㉡ 계단은 불연구조로 하고 지상까지 직접 연결되도록 할 것
> ㉢ 계단의 유효너비는 0.9미터 이상으로 할 것
> ㉣ 건축물의 내부에서 계단으로 통하는 출입구에는 60분+방화문 또는 60분 방화문을 설치할 것

① ㉠, ㉡　② ㉠, ㉣
③ ㉡, ㉢　④ ㉢, ㉣

해설

㉠ 1.5미터 이상 → 2미터 이상
㉡ 불연구조 → 내화구조

**피난·방화구조 제9조**
**피난계단의 구조**

(1) 건축물의 **내부**에 설치하는 피난계단의 구조
- ① 계단실은 창문·출입구 기타 개구부(이하 **"창문 등"**)를 제외한 당해 건축물의 다른 부분과 **내화구조**의 벽으로 구획할 것
- ② 계단실의 실내에 접하는 부분(바닥 및 반자 등 실내에 면한 모든 부분)의 마감(마감을 위한 바탕 포함)은 **불연재료**로 할 것
- ③ 계단실에는 **예비전원**에 의한 **조명설비**를 할 것
- ④ 계단실의 바깥쪽과 접하는 창문 등(망이 들어 있는 유리의 붙박이창으로서 그 면적이 각각 $1m^2$ 이하인 것 제외)은 당해 건축물의 다른 부분에 설치하는 창문 등으로부터 **2m 이상**의 거리를 두고 설치할 것
- ⑤ 건축물의 내부와 접하는 계단실의 창문 등(출입구 제외)은 망이 들어 있는 유리의 붙박이창으로서 그 면적을 각각 $1m^2$ **이하**로 할 것
- ⑥ 건축물의 내부에서 계단실로 통하는 출입구의 유효너비는 **0.9m 이상**으로 하고, 그 출입구에는 피난의 방향으로 열 수 있는 것으로서 언제나 닫힌 상태를 유지하거나 화재로 인한 연기 또는 불꽃을 감지하여 자동적으로 닫히는 구조로 된 **60분+방화문** 또는 **60분 방화문**을 설치할 것(단, 연기 또는 불꽃을 감지하여 자동적으로 닫히는 구조로 할 수 없는 경우에는 온도를 감지하여 자동적으로 닫히는 구조 가능)
- ⑦ 계단은 **내화구조**로 하고 피난층 또는 지상까지 직접 연결되도록 할 것

(2) 건축물의 **바깥쪽**에 설치하는 피난계단의 구조
- ① 계단은 그 계단으로 통하는 출입구 외의 창문 등(망이 들어 있는 유리의 붙박이창으로서 그 면적이 각각 $1m^2$ **이하**인 것 제외)으로부터 **2m 이상**의 거리를 두고 설치할 것 **보기 ㉠**
- ② 건축물의 내부에서 계단으로 통하는 출입구에는 **60분+방화문** 또는 **60분 방화문**을 설치할 것 **보기 ㉣**
- ③ 계단의 유효너비는 **0.9m 이상**으로 할 것 **보기 ㉢**
- ④ 계단은 **내화구조**로 하고 지상까지 직접 연결되도록 할 것 **보기 ㉡**

비교

**특별피난계단의 구조**(피난 · 방화구조 제9조)

(1) 건축물의 내부와 계단실은 노대를 통하여 연결하거나 외부를 향하여 열 수 있는 면적 **1m²** 이상인 창문(바닥에서 **1m** 이상의 높이에 설치한 것) 또는 적합한 구조의 배연설비가 있는 면적 **3m²** 이상인 부속실을 통하여 연결할 것

(2) 계단실 · 노대 및 부속실(비상용 승강기의 승강장을 겸용하는 부속실 포함)은 창문 등을 제외하고는 **내화구조**의 벽으로 각각 구획할 것

(3) 계단실 및 부속실의 실내에 접하는 부분의 마감(마감을 위한 바탕 포함)은 **불연재료**로 할 것

(4) 계단실에는 예비전원에 의한 조명설비를 할 것

(5) 계단실 · 노대 또는 부속실에 설치하는 건축물의 **바깥쪽**에 접하는 창문 등(망입, 유리의 붙박이창으로서 면적이 **1m²** 이하인 것 제외)은 계단실 · 노대 또는 부속실 외의 해당 건축물의 다른 부분에 설치하는 창문 등으로부터 **2m** 이상의 거리를 두고 설치할 것

(6) 계단실에는 노대 또는 부속실에 접하는 부분 외에는 건축물의 내부와 접하는 **창문** 등을 설치하지 아니할 것

(7) 계단실의 노대 또는 부속실에 접하는 창문 등(출입구 제외)은 망입유리의 붙박이창으로서 그 면적을 **1m²** 이하로 할 것

(8) 노대 및 부속실에는 계단실 외의 건축물의 **내부**와 접하는 창문 등(출입구 제외)을 설치하지 아니할 것

(9) 건축물의 내부에서 노대 또는 부속실로 통하는 출입구에는 **60분+방화문** 또는 **60분 방화문**을 설치하고, 노대 또는 부속실로부터 계단실로 통하는 출입구에는 **60분+방화문**, **60분 방화문** 또는 **30분 방화문**을 설치할 것(단, **60분+방화문**, **60분 방화문** 또는 **30분 방화문**은 **언제나 닫힌 상태**를 유지하거나 화재로 인한 연기, 온도, 불꽃 등을 가장 신속하게 감지하여 자동적으로 닫히는 구조)

(10) 계단은 **내화구조**로 하되, 피난층 또는 지상까지 직접 연결되도록 할 것

(11) 출입구의 유효너비는 **0.9m** 이상으로 하고 **피난의 방향**으로 열 수 있을 것

답 ④

★★★

**18** 화재실 내부에 발생한 난류화염에 벽체가 노출되었다. 화염으로부터 벽체에 전달되는 대류열유속(W/m²)은 얼마인가? (단, 대류열전달계수는 7W/m² · ℃, 난류 화염의 온도는 900℃, 벽체의 온도는 30℃, 벽체면적은 2m²이다.)

19회 문 17 / 17회 문 24 / 16회 문 27 / 13회 문 18 / 11회 문 23 / 07회 문 04 / 07회 문 17

① 6090
② 6510
③ 12180
④ 13020

해설 (1) 기호

- $\mathring{q}''$ : ?
- $h$ : 7W/m² · ℃
- $(T_2 - T_1)$ : (900−30)℃
- $A$ : 2m²

(2) 단위면적당 대류열류

$$\mathring{q}'' = h(T_2 - T_1)$$

여기서, $\mathring{q}''$ : 대류열류(대류열유속)〔W/m²〕
$h$ : 대류전열계수〔W/m² · ℃〕
$(T_2 - T_1)$ : 온도차〔℃〕

대류열류 $\mathring{q}''$는

$$\mathring{q}'' = h(T_2 - T_1)$$
$$= 7\text{W/m}^2 \cdot ℃ \times (900-30)℃$$
$$= 6090\text{W/m}^2$$

- 대류열유속의 단위에 m²가 이미 있으므로 벽체면적($A$)은 적용할 필요 없음

비교

**대류열전달**

$$\mathring{q} = Ah(T_2 - T_1)$$

여기서, $\mathring{q}$ : 대류열류(대류열유속)〔W〕
$A$ : 대류면적〔m²〕
$h$ : 대류전열계수(대류열전달계수)〔W/m² · K〕
$T_2$ : 외부벽온도(273+℃)〔K〕
$T_1$ : 대기온도(273+℃)〔K〕

답 ①

★★
**19** 고체가연물의 한 쪽 면이 가열되고 있는 조건에서 점화시간에 관한 설명으로 옳지 않은 것은?
20회 문 05

① 얇은 가연물이 두꺼운 가연물보다 빨리 점화된다.
② 밀도가 높을수록 점화하기까지의 시간이 짧아진다.
③ 가연물의 발화점이 낮을수록 점화하기까지의 시간이 짧아진다.
④ 비열이 클수록 점화하기까지의 시간이 길어진다.

해설 ② 짧아진다. → 길어진다.

**고체연료**(고체가연물)의 **발화시간**

| 물체 두께 | 공 식 |
|---|---|
| 두꺼운 물체 (두께($l$)> 2mm) | $$t_{ig}=C(k\rho c)\left[\frac{T_{ig}-T_s}{\mathring{q}''}\right]^2 \propto \rho$$ 여기서, $t_{ig}$ : 발화시간(점화시간)〔s〕<br>$C$ : 상수(열손실이 없는 경우(보온상태, 단열상태) : $\frac{\pi}{4}$, 열손실이 있는 경우 $\frac{2}{3}$)<br>$k$ : 열전도도〔W/m·K〕<br>$\rho$ : 밀도〔kg/m³〕<br>$c$ : 비열(정압비열)〔kJ/kg·K〕<br>$T_{ig}$ : 발화온도(발화점)(〔℃〕 또는 〔K〕)<br>$T_s$ : 초기온도(〔℃〕 또는 〔K〕)<br>$\mathring{q}''$ : 열류(순열류, 순열유속)〔kW/m²〕 |
| 얇은 물체 (두께($l$)≤ 2mm) | $$t_{ig}=\rho c l\,\frac{[T_{ig}-T_s]}{\mathring{q}''}\propto \rho$$ 여기서, $t_{ig}$ : 발화시간(점화시간)〔s〕<br>$\rho$ : 밀도〔kg/m³〕<br>$c$ : 비열(정압비열)〔kJ/kg·K〕<br>$l$ : 두께〔m〕<br>$T_{ig}$ : 발화온도(발화점)(〔℃〕 또는 〔K〕)<br>$T_s$ : 초기온도(〔℃〕 또는 〔K〕)<br>$\mathring{q}''$ : 열류(순열류, 순열유속)〔kW/m²〕 |

위 공식에 의해 해석하면
① 얇은 가연물이 두꺼운 가연물보다 빨리 점화된다(이건 상식!).
② 밀도가 높을수록 점화하기까지의 시간이 **길어진다**($t_{ig}\propto\rho$).
③ 가연물의 발화점이 낮을수록 점화하기까지의 시간이 **짧아진다**($t_{ig}\propto {T_{ig}}^2$).
④ 비열이 클수록 점화하기까지의 시간이 **길어진다**($t_{ig}\propto C$).

답 ②

★★★
**20** 화재성장속도 분류에서 약 1MW의 열량에 도달하는 시간이 300초에 해당하는 것은?
19회 문 15 / 16회 문 15 / 13회 문 19

① Slow 화재 ② Medium 화재
③ Fast 화재 ④ Ultrafast 화재

해설 **화재성장속도**에 따른 **시간**(약 1MW의 열량에 도달하는 시간)

| 화재성장속도 | 시 간 |
|---|---|
| 느린(Slow) 화재 | 600s |
| 중간(Medium) 화재 **보기 ②** | 300s |
| 빠름(Fast) 화재 | 150s |
| 매우 빠름(Ultrafast) 화재 | 75s |

답 ②

★★★
**21** 연소생성물 중 발생하는 연소가스에 관한 설명으로 옳지 않은 것은?
22회 문 23 / 20회 문 23 / 19회 문 18 / 19회 문 19 / 16회 문 16 / 15회 문 11 / 15회 문 16

① 시안화수소는 울, 실크, 나일론과 같이 질소를 함유하는 물질 등이 연소할 때 발생한다.
② 일산화탄소는 가연물이 불완전연소할 때 발생하는 것으로 독성가스이며 연소가 가능한 물질이다.
③ 이산화탄소는 흡입하면 호흡이 촉진되어 화재에 의해 발생하는 독성가스나 수증기를 흡입하는 양이 늘어난다.
④ 황화수소는 폴리염화비닐(PVC)이 화재로 인해 분해됐을 때 다량 발생하며, 금속에 대한 강한 부식성이 있다.

④ 염화수소(HCl)에 대한 설명

연소생성물질의 특성

| 연소가스 | 설 명 |
|---|---|
| **일**산화탄소 ($CO$) | ① 화재시 흡입된 일산화탄소(CO)의 화학적 작용에 의해 **헤모글로빈**(Hb)이 혈액의 산소운반작용을 저해하여 사람을 질식·사망하게 한다.<br>② 목재류의 화재시 인명피해를 가장 많이 주며, 연기로 인한 의식불명 또는 질식을 가져온다.<br>③ 인체의 **폐**에 큰 자극을 준다.<br>④ **산**소와의 **결**합력이 극히 강하여 질식작용에 의한 독성을 나타낸다.<br>⑤ 가연성 기체로서 호흡률은 방해하고 **독성가스**의 흡입을 증가시킨다.<br>⑥ 가연물이 불완전연소시 발생 보기 ②<br>⑦ **독성가스**이며 완전연소 가능물질 보기 ②<br>기억법 **일헤폐산결** |
| **이**산화탄소 ($CO_2$) | ① 연소가스 중 **가장 많은 양**을 차지하고 있으며 가스 그 자체의 독성은 거의 없으나 다량이 존재할 경우 호흡속도를 증가시키고, 이로 인하여 화재가스에 혼합된 유해가스의 혼입을 증가시켜 위험을 가중시키는 가스이다.<br>기억법 **이많**<br>② 화재시 발생하는 연소가스로서 자체는 유독성 가스는 아니나 **호흡률**을 **증대**시켜 화재현장에 공존하는 다른 **유독가스**의 **흡입량 증가**로 인명피해를 유발한다. 보기 ③ |
| **암**모니아 ($NH_3$) | ① 나무, **페**놀수지, **멜**라민수지 등의 **질소함유물**이 연소할 때 발생하며, 냉동시설의 **냉**매로 쓰인다.<br>② **눈·코·폐** 등에 매우 **자극성**이 큰 가연성 가스이다.<br>③ **질소**가 함유된 수지류 등의 연소시 생성되는 유독성 가스로서 다량 노출시 눈, 코, 인후 및 폐에 심한 손상을 주며, 냉동창고 냉동기의 냉매로도 쓰인다.<br>기억법 **암페멜냉자** |
| **포**스겐 ($COCl_2$) | ① 독성이 매우 강한 가스로서 **소**화제인 **사염화탄소($CCl_4$)**를 화재시에 사용할 때도 발생한다.<br>② 공기 중에 **25ppm**만 있어도 **1시간** 이내에 사망한다.<br>기억법 **포소사** |
| **황**화수소 ($H_2S$) | ① **달걀 썩는 냄새**가 나는 특성이 있다.<br>② 황분이 포함되어 있는 물질의 불완전연소에 의하여 발생하는 가스이다.<br>③ **자**극성이 있다.<br>④ **무색** 기체<br>⑤ 특유의 **달걀 썩는 냄새**(무취 아님)가 난다.<br>⑥ **발화성**과 **독성**이 강하다(인화성 없음).<br>⑦ 황을 가진 유기물의 원료, **고압윤활제**의 원료, 분석화학에서의 **시약** 등으로 사용한다(살충제의 원료 아님).<br>⑧ 공기 중에 0.02%의 농도만으로도 치명적인 위험상태에 빠질 수 있다.<br>기억법 **황달자** |
| **아**크롤레인 ($CH_2CHCHO$) | ① 독성이 매우 높은 가스로서 **석유제품**, **유지** 등이 연소할 때 생성되는 가스이다.<br>② 눈과 호흡기를 자극하며, 기도장애를 일으킨다.<br>기억법 **아석유** |
| **이**산화질소 ($NO_2$) | ① **질산셀룰로이즈**가 연소될 때 생성된다.<br>② **붉은 갈색**의 **기체**로 낮은 온도에서는 **푸른색**의 **액체**로 변한다.<br>③ 이산화질소를 흡입하면 인후의 **감각신경**이 **마비**된다.<br>④ 공기 중에 노출된 이산화질소 농도가 **200~700ppm**이면 인체에 **치명적**이다.<br>⑤ **질소**가 함유된 물질이 완전연소시 발생한다.<br>기억법 **이붉갈기(이불갈기)** |

| 연소가스 | 설 명 |
|---|---|
| 시안화수소 (HCN) | ① 모직, 견직물 등의 불완전연소시 발생하며, 독성이 커서 인체에 치명적이다.<br>② 울, 실크, 나일론 등의 질소함유물질 연소시 발생 **보기 ①**<br>③ 증기는 공기보다 **가볍다**. |
| 염화수소 (HCl) | 폴리염화비닐(PVC) 등과 같이 염소가 함유된 수지류가 탈 때 주로 생성되며 금속에 대한 강한 **부식성**이 있다. **보기 ④** |

답 ④

★★★

## 22 열방출속도가 2MW로 연소 중인 화재를 진압하는 데 필요한 최소 방수량(g/s)은 약 얼마인가? (단, 물의 온도는 20℃, 기화온도는 100℃, 기화열은 2260J/g이며, 물의 냉각효과가 열방출속도보다 크면 소화된다.)

① 715.16

② 746.83

③ 770.89

④ 884.96

해설 (1) **기호**

- $W$ : 2MW=2×10^6^W(1MW=1×10^6^W)
  =2×10^6^J/s(1W=1J/s)
- $g$ : ?
- $\Delta T$ : (100−20)℃
- $r_2$ : 2260J/g

(2) **열량**

$$Q=r_1m+mc\Delta T+r_2m \quad \cdots\cdots ㉠$$

여기서, $Q$ : 열량[kJ]
$r_1$ : 융해열[kJ/kg]
$m$ : 질량[kg]
$c$ : 비열(물의 비열 1cal/g·℃)
$\Delta T$ : 온도차[℃]
$r_2$ : 기화열(증발잠열)[kJ/kg]

- $r_1m$ : 얼음이 물이 되는 융해는 없으므로 무시

(3) **단위시간당 열량**

$$W=\frac{Q}{t} \quad \cdots\cdots ㉡$$

여기서, $W$ : 단위시간당 열량[kJ/s]
$Q$ : 열량[kJ]
$t$ : 시간[s]

㉡식에 ㉠식을 대입하면

$$W=\frac{Q}{t}=\frac{mc\Delta T+r_2m}{t}=\frac{mc\Delta T}{t}+\frac{r_2m}{t}$$
$$=\frac{m}{t}c\Delta T+r_2\frac{m}{t}=\frac{m}{t}(c\Delta T+r_2)$$

$$W=\frac{m}{t}(c\Delta T+r_2)$$

$$\frac{W}{c\Delta T+r_2}=\frac{m}{t}$$

- 방수량의 단위(g/s)를 볼 때 $\frac{m[\text{g}]}{t[\text{s}]}$이 곧 **방수량**이다.
- 1cal=4.18J

방수량 $\frac{m}{t}$

$$=\frac{W}{c\Delta T+r_2}$$

$$=\frac{2\times10^6\text{J/s}}{1\text{cal/g}\cdot℃\times(100-20)℃+2260\text{J/g}}$$

$$=\frac{2\times10^6\text{J/s}}{(1\times4.18)\text{J/g}\cdot℃\times(100-20)℃+2260\text{J/g}}$$

↳ 1cal=4.18J이므로 단위 일치를 위해 J/g·℃로 변환

≒ 770.89g/s

답 ③

★★★

## 23 면적 1m²의 목재표면에서 연소가 일어날 때 에너지 방출률 $\mathring{Q}$는 얼마인가? (단, 목재의 최대 질량연소유속 $\mathring{m}''$은 720g/m²·min, 기화열 $L$은 4kJ/g, 유효 연소열 $\Delta H_c$는 14kJ/g이다.)

19회 문 23
14회 문 12
08회 문 25

① 120kW

② 168kW

③ 7.20MW

④ 10.08MW

해설 (1) **기호**

- $A$ : 1m²
- $\mathring{m}''$ : 720g/m²·min=720g/m²·60s
- $\Delta H_c$ : 14kJ/g
- $\mathring{Q}$ : ?

(2) **에너지 방출속도**(열방출속도, 화재크기)

$$\mathring{Q} = \mathring{m}'' A \Delta H_c \eta$$

여기서, $\mathring{Q}$ : 에너지 방출속도〔kW〕

$\mathring{m}''$ : 단위면적당 연소속도〔g/m² · s〕

$\Delta H_c$ : 연소열〔kJ/g〕

$A$ : 연소관여면적〔m²〕

$\eta$ : 연소효율

에너지 방출률 $\mathring{Q}$는

$\mathring{Q} = \mathring{m}'' A \Delta H_c \eta$

$= 720\text{g/m}^2 \cdot 60\text{s} \times 1\text{m}^2 \times 14\text{kJ/g}$

$= 168\text{kJ/s}$

$= 168\text{kW}$(∵ 1J/s=1W)

• $\eta$ : 연소효율은 주어지지 않았으므로 무시

답 ②

★★★

**24** **제연설비의 예상제연구역에 관한 배출량의 기준으로 옳지 않은 것은? (단, 거실의 수직거리 2m 이하의 공간이다.)**

22회 문122 / 20회 문116 / 15회 문120

① 바닥면적이 400m² 미만으로 구획된 예상제연구역에서 바닥면적 1m²당 1m³/min 이상으로 하되, 예상제연구역에 대한 최소 배출량은 1000m³/h 이상으로 할 것

② 바닥면적이 400m² 이상인 거실의 예상제연구역에서 예상제연구역이 직경 40m인 원의 범위 안에 있을 경우 배출량은 40000m³/h 이상으로 할 것

③ 바닥면적이 400m² 이상인 거실의 예상제연구역에서 예상제연구역이 직경 40m인 원의 범위를 초과할 경우 배출량은 45000m³/h 이상으로 할 것

④ 예상제연구역이 통로인 경우의 배출량은 45000m³/h 이상으로 할 것

해설

① 1000m³/h → 5000m³/h

(1) **거실**의 **배출량($Q$)**(NFPC 501 제6조, NFTC 501 2.3.2)

① 바닥면적 **400m² 미만**(최저치 **5000m³/h** 이상) **보기 ①**

배출량〔m³/min〕
=바닥면적〔m²〕×1m³/m² · min

② 바닥면적 **400m² 이상**

㉠ 직경 40m 이하 : **40000m³/h** 이상 **보기 ②**

| 예상제연구역이 제연경계로 구획된 경우 |

| 수직거리 | 배출량 |
|---|---|
| 2m 이하 | 40000m³/h 이상 |
| 2m 초과 2.5m 이하 | 45000m³/h 이상 |
| 2.5m 초과 3m 이하 | 50000m³/h 이상 |
| 3m 초과 | 60000m³/h 이상 |

㉡ 직경 40m 초과 : **45000m³/h** 이상 **보기 ③**

| 예상제연구역이 제연경계로 구획된 경우 |

| 수직거리 | 배출량 |
|---|---|
| 2m 이하 | 45000m³/h 이상 |
| 2m 초과 2.5m 이하 → | 50000m³/h 이상 |
| 2.5m 초과 3m 이하 | 55000m³/h 이상 |
| 3m 초과 | 65000m³/h 이상 |

• m³/h=CMH(Cubic Meter per Hour)

(2) **통로** : 예상제연구역이 통로인 경우의 배출량은 **45000m³/h** 이상으로 할 것 **보기 ④**

답 ①

★★★

**25** **구획실 화재시 화재실의 중성대에 관한 설명으로 옳은 것은?**

21회 문 21 / 18회 문 25 / 17회 문 16 / 17회 문 18 / 17회 문 23 / 15회 문 15 / 13회 문 24 / 10회 문 05 / 09회 문 02 / 07회 문 07 / 04회 문 09

① 중성대는 화재실 내부의 실온이 낮아질수록 낮아지고, 실온이 높아질수록 높아진다.

② 화재실의 중성대 상부 압력은 실외압력보다 낮고 하부의 압력은 실외압력보다 높다.

③ 중성대에서 연기의 흐름이 가장 활발하다.

④ 화재실의 상부에 큰 개구부가 있다면 중성대는 높아진다.

해설

① 낮아질수록 → 높아질수록,
높아질수록 → 낮아질수록

② 낮고 → 높고, 높다. → 낮다.

③ 활발하다. → 둔하다.

중성대

(1) 중간의 일정 높이에서 내압과 외압이 같아지는 곳이다.

(2) 화재실의 내부온도가 상승하면 중성대의 위치는 **낮아지며** 외부로부터의 공기유입이 많아져서 연기의 이동이 활발하게 진행된다.

(3) 중성대에서 연기의 흐름이 가장 **둔하다.** 보기 ③

(4) 중성대에 개구부가 있으면 공기의 이동은 없다.

(5) 중성대는 연기의 제연에 큰 영향을 미친다.

(6) 중성대는 화재실 내부의 **실온**이 **높아질수록 낮아지고**, **실온**이 **낮아질수록 높아진다.** 보기 ①

(7) 화재실의 중성대 **상부 압력**은 **실외압력보다 높고** 하부의 압력은 실외압력보다 낮다. 보기 ②

(8) 화재실 상부에 **큰 개구부**가 있다면 중성대는 **올라간다.** 보기 ④

(9) 중성대의 위치는 **개구부**의 **면적**과 건축물 내·외부의 **온도차**가 결정의 주요요인이다

(10) $A_1 > A_2$이면 중성대 위치는 낮아진다.

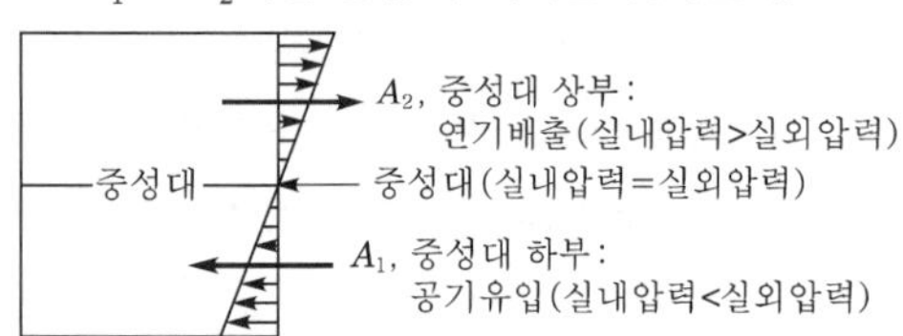


답 ④

**제 2 과목** 소방수리학 · 약제화학 및 소방전기

★

## 26 다음 중 유체에 해당하는 것을 모두 고른 것은?

| ㉠ 고체 | ㉡ 액체 | ㉢ 기체 |
|---|---|---|

① ㉡ ② ㉠, ㉢
③ ㉡, ㉢ ④ ㉠, ㉡, ㉢

해설 **유체**

**액체** 또는 **기체** 보기 ㉡㉢

답 ③

★★★

## 27 어떤 액체의 동점성계수가 0.002m²/s, 비중이 1.1일 때 이 액체의 점성계수(N · s/m²)는 얼마인가? (단, 중력가속도는 9.8m/s², 물의 단위중량은 9.8kN/m³이다.)

22회 문 26
21회 문 26
19회 문 32
18회 문 47
17회 문 27
17회 문 31
16회 문 31
14회 문 29
13회 문 30
12회 문 29
11회 문 29
09회 문 26
05회 문 32
05회 문 34
03회 문 39
03회 문 47

① 2.2
② 6.8
③ 10.1
④ 15.7

해설 (1) **기호**

- $\nu$ : 0.002m²/s
- $s$ : 1.1
- $\mu$ : ?
- $g$ : 9.8m/s²
- $\gamma_w$ : 9.8kN/m³

(2) **비중**

$$s = \frac{\rho}{\rho_w} = \frac{\gamma}{\gamma_w}$$

여기서, $s$ : 비중
$\rho$ : 어떤 물질의 밀도〔kg/m³〕
$\rho_w$ : 물의 밀도(1000kg/m³ 또는 1000N · s²/m⁴)
$\gamma$ : 어떤 물질의 비중량〔N/m³〕
$\gamma_w$ : 물의 비중량(9800N/m³)

어떤 물질의 밀도 $\rho$는

$\rho = s \times \rho_w$
$= 1.1 \times 1000\text{N} \cdot \text{s}^2/\text{m}^4$
$= 1100\text{N} \cdot \text{s}^2/\text{m}^4$

(3) **동점성계수**

$$\nu = \frac{\mu}{\rho}$$

여기서, $\nu$ : 동점성계수〔m²/s〕
$\mu$ : 점성계수〔kg/m · s〕
$\rho$ : 밀도〔kg/m³〕

점성계수 $\mu$는

$\mu = \nu \cdot \rho$
$= 0.002\text{m}^2/\text{s} \times 1100\text{N} \cdot \text{s}^2/\text{m}^4$
$= 2.2\text{N} \cdot \text{s}/\text{m}^2$

답 ①

★★★
**28** **관수로 흐름에서 미소손실에 해당하지 않는 것은?**

① 단면 급확대손실
② 단면 급축소손실
③ 밸브손실
④ 마찰손실

해설 (1) **미소손실**
① 유입손실
② 유출손실
③ 굴곡손실
④ 단면 급확대손실(확대손실) 보기 ①
⑤ 단면 급축소손실(축소손실) 보기 ②
⑥ 밸브설치부손실(밸브손실) 보기 ③

마찰손실>각종 미소손실

(2) **손실수두**
유체가 관을 통하여 이동할 때 관내 마찰이나 굴곡 또는 위치 차이로 인하여 손실되는 에너지를 물의 위치에너지로 바꾸어 나타낸 것

손실수두=마찰손실+각종 미소손실

답 ④

★★★
**29** **이상유체 흐름에서 베르누이 방정식의 전수두(Total head)를 구성하는 수두가 아닌 것은?**

19회 문 26
18회 문 44
17회 문 26
17회 문 29
17회 문115
16회 문 28
14회 문 27
13회 문 28
13회 문 32
12회 문 27
12회 문 37
10회 문106
09회 문 48

① 위치수두
② 마찰손실수두
③ 압력수두
④ 속도수두

해설 **베르누이 방정식**

$$H=\frac{V^2}{2g}+\frac{P}{\gamma}+Z$$

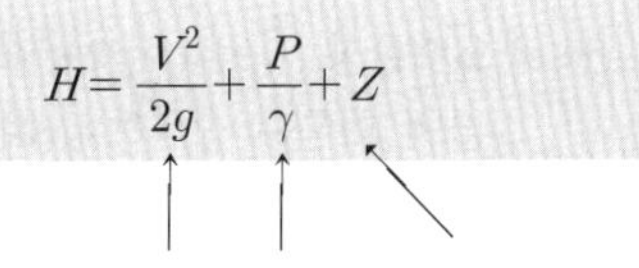


여기서, $H$ : 전수두〔m〕
$V$ : 유속〔m/s〕
$g$ : 중력가속도(9.8m/s²)
$P$ : 압력(〔kN/m²〕 또는 〔kPa〕)
$\gamma$ : 비중량(물의 비중량 9800kN/m³)
$Z$ : 위치수두〔m〕

전수두=속도수두+압력수두+위치수두
보기 ④ 보기 ③ 보기 ①

답 ②

★★★
**30** **내경이 0.5m인 주철관에서 물이 400m를 흐르는 동안 발생한 손실수두가 10m이다. 이때 유량(m³/s)은 약 얼마인가? (단, Manning의 평균유속공식을 사용하며, 주철관의 조도계수는 0.015, $\pi$는 3.14이다.)**

21회 문 28

① 0.517
② 2.696
③ 4.529
④ 6.315

해설 (1) **기호**
- $D_h$ : 0.5m
- $I$ : $\frac{10\text{m}}{400\text{m}}$
- $Q$ : ?
- $\eta$ : 0.015
- $\pi$ : 3.14

(2) **유속**

$$V=\frac{1}{\eta}R_h^{\frac{2}{3}}\sqrt{I} \quad \cdots\cdots ㉠$$

여기서, $V$ : 유속〔m/s〕
$\eta$ : 매닝조도계수
$R_h$ : 수력반경$\left(R_h=\frac{D_h}{4}\right)$〔m〕
$D_h$ : 수력직경〔m〕
$I$ : $\frac{\text{수면표고차〔m〕}}{\text{관의 길이〔m〕}}$

(3) **유량**

$$Q=AV=\left(\frac{\pi}{4}D^2\right)V=\left(\frac{\pi}{4}{D_h}^2\right)V \quad \cdots\cdots ㉡$$

여기서, $Q$ : 유량[m$^3$/s]
$A$ : 단면적[m$^2$]
$V$ : 유속[m/s]
$D(D_h)$ : 직경(수력직경)[m]

유량 $Q$는

$$Q=\left(\frac{\pi}{4}D_h^{\ 2}\right)V$$
$$=\frac{3.14}{4}\times D_h^{\ 2}\times V$$
$$=\frac{3.14}{4}\times D_h^{\ 2}\times\frac{1}{\eta}R_h^{\frac{2}{3}}\sqrt{I} \leftarrow V \text{ 대신 ㉠식을 대입}$$
$$=\frac{3.14}{4}\times D_h^{\ 2}\times\frac{1}{\eta}\left(\frac{D_h}{4}\right)^{\frac{2}{3}}\sqrt{I}$$
$$=\frac{3.14}{4}\times(0.5\text{m})^2\times\frac{1}{0.015}\left(\frac{0.5\text{m}}{4}\right)^{\frac{2}{3}}\times\sqrt{\frac{10\text{m}}{400\text{m}}}$$
$$≒0.517\text{m}^3/\text{s}$$

답 ①

★★★

**31** 내경이 각각 30cm와 20cm인 관이 서로 연결되어 있다. 내경 30cm 관에서의 유속이 1.5m/s일 때 20cm 관에서의 유속(m/s)은 얼마인가? (단, 정상류 흐름이며, $\pi$는 3.14이다.)

22회 문 31 / 19회 문 32 / 18회 문 47 / 17회 문 27 / 17회 문 31 / 16회 문 31 / 14회 문 29 / 13회 문 30 / 12회 문 29 / 11회 문 29 / 09회 문 26 / 05회 문 32 / 05회 문 34 / 03회 문 39

① 0.951 ② 3.375
③ 5.691 ④ 8.284

해설 (1) **기호**

- $D_1$ : 30cm=0.3m
- $D_2$ : 20cm=0.2m
- $V_1$ : 1.5m/s
- $V_2$ : ?
- $\pi$ : 3.14

(2) **유량**(Flowrate)=체적유량

$$Q=AV=\left(\frac{\pi D^2}{4}\right)V$$

여기서, $Q$ : 유량[m$^3$/s]
$A$ : 단면적[m$^2$]
$V$ : 유속[m/s]
$D$ : 내경[m]

유량 $Q$는

$$Q=AV_1=\left(\frac{\pi D_1^{\ 2}}{4}\right)V_1$$
$$=\frac{3.14\times(0.3\text{m})^2}{4}\times1.5\text{m/s}=0.106\text{m}^3/\text{s}$$

유속 $V_2$는

$$V_2=\frac{Q}{\frac{\pi D_2^{\ 2}}{4}}=\frac{0.106\text{m}^3/\text{s}}{\frac{3.14\times(0.2\text{m})^2}{4}}≒3.375\text{m/s}$$

답 ②

★★★

**32** 다음에서 설명하는 것은?

16회 문 34 / 12회 문 35 / 11회 문104 / 08회 문 07 / 08회 문 27 / 03회 문112

> 펌프의 내부에서 유속이 급변하거나 와류 발생, 유로 장애 등에 의하여 유체의 압력이 저하되어 포화수증기압에 가까워지면, 물속에 용존되어 있는 기체가 액체 중에서 분리되어 기포로 되며 더욱이 포화수증기압 이하로 되면 물이 기화되어 흐름 중에 공동이 생기는 현상이다.

① 모세관 현상
② 사이폰
③ 도수현상(Hydraulic jump)
④ 캐비테이션

해설 (1) **모세관현상**(Capillarity in tube) **보기 ①**
① 액체와 고체가 접촉하면 상호 **부착**하려는 **성질**을 갖는데 이 **부착력**과 액체의 **응집력**의 **상대적 크기**에 의해 일어나는 현상
② 액체 속에 가는 관을 넣으면 액체가 상승 또는 하강하는 현상

(2) **사이폰**(Siphon) **보기 ②**
관을 이용하여 액체를 어느 지점에서 목적지까지 **높은 지점**에서 **낮은 지점**까지 이동하는 장치이며, 이 메커니즘을 사이폰의 원리라고 한다.

(3) **도수현상**(Hydraulic jump) **보기 ③**
물의 흐름이 상류에서 사류로 흐를 때는 **수면**이 **연속적**이고 **수심**은 **안정적**이지만 사류에서 상류로 흐를 때는 수면이 불연속적이며 수심이 급증하고 큰 맴돌이가 생기며 뛰는 현상

(4) **공동현상**(캐비테이션, Cavitation)

| | |
|---|---|
| 개요 | 펌프의 흡입측 배관 내의 물의 정압이 기존의 증기압보다 낮아져서 **기포**가 **발생**되어 물이 흡입되지 않는 현상 **보기 ④** |
| 발생 현상 | ① 소음과 진동 발생<br>② 관 부식<br>③ **임펠러**의 **손상**(수차의 날개를 해친다)<br>④ 펌프의 성능저하 |
| 발생 원인 | ① 펌프의 흡입수두가 클 때(소화펌프의 흡입고가 클 때)<br>② 펌프의 마찰손실이 클 때<br>③ 펌프의 임펠러속도가 클 때<br>④ 펌프의 설치위치가 수원보다 높을 때<br>⑤ 관 내의 수온이 높을 때(물의 온도가 높을 때)<br>⑥ 관 내의 물의 정압이 그때의 증기압보다 낮을 때<br>⑦ 흡입관의 구경이 작을 때<br>⑧ 흡입거리가 길 때<br>⑨ 유량이 증가하여 펌프물이 과속으로 흐를 때 |
| 방지 대책 (방지 방법) | ① 펌프의 흡입수두를 작게 한다.<br>② 펌프의 마찰손실을 작게 한다(흡입관로의 마찰손실을 줄인다).<br>③ 펌프의 **임펠러속도**(회전수)를 작게 한다.<br>④ 펌프의 설치위치를 수원보다 낮게 한다.<br>⑤ **양흡입**펌프를 사용한다(펌프의 흡입측을 가압한다).<br>⑥ 관 내의 물의 정압을 그때의 증기압보다 높게 한다.<br>⑦ 흡입관의 구경을 크게 한다.<br>⑧ **펌프**를 **2개** 이상 설치한다. |

답 ④

★★★
## 33 Darcy-Weisbach의 마찰손실공식에 관한 설명 중 옳지 않은 것은?

19회 문 29 / 18회 문 46 / 15회 문 28 / 12회 문 36 / 08회 문 05 / 07회 문 36 / 02회 문 28

① 마찰손실수두는 관경에 반비례한다.
② 마찰손실수두는 마찰손실계수에 비례한다.
③ 마찰손실수두는 관의 길이에 비례한다.
④ 마찰손실수두는 유속의 제곱에 반비례한다.

해설 ④ 반비례 → 비례

**다시-바이스바하 공식**(다르시-웨버 공식 ; Darcy-Weisbach식)

$$H=\frac{\Delta P}{\gamma}=\frac{flV^2(\text{비례})}{2gD(\text{반비례})}\propto V^2$$

여기서, $H$ : 마찰손실(손실수두)〔m〕
$\Delta P$ : 압력차〔kPa 또는 kN/m$^2$〕
$\gamma$ : 비중량(물의 비중량 9.8kN/m$^3$)
$f$ : 관마찰계수
$l$ : 길이〔m〕
$V$ : 유속〔m/s〕
$g$ : 중력가속도(9.8m/s$^2$)
$D$ : 내경〔m〕

• 공식을 볼 때 **분자**에 있으면 **비례**, **분모**에 있으면 **반비례**한다는 것을 기억!

답 ④

★★★
## 34 레이놀즈(Reynolds)수로 알 수 있는 유체의 흐름은?

19회 문 32 / 18회 문 47 / 17회 문 27 / 17회 문 31 / 16회 문 31 / 14회 문 29 / 13회 문 30 / 12회 문 29 / 11회 문 29 / 09회 문 26 / 05회 문 32 / 05회 문 34 / 03회 문 39

① 층류, 난류, 천이류
② 사류, 상류, 한계류
③ 층류, 난류, 한계류
④ 사류, 상류, 천이류

해설 레이놀즈수 **보기 ①**

| 층 류 | 천이영역(임계영역) | 난 류 |
|---|---|---|
| $Re<2100$ | $2100<Re<4000$ | $Re>4000$ |

비교

**프루드수(Froude number, Fr)**
수리학에서 개수로 흐름의 유속에 따른 흐름 특성을 나타내는 값 중의 하나이다. 프루드수에 따라 흐름을 **상류**, **사류**, **한계류**(critical-flow)로 구분 **보기 ②**

답 ①

★★★
## 35 소화약제에 관한 설명으로 옳은 것을 모두 고른 것은?

20회 문118 / 19회 문114 / 16회 문111

㉠ 아르곤은 불활성기체 소화약제이다.
㉡ 알코올형 포소화약제는 아세톤 화재에 적응성이 있다.
㉢ 할로겐화합물 소화약제인 HFC-125의 화학식은 $CHF_2CF_3$이다.
㉣ 주방화재에는 냉각과 질식효과가 우수한 소화약제가 적응성이 있다.

① ㉠, ㉡ ② ㉢, ㉣
③ ㉠, ㉡, ㉢ ④ ㉠, ㉡, ㉢, ㉣

해설 (1) **할로겐화합물 및 불활성기체 소화설비 용어의 정의**(NFPC 107A 제3조, NFTC 107A 1.7)

| 용 어 | 정 의 |
|---|---|
| 할로겐화합물 및 불활성기체 소화약제 | 할로겐화합물(**할론 1301**, **할론 2402**, **할론 1211** 제외) 및 **불활성 기체**로서 전기적으로 **비전도성**이며 휘발성이 있거나 증발 후 잔여물을 남기지 않는 소화약제 |
| **할**로겐화합물 소화약제 | **불**소, **염**소, **브**로민 또는 **아**이오딘 중 하나 이상의 원소를 포함하고 있는 유기화합물을 기본성분으로 하는 소화약제<br>기억법 **할불염브아(할불=할아버지)** |
| 불활성**기**체 소화약제 | **헬**륨, **네**온, **아**르곤 또는 **질**소가스 중 하나 이상의 원소를 기본성분으로 하는 소화약제 **보기 ㉠**<br>기억법 **헬네아기질** |
| 충전밀도 | 용기의 단위**용적**당 소화약제의 **중량**의 비율 |
| 방화문 | 「건축법 시행령」 제64조에 따른 60분+방화문 또는 60분 방화문 또는 30분 방화문으로서 언제나 닫힌 상태를 유지하거나 화재로 인한 연기의 발생 또는 온도의 상승에 따라 자동적으로 닫히는 구조 |

(2) **아세톤**($CH_3COCH_3$)

| 분자량 | 58 |
|---|---|
| 비 중 | 0.79 |
| 증기비중 | 2.0 |
| 융 점 | -94.3℃ |
| 비 점 | 56℃ |
| 인화점 | -18℃ |
| 발화점 | 468℃ |
| 연소범위 | 2.6~12.8% |

① **일반성질**

㉠ **무색** · 자극성의 **과일냄새**가 나는 휘발성 액체이다.

㉡ 보관 중 **황색**으로 변질되며, 일광에 쪼이면 분해된다.

㉢ 아세틸렌($C_2H_2$)을 잘 용해시키므로 **아세틸렌** 저장에 이용된다.

㉣ **알코올 · 에터 · 휘발유** 등 유기용제에 잘 녹는다.

㉤ 아이오딘포름 반응을 일으킨다.

② **위험성**

㉠ 비점이 낮아 휘발하기 쉽고 인화위험이 크다.

㉡ 인체에 독성은 없지만, 다량 흡입시 구토가 생긴다.

㉢ 햇빛 · 공기와 접촉시 폭발성의 **과산화물**이 **생성**된다.

③ **저장 및 취급방법**

㉠ 취급소 내의 전기설비는 방폭조치하고, **정전기**의 발생을 방지할 것

㉡ **갈색병**을 사용하여 냉암소에 저장할 것

④ **소화방법**

**알코올포 · 이산화탄소 · 분말** 등으로 **질식소화**한다. **보기 ㉡**

(3) **할로겐화합물 및 불활성기체 소화약제**의 **종류**(NFPC 107A 제4조, NFTC 107A 2.1.1)

| 종 류 | 소화약제 | 상품명 | 화학식 | 방출시간 | 주된 소화원리 |
|---|---|---|---|---|---|
| 할로겐화합물 소화약제 | 퍼플루오로부탄(FC-3-1-10) | CEA-410 | $C_4F_{10}$ | **10초** 이내 | **부촉매 효과**(억제작용) |
| | 트리플루오로메탄(HFC-23) | FE-13 | $CHF_3$ | | |
| | 펜타플루오로에탄(HFC-125) | FE-25 | $CHF_2CF_3$ **보기 ㉢** | | |
| | 헵타플루오로프로판(HFC-227ea) | FM-200 | $CF_3CHFCF_3$ | | |
| | 클로로테트라플루오로에탄(HCFC-124) | FE-241 | $CHClFCF_3$ | | |
| | 하이드로클로로플루오로카본 혼화제(HCFC BLEND A) | NAF S-Ⅲ | HCFC-22($CHClF_2$) : 82%<br>HCFC-123($CHCl_2CF_3$) : 4.75%<br>HCFC-124($CHClFCF_3$) : 9.5%<br>$C_{10}H_{16}$ : 3.75% | | |
| 불활성기체 소화약제 | 불연성 · 불활성 기체 혼합가스(IG-541) | Inergen | $N_2$ : 52%<br>Ar : 40%<br>$CO_2$ : 8% | **60초** 이내 | **질식효과** |
| | 불연성 · 불활성 기체 혼합가스(IG-55) | 아르고나이트 | $N_2$ : 50%<br>Ar : 50% | | |
| | 불연성 · 불활성 기체 혼합가스(IG-100) | NN-100 | $N_2$ | | |
| | 불연성 · 불활성 기체 혼합가스(IG-01) | - | Ar | | |

(4) **화재**의 **분류**

| 화 재 | 특 징 | 소화효과 |
|---|---|---|
| 일반화재 (**A급** 화재) | 발생되는 연기의 색은 **백색** | • 포(AB급) : 냉각소화·질식소화 |
| 유류화재 (**B급** 화재) | 이를 예방하기 위해서는 유증기의 체류 방지 | • 포(AB급) : 질식소화<br>• 이산화탄소(BC급) : 질식소화<br>• 물사용금지 |
| 전기화재 (**C급** 화재) | 화재발생의 주요원인으로는 과전류에 의한 열과 단락에 의한 스파크 | • 분말(ABC급) : 질식소화, 부촉매효과 |
| 금속화재 (**D급** 화재) | **포·강화액** 등의 수계 소화약제로 소화할 경우 가연성 가스의 발생 위험성 | • 팽창질석, 팽창진주암, 마른모래 |
| 주방화재 (**K급** 화재) | ① **강화액** 소화약제로 소화<br>② 비누화현상을 일으키는 **중탄산나트륨** 성분의 소화약제가 적응성이 있다.<br>③ 인화점과 발화점의 차이가 작아 재발화의 우려가 큰 **식용유 화재**<br>④ 주방에서 **동식물유**를 취급하는 조리기구에서 일어나는 화재<br>⑤ 인화점과 발화점의 온도차가 적고 발화점이 비점 이하이기 때문에 화재발생시 액체의 온도를 낮추지 않으면 소화하여도 재발화가 쉬운 화재<br>⑥ 다른 물질을 넣어서 냉각소화 | • 강화액(K급) : **냉각**소화, **질식**소화 **보기 ㉣** |

답 ④

★★★

**36** 할로겐화합물 및 불활성기체소화설비의 화재안전성능기준상 할로겐화합물 및 불활성기체소화약제의 저장용기에 관한 내용이다. ( ) 안에 들어갈 내용으로 옳은 것은?

> 저장용기의 약제량 손실이 ( ㉠ )퍼센트를 초과하거나 압력손실이 ( ㉡ )퍼센트를 초과할 경우에는 재충전하거나 저장용기를 교체할 것. 다만, 불활성기체 소화약제 저장용기의 경우에는 압력손실이 ( ㉢ )퍼센트를 초과할 경우 재충전하거나 저장용기를 교체해야 한다.

① ㉠ : 5, ㉡ : 5, ㉢ : 5
② ㉠ : 5, ㉡ : 10, ㉢ : 5
③ ㉠ : 10, ㉡ : 10, ㉢ : 15
④ ㉠ : 10, ㉡ : 15, ㉢ : 10

해설 **할로겐화합물 및 불활성기체 소화약제 저장용기**의 **적합기준**(NFPC 107A 제6조 제②항, NFTC 107A 2.3.2)

(1) **약**제명·저장용기의 **자**체중량과 **총**중량·**충**전일시·충전압력 및 약제의 체적 표시
(2) **집**합관에 접속되는 저장용기 : **동일한 내용적**을 가진 것으로 **충전량** 및 **충전압력**이 같도록 할 것
(3) 저장용기에 **충**전량 및 충전압력을 **확**인할 수 있는 장치를 하는 경우에는 해당 소화약제에 적합한 구조로 할 것
(4) 저장용기의 **약제량 손실**이 **5%**를 초과하거나 **압력손실**이 **10%**를 초과할 경우에는 재충전하거나 저장용기를 교체할 것(단, **불활성기체 소화약제** 저장용기의 경우에는 **압력손실**이 **5%**를 초과할 경우 재충전하거나 저장용기 교체) **보기 ②**

기억법 **약자총충 집동내 확충 량5(양호)**

답 ②

★★

**37** 이산화탄소소화설비의 화재안전기술기준상 이산화탄소소화약제 소요량의 방출기준에 관한 내용이다. ( ) 안에 들어갈 내용으로 옳은 것은?

21회 문 37
07회 문104

> 전역방출방식에 있어서 종이, 목재, 석탄, 섬유류, 합성수지류 등 심부화재 방호대상물의 경우에는 ( ㉠ )분, 이 경우 설계농도가 2분 이내에 ( ㉡ )%에 도달하여야 한다.

① ㉠ : 5, ㉡ : 30
② ㉠ : 5, ㉡ : 50
③ ㉠ : 7, ㉡ : 30
④ ㉠ : 7, ㉡ : 50

해설 **약제방사시간**[NFPC 106 제8조(NFTC 106 2.5.2.2), NFPC 107 제10조(NFTC 107 2.7.1.4), NFPC 108 제11조(NFTC 108 2.8.1.2), 위험물안전관리에 관한 세부기준 제134~136조]

<table>
<tr><th colspan="2" rowspan="2">소화설비</th><th colspan="2">전역방출방식</th><th colspan="2">국소방출방식</th></tr>
<tr><th>일반 건축물</th><th>위험물 제조소</th><th>일반 건축물</th><th>위험물 제조소</th></tr>
<tr><td colspan="2">할론소화설비</td><td>10초 이내</td><td rowspan="2">30초 이내</td><td>10초 이내</td><td rowspan="4">30초 이내</td></tr>
<tr><td colspan="2">분말소화설비</td><td>30초 이내</td><td rowspan="3">30초 이내</td></tr>
<tr><td rowspan="2">이산화탄소 소화설비</td><td>표면화재</td><td>1분 이내</td><td rowspan="2">60초 이내</td></tr>
<tr><td>심부화재</td><td>7분 이내 (단, 설계농도가 2분 이내에 30%에 도달) 보기 ③</td></tr>
</table>

답 ③

★★★

**38** 소화약제원액 12L를 사용하여 3%의 수성막포소화약제 수용액을 만들었다. 이 수용액을 모두 사용하여 발생시킨 포의 총 부피가 4m³일 때 포의 팽창비는 얼마인가?

19회 문 38 / 18회 문 26 / 17회 문 36 / 13회 문 37 / 11회 문 37 / 07회 문106 / 05회 문110

① 5　　② 8
③ 10　　④ 14

해설 (1) **조건**

- 포원액 : 3%, 12L
- 포수용액 : 100%(포수용액은 항상 100%임)
- 팽창비 : ?
- 방출된 포의 체적 : $4m^3$=4000L

(2) **포수용액 양**

3% : 12L = 100% : $x$
(포원액 / 포수용액)

$$3x = 12 \times 100$$

$$x = \frac{12 \times 100}{3} = 400\text{L}$$

(3) **방출된(발생된) 포**의 **체적**

$$\text{팽창비} = \frac{\text{방출된 포의 체적[L]}}{\text{방출 전 포수용액의 체적[L]}}$$

$$= \frac{4m^3}{400L} = \frac{4000L}{400L} = 10 (\because 1m^3 = 1000L)$$

중요

**팽창비**

(1) **팽창비**의 **공식**

① $\text{팽창비} = \frac{\text{방출된 포의 체적[L]}}{\text{방출 전 포수용액의 체적[L]}} = \frac{\text{최종 발생한 포의 체적}}{\text{원래 포수용액 체적}}$

② 발포배율(팽창비)

$= \frac{\text{용량(부피)}}{\text{전체 중량} - \text{빈 시료용기의 중량}}$

(2) **저발포·고발포 약제**의 **팽창피**

① **저**발포 : **20배** 이하

② **고**발포
- 제1종 기계포 : **80~250배** 미만
- 제2종 기계포 : **250~500배** 미만
- 제3종 기계포 : **500~1000배** 미만

기억법 저2, 고81

답 ③

★★★

**39** 소화약제의 형식승인 및 제품검사의 기술기준상 포소화약제에 관한 내용으로 옳지 않은 것은? (단, 측정값은 기술기준의 시험방법에 따라 측정하며, 오차범위는 고려하지 않는다.)

20회 문 35 / 20회 문 03 / 12회 문 38 / 19회 문 04 / 18회 문 12 / 12회 문 39 / 11회 문 30 / 09회 문 19 / 06회 문 20

① 유동점은 사용 하한온도보다 2.5℃ 이하이어야 한다.
② 수성막포 소화약제의 수소이온농도의 범위는 6.0 이상 8.5 이하이어야 한다.
③ 알코올형포 소화약제의 비중의 범위는 0.90 이상 1.20 이하이어야 한다.
④ 고발포용포 소화약제는 거품의 팽창률은 500배 이상이어야 하며, 발포 전 포수용액 용량의 25%인 포수용액이 거품으로부터 환원되는 데 필요한 시간이 1분 이하이어야 한다.

해설 ④ 1분 이하 → 3분 이상

**소화약제의 형식승인 및 제품검사의 기술기준 제4조**

(1) 유동점 : 사용 하한온도보다 **2.5℃ 이하** 보기 ①

(2) **수소이온농도**

| 단백포 소화약제 | 합성계면활성제포 소화약제 | 수성막포 소화약제 및 알코올형포 소화약제 |
|---|---|---|
| 6.0 이상 | 6.5 이상 | 6.0 이상 |
| 7.5 이하 | 8.5 이하 | 8.5 이하 보기 ② |

(3) **포소화약제**의 **비중**

| • 합성계면활성제포 소화약제<br>• 알코올형포 소화약제 | 수성막포 소화약제 | 단백포 소화약제 |
|---|---|---|
| 0.9~1.20 이하 보기 ③ | 1~1.15 이하 | 1.1~1.20 이하 |

(4) **포수용액**의 **발포성능**(소화약제형식 제4조)

| 구 분 | 합성계면활성제포 소화약제 | 기타 소화약제 |
|---|---|---|
| 수압력 | 0.1MPa | 0.7MPa |
| 방수량 | 6L/min | 10L/min |
| 거품팽창률 | **500배** 이상 보기 ④ | **6배**(수성막포는 **5배**)~**20배** 이하 |
| 25% 환원시간 | **3분** 이상 보기 ④ | **1분** 이상 |

비교

**소화약제의 형식승인 및 제품검사의 기술기준 제2조**

| 저발포용 소화약제 | 고발포용 소화약제 |
|---|---|
| 표준발포노즐에 의해 발포시키는 경우 포팽창률이 **6배**(수성막포 소화약제는 **5배**)~**20배 이하**인 포소화약제 | 표준발포노즐에 의해 발포시키는 경우 포팽창률이 **500배 이상**인 포소화약제 |

중요

**저발포 vs 고발포**

| 저발포용 소화약제 (3%, 6%형) | 고발포용 소화약제 (1%, 1.5%, 2%형) |
|---|---|
| ① 단백포 소화약제<br>② 수성막포 소화약제<br>③ 내알코올형포 소화약제<br>④ 불화단백포 소화약제<br>⑤ 합성계면활성제포 소화약제 | 합성계면활성제포 소화약제 |

답 ④

★★★
**40** 할론소화약제의 특징에 관한 설명으로 옳은 것은?

17회 문 40
08회 문110
05회 문 44

① 할론 1211의 화학식은 $CF_3ClBr$이다.
② 할론 2402는 에테인(Ethane)의 유도체이다.
③ 오존파괴지수는 할론 1211이 할론 1301보다 크다.
④ 할론 1301은 상온과 상압에서 액체이며, 주된 소화효과는 억제소화이다.

해설

① $CF_3ClBr$ → $CF_2ClBr$
③ 크다 → 작다
④ 액체 → 기체, 억제소화 → 화학소화(부촉매효과)

(1) **할론소화약제**의 **약칭** 및 **분자식**

| 종 류 | 약 칭 | 분자식 |
|---|---|---|
| Halon 1011 | CB | $CH_2ClBr$ |
| Halon 104 | CTC | $CCl_4$ |
| Halon 1211 | BCF | $CF_2ClBr$ 보기 ① |
| Halon 1301 | BTM | $CF_3Br$ |
| Halon 2402 | FB | $C_2F_4Br_2$($C_2Br_2F_4$) |

(2) **할론 2402** : 에탄($C_2H_6$)의 유도체 보기 ②

에탄=에테인

(3) **할론**의 **오존파괴지수**

| 품 명 | 오존파괴지수 |
|---|---|
| CFC 113 | 0.8 |
| CFC 11 | 1 |
| CFC 12 | 1 |
| CFC 114 | 1 |
| 사염화탄소 | 1.1 |
| Halon 1211 | 3 보기 ③ |
| Halon 2402 | 6 |
| Halon 1301 | 10 보기 ③ |

용어

**오존파괴지수**(ODP ; Ozone Depletion Potential)
오존파괴능력을 상대적으로 나타내는 지표로 CFC 11을 기준으로 하여 다음과 같이 구한다.

$$ODP = \frac{\text{어떤 물질 1kg이 파괴하는 오존량}}{\text{CFC 11의 1kg이 파괴하는 오존량}}$$

23회

(4) **할론 1301의 성질**

① 소화성능이 가장 좋다.
② **독성**이 가장 **적다.**
③ 오존층 파괴지수가 가장 높다.
④ 비중은 약 **5.1배**이다.
⑤ 무색, 무취의 **비전도성**이며 상온에서 **기체**이다. 보기 ④



중요

**주된 소화효과**

| 소화약제 | 소화효과 |
|---|---|
| • 포소화약제<br>• 분말소화약제<br>• 이산화탄소소화약제 | 질식소화 |
| • 물소화약제(물분무소화설비) | 냉각소화 |
| • 할론소화약제 | 화학소화<br>(부촉매효과)<br>보기 ④ |

답 ②

★

## 41 소화약제인 물에 관한 설명으로 옳지 않은 것은? (단, 물의 비열은 1cal/g · ℃이다.)

07회 문 39

① 물의 ~~용융~~잠열은 약 79.7cal/g이다.
② 물은 극성분자로 분자 간에는 수소결합을 한다.
③ 1기압에서 20℃의 물 1g을 100℃의 수증기로 만들기 위해서는 약 619.6cal가 필요하다.
④ 물의 임계온도는 약 374℃로 임계온도 이상에서는 압력을 조금만 가해도 쉽게 액화된다.

해설

④ 조금만 가해도 쉽게 액화된다. → 가해도 액화되지 않는다.

(1) **물**의 **잠열**

| 구 분 | 설 명 |
|---|---|
| 융해잠열 | 80cal/g<br>(약 79.7cal/g)<br>보기 ① |
| 기화(증발)잠열 | 539cal/g |
| 0℃의 물 1g이 100℃의 수증기가 되는 데 필요한 열량 | 639cal/g |
| 0℃의 얼음 1g이 100℃의 수증기가 되는 데 필요한 열량 | 719cal/g |

(2) **열량**

$$Q = r_1 m + mc\Delta T + r_2 m$$

여기서, $Q$ : 열량[cal]
$r_1$ : 융해잠열(80cal/g)
$m$ : 질량[g]
$c$ : 물의 비열[cal/g · ℃]
$\Delta T$ : 온도차[℃]
$r_2$ : 증발잠열(기화잠열)(539cal/g)

**열량** $Q$는

$Q = \cancel{r_1 m} + mc\Delta T + r_2 m$

$= 1\text{g} \times 1\text{cal/g} \cdot ℃ \times (100-20)℃ + 539\text{cal/g} \times 1\text{g}$

$= 619\text{cal}$ 보기 ③

• $r_1 m$ : 얼음이 물이 되는 융해는 없으므로 무시

(3) **임계온도**와 **임계압력**

| 임계온도 보기 ④ | 임계압력 |
|---|---|
| 아무리 큰 압력을 가해도 액화하지 않는 최저온도 | 임계온도에서 액화하는데 필요한 압력 |

(4) 물은 **극성**으로 **수소결합**을 한다. 보기 ②

용어

**물분자 수소결합**
2개의 물 분자가 접근했을 때, 한쪽 물 분자의 **양전하**를 띤 수소 원자와 다른 한쪽 물 분자의 **음전하**를 띤 산소 원자가 전기적인 힘으로 서로를 끌어당겨 이어지는 것

답 ④

★★★

## 42 분말소화약제에 관한 설명으로 옳은 것은?

22회 문116
19회 문 35
19회 문118
19회 문122
16회 문107
15회 문 37
15회 문112
14회 문 34
14회 문111
13회 문109
10회 문 28
10회 문118
06회 문117
05회 문104
04회 문117
02회 문115

① 제1종 분말의 주성분은 $KHCO_3$이다.
② 차고 또는 주차장에 설치하는 분말소화설비의 소화약제는 제3종 분말을 사용한다.
③ 칼륨의 중탄산염이 주성분인 소화약제는 황색, 인산염이 주성분인 소화약제는 담홍색으로 각각 착색하여야 한다.
④ 분말상태의 소화약제는 굳거나 덩어리지거나 변질 등 그 밖의 이상이 생기지 아니하여야 하며 페네트로메타(Penetrometer) 시험기로 시험한 경우 10mm 이하 침투되어야 한다.

① $KHCO_3$ → $NaHCO_3$
③ 황색 → 담회색
④ 10mm 이하 → 15mm 이상

(1) **분말소화약제**

| 종 별 | 주성분 | 착 색 | 적응 화재 | 비 고 |
|---|---|---|---|---|
| 제1종 보기 ① | 중탄산나트륨 ($NaHCO_3$) | **백**색 | BC급 | **식용유** 및 **지방질유**의 화재에 적합 |
| 제2종 | 중탄산칼륨 ($KHCO_3$) | 담**자**색 (담회색) 보기 ③ | BC급 | – |
| 제3종 | 제1인산암모늄 ($NH_4H_2PO_4$) | 담**홍**색 (또는 황색) | ABC급 | **차고 · 주차장**에 적합 보기 ②③ |
| 제4종 | 중탄산칼륨 + 요소 ($KHCO_3$ + $(NH_2)_2CO$) | **회**(백)색 | BC급 | – |

기억법 **1식분(일식 분식)**
**3분 차주(삼보컴퓨터 차주)**
**백자홍회**

(2) **소화기의 우수품질인증 기술기준 제5조**
① 칼륨의 중탄산염이 주성분인 소화약제는 **담회색**으로 인산염 등이 주성분인 소화약제는 **담홍색** 또는 **황색**으로 착색하여야 하며 이를 혼합하지 아니하여야 한다. 보기 ③
② 분말상태의 소화약제는 굳거나 덩어리지거나 변질 등 그 밖의 이상이 생기지 아니하여야 하며 **페네트로메타**(penetrometer) 시험기로 시험한 경우 **15mm 이상** 침투되어야 한다. 보기 ④

답 ②

★★
## 43 다음 회로에서 전류 $I$[A]는 얼마인가?

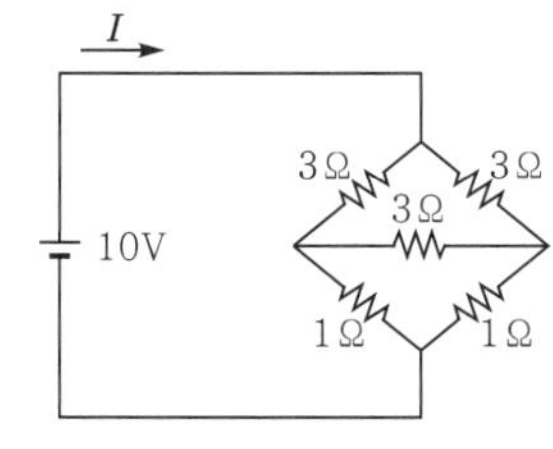


① 3　② 4
③ 5　④ 6

해설 (1) **휘트스톤브리지**이고 가운데 3Ω에는 전류가 흐르지 아니하므로 합성저항 $R_{ab}$는

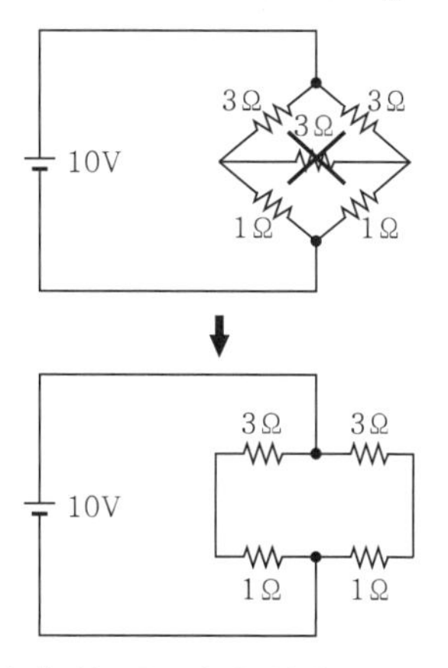


이해하기 쉽도록 하기 위해 오른쪽으로 90° 돌리면

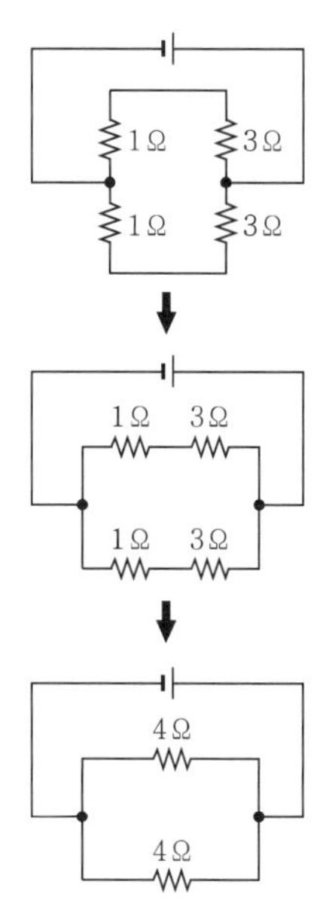


$$R_{ab} = \frac{4\times4}{4+4} = 2\Omega$$

(2) **전류**

$$I = \frac{V}{R}$$

여기서, $I$ : 전류[A]
$V$ : 전압[V]
$R$ : 저항[Ω]

전류 $I = \frac{V}{R_{ab}} = \frac{10}{2} = 5\text{A}$

중요

**휘트스톤브리지**(Wheatstone bridge)
**검류계** G**의 지시치**가 0이면 브리지가 평형되었다고 하며 c, d점 사이의 전위차가 0이다.
∴ $PR = QX$ (마주보는 변의 곱은 서로 같다)

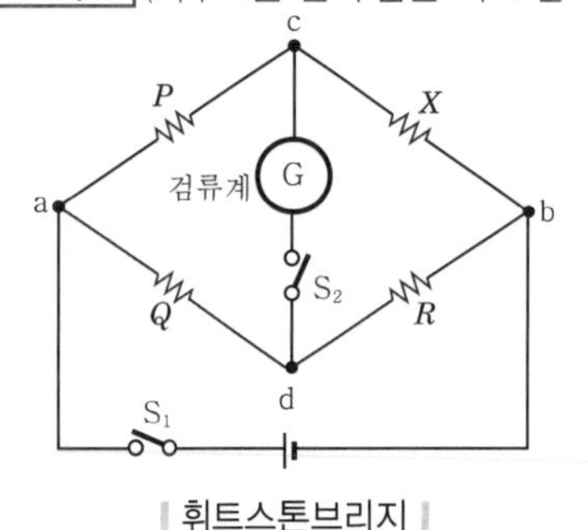

| 휘트스톤브리지 |

답 ③

## 44 완전도체에 관한 설명으로 옳지 않은 것은?

19회 문 42

① 전하는 도체 내부에 균일하게 분포한다.
② 도체 내부의 전기장의 세기는 0이다.
③ 도체 표면은 등전위면이고 도체 내부의 전위는 표면 전위와 같다.
④ 도체 표면에서 전기장의 방향은 도체 표면에 항상 수직이다.

해설

① 도체 내부에 균일하게 분포한다. → 도체 표면에만 존재한다.

**완전도체**의 **정전기적 특성**
(1) 완전도체 내의 전기장 세기 $E$는 0이다. 보기 ②
(2) 완전도체 표면과 내부는 모두 동일한 전위를 갖는다(도체 표면은 등전위면이고 도체 내부의 전위는 표면 전위와 같다). 보기 ③
(3) 완전도체 내부에 전하밀도는 0이며 전하는 완전도체 표면에만 존재한다. 보기 ①
(4) 도체 표면에서 전기장의 방향은 도체 표면에 항상 **수직**이다. 보기 ④

용어

**완전도체**
(1) 전도도가 무한히 큰 물질
(2) 전기전도율 또는 열전도율이 무한대인 이상적인 가상 도체

답 ①

## 45 인덕터의 자기인덕턴스(Self inductance)에 관한 설명으로 옳지 않은 것은?

① 코일 안에 삽입된 절연물의 투자율에 비례한다.
② 동일한 인덕턴스를 갖는 인덕터 2개를 직렬 연결하면 합성인덕턴스는 2배가 된다.
③ 코일이 전하를 축적할 수 있는 능력의 정도를 나타내는 비례상수이다.
④ 인덕터에 흐르는 전류가 일정하다면 인덕터에 저장된 에너지는 인덕턴스에 비례한다.

해설

③ **인덕턴스**에 대한 설명

| 인덕턴스 vs 자기인덕턴스 |

| 인덕턴스(Inductance) | 자기인덕턴스(Self-inductance) |
|---|---|
| **자기인덕턴스**와 **상호인덕턴스**를 포괄하는 보다 일반적인 개념 | **코일**이 **자체적**으로 가지는 인덕턴스 |

(1) **자기인덕턴스**(Self inductance)

$$L = \frac{\mu A N^2}{l} = \frac{\mu_0 \mu_s A N^2}{l} \text{[H]} \propto \mu$$

여기서, $L$ : 자기인덕턴스[H]
$\mu$ : 투자율($\mu = \mu_0\mu_s$)[H/m]
$\mu_0$ : 진공의 투자율($4\pi \times 10^{-7}$)[H/m]
$\mu_s$ : 비투자율
$A$ : 단면적[m$^2$]
$N$ : 코일권수
$l$ : 평균자로의 길이[m]

① 코일 안에 삽입된 절연물의 투자율에 비례한다. (○)

(2) **합성인덕턴스**

$$L = L_1 + L_2 \pm 2M \text{[H]}$$

여기서, $L$ : 합성인덕턴스[H]
$L_1$, $L_2$ : 자기인덕턴스[H]
$M$ : 상호인덕턴스[H]

$L_1$ $L_2$

② 동일한 인덕턴스를 갖는 **인덕터 2개**를 **직렬** 연결하면 **합성인덕턴스**는 2배가 된다.(○)

(3) **자기인덕턴스**
코일의 권수, 형태 및 철심의 재질 등에 의해 결정되는 상수

| ③ 코일이 전하를 축적할 수 있는 능력의 정도를 나타내는 비례상수이다.(×) |
|---|

(4) **코일에 축적되는 에너지**

$$W=\frac{1}{2}LI^2\propto L$$

여기서, $W$ : 코일에 축적되는 에너지(인덕터에 저장된 에너지)〔J〕
$L$ : 자기인덕턴스〔H〕
$I$ : 전류〔A〕

| ④ 인덕터에 흐르는 전류가 일정하다면 인덕터에 저장된 에너지는 인덕턴스에 비례한다.(○) |
|---|

답 ③

**46** 진공 중에서 2m 떨어져 평행하게 놓여 있는 무한히 긴 두 도체에 같은 방향으로 직류 전류가 각각 1A 흐르고 있다. 이때 단위 길이당 작용하는 힘의 방향과 크기(N/m)는? (단, $\mu_0$는 진공에서의 투자율이다.)

06회 문 41

① 인력, $\frac{\mu_0}{4\pi}$　② 척력, $\frac{\mu_0}{4\pi}$
③ 인력, $\frac{\mu_0}{2\pi}$　④ 척력, $\frac{\mu_0}{2\pi}$

해설 (1) **기호**
- $r$ : 2m
- $I_1$, $I_2$ : 1A
- $F$ : ?

(2) **평행도체**의 **힘**

$$F=\frac{\mu_0 I_1 I_2}{2\pi r}\text{〔N/m〕}$$

여기서, $F$ : 평행도체의 힘〔N/m〕
$\mu_0$ : 진공의 투자율〔H/m〕
$I_1$, $I_2$ : 전류〔A〕
$r$ : 두 평행도선의 거리〔m〕

평행도체의 힘 $F$는

$$F=\frac{\mu_0 I_1 I_2}{2\pi r}=\frac{\mu_0\times 1\text{A}\times 1\text{A}}{2\times\pi\times 2\text{m}}=\frac{\mu_0}{4\pi}\text{〔N/m〕}$$

힘의 방향은 전류가 **같은 방향**이면 **흡인력(인력)** 보기 ①, **다른 방향**이면 **반발력(척력)**이 작용한다.

용어

**인력 vs 척력**

| 인력(흡인력) | 척력(반발력) |
|---|---|
| 서로 당기는 힘 | 서로 미는 힘 |

답 ①

**47** 다음 회로의 부하 $R_L$에서 소비되는 평균 전력이 최대가 될 때 $R_L$〔Ω〕은 얼마인가? (단, $Z_s=4+j3$〔Ω〕이다.)

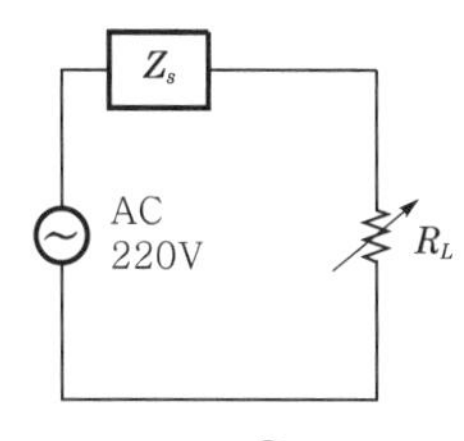


① 3　② 4
③ 5　④ 6

해설 (1) **기호**
- $R_L$ : ?
- $Z_s$ : $4+j3$〔Ω〕

(2) **평균전력**이 **최대**가 될 때는 $Z_s=R_L$ 이므로

$$R_L=Z_s=4+j3\text{〔Ω〕}=\sqrt{4^2+3^2}=5\,\Omega$$

비교

**최대전력**

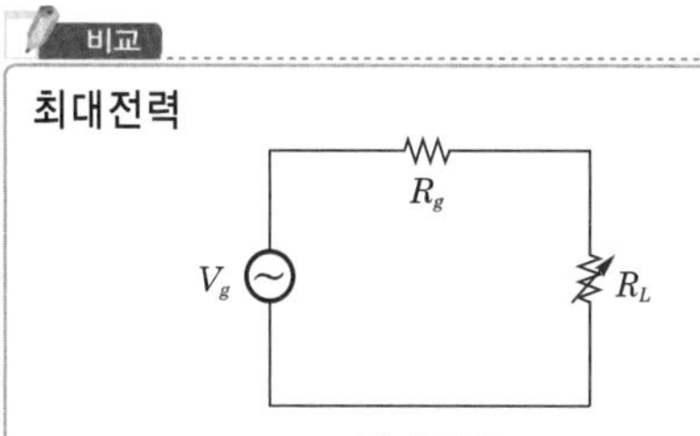


| 최대전력 |

$$P_{\max}=\frac{V_g^2}{4R_g}$$

여기서, $P_{\max}$ : 최대전력〔W〕
$V_g$ : 전압〔V〕
$R_g$ : 내부저항〔Ω〕
$R_L$ : 부하저항〔Ω〕

답 ③

★

## 48 다음 회로에서 충분한 시간이 지난 다음 $t=0$에서 스위치가 열린다면 $t \geq 0$에서 출력전압 $v_o(t)$[V]는?

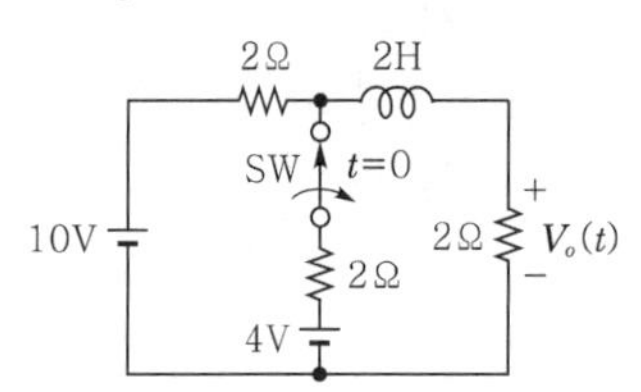


① $v_o(t) = 10 - \dfrac{2}{3}e^{-2t}$

② $v_o(t) = 10 - \dfrac{2}{3}e^{-t}$

③ $v_o(t) = 5 - \dfrac{1}{3}e^{-2t}$

④ $v_o(t) = 5 - \dfrac{1}{3}e^{-t}$

해설 (1) **코일전류($I_L$)**

스위치가 개방된 직후 코일 내에 인가된 전압은 10V가 되어 증가된 전압이 인가되므로 코일에 에너지가 충전된 회로와 동일하다.

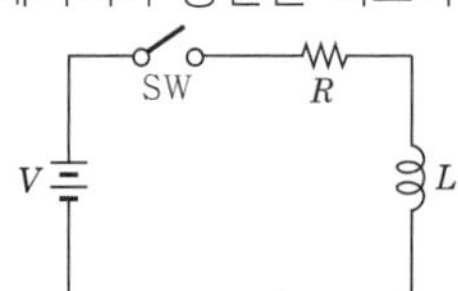


① 초기전류가 0인 경우 SW(스위치)가 on하면 코일전류 $I_L$은

$$I_L = \frac{V}{R}(1 - e^{-\frac{Rt}{L}})$$

여기서, $I_L$ : 코일전류[A]
$V$ : 전압[V]
$R$ : 저항[Ω]
$t$ : 시간[s]
$L$ : 인덕턴스[H]

② 초기전류가 $I_i$이고 최종전류가 $I_f$인 경우 코일전류 $I_L$은

$$I_L = I_i + (I_f - I_i)(1 - e^{-\frac{Rt}{L}})$$

여기서, $I_L$ : 코일전류[A]
$I_i$ : 초기전류[A]
$I_f$ : 최종전류[A]
$R$ : 저항[Ω]
$t$ : 시간[s]
$L$ : 인덕턴스

(2) **초기전류($I_i$)** : SW(스위치) ON 상태, 중첩의 원리 적용

① 전원 10V 단락시 전류 $i_1$ : 직류에서 코일은 일정시간이 지나면 임피던스=0이 된다. 그러므로 존재하지 않는 것과 같다. 다시 말해 코일은 단락상태

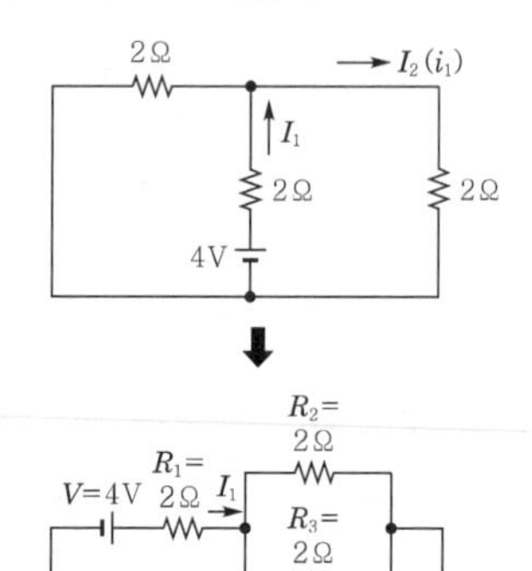


$$I_1 = \frac{V}{R_1 + \dfrac{R_2 \times R_3}{R_2 + R_3}} = \frac{4}{2 + \dfrac{2 \times 2}{2+2}} = \frac{4}{3}\text{A}$$

$$I_2(i_1) = \frac{R_2}{R_2 + R_3}I_1$$

$$= \frac{2}{2+2} \times \frac{4}{3} = \frac{2}{4} \times \frac{4}{3} = \frac{8}{12} = \frac{2}{3}\text{A}$$

② **전원 4V 단락시 전류** $i_2$ : 직류에서 코일은 일정시간이 지나면 임피던스=0이 된다. 그러므로 존재하지 않는 것과 같다. 다시 말해 코일은 단락상태

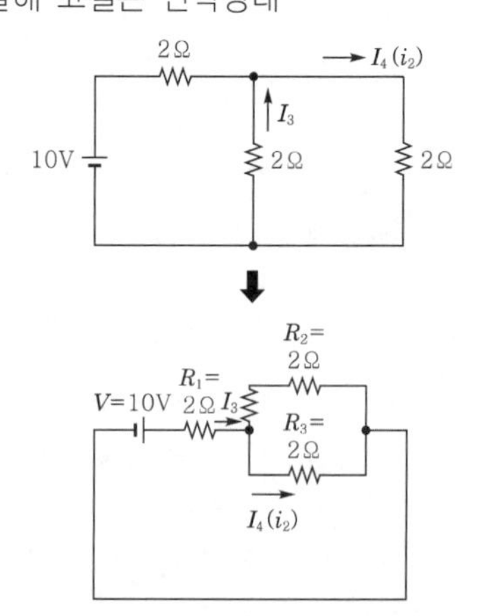


$$I_3 = \frac{V}{R_1 + \dfrac{R_2 \times R_3}{R_2 + R_3}} = \frac{10}{2 + \dfrac{2 \times 2}{2+2}} = \frac{10}{3}\text{A}$$

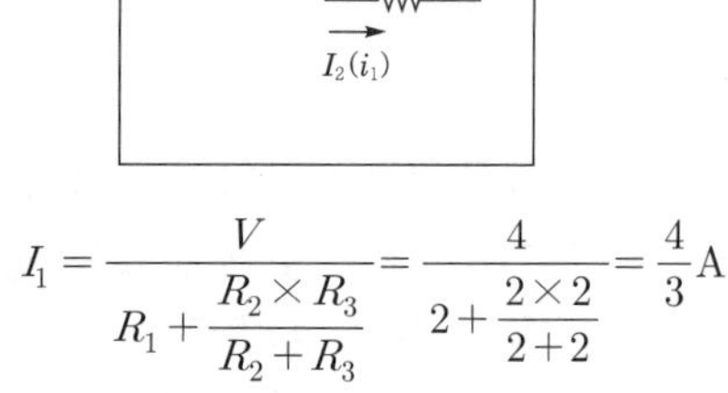

$$I_4(i_2) = \frac{R_2}{R_2+R_3} I_3$$
$$= \frac{2}{2+2} \times \frac{10}{3} = \frac{2}{4} \times \frac{10}{3} = \frac{20}{12} = \frac{5}{3}\text{A}$$

초기전류 $I_i = i_1 + i_2 = \frac{2}{3} + \frac{5}{3} = \frac{2+5}{3} = \frac{7}{3}\text{A}$

(3) **최종전류**($I_f$) : SW(스위치) 개방상태, 코일은 일정시간이 지나면 임피던스=0이므로 코일은 단락상태

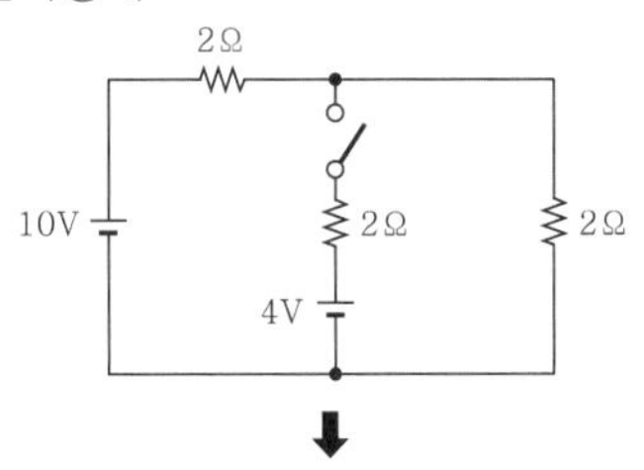


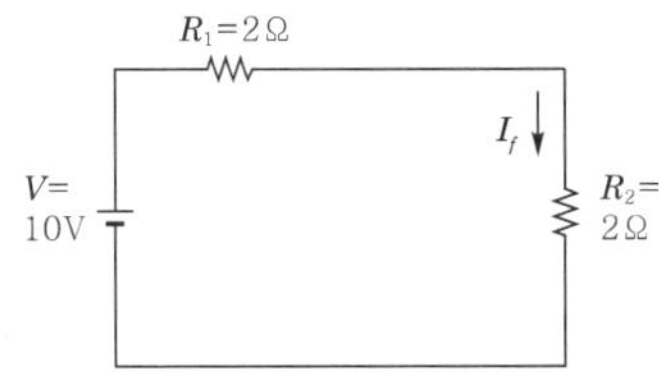


$$I_f = \frac{V}{R_1+R_2} = \frac{10}{2+2} = \frac{10}{4} = \frac{5}{2}\text{A}$$

(4) **코일전류**($I_L$) : 최종전류 회로에서 합성저항 $R = 4\,\Omega$

$$I_L = I_i + (I_f - I_i)(1 - e^{-\frac{Rt}{L}})$$
$$= \frac{7}{3} + \left(\frac{5}{2} - \frac{7}{3}\right)(1 - e^{-\frac{4t}{2}})$$
$$= \frac{7}{3} + \left(\frac{15}{6} - \frac{14}{6}\right)(1 - e^{-\frac{4t}{2}})$$
$$= \frac{7}{3} + \frac{1}{6}(1 - e^{-2t})$$
$$= \frac{7}{3} + \frac{1}{6} - \frac{1}{6}e^{-2t}$$
$$= \left(\frac{14}{6} + \frac{1}{6}\right) - \frac{1}{6}e^{-2t}$$
$$= \frac{15}{6} - \frac{1}{6}e^{-2t}$$
$$= \frac{5}{2} - \frac{1}{6}e^{-2t}$$

(5) **2Ω에 인가되는 전압** $V_o(t)$

$$V_o(t) = RI_L$$
$$= 2 \times \left(\frac{5}{2} - \frac{1}{6}e^{-2t}\right) = 5 - \frac{1}{3}e^{-2t}$$

답 ③

★

## 49 다음 회로와 같은 T형 회로의 어드미턴스 파라미터($S$) 중 옳지 않은 것은?

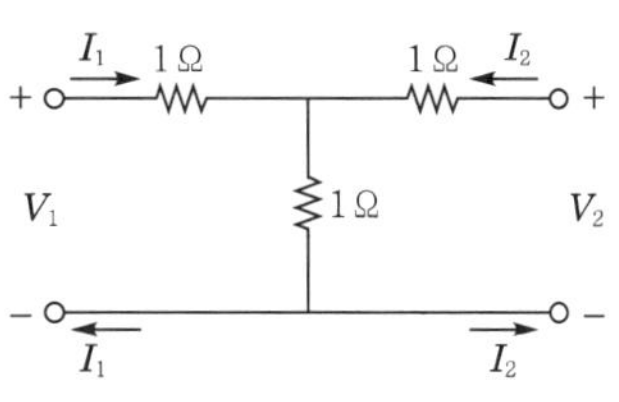


① $Y_{11} = \frac{2}{3}$  ② $Y_{12} = \frac{1}{3}$

③ $Y_{21} = -\frac{1}{3}$  ④ $Y_{22} = \frac{2}{3}$

해설

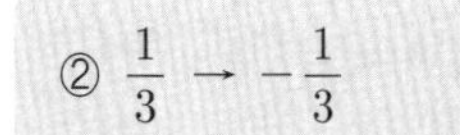

② $\frac{1}{3} \rightarrow -\frac{1}{3}$

$Y_{11} = \frac{I_1}{V_1}\Big|_{V_2=0}$  $Y_{12} = \frac{I_1}{V_2}\Big|_{V_1=0}$

$Y_{21} = \frac{I_2}{V_1}\Big|_{V_2=0}$  $Y_{22} = \frac{I_2}{V_2}\Big|_{V_1=0}$

$Y_{11} = \frac{I_1}{V_1}\Big|_{V_2=0}$ ($V_2$를 단락한다는 뜻)

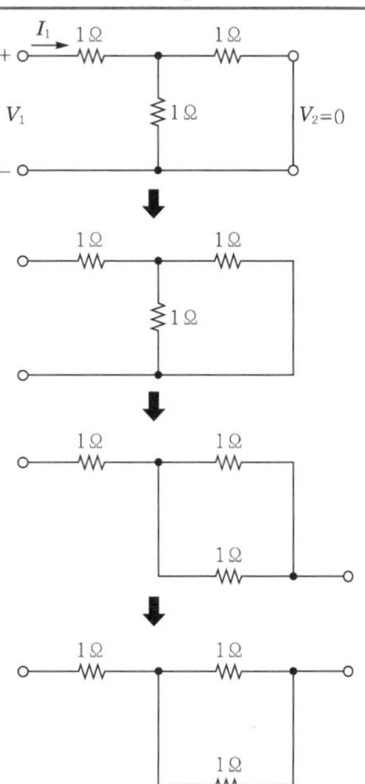


저항 $R = 1 + \frac{1\times1}{1+1} = \frac{2}{2} + \frac{1}{2} = \frac{3}{2}\,\Omega$

$Y_{11} = \frac{I_1}{V_1} = \frac{I_1}{RI_1} = \frac{1}{R} = \frac{1}{\frac{3}{2}} = \frac{2}{3}$ ℧

$$Y_{12} = \frac{I_1}{V_2}\bigg|_{V_1=0} \ (V_1\text{을 단락한다는 뜻})$$

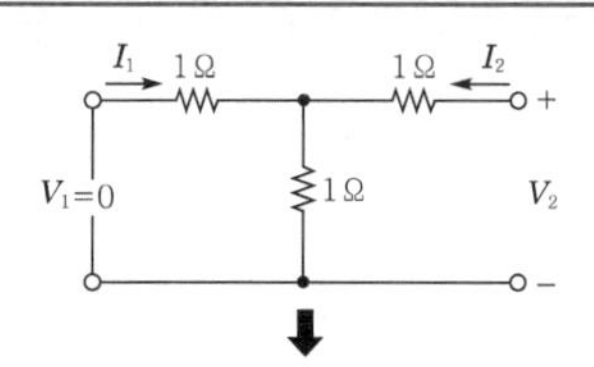


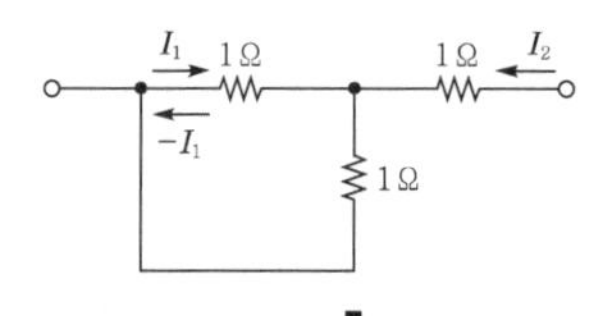


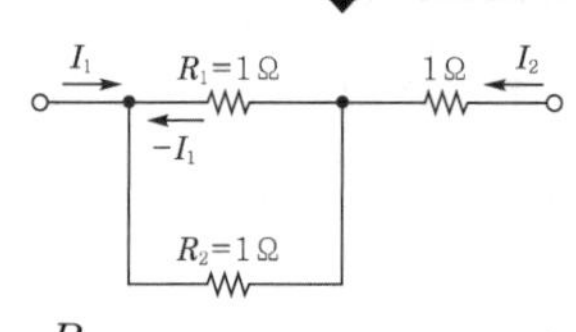


$$-I_1 = \frac{R_2}{R_1+R_2}I_2$$

$$-I_1 = \frac{1}{1+1}I_2$$

$$-I_1 = \frac{1}{2}I_2$$

$$I_1 = -\frac{1}{2}I_2$$

$$Y_{12} = \frac{I_1}{V_2} = \frac{-\frac{1}{2}I_2}{RI_2} = \frac{-\frac{1}{2}}{\frac{3}{2}} = -\frac{2}{6} = -\frac{1}{3}\ \mho$$

$$Y_{21} = \frac{I_2}{V_1}\bigg|_{V_2=0} \ (V_2\text{를 단락한다는 뜻})$$

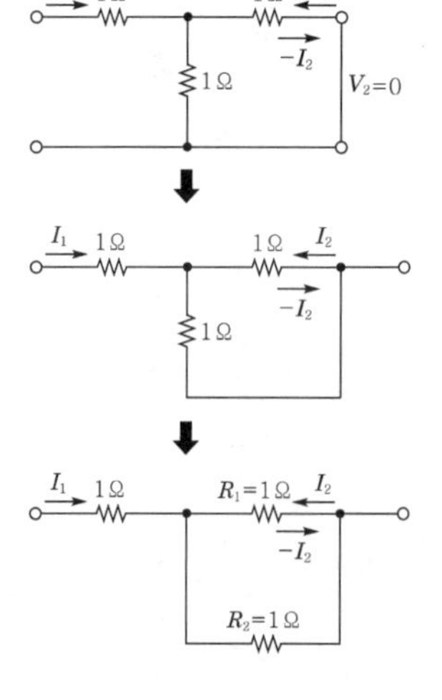


$$-I_2 = \frac{R_2}{R_1+R_2}I_1$$

$$-I_2 = \frac{1}{1+1}I_1$$

$$-I_2 = \frac{1}{2}I_1$$

$$I_2 = -\frac{1}{2}I_1$$

$$Y_{21} = \frac{I_2}{V_1} = \frac{-\frac{1}{2}I_1}{RI_1} = \frac{-\frac{1}{2}}{\frac{3}{2}} = -\frac{2}{6} = -\frac{1}{3}\ \mho$$

$$Y_{22} = \frac{I_2}{V_2}\bigg|_{V_1=0} \ (V_1\text{을 단락한다는 뜻})$$

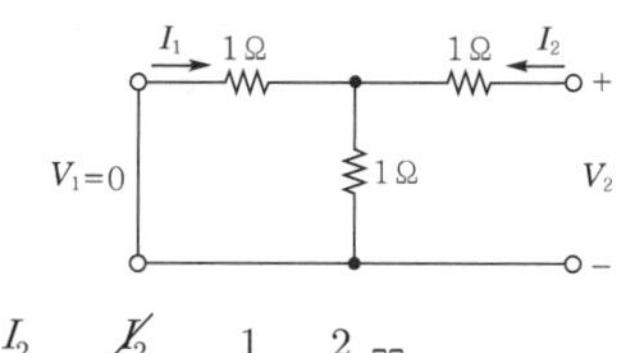


$$Y_{22} = \frac{I_2}{V_2} = \frac{I_2}{RI_2} = \frac{1}{\frac{3}{2}} = \frac{2}{3}\ \mho$$

답 ②

★

**50** 이상적인 연산증폭기(Ideal operational amplifier)가 포함된 다음 회로에서 출력 전압 $V_o$[V]는 얼마인가?

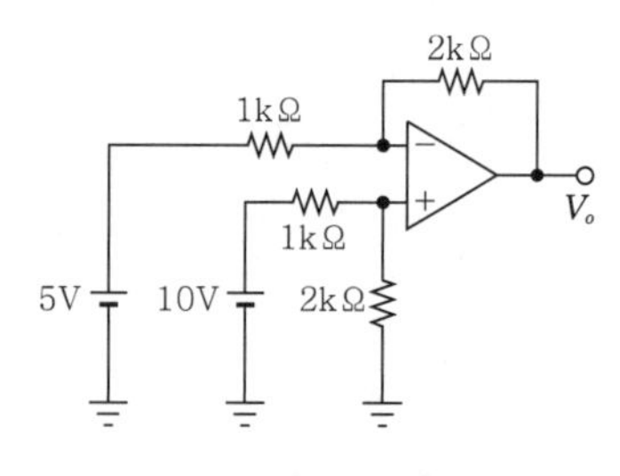


① 2.5 ② 5.0
③ 10.0 ④ 15.0

해설

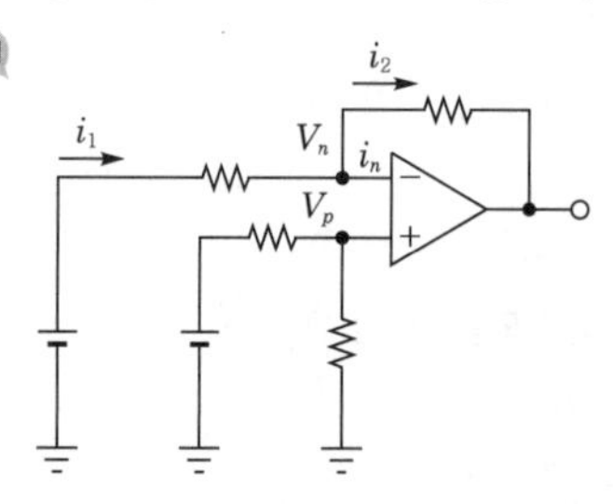

(1) **기호**

- $i_{in}=0$
- $V_n=V_p$
- $i_1=i_2$

$$V_p=\frac{2}{1+2}\times 10=\frac{20}{3}\text{V}$$

$V_n=V_p$이므로

$$V_n=\frac{20}{3}\text{V}$$

(2) $V_{out}$

$$i_1=\frac{V}{R}=\frac{5-V_n}{1\text{k}},\ i_2=\frac{V}{R}=\frac{V_n-V_{out}}{2\text{k}}$$

$$i_1=i_2$$

$$\frac{5-V_n}{1\text{k}}=\frac{V_n-V_{out}}{2\text{k}}$$

$$2\text{k}(5-V_n)=1\text{k}(V_n-V_{out})$$

$$2(5-V_n)=V_n-V_{out}$$

$$-V_n+V_{out}=-2(5-V_n)$$

$$\begin{aligned}V_{out}&=V_n-2(5-V_n)\\&=V_n-10+2V_n\\&=3V_n-10\\&=3\times\frac{20}{3}-10=10\text{V}\end{aligned}$$

답 ③

## 제 3 과목 소방관련법령

★

**51 소방기본법령상 소방기술민원센터의 설치·운영에 관한 내용으로 옳지 않은 것은?**

① 소방청장 또는 소방본부장은 소방시설, 소방공사 및 위험물 안전관리 등과 관련된 법령해석 등의 민원을 종합적으로 접수하여 처리할 수 있는 소방기술민원센터를 설치·운영할 수 있다.

② 소방기술민원센터는 센터장을 포함하여 30명 이내로 구성한다.

③ 소방기술민원센터의 설치·운영 등에 필요한 사항은 대통령령으로 정한다.

④ 소방기술민원과 관련된 현장 확인 및 처리는 소방기술민원센터의 업무에 해당한다.

해설 ② 30명 이내 → 18명 이내

**기본법 제4조의3, 기본령 제1조의2**
**소방기술민원센터의 설치·운영**

(1) **소방청장** 또는 **소방본부장**은 소방시설, 소방공사 및 위험물 안전관리 등과 관련된 **법령해석** 등의 **민원을 종합적으로 접수하여** 처리할 수 있는 소방기술민원센터를 설치·운영할 수 있다. 보기 ①

(2) 소방기술민원센터의 설치·운영 등에 필요한 사항 : **대통령령** 보기 ③

(3) **소방청장** 또는 **소방본부장**은 소방기술민원센터를 소방청 또는 소방본부에 각각 설치·운영

(4) 소방기술민원센터는 센터장을 포함하여 **18명** 이내로 구성 보기 ②

(5) **소방기술민원센터**의 **수행업무**

① 소방시설, 소방공사와 위험물 안전관리 등과 관련된 **법령해석** 등의 소방기술민원의 처리

② 소방기술민원과 관련된 **질의회신집** 및 해설서 발간

③ 소방기술민원과 관련된 **정보시스템**의 운영·관리

④ 소방기술민원과 관련된 현장 확인 및 처리 보기 ④

⑤ 그 밖에 소방기술민원과 관련된 업무로서 **소방청장** 또는 **소방본부장**이 필요하다고 인정하여 지시하는 업무

답 ②

★★

**52 소방기본법령상 소방대장이 정한 소방활동구역에 출입이 제한될 수 있는 자는? (단, 소방대장이 소방활동을 위하여 출입을 허가한 사람은 고려하지 않음)**

20회 문 53

① 소방활동구역 안에 있는 소방대상물의 소유자·관리자 또는 점유자

② 의사·간호사, 그 밖의 구조·구급 업무에 종사하는 사람

③ 화재보험업무에 종사하는 사람

④ 취재인력 등 보도업무에 종사하는 사람

해설

③ 해당없음

기본령 제8조
소방활동구역 출입자

(1) 소방활동구역 **안**에 있는 **소유자 · 관리자** 또는 **점유자** 보기 ①
(2) **전기 · 가스 · 수도 · 통신 · 교통**의 업무에 종사하는 자로서 원활한 **소방활동**을 위하여 필요한 자
(3) **의사 · 간호사**, 그 밖의 **구조 · 구급** 업무에 종사하는 자 보기 ②
(4) **취재인력** 등 보도업무에 종사하는 자 보기 ④
(5) **수사업무**에 종사하는 자
(6) **소방대장**이 소방활동을 위하여 **출입**을 **허가**한 **자**

- **소방활동구역** : 화재, 재난 · 재해, 그 밖의 위급한 상황이 발생한 현장에 정하는 구역

답 ③

## 53 소방기본법령상 소방용수시설의 설치 및 관리 등에 관한 내용으로 옳은 것은?

17회 문 52

① 소방본부장 또는 소방서장은 소방활동에 필요한 소방용수시설을 설치하고 유지 · 관리하여야 한다.

② 소방본부장 또는 소방서장은 소방자동차의 진입이 곤란한 지역 등 화재발생 시에 초기대응이 필요한 지역으로서 대통령령으로 정하는 지역에 비상소화장치를 설치하고 유지 · 관리할 수 있다.

③ 소방본부장 또는 소방서장은 원활한 소방활동을 위하여 소방용수시설에 대한 조사를 연 1회 실시하여야 한다.

④ 비상소화장치는 비상소화장치함, 소화전, 소방호스, 관창을 포함하여 구성하여야 한다.

해설

① 소방본부장 또는 소방서장 → 시 · 도지사
② 소방본부장 또는 소방서장 → 시 · 도지사
③ 연 1회 → 월 1회

기본법 제10조
소방용수시설의 설치 · 유지 · 관리

| 구 분 | 설 명 |
|---|---|
| 설치권자 | **시 · 도지사** 보기 ① |
| 소방용수시설의 종류 | 소화전, 급수탑, 저수조 |
| 소방용수시설의 설치기준 | 행정안전부령 |

※ 소화전을 설치하는 **일반수도사업자**는 관할 소방서장과 사전협의를 거친 후 소화전을 설치하여야 하며, 설치사실을 관할 **소방서장**에게 통지하고, 그 소화전을 유지 · 관리하여야 한다.

**시 · 도지사**는 소방자동차의 진입이 곤란한 지역 등 화재발생시에 초기대응이 필요한 지역으로서 **대통령령**으로 정하는 지역에 소방호스 또는 호스릴 등을 소방용수시설에 연결하여 화재를 진압하는 시설이나 비상소화장치를 설치하고 유지 · 관리할 수 있다. 보기 ②

(1) **소방용수시설** 및 **지리조사**(기본규칙 제7조)
① **조사자 : 소방본부장 · 소방서장**
② **조사일시 : 월 1회 이상** 보기 ③
③ **조사내용**
　㉠ 소방용수시설
　㉡ 도로의 **폭 · 교통상황**
　㉢ 도로주변의 **토지 고저**
　㉣ 건축물의 **개황**
④ **조사결과 : 2년간 보관**

기억법 **월1지(월요일이 지났다)**

(2) **소방기본법 시행규칙 제6조**
비상소화장치는 **비상소화장치함, 소화전, 소방호스**(소화전의 방수구에 연결하여 소화용수를 방수하기 위한 도관으로서 호스와 연결금속구로 구성되어 있는 소방용 릴호스 또는 소방용 고무내장호스), **관창**(소방호스용 연결금속구 또는 중간연결금속구 등의 끝에 연결하여 소화용수를 방수하기 위한 나사식 또는 차입식 토출기구)을 포함하여 구성할 것 보기 ④

용어

소방호스 vs 관창

| 소방호스 | 관창 |
|---|---|
| 소화전의 방수구에 연결하여 소화용수를 방수하기 위한 도관으로서 호스와 연결금속구로 구성되어 있는 **소방용 릴호스** 또는 **소방용 고무내장호스** | 소방호스용 연결금속구 또는 중간연결금속구 등의 끝에 연결하여 소화용수를 방수하기 위한 **나사식** 또는 **차입식** 토출기구 |

답 ④

★★★
## 54 소방기본법령상 500만원 이하의 과태료 처분을 받을 수 있는 자는?

22회 문 53
18회 문 51
15회 문 51
14회 문 53
14회 문 66
11회 문 70

① 화재 또는 구조·구급이 필요한 상황을 거짓으로 알린 자
② 정당한 사유 없이 소방대의 생활안전활동을 방해한 자
③ 정당한 사유 없이 소방대가 현장에 도착할 때까지 사람을 구출하는 조치를 하지 아니한 관계인
④ 소방대장의 피난명령을 위반한 자

해설

① 500만원 이하의 과태료
②~④ 100만원 이하의 벌금

벌금

| 벌 칙 | 내 용 |
|---|---|
| 5년 이하의 징역 또는 5000만원 이하의 벌금 (기본법 제50조) | • 소방자동차의 **출동** 방해<br>• 사람구출 방해<br>• 소방용수시설 또는 비상소화장치의 **효용** 방해<br>• 소방대원 폭행·협박 |
| 3년 이하의 징역 또는 3000만원 이하의 벌금 (기본법 제51조) | • 소방활동에 필요한 소방대상물 및 **토지**의 **강제처분**을 방해한 자 |
| 300만원 이하의 벌금 | • 소방활동에 필요한 소방대상물과 **토지** 외의 **강제처분**을 방해한 자(기본법 제52조)<br>• 소방자동차의 통행과 소방활동에 방해가 되는 주정차 제거·이동을 방해한 자(기본법 제52조))<br>• 화재의 **예방조치명령** 위반 (화재예방법 제50조) |
| 100만원 이하의 벌금 (기본법 제54조) | • **피난명령** 위반 보기 ④<br>• 위험시설 등에 대한 긴급조치 방해<br>• 소방활동을 하지 않은 관계인<br>※ 소방활동 : 화재가 발생한 경우 소방대가 현장에 도착할 때까지 사람을 구출하는 조치 보기 ③<br>• 위험시설 등에 정당한 사유없이 **물**의 **사용**이나 **수도**의 **개폐장치**의 사용 또는 조작을 하지 못하게 하거나 **방해**한 자<br>• 소방대의 **생활안전활동**을 방해한 자 보기 ② |

| 벌 칙 | 내 용 |
|---|---|
| 500만원 이하의 과태료 (기본법 제56조) | • 화재 또는 구조·구급에 필요한 사항을 거짓으로 알린 사람 보기 ① |
| 200만원 이하의 과태료 | • 소방용수시설·소화기구 및 설비 등의 설치명령 위반(화재예방법 제52조)<br>• 특수가연물의 저장·취급 기준 위반(화재예방법 제52조)<br>• 한국 119 청소년단 또는 이와 유사한 명칭을 사용한 자(기본법 제56조)<br>• 한국소방안전원 또는 이와 유사한 명칭을 사용한 자(기본법 제56조)<br>• **소방활동구역 출입**(기본법 제56조)<br>• 소방자동차의 출동에 지장을 준 자(기본법 제56조) |
| 20만원 이하의 과태료 (기본법 제57조) | • 시장지역에서 화재로 오인할 우려가 있는 **연막소독**을 하면서 관할소방서장에게 신고를 하지 아니하여 소방자동차를 출동하게 한 자 |

답 ①

★★★
## 55 소방시설공사업법령상 용어의 정의에 관한 내용으로 옳지 않은 것은?

19회 문 55
13회 문 55
06회 문 72
05회 문 58

① "소방시설설계업"이란 소방시설공사에 기본이 되는 공사계획, 설계도면, 설계설명서, 기술계산서 및 이와 관련된 서류를 작성하는 영업을 말한다.
② "소방시설업자"란 소방시설업을 경영하기 위하여 소방시설업을 등록한 자를 말한다.
③ "발주자"란 소방시설의 설계, 시공, 감리 및 방염을 소방시설업자에게 도급하는 자를 말한다. 다만, 수급인으로서 도급받은 공사를 하도급하는 자는 제외한다.
④ "감리원"이란 소방시설공사업자에 소속된 소방기술자로서 해당 소방시설공사를 감리하는 사람을 말한다.

④ 소방시설공사업자 → 소방공사감리업자

(1) **소방시설업**(공사업법 제2조 제①항)

| 소방시설 설계업 | 소방시설 공사업 | 소방공사 감리업 | 방염처리업 |
|---|---|---|---|
| 소방시설공사에 기본이 되는 공사계획 · **설계도면 · 설계설명서** · 기술계산서 등을 작성하는 영업 **보기 ①** | 설계도서에 따라 소방시설을 신설 · 증설 · 개설 · 이전 · 정비하는 영업 | 소방시설공사에 관한 발주자의 권한을 대행하여 소방시설공사가 설계도서와 관계법령에 따라 적법하게 시공되는지를 확인하고, 품질 · 시공관리에 대한 기술지도를 하는 영업 | 방염대상물품에 대하여 방염처리하는 영업 |

(2) **소방시설관련자**

| 소방시설 업자 | 감리원 | 소방기술자 | 발주자 |
|---|---|---|---|
| 소방시설업을 **경영**하기 위하여 소방시설업을 **등록**한 자 **보기 ②** | 소방공사감리업자에 소속된 소방기술자로서 해당 소방시설공사를 **감리**하는 사람 **보기 ④** | ① 소방시설관리사<br>② 소방기술사<br>③ 소방설비기사<br>④ 소방설비산업기사<br>⑤ 위험물기능장<br>⑥ 위험물산업기사<br>⑦ 위험물기능사 | 소방시설의 설계, 시공, 감리 및 방염과 같은 **소방시설공사 등**을 소방시설업자에게 **도급**하는 자(단, 수급인으로서 도급받은 공사를 하도급하는 자 제외) **보기 ③** |

답 ④

★★★
## 56 소방시설공사업법령상 소방본부장이나 소방서장이 완공검사를 위해 현장확인을 할 수 있는 특정소방대상물로 옳지 않은 것은?

19회 문 57
10회 문 52
09회 문 65
03회 문 70

① 스프링클러설비가 설치되는 특정소방대상물
② 가연성가스를 제조 · 저장 또는 취급하는 시설 중 지상에 노출된 가연성 가스탱크의 저장용량 합계가 1백톤 이상인 시설
③ 연면적 1만제곱미터 이상이거나 11층 이상인 특정소방대상물(아파트 제외)
④ 「다중이용업소의 안전관리에 관한 특별법」에 따른 다중이용업소

해설

② 1백톤 → 1000톤

**공사업령 제5조**
**완공검사를 위한 현장확인 대상 특정소방대상물**
(1) **수**련시설
(2) **노**유자시설
(3) **문**화 및 집회시설, **운**동시설
(4) **종**교시설
(5) **판**매시설
(6) **숙**박시설
(7) **창**고시설
(8) 지하**상**가
(9) 다중이용업소 **보기 ④**
(10) 다음에 해당하는 설비가 설치되는 특정소방대상물
 ① **스프링클러설비** 등 **보기 ①**
 ② **물분무등소화설비**(호스릴방식 제외)
(11) 연면적 **10000m$^2$** 이상이거나 **11층** 이상인 특정소방대상물(아파트 제외) **보기 ③**
(12) 가연성가스를 제조 · 저장 또는 취급하는 시설 중 지상에 노출된 가연성 가스탱크의 저장용량 합계가 **1000t** 이상인 시설 **보기 ②**

기억법 **문종판 노수운 숙창상현**

답 ②

★★
## 57 소방시설공사업법령상 일반 공사감리 대상 감리원의 세부 배치기준이다. (  ) 안에 들어갈 내용은?

> 1명의 감리원이 담당하는 소방공사감리현장은 ( ㉠ )개 이하(자동화재탐지설비 또는 옥내소화전설비 중 어느 하나만 설치하는 2개의 소방공사감리현장이 최단 차량주행거리로 ( ㉡ )킬로미터 이내에 있는 경우에는 1개의 소방공사감리현장으로 본다)로서 감리현장 연면적의 총합계가 ( ㉢ )만제곱미터 이하일 것. 다만, 일반 공사감리 대상인 아파트의 경우에는 연면적의 합계에 관계없이 1명의 감리원이 ( ㉣ )개 이내의 공사현장을 감리할 수 있다.

① ㉠ : 3, ㉡ : 30, ㉢ : 20, ㉣ : 5
② ㉠ : 3, ㉡ : 50, ㉢ : 20, ㉣ : 3
③ ㉠ : 5, ㉡ : 30, ㉢ : 10, ㉣ : 5
④ ㉠ : 5, ㉡ : 50, ㉢ : 10, ㉣ : 5

해설 **공사업규칙 제16조 제①항**
**감리원의 세부적인 배치기준**

| 상주 공사감리 대상 | 일반 공사감리 대상 |
|---|---|
| ① **기계**분야의 감리원 자격을 취득한 사람과 **전기**분야의 감리원 자격을 취득한 사람 각 **1명** 이상을 감리원으로 배치할 것(단, 기계분야 및 전기분야의 감리원 자격을 함께 취득한 사람이 있는 경우에는 그에 해당하는 사람 1명 이상을 배치 가능)<br>② 소방시설용 배관(전선관 포함)을 **설치**하거나 **매립**하는 때부터 소방시설 **완공검사증명서**를 발급받을 때까지 소방공사감리현장에 감리원을 배치할 것 | ① **기계**분야의 감리원 자격을 취득한 사람과 **전기**분야의 감리원 자격을 취득한 사람 각 **1명** 이상을 감리원으로 배치할 것(단, 기계분야 및 전기분야의 감리원 자격을 함께 취득한 사람이 있는 경우에는 그에 해당하는 사람 1명 이상을 배치 가능)<br>② 감리원은 **주 1회** 이상 소방공사감리현장에 배치되어 감리할 것<br>③ 1명의 감리원이 담당하는 소방공사감리현장은 **5개** 이하(자동화재탐지설비 또는 옥내소화전설비 중 어느 하나만 설치하는 **2개**의 소방공사감리현장이 최단 차량주행거리로 **30km** 이내에 있는 경우에는 1개의 소방공사감리현장으로 본다)로서 감리현장 연면적의 총합계가 **10만**$m^2$ 이하일 것. 단, 일반 공사감리 대상인 아파트의 경우에는 연면적의 합계에 관계없이 1명의 감리원이 **5개** 이내의 공사현장을 감리 가능 **보기 ③** |

답 ③

★★★
**58** 화재의 예방 및 안전관리에 관한 법령상 시·도지사가 화재예방강화지구로 지정하여 관리할 수 있는 지역이 아닌 것은? (단, 소방관서장이 화재예방강화지구로 지정할 필요가 있다고 인정하는 지역은 고려하지 않음)

17회 문 53
16회 문 54
10회 문 71
03회 문 53
02회 문 53

① 시장지역
② 상업지역
③ 석유화학제품을 생산하는 공장이 있는 지역
④ 노후·불량건축물이 밀집한 지역

해설 ② 해당없음

**화재예방법 제18조**
**화재예방강화지구의 지정**

(1) **지정권자** : 시·도지사
(2) **지정지역**
① **시장**지역 **보기 ①**
② **공장·창고**가 밀집한 지역
③ **목조건물**이 밀집한 지역
④ 노후·불량 건축물이 밀집한 지역 **보기 ④**
⑤ **위험물**의 **저장** 및 **처리시설**이 **밀집**한 지역
⑥ **석유화학제품**을 생산하는 공장이 있는 지역 **보기 ③**
⑦ 「산업입지 및 개발에 관한 법률」에 따른 산업단지
⑧ **소방시설·소방용수시설** 또는 **소방출동로**가 **없는** 지역
⑨ 「물류시설의 개발 및 운영에 관한 법률」에 따른 물류단지
⑩ **소방청장, 소방본부장** 또는 **소방서장**(소방관서장)이 화재예방강화지구로 지정할 필요가 있다고 인정하는 지역

**중요**

(1) **화재예방강화지구**(화재예방법 제18조)
① 지정 : **시·도지사**
② **화재안전조사** : **소방청장·소방본부장** 또는 **소방서장**(소방관서장)

• **화재예방강화지구** : 화재 발생 우려가 크거나 화재가 발생할 경우 피해가 클 것으로 예상되는 지역에 대하여 화재의 예방 및 안전관리를 강화하기 위해 지정·관리하는 지역

(2) **화재예방강화지구 안의 화재안전조사·소방훈련 및 교육**(화재예방법 시행령 제20조)
① 실시자 : **소방본부장·소방서장**
② 횟수 : **연 1회** 이상
③ 훈련·교육 : **10일 전** 통보

**비교**

**화재로 오인할 만한 불을 피우거나 연막소독 시 신고지역**(기본법 제19조)
(1) **시장**지역
(2) **공장·창고**가 밀집한 지역
(3) **목조건물**이 밀집한 지역
(4) **위험물**의 **저장** 및 **처리시설**이 **밀집**한 지역
(5) **석유화학제품**을 생산하는 공장이 있는 지역
(6) 그 밖에 **시·도**의 **조례**로 정하는 지역 또는 장소

답 ②

★

**59** 화재의 예방 및 안전관리에 관한 법령상 소방서장이 소방안전관리대상물 중 불특정 다수인이 이용하는 특정소방대상물의 근무자 등에게 불시에 소방훈련과 교육을 실시할 수 있는 대상이 아닌 것은? (단, 소방본부장 또는 소방서장이 소방훈련·교육이 필요하다고 인정하는 특정소방대상물은 고려하지 않음)

① 위락시설 ② 의료시설
③ 교육연구시설 ④ 노유자시설

해설 **화재예방법 시행령 제39조**
**불시 소방훈련·교육의 대상**
(1) **의료시설** 보기 ②
(2) **교육연구시설** 보기 ③
(3) **노유자시설** 보기 ④
(4) 그 밖에 화재발생시 불특정 다수의 인명피해가 예상되어 **소방본부장** 또는 **소방서장**이 소방훈련·교육이 필요하다고 인정하는 특정소방대상물

답 ①

★

**60** 화재의 예방 및 안전관리에 관한 법령상 화재안전영향평가심의회 구성·운영사항으로 옳지 않은 것은?

① 소방청장은 화재안전과 관련된 분야의 학식과 경험이 풍부한 전문가로서 소방기술사를 위원으로 위촉할 수 있다.
② 위촉위원의 임기는 2년으로 하며 두 차례 연임할 수 있다.
③ 위원장이 부득이한 사유로 직무를 수행할 수 없을 때에는 위원장이 지명한 위원이 그 직무를 대행한다.
④ 위원장 1명을 포함한 12명 이내의 위원으로 구성한다.

해설 ② 두 차례 → 한 차례

(1) **화재안전영향평가심의회**(화재예방법 제22조)
① **소방청장**은 화재안전영향평가에 관한 업무를 수행하기 위하여 화재안전영향평가심의회를 구성·운영할 수 있다.
② 심의회는 **위원장 1명**을 **포함**한 12명 **이내**의 위원으로 구성한다. 보기 ④
③ 위원
㉠ 화재안전과 관련되는 법령이나 정책을 담당하는 관계 기관의 소속 직원으로서 **대통령령**으로 정하는 사람
㉡ 소방기술사 등 **대통령령**으로 정하는 화재안전과 관련된 분야의 학식과 경험이 풍부한 전문가로서 소방청장이 위촉한 사람 보기 ①

(2) **심의회**의 **구성**(화재예방법 시행령 제22조)
① 위촉위원의 임기는 **2년**으로 하며 **한 차례**만 연임할 수 있다. 보기 ②
② 심의회의 위원장은 심의회를 대표하고 심의회 업무를 총괄한다.
③ 위원장이 부득이한 사유로 직무를 수행할 수 없을 때에는 위원장이 지명한 위원이 그 직무를 대행한다. 보기 ③

답 ②

★★

**61** 화재의 예방 및 안전관리에 관한 법령상 화재안전조사 통지를 받은 관계인은 소방관서장에게 화재안전조사 연기를 신청할 수 있다. 연기신청 사유에 해당하는 것을 모두 고른 것은?

17회 문 66
15회 문 67

㉠ 관계인이 운영하는 사업에 부도 또는 도산 등 중대한 위기가 발생하여 화재안전조사를 받을 수 없는 경우
㉡ 권한 있는 기관에 화재안전조사에 필요한 장부·서류 등이 압수되거나 영치(領置)되어 있는 경우
㉢ 소방대상물의 증축·용도변경 또는 대수선 등의 공사로 화재안전조사를 실시하기 어려운 경우

① ㉠ ② ㉡
③ ㉡, ㉢ ④ ㉠, ㉡, ㉢

해설 **화재예방법 시행령 제9조**
**화재안전조사의 연기**
(1) 「재난 및 안전관리 기본법」에 해당하는 **자연재난**, **사회재난**이 발생한 경우

(2) 관계인의 **질병**, **사고**, **장기출장**의 경우
(3) 권한 있는 기관에 자체점검기록부, 교육·훈련일지 등 화재안전조사에 필요한 장부·서류 등이 **압수**되거나 **영치**되어 있는 경우 보기 ㉡
(4) 소방대상물의 증축·용도변경 또는 대수선 등의 공사로 화재안전조사를 실시하기 어려운 경우 보기 ㉢

답 ③

★★
## 62 소방시설 설치 및 관리에 관한 법령상 특정소방대상물의 노유자시설에 해당하지 않는 것은?

① 장애인 의료재활시설
② 정신요양시설
③ 학교의 병설유치원
④ 정신재활시설(생산품판매시설은 제외)

해설 ① 장애인 의료재활시설 : 의료시설

**소방시설법 시행령 [별표 2]**
**노유자시설**

| 구 분 | 종 류 |
|---|---|
| 노인관련시설 | • 노인주거복지시설<br>• 노인의료복지시설<br>• 노인여가복지시설<br>• 재가노인복지시설<br>• 노인보호전문기관<br>• 노인일자리 지원기관<br>• 학대피해노인 전용쉼터 |
| 아동관련시설 | • 아동복지시설<br>• 어린이집<br>• 유치원 보기 ③ |
| 장애인관련시설 | • 장애인거주시설<br>• 장애인지역사회재활시설(장애인 심부름센터, 한국수어통역센터, 점자도서 및 녹음서 출판시설 제외)<br>• 장애인 직업재활시설 |
| 정신질환자관련시설 | • 정신재활시설 보기 ④<br>• 정신요양시설 보기 ② |
| 노숙인관련시설 | • 노숙인복지시설<br>• 노숙인종합지원센터 |

비교

**의료시설**

| 구 분 | 종 류 |
|---|---|
| 병원 | • 종합병원<br>• 병원<br>• 치과병원<br>• 한방병원<br>• **요양병원** |
| 격리병원 | • 전염병원<br>• 마약진료소 |
| 정신의료기관 | – |
| 장애인 의료재활시설 | – |

답 ①

★★★
## 63 소방시설 설치 및 관리에 관한 법령상 내진설계를 하여야 하는 소방시설이 아닌 것은?

19회 문 58
16회 문 62

① 옥내소화전설비
② 강화액 소화설비
③ 연결송수관설비
④ 포소화설비

해설 **소방시설법 시행령 제8조**
**내진설계기준 적용 소방시설**
(1) 옥내소화전설비 보기 ①
(2) 스프링클러설비
(3) 물분무등소화설비

중요

**물분무등소화설비**(소방시설법 시행령 [별표 1])
(1) 물분무소화설비
(2) 미분무소화설비
(3) 포소화설비 보기 ④
(4) 이산화탄소 소화설비
(5) 할론소화설비
(6) 할로겐화합물 및 불활성기체 소화설비
(7) 분말소화설비
(8) 강화액 소화설비 보기 ②
(9) 고체에어로졸 소화설비

답 ③

★★
## 64 소방시설 설치 및 관리에 관한 법령상 지하가 중 길이가 750m인 터널에 설치해야 하는 소방시설은?

14회 문 59

① 옥외소화전설비
② 자동화재탐지설비
③ 무선통신보조설비
④ 연결살수설비

해설

①④ 터널에 설치하지 않음

**지하가 중 터널길이**

| 터널길이 | 설 비 |
|---|---|
| 500m 이상 | • 비상경보설비<br>• 비상콘센트설비<br>• 비상조명등<br>• 무선통신보조설비 보기 ③ |
| 1000m 이상 | • 자동화재탐지설비 보기 ②<br>• 옥내소화전설비<br>• 연결송수관설비 |

답 ③

★★
## 65 소방시설 설치 및 관리에 관한 법령상 자동소화장치 종류가 아닌 것은?

① 가스자동소화장치
② 액체에어로졸자동소화장치
③ 주거용 주방자동소화장치
④ 분말자동소화장치

해설

② **액체**에어로졸자동소화장치 → **고체**에어로졸자동소화장치

**소방시설법 시행령 [별표 1]**
**자동소화장치**

(1) **주거용** 주방자동소화장치 보기 ③
(2) **상업용** 주방자동소화장치
(3) **캐비닛형** 자동소화장치
(4) **가스**자동소화장치 보기 ①
(5) **분말**자동소화장치 보기 ④
(6) **고체**에어로졸자동소화장치 보기 ②

답 ②

★★
## 66 소방시설 설치 및 관리에 관한 법령상 특정소방대상물에 설치해야 하는 소방시설 가운데 기능과 성능이 유사한 소방시설의 설치를 유효범위에서 면제할 수 있는 경우를 모두 고른 것은?

10회 문121
09회 문 61

㉠ 상업용 주방자동소화장치를 설치해야 하는 특정소방대상물에 물분무등소화설비를 화재안전기준에 적합하게 설치한 경우
㉡ 누전경보기를 설치해야 하는 특정소방대상물에 아크경보기 또는 누전차단장치를 설치한 경우
㉢ 비상조명등을 설치해야 하는 특정소방대상물에 피난구유도등 또는 객석유도등을 화재안전기준에 적합하게 설치한 경우
㉣ 연소방지설비를 설치해야 하는 특정소방대상물에 미분무소화설비를 화재안전기준에 적합하게 설치한 경우

① ㉣ ② ㉠, ㉡
③ ㉡, ㉢ ④ ㉡, ㉢, ㉣

해설

㉠ 상업용 주방자동소화장치 제외
㉡ 누전차단장치 → 지락차단장치
㉢ 객석유도등 → 통로유도등

**소방시설법 시행령 [별표 5]**
**소방시설 면제기준**

| 면제대상 | 대체설비 |
|---|---|
| 스프링클러설비 | • **물분무등소화설비** |
| 물분무등소화설비 | • **스프링클러설비** |
| 간이스프링클러설비 | • 스프링클러설비<br>• **물분무소화설비**<br>• **미분무소화설비** |
| 비상**경**보설비 또는 **단**독경보형 감지기 | • **자동화재탐지설비**<br>• 화재알림설비<br>기억법 탐경단 |
| 비상**경**보설비 | • **2개 이상 단독경보형 감지기 연동**<br>기억법 경단2 |
| 비상방송설비 | • 자동화재탐지설비<br>• 비상경보설비 |

| 면제대상 | 대체설비 |
|---|---|
| 비상조명등 보기 ㉢ | • 피난구유도등<br>• 통로유도등 |
| 누전경보기 보기 ㉡ | • 아크경보기<br>• 지락차단장치 |
| 무선통신보조설비 | • 이동통신 구내 중계기 선로설비<br>• 무선중계기 |
| 상수도소화용수설비 | • 각 부분으로부터 **수평거리 140m** 이내에 공공의 소방을 위한 소화전 |
| 연결살수설비 | • 스프링클러설비<br>• 간이스프링클러설비<br>• 물분무소화설비<br>• 미분무소화설비 |
| 제연설비 | • **공기조화설비** |
| 연소방지설비 보기 ㉣ | • 스프링클러설비<br>• 물분무소화설비<br>• 미분무소화설비 |
| 연결송수관설비 | • 옥내소화전설비<br>• 스프링클러설비<br>• 간이스프링클러설비<br>• 연결살수설비 |
| 자동화재탐지설비 | • 자동화재탐지설비의 기능을 가진 화재알림설비, 스프링클러설비<br>• 물분무등소화설비 |
| 옥내소화전설비 | • 옥외소화전설비<br>• 미분무소화설비(호스릴 방식) |
| 옥외소화전설비 | • 상수도소화용수설비(문화유산인 목조건축물) |
| 자동소화장치 보기 ㉠ | • 물분무등소화설비(주거용 및 상업용 주방자동소화장치 제외) |

답 ①

★★★

**67** 19회 문 64 / 17회 문 63 / 16회 문 55 / 13회 문 66

**소방시설 설치 및 관리에 관한 법령상 관계 공무원이 출입·검사 업무를 수행하면서 알게 된 비밀을 다른 사람에게 누설할 경우에 벌칙은?**

① 100만원 이하 벌금

② 300만원 이하 벌금

③ 500만원 이하 벌금

④ 1년 이하의 징역 또는 1천만원 이하의 벌금

해설 1년 이하의 징역 또는 1000만원 이하의 벌금

(1) 소방시설의 **자체점검** 미실시자(소방시설법 제58조)
(2) **소방시설관리사증** 대여(소방시설법 제58조)
(3) **소방시설관리업**의 등록증 대여(소방시설법 제58조)
(4) 관계인의 정당한 업무를 방해하거나 출입·검사 업무를 수행하면서 알게 된 비밀을 다른 사람에게 누설한 자(소방시설법 제58조) 보기 ④
(5) 제조소 등의 정기점검 기록 허위 작성(위험물법 제35조)
(6) **자체소방대**를 두지 않고 제조소 등의 허가를 받은 자(위험물법 제35조)
(7) **위험물 운반용기**의 검사를 받지 않고 유통시킨 자(위험물법 제35조)
(8) 제조소 등의 긴급사용정지 위반자(위험물법 제35조)
(9) 영업정지처분 위반자(공사업법 제36조)
(10) 허위감리자(공사업법 제36조)
(11) 공사감리자 미지정자(공사업법 제36조)
(12) 설계, 시공, 감리를 하도급한 자(공사업법 제36조)
(13) 소방시설업자가 아닌 자에게 **소방시설공사** 등을 **도급**한 관계인(공사업법 제36조)

비교

**300만원 이하**의 **벌금**

(1) 화재안전조사를 정당한 사유없이 거부·방해·기피(화재예방법 제50조)
(2) 위탁받은 업무종사자의 **비밀누설**(소방시설법 제59조)
(3) 방염성능검사 합격표시 위조(소방시설법 제59조)
(4) 방염성능검사를 할 때 거짓시료를 제출한 자(소방시설법 제59조)
(5) 소방시설 등의 자체점검 결과조치를 위반하여 필요한 조치를 하지 아니한 관계인 또는 관계인에게 중대위반사항을 알리지 아니한 관리업자 등(소방시설법 제59조)
(6) **소방안전관리자**, **총괄소방안전관리자** 또는 **소방안전관리보조자 미선임**(화재예방법 제50조)
(7) 다른 자에게 자기의 성명이나 상호를 사용하여 소방시설공사 등을 수급 또는 시공하게 하거나 소방시설업의 등록증·**등록수첩을 빌려준 자**(공사업법 제37조)
(8) **감리원 미배치자**(공사업법 제37조)
(9) 소방기술인정 자격수첩을 빌려준 자(공사업법 제37조)
(10) **2 이상의 업체에 취업**한 자(공사업법 제37조)
(11) 소방시설업자나 관계인 감독시 관계인의 업무를 방해하거나 비밀누설(공사업법 제37조)

기억법 비3(비상)

중요

비밀누설

| 벌 칙 | 내 용 |
|---|---|
| 300만원 이하의 벌금 | ① **화재예방안전진단 업무** 수행시 비밀누설(화재예방법 제50조)<br>② **한국소방안전원이 위탁받은 업무** 수행시 비밀누설(화재예방법 제50조)<br>③ **소방시설업의 감독시** 비밀누설(소방시설공사업법 제37조)<br>④ **성능위주설계평가단의 업무** 수행시 비밀누설(소방시설법 제59조)<br>⑤ **한국소방산업기술원이 위탁받은 업무** 수행시 비밀누설(소방시설법 제59조) |
| 1천만원 이하의 벌금 | 소방관서장, 시·도지사가 **위험물의 저장 또는 취급장소의 출입·검사시** 비밀누설(위험물법 제37조) |
| 1년 이하의 징역 또는 1천만원 이하의 벌금 | 소방관서장, 시·도지사가 **사업체 또는 소방대상물 등의 감독시** 비밀누설(소방시설법 제58조) |
| 3년 이하의 징역 또는 3천만원 이하의 벌금 | **화재안전조사 업무수행시** 비밀누설(화재예방법 제50조) |

답 ④

★

**68** 위험물안전관리법령상 과징금처분에 관한 조문이다. (   ) 안에 들어갈 내용은?

17회 문 70

( ㉠ )은(는) 위험물안전관리법 제12조 각 호의 어느 하나에 해당하는 경우로서 제조소 등에 대한 사용의 정지가 그 이용자에게 심한 불편을 주거나 그 밖에 공익을 해칠 우려가 있는 때에는 사용정지처분에 갈음하여 ( ㉡ ) 이하의 과징금을 부과할 수 있다.

① ㉠ : 소방청장, ㉡ : 1억원
② ㉠ : 소방청장, ㉡ : 2억원
③ ㉠ : 시·도지사, ㉡ : 1억원
④ ㉠ : 시·도지사, ㉡ : 2억원

해설 위험물법 제13조
과징금
**시·도지사**는 제조소 등에 대한 사용의 취소가 공익을 해칠 우려가 있는 때에는 사용취소처분에 갈음하여 **2억원 이하**의 과징금을 부과할 수 있다. 보기④

중요

**과징금**(소방시설법 제36조, 공사업법 제10조, 위험물법 제13조)

| 3000만원 이하 | 2억원 이하 |
|---|---|
| 소방시설관리업 영업정지처분 갈음 | • 제조소 사용정지처분 갈음<br>• 소방시설업(설계업·감리업·공사업·방염업) 영업정지처분 갈음 |

답 ④

★★★

**69** 위험물안전관리법령상 제3류 위험물의 지정수량 기준으로 옳은 것은?

19회 문 88
18회 문 71
18회 문 86
17회 문 87
16회 문 80
16회 문 85
14회 문 77
14회 문 78
13회 문 76
11회 문 82

① 알킬리튬 – 20킬로그램
② 황린 – 50킬로그램
③ 금속의 수소화물 – 300킬로그램
④ 칼슘 또는 알루미늄의 탄화물 – 500킬로그램

해설
① 알킬리튬 – 10kg
② 황린 – 20kg
④ 칼슘 또는 알루미늄의 탄화물 – 300kg

제3류 위험물의 종류 및 지정수량

| 성 질 | 품 명 | 지정수량 |
|---|---|---|
| 자연발화성 물질 및 금수성 물질 | 칼륨 | 10kg |
| | 나트륨 | |
| | 알킬알루미늄 | |
| | 알킬리튬 보기 ① | |
| | 황린 보기 ② | 20kg |
| | 알칼리금속(K, Na 제외) 및 알칼리토금속 | 50kg |
| | 유기금속화합물(알킬알루미늄, 알킬리튬 제외) | |
| | 금속의 수소화물 보기 ③ | 300kg |
| | 금속의 인화물 | |
| | 칼슘 또는 알루미늄의 탄화물 보기 ④ | |

답 ③

★★★
**70** 위험물안전관리법령상 소화난이도등급 Ⅰ에 해당하는 제조소 등이 아닌 것은?

22회 문 93
19회 문 93
16회 문 90
10회 문 94
09회 문 90
08회 문 82

① 옥내탱크저장소로 액표면적이 $30m^2$ 이상인 것(제6류 위험물을 저장하는 것 및 고인화점 위험물만을 100℃ 미만의 온도에서 저장하는 것은 제외)
② 암반탱크저장소로 고체위험물만을 저장하는 것으로서 지정수량의 100배 이상인 것
③ 옥내저장소로 처마높이가 6m 이상인 단층건물의 것
④ 이송취급소

① $30m^2 \rightarrow 40m^2$

**위험물규칙 [별표 17]**
**소화난이도등급 Ⅰ의 제조소 등에 해당하는 소화설비**

| 제조소 등의 구분 | 제조소 등의 규모, 저장 또는 취급하는 위험물의 품명 및 최대수량 등 |
|---|---|
| 제조소 일반취급소 | ① 연면적 **$1000m^2$** 이상인 것<br>② 지정수량의 **100배 이상**인 것(고인화점 위험물만을 100℃ 미만의 온도에서 취급하는 것 및 화약류에 해당하는 위험물을 취급하는 것 제외)<br>③ 지반면으로부터 **6m** 이상의 높이에 위험물취급설비가 있는 것(고인화점 위험물만을 **100℃ 미만**의 온도에서 취급하는 것 제외)<br>④ **일반취급소**로 사용되는 부분 외의 부분을 갖는 건축물에 설치된 것(내화구조로 개구부 없이 구획된 것, 고인화점 위험물만을 100℃ 미만의 온도에서 취급하는 것 및 화학실험의 일반취급소는 제외) |
| 주유취급소 | 주유취급소의 직원 외의 자가 출입하는 부분의 합이 $500m^2$를 초과하는 것 |
| 옥내저장소 | ① 지정수량의 **150배** 이상인 것(고인화점 위험물만을 저장하는 것 및 화약류에 해당하는 위험물을 저장하는 것은 제외)<br>② 연면적 **$150m^2$**를 초과하는 것($150m^2$ 이내마다 불연재료로 개구부없이 구획된 것 및 인화성 고체 외의 제2류 위험물 또는 인화점 70℃ 이상의 제4류 위험물만을 저장하는 것 제외)<br>③ 처마높이가 **6m** 이상인 **단층** 건물의 것 **보기 ③**<br>④ 옥내저장소로 사용되는 부분 외의 부분이 있는 건축물에 설치된 것(내화구조로 개구부없이 구획된 것 및 인화성 고체 외의 **제2류** 위험물 또는 인화점 **70℃ 이상**의 **제4류** 위험물만을 저장하는 것은 제외) |
| 옥외탱크저장소 | ① 액표면적이 **$40m^2$** 이상인 것(**제6류** 위험물을 저장하는 것 및 고인화점 위험물만을 100℃ 미만의 온도에서 저장하는 것은 제외)<br>② 지반면으로부터 탱크 옆판의 상단까지 높이가 **6m** 이상인 것(제6류 위험물을 저장하는 것 및 고인화점 위험물만을 100℃ 미만의 온도에서 저장하는 것은 제외)<br>③ 지중탱크 또는 해상탱크로서 지정수량의 **100배** 이상인 것(제6류 위험물을 저장하는 것 및 고인화점 위험물만을 100℃ 미만의 온도에서 저장하는 것은 제외)<br>④ **고체**위험물을 저장하는 것으로서 지정수량의 **100배** 이상인 것 |
| 옥내탱크저장소 | ① 액표면적이 **$40m^2$** 이상인 것(**제6류** 위험물을 저장하는 것 및 고인화점 위험물만을 100℃ 미만의 온도에서 저장하는 것은 제외) **보기 ①**<br>② 바닥면으로부터 탱크 옆판의 상단까지 높이가 **6m** 이상인 것(**제6류** 위험물을 저장하는 것 및 고인화점 위험물만을 **100℃** 미만의 온도에서 저장하는 것은 제외) |

| 제조소 등의 구분 | 제조소 등의 규모, 저장 또는 취급하는 위험물의 품명 및 최대수량 등 |
|---|---|
| 옥내 탱크 저장소 | ③ 탱크전용실이 단층건물 외의 건축물에 있는 것으로서 인화점 38~70℃ 미만의 위험물을 지정수량의 **5배** 이상 저장하는 것(내화구조로 개구부없이 구획된 것은 제외) |
| 옥외 저장소 | ① 덩어리 상태의 황을 저장하는 것으로서 경계표시 내부의 면적(**2 이상**의 경계표시가 있는 경우에는 각 경계표시의 내부의 면적을 합한 면적)이 **100m²** 이상인 것<br>② **인화성고체, 제1석유류, 알코올류**의 위험물을 저장하는 것으로서 지정수량의 **100배** 이상인 것 |
| 암반 탱크 저장소 | ① 액표면적이 **40m²** 이상인 것(**제6류** 위험물을 저장하는 것 및 고인화점 위험물만을 100℃ 미만의 온도에서 저장하는 것은 제외)<br>② **고체**위험물만을 저장하는 것으로서 지정수량의 **100배** 이상인 것 **보기 ②** |
| 이송 취급소 | 모든 대상 **보기 ④** |

답 ①

★★★
## 71 위험물안전관리법령상 인화성 액체위험물(이황화탄소 제외) 옥외탱크저장소의 방유제에 관한 사항이다. ( ) 안에 들어갈 내용은?

19회 문 95 / 18회 문 94 / 16회 문 95 / 13회 문 90 / 13회 문 95 / 10회 문 95 / 09회 문 94 / 08회 문 86 / 07회 문 78 / 06회 문 82 / 03회 문 90

> 방유제는 높이 ( ㉠ )m 이상 ( ㉡ )m 이하, 두께 ( ㉢ )m 이상, 지하매설깊이 1m 이상으로 할 것. 다만, 방유제와 옥외저장탱크 사이의 지반면 아래에 불침윤성(不侵潤性 : 수분 흡수를 막는 성질) 구조물을 설치하는 경우에는 지하매설깊이를 해당 불침윤성 구조물까지로 할 수 있다.

① ㉠ : 0.3, ㉡ : 2, ㉢ : 0.1
② ㉠ : 0.3, ㉡ : 2, ㉢ : 0.2
③ ㉠ : 0.5, ㉡ : 3, ㉢ : 0.1
④ ㉠ : 0.5, ㉡ : 3, ㉢ : 0.2

해설 **위험물규칙 [별표 6] Ⅸ**
**옥외탱크저장소의 방유제**

(1) 방유제는 높이 **0.5~3m** 이하, 두께 **0.2m** 이상, 지하매설깊이 **1m** 이상으로 할 것(단, 방유제와 옥외저장탱크 사이의 지반면 아래에 불침윤성 구조물을 설치하는 경우에는 지하매설깊이를 해당 불침윤성 구조물까지로 할 수 있다) **보기 ㉠㉡㉢**
(2) 방유제 내의 면적은 **8만m²** 이하로 할 것

**| 옥외탱크저장소의 방유제 |**

| 구 분 | 설 명 |
|---|---|
| 높이 | **0.5~3m** 이하 |
| 탱크 | **10기**(모든 탱크용량이 **20만L** 이하, 인화점이 70~200℃ 미만은 **20기**) 이하 |
| 면적 | **80000m²** 이하 |
| 용량 | • 1기 : **탱크용량×110%** 이상<br>• 2기 이상 : **탱크 최대용량×110%** 이상 |

방유제 내에 설치하는 옥외저장탱크의 수는 **10**(단, 방유제 내에 설치하는 모든 옥외저장탱크의 용량이 **20만L** 이하이고, 당해 옥외저장탱크에 저장 또는 취급하는 위험물의 인화점이 **70~200℃ 미만**인 경우에는 **20**) 이하로 할 것(단, 인화점이 200℃ 이상인 위험물을 저장 또는 취급하는 옥외저장탱크는 제외)

답 ④

★
## 72 다중이용업소의 안전관리에 관한 특별법령상 피난안내도에 대한 기준으로 옳은 것은?

① 피난안내도의 크기는 A4(210mm×297mm) 이상의 크기로 할 것
② 피난안내도의 동선은 주출입구에서 피난층까지로 할 것
③ 피난안내도에 사용하는 언어는 한글 및 2개 이상의 외국어를 사용하여 작성할 것
④ 피난안내도는 소화기, 옥내소화전 등 소방시설의 위치 및 사용방법을 포함할 것

해설
① A4(210mm×297mm) → B4(257mm×364mm)
② 주출입구에서 피난층 → 구획된 실 등에서 비상구 및 출입구
③ 2개 이상 → 1개 이상

**다중이용업규칙 [별표 2의2]**
**피난안내도 비치대상 등**

(1) **피난안내도** 및 **피난안내 영상물**에 **포함**되어야 할 내용

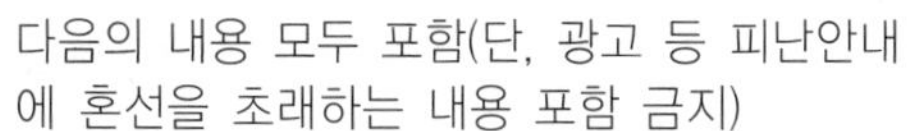

다음의 내용 모두 포함(단, 광고 등 피난안내에 혼선을 초래하는 내용 포함 금지)
① 화재시 대피할 수 있는 **비상구** 위치
② 구획된 실 등에서 비상구 및 출입구까지의 **피난 동선** 보기 ②
③ 소화기, 옥내소화전 등 소방시설의 **위치** 및 **사용방법** 보기 ④
④ 피난 및 대처방법

(2) **피난안내도**의 **크기** 및 **재질**
① 크기 : B4(257mm×364mm) 이상의 크기로 할 것(단, 각 층별 영업장의 면적 또는 영업장이 위치한 층의 바닥면적이 각각 **400m²** 이상인 경우에는 A3(297mm×420mm) 이상의 크기로 하여야 한다) 보기 ①
② 재질 : 종이(코팅처리한 것), 아크릴, 강판 등 쉽게 훼손 또는 변형되지 않는 것으로 할 것

(3) **피난안내도** 및 **피난안내 영상물**에 **사용하는 언어**
피난안내도 및 피난안내 영상물은 한글 및 **1개 이상**의 외국어를 사용하여 작성하여야 한다. 보기 ③

(4) **장애인**을 위한 **피난안내 영상물 상영**
영화상영관 중 전체 객석수의 합계가 **300석** 이상인 영화상영관의 경우 피난안내 영상물은 장애인을 위한 한국수어·폐쇄자막·화면해설 등을 이용하여 상영해야 한다.

답 ④

★★★
## 73 다중이용업소의 안전관리에 관한 특별법령상 안전관리기본계획에 대한 내용으로 옳지 않은 것은?

18회 문 75
17회 문 72
16회 문 74
15회 문 75
14회 문 72
13회 문 72
12회 문 63

① 안전관리기본계획에는 다중이용업소의 화재배상책임보험 가입관리전산망의 구축·운영이 포함되어야 한다.
② 소방청장은 매년 연도별 안전관리계획을 전년도 10월 31일까지 수립해야 한다.
③ 소방청장은 안전관리기본계획을 수립하면 국무총리에게 보고하고 관계 중앙행정기관의 장과 시·도지사에게 통보한 후 이를 공고해야 한다.
④ 소방청장은 안전관리기본계획을 수립한 경우에는 이를 관보에 공고한다.

해설

② 10월 31일 → 12월 31일

(1) **다중이용업소**의 **안전관리기본계획**(다중이용업법 제5조 제②항)
① 다중이용업소의 안전관리에 관한 **기본 방향**
② 다중이용업소의 자율적인 안전관리 **촉진**에 관한 사항
③ 다중이용업소의 화재안전에 관한 **정보체계**의 **구축** 및 **관리**
④ 다중이용업소의 안전 관련 법령 **정비** 등 제도개선에 관한 사항
⑤ 다중이용업소의 적정한 유지·관리에 필요한 **교육**과 **기술 연구·개발**
⑥ 다중이용업소의 **화재배상책임보험**에 관한 기본방향
⑦ 다중이용업소의 화재배상책임보험 가입관리**전산망**의 구축·운영 보기 ①
⑧ 다중이용업소의 **화재배상책임보험제도**의 정비 및 개선에 관한 사항
⑨ 다중이용업소의 화재위험평가의 연구·개발에 관한 사항
⑩ 다중이용업소의 안전관리에 관하여 **대통령령**으로 정하는 사항

(2) **연도별 안전관리계획의 통보 등**(다중이용업령 제7조)
① **소방청장**은 매년 연도별 안전관리계획(연도별 계획)을 **전년도 12월 31일까지** 수립해야 한다. 보기 ②
② **소방청장**은 연도별 계획을 수립하면 지체없이 관계 **중앙행정기관**의 **장**과 **시·도지사** 및 **소방본부장**에게 통보해야 한다.

(3) **안전관리기본계획의 수립절차 등**(다중이용업령 제4조)
**소방청장**은 기본계획을 수립하면 **국무총리**에게 보고하고 관계 **중앙행정기관**의 **장**과 **시·도지사**에게 통보한 후 이를 공고해야 한다. 보기 ③

용어

**시·도지사**
(1) 특별시장
(2) 광역시장
(3) 도지사
(4) 특별자치도지사

(4) **안전관리기본계획**의 **공고**(다중이용업규칙 제3조)
소방청장은 안전관리기본계획을 수립한 경우에는 이를 관부에 공고한다. **보기 ④**

답 ②



## 74 다중이용업소의 안전관리에 관한 특별법령상 안전관리우수업소에 대한 내용으로 옳은 것은?

① 안전관리우수업소 표지의 규격은 가로 450밀리미터×세로 300밀리미터이다.
② 안전관리우수업소 인정 예정공고의 내용에 이의가 있는 사람은 인정 예정공고일부터 30일 이내에 소방본부장이나 소방서장에게 전자우편이나 서면으로 이의신청을 할 수 있다.
③ 안전관리우수업소의 요건은 공표일 기준으로 최근 2년 동안 소방·건축·전기 및 가스 관련 법령 위반 사실이 없어야 한다.
④ 소방본부장이나 소방서장은 안전관리우수업소에 대하여 소방안전교육 및 화재위험평가를 면제할 수 있다.

② 30일 이내 → 20일 이내
③ 2년 → 3년
④ 화재위험평가 → 화재안전조사

(1) **안전관리우수업소 표지의 규격, 재질 등**(다중이용업규칙 [별표 4])

| 금색 |

| 은색 |

① 제작 : **2종**(금색, 은색) 중 1종을 선택
㉠ 바탕 : **금색**(테두리 : 검정색/적색)
㉡ 바탕 : **은색**(테두리 : 검정색/청색)
② 규격 : 가로 450밀리미터×세로 300밀리미터 **보기 ①**
③ 재질 : 스테인리스(금색 또는 은색)
④ 글씨체

| 구 분 | 설 명 |
|---|---|
| 소방안전관리 우수업소 | 고도B 21/85밀리리터 (검정색) |
| 조항 | KoPubWorld돋움체 6.7 (검정색) |
| 조항영문 | KoPubWorld바탕체 6.3 (검정색) |
| 발급일자 | DIN Medium 14밀리미터 (검정색) |
| 시행령 (영문 포함) | KoPubWorld바탕체 4.5 (검정색) |
| 기관명 | KoPubWorld돋움체 10밀리미터 (검정색) |
| 기관영문 | KoPubWorld돋움체 4.5밀리미터(검정색) |

⑤ 이미지(엠블럼)

| 구 분 | 설 명 |
|---|---|
| 표장 | 119 형상화 18밀리미터 (검정색) |
| 안전시설 등·교육·정기점검 | KoPubWorld돋움체 3.5밀리미터 (검정색) |
| 안전관리 우수업소 (영문 포함) | KoPubWorld돋움체 4.5밀리미터 (검정색) |
| 소방호스 | 85밀리미터 (적색/회색 또는 청색/회색) |

(2) **안전관리우수업소의 공표절차 등**(다중이용업령 제20조)
① **소방본부장**이나 **소방서장**은 안전관리우수업소를 인정하여 공표하려면 매체에 안전관리우수업소 인정 예정공고를 해야 한다.

② 안전관리우수업소 인정 예정공고의 내용에 이의가 있는 사람은 안전관리우수업소 인정 예정공고일부터 **20일 이내**에 **소방본부장**이나 **소방서장**에게 전자우편이나 서면으로 이의신청을 할 수 있다. 보기 ②

③ **소방본부장**이나 **소방서장**은 이의신청이 있으면 이에 대하여 조사·검토한 후, 그 결과를 이의신청을 한 당사자와 해당 **다중이용업주**에게 알려야 한다.

④ **소방본부장**이나 **소방서장**은 안전관리우수업소를 인정하여 공표하려는 경우에는 공표일부터 **2년**의 범위에서 안전관리우수업소표지 사용기간을 정하여 공표해야 한다.

(3) **안전관리우수업소의 요건**(다중이용업령 제19조)

① 공표일 기준으로 최근 **3년** 동안 위반행위가 없을 것

② 공표일 기준으로 최근 **3년** 동안 소방·건축·전기 및 가스 관련 법령 위반 사실이 없을 것 보기 ③

③ 공표일 기준으로 최근 **3년** 동안 화재발생 사실이 없을 것

④ 자체계획을 수립하여 종업원의 소방교육 또는 소방훈련을 정기적으로 실시하고 공표일 기준으로 최근 **3년** 동안 그 기록을 보관하고 있을 것

(4) **안전관리우수업소표지 등**(다중이용업법 제21조)

① **소방본부장**이나 **소방서장**은 다중이용업소의 안전관리업무 이행 실태가 우수하여 대통령령으로 정하는 요건을 갖추었다고 인정할 때에는 그 사실을 해당 다중이용업주에게 통보하고 이를 공표할 수 있다.

② 통보받은 다중이용업주는 그 사실을 나타내는 **"안전관리우수업소표지"**를 영업소의 명칭과 함께 영업소의 출입구에 부착할 수 있다.

③ **소방본부장**이나 **소방서장**은 안전관리우수업소인 다중이용업소에 대하여는 행정안전부령으로 정하는 기간 동안 **소방안전교육** 및 **화재안전조사**를 면제할 수 있다. 보기 ④

④ 안전관리우수업소표지에 필요한 사항 : **행정안전부령**

답 ①

★★

**75** 22회 문 74

**다중이용업소의 안전관리에 관한 특별법령상 안전시설 등의 설치·유지 기준으로 옳지 않은 것은? (단, 소방청장의 고시는 고려하지 않음)**

① 영업장 층별로 가로 50센티미터 이상, 세로 50센티미터 이상 열리는 창문을 1개 이상 설치할 것

② 영업장 내부 피난통로 또는 복도에 바깥 공기와 접하는 부분에 창문을 설치할 것 (구획된 실에 설치하는 것은 제외)

③ 보일러실과 영업장 사이의 출입문은 방화문으로 설치하고, 개구부에는 방화댐퍼(화재시 연기 등을 차단하는 장치)를 설치할 것

④ 구획된 실부터 주된 출입구 또는 비상구까지의 내부 피난통로의 구조는 네 번 이상 구부러지는 형태로 설치하지 말 것

해설 ④ 네 번 이상 → 세 번 이상

(1) **영업장의 내부 피난통로의 설치기준**(다중이용업령 [별표 1의2], 다중이용업규칙 [별표 2])

| 적용대상 | 구획된 실이 있는 영업장 |
|---|---|
| 폭 기준 | 양 옆에 구획된 실이 있는 경우 최소 **150cm**(기타 120cm) 이상, **3번** 이상 구부러지는 형태가 아닐 것 보기 ④ |

비교

**영업장의 창문설치기준**(다중이용업령 [별표 1의2], 다중이용업규칙 [별표 2])

| 적용대상 | 고시원업의 영업장 |
|---|---|
| 창문설치 기준 | 가로·세로 **50cm** 이상으로 바깥공기와 접하는 부분 **1개** 이상 보기 ①② |

(2) **보일러실**과 **영업장** 사이의 **방화구획**

보일러실과 영업장 사이의 출입문은 **방화문**으로 설치하고, **개구부**에는 **방화댐퍼**(damper)를 설치할 것 보기 ③

답 ④

## 제 4 과목 위험물의 성질 · 상태 및 시설기준

★★★
**76** 제1류 위험물인 산화성 고체에 관한 설명으로 옳은 것은?

19회 문 76 / 17회 문 76 / 16회 문 83 / 15회 문 86 / 13회 문 77 / 06회 문 98 / 05회 문 77 / 02회 문 99

① 가연성 유기화합물과 혼합시 연소 위험성이 증가한다.
② 무기과산화물 관련 대형화재인 경우 질식소화는 효과가 없으며 다량의 물을 사용하여 소화하는 것이 좋다.
③ 제6류 위험물인 산화성 액체와 혼합하면 대부분 산화성이 감소한다.
④ 물에 녹는 것이 많으며 수용액 상태에서는 산화성이 없어지고 환원제로 작용한다.

해설

② 질식소화는 효과가 없으며 다량의 물을 사용하여 소화하는 것이 좋다. → 질식소화가 효과가 있다.
③ 감소한다. → 증가한다.
④ 수용액 상태에서는 산화성이 없어지고 환원제로 작용한다. → 수용액 상태에서도 산화성이 있다.

**제1류 위험물** : 산화성 고체
(1) 상온에서 **고체상태**이며, 산화위험성 · 폭발위험성 · 유해성 등을 지니고 있다.
(2) **반응속도**가 대단히 **빠르다.**
(3) 가열 · 충격 및 다른 화학제품과 접촉시 쉽게 분해하여 산소를 방출한다.
(4) **조연성 · 조해성** 물질이다.
(5) 일반적으로 불연성이며 강산화성 물질로서 비중은 1보다 크다.
(6) 모두 **무기화합물**이다.
(7) 물보다 **무겁다.**
(8) 가연성 유기화합물과 혼합시 연소 위험성이 증가한다. 보기 ①
(9) 물에 녹는 것이 많다. 보기 ④
(10) 수용액 상태에서도 **산화성**이 있다. 보기 ④
(11) **제6류** 위험물인 산화성 액체와 혼합하면 대부분 **산화성**이 증가한다. 보기 ③
(12) 소화방법 : 물에 의한 **냉각소화**(단, **무기과산화물은 마른모래** 등에 의한 질식소화) 보기 ②

답 ①

★★★
**77** 다음 위험물들의 지정수량을 모두 합한 값(kg)은?

22회 문 81 / 21회 문 79 / 19회 문 88 / 18회 문 71 / 18회 문 86 / 17회 문 87 / 16회 문 85 / 16회 문 80 / 15회 문 77 / 14회 문 77 / 14회 문 78 / 13회 문 76

㉠ 황린($P_4$)
㉡ 황(S)
㉢ 알루미늄분(Al)
㉣ 칼륨(K)

① 310 ② 450
③ 520 ④ 630

해설 (1) **제2류 위험물**

| 성 질 | 품 명 | 지정수량 | 위험등급 |
|---|---|---|---|
| 가연성 고체 | • 황화인(삼황화인 · 오황화인 · 칠황화인)<br>• 적린<br>• 황 보기 ㉡ | 100kg | Ⅱ |
| | • 마그네슘<br>• 철분<br>• 금속분(알루미늄분 · 아연분 · 안티몬분 · 티탄분 · 은분) 보기 ㉢ | 500kg | Ⅲ |
| | • 그 밖에 행정안전부령이 정하는 것 | 100kg 또는 500kg | Ⅱ~Ⅲ |
| | • 인화성 고체 | 1000kg | Ⅲ |

(2) **제3류 위험물**

| 성 질 | 품 명 | 지정수량 | 위험등급 |
|---|---|---|---|
| 자연발화성 물질 및 금수성 물질 | 칼륨 보기 ㉣ | 10kg | Ⅰ |
| | 나트륨 | | |
| | 알킬알루미늄 | | |
| | 알킬리튬 | | |
| | 황린 보기 ㉠ | 20kg | |
| | 알칼리금속(K, Na 제외) 및 알칼리토금속 | 50kg | Ⅱ |
| | 유기금속화합물(알킬알루미늄, 알킬리튬 제외) | | |
| | 금속의 수소화물 | 300kg | Ⅲ |
| | 금속의 인화물 | | |
| | 칼슘 또는 알루미늄의 탄화물 | | |

20kg+100kg+500kg+10kg=630kg

답 ④

★★★
## 78 제2류 위험물인 Mg에 관한 설명으로 옳지 않은 것은?

18회 문 78 18회 문 80 16회 문 78 16회 문 84 15회 문 80 15회 문 81 14회 문 79 13회 문 78 13회 문 79 12회 문 71 12회 문 82 09회 문 82 06회 문 80 06회 문 88 02회 문 80

① 상온에서는 비교적 안정하지만 뜨거운 물이나 과열 수증기와 접촉하면 격렬하게 $H_2$를 발생한다.
② 황산과 반응하여 $H_2$를 발생한다.
③ Mg분말 화재발생시 이산화탄소 소화약제를 사용한다.
④ $Br_2$와 반응하여 금속 할로겐화합물을 만든다.

해설

③ 이산화탄소 소화약제를 사용한다. → 이산화탄소 소화약제는 반응성이 없다.

마그네슘(Mg)

| 원자량 | 24 |
|---|---|
| 비 중 | 1.74 |
| 융 점 | 651℃ |
| 비 점 | 1102℃ |
| 발화점 | 473℃ |

(1) **일반성질**
① **은백색**의 광택이 있는 금속이다.
② 알칼리토금속에 속하는 대표적인 경금속이다.
③ **열전도도** 및 **전기전도도**가 크다.
④ 산이나 염류에는 침식되지만, 알칼리에는 침식되지 않는다.

(2) **위험성**
① 산과 반응하여 **수소**($H_2$)를 발생시키며, **디시안**과 반응하여 폭발한다.
② 과열 수증기 또는 뜨거운 물과 접촉시 격렬하게 **수소**($H_2$)를 발생시킨다.

$Mg+2H_2O \rightarrow Mg(OH)_2+H_2\uparrow$ 보기 ①

③ **마그네슘**과 **황산반응식** 보기 ②

$Mg + H_2SO_4 \rightarrow MgSO_4 + H_2$
(마그네슘) (황산) (황산마그네슘) (수소)

(3) **저장 및 취급방법**
산화제 · 물 · 습기 등의 접촉을 피할 것

(4) **소화방법**
① 화재초기에는 마른모래 · 석회분 등으로 소화한다.
② 물 · 포 · 이산화탄소 · 할론소화약제는 소화적응성이 없다. 보기 ③

(5) Mg는 $Br_2$(브로민)와 반응하여 금속 할로겐화합물을 만든다. 보기 ④

답 ③

★★★
## 79 황린($P_4$)과 황화인($P_2S_5$)에 관한 설명으로 옳지 않은 것은?

18회 문 79 17회 문 78 16회 문 79 13회 문 81 11회 문 76 05회 문 81 05회 문 93 03회 문 86

① 황린은 공기 중에서 연소시 유해가스인 백색의 $P_2O_5$가 발생되나 황화인은 연소시 $P_2O_5$가 발생되지 않는다.
② 황린은 황화인보다 지정수량이 더 적다.
③ 황린은 수산화칼륨용액과 반응하여 유해한 $PH_3$를 발생한다.
④ 황화인은 물과 접촉시 유해성, 가연성의 $H_2S$를 발생시키므로 화재소화시 $CO_2$ 등을 이용한 질식소화를 한다.

해설

① 발생되지 않는다. → 발생된다.

(1) **황린($P_4$)의 위험성**
① 공기 중에 방치하면 액화되면서 **자연발화**한다.
② 가연성이 강하고 매우 자극적이며 **맹독성**이다.
③ 완전연소할 경우 **오산화인**($P_2O_5$)의 **백색연기**를 낸다. 보기 ①

$P_4+5O_2 \rightarrow 2P_2O_5$
오산화인

23회

④ 수산화칼륨용액 등 **강알칼리**용액과 반응하여 유독성의 **포스핀**($PH_3$)을 발생시킨다. 보기 ③

$P_4+3KOH+3H_2O \rightarrow PH_3\uparrow+3KH_2PO_2$
포스핀

(2) **황화인**

① 대표적으로 안정된 황화인은 **$P_4S_3$(삼황화인), $P_2S_5$(오황화인), $P_4S_7$(칠황화인)**이 있다.

② $P_4S_3$, $P_2S_5$, $P_4S_7$의 연소생성물은 **오산화인($P_2O_5$)**과 **이산화황($SO_2$)**으로 동일하며 유독하다. 보기 ①

③ $P_2S_5$, $P_4S_7$은 **찬물**과 **반응**하여 가연성가스인 **황화수소($H_2S$)**가 발생된다. 보기 ④

④ 가열에 의해 매우 쉽게 연소하며 때에 따라 폭발한다.

⑤ **이산화탄소($CO_2$)·마른모래·건조소금분말** 등으로 **질식소화**한다. 보기 ④

**위험물의 지정수량** 보기 ②

| 위험물 | 지정수량 |
|---|---|
| • 질산에스터류 | • 제1종 : 10kg<br>• 제2종 : 100kg |
| • 황린 → | 20kg |
| • 무기과산화물<br>• 과산화나트륨 | 50kg |
| • 황화인 →<br>• 적린 | 100kg |
| • 트리나이트로톨루엔 | • 제1종 : 10kg<br>• 제2종 : 100kg |
| • 탄화알루미늄 | 300kg |

답 ①

★

## 80 물과 반응하여 수소를 발생시킬 수 있는 물질은?

21회 문 93

① $K_2O_2$ ② Li

③ 적린(P) ④ AlP

해설 **알칼리금속** : 물과 반응시 **수소**($H_2$) 발생

(1) 리튬(Li) 보기 ②
(2) 나트륨(Na)
(3) 칼륨(K)
(4) 루비듐(Rb)
$2Rb+2H_2O \rightarrow 2RbOH+H_2$
(5) 세슘(Cs)

답 ②

★★★

## 81 $C_6H_6$ 2몰을 공기 중에서 완전히 연소시킬 때 발생되는 이산화탄소의 양(g)은? (단, C의 원자량은 12, O의 원자량은 16, H의 원자량은 1로 한다.)

22회 문 07 / 21회 문 41 / 18회 문 27 / 17회 문 01 / 15회 문 12 / 12회 문 86 / 11회 문 22

① 66 ② 132

③ 264 ④ 528

해설 완전**연소**되므로 **산소**($O_2$)가 필요

$aC_6H_6+bO_2 \rightarrow cCO_2+dH_2O$

C : $6\overset{2}{a}=\overset{12}{c}$

H : $6\overset{2}{a}=2\overset{6}{d}$

O : $2\overset{15}{b}=2\overset{12}{c}+\overset{6}{d}$

벤젠($C_6H_6$)의 완전연소식

$2C_6H_6+15O_2 \rightarrow$ $12CO_2$ $+6H_2O$

**원자량**

| 원 자 | 원자량 |
|---|---|
| H | 1 |
| C → | 12 |
| O → | 16 |
| N | 14 |
| K | 39 |
| Ca | 40 |

$12CO_2=12\times(12+16\times2)=528g$

답 ④

★★★

## 82 제4류 위험물의 지정수량 크기를 작은 것부터 큰 것까지의 순서로 옳은 것은?

22회 문 84 / 10회 문 69 / 08회 문 89

① 경유<아세트산<이소프로필알코올<에틸렌글리콜

② 이소프로필알코올<경유<아세트산<에틸렌글리콜

③ 이소프로필알코올<에틸렌글리콜<경유<아세트산

④ 경유<이소프로필알코올<에틸렌글리콜<아세트산

② 이소프로필알코올<경유<아세트산<에틸렌글리콜
400L 1000L 2000L 4000L

제4류 위험물

| 성 질 | 품 명 | | 지정수량 | 대표물질 |
|---|---|---|---|---|
| 인화성 액체 | 특수인화물 | | 50L | 다이에틸에터 · 이황화탄소 · 아세트알데하이드 · 산화프로필렌 · 이소프렌 · 펜탄 · 디비닐에터 · 트리클로로실란 |
| | 제1석유류 | 비수용성 | 200L | **휘발유** · 벤젠 · 톨루엔 · 시클로헥산 · 아크롤레인 · 에틸벤젠 · 초산에스터류 · 의산에스터류 · 콜로디온 · 메틸에틸케톤 |
| | | 수용성 | 400L | 아세톤 · 피리딘 · 시안화수소 |
| | 알코올류 | | 400L | 메틸알코올 · 에틸알코올 · 프로필알코올 · **이소프로필알코올** · 부틸알코올 · 아밀알코올 · 퓨젤유 · 변성알코올 |
| | 제2석유류 | 비수용성 | 1000L | 등유 · **경유** · 테레빈유 · 장뇌유 · 송근유 · 스티렌 · 클로로벤젠 · 크실렌 |
| | | 수용성 | 2000L | 의산 · **아세트산(초산)** · 메틸셀로솔브 · 에틸셀로솔브 · 알릴알코올 |
| | 제3석유류 | 비수용성 | 2000L | 중유 · 크레오소트유 · 나이트로벤젠 · 아닐린 · 담금질유 |
| | | 수용성 | 4000L | **에틸렌글리콜** · 글리세린 |
| | 제4석유류 | | 6000L | 기어유 · 실린더유 |
| | 동식물유류 | | 10000L | 아마인유 · 해바라기유 · 들기름 · 대두유 · 야자유 · 올리브유 · 팜유 |

답 ②

★★★

**83** **제4류 위험물에 관한 설명으로 옳지 않은 것은?**

21회 문 87
20회 문 90
19회 문 05
16회 문 87
11회 문 79

① 벤젠 증기는 공기보다 무거워서 낮은 곳에 체류하므로, 점화원에 의해 불이 일시에 번질 위험이 있다.

② 휘발유는 전기가 잘 통하므로 인화되기 쉽다.

③ 시안화수소 기체는 공기보다 약간 가벼우며 맹독성 물질이다.

④ 이황화탄소를 물을 채운 수조탱크 중에 저장하면 가연성 증기의 발생이 억제되어 안전하다.

해설

② 잘 통하므로 → 통하지 않으므로

(1) **벤젠**($C_6H_6$)

| 분자량 | 78 |
|---|---|
| 비 중 | 0.9 |
| 증기비중 | → 2.8(1보다 크면 공기보다 무겁다) **보기 ①** |
| 융 점 | 5.5℃ |
| 비 점 | 80℃ |
| 인화점 | −11℃ |
| 발화점 | 562℃ |
| 연소범위 | 1.4~8vol% |

- 벤젠 증기는 공기보다 무거워서 낮은 곳에 체류하므로, 점화원에 의해 불이 일시에 번질 위험이 있다.

(2) **가솔린(휘발유, $C_5H_{12}$~$C_9H_{20}$)**

① 주요 성분은 탄소수가 **$C_5$~$C_9$**의 **포화 · 불포화** 탄화수소 혼합물이다.

② **비전도성**으로 정전유도현상에 의해 착화 · 폭발할 수 있다. **보기 ②**

③ **유기용제**에는 **잘 녹으며** 유지, 수지 등을 잘 녹인다.

④ 액체상태는 물보다 가볍고, 증기상태는 공기보다 무겁다.

⑤ **무색투명**한 액체이다.

⑥ 특유의 냄새가 난다.

⑦ 연소성 향상을 위해 **사에틸납**[$(C_2H_5)_4Pb$]을 혼합하여 **오렌지색 · 청색**으로 착색되어 있다.

(3) **시안화수소(HCN)**

① 모직, 견직물 등의 불완전연소시 발생하며, 독성이 커서 인체에 치명적이다.

② 증기는 공기보다 **가볍다**(증기비중이 1보다 작다). **보기 ③**

③ **특이한 냄새**가 난다.

④ **맹독성** 물질이다. **보기 ③**

⑤ **염료**, **농약**, **의약** 등에 사용된다.

⑥ 연소시 **푸른 불꽃**을 낸다.

⑦ 장기간 저장시 **암갈색**의 폭발성 물질로 변한다.

중요

**시안화수소(HCN)**

| 구 분 | 설 명 |
|---|---|
| 분자량 | 27 |
| 비중 | 0.69 |
| 증기비중 | 0.94 |
| 융점 | -14℃ |
| 비점 | 26℃ |
| 인화점 | -18℃ |
| 발화점 | 540℃ |
| 연소범위 | 5.6~40% |

(4) **이황화탄소**($CS_2$)는 가연성 증기의 발생을 방지하기 위해 **물**로 덮어서 **저장**하여야 한다. 보기 ④

비교

**저장물질**

| 저장물질 | 저장장소 |
|---|---|
| • 황린<br>• 이황화탄소($CS_2$) | 물속 보기 ④ |
| • 나이트로셀룰로오스 | 알코올 속 |
| • 칼륨(K)<br>• 나트륨(Na)<br>• 리튬(Li) | 석유류(등유) 속 |
| • 아세틸렌($C_2H_2$) | 디메틸포름아미드(DMF), 아세톤 |

답 ②

★★★

## 84 제6류 위험물인 과염소산의 성질로 옳지 않은 것은?

19회 문 82 / 16회 문 86 / 14회 문 87

① 무색, 무취의 조연성 무기화합물이다.
② 철, 아연과 격렬히 반응하여 산화물을 만든다.
③ 물과 접촉하면 발열하며 고체수화물을 만든다.
④ 염소산 중 아염소산보다 약한 산이다.

해설

④ 약한 산 → 강한 산

**과염소산**($HClO_4$)
(1) 종이, 나무조각 등의 유기물과 접촉하면 연소·폭발한다.
(2) 알코올과 에터에 폭발위험이 있고, 불순물과 섞여 있는 것은 폭발이 용이하다.
(3) 물과 반응하면 심하게 발열하며 소리를 내고 고체수화물을 만든다. 보기 ③
(4) 염소산 중에서 **가장 강하다.** 보기 ④
(5) **무색·무취**의 유동성 액체이다. 보기 ①
(6) **흡습성**이 강하다.
(7) **산화력**이 강하다.
(8) 공기 중에서 강하게 발열한다.
(9) 물과 작용해서 **6종**의 **고체수화물**을 만든다.
(10) **조연성** 무기화합물이다. 보기 ①
(11) 철, 아연과 격렬히 반응하여 산화물을 만든다. 보기 ②

답 ④

★★★

## 85 과산화칼륨과 아세트산이 반응하여 발생하는 제6류 위험물의 분해시 생성되는 물질로 옳은 것은?

18회 문 87 / 07회 문 76 / 02회 문 97

① KOH, $O_2$　② $H_2$, $CO_2$
③ $C_2H_2$, $CO_2$　④ $H_2O$, $O_2$

해설

**과산화칼륨**($K_2O_2$)과 **아세트산**($CH_3COOH$)의 **반응식**

$K_2O_2 + 2CH_3COOH \rightarrow 2CH_3COOK + H_2O_2\uparrow$

**과산화수소**($H_2O_2$)
(1) 상온에서 서서히 분해되어 **물**과 **산소가스**를 발생시킨다.

$2H_2O_2 \rightarrow 2H_2O + O_2\uparrow$ 보기 ④
(과산화수소 → 물, 산소가스)

(2) 고농도의 경우 충격, 마찰에 의해 **단독**으로도 폭발할 수 있다.

참고

**과산화수소의 안정제**
(1) 요소
(2) 글리세린
(3) 인산나트륨

답 ④

★

## 86 제5류 위험물인 나이트로글리세린에 관한 설명으로 옳지 않은 것은?

① 동결하면 체적이 수축한다.
② 다이너마이트의 원료로 사용된다.
③ 충격에 둔감하기 때문에 액체상태로 운반한다.
④ 질산과 황산의 혼산 중에 글리세린을 반응시켜 제조한다.

해설

③ 둔감하기 때문에 액체상태로 → 민감하기 때문에 다공성 물질에 흡수시켜

**나이트로글리세린**[$C_3H_5(ONO_2)_3$]

| 분자량 | 227 |
|---|---|
| 비 중 | 1.6 |
| 증기비중 | 7.84 |
| 융 점 | 13℃ |
| 비 점 | 160℃ |
| 발화점 | 205~215℃ |

(1) **일반성질**

① 순수한 것은 **무색투명**한 기름모양의 액체이며 공업용 제조품은 **담황색**이다.

② 물에는 녹지 않지만, **알코올·에터·아세톤·벤젠** 등에는 잘 녹는다.

③ 상온에서는 액체이지만 겨울철에는 동결된다.

④ **동결**하면 체적이 **수축**한다. 보기 ①

⑤ 다이너마이트의 원료로 사용된다. 보기 ②

⑥ 질산과 황산의 혼산 중에 **글리세린**을 반응시켜 제조한다. 보기 ④

(2) **위험성**

① 점화하면 즉시 연소한다.

② 40~50℃에서 분해를 시작하고 200℃ 정도에서 스스로 폭발한다.

③ 유독성이다.

(3) **저장 및 취급방법**

① 저장용기는 **구리용기**를 사용할 것

② 충격에 민감하기 때문에 운반시 **다공성 물질**에 흡수시켜 운반할 것 보기 ③

③ 유독하므로 피부와의 접촉을 피하고 증기흡입에 유의할 것

(4) **소화방법**

다량의 **물**로 **냉각소화**한다.

답 ③

★★
**87** 위험물안전관리법령상 제6류 위험물은?

15회 문 76

① $H_3PO_4$ ② HCl
③ $HClO_4$ ④ $H_2SO_4$

해설

① $H_3PO_4$(올소인산) : 비위험물
② HCl(염화수소) : 비위험물
④ $H_2SO_4$(황산) : 독극물(비위험물)

위험물령 [별표 1]
위험물

| 유 별 | 성 질 | 품 명 |
|---|---|---|
| 제1류 | **산**화성 **고**체 | • 아염소산염류(아염소산칼륨)<br>• 염소산염류<br>• 과염소산염류<br>• 질산염류<br>• 무기과산화물<br>기억법 1산고(일산GO) |
| 제2류 | 가연성 고체 | • **황화**인<br>• **적**린<br>• **황**<br>• **마**그네슘<br>기억법 2황화적황마 |
| 제3류 | 자연발화성 물질 및 금수성 물질 | • **황**린<br>• **칼**륨<br>• **나트**륨<br>• 알킬리튬<br>기억법 3황칼나트 |
| 제4류 | 인화성 액체 | • 특수인화물<br>• 알코올류<br>• 석유류<br>• 동식물유류 |
| 제5류 | 자기반응성 물질 | • 셀룰로이드<br>• 유기과산화물<br>• 질산에스터류 |
| 제6류 | **산**화성 **액**체 | • **과염**소산($HClO_4$) 보기 ③<br>• 과**산**화수소($H_2O_2$)(농도 36 중량퍼센트 이상)<br>• **질**산($HNO_3$)(비중 1.49 이상)<br>기억법 6산액과염산질 |

답 ③

★★
**88** 위험물안전관리법령상 액체위험물을 취급하는 옥외설비의 바닥에 관한 기준으로 옳지 않은 것은?

15회 문 92
06회 문 91

① 바닥의 둘레에 높이 0.15m 이상의 턱을 설치한다.

② 바닥은 턱이 있는 쪽이 높게 경사지게 한다.

③ 바닥의 최저부에 집유설비를 한다.

④ 바닥은 콘크리트 등 위험물이 스며들지 않는 재료로 한다.

② 높게 → 낮게

**위험물규칙 [별표 4] Ⅶ**
**옥외에서 액체위험물을 취급하는 바닥기준**

(1) 바닥의 둘레에 높이 **0.15m** 이상의 턱을 설치하는 등 위험물이 외부로 흘러나가지 아니하도록 할 것 **보기 ①**
(2) 바닥은 **콘크리트** 등 위험물이 스며들지 아니하는 재료로 하고, 턱이 있는 쪽이 **낮게** 경사지게 할 것 **보기 ②④**
(3) 바닥의 **최저부**에 **집유설비**를 할 것 **보기 ③**
(4) 위험물을 취급하는 설비에 있어서는 해당 위험물이 직접 배수구에 흘러들어가지 아니하도록 집유설비에 **유분리장치**를 설치할 것

답 ②



★★★
## 89 위험물안전관리법령상 위험물을 취급하는 건축물에 설치하는 환기설비의 설치기준으로 옳은 것을 모두 고른 것은? (단, 배출설비는 설치되어 있지 않다.)

18회 문 88
14회 문 89
12회 문 72
11회 문 81
11회 문 88
10회 문 53
10회 문 76
09회 문 76
07회 문 86
04회 문 78

㉠ 환기는 강제배기방식으로 한다.
㉡ 급기구는 높은 곳에 설치한다.
㉢ 급기구는 가는 눈의 구리망 등으로 인화방지망을 설치한다.
㉣ 급기구가 설치된 실의 바닥면적이 $80m^2$인 경우 급기구의 면적은 $300cm^2$ 이상으로 한다.

① ㉠, ㉢
② ㉡, ㉣
③ ㉢, ㉣
④ ㉡, ㉢, ㉣

㉠ 강제배기방식 → 자연배기방식
㉡ 높은 곳 → 낮은 곳

**위험물규칙 [별표 4]**
**제조소의 환기설비 시설기준**

(1) 환기는 **자연배기방식**으로 할 것 **보기 ㉠**
(2) 급기구는 바닥면적 $150m^2$마다 1개 이상으로 하되, 그 크기는 $800cm^2$ 이상으로 할 것

| 바닥면적 | 급기구의 면적 |
|---|---|
| $60m^2$ 미만 | **$150cm^2$** 이상 |
| $60\sim90m^2$ 미만 | **$300cm^2$** 이상 **보기 ㉣** |
| $90\sim120m^2$ 미만 | **$450cm^2$** 이상 |
| $120\sim150m^2$ 미만 | **$600cm^2$** 이상 |

(3) 급기구는 **낮은 곳**에 설치하고 **가는 눈의 구리망** 등으로 **인화방지망**을 설치할 것 **보기 ㉡㉢**
(4) 환기구는 지붕 위 또는 지상 **2m** 이상의 높이에 **회전식 고정 벤틸레이터** 또는 **루프팬방식**으로 설치할 것

답 ③

★
## 90 제5류 위험물 중 나이트로화합물에 속하는 것은?

11회 문 93

① 피크린산
② 나이트로셀룰로오스
③ 나이트로글리콜
④ 황산하이드라진

해설 (1) **소방관련법령**에 규정한 **나이트로화합물**(제5류 위험물)
① 트리나이트로톨루엔(TNT) : $C_6H_2CH_3(NO_2)_3$
② 피크린산(TNP) : $C_6H_2(NO_2)_3OH$ **보기 ①**
③ 트리나이트로벤젠 : $C_6H_3(NO_2)_3$
④ 다이나이트로나프탈렌(DNN) : $C_{10}H_6(NO_2)_2$

• **나이트로화합물** : 나이트로기($NO_2$)가 2 이상인 것

(2) **질산에스터류(제5류 위험물)**
① 질산메틸($CH_3ONO_2$)
② 질산에틸($C_2H_5ONO_2$)
③ 나이트로셀룰로오스$[C_6H_7O_2(ONO_2)_3]_n$ **보기 ②**
④ 나이트로글리세린$[C_3H_5(ONO_2)_3]$
⑤ 나이트로글리콜 **보기 ③**
⑥ 셀룰로이드$(C_6H_{10}O_5)_n$

비교

**제5류 위험물의 종류 및 지정수량**

| 성 질 | 품 명 | 지정수량 | 대표물질 |
|---|---|---|---|
| 자기반응성 물질 | 유기과산화물 | • 제1종 : 10kg<br>• 제2종 : 100kg | 과산화벤조일 · 메틸에틸케톤퍼옥사이드 |
| | 질산에스터류 | | 질산메틸 · 질산에틸 · 나이트로셀룰로오스 · 나이트로글리세린 · 나이트로글리콜 · 셀룰로이드 |
| | 나이트로화합물 | | 피크린산 · 트리나이트로톨루엔 · 트리나이트로벤젠 · 데트릴 |

| 성 질 | 품 명 | 지정수량 | 대표물질 |
|---|---|---|---|
| 자기반응성 물질 | 나이트로소화합물 | • 제1종 : 10kg<br>• 제2종 : 100kg | 파라나이트로소벤젠 · 다이나이트로소레조르신 · 나이트로소아세트페논 |
| | 아조화합물 | | 아조벤젠 · 하이드록시아조벤젠 · 아미노아조벤젠 · 아족시벤젠 |
| | 다이아조화합물 | | 다이아조메탄 · 다이아조다이나이트로페놀 · 다이아조카르복실산에스터 · 질화납 |
| | 하이드라진유도체 | | 하이드라진 · 하이드라조벤젠 · 하이드라지드 · 염산하이드라진 · 황산하이드라진 보기 ④ |
| | 하이드록실아민 | | 하이드록실아민 |
| | 하이드록실아민염류 | | 염산하이드록실아민, 황산하이드록실아민 |

중요

**제5류 위험물**

| 지정수량 | 위험등급 |
|---|---|
| 제1종 : 10kg | Ⅰ |
| 제2종 : 100kg | Ⅱ |

답 ①

★★★
**91** 위험물안전관리법령상 위험물을 취급하는 건축물의 지붕(작업공정상 제조기계시설 등이 2층 이상에 연결되어 설치된 경우에는 최상층의 지붕을 말한다)을 내화구조로 할 수 있는 건축물로 옳은 것은?

22회 문 09 / 19회 문 99 / 18회 문 89 / 14회 문 96 / 03회 문 76

① 제4석유류를 취급하는 건축물
② 질산염류를 취급하는 건축물
③ 알킬알루미늄을 취급하는 건축물
④ 하이드록실아민을 취급하는 건축물

해설 위험물규칙 [별표 4] Ⅳ
위험물을 취급하는 건축물의 지붕(작업공정상 제조기계시설 등이 2층 이상에 연결되어 설치된 경우에는 최상층의 지붕)을 내화구조로 덮어야 하는 경우
(1) 제2류 위험물(**분상**의 것과 **인화성 고체 제외**)
(2) 제4류 위험물(**제4석유류 · 동식물유류**) 보기 ①
(3) **제6류 위험물**을 취급하는 건축물
(4) 다음의 기준에 적합한 밀폐형 구조의 건축물인 경우
① 발생할 수 있는 내부의 **과압** 또는 **부압**에 견딜 수 있는 철근콘크리트조일 것
② 외부화재에 **90분 이상** 견딜 수 있는 구조일 것

답 ①

★★★
**92** 위험물안전관리법령상 위험물제조소에 설치한 소화설비의 용량과 능력단위의 연결로 옳지 않은 것은?

17회 문117 / 16회 문 96 / 14회 문 90

① 마른모래(삽 1개 포함) : 50L−0.5
② 팽창진주암(삽 1개 포함) : 160L−1.0
③ 소화전용물통 : 8L−0.3
④ 수조(소화전용물통 3개 포함) : 80L−2.5

해설 ④ 2.5 → 1.5

위험물규칙 [별표 17]
소화설비의 능력단위

| 소화설비 | 용 량 | 능력단위 |
|---|---|---|
| 소화전용 물통 보기 ③ | 8L | 0.3 |
| 마른모래(삽 1개 포함) 보기 ① | 50L | 0.5 |
| 수조(소화전용 물통 3개 포함) | 80L | 1.5 보기 ④ |
| 팽창질석 또는 팽창진주암(삽 1개 포함) 보기 ② | 160L | 1.0 |
| 수조(소화전용 물통 6개 포함) | 190L | 2.5 |

기억법
소 물 8 3
마 1 5 5
3 8 15
팽 1 16 10
6 9 25

비교

**소화약제 외의 것을 이용한 간이소화용구의 능력단위**(NFTC 101 1.7.1.6)

| 간이소화용구 | | 능력단위 |
|---|---|---|
| 마른모래 | 삽을 상비한 50L 이상의 것 1포 | 0.5단위 |
| 팽창질석 또는 진주암 | 삽을 상비한 80L 이상의 것 1포 | |

기억법 마5 05
팽8 05

답 ④

★

**93** 위험물안전관리법령상 제3석유류를 취급하는 설비가 집중되어 있는 위험물 취급장소의 살수기준면적이 300$m^2$인 경우 스프링클러설비가 소화 적응성이 있기 위한 최소방사량(L/분)으로 옳은 것은? (단, 위험물의 취급을 주된 작업으로 한다.)

17회 문 98

① 2940 ② 3540
③ 4650 ④ 4890

해설 위험물규칙 [별표 17]

(1) **방사밀도**

| 살수기준면적 | 방사밀도[L/$m^2$·분] | |
|---|---|---|
| | 인화점 38℃ 미만 | 인화점 38℃ 이상 |
| 279$m^2$ 미만 | 16.3L/$m^2$·분 이상 | 12.2L/$m^2$·분 이상 |
| 279~372$m^2$ 미만 | **15.5L/$m^2$·분 이상** | **11.8L/$m^2$·분 이상** |
| 372~465$m^2$ 미만 | 13.9L/$m^2$·분 이상 | 9.8L/$m^2$·분 이상 |
| 465$m^2$ 이상 | 12.2L/$m^2$·분 이상 | 8.1L/$m^2$·분 이상 |

※ **비고** : 살수기준면적은 내화구조의 벽 및 바닥으로 구획된 하나의 실의 바닥면적을 말하고, 하나의 실의 바닥면적이 465$m^2$ 이상인 경우의 살수기준면적은 **465$m^2$**로 한다. 다만, 위험물의 취급을 주된 작업내용으로 하지 아니하고 소량의 위험물을 취급하는 설비 또는 부분이 넓게 분산되어 있는 경우에는 방사밀도는 **8.2L/$m^2$·분** 이상, 살수기준면적은 **279$m^2$** 이상으로 할 수 있다.

(2) 방사량=방사밀도[L/$m^2$·분]×살수기준면적[$m^2$]
=11.8L/$m^2$·min×300$m^2$
=3540L/min(3540L/분)

• 제3석유류는 인화점 38℃ 이상

비교

**제4류 위험물(특수인화물, 석유류, 알코올류, 동식물유류)에 의한 화재**

| 구 분 | 설 명 |
|---|---|
| 특수인화물 | **다이에틸에터·이황화탄소** 등으로서 인화점이 **−20℃** 이하인 것 |
| 제1석유류 | **아세톤·휘발유·콜로디온** 등으로서 인화점이 **21℃** 미만인 것 |
| 제2석유류 | **등유·경유** 등으로서 인화점이 **21~70℃** 미만인 것 |
| 제3석유류 | **중유·크레오소트유** 등으로서 인화점이 **70~200℃** 미만인 것 |
| 제4석유류 | **기어유·실린더유** 등으로서 인화점이 **200~250℃** 미만인 것 |
| 알코올류 | 포화 1가 알코올(변성알코올 포함) |

답 ②

★

**94** 위험물 제조소 등의 옥외에서 액체위험물을 취급하는 설비의 집유설비에 유분리장치를 설치하지 않아도 되는 위험물을 모두 고른 것은?

19회 문 94

㉠ 아세톤
㉡ 아세트산
㉢ 아세트알데하이드

① ㉠ ② ㉡
③ ㉡, ㉢ ④ ㉠, ㉡, ㉢

해설 (1) **옥외설비**의 **바닥**(위험물규칙 [별표 4] Ⅶ)

**옥외에서 액체위험물을 취급하는 설비의 바닥 기준**

① 바닥의 둘레에 높이 0.15m 이상의 턱을 설치하는 등 위험물이 외부로 흘러나가지 아니하도록 하여야 한다.
② 바닥은 콘크리트 등 위험물이 스며들지 아니하는 재료로 하고, 턱이 있는 쪽이 낮게 경사지게 하여야 한다.
③ 바닥의 최저부에 집유설비를 하여야 한다.
④ 위험물(온도 20℃의 물 100g에 용해되는 양이 1g 미만인 것)을 취급하는 설비에 있어서는 당해 위험물이 직접 배수구에 흘러들어가지 아니하도록 집유설비에 유분리장치 설치

(2) **인화성 고체, 제1석유류 또는 알코올류의 옥외저장소의 특례**(위험물규칙 [별표 11] Ⅲ)

| 집유설비에 유분리장치 설치 | 배수구 및 집유설비 설치 | 위험물을 적당한 온도로 유지하기 위한 살수설비 등을 설치 |
|---|---|---|
| 제1석유류 (비수용성) | **제1석유류** 또는 **알코올류**를 저장 또는 취급하는 장소의 주위 | **인화성 고체, 제1석유류** 또는 **알코올류**를 저장 또는 취급하는 장소 |

중요

**제4류 위험물의 종류 및 지정수량**

| 성질 | 품 명 | | 지정수량 | 대표물질 |
|---|---|---|---|---|
| 인화성 액체 | 특수인화물 | | 50L | **다이에틸에터** · 이황화탄소 · **아세트알데하이드** 보기 ⓒ · 산화프로필렌 · 이소프렌 · 펜탄 · 디비닐에터 · 트리클로로실란 |
| | 제1석유류 | 비수용성 | 200L | 휘발유 · 벤젠 · **톨루엔** · 시클로헥산 · 아크롤레인 · 에틸벤젠 · 초산에스터류(**초산에틸**) · 의산에스터류 · 콜로디온 · 메틸에틸케톤 |
| | | 수용성 | 400L | **아세톤** 보기 ㉠ · 피리딘 · 시안화수소 |
| | 알코올류 | | 400L | 메틸알코올 · **에틸알코올** · 프로필알코올 · 이소프로필알코올 · 부틸알코올 · 아밀알코올 · 퓨젤유 · 변성알코올 |
| | 제2석유류 | 비수용성 | 1000L | 등유 · 경유 · 테레빈유 · 장뇌유 · 송근유 · 스티렌 · 클로로벤젠 · 크실렌 |
| | | 수용성 | 2000L | 의산 · **아세트산(초산)** 보기 ⓛ · 메틸셀로솔브 · 에틸셀로솔브 · 알릴알코올 |
| | 제3석유류 | 비수용성 | 2000L | 중유 · 크레오소트유 · 니이트로벤젠 · 아닐린 · 담금질유 |
| | | 수용성 | 4000L | 에틸렌글리콜 · 글리세린 |
| | 제4석유류 | | 6000L | 기어유 · 실린더유 |
| | 동식물유류 | | 10000L | 아마인유 · 해바라기유 · 들기름 · 대두유 · 야자유 · 올리브유 · 팜유 |

용어

**비수용성**(위험물안전관리에 관한 세부기준 제133조)
온도 20℃의 물 100g에 용해되는 양이 1g 미만인 위험물

답 ④

★★★
**95** 제조소등에서 저장 · 취급하는 위험물 유별 주의사항을 표시한 게시판으로 옳게 연결된 것은?

22회 문 87 20회 문 96 19회 문 92 18회 문 90 16회 문100 10회 문 85 05회 문 78

① 제4류, 제5류 – 화기엄금 – 적색바탕, 백색문자
② 제2류 – 화기주의 – 적색바탕, 황색문자
③ 제3류 – 물기주의 – 청색바탕, 백색문자
④ 제1류, 제6류 – 물기엄금 – 백색바탕, 적색문자

해설

② 황색문자 → 백색문자
③ 물기주의 → 물기엄금 또는 화기엄금
④ 제6류 : 별도 표기 없음

**위험물규칙 [별표 4]**
**위험물제조소의 게시판 설치기준**

| 위험물 | 주의사항 | 비 고 |
|---|---|---|
| • 제1류 위험물(알칼리금속의 과산화물)<br>• 제3류 위험물(금수성 물질) 보기 ③ | 물기엄금 | **청색**바탕에 **백색**문자 |
| • 제2류 위험물(인화성 고체 제외) 보기 ② | 화기주의 | **적색**바탕에 **백색**문자 |
| • 제2류 위험물(인화성 고체)<br>• 제3류 위험물(자연발화성 물질)<br>• 제4류 위험물 보기 ①<br>• 제5류 위험물 보기 ① | 화기엄금 | **적색**바탕에 **백색**문자 |
| • 제6류 위험물 보기 ④ | 별도의 표시를 하지 않는다. | |

비교

**위험물 표시방식**(위험물규칙 [별표 4 · 6 · 10 · 13])

| 구 분 | 표시방식 |
|---|---|
| 옥외탱크저장소 · 컨테이너식 이동탱크저장소 | **백색**바탕에 **흑색** 문자 |
| 주유취급소 | **황색**바탕에 **흑색** 문자 |
| 물기엄금 | **청색**바탕에 **백색** 문자 |
| 화기엄금 · 화기주의 | **적색**바탕에 **백색** 문자 |

답 ①

★★★

## 96 이동탱크저장소 시설기준으로 옳지 않은 것은?

22회 문 95 / 18회 문 95 / 14회 문100 / 13회 문 96 / 12회 문 85 / 11회 문 90 / 10회 문 91 / 07회 문 84 / 06회 문 77

23회

① 옥내에 있는 상치장소는 지붕이 내화구조 또는 불연재료로 된 건축물의 1층에 설치하여야 한다.

② 이동저장탱크는 그 내부에 4000L 이하마다 3.2mm 이상의 강철판으로 칸막이를 설치하여야 한다.

③ 제4류 위험물 중 알코올류, 제1석유류 또는 제2석유류의 이동탱크저장소에는 접지도선을 설치하여야 한다.

④ 이동저장탱크에 설치하는 안전장치는 상용압력이 20kPa를 초과하는 탱크에 있어서는 상용압력의 1.1배 이하의 압력에서 작동하도록 하여야 한다.

해설 ③ 알코올류 → 특수인화물

**위험물규칙 [별표 10] Ⅰ·Ⅱ, [별표 19] Ⅲ**
**이동탱크저장소의 시설기준**

(1) 옥외에 있는 상치장소는 화기를 취급하는 장소 또는 인근의 건축물로부터 **5m** 이상(**1층**은 **3m** 이상)의 거리를 확보하여야 한다. (단, 하천의 공지나 수면, **내화구조** 또는 **불연재료**의 담 또는 벽 그 밖에 이와 유사한 것에 접하는 경우 제외)

(2) 옥내에 있는 상치장소는 벽·바닥·보·서까래 및 지붕이 **내화구조** 또는 **불연재료**로 된 건축물의 **1층**에 설치 보기 ①

(3) 압력탱크 외의 탱크는 **70kPa**의 압력으로 **10분간** 수압시험을 실시하여 새거나 변형되지 않아야 한다([별표 10] Ⅱ).

(4) 액체위험물의 탱크 내부에는 **4000L** 이하마다 **3.2mm** 이상의 강철판 등으로 칸막이를 설치해야 한다([별표 10] Ⅱ). 보기 ②

(5) 위험물의 운반도중 위험물이 현저하게 새는 등 재난발생의 우려가 있는 경우에는 응급조치를 강구하는 동시에 가까운 소방관서 그 밖의 관계기관에 통보하여야 한다([별표 19] Ⅲ).

(6) 제4류 위험물 중 **특수인화물**, **제1석유류** 또는 **제2석유류**의 이동탱크저장소에는 접지도선 설치([별표 10] Ⅶ) 보기 ③

① 양도체의 도선에 비닐 등의 **전열차단재료**로 피복하여 끝부분에 **접지전극** 등을 결착시킬 수 있는 **클립**(clip) 등을 부착할 것

② 도선이 손상되지 아니하도록 도선을 수납할 수 있는 장치를 부착할 것

중요

**위험물 표시방식**(위험물규칙 [별표 4·6·10·13])

| 구 분 | 표시방식 |
|---|---|
| 옥외탱크저장소·컨테이너식 이동탱크저장소 | **백색**바탕에 **흑색**문자 |
| 주유취급소 | **황색**바탕에 **흑색**문자 |
| 물기엄금 | **청색**바탕에 **백색**문자 |
| 화기엄금·화기주의 | **적색**바탕에 **백색**문자 |

(7) **이동탱크저장소**의 **두께**

| 구 분 | 두 께 |
|---|---|
| 방파판 | **1.6mm** 이상 |
| 방호틀 | **2.3mm** 이상<br>(정상부분은 **50mm** 이상 높게 할 것) |
| 탱크본체 | **3.2mm** 이상 |
| 주입관의 뚜껑 | **10mm** 이상 |
| 맨홀 | |

① **방파판**의 **면적** : 수직단면적의 **50%**(원형·타원형은 **40%**) 이상

② 하나의 구획부분에 **2개 이상**의 방파판을 이동탱크저장소의 진행방향과 **평행**으로 설치하되, 각 방파판은 그 높이 및 칸막이로부터의 거리를 **다르게** 할 것

③ 하나의 구획부분에 설치하는 각 방파판의 면적의 합계는 당해 구획부분의 **최대 수직단면적**의 **50% 이상**으로 할 것(단, 수직단면이 원형이거나 짧은 지름이 **1m 이하**의 타원형일 경우에는 **40% 이상** 가능)

(8) **이동탱크저장소**의 **안전장치**

| 상용압력 | 작동압력 |
|---|---|
| 20kPa 이하 | 20~24kPa 이하 |
| 20kPa 초과 | 상용압력의 1.1배 이하 보기 ④ |

답 ③

★

**97** **알킬리튬을 취급하는 옥외탱크저장소 설치기준에 관한 설명으로 옳지 않은 것은?**

① 옥외저장탱크의 주위에는 누설범위를 국한하기 위한 설비를 설치하여야 한다.
② 옥외저장탱크에는 냉각장치 또는 수증기 봉입장치를 설치하여야 한다.
③ 옥외저장탱크에는 헬륨, 네온 등 불활성 기체를 봉입하는 장치를 설치하여야 한다.
④ 누설된 알킬리튬을 안전한 장소에 설치된 조에 이끌어들일 수 있는 설비를 설치하여야 한다.

해설 ② 냉각장치 또는 수증기 봉입장치 → 불활성의 기체를 봉입하는 장치

**위험물규칙 [별표 6] XI**
**알킬알루미늄 등의 옥외탱크저장소**
위험물의 성질에 따른 옥외탱크저장소의 특례
알킬알루미늄 등, 아세트알데하이드 등 및 하이드록실아민 등을 저장 또는 취급하는 옥외탱크저장소의 기준
(1) 옥외저장탱크의 주위에는 누설범위를 국한하기 위한 설비 및 누설된 **알킬알루미늄** 등을 안전한 장소에 설치된 조에 이끌어들일 수 있는 설비를 설치할 것 보기 ①④
(2) 옥외저장탱크에는 **불활성**의 기체를 봉입하는 장치를 설치할 것 보기 ②③

답 ②

★★★

**98** **경유 1000kL를 하나의 옥외저장탱크에 저장할 때, 지정수량의 배수와 보유공지의 너비로 옳은 것은?**

17회 문 85
16회 문 98
15회 문 82
12회 문 93
11회 문 99
09회 문 95

① 100배, 3m 이상 ② 1000배, 5m 이상
③ 1500배, 9m 이상 ④ 2000배, 12m 이상

해설 (1) **제4류 위험물**의 **종류** 및 **지정수량**

| 성질 | 품 명 | | 지정수량 | 대표물질 |
|---|---|---|---|---|
| 인화성 액체 | 특수인화물 | | 50L | 다이에틸에터·이황화탄소·아세트알데하이드·산화프로필렌·이소프렌·펜탄·디비닐에터·트리클로로실란 |
| | 제1석유류 | 비수용성 | 200L | **휘발유**·벤젠·톨루엔·시클로헥산·아크롤레인·에틸벤젠·초산에스터류·의산에스터류·콜로디온·메틸에틸케톤 |
| | | 수용성 | 400L | 아세톤·피리딘·시안화수소 |
| | 알코올류 | | 400L | 메틸알코올·에틸알코올·프로필알코올·이소프로필알코올·부틸알코올·아밀알코올·퓨젤유·변성알코올 |
| | 제2석유류 | 비수용성 | 1000L | 등유·**경유**·테레빈유·장뇌유·송근유·스티렌·클로로벤젠·크실렌 |
| | | 수용성 | 2000L | 의산·**초산**·메틸셀로솔브·에틸셀로솔브·알릴알코올 |
| | 제3석유류 | 비수용성 | 2000L | 중유·크레오소트유·나이트로벤젠·아닐린·담금질유 |
| | | 수용성 | 4000L | 에틸렌글리콜·글리세린 |
| | 제4석유류 | | 6000L | 기어유·실린더유 |
| | 동식물유류 | | 10000L | 아마인유·해바라기유·들기름·대두유·야자유·올리브유·팜유 |

**경유**의 지정수량이 **1000L**이고
**1000kL**를 저장하고 있는 **옥외저장탱크**이므로

$$\text{배수} = \frac{\text{저장수량}}{\text{지정수량}} = \frac{1000 \times 10^3 L}{1000L} = 1000\text{배}$$

지정수량의 **1000배**이므로 공지너비는 **5m** 이상이다.
(2) **옥외탱크저장소**의 **보유공지**(위험물규칙 [별표 6])

| 위험물의 최대수량 | 공지의 너비 |
|---|---|
| 지정수량의 500배 이하 | 3m 이상 |
| 지정수량의 501~1000배 이하 → | 5m 이상 |
| 지정수량의 1001~2000배 이하 | 9m 이상 |
| 지정수량의 2001~3000배 이하 | 12m 이상 |
| 지정수량의 3001~4000배 이하 | 15m 이상 |
| 지정수량의 4000배 초과 | 당해 탱크의 수평단면의 **최대 지름**(가로형인 경우에는 긴 변)과 **높이** 중 **큰 것**과 같은 거리 이상(단, 30m 초과의 경우에는 **30m 이상**으로 할 수 있고, 15m 미만의 경우에는 **15m 이상**) |

답 ②

비교

옥외저장소의 보유공지(위험물규칙 [별표 11])

| 위험물의 최대수량 | 공지의 너비 |
|---|---|
| 지정수량의 10배 이하 | 3m 이상 |
| 지정수량의 11~20배 이하 | 5m 이상 |
| 지정수량의 21~50배 이하 | 9m 이상 |
| 지정수량의 51~200배 이하 | 12m 이상 |
| 지정수량의 200배 초과 | 15m 이상 |

답 ②



★★★

**99** **주유취급소의 고정주유설비 주위에 주유를 받으려는 자동차 등이 출입할 수 있도록 보유하여야 하는 주유공지의 너비와 길이 기준으로 옳은 것은?**

17회 문100 / 11회 문100 / 08회 문 93 / 04회 문 68 / 03회 문100

① 너비 10m 이상, 길이 4m 이상
② 너비 10m 이상, 길이 6m 이상
③ 너비 15m 이상, 길이 4m 이상
④ 너비 15m 이상, 길이 6m 이상

해설 **위험물규칙 [별표 13]**
주유취급소의 **고정주유설비**의 주위에는 주유를 받으려는 자동차 등이 출입할 수 있도록 너비 **15m** 이상, 길이 **6m** 이상의 **콘크리트** 등으로 포장한 공지를 보유하여야 한다.

‖ 고정주유설비 주위의 보유공지 ‖

| 너 비 | 길 이 | 포장 재질 |
|---|---|---|
| 15m 이상 | 6m 이상 | 콘크리트 등 |

답 ④

★★★

**100** **위험물안전관리법령상 위험물을 취급하는 건축물에 설치하는 배출설비의 설치기준으로 옳지 않은 것은?**

22회 문 85 / 21회 문 94 / 16회 문 93 / 15회 문 89 / 13회 문 89 / 09회 문 99

① 배풍기는 강제배기방식으로 한다.
② 배출능력은 1시간당 배출장소 용적의 20배 이상인 것으로 한다.
③ 배출구는 지상 2m 이상으로서 연소의 우려가 없는 장소에 설치한다.
④ 위험물취급설비가 배관이음 등으로만 된 경우에는 국소방식으로만 해야 한다.

해설 ④ 국소방식으로만 해야 한다. → 전역방식으로 할 수 있다.

**위험물규칙 [별표 4] Ⅵ**
**제조소 배출설비의 설치기준**
(1) 배출설비는 **국소방식**으로 하여야 한다(단, 다음에 해당하는 경우에는 **전역방식**으로 할 수 있다). 보기 ④
 ① 위험물취급설비가 **배관이음** 등으로만 된 경우 보기 ④
 ② 건축물의 구조·작업장소의 분포 등의 조건에 의하여 전역방식이 유효한 경우
(2) 배출설비는 배풍기·배출덕트·후드 등을 이용하여 **강제**적으로 **배출**하는 것으로 하여야 한다.
(3) 배출능력은 1시간당 배출장소 용적의 **20배** 이상인 것으로 하여야 한다(단, **전역방식**의 경우에는 바닥면적 $1m^2$당 $\mathbf{18m^3}$ 이상으로 할 수 있다). 보기 ②
(4) 배출설비의 급기구 및 배출구의 기준
 ① 급기구는 **높은 곳**에 설치하고, **가는 눈**의 구리망 등으로 인화방지망을 설치할 것
 ② 배출구는 **지상 2m** 이상으로서 연소의 우려가 없는 장소에 설치하고, 배출덕트가 관통하는 벽부분의 바로 가까이에 화재시 **자동**으로 폐쇄되는 **방화댐퍼**를 설치할 것 보기 ③
(5) 배풍기는 **강제배기방식**으로 하고, 옥내덕트의 내압이 대기압 이상이 되지 아니하는 위치에 설치할 것 보기 ①

답 ④

## 제 5 과목 소방시설의 구조 원리

★★★

**101** **소화기구 및 자동소화장치의 화재안전기술기준상 다음 조건에 따른 소화기의 최소 설치개수는?**

21회 문110 / 20회 문123 / 17회 문101 / 15회 문102 / 13회 문101 / 11회 문106

- 특정소방대상물 : 문화재(주요구조부는 비내화구조임)
- 바닥면적 : $1000m^2$
- 소화기 1개의 능력단위 : A급 5단위

① 4개 ② 5개
③ 6개 ④ 7개

해설 **특정소방대상물별 소화기구의 능력단위기준**(NFTC 101 2.1.1.2)

| 특정소방대상물 | 능력단위 (바닥면적) | 건축물의 주요구조부가 **내화구조**이고, 벽 및 반자의 실내에 면하는 부분이 **불연재료·준불연재료** 또는 **난연재료**로 된 특정소방대상물의 능력단위 |
|---|---|---|
| • **위**락시설 <br> 기억법 위3(위상) | 바닥면적 $30m^2$마다 1단위 이상 | 바닥면적 $60m^2$마다 1단위 이상 |
| • **공연**장 <br> • **집**회장 <br> • **관람**장 및 **문**화재 <br> • **의**료시설·**장**례시설(장례식장) <br> 기억법 5공연장 문의 집관람(손오공 연장 문의 집관람) | 바닥면적 $50m^2$마다 1단위 이상 | 바닥면적 $100m^2$마다 1단위 이상 |
| • **근**린생활시설 <br> • **판**매시설 <br> • 운수시설 <br> • **숙**박시설 <br> • **노**유자시설 <br> • **전**시장 <br> • 공동**주**택 <br> • **업**무시설 <br> • **방**송통신시설 <br> • 공장·**창**고시설 <br> • **항**공기 및 자동**차** 관련 시설 및 **관광**휴게시설 <br> 기억법 근판숙노전 주업방차창 1항관광(근판숙노전 주업방차창 일본항관광) | 바닥면적 $100m^2$마다 1단위 이상 | 바닥면적 $200m^2$마다 1단위 이상 |
| • 그 밖의 것 (교육연구시설) | 바닥면적 $200m^2$마다 1단위 이상 | $400m^2$마다 1단위 이상 |

**문화재**

$$소화기구\ 능력단위 = \frac{바닥면적}{능력단위\ 바닥면적} = \frac{1000\text{m}^2}{50\text{m}^2} = 20단위$$

$$소화기\ 설치개수 = \frac{소화기구\ 능력단위}{소화기\ 1개\ 능력단위} = \frac{20단위}{5단위} = 4개$$

답 ①

★★ **102** (22회 문115, 21회 문114)

**옥내소화전설비의 화재안전기준상 펌프를 이용하는 가압송수장치의 설치기준에 관한 내용으로 옳지 않은 것은?**

① 펌프는 전용으로 할 것(다만, 다른 소화설비와 겸용하는 경우 각각의 소화설비 성능에 지장이 없을 때에는 그렇지 않음)

② 동결방지조치를 하거나 동결의 우려가 없는 장소에 설치할 것

③ 펌프의 토출측에는 압력계를 체크밸브 이후에 설치하고, 흡입측에는 연성계 또는 진공계를 설치할 것

④ 펌프축은 스테인리스 등 부식에 강한 재질을 사용할 것

해설 ③ 이후 → 이전

**옥내소화전설비 가압송수장치**의 **설치기준**(NFPC 102 제5조, NFTC 102 2.2)

(1) 쉽게 접근할 수 있고 점검하기에 충분한 공간이 있는 장소로서 화재 및 침수 등의 재해로 인한 피해를 받을 우려가 없는 곳에 설치할 것

(2) **동결방지조치**를 하거나 동결의 우려가 없는 장소에 설치할 것 **보기 ②**

(3) 펌프는 **전용**으로 할 것(단, 다른 소화설비와 겸용하는 경우 각각의 소화설비의 성능에 지장이 없을 때 제외) **보기 ①**

(4) 펌프의 **토출측**에는 **압력계**를 체크밸브 이전에 펌프 토출측 플랜지에서 가까운 곳에 설치하고, **흡입측**에는 **연성계** 또는 **진공계**를 설치할 것(단, 수원의 수위가 펌프의 위치보다 높거나 수직회전축 펌프의 경우에는 **연성계** 또는 **진공계** 설치 제외) 보기 ③

(5) 가압송수장치에는 정격부하운전시 **펌프**의 **성능**을 **시험**하기 위한 **배관**을 설치할 것(단, **충압펌프** 제외)

(6) 가압송수장치에는 체절운전시 **수온**의 **상승**을 **방지**하기 위한 **순환배관**을 설치할 것(단, **충압펌프** 제외)

(7) 기동장치로는 **기동용 수압개폐장치** 또는 이와 동등 이상의 성능이 있는 것으로 설치할 것(단, 압력챔버를 사용할 경우 용적은 100L 이상)

(8) 가압송수장치는 부식 등으로 인한 펌프의 고착을 방지할 수 있도록 다음의 기준에 적합한 것으로 할 것(단, **충압펌프**는 **제외**)
 ① 임펠러는 청동 또는 스테인리스 등 부식에 강한 재질을 사용할 것
 ② 펌프축은 스테인리스 등 부식에 강한 재질을 사용할 것 보기 ④

답 ③

★★★
## 103 옥내소화전설비의 화재안전기술기준상 배관 내 사용압력이 1.2MPa 이상일 경우에 사용할 수 있는 배관으로 옳은 것은?

21회 문105 / 19회 문123 / 18회 문105 / 16회 문121 / 15회 문119 / 12회 문103 / 04회 문108

① 배관용 아크용접 탄소강강관(KS D 3583)
② 배관용 스테인리스 강관(KS D 3576)
③ 덕타일 주철관(KS D 4311)
④ 일반배관용 스테인리스 강관(KS D 3595)

해설 **옥내소화전설비 배관 내 사용압력**(NFPC 102 제6조, NFTC 102 2.3.1)

| 배관 내 사용압력 1.2MPa 미만 | 배관 내 사용압력 1.2MPa 이상 |
|---|---|
| ① 배관용 탄소강관<br>② 이음매 없는 구리 및 구리합금관(단, **습식** 배관에 한함)<br>③ 배관용 스테인리스 강관 또는 일반배관용 스테인리스 강관<br>④ 덕타일 주철관 | ① 압력배관용 탄소강관<br>② 배관용 아크용접 탄소강강관 보기 ① |

답 ①

★
## 104 10층 건물에 옥내소화전이 각 층에 3개씩 설치되었다. 펌프의 성능시험에서 정격토출압력이 0.8MPa일 때 ( ) 안에 들어갈 것으로 옳은 것은?

21회 문111

| 구 분 | 유량 〔L/min〕 | 펌프토출압력 〔MPa〕 |
|---|---|---|
| 체절운전시 | ( ㉠ ) | ( ㉡ ) |
| 정격토출량의 150% 운전시 | ( ㉢ ) | ( ㉣ ) |

① ㉠ : 0, ㉡ : 1.2 미만
② ㉠ : 0, ㉡ : 1.2 이상
③ ㉢ : 390, ㉣ : 0.52 미만
④ ㉢ : 390, ㉣ : 0.52 이상

해설

| 구 분 | • 체절점(체절 운전점)<br>• 체절운전시 | • 설계점(정격 운전점)<br>• 정격토출량 100% 운전시 | • 150% 유량점(운전점, 최대 운전점)<br>• 정격토출량 150% 운전시 |
|---|---|---|---|
| 펌프 토출량 | 펌프토출측 개폐밸브를 닫은 상태이므로 펌프토출량은 0L/min 보기 ㉠ | 문제에서 주어진 정격토출량(최소 유량) =260L/min | 정격토출량×1.5 =260L/min×1.5 =**390L/min** 보기 ㉢ |
| 펌프 토출압 | 정격토출압 ×1.4= 0.8MPa×1.4 =**1.12MPa** 보기 ㉡ | 정격토출압 =**0.8MPa** | 정격토출압×0.65 =0.8MPa×0.65 =**0.52MPa** 이상 보기 ㉣ |

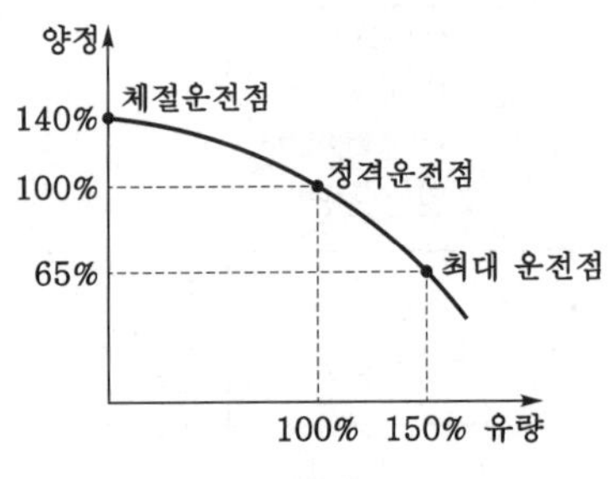


| 펌프의 유량-양정 곡선 |

- 체절점=체절운전점=무부하시험
- 설계점=100% 운전점=100% 유량운전점=정격운전점=정격부하운전점=정격부하시험
- 150% 유량점=150% 운전점=150% 유량운전점=최대 운전점=과부하운전점=피크부하시험

용어

**체절운전**
펌프의 성능시험을 목적으로 펌프토출측의 개폐밸브를 닫은 상태에서 펌프를 운전하는 것

중요

**체절점·설계점·150% 유량점**

| 체절점 | 설계점 | 150% 유량점(운전점) |
|---|---|---|
| 정격토출양정×1.4 | 정격토출양정×1.0 | 정격토출양정×0.65 |
| • **정의** : 체절압력이 정격토출압력의 **140%**를 **초과**하지 아니하는 점<br>• 정격토출압력(양정)의 **140%**를 **초과**하지 아니하여야 하므로 정격토출양정에 **1.4**를 곱하면 된다. | • **정의** : 정격토출량의 **100%**로 운전시 정격토출압력의 **100%**로 운전하는 점<br>• 펌프의 성능곡선에서 설계점은 **정격토출양정**의 100% 또는 **정격토출량**의 **100%**이다. | • **정의** : 정격토출량의 **150%**로 운전시 정격토출압력의 **65% 이상**으로 운전하는 점<br>• 정격토출량의 **150%**로 운전시 정격토출압력(양정)의 **65% 이상**이어야 하므로 정격토출양정에 **0.65**를 곱하면 된다. |

답 ④

★★★
**105** 옥외소화전설비의 설치에 관한 내용으로 옳은 것은?
20회 문115 / 14회 문104 / 13회 문105

① 호스접결구는 지면으로부터 높이가 0.8m 이상 1.5m 이하의 위치에 설치해야 한다.
② 옥외소화전이 11개 이상 30개 이하 설치된 때에는 10개 이하의 소화전함을 각각 분산하여 설치해야 한다.
③ 배관과 배관이음쇠는 배관용 스테인리스 강관(KS D 3676)의 이음을 용접으로 할 경우 텅스텐 불활성 가스아크용접방식에 따른다.
④ 펌프의 토출측 배관은 공기 고임이 생기지 않는 구조로 하고 여과장치를 설치해야 한다.

해설
① 0.8m 이상 1.5m 이하 → 0.5m 이상 1m 이하
② 10개 이하 → 11개 이상
④ 토출측 → 흡입측

**옥외소화전설비**의 **배관 등**(NFTC 109)

(1) 호스접결구는 지면으로부터 높이가 **0.5~1m** 이하의 위치에 설치하고 특정소방대상물의 각 부분으로부터 하나의 호스접결구까지의 **수평거리**가 **40m** 이하가 되도록 설치해야 한다. 보기 ①
(2) 호스의 구경 : **65mm**
(3) 배관과 배관이음쇠는 **배관용 스테인리스 강관**(KS D 3576)의 이음을 용접으로 할 경우에는 **텅스텐 불활성 가스아크용접**(Tungsten Inertgas Arc Welding)방식에 따른다. 보기 ③
(4) **펌프의 흡입측 배관 설치기준**
① 공기 고임이 생기지 않는 구조로 하고 여과장치를 설치할 것 보기 ④
② 수조가 펌프보다 낮게 설치된 경우에는 각 펌프(**충압펌프 포함**)마다 수조로부터 별도로 설치할 것

중요

**옥외소화전함 설치개수**(NFPC 109 제7조, NFTC 109 2.4)

| 옥외소화전 개수 | 옥외소화전함 개수 |
|---|---|
| **10개** 이하 | 옥외소화전마다 **5m 이내**의 장소에 1개 이상 |
| **11~30개** 이하 | **11개** 이상 소화전함 분산 설치 보기 ② |
| **31개** 이상 | 옥외소화전 **3개**마다 1개 이상 |

답 ③

★

**106** [12회 문113] **스프링클러설비의 화재안전기술기준상 스프링클러헤드수별 급수관의 구경을 산정하려고 한다. 다음 조건에 맞는 급수관의 최소 구경으로 옳은 것은?**

- 반자 아래의 헤드와 반자 속의 헤드를 동일 급수관의 가지관상에 병설하는 경우
- 폐쇄형 스프링클러헤드수 : 7개
- 수리계산방식은 고려하지 않음

① 32mm ② 40mm
③ 50mm ④ 65mm

해설 **스프링클러헤드수별 급속관**의 **구경**(NFTC 103 2.5.3.3)

| 구분 \ 급수관의 구경 | 25 mm | 32 mm | 40 mm | 50 mm | 65 mm | 80 mm | 90 mm | 100 mm | 125 mm | 150 mm |
|---|---|---|---|---|---|---|---|---|---|---|
| 폐쇄형 헤드 | 2개 | 3개 | 5개 | 10개 | 30개 | 60개 | 80개 | 100개 | 160개 | 161개 이상 |
| 폐쇄형 헤드(헤드를 동일 급수관의 가지관상에 병설하는 경우) | 2개 | 4개 | 7개 | 15개 | 30개 | 60개 | 65개 | 100개 | 160개 | 161개 이상 |
| 폐쇄형 헤드(무대부·특수가연물 저장·취급장소)·개방형 헤드(헤드개수 30개 이하) | 1개 | 2개 | 5개 | 8개 | 15개 | 27개 | 40개 | 55개 | 90개 | 91개 이상 |

기억법 2 3 5 1 3 6 8 1 6
2 4 7 5 3 6 5 1 6
1 2 5 8 5 27 4 55 9

비교

**간이헤드수별 급수관**의 **구경**(NFPC 103 A [별표 1], NFTC 103A 2.5.3.3)

| 구분 \ 급수관의 구경 | 25 mm | 32 mm | 40 mm | 50 mm | 65 mm | 80 mm | 100 mm | 125 mm | 150 mm |
|---|---|---|---|---|---|---|---|---|---|
| 폐쇄형 간이헤드 | 2개 | 3개 | 5개 | 10개 | 30개 | 60개 | 100개 | 160개 | 161개 이상 |
| 폐쇄형 간이헤드(헤드를 동일 급수관의 가지관상에 병설하는 경우) | 2개 | 4개 | 7개 | 15개 | 30개 | 60개 | 100개 | 160개 | 161개 이상 |

(주) 1. 폐쇄형 스프링클러헤드를 사용하는 설비의 경우로서 1개층에 하나의 급수배관(또는 밸브 등)이 담당하는 구역의 최대면적은 1000m$^2$를 초과하지 않을 것
2. **"캐비닛형"** 및 **"상수도 직결형"**을 사용하는 경우 **주배관**은 32, **수평주행배관**은 32, **가지배관**은 **25** 이상으로 할 것. 이 경우 최장배관은 제5조 제⑥항에 따라 인정받은 길이로 하며 하나의 가지배관에는 간이헤드를 **3개** 이내로 설치해야 한다.

기억법 2 3 5 1 3 6 1 6 6
2 4 7 5 3 6 1 6 6

답 ②

★

**107** [22회 문 62] **물분무소화설비의 화재안전기술기준상 물분무헤드의 설치제외장소로 옳지 않은 것은?**

① 물에 심하게 반응하는 물질 또는 물과 반응하여 위험한 물질을 생성하는 물질을 저장 또는 취급하는 장소
② 고온의 물질 및 증류범위가 넓어 끓어 넘치는 위험이 있는 물질을 저장 또는 취급하는 장소
③ 운전시에 표면의 온도가 260℃ 이상으로 되는 등 직접 분무를 하는 경우 그 부분에 손상을 입힐 우려가 있는 기계장치 등이 있는 장소
④ 통신기기실·전자기기실·기타 이와 유사한 장소

해설 ④ 스프링클러헤드의 설치제외장소

**물분무헤드**의 **설치제외대상**(NFPC 104 제5조, NFTC 104 2.12.1)
(1) 물과 심하게 반응하거나 위험한 물질을 생성하는 물질 저장·취급 장소 **보기 ①**
(2) **고온물질** 저장·취급 장소 **보기 ②**
(3) 운전시에 표면의 온도가 **260℃** 이상 되는 장소 **보기 ③**

기억법 물26(물이 이륙)

중요

스프링클러헤드의 **설치제외장소**(NFPC 103 제15조, NFTC 103 2.12)
(1) **계**단실, 경사로, 승강기의 승강로, 비상용 승강기의 승강장·파이프덕트 및 덕트피트(파이프·덕트를 통과시키기 위한 구획된 구멍에 한함), 목욕실, 수영장(관람석 제외), 화장실, 직접 외기에 개방되어 있는 복도, 기타 이와 유사한 장소
(2) **통신기기실·전자기기실**, 기타 이와 유사한 장소 **보기 ④**
(3) **발전실·변전실·변압기**, 기타 이와 유사한 전기설비가 설치되어 있는 장소
(4) **병**원의 **수술실·응급처치실**, 기타 이와 유사한 장소
(5) 천장과 반자 양쪽이 **불연재료**로 되어 있는 경우로서 그 사이의 거리 및 구조가 다음에 해당하는 부분
  ① 천장과 반자 사이의 거리가 2m 미만인 부분
  ② 천장과 반자 사이의 **벽**이 **불연재료**이고 천장과 반자 사이의 거리가 2m 이상으로서 그 사이에 **가연물**이 **존재**하지 **않는 부분**
(6) 천장·반자 중 한쪽이 **불연재료**로 되어 있고, 천장과 반자 사이의 거리가 1m 미만인 부분
(7) 천장 및 반자가 **불연재료 외**의 것으로 되어 있고, 천장과 반자 사이의 거리가 0.5m 미만인 경우
(8) **펌프실·물탱크실**·엘리베이터 권상기실, 그 밖의 이와 비슷한 장소
(9) **현관·로비** 등으로서 바닥에서 높이가 20m 이상인 장소
(10) 영하의 **냉**장창고의 **냉장실** 또는 냉동창고의 **냉동실**
(11) **고**온의 노가 설치된 장소 또는 물과 격렬하게 반응하는 물품의 저장 또는 취급장소
(12) **불**연재료로 된 특정소방대상물 또는 그 부분으로서 다음에 해당하는 장소
  ① **정수장·오물처리장**, 그 밖의 이와 비슷한 장소
  ② **펄프공장**의 작업장·**음료수공장**의 세정 또는 충전하는 작업장, 그 밖의 이와 비슷한 장소
  ③ **불**연성의 금속·석재 등의 가공공장으로서 가연성 물질을 저장 또는 취급하지 않는 장소
  ④ 가연성 물질이 존재하지 않는 「건축물의 에너지절약 설계기준」에 따른 방풍실

기억법 **정오불펄음(정오불포럼)**

(13) 실내에 설치된 **테니스장·게이트볼장·정구장** 또는 이와 비슷한 장소로서 실내 바닥·벽·천장이 **불연재료** 또는 **준불연재료**로 구성되어 있고 가연물이 존재하지 않는 장소로서 **관람석**이 **없는 운동시설**(지하층 제외)
(14) 공동주택 중 **아**파트의 대피공간(NFPC 608 제7조, NFTC 608 2.3.1.8)

기억법 **계통발병 2105 펌현아 고냉불스**

비교

**옥내소화전설비 방수구 설치제외장소**(NFPC 102 제11조, NFTC 102 2.8)
(1) **냉**장창고 중 온도가 영하인 **냉장실** 또는 냉동창고의 **냉동실**
(2) **고온**의 노가 설치된 장소 또는 **물**과 격렬하게 **반응**하는 **물품**의 저장 또는 취급 장소
(3) **발전소·변전소** 등으로서 전기시설이 설치된 장소
(4) **식물원·수족관·목욕실·수영장**(관람석 부분을 제외) 또는 그 밖의 이와 비슷한 장소
(5) **야외음악당·야외극장** 또는 그 밖의 이와 비슷한 장소

기억법 **내냉방 야식 고발**

답 ④

**108 포소화설비의 화재안전기술기준상 차고에 전역방출방식의 고발포용 고정포방출구를 설치하려고 한다. 팽창비가 500인 경우 관포체적 1m$^3$에 대하여 1분당 최소 포수용액 방출량은?**

① 0.16L
② 0.18L
③ 0.29L
④ 0.31L

해설 **포소화설비**(NFPC 105 제12조, NFTC 105 2.9.4.1.2)

| 소방대상물 | 포 팽창비 | $1m^3$에 대한 분당 포수용액 방출량 |
|---|---|---|
| 차고 또는 주차장 | 80~250 미만의 것 | 1.11L |
| | 250~500 미만의 것 | 0.28L |
| | 500~1000 미만의 것 → | 0.16L 보기 ① |
| 특수가연물을 저장 또는 취급하는 소방대상물 | 80~250 미만의 것 | 1.25L |
| | 250~500 미만의 것 | 0.31L |
| | 500~1000 미만의 것 | 0.18L |
| 항공기 격납고 | 80~250 미만의 것 | 2.00L |
| | 250~500 미만의 것 | 0.50L |
| | 500~1000 미만의 것 | 0.29L |

답 ①

★★★

## 109 할로겐화합물 및 불활성기체소화설비의 화재안전기술기준상 음향경보장치의 설치기준으로 옳은 것은?

19회 문109 09회 문118 05회 문124

① 수동식 기동장치 및 자동식 기동장치를 설치한 것은 화재감지기와 연동하여 자동으로 경보를 발하는 것으로 할 것

② 방호구역 또는 방호대상물이 있는 구획 외부에 있는 자에게 유효하게 경보할 수 있는 것으로 할 것

③ 방호구역 또는 방호대상물이 있는 구획의 각 부분으로부터 하나의 확성기까지의 수평거리는 25m 이하가 되도록 할 것

④ 제어반의 복구스위치를 조작할 경우 경보를 정지할 수 있는 것으로 할 것

해설
① 수동식 기동장치 및 자동식 기동장치 → 자동식 기동장치
② 외부에 → 안에
④ 정지할 수 → 계속 발할 수

**할로겐화합물 및 불활성기체소화설비의 음향경보장치의 설치기준**(NFPC 107A 제14조, NFTC 107A 2.11.1)

(1) 수동식 기동장치를 설치한 것은 그 기동장치의 조작과정에서, 자동식 기동장치를 설치한 것은 **화재감지기**와 **연동**하여 자동으로 경보를 발하는 것으로 할 것 보기 ①
(2) 소화약제의 방출 개시 후 **1분** 이상 경보를 계속할 수 있는 것으로 할 것
(3) 방호구역 또는 방호대상물이 있는 구획 안에 있는 자에게 유효하게 경보할 수 있는 것으로 할 것 보기 ②
(4) 방송에 따른 경보장치의 설치기준
  ① 증폭기 재생장치는 화재시 연소의 우려가 없고, 유지관리가 쉬운 장소에 설치할 것
  ② 방호구역 또는 방호대상물이 있는 구획의 각 부분으로부터 하나의 확성기까지의 **수평거리**는 **25m** 이하가 되도록 할 것 보기 ③
  ③ 제어반의 복구스위치를 조작하여도 경보를 **계속 발할 수** 있는 것으로 할 것 보기 ④

답 ③

★

## 110 이산화탄소소화설비의 화재안전성능기준에 관한 내용으로 옳은 것은?

14회 문108

① 설계농도란 규정된 실험 조건의 화재를 소화하는 데 필요한 소화약제의 농도(형식승인대상의 소화약제는 형식승인된 소화농도)를 말한다.

② 방호구역에는 소화약제 방출시 과압으로 인한 구조물 등의 손상을 방지하기 위하여 급기구를 설치해야 한다.

③ 분사헤드는 사람이 상시 근무하거나 다수인이 출입·통행하는 곳과 자기연소성물질 또는 활성금속물질 등을 저장하는 장소에는 설치해서는 안 된다.

④ 지하층, 무창층 및 밀폐된 거실 등에 방출된 소화약제를 배출하기 위한 자동폐쇄장치를 갖추어야 한다.

해설
① 소화농도에 대한 설명
② 급기구 → 과압배출구
④ 자동폐쇄장치 → 배출설비

**이산화탄소소화설비**의 **화재안전성능기준**(NFPC 106 제2·11·16·17조)

(1) **용어**

| 소화농도 | 설계농도 |
|---|---|
| ① 규정된 실험 조건의 화재를 소화하는 데 필요한 소화약제의 농도<br>② 형식승인대상의 소화약제는 형식승인된 소화농도 보기 ① | 방호대상물 또는 방호구역의 소화약제 저장량을 산출하기 위한 농도로서 **소화농도**에 **안전율**을 고려하여 설정한 농도 보기 ① |

(2) **이산화탄소소화설비**의 **분사헤드설치 제외 장소**(NFTC 106 2.8.1)

이산화탄소소화설비의 분사헤드는 사람이 상시 근무하거나 다수인이 출입·통행하는 곳과 **자기연소성물질** 또는 **활성금속물질** 등을 저장하는 장소에는 설치해서는 안 된다. 보기 ③

① **방재실·제어실** 등 사람이 상시 근무하는 장소
② **나이트로셀룰로오스·셀룰로이드제품** 등 자기연소성 물질을 저장·취급하는 장소
③ **나트륨·칼륨·칼슘** 등 활성금속물질을 저장·취급하는 장소
④ **전시장** 등의 관람을 위하여 다수인이 출입·통행하는 통로 및 전시실 등

(3) **배출설비**

지하층, 무창층 및 밀폐된 거실 등에 이산화탄소소화설비를 설치한 경우에는 방출된 소화약제를 배출하기 위한 **배출설비**를 갖추어야 한다. 보기 ④

(4) **과압배출구**

이산화탄소소화설비가 설치된 방호구역에는 소화약제 방출시 과압으로 인한 구조물 등의 손상을 방지하기 위하여 **과압배출구**를 설치해야 한다. 보기 ②

답 ③

★★★

**111** 다음 조건의 전기실에 불활성기체소화설비를 설치하려고 한다. 화재안전기술기준상 필요한 화재감지기의 최소 설치개수는?

17회 문124
13회 문114

- 주요구조부 : 내화구조
- 전기실 바닥면적 : $500m^2$
- 감지기 부착높이 : 4.5m
- 적용 감지기 : 차동식 스포트형(2종)

① 8개 ② 15개
③ 24개 ④ 30개

해설 **감지기 1개가 담당하는 바닥면적**

| 부착높이 및 소방대상물의 구분 | | 차동식·보상식 스포트형 1종 | 차동식·보상식 스포트형 2종 | 정온식 스포트형 특종 | 정온식 스포트형 1종 | 정온식 스포트형 2종 |
|---|---|---|---|---|---|---|
| 4m 미만 | 내화구조 | 90 | 70 | 70 | 60 | 20 |
| 4m 미만 | 기타구조 | 50 | 40 | 40 | 30 | 15 |
| 4m 이상 8m 미만 | 내화구조 | 45 | 35 | 35 | 30 | – |
| 4m 이상 8m 미만 | 기타구조 | 30 | 25 | 25 | 15 | – |

기억법 차 보 정
9 7 7 6 2
5 4 4 3 ①
④ ③ ③ 3 ×
3 ② ② ① ×
※ 동그라미(○) 친 부분은 뒤에 5가 붙음

**교차회로방식**의 감지기개수

$$=\frac{\text{바닥면적}[m^2]}{\text{감지기 바닥면적}[m^2]}(\text{절상})\times 2\text{개 회로}$$

$$=\frac{500m^2}{35m^2}=14.28 \fallingdotseq 15(\text{절상})$$

15×2개 회로=30개(∵ 교차회로방식이므로 2개 회로를 곱해야 함)

중요

**교차회로방식 적용설비**
(1) **분**말소화설비
(2) **할**론소화설비
(3) **이**산화탄소 소화설비
(4) **준**비작동식 스프링클러설비
(5) **일**제살수식 스프링클러설비
(6) **할**로겐화합물 및 불활성기체 소화설비
(7) **부**압식 스프링클러설비

기억법 **분할이 준일할부**

답 ④

★★★

**112** 다음 조건의 주차장에 전역방출방식의 분말소화설비를 설치하려고 한다. 화재안전기술기준상 필요한 소화약제의 최소 저장용기수(병)는?

22회 문116
19회 문 35
19회 문118
19회 문122
16회 문107
15회 문 37
15회 문112
14회 문 34
14회 문111
13회 문109
10회 문 28
10회 문118
06회 문114
06회 문117
05회 문104
04회 문117
02회 문115

- 방호구역 체적 : $450m^3$
- 개구부의 면적 : $10m^2$(자동폐쇄장치 미설치)
- 저장용기 내용적 : 68L

① 2 ② 3
③ 4 ④ 5

해설 (1) **분말소화약제**

| 종 별 | 주성분 | 착 색 | 적응 화재 | 비 고 |
|---|---|---|---|---|
| 제**1**종 | 중탄산나트륨 ($NaHCO_3$) | **백**색 | BC급 | **식**용유 및 **지방질유**의 화재에 적합 |
| 제2종 | 중탄산칼륨 ($KHCO_3$) | 담**자**색 (담회색) | BC급 | − |
| 제**3**종 | 제1인산암모늄 ($NH_4H_2PO_4$) | 담**홍**색 | ABC급 | **차고·주차장**에 적합 |
| 제4종 | 중탄산칼륨+요소 ($KHCO_3$+ $(NH_2)_2CO$) | **회**(백)색 | BC급 | − |

기억법 1식분(일식 분식)
3분 차주(삼보컴퓨터 차주)
백자홍회

∴ **주차장**은 **제3종** 분말소화설비 설치

(2) **분말소화설비 전역방출방식**의 **약제량** 및 **개구부가산량**(NFPC 108 제6조, NFTC 108 2.3.2.1)

| 종 별 | 약제량 | 개구부가산량 (자동폐쇄장치 미설치시) |
|---|---|---|
| 제 1 종 | $0.6kg/m^3$ | $4.5kg/m^2$ |
| 제 2·3 종 → | $0.36kg/m^3$ | $2.7kg/m^2$ |
| 제 4 종 | $0.24kg/m^3$ | $1.8kg/m^2$ |

**분말소화설비 저장량**(약제소요량)
=**방**호구역체적[$m^3$]×**약**제량[$kg/m^3$]
+**개**구부면적[$m^2$]×개구부가**산**량($10kg/m^2$)
$=450m^3 \times 0.36kg/m^3 + 10m^2 \times 2.7kg/m^2$
=189kg

기억법 방약+개산

(3) **저장용기**의 **충전비**

| 약제 종별 | 충전비[L/kg] |
|---|---|
| 제1종 분말 | 0.8 |
| 제2·3종 분말 → | 1 |
| 제4종 분말 | 1.25 |

$$C = \frac{V}{G}$$

여기서, $C$ : 충전비[L/kg]
$V$ : 내용적[L]
$G$ : 저장량(충전량)[kg]

**저장량** $G$는

$$G = \frac{V}{C} = \frac{68}{1} = 68\text{kg}$$

$$\therefore \text{저장용기의 수} = \frac{\text{약제소요량}}{\text{저장량(충전량)}} = \frac{189\,\text{kg}}{68\,\text{kg}} = 2.77 \fallingdotseq 3\text{병(절상)}$$

답 ②

★★

**113** 다음 조건의 방호구역에 할로겐화합물 소화설비를 설치하려고 한다. 화재안전기술기준상 필요한 소화약제의 최소 저장용기수(병)는?

13회 문111

- 방호구역 체적 : $650m^3$
- 소화약제 : HFC-227ea
- 선형상수 : $K_1 = 0.1269$, $K_2 = 0.0005$
- 방호구역 최소 예상온도 : 25℃
- 설계농도 : 최대 허용설계농도 적용
- 저장용기 : 68L 내용적에 50kg 저장

① 9 ② 11
③ 13 ④ 40

해설 (1) **할로겐화합물소화약제**(NFPC 107A 제7조, NFTC 107A 2.4)

$$W=\frac{V}{S}\left[\frac{C}{(100-C)}\right]$$

여기서, $W$ : 소화약제의 무게(소화약제량)〔kg〕
$V$ : 방호구역의 체적〔$m^3$〕
$S$ : 소화약제별 선형상수($K_1+K_2\times t$)〔$m^3$/kg〕
$C$ : 체적에 따른 소화약제의 설계농도〔%〕
$t$ : 방호구역의 최소 예상온도〔℃〕

- 체적에 따른 소화약제의 설계농도 =소화농도×안전계수
- 안전계수

| 설계농도 | 소화농도 | 안전계수 |
|---|---|---|
| A급 | A급 | 1.2 |
| B급 | B급 | 1.3 |
| C급 | A급 | 1.35 |

(2) **할로겐화합물** 및 **불활성기체 소화약제 최대 허용설계농도**(NFTC 107A 2.4.2)

| 소화약제 | 최대 허용설계농도〔%〕 |
|---|---|
| FIC－13I1 | 0.3 |
| HCFC－124 | 1.0 |
| FK－5－1－12 | 10 |
| HCFC BLEND A | 10 |
| HFC－227ea ⟶ | 10.5 |
| HFC－125 | 11.5 |
| HFC－236fa | 12.5 |
| HFC－23 | 30 |
| FC－3－1－10 | 40 |
| IG－01 | 43 |
| IG－100 | 43 |
| IG－55 | 43 |
| IG－541 | 43 |

- $V$ : 650$m^3$
- $S$ : $K_1+K_2\times t=0.1269+0.0005\times 25℃ =0.1394$
- $C$ : 10.5%

**소화약제량** $W$는

$$W=\frac{V}{S}\left[\frac{C}{100-C}\right]=\frac{650\text{m}^3}{0.1394}\times\left[\frac{10.5}{100-10.5}\right]\fallingdotseq 547.03\text{kg}$$

$$\text{저장용기수}=\frac{\text{소화약제량}}{\text{1병당 저장량}}$$

$$=\frac{547.03\text{kg}}{50\text{kg}}=10.94\fallingdotseq 11\text{병}$$

비교

**불활성기체 소화약제**

$$X=2.303\left(\frac{V_s}{S}\right)\times\log_{10}\left[\frac{100}{(100-C)}\right]\times V$$

여기서, $X$ : 소화약제의 부피〔$m^3$〕
$S$ : 소화약제별 선형상수($K_1+K_2\times t$)〔$m^3$/kg〕

| 소화약제 | $K_1$ | $K_2$ |
|---|---|---|
| IG－01 | 0.5685 | 0.00208 |
| IG－100 | 0.7997 | 0.00293 |
| IG－541 | 0.65799 | 0.00239 |
| IG－55 | 0.6598 | 0.00242 |

$C$ : 체적에 따른 소화약제의 설계농도〔%〕
$V_s$ : 20℃에서 소화약제의 비체적〔$m^3$/kg〕
$t$ : 방호구역의 최소 예상온도〔℃〕
$V$ : 방호구역의 체적〔$m^3$〕

- 체적에 따른 소화약제의 설계농도 =소화농도×안전계수
- 설계농도 구하기

| 화재등급 | 설계농도 |
|---|---|
| A급 | A급 소화농도×1.2 |
| B급 | B급 소화농도×1.3 |
| C급 | A급 소화농도×1.35 |

답 ②

★
**114 자동화재탐지설비 및 시각경보장치의 화재안전기술기준상 다음 장소에 연기감지기를 설치해야 하는 특정소방대상물로 옳지 않은 것은?**

> 취침·숙박·입원 등 이와 유사한 용도로 사용되는 거실

① 공동주택·오피스텔·숙박시설·위락시설
② 교육연구시설 중 합숙소
③ 의료시설, 근린생활시설 중 입원실이 있는 의원·조산원
④ 교정 및 군사시설

해설 ① 위락시설은 해당없음

**연기감지기**의 **설치장소**(NFPC 203 제7조 제②항, NFTC 203 2.4.2)

(1) 계단 · 경사로 및 에스컬레이터 경사로
(2) 복도(**30m** 미만 제외)
(3) 엘리베이터 승강로(권상기실이 있는 경우에는 권상기실) · 린넨슈트 · 파이프피트 및 덕트 기타 이와 유사한 장소
(4) 천장 또는 반자의 높이가 **15~20m** 미만의 장소
(5) 다음에 해당하는 특정소방대상물의 취침 · 숙박 · 입원 등 이와 유사한 용도로 사용되는 거실
 ① **공**동주택 · **오**피스텔 · **숙**박시설 · **노**유자시설 · **수**련시설 **보기 ①**
 ② 교육연구시설 중 **합숙소** **보기 ②**
 ③ 의료시설, 근린생활시설 중 입원실이 있는 **의원** · **조산원** **보기 ③**
 ④ **교**정 및 **군**사시설 **보기 ④**
 ⑤ 근린생활시설 중 **고시원**

기억법 **공오숙노수 합의조 교군고**

답 ①

★★
**115** 18회 문124 09회 문102

**다음은 자동화재탐지설비 및 시각경보장치의 화재안전기술기준상 청각장애인용 시각경보장치의 설치기준이다. ( ) 안에 들어갈 것으로 옳은 것은?**

> 설치높이는 바닥으로부터 ( ㉠ )m 이상 ( ㉡ )m 이하의 장소에 설치할 것. 다만, 천장의 높이가 ( ㉠ )m 이하인 경우에는 천장으로부터 ( ㉢ )m 이내의 장소에 설치해야 한다.

① ㉠ : 1.5, ㉡ : 2.0, ㉢ : 0.1
② ㉠ : 1.5, ㉡ : 2.0, ㉢ : 0.15
③ ㉠ : 2.0, ㉡ : 2.5, ㉢ : 0.1
④ ㉠ : 2.0, ㉡ : 2.5, ㉢ : 0.15

해설 **설치높이**

| 기 기 | 설치높이 |
|---|---|
| 기타 기기 | **0.8~1.5m** 이하 |
| **시**각경보장치 | **2~2.5m** 이하 (단, 천장높이 2m 이하는 천장에서 **0.15m** 이내의 장소) **보기 ④** |

기억법 **시25(CEO)**

비교

**설치높이**

| 0.5~1m 이하 | 0.8~1.5m 이하 | 1.5m 이하 |
|---|---|---|
| ① **연**결송수관설비의 송수구 · 방수구<br>② **연**결살수설비의 송수구<br>③ **소**화**용**수설비의 채수구<br>④ 옥외소화전 호스접결구<br>기억법 연소용 51 (연소용 오일은 잘 탄다.) | ① **제**어밸브(수동식 개방밸브)<br>② **유**수검지장치<br>③ **일**제개방밸브<br>기억법 제유일 85 (제가 유일하게 팔았어요.) | ① **옥내**소화전설비의 방수구<br>② **호**스릴함<br>③ **소**화기<br>기억법 옥내호소 5 (옥내에서 호소하시오.) |

중요

**청각장애인용 시각경보장치의 설치기준**(NFPC 203 제8조, NFTC 203 2.5.2)

(1) **복도 · 통로 · 청각장애인용 객실** 및 공용으로 사용하는 **거실**에 설치하며, 각 부분으로부터 유효하게 경보를 발할 수 있는 위치에 설치할 것
(2) **공연장 · 집회장 · 관람장** 또는 이와 유사한 장소에 설치하는 경우에는 시선이 집중되는 **무대부 부분** 등에 설치할 것
(3) 바닥으로부터 **2~2.5m** 이하의 장소에 설치할 것(단, 천장의 높이가 2m 이하인 경우에는 천장으로부터 0.15m 이내의 장소)
(4) 시각경보장치의 광원은 **전용**의 **축전지설비** 또는 **전기저장장치**에 의하여 점등되도록 할 것(단, 시각경보기에 작동전원을 공급할 수 있도록 형식승인을 얻은 수신기를 설치한 경우는 제외)

• **하나의 특정소방대상물에 2 이상의 수신기가 설치된 경우** : 어느 수신기에서도 **지구음향장치** 및 **시각경보장치**를 작동할 수 있도록 할 것

답 ④

★★★

**116** 특별피난계단의 계단실 및 부속실 제연설비의 화재안전기술기준상 다음 조건에 따른 출입문의 틈새면적($m^2$)은?

20회 문124
19회 문111
15회 문125
12회 문121
11회 문108
09회 문 13

- 출입문 틈새의 길이($L$) : 7m
- 설치된 출입문($l$, $A_d$) : 제연구역의 실내쪽으로 열리도록 설치하는 외여닫이문
- 소수점 다섯째 자리에서 반올림함

① 0.01
② 0.0125
③ 0.0152
④ 0.0228

해설 (1) **기호**

- $L$ : 7m
- $l$ : 5.6m
- $A_d$ : 0.01$m^2$
- $A$ : ?

(2) **출입문의 틈새면적**

$$A=\left(\frac{L}{l}\right)\times A_d$$

여기서, $A$ : 출입문의 틈새[$m^2$]
$L$ : 출입문의 틈새길이[m]
$l$ : 표준출입문의 틈새길이[m]

- 외여닫이문 : **5.6m**
- 승강기출입문 : **8.0m**
- 쌍여닫이문 : **9.2m**

$A_d$ : 표준출입문의 누설면적[$m^2$]

- 외여닫이문(실내쪽 열림) : **0.01m²**
- 외여닫이문(실외쪽 열림) : **0.02m²**
- 쌍여닫이문 : **0.03m²**
- 승강기출입문 : **0.06m²**

$$A=\left(\frac{L}{l}\right)\times A_d$$
$$=\frac{7\text{m}}{5.6\text{m}}\times 0.01\text{m}^2=0.0125\text{m}^2$$

답 ②

★★★

**117** 유도등 및 유도표지의 화재안전기술기준상 설치기준에 관한 내용으로 옳은 것은?

22회 문121
20회 문103
18회 문110
17회 문112
16회 문117
14회 문117
13회 문119

① 피난구유도등은 피난구의 바닥으로부터 높이 1.2m 이상으로서 출입구에 인접하도록 설치할 것
② 복도통로유도등은 구부러진 모퉁이를 기점으로 보행거리 25m마다 설치할 것
③ 유도표지는 각 층마다 복도 및 통로의 각 부분으로부터 보행거리가 20m 이하가 되는 곳에 설치할 것
④ 축광방식의 피난유도선은 바닥으로부터 높이 50cm 이하의 위치 또는 바닥면에 설치할 것

① 1.2m → 1.5m
② 25m → 20m
③ 20m → 15m

(1) **수평거리**

| 수평거리 | 기 기 |
|---|---|
| **25m** 이하 | • 발신기<br>• 음향장치(확성기)<br>• 비상콘센트(지하상가 또는 지하층 바닥면적 **3000m²** 이상) |
| **50m** 이하 | • 비상콘센트(기타) |

(2) **보행거리**

| 보행거리 | 기 기 |
|---|---|
| **15m** 이하 | • 유도표지 **보기 ③** |
| **20m** 이하 | • 복도통로유도등 **보기 ②**<br>• 거실통로유도등<br>• 3종 연기감지기 |
| **30m** 이하 | • 1·2종 연기감지기 |

(3) **수직거리**

| 수직거리 | 기 기 |
|---|---|
| **15m** 이하 | • 1·2종 연기감지기 |
| **10m** 이하 | • 3종 연기감지기 |

(4) **설치높이**

| 유도등 · 유도표지 | 설치높이 |
|---|---|
| • 복도통로유도등<br>• 계단통로유도등<br>• 통로유도표지 | 1m 이하 |
| • 피난구유도등 보기 ①<br>• 거실통로유도등 | 1.5m 이상 |



중요

**피난유도선 설치기준**(NFPC 303 제9조, NFTC 303 2.6)

| 축광방식의 피난유도선 | 광원점등방식의 피난유도선 |
|---|---|
| ① 구획된 각 실로부터 **주출입구** 또는 **비상구**까지 설치<br>② 바닥으로부터 높이 **50cm 이하**의 위치 또는 바닥면에 설치 보기 ④<br>③ 피난유도 표시부는 **50cm 이내**의 간격으로 연속되도록 설치<br>④ 부착대에 의하여 견고하게 설치<br>⑤ **외부의 빛** 또는 **조명장치**에 의하여 상시 조명이 제공되거나 비상조명등에 의한 조명이 제공되도록 설치 | ① 구획된 각 실로부터 **주출입구** 또는 **비상구**까지 설치<br>② 피난유도 표시부는 바닥으로부터 높이 **1m 이하**의 위치 또는 바닥면에 설치<br>③ 피난유도 표시부는 **50cm 이내**의 간격으로 연속되도록 설치하되 실내장식물 등으로 설치가 곤란할 경우 **1m 이내**로 설치<br>④ 수신기로부터의 **화재신호** 및 **수동조작**에 의하여 광원이 점등되도록 설치<br>⑤ 비상전원이 **상시 충전상태**를 유지하도록 설치<br>⑥ 바닥에 설치되는 피난유도 표시부는 **매립**하는 방식을 사용<br>⑦ 피난유도 제어부는 조작 및 관리가 용이하도록 바닥으로부터 **0.8~1.5m** 이하의 높이에 설치 |

답 ④

**118** 비상경보설비 및 단독경보형 감지기의 화재안전기술기준상 단독경보형 감지기 설치기준에 관한 내용으로 옳지 않은 것은?

15회 문115 / 11회 문123

① 각 실(이웃하는 실내의 바닥면적이 각각 $30m^2$ 미만이고 벽체의 상부의 전부 또는 일부가 개방되어 이웃하는 실내와 상호 유통되는 경우에는 이를 1개의 실로 본다)마다 설치하되, 바닥면적이 $150m^2$를 초과하는 경우에는 $150m^2$마다 1개 이상 설치할 것
② 계단실은 최상층의 계단실 천장(외기가 상통하는 계단실의 경우를 포함한다)에 설치할 것
③ 건전지를 주전원으로 사용하는 단독경보형 감지기는 정상적인 작동상태를 유지할 수 있도록 주기적으로 건전지를 교환할 것
④ 상용전원을 주전원으로 사용하는 단독경보형 감지기의 2차 전지는 「소방시설 설치 및 관리에 관한 법률」 제40조에 따라 제품검사에 합격한 것을 사용할 것

해설

② 포함 → 제외

**단독경보형 감지기**의 **설치기준**(NFPC 201 제5조, NFTC 201 2.2.1)

(1) 각 실(이웃하는 실내의 바닥면적이 각각 **$30m^2$** 미만이고 벽체의 상부의 전부 또는 일부가 개방되어 이웃하는 실내와 공기가 상호 유통되는 경우에는 이를 1개의 실로 본다)마다 설치하되 바닥면적이 $150m^2$를 초과하는 경우에는 **$150m^2$**마다 1개 이상 설치할 것 보기 ①

$$단독경보형\ 감지기수 = \frac{바닥면적}{150m^2}(절상)$$

(2) 최상층 계단실의 **천장**(외기가 상통하는 계단실의 경우 제외)에 설치할 것 보기 ②
(3) 건전지를 **주전원**으로 사용하는 경우에는 정상적인 작동상태를 유지할 수 있도록 건전지를 교환할 것 보기 ③
(4) 상용전원을 주전원으로 사용하는 단독경보형 감지기의 2차 전지는 제품검사에 합격한 것을 사용할 것 보기 ④

답 ②

★★★
**119** **연결송수관설비의 화재안전기술기준상 방수구는 특정소방대상물의 층마다 설치해야 한다. 방수구 설치를 제외할 수 있는 것으로 옳지 않은 것은?**

20회 문121 19회 문123 18회 문105 16회 문121 15회 문119 12회 문103

① 아파트의 1층 및 2층
② 소방차의 접근이 가능하고 소방대원이 소방차로부터 각 부분에 쉽게 도달할 수 있는 피난층
③ 송수구가 부설된 옥내소화전을 설치한 특정소방대상물(집회장 · 관람장 · 백화점 · 도매시장 · 소매시장 · 판매시설 · 공장 · 창고시설 또는 지하가를 제외한다)로서 지하층을 제외한 층수가 5층 이하이고 연면적이 6000m$^2$ 이하인 특정소방대상물의 지상층
④ 송수구가 부설된 옥내소화전을 설치한 특정소방대상물(집회장 · 관람장 · 백화점 · 도매시장 · 소매시장 · 판매시설 · 공장 · 창고시설 또는 지하가를 제외한다)로서 지하층의 층수가 2 이하인 특정소방대상물의 지하층

해설

③ 5층 이하 → 4층 이하, 6000m$^2$ 이하 → 6000m$^2$ 미만

**연결송수관설비**의 **방수구 설치제외장소**(NFTC 502 2.3.1.1)

(1) **아파트**의 **1층** 및 **2층** 보기 ①
(2) 소방차의 접근이 가능하고 소방대원이 소방차로부터 각 부분에 쉽게 도달할 수 있는 피난층 보기 ②
(3) 송수구가 부설된 옥내소화전을 설치한 특정소방대상물(집회장 · **관람장** · 백화점 · 도매시장 · 소매시장 · 판매시설 · **공장** · **창고시설** 또는 지하가 제외)로서 다음에 해당하는 층
 ① 지하층을 제외한 **4층** 이하이고 연면적이 6000m$^2$ 미만인 특정소방대상물의 지상층 보기 ③

기억법 **송46**(**송사**리로 **육**포를 만들다.)

 ② 지하층의 층수가 **2** 이하인 특정소방대상물의 **지하층** 보기 ④

답 ③

★★★
**120** **고층건축물의 화재안전기술기준상 피난안전구역에 설치하는 소방시설의 설치기준에 관한 내용으로 옳은 것은?**

20회 문111 18회 문110 17회 문112 16회 문117 13회 문119

① 제연설비의 피난안전구역과 비제연구역 간의 차압은 40Pa(옥내소화전설비가 설치된 경우에는 12.5Pa) 이상으로 해야 한다.
② 피난유도선의 피난유도 표시부 너비는 최소 25mm 이상으로 설치할 것
③ 비상조명등은 각 부분의 바닥에서 조도는 1 lx 이상이 될 수 있도록 설치할 것
④ 인명구조기구 중 방열복, 인공소생기를 각 1개 이상 비치할 것

해설

① 40Pa → 50Pa, 옥내소화전설비 → 옥내에 스프링클러설비
③ 1 lx → 10 lx
④ 1개 → 2개

**피난안전구역**에 **설치**하는 **소방시설 설치기준**(NFTC 604 2.6.1)

‖ 고층건축물 ‖

| 구 분 | 설치기준 |
|---|---|
| 제연설비 | 피난안전구역과 비제연구역 간의 차압은 **50Pa**(옥내에 스프링클러설비가 설치된 경우에는 **12.5Pa**) 이상으로 하여야 한다. 단, 피난안전구역의 한쪽 면 이상이 외기에 개방된 구조의 경우에는 설치하지 아니할 수 있다. 보기 ① |
| 피난유도선 | ① 피난안전구역이 설치된 층의 계단실 출입구에서 **피난안전구역** 주출입구 또는 **비상구**까지 설치할 것<br>② 계단실에 설치하는 경우 **계단** 및 **계단참**에 설치할 것<br>③ 피난유도 표시부의 너비는 최소 **25mm 이상**으로 설치할 것 보기 ②<br>④ 광원점등방식(전류에 의하여 빛을 내는 방식)으로 설치하되, **60분 이상** 유효하게 작동할 것 |

| 구 분 | 설치기준 |
|---|---|
| 비상조명등 | 피난안전구역의 비상조명등은 상시 조명이 소등된 상태에서 그 비상조명등이 점등되는 경우 각 부분의 바닥에서 조도는 **10 lx 이상**이 될 수 있도록 설치할 것 **보기 ③** |
| 휴대용 비상조명등 | ① 초고층 건축물에 설치된 피난안전구역 : 피난안전구역 위층의 재실자수(「건축물의 피난·방화구조 등의 기준에 관한 규칙」에 따라 산정된 재실자수)의 $\frac{1}{10}$ 이상<br>② 지하연계 복합건축물에 설치된 피난안전구역 : 피난안전구역이 설치된 층의 수용인원(영 [별표 2]에 따라 산정된 수용인원을 말한다)의 $\frac{1}{10}$ 이상<br>③ 건전지 및 충전식 건전지의 용량은 **40분** 이상 유효하게 사용할 수 있는 것으로 한다(단, 피난안전구역이 **50층** 이상에 설치되어 있을 경우의 용량은 **60분** 이상으로 할 것). |
| 인명구조기구 | ① 방열복, 인공소생기를 각 **2개 이상** 비치할 것 **보기 ④**<br>② **45분** 이상 사용할 수 있는 성능의 공기호흡기(보조마스크를 포함한다)를 2개 이상 비치하여야 한다(단, 피난안전구역이 **50층** 이상에 설치되어 있을 경우에는 동일한 성능의 예비용기를 **10개** 이상 비치할 것).<br>③ 화재시 쉽게 반출할 수 있는 곳에 비치할 것<br>④ 인명구조기구가 설치된 장소의 보기 쉬운 곳에 "**인명구조기구**"라는 표지판 등을 설치할 것 |

답 ②

★★★

**121** **소화수조 및 저수조의 화재안전기술기준상 설치기준에 관한 내용으로 옳지 않은 것은?**

22회 문 61 / 17회 문104 / 17회 문123 / 16회 문 68 / 07회 문114 / 03회 문105

① 소화수조 및 저수조의 채수구 또는 흡수관 투입구는 소방차가 5m 이내의 지점까지 접근할 수 있는 위치에 설치해야 한다.
② 1층 및 2층의 바닥면적의 합계가 $15000m^2$ 이상인 특정소방대상물의 $7500m^2$로 나누어 얻은 수(소수점 이하의 수는 1로 본다)에 $20m^3$를 곱한 양 이상이 되도록 해야 한다.
③ 채수구의 수는 소요수량이 $100m^3$ 이상인 경우 3개 이상 설치해야 한다.
④ 소화수조 또는 저수조가 지표면으로부터의 깊이(수조 내부바닥까지의 길이를 말한다)가 4.5m 이상인 지하에 있는 경우에는 가압송수장치를 설치해야 한다.

해설

① 5m → 2m

**소방수조 또는 저수조**의 **설치기준**(NFPC 402 제4·5조, NFTC 402 2.1.1, 2.2)

(1) 소화수조의 깊이가 **4.5m** 이상일 경우 가압송수장치를 설치할 것 **보기 ④**
(2) 소화수조는 소방펌프자동차가 채수구로부터 **2m** 이내의 지점까지 접근할 수 있는 위치에 설치할 것 **보기 ①**
(3) 소화수조는 **옥상**에 **설치**할 것

용어

**소화수조·저수조**
수조를 설치하고 여기에 소화에 필요한 물을 항시 채워두는 것

(4) **흡수관 투입구**(지하에 설치하며, 한 변 또는 직경이 **0.6m** 이상)

| 소요수량 | $80m^3$ 미만 | $80m^3$ 이상 |
|---|---|---|
| 흡수관 투입구수 | 1개 이상 | 2개 이상 |

(5) **소화수조**의 **저수량** $Q$

$$Q = \frac{연면적}{기준면적}(절상) \times 20\text{m}^3$$

▌저수량 산출▐

| 구 분 | 기준면적 |
|---|---|
| 지상 1층 및 2층의 바닥면적합계 15000m² 이상 | 7500m² 보기 ② |
| 기타 | 12500m² |

(6) **가압송수장치**의 분당 **양수량**(4.5m 이상의 지하의 경우 다음 표에 의할 것)

| 저수량 | 20~40m³ 미만 | 40~100m³ 미만 | 100m³ 이상 |
|---|---|---|---|
| 분당 양수량 | 1100L 이상 | 2200L 이상 | 3300L 이상 |

(7) 소화용수설비를 설치하여야 할 특정소방대상물에 있어서 유수의 양이 **0.8m³/min** 이상인 유수를 사용할 수 있는 경우에는 소화수조를 설치하지 아니할 수 있다.

▌채수구▐

| 소요수량 | 20~40m³ 미만 | 40~100m³ 미만 | 100m³ 이상 |
|---|---|---|---|
| 채수구의 수 | 1개 | 2개 | 3개 보기 ③ |

용어

**채수구**
소방차의 소방호스와 접결되는 흡입구

답 ①

★★★
**122** 18회 문108 14회 문 23 11회 문116 07회 문 34

**화재안전기술기준에서 정하는 방화구획 등의 설치기준에 관한 내용으로 옳지 않은 것은?**

① 지하구 방화벽의 출입문은 「건축법 시행령」 제64조에 따른 방화문으로서 60분+방화문 또는 60분 방화문으로 설치할 것
② 소방시설용 비상전원수전설비를 고압으로 수전하는 경우 방화구획하지 않을 수 있다.
③ 전기저장장치 설치장소의 벽체, 바닥 및 천장은 「건축물의 피난·방화구조 등의 기준에 관한 규칙」에 따라 건축물의 다른 부분과 방화구획해야 한다. 다만, 배터리실 외의 장소와 옥외형 전기저장장치 설비는 방화구획하지 않을 수 있다.
④ 제연설비 비상전원의 설치장소는 다른 장소와 방화구획할 것

해설

② 고압으로 수전하는 경우 방화구획하지 않을 수 있다. → 방화구획하여야 한다.

(1) **방화구획**의 **기준**(건축령 제46조, 피난·방화구조 제14조)

| 대상 건축물 | 대상 규모 | 층 및 구획방법 | | 구획 부분의 구조 |
|---|---|---|---|---|
| 주요구조부가 내화구조 또는 불연재료로 된 건축물 | 연면적 1000m² 넘는 것 | • 10층 이하 | • 바닥면적 **1000m²** 이내마다 | • 내화구조로 된 바닥·벽<br>• **60분+방화문, 60분 방화문** 보기 ①<br>• 자동방화셔터 |
| | | • 3층 이상<br>• 지하층 | • 층마다 | |
| | | • 11층 이상 | • 바닥면적 200m² 이내마다 (실내마감을 불연재료로 한 경우 500m² 이내마다) | |

• 필로티나, 그 밖의 비슷한 구조의 부분을 주차장으로 사용하는 경우 그 부분은 건축물의 다른 부분과 구획할 것
• 스프링클러, 기타 이와 유사한 자동식 소화설비를 설치한 경우 바닥면적은 위의 **3배** 면적으로 산정한다.

(2) **소방시설용 비상전원수전설비**(NFPC 602 제5조, NFTC 602 2.2.2, 2.2.3)
① 큐비클형은 **전용큐비클** 또는 **공용큐비클식**으로 설치할 것
② 옥외개방형은 건축물의 **옥상**에 설치할 수 있다.
③ 큐비클형의 경우 외함은 두께 **2.3mm** 이상의 강판으로 제작할 것
④ 비상전원수전설비는 전용의 **방화구획 내**에 설치할 것 보기 ②

중요

**소방시설용 비상전원수전설비의 종류**

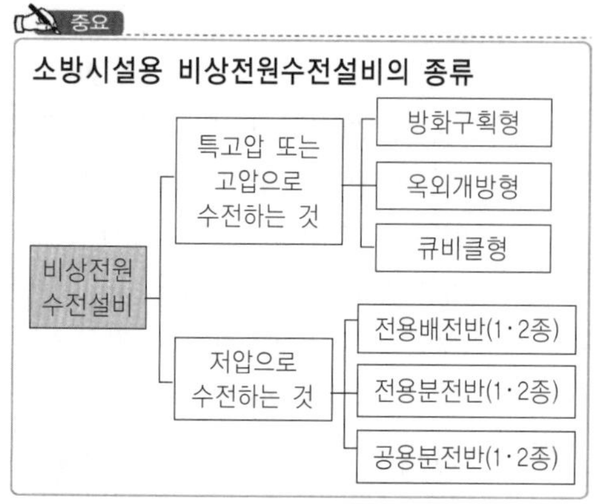


(3) **방화벽**의 **설치기준**(NFPC 605 제10조, NFTC 605 2.6)
방화벽의 출입문은 항상 닫힌 상태를 유지하거나 자동폐쇄장치에 의하여 화재 신호를 받으면 자동으로 닫히는 구조로 해야 한다.
① **내화구조**로서 홀로 설 수 있는 구조일 것
② 방화벽의 출입문은 **60분+방화문** 또는 **60분 방화문**으로 설치할 것 **보기 ①**
③ 방화벽을 관통하는 케이블·전선 등에는 국토교통부 고시(「건축자재 등 품질인정 및 관리기준」)에 따라 내화채움구조로 마감할 것
④ 방화벽은 분기구 및 국사(central office)·변전소 등의 건축물과 지하구가 연결되는 부위(건축물로부터 **20m** 이내)에 설치할 것
⑤ 자동폐쇄장치를 사용하는 경우에는 「자동폐쇄장치의 성능인증 및 제품검사의 기술기준」에 적합한 것으로 설치할 것

(4) 전기저장장치 설치장소의 **벽체**, **바닥** 및 **천장**은 「건축물의 피난·방화구조 등의 기준에 관한 규칙」에 따라 건축물의 다른 부분과 방화구획해야 한다(NFPC 607 제12조, NFTC 607 2.8.1). (단, 배터리실 외의 장소와 옥외형 전기저장장치설비는 방화구획하지 않을 수 있음) **보기 ③**

(5) 비상전원의 설치장소는 다른 장소와 방화구획할 것. 이 경우 그 장소에는 비성전원의 공급에 필요한 기구나 설비 외의 것(**열병합발전설비**에 필요한 기구나 설비는 제외)을 두어서는 안 된다(NFPC 501 제11조, NFTC 501 2.8.1.4). **보기 ④**

답 ②

★
**123** **가스누설경보기의 화재안전기술기준상 일산화탄소 경보기 중 단독형 경보기 설치기준으로 옳은 것을 모두 고른 것은?**

> ㉠ 단독형 경보기는 천장으로부터 경보기 하단까지의 거리가 0.5m 이하가 되도록 설치할 것
> ㉡ 가스누설 경보음향장치는 수신부로부터 1m 떨어진 위치에서 음압이 70dB 이상일 것
> ㉢ 가스누설 경보음향의 음량과 음색이 다른 기기의 소음 등과 명확히 구별될 것

① ㉠, ㉡ ② ㉠, ㉢
③ ㉡, ㉢ ④ ㉠, ㉡, ㉢

해설

㉠ 0.5m → 0.3m

**단독형 경보기**의 **설치기준**(NFPC 206 제4조, NFTC 206 2.1.4)
(1) 가스연소기 주위의 경보기의 상태 확인 및 유지관리에 용이한 위치에 설치할 것
(2) 가스누설 경보음향의 음량과 음색이 다른 기기의 소음 등과 명확히 구별될 것 **보기 ㉢**
(3) 가스누설 경보음향장치는 수신부로부터 **1m** 떨어진 위치에서 음압이 **70dB** 이상일 것 **보기 ㉡**
(4) 단독형 경보기는 가스연소기의 중심으로부터 직선거리 **8m**(공기보다 무거운 가스를 사용하는 경우에는 **4m**) 이내에 1개 이상 설치해야 한다.

‖ 단독형 경보기의 설치 ‖

| 공기보다 가벼운 가스 | 공기보다 무거운 가스 |
|---|---|
| 직선거리 **8m** 이내 | 직선거리 **4m** 이내 |

(5) 단독형 경보기는 천장으로부터 경보기 **하단**까지의 거리가 **0.3m** 이하가 되도록 설치한다. (단, 공기보다 무거운 가스를 사용하는 경우에는 바닥면으로부터 단독형 경보기 **상단**까지의 거리는 **0.3m** 이하) **보기 ㉠**

답 ③

★★★
**124** **무선통신보조설비의 화재안전기술기준상 설치기준으로 옳지 않은 것은?**

22회 문124
21회 문107
18회 문102
17회 문118
15회 문121
14회 문124
07회 문 27

① 증폭기에는 비상전원이 부착된 것으로 하고 해당 비상전원용량은 무선통신보조설비를 유효하게 20분 이상 작동시킬 수 있는 것으로 할 것
② 수신기가 설치된 장소 등 사람이 상시 근무하는 장소에는 옥외안테나의 위치가 모두 표시된 옥외안테나 위치표시도를 비치할 것
③ 분배기·분파기 및 혼합기 등의 임피던스는 50Ω의 것으로 할 것
④ 누설동축케이블 및 동축케이블의 임피던스는 50Ω으로 하고, 이에 접속하는 안테나·분배기 기타의 장치는 해당 임피던스에 적합한 것으로 할 것

해설

① 20분 → 30분

(1) **무선통신보조설비**의 **설치기준**(NFPC 505 제5~7조, NFTC 505 2.2)
① **건축물**, **지하가**, **터널** 또는 **공동구**의 **출입구** 및 **출입구 인근**에서 통신이 가능한 장소에 설치할 것
② 다른 용도로 사용되는 안테나로 인한 통신장애가 발생하지 않도록 설치할 것
③ 누설동축케이블 및 안테나는 **금속판** 등에 의하여 **전파**의 **복사** 또는 **특성**이 현저하게 저하되지 아니하는 위치에 설치할 것
④ **누설동축케이블**과 이에 접속하는 **안테나** 또는 **동축케이블**과 이에 접속하는 **안테나**일 것
⑤ 누설동축케이블 및 동축케이블은 화재에 따라 해당 케이블의 피복이 소실된 경우에 케이블 본체가 떨어지지 아니하도록 **4m** 이내마다 **금속제** 또는 **자기제** 등의 지지금구로 벽·천장·기둥 등에 견고하게 고정시킬 것(**불연재료**로 구획된 반자 안에 설치하는 경우는 제외)
⑥ 누설동축케이블 및 안테나는 고압전로로부터 **1.5m** 이상 떨어진 위치에 설치할 것(해당 전로에 **정전기차폐장치**를 유효하게 설치한 경우에는 제외)
⑦ 누설동축케이블의 **끝**부분에는 **무반사종단저항**을 설치할 것
⑧ 누설동축케이블, 동축케이블, 분배기, 분파기, 혼합기 등의 임피던스는 **50**Ω으로 할 것
보기 ③ ④
⑨ 증폭기의 전면에는 **표시등** 및 **전압계**를 설치할 것
⑩ 소방전용 주파수대에 **전파의 전송** 또는 **복사**에 적합한 것으로서 **소방전용**의 것으로 할 것(단, 소방대 상호 간의 **무선연락**에 지장이 없는 경우에는 다른 용도와 겸용할 수 있다)
⑪ 누설동축케이블 및 동축케이블은 불연 또는 난연성의 것으로서 습기에 따라 전기의 특성이 변질되지 아니하는 것으로 하고, 노출하여 설치한 경우에는 피난 및 통행에 장애가 없도록 할 것
⑫ 누설동축케이블 또는 동축케이블과 이에 접속하는 안테나가 설치된 층은 **모든 부분**(**계단실**, **승강기**, **별도 구획된 실** 포함)에서 유효하게 통신이 가능할 것
⑬ 옥외안테나와 연결된 무전기와 **건축물 내부**에 존재하는 무전기 간의 상호통신, 건축물 내부에 존재하는 무전기 간의 상호통신, 옥외안테나와 연결된 무전기와 방재실 또는 건축물 내부에 존재하는 무전기와 방재실 간의 상호통신이 가능할 것

(2) **무선통신보조설비 옥외안테나 설치기준**(NFPC 505 제6조, NFTC 505 2.3.1)
① **건축물**, **지하가**, **터널** 또는 공동구의 출입구 및 출입구 인근에서 통신이 가능한 장소에 설치할 것
② 다른 용도로 사용되는 안테나로 인한 **통신장애**가 발생하지 않도록 설치할 것
③ 옥외안테나는 견고하게 설치하며 파손의 우려가 없는 곳에 설치하고 그 가까운 곳의 보기 쉬운 곳에 "**무선통신보조설비 안테나**"라는 표시와 함께 통신가능거리를 표시한 표지를 설치할 것
④ 수신기가 설치된 장소 등 사람이 상시 근무하는 장소에는 옥외안테나의 위치가 모두 표시된 옥외안테나 **위치표시도**를 비치할 것
보기 ②

중요

**비상전원**의 **용량**

| 설 비 | 비상 전원의 용량 |
|---|---|
| 자동화재**탐**지설비, 비상**경**보설비, 자동화재**속**보설비<br>기억법 **탐경속1** | 10분 이상 |
| ① 유도등, 비상조명등, 비상콘센트설비, 제연설비<br>② 옥내소화전설비(30층 미만)<br>③ 특별피난계단의 계단실 및 부속실 제연설비(30층 미만)<br>④ 스프링클러설비(30층 미만)<br>⑤ 연결송수관설비(30층 미만) | 20분 이상 |
| 무선통신보조설비의 증폭기 | 30분 이상 **보기 ①** |
| ① 옥내소화전설비(30~49층 이하)<br>② 특별피난계단의 계단실 및 부속실 제연설비(30~49층 이하)<br>③ 연결송수관설비(30~49층 이하)<br>④ 스프링클러설비(30~49층 이하) | 40분 이상 |
| ① 유도등·비상조명등(지하상가 및 11층 이상)<br>② 옥내소화전설비(50층 이상)<br>③ 특별피난계단의 계단실 및 부속실 제연설비(50층 이상)<br>④ 연결송수관설비(50층 이상)<br>⑤ 스프링클러설비(50층 이상) | 60분 이상 |

답 ①

★★★

**125** **다음은 비상콘센트설비의 화재안전기술기준상 전원의 설치기준이다. ( ) 안에 들어갈 것으로 옳은 것은?**

18회 문114
15회 문122
14회 문123
13회 문123
09회 문119

> 지하층을 제외한 층수가 ( ㉠ )층 이상으로서 연면적이 ( ㉡ )$m^2$ 이상이거나 지하층의 바닥면적의 합계가 ( ㉢ )$m^2$ 이상인 특정소방대상물의 비상콘센트설비에는 자가발전설비, 비상전원수전설비, 축전지설비 또는 전기저장장치(외부 전기에너지를 저장해두었다가 필요한 때 전기를 공급하는 장치를 말한다)를 비상전원으로 설치할 것

① ㉠ : 5, ㉡ : 1000, ㉢ 2000
② ㉠ : 5, ㉡ : 2000, ㉢ 3000
③ ㉠ : 7, ㉡ : 1000, ㉢ 2000
④ ㉠ : 7, ㉡ : 2000, ㉢ 3000

해설 **비상콘센트설비**의 **비상전원설치대상**(NFPC 504 제4조, NFTC 504 2.1.1.2)

(1) **지하층**을 **제외**한 층수가 **7층** 이상으로서 연면적이 **2000$m^2$** 이상 **보기 ④**
(2) 지하층의 바닥면적의 합계가 **3000$m^2$** 이상 **보기 ④**

중요

**비상콘센트설비**의 **설치기준**(NFPC 504 제4조, NFTC 504 2.1.2, 2.1.5)

| 구 분 | 전 압 | 공급용량 | 플러그 접속기 |
|---|---|---|---|
| 단상 교류 | 220V | 1.5kVA 이상 | 접지형 2극 |

(1) 하나의 전용회로에 설치하는 비상콘센트는 **10개** 이하로 할 것(전선의 용량은 최대 **3개**)

| 설치하는 비상콘센트 수량 | 전선의 용량산정시 적용하는 비상콘센트 수량 | 전선의 용량 |
|---|---|---|
| 1 | 1개 이상 | 1.5kVA 이상 |
| 2 | 2개 이상 | 3.0kVA 이상 |
| 3~10 | 3개 이상 | 4.5kVA 이상 |

(2) 전원회로는 각 층에 있어서 **2** 이상이 되도록 설치할 것(단, 설치하여야 할 층의 콘센트가 1개인 때에는 하나의 회로로 할 수 있다)
(3) 플러그접속기의 칼받이 접지극에는 **접지공사**를 하여야 한다.
(4) 풀박스는 **1.6mm** 이상의 철판을 사용할 것
(5) 절연저항은 전원부와 외함 사이를 **직류 500V** 절연저항계로 측정하여 **20MΩ** 이상일 것
(6) 전원으로부터 각 층의 비상콘센트에 분기되는 경우에는 **분기배선용 차단기**를 보호함 안에 설치할 것
(7) 바닥으로부터 **0.8~1.5m** 이하의 높이에 설치할 것
(8) 전원회로는 주배전반에서 **전용회로**로 하며, 배선의 종류는 **내화배선**이어야 한다.
(9) 콘센트마다 **배선용 차단기**를 설치하며, 충전부가 노출되지 않도록 할 것

답 ④

# 2022년도 제22회 소방시설관리사 1차 국가자격시험

| 문제형별 | 시 간 | 시험과목 |
| --- | --- | --- |
| A | 125분 | ① 소방안전관리론 및 화재역학<br>② 소방수리학, 약제화학 및 소방전기<br>③ 소방관련 법령<br>④ 위험물의 성질 · 상태 및 시설기준<br>⑤ 소방시설의 구조 원리 |

| 수험번호 | | 성 명 | |
| --- | --- | --- | --- |

【 수험자 유의사항 】

1. **시험문제지**는 단일형별(A형)이며, 답안카드형별 기재란에 표시된 형별(A형)을 확인하시기 바랍니다. 시험문제지의 **총면수, 문제번호 일련순서, 인쇄상태** 등을 확인하시고, 문제지 표지에 수험번호와 성명을 기재하시기 바랍니다.
2. 답은 각 문제마다 요구하는 **가장 적합하거나 가까운 답 1개**만 선택하고, 답안카드 작성시 **마킹착오**로 인한 불이익은 전적으로 **수험자에게 책임**이 있음을 알려드립니다.
3. 답안카드는 국가전문자격 공통 표준형으로 문제번호가 1번부터 125번까지 인쇄되어 있습니다. 답안 마킹시에는 반드시 **시험문제지의 문제번호와 동일한 번호**에 마킹하여야 합니다.
4. **감독위원의 지시에 불응하거나 시험시간 종료 후 답안카드를 제출하지 않을 경우** 불이익이 발생할 수 있음을 알려드립니다.
5. 시험문제지는 시험 종료 후 가져가시기 바랍니다.

# 22회 2022. 05. 21. 시행

## 제 1 과목 소방안전관리론 및 화재역학

★★★
**01** 가연물이 점화원과 접촉했을 때 연소가 시작되는 최저온도는?

14회 문 06 / 12회 문 07 / 02회 문 24

① 발화점　② 연소점
③ 인화점　④ 산화점

유사문제부터 풀어보세요. 실력이 팍!팍! 올라갑니다.

해설 **연소**와 **관계**되는 **용어**

| 구 분 | 설 명 |
|---|---|
| 발화점 (Ignition point) | ① 가연성 물질에 불꽃을 접하지 아니하였을 때 연소가 가능한 최저온도<br>② 파라핀계 탄화수소화합물의 경우 탄소수가 적을수록 높아진다.<br>③ 일반적으로 탄화수소계의 분자량이 클수록 낮아진다.<br>※ **발화점**<br>① 발열량이 클 때, 열전도율이 작을 때 낮아진다.<br>② 고체 가연물의 발화점은 가열된 공기의 유량, 가열속도에 따라 달라질 수 있다. |
| 인화점 (Flash point) | ① 휘발성 물질에 **불꽃**을 접하여 연소가 가능한 **최저온도**<br>② 가연물이 **점화원**과 **접촉**했을 때 연소가 시작되는 **최저온도** 보기 ③<br>③ 가연성 증기 발생시 연소범위의 **하한계**에 이르는 **최저온도**<br>④ 가연성 증기를 발생하는 액체가 공기와 혼합하여 기상부에 다른 불꽃이 닿았을 때 연소가 일어나는 **최저온도**<br>⑤ 점화원에 의하여 연소를 시작할 수 있는 최저온도<br>⑥ **위험성 기준**의 척도<br>기억법 위인하<br>※ **인화점**<br>① 가연성 액체의 발화와 깊은 관계가 있다.<br>② 연료의 조성, 점도, 비중에 따라 달라진다. |
| 연소점 (Fire point) | ① 인화점보다 **10℃** 높으며 연소를 **5초** 이상 **지속**할 수 있는 온도<br>② 어떤 인화성 액체가 공기 중에서 열을 받아 점화원의 존재하에 **지속적**인 연소를 일으킬 수 있는 온도<br>③ 가연성 액체에 점화원을 가져가서 인화된 후에 점화원을 제거하여도 가연물이 **계속** 연소되는 **최저온도**<br>기억법 연지(연지 곤지) |

답 ③

★★★
**02** 표준상태에서 5mol의 부탄가스($C_4H_{10}$)가 완전연소를 하는 데 요구되는 산소($O_2$)의 부피($m^3$)는?

20회 문 21 / 18회 문 76 / 16회 문 77 / 15회 문 85 / 12회 문 21 / 11회 문 95 / 10회 문 84 / 06회 문 96

① 0.728
② 0.828
③ 728
④ 828

해설 **부탄 연소반응식**

**부탄가스**($C_4H_{10}$)가 **연소**되므로 **산소**($O_2$)가 필요함

$aC_4H_{10}+bO_2 \rightarrow cCO_2+dH_2O$

C : $4\overset{2}{a}=\overset{8}{c}$

H : $10\overset{2}{a}=2\overset{10}{d}$

O : $2\overset{13}{b}=2\overset{8}{c}+\overset{10}{d}$

$2C_4H_{10}+13O_2 \rightarrow 8CO_2+10H_2O$

2mol ― 13mol
5mol ― $x$

• 5mol : 문제에서 주어짐

$2x=5\times13$

$x=\dfrac{5\times13}{2}=32.5\text{mol}$

표준상태에서 1mol의 기체는 0℃, 1기압에서 22.4L를 가지므로

$32.5\text{mol}\times22.4\text{L/mol}=728\text{L}=0.728\text{m}^3$

• $1000L=1m^3$이므로 $728L=0.728m^3$

답 ①

★★★

## 03 화재시 물질의 비열과 증발잠열을 활용하여 소화하는 방법은?

20회 문 02
18회 문 07
16회 문 25
16회 문 37
15회 문 05
15회 문 34
14회 문 08
13회 문 34
13회 문 35
08회 문 08
07회 문 16
06회 문 03

① 냉각소화
② 제거소화
③ 질식소화
④ 억제소화

해설 **소화**의 **형태**

| 소화 형태 | 설 명 |
|---|---|
| **냉**각소화 | • **점화원**을 냉각시켜 소화하는 방법<br>• **증**발잠열을 이용하여 열을 빼앗아 가연물의 **온**도를 떨어뜨려 화재를 진압하는 소화<br>• 화재시 물질의 **비열**과 **증발잠열**을 활용하여 소화 **보기 ①**<br>• 다량의 물을 뿌려 소화하는 방법<br>• 가연성 물질을 **발화점 이하**로 **냉각**<br>• **분무**상으로 **방수**할 때 **증대**되는 소화효과 |
| **질**식소화 | • 공기 중의 **산소농도**를 **16%**(10~15%) 이하로 희박하게 하여 소화<br>• 산화제의 농도를 낮추어 연소가 지속될 수 없도록 함<br>• **산소공급**을 **차단**하는 소화방법(연소표면을 덮어 공기 접촉을 차단하는 소화원리) |
| 제거소화 | • **가연물**을 **제거**하여 소화하는 방법 |
| 부촉매소화<br>(=화학소화) | • **연쇄반응**을 **차단**하여 소화하는 방법<br>• **화학적인 방법**으로 화재억제 |
| 희석소화 | • 기체·고체·액체에서 나오는 분해가스나 증기의 농도를 낮춰 소화하는 방법 |
| 유화효과 | • 유류표면에 **유화층**의 막을 형성시켜 공기의 접촉을 막는 방법으로 유류저장고에 적합 |

부촉매소화=연쇄반응 차단소화

기억법 **냉점온증발**
**질산**

중요

**주된 소화효과**

| 소화약제 | 소화효과 |
|---|---|
| • 포소화약제<br>• 분말소화약제<br>• 이산화탄소 소화약제 | 질식소화 |
| • 물소화약제(물분무소화설비) | 냉각소화 |
| • 할론소화약제 | 화학소화<br>(부촉매효과) |

답 ①

★★★

## 04 연소속도보다 가스 분출속도가 클 때, 주위에 공기유동이 심하여 불꽃이 노즐에서 떨어진 후 꺼지는 현상은?

18회 문 03
16회 문 03
10회 문 17
02회 문 12

① 백파이어(Back fire)
② 링파이어(Ring fire)
③ 블로오프(Blow off)
④ 롤오버(Roll over)

해설 **연소상**의 **문제점**

(1) **백파이어**(Back fire, 역화) : 가스가 노즐에서 분출되는 속도가 연소속도보다 느려져 버너 내부에서 연소하게 되는 현상 **보기 ①**

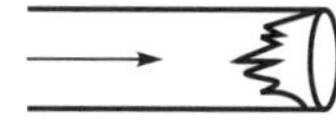

| 백파이어 |

혼합가스의 유출속도<연소속도

(2) **리프트**[Lift=리프팅(Lifting), 불꽃뜨임] : 가스가 노즐에서 나가는 속도가 연소속도보다 빠르게 되어 불꽃이 버너의 노즐에서 떨어져서 연소하게 되는 현상

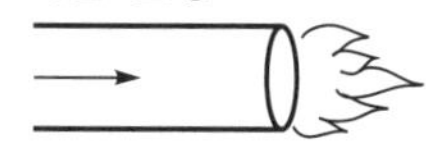

| 리프트 |

혼합가스의 유출속도>연소속도

(3) **블로오프**(Blow off)
① 리프트 상태에서 **불**이 **꺼지는 현상**
② 연소속도보다 가스 분출속도가 클 때, 주위에 공기유동이 심하여 불꽃이 노즐에서 떨어진 후 꺼지는 현상 **보기 ③**

| 블로오프 |

용어

(1) **링파이어**(Ring fire) 보기 ②
불이 링처럼 동그랗게 타는 것

| 링파이어 |

(2) **플래시오버 vs 롤오버**

| 구 분 | 플래시오버 (Flash over) | 롤오버(Roll over) 보기 ④ |
|---|---|---|
| 정의 | 화재로 인하여 실내의 온도가 급격히 상승하여 화재가 순간적으로 실내 전체에 확산되어 연소되는 현상으로 일반적으로 **순발연소**라고도 함 | 작은 화염이 실내에 흩어져 있는 상태 |
| 발생시간 | ① 화재발생 후 5~6분경<br>② 난연성 재료보다는 가연성 재료의 소요시간이 짧음 | - |
| 발생시점 | **성장기~최성기**(성장기에서 최성기로 넘어가는 분기점) | 플래시오버 직전<br>기억법 롤플 |
| 실내온도 | 약 800~900℃ | - |
| 특징 | 공간 내 전체 가연물 발화 | ① 화염이 주변 공간으로 확대되어 감<br>② 작은 화염은 고열의 연기가 충만한 실의 천장 부근 또는 개구부 상부로 나오는 연기에 혼합되어 나타남 |

답 ③



★★★
## 05 다음에서 설명하는 화재현상은?

19회 문 06
19회 문 13
18회 문 02
17회 문 06
16회 문 04
16회 문 14
13회 문 07
10회 문 11
09회 문 06
08회 문 24
06회 문 15
04회 문 03

> 위험물저장탱크 내에 저장된 양이 내용적 1/2 이하로 충전된 경우 화재로 인하여 증기압력이 상승하고 저장탱크 내의 유류를 외부로 분출하면서 탱크가 파열되는 현상이다.

① 보일오버(Boil over)
② 슬롭오버(Slop over)
③ 프로스오버(Froth over)
④ 오일오버(Oil over)

해설 중요

**유류탱크, 가스탱크**에서 **발생**하는 **현상**

| 여러 가지 현상 | 정 의 |
|---|---|
| **블래비** (BLEVE) | 과열상태의 탱크에서 내부의 **액화가스**가 분출하여 기화되어 폭발하는 현상 |
| **보일오버** (Boil over) | ① **중**질유의 석유탱크에서 장시간 조용히 연소하다 탱크 내의 잔존기름이 갑자기 분출하는 현상<br>② 유류탱크에서 탱크 바닥에 물과 기름의 **에멀션**이 섞여 있을 때 이로 인하여 화재가 발생하는 현상<br>③ 연소 유면으로부터 100℃ 이상의 열파가 탱크 저부에 고여 있는 물을 비등하게 하면서 연소유를 탱크 밖으로 비산시키며 연소하는 현상<br>④ 유류탱크의 화재시 탱크 저부의 물이 뜨거운 열류층에 의하여 수증기로 변하면서 급작스러운 부피팽창을 일으켜 유류가 탱크 외부로 분출하는 현상<br>⑤ **탱크 저부**의 물이 급격히 증발하여 탱크 밖으로 화재를 동반하며 방출되는 현상 |
| **오일오버** (Oil over) 보기 ④ | ① 저장탱크에 저장된 유류저장량이 내용적의 **50% 이하**로 충전되어 있을 때 화재로 인하여 **탱크**가 **폭발**하는 현상<br>② 위험물 저장탱크 내에 저장된 양이 내용적 **1/2 이하**로 충전된 경우 화재로 인하여 증기압력이 상승하고 저장탱크 내의 유류를 외부로 분출하면서 **탱크**가 **파열**되는 현상 |

| 여러 가지 현상 | 정 의 |
|---|---|
| **프로스오버** (Froth over) | **물**이 점성의 뜨거운 **기름표면 아래서 끓을 때** 화재를 수반하지 않고 용기가 넘치는 현상 |
| **슬롭오버** (Slop over) | ① 중질유 탱크화재시 유류표면 온도가 물의 비점 이상일 때 소화용수를 유류표면에 방수시키면 물이 수증기로 변하면서 급격한 부피팽창으로 인해 유류가 탱크의 외부로 분출되는 현상<br>② **물**이 연소유의 **뜨거운 표면**에 **들어갈 때** 기름표면에서 화재가 발생하는 현상<br>③ 유화제로 **소**화하기 위한 물이 수분의 급격한 증발에 의하여 액면이 거품을 일으키면서 열유층 밑의 냉유가 급히 열팽창하여 기름의 일부가 불이 붙은 채 탱크벽을 넘어서 일출하는 현상 |

**기억법** **블액, 보중에탱저, 오5, 프기아, 슬물소**

답 ④

★★★

## 06 분진폭발에 관한 설명으로 옳은 것을 모두 고른 것은?

20회 문 06 19회 문 06 19회 문 13 18회 문 02 18회 문 17 17회 문 06 16회 문 04 16회 문 14 13회 문 07 11회 문 16 10회 문 11 09회 문 06 08회 문 24 06회 문 15 04회 문 03 04회 문 10 03회 문 23

> ㉠ 화학적 폭발로 가연성 고체의 미분이 티끌이 되어 공기 중에 부유하고 있을 때 어떤 착화원의 에너지를 받으면 폭발하는 현상이다.
> ㉡ 입자표면에 열에너지가 주어져서 표면의 온도가 상승한다.
> ㉢ 폭발의 입자가 비산하므로 이것에 접촉되는 가연물은 국부적으로 심한 탄화를 일으킨다.
> ㉣ 분진의 입자와 밀도가 작을수록 표면적이 커져서 폭발이 잘 일어난다.

① ㉠ ② ㉠, ㉡
③ ㉠, ㉡, ㉢ ④ ㉠, ㉡, ㉢, ㉣

해설 **분진폭발**에 **영향**을 **미치**는 **요소**(분진폭발의 특징)

(1) 화학적 폭발로 가연성 고체의 **미분**이 티끌이 되어 공기 중에 부유하고 있을 때 어떤 **착화원**의 **에너지**를 받으면 폭발하는 현상이다. 보기 ㉠
(2) 입자표면에 **열에너지**가 주어져서 **표면**의 **온도**가 **상승**한다. 보기 ㉡
(3) **폭발**의 **입자**가 비산하므로 이것에 접촉되는 가연물은 국부적으로 **심한 탄화**를 일으킨다. 보기 ㉢
(4) 분진의 입자와 **밀도**가 **작을수록** 표면적이 커져서 **폭발**이 **잘 일어난다.** 보기 ㉣
(5) 미분탄, 소맥분, 플라스틱의 분말같은 가연성 고체가 **미분말**로 되어 공기 중에 부유한 상태로 폭발농도 이상으로 있을 때 착화원이 존재함으로써 발생하는 폭발현상이다.
(6) 분진의 발열량이 크고 휘발성이 클수록 **폭발**하기 **쉽다**.
(7) 분진의 부유성이 클수록 공기 중에 체류하는 시간이 긴 동시에 **위험성**도 **커진다**.
(8) 분진의 형상과 표면의 상태에 따라 폭발성은 **달라진다**.
(9) 열분해에 의해 **유독성 가스**가 발생될 수 있다.
(10) 폭발과 관련된 연소속도 및 폭발압력이 가스폭발에 비해 **낮다**.
(11) 1차 폭발로 인해 2차 폭발이 야기될 수 있어 **피해범위**가 **크다**.
(12) 가스폭발에 비해 **발생 에너지**가 **크고** 상대적으로 **고온**이다(2000~3000℃까지 상승).
(13) 가스폭발에 비해 연소속도나 폭발압력은 작으나 연소시간이 **길다**.

중요

**폭발의 종류**

| 폭발 종류 | 물 질 |
|---|---|
| **분해**폭발 | • **과**산화물 · **아**세틸렌<br>• **다**이너마이트<br>기억법 **분해과아다** |
| 분진폭발 | • 밀가루 · 담뱃가루<br>• 석탄가루 · 먼지<br>• 전분 · 금속분 |
| **중**합폭발 | • **염**화비닐<br>• **시**안화수소<br>기억법 **중염시** |
| **분**해 · **중**합폭발 | • **산**화에틸렌<br>기억법 **분중산** |
| **산**화폭발 | • **압**축가스<br>• **액**화가스<br>기억법 **산압액** |

답 ④

22회

★★★

## 07 화재의 분류에 관한 설명으로 옳은 것을 모두 고른 것은?

21회 문 06
19회 문 09
18회 문 06
16회 문 19
15회 문 03
14회 문 03
13회 문 06
10회 문 31

> ㉠ A급 화재의 표시색상은 백색이다.
> ㉡ B급 화재의 원인물질은 인화성 액체 등 기름성분이다.
> ㉢ C급 화재는 전기화재를 말한다.
> ㉣ K급 화재는 금속화재를 말한다.

① ㉠, ㉢　② ㉡, ㉣
③ ㉠, ㉡, ㉢　④ ㉠, ㉡, ㉢, ㉣



해설 ㉣ 금속화재 → 주방화재

**화재의 분류**

| 화재의 종류 | 표시색 | 적응물질 |
|---|---|---|
| 일반화재(A급) 보기 ㉠ | **백**색 | • 일반가연물<br>• 종이류 화재<br>• 목재, 섬유화재 |
| 유류화재(B급) 보기 ㉡ | **황**색 | • 가연성 액체<br>• 가연성 가스<br>• 액화가스화재<br>• 석유화재 |
| 전기화재(C급) 보기 ㉢ | **청**색 | • 전기설비 |
| 금속화재(D급) | **무**색 | • 가연성 금속 |
| 주방화재(K급) 보기 ㉣ | - | • 식용유화재 |

기억법 **백황청무**

※ 최근에는 색을 표시하지 않아도 되는데? 색상문제가 나왔네요!

답 ③

★★★

## 08 폭연과 폭굉에 관한 설명으로 옳지 않은 것은?

18회 문 10
16회 문 23
17회 문 04
15회 문 08
06회 문 22
04회 문 18
03회 문 14

① 폭연의 충격파 전파속도는 음속보다 느리다.
② 폭굉은 파면에서 온도, 압력, 밀도가 연속적으로 나타난다.
③ 폭연은 폭굉으로 전이될 수 있다.
④ 폭굉의 폭발반응은 충격파에너지에 의한 화학반응에 의해 전파되어 가는 현상이다.

② 폭굉 → 폭연

**폭연 vs 폭굉**

| 폭 연 | 폭 굉 |
|---|---|
| ① 폭연은 폭굉으로 전이될 수 있으며, 압력파 또는 충격파가 미반응 매질 속으로 **음속보다 느리게 이동**하는 경우 보기 ①③<br>② 연소파의 전파속도는 기체의 조성이나 농도에 따라 다르지만 일반적으로 0.1~10m/s인 범위<br>③ 폭연시에 벽이 받는 압력은 **정압뿐**<br>④ 연소파의 파면(화염면)에서 온도, 압력, 밀도의 변화를 보면 **연속적** 보기 ② | ① 압력파 또는 충격파가 미반응 매질 속으로 **음속보다 빠르게 이동**하는 경우로 압력상승은 폭연의 경우보다 **10배** 정도 또는 그 이상<br>② 폭굉으로 유도되는 반응 메커니즘이 심각한 정도의 초기압력이나 충격파를 생성하기 위해서는 아주 작은 부피 내에서 아주 짧은 시간에 에너지 방출<br>③ 폭굉파는 **1000~3500m/s** 정도로 빠르게 나타나며 이때 발생되는 압력은 **약 1000$kg_f/cm^2$** 정도<br>④ 연소시의 **정압에 충격파의 동압을 받아 파괴효과 증가**<br>⑤ 폭굉시에는 파면에서 온도, 압력, 밀도가 **불연속적**<br>⑥ 폭굉의 폭발반응은 **충격파에너지**에 의한 **화학반응**에 의해 전파되어 가는 현상 보기 ④ |

답 ②

★★★

## 09 플래시오버(Flash over)와 백드래프트(Back draft)에 관한 설명으로 옳지 않은 것은?

18회 문 16
15회 문 24
11회 문 07
11회 문 13
09회 문 01
05회 문 09

① 플래시오버는 층 전체가 순식간에 화염에 휩싸이면서 모든 공간을 통하여 입체적으로 확대되는 현상이다.
② 백드래프트는 밀폐된 공간에서 화재가 발생하여 산소농도 저하로 불꽃을 내지 못하고 가연물질의 열분해에 의해 발생된 가연성 가스가 축적되면서 갑자기 유입된 신선한 공기로 급격히 연소가 활발해지는 현상이다.
③ 플래시오버의 방지대책으로 가연물의 양을 제한하는 방법이 있다.
④ 백드래프트가 발생하는 주요 원인은 복사열이다.

해설

④ 복사열 → 신선한 공기 유입

| 용 어 | 설 명 |
|---|---|
| 보일오버<br>(Boil over) | ① 중질유의 탱크에서 장시간 조용히 연소한다. 탱크 내의 잔존기름이 갑자기 분출하는 현상<br>② 유류탱크에서 탱크 바닥에 물과 기름의 **에멀션**(Emulsion)이 섞여 있을 때 이로 인하여 화재가 발생하는 현상<br>③ 연소유면으로부터 100℃ 이상의 열파가 **탱크 저부**에 고여 있는 **물**을 비등하게 하면서 연소유를 탱크 밖으로 비산시키며 연소하는 현상 |
| 백드래프트<br>(Back draft) | ① 화재실 내에 연소가 계속되어 산소가 심히 부족한 상태에서 개구부를 통하여 **산소**가 **공급**되면 화염이 산소의 공급통로로 분출되는 현상<br>② **밀폐**된 공간의 화재시 **산소농도 저하**로 불꽃을 내지 못하고 가연물질의 열분해에 의해 발생된 가연성 가스가 축적된 경우, 진화를 위하여 출입문 등을 개방할 때 신선한 **공기의 유입**으로 폭발적인 연소가 다시 시작되는 현상 보기 ②④ |
| 백파이어<br>(Back fire)<br>: 역화 | 가스가 노즐에서 나가는 속도가 연소속도보다 느려져 **버너 내부**에서 **연소**하게 되는 현상 |
| 플래시오버<br>(Flash over) | ① 폭발적인 착화현상<br>② 순발적인 연소확대현상<br>③ 화염이 급격히 확대되는 현상(폭발적인 화재의 확대현상)<br>④ 화재로 인하여 실내의 온도가 급격히 상승하여 화재가 순간적으로 실내 전체에 확산되어 연소되는 현상<br>⑤ 층 전체가 **순식간**에 **화염**에 휩싸이면서 모든 공간을 통하여 입체적으로 **확대**되는 현상이다. 보기 ① |

중요

**플래시오버 vs 백드래프트**

| 플래시오버의 방지대책 | 백드래프트의 방지대책 |
|---|---|
| ① **천장**의 **불연화**<br>② **가연물**의 양 **제한** 보기 ③<br>③ **개구부**의 **제한** | ① **폭발력**의 **억제** : 유리창을 파손하여 폭발력 억제<br>② **환기** : 환기구 개방<br>③ **소화** : 출입문 개방과 동시에 방수<br>④ **격리** : 출입문이 안쪽으로 열릴시 닫아두거나 조금만 연다. |

비교

(1) **플래시오버**의 **지연대책**
① 두께가 **두꺼운** 내장재료를 사용한다.
② **열전도율**이 **큰 내장재료**를 사용한다.
③ 주요구조부를 **내화구조**로 하고 **개구부**를 **작게** 설치한다.
④ 실내 가연물은 **소량단위**로 **분산저장**한다.

(2) **플래시오버**에 **영향**을 **미치는 것**
① 개구율(창문 등의 개구부 크기)
② 내장재료
③ 화원의 크기

기억법 **개내화**

답 ④

**10** **건축물의 피난ㆍ방화구조 등의 기준에 관한 규칙상 발코니의 바닥에 국토교통부령으로 정하는 하향식 피난구의 설치기준으로 옳지 않은 것은?**

① 피난구의 덮개는 품질시험을 실시한 결과 비차열 1시간 이상의 내화성능을 가져야 할 것
② 피난구의 유효개구부 규격은 직경 50센티미터 이상일 것
③ 상층ㆍ하층간 피난구의 수평거리는 15센티미터 이상 떨어져 있을 것
④ 사다리는 바로 아래층의 바닥면으로부터 50센티미터 이하까지 내려오는 길이로 할 것

해설 ② 50센티미터 이상 → 60센티미터 이상

**피난·방화구조 제14조**
**하향식 피난구의 설치기준**

(1) 피난구의 덮개(덮개와 사다리, 승강식 피난기 또는 경보시스템이 **일체형**으로 구성된 경우에는 그 사다리, 승강식 피난기 또는 경보시스템을 포함)는 품질시험을 실시한 결과 **비차열 1시간** 이상의 내화성능을 가져야 하며, 피난구의 유효개구부 규격은 직경 **60cm 이상**일 것 **보기 ①②**
(2) 상층·하층간 피난구의 **수평거리**는 **15cm 이상** 떨어져 있을 것 **보기 ③**
(3) 아래층에서는 바로 위층의 피난구를 열 수 없는 구조일 것
(4) 사다리는 바로 아래층의 바닥면으로부터 **50cm 이하**까지 내려오는 길이로 할 것 **보기 ④**
(5) 덮개가 개방될 경우에는 건축물관리시스템 등을 통하여 경보음이 울리는 구조일 것
(6) 피난구가 있는 곳에는 **예비전원**에 의한 **조명설비**를 설치할 것

용어

| 비차열 | 차 열 |
|---|---|
| 화재시 방화문을 통하여 발생하는 복사열을 차단해 주지는 못하지만, **화염**, **연기**는 차단해 주는 것 | **복사열**, **화염**, **연기** 모두를 차단해 주는 것 |

답 ②

★★★
**11** 건축물의 피난·방화구조 등의 기준에 관한 규칙상 내화구조가 아닌 것은?

21회 문 12 / 17회 문 14 / 13회 문 12 / 07회 문 01

① 외벽 중 비내력벽인 경우에는 철근콘크리트조로서 두께가 7센티미터 이상인 것
② 기둥의 경우에는 그 작은 지름이 20센티미터 이상인 것으로서 철근콘크리트조인 것(고강도 콘크리트를 사용하는 경우가 아님)
③ 바닥의 경우에는 철근콘크리트조로서 두께가 10센티미터 이상인 것
④ 보의 경우에는 철근콘크리트조인 것(고강도 콘크리트를 사용하는 경우가 아님)

해설 ② 20센티미터 이상 → 25센티미터 이상

**피난·방화구조 제3조**
**내화구조의 기준**

| 내화구분 | | 기 준 |
|---|---|---|
| 벽 | 모든 벽 | ① 철골·철근콘크리트조로서 두께가 10cm 이상인 것<br>② 골구를 철골조로 하고 그 양면을 두께 4cm 이상의 철망 모르타르로 덮은 것<br>③ 두께 5cm 이상의 콘크리트 블록·벽돌 또는 석재로 덮은 것<br>④ 철재로 보강된 **콘크리트블록조·벽돌조** 또는 석조로서 철재에 덮은 콘크리트블록의 두께가 5cm 이상인 것<br>⑤ 벽돌조로서 두께가 19cm 이상인 것 |
| | 외벽 중 비내력벽 | ① 철골·철근콘크리트조로서 두께가 7cm 이상인 것 **보기 ①**<br>② 골구를 철골조로 하고 그 양면을 두께 3cm 이상의 철망 모르타르로 덮은 것<br>③ 두께 4cm 이상의 콘크리트 블록·벽돌 또는 석재로 덮은 것<br>④ 석조로서 두께가 7cm 이상인 것 |
| 기둥(작은 지름이 25cm 이상인 것) **보기 ②** | | ① 철골을 두께 6cm 이상의 철망 모르타르로 덮은 것<br>② 두께 7cm 이상의 콘크리트 블록·벽돌 또는 석재로 덮은 것<br>③ 철골을 두께 5cm 이상의 콘크리트로 덮은 것 |
| 바닥 | | ① 철골·철근콘크리트조로서 두께가 10cm 이상인 것 **보기 ③**<br>② 석조로서 철재에 덮은 콘크리트블록 등의 두께가 5cm 이상인 것<br>③ 철재의 양면을 두께 5cm 이상의 철망 모르타르로 덮은 것 |
| 보 | | ① 철골을 두께 6cm 이상의 철망 모르타르로 덮은 것<br>② 두께 5cm 이상의 콘크리트로 덮은 것<br>③ 철근콘크리트조 **보기 ④** |
| 계단 | | ① 철근콘크리트조 또는 철골·철근콘크리트조<br>② 무근콘크리트조·콘크리트블록조·벽돌조 또는 석조<br>③ **철재로 보강된 콘크리트블록조·벽돌조 또는 석조**<br>④ **철골조** |

답 ②

★★★

**12** 건축물의 피난·방화구조 등의 기준에 관한 규칙 및 건축법령상 피난 및 방화구조 등에 관한 내용으로 옳은 것은?

20회 문 15
15회 문 23
13회 문 15
11회 문 18

① 시멘트모르타르 위에 타일을 붙인 것으로서 그 두께의 합계가 2센티미터 이상인 것은 방화구조이다.

② 초고층 건축물에는 피난층 또는 지상으로 통하는 직통계단과 직접 연결되는 피난안전구역을 지상층으로부터 최대 30개 층마다 1개소 이상 설치하여야 한다.

③ 소방관 진입창의 기준은 창문의 가운데에 지름 20센티미터 이상의 사각형을 야간에도 알아볼 수 있도록 빛 반사 등으로 붉은 색으로 표시할 것

④ 지하층의 비상탈출구는 지하층의 바닥으로부터 비상탈출구의 아랫부분까지의 높이가 1.2미터 이상이 되는 경우에는 벽체에 발판의 너비가 15센티미터 이상인 사다리를 설치할 것

① 2센티미터 이상 → 2.5센티미터 이상
③ 사각형 → 역삼각형
④ 15센티미터 이상 → 20센티미터 이상

(1) **방화구조**의 **기준**(피난·방화구조 제4조)

| 구조내용 | 기 준 |
|---|---|
| • 철망모르타르 바르기 | 바름두께가 **2cm** 이상인 것 |
| • 석고판 위에 시멘트 모르타르 또는 회반죽을 바른 것<br>• 시멘트모르타르 위에 타일을 붙인 것 | 두께의 합계가 **2.5cm** 이상인 것 **보기 ①** |
| • 심벽에 흙으로 맞벽치기 한 것 | 그대로 모두 인정됨 |

(2) **피난안전구역에 관한 기준**(건축법 시행령 제34조)

| 초고층 건축물 | 준초고층 건축물 |
|---|---|
| 피난층 또는 지상으로 통하는 직통계단과 직접 연결되는 피난안전구역을 지상층으로부터 **최대 30개** 층마다 **1개소** 이상 설치 **보기 ②** | 피난층 또는 지상으로 통하는 직통계단과 직접 연결되는 피난안전구역을 해당 건축물 전체 층수의 $\frac{1}{2}$에 해당하는 층으로부터 **상하 5개층** 이내에 **1개소** 이상 설치(단, 국토교통부령으로 정하는 기준에 따라 피난층 또는 지상으로 통하는 직통계단을 설치하는 경우는 제외) |

※ 피난안전구역 : 건축물의 피난·안전을 위하여 건축물 중간층에 설치하는 대피공간

(3) **소방관 진입창**의 **기준**(피난·방화구조 제18조 2)

① **2층** 이상 **11층** 이하인 층에 각각 **1개소 이상** 설치할 것(이 경우 소방관이 진입할 수 있는 창의 가운데에서 벽면 끝까지의 수평거리가 **40m 이상**인 경우에는 **40m 이내**마다 소방관이 진입할 수 있는 창을 추가 설치)

② 소방차 진입로 또는 소방차 진입이 가능한 **공터**에 면할 것

③ 창문의 가운데에 지름 **20cm 이상**의 역삼각형을 야간에도 알아볼 수 있도록 **빛 반사** 등으로 **붉은색**으로 표시할 것 **보기 ③**

④ 창문의 한쪽 모서리에 타격지점을 지름 **3cm 이상**의 원형으로 표시할 것

⑤ 창문의 크기는 폭 **90cm 이상**, 높이 **1.2m 이상**으로 하고, 실내 바닥면으로부터 창의 아랫부분까지의 높이는 **80cm 이내**로 할 것

⑥ 다음의 어느 하나에 해당하는 유리를 사용할 것

㉠ 플로트판유리로서 그 두께가 **6mm 이하**인 것

㉡ **강화유리** 또는 **배강도유리**로서 그 두께가 **5mm 이하**인 것

㉢ ① 또는 ②에 해당하는 유리로 구성된 **이중유리**로서 그 두께가 **24mm 이하**인 것

(4) **지하층 비상탈출구**의 **설치기준**(피난·방화구조 제25조)
① 비상탈출구의 유효너비는 **0.75m** 이상으로 하고, 유효높이는 **1.5m** 이상으로 할 것
② 비상탈출구의 문은 **피난방향**으로 열리도록 하고, 실내에서 항상 열 수 있는 구조로 하여야 하며, 내부 및 외부에는 비상탈출구의 표시를 할 것
③ 비상탈출구는 출입구로부터 **3m** 이상 떨어진 곳에 설치할 것
④ 지하층의 바닥으로부터 비상탈출구의 아랫부분까지의 높이가 **1.2m** 이상이 되는 경우에는 벽체에 발판의 너비가 **20cm** 이상인 **사다리**를 설치할 것 보기 ④
⑤ 비상탈출구는 피난층 또는 지상으로 통하는 복도나 직통계단에 직접 접하거나 통로 등으로 연결될 수 있도록 설치하여야 하며, 피난층 또는 지상으로 통하는 복도나 직통계단까지 이르는 피난통로의 유효너비는 **0.75m** 이상으로 하고, 피난통로의 실내에 접하는 부분의 마감과 그 바탕은 **불연재료**로 할 것
⑥ 비상탈출구의 진입부분 및 피난통로에는 통행에 지장이 있는 물건을 방치하거나 시설물을 설치하지 아니할 것
⑦ 비상탈출구의 유도등과 피난통로의 비상조명등의 설치는 소방법령이 정하는 바에 의할 것

답 ②

★★★
## 13 건축물의 피난·방화구조 등의 기준에 관한 규칙상 특별피난계단의 구조에 관한 설명으로 옳지 않은 것은?

21회 문 10
20회 문 19
12회 문 75

① 계단실의 노대 또는 부속실에 접하는 창문 등(출입구를 제외한다)은 망이 들어있는 유리의 붙박이창으로서 그 면적을 각각 2제곱미터 이하로 할 것
② 노대 및 부속실에는 계단실 외의 건축물의 내부와 접하는 창문 등(출입구를 제외한다)을 설치하지 아니할 것
③ 출입구의 유효너비는 0.9미터 이상으로 하고 피난의 방향으로 열 수 있을 것
④ 계단은 내화구조로 하되, 피난층 또는 지상까지 직접 연결되도록 할 것

해설 ① 2제곱미터 이하 → 1제곱미터 이하

**피난·방화구조 제9조**
**특별피난계단의 구조**
(1) 건축물의 내부와 계단실은 노대를 통하여 연결하거나 외부를 향하여 열 수 있는 면적 **1m²** 이상인 창문(바닥에서 **1m** 이상의 높이에 설치한 것) 또는 적합한 구조의 배연설비가 있는 면적 **3m²** 이상인 부속실을 통하여 연결할 것
(2) 계단실·노대 및 부속실(비상용 승강기의 승강장을 겸용하는 부속실 포함)은 **창문** 등을 **제외**하고는 **내화구조**의 벽으로 각각 구획할 것
(3) 계단실 및 부속실의 실내에 접하는 부분의 마감(마감을 위한 바탕 포함)은 **불연재료**로 할 것
(4) **계단실**에는 **예비전원**에 의한 **조명설비**를 할 것
(5) 계단실·노대 또는 부속실에 설치하는 건축물의 **바깥쪽**에 접하는 창문 등(망입, 유리의 붙박이창으로서 면적이 **1m²** 이하인 것 제외)은 계단실·노대 또는 부속실 외의 해당 건축물의 다른 부분에 설치하는 창문 등으로부터 **2m** 이상의 거리를 두고 설치할 것
(6) 계단실에는 노대 또는 부속실에 접하는 부분 외에는 건축물의 내부와 접하는 **창문** 등을 설치하지 아니할 것
(7) 계단실의 노대 또는 부속실에 접하는 창문 등(출입구 제외)은 망입유리의 붙박이창으로서 그 면적을 **1m²** 이하로 할 것 보기 ①
(8) 노대 및 부속실에는 계단실 외의 건축물의 **내부**와 접하는 창문 등(출입구 제외)을 설치하지 아니할 것 보기 ②
(9) 건축물의 내부에서 노대 또는 부속실로 통하는 출입구에는 **60분+방화문** 또는 **60분 방화문**을 설치하고, 노대 또는 부속실로부터 계단실로 통하는 출입구에는 **60분+방화문**, **60분 방화문** 또는 **30분 방화문**을 설치할 것(단, **60분+방화문**, **60분 방화문** 또는 **30분 방화문**은 **언제나 닫힌 상태**를 유지하거나 화재로 인한 연기, 온도, 불꽃 등을 가장 신속하게 감지하여 자동적으로 닫히는 구조)
(10) 계단은 **내화구조**로 하되, 피난층 또는 지상까지 직접 연결되도록 할 것 보기 ④
(11) 출입구의 유효너비는 **0.9m** 이상으로 하고 **피난의 방향**으로 열 수 있을 것 보기 ③

답 ①

★

## 14 건축법령상 대지 안의 피난 및 소화에 필요한 통로 설치에 관하여 ( )에 들어갈 내용으로 옳은 것은?

> 바닥면적의 합계가 ( ㉠ )제곱미터 이상인 문화 및 집회시설, 종교시설, 의료시설, 위락시설 또는 장례시설은 유효너비 ( ㉡ )미터 이상의 통로를 확보하여야 한다.

① ㉠ : 300, ㉡ : 2
② ㉠ : 300, ㉡ : 3
③ ㉠ : 500, ㉡ : 2
④ ㉠ : 500, ㉡ : 3

해설 **건축법 시행령 제41조**
**대지 안의 피난 및 소화에 필요한 통로 설치기준**
(1) 통로의 너비 확보기준

| 구 분 | 확보기준 |
|---|---|
| 단독주택 | 유효너비 0.9m 이상 |
| 바닥면적의 합계가 **500m² 이상**인 문화 및 집회시설, 종교시설, 의료시설, 위락시설 또는 장례시설 **보기 ④** | 유효너비 3m 이상 **보기 ④** |
| 그 밖의 용도로 쓰는 건축물 | 유효너비 1.5m 이상 |

(2) 필로티 내 통로의 길이가 **2m 이상**인 경우에는 피난 및 소화활동에 장애가 발생하지 아니하도록 **자동차 진입억제용 말뚝** 등 통로 보호시설을 설치하거나 통로에 **단차**(段差)를 둘 것

답 ④

★★★

## 15 다음에서 설명하는 건축물의 화재시 인간의 피난행동 특성은?

21회 문 13
20회 문 16
18회 문 20
16회 문 22
14회 문 25
10회 문 09
09회 문 04
05회 문 07

> 화재초기에는 주변 상황의 확인을 위하여 서로 모이지만 화세의 급격한 확대로 각자의 공포감이 증가되며 발화지점의 반대방향으로 이동, 즉 반사적으로 위험으로부터 멀리하려는 본능이다.

① 귀소본능　② 추종본능
③ 퇴피본능　④ 지광본능

해설 **화재발생시 인간의 피난 특성**

| 피난 특성 | 설 명 |
|---|---|
| 귀소본능 | ① 피난시 **평소**에 사용하는 **문**, 길, **통로**를 사용하거나 자신이 왔었던 길로 **되돌아가려는** 본능<br>② **친숙한 피난경로**를 선택하려는 행동<br>③ 무의식 중에 **평상시** 사용하는 **출입구**나 **통로**를 사용하려는 행동<br>④ 화재시 본능적으로 **원래** 왔던 길 또는 늘 사용하는 경로로 탈출하려고 하는 것<br>⑤ **원래** 왔던 길을 더듬어 피하려는 경향<br>⑥ **처음**에 들어온 빌딩 등에서 내부 상황을 모를 경우 들어왔던 경로로 피난하려는 본능을 귀소본능이라 한다. |
| 지광본능 | ① 화재시 연기 및 정전 등으로 시야가 흐려질 때 어두운 곳에서 개구부, 조명부 등의 **밝은 빛**을 따르려는 본능<br>② **밝은 쪽**을 지향하는 행동<br>③ 화재의 **공포감**으로 인하여 **빛**(불빛)을 따라 외부로 달아나려고 하는 행동<br>④ 폐쇄공간 또는 어두운 공간에 대한 불안심리에 기인하는 행동<br>⑤ 건물 내부에 연기로 인해 시야가 제한을 받을 경우 **빛**이 새어나오는 방향으로 피난하려는 본능 |
| **퇴피본능** | ① 반사적으로 **위험**으로부터 **멀리**하려는 본능 **보기 ③**<br>② 화염, 연기에 대한 **공포감**으로 **발화**의 **반대방향**으로 이동하려는 행동 **보기 ③**<br>③ 화재가 발생하면 확인하려 하고, 그것이 비상사태로 확인되면 **화재**로부터 **멀어지려고** 하는 본능<br>④ 연기, 불의 **차폐물**이 있는 곳으로 도망가거나 숨는다.<br>⑤ **발화점**으로부터 조금이라도 **먼 곳**으로 피난한다. |
| 추종본능 | ① 많은 사람이 달아나는 방향으로 쫓아가려는 행동<br>② 화재시 **최초**로 **행동**을 **개시**한 사람을 따라 전체가 움직이려는 행동<br>③ **집단**의존형 피난행동, 집단을 선도하는 사람의 존재 및 지시가 크게 영향력을 가짐 |

| 피난 특성 | 설 명 |
|---|---|
| 좌회본능 | **좌측통행**을 하고 **시계반대방향**으로 회전하려는 행동 |
| 폐쇄공간 지향본능 | 가능한 **넓은 공간**을 찾아 **이동**하다가 위험성이 높아지면 의외의 좁은 공간을 찾는 본능 |
| 초능력본능 | 비상시 **상상**도 **못할 힘**을 내는 본능 |
| 공격본능 | **이상심리현상**으로서 구조용 헬리콥터를 부수려고 한다든지 무차별적으로 주변사람과 구조인력 등에게 공격을 가하는 본능 |
| 패닉(Panic) 현상 | 인간의 비이성적인 또는 부적합한 **공포반응행동**으로서 무모하게 높은 곳에서 뛰어내리는 행위라든지, 몸이 굳어서 움직이지 못하는 행동 |
| 일상동선 지향성 | **일상**적으로 사용하고 있는 경로를 사용해 피하려는 경향 |
| 향개방성 | **열린** 느낌이 드는 방향으로 피하려는 경향 |
| 일시경로 선택성 | **처음**에 눈에 들어온 경로, 또는 눈에 **띄기 쉬운 계단**을 향하는 경향 |
| 지근거리 선택성 | 책상을 타고 넘어도 **가까운 거리**의 계단을 선택하는 경향 |
| 직진성 | **정면**의 계단과 통로를 선택하거나 막다른 곳이 나올 때까지 **직진**하는 경향 |
| 위험 회피본능 | **발화반대방향**으로 피하려는 본능, **뛰어내리는 행동**도 이에 포함 |
| 이성적 안전 지향성 | **안전**하다고 생각되는 **경로**로 향하는 경향 |

답 ③

22회

★★★

**16** 화재시 인간의 피난행동 특성을 고려하여 혼란을 최소화하는 건축물 피난계획의 일반적인 원칙에 관한 설명으로 옳지 않은 것은?

20회 문 11
19회 문 12
18회 문 21
17회 문 11
15회 문 22
14회 문 24
11회 문 03
11회 문 11
10회 문 06
03회 문 03
02회 문 23

① 피난경로 중 한 방향이 화재 등의 재난으로 사용할 수 없을 경우에 다른 방향이 사용되도록 고려하는 페일 세이프(Fail safe) 원칙이 필요하다.

② 피난설비는 이동식 기구와 이동식 장치(피난기구) 등이 원칙이며, 고정시설은 탈출에 늦은 소수 사람에 대한 극히 예외적인 보조수단으로 고려한다.

③ 피난경로에 따라 일정 구역을 한정하여 피난존으로 설정하고, 최종 안전한 피난장소 쪽으로 진행됨에 따라 각 존의 안전성을 높인다.

④ 피난로에는 정전시에도 피난방향을 명백히 확인할 수 있는 표시를 한다.

해설

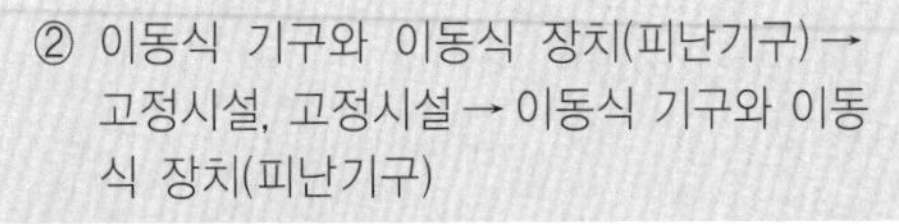

② 이동식 기구와 이동식 장치(피난기구) → 고정시설, 고정시설 → 이동식 기구와 이동식 장치(피난기구)

**피난계획**의 **일반적인 원칙**

(1) 건물 내 임의의 지점에서 피난시 한 방향이 화재로 사용이 불가능하면 다른 방향으로 사용되도록 한다.
(2) 피난수단은 보행에 의한 피난을 기본으로 하고 인간본능을 고려하여 설계한다.
(3) 피난경로는 굴곡부가 많거나 갈림길이 생기지 않도록 간단하고 명료하게 설계한다.
(4) 피난경로의 안전구획을 **1차**는 **복도**, **2차**는 **부실**로 설정한다.
(5) 피난경로는 **간단명료**하게 한다.
(6) 피난구조설비는 **고정식 설비**를 위주로 설치한다(이동식 기구 또는 이동식 장치는 극히 예외적인 보조수단). 보기 ②
(7) 피난수단은 **원시적 방법**에 의한 것을 원칙으로 한다.
(8) **2방향**의 피난통로를 확보한다.
(9) 피난통로를 **완전불연화**한다.
(10) **화재층**의 **피난**을 **최우선**으로 고려한다.
(11) 피난시설 중 피난로는 **복도** 및 **거실**을 가리킨다.
(12) 인간의 **본능적 행동**을 무시하지 않도록 고려한다.
(13) 계단은 **직통계단**으로 한다.
(14) 피난경로에 따라서 일정한 구획을 한정하여 피난구역을 설정한다. 보기 ③
(15) 정전시에도 피난방향을 명백히 표시할 것 보기 ④
(16) 'Fool proof'와 'Fail safe'의 원칙을 중시한다.

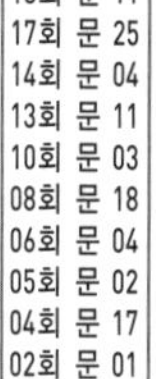

중요

Fail safe와 Fool proof

| 페일 세이프(Fail safe) | 풀 프루프(Fool proof) |
|---|---|
| ① 한 가지 피난기구가 고장이 나도 다른 수단을 이용할 수 있도록 고려하는 것이다.<br>② **한 가지**가 **고장**이 **나도** 다른 수단을 이용하는 원칙이다.<br>③ **두 방향**의 피난동선을 항상 확보하는 원칙이다(한 방향이 사용할 수 없을 경우에 다른 방향이 사용되도록 하는 것).<br>보기 ① | ① 피난경로는 **간단명료**하게 한다.<br>② 피난구조설비는 **고정식 설비**를 위주로 설치한다.<br>③ 피난수단은 **원시적 방법**에 의한 것을 원칙으로 한다.<br>④ 피난통로를 **완전불연화**한다.<br>⑤ 막다른 **복도**가 **없도록** 계획한다.<br>⑥ **간단한 그림**이나 **색채**를 이용하여 표시한다.<br>⑦ **피난방향**으로 **열리는 출입문**을 설치한다.<br>⑧ 도어노브는 **레버식**으로 사용한다. |

답 ②

★★★
## 17

20회 문 12 / 18회 문 14 / 17회 문 10 / 16회 문 24 / 14회 문 09 / 13회 문 17 / 12회 문 20 / 11회 문 20 / 08회 문 10 / 07회 문 15 / 06회 문 05 / 06회 문 09 / 04회 문 01 / 02회 문 11

**공간(가로 10m, 세로 30m, 높이 5m)에 목재 1000kg과 가연성 A물질 2000kg이 적재되어 있는 경우 완전연소하였을 때 화재하중은 약 몇 kg/m²인가? (단, 목재의 단위 발열량은 4500kcal/kg, 가연성 A물질의 단위 발열량은 3000kJ/kg이다.)**

① 0.88　　② 2.60
③ 4.40　　④ 6.32

해설 화재하중

$$q = \frac{\Sigma G_t H_t}{HA} = \frac{\Sigma Q}{4500A}$$

여기서, $q$ : 화재하중[kg/m²]
$G_t$ : 가연물의 양[kg]
$H_t$ : 가연물의 단위중량당 발열량[kcal/kg]
$H$ : 목재의 단위중량당 발열량[kcal/kg]
$A$ : 바닥면적[m²]
$\Sigma Q$ : 가연물의 전체 발열량[kcal]

- $H$ : 목재의 단위발열량=목재의 단위중량당 발열량

화재하중 $q$는

$$q = \frac{\Sigma G_t H_t}{HA}$$
$$= \frac{(1000\text{kg} \times 4500\text{kcal/kg}) + (2000\text{kg} \times 720\text{kcal/kg})}{4500\text{kcal/kg} \times (10\text{m} \times 30\text{m})}$$
$$= 4.4\text{kg/m}^2$$

- 1J=0.24cal이므로
  3000kJ/kg=3000×0.24kcal/kg
  =720kcal/kg
- $A$(바닥면적)=(10m×30m) : 높이는 적용하지 않는 것에 주의!
- $\Sigma$ : '**시그마**'라고 읽으며 '**모두 더한다**'라는 의미로서 여기서는 **가연물 전체의 무게**를 말한다.

답 ③

★★★
## 18

18회 문 11 / 17회 문 25 / 14회 문 04 / 13회 문 11 / 10회 문 03 / 08회 문 18 / 06회 문 04 / 05회 문 02 / 04회 문 17 / 02회 문 01

**목조건축물과 비교한 내화건축물의 화재 특성에 관한 설명으로 옳은 것은?**

① 화염의 분출면적이 크고, 복사열이 커서 접근하기 어렵다.
② 횡방향보다 종방향의 화재성장이 빠르다.
③ 최성기에 도달하는 시간이 빠르다.
④ 저온장기형의 특성을 갖는다.

해설 (1) **목조건물**의 화재온도 표준곡선
① 화재성상 : 고온단기형
② 최고온도(최성기온도) : 1300℃

기억법 목고단

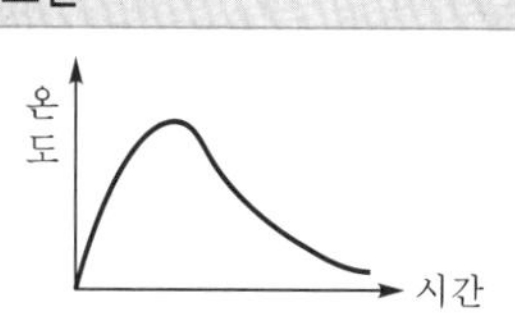


(2) **내화건물**의 화재온도 표준곡선
① 화재성상 : 저온장기형 보기 ④
② 최고온도(최성기온도) : 900~1000℃

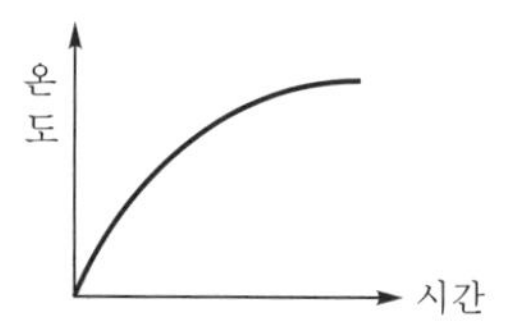

중요

(1) **목조건축물**의 **화재 특성**
① 화염의 **분출면적**이 **크고 복사열**이 **커서** 접근하기 어렵다. 보기 ①
② **습도**가 **낮을수록** 연소확대가 빠르다.
③ 횡방향보다 **종방향**의 화재성장이 빠르다. 보기 ②
④ 화재 최성기 이후 **비화**에 의해 화재확대의 위험성이 높다.
⑤ 최성기에 도달하는 시간이 빠르다. 보기 ③

(2) **내화건축물**의 **화재 특성**
① 공기의 유입이 불충분하여 **발염연소**가 **억제**된다.
② 열이 외부로 방출되는 것보다 축적되는 것이 많다.
③ **저온장기형**의 특성을 나타낸다.
④ 목조건축물에 비해 밀도가 높기 때문에 초기에 연소가 느리다.
⑤ 내화건축물의 온도－시간 표준곡선에서 화재 발생 후 **30분**이 경과되면 온도는 약 **1000℃** 정도에 달한다.
⑥ 내화건축물은 목조건축물에 비해 **연소온도**는 **낮지만 연소지속시간**은 **길다**.
⑦ 내화건축물의 화재진행상황은 **초기－성장기－종기**의 순으로 진행된다.
⑧ 내화건축물은 견고하여 **공기**의 **유통조건**이 거의 **일정**하고 최고온도는 목조의 경우보다 낮다.

답 ④



★★★
## 19 고체 가연물의 연소방식이 아닌 것은?

20회 문 08
19회 문 24
08회 문 17
03회 문 09

① 분무연소 ② 분해연소
③ 작열연소 ④ 증발연소

해설

① 분무연소 : **액체 가연물**의 연소방식

**연소**의 **형태**

(1) **고체**의 **연소**(**고체 가연물**의 연소방식)

| 고체 연소 | 정 의 |
|---|---|
| **표면연소** (작열연소) 보기 ③ | **숯**, **코크스**, **목탄**, **금속분** 등이 열분해에 의하여 가연성 가스가 발생하지 않고 그 물질 자체가 연소하는 현상<br>기억법 **표숯코목탄금**<br>※ 표면연소＝응축연소＝작열연소＝직접연소 |
| **분해연소** 보기 ② | **석탄**, **종이**, **플라스틱**, **목재**, **고무** 등의 연소시 열분해에 의하여 발생된 가스와 산소가 혼합하여 연소하는 현상<br>기억법 **분석종플목고** |
| **증발연소** 보기 ④ | **황**, **왁스**, **파라핀**, **나프탈렌** 등을 가열하면 고체에서 액체로, 액체에서 기체로 상태가 변하여 그 기체가 연소하는 현상<br>기억법 **증황왁파나** |
| **자기연소** | 제5류 위험물인 **나이트로글리세린**, **나이트로셀룰로오스**(질화면), **TNT**, **피크린산** 등이 열분해에 의해 산소를 발생하면서 연소하는 현상<br>※ 자기연소＝내부연소 |

(2) **액체**의 **연소**(**액체 가연물**의 연소방식)

| 액체 연소 | 정 의 |
|---|---|
| **분해연소** | **중유**, **아스팔트**와 같이 점도가 높고 비휘발성인 액체가 고온에서 열분해에 의해 가스로 분해되어 연소하는 현상 |
| **액적연소** | **벙커C유**와 같이 가열하고 점도를 낮추어 버너 등을 사용하여 액체의 입자를 안개 형태로 분출하여 연소하는 현상 |
| **증발연소** | **가솔린**, **등유**, **경유**, **알코올**, **아세톤** 등과 같이 액체가 열에 의해 증기가 되어 그 증기가 연소하는 현상 |
| **분무연소** 보기 ① | ① 점도가 높고 **비휘발성**인 **액체**를 일단 가열 등의 방법으로 점도를 낮추어 버너 등을 사용하여 액체의 입자를 안개상으로 분출하여 액체 표면적을 넓게 하여 공기와의 접촉면을 많게 하는 연소방법<br>② 액체연료를 수～수백〔$\mu m$〕 크기의 액적으로 미립화시켜 연소시킨다.<br>③ 휘발성이 낮은 **액체**연료의 연소가 여기에 해당한다.<br>④ **점도**가 **높은** 중질유의 연소에 많이 이용된다.<br>⑤ 미세한 액적으로 분무시키는 이유는 **표면적**을 **넓게** 하여 공기와의 혼합을 좋게 하기 위함이다. |

(3) **기체**의 **연소**(**기체 가연물**의 연소방식)

| 기체연소 | 정 의 |
|---|---|
| **확산연소** | **메**탄($CH_4$), **암**모니아($NH_3$), **아**세**틸**렌($C_2H_2$), **일**산화탄소(CO), **수**소($H_2$) 등과 같이 기체연료가 공기 중의 산소와 혼합되면서 연소하는 현상<br>기억법 **확메암 아틸일수** |
| **예혼합연소** | ① **기체연소**에 공기 중의 산소를 **미리 혼합**한 상태에서 연소하는 현상<br>② **가스폭발** 메커니즘<br>③ 분젠버너의 연소(급기구 개방)<br>④ 화염전방에 **압축파**, **충격파**, **단열압축** 발생<br>⑤ 화염속도＝연소속도＋미연소가스 이동속도 |

답 ①

★★
## 20 연소속도를 결정하는 인자가 아닌 것은?

17회 문 09
10회 문 15

① 비중량
② 산소농도
③ 촉매
④ 온도

① 관계없음

| 연소온도에 영향을 미치는 요인 | 연소속도에 영향을 미치는 요인 |
|---|---|
| ① 공기비<br>② 산소농도<br>③ 연소상태<br>④ 연소의 발열량<br>⑤ 연소 및 공기의 현열<br>⑥ 화염전파의 열손실 | ① 공기비<br>② 산소농도 보기 ②<br>③ 활성화에너지<br>④ 발열량<br>⑤ 연소상태<br>⑥ 압력<br>⑦ 촉매 보기 ③<br>⑧ 가연물의 온도 보기 ④<br>⑨ 가연물의 입자 |

중요

**연소속도**에 **영향**을 미치는 **요인**
(1) **화염온도**가 **높을수록** 연소속도는 증가한다.
(2) **열전도율**이 **클수록** 연소속도는 증가한다.
(3) **비열, 밀도, 분자량**이 **작을수록** 연소속도는 증가한다.

답 ①

★★★
## 21 열전달 방법 중 복사에 관한 설명으로 옳지 않은 것은?

21회 문 17
21회 문 18
19회 문 16
18회 문 13
14회 문 11
05회 문 08
04회 문 19

① 물질에서 방사되는 에너지가 전자기적인 파동에 의해 전달되는 현상이다.
② 진공상태에서는 손실이 없으며, 공기 중에서도 거의 손실이 없다.
③ 복사열은 절대온도 제곱에 비례하고, 열전달 면적에 반비례한다.
④ 스테판-볼츠만 법칙이 적용된다.

해설

③ 제곱 → 4제곱
열전달 면적에 반비례 → 열전달 면적에 비례

**스테판-볼츠만**의 **법칙**(Stefan-Boltzman's law)

$$Q = aAF(T_1^{\ 4} - T_2^{\ 4})$$ 보기 ③

여기서, $Q$ : 복사열〔W〕
$a$ : 스테판-볼츠만 상수〔$W/m^2 \cdot K^4$〕
$A$ : 단면적〔$m^2$〕
$F$ : 기하학적 Factor
$T_1$ : 고온〔K〕
$T_2$ : 저온〔K〕

중요

(1) **열전달**의 **종류**

| 종 류 | 설 명 |
|---|---|
| 전도<br>(Conduction) | 하나의 물체가 다른 물체와 직접 **접촉**하여 열이 이동하는 현상 |
| 대류<br>(Convection) | ① 내화건축물의 구획실 내에서 가연물의 연소시, **성장기**의 지배적 열전달<br>② **유체**의 흐름에 의하여 열이 이동하는 현상 |

| 종 류 | 설 명 |
|---|---|
| 복사 (Radiation) | ① 화재시 화원과 **격리**된 인접 가연물에 불이 옮겨 붙는 현상<br>② 열전달 **매질**이 **없이** 열이 전달되는 형태<br>③ 열에너지가 **전자파**의 형태로 옮겨지는 현상으로, **가장 크게 작용**<br>④ 내화건물의 구획실 화재시 **최성기**의 지배적 열전달<br>⑤ 물질에서 방사되는 에너지가 **전자기적**인 **파동**에 의해 전달되는 현상이다. **보기 ①**<br>⑥ **진공**상태에서는 **손실**이 **없**으며, 공기 중에서도 거의 손실이 없다. **보기 ②**<br>⑦ **스테판-볼츠만 법칙**이 적용된다. **보기 ④** |

(2) **열전달 형태**

| 전 도 | 대 류 | 복 사 |
|---|---|---|
| 푸리에의 법칙 | 뉴턴의 법칙 | 스테판-볼츠만의 법칙 |

열이 전달되는 것은 **전도, 대류, 복사**가 모두 연관된다.

답 ③

★
**22** 구획실에서 10m 직경의 크기를 갖는 화재가 발생하였다. 화재 방출열량이 200MW일 때 화재중심에서 수평방향으로 25m 떨어진 한 지점으로 전달되는 복사열량(kW/m²)은? (단, 거리감소에 의한 복사에너지는 30%가 전달되는 것으로 하고, $\pi \fallingdotseq 3.14$로 하고, 소수점 이하 셋째자리에서 반올림한다.)

15회 문 10

① 3.82
② 7.64
③ 25.48
④ 50.96

해설 (1) **기호**

- $\mathring{Q}$ : 200MW=200×10³kW(1MW=1×10³kW)
- $r$ : 25m
- $X_r$ : 30%=0.3
- $\pi$ : 3.14

$$\frac{\text{떨어진 거리}}{\text{화염직경}}=\frac{25\text{m}}{10\text{m}}=2.5\text{배}$$

(화염직경의 2배 이상 떨어짐)

(2) **화염직경**의 **2배 이상 떨어진 목표물**에 대한 **복사열류**

$$\mathring{q}''=\frac{X_r \mathring{Q}}{4\pi r^2}$$

여기서, $\mathring{q}''$ : 화염직경의 2배 이상 떨어진 목표물에 대한 복사열류〔kW/m²〕
$\mathring{Q}$ : 화재의 연소에너지 방출〔kW〕
$X_r$ : 총 방출에너지 중 복사된 에너지 분율 (0.15~0.6)
$r$ : 화재중심에서 목표물까지의 거리〔m〕

화염직경의 **2배** 이상 떨어진 목표물에 대한 **복사열류** $\mathring{q}''$는

$$\mathring{q}''=\frac{X_r \mathring{Q}}{4\pi r^2}=\frac{0.3\times(200\times10^3)\text{kW}}{4\times3.14\times(25\text{m})^2}\fallingdotseq 7.64\text{kW/m}^2$$

중요

**연료의 복사에너지 분율($X_r$)**

| 물질명 | 복사에너지 분율($X_r$) |
|---|---|
| 메탄 | 15~20% |
| 부탄 | 20~40% |
| 헥산 | 40~60% |

답 ②

★★★
**23** 다음에서 설명하는 연소생성물은?

20회 문 23
19회 문 18
19회 문 19
16회 문 16
15회 문 11
15회 문 16

화재시 발생하는 연소가스로서 자체는 유독성 가스는 아니나 호흡률을 증대시켜 화재현장에 공존하는 다른 유독가스의 흡입량 증가로 인명피해를 유발한다.

① $CO$
② $CO_2$
③ $H_2S$
④ $CH_2CHCHO$

해설 연소생성물질의 특성

| 연소가스 | 설 명 |
|---|---|
| 일산화탄소 (CO) 보기 ① | ① 화재시 흡입된 일산화탄소(CO)의 화학적 작용에 의해 **헤모글로빈**(Hb)이 혈액의 산소운반작용을 저해하여 사람을 질식·사망하게 한다.<br>② 목재류의 화재시 인명피해를 가장 많이 주며, 연기로 인한 의식불명 또는 질식을 가져온다.<br>③ 인체의 **폐**에 큰 자극을 준다.<br>④ **산**소와의 **결**합력이 극히 강하여 질식작용에 의한 독성을 나타낸다.<br>⑤ 가연성 기체로서 호흡률은 방해하고 독성가스의 흡입을 증가시킨다.<br>기억법 일헤폐산결 |
| 이산화탄소 ($CO_2$) | ① 연소가스 중 **가장 많은 양**을 차지하고 있으며 가스 그 자체의 독성은 거의 없으나 다량이 존재할 경우 호흡속도를 증가시키고, 이로 인하여 화재가스에 혼합된 유해가스의 혼입을 증가시켜 위험을 가중시키는 가스이다.<br>기억법 이많<br>② 화재시 발생하는 연소가스로서 자체는 유독성 가스는 아니나 **호흡률**을 **증대**시켜 화재현장에 공존하는 다른 **유독가스**의 **흡입량 증가**로 인명피해를 유발한다. 보기 ② |
| 암모니아 ($NH_3$) | ① 나무, **페**놀수지, **멜**라민수지 등의 **질소함유물**이 연소할 때 발생하며, 냉동시설의 **냉**매로 쓰인다.<br>② **눈·코·폐** 등에 매우 **자극성**이 큰 가연성 가스이다.<br>③ **질소**가 함유된 수지류 등의 연소시 생성되는 유독성 가스로서 다량 노출시 눈, 코, 인후 및 폐에 심한 손상을 주며, 냉동창고 냉동기의 냉매로도 쓰인다.<br>기억법 암페멜냉자 |
| 포스겐 ($COCl_2$) | ① 독성이 매우 강한 가스로서 **소**화제인 **사염화탄소(CCl4)**를 화재시에 사용할 때도 발생한다.<br>② 공기 중에 **25ppm**만 있어도 **1시간** 이내에 사망한다.<br>기억법 포소사 |
| 황화수소 ($H_2S$) 보기 ③ | ① **달걀 썩는 냄새**가 나는 특성이 있다.<br>② 황분이 포함되어 있는 물질의 불완전연소에 의하여 발생하는 가스이다.<br>③ **자**극성이 있다.<br>④ **무색** 기체<br>⑤ 특유의 **달걀 썩는 냄새**(무취 아님)가 난다.<br>⑥ **발화성**과 **독성**이 강하다(인화성 없음).<br>⑦ 황을 가진 유기물의 원료, **고압 윤활제**의 원료, 분석화학에서의 **시약** 등으로 사용한다(살충제의 원료 아님).<br>⑧ 공기 중에 0.02%의 농도만으로도 치명적인 위험상태에 빠질 수 있다.<br>기억법 황달자 |
| 아크롤레인 ($CH_2CHCHO$) 보기 ④ | ① 독성이 매우 높은 가스로서 **석유제품, 유지** 등이 연소할 때 생성되는 가스이다.<br>② 눈과 호흡기를 자극하며, 기도장애를 일으킨다.<br>기억법 아석유 |
| 이산화질소 ($NO_2$) | ① **질산셀룰로이즈**가 연소될 때 생성된다.<br>② **붉은 갈색**의 **기체**로 낮은 온도에서는 **푸른색**의 **액체**로 변한다.<br>③ 이산화질소를 흡입하면 인후의 **감각신경**이 **마비**된다.<br>④ 공기 중에 노출된 이산화질소 농도가 **200~700ppm**이면 인체에 **치명적**이다.<br>⑤ **질소**가 함유된 물질이 완전연소시 발생한다.<br>기억법 이붉갈기(이불갈기) |
| 시안화수소 (HCN) | ① 모직, 견직물 등의 불완전연소시 발생하며, 독성이 커서 인체에 치명적이다.<br>② 증기는 공기보다 **가볍다.** |
| 염화수소 (HCl) | 폴리염화비닐 등과 같이 염소가 함유된 수지류가 탈 때 주로 생성되며 금속에 대한 강한 부식성이 있다. |

답 ②

★

**24** 연기제어방법 중 희석에 관한 설명으로 옳은 것은?

① 희석에 의한 연기제어는 연기를 외부로 내보내는 것이다.

② 스모크샤프트를 설치하여 제어하는 방법이다.

③ 출입문이나 벽을 이용하여 장소 간 압력차를 이용한 방법이다.

④ 신선한 다량의 공기를 유입하여 연기생성물을 위험수준 이하로 유지한다.

해설 **연기**의 **제**어방법

| 제연방법 | 설 명 |
|---|---|
| **희**석(Dilution) | 외부로부터 신선한 공기를 대량으로 불어 넣어 연기의 양을 일정농도 이하로 낮추는 것 **보기 ④** |
| **배**기(Exhaust) | ① 건물 내의 압력차에 의하여 연기를 외부로 배출시키는 것 **보기 ①③**<br>② **스모크샤프트**(Smoke shaft) 설치 **보기 ②** |
| **차**단(Confinement) | 연기가 일정한 장소 내로 들어오지 못하도록 하는 것 |

기억법 **제희배차**

답 ④

★★★

**25** 화재시 고층빌딩에서 연기가 이동하게 하는 주요 요소로 옳지 않은 것은?

21회 문 24 / 18회 문 25 / 17회 문 16 / 17회 문 18 / 17회 문 23 / 15회 문 15 / 13회 문 24 / 10회 문 05 / 09회 문 02 / 07회 문 07 / 04회 문 09

① 역화현상

② 온도상승에 의한 공기의 팽창

③ 굴뚝효과

④ 건물 내 기류에 의한 강제이동

해설 **고층빌딩**에서 **연기**를 **이동**시키는 **요인**

(1) **연돌**(굴뚝)**효과** **보기 ③**

(2) 외부에서의 **풍력**의 영향

(3) 온도상승에 의한 증기**팽창**(온도상승에 따른 기체의 팽창) **보기 ②**

(4) 건물 내에서의 강제적인 공기이동(공조설비) **보기 ④**

(5) 건물 내에서의 **온도차**(기후조건)

(6) 비중차

(7) **부력**

비교

**굴뚝효과**와 **관계**있는 **것**

(1) 건물의 높이(**고층건물**에서 발생)
(2) 누설틈새
(3) 내·외부 온도차
(4) 외벽의 기밀성
(5) 건물의 구획
(6) 건물의 층간 공기누출
(7) 공조설비

중요

**굴뚝효과**(stack effect=연돌효과)

(1) 건물 내의 연기가 **압력차**에 의하여 순식간에 상승하여 상층부로 이동하는 현상이다.
(2) 실내·외 공기 사이의 **온도**와 **밀도 차이**에 의해 공기가 건물의 **수직방향**으로 이동하는 현상이다.
(3) 건물 내부와 외부의 **공기밀도차**로 인해 발생한 **압력차**로 발생하는 현상이다.
(4) 건축물 **내부**의 **온도**가 외부의 온도보다 **높은** 경우 연돌효과가 발생한다.
(5) 건축물 외부공기의 온도보다 **내부**의 **공기 온도**가 **높아질수록** 연돌효과가 커진다.
(6) 건축물 **내부**의 **온도**와 **외부**의 **온도**가 **같을 경우** 연돌효과가 발생하지 않는다.
(7) 건축물의 높이가 **높아질수록** 연돌효과는 **증가**한다.

답 ①

## 제 2 과목 소방수리학·약제화학 및 소방전기

★★★

**26** 유체의 점성계수가 0.8poise이고 비중이 1.1일 때 동점성계수($\nu$)는 약 몇 stokes인가?

21회 문 26 / 19회 문 32 / 18회 문 47 / 17회 문 27 / 17회 문 31 / 16회 문 31 / 14회 문 29 / 13회 문 30 / 12회 문 29 / 11회 문 29 / 09회 문 26 / 05회 문 32 / 05회 문 34 / 03회 문 39 / 03회 문 47

① 0.088

② 0.727

③ 0.880

④ 7.270

(1) **기호**

- $\mu$ : 0.8poise=0.8g/cm·s(1poise=1g/cm·s)
- $s$ : 1.1
- $\nu$ : ?

(2) **비중**

$$s=\frac{\rho}{\rho_w}=\frac{\gamma}{\gamma_w}$$

여기서, $s$ : 비중

$\rho$ : 어떤 물질의 밀도[kg/m$^3$]

$\rho_w$ : 물의 밀도(1000kg/m$^3$ 또는 1000N·s$^2$/m$^4$)

$\gamma$ : 어떤 물질의 비중량[N/m$^3$]

$\gamma_w$ : 물의 비중량(9800N/m$^3$)

어떤 물질의 밀도 $\rho$는

$$\rho=s\times\rho_w=1.1\times 1000\text{kg/m}^3=1100\text{kg/m}^3$$

(3) **동점성계수**

$$\nu=\frac{\mu}{\rho}$$

여기서, $\nu$ : 동점성계수[m$^2$/s]

$\mu$ : 점성계수[kg/m·s]

$\rho$ : 밀도[kg/m$^3$]

동점성계수 $\nu$는

$$\nu=\frac{\mu}{\rho}=\frac{0.8\text{g/cm}\cdot\text{s}}{1100\text{kg/m}^3}$$
$$=\frac{0.8\text{g/cm}\cdot\text{s}}{1100\times 10^3\text{g}/10^6\text{cm}^3}$$
$$=0.727\text{cm}^2/\text{s}$$
$$=0.727\text{stokes}$$ (1cm$^2$/s=1stokes)

- 1100kg/m$^3$=1100×10$^3$g/(10$^2$cm)$^3$
  =1100×10$^3$g/10$^6$cm$^3$
  (1kg=1000g=10$^3$g)
  (1m=100cm=10$^2$cm)

**점성계수**

1poise=1p=1g/cm·s=1dyne·s/cm$^2$
1cp=0.01g/cm·s
1stokes=1cm$^2$/s(동점성계수)

답 ②

★

## 27 지상의 유체에 관한 설명으로 옳지 않은 것은?

① 유체는 공간상으로 넓게 떨어져 있는 원자들로 구성되어 있으나 물질의 원자적 본질을 무시하고 구멍이 없는 연속체로 볼 수 있다.

② 주어진 온도에서 순수 물질이 상변화를 하는 압력을 포화압력이라 한다.

③ 중력장 내에서 시스템의 고도에 따른 결과로 시스템이 보유하는 에너지를 위치에너지라 한다.

④ 기체상수 $R$은 특정한 이상기체에 대하여 정해져 있으며, 이상기체에서의 음속은 압력의 함수이다.

④ 압력의 함수 → 온도의 함수

**지상유체**

| 용 어 | 설 명 |
|---|---|
| 유체 | 공간상으로 넓게 떨어져 있는 **원자**들로 구성되어 있으나 물질의 원자적 본질을 무시하고 구멍이 없는 **연속체** 보기 ① |
| 포화압력 | 주어진 **온도**에서 순수 물질이 **상변화**를 하는 압력 보기 ② |
| 위치에너지 | **중력장 내**에서 시스템의 고도에 따른 결과로 시스템이 보유하는 에너지 보기 ③ |
| 기체상수($R$) | 특정한 이상기체에 대하여 정해져 있으며, 이상기체에서의 **음속**은 **온도**의 함수 보기 ④<br>$C=\sqrt{kRT}$<br>여기서, $C$ : 음속[m/s]<br>$k$ : 계수(지수)<br>$R$ : 기체상수[J/kmol·K]<br>$T$ : 절대온도(273+℃)K |

답 ④

★★★
## 28 베르누이 방정식의 가정조건으로 옳지 않은 것은?

19회 문 26 / 18회 문 44 / 17회 문 26 / 17회 문 29 / 17회 문115 / 16회 문 28 / 14회 문 27 / 13회 문 28 / 13회 문 32 / 12회 문 27 / 12회 문 37 / 10회 문106 / 09회 문 48

① 동일한 유선을 따르는 흐름이다.
② 압축성 유체의 흐름이다.
③ 정상상태의 흐름이다.
④ 마찰이 없는 흐름이다.

해설

| 베르누이 방정식의 적용 조건 | 오일러 방정식의 유도시 가정 |
|---|---|
| ① **정**상 흐름(정상유동) 보기 ③<br>② **비**압축성 흐름 보기 ②<br>③ **비**점성 흐름<br>④ **이**상유체(마찰이 없는 흐름) 보기 ④<br>기억법 베정비이<br>⑤ **동일**한 **유선**을 따르는 흐름 보기 ① | ① **정상유동**(정상류)일 경우<br>② **유**체의 **마찰**이 **없을 경우**<br>③ 입자가 **유선**을 따라 **운동**할 경우<br>④ 유체의 점성력이 **영**(Zero)이다.<br>⑤ 유체에 의해 발생하는 **전단응력**은 없다.<br>기억법 오방정유마운 |

답 ②

★★★
## 29 가로 8m, 세로 8m, 높이 3m인 실내의 절대압력이 100kPa, 온도가 25℃이다. 실내 공기의 질량은 약 몇 kg인가? (단, 공기의 기체상수 $R$=0.287kPa·m$^3$/kg·K이다.)

19회 문 89 / 18회 문 22 / 18회 문 30 / 16회 문 30 / 15회 문 06 / 14회 문 30 / 13회 문 03 / 11회 문 36 / 11회 문 47 / 04회 문 45

① 1.17 ② 224.49
③ 348.43 ④ 2675.96

해설 (1) 기호

- $V$ : $(8\times8\times3)\text{m}^3$
- $P$ : 100kPa
- $T$ : 25℃=(273+25)K
- $m$ : ?
- $R$ : 0.287kPa·m$^3$/kg·K

(2) 이상기체 상태방정식

$$PV=mRT$$

여기서, $P$ : 압력〔kPa〕
$V$ : 부피〔m$^3$〕
$m$ : 질량〔kg〕
$R$ : 0.287kPa·m$^3$/kg·K
$T$ : 절대온도(273+℃)〔K〕

공기의 질량 $m$은

$$m=\frac{PV}{RT}=\frac{100\text{kPa}\times(8\times8\times3)\text{m}^3}{0.287\text{kPa}\cdot\text{m}^3/\text{kg}\cdot\text{K}\times(273+25)\text{K}}$$
$$=224.49\text{kg}$$

중요

**이상기체 상태방정식**

$$PV=nRT=\frac{m}{M}RT,\ \rho=\frac{PM}{RT}$$

여기서, $P$ : 압력〔atm〕
$V$ : 부피〔m$^3$〕
$n$ : 몰수$\left(\frac{m}{M}\right)$
$R$ : 0.082(atm·m$^3$/kmol·K)
$T$ : 절대온도(273+℃)〔K〕
$m$ : 질량〔kg〕
$M$ : 분자량〔kg/kmol〕
$\rho$ : 밀도〔kg/m$^3$〕

$$PV=WRT,\ \rho=\frac{P}{RT}$$

여기서, $P$ : 압력〔N/m$^2$〕
$V$ : 부피〔m$^3$〕
$W$ : 무게〔N〕 또는 〔kg$_f$〕
$R$ : $\frac{848}{M}$〔N·m/kg·K〕 또는 〔kg·m/kg$_f$·K〕
$T$ : 절대온도(273+℃)〔K〕
$\rho$ : 밀도〔kg/m$^3$〕

$$PV=mRT$$

여기서, $P$ : 압력〔kPa〕
$V$ : 부피〔m$^3$〕
$m$ : 질량〔kg〕
$R$ : 기체상수〔kPa·m$^3$/kg·K〕
$T$ : 절대온도(273+℃)〔K〕

답 ②

★
## 30 수평면과 상방향으로 45° 경사를 갖는 지름 250mm인 원관에서 유출하는 물의 평균 유출속도가 9.8m/s이다. 원관의 출구로부터 물의 최대 수직상승 높이는 약 몇 m인가?

① 0.25 ② 0.49
③ 2.45 ④ 4.90

해설

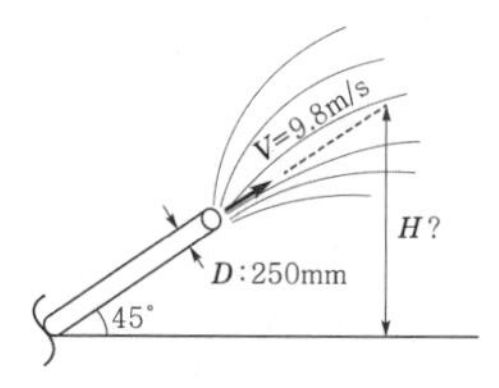

(1) 기호

- $\theta$ : 45°
- $D$ : 250mm
- $V'$ : 9.8m/s
- $H$ : ?

(2) 수직방향속도

$V = V_o - gt$ $= \underset{\text{유출속도}}{9.8}\sin\underset{\text{각도}}{45°} - gt$

여기서, $V$ : 수직방향속도[m/s]
$V_o$ : 초기 수직방향속도(9.8sin45°)[m/s]
$g$ : 중력가속도(9.8m/s²)
$t$ : 최대높이 도달시간[s]

최대 수직높이에서 $V$=0이므로

$0 = 9.8\sin45° - gt$

$9.8\sin45° = gt$

$\frac{9.8\sin45°}{g} = t$

$\frac{\cancel{9.8}\sin45°}{\cancel{9.8}\,\text{m/s}^2} = t$

$\sin45° = t$ ← 좌우 이항

$t = \sin45°$

(3) 최대 수직상승 높이

$$H = V_o t - \frac{1}{2}gt^2$$

여기서, $H$ : 최대 수직상승 높이[m]
$V_o$ : 초기 수직방향속도(9.8sin45°)[m/s]
$t$ : 최대높이 도달시간[s]
$g$ : 중력가속도(9.8m/s²)

최대 수직상승 높이 $H$는

$H = V_o t - \frac{1}{2}gt^2$

$= 9.8\sin45° \times \sin45° - \frac{1}{2} \times 9.8\text{m/s}^2 \times (\sin45°)^2$

$= 2.45\text{m}$

답 ③

★★★

**31** 내경이 250mm인 원관을 통해 비압축성 유체가 흐르고 있다. 체적유량이 40L/s 일 때, 레이놀즈수($Re$)는 약 얼마인가? (단, 동점성계수는 $0.120 \times 10^{-3}\text{m}^2/\text{s}$이다.)

19회 문 32
18회 문 47
17회 문 27
17회 문 31
16회 문 31
14회 문 29
13회 문 30
12회 문 29
11회 문 29
09회 문 26
05회 문 32
05회 문 34
03회 문 39

① 1698
② 2084
③ 3396
④ 4168

해설 (1) 기호

- $D$ : 250mm=0.25m(1000mm=1m)
- $Q$ : 40L/s=0.04m³/s(1000L=1m³)
- $Re$ : ?
- $\nu$ : $0.120 \times 10^{-3}\text{m}^2/\text{s}$

(2) 유량

$$Q = AV = \left(\frac{\pi D^2}{4}\right)V$$

여기서, $Q$ : 유량[m³/s]
$A$ : 단면적[m²]
$V$ : 유속[m/s]
$D$ : 지름[m]

유속 $V$는

$V = \frac{Q}{\frac{\pi D^2}{4}} = \frac{0.04\text{m}^3/\text{s}}{\frac{\pi \times (0.25\text{m})^2}{4}} ≒ 0.815\text{m/s}$

(3) 레이놀즈수

$$Re = \frac{DV\rho}{\mu} = \frac{DV}{\nu}$$

여기서, $Re$ : 레이놀즈수
$D$ : 내경[m]
$V$ : 유속[m/s]
$\rho$ : 밀도[kg/m³]
$\mu$ : 점도[kg/m·s]
$\nu$ : 동점성계수$\left(\frac{\mu}{\rho}\right)$[m²/s]

레이놀즈수 $Re$는

$Re = \frac{DV}{\nu} = \frac{0.25\text{m} \times 0.815\text{m/s}}{0.120 \times 10^{-3}\text{m}^2/\text{s}} ≒ 1698$

답 ①

★

**32** 유체가 원관을 층류로 흐를 때 발생하는 마찰손실계수에 관한 설명으로 옳은 것은?

16회 문 33

① 레이놀즈수의 함수이다.
② 레이놀즈수와 상대조도의 함수이다.
③ 마하수와 코시수의 함수이다.
④ 상대조도와 오일러수의 함수이다.

해설 마찰손실계수(층류에 적용)

$$f = \frac{64}{Re}$$

여기서, $f$ : 관마찰계수(마찰손실계수)
$Re$ : 레이놀즈수

∴ **마찰손실계수** $f$는 **레이놀즈수**($Re$)의 함수 **보기 ①**

답 ①

★★★

## 33 물이 내경 200mm인 직선 원관에 평균유속 3m/s로 80m를 유하할 때 손실수두는 약 몇 m인가? (단, 관마찰계수 $f$=0.042이다.)

19회 문 29
18회 문 46
12회 문 36
15회 문 28
08회 문 05
07회 문 36
02회 문 28

① 1.54

② 2.57

③ 5.14

④ 7.71

22회

해설 (1) **기호**

- $D$ : 200mm=0.2m(1000mm=1m)
- $V$ : 3m/s
- $l$ : 80m
- $H$ : ?
- $f$ : 0.042

(2) **다르시-웨버**의 **식**

$$H=\frac{\Delta P}{\gamma}=\frac{flV^2}{2gD}$$

여기서, $H$ : 마찰손실수두〔m〕
$\Delta P$ : 압력차〔kPa〕
$\gamma$ : 비중량(물의 비중량 9.8kN/m$^3$)
$f$ : 관마찰계수
$l$ : 길이〔m〕
$V$ : 유속〔m/s〕
$g$ : 중력가속도(9.8m/s$^2$)
$D$ : 내경〔m〕

**마찰손실수두** $H$는

$$H=\frac{flV^2}{2gD}=\frac{0.042\times 80\text{m}\times(3\text{m/s})^2}{2\times 9.8\text{m/s}^2\times 0.2\text{m}} \fallingdotseq 7.71\text{m}$$

용어

**유하**
**'흘러내린다'**, **'흐른다'**는 뜻

※ 출제위원님 쉬운 말 좀 써주세요!

비교

| 하겐-포아젤의 법칙 | 다르시-웨버의 식 |
|---|---|
| 일정한 유량의 물이 층류로 원관에 흐를 때의 손실수두계산(수평원관 속에서 층류의 흐름이 있을 때 손실수두계산) | 곧고 긴 관에서의 손실수두계산 |

비교

**층류** : 손실수두

| 유체의 속도를 알 수 있는 경우 | 유체의 속도를 알 수 없는 경우 |
|---|---|
| $H=\frac{\Delta P}{\gamma}=\frac{fLV^2}{2gD}$〔m〕 (다르시-바이스바하의 식) | $H=\frac{\Delta P}{\gamma}=\frac{128\mu QL}{\gamma\pi D^4}$〔m〕 (하겐-포아젤의 식) |
| 여기서,<br>$H$ : 마찰손실(손실수두)〔m〕<br>$\Delta P$ : 압력차〔Pa〕 또는〔N/m$^2$〕<br>$\gamma$ : 비중량(물의 비중량 9800N/m$^3$)<br>$f$ : 관마찰계수<br>$L$ : 길이〔m〕<br>$V$ : 유속〔m/s〕<br>$g$ : 중력가속도(9.8m/s$^2$)<br>$D$ : 내경〔m〕 | 여기서,<br>$\Delta P$ : 압력차(압력강하, 압력손실)〔N/m$^2$〕<br>$\gamma$ : 비중량(물의 비중량 9800N/m$^3$)<br>$\mu$ : 점성계수〔N・s/m$^2$〕<br>$Q$ : 유량〔m$^3$/s〕<br>$L$ : 길이〔m〕<br>$D$ : 내경〔m〕 |

답 ④

★

## 34 회전펌프의 장단점으로 옳지 않은 것은?

① 소용량, 고양정, 고점도 액체의 수송이 가능하다.

② 송출량의 맥동이 없고 구조가 간단하다.

③ 흡입양정이 적다.

④ 행정의 조절로 토출량을 조절할 수 있다.

해설 ④ 있다. → 없다.

**회전펌프**

| 구 분 | 설 명 | |
|---|---|---|
| 정 의 | 펌프의 회전수를 일정하게 하였을 때 토출량이 증가함에 따라 양정이 감소하다가 어느 한도 이상에서는 급격히 감소하는 펌프 | |
| 종 류 | 기어펌프 (Gear pump) | 소형경량, 구조간단 |
| | 베인펌프 (Vane pump) | 회전속도의 범위가 가장 넓고, 효율이 가장 높다. |
| 특 징 | ① **소유량**, **고압**의 **양정**을 요구하는 경우에 적합하다. 보기 ①<br>② **구조**가 **간단**하고 취급이 용이하다. 보기 ②<br>③ 송출량의 변동이 **적다**. 보기 ②<br>④ 비교적 점도가 높은 유체에도 성능이 좋다. 보기 ①<br>⑤ **흡입양정**이 **적다**. 보기 ③<br>⑥ 행정의 조절로 **토출량** 조절이 **불가능**하다. 보기 ④ | |

답 ④

★★★
**35** 화재종류에 따른 소화약제의 적응성에 관한 내용으로 옳지 않은 것은?

21회 문 35
19회 문 09
18회 문 06
16회 문 19
15회 문 03
14회 문 03
13회 문 06
10회 문 31

① A급 화재의 경우 수성막포를 사용하여 질식효과로 소화할 수 있다.
② B급 화재의 경우 물을 사용하여 부촉매효과로 소화할 수 있다.
③ C급 화재의 경우 ABC급 분말을 사용하여 부촉매효과로 소화할 수 있다.
④ K급 화재의 경우 강화액을 사용하여 냉각효과로 소화할 수 있다.

해설

② 물을 사용 → 물사용금지

**화재의 분류**

| 화 재 | 특 징 | 소화약 |
|---|---|---|
| 일반화재 (A급 화재) | 발생되는 연기의 색은 **백색** | • 포(AB급) : 냉각소화 · 질식소화<br>보기 ① |
| 유류화재 (B급 화재) | 이를 예방하기 위해서는 유증기의 체류 방지 | • 포(AB급) : 질식소화<br>• 이산화탄소(BC급) : 질식소화<br>• 물사용금지 |
| 전기화재 (C급 화재) | 화재발생의 주요원인으로는 과전류에 의한 열과 단락에 의한 스파크 | • 분말(ABC급) : 질식소화, 부촉매효과<br>보기 ③ |
| 금속화재 (D급 화재) | **포 · 강화액** 등의 수계 소화약제로 소화할 경우 가연성 가스의 발생 위험성 | • 팽창질석, 팽창진주암, 마른모래 |
| 주방화재 (K급 화재) | ① **강화액** 소화약제로 소화<br>② 비누화현상을 일으키는 **중탄산나트륨** 성분의 소화약제가 적응성이 있다.<br>③ 인화점과 발화점의 차이가 작아 재발화의 우려가 큰 **식용유 화재**<br>④ 주방에서 **동식물유**를 취급하는 조리기구에서 일어나는 화재<br>⑤ 인화점과 발화점의 온도차가 적고 발화점이 비점 이하이기 때문에 화재발생시 액체의 온도를 낮추지 않으면 소화하여도 재발화가 쉬운 화재<br>⑥ **질식소화**<br>⑦ 다른 물질을 넣어서 냉각소화 | • 강화액(K급) : 냉각소화<br>보기 ④ |

답 ②

★★
**36** 이산화탄소 소화약제의 저장용기 설치기준으로 옳지 않은 것은?

14회 문108
12회 문115

① 저장용기의 충전비는 고압식은 1.5 이상 1.9 이하로 할 것
② 저장용기의 충전비는 저압식은 1.1 이상 1.4 이하로 할 것
③ 저압식 저장용기에는 액면계 및 압력계와 1.9MPa 이상 1.5MPa 이하의 압력에서 작동하는 압력경보장치를 설치할 것
④ 저장용기는 고압식은 25MPa 이상, 저압식은 3.5MPa 이상의 내압시험압력에 합격한 것으로 할 것

③ 1.9MPa 이상 1.5MPa 이하 → 2.3MPa 이상 1.9MPa 이하

(1) **이산화탄소 소화설비의 저장용기**(NFPC 106 제4조, NFTC 106 2.1)

| 자동냉동장치 | 2.1MPa 유지, −18℃ 이하 | |
|---|---|---|
| 압력경보장치 | 2.3MPa 이상, 1.9MPa 이하 보기 ③ | |
| 선택밸브 또는 개폐밸브의 안전장치 | 내압시험압력의 0.8배 | |
| 저장용기 보기 ④ | • 고압식 : **25MPa** 이상<br>• 저압식 : **3.5MPa** 이상 | |
| 안전밸브 | 내압시험압력의 **0.64~0.8**배 | |
| 봉 판 | 내압시험압력의 0.8~내압시험압력 | |
| 충전비 | 고압식 | **1.5~1.9** 이하 보기 ① |
| | 저압식 | **1.1~1.4** 이하 보기 ② |

(2) **이산화탄소 소화설비의 가스압력식 기동장치** (NFTC 106 2.3.2.3.3)

| 구 분 | 기 준 |
|---|---|
| 충전압력 | 6MPa 이상(21℃ 기준) |
| 체적 | 5L 이상 |

중요

(1) **분말소화설비 가스압력식 기동장치**

| 구 분 | 기 준 |
|---|---|
| 기동용 가스용기의 체적 | **5L** 이상(단, 1L 이상시 $CO_2$량 0.6kg 이상) |
| 기동용 가스용기 충전비 | **1.5~1.9** 이하 |

| 구 분 | 기 준 |
|---|---|
| 기동용 가스용기 안전장치의 압력 | 내압시험압력의 **0.8~내압시험압력** 이하 |
| 기동용 가스용기 및 해당 용기에 사용하는 밸브의 견디는 압력 | **25MPa** 이상 |

(2) **이산화탄소 소화설비 가스압력식 기동장치**

| 구 분 | 기 준 |
|---|---|
| 기동용 가스용기의 체적 | **5L** 이상 |

답 ③

22회

★★★

**37** 가연물질이 부탄(Butane)인 경우 이산화탄소의 최소소화농도(vol%)와 최소설계농도(vol%)를 순서대로 옳게 나열한 것은?

19회 문 36 / 19회 문117 / 18회 문 31 / 17회 문 37 / 15회 문 36 / 15회 문110 / 14회 문 36 / 14회 문110 / 12회 문 31 / 07회 문121

① 24, 34 ② 28, 34
③ 34, 41 ④ 38, 41

해설 (1) **설계농도값**(NFTC 106 2.2.1.1.2)

| 방호대상물 | 설계농도[vol%] |
|---|---|
| 메탄 | 34 |
| 부탄 **보기 ②** | |
| 이소부탄 | 36 |
| 프로판 | |
| **석**탄가스, **천**연가스 | <u>37</u> |
| 사이크로 프로판 | |
| 에탄 | 40 |
| 에틸렌 | 49 |
| 산화에틸렌 | 53 |
| 일산화탄소 | 64 |
| 아세틸렌 | 66 |
| 수소 | 75 |

기억법 **37석천**

(2) **설계농도 공식**

설계농도[%]=소화농도[%]×안전계수

$$소화농도[\%] = \frac{설계농도[\%]}{안전계수} = \frac{34vol\%}{1.2} \fallingdotseq 28vol\%$$

• 설계농도 구하기

| 화재등급 | 설계농도 |
|---|---|
| A급 | A급 소화농도×1.2 |
| B급 | B급 소화농도×1.3 |
| C급 | A급 소화농도×1.35 |

• 정답을 찾기 위해 안전계수 1.2를 임의 적용

• 안전계수 1.3 적용시 $\frac{34vol\%}{1.3} \fallingdotseq 26vol\%$, 1.35 적용시 $\frac{34vol\%}{1.35} \fallingdotseq 25vol\%$로 답이 없음

답 ②

★★★

**38** 할로겐화합물 및 불활성기체 소화약제의 종류 중 HFC 계열로 옳지 않은 것은?

21회 문 38 / 15회 문 39 / 14회 문 35 / 14회 문 39 / 08회 문 47 / 08회 문122 / 07회 문 43

① $CHF_3$ ② $CHF_2CF_3$
③ $CHClFCF_3$ ④ $CF_3CHFCF_3$

해설 ③ HCFC 계열

**할로겐화합물** 및 **불활성기체 소화약제**의 **종류**(NFPC 107A 제4조, NFTC 107A 2.1.1)

| 종 류 | 소화약제 | 상품명 | 화학식 | 방출시간 | 주된 소화원리 |
|---|---|---|---|---|---|
| 할로겐화합물 소화약제 | 퍼플루오로부탄(FC-3-1-10) | CEA-410 | $C_4F_{10}$ | **10초** 이내 | **부촉매 효과**(억제작용) |
| | 트리플루오로메탄(HFC-23) | FE-13 | $CHF_3$ **보기 ①** | | |
| | 펜타플루오로에탄(HFC-125) | FE-25 | $CHF_2CF_3$ **보기 ②** | | |
| | 헵타플루오로프로판(HFC-227ea) | FM-200 | $CF_3CHFCF_3$ **보기 ④** | | |
| | 클로로테트라플루오로에탄(HCFC-124) | FE-241 | $CHClFCF_3$ **보기 ③** | | |
| | 하이드로클로로플루오로카본 혼화제(HCFC BLEND A) | NAF S-Ⅲ | HCFC-22 ($CHClF_2$) : 82%<br>HCFC-123 ($CHCl_2CF_3$) : 4.75%<br>HCFC-124 ($CHClFCF_3$) : 9.5%<br>$C_{10}H_{16}$ : 3.75% | | |
| 불활성기체 소화약제 | 불연성·불활성 기체 혼합가스(IG-541) | Inergen | $N_2$ : 52%<br>Ar : 40%<br>$CO_2$ : 8% | **60초** 이내 | **질식효과** |
| | 불연성·불활성 기체 혼합가스(IG-55) | 아르고나이트 | $N_2$ : 50%<br>Ar : 50% | | |
| | 불연성·불활성 기체 혼합가스(IG-100) | NN-100 | $N_2$ | | |
| | 불연성·불활성 기체 혼합가스(IG-01) | – | Ar | | |

답 ③

★★★

**39** 포소화약제의 혼합장치 설치방식 중 펌프와 발포기의 중간에 설치된 벤추리관의 벤추리작용에 따라 포소화약제를 흡입·혼합하는 방식으로 옳은 것은?

19회 문 41 / 15회 문106 / 09회 문 27 / 07회 문 32

① 라인 프로포셔너방식
② 펌프 프로포셔너방식
③ 압축공기포 믹싱챔버방식
④ 프레져사이드 프로포셔너방식

해설 **포소화약제**의 **혼합장치**

(1) **펌프 프로포셔너방식(펌프혼합방식)**
① 펌프 토출측과 흡입측에 바이패스를 설치하고, 그 바이패스의 도중에 설치한 어댑터(Adaptor)로 펌프 토출측 수량의 일부를 통과시켜 공기포 용액을 만드는 방식
② 펌프의 **토출관**과 **흡입관** 사이의 배관 도중에 설치한 흡입기에 펌프에서 토출된 물의 일부를 보내고 **농도조정밸브**에서 조정된 포소화약제의 필요량을 포소화약제 탱크에서 펌프 흡입측으로 보내어 약제를 혼합하는 방식

기억법 펌농

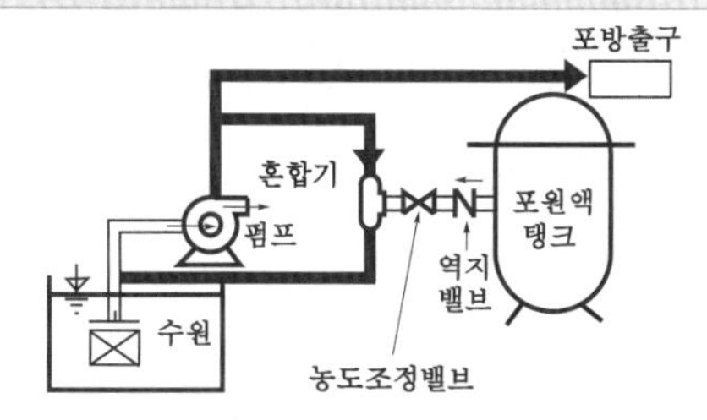


펌프 프로포셔너방식

(2) **프레져 프로포셔너방식(차압혼합방식)**
① 가압송수관 도중에 공기포 소화원액 혼합조(P.P.T)와 혼합기를 접속하여 사용하는 방법
② **격막방식 휨탱크**를 사용하는 에어휨 혼합방식
③ 펌프와 발포기의 중간에 설치된 **벤**투리관의 **벤투리작용**과 펌프 가압수의 **포소화약제 저장탱크**에 대한 압력에 의하여 포소화약제를 흡입·혼합하는 방식

기억법 프프벤벤탱

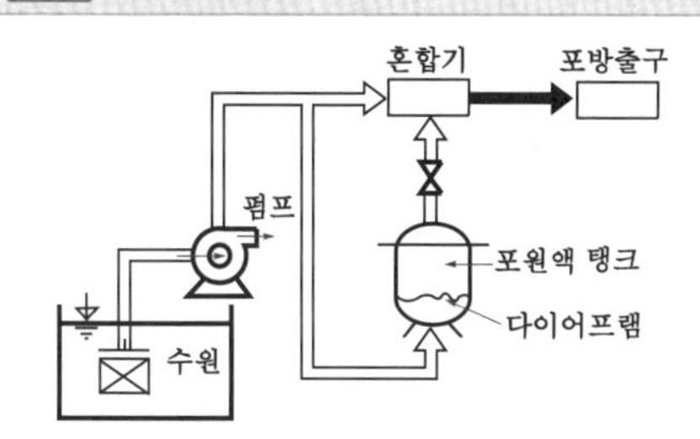


프레져 프로포셔너방식

(3) **라인 프로포셔너방식(관로혼합방식)**
① 급수관의 배관 도중에 포소화약제 흡입기를 설치하여 그 흡입관에서 소화약제를 흡입하여 혼합하는 방식
② 펌프와 발포기의 중간에 설치된 벤투리관의 **벤투리작용**에 의하여 포소화약제를 흡입·혼합하는 방식 **보기 ①**

기억법 라벤(라벤더)

- 벤추리작용=벤투리작용

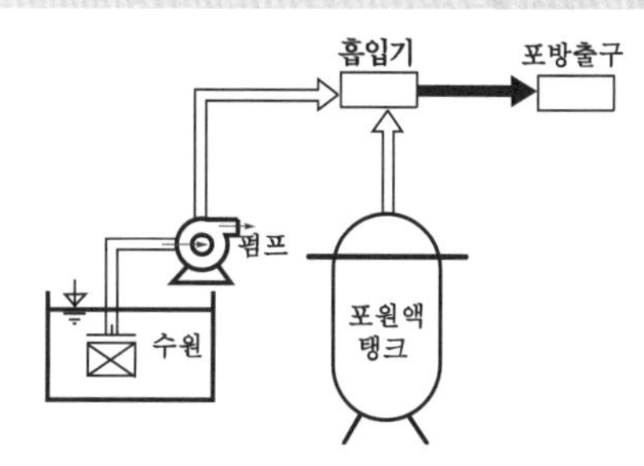


라인 프로포셔너방식

(4) **프레져사이드 프로포셔너방식(압입혼합방식)**
① 소화원액 가압펌프(압입용 펌프)를 별도로 사용하는 방식
② 펌프 **토출관**에 압입기를 설치하여 포소화약제 **압입용 펌프**로 포소화약제를 압입시켜 혼합하는 방식

기억법 프사압

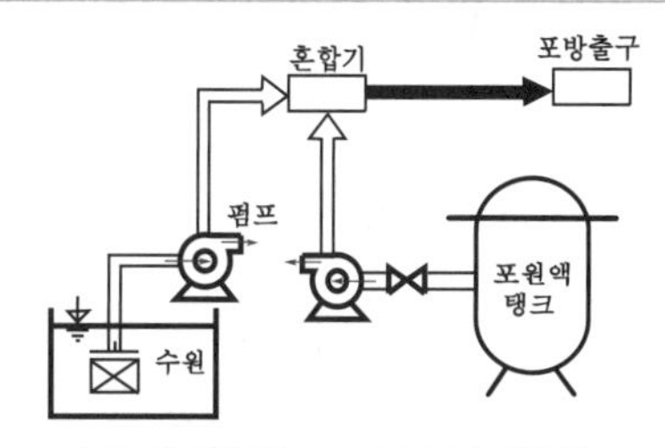


프레져사이드 프로포셔너방식

(5) **압축공기포 믹싱챔버방식** : 포수용액에 공기를 강제로 주입시켜 원거리 방수가 가능하고 물 사용량을 줄여 수손피해를 최소화할 수 있는 방식

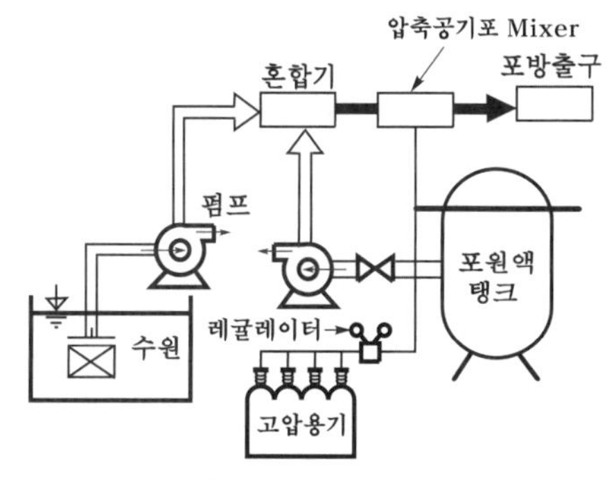


압축공기포 믹싱챔버방식

답 ①

★★★

**40** 표준상태에서 0℃의 얼음 1g이 0℃ 물로 변화하는 데 필요한 융융열(cal/g)은 약 얼마인가?

20회 문 03 / 16회 문 38 / 10회 문 35 / 07회 문 39

① 23.4
② 24.9
③ 30.1
④ 79.7

해설 (1) **기호**

- $m$ : 1g
- $Q$ : ?

(2) **열량**

$$Q = r_1 m + mc\Delta T + r_2 m$$

여기서, $Q$ : 열량[cal]
$r_1$ : 융해잠열(80cal/g)
$m$ : 질량[g]
$c$ : 물의 비열[cal/g·℃]
$\Delta T$ : 온도차[℃]
$r_2$ : 증발잠열(기화잠열)(539cal/g)

**열량** $Q$는

$Q = r_1 m + \cancel{mc\Delta T} + \cancel{r_2 m}$ =80cal/g×1g=80cal ≒79.7cal

∴ 여기서는 79.7cal/g이 정답이고 융융열 단위가 cal/g이므로 질량 1g을 곱할 필요없음

- 수증기가 없어서 **증발잠열**은 적용되지 않으므로 $r_2 m$은 생략
- 0℃ 얼음, 0℃ 물로 온도변화도 없으므로 $mc\Delta T$도 생략

중요

물의 **잠열**

| 구 분 | 설 명 |
|---|---|
| 융해잠열 | **80cal/g** |
| 기화(증발)잠열 | **539cal/g** |
| 0℃의 물 1g이 100℃의 수증기가 되는 데 필요한 열량 | **639cal/g** |
| 0℃의 얼음 1g이 100℃의 수증기가 되는 데 필요한 열량 | **719cal/g** |

답 ④



★★★

**41** 할로겐화합물 및 불활성기체 소화약제의 최대허용설계농도로 옳지 않은 것은?

21회 문103 / 20회 문 39 / 19회 문 36 / 19회 문117 / 18회 문 31 / 17회 문 37 / 15회 문 36 / 15회 문110 / 14회 문 36 / 14회 문110 / 12회 문 31 / 07회 문121

① HCFC-124 : 1.0%
② HFC-236fa : 12.5%
③ IG-100 : 30%
④ HFC-23 : 30%

해설 **최대허용설계농도**(NFTC 107A 2.4.2)

| 소화약제 | 최대허용설계농도[%] |
|---|---|
| FIC-13I1 | 0.3 |
| HCFC-124 **보기 ①** | 1.0 |
| FK-5-1-12 | 10 |
| HCFC BLEND A | 10 |
| HFC-227ea | 10.5 |
| HFC-125 | 11.5 |
| HFC-236fa **보기 ②** | 12.5 |
| HFC-23 **보기 ④** | 30 |
| FC-3-1-10 | 40 |
| IG-01 | 43 |
| IG-100 **보기 ③** | 43 |
| IG-55 | 43 |
| IG-541 | 43 |

답 ③

★★★

**42** 분말소화약제의 저장용기 설치기준으로 옳은 것은?

19회 문 35 / 16회 문108 / 15회 문 37 / 14회 문 34 / 14회 문111 / 13회 문113 / 06회 문117

① 저장용기에는 가압식은 최고사용압력의 2.5배 이하, 축압식은 용기의 내압시험압력의 0.8배 이하의 압력에서 작동하는 안전밸브를 설치할 것
② 제1종 분말소화약제 1kg당 저장용기의 내용적은 0.8L로 하고 저장용기의 충전비는 0.8 이상으로 할 것
③ 제2종 분말소화약제 1kg당 저장용기의 내용적은 1.25L로 하고 저장용기의 충전비는 0.8 이상으로 할 것
④ 제3종 분말소화약제 1kg당 저장용기의 내용적은 1L로 하고 저장용기의 충전비는 1.1 이상으로 할 것

① 2.5배 이하 → 1.8배 이하
③ 1.25L → 1L, 0.8 이상 → 1 이상
④ 1.1 이상 → 1 이상

(1) **분말소화약제 저장용기**의 **내용적 · 충전비**

| 약제종별 | 내용적[L/kg] | 충전비 |
|---|---|---|
| 제1종 분말 보기 ② | 0.8 | 0.8 이상 |
| 제2 · 3종 분말 보기 ③④ | 1 | 1 이상 |
| 제4종 분말 | 1.25 | 1.25 이상 |

• 내용적과 충전비는 동일함

(2) **분말소화설비 저장용기**의 **안전밸브 설치**(NFPC 108 제4조, NFTC 108 2.1.2.2) 보기 ①

| 가압식 | 축압식 |
|---|---|
| **최고사용압력×1.8배** 이하 | **내압시험압력×0.8배** 이하 |

답 ②

## 43 소방시설 도시기호 중 비상분전반에 해당하는 기호는?

19회 문107
17회 문109

① 
② 
③ 
④ 

① 할로겐화합물 소화기
② 비상분전반
③ 표시등
④ 연기감지기

| 명 칭 | 도시기호 |
|---|---|
| ABC 소화기 | 소 |
| 자동확산소화기 | 자 |
| 자동식 소화기 | 소 |
| 이산화탄소 소화기 | C |
| 할로겐화합물 소화기 보기 ① | |

| 명 칭 | 도시기호 |
|---|---|
| 표시등 보기 ③ | |
| 피난구유도등 | |
| 통로유도등 | → |
| 표시판 | |
| 보조전원 | TR |
| 차동식 스포트형 감지기 | |
| 보상식 스포트형 감지기 | |
| 정온식 스포트형 감지기 | |
| 연기감지기 보기 ④ | S |
| 감지선 | |
| 공기관 | |
| 열전대 | |
| 열반도체 | |
| 차동식 분포형 감지기의 검출기 | |
| 비상콘센트 | |
| 비상분전반 보기 ② | |
| 가스계 소화설비의 수동조작함 | RM |

답 ②

## 44 전자장 해석을 위한 미분연산에 관한 설명 중 옳지 않은 것은?

① 벡터계의 미분계산에는 미분연산자 ∇(델)을 사용한다.
② $\nabla V$는 스칼라 함수 $V$의 변화율(경도)을 의미한다.
③ 벡터 $E$의 발산은 단위체적에서 발산하는 선속수를 의미하며, $\nabla^2 \cdot E$로 표시한다.
④ $\nabla \cdot \nabla$을 라플라시안이라 부른다.

해설

③ $\nabla^2 \cdot E \rightarrow \nabla \cdot E$

**미분연산**

(1) 벡터계의 미분계산에는 **미분연산자** $\nabla$(델)을 사용한다. 보기 ①

(2) $\nabla V$는 스칼라 함수 $V$**의 변화율**(경도)을 의미한다. 보기 ②

(3) **벡터** $E$의 **발산**은 단위체적에서 발산하는 선속수를 의미하며, $\nabla \cdot E$로 표시한다. 보기 ③

(4) $\nabla \cdot \nabla$을 **라플라시안**이라 부른다. 보기 ④

답 ③

22회 ★★★

## 45 자계에 관한 설명으로 옳지 않은 것은?

15회 문 43 / 14회 문 41 / 06회 문 37

① 도체의 운동에 의한 전자유도현상에 의해 발생되는 유도기전력의 방향은 플레밍의 왼손법칙에 따라 결정된다.

② 자계의 크기나 자성체 내부의 자기적인 상태를 나타내기 위하여 자속의 방향에 수직인 단위면적을 통과하는 자속의 수를 자속밀도라 한다.

③ 자석 사이에 작용하는 힘을 양적으로 취급하는데 전계에서와 같이 쿨롱의 법칙을 이용한다.

④ 암페어의 주회법칙은 전류에 의한 자계의 세기를 구하는 데 사용한다.

① 플레밍의 왼손법칙 → 플레밍의 오른손법칙

(1) **여러 가지 법칙**

| 법 칙 | 설 명 |
|---|---|
| 플레밍의 <u>오</u>른손법칙 보기 ① | <u>도</u>체운동에 의한 <u>유</u>도기전력의 <u>방</u>향 결정<br>기억법 **방유도오(<u>방</u>에 우<u>유</u>를 <u>도로</u> 갖다 놓게!)** |
| 플레밍의 **<u>왼</u>**손법칙 | <u>전</u>자력의 방향 결정<br>기억법 **왼전(<u>왼</u> <u>전</u>쟁이냐?)** |
| <u>렌</u>츠의 법칙 (렌쯔의 법칙) | 자속변화에 의한 <u>유</u>도기전력의 <u>방</u>향 결정<br>기억법 **렌유방(오<u>렌</u>지가 <u>유</u>일한 <u>방</u>법이다)** |
| <u>패</u>러데이의 전자유도법칙 (패러데이의 법칙) | ① 자속변화에 의한 <u>유</u>기기전력의 <u>크</u>기 결정<br>② 전자유도현상에 의하여 생기는 **유도기전력**의 **크기**를 정의하는 법칙<br>기억법 **패유크(<u>패유</u>를 버리면 <u>큰</u>일난다)** |
| <u>암</u>페어의 오른나사법칙 (앙페르의 법칙) | ① <u>전</u>류에 의한 <u>자</u>기장(자계)의 방향 결정<br>② 전류가 흐르는 도체 주위의 자계방향 결정<br>기억법 **암전자(<u>양전자</u>)** |
| <u>비</u>오-사바르의 법칙 | <u>전</u>류에 의해 발생되는 <u>자</u>기장의 크기 결정<br>기억법 **비전자(<u>비전</u>공자)** |

(2) **자속밀도** 보기 ②

자계의 크기나 자성체 내부의 자기적인 상태를 나타내기 위하여 자속의 방향에 수직인 **단위면적**을 통과하는 **자속**의 **수**를 **자속밀도**라 한다.

$$\beta = \frac{\phi}{A}$$

여기서, $\beta$ : 자속밀도[Wb/m$^2$]

$\phi$ : 자속[Wb]

$A$ : 면적[m$^2$]

(3) **쿨롱**의 **법칙**(Coulom's law) 보기 ③

① 두 자극 사이에 작용하는 힘은 두 자극의 세기의 **곱**에 **비례**하고 두 자극 사이의 거리의 **제곱**에 **반비례**한다는 법칙

$$F = \frac{m_1 m_2}{4\pi\mu r^2}$$

여기서, $F$ : 두 자극 사이에 작용하는 힘[N]

$\mu$ : 투자율[H/m]

$\mu = \mu_0 \cdot \mu_s$

$\mu_0$ : 진공의 투자율[H/m]

$\mu_s$ : 비투자율(단위 없음)

$m_1$, $m_2$ : 자극의 세기

②

$$F = \frac{Q_1 Q_2}{4\pi\varepsilon r^2} \text{[N]}$$

여기서, $F$ : 정전력[N]

$Q_1$, $Q_2$ : 전하[C]

$\varepsilon$ : 유전율[F/m]($\varepsilon = \varepsilon_0 \cdot \varepsilon_s$)

$r$ : 거리[m]

(4) **암페어**의 **주회적분법칙**(암페어의 주회법칙) **보기 ④**

자계의 세기와 전류 주위를 일주하는 거리의 곱의 합은 전류와 코일권수를 곱한 것과 같다는 법칙

답 ①

★★★

**46** **그림과 같은 전압파형의 평균값($V$)은 얼마인가?**

19회 문 50
18회 문 40
17회 문 45
16회 문 44
13회 문 46
12회 문 48

① 2.5 ② 3.5
③ 4.0 ④ 5.0

해설 (1) **파형률**과 **파고율**

| 파 형 | 최대값 | 실효값 | 평균값 | 파형률 | 파고율 |
|---|---|---|---|---|---|
| • 정현파 • 전파정류파 | $V_m$ | $\frac{V_m}{\sqrt{2}}$ | $\frac{2V_m}{\pi}$ | 1.11 | 1.414 ($\sqrt{2}$) |
| • 반구형파 | $V_m$ | $\frac{V_m}{\sqrt{2}}$ | $\frac{V_m}{2}$ | 1.414 | 1.414 |
| • **삼각파** (3각파) • **톱니파** | $V_m$ | $\frac{V_m}{\sqrt{3}}$ | $\frac{V_m}{2}$ | 1.155 | 1.732 ($\sqrt{3}$) |
| • 구형파 | $V_m$ | $V_m$ | $V_m$ | 1 | 1 |
| • 반파정류파 | $V_m$ | $\frac{V_m}{2}$ | $\frac{V_m}{\pi}$ | 1.571 | 2 |

(2) **톱니파**

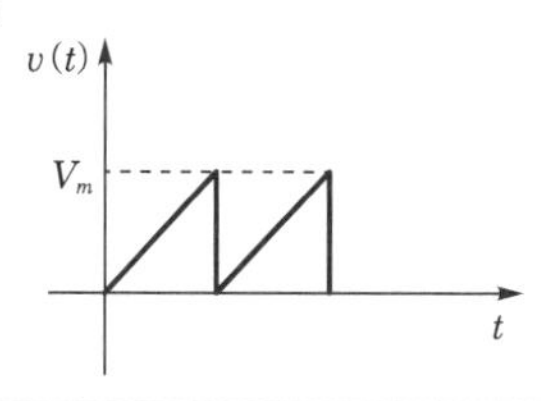

$$V_{av} = \frac{V_m}{2}$$

여기서, $V_{av}$ : 전압의 평균값〔V〕
$V_m$ : 전압의 최대값〔V〕

(3) **변형 톱니파**

$$V_{av} = \frac{V_m}{4}$$

여기서, $V_{av}$ : 전압의 평균값〔V〕
$V_m$ : 전압의 최대값〔V〕

변형 톱니파 $V_{av}$는

$$V_{av} = \frac{V_m}{4} = \frac{10}{4} = 2.5\text{V}$$

답 ①

★

**47** **2대의 단상변압기로 3상 전력을 얻는 V결선 방식의 이용률은 약 몇 %인가?**

① 22.9 ② 33.3
③ 57.7 ④ 86.6

해설 V결선

| 변압기 1대의 **이용률** **보기 ④** | △ → V 결선시의 **출력비** |
|---|---|
| $U = \frac{\sqrt{3}\ VI\cos\theta}{2\ VI\cos\theta} = \frac{\sqrt{3}}{2} = 0.866(86.6\%)$ | $\frac{P_V}{P_\triangle} = \frac{\sqrt{3}\ VI\cos\theta}{3\ VI\cos\theta} = \frac{\sqrt{3}}{3} = 0.577(57.7\%)$ |

답 ④

★★

**48** **그림과 같은 $RLC$ 직렬회로에서 $v(t)$의 실효값이 220V일 때, 회로에 흐르는 실효전류(A)는 얼마인가?**

19회 문 50
17회 문 45

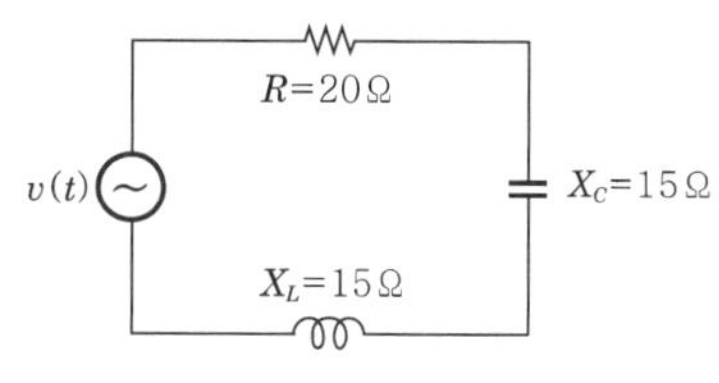


① 4.4 ② 6.3
③ 7.3 ④ 11.0

해설 (1) 기호

- $V$ : 220V
- $I$ : ?
- $R$ : 20Ω
- $X_L$ : 15Ω
- $X_C$ : 15Ω

(2) **임피던스($RLC$ 직렬회로)**

$$Z=\sqrt{R^2+(X_L-X_C)^2}$$
$$=\sqrt{20^2+(15-15)^2}$$
$$=20\,\Omega$$

(3) **전류**

$$I=\frac{V}{Z}$$

여기서, $I$ : 전류〔A〕
$V$ : 전압〔V〕
$Z$ : 임피던스〔Ω〕

**전류 $I$는**

$$I=\frac{V}{Z}=\frac{220}{20}=11\text{A}$$

답 ④

★

## 49 그림과 같은 T형 회로의 임피던스 파라미터 중 옳지 않은 것은?

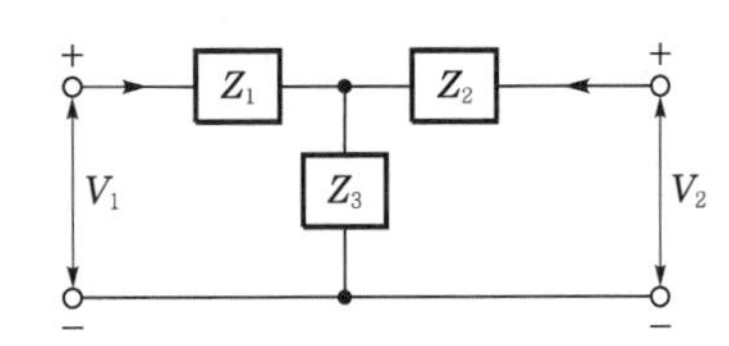


① $Z_{11}=Z_1+Z_3$ ② $Z_{12}=Z_1$
③ $Z_{21}=Z_3$ ④ $Z_{22}=Z_2+Z_3$

② $Z_1 \to Z_3$

**임피던스 파라미터**

(1) $Z_{11}$ : 좌로 돌리면서 2개를 더하면 됨
(2) $Z_{22}$ : 우로 돌리면서 2개를 더하면 됨
(3) $Z_{12}$, $Z_{21}$ : 혼자있는 것을 찾으면 됨

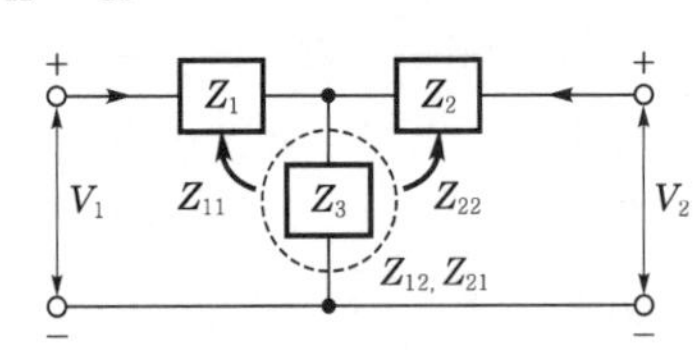


$\therefore\ Z_{11}=Z_1+Z_3$
$Z_{22}=Z_2+Z_3$
$Z_{12}=Z_3$
$Z_{21}=Z_3$

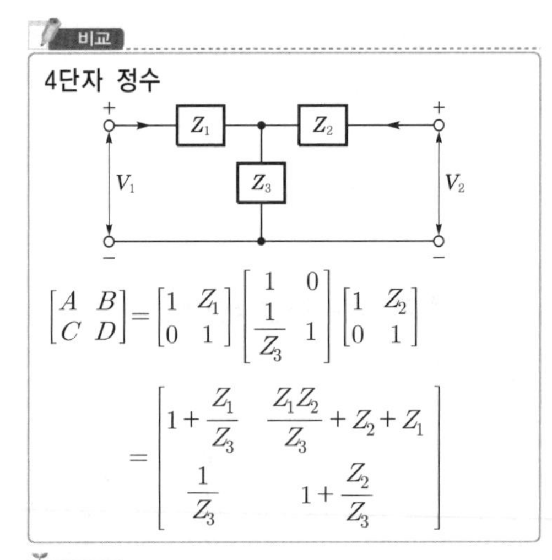


용어

**임피던스 파라미터**
회로망의 **임피던스 매칭**을 분석하고, 회로망의 **전력소모**를 확인하는 데 사용

답 ②

★★

## 50 그림과 같은 피드백 제어계 블록선도의 전달함수는?

14회 문 43
10회 문 43

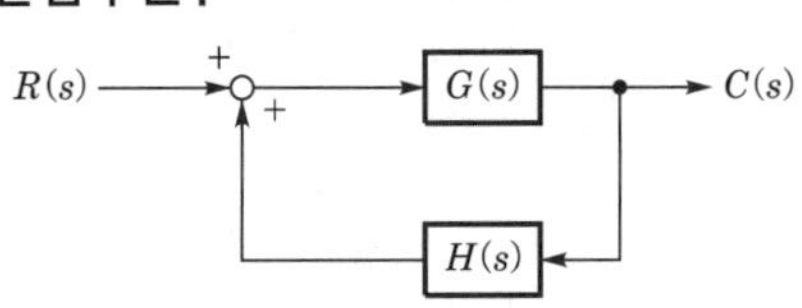


① $\dfrac{G(s)}{1+G(s)\cdot H(s)}$

② $\dfrac{H(s)}{1+G(s)\cdot H(s)}$

③ $\dfrac{G(s)}{1-G(s)\cdot H(s)}$

④ $\dfrac{H(s)}{1-G(s)\cdot H(s)}$

**전달함수$\left(\dfrac{C}{R}\right)$**

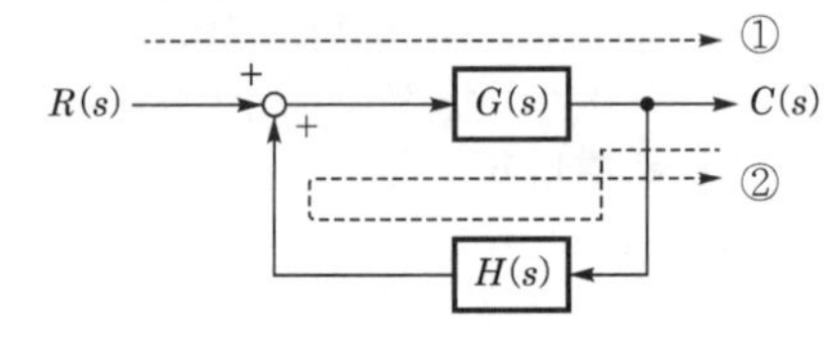

$R(s)\,G(s)+C(s)\,G(s)\,H(s)=C(s)$

$RG+CGH=C$ ← 계산편의를 위해 잠시 $(s)$를 떼어 놓음

$RG=C-CGH$

$RG=C(1-GH)$

$\frac{G}{1-GH}=\frac{C}{R}$ ← 좌우 이항

$\frac{C}{R}=\frac{G}{1-GH}=\frac{G(s)}{1-G(s)\cdot H(s)}$ ← $(s)$ 다시 붙임

용어

**전달함수**
모든 초기값을 0으로 하였을 때 출력신호의 라플라스 변환과 입력신호의 라플라스 변환의 비로 **'등가이득'**이라 부르기도 함

답 ③

## 제 3 과목 소방관련법령

★
**51** 소방기본법령상 소방자동차 전용구역에 관한 설명으로 옳은 것은?
19회 문 52

① 소방자동차 전용구역 노면표지 도료의 색채는 백색을 기본으로 하되, 문자(P, 소방차 전용)는 황색으로 표시한다.
② 세대수가 80세대인 아파트의 건축주는 소방자동차 전용구역을 설치하여야 한다.
③ 전용구역 노면표지의 외곽선은 빗금무늬로 표시하되, 빗금은 두께를 30센티미터로 하여 50센티미터 간격으로 표시한다.
④ 전용구역에 차를 주차하거나 전용구역에의 진입을 가로막는 등의 방해행위를 한 자에게는 200만원 이하의 과태료를 부과한다.

① 백색 → 황색, 황색 → 백색
② 80세대 → 100세대 이상
④ 200만원 → 100만원

(1) **소방자동차 전용구역 설치대상**(기본령 제7조 12)
① 세대수가 **100세대** 이상인 **아파트** 보기 ②
② **3층** 이상의 **기숙사**

(2) **기본령 [별표 2의 5]**
① 전용구역 노면표지의 외곽선은 빗금무늬로 표시하되, 빗금은 두께를 **30cm**로 하여 **50cm** 간격으로 표시한다. 보기 ③
② 전용구역 노면표지 도료의 색채는 **황색**을 기본으로 하되, 문자(P, 소방차 전용)는 **백색**으로 표시한다.  보기 ①

(3) **소방자동차 전용구역 방해행위의 기준**(기본령 제7조 14)
① 전용구역에 **물건** 등을 쌓거나 주차하는 행위
② 전용구역의 **앞면, 뒷면** 또는 양 측면에 물건 등을 쌓거나 주차하는 행위(단, 부설 주차장의 주차구획 내에 주차하는 경우는 제외)
③ 전용구역 **진입로**에 물건 등을 쌓거나 주차하여 전용구역으로의 진입을 가로막는 행위
④ 전용구역 **노면표지**를 지우거나 **훼손**하는 행위
⑤ 그 밖의 방법으로 소방자동차가 전용구역에 주차하는 것을 방해하거나 전용구역으로 진입하는 것을 방해하는 행위

(4) **100만원 이하의 과태료**(기본법 제56조)
**공동주택**에 소방자동차 전용구역에 차를 주차하거나 전용구역에의 진입을 가로막는 등의 방해행위를 한 자 보기 ④

답 ③

★
**52** 소방기본법령상 소방지원활동으로 명시되지 않은 것은?

① 산불에 대한 예방·진압 등 지원
② 단전사고시 비상전원 또는 조명의 공급 지원
③ 자연재해에 따른 급수·배수 및 제설 등 지원
④ 집회·공연 등 각종 행사시 사고에 대비한 근접대기 등 지원

② 생활안전활동

**소방지원활동 vs 생활안전활동**

| 소방지원활동 (기본법 제16조 2) | 생활안전활동 (기본법 제16조 3) |
|---|---|
| (1) **산불**에 대한 예방·진압 등 지원활동 **보기 ①**<br>(2) **자연재해**에 따른 급수·배수 및 제설 등 지원활동 **보기 ③**<br>(3) **집회·공연** 등 각종 행사시 사고에 대비한 근접대기 등 지원활동 **보기 ④**<br>(4) **화재, 재난·재해**로 인한 피해복구 지원활동<br>(5) 그 밖에 **행정안전부령**으로 정하는 활동 | (1) **붕괴, 낙하** 등이 우려되는 고드름, 나무, 위험구조물 등의 제거활동<br>(2) **위해동물**, 벌 등의 포획 및 퇴치 활동<br>(3) **끼임, 고립** 등에 따른 위험제거 및 구출활동<br>(4) **단전사고**시 비상전원 또는 조명의 공급 **보기 ②**<br>(5) 그 밖에 방치하면 급박해질 우려가 있는 위험을 예방하기 위한 활동 |

답 ②

★★★

**53** 소방기본법령상 벌칙에 관한 설명이다. ( )에 들어갈 내용으로 옳은 것은?

18회 문 51
15회 문 51
14회 문 53
14회 문 66
11회 문 70

> 정당한 사유 없이 출동한 소방대원에게 폭행 또는 협박을 행사하여 화재진압·인명구조 또는 구급활동을 방해하는 행위를 한 사람은 ( ㉠ )년 이하의 징역 또는 ( ㉡ )천만원 이하의 벌금에 처한다.

① ㉠ : 3, ㉡ : 3
② ㉠ : 3, ㉡ : 5
③ ㉠ : 5, ㉡ : 3
④ ㉠ : 5, ㉡ : 5

해설 **벌금**

| 벌 칙 | 내 용 |
|---|---|
| **5년 이하의 징역 또는 5000만원 이하의 벌금** (기본법 제50조) | • 소방자동차의 **출동** 방해<br>• 사람구출 방해<br>• 소방용수시설 또는 비상소화장치의 **효용** 방해<br>• 소방대원 폭행·협박 **보기 ④** |
| **3년 이하의 징역 또는 3000만원 이하의 벌금** (기본법 제51조) | • 소방활동에 필요한 소방대상물 및 **토지**의 **강제처분**을 방해한 자 |
| **300만원 이하의 벌금** | • 소방활동에 필요한 소방대상물과 **토지** 외의 **강제처분**을 방해한 자(기본법 제52조)<br>• 소방자동차의 통행과 소방활동에 방해가 되는 주정차 제거·이동을 방해한 자(기본법 제52조))<br>• 화재의 **예방조치명령** 위반(화재예방법 제50조) |
| **100만원 이하의 벌금** (기본법 제54조) | • **피난명령** 위반<br>• 위험시설 등에 대한 긴급조치 방해<br>• 소방활동을 하지 않은 관계인<br>※ 소방활동 : 화재가 발생한 경우 소방대가 현장에 도착할 때까지 사람을 구출하는 조치<br>• 위험시설 등에 정당한 사유없이 **물**의 **사용**이나 **수도**의 **개폐장치**의 사용 또는 조작을 하지 못하게 하거나 **방해**한 자<br>• 소방대의 생활안전활동을 방해한 자 |
| **500만원 이하의 과태료** (기본법 제56조) | • 화재 또는 구조·구급에 필요한 사항을 거짓으로 알린 사람 |
| **200만원 이하의 과태료** | • 소방용수시설·소화기구 및 설비 등의 설치명령 위반(화재예방법 제52조)<br>• 특수가연물의 저장·취급 기준 위반(화재예방법 제52조)<br>• 한국 119 청소년단 또는 이와 유사한 명칭을 사용한 자(기본법 제56조)<br>• 한국소방안전원 또는 이와 유사한 명칭을 사용한 자(기본법 제56조)<br>• **소방활동구역 출입**(기본법 제56조)<br>• 소방자동차의 출동에 지장을 준 자(기본법 제56조) |

| 벌 칙 | 내 용 |
|---|---|
| **20만원 이하의 과태료** (기본법 제57조) | • 시장지역에서 화재로 오인할 우려가 있는 **연막소독**을 하면서 관할소방서장에게 신고를 하지 아니하여 소방자동차를 출동하게 한 자 |

답 ④

★★

**54** 소방기본법령상 화재예방, 소방활동 또는 소방훈련을 위하여 사용되는 소방신호의 종류로 명시되지 않은 것은?

16회 문 52
10회 문 67

① 발화신호
② 위기신호
③ 해제신호
④ 훈련신호

해설 ② 해당없음

**기본규칙 [별표 4]**
**소방신호표**

| 종 별 \ 신호방법 | 타종신호 | 사이렌신호 |
|---|---|---|
| 경계신호 | **1타**와 **연 2타**를 반복 | **5초** 간격을 두고 **30초**씩 **3회** |
| 발화신호 보기 ① | **난타** | **5초** 간격을 두고 **5초**씩 **3회** |
| 해제신호 보기 ③ | 상당한 간격을 두고 **1타**씩 반복 | **1분**간 **1회** |
| 훈련신호 보기 ④ | **연 3타** 반복 | **10초** 간격을 두고 **1분**씩 **3회** |

답 ②

★★★

**55** 소방시설공사업법령상 소방시설별 하자보수 보증기간이 3년으로 규정되어 있는 소방시설을 모두 고른 것은?

18회 문 56
14회 문 57
10회 문 61
09회 문 57
08회 문 64
06회 문 73
03회 문 74

> ㉠ 비상방송설비
> ㉡ 옥내소화전설비
> ㉢ 무선통신보조설비
> ㉣ 자동화재탐지설비

① ㉠, ㉡  ② ㉠, ㉢
③ ㉡, ㉣  ④ ㉢, ㉣

해설 **공사업령 제6조**
**소방시설공사의 하자보수 보증기간**

| 보증기간 | 소방시설 |
|---|---|
| <u>2</u>년 | ① <u>유</u>도등·유도표지·<u>피</u>난기구<br>② <u>비</u>상<u>조</u>명등·비상<u>경</u>보설비·비상<u>방</u>송설비<br>③ <u>무</u>선통신보조설비<br>기억법 유비 조경방 무피2(유비 조경방 무피투) |
| 3년 | ① 자동식 소화기<br>② 옥내·외소화전설비 보기 ㉡<br>③ 스프링클러설비·간이스프링클러설비<br>④ 물분무등소화설비·상수도소화용수설비<br>⑤ 자동화재탐지설비·소화활동설비(무선통신보조설비 제외) 보기 ㉣ |

답 ③

★

**56** 소방시설공사업법령상 착공신고를 한 공사업자가 변경신고를 하여야 하는 경우에 해당하지 않는 것은?

① 시공자가 변경된 경우
② 소방시설 공사기간이 변경된 경우
③ 설치되는 소방시설의 종류가 변경된 경우
④ 책임시공 및 기술관리 소방기술자가 변경된 경우

해설 ② 해당없음

**공사업규칙 제12조**
**착공신고를 한 공사업자가 변경신고를 해야 하는 경우**

(1) **시공자**가 변경된 경우 보기 ①
(2) 설치되는 **소방시설**의 **종류**가 변경된 경우 보기 ③
(3) **책임시공** 및 **기술관리 소방기술자**가 변경된 경우 보기 ④

답 ②

★

**57** 소방시설공사업법령상 도급과 관련된 내용으로 옳은 것은?

07회 문 58

① 공사업자가 도급받은 소방시설공사의 도급금액 중 그 공사(하도급한 공사를 포함한다)의 근로자에게 지급하여야 할 임금에 해당하는 금액은 그 반액(半額)까지 압류할 수 있다.

② 하수급인은 하도급받은 소방시설공사를 제3자에게 다시 하도급할 수 없다. 다만, 시공의 경우에는 대통령령으로 정하는 바에 따라 하도급받은 소방시설공사의 일부를 다른 공사업자에게 하도급할 수 있다.

③ 공사금액이 10억원 이상인 소방시설공사의 발주자는 하수급인의 시공 및 수행능력, 하도급계약의 적정성 등을 심사하기 위하여 하도급계약심사위원회를 두어야 한다.

④ 특정소방대상물의 관계인 또는 발주자는 해당 도급계약의 수급인이 정당한 사유 없이 30일 이상 소방시설공사를 계속하지 아니하는 경우 도급계약을 해지할 수 있다.



해설

① 압류할 수 있다. → 압류할 수 없다.
② '다만 시공의~하도급할 수 있다.' 삭제
③ 공사금액이 10억원 이상인 소방시설공사 → 공공기관

(1) **도급계약의 해지**(공사업법 제23조)
① 소방시설업이 **등록취소**되거나 **영업정지**의 **처분**을 받은 경우
② 소방시설업을 **휴업** 또는 **폐업**한 경우
③ 정당한 사유 없이 **30일** 이상 소방시설공사를 계속하지 아니하는 경우 보기 ④
④ **하수급인**의 **변경요구**에 응하지 아니한 경우

(2) **임금에 대한 압류의 금지**(공사업법 제21조 2)
① 공사업자가 도급받은 소방시설공사의 도급금액 중 그 공사(하도급한 공사를 포함)의 근로자에게 지급하여야 할 임금에 해당하는 금액은 **압류**할 수 **없다**. 보기 ①
② 임금에 해당하는 금액의 범위와 산정방법 : **대통령령**

(3) **하도급의 제한**(공사업법 제22조)
① 도급을 받은 자는 소방시설의 설계, 시공, 감리를 제3자에게 하도급할 수 없다(단, 시공의 경우에는 **대통령령**으로 정하는 바에 따라 도급받은 소방시설공사의 일부를 다른 공사업자에게 **하도급**할 수 **있다**).
② 하수급인은 하도급받은 소방시설공사를 **제3자**에게 다시 **하도급**할 수 **없다**. 보기 ②

(4) **하도급계약의 적정성 심사**(공사업법 제22조 2)
**공공기관**의 발주자는 하수급인의 시공 및 수행능력, 하도급계약 내용의 적정성 등을 심사하기 위하여 **하도급계약심사위원회**를 두어야 한다. 보기 ③

답 ④

★★★

**58** 소방시설 설치 및 관리에 관한 법령상 소방시설 등의 자체점검에 관한 설명이다. ( )에 들어갈 내용으로 옳은 것은?

15회 문 58
14회 문 58
12회 문 60
03회 문 56

- 작동점검을 실시해야 하는 종합점검대상물의 작동점검은 연 1회 이상 실시해야 하며, 종합점검을 받은 달부터 ( ㉠ )개월이 되는 달에 실시한다.
- 관리업자 또는 소방안전관리자로 선임된 소방시설관리사 및 소방기술사는 법 제22조 제①항 후단에 따라 자체점검을 실시한 경우에는 그 점검이 끝난 날부터 ( ㉡ )일 이내에 별지 제8호 서식의 소방시설 등 자체점검 실시결과 보고서를 관계인에게 제출하여야 하며, 그 점검결과를 ( ㉢ )년간 자체 보관해야 한다.

① ㉠ : 3, ㉡ : 14, ㉢ : 1
② ㉠ : 6, ㉡ : 10, ㉢ : 1
③ ㉠ : 6, ㉡ : 10, ㉢ : 2
④ ㉠ : 6, ㉡ : 14, ㉢ : 2

해설 **소방시설법 시행규칙 제23조, [별표 3]**

(1) **소방시설 등**의 **자체점검**

| 구 분 | 제출기간 | 제출처 |
|---|---|---|
| 관리업자 또는 소방안전관리자로 선임된 소방시설관리사·소방기술사 | 10일 이내 보기 ㉡ | 관계인 |
| 관계인 | 15일 이내 | 소방본부장·소방서장 |

(2) **소방시설 등 자체점검의 점검대상, 점검자의 자격, 점검횟수 및 시기**

| 점검구분 | 정 의 | 점검대상 | 점검자의 자격(주된 인력) | 점검횟수 및 점검시기 |
|---|---|---|---|---|
| 작동점검 | 소방시설 등을 인위적으로 조작하여 정상적으로 작동하는지를 점검하는 것 | ① 간이스프링클러설비・자동화재탐지설비 | • 관계인<br>• 소방안전관리자로 선임된 소방시설관리사 또는 소방기술사<br>• 소방시설관리업에 등록된 기술인력 중 소방시설관리사 또는 「소방시설공사업법 시행규칙」에 따른 특급 점검자 | • 작동점검은 **연 1회** 이상 실시하며, 종합점검대상은 종합점검을 받은 달부터 **6개월**이 되는 달에 실시 **보기 ㉠**<br>• 종합점검대상 외의 특정소방대상물은 사용승인일이 속하는 달의 말일까지 실시 |
| | | ② ①에 해당하지 아니하는 특정소방대상물 | • 소방시설관리업에 등록된 기술인력 중 소방시설관리사<br>• 소방안전관리자로 선임된 소방시설관리사 또는 소방기술사 | |
| | | ③ 작동점검 제외대상<br>• 특정소방대상물 중 소방안전관리자를 선임하지 않는 대상<br>• 위험물제조소 등<br>• 특급 소방안전관리대상물 | | |
| 종합점검 | 소방시설 등의 작동점검을 포함하여 소방시설 등의 설비별 주요 구성부품의 구조기준이 화재안전기준과 「건축법」 등 관련 법령에서 정하는 기준에 적합한지 여부를 점검하는 것<br>(1) 최초점검 : 특정소방대상물의 소방시설이 새로 설치되는 경우 건축물을 사용할 수 있게 된 날부터 60일 이내에 점검하는 것<br>(2) 그 밖의 종합점검 : 최초점검을 제외한 종합점검 | ④ 소방시설 등이 신설된 경우에 해당하는 특정소방대상물<br>⑤ **스프링클러설비**가 설치된 특정소방대상물<br>⑥ **물분무등소화설비**(호스릴 방식의 물분무등소화설비만을 설치한 경우는 제외)가 설치된 연면적 **5000m²** 이상인 특정소방대상물(위험물제조소 등 제외)<br>⑦ 다중이용업의 영업장이 설치된 특정소방대상물로서 연면적이 **2000m²** 이상인 것<br>⑧ **제연설비**가 설치된 터널<br>⑨ **공공기관** 중 연면적(터널・지하구의 경우 그 길이와 평균폭을 곱하여 계산된 값)이 **1000m²** 이상인 것으로서 옥내소화전설비 또는 자동화재탐지설비가 설치된 것(단, 소방대가 근무하는 공공기관 제외)<br><br>중요<br>**종합점검**<br>① 공공기관 : 1000m²<br>② 다중이용업 : 2000m²<br>③ 물분무등(호스릴 ×) : 5000m² | • 소방시설관리업에 등록된 기술인력 중 **소방시설관리사**<br>• 소방안전관리자로 선임된 **소방시설관리사** 또는 **소방기술사** | 〈점검횟수〉<br>㉠ 연 1회 이상(특급 소방안전관리대상물은 반기에 1회 이상) 실시<br>㉡ ㉠에도 불구하고 소방본부장 또는 소방서장은 소방청장이 소방안전관리가 우수하다고 인정한 특정소방대상물에 대해서는 3년의 범위에서 소방청장이 고시하거나 정한 기간 동안 종합점검을 면제할 수 있다(단, 면제기간 중 화재가 발생한 경우는 제외).<br>〈점검시기〉<br>㉠ ④에 해당하는 특정소방대상물은 건축물을 사용할 수 있게 된 날부터 60일 이내 실시<br>㉡ ㉠을 제외한 특정소방대상물은 건축물의 사용승인일이 속하는 달에 실시(단, 학교의 경우 해당 건축물의 사용승인일이 1월에서 6월 사이에 있는 경우에는 6월 30일까지 실시할 수 있다.)<br>㉢ 건축물 사용승인일 이후 ⑥에 따라 종합점검대상에 해당하게 된 경우에는 그 다음 해부터 실시<br>㉣ 하나의 대지경계선 안에 2개 이상의 자체점검대상 건축물 등이 있는 경우 그 건축물 중 사용승인일이 가장 빠른 연도의 건축물의 사용승인일을 기준으로 점검할 수 있다. |

(3) 작동점검 및 종합점검은 건축물 사용승인 후 그 다음 해부터 실시

(4) 점검결과 : **2년**간 보관 **보기 ㉢**

**답** ③

★★
## 59 소방시설 설치 및 관리에 관한 법령상 임시소방시설에 해당하는 것은?

18회 문 61
17회 문112

① 간이완강기 ② 공기호흡기
③ 간이피난유도선 ④ 비상콘센트설비

해설 **소방시설법 시행령 [별표 8]**
**임시소방시설의 종류와 설치기준 등**
(1) **임시소방시설**의 **종류**

| 종 류 | 설 명 |
|---|---|
| 소화기 | – |
| 간이소화장치 | 물을 방사하여 **화재**를 **진화**할 수 있는 장치로서 **소방청장**이 정하는 성능을 갖추고 있을 것 |
| 비상경보장치 | 화재가 발생한 경우 주변에 있는 작업자에게 **화재사실**을 알릴 수 있는 장치로서 **소방청장**이 정하는 성능을 갖추고 있을 것 |
| 간이피난유도선 보기 ③ | 화재가 발생한 경우 **피난구 방향**을 안내할 수 있는 장치로서 **소방청장**이 정하는 성능을 갖추고 있을 것 |
| 가스누설경보기 | **가연성 가스**가 누설 또는 발생된 경우 **탐지**하여 **경보**하는 장치로서 **소방청장**이 실시하는 형식승인 및 제품검사를 받은 것 |
| 비상조명등 | **화재발생시** 안전하고 원활한 피난활동을 할 수 있도록 **거실** 및 **피난통로** 등에 설치하여 **자동점등**되는 조명장치로서 **소방청장**이 정하는 성능을 갖추고 있을 것 |
| 방화포 | **용접용단** 등 **작업**시 발생하는 금속성 불티로부터 가연물이 점화되는 것을 방지해주는 **천** 또는 **불연성 물품**으로서 **소방청장**이 정하는 성능을 갖추고 있을 것 |

(2) **임시소방시설**을 설치하여야 하는 **공사**의 **종류**와 **규모**

| 종 류 | 규 모 |
|---|---|
| 소화기 | 건축허가 등을 할 때 **소방본부장** 또는 **소방서장**의 동의를 받아야 하는 특정소방대상물의 건축·대수선·용도변경 또는 설치 등을 위한 공사 중 작업을 하는 현장에 설치 |
| 간이소화장치 | 다음 어느 하나에 해당하는 공사의 작업현장에 설치<br>① 연면적 **3000m²** 이상<br>② 지하층, 무창층 또는 **4층** 이상의 층(단, 바닥면적이 **600m²** 이상인 경우만 해당) |
| 비상경보장치 | 다음의 어느 하나에 해당하는 공사의 작업현장에 설치<br>① 연면적 **400m²** 이상<br>② **지하층** 또는 **무창층**(단, 바닥면적이 **150m²** 이상인 경우만 해당) |
| 간이피난유도선 | 바닥면적이 **150m²** 이상인 **지하층** 또는 **무창층**의 작업현장에 설치 |
| 가스누설경보기 | 바닥면적이 **150m²** 이상인 **지하층** 또는 **무창층**의 작업현장에 설치 |
| 비상조명등 | 바닥면적이 **150m²** 이상인 **지하층** 또는 **무창층**의 작업현장에 설치 |
| 방화포 | **용접용단** 작업이 진행되는 모든 작업장에 설치 |

(3) **임시소방시설**과 **기능** 및 **성능**이 **유사한 소방시설**로서 임시소방시설을 설치한 것으로 보는 소방시설

| 종 류 | 설 명 |
|---|---|
| 간이소화장치를 설치한 것으로 보는 소방시설 | **옥내소화전** 또는 **연결송수관설비**의 방수구 인근에 **소방청장**이 정하여 고시하는 기준에 맞는 소화기 |
| 비상경보장치를 설치한 것으로 보는 소방시설 | **비상방송설비** 또는 **자동화재탐지설비** |
| 간이피난유도선을 설치한 것으로 보는 소방시설 | **피난유도선**, **피난구유도등**, **통로유도등** 또는 **비상조명등** |

답 ③

★
## 60 소방시설 설치 및 관리에 관한 법령상 특정소방대상물 중 업무시설이 아닌 것은?

08회 문 53

① 마을회관 ② 우체국
③ 보건소 ④ 소년분류심사원

해설 ④ 교정 및 군사시설

**소방시설법 시행령 [별표 2]**
**업무시설**

| 면 적 | 적용장소 |
|---|---|
| 전부 | • 주민자치센터(동사무소)<br>• 경찰서<br>• 소방서<br>• 우체국 **보기 ②**<br>• 보건소 **보기 ③**<br>• 공공도서관<br>• 국민건강보험공단<br>• 금융업소 · **오피스텔** · 신문사<br>• 마을회관 **보기 ①** |

비교

**소방시설법 시행령 [별표 2]**
**교정 및 군사시설**

(1) 보호감호소, 교도소, 구치소 및 그 지소
(2) 보호관찰소, 갱생보호시설, 그 밖에 범죄자의 갱생 · 보호 · 교육 · 보건 등의 용도로 쓰는 시설
(3) 치료감호시설
(4) 소년원 및 소년분류심사원 **보기 ④**
(5) 「출입국관리법」에 따른 **보호시설**
(6) 「경찰관 직무집행법」에 따른 **유치장**
(7) 국방 · 군사시설

답 ④

★★★
**61** 소방시설 설치 및 관리에 관한 법령상 건축허가 등의 동의대상물에 해당하는 것은?

20회 문 59 / 17회 문 61 / 16회 문 60 / 15회 문 59 / 13회 문 61 / 09회 문 68 / 02회 문 65

① 수련시설로서 연면적이 200제곱미터인 건축물
② 「정신건강증진 및 정신질환자 복지서비스 지원에 관한 법률」에 따른 정신의료기관으로서 연면적이 200제곱미터인 건축물
③ 「장애인복지법」에 따른 장애인 의료재활시설로서 연면적이 200제곱미터인 건축물
④ 승강기 등 기계장치에 의한 주차시설로서 자동차 10대 이하를 주차할 수 있는 시설

해설
② 200제곱미터 → 300제곱미터 이상
③ 200제곱미터 → 300제곱미터 이상
④ 10대 이하 → 20대 이상

**소방시설법 시행령 제7조**
**건축허가 등의 동의대상물**

(1) 연면적 400m²(학교시설 : 100m², **수련시설 · 노유자시설 : 200m², 정신의료기관 · 장애인 의료재활시설** : 300m²) 이상 **보기 ①②③**
(2) **6층** 이상인 건축물
(3) 차고 · 주차장으로서 바닥면적 **200m²** 이상 (자동차 **20대** 이상) **보기 ④**
(4) **항공기격납고, 관망탑, 항공관제탑, 방송용 송수신탑**
(5) 지하층 또는 무창층의 바닥면적 **150m²** 이상 (공연장은 **100m²** 이상)
(6) **위험물저장 및 처리시설, 지하구**
(7) 전기저장시설, 풍력발전소
(8) 조산원, 산후조리원, 의원(입원실 있는 것)
(9) 결핵환자나 한센인이 24시간 생활하는 노유자시설
(10) 요양병원(의료재활시설 제외)
(11) 노인주거복지시설 · 노인의료복지시설 및 재가노인복지시설, 학대피해노인 전용쉼터, 아동복지시설, 장애인거주시설
(12) 정신질환자 관련시설(공동생활가정을 제외한 재활훈련시설과 종합시설 중 24시간 주거를 제공하지 않는 시설 제외)
(13) 노숙인자활시설, 노숙인재활시설 및 노숙인요양시설
(14) 공장 또는 창고시설로서 지정수량의 **750배 이상**의 특수가연물을 저장 · 취급하는 것
(15) 가스시설로서 지상에 노출된 탱크의 저장용량의 합계가 **100톤** 이상인 것

답 ①

22회

★
## 62 소방시설 설치 및 관리에 관한 법령상 특정 소방대상물의 관계인이 간이스프링클러설비를 설치하여야 하는 대상이 아닌 것은?

① 입원실이 없는 의원으로서 연면적 600제곱미터 미만인 시설
② 근린생활시설로 사용하는 부분의 바닥면적 합계가 1000제곱미터 이상인 것은 모든 층
③ 교육연구시설 내에 합숙소로서 연면적 100제곱미터 이상인 것
④ 숙박시설로서 바닥면적의 합계가 300제곱미터 이상 600제곱미터 미만인 것

해설

① 입원실이 없는 의원으로서 연면적 600제곱미터 미만인 시설 → 의원으로서 입원실이 있는 시설

**소방시설법 시행령 [별표 4]**
**간이스프링클러설비의 설치대상**

| 설치대상 | 조 건 |
|---|---|
| 교육연구시설 내 합숙소 | • 연면적 **100m²** 이상 보기 ③ |
| 노유자시설 · 정신의료기관 · 의료재활시설 | • 창살설치 : **300m²** 미만<br>• 기타 : **300m²** 이상 **600m²** 미만 |
| 숙박시설 | • 바닥면적 합계 **300m²** 이상 **600m²** 미만 보기 ④ |
| 종합병원, 병원, 치과병원, 한방병원 및 요양병원(의료재활시설 제외) | • 바닥면적 합계 **600m²** 미만 |
| 복합건축물 | • 연면적 **1000m²** 이상 모든 층 |
| 근린생활시설 | • 바닥면적 합계 **1000m²** 이상은 **전층** 보기 ②<br>• **의원**, 치과의원 및 한의원으로서 **입원실**이 **있는 시설** 보기 ①<br>• 조산원 및 산후조리원으로서 연면적 600m² 미만 |
| • 연립주택<br>• 다세대주택 | • 주택전용 간이스프링클러설비 설치 |

답 ①

★
## 63 소방시설 설치 및 관리에 관한 법령상 소방기술심의위원회에 관한 설명으로 옳은 것은?

① 중앙위원회는 성별을 고려하여 위원장을 포함한 21명 이내의 위원으로 구성한다.
② 중앙위원회 위원 중 위촉위원의 임기는 3년으로 한다.
③ 지방위원회의 위원 중 위촉위원의 임기는 2년으로 하되, 연임할 수 없다.
④ 지방위원회는 위원장을 포함하여 5명 이상 9명 이하의 위원으로 구성한다.

해설

① 21명 이내 → 60명 이내
② 3년 → 2년
③ 연임할 수 없다. → 한차례만 연임할 수 있다.

**소방시설법 시행령 제21 · 22조**
**소방기술심의위원회 구성 등**

(1) 중앙소방기술심의위원회(중앙위원회)는 성별을 고려하여 위원장을 포함한 **60명 이내**의 위원으로 구성한다. 보기 ①
(2) 지방소방기술심의위원회(지방위원회)는 위원장을 포함하여 **5명 이상 9명 이하**의 위원으로 구성한다. 보기 ④
(3) 중앙위원회의 회의는 위원장과 위원장이 회의마다 지정하는 **6명 이상 12명 이하**의 위원으로 구성하고, 중앙위원회는 분야별 소위원회를 구성 · 운영할 수 있다.
(4) 중앙위원회 및 지방위원회의 위원 중 위촉위원의 임기는 **2년**으로 하되, **1회**에 한하여 **연임**할 수 있다. 보기 ② ③

답 ④

★
## 64 화재의 예방 및 안전관리에 관한 법령상 소방안전관리보조자를 두어야 하는 특정 소방대상물에 해당하지 않는 것은? (단, 야간과 휴일에 이용되고 있으며, 연면적이 1만 5천제곱미터 미만임을 전제함)

17회 문 60

① 치료감호시설　② 수련시설
③ 의료시설　④ 노유자시설

해설

① 해당없음

**화재예방법 시행령 [별표 5]**
**소방안전관리보조자 선임기준**

| 선임대상물 | 선임기준 | 비 고 |
|---|---|---|
| **300세대** 이상인 아파트 | 1명 | 초과되는 **300세대** 마다 1명 이상 추가 (소수점 이하 삭제) |
| 연면적 **15000m²** 이상 (아파트 및 연립주택 제외) | 1명 | 초과되는 **15000m²** (특정소방대상물의 종합방재실에 자위소방대가 24시간 상시 근무하고 소방자동차 중 소방펌프차, 소방물탱크차, 소방화학차 또는 무인방수차를 운용하는 경우에는 **30000m²**) 마다 1명 이상 추가 (소수점 이하 삭제) |
| ① 공동주택 중 기숙사<br>② 의료시설 **보기 ③**<br>③ 노유자시설 **보기 ④**<br>④ 수련시설 **보기 ②**<br>⑤ 숙박시설(숙박시설로 사용되는 바닥면적의 합계가 **1500m² 미만**이고 관계인이 **24**시간 상시 근무하고 있는 숙박시설은 제외) | 1명 | 해당 특정소방대상물이 소재하는 지역을 관할하는 소방서장이 야간이나 휴일에 해당 특정소방대상물이 이용되지 아니한다는 것을 확인한 경우에는 소방안전관리보조자를 선임하지 아니할 수 있음 |

답 ①

★
## 65 화재의 예방 및 안전관리에 관한 법령상 소방안전 특별관리기본계획의 수립·시행에 관한 설명이다. ( )에 들어갈 내용으로 옳은 것은?

21회 문 64

> 소방청장은 소방안전 특별관리기본계획을 ( ㉠ )년마다 수립하여야 하고, 시·도지사는 특별관리기본계획을 시행하기 위하여 매년 소방안전 특별관리시행계획을 수립·시행하고, 그 시행결과를 계획 시행 다음 연도( ㉡ )까지 소방청장에게 통보하여야 한다.

① ㉠ : 3, ㉡ : 1월 31일
② ㉠ : 3, ㉡ : 12월 31일
③ ㉠ : 5, ㉡ : 1월 31일
④ ㉠ : 5, ㉡ : 12월 31일

해설 **화재예방법 시행령 제42조**
**소방안전 특별관리기본계획·시행계획의 수립·시행**

(1) **소방청장**은 소방안전 **특별관리기본계획**을 5년마다 수립하여 **시·도**에 통보한다. **보기 ③**
(2) **시·도지사**는 특별관리기본계획을 시행하기 위하여 **매년** 소방안전 **특별관리시행계획**을 수립·시행하고, 그 시행결과를 계획 시행 **다음 연도 1월 31일**까지 **소방청장**에게 통보하여야 한다. **보기 ③**

중요

**특별관리기본계획 vs 특별관리시행계획**(화재예방법 시행령 제42조)

| 특별관리기본계획 포함 사항 | 특별관리시행계획 포함 사항 |
|---|---|
| ① 화재예방을 위한 **중기·장기** 안전관리 정책<br>② 화재예방을 위한 **교육·홍보** 및 점검·진단<br>③ 화재대응을 위한 **훈련**<br>④ 화재대응과 **사후조치**에 관한 역할 및 공조체계<br>⑤ 그 밖에 화재 등의 안전관리를 위하여 필요한 사항 | ① 특별관리기본계획의 집행을 위하여 필요한 사항<br>② **시·도**에서 화재 등의 안전관리를 위하여 필요한 사항 |

답 ③

★★★
## 66 소방시설 설치 및 관리에 관한 법령상 1차 위반행위를 한 경우 소방청장이 소방시설관리사의 자격을 취소하여야 하는 사항은?

19회 문 59
16회 문 64
15회 문 57
11회 문 72
11회 문 73
10회 문 65
09회 문 64
09회 문 66
07회 문 61
07회 문 63
04회 문 69
04회 문 74

① 동시에 둘 이상의 업체에 취업한 경우
② 성실하게 자체점검 업무를 수행하지 아니한 경우
③ 자체점검을 하지 아니한 경우
④ 자체점검을 거짓으로 한 경우

②·④ 경고
③ 자격정지 1월

**소방시설법 시행규칙 [별표 8]**
**소방시설관리사의 행정처분기준**

| 위반사항 | 행정처분기준 1차 | 2차 | 3차 |
|---|---|---|---|
| ① 미점검 보기 ③ | 자격정지 1월 | 자격정지 6월 | 자격취소 |
| ② 거짓점검 보기 ④<br>③ 대행인력 배치기준·자격·방법 미준수<br>④ 자체점검 업무 불성실 보기 ② | 경고(시정명령) | 자격정지 6월 | 자격취소 |
| ⑤ 부정한 방법으로 시험합격<br>⑥ 소방시설관리증 대여<br>⑦ 관리사 결격사유에 해당한 때<br>⑧ 2 이상의 업체에 취업한 때 보기 ① | 자격취소 | – | – |

비교

**소방시설관리업자**의 **행정처분기준**(소방시설법 시행규칙 [별표 8])

| 위반사항 | 행정처분기준 1차 | 2차 | 3차 |
|---|---|---|---|
| ① 미점검<br>② 점검능력평가를 받지 않고 자체점검을 한 경우 | 영업정지 1월 | 영업정지 3월 | 등록취소 |
| ③ 거짓점검<br>④ 등록기준미달(단, 기술인력이 퇴직하거나 해임되어 30일 이내에 재선임하여 신고하는 경우 제외) | 경고(시정명령) | 영업정지 3월 | 등록취소 |
| ⑤ 부정한 방법으로 등록한 때<br>⑥ 등록결격사유에 해당한 때<br>⑦ 등록증 또는 등록수첩 대여 | 등록취소 | – | – |

답 ①

★

## 67 화재의 예방 및 안전관리에 관한 법령상 수수료 또는 교육비 반환에 관한 설명이다. (　)에 들어갈 내용으로 옳은 것은?

- 시험시행일 또는 교육실시일 ( ㉠ )일 전까지 접수를 취소하는 경우 : 납입한 수수료 또는 교육비의 전부
- 시험시행일 또는 교육실시일 ( ㉡ )일 전까지 접수를 취소하는 경우 : 납입한 수수료 또는 교육비의 100분의 50

① ㉠ : 14, ㉡ : 7　② ㉠ : 20, ㉡ : 10
③ ㉠ : 30, ㉡ : 15　④ ㉠ : 40, ㉡ : 20

해설 **화재예방법 시행규칙 제49조**
**수수료 또는 교육비**

| 구 분 | 반환금액 |
|---|---|
| 수수료 또는 교육비를 과오납한 경우 | 그 **과오납**한 금액의 **전부** |
| 시험시행기관 또는 교육실시기관의 귀책사유로 시험에 응시하지 못하거나 교육을 받지 못한 경우 | 납입한 수수료 또는 **교육비**의 **전부** |
| 직계가족의 사망, 본인의 사고 또는 질병, 격리가 필요한 감염병이나 예견할 수 없는 기후상황 등으로 인해 시험에 응시하지 못한 경우 | 납입한 수수료 또는 **교육비**의 **전부** |
| 원서접수기간 또는 교육신청기간 내에 접수를 철회한 경우 | 납입한 수수료 또는 **교육비**의 **전부** |
| 시험시행일 또는 교육실시일 **20일 전**까지 접수를 취소하는 경우 보기 ② | 납입한 수수료 또는 **교육비**의 **전부** |
| 시험시행일 또는 교육실시일 10일 전까지 접수를 취소하는 경우 보기 ② | 납입한 수수료 또는 **교육비**의 $\frac{50}{100}$ |

답 ②

★★★

## 68 소방시설 설치 및 관리에 관한 법령과 화재의 예방 및 안전관리에 관한 법령상 벌칙에 관한 설명으로 옳지 않은 것은?

21회 문 52
21회 문 60
20회 문 54

① 관리업의 등록을 하지 아니하고 영업을 한 자는 3년 이하의 징역 또는 3천만원 이하의 벌금에 처한다.
② 합격표시를 하지 아니한 소방용품을 판매·진열하거나 소방시설공사에 사용한 자는 3년 이하의 징역 또는 3천만원 이하의 벌금에 처한다.
③ 관리업의 등록증이나 등록수첩을 다른 자에게 빌려준 자는 1년 이하의 징역 또는 1천만원 이하의 벌금에 처한다.
④ 화재안전조사를 정당한 사유 없이 거부·방해 또는 기피한 자는 500만원 이하의 벌금에 처한다.

해설 ④ 500만원 이하의 벌금 → 300만원 이하의 벌금

(1) **3년 이하**의 **징역** 또는 **3000만원 이하**의 **벌금**(소방시설법 제57조)
① 소방시설관리업 무등록자 **보기 ①**
② 형식승인을 받지 않은 **소방용품 제조·수입자**
③ 제품검사를 받지 않은 자
④ **제품검사**를 받지 아니하거나 **합격표시**를 하지 아니한 소방용품을 판매·진열하거나 소방시설공사에 사용한 자 **보기 ②**
⑤ 거짓이나 그 밖의 부정한 방법으로 제품검사 전문기관의 지정을 받은 자

(2) **1년 이하**의 **징역** 또는 **1000만원 이하**의 **벌금**
① 소방시설의 **자체점검** 미실시자(소방시설법 제58조)
② **소방시설관리사증** 대여(소방시설법 제58조)
③ **소방시설관리업**의 등록증 또는 등록수첩 대여(소방시설법 제58조) **보기 ③**
④ 제조소 등의 정기점검기록 허위작성(위험물법 제35조)
⑤ **자체소방대**를 두지 않고 제조소 등의 허가를 받은 자(위험물법 제35조)
⑥ **위험물 운반용기**의 검사를 받지 않고 유통시킨 자(위험물법 제35조)
⑦ 제조소 등의 긴급사용정지 위반자(위험물법 제35조)
⑧ 영업정지처분 위반자(공사업법 제36조)
⑨ **거짓 감리자**(공사업법 제36조)
⑩ 공사감리자 미지정자(공사업법 제36조)
⑪ 소방시설 설계·시공·감리 하도급자(공사업법 제36조)
⑫ 소방시설공사 재하도급자(공사업법 제36조)
⑬ 소방시설업자가 아닌 자에게 **소방시설공사** 등을 도급한 관계인(공사업법 제36조)

(3) **300만원 이하**의 **벌금**
① 화재안전조사를 정당한 사유없이 거부·방해·기피(화재예방법 제50조) **보기 ④**
② 위탁받은 업무종사자의 **비밀누설**(소방시설법 제59조)
③ 방염성능검사 합격표시 위조(소방시설법 제59조)
④ 방염성능검사를 할 때 거짓시료를 제출한 자(소방시설법 제59조)
⑤ 소방시설 등의 자체점검 결과조치를 위반하여 필요한 조치를 하지 아니한 관계인 또는 관계인에게 중대위반사항을 알리지 아니한 관리업자 등(소방시설법 제59조)
⑥ **소방안전관리자** 또는 **소방안전관리보조자 미선임**(화재예방법 제50조)
⑦ 다른 자에게 자기의 성명이나 상호를 사용하여 소방시설공사 등을 수급 또는 시공하게 하거나 소방시설업의 등록증·**등록수첩을 빌려준 자**(공사업법 제37조)
⑧ **감리원 미배치자**(공사업법 제37조)
⑨ 소방기술인정 자격수첩을 빌려준 자(공사업법 제37조)
⑩ **2 이상의 업체에 취업**한 자(공사업법 제37조)
⑪ 소방시설업자나 관계인 감독시 관계인의 업무를 방해하거나 비밀누설(공사업법 제37조)

기억법 **비3(비상)**

답 ④

## 69 위험물안전관리법령상 위험물의 성질과 품명이 바르게 연결된 것은?

① 산화성 고체 – 과염소산염류
② 자연발화성 물질 및 금수성 물질 – 특수인화물
③ 인화성 액체 – 아조화합물
④ 자기반응성 물질 – 과산화수소

② 자연발화성 물질 및 금수성 물질 → 인화성 액체
③ 인화성 액체 → 자기반응성 물질
④ 자기반응성 물질 → 산화성 액체

**위험물령 [별표 1]**
**위험물**

| 유 별 | 성 질 | 품 명 |
|---|---|---|
| 제1류 | 산화성 고체 | • 아염소산염류<br>• 염소산염류(**염소산나트륨**)<br>• 과염소산염류 **보기 ①**<br>• 질산염류<br>• 무기과산화물<br>기억법 **1산고염나** |
| 제2류 | 가연성 고체 | • **황화**인<br>• **적**린<br>• **황**<br>• **마**그네슘<br>기억법 **황화적황마** |
| 제3류 | 자연발화성 물질 및 금수성 물질 | • **황**린<br>• **칼**륨<br>• **나**트륨<br>• **알**칼리토금속<br>• **트**리에틸알루미늄<br>기억법 **황칼나알트** |
| 제4류 | 인화성 액체 | • 특수인화물 **보기 ②**<br>• 석유류(벤젠)<br>• 알코올류<br>• 동식물유류 |

| 유 별 | 성 질 | 품 명 |
|---|---|---|
| 제5류 | 자기반응성 물질 | • 유기과산화물<br>• 나이트로화합물<br>• 나이트로소화합물<br>• 아조화합물 보기 ③<br>• 질산에스터류(셀룰로이드) |
| 제6류 | 산화성 액체 | • **과염소산**<br>• 과산화수소 보기 ④<br>• 질산 |

답 ①



★
**70** 위험물안전관리법령상 동일구 내에 있거나 상호 100미터 이내의 거리에 있는 다수의 저장소로서 동일인이 설치한 경우 1인의 안전관리자를 중복하여 선임할 수 없는 것은?

① 10개의 옥내저장소
② 30개의 옥외저장소
③ 10개의 암반탱크저장소
④ 30개의 옥외탱크저장소

해설
② 30개 → 10개 이하

**위험물규칙 제56조**
1인의 안전관리자를 중복하여 선임할 수 있는 저장소
(1) **10개** 이하의 옥**내저**장소·옥**외저**장소·**암**반탱크저장소 보기 ②
(2) **30개** 이하의 옥**외탱**크저장소
(3) 옥내탱크저장소
(4) 지하탱크저장소
(5) 간이탱크저장소

기억법 1 내저외저암
3 외탱

답 ②

★
**71** 위험물안전관리법령상 제조소 등에서 위험물을 유출·방출 또는 확산시켜 사람의 생명·신체 또는 재산에 대하여 위험을 발생시킨 자에게 적용되는 벌칙기준은?

① 1년 이상 10년 이하의 징역
② 7년 이하의 금고 또는 7천만원 이하의 벌금
③ 5년 이하의 금고 또는 1억원 이하의 벌금
④ 10년 이하의 금고 또는 1억원 이하의 벌금

해설 **위험물안전관리법 제33조**

| 벌 칙 | 구 분 |
|---|---|
| **무기** 또는 **5년** 이상의 징역 | 제조소등 또는 허가를 받지 않고 지정수량 이상의 위험물을 저장 또는 취급하는 장소에서 위험물을 유출·방출 또는 확산시켜 사람을 **사망**에 이르게 한 사람 |
| **무기** 또는 **3년** 이상의 징역 | 제조소등 또는 허가를 받지 않고 지정수량 이상의 위험물을 저장 또는 취급하는 장소에서 위험물을 유출·방출 또는 확산시켜 사람을 **상해**에 이르게 한 사람 |
| **1년** 이상 **10년** 이하의 징역 | 제조소등 또는 허가를 받지 않고 지정수량 이상의 위험물을 저장 또는 취급하는 장소에서 위험물을 유출·방출 또는 확산시켜 사람의 생명·신체 또는 재산에 대하여 **위험**을 발생시킨 사람 보기 ① |

중요

| 10년 이하의 징역·금고 또는 1억원 이하의 벌금 | 7년 이하의 금고 또는 7천만원 이하의 벌금 |
|---|---|
| 업무상 과실로 제조소 등 또는 허가를 받지 않고 지정수량 이상의 위험물을 저장 또는 취급하는 장소에서 위험물을 유출·방출 또는 확산시켜 사람을 **사상**에 이르게 한 사람 | 업무상 과실로 제조소 등 또는 허가를 받지 않고 지정수량 이상의 위험물을 저장 또는 취급하는 장소에서 위험물을 유출·방출 또는 확산시켜 사람의 생명·신체 또는 재산에 대하여 **위험**을 발생시킨 사람 |

답 ①

★★
**72** 다중이용업소의 안전관리에 관한 특별법령상 소방청장, 소방본부장 또는 소방서장이 화재를 예방하고 화재로 인한 생명·신체·재산상의 피해를 방지하기 위하여 필요하다고 인정하는 경우 화재위험평가를 할 수 있는 지역 또는 건축물은?

18회 문 74
12회 문 52

① 3천제곱미터 지역 안에 다중이용업소 40개가 밀집하여 있는 경우
② 10층인 건축물로서 다중이용업소 5개가 있는 경우
③ 하나의 건축물에 다중이용업소로 사용하는 영업장 바닥면적의 합계가 1천제곱미터인 경우
④ 4층인 건축물로서 다중이용업소로 사용하는 영업장 바닥면적의 합계가 5백제곱미터인 경우

해설
① 3천제곱미터→2천제곱미터, 40개→50개 이상
② 5개→10개 이상
④ 해당없음

**다중이용업법 제15조**
**화재위험평가**

| 구 분 | 설 명 |
|---|---|
| 평가자 | • 소방청장<br>• 소방본부장<br>• 소방서장 |
| 평가대상 | • 2000m² 내에 다중이용업소 **50개** 이상 보기 ①<br>• **5층** 이상 건축물에 다중이용업소 **10개** 이상 보기 ②<br>• 하나의 건축물에 다중이용업소 바닥면적 합계 **1000m²** 이상 보기 ③ |

용어
**화재위험평가**
다중이용업소가 밀집한 지역 또는 건축물에 대하여 화재의 가능성과 화재로 인한 불특정 다수인의 생명·신체·재산상의 피해 및 주변에 미치는 영향을 예측·분석하고 이에 대한 대책을 강구하는 것

답 ③

★
## 73 다중이용업소의 안전관리에 관한 특별법령상 소방청장이 작성하는 다중이용업소의 안전관리기본계획 수립지침에 포함시켜야 하는 내용 중 화재 등 재난발생을 줄이기 위한 중·장기대책으로 명시된 사항은?

① 화재피해 원인조사 및 분석
② 안전관리정보의 전달·관리체계 구축
③ 다중이용업소 안전시설 등의 관리 및 유지계획
④ 화재 등 재난발생에 대비한 교육·훈련과 예방에 관한 홍보

해설
①·②·④ 화재 등 재난발생 경감대책

**다중이용업령 제5조**
**안전관리기본계획 수립지침**
(1) **화재** 등 **재난**발생 **경감대책**
① **화재피해 원인조사**·분석 보기 ①
② **안전관리정보**의 전달·관리체계 구축 보기 ②
③ **교육·훈련·예방**에 관한 홍보 보기 ④
(2) **화재** 등 **재난**발생을 줄이기 위한 **중·장기 대책**
① 다중이용업소 안전시설 등의 관리 및 유지계획 보기 ③
② 소관법령 및 관련기준의 정비

답 ③

★
## 74 다중이용업소의 안전관리에 관한 특별법령상 양 옆에 구획된 실이 있는 영업장으로서 구획된 실의 출입문 열리는 방향이 피난통로 방향인 경우 다중이용업주 및 다중이용업을 하려는 자가 설치·유지하여야 하는 영업장 내부 피난통로의 폭은?

① 75센티미터 이상 ② 100센티미터 이상
③ 120센티미터 이상 ④ 150센티미터 이상

해설 **다중이용업령 [별표 1의 2], 다중이용업규칙 [별표 2]**
**영업장의 내부 피난통로의 설치기준**

| | |
|---|---|
| 적용대상 | 구획된 실이 있는 영업장 |
| 폭 기준 | 양 옆에 구획된 실이 있는 경우 최소 **150cm**(기타 120cm) 이상, **3번** 이상 구부러지는 형태가 아닐 것 보기 ④ |

비교
**다중이용업령 [별표 1의 2], 다중이용업규칙 [별표 2]**
**영업장의 창문설치기준**

| | |
|---|---|
| 적용대상 | 고시원업의 영업장 |
| 창문설치 기준 | 가로·세로 **50cm** 이상으로 바깥공기와 접하는 부분 **1개** 이상 |

답 ④

★
## 75 다중이용업소의 안전관리에 관한 특별법령상 소방안전교육에 필요한 교육인력 및 시설·장비기준에 관한 설명으로 옳은 것은?

① 소방관련기관에서 5년의 실무경력이 있는 자로서 3년의 강의경력이 있는 자는 강사의 자격요건을 충족한다.
② 소방위 이상의 소방공무원은 강사의 자격요건을 충족한다.
③ 바닥면적이 50제곱미터인 사무실은 교육시설 기준을 충족한다.
④ 바닥면적이 80제곱미터인 실습실·체험실은 교육시설 기준을 충족한다.

해설
① 5년의 실무경력 → 10년 이상 실무경력,
3년의 강의경력 → 5년 이상 강의경력
③ 50제곱미터 → 60제곱미터 이상
④ 80제곱미터 → 100제곱미터 이상

**다중이용업소 시행규칙 [별표 1]**
**소방안전교육에 필요한 교육인력 및 시설·장비 기준**

(1) **교육인력**

| 구 분 | 설 명 |
|---|---|
| 인 원 | **강사 4인** 및 **교무요원 2인** 이상 |
| 강사·외래 초빙강사의 자격요건 | ① 소방관련학의 **석사**학위 이상<br>② 전문대학 또는 이와 동등 이상의 교육기관에서 **소방안전 관련학과 전임강사** 이상<br>③ 소방기술사, 위험물기능장, 소방시설관리사, 소방안전교육사<br>④ 소방설비기사 및 위험물산업기사 자격을 소지한 자로서 소방관련기관(단체)에서 **2년** 이상 **강의**경력자<br>⑤ **소방설비산업기사** 및 **위험물기능사** 자격을 소지한 자로서 소방관련기관(단체)에서 **5년** 이상 강의경력자<br>⑥ 대학 또는 이와 동등 이상의 교육기관에서 **소방안전 관련학과**를 졸업하고 소방관련기관(단체)에서 **5년** 이상 강의경력자<br>⑦ **소방관련기관**(단체)에서 **10년** 이상 실무경력이 있는 자로서 **5년** 이상 강의경력자 보기 ①<br>⑧ **소방위** 이상의 소방공무원 또는 소방설비기사 자격을 소지한 소방장 보기 ②<br>⑨ **간호사** 또는 **응급구조사** 자격을 소지한 소방공무원(응급처치교육에 한함) |

(2) **교육시설** 및 **교육용 기자재**

① 교육시설

| 시 설 | 조 건 |
|---|---|
| **사**무실 | 바닥면적이 **6**0$m^2$ 이상일 것 보기 ③<br>기억법 6사(**육사**) |
| 강의실 | 바닥면적이 **100**$m^2$ 이상이고, 의자·탁자 및 교육용 비품을 갖출 것 |
| 실습실·체험실 | 바닥면적이 **100**$m^2$ 이상 보기 ④ |

② 교육용 기자재

| 기자재명 | 규 격 | 수량 (단위 : 개) |
|---|---|---|
| 빔프로젝터(스크린 포함) | – | 1 |
| 소화기(단면절개) | 3종 | 각 1 |
| 경보설비시스템 | – | 1 |
| 간이스프링클러 계통도 | – | 1 |
| 자동화재탐지설비 세트 | – | 1 |
| 소화설비 계통도 세트 | – | 1 |
| 소화기 시뮬레이터 세트 | – | 1 |
| 응급교육기자재 세트 | – | 1 |
| 심폐소생술(CPR) 실습용 마네킹 | – | 1 |

답 ②

## 제 4 과목 위험물의 성질·상태 및 시설기준

★★★
**76** 제4류 위험물 중 제2석유류에 해당하는 것은?

20회 문 84
19회 문 86
17회 문 83
15회 문 78
14회 문 82
13회 문 82
10회 문 82

① 중유
② 아세톤
③ 경유
④ 이황화탄소

해설
① 중유 : 제3석유류
② 아세톤 : 제1석유류
③ 경유 : 제2석유류
④ 이황화탄소 : 특수인화물

제4류 위험물

| 품 명 | 종 류 |
|---|---|
| 특수인화물 | ① 다이에틸에터 · **이황화탄소** 보기 ④<br>② 아세트알데하이드 · 산화프로필렌<br>③ 이소프렌 · 펜탄 · 디비닐에터 · 트리클로로실란 |
| 제1석유류 | ① **아세톤** · 휘발유 · 벤젠 보기 ②<br>② 톨루엔 · 시클로헥산<br>③ 아크롤레인 · 초산에스터류<br>④ 의산에스터류<br>⑤ 메틸에틸케톤 · 에틸벤젠 · 피리딘 |
| 제2석유류 | ① 등유 · **경유** · 의산 보기 ③<br>② 초산 · 테레빈유 · 장뇌유<br>③ 송근유 · 스티렌 · 메틸셀로솔브<br>④ 에틸셀로솔브 · 클로로벤젠 · 크실렌<br>⑤ 알릴알코올 |
| 제3석유류 | ① **중유** · 크레오소트유 보기 ①<br>② 에틸렌글리콜 · 글리세린<br>③ 나이트로벤젠 · 아닐린 · 담금질유 |
| 제4석유류 | ① 기어유<br>② 실린더유 |

답 ③

★★★
**77** 다음 제4류 위험물의 인화점이 높은 것부터 낮은 순서대로 옳게 나열한 것은?

21회 문 85
18회 문 18
17회 문 08
16회 문 88
13회 문 91
12회 문 80
04회 문 94
04회 문 97
03회 문 90
03회 문 99

㉠ 이황화탄소　㉡ 이소프렌
㉢ 메틸에틸케톤　㉣ 아세톤

① ㉠-㉡-㉢-㉣　② ㉠-㉡-㉣-㉢
③ ㉢-㉠-㉡-㉣　④ ㉢-㉣-㉠-㉡

해설 인화점

| 물질명 | 인화점 |
|---|---|
| 이소프렌 | −54℃ 보기 ㉡ |
| 아세트알데하이드 | −37.7℃ |
| 이황화탄소 | −30℃ 보기 ㉠ |
| 아세톤 | −18℃ 보기 ㉣ |
| 벤젠 | −11℃ |
| 초산메틸 · 질산메틸 | −10℃ |
| 메틸에틸케톤 | −1℃ 보기 ㉢ |
| 톨루엔 | 4℃ |
| 메틸알코올 | 11℃ |
| 에틸알코올 | 13℃ |
| 피리딘 | 20℃ |
| 클로로벤젠 | 32.2℃ |
| 동식물유류 | 250~350℃ |

답 ④

★
**78** 하이드록실아민의 성상에 관한 설명으로 옳지 않은 것은?

① 물, 메탄올에 녹는다.
② 금속과 접촉하면 가연성의 $C_2H_2$ 가스가 발생한다.
③ 암모니아에서 수소가 수산기로 치환되어 생성된 무색의 침상결정 물질이다.
④ 습기와 이산화탄소가 존재하면 분해, 가열되면서 폭발할 수 있다.

해설 ② $C_2H_2$ → 수소($H_2$)

**하이드록실아민($NH_2OH$)** : 제5류 위험물
(1) **물**, **메탄올**에 녹는다.
(2) 금속과 접촉하면 가연성의 수소($H_2$)가스가 발생한다.
(3) 암모니아에서 수소가 수산기로 치환되어 생성된 **무색**의 **침상결정** 물질이다.
(4) 습기와 이산화탄소가 존재하면 **분해**, **가열**되면서 **폭발**할 수 있다.

답 ②



★
**79** 공기 중에서 에틸알코올 46g을 완전연소시키기 위해서 필요한 공기량(g)은 약 얼마인가? (단, 공기 중에 산소는 21vol%, 질소는 79vol%이다.)

21회 문 86

① 206　② 275
③ 344　④ 412

해설 (1) **원자량**

| 원 자 | 원자량 |
|---|---|
| H | 1 |
| C | 12 |
| O | 16 |
| N | 14 |
| K | 39 |
| Ca | 40 |

(2) **분자량**

① 에틸알코올

$C_2H_5OH = 12\times2+1\times5+16+1 = 46g/mol$

② 산소

$3O_2 = 3\times(16\times2) = 96g/mol$

(3) **에틸알코올 연소반응식**

에틸알코올($C_2H_5OH$)이 **연소**되므로 **산소**($O_2$)가 필요함

$aC_2H_5OH + bO_2 \rightarrow cCO_2 + dH_2O$

C : $2\overset{1}{a} = \overset{2}{c}$

H : $6\overset{1}{a} = 2\overset{3}{d}$

O : $\overset{1}{a} + 2\overset{3}{b} = 2\overset{2}{c} + \overset{3}{d}$

$C_2H_5OH + 3O_2 \longrightarrow 2CO_2 + 3H_2O$

에틸알코올 　 산소

46g/mol ╲╱ 96g/mol

46g ╱╲ $x$

$46g/mol \times x = 96g/mol \times 46g$

$x = \frac{96g/mol \times 46g}{46g/mol} = $ **96g**

(4) **공기**(산소 21vol%+질소 79vol%)

문제에서 주어진 것은 질량비가 아니고 부피비〔vol%〕가 주어졌으므로 부피비=몰비

산소 $96g = xO_2 = x(16\times2)$

$x = \frac{96g}{(16\times2)g/mol} = 3mol$

산소 　 질소

$3mol : 21vol\% = x : 79vol\%$

$21vol\% \times x = 3mol \times 79vol\%$

$x = \frac{3mol \times 79vol\%}{21vol\%} = 11.285mol$

질소 $11.285mol = 11.285N_2$

$= 11.285\times(14\times2)$

$=$ **315.98g**

∴ 공기량=산소질량+질소질량

=96g+315.98g ≒ **412g**

답 ④

★

**80** 48g의 수소화나트륨이 물과 완전반응하였을 때 이론적으로 발생 가능한 수소질량(g)은 약 얼마인가? (단, 수소화나트륨 1몰의 분자량은 24g이다.)

21회 문 77

① 1 　 ② 2

③ 3 　 ④ 4

해설 (1) **원자량**

| 원 자 | 원자량 |
|---|---|
| H | 1 |

(2) **분자량**

① 수소화나트륨

NaH=24g/mol(〔단서〕에서 주어짐)

② 수소

$H_2 = 1\times2 = 2g/mol$

(3) **수소화나트륨(NaH)**

수소화나트륨이 물과 반응하면 **수산화나트륨**이 생성된다.

$NaH + H_2O \longrightarrow NaOH + H_2$

수소화나트륨 　 물 　 수산화나트륨 　 수소

24g/mol ╲╱ 2g/mol

48g ╱╲ $x$

$24g/mol \times x = 2g/mol \times 48g$

$x = \frac{2g/mol \times 48g}{24g/mol} = 4g$

답 ④

★★★

**81** 위험물안전관리법령상 제6류 위험물의 성상에 관한 설명으로 옳은 것을 모두 고른 것은?

17회 문 86
16회 문 82
15회 문 83
14회 문 85
13회 문 87
09회 문 25
08회 문 79
05회 문 80

㉠ 무기화합물이다.
㉡ 유독성 증기가 발생하기 쉽다.
㉢ 유기물과 혼합하면 착화할 염려가 있다.

① ㉠, ㉡ 　 ② ㉠, ㉢

③ ㉡, ㉢ 　 ④ ㉠, ㉡, ㉢

해설 **제6류 위험물**의 **성상**

(1) 모두 **무기화합물**이며 **불연성**의 **산화성 액체**이다. 보기 ㉠

(2) 지정수량은 **300kg**이며 위험등급은 **Ⅰ등급**에 해당한다.

(3) 과산화수소는 유기용기에 장기보존을 피한다.

(4) 할로젠간화합물을 제외하고 산소를 함유하고 있으며 다른 물질을 산화시킨다.

(5) **유독성 증기**가 발생하기 쉽다. 보기 ㉡

(6) 유기물과 혼합하면 착화할 염려가 있다. 보기 ㉢

(7) 상온에서 **액체상태**이다.

(8) 불연성 물질이지만 **강산화제**이다.

(9) **물**과 접촉시 **발열**한다.

(10) 유기물과 혼합하면 산화시킨다.

(11) **부식성**이 있다(**피부**를 **부식**시킨다).
(12) 물보다 무겁고 물에 녹기 쉽다.
(13) 모두 **산소**를 **함유**하고 있다.
(14) 과산화수소($H_2O_2$)를 제외하고 분해될 때 **유독가스**가 발생한다.

답 ④

★
**82** 메틸알코올과 에틸알코올의 성상에 관한 설명으로 옳지 않은 것은?

① 포화1가 알코올이다.
② 연소하한계는 메틸알코올이 에틸알코올보다 낮다.
③ 인화점은 상온(20℃)보다 낮고, 비점은 100℃ 미만이다.
④ 연소시 불꽃이 잘 보이지 않으므로 화상의 위험이 있다.

해설
② 낮다. → 높다.

**알코올**
(1) **포화1**가 알코올 보기 ①
(2) 인화점은 상온(20℃)보다 낮고, 비점은 **100℃ 미만** 보기 ③
(3) 연소시 불꽃이 잘 보이지 않으므로 화상위험 보기 ④
(4) 1기압, **20℃**에서 액체상태
(5) 1분자 내의 탄소원자수가 **5개** 이하
(6) 수용액의 농도가 **60vol%** 이상

| 구 분 | 메틸알코올($CH_3OH$) | 에틸알코올($C_2H_5OH$) |
|---|---|---|
| 분자량 | 32 | 46 |
| 비중 | 0.8 | 0.8 |
| 증기비중 | 1.1 | 1.6 |
| 융점 | -94℃ | -113℃ |
| 비점 | 65℃ | 78℃ |
| 인화점 | 11℃ | 13℃ |
| 발화점 | 464℃ | 423℃ |
| 연소범위(연소하한계~연소상한계) 보기 ② | 6~36% | 3.1~27.7% |

답 ②

★★★
**83** 질산암모늄 8kg이 급격한 가열, 충격으로 완전 분해·폭발되어 질소, 수증기, 산소로 분해되었다. 이때 생성되는 질소의 양(kg)은? (단, 질소원자량은 14, 수소원자량은 1, 산소원자량은 16이다.)

20회 문 82
17회 문 77
14회 문 81

① 1.4 ② 2.8
③ 4.2 ④ 5.6

해설
(1) **원자량**

| 원 자 | 원자량 |
|---|---|
| H | 1 |
| N | 14 |
| O | 16 |

(2) **분자량**
① 질산암모늄
$NH_4NO_3=14+1\times4+14+16\times3=80g/mol$
② 질소
$N_2=14\times2=28g/mol$
(3) **질산암모늄**($NH_4NO_3$)
약 **220℃**로 가열하면 분해하여 **이산화질소**($N_2O$)와 **물**($H_2O$)이 발생한다.

$2NH_4NO_3 \rightarrow 2N_2 + 4H_2O + O_2$
(질산암모늄 / 질소 / 물 / 산소)

2×80g/mol ╲╱ 2×28g/mol
8000g ╱╲ $x$

$2\times80g/mol\times x=2\times28g/mol\times8000g$

$$x=\frac{2\times28g/mol\times8000g}{2\times80g/mol}$$
$=2800g=2.8kg(1000g=1kg)$

답 ②

★★★
**84** 위험물안전관리법령상 위험물별 위험등급-품명-지정수량의 연결로 옳지 않은 것은?

21회 문 79
19회 문 88
18회 문 71
18회 문 86
17회 문 87
16회 문 85
16회 문 80
15회 문 77
14회 문 77
14회 문 78
13회 문 76

① Ⅰ등급 - 알킬리튬 - 10kg
② Ⅱ등급 - 황화인 - 100kg
③ Ⅱ등급 - 알칼리토금속 - 50kg
④ Ⅲ등급 - 다이에틸에터 - 50kg

④ Ⅲ등급 - 다이에틸에터 - 50kg → Ⅰ등급 - 다이에틸에터 - 50L

(1) **제1류 위험물**

| 성 질 | 품 명 | 지정수량 | 위험등급 |
|---|---|---|---|
| 산화성 고체 | 염소산염류 | 50kg | Ⅰ |
| | 아염소산염류 | | Ⅰ |
| | 과염소산염류 | | Ⅰ |
| | 무기과산화물 | | Ⅰ |
| | 크로뮴·납 또는 아이오딘의 산화물 | 300kg | Ⅱ |
| | 브로민산염류 | | Ⅱ |
| | 질산염류 | | Ⅱ |
| | 아이오딘산염류 | | Ⅱ |
| | 과망가니즈산염류 | 1000kg | Ⅲ |
| | 다이크로뮴산염류 | | Ⅲ |

(2) **제2류 위험물**

| 성 질 | 품 명 | 지정수량 | 위험등급 |
|---|---|---|---|
| 가연성 고체 | • 황화인 **보기 ②**<br>• 적린<br>• 황 | 100kg | Ⅱ |
| | • 마그네슘<br>• 철분<br>• 금속분 | 500kg | Ⅲ |
| | • 그 밖에 행정안전부령이 정하는 것 | 100kg 또는 500kg | Ⅱ~Ⅲ |
| | • 인화성 고체 | 1000kg | Ⅲ |

(3) **제3류 위험물**

| 성 질 | 품 명 | 지정수량 | 위험등급 |
|---|---|---|---|
| 자연발화성 물질 및 금수성 물질 | 칼륨 | 10kg | Ⅰ |
| | 나트륨 | | |
| | 알킬알루미늄 | | |
| | 알킬리튬 **보기 ①** | | |
| | 황린 | 20kg | |
| | 알칼리금속(K, Na 제외) 및 알칼리토금속 **보기 ③** | 50kg | Ⅱ |
| | 유기금속화합물(알킬알루미늄, 알킬리튬 제외) | | |
| | 금속의 수소화물 | 300kg | Ⅲ |
| | 금속의 인화물 | | |
| | 칼슘 또는 알루미늄의 탄화물 | | |

(4) **제4류 위험물**

| 성 질 | 품 명 | | 지정수량 | 대표물질 | 위험등급 |
|---|---|---|---|---|---|
| 인화성 액체 | 특수인화물 | | 50L | 다이에틸에터 **보기 ④**·이황화탄소·아세트알데하이드·산화프로필렌·이소프렌·펜탄·디비닐에터·트리클로로실란 | Ⅰ |
| | 제1석유류 | 비수용성 | 200L | 휘발유·벤젠·톨루엔·크실렌·시클로헥산·아크롤레인·에틸벤젠·초산에스터류·의산에스터류·콜로디온·메틸에틸케톤 | Ⅱ |
| | | 수용성 | 400L | 아세톤·피리딘·시안화수소 | Ⅱ |
| | 알코올류 | | 400L | 메틸알코올·에틸알코올·프로필알코올·이소프로필알코올·부틸알코올·아밀알코올·퓨젤유·변성알코올 | Ⅱ |
| | 제2석유류 | 비수용성 | 1000L | 등유·경유·테레빈유·장뇌유·송근유·스티렌·클로로벤젠 | Ⅲ |
| | | 수용성 | 2000L | 의산·초산·메틸셀로솔브·에틸셀로솔브·알릴알코올 | Ⅲ |
| | 제3석유류 | 비수용성 | 2000L | 중유·크레오소트유·나이트로벤젠·아닐린·담금질유 | Ⅲ |
| | | 수용성 | 4000L | 에틸렌글리콜·글리세린 | Ⅲ |
| | 제4석유류 | | 6000L | 기어유·실린더유 | Ⅲ |
| | 동식물유류 | | 10000L | 아마인유·해바라기유·들기름·대두유·야자유·올리브유·팜유 | Ⅲ |

중요

**위험등급**

| 구 분 | 위험등급 Ⅰ | 위험등급 Ⅱ | 위험등급 Ⅲ |
|---|---|---|---|
| 제1류 위험물 | • 아염소산염류<br>• 염소산염류<br>• 과염소산염류<br>• 무기과산화물<br>• 그 밖에 지정수량이 50kg인 위험물 | • 브로민산염류<br>• 질산염류<br>• 아이오딘산염류<br>• 그 밖에 지정수량이 300kg인 위험물 | 위험등급 Ⅰ, Ⅱ 이외의 것 |

| 구 분 | 위험등급 Ⅰ | 위험등급 Ⅱ | 위험등급 Ⅲ |
|---|---|---|---|
| 제2류 위험물 | – | • 황화인<br>• 적린<br>• 황<br>• 그 밖에 지정수량이 100kg인 위험물 | 위험등급 Ⅰ, Ⅱ 이외의 것 |
| 제3류 위험물 | • 칼륨<br>• 나트륨<br>• 알킬알루미늄<br>• 황린<br>• 그 밖에 지정수량이 10kg 또는 20kg인 위험물 | • 알칼리금속 및 알칼리토금속<br>• 유기금속화합물<br>• 그 밖에 지정수량이 50kg인 위험물 | |
| 제4류 위험물 | • **특수인화물** | • **제1석유류**<br>• **알코올류** | |
| 제5류 위험물 | • 지정수량이 10kg인 위험물 | • 위험등급 Ⅰ 이외의 것 | |
| 제6류 위험물 | 모두 | – | |

답 ④

★★★

**85** 위험물안전관리법령상 제조소에 설치하는 배출설비의 배출능력 기준은? (단, 배출설비는 국소방식이다.)

21회 문 94
16회 문 93
15회 문 89
13회 문 89
09회 문 99

① 1시간당 배출장소 용적의 10배 이상
② 1시간당 배출장소 용적의 15배 이상
③ 1시간당 배출장소 용적의 20배 이상
④ 1시간당 배출장소 용적의 25배 이상

해설 위험물규칙 [별표 4] Ⅵ
제조소 배출설비의 설치기준
(1) 배출설비는 **국소방식**으로 하여야 한다(단, 다음에 해당하는 경우에는 **전역방식**으로 할 수 있다).
① 위험물취급설비가 **배관이음** 등으로만 된 경우
② 건축물의 구조·작업장소의 분포 등의 조건에 의하여 전역방식이 유효한 경우
(2) 배출설비는 배풍기·배출덕트·후드 등을 이용하여 **강제**적으로 **배출**하는 것으로 하여야 한다.
(3) 배출능력은 1시간당 배출장소 용적의 **20배** 이상인 것으로 하여야 한다(단, **전역방식**의 경우에는 바닥면적 $1m^2$당 **$18m^3$** 이상으로 할 수 있다). 보기 ③
(4) 배출설비의 급기구 및 배출구의 기준
① 급기구는 **높은 곳**에 설치하고, **가는 눈**의 구리망 등으로 인화방지망을 설치할 것
② 배출구는 **지상 2m** 이상으로서 연소의 우려가 없는 장소에 설치하고, 배출덕트가 관통하는 벽부분의 바로 가까이에 화재시 **자동**으로 폐쇄되는 **방화댐퍼**를 설치할 것
(5) 배풍기는 **강제배기방식**으로 하고, 옥내덕트의 내압이 대기압 이상이 되지 아니하는 위치에 설치할 것

답 ③



★

**86** 위험물안전관리법령상 제조소 등에 설치하는 옥외소화전설비에 관한 기준이다. ( )에 들어갈 내용으로 옳은 것은?

> 옥외소화전설비는 모든 옥외소화전(설치개수가 4개 이상인 경우는 4개의 옥외소화전)을 동시에 사용할 경우에 각 노즐 끝부분의 방수압력이 ( ㉠ )kPa 이상이고, 방수량이 1분당 ( ㉡ )L 이상의 성능이 되도록 할 것

① ㉠ : 100, ㉡ : 80
② ㉠ : 100, ㉡ : 260
③ ㉠ : 170, ㉡ : 350
④ ㉠ : 350, ㉡ : 450

해설 위험물규칙 [별표 17]
방수압력과 방수량

| 소화설비 | 방수압력 | 방수량 또는 수원의 양 |
|---|---|---|
| 스프링클러설비 | 100kPa (살수밀도 기준 충족시 50kPa) 이상 | 80L/min(살수밀도 기준 충족시 56L/min) 이상 |
| 물분무소화설비 | 350kPa 이상 | 20L/min·$m^2$ (30분간) |
| 옥내소화전설비 | 350kPa 이상 | 260L/min 이상 |
| 옥외소화전설비 보기 ④ | 350kPa 이상 | 450L/min 이상 |

답 ④

★★★

**87** 위험물안전관리법령상 제5류 위험물을 취급하는 위험물제조소에 설치하여야 하는 게시판의 주의사항으로 옳은 것은?

20회 문 96 / 19회 문 92 / 18회 문 90 / 16회 문100 / 10회 문 85 / 05회 문 78

① 화기엄금
② 화기주의
③ 물기엄금
④ 물기주의

해설 위험물규칙 [별표 4]
위험물제조소의 게시판 설치기준

| 위험물 | 주의사항 | 비 고 |
|---|---|---|
| • 제1류 위험물(알칼리금속의 과산화물)<br>• 제3류 위험물(금수성 물질) | 물기엄금 | **청색**바탕에 **백색**문자 |
| • 제2류 위험물(인화성 고체 제외) | 화기주의 | **적색**바탕에 **백색**문자 |
| • 제2류 위험물(인화성 고체)<br>• 제3류 위험물(자연발화성 물질)<br>• 제4류 위험물<br>• 제5류 위험물 보기 ① | 화기엄금 | |
| • 제6류 위험물 | 별도의 표시를 하지 않는다. | |

답 ①

★★★

**88** 위험물안전관리법령상 소화설비, 경보설비 및 피난설비의 기준에서 용량 190*l*인 수조(소화전용 물통 6개 포함)의 능력단위는?

17회 문117 / 16회 문 96 / 14회 문 90

① 1.0 ② 1.5
③ 2.5 ④ 3.0

해설 위험물규칙 [별표 17]
소화설비의 능력단위

| 소화설비 | 용 량 | 능력단위 |
|---|---|---|
| 소화전용 물통 | 8L | 0.3 |
| 마른모래(삽 1개 포함) | 50L | 0.5 |
| 수조(소화전용 물통 3개 포함) | 80L | 1.5 |
| **팽**창질석 또는 팽창진주암(삽 1개 포함) | 160L | 1.0 |
| 수조(소화전용 물통 6개 포함) | 190L | 2.5 보기 ③ |

기억법
소 물 8 3
마 1 5 5
3 8 15
팽 1 16 10
6 9 25

답 ③

★★★

**89** 위험물안전관리법령상 제조소의 위치·구조 및 설비의 환기설비 기준에서 급기구가 설치된 실의 바닥면적이 $60m^2$일 경우 급기구의 면적기준은?

21회 문 97 / 20회 문 99 / 18회 문 88 / 14회 문 89 / 12회 문 72 / 11회 문 81 / 11회 문 88 / 10회 문 53 / 10회 문 76 / 09회 문 76 / 07회 문 86 / 04회 문 78

① $150cm^2$ 이상 ② $300cm^2$ 이상
③ $450cm^2$ 이상 ④ $600cm^2$ 이상

해설 위험물규칙 [별표 4]
위험물제조소의 환기설비
(1) 환기는 **자연배기방식**으로 할 것
(2) 급기구는 바닥면적 **$150m^2$**마다 1개 이상으로 하되, 그 크기는 **$800cm^2$** 이상일 것

| 바닥면적 | 급기구의 면적 |
|---|---|
| $60m^2$ 미만 | $150cm^2$ 이상 |
| $60\sim90m^2$ 미만 → | $300cm^2$ 이상 보기 ② |
| $90\sim120m^2$ 미만 | $450cm^2$ 이상 |
| $120\sim150m^2$ 미만 | $600cm^2$ 이상 |

(3) 급기구는 **낮은 곳**에 설치하고, 가는 눈의 구리망 등으로 **인화방지망**을 설치할 것
(4) 환기구는 지붕 위 또는 지상 **2m** 이상의 높이에 **회전식 고정벤틸레이터** 또는 **루프팬방식**으로 설치할 것

답 ②

★★

**90** 위험물안전관리법령상 하이드록실아민 등을 취급하는 제조소의 특례에서 제조소 주위에 설치하는 담 또는 토제(土堤)의 설치기준으로 옳지 않은 것은?

17회 문 89 / 09회 문 96

① 담은 두께 10cm 이상의 철근콘크리트조·철골철근콘크리트조로 할 것
② 담은 두께 20cm 이상의 보강콘크리트블록조로 할 것
③ 담 또는 토제는 당해 제조소의 외벽 또는 이에 상당하는 공작물의 외측으로부터 2m 이상 떨어진 장소에 설치할 것
④ 토제의 경사면의 경사도는 60도 미만으로 할 것

해설 ① 10cm 이상 → 15cm 이상

위험물규칙 [별표 4]
**하이드록실아민 등을 취급하는 제조소의 특례기준**

(1) 담 또는 토제는 해당 제조소의 외벽 또는 이에 상당하는 공작물의 외측으로부터 **2m 이상** 떨어진 장소에 설치할 것 보기 ③
(2) 담 또는 토제의 높이는 해당 제조소에 있어서 하이드록실아민 등을 취급하는 부분의 높이 이상으로 할 것
(3) 담은 두께 **15cm** 이상의 **철근콘크리트조 · 철골철근콘크리트조** 또는 두께 **20cm 이상**의 **보강콘크리트블록조**로 할 것 보기 ①②
(4) 토제의 경사면의 경사도는 **60° 미만**으로 할 것 보기 ④

답 ①

★★★
## 91

20회 문 92 / 18회 문 96 / 15회 문100 / 14회 문 97 / 10회 문100 / 08회 문 98

**위험물안전관리법령상 소화설비, 경보설비 및 피난설비의 기준에서 연면적이 $300m^2$인 위험물제조소의 소요단위는? (단, 제조소의 건축물 외벽은 내화구조가 아니다.)**

① 3 ② 4
③ 5 ④ 6

해설 위험물규칙 [별표 17]
소요단위의 계산방법
(1) **소요단위**

| 제조소 등 | | 면 적 |
|---|---|---|
| • **제조소**<br>• 취급소 | 외벽이 기타구조 → | $50m^2$ |
| | 외벽이 내화구조 | $100m^2$ |
| • 저장소 | 외벽이 기타구조 | $75m^2$ |
| | 외벽이 내화구조 | $150m^2$ |
| • 위험물 | 지정수량의 **10배** | |

(2) 연면적이 $300m^2$이므로

$$소요단위 = \frac{연면적}{1소요단위면적} = \frac{300m^2}{50m^2} = 6단위$$

답 ④

★★★
## 92

19회 문 99 / 18회 문 89 / 14회 문 96 / 03회 문 76

**위험물안전관리법령상 제조소의 위치 · 구조 및 설비의 기준에서 위험물을 취급하는 건축물의 지붕(작업공정상 제조기계시설 등이 2층 이상에 연결되어 설치된 경우에는 최상층의 지붕을 말한다)을 내화구조로 할 수 있는 건축물을 모두 고른 것은?**

> ㉠ 제6류 위험물을 취급하는 건축물
> ㉡ 제4류 위험물 중 제4석유류 · 동식물유류를 취급하는 건축물
> ㉢ 외부화재에 60분 이상 견딜 수 있는 밀폐형 구조의 건축물

① ㉠, ㉡ ② ㉠, ㉢
③ ㉡, ㉢ ④ ㉠, ㉡, ㉢

해설 ㉢ 60분 이상 → 90분 이상

위험물규칙 [별표 4] Ⅳ
**위험물을 취급하는 건축물의 지붕(작업공정상 제조기계시설 등이 2층 이상에 연결되어 설치된 경우에는 최상층의 지붕)을 내화구조로 덮어야 하는 경우**

(1) 제2류 위험물(**분상**의 것과 **인화성 고체 제외**)
(2) 제4류 위험물(**제4석유류 · 동식물유류**) 보기 ㉡
(3) **제6류 위험물**을 취급하는 건축물 보기 ㉠
(4) 다음의 기준에 적합한 밀폐형 구조의 건축물인 경우
 ① 발생할 수 있는 내부의 **과압** 또는 **부압**에 견딜 수 있는 철근콘크리트조일 것
 ② 외부화재에 **90분 이상** 견딜 수 있는 구조일 것 보기 ㉢

답 ①

★★★
## 93

19회 문 93 / 16회 문 90 / 10회 문 94 / 09회 문 90 / 08회 문 82

**위험물안전관리법령상 소화설비, 경보설비 및 피난설비의 기준에서 소화난이도 등급 Ⅰ의 주유취급소 중 건축물에 한정하여 설치하는 소화설비는?**

① 옥내소화전설비 ② 옥외소화전설비
③ 스프링클러설비 ④ 연결송수관설비

해설 위험물규칙 [별표 17]
**소화난이도등급 Ⅰ의 제조소 등에 설치하여야 하는 소화설비**

<table>
<tr><th colspan="3">제조소 등의 구분</th><th>소화설비</th></tr>
<tr><td colspan="3">제조소 및 일반취급소</td><td>① 옥내소화전설비<br>② 옥외소화전설비<br>③ 스프링클러설비 또는 물분무등 소화설비</td></tr>
<tr><td colspan="3">주유취급소 보기 ③</td><td>① 스프링클러설비(건축물에 한정)<br>② 소형수동식 소화기 등</td></tr>
<tr><td>옥내저장소</td><td colspan="2">처마높이가 6m 이상인 단층 건물 또는 다른 용도의 부분이 있는 건축물에 설치한 옥내저장소</td><td>스프링클러설비 또는 이동식 외의 물분무등소화설비</td></tr>
<tr><td rowspan="4">옥외탱크저장소</td><td rowspan="2">지중탱크 또는 해상탱크 외의 것</td><td>황만을 저장・취급하는 것</td><td>물분무소화설비</td></tr>
<tr><td>인화점 70℃ 이상의 제4류 위험물만을 저장・취급하는 것</td><td>물분무소화설비 또는 고정식 포소화설비</td></tr>
<tr><td colspan="2">지중탱크</td><td>① 고정식 포소화설비<br>② 이동식 이외의 불활성가스 소화설비<br>③ 이동식 이외의 할로겐화합물소화설비</td></tr>
<tr><td colspan="2">해상탱크</td><td>고정식 포소화설비, 물분무소화설비, 이동식 이외의 불활성가스 소화설비 또는 이동식 이외의 할로겐화합물소화설비</td></tr>
<tr><td rowspan="2">옥내탱크저장소</td><td colspan="2">황만을 저장・취급하는 것</td><td>물분무소화설비</td></tr>
<tr><td colspan="2">인화점 70℃ 이상의 제4류 위험물만을 저장・취급하는 것</td><td>물분무소화설비, 고정식 포소화설비, 이동식 이외의 불활성가스 소화설비, 이동식 이외의 할로겐화합물소화설비 또는 이동식 이외의 분말소화설비</td></tr>
<tr><td colspan="3">옥외저장소 및 이송취급소</td><td>옥내소화전설비, 옥외소화전설비, 스프링클러설비 또는 물분무등소화설비(화재발생시 연기가 충만할 우려가 있는 장소에는 스프링클러설비 또는 이동식 이외의 물분무등소화설비에 한한다)</td></tr>
<tr><td rowspan="2">암반탱크저장소</td><td colspan="2">황만을 저장・취급하는 것</td><td>물분무소화설비</td></tr>
<tr><td colspan="2">인화점 70℃ 이상의 제4류 위험물만을 저장・취급하는 것</td><td>물분무소화설비 또는 고정식 포소화설비</td></tr>
</table>

답 ③

★★★
## 94 위험물안전관리법령상 제4류 위험물 중 이동탱크저장소에 저장하는 경우 접지도선을 설치하여야 하는 것으로 명시되어 있지 않은 것은?

18회 문 95 / 14회 문100 / 13회 문 96 / 11회 문 90

① 특수인화물　② 제1석유류
③ 제2석유류　④ 제3석유류

해설 **위험물규칙 [별표 10] Ⅶ**
**접지도선**
제4류 위험물 중 **특수인화물**, **제1석유류** 또는 **제2석유류**의 이동탱크저장소에는 다음의 기준에 의하여 **접지도선 설치** 보기 ①②③
(1) **양도체**의 도선에 비닐 등의 절연차단재료로 피복하여 끝부분에 접지전극 등을 결착시킬 수 있는 **클립**(Clip) 등을 부착할 것
(2) 도선이 손상되지 아니하도록 도선을 **수납**할 수 있는 장치를 부착할 것

답 ④

★★★
## 95 위험물안전관리법령상 이동탱크저장소의 이동저장탱크에 설치하는 안전장치 및 방파판의 기준으로 옳지 않은 것은?

18회 문 95 / 14회 문100 / 13회 문 96 / 12회 문 85 / 11회 문 90 / 10회 문 91 / 07회 문 84 / 06회 문 77

① 하나의 구획부분에 2개 이상의 방파판을 이동탱크저장소의 진행방향과 수직으로 설치하되, 각 방파판은 그 높이 및 칸막이로부터의 거리를 같게 할 것
② 방파판은 두께 1.6mm 이상의 강철판 또는 이와 동등 이상의 강도・내열성 및 내식성이 있는 금속성의 것으로 할 것
③ 상용압력이 20kPa 이하인 탱크에 있어서는 20kPa 이상 24kPa 이하의 압력에서 안전장치가 작동하는 것으로 할 것
④ 상용압력이 20kPa를 초과하는 탱크에 있어서는 상용압력의 1.1배 이하의 압력에서 안전장치가 작동하는 것으로 할 것

① 수직으로 → 평행으로,
같게 → 다르게

**위험물규칙 [별표 10]**
(1) 이동탱크저장소의 두께

| 구 분 | 두 께 |
|---|---|
| 방파판 | **1.6mm** 이상 보기 ② |
| 방호틀 | **2.3mm** 이상<br>(정상부분은 **50mm** 이상 높게 할 것) |
| 탱크본체 | **3.2mm** 이상 |
| 주입관의 뚜껑 | **10mm** 이상 |
| 맨홀 | **10mm** 이상 |

① **방파판**의 **면적** : 수직단면적의 **50%**(원형・타원형은 **40%**) 이상
② 하나의 구획부분에 **2개 이상**의 방파판을 이동탱크저장소의 진행방향과 **평행**으로 설치하되, 각 방파판은 그 높이 및 칸막이로부터의 거리를 **다르게** 할 것 보기 ①

③ 하나의 구획부분에 설치하는 각 방파판의 면적의 합계는 당해 구획부분의 **최대 수직단면적**의 **50% 이상**으로 할 것(단, 수직단면이 원형이거나 짧은 지름이 **1m 이하**의 타원형일 경우에는 **40% 이상**으로 할 수 있다)

(2) 이동탱크저장소의 안전장치

| 상용압력 | 작동압력 |
|---|---|
| 20kPa 이하 | 20~24kPa 이하 보기 ③ |
| 20kPa 초과 | 상용압력의 1.1배 이하 보기 ④ |

답 ①

★

## 96 위험물안전관리법령상 주유취급소의 위치·구조 및 설비의 기준에서 이동저장탱크에 주입하기 위한 고정급유설비의 펌프기기가 분당 배출량이 200L 이상인 경우, 주유설비에 관계된 모든 배관의 안지름(mm) 기준은?

① 32mm 이상　② 40mm 이상
③ 50mm 이상　④ 65mm 이상

해설 위험물규칙 [별표 13] Ⅳ 제2호
주유취급소의 고정주유설비 또는 고정급유설비 적합구조

| 구 분 | 펌프기기 주유관 끝부분의 최대배출량 |
|---|---|
| 제1석유류 | 50L/min 이하 |
| 등유 | 80L/min 이하 |
| 경유 | 180L/min 이하 |

단, 이동저장탱크에 주입하기 위한 고정급유설비의 펌프기기는 최대배출량이 **300L/min 이하**인 것으로 할 수 있으며, 배출량이 **200L/min 이상**인 것의 경우에는 주유설비에 관계된 모든 배관의 안지름을 **40mm 이상**으로 할 것 보기 ②

답 ②

★

## 97 위험물안전관리법령상 옥내탱크저장소 중 탱크전용실을 단층건물 외의 건축물에 설치하는 경우 탱크전용실을 건축물의 1층 또는 지하층에 설치하여야 하는 것은?

14회 문 95

① 질산의 탱크전용실
② 중유의 탱크전용실
③ 실린더유의 탱크전용실
④ 크레오소트유의 탱크전용실

해설 위험물규칙 [별표 7]
옥내탱크저장소 중 탱크전용실을 단층건물 외의 건축물에 설치하는 경우 탱크전용실을 건물의 1층 또는 지하층에 설치하는 것

| 유 별 | 품 명 |
|---|---|
| 제2류 | • 황화인<br>• 적린<br>• 덩어리 황 |
| 제3류 | • 황린 |
| 제4류 | • 인화점이 38℃ 이상인 위험물만을 저장 또는 취급하는 것(**경유, 등유** 등) |
| 제6류 | • 질산 보기 ① |

답 ①

★★★

## 98 위험물안전관리법령상 인화성 액체위험물(이황화탄소를 제외한다)의 옥외탱크저장소의 탱크 주위에 설치하여야 하는 방유제에 관한 내용이다. 아래 조건에서 방유제 내에 설치할 수 있는 옥외저장탱크의 최대수는?

19회 문 95
18회 문 94
16회 문 95
13회 문 09
13회 문 90
13회 문 95
10회 문 95
09회 문 94
08회 문 86
07회 문 78
06회 문 82
03회 문 90

> 방유제 내에 설치하는 모든 옥외저장탱크의 용량이 20만L 이하이고, 당해 옥외저장탱크에 저장 또는 취급하는 위험물의 인화점이 70℃ 이상 200℃ 미만인 경우

① 10　② 15
③ 20　④ 25

해설 위험물규칙 [별표 6] Ⅸ
옥외탱크저장소의 방유제

| 구 분 | 설 명 |
|---|---|
| 높이 | **0.5~3m** 이하 |
| 탱크 | **10기**(모든 탱크용량이 **20만**L 이하, 인화점이 70~200℃ 미만은 **20기**) 이하 |
| 면적 | **80000m²** 이하 |
| 용량 | • 1기 : **탱크용량×110%** 이상<br>• 2기 이상 : **탱크 최대용량×110%** 이상 |

방유제 내에 설치하는 옥외저장탱크의 수는 10(단, 방유제 내에 설치하는 모든 옥외저장탱크의 용량이 **20만**L 이하이고, 당해 옥외저장탱크에 저장 또는 취급하는 위험물의 인화점이 **70℃ 이상 200℃ 미만**인 경우에는 **20**) 이하로 할 것(단, 인화점이 200℃ 이상인 위험물을 저장 또는 취급하는 옥외저장탱크는 제외) 보기 ③

답 ③

★★★

**99** 위험물안전관리법령상 간이탱크저장소의 간이저장탱크에 설치하여야 하는 '밸브 없는 통기관'의 설비기준으로 옳지 않은 것은?

17회 문 94
10회 문 98
03회 문 78

① 통기관의 지름은 25mm 이상으로 할 것
② 통기관은 옥외에 설치하되, 그 끝부분의 높이는 지상 1.5m 이상으로 할 것
③ 인화점 80℃ 이상의 위험물만을 해당 위험물의 인화점 미만의 온도로 저장 또는 취급하는 탱크에 설치하는 통기관에는 인화방지장치를 할 것
④ 통기관의 끝부분은 수평면에 대하여 아래로 45° 이상 구부려 빗물 등이 침투하지 아니하도록 할 것

③ 해당없음

**밸브 없는 통기관**

| 간이탱크저장소(위험물규칙 [별표 9]) | 옥내탱크저장소(위험물규칙 [별표 7]) |
|---|---|
| ① 지름 : **25mm** 이상 **보기 ①**<br>② 통기관의 끝부분<br>㉠ 각도 : **45°** 이상 **보기 ④**<br>㉡ 높이 : 지상 **1.5m** 이상 **보기 ②**<br>③ 통기관의 설치 : **옥외**<br>④ 인화방지장치 : 가는 눈의 구리망 사용 | ① 지름 : **30mm** 이상<br>② 통기관의 끝부분 : **45°** 이상<br>③ 인화방지장치 : 인화점이 **38℃ 미만**인 위험물만을 저장 또는 취급하는 탱크에 설치하는 통기관에는 화염방지장치를 설치하고, 그 외의 탱크에 설치하는 통기관에는 **40메시**(Mesh) 이상의 구리망 또는 동등 이상의 성능을 가진 인화방지장치를 설치할 것(단, 인화점 **70℃** 이상의 위험물만을 해당 위험물의 인화점 미만의 온도로 저장 또는 취급하는 탱크에 설치하는 통기관은 제외)<br>④ 통기관은 가스 등이 체류할 우려가 있는 굴곡이 없도록 할 것 |

비교

위험물규칙 [별표 6]
옥외저장탱크의 통기장치

| 밸브 없는 통기관 | 대기밸브 부착 통기관 |
|---|---|
| ① 지름 : **30mm** 이상<br>② 끝부분 : **45°** 이상<br>③ 인화방지장치 : 인화점이 **38℃ 미만**인 위험물만을 저장 또는 취급하는 탱크에 설치하는 통기관에는 화염방지장치를 설치하고, 그 외의 탱크에 설치하는 통기관에는 **40메시**(Mesh) 이상의 구리망 또는 동등 이상의 성능을 가진 인화방지장치를 설치할 것(단, 인화점 **70℃** 이상의 위험물만을 해당 위험물의 인화점 미만의 온도로 저장 또는 취급하는 탱크에 설치하는 통기관은 제외) | ① 작동압력 차이 : **5kPa** 이하<br>② 인화방지장치 : 인화점이 **38℃ 미만**인 위험물만을 저장 또는 취급하는 탱크에 설치하는 통기관에는 화염방지장치를 설치하고, 그 외의 탱크에 설치하는 통기관에는 **40메시**(Mesh) 이상의 구리망 또는 동등 이상의 성능을 가진 인화방지장치를 설치할 것(단, 인화점 **70℃** 이상의 위험물만을 해당 위험물의 인화점 미만의 온도로 저장 또는 취급하는 탱크에 설치하는 통기관은 제외) |

답 ③

★

**100** 위험물안전관리법령상 위험물의 성질에 따른 옥내저장소의 특례에서 지정과산화물을 저장 또는 취급하는 옥내저장소에 대해 강화되는 저장창고의 기준으로 옳지 않은 것은?

06회 문 84

① 저장창고는 $200m^2$ 이내마다 격벽으로 완전하게 구획할 것
② 저장창고의 격벽은 두께 30cm 이상의 철근콘크리트조 또는 철골철근콘크리트조로 하거나 두께 40cm 이상의 보강콘크리트블록조로 할 것
③ 저장창고의 외벽은 두께 20cm 이상의 철근콘크리트조나 철골철근콘크리트조 또는 두께 30cm 이상의 보강콘크리트블록조로 할 것
④ 저장창고의 창은 바닥면으로부터 2m 이상의 높이에 둘 것

① $200m^2$ 이내 → $150m^2$ 이내

**위험물규칙 [별표 5] Ⅷ**
**지정과산화물을 저장·취급하는 옥내저장소의 강화기준**

(1) 저장창고의 출입구에는 60분+방화문, 60분 방화문을 설치할 것
(2) 저장창고의 창은 바닥면으로부터 **2m** 이상의 높이에 두되, 하나의 벽면에 두는 창의 면적의 합계를 해당 벽면의 면적의 $\frac{1}{80}$ 이내로 하고, 하나의 창의 면적을 $0.4m^2$ 이내로 할 것 보기 ④
(3) 저장창고는 $150m^2$ 이내마다 격벽으로 완전하게 구획할 것. 이 경우 당해 격벽은 두께 **30cm** 이상의 **철근콘크리트조** 또는 **철골철근콘크리트조**로 하거나 두께 **40cm** 이상의 **보강콘크리트블록조**로 하고, 당해 저장창고의 양측의 외벽으로부터 **1m** 이상, 상부의 지붕으로부터 **50cm** 이상 돌출하게 하여야 한다. 보기 ①②
(4) 저장창고의 외벽은 두께 **20cm** 이상의 **철근콘크리트조**나 **철골철근콘크리트조** 또는 두께 **30cm 이상**의 **보강콘크리트블록조**로 할 것 보기 ③

답 ①

## 제 5 과목 소방시설의 구조 원리

★
### 101 화재안전기준상 설치높이 기준이 다른 것은?

21회 문106

① 포소화설비의 송수구
② 옥내소화전설비의 방수구
③ 연결송수관설비의 송수구
④ 소화용수설비의 채수구

해설 **설치높이**

| 설치높이 | 기 기 |
|---|---|
| 0.5~1m 이하 | ① 연결송수관설비의 송수구·방수구 보기 ③<br>② 연결살수설비의 송수구<br>③ 소화용수설비의 채수구 보기 ④<br>④ 포소화설비의 송수구 보기 ① |
| 0.8~1.5m 이하 | ① **제**어밸브<br>② **유**수검지장치<br>③ **일**제개방밸브<br>기억법 제유일 85(제가 유일하게 팔았어요.) |
| 1.5m 이하 | ① 옥내소화전함의 방수구 보기 ②<br>② 호스릴함<br>③ 소화기 |

답 ②



★
### 102 옥내소화전설비의 화재안전기준상 배관에 관한 내용으로 옳지 않은 것은?

① 펌프의 흡입측 배관은 공기고임이 생기지 아니하는 구조로 하고 여과장치를 설치하여야 한다.
② 연결송수관설비의 배관과 겸용할 경우의 주배관은 구경 100mm 이상, 방수구로 연결되는 배관의 구경은 65mm 이상인 것으로 하여야 한다.
③ 펌프의 흡입측 배관은 수조가 펌프보다 낮게 설치된 경우에는 충압펌프를 제외한 각 펌프마다 수조로부터 별도로 설치하여야 한다.
④ 펌프의 토출측 주배관의 구경은 유속이 4m/s 이하가 될 수 있는 크기 이상으로 하여야 한다.

③ 제외한 → 포함한

**옥내소화전설비 배관설치기준**(NFPC 102 제6조, NFTC 102 2.3.4~2.3.6)
(1) 펌프의 흡입측 배관설치기준
① 공기고임이 생기지 아니하는 구조로 하고 **여과장치**를 설치할 것 보기 ①
② 수조가 펌프보다 낮게 설치된 경우에는 각 펌프(충압펌프 포함)마다 수조로부터 별도로 설치할 것 보기 ③
(2) **연결송수관설비**의 배관과 겸용할 경우의 **주배관**은 구경 **100mm** 이상, 방수구로 연결되는 배관의 구경은 **65mm** 이상의 것으로 할 것 보기 ②

(3) 펌프의 토출측 주배관의 구경은 유속이 4m/s 이하가 될 수 있는 크기 이상으로 하여야 하고, 옥내소화전방수구와 연결되는 **가지배관**의 구경은 40mm(**호스릴**은 25mm) 이상으로 하여야 하며, 주배관 중 **수직배관**의 구경은 50mm(**호스릴**은 32mm) 이상으로 할 것 **보기 ④**

중요

**배관 내의 유속**

| 설 비 | | 유 속 |
|---|---|---|
| 옥내소화전설비 | | 4m/s 이하 |
| 스프링클러설비 | 가지배관 | 6m/s 이하 |
| | 기타의 배관 | 10m/s 이하 |

답 ③

★★

## 103 자동화재탐지설비 및 시각경보장치의 화재안전기준상 연기감지기 설치기준으로 옳은 것을 모두 고른 것은?

21회 문121
16회 문105

㉠ 천장 또는 반자가 낮은 실내에 있어서는 출입구의 가까운 부분에 설치할 것
㉡ 천장 또는 반자 부근에 배기구가 있는 경우에는 그 부근에 설치할 것
㉢ 감지기는 벽 또는 보로부터 0.6m 이상 떨어진 곳에 설치할 것

① ㉠, ㉡
② ㉠, ㉢
③ ㉡, ㉢
④ ㉠, ㉡, ㉢

해설 **연기감지기**의 **설치기준**(NFPC 203 제7조, NFTC 203.2.4.3.10)

(1) 천장 또는 반자가 **낮은 실내** 또는 **좁은 실내**인 경우에는 **출입구**에 가까운 부분에 설치 **보기 ㉠**
(2) 천장 또는 반자부근에 **배**기구가 있는 경우에는 그 부근에 설치 **보기 ㉡**
(3) 감지기는 벽 또는 보로부터 **0.6**m 이상의 곳에 설치 **보기 ㉢**

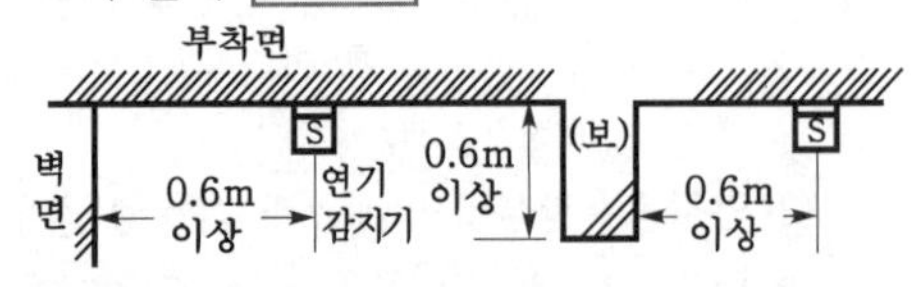


기억법 **연6배**

답 ④

★

## 104 자동화재탐지설비 및 시각경보장치의 화재안전기준상 설치장소별 감지기 적응성에서 연기감지기를 설치할 수 있는 경우, 연기가 멀리 이동해서 감지기에 도달하는 계단, 경사로와 같은 장소에 적응성이 있는 감지기 종류로 묶인 것은?

① 이온화식 스포트형, 광전식 분리형
② 이온아날로그식 스포트형, 광전아날로그식 분리형
③ 광전아날로그식 분리형, 광전식 분리형
④ 이온아날로그식 스포트형, 이온화식 스포트형

해설 **연기감지기**를 **설치**할 수 있는 **경우**(NFTC 203 2.4.6(2))

| 설치장소 | | 적응열감지기 | | | 적응연기감지기 | | | | | | 불꽃감지기 |
|---|---|---|---|---|---|---|---|---|---|---|---|
| 환경상태 | 적응장소 | 차동식 스포트형 | 차동식 분포형 | 보상식 스포트형 | 이온화식 스포트형 | 광전식 스포트형 | 이온아날로그식 스포트형 | 광전아날로그식 스포트형 | 광전식 분리형 보기 ③ | 광전아날로그식 분리형 보기 ③ | |
| 흡연에 의해 연기가 체류하며 환기가 되지 않는 장소 | • 회의실<br>• 응접실<br>• 휴게실<br>• 노래연습실<br>• 오락실<br>• 다방<br>• 음식점<br>• 대합실<br>• 카바레 등의 객실<br>• 집회장<br>• 연회장 | ○ | ○ | ○ | | ◎ | | ◎ | ○ | ○ | |
| 취침시설로 사용하는 장소 | • 호텔 객실<br>• 여관<br>• 수면실 | | | | ◎ | ◎ | ◎ | ◎ | ○ | ○ | |
| 연기 이외의 미분이 떠다니는 장소 | • 복도<br>• 통로 | | | | ◎ | ◎ | ◎ | ◎ | ○ | ○ | ○ |
| 바람에 영향을 받기 쉬운 장소 | • 로비<br>• 교회<br>• 관람장<br>• 옥탑에 있는 기계실 | | ○ | | | ◎ | | ◎ | ○ | ○ | ○ |

| 설치장소 | | 적응열감지기 | | | 적응연기감지기 | | | | | | 불꽃감지기 |
|---|---|---|---|---|---|---|---|---|---|---|---|
| 환경상태 | 적응장소 | 차동식 스포트형 | 차동식 분포형 | 보상식 스포트형 | 이온화식 스포트형 | 광전식 스포트형 | 이온아날로그식 스포트형 | 광전아날로그식 스포트형 | 광전식 분리형 보기 ③ | 광전아날로그식 분리형 보기 ③ | |
| 연기가 멀리 이동해서 감지기에 도달하는 장소 | • 계단<br>• 경사로 | | | | | ○ | | ○ | ○ | ○ | |
| 훈소화재의 우려가 있는 장소 | • 전화기기실<br>• 통신기기실<br>• 전산실<br>• 기계제어실 | | | | | ○ | | ○ | ○ | ○ | |
| 넓은 공간으로 천장이 높아 열 및 연기가 확산하는 장소 | • 체육관<br>• 항공기격납고<br>• 높은 천장의 창고 · 공장<br>• 관람석 상부 등 감지기부착높이가 8m 이상의 장소 | | ○ | | | | | | ○ | ○ | ○ |

주) 1. 'O'는 당해 설치장소에 적응하는 것을 표시
2. '◎' 당해 설치장소에 **연기감지기**를 설치하는 경우에는 당해 감지회로에 **축적기능**을 갖는 것을 표시

답 ③

★

**105 포소화설비의 화재안전기준상 주차장에 설치하는 호스릴포소화설비 또는 포소화전설비 기준으로 옳지 않은 것은? (단, 주차장은 지상 1층으로서 지붕이 없다.)**

① 호스릴함 또는 호스함은 바닥으로부터 높이 1.5m 이하의 위치에 설치하고 그 표면에는 "포호스릴함(또는 포소화전함)"이라고 표시한 표지와 적색의 위치표시등을 설치할 것

② 호스릴포방수구 또는 포소화전방수구가 5개 이상 설치된 경우에는 5개를 동시에 사용할 경우 포노즐 선단의 포수용액 방사압력이 0.25MPa 이상일 것

③ 호스릴 또는 호스를 호스릴포방수구 또는 포소화전방수구로 분리하여 비치하는 때에는 그로부터 3m 이내의 거리에 호스릴함 또는 호스함을 설치할 것

④ 방호대상물의 각 부분으로부터 하나의 호스릴포방수구까지의 수평거리는 15m 이하(포소화전방수구의 경우에는 25m 이하)가 되도록 하고 호스릴 또는 호스의 길이는 방호대상물의 각 부분에 포가 유효하게 뿌려질 수 있도록 할 것

해설 ② 0.25MPa 이상 → 0.35MPa 이상

**차고 · 주차장**에 **설치**하는 **호스릴포소화설비** 또는 **포소화전설비**의 **기준**(NFPC 105 제12조, NFTC 105 2.9.3)

(1) 특정소방대상물의 어느 층에 있어서도 그 층에 설치된 호스릴포방수구 또는 포소화전방수구(**최대 5개**)를 동시에 사용할 경우 각 이동식 포노즐 선단의 포수용액 방사압력이 **0.35MPa 이상**이고 **300L/min 이상**(1개층의 바닥면적이 **200m$^2$ 이하**인 경우는 **230L/min 이상**)의 포수용액을 **수평거리 15m 이상**으로 방사할 수 있도록 할 것 보기 ②

(2) **저발포**의 포소화약제를 사용할 수 있는 것으로 할 것

(3) 호스릴 또는 호스를 호스릴포방수구 또는 포소화전방수구로 분리하여 비치하는 때에는 그로부터 **3m** 이내의 거리에 **호스릴함** 또는 **호스함**을 설치할 것 보기 ③

(4) 호스릴함 또는 호스함은 바닥으로부터 높이 **1.5m** 이하의 위치에 설치하고 그 표면에는 **"포호스릴함(또는 포소화전함)"**이라고 표시한 표지와 **적색**의 **위치표시등**을 설치할 것 보기 ①

(5) 방호대상물의 각 부분으로부터 하나의 호스릴포방수구까지의 **수평거리**는 **15m** 이하(**포소화전방수구**는 **25m 이하**)가 되도록 하고 호스릴 또는 호스의 길이는 방호대상물의 각 부분에 포가 유효하게 뿌려질 수 있도록 할 것 보기 ④

답 ②

★

**106** 옥내소화전설비의 화재안전기준상 펌프의 정격토출량이 650L/min일 때 성능시험배관의 유량측정장치 용량은 몇 L/min 이상으로 하여야 하는가?

03회 문109

① 650.5 ② 910.5

③ 975.5 ④ 1137.5

해설 **유량측정장치**＝정격토출량×1.75

$= 650\text{L/min} \times 1.75$

$= 1137.5\text{L/min}$

- 유량측정장치는 펌프의 정격토출량의 **175% 이상** 측정할 수 있을 것(NFPC 103 제8조, NFTC 103 2.5.6.2)

답 ④



★★★

**107** 다음의 특정소방대상물에서 소화기구의 능력단위를 산출한 값은? (단, 각 건축물의 주요구조부는 비내화구조이고, 바닥면적은 $550m^2$이다.)

21회 문110
20회 문123
17회 문101
15회 문102
13회 문101
11회 문106

| ㉠ 관광휴게시설 | ㉡ 의료시설 |
|---|---|
| ㉢ 위락시설 | ㉣ 근린생활시설 |

① ㉠ : 3, ㉡ : 11, ㉢ : 19, ㉣ : 6

② ㉠ : 3, ㉡ : 19, ㉢ : 11, ㉣ : 6

③ ㉠ : 6, ㉡ : 11, ㉢ : 19, ㉣ : 3

④ ㉠ : 6, ㉡ : 11, ㉢ : 19, ㉣ : 6

해설 **특정소방대상물별 소화기구의 능력단위기준**(NFTC 101 2.1.1.2)

| 특정소방대상물 | 능력단위 (바닥면적) | 건축물의 주요구조부가 **내화구조**이고, 벽 및 반자의 실내에 면하는 부분이 **불연재료·준불연재료** 또는 **난연재료**로된 특정소방대상물의 능력단위 |
|---|---|---|
| • **위**락시설<br>기억법 위3(위상) | 바닥면적 $30m^2$마다 1단위 이상 | 바닥면적 $60m^2$마다 1단위 이상 |
| • **공연**장<br>• **집**회장<br>• **관람**장 및 **문**화재<br>• **의**료시설 · **장**례시설(장례식장)<br>기억법 5공연장 문의 집관람(손오공 연장 문의 집관람) | 바닥면적 $50m^2$마다 1단위 이상 | 바닥면적 $100m^2$마다 1단위 이상 |
| • **근**린생활시설<br>• **판**매시설<br>• 운수시설<br>• **숙**박시설<br>• **노**유자시설<br>• **전**시장<br>• 공동**주**택<br>• **업**무시설<br>• **방**송통신시설<br>• 공장 · **창**고시설<br>• **항**공기 및 자동**차** 관련 시설 및 **관광**휴게시설<br>기억법 근판숙노전 주업방차창 1항관광(근판숙노전 주업방차창 일본항관광) | 바닥면적 $100m^2$마다 1단위 이상 | 바닥면적 $200m^2$마다 1단위 이상 |
| • 그 밖의 것(교육연구시설) | 바닥면적 $200m^2$마다 1단위 이상 | $400m^2$마다 1단위 이상 |

㉠ **관광휴게시설**

$$\text{소화기구 능력단위} = \frac{\text{바닥면적}}{\text{능력단위 바닥면적}}$$

$$= \frac{550m^2}{100m^2}$$

$$= 5.5 \fallingdotseq 6\text{단위(절상)}$$

ⓛ 의료시설

$$소화기구 능력단위 = \frac{바닥면적}{능력단위 바닥면적} = \frac{550m^2}{50m^2} = 11단위$$

ⓒ 위락시설

$$소화기구 능력단위 = \frac{바닥면적}{능력단위 바닥면적} = \frac{550m^2}{30m^2} = 18.3 = 19단위(절상)$$

ⓔ 근린생활시설

$$소화기구 능력단위 = \frac{바닥면적}{능력단위 바닥면적} = \frac{550m^2}{100m^2} = 5.5 = 6단위(절상)$$

답 ④

★★
**108** 20회 문 34 / 18회 문103

**전양정 150m, 토출량 20m³/min, 회전수 1800rpm인 펌프가 있다. 이때 편흡입 2단 펌프와 양흡입 1단 펌프의 비속도는 약 얼마인가?**

① 315.9, 132.8 ② 315.9, 143.6
③ 354.1, 132.8 ④ 354.1, 143.6

해설 (1) **기호**

- $H$ : 150m
- $Q$ : 20m³/min
- $N$ : 1800rpm
- $n$ : 2 또는 1
- $N_s$ : ?

(2) **비속도**(비교회전도)

$$N_s = N\frac{\sqrt{Q}}{\left(\frac{H}{n}\right)^{\frac{3}{4}}}$$

여기서, $N_s$ : 펌프의 비교회전도(비속도) 〔m³/min·m/rpm〕
$N$ : 회전수〔rpm〕
$Q$ : 유량(토출량)〔m³/min〕
$H$ : 양정〔m〕
$n$ : 단수

편흡입 2단 펌프 비속도 $N_s$는

$$N_s = N\frac{\sqrt{Q}}{\left(\frac{H}{n}\right)^{\frac{3}{4}}} = 1800\text{rpm} \times \frac{\sqrt{20\text{m}^3/\text{min}}}{\left(\frac{150\text{m}}{2}\right)^{\frac{3}{4}}} = 315.9\text{m}^3/\text{min}\cdot\text{m/rpm}$$

양흡입 1단 펌프 비속도 $N_s$는

$$N_s = N\frac{\sqrt{Q}}{\left(\frac{H}{n}\right)^{\frac{3}{4}}} = 1800\text{rpm} \times \frac{\sqrt{\frac{20\text{m}^3/\text{min}}{2}}}{\left(\frac{150\text{m}}{1}\right)^{\frac{3}{4}}} = 132.8\text{m}^3/\text{min}\cdot\text{m/rpm}$$

- 양흡입펌프는 다단펌프에서 동일하게 양쪽에서 물이 공급되므로 유량 $Q$가 반으로 줄어든다. 그러므로 $Q$ 대신 $\frac{Q}{2}$를 대입한다.

용어

**비속도**
(1) 펌프의 성능을 나타내거나 가장 적합한 **회전수**를 결정하는 데 이용되며, **회전자**의 **형상**을 나타내는 척도가 된다.
(2) 임펠러의 상사성과 펌프의 특성 및 펌프의 형식을 결정하는 데 이용되는 값이다.
(3) **양흡입펌프**의 경우 토출량의 $\frac{1}{2}$로 계산한다.

중요

**비속도**(비교회전도)

| 구 분 | 설 명 |
|---|---|
| 뜻 | 펌프의 성능을 나타내거나 가장 적합한 **회전수**를 결정하는 데 이용되며, **회전자**의 **형상**을 나타내는 척도가 된다.<br>① 회전자의 형상을 나타내는 척도<br>② **펌프**의 **성능**을 나타냄<br>③ 최적합 회전수 결정에 이용됨 |
| 비속도값 | ① 터빈펌프<br>80~120m³/min·m/rpm<br>② 볼류트펌프<br>250~450m³/min·m/rpm<br>③ 축류펌프<br>800~2000m³/min·m/rpm |
| 특징 | ① 축류펌프는 원심펌프에 비해 높은 비속도를 가진다.<br>② 같은 종류의 펌프라도 운전조건이 다르면 비속도의 값이 다르다.<br>③ 저용량 고수두용 펌프는 작은 비속도의 값을 가진다. |

답 ①

★

**109** **공기관식 차동식 분포형 감지기의 화재작동시험을 했을 경우 작동시간이 규정(기준)시간보다 늦은 경우가 아닌 것은?**

07회 문 29

① 리크저항값이 규정치보다 작다.
② 접점수고값이 규정치보다 낮다.
③ 주입한 공기량에 비해 공기관 길이가 길다.
④ 공기관에 작은 구멍이 있다.

해설 ② 낮다. → 높다.

**공기관식 차동식 분포형 감지기**

| 작동개시시간이 허용범위보다 늦게 되는 경우 | 작동개시시간이 허용범위보다 빨리되는 경우 |
|---|---|
| ① 감지기의 **리크저항**(Leak resistance)이 **기준치 이하**일 때 보기 ①<br>② 검출부 내의 **다이어프램**이 부식되어 표면에 **구**멍(Leak)이 발생하였을 때 보기 ④<br>기억법 늦구(너구리)<br>③ **접점수고값**이 규정치보다 **높다.**<br>④ 주입한 공기량에 비해 **공기관 길이**가 **길다.** 보기 ③ | ① 감지기의 **리크저항**(Leak resistance)이 **기준치 이상**일 때<br>② 감지기의 **리크구멍**이 이물질 등에 의해 막히게 되었을 때<br>③ 접점수고값이 규정치보다 낮다.<br>④ 주입한 공기량에 비해 공기관 길이가 짧다. |

답 ②

★

**110** **할로겐화합물 및 불활성기체 소화설비의 화재안전기준상 관의 두께($t$) 산출계산식 중 최대허용응력($SE$)값은?**

> ㉠ 배관재질 인장강도 : 380000kPa
> ㉡ 배관재질 항복점 : 220000kPa
> ㉢ 배관이음효율 : 0.85

① 96900kPa
② 102750kPa
③ 124667kPa
④ 149600kPa

해설 **배관의 최대허용응력**

최대허용응력 $SE$ = 배관재질 인장강도의 $\frac{1}{4}$값과 항복점의 $\frac{2}{3}$값 중 작은 값 × 배관이음효율 × 1.2

(1) 배관재질 인장강도의 $\frac{1}{4}$값 $= 380000 \times \frac{1}{4}$
$= 95000\text{kPa}$

(2) 항복점의 $\frac{2}{3}$값 $= 220000 \times \frac{2}{3} \fallingdotseq 146666\text{kPa}$

(3) 최대허용응력 $SE$
= 배관재질 인장강도의 $\frac{1}{4}$값과 항복점의 $\frac{2}{3}$값 중 작은 값 × 배관이음효율 × 1.2
=95000kPa×0.85×1.2
=96900kPa

• 배관이음효율 : [조건 ㉢]에서 0.85

중요

**배관이음효율**
(1) 이음매 없는 배관 : 1.0
(2) 전기저항 용접배관 : 0.85
(3) 가열맞대기 용접배관 : 0.60

답 ①

★

**111** **자동화재탐지설비의 수신기 시험방법이 아닌 것은?**

05회 문115

① 예비전원시험
② 유통시험
③ 화재표시작동시험
④ 회로도통시험

해설 ② 감지기의 시험방법

**자동화재탐지설비**

| 수신기의 시험방법 | 감지기의 시험방법 |
|---|---|
| ① 화재표시작동시험 보기 ③<br>② 회로도통시험 보기 ④<br>③ 공통선시험<br>④ 예비전원시험 보기 ①<br>⑤ 동시작동시험<br>⑥ 저전압시험<br>⑦ 회로저항시험<br>⑧ 지구음향장치의 작동시험<br>⑨ 비상전원시험 | ① 화재작동시험(공기주입시험)<br>② 작동계속시험<br>③ 유통시험 보기 ②<br>④ 접점수고시험<br>⑤ 리크저항시험 |

답 ②

★★★
**112** 소방시설의 내진설계기준상 흔들림 방지 버팀대의 설치기준으로 옳지 않은 것은?

21회 문120 20회 문120 18회 문118 17회 문114 17회 문125

① 흔들림 방지 버팀대가 부착된 건축 구조부재는 소화배관에 의해 추가된 지진하중을 견딜 수 있어야 한다.

② 흔들림 방지 버팀대의 세장비($L/r$)는 300을 초과하지 않아야 한다.

③ 2방향 흔들림 방지 버팀대는 횡방향 및 종방향 흔들림 방지 버팀대의 역할을 동시에 할 수 있어야 한다.

④ 흔들림 방지 버팀대는 내력을 충분히 발휘할 수 있도록 견고하게 설치하여야 한다.

해설

③ 2방향 → 4방향

**소방시설**의 **내진설계기준 제9조**
**흔들림 방지 버팀대 설치기준**

(1) **흔들림 방지 버팀대**는 내력을 충분히 발휘할 수 있도록 견고하게 설치하여야 한다. 보기 ④

(2) 배관에는 횡방향 및 종방향의 수평지진하중에 모두 견디도록 흔들림 방지 버팀대를 설치하여야 한다.

(3) 흔들림 방지 버팀대가 부착된 건축 구조부재는 소화배관에 의해 **추가된 지진하중**을 견딜 수 있어야 한다. 보기 ①

(4) 흔들림 방지 버팀대의 **세장비($L/r$)**는 300을 초과하지 않아야 한다. 보기 ②

(5) **4방향** 흔들림 방지 버팀대는 **횡방향** 및 **종방향 흔들림 방지 버팀대**의 역할을 동시에 할 수 있어야 한다. 보기 ③

(6) 하나의 수평직선배관은 **최소 2개**의 **횡방향 흔들림 방지 버팀대**와 **1개**의 **종방향 흔들림 방지 버팀대**를 설치하여야 한다(단, 영향구역 내 배관의 길이가 **6m 미만**인 경우에는 횡방향과 종방향 흔들림 방지 버팀대를 각 **1개**씩 설치 가능).

답 ③

★★★
**113** 스프링클러설비의 화재안전기준상 폐쇄형 스프링클러헤드를 사용하는 경우 수원의 저수량 산정시 스프링클러헤드 기준개수가 가장 많은 장소는? (단, 층이나 세대에 설치된 헤드개수는 기준개수보다 많다.)

19회 문104 18회 문113 18회 문123 17회 문106 14회 문103 11회 문111 10회 문 34 10회 문112

① 지하역사

② 지하층을 제외한 층수가 10층인 의료시설로 헤드의 부착높이가 8m 이상인 것

③ 지하층을 제외한 층수가 35층인 아파트

④ 지하층을 제외한 층수가 10층인 판매시설이 설치되지 않은 복합건축물

해설

① 30개 ② 20개
③ 10개 ④ 20개

**폐쇄형 헤드**의 **기준개수**

<table>
<tr><th colspan="2">특정소방대상물</th><th>폐쇄형 헤드의 기준개수</th></tr>
<tr><td colspan="2">지하가 · 지하역사 보기 ①</td><td rowspan="4">30</td></tr>
<tr><td colspan="2">11층 이상</td></tr>
<tr><td rowspan="5">10층 이하</td><td>공장(특수가연물)</td></tr>
<tr><td>판매시설(백화점 등), 복합건축물(판매시설이 설치된 것)</td></tr>
<tr><td>근린생활시설, 운수시설, 복합건축물(판매시설 미설치) 보기 ④</td><td rowspan="2">20</td></tr>
<tr><td>8m 이상 보기 ②</td></tr>
<tr><td>8m 미만</td><td>10</td></tr>
<tr><td colspan="2">공동주택(아파트 등) 보기 ③</td><td>10(각 동이 주차장으로 연결된 주차장 : 30)</td></tr>
</table>

답 ①

★
**114** 소방시설 설치 및 관리에 관한 법령상 물분무등소화설비를 설치하여야 하는 특정소방대상물은? (단, 위험물 저장 및 처리 시설 중 가스시설 또는 지하구는 제외한다.)

20회 문 62

① 항공기 및 자동차 관련시설 중 자동차 정비공장

② 연면적 $600m^2$ 이상인 차고, 주차용 건축물 또는 철골 조립식 주차시설

③ 건축물 내부에 설치된 차고 또는 주차장으로서 차고 또는 주차의 용도로 사용되는 부분의 바닥면적이 $200m^2$ 이상인 층

④ 기계장치에 의한 주차시설을 이용하여 10대 이상의 차량을 주차할 수 있는 것

해설

① 자동차정비공장 → 항공기격납고
② $600m^2$ 이상 → $800m^2$ 이상
④ 10대 이상 → 20대 이상



22회

소방시설법 시행령 [별표 4]
물분무등소화설비의 설치대상

| 설치대상 | 조 건 |
|---|---|
| ① 차고·주차장(50세대 미만 연립주택 및 다세대주택 제외) | • 바닥면적 합계 $200m^2$ 이상 **보기 ③** |
| ② 전기실·발전실·변전실<br>③ 축전지실·통신기기실·전산실 | • 바닥면적 $300m^2$ 이상 |
| ④ 주차용 건축물 | • 연면적 $800m^2$ 이상 **보기 ②** |
| ⑤ 기계식 주차장치 | • 20대 이상 **보기 ④** |
| ⑥ 항공기격납고 **보기 ①** | • 전부(규모에 관계없이 설치) |
| ⑦ 중·저준위 방사성 폐기물의 저장시설(소화수를 수집·처리하는 설비 미설치) | • 이산화탄소 소화설비, 할론소화설비, 할로겐화합물 및 불활성기체 소화설비 설치 |
| ⑧ 지하가 중 터널 | • 예상교통량, 경사도 등 터널의 특성을 고려하여 행정안전부령으로 정하는 터널 |
| ⑨ 지정문화유산(문화유산 자료 제외) | • 소방청장이 국가유산청장과 협의하여 정하는 것 또는 적응소화설비 |

답 ③

★

**115 다음은 스프링클러설비의 화재안전기준상 전동기 또는 내연기관에 따른 펌프를 이용하는 가압송수장치 설치기준이다. ( )에 들어갈 소방시설의 명칭을 소방시설 도시기호로 옳게 나타낸 것은?**

> 펌프의 토출측에는 ( ㉠ )를 체크밸브 이전에 펌프토출측 플랜지에서 가까운 곳에 설치하고, 흡입측에는 ( ㉡ ) 또는 진공계를 설치할 것. 다만, 수원의 수위가 펌프의 위치보다 높거나 수직회전축 펌프의 경우에는 ( ㉡ ) 또는 진공계를 설치하지 않을 수 있다.

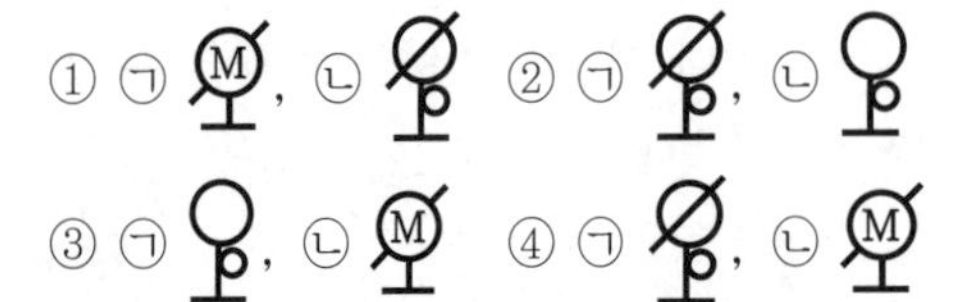

해설 **스프링클러설비 가압송수장치**의 **설치기준**(NFPC 103 제5조, NFTC 103 2.2)

(1) 쉽게 접근할 수 있고 점검하기에 충분한 공간이 있는 장소로서 화재 및 침수 등의 재해로 인한 피해를 받을 우려가 없는 곳에 설치할 것
(2) **동결방지조치**를 하거나 동결의 우려가 없는 장소에 설치할 것
(3) 펌프는 **전용**으로 할 것(단, 다른 소화설비와 겸용하는 경우 각각의 소화설비의 성능에 지장이 없을 때 제외)
(4) 펌프의 **토출측**에는 **압력계**를 체크밸브 이전에 펌프 토출측 플랜지에서 가까운 곳에 설치하고, **흡입측**에는 **연성계** 또는 **진공계**를 설치할 것(단, 수원의 수위가 펌프의 위치보다 높거나 수직회전축 펌프의 경우에는 **연성계** 또는 **진공계** 설치제외) **보기 ②**
(5) 가압송수장치에는 정격부하운전시 **펌프**의 **성능**을 **시험**하기 위한 **배관**을 설치할 것(단, **충압펌프** 제외)
(6) 가압송수장치에는 체절운전시 **수온**의 **상승**을 **방지**하기 위한 **순환배관**을 설치할 것(단, **충압펌프** 제외)
(7) 기동장치로는 **기동용 수압개폐장치** 또는 이와 동등 이상의 성능이 있는 것으로 설치할 것(단, 기동용 수압개폐장치 중 압력챔버를 사용할 경우 그 용적은 100L 이상)

중요

**소방시설 도시기호**(소방시설 자체점검사항 등에 관한 고시 [별표])

| 명 칭 | 도시기호 | 명 칭 | 도시기호 |
|---|---|---|---|
| 체크밸브 | | 경보델류지밸브 | D |
| 가스체크밸브 | | 압력계 **보기 ㉠** | |
| 개폐표시형 밸브 또는 게이트밸브(상시 개방) | | 연성계 **보기 ㉡** | |
| 경보밸브(습식) | | 유량계 | M |
| 경보밸브(건식) | | 성능시험배관 | |
| 프리액션밸브 | P | | |

답 ②

★★★

**116** 다음 조건의 차고에 분말소화설비를 설치하려고 한다. 분말소화설비의 화재안전기준상 필요한 분말소화약제의 최소저장량(kg)은?

19회 문 35 / 19회 문118 / 19회 문122 / 16회 문107 / 15회 문 37 / 15회 문112 / 14회 문 34 / 14회 문111 / 13회 문109 / 10회 문 28 / 10회 문118 / 06회 문117 / 05회 문104 / 04회 문117 / 02회 문115

> ㉠ 약제방출방식 : 전역방출방식
> ㉡ 방호구역체적 : 가로(10m)×세로(20m)×높이(2.5m)
> ㉢ 개구부면적 : 가로(2m)×세로(3m)
> ㉣ 개구부에는 자동폐쇄장치를 설치한다.

① 120 ② 140
③ 160 ④ 180

해설 (1) **분말소화약제**

| 종 별 | 주성분 | 착 색 | 적응 화재 | 비 고 |
|---|---|---|---|---|
| 제**1**종 | 중탄산나트륨 ($NaHCO_3$) | **백**색 | BC급 | **식용유** 및 **지방질유**의 화재에 적합 |
| 제2종 | 중탄산칼륨 ($KHCO_3$) | 담**자**색 (담회색) | BC급 | – |
| 제**3**종 | 제1인산암모늄 ($NH_4H_2PO_4$) | 담**홍**색 | ABC급 | **차고·주차장**에 적합 |
| 제4종 | 중탄산칼륨+요소 ($KHCO_3$+$(NH_2)_2CO$) | **회**(백)색 | BC급 | – |

> 기억법 **1식분(일식 분식)**
> **3분 차주(삼보컴퓨터 차주)**
> **백자홍회**

∴ **차고**는 **제3종** 분말소화설비 설치

(2) **분말소화설비 전역방출방식**의 **약제량** 및 **개구부가산량**(NFPC 108 제6조, NFTC 108 2.3.2.1)

| 종 별 | 약제량 | 개구부가산량 (자동폐쇄장치 미설치시) |
|---|---|---|
| 제 1 종 | 0.6kg/m³ | 4.5kg/m² |
| 제 2·3 종 → | 0.36kg/m³ | 2.7kg/m² |
| 제 4 종 | 0.24kg/m³ | 1.8kg/m² |

**분말소화설비 저장량**
=**방**호구역체적〔m³〕×**약**제량〔kg/m³〕
**+개**구부면적〔m²〕×개구부가**산**량(10kg/m²)

> 기억법 **방약+개산**

=(10×20×2.5)m³×0.36kg/m³=**180kg**

- (10×20×2.5)m³ : 〔조건 ㉡〕에서 주어짐
- 〔조건 ㉣〕에 의해 개구부면적, 개구부가산량 미적용

답 ④

★

**117** 할론소화설비의 화재안전기준상 자동식 기동장치에 관한 기준으로 옳은 것은?

13회 문110

① 기계식 기동장치로서 7병 이상의 저장용기를 동시에 개방하는 설비는 2병 이상의 저장용기에 전자개방밸브를 부착할 것
② 가스압력식 기동장치의 기동용 가스용기에는 내압시험압력 0.6배부터 내압시험압력 이하에서 작동하는 안전장치를 설치할 것
③ 가스압력식 기동장치에서 기동용 가스용기의 체적은 1L 이상으로 하고, 해당 용기에 저장하는 이산화탄소의 양은 0.6kg 이상으로 하며, 충전비는 1.5 이상 1.9 이하로 할 것
④ 가스압력식 기동장치의 기동용 가스용기 및 해당 용기에 사용하는 밸브는 20MPa 이상의 압력에 견딜 수 있는 것으로 할 것

> ① 기계식 → 전기식
> ② 0.6배 → 0.8배
> ④ 20MPa 이상 → 25MPa 이상

**할론소화설비**의 **자동식 기동장치**의 **설치기준**(NFPC 107 제6조, NFTC 107 2.3.2.1~2.3.2.4)

(1) **자동식 기동장치**에는 **수동**으로도 기동할 수 있는 구조로 할 것
(2) **전기식 기동장치**로서 **7병 이상**의 저장용기를 동시에 개방하는 설비는 **2병 이상**의 저장용기에 전자개방밸브를 부착할 것 **보기 ①**

‖ 전자개방밸브 부착 ‖

| 분말소화약제 가압용 가스용기 | 이산화탄소·분말소화설비 전기식 기동장치 |
|---|---|
| **3병** 이상 설치한 경우 **2개** 이상 | **7병** 이상 개방시 **2병** 이상 |

> 기억법 **이7(이치)**

(3) 가스압력식 기동장치의 기준
① 기동용 가스용기 및 해당 용기에 사용하는 밸브는 **25MPa 이상**의 압력에 견딜 수 있는 것으로 할 것 **보기 ④**

② 기동용 가스용기에는 **내압시험압력 0.8배부터 내압시험압력 이하**에서 작동하는 안전장치를 설치할 것 보기 ②

③ 기동용 가스용기의 **체적**은 **1L 이상**으로 하고, 해당 용기에 저장하는 이산화탄소의 양은 **0.6kg 이상**으로 하며, **충전비**는 **1.5 이상 1.9 이하**로 할 것 보기 ③

(4) **기계식** 기동장치는 저장용기를 쉽게 개방할 수 있는 구조로 할 것

비교

**할론소화설비**의 **기동장치 설치기준**(NFTC 107 2.3)

(1) 기동장치의 조작부는 바닥으로부터 높이 **0.8~1.5m 이하**의 위치에 설치하고, 보호판 등에 따른 보호장치를 설치할 것
(2) 가스압력식 기동장치의 기동용 가스용기 및 해당용기에 사용하는 밸브는 **25MPa 이상**의 압력에 견딜 수 있는 것으로 할 것
(3) 가스압력식 기동장치의 기동용 가스용기에는 **내압시험압력 0.8배~내압시험압력 이하**에서 작동하는 안전장치를 설치할 것
(4) 수동식 기동장치의 **전역방출방식**은 **방호구역**마다, **국소방출방식**은 **방호대상물**마다 설치할 것

답 ③

22회

★★★

**118** **연결송수관설비의 화재안전기준에 관한 내용으로 옳지 않은 것은?**

19회 문123
18회 문105
16회 문121
15회 문119
12회 문103

① 방수기구함은 피난층과 가장 가까운 층을 기준으로 3개층마다 설치하되, 그 층의 방수구마다 수평거리 5m 이내에 설치할 것
② 송수구는 구경 65mm의 쌍구형으로 할 것
③ 충압펌프를 제외한 가압송수장치는 부식 등으로 인한 펌프의 고착을 방지할 수 있도록 펌프축은 스테인리스 등 부식에 강한 재질을 사용할 것
④ 습식의 경우 송수구 부근에는 송수구·자동배수밸브·체크밸브의 순으로 설치할 것

해설 ① 수평거리 → 보행거리

**연결송수관설비**의 **설치기준**(NFPC 502 제4·6~8조, NFTC 502 2.3~2.5)

(1) 층마다 설치(**아파트**인 경우 **3층**부터 설치)
(2) **11층** 이상에는 **쌍구형**으로 설치(**아파트**인 경우 **단구형** 설치 가능)
(3) 방수구는 **개폐기능**을 가진 것일 것
(4) 방수구는 연결송수관설비의 전용방수구 또는 옥내소화전 방수구로서 구경 **65mm**로 한다.
(5) 방수구는 바닥에서 **0.5~1m** 이하에 설치한다.
(6) **수직배관**마다 **1개** 이상 설치

| 습식 보기 ④ | 건식 |
|---|---|
| 송수구 → 자동배수밸브 → 체크밸브 | 송수구 → 자동배수밸브 → 체크밸브 → 자동배수밸브<br>기억법 송자체자건 |

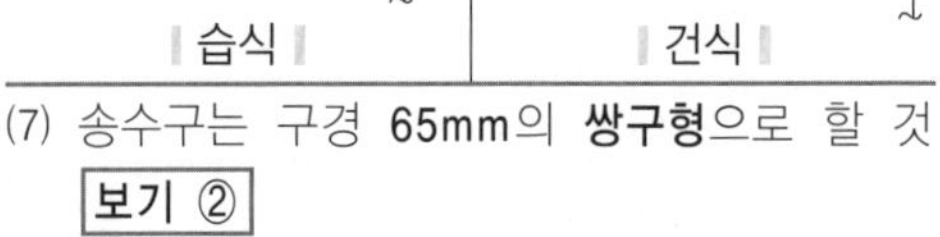


(7) 송수구는 구경 **65mm**의 **쌍구형**으로 할 것 보기 ②
(8) 방수기구함은 피난층과 가장 가까운 층을 기준으로 **3개층**마다 설치하되, 그 층의 방수구마다 **보행거리 5m** 이내에 설치할 것 보기 ①
(9) 가압송수장치는 부식 등으로 인한 펌프의 고착을 방지할 수 있도록 하기 위한 기준(단, 충압펌프는 제외)
① **임펠러**는 **청동** 또는 **스테인리스** 등 **부식**에 강한 재질을 사용할 것
② **펌프축**은 **스테인리스** 등 **부식**에 강한 재질을 사용할 것 보기 ③

답 ①

★★★

**119** 지하 2층, 지상 30층, 연면적 80000m²인 특정소방대상물의 지상 2층에서 화재가 발생하였을 경우 비상방송설비의 음향장치가 경보되는 층이 아닌 것은?

19회 문116 13회 문116 09회 문116 07회 문116 06회 문116 04회 문113

① 지상 1층

② 지상 2층

③ 지상 3층

④ 지상 4층

해설 ① 지상 1층은 해당없음

**지상 2층 화재시 경보층**

(1) 발화층(지상 2층)

(2) 직상 4개층(지상 3·4·5·6층)

중요

**비상방송설비·자동화재탐지설비 우선경보방식 적용대상물**

11층(공동주택 16층) 이상의 특정소방대상물의 경보

▌음향장치의 경보▐

| 발화층 | 경보층 | |
|---|---|---|
| | 11층 (공동주택 16층) 미만 | 11층 (공동주택 16층) 이상 |
| 2층 이상 발화 | 전층 일제경보 | • 발화층<br>• 직상 4개층 |
| 1층 발화 | 전층 일제경보 | • 발화층<br>• 직상 4개층<br>• 지하층 |
| 지하층 발화 | 전층 일제경보 | • 발화층<br>• 직상층<br>• 기타의 지하층 |

답 ①

★★

**120** 피난기구의 화재안전기준상 승강식 피난기 및 하향식 피난구용 내림식 사다리 설치기준으로 옳지 않은 것은?

17회 문107 16회 문110

① 대피실 내에는 비상조명등을 설치할 것

② 대피실에는 층의 위치표시와 피난기구 사용설명서 및 주의사항 표지판을 부착할 것

③ 사용시 기울거나 흔들리지 않도록 설치할 것

④ 대피실 출입문이 개방되거나, 피난기구 작동시 해당층 및 직상층 거실에 설치된 표시등 및 경보장치가 작동되고, 감시제어반에서는 피난기구의 작동을 확인할 수 있어야 할 것

해설 ④ 직상층 → 직하층

**승강식 피난기** 및 **하향식 피난구용 내림식 사다리 설치기준**(NFPC 301 제5조, NFTC 301 2.1.3.9)

(1) 승강식 피난기 및 하향식 피난구용 내림식 사다리는 설치경로가 설치층에서 피난층까지 연계될 수 있는 구조로 설치할 것(단, 건축물의 구조 및 설치 여건상 불가피한 경우는 제외)

(2) 대피실의 면적은 **2m²**(2세대 이상일 경우에는 **3m²**) 이상으로 하고, 하강구(개구부) 규격은 직경 **60cm** 이상일 것(단, 외기와 개방된 장소에는 제외)

(3) 하강구 내측에는 기구의 연결금속구 등이 없어야 하며 전개된 피난기구는 하강구 수평투영면적 공간 내의 범위를 침범하지 않는 구조이어야 할 것(단, 직경 60cm 크기의 범위를 벗어난 경우이거나, 직하층의 바닥면으로부터 높이 **50cm** 이하의 범위는 제외)

(4) 대피실의 출입문은 60분+방화문 또는 60분 방화문으로 설치하고, 피난방향에서 식별할 수 있는 위치에 **"대피실"** 표지판을 부착할 것(단, 외기와 개방된 장소제외)

(5) 착지점과 하강구는 상호 **수평거리 15cm** 이상의 간격을 둘 것

(6) 대피실 내에는 **비상조명등**을 설치할 것 보기 ①
(7) 대피실에는 층의 **위치표시**와 **피난기구 사용설명서** 및 **주의사항 표지판**을 부착할 것 보기 ②
(8) 대피실 출입문이 개방되거나, 피난기구 작동시 해당층 및 **직하층** 거실에 설치된 **표시등** 및 **경보장치**가 작동되고, 감시제어반에서는 피난기구의 작동을 확인할 수 있어야 할 것 보기 ④
(9) 사용시 기울거나 흔들리지 않도록 설치할 것 보기 ③

답 ④

(3) **수직거리**

| 수직거리 | 기 기 |
|---|---|
| 15m 이하 | • 1·2종 연기감지기 |
| 10m 이하 | • 3종 연기감지기 |

(4) **설치높이**

| 유도등·유도표지 | 설치높이 |
|---|---|
| • 복도통로유도등<br>• 계단통로유도등 보기 ㉡<br>• 통로유도표지 | 1m 이하 |
| • 피난구유도등<br>• 거실통로유도등 | 1.5m 이상 |

답 ③



★
## 121 다음은 유도등 및 유도표지의 화재안전기준상 통로유도등의 설치기준에 관한 내용이다. ( )에 들어갈 것으로 옳은 것은?

14회 문117

- 복도통로유도등은 구부러진 모퉁이 및 설치된 통로유도등을 기점으로 보행거리 ( ㉠ )m 이하마다 설치할 것
- 계단통로유도등은 바닥으로부터 높이 ( ㉡ )m 이하의 위치에 설치할 것

① ㉠ : 15, ㉡ : 1
② ㉠ : 15, ㉡ : 1.5
③ ㉠ : 20, ㉡ : 1
④ ㉠ : 20, ㉡ : 1.5

해설 (1) **수평거리**

| 수평거리 | 기 기 |
|---|---|
| 25m 이하 | • 발신기<br>• 음향장치(확성기)<br>• 비상콘센트(지하상가 또는 지하층 바닥면적 3000m$^2$ 이상) |
| 50m 이하 | • 비상콘센트(기타) |

(2) **보행거리**

| 보행거리 | 기 기 |
|---|---|
| 15m 이하 | • 유도표지 |
| 20m 이하 | • 복도통로유도등 보기 ㉠<br>• 거실통로유도등<br>• 3종 연기감지기 |
| 30m 이하 | • 1·2종 연기감지기 |

★★
## 122 다음 조건의 거실에 제연설비를 설치할 때 배기팬 구동에 필요한 전동기 용량(kW)은 약 얼마인가?

20회 문116
15회 문120

㉠ 바닥면적 800m$^2$인 거실로서 예상제연구역은 직경 50m, 제연경계벽의 수직거리는 2.4m임
㉡ 배연 Duct 길이는 200m, Duct 저항은 1m당 0.2mmAq임
㉢ 배출구 저항은 10mmAq, 배기그릴 저항은 5mmAq, 관부속품 저항은 Duct 저항의 55%임
㉣ 효율은 60%, 전달계수는 1.1임
㉤ 예상제연구역의 배출량 기준

| 예상제연구역 | 제연경계 수직거리 | 배출량 |
|---|---|---|
| 직경 40m인 원의 범위를 초과하는 경우 | 2m 이하 | 45000m$^3$/hr 이상 |
| | 2m 초과 2.5m 이하 | 50000m$^3$/hr 이상 |
| | 2.5m 초과 3m 이하 | 55000m$^3$/hr 이상 |
| | 3m 초과 | 65000m$^3$/hr 이상 |

① 15.2　② 19.2
③ 23.2　④ 27.2

해설 (1) **기호**

- $\eta$ : 60%=0.6
- $K$ : 1.1

(2) **거실의 배출량($Q$)**(NFPC 501 제6조, NFTC 501 2.3.2)

① 바닥면적 **400m² 미만**(최저치 **5000m³/h** 이상)

> 배출량[m³/min]
> =바닥면적[m²]×1m³/m²·min

② 바닥면적 **400m² 이상**

㉠ 직경 40m 이하 : **40000m³/h** 이상

‖ 예상제연구역이 제연경계로 구획된 경우 ‖

| 수직거리 | 배출량 |
|---|---|
| 2m 이하 | 40000m³/h 이상 |
| 2m 초과 2.5m 이하 | 45000m³/h 이상 |
| 2.5m 초과 3m 이하 | 50000m³/h 이상 |
| 3m 초과 | 60000m³/h 이상 |

㉡ 직경 40m 초과 : **45000m³/h** 이상

‖ 예상제연구역이 제연경계로 구획된 경우 ‖

| 수직거리 | 배출량 |
|---|---|
| 2m 이하 | 45000m³/h 이상 |
| 2m 초과 2.5m 이하 → | 50000m³/h 이상 |
| 2.5m 초과 3m 이하 | 55000m³/h 이상 |
| 3m 초과 | 65000m³/h 이상 |

> • m³/h=CMH(Cubic Meter per Hour)

(3) **소요전압($P_T$)**

$P_T$ = 덕트 손실저항+기타 부속류 저항합계
= (200m×0.2mmAq/m)+[10mmAq+5mmAq+(200m×0.2mmAq/m)×0.55]
= 77mmAq

> • 덕트 손실저항 : 200m×0.2mmAq([조건 ㉡]에서 주어짐)
> • 기타 부속류 저항합계 : 10mmAq+5mmAq+(200m×0.2mmAq/m)×0.55([조건 ㉢]에 의해 부속류 저항합계는 덕트 손실합계의 55%이므로 0.55를 곱함)

(4) **전동기 용량(배연기 동력)($P$)**

$$P=\frac{P_T Q}{102\times 60\eta}K$$

여기서, $P$ : 배연기 동력[kW]
$P_T$ : 전압(풍압)[mmAq, mmH₂O]
$Q$ : 풍량[m³/min]
$K$ : 여유율(전달계수)
$\eta$ : 효율

**배출기**의 **이론소요동력**(배연기 동력) $P$는

$$P=\frac{P_T Q}{102\times 60\eta}K$$
$$=\frac{77\text{mmAq}\times 50000\text{m}^3/60\text{min}}{102\times 60\times 0.6}\times 1.1$$
$$≒ 19.2\text{kW}$$

> • 배연설비(제연설비)에 대한 동력은 반드시 $P=\frac{P_T Q}{102\times 60\eta}K$를 적용하여야 한다(우리가 알고 있는 일반적인 식). $P=\frac{0.163QH}{\eta}K$를 적용하여 풀면 틀린다.
> • $K$ : **1.1**([조건 ㉣]에서 주어짐)
> • $P_T$ : **77mmAq**(위에서 구한 값)

답 ②

★★
**123** (20회 문101, 16회 문119)

**비상콘센트설비의 화재안전기준상 비상콘센트설비의 전원부와 외함 사이의 정격전압이 다음과 같을 때 절연내력 시험전압(V)은?**

| 정격전압[V] | 절연내력 시험전압[V] |
|---|---|
| 100 | ( ㉠ ) |
| 250 | ( ㉡ ) |

① ㉠ : 250, ㉡ : 750
② ㉠ : 500, ㉡ : 1000
③ ㉠ : 750, ㉡ : 1250
④ ㉠ : 1000, ㉡ : 1500

해설 **비상콘센트설비 절연내력 시험**(NFPC 504 제4조, NFTC 504 2.1.6.2)

| 구 분 | 150V 이하 | 150V 초과 |
|---|---|---|
| 실효전압 | **1000V** <br> 보기 ㉠ | **(정격전압×2)+1000V** <br> 예 250V인 경우 (250×2)+1000=1500V <br> 보기 ㉡ |
| 견디는 시간 | **1분** 이상 | **1분** 이상 |

절연내력은 전원부와 외함 사이에 정격전압이 **150V 이하**인 경우에는 **1000V**의 실효전압을, 정격전압이 **150V** 이상인 경우에는 그 정격전압에 **2**를 **곱하여 1000**을 **더한 실효전압**을 가하는 시험에서 **1분** 이상 견디는 것으로 할 것

답 ④

★★★

**124** 무선통신보조설비의 화재안전기준에 관한 내용으로 옳지 않은 것은?

21회 문107
18회 문102
17회 문118
15회 문121
14회 문124
07회 문 27

① 누설동축케이블 또는 동축케이블과 이에 접속하는 안테나가 설치된 층은 계단실, 승강기, 별도 구획된 실을 제외한 모든 부분에서 유효하게 통신이 가능할 것
② 증폭기에는 비상전원이 부착된 것으로 하고 해당 비상전원용량은 무선통신보조설비를 유효하게 30분 이상 작동시킬 수 있는 것으로 할 것
③ 누설동축케이블의 끝부분에는 무반사종단저항을 견고하게 설치할 것
④ 분배기·분파기 및 혼합기 등의 임피던스는 50Ω의 것으로 할 것



해설

① 제외한 → 포함한

**무선통신보조설비**의 **설치기준**(NFPC 505 제5~7조, NFTC 505 2.2)

(1) **건축물**, **지하가**, **터널** 또는 **공동구**의 **출입구** 및 **출입구 인근**에서 통신이 가능한 장소에 설치할 것
(2) 다른 용도로 사용되는 안테나로 인한 통신장애가 발생하지 않도록 설치할 것
(3) 누설동축케이블 및 안테나는 **금속판** 등에 의하여 **전파**의 **복사** 또는 **특성**이 현저하게 저하되지 아니하는 위치에 설치할 것
(4) **누설동축케이블**과 이에 접속하는 **안테나** 또는 **동축케이블**과 이에 접속하는 **안테나**일 것
(5) 누설동축케이블 및 동축케이블은 화재에 따라 해당 케이블의 피복이 소실된 경우에 케이블 본체가 떨어지지 아니하도록 **4m** 이내마다 **금속제** 또는 **자기제** 등의 지지금구로 벽·천장·기둥 등에 견고하게 고정시킬 것(**불연재료**로 구획된 반자 안에 설치하는 경우는 제외)
(6) 누설동축케이블 및 안테나는 고압전로로부터 **1.5m** 이상 떨어진 위치에 설치할 것(해당 전로에 **정전기차폐장치**를 유효하게 설치한 경우에는 제외)
(7) 누설동축케이블의 **끝**부분에는 **무반사종단저항**을 설치할 것 보기 ③
(8) 누설동축케이블, 동축케이블, 분배기, 분파기, 혼합기 등의 임피던스는 **50Ω**으로 할 것 보기 ④
(9) 증폭기의 전면에는 **표시등** 및 **전압계**를 설치할 것
(10) 소방전용 주파수대에 **전파의 전송** 또는 **복사**에 적합한 것으로서 **소방전용**의 것으로 할 것(단, 소방대 상호간의 **무선연락**에 지장이 없는 경우에는 다른 용도와 겸용할 수 있다)
(11) 누설동축케이블 및 동축케이블은 불연 또는 난연성의 것으로서 습기에 따라 전기의 특성이 변질되지 아니하는 것으로 하고, 노출하여 설치한 경우에는 피난 및 통행에 장애가 없도록 할 것
(12) 누설동축케이블 또는 동축케이블과 이에 접속하는 안테나가 설치된 층은 **모든 부분**(**계단실, 승강기, 별도 구획된 실** 포함)에서 유효하게 통신이 가능할 것 보기 ①
(13) 옥외안테나와 연결된 무전기와 **건축물 내부**에 존재하는 무전기 간의 상호통신, 건축물 내부에 존재하는 무전기 간의 상호통신, 옥외안테나와 연결된 무전기와 방재실 또는 건축물 내부에 존재하는 무전기와 방재실 간의 상호통신이 가능할 것

중요

**비상전원**의 **용량**

| 설 비 | 비상 전원의 용량 |
|---|---|
| 자동화재**탐**지설비, 비상**경**보설비, 자동화재**속**보설비<br>기억법 **탐경속1** | 10분 이상 |
| ① 유도등, 비상조명등, 비상콘센트설비, 제연설비<br>② 옥내소화전설비(30층 미만)<br>③ 특별피난계단의 계단실 및 부속실 제연설비(30층 미만)<br>④ 스프링클러설비(30층 미만)<br>⑤ 연결송수관설비(30층 미만) | 20분 이상 |
| 무선통신보조설비의 증폭기 | 30분 이상 보기 ② |
| ① 옥내소화전설비(30~49층 이하)<br>② 특별피난계단의 계단실 및 부속실 제연설비(30~49층 이하)<br>③ 연결송수관설비(30~49층 이하)<br>④ 스프링클러설비(30~49층 이하) | 40분 이상 |
| ① 유도등·비상조명등(지하상가 및 11층 이상)<br>② 옥내소화전설비(50층 이상)<br>③ 특별피난계단의 계단실 및 부속실 제연설비(50층 이상)<br>④ 연결송수관설비(50층 이상)<br>⑤ 스프링클러설비(50층 이상) | 60분 이상 |

답 ①

★★★
**125** **누전경보기의 화재안전기준상 누전경보기의 설치방법 등에 관한 내용으로 옳지 않은 것은?**

20회 문102
16회 문112
13회 문117
07회 문105

① 경계전로의 정격전류가 60A를 초과하는 전로에 있어서는 1급 누전경보기를 설치할 것
② 경계전로의 정격전류가 60A 이하의 전로에 있어서는 1급 또는 2급 누전경보기를 설치할 것
③ 정격전류가 60A를 초과하는 경계전로가 분기되어 각 분기회로의 정격전류가 60A 이하로 되는 경우 당해 분기회로마다 2급 누전경보기를 설치한 때에는 당해 경계전로에 1급 누전경보기를 설치한 것으로 본다.
④ 변류기는 특정소방대상물의 형태, 인입선의 시설방법 등에 따라 옥외인입선의 제1지점의 부하측 또는 제1종 접지선측의 점검이 쉬운 위치에 설치할 것

해설

④ 제1종 접지선측 → 제2종 접지선측

**누전경보기**의 **설치방법**(NFPC 205 제4조, NFTC 205 2.1.1)

| 정격전류 | 경보기 종류 |
|---|---|
| 60A 초과 **보기 ①** | 1급 |
| 60A 이하 **보기 ②** | 1급 또는 2급 |

(1) 변류기는 옥외인입선의 **제1지점**의 **부하측** 또는 **제2종**의 **접지선측**의 점검이 쉬운 위치에 설치할 것 **보기 ④**

중요

**변류기**의 **설치위치**

| 옥외인입선의 제1지점의 부하측 | 제2종의 접지선측 |
|---|---|

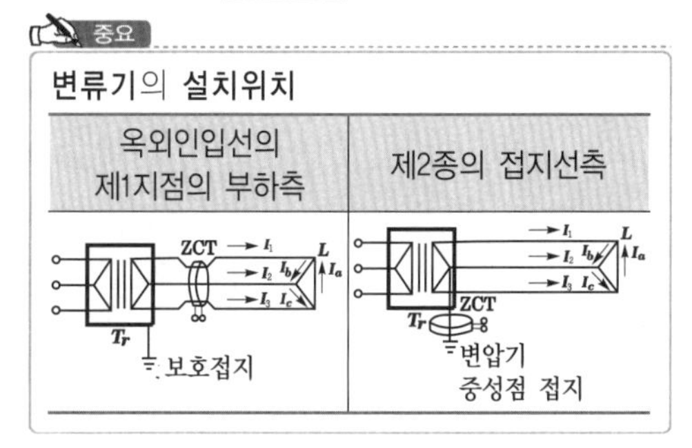


(2) 옥외전로에 설치하는 변류기는 **옥외형**으로 설치할 것
(3) 정격전류가 60A를 초과하는 경계전로가 분기되어 각 분기회로의 정격전류가 60A 이하로 되는 경우 당해 분기회로마다 **2급 누전경보기**를 설치한 때에는 당해 경계전로에 **1급 누전경보기**를 설치한 것으로 본다. **보기 ③**

답 ④

22회

# 시 간

생각하는 시간을 가져라
사고는 힘의 근원이다.
놀 수 있는 시간을 가져라
놀이는 변함 없는 젊음의 비결이다.
책 읽을 수 있는 시간을 가져라
독서는 지혜의 원천이다.
기도할 수 있는 시간을 가져라
기도는 역경을 당했을 때 극복하는 길이 된다.
사랑할 수 있는 시간을 가져라
사랑한다는 것은 삶을 가치 있게 만드는 것이다.
우정을 나눌 수 있는 시간을 가져라
우정은 생활의 향기를 더해 준다.
웃을 수 있는 시간을 가져라
웃음은 영혼의 음악이다.
줄 수 있는 시간을 가져라
일 년 중 어느 날이고 간에 시간은 잠깐 사이에 지나간다.

•김형모의 「짧은 얘기 긴 생각 그리고 시」 중에서•

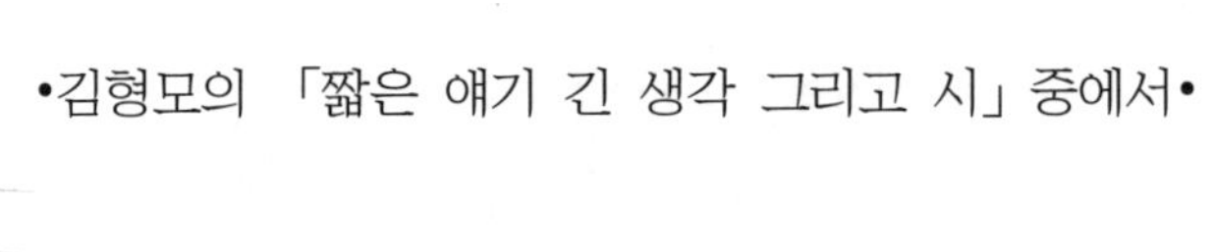

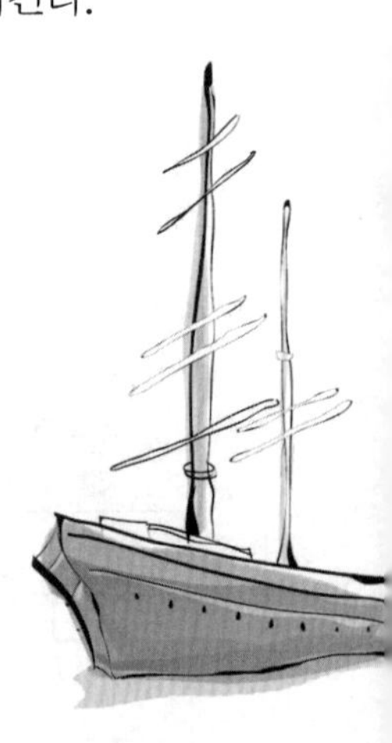

# 2021년도 제21회 소방시설관리사 1차 국가자격시험

| 문제형별 | 시 간 | 시험과목 |
| --- | --- | --- |
| A | 125분 | ① 소방안전관리론 및 화재역학<br>② 소방수리학, 약제화학 및 소방전기<br>③ 소방관련 법령<br>④ 위험물의 성질 · 상태 및 시설기준<br>⑤ 소방시설의 구조 원리 |

| 수험번호 | | 성 명 | |
| --- | --- | --- | --- |

【 수험자 유의사항 】

1. **시험문제지**는 단일형별(A형)이며, 답안카드형별 기재란에 표시된 형별(A형)을 확인하시기 바랍니다. 시험문제지의 **총면수**, **문제번호 일련순서**, **인쇄상태** 등을 확인하시고, 문제지 표지에 수험번호와 성명을 기재하시기 바랍니다.
2. 답은 각 문제마다 요구하는 **가장 적합하거나 가까운 답 1개**만 선택하고, 답안카드 작성시 **마킹착오**로 인한 불이익은 전적으로 **수험자에게 책임**이 있음을 알려드립니다.
3. 답안카드는 국가전문자격 공통 표준형으로 문제번호가 1번부터 125번까지 인쇄되어 있습니다. 답안 마킹시에는 반드시 **시험문제지의 문제번호와 동일한 번호**에 마킹하여야 합니다.
4. **감독위원의 지시에 불응하거나 시험시간 종료 후 답안카드를 제출하지 않을 경우** 불이익이 발생할 수 있음을 알려드립니다.
5. 시험문제지는 시험 종료 후 가져가시기 바랍니다.

**제 1 과목** 소방안전관리론 및 화재역학

★★
**01** 최소발화에너지(MIE)에 영향을 주는 요소에 관한 내용으로 옳지 않은 것은?

19회 문 01 / 17회 문 07 / 12회 문 22 / 10회 문 20 / 02회 문 14

① MIE는 온도가 상승하면 작아진다.
② MIE는 압력이 상승하면 작아진다.
③ MIE는 화학양론적 조성 부근에서 가장 크다.
④ MIE는 연소속도가 빠를수록 작아진다.

해설 **최소착화에너지**(MIE)가 낮아지는 조건
(1) 온도와 압력이 높을 때 보기 ①②
(2) 산소의 농도가 높을 때(산소의 분압이 높을 때)
(3) 표면적이 넓을 때
(4) 연소속도가 빠를 때 보기 ④

- 최소착화에너지=최소발화에너지=최소점화에너지
- 연소범위에 따라 최소발화에너지는 변함
- 최소발화에너지는 화학양론비 부근에서 가장 작다. 보기 ③

③ 가장 크다 → 가장 작다

유사문제부터 풀어보세요. 실력이 팍!팍! 올라갑니다.

중요

**최소발화에너지가 극히 작은 것**

(1) 수소($H_2$) ─┐
(2) 아세틸렌($C_2H_2$) ─┘ 0.02mJ
(3) 메탄($CH_4$) ─┐
(4) 에탄($C_2H_6$) │
(5) 프로판($C_3H_8$) │ 0.3mJ
(6) 부탄($C_4H_{10}$) ─┘

※ **최소발화에너지**(MIE : Minimum Ignition Energy)
① 국부적으로 온도를 높이는 전기불꽃과 같은 점화원에 의해 점화될 때의 에너지 최소값
② 가연성 물질이 공기와 혼합되어 있는 상태에서 착화시켜 연소가 지속되기 위한 최소에너지

답 ③

★★★
**02** 화재를 일으키는 열원과 그 종류의 연결로 옳지 않은 것은?

18회 문 19 / 17회 문 03 / 16회 문 09

① 화학적 열원 – 발효열, 유전발열, 압축열
② 기계적 열원 – 압축열, 마찰열, 마찰스파크
③ 전기적 열원 – 유전발열, 저항발열, 유도발열
④ 화학적 열원 – 분해열, 중합열, 흡착열

해설 **열에너지원의 종류**

| 기계열 보기 ② (기계적 열에너지) | 전기열 보기 ③ (전기적 열에너지) | 화학열 보기 ①④ (화학적 열에너지) | 원자력 에너지 |
|---|---|---|---|
| ① **압**축열<br>② **마**찰열<br>③ **마**찰스파크<br>기억법 기압마마 | ① 유도열<br>② 유전열<br>③ 저항열<br>④ 아크열<br>⑤ 정전기열<br>⑥ 낙뢰에 의한 열 | ① **연**소열<br>② **용**해열<br>③ **분**해열<br>④ **생**성열<br>⑤ **자**연발화열<br>기억법 화연용분생자 | 원자핵 중성자 입자를 충돌시킬 때 발생하는 열 |

① 발효열 : 화학적 열원
유전발열 : 전기적 열원
압축열 : 기계열

기계열=기계적 열원=기계적 열에너지
전기열=전기적 열원=전기적 열에너지
화학열=화학적 열원=화학적 열에너지

비교

**자연발화의 형태**

| 형 태 | 종 류 |
|---|---|
| 분해열 | ① **셀**룰로이드<br>② **나**이트로셀룰로오스<br>기억법 분셀나 |
| 산화열 | ① 건성유(정어리유, 아마인유, 해바라기유)<br>② 석탄<br>③ 원면<br>④ 고무분말 |
| 발효열 | ① **퇴**비<br>② **먼**지<br>③ **곡**물<br>기억법 발퇴먼곡 |

| 형 태 | 종 류 |
|---|---|
| 흡착열 | ① 목탄<br>② 활성탄<br>기억법 흡목활 |

기억법 자분산발흡

답 ①

★★★
## 03 분말소화약제의 종별에 따른 주성분 및 화재적응성을 나열한 것으로 옳지 않은 것은?

20회 문 01 / 19회 문 35 / 18회 문 33 / 17회 문 34 / 16회 문 35 / 15회 문 37 / 14회 문 34 / 14회 문111 / 13회 문 39 / 06회 문117

① 제1종－중탄산나트륨－B, C급
② 제2종－중탄산칼륨－B, C급
③ 제3종－제1인산암모늄－A, B, C급
④ 제4종－인산＋요소－A, B, C급

해설 **분말소화기**(질식효과)

| 종 별 | 소화약제 | 약제의 착색 | 화학반응식 (열분해반응식) | 적응 화재 |
|---|---|---|---|---|
| 제1종 보기 ① | 중탄산나트륨 ($NaHCO_3$) | **백**색 | $2NaHCO_3 \rightarrow Na_2CO_3 + CO_2 + H_2O$ | BC급 |
| 제2종 보기 ② | 중탄산칼륨 ($KHCO_3$) | 담**자**색 (담회색) | $2KHCO_3 \rightarrow K_2CO_3 + CO_2 + H_2O$ | BC급 |
| 제3종 보기 ③ | 인산암모늄 ($NH_4H_2PO_4$) | 담**홍**색 | $NH_4H_2PO_4 \rightarrow HPO_3 + NH_3 + H_2O$ | ABC급 |
| 제4종 보기 ④ | 중탄산칼륨＋요소 ($KHCO_3$＋$(NH_2)_2CO$) | **회**(백)색 | $2KHCO_3 + (NH_2)_2CO \rightarrow K_2CO_3 + 2NH_3 + 2CO_2$ | BC급 |

기억법 백자홍회

- 화학반응식＝열분해반응식
- 담자색＝보라색
- 담홍색＝핑크색

④ 인산＋요소 → 중탄산칼륨＋요소
A, B, C급 → B, C급

중요

**온도**에 따른 **제3종 분말소화약제**의 **열분해반응식**

| 온 도 | 열분해반응식 |
|---|---|
| 190℃ | $NH_4H_2PO_4 \rightarrow H_3PO_4$(올소인산)$+NH_3$ |
| 215℃ | $2H_3PO_4 \rightarrow H_4P_2O_7$(피로인산)$+H_2O$ |
| 300℃ | $H_4P_2O_7 \rightarrow 2HPO_3$(메타인산)$+H_2O$ |
| 250℃ | $2HPO_3 \rightarrow P_2O_5$(오산화인)$+H_2O$ |

답 ④

★★
## 04 화재의 소화방법과 소화효과의 연결로 옳지 않은 것은?

18회 문 07 / 16회 문 25 / 16회 문 37 / 15회 문 05 / 15회 문 34 / 14회 문 08 / 13회 문 34 / 08회 문 08 / 07회 문 16 / 06회 문 03

① 물리적 소화－질식소화－산소 차단
② 화학적 소화－질식소화－점화에너지 차단
③ 물리적 소화－제거소화－가연물 차단
④ 화학적 소화－억제소화－연쇄반응 차단

해설

| 물리적 소화방법 | 화학적 소화방법 |
|---|---|
| • 냉각소화<br>• 질식소화 보기 ① ③<br>• 제거소화<br>• 희석소화 | • 억제소화(부촉매소화, 화학소화) 보기 ② ④ |

② 물리적 소화－냉각소화－점화에너지 차단

중요

**소화**의 **형태**

| 소화 형태 | 설 명 |
|---|---|
| **냉**각 소화 | • **점화원**을 냉각시켜 소화하는 방법<br>• **증**발잠열을 이용하여 열을 빼앗아 가연물의 **온**도를 떨어뜨려 화재를 진압하는 소화<br>• 다량의 물을 뿌려 소화하는 방법<br>• 가연성 물질을 **발화점 이하**로 **냉각** |
| **질**식 소화 | • 공기 중의 **산소농도**를 **16%**(10～15%) 이하로 희박하게 하여 소화<br>• 산화제의 농도를 낮추어 연소가 지속될 수 없도록 함<br>• **산소공급**을 **차단**하는 소화방법 |
| 제거 소화 | • **가연물**을 **제거**하여 소화하는 방법 |
| 부촉매 소화 (＝화학소화) | • **연쇄반응**을 **차단**하여 소화하는 방법<br>• **화학적**인 **방법**으로 화재억제 |
| 희석 소화 | • 기체·고체·액체에서 나오는 분해가스나 증기의 농도를 낮춰 소화하는 방법 |

부촉매소화＝연쇄반응 차단 소화

기억법 냉점온증발
질산

답 ②

★★
## 05 폭발의 종류와 형식 중 응상폭발이 아닌 것은?

19회 문 06 / 19회 문 13 / 18회 문 02 / 17회 문 06 / 16회 문 04 / 16회 문 14 / 13회 문 07 / 11회 문 16 / 10회 문 11 / 09회 문 06 / 08회 문 24 / 06회 문 15 / 04회 문 03 / 03회 문 23

① 가스폭발
② 전선폭발
③ 수증기폭발
④ 액화가스의 증기폭발

해설 **물리적 상태**에 따른 **폭발종류**

| 기상폭발 | 응상폭발 |
|---|---|
| ① 가스폭발 : 가연성 가스와 지연성 가스의 혼합기체폭발 보기 ①<br>② 분무폭발 : 가연성 액체가 무상으로 되어 폭발<br>③ 분진폭발 : 가연성 고체가 미분말로 되어 폭발<br>④ 증기운폭발 : 가연성 가스 또는 가연성 액체가 지표면에 유출되어 폭발<br>⑤ 분해폭발 : 가스의 폭발적인 분해<br>⑥ 액화가스탱크의 폭발(BLEVE) | ① 수증기폭발 보기 ③<br>② 증기폭발(액화가스의 증기폭발) 보기 ④<br>③ 전선폭발 보기 ②<br>④ 고상간의 전이에 의한 폭발 |

① 기상폭발

답 ①

★★★
## 06 소화기구 및 자동소화장치의 화재안전기준상 주방에서 동·식물유를 취급하는 조리기구에서 일어나는 화재를 나타내는 등급으로 옳은 것은?

19회 문 09 / 18회 문 06 / 16회 문 19 / 15회 문 03 / 14회 문 03 / 13회 문 06 / 10회 문 31

① A급 화재 ② B급 화재
③ C급 화재 ④ K급 화재

해설 **화재**의 **분류**

| 화재의 종류 | 표시색 | 적응물질 |
|---|---|---|
| 일반화재(A급) | **백**색 | • 일반가연물<br>• 종이류 화재<br>• 목재, 섬유화재 |
| 유류화재(B급) | **황**색 | • 가연성 액체<br>• 가연성 가스<br>• 액화가스화재<br>• 석유화재 |
| 전기화재(C급) | **청**색 | • 전기설비 |
| 금속화재(D급) | **무**색 | • 가연성 금속 |
| 주방화재(K급) 보기 ④ | – | • 식용유화재 |

기억법 **백황청무**

• 최근에는 색을 표시하지 않음

중요

**K급 화재**(식용유화재)(NFPA, ISO 분류에 의한 구분)
(1) 인화점과 발화점의 온도차가 적고 발화점이 비점 이하이기 때문에 화재발생시 액체의 온도를 낮추지 않으면 소화하여도 재발화가 쉬운 화재
(2) 질식소화
(3) 다른 물질을 넣어서 냉각소화

답 ④

★
## 07 화재시 열적 손상에 관한 설명으로 옳지 않은 것은?

14회 문 02 / 13회 문 08

① 1도 화상은 홍반성 화상 등의 변화가 피부의 표층에 나타나는 것으로 환부가 빨갛게 되며 가벼운 통증을 수반하는 단계이다.
② 대류열과 복사열은 열적 손상으로 인한 화상을 일으킬 수 있다.
③ 마취성, 자극성, 독성 및 부식성 연소생성물은 열적 손상만을 일으킨다.
④ 3도 화상은 생체 내의 조직이나 세포가 국부적으로 죽는 괴사가 진행되는 단계이다.

해설 (1) **화상 깊이**에 따른 **분류**

| 종 별 | 화상 정도 | 증 상 |
|---|---|---|
| 1도 화상 보기 ① | 표피 화상 (표층 화상) | • **피부**가 **빨갛게** 된다.<br>• 따끔거리는 통증이 있다(가벼운 통증).<br>• 치료하면 흉터가 없어진다.<br>• **시원한 물** 또는 **찬 수건**으로 화상부위를 식힌다. |
| 2도 화상 | 진피 화상 (부분층 화상) | • 물집이 생긴다.<br>• 심한 통증이 있다.<br>• 흉터 또는 피부변색, 탈모가 생길 수 있다.<br>• 표피뿐만 아니라 진피도 손상을 입은 화상이다.<br>• **표재성 화상**과 **심재성 화상**으로 분류한다. |
| 3도 화상 보기 ④ | 전층 화상 | • 피부가 하얗게 된다(백색화상).<br>• 신경까지 손상되어 통증을 잘 못 느낀다.<br>• 근육, 뼈까지 손상을 입는 **탄화열상**이다.<br>• 흉터가 남는다.<br>• 조직이나 세포가 국부적으로 죽는 괴사 진행<br>※ 생체징후를 자주 측정하고 산소를 공급하면서 이송 |

(2) **전도열ㆍ대류열ㆍ복사열** 보기 ②
열적 손상으로 인한 화상을 일으킬 수 있다.

중요

**중증화상자**에 따른 **분류**

| 분 류 | 설 명 |
|---|---|
| 중증 화상 | • 호흡기관, 근골격계 손상을 동반한 화상<br>• 얼굴, 손, 발, 생식기, 호흡기관을 포함한 2도 또는 3도 화상에 해당<br>• 체표면의 **30%** 이상의 **2도 화상**<br>• 체표면의 **10%** 이상의 **3도 화상**(10% 이상의 전층화상)<br>• 환형 화상 |
| 중간 화상 | • 체표면의 **50% 이상**의 **1도 화상**<br>• 체표면의 **15~30% 미만**의 **2도 화상**<br>• 체표면의 **2~10% 미만**의 **3도 화상**(단, 얼굴, 손, 발, 생식기, 호흡기관은 제외) |
| 경증 화상 | • 체표면의 **50% 미만**의 **1도 화상**(50% 이하의 표층화상)<br>• 체표면의 **15% 미만**의 **2도 화상**(15% 미만의 부분층 화상)<br>• 체표면의 **2% 미만**의 **3도 화상**(단, 얼굴, 손, 발, 생식기, 호흡기관은 제외) |

③ 열적 손상만을 → 열적 손상 및 연소가스에 의한 손상을

답 ③

★★★

## 08 폭굉이 발생할 수 있는 조건하에서 유도거리(DID)가 짧아지는 조건으로 옳지 않은 것은?

18회 문 10 / 17회 문 04 / 16회 문 23 / 15회 문 08 / 06회 문 22 / 04회 문 18 / 03회 문 14

① 압력이 높아진다.
② 점화에너지가 작아진다.
③ 관경이 가늘어진다.
④ 정상 연소속도가 빨라진다.

해설 **폭굉 유도거리**(DID ; Detonation Inducement Distance)가 **짧아**질 수 있는 **조건**

(1) **관**경이 **작**을수록 **짧**아진다. 보기 ③
(2) 점화에너지가 클수록 짧아진다. 보기 ②
(3) 압력이 높을수록 짧아진다. 보기 ①
(4) 연소속도가 빠를수록 짧아진다(정상 연소속도가 큰 가스일수록 짧아진다). 보기 ④

기억법 **폭유관작짧(짤)**

② 작아진다 → 커진다

용어

**폭굉 유도거리**
최초의 정상적인 연소에서 격렬한 폭굉으로 진행할 때까지의 거리

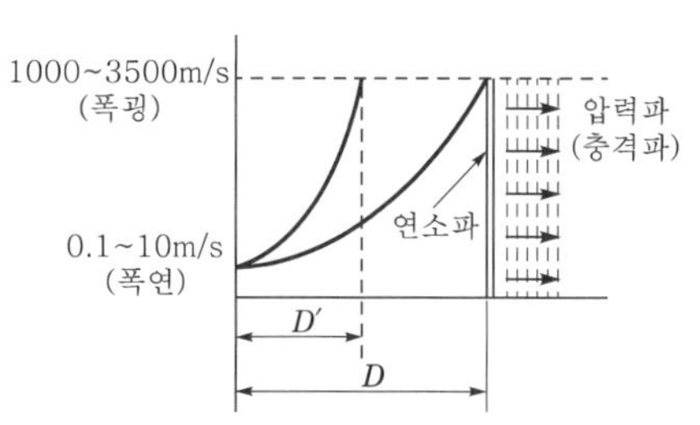


여기서, $D$ : 폭굉 유도거리
$D'$ : 폭굉 유도거리가 짧아졌을 때를 가정한 상태

‖ 폭굉 유도거리 ‖

답 ②

★★

## 09 연소 메커니즘에서 확산연소와 예혼합연소에 관한 설명으로 옳지 않은 것은?

10회 문 22

① 확산연소는 열방출속도가 높고, 예혼합연소는 열방출속도가 낮다.
② 예혼합연소에서 화염면의 압력이 전파되면 충격파를 형성한다.
③ 예혼합연소에는 분젠버너연소, 가정용 가스기기연소, 가스폭발 등이 있다.
④ 확산연소에는 성냥연소, 양초연소, 액면연소 등이 있다.

해설 **예혼합연소**와 **확산연소**

| 예혼합연소 | 확산연소 |
|---|---|
| ① 가연성 기체와 공기가 **미리 혼합**된 상태에서 연소가 진행되는 것<br>② 가연성 가스와 지연성 가스가 미리 혼합되어 가연성 혼합기를 형성한 상태에서 점화원에 의해 연소하는 상태 | ① **메탄**($CH_4$), **암모니아**($NH_3$), **아세틸렌**($C_2H_2$), **일산화탄소**(CO), **수소**($H_2$) 등과 같이 기체연료가 공기 중의 산소와 혼합되면서 연소하는 현상<br>기억법 **확메암 아틸일수**<br>② 픽의 환산법칙(Fick's law), 즉 물질이 농도가 높은 곳에서 낮은 곳으로 이동하는 확산과정을 통해 연소하는 형태 |
| **기체**의 연소 | **기체**의 연소 |
| 열방출속도는 **높다.** 보기 ① | 열방출속도는 **낮다.** 보기 ① |
| 밀폐된 배관 내에서 발생 | 용기 내의 **석유**나 **알코올**이 연소할 때 발생 |
| 폭발로 전이됨 | 폭발로 전이되지 않음 |

| 예혼합연소 | 확산연소 |
|---|---|
| **흡열→연소→배출**의 과정을 거치며 혼합과정이 생략되어 화염전파가 빠르다. | **흡열→혼합→연소→배출**의 과정을 거치며 고체, 액체에서의 분해·증발 과정 생략 |
| **예열대**가 **존재**하므로 반응대가 예열대로 이동하고 전방의 미연가스가 예열대가 되는 과정이 빨라 열방출속도도 빠르다(높다). | **예열대**가 **없이** 반응대만 존재하므로 연소속도와 열방출속도가 상대적으로 늦다(낮다). |
| [비고]<br>① **가스폭발** 메커니즘<br>② **분젠버너**의 연소(급기구 개방)<br>㉠ 가정용 가스기기연소<br>㉡ 가스폭발 보기 ③<br>③ 화염전방에 **압축파, 충격파, 단열압축** 발생<br>④ 화염속도=연소속도+미연소가스 이동속도 | [비고]<br>성냥연소, 양초연소, 액면연소 보기 ④ |

① 높고 → 낮고, 낮다 → 높다

중요

| 고체가연물 연소 | 액체가연물 연소 | 기체가연물 연소 |
|---|---|---|
| ① 표면연소<br>② 분해연소<br>③ 증발연소<br>④ 자기연소 | ① 분해연소<br>② 증발연소<br>③ 액적연소 | ① 예혼합연소<br>② 확산연소 |

답 ①

★

**10** 건축물의 피난·방화구조 등의 기준에 관한 규칙상 건축물에 설치하는 특별피난계단 구조에 관한 기준으로 옳지 않은 것은?

20회 문 19
12회 문 75

① 부속실에는 예비전원에 의한 조명설비를 할 것

② 계단은 내화구조로 하고 피난층 또는 지상까지 직접 연결되도록 할 것

③ 계단실 실내에 접하는 부분의 마감은 불연재료로 할 것

④ 계단실은 창문 등을 제외하고는 내화구조의 벽으로 구획할 것

해설 **피난·방화구조 제9조**
**특별피난계단의 구조**

(1) 건축물의 내부와 계단실은 노대를 통하여 연결하거나 외부를 향하여 열 수 있는 면적 $1m^2$ 이상인 창문(바닥에서 1m 이상의 높이에 설치한 것) 또는 적합한 구조의 배연설비가 있는 면적 $3m^2$ 이상인 부속실을 통하여 연결할 것
(2) 계단실·노대 및 부속실(비상용 승강기의 승강장을 겸용하는 부속실 포함)은 **창문** 등을 **제외**하고는 **내화구조**의 벽으로 각각 구획할 것 보기 ④
(3) 계단실 및 부속실의 실내에 접하는 부분의 마감(마감을 위한 바탕 포함)은 **불연재료**로 할 것 보기 ③
(4) **계단실**에는 **예비전원**에 의한 **조명설비**를 할 것 보기 ①
(5) 계단실·노대 또는 부속실에 설치하는 건축물의 **바깥쪽**에 접하는 창문 등(망입, 유리의 붙박이창으로서 면적이 $1m^2$ 이하인 것 제외)은 계단실·노대 또는 부속실 외의 해당 건축물의 다른 부분에 설치하는 창문 등으로부터 2m 이상의 거리를 두고 설치할 것
(6) 계단실에는 노대 또는 부속실에 접하는 부분 외에는 건축물의 내부와 접하는 **창문** 등을 설치하지 아니할 것
(7) 계단실의 노대 또는 부속실에 접하는 창문 등(출입구 제외)은 망입유리의 붙박이창으로서 그 면적을 $1m^2$ 이하로 할 것
(8) 노대 및 부속실에는 계단실 외의 건축물의 **내부**와 접하는 창문 등(출입구 제외)을 설치하지 아니할 것
(9) 건축물의 내부에서 노대 또는 부속실로 통하는 출입구에는 **60분+방화문** 또는 **60분 방화문**을 설치하고, 노대 또는 부속실로부터 계단실로 통하는 출입구에는 **60분+방화문**, **60분 방화문** 또는 **30분 방화문**을 설치할 것(단, **60분+방화문**, **60분 방화문** 또는 **30분 방화문**은 **언제나 닫힌 상태**를 유지하거나 화재로 인한 연기, 온도, 불꽃 등을 가장 신속하게 감지하여 자동적으로 닫히는 구조)
(10) 계단은 **내화구조**로 하되, 피난층 또는 지상까지 직접 연결되도록 할 것 보기 ②
(11) 출입구의 유효너비는 0.9m 이상으로 하고 **피난의 방향**으로 열 수 있을 것

① 부속실 → 계단실

비교

**피난계단**의 **구조**(피난·방화구조 제9조)

(1) 건축물의 **내부**에 설치하는 피난계단의 구조
- ① 계단실은 창문·출입구 기타 개구부(이하 "**창문 등**")를 제외한 당해 건축물의 다른 부분과 **내화구조**의 벽으로 구획할 것
- ② 계단실의 실내에 접하는 부분(바닥 및 반자 등 실내에 면한 모든 부분)의 마감(마감을 위한 바탕 포함)은 **불연재료**로 할 것
- ③ 계단실에는 **예비전원**에 의한 **조명설비**를 할 것
- ④ 계단실의 바깥쪽과 접하는 창문 등(망이 들어 있는 유리의 붙박이창으로서 그 면적이 각각 $1m^2$ 이하인 것 제외)은 당해 건축물의 다른 부분에 설치하는 창문 등으로부터 **2m 이상**의 거리를 두고 설치할 것
- ⑤ 건축물의 내부와 접하는 계단실의 창문 등(출입구 제외)은 망이 들어 있는 유리의 붙박이창으로서 그 면적을 각각 **$1m^2$ 이하**로 할 것
- ⑥ 건축물의 내부에서 계단실로 통하는 출입구의 유효너비는 **0.9m 이상**으로 하고, 그 출입구에는 피난의 방향으로 열 수 있는 것으로서 언제나 닫힌 상태를 유지하거나 화재로 인한 연기 또는 불꽃을 감지하여 자동적으로 닫히는 구조로 된 **60분+방화문** 또는 **60분 방화문**을 설치할 것(단, 연기 또는 불꽃을 감지하여 자동적으로 닫히는 구조로 할 수 없는 경우에는 온도를 감지하여 자동적으로 닫히는 구조 가능)
- ⑦ 계단은 **내화구조**로 하고 피난층 또는 지상까지 직접 연결되도록 할 것

(2) 건축물의 **바깥쪽**에 설치하는 피난계단의 구조
- ① 계단은 그 계단으로 통하는 출입구 외의 창문 등(망이 들어 있는 유리의 붙박이창으로서 그 면적이 각각 **$1m^2$ 이하**인 것 제외)으로부터 **2m 이상**의 거리를 두고 설치할 것
- ② 건축물의 내부에서 계단으로 통하는 출입구에는 **60분+방화문** 또는 **60분 방화문**을 설치할 것
- ③ 계단의 유효너비는 **0.9m 이상**으로 할 것
- ④ 계단은 **내화구조**로 하고 지상까지 직접 연결되도록 할 것

답 ①

★

**11** (15회 문 25) **건축법령상 아파트 48층의 거실 각 부분에서 가장 가까운 직통계단까지 최소 설치기준으로 옳은 것은? (단, 주요구조부가 내화구조이며, 아파트 전체 층수는 50층이다.)**

① 직통거리 30m 이하
② 보행거리 40m 이하
③ 직통거리 50m 이하
④ 보행거리 30m 이하

해설 **건축법 시행령 제34조**

**거실의 각 부분으로부터 직통계단의 보행거리**

| 보행거리 | 조 건 |
|---|---|
| 보행거리 30m 이하 | 일반적인 경우 |
| 보행거리 40m 이하 | • **16층** 이상인 **공동주택** 보기 ② |
| 보행거리 50m 이하 | • **16층** 미만인 **공동주택**<br>• 주요구조부가 **내화구조** 또는 **불연재료**로 된 건축물(지하층에 설치하는 바닥면적합계 $300m^2$ 이상인 공연장·집회장·관람장·전시장 제외) |
| 보행거리 75m 이하 | 자동화 생산시설에 **스프링클러** 등 자동식 소화설비를 설치한 공장으로서 국토교통부령으로 정하는 공장 |
| 보행거리 100m 이하 | **무인화 공장** |

용어

| 구 분 | 설 명 |
|---|---|
| 아파트 등 | **주택**으로 쓰이는 층수가 **5층** 이상인 **주택** |
| 기숙사 | **학교** 또는 **공장** 등에서 학생이나 종업원 등을 위하여 쓰는 것으로서 **공동취사** 등을 할 수 있는 구조를 갖추되, 독립된 주거의 형태를 갖추지 않은 것(**학생복지주택 포함**) |

답 ②

★★
**12** 건축물의 피난·방화구조 등의 기준에 관한 규칙상 건축물의 주요구조부 중 계단의 내화구조기준으로 옳지 않은 것은?

17회 문 14 / 13회 문 12 / 07회 문 01

① 철근콘크리트조
② 철재로 보강된 망입유리
③ 콘크리트블록조
④ 철재로 보강된 벽돌조

해설 **피난·방화구조 제3조**
**내화구조의 기준**

| 내화구분 | | 기 준 |
|---|---|---|
| 벽 | 모든 벽 | ① 철골·철근콘크리트조로서 두께가 10cm 이상인 것<br>② 골구를 철골조로 하고 그 양면을 두께 4cm 이상의 철망 모르타르로 덮은 것<br>③ 두께 5cm 이상의 콘크리트 블록·벽돌 또는 석재로 덮은 것<br>④ 철재로 보강된 **콘크리트블록조·벽돌조** 또는 석조로서 철재에 덮은 콘크리트블록의 두께가 5cm 이상인 것<br>⑤ 벽돌조로서 두께가 19cm 이상인 것 |
| | 외벽 중 비내력벽 | ① 철골·철근콘크리트조로서 두께가 7cm 이상인 것<br>② 골구를 철골조로 하고 그 양면을 두께 3cm 이상의 철망 모르타르로 덮은 것<br>③ 두께 4cm 이상의 콘크리트 블록·벽돌 또는 석재로 덮은 것<br>④ 석조로서 두께가 7cm 이상인 것 |
| 기둥(작은 지름이 25cm 이상인 것) | | ① 철골을 두께 6cm 이상의 철망 모르타르로 덮은 것<br>② 두께 7cm 이상의 콘크리트 블록·벽돌 또는 석재로 덮은 것<br>③ 철골을 두께 5cm 이상의 콘크리트로 덮은 것 |
| 바닥 | | ① 철골·철근콘크리트조로서 두께가 10cm 이상인 것<br>② 석조로서 철재에 덮은 콘크리트블록 등의 두께가 5cm 이상인 것<br>③ 철재의 양면을 두께 5cm 이상의 철망 모르타르로 덮은 것 |
| 보 | | ① 철골을 두께 6cm 이상의 철망 모르타르로 덮은 것<br>② 두께 5cm 이상의 콘크리트로 덮은 것 |
| 계단 보기 ①③④ | | ① 철근콘크리트조 또는 철골·철근콘크리트조<br>② 무근콘크리트조·콘크리트블록조·벽돌조 또는 석조<br>③ **철재로 보강된 콘크리트블록조·벽돌조 또는 석조**<br>④ **철골조** |

답 ②

★★★
**13** 다음에서 설명하는 화재시 인간의 피난행동 특성으로 옳은 것은?

20회 문 16 / 18회 문 20 / 16회 문 22 / 14회 문 25 / 10회 문 09 / 09회 문 04 / 05회 문 07

> 연기와 정전 등으로 가시거리가 짧아져 시야가 흐려지거나 밀폐공간에서 공포 분위기가 조성될 때 개구부 등의 불빛을 따라 행동하는 본능

① 귀소본능
② 지광본능
③ 추종본능
④ 좌회본능

해설 **화재발생시 인간의 피난 특성**

| 피난 특성 | 설 명 |
|---|---|
| 귀소본능 | ① 피난시 **평소**에 사용하는 **문**, 길, **통로**를 사용하거나 자신이 왔었던 길로 **되돌아가려는** 본능<br>② **친숙한 피난경로**를 선택하려는 행동<br>③ 무의식 중에 **평상시** 사용하는 **출입구**나 **통로**를 사용하려는 행동<br>④ 화재시 본능적으로 **원래** 왔던 길 또는 늘 사용하는 경로로 탈출하려고 하는 것<br>⑤ **원래** 왔던 길을 더듬어 피하려는 경향<br>⑥ **처음**에 들어온 빌딩 등에서 내부 상황을 모를 경우 들어왔던 경로로 피난하려는 본능을 귀소본능이라 한다. |

| 피난 특성 | 설 명 |
| --- | --- |
| 지광본능 ← 보기 ② | ① 화재시 연기 및 정전 등으로 시야가 흐려질 때 어두운 곳에서 개구부, 조명부 등의 **밝은 빛**을 따르려는 본능<br>② **밝은 쪽**을 지향하는 행동<br>③ 화재의 **공포감**으로 인하여 **빛**(불빛)을 따라 외부로 달아나려고 하는 행동<br>④ 폐쇄공간 또는 어두운 공간에 대한 불안심리에 기인하는 행동<br>⑤ 건물 내부에 연기로 인해 시야가 제한을 받을 경우 **빛**이 새어나오는 방향으로 피난하려는 본능 |
| 퇴피본능 | ① 반사적으로 **위험**으로부터 **멀리**하려는 본능<br>② 화염, 연기에 대한 공포감으로 **발화**의 **반대방향**으로 이동하려는 행동<br>③ 화재가 발생하면 확인하려 하고, 그것이 비상사태로 확인되면 **화재**로부터 **멀어지려고** 하는 본능<br>④ 연기, 불의 **차폐물**이 있는 곳으로 도망가거나 숨는다.<br>⑤ **발화점**으로부터 조금이라도 **먼 곳**으로 피난한다. |
| 추종본능 | ① 많은 사람이 달아나는 방향으로 쫓아가려는 행동<br>② 화재시 **최초**로 **행동**을 **개시**한 사람을 따라 전체가 움직이려는 행동<br>③ **집단**의존형 피난행동, 집단을 선도하는 사람의 존재 및 지시가 크게 영향력을 가짐 |
| 좌회본능 | **좌측통행**을 하고 **시계반대방향**으로 회전하려는 행동 |
| 폐쇄공간 지향본능 | 가능한 **넓은 공간**을 찾아 **이동**하다가 위험성이 높아지면 의외의 좁은 공간을 찾는 본능 |
| 초능력본능 | 비상시 **상상**도 **못할 힘**을 내는 본능 |
| 공격본능 | **이상심리현상**으로서 구조용 헬리콥터를 부수려고 한다든지 무차별적으로 주변사람과 구조인력 등에게 공격을 가하는 본능 |
| 패닉(Panic) 현상 | 인간의 비이성적인 또는 부적합한 **공포반응행동**으로서 무모하게 높은 곳에서 뛰어내리는 행위라든지, 몸이 굳어서 움직이지 못하는 행동 |

| 피난 특성 | 설 명 |
| --- | --- |
| 일상동선 지향성 | **일상**적으로 사용하고 있는 경로를 사용해 피하려는 경향 |
| 향개방성 | **열린** 느낌이 드는 방향으로 피하려는 경향 |
| 일시경로 선택성 | **처음**에 눈에 들어온 경로, 또는 눈에 **띄기 쉬운 계단**을 향하는 경향 |
| 지근거리 선택성 | 책상을 타고 넘어도 **가까운 거리**의 계단을 선택하는 경향 |
| 직진성 | **정면**의 계단과 통로를 선택하거나 막다른 곳이 나올 때까지 **직진**하는 경향 |
| 위험 회피본능 | **발화반대방향**으로 피하려는 본능, **뛰어내리는 행동**도 이에 포함 |
| 이성적 안전 지향성 | **안전**하다고 생각되는 **경로**로 향하는 경향 |

답 ②

☆

## 14 구획실 화재시 발생하는 연기의 유해성 및 제연에 관한 설명으로 옳지 않은 것은?

① 화재시 발생하는 연기 및 독성 가스는 공급되는 공기량에 따라 농도가 변화한다.

② 화재실의 제연은 거주자의 피난경로와 소방대원의 진압경로를 확보하는 것이 주목적이다.

③ 화재실의 제연은 화재실의 플래시오버(Flash over) 성장을 억제하는 효과가 있다.

④ 화재 최성기에는 공기를 유입시키는 기계제연이 효과적이다.

해설 **구획실 화재시 연기**의 **유해성** 및 **제연**

(1) 화재시 발생하는 **연기** 및 **독성 가스**는 공급되는 **공기량**에 따라 농도가 변화한다. 보기 ①

(2) 화재실의 제연은 거주자의 **피난경로**와 소방대원의 **진압경로**를 확보하는 것이 주목적이다. 보기 ②

(3) 화재실의 제연은 화재실의 **플래시오버**(Flash over)성장을 **억제**하는 효과가 있다. 보기 ③

(4) 화재 **최성기**에는 **연기** 및 **독성 가스**를 **배출**시키는 **기계제연**이 효과적이다. 보기 ④

④ 공기를 유입시키는 → 연기 및 독성 가스를 배출시키는

중요

**구획실 화재시 최성기 상태**
(1) **최성기**는 구획실 내의 **모든 가연성 물질**들이 화재에 관련될 때에 일어난다.
(2) 이 시기에 구획실 내에서 연소하는 가연물은 이용 가능한 가연물의 **최대**의 **열량**을 발산하고, **많은 양**의 **연소생성가스**를 생성한다.
(3) 발산되는 연소생성가스의 양과 발산되는 열은 구획실의 **배연구**(환기구)의 **수**와 크기에 **의존**한다.
(4) 구획실 연소에서는 산소공급이 잘 되지 않으므로 **많은 양**의 **연소**하지 **않은 가스**가 생성된다.
(5) 이 시기에 연소하지 않은 뜨거운 연소생성가스는 **발원지**에서 **인접한 공간**이나 **구획실**로 흘러 들어가게 되며, 보다 풍부한 양의 산소와 만나면 발화하게 된다.

답 ④



★★
## 15 건축물 종합방재계획 중 평면계획 수립시 유의사항으로 옳지 않은 것은?

18회 문 08
12회 문 11
11회 문 12
02회 문 20

① 화재를 작은 범위로 한정하기 위한 유효한 피난구획으로 조닝(Zoning)화할 필요가 있다.
② 계단은 보행거리를 기준으로 균등배치하고, 계단으로 통하는 복도 등 피난로는 단순하게 설계하여야 한다.
③ 소방활동상 필요한 층과 층을 연결하는 수직피난로는 피난이 용이한 개방구조로 상호 연결되도록 하여야 한다.
④ 지하가와 호텔, 차고 및 극장과 백화점 등은 용도별 구획 및 별도 경로의 피난로를 설치한다.

해설 **평면계획 수립시 유의사항**
(1) 화재를 **작은 범위**로 **한정**하기 위한 유효한 피난구획으로 **조닝**(Zoning)화할 필요가 있다. 보기 ①
(2) **계단**은 보행거리를 기준으로 **균등배치**하고, 계단으로 통하는 **복도** 등 피난로는 **단순**하게 설계하여야 한다. 보기 ②
(3) 소방활동상 필요한 **층**과 **층**을 연결하는 **수직피난로**는 피난이 용이한 **밀폐구조**로 상호 연결되도록 하여야 한다. 보기 ③
(4) **지하가**와 **호텔**, **차고** 및 **극장**과 **백화점** 등은 **용도별 구획** 및 **별도** 경로의 **피난로**를 설치한다. 보기 ④

③ 개방구조 → 밀폐구조

중요

(1) **건축물**의 **방재기능 설정요소**(건물을 지을 때 내·외부 및 부지 등의 방재계획을 고려한 계획)

| 구 분 | 설 명 |
|---|---|
| 부지선정, 배치계획 | 소화활동에 지장이 없도록 적합한 **건물 배치**를 하는 것 |
| 평면계획 | **방연구획**과 **제연구획**을 설정하여 화재예방·소화·피난 등을 유효하게 하기 위한 계획 |
| 단면계획 | 불이나 연기가 **다른 층**으로 이동하지 않도록 구획하는 계획 |
| 입면계획 | 불이나 연기가 **다른 건물**로 이동하지 않도록 구획하는 계획(입면계획의 가장 큰 요소 : 벽과 개구부) |
| 재료계획 | 불연성능·내화성능을 가진 재료를 사용하여 화재를 예방하기 위한 계획 |

(2) **건축물 내부**의 **연소확대방지**를 위한 **방화계획**
① 수평구획
② 수직구획
③ 용도구획

답 ③

★★★
## 16 내화건축물과 비교한 목조건축물의 화재 특성으로 옳지 않은 것은?

18회 문 11
17회 문 25
13회 문 11
14회 문 04
10회 문 03
08회 문 18
05회 문 02
04회 문 17
02회 문 01

① 화재 최고온도가 낮다.
② 최성기에 도달하는 시간이 빠르다.
③ 연소지속시간이 짧다.
④ 플래시오버(Flash over)에 도달하는 시간이 빠르다.

해설

| 내화건축물 | 목조건축물 |
|---|---|
| ① 화재 최고온도가 **낮다**(800~900℃).<br>② 최성기에 도달하는 시간이 **느리다**.<br>③ 연소지속시간이 **길다**(**저온 장기형**).<br>④ 플래시오버(Flash over)에 도달하는 시간이 **느리다**. | ① 화재 최고온도가 **높다**(1300℃). 보기 ①<br>② 최성기에 도달하는 시간이 **빠르다**. 보기 ②<br>③ 연소지속시간이 **짧다**(**고온 단기형**). 보기 ③<br>④ 플래시오버(Flash over)에 도달하는 시간이 **빠르다**. 보기 ④ |

① 낮다 → 높다

답 ①

★★★
**17** 다음 ( )에 들어갈 내용으로 옳은 것은?

19회 문 16 18회 문 13 14회 문 11 04회 문 19

> 내화건축물의 구획실에서 화재가 발생할 경우, 성장기 단계에서는 ( ㉠ )가, 최성기 단계에서는 ( ㉡ )가 지배적인 열전달 기전이다.

① ㉠ : 대류, ㉡ : 복사
② ㉠ : 대류, ㉡ : 전도
③ ㉠ : 복사, ㉡ : 복사
④ ㉠ : 전도, ㉡ : 대류

해설 **열전달**의 **종류**

| 종 류 | 설 명 |
|---|---|
| 전도 (Conduction) | 하나의 물체가 다른 물체와 직접 **접촉**하여 열이 이동하는 현상 |
| 대류 (Convection) | ① 내화건축물의 구획실 내에서 가연물의 연소시, **성장기**의 지배적 열전달 **보기 ①**<br>② **유체**의 흐름에 의하여 열이 이동하는 현상 |
| 복사 (Radiation) | ① 화재시 화원과 **격리**된 인접 가연물에 불이 옮겨 붙는 현상<br>② 열전달 **매질**이 **없이** 열이 전달되는 형태<br>③ 열에너지가 **전자파**의 형태로 옮겨지는 현상으로, **가장 크게 작용**<br>④ 내화건물의 구획실 화재시 **최성기**의 지배적 열전달 **보기 ①** |

중요

**열전달 형태**

| 전 도 | 대 류 | 복 사 |
|---|---|---|
| 푸리에의 법칙 | 뉴턴의 법칙 | 스테판-볼츠만의 법칙 |

열이 전달되는 것은 **전도, 대류, 복사**가 모두 연관된다.

답 ①

★
**18** 물체 표면의 절대온도가 100K에서 300K로 증가하는 경우 물체 표면에서 복사되는 에너지는 몇 배 증가하는가? (단, 다른 모든 조건은 동일하다.)

05회 문 08

① 3배 ② 16배
③ 27배 ④ 81배

해설 (1) **기호**

- $T_1$ : 100K
- $T_2$ : 300K
- $\frac{Q_2}{Q_1}$ : ?

(2) **스테판-볼츠만**의 **법칙**(Stefan-Boltzman's law)

$$\frac{Q_2}{Q_1}=\frac{(273+t_2)^4}{(273+t_1)^4}=\frac{T_2^4}{T_1^4}=\frac{(300\text{K})^4}{(100\text{K})^4}=81\text{배}$$

- 열복사량은 복사체의 **절대온도**의 **4제곱**에 **비례**하고, **단면적**에 **비례**한다.

참고

**스테판-볼츠만**의 **법칙**(Stefan-Boltzman's law)

$$Q=aAF(T_1^{\,4}-T_2^{\,4})$$

여기서, $Q$ : 복사열〔W〕
$a$ : 스테판-볼츠만 상수〔W/m²·K⁴〕
$A$ : 단면적〔m²〕
$F$ : 기하학적 Factor
$T_1$ : 고온〔K〕
$T_2$ : 저온〔K〕

답 ④

★★★
**19** 유효연소열이 50kJ/g, 질량연소유속(Mass burning flux)이 100g/m²·s인 액체연료가 누출되어 직경 2m의 풀 전면에 화재가 발생한 경우 열방출속도(HRR)는? (단, $\pi \approx 3.14$로 한다.)

19회 문 23 14회 문 12 08회 문 25

① 10000kW ② 11500kW
③ 13020kW ④ 15700kW

해설 (1) **기호**

- $\mathring{m}''$ : 100g/m²·s
- $A$ : $\frac{\pi D^2}{4}=\frac{3.14\times(2\text{m})^2}{4}=3.14\text{m}^2$
- $\Delta H$ : 50kJ/g
- $\mathring{Q}$ : ?

(2) **에너지 방출속도**(열방출속도, 화재크기, 열방출량, 열방출률)

$$\mathring{Q}=\mathring{m}''A\Delta H\eta$$

여기서, $\mathring{Q}$ : 에너지 방출속도(열방출속도, 화재크기, 열방출량, 열방출률)〔kW〕

$\overset{\circ}{m}''$ : 단위면적당 연소속도[g/m²·s]
$\Delta H$ : 연소열[kJ/g]
$A$ : 연소관여 면적[m²]
$\eta$ : 연소효율

**열방출량** $\overset{\circ}{Q}$는

$\overset{\circ}{Q} = \overset{\circ}{m}'' A \Delta H \eta$
$= 100\text{g/m}^2 \cdot \text{s} \times 3.14\text{m}^2 \times 50\text{kJ/g}$
$\fallingdotseq 15700\text{kW}$

• $\eta$ : 주어지지 않았으므로 무시

용어

**열방출량**(열방출률)
연소에 의하여 열에너지가 발생되는 속도로서 '**에너지 방출속도**'라고도 부른다.

답 ④



★

## 20 프로판가스 연소반응식이 다음과 같을 때 프로판가스 1g이 완전연소하면 발생하는 열량(kcal)은? (단, 소수점 셋째자리에서 반올림한다.)

$C_3H_8 + 5O_2 \rightarrow 3CO_2 + 4H_2O + 530.6\text{kcal}$

① 1.21 ② 10.05
③ 12.06 ④ 24.50

해설 (1) **원자량**

| 원 소 | 원자량 |
|---|---|
| H → | 1 |
| C → | 12 |
| N | 14 |
| O | 16 |
| F | 19 |
| Na | 23 |
| K | 39 |
| Cl | 35.5 |
| Br | 80 |

(2) **프로판($C_3H_8$) 분자량**

$C_3H_8 = 12 \times 3 + 1 \times 8 = 44\text{g/mol}$

(3) **열량**

연소반응식에서 총 발생열량이 530.6kcal이므로 프로판($C_3H_8$) 1g 연소열량

$= \dfrac{530.6\,\text{kcal}}{44\text{g/mol}}$
$\fallingdotseq 12.06\text{kcal} \cdot \text{mol/g}$

답 ③

★★★

## 21 건축물 구획실 화재시 화재실의 중성대에 관한 설명으로 옳지 않은 것은?

18회 문 25
17회 문 16
17회 문 18
17회 문 23
15회 문 15
13회 문 24
10회 문 05
09회 문 02
07회 문 07
04회 문 09

① 중성대는 화재실 내부의 실온이 높아질수록 낮아지고, 실온이 낮아질수록 높아진다.
② 화재실의 중성대 상부 압력은 실외압력보다 높고 하부의 압력은 실외압력보다 낮다.
③ 화재실 상부에 큰 개구부가 있다면 중성대는 올라간다.
④ 중성대의 위치는 건축물의 높이와 건축물 내·외부의 온도차가 결정의 주요요인이다.

해설 **중성대**

(1) 중간의 일정 높이에서 내압과 외압이 같아지는 곳이다.
(2) 화재실의 내부온도가 상승하면 중성대의 위치는 **낮아지며** 외부로부터의 공기유입이 많아져서 연기의 이동이 활발하게 진행된다.
(3) 중성대에서 연기의 흐름이 가장 **둔하다.**
(4) 중성대에 개구부가 있으면 공기의 이동은 없다.
(5) 중성대는 연기의 제연에 큰 영향을 미친다.
(6) 중성대는 화재실 내부의 **실온**이 **높아질수록 낮아지고, 실온**이 **낮아질수록 높아진다. 보기 ①**
(7) 화재실의 중성대 **상부 압력**은 **실외압력보다 높고** 하부의 압력은 실외압력보다 낮다. **보기 ②**
(8) 화재실 상부에 **큰 개구부**가 있다면 중성대는 **올라간다. 보기 ③**
(9) 중성대의 위치는 **개구부**의 **면적**과 건축물 내·외부의 **온도차**가 결정의 주요요인이다. **보기 ④**
(10) $A_1 > A_2$이면 중성대 위치는 낮아진다.

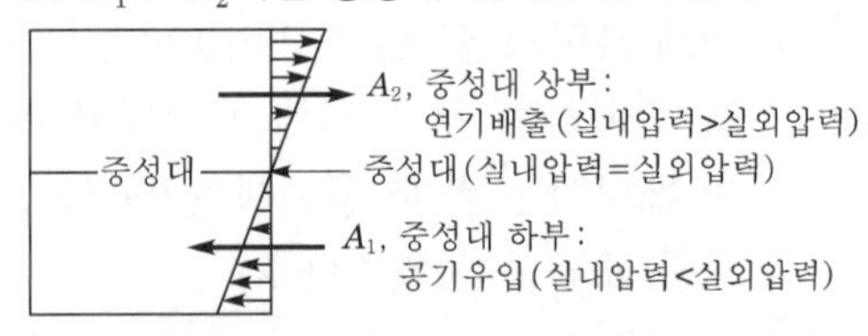


④ 건축물의 높이와 → 개구부의 면적과

답 ④

★

**22** 다음 연소가스의 허용농도(TLV-TWA)를 낮은 것에서 높은 순서로 옳게 나열한 것은?

17회 문 21
08회 문 01

| | |
|---|---|
| ㉠ 일산화탄소 | ㉡ 이산화탄소 |
| ㉢ 포스겐 | ㉣ 염화수소 |

① ㉠-㉣-㉡-㉢
② ㉢-㉠-㉣-㉡
③ ㉢-㉣-㉠-㉡
④ ㉣-㉢-㉡-㉠

해설 **연소가스의 TLV-TWA**

| 종 류 | TLV-TWA〔ppm〕 |
|---|---|
| 아크롤레인($CH_2CHCHO$) | 0.1 |
| ㉢ 포스겐($COCl_2$) | 0.1 |
| 이산화질소($NO_2$) | 2 |
| ㉣ 염화수소(HCl) | 5 |
| 이산화황, 아황산가스($SO_2$) | 5 |
| 시안화수소(HCN) | 10 |
| 황화수소($H_2S$) | 10 |
| 암모니아($NH_3$) | 25 |
| ㉠ 일산화탄소(CO) | 50 |
| ㉡ 이산화탄소($CO_2$) | 5000 |

용어

**TLV(Threshold Limit Values, 허용한계농도)** : 독성 물질의 섭취량과 인간에 대한 그 반응 정도를 나타내는 관계에서 손상을 입히지 않는 농도 중 가장 큰 값

| TLV 농도표시법 | 정 의 |
|---|---|
| TLV-TWA (시간가중 평균농도) | 매일 일하는 근로자가 하루에 8시간씩 근무할 경우 근로자에게 노출되어도 아무런 영향을 주지 않는 최고 평균농도 |
| TLV-STEL (단시간 노출허용농도) | 단시간 동안 노출되어도 유해한 증상이 나타나지 않는 최고 허용농도 |
| TLV-C (최고 허용한계농도) | 단 한순간이라도 초과하지 않아야 하는 농도 |

답 ③

★★★

**23** 화재시 발생한 부력을 주로 이용하는 제연방식을 모두 고른 것은?

19회 문 21
17회 문 20
15회 문 14
14회 문 21
13회 문 25
09회 문114
06회 문 21

㉠ 스모크타워제연방식
㉡ 자연제연방식
㉢ 굽배기 기계제연방식

① ㉠
② ㉠, ㉡
③ ㉡, ㉢
④ ㉠, ㉡, ㉢

해설 **제연방식**

| 구 분 | 설 명 |
|---|---|
| **밀**폐제연방식 | ① 화재발생시 벽이나 문 등으로 연기를 밀폐하여 연기의 외부유출 및 외부의 공기유입을 막아 제연하는 방식으로 **주**택이나 **호**텔 등 방연구획을 작게 하는 건물에 적합<br>② 연기를 일정 구획에 한정시키는 방법으로 비교적 **소규모 공간**의 연기제어에 적합<br>기억법 **밀주호** |
| **자**연제연방식 | ① 화재에 의해서 발생한 열기류의 **부력** 또는 외부의 바람의 **흡출효과**에 의해 실의 상부에 설치된 **창** 또는 전용의 **제연구**로부터 연기를 옥외로 배출하는 방식 **보기 ㉡**<br>② 실내·외의 온도, 개구부의 높이나 형상, 외부 바람 등에 영향을 받는다.<br>③ **개**구부 이용<br>기억법 **자개**<br>④ 실의 상부에 설치된 **창** 또는 **전용 제연구**로부터 연기를 옥외로 배출하는 방식으로 전원이나 복잡한 장치가 필요하지 않으며, 평상시 **환기 겸용**으로 방재설비의 유휴화 방지에 이점이 있다. |

| 구 분 | | 설 명 |
|---|---|---|
| 스모크타워 제연방식 | | ① 기계배연의 한 방법으로 고층 건물에 적합하다.<br>② 루프 모니터 이용<br>기억법 스루<br>③ 화재시 온도상승에 의하여 생긴 실내 공기의 **부력**이나 지붕상에 설치된 **루프 모니터** 등이 외부 바람에 의해 동작하면서 생긴 **흡입력**을 이용하여 제연하는 방식 보기 ㉠ |
| 기계 제연 방식 | 제1종 | 송풍기+제연기 |
| | 제2종 | 송풍기<br>기억법 2송 |
| | 제3종 | 제연기 |

• **기계제연방식** : 넓은 면적의 구획과 좁은 면적의 구획을 공동 배연할 경우 좁은 면적에서 현저한 압력 저하가 일어난다.

답 ②

★★★
## 24 고층건축물에서의 연돌효과(Stack effect)에 관한 설명으로 옳지 않은 것은?

18회 문 25 / 17회 문 16 / 17회 문 18 / 17회 문 23 / 15회 문 15 / 13회 문 24 / 10회 문 05 / 09회 문 02 / 07회 문 07 / 04회 문 09

① 건축물 내부의 온도가 외부의 온도보다 높은 경우 연돌효과가 발생한다.
② 건축물 외부공기의 온도보다 내부의 공기 온도가 높아질수록 연돌효과가 커진다.
③ 건축물 내부의 온도와 외부의 온도가 같을 경우 연돌효과가 발생하지 않는다.
④ 건축물의 높이가 낮아질수록 연돌효과는 증가한다.

해설 **굴뚝효과**(Stack effect=연돌효과)

(1) 건물 내의 연기가 **압력차**에 의하여 순식간에 상승하여 상층부로 이동하는 현상이다.
(2) 실내·외 공기 사이의 **온도**와 **밀도 차이**에 의해 공기가 건물의 **수직방향**으로 이동하는 현상이다.
(3) 건물 내부와 외부의 **공기밀도차**로 인해 발생한 **압력차**로 발생하는 현상이다.
(4) 건축물 **내부**의 **온도**가 외부의 온도보다 **높은** 경우 연돌효과가 발생한다. 보기 ①
(5) 건축물 외부공기의 온도보다 **내부**의 **공기온도**가 **높아질수록** 연돌효과가 커진다. 보기 ②
(6) 건축물 **내부**의 **온도**와 **외부**의 **온도**가 **같을 경우** 연돌효과가 발생하지 않는다. 보기 ③
(7) 건축물의 높이가 **높아질수록** 연돌효과는 증가한다. 보기 ④

④ 낮아질수록 → 높아질수록

중요

**굴뚝효과**와 **관계**있는 **것**
(1) 건물의 높이(**고층건물**에서 발생)
(2) 누설틈새
(3) 내·외부 온도차
(4) 외벽의 기밀성
(5) 건물의 구획
(6) 건물의 층간 공기 누출
(7) 공조설비

비교

**연기**를 **이동**시키는 **요인**
(1) **연돌**(굴뚝)**효과**
(2) 외부에서의 **풍력**의 영향
(3) 온도상승에 의한 증기**팽창**(온도상승에 따른 기체의 팽창)
(4) 건물 내에서의 강제적인 공기이동(공조설비)
(5) 건물 내에서의 **온도차**(기후조건)
(6) 비중차
(7) **부력**

공식

**굴뚝효과**(stack effect)에 의한 **압력차**

$$\Delta P = k\left(\frac{1}{T_o} - \frac{1}{T_i}\right)h$$

여기서, $\Delta P$ : 굴뚝효과에 의한 압력차[Pa]
$k$ : 계수(3460)
$T_o$ : 외기 절대온도(273+℃)[K]
$T_i$ : 실내 절대온도(273+℃)[K]
$h$ : 중성대 위의 거리[m]

답 ④

★
## 25 질량연소유속(Mass burning flux)이 20g/m$^2$·s인 연료에 화재가 발생하면서 생성된 일산화탄소의 수율이 0.004g/g인 경우 일산화탄소의 생성속도는? (단, 연소면적은 2m$^2$이다.)

① 0.04g/s ② 0.08g/s
③ 0.16g/s ④ 0.22g/s

해설 (1) 기호

- $\mathring{m}''$ : 20g/m²·s
- $y_{CO}$ : 0.004g/g
- $\mathring{m}$ : ?
- $A$ : 2m²

(2) 생성속도

$$\mathring{m} = \mathring{m}'' A\, y_{CO}$$

여기서, $\mathring{m}$ : 생성속도[g/s]
$\mathring{m}''$ : 질량연소유속(단위면적당 연소속도)[g/m²·s]
$A$ : 연소면적[m²]
$y_{CO}$ : 수율(양론수율)[g/g]

생성속도 $\mathring{m}$는
$\mathring{m} = \mathring{m}'' A\, y_{CO}$
$= 20\text{g/m}^2\cdot\text{s} \times 2\text{m}^2 \times 0.004\text{g/g} = 0.16\text{g/s}$

중요

**수율**

$$y_{CO} = \frac{m_{CO}}{m}$$

여기서, $y_{CO}$ : 수율(양론수율)
$m_{CO}$ : 생성된 CO의 질량(분자량)
$m$ : 연소된 연료의 질량(분자량)

- **수율** : 연소연료의 단위질량당 각 생성물의 질량

답 ③

## 제 2 과목 소방수리학·약제화학 및 소방전기

★★★
**26** 점성계수 및 동점성계수에 관한 설명으로 옳지 않은 것?

19회 문 32 / 18회 문 47 / 17회 문 27 / 17회 문 31 / 16회 문 31 / 14회 문 29 / 13회 문 30 / 12회 문 29 / 11회 문 29 / 09회 문 26 / 05회 문 32 / 05회 문 34 / 03회 문 39 / 03회 문 47

① 액체의 경우 온도상승에 따라 점성계수값이 감소한다.
② 기체의 경우 온도상승에 따라 점성계수값이 증가한다.
③ 동점성계수는 점성계수를 유속으로 나눈 값이다.
④ 점성계수는 유체의 전단응력과 속도경사 사이의 비례상수이다.

해설 (1) **동점성계수** 보기 ③

$$\nu = \frac{\mu}{\rho}$$

여기서, $\nu$ : 동점성계수[m²/s]
$\mu$ : 점성계수[kg/m·s]
$\rho$ : 밀도[kg/m³]

(2) **전단응력**

$$\tau = \mu \frac{du}{dy}$$

여기서, $\tau$ : 전단응력(전단력)[N/m²]
$\mu$ : 점성계수[N·s/m²]
$du$ : 두 층 간의 속도차[m/s]
$dy$ : 두 층 간의 거리[m]
$\frac{du}{dy}$ : 속도구배(속도경사, 속도기울기) $\left[\frac{1}{\text{s}}\right]$

(3) **액체**의 경우 **온도상승**에 따라 **점성계수값**이 **감소**한다. 보기 ①
(4) **기체**의 경우 **온도상승**에 따라 **점성계수값**이 **증가**한다. 보기 ②
(5) **점성계수**는 유체의 **전단응력**과 **속도경사** 사이의 비례상수이다. 보기 ④

③ 동점성계수는 점성계수를 **밀도**로 나눈 값이다.

답 ③

★
**27** 소방장비의 공기 중 무게가 2kg이고 수중에서의 무게가 0.5kg일 때, 이 장비의 비중은 약 얼마인가?

18회 문 49

① 1.33 ② 2.45
③ 3.25 ④ 4.00

해설 (1) 기호

- $W_a$ : 2kg
- $W$ : 0.5kg
- $s$ : ?

(2) **물체의 비중**

$$= \frac{\text{공기 중의 무게}}{\text{공기 중의 무게} - \text{물속(수중)의 무게}} = \frac{W_a}{W_a - W} = \frac{2\text{kg}}{(2-0.5)\text{kg}} \fallingdotseq 1.33$$

답 ①

☆

**28** 수면표고차가 10m인 두 저수지 사이에 설치된 500m 길이의 원형관으로 $1.0m^3/s$의 물을 송수할 때, 관의 지름(mm)은 약 얼마인가? (단, $\pi$는 3.14이고, 매닝조도계수는 0.013이며, 마찰 이외의 손실은 무시한다.)

① 105 ② 258
③ 484 ④ 633

해설 (1) 기호

- $I$ : $\frac{10m}{500m}$
- $Q$ : $1.0m^3/s$
- $D$ : ?
- $\pi$ : 3.14
- $\eta$ : 0.013

(2) 유속

$$V=\frac{1}{\eta}R_h^{\frac{2}{3}}\sqrt{I}$$

여기서, $V$ : 유속[m/s]
$\eta$ : 매닝조도계수
$R_h$ : 수력반경$\left(R_h=\frac{D_h}{4}\right)$[m]
$D_h$ : 수력직경[m]
$I$ : $\frac{\text{수면표고차[m]}}{\text{관의 길이[m]}}$

(3) 유량

$$Q=AV=\left(\frac{\pi}{4}D^2\right)V=\left(\frac{\pi}{4}{D_h}^2\right)V$$

여기서, $Q$ : 유량[$m^3/s$]
$A$ : 단면적[$m^2$]
$V$ : 유속[m/s]
$D(D_h)$ : 직경(수력직경)[m]

유량 $Q$는

$$Q=\left(\frac{\pi}{4}{D_h}^2\right)V$$
$$=\frac{3.14}{4}\times{D_h}^2\times V$$
$$=\frac{3.14}{4}\times{D_h}^2\times\frac{1}{\eta}R_h^{\frac{2}{3}}\sqrt{I}$$
$$=\frac{3.14}{4}\times{D_h}^2\times\frac{1}{\eta}\left(\frac{D_h}{4}\right)^{\frac{2}{3}}\sqrt{I}$$
$$Q=\frac{3.14}{4}\times{D_h}^2\times\frac{1}{\eta}\left(\frac{D_h}{4}\right)^{\frac{2}{3}}\sqrt{I}$$
$$Q=\frac{3.14}{4}\times{D_h}^2\times\frac{1}{\eta}\left(\frac{D_h^{\frac{3}{2}}}{4^{\frac{2}{3}}}\right)\sqrt{I}$$
$$1=\frac{3.14}{4}\times{D_h}^2\times\frac{1}{0.013}\left(\frac{D_h^{\frac{2}{3}}}{2.519}\right)\sqrt{\frac{10m}{500m}}$$
$$1=3.39{D_h}^2\times D_h^{\frac{2}{3}}$$
$$\frac{1}{3.39}={D_h}^2\times D_h^{\frac{2}{3}}$$
$${D_h}^2\times D_h^{\frac{2}{3}}=\frac{1}{3.39}$$
$${D_h}^{2\times3}\times D_h^{\frac{2}{\cancel{3}}\times\cancel{3}}=\left(\frac{1}{3.39}\right)^3$$ ← $D_h$의 승수분모를 없애기 위해 양변에 3제곱을 함
$${D_h}^6\times{D_h}^2=\left(\frac{1}{3.39}\right)^3$$
$${D_h}^8=\left(\frac{1}{3.39}\right)^3$$
$$\sqrt[8]{{D_h}^8}=\sqrt[8]{\left(\frac{1}{3.39}\right)^3}$$
$$D_h=\sqrt[8]{\left(\frac{1}{3.39}\right)^3}\fallingdotseq 0.633m=633mm$$

- 1m = 1000mm

답 ④

☆☆☆

**29** 지름 2mm인 유리관에 $0.25cm^3/s$의 물이 흐를 때, 마찰손실계수는 약 얼마인가? (단, $\pi$는 3.14이고, 동점성계수는 $1.12\times10^{-2}cm^2/s$이다.)

19회 문 32
18회 문 47
17회 문 27
17회 문 31
16회 문 31
14회 문 29
13회 문 30
12회 문 29
11회 문 29
09회 문 26
05회 문 32
05회 문 34
03회 문 39

① 0.02 ② 0.13
③ 0.45 ④ 0.66

해설 (1) 기호

- $D$ : 2mm=0.2cm(10mm=1cm)
- $Q$ : $0.25cm^3/s$
- $f$ : ?
- $\pi$ : 3.14
- $\nu$ : $1.12\times10^{-2}cm^2/s$

(2) 유량

$$Q=AV=\left(\frac{\pi}{4}D^2\right)V$$

여기서, $Q$ : 유량〔$m^3/s$〕
$A$ : 관의 단면적〔$m^2$〕
$V$ : 유속〔m/s〕
$D$ : 관의 내경〔m〕

**유속 $V$는**

$$V=\frac{Q}{\frac{\pi}{4}D^2}=\frac{0.25\text{cm}^3/\text{s}}{\frac{3.14}{4}\times(0.2\text{cm})^2}=7.961\text{cm/s}$$

(3) **레이놀즈수**

$$Re=\frac{DV\rho}{\mu}=\frac{DV}{\nu}$$

여기서, $Re$ : 레이놀즈수
$D$ : 내경〔m〕
$V$ : 유속〔m/s〕
$\rho$ : 밀도〔$kg/m^3$〕
$\mu$ : 점도(점성계수)〔kg/m·s〕
$\nu$ : 동점성계수$\left(\frac{\mu}{\rho}\right)$〔$cm^2/s$〕

**레이놀즈수 $Re$는**

$$Re=\frac{DV}{\nu}=\frac{0.2\text{cm}\times7.961\text{cm/s}}{1.12\times10^{-2}\text{cm}^2/\text{s}}\fallingdotseq142$$

(4) **관마찰계수** : **층류**에 적용

$$f=\frac{64}{Re}$$

여기서, $f$ : 관마찰계수
$Re$ : 레이놀즈수

**관마찰계수 $f$는**

$$f=\frac{64}{Re}=\frac{64}{142}\fallingdotseq0.45$$

중요

**레이놀즈수**

| 층 류 | 천이영역(임계영역) | 난 류 |
|---|---|---|
| $Re<2100$ | $2100<Re<4000$ | $Re>4000$ |

답 ③

★
**30** 지름 10cm인 원형 관로를 통하여 $0.2m^3/s$의 물이 수조에 유입된다. 이 경우 단면 급확대로 인한 손실수두(m)는 약 얼마인가? (단, $\pi$는 3.14이고, 중력가속도는 $981cm/s^2$이다.)

08회 문 43

① 22.20 ② 33.09
③ 45.98 ④ 54.25

해설

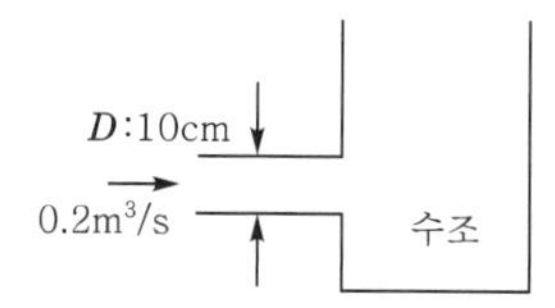


(1) **기호**

- $D_1$ : 10cm=0.1m(100cm=1m)
- $Q$ : $0.2m^3/s$
- $H$ : ?
- $\pi$ : 3.14
- $g$ : $981cm/s^2=9.81m/s^2$

(2) **유량**

$$Q=AV=\left(\frac{\pi}{4}D^2\right)V$$

여기서, $Q$ : 유량〔$m^3/s$〕
$A$ : 단면적〔$m^2$〕
$V$ : 유속〔m/s〕
$D$ : 직경〔m〕

유속 $V_1$는

$$V_1=\frac{Q}{\frac{\pi}{4}{D_1}^2}=\frac{0.2\text{m}^3/\text{s}}{\frac{3.14}{4}\times(0.1\text{m})^2}\fallingdotseq25.48\text{m/s}$$

수조에 물이 움직이지 않고 고여 있으므로
$V_2\fallingdotseq0\text{m/s}$

(3) **돌연확대관**에서의 **손실**

$$H=K\frac{(V_1-V_2)^2}{2g}$$

여기서, $H$ : 손실수두〔m〕
$K$ : 손실계수
$V_1$ : 축소관유속〔m/s〕
$V_2$ : 확대관유속〔m/s〕
$g$ : 중력가속도($9.8m/s^2$)

**손실수두 $H$는**

$$H=K\frac{(V_1-V_2)^2}{2g}=\frac{(25.48\text{m/s}-0\text{m/s})^2}{2\times9.81\text{m/s}^2}\fallingdotseq33.09\text{m}$$

- $K$(손실계수)는 주어지지 않았으므로 **무시**한다.

21회

비교

**돌연축소관**에서의 **손실**

$$H = K\frac{{V_2}^2}{2g}$$

여기서, $H$ : 손실수두[m]

$K$ : 손실계수

$V_2$ : 축소관유속[m/s]

$g$ : 중력가속도(9.8m/s²)

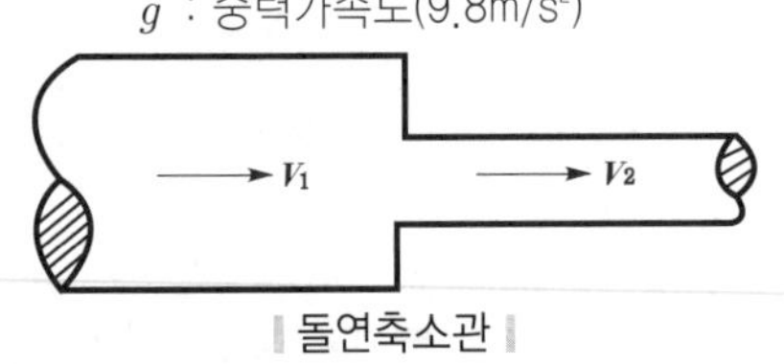


| 돌연축소관 |

중요

**배관**의 **마찰손실**

(1) **주손실** : 관로에 의한 마찰손실

(2) **부차적 손실**

① 관의 급격한 확대손실

② 관의 급격한 축소손실

③ 관부속품에 의한 손실

답 ②

★

## 31 물이 원형관 내에서 층류 상태로 흐르고 있다. 관지름이 3배로 커질 때 수두손실은 처음의 몇 배로 변화하는가? (단, 관지름 증가에 따른 유속변화 이외의 모든 물리량은 변하지 않는다.)

15회 문 27
11회 문 26

① $\frac{1}{81}$　② $\frac{1}{9}$

③ 9　④ 81

해설 **하겐-포아젤**의 **법칙**(Hargen-Poiselle's law), **층류**

$$H = \frac{\Delta P}{\gamma} = \frac{128\mu Ql}{\pi D^4}$$

여기서, $\Delta P$ : 압력차(압력강하)[N/m²]

$\mu$ : 점도[N·s/m²]

$Q$ : 유량[m³/s]

$l$ : 길이[m]

$D$ : 내경[m]

손실수두 $H$는

$$H = \frac{128\mu Ql}{\pi D^4} \propto \frac{1}{D^4} = \frac{1}{3^4} = \frac{1}{81}$$

참고

| 하겐-포아젤의 법칙 | 다르시-웨버의 식 |
|---|---|
| 일정한 유량의 물이 층류로 원관에 흐를 때의 손실수두계산(수평원관 속에서 층류의 흐름이 있을 때 손실수두계산) | 곧고 긴 관에서의 손실수두계산 |

답 ①

★★★

## 32 베르누이 방정식을 물이 흐르는 관로에 적용할 때 제한조건으로 옳지 않은 것은?

19회 문 26
18회 문 44
17회 문 26
17회 문 29
17회 문115
16회 문 28
14회 문 27
13회 문 28
13회 문 32
12회 문 27
12회 문 37
10회 문106
09회 문 48

① 비정상류 흐름

② 비압축성 유체

③ 비점성 유체

④ 유선을 따르는 흐름

해설 **베르누이 방정식**

(1) 정상유동에서 **유선**(Streamline)을 따라 유체 보기 ④ 입자의 **운동에너지, 위치에너지, 유동에너지**의 합은 일정하다는 것을 나타내는 식이다.

(2) 유선 내에서 **전압**과 **정체압**이 일정한 값을 가진다.

| 전압 (Total pressure) | 정체압 (Stagnation pressure) |
|---|---|
| 정압+동압+정수압 | 정압+동압 |

중요

| 베르누이 방정식의 적용 조건 | 오일러 방정식의 유도시 가정 |
|---|---|
| ① **정**상 흐름(정상유동) 보기 ①<br>② **비**압축성 흐름 보기 ②<br>③ **비**점성 흐름 보기 ③<br>④ **이**상유체<br>기억법 **베정비이** | ① **정상유동**(정상류)일 경우<br>② **유**체의 **마찰**이 **없을 경우**<br>③ 입자가 **유선**을 따라 **운동**할 경우<br>④ 유체의 점성력이 **영**(Zero)이다.<br>⑤ 유체에 의해 발생하는 **전단응력**은 없다.<br>기억법 **오방정유마운** |

① 비정상 흐름 → 정상 흐름

답 ①

★

## 33 주요 물리량과 그 차원이 옳게 짝지어진 것은?

09회 문 49

① 표면장력 : $[FL^{-2}]$ ② 점성계수 : $[L^{2}T^{-1}]$

③ 단위중량 : $[FL^{-4}T^{2}]$ ④ 에너지 : $[FL]$

해설

① $[FL^{-2}] \rightarrow [FL^{-1}]$
② $[L^{2}T^{-1}] \rightarrow [FL^{-2}T]$
③ $[FL^{-4}T^{2}] \rightarrow [FL^{-3}]$

**물리량**

| 차 원 | SI 단위[차원] |
|---|---|
| 표면장력 **보기 ①** | $N/m[FL^{-1}]$ |
| 점성계수 **보기 ②** | $N \cdot s/m^2[FL^{-2}T]$ |
| 단위중량(비중량) **보기 ③** | $N/m^3[FL^{-3}]$ |
| 일(에너지, 열량) **보기 ④** | $N \cdot m[FL]$ |
| 길이 | $m[L]$ |
| 시간 | $s[T]$ |
| 운동량 | $N \cdot s[FT]$ |
| 힘 | $N[F]$ |
| 속도 | $m/s[LT^{-1}]$ |
| 가속도 | $m/s^2[LT^{-2}]$ |
| 질량 | $N \cdot s^2/m[FL^{-1}T^2]$ |
| 압력 | $N/m^2[FL^{-2}]$ |
| 밀도 | $N \cdot s^2/m^4[FL^{-4}T^2]$ |
| 비중 | 무차원 |
| 비체적 | $m^4/N \cdot s^2[F^{-1}L^4T^{-2}]$ |
| 일률 | $N \cdot m/s[FLT^{-1}]$ |

답 ④

★★★

## 34 원형 유리관 내에 모세관현상으로 물이 상승할 때, 그 상승 높이에 관한 설명으로 옳은 것은?

19회 문 27
15회 문 33
10회 문 39

① 유리관의 지름에 반비례한다.
② 물의 밀도에 비례한다.
③ 중력가속도에 비례한다.
④ 물의 표면장력에 반비례한다.

해설

② 비례 → 반비례
③ 비례 → 반비례
④ 반비례 → 비례

**모세관현상**(Capillarity in tube)

(1) 액체와 고체가 접촉하면 상호 **부착**하려는 **성질**을 갖는데 이 **부착력**과 액체의 **응집력**의 **상대적 크기**에 의해 일어나는 현상

(2) 액체 속에 가는 관을 넣으면 액체가 상승 또는 하강하는 현상

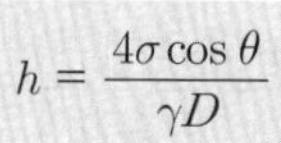

$$h = \frac{4\sigma \cos\theta}{\gamma D}$$

여기서, $h$ : 상승높이[m], $\sigma$ : 표면장력[N/m]
$\theta$ : 각도, $\gamma$ : 비중량[$N/m^3$]
$D$ : 관의 내경[m]

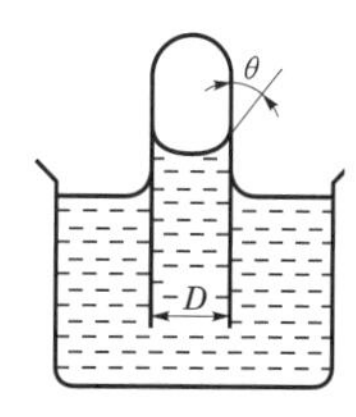


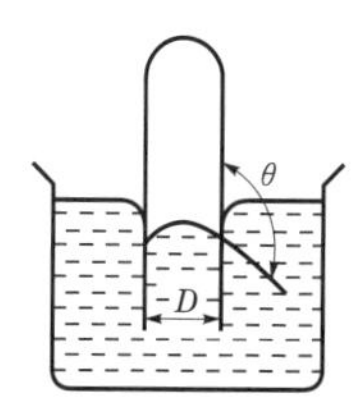


(a) 물($H_2O$) 응집력<부착력 (b) 수은(Hg) 응집력>부착력

| 모세관현상 |

(3) 물의 **비중량**

$$\gamma = \rho g$$

여기서, $\gamma$ : 물의 비중량[$N/m^3$]
$\rho$ : 물의 밀도[$1000N \cdot s^2/m^4$]
$g$ : 중력가속도[$m/s^2$]

중요

**모세관현상**

| 액면 상승 | 액면 하강 |
|---|---|
| 응집력<부착력 | 응집력>부착력 |

• $h = \dfrac{4\sigma\cos\theta}{\gamma D} = \dfrac{4\sigma\cos\theta \text{ 비례}}{(\rho g)D \text{ 반비례}}$
• 분자에 있으면 비례, 분모에 있으면 반비례

답 ①

★

## 35 금속화재에 관한 설명으로 옳지 않은 것은?

① 가연성 금속에 의한 화재이다.
② 금속이 괴상이 아닌 고운 분말이나 가는 선의 형태로 존재하면 화재의 위험성은 더 커진다.
③ 금속화재를 일으키는 Na, K 등은 물과 만나면 수소가스를 발생시키는 금수성 물질이다.
④ 소화시 강화액 소화약제를 사용한다.

해설 **화재**의 **분류**

| 화 재 | 특 징 |
|---|---|
| 일반화재 (A급 화재) | 발생되는 연기의 색은 **백색** |

| 화 재 | 특 징 |
|---|---|
| 유류화재 (B급 화재) | 이를 예방하기 위해서는 유증기의 체류 방지 |
| 전기화재 (C급 화재) | 화재발생의 주요원인으로는 과전류에 의한 열과 단락에 의한 스파크 |
| 금속화재 (D급 화재) → | **포·강화액** 등의 수계 소화약제로 소화할 경우 가연성 가스의 발생 위험성 |
| 주방화재 (K급 화재) | ① 강화액 소화약제로 소화 **보기 ④**<br>② 비누화현상을 일으키는 중탄산나트륨 성분의 소화약제가 적응성이 있다.<br>③ 인화점과 발화점의 차이가 작아 재발화의 우려가 큰 식용유화재를 말한다.<br>④ 주방에서 동식물유를 취급하는 조리기구에서 일어나는 화재를 말한다.<br>⑤ 인화점과 발화점의 온도차가 적고 발화점이 비점 이하이기 때문에 화재발생시 액체의 온도를 낮추지 않으면 소화하여도 재발화가 쉬운 화재<br>⑥ 질식소화<br>⑦ 다른 물질을 넣어서 냉각소화 |

답 ④

## 36 고발포 포소화약제의 발포배율과 환원시간에 관한 설명으로 옳지 않은 것은?

① 발포배율이 커지면 환원시간은 짧아진다.
② 환원시간이 짧을수록 양호한 포소화약제이다.
③ 포의 막이 두꺼울수록 환원시간은 길어진다.
④ 발포배율이 작은 포는 포의 직경이 작아서 포의 막이 두껍다.

해설 포의 **특성**
(1) 발포배율이 **커지면** 환원시간은 **짧아진다.** **보기 ①**
(2) 환원시간이 **길면** 내열성이 **좋아진다.**
(3) 환원시간이 **길수록** 양호한 포소화약제이다. **보기 ②**
(4) 유동성이 좋으면 내열성이 떨어진다.
(5) 발포배율이 작으면 유동성이 떨어진다.
(6) 포의 막이 **두꺼울수록** 환원시간은 **길어진다.** **보기 ③**
(7) 발포배율이 작은 포는 포의 직경이 작아서 포의 막이 두껍다. **보기 ④**

② 짧을수록 → 길수록

용어

| 용 어 | 설 명 |
|---|---|
| 발포배율 | 수용액의 포가 팽창하는 비율 |
| 환원시간 | 발포된 포가 원래의 포수용액으로 되돌아가는 데 걸리는 시간 |
| 유동성 | 포가 잘 움직이는 성질 |

공식

**발포배율**(팽창비)

$$= \frac{\text{방출된 포의 체적[L]}}{\text{방출 전 포수용액의 체적[L]}}$$

$$= \frac{\text{내용적(용량, 부피)}}{\text{전체 중량} - \text{빈 시료용기의 중량}}$$

답 ②

## 37 이산화탄소 소화설비의 화재안전기준상 배관 등에 관한 내용으로 옳은 것은?

07회 문104

① 전역방출방식에 있어서 가연성 액체 또는 가연성 가스 등 표면화재 방호대상물의 경우에는 1분 내에 방사될 수 있는 것으로 하여야 한다.
② 전역방출방식에 있어서 종이, 목재, 석탄, 섬유류, 합성수지류 등 심부화재 방호대상물의 경우에는 10분 내에 방사될 수 있는 것으로 하여야 한다.
③ 국소방출방식의 경우에는 1분 내에 방사될 수 있는 것으로 하여야 한다.
④ 전역방출방식에 있어서 심부화재 방호대상물의 경우에는 설계농도가 3분 이내에 40%에 도달하여야 한다.

해설 **약제방사시간**[NFPC 106 제8조(NFTC 106 2.5.2.2), NFPC 107 제10조(NFTC 107 2.7.1.4), NFPC 108 제11조(NFTC 108 2.8.1.2), 위험물안전관리에 관한 세부기준 제134~136조]

| 소화설비 | | 전역방출방식 | | 국소방출방식 | |
|---|---|---|---|---|---|
| | | 일반 건축물 | 위험물 제조소 | 일반 건축물 | 위험물 제조소 |
| 할론소화설비 | | 10초 이내 | 30초 이내 | 10초 이내 | 30초 이내 |
| 분말소화설비 | | 30초 이내 | | 30초 이내 **보기 ③** | |
| 이산화탄소 소화설비 | 표면화재 | 1분 이내 **보기 ①** | 60초 이내 | | |
| | 심부화재 | 7분 이내 (단, 설계농도가 **2분** 이내에 **30%**에 도달) **보기 ② ④** | | | |

② 10분 내 → 7분 이내
③ 1분 내 → 30초 이내
④ 3분 이내에 40% → 2분 이내에 30%

답 ①

★★★
## 38 불활성기체 소화약제 IG-541에 포함되어 있지 않은 성분은?

15회 문 39 / 14회 문 35 / 14회 문 39 / 08회 문 47 / 08회 문122 / 07회 문 43

① Ar　　② $CO_2$
③ He　　④ $N_2$

해설 **할로겐화합물** 및 **불활성기체 소화약제**의 **종류**(NFPC 107A 제4조, NFTC 107A 2.1.1)

| 종 류 | 소화약제 | 상품명 | 화학식 | 방출시간 | 주된 소화원리 |
|---|---|---|---|---|---|
| 할로겐 화합물 소화 약제 | 퍼플루오로부탄 (FC-3-1-10) | CEA-410 | $C_4F_{10}$ | 10초 이내 | **부촉매 효과** (억제 작용) |
| | 트리플루오로메탄 (HFC-23) | FE-13 | $CHF_3$ | | |
| | 펜타플루오로에탄 (HFC-125) | FE-25 | $CHF_2CF_3$ | | |
| | 헵타플루오로프로판 (HFC-227ea) | FM-200 | $CF_3CHFCF_3$ | | |
| | 클로로테트라플루오로에탄 (HCFC-124) | FE-241 | $CHClFCF_3$ | | |
| | 하이드로클로로플루오로카본 혼화제 (HCFC BLEND A) | NAF S-Ⅲ | HCFC-22 ($CHClF_2$) : 82%<br>HCFC-123 ($CHCl_2CF_3$) : 4.75%<br>HCFC-124 ($CHClFCF_3$) : 9.5%<br>$C_{10}H_{16}$ : 3.75% | | |
| 불활성 기체 소화 약제 | 불연성·불활성 기체 혼합가스(IG-541) | Inergen | $N_2$ : 52% **보기 ④**<br>Ar : 40% **보기 ①**<br>$CO_2$ : 8% **보기 ②** | **60초** 이내 | **질식 효과** |
| | 불연성·불활성 기체 혼합가스(IG-55) | 아르고나이트 | $N_2$ : 50%<br>Ar : 50% | | |
| | 불연성·불활성 기체 혼합가스(IG-100) | NN-100 | $N_2$ | | |
| | 불연성·불활성 기체 혼합가스(IG-01) | – | Ar | | |

답 ③

★
## 39 강화액 소화약제에 관한 설명으로 옳은 것은?

15회 문 35 / 05회 문 41

① 알칼리금속염류 등을 주성분으로 하는 수용액이다.
② 소화약제의 용액은 약산성이다.
③ 화염과 접촉시 열분해에 의하여 질소가 발생하여 질식소화한다.
④ 전기화재시 무상방사하는 경우라도 소화약제로 사용할 수 없다.

해설 **강화액 소화약제**

(1) **알칼리금속**을 주성분으로 한 것으로 **황색** 또는 **무색**의 점성이 있는 수용액 **보기 ①**

| 구 분 | 설 명 |
|---|---|
| 수소이온지수(pH) | 11~12 |
| 응고점 | −26~−30℃ |
| 색상 | **황색**(노란색) |
| 특징 | **소화기용 소화약제**로 사용 |

수소이온지수(pH)=수소이온농도(pH)

(2) 소화약제의 용액은 **알칼리성**이다. **보기 ②**
(3) 화염과 접촉시 열분해에 의하여 **이산화탄소**가 발생하여 질식소화한다. **보기 ③**
(4) 전기화재시 **무상**방사하는 경우에는 소화약제로 사용할 수 **있다**. **보기 ④**

② 약산성 → 약알칼리성
③ 질소 → 이산화탄소
(물과 이산화탄소의 작용으로 인한 냉각, 질식, 부촉매 소화효과)
$K_2CO_3 + H_2SO_4 \rightarrow K_2SO_4 + \mathbf{H_2O} + \mathbf{CO_2}$
④ 없다 → 있다

답 ①

21회

☆

**40** 이산화탄소 소화약제 600kg을 내용적 68L의 이산화탄소 저장용기에 충전할 때 필요한 저장용기의 최소 개수는? (단, 충전비는 1.6L/kg으로 한다.)

05회 문121

① 9 ② 11

③ 13 ④ 15

해설 (1) **기호**

- 약제량 : 600kg
- $V$ : 68L
- 저장용기수 : ?
- $C$ : 1.6L/kg

(2) **충전비**

$$C=\frac{V}{G}$$

여기서, $C$ : 충전비〔L/kg〕

$V$ : 내용적〔L〕

$G$ : 용기의 저장량〔kg〕

용기의 저장량 $G$는

$$G=\frac{V}{C}=\frac{68\text{L}}{1.6\text{L/kg}}=42.5\text{kg}$$

(3) **저장용기수**

$$\text{저장용기수}=\frac{\text{약제량}}{G}$$

$$=\frac{600\text{kg}}{42.5\text{kg}}=14.1 ≒ 15\text{병(절상)}$$

답 ④

☆☆☆

**41** 공기 중 산소가 21vol%, 질소가 79vol%일 때, 메탄가스 1몰이 완전연소되었다. 이때 반응 생성물에서 질소기체가 차지하는 부피비(%)는 약 얼마인가? (단, 생성물은 모두 기체로 가정한다.)

18회 문 27
17회 문 01
15회 문 12
12회 문 86
11회 문 22

① 44.8

② 56.0

③ 71.5

④ 75.2

해설 **메탄**($CH_4$)의 **완전연소식**

$CH_4 + 2O_2 \rightarrow CO_2 + 2H_2O$

메탄 산소 이산화탄소 물

산소 2몰이 완전연소시 필요하므로 비례식으로 풀면

2몰 : 21vol% = $x$vol% : 79vol%

산소 산소 질소 질소

$21x = 79\times2$

$$\therefore\ x=\frac{79\times2}{21}=7.52\text{vol\%}\text{(공기 중 남아있는 질소)}$$

질소기체의 부피비

$$=\frac{7.52\text{vol\%}}{1\text{몰}(CO_2)+2\text{몰}(H_2O)+7.52\text{vol\%}}\times100\%$$

$≒ 71.5\%$

답 ③

☆

**42** 다음 (a)와 같은 무접점회로가 있다. 이 회로의 $PB_1$, $PB_2$, $PB_3$에 대한 타임차트가 (b)와 같을 때, 출력값 $R_1$, $R_2$에 대한 타임차트로 옳은 것은?

18회 문 36
17회 문 48

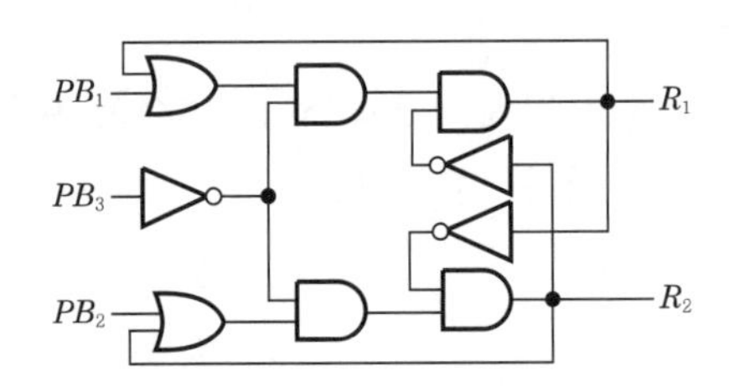


(a) 무접점회로

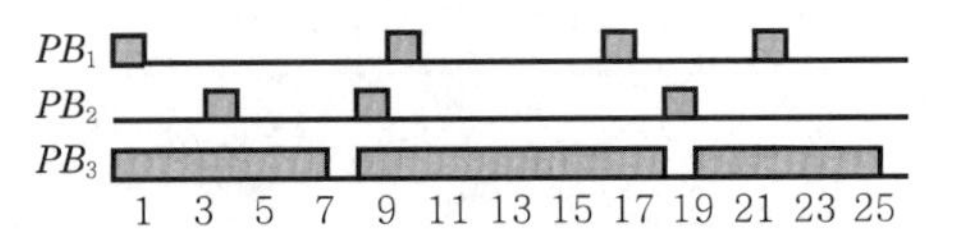


(b) 타임차트

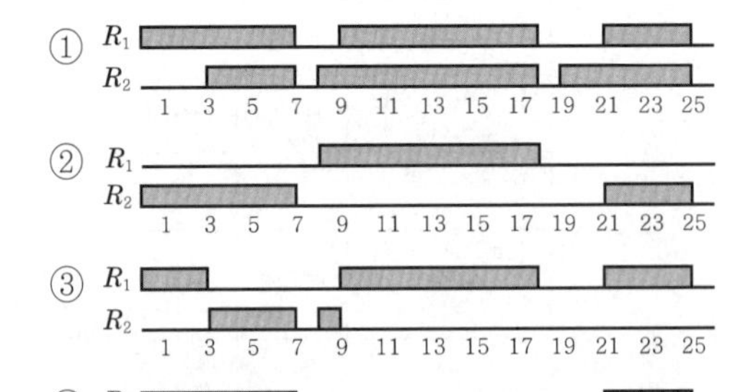


해설 **무접점회로** → **논리식** → **시퀀스회로**로 변환한 후 타임차트 출력값을 완성하면 쉽다.

(1) **무접점회로**

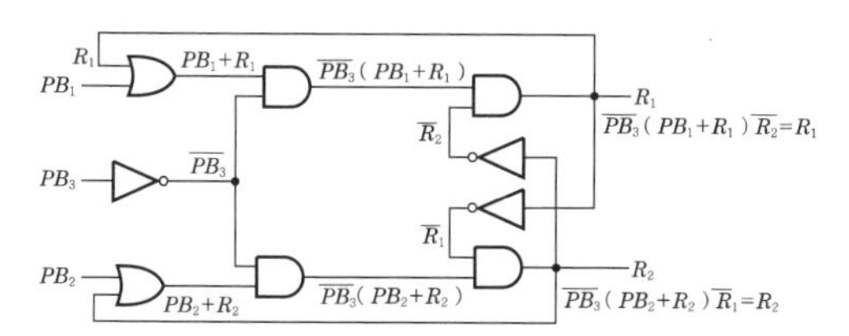


(2) **논리식**

$$\overline{PB_3}\cdot(PB_1+R_1)\cdot\overline{R_2}=R_1$$

$$\overline{PB_3}\cdot(PB_2+R_2)\cdot\overline{R_1}=R_2$$

(3) **시퀀스회로**

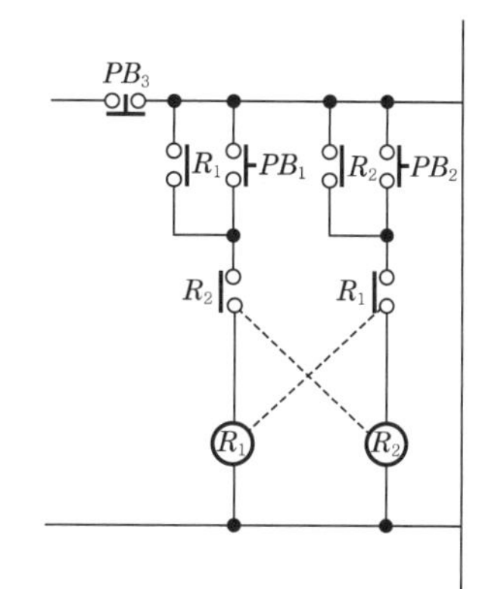


(4) **타임차트**

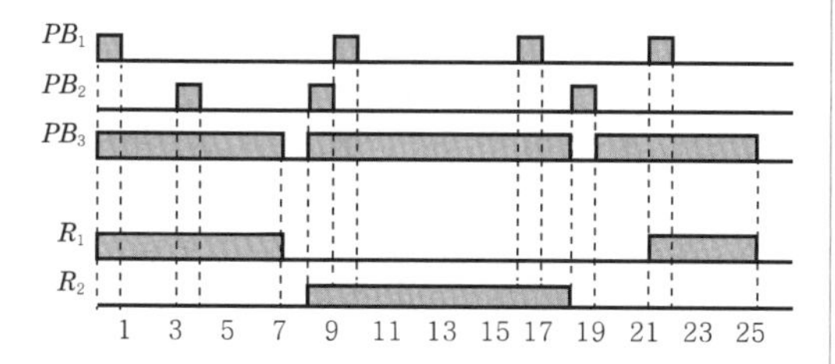


중요

**시퀀스회로**와 **논리회로**의 관계

| 회 로 | 시퀀스 회로 | 논리식 | 논리회로 |
|---|---|---|---|
| AND 회로 (직렬 회로, 교차 회로 방식) | | $Z=A\cdot B$<br>$Z=AB$ | |
| OR 회로 (병렬 회로) | | $Z=A+B$ | |

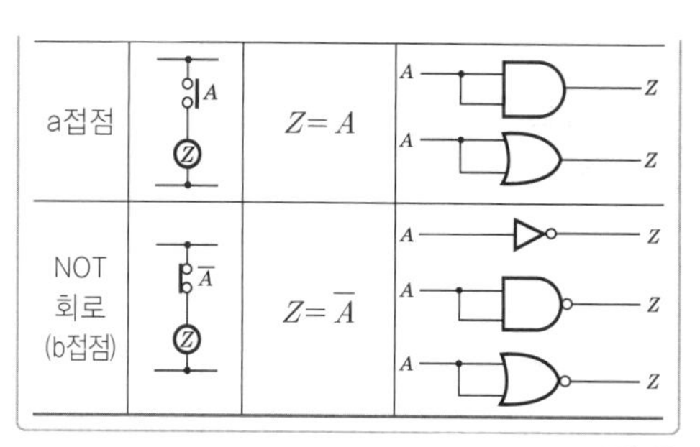

| 회 로 | 시퀀스 회로 | 논리식 | 논리회로 |
|---|---|---|---|
| a접점 | | $Z=A$ | |
| NOT 회로 (b접점) | | $Z=\overline{A}$ | |

답 ④

★

## 43 저항 $R$과 인덕턴스 $L$이 직렬로 연결된 $R-L$ 직렬회로에서 교류전압을 인가할 때 회로에 흐르는 전류의 위상으로 옳은 것은?

20회 문 49

① 전압보다 $\tan^{-1}\dfrac{R}{\omega L}$만큼 앞선다.

② 전압보다 $\tan^{-1}\dfrac{R}{\omega L}$만큼 뒤진다.

③ 전압보다 $\tan^{-1}\dfrac{\omega L}{R}$만큼 앞선다.

④ 전압보다 $\tan^{-1}\dfrac{\omega L}{R}$만큼 뒤진다.

해설 **위상차**($RL$ 직렬회로)

$$\theta=\tan^{-1}\frac{X_L}{R}=\tan^{-1}\frac{\omega L}{R}$$

여기서, $\theta$ : 위상차[rad]

$X_L$ : 유도리액턴스[Ω]

$R$ : 저항[Ω]

$\omega$ : 각주파수[rad/s]

$L$ : 인덕턴스[H]

중요

**위상차**

| $L$회로, $RL$ 회로 | $C$회로, $RC$ 회로 |
|---|---|
| 전류가 전압보다 **위상**이 뒤진다. | 전류가 전압보다 **위상**이 앞선다. |

기억법 CIVIL

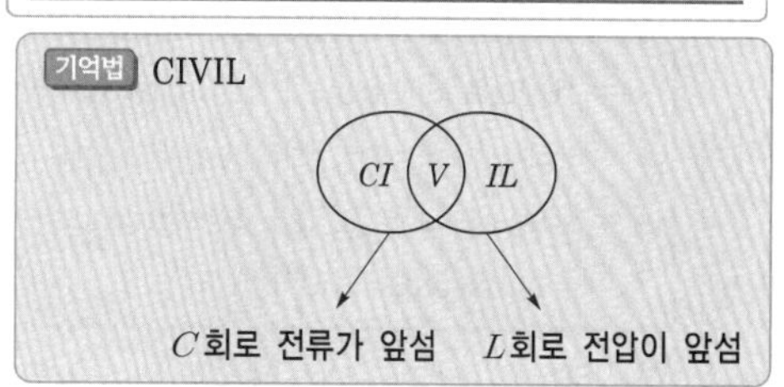


답 ④

★★★

**44** 전원과 부하가 모두 △ 결선된 3상 평형 회로가 있다. 전원전압 400V, 부하임피던스 $12+j16\,\Omega$인 경우 선전류(A)는?

15회 문 49 / 05회 문 36 / 05회 문 49 / 04회 문 48

① 10　② $10\sqrt{3}$　③ 20　④ $20\sqrt{3}$

해설 (1) 기호

- $V$ : 400V
- $Z$ : $12+j16\Omega$
- $I_L$ : ?

(2) △결선

$$I_L=\frac{\sqrt{3}\,V_L}{Z}$$

여기서, $I_L$ : 선전류[A]
$V_L$ : 선간전압(전원전압)[V]
$Z$ : 임피던스[Ω]

△결선 선전류 $I_L$는

$$I_L=\frac{\sqrt{3}\,V_L}{Z}=\frac{\sqrt{3}\times 400}{12+j16}=\frac{\sqrt{3}\times 400}{\sqrt{12^2+16^2}}=\frac{\sqrt{3}\times 400}{20}=20\sqrt{3}\text{ A}$$

비교

| Y결선 | △결선 |
|---|---|
| 선전류 $I_L=\frac{V_L}{\sqrt{3}Z}$ [A] | 선전류 $I_L=\frac{\sqrt{3}\,V_L}{Z}$ [A] |
| 여기서, $I_L$ : 선전류[A]<br>$V_L$ : 선간전압[V]<br>$Z$ : 임피던스[Ω] | |

답 ④

★

**45** 다음과 같은 비정현파 전압, 전류에 관한 평균전력(W)은?

$$v=100\sin(\omega t+30°)-30\sin(3\omega t+60°)+10\sin(5\omega t+30°)\text{[V]}$$
$$i=30\sin(\omega t-30°)+20\sin(3\omega t-30°)+5\cos(5\omega t-60°)\text{[A]}$$

① 750　② 775　③ 1225　④ 1825

해설 (1) 기호

- $V_{m_1}$ : 100V
- $V_{m_3}$ : −30V
- $V_{m_5}$ : 10V
- $I_{m_1}$ : 30A
- $I_{m_3}$ : 20A
- $I_{m_5}$ : 5A
- $P$ : ?

$$5\cos(5\omega t-60°)=5\sin(5\omega t-60°+90°)=5\sin(5\omega t+30°)$$

$$\therefore\ i=30\sin(\omega t-30°)+20\sin(3\omega t-30°)+5\cos(5\omega t-60°)$$
$$=30\sin(\omega t-30°)+20\sin(3\omega t-30°)+5\sin(5\omega t+30°)$$

(2) **비정현파**의 **유효전력**(평균전력)

$$P=V_0I_0+\frac{V_{m_1}}{\sqrt{2}}\frac{I_{m_1}}{\sqrt{2}}\cos\theta_1+\frac{V_{m_2}}{\sqrt{2}}\frac{I_{m_2}}{\sqrt{2}}\cos\theta_2+\cdots+\frac{V_{mn}}{\sqrt{2}}\frac{I_{mn}}{\sqrt{2}}\cos\theta_n$$

여기서, $V_0$ : 직류분전압[V]
$V_{m_1}$ : 제1고조파의 전압의 최대값[V]
$I_{m_1}$ : 제1고조파의 전류의 최대값[V]
$\cos\theta_1$ : 제1고조파의 역률
$V_{m_2}$ : 제2고조파의 전압의 최대값[V]
$\cos\theta_2$ : 제2고조파의 역률
$V_{mn}$ : 제$n$고조파의 전압의 최대값[V]
$I_{mn}$ : 제$n$고조파의 전류의 최대값[A]
$\cos\theta_n$ : 제$n$고조파의 역률

평균전력 $P$는

$$P=\frac{V_{m_1}}{\sqrt{2}}\frac{I_{m_1}}{\sqrt{2}}\cos\theta_1+\frac{V_{m_3}}{\sqrt{2}}\frac{I_{m_3}}{\sqrt{2}}\cos\theta_3+\frac{V_{m_5}}{\sqrt{2}}\frac{I_{m_5}}{\sqrt{2}}\cos\theta_5$$
$$=\frac{100}{\sqrt{2}}\frac{30}{\sqrt{2}}\cos\{30-(-30)\}°+\frac{-30}{\sqrt{2}}\frac{20}{\sqrt{2}}\cos\{60-(-30)\}°+\frac{10}{\sqrt{2}}\frac{5}{\sqrt{2}}\cos(30-30)°=775\text{W}$$

비교

**비정현파**의 **피상전력**

$$P_a = V \cdot I$$
$$= \sqrt{{V_0}^2 + \left(\frac{V_{m_1}}{\sqrt{2}}\right)^2 + \left(\frac{V_{m_2}}{\sqrt{2}}\right)^2 + \cdots}$$
$$\cdot \sqrt{{I_0}^2 + \left(\frac{I_{m_1}}{\sqrt{2}}\right)^2 + \left(\frac{I_{m_2}}{\sqrt{2}}\right)^2 + \cdots}$$
$$= \sqrt{{V_0}^2 + {V_1}^2 + {V_2}^2 + \cdots}$$
$$\cdot \sqrt{{I_0}^2 + {I_1}^2 + {I_2}^2 + \cdots} \text{ [VA]}$$

여기서, $P_a$ : 피상전력[VA]
$V$ : 전압의 실효값[V]
$I$ : 전류의 실효값[A]
$V_0$ : 직류분전압[V]
$V_{m_1}$ : 제1고조파의 전압의 최대값[V]
$V_{m_2}$ : 제2고조파의 전압의 최대값[V]
$I_0$ : 직류분전류[A]
$I_{m_1}$ : 제1고조파의 전류의 최대값[A]
$I_{m_2}$ : 제2고조파의 전류의 최대값[A]
$V_1$ : 제1고조파의 전압의 실효값[V]
$V_2$ : 제2고조파의 전압의 실효값[V]
$I_1$ : 제1고조파의 전류의 실효값[A]
$I_2$ : 제2고조파의 전류의 실효값[A]

답 ②

★

## 46 전기력선의 성질에 관한 설명으로 옳지 않은 것은?

19회 문 42

① 전기력선의 밀도는 전계의 세기와 같다.
② 두 개의 전기력선은 교차하지 않는다.
③ 전기력선의 방향은 전계의 방향과 일치하지 않는다.
④ 전기력선은 등전위면과 직교한다.

해설 **전기력선**의 **기본성질**

(1) **정(+)전하**에서 **시작**하여 **부(−)전하**에서 끝난다.
(2) 전기력선의 접선방향은 그 접점에서의 **전계의 방향과 일치**한다. 보기 ③
(3) 전위가 **높은 점에서 낮은 점**으로 향한다.
(4) 그 자신만으로 **폐곡선이 안 된다**.
(5) 전기력선은 서로 **교차하지 않는다**. 보기 ②
(6) 단위전하에서는 $\frac{1}{\varepsilon_0}$ 개의 전기력선이 출입한다.
(7) 전기력선은 도체표면(등전위면)에서 **수직으로 출입**한다(전기력선은 등전위면과 직교한다). 보기 ④
(8) 전하가 없는 곳에서는 전기력선의 발생, 소멸이 없고 연속적이다.
(9) **도체 내부**에는 **전기력선이 없다**.
(10) 전계의 세기는 전기력선의 밀도와 같다. 보기 ①

③ 일치하지 않는다 → 일치한다

답 ③

★

## 47 이종 금속을 접합하여 폐회로를 만든 후 두 접합점의 온도를 다르게 하여 열전류를 얻는 열전현상으로 옳은 것은?

① 펠티에효과(Peltier effect)
② 제벡효과(Seebeck effect)
③ 톰슨효과(Thomson effect)
④ 핀치효과(Pinch effect)

해설 **열전효과**(Thermoelectric effect)

| 효 과 | 설 명 |
|---|---|
| 제에벡효과 (Seebeck effect) : 제벡효과 | ① 다른 종류의 금속선으로 된 **폐회로**의 두 접합점의 온도를 달리하였을 때 **전기**(**열기전력**)가 발생하는 효과<br>② 이종 금속을 접합하여 **폐회로**를 만든 후 두 접합점의 온도를 다르게 하여 **열전류**를 얻는 열전현상 보기 ② |
| 펠티에효과 (Peltier effect) | **두 종류**의 **금속**으로 된 회로에 **전류**를 통하면 각 접속점에서 열의 흡수 또는 발생이 일어나는 현상 |
| 톰슨효과 (Thomson effect) | 균질의 철사에 **온도구배**가 있을 때 여기에 전류가 흐르면 열의 흡수 또는 발생이 일어나는 현상 |

중요

여러 가지 효과

| 효 과 | 설 명 |
|---|---|
| 홀효과 (Hall effect) | 전류가 흐르고 있는 도체에 **자계**를 가하면 도체 측면에는 정부의 전하가 나타나 두 면 간에 전위차가 발생하는 현상 |
| 핀치효과 (Pinch effect) | 전류가 **도선 중심**으로 흐르려고 하는 현상 |
| 압전기효과 (Piezoelectric effect) | **수정, 전기석, 로셀염** 등의 결정에 전압을 가하면 일그러짐이 생기고, 반대로 압력을 가하여 일그러지게 하면 전압을 발생하는 현상 |
| 광전효과 | 반도체에 빛을 쬐이면 전자가 방출되는 현상 |

답 ②

## 48 상호인덕턴스가 150mH인 회로가 있다. 1차 코일에 흐르는 전류가 0.5초 동안 5A에서 20A로 변화할 때, 2차 유도전력(V)은?

13회 문 43

① 3
② 4.5
③ 6
④ 7.5

해설 (1) **기호**

- $M$ : 150mH=150×$10^{-3}$H=0.15H(m : $10^{-3}$)
- $dt$ : 0.5s
- $di$ : (20−5)A=15A
- $e$ : ?

(2) **유도기전력**(Induced electromitive force)

$$e=-N\frac{d\phi}{dt}=-L\frac{di}{dt}=Bl\,v\sin\theta\,[\mathrm{V}]$$

여기서, $e$ : 유기기전력〔V〕
$N$ : 코일권수〔s〕
$d\phi$ : 자속의 변화량〔Wb〕
$dt$ : 시간의 변화량〔s〕
$L$ : 자기인덕턴스〔H〕
$di$ : 전류의 변화량〔A〕
$B$ : 자속밀도〔Wb/$m^2$〕
$l$ : 도체의 길이〔m〕
$v$ : 도체의 이동속도〔m/s〕
$\theta$ : 이루는 각〔rad〕

**변형식**

$$e=-M\frac{di}{dt}$$

여기서, $e$ : 유도기전력〔V〕
$M$ : 상호인덕턴스〔H〕
$di$ : 전류의 변화량〔A〕
$dt$ : 시간의 변화량〔s〕

**유도기전력** $e$는

$$e=-M\frac{di}{dt}=-0.15\times\frac{15}{0.5}=-4.5\mathrm{V}$$

- 여기서 '−'는 단지 **유도기전력**의 **방향**을 나타낸다.
- 유도기전력=유기기전력

답 ②

## 49 전동기 기동에 관한 설명으로 옳지 않은 것은?

① 농형 유도전동기의 Y−△ 기동시 기동전류는 △ 결선하여 기동한 경우의 $\frac{1}{3}$이 된다.
② 권선형 유도전동기 기동시 기동전류를 제한하기 위하여 기동보상기법이 주로 사용된다.
③ 분상기동형 단상 유도전동기는 병렬로 연결되어 있는 주권선과 보조권선에 의해 회전자계를 만들어 기동한다.
④ 콘덴서 기동형 단상 유도전동기는 기동권선에 직렬로 콘덴서를 연결하여 주권선과 기동권선 사이에 위상차를 만들어 기동한다.

해설 ② 권선형 → 농형

**3상 유도전동기의 기동법**

| 농 형 | 권선형 |
|---|---|
| • 전전압기동법(직입기동법)<br>• Y−△기동법<br>• 리액터법<br>• 기동보상기법<br>• 콘도르퍼기동법 | • 2차 저항법(2차 저항기동법)<br>• 게르게스법 |

기억법 권2(권위)

**Y−△ 기동방식의 기동전류**

$$I_{\mathrm{Y}}=\frac{1}{3}I_{\triangle}$$

여기서, $I_{\mathrm{Y}}$ : Y결선시 전류〔A〕
$I_{\triangle}$ : △결선시 전류〔A〕

중요

| 기동전류 | 소비전력 | 기동토크 |
|---|---|---|
| $\frac{\text{Y}-\triangle\text{기동방식}}{\text{직입기동방식}}=\frac{1}{3}$ | | |

※ 3상 유도전동기의 기동시 직입기동방식을 Y−△ 기동방식으로 변경하면 **기동전류**, **소비전력**, **기동토크**가 모두 $\frac{1}{3}$로 감소한다.

① **농형** 유도전동기의 Y-△ 기동시 기동전류는 △결선하여 기동한 경우의 $\frac{1}{3}$이 된다.
② **농형** 유도전동기 기동시 기동전류를 제한하기 위하여 기동보상기법이 주로 사용된다.
③ **분상기동형** 단상 유도전동기는 **병렬**로 연결되어 있는 **주권선**과 **보조권선**에 의해 회전자계를 만들어 기동한다.
④ **콘덴서 기동형** 단상 유도전동기는 **기동권선**에 **직렬**로 콘덴서를 연결하여 주권선과 기동권선 사이에 **위상차**를 만들어 기동한다.

중요

3상 유도전동기 vs 단상 전동기

| 3상 유도전동기 | 단상 전동기 |
|---|---|
| • **농형** 유도전동기<br>• **권선형** 유도전동기<br>기억법 3농권 | • **셰이딩코일형** 전동기<br>• **분상기동형** 전동기<br>• **콘덴서기동형** 전동기<br>• **반발기동형** 전동기<br>• **반발유도형** 전동기 |

답 ②

★

## 50 전력용 반도체 소자에 관한 설명으로 옳지 않은 것은?

14회 문 48

① SCR(Silicon Controlled Rectifier)은 소호기능이 없으며, 전류는 양극(A)과 음극(K) 전압의 극성이 바뀌면 차단된다.
② TRIAC(TRIode AC switch)은 SCR 2개를 역방향으로 병렬연결한 형태로 양방향 제어가 가능하다.
③ GTO(Gate Turn Off thyristor)는 도통시점과 소호시점을 임의로 제어할 수 있는 양방향성 소자이다.
④ IGBT(Insulated Gate Bipolar Transistor)는 고속스위칭이 가능하며 대전류 출력특성이 있다.

해설 **반도체 소자**의 **심벌**

| 명 칭 | 심 벌 |
|---|---|
| ① **정류용 다이오드** : 주로 실리콘 다이오드가 사용된다. | 혼동할 우려가 없을 때는 원 생략 가능 |
| ② **제너 다이오드**(Zener diode) : 주로 정전압 전원회로에 사용된다(**전원전압 일정**하게 **유지**). | |
| ③ **발광 다이오드**(LED) : 화합물 반도체로 만든 다이오드로 응답속도가 빠르고 정류에 대한 광출력이 직선성을 가진다. | |
| ④ **CDS** : 광-저항 변환소자로서 감도가 특히 높고 값이 싸며 취급이 용이하다. | |
| ⑤ **서미스터** : 부온도특성을 가진 저항기의 일종으로서 주로 **온도보상용**으로 쓰인다(**온도제어회로용**). | TH |
| ⑥ SCR 보기 ①<br>㉠ **단방향 대전류 스위칭 소자**로서 제어를 할 수 있는 정류소자이다(**DC전력의 제어용**).<br>㉡ 소호기능이 없으며, 전류는 양극(A)과 음극(K) 전압의 극성이 바뀌면 차단된다. | A K G |
| 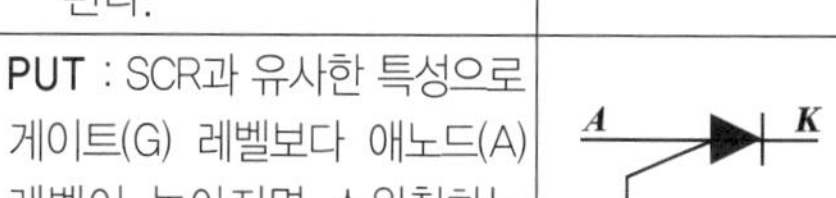<br>⑦ PUT : SCR과 유사한 특성으로 게이트(G) 레벨보다 애노드(A) 레벨이 높아지면 스위칭하는 기능을 지닌 소자이다. | A K G |
| ⑧ TRIAC 보기 ②<br>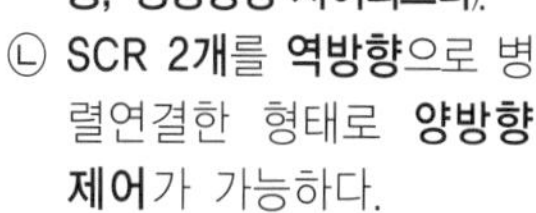<br>㉠ **양방향성 스위칭 소자**로서 SCR 2개를 역병렬로 접속한 것과 같다(**AC전력**의 **제어용, 쌍방향성 사이리스터**).<br>㉡ **SCR 2개**를 **역방향**으로 병렬연결한 형태로 **양방향 제어**가 가능하다. | $T_1$ $T_2$ G |
| 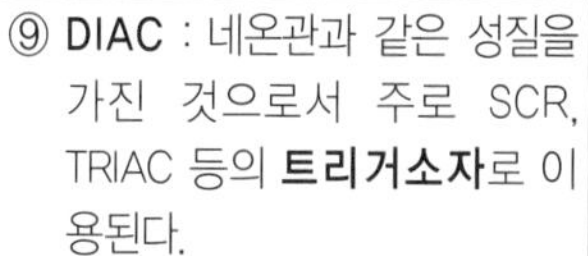<br>⑨ DIAC : 네온관과 같은 성질을 가진 것으로서 주로 SCR, TRIAC 등의 **트리거소자**로 이용된다. | 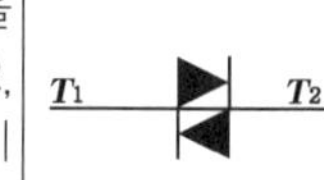<br>$T_1$ $T_2$ |
| ⑩ **바리스터**<br>㉠ 주로 **서**지전압에 대한 **회로보호용**으로 사용된다.<br>㉡ **계**전기 접점의 불꽃제거 | |
| ⑪ UJT(단일 접합 트랜지스터) : 증폭기로는 사용이 불가능하며 톱니파나 펄스발생기로 작용하며 **SCR의 트리거 소자로** 쓰인다. | 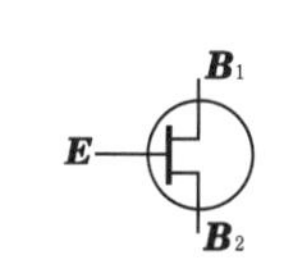<br>$B_1$ E $B_2$ |


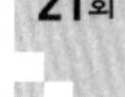
21회

| 명 칭 | 심 벌 |
|---|---|
| ⑫ RCT(역도통 사이리스터) : 비대칭 사이리스터와 고속회복 다이오드를 직접화한 단일실리콘칩으로 만들어져서 직렬공진형 인버터에 대해 이상적이다. | A, G, K |
| ⑬ IGBT **보기 ④** ㉠ 고전력 스위치용 반도체로서 전기 흐름을 막거나 통하게 하는 스위칭 기능을 빠르게 수행한다. ㉡ 고속스위칭이 가능하며 대전류 출력 특성이 있다. | G, C, E |
| ⑭ **GTO**(Gate Turn Off thyristor) **보기 ③** ㉠ SCR의 단점 : 도통시점은 조절 가능하지만, 소호시점은 조절 불가 ㉡ 게이트에 흐르는 전류를 점호할 때와 반대방향으로 흐르게 함으로써 임의로 GTO 소호 가능 ㉢ 응용 예 : 초퍼직류스위치 | |

기억법 **서온(서운해), 바리서계**

③ 소호시점 임의 제어 불가

답 ③

## 제 3 과목 소방관련법령

★

**51 소방기본법령상 소방업무의 응원에 관한 설명으로 옳은 것은?**

① 소방청장은 소방활동을 할 때에 필요한 경우에는 시·도지사에게 소방업무의 응원을 요청해야 한다.

② 소방업무의 응원을 위하여 파견된 소방대원은 응원을 요청한 소방본부장 또는 소방서장의 지휘에 따라야 한다.

③ 소방업무의 응원요청을 받은 소방서장은 정당한 사유가 있어도 그 요청을 거절할 수 없다.

④ 소방서장은 소방업무의 응원을 요청하는 경우를 대비하여 출동 대상지역 및 규모와 소요경비의 부담 등에 관하여 필요한 사항을 대통령령으로 정하는 바에 따라 이웃하는 소방서장과 협의하여 미리 규약으로 정하여야 한다.

해설 **기본법 제11조**
**소방업무의 응원**

(1) **소방본부장**이나 **소방서장**은 소방활동을 할 때에 긴급한 경우에는 이웃한 소방본부장 또는 소방서장에게 소방업무의 응원을 요청할 수 있다. **보기 ①**

(2) 소방업무의 응원요청을 받은 **소방본부장** 또는 **소방서장**은 정당한 사유 없이 그 요청을 거절하여서는 아니 된다. **보기 ③**

(3) 소방업무의 응원을 위하여 파견된 소방대원은 응원을 **요청한 소방본부장** 또는 **소방서장**의 지휘에 따라야 한다. **보기 ②**

(4) **시·도지사**는 소방업무의 응원을 요청하는 경우를 대비하여 출동 대상지역 및 규모와 소요경비의 부담 등에 관하여 필요한 사항을 **행정안전부령**으로 정하는 바에 따라 이웃하는 **시·도지사**와 협의하여 미리 규약으로 정하여야 한다. **보기 ④**

① 소방청장 → 소방본부장이나 소방서장
③ 정당한 사유가 있어도 → 정당한 사유 없이
④ 소방서장 → 시·도지사, 대통령령 → 행정안전부령

답 ②

★★★

**52 소방기본법령상 소방용수시설 중 저수조의 설치기준으로 옳지 않은 것은?**

16회 문 51
10회 문 57
08회 문 66
04회 문 57

① 소방펌프자동차가 쉽게 접근할 수 있도록 할 것

② 흡수에 지장이 없도록 토사 및 쓰레기 등을 제거할 수 있는 설비를 갖출 것

③ 흡수부분의 수심이 0.5미터 이상일 것

④ 지면으로부터의 낙차가 5.5미터 이하일 것

해설 기본규칙 [별표 3]
소방용수시설의 저수조의 설치기준
(1) 낙차 : **4.5m** 이하 보기 ④
(2) 수심 : **0.5m** 이상 보기 ③

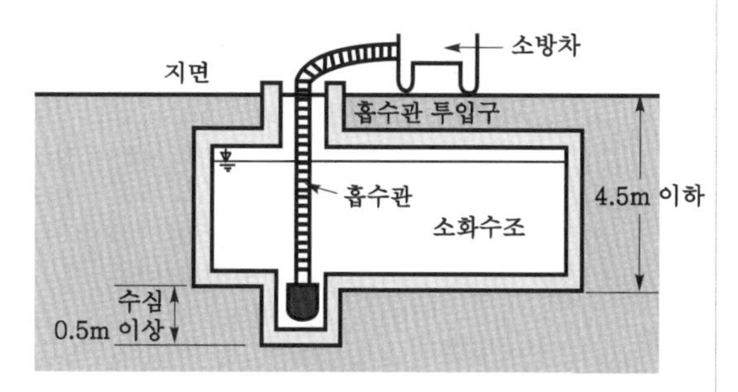


| 저수조 |

(3) 투입구의 길이 또는 지름 : **60cm** 이상

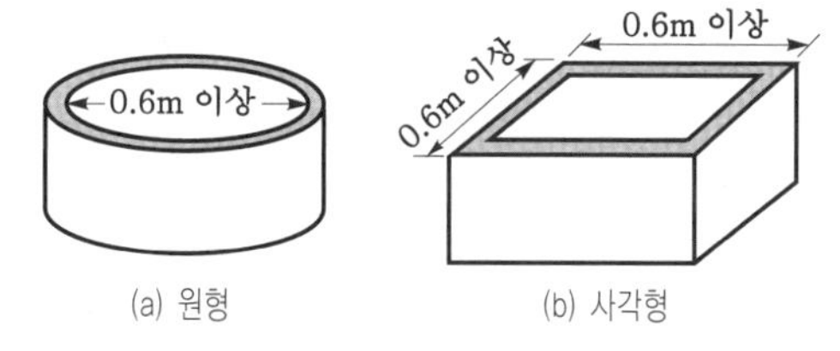


| 흡수관 투입구 |

(4) 소방펌프자동차가 **쉽게 접근**할 수 있도록 할 것 보기 ①
(5) 흡수에 지장이 없도록 **토사** 및 **쓰레기** 등을 제거할 수 있는 설비를 갖출 것 보기 ②
(6) 저수조에 물을 공급하는 방법은 **상수도**에 연결하여 **자동**으로 **급수**되는 구조일 것

④ 5.5미터 이하 → 4.5미터 이하

답 ④

★★★
## 53 화재의 예방 및 안전관리에 관한 법령상 특수가연물에 해당하지 않는 것은?

17회 문 54
15회 문 53
14회 문 52
11회 문 54
10회 문 04
08회 문 71

① 볏짚류 500킬로그램
② 면화류 200킬로그램
③ 사류(絲類) 1000킬로그램
④ 넝마 및 종이부스러기 1000킬로그램

해설 **특수가연물**(화재예방법 시행령 [별표 2])

| 품 명 | | 수 량 |
|---|---|---|
| 가연성 액체류 | | 2$m^3$ 이상 |
| 목재가공품 및 나무부스러기 | | 10$m^3$ 이상 |
| 면화류 | | 200kg 이상 보기 ② |
| 나무껍질 및 대팻밥 | | 400kg 이상 |
| 넝마 및 종이부스러기 | | 1000kg 이상 보기 ①③④ |
| 사류(絲類) | | |
| 볏짚류 | | |
| 가연성 고체류 | | 3000kg 이상 |
| 고무류·플라스틱류 | 발포시킨 것 | 20$m^3$ 이상 |
| | 그 밖의 것 | 3000kg 이상 |
| 석탄·목탄류 | | 10000kg 이상 |

기억법
가액목면나 넝사볏가고 고석
2 1 2 4 1 3 3 1

• **특수가연물** : 화재가 발생하면 불길이 빠르게 번지는 물품

① 500킬로그램 → 1000킬로그램 이상

답 ①

★★★
## 54 소방기본법령상 벌칙기준에 관한 설명으로 옳지 않은 것은?

20회 문 51
18회 문 51
15회 문 51
14회 문 53
14회 문 66
11회 문 70

① 소방활동에 필요한 소방대상물과 토지 외의 강제처분을 방해한 자는 500만원 이하의 벌금에 처한다.
② 위력을 사용하여 출동한 소방대의 화재진압·인명구조 또는 구급활동을 방해하는 행위를 한 사람은 5년 이하의 징역 또는 5천만원 이하의 벌금에 처한다.
③ 정당한 사유 없이 소방대가 현장에 도착할 때까지 사람을 구출하는 조치 또는 불을 끄거나 불이 번지지 아니하도록 하는 조치를 하지 아니한 관계인은 100만원 이하의 벌금에 처한다.
④ 피난명령을 위반한 사람은 100만원 이하의 벌금에 처한다.

해설 **벌금**

| 벌 칙 | 내 용 |
|---|---|
| **5년 이하의 징역 또는 5000만원 이하의 벌금** (기본법 제50조) | • 소방자동차의 **출동** 방해<br>• 사람구출 방해 **보기 ②**<br>• 소방용수시설 또는 비상소화장치의 **효용** 방해<br>• 소방대원 폭행·협박 |
| **3년 이하의 징역 또는 3000만원 이하의 벌금** (기본법 제51조) | • 소방활동에 필요한 소방대상물 및 **토지**의 **강제처분**을 방해한 자 |
| **300만원 이하의 벌금** | • 소방활동에 필요한 소방대상물과 **토지** 외의 **강제처분**을 방해한 자(기본법 제52조) **보기 ①**<br>• 소방자동차의 통행과 소방활동에 방해가 되는 주정차 제거·이동을 방해한 자(기본법 52조)<br>• 화재의 **예방조치명령** 위반(화재예방법 제50조) |
| **100만원 이하의 벌금** (기본법 제54조) | • **피난명령** 위반 **보기 ④**<br>• 위험시설 등에 대한 긴급조치 방해<br>• 소방활동을 하지 않은 **관계인** **보기 ③**<br>※ 소방활동 : 화재가 발생한 경우 소방대가 현장에 도착할 때까지 사람을 구출하는 조치<br>• 위험시설 등에 정당한 사유 없이 **물**의 **사용**이나 **수도**의 **개폐장치**의 사용 또는 조작을 하지 못하게 하거나 **방해**한 자<br>• 소방대의 **생활안전활동**을 방해한 자 |
| **500만원 이하의 과태료** (기본법 제56조) | • **화재** 또는 **구조·구급**에 필요한 사항을 **거짓**으로 알린 사람 |
| **200만원 이하의 과태료** | • 소방용수시설·소화기구 및 설비 등의 설치명령 위반(화재예방법 제52조)<br>• 특수가연물의 저장·취급 기준 위반(화재예방법 제52조)<br>• **소방활동구역 출입**(기본법 제56조)<br>• **소방자동차**의 **출동**에 **지장**을 준 자(기본법 제56조)<br>• 한국 119 청소년단 또는 이와 유사한 명칭을 사용한 자(기본법 제56조)<br>• 한국소방안전원 또는 이와 유사한 명칭을 사용한 자(기본법 제56조) |
| **20만원 이하의 과태료** (기본법 제57조) | • 시장지역에서 화재로 오인할 우려가 있는 **연막소독**을 하면서 관할소방서장에게 신고를 하지 아니하여 소방자동차를 출동하게 한 자 |

① 500만원 → 300만원

답 ①

★★★

**55** **소방시설공사업법령상 소방기술자의 자격취소 또는 소방시설업의 등록취소에 관한 설명으로 옳지 않은 것은?**

20회 문 57 / 19회 문 59 / 16회 문 64 / 15회 문 57 / 12회 문 57 / 11회 문 72 / 11회 문 73 / 10회 문 65 / 09회 문 64 / 09회 문 66 / 07회 문 61 / 07회 문 63 / 04회 문 69 / 04회 문 74

① 소방시설업자가 거짓이나 그 밖의 부정한 방법으로 등록한 경우 시·도지사는 그 등록을 취소해야 한다.

② 소방기술인정자격수첩을 발급받은 자가 그 자격수첩을 다른 사람에게 빌려준 경우 소방청장은 그 자격을 취소해야 한다.

③ 소방시설업자가 다른 자에게 등록수첩을 빌려준 경우 소방청장은 그 등록을 취소해야 한다.

④ 소방시설업자가 등록결격사유에 해당하게 된 경우 시·도지사는 그 등록을 취소해야 한다.

해설 (1) **소방시설업자의 등록취소와 영업정지 등**(공사업법 제9조, 공사업규칙 [별표 1])

| 구 분 | 설 명 |
|---|---|
| 등록취소 | ① **거짓**이나 그 밖의 **부정한 방법**으로 등록한 경우 **보기 ①**<br>② **등록결격사유**에 해당하게 된 경우(단, 등록결격사유가 된 법인이 그 사유가 발생한 날부터 3개월 이내에 그 사유를 해소한 경우 제외) **보기 ④**<br>③ **영업정지기간** 중에 소방시설공사 등을 한 경우 |
| 영업정지 6개월 | ① 다른 자에게 자기의 성명이나 상호를 사용하여 소방시설공사 등을 수급 또는 시공하게 하거나 소방시설업의 **등록증** 또는 **등록수첩**을 **빌려**준 경우 **보기 ③**<br>② 소방시설공사 등의 업무수행의무 등을 **고의** 또는 **과실**로 위반하여 다른 자에게 **상해**를 입히거나 **재산피해**를 입힌 경우 |

(2) **소방기술자의 자격의 정지 및 취소에 관한 기준** (공사업규칙 [별표 5])

| 구 분 | 설 명 |
|---|---|
| 자격취소 | ① **거짓**이나 그 밖의 **부정한 방법**으로 자격수첩 또는 경력수첩을 발급받은 경우<br>② **자격수첩** 또는 **경력수첩**을 다른 자에게 **빌려준** 경우 **보기 ②**<br>③ 업무수행 중 해당 자격과 관련하여 **고의** 또는 **중대한 과실**로 다른 자에게 **손해**를 입히고 **형**의 **선고**를 받은 경우 |

③ 등록 취소 → 영업정지 6개월

답 ③

### 56 소방시설공사업법령상 소방기술자의 배치기준이다. (  )에 들어갈 내용으로 옳게 나열한 것은?

17회 문 55 / 16회 문 57 / 07회 문 55

| 소방기술자의 배치기준 | 소방시설 공사현장의 기준 |
|---|---|
| 가. 행정안전부령으로 정하는 특급기술자인 소방기술자(기계분야 및 전기분야) | 1) 연면적 ( ㉠ )제곱미터 이상인 특정소방대상물의 공사현장<br>2) 지하층을 ( ㉡ )한 층수가 ( ㉢ )층 이상인 특정소방대상물의 공사현장 |

① ㉠ : 10만, ㉡ : 포함, ㉢ : 20
② ㉠ : 10만, ㉡ : 제외, ㉢ : 30
③ ㉠ : 20만, ㉡ : 포함, ㉢ : 40
④ ㉠ : 20만, ㉡ : 제외, ㉢ : 50

해설 **공사업령 [별표 2]**
**소방기술자의 배치기준**

| 소방기술자의 배치기준 | 소방시설 공사현장의 기준 |
|---|---|
| 행정안전부령으로 정하는 **특급**기술자인 소방기술자(기계분야 및 전기분야) | ① 연면적 **20만**$m^2$ 이상인 특정소방대상물의 공사현장 **보기 ㉠**<br>② **지하층**을 **포함**한 층수가 **40층** 이상인 특정소방대상물의 공사현장 **보기 ㉡㉢** |
| 행정안전부령으로 정하는 **고급**기술자 이상의 소방기술자(기계분야 및 전기분야) | ① 연면적 **3만~20만**$m^2$ 미만인 특정소방대상물(아파트 제외)의 공사현장<br>② **지하층**을 **포함**한 **층수**가 **16~40층** 미만인 특정소방대상물의 공사현장 |
| 행정안전부령으로 정하는 **중급**기술자 이상의 소방기술자(기계분야 및 전기분야) | ① **물분무등소화설비**(호스릴 방식 소화설비 제외) 또는 **제연설비**가 설치되는 특정소방대상물의 공사현장<br>② 연면적 **5000~30000**$m^2$ **미만**인 특정소방대상물(아파트 제외)의 공사현장<br>③ 연면적 **1만~20만**$m^2$ **미만**인 아파트의 공사현장 |
| 행정안전부령으로 정하는 **초급**기술자 이상의 소방기술자(기계분야 및 전기분야) | ① 연면적 **1000~5000**$m^2$ 미만인 특정소방대상물(아파트 제외)의 공사현장<br>② 연면적 **1000~10000**$m^2$ 미만인 아파트의 공사현장<br>③ **지하구**의 공사현장 |
| 자격수첩을 발급받은 소방기술자 | 연면적 **1000**$m^2$ 미만인 특정소방대상물의 공사현장 |

답 ③

### 57 소방시설공사업법령상 하도급계약심사위원회의 구성으로 옳은 것은?

18회 문 57

① 위원장 1명과 부위원장 1명을 제외하여 21명 이내의 위원으로 구성한다.
② 위원장 1명과 부위원장 2명을 포함하여 5~9명 이내의 위원으로 구성한다.
③ 위원장 1명과 부위원장 1명을 제외하여 9명 이내의 위원으로 구성한다.
④ 위원장 1명과 부위원장 1명을 포함하여 10명 이내의 위원으로 구성한다.

해설 **공사업령 제12조 3**
**하도급계약심사위원회의 구성 및 운영**

(1) 하도급계약심사위원회는 **위원장 1명**과 **부위원장 1명**을 포함하여 **10명** 이내의 위원으로 구성 보기 ④
(2) 위원회의 위원장은 **발주기관**의 **장**이 되고, 부위원장과 위원은 다음에 해당하는 사람 중에서 위원장이 임명하거나 성별을 고려하여 위촉한다.
 ① 해당 발주기관의 **과장급** 이상 **공무원**
 ② 소방분야 연구기관의 **연구위원급** 이상인 사람
 ③ 소방분야의 **박사**학위를 취득하고 그 분야에서 **3년** 이상 연구 또는 실무경험이 있는 사람
 ④ 대학(소방분야 한정)의 **조교수** 이상인 사람
 ⑤ **소방기술사** 자격을 취득한 사람
(3) 위원의 임기는 **3년**으로 하며, 한 차례만 연임할 수 있다.
(4) 위원회의 회의는 재적위원 과반수의 출석으로 개의하고, 출석위원 과반수의 찬성으로 의결한다.
(5) 위원회의 운영에 필요한 사항은 위원회의 의결을 거쳐 **위원장**이 정한다.

답 ④

☆
## 58 소방시설 설치 및 관리에 관한 법령상 기록표의 규격으로 옳은 것은?

① B4용지(가로 257mm×세로 364mm)
② B5용지(가로 182mm×세로 257mm)
③ A3용지(가로 297mm×세로 420mm)
④ A4용지(가로 297mm×세로 210mm)

해설 **소방시설법 시행규칙 [별표 5]**
**점검기록표의 규격**

| 구 분 | 설 명 |
|---|---|
| 규격 | A4용지(가로 297mm× 세로 210mm) 보기 ④ |
| 재질 | 아트지(스티커) 또는 종이 |
| 테두리 | • 외측 : **파랑색**(RGB 65, 143, 222)<br>• 내측 : **하늘색**(RGB 193, 214, 237) |
| 글씨체<br>(색상) | • 소방시설 점검기록표 : HY헤드라인M, 45포인트(파랑색)<br>• 본문제목 : 윤고딕230, 20포인트(파랑색)<br>• 본문내용 : 윤고딕230, 20포인트(검정색)<br>• 하단내용 : 윤고딕240, 20포인트(법명 : 파랑색, 그 외 : 검정색) |

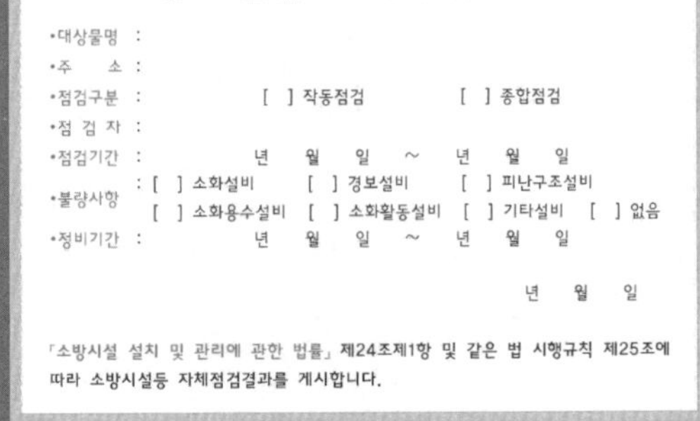
소방시설등 자체점검기록표

•대상물명 :
•주　　소 :
•점검구분 : [ ] 작동점검 [ ] 종합점검
•점 검 자 :
•점검기간 : 년 월 일 ~ 년 월 일
•불량사항 : [ ] 소화설비 [ ] 경보설비 [ ] 피난구조설비
[ ] 소화용수설비 [ ] 소화활동설비 [ ] 기타설비 [ ] 없음
•정비기간 : 년 월 일 ~ 년 월 일

년 월 일

「소방시설 설치 및 관리에 관한 법률」 제24조제1항 및 같은 법 시행규칙 제25조에 따라 소방시설등 자체점검결과를 게시합니다.

소방시설 자체점검기록표

답 ④

☆
## 59 화재의 예방 및 안전관리에 관한 법령상 화재의 예방 및 안전관리에 관한 기본계획(이하 "기본계획"이라 함) 등의 수립 및 시행에 관한 설명으로 옳지 않은 것은?

① 소방청장은 화재예방정책을 체계적·효율적으로 추진하고 이에 필요한 기반확충을 위하여 화재의 예방 및 안전관리에 관한 기본계획을 5년마다 수립·시행하여야 한다.
② 기본계획은 대통령령으로 정하는 바에 따라 소방청장이 관계 중앙행정기관의 장과 협의하여 수립한다.
③ 기본계획에는 화재의 예방과 안전관리 관련 산업의 국제경쟁력 향상에 관한 사항이 포함되어야 한다.
④ 소방청장은 기본계획을 시행하기 위하여 2년마다 시행계획을 수립·시행하여야 한다.

해설 **화재예방법 제4조**
**화재의 예방 및 안전관리 기본계획 등의 수립·시행**

(1) 소방청장은 화재예방정책을 체계적·효율적으로 추진하고 이에 필요한 기반확충을 위하여 화재의 예방 및 안전관리에 관한 기본계획을 5년마다 수립·시행하여야 한다. 보기 ①
(2) 기본계획은 **대통령령**으로 정하는 바에 따라 **소방청장**이 관계 중앙행정기관의 장과 협의하여 수립 보기 ②

(3) 기본계획에 포함사항
① 화재예방정책의 **기본목표** 및 **추진방향**
② 화재의 예방과 안전관리를 위한 법령 · **제도**의 마련 등 기반조성
③ 화재의 예방과 안전관리를 위한 대국민 **교육** · **홍보**
④ 화재의 예방과 안전관리 관련 기술의 **개발** · **보급**
⑤ 화재의 예방과 안전관리 관련 전문인력의 **육성** · **지원** 및 관리
⑥ 화재의 예방과 안전관리 관련 산업의 **국제경쟁력** 향상 보기 ③
⑦ 그 밖에 **대통령령**으로 정하는 화재의 예방과 안전관리에 필요한 사항

(4) **소방청장**은 기본계획을 시행하기 위하여 **매년** 시행계획을 수립 · 시행 보기 ④
(5) **소방청장**은 수립된 기본계획 및 시행계획을 관계 **중앙행정기관**의 **장**, **시 · 도지사**에게 통보
(6) 기본계획과 시행계획을 통보받은 관계 **중앙행정기관**의 **장** 또는 **시 · 도지사**는 소관 사무의 특성을 반영한 세부시행계획을 수립 · 시행하고, 그 결과를 **소방청장**에게 통보
(7) **소방청장**은 기본계획 및 시행계획을 수립하기 위하여 필요한 경우에는 관계 **중앙행정기관**의 **장** 또는 **시 · 도지사**에게 관련 자료의 제출을 요청할 수 있다. 이 경우 자료제출을 요청받은 관계 중앙행정기관의 장 또는 시 · 도지사는 특별한 사유가 없으면 이에 따라야 한다.
(8) 기본계획, 시행계획 및 세부시행계획 등의 수립 · 시행에 필요한 사항은 **대통령령**으로 정한다.

④ 2년마다 → 매년

답 ④

★★
**60** 소방시설 설치 및 관리에 관한 법령상 화재안전기준 또는 대통령령이 변경되어 그 기준이 강화되는 경우 기존의 특정소방대상물의 소방시설에 대하여 강화된 기준을 적용하는 소방시설로 옳지 않은 것은?

12회 문 66
09회 문 63

① 소화기구
② 노유자시설에 설치하는 비상콘센트설비
③ 의료시설에 설치하는 자동화재탐지설비
④ 「국토의 계획 및 이용에 관한 법률」에 따른 공동구에 설치하여야 하는 소방시설

해설 **소방시설법 제13조, 소방시설법 시행령 제13조 변경강화기준 적용설비**
(1) 소화기구 보기 ①
(2) 비상경보설비
(3) 자동화재탐지설비
(4) 자동화재속보설비
(5) 피난구조설비
(6) 소방시설(**공동구** 설치용, 전력 및 통신사업용 지하구, 노유자시설, 의료시설) 보기 ④

| 공동구, 전력 및 통신사업용 지하구 | 노유자시설 | 의료시설 |
|---|---|---|
| ① 소화기<br>② 자동소화장치<br>③ 자동화재탐지설비<br>④ 통합감시시설<br>⑤ 유도등<br>⑥ 연소방지설비 | ① 간이스프링클러설비<br>② 자동화재탐지설비<br>③ 단독경보형 감지기 | ① 스프링클러설비<br>② 간이스프링클러설비<br>③ 자동화재탐지설비 보기 ③<br>④ 자동화재속보설비 |

② 비상콘센트설비는 해당 없음

답 ②

★
**61** 화재의 예방 및 안전관리에 관한 법령상 소방안전관리대상물의 관계인이 피난시설의 위치, 피난경로 또는 대피요령이 포함된 피난유도 안내정보를 근무자 또는 거주자에게 정기적으로 제공하는 방법으로 옳지 않은 것은?

① 연 2회 피난안내교육을 실시하는 방법
② 연 1회 피난안내방송을 실시하는 방법
③ 피난안내도를 층마다 보기 쉬운 위치에 게시하는 방법
④ 엘리베이터, 출입구 등 시청이 용이한 지역에 피난안내영상을 제공하는 방법

해설 **화재예방법 시행규칙 제35조 피난유도 안내정보의 제공방법**
(1) **연 2회** 피난안내교육을 실시하는 방법 보기 ①
(2) **분기별 1회** 이상 피난안내방송을 실시하는 방법 보기 ②
(3) **피난안내도**를 **층**마다 보기 쉬운 위치에 게시하는 방법 보기 ③

(4) **엘리베이터**, **출입구** 등 시청이 용이한 지역에 피난안내영상을 제공하는 방법 보기 ④

답 ②

## 62 화재의 예방 및 안전관리에 관한 법령상 소방안전관리대상물의 소방계획서에 포함되어야 하는 사항이 아닌 것은?

① 국가화재안전정책의 여건 변화에 관한 사항
② 소방시설·피난시설 및 방화시설의 점검·정비계획
③ 화재예방을 위한 자체점검계획 및 진압대책
④ 화기취급작업에 대한 사전안전조치 및 감독 등 공사 중 소방안전관리에 관한 사항



해설 **화재예방법 시행령 제27조**
**소방계획에 포함되어야 할 사항**

(1) 소방안전관리대상물의 **위치·구조·연면적·용도·수용인원** 등 **일반현황**
(2) 소방안전관리대상물에 설치한 **소방시설·방화시설, 전기시설·가스시설·위험물시설**의 현황
(3) 화재예방을 위한 **자체점검계획** 및 **진압대책** 보기 ③
(4) **소방시설·피난시설·방화시설**의 점검·정비계획 보기 ②
(5) 피난층 및 피난시설의 위치와 피난경로의 설정, 화재안전취약자의 피난계획 등을 포함한 **피난계획**
(6) 방화구획·제연구획·건축물의 내부마감재료 및 방염물품의 사용현황과 그 밖의 **방화구조** 및 **설비의 유지·관리계획**
(7) **소방훈련** 및 **교육**에 관한 계획
(8) 특정소방대상물의 근무자 및 거주자의 **자위소방대 조직**과 대원의 임무에 관한 사항
(9) 화기취급작업에 대한 사전안전조치 및 감독 등 공사 중의 **소방안전관리**에 관한 **사항** 보기 ④
(10) 관리의 권원이 분리된 특정소방대상물의 **소방안전관리**에 관한 사항
(11) **소화** 및 **연소방지**에 관한 사항
(12) **위험물**의 **저장·취급**에 관한 사항
(13) 소방안전관리에 대한 업무수행에 관한 기록 및 유지에 관한 사항
(14) 화재발생시 화재경보, 초기소화 및 피난유도 등 초기대응에 관한 사항
(15) **소방본부장** 또는 **소방서장**이 소방안전관리대상물의 위치·구조·설비 또는 관리상황 등을 고려하여 소방안전관리에 필요하여 요청하는 사항

① 해당 없음

답 ①

## 63 소방시설 설치 및 관리에 관한 법령상 옥외소화전설비에 관한 내용이다. (  )에 들어갈 내용으로 옳게 나열한 것은?

18회 문122

사. 옥외소화전설비를 설치하여야 하는 특정소방대상물(아파트 등, 위험물 저장 및 처리 시설 중 가스시설, 지하구 또는 지하가 중 터널은 제외한다)은 다음의 어느 하나와 같다.
1) 지상 1층 및 2층의 바닥면적의 합계가 ( ㉠ )$m^2$ 이상인 것. 이 경우 같은 구(區) 내의 둘 이상의 특정소방대상물이 행정안전부령으로 정하는 ( ㉡ )인 경우에는 이를 하나의 특정소방대상물로 본다.
2) 「문화유산의 보존 및 활용에 관한 법률」 제23조에 따라 보물 또는 국보로 지정된 목조건축물
3) 1)에 해당하지 않는 공장 또는 창고시설로서 「화재의 예방 및 안전관리에 관한 법률 시행령」 [별표 2]에서 정하는 수량의 ( ㉢ )배 이상의 특수가연물을 저장·취급하는 것

① ㉠ : 6천, ㉡ : 연소 우려가 있는 개구부, ㉢ : 650
② ㉠ : 7천, ㉡ : 연소 우려가 있는 구조, ㉢ : 650
③ ㉠ : 8천, ㉡ : 연소 우려가 있는 개구부, ㉢ : 750
④ ㉠ : 9천, ㉡ : 연소 우려가 있는 구조, ㉢ : 750

해설 소방시설법 시행령 [별표 4]
옥외소화전설비의 설치대상

| 설치대상 | 조 건 |
|---|---|
| ① 목조건축물 | • 국보 · 보물 |
| ② 지상 1 · 2층 | • 바닥면적합계 $9000m^2$ 이상(같은 구 내의 둘 이상의 특정소방대상물이 **연소 우려가 있는 구조**인 경우 이를 하나의 특정소방대상물로 본다) 보기 ㉠㉡ |
| ③ 특수가연물 저장 · 취급 | • 지정수량 **750배** 이상 보기 ㉢ |

기억법 지9외(지구의)

답 ④

★
## 64 화재의 예방 및 안전관리에 관한 법령상 소방안전 특별관리 기본계획 및 시행계획의 수립 · 시행에 관한 설명으로 옳지 않은 것은?

① 소방청장은 소방안전 특별관리기본계획을 5년마다 수립하여야 한다.
② 소방청장은 소방안전 특별관리기본계획을 수립하여 행정안전부에 통보한다.
③ 시 · 도지사는 소방안전 특별관리기본계획을 시행하기 위하여 매년 소방안전 특별관리시행계획을 수립하여야 한다.
④ 시 · 도지사는 소방안전 특별관리시행계획의 시행결과를 계획 시행 다음 연도 1월 31일까지 소방청장에게 통보하여야 한다.

해설 화재예방법 시행령 제42조
소방안전 특별관리기본계획 · 시행계획의 수립 · 시행
(1) **소방청장**은 소방안전 **특별관리기본계획**을 **5년**마다 수립하여 **시 · 도**에 통보한다. 보기 ①②
(2) **시 · 도지사**는 특별관리기본계획을 시행하기 위하여 **매년** 소방안전 **특별관리시행계획**을 수립 · 시행하고, 그 시행결과를 계획 시행 **다음 연도 1월 31일**까지 **소방청장**에게 통보해야 한다. 보기 ③④

② 행정안전부에 → 시 · 도에

중요
**특별관리기본계획 vs 특별관리시행계획**(화재예방법 시행령 제42조)

| 특별관리기본계획 포함 사항 | 특별관리시행계획 포함 사항 |
|---|---|
| ① 화재예방을 위한 **중기 · 장기** 안전관리정책<br>② 화재예방을 위한 **교육 · 홍보** 및 점검 · 진단<br>③ 화재대응을 위한 **훈련**<br>④ 화재대응과 **사후조치**에 관한 역할 및 공조체계<br>⑤ 그 밖에 화재 등의 안전관리를 위하여 필요한 사항 | ① 특별관리기본계획의 집행을 위하여 필요한 사항<br>② **시 · 도**에서 화재 등의 안전관리를 위하여 필요한 사항 |

답 ②

★★★
## 65 소방시설 설치 및 관리에 관한 법령상 방염성능기준 이상의 실내장식물 등을 설치하여야 하는 특정소방대상물에 해당하지 않는 것은? (단, 11층 미만인 특정소방대상물임)

19회 문 65
16회 문 67
14회 문 61
13회 문 60
09회 문 12
02회 문 68

① 교육연구시설 중 합숙소
② 건축물의 옥내에 있는 수영장
③ 근린생활시설 중 종교집회장
④ 방송통신시설 중 촬영소

해설 소방시설법 시행령 30조
방염성능기준 이상 적용 특정소방대상물
(1) 체력단련장, 공연장 및 종교집회장 보기 ③
(2) 문화 및 집회시설
(3) 종교시설
(4) 운동시설(수영장은 제외) 보기 ②
(5) 의원, 조산원, 산후조리원
(6) 의료시설(종합병원, 정신의료기관)
(7) 교육연구시설 중 합숙소 보기 ①
(8) 노유자시설
(9) 숙박이 가능한 수련시설

(10) 숙박시설
(11) 방송국 및 촬영소 보기 ④
(12) 다중이용업소(단란주점영업, 유흥주점영업, 노래연습장의 영업장 등)
(13) 층수가 11층 이상인 것(아파트는 제외)

• **11층 이상** : '고층건축물'에 해당된다.

답 ②

★

**66** **소방시설 설치 및 관리에 관한 법령상 건축물의 신축·증축 및 개축 등으로 소방용품을 변경 또는 신규 비치하여야 하는 경우 우수품질인증 소방용품을 우선 구매·사용하도록 노력하여야 하는 기관 및 단체를 모두 고른 것은?**

㉠ 지방자치단체
㉡ 「공공기관의 운영에 관한 법률」에 따른 공공기관
㉢ 「지방자치단체 출자·출연 기관의 운영에 관한 법률」에 따른 출자·출연기관

① ㉠, ㉡ ② ㉠, ㉢
③ ㉡, ㉢ ④ ㉠, ㉡, ㉢

해설 **소방시설법 제44조, 소방시설법 시행령 제47조**
**우수품질인증 소방용품 우선 구매·사용 기관**
(1) 중앙행정기관
(2) 지방자치단체 보기 ㉠
(3) 「공공기관의 운영에 관한 법률」에 따른 **공공기관** 보기 ㉡
(4) 그 밖에 **대통령령**으로 정하는 기관
① 「지방공기업법」에 따라 설립된 **지방공사** 및 **지방공단**
② 「지방자치단체 출자·출연기관의 운영에 관한 법률」에 따른 출자·출연기관 보기 ㉢

답 ④

★

**67** 16회 문 59 / 11회 문 64 **화재의 예방 및 안전관리에 관한 법령상 특급 소방안전관리대상물의 소방안전관리에 관한 강습교육 과정별 교육시간 운영편성기준 중 특급 소방안전관리자에 관한 강습교육시간으로 옳은 것은?**

① 이론 : 16시간, 실무 : 64시간
② 이론 : 24시간, 실무 : 56시간
③ 이론 : 32시간, 실무 : 48시간
④ 이론 : 48시간, 실무 : 112시간

해설 **화재예방법 시행규칙 [별표 5]**
**강습교육 과목, 시간 및 운영방법 등**
(1) **교육운영방법 등**
① 교육과정별 교육시간 운영편성기준

| 구 분 | 시간 합계 | 이론 (30%) | 실무(70%) | |
|---|---|---|---|---|
| | | | 일반 (30%) | 실습 및 평가 (40%) |
| 특급 소방안전관리자 보기 ④ | 160시간 | 48시간 | 48시간 | 64시간 |
| 1급 소방안전관리자 | 80시간 | 24시간 | 24시간 | 32시간 |
| 2급 및 공공기관 소방안전관리자 | 40시간 | 12시간 | 12시간 | 16시간 |
| 3급 소방안전관리자 | 24시간 | 7시간 | 7시간 | 10시간 |
| 업무대행 감독자 | 16시간 | 5시간 | 5시간 | 6시간 |
| 건설현장 소방안전관리자 | 24시간 | 7시간 | 7시간 | 10시간 |

② 위 ①에 따른 평가는 서식작성, 설비운용(소방시설에 대한 점검능력을 포함) 및 비상대응 등 실습내용에 대한 평가를 말한다.
③ 교육과정을 수료하고자 하는 사람은 위 ①에 따른 교육시간의 90% 이상을 출석하고, 위 ②에 따른 실습내용 평가에 합격하여야 한다(단, 결강시간은 1일 최대 **3시간**을 초과할 수 없다).
④ 공공기관 소방안전관리 업무에 관한 강습과목 중 일부 과목은 **16시간** 범위에서 원격교육으로 실시할 수 있다.
⑤ 구조 및 응급처치요령에는 「응급의료에 관한 법률 시행규칙」에 따른 구조 및 응급처치에 관한 교육의 내용과 시간이 포함되어야 한다.

(2) **교육과정별 과목 및 시간**

| 구 분 | 교육과목 | 교육시간 |
|---|---|---|
| 특급 소방안전 관리자 | • 소방안전관리자 제도<br>• 화재통계 및 피해분석<br>• 직업윤리 및 리더십<br>• 소방관계법령<br>• 건축·전기·가스 관계법령 및 안전관리<br>• 위험물안전관계법령 및 안전관리<br>• 재난관리 일반 및 관련법령<br>• 초고층재난관리법령<br>• 소방기초이론<br>• 연소·방화·방폭공학<br>• 화재예방 사례 및 홍보<br>• 고층건축물 소방시설 적용기준<br>• 소방시설의 종류 및 기준<br>• 소방시설(소화설비, 경보설비, 피난구조설비, 소화용수설비, 소화활동설비)의 구조·점검·실습·평가<br>• 공사장 안전관리 계획 및 감독<br>• 화기취급감독 및 화재위험작업 허가·관리<br>• 종합방재실 운용<br>• 피난안전구역 운영<br>• 고층건축물 화재 등 재난사례 및 대응방법<br>• 화재원인 조사실무<br>• 위험성 평가기법 및 성능위주 설계<br>• 소방계획 수립 이론·실습·평가(피난약자의 피난계획 등 포함)<br>• 자위소방대 및 초기대응체계 구성 등 이론·실습·평가<br>• 방재계획 수립 이론·실습·평가<br>• 재난예방 및 피해경감계획 수립 이론·실습·평가<br>• 자체점검 서식의 작성 실습·평가<br>• 통합안전점검 실시(가스, 전기, 승강기 등)<br>• 피난시설, 방화구획 및 방화시설의 관리 | 160 시간 |

| 구 분 | 교육과목 | 교육시간 |
|---|---|---|
| 특급 소방안전 관리자 | • 구조 및 응급처치 이론·실습·평가<br>• 소방안전 교육 및 훈련 이론·실습·평가<br>• 화재시 초기대응 및 피난 실습·평가<br>• 업무수행기록의 작성·유지 실습·평가<br>• 화재피해 복구<br>• 초고층 건축물 안전관리 우수사례 토의<br>• 소방신기술 동향<br>• 시청각 교육 | 160 시간 |
| 1급 소방안전 관리자 | • 소방안전관리자 제도<br>• 소방관계법령<br>• 건축관계법령<br>• 소방학개론<br>• 화기취급감독 및 화재위험작업 허가·관리<br>• 공사장 안전관리 계획 및 감독<br>• 위험물·전기·가스 안전관리<br>• 종합방재실 운영<br>• 소방시설의 종류 및 기준<br>• 소방시설(소화설비, 경보설비, 피난구조설비, 소화용수설비, 소화활동설비)의 구조·점검·실습·평가<br>• 소방계획 수립 이론·실습·평가(피난약자의 피난계획 등 포함)<br>• 자위소방대 및 초기대응체계 구성 등 이론·실습·평가<br>• 작동점검표 작성 실습·평가<br>• 피난시설, 방화구획 및 방화시설의 관리<br>• 구조 및 응급처치 이론·실습·평가<br>• 소방안전 교육 및 훈련 이론·실습·평가<br>• 화재시 초기대응 및 피난 실습·평가<br>• 업무수행기록의 작성·유지 실습·평가<br>• 형성평가(시험) | 80 시간 |

| 구 분 | 교육과목 | 교육시간 |
|---|---|---|
| 공공기관 소방안전 관리자 | • 소방안전관리자 제도<br>• 직업윤리 및 리더쉽<br>• 소방관계법령<br>• 건축관계법령<br>• 공공기관 소방안전규정의 이해<br>• 소방학개론<br>• 소방시설의 종류 및 기준<br>• 소방시설(소화설비, 경보설비, 피난구조설비, 소화용수설비, 소화활동설비)의 구조 · 점검 · 실습 · 평가<br>• 소방안전관리 업무대행 감독<br>• 공사장 안전관리 계획 및 감독<br>• 화기취급감독 및 화재위험작업 허가 · 관리<br>• 위험물 · 전기 · 가스 안전관리<br>• 소방계획 수립 이론 · 실습 · 평가(피난약자의 피난계획 등 포함)<br>• 자위소방대 및 초기대응체계 구성 등 이론 · 실습 · 평가<br>• 작동점검표 및 외관점검표 작성 실습 · 평가<br>• 피난시설, 방화구획 및 방화시설의 관리<br>• 응급처치 이론 · 실습 · 평가<br>• 소방안전 교육 및 훈련 이론 · 실습 · 평가<br>• 화재시 초기대응 및 피난 실습 · 평가<br>• 업무수행기록의 작성 · 유지 실습 · 평가<br>• 공공기관 소방안전관리 우수사례 토의<br>• 형성평가(수료) | 40 시간 |
| 2급 소방안전 관리자 | • 소방안전관리자 제도<br>• 소방관계법령(건축관계법령 포함)<br>• 소방학개론<br>• 화기취급감독 및 화재위험작업 허가 · 관리<br>• 위험물 · 전기 · 가스 안전관리<br>• 소방시설의 종류 및 기준<br>• 소방시설(소화설비, 경보설비, 피난구조설비)의 구조 · 원리 · 점검 · 실습 · 평가<br>• 소방계획 수립 이론 · 실습 · 평가(피난약자의 피난계획 등 포함)<br>• 자위소방대 및 초기대응체계 구성 등 이론 · 실습 · 평가<br>• 작동점검표 작성 실습 · 평가<br>• 피난시설, 방화구획 및 방화시설의 관리<br>• 응급처치 이론 · 실습 · 평가<br>• 소방안전 교육 및 훈련 이론 · 실습 · 평가<br>• 화재시 초기대응 및 피난 실습 · 평가<br>• 업무수행기록의 작성 · 유지 실습 · 평가<br>• 형성평가(시험) | 40 시간 |
| 3급 소방안전 관리자 | • 소방관계법령<br>• 화재일반<br>• 화기취급감독 및 화재위험작업 허가 · 관리<br>• 위험물 · 전기 · 가스 안전관리<br>• 소방시설(소화기, 경보설비, 피난구조설비)의 구조 · 점검 · 실습 · 평가<br>• 소방계획 수립 이론 · 실습 · 평가(업무수행기록의 작성 · 유지 실습 · 평가 및 피난약자의 피난계획 등 포함)<br>• 작동점검표 작성 실습 · 평가<br>• 응급처치 이론 · 실습 · 평가<br>• 소방안전 교육 및 훈련 이론 · 실습 · 평가<br>• 화재시 초기대응 및 피난 실습 · 평가<br>• 형성평가(시험) | 24 시간 |
| 업무대행 감독자 | • 소방관계법령<br>• 소방안전관리 업무대행 감독<br>• 소방시설 유지 · 관리<br>• 화기취급감독 및 위험물 · 전기 · 가스 안전관리<br>• 소방계획 수립 이론 · 실습 · 평가(업무수행기록의 작성 · 유지 및 피난약자의 피난계획 등 포함)<br>• 자위소방대 구성운영 등 이론 · 실습 · 평가<br>• 응급처치 이론 · 실습 · 평가<br>• 소방안전 교육 및 훈련 이론 · 실습 · 평가<br>• 화재 시 초기대응 및 피난 실습 · 평가<br>• 형성평가(수료) | 16 시간 |

| 구 분 | 교육과목 | 교육 시간 |
|---|---|---|
| 건설현장 소방안전 관리자 | • 소방관계법령<br>• 건설현장 관련 법령<br>• 건설현장 화재일반<br>• 건설현장 위험물·전기·가스 안전관리<br>• 임시소방시설의 구조·점검·실습·평가<br>• 화기취급감독 및 화재위험작업 허가·관리<br>• 건설현장 소방계획 이론·실습·평가<br>• 초기대응체계 구성·운영 이론·실습·평가<br>• 건설현장 피난계획 수립<br>• 건설현장 작업자 교육훈련 이론·실습·평가<br>• 응급처치 이론·실습·평가<br>• 형성평가(수료) | 24 시간 |

답 ④

★

## 68 위험물안전관리법령상 지정수량 이상의 위험물을 저장하기 위한 저장소의 구분에 포함되지 않는 것은?

① 옥내저장소 ② 옥외저장소
③ 지하저장소 ④ 이동탱크저장소

해설 **위험물규칙 제29~40조**
**저장소 vs 취급소**

| 저장소 | 취급소 |
|---|---|
| ① **옥내저장소** 보기 ①<br>② **옥외저장소** 보기 ②<br>③ 옥내탱크저장소<br>④ 옥외탱크저장소<br>⑤ 간이탱크저장소<br>⑥ **이동탱크저장소** 보기 ④<br>⑦ **지하탱크저장소** 보기 ③<br>⑧ 암반탱크저장소 | ① 주유취급소<br>② 판매취급소<br>③ 이송취급소<br>④ 일반취급소<br>기억법 **주판일이** |

③ 지하저장소 → 지하탱크저장소

답 ③

★★★

## 69 위험물안전관리법령상 제조소 등에 대한 정기점검 및 정기검사에 관한 설명으로 옳지 않은 것은?

19회 문 70
16회 문 68
15회 문 69
15회 문 71
13회 문 70
12회 문 62
11회 문 87

① 이동탱크저장소는 정기점검의 대상이다.
② 액체위험물을 저장 또는 취급하는 50만 리터 이상의 옥외탱크저장소는 정기검사의 대상이다.
③ 소방본부장 또는 소방서장은 당해 제조소 등에 대하여 연 1회 이상 정기점검을 실시하여야 한다.
④ 정기점검의 내용·방법 등에 관한 기술상의 기준과 그 밖의 점검에 관하여 필요한 사항은 소방청장이 정하여 고시한다.

해설 (1) **정기점검대상인 제조소**(위험물령 제15조)
① 지정수량의 **10배** 이상 **제조소·일반취급소**
② 지정수량의 **100배** 이상 **옥외저장소**
③ 지정수량의 **150배** 이상 **옥내저장소**
④ 지정수량의 **200배** 이상 **옥외탱크저장소**
⑤ 암반탱크저장소
⑥ 이송취급소
⑦ **지하탱크저장소**
⑧ **이동탱크저장소** 보기 ①
⑨ 지하에 매설된 탱크가 있는 **제조소·주유취급소·일반취급소**

(2) **위험물령 제17·22조**

| 정기검사의 대상인 제조소 등 | 한국소방산업기술원에 위탁하는 탱크안전성능검사 |
|---|---|
| 액체위험물을 저장 또는 취급하는 **50만L** 이상의 옥외탱크저장소 보기 ② | ① **100만L** 이상인 액체위험물을 저장하는 탱크<br>② 암반탱크<br>③ 지하탱크저장소의 액체위험물탱크 |

(3) **정기점검**의 **횟수**(위험물규칙 제64조)
**제조소 등**의 **관계인**은 당해 제조소 등에 대하여 **연 1회** 이상 정기점검을 실시하여야 한다. 보기 ③

중요

**횟수**
(1) **월 1회 이상**: 소방용수시설 및 **지**리조사(기본규칙 제7조)
기억법 **월1지(월요일이 지났다.)**
(2) **연 1회 이상**
① 화재예방강화지구 안의 화재안전조사·훈련·교육(화재예방법 시행령 제20조)
② 특정소방대상물의 소방훈련·교육(화재예방법 시행규칙 제36조)
③ 제조소 등의 **정**기점검(위험물규칙 제64조)
④ **종**합점검(소방시설법 시행규칙 [별표 3])
⑤ 작동점검(소방시설법 시행규칙 [별표 3])
기억법 **연1정종(연일 정종술을 마셨다.)**
(3) **2년마다 1회 이상**
① 소방대원의 소방교육·훈련(기본규칙 제9조)
② **실**무교육(화재예방법 시행규칙 제29조)
기억법 **실2(실리)**

(4) **정기점검의 내용 등**(위험물규칙 제66조)
제조소 등의 위치·구조 및 설비가 기술기준에 적합한지를 점검하는 데 필요한 정기점검의 내용·방법 등에 관한 기술상의 기준과 그 밖의 점검에 관하여 필요한 사항은 **소방청장**이 정하여 고시한다. **보기 ④**

③ 소방본부장 또는 소방서장 → 제조소 등의 관계인

답 ③

★★★
## 70 위험물안전관리법령상 탱크안전성능검사에 해당하지 않는 것은?

19회 문 67
17회 문 69
16회 문 68
15회 문 70
12회 문 73

① 기초·지반검사 ② 충수·수압검사
③ 밀폐·재질검사 ④ 암반탱크검사



해설 **위험물령 제8조**
**위험물탱크의 탱크안전성능검사**

| 검사항목 | 조 건 |
|---|---|
| ① **기초·지반검사** **보기 ①**<br>② **용접부검사** | 옥외탱크저장소의 액체위험물탱크 중 그 용량이 **100만L** 이상인 탱크 |
| ③ **충수·수압검사** **보기 ②** | 액체위험물을 저장 또는 취급하는 탱크 |
| ④ **암반탱크검사** **보기 ④** | 액체위험물을 저장 또는 취급하는 **암반** 내의 공간을 이용한 탱크 |

비교

**탱크안전성능검사**의 **내용**(위험물령 [별표 4])

| 구 분 | 검사내용 |
|---|---|
| 기초·지반 검사 | • 특정설비에 관한 검사에 합격한 탱크 외의 탱크 : 탱크의 기초 및 지반에 관한 공사에 있어서 해당 탱크의 기초 및 지반이 **행정안전부령**으로 정하는 기준에 적합한지 여부를 확인함<br>• 행정안전부령으로 정하는 탱크 : 탱크의 기초 및 지반에 관한 공사에 상당한 것으로서 **행정안전부령**으로 정하는 공사에 있어서 해당 탱크의 기초 및 지반에 상당하는 부분이 **행정안전부령**으로 정하는 기준에 적합한지 여부를 확인함 |
| 충수·수압 검사 | • 탱크에 배관, 그 밖의 부속설비를 부착하기 전에 해당 **탱크본체**의 **누설** 및 **변형**에 대한 안전성이 **행정안전부령**으로 정하는 기준에 적합한지 여부를 확인함 |
| 용접부 검사 | • 탱크의 배관, 그 밖의 부속설비를 부착하기 전에 행하는 해당 탱크의 본체에 관한 공사에 있어서 탱크의 **용접부**가 **행정안전부령**으로 정하는 기준에 적합한지 여부를 확인함 |
| 암반탱크 검사 | • 탱크의 본체에 관한 공사에 있어서 **탱크**의 **구조**가 **행정안전부령**으로 정하는 기준에 적합한지 여부를 확인함 |

답 ③

★
## 71 위험물안전관리법령상 위험물의 안전관리와 관련된 업무를 수행하는 자가 받아야 하는 안전교육에 관한 설명으로 옳은 것은?

① 안전교육대상자는 시·도지사가 실시하는 교육을 받아야 한다.
② 모든 제조소 등의 관계인은 안전교육대상자이다.
③ 시·도지사는 안전교육을 강습교육과 실무교육으로 구분한다.
④ 시·도지사, 소방본부장 또는 소방서장은 안전교육대상자가 교육을 받지 아니한 때에는 그 교육대상자가 교육을 받을 때까지 위험물안전관리법의 규정에 따라 그 자격으로 행하는 행위를 제한할 수 있다.

해설 (1) **안전교육**(위험물법 제28조)
**안전관리자·탱크시험자·위험물운반자·위험물운송자** 등 위험물의 안전관리와 관련된 업무를 수행하는 자로서 **대통령령**이 정하는 자는 해당 업무에 관한 능력의 습득 또는 향상을 위하여 **소방청장**이 실시하는 교육을 받아야 한다. **보기 ① ②**

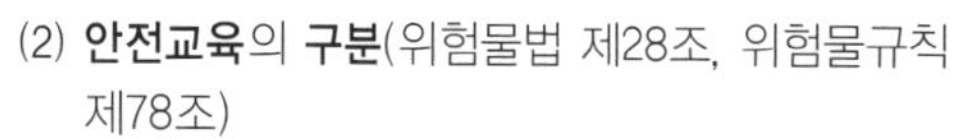

(2) **안전교육**의 **구분**(위험물법 제28조, 위험물규칙 제78조)

**소방청장**은 안전교육을 강습교육과 실무교육으로 구분한다. **보기 ③**

(3) **안전교육**의 **제한**(위험물법 제28조)

**시·도지사**, **소방본부장** 또는 **소방서장**은 안전교육대상자가 교육을 받지 아니한 때에는 그 교육대상자가 교육을 받을 때까지 이 법의 규정에 따라 그 자격으로 행하는 행위를 제한할 수 있다. **보기 ④**

① 시·도지사가 → 소방청장이
② 모든 제조소 등의 관계인은 → 위험물의 안전관리와 관련된 업무를 수행하는 자로서 대통령령이 정하는 자는
③ 시·도지사는 → 소방청장은

답 ④

## 72 다중이용업소의 안전관리에 관한 특별법령상 '밀폐구조의 영업장'에 대한 용어의 정의이다. ( )에 들어갈 내용으로 옳게 나열한 것은?

17회 문 75

( ㉠ )에 있는 다중이용업소의 영업장 중 채광·환기·통풍 및 ( ㉡ ) 등이 용이하지 못한 구조로 되어 있으면서 대통령령으로 정하는 기준에 해당하는 영업장을 말한다.

① ㉠ : 지하층, ㉡ : 피난
② ㉠ : 지하층, ㉡ : 소화활동
③ ㉠ : 지상층, ㉡ : 피난
④ ㉠ : 지상층, ㉡ : 소화활동

해설 **다중이용업법 제2조**
**용어의 뜻**

| 용 어 | 설 명 |
|---|---|
| 다중이용업 | 불특정 다수인이 이용하는 영업 중 화재 등 재난발생시 생명·신체·재산상의 피해가 발생할 우려가 높은 것으로서 **대통령령**으로 정하는 영업 |
| 안전시설 등 | 소방시설, **비상구, 영업장 내부 피난통로,** 그 밖의 안전시설로서 **대통령령**으로 정하는 것 |
| 실내장식물 | 건축물 내부의 **천장** 또는 **벽**에 설치하는 것으로서 **대통령령**으로 정하는 것 |
| 화재위험평가 | 다중이용업소가 밀집한 지역 또는 건축물에 대하여 화재발생 가능성과 화재로 인한 불특정 다수인의 생명·신체·재산상의 피해 및 주변에 미치는 영향을 **예측·분석**하고 이에 대한 대책을 마련하는 것 |
| 밀폐구조의 영업장 → | **지상층**에 있는 다중이용업소의 영업장 중 **채광·환기·통풍** 및 **피난** 등이 용이하지 못한 구조로 되어 있으면서 **대통령령**으로 정하는 기준에 해당하는 영업장 |
| 영업장의 내부구획 | 다중이용업소의 영업장 내부를 이용객들이 사용할 수 있도록 **벽** 또는 **칸막이** 등을 사용하여 구획된 실을 만드는 것 |

답 ③

## 73 다중이용업소의 안전관리에 관한 특별법령상 다른 법률에 따라 다중이용업의 허가·인가·등록·신고수리를 하는 행정기관이 허가 등을 한 날부터 14일 이내에 관할 소방본부장 또는 소방서장에게 통보하여야 하는 사항을 모두 고른 것은?

㉠ 다중이용업의 종류·영업장 면적
㉡ 허가 등 일자
㉢ 화재배상책임보험 가입 여부

① ㉠, ㉡
② ㉠, ㉢
③ ㉡, ㉢
④ ㉠, ㉡, ㉢

해설 **다중이용업규칙 제4조**
**다중이용업 관련행정기관의 허가 등의 통보**

(1) 통보일 : **14일** 이내
(2) 통보대상 : **소방본부장·소방서장**
(3) 통보사항
① 영업주의 성명·주소
② 다중이용업소의 상호·소재지
③ 다중이용업의 종류·영업장 면적 **보기 ㉠**
④ 허가 등 일자 **보기 ㉡**

비교

(1) **다중이용업 허가관청**의 **통보**(다중이용업법 제7조)
① 통보일 : **14일** 이내
② 통보대상 : **소방본부장, 소방서장**
③ 통보사항
㉠ 다중이용업주의 **성명** 및 **주소**
㉡ 다중이용업소의 **상호** 및 **주소**
㉢ 다중이용업의 **업종** 및 **영업장 면적**

(2) **다중이용업 휴·폐업 등의 통보**(다중이용업법 제7조 제2항)
① 통보일 : **30일** 이내
② 통보대상 : **소방본부장, 소방서장**
③ 통보행위
㉠ **휴·폐업** 또는 휴업 후 **영업 재개**
㉡ **영업내용**의 **변경**
㉢ 다중이용업주의 **변경** 또는 다중이용업주 **주소**의 **변경**
㉣ 다중이용업소의 **상호** 또는 **주소**의 **변경**

답 ①

★
## 74 다중이용업소의 안전관리에 관한 특별법령상 이행강제금의 부과권자가 아닌 자는?

① 소방청장 ② 소방본부장
③ 소방서장 ④ 시·군·구청장

해설 **다중이용업법 제26조**
**다중이용업소 이행강제금**

| 구 분 | 설 명 |
|---|---|
| 부과권자 | • 소방청장 **보기 ①**<br>• 소방본부장 **보기 ②**<br>• 소방서장 **보기 ③** |
| 부과금액 | **1000만원** 이하 |
| 위반종별 금액사항 | 대통령령 |
| 이행강제금 부과징수 | 매년 **2회** |

답 ④

★★
## 75 다중이용업소의 안전관리에 관한 특별법령상 안전시설 등의 구분(소방시설, 비상구, 영업장 내부피난통로, 그 밖의 안전시설) 중 '그 밖의 안전시설'에 해당하지 않는 것은?

16회 문 72
09회 문 60

① 휴대용 비상조명등
② 영상음향차단장치
③ 누전차단기
④ 창문

해설 **다중이용업령 [별표 1의 2]**
**다중이용업소의 안전시설 등**

| 시 설 | | 종 류 |
|---|---|---|
| 소방시설 | 소화설비 | • 소화기<br>• 자동확산소화기<br>• 간이스프링클러설비(캐비닛형 간이스프링클러설비 포함) |
| | 피난설비 | • 유도등<br>• 유도표지<br>• 비상조명등<br>• 휴대용 비상조명등<br>• 피난기구(미끄럼대·피난사다리·**구조대**·완강기·다수인 피난장비·승강식 피난기)<br>• 피난유도선(단, 영업장 내부 피난통로 또는 복도가 있는 영업장에만 설치) |
| | 경보설비 | • 비상벨설비 또는 자동화재탐지설비<br>• 가스누설경보기 |
| 그 밖의 안전시설 | | • **창문**(단, 고시원업의 영업장에만 설치) **보기 ④**<br>• **영상음향차단장치**(단, 노래반주기 등 영상음향장치를 사용하는 영업장에만 설치) **보기 ②**<br>• **누전차단기** **보기 ③** |

답 ①

**제 4 과목** 위험물의 성질·상태 및 시설기준

★★★
## 76 위험물안전관리법령상 제1류 위험물에 해당하는 것은?

19회 문 88
18회 문 71
18회 문 86
17회 문 87
16회 문 80
16회 문 85
15회 문 77
14회 문 77
14회 문 78
13회 문 76
13회 문 86

① 과아이오딘산
② 질산구아니딘
③ 염소화규소화합물
④ 할로젠간화합물

해설 **위험물규칙 제3조**

| 유 별 | 품 명 | 지정수량 |
|---|---|---|
| 제1류 | • 과아이오딘산염류<br>• **과아이오딘산** **보기 ①**<br>• 크로뮴, 납 또는 아이오딘의 산화물<br>• 아질산염류<br>• 차아염소산염류<br>• 염소화아이소사이아누르산<br>• 퍼옥소이황산염류<br>• 퍼옥소붕산염류 | • 50kg<br>• 300kg<br>• 1000kg |

| 유 별 | 품 명 | 지정수량 |
|---|---|---|
| 제3류 | • 염소화규소화합물 보기 ③ | • 10kg<br>• 20kg<br>• 50kg<br>• 300kg |
| 제5류 | • 금속의 아지화합물<br>• 질산구아니딘<br>보기 ② | • 제1종 : 10kg<br>• 제2종 : 100kg |
| 제6류 | • 할로젠간화합물<br>보기 ④ | • 300kg |

② 제5류
③ 제3류
④ 제6류

답 ①

★
**77** **위험물에 관한 설명으로 옳지 않은 것은?**

① 다이크로뮴산암모늄은 융점 이상으로 가열하면 분해되어 $Cr_2O_3$가 생성된다.
② 적린은 독성이 강한 자연발화성 물질로 황린의 동소체이다.
③ 수소화나트륨이 물과 반응하면 수산화나트륨이 생성된다.
④ 나이트로셀룰로오스는 물이나 알코올에 습윤하면 운반시 위험성이 낮아진다.

해설 **위험물**

(1) **다이크로뮴산암모늄**[$(NH_4)_2Cr_2O_7$]**의 성질**
① **적색** 또는 **등적색**의 침상결정이다.
② 아세톤에 녹지 않는다.
③ 융점 이상으로 가열하면 분해하여 **산화크로뮴**($Cr_2O_3$) · **질소가스**($N_2$) · **물**($H_2O$)을 생성한다. 보기 ①

$(NH_4)_2Cr_2O_7 \longrightarrow Cr_2O_3 + N_2\uparrow + 4H_2O$

(2) **적린**($P_4$)
① **암적색**의 분말이다.
② **황린**의 동소체이다.
③ 자연발화의 위험이 없으므로 안전하다.
④ 조해성이 있다.
⑤ 물 · 이황화탄소 · 에터 · 암모니아 등에는 녹지 않는다.
⑥ 전형적인 **비금속원소**이다.
⑦ 자체 독성은 없고 **가연성 고체**이다. 보기 ②
⑧ **적린**이 연소하면 유독성의 $P_2O_5$(오산화인)이 발생한다.

(3) **수소화나트륨**(NaH)
수소화나트륨이 물과 반응하면 **수산화나트륨**이 생성된다. 보기 ③

$NaH + H_2O \longrightarrow NaOH + H_2$
수소화나트륨 → 수산화나트륨

(4) **나이트로셀룰로오스**
① 지정수량은 **제1종 10kg(제2종 100kg)**이다.
② 물에는 녹지 않고 아세톤에는 녹는다.
③ **질화도**가 **클수록** 분해도, 폭발성, 위험도가 증가한다.
④ 셀룰로오스에 **진한 황산**과 **진한 질산**을 혼산으로 반응시켜 제조한 것이다.
⑤ 질산에스터류에 속하며 자기반응성 물질이다.
⑥ 직사광선에 의해 분해하여 자연발화할 수 있다.
⑦ 저장 · 운반시에는 물 또는 알코올을 첨가(습윤)하여 위험성을 감소시킨다. 보기 ④

② 독성이 강한 자연발화성 물질로 → 독성이 없고, 가연성 고체로

답 ②

★★★
**78** **인화알루미늄이 물과 반응할 때 생성되는 가스는?**

18회 문 82
17회 문 79
15회 문 84
14회 문 80
13회 문 80
09회 문 83

① $P_2O_5$　　② $C_2H_6$
③ $PH_3$　　④ $H_3PO_4$

해설 **인화알루미늄(AlP)** : 물과 반응하여 **포스핀($PH_3$)** 발생

$AlP + 3H_2O \rightarrow Al(OH)_3 + PH_3$(포스핀)

중요

(1) **다이에틸아연($Zn(C_2H_5)_2$)** : 물과 반응하여 **에탄($C_2H_6$)** 발생

$Zn(C_2H_5)_2 + 2H_2O \rightarrow Zn(OH)_2 + 2C_2H_6$(에탄)

(2) **탄화알루미늄($Al_4C_3$)** : 물과 반응하여 가연성 가스인 **메탄**($CH_4$) 발생

$Al_4C_3 + 12H_2O \rightarrow 4Al(OH)_3 + 3CH_4$(메탄)

(3) **수소화알루미늄리튬($LiAlH_4$)** : 물과 반응하여 **수산화리튬**(LiOH)과 가연성 가스인 **수소**($H_2$) 발생

$LiAlH_4 + 4H_2O \rightarrow LiOH + Al(OH)_3 + 4H_2$(수소)

(4) **메틸리튬($CH_3Li$)** : 물과 반응하여 가연성 가스인 **메탄**($CH_4$) 발생

$CH_3Li + H_2O \rightarrow LiOH + CH_4$(메탄)

답 ③

★

## 79 위험물의 지정수량과 위험등급에 관한 내용이다. ( )에 들어갈 내용으로 옳은 것은?

| 품 명 | 지정수량[kg] | 위험등급 |
|---|---|---|
| 무기과산화물 | ( ㉠ ) | Ⅰ |
| 인화성 고체 | ( ㉡ ) | Ⅲ |
| 아조화합물(제2종) | 100 | ( ㉢ ) |

① ㉠ : 50, ㉡ : 1000, ㉢ : Ⅰ
② ㉠ : 50, ㉡ : 1000, ㉢ : Ⅱ
③ ㉠ : 100, ㉡ : 500, ㉢ : Ⅱ
④ ㉠ : 100, ㉡ : 500, ㉢ : Ⅲ

해설 (1) 제1류 위험물

| 성 질 | 품 명 | 지정수량 | 위험등급 |
|---|---|---|---|
| 산화성 고체 | 염소산염류 | 50kg 보기 ㉠ | Ⅰ |
| | 아염소산염류 | | Ⅰ |
| | 과염소산염류 | | Ⅰ |
| | 무기과산화물 | | Ⅰ |
| | 크로뮴·납 또는 아이오딘의 산화물 | 300kg | Ⅱ |
| | 브로민산염류 | | Ⅱ |
| | 질산염류 | | Ⅱ |
| | 아이오딘산염류 | | Ⅱ |
| | 과망가니즈산염류 | 1000kg | Ⅲ |
| | 다이크로뮴산염류 | | Ⅲ |

(2) 제2류 위험물

| 성 질 | 품 명 | 지정수량 | 위험등급 |
|---|---|---|---|
| 가연성 고체 | • 황화인<br>• 적린<br>• 황 | 100kg | Ⅱ |
| | • 마그네슘<br>• 철분<br>• 금속분 | 500kg | Ⅲ |
| | • 그 밖에 행정안전부령이 정하는 것 | 100kg 또는 500kg | Ⅱ~Ⅲ |
| | • 인화성 고체 | 1000kg 보기 ㉡ | Ⅲ |

(3) 제5류 위험물

| 성 질 | 품 명 | 지정수량 |
|---|---|---|
| 자기반응성 물질 | 유기과산화물 | • 제1종 : 10kg<br>• 제2종 : 100kg |
| | 질산에스터류 | |
| | 나이트로화합물 | |
| | 나이트로소화합물 | |
| | 아조화합물 | |
| | 다이아조화합물 | |
| | 하이드라진 유도체 | |
| | 하이드록실아민 | |
| | 하이드록실아민염류 | |

중요

제5류 위험물

| 지정수량 | 위험등급 |
|---|---|
| 제1종 : 10kg | Ⅰ |
| 제2종 : 100kg | Ⅱ 보기 ㉢ |

답 ②

★★★

## 80 위험물안전관리법령상 위험물의 성질에 따른 제조소의 특례 중 취급하는 설비에 철이온 등의 혼입에 의한 위험한 반응을 방지하기 위한 조치를 강구해야 하는 물질은?

18회 문 81
16회 문 88
13회 문 91
12회 문 80
04회 문 94
03회 문 80
03회 문 99

① 산화프로필렌 ② 하이드록실아민
③ 메틸리튬 ④ 하이드라진

해설 **위험물규칙 [별표 4] XII**
**위험물의 성질에 따른 제조소의 특례**
(1) **산화프로필렌**을 취급하는 설비는 **은·수은·동·마그네슘** 또는 이들을 성분으로 하는 합금으로 만들지 아니할 것
(2) **알킬리튬**을 취급하는 설비에는 **불활성 기체**를 봉입하는 장치를 갖출 것
(3) **하이드록실아민** 등을 취급하는 설비에는 하이드록실아민 등의 **온도** 및 **농도**의 상승에 의한 **위험한 반응**을 **방지**하기 위한 **조치**를 강구할 것
(4) **하이드록실아민** 등을 취급하는 설비에는 **철이온** 등의 혼입에 의한 **위험한 반응**을 **방지**하기 위한 **조치**를 강구할 것 보기 ②

중요

**하이드록실아민** 등을 **취급**하는 **제조소**의 **특례**
(위험물규칙 [별표 4] XII)
건축물의 벽 또는 이에 상당하는 공작물의 외측으로부터 해당 제조소의 외벽 또는 이에 상당하는 공작물의 외측까지의 사이의 안전거리

$$D=51.1\sqrt[3]{N}$$

여기서, $D$ : 거리[m]
$N$ : 해당 제조소에서 취급하는 하이드록실아민 등의 지정수량의 배수

답 ②

## 81 위험물안전관리법령상 위험물을 운반용기에 수납하는 기준이다. (  )에 들어갈 내용으로 옳은 것은?

02회 문 85

> 자연발화성 물질 중 알킬알루미늄 등은 운반용기의 내용적의 ( ㉠ )% 이하의 수납률로 수납하되, 50℃의 온도에서 ( ㉡ )% 이상의 공간용적을 유지하도록 할 것

① ㉠ : 80, ㉡ : 10 ② ㉠ : 85, ㉡ : 10
③ ㉠ : 90, ㉡ : 5 ④ ㉠ : 95, ㉡ : 5

해설 **위험물규칙 [별표 19]**
**운반용기의 수납률**

| 위험물 | 수납률 |
|---|---|
| • 알킬알루미늄 등 | **90%** 이하(**50℃**에서 **5%** 이상 공간용적 유지) **보기 ㉠㉡** |
| • 고체위험물 | **95%** 이하 |
| • 액체위험물 | **98%** 이하(**55℃**에서 누설되지 않을 것) |

답 ③

## 82 위험물안전관리법령상 위험물을 운반하기 위하여 적재하는 경우, 차광성이 있는 피복으로 가리지 않아도 되는 것은?

10회 문 80

① 염소산나트륨
② 아세트알데하이드
③ 황린
④ 마그네슘

해설 **위험물규칙 [별표 19]**
**차광성이 있는 피복 조치**

| 유 별 | 적용대상 |
|---|---|
| 제1류 위험물 | • 전부(**염소산나트륨** 등) **보기 ①** |
| 제3류 위험물 | • 자연발화성 물품(**황린**) **보기 ③** |
| 제4류 위험물 | • 특수인화물(**아세트알데하이드** 등) **보기 ②** |
| 제5류 위험물 | • 전부 |
| 제6류 위험물 | |

① 염소산나트륨 : 제1류
② 아세트알데하이드 : 제4류 특수인화물
③ 황린 : 제3류
④ 마그네슘 : 제2류

비교

**방수성**이 있는 **피복 조치**(위험물규칙 [별표 19])

| 유 별 | 적용대상 |
|---|---|
| 제1류 위험물 | • 알칼리금속의 과산화물 |
| 제2류 위험물 | • 철분<br>• 금속분<br>• 마그네슘 |
| 제3류 위험물 | • 금수성 물품 |

답 ④

## 83 위험물의 분류 및 표지에 관한 기준상 GHS의 물리적 위험성과 그림문자의 연결로 옳지 않은 것은?

① 자연발화성 액체

② 둔감화된 폭발성 물질

③ 금속부식성 물질

④ 산화성 액체

해설 위험물의 분류 및 표지에 관한 기준 [별표 1] 심벌의 종류 및 각 심벌에 따른 유해위험성

(1) 심벌의 종류

| 심 벌 | 종 류 | 심 벌 | 종 류 |
|---|---|---|---|
| | 불꽃 | | 해골과 X자형 뼈 |
| | 원 위의 불꽃 | | 감탄부호 |
| | 폭발하는 폭탄 | | 환경 유해성 |
| | 부식성 | | 건강 유해성 |
| | 가스 실린더 | – | – |

(2) 심벌에 따른 물리적 위험성

| 심 벌 | 물리적 위험성 |
|---|---|
| (불꽃) | 2. 인화성 가스(구분 1, 자연발화성 가스)<br>3. 에어로졸(구분 1, 2)<br>6. 인화성 액체(구분 1, 2, 3)<br>7. 인화성 고체(구분 1, 2)<br>8. 자기반응성 물질 및 혼합물(형식 B, C, D, E, F)<br>9. **자연발화성 액체**(구분 1) 보기 ①<br>10. 자연발화성 고체(구분 1)<br>11. 자기발열성 물질 및 혼합물(구분 1, 2)<br>12. 물반응성 물질 및 혼합물(구분 1, 2, 3)<br>15. 유기과산화물(형식 B, C, D, E, F)<br>18. 둔감화된 폭발성 물질(구분 1, 2, 3, 4) |
| (폭발하는 폭탄) | 1. **폭발성 물질**(불안정한 폭발성 물질 및 등급 1.1, 1.2, 1.3, 1.4) 보기 ②<br>8. 자기반응성 물질 및 혼합물(형식 A, B)<br>15. 유기과산화물(형식 A, B) |
| (부식성) | 16. **금속부식성 물질** (구분 1) 보기 ③ |
| (원 위의 불꽃) | 4. 산화성 가스(구분 1)<br>13. **산화성 액체**(구분 1, 2, 3) 보기 ④<br>14. 산화성 고체(구분 1, 2, 3) |
| (가스 실린더) | 5. 고압가스(압축가스, 액화가스, 냉동액화가스, 용해가스) |

② 둔감화된 폭발성 물질 → 폭발성 물질

답 ②

★★★

## 84 칼륨 39g이 물과 완전반응하였을 때 이론적으로 발생할 수 있는 수소의 질량(g)은 약 얼마인가? (단, 칼륨 1몰의 원자량은 39g/mol이다.)

20회 문 89 / 18회 문 77 / 18회 문 82 / 17회 문 79 / 15회 문 84 / 14회 문 80 / 13회 문 80 / 09회 문 83

① 1　　② 2

③ 3　　④ 4

해설 (1) 칼륨(K)

$2K + 2H_2O \rightarrow 2KOH + H_2 \uparrow$

(2) 원자량

| 원 자 | 원자량 |
|---|---|
| H → | 1 |
| C | 12 |
| O | 16 |
| N | 14 |
| K → | 39 |
| Ca | 40 |

분자량 $2K = 2 \times 39 = 78$

$H_2 = 1 \times 2 = 2$

(3) 칼륨과 수소의 반응식

$2K + 2H_2O \rightarrow 2KOH + H_2 \uparrow$

78g/mol ╳ 2g/mol

39g ╳ $x$

$78x = 2 \times 39g$ ← 계산편의를 위해 단위 〔g/mol〕 생략

$$x = \frac{2 \times 39g}{78} = 1g$$

답 ①

★

## 85 다음 제4류 위험물을 인화점이 높은 것부터 낮은 순서대로 옳게 나열한 것은?

17회 문 08 / 04회 문 97

> ㉠ 톨루엔
> ㉡ 아세트알데하이드
> ㉢ 초산
> ㉣ 글리세린
> ㉤ 벤젠

① ㉠－㉢－㉡－㉣－㉤

② ㉡－㉤－㉠－㉢－㉣

③ ㉣－㉢－㉠－㉤－㉡

④ ㉣－㉢－㉤－㉠－㉡

해설 인화점

| 물 질 | 인화점 |
|---|---|
| ㉣ 글리세린($C_3H_5(OH)_3$) | 160℃ |
| ㉢ 초산(아세트산)($CH_3COOH$) | 40℃ |
| ㉠ 톨루엔($C_6H_5CH_3$) | 4℃ |
| ㉤ 벤젠($C_6H_6$) | -11℃ |
| ㉡ 아세트알데하이드($CH_3CHO$) | -38℃ |

답 ③

## 86 메틸알코올 32g을 공기 중에서 완전연소시키기 위하여 필요한 공기량(g)은 약 얼마인가? (단, 공기 중에 산소는 20vol%, 질소는 80vol%이다.)

① 54 ② 108
③ 216 ④ 432

해설 (1) **원자량**

| 원 자 | 원자량 |
|---|---|
| H → | 1 |
| C → | 12 |
| O → | 16 |
| N → | 14 |
| K → | 39 |
| Ca | 40 |

(2) **분자량**

① 메틸알코올
$2CH_3OH = 2\times(12+1\times3+16+1) = 64g/mol$

② 산소
$3O_2 = 3\times(16\times2) = 96g/mol$

(3) **메틸알코올 연소반응식**

$2CH_3OH + 3O_2 \longrightarrow 2CO_2 + 4H_2O$
메틸알코올 산소
64g/mol ╳ 96g/mol
32g ╳ $x$

$64g/mol\ x = 96g/mol \times 32g$

$$x = \frac{96g/mol \times 32g}{64g/mol} = 48g$$

(4) **공기**(산소 20vol%+질소 80vol%)
문제에서 주어진 것은 질량비가 아니고 부피비〔vol%〕가 주어졌으므로 부피비=몰비
산소 $48g = xO_2 = x(16\times2)$

$$x = \frac{48g}{(16\times2)g/mol} = 1.5mol$$

산소 질소
1.5몰 : 20vol% = $x$ : 80vol%
20vol% × $x$ = 1.5몰 × 80vol%

$$x = \frac{1.5몰 \times 80vol\%}{20vol\%} = 6몰$$

질소 6몰 $= 6N_2 = 6\times(14\times2) = 168g$
∴ 공기량=산소질량+질소질량
=48g+168g=216g

답 ③

## 87 제4류 위험물인 시안화수소에 관한 설명으로 옳지 않은 것은?

① 특이한 냄새가 난다.
② 맹독성 물질이다.
③ 염료, 농약, 의약 등에 사용된다.
④ 증기비중이 1보다 크다.

해설 시안화수소(HCN)

(1) 모직, 견직물 등의 불완전연소시 발생하며, 독성이 커서 인체에 치명적이다.
(2) 증기는 공기보다 **가볍다**(증기비중이 1보다 작다). 보기 ④
(3) **특이한 냄새**가 난다. 보기 ①
(4) **맹독성** 물질이다. 보기 ②
(5) **염료**, **농약**, **의약** 등에 사용된다. 보기 ③
(6) 연소시 **푸른 불꽃**을 낸다.
(7) 장기간 저장시 **암갈색**의 폭발성 물질로 변한다.

④ 크다 → 작다

중요

시안화수소(HCN)

| 구 분 | 설 명 |
|---|---|
| 분자량 | 27 |
| 비중 | 0.69 |
| 증기비중 | 0.94 |
| 융점 | -14℃ |
| 비점 | 26℃ |
| 인화점 | -18℃ |
| 발화점 | 540℃ |
| 연소범위 | 5.6~40% |

답 ④

★
**88** 27℃, 0.5atm(50662Pa)에서 과산화수소 1몰은 약 몇 g인가?

① 8.5　② 17.0
③ 34.0　④ 68.0

해설 과산화수소($H_2O_2$)
(1) **원자량**

| 원 자 | 원자량 |
|---|---|
| H ⟶ | 1 |
| C | 12 |
| O ⟶ | 16 |
| N | 14 |
| K ⟶ | 39 |
| Ca | 40 |

분자량 $H_2O_2$=1×2+16×2=34g/mol
(2) **몰수**

$$n=\frac{m}{M}$$

여기서, $n$ : 몰수[mol]
$m$ : 질량[g]
$M$ : 분자량[g/mol]
질량 $m$은
$m=nM=1\text{mol}\times 34\text{g/mol}=34\text{g}$

• 1몰(mol) : 문제에서 주어짐

답 ③

★
**89** 위험물안전관리법령상 옥내저장소의 위치·구조 및 설비의 기준에 따라 위험물 저장창고의 바닥을 물이 스며 나오거나 스며들지 아니하는 구조로 하여야 하는 위험물이 아닌 것은?

① 과산화나트륨　② 철분
③ 칼륨　④ 나이트로글리세린

해설 위험물규칙 [별표 5]
옥내저장소의 바닥에 물이 스며 나오거나 스며들지 아니하는 구조 적용 위험물

| 유 별 | 품 명 |
|---|---|
| 제1류 위험물 | • 알칼리금속의 과산화물(**과산화나트륨** 등) 보기 ① |
| 제2류 위험물 | • **철분** 보기 ②<br>• 금속분<br>• 마그네슘 |
| 제3류 위험물 | • 금수성 물질(**칼륨** 등) 보기 ③ |
| 제4류 | • 전부 |

① 과산화나트륨 : 제1류
② 철분 : 제2류
③ 칼륨 : 제3류
④ 나이트로글리세린 : 제5류

비교

(1) **방수성**이 있는 **피복 조치**(위험물규칙 [별표 19])

| 유 별 | 적용대상 |
|---|---|
| 제1류 위험물 | • 알칼리금속의 과산화물 |
| 제2류 위험물 | • 철분<br>• 금속분<br>• 마그네슘 |
| 제3류 위험물 | • 금수성 물품 |

(2) **차광성**이 있는 **피복 조치**(위험물규칙 [별표 19])

| 유 별 | 적용대상 |
|---|---|
| 제1류 위험물 | • 전부 |
| 제3류 위험물 | • 자연발화성 물품 |
| 제4류 위험물 | • 특수인화물 |
| 제5류 위험물 | • 전부 |
| 제6류 위험물 | • 전부 |

답 ④

★
**90** 위험물안전관리법령상 주유취급소에 캐노피를 설치하는 경우 주유취급소의 위치·구조 및 설비의 기준에 해당하지 않는 것은?

① 배관이 캐노피 내부를 통과할 경우에는 1개 이상의 점검구를 설치할 것
② 캐노피의 면적은 주유를 취급하는 곳의 바닥면적의 $\frac{1}{3}$ 이하로 할 것
③ 캐노피 외부의 점검이 곤란한 장소에 배관을 설치하는 경우에는 용접이음으로 할 것
④ 캐노피 외부의 배관이 일광열의 영향을 받을 우려가 있는 경우에는 단열재로 피복할 것

해설 위험물규칙 [별표 13]
주유취급소의 캐노피 설치기준
(1) 배관이 캐노피 내부를 통과할 경우에는 1개 이상의 점검구를 설치할 것 보기 ①
(2) 캐노피 외부의 점검이 곤란한 장소에 배관을 설치하는 경우에는 **용접이음**으로 할 것 보기 ③
(3) 캐노피 외부의 배관이 일광열의 영향을 받을 우려가 있는 경우에는 **단열재**로 피복할 것 보기 ④

② 캐노피 면적은 관계 없음

답 ②

★★★
**91** 위험물안전관리법령상 옥외저장소에 지정수량 이상을 저장할 수 있는 위험물을 모두 고른 것은? (단, 옥외에 있는 탱크에 위험물을 저장하는 장소는 제외한다.)

18회 문 99
17회 문 92
11회 문 89
09회 문 78
02회 문 93

| ㉠ 과산화수소 | ㉡ 메틸알코올 |
|---|---|
| ㉢ 황린 | ㉣ 올리브유 |

① ㉠, ㉢ ② ㉡, ㉣
③ ㉠, ㉡, ㉣ ④ ㉠, ㉢, ㉣

해설 위험물령 [별표 2]
옥외저장소에 지정수량 이상의 위험물을 저장할 수 있는 경우

| 위험물 | 물질명 |
|---|---|
| 제2류 위험물 | • 황<br>• 인화성 고체(인화점 0℃ 이상) : 고형알코올 |
| 제4류 위험물 | • 제1석유류(인화점 0℃ 이상) : 톨루엔<br>• 제2석유류 : 등유 · 경유 · 크실렌<br>• 제3석유류 : 중유 · 크레오소트유<br>• 제4석유류 : 기어유 · 실린더유<br>• 알코올류 : **메틸알코올** · 에틸알코올 보기 ㉡<br>• 동식물유류 : 아마인유 · 해바라기유 · **올리브유** 보기 ㉣ |
| 제6류 위험물 | • 과염소산<br>• **과산화수소** 보기 ㉠<br>• 질산 |

㉢ 황린 : 제3류 위험물(자연발화성 물질)

답 ③

★
**92** 제5류 위험물의 성질에 관한 설명으로 옳지 않은 것은?

① 강산화제, 강산류와 혼합한 것은 발화를 촉진시키고 위험성도 증가한다.
② 다이아조화합물(제2종)은 위험등급 Ⅰ로 고농도인 경우 충격에 민감하여 연소시 순간적으로 폭발한다.
③ 나이트로화합물은 화기, 가열, 충격 등에 민감하여 폭발위험이 있다.
④ 외부의 산소공급이 없어도 자기연소하므로 연소속도가 빠르다.

해설 **제5류 위험물**의 **종류** 및 **지정수량**

| 성 질 | 품 명 | 지정수량 | 대표물질 |
|---|---|---|---|
| 자기반응성 물질 | 유기과산화물 | • 제1종 : 10kg<br>• 제2종 : 100kg | 과산화벤조일 · 메틸에틸케톤퍼옥사이드 |
| | 질산에스터류 | | 질산메틸 · 질산에틸 · 나이트로셀룰로오스 · 나이트로글리세린 · 나이트로글리콜 · 셀룰로이드 |
| | 나이트로화합물 | | 피크린산 · 트리나이트로톨루엔 · 트리나이트로벤젠 · 데트릴 |
| | 나이트로소화합물 | | 파라나이트로소벤젠 · 다이나이트로소레조르신 · 나이트로소아세트페논 |
| | 아조화합물 | | 아조벤젠 · 하이드록시아조벤젠 · 아미노아조벤젠 · 아족시벤젠 |
| | 다이아조화합물 | | 다이아조메탄 · 다이아조다이나이트로페놀 · 다이아조카르복실산에스터 · 질화납 |
| | 하이드라진유도체 | | 하이드라진 · 하이드라조벤젠 · 하이드라지드 · 염산하이드라진 · 황산하이드라진 |
| | 하이드록실아민 | | 하이드록실아민 |
| | 하이드록실아민염류 | | 염산하이드록실아민, 황산하이드록실아민 |

② 위험등급 Ⅰ → 위험등급 Ⅱ

중요

**제5류 위험물**

| 지정수량 | 위험등급 |
|---|---|
| 제1종 : 10kg | Ⅰ |
| 제2종 : 100kg | Ⅱ 보기 ② |

답 ②

★
**93 물과 반응하여 수소가스가 발생하는 것은?**

① 톨루엔
② 적린
③ 루비듐
④ 트리나이트로페놀

해설 **알칼리금속** : 물과 반응시 **수소** 발생
(1) 리튬(Li)
(2) 나트륨(Na)
(3) 칼륨(K)
(4) 루비듐(Rb) 보기 ③
$2Rb+2H_2O \rightarrow 2RbOH+H_2$
(5) 세슘(Cs)

답 ③



★★★
**94 위험물안전관리법령상 제조소에 설치하는 배출설비에 관한 설명으로 옳지 않은 것은?**

16회 문 93
15회 문 89
13회 문 89
09회 문 99

① 배출능력은 1시간당 배출장소 용적의 10배 이상인 것으로 하여야 한다. 다만, 전역방식의 경우에는 바닥면적 $1m^2$당 $18m^3$ 이상으로 할 수 있다.
② 위험물취급설비가 배관이음 등으로만 된 경우에는 전역방식으로 할 수 있다.
③ 배출구는 지상 2m 이상으로서 연소의 우려가 없는 장소에 설치하여야 한다.
④ 배풍기·배출덕트(Duct)·후드 등을 이용하여 강제적으로 배출하는 것으로 해야 한다.

해설 **위험물규칙 [별표 4] Ⅵ**
**제조소 배출설비의 설치기준**
(1) 배출설비는 **국소방식**으로 하여야 한다(단, 다음에 해당하는 경우에는 **전역방식**으로 할 수 있다).
① 위험물취급설비가 **배관이음** 등으로만 된 경우 보기 ②
② 건축물의 구조·작업장소의 분포 등의 조건에 의하여 전역방식이 유효한 경우
(2) 배출설비는 배풍기·배출덕트·후드 등을 이용하여 **강제**적으로 **배출**하는 것으로 하여야 한다. 보기 ④
(3) 배출능력은 1시간당 배출장소 용적의 **20배** 이상인 것으로 하여야 한다(단, **전역방식**의 경우에는 바닥면적 $1m^2$당 $18m^3$ 이상으로 할 수 있다). 보기 ①
(4) 배출설비의 급기구 및 배출구의 기준
① 급기구는 **높은 곳**에 설치하고, **가는 눈**의 구리망 등으로 인화방지망을 설치할 것
② 배출구는 **지상 2m** 이상으로서 연소의 우려가 없는 장소에 설치하고, 배출덕트가 관통하는 벽부분의 바로 가까이에 화재시 **자동**으로 폐쇄되는 **방화댐퍼**를 설치할 것 보기 ③
(5) 배풍기는 **강제배기방식**으로 하고, 옥내덕트의 내압이 대기압 이상이 되지 아니하는 위치에 설치할 것

① 10배 이상 → 20배 이상

답 ①

★★
**95 위험물안전관리법령상 소화설비, 경보설비 및 피난설비의 기준에서 제조소 등에 전기설비가 설치된 경우 당해 장소의 면적이 $400m^2$일 때, 소형 수동식 소화기를 최소 몇 개 이상 설치해야 하는가? (단, 전기배선, 조명기구 등은 제외한다.)**

16회 문 94
11회 문 85
05회 문 98

① 1
② 2
③ 3
④ 4

해설 **위험물규칙 [별표 17]**
제조소 등에 **전기설비**가 설치된 경우에는 해당 장소의 면적 **$100m^2$**마다 소형 수동식 소화기를 1개 이상 설치할 것

$\frac{400m^2}{100m^2}=4$개

답 ④

★★★

**96** 위험물안전관리법령상 제조소의 안전거리기준에 관한 설명으로 옳지 않은 것은? (단, 제6류 위험물을 취급하는 제조소를 제외한다.)

18회 문 92 / 16회 문 92 / 15회 문 88 / 14회 문 88 / 13회 문 88 / 11회 문 66 / 10회 문 87 / 09회 문 92 / 07회 문 77 / 06회 문100 / 05회 문 79 / 04회 문 83 / 02회 문100

① 「초·중등교육법」 제2조 및 「고등교육법」 제2조에 정하는 학교는 수용인원에 관계없이 30m 이상 이격하여야 한다.

② 「아동복지법」에 따른 아동복지시설에 20명 이상의 인원을 수용하는 경우는 30m 이상 이격하여야 한다.

③ 「공연법」에 의한 공연장이 300명 이상의 인원을 수용하는 경우는 30m 이상 이격하여야 한다.

④ 「노인복지법」에 의한 노인복지시설에 20명 이상의 인원을 수용하는 경우는 20m 이상 이격하여야 한다.

해설 **위험물규칙 [별표 4]**
**제조소의 안전거리**

| 안전거리 | 대 상 |
|---|---|
| 3m 이상 | • 7~35kV 이하의 특고압가공전선 |
| 5m 이상 | • 35kV를 초과하는 특고압가공전선 |
| 10m 이상 | • **주거용**으로 사용되는 것 |
| 20m 이상 | • 고압가스**제조**시설(용기에 충전하는 것 포함)<br>• 고압가스**사용**시설(1일 $30m^3$ 이상 용적 취급)<br>• 고압가스**저장**시설<br>• 액화산소**소비**시설<br>• 액화석유가스 제조·저장 시설<br>• 도시가스공급시설 |
| 30m 이상 | • 학교 보기 ①<br>• 병원급 의료기관<br>• 공연장 보기 ③, 영화상영관 → **300명** 이상 수용시설<br>• 아동복지시설 보기 ②<br>• **노인복지시설** 보기 ④<br>• 장애인복지시설<br>• 한부모가족 복지시설<br>• 어린이집<br>• 성매매 피해자 등을 위한 지원시설<br>• 정신건강증진시설<br>• 가정폭력피해자 보호시설<br>(아동복지시설 ~ 가정폭력피해자 보호시설 → **20명** 이상 수용시설) |
| 50m 이상 | • 유형문화재<br>• 지정문화재 |

④ 20m 이상 → 30m 이상

답 ④

★★★

**97** 위험물안전관리법령상 제조소의 환기설비시설기준에 관한 설명으로 옳지 않은 것은?

18회 문 88 / 14회 문 89 / 12회 문 72 / 11회 문 81 / 11회 문 88 / 10회 문 53 / 10회 문 76 / 09회 문 76 / 07회 문 86 / 04회 문 78

① 바닥면적이 $120m^2$인 경우 급기구의 면적은 $300cm^2$ 이상으로 하여야 한다.

② 환기구는 지붕 위 또는 지상 2m 이상의 높이에 회전식 고정벤틸레이터 또는 루프팬방식으로 설치할 것

③ 급기구는 해당 급기구가 설치된 실의 바닥면적 $150m^2$마다 1개 이상으로 하여야 한다.

④ 급기구는 낮은 곳에 설치하고 가는 눈의 구리망 등으로 인화방지망을 설치하여야 한다.

해설 **위험물규칙 [별표 4]**
**위험물제조소의 환기설비**

(1) 환기는 **자연배기방식**으로 할 것
(2) 급기구는 바닥면적 **$150m^2$**마다 1개 이상으로 하되, 그 크기는 **$800cm^2$** 이상일 것 보기 ③

| 바닥면적 | 급기구의 면적 |
|---|---|
| $60m^2$ 미만 | $150cm^2$ 이상 |
| $60\sim90m^2$ 미만 | $300cm^2$ 이상 |
| $90\sim120m^2$ 미만 | $450cm^2$ 이상 |
| $120\sim150m^2$ 미만 → | $600cm^2$ 이상 보기 ① |

(3) 급기구는 **낮은 곳**에 설치하고, 가는 눈의 구리망 등으로 **인화방지망**을 설치할 것 보기 ④
(4) 환기구는 지붕 위 또는 지상 **2m** 이상의 높이에 **회전식 고정벤틸레이터** 또는 **루프팬방식**으로 설치할 것 보기 ②

① $300cm^2$ 이상 → $600cm^2$ 이상

답 ①

★★★

**98** 위험물안전관리법령상 제1종 판매취급소의 위치·구조 및 설비의 기준으로 옳지 않은 것은?

18회 문 98 / 17회 문 99 / 16회 문 97 / 15회 문 98 / 14회 문 91 / 10회 문 55 / 11회 문 84 / 03회 문 93

① 판매취급소는 건축물의 1층에 설치할 것
② 판매취급소의 용도로 사용하는 부분의 창 및 출입구에는 60분+방화문, 60분 방화문 또는 30분 방화문을 설치할 것
③ 판매취급소로 사용되는 부분과 다른 부분과의 격벽은 내화구조로 할 것
④ 판매취급소의 용도로 사용하는 건축물의 부분은 보를 불연재료로 하고, 천장을 설치하는 경우에는 천장을 난연재료로 할 것



해설 **위험물규칙 [별표 14] I**
**제1종 판매취급소의 기준**
(1) 제1종 판매취급소는 건축물의 **1층**에 설치할 것 [보기 ①]
(2) 제1종 판매취급소 : 저장 또는 취급하는 위험물의 수량이 지정수량의 **20배** 이하인 판매취급소
(3) 위험물을 배합하는 실 바닥면적 : **6~15m$^2$** 이하
(4) 제1종 판매취급소의 용도로 사용되는 건축물의 부분은 **내화구조** 또는 **불연재료**로 하고, 판매취급소로 사용되는 부분과 다른 부분과의 격벽은 **내화구조**로 할 것 [보기 ③]
(5) 제1종 판매취급소의 용도로 사용하는 부분의 **창** 및 **출입구**에는 60분+방화문, 60분 방화문 또는 30분 방화문을 설치할 것 [보기 ②]
(6) 판매취급소의 용도로 사용하는 건축물의 부분은 **보**를 **불연재료**로 하고, 천장을 설치하는 경우에는 **천장**을 **불연재료**로 할 것 [보기 ④]
(7) 판매취급소의 용도로 사용하는 부분에 상층이 있는 경우에 있어서는 그 상층의 **바닥**을 **내화구조**로 하고, 상층이 없는 경우에 있어서는 **지붕**을 **내화구조** 또는 **불연재료**로 할 것
(8) 판매취급소의 용도로 사용하는 부분의 **창** 또는 **출입구**에 유리를 이용하는 경우에는 **망입유리**로 할 것
(9) 판매취급소의 용도로 사용하는 건축물에 설치하는 전기설비는 「전기사업법」에 의한 「전기설비기술기준」에 의할 것

④ 난연재료 → 불연재료

비교

**제2종 판매취급소 위치·구조** 및 **설비**의 **기준**
(위험물규칙 [별표 14] I)
(1) **벽·기둥·바닥** 및 **보**를 **내화구조**로 하고, **천장**이 있는 경우에는 이를 **불연재료**로 하며, 판매취급소로 사용되는 부분과 다른 부분과의 **격벽**은 **내화구조**로 할 것
(2) 상층이 있는 경우에는 상층의 **바닥**을 **내화구조**로 하는 동시에 상층으로의 연소를 방지하기 위한 조치를 강구하고, 상층이 없는 경우에는 **지붕**을 **내화구조**로 할 것
(3) 연소의 우려가 없는 부분에 한하여 창을 두되, 해당 창에는 60분+방화문, 60분 방화문 또는 30분 방화문을 설치할 것
(4) **출입구**에는 60분+방화문, 60분 방화문 또는 30분 방화문을 설치할 것

답 ④

★★

**99** 위험물안전관리법령상 위험물제조소에서 위험물을 가압하는 설비 또는 그 취급하는 위험물의 압력이 상승할 우려가 있는 설비에 설치하는 안전장치가 아닌 것은?

15회 문 91 / 03회 문 82

① 대기밸브부착 통기관
② 자동적으로 압력의 상승을 정지시키는 장치
③ 안전밸브를 겸하는 경보장치
④ 감압측에 안전밸브를 부착한 감압밸브

해설 **위험물규칙 [별표 4] Ⅷ**
**안전장치의 설치기준**
(1) **자동적**으로 압력의 상승을 정지시키는 장치 [보기 ②]
(2) **감압측**에 **안전밸브**를 부착한 감압밸브 [보기 ④]
(3) **안전밸브**를 겸하는 경보장치 [보기 ③]
(4) **파괴판** : 위험물의 성질에 따라 안전밸브의 작동이 곤란한 가압설비

답 ①

★

**100** 위험물안전관리법령상 제1류 위험물을 저장하는 옥내저장소의 저장창고는 지면에서 처마까지의 높이를 몇 m 미만인 단층 건물로 하는가?

13회 문 94

① 6 ② 8
③ 10 ④ 12

해설 **위험물규칙 [별표 5]**
**옥내저장소의 시설기준**

(1) 저장창고는 위험물 저장을 전용으로 하는 독립된 건축물로 하여야 한다.
(2) 저장창고는 지붕을 폭발력이 위로 방출될 정도의 **가벼운 불연재료**로 하고, 천장을 만들지 말 것
(3) 저장창고는 지면에서 처마까지의 높이가 **6m 미만**의 **단층 건물**로 해야 한다[단, 제2류 또는 제4류의 위험물만을 저장하는 창고로서 다음의 기준에 적합한 창고의 경우에는 20m 이하로 할 수 있다. 1) 벽・기둥・보 및 바닥을 내화구조로 할 것, 2) 출입구에 60분+방화문, 60분 방화문을 설치할 것, 3) 피뢰침을 설치할 것(단, 주위상황에 의하여 안전상 지장이 없는 경우에는 그러지 아니하다)]. 보기 ①

답 ①

## 제 5 과목 소방시설의 구조 원리

★★★

### 101 제연설비의 화재안전기준상 제연설비에 관한 기준으로 옳은 것은?

14회 문120
04회 문121

① 하나의 제연구역의 면적은 $1500m^2$ 이내로 할 것
② 하나의 제연구역은 직경 100m 원 내에 들어갈 수 있을 것
③ 하나의 제연구역은 2개 이상 층에 미치지 아니하도록 할 것. 다만, 층의 구분이 불분명한 부분은 그 부분을 다른 부분과 별도로 제연구획하여야 한다.
④ 통로상의 제연구역은 수평거리가 100m를 초과하지 아니할 것

해설 **제연설비**의 **화재안전기준**(NFPC 501 제4・7조, NFTC 501 2.1.1, 2.4.2)
(1) 하나의 제연구역의 면적은 **$1000m^2$** 이내로 할 것 보기 ①
(2) 거실과 통로(복도 포함)는 각각 **제연구획**할 것
(3) 통로상의 제연구역은 보행중심선의 길이가 **60m**를 초과하지 아니할 것 보기 ④

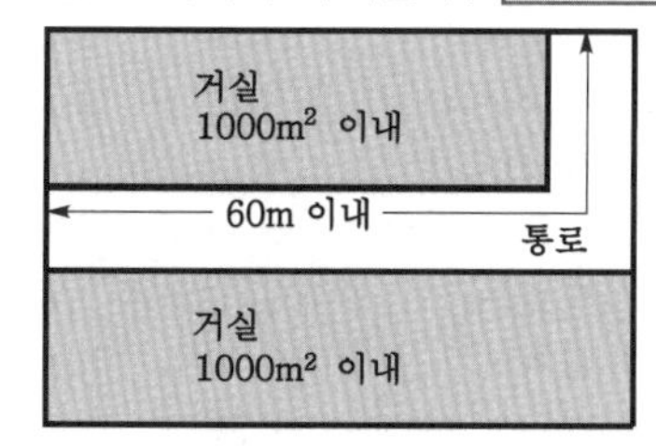

| 통로상의 제연구역 |

(4) 하나의 제연구역은 직경 **60m** 원 내에 들어갈 수 있을 것 보기 ②

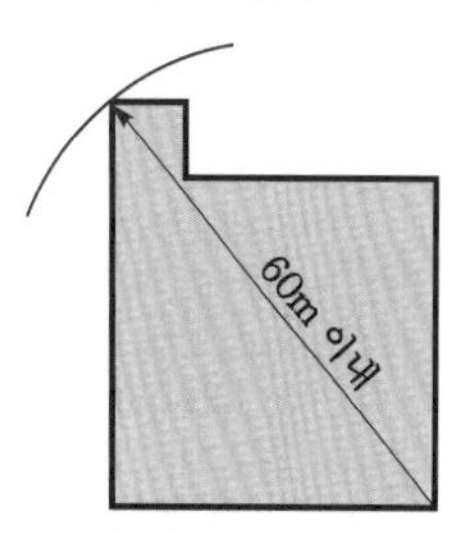

| 제연구역의 직경 |

(5) 하나의 제연구역은 **2개 이상** 층에 미치지 아니하도록 할 것(단, 층의 구분이 불분명한 부분은 그 부분을 다른 부분과 별도로 제연구획할 것) 보기 ③
(6) 제연경계는 제연경계의 폭이 **0.6m 이상**이고, 수직거리는 **2m 이내**이어야 한다(단, 구조상 불가피한 경우는 2m를 초과할 수 있다).
(7) 예상제연구역의 각 부분으로부터 하나의 배출구까지의 **수평거리**는 **10m 이내**가 되도록 하여야 한다.

① $1500m^2$ 이내 → $1000m^2$ 이내
② 100m 원 내 → 60m 원 내
④ 수평거리가 100m → 보행중심선의 길이가 60m

답 ③



★

### 102 분말소화설비의 화재안전기준상 가압용 가스용기에 관한 기준으로 옳지 않은 것은?

① 분말소화약제의 가스용기는 분말소화약제의 저장용기에 접속하여 설치하여야 한다.
② 가압용 가스에 질소가스를 사용하는 것의 질소가스는 소화약제 1kg마다 10L 이상으로 할 것
③ 분말소화약제의 가압용 가스용기를 3병 이상 설치한 경우에는 2개 이상의 용기에 전자개방밸브를 부착하여야 한다.
④ 가압용 가스에 이산화탄소를 사용하는 것의 이산화탄소는 소화약제 1kg에 대하여 20g에 배관의 청소에 필요한 양을 가산한 양 이상으로 할 것

해설 (1) **분말소화설비**의 **가압식**과 **축압식**의 **설치기준**(NFPC 108 제5조, NFTC 108 2.2.4.2~2.2.4.3)

| 구 분 / 사용가스 | 가압식 | 축압식 |
|---|---|---|
| 질소($N_2$) | **40L/kg** 이상 보기 ② | **10L/kg** 이상 |
| 이산화탄소($CO_2$) | **20g/kg**+배관청소 필요량 이상 보기 ④ | **20g/kg**+배관청소 필요량 이상 |

- 배관청소용 가스는 별도의 용기에 저장한다.

② 10L 이상 → 40L 이상

(2) **분말소화약제**의 **가압용 가스용기**(NFPC 108 제5조, NFTC 108 2.2.1~2.2.2)

① 가스용기를 **3병** 이상 설치한 경우 **2병** 이상에 **전자개방밸브**를 부착할 것 보기 ③

② 분말소화약제의 **가스용기**는 분말소화약제의 **저장용기**에 접속하여 설치하여야 한다. 보기 ①

중요

**전자개방밸브 부착**

| 분말소화약제 가압용 가스용기 | 이산화탄소·분말소화설비 전기식 기동장치 |
|---|---|
| **3병** 이상 설치한 경우 **2개** 이상 | **7병** 이상 개방시 **2병** 이상 |

기억법 이7(이치)

답 ②

★★★

**103** 할로겐화합물 및 불활성기체 소화설비의 화재안전기준에서 정하고 있는 할로겐화합물 및 불활성기체 소화약제 최대허용설계농도 중 다음에서 최대허용설계농도(%)가 가장 낮은 소화약제는?

20회 문 39
19회 문 36
19회 문117
18회 문 31
17회 문 37
15회 문 36
15회 문110
14회 문 36
14회 문110
12회 문 31
07회 문121

① IG-55
② HFC-23
③ HFC-125
④ FK-5-1-12

해설 **할로겐화합물** 및 **불활성기체 소화약제 최대허용설계농도**(NFTC 107A 2.4.2)

| 소화약제 | 최대허용설계농도[%] |
|---|---|
| FIC-13I1 | 0.3 |
| HCFC-124 | 1.0 |
| FK-5-1-12 보기 ④ → | 10 |
| HCFC BLEND A | |
| HFC-227ea | 10.5 |
| HFC-125 보기 ③ → | 11.5 |
| HFC-236fa | 12.5 |
| HFC-23 보기 ② → | 30 |
| FC-3-1-10 | 40 |
| IG-01 | 43 |
| IG-100 | |
| IG-55 보기 ① → | |
| IG-541 | |

답 ④

★★

**104** 지하구의 화재안전기준상 방화벽의 설치기준으로 옳지 않은 것은?

16회 문120
12회 문125

① 내화구조로서 홀로 설 수 있는 구조일 것
② 방화벽의 출입문은 30분 방화문으로 설치할 것
③ 방화벽은 분기구 및 국사·변전소 등의 건축물과 지하구가 연결되는 부위(건축물로부터 20m 이내)에 설치할 것
④ 방화벽을 관통하는 케이블·전선 등에는 국토교통부 고시(내화구조의 인정 및 관리기준)에 따라 내화충전구조로 마감할 것

해설 **지하구 방화벽**의 **설치기준**(NFPC 605 제10조)
**항상 닫힌 상태**를 유지하거나 자동폐쇄장치에 의하여 화재신호를 받으면 **자동**으로 **닫히는 구조**로 할 것

(1) **내화구조**로서 홀로 설 수 있는 구조일 것 보기 ①
(2) 방화벽의 출입문은 **60분+방화문** 또는 **60분 방화문**으로 설치할 것 보기 ②
(3) 방화벽을 관통하는 케이블·전선 등에는 국토교통부 고시(「내화구조의 인정 및 관리기준」)에 따라 **내화충전**구조로 마감할 것 보기 ④

(4) 방화벽은 **분기구** 및 국사・변전소 등의 건축물과 지하구가 연결되는 부위(건축물로부터 20m 이내)에 설치할 것 보기 ③

(5) 자동폐쇄장치를 사용하는 경우에는 「자동폐쇄장치의 성능인증 및 제품검사의 기술기준」에 적합한 것으로 설치할 것

② 30분 방화문 → 60분+방화문 또는 60분 방화문

답 ②

★★★

## 105 연결송수관설비의 화재안전기준상 배관에 관한 설치기준의 일부이다. ( )에 들어갈 것으로 옳은 것은?

19회 문123 / 18회 문105 / 16회 문121 / 15회 문119 / 12회 문103 / 04회 문108

- 주배관의 구경은 ( ㉠ )mm 이상의 전용 배관으로 할 것
- 지면으로부터의 높이가 31m 이상인 특정소방대상물 또는 지상 ( ㉡ )층 이상인 특정소방대상물에 있어서는 습식 설비로 할 것

① ㉠ : 100, ㉡ : 9

② ㉠ : 100, ㉡ : 11

③ ㉠ : 150, ㉡ : 9

④ ㉠ : 150, ㉡ : 11

해설 **연결송수관설비 배관 등**의 **설치기준**(NFPC 502 제5조, NFTC 502 2.2)

(1) 주배관의 구경은 **100mm** 이상의 전용배관으로 할 것(단, 주배관의 구경이 **100mm 이상**인 **옥내소화전설비**의 배관과 겸용할 수 있다) 보기 ㉠

(2) 지면으로부터의 높이가 **31m** 이상인 특정소방대상물 또는 **지상 11층** 이상인 특정소방대상물에 있어서는 **습식 설비**로 할 것 보기 ㉡

| 배관 내 사용압력 1.2MPa 미만 | 배관 내 사용압력 1.2MPa 이상 |
|---|---|
| ① 배관용 탄소강관<br>② 이음매 없는 구리 및 구리합금관(단, **습식** 배관에 한함)<br>③ 배관용 스테인리스강관 또는 일반배관용 스테인리스강관<br>④ 덕타일 주철관 | ① 압력배관용 탄소강관<br>② 배관용 아크용접 탄소강강관 |

답 ②

★

## 106 연결살수설비의 화재안전기준상 송수구의 설치높이로 옳은 것은?

① 지면으로부터 높이가 0.5m 이상 1m 이하의 위치에 설치할 것

② 지면으로부터 높이가 0.8m 이상 1.5m 이하의 위치에 설치할 것

③ 지면으로부터 높이가 1m 이상 1.5m 이하의 위치에 설치할 것

④ 지면으로부터 높이가 1.5m 이상 2m 이하의 위치에 설치할 것

해설 **설치높이**

| 설치높이 | 기 기 |
|---|---|
| 0.5~1m 이하 | ① 연결송수관설비의 송수구・방수구<br>② **연결살수설비**의 **송수구** 보기 ①<br>③ 소화용수설비의 채수구 |
| 0.8~1.5m 이하 | ① **제**어밸브<br>② **유**수검지장치<br>③ **일**제개방밸브<br>기억법 제유일 85(**제**가 **유일**하게 **팔**았어**요**.) |
| 1.5m 이하 | ① 옥내소화전함의 방수구<br>② 호스릴함<br>③ 소화기 |

답 ①

★★★

## 107 무선통신보조설비의 화재안전기준상 누설동축케이블 설치기준으로 옳지 않은 것은?

18회 문102 / 17회 문118 / 15회 문121 / 14회 문124 / 07회 문 27

① 누설동축케이블과 이에 접속하는 안테나 또는 동축케이블과 이에 접속하는 안테나로 구성할 것

② 누설동축케이블의 끝부분에는 무반사종단저항을 견고하게 설치할 것

③ 해당 전로에 정전기 차폐장치를 유효하게 설치한 경우에도 누설동축케이블 및 안테나는 고압의 전로로부터 1m 이상 떨어진 위치에 설치할 것

④ 누설동축케이블 및 동축케이블은 불연 또는 난연성의 것으로서 습기에 따라 전기의 특성이 변질되지 아니하는 것으로 하고, 노출하여 설치한 경우에는 피난 및 통행에 장애가 없도록 할 것

해설 **무선통신보조설비**의 **설치기준**(NFPC 505 제5~7조, NFTC 505 2.2)

(1) **건축물**, **지하가**, **터널** 또는 **공동구**의 **출입구** 및 **출입구 인근**에서 통신이 가능한 장소에 설치할 것
(2) 다른 용도로 사용되는 안테나로 인한 통신장애가 발생하지 않도록 설치할 것
(3) 누설동축케이블 및 안테나는 **금속판** 등에 의하여 **전파**의 **복사** 또는 **특성**이 현저하게 저하되지 아니하는 위치에 설치할 것
(4) **누설동축케이블**과 이에 접속하는 **안테나** 또는 **동축케이블**과 이에 접속하는 **안테나**일 것 보기 ①
(5) 누설동축케이블 및 동축케이블은 화재에 따라 해당 케이블의 피복이 소실된 경우에 케이블 본체가 떨어지지 아니하도록 **4m** 이내마다 **금속제** 또는 **자기제** 등의 지지금구로 벽·천장·기둥 등에 견고하게 고정시킬 것(**불연재료**로 구획된 반자 안에 설치하는 경우는 제외)
(6) 누설동축케이블 및 안테나는 고압전로로부터 **1.5m** 이상 떨어진 위치에 설치할 것(해당 전로에 **정전기차폐장치**를 유효하게 설치한 경우에는 제외) 보기 ③
(7) 누설동축케이블의 **끝**부분에는 **무반사종단저항**을 설치할 것 보기 ②
(8) 누설동축케이블, 동축케이블, 분배기, 분파기, 혼합기 등의 임피던스는 **50Ω**으로 할 것
(9) 증폭기의 전면에는 **표시등** 및 **전압계**를 설치할 것
(10) 소방전용 주파수대에 **전파의 전송** 또는 **복사**에 적합한 것으로서 **소방전용**의 것으로 할 것(단, 소방대 상호간의 **무선연락**에 지장이 없는 경우에는 다른 용도와 겸용할 수 있다)
(11) 누설동축케이블 및 동축케이블은 불연 또는 난연성의 것으로서 습기에 따라 전기의 특성이 변질되지 아니하는 것으로 하고, 노출하여 설치한 경우에는 피난 및 통행에 장애가 없도록 할 것 보기 ④

③ 정전기 차폐장치를 유효하게 설치한 경우 제외

답 ③

★
## 108 미분무소화설비의 화재안전기준에 관한 내용으로 옳지 않은 것은?

① 중압미분무소화설비란 사용압력이 0.5MPa을 초과하고 5.5MPa 이하인 미분무소화설비를 말한다.
② 사용되는 필터 또는 스트레이너의 메시는 헤드 오리피스 지름이 80% 이하가 되어야 한다.
③ 설비에 사용되는 구성요소는 STS 304 이상의 재료를 사용하여야 한다.
④ 가압송수장치가 기동되는 경우에는 자동으로 정지되지 아니하도록 하여야 한다.

해설 **미분무소화설비**의 **화재안전기준**(NFPC 104A 제3조, NFTC 104A 1.7.1.6~1.7.1.8)

| 구 분 | 사용압력 |
|---|---|
| 저압 | 1.2MPa 이하 |
| 중압 → | 1.2 초과 3.5MPa 이하 보기 ① |
| 고압 | 3.5MPa 초과 |

(1) 사용되는 필터 또는 스트레이너의 메시는 헤드 오리피스 지름이 **80% 이하**가 되어야 한다.(NFPC 104A 제6조, NFTC 104A 2.3.3) 보기 ②
(2) 설비에 사용되는 구성요소는 **STS 304 이상**의 재료를 사용하여야 한다.(NFPC 104A 제11조, NFTC 104A 2.8.1) 보기 ③
(3) 가압송수장치가 기동되는 경우에는 **자동**으로 정지되지 아니하도록 하여야 한다.(NFPC 104A 제8조, NFTC 104A 2.5.1.9) 보기 ④

① 0.5MPa을 초과하고 5.5MPa 이하 → 1.2MPa을 초과하고 3.5MPa 이하

답 ①

★
## 109 포소화설비의 화재안전기준에서 정하고 있는 가압송수장치의 포워터 스프링클러 헤드 표준방사량으로 옳은 것은?

05회 문116

① 50L/min 이상
② 65L/min 이상
③ 70L/min 이상
④ 75L/min 이상

해설 **표준방사량**(NFPC 105 제6조, NFTC 105 2.3.5)

| 구 분 | 표준방사량 |
|---|---|
| • 포워터 스프링클러헤드 | 75L/min 이상 **보기 ④** |
| • 포헤드<br>• 고정포방출구<br>• 이동식 포노즐<br>• 압축공기포헤드 | 각 포헤드·고정포방출구 또는 이동식 포노즐의 설계압력에 따라 방출되는 소화약제의 양 |

• 포헤드의 표준방사량 : **10분**

답 ④

★★★

**110** 소화기구 및 자동소화장치의 화재안전기준상 다음 조건에 따른 의료시설에 설치해야 하는 소형 소화기의 최소 설치개수는?

20회 문123 / 17회 문101 / 15회 문102 / 13회 문101 / 11회 문106

- 소형 소화기 1개의 능력단위는 3단위이다.
- 의료시설은 15층에만 있으며, 바닥면적은 가로 40m×세로 40m이다.
- 주요구조부가 내화구조이고, 벽 및 반자의 실내에 면하는 부분이 난연재료로 되어 있다.

① 4개
② 6개
③ 9개
④ 11개

해설 **특정소방대상물별 소화기구의 능력단위기준**(NFTC 101 2.1.1.2)

| 특정소방대상물 | 능력단위(바닥면적) | 건축물의 주요구조부가 **내화구조**이고, 벽 및 반자의 실내에 면하는 부분이 **불연재료·준불연재료 또는 난연재료**로 된 특정소방대상물의 능력단위 |
|---|---|---|
| • **위**락시설<br>기억법 위3(위상) | 바닥면적 30m²마다 1단위 이상 | 바닥면적 60m²마다 1단위 이상 |
| • **공연**장<br>• **집**회장<br>• **관람**장 및 **문**화재<br>• **의**료시설 · **장**례시설(장례식장)<br>기억법 5공연장 문의 집관람(손오공 연장 문의 집관람) | 바닥면적 50m²마다 1단위 이상 | 바닥면적 100m²마다 1단위 이상 |
| • **근**린생활시설<br>• **판**매시설<br>• 운수시설<br>• **숙**박시설<br>• **노**유자시설<br>• **전**시장<br>• 공동**주**택<br>• **업**무시설<br>• **방**송통신시설<br>• 공장·**창**고시설<br>• **항**공기 및 자동**차** 관련 시설 및 **관광**휴게시설<br>기억법 근판숙노전 주업방차창 1항관광(근판숙노전 주업방차창 일본항관광) | 바닥면적 100m²마다 1단위 이상 | 바닥면적 200m²마다 1단위 이상 |
| • 그 밖의 것(교육연구시설) | 바닥면적 200m²마다 1단위 이상 | 400m²마다 1단위 이상 |

**의료시설**

$$\text{소화기구 능력단위} = \frac{\text{바닥면적}}{\text{능력단위 바닥면적}} = \frac{(40\text{m} \times 40\text{m})}{100\text{m}^2} = 16\text{단위}$$

$$\text{소화기 설치개수} = \frac{\text{소화기구 능력단위}}{\text{소화기 1개 능력단위}} = \frac{16\text{단위}}{3\text{단위}} = 5.3 = 6\text{개(절상)}$$

답 ②

21회

★

## 111 옥내소화전설비에서 옥내소화전 2개 설치시 최소 유량은 260L/min이다. 펌프성능시험에서 다음 ( )에 들어갈 것으로 옳은 것은?

| 구 분 | 체절운전시 | 정격토출량 100% 운전시 | 정격토출량 150% 운전시 |
|---|---|---|---|
| 펌프 토출량 | ( ㉠ )L/min | 260L/min | 390L/min |
| 펌프 토출압 | 1.4MPa | 1MPa | ( ㉡ )MPa 이상 |

① ㉠ : 0, ㉡ : 0.65
② ㉠ : 0, ㉡ : 1.5
③ ㉠ : 130, ㉡ : 0.65
④ ㉠ : 130, ㉡ : 1.5



해설

| 구 분 | • 체절점(체절 운전점)<br>• 체절 운전시 | • 설계점(정격 운전점)<br>• 정격토출량 100% 운전시 | • 150% 유량점(운전점, 최대 운전점)<br>• 정격토출량 150% 운전시 |
|---|---|---|---|
| 펌프 토출량 | 펌프토출측 개폐밸브를 닫은 상태이므로 펌프 토출량은 0L/min<br>보기 ㉠ | 문제에서 주어진 정격토출량(최소 유량)=260L/min | 정격토출량×1.5<br>=260L/min×1.5<br>=390L/min |
| 펌프 토출압 | 정격토출압×1.4<br>=1MPa×1.4<br>=1.4MPa | 정격토출압<br>=1MPa | 정격토출압×0.65<br>=1MPa×0.65<br>=0.65MPa 이상<br>보기 ㉡ |

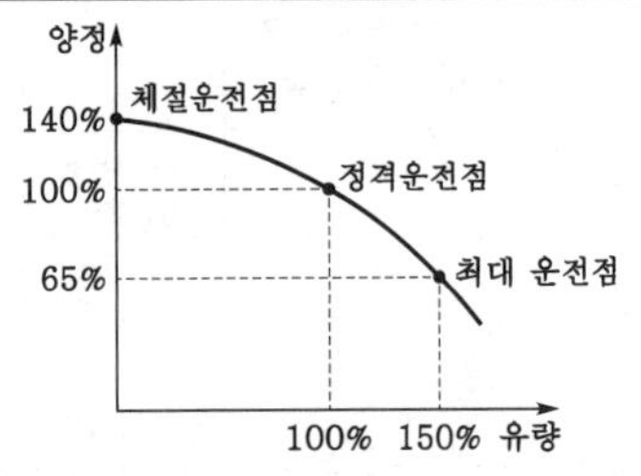


| 펌프의 유량-양정 곡선 |

• 체절점=체절운전점=무부하시험
• 설계점=100% 운전점=100% 유량운전점=정격운전점=정격부하운전점=정격부하시험
• 150% 유량점=150% 운전점=150% 유량운전점=최대 운전점=과부하운전점=피크부하시험

용어

**체절운전**
펌프의 성능시험을 목적으로 펌프토출측의 개폐밸브를 닫은 상태에서 펌프를 운전하는 것

중요

**체절점 · 설계점 · 150% 유량점**

| 체절점 | 설계점 | 150% 유량점(운전점) |
|---|---|---|
| 정격토출양정×1.4 | 정격토출양정×1.0 | 정격토출양정×0.65 |
| • **정의** : 체절압력이 정격토출압력의 140%를 **초과**하지 아니하는 점<br>• 정격토출압력(양정)의 140%를 **초과**하지 아니하여야 하므로 정격토출양정에 1.4를 곱하면 된다. | • **정의** : 정격토출량의 100%로 운전시 정격토출압력의 100%로 운전하는 점<br>• 펌프의 성능곡선에서 설계점은 **정격토출양정**의 100% 또는 **정격토출량**의 100%이다. | • **정의** : 정격토출량의 150%로 운전시 정격토출압력의 65% 이상으로 운전하는 점<br>• 정격토출량의 150%로 운전시 정격토출압력(양정)의 65% 이상이어야 하므로 정격토출양정에 0.65를 곱하면 된다. |

답 ①

★

## 112 옥외소화전 5개가 설치된 특정소방대상물이 있다. 펌프방식을 사용하여 소화수를 공급할 때, 펌프의 전동기 최소 용량(kW)은 약 얼마인가?

㉠ 실양정 20m, 호스길이 25m(호스의 마찰손실수두는 호스길이 100m당 4m)
㉡ 배관 및 배관부속품 마찰손실수두 10m, 펌프효율 50%
㉢ 전달계수($K$) 1.1, 관창에서의 방수압 29mAq
㉣ 주어진 조건 이외의 다른 조건은 고려하지 않고, 계산결과값은 소수점 셋째자리에서 반올림함

① 1.51 ② 12.43
③ 15.10 ④ 20.51

해설 (1) **기호**

- $h_3$ : 20m
- $h_1$ : $\frac{4}{100} \times 25\text{m} = 1\text{m}$
- $h_2$ : 10m(호스의 마찰손실수두는 호스길이 100m당 4m)
- $\eta$ : 0.5(50%=0.5)
- $K$ : 1.1
- 관창(노즐)에서의 방수압 : 29m(29mAq=29m)
- $P$ : ?

(2) **옥외소화전설비 토출량**

$$Q = N \times 350$$

여기서, $Q$ : 토출량〔L/min〕
$N$ : 옥외소화전 개수(**최대 2개**)

옥외소화전 토출량 $Q$는

$Q = N \times 350 = 2 \times 350$
$= 700\text{L/min} = 0.7\text{m}^3/\text{min}(1000\text{L} = 1\text{m}^3)$

- $N$ : 문제에서 5개이므로 최대 2개 적용

(3) **옥외소화전설비 전양정**

$$H = h_1 + h_2 + h_3 + 25$$

여기서, $H$ : 전양정〔m〕
$h_1$ : 소방용 호스의 마찰손실수두〔m〕
$h_2$ : 배관 및 관부속품의 마찰손실수두〔m〕
$h_3$ : 실양정(흡입양정+토출양정)〔m〕
25 : 관창(노즐)에서의 방수압(수두)〔m〕

옥외소화전 전양정 $H$는

$H = h_1 + h_2 + h_3 + 25$
$= 1\text{m} + 10\text{m} + 20\text{m} + 29\text{m} = 60\text{m}$

- 〔조건 ⓒ〕에서 관창에서의 방수압이 29m(29mAq)로 주어졌으므로 여기서는 25m가 아닌 29m 적용

(4) **전동기**의 **용량**

$$P = \frac{0.163\,QH}{\eta}K$$

여기서, $P$ : 전동력〔kW〕
$Q$ : 유량〔$\text{m}^3$/min〕
$H$ : 전양정〔m〕
$K$ : 전달계수
$\eta$ : 효율

**전동기**의 **용량** $P$는

$P = \frac{0.163QH}{\eta}K$

$= \frac{0.163 \times 0.7\text{m}^3/\text{min} \times 60\text{m}}{0.5} \times 1.1$

$= 15.06 ≒ 15.10\text{kW}$

답 ③

☆

**113** 스프링클러설비의 화재안전기준상 헤드에 관한 기준으로 옳은 것은?

① 살수가 방해되지 않도록 벽과 스프링클러헤드 간의 공간은 10cm 이상으로 한다.

② 스프링클러헤드와 그 부착면과의 거리는 60cm 이하로 한다.

③ 상부에 설치된 헤드의 방출수에 따라 감열부에 영향을 받을 우려가 있는 헤드에는 방출수를 차단할 수 있는 유효한 반사판을 설치한다.

④ 측벽형을 설치하는 경우 긴 변의 한쪽 벽에 일렬로 설치하고 4m 이내마다 설치한다.

해설 **스프링클러헤드**의 **설치방법**(NFPC 103 제10조 제7항, NFTC 103 2.7.7)

(1) 살수가 방해되지 않도록 스프링클러헤드로부터 반경 **60cm 이상**의 공간을 보유할 것(단, **벽**과 **스프링클러헤드** 간의 공간은 **10cm 이상**으로 한다) 보기 ①

(2) 스프링클러헤드와 그 부착면과의 거리는 **30cm 이하**로 할 것 보기 ②

(3) 배관·행거 및 조명기구 등 살수를 방해하는 것이 있는 경우에는 그로부터 아래에 설치하여 살수에 장애가 없도록 할 것(단, 스프링클러헤드와 장애물과의 이격거리를 장애물 폭의 **3배 이상** 확보한 경우는 제외)

(4) 스프링클러헤드의 **반사판**은 그 부착면과 **평행**하게 설치할 것(단, **측벽형 헤드** 또는 **연소**할 **우려**가 있는 **개구부**에 설치하는 스프링클러헤드의 경우는 제외)

(5) **연소**할 **우려**가 있는 **개구부**에는 그 상하좌우에 **2.5m** 간격으로(개구부의 폭이 2.5m 이하인 경우에는 그 중앙에) 스프링클러헤드를 설치하되, 스프링클러헤드와 개구부의 내측면으로부터 직선거리는 **15cm** 이하가 되도록 할 것. 이 경우 사람이 상시 출입하는 개구부로서 통행에 지장이 있는 때에는 개구부의 상부 또는 측면(개구부의 폭이 **9m** 이하인 경우에 한함)에 설치하되, 헤드 상호간의 간격은 **1.2m** 이하로 설치해야 한다.

(6) **측벽형** 스프링클러헤드를 설치하는 경우 긴 변의 한쪽 벽에 일렬로 설치(폭이 **4.5m 이상 9m 이하**인 실에 있어서는 긴 변의 양쪽에 각각 일렬로 설치하되 마주보는 스프링클러헤드가 나란히꼴이 되도록 설치)하고 **3.6m** 이내마다 설치할 것 보기 ④

(7) 상부에 설치된 헤드의 방출수에 따라 감열부에 영향을 받을 우려가 있는 헤드에는 방출수를 차단할 수 있는 유효한 **차폐판**을 설치할 것 **보기 ③**

② 60cm 이하 → 30cm 이하
③ 반사판 → 차폐판
④ 4m 이내 → 3.6m 이내

답 ①

★

## 114 옥내소화전설비의 화재안전기준에 관한 내용으로 옳은 것은?

① 물올림장치란 옥내소화전설비의 관창에서 압력변동을 검지하여 자동적으로 펌프를 기동시키는 것으로서 압력챔버 또는 기동용 압력스위치 등을 말한다.
② 펌프의 토출측에는 진공계를 체크밸브 이전에 펌프토출측 플랜지에서 가까운 곳에 설치한다.
③ 가압송수장치의 기동을 표시하는 표시등은 옥내소화전함의 내부에 설치하되 황색등으로 한다.
④ 옥내소화전설비의 수원은 그 저수량이 옥내소화전의 설치개수가 가장 많은 층의 설치개수(2개 이상 설치된 경우에는 2개)에 2.6m$^3$를 곱한 양 이상이 되도록 하여야 한다.

해설 **옥내소화전설비**의 **화재안전기준**(NFPC 102)

(1) **"기동용 수압개폐장치"**란 소화설비의 배관 내 **압력변동**을 **검지**하여 자동적으로 **펌프**를 **기동** 및 **정지**시키는 것으로서 **압력챔버** 또는 **기동용 압력스위치** 등을 말한다.(NFPC 102 제3조, NFTC 102 1.7.1.9) **보기 ①**

(2) 펌프의 **토출측**에는 **압력계**를 체크밸브 이전에 펌프토출측 플랜지에서 가까운 곳에 설치하고, **흡입측**에는 **연성계** 또는 **진공계**를 설치할 것(단, 수원의 수위가 펌프의 위치보다 높거나 수직회전축 펌프의 경우에는 연성계 또는 진공계 설치제외 가능)(NFPC 102 제5조, NFTC 102 2.2.1.6) **보기 ②**

(3) 가압송수장치의 기동을 표시하는 **표시등**은 옥내소화전함의 **상부** 또는 그 **직근**에 설치하되 **적색등**으로 할 것(단, **자체소방대**를 구성하여 운영하는 경우(「위험물 안전관리법 시행령」 [별표 8]에서 정한 소방자동차와 자체소방대원의 규모), **가압송수장치**의 **기동표시등**을 설치제외 가능)(NFTC 102 2.4.3.2) **보기 ③**

(4) 옥내소화전설비의 수원은 그 저수량이 옥내소화전의 설치개수가 가장 많은 층의 설치개수(2개 이상 설치된 경우에는 **2개**)에 **2.6m$^3$**(**호스릴**옥내소화전설비를 포함)를 곱한 양 이상이 되도록 하여야 한다.(NFPC 102 제4조, NFTC 102 2.1.1) **보기 ④**

① 물올림장치 → 기동용 수압개폐장치
② 진공계 → 압력계
③ 내부에 → 상부 또는 그 직근에, 황색등 → 적색등

답 ④

★★★

## 115 건축물의 높이가 3.5m인 특수가연물을 저장 또는 취급하는 랙식 창고에 스프링클러설비를 설치하고자 한다. 바닥면적 가로 40m×세로 66m라고 한다면, 스프링클러헤드를 정방형으로 배치할 경우 헤드의 최소 설치개수는?

16회 문102
11회 문105
05회 문112

① 322개
② 433개
③ 476개
④ 512개

해설 (1) **스프링클러헤드**의 **수평거리**(NFPC 103 제10조, NFTC 103 2.7.3)

| 설치장소 | 설치기준 |
|---|---|
| **무**대부 · **특**수가연물 (창고 포함) | 수평거리 **1.7**m 이하 |
| **기**타구조(창고 포함) | 수평거리 **2.1**m 이하 |
| **내**화구조(창고 포함) | 수평거리 **2.3**m 이하 |
| **공**동주택(**아**파트) 세대 내 | 수평거리 **2.6**m 이하 |

기억법 무특 17
기 1
내 3
공아 26

(2) **수평헤드간격** $S$는

$S = 2R\cos 45°$
$= 2 \times 1.7\text{m} \times \cos 45°$
$\fallingdotseq 2.404\text{m}$

① 가로헤드 설치개수 $= \frac{\text{가로길이}}{\text{수평헤드간격}}$
$= \frac{40\text{m}}{2.404\text{m}}$
$= 16.6 ≒ 17$개(절상)

② 세로헤드 설치개수 $= \frac{\text{세로길이}}{\text{수평헤드간격}}$
$= \frac{66\text{m}}{2.404\text{m}}$
$= 27.4 ≒ 28$개(절상)

③ 헤드 설치개수=가로헤드 설치개수×세로헤드 설치개수
=17개×28개=476개

비교

**랙식 창고**의 **헤드 설치높이**(NFPC 609 제7조, NFTC 609 2.7.2)

| 설치장소 | 설치기준 |
|---|---|
| 랙식 창고 | 높이 **3m** 이하마다 |

- 만약 문제에서 **특수가연물** 저장 **랙식 창고**이고 랙 높이가 3.5m로 3m를 초과하므로, 기존 헤드 설치개수에 **2배**를 곱해야 함(476개×2배=952개)

배수 $= \frac{3.5\text{m}}{3\text{m}} = 1.1 ≒ 2$배(절상)

참고

**헤드**의 **배치형태**

(1) **정방형**(정사각형)

$$S = 2R\cos 45°,\ L = S$$

여기서, $S$ : 수평헤드간격
$R$ : 수평거리
$L$ : 배관간격

(2) **장방형**(직사각형)

$$S = \sqrt{4R^2 - L^2},\ L = 2R\cos\theta,\ S' = 2R$$

여기서, $S$ : 수평헤드간격
$R$ : 수평거리
$L$ : 배관간격
$S'$ : 대각선 헤드간격
$\theta$ : 각도

(3) **지그재그형**(나란히꼴형)

$$S = 2R\cos 30°,\ b = 2S\cos 30°,\ L = \frac{b}{2}$$

여기서, $S$ : 수평헤드간격
$R$ : 수평거리
$b$ : 수직헤드간격
$L$ : 배관간격

답 ③

★

**116** **옥내소화전설비의 화재안전기준상 가압송수장치의 내연기관에 관한 내용으로 옳지 않은 것은?**

① 내연기관의 기동은 소화전함의 위치에서 원격조작이 가능하고, 기동을 명시하는 적색등을 설치할 것
② 제어반에 따라 내연기관의 자동기동 및 수동기동이 가능하고, 상시 충전되어 있는 축전지설비를 갖출 것
③ 내연기관의 연료량은 펌프를 20분(층수가 30층 이상 49층 이하는 40분, 50층 이상은 60분) 이상 운전할 수 있는 용량일 것
④ 내연기관의 충압펌프는 정격부하운전시험 및 수온의 상승을 방지하기 위하여 순환배관을 설치할 것

해설 **옥내소화전설비 가압송수장치**의 **내연기관 적합 기준**(NFPC 102 제5조, NFTC 102.2.2.1.14)

(1) 내연기관의 기동은 기동장치를 설치하거나 또는 소화전함의 위치에서 원격조작이 가능하고 기동을 명시하는 **적색등**을 설치할 것 **보기 ①**
(2) 제어반에 따라 내연기관의 **자동기동** 및 **수동기동**이 가능하고, 상시 충전되어 있는 **축전지설비**를 갖출 것 **보기 ②**
(3) 내연기관의 연료량은 펌프를 **20분**(층수가 30층 이상 49층 이하는 **40분**, 50층 이상은 **60분**) 이상 운전할 수 있는 용량일 것 **보기 ③**

④ 무관한 내용

답 ④



★★

**117** **다음 조건에서 준비작동식 유수검지장치를 설치할 경우 광전식 스포트형 2종 연기감지기의 최소 설치개수는?**

17회 문124
13회 문114

- 감지기 부착높이 7.5m이며, 교차회로방식 적용
- 주요구조부가 내화구조인 공장으로 바닥면적 1900m$^2$

① 26개 ② 28개
③ 52개 ④ 56개

해설 (1) **연기감지기 바닥면적**

(단위 : $m^2$)

| 부착높이 | 감지기의 종류 | |
|---|---|---|
| | 1종 및 2종 | 3종 |
| 4m 미만 | 150 | 50 |
| 4~20m 미만 → | 75 | 설치불가능 |

(2) **교차회로방식**의 감지기개수

$$= \frac{\text{바닥면적}[m^2]}{\text{감지기 바닥면적}[m^2]}(\text{절상}) \times 2\text{개 회로}$$

$$= \frac{1900m^2}{75m^2} = 25.3 ≒ 26$$

∴ $26 \times 2$개 회로=52개

중요

**교차회로방식 적용설비**

(1) **분**말소화설비
(2) **할**론소화설비
(3) **이**산화탄소 소화설비
(4) **준**비작동식 스프링클러설비
(5) **일**제살수식 스프링클러설비
(6) **할**로겐화합물 및 불활성기체 소화설비
(7) **부**압식 스프링클러설비

기억법 **분할이 준일할부**

답 ③

★★★

## 118 피난기구의 화재안전기준의 설치장소별 피난기구 적응성에서 노유자시설의 층별 적응성이 있는 피난기구의 연결이 옳은 것은?

18회 문109
12회 문104
10회 문117
07회 문102

① 지상 1층－완강기
② 지상 2층－완강기
③ 지상 3층－승강식 피난기
④ 지상 4층－미끄럼대

해설 **피난기구**의 **적응성**(NFTC 301 2.1.1)

| 설치장소별 구분 \ 층별 | 1층 | 2층 | 3층 | 4층 이상 10층 이하 |
|---|---|---|---|---|
| 노유자시설 | • 미끄럼대<br>• 구조대<br>• 피난교<br>• 다수인 피난장비<br>• 승강식 피난기 | • 미끄럼대<br>• 구조대<br>• 피난교<br>• 다수인 피난장비<br>• 승강식 피난기 | • 미끄럼대<br>• 구조대<br>• 피난교<br>• 다수인 피난장비<br>• 승강식 피난기 | • 구조대[1]<br>• 피난교<br>• 다수인 피난장비<br>• 승강식 피난기 |
| 의료시설 · 입원실이 있는 의원 · 접골원 · 조산원 | − | − | • 미끄럼대<br>• 구조대<br>• 피난교<br>• 피난용 트랩<br>• 다수인 피난장비<br>• 승강식 피난기 | • 구조대<br>• 피난교<br>• 피난용 트랩<br>• 다수인 피난장비<br>• 승강식 피난기 |
| 영업장의 위치가 4층 이하인 다중이용업소 | − | • 미끄럼대<br>• 피난사다리<br>• 구조대<br>• 완강기<br>• 다수인 피난장비<br>• 승강식 피난기 | • 미끄럼대<br>• 피난사다리<br>• 구조대<br>• 완강기<br>• 다수인 피난장비<br>• 승강식 피난기 | • 미끄럼대<br>• 피난사다리<br>• 구조대<br>• 완강기<br>• 다수인 피난장비<br>• 승강식 피난기 |
| 그 밖의 것 | − | − | • 미끄럼대<br>• 피난사다리<br>• 구조대<br>• 완강기<br>• 피난교<br>• 피난용 트랩<br>• 간이완강기[2]<br>• 공기안전매트[2]<br>• 다수인 피난장비<br>• 승강식 피난기 | • 피난사다리<br>• 구조대<br>• 완강기<br>• 피난교<br>• 간이완강기[2]<br>• 공기안전매트[2]<br>• 다수인 피난장비<br>• 승강식 피난기 |

1) **구조대**의 적응성은 장애인관련시설로서 주된 사용자 중 스스로 피난이 불가한 자가 있는 경우 추가로 설치하는 경우에 한한다.
2) 간이완강기의 적응성은 **숙박시설**의 **3층 이상**에 있는 객실에, **공기안전매트**의 적응성은 **공동주택**에 추가로 설치하는 경우에 한한다.

① 완강기 → 미끄럼대 등
② 완강기 → 미끄럼대 등
④ 미끄럼대 → 피난교 등

답 ③

★

## 119 소방시설 설치 및 관리에 관한 법령상 시각경보기를 설치하여야 하는 특정소방대상물이 아닌 것은?

① 숙박시설
② 문화 및 집회시설로서 연면적이 $900m^2$인 특정소방대상물
③ 노유자시설로서 연면적이 $800m^2$인 특정소방대상물
④ 업무시설로서 연면적이 $1200m^2$인 특정소방대상물

해설 소방시설법 시행령 [별표 4]
시각경보기의 설치대상

| 설치대상 | 조 건 |
|---|---|
| ① 노유자시설 보기 ③ | • 연면적 $400m^2$ 이상 |
| ② 근린생활시설 · 위락시설<br>③ 의료시설 보기 ①<br>④ 장례시설 | • 연면적 $600m^2$ 이상 |
| ⑤ 문화 및 집회시설, 운동시설 보기 ②<br>⑥ 종교시설<br>⑦ 방송국<br>⑧ 업무시설 · 판매시설 보기 ④<br>⑨ 물류터미널<br>⑩ 지하상가 · 운수시설 · 발전시설 | • 연면적 $1000m^2$ 이상 |
| ⑪ 도서관 | • 연면적 $2000m^2$ 이상 |
| ⑫ 숙박시설 | • 전부 |

① 적합
② $1000m^2$ 이상이므로 부적합
③ $400m^2$ 이상이므로 적합
④ $1000m^2$ 이상이므로 적합

답 ②

★
**120** **소방시설의 내진설계기준에 관한 내용으로 옳지 않은 것은?**

20회 문120
18회 문118
17회 문114
17회 문125

① 상쇄배관(Offset)이란 영향구역 내의 직선배관이 방향전환한 후 다시 같은 방향으로 연속될 경우, 중간에 방향전환된 짧은 배관은 단부로 보지 않고 상쇄하여 직선으로 볼 수 있는 것을 말하며, 짧은 배관의 합산길이는 3.7m 이하여야 한다.
② 하나의 수평직선배관은 최소 2개의 횡방향 흔들림 방지 버팀대와 1개의 종방향 흔들림 방지 버팀대를 설치하여야 한다.
③ 수평직선배관 횡방향 흔들림 방지 버팀대의 간격은 중심선을 기준으로 최대 간격이 12m를 초과하지 않아야 한다.
④ 수평직선배관 종방향 흔들림 방지 버팀대의 설계하중은 영향구역 내의 수평주행배관, 교차배관, 가지배관의 하중을 포함하여 산정한다.

해설 소방시설의 **내진설계기준**

(1) **"상쇄배관(Offset)"**이란 영향구역 내의 직선배관이 방향전환한 후 다시 같은 방향으로 연속될 경우, 중간에 방향전환된 짧은 배관은 단부로 보지 않고 상쇄하여 직선으로 볼 수 있는 것을 말하며, 짧은 배관의 합산길이는 **3.7m 이하**여야 한다. (제3조 제21호) 보기 ①
(2) 하나의 수평직선배관은 최소 2개의 횡방향 흔들림 방지 버팀대와 1개의 종방향 흔들림 방지 버팀대를 설치하여야 한다. 단, 영향구역 내 배관의 길이가 6m 미만인 경우에는 횡방향과 종방향 흔들림 방지 버팀대를 각 1개씩 설치할 수 있다. (제9조 제1항 제6호) 보기 ②
(3) **수평직선배관 횡방향** 흔들림 방지 버팀대의 간격은 중심선을 기준으로 최대 간격이 **12m**를 초과하지 않아야 한다. (제10조 제1항 제3호) 보기 ③
(4) **수평직선배관 종방향** 흔들림 방지 버팀대의 설계하중은 설치된 위치의 **좌우 12m**를 포함한 **24m 이내**의 배관에 작용하는 수평지진하중으로 영향구역 내의 수평주행배관, 교차배관 하중을 포함하여 산정하며, 가지배관의 하중은 제외한다. (제10조 제2항 제2호) 보기 ④

④ 가지배관의 하중을 포함하여 → 가지배관의 하중은 제외

답 ④

★
**121** **자동화재탐지설비 및 시각경보장치의 화재안전기준상 감지기에 관한 내용으로 옳은 것은?**

① 공기관식 차동식 분포형 감지기 공기관의 노출부분은 감지구역마다 10m 이상이 되도록 한다.
② 감지기는 실내로의 공기유입구로부터 0.6m 이상 떨어진 위치에 설치한다.
③ 광전식 분리형 감지기의 광축은 나란한 벽으로부터 0.5m 이상 이격하여 설치한다.
④ 파이프덕트 등 그 밖의 이와 비슷한 것으로서 2개층마다 방화구획된 것이나 수평단면적이 $5m^2$ 이하인 것은 감지기를 설치하지 아니한다.

해설 **자동화재탐지설비 감지기**의 **설치기준**(NFPC 203)

(1) 공기관식 차동식 분포형 감지기 공기관의 노출부분은 감지구역마다 **20m** 이상이 되도록 할 것(길이) (NFPC 제7조 제3항 제7호, NFTC 203 2.4.3.7.1) 보기 ①

(2) 감지기(**차동식 분포형**의 것을 **제외**)는 실내로의 공기유입구로부터 **1.5m** 이상 떨어진 위치에 설치할 것 (NFPC 제7조 제3항 제1호, NFTC 203 2.4.3.1) 보기 ②

(3) 광전식 분리형 감지기의 광축(송광면과 수광면의 중심을 연결한 선)은 나란한 벽으로부터 **0.6m** 이상 이격하여 설치할 것 (NFPC 제7조 제3항 제15호) 보기 ③

(4) **파이프덕트** 등 그 밖의 이와 비슷한 것으로서 **2개층**마다 방화구획된 것이나 수평단면적이 **5m²** 이하인 것 (NFTC 203 2.4.5.6) 보기 ④

① 10m 이상 → 20m 이상
② 0.6m 이상 → 1.5m 이상
③ 0.5m 이상 → 0.6m 이상

답 ④

## 122 지하구의 화재안전기준상 자동화재탐지설비에 관한 설치기준의 일부이다. (   )에 들어갈 것으로 옳은 것은?

지하구 천장의 중심부에 설치하되 감지기와 천장 중심부 하단과의 수직거리는 (   )cm 이내로 할 것. 다만, 형식승인 내용에 설치방법이 규정되어 있거나, 중앙기술심의위원회의 심의를 거쳐 제조사 시방서에 따른 설치방법이 지하구 화재에 적합하다고 인정되는 경우에는 형식승인 내용 또는 심의결과에 의한 제조사 시방서에 따라 설치할 수 있다.

① 30　　② 45
③ 60　　④ 80

해설 **지하구 자동화재탐지설비 감지기**의 **설치기준**(NFPC 605 제6조)

(1) 「자동화재탐지설비 및 시각경보장치의 화재안전성능기준(NFPC 203)」 제7조 제1항의 감지기 중 **먼지·습기** 등의 영향을 받지 아니하고 **발화지점**(1m 단위)과 온도를 확인할 수 있는 것을 설치할 것

(2) 지하구 천장의 **중심부**에 설치하되 감지기와 천장 중심부 하단과의 **수직거리**는 **30cm 이내**로 할 것(단, 형식승인 내용에 설치방법이 규정되어 있거나, **중앙기술심의위원회**의 심의를 거쳐 제조사 시방서에 따른 설치방법이 지하구 화재에 적합하다고 인정되는 경우에는 형식승인 내용 또는 심의결과에 의한 제조사 시방서에 따라 설치할 수 있다) 보기 ①

(3) 발화지점이 지하구의 실제 거리와 일치하도록 **수신기** 등에 표시할 것

(4) 공동구 내부에 **상수도용** 또는 **냉·난방용** 설비만 존재하는 부분은 **감지기**를 설치하지 않을 수 있다.

답 ①

## 123 유도등 및 유도표지의 화재안전기준상 다음 조건에 따른 객석유도등의 최소 설치 개수는?

05회 문120

- 공연장 객석의 좌, 우 양측면에 직선부분의 길이가 22m인 통로가 각 1개씩 2개소 설치되어 있다.
- 공연장 객석의 후면에 직선부분의 길이가 18m인 통로가 1개소 설치되어 있다.
- 상기 이외의 통로는 객석유도등 설치대상에 포함하지 않는 것으로 한다.

① 9개　　② 11개
③ 14개　　④ 17개

해설 **설치개수**

(1) 객석유도등 **양측면**

$$=\frac{\text{객석통로의 직선부분의 길이[m]}}{4}-1$$

$$=\frac{22}{4}-1=4.5 ≒ 5\text{개(절상)}$$

5개×2개소=10개

(2) 객석유도등 **후면**

$$=\frac{\text{객석통로의 직선부분의 길이[m]}}{4}-1$$

$$=\frac{18}{4}-1=3.5 ≒ 4\text{개(절상)}$$

∴ 10개+4개=14개

기억법 객4

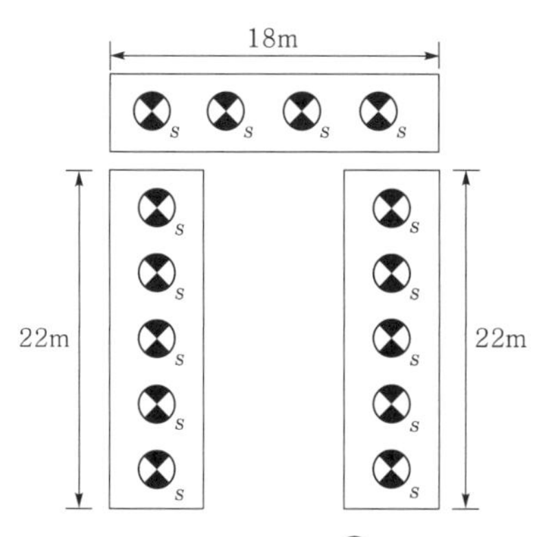


**참고**

**설치개수**

(1) **복도통로유도등** 또는 **거실통로유도등**

설치개수

$$= \frac{\text{구부러진 곳이 없는 부분의 보행거리[m]}}{20} - 1$$

(2) **유도표지**

설치개수

$$= \frac{\text{구부러진 곳이 없는 부분의 길이[m]}}{15} - 1$$

기억법 통2, 유15

답 ③

☆ **124** 자동화재탐지설비 및 시각경보장치의 화재안전기준상 경계구역의 설정기준으로 옳지 않은 것은?

03회 문103

① 하나의 경계구역의 면적은 $600m^2$ 이하로 하고 한변의 길이는 50m 이하로 할 것

② 외기에 면하여 상시 개방된 부분이 있는 차고·주차장·창고 등에 있어서는 외기에 면하는 각 부분으로부터 5m 미만의 범위 안에 있는 부분은 경계구역의 면적에 산입하지 아니한다.

③ 하나의 경계구역이 2개 이상의 건축물에 미치지 아니하도록 할 것

④ 하나의 경계구역이 2개 이상의 층에 미치지 아니하도록 할 것. 다만, $600m^2$ 이하의 범위 안에서는 2개의 층을 하나의 경계구역으로 할 수 있다.

해설 **자동화재탐지설비**의 **경계구역 설정기준**(NFPC 203 제4조, NFTC 203 2.1)

(1) 하나의 경계구역이 **2개** 이상의 **건축물**에 미치지 아니하도록 할 것 **보기 ③**

(2) 하나의 경계구역이 **2개** 이상의 **층**에 미치지 아니하도록 할 것(단, **$500m^2$** 이하의 범위 안에서는 2개의 층을 하나의 경계구역으로 할 수 있다) **보기 ④**

(3) 하나의 경계구역의 면적은 **$600m^2$** 이하로 하고 한변의 길이는 **50m** 이하로 할 것(단, 해당 특정소방대상물의 주된 출입구에서 그 내부 전체가 보이는 것에 있어서는 한변의 길이가 **50m**의 **범위** 내에서 **$1000m^2$** 이하로 할 수 있다) **보기 ①**

(4) 외기에 면하여 상시 개방된 부분이 있는 **차고·주차장·창고** 등에 있어서는 외기에 면하는 각 부분으로부터 **5m 미만**의 범위 안에 있는 부분은 경계구역의 면적에 산입하지 아니한다. **보기 ②**

(5) **계단**(직통계단 외의 것에 있어서는 떨어져 있는 상하계단의 상호간의 **수평거리**가 **5m** 이하로서 서로 간에 구획되지 아니한 것에 한한다)·경사로(에스컬레이터 경사로 포함)·**엘리베이터 승강로**(권상기실이 있는 경우에는 권상기실)·**린넨슈트**·**파이프 피트** 및 **덕트** 기타 이와 유사한 부분에 대하여는 별도로 경계구역을 설정하되, 하나의 경계구역은 **높이 45m** 이하(계단 및 경사로에 한한다)로 하고, 지하층의 계단 및 경사로(**지하층**의 층수가 1일 경우는 **제외**)는 별도로 하나의 경계구역으로 하여야 한다.

(6) **스프링클러설비**·**물분무등소화설비** 또는 **제연설비**의 화재감지장치로서 화재감지기를 설치한 경우의 경계구역은 해당 소화설비의 방사구역 또는 제연구역과 동일하게 설정할 수 있다.

④ $600m^2$ 이하 → $500m^2$ 이하

답 ④

★★
**125** **비상방송설비의 화재안전기준상 음향장치의 설치기준으로 옳은 것은?**

19회 문101
14회 문114

① 증폭기 및 조작부는 수위실 등 상시 사람이 근무하는 장소로서 점검이 편리하고 방화상 유효한 곳에 설치할 것
② 기동장치에 따른 화재신고를 수신한 후 필요한 음량으로 화재발생 상황 및 피난에 유효한 방송이 자동으로 개시될 때까지의 소요시간은 30초 이하로 할 것
③ 층수가 3층 이상 특정소방대상물이 지상 1층에서 발화한 때에는 발화층·그 직상층 및 지하층에 경보를 발할 것
④ 확성기의 음성입력은 1W(실외에 설치하는 것에 있어서는 2W) 이상일 것



해설 **비상방송설비**의 **화재안전기준**(NFPC 202 제4조, NFTC 202 2.1)

(1) 증폭기 및 조작부는 **수위실** 등 상시 사람이 근무하는 장소로서 점검이 편리하고 방화상 유효한 곳에 설치할 것 **보기 ①**
(2) 기동장치에 따른 화재신고를 수신한 후 필요한 음량으로 화재발생 상황 및 피난에 유효한 방송이 자동으로 개시될 때까지의 소요시간은 **10초** 이하로 할 것 **보기 ②**
(3) 층수가 11층(공동주택의 경우에는 16층) 이상의 특정소방대상물은 다음의 기준에 따라 경보를 발할 수 있도록 해야 한다. **보기 ③**
  ① 2층 이상의 층에서 발화한 때에는 발화층 및 그 직상 4개층에 경보를 발할 것
  ② 1층에서 발화한 때에는 발화층·그 직상 4개층 및 지하층에 경보를 발할 것
  ③ **지하층**에서 발화한 때에는 **발화층**·그 **직상층** 및 **기타**의 **지하층**에 경보를 발할 것
(4) 확성기의 음성입력은 **3W**(실내에 설치하는 것에 있어서는 **1W**) 이상일 것 **보기 ④**

② 30초 이하 → 10초 이하
③ 3층 이상 → 11층(공동주택의 경우 16층) 이상, 그 직상층 → 그 직상 4개층
④ 2W → 3W

답 ①

# 2020년도 제20회 소방시설관리사 1차 국가자격시험

| 문제형별 | 시 간 | 시험과목 |
|---|---|---|
| A | 125분 | ① 소방안전관리론 및 화재역학<br>② 소방수리학, 약제화학 및 소방전기<br>③ 소방관련 법령<br>④ 위험물의 성질 · 상태 및 시설기준<br>⑤ 소방시설의 구조 원리 |

| 수험번호 | | 성 명 | |
|---|---|---|---|

【 수험자 유의사항 】

1. **시험문제지**는 단일형별(A형)이며, 답안카드형별 기재란에 표시된 형별(A형)을 확인하시기 바랍니다. 시험문제지의 **총면수**, **문제번호 일련순서**, **인쇄상태** 등을 확인하시고, 문제지 표지에 수험번호와 성명을 기재하시기 바랍니다.

2. 답은 각 문제마다 요구하는 **가장 적합하거나 가까운 답 1개**만 선택하고, 답안카드 작성시 **마킹착오**로 인한 불이익은 전적으로 **수험자에게 책임**이 있음을 알려드립니다.

3. 답안카드는 국가전문자격 공통 표준형으로 문제번호가 1번부터 125번까지 인쇄되어 있습니다. 답안 마킹시에는 반드시 **시험문제지의 문제번호와 동일한 번호**에 마킹하여야 합니다.

4. **감독위원의 지시에 불응하거나 시험시간 종료 후 답안카드를 제출하지 않을 경우** 불이익이 발생할 수 있음을 알려드립니다.

5. 시험문제지는 시험 종료 후 가져가시기 바랍니다.

**제 1 과목** 소방안전관리론 및 화재역학

★★★

**01** 제3종 분말소화약제가 열분해될 때 생성되는 물질이 아닌 것은?

18회 문 33
17회 문 34
16회 문 35
13회 문 39

① $NH_3$ ② $CO_2$
③ $HPO_3$ ④ $H_2O$

② 제1·2·4종 분말소화약제 생성물

**분말소화기**(질식효과)

| 종 별 | 소화약제 | 약제의 착색 | 화학반응식 (열분해반응식) | 적응 화재 |
|---|---|---|---|---|
| 제1종 | 중탄산나트륨 ($NaHCO_3$) | 백색 | $2NaHCO_3 \rightarrow Na_2CO_3 + CO_2 + H_2O$ | BC급 |
| 제2종 | 중탄산칼륨 ($KHCO_3$) | 담자색 (담회색) | $2KHCO_3 \rightarrow K_2CO_3 + CO_2 + H_2O$ | BC급 |
| 제3종 | 인산암모늄 ($NH_4H_2PO_4$) | 담홍색 | $NH_4H_2PO_4 \rightarrow HPO_3 + NH_3 + H_2O$ **보기 ①③④** | ABC급 |
| 제4종 | 중탄산칼륨+요소 ($KHCO_3 + (NH_2)_2CO$) | 회(백)색 | $2KHCO_3 + (NH_2)_2CO \rightarrow K_2CO_3 + 2NH_3 + 2CO_2$ | BC급 |

- 화학반응식=열분해반응식
- 담자색=보라색
- 담홍색=핑크색

유사문제부터 풀어보세요. 실력이 팍!팍! 올라갑니다.

**중요**

**온도에 따른 제3종 분말소화약제의 열분해반응식**

| 온 도 | 열분해반응식 |
|---|---|
| 190℃ | $NH_4H_2PO_4 \rightarrow H_3PO_4$(올소인산)$+NH_3$ |
| 215℃ | $2H_3PO_4 \rightarrow H_4P_2O_7$(피로인산)$+H_2O$ |
| 300℃ | $H_4P_2O_7 \rightarrow 2HPO_3$(메타인산)$+H_2O$ |
| 250℃ | $2HPO_3 \rightarrow P_2O_5$(오산화인)$+H_2O$ |

답 ②

★★★

**02** 일반화재(A급 화재)에 물을 소화약제로 사용할 경우 분무상으로 방수할 때 증대되는 소화효과는?

18회 문 07
16회 문 25
16회 문 37
15회 문 05
15회 문 34
14회 문 08
13회 문 34
13회 문 35
08회 문 08
07회 문 16
06회 문 03

① 부촉매효과 ② 억제효과
③ 냉각효과 ④ 유화효과

해설 **소화의 형태**

| 소화 형태 | 설 명 |
|---|---|
| **냉**각소화 **보기 ③** | • **점화원**을 냉각시켜 소화하는 방법<br>• **증**발잠열을 이용하여 열을 빼앗아 가연물의 **온**도를 떨어뜨려 화재를 진압하는 소화<br>• 다량의 물을 뿌려 소화하는 방법<br>• 가연성 물질을 **발화점 이하**로 **냉각**<br>• **분무**상으로 **방수**할 때 **증대**되는 소화효과 |
| **질**식소화 | • 공기 중의 **산소농도**를 **16%**(10~15%) 이하로 희박하게 하여 소화<br>• 산화제의 농도를 낮추어 연소가 지속될 수 없도록 함<br>• **산소공급**을 **차단**하는 소화방법(연소표면을 덮어 공기 접촉을 차단하는 소화원리) |
| 제거소화 | • **가연물**을 **제거**하여 소화하는 방법 |
| 부촉매소화 (=화학소화) | • **연쇄반응**을 **차단**하여 소화하는 방법<br>• **화학적인 방법**으로 화재억제 |
| 희석소화 | • 기체·고체·액체에서 나오는 분해가스나 증기의 농도를 낮춰 소화하는 방법 |
| 유화효과 | • 유류표면에 **유화층**의 막을 형성시켜 공기의 접촉을 막는 방법으로 유류저장고에 적합 |

부촉매소화=연쇄반응 차단소화

**기억법** **냉점온증발**
**질산**

**중요**

**주된 소화효과**

| 소화약제 | 소화효과 |
|---|---|
| • 포소화약제<br>• 분말소화약제<br>• 이산화탄소 소화약제 | 질식소화 |
| • 물소화약제(물분무소화설비) | 냉각소화 |
| • 할론소화약제 | 화학소화 (부촉매효과) |

답 ③

★★

**03** **25℃의 물 200L를 대기압에서 가열하여 모두 기화시켰을 때 물의 흡수열량은 몇 kJ인가? (단, 물의 비열은 4.18kJ/kg·℃, 증발잠열은 2255.5kJ/kg이며, 기타 조건은 무시한다.)**

16회 문 38
10회 문 35

① 107920 ② 342000
③ 451100 ④ 513800

해설 **열량**

$$Q = r_1 m + mc\Delta T + r_2 m$$

여기서, $Q$ : 열량〔kJ〕
$r_1$ : 융해잠열〔kJ/kg〕
$m$ : 질량〔kg〕
$c$ : 물의 비열〔kJ/kg·℃〕
$\Delta T$ : 온도차〔℃〕
$r_2$ : 증발잠열(기화잠열)〔kJ/kg〕

**열량** $Q$는

$Q = \cancel{r_1 m} + mc\Delta T + r_2 m$
$= 200\text{kg} \times 4.18\text{kJ/kg}\cdot℃ \times (100-25)℃ + 2255.5\text{kJ/kg} \times 200\text{kg}$
$= 513800\text{kJ}$

- **얼음**이 없으므로 **융해잠열**은 적용되지 않는다. 그러므로 $r_1 m$은 생략
- 물 1L ≒ 1kg이므로 200L=200kg

답 ④

★★★

**04** **K급 화재(주방화재)에 관한 설명으로 옳지 않은 것은?**

19회 문 09
18회 문 06
16회 문 19
15회 문 03
14회 문 03
13회 문 06
10회 문 31

① 비누화현상을 일으키는 중탄산나트륨 성분의 소화약제가 적응성이 있다.
② 인화점과 발화점의 차이가 작아 재발화의 우려가 큰 식용유화재를 말한다.
③ 주방에서 동식물유를 취급하는 조리기구에서 일어나는 화재를 말한다.
④ K급 화재용 소화기의 소화능력시험은 소화기의 B급 화재 소화능력시험에 따른다.

해설 ④ B급 → K급

**화재의 분류**

| 화 재 | 특 징 |
|---|---|
| 일반화재<br>(A급 화재) | 발생되는 연기의 색은 **백색** |
| 유류화재<br>(B급 화재) | 이를 예방하기 위해서는 유증기의 체류 방지 |
| 전기화재<br>(C급 화재) | 화재발생의 주요원인으로는 과전류에 의한 열과 단락에 의한 스파크 |
| 금속화재<br>(D급 화재) | 수계 소화약제로 소화할 경우 가연성 가스의 발생 위험성 |
| 주방화재<br>(K급 화재) | ① 강화액 소화약제로 소화<br>② 비누화현상을 일으키는 중탄산나트륨 성분의 소화약제가 적응성이 있다. 보기 ①<br>③ 인화점과 발화점의 차이가 작아 재발화의 우려가 큰 식용유화재를 말한다. 보기 ②<br>④ 주방에서 동식물유를 취급하는 조리기구에서 일어나는 화재를 말한다. 보기 ③<br>⑤ 인화점과 발화점의 온도차가 적고 발화점이 비점 이하이기 때문에 화재발생시 액체의 온도를 낮추지 않으면 소화하여도 재발화가 쉬운 화재<br>⑥ 질식소화<br>⑦ 다른 물질을 넣어서 냉각소화 |

중요

(1) **화재**의 **분류**

| 화재의 종류 | 표시색 | 적응물질 |
|---|---|---|
| 일반화재(A급) | **백**색 | • 일반가연물<br>• 종이류 화재<br>• 목재, 섬유화재 |
| 유류화재(B급) | **황**색 | • 가연성 액체<br>• 가연성 가스<br>• 액화가스화재<br>• 석유화재 |
| 전기화재(C급) | **청**색 | • 전기설비 |
| 금속화재(D급) | **무**색 | • 가연성 금속 |
| 주방화재(K급) | – | • 식용유화재 |

기억법 **백황청무**

- 최근에는 색을 표시하지 않음

(2) **소화기**의 **능력단위**(소화기의 형식승인 및 제품검사의 기술기준 제4조)
① **A급** 화재용 소화기 또는 **B급** 화재용 소화기는 능력단위의 수치가 **1** 이상이어야 한다.
② 대형소화기의 능력단위의 수치는 **A급 화재**에 사용하는 소화기는 **10단위** 이상, **B급 화재**에 사용하는 소화기는 **20단위** 이상이어야 한다.
③ **C급 화재**용 소화기는 **전기전도성** 시험에 적합하여야 하며, C급 화재에 대한 능력단위는 지정하지 아니한다.

④ K급 화재용 소화기는 K급 화재용 소화기의 소화성능시험에 적합하여야 하며, K급 화재에 대한 능력단위는 지정하지 아니한다. 보기 ④

답 ④

★

**05** **고체가연물의 점화(발화)시간은 물체의 두께와 밀접한 관계가 있는데, 열적으로 얇은 고체가연물(두께가 약 2mm 미만)의 경우 점화시간 계산시 주요 영향요소가 아닌 것은?**

① 열전도도〔W/m·K〕
② 정압비열〔J/kg·K〕
③ 순열유속〔$W/m^2$〕
④ 밀도〔$kg/m^3$〕

해설 **고체연료**(고체가연물)의 **발화시간**

|  |  |
|---|---|
| 두꺼운 물체 (두께($l$)> 2mm) | $$t_{ig}=C(k\rho c)\left[\frac{T_{ig}-T_s}{\mathring{q}''}\right]^2$$ 여기서, $t_{ig}$ : 발화시간(점화시간)〔s〕<br>$C$ : 상수(열손실이 없는 경우(보온상태, 단열상태) : $\frac{\pi}{4}$, 열손실이 있는 경우 $\frac{2}{3}$)<br>$k$ : 열전도도〔W/m·K〕<br>$\rho$ : 밀도〔$kg/m^3$〕<br>$c$ : 비열(정압비열)〔kJ/kg·K〕<br>$T_{ig}$ : 발화온도(〔℃〕 또는 〔K〕)<br>$T_s$ : 초기온도(〔℃〕 또는 〔K〕)<br>$\mathring{q}''$ : 열류(순열류, 순열유속)〔$kW/m^2$〕 |
| 얇은 물체 (두께($l$)≦ 2mm) | $$t_{ig}=\rho c l\,\frac{[T_{ig}-T_s]}{\mathring{q}''}$$ 여기서, $t_{ig}$ : 발화시간(점화시간)〔s〕<br>$\rho$ : 밀도〔$kg/m^3$〕 보기 ④<br>$c$ : 비열(정압비열)〔kJ/kg·K〕 보기 ②<br>$l$ : 두께〔m〕<br>$T_{ig}$ : 발화온도(〔℃〕 또는 〔K〕)<br>$T_s$ : 초기온도(〔℃〕 또는 〔K〕)<br>$\mathring{q}''$ : 열류(순열류, 순열유속)〔$kW/m^2$〕 보기 ③ |

답 ①

★★★

**06** **분진폭발의 특징으로 옳지 않은 것은?**

19회 문 06
19회 문 13
18회 문 02
18회 문 17
17회 문 06
16회 문 04
16회 문 14
13회 문 07
11회 문 16
10회 문 11
09회 문 06
08회 문 24
06회 문 15
04회 문 03
04회 문 10
03회 문 23

① 열분해에 의해 유독성 가스가 발생될 수 있다.
② 폭발과 관련된 연소속도 및 폭발압력이 가스폭발에 비해 낮다.
③ 1차 폭발로 인해 2차 폭발이 야기될 수 있어 피해범위가 크다.
④ 가스폭발에 비해 발생 에너지가 적고 상대적으로 저온이다.

해설 **분진폭발에 영향을 미치는 요소**(분진폭발의 특징)

(1) 분진의 입자가 작고 밀도가 작을수록 **표면적**이 **크고 폭발**하기 **쉽다**.
(2) 분진의 발열량이 크고 휘발성이 클수록 **폭발**하기 **쉽다**.
(3) 분진의 부유성이 클수록 공기 중에 체류하는 시간이 긴 동시에 **위험성**도 **커진다**.
(4) 분진의 형상과 표면의 상태에 따라 폭발성은 **달라진다**.
(5) 열분해에 의해 유독성 가스가 발생될 수 있다. 보기 ①
(6) 폭발과 관련된 연소속도 및 폭발압력이 가스폭발에 비해 낮다. 보기 ②
(7) 1차 폭발로 인해 2차 폭발이 야기될 수 있어 피해범위가 크다. 보기 ③
(8) 가스폭발에 비해 발생 에너지가 크고 상대적으로 고온이다(2000~3000℃까지 상승). 보기 ④
(9) 가스폭발에 비해 연소속도나 폭발압력은 작으나 연소시간이 길다.

중요

**폭발의 종류**

| 폭발 종류 | 물 질 |
|---|---|
| **분해**폭발 | • **과**산화물 · **아**세틸렌<br>• **다**이너마이트<br>기억법 **분해과아다** |
| 분진폭발 | • 밀가루 · 담뱃가루<br>• 석탄가루 · 먼지<br>• 전분 · 금속분 |
| **중**합폭발 | • **염**화비닐 • **시**안화수소<br>기억법 **중염시** |
| **분**해 · **중**합폭발 | • **산**화에틸렌<br>기억법 **분중산** |
| **산**화폭발 | • **압**축가스 • **액**화가스<br>기억법 **산압액** |

④ 적고 → 크고, 저온 → 고온

답 ④

★
## 07 내화구조 건축물의 내화성능 요구조건에 해당하지 않는 것은?

① 차연성 ② 차열성
③ 차염성 ④ 하중지지력

해설 **내화구조 성능기준**

| 구 분 | | 설 명 |
|---|---|---|
| 정의 | | 화재시 건축부재가 **내화구조**의 **요구성능**을 만족하는지 여부를 알아보는 시험 |
| 내화성능 요구조건 | **차열성** 보기 ② | 건축구조부재의 표면 가열시 이면의 온도가 **180℃ 이상** 상승되지 않도록 하는 성능 |
| | **차염성** 보기 ③ | 건축구조부재의 표면 가열시 이면으로 **화염**이나 **고온**의 가스 **통과**를 **방지**하는 성능 |
| | **하중지지력** 보기 ④ | 내력부재의 시험체가 **변형량** 및 **변형률**에 따른 **성능기준**을 **초과**하지 않으면서 시험하중을 지지하는 능력 |

답 ①

★★★
## 08 다음과 같은 특성을 모두 가진 연소형태는?

19회 문 24
08회 문 17
03회 문 09

- 가스폭발 메커니즘
- 분젠버너의 연소(급기구 개방)
- 화염전방에 압축파, 충격파, 단열압축 발생
- 화염속도= 연소속도+ 미연소가스 이동속도

① 표면연소 ② 확산연소
③ 예혼합연소 ④ 자기연소

해설 **연소의 형태**

(1) **고체의 연소**

| 고체 연소 | 정 의 |
|---|---|
| **표면연소** | **숯**, **코크스**, **목탄**, **금속분** 등이 열분해에 의하여 가연성 가스가 발생하지 않고 그 물질 자체가 연소하는 현상<br>기억법 **표숯코목탄금**<br>※ 표면연소=응축연소=작열연소=직접연소 |
| **분해연소** | **석탄**, **종이**, **플라스틱**, **목재**, **고무** 등의 연소시 열분해에 의하여 발생된 가스와 산소가 혼합하여 연소하는 현상<br>기억법 **분석종플목고** |
| **증발연소** | **황**, **왁스**, **파라핀**, **나프탈렌** 등을 가열하면 고체에서 액체로, 액체에서 기체로 상태가 변하여 그 기체가 연소하는 현상<br>기억법 **증황왁파나** |
| **자기연소** | 제5류 위험물인 **나이트로글리세린**, **나이트로셀룰로오스**(질화면), **TNT**, **피크린산** 등이 열분해에 의해 산소를 발생하면서 연소하는 현상<br>※ 자기연소=내부연소 |

(2) **액체의 연소**

| 액체 연소 | 정 의 |
|---|---|
| **분해연소** | **중유**, **아스팔트**와 같이 점도가 높고 비휘발성인 액체가 고온에서 열분해에 의해 가스로 분해되어 연소하는 현상 |
| **액적연소** | **벙커C유**와 같이 가열하고 점도를 낮추어 버너 등을 사용하여 액체의 입자를 안개 형태로 분출하여 연소하는 현상 |
| **증발연소** | **가솔린**, **등유**, **경유**, **알코올**, **아세톤** 등과 같이 액체가 열에 의해 증기가 되어 그 증기가 연소하는 현상 |
| **분무연소** | ① 점도가 높고 **비휘발성**인 **액체**를 일단 가열 등의 방법으로 점도를 낮추어 버너 등을 사용하여 액체의 입자를 안개상으로 분출하여 액체 표면적을 넓게 하여 공기와의 접촉면을 많게 하는 연소방법<br>② 액체연료를 수~수백[$\mu$m] 크기의 액적으로 미립화시켜 연소시킨다.<br>③ 휘발성이 낮은 **액체**연료의 연소가 여기에 해당한다.<br>④ **점도**가 **높은** 중질유의 연소에 많이 이용된다.<br>⑤ 미세한 액적으로 분무시키는 이유는 **표면적**을 **넓게** 하여 공기와의 혼합을 좋게 하기 위함이다. |

(3) **기체의 연소**

| 기체연소 | 정 의 |
|---|---|
| **확산연소** | **메탄**($CH_4$), **암모니아**($NH_3$), **아세틸렌**($C_2H_2$), **일산화탄소**($CO$), **수소**($H_2$) 등과 같이 기체연료가 공기 중의 산소와 혼합되면서 연소하는 현상<br>기억법 **확메암 아틸일수** |

| 기체연소 | 정 의 |
|---|---|
| 예혼합연소 보기 ③ | ① **기체연소**에 공기 중의 산소를 **미리 혼합**한 상태에서 연소하는 현상<br>② **가스폭발** 메커니즘<br>③ 분젠버너의 연소(급기구 개방)<br>④ 화염전방에 **압축파**, **충격파**, **단열압축** 발생<br>⑤ 화염속도＝연소속도＋미연소가스 이동속도 |

답 ③

★

## 09 초고층 및 지하연계 복합건축물 재난관리에 관한 특별법령에서 정한 피난안전구역에 설치하여야 하는 소방시설이 아닌 것은?

① 소화기 및 간이소화용구

② 자동화재속보설비

③ 비상조명등 및 휴대용 비상조명등

④ 자동화재탐지설비

해설 **초고층 및 지하연계 복합건축물 재난관리에 관한 특별법 시행령 제14조 제2항**
**피난안전구역에 설치하여야 하는 소방시설**

| 소방시설 | 설 명 |
|---|---|
| 소화설비 | ① 소화기구(소화기 및 간이소화용구만 해당) 보기 ①<br>② 옥내소화전설비<br>③ 스프링클러설비 |
| 경보설비 | 자동화재탐지설비 보기 ④ |
| 피난구조설비 | ① 방열복<br>② 공기호흡기(보조마스크 포함)<br>③ 인공소생기<br>④ 피난유도선(피난안전구역으로 통하는 직통계단 및 특별피난계단 포함)<br>⑤ 피난안전구역으로 피난을 유도하기 위한 유도등<br>⑥ 유도표지<br>⑦ 비상조명등 보기 ③<br>⑧ 휴대용 비상조명등 보기 ③ |
| 소화활동설비 | ① 제연설비<br>② 무선통신보조설비 |

답 ②

★

## 10 가연성 액체의 화재발생 위험에 관한 설명으로 옳은 것은?

① 인화점, 발화점이 높을수록 위험하다.

② 연소범위가 좁을수록 위험하다.

③ 증기압이 높고 연소속도가 빠를수록 위험하다.

④ 증발열, 비열이 클수록 위험하다.

① 높을수록 → 낮을수록
② 좁을수록 → 넓을수록
④ 클수록 → 작을수록

**가연성 액체의 화재발생 위험**

(1) 인화점, 발화점이 **낮을수록** 위험 보기 ①
(2) 연소범위가 **넓을수록** 위험 보기 ②
(3) 증기압이 높고 연소속도가 빠를수록 위험 보기 ③
(4) 증발열, 비열이 **낮을수록** 위험 보기 ④
(5) 온도가 높을수록 위험
(6) 압력이 클수록 위험
(7) 연소속도, 연소열, 증기압이 클수록(높을수록, 빠를수록) 위험
(8) 인화점, 발화점, 융점, 비점이 낮을수록 위험
(9) 증발열, 비열, 표면장력, 비중이 작을수록 위험

중요

**연소범위 영향요소**

(1) 온도상승시 연소범위가 넓어진다.
(2) 압력상승시 연소범위가 넓어진다(단, CO는 좁아진다).
(3) 산소농도 증가시 연소범위가 넓어진다.
(4) 불활성 기체가 첨가되면 연소범위가 좁아진다.
(5) 연소범위가 넓을수록 폭발의 위험이 크다.

용어

**증기압**
고체 또는 액체와 평형상태에 있는 증기의 압력

답 ③

★★★

## 11 피난계획의 일반적인 원칙으로 옳지 않은 것은?

19회 문 12
18회 문 21
17회 문 11
15회 문 22
14회 문 24
11회 문 03
11회 문 11
10회 문 06
03회 문 03
02회 문 23

① 건물 내 임의의 지점에서 피난시 한 방향이 화재로 사용이 불가능하면 다른 방향으로 사용되도록 한다.

② 피난수단은 보행에 의한 피난을 기본으로 하고 인간본능을 고려하여 설계한다.

③ 피난경로는 굴곡부가 많거나 갈림길이 생기지 않도록 간단하고 명료하게 설계한다.

④ 피난경로의 안전구획을 1차는 계단, 2차는 복도로 설정한다.

해설 ④ 계단 → 복도, 복도 → 부실

**피난계획**의 **일반적인 원칙**

(1) 건물 내 임의의 지점에서 피난시 한 방향이 화재로 사용이 불가능하면 다른 방향으로 사용되도록 한다. **보기 ①**
(2) 피난수단은 보행에 의한 피난을 기본으로 하고 인간본능을 고려하여 설계한다. **보기 ②**
(3) 피난경로는 굴곡부가 많거나 갈림길이 생기지 않도록 간단하고 명료하게 설계한다. **보기 ③**
(4) 피난경로의 안전구획을 1차는 복도, 2차는 부실로 설정한다. **보기 ④**
(5) 피난경로는 **간단명료**하게 한다.
(6) 피난구조설비는 **고정식 설비**를 위주로 설치한다.
(7) 피난수단은 **원시적 방법**에 의한 것을 원칙으로 한다.
(8) **2방향**의 피난통로를 확보한다.
(9) 피난통로를 **완전불연화**한다.
(10) **화재층**의 **피난**을 **최우선**으로 고려한다.
(11) 피난시설 중 피난로는 **복도** 및 **거실**을 가리킨다.
(12) 인간의 **본능적 행동**을 무시하지 않도록 고려한다.
(13) 계단은 **직통계단**으로 한다.
(14) 피난경로에 따라서 일정한 구획을 한정하여 피난구역을 설정한다.
(15) 'Fool proof'와 'Fail safe'의 원칙을 중시한다.

중요

Fail safe와 Fool proof

| 페일 세이프(Fail safe) | 풀 프루프(Fool proof) |
|---|---|
| ① 한 가지 피난기구가 고장이 나도 다른 수단을 이용할 수 있도록 고려하는 것이다.<br>② **한 가지**가 **고장**이 **나도** 다른 수단을 이용하는 원칙이다.<br>③ **두 방향**의 피난동선을 항상 확보하는 원칙이다. | ① 피난경로는 **간단명료**하게 한다.<br>② 피난구조설비는 **고정식 설비**를 위주로 설치한다.<br>③ 피난수단은 **원시적 방법**에 의한 것을 원칙으로 한다.<br>④ 피난통로를 **완전불연화**한다.<br>⑤ 막다른 **복도**가 **없도록** 계획한다.<br>⑥ **간단한 그림**이나 **색채**를 이용하여 표시한다.<br>⑦ **피난방향**으로 **열리는 출입문**을 설치한다.<br>⑧ 도어노브는 **레버식**으로 사용한다. |

‖ 피난시설의 안전구획 ‖

| 1차 안전구획 | 복도 |
|---|---|
| 2차 안전구획 | 부실(계단전실, 계단부속실) |
| 3차 안전구획 | 계단 |

기억법 복부계(복부인 계 하나 드세요.)

답 ④

★★★

**12** **바닥면적이 300m$^2$인 창고에 목재 1000kg과 기타 가연물 1000kg이 적재되어 있는 경우 화재하중(kg/m$^2$)은 얼마인가? (단, 목재의 단위발열량은 4500kcal/kg, 기타 가연물의 단위발열량은 5000kJ/kg이며, 소수점 이하 셋째자리에서 반올림한다.)**

18회 문 14
17회 문 10
16회 문 24
14회 문 09
13회 문 17
12회 문 20
11회 문 20
08회 문 10
07회 문 15
06회 문 05
06회 문 09
04회 문 01
02회 문 11

① 2.11 ② 4.22
③ 7.04 ④ 14.08

해설 **화재하중**

$$q=\frac{\Sigma G_t H_t}{HA}=\frac{\Sigma Q}{4500A}$$

여기서, $q$ : 화재하중〔kg/m$^2$〕
$G_t$ : 가연물의 양〔kg〕
$H_t$ : 가연물의 단위중량당 발열량〔kcal/kg〕
$H$ : 목재의 단위중량당 발열량〔kcal/kg〕
$A$ : 바닥면적〔m$^2$〕
$\Sigma Q$ : 가연물의 전체 발열량〔kcal〕

- $H$ : 목재의 단위발열량=목재의 단위중량당 발열량

화재하중 $q$는

$$q=\frac{\Sigma G_t H_t}{HA}=\frac{(1000\text{kg}\times 4500\text{kcal/kg})+(1000\text{kg}\times 1200\text{kcal/kg})}{4500\text{kcal/kg}\times 300\text{m}^2}=4.22\text{kg/m}^2$$

- 1J=0.24cal이므로
  5000kJ/kg=5000×0.24kcal/kg
  =1200kcal/kg
- $A$(바닥면적)=300m$^2$ : 높이가 주어져도 적용하지 않는 것에 주의!
- $\Sigma$ : '**시그마**'라고 읽으며 '**모두 더한다**'라는 의미로서 여기서는 **가연물 전체의 무게**를 말한다.

답 ②

★★★

**13** 다중이용업소의 안전관리에 관한 특별법령상 다중이용업소에 설치·유지하여야 하는 피난설비에서 피난기구가 아닌 것은?

18회 문109 15회 문 72 13회 문 73 12회 문104 10회 문117 07회 문102

① 피난사다리 ② 피난유도선
③ 구조대 ④ 완강기

해설 **피난기구**의 **적응성**(NFTC 301 2.1.1)

| 설치장소별 구분 \ 층별 | 1층 | 2층 | 3층 | 4층 이상 10층 이하 |
|---|---|---|---|---|
| 노유자시설 | •미끄럼대<br>•구조대<br>•피난교<br>•다수인 피난장비<br>•승강식 피난기 | •미끄럼대<br>•구조대<br>•피난교<br>•다수인 피난장비<br>•승강식 피난기 | •미끄럼대<br>•구조대<br>•피난교<br>•다수인 피난장비<br>•승강식 피난기 | •구조대[1]<br>•피난교<br>•다수인 피난장비<br>•승강식 피난기 |
| 의료시설·입원실이 있는 의원·접골원·조산원 | – | – | •미끄럼대<br>•구조대<br>•피난교<br>•피난용 트랩<br>•다수인 피난장비<br>•승강식 피난기 | •구조대<br>•피난교<br>•피난용 트랩<br>•다수인 피난장비<br>•승강식 피난기 |
| 영업장의 위치가 4층 이하인 다중이용업소 | – | •미끄럼대<br>•피난사다리<br>•구조대<br>•완강기<br>•다수인 피난장비<br>•승강식 피난기 | •미끄럼대<br>•피난사다리<br>•구조대<br>•완강기<br>•다수인 피난장비<br>•승강식 피난기 | •미끄럼대<br>•피난사다리<br>•구조대<br>•완강기<br>•다수인 피난장비<br>•승강식 피난기 |
| 그 밖의 것 | – | – | •미끄럼대<br>•피난사다리<br>•구조대<br>•완강기<br>•피난교<br>•피난용 트랩<br>•간이완강기[2]<br>•공기안전매트[2]<br>•다수인 피난장비<br>•승강식 피난기 | •피난사다리<br>•구조대<br>•완강기<br>•피난교<br>•간이완강기[2]<br>•공기안전매트[2]<br>•다수인 피난장비<br>•승강식 피난기 |

1) **구조대**의 적응성은 장애인관련시설로서 주된 사용자 중 스스로 피난이 불가한 자가 있는 경우 추가로 설치하는 경우에 한한다.
2) 간이완강기의 적응성은 **숙박시설**의 **3층 이상**에 있는 객실에, **공기안전매트**의 적응성은 **공동주택**에 추가로 설치하는 경우에 한한다.

중요

**피난기구 적응성**

| 간이완강기 | 공기안전매트 |
|---|---|
| **숙박시설**의 **3층 이상**에 있는 객실 | 공동주택 |

답 ②

★★

**14** 구획실 화재에서 화재가혹도에 대한 설명으로 옳지 않은 것은?

12회 문 16

① 화재가혹도는 최고온도의 지속시간으로 화재가 건물에 피해를 입히는 능력의 정도를 나타낸다.
② 화재가혹도는 화재하중과 화재강도로 구성되며, 화재강도는 단위면적당 가연물의 양으로 계산한다.
③ 화재가혹도를 낮추기 위해서는 가연물을 최소단위로 저장하고 불연성 밀폐용기에 보관한다.
④ 화재가혹도에 견디는 내력을 화재저항이라고 하며 건축물의 내화구조, 방화구조 등을 의미한다.

해설

| 화재가혹도 | 화재하중 |
|---|---|
| ① 화재하중이 작으면 화재가혹도가 **작다**.<br>② 화재실 내 단위시간당 축적되는 열이 크면 화재가혹도가 **크다**.<br>③ 화재발생으로 **건물 내부 수용재산** 및 **건물자체 손상**을 주는 능력의 정도<br>④ 방호공간 안에서 화재로 인해 소실된 피해 정도<br>⑤ 화재가혹도 = 최고온도 × 연소(지속)시간<br>⑥ 화재가혹도와 관련인자<br>㉠ 화재하중<br>㉡ 개구부의 크기<br>㉢ 가연물의 배열상태<br>⑦ 최고온도의 지속시간으로 화재가 건물에 피해를 입히는 능력의 정도 **보기 ①**<br>⑧ 화재가혹도를 낮추기 위해서는 가연물을 최소단위로 저장하고 불연성 밀폐용기에 보관 **보기 ③**<br>⑨ 화재가혹도에 견디는 내력을 **화재저항**이라고 하며 건축물의 내화구조, 방화구조 등을 의미 **보기 ④** | ① **화재규모**를 **판단**하는 척도로 주수시간을 결정하는 인자<br>② 가연물 등의 연소시 **건축물**의 **붕괴** 등을 고려하여 설계하는 하중<br>③ 화재실 또는 화재구획의 **단위면적당 가연물의 양** **보기 ②**<br>④ 일반건축물에서 가연성의 건축구조재와 가연성 수용물의 양으로서 건물화재시 **발열량** 및 **화재위험성**을 나타내는 용어<br>⑤ 건물화재에서 **가열온도**의 정도를 의미<br>⑥ 건물의 **내화설계**시 고려되어야 할 사항 |

② 화재가혹도는 **화재심도**라고도 하며, **화재하중**은 단위면적당 가연물의 양으로 계산한다.

비교

**화재강도의 주요소**
(1) 가연물의 **연소열**
(2) 가연물의 **비표면적**[$m^3$/kg]
(3) **공기**(산소)의 공급 : 물질의 단위질량당 표면적
(4) 화재실의 **벽**, **천장**, **바닥** 등의 **단열성**

답 ②

★
## 15 건축물의 피난·방화구조 등의 기준에 관한 규칙에서 소방관 진입창의 기준으로 옳지 않은 것은?

① 2층 이상 11층 이하인 층에 각각 1개소 이상 설치할 것
② 창문의 한쪽 모서리에 타격지점으로 지름 3cm 이상의 원형으로 표시할 것
③ 강화유리 또는 배강도유리로서 그 두께가 6mm 이상인 것
④ 창문의 가운데에 지름 20cm 이상의 역삼각형을 야간에도 알아볼 수 있도록 빛 반사 등으로 붉은 색으로 표시할 것

해설 **피난·방화구조 제18조 2**
**소방관 진입창의 기준**
(1) **2층** 이상 **11층** 이하인 층에 각각 **1개소 이상** 설치할 것(이 경우 소방관이 진입할 수 있는 창의 가운데에서 벽면 끝까지의 수평거리가 **40m 이상**인 경우에는 **40m 이내**마다 소방관이 진입할 수 있는 창을 추가 설치) 보기 ①
(2) 소방차 진입로 또는 소방차 진입이 가능한 **공터**에 면할 것
(3) 창문의 가운데에 지름 **20cm 이상**의 역삼각형을 야간에도 알아볼 수 있도록 **빛 반사** 등으로 **붉은색**으로 표시할 것 보기 ④
(4) 창문의 한쪽 모서리에 타격지점을 지름 **3cm 이상**의 원형으로 표시할 것 보기 ②
(5) 창문의 크기는 폭 **90cm 이상**, 높이 **1.2m 이상**으로 하고, 실내 바닥면으로부터 창의 아랫부분까지의 높이는 **80cm 이내**로 할 것
(6) 다음의 어느 하나에 해당하는 유리를 사용할 것
① **플로트판유리**로서 그 두께가 **6mm 이하**인 것
② **강화유리** 또는 **배강도유리**로서 그 두께가 **5mm 이하**인 것 보기 ③
③ ① 또는 ②에 해당하는 유리로 구성된 **이중 유리**로서 그 두께가 **24mm 이하**인 것

③ 6mm 이상 → 5mm 이하

답 ③

★★★
## 16 화재시 인간의 피난행동 특성에 관한 설명으로 옳지 않은 것은?

18회 문 20
16회 문 22
14회 문 25
10회 문 09
09회 문 04
05회 문 07

① 처음에 들어온 빌딩 등에서 내부 상황을 모를 경우 들어왔던 경로로 피난하려는 본능을 귀소본능이라 한다.
② 건물 내부에 연기로 인해 시야가 제한을 받을 경우 빛이 새어나오는 방향으로 피난하려는 본능을 지광본능이라 한다.
③ 열린 느낌이 드는 방향으로 피난하려는 경향을 직진성이라 한다.
④ 안전하다고 생각되는 경로로 피난하려는 경향을 이성적 안전지향성이라 한다.

해설 **화재발생시 인간의 피난 특성**

| 피난 특성 | 설 명 |
|---|---|
| 귀소본능 | ① 피난시 **평소**에 사용하는 **문**, 길, **통로**를 사용하거나 자신이 왔었던 길로 **되돌아가려는** 본능<br>② **친숙한 피난경로**를 선택하려는 행동<br>③ 무의식 중에 **평상시** 사용하는 **출입구**나 **통로**를 사용하려는 행동<br>④ 화재시 본능적으로 **원래** 왔던 길 또는 늘 사용하는 경로로 탈출하려고 하는 것<br>⑤ **원래** 왔던 길을 더듬어 피하려는 경향<br>⑥ **처음**에 들어온 빌딩 등에서 내부 상황을 모를 경우 들어왔던 경로로 피난하려는 본능을 귀소본능이라 한다. 보기 ① |

| 피난 특성 | 설 명 |
|---|---|
| 지광본능 | ① 화재시 연기 및 정전 등으로 시야가 흐려질 때 어두운 곳에서 개구부, 조명부 등의 **밝은 빛**을 따르려는 본능<br>② **밝은 쪽**을 지향하는 행동<br>③ 화재의 공포감으로 인하여 **빛**을 따라 외부로 달아나려고 하는 행동<br>④ 폐쇄공간 또는 어두운 공간에 대한 불안심리에 기인하는 행동<br>⑤ 건물 내부에 연기로 인해 시야가 제한을 받을 경우 **빛**이 새어나오는 방향으로 피난하려는 본능 보기 ② |
| 퇴피본능 | ① 반사적으로 **위험**으로부터 **멀리**하려는 본능<br>② 화염, 연기에 대한 공포감으로 **발화**의 **반대방향**으로 이동하려는 행동<br>③ 화재가 발생하면 확인하려 하고, 그것이 비상사태로 확인되면 **화재**로부터 **멀어지려고** 하는 본능<br>④ 연기, 불의 **차폐물**이 있는 곳으로 도망가거나 숨는다.<br>⑤ **발화점**으로부터 조금이라도 **먼 곳**으로 피난한다. |
| 추종본능 | ① 많은 사람이 달아나는 방향으로 쫓아가려는 행동<br>② 화재시 **최초**로 **행동**을 **개시**한 사람을 따라 전체가 움직이려는 행동<br>③ **집단**의존형 피난행동, 집단을 선도하는 사람의 존재 및 지시가 크게 영향력을 가짐 |
| 좌회본능 | **좌측통행**을 하고 **시계반대방향**으로 회전하려는 행동 |
| 폐쇄공간 지향본능 | 가능한 **넓은 공간**을 찾아 **이동**하다가 위험성이 높아지면 의외의 좁은 공간을 찾는 본능 |
| 초능력본능 | 비상시 **상상**도 **못할 힘**을 내는 본능 |
| 공격본능 | **이상심리현상**으로서 구조용 헬리콥터를 부수려고 한다든지 무차별적으로 주변사람과 구조인력 등에게 공격을 가하는 본능 |
| 패닉(Panic) 현상 | 인간의 비이성적인 또는 부적합한 **공포반응행동**으로서 무모하게 높은 곳에서 뛰어내리는 행위라든지, 몸이 굳어서 움직이지 못하는 행동 |

| 피난 특성 | 설 명 |
|---|---|
| 일상동선 지향성 | **일상**적으로 사용하고 있는 경로를 사용해 피하려는 경향 |
| 향개방성 | **열린** 느낌이 드는 방향으로 피하려는 경향 보기 ③ |
| 일시경로 선택성 | **처음**에 눈에 들어온 경로, 또는 눈에 **띄기 쉬운 계단**을 향하는 경향 |
| 지근거리 선택성 | 책상을 타고 넘어도 **가까운 거리**의 계단을 선택하는 경향 |
| 직진성 | **정면**의 계단과 통로를 선택하거나 막다른 곳이 나올 때까지 **직진**하는 경향 |
| 위험 회피본능 | **발화반대방향**으로 피하려는 본능, **뛰어내리는 행동**도 이에 포함 |
| 이성적 안전 지향성 | **안전**하다고 생각되는 **경로**로 향하는 경향 보기 ④ |

③ 직진성 → 향개방성

답 ③

★

## 17 아레니우스(Arrhenius)의 반응속도식에 관한 설명으로 옳은 것은?

① 활성화에너지가 클수록 반응속도는 증가한다.

② 기체상수가 클수록 반응속도는 증가한다.

③ 온도가 높을수록 반응속도는 감소한다.

④ 가연물의 밀도가 높을수록 반응속도는 증가한다.

해설 **(1) 아레니우스(Arrhenius) 반응속도식**

$$k_f = AT^n e^{\left(-\frac{E}{RT}\right)}$$

여기서, $k_f$ : 속도상수

$A$ : 충돌계수(충돌빈도, 단위시간당 충돌횟수)

$T$ : 절대온도(273+℃)〔K〕

$n$ : 상수(대부분 0)

$E$ : 활성화에너지〔J/mol〕

$R$ : 기체상수(8.314J/mol·K)

① 클수록 → 작을수록
$E$는 분자에 있지만 '−'가 앞에 붙어있으므로 **반비례**

③ 높을수록 → 낮을수록
$T$는 분모에 있지만 '−'가 앞에 붙어있으므로 **비례**

(2) **이상기체 상태방정식**

$$\rho = \frac{P}{RT}$$

여기서, $\rho$ : 밀도〔kg/m³〕
$P$ : 압력〔kPa〕
$R$ : 기체상수〔kJ/kg·K〕
$T$ : 절대온도(273+℃)〔K〕

④ 높을수록 → 낮을수록
$\rho$는 밀도와 기체상수, 절대온도는 **반비례**하므로 속도상수와 밀도는 **반비례**

∴ 자주 충돌할수록, 활성화에너지가 낮을수록, 온도가 높을수록, 기체상수가 클수록 반응속도는 증가한다.

**아레니우스(Arrhenius) 반응속도식**
속도상수($k$)의 온도($T$) 의존성을 정량적으로 또는 수식으로 나타낸 것

답 ②

★
**18** 가로 50cm, 세로 60cm인 벽면의 양쪽 온도가 350℃와 30℃이고, 벽을 통한 이동열량이 250W일 때 이 벽의 두께 $t$(m)는? (단, 열전도도는 0.8W/m·K이고 기타 조건은 무시하며, 소수점 이하 셋째자리에서 반올림한다.)

19회 문 10
19회 문 17
16회 문 27
13회 문 18
11회 문 23
07회 문 17

① 0.31
② 0.45
③ 0.64
④ 0.78

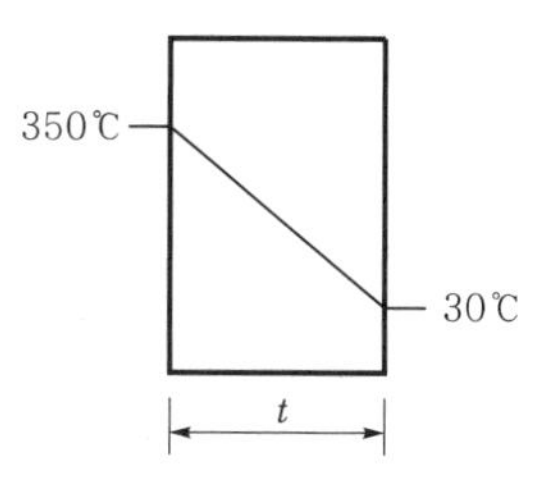


해설 (1) **기호**

- $A$ : 0.5m×0.6m(100cm=1m)
- $T_2 - T_1$ : (350−30)℃=(623−303)K
- $\mathring{q}$ : 250W
- $K$ : 0.8W/m·K

(2) **절대온도**

$$K = 273 + ℃$$

여기서, K : 절대온도〔K〕
℃ : 섭씨온도〔℃〕

$T_2 = 273 + ℃ = 273 + 350℃ = 623K$
$T_1 = 273 + ℃ = 273 + 30℃ = 303K$

(3) **열전달률**(열전도율)

$$\mathring{q} = \frac{KA(T_2 - T_1)}{l(t)}$$

여기서, $\mathring{q}$ : 열전달량(열전도율)〔W〕
$K$ : 열전도율(〔W/m·℃〕 또는 〔W/m·K〕)
$A$ : 단면적〔m²〕
$T_2 - T_1$ : 온도차〔℃〕 또는 〔K〕
$l(t)$ : 벽체두께〔m〕

벽체두께 $l$은

$$l = \frac{kA(T_2 - T_1)}{\mathring{q}}$$

$$= \frac{0.8\text{W/m}\cdot\text{K} \times (0.5\text{m} \times 0.6\text{m}) \times (623 - 303)\text{K}}{250\text{W}}$$

$= 0.31\text{m}$

열전도율=열전도도

답 ①

★★
**19** 건축물의 피난·방화구조 등의 기준에 관한 규칙에서 정한 건축물의 내부에 설치하는 피난계단의 구조의 기준으로 옳지 않은 것은?

12회 문 75

① 계단실은 창문·출입구 기타 개구부를 제외한 당해 건축물의 다른 부분과 내화구조의 벽으로 구획할 것
② 건축물의 내부와 접하는 계단실의 창문 등(출입구를 제외한다)은 망이 들어 있는 유리의 붙박이창으로서 그 면적을 각각 1m² 이하로 할 것
③ 건축물의 내부에서 계단실로 통하는 출입구의 유효너비는 0.9m 이상으로 할 것
④ 계단실의 바깥쪽과 접하는 창문 등은 당해 건축물의 다른 부분에 설치하는 창문 등으로부터 1m 이하의 거리를 두고 설치할 것

해설 **피난 · 방화구조 제9조**
**피난계단의 구조**

(1) 건축물의 **내부**에 설치하는 피난계단의 구조
① 계단실은 창문 · 출입구 기타 개구부(이하 "**창문 등**")를 제외한 당해 건축물의 다른 부분과 **내화구조**의 벽으로 구획할 것 **보기 ①**
② 계단실의 실내에 접하는 부분(바닥 및 반자 등 실내에 면한 모든 부분)의 마감(마감을 위한 바탕 포함)은 **불연재료**로 할 것
③ 계단실에는 **예비전원**에 의한 **조명설비**를 할 것
④ 계단실의 바깥쪽과 접하는 창문 등(망이 들어 있는 유리의 붙박이창으로서 그 면적이 각각 $1m^2$ 이하인 것 제외)은 당해 건축물의 다른 부분에 설치하는 창문 등으로부터 **2m 이상**의 거리를 두고 설치할 것 **보기 ④**
⑤ 건축물의 내부와 접하는 계단실의 창문 등(출입구 제외)은 망이 들어 있는 유리의 붙박이창으로서 그 면적을 각각 $1m^2$ **이하**로 할 것 **보기 ②**
⑥ 건축물의 내부에서 계단실로 통하는 출입구의 유효너비는 **0.9m 이상**으로 하고, 그 출입구에는 피난의 방향으로 열 수 있는 것으로서 언제나 닫힌 상태를 유지하거나 화재로 인한 연기 또는 불꽃을 감지하여 자동적으로 닫히는 구조로 된 **60분+방화문** 또는 **60분 방화문**을 설치할 것(단, 연기 또는 불꽃을 감지하여 자동적으로 닫히는 구조로 할 수 없는 경우에는 온도를 감지하여 자동적으로 닫히는 구조 가능) **보기 ③**
⑦ 계단은 **내화구조**로 하고 피난층 또는 지상까지 직접 연결되도록 할 것

(2) 건축물의 **바깥쪽**에 설치하는 피난계단의 구조
① 계단은 그 계단으로 통하는 출입구 외의 창문 등(망이 들어 있는 유리의 붙박이창으로서 그 면적이 각각 $1m^2$ **이하**인 것 제외)으로부터 **2m 이상**의 거리를 두고 설치할 것
② 건축물의 내부에서 계단으로 통하는 출입구에는 **60분+방화문** 또는 **60분 방화문**을 설치할 것
③ 계단의 유효너비는 **0.9m 이상**으로 할 것
④ 계단은 **내화구조**로 하고 지상까지 직접 연결되도록 할 것

④ 1m 이하 → 2m 이상

비교

**특별피난계단**의 **구조**(피난 · 방화구조 제9조)
(1) 건축물의 내부와 계단실은 노대를 통하여 연결하거나 외부를 향하여 열 수 있는 면적 $1m^2$ 이상인 창문(바닥에서 1m 이상의 높이에 설치한 것) 또는 적합한 구조의 배연설비가 있는 면적 $3m^2$ 이상인 부속실을 통하여 연결할 것
(2) 계단실 · 노대 및 부속실(비상용 승강기의 승강장을 겸용하는 부속실 포함)은 창문 등을 제외하고는 **내화구조**의 벽으로 각각 구획할 것
(3) 계단실 및 부속실의 실내에 접하는 부분의 마감(마감을 위한 바탕 포함)은 **불연재료**로 할 것
(4) 계단실에는 예비전원에 의한 조명설비를 할 것
(5) 계단실 · 노대 또는 부속실에 설치하는 건축물의 **바깥쪽**에 접하는 창문 등(망입, 유리의 붙박이창으로서 면적이 $1m^2$ 이하인 것 제외)은 계단실 · 노대 또는 부속실 외의 해당 건축물의 다른 부분에 설치하는 창문 등으로부터 2m 이상의 거리를 두고 설치할 것
(6) 계단실에는 노대 또는 부속실에 접하는 부분 외에는 건축물의 내부와 접하는 **창문** 등을 설치하지 아니할 것
(7) 계단실의 노대 또는 부속실에 접하는 창문 등(출입구 제외)은 망입유리의 붙박이창으로서 그 면적을 $1m^2$ 이하로 할 것
(8) 노대 및 부속실에는 계단실 외의 건축물의 **내부**와 접하는 창문 등(출입구 제외)을 설치하지 아니할 것
(9) 건축물의 내부에서 노대 또는 부속실로 통하는 출입구에는 **60분+방화문** 또는 **60분 방화문**을 설치하고, 노대 또는 부속실로부터 계단실로 통하는 출입구에는 **60분+방화문, 60분 방화문** 또는 **30분 방화문**을 설치할 것(단, **60분+방화문, 60분 방화문** 또는 **30분 방화문**은 **언제나 닫힌 상태**를 유지하거나 화재로 인한 연기, 온도, 불꽃 등을 가장 신속하게 감지하여 자동적으로 닫히는 구조)
(10) 계단은 **내화구조**로 하되, 피난층 또는 지상까지 직접 연결되도록 할 것
(11) 출입구의 유효너비는 0.9m 이상으로 하고 **피난의 방향**으로 열 수 있을 것

답 ④

20회

★
## 20 구획실에서 화재의 지속시간에 관한 설명으로 옳지 않은 것은?

① 화재실 단위면적당 가연물의 양에 비례한다.
② 화재실 바닥면적에 비례한다.
③ 화재실 개구부면적에 비례한다.
④ 화재실 개구부높이의 제곱근에 반비례한다.

해설 **구획실**의 **화재지속시간**

(1) **공식**

$$t = \frac{W}{V} = \frac{w \cdot A_f}{0.5A\sqrt{H}}$$

여기서, $t$ : 화재지속시간〔s〕
$W$ : 가연물량〔kg〕
$V$ : 연소속도〔kg/s〕
$w$ : 화재하중〔kg/m²〕
$A_f$ : 바닥면적〔m²〕
$A$ : 개구부면적〔m²〕
$H$ : 개구부높이〔m〕

• 화재하중 : 단위면적당 가연물의 양

(2) **영향요소**
① 화재하중이 클수록 화재지속시간은 길어진다.
② 환기요소가 작을수록 화재지속시간은 길어진다.

③ 비례 → 반비례

답 ③

★★★
## 21 에탄올($C_2H_5OH$) 1kmol을 완전 연소하는데 필요한 이론적인 산소($O_2$)의 체적(m³)은? (단, 0℃, 1기압 표준상태를 기준으로 하며, 소수점 이하 둘째자리에서 반올림한다.)

18회 문 76
16회 문 77
15회 문 85
12회 문 21
11회 문 95
10회 문 84
06회 문 96

① 67.2　　② 69.4
③ 70.6　　④ 74.0

해설 **에탄올 연소반응식**

$C_2H_5OH + 3O_2 \rightarrow 2CO_2 + 3H_2O$

1mol ╳ 3mol
1000mol ╳ $x$
(1kmol)

$x = 3 \times 1000 = 3000\text{mol}$

표준상태에서 1mol의 기체는 0℃, 1기압에서 22.4L를 가지므로

$3000\text{mol} \times 22.4\text{L/mol} = 67200\text{L} = 67.2\text{m}^3$

• 1000L=1m³이므로 67200L=67.2m³

답 ①

★★
## 22 힌클리(Hinkley)의 연기하강시간($t$)에 관한 식으로 옳은 것은? (단, $t$는 연기의 하강시간(s), $A$는 바닥면적(m²), $P_f$는 화재 둘레(m), $g$는 중력가속도(m/s²), $H$는 층고(m), $Y$는 청결층 높이(m)이다.)

17회 문 12
16회 문 18

① $t = \frac{20A}{P_f \times g}\left(\frac{1}{\sqrt{H}} - \frac{1}{\sqrt{Y}}\right)$

② $t = \frac{20A}{P_f \times \sqrt{g}}\left(\frac{1}{\sqrt{H}} - \frac{1}{\sqrt{Y}}\right)$

③ $t = \frac{20A}{P_f \times g}\left(\frac{1}{\sqrt{Y}} - \frac{1}{\sqrt{H}}\right)$

④ $t = \frac{20A}{P_f \times \sqrt{g}}\left(\frac{1}{\sqrt{Y}} - \frac{1}{\sqrt{H}}\right)$

해설 **하강시간**(힌클리 공식)

$$t = \frac{20A}{P_f \times \sqrt{g}} \times \left(\frac{1}{\sqrt{Y}} - \frac{1}{\sqrt{H}}\right)$$

여기서, $t$ : 하강시간〔s〕
$A$ : 화재실의 바닥면적〔m²〕
$H$ : 화재실의 높이(층고)〔m〕
$Y$ : 바닥과 천장 아래 연기층 아랫부분 간의 거리(청결층의 높이)〔m〕
$P_f$ : 화재경계의 길이(화염 둘레길이, 화재 둘레)〔m〕
$g$ : 중력가속도(9.8m/s²)

중요

**힌클리 공식**

(1) **연기발생량**

$$Q = \frac{A(H-y)}{t}$$

여기서, $Q$ : 연기발생량〔m³/s〕
$A$ : 화재실의 바닥면적〔m²〕
$H$ : 화재실의 높이〔m〕
$y$ : 바닥과 천장 아래 연기층 아랫부분 간의 거리(청결층의 높이)〔m〕
$t$ : 하강시간〔s〕

20회

(2) **연기생성률**

$$M = 0.188 \times P \times y^{\frac{3}{2}}$$

여기서, $M$ : 연기생성률〔kg/s〕
$P$ : 화재경계의 길이(화염 둘레길이)〔m〕
$y$ : 바닥과 천장 아래 연기층 아랫부분 간의 거리(청결층의 높이)〔m〕

답 ④

★★★
## 23 연소생성물질의 특성에 관한 설명으로 옳지 않은 것은?

19회 문 18
19회 문 19
16회 문 16
15회 문 11
15회 문 16

① 일산화탄소(CO)는 불연성 기체로서 호흡률을 높여 독성가스 흡입을 증가시킨다.
② 아크롤레인($CH_2CHCHO$)은 석유류 제품 및 유지(기름)성분의 물질이 연소할 때 발생한다.
③ 황화수소($H_2S$)는 계란 썩은 것 같은 냄새가 난다.
④ 염화수소(HCl)는 PVC 등 염소함유물질이 연소할 때 생성된다.

해설 **연소생성물질**의 **특성**

| 연소가스 | 설 명 |
|---|---|
| **일**산화탄소 (CO) | ① 화재시 흡입된 일산화탄소(CO)의 화학적 작용에 의해 **헤모글로빈**(Hb)이 혈액의 산소운반작용을 저해하여 사람을 질식·사망하게 한다.<br>② 목재류의 화재시 인명피해를 가장 많이 주며, 연기로 인한 의식불명 또는 질식을 가져온다.<br>③ 인체의 **폐**에 큰 자극을 준다.<br>④ **산**소와의 **결**합력이 극히 강하여 질식작용에 의한 독성을 나타낸다.<br>⑤ 가연성 기체로서 호흡률은 방해하고 독성가스의 흡입을 증가시킨다. 보기 ①<br>기억법 **일헤폐산결** |
| **이**산화탄소 ($CO_2$) | 연소가스 중 **가장 많은 양**을 차지하고 있으며 가스 그 자체의 독성은 거의 없으나 다량이 존재할 경우 호흡속도를 증가시키고, 이로 인하여 화재가스에 혼합된 유해가스의 혼입을 증가시켜 위험을 가중시키는 가스이다.<br>기억법 **이많** |
| **암**모니아 ($NH_3$) | ① 나무, **페**놀수지, **멜**라민수지 등의 **질소함유물**이 연소할 때 발생하며, 냉동시설의 **냉**매로 쓰인다.<br>② **눈·코·폐** 등에 매우 **자극성**이 큰 가연성 가스이다.<br>③ **질소**가 함유된 수지류 등의 연소시 생성되는 유독성 가스로서 다량 노출시 눈, 코, 인후 및 폐에 심한 손상을 주며, 냉동창고 냉동기의 냉매로도 쓰인다.<br>기억법 **암페멜냉자** |
| **포**스겐 ($COCl_2$) | ① 독성이 매우 강한 가스로서 **소**화제인 **사염화탄소**($CCl_4$)를 화재시에 사용할 때도 발생한다.<br>② 공기 중에 **25ppm**만 있어도 **1시간** 이내에 사망한다.<br>기억법 **포소사** |
| **황**화수소 ($H_2S$) | ① **달걀 썩는 냄새**가 나는 특성이 있다.<br>② 황분이 포함되어 있는 물질의 불완전연소에 의하여 발생하는 가스이다.<br>③ **자**극성이 있다.<br>④ **무색** 기체<br>⑤ 특유의 **달걀 썩는 냄새**(무취 아님)가 난다. 보기 ③<br>⑥ **발화성**과 **독성**이 강하다(인화성 없음).<br>⑦ 황을 가진 유기물의 원료, **고압 윤활제**의 원료, 분석화학에서의 **시약** 등으로 사용한다(살충제의 원료 아님).<br>⑧ 공기 중에 0.02%의 농도만으로도 치명적인 위험상태에 빠질 수 있다.<br>기억법 **황달자** |
| **아**크롤레인 ($CH_2CHCHO$) | ① 독성이 매우 높은 가스로서 **석유제품**, **유지** 등이 연소할 때 생성되는 가스이다. 보기 ②<br>② 눈과 호흡기를 자극하며, 기도장애를 일으킨다.<br>기억법 **아석유** |

| 연소가스 | 설 명 |
| --- | --- |
| **이**산화질소 ($NO_2$) | ① **질산셀룰로이즈**가 연소될 때 생성된다.<br>② **붉은 갈색**의 **기체**로 낮은 온도에서는 **푸른색**의 **액체**로 변한다.<br>③ 이산화질소를 흡입하면 인후의 **감각신경**이 **마비**된다.<br>④ 공기 중에 노출된 이산화질소 농도가 **200~700ppm**이면 인체에 **치명적**이다.<br>⑤ **질소**가 함유된 물질이 완전연소시 발생한다.<br>기억법 **이붉갈기(이불갈기)** |
| 시안화수소 (HCN) | ① 모직, 견직물 등의 불완전연소시 발생하며, 독성이 커서 인체에 치명적이다.<br>② 증기는 공기보다 **가볍다**. |
| 염화수소 (HCl) | 폴리염화비닐 등과 같이 염소가 함유된 수지류가 탈 때 주로 생성되며 금속에 대한 강한 부식성이 있다. **보기 ④** |

① 불연성 → 가연성, 호흡률을 높여 → 호흡률을 방해하고

답 ①

★★★
## 24 고층건축물의 화재시 굴뚝효과(Stack effect)에 의한 샤프트와 외기의 압력차에 관한 설명으로 옳은 것은?

18회 문 25 / 17회 문 16 / 17회 문 18 / 17회 문 23 / 15회 문 15 / 13회 문 24 / 10회 문 05 / 09회 문 02 / 07회 문 07 / 04회 문 09

① 외기온도가 높을수록 감소한다.
② 샤프트 내부 온도가 높을수록 감소한다.
③ 중성대(면) 위의 거리(높이)가 클수록 감소한다.
④ 샤프트 내부와 외기의 온도차가 클수록 감소한다.

해설 **굴뚝효과**(Stack effect)에 따른 **압력차**

$$\Delta P = k\left(\frac{1}{T_o} - \frac{1}{T_i}\right)h$$

여기서, $\Delta P$ : 굴뚝효과에 따른 압력차[Pa]
$k$ : 계수(3460)
$T_o$ : 외기 절대온도(273+℃)[K]
$T_i$ : 실내(내부) 절대온도(273+℃)[K]
$h$ : 중성대 위의 거리[m]

① 외기온도가 높을수록 압력차는 감소
$T_o$ : 분모에 있으므로 $\Delta P$에 반비례
② 내부 온도가 높을수록 압력차는 증가
$T_i$ : 분모에 있지만 '−'가 붙었으므로 $\Delta P$에 비례
③ 중성대 위의 거리가 클수록 압력차는 증가
$h$ : 분자에 있으므로 $\Delta P$에 비례
④ 내부와 외부의 온도차가 클수록 압력차는 증가
$\left(\frac{1}{T_o} - \frac{1}{T_i}\right)$ : 분자에 있으므로 $\Delta P$에 비례

답 ①

★★
## 25 연기농도와 피난한계에 관한 설명으로 옳지 않은 것은? (단, $C_s$는 감광계수이다.)

17회 문 17

① 반사형 표지 및 문짝의 가시거리($L$)는 $\frac{2 \sim 4}{C_s}$m이다.
② 발광형 표지 및 주간 창의 가시거리($L$)는 $\frac{5 \sim 10}{C_s}$m이다.
③ 가시거리($L$)와 감광계수($C_s$)는 비례한다.
④ 감광계수($C_s$)는 입사된 광량에 대한 투과된 광량의 감쇄율로, 단위는 $m^{-1}$이다.

해설 (1) **가시거리**

$$L = \frac{C_v(\text{비례})}{C_s(\text{반비례})}$$

여기서, $L$ : 가시거리[m]
$C_v$ : 물체별 가시거리(비발광체 2~4m, 발광체 5~10m)
$C_s$ : 감광계수[$m^{-1}$]

(2) **발광체(발광형 표지)** 및 **주간 창**의 **가시거리** **보기 ②**

$$L = \frac{5 \sim 10}{C_s}$$

여기서, $L$ : 가시거리[m]
$C_s$ : 감광계수[$m^{-1}$]

(3) **비발광체(반사형 표지** 및 **문짝)**의 **가시거리** **보기 ①**

$$L = \frac{2 \sim 4}{C_s}$$

여기서, $L$ : 가시거리[m]
$C_s$ : 감광계수[$m^{-1}$]

용어

**가시거리**

| 가시거리 | 감광계수 |
|---|---|
| 건물에서 사람이 목표물을 식별할 수 있는 거리 | 입사된 광량에 대한 투과된 광량의 감쇄율 |

비교

**발광체를 사용한 건물 내 미숙지자의 30m 한계간파거리를 확보하는 데 필요한 감광계수($C_s$)는?**

해설 $C_s = \dfrac{C_v}{L} = \dfrac{5\sim10}{L} = \dfrac{5\sim10\text{m}}{30\text{m}}$

$= 0.167 \sim 0.333$

| 한계간파거리 |

| 건물 내 숙지자 | 건물 내 미숙지자 |
|---|---|
| 5m | 30m |

③ 비례 → 반비례

답 ③



**제 2 과목** 소방수리학 · 약제화학 및 소방전기

★

**26** 그림과 같이 안지름 600mm의 본관에 안지름 200mm인 벤추리미터가 장치되어 있다. 압력수두차가 2m이면 유량($m^3/s$)은 약 얼마인가? (단, 유량계수는 0.98이다.)

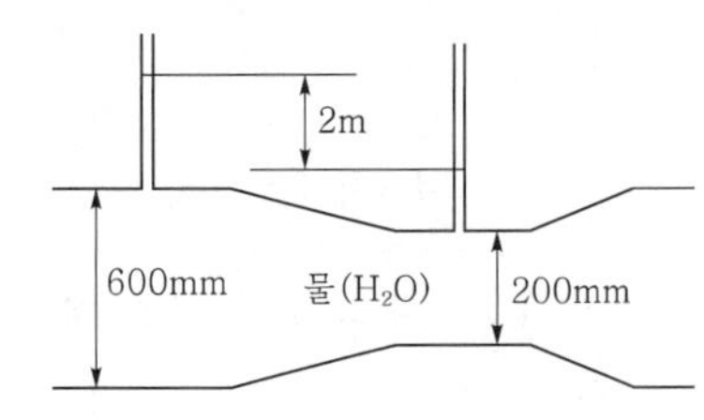


① 0.148 ② 0.164

③ 0.188 ④ 0.194

해설 (1) 기호

- $D_1$ : 600mm=0.6m(1000mm=1m)
- $D_2$ : 200mm=0.2m
- $R$ : 2m
- $Q$ : ?
- $C$ : 0.98

(2) 유량측정(벤추리미터)

$$Q = C_v \frac{A_2}{\sqrt{1-m^2}} \sqrt{\frac{2g(\gamma_s - \gamma)}{\gamma} R}$$
$$= CA_2 \sqrt{\frac{2g(\gamma_s - \gamma)}{\gamma} R}$$

여기서, $Q$ : 유량[$m^3/s$]

$C_v$ : 속도계수

$C$ : 유량계수(노즐의 흐름계수) $\left(C = \dfrac{C_v}{\sqrt{1-m^2}}\right)$

$A_2$ : 출구면적[$m^2$]

$g$ : 중력가속도($9.8m/s^2$)

$\gamma_s$ : 비중량(수은의 비중량 133.28kN/$m^3$)

$\gamma$ : 비중량(물의 비중량 9.8kN/$m^3$)

$R$ : 마노미터 읽음[m]

$m$ : 개구비$\left(\dfrac{A_2}{A_1} = \left(\dfrac{D_2}{D_1}\right)^2\right)$

$A_1$ : 입구면적[$m^2$]

$D_1$ : 입구직경[m]

$D_2$ : 출구직경[m]

변형식 수은은 없고 물만 있을 경우

$$Q = C_v \frac{A_2}{\sqrt{1-m^2}} \sqrt{2gR} = CA_2\sqrt{2gR}$$

유량 $Q$는

$Q = CA_2\sqrt{2gR}$

$= C\dfrac{\pi {D_2}^2}{4}\sqrt{2gR}$

$= 0.98 \times \dfrac{\pi \times (0.2\text{m})^2}{4} \times \sqrt{2 \times 9.8\text{m/s}^2 \times 2\text{m}}$

$≒ 0.194\text{m}^3/\text{s}$

답 ④

★

**27** 지름 50mm의 관에 20℃의 물이 흐를 경우 한계유속(cm/s)은 얼마인가? (단, 수온 20℃에서의 동점성계수는 $1\times10^{-2}$stokes이고 한계 레이놀즈수($Re$)는 2000이다.)

① 2 ② 4

③ 8 ④ 10

해설 (1) 기호

- $D$ : 50mm=5cm
- $V$ : ?
- $\nu$ : $1\times10^{-2}$stokes=$1\times10^{-2}cm^2/s$(1stokes=$1cm^2/s$)

(2) **레이놀즈수**

$$Re=\frac{DV\rho}{\mu}=\frac{DV}{\nu}$$

여기서, $Re$ : 레이놀즈수
$D$ : 내경〔m〕
$V$ : 유속〔m/s〕
$\rho$ : 밀도〔kg/m$^3$〕
$\mu$ : 점성계수〔kg/m·s〕
$\nu$ : 동점성계수$\left(\frac{\mu}{\rho}\right)$〔m$^2$/s〕

유속 $V$는

$$V=\frac{Re\nu}{D}=\frac{2000\times(1\times10^{-2}\text{cm}^2/\text{s})}{5\text{cm}}$$
$$=4\text{cm/s}$$

중요

**점성계수**

1p=1g/cm·s=1dyne·s/cm$^2$
1cp=0.01g/cm·s
1stokes=1cm$^2$/s(동점성계수)

답 ②

★★
## 28 단위질량당 체적을 나타내는 용어는?

① 밀도　② 비중
③ 비체적　④ 비중량

해설 (1) **밀도** : 단위체적당 질량

$$\rho=\frac{m}{V}$$

여기서, $\rho$ : 밀도〔kg/m$^3$〕
$m$ : 질량〔kg〕
$V$ : 부피(체적)〔m$^3$〕

(2) **비중** : 물의 밀도당 어떤 물질의 밀도

$$s=\frac{\rho}{\rho_w}=\frac{\gamma}{\gamma_w}$$

여기서, $s$ : 비중
$\rho$ : 어떤 물질의 밀도〔kg/m$^3$〕
$\rho_w$ : 물의 밀도(1000kg/m$^3$ 또는 1000N·s$^2$/m$^4$)
$\gamma$ : 어떤 물질의 비중량〔N/m$^3$〕
$\gamma_w$ : 물의 비중량(9800N/m$^3$)

(3) **비체적** : 단위질량당 체적

$$V_s=\frac{1}{\rho}=\frac{V}{m}$$

여기서, $V_s$ : 비체적〔m$^3$/kg〕
$\rho$ : 밀도〔kg/m$^3$〕
$V$ : 부피(체적)〔m$^3$〕
$m$ : 질량〔kg〕

(4) **비중량** : 단위체적당 중량

$$\gamma=\rho g=\frac{W}{V}$$

여기서, $\gamma$ : 비중량〔kN/m$^3$〕
$\rho$ : 밀도〔kg/m$^3$〕
$g$ : 중력가속도(9.8m/s$^2$)
$W$ : 중량〔kN〕
$V$ : 체적(부피)〔m$^3$〕

답 ③

★★★
## 29 지름 2m인 원형 수조의 측벽 하단부에 지름 50mm의 구멍이 있다. 이 수조의 수위를 50cm 이상으로 유지하기 위해서 수조에 공급해야 할 최소 유량(cm$^3$/s)은 약 얼마인가? (단, 유출구에서의 유량계수는 0.75이다.)

17회 문 32
11회 문 27
08회 문 42
06회 문 43

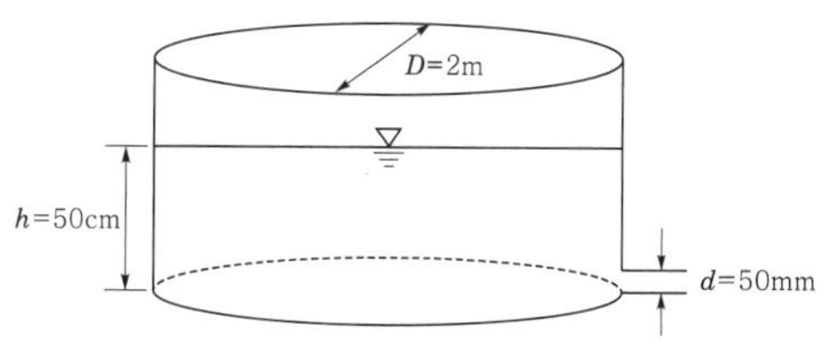


① 4610　② 6140
③ 7370　④ 8190

해설 (1) **기호**

- $D(d)$ : 50mm=0.05m(1000mm=1m)
- $H$ : 50cm=0.5m(100cm=1m)
- $Q$ : ?
- $C$ : 0.75

(2) **토리첼리**의 **식**(Torricelli's theorem)

$$V=C\sqrt{2gH}$$

여기서, $V$ : 유속〔m/s〕
$C$ : 유량계수
$g$ : 중력가속도(9.8m/s$^2$)
$H$ : 높이〔m〕

오리피스의 유속 $V$는

$$V=C\sqrt{2gH}=0.75\sqrt{2\times9.8\text{m/s}^2\times0.5\text{m}}$$
$$=2.347\text{m/s}$$

20회

(3) **유량(Flowrate)=체적유량**

$$Q = AV = \left(\frac{\pi D^2}{4}\right)V$$

여기서, $Q$ : 유량[$m^3/s$]
$A$ : 단면적[$m^2$]
$V$ : 유속[m/s]
$D$ : 지름[m]

오리피스의 유량 $Q$는

$$Q = \left(\frac{\pi D^2}{4}\right)V$$
$$= \left(\frac{\pi \times (0.05\text{m})^2}{4}\right) \times 2.347\text{m/s}$$
$$= 4.608 \times 10^{-3}\text{m}^3/\text{s}$$
$$= 4608 \times 10^{-6}\text{m}^3/\text{s}$$
$$= 4608 \times 10^{-6} \times (10^2\text{cm})^3/\text{s}$$
$$= 4608 \times \cancel{10^{-6}} \times \cancel{10^6}\text{cm}^3/\text{s}$$
$$= 4608\text{cm}^3/\text{s}$$
$$\fallingdotseq 4610\text{cm}^3/\text{s}$$

• 원형 수조의 지름은 적용하지 않음을 주의하라!

답 ①

20회

★★★
**30 베르누이 방정식에 관한 설명으로 옳지 않은 것은?**

19회 문 26
18회 문 44
17회 문 26
17회 문 29
17회 문115
16회 문 28
14회 문 27
13회 문 28
13회 문 32
12회 문 27
12회 문 37
10회 문106
09회 문 48

① 에너지 방정식이라고도 한다.
② 에너지 보존법칙을 유체의 흐름에 적용한 것이다.
③ 동수경사선은 위치수두와 압력수두를 합한 선을 연결한 것이다.
④ 적용조건은 이상유체, 정상류, 비압축성 흐름, 점성 흐름이다.

해설 **베르누이 방정식**(에너지 방정식)

(1) 정상유동에서 유선을 따라 유체입자의 **운동에너지, 위치에너지, 유동에너지**의 합은 일정하다는 것을 나타내는 식
(2) 유선 내에서 **전압**과 **정체압**이 일정한 값을 가진다.
(3) 적용조건은 이상유체, 정상류, 비압축성 흐름, 비점성 흐름이다. **보기 ④**
(4) 에너지 방정식이라고도 한다. **보기 ①**
(5) 에너지 보존법칙을 유체의 흐름에 적용한 것이다. **보기 ②**
(6) 동수경사선은 위치수두와 압력수두를 합한 선을 연결한 것이다. **보기 ③**

| 전압 (Total pressure) | 정체압 (Stagnation pressure) |
|---|---|
| 정압+동압+정수압 | 정압+동압 |

④ 점성 흐름 → 비점성 흐름

중요

**베르누이 방정식**

| 베르누이 방정식의 적용 조건 | 오일러 방정식의 유도시 가정 |
|---|---|
| ① **정**상 흐름(정상 유동)<br>② **비**압축성 흐름<br>③ **비**점성 흐름<br>④ **이**상유체<br>⑤ 비회전성 유체<br>기억법 **베정비이** | ① **정상유동**(정상류)일 경우<br>② **유**체의 **마찰**이 **없을 경우**<br>③ 입자가 **유선**을 따라 **운동**할 경우<br>④ 유체의 점성력이 **영**(Zero)이다.<br>⑤ 유체에 의해 발생하는 **전단응력**은 없다.<br>기억법 **오방정유마운** |

답 ④

★
**31 유적선에 관한 설명으로 옳은 것은?**

① 어느 한순간에 주어진 유체입자의 흐름 방향을 나타낸 것이다.
② 흐름을 직각으로 끊는 횡단면적을 말한다.
③ 유체입자의 실제 운동경로를 말하며, 경우에 따라 유선과 일치할 수도 있다.
④ 단위시간에 그 단면을 통과하는 물의 용적이다.

해설 **유선, 유적선, 유맥선, 유적**

| 구 분 | 설 명 |
|---|---|
| **유**선 (Stream line) | ① 유동장의 한 선상의 모든 점에서 그은 접선이 그 점에서 **속도 방향**과 **일치**되는 선이다.<br>② 유동장 내의 모든 점에서 **속도 벡터**에 접하는 가상적인 선이다. |
| 유적선 (Path line) | ① 한 유체입자가 일정한 기간 내에 움직여 간 **경로**를 말한다.<br>② 일정한 시간 내에 유체입자가 흘러간 **궤적**이다.<br>③ 유체입자의 **실제 운동경로**를 말하며, 경우에 따라 **유선**과 일치할 수도 있다. **보기 ③** |
| 유**맥**선 (Streak line) | 모든 유체입자의 **순간적**인 **부피**를 말하며, **연**소하는 **물질**의 **체적** 등을 말한다(예 굴뚝에서 나온 연기형상). |
| 유적[$m^2$] | 물 흐름을 직각으로 자른 **횡단면적**, A로 표시유량 **보기 ②** |

기억법 유속일, 맥연(매연)

답 ③

★★

**32** 비중 0.93인 물체가 해수면 위에 떠있다. 이 물체가 해수면 위로 나온 부분의 체적이 200cm³일 때, 물속에 잠긴 부분의 체적(cm³)은 얼마인가? (단, 해수의 비중은 1.03이다.)

18회 문 49

① 1860　② 2060
③ 2260　④ 2460

해설 (1) 기호

- $s_s$ : 0.93
- $s_w$ : 1.03
- $x$ : ?

(2) 비중

$$V = \frac{s_s}{s_w}$$

여기서, $V$ : 바닷물에 잠겨진 부피
$s_s$ : 어떤 물질의 비중(물체의 비중)
$s_w$ : 표준 물질의 비중(해수의 비중)

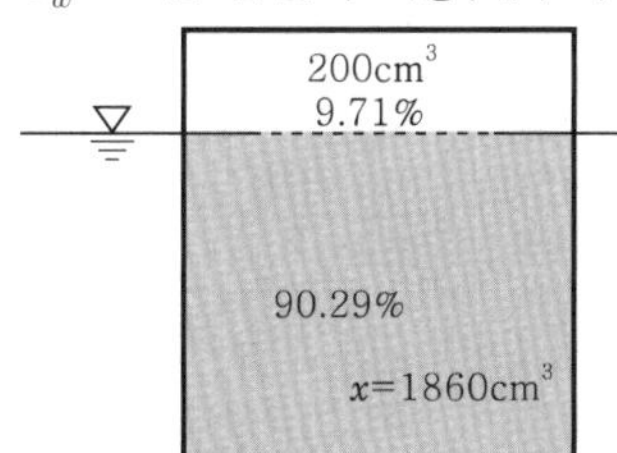


**바닷물**에 **잠겨진 부피** $V$는

$$V = \frac{s_s}{s_w} = \frac{0.93}{1.03} = 0.9029 = 90.29\%$$

수면 위에 나온 빙산의 부피 $= 100\% - 90.29\%$
$= 9.71\%$

수면 위에 나온 빙산의 체적이 200cm³이므로 비례식으로 풀면

9.71% : 200cm³ = 90.29% : $x$

$9.71\% x = 200\text{cm}^3 \times 100\%$

$$x = \frac{200\text{cm}^3 \times 90.29\%}{9.71\%} ≒ 1860\text{cm}^3$$

답 ①

★★

**33** 펌프의 축동력이 26.4kW, 기계의 손실동력이 4kW인 송수펌프가 있다. 이 송수펌프의 기계효율($\eta_m$)은 약 얼마인가?

① 0.65　② 0.75
③ 0.85　④ 0.95

해설 기계효율($\eta_m$)

$$\eta_m = \frac{\text{이론축동력} - \text{기계적 손실동력}}{\text{이론축동력}} \times 100$$

$$= \frac{(26.4-4)\text{kW}}{26.4\text{kW}} \times 100 = 84.85\% = 0.8485$$

$≒ 0.85$

용어

**기계효율**
어떤 기계의 발생마력에서 실제로 일로 변화될 수 있는 마력을 효율로 나타낸 것

또 다른 공식

$$\text{기계효율} = \frac{\text{제동마력}}{\text{지시마력}} \times 100$$

답 ③

★★

**34** 펌프의 비속도($N_s$)에 관한 설명으로 옳지 않은 것은?

18회 문103

① 토출량과 양정이 동일한 경우 회전수가 ($N$) 낮을수록 비속도가 커진다.
② 임펠러의 상사성과 펌프의 특성 및 펌프의 형식을 결정하는 데 이용되는 값이다.
③ 양흡입 펌프의 경우 토출량의 $\frac{1}{2}$로 계산한다.
④ 회전수와 양정이 일정할 때 토출량이 클수록 비속도가 커진다.

해설 **비속도**(비교회전도)

$$N_s = N\frac{\sqrt{Q}}{\left(\frac{H}{n}\right)^{\frac{3}{4}}}$$

여기서, $N_s$ : 펌프의 비교회전도(비속도)
〔m³/min・m/rpm〕
$N$ : 회전수〔rpm〕
$Q$ : 유량(토출량)〔m³/min〕
$H$ : 양정〔m〕
$n$ : 단수

**보기 ①** 낮을수록 → 높을수록

$N$ : 회전수는 분자에 있으므로 회전수와 비속도는 **비례**

**보기 ④** $Q$ : 토출량은 분자에 있으므로 비속도는 토출량의 제곱근에 **비례**

용어

**비속도**

(1) 펌프의 성능을 나타내거나 가장 적합한 **회전수**를 결정하는 데 이용되며, **회전자**의 **형상**을 나타내는 척도가 된다.
(2) 임펠러의 상사성과 펌프의 특성 및 펌프의 형식을 결정하는 데 이용되는 값이다. **보기 ②**
(3) **양흡입 펌프**의 경우 토출량의 $\frac{1}{2}$로 계산한다. **보기 ③**

중요

**비속도**(비교회전도)

| 구 분 | 설 명 |
|---|---|
| 뜻 | 펌프의 성능을 나타내거나 가장 적합한 **회전수**를 결정하는 데 이용되며, **회전자**의 **형상**을 나타내는 척도가 된다.<br>① 회전자의 형상을 나타내는 척도<br>② **펌프**의 **성능**을 나타냄<br>③ 최적합 회전수 결정에 이용됨 |
| 비속도값 | ① 터빈펌프 80~120m$^3$/min · m/rpm<br>② 볼류트펌프 250~450m$^3$/min · m/rpm<br>③ 축류펌프 800~2000m$^3$/min · m/rpm |
| 특징 | ① 축류펌프는 원심펌프에 비해 높은 비속도를 가진다.<br>② 같은 종류의 펌프라도 운전조건이 다르면 비속도의 값이 다르다.<br>③ 저용량 고수두용 펌프는 작은 비속도의 값을 가진다. |

답 ①

★

## 35 포소화약제 포원액의 비중기준으로 옳은 것은?

① 단백포소화약제 : 0.90 이상 2.00 이하
② 합성계면활성제 포소화약제 : 1.10 이상 1.20 이하
③ 수성막포소화약제 : 1.00 이상 1.15 이하
④ 알코올형 포소화약제 : 0.60 이상 1.20 이하

해설 **소화약제의 형식승인 및 제품검사의 기술기준 제4조 포소화약제의 비중**

| • 합성계면활성제 포소화약제 **보기 ②**<br>• 알코올형 포소화약제 **보기 ④** | 수성막 포소화약제 **보기 ③** | 단백포 소화약제 **보기 ①** |
|---|---|---|
| 0.90 이상 1.20 이하 | 1.00 이상 1.15 이하 | 1.10 이상 1.20 이하 |

① 0.90 이상 2.00 이하 → 1.10 이상 1.20 이하
② 1.10 이상 1.20 이하 → 0.90 이상 1.20 이하
④ 0.60 이상 1.20 이하 → 0.90 이상 1.20 이하

답 ③

★★★

## 36 소화약제에 관한 설명으로 옳지 않은 것은?

19회 문 04 / 18회 문 12 / 12회 문 39 / 11회 문 30 / 09회 문 19 / 06회 문 20

① 제1종 분말소화약제에 탄산마그네슘 등의 분산제를 첨가해서 유동성을 향상시킨다.
② 포소화약제 중 수성막포의 팽창비는 6배 이상, 기타 포소화약제의 팽창비는 5배 이상이다.
③ 물 소화약제에 증점제를 첨가하여 가연물에 대한 물의 잔류시간을 길게 한다.
④ 물의 증발잠열은 약 539kcal/kg이다.

해설 **소화약제의 형식승인 및 제품검사의 기술기준 제2조**

| 저발포용 소화약제 | 고발포용 소화약제 |
|---|---|
| 표준발포노즐에 의해 발포시키는 경우 포팽창률이 **6배**(**수**성막포소화약제는 **5배**)~**20배 이하**인 포소화약제 **보기 ②** | 표준발포노즐에 의해 발포시키는 경우 포팽창률이 **500배 이상**인 포소화약제 |

기억법 수5(수호천사)

② 6배 이상 → 5배~20배 이하, 5배 이상 → 6배~20배 이하

답 ②

★★

## 37 온도변화 없이 밀폐된 공간에 산소 21vol%, 질소 79vol%인 공기 353ft$^3$이 가득 차있다. 이 공간에 순수한 이산화탄소가 417L가 방출될 때, 이산화탄소 농도(vol%)는? (단, 1ft=0.3048m이다.)

17회 문 39 / 13회 문 38

① 2　② 3
③ 4　④ 6

해설 (1) **기호**

• 방호구역체적 : 353ft$^3$=353×(0.3048m)$^3$ ≒ 10m$^3$
• 방출가스량 : 417L=0.417m$^3$(1000L=1m$^3$)

(2) $CO_2$ 농도

$$CO_2 = \frac{\text{방출가스량}}{\text{방호구역체적} + \text{방출가스량}} \times 100 = \frac{0.417\text{m}^3}{10\text{m}^3 + 0.417\text{m}^3} \times 100 ≒ 4\text{vol\%}$$

중요

**가스계 소화설비와 관련된 식**

$$CO_2 = \frac{\text{방출가스량}}{\text{방호구역체적} + \text{방출가스량}} \times 100 = \frac{21 - O_2}{21} \times 100$$

여기서, $CO_2$ : $CO_2$의 농도[%], 할론농도[%]
$O_2$ : $O_2$의 농도[%]

$$\text{방출가스량}[\text{m}^3] = \frac{21 - O_2}{O_2} \times \text{방호구역체적}[\text{m}^3]$$

여기서, $O_2$ : $O_2$의 농도[%]

$$PV = \frac{W}{M}RT$$

여기서, $P$ : 기압[atm], $V$ : 방출가스량[$m^3$]
$W$ : 무게[kg]
$M$ : 분자량($CO_2$ : 44, 할론 1301 : 148.95)
$R$ : 0.082atm·$m^3$/kmol·K
$T$ : 절대온도(273+℃)[K]

$$Q = \frac{W_t C (t_1 - t_2)}{H}$$

여기서, $Q$ : 액화 $CO_2$의 증발량[kg]
$W_t$ : 배관의 중량[kg]
$C$ : 배관의 비열[kcal/kg·℃]
$t_1$ : 방출 전 배관의 온도[℃]
$t_2$ : 방출될 때의 배관의 온도[℃]
$H$ : 액화 $CO_2$의 증발잠열[kcal/kg]

답 ③

★★★
**38** 표준상태에서 한계산소농도가 가장 큰 가연성 물질은?

18회 문 16 / 15회 문 02 / 12회 문 25

① 메탄 ② 수소
③ 에틸렌 ④ 일산화탄소

해설
① 14.6vol% ② 5.9vol%
③ 11.7vol% ④ 5.9vol%

**표준상태에서 기체상 가연물의 한계산소농도**

| 물질명 | 화학식 | 한계산소농도 |
|---|---|---|
| **수소** 보기 ② | $H_2$ | 5.9 vol.% |
| **일산화탄소** 보기 ④ | CO | 5.9 vol.% |
| **에틸렌** 보기 ③ | $C_2H_4$ | 11.7 vol.% |
| 에테인(에탄) | $C_2H_6$ | 13.4 vol.% |
| 프로필렌 | $C_3H_6$ | 14.1 vol.% |
| 프로페인(프로판) | $C_3H_8$ | 14.3 vol.% |
| 부테인(부탄) | $C_4H_{10}$ | 14.5 vol.% |
| **메테인**(메탄) 보기 ① | $CH_4$ | 14.6 vol.% |

중요

| LOC(Limiting Oxygen Concentration) | MOC(Minimum Oxygen Concentration : 최소 산소농도) |
|---|---|
| ① 가연물의 종류, 소화약제의 종류와 관계가 있다.<br>② **연소**가 **중단**되는 산소의 한계농도이다.<br>③ 한계산소농도는 **질식소화**와 관계가 있다.<br>④ 소화에 필요한 이산화탄소 **소화약제**의 **양**을 구할 때 사용될 수 있다. | 화염을 전파하기 위해서 필요한 최소한의 산소농도 |

답 ①

★★★
**39** 할로겐화합물 소화약제의 최대허용설계농도가 큰 순서대로 나열한 것은?

19회 문 36 / 19회 문117 / 18회 문 31 / 17회 문 37 / 15회 문 36 / 15회 문110 / 14회 문 36 / 14회 문110 / 12회 문 31 / 07회 문121

① HCFC-124 > HFC-125 > IG-100 > HFC-23
② HFC-23 > HCFC-124 > HFC-125 > IG-100
③ IG-100 > HFC-23 > HFC-125 > HCFC-124
④ IG-100 > HFC-125 > HCFC-124 > HFC-23

해설 **할로겐화합물 및 불활성기체 소화약제 최대허용설계농도**(NFTC 107A 2.4.2)

| 소화약제 | 최대허용설계농도[%] |
|---|---|
| FIC-13I1 | 0.3 |
| HCFC-124 | 1.0 |
| FK-5-1-12 | 10 |
| HCFC BLEND A | 10 |
| HFC-227ea | 10.5 |
| HFC-125 | 11.5 |
| HFC-236fa | 12.5 |
| HFC-23 | 30 |
| FC-3-1-10 | 40 |
| IG-01 | 43 |
| IG-100 | 43 |
| IG-55 | 43 |
| IG-541 | 43 |

답 ③

★★★

## 40 분말소화약제에 관한 설명으로 옳지 않은 것은?

18회 문 33
17회 문 34
16회 문 35
13회 문 39

① 제3종 분말소화약제는 제1종과 제2종에 비해 낮은 온도에서 열분해 한다.
② 제2종 분말소화약제의 구성성분이 제1종보다 반응성이 커서 소화능력이 우수하다.
③ 분말소화약제는 작열연소보다 불꽃연소에 소화효과가 우수하다.
④ 제1종 분말소화약제가 590℃ 이상에서 분해될 때 $Na_2O$가 생성된다.

해설 **온도에 따른 제1종 분말소화약제의 열분해반응식**

| 온 도 | 열분해반응식 |
|---|---|
| 270℃ | $2NaHCO_3 \rightarrow Na_2CO_3 + H_2O + CO_2$ |
| 850℃ | $2NaHCO_3 \rightarrow$ **$Na_2O$** $+ H_2O + 2CO_2$ 보기 ④ |

④ 590℃ 이상에서 → 850℃에서

비교

**온도에 따른 제3종 분말소화약제의 열분해반응식**

| 온 도 | 열분해반응식 |
|---|---|
| 190℃ | $NH_4H_2PO_4 \rightarrow H_3PO_4$(올소인산) $+ NH_3$ |
| 215℃ | $2H_3PO_4 \rightarrow H_4P_2O_7$(피로인산) $+ H_2O$ |
| 300℃ | $H_4P_2O_7 \rightarrow 2HPO_3$(메타인산) $+ H_2O$ |
| 250℃ | $2HPO_3 \rightarrow P_2O_5$(오산화인) $+ H_2O$ |

답 ④

★

## 41 할로겐화합물 및 불활성기체 소화설비의 화재안전기준상 저장용기의 최대충전밀도가 가장 큰 것은? (단, 최대충전밀도는 가장 큰 값을 기준으로 한다.)

① FK-5-1-12 ② FC-3-1-10
③ HCFC BLEND A ④ HCFC-124

해설 **할로겐화합물** 및 **불활성기체 소화약제 저장용기**의 **충전밀도·충전압력** 및 **배관**의 **최소사용설계압력**[NFTC 107A 2.3.2.1(1)]

(1) **최대충전밀도**

| 소화약제 | 최대충전밀도 |
|---|---|
| HFC-23 | 865kg/m³ |
| HFC-125 | 897kg/m³ |
| HCFC BLEND A 보기 ③ | 900.2kg/m³ |
| HFC-227ea | 1265kg/m³ |
| HCFC-124 보기 ④ | 1185.4kg/m³ |
| HFC-236fa | 1201.4kg/m³ |
| FC-3-1-10 보기 ② | 1281.4kg/m³ |
| FK-5-1-12 보기 ① | 1441.7kg/m³ |

(2) **21℃ 충전압력**(가장 큰 값 기준)

| 소화약제 | 21℃ 충전압력 |
|---|---|
| HFC-227ea | 4137kPa |
| HFC-236fa | 4137kPa |
| HCFC-124 | 2482kPa |
| FK-5-1-12 | 6000kPa |
| FC-3-1-10 | 2482kPa |
| HFC-125 | 4137kPa |
| HCFC BLEND A | 4137kPa |
| HFC-23 | 4198kPa |
| IG-541 | 31125kPa |
| IG-55 | 30634kPa |
| IG-01 | 31097kPa |
| IG-100 | 28000kPa |

답 ①

★

## 42 할로겐화합물 및 불활성기체 소화설비의 화재안전기준상 할로겐화합물 소화약제 저장용기의 설치기준으로 옳은 것은?

16회 문111

① 저장용기를 방호구역 내에 설치한 경우에는 방화문으로 구획된 실에 설치할 것
② 용기 간의 간격은 점검에 지장이 없도록 3cm 이상의 간격을 유지할 것
③ 온도가 65℃ 이하이고 온도변화가 작은 곳에 설치할 것
④ 하나의 방호구역을 담당하는 경우에도 저장용기와 집합관을 연결하는 연결배관에는 체크밸브를 설치할 것

해설 **할로겐화합물 및 불활성기체 소화설비 저장용기 설치기준**(NFPC 107A 제6조, NFTC 107A 2.3)

(1) **방호구역 외**의 장소에 설치할 것(단, 방호구역 내에 설치할 경우에는 피난 및 조작이 용이하도록 **피난구 부근**에 설치) 보기 ①
(2) **온**도가 **55℃ 이하**이고 온도의 변화가 작은 곳에 설치할 것 보기 ③
(3) **직사광선** 및 **빗물**이 침투할 우려가 없는 곳에 설치할 것
(4) 저장용기를 **방호구역 외**에 설치한 경우에는 **방화문**으로 구획된 실에 설치할 것
(5) 용기의 설치장소에는 해당 용기가 설치된 곳임을 표시하는 표지를 할 것

(6) 용기 간의 간격은 점검에 지장이 없도록 **3cm 이상**의 간격을 유지할 것 **보기 ②**
(7) 저장용기와 집합관을 연결하는 연결배관에는 **체크밸브**를 설치할 것(단, 저장용기가 하나의 방호구역만을 담당하는 경우에는 제외) **보기 ④**

**기억법** 불외온 방3

‖ 저장용기 ‖

① 방호구역 내 → 방호구역 외
③ 65℃ 이하 → 55℃ 이하
④ 하나의 방호구역을 담당하는 경우에도 → 하나의 방호구역을 담당하는 경우를 제외하고

답 ②

★★★
## 43 다음 그림은 교류실효값 3A의 전류파형이다. 이 파형을 표현한 수식으로 옳지 않은 것은?

19회 문 50 / 18회 문 39 / 17회 문 45 / 13회 문 24

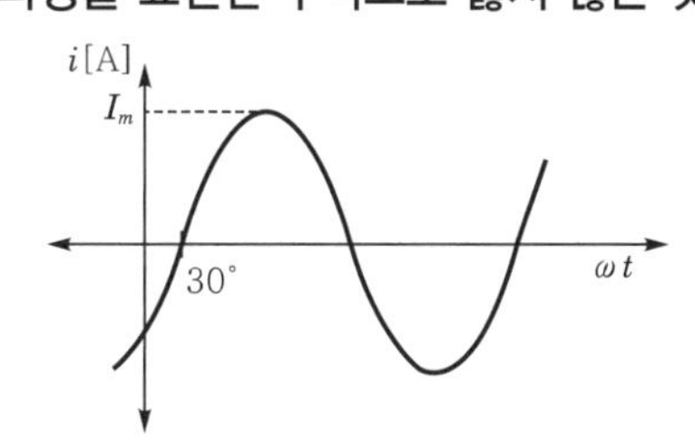


① $i=3\sin(\omega t-30°)$
② $i=3\angle-30°$
③ $i=2.6-j1.5$
④ $i=3e^{-j30°}$

해설 **보기 ①**

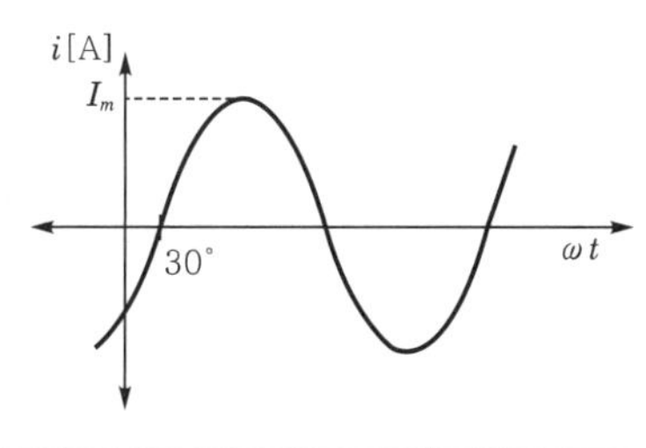


$$i=I_m\sin(\omega t-\theta)=\sqrt{2}I\sin(\omega t-\theta)$$

여기서, $i$ : 전류의 순시값〔A〕
$I_m$ : 전류의 최대값〔A〕
$\omega$ : 각주파수〔rad/s〕
$t$ : 시간〔s〕
$\theta$ : 위상〔rad〕
$I$ : 전류의 실효값〔A〕

$i=\sqrt{3}I\sin(\omega t-\theta)$
$=\sqrt{3}\times 3\sin(\omega t-30°)$
$=3\sqrt{3}\sin(\omega t-30°)$

① $3\sin(\omega t-30°)\rightarrow 3\sqrt{3}\sin(\omega t-30°)$

**비교**

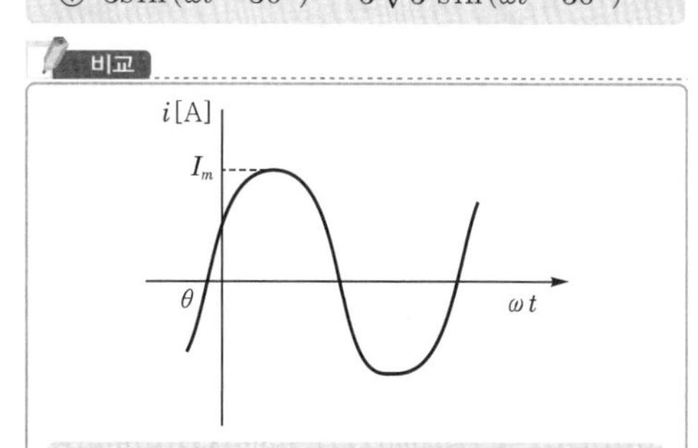


$$i=I_m\sin(\omega t+\theta)=\sqrt{2}I\sin(\omega t+\theta)$$

여기서, $i$ : 전류의 순시값〔A〕
$I_m$ : 전류의 최대값〔A〕
$\omega$ : 각주파수〔rad/s〕
$t$ : 시간〔s〕
$\theta$ : 위상〔rad〕
$I$ : 전류의 실효값〔A〕

**보기 ②** 벡터로 표시하는 방법
$i=I$(실효값)$\angle\theta$(위상)
$=3\angle-30°$

**보기 ③** 복소수로 벡터 표시하는 방법
$i=I$(실효값)$(\cos\theta+i\sin\theta)$
$=I$(실효값)$\angle\theta$

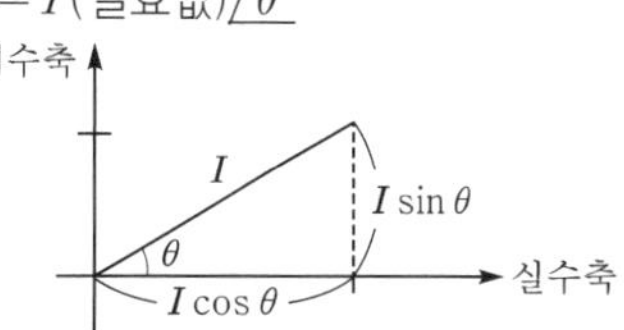


$i=3[\cos(-30°)+j\sin(-30°)]$
$=2.6-j1.5$

**보기 ④** $e^{j\theta}=\cos\theta+j\sin\theta$
$3e^{j\theta}=3(\cos\theta+j\sin\theta)$
$3e^{-j30°}=3[\cos(-30°)+j\sin(-30°)]$
$=2.6-j1.5$

답 ①

★

## 44 전계 내에서 전하 사이에 작용하는 힘, 전계, 전위를 표현한 식으로 옳지 않은 것은? (단, $F$ : 힘, $Q$ : 전하, $r$ : 거리, $V$ : 전위, $K$ : 비례상수, $E$ : 전계)

① $F = QE$〔N〕  ② $E = K\dfrac{Q}{r^2}$〔V/m〕

③ $V = K\dfrac{Q}{r}$〔V〕  ④ $F = K\dfrac{Q_1 Q_2}{r}$〔N〕

해설 **전하 사이에 작용하는 힘**

(1) **전하 사이에 작용하는 힘**

$$F = \frac{1}{4\pi\varepsilon} \cdot \frac{Q_1 Q_2}{r^2} = K\frac{Q_1 Q_2}{r^2} = QE \text{〔N〕}$$

여기서, $F$ : 두 전하 사이에 작용하는 힘〔N〕
$\varepsilon$ : 유전율〔F/m〕
$\varepsilon = \varepsilon_0 \cdot \varepsilon_s$
$\varepsilon_0$ : 진공의 유전율〔F/m〕
$\varepsilon_s$ : 비유전율
$Q_1 Q_2$ : 전하〔C〕
$r$ : 거리〔m〕
$K$ : 비례상수$\left(\dfrac{1}{4\pi\varepsilon}\right)$
$E$ : 전계의 세기〔V/m〕

(2) **전계의 세기**

$$E = \frac{1}{4\pi\varepsilon} \cdot \frac{Q}{r^2} = K\frac{Q}{r^2} \text{〔V/m〕 또는 } E = \frac{V}{d}$$

여기서, $E$ : 전계의 세기〔V/m〕
$\varepsilon$ : 유전율〔F/m〕$(\varepsilon = \varepsilon_0 \cdot \varepsilon_s)$
$\varepsilon_0$ : 진공의 유전율〔F/m〕
$\varepsilon_s$ : 비유전율, $Q$ : 전하〔C〕
$r$ : 거리〔m〕, $K$ : 비례상수$\left(\dfrac{1}{4\pi\varepsilon}\right)$
$V$ : 전압〔V〕, $d$ : 두께〔m〕

(3) **전위**

$$V_P = \frac{1}{4\pi\varepsilon} \cdot \frac{Q}{r} = K\frac{Q}{r} \text{〔V〕}$$

여기서, $V_p$ : P점에서의 전위〔V〕
$\varepsilon$ : 유전율〔F/m〕$(\varepsilon = \varepsilon_0 \cdot \varepsilon_s)$
$Q$ : 전하〔C〕
$r$ : 거리〔m〕
$K$ : 비례상수$\left(\dfrac{1}{4\pi\varepsilon}\right)$

답 ④

★

## 45 다음 회로에서 10Ω의 저항에 흐르는 전류 $I$(A)는?

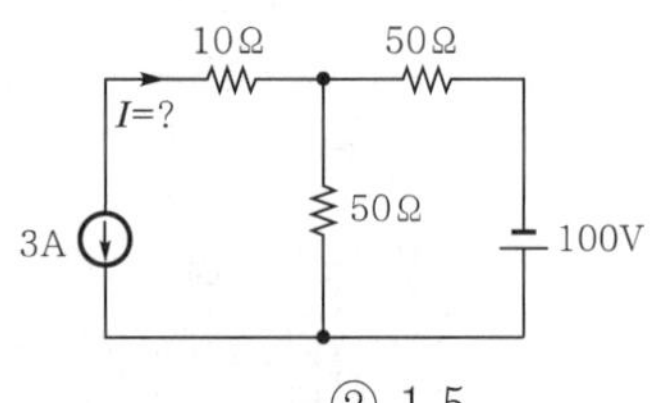


① 3  ② 1.5
③ −1.5  ④ −3

해설 **중첩**의 **원리**

(1) **전압원 단락시**

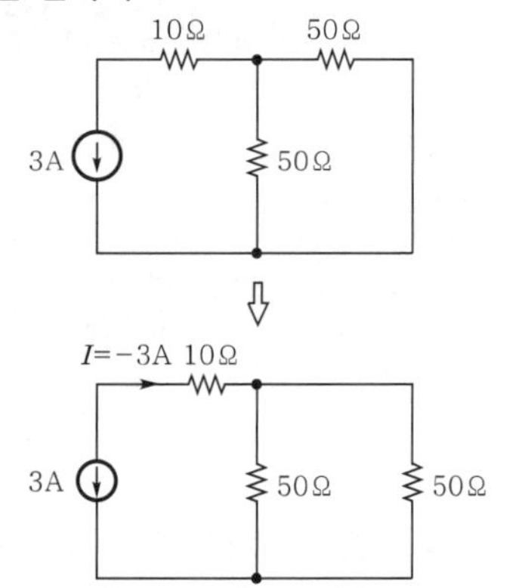


3A의 모든 전류가 10Ω에 흐르고 전류의 방향을 고려하면 $I$=−3A

(2) **전류원 개방시**

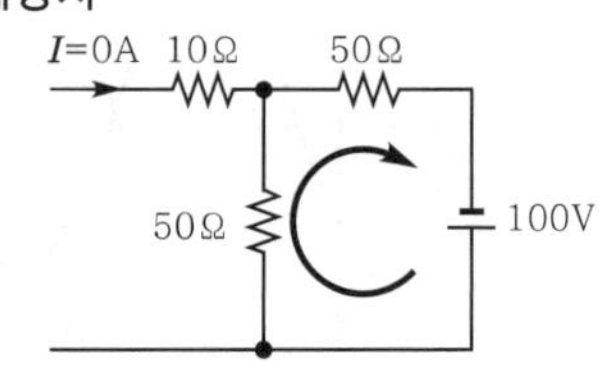


$I = 0\text{A}$의 전류가 흐름
$\therefore\ -3\text{A} + 0\text{A} = -3\text{A}$

용어

**중첩**의 **원리**
(1) **"2개 이상의 기전력을 포함한 회로망 중의 어떤 점의 전위 또는 전류는 각 기전력이 각각 단독으로 존재한다고 할 때, 그 점의 전위 또는 전류의 합과 같다"**는 원리
(2) **"여러 개의 기전력을 포함하는 선형 회로망 내의 전류분포는 각 기전력이 단독으로 그 위치에 있을 때 흐르는 전류분포의 합과 같다"**는 원리

답 ④

★

## 46 그림과 같이 전류가 흐를 때, 미소길이 ($dl$) 0.1m인 전선의 일부에서 발생한 자속이 P점에 영향을 줄 경우 P점에서 측정한 자기장의 세기 $dH$(AT/m)는 약 얼마인가? (단, $\pi=3.14$이다.)

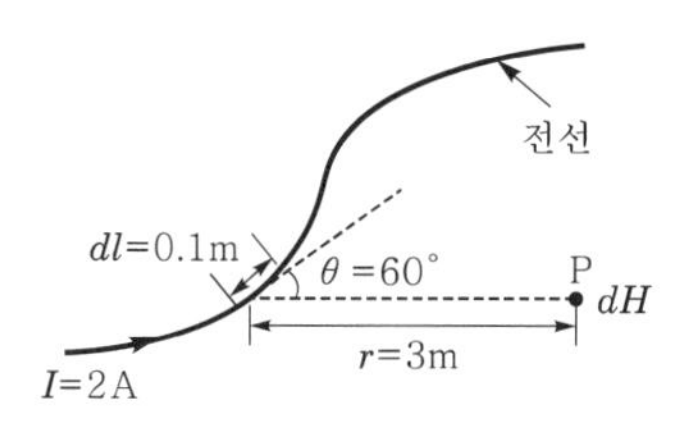


① $1.732\times10^{-3}$ ② $1.532\times10^{-3}$

③ $1.414\times10^{-3}$ ④ $1.212\times10^{-3}$

해설 (1) 기호

- $dl$ : 0.1m
- $dH$ : ?
- $I$ : 2A(그림)
- $\theta$ : 60°(그림)
- $\pi$ : 3.14
- $r$ : 3m(그림)

(2) **비오-사바르**의 **법칙**

$$dH=\frac{Idl\sin\theta}{4\pi r^2}\text{[AT/m]}$$

여기서, $dH$ : P점의 자기장의 세기[AT/m]

$I$ : 도체의 전류[A]

$dl$ : 도체의 미소부분[m]

$r$ : 거리[m]

$\theta$ : 각도

**자기장**의 **세기** $dH$는

$$dH=\frac{Idl\sin\theta}{4\pi r^2}=\frac{2\times0.1\times\sin60°}{4\times3.14\times3^2}\fallingdotseq1.532\times10^{-3}\text{AT/m}$$

용어

**비오-사바르**의 **법칙**

**직선전류**에 의한 **자계**의 **세기**를 나타내는 법칙

답 ②

★★★

## 47 다음 무접점 논리회로의 출력을 표현한 진리표의 내용이 옳게 작성된 것은?

18회 문 36
17회 문 48

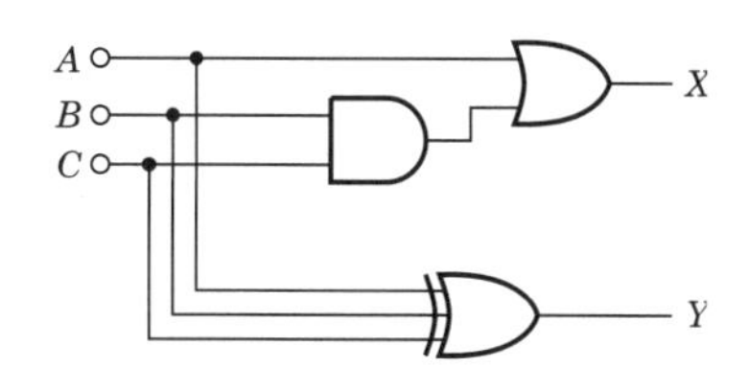


| A | B | C | 가 | | 나 | | 다 | | 라 | |
|---|---|---|---|---|---|---|---|---|---|---|
| | | | X | Y | X | Y | X | Y | X | Y |
| 0 | 0 | 0 | 0 | 0 | 0 | 0 | 0 | 1 | 1 | 1 |
| 0 | 0 | 1 | 0 | 1 | 0 | 1 | 0 | 0 | 1 | 0 |
| 0 | 1 | 0 | 0 | 1 | 0 | 1 | 0 | 0 | 1 | 0 |
| 0 | 1 | 1 | 1 | 1 | 1 | 0 | 1 | 1 | 0 | 1 |
| 1 | 0 | 0 | 0 | 1 | 1 | 1 | 1 | 0 | 0 | 0 |
| 1 | 0 | 1 | 1 | 1 | 1 | 0 | 1 | 1 | 0 | 0 |
| 1 | 1 | 0 | 1 | 1 | 1 | 0 | 1 | 1 | 0 | 1 |
| 1 | 1 | 1 | 0 | 1 | 1 | 1 | 1 | 0 | 0 | 1 |

① 가 ② 나

③ 다 ④ 라

해설

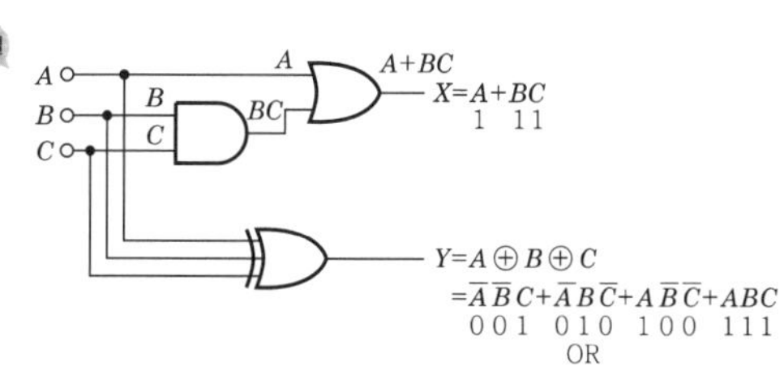


| A | B | C | 나 | |
|---|---|---|---|---|
| | | | X | Y |
| 0 | 0 | 0 | 0 | 0 |
| 0 | 0 | 1 | 0 | 1 |
| 0 | 1 | 0 | 0 | 1 |
| 0 | 1 | 1 | 1 | 0 |
| 1 | 0 | 0 | 1 | 1 |
| 1 | 0 | 1 | 1 | 0 |
| 1 | 1 | 0 | 1 | 0 |
| 1 | 1 | 1 | 1 | 1 |

20회

중요

## 시퀀스회로와 논리회로

### (1) AND회로

| 시퀀스회로 | 논리회로 | 진리표 |
|---|---|---|

$X = A \cdot B$ (1 1)

입력신호 $A$, $B$가 동시에 1일 때만 출력신호 $X$가 1이 된다.

| A | B | X |
|---|---|---|
| 0 | 0 | 0 |
| 0 | 1 | 0 |
| 1 | 0 | 0 |
| 1 | 1 | 1 |

### (2) OR회로

| 시퀀스회로 | 논리회로 | 진리표 |
|---|---|---|

$X = A + B$ (1 1)

입력신호 $A$, $B$ 중 어느 하나라도 1이면 출력신호 $X$가 1이 된다.

| A | B | X |
|---|---|---|
| 0 | 0 | 0 |
| 0 | 1 | 1 |
| 1 | 0 | 1 |
| 1 | 1 | 1 |

### (3) NOT회로

| 시퀀스회로 | 논리회로 | 진리표 |
|---|---|---|

$X = \overline{A}$ (0)

입력신호 $A$가 0일 때만 출력신호 $X$가 1이 된다.

| A | X |
|---|---|
| 0 | 1 |
| 1 | 0 |

### (4) NAND회로

| 시퀀스회로 | 논리회로 | 진리표 |
|---|---|---|

$X = \overline{A \cdot B} = \overline{A} + \overline{B}$ (0 0)

입력신호 $A$, $B$가 동시에 1일 때만 출력신호 $X$가 0이 된다(AND회로의 부정).

| A | B | X |
|---|---|---|
| 0 | 0 | 1 |
| 0 | 1 | 1 |
| 1 | 0 | 1 |
| 1 | 1 | 0 |

### (5) NOR회로

| 시퀀스회로 | 논리회로 | 진리표 |
|---|---|---|

$X = \overline{A + B} = \overline{A} + \overline{B}$ (0 0)

입력신호 $A$, $B$가 동시에 0일 때만 출력신호 $X$가 1이 된다(OR회로의 부정).

| A | B | X |
|---|---|---|
| 0 | 0 | 1 |
| 0 | 1 | 0 |
| 1 | 0 | 0 |
| 1 | 1 | 0 |

### (6) Exclusive OR회로

| 시퀀스회로 | 논리회로 | 진리표 |
|---|---|---|

$X = A \oplus B = \overline{A}B + A\overline{B}$ (0 1, 1 0)

입력신호 $A$, $B$ 중 어느 한쪽만이 1이면 출력신호 $X$가 1이 된다.

| A | B | X |
|---|---|---|
| 0 | 0 | 0 |
| 0 | 1 | 1 |
| 1 | 0 | 1 |
| 1 | 1 | 0 |

$X = A \oplus B \oplus C$
$= \overline{A}\,\overline{B}C + \overline{A}B\overline{C}$ (0 0 1, 0 1 0)
$+ A\overline{B}\,\overline{C} + ABC$ (1 0 0, 1 1 1)

| A | B | C | X |
|---|---|---|---|
| 0 | 0 | 0 | 0 |
| 0 | 0 | 1 | 1 |
| 0 | 1 | 0 | 1 |
| 0 | 1 | 1 | 0 |
| 1 | 0 | 0 | 1 |
| 1 | 0 | 1 | 0 |
| 1 | 1 | 0 | 0 |
| 1 | 1 | 1 | 1 |

$X = A \oplus B \oplus C \oplus D$
$= \overline{A}\,\overline{B}\,\overline{C}D + \overline{A}\,\overline{B}C\overline{D}$ (0 0 0 1, 0 0 1 0)
$+ \overline{A}B\overline{C}\,\overline{D} + \overline{A}BCD$ (0 1 0 0, 0 1 1 1)
$+ A\overline{B}\,\overline{C}\,\overline{D} + A\overline{B}CD$ (1 0 0 0, 1 0 1 1)
$+ AB\overline{C}D + ABC\overline{D}$ (1 1 0 1, 1 1 1 0)

| A | B | C | D | X |
|---|---|---|---|---|
| 0 | 0 | 0 | 0 | 0 |
| 0 | 0 | 0 | 1 | 1 |
| 0 | 0 | 1 | 0 | 1 |
| 0 | 0 | 1 | 1 | 0 |
| 0 | 1 | 0 | 0 | 1 |
| 0 | 1 | 0 | 1 | 0 |
| 0 | 1 | 1 | 0 | 0 |
| 0 | 1 | 1 | 1 | 1 |
| 1 | 0 | 0 | 0 | 1 |
| 1 | 0 | 0 | 1 | 0 |
| 1 | 0 | 1 | 0 | 0 |
| 1 | 0 | 1 | 1 | 1 |
| 1 | 1 | 0 | 0 | 0 |
| 1 | 1 | 0 | 1 | 1 |
| 1 | 1 | 1 | 0 | 1 |
| 1 | 1 | 1 | 1 | 0 |

### (7) Exclusive NOR회로

| 시퀀스회로 | 논리회로 | 진리표 |
|---|---|---|

$X = \overline{A \oplus B} = AB + \overline{A}\,\overline{B}$ (1 1, 0 0)

입력신호 $A$, $B$가 동시에 0이거나 1일 때만 출력신호 $X$가 1이 된다.

| A | B | X |
|---|---|---|
| 0 | 0 | 1 |
| 0 | 1 | 0 |
| 1 | 0 | 0 |
| 1 | 1 | 1 |

$X = \overline{A \oplus B \oplus C}$
$= \overline{A}\,\overline{B}\,\overline{C} + \overline{A}BC$ (0 0 0, 0 1 1)
$+ A\overline{B}C + AB\overline{C}$ (1 0 1, 1 1 0)

| A | B | C | X |
|---|---|---|---|
| 0 | 0 | 0 | 1 |
| 0 | 0 | 1 | 0 |
| 0 | 1 | 0 | 0 |
| 0 | 1 | 1 | 1 |
| 1 | 0 | 0 | 0 |
| 1 | 0 | 1 | 1 |
| 1 | 1 | 0 | 1 |
| 1 | 1 | 1 | 0 |

$X = \overline{A \oplus B \oplus C \oplus D}$
$= \overline{A}\,\overline{B}\,\overline{C}\,\overline{D} + \overline{A}\,\overline{B}CD$ (0 0 0 0, 0 0 1 1)
$+ \overline{A}B\overline{C}D + \overline{A}BC\overline{D}$ (0 1 0 1, 0 1 1 0)
$+ A\overline{B}\,\overline{C}D + A\overline{B}C\overline{D}$ (1 0 0 1, 1 0 1 0)
$+ AB\overline{C}\,\overline{D} + ABCD$ (1 1 0 0, 1 1 1 1)

| A | B | C | D | X |
|---|---|---|---|---|
| 0 | 0 | 0 | 0 | 1 |
| 0 | 0 | 0 | 1 | 0 |
| 0 | 0 | 1 | 0 | 0 |
| 0 | 0 | 1 | 1 | 1 |
| 0 | 1 | 0 | 0 | 0 |
| 0 | 1 | 0 | 1 | 1 |
| 0 | 1 | 1 | 0 | 1 |
| 0 | 1 | 1 | 1 | 0 |
| 1 | 0 | 0 | 0 | 0 |
| 1 | 0 | 0 | 1 | 1 |
| 1 | 0 | 1 | 0 | 1 |
| 1 | 0 | 1 | 1 | 0 |
| 1 | 1 | 0 | 0 | 1 |
| 1 | 1 | 0 | 1 | 0 |
| 1 | 1 | 1 | 0 | 0 |
| 1 | 1 | 1 | 1 | 1 |

답 ②

★★★

**48** 다음 회로에서 스위치 $PB_2$를 ON시키면 램프가 점등된다. 스위치 $PB_2$를 OFF하여도 램프가 계속 점등상태가 되기 위해서는 어떤 회로를 어느 위치에 연결해야 하는가?

18회 문 37
16회 문 49
15회 문 47

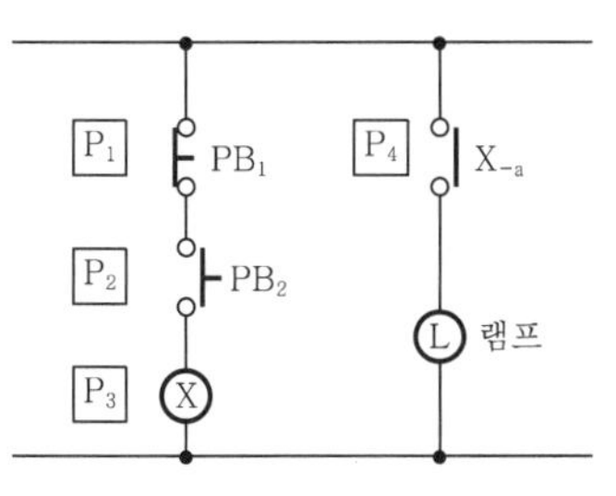


① 자기유지회로를 $P_1$ 위치에 연결한다.
② 자기유지회로를 $P_2$ 위치에 연결한다.
③ 인터록회로를 $P_3$ 위치에 연결한다.
④ 인터록회로를 $P_4$ 위치에 연결한다.

해설 **자기유지회로**

(1) **자기유지접점**을 통해 스위치를 눌렀다가 OFF 하여도 램프를 **계속 점등**시킬 수 있는 회로
(2) 일단 **ON**이 된 것을 **기억**하며 **유지**하는 기능을 가진 회로

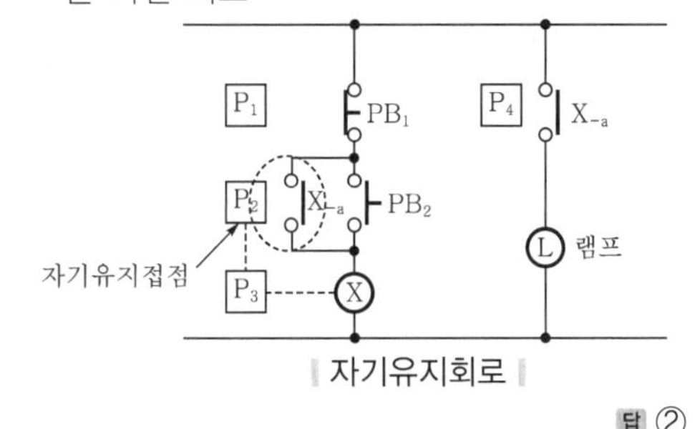


‖ 자기유지회로 ‖

답 ②

★★★

**49** 다음 $R-L$ 직렬회로에서 전압의 위상을 0°로 할 때 회로의 전류($I$) 및 전류위상($\theta$)을 올바르게 나열한 것은?

18회 문 39
11회 문 31

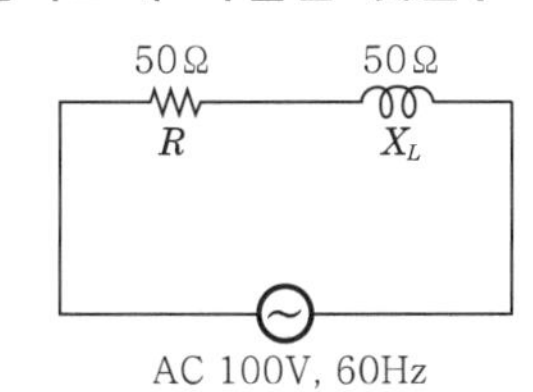


① $I=1.5\text{A}$, $\theta=-30°$
② $I=1.4\text{A}$, $\theta=-45°$
③ $I=1.3\text{A}$, $\theta=-60°$
④ $I=1.2\text{A}$, $\theta=-90°$

해설 (1) **기호**

- $R$ : 50Ω
- $X_L$ : 50Ω
- $V$ : 100V
- $f$ : 60Hz

(2) **전류** $R-L$ **직렬회로**

$$I=\frac{V}{Z}=\frac{V}{\sqrt{R^2+{X_L}^2}}$$

여기서, $I$ : 전류〔A〕
$V$ : 전압〔V〕
$Z$ : 임피던스〔Ω〕
$R$ : 저항〔Ω〕
$X_L$ : 유도리액턴스

전류 $I$는

$$I=\frac{V}{\sqrt{R^2+{X_L}^2}}$$
$$=\frac{100}{\sqrt{50^2+50^2}}\fallingdotseq 1.4\text{A}$$

(3) **위상차**

$$\tan\theta=\frac{X_L}{R}$$

여기서, $\theta$ : 각도(위상)
$X_L$ : 유도리액턴스〔Ω〕
$R$ : 저항〔Ω〕

$$\tan\theta=\frac{X_L}{R}$$
$$\theta=\tan^{-1}\frac{X_L}{R}$$
$$=\tan^{-1}\frac{50}{50}=45°$$

- $L$의 회로 : **전압**이 전류보다 위상이 **앞섬**
- $C$의 회로 : **전류**가 전압보다 위상이 **앞섬**

$L$의 회로는 전압이 전류보다 위상이 앞서므로 전압위상 $\theta=0°$, 전류위상 $\theta=-45°$

답 ②

★

**50** **전압계측기의 측정범위를 확장하여 더 높은 전압을 측정하기 위한 방법으로 옳은 것은?**

① 분류기를 계측기와 병렬로 연결하여 부하에 직렬로 연결한다.

② 분류기를 계측기와 직렬로 연결하여 부하에 병렬로 연결한다.

③ 배율기를 계측기와 병렬로 연결하여 부하에 직렬로 연결한다.

④ 배율기를 계측기와 직렬로 연결하여 부하에 병렬로 연결한다.

해설 **배율기**와 **분류기**

| | |
|---|---|
| 배율기 | ① **전압계**(계측기)와 **직렬**접속, **부하**에는 **병렬**연결 [보기 ④]<br>② **전압**의 측정범위 확대<br>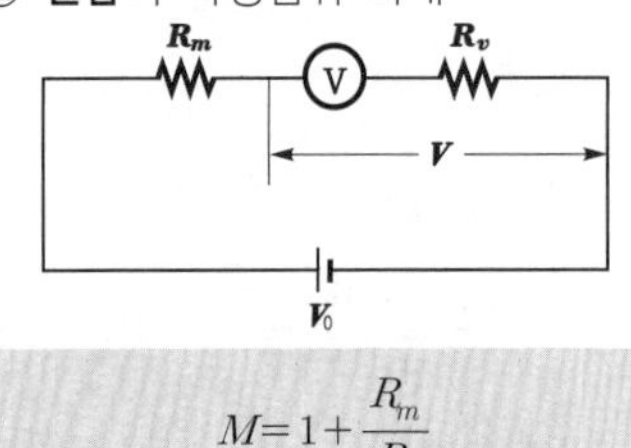<br><br>$M = 1 + \frac{R_m}{R_v}$<br>여기서, $M$ : 배율기 배율<br>$V_0$ : 측정하고자 하는 전압[V]<br>$V$ : 전압계의 최대눈금[A]<br>$R_v$ : 전압계 내부저항[Ω]<br>$R_m$ : 배율기[Ω] |
| 분류기 | ① **전류계**(계측기)와 **병렬**접속, **부하**에는 **병렬**연결<br>② **전류**의 측정범위 확대<br>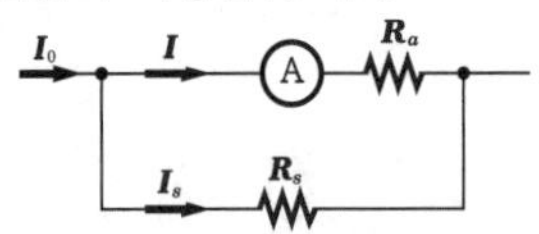<br><br>$M = 1 + \frac{R_a}{R_s}$<br>여기서, $M$ : 분류기 배율<br>$I_0$ : 측정하고자 하는 전류[A]<br>$I$ : 전류계의 최대눈금[A]<br>$I_s$ : 분류기에 흐르는 전류[A]<br>$R_a$ : 전류계 내부저항[Ω]<br>$R_s$ : 분류기[Ω] |

비교

**전압계**와 **전류계**의 **연결**

| 전압계 | 전류계 |
|---|---|
| 부하와 **병렬**연결 | 부하와 **직렬**연결 |

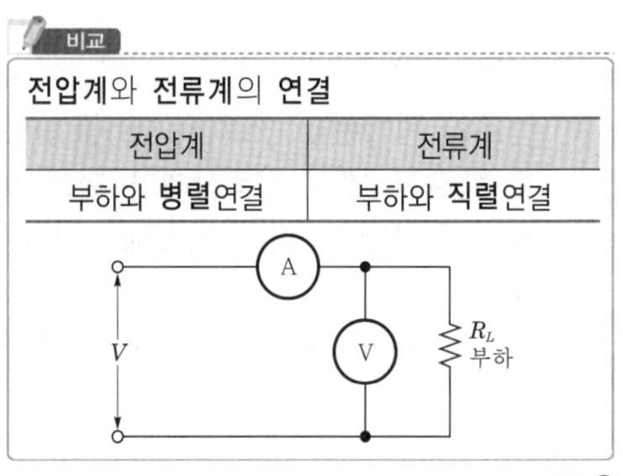


답 ④

## 제 3 과목 소방관련법령

★★★

**51** 18회 문 51 15회 문 51 14회 문 53 14회 문 66 11회 문 70 **소방기본법령상 소방대상물에 화재가 발생한 경우, 정당한 사유 없이 소방대가 현장에 도착할 때까지 사람을 구출하는 조치를 하지 않은 관계인에게 처할 수 있는 벌칙으로 옳은 것은?**

① 100만원 이하의 벌금

② 200만원 이하의 벌금

③ 300만원 이하의 벌금

④ 400만원 이하의 벌금

해설 **소방기본법 위반시 벌금**

| 벌 칙 | 내 용 |
|---|---|
| **5년 이하의 징역 또는 5000만원 이하의 벌금** (기본법 제50조) | • 소방자동차의 **출동** 방해<br>• 사람구출 방해<br>• 소방용수시설 또는 비상소화장치의 **효용** 방해<br>• 소방대원 폭행·협박 |
| **3년 이하의 징역 또는 3000만원 이하의 벌금** (기본법 제51조) | • 소방활동에 필요한 소방대상물 및 **토지**의 **강제처분**을 방해한 자 |
| **300만원 이하의 벌금** | • 소방활동에 필요한 소방대상물과 **토지** 외의 **강제처분**을 방해한 자(기본법 제52조)<br>• 소방자동차의 통행과 소방활동에 방해가 되는 주정차 제거·이동을 방해한 자(기본법 제52조)<br>• 화재의 **예방조치명령** 위반(화재예방법 제50조) |

| 벌 칙 | 내 용 |
|---|---|
| **100만원 이하의 벌금**<br>(기본법 제54조) | • **피난명령** 위반<br>• 위험시설 등에 대한 긴급조치 방해<br>• 소방활동을 하지 않은 **관계인** 보기 ①<br>※ 소방활동 : 화재가 발생한 경우 소방대가 현장에 도착할 때까지 사람을 구출하는 조치<br>• 위험시설 등에 정당한 사유없이 **물**의 **사용**이나 **수도**의 **개폐장치**의 사용 또는 조작을 하지 못하게 하거나 **방해**한 자<br>• 소방대의 **생활안전활동**을 방해한 자 |
| **500만원 이하의 과태료**<br>(기본법 제56조) | • **화재** 또는 **구조·구급**에 필요한 사항을 **거짓**으로 알린 사람 |
| **200만원 이하의 과태료** | • 소방용수시설·소화기구 및 설비 등의 설치명령 위반(화재예방법 제52조)<br>• 특수가연물의 저장·취급 기준 위반(화재예방법 제52조)<br>• **소방활동구역 출입**(기본법 제56조)<br>• **소방자동차**의 **출동**에 **지장**을 준 자(기본법 제56조)<br>• 한국 119 청소년단 또는 이와 유사한 명칭을 사용한 자(기본법 제56조)<br>• 한국소방안전원 또는 이와 유사한 명칭을 사용한 자(기본법 제56조) |
| **20만원 이하의 과태료**<br>(기본법 제57조) | • 시장지역에서 화재로 오인할 우려가 있는 **연막소독**을 하면서 관할소방서장에게 신고를 하지 아니하여 소방자동차를 출동하게 한 자 |

답 ①

★★★

## 52 화재의 예방 및 안전관리에 관한 법령상 특수가연물의 수량 기준으로 옳은 것은?

21회 문 53
17회 문 54
15회 문 53
14회 문 52
11회 문 54
10회 문 04
08회 문 71

① 면화류 : 200kg 이상
② 가연성 고체류 : 500kg 이상
③ 나무껍질 및 대팻밥 : 300kg 이상
④ 넝마 및 종이부스러기 : 400kg 이상

해설 **화재예방법 시행령 [별표 2]**
**특수가연물**

| 품 명 | | 수 량 |
|---|---|---|
| 가연성 액체류 | | $2m^3$ 이상 |
| 목재가공품 및 나무부스러기 | | $10m^3$ 이상 |
| 면화류 → | | 200kg 이상 보기 ① |
| 나무껍질 및 대팻밥 → | | 400kg 이상 보기 ③ |
| 넝마 및 종이부스러기 → | | 1000kg 이상 보기 ④ |
| 사류(絲類) | | 1000kg 이상 |
| 볏짚류 | | 1000kg 이상 |
| 가연성 고체류 → | | 3000kg 이상 보기 ② |
| 고무류·플라스틱류 | 발포시킨 것 | $20m^3$ 이상 |
| | 그 밖의 것 | 3000kg 이상 |
| 석탄·목탄류 | | 10000kg 이상 |

② 500kg → 3000kg
③ 300kg → 400kg
④ 400kg → 1000kg

※ **특수가연물** : 화재가 발생하면 그 확대가 빠른 물품

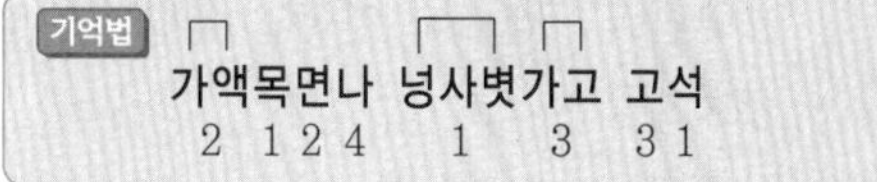


답 ①

★

## 53 소방기본법령상 소방대장이 화재현장에 소방활동구역을 정하여 출입을 제한하는 경우, 소방활동에 필요한 사람으로서 그 구역에 출입이 가능하지 않은 자는?

① 소방활동구역 안에 있는 소방대상물의 소유자
② 전기업무에 종사하는 사람으로서 원활한 소방활동을 위하여 필요한 사람
③ 구조·구급업무에 종사하는 사람
④ 시·도지사가 소방활동을 위하여 출입을 허가한 사람

20회

해설 **기본령 제8조**
**소방활동구역 출입자**
(1) 소방활동구역 **안**에 있는 **소유자·관리자** 또는 **점유자** 보기 ①
(2) **전기·가스·수도·통신·교통**의 업무에 종사하는 자로서 원활한 **소방활동**을 위하여 필요한 자 보기 ②
(3) **의사·간호사**, 그 밖의 **구조·구급** 업무에 종사하는 자 보기 ③
(4) **취재인력** 등 보도업무에 종사하는 자
(5) **수사업무**에 종사하는 자
(6) **소방대장**이 소방활동을 위하여 **출입**을 **허가**한 **자** 보기 ④

④ 시·도지사 → 소방대장

※ **소방활동구역**: 화재, 재난·재해, 그 밖의 위급한 상황이 발생한 현장에 정하는 구역

답 ④



★
## 54 소방기본법령상 소방본부의 종합상황실 실장이 소방청의 종합상황실에 보고하여야 하는 화재가 아닌 것은?

① 사상자가 10인 이상 발생한 화재
② 재산피해액이 30억원 이상 발생한 화재
③ 연면적 $15000m^2$ 이상인 공장에서 발생한 화재
④ 항구에 매어둔 총 톤수가 1000t 이상인 선박에서 발생한 화재

해설 **기본규칙 제3조**
**종합상황실 실장의 보고화재**
(1) 사망자 **5인** 이상 화재
(2) 사상자 **10인** 이상 화재 보기 ①
(3) 이재민 **100인** 이상 화재
(4) 재산피해액 **50억원** 이상 화재 보기 ②
(5) **관광호텔**, 층수가 11층 이상인 건축물, 지하상가, 시장, 백화점
(6) **5층** 이상 또는 객실 **30실** 이상인 **숙박시설**
(7) **5층** 이상 또는 병상 **30개** 이상인 **종합병원·정신병원·한방병원·요양소**
(8) **1000t** 이상인 선박(항구에 매어둔 것) 보기 ④
(9) 지정수량 **3000배** 이상의 위험물제조소·저장소·취급소
(10) 연면적 $15000m^2$ 이상인 **공장** 또는 **화재예방강화지구**에서 발생한 화재 보기 ③
(11) **가스** 및 **화약류**의 폭발에 의한 화재
(12) **관공서·학교·정부미도정공장·문화재·지하철** 또는 지하구의 **화재**
(13) 철도차량, 항공기, 발전소 또는 변전소에서 발생한 화재
(14) 다중이용업소의 화재

② 30억원 이상 → 50억원 이상

용어
**종합상황실**
화재·재난·재해·구조·구급 등이 필요한 때에 신속한 소방활동을 위한 정보를 수집·전파하는 소방서 또는 소방본부의 지령관제실

답 ②

★★★
## 55 소방시설공사업법령상 200만원 이하의 과태료 부과대상이 아닌 경우는?

16회 문 56
05회 문 67

① 소방기술자를 공사현장에 배치하지 아니한 자
② 감리관계서류를 인수인계하지 아니한 자
③ 방염성능기준 미만으로 방염을 한 자
④ 감리업자의 보완 요구에 따르지 아니한 자

해설 **200만원 이하의 과태료**
(1) 소방용수시설·소화기구 및 설비 등의 설치명령 위반(화재예방법 제52조)
(2) 특수가연물의 저장·취급 기준 위반(화재예방법 제52조)
(3) 한국 119 청소년단 또는 이와 유사한 명칭을 사용한 자(기본법 제56조)
(4) 소방활동구역 출입(기본법 제56조)
(5) 소방자동차의 출동에 지장을 준 자(기본법 제56조)
(6) 한국소방안전원 또는 이와 유사한 명칭을 사용한 자(기본법 제56조)
(7) 관계서류 미보관자(공사업법 제40조)
(8) 감리관계서류를 인수인계하지 아니한 자(공사업법 제40조) 보기 ②
(9) **소방기술자 공사현장 미배치자**(공사업법 제40조) 보기 ①
(10) 완공검사를 받지 아니한 자(공사업법 제40조)
(11) 방염성능기준 미만으로 방염한 자(공사업법 제40조) 보기 ③

⑿ 하도급 미통지자(공사업법 제40조)
⒀ 관계인에게 지위승계·행정처분·휴업·폐업 사실을 거짓으로 알린 자(공사업법 제40조)

④ 300만원 이하의 벌금(공사업법 제37조)

중요

**300만원 이하의 벌금**(공사업법 제37조)
(1) 등록증·등록수첩을 빌려준 사람
(2) 감리원 미배치자
(3) **감리업자**의 **보완 요구**에 따르지 아니한 자 보기 ④
(4) **공사감리계약**을 **해지**하거나 **대가지급**을 거부하거나 지연시키거나 불이익을 준 자
(5) 소방기술인정 자격수첩을 빌려준 사람
(6) 2 이상의 업체에 취업한 사람
(7) 관계인의 업무를 방해하거나 **비밀누설**

답 ④

★★
## 56 소방시설공사업법령상 방염처리능력평가액 계산식으로 옳은 것은?

11회 문 62

① 방염처리능력평가액＝실적평가액＋기술력평가액＋연평균 방염처리실적액±신인도평가액
② 방염처리능력평가액＝실적평가액＋자본금평가액＋기술력평가액±신인도평가액
③ 방염처리능력평가액＝실적평가액＋자본금평가액＋기술력평가액＋경력평가액±신인도평가액
④ 방염처리능력평가액＝실적평가액＋자본금평가액＋연평균방염처리실적액±신인도평가액

해설 **공사업규칙 [별표 3의 2]**
**방염처리능력 평가의 방법**

| 구 분 | 공 식 |
|---|---|
| 방염처리업자의 방염처리능력은 계산식으로 산정하되, **10만원 미만**의 숫자는 버린다. 이 경우 산정기준일은 평가를 하는 해의 **전년도 12월 31일**로 한다. | **방**염처리능력평가액＝**실**적평가액＋**자**본금평가액＋**기**술력평가액＋**경**력평가액±**신**인도평가액 보기 ③<br>기억법 **방실자 기경신** |

• 실적평가액＝연평균 방염처리실적액

비교

**시공능력평가의 산정식**(공사업규칙 [별표 4])
소방시설공사업자의 시공능력평가는 다음 계산식으로 산정하되, **10만원 미만**의 숫자는 버린다.

| 구 분 | 공 식 |
|---|---|
| **시공능력평가액** | 실적평가액＋자본금평가액＋기술력평가액＋경력평가액±신인도평가액 |
| **실적평가액** | 연평균공사실적액 |
| **자본금평가액** | (실질자본금×실질자본금의 평점＋소방청장이 지정한 금융회사 또는 소방산업공제조합에 출자·예치·담보한 금액)$\times\frac{70}{100}$ |
| **기술력평가액** | 전년도 공사업계의 기술자 1인당 평균생산액×보유기술인력가중치 합계$\times\frac{30}{100}$＋전년도 기술개발투자액 |
| **경력평가액** | 실적평가액×공사업경영기간 평점$\times\frac{20}{100}$ |
| **신인도평가액** | (실적평가액＋자본금평가액＋기술력평가액＋경력평가액)×신인도반영비율 합계 |

답 ③

★★★
## 57 소방시설공사업법령상 소방시설업 등록취소와 영업정지 등에 관한 설명으로 옳지 않은 것은?

19회 문 59
16회 문 64
15회 문 57
12회 문 57
11회 문 72
11회 문 73
10회 문 65
09회 문 64
09회 문 66
07회 문 61
07회 문 63
04회 문 69
04회 문 74

① 거짓으로 등록한 경우에는 6개월 이내의 기간을 정하여 시정이나 그 영업의 정지를 명할 수 있다.
② 등록을 한 후 정당한 사유 없이 1년이 지날 때까지 영업을 시작하지 아니한 때는 6개월 이내의 기간을 정하여 시정이나 영업정지를 명할 수 있다.
③ 소방시설업자가 영업정지 기간 중에 소방시설공사 등을 한 경우에는 그 등록을 취소하여야 한다.
④ 다른 자에게 등록증을 빌려준 경우에는 6개월 이내의 기간을 정하여 시정이나 영업정지를 명할 수 있다.

해설 **공사업법 제9조**
**소방시설업 등록취소와 영업정지 등**

| 구 분 | 설 명 |
|---|---|
| 등록취소 | ① **거짓**이나 그 밖의 **부정한 방법**으로 등록한 경우 **보기 ①**<br>② **등록결격사유**에 해당하게 된 경우(단, 등록결격사유가 된 법인이 그 사유가 발생한 날부터 3개월 이내에 그 사유를 해소한 경우 제외)<br>③ **영업정지 기간** 중에 소방시설공사 등을 한 경우 **보기 ③** |
| 6개월 이내의 기간을 정하여 시정이나 영업정지 | ① 등록기준에 미달하게 된 후 **30일**이 경과된 경우(단, 자본금기준에 미달한 경우 중 「채무자 회생 및 파산에 관한 법률」에 따라 법원이 회생절차의 개시의 결정을 하고 그 절차가 진행 중인 경우 등 대통령령으로 정하는 경우는 **30일**이 경과한 경우에도 예외로 한다.)<br>② 등록을 한 후 정당한 사유 없이 **1년**이 지날 때까지 영업을 시작하지 아니하거나 계속하여 **1년** 이상 **휴업**할 때 **보기 ②**<br>③ **다른 자**에게 자기의 성명이나 상호를 사용하여 소방시설공사 등을 수급 또는 시공하게 하거나 소방시설업의 **등록증** 또는 등록수첩을 빌려준 경우 **보기 ④**<br>④ 관계인에게 지체없이 알려야 하는 사항을 위반하여 통지를 하지 아니하거나 하자보수 보증기간 동안 관계서류를 보관하지 아니한 경우<br>⑤ 화재안전기준 등에 적합하게 설계·시공을 하지 아니하거나, 적합하게 감리를 하지 아니한 경우<br>⑥ 소방시설공사 등의 업무수행의무 등을 고의 또는 과실로 위반하여 다른 자에게 상해를 입히거나 재산피해를 입힌 경우<br>⑦ 소속 소방기술자를 공사현장에 배치하지 아니하거나 거짓으로 한 경우<br>⑧ 착공신고(변경신고 포함)를 하지 아니하거나 거짓으로 한 때 또는 완공검사(부분완공검사 포함)를 받지 아니한 경우<br>⑨ 착공신고사항 중 중요한 사항에 해당하지 아니하는 변경사항을 공사감리 결과보고서에 포함하여 보고하지 아니한 경우<br>⑩ 하자보수기간 내에 하자보수를 하지 아니하거나 하자보수계획을 통보하지 아니한 경우<br>⑪ 감리의 방법을 위반한 경우 |

| 구 분 | 설 명 |
|---|---|
| 6개월 이내의 기간을 정하여 시정이나 영업정지 | ⑫ **인수·인계**를 **거부·방해·기피**한 경우<br>⑬ 소속 감리원을 공사현장에 배치하지 아니하거나 거짓으로 한 경우<br>⑭ 감리원 배치기준을 위반한 경우<br>⑮ 공사업자에게 그 공사의 시정 또는 보완 등의 요구에 따르지 아니한 경우<br>⑯ 공사의 시정 또는 보완 등의 요구를 이행하지 아니할 때 소방본부장이나 소방서장에게 그 사실을 보고하여야 하는데, 이를 위반하여 보고하지 아니한 경우<br>⑰ 감리 결과를 알리지 아니하거나 거짓으로 알린 경우 또는 공사감리 결과보고서를 제출하지 아니하거나 거짓으로 제출한 경우<br>⑱ **방염성능기준** 위반<br>⑲ 방염처리능력평가에 관한 서류를 거짓으로 제출한 경우<br>⑳ 하도급 등에 관한 사항을 관계인과 발주자에게 알리지 아니하거나 거짓으로 알린 경우<br>㉑ 도급받은 소방시설의 설계, 시공, 감리를 하도급한 경우<br>㉒ 하도급받은 소방시설공사를 하도급한 경우<br>㉓ 정당한 사유 없이 하수급인 또는 하도급 계약내용의 변경요구에 따르지 아니한 경우<br>㉔ 하수급인에게 대금을 지급하지 아니한 경우<br>㉕ 시공과 감리를 함께 한 경우<br>㉖ 시공능력평가에 관한 서류를 거짓으로 제출한 경우<br>㉗ 사업수행능력평가에 관한 서류를 위조하거나 변조하는 등 거짓이나 그 밖의 부정한 방법으로 입찰에 참여한 경우<br>㉘ **시·도지사, 소방본부장** 또는 **소방서장**의 보고나 자료제출 명령에 위반하여 보고 또는 자료제출을 하지 아니하거나 거짓으로 보고 또는 자료제출을 한 경우<br>㉙ 정당한 사유 없이 관계 공무원의 출입 또는 검사·조사를 거부·방해 또는 기피한 경우 |

① 6개월 이내의 기간을 정하여 시정이나 그 영업의 정지를 명할 수 있다. → 등록을 취소하여야 한다.

답 ①

★

**58** 19회 문 60

**화재의 예방 및 안전관리에 관한 법령상 중앙화재안전조사단 및 지방화재안전조사단의 편성·운영에 관한 설명으로 옳은 것을 모두 고른 것은?**

> ㉠ 중앙화재안전조사단 및 지방화재안전조사단은 단장을 포함하여 50명 이내의 단원으로 성별을 고려하여 구성한다.
> ㉡ 소방대장은 소방공무원을 조사단의 단원으로 위촉할 수 있다.
> ㉢ 단장은 단원 중에서 소방관서장이 임명 또는 위촉한다.

① ㉠ ② ㉠, ㉢
③ ㉡, ㉢ ④ ㉠, ㉡, ㉢

해설 **화재예방법 시행령 제10조**
**중앙화재안전조사단 및 지방화재안전조사단**

| 구 분 | 설 명 |
|---|---|
| 단장 임명 또는 단원 위촉 | 소방관서장 보기 ㉡㉢ |
| 편성 | 단장을 포함하여 **50명** 이내의 단원으로 성별을 고려하여 구성 보기 ㉠ |
| 조사단원 | ① 소방공무원<br>② 소방업무와 관련된 **단체** 또는 **연구기관** 등의 임직원<br>③ 소방관련분야에서 전문적인 지식이나 경험이 풍부한 사람 |

㉡ 소방대장 → 소방관서장

답 ②

★★★

**59** 17회 문 61, 16회 문 60, 15회 문 59, 13회 문 61, 09회 문 68, 02회 문 65

**소방시설 설치 및 관리에 관한 법령상 건축허가 등을 할 때 미리 소방본부장 또는 소방서장의 동의를 받아야 하는 건축물은?**

① 층수가 5층인 건축물
② 주차장으로 사용되는 바닥면적이 200m$^2$인 층이 있는 주차시설
③ 승강기 등 기계장치에 의한 주차시설로서 자동차 15대를 주차할 수 있는 시설
④ 연면적이 150m$^2$인 장애인 의료재활시설

해설 **소방시설법 시행령 제7조**
**건축허가 등의 동의대상물**

(1) 연면적 **400m$^2$**(학교시설 : 100m$^2$, **수련시설·노유자시설 : 200m$^2$, 정신의료기관·장애인 의료재활시설 : 300m$^2$**) 이상 보기 ④
(2) **6층** 이상인 건축물 보기 ①
(3) 차고·주차장으로서 바닥면적 **200m$^2$** 이상(자동차 **20대** 이상) 보기 ②③
(4) **항공기격납고, 관망탑, 항공관제탑, 방송용 송수신탑**
(5) 지하층 또는 무창층의 바닥면적 **150m$^2$** 이상(공연장은 **100m$^2$** 이상)
(6) **위험물저장 및 처리시설, 지하구**
(7) 전기저장시설, 풍력발전소
(8) 조산원, 산후조리원, 의원(입원실 있는 것)
(9) 결핵환자나 한센인이 24시간 생활하는 노유자시설
(10) 요양병원(의료재활시설 제외)
(11) 노인주거복지시설·노인의료복지시설 및 재가노인복지시설, 학대피해노인 전용쉼터, 아동복지시설, 장애인거주시설
(12) 정신질환자 관련시설(공동생활가정을 제외한 재활훈련시설과 종합시설 중 24시간 주거를 제공하지 않는 시설 제외)
(13) 노숙인자활시설, 노숙인재활시설 및 노숙인요양시설
(14) 공장 또는 창고시설로서 지정수량의 **750배 이상**의 특수가연물을 저장·취급하는 것
(15) 가스시설로서 지상에 노출된 탱크의 저장용량의 합계가 **100톤** 이상인 것

① 6층 이상
③ 15대 → 20대 이상
④ 150m$^2$ → 300m$^2$ 이상

답 ②

★

**60** 15회 문 64

**소방시설 설치 및 관리에 관한 법령상 소방시설관리사시험에 응시할 수 없는 사람은?**

① 15년의 소방실무경력이 있는 사람
② 소방설비산업기사 자격을 취득한 후 2년의 소방실무경력이 있는 사람
③ 위험물기능사 자격을 취득한 후 3년의 소방실무경력이 있는 사람
④ 위험물기능장

해설 ① 2년 → 3년

**소방시설법 시행령 제27조**[(구법 적용) – 2026. 12. 1. 개정 예정]

**소방시설관리사시험의 응시자격**

| 소방실무경력 | 대 상 |
|---|---|
| 무관 | • 소방기술사<br>• 위험물기능장 보기 ④<br>• 건축사<br>• 건축기계설비기술사<br>• 건축전기설비기술사<br>• 공조냉동기계기술사 |
| **2년** 이상 | • 소방설비기사<br>• 소방안전공학(소방방재공학, 안전공학) 석사학위<br>• 특급 소방안전관리자 |
| **3년** 이상 | • 소방설비산업기사 보기 ②<br>• 소방안전관리학과 전공자<br>• 소방안전관련학과 전공자<br>• 산업안전기사<br>• 1급 소방안전관리자<br>• 위험물산업기사<br>• 위험물기능사 보기 ③ |
| **5년** 이상 | • 소방공무원<br>• 2급 소방안전관리자 |
| **7년** 이상 | • 3급 소방안전관리자 |
| **10년** 이상 | • 소방실무경력자 보기 ① |

답 ②

★★★
## 61 소방시설 설치 및 관리에 관한 법령상 벌칙에 관한 설명으로 옳지 않은 것은?

19회 문 64
17회 문 63
16회 문 55
16회 문 65
13회 문 66

① 소방시설관리업의 등록을 하지 아니하고 영업을 한 자는 2년 이하의 징역 또는 2천만원 이하의 벌금에 처한다.

② 특정소방대상물의 관계인이 소방시설을 유지·관리할 때 소방시설의 기능과 성능에 지장을 줄 수 있는 폐쇄·차단 등의 행위를 한 경우 5년 이하의 징역 또는 5천만원 이하의 벌금에 처한다.

③ 특정소방대상물의 관계인이 소방시설을 유지·관리할 때 소방시설의 기능과 성능에 지장을 줄 수 있는 폐쇄·차단 등의 행위를 하여 사람을 상해에 이르게 한 때에는 7년 이하의 징역 또는 7천만원 이하의 벌금에 처한다.

④ 특정소방대상물의 관계인이 소방시설을 유지·관리할 때 소방시설의 기능과 성능에 지장을 줄 수 있는 폐쇄·차단 등의 행위를 하여 사람을 사망에 이르게 한 때에는 10년 이하의 징역 또는 1억원 이하의 벌금에 처한다.

해설 **소방시설법 제57조**

**3년 이하의 징역 또는 3000만원 이하의 벌금**

(1) **소방시설관리업 무**등록자 보기 ①
(2) **형식승인**을 받지 않은 소방용품 제조·수입자
(3) **제품검사**·합격표시를 하지 않은 소방용품 판매·진열
(4) 거짓이나 그 밖의 **부정한 방법**으로 제품검사 전문기관의 지정을 받은 자
(5) 제품검사를 받지 않은 사람

기억법 무3(무더위에는 삼계탕이 최고)

① 2년 이하의 징역 또는 2천만원 이하 → 3년 이하의 징역 또는 3천만원 이하

중요

**벌칙**(소방시설법 제56조)

| 5년 이하의 징역 또는 5천만원 이하의 벌금 | 7년 이하의 징역 또는 7천만원 이하의 벌금 | 10년 이하의 징역 또는 1억원 이하의 벌금 |
|---|---|---|
| **소방시설 폐쇄·차단** 등의 행위를 한 자 보기 ② | **소방시설 폐쇄·차단** 등의 행위를 하여 사람을 **상해**에 이르게 한 자 보기 ③ | **소방시설 폐쇄·차단** 등의 행위를 하여 사람을 **사망**에 이르게 한 자 보기 ④ |

답 ①

★
## 62 소방시설 설치 및 관리에 관한 법령상 특정소방대상물의 관계인이 특정소방대상물의 규모·용도 및 수용인원 등을 고려하여 갖추어야 하는 소방시설에 관한 설명으로 옳은 것은?

① 아파트 등 및 16층 이상 오피스텔의 모든 층에는 주거용 주방자동소화장치를 설치하여야 한다.

② 창고시설(물류터미널은 제외한다)로서 바닥면적 합계가 5000m$^2$ 이상인 경우에는 모든 층에 스프링클러설비를 설치하여야 한다.

③ 기계장치에 의한 주차시설을 이용하여 15대 이상의 차량을 주차할 수 있는 것은 물분무등소화설비를 설치하여야 한다.

④ 숙박시설로서 연면적 500m$^2$ 이상인 것은 자동화재탐지설비를 설치하여야 한다.

해설

**보기 ①** 소방시설법 시행령 [별표 4]

**소화설비의 설치대상**

| 종 류 | 설치대상 |
|---|---|
| 소화기구 | ① 연면적 33m² 이상(단, **노유자시설**은 **투척용 소화용구** 등을 산정된 소화기수량의 $\frac{1}{2}$ 이상으로 설치 가능)<br>② 국가유산<br>③ 가스시설<br>④ 터널<br>⑤ 지하구<br>⑥ 발전시설 중 전기저장시설 |
| 주거용 주방자동소화장치 보기 ① | ① 아파트 등<br>② **오피스텔** |

① 16층 이상 → 층수에 관계없이

**보기 ②** 소방시설법 시행령 [별표 4]

**스프링클러설비의 설치대상**

| 설치대상 | 조 건 |
|---|---|
| ① 문화 및 집회시설(동·식물원 제외)<br>② 종교시설(주요구조부가 목조인 것 제외)<br>③ 운동시설[물놀이형 시설, 바닥(불연재료), 관람석 없는 운동시설 제외] | • 수용인원 – **100명** 이상<br>• 영화상영관 – 지하층·무창층 500m²(기타 1000m²)<br>• 무대부<br>① 지하층·무창층·4층 이상 300m² 이상<br>② 1~3층 500m² 이상 |
| ④ 판매시설<br>⑤ 운수시설<br>⑥ 물류터미널 | • 수용인원 **500명** 이상<br>• 바닥면적 합계 5000m² 이상 |
| ⑦ 조산원, 산후조리원<br>⑧ 정신의료기관<br>⑨ 종합병원, 병원, 치과병원, 한방병원 및 요양병원<br>⑩ 노유자시설<br>⑪ 수련시설(숙박 가능한 곳)<br>⑫ 숙박시설 | • 바닥면적 합계 600m² 이상 |
| ⑬ 지하가(터널 제외) | • 연면적 1000m² 이상 |
| ⑭ 지하층·무창층(축사 제외)<br>⑮ 4층 이상 | • 바닥면적 1000m² 이상 |
| ⑯ 10m 넘는 랙식 창고 | • 바닥면적 합계 1500m² 이상 |
| ⑰ 창고시설(물류터미널 제외) | • 바닥면적 합계 5000m² 이상 보기 ② |
| ⑱ 기숙사<br>⑲ 복합건축물 | • 연면적 5000m² 이상 |
| ⑳ 6층 이상 | 모든 층 |
| ㉑ 공장 또는 창고시설 | • 특수가연물 저장·취급 – 지정수량 **1000배** 이상<br>• 중·저준위 방사성 폐기물의 저장시설 중 소화수를 수집·처리하는 설비가 있는 저장시설 |
| ㉒ 지붕 또는 외벽이 불연재료가 아니거나 내화구조가 아닌 공장 또는 창고시설 | • 물류터미널(⑥에 해당하지 않는 것)<br>① 바닥면적 합계 2500m² 이상<br>② 수용인원 **250명**<br>• 창고시설(물류터미널 제외) – 바닥면적 합계 2500m² 이상<br>• 지하층·무창층·4층 이상(⑭·⑮에 해당하지 않는 것) – 바닥면적 500m² 이상<br>• 랙식 창고(⑯에 해당하지 않는 것) – 바닥면적 합계 750m² 이상<br>• 특수가연물 저장·취급(㉑에 해당하지 않는 것) – 지정수량 **500배** 이상 |
| ㉓ 교정 및 군사시설 | • 보호감호소, 교도소, 구치소 및 그 지소, 보호관찰소, 갱생보호시설, 치료감호시설, 소년원 및 소년분류심사원의 수용시설<br>• 보호시설(외국인보호소는 보호대상자의 생활공간으로 한정)<br>• 유치장 |
| ㉔ 발전시설 | • 전기저장시설 |

**보기 ③** 소방시설법 시행령 [별표 4]

**물분무등소화설비의 설치대상**

| 설치대상 | 조 건 |
|---|---|
| ① 차고·주차장(50세대 미만 연립주택 및 다세대주택 제외) | • 바닥면적 합계 200m² 이상 |
| ② 전기실·발전실·변전실<br>③ 축전지실·통신기기실·전산실 | • 바닥면적 300m² 이상 |
| ④ 주차용 건축물 | • 연면적 800m² 이상 |

20회

| 설치대상 | 조 건 |
|---|---|
| ⑤ 기계식 주차장치 | • 20대 이상 **보기 ③** |
| ⑥ 항공기격납고 | • 전부(규모에 관계없이 설치) |
| ⑦ 중·저준위 방사성 폐기물의 저장시설(소화수를 수집·처리하는 설비 미설치) | • 이산화탄소 소화설비, 할론소화설비, 할로겐화합물 및 불활성기체 소화설비 설치 |
| ⑧ 지하가 중 터널 | • 예상교통량, 경사도 등 터널의 특성을 고려하여 행정안전부령으로 정하는 터널 |
| ⑨ 지정문화유산(문화유산 자료 제외) | • 소방청장이 국가유산청장과 협의하여 정하는 것 또는 적응소화설비 |

③ 15대 이상 → 20대 이상

**보기 ④** **소방시설법 시행령 [별표 4] 자동화재탐지설비의 설치대상**

| 설치대상 | 조 건 |
|---|---|
| ① 정신의료기관·의료재활시설 | • 창살설치 : 바닥면적 $300m^2$ 미만<br>• 기타 : 바닥면적 $300m^2$ 이상 |
| ② 노유자시설 | • 연면적 $400m^2$ 이상 |
| ③ 근린생활시설·위락시설<br>④ 의료시설(정신의료기관 또는 요양병원 제외)<br>⑤ 복합건축물·장례시설 | • 연면적 $600m^2$ 이상 |
| ⑥ 목욕장·문화 및 집회시설, 운동시설<br>⑦ 종교시설<br>⑧ 방송통신시설·관광휴게시설<br>⑨ 업무시설·판매시설<br>⑩ 항공기 및 자동차 관련시설·공장·창고시설<br>⑪ 지하가(터널 제외)·운수시설·발전시설·위험물 저장 및 처리시설<br>⑫ 교정 및 군사시설 중 국방·군사시설 | • 연면적 $1000m^2$ 이상 |
| ⑬ 교육연구시설·동식물관련시설<br>⑭ 분뇨 및 쓰레기 처리시설·교정 및 군사시설(국방·군사시설 제외)<br>⑮ 수련시설(숙박시설이 있는 것 제외)<br>⑯ 묘지관련시설 | • 연면적 $2000m^2$ 이상 |
| ⑰ 지하가 중 터널 | • 길이 1000m 이상 |
| ⑱ 지하구<br>⑲ 노유자생활시설<br>⑳ 공동주택<br>㉑ 숙박시설 **보기 ④**<br>㉒ 6층 이상인 건축물<br>㉓ 조산원 및 산후조리원<br>㉔ 전통시장<br>㉕ 요양병원(정신병원과 의료재활시설 제외) | • 전부 |
| ㉖ 특수가연물 저장·취급 | • 지정수량 500배 이상 |
| ㉗ 수련시설(숙박시설이 있는 것) | • 수용인원 100명 이상 |
| ㉘ 발전시설 | • 전기저장시설 |

기억법 **근위의복 6, 교동분교수 2**

④ $500m^2$ 이상 → 면적에 관계없이 전부

답 ②

★
**63** 14회 문 65 **소방시설 설치 및 관리에 관한 법령상 소방용품의 품질관리등에 관한 설명으로 옳지 않은 것은?**

① 연구개발 목적으로 제조하거나 수입하는 소방용품은 소방청장의 형식승인을 받아야 한다.
② 누구든지 형식승인을 받지 아니한 소방용품을 판매하거나 판매 목적으로 진열하거나 소방시설공사에 사용할 수 없다.
③ 소방청장은 제조자 또는 수입자 등의 요청이 있는 경우 소방용품에 대하여 성능인증을 할 수 있다.
④ 소방청장은 소방용품의 품질관리를 위하여 필요하다고 인정할 때에는 유통 중인 소방용품을 수집하여 검사할 수 있다.

해설 **소방시설법**

**보기 ①** **소방용품의 형식승인 등**(제37조)
대통령령으로 정하는 소방용품을 제조하거나 수입하려는 자는 소방청장의 형식승인을 받아야 한다. 단, **연구개발 목적으로 제조하거나 수입하는 소방용품은 그러하지 아니하다.**

**보기 ②** 누구든지 다음의 어느 하나에 해당하는 소방용품을 판매하거나 판매 목적으로 진열하거나 소방시설공사에 사용할 수 없다.
(1) **형식승인**을 받지 아니한 것
(2) 형상 등을 **임의**로 **변경**한 것
(3) **제품검사**를 받지 아니하거나 합격표시를 하지 아니한 것

**보기 ③** **소방용품의 성능인증 등**(제40조)
**소방청장**은 제조자 또는 수입자 등의 **요청이 있는 경우** 소방용품에 대하여 성능인증을 할 수 있다.

**보기 ④** **소방용품의 수집검사 등**(제45조)
**소방청장**은 소방용품의 품질관리를 위하여 필요하다고 인정할 때에는 유통 중인 **소방용품**을 **수집**하여 검사할 수 있다.

답 ①

★★★
**64** **소방시설 설치 및 관리에 관한 법령상 특정소방대상물에 설치 또는 부착하는 방염대상물의 방염성능기준으로 옳지 않은 것은? (단, 고시는 제외함)**

17회 문 62 / 16회 문 63 / 12회 문 58 / 10회 문 72 / 09회 문 55

① 버너의 불꽃을 제거한 때부터 불꽃을 올리며 연소하는 상태가 그칠 때까지 시간은 20초 이내일 것
② 버너의 불꽃을 제거한 때부터 불꽃을 올리지 아니하고 연소하는 상태가 그칠 때까지 시간은 30초 이내일 것
③ 탄화한 면적은 $50cm^2$ 이내, 탄화한 길이는 30cm 이내일 것
④ 불꽃에 의하여 완전히 녹을 때까지 불꽃의 접촉횟수는 3회 이상일 것

해설 **소방시설법 시행령 제31조**
**방염성능기준**

| 구 분 | 기 준 |
|---|---|
| 잔염시간 | **20초** 이내 **보기 ①** |
| 잔진시간(잔신시간) | **30초** 이내 **보기 ②** |
| 탄화길이 | **20cm** 이내 **보기 ③** |
| 탄화면적 | **$50cm^2$** 이내 **보기 ③** |
| 불꽃접촉횟수 | **3회** 이상 **보기 ④** |
| 최대연기밀도 | **400** 이하 |

③ 30cm 이내 → 20cm 이내

용어

| 잔염시간 | 잔진시간(잔신시간) |
|---|---|
| 버너의 불꽃을 제거한 때부터 **불꽃을 올리며** 연소하는 상태가 그칠 때까지의 시간 | 버너의 불꽃을 제거한 때부터 **불꽃을 올리지 아니하고** 연소하는 상태가 그칠 때까지의 시간 |

답 ③

★★★
**65** **화재의 예방 및 안전관리에 관한 법령상 소방안전관리자를 선임하여야 하는 2급 소방안전관리대상물이 아닌 것은? (단, 「공공기관의 소방안전관리에 관한 규정」을 적용받는 특정소방대상물은 제외함)**

18회 문 69 / 15회 문 65 / 14회 문 62 / 11회 문 57 / 02회 문 74

① 가연성 가스를 1000t 이상 저장·취급하는 시설
② 지하구
③ 국보로 지정된 목조건축물
④ 가스제조설비를 갖추고 도시가스사업의 허가를 받아야 하는 시설

해설 **화재예방법 시행령 [별표 4]**
**소방안전관리자 및 소방안전관리보조자를 선임하는 특정소방대상물**

| 소방안전관리대상물 | 특정소방대상물 |
|---|---|
| 특급 소방안전관리대상물 **(동식물원, 철강 등 불연성 물품 저장·취급 창고, 지하구, 위험물제조소 등** 제외) | • **50층** 이상(지하층 제외) 또는 지상 **200m** 이상 아파트<br>• **30층** 이상(지하층 포함) 또는 지상 **120m** 이상(아파트 제외)<br>• 연면적 **10만$m^2$** 이상(아파트 제외) |
| 1급 소방안전관리대상물 **(동식물원, 철강 등 불연성 물품 저장·취급 창고, 지하구, 위험물제조소 등** 제외) | • **30층** 이상(지하층 제외) 또는 지상 **120m** 이상 **아파트**<br>• 연면적 **15000$m^2$** 이상인 것(아파트 및 연립주택 제외)<br>• **11층** 이상(아파트 제외)<br>• 가연성 가스를 **1000t** 이상 저장·취급하는 시설 |

| 소방안전관리대상물 | 특정소방대상물 |
|---|---|
| 2급 소방안전관리대상물 | • 지하구 **보기 ②**<br>• 가스제조설비를 갖추고 도시가스사업 허가를 받아야 하는 시설 또는 가연성 가스를 **100~1000t** 미만 저장·취급하는 시설 **보기 ① ④**<br>• **옥내소화전설비·스프링클러설비** 설치대상물<br>• **물분무등소화설비**(호스릴 방식의 물분무등소화설비만을 설치한 경우 제외) 설치대상물<br>• 공동주택<br>• 목조건축물(국보·보물) **보기 ③** |
| 3급 소방안전관리대상물 | • 간이스프링클러설비(주택전용 간이스프링클러설비 제외) 설치대상물<br>• **자동화재탐지설비** 설치대상물 |

① 1000t 이상 → 100t 이상 1000t 미만

답 ①

20회

★

**66** 소방시설 설치 및 관리에 관한 법령상 소방시설 등의 일반소방시설관리업의 자체점검 시 점검인력 배치기준 중 작동점검에서 점검인력 1단위가 하루 동안 점검할 수 있는 특정소방대상물의 연면적(점검한도면적) 기준은? (단, 일반건축물의 경우이다.)

17회 문 58

① $5000m^2$ ② $8000m^2$
③ $10000m^2$ ④ $12000m^2$

해설 **소방시설법 시행규칙 [별표 2]**(소방시설법 시행규칙 [별표 4] 2024. 12. 1. 개정 예정)

**일반소방시설관리업 점검인력 배치기준**

| 구 분 | 일반건축물 | 아파트 |
|---|---|---|
| 소규모 점검 | 점검인력 1단위 **3500m²** | 점검인력 1단위 **90세대** |
| 종합 점검 | 점검인력 1단위 **10000m²** (보조기술인력 1명 추가시 : **3000m²**) | 점검인력 1단위 **300세대** (보조기술인력 1명 추가시 : **70세대**) |
| 작동 점검 | 점검인력 1단위 **12000m²** **보기 ④** (보조기술인력 1명 추가시 : **3500m²**) | 점검인력 1단위 **350세대** (보조기술인력 1명 추가시 : **90세대**) |

답 ④

★

**67** 소방시설 설치 및 관리에 관한 법령상 제품검사 전문기관의 지정 등에 관한 설명으로 옳지 않은 것은?

① 소방청장은 제품검사 전문기관이 거짓으로 지정을 받은 경우 6개월 이내의 기간을 정하여 그 업무의 정지를 명할 수 있다.
② 소방청장은 제품검사 전문기관이 정당한 사유 없이 1년 이상 계속하여 제품검사 등 지정받은 업무를 수행하지 아니한 경우 그 지정을 취소할 수 있다.
③ 소방청장 또는 시·도지사는 전문기관의 지정취소 및 업무정지 처분을 하려면 청문을 하여야 한다.
④ 전문기관은 제품검사 실시 현황을 소방청장에게 보고하여야 한다.

해설 **소방시설법, 화재예방법**

**보기 ① ②** **전문기관의 지정취소 등**(제47조)

**소방청장**은 전문기관이 다음에 해당할 때에는 그 지정을 취소하거나 6개월 이내의 기간을 정하여 그 업무의 정지를 명할 수 있다(단, (1)에 해당할 때에는 그 지정을 취소하여야 한다). **보기 ①**

(1) **거짓**이나 그 밖의 **부정한 방법**으로 지정을 받은 경우
(2) 정당한 사유 없이 **1년 이상** 계속하여 제품검사 또는 실무교육 등 지정받은 업무를 수행하지 아니한 경우 **보기 ②**
(3) **제46조 제1항** 각 호의 요건을 갖추지 못하거나 **제46조 제3항**에 따른 조건을 위반한 때
(4) **제52조 제1항 제7호**에 따른 감독 결과 이 법이나 다른 법령을 위반하여 전문기관으로서의 업무를 수행하는 것이 부적당하다고 인정되는 경우

**보기 ③** **청문실시 대상**(제49조)

(1) 소방시설**관리사 자격**의 취소 및 정지
(2) 소방시설**관리업**의 **등록취소** 및 **영업정지**
(3) **소방용품**의 **형식승인 취소** 및 제품검사 중지
(4) 제품검사 전문기관의 **지정취소** 및 업무정지 **보기 ③**
(5) 우수품질인증의 취소
(6) 소화용품의 성능인증 취소
(7) 소방안전관리자의 자격취소(화재예방법 제46조)
(8) 진단기관의 지정취소(화재예방법 제46조)

**보기 ④** 전문기관은 행정안전부령으로 정하는 바에 따라 제품검사 실시 현황을 **소방청장**에게 보고하여야 한다. **보기 ④**

① 6개월 이내의 기간을 정하여 그 업무의 정지를 명할 수 있다. → 그 지정을 취소하여야 한다.

답 ①

★
## 68 위험물안전관리법령상 자체소방대의 설치 의무가 있는 제4류 위험물을 취급하는 일반취급소는? (단, 지정수량은 3천배 이상임)

① 용기에 위험물을 옮겨 담는 일반취급소
② 보일러 그 밖에 이와 유사한 장치로 위험물을 소비하는 일반취급소
③ 이동저장탱크 그 밖에 이와 유사한 것에 위험물을 주입하는 일반취급소
④ 세정을 위하여 위험물을 취급하는 일반취급소

해설 **위험물규칙 제73조**
**자체소방대의 설치제외대상인 일반취급소**
(1) **보일러, 버너** 그 밖에 이와 유사한 장치로 위험물을 소비하는 일반취급소 보기 ②
(2) **이동저장탱크** 그 밖에 이와 유사한 것에 위험물을 주입하는 일반취급소 보기 ③
(3) **용기**에 위험물을 옮겨 담는 일반취급소 보기 ①
(4) **유압장치, 윤활유순환장치** 그 밖에 이와 유사한 장치로 위험물을 취급하는 일반취급소
(5) 「**광산안전법**」의 적용을 받는 일반취급소

중요

**자체소방대를 설치하여야 하는 사업소**(위험물안전관리법 시행령 제18조)
(1) 4류 위험물을 취급하는 **제조소** 또는 **일반취급소**를 말한다(단, 보일러로 위험물을 소비하는 일반취급소 등 행정안전부령으로 정하는 일반취급소 제외).
(2) 제4류 위험물을 저장하는 옥외탱크저장소 법 제19조에서 **"대통령령이 정하는 수량 이상"**이란 다음의 구분에 따른 수량을 말한다.
① 제1항 제1호에 해당하는 경우 : 제조소 또는 일반취급소에서 취급하는 제4류 위험물의 최대수량의 합이 지정수량의 3천배 이상
② 제1항 제2호에 해당하는 경우 : 옥외탱크저장소에 저장하는 제4류 위험물의 최대수량이 지정수량의 50만배 이상

답 ④

★
## 69 위험물안전관리법령상 1인의 안전관리자를 중복하여 선임할 수 있는 저장소에 해당하지 않는 것은? (단, 저장소는 동일구내에 있고 동일인이 설치함)

① 30개 이하의 옥내저장소
② 30개 이하의 옥외탱크저장소
③ 10개 이하의 옥외저장소
④ 10개 이하의 암반탱크저장소

해설 **위험물규칙 제56조**
1인의 안전관리자를 중복하여 선임할 수 있는 저장소 등
(1) **10개** 이하의 **옥내저장소** 보기 ①
(2) **10개** 이하의 **옥외저장소** 보기 ③
(3) **10개** 이하의 **암반탱크저장소** 보기 ④
(4) **30개** 이하의 **옥외탱크저장소** 보기 ②
(5) 옥내탱크저장소
(6) 지하탱크저장소
(7) 간이탱크저장소

① 30개 이하 → 10개 이하

답 ①

★
## 70 위험물안전관리법령상 시·도지사가 한국소방산업기술원에 위탁하는 업무에 해당하지 않는 것은?

19회 문 67
17회 문 69
16회 문 70
15회 문 68
12회 문 73

① 암반탱크안전성능검사
② 암반탱크저장소의 변경에 따른 완공검사
③ 암반탱크저장소의 설치에 따른 완공검사
④ 용량이 50만리터 이상인 액체위험물을 저장하는 탱크안전성능검사

해설 **위험물령 제22조**
**한국소방산업기술원에 권한의 위탁**

| 50만L | 100만L |
|---|---|
| **옥외탱크저장소**(저장용량이 **50만L 이상**인 것만 해당) 또는 **암반탱크저장소**의 설치 또는 변경에 따른 완공검사 보기 ②③ | 용량이 **100만L** 이상인 액체위험물을 저장하는 탱크의 탱크안전성능검사 보기 ④ |

④ 50만리터 → 100만리터

중요

**권한의 위탁**(소방시설법 제50조, 화재예방법 제48조)

| 한국소방산업기술원 | 한국소방안전원 |
|---|---|
| • 대통령령이 정하는 **방**염성능검사업무(합판·목재를 설치하는 현장에서 방염처리한 경우의 방염성능검사는 제외)<br>• 소방용품의 **형**식승인(시험시설 심사 포함) 및 취소<br>• 소방용품 형식승인의 변경승인<br>• 소방용품의 **성**능인증 및 취소<br>• 소방용품의 **우**수품질 인증 및 취소<br>• 소방용품의 성능인증 변경인증 | • 소방안전관리자 또는 소방안전관리보조자 선임신고의 접수<br>• 소방안전관리자 또는 소방안전관리보조자 해임 사실의 확인<br>• 건설현장 소방안전관리자 선임신고의 접수<br>• 소방안전관리자 자격시험<br>• 소방안전관리자 자격증의 발급 및 재발급<br>• 소방안전관리 등에 관한 종합정보망의 구축·운영<br>• 강습교육 및 실무교육 |

기억법 **기방 우성형**

답 ④

★

**71 다음은 위험물안전관리법령상 주유취급소 피난설비의 기준에 관한 내용이다. (  ) 에 들어갈 내용이 옳은 것은?**

> 법 제5조 제4항의 규정에 의하여 주유취급소 중 건축물의 ( ㉠ )층 이상의 부분을 점포·( ㉡ )음식점 또는 전시장의 용도로 사용하는 것과 ( ㉢ )주유취급소에는 피난설비를 설치하여야 한다.

① ㉠ : 2, ㉡ : 일반, ㉢ : 철도
② ㉠ : 2, ㉡ : 휴게, ㉢ : 옥내
③ ㉠ : 3, ㉡ : 일반, ㉢ : 철도
④ ㉠ : 3, ㉡ : 휴게, ㉢ : 옥내

해설 **위험물규칙 제43조**
**피난설비의 기준**
법 제5조 제4항의 규정에 의하여 주유취급소 중 건축물의 **2층 이상**의 부분을 **점포·휴게음식점** 또는 **전시장**의 용도로 사용하는 것과 **옥내주유취급소**에는 **피난설비**를 설치하여야 한다.

답 ②

★★★

**72 다중이용업소의 안전관리에 관한 특별법령상 보험회사가 화재배상책임보험의 보험금 청구를 받은 경우, 지급할 보험금을 결정한 후 피해자에게 며칠 이내에 보험금을 지급하여야 하는가?**

17회 문 74
16회 문 75
14회 문 75

① 7일 ② 10일
③ 14일 ④ 30일

해설 **다중이용업법 제13조 4**
보험금의 지급 → **14일** 이내

답 ③

★

**73 다중이용업소의 안전관리에 관한 특별법령상 화재위험평가대행자가 등록사항을 변경할 때 소방청장에게 등록하여야 하는 중요사항이 아닌 것은?**

① 사무소의 소재지
② 등록번호
③ 평가대행자의 명칭이나 상호
④ 기술인력의 보유현황

해설 **다중이용업령 제15조**
(1) 화재위험평가대행자의 등록사항 변경신청 내용
① **대표자**
② **사무소**의 **소재지** 보기 ①
③ 평가대행자의 **명칭**이나 **상호** 보기 ③
④ **기술인력**의 **보유현황** 보기 ④
(2) 변경등록 : **30일** 이내
(3) 변경등록권자 : **소방청장**

답 ②

★

**74 다중이용업소의 안전관리에 관한 특별법령상 소방안전교육 강사의 자격 요건으로 옳은 것은?**

① 소방관련학의 학사학위 이상을 가진 자
② 대학에서 소방안전관련학과를 졸업하고 소방관련기관에서 3년 이상 강의경력이 있는 자
③ 소방설비기사 자격을 소지한 소방장 이상의 소방공무원
④ 소방설비산업기사 및 위험물기능사 자격을 소지한 자로서 소방관련기관에서 3년 이상 강의경력이 있는 자

해설 **다중이용업규칙 [별표 1]**
**소방안전교육 강사의 자격요건**
(1) 소방관련분야의 **석사학위** 이상 보기 ①
(2) 소방안전관련학과 **전임강사** 이상 재직
(3) 소방기술사·소방시설관리사·위험물기능장
(4) 소방안전교육사
(5) 소방설비기사·위험물산업기사 **2년** 이상
(6) 소방설비산업기사·위험물기능사 **5년** 이상 보기 ④
(7) 소방안전관련학과 **5년** 이상 강의 보기 ②
(8) **10년** 이상 **실무경력+5년** 이상 **강의**

(9) 소방위
(10) 소방설비기사＋소방장 보기 ③
(11) 간호사·응급구조사의 소방공무원(응급처치 교육에 한함)

① 학사학위 → 석사학위
② 3년 이상 → 5년 이상
④ 3년 이상 → 5년 이상

답 ③

★
## 75
14회 문 74

**다중이용업소의 안전관리에 관한 특별법령상 다중이용업주의 안전시설 등에 관한 정기점검에 관한 설명으로 옳은 것은?**

① 정기적으로 안전시설 등을 점검하고 그 점검결과서를 6개월간 보관하여야 한다.
② 다중이용업주는 정기점검을 소방시설관리업자에게 위탁할 수 있다.
③ 정기적인 안전점검은 매월 1회 이상 하여야 한다.
④ 해당 영업장의 다중이용업주는 정기점검을 직접 수행할 수 없다.

해설 (1) **다중이용업소의 안전관리에 관한 특별법 제13조 다중이용업주의 안전시설 등에 대한 정기점검 등**

보기 ① ④ **다중이용업주**는 다중이용업소의 안전관리를 위하여 정기적으로 안전시설 등을 **점검**하고 그 점검결과서를 **1년간** 보관하여야 한다.

보기 ② 다중이용업주는 정기점검을 **행정안전부령**으로 정하는 바에 따라 「소방시설 설치 및 관리에 관한 법률」에 따른 **소방시설관리업자**에게 위탁할 수 있다.

(2) **다중이용업소의 안전관리에 관한 특별법 시행규칙 제14조**
**안전점검의 대상, 점검자의 자격 등**

보기 ③

- 점검주기 : **매 분기별 1회 이상** 점검(단, 「소방시설 설치 및 관리에 관한 법률」에 따른 자체점검을 실시한 경우에는 자체점검을 실시한 그 분기에는 점검을 실시하지 아니할 수 있다.) 보기 ③
- 점검방법 : 안전시설 등의 작동 및 유지·관리 상태를 점검한다.

① 6개월간 → 1년간
③ 매월 → 매분기별
④ 없다. → 있다.

답 ②

## 제 4 과목 위험물의 성질·상태 및 시설기준

★★★
## 76
18회 문 76
16회 문 77
15회 문 85
12회 문 21
11회 문 95
10회 문 84
06회 문 96

**과산화칼륨이 다량의 물과 완전 반응하여 표준상태(0℃, 1기압)에서 $112m^3$의 산소가 발생하였다면 과산화칼륨의 반응량(kg)은? (단, $K_2O_2$ 1mol의 분자량은 110g이다.)**

① 11　　② 110
③ 1100　　④ 11000

해설 **과산화칼륨과 물과의 반응식**
$2K_2O_2 + 2H_2O \rightarrow 4KOH + O_2\uparrow$
분자량 $\mathbf{2K_2O_2}$$=2\times110=220$g/mol$=220$kg/kmol
표준상태에서 1mol의 기체는 0℃, 1기압에서 22.4L를 가지므로 22.4L/mol=22.4kL/kmol

220kg/kmol : 22.4kL/kmol$=x$ : $112m^3$
220kg/kmol : $22.4m^3$/kmol$=x$ : 112
$22.4m^3/\text{kmol}\,x=220\text{kg/kmol}\times112m^3$

$$x=\frac{220\text{kg/kmol}\times112\text{m}^3}{22.4\text{m}^3/\text{kmol}}=1100\text{kg}$$

- 1000L$=1m^3$이므로 22.4kL$=22.4\times1000$L$=22.4m^3$

중요

**원자량**

| 원 소 | 원자량 |
|---|---|
| H | 1 |
| C | 12 |
| N | 14 |
| O → | 16 |
| F | 19 |
| Na | 23 |
| K → | 39 |
| Cl | 35.5 |
| Br | 80 |

별해

**이상기체 상태방정식**

$$PV=nRT=\frac{m}{M}RT$$

여기서, $P$ : 압력[atm], $V$ : 부피[$m^3$]
$n$ : 몰수$\left(\frac{m}{M}\right)$
$R$ : 0.082(atm·$m^3$/kmol·K)
$T$ : 절대온도(273＋℃)[K]
$m$ : 질량(반응량)[kg]
$M$ : 분자량[kg/kmol]

20회

$$PV = \frac{m}{M}RT$$

$$m = \frac{PVM}{RT} = \frac{1\text{atm} \times 112\text{m}^3 \times 220\text{kg/kmol}}{0.082\text{atm} \cdot \text{m}^3/\text{kmol} \cdot \text{K} \times (273+0)\text{K}}$$

$$= 1100.687\text{kg} \fallingdotseq 1100\text{kg}$$

답 ③

★★★

**77** 위험물안전관리법령상 제2류 위험물 인화성 고체로 분류되는 것은?

19회 문 81 / 15회 문 76 / 13회 문 68 / 10회 문 78 / 08회 문 80 / 05회 문 54 / 02회 문 62

① 고형알코올　② 마그네슘
③ 적린　④ 황린

해설 **위험물령 [별표 1]**
**위험물**

| 유별 | 성 질 | 품 명 |
|---|---|---|
| 제1류 | 산화성 고체 | • 아염소산염류 • 염소산염류 • 과염소산염류 • 무기과산화물 • 브로민산염류 • 질산염류 • 아이오딘산염류 • 삼산화크로뮴 • 과망가니즈산염류 • **다이크로뮴산염류**(다이크로뮴산염) 기억법 1산고(일산GO) |
| 제2류 | 가연성 고체 | • **황화**인 • **적**린 보기 ③ • **황** • 철분 • **마**그네슘 보기 ② • 금속분 • 인화성 고체(고형알코올, 1기압에서 인화점이 40℃ 미만인 고체) 보기 ① 기억법 2황화적황마 |
| 제3류 | 자연발화성 물질 및 금수성 물질 | • **칼**륨 • **나트**륨 • 알킬알루미늄 • **알킬리튬** • **황린** 보기 ④ • 알칼리금속(칼륨 및 나트륨 제외) 및 알칼리토금속 • 유기금속화합물(알킬알루미늄 및 알킬리튬 제외) • 금속수소화물 • 금속인화물 • 칼슘 또는 알루미늄의 탄화물(**탄화칼슘**) 기억법 3황칼나트 |
| 제4류 | 인화성 액체 | • 특수인화물(아세트알데하이드) • 제1석유류 • 알코올류 • 제2석유류 • 제3석유류 • 제4석유류 • 동식물유류 |
| 제5류 | 자기반응성 물질 | • 유기과산화물 • 질산에스터류(셀룰로이드) • 나이트로화합물 • 나이트로소화합물 • 아조화합물 • 다이아조화합물 • 하이드라진 유도체 |
| 제6류 | 산화성 액체 | • **과염**소산 • 과**산**화수소 • **질**산 기억법 6산액과염산질 |

답 ①

★

**78** 과염소산암모늄과 알루미늄분말이 반응하여 폭발사고가 발생하였다. 이에 관한 설명으로 옳은 것은?

① 알루미늄은 급격히 환원되어 고온에서 염화알루미늄이 생성된다.
② 과염소산암모늄은 전자를 주는 물질을 발생하여 알루미늄 분말을 환원시키는 반응이다.
③ 산화성 물질과 환원성 물질의 반응으로 많은 가스발생을 수반하는 폭발반응이다.
④ 가연성 산화제와 알루미늄의 급격한 산화·환원 반응으로 압력이 발화원으로 작용한 것이다.

해설 **과염소산암모늄과 알루미늄분말의 반응**
(1) 알루미늄은 급격히 산화되어 고온에서 염화알루미늄이 생성된다. 보기 ①
(2) 과염소산암모늄은 전자를 주는 물질을 발생하여 알루미늄 분말을 산화시키는 반응이다. 보기 ②
(3) 산화성 물질과 환원성 물질의 반응으로 많은 가스발생을 수반하는 폭발반응이다. 보기 ③
(4) 가연성 산화제와 알루미늄의 급격한 산화 반응으로 압력이 발화원으로 작용한 것이다. 보기 ④

① 환원 → 산화
② 환원 → 산화
④ 산화·환원 반응 → 산화 반응

답 ③

★★★

**79** 위험물안전관리법령상 제3류 위험물의 성상에 관한 설명으로 옳지 않은 것은?

18회 문 83 / 15회 문 79 / 14회 문 82 / 13회 문 81 / 11회 문 60 / 11회 문 91 / 10회 문 90 / 09회 문 87 / 03회 문 82

① 트리에틸알루미늄은 상온상압에서 액체이다.
② 금수성 물질은 물과 접촉하면 발화·폭발한다.
③ 트리메틸알루미늄은 물보다 가볍다.
④ 알킬알루미늄은 물과 반응하여 산소를 발생한다.

해설 **보기 ①** **트리에틸알루미늄[$(C_2H_5)_3Al$] : TEA**

(1) **무색투명**한 **액체**이다. **보기 ①**
(2) 외관은 등유와 비슷한 **가연성**이다.
(3) $C_1$~$C_4$는 공기 중에서 자연발화성이 강하다.
(4) 공기 중에 노출되면 **백색연기**가 발생하며 연소된다.

**보기 ②** **금수성 물질**

물과 접촉하면 가연성 가스가 발생하여 **발화·폭발**할 위험성이 있는 물질

**보기 ③** **트리메틸알루미늄**

(1) **무색·무취 액체**이다.
(2) 물과 격렬하게 반응한다.
(3) 물보다 **가볍다.** **보기 ③**

**보기 ④** 알킬알루미늄은 트리메틸알루미늄과 트리에틸알루미늄이 있으며 물과 반응시 **메탄**과 **에탄**을 발생하여 위험

$(CH_3)_3Al + 3H_2O \rightarrow Al(OH)_3 + 3CH_4$
(트리메틸알루미늄) (물) (수산화알루미늄) (메탄)

$(C_2H_5)_3Al + 3H_2O \rightarrow Al(OH)_3 + 3C_2H_6$
(트리에틸알루미늄) (물) (수산화알루미늄) (에탄)

④ 산소 → 메탄과 에탄

답 ④

★★★
## 80 마그네슘에 관한 설명으로 옳은 것을 모두 고른 것은?

18회 문 78
18회 문 80
16회 문 78
16회 문 84
15회 문 80
15회 문 81
14회 문 79
13회 문 78
13회 문 79
12회 문 71
12회 문 82
09회 문 82
06회 문 80
06회 문 88
02회 문 80

> ㉠ 이산화탄소 소화약제를 사용할 수 없다.
> ㉡ $2Mg + O_2 \rightarrow 2MgO$는 발열반응이다.
> ㉢ 무기과산화물과 혼합한 것은 마찰·충격에 의하여 발화하지 않는다.
> ㉣ 강산과 반응하여 산소를 발생시킨다.

① ㉠, ㉡ ② ㉠, ㉢
③ ㉡, ㉢ ④ ㉡, ㉣

해설 **마그네슘(Mg)**

(1) **이산화탄소 소화약제**를 사용할 수 **없다.** **보기 ㉠**
(2) $2Mg + O_2 \rightarrow 2MgO$는 **발열반응**이다. **보기 ㉡**
(3) 무기과산화물과 혼합한 것은 마찰·충격에 의하여 발화한다. **보기 ㉢**
(4) 강산과 반응하여 **수소**를 발생시킨다. **보기 ㉣**

(5) 디시안과 반응하여 폭발한다.

㉢ 발화하지 않는다 → 발화한다.
㉣ 산소 → 수소

답 ①

★
## 81 위험물안전관리법령상 옥외탱크저장소에서 보유공지를 단축할 수 있는 물분무설비기준으로 옳은 것은?

① 탱크에 보강링이 설치된 경우에는 보강링이 인접한 바로 위에 분무헤드를 설치한다.
② 탱크표면에 방사하는 물의 양은 탱크의 원주길이 1m에 대하여 분당 37L 이상으로 한다.
③ 수원의 양은 15분 이상 방사할 수 있는 수량으로 한다.
④ 화재시 $1m^2$당 10kW 이상의 복사열에 노출되는 표면을 갖는 인접한 옥외저장탱크에 설치한다.

해설 **위험물규칙 [별표 6] Ⅱ**
**옥외탱크저장소에서 보유공지를 단축할 수 있는 물분무설비기준**

공지단축 옥외저장탱크의 화재시 $1m^2$당 **20kW** 이상의 복사열에 노출되는 표면을 갖는 인접한 옥외저장탱크가 있으면 당해 표면에도 다음 기준에 적합한 물분무설비로 방호조치를 함께 하여야 한다. **보기 ④**

(1) 탱크의 표면에 방사하는 물의 양은 탱크의 원주길이 **1m**에 대하여 분당 **37L 이상**으로 할 것 **보기 ②**
(2) 수원의 양은 (1)의 규정에 의한 수량으로 **20분 이상** 방사할 수 있는 수량으로 할 것 **보기 ③**
(3) 탱크에 보강링이 설치된 경우에는 보강링의 **아래에** 분무헤드를 설치하되, 분무헤드는 탱크의 **높이** 및 **구조**를 고려하여 분무가 적정하게 이루어 질 수 있도록 배치할 것 **보기 ①**
(4) **물분무소화설비**의 설치기준에 준할 것

① 인접한 바로 위에 → 아래에
③ 15분 이상 → 20분 이상
④ 10kW 이상 → 20kW 이상

답 ②

★★★

## 82 질산암모늄에 관한 설명으로 옳지 않은 것은?

17회 문 77
14회 문 81

① 강환원제이다.
② 질소비료의 원료이다.
③ 화약, 폭약의 산소공급제이다.
④ 분해폭발하면 다량의 가스가 발생한다.

해설 **질산암모늄**($NH_4NO_3$)

(1) **일반성질**
① 강산화제 보기 ①
② **무색·백색** 또는 **연회색**의 결정이다.
③ **조해성**과 **흡습성**이 있다.
④ 물에 녹을 때 **흡열반응**을 한다.
⑤ **질소비료**의 원료이다. 보기 ②
⑥ 약 **220℃**로 가열하면 분해하여 **이산화질소**($N_2O$)와 **물**($H_2O$)이 발생한다.

$$NH_4NO_3 \rightarrow N_2O + 2H_2O$$

(2) **위험성**
① 화약, 폭탄의 산소공급제이다. 보기 ③
② **AN-FO 폭약**의 원료로 이용된다.
③ **단독**으로도 **폭발**할 위험이 있다.
④ 분해폭발하면 다량의 가스가 발생한다. 보기 ④

(3) **저장 및 취급방법**
① 용기는 **밀폐**할 것
② 통풍이 잘 되는 냉암소에 보관할 것

(4) **소화방법** : 화재초기에만 다량의 **물**로 **냉각소화**한다.

① 강환원제 → 강산화제

답 ①

★★★

## 83 위험물안전관리법령상 제4류 위험물 중 알코올류에 해당하는 것은?

17회 문 85
16회 문 98
15회 문 82
12회 문 93
11회 문 99

① $C_2H_4(OH)_2$ ② $C_3H_7OH$
③ $C_5H_{11}OH$ ④ $C_6H_5OH$

해설 **알코올류**

(1) 메틸알코올($CH_3OH$)
(2) 에틸알코올($C_2H_5OH$)
(3) 프로필알코올
(4) 이소프로필알코올($C_3H_7OH$) 보기 ②
(5) 부틸알코올($C_4H_4OH$)
(6) 퓨젤유
(7) 변성알코올

① $C_2H_4(OH)_2$ → 에틸렌글리콜(제3석유류) 수용성
② $C_3H_7OH$ → 이소프로필알코올
③ $C_5H_{11}OH$ → 아밀알코올(제1석유류) 비수용성
④ $C_6H_5OH$ → 페놀(비위험물)

답 ②

★

## 84 위험물안전관리법령상 제5류 위험물에 해당하지 않는 것은?

17회 문 83

① 나이트로벤젠[$C_6H_5NO_2$]
② 트리나이트로페놀[$C_6H_2(NO_2)_3OH$]
③ 트리나이트로톨루엔[$C_6H_2(NO_2)_3CH_3$]
④ 나이트로글리세린[$C_3H_5(ONO_2)_3$]

해설 **알코올류**

**제5류 위험물의 종류 및 지정수량**

| 성질 | 품 명 | 지정수량 | 대표물질 |
|---|---|---|---|
| 자기반응성 물질 | 유기과산화물 | • 제1종 : 10kg<br>• 제2종 : 100kg | ① 과산화벤조일<br>② 메틸에틸케톤퍼옥사이드 |
| | 질산에스터류 | | ① 질산메틸<br>② 질산에틸<br>③ 나이트로셀룰로오스<br>④ 나이트로글리세린 보기 ④<br>⑤ 나이트로글리콜<br>⑥ 셀룰로이드 |
| | **나**이트로화합물 | | ① 트리나이트로페놀(**피**크린산, TNP) 보기 ②<br>② **트**리나이트로톨루엔 보기 ③<br>③ 트리나이트로벤젠<br>④ **테**트릴 |
| | 나이트로소화합물 | | ① 파라나이트로소벤젠<br>② 다이나이트로소레조르신<br>③ 나이트로소아세트페논 |
| | 아조화합물 | | ① 아조벤젠<br>② 하이드록시아조벤젠<br>③ 아미노아조벤젠<br>④ 아족시벤젠 |
| | 다이아조화합물 | | ① 다이아조메탄<br>② 다이아조다이나이트로페놀<br>③ 다이아조카르복실산에스터<br>④ 질화납 |
| | 하이드라진 유도체 | | ① 하이드라진<br>② 하이드라조벤젠<br>③ 하이드라지드<br>④ 염산하이드라진<br>⑤ 황산하이드라진 |

기억법 **나트피테**(**니트**를 입고 **비데**에 앉아?)

① 나이트로벤젠 : 제4류 위험물(제3석유류)

중요

**제5류 위험물**

| 지정수량 | 위험등급 |
|---|---|
| 제1종 : 10kg | Ⅰ |
| 제2종 : 100kg | Ⅱ |

비교

**제4류 위험물**

| 품 명 | 종 류 |
|---|---|
| 제1석유류 | ① **아세톤**·휘발유·**벤젠**<br>② 톨루엔·시클로헥산<br>③ 아크롤레인·초산에스터류<br>④ 의산에스터류<br>⑤ **메틸에틸케톤**·에틸벤젠·피리딘 |
| 제2석유류 | ① 등유·경유·의산<br>② 초산·테레빈유·장뇌유<br>③ 송근유·스티렌·메틸셀로솔브<br>④ 에틸셀로솔브·클로로벤젠·크실렌<br>⑤ 알릴알코올 |
| 제3석유류 | ① 중유·크레오소트유<br>② **에틸렌글리콜**·글리세린<br>③ **나이트로벤젠**·아닐린·담금질유<br>보기 ① |
| 제4석유류 | ① 기어유<br>② 실린더유 |

답 ①

★

## 85 과산화수소($H_2O_2$)에 관한 설명으로 옳지 않은 것은?

① 강산화제이나 환원제로 작용할 때도 있다.

② 60중량퍼센트 이상의 농도에서 가열·충격시 단독으로도 폭발한다.

③ 석유, 벤젠에 용해되지 않는다.

④ 분해시 산소를 발생하므로 안정제로 이산화망가니즈를 사용한다.

해설 **과산화수소**($H_2O_2$)

(1) **일반성질**

① 순수한 것은 **무취**하며 옅은 **푸른색**을 띠는 투명한 액체이다.

② 물보다 무겁다.

③ 물·알코올·에터에는 잘 녹지만, **석유·벤젠** 등에는 녹지 않는다. 보기 ③

④ **강산화제**이지만 **환원제**로도 사용된다. 보기 ①

⑤ **표백작용·살균작용**이 있다.

⑥ **염산**과 반응한다.

(2) **위험성**

① 농도 **60중량%** 이상은 충격·마찰에 의해 **단독으로 분해·폭발**위험이 있다. 보기 ②

② 나이트로글리세린과 혼촉시 발화·폭발한다.

③ **하이드라진**과 접촉시 분해·폭발한다.

④ **염화제일주석**($SnCl_2 \cdot 2H_2O$)과 심하게 반응한다.

⑤ 농도 **25%** 이상에 접촉시 피부에 염증을 일으킨다.

(3) **저장 및 취급방법**

① 유기용기에 장기보존을 피할 것

② **요소·글리세린·인산나트륨** 등의 분해방지 안정제를 넣어 **산소분해**를 **억제**시킬 것 보기 ④

(4) **소화방법**

다량의 **물**로 **냉각소화**한다.

④ 이산화망가니즈 → 요소·글리세린·인산나트륨

답 ④

★

## 86 스티렌($C_6H_5CH=CH_2$)의 성상 및 위험성에 관한 설명으로 옳지 않은 것은?

① 무색·투명한 액체로서 마취성이 있으며 독성이 매우 강하다.

② 실온에서 인화의 위험이 있으며, 연소시 폭발성 유기과산화물을 생성한다.

③ 산화제와 중합반응하여 생성된 폴리스티렌수지는 분해폭발성 물질이다.

④ 강산성 물질과의 혼촉시 발열·발화한다.

해설 **스티렌**($C_6H_5CH=CH_2$)**의 성상 및 위험성**

(1) **무색·투명**한 **액체**로서 **마취성**이 있으며 **독성**이 매우 강하다. 보기 ①

(2) 실온에서 **인화**의 위험이 있으며, 연소시 **폭발성 유기과산화물**을 생성한다. 보기 ②

(3) 산화제와 중합반응하여 생성된 **폴리스티렌수지**는 굉장히 **느리게 분해**된다. 보기 ③

(4) 강산성 물질과의 혼촉시 발열·발화한다. 보기 ④

(5) 독특한 냄새가 난다.

(6) 물에는 녹지 않지만, 유기용제에는 잘 녹는다.

(7) **증기**는 공기보다 **무겁다.**

(8) **물**보다 **가볍다.**

③ 분해폭발성 물질이다. → 굉장히 느리게 분해된다.

답 ③

★★★

**87** 위험물안전관리법령상 암반탱크저장소의 암반탱크 설치기준에서 암반투수계수(m/s) 기준은?

① $1\times10^{-5}$ 이하 ② $1\times10^{-6}$ 이하
③ $1\times10^{-7}$ 이하 ④ $1\times10^{-8}$ 이하

해설 **위험물규칙 [별표 12]**
**암반탱크저장소의 암반탱크 설치기준**
(1) 암반탱크는 암반투수계수가 **$1\times10^{-5}$m/s 이하**인 천연암반 내에 설치할 것 보기 ①
(2) 암반탱크는 저장할 위험물의 증기압을 억제할 수 있는 **지하수면하**에 설치할 것
(3) 암반탱크의 내벽은 암반균열에 의한 낙반을 방지할 수 있도록 **볼트 · 콘크리트** 등으로 보강할 것

답 ①

★★★

**88** 위험물안전관리법령상 옥내저장탱크에 불활성 가스를 봉입하여 저장하여야 하는 것은?

18회 문 81 16회 문 88 13회 문 91 12회 문 80 04회 문 94 03회 문 80 03회 문 83 03회 문 99

① 아세트산에틸 ② 아세트알데하이드
③ 메틸에틸케톤 ④ 과산화벤조일

해설 **위험물규칙 [별표 4] XII**
**아세트알데하이드 등을 취급하는 제조소의 특례**
(1) **은 · 수은 · 동 · 마그네슘** 또는 이들을 성분으로 하는 합금으로 만들지 아니할 것
(2) 연소성 혼합기체의 생성에 의한 폭발을 방지하기 위한 **불활성 기체 또는 수증기를 봉입하는 장치를 갖출 것** 보기 ②
(3) 탱크에는 **냉각장치** 또는 **보냉장치** 및 연소성 혼합기체의 생성에 의한 폭발을 방지하기 위한 **불활성 기체**를 **봉입**하는 **장치**를 갖출 것

중요

**위험물의 성질에 따른 제조소의 특례**(위험물규칙 [별표 4] XII)
(1) **산화프로필렌**을 취급하는 설비는 **은 · 수은 · 동 · 마그네슘** 또는 이들을 성분으로 하는 합금으로 만들지 아니할 것
(2) **알킬리튬**을 취급하는 설비에는 **불활성 기체**를 봉입하는 장치를 갖출 것
(3) **하이드록실아민** 등을 취급하는 설비에는 하이드록실아민 등의 **온도** 및 **농도**의 상승에 의한 위험한 반응을 방지하기 위한 조치를 강구할 것
(4) **하이드록실아민** 등을 취급하는 설비에는 **철이온** 등의 혼입에 의한 위험한 반응을 방지하기 위한 조치를 강구할 것

답 ②

★★★

**89** 탄화칼슘 16kg이 다량의 물과 완전 반응하여 생성되는 수산화칼슘의 질량(kg)은? (단, Ca의 원자량은 40이다.)

18회 문 77 18회 문 82 17회 문 79 15회 문 84 14회 문 80 13회 문 80 09회 문 83

① 15.5 ② 16.3
③ 18.5 ④ 19.3

해설 **탄화칼슘($CaC_2$)**
물과 반응하여 **수산화칼슘**[$Ca(OH)_2$]과 가연성 가스인 **아세틸렌**($C_2H_2$)을 발생시킨다.

$$CaC_2 + 2H_2O \rightarrow Ca(OH)_2 + C_2H_2\uparrow$$

(1) **원자량**

| 원 자 | 원자량 |
|---|---|
| H | 1 |
| C | 12 |
| O | 16 |
| N | 14 |
| Ca | 40 |

분자량 $CaC_2 = 40 + 12\times2 = 64$
$Ca(OH)_2 = 40 + (16+1)\times2 = 74$

(2) **탄화칼슘**과 **물**의 **반응식**

$CaC_2 + 2H_2O \rightarrow Ca(OH)_2 + C_2H_2\uparrow$

64 ⟶ 74 ⟶ 분자량
16kg ⟶ $x$ ⟶ 실제량

비례식으로 풀면

$64 : 74 = 16\text{kg} : x$

$74\times16\text{kg} = 64x$

$x = \dfrac{74\times16\text{kg}}{64} = 18.5\text{kg}$

답 ③

★

**90** 가솔린(휘발유)에 관한 설명으로 옳지 않은 것은?

① 주요성분은 탄소수가 $C_5$~$C_9$의 포화 · 불포화 탄화수소 혼합물이다.
② 비전도성으로 정전유도현상에 의해 착화 · 폭발할 수 있다.
③ 유기용제에는 녹지 않으며 유지, 수지 등을 잘 녹인다.
④ 액체상태는 물보다 가볍고, 증기상태는 공기보다 무겁다.

해설 가솔린(휘발유, $C_5H_{12}$~$C_9H_{20}$)

(1) 주요성분은 탄소수가 $C_5$~$C_9$의 **포화·불포화** 탄화수소 혼합물이다. 보기 ①
(2) **비전도성**으로 정전유도현상에 의해 착화·폭발할 수 있다. 보기 ②
(3) **유기용제**에는 **잘 녹으며** 유지, 수지 등을 잘 녹인다. 보기 ③
(4) 액체상태는 물보다 가볍고, 증기상태는 공기보다 무겁다. 보기 ④
(5) **무색투명**한 액체이다.
(6) 특유의 냄새가 난다.
(7) 연소성 향상을 위해 **사에틸납**[$(C_2H_5)_4Pb$]을 혼합하여 **오렌지색·청색**으로 착색되어 있다.

③ 녹지 않으며 → 잘 녹으며

답 ③

★★★
**91** 위험물안전관리법령상 옥외저장소에 저장할 수 있는 것은? (단, 「국제해상위험물규칙」 등 예외규정은 적용하지 않는다.)

18회 문 99
17회 문 92
11회 문 89
09회 문 78
02회 문 93

① 염소산나트륨
② 과염소산
③ 질산메틸
④ 황린

해설 위험물령 [별표 2]
옥외저장소에 저장·취급할 수 있는 위험물
(1) 황
(2) 인화성 고체(인화점이 0℃ 이상인 것에 한함)
(3) 제1석유류(인화점이 0℃ 이상인 것에 한함)
(4) 제2석유류
(5) 제3석유류
(6) 제4석유류
(7) 알코올류
(8) 동식물유류
(9) 제6류 위험물 : 과염소산 보기 ②

① 염소산나트륨 : 제1류 위험물
③ 질산메틸 : 제5류 위험물
④ 황린 : 제3류 위험물

답 ②

★★★
**92** 위험물안전관리법령상 염소산칼륨을 1일 1000kg 생산하고 있는 제조소의 소화기 비치량을 산정하기 위한 총 소요단위는? (단, 제조소의 연면적은 $300m^2$이고, 제조소의 외벽은 내화구조이다.)

18회 문 96
15회 문100
14회 문 97
10회 문100
08회 문 98

① 5 ② 6
③ 7 ④ 8

해설 위험물규칙 [별표 17]
소요단위의 계산방법
(1) $소요단위 = \frac{저장량}{지정수량 \times 10배}$
$= \frac{1000kg}{50kg \times 10배} = 2단위$
(2) 연면적이 $300m^2$이므로
$소요단위 = \frac{연면적}{1소요단위\ 면적} = \frac{300m^2}{100m^2} = 3단위$
∴ 2단위+3단위=5단위

중요

(1) 소요단위

| 제조소 등 | | 면 적 |
|---|---|---|
| • **제조소**<br>• 취급소 | 외벽이 기타구조 | $50m^2$ |
| | 외벽이 내화구조 → | $100m^2$ |
| • 저장소 | 외벽이 기타구조 | $75m^2$ |
| | 외벽이 내화구조 | $150m^2$ |
| • 위험물 | 지정수량의 **10배** | |

(2) 제2류 위험물

| 성질 | 품 명 | 지정수량 | 대표물질 |
|---|---|---|---|
| 산화성 고체 | 염소산염류 | 50kg | 염소산칼륨·염소산나트륨·염소산암모늄·염소산칼슘·염소산아연·염소산은·염소산바륨·염소산구리·염소산수은·염소산스트론듐 |
| | 아염소산염류 | | 아염소산칼륨·아염소산나트륨 |
| | 과염소산염류 | | 과염소산칼륨·과염소산나트륨·과염소산암모늄·과염소산마그네슘·과염소산바륨 |
| | 무기과산화물 | | 과산화칼륨·과산화나트륨·과산화바륨·과산화리튬·과산화루비듐·과산화세슘·과산화칼슘·과산화요소·조산화나트륨·과황산암모늄·과황산칼륨·과황산나트륨·과붕산나트륨·과아이오딘산칼륨·과아이오딘산 |
| | 크로뮴·납 또는 아이오딘의 산화물 | 300kg | 삼산화크로뮴 |

답 ①

★★★

**93** 위험물안전관리법령상 일반취급소 하나의 층에 옥내소화전 3개가 설치되어 있다. 확보해야 할 수원의 최소 양($m^3$)은?

18회 문 91 15회 문 97 08회 문 95

① 7.8
② 11.7
③ 15.6
④ 23.4

해설 **위험물규칙 [별표 17]**
**위험물제조소 등의 옥내소화전 수원**

$$Q = 7.8N$$

여기서, $Q$ : 옥내소화전 수원[$m^3$]
$N$ : 소화전개수(최대 5개)

**위험물제조소 등의 옥내소화전 수원** $Q$는
$Q = 7.8N = 7.8 \times 3 = 23.4m^3$

중요

**수원**(위험물규칙 [별표 17])

| 설비 | | 수원 |
|---|---|---|
| 옥내소화전설비 | 일반건축물 | $Q = 2.6N$(30층 미만)<br>$Q = 5.2N$(30~49층 이하)<br>$Q = 7.8N$(50층 이상)<br>여기서, $Q$ : 수원의 저수량[$m^3$]<br>$N$ : 가장 많은 층의 소화전개수(30층 미만 : 최대 **2개**, 30층 이상 : 최대 **5개**) |
| | 위험물제조소 등 | $Q = 7.8N$<br>여기서, $Q$ : 수원[$m^3$]<br>$N$ : 가장 많은 층의 소화전개수(**최대 5개**) |
| 옥외소화전설비 | 일반건축물 | $Q = 7N$<br>여기서, $Q$ : 수원[$m^3$]<br>$N$ : 소화전개수(**최대 2개**) |
| | 위험물제조소 등 | $Q = 13.5N$<br>여기서, $Q$ : 수원[$m^3$]<br>$N$ : 소화전개수(**최대 4개**) |

답 ④

★

**94** 위험물안전관리법령상 주유취급소 내 건축물 등의 구조기준으로 옳지 않은 것은? (단, 단서조항은 적용하지 않는다.)

15회 문 99

① 건축물의 벽·기둥·바닥·보 및 지붕을 내화구조 또는 불연재료로 할 수 있다.
② 주거시설 용도로 사용하는 부분은 개구부가 없는 내화구조의 바닥 또는 벽으로 당해 건축물의 다른 부분과 구획하고 주유를 위한 작업장 등 위험물취급장소에 면한 쪽의 벽에는 출입구를 설치할 수 없다.
③ 사무실 등의 창 및 출입구에 유리를 사용하는 경우에는 망입유리 또는 강화유리로 하여야 한다.
④ 자동차 등의 점검·정비를 행하는 설비는 고정주유설비로부터 2m 이상, 도로경계선으로부터 1m 이상 떨어진 장소에 설치하여야 한다.

해설 **위험물규칙 [별표 13] Ⅵ**
**주유취급소에 설치하는 건축물 등의 위치 및 구조 적합기준**

(1) 건축물의 벽·기둥·바닥·보 및 지붕을 **내화구조** 또는 **불연재료**로 할 것 **보기 ①**
(2) 주거시설 용도에 사용하는 부분은 개구부가 없는 **내화구조**의 **바닥** 또는 **벽**으로 당해 건축물의 다른 부분과 구획하고 주유를 위한 작업장 등 위험물취급장소에 면한 쪽의 벽에는 **출입구**를 설치하지 아니할 것 **보기 ②**
(3) 사무실 등의 창 및 출입구에 유리를 사용하는 경우에는 **망입유리** 또는 **강화유리**로 할 것. 이 경우 강화유리의 두께는 창에는 **8mm** 이상, 출입구에는 **12mm** 이상으로 하여야 한다. **보기 ③**
(4) 자동차 등의 점검·정비를 행하는 설비는 다음의 기준에 적합하게 할 것
① 고정주유설비로부터 **4m** 이상, 도로경계선으로부터 **2m** 이상 떨어지게 할 것(단, 작업장 중 바닥 및 벽으로 구획된 옥내의 작업장에 설치하는 경우는 제외) **보기 ④**
② 위험물을 취급하는 설비는 위험물의 누설·넘침 또는 비산을 방지할 수 있는 구조로 할 것

④ 2m 이상 → 4m 이상, 1m 이상 → 2m 이상

중요

**주유취급소 내의 고정주유설비 또는 고정급유설비**(위험물규칙 [별표 13] Ⅳ)

(1) **고정주유설비 중심선 기점**

| 구 분 | 거 리 |
|---|---|
| 부지경계선·담 및 건축물의 벽까지 | **2m**(개구부가 없는 벽까지는 **1m**) 이상 |
| 도로경계선까지 | **4m** 이상 |

(2) **고정급유설비 중심선 기점**

| 구 분 | 거 리 |
|---|---|
| 부지경계선 및 담까지 | **1m** 이상 |
| 건축물의 벽까지 | **2m**(개구부가 없는 벽까지는 **1m**) 이상 |
| 도로경계선까지 | **4m** 이상 |

(3) **고정주유설비와 고정급유설비의 사이** : **4m** 이상

답 ④

## 95

19회 문 95 / 18회 문 94 / 16회 문 95 / 13회 문 09 / 13회 문 95 / 10회 문 95 / 09회 문 94 / 08회 문 86 / 07회 문 78 / 06회 문 82 / 03회 문 90

**위험물안전관리법령상 제조소의 옥외 위험물취급탱크가 메틸알코올 $1m^3$와 아세톤 $0.5m^3$가 있다. 이를 하나의 방유제 내에 설치하고자 할 때 방유제 기준에 관한 검토사항으로 옳은 것은?**

① 방유제 용량은 $0.55m^3$ 이상이 되도록 설치하여야 한다.

② 방유제 용량은 $1.1m^3$ 이상이 되도록 설치하여야 한다.

③ 취급하는 위험물의 성상이 액체이므로 방유제를 설치하지 않아도 된다.

④ 위험물 저장탱크의 용량이 지정수량 기준에 미달하여 방유제를 설치하지 않아도 된다.

해설 중요

**위험물제조소 방유제의 용량**(위험물규칙 [별표 4] Ⅸ)

| | |
|---|---|
| 1기의 탱크 | 방유제용량=탱크용량×0.5 |
| 2기 이상의 탱크 | 방유제용량=탱크 최대용량×0.5 +기타 탱크용량의 합×0.1 |

2기 이상이므로 탱크용량

=탱크 최대용량×0.5+기타 탱크용량의 합×0.1

$=1m^3 \times 0.5 + 0.5m^3 \times 0.1$

$=0.55m^3$

비교

**옥외탱크저장소의 방유제**(위험물규칙 [별표 6] Ⅸ)

| 구 분 | 설 명 |
|---|---|
| 높이 | **0.5~3m** 이하 |
| 탱크 | **10기**(모든 탱크용량이 **20만L** 이하, 인화점이 70~200℃ 미만은 **20기**) 이하 |
| 면적 | **$80000m^2$** 이하 |
| 용량 | • 1기 : **탱크용량**×**110%** 이상<br>• 2기 이상 : **탱크 최대용량**×**110%** 이상 |

주의

**옥외탱크저장소**와 **위험물제조소 방유제**의 **용량**을 구하는 식이 각각 다르므로 특히 주의하라!

답 ①

## 96

19회 문 92 / 18회 문 90 / 16회 문100 / 10회 문 85 / 05회 문 78

**위험물안전관리법령상 제조소 등에서 "화기엄금" 게시판을 설치하여야 하는 위험물을 모두 고른 것은?**

ㄱ 제2류 위험물(인화성 고체 제외)
ㄴ 제4류 위험물
ㄷ 제3류 위험물 중 자연발화성 물질
ㄹ 제5류 위험물

① ㄴ, ㄹ　② ㄱ, ㄴ, ㄷ
③ ㄱ, ㄷ, ㄹ　④ ㄴ, ㄷ, ㄹ

해설 **위험물규칙 [별표 4]**
**위험물제조소의 게시판 설치기준**

| 위험물 | 주의사항 | 비 고 |
|---|---|---|
| • 제1류 위험물(알칼리금속의 과산화물)<br>• 제3류 위험물(금수성 물질) | 물기엄금 | **청색**바탕에 **백색**문자 |
| • 제2류 위험물(인화성 고체 제외) ㄱ | 화기주의 | **적색**바탕에 **백색**문자 |
| • 제2류 위험물(인화성 고체)<br>• 제3류 위험물(자연발화성 물질) ㄷ<br>• 제4류 위험물 ㄴ<br>• 제5류 위험물 ㄹ | **화**기**엄**금 | |
| • 제6류 위험물 | 별도의 표시를 하지 않는다. | |

기억법 화4엄(화사함)

㉠ : **"화기주의"** 게시판 설치

비교

**위험물 운반용기**의 **주의사항**(위험물규칙 [별표 19])

| 위험물 | | 주의사항 |
|---|---|---|
| 제1류 위험물 | 알칼리금속의 과산화물 | • 화기 · 충격주의<br>• 물기엄금<br>• 가연물 접촉주의 |
| | 기타 | • 화기 · 충격주의<br>• 가연물 접촉주의 |
| 제2류 위험물 | 철분 · 금속분 · 마그네슘 | • 화기주의<br>• 물기엄금 |
| | 인화성 고체 | • 화기엄금 |
| | 기타 | • 화기주의 |
| 제3류 위험물 | 자연발화성 물질 | • 화기엄금<br>• 공기접촉엄금 |
| | 금수성 물질 | • 물기엄금 |
| 제4류 위험물 | | • 화기엄금 |
| 제5류 위험물 | | • 화기엄금<br>• 충격주의 |
| 제6류 위험물 | | • 가연물 접촉주의 |

답 ④

## 97 위험물안전관리법령상 유별을 달리하는 위험물 상호간 1m 이상의 간격을 두더라도 동일한 옥내저장소에 저장할 수 없는 것은?

① 제1류 위험물과 제6류 위험물
② 제2류 위험물 중 인화성 고체와 제4류 위험물
③ 제4류 위험물과 제5류 위험물(유기과산화물은 제외)
④ 제1류 위험물(알칼리금속의 과산화물은 제외)과 제5류 위험물

해설 **위험물규칙 [별표 18] Ⅲ**
유별을 달리하는 위험물은 동일한 저장소(내화구조의 격벽으로 완전히 구획된 실이 2 이상 있는 저장소에 있어서는 동일한 실)에 저장하지 아니하여야 한다[(단, 옥내저장소 또는 옥외저장소에 있어서 다음에 의한 위험물을 저장하는 경우로서 위험물을 유별로 정리하여 저장하는 한편, 서로 1m 이상의 간격을 두는 경우는 제외(중요기준)].

(1) **제1류** 위험물(알칼리금속의 과산화물 또는 이를 함유한 것 제외)과 **제5류** 위험물을 저장하는 경우 **보기 ④**
(2) **제1류** 위험물과 **제6류** 위험물을 저장하는 경우 **보기 ①**
(3) 제1류 위험물과 제3류 위험물 중 자연발화성 물질(황린 또는 이를 함유한 것에 한함)을 저장하는 경우
(4) 제2류 위험물 중 **인화성 고체**와 **제4류** 위험물을 저장하는 경우 **보기 ②**
(5) 제3류 위험물 중 **알킬알루미늄 등**과 **제4류 위험물**(알킬알루미늄 또는 알킬리튬을 함유한 것에 한함)을 저장하는 경우
(6) 제4류 위험물 중 **유기과산화물** 또는 이를 함유하는 것과 제5류 위험물 중 **유기과산화물** 또는 이를 함유한 것을 저장하는 경우 **보기 ③**

③ 제4류 위험물(유기과산화물)과 제5류 위험물(유기과산화물)

답 ③

## 98 위험물안전관리법령상 일반취급소에 해당하는 것을 모두 고른 것은? (단, 위험물은 지정수량의 배수 이상이다.)

| 구분 | 반응원료 | 중간생성물 | 최종생성물 |
|---|---|---|---|
| ㉠ | 위험물 | 위험물 | 비위험물 |
| ㉡ | 위험물 | 비위험물 | 비위험물 |
| ㉢ | 비위험물 | 위험물 | 위험물 |
| ㉣ | 비위험물 | 위험물 | 비위험물 |
| ㉤ | 비위험물 | 비위험물 | 위험물 |

① ㉠, ㉡  ② ㉠, ㉡, ㉣
③ ㉠, ㉢, ㉣  ④ ㉢, ㉣, ㉤

해설 **취급소=(주유, 판매, 이송, 일반) 취급소**

| 구 분 | 제조소 | 취급소 |
|---|---|---|
| 최종 생성물 | 위험물 | 비위험물 |

∴ 취급소이므로 최종생산물이 **비위험물**인 것은 ㉠, ㉡, ㉣

답 ②

★★★
**99** 위험물안전관리법령상 제조소 바닥면적이 $110m^2$인 경우 환기설비 중 급기구의 면적 기준으로 옳은 것은?

18회 문 88 / 14회 문 89 / 12회 문 72 / 11회 문 81 / 11회 문 88 / 10회 문 53 / 10회 문 76 / 09회 문 76 / 07회 문 86 / 04회 문 78

① $300cm^2$ 이상 ② $450cm^2$ 이상
③ $600cm^2$ 이상 ④ $800cm^2$ 이상

해설 위험물규칙 [별표 4]
제조소의 환기설비 시설기준
(1) 환기는 **자연배기방식**으로 할 것
(2) 급기구는 바닥면적 $150m^2$마다 1개 이상으로 하되, 그 크기는 $800cm^2$ 이상으로 할 것

| 바닥면적 | 급기구의 면적 |
|---|---|
| $60m^2$ 미만 | $150cm^2$ 이상 |
| $60\sim90m^2$ 미만 | $300cm^2$ 이상 |
| $90\sim120m^2$ 미만 → | **$450cm^2$ 이상** |
| $120\sim150m^2$ 미만 | $600cm^2$ 이상 |

(3) 급기구는 **낮은 곳**에 설치하고 가는 눈의 구리망 등으로 **인화방지망**을 설치할 것
(4) 환기구는 지붕 위 또는 지상 **2m** 이상의 높이에 **회전식 고정 벤틸레이터** 또는 **루프팬방식**으로 설치할 것

답 ②

★★★
**100** 위험물안전관리법령상 하이드록실아민(제2종)을 1일 150kg 취급하는 제조소의 최소안전거리(m)는 약 얼마인가?

19회 문 85 / 12회 문 76 / 06회 문 87

① 41 ② 50
③ 59 ④ 63

해설 위험물규칙 [별표 4]
하이드록실아민 등을 취급하는 제조소의 안전거리

$$D=51.1\sqrt[3]{N}$$

여기서, $D$ : 거리〔m〕
$N$ : 해당 제조소에서 취급하는 하이드록실아민 등의 지정수량의 배수

$$D=51.1\sqrt[3]{N}=51.1\sqrt[3]{\frac{150\text{kg}}{100\text{kg}}}=59\text{m}$$

중요

**제5류 위험물의 종류 및 지정수량**

| 성질 | 품 명 | 지정수량 | 대표물질 |
|---|---|---|---|
| 자기반응성 물질 | 유기과산화물 | • 제1종 : 10kg<br>• 제2종 : 100kg | 과산화벤조일 · 메틸에틸케톤퍼옥사이드 |
| | 질산에스터류 | | 질산메틸 · 질산에틸 · 나이트로셀룰로오스 · 나이트로글리세린 · 나이트로글리콜 · 셀룰로이드 |
| | **하이드록실아민** | | 하이드록실아민 |
| | 하이드록실아민염류 | | 염산하이드록실아민, 황산하이드록실아민 |
| | 나이트로화합물 | | 피크린산 · 트리나이트로톨루엔 · 트리나이트로벤젠 · 테트릴 |
| | 나이트로소화합물 | | 파라나이트로소벤젠 · 다이나이트로소레조르신 · 나이트로소아세트페논 |
| | 아조화합물 | | 아조벤젠 · 하이드록시아조벤젠 · 아미노아조벤젠 · 아족시벤젠 |
| | 다이아조화합물 | | 다이아조메탄 · 다이아조다이나이트로페놀 · 다이아조카르복실산에스터 · 질화납 |
| | 하이드라진 유도체 | | 하이드라진 · 하이드라조벤젠 · 하이드라지드 · 염산하이드라진 · 황산하이드라진 |

중요

**제5류 위험물**

| 지정수량 | 위험등급 |
|---|---|
| 제1종 : 10kg | Ⅰ |
| 제2종 : 100kg | Ⅱ |

답 ③

## 제 5 과목 소방시설의 구조 원리

★
**101** 비상콘센트설비의 화재안전기준상 ( )에 들어갈 기준은?

16회 문119

> 절연내력은 전원부와 외함 사이에 정격전압이 150V 이하인 경우에는 ( ㉠ )V의 실효전압을, 정격전압이 150V 초과인 경우에는 그 정격전압에 2를 곱하여 1000을 더한 실효전압을 가하는 시험에서 ( ㉡ )분 이상 견디는 것으로 할 것

① ㉠ : 500, ㉡ : 1 ② ㉠ : 1000, ㉡ : 1
③ ㉠ : 500, ㉡ : 3 ④ ㉠ : 1000, ㉡ : 3

해설 **비상콘센트설비 절연내력시험**(NFPC 504 제4조, NFTC 504 2.1.6.2)

| 구 분 | 150V 이하 | 150V 초과 |
|---|---|---|
| 실효전압 | 1000V | **(정격전압×2)+1000V**<br>예 250V인 경우<br>(250×2)+1000=1500V |
| 견디는 시간 | **1분** 이상 | **1분** 이상 |

절연내력은 전원부와 외함 사이에 정격전압이 **150V 이하**인 경우에는 **1000V**의 실효전압을, 정격전압이 **150V** 초과인 경우에는 그 정격전압에 **2**를 **곱하여 1000**을 **더한 실효전압**을 가하는 시험에서 **1분** 이상 견디는 것으로 할 것

답 ②

★★★

## 102 누전경보기의 화재안전기준상 설치기준으로 옳지 않은 것은?

16회 문112 13회 문117

① 경계전로의 정격전류가 60A를 초과하는 전로에 있어서는 1급 누전경보기를, 60A 이하의 전로에 있어서는 1급 또는 2급 누전경보기를 설치할 것

② 변류기는 특정소방대상물의 형태, 인입선의 시설방법 등에 따라 옥외인입선의 제1지점의 부하측 또는 제2종 접지선측의 점검이 쉬운 위치에 설치할 것

③ 전원은 분전반으로부터 전용회로로 하고, 각 극에 개폐기 및 30A 이하의 과전류차단기(배선용 차단기에 있어서는 20A 이하의 것으로 각 극을 개폐할 수 있는 것)를 설치할 것

④ 변류기를 옥외의 전로로 설치하는 경우에는 옥외형으로 설치할 것

해설 **누전경보기**의 **화재안전기준**(NFPC 205 제4·6조, NFTC 205 2.1.1)

(1) 경계전로의 정격전류가 60A를 초과하는 전로에 있어서는 **1급** 누전경보기를, 60A 이하의 전로에 있어서는 **1급** 또는 **2급** 누전경보기를 설치할 것(단, 정격전류가 60A를 초과하는 경계전로가 분기되어 각 분기회로의 정격전류가 60A 이하로 되는 경우 당해 분기회로마다 2급 누전경보기를 설치한 때에는 당해 경계전로에 1급 누전경보기를 설치한 것으로 본다). 보기 ①

| 경계전로 60A 이하 | 경계전로 60A 초과 |
|---|---|
| **1급** 또는 **2급** 누전경보기 | **1급** 누전경보기 |

(2) 변류기는 특정소방대상물의 형태, 인입선의 시설방법 등에 따라 옥외인입선의 **제1지점**의 **부하측** 또는 **제2종 접지선측**의 점검이 쉬운 위치에 설치할 것(단, 인입선의 형태 또는 특정소방대상물의 구조상 부득이한 경우에는 인입구에 근접한 옥내에 설치 가능) 보기 ②

(3) 변류기를 옥외의 전로에 설치하는 경우에는 **옥외형**으로 설치할 것 보기 ④

(4) 전원은 분전반으로부터 **전용회로**로 하고, 각 극에 **개폐기** 및 **15A** 이하의 **과전류차단기**(**배선용 차단기**에 있어서는 **20A** 이하의 것으로 각 극을 개폐할 수 있는 것)를 설치할 것 보기 ③

| 과전류차단기 | 배선용 차단기 |
|---|---|
| **개폐기** 및 **15A** 이하의 과전류차단기 | 20A 이하의 배선용 차단기 |

기억법 배2(배이다)

(5) 전원을 분기할 때에는 다른 차단기에 따라 전원이 차단되지 아니하도록 할 것

(6) 전원의 개폐기에는 누전경보기용임을 표시한 표지를 할 것

③ 30A 이하 → 15A 이하

답 ③

★★★

## 103 유도등 및 유도표지의 화재안전기준상 피난유도선 설치기준으로 옳은 것은?

18회 문110 17회 문112 16회 문117 13회 문119

① 축광방식의 피난유도선은 바닥으로부터 높이 50cm 이하의 위치 또는 바닥면에 설치할 것

② 축광방식의 피난유도 표시부는 60cm 이내의 간격으로 연속되도록 설치할 것

③ 광원점등방식의 피난유도 표시부는 바닥으로부터 높이 1.5m 이하의 위치 또는 바닥면에 설치할 것

④ 광원점등방식의 피난유도 표시부는 60cm 이내의 간격으로 연속되도록 설치하되 실내장식물 등으로 설치가 곤란할 경우 1.5m 이내로 설치할 것

해설 **피난유도선 설치기준**(NFPC 303 제9조, NFTC 303 2.6)

| 축광방식의 피난유도선 | 광원점등방식의 피난유도선 |
|---|---|
| ① 구획된 각 실로부터 **주출입구** 또는 **비상구**까지 설치<br>② 바닥으로부터 높이 **50cm 이하**의 위치 또는 바닥면에 설치 **보기 ①**<br>③ 피난유도 표시부는 **50cm 이내**의 간격으로 연속되도록 설치 **보기 ②**<br>④ 부착대에 의하여 견고하게 설치<br>⑤ **외부의 빛** 또는 **조명장치**에 의하여 상시 조명이 제공되거나 비상조명등에 의한 조명이 제공되도록 설치 | ① 구획된 각 실로부터 **주출입구** 또는 **비상구**까지 설치<br>② 피난유도 표시부는 바닥으로부터 높이 **1m 이하**의 위치 또는 바닥면에 설치 **보기 ③**<br>③ 피난유도 표시부는 **50cm 이내**의 간격으로 연속되도록 설치하되 실내장식물 등으로 설치가 곤란할 경우 **1m 이내**로 설치 **보기 ④**<br>④ 수신기로부터의 **화재신호** 및 **수동조작**에 의하여 광원이 점등되도록 설치<br>⑤ 비상전원이 **상시 충전상태**를 유지하도록 설치<br>⑥ 바닥에 설치되는 피난유도 표시부는 **매립**하는 방식을 사용<br>⑦ 피난유도 제어부는 조작 및 관리가 용이하도록 바닥으로부터 **0.8~1.5m** 이하의 높이에 설치 |

② 60m 이내 → 50cm 이내
③ 1.5m 이하 → 1m 이하
④ 60cm 이내 → 50cm 이내, 1.5m 이내 → 1m 이내

답 ①

★★★
**104** (19회 문105, 10회 문 49)
**단상 2선식 220V로 수전하는 곳에 부하 전력이 65kW, 역률이 85%, 구내배선의 길이가 100m일 때 전압강하를 5V까지 허용하는 경우 배선의 최소 굵기(mm²)는 약 얼마인가?**

① 121.46 ② 142.89
③ 210.36 ④ 247.49

해설

$$A=\frac{35.6LI}{1000e}$$

(1) **기호**

- $V$ : 220V
- $P$ : 65kW=65000W
- $\cos\theta$ : 85%=0.85
- $L$ : 100m
- $e$ : 5V
- $A$ : ?

(2) **단상 전력**

$$P=VI\cos\theta\eta$$

여기서, $P$ : 단상 전력[W]
$V$ : 단상 전압[V]
$I$ : 단상 전류[A]
$\cos\theta$ : 역률
$\eta$ : 효율

$$I=\frac{P}{V\cos\theta\eta}=\frac{65000}{220\times0.85}≒347.593\text{A}$$

- $\eta$ : 주어지지 않았으므로 무시

(3) **전선 단면적**의 **계산**

| 전기방식 | 전선 단면적 |
|---|---|
| 단상 2선식 → | $A=\frac{35.6LI}{1000e}$ |
| 3상 3선식 | $A=\frac{30.8LI}{1000e}$ |
| 단상 3선식, 3상 4선식 | $A=\frac{17.8LI}{1000e'}$ |

여기서, $A$ : 전선 단면적(전선의 굵기)[mm²]
$L$ : 선로길이[m]
$I$ : 전부하전류[A]
$e$ : 각 선간의 전압강하[V]
$e'$ : 각 선간의 1선과 중성선 사이의 전압강하[V]

- 소방펌프(3상 전동기)·제연팬 : **3상 3선식**
- 기타 : **단상 2선식**

단상 2선식

전선의 굵기 $A$는

$$A=\frac{35.6LI}{1000e}=\frac{35.6\times100\times347.593}{1000\times5}≒247.49\text{mm}^2$$

답 ④

20회

☆

**105** **비상방송설비의 화재안전기준상 용어의 정의 및 음향장치에 관한 내용으로 옳지 않은 것은?**
19회 문101

① 음량조절기란 가변저항을 이용하여 전류를 변화시켜 음량을 크게 하거나 작게 조절할 수 있는 장치를 말한다.

② 증폭기란 전류량을 늘려 감도를 좋게 하고 미약한 음성전류를 커다란 음성전류로 변화시켜 소리를 크게 하는 장치를 말한다.

③ 음량조정기를 설치하는 경우 음량조정기의 배선은 3선식으로 할 것

④ 하나의 특정소방대상물에 2 이상의 조작부가 설치되어 있는 때에는 각각의 조작부가 있는 장소 상호간에 동시 통화가 가능한 설비를 설치할 것

해설 **비상방송설비**의 **설치기준**(NFPC 202 제4조, NFTC 202 2.1)

(1) 확성기의 음성입력은 실내 1W, 실외 3W 이상일 것
(2) 확성기는 각 **층**마다 설치하되, 각 부분으로부터의 수평거리는 **25m 이하**일 것
(3) 음량조정기는 **3선식 배선**일 것 보기 ③
(4) 조작스위치는 바닥으로부터 **0.8~1.5m** 이하의 높이에 설치할 것
(5) 다른 전기회로에 의하여 **유도장애**가 생기지 않을 것
(6) 비상방송 개시시간은 **10초** 이하일 것
(7) **엘리베이터** 내부에는 **별도**의 **음향장치**를 설치할 수 있다.
(8) 하나의 특정소방대상물에 **2 이상**의 조작부가 설치되어 있는 때에는 각각의 조작부가 있는 장소 상호간에 동시 통화가 가능한 설비를 설치하고, 어느 조작부에서도 해당 특정소방대상물의 전 구역에 방송을 할 수 있도록 할 것 보기 ④

기억법 방3실1, 3음방(삼엄한 방송실)
개10방

| 용 어 | 정 리 |
| --- | --- |
| 확성기 | 소리를 크게 하여 멀리까지 전달될 수 있도록 하는 장치로서 일명 **스피커** |
| 음량조절기 | **가변저항**을 이용하여 **전류**를 **변화**시켜 음량을 크게 하거나 작게 조절할 수 있는 장치 보기 ① |
| 증폭기 | 전압전류의 **진폭**을 늘려 감도를 좋게 하고 미약한 **음성전류**를 커다란 음성전류로 변화시켜 **소리**를 **크게** 하는 장치 보기 ② |

② 전류량을 늘려 → 전압전류의 진폭을 늘려

중요

**수평거리**와 **보행거리**

(1) **수평거리**

| 수평거리 | 적용대상 |
| --- | --- |
| 수평거리 **25m** 이하 | • 발신기<br>• 음향장치(확성기)<br>• 비상콘센트(지하상가 또는 바닥면적 **3000m²** 이상) |
| 수평거리 **50m** 이하 | • 비상콘센트(기타) |

(2) **보행거리**

| 보행거리 | 적용대상 |
| --- | --- |
| 보행거리 **15m** 이하 | • 유도표지 |
| 보행거리 **20m** 이하 | • 복도**통**로유도등<br>• 거실**통**로유도등<br>• 3종 연기감지기 |
| 보행거리 **30m** 이하 | • 1·2종 연기감지기 |

기억법 보통2(보통이 아니네요!)
3무(상무)

(3) **수직거리**

| 수직거리 | 적용대상 |
| --- | --- |
| 수직거리 **10m** 이하 | • 3종 연기감지기 |
| 수직거리 **15m** 이하 | • 1·2종 연기감지기 |

답 ②

★★★

**106** 16회 문115 04회 문111

**자동화재탐지설비 및 시각경보장치, 지하구의 화재안전기준상 발신기 설치기준으로 옳지 않은 것은?**

① 지하구의 경우에는 발신기를 설치하지 아니할 수 있다.

② 조작이 쉬운 장소에 설치하고, 스위치는 바닥으로부터 0.8m 이상 1.5m 이하의 높이에 설치할 것

③ 특정소방대상물의 층마다 설치하되, 해당 특정소방대상물의 각 부분으로부터 하나의 발신기까지의 수평거리가 25m 이하가 되도록 할 것. 다만, 복도 또는 별도로 구획된 실로서 보행거리가 40m 이상일 경우에는 추가로 설치하여야 한다.

④ 발신기의 위치를 표시하는 표시등은 함의 상부에 설치하되, 그 불빛은 부착면으로부터 10° 이상의 범위 안에서 부착지점으로부터 10m 이내의 어느 곳에서도 쉽게 식별할 수 있는 적색등으로 하여야 한다.

해설 **자동화재탐지설비**의 **발신기 설치기준**(NFPC 203 제9조, NFTC 203 2.6) : **지하구**는 발신기 미설치 가능 보기 ①

(1) 조작이 **쉬운 장소**에 설치하고, 스위치는 바닥으로부터 **0.8~1.5m 이하**의 높이에 설치할 것 보기 ②

(2) 특정소방대상물의 **층**마다 설치하되, 해당 특정소방대상물의 각 부분으로부터 하나의 발신기까지의 **수평거리**가 **25m** 이하가 되도록 할 것. 다만, 복도 또는 별도로 구획된 실로서 **보행거리**가 **40m** 이상일 경우에는 추가로 설치하여야 한다. 보기 ③

(3) (2)에도 불구하고 (2)의 기준을 초과하는 경우로서 **기둥** 또는 **벽**이 설치되지 아니한 **대형공간**의 경우 **발신기**는 설치대상 장소의 **가장 가까운 장소**의 **벽** 또는 **기둥** 등에 설치할 것

(4) 발신기의 위치를 표시하는 **표시등**은 **함**의 **상부**에 설치하되, 그 불빛은 부착면으로부터 **15°** 이상의 범위 안에서 부착지점으로부터 **10m** 이내의 어느 곳에서도 쉽게 식별할 수 있는 **적색등**으로 하여야 한다. 보기 ④

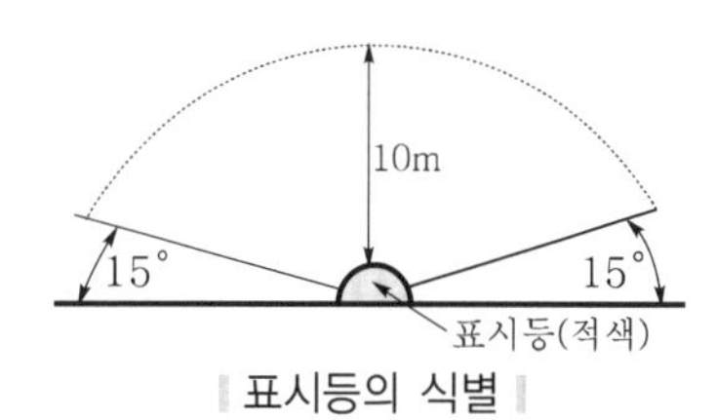


▮ 표시등의 식별 ▮

④ 10° 이상 → 15° 이상

답 ④

★★★

**107** 19회 문105 10회 문 49

**소방펌프에 전기를 공급하는 전동기설비가 있을 때 모터의 전부하전류(A)는 약 얼마인가? (단, 전압은 단상 220V, 모터 용량은 20kW, 역률은 90%, 효율은 70%이다.)**

① 58

② 83

③ 101

④ 144

해설 (1) **기호**

- $I$ : ?
- $V$ : 220V
- $P$ : 20kW=20000W
- $\cos\theta$ : 90%=0.9
- $\eta$ : 70%=0.7

(2) **단상 전력**

$$P = VI\cos\theta\eta$$

여기서, $P$ : 단상 전력[W]

$V$ : 단상 전압[V]

$I$ : 단상 전류(단상 전부하전류)[A]

$\cos\theta$ : 역률

$\eta$ : 효율

**단상 전부하전류** $I$는

$$I = \frac{P}{V\cos\theta\eta} = \frac{20000}{220 \times 0.9 \times 0.7} \fallingdotseq 144\text{A}$$

답 ④

20회

★★★
**108** 도로터널의 화재안전기준상 옥내소화전 설비의 설치기준으로 옳은 것은?
17회 문103
16회 문101

① 소화전함과 방수구는 편도 2차선 이상의 양방향 터널이나 4차로 이상의 일방향 터널의 경우에는 양쪽 측벽에 각각 60m 이내의 간격으로 엇갈리게 설치할 것
② 소화전함에는 옥내소화전 방수구 1개, 15m 이상의 소방호스 2본 이상 및 방수노즐을 비치할 것
③ 가압송수장치는 옥내소화전 2개(4차로 이상의 터널인 경우 3개)를 동시에 사용할 경우 각 옥내소화전의 노즐선단에서의 방수압력은 0.35MPa 이상이고 방수량은 190L/min 이상이 되는 성능의 것으로 할 것
④ 방수구는 40mm 구경의 단구형을 옥내소화전이 설치된 도로의 바닥면으로부터 1.5m 이하의 높이에 설치할 것

해설 **도로터널의 옥내소화전설비 설치기준**(NFPC 603 제6조, NFTC 603 2.2)

(1) 소화전함과 방수구는 주행차로 우측 측벽을 따라 **50m** 이내의 간격으로 설치하며, **편도 2차선 이상**의 **양방향 터널**이나 **4차로** 이상의 **일방향 터널**의 경우에는 양쪽 측벽에 각각 **50m** 이내의 간격으로 엇갈리게 설치할 것 **보기 ①**

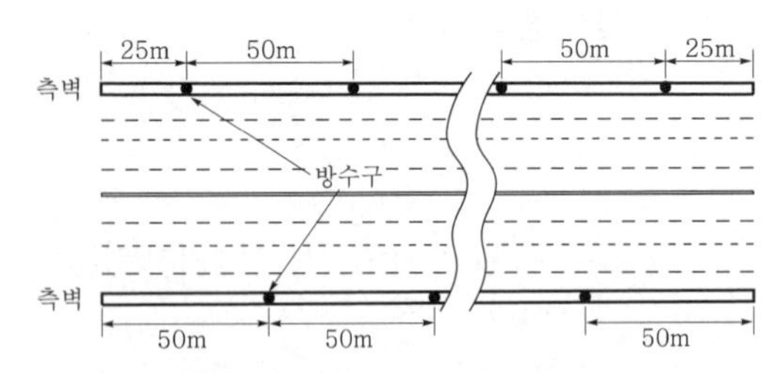


‖ 편도 2차선 이상 양방향 터널의 방수구 설치 ‖

(2) 수원은 그 저수량이 옥내소화전의 설치개수 **2개**(**4차로** 이상의 터널의 경우 **3개**)를 동시에 **40분** 이상 사용할 수 있는 충분한 양 이상을 확보할 것

(3) 가압송수장치는 옥내소화전 **2개**(**4차로** 이상의 터널인 경우 **3개**)를 동시에 사용할 경우 각 옥내소화전의 노즐선단에서의 방수압력은 **0.35MPa** 이상이고 방수량은 **190L/min** 이상이 되는 성능의 것으로 할 것(단, 하나의 옥내소화전을 사용하는 노즐선단에서의 방수압력이 **0.7MPa**을 초과할 경우에는 호스접결구의 **인입측**에 감압장치 설치) **보기 ③**

(4) 압력수조나 고가수조가 아닌 전동기 및 내연기관에 의한 펌프를 이용하는 가압송수장치는 주펌프와 동등 이상인 별도의 예비펌프를 설치할 것

(5) 방수구는 **40mm** 구경의 **단구형**을 옥내소화전이 설치된 **벽면**의 바닥면으로부터 **1.5m** 이하의 높이에 설치할 것 **보기 ④**

(6) 소화전함에는 옥내소화전 **방수구 1개**, **15m** 이상의 **소방호스 3본** 이상 및 **방수노즐**을 비치할 것 **보기 ②**

(7) 옥내소화전설비의 비상전원은 **40분** 이상 작동할 수 있을 것

① 60m 이내 → 50m 이내
② 2본 이상 → 3본 이상
④ 도로의 → 벽면의

**답** ③

★
**109** 간이스프링클러설비의 화재안전기준상 급수배관의 설치기준으로 옳지 않은 것은?
18회 문121

① 상수도직결형의 경우에는 수도배관 호칭지름 25mm 이상의 배관이어야 한다.
② 배관과 연결되는 이음쇠 등의 부속품은 물이 고이는 현상을 방지하는 조치를 하여야 한다.
③ 급수를 차단할 수 있는 개폐밸브는 개폐표시형으로 하여야 한다.
④ 수리계산에 의하는 경우 가지배관의 유속은 6m/s, 그 밖의 배관의 유속은 10m/s를 초과할 수 없다.

해설 **간이스프링클러설비의 급수배관 설치기준**(NFPC 103A 제8조, NFTC 103A 2.5.3)

(1) **전용**으로 할 것(단, **상수도직결형**의 경우에는 수도배관 호칭지름 **32mm** 이상의 배관이어야 하고, 간이헤드가 개방될 경우에는 유수신

호 작동과 동시에 다른 용도로 사용하는 배관의 송수를 **자동차단**할 수 있도록 하여야 하며, 배관과 연결되는 이음쇠 등의 부속품은 물이 고이는 현상을 방지하는 조치를 할 것) 보기 ①②

(2) 급수를 차단할 수 있는 개폐밸브는 **개폐표시형**으로 할 것. 이 경우 펌프의 흡입측 배관에는 **버터플라이밸브 외**의 **개폐표시형 밸브**를 설치하여야 한다. 보기 ③

(3) 배관의 구경은 제5조 제1항에 적합하도록 수리계산에 의하거나 [별표 1]의 기준에 따라 설치할 것(단, 수리계산에 의하는 경우 **가지배관**의 유속은 **6m/s**, **그 밖**의 **배관**의 유속은 **10m/s**를 초과할 수 없다) 보기 ④

① 25mm 이상 → 32mm 이상

답 ①

★★★

**110** P형 수신기와 감지기 사이에 배선회로에서 종단저항은 10kΩ, 배선저항 100Ω, 릴레이 저항은 800Ω이며 회로전압은 24V일 때, 감지기 동작 시 흐르는 전류(mA)는 약 얼마인가?

19회 문106
03회 문122

① 11.63 ② 12.63
③ 23.67 ④ 26.67

해설 (1) **주어진 값**

- 회로전압 : 24V
- 종단저항 : 10000Ω(1kΩ=1000Ω이므로 10kΩ=10000Ω)
- 릴레이저항 : 800Ω
- 배선저항(회로저항) : 100Ω

(2) **동작전류**

$$= \frac{\text{회로전압}}{\text{릴레이저항} + \text{배선저항}}$$

$$= \frac{24}{800 + 100}$$

$$= 26.666 \times 10^{-3}\text{A}$$

$$= 26.666\text{mA}$$

$$\fallingdotseq 26.67\text{mA}$$

- 회로저항=배선저항

비교

**감시전류**

$$= \frac{\text{회로전압}}{\text{종단저항} + \text{릴레이저항} + \text{배선저항}}$$

답 ④

★★★

**111** 고층건축물의 화재안전기준상 피난안전구역에 설치하는 소방시설 설치기준으로 옳지 않은 것은?

18회 문110
17회 문112
16회 문117
13회 문119

① 피난유도선 설치기준에서 피난유도 표시부의 너비는 최소 25mm 이상으로 설치할 것
② 인명구조기구는 피난안전구역이 50층 이상에 설치되어 있을 경우에는 동일한 성능의 예비용기를 5개 이상 비치할 것
③ 비상조명등은 상시 조명이 소등된 상태에서 그 비상조명등이 점등되는 경우 각 부분의 바닥에서 조도는 10 lx 이상이 될 수 있도록 설치할 것
④ 제연설비는 피난안전구역과 비제연구역간의 차압은 50Pa(옥내에 스프링클러설비가 설치된 경우에는 12.5Pa) 이상으로 하여야 한다.

해설 **피난안전구역**에 **설치**하는 **소방시설 설치기준** (NFTC 604 2.6.1)

**고층건축물**

| 구 분 | 설치기준 |
|---|---|
| 제연설비 | 피난안전구역과 비제연구역간의 차압은 **50Pa**(옥내에 스프링클러설비가 설치된 경우에는 **12.5Pa**) 이상으로 하여야 한다. 단, 피난안전구역의 한쪽 면 이상이 외기에 개방된 구조의 경우에는 설치하지 아니할 수 있다. 보기 ④ |
| 피난유도선 | 〈피난유도선의 설치기준〉<br>① 피난안전구역이 설치된 층의 계단실 출입구에서 **피난안전구역** 주출입구 또는 **비상구**까지 설치할 것<br>② 계단실에 설치하는 경우 **계단** 및 **계단참**에 설치할 것<br>③ 피난유도 표시부의 너비는 최소 **25mm 이상**으로 설치할 것 보기 ①<br>④ 광원점등방식(전류에 의하여 빛을 내는 방식)으로 설치하되, **60분 이상** 유효하게 작동할 것 |

20회

| 구 분 | 설치기준 |
|---|---|
| 비상조명등 | 피난안전구역의 비상조명등은 상시 조명이 소등된 상태에서 그 비상조명등이 점등되는 경우 각 부분의 바닥에서 조도는 **10 lx 이상**이 될 수 있도록 설치할 것 **보기 ③** |
| 휴대용 비상조명등 | ① 피난안전구역에는 휴대용 비상조명등을 다음의 기준에 따라 설치하여야 한다.<br>㉠ 초고층 건축물에 설치된 피난안전구역 : 피난안전구역 위 층의 재실자수(「건축물의 피난·방화구조 등의 기준에 관한 규칙」 [별표 1의 2]에 따라 산정된 재실자수를 말한다)의 $\frac{1}{10}$ 이상<br>㉡ 지하연계 복합건축물에 설치된 피난안전구역 : 피난안전구역이 설치된 층의 수용인원(영 [별표 2]에 따라 산정된 수용인원을 말한다)의 $\frac{1}{10}$ 이상<br>② 건전지 및 충전식 건전지의 용량은 **40분** 이상 유효하게 사용할 수 있는 것으로 한다(단, 피난안전구역이 **50층** 이상에 설치되어 있을 경우의 용량은 **60분** 이상으로 할 것). |
| 인명구조기구 | ① 방열복, 인공소생기를 각 **2개 이상** 비치할 것<br>② **45분** 이상 사용할 수 있는 성능의 공기호흡기(보조마스크를 포함한다)를 2개 이상 비치하여야 한다(단, 피난안전구역이 **50층** 이상에 설치되어 있을 경우에는 동일한 성능의 예비용기를 **10개** 이상 비치할 것). **보기 ②**<br>③ 화재시 쉽게 반출할 수 있는 곳에 비치할 것<br>④ 인명구조기구가 설치된 장소의 보기 쉬운 곳에 "**인명구조기구**"라는 표지판 등을 설치할 것 |

② 5개 이상 → 10개 이상

**답 ②**

★★★

## 112 소방펌프의 정격유량과 압력이 각각 $0.1m^3/s$ 및 0.5MPa일 경우 펌프의 수동력(kW)은 약 얼마인가?

19회 문 30 / 15회 문 31 / 02회 문 39

① 30
② 40
③ 50
④ 60

**기호**

- $Q$ : $0.1m^3/s = 0.1m^3 / \frac{1}{60}\text{min}$
  $= (0.1 \times 60)\text{m}^3/\text{min}$
- $P$ : 0.5MPa
- **표준대기압**

1atm=760mmHg
=$1.0332kg_f/cm^2$
=$10.332mH_2O(mAq)$
=10.332m
=$14.7psi(lb_f/in^2)$
=$101.325kPa(kN/m^2)$
=1013mbar

$$0.5\text{MPa} = \frac{0.5\text{MPa}}{0.101325\text{MPa}} \times 10.332\text{m} \fallingdotseq 50.984\text{m}$$

- $P$ : ?

수동력 $P$는

$$P = 0.163QH$$
$$= 0.163 \times (0.1 \times 60)\text{m}^3/\text{min} \times 50.984\text{m}$$
$$\fallingdotseq 50\text{kW}$$

참고

**소방펌프의 동력**

(1) **전동력** : 일반적인 전동기의 동력(용량)을 말한다.

$$P = \frac{\gamma QH}{1000\eta}K$$

여기서, $P$ : 전동력〔kW〕
$\gamma$ : 비중량(물의 비중량 $9800N/m^3$)
$Q$ : 유량〔$m^3/s$〕
$H$ : 전양정〔m〕
$K$ : 전달계수
$\eta$ : 효율

또는,

$$P = \frac{0.163QH}{\eta}K$$

여기서, $P$ : 전동력〔kW〕
$Q$ : 유량〔$m^3$/min〕
$H$ : 전양정〔m〕
$K$ : 전달계수
$\eta$ : 효율

(2) **축동력** : 전달계수($K$)를 고려하지 않은 동력이다.

$$P=\frac{\gamma QH}{1000\eta}$$

여기서, $P$ : 축동력〔kW〕
$\gamma$ : 비중량(물의 비중량 9800N/$m^3$)
$Q$ : 유량〔$m^3$/s〕
$H$ : 전양정〔m〕
$\eta$ : 효율

또는,

$$P=\frac{0.163\,QH}{\eta}$$

여기서, $P$ : 축동력〔kW〕
$Q$ : 유량〔$m^3$/min〕
$H$ : 전양정〔m〕
$\eta$ : 효율

(3) **수동력** : 전달계수($K$)와 효율($\eta$)을 고려하지 않은 동력이다.

$$P=\frac{\gamma QH}{1000}$$

여기서, $P$ : 축동력〔kW〕
$\gamma$ : 비중량(물의 비중량 9800N/$m^3$)
$Q$ : 유량〔$m^3$/s〕
$H$ : 전양정〔m〕

또는,

$$P=0.163\,QH$$

여기서, $P$ : 축동력〔kW〕
$Q$ : 유량〔$m^3$/min〕
$H$ : 전양정〔m〕

답 ③

★★★

**113** **지상 40층짜리 아파트에 스프링클러설비가 설치되어 있고 세대별 헤드수가 8개일 때 확보해야 할 최소 수원의 양($m^3$)은? (단, 옥상수조 수원의 양은 고려하지 않는다.)**

19회 문104
19회 문108
18회 문113
18회 문123
17회 문106
14회 문103
11회 문111
10회 문 34
10회 문112

① 12.8　② 16.0
③ 25.6　④ 32.0

해설 **스프링클러설비의 화재안전기준**
**스프링클러설비(폐쇄형)**

$$Q=1.6N\text{(30층 미만)}$$
$$Q=3.2N\text{(30~49층 이하)}$$
$$Q=4.8N\text{(50층 이상)}$$

여기서, $Q$ : 지하수원의 저수량〔$m^3$〕
$N$ : 폐쇄형 헤드의 기준개수(설치개수가 기준개수보다 적으면 그 설치개수)

중요

**폐쇄형 헤드의 기준개수**

<table>
<tr><th colspan="2">특정소방대상물</th><th>폐쇄형 헤드의 기준개수</th></tr>
<tr><td colspan="2">지하가 · 지하역사</td><td rowspan="4">30</td></tr>
<tr><td colspan="2">11층 이상</td></tr>
<tr><td rowspan="5">10층 이하</td><td>공장(특수가연물)</td></tr>
<tr><td>판매시설(백화점 등), 복합건축물(판매시설이 설치된 것)</td></tr>
<tr><td>근린생활시설, 운수시설, 복합건축물(판매시설 미설치)</td><td rowspan="2">20</td></tr>
<tr><td>8m 이상</td></tr>
<tr><td>8m 미만</td><td>10</td></tr>
<tr><td colspan="2">공동주택(아파트 등) →</td><td>10(각 동이 주차장으로 연결된 주차장 : 30)</td></tr>
</table>

**40층**이므로

지하수원 $Q=3.2N=3.2\times 8=25.6\text{m}^3$

- 아파트이므로 기준개수 $N=10$개지만 설치개수가 기준개수보다 적으면 설치개수를 적용하는 기준에 따라 세대별 헤드수가 8개로 기준개수보다 작으므로 **$N$=8개**
- 40층이므로 $Q=3.2N$ 적용

비교

**옥상수조 수원의 양**

$$Q=1.6N\times\frac{1}{3}\text{(30층 미만)}$$
$$Q=3.2N\times\frac{1}{3}\text{(30~49층 이하)}$$
$$Q=4.8N\times\frac{1}{3}\text{(50층 이상)}$$

여기서, $Q$ : 옥상수원의 저수량〔$m^3$〕
$N$ : 폐쇄형 헤드의 기준개수(설치개수가 기준개수보다 적으면 그 설치개수)

답 ③

★★★

**114** 물분무소화설비의 화재안전기준상 수원의 저수량 기준으로 옳은 것은?

19회 문121 17회 문116 16회 문103 15회 문107 11회 문115 09회 문105

① 컨베이어 벨트 등은 벨트부분의 바닥면적 $1m^2$에 대하여 8L/min로 20분간 방수할 수 있는 양 이상으로 할 것
② 차고 또는 주차장은 그 바닥면적 $1m^2$에 대하여 10L/min로 20분간 방수할 수 있는 양 이상으로 할 것
③ 절연유 봉입변압기는 바닥부분을 제외한 표면적을 합한 면적 $1m^2$에 대하여 8L/min로 20분간 방수할 수 있는 양 이상으로 할 것
④ 케이블트레이, 케이블덕트 등은 투영된 바닥면적 $1m^2$에 대하여 12L/min로 20분간 방수할 수 있는 양 이상으로 할 것

해설 **물분무소화설비**의 **수원**(NFPC 104 제4조, NFTC 104 2.1.1)

| 특정 소방대상물 | 토출량 | 최소 기준 | 비 고 |
|---|---|---|---|
| **컨**베이어 벨트 **보기 ①** | 10L/min · $m^2$ | – | 벨트부분의 바닥면적 |
| **절**연유 봉입변압기 **보기 ③** | 10L/min · $m^2$ | – | 표면적을 합한 면적 (바닥면적 제외) |
| **특**수가연물 | 10L/min · $m^2$ | 최소 $50m^2$ | 최대방수구역의 바닥면적 기준 |
| **케**이블트레이 · 덕트 **보기 ④** | 12L/min · $m^2$ | – | 투영된 바닥면적 |
| **차**고 · 주차장 **보기 ②** | 20L/min · $m^2$ | 최소 $50m^2$ | 최대방수구역의 바닥면적 기준 |
| 위험물 저장탱크 | 37L/min · m | – | 위험물탱크 둘레길이 (원주길이) : 위험물규칙 〔별표 6〕 Ⅱ |

※ 모두 **20분**간 방수할 수 있는 양 이상으로 하여야 한다.

기억법
**컨절특케차**
1 1 2

① 8L/min → 10L/min
② 10L/min → 20L/min
③ 8L/min → 10L/min

답 ④

★★★

**115** 옥외소화전설비의 화재안전기준상 소화전함 설치기준으로 옳지 않은 것은?

14회 문104 13회 문105

① 옥외소화전이 10개 이하 설치된 때에는 옥외소화전마다 5m 이내의 장소에 1개 이상의 소화전함을 설치하여야 한다.
② 옥외소화전이 11개 이상 30개 이하 설치된 때에는 11개 이상의 소화전함을 각각 분산하여 설치하여야 한다.
③ 옥외소화전이 31개 이상 설치된 때에는 옥외소화전 2개마다 1개 이상의 소화전함을 설치하여야 한다.
④ 가압송수장치의 조작부 또는 그 부근에는 가압송수장치의 기동을 명시하는 적색등을 설치하여야 한다.

해설 **옥외소화전함 설치개수**(NFPC 109 제7조, NFTC 109 2.4)

| 옥외소화전 개수 | 옥외소화전함 개수 |
|---|---|
| 10개 이하 **보기 ①** | 옥외소화전마다 **5m 이내**의 장소에 1개 이상 |
| 11~30개 이하 **보기 ②** | **11개** 이상 소화전함 분산설치 |
| 31개 이상 **보기 ③** | 옥외소화전 **3개**마다 1개 이상 |

가압송수장치의 조작부 또는 그 부근에는 가압송수장치의 기동을 명시하는 적색등을 설치하여야 한다. **보기 ④**

③ 2개마다 → 3개마다

답 ③

★

**116** 지상 11층의 내화구조 건물에서 특별피난계단용 부속실의 급기 가압용 송풍기의 동력(kW)은 약 얼마인가?

㉠ 총 누설량 : $2.1m^3/s$
㉡ 총 보충량 : $0.75m^3/s$
㉢ 송풍기 모터효율 : 50%
㉣ 송풍기 압력 : 1000Pa
㉤ 전달계수 : 1.1
㉥ 송풍기 풍량의 여유율 : 15%

① 1.68 ② 7.21
③ 16.8 ④ 72.1

해설 (1) **보충량($q$)**

$q$=0.75m³/s(조건 ㉡)

**급기량($Q_1$)** (NFPC 501A 제7조, NFTC 501A 2.4, 조건 ㉠)

급기량($Q_1$)=누설량($Q$)+보충량($q$)

=2.1m³/s+0.75m³/s

=2.85m³/s

**송풍능력(풍량)** (NFPC 501A 제19조, NFTC 501A 2.16, 조건 ㉥)

풍량=급기량($Q_t$)×1.15배 이상(송풍기 풍량 여유율 15%이므로 100%+15%=115% =1.15)

=2.85m³/s×1.15배

$=3.2775\text{m}^3/\text{s}=3.2775\text{m}^3 \Big/ \frac{1}{60}\text{min}$

=(3.2775×60)m³/min

(2) **표준대기압**(조건 ㉣)

1atm=760mmHg=1.0332kg$_f$/cm²
=10.332mH₂O(mAq)
=10.332m=10332mmAq
=14.7psi(lb$_f$/in²)
=101.325kPa(kN/m²)
=1013mbar

1000Pa=1kPa

$1\text{kPa}=\frac{1\text{kPa}}{101.325\text{kPa}}\times 10332\text{mmAq}$

=101.968mmAq

(3) **제연설비**의 **송풍기 용량**

$$P=\frac{P_T Q}{102\times 60\eta}K$$

여기서, $P$ : 송풍기 용량[kW]

$P_T$ : 전압(풍압)[mmAq, mmH₂O]

$Q$ : 풍량[m³/min]

$K$ : 여유율

$\eta$ : 효율

송풍기 동력 $P$는

$$P=\frac{P_T Q}{102\times 60\eta}K$$

$$=\frac{101.968\text{mmAq}\times(3.2775\times 60)\text{m}^3/\text{min}}{102\times 60\times 0.5}\times 1.1$$

$\fallingdotseq 7.21\text{kW}$

- $\eta$ : 50%=0.5(조건 ㉢)
- $K$ : 1.1(조건 ㉤)

답 ②

★

**117** 14회 문108

**이산화탄소 소화설비 화재안전기준상 호스릴이산화탄소 소화설비 설치기준으로 옳지 않은 것은?**

① 방호대상물의 각 부분으로부터 하나의 호스접결구까지의 수평거리가 15m 이하가 되도록 할 것

② 노즐은 20℃에서 하나의 노즐마다 50kg/min 이상의 소화약제를 방사할 수 있는 것으로 할 것

③ 소화약제 저장용기는 호스릴을 설치하는 장소마다 설치할 것

④ 화재시 현저하게 연기가 찰 우려가 없는 장소로서 지상 1층 및 피난층에 있는 부분으로서 지상에서 수동 또는 원격조작에 따라 개방할 수 있는 개구부의 유효면적의 합계가 바닥면적의 15% 이상이 되는 부분에 설치할 수 있다.

해설 **호스릴이산화탄소 소화설비의 설치기준**(NFPC 106 제10조, NFTC 106 2.7.4)

(1) 방호대상물의 각 부분으로부터 하나의 호스접결구까지의 **수평거리가 15m** 이하가 되도록 할 것 **보기 ①**

(2) 노즐은 20℃에서 하나의 노즐마다 **60kg/min** 이상의 소화약제를 방사할 수 있는 것으로 할 것 **보기 ②**

(3) 소화약제 저장용기는 **호스릴**을 설치하는 장소마다 설치할 것 **보기 ③**

(4) 소화약제 저장용기의 개방밸브는 호스의 설치장소에서 **수동**으로 **개폐**할 수 있는 것으로 할 것

(5) 소화약제 저장용기의 가장 가까운 곳의 보기 쉬운 곳에 **표**시등을 설치하고, 호스릴이산화탄소 소화설비가 있다는 뜻을 표시한 표지를 할 것

(6) 화재시 현저하게 연기가 찰 우려가 없는 장소로서 지상 1층 및 피난층에 있는 부분으로서 지상에서 수동 또는 원격조작에 따라 개방할 수 있는 개구부의 유효면적의 합계가 바닥면적의 15% 이상이 되는 부분에 설치할 수 있다. **보기 ④**

기억법 **호이거 6호수표**

② 50kg/min 이상 → 60kg/min 이상

답 ②

20회

★★★

**118** 19회 문114 16회 문111

**할로겐화합물 및 불활성기체 소화설비의 화재안전기준상 용어의 정의로 옳지 않은 것은?**

① "할로겐화합물 및 불활성기체 소화약제"란 할로겐화합물(할론 1301, 할론 2402, 할론 1211 제외) 및 불활성기체로서 전기적으로 전도성이며 휘발성이 있거나 증발 후 잔여물을 남기지 않는 소화약제를 말한다.

② "할로겐화합물소화약제"란 불소, 염소, 브로민 또는 아이오딘 중 하나 이상의 원소를 포함하고 있는 유기화합물을 기본성분으로 하는 소화약제를 말한다.

③ "불활성기체 소화약제"란 헬륨, 네온, 아르곤 또는 질소가스 중 하나 이상의 원소를 기본성분으로 하는 소화약제를 말한다.

④ "충전밀도"란 용기의 단위용적당 소화약제의 중량의 비율을 말한다.



해설 **할로겐화합물 및 불활성기체 소화설비 용어의 정의**
(NFPC 107A 제3조, NFTC 107A 1.7)

| 용 어 | 정 의 |
|---|---|
| 할로겐화합물 및 불활성기체 소화약제 보기 ① | 할로겐화합물(**할론 1301**, **할론 2402**, **할론 1211** 제외) 및 **불활성기체**로서 전기적으로 **비전도성**이며 휘발성이 있거나 증발 후 잔여물을 남기지 않는 소화약제 |
| **할**로겐화합물 소화약제 보기 ② | **불소**, **염소**, **브로민** 또는 **아이오딘** 중 하나 이상의 원소를 포함하고 있는 유기화합물을 기본성분으로 하는 소화약제<br>기억법 할불염브아(할불=할아버지) |
| 불활성**기**체 소화약제 보기 ③ | **헬륨**, **네온**, **아르곤** 또는 **질소가스** 중 하나 이상의 원소를 기본성분으로 하는 소화약제<br>기억법 헬네아기질 |
| 충전밀도 보기 ④ | 용기의 단위**용적**당 소화약제의 **중량**의 비율 |
| 방화문 | 「건축법 시행령」 제64조에 따른 60분+방화문 또는 60분 방화문 또는 30분 방화문으로서 언제나 닫힌 상태를 유지하거나 화재로 인한 연기의 발생 또는 온도의 상승에 따라 자동적으로 닫히는 구조 |

① 전도성 → 비전도성

답 ①

★★★

**119** 19회 문124 14회 문115

**피난기구의 화재안전기준이다. (  ) 안에 들어갈 피난기구로 옳은 것은?**

> 피난기구를 설치하는 개구부는 서로 동일 직선상이 아닌 위치에 있을 것. 다만, ( ㉠ )·( ㉡ )·( ㉢ )·아파트에 설치되는 피난기구(다수인 피난장비는 제외한다) 기타 피난상 지장이 없는 것에 있어서는 그러하지 아니하다.

① ㉠ : 구조대, ㉡ : 피난교, ㉢ : 피난용 트랩

② ㉠ : 구조대, ㉡ : 피난교, ㉢ : 간이완강기

③ ㉠ : 피난교, ㉡ : 피난용 트랩, ㉢ : 피난사다리

④ ㉠ : 피난교, ㉡ : 피난용 트랩, ㉢ : 간이완강기

해설 **피난기구**의 **설치기준**(NFPC 301 제5조 제3항, NFTC 301 2.1.3)

(1) 피난기구를 설치하는 **개구부**는 서로 **동일 직선상**이 **아닌 위치**에 있을 것. 단, **피난교·피난용 트랩·간이완강기·아파트**에 설치되는 **피난기구**(**다수인 피난장비**는 **제외**한다) 기타 피난상 지장이 없는 것에 있어서는 그러하지 아니하다. 보기 ④

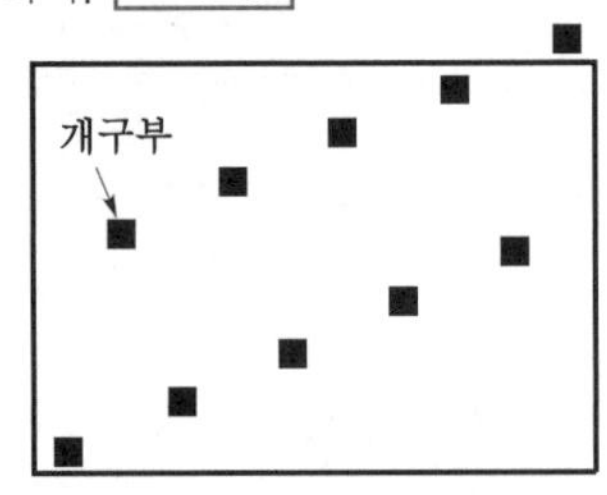


‖동일 직선상이 아닌 위치‖

(2) 피난기구는 소방대상물의 기둥·바닥·보 기타 구조상 견고한 부분에 **볼트조임·매입·용접** 기타의 방법으로 견고하게 부착할 것

(3) **4층 이상**의 층에 피난사다리(**하향식 피난구용 내림식 사다리**는 **제외**)를 설치하는 경우에는 **금속성 고정사다리**를 설치하고, 당해 고정사다리에는 쉽게 피난할 수 있는 구조의 **노대**를 설치할 것

(4) **완강기**는 강하시 로프가 소방대상물과 접촉하여 손상되지 아니하도록 할 것
(5) **완강기 로프**의 **길이**는 부착위치에서 지면 기타 피난상 유효한 착지면까지의 길이로 할 것
(6) **미끄럼대**는 안전한 강하속도를 유지하도록 하고, 전락방지를 위한 안전조치를 할 것

답 ④

★★★
**120** 18회 문118 17회 문114 17회 문125

**소방시설의 내진설계기준상 수평직선배관 흔들림 방지 버팀대 설치기준으로 옳은 것은?**

① 횡방향 흔들림 방지 버팀대의 설계하중은 설치된 위치의 좌우 5m를 포함한 15m 내의 배관에 작용하는 횡방향수평지진하중으로 산정한다.
② 횡방향 흔들림 방지 버팀대는 배관구경에 관계없이 모든 수평주행배관·교차배관 및 옥내소화전설비의 수평배관에 설치하여야 한다.
③ 마지막 흔들림 방지 버팀대와 배관 단부 사이의 거리는 2m를 초과하지 않아야 한다.
④ 흔들림 방지 버팀대의 간격은 중심선 기준으로 최대간격이 15m를 초과하지 않아야 한다.

해설 **소방시설의 내진설계기준 제10조**
**수평직선배관 흔들림 방지 버팀대의 설치기준**
(1) **횡방향** 흔들림 방지 버팀대의 설치기준
① 배관구경에 관계없이 모든 수평주행배관·교차배관 및 옥내소화전설비의 수평배관에 설치하여야 하고, 가지배관 및 기타배관에는 구경 **65mm 이상**인 배관에 설치하여야 한다. 단, 옥내소화전설비의 수직배관에서 분기된 구경 **50mm 이하**의 수평배관에 설치되는 소화전함이 1개인 경우에는 횡방향 흔들림 방지 버팀대를 설치하지 않을 수 있다. 보기 ②
② 횡방향 흔들림 방지 버팀대의 설계하중은 설치된 위치의 좌우 6m를 포함한 **12m 이내**의 배관에 작용하는 **횡방향 수평지진하중**으로 영향구역 내의 수평주행배관, 교차배관, 가지배관의 하중을 포함하여 산정한다. 보기 ①
③ 흔들림 방지 버팀대의 간격은 중심선을 기준으로 최대간격이 **12m**를 초과하지 않아야 한다. 보기 ④
④ 마지막 흔들림 방지 버팀대와 배관 단부 사이의 거리는 **1.8m**를 초과하지 않아야 한다. 보기 ③
⑤ 영향구역 내에 상쇄배관이 설치되어 있는 경우 배관의 길이는 그 상쇄배관길이를 합산하여 산정한다.
⑥ 횡방향 흔들림 방지 버팀대가 설치된 지점으로부터 **600mm 이내**에 그 배관이 방향전환되어 설치된 경우 그 횡방향 흔들림 방지 버팀대는 인접배관의 종방향 흔들림 방지 버팀대로 사용할 수 있으며, 배관의 구경이 다른 경우에는 구경이 큰 배관에 설치하여야 한다.
⑦ 가지배관의 구경이 **65mm 이상**일 경우 다음의 기준에 따라 설치한다.
 ㉠ 가지배관의 구경이 **65mm 이상**인 배관의 길이가 **3.7m 이상**인 경우에 횡방향 흔들림 방지 버팀대를 제9조 제1항에 따라 설치한다.
 ㉡ 가지배관의 구경이 **65mm 이상**인 배관의 길이가 **3.7m 미만**인 경우에는 횡방향 흔들림 방지 버팀대를 설치하지 않을 수 있다.
⑧ 횡방향 흔들림 방지 버팀대의 수평지진하중은 [별표 2]에 따른 영향구역의 최대허용하중 이하로 적용하여야 한다.
⑨ 교차배관 및 수평주행배관에 설치되는 행거가 다음의 기준을 모두 만족하는 경우 횡방향 흔들림 방지 버팀대를 설치하지 않을 수 있다.
 ㉠ 건축물 구조부재 고정점으로부터 배관 상단까지의 거리가 **150mm 이내**일 것
 ㉡ 배관에 설치된 모든 행거의 **75% 이상**이 ㉠의 기준을 만족할 것
 ㉢ 교차배관 및 수평주행배관에 연속하여 설치된 행거는 ㉠의 기준을 연속하여 초과하지 않을 것
 ㉣ 지진계수($C_p$)값이 **0.5 이하**일 것
 ㉤ 수평주행배관의 구경은 **150mm 이하**이고, 교차배관의 구경은 **100mm 이하**일 것
 ㉥ 행거는 「스프링클러설비의 화재안전기준」 제8조 제13항에 따라 설치할 것

20회

(2) **종방향** 흔들림 방지 버팀대의 설치기준

① 배관 구경에 관계없이 모든 수평주행배관·교차배관 및 옥내소화전설비의 수평배관에 설치하여야 한다. 단, 옥내소화전설비의 수직배관에서 분기된 구경 **50mm 이하**의 수평배관에 설치되는 소화전함이 1개인 경우에는 종방향 흔들림 방지 버팀대를 설치하지 않을 수 있다.

② 종방향 흔들림 방지 버팀대의 설계하중은 설치된 위치의 **좌우 12m**를 포함한 **24m 이내**의 배관에 작용하는 수평지진하중으로 영향구역 내의 수평주행배관, 교차배관 하중을 포함하여 산정하며, 가지배관의 하중은 제외한다.

③ 수평주행배관 및 교차배관에 설치된 종방향 흔들림 방지 버팀대의 간격은 중심선을 기준으로 **24m**를 넘지 않아야 한다.

④ 마지막 흔들림 방지 버팀대와 배관 단부 사이의 거리는 **12m**를 초과하지 않아야 한다. **보기 ③**

⑤ 영향구역 내에 상쇄배관이 설치되어 있는 경우 배관길이는 그 상쇄배관길이를 합산하여 산정한다.

⑥ 종방향 흔들림 방지 버팀대가 설치된 지점으로부터 600mm 이내에 그 배관이 방향전환되어 설치된 경우 그 종방향 흔들림 방지 버팀대는 인접배관의 횡방향 흔들림 방지 버팀대로 사용할 수 있으며, 배관의 구경이 다른 경우에는 구경이 큰 배관에 설치하여야 한다.

> ① 5m → 6m, 15m → 12m
> ③ 2m → 1.8m 또는 12m
> ④ 15m → 12m

답 ②

★★★

## 121 연결송수관설비의 화재안전기준상 송수구가 부설된 옥내소화전을 설치한 특정소방대상물 중 방수구를 설치하지 않아도 되는 층은?

19회 문123 / 18회 문105 / 16회 문121 / 15회 문119 / 12회 문103

① 지하층의 층수가 2 이하인 숙박시설의 지하층

② 지하층의 층수가 2 이하인 창고시설의 지하층

③ 지하층의 층수가 2 이하인 관람장의 지하층

④ 지하층의 층수가 2 이하인 공장의 지하층

해설 **연결송수관설비**의 **방수구 설치제외장소**(NFTC 502 2.3.1.1)

(1) **아파트**의 **1층** 및 **2층**

(2) 소방차의 접근이 가능하고 소방대원이 소방차로부터 각 부분에 쉽게 도달할 수 있는 피난층

(3) 송수구가 부설된 옥내소화전을 설치한 특정소방대상물(집회장·**관람장**·백화점·도매시장·소매시장·판매시설·**공장**·**창고시설** 또는 지하가 제외)로서 다음에 해당하는 층

- 지하층을 제외한 **4층** 이하이고 연면적이 **6000m²** 미만인 특정소방대상물의 지상층

> 기억법 **송46(송사리로 육포를 만들다.)**

- 지하층의 층수가 2 이하인 특정소방대상물의 지하층 **보기 ①**

답 ①

★

## 122 특별피난계단의 계단실 및 부속실 제연설비의 화재안전기준상 수직풍도에 따른 배출기준으로 옳지 않은 것은?

11회 문113

① 배출댐퍼는 두께 1.5mm 이상의 강판 또는 이와 동등 이상의 성능이 있는 것으로 설치하여야 하며 비내식성 재료의 경우에는 부식방지 조치를 할 것

② 수직풍도의 내부면은 두께 0.5mm 이상의 아연도금강판 또는 동등 이상의 내식성·내열성이 있는 것으로 마감되는 접합부에 대하여는 통기성이 없도록 조치할 것

③ 화재층에 설치된 화재감지기의 동작에 따라 전층의 댐퍼가 개방될 것

④ 열기류에 노출되는 송풍기 및 그 부품들은 250℃의 온도에서 1시간 이상 가동상태를 유지할 것

해설 **수직풍도에 따른 배출기준**(NFPC 501A 제14조, NFTC 501A 2.11)

(1) 배출댐퍼는 두께 **1.5mm 이상**의 강판 또는 이와 동등 이상의 강도가 있는 것으로 설치하여야 하며, **비내식성** 재료의 경우에는 부식방지 조치를 할 것 **보기 ①**

(2) 평상시 **닫힘구조**로 기밀상태를 유지할 것

(3) 개폐여부를 해당 장치 및 **제어반**에서 확인할 수 있는 감지기능을 내장하고 있을 것

(4) 구동부의 작동상태와 닫혀 있을 때의 기밀상태를 수시로 점검할 수 있는 구조일 것

(5) 풍도의 내부마감상태에 대한 점검 및 댐퍼의 정비가 가능한 **이·탈착구조**로 할 것

(6) 화재층에 설치된 화재감지기의 동작에 따라 **당해층**의 댐퍼가 개방될 것 **보기 ③**
(7) 개방시의 실제 개구부의 크기는 수직풍도의 최소 내부단면적과 같도록 할 것
(8) 댐퍼는 풍도 내의 공기흐름에 지장을 주지 않도록 수직풍도의 내부로 돌출하지 않게 설치할 것
(9) 수직풍도의 내부면은 두께 **0.5mm 이상**의 **아연도금강판** 또는 동등 이상의 **내식성·내열성**이 있는 것으로 마감되는 접합부에 대하여는 통기성이 없도록 조치할 것 **보기 ②**
(10) 열기류에 노출되는 송풍기 및 그 부품들은 **250℃**의 온도에서 **1시간** 이상 가동상태를 유지할 것 **보기 ④**

③ 전층 → 당해층

중요

**유입공기**의 **배출방식**(NFPC 501A 제13조, NFTC 501A 2.10.2)

| 배출방식 | | 설 명 |
|---|---|---|
| 수직풍도에 따른 배출 | 자연 배출식 | **굴뚝효과**에 따라 배출하는 것 |
| | 기계 배출식 | 수직풍도의 상부에 전용의 **배출용 송풍기**를 설치하여 강제로 배출하는 것 |
| 배출구에 따른 배출 | | 건물의 옥내와 면하는 **외벽**마다 옥외와 통하는 **배출구**를 설치하여 배출하는 것 |
| 제연설비에 따른 배출 | | **거실제연설비**가 설치되어 있고 해당 옥내로부터 옥외로 배출하여야 하는 유입공기의 양을 거실제연설비의 배출량에 합하여 배출하는 경우 유입공기의 배출은 해당 거실제연설비에 따른 배출로 갈음 |

※ **수직풍도에 따른 배출** : 옥상으로 직통하는 전용의 배출용 수직풍도를 설치하여 배출하는 것

답 ③

★★★
**123** 17회 문101 15회 문102 13회 문101 11회 문106

**바닥면적이 가로 30m, 세로 20m인 아래의 특정소방대상물에서 소화기구의 능력단위를 산정한 값으로 옳은 것은? (단, 건축물의 주요구조부는 내화구조가 아님)**

| | |
|---|---|
| ㉠ 숙박시설 | ㉡ 장례식장 |
| ㉢ 위락시설 | ㉣ 교육연구시설 |

① ㉠ : 6, ㉡ : 12, ㉢ : 20, ㉣ : 3
② ㉠ : 12, ㉡ : 6, ㉢ : 12, ㉣ : 6
③ ㉠ : 6, ㉡ : 6, ㉢ : 12, ㉣ : 3
④ ㉠ : 12, ㉡ : 12, ㉢ : 20, ㉣ : 6

해설 **특정소방대상물별 소화기구의 능력단위기준**(NFTC 101 2.1.1.2)

| 특정소방대상물 | 능력단위 (바닥면적) | 건축물의 주요구조부가 **내화구조**이고, 벽 및 반자의 실내에 면하는 부분이 **불연재료·준불연재료 또는 난연재료**로 된 특정소방대상물의 능력단위 |
|---|---|---|
| • **위**락시설 ㉢<br>기억법 위3(위상) | 바닥면적 $30m^2$마다 1단위 이상 | 바닥면적 $60m^2$마다 1단위 이상 |
| • **공연**장<br>• **집**회장<br>• **관람**장 및 **문**화재<br>• **의**료시설·**장**례시설(장례식장) ㉡<br>기억법 5공연장 문의 집관람(손오공 연장 문의 집관람) | 바닥면적 $50m^2$마다 1단위 이상 | 바닥면적 $100m^2$마다 1단위 이상 |
| • **근**린생활시설<br>• **판**매시설<br>• 운수시설<br>• **숙**박시설 ㉠<br>• **노**유자시설<br>• **전**시장<br>• 공동**주**택<br>• **업**무시설<br>• **방**송통신시설<br>• 공장·**창**고시설<br>• **항**공기 및 자동**차** 관련 시설 및 **관광**휴게시설<br>기억법 근판숙노전 주업방차창 1항 관광(근판숙노전 주업방차창 일본항관광) | 바닥면적 $100m^2$마다 1단위 이상 | 바닥면적 $200m^2$마다 1단위 이상 |
| • 그 밖의 것 (교육연구시설) ㉣ | 바닥면적 $200m^2$마다 1단위 이상 | $400m^2$마다 1단위 이상 |

㉠ 숙박시설

소화기구 능력단위$=\frac{\text{바닥면적}}{\text{능력단위}}$

$=\frac{(30\text{m}\times 20\text{m})}{100\text{m}^2}=6$단위

㉡ 장례식장

소화기구 능력단위$=\frac{\text{바닥면적}}{\text{능력단위}}$

$=\frac{(30\text{m}\times 20\text{m})}{50\text{m}^2}=12$단위

㉢ 위락시설

소화기구 능력단위$=\frac{\text{바닥면적}}{\text{능력단위}}$

$=\frac{(30\text{m}\times 20\text{m})}{30\text{m}^2}=20$단위

㉣ 교육연구시설

소화기 능력단위$=\frac{\text{바닥면적}}{\text{능력단위}}$

$=\frac{(30\text{m}\times 20\text{m})}{200\text{m}^2}=3$단위

답 ①



★★★

**124** **특별피난계단의 계단실 및 부속실 제연설비의 화재안전기준상 제연구역으로부터 공기가 누설하는 출입문의 틈새면적을 산출하는 기준이다. ( ) 안에 들어갈 값으로 옳은 것은?**

19회 문111
15회 문125
12회 문121
11회 문108
09회 문 13

$A=(L/l)\times A_d$

여기서, $A$ : 출입문의 틈새[m$^2$]

$L$ : 출입문 틈새의 길이[m]

$l$ : 외여닫이문의 설치되어 있는 경우에는 5.6, 쌍여닫이문이 설치되어 있는 경우에는 9.2, 승강기의 출입문이 설치되어 있는 경우에는 8.0으로 할 것

$A_d$ : 외여닫이문으로 제연구역의 실내 쪽으로 열리도록 설치하는 경우에는 ( ㉠ ), 제연구역의 실외쪽으로 열리도록 설치하는 경우에는 ( ㉡ ), 쌍여닫이문의 경우에는 ( ㉢ ), 승강기의 출입문에 대하여는 0.06으로 할 것

① ㉠ : 0.01, ㉡ : 0.02, ㉢ : 0.03
② ㉠ : 0.02, ㉡ : 0.03, ㉢ : 0.04
③ ㉠ : 0.03, ㉡ : 0.04, ㉢ : 0.05
④ ㉠ : 0.04, ㉡ : 0.05, ㉢ : 0.06

해설 **출입문**의 **틈새면적**

$$A=\left(\frac{L}{l}\right)\times A_d$$

여기서, $A$ : 출입문의 틈새[m$^2$]

$L$ : 출입문의 틈새길이[m]

$l$ : 표준출입문의 틈새길이[m]

- 외여닫이문 : **5.6**
- 승강기출입문 : **8.0**
- 쌍여닫이문 : **9.2**

$A_d$ : 표준출입문의 누설면적[m$^2$]

- 외여닫이문(실내쪽 열림) : **0.01** ㉠
- 외여닫이문(실외쪽 열림) : **0.02** ㉡
- 쌍여닫이문 : **0.03** ㉢
- 승강기출입문 : **0.06**

답 ①

★

**125** **내화건축물의 소화용수설비 최소 유효저수량(m$^3$)은? (단, 소수점 이하의 수는 1로 본다.)**

- 지상 8층
- 각 층의 바닥면적은 각각 5000m$^2$
- 대지면적은 25000m$^2$

① 60 ② 80
③ 100 ④ 120

해설 **소화수조** 또는 **저수조**의 **저수량 산출**(NFPC 402 제4조, NFTC 402 2.1.2)

| 특정소방대상물의 구분 | 기준면적[m$^2$] |
|---|---|
| 지상 1층 및 2층의 바닥면적 합계 15000m$^2$ 이상 | 7500 |
| 기타 ⟶ | 12500 |

지상 1·2층의 바닥면적 합계=5000m$^2$+5000m$^2$
=10000m$^2$

∴ 15000m$^2$ 미만이므로 기타에 해당되어 기준면적은 **12500m$^2$**이다.

**소화용수의 양**(저수량)

$$Q = \frac{\text{연면적}}{\text{기준면적}}(\text{절상}) \times 20\text{m}^3$$

$$= \frac{40000\text{m}^2}{12500\text{m}^2} = 3.2 \fallingdotseq 4(\text{절상})$$

$4 \times 20\text{m}^3 = 80\text{m}^3$

- 지상 1·2층의 바닥면적 합계가 $10000\text{m}^2$($5000\text{m}^2 + 5000\text{m}^2 = 10000\text{m}^2$)로서 $15000\text{m}^2$ 미만이므로 기타에 해당되어 기준면적은 **$12500\text{m}^2$**이다.
- 연면적 : 바닥면적×층수$=5000\text{m}^2 \times 8$층 $=40000\text{m}^2$
- 저수량을 구할 때 $\frac{40000\text{m}^2}{12500\text{m}^2} = 3.2 \fallingdotseq 4$로 먼저 **절상**한 후 **$20\text{m}^3$**를 곱한다는 것을 기억하라!
- **절상** : 소수점 이하는 무조건 올리라는 의미

**답** ②

내가 못하면 아무도 못하는 그날까지...

# 2019년도 제19회 소방시설관리사 1차 국가자격시험

| 문제형별 | 시 간 | 시험과목 |
|---|---|---|
| A | 125분 | ① 소방안전관리론 및 화재역학<br>② 소방수리학, 약제화학 및 소방전기<br>③ 소방관련 법령<br>④ 위험물의 성질 · 상태 및 시설기준<br>⑤ 소방시설의 구조 원리 |

| 수험번호 | | 성 명 | |
|---|---|---|---|

【 수험자 유의사항 】

1. **시험문제지**는 단일형별(A형)이며, 답안카드형별 기재란에 표시된 형별(A형)을 확인하시기 바랍니다. 시험문제지의 **총면수**, **문제번호 일련순서**, **인쇄상태** 등을 확인하시고, 문제지 표지에 수험번호와 성명을 기재하시기 바랍니다.

2. 답은 각 문제마다 요구하는 **가장 적합하거나 가까운 답 1개**만 선택하고, 답안카드 작성시 **마킹착오**로 인한 불이익은 전적으로 **수험자에게 책임**이 있음을 알려드립니다.

3. 답안카드는 국가전문자격 공통 표준형으로 문제번호가 1번부터 125번까지 인쇄되어 있습니다. 답안 마킹시에는 반드시 **시험문제지의 문제번호와 동일한 번호**에 마킹하여야 합니다.

4. **감독위원의 지시에 불응하거나 시험시간 종료 후 답안카드를 제출하지 않을 경우** 불이익이 발생할 수 있음을 알려드립니다.

5. 시험문제지는 시험 종료 후 가져가시기 바랍니다.

**제 1 과목** 소방안전관리론 및 화재역학

★★
## 01 공기 중의 산소농도가 증가할수록 화재 시 일어나는 현상으로 옳지 않은 것은?

17회 문 07
12회 문 22
10회 문 20
02회 문 14

유사문제부터 풀어보세요. 실력이 팍!팍! 올라갑니다.

① 점화에너지가 커진다.
② 발화온도가 낮아진다.
③ 폭발범위가 넓어진다.
④ 연소속도가 빨라진다.

해설

① 커진다 → 작아진다

**산소농도**가 **증가**할수록
(1) 점화에너지가 작아진다. 보기 ①
(2) 발화온도가 낮아진다. 보기 ②
(3) 폭발범위가 넓어진다. 보기 ③
(4) **연소속도**가 **빨라**진다. 보기 ④

중요

(1) **점화에너지(최소발화에너지)**의 **정의**
국부적으로 온도를 높이는 전기불꽃과 같은 점화원에 의해 점화될 때의 에너지 최소값으로 '**최소정전기점화에너지**'라고도 부른다.
(2) **점화에너지**의 **값**

| 가연성가스 | 점화에너지 |
|---|---|
| • 수소($H_2$)<br>• 아세틸렌($C_2H_2$) | 0.02mJ |
| • 메탄($CH_4$)<br>• 에탄($C_2H_6$)<br>• 프로판($C_3H_8$)<br>• 부탄($C_4H_{10}$) | 0.3mJ |

비교

(1) **연소범위의 온도와 압력에 따른 변화**
① 온도가 낮아지면 좁아진다.
② 압력이 상승하면 넓어진다.
③ 불활성기체를 첨가하면 좁아진다.
④ **일**산화탄소(CO), **수**소($H_2$)는 압력이 상승하면 **좁**아진다.
⑤ 산소농도가 높을수록 연소범위는 넓어진다.
⑥ 가연물의 양과 유동상태 및 방출속도 등에 따라 영향을 받는다.

기억법 **연범일수좁**

(2) **연소범위와 위험성**
① 하한계가 낮을수록 위험하다.
② 상한계가 높을수록 위험하다.
③ 연소범위가 넓을수록 위험하다.
④ 연소범위에서 하한계는 그 물질의 인화점에 해당된다.
⑤ 연소범위는 주위온도와 관계가 깊다.
⑥ 압력상승시 하한계는 불변, 상한계만 상승한다.

답 ①

★★★
## 02 가연물의 종류와 연소형태의 연결이 옳지 않은 것은?

14회 문 07
09회 문 05

① 숯-표면연소 ② 에틸벤젠-자기연소
③ 가솔린-증발연소 ④ 종이-분해연소

해설 **연소**의 **형태**

| 구 분 | 종 류 |
|---|---|
| **표면연소** | ① **숯** 보기 ① ② **코**크스<br>③ **목탄** ④ **금**속분<br>기억법 **표숯코목탄금** |
| **분해연소** | ① **석**탄 ② **종**이 보기 ④<br>③ **플**라스틱 ④ **목**재<br>⑤ **고**무 ⑥ **중**유<br>⑦ **아**스팔트<br>기억법 **분석종플목고중아** |
| **증발연소** | ① **황** ② **왁**스<br>③ **파**라핀 ④ **나**프탈렌<br>⑤ **가**솔린 보기 ③ ⑥ **등**유<br>⑦ **경**유 ⑧ **알**코올<br>⑨ **아**세**톤** ⑩ 에틸벤젠 보기 ②<br>기억법 **증황왁파나 가등경알아톤** |
| **자기연소** | ① 나이트로글리세린<br>② 나이트로셀룰로오스(질화면)<br>③ TNT<br>④ 피크린산 |
| **액적연소** | 벙커C유 |
| **확산연소** | ① **메**탄($CH_4$)<br>② **암**모니아($NH_3$)<br>③ **아**세틸렌($C_2H_2$)<br>④ **일**산화탄소(CO)<br>⑤ **수**소($H_2$)<br>기억법 **확메암아일수** |

② 에틸벤젠－증발연소

중요

**에틸벤젠**
제4류 위험물(제1석유류) 비수용성

답 ②

★★

## 03 물이 어는 온도(0℃)를 화씨온도(℉)와 절대온도(°R)로 나타낸 것으로 옳은 것은?

① 0°F, 460°R
② 0°F, 492°R
③ 32°F, 460°R
④ 32°F, 492°R

해설 (1) **화씨온도**

$$°F = \frac{9}{5}℃ + 32$$

여기서, °F : 화씨온도[℉]
℃ : 섭씨온도[℃]

화씨온도 $°F = \frac{9}{5}℃ + 32 = \frac{9}{5} \times 0℃ + 32 = 32°F$

(2) **랭킨온도**

$$°R = 460 + °F$$

여기서, °R : 랭킨온도[°R]
°F : 화씨온도[℉]

랭킨온도 $°R = 460 + °F = 460 + 32 = 492°R$

비교

**온도**
(1) 섭씨온도, 화씨온도

$$℃ = \frac{5}{9}(°F - 32),\ °F = \frac{9}{5}℃ + 32$$

여기서, ℃ : 섭씨온도[℃]
°F : 화씨온도[℉]

(2) 켈빈온도, 랭킨온도

$$K = 273 + ℃,\ °R = 460 + °F$$

여기서, K : 켈빈온도[K]
℃ : 섭씨온도[℃]
°R : 랭킨온도[°R]
°F : 화씨온도[℉]

중요

**온도**

| 온도단위 | 설 명 |
|---|---|
| 섭씨[℃] | 1기압에서 물의 빙점을 0℃, 비점을 100℃로 한 것 |
| 화씨[℉] | 대기압에서 물의 빙점을 32℉, 비점을 212℉로 한 것 |
| 캘빈(Kelvin) 온도[K] | 1기압에서 물의 빙점을 273.18K, 비점을 373.18K으로 한 것 |
| 랭킨(Rankin) 온도[°R] | 온도차를 말할 때는 화씨와 같으나 0℉를 459.71°R로 한 것 |

답 ④

★★★

## 04 건축법 시행령에서 정하고 있는 방화문의 구분에 관한 기준으로 (　　)에 들어갈 내용으로 옳은 것은?

14회 문 20

방화문은 다음과 같이 구분한다.
- 60분+방화문 : 연기 및 불꽃을 차단할 수 있는 시간이 ( ㉠ ) 이상이고, 열을 차단할 수 있는 시간이 30분 이상인 방화문
- 60분 방화문 : 연기 및 불꽃을 차단할 수 있는 시간이 ( ㉡ ) 이상인 방화문

① ㉠ : 30분, ㉡ : 30분
② ㉠ : 30분, ㉡ : 60분
③ ㉠ : 60분, ㉡ : 60분
④ ㉠ : 60분, ㉡ : 30분

해설 **건축법 시행령 제64조**
**방화문의 구분**

| 60분+방화문 | 60분 방화문 | 30분 방화문 |
|---|---|---|
| 연기 및 불꽃을 차단할 수 있는 시간이 60분 이상이고, 열을 차단할 수 있는 시간이 30분 이상인 방화문 **보기 ㉠** | 연기 및 불꽃을 차단할 수 있는 시간이 60분 이상인 방화문 **보기 ㉡** | 연기 및 불꽃을 차단할 수 있는 시간이 30분 이상 60분 미만인 방화문 |

용어

**방화문**
화재시 상당한 시간 동안 연소를 차단할 수 있도록 하기 위하여 방화구획선상 또는 방화벽의 개구부 부분에 설치하는 것

답 ③

## 05 다음 물질의 증기비중이 낮은 것부터 높은 순으로 바르게 나열한 것은?

㉠ 톨루엔(Toluene)
㉡ 벤젠(Benzene)
㉢ 에틸알코올(Ethyl alcohol)
㉣ 크실렌(Xylene)

① ㉡→㉠→㉣→㉢
② ㉡→㉢→㉠→㉣
③ ㉢→㉠→㉣→㉡
④ ㉢→㉡→㉠→㉣

해설 **증기비중**

| 물 질 | | 증기비중 |
|---|---|---|
| 에틸알코올($C_2H_5OH$) 보기 ㉢ | | 1.6 |
| 벤젠($C_6H_6$) 보기 ㉡ | | 2.8 |
| 톨루엔($C_6H_5CH_3$) 보기 ㉠ | | 3.17 |
| 크실렌 [$C_6H_4(CH_3)_2$] 보기 ㉣ | 오르토크실렌[$C_6H_4(CH_3)_2$] | 3.66 |
| | 파라크실렌[$C_6H_4(CH_3)_2$] | 3.7 |

답 ④

## 06 다음에서 설명하는 폭발은?

19회 문 13
18회 문 02
17회 문 06
16회 문 04
16회 문 14
13회 문 07
11회 문 16
10회 문 11
09회 문 06
08회 문 24
06회 문 15
04회 문 03
03회 문 23

물속에서 사고로 인해 액화천연가스가 분출되었을 때, 이 물질이 급격한 비등현상으로 체적팽창 및 상변화로 인하여 고압이 형성되어 일어나는 폭발현상이다.

① 증기폭발 ② 분해폭발
③ 중합폭발 ④ 산화폭발

해설 **폭발의 종류**

| 종 류 | 설 명 |
|---|---|
| 증기폭발 | 물속에서 사고로 인해 액화천연**가스**가 분출되었을 때, 이 물질이 급격한 비등현상으로 체적팽창 및 상변화로 인하여 **고압**이 형성되어 일어나는 폭발현상 보기 ① |
| 산화폭발 | 가연성 가스가 공기 중에 누설 혹은 인화성 액체 저장탱크에 **공기**가 **유입**되어 폭발성 혼합가스를 형성하고 여기에 탱크 내에서 정전기 불꽃이 발생하든지 탱크 내로 착화원이 유입되어 착화 폭발하는 현상 |
| 분무폭발 | 착화에너지에 의하여 일부의 **액적**이 가열되어 그의 표면부분에 가연성의 혼합기체가 형성되고 이것이 연소하기 시작하여 이 연소열에 의하여 부근의 액적의 주위에는 가연성 혼합기체가 형성되고 순차적으로 연소반응이 진행되어 이것이 가속화되어 폭발하는 현상 |
| 분진폭발 | 미분탄, 소맥분, 플라스틱의 분말같은 가연성 고체가 **미분말**로 되어 공기 중에 부유한 상태로 폭발농도 이상으로 있을 때 착화원이 존재함으로써 발생하는 폭발현상 |
| 분해폭발 | **산화에틸렌, 아세틸렌, 에틸렌** 등의 분해성 가스와 다이아조화합물같은 자기 분해성 고체가 **분해**하면서 폭발하는 현상 |
| 중합폭발 | ① **염화비닐**, **초산비닐** 등의 중합물질의 단량제(Monomer)가 폭발적으로 중합되면 격렬하게 발열하여 압력이 급상승하고 용기장치가 파괴되는 현상<br>② 대체로 **발열반응**이므로 반응로에 적절한 냉각장치를 설치하여 이상반응으로 과열되는 것을 방지해야 한다. |

중요

**폭발의 종류**

| 폭발 종류 | 물 질 |
|---|---|
| **분해**폭발 | • **과**산화물 · **아**세틸렌<br>• **다**이너마이트<br>기억법 **분해과아다** |
| 분진폭발 | • 밀가루 · 담뱃가루<br>• 석탄가루 · 먼지<br>• 전분 · 금속분 |

| 폭발 종류 | 물 질 |
|---|---|
| 중합폭발 | • 염화비닐<br>• 시안화수소<br>기억법 중염시 |
| 분해·중합폭발 | • 산화에틸렌<br>기억법 분중산 |
| 산화폭발 | • 압축가스<br>• 액화가스<br>기억법 산압액 |

답 ①

★★
## 07 산불화재의 형태에 관한 설명으로 옳지 않은 것은?

① 지중화는 산림지중에 있는 유기질층이 타는 것인다.
② 지표화는 산림지면에 떨어져 있는 낙엽, 마른풀 등이 타는 것이다.
③ 수관화는 나무의 줄기가 타는 것이다.
④ 비화는 강풍 등에 의해 불꽃이 날아가 타는 것이다.

해설 **산불화재의 형태**

| 산불화재의 형태 | 설 명 |
|---|---|
| **수간화 형태** | **나무기둥** 부분부터 연소하는 것 |
| **수관화 형태** | **나뭇가지** 부분부터 연소하는 것<br>보기 ③ |
| **지중화 형태** | 썩은 나무의 **유기물**이 연소하는 것<br>보기 ① |
| **지표화 형태** | 지면의 **낙엽** 등이 연소하는 것<br>보기 ② |

③ 수관화 : 나무의 **가지**가 타는 것

비교

**목조건축물**의 **화재원인**

| 종 류 | 설 명 |
|---|---|
| **접염**<br>(화염의 접촉) | 화염 또는 열의 **접촉**에 의하여 불이 다른 곳으로 옮겨 붙는 것 |
| **비화**<br>보기 ④ | 불티가 **바람**에 날리거나 화재현장에서 상승하는 **열기류** 중심에 휩쓸려 원거리 가연물에 착화하는 현상 |
| **복사열** | 복사파에 의하여 열이 **고온**에서 **저온**으로 이동하는 것 |

• 목조건축물=목재건축물

답 ③

★
## 08 온도변화에 따른 연소범위에서 (  ) 안에 들어갈 내용으로 옳은 것은?

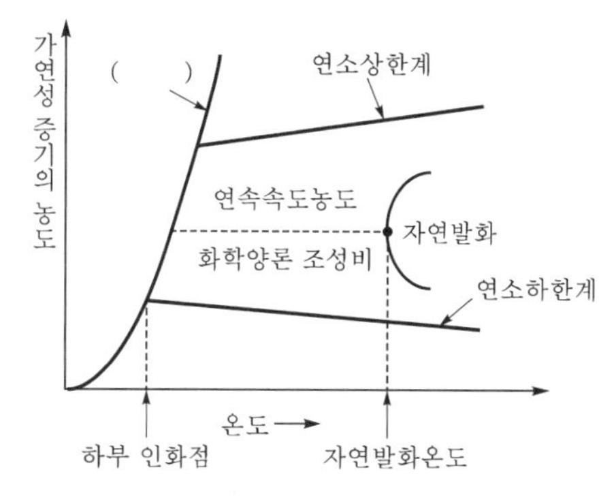


① 삼중압선  ② 연소정곡선
③ 공연비곡선  ④ 포화증기압선

해설 **온도변화에 따른 연소범위**

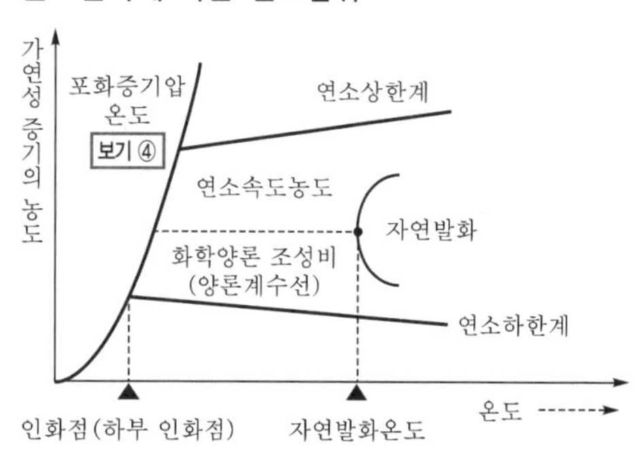


• 포화증기압선=포화증기압선도

답 ④

★★
## 09 화재의 종류별 특성에 관한 설명으로 옳지 않은 것은?

18회 문 06
16회 문 19
15회 문 03
14회 문 03
13회 문 06
10회 문 31

① 금속화재는 나트륨, 칼륨 등 금속가연물에 의한 화재로 물에 의한 냉각소화가 효과적이다.
② 유류화재는 인화성 액체에 의한 화재로 포(Foam)를 이용한 질식소화가 효과적이다.
③ 전기화재는 통전 중인 전기기기에서 발생하는 화재로 이산화탄소에 의한 질식소화가 효과적이다.
④ 일반화재는 종이, 목재에 의한 화재로 물에 의한 냉각소화가 효과적이다.

해설 **화재의 분류**

| 화 재 | 특 징 |
|---|---|
| 일반화재 (A급 화재) | 발생되는 연기의 색은 **백색** 보기 ④ |
| 유류화재 (B급 화재) | 이를 예방하기 위해서는 유증기의 체류 방지 보기 ② |
| 전기화재 (C급 화재) | 화재발생의 주요원인으로는 과전류에 의한 열과 단락에 의한 스파크 보기 ③ |
| 금속화재 (D급 화재) | 수계 소화약제로 소화할 경우 가연성 가스의 발생 위험성 보기 ① |
| 주방화재 (K급 화재) | 강화액 소화약제로 소화가능 |

① 금속화재 : 물에 의한 냉각소화 금지

답 ①

★★★

**10** 19회 문 17 / 16회 문 27 / 13회 문 18 / 11회 문 23 / 07회 문 17

**두께 3cm인 내열판의 한쪽 면의 온도는 500℃, 다른 쪽 면의 온도는 50℃일 때, 이 판을 통해 일어나는 열전달량($W/m^2$)은? (단, 내열판의 열전도도는 0.1W/m·℃이다.)**

① 13.5
② 150.0
③ 1350.0
④ 1500.0

해설

$$\mathring{q}'' = \frac{k(T_2 - T_1)}{l}$$

(1) **절대온도**

$$K = 273 + ℃$$

여기서, K : 절대온도[K]
℃ : 섭씨온도[℃]

$T_2 = 273 + ℃ = 273 + 500℃ = 773K$

$T_1 = 273 + ℃ = 273 + 50℃ = 323K$

(2) **전도**

$$\mathring{q}'' = \frac{k(T_2 - T_1)}{l}$$

여기서, $\mathring{q}''$ : 열전달량[$W/m^2$]
$k$ : 열전도율[W/m·℃]
$A$ : 단면적[$m^2$]
$T_2 - T_1$ : 온도차[℃ 또는 K]
$l$ : 두께[m]

**열전달량 $\mathring{q}''$는**

$$\mathring{q}'' = \frac{k(T_2 - T_1)}{l}$$

$$= \frac{0.1W/m \cdot ℃ \times (773 - 323)K}{0.03m}$$

$$= 1500W/m^2$$

• $l$ : 100cm=1m이므로 3cm=0.03m

답 ④

★★

**11** 16회 문 10 / 15회 문 21 / 11회 문 59 / 10회 문 63 / 09회 문 56 / 06회 문 74

**소방시설 설치 및 관리에 관한 법령상 특정소방대상물의 규모 등에 따라 갖추어야 하는 소방시설의 수용인원 산정방법으로 (　　)에 들어갈 내용으로 옳은 것은?**

> 숙박시설이 있는 특정소방대상물에서 침대가 없는 숙박시설의 경우 해당 특정소방대상물의 종사자 수에 숙박시설 바닥면적의 합계를 (　　)$m^2$로 나누어 얻은 수를 합한 수

① 0.45
② 1.9
③ 3
④ 4.6

해설 **소방시설법 시행령 [별표 7]**
**수용인원의 산정방법**

| 특정소방대상물 | | 산정방법 |
|---|---|---|
| • 숙박시설 | 침대가 있는 경우 | 종사자수+침대수 |
| | 침대가 없는 경우 | 종사자수+ $\frac{바닥면적의\ 합계}{3m^2}$ |
| • 강의실 • 교무실 • 상담실 • 실습실 • 휴게실 | | $\frac{바닥면적의\ 합계}{1.9m^2}$ |
| • 기타 | | $\frac{바닥면적의\ 합계}{3m^2}$ |
| • 강당 • 문화 및 집회시설, 운동시설 • 종교시설 | | $\frac{바닥면적의\ 합계}{4.6m^2}$ |

답 ③

★★

## 12 피난원칙 중 페일 세이프(Fail safe)에 관한 설명으로 옳은 것은?

19회 문 21
17회 문 11
15회 문 22
14회 문 24
11회 문 03
10회 문 06
03회 문 03
02회 문 23

① 피난경로는 간단명료하게 하여야 한다.
② 피난수단은 원시적 방법에 의한 것을 원칙으로 한다.
③ 비상시 판단능력 저하를 대비하여 누구나 알 수 있도록 피난수단 등을 문자나 그림 등으로 표시한다.
④ 피난시 하나의 수단이 고장으로 실패하여도 다른 수단에 의해 피난할 수 있도록 하는 것을 말한다.

해설 **페일 세이프(Fail safe)와 풀 프루프(Fool proof)**

| 용 어 | 설 명 |
|---|---|
| **페일 세이프** (Fail safe) | ① 피난시 하나의 수단이 고장으로 실패하여도 **다른 수단**에 의해 피난할 수 있도록 하는 것 **보기 ④**<br>② 한 가지 피난기구가 고장나도 **다른 수단**을 이용할 수 있도록 고려하는 것<br>③ 한 가지가 고장나도 다른 수단을 이용하는 원칙<br>④ **두 방향**의 피난동선을 항상 확보하는 원칙 |
| **풀 프루프** (Fool proof) | ① 피난경로는 **간단 명료**하게 한다. **보기 ①**<br>② 피난구조설비는 **고정식 설비**를 위주로 설치한다.<br>③ 피난수단은 **원시적 방법**에 의한 것을 원칙으로 한다. **보기 ②**<br>④ 피난통로를 **완전불연화**한다.<br>⑤ 막다른 복도가 없도록 계획한다.<br>⑥ 간단한 그림이나 색채를 이용하여 표시한다. **보기 ③** |

①~③ 풀 프루프(Fool proof)

답 ④

★★★

## 13 다음에서 설명하는 화재현상은?

19회 문 06
18회 문 02
17회 문 06
16회 문 04
16회 문 14
13회 문 07
10회 문 11
09회 문 06
08회 문 24
06회 문 15
04회 문 03

> 중질유(重質油) 탱크화재시 유류표면온도가 물의 비점 이상일 때 소화용수를 유류표면에 방수시키면 물이 수증기로 변하면서 급격한 부피팽창으로 인해 유류가 탱크의 외부로 분출되는 현상이다.

① 보일오버(Boil over)
② 슬롭오버(Slop over)
③ 프로스오버(Froth over)
④ 플래시오버(Flash over)

해설 중요

**유류탱크, 가스탱크에서 발생하는 현상**

| 여러 가지 현상 | 정 의 |
|---|---|
| **블래비** (BLEVE) | 과열상태의 탱크에서 내부의 **액화가스**가 분출하여 기화되어 폭발하는 현상 |
| **보일오버** (Boil over) | ① **중**질유의 석유탱크에서 장시간 조용히 연소하다 탱크 내의 잔존기름이 갑자기 분출하는 현상<br>② 유류탱크에서 탱크 바닥에 물과 기름의 **에멀전**이 섞여 있을 때 이로 인하여 화재가 발생하는 현상<br>③ 연소 유면으로부터 100℃ 이상의 열파가 탱크 저부에 고여 있는 물을 비등하게 하면서 연소유를 탱크 밖으로 비산시키며 연소하는 현상<br>④ 유류탱크의 화재시 탱크 저부의 물이 뜨거운 열류층에 의하여 수증기로 변하면서 급작스러운 부피팽창을 일으켜 유류가 탱크 외부로 분출하는 현상<br>⑤ **탱크 저부**의 물이 급격히 증발하여 탱크 밖으로 화재를 동반하며 방출되는 현상 |
| **오일오버** (Oil over) | 저장탱크에 저장된 유류저장량이 내용적의 **50%** 이하로 충전되어 있을 때 화재로 인하여 탱크가 폭발하는 현상 |
| **프로스오버** (Froth over) | **물**이 점성의 뜨거운 **기름표면 아래서 끓을 때** 화재를 수반하지 않고 용기가 넘치는 현상 |
| **슬롭오버** (Slop over) | ① 중질유 탱크화재시 유류표면온도가 물의 비점 이상일 때 소화용수를 유류표면에 방수시키면 물이 수증기로 변하면서 급격한 부피팽창으로 인해 유류가 탱크의 외부로 분출되는 현상<br>② **물**이 연소유의 **뜨거운 표면**에 **들어갈 때** 기름표면에서 화재가 발생하는 현상<br>③ 유화제로 **소**화하기 위한 물이 수분의 급격한 증발에 의하여 액면이 거품을 일으키면서 열유층 밑의 냉유가 급히 열팽창하여 기름의 일부가 불이 붙은 채 탱크벽을 넘어서 일출하는 현상 |

19회

기억법 블액, 보중에탱저, 오5, 프기아, 슬물소

답 ②

★★
## 14 건축물의 피난·방화구조 등의 기준에 관한 규칙에서 정하고 있는 건축물의 피난안전구역의 설치기준 중 구조 및 설비기준으로 옳지 않은 것은?

① 피난안전구역의 높이는 2.1미터 이상일 것
② 피난안전구역의 내부마감재료는 준불연재료로 설치할 것
③ 비상용승강기는 피난안전구역에서 승하차할 수 있는 구조로 설치할 것
④ 건축물의 내부에서 피난안전구역으로 통하는 계단은 특별피난계단의 구조로 설치할 것

해설 **피난·방화구조 제8조 2**
**피난안전구역의 구조 및 설비**
(1) 피난안전구역의 바로 아래층 및 위층은 「녹색건축물 조성지원법」 제15조 제1항에 적합한 단열재를 설치할 것. 이 경우 아래층은 **최상층**에 있는 거실의 반자 또는 지붕 기준을 준용하고, **위층**은 **최하층**에 있는 거실의 바닥기준을 준용할 것
(2) 피난안전구역의 내부마감재료는 **불연재료**로 설치할 것 보기 ②
(3) 건축물의 내부에서 피난안전구역으로 통하는 계단은 **특별피난계단**의 구조로 설치할 것 보기 ④
(4) **비상용 승강기**는 피난안전구역에서 **승하차** 할 수 있는 구조로 설치할 것 보기 ③
(5) 피난안전구역에는 식수공급을 위한 급수전을 **1개소** 이상 설치하고 예비전원에 의한 **조명설비**를 설치할 것
(6) 관리사무소 또는 방재센터 등과 긴급연락이 가능한 **경보** 및 **통신시설**을 설치할 것
(7) [별표 1의 2]에서 정하는 기준에 따라 산정한 면적 이상일 것
(8) 피난안전구역의 높이는 **2.1m 이상**일 것 보기 ①
(9) 「건축물의 설비기준 등에 관한 규칙」 제14조에 따른 **배연설비**를 설치할 것
(10) 그 밖에 **소방청장**이 정하는 소방 등 재난관리를 위한 설비를 갖출 것

② 준불연재료 → 불연재료

답 ②

★★★
## 15 화재성장속도의 분류별 약 1MW의 열량에 도달하는 시간으로 (   )에 들어갈 내용으로 옳은 것은?

16회 문 15
13회 문 19

| 화재성장속도 | Slow | Medium | Fast | Ultrafast |
|---|---|---|---|---|
| 시간[s] | 600 | ( ㉠ ) | ( ㉡ ) | ( ㉢ ) |

① ㉠ : 200, ㉡ : 100, ㉢ : 50
② ㉠ : 300, ㉡ : 150, ㉢ : 75
③ ㉠ : 400, ㉡ : 200, ㉢ : 100
④ ㉠ : 450, ㉡ : 300, ㉢ : 150

해설 **화재성장속도**에 따른 **시간**(약 1MW의 열량에 도달하는 시간)

| 화재성장속도 | 시 간[s] |
|---|---|
| 느린(Slow) | 600 |
| 중간(Medium) | 300 보기 ㉠ |
| 빠름(Fast) | 150 보기 ㉡ |
| 매우 빠름(Ultrafast) | 75 보기 ㉢ |

답 ②

★★★
## 16 내화건축물의 구획실 내에서 가연물의 연소시, 성장기의 지배적 열전달로 옳은 것은?

18회 문 13
14회 문 11
04회 문 19

① 복사 ② 대류
③ 전도 ④ 확산

해설 **열전달**의 **종류**

| 종 류 | 설 명 |
|---|---|
| 전도 (Conduction) | 하나의 물체가 다른 물체와 직접 **접촉**하여 열이 이동하는 현상 |
| 대류 (Convection) | ① 내화건축물의 구획실 내에서 가연물의 연소시, **성장기**의 지배적 열전달 보기 ②<br>② **유체**의 흐름에 의하여 열이 이동하는 현상 |
| 복사 (Radiation) | ① 화재시 화원과 **격리**된 인접 가연물에 불이 옮겨 붙는 현상<br>② 열전달 **매질**이 **없이** 열이 전달되는 형태<br>③ 열에너지가 **전자파**의 형태로 옮겨지는 현상으로, **가장 크게 작용**한다. |

중요

**열전달 형태**

| 전 도 | 대 류 | 복 사 |
|---|---|---|
| 푸리에의 법칙 | 뉴턴의 법칙 | 스테판-볼츠만의 법칙 |

열이 전달되는 것은 **전도, 대류, 복사**가 모두 연관된다.

답 ②

★★

**17** 화재로 인해 공장 벽체의 내부 표면온도가 450℃까지 상승하였으며, 비체 외부의 공기온도는 15℃일 때 벽체 외부 표면온도(℃)는 약 얼마인가? (단, 벽체의 두께는 200mm이고, 벽체의 열전도개수는 0.69W/m·K, 대류열전달계수는 12W/$m^2$·K이다. 복사의 영향과 벽체 상·하부로의 열전달 및 기타의 손실은 무시하며, 0℃는 273K이고, 소수점 이하 셋째자리에서 반올림한다.)

19회 문 10
16회 문 27
13회 문 18
11회 문 23
07회 문 17

① 112.14　② 121.14
③ 235.14　④ 385.14

해설 (1) **전도열전달**

$$\mathring{q}=\frac{kA(T_2-T_1)}{l}$$

여기서, $\mathring{q}$ : 열전달량[J/s=W]
$k$ : 열전도율[W/m·K]
$A$ : 단면적[$m^2$]
$T_2$ : 내부 벽온도(273+℃)[K]
$T_1$ : 외부 벽온도(273+℃)[K]
$l$ : 두께[m]

- 열전달량=열전달률
- 열전도율=열전달계수

(2) **대류열전달**

$$\mathring{q}=Ah(T_2-T_1)$$

여기서, $\mathring{q}$ : 대류열류[W]
$A$ : 대류면적[$m^2$]
$h$ : 대류전열계수(대류열전달계수) [W/$m^2$·K]
$T_2$ : 외부벽온도(273+℃)[K]
$T_1$ : 대기온도(273+℃)[K]

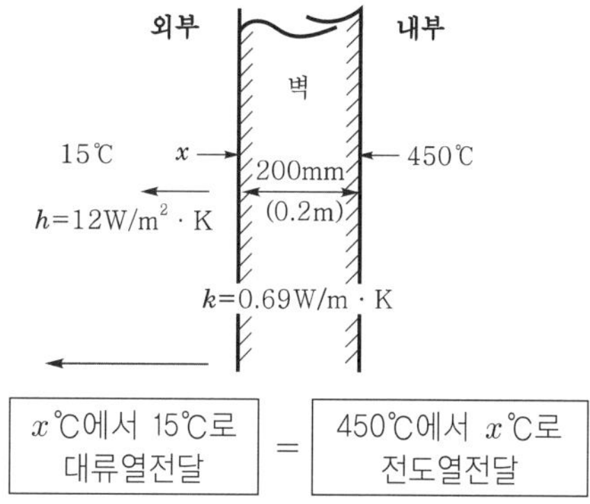


| $x$℃에서 15℃로 대류열전달 | = | 450℃에서 $x$℃로 전도열전달 |
|---|---|---|

$$\not{A}h(T_2-T_1)=\frac{k\not{A}(T_2-T_1)}{l}$$

$$12\text{W/m}^2\cdot\text{K}\times(x-15)\text{K}=\frac{0.69\text{W/m}\cdot\text{K}(450-x)\text{K}}{0.2\text{m}}$$

$$12\times(x-15)=\frac{0.69(450-x)}{0.2}$$ ← 계산의 편의를 위해 단위 삭제

$$12x-180=\frac{310.5-0.69x}{0.2}$$

$$12x-180=\frac{310.5}{0.2}-\frac{0.69x}{0.2}$$

$$12x-180=1552.5-3.45x$$

$$12x+3.45x=1552.5+180$$

$$15.45x=1732.5$$

$$x=\frac{1732.5}{15.45}\fallingdotseq 112.14℃$$

- 온도차는 ℃로 나타내던지 K로 나타내던지 계산해 보면 값은 같다. 그러므로 여기서는 단위를 일치시키기 위해 K로 쓰기로 한다.

답 ①

19회

★

**18** 연소생성물 중 연기가 인간에 미치는 유해성을 모두 고른 것은?

| ㉠ 시각적 유해성<br>㉡ 심리적 유해성<br>㉢ 생리적 유해성 |
|---|

① ㉠, ㉡
② ㉠, ㉢
③ ㉡, ㉢
④ ㉠, ㉡, ㉢

해설 **연소**시 **생성물**이 **인체**에 **미치**는 **영향**

(1) **연기** 또는 **연소가스**의 **유해성**

| 유해성 | 특 징 |
|---|---|
| 시각적 유해성 보기 ㉠ | 피난상의 장애요인 |
| 생리적 유해성 보기 ㉢ | 독성 및 호흡장해 |
| 심리적 유해성 보기 ㉡ | 공포감(Panic) |

(2) **연소가스**의 **종류** 및 **특성**

| 연소가스 | 특 성 | 인체 위험성 |
|---|---|---|
| 일산화탄소 (CO) | ① 불완전연소시 생성<br>② 혈액속의 산소운반 물질인 **헤모글로빈**과 결합하여 질식작용 | 치사량 1.3%, 수분 내에 치사 |
| 이산화탄소 ($CO_2$) | ① **일반화재시** 다량으로 발생<br>② 산소희석으로 인한 질식작용 | 치사량 2%, 호흡속도 50% 증가 |
| 황화수소 ($H_2S$) | ① **고무** 등 황함유 물질의 불완전연소시 생성<br>② **달걀 썩는 냄새**가 나며 치명적인 독성이 있음 | 치사량 0.2%, 후각마비 |
| 아황산가스 ($SO_2$) | ① **황**함유물질의 연소시 발생<br>② 자극성이 강하고 금속의 부식성이 큼 | – |
| 암모니아 ($NH_3$) | ① **질소**함유물 연소시 발생<br>② 자극성이 큰 유독성 가스 발생 | 치사량 0.25%, 30분간 노출시 위험 |
| 시안화수소 (HCN) | ① **질소**함유물의 불완전연소시 발생<br>② 맹독성임 | – |
| 염화수소 (HCL) | ① **염소**함유 물질의 다량으로 발생<br>② 산소희석으로 질식작용 | 치사량 0.15%, 수분 내에 치사 |
| 아크로레인 ($C_3H_4O$) | ① **나무**, **종이** 등이 탈 때 발생<br>② 자극성, 맹독성 | – |
| 포스겐 ($COCL_2$) | ① 염소 성분의 용제가 포함된 화재시 발생<br>② **맹독성** | – |

용어

**연소생성물**

연소에 의해 생성되는 물질

답 ④

★★★

## 19 다음에서 설명하는 연소생성물은?

16회 문 16
15회 문 11
15회 문 16

> 질소가 함유된 수지류 등의 연소시 생성되는 유독성 가스로서 다량 노출시 눈, 코, 인후 및 폐에 심한 손상을 주며, 냉동창고 냉동기의 냉매로도 쓰이고 있다.

① 이산화질소($NO_2$) ② 이산화탄소($CO_2$)
③ 암모니아($NH_3$) ④ 시안화수소(HCN)

해설 **연소가스**

| 연소가스 | 설 명 |
|---|---|
| **일**산화탄소 (CO) | ① 화재시 흡입된 일산화탄소(CO)의 화학적 작용에 의해 **헤모글로빈**(Hb)이 혈액의 산소운반작용을 저해하여 사람을 질식·사망하게 한다.<br>② 목재류의 화재시 인명피해를 가장 많이 주며, 연기로 인한 의식불명 또는 질식을 가져온다.<br>③ 인체의 **폐**에 큰 자극을 준다.<br>④ **산**소와의 **결**합력이 극히 강하여 질식작용에 의한 독성을 나타낸다.<br>기억법 **일헤폐산결** |
| **이**산화탄소 ($CO_2$) | 연소가스 중 **가장 많은 양**을 차지하고 있으며 가스 그 자체의 독성은 거의 없으나 다량이 존재할 경우 호흡속도를 증가시키고, 이로 인하여 화재가스에 혼합된 유해가스의 혼입을 증가시켜 위험을 가중시키는 가스이다.<br>기억법 **이많** |
| **암**모니아 ($NH_3$) | ① 나무, **페**놀수지, **멜**라민수지 등의 **질소함유물**이 연소할 때 발생하며, 냉동시설의 **냉**매로 쓰인다.<br>② **눈·코·폐** 등에 매우 **자극성**이 큰 가연성 가스이다. |

| 연소가스 | 설 명 |
|---|---|
| 암모니아 ($NH_3$) 보기 ③ | ③ **질소**가 함유된 수지류 등의 연소시 생성되는 유독성 가스로서 다량 노출시 눈, 코, 인후 및 폐에 심한 손상을 주며, 냉동창고 냉동기의 냉매로도 쓰인다. 기억법 암페멜냉자 |
| 포스겐 ($COCl_2$) | ① 독성이 매우 강한 가스로서 소화제인 **사염화탄소($CCl_4$)**를 화재시에 사용할 때도 발생한다. ② 공기 중에 **25ppm**만 있어도 **1시간** 이내에 사망한다. 기억법 포소사 |
| 황화수소 ($H_2S$) | ① **달걀 썩는 냄새**가 나는 특성이 있다. ② 황분이 포함되어 있는 물질의 불완전연소에 의하여 발생하는 가스이다. ③ 자극성이 있다. ④ **무색** 기체 ⑤ 특유의 **달걀 썩는 냄새**(무취 아님)가 난다. ⑥ **발화성**과 **독성**이 강하다. (인화성 없음) ⑦ 황을 가진 유기물의 원료, **고압윤활제**의 원료, 분석화학에서의 **시약** 등으로 사용한다. (살충제의 원료 아님) ⑧ 공기 중에 0.02%의 농도만으로도 치명적인 위험상태에 빠질 수 있다. 기억법 황달자 |
| 아크롤레인 ($CH_2CHCHO$) | ① 독성이 매우 높은 가스로서 **석유제품**, **유지** 등이 연소할 때 생성되는 가스이다. ② 눈과 호흡기를 자극하며, 기도장애를 일으킨다. 기억법 아석유 |
| 이산화질소 ($NO_2$) | ① **질산셀룰로이즈**가 연소될 때 생성된다. ② **붉은 갈색**의 **기체**로 낮은 온도에서는 **푸른색**의 **액체**로 변한다. ③ 이산화질소를 흡입하면 인후의 **감각신경**이 **마비**된다. ④ 공기 중에 노출된 이산화질소 농도가 **200~700ppm**이면 인체에 **치명적**이다. ⑤ **질소**가 함유된 물질이 완전연소시 발생한다. 기억법 이붉갈기(이불갈기) |
| 시안화수소 (HCN) | ① 모직, 견직물 등의 불완전연소시 발생하며, 독성이 커서 인체에 치명적이다. ② 증기는 공기보다 **가볍다**. |
| 염화수소 (HCl) | 폴리염화비닐 등과 같이 염소가 함유된 수지류가 탈 때 주로 생성되며 금속에 대한 강한 부식성이 있다. |

답 ③

★★
**20** 15회 문 13

**연기농도를 측정하는 감광계수, 중량농도법, 입자농도법의 단위를 순서대로 나열한 것으로 옳은 것은?**

① $m^{-1}$, 개/$cm^3$, $mg/m^3$
② $m^{-1}$, $mg/m^3$, 개/$cm^3$
③ $m^{-3}$, $mg/m^3$, 개/$cm^3$
④ $m^{-3}$, 개/$cm^3$, $mg/m^3$

해설 **연기농도측정법**

| 농도측정법 | 설 명 |
|---|---|
| **감광계수법**=투과율법 (상대농도 표시방법) | 연기속을 투과하는 **빛**의 **양**을 측정하는 농도측정법. 단위는 $m^{-1}$이다. 기억법 빛광(光) |
| **중량농도법** (절대농도 표시방법) | 단위체적당 연기입자의 **중량** [$mg/m^3$]을 측정하는 농도측정법 |
| **입자농도법** (절대농도 표시방법) | 단위체적당 연기입자의 **개수** [개/$cm^3$]를 측정하는 농도측정법 |

답 ②

★★★
## 21 제연방식으로 ( )에 들어갈 내용으로 옳은 것은?

17회 문 20
15회 문 14
14회 문 21
13회 문 25
09회 문114
06회 문 21

- ( ㉠ ) 화재에 의해서 발생한 열기류의 부력 또는 외부의 바람의 흡출효과에 의해 실의 상부에 설치된 창 또는 전용의 제연구로부터 연기를 옥외로 배출하는 방식
- ( ㉡ ) 화재시 온도상승에 의하여 생긴 실내 공기의 부력이나 지붕상에 설치된 루프 모니터 등이 외부 바람에 의해 동작하면서 생긴 흡입력을 이용하여 제연하는 방식

① ㉠ 자연제연방식
　㉡ 기계제연방식
② ㉠ 밀폐제연방식
　㉡ 급배기 기계제연방식
③ ㉠ 밀폐제연방식
　㉡ 스모크타워 제연방식
④ ㉠ 자연제연방식
　㉡ 스모크타워 제연방식

해설 **제연방식**

| 구 분 | | 설 명 |
|---|---|---|
| **밀**폐제연방식 | | ① 화재발생시 벽이나 문 등으로 연기를 밀폐하여 연기의 외부유출 및 외부의 공기유입을 막아 제연하는 방식으로 **주**택이나 **호**텔 등 방연구획을 작게 하는 건물에 적합<br>② 연기를 일정 구획에 한정시키는 방법으로 비교적 **소규모 공간**의 연기제어에 적합<br>기억법 **밀주호** |
| **자**연제연방식<br>보기 ㉠ | | ① 화재에 의해서 발생한 열기류의 **부력** 또는 외부의 바람의 **흡출효과**에 의해 실의 상부에 설치된 **창** 또는 전용의 **제연구**로부터 연기를 옥외로 배출하는 방식<br>② 실내·외의 온도, 개구부의 높이나 형상, 외부 바람 등에 영향을 받는다.<br>③ **개**구부 이용<br>기억법 **자개**<br>④ 실의 상부에 설치된 **창** 또는 **전용 제연구**로부터 연기를 옥외로 배출하는 방식으로 전원이나 복잡한 장치가 필요하지 않으며, 평상시 **환기 겸용**으로 방재설비의 유휴화 방지에 이점이 있다. |
| **스**모크타워 제연방식<br>보기 ㉡ | | ① 기계배연의 한 방법으로 고층 건물에 적합하다.<br>② **루**프 모니터 이용<br>기억법 **스루**<br>③ 화재시 온도상승에 의하여 생긴 실내 공기의 **부력**이나 지붕상에 설치된 **루프 모니터** 등이 외부 바람에 의해 동작하면서 생긴 **흡입력**을 이용하여 제연하는 방식 |
| 기계 제연 방식 | 제1종 | 송풍기+제연기 |
| | 제**2**종 | **송**풍기<br>기억법 **2송** |
| | 제3종 | 제연기 |

※ **기계제연방식** : 넓은 면적의 구획과 좁은 면적의 구획을 공동 배연할 경우 좁은 면적에서 현저한 압력 저하가 일어난다.

답 ④

★
## 22 화재플룸(Fire plume)에 관한 설명으로 옳지 않은 것은?

① 측면에서는 층류에 의한 부분적인 와류를 생성한다.
② 내부에 형성되는 기류는 중앙부의 부력이 가장 강하다.
③ 열원으로부터 점차 멀어질수록 주변에서 넓게 퍼져가는 모습을 나타낸다.
④ 고온의 연소생성물은 부력에 의해 위로 상승한다.

해설 **화재플룸(Fire plume)**

(1) 측면에서는 **난류**에 의한 **전체**적인 와류를 생성한다. 보기 ①
(2) 내부에 형성되는 기류는 중앙부의 부력이 가장 강하다. 보기 ②

(3) 열원으로부터 점차 멀어질수록 주변에서 넓게 퍼져가는 모습을 나타낸다. **보기 ③**
(4) **고온**의 연소생성물은 **부력**에 의해 위로 상승한다. **보기 ④**

중요

**화재플룸(Fire plume)**

(1) **정의** : 석유화재에서 **화염**에 주기적인 **호흡**이 생기는데 이는 유입하는 공기가 일정하지 않고, 국부적인 연소에 의한 가스의 팽창이기 때문이며, 이러한 화재발생시 화염이 위에는 **검은 연기**를 포함한 큰 **열기류**가 형성되는 현상

(2) **소용돌이 생성주기**(화염의 맥동주파수)

$$f = \frac{1.5}{\sqrt{D}}$$

여기서, $f$ : 화염의 맥동주파수〔Hz〕
$D$ : 화염의 직경〔m〕

(3) **자연화재**에서 **화재플룸**의 **구조**

| 영 역 | 설 명 |
|---|---|
| 연속화염영역 | 버너 표면 바로 위의 영역으로 **지속적으로 화염이 존재**하고 **연소가스의 흐름을 가속**시키는 곳 |
| 간헐화염영역 | 간헐적으로 **화염의 존재와 소멸이 반복되는 영역**으로 거의 **일정한 유속이 유지**되는 곳 |
| 부력플룸영역 | 화염이 존재하지 않은 상층 열기류의 영역으로 **화염높이에 따라 유속과 온도가 감소**되는 곳 |

① 층류 → 난류, 부분적인 → 전체적인

답 ①

★★

## 23 면적이 0.15m$^2$인 합판이 연소되면서 발생한 열방출률(Heat release rate)(kW)은 약 얼마인가? (단, 평균질량감소율은 0.03kg/m$^2$·s, 연소열은 25kJ/g, 연소효율은 55%이며, 소수점 이하 셋째자리에서 반올림한다.)

14회 문 12
08회 문 25

① 0.06
② 0.20
③ 61.88
④ 204.50

해설 (1) **기호**

- $\mathring{m}''$ : 30g/m$^2$ · s(1000g=1kg이므로 0.03kg/m$^2$ · s=30g/m$^2$ · s)
- $A$ : 0.15m$^2$
- $\Delta H$ : 25kJ/g
- $\eta$ : 0.55(55%=0.55)

(2) **에너지 방출속도**(열방출속도, 화재크기, 열방출량)

$$\mathring{Q} = \mathring{m}'' A \Delta H \eta$$

여기서, $\mathring{Q}$ : 에너지 방출속도〔kW〕
$\mathring{m}''$ : 단위면적당 연소속도〔g/m$^2$ · s〕
$\Delta H$ : 연소열〔kJ/g〕
$A$ : 연소관여 면적〔m$^2$〕
$\eta$ : 연소효율

**열방출량** $\mathring{Q}$는

$\mathring{Q} = \mathring{m}'' A \Delta H \eta$
$= 30\text{g/m}^2 \cdot \text{s} \times 0.15\text{m}^2 \times 25\text{kJ/g} \times 0.55$
$\fallingdotseq 61.88\text{kW}$

용어

**열방출량**
연소에 의하여 열에너지가 발생되는 속도로서 **'에너지 방출속도'**라고도 부른다.

답 ③

★★

## 24 다음에서 설명하는 연소방식은?

08회 문 17
03회 문 09

점도가 높고 비휘발성인 액체를 일단 가열 등의 방법으로 점도를 낮추어 버너 등을 사용하여 액체의 입자를 안개상으로 분출하여 액체 표면적을 넓게 하여 공기와의 접촉면을 많게 하는 연소방법이다.

① 자기연소 ② 확산연소
③ 분무연소 ④ 예혼합연소

해설 **분무연소**

(1) 액체연료를 수~수백〔$\mu$m〕 크기의 액적으로 미립화시켜 연소시킨다.
(2) 휘발성이 낮은 **액체**연료의 연소가 여기에 해당한다.
(3) **점도**가 **높은** 중질유의 연소에 많이 이용된다.
(4) 미세한 액적으로 분무시키는 이유는 **표면적**을 **넓게** 하여 공기와의 혼합을 좋게 하기 위함이다.

19회

중요

**연소의 형태**

(1) **고체**의 **연소**

| 고체 연소 | 정 의 |
|---|---|
| 표면연소 | 숯, 코크스, 목탄, 금속분 등이 열분해에 의하여 가연성 가스가 발생하지 않고 그 물질 자체가 연소하는 현상<br>기억법 **표숯코목탄금**<br>※ 표면연소=응축연소=작열연소=직접연소 |
| 분해연소 | 석탄, 종이, 플라스틱, 목재, 고무 등의 연소시 열분해에 의하여 발생된 가스와 산소가 혼합하여 연소하는 현상<br>기억법 **분석종플목고** |
| 증발연소 | 황, 왁스, 파라핀, 나프탈렌 등을 가열하면 고체에서 액체로, 액체에서 기체로 상태가 변하여 그 기체가 연소하는 현상<br>기억법 **증황왁파나** |
| 자기연소 | 제5류 위험물인 **나이트로글리세린**, **나이트로셀룰로오스**(질화면), **TNT**, **피크린산** 등이 열분해에 의해 산소를 발생하면서 연소하는 현상<br>※ 자기연소=내부연소 |

(2) **액체**의 **연소**

| 액체 연소 | 정 의 |
|---|---|
| 분해연소 | **중유**, **아스팔트**와 같이 점도가 높고 비휘발성인 액체가 고온에서 열분해에 의해 가스로 분해되어 연소하는 현상 |
| 액적연소 | **벙커C유**와 같이 가열하고 점도를 낮추어 버너 등을 사용하여 액체의 입자를 안개 형태로 분출하여 연소하는 현상 |
| 증발연소 | **가솔린**, **등유**, **경유**, **알코올**, **아세톤** 등과 같이 액체가 열에 의해 증기가 되어 그 증기가 연소하는 현상 |
| 분무연소<br>보기 ③ | 점도가 높고 **비휘발성**인 **액체**를 일단 가열 등의 방법으로 점도를 낮추어 버너 등을 사용하여 액체의 입자를 안개상으로 분출하여 액체 표면적을 넓게 하여 공기와의 접촉면을 많게 하는 연소방법 |

(3) **기체**의 **연소**

| 기체연소 | 정 의 |
|---|---|
| 확산연소 | **메탄**($CH_4$), **암모니아**($NH_3$), **아세틸렌**($C_2H_2$), **일산화탄소**(CO), **수소**($H_2$) 등과 같이 기체연료가 공기 중의 산소와 혼합되면서 연소하는 현상<br>기억법 **확메암 아틸일수** |
| 예혼합연소 | 기체연소에 공기 중의 산소를 미리 혼합한 상태에서 연소하는 현상 |

답 ③

★★★

**25** 12회 문 13

**환기구로 에너지가 유출되는 것을 의미하는 환기계수로 옳은 것은? (단, $A$는 면적, $H$는 높이이다.)**

① $A\sqrt{H}$

② $H\sqrt{A}$

③ $A^2\sqrt{H}$

④ $\sqrt{\frac{A}{H}}$

해설

**환기계수 $f = A\sqrt{H}$**

**중량감소속도**

$$R = kA\sqrt{H}$$

여기서, $R$ : 중량감소속도〔kg/min〕

$k$ : 상수(5.5~6.0)〔kg/min · mm$^{\frac{1}{2}}$〕

$A$ : 개구부의 면적〔m$^2$〕

$H$ : 개구부의 높이〔m〕

$A\sqrt{H}$ : 환기인자(환기계수)

- 중량감소속도=연소속도
- 환기계수=환기인자=개구인자

비교

**열방출속도**

$$Q_{fo} = 7.8A_T + 378A\sqrt{H}$$

여기서, $Q_{fo}$ : 열방출속도〔kW〕

$A_T$ : 개구부를 제외한 내부표면적〔m$^2$〕

$A$ : 환기구면적(개구부면적)〔m$^2$〕

$H$ : 환기구높이(개구부높이)〔m〕

답 ①

**제 2 과목** 소방수리학 · 약제화학 및 소방전기

☆☆

## 26 이상기체의 부피변화와 관련된 것은?

18회 문 44 / 17회 문 26 / 17회 문 29 / 17회 문115 / 16회 문 28 / 14회 문 27 / 13회 문 28 / 13회 문 32 / 12회 문 27 / 12회 문 37 / 10회 문106 / 09회 문 48

① 아르키메데스(Archimedes)의 원리
② 아보가드로(Avogadro)의 법칙
③ 베르누이(Bernoulli)의 정리
④ 하젠-윌리엄스(Hazen-Williams)의 공식

해설

| 법칙 또는 원리 | 설 명 |
|---|---|
| 보일의 법칙 | **온도**가 **일정**할 때 기체의 압력은 부피에 **반비례**한다. |
| 아보가드로의 법칙 **보기 ②** | ① 0℃, 1기압에서 모든 기체 1몰의 부피는 22.4L이다.<br>② 이상기체의 부피변화와 관련된 식 |
| 샤를의 법칙 | **압력**이 **일정**할 때 기체의 부피는 **절대온도**에 **비례**한다. |
| 파스칼의 원리 | 밀폐된 용기에서 유체에 가한 압력은 **모든 방향**에서 **같은 크기**로 전달된다. |
| 베르누이 정리 (베르누이 방정식) | ① 정상유동에서 유선을 따라 유체입자의 **운동에너지, 위치에너지, 유동에너지**의 합은 일정하다는 것을 나타내는 식<br>② 유선 내에서 **전압**과 **정체압**이 일정한 값을 가진다. |
| 아르키메데스의 원리 | 어떤 물체를 유체에 넣었을 때 받는 부력의 크기가 물체가 유체에 잠긴 부피만큼의 유체에 작용하는 중력의 크기와 같다는 원리 |
| 하젠-윌리엄스의 공식 | **관수로** 흐름에 적용되는 것으로 실험결과로 얻어진 공식<br>$\Delta P_m = 6.053 \times 10^4 \times \frac{Q^{1.85}}{C^{1.85} \times D^{4.87}} \times L \propto Q^{1.85}$<br>여기서, $\Delta P_m$ : 압력손실〔MPa〕<br>$C$ : 조도<br>$D$ : 관의 내경〔mm〕<br>$Q$ : 관의 유량〔L/min〕<br>$L$ : 관의 길이〔m〕 |

답 ②

☆☆

## 27 모세관현상으로 인해 물이 상승할 때, 그 상승높이에 관한 설명으로 옳지 않은 것은?

15회 문 33 / 10회 문 39

① 관의 직경에 비례한다.
② 표면장력에 비례한다.
③ 물의 비중량에 반비례한다.
④ 수면과 관의 접촉각이 커질수록 감소한다.

해설 **모세관현상**(Capillarity in tube)

(1) 액체와 고체가 접촉하면 상호 **부착**하려는 **성질**을 갖는데, 이 **부착력**과 액체의 **응집력**의 **상대적 크기**에 의해 일어나는 현상
(2) 액체 속에 가는 관을 넣으면 액체가 상승 또는 하강하는 현상

$$h = \frac{4\sigma \cos\theta}{\gamma D} = \frac{4\sigma\cos\theta}{\rho g D}$$

여기서, $h$ : 상승높이〔m〕
$\sigma$ : 표면장력〔N/m〕
$\theta$ : 각도(수면과 관의 접촉각)
$\gamma$ : 비중량〔N/m$^3$〕
$D$ : 관의 지름〔m〕
$\rho$ : 밀도〔N · s$^2$/m$^4$〕
$g$ : 중력가속도(9.8m/s$^2$)

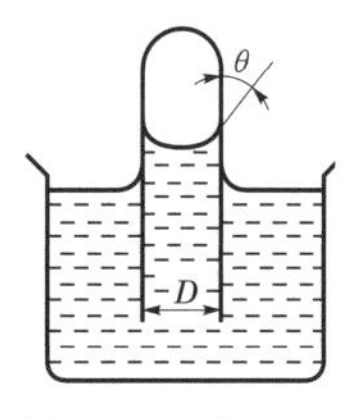


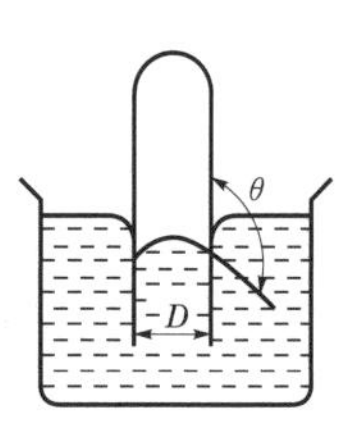


(a) 물($H_2O$) 응집력<부착력 (b) 수은(Hg) 응집력>부착력

▌모세관현상▐

중요

**모세관현상**

| 액면 상승 | 액면 하강 |
|---|---|
| 응집력<부착력 | 응집력>부착력 |

① 비례 → 반비례
④ 접촉각($\theta$)이 커질수록 상승높이는 감소하므로 옳다.

답 ①

19회

★★

## 28 상·하판의 간격이 5cm인 두 판 사이에 점성계수가 0.001N·s/m²인 뉴턴 유체(Newtonian fluid)가 있다. 상판이 수평방향으로 2.5m/s로 움직일 때, 발생하는 전단응력(N/m²)은? (단, 하판은 고정되어 있다.)

16회 문 26
06회 문 46

① 0.05
② 0.50
③ 5.00
④ 50.0

해설 (1) 기호

- $\mu$ : 0.001N·s/m²
- $du$ : 2.5m/s
- $dy$ : 0.05m(100cm=1m이므로 5cm=0.05m)

(2) **뉴턴**(Newton)의 **점성법칙**

$$\tau = \mu \frac{du}{dy}$$

여기서, $\tau$ : 전단응력[N/m²]
$\mu$ : 점성계수[N·s/m²]
$\frac{du}{dy}$ : 속도구배(속도기울기)$\left[\frac{1}{s}\right]$
$du$ : 상·하판의 속도차[m/s]
$dy$ : 상·하판의 간격차[m]

**전단응력** $\tau$는

$$\tau = \mu \frac{du}{dy}$$

$$= 0.001\text{N}\cdot\text{s/m}^2 \times \frac{2.5\text{m/s}}{0.05\text{m}} = 0.05\text{N/m}^2$$

답 ①

★★

## 29 다시-바이스바하(Darcy-Weisbach) 공식에서 마찰손실수두에 관한 설명으로 옳지 않은 것은?

18회 문 46
15회 문 28
12회 문 36
08회 문 05
07회 문 36
02회 문 28

① 관의 직경에 반비례한다.
② 관의 길이에 비례한다.
③ 마찰손실계수에 비례한다.
④ 유속에 반비례한다.

해설 **다시-바이스바하 공식(다르시-웨버 공식)**

$$H = \frac{\Delta P}{\gamma} = \frac{flV^2(\text{비례})}{2gD(\text{반비례})}$$

여기서, $H$ : 마찰손실(손실수두)[m]
$\Delta P$ : 압력차[kPa 또는 kN/m²]
$\gamma$ : 비중량(물의 비중량 9.8kN/m³)
$f$ : 관마찰계수
$l$ : 길이[m]
$V$ : 유속[m/s]
$g$ : 중력가속도(9.8m/s²)
$D$ : 내경[m]

- 공식을 볼 때 **분자**에 있으면 **비례**, **분모**에 있으면 **반비례**한다는 것을 기억!

④ 반비례 → 제곱에 비례

답 ④

★★★

## 30 전양정이 30m인 펌프가 물을 0.03m³/s로 수송할 때, 펌프의 축동력(kW)은 약 얼마인가? (단, 물의 비중량은 9800N/m³, 중력가속도는 9.8m/s², 펌프의 효율은 60%이다.)

15회 문 31
02회 문 39

① 1.44 ② 1.47
③ 14.7 ④ 144

해설 (1) 기호

- $H$ : 30m
- $Q$ : 0.03m³/s
- $\gamma$ : 9800N/m³
- $g$ : 9.8m/s²
- $\eta$ : 0.6(60%=0.6)

(2) **펌프**의 **축동력**

$$P = \frac{\gamma QH}{1000\eta}$$

여기서, $P$ : 축동력[kW]
$\gamma$ : 비중량(물의 비중량 9800N/m³)
$Q$ : 유량[m³/s]
$H$ : 전양정[m]
$\eta$ : 효율

**펌프**의 **축동력** $P$는

$$P = \frac{\gamma QH}{1000\eta}$$

$$= \frac{9800\text{N/m}^3 \times 0.03\text{m}^3\text{/s} \times 30\text{m}}{1000 \times 0.6}$$

$$= 14.7\text{kW}$$

- 중력가속도는 계산에 사용되지 않으니 고민 말라! 주어진 모든 조건이 계산에 사용되는 것은 아님

참고

**소방펌프**의 **동력**

(1) **전동력** : 일반적인 전동기의 동력(용량)을 말한다.

$$P = \frac{\gamma QH}{1000\eta}K$$

여기서, $P$ : 전동력〔kW〕
$\gamma$ : 비중량(물의 비중량 9800N/m³)
$Q$ : 유량〔m³/s〕
$H$ : 전양정〔m〕
$K$ : 전달계수
$\eta$ : 효율

또는,

$$P = \frac{0.163QH}{\eta}K$$

여기서, $P$ : 전동력〔kW〕
$Q$ : 유량〔m³/min〕
$H$ : 전양정〔m〕
$K$ : 전달계수
$\eta$ : 효율

(2) **축동력** : 전달계수($K$)를 고려하지 않은 동력이다.

$$P = \frac{\gamma QH}{1000\eta}$$

여기서, $P$ : 축동력〔kW〕
$\gamma$ : 비중량(물의 비중량 9800N/m³)
$Q$ : 유량〔m³/s〕
$H$ : 전양정〔m〕
$\eta$ : 효율

또는,

$$P = \frac{0.163QH}{\eta}$$

여기서, $P$ : 축동력〔kW〕
$Q$ : 유량〔m³/min〕
$H$ : 전양정〔m〕
$\eta$ : 효율

(3) **수동력** : 전달계수($K$)와 효율($\eta$)을 고려하지 않은 동력이다.

$$P = \frac{\gamma QH}{1000}$$

여기서, $P$ : 축동력〔kW〕
$\gamma$ : 비중량(물의 비중량 9800N/m³)
$Q$ : 유량〔m³/s〕
$H$ : 전양정〔m〕

또는,

$$P = 0.163\,QH$$

여기서, $P$ : 축동력〔kW〕
$Q$ : 유량〔m³/min〕
$H$ : 전양정〔m〕

답 ③

★★

**31** **배관 내 평균유속 5m/s로 물이 흐르고 있다가 갑작스런 밸브의 잠김으로 발생되는 압력상승(MPa)은 약 얼마인가? (단, 물의 비중량은 9800N/m³, 유체 내 압축파의 전달속도는 1494m/s, 중력가속도는 9.8m/s²이다.)**

① 7.32 ② 7.47
③ 73.2 ④ 74.7

해설 (1) **기호**

- $V$ : 5m/s
- $\Delta P$ : ?
- $\gamma$ : 9800N/m³=9.8kN/m³
- $a$ : 1494m/s
- $g$ : 9.8m/s²

(2) **주코프스키 정리**

$$\Delta P = \frac{\gamma a V}{g}$$

여기서, $\Delta P$ : 상승압력〔kPa〕
$\gamma$ : 물의 비중량(9.8kN/m³)
$a$ : 압력파의 속도(음속)〔m/s〕
$V$ : 유속〔m/s〕
$g$ : 중력가속도(9.8m/s²)

**상승압력** $\Delta P$는

$$\Delta P = \frac{9.8aV}{g} = \frac{9.8 \times 1494\text{m/s} \times 5\text{m/s}}{9.8\text{m/s}^2}$$
$$= 7470\text{kPa} = 7.47\text{MPa}$$

- 단위에 속지 마라! MPa로 답하라고 하였으므로 kPa을 다시 MPa로 환산해야 한다. 특히 주의!
- 1000kPa=1MPa이므로 7470kPa=7.47MPa

중요

**수격작용**시 **발생**하는 **충격파**의 **특징**

(1) 압력상승(압력변화)은 유체의 속도 및 압력파의 **속도**에 **비례**하여 상승한다.
(2) 압력상승은 배관의 길이 및 형태와는 **무관**하다.
(3) 충격파의 속도는 유체 속에서 **음속**과 **동일**하다.

답 ②

19회

★★★

**32** 층류상태로 직경 5cm인 원형관 내 흐를 수 있는 물의 최대유량($m^3/s$)은 약 얼마인가? (단, 물의 비중량은 9800N/$m^3$, 물의 점성계수는 $10 \times 10^{-3}$N·s/$m^2$, 층류의 상한계 레이놀즈(Reynolds)수는 2000, 중력가속도는 9.8m/$s^2$, 원주율은 3.0이다.)

18회 문 47 17회 문 27 17회 문 31 16회 문 31 14회 문 29 13회 문 30 12회 문 29 11회 문 29 09회 문 26 05회 문 32 05회 문 34 03회 문 39

① $7.35 \times 10^{-5}$ ② $7.50 \times 10^{-4}$
③ $7.35 \times 10^{-2}$ ④ $7.50 \times 10^{-2}$

해설 (1) 기호

- $D$ : 0.05m(100cm=1m이므로 5cm=0.05m)
- $Q$ : ?
- $\gamma$ : 9800N/$m^3$
- $\mu$ : $10 \times 10^{-3}$N·s/$m^2$
- $Re$ : 2000
- $g$ : 9.8m/$s^2$
- $\pi$ : 3.0

(2) 비중량

$$\gamma = \rho g$$

여기서, $\gamma$ : 비중량[N/$m^3$]
$\rho$ : 밀도[N·$s^2$/$m^4$]
$g$ : 중력가속도[m/$s^2$]

**물의 밀도 $\rho$는**

$$\rho = \frac{\gamma}{g} = \frac{9800\text{N/m}^3}{9.8\text{m/s}^2} = 1000\text{N}\cdot\text{s}^2/\text{m}^4$$

(3) 레이놀즈수

$$Re = \frac{DV\rho}{\mu} = \frac{DV}{\nu}$$

여기서, $Re$ : 레이놀즈수
$D$ : 내경[m]
$V$ : 유속[m/s]
$\rho$ : 밀도[kg/$m^3$]
$\mu$ : 점도(점성계수)[kg/m·s]
$\nu$ : 동점성계수$\left(\frac{\mu}{\rho}\right)$[$m^2$/s]

$$Re = \frac{DV}{\nu} = \frac{DV}{\frac{\mu}{\rho}}$$

**층류**의 최대 레이놀즈수 **2000**을 적용하면

$$2000 = \frac{0.05\text{m} \times V}{\frac{10 \times 10^{-3}\text{N}\cdot\text{s/m}^2}{1000\text{N}\cdot\text{s}^2/\text{m}^4}}$$

$$2000 \times \frac{10 \times 10^{-3}\text{N}\cdot\text{s/m}^2}{1000\text{N}\cdot\text{s}^2/\text{m}^4} = 0.05\text{m} \times V$$

$$2000 \times \frac{10 \times 10^{-3}\text{N}\cdot\text{s/m}^2}{1000\text{N}\cdot\text{s}^2/\text{m}^4 \times 0.05\text{m}} = V$$

$0.4\text{m/s} = V$
$V = 0.4\text{m/s}$

(4) 유량

$$Q = AV = \left(\frac{\pi}{4}D^2\right)V$$

여기서, $Q$ : 유량[$m^3$/s]
$A$ : 관의 단면적[$m^2$]
$V$ : 유속[m/s]
$D$ : 관의 내경[m]

**최대 유량 $Q$는**

$$Q = \left(\frac{\pi}{4}D^2\right)V$$
$$= \left\{\frac{3.0}{4} \times (0.05\text{m})^2 \times 0.4\text{m/s}\right\}$$
$$= 7.50 \times 10^{-4}\text{m}^3/\text{s}$$

중요

**레이놀즈수**

| 층 류 | 천이영역(임계영역) | 난 류 |
|---|---|---|
| $Re$<2100 | 2100<$Re$<4000 | $Re$>4000 |

답 ②

★

**33** 폭이 $a$이고 높이가 $b$인 직사각형 단면을 갖는 배관의 마찰손실수두를 계산할 때, 수력반경(Hydraulic radius)은?

15회 문 29 04회 문 34

① $\frac{2ab}{(a+b)}$ ② $\frac{ab}{2(a+b)}$
③ $\frac{(a+b)}{2ab}$ ④ $\frac{(a+b)}{4ab}$

해설 수력반경(Hydraulic radius)

$$R_h = \frac{A}{l} = \frac{1}{4}(D-d) = \frac{1}{4}D'$$

여기서, $R_h$ : 수력반경[m]
$A$ : 단면적[$cm^2$]
$l$ : 접수길이[m]
$D$ : 관의 외경[m]
$d$ : 관의 내경[m]
$D'$ : 수력직경[m]

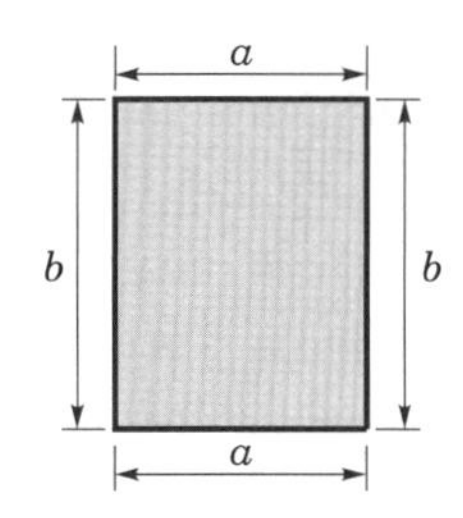


수력반경 $R_h$는

$$R_h = \frac{A}{l}$$
$$= \frac{a \times b}{(a \times 2\text{면}) + (b \times 2\text{면})}$$
$$= \frac{ab}{2a+2b}$$
$$= \frac{ab}{2(a+b)}$$

답 ②

★★

## 34 관수로 흐름의 유량을 측정할 수 없는 장치는?

17회 문 28
12회 문 42
11회 문 27
02회 문 50

① 피토관(Pitot tube)
② 오리피스(Orifice)
③ 벤추리미터(Venturi meter)
④ 파샬플룸(Parshall flume)

해설

| 관수로 정압측정 | 관수로 유속측정 (동압측정) | 관수로 유량측정 |
|---|---|---|
| ① 정압관 (Static tube)<br>② 피에조미터 (Piezometer) | ① 시차액주계 (Differntial manometer)<br>② 피토관 (Pitot－tube) 보기 ①<br>③ 피토－정압관 (Pitot－static tube)<br>④ 열선속도계 (Hot-wire anemometer) | ① 오리피스 (Orifice) 보기 ②<br>② 벤추리미터 (Venturi meter) 보기 ③<br>③ 로터미터 (Rotameter) |

① **피토관** : 유속을 측정하여 계산식($Q = AV$)에 의해 유량측정

기억법 유시피열

중요

**관수로 유량측정장치**

| 측정장치 | 설 명 |
|---|---|
| 오리피스미터 | **두 점간**의 **압력차**를 측정하여 유속 및 유량측정 |
| 벤추리미터 (벤투리미터) | 단면이 점차 축소 및 확대하는 관을 사용하여 축소하는 부분에서 유체를 가속하여 압력강하를 일으킴으로써 유량측정 |
| 로터미터 | 유량을 **부자**(Flot)에 의해서 직접 눈으로 읽을 수 있는 장치 |
| 위어 | **개수로**의 유량측정에 사용되는 장치 |

비교

**개수로의 유량측정**

| 측정장치 | 설 명 |
|---|---|
| **파샬플룸 (Parshall flume)** 보기 ④ | **개수로**의 도중에 단면적을 작게 한 잘록한 부분을 설치하여 흐름의 상태를 보통의 흐름에서 빠른 흐름으로 변화시키면, 그 상류측의 수위가 유량과 일정한 관계를 갖는 것을 이용하여 수위 변화를 플로트식 수위계나 초음파수위계 등으로 검출하여 유량 측정<br>〈특징〉<br>① 손실수두가 **적다**.<br>② 수중에 고형물의 퇴적이 잘 생기지 않기 때문에 **정밀도**의 저하가 없다.<br>③ **측정 범위**가 비교적 **넓다**. |
| 위어 (Weir) | **수로**를 횡단으로 가로막아 그 일부 또는 전부에 물이 월류하도록 하여 유량 측정<br>〈위어의 종류〉<br>① 직사각형 위어<br>② 삼각형 위어<br>③ 광정 위어 |

답 ④

★★★

## 35 분말소화약제에 관한 설명으로 옳지 않은 것은?

15회 문 37
14회 문 34
14회 문111
06회 문117

① 분말의 안식각이 작을수록 유동성이 커진다.
② 제1종 분말소화약제를 저장하는 경우 분말소화약제 1kg당 저장용기의 내용적은 0.8L이다.
③ 제2종 분말소화약제의 주성분은 탄산수소나트륨($NaHCO_3$)이다.
④ 제3종 분말소화약제의 주성분은 제1인산암모늄($NH_4H_2PO_4$)이다.

해설 (1) **보기 ①** **분말소화약제**

① 분체의 **안식각**(安息角)이 **작을수록 유동성**이 **좋아진다.**
② 유동성이 좋은 분말일수록 안식각도 작고, 높이도 낮다.

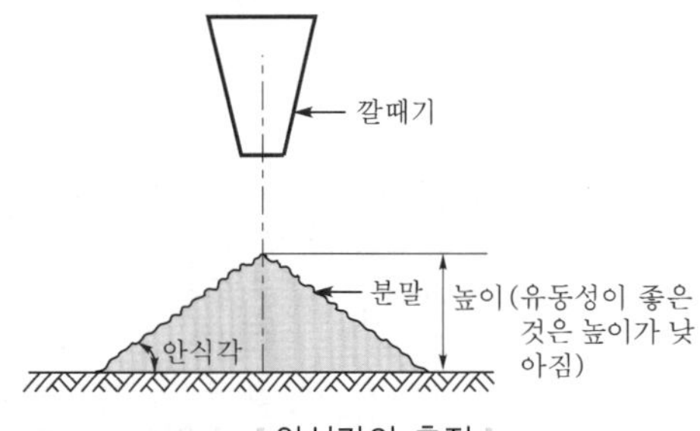


▌안식각의 측정▌

용어

| 용 어 | 설 명 |
|---|---|
| 분체 | 분말입자를 모아 놓은 것 |
| 안식각 | 일정한 높이에서 깔때기를 통해 분말을 떨어뜨렸을 때, 쌓인 높이의 각도로 분말의 유동성을 측정할 때 사용 |

(2) **보기 ②③④** **분말소화약제 저장용기**의 **내용적**

| 약제종별 | 내용적〔L/kg〕 |
|---|---|
| 제1종 분말 | 0.8 |
| 제2·3종 분말 | 1 |
| 제4종 분말 | 1.25 |

기억법 분 1 8
2 3 1
4 1 2 5

참고

주성분

| 분말소화약제 | 주성분 |
|---|---|
| 제1종 분말 | 탄산수소나트륨(중탄산나트륨) |
| 제2종 분말 | 탄산수소칼륨(중탄산칼륨) |
| 제3종 분말 | 인산염(제1인산암모늄) |
| 제4종 분말 | 탄산수소칼륨+요소 |

③ 탄산수소나트륨($NaHCO_3$) → 탄산수소칼륨($KHCO_3$)

답 ③

★★

## 36 이산화탄소 소화설비의 화재안전기준상 소화에 필요한 이산화탄소의 설계농도(%)가 가장 높은 것은?

19회 문117
18회 문 31
17회 문 37
15회 문 36
15회 문110
14회 문 36
14회 문110
12회 문 31
07회 문121

① 프로판
② 에틸렌
③ 산화에틸렌
④ 에탄

해설 **이산화탄소**의 **설계농도값**(NFTC 106 2.2.1.1.2)

| 방호대상물 | 설계농도〔%〕 |
|---|---|
| 메탄 | 34 |
| 부탄 | 34 |
| 이소부탄 | 36 |
| 프로판 **보기 ①** | 36 |
| 석탄가스, 천연가스 | 37 |
| 사이크로 프로판 | 37 |
| 에탄 **보기 ④** | 40 |
| 에틸렌 **보기 ②** | 49 |
| 산화에틸렌 **보기 ③** → | 53 |
| 일산화탄소 | 64 |
| 아세틸렌 | 66 |
| 수소 | 75 |

기억법 37석천, 산에5

※ 설계농도 : 일반적으로 소화농도에 **20%**의 여유분을 더한 값

답 ③

★★★

## 37 1기압 20℃에서 기체상태로 존재하는 것을 모두 고른 것은?

09회 문 09

㉠ Halon 1211
㉡ Halon 1301
㉢ Halon 2402

① ㉠, ㉡ ② ㉠, ㉢
③ ㉡, ㉢ ④ ㉠, ㉡, ㉢

**해설**

| 상온에서 기체상태 | 상온에서 액체상태 |
|---|---|
| ① Halon 1301 **보기 ㉡**<br>② Halon 1211 **보기 ㉠** | ① Halon 1011<br>② Halon 104<br>③ Halon 2402 **보기 ㉢**<br>④ 이산화탄소 |

※ 상온 : 1기압 20℃를 말함

답 ①

★★

## 38 단백포소화약제 3%형 18L를 이용하여 팽창비가 5가 되도록 포를 방출할 때 발생된 포의 체적($m^3$)은?

18회 문 26
17회 문 36
13회 문 37
11회 문 37
07회 문106
05회 문110

① 0.08 ② 0.3
③ 3.0 ④ 6.0

**해설** (1) **조건**

- 포원액 : 3%, 18L
- 포수용액 : 100%(포수용액은 항상 100%임)
- 팽창비 : 5

(2) **포수용액 량**

3% : 18L = 100% : $x$
포원액 포수용액

$3x = 18 \times 100$

$x = \dfrac{18 \times 100}{3} = 600\text{L}$

(3) **방출된(발생된) 포의 체적**

$\text{팽창비} = \dfrac{\text{방출된 포의 체적[L]}}{\text{방출 전 포수용액의 체적[L]}}$ 에서

방출된 포의 체적[L]=팽창비×방출 전 포수용액의 체적[L]

$= 5 \times 600\text{L} = 3000\text{L} = 3\text{m}^3$

- $1000\text{L} = 1\text{m}^3$이므로 $3000\text{L} = 3\text{m}^3$

**중요**

**팽창비**

(1) **팽창비**의 **공식**

① $\text{팽창비} = \dfrac{\text{방출된 포의 체적[L]}}{\text{방출 전 포수용액의 체적[L]}}$

$= \dfrac{\text{최종 발생한 포의 체적}}{\text{원래 포수용액 체적}}$

② 발포배율(팽창비)

$= \dfrac{\text{용량(부피)}}{\text{전체 중량} - \text{빈 시료용기의 중량}}$

(2) **저발포·고발포 약제**의 **팽창피**

① **저**발포 : **20배** 이하
② **고**발포
- 제1종 기계포 : **80~250배** 미만
- 제2종 기계포 : **250~500배** 미만
- 제3종 기계포 : **500~1000배** 미만

기억법 저2, 고81

답 ③

★

## 39 연소에 관한 설명으로 옳지 않은 것은?

① 자기반응성 물질은 외부에서 공급되는 산소가 없는 경우 연소하지 않는다.
② 연소는 산화반응의 일종이다.
③ 메탄이 완전연소를 하는 경우 이산화탄소가 발생한다.
④ 일산화탄소는 연소가 가능한 가연성 물질이다.

**해설** **자기반응성 물질(제5류 위험물)**

(1) 산소를 함유하고 있어 외부에서 공급되는 산소가 없어도 연소한다. **자기연소** 또는 **내부연소**를 일으키기 쉽다. **보기 ①**
(2) 연소속도가 빨라 **폭발적**이다.
(3) 질식소화가 효과적이며, **냉각소화**로는 **불가능**하다.
(4) 유기질화물이므로 **가열**, **충격**, **마찰** 또는 다른 약품과의 접촉에 의해 폭발하는 것이 많다.

답 ①

★

## 40 물에 관한 설명으로 옳지 않은 것은?

09회 문 28

① 압력이 감소함에 따라 비등점은 낮아진다.
② 물의 기화열은 용해열보다 크다.
③ 물의 표면장력을 낮추는 경우 침투성이 강화된다.
④ 온도가 상승할수록 물의 점도는 증가한다.

해설 **물**

(1) 압력이 감소함에 따라 비등점은 낮아진다. **보기 ①**
(2) 물의 기화열은 용해열보다 크다. **보기 ②**
(3) 물의 표면장력을 낮추는 경우 침투성이 강화된다. **보기 ③**
(4) 온도가 상승할수록 물의 점도는 감소한다. **보기 ④**

용어

**표면장력**
액체표면에서 접선방향으로 끌어당기는 힘

④ 증가한다 → 감소한다.

답 ④

★★★
## 41 벤추리관의 벤추리작용을 이용하는 기계포 소화약제의 혼합방식을 모두 고른 것은?

15회 문106
09회 문 27
07회 문 32

㉠ 프레져사이드 프로포셔너방식
㉡ 라인 프로포셔너방식
㉢ 프레져 프로포셔너방식

① ㉠, ㉡
② ㉠, ㉢
③ ㉡, ㉢
④ ㉠, ㉡, ㉢

해설 **포소화약제**의 **혼합장치**

(1) **펌프 프로포셔너방식(펌프혼합방식)**
① 펌프 토출측과 흡입측에 바이패스를 설치하고, 그 바이패스의 도중에 설치한 어댑터(Adaptor)로 펌프 토출측 수량의 일부를 통과시켜 공기포 용액을 만드는 방식
② 펌프의 **토출관**과 **흡입관** 사이의 배관 도중에 설치한 흡입기에 펌프에서 토출된 물의 일부를 보내고 **농도조정밸브**에서 조정된 포소화약제의 필요량을 포소화약제 탱크에서 펌프 흡입측으로 보내어 약제를 혼합하는 방식

기억법 펌농

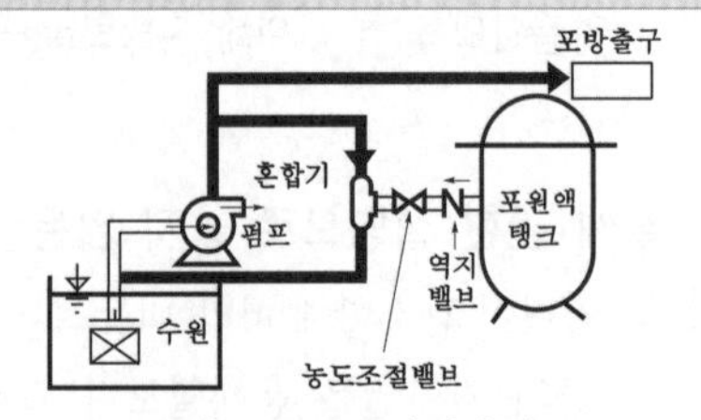


▌펌프 프로포셔너방식▐

(2) **프레져 프로포셔너방식(차압혼합방식)** **보기 ㉢**
① 가압송수관 도중에 공기포 소화원액 혼합조(P.P.T)와 혼합기를 접속하여 사용하는 방법
② **격막방식 휨탱크**를 사용하는 에어휨 혼합방식
③ 펌프와 발포기의 중간에 설치된 **벤**추리관의 **벤추리작용**과 펌프 가압수의 **포소화약제 저장탱크**에 대한 압력에 의하여 포소화약제를 흡입·혼합하는 방식

기억법 프프벤벤탱

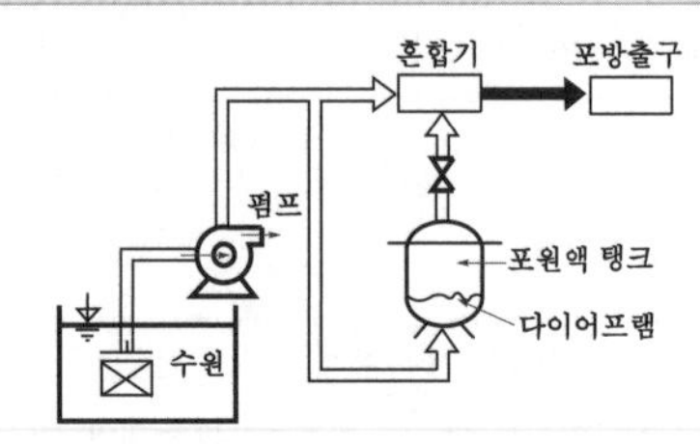


▌프레져 프로포셔너방식▐

(3) **라인 프로포셔너방식(관로혼합방식)** **보기 ㉡**
① 급수관의 배관 도중에 포소화약제 흡입기를 설치하여 그 흡입관에서 소화약제를 흡입하여 혼합하는 방식
② 펌프와 발포기의 중간에 설치된 벤추리관의 **벤추리작용**에 의하여 포소화약제를 흡입·혼합하는 방식

기억법 라벤(라벤다)

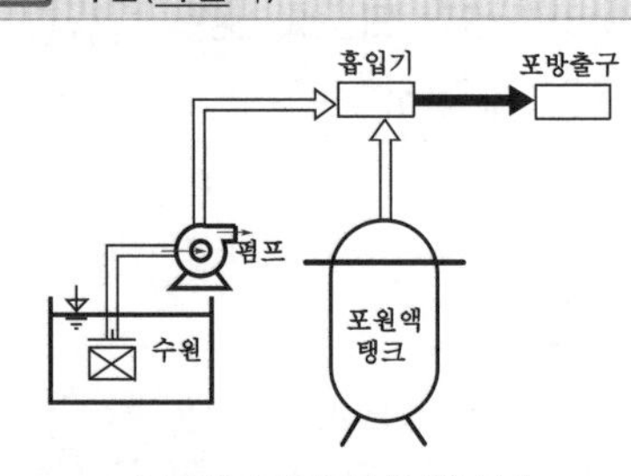


▌라인 프로포셔너방식▐

(4) **프레져사이드 프로포셔너방식(압입혼합방식)** **보기 ㉠**
① 소화원액 가압펌프(압입용 펌프)를 별도로 사용하는 방식
② 펌프 **토출관**에 압입기를 설치하여 포소화약제 **압입용 펌프**로 포소화약제를 압입시켜 혼합하는 방식

기억법 프사압

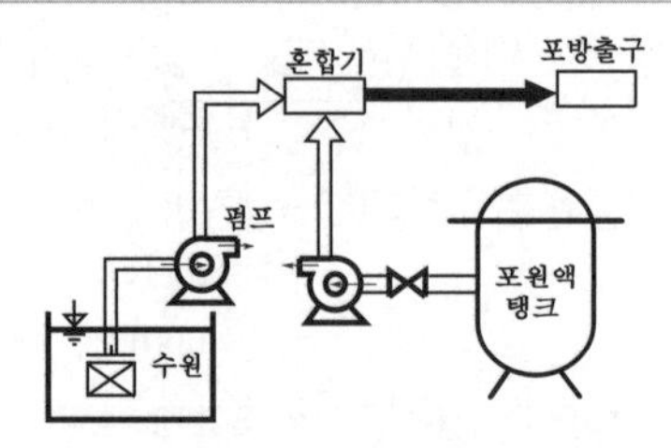


▌프레져사이드 프로포셔너방식▐

(5) **압축공기포 믹싱챔버방식** : 포수용액에 공기를 강제로 주입시켜 **원거리 방수**가 가능하고 물 사용량을 줄여 **수손피해**를 **최소화**할 수 있는 방식

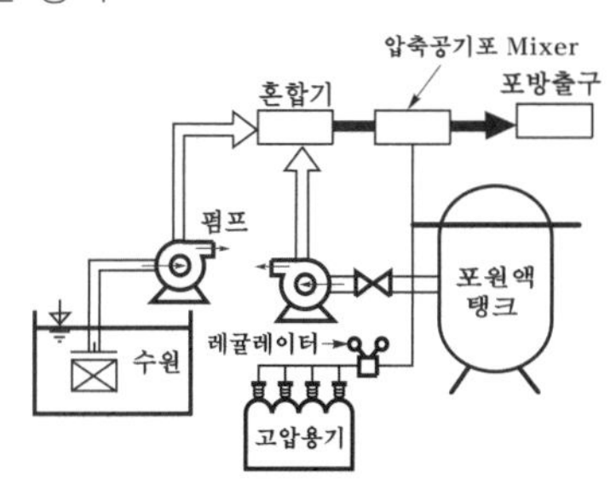


| 압축공기포 믹싱챔버방식 |

답 ③

★

## 42 전기력선의 기본 성질에 관한 설명으로 옳지 않은 것은?

① 전기력선은 서로 교차하지 않는다.

② 전계의 세기는 전기력선의 밀도와 같다.

③ 전기력선은 등전위면과 직교한다.

④ 전계의 세기는 도체 내부에서 가장 크다.

해설 **전기력선**의 **기본성질**

(1) **정(+)전하**에서 **시작**하여 **부(−)전하**에서 끝난다.
(2) 전기력선의 접선방향은 그 접점에서의 **전계의 방향과 일치**한다.
(3) 전위가 **높은 점에서 낮은 점**으로 향한다.
(4) 그 자신만으로 **폐곡선이 안 된다.**
(5) 전기력선은 서로 **교차하지 않는다.** 보기 ①
(6) 단위전하에서는 $\frac{1}{\varepsilon_0}$개의 전기력선이 출입한다.
(7) 전기력선은 도체표면(등전위면)에서 **수직으로 출입**한다(전기력선은 등전위면과 직교한다). 보기 ③
(8) 전하가 없는 곳에서는 전기력선의 발생, 소멸이 없고 연속적이다.
(9) **도체 내부**에는 **전기력선이 없다.**
(10) 전계의 세기는 전기력선의 밀도와 같다. 보기 ②

④ 가장 크다 → 0이다.

답 ④

★★★

## 43 다음 진리표를 만족하는 시퀀스회로를 설계하고자 한다. 출력에 관한 논리식으로 옳지 않은 것은?

09회 문 34

| 입 력 | | 출 력 |
|---|---|---|
| $A$ | $B$ | $X$ |
| 0 | 0 | 1 |
| 0 | 1 | 0 |
| 1 | 0 | 1 |
| 1 | 1 | 1 |

① $X=\overline{A}\cdot\overline{B}+A\cdot\overline{B}+A\cdot B$

② $X=\overline{A}+A\cdot B$

③ $X=\overline{A}\cdot\overline{B}+A$

④ $X=A+\overline{B}$

해설

| 입 력 | | 출 력 | 논리식 |
|---|---|---|---|
| $A$ | $B$ | $X$ | (출력이 1인 것만 표시하여 더하면 됨) |
| 0 | 0 | 1 | $\overline{A}\,\overline{B}$ |
| 0 | 1 | 0 | − |
| 1 | 0 | 1 | $A\overline{B}$ |
| 1 | 1 | 1 | $AB$ |

$X=\overline{A}\,\overline{B}+A\overline{B}+AB$

$$X=\overline{A}\,\overline{B}+A\overline{B}+AB$$
$$=\overline{A}\cdot\overline{B}+A\cdot\overline{B}+A\cdot B \quad \cdots\cdots \text{보기 ①}$$
$$=\overline{A}\,\overline{B}+A(\underbrace{\overline{B}+B}_{X+\overline{X}=1})$$
$$=\overline{A}\,\overline{B}+\underbrace{A\cdot 1}_{X\cdot 1=X}$$
$$=\underbrace{\overline{A}\,\overline{B}+A}_{X+\overline{X}\,\overline{Y}=X+\overline{Y}}=\overline{A}\cdot\overline{B}+A \quad \cdots\cdots \text{보기 ③}$$
$$=\overline{B}+A=A+\overline{B} \quad \cdots\cdots \text{보기 ④}$$

중요

| 논리합 | 논리곱 | 비 고 |
|---|---|---|
| $X+0=X$ | $X\cdot 0=0$ | − |
| $X+1=1$ | $X\cdot 1=X$ | − |
| $X+X=X$ | $X\cdot X=X$ | − |
| $X+\overline{X}=1$ | $X\cdot\overline{X}=0$ | − |
| $X+Y=Y+X$ | $X\cdot Y=Y\cdot X$ | 교환법칙 |
| $X+(Y+Z)=(X+Y)+Z$ | $X(YZ)=(XY)Z$ | 결합법칙 |
| $X(Y+Z)=XY+XZ$ | $(X+Y)(Z+W)=XZ+XW+YZ+YW$ | 분배법칙 |
| $X+XY=X$ | $\overline{X}+XY=\overline{X}+Y$<br>$X+\overline{X}Y=X+Y$<br>$X+\overline{X}\,\overline{Y}=X+\overline{Y}$ | 흡수법칙 |
| $\overline{(X+Y)}=\overline{X}\cdot\overline{Y}$ | $\overline{(X\cdot Y)}=\overline{X}+\overline{Y}$ | 드모르간의 정리 |

답 ②

★★

## 44 다음 그림과 같이 직렬로 접속된 2개의 코일에 10A의 전류를 흘릴 경우, 합성코일에 발생하는 에너지(J)는 얼마인가? (단, 결합계수는 0.6이다.)

15회 문 44
14회 문 45
13회 문 44
10회 문 30

① 4
② 10
③ 12
④ 16

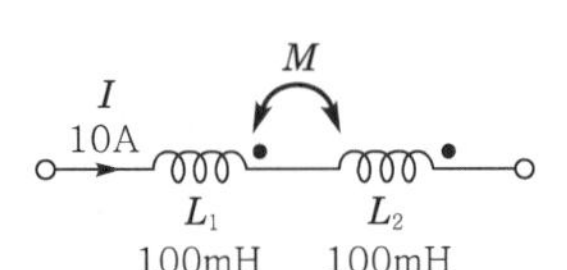


해설

$$W=\frac{1}{2}LI^2$$

(1) **기호**

- $I$ : 10A
- $L_1$ : 100mH
- $L_2$ : 100mH
- $K$ : 0.6
- $W$ : ?

(2) **상호인덕턴스**(Mutual inductance)

$$M=K\sqrt{L_1L_2}\,(\text{H})$$

여기서, $M$ : 상호인덕턴스〔H〕
$K$ : 결합계수
$L_1$, $L_2$ : 자기인덕턴스〔H〕

**상호인덕턴스** $M$은

$M=K\sqrt{L_1L_2}=0.6\sqrt{100\times100}=60\text{mH}$

**결합계수**

| $K=0$ | $K=1$ |
|---|---|
| 두 코일 직교시 | 이상결합·완전결합시 |

(3) **합성인덕턴스**

$$L=L_1+L_2\pm2M\,(\text{H})$$

여기서, $L$ : 합성인덕턴스〔H〕
$L_1$, $L_2$ : 자기인덕턴스〔H〕
$M$ : 상호인덕턴스〔H〕

그림에서 코일이 **같은 방향**이므로
**합성인덕턴스** $L$은

$L=L_1+L_2+2M$
$=100+100+(2\times60)$
$=320\text{mH}$

| 같은 방향(직렬연결) | 반대방향 |
|---|---|
| $L=L_1+L_2+2M$ | $L=L_1+L_2-2M$ |

중요

**코일의 방향**

| 같은 방향 | 반대방향 |
|---|---|
| | |
| | |

(4) **코일**에 **축적**되는 **에너지**

$$W=\frac{1}{2}LI^2=\frac{1}{2}IN\phi\,(\text{J})$$

여기서, $W$ : 코일의 축적에너지〔J〕
$L$ : 인덕턴스〔H〕
$N$ : 코일권수
$\phi$ : 자속〔Wb〕
$I$ : 전류〔A〕

**코일**의 **축적에너지** $W$는

$W=\frac{1}{2}LI^2=\frac{1}{2}\times(320\times10^{-3})\times10^2=16\text{J}$

- $L$ : 2개의 코일이 있으므로 자기인덕턴스가 아닌 **'합성인덕턴스'**를 적용한다.
- 1000mH=1H이므로 320mH=0.32H=$320\times10^{-3}$H

답 ④

★★

## 45 동일한 배터리와 전구를 사용하여 그림과 같이 2개의 회로를 구성하였다. 다음 중 옳은 것은?

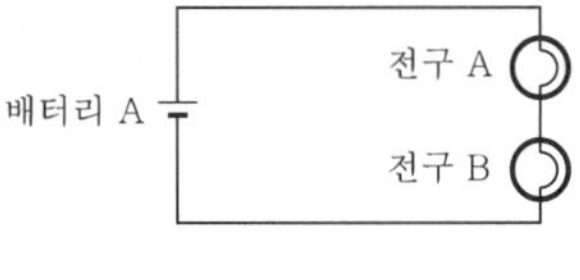


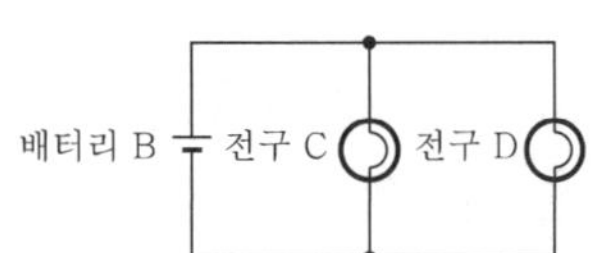


① 모든 전구의 밝기는 동일하다.
② 모든 배터리의 사용시간은 동일하다.
③ 전구 C는 전구 A보다 밝다.
④ 배터리 B의 사용시간은 배터리 A보다 길다.

해설

① 동일하다. → 동일하지 않다.
② 동일하다. → 동일하지 않다.
④ 길다. → 짧다.

**전력**

$$P=\frac{V^2}{R}$$

여기서, $P$ : 전력〔W〕
$V$ : 전압〔V〕
$R$ : 저항〔Ω〕

배터리의 전압이 100V라고 가정하면

$$P=\frac{V^2}{R}\propto V^2$$

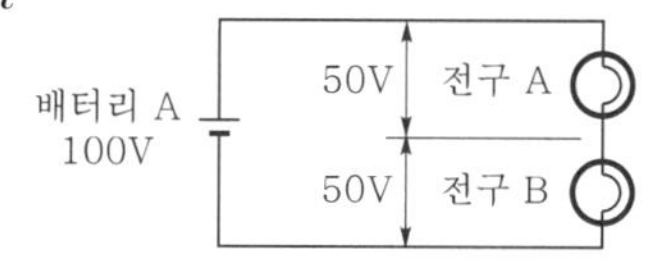


전구 A, B : $P\propto V^2=50^2=$2500W

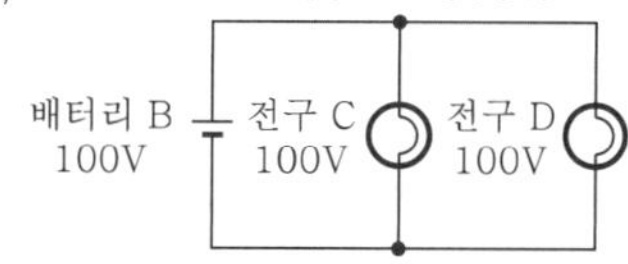


전구 C, D : $P\propto V^2=100^2=$10000W

전력 $P\propto$ 전구의 밝기

**보기 ①③** 전구 C, D가 전구 A, B보다 밝다.

전력 $P\propto\frac{1}{\text{배터리 사용시간}}$

**보기 ②④** 배터리 B의 사용시간은 배터리 A보다 짧다.

②, ④ 배터리 B의 사용시간은 배터리 A보다 짧다.

답 ③

★★

## 46 정전용량 1F에 해당하는 것은?

17회 문 49 16회 문 42 15회 문 45 14회 문 49 12회 문 49

① 1V의 전압을 가하여 1C의 전하가 축적된 경우
② 1W의 전력을 1초 동안 사용한 경우
③ 1C의 전하가 1초 동안 흐른 경우
④ 1C의 전하가 이동하여 1J의 일을 한 경우

해설 **정전용량**

$$C=\frac{Q}{V}=\frac{\varepsilon A}{d}\text{〔F〕 또는 } C=\frac{\varepsilon S(\text{비례})}{d(\text{반비례})}$$

여기서, $Q$ : 전하(전기량)〔C〕
$C$ : 정전용량〔F〕
$V$ : 전압〔V〕
$A$ 또는 $S$ : 극판의 면적〔$m^2$〕
$d$ : 극판간의 간격〔m〕
$\varepsilon$ : 유전율〔F/m〕, $\varepsilon=\varepsilon_0\cdot\varepsilon_s$
$\varepsilon_0$ : 진공의 유전율〔F/m〕
$\varepsilon_s$ : 비유전율(단위 없음)

$C\text{〔F〕}=\frac{Q\text{〔C〕}}{V\text{〔V〕}}$ ← 이 식을 말로 표현하면 다음과 같다.

1V의 전압을 가하여 1C의 전하가 축적된 경우를 1F이라 한다.

용어

**정전용량(커패시턴스)**
(1) 콘덴서가 전하를 축적할 수 있는 능력
(2) 전극이 전하를 축적할 수 있는 능력의 정도

답 ①

★

## 47 그림과 같은 저항기의 값이 4.7MΩ이고 허용오차가 ±10%일 때, 이 저항기의 색띠(Color code)를 바르게 나열한 것은?

11회 문 45

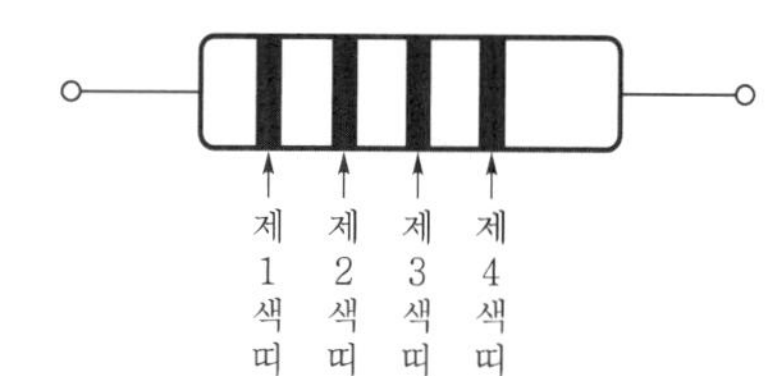


| | 제1색띠 | 제2색띠 | 제3색띠 | 제4색띠 |
|---|---|---|---|---|
| ① | 적색 (Red) | 청색 (Blue) | 황색 (Yellow) | 금색 (Gold) |
| ② | 녹색 (Green) | 회색 (Gray) | 청색 (Blue) | 금색 (Gold) |
| ③ | 황색 (Yellow) | 자색 (Violet) | 녹색 (Green) | 은색 (Silver) |
| ④ | 등색 (Orange) | 녹색 (Green) | 회색 (Gray) | 은색 (Silver) |

해설 (1) **컬러 코드표**

| 색 | 제1색띠 | 제2색띠 | 제3색띠 | 제4색띠 | 제5색띠 |
|---|---|---|---|---|---|
| | 제1숫자 | 제2숫자 | 제3숫자 | 제4숫자 | 허용오차 |
| 흑색 | 0 | 0 | 0 | $10^0$ | – |
| 갈색 | 1 | 1 | 1 | $10^1$ | ±1% |
| 적색 | 2 | 2 | 2 | $10^2$ | ±2% |
| 등색(주황색) | 3 | 3 | 3 | $10^3$ | – |
| 황색 | 4 | 4 | 4 | $10^4$ | – |
| 녹색 | 5 | 5 | 5 | $10^5$ | ±0.5% |
| 청색 | 6 | 6 | 6 | $10^6$ | ±0.25% |
| 밤색(자색) | 7 | 7 | 7 | $10^7$ | ±0.1% |
| 회색 | 8 | 8 | 8 | – | ±0.05% |
| 백색 | 9 | 9 | 9 | – | – |
| 금색 | – | – | – | $10^{-1}$ | ±5% |
| 은색 | – | – | – | $10^{-2}$ | ±10% |

(2) **식별법** : 리드선과 색띠의 간격이 좁은 것부터 **오른쪽**으로 읽는다.

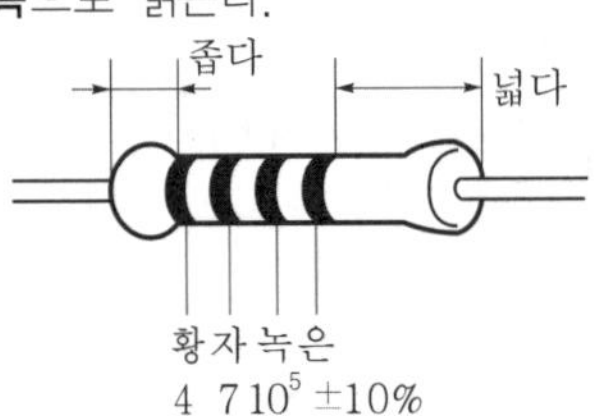


$47 \times 10^5 \pm 10\% = 4700000\Omega \pm 10\%$
$= 4.7\text{M}\Omega \pm 10\%$

- $10^6\Omega = 1000000\Omega = 1\text{M}\Omega$이므로 $4700000\Omega = 4.7\text{M}\Omega$

중요

**4줄 표시**와 **5줄 표시**

| 4줄 표시 | 5줄 표시 |
|---|---|
| 숫자 승수 허용오차 | 숫자 승수 허용오차 |

답 ③

★

## 48 대칭 3상 Y결선 회로에 관한 설명으로 옳지 않은 것은?

① 상전압은 선간전압보다 위상이 30° 앞선다.
② 선간전압의 크기는 상전압의 $\sqrt{3}$ 배이다.
③ 상전류와 선전류의 크기는 같다.
④ 각 상의 위상차는 120°이다.

해설

| 대칭 3상 Y결선 | 대칭 3상 △결선 |
|---|---|
| ① 상전압은 선간전압보다 위상이 30° **뒤진다.** 보기 ① | ① 상전압은 선간전압보다 위상이 30° **앞선다.** |
| ② 선간전압의 크기는 상전압의 $\sqrt{3}$ **배**이다. 보기 ② | ② 선간전압의 크기는 상전압과 같다. |
| ③ 상전류와 선전류의 크기는 **같다.** 보기 ③ | ③ 상전류와 선전류의 크기는 **다르다.** |
| ④ 각 상의 위상차는 120°이다. 보기 ④ | ④ 각 상의 위상차는 120°이다. |

① 앞선다 → 뒤진다

답 ①

★

## 49 소비전력이 3W인 스피커에 DC 1.5V, 2000mAh의 배터리 2개를 병렬연결하여 사용하고 있다. 이 스피커를 최대출력으로 사용할 경우, 예상되는 사용시간은?

① 1시간 ② 2시간
③ 4시간 ④ 8시간

해설 (1) **단위보고 계산**

전력량의 단위는 [Wh]이므로

전력량 $W = 1.5\text{V} \times 2\text{Ah} = 3\underbrace{\text{VA}}_{\text{W}}\text{h} = 3\text{Wh}$

- 1000mAh=1Ah이므로 2000mAh=2Ah

(2) **전력량**(Electric power quantity)

$$W = VIt = I^2Rt = Pt\,[\text{Wh}]$$

여기서, $W$ : 전력량[Wh]
$P$ : 전력[W]
$t$ : 시간(사용시간)[h]
$I$ : 전류[A]
$V$ : 전압[V]
$R$ : 저항[Ω]

사용시간 $t$는

$t = \dfrac{W}{P} = \dfrac{3}{3} = 1$시간

배터리 2개를 **병렬연결**하였으므로 용량은 **2배**가 되고 사용시간은 **2시간**이다.

중요

**배터리**의 **연결방법**

| 병렬연결 | 직렬연결 |
|---|---|
| 전압은 **불변**하고 용량은 **2배**가 된다.<br>(전압은 **1개**일 때와 같고 용량은 **2배**가 된다.) | 전압은 **2배**가 되고 용량은 **불변**이다.<br>(전압은 **2배**가 되고 용량은 **1개**일 때와 같다.) |

답 ②

## 50 다음과 같은 $R-L-C$ 직렬회로에 $v(t) = \sqrt{2} \cdot 220 \cdot \sin 120\pi t$(V)의 순시전압을 인가한 경우, 회로에 흐르는 실효전류(A)는 얼마인가?

17회 문 45

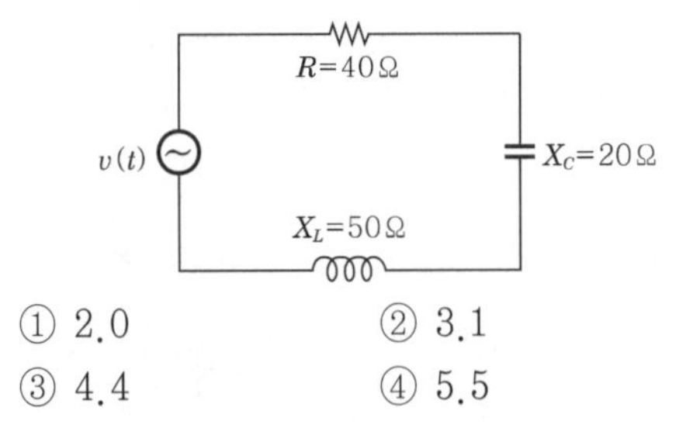


① 2.0 ② 3.1
③ 4.4 ④ 5.5

해설

$$I = \frac{V}{Z}$$

(1) **임피던스($RLC$ 직렬회로)**

$$Z = \sqrt{R^2 + (X_L - X_C)^2} = \sqrt{40^2 + (50-20)^2} = 50\,\Omega$$

(2) **순시값**

$$v = V_m \sin \omega t = \sqrt{2}\, V \sin \omega t \,[\text{V}]$$

여기서, $v$ : 전압의 순시값[V]
$V_m$ : 전압의 최대값[V]
$\omega$ : 각주파수[rad/s]
$t$ : 주기[s]
$V$ : 전압의 실효값[V]

$v(t) = \sqrt{2}\, V \sin \omega t$
$= \sqrt{2} \cdot 220 \cdot \sin 120\pi t$[V]

에서

$$V = 220\text{V}$$

(3) **전류**

$$I = \frac{V}{Z}$$

여기서, $I$ : 전류[A]
$V$ : 전압[V]
$Z$ : 임피던스[Ω]

**전류 $I$는**

$I = \frac{V}{Z} = \frac{220}{50} = 4.4\text{A}$

답 ③

## 제 3 과목 소방관련법령

★

**51 소방기본법령상 소방대의 생활안전활동에 해당하지 않는 것은?**

① 붕괴, 낙하 등이 우려되는 고드름, 나무, 위험구조물 등의 제거활동
② 위해동물, 벌 등의 포획 및 퇴치 활동
③ 단전사고시 비상전원 또는 조명의 공급
④ 집회·공연 등 각종 행사시 사고에 대비한 근접대기 등 지원활동

해설 기본법 제16조 3
**생활안전활동**

| 구 분 | 설 명 |
|---|---|
| 권한 | ① 소방청장<br>② 소방본부장<br>③ 소방서장 |
| 내용 | ① **붕괴**, **낙하** 등이 우려되는 **고드름**, 나무, 위험구조물 등의 제거활동 **보기 ①**<br>② **위해동물**, **벌** 등의 포획 및 퇴치 활동 **보기 ②**<br>③ **끼임**, **고립** 등에 따른 위험제거 및 구출활동<br>④ **단전사고**시 비상전원 또는 조명의 공급 **보기 ③**<br>⑤ 그 밖에 방치하면 급박해질 우려가 있는 위험을 예방하기 위한 활동 |

답 ④

★★

**52 소방기본법령상 소방자동차 전용구역에 관한 설명으로 옳지 않은 것은?**

① 세대수가 100세대 이상인 아파트의 건축주는 소방자동차 전용구역을 설치하여야 한다.
② 소방자동차 전용구역 노면표지 도료의 색채는 황색을 기본으로 하되, 문자(P, 소방차 전용)는 백색으로 표시한다.
③ 소방자동차 전용구역에 물건 등을 쌓거나 주차하는 등의 방해행위를 하여서는 아니된다.
④ 전용구역 방해행위를 한 자는 100만원 이하의 벌금에 처한다.

해설 (1) **보기 ①** **기본령 제7조 12**
**소방자동차 전용구역 설치대상**
① 세대수가 **100세대** 이상인 **아파트**
② **3층** 이상의 **기숙사**

(2) **보기 ②** **기본령 [별표 2의 5]**
① 전용구역 노면표지의 외곽선은 빗금무늬로 표시하되, 빗금은 두께를 **30cm**로 하여 **50cm** 간격으로 표시한다.
② 전용구역 노면표지 도료의 색채는 **황색**을 기본으로 하되, 문자(P, 소방차 전용)는 **백색**으로 표시한다.

19회

(3) **보기 ③** 기본령 제7조 14

**소방자동차 전용구역 방해행위의 기준**

① 전용구역에 **물건** 등을 쌓거나 주차하는 행위
② 전용구역의 **앞면**, **뒷면** 또는 양 측면에 물건 등을 쌓거나 주차하는 행위(단, 부설 주차장의 주차구획 내에 주차하는 경우는 제외)
③ 전용구역 **진입로**에 물건 등을 쌓거나 주차하여 전용구역으로의 진입을 가로막는 행위
④ 전용구역 **노면표지**를 지우거나 **훼손**하는 행위
⑤ 그 밖의 방법으로 소방자동차가 전용구역에 주차하는 것을 방해하거나 전용구역으로 진입하는 것을 방해하는 행위

(4) **보기 ④** 기본법 제56조

**100만원 이하의 과태료**

**공동주택**에 소방자동차 전용구역에 차를 주차하거나 전용구역에의 진입을 가로막는 등의 방해행위를 한 자

④ 벌금 → 과태료

답 ④

★

## 53 소방기본법령상 보상제도에 관한 설명이다. (　　)에 들어갈 말을 순서대로 바르게 나열한 것은?

> 소방청장 또는 시·도지사는 「소방기본법」 제16조의 3 제1항에 따른 조치로 인하여 손실을 입은 자 등에게 (　　)의 심사·의결에 따라 정당한 보상을 하여야 한다. 이러한 보상을 청구할 수 있는 권리는 손실이 있음을 안 날로부터 (　　), 손실이 발생한 날부터 (　　)간 행사하지 아니하면 시효의 완성으로 소멸한다.

① 손해보상심의위원회 - 3년 - 5년
② 손실보상심의위원회 - 3년 - 5년
③ 손해보상심의위원회 - 5년 - 10년
④ 손실보상심의위원회 - 5년 - 10년

해설 **기본법 제49조 2**

**손실보상**

(1) **소방청장** 또는 **시·도지사**는 「소방기본법」 제16조 3 제1항에 따른 조치로 인하여 손실을 입은 자 등에게 (**손실보상심의위원회**)의 심사·의결에 따라 정당한 보상을 하여야 한다. 이러한 보상을 청구할 수 있는 권리는 손실이 있음을 안 날로부터 (**3년**), 손실이 발생한 날부터 (**5년**)간 행사하지 아니하면 시효의 완성으로 소멸한다.

(2) **대통령령**으로 정함
① 손실보상의 기준
② 보상금액
③ 지급절차 및 방법
④ 손실보상심의위원회의 구성 및 운영

답 ②

★★★

## 54 소방기본법령상 용어의 정의에 관한 설명으로 옳지 않은 것은?

12회 문 55

① "관계인"이란 소방대상물의 소유자·관리자 또는 점유자를 말한다.
② "관계지역"이란 소방대상물이 있는 장소 및 그 이웃 지역으로서 화재의 예방·경계·진압, 구조·구급 등의 활동에 필요한 지역을 말한다.
③ "소방대"란 화재를 진압하고 화재, 재난·재해, 그 밖의 위급한 상황에서 구조·구급 활동 등을 하기 위하여 소방공무원, 의무소방원, 의용소방대원, 사회복무요원으로 구성된 조직체를 말한다.
④ "소방본부장"이란 특별시·광역시·특별자치시·도 또는 특별자치도에서 화재의 예방·경계·진압·조사 및 구조·구급 등의 업무를 담당하는 부서의 장을 말한다.

해설 **기본법 제2조**

**소방대**

| 구 분 | 설 명 |
|---|---|
| 뜻 | 화재를 진압하고 화재, 재난, 재해, 그 밖의 위급한 상황에서의 구조·구급활동 등을 하기 위하여 구성된 조직체 |
| 구성원 | ① 소방공무원<br>② 의무소방원<br>③ 의용소방대원 |

③ 사회복무요원은 해당 없음

답 ③

★★★
## 55 소방시설공사업법령상 용어에 관한 설명으로 옳은 것은?

13회 문 55
06회 문 72
05회 문 58

① 방염처리업은 소방시설업에 포함된다.
② 위험물기능장은 소방기술자 대상에 포함되지 않는다.
③ 소방시설관리업은 소방시설업에 포함된다.
④ 화재감식평가기사는 소방기술자 대상에 포함된다.

해설 (1) **보기 ①③** **공사업법 제2조 제①항**

**소방시설업**

| 소방시설 설계업 | 소방시설 공사업 | 소방공사 감리업 | 방염처리업 |
|---|---|---|---|
| 소방시설공사에 기본이 되는 공사계획·설계도면·설계설명서·기술계산서 등을 작성하는 영업 | 설계도서에 따라 소방시설을 신설·증설·개설·이전·정비하는 영업 | 소방시설공사에 관한 발주자의 권한을 대행하여 소방시설공사가 설계도서와 관계법령에 따라 적법하게 시공되는지를 확인하고, 품질·시공관리에 대한 기술지도를 하는 영업 | 방염대상물품에 대하여 방염처리하는 영업 |

(2) **보기 ②④** **공사업규칙 제24조**

**소방기술과 관련된 자격자(소방기술자)**

① 소방기술사, 소방시설관리사, 소방설비기사, 소방설비산업기사
② **위험물기능장**, 위험물산업기사, 위험물기능사, 화공기술사, 화공기사, 화공산업기사
③ 전기기사, 전기산업기사, 건축전기설비기술사, 전기기능장, 전기공사기사, 전기공사산업기사
④ 건축사, 건축기사, 건축산업기사
⑤ 산업안전기사, 산업안전산업기사
⑥ 가스기술사, 가스기능장, 가스기사, 가스산업기사
⑦ 건축기계설비기술사, 건축설비기사, 건축설비산업기사, 공조냉동기계기술사, 공조냉동기계기사, 공조냉동기계산업기사, 일반기계기사

② 포함되지 않는다 → 포함된다.
③ 포함된다 → 포함되지 않는다.
④ 포함된다 → 포함되지 않는다.

비교

**소방기술**과 **관련**된 **학력자**(공사업규칙 제24조)
(1) **소방안전관리학과**(소방안전관리과, 소방시스템과, 소방학과, 소방환경관리과, 소방공학과 및 소방행정학과 포함) 졸업자
(2) **전기공학과**(전기과, 전기설비과, 전자공학과, 전기전자과, 전기전자공학과, 전기제어공학과 포함) 졸업자
(3) **산업안전공학과**(산업안전과, 산업공학과, 안전공학과, 안전시스템공학과 포함) 졸업자
(4) **기계공학과**(기계과, 기계학과, 기계설계학과, 기계설계공학과, 정밀기계공학과 포함) 졸업자
(5) **건축공학과**(건축과, 건축학과, 건축설비학과, 건축설계학과 포함) 졸업자
(6) **화학공학과**(공업화학과, 화학공업과 포함) 졸업자

답 ①

★
## 56 소방시설공사업법령상 소방시설업자협회의 업무에 해당하지 않는 것은?

① 소방산업의 발전 및 소방기술의 향상을 위한 지원
② 소방시설업의 기술발전과 관련된 국제교류·활동 및 행사의 유치
③ 소방시설업의 사익증진과 과태료 부과업무에 관한 사항
④ 소방시설업의 기술발전과 소방기술의 진흥을 위한 조사·연구·분석 및 평가

해설 **소방시설공사업법 제30조 3**

**소방시설업자협회의 업무**

(1) 소방시설업의 기술발전과 소방기술의 진흥을 위한 **조사·연구·분석** 및 **평가** 보기 ④
(2) 소방산업의 발전 및 소방기술의 향상을 위한 **지원** 보기 ①
(3) 소방시설업의 기술발전과 관련된 **국제교류·활동** 및 **행사**의 유치 보기 ②
(4) 이 법에 따른 위탁업무의 수행

답 ③

★★★
## 57 소방시설공사업법령상 완공검사를 위한 현장확인 대상 특정소방대상물이 아닌 것은?

10회 문 52
09회 문 65
03회 문 70

① 판매시설 ② 창고시설
③ 노유자시설 ④ 운수시설

해설 **공사업령 제5조**
**완공검사를 위한 현장확인 대상 특정소방대상물**

(1) **수**련시설
(2) **노**유자시설 보기 ③
(3) **문**화 및 집회시설, **운**동시설
(4) **종**교시설
(5) **판**매시설 보기 ①
(6) **숙**박시설
(7) **창**고시설 보기 ②
(8) 지하**상**가
(9) 다중이용업소
(10) 다음의 어느 하나에 해당하는 설비가 설치되는 특정소방대상물
 ① 스프링클러설비 등
 ② 물분무등소화설비(호스릴방식의 소화설비는 제외)
(11) 연면적 10000m$^2$ 이상이거나 11층 이상인 특정소방대상물(아파트 제외)
(12) 가연성 가스를 제조·저장 또는 취급하는 시설 중 지상에 노출된 가연성 가스탱크의 저장용량 합계가 1000t 이상인 시설

기억법 **문종판 노수운 숙창상현**

답 ④

19회

☆
## 58 소방시설 설치 및 관리에 관한 법령상 소방시설에 대한 설명으로 옳은 것은?
16회 문 62

① 수용인원 50명인 문화 및 집회시설 중 영화상영관은 공기호흡기를 설치하여야 한다.
② 비상경보설비는 소방시설의 내진설계기준에 맞게 설치하여야 한다.
③ 분말형태의 소화약제를 사용하는 소화기의 내용연수는 5년으로 한다.
④ 불연성 물품을 저장하는 창고는 옥외소화전 및 연결살수설비를 설치하지 아니할 수 있다.

해설 (1) 보기 ① **소방시설법 시행령 [별표 4]**
**공기호흡기를 설치해야 하는 특정소방대상물**
① 수용인원 **100명** 이상인 문화 및 집회시설 중 영화상영관
② 판매시설 중 **대규모점포**
③ 운수시설 중 **지하역사**
④ 지하가 중 **지하상가**
⑤ **이산화탄소 소화설비**(호스릴 이산화탄소 소화설비 **제외**)를 설치하여야 하는 특정소방대상물

(2) 보기 ② **소방시설법 시행령 제8조**
**소방시설의 내진설계**

| 구 분 | 설 명 |
|---|---|
| 적용 소방시설 | ① 옥내소화전설비<br>② 스프링클러설비<br>③ 물분무등소화설비 |
| 적용법령 | ① 「건축법」<br>② 「지진·화산재해대책법 시행령」 |

(3) 보기 ③ **소방시설법 시행령 제19조**
**내용연수**
분말형태 소화기의 내용연수 : **10년**

(4) 보기 ④ **소방시설법 시행령 [별표 6]**
**소방시설을 설치하지 않을 수 있는 특정소방대상물 및 소방시설의 범위**

| 구 분 | 특정소방대상물 | 소방시설 |
|---|---|---|
| **화**재안전 **기**준을 달리 적용해야 하는 특수한 용도 또는 구조를 가진 특정소방대상물 | • 원자력 발전소<br>• 중·저준위 방사성 폐기물의 저장시설 | • **연**결송수관설비<br>• **연**결살수설비<br>기억법 **화기연(화기연구)** |
| 자체소방대가 설치된 특정소방대상물 | 자체소방대가 설치된 위험물 제조소 등에 부속된 사무실 | • 옥내소화전설비<br>• 소화용수설비<br>• 연결살수설비<br>• 연결송수관설비 |
| 화재위험도가 낮은 특정소방대상물 | **석**재, **불**연성 **금**속, **불**연성 건축재료 등의 가공공장·기계조립공장 또는 **불연성** 물품을 저장하는 **창고** | • 옥**외**소화전설비<br>• 연결살수설비<br>기억법 **석불금외** |

① 50명 → 100명 이상
② 설치하여야 한다 → 설치하지 않아도 된다.
③ 5년 → 10년

답 ④

★★★
## 59 소방시설 설치 및 관리에 관한 법령상 시·도지사가 소방시설관리업 등록을 반드시 취소하여야 하는 사유로 옳은 것을 모두 고른 것은?

16회 문 64 / 15회 문 57 / 12회 문 57 / 11회 문 72 / 11회 문 73 / 10회 문 65 / 09회 문 64 / 09회 문 66 / 07회 문 61 / 07회 문 63 / 04회 문 69 / 04회 문 74

㉠ 소방시설관리업자가 거짓이나 그 밖의 부정한 방법으로 등록을 한 경우
㉡ 소방시설관리업자가 소방시설 등의 자체점검을 거짓으로 한 경우
㉢ 소방시설관리업자가 관리업의 등록기준에 미달하게 된 경우
㉣ 소방시설관리업자가 관리업의 등록증을 다른 자에게 빌려준 경우

① ㉠, ㉡　② ㉠, ㉣
③ ㉡, ㉢　④ ㉢, ㉣

해설 **소방시설법 제35조**
**등록취소와 영업정지**

| 등록취소 | 영업정지 |
|---|---|
| ① **거짓**이나 **부정한 방법**으로 등록을 한 경우 **보기 ㉠**<br>② **등록결격사유**에 해당된 경우(단, 법인으로서 결격사유에 해당하게 된 날부터 2개월 이내에 그 임원을 결격사유가 없는 임원으로 바꾸어 선임한 경우 제외)<br>③ **등록증** 또는 **등록수첩**을 빌려준 경우 **보기 ㉣** | ① **자체점검**을 하지 **않거나** 거짓으로 한 경우 **보기 ㉡**<br>② **등록기준**에 **미달**하게 된 경우 **보기 ㉢**<br>③ **자체점검능력 평가**를 받지 않고 자체점검을 한 경우 |

답 ②

★
## 60 화재의 예방 및 안전관리에 관한 법령상 중앙화재안전조사단 및 지방화재안전조사단의 조사단원이 될 수 있는 사람을 모두 고른 것은?

㉠ 소방공무원
㉡ 소방업무와 관련된 단체의 임직원
㉢ 소방업무와 관련된 연구기관의 임직원

① ㉠
② ㉠, ㉡
③ ㉡, ㉢
④ ㉠, ㉡, ㉢

해설 **화재예방법 시행령 제10조**
**중앙화재안전조사단 및 지방화재안전조사단**

| 구 분 | 설 명 |
|---|---|
| 단장 임명 또는 단원 위촉 | 소방관서장 |
| 편성 | 단장을 포함하여 **50명** 이내의 단원으로 성별을 고려하여 구성 |
| 조사단원 | ① 소방공무원 **보기 ㉠**<br>② 소방업무와 관련된 **단체** 또는 **연구기관** 등의 임직원 **보기 ㉡㉢**<br>③ 소방관련분야에서 전문적인 지식이나 경험이 풍부한 사람 |

답 ④

★★★
## 61 소방시설 설치 및 관리에 관한 법령상 방염대상물품이 아닌 것은?

15회 문 62 / 12회 문 14 / 12회 문 67 / 04회 문 60 / 02회 문 64

① 철재를 원료로 제작된 의자
② 카펫
③ 전시용 합판
④ 창문에 설치하는 커튼류

해설 **소방시설법 시행령 제31조**
**방염대상물품**

| 제조 또는 가공 공정에서 방염처리를 한 방염대상물품 | 건축물 내부의 천장이나 벽에 부착하거나 설치하는 것 |
|---|---|
| ① 창문에 설치하는 **커튼류**(블라인드 포함) 보기 ④<br>② 카펫 보기 ②<br>③ **벽지류**(두께 2mm 미만인 **종이벽지 제외**)<br>④ **전시용 합판·목재** 또는 **섬유판** 보기 ③<br>⑤ **무대용 합판·목재** 또는 **섬유판**<br>⑥ **암막·무대막**(영화상영관·가상체험 체육시설업의 **스크린** 포함)<br>⑦ 섬유류 또는 합성수지류 등을 원료로 하여 제작된 소파·의자(단란주점영업, 유흥주점영업 및 노래연습장업의 영업장에 설치하는 것만 해당) | ① 종이류(두께 **2mm 이상**), **합성수지류** 또는 **섬유류**를 주원료로 한 물품<br>② **합판**이나 **목재**<br>③ 공간을 구획하기 위하여 설치하는 **간이 칸막이**<br>④ **흡음재**(흡음용 커튼 포함) 또는 **방음재**(방음용 커튼 포함)<br>※ 가구류(옷장, 찬장, 식탁, 식탁용 의자, 사무용 책상, 사무용 의자, 계산대)와 너비 10cm 이하인 반자돌림대, 내부 마감재료 제외 |

답 ①

★★★
**62** 소방시설 설치 및 관리에 관한 법령상 연소방지설비는 어떤 소방시설에 속하는가?

17회 문110 / 16회 문 58 / 12회 문 61 / 10회 문 70 / 10회 문120 / 09회 문 70 / 06회 문 52 / 02회 문 55

① 소화설비
② 소화용수설비
③ 소화활동설비
④ 피난구조설비

해설 **소방시설법 시행령 [별표 1]**
**소화활동설비** 보기 ③
(1) **연**결송수관설비
(2) **연**결살수설비
(3) **연**소방지설비
(4) **무**선통신보조설비
(5) **제**연설비
(6) **비**상**콘**센트설비

기억법 **3연무제비콘**

중요
**연소방지설비**(소방시설법 시행령 [별표 4])
지하구(전력 또는 통신사업용인 것만 해당)에 설치

답 ③

★
**63** 화재의 예방 및 안전관리에 관한 법령상 소방안전관리대상물의 관계인이 소방안전관리자를 선임한 경우에 소방안전관리대상물의 출입자가 쉽게 알 수 있도록 게시하여야 하는 사항이 아닌 것은?

① 소방안전관리자의 성명
② 소방안전관리자의 소방관련 경력
③ 소방안전관리자의 연락처
④ 소방안전관리자의 선임일자

해설 **화재예방법 시행규칙 제15조**
**관계인이 소방안전관리자를 선임한 경우 게시할 사항**
(1) 소방안전관리대상물의 **명칭**
(2) 소방안전관리자의 **성명** 및 **선임일자** 보기 ① ④
(3) 소방안전관리대상물의 **등급**
(4) 소방안전관리자의 **연락처** 보기 ③
(5) 소방안전관리자의 **근무위치**(화재수신기 또는 종합방재실)

답 ②

★★
**64** 소방시설 설치 및 관리에 관한 법령상 과태료 처분에 해당하는 경우는?

17회 문 63 / 16회 문 55 / 13회 문 66

① 형식승인의 변경승인을 받지 아니한 자
② 소방시설을 화재안전기준에 따라 설치·관리하지 아니한 자
③ 영업정지처분을 받고 그 영업정지기간 중에 관리업의 업무를 한 자
④ 소방시설 등에 대한 자체점검을 하지 아니하거나 관리업자 등으로 하여금 정기적으로 점검하게 하지 아니한 자

해설 **소방시설법 제58조**
**1년 이하의 징역 또는 1천만원 이하의 벌금**

(1) 관리업의 등록증이나 등록수첩을 다른 자에게 빌려준 자
(2) 영업정지처분을 받고 그 영업정지기간 중에 관리업의 업무를 한 자 **보기 ③**
(3) 소방시설 등에 대하여 스스로 점검을 하지 아니하거나 관리업자 등으로 하여금 정기적으로 점검하게 하지 아니한 자 **보기 ④**
(4) 소방시설관리사증을 다른 자에게 빌려주거나 동시에 둘 이상의 업체에 취업한 사람
(5) 형식승인의 변경승인을 받지 아니한 자 **보기 ①**

② 300만원 이하의 과태료

중요

**300만원 이하의 과태료**(소방시설법 제61조)
소방시설을 화재안전기준에 따라 설치·관리하지 아니한 자

답 ②

★★★
## 65 소방시설 설치 및 관리에 관한 법령상 방염성능기준 이상의 실내장식물 등을 설치하여야 하는 특정소방대상물이 아닌 것은?

16회 문 67 / 14회 문 61 / 13회 문 60 / 09회 문 12 / 02회 문 68

① 공항시설
② 숙박시설
③ 의료시설 중 종합병원
④ 노유자시설

해설 **소방시설법 시행령 제30조**
**방염성능기준 이상 적용 특정소방대상물**
(1) 체력단련장, 공연장 및 종교집회장
(2) 문화 및 집회시설
(3) 종교시설
(4) 운동시설(**수영장**은 **제외**)
(5) 의원, 조산원, 산후조리원
(6) 의료시설(종합병원, 정신의료기관) **보기 ③**
(7) 교육연구시설 중 **합숙소**
(8) 노유자시설 **보기 ④**
(9) 숙박이 가능한 수련시설
(10) 숙박시설 **보기 ②**
(11) 방송국 및 촬영소
(12) 다중이용업소(단란주점영업, 유흥주점영업, 노래연습장의 영업장 등)
(13) 층수가 11층 이상인 것(**아파트**는 **제외**)

• **11층 이상** : '**고층건축물**'에 해당된다.

답 ①

★★
## 66 위험물안전관리법령상 시·도지사의 허가를 받아야 설치할 수 있는 제조소 등은?

18회 문 68 / 18회 문 72 / 17회 문 67 / 17회 문 68 / 14회 문 68

① 주택의 난방시설을 위한 취급소
② 축산용으로 필요한 건조시설을 위한 지정수량 20배 이하의 저장소
③ 공동주택의 중앙난방시설을 위한 저장소
④ 농예용으로 필요한 난방시설을 위한 지정수량 20배 이하의 저장소

해설 **위험물법 제6조**
**제조소 등의 설치허가 제외장소**
(1) **주택**의 난방시설(공동주택의 중앙난방시설 제외)을 위한 **저장소** 또는 **취급소** **보기 ①**
(2) 지정수량 **20배** 이하의 **농예용·축산용·수산용** 난방시설 또는 건조시설을 위한 **저장소** **보기 ② ④**

③ 공동주택의 **중앙난방시설**이므로 **설치허가 대상**

답 ③

★★★
## 67 위험물안전관리법령상 탱크안전성능검사의 대상이 되는 탱크 등에 관한 내용이다. (   )에 들어갈 숫자로 옳은 것은?

17회 문 69 / 16회 문 70 / 15회 문 68 / 12회 문 73

기초·지반검사 : 옥외탱크저장소의 액체위험물탱크 중 그 용량이 (   )만 리터 이상인 탱크

① 20　② 50
③ 70　④ 100

해설 **위험물령 제8조**
**위험물탱크의 탱크안전성능검사**

| 검사항목 | 조 건 |
|---|---|
| **기초·지반검사, 용접부검사** | 옥외탱크저장소의 액체위험물탱크 중 그 용량이 **100만L** 이상인 탱크 **보기 ④** |
| **충수·수압검사** | 액체위험물을 저장 또는 취급하는 탱크 |
| **암반탱크검사** | 액체위험물을 저장 또는 취급하는 암반 내의 공간을 이용한 탱크 |

중요

**위험물령 제9조**
**시·도지사**가 면제할 수 있는 탱크안전성능검사 : **충수·수압검사**

비교

한국소방산업기술원에 권한의 위탁(위험물령 제22조)

| 50만L | 100만L |
|---|---|
| **옥외탱크저장소**(저장용량이 **50만L** 이상인 것만 해당) 또는 암반탱크저장소의 설치 또는 변경에 따른 완공검사 | 용량이 **100만L** 이상인 액체위험물을 저장하는 탱크의 탱크안전성능검사 |

답 ④

★★★

**68 위험물안전관리법령상 과태료 처분에 해당하는 경우는?**

① 정기점검 결과를 기록·보존하지 아니한 자
② 제조소 등의 설치허가를 받지 아니하고 제조소 등을 설치한 자
③ 안전관리자 또는 그 대리자가 참여하지 아니한 상태에서 위험물을 취급한 자
④ 위험물의 운반에 관한 중요기준에 따르지 아니한 자

해설 (1) **500만원 이하의 과태료**(위험물법 제39조)
① **위험물**의 **임시저장** 미승인
② 위험물의 운반에 관한 세부기준 위반
③ 제조소 등의 지위 승계 허위신고·미신고
④ **예방규정 미준수**
⑤ **제조소** 등의 **점검결과**를 기록보존 아니한 자
⑥ **위험물**의 **운송기준** 미준수자
⑦ 제조소 등의 폐지 허위신고

(2) **5년 이하의 징역 또는 1억원 이하의 벌금**(위험물법 제34조 2)
**무허가 제조소** 설치자

(3) **1000만원 이하의 벌금**(위험물법 제37조)
① 위험물 취급에 관한 안전관리와 감독하지 않은 자
② 위험물 운반에 관한 중요기준 위반
③ 위험물 운송기준을 위반한 위험물운송자
④ 관계인 출입·검사 방해

① 500만원 이하의 과태료(위험물법 제39조)
② 5년 이하의 징역 또는 1억원 이하의 벌금(위험물법 제34조 2)
③, ④ 1000만원 이하의 벌금(위험물법 제37조)

답 ①

★

**69 위험물안전관리법령상 제조소 등의 위험물안전관리자(이하 "안전관리자"라 함)에 관한 설명으로 옳은 것은?**

04회 문 64

① 제조소 등의 관계인이 안전관리자가 질병 등의 사유로 일시적으로 직무를 수행할 수 없어 대리자를 지정하는 경우, 대리자가 안전관리자의 직무를 대행하는 기간은 15일을 초과할 수 없다.
② 제조소 등의 관계인이 안전관리자를 해임한 경우 그 관계인 또는 안전관리자는 소방본부장이나 소방서장에게 그 사실을 알려 해임된 사실을 확인받을 수 있다.
③ 제조소 등의 관계인이 안전관리자를 선임한 경우에는 선임한 날부터 30일 이내에 소방본부장 또는 소방서장에게 신고하여야 한다.
④ 안전관리자를 선임한 제조소 등의 관계인은 안전관리자가 퇴직한 때에는 퇴직한 날부터 60일 이내에 다시 안전관리자를 선임하여야 한다.

해설 **위험물법 제15조 제4항** 보기 ②
제조소 등의 관계인이 위험물안전관리자를 해임하거나 위험물안전관리자가 퇴직한 경우 그 관계인 또는 위험물안전관리자는 **소방본부장**이나 **소방서장**에게 그 사실을 알려 해임되거나 퇴직한 사실을 확인받을 수 있다.

① 15일 → 30일
③ 30일 → 14일
④ 60일 → 30일

답 ②

★★★

**70 위험물안전관리법령상 정기점검의 대상인 제조소 등이 아닌 것은?**

16회 문 68
15회 문 69
15회 문 71
13회 문 70
11회 문 87

① 판매취급소 ② 이동탱크저장소
③ 이송취급소 ④ 지하탱크저장소

해설 **위험물령 제15, 16조**
**정기점검대상인 제조소**
(1) 지정수량의 **10배** 이상 **제조소·일반취급소**
(2) 지정수량의 **100배** 이상 **옥외저장소**
(3) 지정수량의 **150배** 이상 **옥내저장소**
(4) 지정수량의 **200배** 이상 **옥외탱크저장소**
(5) 암반탱크저장소
(6) 이송취급소 보기 ③
(7) 지하탱크저장소 보기 ④
(8) 이동탱크저장소 보기 ②

(9) **지하**에 매설된 **탱크**가 있는 **제조소·주유취급소·일반취급소**

기억법 1 제일
1 외
5 내
2 탱

비교

**예방규정을 정하여야 할 제조소 등**(위험물령 제15조)

(1) 10배 이상의 제조소·일반취급소
(2) 100배 이상의 옥외저장소
(3) 150배 이상의 옥내저장소
(4) 200배 이상의 옥외탱크저장소
(5) 이송취급소
(6) 암반탱크저장소

기억법 1 제일
1 외
5 내
2 탱

답 ①

★★

## 71 다중이용업소의 안전관리에 관한 특별법령상 안전시설 등의 설치·유지에 관한 설명이다. ( )에 들어갈 내용으로 옳은 것은?

숙박을 제공하는 형태의 다중이용업소의 영업장 또는 밀폐구조의 영업장 중 대통령령으로 정하는 영업장에는 소방시설 중 ( )를(을) 행정안전부령으로 정하는 기준에 따라 설치하여야 한다.

① 간이스프링클러설비
② 비상조명등
③ 자동화재탐지설비
④ 가스누설경보기

해설 **다중이용업법 제9조**
**소방시설 중 간이스프링클러설비를 행정안전부령으로 정하는 기준에 따라 설치하여야 하는 다중이용업소의 영업장** 보기 ①

(1) **숙박**을 제공하는 형태의 다중이용업소의 영업장
(2) **밀폐구조**의 영업장

답 ①

★★★

## 72 다중이용업소의 안전관리에 관한 특별법령상 다중이용업에 해당하지 않는 것은?

16회 문 08
12회 문 64
09회 문 59
07회 문 66

① 비디오물감상실업 ② 노래연습장업
③ 산후조리업 ④ 노인의료복지업

해설 **다중이용업령 제2조, 다중이용업규칙 제2조**
**다중이용업**

(1) 휴게음식점영업·일반음식점영업·제과점영업 : 100m² 이상(지하층은 66m² 이상)
(2) 단란주점영업·유흥주점영업
(3) 영화상영관·**비디오물감상실업**·비디오물소극장업 및 복합영상물제공업 보기 ①
(4) 학원 수용인원 **300명** 이상
(5) 학원 수용인원 **100~300명** 미만
 ① **기숙사**가 있는 학원
 ② **2 이상** 학원 수용인원 **300명** 이상
 ③ **다중이용업**과 **학원**이 함께 있는 것
(6) **목욕장업**
(7) 게임제공업, 인터넷 컴퓨터게임시설 제공업·복합유통게임 제공업
(8) **노래연습장업** 보기 ②
(9) **산후조리업** 보기 ③
(10) **고시원업**
(11) **전화방업**
(12) 화상대화방업
(13) **수면방업**
(14) **콜라텍업**
(15) 방탈출카페업
(16) 키즈카페업
(17) 만화카페업
(18) 권총사격장(옥내사격장)
(19) 가상체험 체육시설업(실내에 1개 이상의 별도의 구획된 실을 만들어 골프종목의 운동이 가능한 시설을 경영하는 영업으로 한정)
(20) 안마시술소

④ 해당없음

답 ④

★

## 73 다중이용업소의 안전관리에 관한 특별법령상 화재배상책임보험의 가입과 관련하여 과태료 부과대상에 해당하지 않는 것은?

① 화재배상책임보험에 가입하지 않은 다중이용업주
② 정당한 사유 없이 계약체결을 거부한 보험회사
③ 화재배상책임보험 외의 보험가입을 권유한 보험회사
④ 임의로 계약을 해제 또는 해지한 보험회사

해설 **다중이용업법 제25조**
**300만원 이하의 과태료**

(1) **소방안전교육**을 받지 아니하거나 종업원이 소방안전교육을 받도록 하지 아니한 다중이용업주
(2) 안전시설 등을 기준에 따라 설치·유지하지 아니한 자
(3) 설치신고를 하지 아니하고 안전시설 등을 설치하거나 영업장 내부구조를 변경한 자 또는 **안전시설** 등의 **공사**를 마친 후 신고를 하지 아니한 자
(4) **비상구**에 **추락** 등의 **방지**를 위한 장치를 기준에 따라 갖추지 아니한 자
(5) **실내장식물**을 기준에 따라 설치·유지하지 아니한 자
(6) 영업장의 내부구획을 기준에 따라 설치·유지하지 아니한 자
(7) 피난시설, 방화구획 또는 방화시설에 대하여 폐쇄·훼손·변경 등의 행위를 한 자
(8) **피난안내도**를 갖추어 두지 아니하거나 피난안내에 관한 영상물을 상영하지 아니한 자
(9) 다음의 어느 하나에 해당하는 자
　① 안전시설 등을 점검(위탁하여 실시하는 경우 포함)하지 아니한 자
　② 정기점검결과서를 작성하지 아니하거나 거짓으로 작성한 자
　③ 정기점검결과서를 보관하지 아니한 자
(10) **화재배상책임보험**에 가입하지 아니한 다중이용업주 **보기 ①**
(11) 화재배상책임보험의 계약을 체결하고 통지를 하지 아니한 보험회사
(12) 다중이용업주와의 화재배상책임보험 계약체결을 거부하거나 임의로 계약을 해제 또는 해지한 보험회사 **보기 ② ④**
(13) 소방안전관리업무를 하지 아니한 자
(14) 보고 또는 즉시보고를 하지 아니하거나 거짓으로 한 자

답 ③

★
## 74 다중이용업소의 안전관리에 관한 특별법령상 이행강제금에 대한 설명으로 옳지 않은 것은?

14회 문 73

① 이행강제금의 1회 부과 한도는 1천만원 이하이다.
② 조치명령을 받은 자가 조치명령을 이행하면, 이미 부과된 이행강제금도 징수할 수 없다.
③ 이행강제금을 부과하기 전에 이행강제금을 부과·징수한다는 것을 미리 문서로 알려주어야 한다.
④ 최초의 조치명령을 한 날을 기준으로 매년 2회의 범위에서 그 조치명령이 이행될 때까지 반복하여 이행강제금을 부과·징수할 수 있다.

해설 **다중이용업법 제26조**
**이행강제금**

(1) 이행강제금의 **1회** 부과 한도는 **1천만원** 이하이다. **보기 ①**
(2) 조치명령을 받은 자가 명령을 이행하면 새로운 이행강제금의 부과를 즉시 중지하되, 이미 부과된 **이행강제금**은 **징수**하여야 한다. **보기 ②**
(3) 이행강제금을 부과하기 전에 이행강제금을 부과·징수한다는 것을 미리 문서로 알려주어야 한다. **보기 ③**
(4) 최초의 조치 명령을 한 날을 기준으로 매년 **2회**의 범위에서 그 조치 명령이 이행될 때까지 반복하여 이행강제금을 부과·징수할 수 있다. **보기 ④**

② 이행강제금을 징수할 수 없다. → 이행강제금을 징수하여야 한다.

답 ②

★★★
## 75 다중이용업소의 안전관리에 관한 특별법령상 영업장 내부를 구획하고자 할 때 천장(반자속)까지 불연재료로 구획해야 하는 업종에 해당하는 것은?

① 산후조리업　② 게임제공업
③ 단란주점영업　④ 고시원업

해설 **다중이용업법 제10조 2**
**영업장 내부를 천장(반자속)까지 구획해야 하는 업종**

(1) 단란주점영업 **보기 ③**
(2) 유흥주점영업
(3) 노래연습장영업

답 ③

**제 4 과목** 위험물의 성질 · 상태 및 시설기준

★
## 76 아염소산나트륨($NaClO_2$)에 관한 설명으로 옳지 않은 것은?

16회 문 83
17회 문 76
15회 문 86
13회 문 77
06회 문 98
05회 문 77
02회 문 99

① 매우 불안정하여 180℃ 이상 가열하면 발열분해하여 $O_2$를 발생한다.
② 가연성 물질로서 가열, 충격, 마찰에 의해 발화, 폭발한다.
③ 암모니아, 아민류와 반응하여 폭발성의 물질을 생성한다.
④ 수용액상태에서도 산화력을 가지고 있다.

해설 **아염소산나트륨**($NaClO_2$)
(1) 매우 불안정하여 **180℃** 이상 가열하면 발열분해하여 **$O_2$를 발생**한다. 보기 ①
(2) 강산화제로서 **단독**으로 **폭발**이 가능하다.
(3) 암모니아, 아민류와 반응하여 폭발성의 물질을 생성한다. 보기 ③
(4) 수용액상태에서도 산화력을 가지고 있다. 보기 ④
(5) 황·금속분 등의 **환원성 물질**과 혼촉시 발화한다.

답 ②

★★★
## 77 황 480g이 공기 중에서 완전연소할 때 발생되는 이산화황($SO_2$) 가스의 발생량(g)은? (단, 황의 원자량은 32, 산소의 원자량은 16으로 한다.)

① 630 ② 730
③ 850 ④ 960

해설 (1) **주어진 값**
- S의 원자량 : 32g/mol
- O의 원자량 : 16g/mol
- S의 질량 : 480g

(2) **분자량**

| 물 질 | 원자량 |
|---|---|
| S | 32 |
| O | 16 |

이산화황($SO_2$)=32+16×2=64g/mol

(3) **황**의 **연소반응식**

황 산소 이산화황
$S + O_2 \rightarrow SO_2$
32g/mol ╳ 64g/mol
480g ╳ $x$

$32x = 480 \times 64$

$$x = \frac{480\text{g} \times 64\text{g/mol}}{32\text{g/mol}} = 960\text{g}$$

답 ④

★
## 78 철분(Fe)에 관한 설명으로 옳지 않은 것은?

① 절삭유와 같은 기름이 묻은 철분을 장기 방치하면 자연발화하기 쉽다.
② 용융황과 접촉하면 폭발하며 무기과산화물과 혼합한 것은 소량의 물에 의해 발화한다.
③ 금속의 온도가 충분히 높을 때 수증기와 반응하면 $O_2$를 발생한다.
④ 발연질산에 넣었다가 꺼내면 산화피막을 형성하면 부동태가 된다.

해설 **철분**(Fe)
(1) 절삭유와 같은 **기름**이 묻은 철분을 장기 방치하면 **자연발화**하기 쉽다. 보기 ①
(2) 용융황과 접촉하면 폭발하며 **무기과산화물**과 혼합한 것은 소량의 물에 의해 발화한다. 보기 ②
(3) 금속의 온도가 충분히 높을 때 **수증기**와 반응하면 $H_2$를 발생한다. 보기 ③
(4) 발연질산에 넣었다가 꺼내면 산화피막을 형성하여 부동태가 된다. 보기 ④

$Fe + 2HCl \rightarrow FeCl_2 + H_2\uparrow$

(5) 염소산칼륨($KClO_3$)·염소산나트륨($NaClO_3$)과 혼합한 것은 충격에 의해 폭발한다.

※ **철분** : 적열(赤熱)상태에서 수증기와 반응, 사산화삼철($Fe_3O_4$)을 생성하고 묽은 산에서는 수소($H_2$)를 발생한다.

③ $O_2 \rightarrow H_2$

답 ③

19회

★★★
**79** 나트륨(Na)에 관한 설명으로 옳지 않은 것은?

① 수은과 격렬하게 반응하여 나트륨 아말감을 만든다.
② 물과 격렬하게 반응하여 발열하고 $O_2$를 발생한다.
③ 에틸알코올과 반응하여 $H_2$를 발생한다.
④ 질산과 격렬하게 반응하여 $H_2$를 발생한다.

해설 **수소**($H_2$)와 **수산화나트륨**(NaOH)
(1) **수은**과 격렬하게 반응하여 **나트륨 아말감**을 만든다. 보기 ①
(2) 물과 격렬하게 반응하여 **수소**($H_2$)와 **수산화나트륨**(NaOH)을 발생한다. 보기 ②
(3) **에틸알코올**과 반응하여 $H_2$를 발생한다. 보기 ③
(4) 질산과 격렬하게 반응하여 $H_2$를 발생한다. 보기 ④
(5) 가연성 고체로 장기간 방치할 경우 **자연발화**의 **위험**이 있다.
(6) 융점 이상으로 가열시 **황색불꽃**을 내며 연소한다.
(7) **아이오딘산**과 접촉시 폭발한다.
(8) **피부**에 접촉하면 **화상**을 입는다.

② $O_2$ → $H_2$와 NaOH

답 ②



★★★
**80** 다이에틸에터($C_2H_5OC_2H_5$)에 관한 설명으로 옳지 않은 것은?

11회 문 78
06회 문 85
04회 문 98
02회 문 94

① 물과 접촉시 격렬하게 반응한다.
② 비점, 인화점, 발화점이 매우 낮고 연소범위가 넓다.
③ 연소범위의 하한치가 낮아 약간의 증기가 누출되어도 폭발을 일으킨다.
④ 증기압이 높아 저장용기가 가열되면 변형이나 파손되기 쉽다.

해설 **다이에틸에터**($C_2H_5OC_2H_5$)
(1) 비점, 인화점, 발화점이 매우 낮고 **연소범위**가 넓다. 보기 ②
(2) 연소범위의 하한치가 낮아 약간의 증기가 누출되어도 폭발을 일으킨다. 보기 ③
(3) 증기압이 높아 저장용기가 가열되면 변형이나 파손되기 쉽다. 보기 ④
(4) **강산화재**와 혼합시 폭발의 위험이 있다.
(5) 공기와 장시간 접촉하면 **과산화물**을 생성하며 폭발할 수 있다.

① 물에는 약간 녹지만 물과 접촉시 격렬하게 반응하지는 않는다.

답 ①

★★★
**81** 제3류 위험물이 아닌 것은?

15회 문 76
13회 문 68
10회 문 78
08회 문 80
05회 문 54
02회 문 62

① 황린
② 다이크로뮴산염
③ 탄화칼슘
④ 알킬리튬

해설 **위험물령 [별표 1]**
**위험물**

| 유별 | 성질 | 품명 |
|---|---|---|
| 제1류 | **산**화성 **고**체 | • 아염소산염류<br>• 염소산염류<br>• 과염소산염류<br>• 무기과산화물<br>• 브로민산염류<br>• 질산염류<br>• 아이오딘산염류<br>• 삼산화크로뮴<br>• 과망가니즈산염류<br>• **다이크로뮴산염류**(다이크로뮴산염) 보기 ②<br>기억법 1산고(일산GO) |
| 제2류 | 가연성 고체 | • **황화**인<br>• **적**린<br>• **황**<br>• 철분<br>• **마**그네슘<br>• 금속분<br>• 인화성 고체<br>기억법 2황화적황마 |
| 제3류 | 자연발화성 물질 및 금수성 물질 | • **칼**륨<br>• **나트**륨<br>• 알킬알루미늄<br>• **알킬리튬** 보기 ④<br>• **황린** 보기 ①<br>• 알칼리금속(칼륨 및 나트륨 제외) 및 알칼리토금속<br>• 유기금속화합물(알킬알루미늄 및 알킬리튬 제외)<br>• 금속수소화물<br>• 금속인화물<br>• 칼슘 또는 알루미늄의 탄화물(**탄화칼슘**) 보기 ③<br>기억법 3황칼나트 |

| 유별 | 성질 | 품명 |
|---|---|---|
| 제4류 | 인화성 액체 | • 특수인화물(아세트알데하이드)<br>• 제1석유류<br>• 알코올류<br>• 제2석유류<br>• 제3석유류<br>• 제4석유류<br>• 동식물유류 |
| 제5류 | 자기반응성 물질 | • 유기과산화물<br>• 질산에스터류(셀룰로이드)<br>• 나이트로화합물<br>• 나이트로소화합물<br>• 아조화합물<br>• 다이아조화합물<br>• 하이드라진 유도체 |
| 제6류 | 산화성 액체 | • **과염**소산<br>• 과**산**화수소<br>• **질**산<br>기억법 **6산액과염산질** |

② 제1류 위험물

답 ②

## 82 과염소산($HClO_4$)에 관한 설명으로 옳지 않은 것은?

16회 문 86<br>14회 문 87

① 종이, 나무조각 등의 유기물과 접촉하면 연소·폭발한다.
② 알코올과 에터에 폭발위험이 있고, 불순물과 섞여있는 것은 폭발이 용이하다.
③ 물과 반응하면 심하게 발열하며 소리를 낸다.
④ 아염소산보다는 약한 산이다.

해설 **과염소산**($HClO_4$)

(1) 종이, 나무조각 등의 유기물과 접촉하면 연소·폭발한다. 보기 ①
(2) 알코올과 에터에 폭발위험이 있고, 불순물과 섞여있는 것은 폭발이 용이하다. 보기 ②
(3) 물과 반응하면 심하게 발열하며 소리를 낸다. 보기 ③
(4) 염소산 중에서 **가장 강하다.** 보기 ④
(5) **무색·무취**의 유동성 액체이다.
(6) **흡습성**이 강하다.
(7) **산화력**이 강하다.
(8) 공기 중에서 강하게 발열한다.

④ 염소산 중에서 가장 강하다.

답 ④

## 83 하이드라진($N_2H_4$)에 관한 설명으로 옳지 않은 것은?

① 공기 중에서 가열하면 약 180℃에서 다량의 $NH_3$, $N_2$, $H_2$를 발생한다.
② 산소가 존재하지 않아도 폭발할 수 있다.
③ 강알칼리, 강환원제와는 반응하지 않는다.
④ CuO, CaO, HgO, BaO과 접촉할 때 불꽃이 발생하며 혼촉발화한다.

해설 **하이드라진**($N_2H_4$)

(1) 열에 매우 불안정하여 공기 중에서 가열하면 약 **180℃**에서 암모니아 질소를 발생한다. 공기와 산소없이도 분해한다. 즉 산소가 존재하지 않아도 폭발할 수 있다. 밀폐용기를 가열하면 심하게 파열한다. 보기 ①②

$$2N_2H_4 \xrightarrow{\Delta} 2NH_3 + N_2 + H_2$$

(2) 질산, 황산 등의 강산과 **칼륨**(K), **나트륨**(Na), **염화수은**($HgCl_2$), **다이에틸아연**($Zn(C_2H_5)_2$), **테트릴**(tetryl)과 접촉하면 혼합, 충격 등의 조건에 따라 발화폭발한다. 강산화성 물질과 혼합 시 현저히 위험성이 증가하고 **강알칼리**, **강환원제**와 **반응**한다. 보기 ③
(3) 환원하기 쉬운 금속산화물인 **산화구리**(CuO), **산화칼슘**(CaO), **산화수은**(HgO), **산화바륨**(BaO)과 접촉할 때 불꽃이 발생하면서 분해하고 혼촉발화한다. 보기 ④
(4) 목재, 석면, 섬유상의 물질, 식물류 등 광범위한 다양한 다공성 가연물질에 흡수되거나 금속산화물 표면과 접촉하면 상온에서 발화한다.
(5) 화염을 접촉하거나 **과염소산나트륨**($NaClO_4$), **질산은**($AgNO_3$), **다이크로뮴산칼륨**($K_2Cr_2O_7$), **염소**($Cl_2$) 등의 강산화제와 접촉하면 폭발한다.
(6) **과산화수소**($H_2O_2$)와 고농도의 하이드라진이 혼촉하면 심하게 발열반응을 일으키며 혼촉발화한다.

$$N_2H_4 + 2H_2O_2 \longrightarrow 4H_2O + N_2$$

(7) 하이드라진 증기가 혼합하면 점화원에 의해 폭발적으로 연소한다.
(8) 제조과정에서 1, 1-디메틸하이드라진과 혼합하고 있을 때 산화제와 접촉하면 혼촉발화한다.

$$N_2H_4 + O_2 \xrightarrow{\Delta} N_2 + 2H_2O$$

③ 반응하지 않는다 → 반응한다.

답 ③

★
## 84 나이트로소화합물에 관한 설명으로 옳은 것은?

① 분해가 용이하고 가열 또는 충격·마찰에 안정한다.
② 연소속도가 느리다.
③ 나이트로소기(−NO)가 결합된 유기화합물이다.
④ 질식소화가 효과적이다.

해설 **나이트로소화합물**
(1) 분해가 용이하고 가열 또는 충격·마찰에 폭발한다. 보기 ①
(2) 연소속도가 **빠르다**. 보기 ②
(3) 나이트로소기(−NO)가 결합된 유기화합물이다. 보기 ③
(4) **냉각소화**가 효과적이다. 보기 ④
(5) 용기에 **파라핀**을 첨가하여 저장한다.

① 안정하다. → 폭발한다.
② 느리다. → 빠르다.
④ 질식소화 → 냉각소화

답 ③

★★★
## 85 위험물안전관리법령상 제조소의 위치·구조 및 설비의 기준에서 지정수량 5배의 하이드록실아민($NH_2OH$)을 취급하는 위험물제조소의 외벽과 병원(의료법에 의한 병원급 의료기관)의 안전거리로 옳은 것은?

12회 문 76
06회 문 87

① 58m 이상
② 68m 이상
③ 78m 이상
④ 88m 이상

해설 **위험물규칙 [별표 4]**
**하이드록실아민 등을 취급하는 제조소의 안전거리**

$$D = 51.1\sqrt[3]{N}$$

여기서, $D$ : 거리[m]
$N$ : 해당 제조소에서 취급하는 하이드록실아민 등의 지정수량의 배수

$D = 51.1\sqrt[3]{N} = 51.1\sqrt[3]{5} \fallingdotseq 88\text{m}$

답 ④

★★★
## 86 제4류 위험물 중 제1석유류가 아닌 것은?

15회 문 78
13회 문 82
10회 문 82

① 벤젠 ② 아세톤
③ 에틸렌글리콜 ④ 메틸에틸케톤

해설 **제4류 위험물**

| 품 명 | 종 류 |
|---|---|
| 제1석유류 | ① **아세톤**·휘발유·**벤젠** 보기 ① ②<br>② 톨루엔·시클로헥산<br>③ 아크롤레인·초산에스터류<br>④ 의산에스터류<br>⑤ **메틸에틸케톤**·에틸벤젠·피리딘 보기 ④ |
| 제2석유류 | ① 등유·경유·의산<br>② 초산·테레빈유·장뇌유<br>③ 송근유·스티렌·메틸셀로솔브<br>④ 에틸셀로솔브·클로로벤젠·크실렌<br>⑤ 알릴알코올 |
| 제3석유류 | ① 중유·크레오소트유<br>② **에틸렌글리콜**·글리세린 보기 ③<br>③ 나이트로벤젠·아닐린·담금질유 |
| 제4석유류 | ① 기어유<br>② 실린더유 |

③ 에틸렌글리콜 : 제3석유류

답 ③

★★
## 87 다음 물질 중 발화점이 가장 낮은 것은?

13회 문 01
09회 문 81

① 아크롤레인 ② 톨루엔
③ 메틸에틸케톤 ④ 초산에틸

해설 **발화점**

| 물 질 | 발화점 |
|---|---|
| 아크롤레인($CH_2{=}CHCHO$) 보기 ① | 220℃ |
| 메틸에틸케톤($CH_3COC_2H_5$) 보기 ③ | 404℃ |
| 초산에틸($CH_3COOC_2H_5$) 보기 ④ | 426℃ |
| 톨루엔($C_6H_5CH_3$) 보기 ② | 552℃ |

답 ①

★★★
## 88 위험물안전관리법령상 브로민산칼륨($KBrO_3$)의 지정수량(Kg)은?

18회 문 71
18회 문 86
16회 문 85
15회 문 77
17회 문 87
16회 문 80
14회 문 77
14회 문 78
13회 문 76
12회 문 82

① 50
② 100
③ 200
④ 300

해설 **제1류 위험물**의 **종류** 및 **지정수량**

| 성질 | 품 명 | 지정수량 | 대표물질 |
|---|---|---|---|
| 산화성 고체 | 염소산염류 | 50kg | 염소산칼륨·염소산나트륨·염소산암모늄 |
| | 아염소산염류 | | 아염소산칼륨·아염소산나트륨 |
| | 과염소산염류 | | 과염소산칼륨·과염소산나트륨·과염소산암모늄 |
| | 무기과산화물 | | 과산화칼륨·과산화나트륨·과산화바륨 |
| | 크로뮴·납 또는 아이오딘의 산화물 | | 삼산화크로뮴 |
| | 브로민산염류 | 300kg 보기 ④ | **브로민산칼륨**·브로민산나트륨·브로민산바륨·브로민산마그네슘 |
| | 질산염류 | | 질산칼륨·질산나트륨·질산암모늄 |
| | 아이오딘산염류 | | 아이오딘산칼륨·아이오딘산칼슘 |
| | 과망가니즈산염류 | 1000kg | 과망가니즈산칼륨·과망가니즈산나트륨 |
| | 다이크로뮴산염류 | | 다이크로뮴산칼륨·다이크로뮴산나트륨·다이크로뮴산암모늄 |

답 ④

★★★

## 89

18회 문 22 / 18회 문 30 / 16회 문 30 / 15회 문 06 / 14회 문 30 / 13회 문 03 / 11회 문 36 / 11회 문 47 / 04회 문 45

**분자량 227g/mol인 나이트로글리세린 [$C_3H_5(ONO_2)_3$] 2000g이 부피 1500mL인 비파괴성 용기에서 폭발하였다. 폭발 당시의 온도가 500℃라면 이때의 압력(atm)은? (단, 절대온도 273K, 기체상수 0.082L·atm/K·mol이며, 소수점 이하는 절삭한다.)**

① 372  ② 400
③ 485  ④ 575

해설 (1) **기호**

- $M$ : 227g/mol
- $m$ : 2000g
- $V$ : 1.5L(1000mL=1L이므로 1500mL=1.5L)
- $T$ : 273+500℃=773K
- $R$ : 0.082L·atm/k·mol

(2) **이상기체상태 방정식**

$$PV=nRT$$

여기서, $P$ : 기압〔atm〕
$V$ : 부피〔L〕
$n$ : 몰수$\left(n=\dfrac{m(\text{질량}[\text{g}])}{M(\text{분자량}[\text{g/mol}])}\right)$
$R$ : 기체상수(0.082L·atm/k·mol)
$T$ : 절대온도(273+℃)〔K〕

$PV=\dfrac{m}{M}RT$에서

$$P=\frac{mRT}{VM}$$
$$=\frac{2000\text{g}\times 0.082\text{L}\cdot\text{atm/k}\cdot\text{mol}\times(273+500)\text{K}}{1.5\text{L}\times 227\text{g/mol}}$$
$$\fallingdotseq 372\text{atm}$$

답 ①

★

## 90

07회 문 74 / 04회 문 99

**다음은 위험물안전관리법령상 제조소의 위치·구조 및 설비의 기준에 관한 내용이다. ( )에 알맞은 숫자를 순서대로 나열한 것은?**

> Ⅱ. 보유공지
> 1. 위험물을 취급하는 건축물 그 밖의 시설(위험물을 이송하기 위한 배관 그 밖에 이와 유사한 시설을 제외한다)의 주위에는 그 취급하는 위험물의 최대수량에 따라 다음 표에 의한 너비의 공지를 보유하여야 한다.
>
> | 취급하는 위험물의 최대수량 | 공지의 너비 |
> |---|---|
> | 지정수량의 10배 이하 | (  )m 이상 |
> | 지정수량의 10배 초과 | (  )m 이상 |

① 1, 3  ② 2, 3
③ 3, 5  ④ 5, 7

해설 **위험물규칙 [별표 4]**
**위험물제조소의 보유공지**

| 취급하는 위험물의 최대수량 | 공지의 너비 |
|---|---|
| 지정수량의 10배 이하 | **3m** 이상 |
| 지정수량의 10배 초과 | **5m** 이상 |

비교

**보유공지** 절대 중요!

(1) **옥내저장소**(위험물규칙 [별표 5])

| 위험물의 최대수량 | 공지너비 | |
|---|---|---|
| | 내화구조 | 기타구조 |
| 지정수량의 5배 이하 | – | 0.5m 이상 |
| 지정수량의 5배 초과 10배 이하 | 1m 이상 | 1.5m 이상 |

| 위험물의 최대수량 | 공지너비 | |
|---|---|---|
| | 내화구조 | 기타구조 |
| 지정수량의 10배 초과 20배 이하 | 2m 이상 | 3m 이상 |
| 지정수량의 20배 초과 50배 이하 | 3m 이상 | 5m 이상 |
| 지정수량의 50배 초과 200배 이하 | 5m 이상 | 10m 이상 |
| 지정수량의 200배 초과 | 10m 이상 | 15m 이상 |

(2) **옥외저장소**(위험물규칙 [별표 11])

| 위험물의 최대수량 | 공지의 너비 |
|---|---|
| 지정수량의 10배 이하 | 3m 이상 |
| 지정수량의 11~20배 이하 | 5m 이상 |
| 지정수량의 21~50배 이하 | 9m 이상 |
| 지정수량의 51~200배 이하 | 12m 이상 |
| 지정수량의 200배 초과 | 15m 이상 |

(3) **옥외탱크저장소**(위험물규칙 [별표 6])

| 위험물의 최대수량 | 공지의 너비 |
|---|---|
| 지정수량의 500배 이하 | 3m 이상 |
| 지정수량의 501~1000배 이하 | 5m 이상 |
| 지정수량의 1001~2000배 이하 | 9m 이상 |
| 지정수량의 2001~3000배 이하 | 12m 이상 |
| 지정수량의 3001~4000배 이하 | 15m 이상 |
| 지정수량의 4000배 초과 | 당해 탱크의 수평단면의 **최대 지름**(가로형인 경우에는 긴 변)과 **높이** 중 **큰 것**과 같은 거리 이상(단, 30m 초과의 경우에는 **30m 이상**으로 할 수 있고, 15m 미만의 경우에는 **15m 이상**) |

(4) **지정과산화물의 옥내저장소**(위험물규칙 [별표 5])

| 저장 또는 취급하는 위험물의 최대수량 | 공지의 너비 | |
|---|---|---|
| | 저장창고의 주위에 담 또는 토제를 설치하는 경우 | 기타의 경우 |
| 5배 이하 | 3.0m 이상 | 10m 이상 |
| 6~10배 이하 | 5.0m 이상 | 15m 이상 |
| 11~20배 이하 | 6.5m 이상 | 20m 이상 |
| 21~40배 이하 | 8.0m 이상 | 25m 이상 |
| 41~60배 이하 | 10.0m 이상 | 30m 이상 |
| 61~90배 이하 | 11.5m 이상 | 35m 이상 |
| 91~150배 이하 | 13.0m 이상 | 40m 이상 |
| 151~300배 이하 | 15.0m 이상 | 45m 이상 |
| 300배 초과 | 16.5m 이상 | 50m 이상 |

답 ③

★
**91** 14회 문 92 **위험물안전관리법령상 제조소의 위치·구조 및 설비의 기준에서 배관의 설치에 관한 설명으로 옳은 것은?**

① 배관의 재질은 폴리에틸렌(PE)관 그 밖에 유사한 금속성으로 하여야 한다.

② 배관에 내압시험을 실시할 때 불연성 액체를 이용하는 경우에는 최대 상용압력의 1.1배 이상의 압력으로 내압시험을 실시해야 한다.

③ 지상에 설치하는 배관은 지진·풍압·지반침하 및 온도변화에 안전한 구조의 지지물에 설치하여야 한다.

④ 지하에 매설하는 배관은 지면에 미치는 중량이 당해 배관에 미치도록 하여 안전하게 하여야 한다.

해설 **위험물규칙 [별표 4] X**
**위험물제조소 내의 위험물을 취급한 배관의 설치기준**

(1) 배관의 재질은 **강관** 그 밖에 이와 유사한 금속성으로 할 것 보기 ①

(2) 배관의 내압시험 압력 보기 ②

| 불연성 기체 | 불연성 액체 |
|---|---|
| 최대 상용압력의 1.1배 이상 | 최대 상용압력의 1.5배 이상 |

(3) 배관을 지상에 설치하는 경우에는 지진·풍압·지반침하 및 온도변화에 안전한 구조의 지지물에 설치하되, 지면에 닿지 아니하도록 하고 배관의 외면에 부식방지를 위한 도장을 할 것 보기 ③

(4) 배관을 지하에 매설하는 경우에는 다음의 기준에 적합하게 하여야 한다.
 ① 금속성 배관의 외면에는 부식방지를 위하여 **도장·복장·코팅** 또는 **전기방식** 등의 필요한 조치를 할 것
 ② 배관의 **접합부분**(용접에 의한 접합부 또는 위험물의 누설의 우려가 없다고 인정되는 방법에 의하여 접합된 부분 제외)에는 위험물의 누설여부를 점검할 수 있는 점검구를 설치
 ③ 지면에 미치는 중량이 당해 배관에 미치지 아니하도록 보호할 것 보기 ④

(5) 배관에 **가열** 또는 **보온**을 위한 설비를 설치하는 경우에는 화재예방상 안전한 구조로 할 것

① 폴리에틸렌(PE) → 강관
② 1.1배 이상 → 1.5배 이상
④ 미치도록 하여 → 미치지 아니하도록

답 ③

★★★
**92** **위험물안전관리법령상 제조소의 위치·구조 및 설비의 기준에서 표지 및 게시판에 관한 설명으로 옳지 않은 것은?**

18회 문 90 / 16회 문100 / 10회 문 85 / 05회 문 78

① "위험물제조소"의 표지는 백색바탕에 흑색문자로 할 것
② 제1류 위험물의 "물기엄금"의 표지는 청색바탕에 백색문자로 할 것
③ 제4류 위험물의 "화기엄금"의 표지는 적색바탕에 백색문자로 할 것
④ 제5류 위험물의 "화기주의"의 표지는 적색바탕에 백색문자로 할 것

해설 **위험물규칙 [별표 4] Ⅲ**
**위험물제조소의 게시판 설치기준**

| 위험물 | 주의사항 | 비 고 |
|---|---|---|
| • 제1류 위험물(알칼리금속의 과산화물)<br>• 제3류 위험물(금수성 물질) | 물기엄금 보기 ② | **청색**바탕에 **백색**문자 |
| • 제2류 위험물(인화성 고체 제외) | 화기주의 | **적색**바탕에 **백색**문자 |
| • 제2류 위험물(인화성 고체)<br>• 제3류 위험물(자연발화성 물질)<br>• 제**4**류 위험물<br>• 제5류 위험물 | **화**기**엄**금 보기 ③④ | |
| • 제6류 위험물 | 별도의 표시를 하지 않는다. | |

기억법 **화4엄(화사함)**

④ 화기주의 → 화기엄금

비교

**위험물 운반용기**의 **주의사항**(위험물규칙 [별표 19])

| 위험물 | | 주의사항 |
|---|---|---|
| 제1류 위험물 | 알칼리금속의 과산화물 | • 화기·충격주의<br>• 물기엄금<br>• 가연물 접촉주의 |
| | 기타 | • 화기·충격주의<br>• 가연물 접촉주의 |
| 제2류 위험물 | 철분·금속분·마그네슘 | • 화기주의<br>• 물기엄금 |
| | 인화성 고체 | • 화기엄금 |
| | 기타 | • 화기주의 |
| 제3류 위험물 | 자연발화성 물질 | • 화기엄금<br>• 공기접촉엄금 |
| | 금수성 물질 | • 물기엄금 |
| 제4류 위험물 | | • 화기엄금 |
| 제5류 위험물 | | • 화기엄금<br>• 충격주의 |
| 제6류 위험물 | | • 가연물 접촉주의 |

답 ④

★★★
**93** **위험물안전관리법령상 소화설비, 경보설비 및 피난구조설비의 기준에서 위험물제조소의 연면적이 2000m² 또는 저장 및 취급하는 위험물이 지정수량의 150배 이상인 위험물제조소에 설치하여야 하는 소화설비로 옳은 것을 모두 고른 것은?**

10회 문 94 / 09회 문 90

㉠ 옥내소화전설비 ㉡ 옥외소화전설비
㉢ 상수도소화전설비 ㉣ 물분무소화설비

① ㉠, ㉡, ㉢ ② ㉠, ㉡, ㉣
③ ㉠, ㉢, ㉣ ④ ㉡, ㉢, ㉣

해설 **위험물규칙 [별표 17]**
**소화난이도등급 Ⅰ에 해당하는 제조소 등**

| 제조소 등의 구분 | 제조소 등의 규모, 저장 또는 취급하는 위험물의 품명 및 최대수량 등 |
|---|---|
| 제조소 및 일반취급소 | 연면적 **1000m²** 이상인 것 |
| | 지정수량의 **100배** 이상인 것(고인화점위험물만을 100℃ 미만의 온도에서 취급하는 것 및 제48조의 위험물을 취급하는 것은 제외) |
| | 지반면으로부터 **6m** 이상의 높이에 위험물 취급설비가 있는 것(고인화점위험물만을 100℃ 미만의 온도에서 취급하는 것은 제외) |
| | **일반취급소**로 사용되는 부분 외의 부분을 갖는 건축물에 설치된 것(내화구조로 개구부 없이 구획된 것, 고인화점위험물만을 100℃ 미만의 온도에서 취급하는 것 및 [별표 16] Ⅹ의 2의 화학실험으로 일반취급소는 제외) |

문제에서 연면적 2000m²(1000m² 이상) 또는 지정수량 150배(100배 이상)는 소화난이등급 Ⅰ에 해당하는 제조소 등이므로 아래 표 확인

▌소화난이도등급 Ⅰ의 제조소 등에 설치하여야 하는 소화설비▐

| 제조소 등의 구분 | 소화설비 |
|---|---|
| ① 제조소<br>② 일반취급소 | ① 옥내소화전설비 보기 ㉠<br>② 옥외소화전설비 보기 ㉡<br>③ **스프링클러설비** 또는 **물분무등소화설비** 보기 ㉣ (화재발생시 연기가 충만할 우려가 있는 장소에는 스프링클러설비 또는 이동식 외의 물분무소화설비에 한함) |

중요

**물분무등소화설비**(소방시설법 시행령 [별표 1])
(1) 물분무소화설비
(2) 미분무소화설비
(3) 포소화설비
(4) 이산화탄소 소화설비
(5) 할론소화설비
(6) 할로겐화합물 및 불활성기체 소화설비
(7) 분말소화설비
(8) 강화액 소화설비
(9) 고체에어로졸 소화설비

답 ②

★★
**94** 위험물안전관리법령상 옥외저장소의 위치·구조 및 설비의 기준에서 옥외저장소에 위험물을 저장하는 경우 저장장소 주위에 배수구 및 집유설비를 설치하여야 하는 위험물이 아닌 것은?

① 에틸알코올 ② 다이에틸에터
③ 톨루엔 ④ 초산에틸

해설 위험물규칙 [별표 11] Ⅱ
인화성 고체, 제1석유류 또는 알코올류의 옥외저장소의 특례

| 배수구 및 집유설비 설치 | 위험물을 적당한 온도로 유지하기 위한 살수설비 등을 설치 |
|---|---|
| **제1석유류** 또는 **알코올류**를 저장 또는 취급하는 장소의 주위 | **인화성 고체**, **제1석유류** 또는 **알코올류**를 저장 또는 취급하는 장소 |

중요

**제4류 위험물**의 **종류** 및 **지정수량**

| 성질 | 품 명 | | 지정수량 | 대표물질 |
|---|---|---|---|---|
| 인화성 액체 | 특수인화물 | | 50L | **다이에틸에터**·이황화탄소·아세트알데하이드·산화프로필렌·이소프렌·펜탄·디비닐에터·트리클로로실란 |
| | 제1석유류 | 비수용성 | 200L | 휘발유·벤젠·**톨루엔**·시클로헥산·아크롤레인·에틸벤젠·초산에스터류(**초산에틸**)·의산에스터류·콜로디온·메틸에틸케톤 보기 ③④ |
| | | 수용성 | 400L | 아세톤·피리딘·시안화수소 |
| | 알코올류 | | 400L | 메틸알코올·**에틸알코올**·프로필알코올·이소프로필알코올·부틸알코올·아밀알코올·퓨젤유·변성알코올 보기 ① |
| | 제2석유류 | 비수용성 | 1000L | 등유·경유·테레빈유·장뇌유·송근유·스티렌·클로로벤젠·크실렌 |
| | | 수용성 | 2000L | 의산·초산·메틸셀로솔브·에틸셀로솔브·알릴알코올 |
| | 제3석유류 | 비수용성 | 2000L | 중유·크레오소트유·니트로벤젠·아닐린·담금질유 |
| | | 수용성 | 4000L | 에틸렌글리콜·글리세린 |
| | 제4석유류 | | 6000L | 기어유·실린더유 |
| | 동식물유류 | | 10000L | 아마인유·해바라기유·들기름·대두유·야자유·올리브유·팜유 |

② 다이에틸에터 : 특수인화물

답 ②

★★★
**95** 위험물안전관리법령상 옥외탱크저장소의 위치·구조 및 설비의 기준에서 인화성 액체위험물(이황화탄소를 제외한다) 옥외탱크저장소의 탱크 주위에 설치하는 방유제의 설치높이 기준으로 옳은 것은?

18회 문 94
16회 문 95
13회 문 95
10회 문 95
09회 문 94
08회 문 86
07회 문 78
06회 문 82
03회 문 90

① 0.1m 이상 1m 이하
② 0.3m 이상 2m 이하
③ 0.5m 이상 3m 이하
④ 0.7m 이상 4m 이하

해설 위험물규칙 [별표 6] Ⅸ
옥외탱크저장소의 방유제

(1) 높이 : 0.5~3m 이하 보기 ③
(2) 탱크 : 10기(모든 탱크용량이 20만L 이하, 인화점이 70~200℃ 미만은 20기) 이하
(3) 면적 : 80000m² 이하
(4) 용량 ─ 1기 : **탱크용량×110%** 이상
 └ 2기 이상 : **탱크최대용량×110%** 이상

답 ③

★★★
## 96 위험물안전관리법령상 옥외탱크저장소의 위치·구조 및 설비의 기준에서 무연가솔린 5000리터를 저장하는 위험물 옥외탱크저장소에는 접지시설을 하거나 피뢰침을 설치하여야 한다. 이 경우 위험물 옥외탱크저장소에 피뢰침을 설치하지 아니할 수 있는 접지시설의 저항값으로 옳은 것은?

① 5Ω 이하 ② 10Ω 이하
③ 15Ω 이상 ④ 20Ω 이상

해설 위험물규칙 [별표 6]
지정수량의 **10배** 이상의 위험물을 저장 또는 취급하는 옥외탱크저장소에는 **피뢰침**을 설치하여야 한다. (단, 탱크에 저항이 **5Ω 이하**인 접지시설을 설치하거나 인근 피뢰설비의 보호범위 내에 들어가는 등 주위의 상황에 따라 안전상 지장이 없는 경우에는 피뢰침을 설치하지 아니할 수 있다)

$$\text{가솔린 지정수량 배수} = \frac{5000\text{L}}{200\text{L}} = 25\text{배}$$

∴ 25배로서 지정수량의 **10배** 이상이므로 5Ω 이하

중요

**제4류 위험물**(위험물령 [별표 1])

| 성질 | 품 명 | | 지정수량 | 대표물질 |
|---|---|---|---|---|
| 인화성 액체 | 특수인화물 | | 50L | • 다이에틸에터<br>• 이황화탄소 |
| | 제1석유류 | 비수용성 | 200L | • **휘발유**(가솔린)<br>• 콜로디온 |
| | | 수용성 | 400L | • 아세톤 |
| | 알코올류 | | 400L | • 변성알코올 |
| | 제2석유류 | 비수용성 | 1000L | • 등유<br>• 경유 |
| | | 수용성 | 2000L | • 아세트산 |
| | 제3석유류 | 비수용성 | 2000L | • 중유<br>• 크레오소트유 |
| | | 수용성 | 4000L | • 글리세린 |
| | 제4석유류 | | 6000L | • 기어유<br>• 실린더유 |
| | 동식물유류 | | 10000L | • 아마인유 |

답 ①

★★
## 97 위험물안전관리법령상 이송취급소의 위치·구조 및 설비의 기준에서 배관을 지하에 매설하는 경우 건축물의 외면으로부터 배관까지의 안전거리는? (단, 지하가 내의 건축물을 제외한다.)

13회 문 99
12회 문 78
06회 문 71
05회 문 91

① 0.5m 이상
② 0.75m 이상
③ 1.0m 이상
④ 1.5m 이상

해설 위험물규칙 [별표 15] Ⅲ
이송취급소의 지하매설 배관의 안전거리

| 대 상 | 안전거리 |
|---|---|
| • 건축물(지하가 내 건축물 제외) | 1.5m 이상 보기 ④ |
| • 지하가<br>• 터널 | 10m 이상 |
| • 수도시설(위험물의 유입우려가 있는 것) | 300m 이상 |

답 ④

★★★
## 98 위험물안전관리법령상 옥내저장소의 위치·구조 및 설비의 기준에서 제4류 위험물 중 아세톤을 보관하는 하나의 옥내저장창고(2 이상의 구획된 실이 있는 때에는 각 실의 바닥면적의 합계로 한다)의 최대 바닥면적(m²)은?

08회 문 73
05회 문 84

① 500 ② 1000
③ 1500 ④ 2000

해설 위험물규칙 [별표 5] 제6호
옥내저장소의 하나의 저장창고 바닥면적 1000m² 이하 보기 ②

| 유 별 | 품 명 |
|---|---|
| 제1류 위험물 | • 아염소산염류<br>• 염소산염류<br>• 과염소산염류<br>• 무기과산화물<br>• 지정수량 50kg인 위험물 |
| 제3류 위험물 | • 칼륨<br>• 나트륨<br>• 알킬알루미늄<br>• 알킬리튬<br>• 황린<br>• 지정수량 10kg인 위험물 |
| 제4류 위험물 | • 특수인화물<br>• 제1석유류(아세톤)<br>• 알코올류 |
| 제5류 위험물 | • 유기과산화물<br>• 질산에스터류<br>• 지정수량 10kg인 위험물 |
| 제6류 위험물 | • 전부 |

답 ②

★★★

**99** 18회 문 89 / 14회 문 96 / 03회 문 76

**위험물안전관리법령상 제조소의 위치·구조 및 설비의 기준에서 위험물을 취급하는 건축물의 지붕(작업공정상 제조기계시설 등이 2층 이상에 연결되어 설치된 경우에는 최상층의 지붕을 말한다)을 내화구조로 할 수 없는 것은?**

① 제1류 위험물
② 제2류 위험물(분말상태의 것과 인화성 고체 제외)
③ 제4류 위험물 중 제4석유류·동식물유류
④ 제6류 위험물을 취급하는 건축물

해설 **위험물규칙 [별표 4] Ⅳ**
**위험물을 취급하는 건축물의 지붕(작업공정상 제조기계시설 등이 2층 이상에 연결되어 설치된 경우에는 최상층의 지붕)을 내화구조로 덮어야 하는 경우**
(1) 제2류 위험물(**분말상태**의 것과 **인화성 고체 제외**) 보기 ②
(2) 제4류 위험물(**제4석유류·동식물유류**) 보기 ③
(3) **제6류 위험물**을 취급하는 건축물 보기 ④
(4) 다음의 기준에 적합한 밀폐형 구조의 건축물인 경우
① 발생할 수 있는 내부의 **과압** 또는 **부압**에 견딜 수 있는 철근콘크리트조일 것
② 외부화재에 **90분** 이상 견딜 수 있는 구조일 것

답 ①

★

**100** 17회 문 97

**위험물안전관리법령상 수소충전설비를 설치한 주유취급소의 특례에 관한 설명으로 옳지 않은 것은?**

① 충전설비의 위치는 주유공지 또는 급유공지 내의 장소로 한다.
② 충전설비는 자동차 등의 충돌을 방지하는 조치를 마련하여야 한다.
③ 충전설비는 자동차 등의 충돌을 감지하여 운전을 자동으로 정지시키는 구조이어야 한다.
④ 충전설비의 충전호스는 자동차 등의 가스충전구와 정상적으로 접속하지 않는 경우에는 가스가 공급되지 않는 구조로 하여야 한다.

해설 **위험물규칙 [별표 13] XⅥ(수소충전설비를 설치한 주유취급소의 특례)**
**충전설비의 적합기준**
(1) 위치는 주유공지 또는 급유공지 외의 장소로 하되, 주유공지 또는 급유공지에서 압축수소를 충전하는 것이 불가능한 장소로 할 것 보기 ①
(2) 충전호스는 자동차 등의 가스충전구와 정상적으로 접속하지 않는 경우에는 가스가 공급되지 않는 구조로 하고, **200kg**중 이하의 하중에 의하여 깨져 분리되거나 이탈되어야 하며, 깨져 분리되거나 이탈된 부분으로부터 가스누출을 방지할 수 있는 구조일 것 보기 ④
(3) 자동차 등의 충돌을 방지하는 조치를 마련할 것 보기 ②
(4) 자동차 등의 충돌을 감지하여 운전을 자동으로 정지시키는 구조일 것 보기 ③

① 주유공지 또는 급유공지 내 → 주유공지 또는 급유공지 외

답 ①

## 제 5 과목 소방시설의 구조 원리

**101** 14회 문114

**비상방송설비의 화재안전기준상 배선의 설치기준으로 옳은 것은?**

① 화재로 인하여 하나의 층의 확성기 또는 배선이 단락 또는 단선되어도 다른 층의 화재통보에 지장이 없도록 한다.

② 전원회로의 배선은 옥내소화전설비의 화재안전기준에 따른 내화배선 또는 내열배선에 따라 설치한다.

③ 전원회로의 부속회로는 전로와 대지 사이의 배선 상호간의 절연저항은 1경계구역마다 직류 500V의 절연저항측정기를 사용하여 측정한 절연저항이 0.1MΩ 이상이 되도록 한다.

④ 비상방송설비의 배선은 다른 전선과 별도의 관·덕트 몰드 또는 풀박스 등에 설치한다. 다만, 100V 미만의 약전류회로에 사용하는 전선으로서 각각의 전압이 같을 때에는 그러하지 아니하다.

해설 **비상방송설비**의 **화재안전기준**(NFPC 202 제5조, NFTC 202 2.2)

**비상방송설비의 배선설치기준**

(1) 화재로 인하여 하나의 층의 **확성기** 또는 배선이 **단락** 또는 **단선**되어도 다른 층의 화재통보에 지장이 없도록 할 것 **보기 ①**

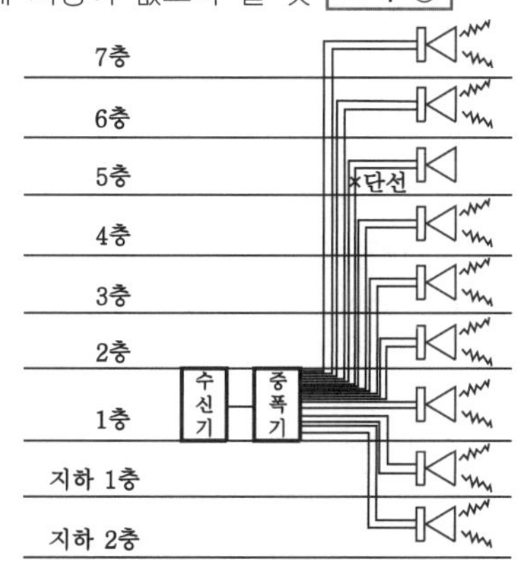


| 다른 층의 화재통보에 지장이 없는 배선 |

(2) **전원회로**의 **배선**은 「옥내소화전설비의 화재안전기준」에 따른 **내화배선**에 따르고, **그 밖**의 **배선**은 「옥내소화전설비의 화재안전기준」에 따른 **내화배선** 또는 **내열배선**에 따라 설치할 것 **보기 ②**

(3) 전원회로에서 부속회로의 전로와 대지 사이 및 배선 상호간의 절연저항은 1경계구역마다 **직류 250V**의 **절연저항측정기**를 사용하여 측정한 절연저항이 **0.1MΩ 이상**이 되도록 할 것 **보기 ③**

(4) 비상방송설비의 배선은 다른 전선과 별도의 관·덕트 **몰드** 또는 **풀박스** 등에 설치할 것. 다만, **60V** 미만의 약전류회로에 사용하는 전선으로서 각각의 전압이 같을 때에는 그러하지 아니하다. **보기 ④**

② 내화배선 또는 내열배선 → 내화배선
③ 직류 500V → 직류 250V
④ 100V 미만 → 60V 미만

답 ①

**102** 09회 문122

**수신기 형식승인 및 제품검사의 기술기준상 수신기의 구조 및 일반기능으로 옳지 않은 것은?**

① 화재신호를 수신하는 경우 P형, P형 복합식, GP형, GP형 복합식, R형, R형 복합식, GR형 또는 GR형 복합식의 수신기에 있어서는 2 이상의 지구표시장치에 의하여 각각 화재를 표시할 수 있어야 한다.

② 예비전원회로에는 단락사고 등으로부터 보호하기 위한 퓨즈 등 과전류보호장치를 설치하여야 한다.

③ 수신기(1회선용은 제외한다)는 2회선이 동시에 작동해도 화재표시가 되어야 하며, 감지기의 감지 또는 발신기의 발신 개시로부터 P형, P형 복합식, GP형, GP형 복합식, R형, R형 복합식, GR형 또는 GR형 복합식 수신기의 수신완료까지의 소요시간은 5초 이내이어야 한다.

④ 부식에 의하여 전기적 기능에 영향을 초래할 우려가 있는 부분은 철, 도금 등으로 유효하게 내식가공을 하거나 방청가공을 하여야 하며, 기계적 기능에 영향이 있는 단자, 나사 및 와셔 등은 동합금이나 이와 동등 이상의 내식성능이 있는 재질을 사용하여야 한다.

해설 **수신기 형식승인** 및 **제품검사**의 **기술기준**
**수신기의 구조 및 일반 기능**(수신기 형식승인 및 제품검사의 기술기준 제3조)

(1) 화재신호를 수신하는 경우 P형, P형 복합식, GP형, GP형 복합식, R형, R형 복합식, GR형 또는 GR형 복합식의 수신기에 있어서는 2 이상의 지구표시장치에 의하여 각각 화재를 표시할 수 있어야 한다. **보기 ①**

(2) 예비전원회로에는 단락사고 등으로부터 보호하기 위한 **퓨즈 등 과전류보호장치**를 설치하여야 한다. **보기 ②**

(3) 수신기(1회선용은 제외한다)는 2회선이 동시에 작동해도 화재표시가 되어야 하며, 감지기의 감지 또는 발신기의 발신개시로부터 P형, P형 복합식, GP형, GP형 복합식, R형, R형 복합식, GR형 또는 GR형 복합식 수신기의 수신완료까지의 소요시간은 **5초** 이내이어야 한다. **보기 ③**

(4) 부식에 의하여 기계적 기능에 영향을 초래할 우려가 있는 부분은 **철**, **도금** 등으로 유효하게 내식가공을 하거나 방청가공을 하여야 하며, 전기적 기능에 영향이 있는 **단자**, **나사** 및 **와셔** 등은 **동합금**이나 이와 동등 이상의 내식성능이 있는 재질을 사용하여야 한다. **보기 ④**

중요

**수신기의 구조 및 일반기능**(수신기 형식승인 및 제품검사의 기술기준 제3조)

‖ 외함의 두께 ‖

| 구 분 | 강 판 | 합성수지 |
|---|---|---|
| 1회선용 | **1.0mm** 이상 | 1.0mm×2.5배 =**2.5mm** 이상 |
| 1회선 초과 | **1.2mm** 이상 | 1.2mm×2.5배 =**3mm** 이상 |
| 직접 벽면에 접하며 벽 속에 매립되는 외함의 부분 | **1.6mm** 이상 | 1.6mm×2.5배 =**4mm** 이상 |

※ **합성수지**를 사용하는 경우에는 **강판**의 **2.5배** 이상의 두께이어야 한다.

④ 전기적 기능 → 기계적 기능
기계적 기능 → 전기적 기능

답 ④

★★★
**103** 04회 문105
**국가화재안전기준상 배관의 기울기에 관한 내용으로 옳지 않은 것은?**

① 습식 스프링클러설비 또는 부압식 스프링클러설비 외의 설비에는 헤드를 향하여 상향으로 수평주행배관의 기울기를 500분의 1 이상, 가지배관의 기울기를 250분의 1 이상으로 할 것. 다만, 배관의 구조상 기울기를 줄 수 없는 경우에는 배수를 원활하게 할 수 있도록 배수밸브를 설치하여야 한다.
② 간이스프링클러설비의 배관을 수평으로 할 것. 다만, 배관의 구조상 소화수가 남아있는 곳에는 배수밸브를 설치해야 한다.
③ 물분무소화설비를 설치하는 차고 또는 주차장의 차량이 주차하는 바닥을 배수구를 향하여 100분의 2 기울기를 유지하여야 한다.
④ 개방형 미분무소화설비에는 헤드를 향하여 하향으로 수평주행배관의 기울기를 1000분의 1 이상, 가지배관의 기울기를 500분의 1 이상으로 할 것. 다만, 배관의 구조상 기울기를 줄 수 없는 경우에는 배수를 원활하게 할 수 있도록 배수밸브를 설치해야 한다.

해설 **기울기**

| 기울기 | 설 명 |
|---|---|
| $\frac{1}{100}$ 이상 | 연결살수설비의 수평주행배관 |
| $\frac{2}{100}$ 이상 **보기 ③** | 물분무소화설비의 배수설비 |
| $\frac{1}{250}$ 이상 **보기 ①** | 습식·부압식 스프링클러설비 외 설비의 가지배관 |
| $\frac{1}{500}$ 이상 **보기 ①** | 습식·부압식 스프링클러설비 외 설비의 수평주행배관 |

(1) 간이스프링클러설비의 배관을 수평으로 할 것. 단, 배관의 구조상 소화수가 남아있는 곳에는 배수밸브를 설치해야 한다. **보기 ②**

(2) 개방형 미분무소화설비에는 헤드를 향하여 하향으로 수평주행배관의 기울기를 1000분의 1 이상, 가지배관의 기울기를 500분의 1 이상으로 할 것. 다만, 배관의 구조상 기울기를 줄 수 없는 경우에는 배수를 원활하게 할 수 있도록 배수밸브를 설치해야 한다. **보기 ④**

④ 1000분의 1 이상 → 500분의 1 이상
500분의 1 이상 → 250분의 1 이상

답 ④

★★★

**104** 스프링클러설비의 화재안전기준상 다음 조건에서 폐쇄형 스프링클러헤드의 기준개수는?

18회 문113
18회 문123
17회 문106
14회 문103
11회 문111
10회 문 34
10회 문112

> 특정소방대상물(지하 2층~지상 50층, 각 층 층고 2.8m)로서 주차장(지하 2개층)을 공유하는 아파트(지하층을 제외한 층수가 50층)와 오피스텔(지하층을 제외한 층수가 15층)이 각각 별동으로 건설되어 소화설비는 완전 별개로 운영된다.

① 아파트 : 10개, 오피스텔 : 10개
② 아파트 : 10개, 오피스텔 : 30개
③ 아파트 : 20개, 오피스텔 : 20개
④ 아파트 : 20개, 오피스텔 : 30개

해설 **폐쇄형 헤드**의 **기준개수**

| 특정소방대상물 | | 폐쇄형 헤드의 기준개수 |
|---|---|---|
| 지하가 · 지하역사 | | 30 |
| 11층 이상 → | | 30 |
| 10층 이하 | 공장(특수가연물) | 30 |
| 10층 이하 | 판매시설(백화점 등), 복합건축물(판매시설이 설치된 것) | 30 |
| 10층 이하 | 근린생활시설, 운수시설, 복합건축물(판매시설 미설치) | 20 |
| 10층 이하 | 8m 이상 | 20 |
| 10층 이하 | 8m 미만 | 10 |
| 공동주택(아파트 등) → | | 10(각 동이 주차장으로 연결된 주차장 : 30) |

∴ 위 표에서 **아파트**는 **10개**, **오피스텔**은 11층 이상이므로 **30개**

답 ②

★★★

**105** 소방용 가압송수장치 전동기가 3상 3선식 380V로 작동하고 있다. 전동기의 용량이 85kW, 역률 90%, 전기공급설비로부터 100m 떨어져 있으며 전선에서의 전압강하를 10V까지 허용할 경우 전선의 최소 굵기($mm^2$)는 약 얼마인가?

10회 문 49

① 41.1 ② 42.1
③ 43.2 ④ 44.2

해설

$$A = \frac{30.8LI}{1000e}$$

(1) **기호**

- $V$ : 380V
- $P$ : 85kW=85000W
- $\cos\theta$ : 0.9(90%=0.9)
- $L$ : 100m
- $e$ : 10V
- $A$ : ?

(2) **3상 전력**

$$P = \sqrt{3}\,VI\cos\theta\eta$$

여기서, $P$ : 3상 전력〔W〕
$V$ : 3상 전압〔V〕
$I$ : 3상 전류〔A〕
$\cos\theta$ : 역률
$\eta$ : 효율

3상 전류 $I$는

$$I = \frac{P}{\sqrt{3}\,V\cos\theta\eta} = \frac{85000}{\sqrt{3}\times 380\times 0.9} \fallingdotseq 143.493\text{A}$$

- $\eta$ : 주어지지 않았으므로 무시

(3) **전선 단면적**의 **계산**

| 전기방식 | 전선 단면적 |
|---|---|
| 단상 2선식 | $A = \frac{35.6LI}{1000e}$ |
| 3상 3선식 → | $A = \frac{30.8LI}{1000e}$ |
| 단상 3선식, 3상 4선식 | $A = \frac{17.8LI}{1000e'}$ |

여기서, $A$ : 전선 단면적(전선의 굵기)〔$mm^2$〕
$L$ : 선로길이〔m〕
$I$ : 전부하전류〔A〕
$e$ : 각 선간의 전압강하〔V〕
$e'$ : 각 선간의 1선과 중성선 사이의 전압강하〔V〕

- 소방펌프(3상 전동기) · 제연팬 : **3상 3선식**
- 기타 : **단상 2선식**

3상 3선식

전선의 굵기 $A$는

$$A = \frac{30.8LI}{1000e} = \frac{30.8\times 100\times 143.493}{1000\times 10} \fallingdotseq 44.2\text{mm}^2$$

비교

**전압강하**

(1) 단상 2선식

$$e = V_s - V_r = 2IR$$

(2) 3상 3선식

$$e = V_s - V_r = \sqrt{3}\,IR$$

여기서, $e$ : 전압강하〔V〕
$V_s$ : 입력전압〔V〕
$V_r$ : 출력전압〔V〕
$I$ : 전류〔A〕
$R$ : 저항〔Ω〕

답 ④

★★★

**106** P형 수신기와 감지기와의 배선회로에서 회로 종단저항은 10kΩ이고, 감지기회로 저항은 30Ω, 릴레이저항은 20Ω, 회로전압 DC 24V일 때, 평상시 수신반에서의 감시전류(mA)는 약 얼마인가?

03회 문122

① 2.39　② 3.39
③ 4.25　④ 5.25

해설 (1) **주어진 값**

- 회로전압 : 24V
- 종단저항 : 10000Ω(1kΩ=1000Ω이므로 10kΩ=10000Ω)
- 릴레이저항 : 20Ω
- 배선저항(회로저항) : 30Ω

(2) **감시전류**

$$= \frac{\text{회로전압}}{\text{종단저항} + \text{릴레이저항} + \text{배선저항}}$$

$$= \frac{24}{10000 + 20 + 30} \fallingdotseq 2.39 \times 10^{-3}\text{A}$$

$$= 2.39\text{mA}$$

- 회로저항=배선저항

답 ①

★

**107** 고가수조를 보호하기 위하여 피뢰침을 설치한 경우 피뢰부의 소방시설 도시기호는?

17회 문109

① 　② 
③ 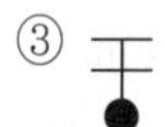　④ 

해설 **소방시설 도시기호**(소방시설의 자체점검사항 등에 관한 고시 [별표])

| 분 류 | | 명 칭 | 도시기호 |
|---|---|---|---|
| 피뢰침 | | **피뢰부(평면도) 보기 ①** | |
| | | 피뢰부(입면도) | |
| | | 피뢰도선 및 지붕 위 도체 | |
| 기 타 | | 안테나 | |
| | | **스피커 보기 ②** | |
| | | 연기방연벽 | |
| | | 화재방화벽 | |
| | | 화재 및 연기방벽 | |
| 제연설비 | 댐퍼 | **화재댐퍼 보기 ③** | |
| | | 연기댐퍼 | |
| | | 화재·연기댐퍼 | |
| 배관 | 전선관 | **입상 보기 ④** | |
| | | 입하 | |
| | | 통과 | |

① 피뢰부(평면도)
② 스피커
③ 화재댐퍼
④ 입상

답 ①

★★★

**108** 지상 30층 아파트에 스프링클러설비가 설치되어 있고 세대별 헤드수는 12개일 때, 옥상수조 수원의 양을 포함하여 확보하여야 할 스프링클러설비 최소 수원의 양($m^3$)은 약 얼마 이상인가?

19회 문104
18회 문113
18회 문123
17회 문106
14회 문103
11회 문111
10회 문 34
10회 문112

① 32.0　② 38.4
③ 42.7　④ 51.2

해설 **스프링클러설비**의 **화재안전기준**
**스프링클러설비(폐쇄형)**

유효수량 $Q=1.6N$
(30~49층 이하 : **3.2**$N$, 50층 이상 : **4.8**$N$)

여기서, $Q$ : 수원의 저수량[$m^3$]
$N$ : 폐쇄형 헤드의 기준개수(설치개수가 기준개수보다 적으면 그 설치개수)

옥상수원 $Q=1.6N\times\frac{1}{3}$
$\left(30\text{~}49층 이하 : 3.2N\times\frac{1}{3},\ 50층 이상 : 4.8N\times\frac{1}{3}\right)$

여기서, $Q$ : 수원의 저수량[$m^3$]
$N$ : 폐쇄형 헤드의 기준개수(설치개수가 기준개수보다 적으면 그 설치개수)

중요

**폐쇄형 헤드의 기준개수**

| 특정소방대상물 | | 폐쇄형 헤드의 기준개수 |
|---|---|---|
| 지하가 · 지하역사 | | 30 |
| 11층 이상 | | 30 |
| 10층 이하 | 공장(특수가연물) | 30 |
| 10층 이하 | 판매시설(백화점 등), 복합건축물(판매시설이 설치된 것) | 30 |
| 10층 이하 | 근린생활시설, 운수시설, 복합건축물(판매시설 미설치) | 20 |
| 10층 이하 | 8m 이상 | 20 |
| 10층 이하 | 8m 미만 | 10 |
| 공동주택(아파트 등) → | | 10(각 동이 주차장으로 연결된 주차장 : 30) |

**30층**이므로
(1) 유효수량 $Q=3.2N$ $=3.2\times10=32m^3$
(2) 옥상수원 $Q=3.2N\times\frac{1}{3}$
$=3.2\times10\times\frac{1}{3}\fallingdotseq10.7m^3$
(3) 전체 수원의 양=유효수량+옥상수원
$=32m^3+10.7m^3=42.7m^3$

- 아파트이므로 기준개수 $N=10$개
- 30층이므로 $Q=3.2N$, $Q=3.2N\times\frac{1}{3}$ 적용

답 ③

★
**109** 09회 문118 05회 문124
**국가화재안전기준상 음향장치 및 음향경보장치 기준으로 옳지 않은 것은?**

① 비상벨설비 또는 자동식 사이렌설비의 음향장치의 음량은 부착된 음향장치의 중심으로부터 1m 떨어진 위치에서 90dB 이상이 되는 것으로 하여야 한다.
② 화재조기진압용 스프링클러설비의 음향장치의 음량은 부착된 음향장치의 중심으로부터 1m 떨어진 위치에서 90폰 이상이 되는 것으로 한다.
③ 이산화탄소 소화설비의 음향경보장치는 소화약제의 방사개시 후 30초 이상 경보를 계속 할 수 있는 것으로 한다.
④ 할로겐화합물 및 불활성기체 소화설비의 음향경보장치는 소화약제의 방사개시 후 1분 이상 경보를 계속할 수 있는 것으로 한다.

해설 **음향경보장치**의 **경보시간**

| 소화설비 | 경보시간 |
|---|---|
| • 분말소화설비<br>• 이산화탄소 소화설비<br>• 할론소화설비<br>• 할로겐화합물 및 불활성기체 소화설비 | **1분** 이상<br>보기 ③④ |

중요

**자동화재탐지설비 음향장치**의 **구조** 및 **성능기준**
(1) 정격전압의 **80%** 전압에서 음향을 발할 것
(2) 음량은 **1m** 떨어진 곳에서 **90dB** 이상일 것
보기 ①②
(3) **감지기 · 발신기**의 작동과 **연동**하여 작동할 것

답 ③

★
**110** 13회 문125
**지하구의 화재안전기준상 지하구 내에 설치하는 케이블 · 전선 등의 연소방지재에 관한 기준으로 옳지 않은 것은?**

① 시험에 사용되는 연소방지재는 시료(케이블 등)의 아래쪽(점화원으로부터 가까운 쪽)으로부터 30cm 지점부터 부착 또는 설치되어야 한다.
② 시험에 사용되는 시료(케이블 등)의 단면적은 $325mm^2$로 한다.
③ 시험성적서의 유효기간은 발급 후 3년으로 한다.
④ 시험에 사용되는 시료(케이블 등)의 길이는 380mm 이상으로 한다.

해설 **연소방지재의 설치기준**(NFPC 605 제9조, NFTC 605 2.5.1.1)

(1) 시험에 사용되는 연소방지재는 시료(케이블 등)의 아래쪽(점화원으로부터 가까운 쪽)으로부터 **30cm** 지점부터 부착 또는 설치되어야 한다. **보기 ①**

(2) 시험에 사용되는 시료(케이블 등)의 단면적은 **325mm²**로 한다. **보기 ②**

(3) 시험성적서의 유효기간은 발급 후 **3년**으로 한다. **보기 ③**

④ 해당 없음

답 ④

## 111

15회 문125 / 12회 문121 / 11회 문108 / 09회 문 13

**다음 직·병렬 복합누설경로 그림에서 제연실에서의 총 유효누설면적(m²)은 얼마인가? (단, $A_1 = A_2 = A_3 = 0.02\text{m}^2$, $A_4 = A_5 = 0.01\text{m}^2$, 소수점 이하 넷째자리에서 반올림한다.)**

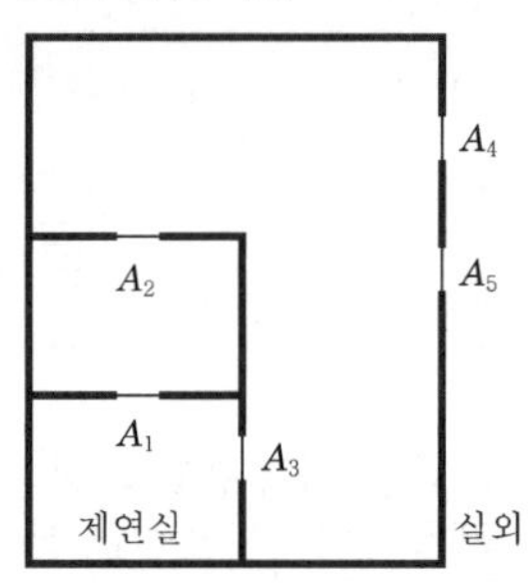


$Q = 0.827AP^{\frac{1}{2}}$

$Q$ : 가압을 위한 급기량[m³/s]

$A$ : 유효누설면적[m²]

$P$ : 차압[Pa]

① 0.007 ② 0.017

③ 0.027 ④ 0.037

해설 (1) **누설면적**

- $A_1 = A_2 = A_3 = 0.02\text{m}^2$
- $A_4 = A_5 = 0.01\text{m}^2$

(2) $A_1 \sim A_2$는 직렬상태이므로

$$A_1 \sim A_2 = \frac{1}{\sqrt{\frac{1}{{A_1}^2} + \frac{1}{{A_2}^2}}}$$

$$= \frac{1}{\sqrt{\frac{1}{0.02^2} + \frac{1}{0.02^2}}} \fallingdotseq 0.014\text{m}^2$$

$A_4$
$A_5$
$A_2$~$A_2$ =0.014m² 제연실
$A_3$ =0.02m²
실외

(3) $(A_1 \sim A_2) \sim A_3$은 병렬상태이므로

$(A_1 \sim A_2) \sim A_3 = (A_1 \sim A_2) + A_3$

$= 0.014 + 0.02 = 0.034\text{m}^2$ ·········· ①

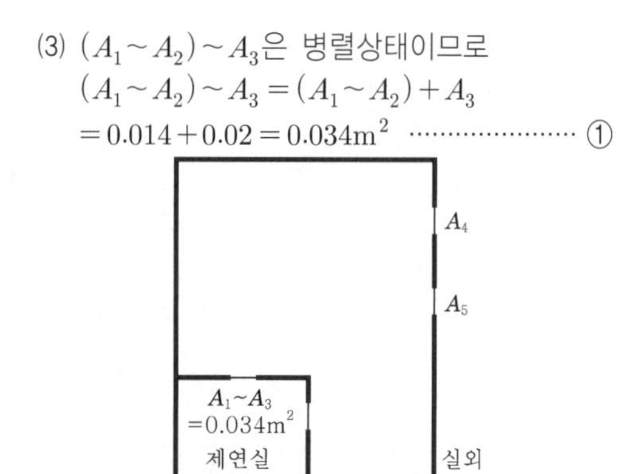


(4) $A_4 \sim A_5$는 병렬상태이므로

$A_4 \sim A_5 = A_4 + A_5$

$= 0.01 + 0.01 = 0.02\text{m}^2$ ·········· ②

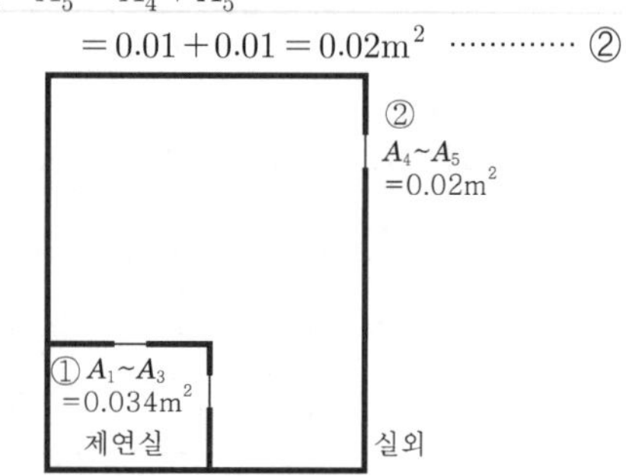


(5) ①~②는 직렬상태이므로

$$①\sim② = \frac{1}{\sqrt{\frac{1}{①^2} + \frac{1}{②^2}}}$$

$$= \frac{1}{\sqrt{\frac{1}{0.034^2} + \frac{1}{0.02^2}}} \fallingdotseq 0.017\text{m}^2$$

①~②
$A_1$~$A_5$
=0.017m²
제연실

비교

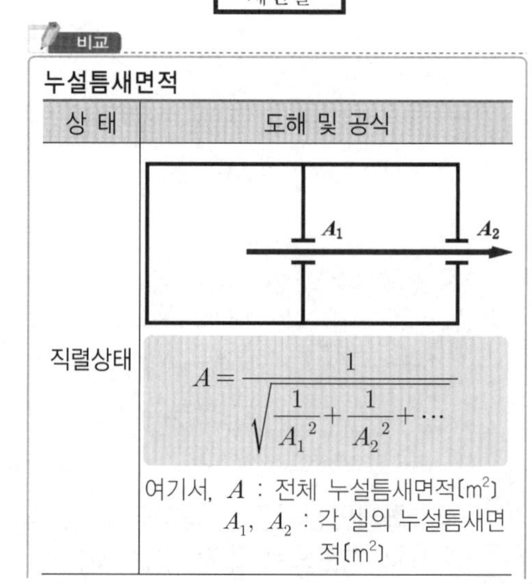

**누설틈새면적**

| 상 태 | 도해 및 공식 |
| --- | --- |
| 직렬상태 | $A_1$ $A_2$<br>$A = \frac{1}{\sqrt{\frac{1}{{A_1}^2} + \frac{1}{{A_2}^2} + \cdots}}$<br>여기서, $A$ : 전체 누설틈새면적[m²]<br>$A_1$, $A_2$ : 각 실의 누설틈새면적[m²] |

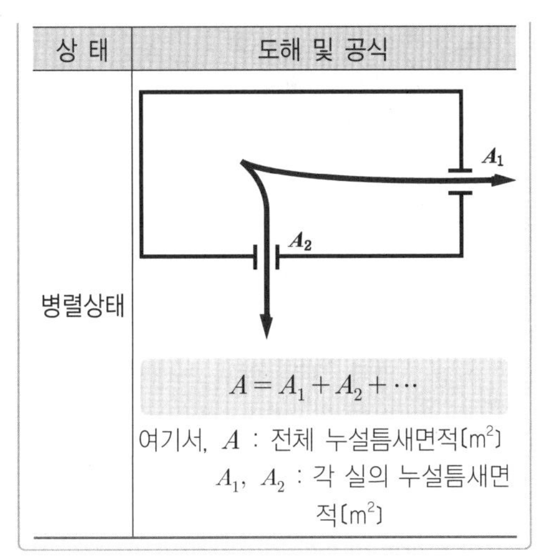

| 상 태 | 도해 및 공식 |
|---|---|
| 병렬상태 | $A = A_1 + A_2 + \cdots$<br>여기서, $A$ : 전체 누설틈새면적[m²]<br>$A_1$, $A_2$ : 각 실의 누설틈새면적[m²] |



답 ②

## ☆ 112 제연설비의 화재안전기준상 예상제연구역에 대한 배출구의 설치기준으로 옳은 것은?

11회 문110

① 바닥면적이 400m² 미만인 예상제연구역이 벽으로 구획되어 있는 경우의 배출구는 바닥 이외의 천장·반자 또는 이에 가까운 벽의 부분으로 설치한다.

② 바닥면적이 400m² 미만인 예상제연구역의 경우 배출구를 벽에 설치한 경우에는 배출구의 중심이 가장 짧은 제연경계의 하단보다 높이 되도록 하여야 한다.

③ 바닥면적이 400m² 이상인 통로 외의 예상제연구역에 대한 배출구를 벽에 설치한 경우에는 배출구의 하단과 바닥간의 최단거리가 2m 이상이어야 한다.

④ 바닥면적이 400m² 이상인 통로 예상제연구역 중 어느 한부분이 제연경계로 구획되어 있을 경우 배출구를 벽 또는 제연경계에 설치하는 경우에는 제연경계의 수직거리가 가장 짧은 제연경계의 하단보다 낮게 설치하여야 한다.

해설 **예상제연구역**에 대한 **배출구**의 **설치기준**(NFPC 501 제7조, NFTC 501 2.4)

| 바닥면적 400m² 미만 | 통로인 예상제연구역과 바닥면적이 400m² 이상인 통로 외의 예상제연구역 |
|---|---|
| ① 예상제연구역이 벽으로 구획되어 있는 경우의 배출구는 **천장** 또는 **반자**와 바닥 사이의 **중간 윗부분**에 설치 보기 ①<br>② 예상제연구역 중 어느 한부분이 제연경계로 구획되어 있는 경우에는 천장·반자 또는 이에 가까운 벽의 부분에 설치할 것(단, 배출구를 벽에 설치하는 경우에는 배출구의 하단이 해당 예상제연구역에서 제연경계의 폭이 **가장 짧은** 제연경계의 **하단**보다 높이되도록 할 것) 보기 ② | ① 예상제연구역이 벽으로 구획되어 있는 경우의 배출구는 천장·반자 또는 이에 **가까운 벽**의 부분에 설치할 것(단, 배출구를 벽에 설치한 경우에는 배출구의 하단과 바닥간의 최단거리가 2m 이상일 것) 보기 ③<br>② 예상제연구역 중 어느 한부분이 제연경계로 구획되어 있을 경우에는 천장·반자 또는 이에 **가까운 벽**의 부분(제연경계 포함)에 설치할 것(단, 배출구를 벽 또는 제연경계에 설치하는 경우에는 배출구의 하단이 해당 예상제연구역에서 제연경계의 폭이 **가장 짧은** 제연경계의 **하단**보다 높이 되도록 설치) 보기 ④ |

① 이에 가까운 벽의 부분 → 반자와 바닥 사이의 중간 윗부분
② 중심이 → 하단이 해당 예상제연구역에서 제연경계의 폭이
④ 제연경계의 수직거리가 가장 짧은 제연경계의 하단선보다 낮게 → 배출구의 하단이 해당 예상제연구역에서 제연경계의 폭이 가장 짧은 제연경계의 하단보다 높이 되도록

답 ③

19회

★★★

**113** **유도등 및 유도표지의 화재안전기준상 피난구유도등 설치제외대상에 관한 설명이다. (   )에 들어갈 특정소방대상물로 옳지 않은 것은?**

> 출입구가 3 이상 있는 거실로서 그 거실 각 부분으로부터 하나의 출입구에 이르는 보행거리가 30m 이하인 경우에는 주된 출입구 2개소 외의 출입구(유도표지가 부착된 출입구를 말한다.) 다만, (   )의 경우에는 그러하지 아니하다.

① 공연장, 숙박시설
② 노유자시설, 공동주택
③ 판매시설, 집회장
④ 전시장, 장례식장

해설 **피난구유도등**의 **설치제외장소**(NFPC 303 제11조 제1항, NFTC 303 2.8.1)

(1) 바닥면적이 **1000m$^2$** 미만인 층으로서 **옥내**로부터 직접 지상으로 통하는 **출입구**(외부의 식별이 용이한 경우에 한한다)
(2) 대각선 길이가 15m 이내인 구획된 실의 출입구
(3) 거실 각 부분으로부터 하나의 출입구에 이르는 **보행거리**가 **20m** 이하이고 **비상조명등**과 **유도표지**가 설치된 거실의 출입구
(4) **출**입구가 **3** 이상 있는 거실로서 그 거실 각 부분으로부터 하나의 출입구에 이르는 **보행거리**가 **30m** 이하인 경우에는 주된 출입구 **2개소** 외의 **출입구**(유도표지가 부착된 출입구)(단, **공**연장·**집**회장·**관**람장·**전**시장·**판**매시설·운수시설·**숙**박시설·**노**유자시설·**의**료시설·**장**례식장의 경우 제외) 보기 ①③④

기억법 1000 2조표 출3보3 2개소 집공장의 노숙판 관전

답 ②

★

**114** **할로겐화합물 및 불활성기체 소화설비의 화재안전기준상 배관의 설치기준으로 옳지 않은 것은?**

① 할로겐화합물 및 불활성기체 소화설비의 배관은 전용으로 하여야 한다.
② 강판을 사용하는 경우의 배관은 압력배관용 탄소강관(KS D 3562) 또는 이와 동등 이상의 강도를 가진 것으로서 아연도금 등에 따라 방식처리된 것을 사용하여야 한다.
③ 배관과 배관, 배관과 배관부속 및 밸브류의 접속은 나사접합, 용접접합, 압축접합 또는 플랜지접합 등의 방법을 사용하여야 한다.
④ 배관의 구경은 해당 방호구역에 할로겐화합물 소화약제는 10초 이내에, 불활성기체 소화약제는 A·C급 화재 1분, B급 화재 2분 이내에 방호구역 각 부분에 최소설계농도의 95% 이상 해당하는 약제량이 방출되도록 하여야 한다.

해설 **할로겐화합물 및 불활성기체 소화설비**(NFPC 107A 제10조, NFTC 107A 2.7)

(1) 배관은 **전용**으로 할 것 보기 ①
(2) **강관**을 사용하는 경우의 배관은 **압력배관용 탄소강관**(KS D 3562) 또는 이와 동등 이상의 강도를 가진 것으로서 **아연도금** 등에 따라 방식처리된 것을 사용할 것 보기 ②
(3) **동관**을 사용하는 경우의 배관은 **이음이 없는 동** 및 **동합금관**(KS D 5301)의 것을 사용할 것
(4) 배관**부**속 및 **밸**브류는 강관 또는 동관과 동등 이상의 강도 및 내식성이 있는 것으로 할 것
(5) 배관과 배관, 배관과 배관부속 및 밸브류의 **접**속은 **나사접합**, **용접접합**, **압축접합** 또는 **플랜지접합** 등의 방법을 사용하여야 한다. 보기 ③
(6) 배관의 **구**경은 해당 방호구역에 할로겐화합물 소화약제가 **10초**(**불활성기체 소화약제**는 A·C급 **2분**, B급 **1분**) 이내에 방호구역 각 부분에 최소설계농도의 **95% 이상** 해당하는 약제량이 방출되도록 하여야 한다. 보기 ④

기억법 할전 강압아 동이동 부밸접구

④ 1분 → 2분, 2분 → 1분

답 ④

★

**115** 자동화재속보설비의 화재안전기준상 설치 기준으로 옳은 것은?

16회 문114 / 13회 문115

① 조작스위치는 바닥으로부터 1.5m 이하의 높이에 설치한다.

② 속보기는 소방관서에 통신망으로 통보하도록 하며, 데이터 또는 코드전송방식을 부과적으로 설치할 수 없다.

③ 노유자시설에 설치하는 자동화재속보설비는 속보기에 감지기를 직접 연결하는 방식으로 한다.

④ 자동화재탐지설비와 연동으로 작동하여 자동적으로 화재발생 상황을 소방관서에 전달되는 것으로 한다.

해설 **자동화재속보설비**(NFPC 204 제4조, NFTC 204 2.1)

(1) **자동화재탐지설비**와 연동으로 작동하여 자동적으로 화재발생 상황을 **소방관서**에 전달되는 것으로 할 것. 이 경우 부가적으로 특정소방대상물의 **관계인**에게 화재발생상황을 전달되도록 할 수 있다. 보기 ④

(2) 조작스위치는 바닥으로부터 **0.8~1.5m** 이하의 높이에 설치한다. 보기 ①

(3) 속보기는 소방관서에 **통신망**으로 통보하도록 하며, **데이터** 또는 **코드전송방식**을 부가적으로 설치할 수 있다. 단, 데이터 및 코드전송방식의 기준은 소방청장이 정하여 고시한 「자동화재속보설비의 속보기의 성능인증 및 제품검사의 기술기준」 제5조 제12호에 따른다. 보기 ②

(4) **문화재**에 설치하는 자동화재속보설비는 속보기에 감지기를 직접 연결하는 방식(자동화재탐지설비 1개의 경계구역에 한함)으로 할 수 있다. 보기 ③

(5) 속보기는 소방청장이 정하여 고시한 「자동화재속보설비의 속보기의 성능인증 및 제품검사의 기술기준」에 적합한 것으로 설치한다.

① 1.5m 이하 → 0.8m 이상 1.5m 이하
② 없다. → 있다.
③ 노유자시설 → 문화재

답 ④

★★★

**116** 자동화재탐지설비 및 시각경보장치의 화재안전기준상 지상 15층, 지하 3층으로 연면적이 3000m$^2$를 초과하는 특정소방대상물에 화재가 발생하여 자동화재탐지설비를 통해 지하 1층에서 화재발생시 경보를 발하여야 하는 층이 아닌 것은?

13회 문116 / 09회 문116 / 07회 문116 / 06회 문116 / 04회 문113

① 지하 3층　② 지하 2층
③ 지하 1층　④ 지상 2층

해설 **지하 1층 화재시 경보층**

(1) 발화층(지하 1층)
(2) 직상층(지상 1층)
(3) 그 밖의 지하층(지하 2·3층)

중요

**자동화재탐지설비의 직상 4개층 우선경보방식 적용대상물**

11층(공동주택 16층) 이상의 특정소방대상물의 경보

자동화재탐지설비의 음향장치의 경보

| 발화층 | 경보층 | |
|---|---|---|
| | 11층 (공동주택 16층) 미만 | 11층 (공동주택 16층) 이상 |
| **2층** 이상 발화 | 전층 일제경보 | • 발화층<br>• 직상 4개층 |
| **1층** 발화 | | • 발화층<br>• 직상 4개층<br>• 지하층 |
| **지하층** 발화 | | • 발화층<br>• 직상층<br>• 그 밖의 지하층 |

답 ④

★★★

**117** 할로겐화합물 및 불활성기체 소화설비의 화재안전기준상 소화약제의 최대 허용설계농도(%) 기준으로 옳은 것은?

19회 문 36 / 18회 문 31 / 17회 문 37 / 15회 문 36 / 15회 문110 / 14회 문 36 / 14회 문110 / 12회 문 31 / 07회 문121

① HCFC-124 : 2.0
② HFC-227ea : 10.5
③ HFC-236fa : 13.5
④ IG-100 : 53

해설 **할로겐화합물 및 불활성기체 소화약제 최대 허용 설계농도**(NFTC 107A 2.4.2)

| 소화약제 | 최대 허용설계농도〔%〕 |
|---|---|
| FIC-13I1 | 0.3 |
| HCFC-124 보기 ① | 1.0 |
| FK-5-1-12 | 10 |
| HCFC BLEND A | 10 |
| HFC-227ea 보기 ② | 10.5 |
| HFC-125 | 11.5 |
| HFC-236fa 보기 ③ | 12.5 |
| HFC-23 | 30 |
| FC-3-1-10 | 40 |
| IG-01 | 43 |
| IG-100 보기 ④ | 43 |
| IG-541 | 43 |
| IG-55 | 43 |

① 2.0 → 1.0
③ 13.5 → 12.5
④ 53 → 43

답 ②

★★★
**118** **분말소화설비를 방호구역에 전역방출방식으로 설치하고자 한다. 소화약제는 제4종 분말이고, 방호구역의 체적이 150m³, 개구부의 면적이 3m²이며, 자동폐쇄장치를 설치하지 아니한 경우 분말소화약제의 최소 저장량(kg)은?**

19회 문122 16회 문107 15회 문112 13회 문109 10회 문 28 10회 문118 05회 문104 04회 문117 02회 문115

① 41.4　② 49.5
③ 59.4　④ 67.5

해설 **분말소화설비 전역방출방식**의 **약제량** 및 **개구부 가산량**(NFPC 108 제6조, NFTC 108 2.3.2.1)

| 종 별 | 약제량 | 개구부가산량 (자동폐쇄장치 미설치시) |
|---|---|---|
| 제1종 | $0.6kg/m^3$ | $4.5kg/m^2$ |
| 제2·3종 | $0.36kg/m^3$ | $2.7kg/m^2$ |
| 제4종 → | $0.24kg/m^3$ | $1.8kg/m^2$ |

**분말소화설비 저장량**
=방호구역체적〔$m^3$〕×약제량〔$kg/m^3$〕
+개구부면적〔$m^2$〕×개구부가산량($10kg/m^2$)
$=150m^3 \times 0.24kg/m^3 + 3m^2 \times 1.8kg/m^2$
$=41.4kg$

답 ①

★★★
**119** **자동화재탐지설비 및 시각경보장치의 화재안전기준상 부착높이가 8m 이상 15m 미만일 경우 적응성 있는 감지기의 종류로 옳지 않은 것은?**

17회 문120 14회 문112 08회 문111 07회 문125 06회 문123 03회 문115 02회 문124

① 차동식 스포트형
② 차동식 분포형
③ 연기복합형
④ 불꽃감지기

해설 **자동화재탐지설비 감지기**의 **부착높이**(NFPC 203 제7조, NFTC 203 2.4.1)

| 부착높이 | 감지기의 종류 |
|---|---|
| **4m 미만** | • 차동식(스포트형, 분포형), • 보상식 스포트형 → **열**감지기<br>• 정온식(스포트형, 감지선형)<br>• 이온화식 또는 광전식(스포트형, 분리형, 공기흡입형) : **연**기감지기<br>• 열복합형, • 연기복합형, • 열연기복합형 → **복**합형 감지기<br>• **불**꽃감지기<br>기억법 열연불복 4미 |
| 4~**8m 미만** | • 차동식(스포트형, 분포형), • 보상식 스포트형, • **정**온식(스포트형, 감지선형) **특**종 또는 **1**종 → **열**감지기<br>• **이**온화식 **1**종 또는 **2**종<br>• **광**전식(스포트형, 분리형, 공기흡입형) 1종 또는 2종 → 연기감지기<br>• 열복합형, • 연기복합형, • 열연기복합형 → **복**합형 감지기<br>• **불**꽃감지기<br>기억법 8미열 정특1 이광12 복불 |
| 8~**15m** 미만 | • 차동식 **분**포형 보기 ②<br>• **이**온화식 **1**종 또는 **2**종<br>• **광**전식(스포트형, 분리형, 공기흡입형) 1종 또는 2종<br>• **연**기**복**합형 보기 ③<br>• **불**꽃감지기 보기 ④<br>기억법 15분 이광12 연복불 |

| 부착높이 | 감지기의 종류 |
|---|---|
| 15~20m 미만 | • 이온화식 1종<br>• 광전식(스포트형, 분리형, 공기흡입형) 1종<br>• 연기복합형<br>• 불꽃감지기<br>기억법 이광불연복2 |
| 20m 이상 | • 불꽃감지기<br>• 광전식(분리형, 공기흡입형) 중 아날로그방식<br>기억법 불광아 |

※ 비고
① 감지기별 부착높이 등에 대하여 별도로 형식승인을 받은 경우에는 그 성능인정범위 내에서 사용할 수 있다.
② 부착높이 20m 이상에 설치되는 광전식 중 아날로그방식의 감지기는 공칭감지농도 하한값이 감광률 5%/m 미만인 것으로 한다.

① 8m 미만

답 ①

★★
**120** 화재조기진압용 스프링클러설비의 화재안전기준상 헤드에 관한 기준으로 옳지 않은 것은?

14회 문105
10회 문103

① 헤드의 작동온도는 74℃ 이하로 한다.
② 하향식 헤드의 반사판의 위치는 천장이나 반자 아래 115mm 이상 355mm 이하로 한다.
③ 헤드의 반사판은 천장 또는 반자와 평행하게 설치하고, 저장물의 최상부와 914mm 이상 확보되도록 한다.
④ 헤드 하나의 방호면적은 $6.0m^2$ 이상 $9.3m^2$ 이하로 한다.

해설 **화재조기진압용 스프링클러설비의 헤드적합기준**
(NFPC 103B 제10조, NFTC 103B 2.7)
(1) 헤드 하나의 **방**호면적은 **6.0~9.3m²** 이하로 할 것 **보기 ④**
(2) 가지배관의 헤드 사이의 거리는 천장의 높이가 **9.1m 미만**인 경우에는 **2.4m~3.7m** 이하로, **9.1~13.7m** 이하인 경우에는 **3.1m 이하**로 할 것
(3) 헤드의 반사판은 천장 또는 반자와 **평**행하게 설치하고 저장물의 최상부와 **914mm** 이상 확보되도록 할 것 **보기 ③**

기억법 헤방 6093 912437 평914

(4) **하향식 헤드**의 반사판의 위치는 천장이나 반자 아래 **125~355mm** 이하일 것 **보기 ②**
(5) **상향식 헤드**의 감지부 중앙은 천장 또는 반자와 **101~152mm** 이하이어야 하며, 반사판의 위치는 스프링클러배관의 윗부분에서 최소 **178mm** 상부에 설치되도록 할 것
(6) 헤드와 벽과의 거리는 헤드 상호간 거리의 $\frac{1}{2}$을 초과하지 않아야 하며 최소 **102mm** 이상
(7) 헤드의 작동온도는 **74℃** 이하일 것. 단, 헤드 주위의 온도가 **38℃** 이상의 경우에는 그 온도에서의 화재시험 등에서 헤드작동에 관하여 공인기관의 시험을 거친 것 **보기 ①**
(8) 상부에 설치된 헤드의 방출수에 따라 감열부에 영향을 받을 우려가 있는 헤드에는 방출수를 차단할 수 있는 유효한 **차폐판** 설치

② 115mm 이상 → 125mm 이상

답 ②

★★★
**121** 물분무소화설비의 화재안전기준상 물분무소화설비를 투영된 바닥면적이 $50m^2$인 케이블트레이에 설치하는 경우 필요한 최소수원의 양($m^3$)은 얼마 이상인가?

17회 문116
16회 문103
15회 문107
11회 문115
09회 문105

① 10
② 12
③ 20
④ 24

해설 (1) **물분무소화설비**의 **수원**(NFPC 104 제4조, NFTC 104 2.1.1)

| 특정 소방대상물 | 토출량 | 최소기준 | 비 고 |
|---|---|---|---|
| 컨베이어 벨트 | 10L/min · m² | – | 벨트부분의 바닥면적 |
| 절연유 봉입변압기 | 10L/min · m² | – | 표면적을 합한 면적 (바닥면적 제외) |
| 특수가연물 | 10L/min · m² | 최소 50m² | 최대방수구역의 바닥면적 기준 |
| 케이블트레이 · 덕트 | 12L/min · m² | – | 투영된 바닥면적 |
| 차고 · 주차장 | 20L/min · m² | 최소 50m² | 최대방수구역의 바닥면적 기준 |
| 위험물 저장탱크 | 37L/min · m | – | 위험물탱크 둘레길이(원주길이) : 위험물규칙 [별표 6] Ⅱ |

※ 모두 **20분**간 방수할 수 있는 양 이상으로 하여야 한다.

기억법

컨절특케차
1 1 2

(2) **케이블트레이**의 **방사량**(토출량) $Q$

$Q$ =투영된 바닥면적×12L/min · $m^2$
=50$m^2$×12L/min · $m^2$=600L/min

(3) **수원**의 **양** $Q$

$Q$ =토출량×방사시간
=600L/min×20min=12000L=12$m^3$

- 토출량(600L/min) : (2)에서 구한 값
- 방사시간(20min) : NFPC 104 제4조, NFTC 104 2.1에 의해 20min 적용
- 1000L=1$m^3$이므로 12000L=12$m^3$

답 ②

★★★

**122** **이산화탄소 소화설비의 화재안전기준상 이산화탄소 소화약제 양(kg)으로 옳은 것은?**

19회 문118 16회 문107 15회 문112 13회 문109 10회 문 28 10회 문118 05회 문104 04회 문117 02회 문115

| 방호구역 체적 | 방호구역의 체적 1$m^3$에 대한 소화약제의 양 |
|---|---|
| 45$m^3$ 미만 | ㉠ |
| 45$m^3$ 이상 150$m^3$ 미만 | ㉡ |
| 150$m^3$ 이상 1450$m^3$ 미만 | ㉢ |
| 1450$m^3$ 이상 | ㉣ |

① ㉠ : 0.75
② ㉡ : 0.75
③ ㉢ : 0.75
④ ㉣ : 0.75

해설 **전역방출방식(표면화재)**(NFPC 106 제5조, NFTC 106 2.2.1.1.1)

| 방호구역 체적 | 방호구역의 체적 1$m^3$에 대한 소화약제의 양 | 소화약제 저장량의 최저한도의 양 |
|---|---|---|
| 45$m^3$ 미만 | 1.00kg 보기 ㉠ | 45kg |
| 45$m^3$ 이상 150$m^3$ 미만 | 0.90kg 보기 ㉡ | |
| 150$m^3$ 이상 1450$m^3$ 미만 | 0.80kg 보기 ㉢ | 135kg |
| 1450$m^3$ 이상 | 0.75kg 보기 ㉣ | 1125kg |

비교

**전역방출방식(심부화재)**

| 방호대상물 | 방호구역의 체적 1$m^3$에 대한 소화약제의 양 | 설계농도〔%〕 |
|---|---|---|
| 유압기기를 제외한 **전기설비**, **케이블실** | 1.3kg | 50 |
| 체적 55$m^3$ 미만의 전기설비 | 1.6kg | 50 |
| **서**고, **전**자제품창고, **목**재가공품창고, **박**물관 | 2.0kg | 65 |
| **고**무류 · **면**화류창고, **모**피창고, **석**탄창고, **집**진설비 | 2.7kg | 75 |

기억법 **서박목전(선박이 목전에 보인다)**
**석면고모집(석면은 고모 집에 있다)**

답 ④

★★★

**123** **연결송수관설비의 화재안전기준상 송수구의 설치기준으로 옳지 않은 것은?**

18회 문105 16회 문121 15회 문119 12회 문103

① 습식의 경우에는 송수구·체크밸브·자동배수밸브의 순으로 설치한다.
② 지면으로부터 높이가 0.5m 이상 1.0m 이하의 위치에 설치한다.
③ 구경 65mm의 쌍구형으로 한다.
④ 가까운 곳의 보기 쉬운 곳에 송수압력범위를 표시한 표지를 한다.

해설 **자동배수밸브** 및 **체크밸브**의 **설치**(NFTC 502 2.1.1.8.1, 2.1.1.8.2)

| 습 식 | 건 식 |
|---|---|
| 송수구–자동배수밸브–체크밸브 보기 ① | **송**수구–**자**동배수밸브–**체**크밸브–**자**동배수밸브<br>기억법 송자체자건 |
| 송수구, 체크밸브, 자동배수밸브<br>‖ 습식 ‖ | 송수구, 체크밸브, 자동배수밸브, 자동배수밸브<br>‖ 건식 ‖ |

비교

**연결살수설비 송수구 설치기준**(NFPC 503 제4조, NFTC 503 2.1.3)

| 폐쇄형 헤드사용설비 | 개방형 헤드사용설비 |
|---|---|
| 송수구 → 자동배수밸브 → 체크밸브 | 송수구 → 자동배수밸브<br>기억법 송자개 |
| 송수구, 체크밸브, 자동배수밸브<br>폐쇄형 헤드를 사용하는 설비 | 송수구, 자동배수밸브<br>개방형 헤드를 사용하는 설비 |

답 ①

★★★

**124** 피난기구의 화재안전기준상 숙박시설의 각 층의 바닥면적이 2500m²일 경우 층마다 설치하여야 하는 피난기구의 최소 개수는?

15회 문116
14회 문115

① 3개　② 4개
③ 5개　④ 6개

해설 **피난기구**의 **설치대상**(NFPC 301 제5조, NFTC 301 2.1.2.1)

| 조 건 | 설치대상 |
|---|---|
| 500m²마다 (층마다 설치) | 숙박시설 · 노유자시설 · 의료시설<br>기억법 5숙노의 |
| 800m²마다 (층마다 설치) | 위락시설 · 문화 및 집회시설 · 운동시설 · 판매시설, 복합용도의 층<br>기억법 위문8 운동판(위문팔) |
| 1000m²마다 | 그 밖의 용도의 층 |
| 각 세대마다 | 아파트 등(계단실형 아파트) |

※ 숙박시설(휴양콘도미니엄을 제외한다)의 경우에는 추가로 객실마다 **완강기** 또는 **둘 이상**의 **간이완강기**를 설치할 것

**숙박시설 피난기구** 설치개수

$$=\frac{\text{각 층 바닥면적}}{500\text{m}^2}=\frac{2500\text{m}^2}{500\text{m}^2}=5\text{개(절상)}$$

답 ③

★★★

**125** 이산화탄소 소화설비의 화재안전기준상 소화약제의 저장용기 설치기준으로 옳지 않은 것은?

① 직사광선 및 빗물이 침투할 우려가 없는 곳에 설치할 것
② 방화문으로 구획된 실에 설치할 것
③ 온도가 45℃ 이하이고, 온도변화가 작은 곳에 설치할 것
④ 방호구역 외의 장소에 설치할 것

해설 **이산화탄소 소화약제**의 **저장용기 설치기준**(NFPC 106 제4조, NFTC 106 2.1)

(1) **방호구역 외**의 장소에 설치할 것(단, 방호구역 내에 설치할 경우에는 피난 및 조작이 용이하도록 **피난구부근**에 설치) 보기 ④
(2) 온도가 **40℃ 이하**이고, 온도변화가 작은 곳에 설치할 것 보기 ③
(3) **직사광선** 및 **빗물**이 침투할 우려가 없는 곳에 설치할 것 보기 ①
(4) **방화문**으로 구획된 실에 설치할 것 보기 ②
(5) 용기의 설치장소에는 해당 용기가 설치된 곳임을 표시하는 **표**지를 할 것
(6) 용기 간의 **간**격은 점검에 지장이 없도록 **3cm 이상**의 간격을 유지할 것
(7) 저장용기와 **집**합관을 연결하는 연결배관에는 **체크밸브**를 설치할 것(단, 저장용기가 하나의 방호구역만을 담당하는 경우는 제외)

기억법 이저외4 직방 표집간

비교

**저장용기의 온도**

| ① 분말소화설비<br>② 이산화탄소 소화설비<br>③ 할론소화설비 | 할로겐화합물 및 불활성기체 소화설비 |
|---|---|
| 40℃ 이하 | 55℃ 이하 |

③ 45℃ 이하 → 40℃ 이하

답 ③

## 나도 아침형이 될 수 있다

① 술 · 게임 · 도박 등 밤생활을 과감히 정리한다.
② 불가피한 경우를 제외하곤 업무 집중력을 높여 잔업을 만들지 않는다.
③ 육체적인 활동이나 운동을 통해 기분 좋은 피로를 유도한다.
④ 야식을 삼가는 대신 따끈한 우유 한 잔으로 숙면을 돕는다.
⑤ 저녁엔 정서적으로 안정감을 주는 독서나 음악감상을 한다.
⑥ 늦게 자는 경우에도 아침엔 반드시 같은 시간에 일어난다.
⑦ 하루를 정리하는 시간을 갖는다.
⑧ 낮에 피곤할 때는 30분 이내로 잠시 눈을 붙인다.

# 2018년도 제18회 소방시설관리사 1차 국가자격시험

| 문제형별 | 시 간 | 시험과목 |
| --- | --- | --- |
| A | 125분 | ① 소방안전관리론 및 화재역학<br>② 소방수리학, 약제화학 및 소방전기<br>③ 소방관련 법령<br>④ 위험물의 성질 · 상태 및 시설기준<br>⑤ 소방시설의 구조 원리 |

| 수험번호 | | 성 명 | |
| --- | --- | --- | --- |

**【 수험자 유의사항 】**

1. **시험문제지**는 단일형별(A형)이며, 답안카드형별 기재란에 표시된 형별(A형)을 확인하시기 바랍니다. 시험문제지의 **총면수**, **문제번호 일련순서**, **인쇄상태** 등을 확인하시고, 문제지 표지에 수험번호와 성명을 기재하시기 바랍니다.

2. 답은 각 문제마다 요구하는 **가장 적합하거나 가까운 답 1개**만 선택하고, 답안카드 작성시 **마킹착오**로 인한 불이익은 전적으로 **수험자에게 책임**이 있음을 알려드립니다.

3. 답안카드는 국가전문자격 공통 표준형으로 문제번호가 1번부터 125번까지 인쇄되어 있습니다. 답안 마킹시에는 반드시 **시험문제지의 문제번호와 동일한 번호**에 마킹하여야 합니다.

4. **감독위원의 지시에 불응하거나 시험시간 종료 후 답안카드를 제출하지 않을 경우** 불이익이 발생할 수 있음을 알려드립니다.

5. 시험문제지는 시험 종료 후 가져가시기 바랍니다.

# 18회 2018. 04. 28. 시행

**제 1 과목** 소방안전관리론 및 화재역학

★★★
**01** 다음에서 설명하는 용어는?

12회 문 02

유사문제부터 풀어보세요. 실력이 팍!팍! 올라갑니다.

> ㉠ 생물체의 성장기능, 신진대사 등에 영향을 주는 최소량으로 인체에 미치는 독성 최소농도를 말함
> ㉡ 이것보다 설계농도가 높은 소화약제는 사람이 없거나 30초 이내에 대피할 수 있는 장소에서만 사용할 수 있음

① ODP ② GWP
③ NOAEL ④ LOAEL

해설 **독성학의 허용농도**

(1) $LD_{50}$과 $LC_{50}$

| $LD_{50}$(Lethal Dose) : 반수치사량 | $LC_{50}$(Lethal Concentration) : 반수치사농도 |
|---|---|
| 실험쥐의 50%를 사망시킬 수 있는 물질의 양 | 실험쥐의 50%를 사망시킬 수 있는 물질의 농도 |

(2) LOAEL과 NOAEL

| LOAEL (Lowest Observed Adverse Effect Level) | NOAEL (No Observed Adverse Effect Level) |
|---|---|
| ① 인간의 심장에 영향을 주지 않는 **최소농도**<br>② 신체에 악영향을 감지할 수 있는 최소농도 즉, 심장에 독성을 미칠 수 있는 **최소농도**<br>③ 생물체의 성장기능, 신진대사 등에 영향을 주는 최소량으로 **인체**에 미치는 독성 **최소농도** 보기 ㉠<br>④ 이것보다 설계농도가 높은 소화약제는 사람이 없거나 **30초** 이내에 대피할 수 있는 장소에서만 사용할 수 있음 보기 ㉡ | ① 인간의 심장에 영향을 주지 않는 **최대농도**<br>② 약제방출 후 신체에 아무런 악영향도 감지할 수 없는 최대농도 즉, 심장에 독성을 미치지 않는 **최대농도** |

(3) TLV(Threshold Limit Values, **허용한계농도**) : 독성 물질의 섭취량과 인간에 대한 그 반응 정도를 나타내는 관계에서 손상을 입히지 않는 농도 중 가장 큰 값

| TLV 농도표시법 | 정 의 |
|---|---|
| TLV-TWA (시간가중 평균농도) | 매일 일하는 근로자가 하루에 8시간씩 근무할 경우 근로자에게 노출되어도 아무런 영향을 주지 않는 최고 평균농도 |
| TLV-STEL (단시간 노출허용농도) | 단시간 동안 노출되어도 유해한 증상이 나타나지 않는 최고 허용농도 |
| TLV-C (최고 허용한계농도) | 단 한순간이라도 초과하지 않아야 하는 농도 |

(4) ALC(Approximate Lethal Concentration, **치사농도**) : 실험쥐의 50%를 15분 이내에 사망시킬 수 있는 허용농도

답 ④

★★★
**02** 폭발의 종류와 해당 물질의 연결이 옳지 않은 것은?

19회 문 06
19회 문 13
17회 문 06
16회 문 04
16회 문 14
13회 문 07
11회 문 16
10회 문 11
09회 문 06
08회 문 24
06회 문 15
04회 문 03
03회 문 23

① 분해폭발 – 아세틸렌
② 증기폭발 – 염화비닐
③ 분진폭발 – 석탄가루
④ 중합폭발 – 시안화수소

해설 **폭발의 종류**

| 폭발 종류 | 물 질 |
|---|---|
| **분해**폭발 | • **과**산화물 · **아**세틸렌 보기 ①<br>• **다**이너마이트 |
| 분진폭발 | • 밀가루 · 담뱃가루<br>• 석탄가루 · 먼지 보기 ③<br>• 전분 · 금속분 |
| **중**합폭발 | • **염**화비닐 보기 ②<br>• **시**안화수소 보기 ④ |
| **분**해 · **중**합폭발 | • **산**화에틸렌 |
| **산**화폭발 | • **압**축가스<br>• **액**화가스 |

기억법 분해과아다
중염시
분중산
산압액

② 증기폭발 → 중합폭발

중요

(1) **폭발**의 **종류**

| 종 류 | 설 명 |
|---|---|
| 산화폭발 | 가연성 가스가 공기 중에 누설 혹은 인화성 액체 저장탱크에 **공기**가 **유입**되어 폭발성 혼합가스를 형성하고 여기에 탱크 내에서 정전기 불꽃이 발생하든지 탱크 내로 착화원이 유입되어 착화 폭발하는 현상 |
| 분무폭발 | 착화에너지에 의하여 일부의 **액적**이 가열되어 그의 표면부분에 가연성의 혼합기체가 형성되고 이것이 연소하기 시작하여 이 연소열에 의하여 부근의 액적의 주위에는 가연성 혼합기체가 형성되고 순차적으로 연소반응이 진행되어 이것이 가속화되어 폭발이 발생하는 현상 |
| 분진폭발 | 미분탄, 소맥분, 플라스틱의 분말같은 가연성 고체가 **미분말**로 되어 공기 중에 부유한 상태로 폭발농도 이상으로 있을 때 착화원이 존재함으로써 발생하는 폭발현상 |
| 분해폭발 | **산화에틸렌, 아세틸렌, 에틸렌** 등의 분해성 가스와 다이아조화합물 같은 자기 분해성 고체가 **분해**하면서 폭발하는 현상 |

(2) **분**진폭발을 일으키지 않는 물질
① **시**멘트
② **석**회석
③ **탄**산**칼**슘($CaCO_3$)
④ **생**석회(CaO)
⑤ 소석회($Ca(OH)_2$)=수산화칼슘

기억법 분시석탄칼생

답 ②

**03** 연소현상에서 역화(Back fire)의 원인으로 옳지 않은 것은?
16회 문 03
10회 문 17
02회 문 12

① 분출 혼합가스의 압력이 비정상적으로 높을 때
② 분출 혼합가스의 양이 매우 적을 때
③ 연소속도보다 혼합가스의 분출속도가 느릴 때
④ 노즐의 부식 등으로 분출구가 커질 때

해설 **역화**의 **원인**
(1) 분출 혼합가스의 양이 매우 적을 때(노즐에서 분출되는 가연성 가스량이 적을 때) **보기 ②**
(2) 연소속도보다 혼합가스의 분출속도가 느릴 때(공급가스의 분출속도가 낮을 경우) **보기 ③**
(3) 노즐의 부식 등으로 분출구가 커질 때(노즐이 크거나 부식에 의해 확대되었을 때) **보기 ④**
(4) 노즐구경이 너무 작을 때
(5) 버너가 과열되었을 때

① 높을 때 → 낮을 때

용어

**역화(Back fire)**
연료의 분출속도가 연소속도보다 느릴 때 불꽃이 노즐 속으로 빨려 들어가 혼합관 속에서 연소하는 현상

중요

**연소상**의 **문제점**
(1) **백파이어**(Back fire, 역화) : 가스가 노즐에서 분출되는 속도가 연소속도보다 느려져 버너 내부에서 연소하게 되는 현상

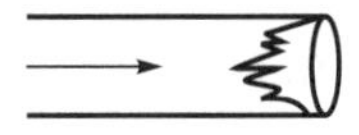

| 백파이어 |

혼합가스의 유출속도<연소속도

(2) **리프트**(Lift=리프팅(Lifting), 불꽃뜨임) : 가스가 노즐에서 나가는 속도가 연소속도보다 빠르게 되어 불꽃이 버너의 노즐에서 떨어져서 연소하게 되는 현상

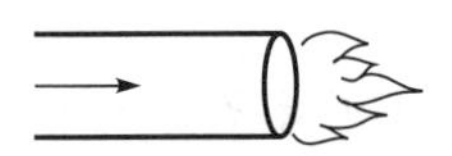

| 리프트 |

혼합가스의 유출속도 > 연소속도

(3) **블로오프**(Blow off) : 리프트 상태에서 불이 꺼지는 현상

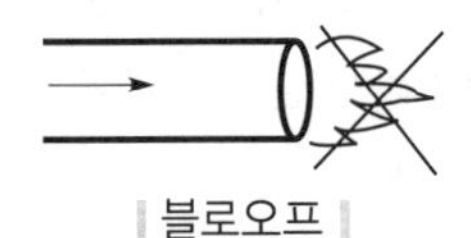

| 블로오프 |

답 ①

★★
## 04 전기화재의 원인과 주된 방지대책의 연결이 옳지 않은 것은?

06회 문 18
04회 문 08

① 낙뢰 - 피뢰설비
② 정전기 - 방진설비
③ 스파크 - 방폭설비
④ 과전류 - 적정용량의 배선 및 차단기 설치

해설

| 전기화재의 원인 | 주된 방지대책 |
|---|---|
| 낙뢰 | 피뢰설비 **보기 ①** |
| **정전기** | **접지설비** **보기 ②** |
| 스파크 | 방폭설비 **보기 ③** |
| 과전류 | 적정용량의 배선 및 차단기 설치 **보기 ④** |

② 방진설비 → 접지설비

중요

(1) **전기화재**의 **발생원인**
① 단락(합선)에 의한 발화
② 과부하(과전류)에 의한 발화
③ 절연저항 감소(누전)에 의한 발화
④ 전열기기 과열에 의한 발화
⑤ 전기불꽃에 의한 발화
⑥ 용접불꽃에 의한 발화
⑦ 낙뢰에 의한 발화

※ **승압** : 전압을 높여 주는 것으로 승압을 하면 전류를 적게 흐르게 할 수 있으므로 안전하다.

(2) **전기화재**의 **요인별 발생비율**
절연열화에 의한 단락 > 과부하 · 과전류 > 접촉 불량에 의한 단락 > 압착 · 손상에 의한 단락 > 반단선 > 누전 · 지락

답 ②

★★★
## 05 다음에 제시된 가연성 기체의 폭발한계범위에서 위험도가 낮은 것부터 높은 순으로 바르게 나열한 것은?

16회 문 11
15회 문 04
12회 문 01
11회 문 05
10회 문 02
09회 문 10
07회 문 11
04회 문 15

㉠ 수소(4.0~75.0vol%)
㉡ 아세틸렌(2.5~81.0vol%)
㉢ 에터(1.7~48.0vol%)
㉣ 프로판(2.1~9.5vol%)

① ㉢<㉠<㉣<㉡　② ㉢<㉣<㉡<㉠
③ ㉣<㉠<㉢<㉡　④ ㉣<㉢<㉡<㉠

해설 위험도

$$H=\frac{U-L}{L}$$

여기서, $H$ : 위험도
$U$ : 연소상한계
$L$ : 연소하한계

㉠ **수소**($H_2$) $H=\frac{75-4}{4}=17.75$

㉡ **아세틸렌**($C_2H_2$) $H=\frac{81-2.5}{2.5}=31.4$

㉢ **에터**[$(C_2H_5)_2O$] $H=\frac{48-1.7}{1.7}=27.24$

㉣ **프로판**($C_3H_8$) $H=\frac{9.5-2.1}{2.1}=3.5$

③ ㉣ < ㉠ < ㉢ < ㉡

중요

**공기 중**의 **폭발한계**(상온, 1atm)

| 가 스 | 하한계 〔vol%〕 | 상한계 〔vol%〕 |
|---|---|---|
| **아**세틸렌($C_2H_2$) **보기 ㉡** | 2.5 | 81 |
| **수**소($H_2$) **보기 ㉠** | 4 | 75 |
| **일**산화탄소(CO) | 12 | 75 |
| **에터**[$(C_2H_5)_2O$] **보기 ㉢** | 1.7 | 48 |
| **이**황화탄소($CS_2$) | 1 | 50 |
| **암**모니아($NH_3$) | 15 | 25 |
| **메**탄($CH_4$) | 5 | 15 |
| **에**탄($C_2H_6$) | 3 | 12.4 |
| **프**로판($C_3H_8$) **보기 ㉣** | 2.1 | 9.5 |
| **부**탄($C_4H_{10}$) | 1.8 | 8.4 |
| **휘**발유($C_5H_{12}$~$C_9H_{20}$) | 1.2 | 7.6 |

18회

휘발유=가솔린

| 기억법 | |
|---|---|
| 아 | 2581 |
| 수 | 475 |
| 일 | 1275 |
| 에터 | 1748 |
| 이 | 150 |
| 암 | 1525 |
| 메 | 515 |
| 에 | 3124 |
| 프 | 2195 |
| 부 | 1884 |
| 휘 | 1276 |

답 ③

★★★

**06** 국내의 A급화재, B급화재, C급화재, D급 화재를 표시색과 가연물에 따른 화재분류로 바르게 연결한 것은?

19회 문 09 / 16회 문 19 / 15회 문 03 / 14회 문 03 / 13회 문 06 / 10회 문 31

① A급화재 – 적색화재 – 일반화재
② B급화재 – 백색화재 – 유류화재
③ C급화재 – 청색화재 – 전기화재
④ D급화재 – 황색화재 – 금속화재

해설 **화재**의 **분류**

| 화재의 종류 | 표시색 | 적응물질 |
|---|---|---|
| 일반화재(A급) 보기 ① | **백**색 | • 일반가연물<br>• 종이류 화재<br>• 목재, 섬유화재 |
| 유류화재(B급) 보기 ② | **황**색 | • 가연성 액체<br>• 가연성 가스<br>• 액화가스화재<br>• 석유화재 |
| 전기화재(C급) 보기 ③ | **청**색 | • 전기설비 |
| 금속화재(D급) 보기 ④ | **무**색 | • 가연성 금속 |
| 주방화재(K급) | – | • 식용유화재 |

• 최근에는 색을 표시하지 않음

기억법 **백황청무**

① 적색화재 → 백색화재
② 백색화재 → 황색화재
④ 황색화재 → 무색화재

중요

**A급 · B급 · K급 화재**

(1) **K급**화재(식용유화재)
① 인화점과 발화점의 온도차가 적고 발화점이 비점 이하이기 때문에 화재발생시 액체의 온도를 낮추지 않으면 소화하여도 재발화가 쉬운 화재
② 질식소화
③ 다른 물질을 넣어서 냉각소화

(2) **A급화재 vs B급화재**

| A급화재 | B급화재 |
|---|---|
| 연소 후 재가 남는 화재 | 연소 후 재가 남지 않는 화재 |

답 ③

★★

**07** 화재소화방법 중 자유 라디칼(Free radical) 생성과 관계되는 것은?

16회 문 25 / 16회 문 37 / 15회 문 05 / 15회 문 34 / 14회 문 08 / 13회 문 34 / 08회 문 08 / 07회 문 16 / 06회 문 03

① 냉각소화
② 제거소화
③ 질식소화
④ 억제소화

해설 (1) **화학소화(부촉매효과)=억제소화**
① 연쇄반응을 차단하여 소화하는 방법
② 화학적인 방법으로 화재 억제
③ 염(炎) 억제작용
④ 화재시에는 가연물질에 포함되어 있는 수소(H)와 산소(O) 원자가 지속적인 연소과정으로 활성화되어 생성되는 **수소 라디칼**(H·)과 **수산 라디칼**(OH·)이 연쇄반응을 지배하여 반응을 지속되게 하는데 이 **라디칼** 상태의 물질들을 **제거**하거나 연쇄반응의 진행을 **방해** 또는 **차단**하여 소화하는 방법 보기 ④

※ **화학소화** : 할로젠화 탄화수소는 원자수의 비율이 클수록 소화효과가 좋다.

(2) **억제소화**를 하는 **소화약제**
① 할론소화약제
② 할로겐화합물 및 불활성기체 소화약제
③ 분말소화약제

용어

**자유라디칼**(라디칼)
하나 이상의 짝지어지지 않은 원자 또는 복합화합물

답 ④

18회

★★★
## 08 건축물의 연소확대방지를 위한 구획방법으로 옳지 않은 것은?

11회 문 12
02회 문 20

① 일정한 면적마다 방화구획을 함으로써 화재규모를 가능한 한 작은 범위로 줄이고 피해를 최소한으로 한다.
② 외벽의 개구부에는 내화구조의 차양, 발코니 등을 설치하지 않는 것이 바람직하며, 고온의 화기가 상부로 올라가도록 구획한다.
③ 건축물을 수직으로 관통하는 부분은 다른 층으로 화재가 확산되지 않도록 구획한다.
④ 복합건축물에서 화재위험을 많이 내포하고 있는 공간을 그 밖의 공간과 구획하여 화재 시 피해를 줄인다.

해설 (1) **건축물 내부**의 **연소확대방지**를 위한 **방화구획**
① **층** 또는 **면적별** 구획

> ① 일정한 면적마다 방화구획 **보기 ①**
> ② 화기가 상부로 올라가지 않도록 구획 **보기 ②**

② 승강기의 **승강로** 구획

> ③ 수직으로 관통하는 부분구획 **보기 ③**

③ **위험용도별** 구획(용도별 구획)

> ④ 화재위험을 내포하고 있는 공간과 그 밖의 공간구획 **보기 ④**

④ **방화댐퍼** 설치
(2) **방화구획**의 **종류**
① **수평**구획(면적단위)
② 수**직**구획(층단위)
③ **용**도구획(용도단위)

기억법 **연수평직용**

비교

**건축물의 방재기능 설정요소**(건축물을 지을 때 내외부 및 부지 등의 방화계획을 고려한 계획)
(1) 부지선정, 배치계획
(2) 평면계획
(3) 단면계획
(4) 입면계획
(5) 재료계획

> ② 설치하지 않는 것이 바람직하며 → 설치하는 것이 바람직하며
> 상부로 올라가도록 구획한다. → 상부로 올라가지 않도록 구획한다.

답 ②

★
## 09 건축법령상 요양병원의 피난층 외의 층에 설치하여야 하는 시설에 해당하지 않는 것은?

① 각 층마다 별도로 방화구획된 대피공간
② 발코니의 바닥에 국토교통부령으로 정하는 하향식 피난구
③ 거실에 접하여 설치된 노대등
④ 계단을 이용하지 아니하고 건물 외부의 지상으로 통하는 경사로 또는 인접 건축물로 피난할 수 있도록 설치하는 연결복도 또는 연결통로

해설 **건축법 시행령 제46조 제⑥항**
**요양병원, 정신병원, 노인요양시설, 장애인 거주시설 및 장애인 의료재활시설의 피난층 외의 층에 설치 시설**
(1) 각 층마다 별도로 **방화구획**된 대피공간 **보기 ①**
(2) **거실**에 접하여 설치된 **노대**등 **보기 ③**
(3) 계단을 이용하지 아니하고 건물 외부의 지상으로 통하는 경사로 또는 인접 건축물로 피난할 수 있도록 설치하는 **연결복도** 또는 **연결통로** **보기 ④**

> ② 아파트 4층 이상인 층에서 발코니에 대피공간 설치제외 조건

비교

**아파트의 4층 이상인 층 발코니의 대피공간 설치제외 조건**(건축법 시행령 제46조 제⑤항)
(1) 인접 세대와의 경계벽이 **파괴**하기 **쉬운 경량구조** 등인 경우
(2) 경계벽에 **피난구**를 설치한 경우
(3) 발코니의 바닥에 국토교통부령으로 정하는 **하향식 피난구**를 설치한 경우
(4) **국토교통부장관**이 대피공간과 동일하거나 그 이상의 성능이 있다고 인정하여 고시하는 구조 또는 시설을 갖춘 경우

답 ②

★★★
**10** 폭굉(Detonation)에 관한 설명으로 옳지 않은 것은?

16회 문 23
17회 문 04
15회 문 08
06회 문 22
04회 문 18
03회 문 14

① 화염전파속도가 음속보다 빠르다.
② 온도상승은 충격파의 압력에 비례한다.
③ 화재전파의 연속성을 갖는다.
④ 폭굉파를 형성하여 물리적인 충격에 의한 피해가 크다.

해설 **폭연 vs 폭굉**

| 폭 연 | 폭 굉 |
|---|---|
| ① 폭연은 폭굉으로 전이될 수 있으며, 압력파 또는 충격파가 미반응 매질 속으로 **음속보다 느리게 이동**하는 경우<br>② 연소파의 전파속도는 기체의 조성이나 농도에 따라 다르지만 일반적으로 0.1~10m/s인 범위<br>③ 폭연시에 벽이 받는 압력은 **정압뿐**<br>④ 연소파의 파면(화염면)에서 온도, 압력, 밀도의 변화를 보면 **연속적** | ① 압력파 또는 충격파가 미반응 매질 속으로 **음속보다 빠르게 이동**하는 경우로 압력상승은 폭연의 경우보다 **10배** 정도 또는 그 이상 보기 ①<br>② 폭굉으로 유도되는 반응 메커니즘이 심각한 정도의 초기압력이나 충격파를 생성하기 위해서는 아주 작은 부피 내에서 아주 짧은 시간에 에너지 방출 보기 ②<br>③ 폭굉파는 1000~3500 m/s 정도로 빠르게 나타나며 이때 발생되는 압력은 **약 1000kg$_f$/cm$^2$** 정도<br>④ 연소시의 **정압에 충격파의 동압을 받아 파괴효과 증가** 보기 ④<br>⑤ 폭굉시에는 파면에서 온도, 압력, 밀도가 **불연속적** 보기 ③ |

③ 연속성 → 불연속성(불연속적)

답 ③

★★
**11** 내화건축물의 화재 특성으로 옳지 않은 것은?

14회 문 04
08회 문 18
05회 문 02

① 공기의 유입이 불충분하여 발염연소가 억제된다.
② 열이 외부로 방출되는 것보다 축적되는 것이 많다.
③ 저온장기형의 특성을 나타낸다.
④ 목조건축물에 비해 밀도가 낮기 때문에 초기에 연소가 빠르다.

해설 **내화건축물**의 **화재 특성**

(1) 공기의 유입이 불충분하여 **발염연소**가 **억제**된다. 보기 ①
(2) 열이 외부로 방출되는 것보다 축적되는 것이 많다. 보기 ②
(3) **저온장기형**의 특성을 나타낸다. 보기 ③
(4) 목조건축물에 비해 밀도가 높기 때문에 초기에 연소가 느리다. 보기 ④
(5) 내화건축물의 온도-시간 표준곡선에서 화재 발생 후 **30분**이 경과되면 온도는 약 **1000℃** 정도에 달한다.
(6) 내화건축물은 목조건축물에 비해 **연소온도**는 **낮지만 연소지속시간**은 **길다**.
(7) 내화건축물의 화재진행상황은 **초기-성장기-종기**의 순으로 진행된다.
(8) 내화건축물은 견고하여 **공기**의 **유통조건**이 거의 **일정**하고 최고온도는 목조의 경우보다 낮다.

④ 밀도가 낮기 때문에 초기에 연소가 빠르다. → 밀도가 높기 때문에 초기에 연소가 느리다.

중요

(1) **내화건축물의 표준온도**

| 경과시간 | 표준온도 |
|---|---|
| 30분 후 | 840℃ |
| 1시간 후 | 925℃(950℃) |
| 2시간 후 | 1010℃ |

(2) **내화건축물의 온도-시간 표준곡선**

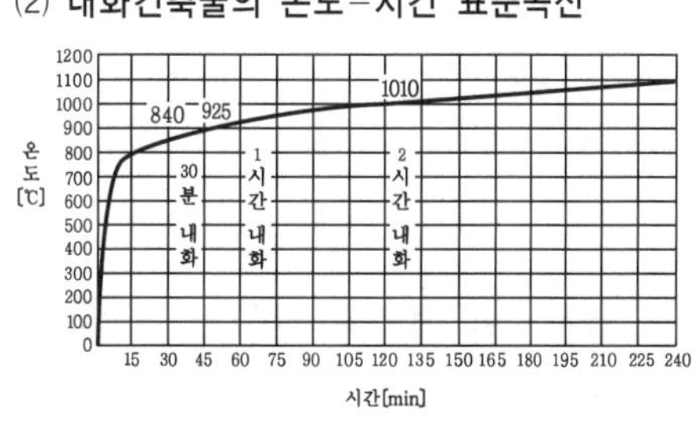


답 ④

★

**12** **건축물의 피난·방화구조 등의 기준에 관한 규칙상 건축물의 출입구에 설치하는 회전문의 설치기준으로 옳지 않은 것은?**

① 계단이나 에스컬레이터로부터 1.5미터 이상의 거리를 둘 것
② 출입에 지장이 없도록 일정한 방향으로 회전하는 구조로 할 것
③ 회전문의 회전속도는 분당회전수가 8회를 넘지 아니하도록 할 것
④ 자동회전문은 충격이 가하여지거나 사용자가 위험한 위치에 있는 경우에는 전자감지장치 등을 사용하여 정지하는 구조로 할 것

해설 **피난·방화구조 제12조**
**건축물의 출입구에 설치하는 회전문의 적합기준**
(1) 계단이나 에스컬레이터로부터 **2m** 이상의 거리를 둘 것 **보기 ①**
(2) 회전문과 문틀 사이 및 바닥 사이는 다음에서 정하는 간격을 확보하고 틈 사이를 **고무**와 **고무펠트**의 조합체 등을 사용하여 신체나 물건 등에 손상이 없도록 할 것

| 회전문과 문틀 사이 | 회전문과 바닥 사이 |
|---|---|
| 5cm 이상 | 3cm 이하 |

(3) 출입에 지장이 없도록 **일정한 방향**으로 회전하는 구조로 할 것 **보기 ②**
(4) 회전문의 중심축에서 회전문과 문틀 사이의 간격을 포함한 회전문날개 끝부분까지의 길이는 **140cm** 이상이 되도록 할 것
(5) 회전문의 회전속도는 분당회전수가 **8회**를 넘지 아니하도록 할 것 **보기 ③**
(6) 자동회전문은 충격이 가하여지거나 사용자가 위험한 위치에 있는 경우에는 **전자감지장치** 등을 사용하여 정지하는 구조로 할 것 **보기 ④**

① 1.5미터 이상 → 2미터 이상

답 ①

★★★

**13** **열전달의 형태에 관한 설명으로 옳지 않은 것은?**

19회 문 16
14회 문 11
04회 문 19

① 전도는 열이 직접 접촉하여 전달되는 것이다.
② 대류는 유체의 흐름으로 열이 이동하는 현상이다.
③ 비화는 화재의 이동경로, 연소 확산에 영향을 미치지 않는다.
④ 복사는 진공상태에서 손실이 없으며, 복사열은 일직선으로 이동한다.

해설 **열전달의 종류**

| 종 류 | 설 명 | 관련 법칙 |
|---|---|---|
| **전도** (Conduction) | 하나의 물체가 다른 물체와 직접 **접촉**하여 열이 이동하는 현상 **보기 ①** | **푸리에**의 법칙 |
| **대류** (Convection) | **유체**의 흐름에 의하여 열이 이동하는 현상 **보기 ②** | **뉴턴**의 법칙 |
| **복사** (Radiation) | ① 화재시 화원과 **격리**된 인접 가연물에 불이 옮겨 붙는 현상<br>② 열전달 **매질**이 **없이** 열이 전달되는 형태<br>③ 열에너지가 **전자파**의 형태로 옮겨지는 현상으로, **가장 크게 작용**한다.<br>④ 복사는 **진공상태**에서 손실이 없으며, 복사열은 **일직선**으로 이동한다. **보기 ③** | **스테판-볼츠만**의 법칙 |

③ 영향을 미치지 않는다. → 영향을 미친다.

답 ③

★★★

**14** **바닥면적이 $200m^2$인 창고에 의류 1000kg, 고무제품 2000kg이 적재되어 있는 경우 완전연소되었을 때 화재하중은 약 몇 $kg/m^2$인가? (단, 의류, 고무, 목재의 단위발열량은 각각 5000kcal/kg, 9000kcal/kg, 4500kcal/kg이다.)**

17회 문 10
16회 문 24
14회 문 09
13회 문 17
12회 문 20
11회 문 20
08회 문 10
07회 문 15
06회 문 05
06회 문 09
04회 문 01
02회 문 11

① 15.56 ② 20.56
③ 25.56 ④ 30.56

해설 **화재하중**

$$q=\frac{\Sigma G_t H_t}{HA}=\frac{\Sigma G_t H_t}{4500A}=\frac{\Sigma Q}{4500A}$$

여기서, $q$ : 화재하중[$kg/m^2$]
$G_t$ : 가연물의 양[kg]
$H_t$ : 가연물의 단위중량당 발열량 ([kcal/kg] 또는 [kJ/kg])

$H$ : 목재의 단위중량당 발열량 ([kcal/kg] 또는 [kJ/kg])
$A$ : 바닥면적[$m^2$]
$\Sigma Q$ : 가연물의 전체발열량([kcal] 또는 [kJ])

- $H$ : 목재의 단위중량당 발열량=목재의 단위발열량

**화재하중** $q$는

$$q = \frac{\Sigma G_t H_t}{4500A}$$

$$= \frac{(1000\text{kg} \times 5000\text{kcal/kg} + 2000\text{kg} \times 9000\text{kcal/kg})}{4500\text{kcal/kg} \times 200\text{m}^2}$$

$$\fallingdotseq 25.56\text{kg/m}^2$$

- $A$ : 200m²
- $\Sigma$ : '**시그마**'라고 읽으며 '**모두 더한다**'라는 의미로서 여기서는 **가연물 전체**의 **무게**를 말한다.

답 ③

★★★
**15** 건축물 실내화재에서 화재성상에 영향을 주는 주된 요인으로 옳지 않은 것은?

① 인접실의 크기
② 실의 개구부 위치 및 크기
③ 실의 넓이와 모양
④ 화원의 위치와 크기

해설 **실내화재에서 화재성상에 영향을 주는 요인**
(1) 실의 개구부 **위치** 및 **크기** 보기 ②
(2) 실의 **넓이**와 **모양** 보기 ③
(3) 화원의 **위치**와 **크기** 보기 ④
(4) 실내에 있는 가연물의 **배치**
(5) 실 내부의 가연물질의 **양**과 그 **성질**
(6) 화재시 **기상상태**

① 인접실의 크기 → 실의 크기

답 ①

★★★
**16** 다음에서 설명하는 용어는?

09회 문 01
05회 문 09

밀폐된 공간의 화재시 산소농도 저하로 불꽃을 내지 못하고 가연물질의 열분해에 의해 발생된 가연성 가스가 축적된 경우, 진화를 위하여 출입문 등을 개방할 때 신선한 공기의 유입으로 폭발적인 연소가 다시 시작되는 현상

① 롤오버(Roll over)
② 백드래프트(Back draft)
③ 보일오버(Boil over)
④ 슬롭오버(Slop over)

해설

| 용 어 | 설 명 |
|---|---|
| **보일오버 (Boil over)** | ① 중질유의 탱크에서 장시간 조용히 연소한다. 탱크 내의 잔존기름이 갑자기 분출하는 현상<br>② 유류탱크에서 탱크 바닥에 물과 기름의 **에멀전**(Emulsion)이 섞여 있을 때 이로 인하여 화재가 발생하는 현상<br>③ 연소유면으로부터 100℃ 이상의 열파가 **탱크 저부**에 고여 있는 **물**을 비등하게 하면서 연소유를 탱크 밖으로 비산시키며 연소하는 현상 |
| **백드래프트 (Back draft)** | ① 화재실 내에 연소가 계속되어 산소가 심히 부족한 상태에서 개구부를 통하여 **산소**가 **공급**되면 화염이 산소의 공급통로로 분출되는 현상<br>② **밀폐**된 공간의 화재시 **산소농도 저하**로 불꽃을 내지 못하고 가연물질의 열분해에 의해 발생된 가연성 가스가 축적된 경우, 진화를 위하여 출입문 등을 개방할 때 신선한 **공기의 유입**으로 폭발적인 연소가 다시 시작되는 현상 보기 ② |
| **백파이어 (Back fire) : 역화** | 가스가 노즐에서 나가는 속도가 연소속도보다 느려져 **버너 내부**에서 **연소**하게 되는 현상 |
| **플래시오버 (Flash over)** | ① 폭발적인 착화현상<br>② 순발적인 연소확대현상<br>③ 화염이 급격히 확대되는 현상 (폭발적인 화재의 확대현상)<br>④ 화재로 인하여 실내의 온도가 급격히 상승하여 화재가 순간적으로 실내 전체에 확산되어 연소되는 현상 |

답 ②

18회

★★★

**17** **분진폭발에 영향을 미치는 요소에 관한 설명으로 옳지 않은 것은?**

09회 문 06
04회 문 10

① 분진의 입자가 작고 밀도가 작을수록 표면적이 크고 폭발하기 쉽다.
② 분진의 발열량이 크고 휘발성이 클수록 폭발하기 쉽다.
③ 분진의 부유성이 클수록 공기 중에 체류하는 시간이 긴 동시에 위험성도 커진다.
④ 분진의 형상과 표면의 상태에 관계없이 폭발성은 일정하다.

해설 **분진폭발에 영향을 미치는 요소**
(1) 분진의 입자가 작고 밀도가 작을수록 **표면적**이 **크고 폭발**하기 **쉽다**. 보기 ①
(2) 분진의 발열량이 크고 휘발성이 클수록 **폭발**하기 **쉽다**. 보기 ②
(3) 분진의 부유성이 클수록 공기 중에 체류하는 시간이 긴 동시에 **위험성**도 **커진다**. 보기 ③
(4) 분진의 형상과 표면의 상태에 따라 폭발성은 **달라진다**. 보기 ④

④ 상태에 관계없이 폭발성은 일정하다. → 상태에 따라 폭발성은 달라진다.

중요

**분진폭발**

| 구 분 | 설 명 |
|---|---|
| 정의 | 미분탄, 소맥분, 플라스틱의 분말같은 가연성 고체가 **미분말**로 되어 공기 중에 부유한 상태로 폭발농도 이상으로 있을 때 **착화원**이 **존재**함으로써 발생하는 폭발현상 |
| 물질 | • **밀**가루 · **담**뱃가루<br>• **석**탄가루 · **먼**지<br>• **전**분 · **금**속분<br>기억법 석먼담밀 금전 |

답 ④

★★★

**18** **거실제연설비의 소요배출량 27000m³/h, 송풍기 전압(全壓) 60mmAq, 효율 55%, 여유율 20%인 다익형 송풍기의 동력(kW)과 본 송풍기를 그대로 사용하고 배출량만 20%로 증가시킬 경우 회전수(rpm)는 약 얼마인가? (단, 다익형 송풍기의 초기회전수는 1200rpm이다.)**

18회 문125
17회 문108
16회 문124
15회 문101
13회 문102
12회 문 34
10회 문 41
08회 문102
07회 문109

① 동력 6.63, 회전수 1350
② 동력 6.63, 회전수 1480
③ 동력 9.63, 회전수 1440
④ 동력 9.63, 회전수 1450

해설 (1) **동력**

$$P=\frac{P_TQ}{102\times 60\eta}K$$

여기서, $P$ : 배연기 동력〔kW〕
$P_T$ : 전압(풍압)〔mmAq, $mmH_2O$〕
$Q$ : 풍량〔$m^3/min$〕
$\eta$ : 효율
$K$ : 여유율

**동력** $P$는

$$P=\frac{P_TQ}{102\times 60\eta}K$$
$$=\frac{60\text{mmAq}\times 27000\text{m}^3/60\text{min}}{102\times 60\times 0.55}\times 1.2$$
$$≒ 9.63\text{kW}$$

• CMH(Cubic Meter per Hour)=$m^3/h$
• $Q$ : $39600\text{CMH}=39600\text{m}^3/\text{h}$
$=39600\text{m}^3/60\text{min}$
$(1\text{h}=60\text{min})$
• $\eta$ : $55\%=0.55$
• $K$ : 20% 여유율이므로
$100+20=120\%=1.2$

(2) **유량, 양정, 축동력**
① **유량**(풍량)

$$Q_2=Q_1\left(\frac{N_2}{N_1}\right)\left(\frac{D_2}{D_1}\right)^3$$

또는

$$Q_2=Q_1\left(\frac{N_2}{N_1}\right)$$

② **양정**(정압)

$$H_2=H_1\left(\frac{N_2}{N_1}\right)^2\left(\frac{D_2}{D_1}\right)^2$$

또는

$$H_2=H_1\left(\frac{N_2}{N_1}\right)^2$$

③ **축동력**

$$P_2=P_1\left(\frac{N_2}{N_1}\right)^3\left(\frac{D_2}{D_1}\right)^5$$

또는

$$P_2 = P_1\left(\frac{N_2}{N_1}\right)^3$$

여기서, $Q_2$ : 변경 후 유량(풍량)[$m^3$/min]
$Q_1$ : 변경 전 유량(풍량)[$m^3$/min]
$H_2$ : 변경 후 양정(정압)[m]
$H_1$ : 변경 전 양정(정압)[m]
$P_2$ : 변경 후 축동력[kW]
$P_1$ : 변경 전 축동력[kW]
$N_2$ : 변경 후 회전수[rpm]
$N_1$ : 변경 전 회전수[rpm]
$D_2$ : 변경 후 관경[mm]
$D_1$ : 변경 전 관경[mm]

배출량을 20% 증가시켰으므로 120%=1.2가 된다.

$$Q_2 = 1.2Q_1$$

$Q_2 = Q_1\left(\frac{N_2}{N_1}\right)$

$1.2Q_1 = Q_1\left(\frac{N_2}{N_1}\right)$

$1.2Q_1 = Q_1\left(\frac{N_2}{1200\text{rpm}}\right)$

$\frac{1.2\cancel{Q_1}}{\cancel{Q_1}} = \frac{N_2}{1200\text{rpm}}$

$1.2 = \frac{N_2}{1200\text{rpm}}$

$1.2 \times 1200\text{rpm} = N_2$

$1440\text{rpm} = N_2$

$\therefore\ N_2 = 1440\text{rpm}$

답 ③

★★★

**19** 물질 연소시 발생되는 열에너지원의 종류와 열원의 연결이 옳은 것을 모두 고른 것은?

17회 문 03
16회 문 09

㉠ 화학적 에너지－분해열, 연소열
㉡ 전기적 에너지－저항열, 유전열
㉢ 기계적 에너지－마찰스파크열, 아크열
㉣ 원자력 에너지－원자핵 중성자 입자를 충돌시킬 때 발생하는 열, 낙뢰에 의한 열

① ㉠, ㉡　② ㉠, ㉣
③ ㉡, ㉢　④ ㉡, ㉣

해설 **열에너지원의 종류**

| 기계열 (기계적 열에너지) 보기 ㉢ | 전기열 (전기적 열에너지) 보기 ㉡ | 화학열 (화학적 열에너지) 보기 ㉠ | 원자력 에너지 보기 ㉣ |
|---|---|---|---|
| ① 압축열<br>② 마찰열<br>③ 마찰스파크<br>기억법 기압마마 | ① 유도열<br>② 유전열<br>③ 저항열<br>④ 아크열<br>⑤ 정전기열<br>⑥ 낙뢰에 의한 열 | ① 연소열<br>② 용해열<br>③ 분해열<br>④ 생성열<br>⑤ 자연발화열<br>기억법 화연용분생자 | 원자핵 중성자 입자를 충돌시킬 때 발생하는 열 |

㉢ 전기적 에너지－아크열
㉣ 전기적 에너지－낙뢰에 의한 열

답 ①

★★★

**20** 인간의 피난행동 특성에 관한 설명으로 옳지 않은 것은?

16회 문 22
14회 문 25
10회 문 09
09회 문 04
05회 문 07

① 퇴피본능 : 반사적으로 위험으로부터 멀리하려는 본능
② 폐쇄공간지향본능 : 가능한 좁은 공간을 찾아 이동하다가 위험성이 높아지면 의외의 넓은 공간을 찾는 본능
③ 지광본능 : 화재시 연기 및 정전 등으로 시야가 흐려질 때 어두운 곳에서 개구부, 조명부 등의 밝은 빛을 따르려는 본능
④ 귀소본능 : 피난시 평소에 사용하는 문, 길, 통로를 사용하거나 자신이 왔었던 길로 되돌아가려는 본능

해설 **화재발생시 인간의 피난 특성**

| 피난 특성 | 설 명 |
|---|---|
| 귀소본능 보기 ④ | ① 피난시 **평소**에 사용하는 **문**, 길, **통로**를 사용하거나 자신이 왔었던 길로 **되돌아가려는** 본능<br>② **친숙한 피난경로**를 선택하려는 행동<br>③ 무의식 중에 **평상시** 사용하는 **출입구**나 **통로**를 사용하려는 행동<br>④ 화재시 본능적으로 원래 왔던 길 또는 늘 사용하는 경로로 탈출하려고 하는 것 |
| 지광본능 보기 ③ | ① 화재시 연기 및 정전 등으로 시야가 흐려질 때 어두운 곳에서 개구부, 조명부 등의 **밝은 빛**을 따르려는 본능<br>② **밝은 쪽**을 지향하는 행동<br>③ 화재의 공포감으로 인하여 **빛**을 따라 외부로 달아나려고 하는 행동 |

18회

| 피난 특성 | 설 명 |
|---|---|
| 퇴피본능 보기 ① | ① 반사적으로 **위험**으로부터 **멀리**하려는 본능<br>② 화염, 연기에 대한 공포감으로 **발화**의 **반대방향**으로 이동하려는 행동<br>③ 화재가 발생하면 확인하려 하고, 그것이 비상사태로 확인되면 **화재**로부터 **멀어지려고** 하는 본능<br>④ 연기, 불의 **차폐물**이 있는 곳으로 도망가거나 숨는다.<br>⑤ **발화점**으로부터 조금이라도 **먼 곳**으로 피난한다. |
| 추종본능 | ① 많은 사람이 달아나는 방향으로 쫓아가려는 행동<br>② 화재시 **최초**로 **행동**을 **개시**한 사람을 따라 전체가 움직이려는 행동 |
| 좌회본능 | **좌측통행**을 하고 **시계반대방향**으로 회전하려는 행동 |
| 폐쇄공간 지향본능 보기 ④ | 가능한 **넓은 공간**을 찾아 **이동**하다가 위험성이 높아지면 의외의 좁은 공간을 찾는 본능 |
| 초능력본능 | 비상시 **상상**도 **못할 힘**을 내는 본능 |
| 공격본능 | **이상심리현상**으로서 구조용 헬리콥터를 부수려고 한다든지 무차별적으로 주변사람과 구조인력 등에게 공격을 가하는 본능 |
| 패닉(Panic) 현상 | 인간의 비이성적인 또는 부적합한 **공포반응행동**으로서 무모하게 높은 곳에서 뛰어내리는 행위라든지, 몸이 굳어서 움직이지 못하는 행동 |

② 좁은 공간 → 넓은 공간,
넓은 공간 → 좁은 공간

답 ②

★★★
## 21 피난시설계획에 관한 설명으로 옳지 않은 것은?

19회 문 12
17회 문 11
15회 문 22
14회 문 24
11회 문 03
10회 문 06
03회 문 03
02회 문 23

① 피난수단은 원시적인 방법에 의한 것을 원칙으로 한다.
② 피난대책은 Fool proof와 Fail safe의 원칙을 중시해야 한다.
③ 피난경로에 따라 일정한 구획을 한정하여 피난 Zone을 설정하고, 안전성을 높이도록 한다.
④ 피난구조설비는 이동식 시설에 의해야 하고, 가구식의 기구나 장치 등은 극히 예외적인 보조수단으로 생각하여야 한다.

해설 **피난계획**의 **일반적인 원칙**
(1) 피난경로는 **간단명료**하게 한다.
(2) 피난구조설비는 **고정식 설비**를 위주로 설치한다. 보기 ④
(3) 피난수단은 **원시적 방법**에 의한 것을 원칙으로 한다. 보기 ①
(4) **2방향**의 피난통로를 확보한다.
(5) 피난통로를 **완전불연화**한다.
(6) **화재층**의 **피난**을 **최우선**으로 고려한다.
(7) 피난시설 중 피난로는 **복도** 및 **거실**을 가리킨다.
(8) 인간의 **본능적 행동**을 무시하지 않도록 고려한다.
(9) 계단은 **직통계단**으로 한다.
(10) 피난경로에 따라서 일정한 구획을 한정하여 피난구역을 설정한다. 보기 ③
(11) 'Fool proof'와 'Fail safe'의 원칙을 중시한다. 보기 ②

④ 이동식 시설 → 고정식 시설

중요

Fail safe와 Fool proof

| 페일 세이프 (Fail safe) | 풀 프루프 (Fool proof) |
|---|---|
| ① 한 가지 피난기구가 고장이 나도 다른 수단을 이용할 수 있도록 고려하는 것이다.<br>② **한 가지**가 **고장**이 **나도** 다른 수단을 이용하는 원칙이다.<br>③ **두 방향**의 피난동선을 항상 확보하는 원칙이다. | ① 피난경로는 **간단명료**하게 한다.<br>② 피난구조설비는 **고정식 설비**를 위주로 설치한다.<br>③ 피난수단은 **원시적 방법**에 의한 것을 원칙으로 한다.<br>④ 피난통로를 **완전불연화**한다.<br>⑤ 막다른 **복도**가 **없도록** 계획한다.<br>⑥ **간단한 그림**이나 **색채**를 이용하여 표시한다.<br>⑦ **피난방향**으로 **열리는 출입문**을 설치한다.<br>⑧ 도어노브는 **레버식**으로 사용한다. |

답 ④

★★★
## 22 압력 0.8MPa, 온도 20℃의 $CO_2$ 기체 10kg을 저장한 용기의 체적($m^3$)은 약 얼마인가? (단, $CO_2$의 기체상수 $R$=19.26kg·m/kg·K, 절대온도는 273K이다.)

19회 문 89
18회 문 22
18회 문 30
16회 문 30
15회 문 06
14회 문 30
13회 문 03
11회 문 36
11회 문 47
04회 문 45

① 0.71 ② 1.71
③ 2.71 ④ 3.71

해설 (1) **단위변환**
$0.8MPa = 8kg/cm^2 = 8 \times 10^4 kg/m^2$

(2) **절대온도**

$$K=273+℃$$

여기서, K : 켈빈온도〔K〕
℃ : 섭씨온도〔℃〕

절대온도 K=273+℃=273+20=293K

(3) **이상기체 상태방정식**

$$PV=mRT$$

여기서, $P$ : 압력〔kg/m²〕
$V$ : 체적〔m³〕
$m$ : 질량〔kg〕
$R$ : 기체상수〔kg·m/kg·K〕
$T$ : 절대온도(273+℃)〔K〕

**체적** $V$는

$$V=\frac{mRT}{P}$$
$$=\frac{10\text{kg}\times 19.26\text{kg}\cdot\text{m/kg}\cdot\text{K}\times 293\text{K}}{8\times 10^4\text{kg/m}^2}$$
$$≒0.71\text{m}^3$$

답 ①

★

**23** 특별피난계단의 계단실 및 부속실 제연설비의 화재안전기준상 성능확인의 기준으로 옳은 것은?

① 제연구역의 모든 출입문 등의 크기와 열리는 방향이 설계시와 동일한지 여부를 확인하고, 동일하지 아니한 경우 급기량과 보충량 등을 다시 산출하여 조정가능 여부 또는 재설계·개수의 여부를 결정할 것
② 제연구역의 출입문 및 복도와 거실(옥내가 복도와 거실로 되어 있는 경우에 한한다) 사이의 출입문마다 제연설비가 작동하고 있는 상태에서 그 폐쇄력을 측정할 것
③ 둘 이상의 특정소방대상물이 지하에 설치된 주차장으로 연결되어 있는 경우에는 특정소방대상물의 화재감지기 및 주차장에서 둘 이상의 특정소방대상물의 제연구역으로 들어가는 출구에 설치된 제연용 연기감지기의 작동에 따라 해당 특정소방대상물의 수직풍도에 연결된 일부 제연구역의 댐퍼가 개방되도록 할 것
④ 제연구역의 출입문이 일부 닫혀 있는 상태에서 제연설비를 가동시킨 후 출입문의 개방에 필요한 힘을 측정할 것

해설 **성능확인**(NFPC 501A 제25조, NFTC 501A 2.22)

② 작동하고 있는 상태 → 작동하고 있지 아니한 상태
③ 둘 이상의 특정소방대상물의 제연구역으로 들어가는 출구에 → 하나의 특정소방대상물의 제연구역으로 들어가는 입구에, 일부 제연구역 → 모든 제연구역
④ 일부 닫혀 있는 상태 → 모두 닫혀 있는 상태

답 ①

★★★

**24** 자연발화 방지방법으로 옳지 않은 것은?

09회 문 16

① 통풍을 잘 시킴
② 습도를 높게 유지
③ 열의 축적을 방지
④ 주위의 온도를 낮춤

해설 **자연발화**의 **방지법**

(1) **습**도가 **높**은 곳을 **피**할 것(건조하게 유지할 것) 보기 ②
(2) 저장실의 온도를 낮출 것(주위온도를 낮게 한다) 보기 ④
(3) 통풍이 잘 되게 할 것 보기 ①
(4) 퇴적 및 수납시 열이 쌓이지 않게 할 것(열의 축적을 방지한다) 보기 ③
(5) **열전도성**을 좋게 할 것
(6) **용기파손**에 **주의**할 것

기억법 **자발습높피**

② 높게 → 낮게

비교

자연발화 조건
(1) **열전도율**이 **작을 것**
(2) 발열량이 클 것
(3) 주위의 온도가 높을 것
(4) 표면적이 넓을 것

답 ②

★★★

**25** 건축물 내 연기유동의 원인을 모두 고른 것은?

17회 문 16
17회 문 18
17회 문 23
15회 문 15
13회 문 24
10회 문 05
09회 문 02
07회 문 07
04회 문 09

㉠ 부력효과
㉡ 바람에 의한 압력차
㉢ 굴뚝(연돌)효과
㉣ 공기조화설비의 영향

① ㉠, ㉢
② ㉡, ㉣
③ ㉠, ㉡, ㉢
④ ㉠, ㉡, ㉢, ㉣

18회

해설 **연기를 이동시키는 요인**(연기유동의 원인)

(1) **연돌**(굴뚝)**효과** 보기 ⓒ
(2) 외부에서의 **풍력**의 영향(바람에 의한 압력차) 보기 ⓛ
(3) 온도상승에 의한 증기**팽창**(온도상승에 따른 기체팽창)
(4) 건물 내에서의 강제적인 공기이동(공기조화설비) 보기 ⓔ
(5) 건물 내외의 **온도차**(기후조건)
(6) 비중차
(7) **부력효과** 보기 ⓘ

답 ④

## 제 2 과목 소방수리학 · 약제화학 및 소방전기

★★★

**26** **합성계면활성제 포소화약제 2%형 원액 12L를 사용하여 팽창률을 100이 되도록 포를 방출할 때, 방출된 포의 부피($m^3$)는?**

19회 문 38
17회 문 36
13회 문 37
11회 문 37
07회 문106
05회 문110

① 24 ② 60
③ 240 ④ 600

해설 (1) **포수용액**

포수용액=100%

2% 12L → 포원액
100% $x$ → 포수용액

2% : 12L=100% : $x$

$12\times100=2x$

$2x=12\times100$

$x=\frac{12\times100}{2}=600\text{L}$

(2) **팽창률**

발포배율(팽창률)= $\frac{\text{방출된 포의 체적〔L〕}}{\text{방출 전 포수용액의 체적〔L〕}}$

방출된 포의 체적〔L〕=발포배율(팽창비)×방출 전 포수용액의 체적〔L〕
=100×600L
=60000L
=60m³

- 1000L=1m³이므로 60000L=60m³
- 문제에서 주어진 단위에 주의하라!! L이 아닌 m³로 답해야 한다.

팽창률=팽창비=발포배율

중요

**발포배율식**

(1) 발포배율(팽창비)
$=\frac{\text{내용적(용량)}}{\text{전체 중량}-\text{빈 시료용기의 중량}}$

(2) 발포배율(팽창비)
$=\frac{\text{방출된 포의 체적〔L〕}}{\text{방출 전 포수용액의 체적〔L〕}}$

답 ②

★★★

**27** **프로판가스 1몰이 완전연소시 생성되는 생성물에서 질소기체가 차지하는 부피비(%)는 약 얼마인가? (단, 생성물은 모두 기체로 가정하고, 공기 중의 산소는 21vol%, 질소는 79vol%이다.)**

17회 문 01
15회 문 12
12회 문 86
11회 문 22

① 18.8
② 22.4
③ 72.9
④ 79.0

해설 **프로판가스 $C_3H_8$의 완전연소식**

$C_3H_8+5O_5 \rightarrow 3CO_2+4H_2O$
프로판 산소 이산화탄소 물

산소 5몰이 완전연소시 필요하므로
비례식으로 풀면

5몰 : 21vol%=$x$vol% : 79vol%
산소 산소 질소 질소

$21x=79\times5$

$\therefore x=\frac{79\times5}{21}=18.8\text{vol\%}$(공기 중 남아있는 질소)

질소기체의 부피비

$=\frac{18.8\text{vol\%}}{3\text{몰}(CO_2)+4\text{몰}(H_2O)+18.8\text{vol\%}}\times100\%$

$\fallingdotseq 72.9\%$

답 ③

★★

**28** **표준상태에서 물질의 증발잠열(cal/g)이 가장 작은 것은?**

① 에틸알코올
② 아세톤
③ 액화질소
④ 액화프로판

해설 **물질의 증발잠열**

| 물 질 | 증발잠열 |
|---|---|
| 헬륨 | 21kJ/kg ≒ 5.04cal/g |
| 액화질소 | 199kJ/kg ≒ 47.76cal/g |
| 염소 | 293kJ/kg ≒ 70.32cal/g |
| 액화프로판 | 428kJ/kg ≒ 102.72cal/g |
| 아세톤 | 518kJ/kg ≒ 124.32cal/g |
| 에틸알코올 | 846kJ/kg ≒ 203.04cal/g |
| 글리세린 | 974kJ/kg ≒ 233.76cal/g |

비교

**증발잠열**

| 약 제 | 증발잠열 |
|---|---|
| 할론 1301 | **119kJ/kg** |
| 아르곤 | **156kJ/kg** |
| 질소 | **199kJ/kg** |
| 이산화탄소 | **574kJ/kg** |

답 ③

★

## 29 다음 1000K에서 기체의 열용량$\left(C_p^{\ 1000K}, \dfrac{J}{mol \cdot K}\right)$이 가장 높은 물질에서 낮은 순서로 옳은 것은?

① $CO_2 > H_2O(g) > N_2 > He$

② $H_2O(g) > CO_2 > N_2 > He$

③ $He > CO_2 > H_2O(g) > N_2$

④ $H_2O(g) > He > N_2 > CO_2$

해설

- $H_2O(g)$에서 g=gas(수증기, 기체)를 뜻한다.

**각 물질의 몰 열용량**

| 종 류 | $CO_2$ (이산화탄소) | $H_2O$ 액체 | $H_2O$ 수증기(기체) | $N_2$ (질소) | He (헬륨) |
|---|---|---|---|---|---|
| 몰 열용량 | 37 J/mol·K | 75.4 J/mol·K | 33.6 J/mol·K | 29.12 J/mol·K | 20.78 J/mol·K |

답 ①

★★★

## 30 이상기체 상태방정식에서 기체상수의 근사값이 아닌 것은?

19회 문 89
18회 문 22
16회 문 30
15회 문 06
14회 문 30
13회 문 03
11회 문 36
04회 문 45

① $8.31 \dfrac{J}{mol \cdot K}$

② $82 \dfrac{cm^3 \cdot atm}{mol \cdot K}$

③ $0.082 \dfrac{L \cdot atm}{mol \cdot K}$

④ $8.2 \times 10^{-3} \dfrac{m^3 \cdot atm}{mol \cdot K}$

해설 **기체상수($R$)**

(1) $8.31 \dfrac{J}{mol \cdot K} = 8.31 \dfrac{N \cdot m}{mol \cdot K}$

$(1J = 1N \cdot m)$

(2) $0.082 \dfrac{L \cdot atm}{mol \cdot K} = 0.082 \times 10^{-3} \dfrac{m^3 \cdot atm}{mol \cdot K}$

$(1000L = 1m^3)$

$= 82 \dfrac{cm^3 \cdot atm}{mol \cdot K}$

$\left(1m^3 = 10^6 cm^3\right.$ 이므로

$0.082 \times 10^{-3} \times 10^6 \dfrac{cm^3 \cdot atm}{mol \cdot K}$

$\left.= 82 \dfrac{cm^3 \cdot atm}{mol \cdot K}\right)$

④ $8.2 \times 10^{-3} \dfrac{m^3 \cdot atm}{mol \cdot K} \to 0.082 \times 10^3 \dfrac{m^3 \cdot atm}{mol \cdot K}$

$0.082 \times 10^3 \dfrac{m^3 \cdot atm}{mol \cdot K} = 0.082 m^3 \cdot atm/kmol \cdot K$

답 ④

★★★

## 31 할로겐화합물 및 불활성기체 소화설비의 화재안전기준에 의한 할로겐화합물 및 불활성기체 소화약제의 최대허용설계농도(%)가 옳은 것을 모두 고른 것은?

19회 문 36
19회 문117
17회 문 37
15회 문 36
15회 문110
14회 문 36
14회 문110
12회 문 31
07회 문121

㉠ FC-3-1-10 : 40
㉡ IG-55 : 43
㉢ HCFC-124 : 1.0
㉣ HFC-23 : 40
㉤ FK-5-1-12 : 10
㉥ HCFC BLEND A : 20

① ㉠, ㉡, ㉢, ㉤

② ㉠, ㉢, ㉣, ㉤

③ ㉡, ㉢, ㉣, ㉥

④ ㉡, ㉣, ㉤, ㉥

해설 **할로겐화합물 및 불활성기체 소화약제 최대허용 설계농도**(NFTC 107A 2.4.2)

| 소화약제 | 최대허용 설계농도[%] |
|---|---|
| FIC-13I1 | 0.3 |
| HCFC-124 보기 ㉢ | 1.0 |
| FK-5-1-12 보기 ㉤ | 10 |
| HCFC BLEND A 보기 ㉥ | |
| HFC-227ea | 10.5 |
| HFC-125 | 11.5 |
| HFC-236fa | 12.5 |
| HFC-23 보기 ㉣ | 30 |
| FC-3-1-10 보기 ㉠ | 40 |
| IG-01 | 43 |
| IG-100 | |
| IG-55 보기 ㉡ | |
| IG-541 | |

㉣ HFC-23 : 40 → HFC-23 : 30
㉥ HCFC BLEND A : 20 → HCFC BLEND A : 10

답 ①

★★★
## 32 이산화탄소 소화약제에 관한 설명으로 옳지 않은 것은?

17회 문 35
16회 문 36
11회 문 48
08회 문 39
03회 문 45

① 이산화탄소는 연소물 주변의 산소농도를 저하시켜 질식소화한다.
② 심부화재의 경우 고농도의 이산화탄소를 장시간 방출시켜 재발화를 방지할 수 있다.
③ 통신기기실, 전산기기실, 변전실화재에 적응성이 있다.
④ 마그네슘화재에 적응성이 있다.

해설 **이산화탄소 소화약제**

(1) 이산화탄소는 연소물 주변의 산소농도를 저하시켜 질식소화한다. 보기 ①
(2) 심부화재의 경우 고농도의 이산화탄소를 장시간 방출시켜 재발화를 방지할 수 있다. 보기 ②
(3) 통신기기실, 전산기기실, 변전실화재에 적응성이 있다. 보기 ③
(4) 무색·무취이며, 전기적으로 **비전도성**이고 공기보다 약 **1.5배** 무겁다.
(5) A급, B급, C급화재에 모두 적응이 가능하나 주로 **B급**과 **C급**화재에 사용된다.
(6) **공유결합** 물질이다.
(7) 기체의 비중은 약 **1.52**로 공기보다 무겁다.
(8) 1기압 상온에서 **무색** 기체이다.
(9) 삼중점은 1기압에서 약 **−56℃**이다.
(10) 대기압, 상온에서 **무색, 무취**의 기체이며 화학적으로 안정되어 있다.
(11) 31℃에서 액체와 증기가 동일한 밀도를 갖는다.
(12) $CO_2$ 소화기는 밀폐된 공간에서 소화효과가 크다.

▮ 이산화탄소의 물성 ▮

| 구 분 | 물 성 |
|---|---|
| 임계압력 | 72.75atm |
| 임계온도 | 31℃ |
| 3중점(삼중점) | −56.3℃(약 −56℃) |
| 승화점(비점) | −78.5℃ |
| 허용농도 | 0.5% |
| 수분 | 0.05% 이하(함량 99.5% 이상) |

기억법 이356, 비이78

④ 마그네슘화재 : D급화재
있다 → 없다

답 ④

★★★
## 33 제3종 분말소화약제의 열분해시 생성되는 오르토(Ortho)인산의 화학식으로 옳은 것은?

17회 문 34
16회 문 35
13회 문 39

① $H_3PO_4$ ② $HPO_3$
③ $H_4P_2O_5$ ④ $H_4P_2O_7$

해설 **온도에 따른 제3종 분말소화약제의 열분해반응식**

| 온 도 | 열분해반응식 |
|---|---|
| 190℃ | $NH_4H_2PO_4$ → **$H_3PO_4$(올소인산)** + $NH_3$ 보기 ㉠ |
| 215℃ | $2H_3PO_4$ → $H_4P_2O_7$(피로인산) + $H_2O$ |
| 300℃ | $H_4P_2O_7$ → $2HPO_3$(메타인산) + $H_2O$ |
| 250℃ | $2HPO_3$ → $P_2O_5$(오산화인) + $H_2O$ |

올소인산=오르토(Ortho)인산=오쏘인산

중요

**분말소화기** : 질식효과

| 종 별 | 소화약제 | 약제의 착색 | 화학반응식 | 적응 화재 |
|---|---|---|---|---|
| 제1종 | 중탄산나트륨 ($NaHCO_3$) | 백색 | $2NaHCO_3 \rightarrow Na_2CO_3 + CO_2 + H_2O$ | BC급 |
| 제2종 | 중탄산칼륨 ($KHCO_3$) | 담자색 (담회색) | $2KHCO_3 \rightarrow K_2CO_3 + CO_2 + H_2O$ | BC급 |
| 제3종 | 인산암모늄 ($NH_4H_2PO_4$) | 담홍색 | $NH_4H_2PO_4 \rightarrow HPO_3 + NH_3 + H_2O$ | ABC급 |
| 제4종 | 중탄산칼륨+요소 ($KHCO_3 + (NH_2)_2CO$) | 회(백)색 | $2KHCO_3 + (NH_2)_2CO \rightarrow K_2CO_3 + 2NH_3 + 2CO_2$ | BC급 |

- 화학반응식=열분해반응식
- 담자색=보라색
- 담홍색=핑크색

답 ①

★★★

**34** 자동제어계의 제어동작에 의한 분류 중 옳지 않은 제어방식은?

06회 문 29

① PD제어

② PE제어

③ PI제어

④ P제어

해설 **제어동작에 의한 분류**

(1) **연속제어**

| 제 어 | 설 명 |
|---|---|
| 비례제어 (**P동작**) | **잔류편차**(Off-set)가 있는 제어 |
| 미분제어 (**D동작**) | 오차가 커지는 것을 **미연에 방지**하고 **진동을 억제**하는 제어로 **Rate동작**이라고도 한다. |
| 적분제어 (**I동작**) | **잔류편차**를 **제거**하기 위한 제어 |
| 비례적분제어 (**PI동작**) | **간헐현상**이 있는 제어 |
| 비례적분미분제어 (**PID동작**) | **잔류편차**를 **없애고** 과도응답을 적게 하여 **응답시간**을 **빠르게** 하는 제어 |

(2) **불연속제어**

| 제 어 | 설 명 |
|---|---|
| 2위치제어 (On-off control) | - |
| 샘플값제어 (Sampled date control) | - |

답 ②

★★★

**35** 다음 용어 정의에 대한 공식과 단위 연결이 옳지 않은 것은? (단, $W$: 일, $Q$ : 전하량, $t$ : 시간, $\rho$ : 고유저항, $l$ : 길이, $S$ : 단면적)

① 전압 $V = \dfrac{Q}{W}$ [C/J]

② 전류 $I = \dfrac{Q}{t}$ [C/s]

③ 전력 $P = \dfrac{W}{t}$ [J/s]

④ 저항 $R = \rho\dfrac{l}{S}$ [Ω]

해설 (1) **전압(Voltage)**

$$V = \frac{W}{Q}\,[\mathrm{V}]$$ **보기 ①**

여기서, $V$ : 전압[V](또는 [J/C])
$W$ : 일[J]
$Q$ : 전기량[C]

(2) **전류(Electric current)**

$$I = \frac{Q}{t}\,[\mathrm{A}]$$ **보기 ②**

여기서, $I$ : 전류[A](또는 [C/s])
$Q$ : 전기량[C]
$t$ : 시간[s]

(3) **전력**

$$P = \frac{W}{t}\,[\mathrm{J/s}]$$ **보기 ③**

여기서, $P$ : 전력[J/s 또는 W]
$W$ : 전력량[Ws 또는 Wh]
$t$ : 시간[s]

(4) **저항**

$$R = \rho\frac{l}{S} = \rho\frac{l}{\pi r^2}\,[\Omega]$$ **보기 ④**

여기서, $R$ : 저항〔Ω〕
$\rho$ : 고유저항〔Ω·m〕
$S$ : 전선의 단면적〔m²〕
$l$ : 전선의 길이〔m〕
$r$ : 반지름〔m〕

① 전압 $V=\frac{Q}{W}$〔C/J〕→ $V=\frac{W}{Q}$〔J/C〕

답 ①

★★★
**36** 논리식 $X=A\cdot\overline{B}$에 맞는 타임차트는? (단, $A$, $B$는 입력, $X$는 출력)

17회 문 48

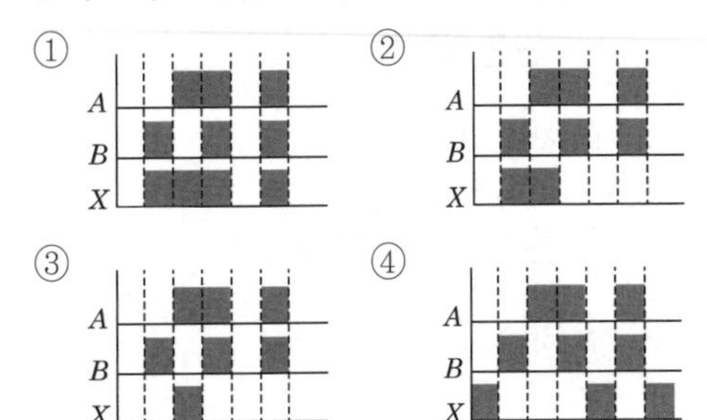


해설

① $X=A+B$(OR회로)
② $X=\overline{A}B+A\overline{B}$(Exclusive OR회로)
③ $X=A\cdot\overline{B}$
④ $X=\overline{A+B}=\overline{A}\cdot\overline{B}$(NOR회로)

중요

**시퀀스회로와 논리회로**

(1) AND회로

| 시퀀스 회로 | 논리회로 | 진리표 |
|---|---|---|
| | $X=A\cdot B$<br>입력신호 $A$, $B$가 동시에 1일 때만 출력신호 $X$가 1이 된다. | A B X<br>0 0 0<br>0 1 0<br>1 0 0<br>1 1 1 |

(2) OR회로

| 시퀀스 회로 | 논리회로 | 진리표 |
|---|---|---|
| | $X=A+B$<br>입력신호 $A$, $B$ 중 어느 하나라도 1이면 출력신호 $X$가 1이 된다. | A B X<br>0 0 0<br>0 1 1<br>1 0 1<br>1 1 1 |

(3) NOT회로

| 시퀀스 회로 | 논리회로 | 진리표 |
|---|---|---|
| | $X=\overline{A}$<br>입력신호 $A$가 0일 때만 출력신호 $X$가 1이 된다. | A X<br>0 1<br>1 0 |

(4) NAND회로

| 시퀀스 회로 | 논리회로 | 진리표 |
|---|---|---|
| | $X=\overline{A\cdot B}$<br>입력신호 $A$, $B$가 동시에 1일 때만 출력신호 $X$가 0이 된다(AND회로의 부정). | A B X<br>0 0 1<br>0 1 1<br>1 0 1<br>1 1 0 |

(5) NOR회로

| 시퀀스 회로 | 논리회로 | 진리표 |
|---|---|---|
| | $X=\overline{A+B}$<br>입력신호 $A$, $B$가 동시에 0일 때만 출력신호 $X$가 1이 된다(OR회로의 부정). | A B X<br>0 0 1<br>0 1 0<br>1 0 0<br>1 1 0 |

(6) Exclusive OR회로

| 시퀀스 회로 | 논리회로 | 진리표 |
|---|---|---|
| | $X=A\oplus B=\overline{A}B+A\overline{B}$<br>입력신호 $A$, $B$ 중 어느 한쪽만이 1이면 출력신호 $X$가 1이 된다. | A B X<br>0 0 0<br>0 1 1<br>1 0 1<br>1 1 0 |

(7) Exclusive NOR회로

| 시퀀스 회로 | 논리회로 | 진리표 |
|---|---|---|
| | $X=\overline{A\oplus B}=AB+\overline{A}\,\overline{B}$<br>입력신호 $A$, $B$가 동시에 0이거나 1일 때만 출력신호 $X$가 1이 된다. | A B X<br>0 0 1<br>0 1 0<br>1 0 0<br>1 1 1 |

답 ③

★★★

**37** 다음 그림의 유접점회로와 동일한 무접점 회로는?

17회 문 47
16회 문 49
16회 문 50
15회 문 47
15회 문 50
13회 문 48
12회 문 41

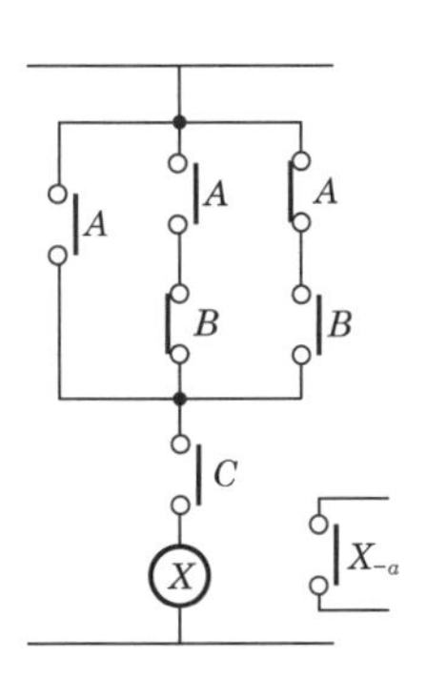


①
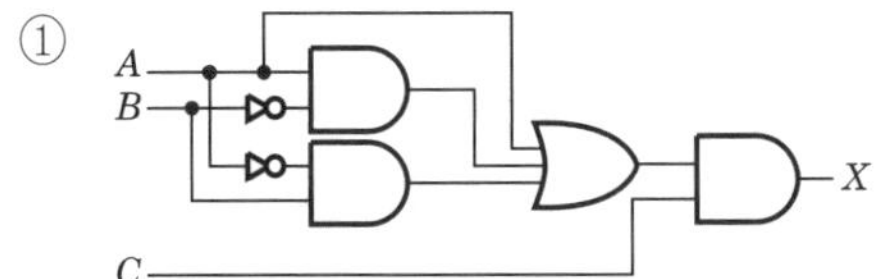


②
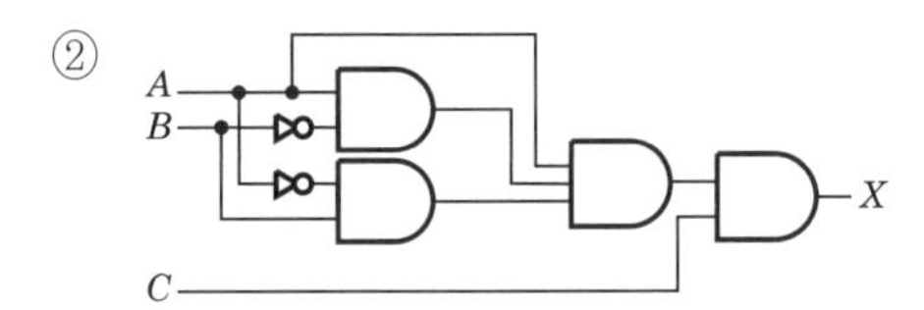


③
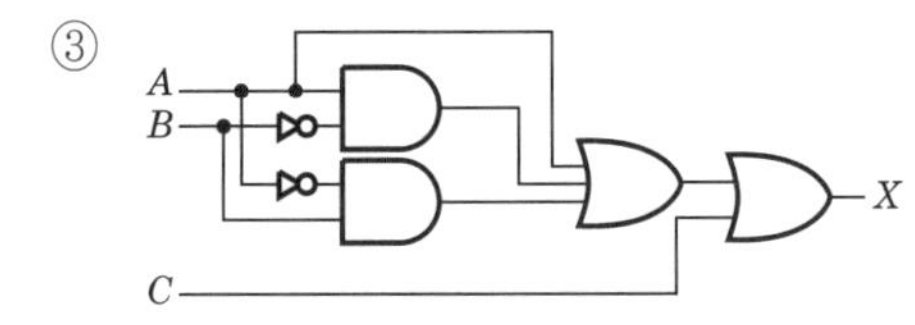


④
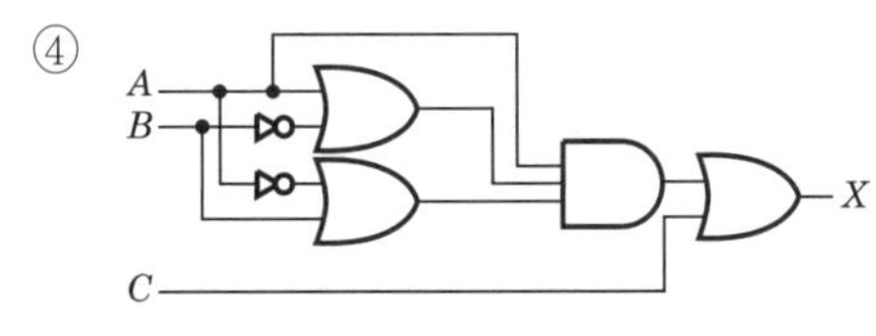


**해설** **시퀀스회로**와 **논리회로**의 **관계**

| 회 로 | 시퀀스 회로 | 논리식 | 논리회로 |
|---|---|---|---|
| 직렬 회로 | | $Z=A\cdot B$<br>$Z=AB$ | |
| 병렬 회로 | | $Z=A+B$ | |
| a접점 | | $Z=A$ | |
| b접점 | | $Z=\overline{A}$ | |

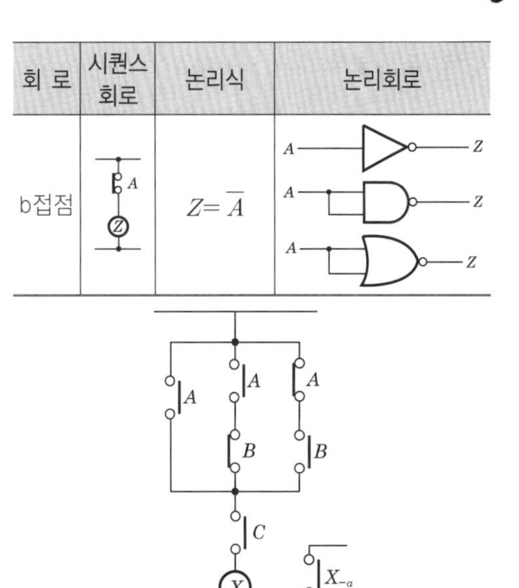


논리식 $X=(A+A\overline{B}+\overline{A}B)C$

**보기 ①**

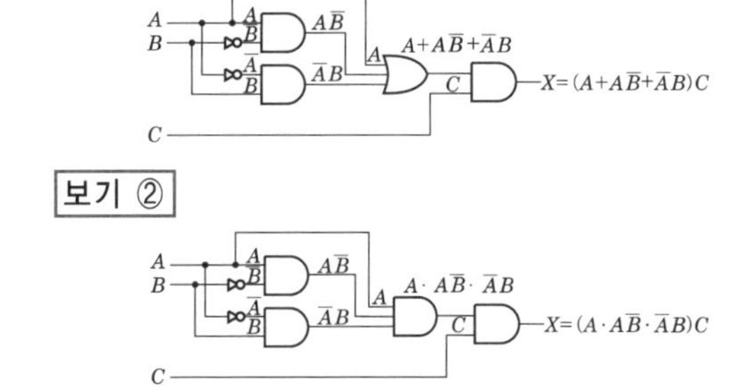


**보기 ②**

**보기 ③**

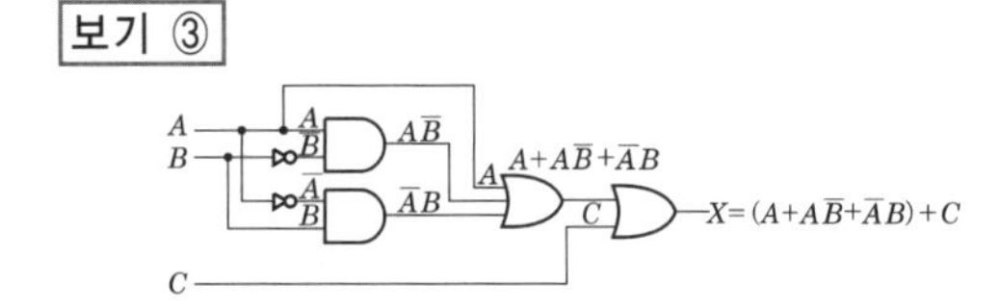


**보기 ④**

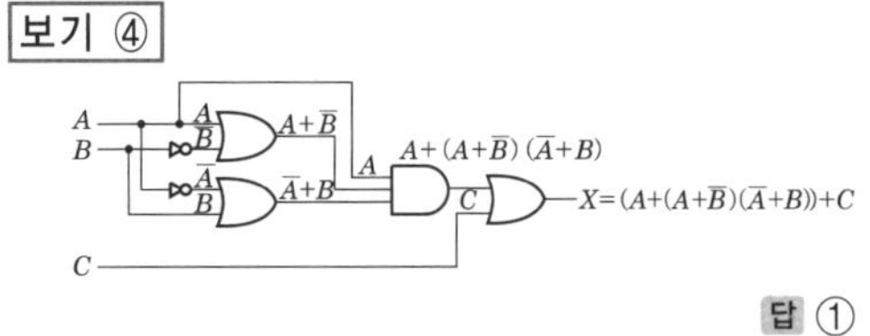


**답** ①

★★★

**38** 전압 220V, 저항부하 110Ω인 회로에 1시간 동안 전류를 흘렸을 때, 이 저항에서의 발열량(kcal)은 약 얼마인가?

15회 문 41
13회 문 41

① 26　　② 380
③ 440　　④ 1584

해설 **줄의 법칙**(Joule's law)

$$H=0.24Pt=0.24VIt=0.24I^2Rt$$
$$=0.24\frac{V^2}{R}t\,[\text{cal}]$$

여기서, $H$: 발열량[cal]
$P$: 전력[W]
$t$: 시간[s]
$V$: 전압[V]
$I$: 전류[A]
$R$: 저항[Ω]

**발열량** $H$는

$$H=0.24\frac{V^2}{R}t$$
$$=0.24\times\frac{220^2}{110}\times 3600 \fallingdotseq 380000\text{cal}=380\text{kcal}$$

- 1시간=3600s
- 1000cal=1kcal이므로 380000cal=380kcal

답 ②

★★
## 39 $R-L$ 직렬회로의 임피던스 $Z$를 복소수 평면상에 표현한 그림이다. 이 회로의 임피던스에 관한 설명으로 옳지 않은 것은?

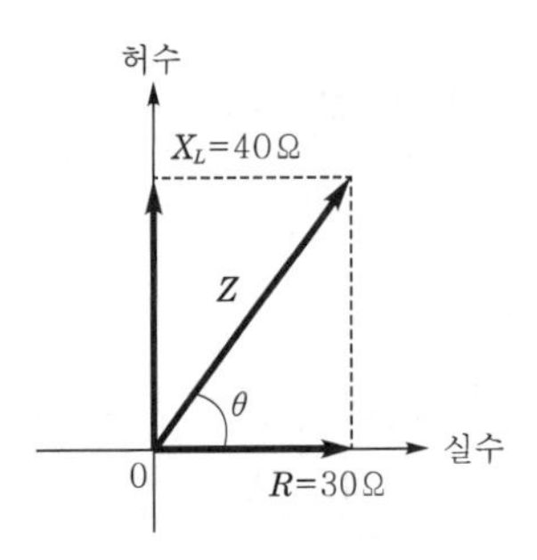


① 임피던스 $Z=50\angle\theta$
② 임피던스 $Z=30+j40$
③ 임피던스 위상각 $\theta\fallingdotseq 53.1°$
④ 임피던스 $Z=50(\sin\theta+j\cos\theta)$

해설 ①, ② **임피던스**

$$Z=R+jX_L=\sqrt{R^2+{X_L}^2}$$

여기서, $Z$: 임피던스[Ω]
$R$: 저항[Ω]
$X_L$: 유도리액턴스[Ω]

$Z=R+jX_L=30+j40=50\angle\theta$

③ **위상차**

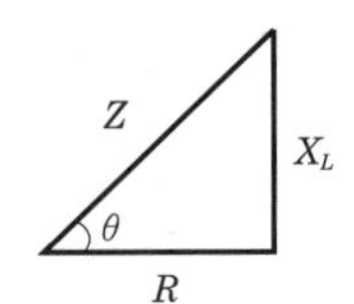


$$\tan\theta=\frac{X_L}{R}=\frac{40}{30}$$
$$\theta=\tan^{-1}\frac{40}{30}\fallingdotseq 53.1$$
$$\therefore\ 50\angle\theta=50\angle 53.1°$$

④ **임피던스**

임피던스 $Z=50(\cos\theta+j\sin\theta)$

답 ④

★★
## 40 교류전압을 표현하는 방법 중 실효값에 해당하지 않는 것은? (단, $v=V_m\sin\omega t$, $V_m$은 최대값)

13회 문 46
12회 문 48

① 실효값 $V=\sqrt{\frac{1}{\pi}\int_0^\pi v\,dt}$
② 실효값 $V=\frac{V_m}{\sqrt{2}}$
③ 실효값은 동일한 저항에 직류전원과 교류전원을 각각 인가했을 경우 평균전력이 같아지는 때의 전압값을 의미한다.
④ 교류 220V와 380V 등은 교류전원의 실효값 전압을 의미한다.

해설 **실효값**

(1) $V=\sqrt{\frac{1}{\pi}\int_0^\pi v^2dt}$ **보기 ①**

(2)
$$V=\frac{V_m}{\sqrt{2}}$$ **보기 ②**

여기서, $V$: 전압의 실효값[V]
$V_m$: 전압의 최대값[V]

(3) **실효값** : 동일한 저항에 직류전원과 교류전원을 각각 인가했을 경우 평균전력이 같아지는 때의 전압값 **보기 ③**
(4) 교류 220V와 380V 등은 교류전원의 실효값 전압을 의미 **보기 ④**
(5) 일반적으로 사용되는 값으로 교류의 각 순시값의 제곱에 대한 1주기의 평균의 제곱근을 **실효값**(Effective value)이라 한다.

$$I=\sqrt{i^2\text{의 1주기 간의 평균값}}$$

여기서, $I$ : 전류의 실효값[A]
$i$ : 전류의 순시값[A]

$$① \ V=\sqrt{\frac{1}{\pi}\int_0^\pi v\,dt} \rightarrow V=\sqrt{\frac{1}{\pi}\int_0^\pi v^2dt}$$

답 ①

★★★
## 41 교류전원이 인가되는 다음 $R-L$ 직렬 회로의 역률은 약 얼마인가?

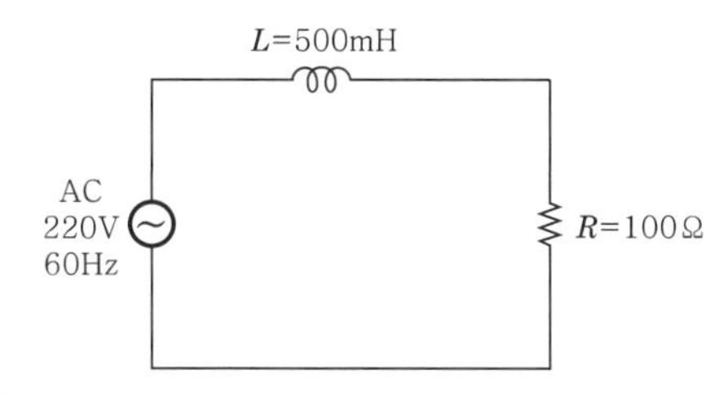


① 0.196 ② 0.258
③ 0.389 ④ 0.469

해설 (1) **유도리액턴스**

$$X_L=2\pi fL$$

여기서, $X_L$ : 유도리액턴스[Ω]
$f$ : 주파수[Hz]
$L$ : 인덕턴스[H]

유도리액턴스 $X_L$은

$$X_L=2\pi fL=2\pi\times60\times(500\times10^{-3})\fallingdotseq188.5\Omega$$

- $f$ : 60Hz(그림에서 주어짐)
- $L$ : 500mH=$(500\times10^{-3})$H

(2) $R-L$ **직렬회로의 역률**

$$\cos\theta=\frac{R}{Z}=\frac{R}{\sqrt{R^2+{X_L}^2}}$$

여기서, $\cos\theta$ : 역률
$R$ : 저항[Ω]
$Z$ : 임피던스[Ω]
$X_L$ : 유도리액턴스[Ω]

**역률** $\cos\theta$는

$$\cos\theta=\frac{R}{Z}$$

$$=\frac{R}{\sqrt{R^2+{X_L}^2}}$$

$$=\frac{100}{\sqrt{100^2+188.5^2}}$$

$$\fallingdotseq0.469$$

비교

$R-L$ **병렬회로의 역률**

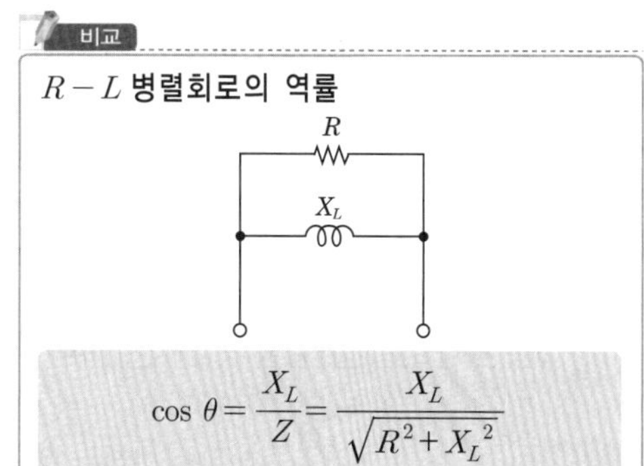


$$\cos\theta=\frac{X_L}{Z}=\frac{X_L}{\sqrt{R^2+{X_L}^2}}$$

여기서, $\cos\theta$ : 역률
$X_L$ : 유도리액턴스[Ω]
$Z$ : 임피던스[Ω]
$R$ : 저항[Ω]

답 ④

★★
## 42 권선수 500회이고 자기인덕턴스가 50mH인 코일에 2A의 전류를 흘렸을 때의 자속(Wb)은 얼마인가?

① $1\times10^{-4}$
② $2\times10^{-4}$
③ $3\times10^{-4}$
④ $4\times10^{-4}$

해설 **자기인덕턴스**

$$L=\frac{N\phi}{I}=\frac{N\frac{F}{R_m}}{I}=\frac{NF}{R_mI}=\frac{N^2I}{\frac{l}{\mu S}I}=\frac{\mu SN^2}{l}\text{[H]}$$

여기서, $L$ : 인덕턴스[H]
$\mu$ : 투자율[H/m]
$S$ : 단면적[m$^2$]
$N$ : 코일의 권수
$l$ : 평균자로의 길이[m]

$L=\dfrac{N\phi}{I}$[H]에서

$$\phi=\frac{LI}{N}=\frac{(50\times10^{-3})\times2}{500}=2\times10^{-4}\text{Wb}$$

- $L$ : 1mH=$1\times10^{-3}$H이므로 50mH=$(50\times10^{-3})$H

답 ②

18회

★★★
**43** 동일한 성능 펌프 2대를 연결하여 운용하는 경우에 관한 설명 중 옳은 것은?

15회 문 26 / 09회 문104 / 04회 문119

① 직렬로 연결한 경우 양정이 약 2배가 된다.
② 직렬로 연결한 경우 유량이 약 4배가 된다.
③ 병렬로 연결한 경우 양정이 약 2배가 된다.
④ 병렬로 연결한 경우 유량이 약 4배가 된다.

해설 **펌프의 연결**

| 구 분 | 직렬연결 | 병렬연결 |
|---|---|---|
| 양수량 (토출량, 유량) | $Q$ | $2Q$ 보기 ③④ |
| 양정 | $2H$ 보기 ①② | $H$ |
| 토출압 | $2P$ | $P$ |
| 그래프 | 직렬연결 | 병렬연결 |



답 ①

★★★
**44** 베르누이 방정식은 완전유체를 대상으로 하며 몇 가지 제한조건을 전제로 한다. 이 제한조건에 해당하는 것은?

19회 문 26 / 17회 문 26 / 17회 문 29 / 17회 문115 / 16회 문 28 / 14회 문 27 / 13회 문 28 / 13회 문 32 / 12회 문 27 / 12회 문 37 / 10회 문106 / 09회 문 48

① 비정상 유체유동
② 압축성 유체유동
③ 점성 유체유동
④ 비회전성 유체유동

해설 **베르누이 방정식**

| 베르누이 방정식의 적용 조건 | 오일러 방정식의 유도시 가정 |
|---|---|
| (1) 정상 흐름(정상 유동) 보기 ①<br>(2) 비압축성 흐름 보기 ②<br>(3) 비점성 흐름 보기 ③<br>(4) 이상유체<br>(5) 비회전성 유체 보기 ④ | (1) **정상유동**(정상류)일 경우<br>(2) **유**체의 **마찰**이 **없을 경우**<br>(3) 입자가 **유선**을 따라 **운동**할 경우<br>(4) 유체의 점성력이 **영**(Zero)이다.<br>(5) 유체에 의해 발생하는 **전단응력**은 없다. |
| 기억법 베정비이 | 기억법 오방정유마운 |

중요

**베르누이 방정식**

(1) 정상유동에서 유선을 따라 유체입자의 **운동에너지, 위치에너지, 유동에너지**의 합은 일정하다는 것을 나타내는 식
(2) 유선 내에서 **전압**과 **정체압**이 일정한 값을 가진다.

| 전압 (Total pressure) | 정체압 (Stagnation pressure) |
|---|---|
| 정압+동압+정수압 | 정압+동압 |

① 비정상 → 정상
② 압축성 → 비압축성
③ 점성 → 비점성

답 ④

★★★
**45** A광역시 교외에 위치한 산업단지의 노후화된 물탱크 안전진단 결과 철거결정이 내려졌다. 물탱크 구조물을 해체하기 전에 탱크 안의 물을 먼저 배수하여야 하는데 수위변화에 따른 유속 및 유량이 변화할 것으로 예상된다. 물을 대기압하의 물탱크 바닥 오리피스에서 분출시킬 때 최대유량($m^3/s$)은 약 얼마인가? (단, 오리피스의 지름은 5cm, 초기수위는 3m이다.)

15회 문 30 / 08회 문 44

① 0.002 ② 0.005
③ 0.010 ④ 0.015

해설 (1) **유속**

$$V=\sqrt{2gH}$$

여기서, $V$ : 유속[m/s]
$g$ : 중력가속도(9.8m/s$^2$)
$H$ : 높이(수위)[m]

유속 $V$는

$V=\sqrt{2gH}=\sqrt{2\times 9.8\text{m/s}^2\times 3\text{m}}\fallingdotseq 7.67\text{m/s}$

(2) **유량(Flowrate)=체적유량**

$$Q=AV=\left(\frac{\pi D^2}{4}\right)V$$

여기서, $Q$ : 유량[m$^3$/s]
$A$ : 단면적[m$^2$]
$V$ : 유속[m/s]
$D$ : 지름[m]

유량 $Q$는

$$Q=\left(\frac{\pi D^2}{4}\right)V$$

$$=\frac{\pi\times(0.05\text{m})^2}{4}\times 7.67\text{m/s}=0.015\text{m}^3/\text{s}$$

- $D$ : 5cm=0.05m(100cm=1m)
- $V$ : 7.67m/s(바로 위에서 구한 값)

답 ④

★★★

**46** **물이 지름 0.5m 관로에 유속 2m/s로 흐를 때, 100m 구간에서 발생하는 손실수두(m)는 약 얼마인가? (단, 마찰손실계수는 0.019이다.)**

19회 문 29 / 12회 문 36 / 15회 문 28 / 08회 문 05 / 07회 문 36 / 02회 문 28

① 0.35 ② 0.58

③ 0.77 ④ 0.98

해설 **다르시-웨버의 식**

$$H=\frac{\Delta P}{\gamma}=\frac{flV^2}{2gD}$$

여기서, $H$ : 마찰손실수두〔m〕
$\Delta P$ : 압력차〔kPa〕
$\gamma$ : 비중량(물의 비중량 9.8kN/m³)
$f$ : 관마찰계수
$l$ : 길이〔m〕
$V$ : 유속〔m/s〕
$g$ : 중력가속도(9.8m/s²)
$D$ : 내경〔m〕

**마찰손실수두** $H$는

$$H=\frac{flV^2}{2gD}=\frac{0.019\times100\text{m}\times(2\text{m/s})^2}{2\times9.8\text{m/s}^2\times0.5\text{m}}\fallingdotseq 0.77\text{m}$$

답 ③

★★★

**47** **물이 지름 2mm인 원형관에 0.25cm³/s로 흐르고 있을 때, 레이놀즈수는 약 얼마인가? (단, 동점성계수는 0.0112cm²/s이다.)**

19회 문 32 / 17회 문 27 / 17회 문 31 / 16회 문 31 / 14회 문 29 / 13회 문 30 / 12회 문 29 / 11회 문 29 / 09회 문 26 / 05회 문 32 / 05회 문 34 / 03회 문 39

① 106

② 142

③ 206

④ 410

해설 (1) **유량**

$$Q=AV=\left(\frac{\pi D^2}{4}\right)V$$

여기서, $Q$ : 유량〔cm³/s〕, $A$ : 단면적〔cm²〕
$V$ : 유속〔cm/s〕, $D$ : 지름〔m〕

**유속** $V$는

$$V=\frac{Q}{\frac{\pi D^2}{4}}=\frac{0.25\text{cm}^3/\text{s}}{\frac{\pi\times(0.2\text{cm})^2}{4}}\fallingdotseq 7.96\text{cm/s}$$

(2) **레이놀즈수**

$$Re=\frac{DV\rho}{\mu}=\frac{DV}{\nu}$$

여기서, $Re$ : 레이놀즈수
$D$ : 내경〔m〕
$V$ : 유속〔m/s〕
$\rho$ : 밀도〔kg/m³〕
$\mu$ : 점도〔kg/m·s〕
$\nu$ : 동점성계수$\left(\frac{\mu}{\rho}\right)$〔cm²/s〕

**레이놀즈수** $Re$는

$$Re=\frac{DV}{\nu}=\frac{0.2\text{cm}\times7.96\text{cm/s}}{0.0112\text{cm}^2/\text{s}}\fallingdotseq 142$$

답 ②

★★★

**48** **유체의 압력표시방법에 관한 설명으로 옳지 않은 것은?**

① 계기압은 대기압을 0으로 놓고 측정하는 압력이다.

② 해수면에서 표준대기압은 약 101.3kPa이다.

③ 계기압은 절대압과 대기압의 합이다.

④ 이상기체 방정식에서 부피는 절대압을 사용한다.

해설 **압력**

(1) **계기압** : 대기압을 0으로 놓고 측정하는 압력 보기 ①

(2) **표준대기압** : 1atm=101.325kPa≒101.3kPa 보기 ②

(3) **절대압**

① **절**대압=**대**기압+**게**이지압(계기압)

② **절**대압=**대**기압**-진**공압

∴ 계기압=절대압-대기압 보기 ③

> 기억법 **절대게**
> **절대-진(절대마진)**

(4) 이상기체 방정식에서 부피는 **절대압**을 사용한다. 보기 ④

18회

③ 합 → 차

중요

**표준대기압**

1atm=760mmHg=1.0332kg$_f$/cm$^2$
=10.332mH$_2$O(mAq)
=14.7PSI(lb$_f$/in$^2$)
=101.325kPa(kN/m$^2$)
=1013mbar

답 ③

**49** 단면적 2.5cm$^2$, 길이 1.4m인 소방장비의 무게가 지상에서 2.75kg일 때, 물속에서의 무게(kg)는 얼마인가?

① 0.9 ② 1.4
③ 1.9 ④ 2.4

해설 (1) **부력**

$$F_B = \gamma V$$

여기서, $F_B$ : 부력(kg$_f$ 또는 kN)
$\gamma$ : 비중량(물의 비중량=1000kg$_f$/m$^3$ =9.8kN/m$^3$)
$V$ : 물체가 잠긴 체적(m$^3$)

부력 $F_B$는

$F_B = \gamma V$
$= 1000\text{kg}_f/\text{m}^3 \times (2.5 \times 10^{-4}\text{m}^2 \times 1.4\text{m})$
$= 0.35\text{kg}_f$

(2) **공기 중**에서의 **무게**

$$W_a = W + F_B$$

여기서, $W_a$ : 공기 중에서의 무게(kg$_f$)
$W$ : 물속에서의 무게(kg$_f$)
$F_B$ : 부력(kg$_f$)

물속에서의 무게 $W$는

$W = W_a - F_B = 2.75\text{kg}_f - 0.35\text{kg}_f = 2.4\text{kg}_f$

※ **무게**이므로 실제단위는 kg$_f$이다. 문제에서는 f를 생략하고 kg으로 표시했을 뿐이다. 종종 f는 생략하는 경우가 있으므로 혼동하지 말라!

답 ④

**50** 2개의 피스톤으로 구성된 유압잭의 작동원리에 관한 설명 중 옳지 않은 것은? (단, $W$: 일, $P$ : 압력, $F$ : 힘, $A$ : 피스톤의 단면적, $L$ : 피스톤이 이동한 거리)

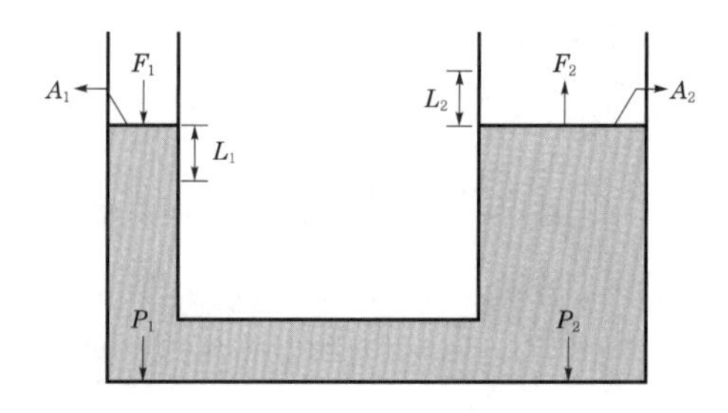


① $F_1 < F_2$ ② $P_1 = P_2$
③ $L_1 < L_2$ ④ $W_1 = W_2$

해설 **파스칼**의 **원리**

$$P_1 = P_2,\ W_1 = W_2,\ \frac{F_1}{A_1} = \frac{F_2}{A_2},\ \frac{L_2}{A_1} = \frac{L_1}{A_2}$$

여기서, $P_1$, $P_2$ : 가해진 압력(Pa)
$W_1$, $W_2$ : 한 일(J)
$F_1$, $F_2$ : 가해진 힘(N)
$A_1$, $A_2$ : 단면적(m$^2$)
$L_1$, $L_2$ : 피스톤의 이동거리(m)

그림에서

(1) $A_2$가 $A_1$보다 크므로 $F_1$은 작아야 $F_1A_2 = F_2A_1$의 식이 성립한다.

$F_1 \downarrow A_2 \uparrow = F_2 \uparrow A_1 \downarrow$ $\quad \therefore F_1 < F_2$

(2) $A_2$가 $A_1$보다 크므로 $L_2$가 작아야 $L_2A_2 = L_1A_1$의 식이 성립한다.

$L_2 \downarrow A_2 \uparrow = L_1 \uparrow A_1 \downarrow$ $\quad \therefore L_1 > L_2$

답 ③

## 제 3 과목 소방관련법령

**51** 소방기본법령상 300만원의 벌금에 처해질 수 있는 자는?

15회 문 51
14회 문 53
14회 문 66
11회 문 70

① 소방활동에 방해가 되는 정차된 차량을 제거하는 것을 방해한 자
② 정당한 사유 없이 소방대의 생활안전활동을 방해한 자
③ 피난명령을 위반한 자
④ 정당한 사유 없이 물의 사용을 방해한 자

해설 벌금

| 벌 칙 | 내 용 |
|---|---|
| 5년 이하의 징역 또는 5000만원 이하의 벌금 (기본법 제50조) | • 소방자동차의 **출동** 방해<br>• 사람구출 방해<br>• 소방용수시설 또는 비상소화장치의 **효용** 방해<br>• 소방대원 폭행·협박 |
| 3년 이하의 징역 또는 3000만원 이하의 벌금 (기본법 제51조) | • 소방활동에 필요한 소방대상물 및 **토지**의 **강제처분**을 방해한 자 |
| 300만원 이하의 벌금 보기 ① | • 소방활동에 필요한 소방대상물과 **토지** 외의 **강제처분**을 방해한 자(기본법 제52조)<br>• 소방자동차의 통행과 소방활동에 방해가 되는 주정차 제거·이동을 방해한 자(기본법 제52조)<br>• 화재의 **예방조치명령** 위반(화재예방법 제50조) |
| 100만원 이하의 벌금 (기본법 제54조) 보기 ②③④ | • **피난명령** 위반<br>• 위험시설 등에 대한 긴급조치 방해<br>• 소방활동을 하지 않은 **관계인**<br>※ 소방활동 : 화재가 발생한 경우 소방대가 현장에 도착할 때까지 사람을 구출하는 조치<br>• 위험시설 등에 정당한 사유없이 **물**의 **사용**이나 **수도**의 **개폐장치**의 사용 또는 조작을 하지 못하게 하거나 **방해**한 자<br>• 소방대의 **생활안전활동**을 방해한 자 |
| 500만원 이하의 과태료 (기본법 제56조) | • **화재** 또는 **구조·구급**에 필요한 사항을 **거짓**으로 알린 사람 |
| 200만원 이하의 과태료 | • 소방용수시설·소화기구 및 설비 등의 설치명령 위반(화재예방법 제52조)<br>• 특수가연물의 저장·취급 기준 위반(화재예방법 제52조)<br>• **소방활동구역 출입**(기본법 제56조) |
| 200만원 이하의 과태료 | • **소방자동차**의 **출동**에 **지장**을 준 자(기본법 제56조)<br>• 한국 119 청소년단 또는 이와 유사한 명칭을 사용한 자(기본법 제56조)<br>• 한국소방안전원 또는 이와 유사한 명칭을 사용한 자(기본법 제56조) |
| 20만원 이하의 과태료 (기본법 제57조) | • 시장지역에서 화재로 오인할 우려가 있는 **연막소독**을 하면서 관할소방서장에게 신고를 하지 아니하여 소방자동차를 출동하게 한 자 |

②, ③, ④ 100만원 이하의 벌금

답 ①

★★★
## 52 소방기본법령상 국고보조 대상사업의 범위와 기준보조율에 관한 설명으로 옳은 것은?

① 국고보조 대상사업의 범위에 따른 소방활동장비 및 설비의 종류와 규격은 대통령령으로 정한다.

② 방화복 등 소방활동에 필요한 소방장비의 구입 및 설치는 국고보조 대상사업의 범위에 해당한다.

③ 소방헬리콥터 및 소방정의 구입 및 설치는 국고보조 대상사업의 범위에 해당하지 않는다.

④ 국고보조 대상사업의 기준보조율은 「보조금 관리에 관한 법률 시행규칙」에서 정하는 바에 따른다.

해설 기본령 제2조

(1) **국고보조의 대상**
 ① 소방활동장비와 설비의 구입 및 설치
  ㉠ 소방자동차
  ㉡ 소방헬리콥터·소방정 보기 ③
  ㉢ 소방전용통신설비·전산설비
  ㉣ 방화복 보기 ②
 ② 소방관서용 청사

(2) **국고보조대상사업 소방활동장비 및 설비의 종류와 규격** : 행정안전부령 보기 ①

(3) **대상사업의 기준보조율** : 「보조금 관리에 관한 법률 시행령」에 따름 보기 ④

① 대통령령 → 행정안전부령
③ 해당하지 않는다 → 해당한다.
④ 시행규칙 → 시행령

답 ②

★

**53** **생활안전활동을 방해하는 행위를 하는 사람에게 필요한 경고를 하고, 그 행위로 인하여 사람의 생명 · 신체에 위해를 끼치거나 재산에 중대한 손해를 끼칠 우려가 있는 긴급한 경우에 그 행위를 제지할 수 있는 사람은?**

① 소방본부장 ② 소방서장
③ 소방대장 ④ 소방대원

해설 **기본법 27조 2**
**방해행위의 제지 등**
**소방대원**은 **소방활동** 또는 **생활안전활동**을 **방해**하는 행위를 하는 사람에게 필요한 **경고**를 하고, 그 행위로 인하여 사람의 생명·신체에 위해를 끼치거나 재산에 중대한 손해를 끼칠 우려가 있는 긴급한 경우에는 그 행위를 **제지**할 수 있다.
보기 ④

답 ④

★★

**54** **소방시설공사업법령상 합병의 경우 소방시설업자 지위승계를 신고하려는 자가 제출하여야 하는 서류가 아닌 것은?**

① 소방시설업 합병신고서
② 합병계약서 사본
③ 합병 후 법인의 소방시설업 등록증 및 등록수첩
④ 합병공고문 사본

해설 **공사업규칙 제7조 제①항**
**소방시설업 지위승계**

| 구 분 | 서 류 |
|---|---|
| 양도·양수의 경우 | ① 소방시설업 지위승계신고서<br>② 양도인 또는 합병 전 법인의 소방시설업 등록증 및 등록수첩<br>③ 양도·양수 계약서 사본, 분할계획서 사본 또는 분할합병계약서 사본<br>④ 양도·양수 공고문 사본 |
| 상속의 경우 | ① 소방시설업 지위승계신고서<br>② 피상속인의 소방시설업 등록증 및 등록수첩<br>③ 상속인임을 증명하는 서류 |
| 합병의 경우 | ① 소방시설업 합병신고서 보기 ①<br>② 합병 전 법인의 소방시설업 등록증 및 등록수첩 보기 ③<br>③ 합병계약서 사본 보기 ②<br>④ 합병공고문 사본 보기 ④ |

③ 합병 후 → 합병 전

답 ③

★

**55** **소방시설공사업법령상 수수료 기준으로 옳지 않은 것은?**

① 전문 소방시설설계업을 등록하려는 자-4만원
② 소방시설업 등록증을 재발급 받으려는 자-2만원
③ 소방시설업자의 지위승계신고를 하려는 자-2만원
④ 일반 소방시설공사업을 등록하려는 자-분야별 2만원

해설 **공사업규칙 [별표 7]**
**소방시설업을 등록하려는 자(수수료 및 교육비)**

| 소방시설업 | 수수료 및 교육비 |
|---|---|
| 소방시설업 등록증 또는 등록수첩을 재발급 받으려는 자 보기 ② | 소방시설업 등록증 또는 등록수첩별 각각 **1만원** |
| 소방시설업자의 지위승계신고를 하려는 자 보기 ③ | **2만원** |
| ① 일반 소방시설설계업<br>② 일반 소방시설공사업 보기 ④<br>③ 일반 소방공사감리업 | 분야별 **2만원** |
| ① 전문 소방시설설계업 보기 ①<br>② 전문 소방시설공사업<br>③ 전문 소방공사감리업 | **4만원** |

| 소방시설업 | 수수료 및 교육비 |
|---|---|
| 방염처리업 | 업종별 **4만원** |
| ① 자격수첩 또는 경력수첩을 발급 받으려는 자<br>② 실무교육을 받으려는 사람<br>③ 소방기술자 양성·인정교육을 받으려는 사람 | **소방청장**이 정하여 고시하는 금액 |

② 2만원 → 1만원

답 ②

★★★

**56** 14회 문 57 / 10회 문 61 / 09회 문 57 / 08회 문 64 / 06회 문 73 / 03회 문 74

**소방시설공사업법령상 하자보수대상 소방시설과 하자보수 보증기간의 연결이 옳지 않은 것은?**

① 피난기구 - 3년

② 자동화재탐지설비 - 3년

③ 자동소화장치 - 3년

④ 간이스프링클러설비 - 3년

해설 **공사업령 제6조**

**소방시설공사의 하자보수 보증기간**

| 보증기간 | 소방시설 |
|---|---|
| 2년 | ① 유도등·유도표지·피난기구 보기 ①<br>② 비상조명등·비상경보설비·비상방송설비<br>③ 무선통신보조설비<br>기억법 유비조경방무피2(유비조경방무피투) |
| 3년 | ① 자동소화장치 보기 ③<br>② 옥내·외소화전설비<br>③ 스프링클러설비·간이스프링클러설비 보기 ④<br>④ 물분무등소화설비·상수도소화용수설비<br>⑤ 자동화재탐지설비·소화활동설비(무선통신보조설비 제외) 보기 ② |

① 3년 → 2년

답 ①

★

**57** **소방시설공사업법령상 하도급계약심사위원회의 구성 및 운영에 관한 설명으로 옳은 것은?**

① 하도급계약심사위원회는 위원장 1명과 부위원장 1명을 제외한 10명 이내의 위원으로 구성한다.

② 소방분야 연구기관의 연구위원급 이상인 사람은 위원회의 부위원장으로 위촉될 수 있다.

③ 위원회의 회의는 재적위원 과반수의 출석으로 개의하고, 출석위원 3분의 2 이상 찬성으로 의결한다.

④ 위원의 임기는 2년으로 하되, 두 차례까지 연임할 수 있다.

해설 **공사업령 제12조 3**

**하도급계약심사위원회의 구성 및 운영**

(1) 하도급계약심사위원회는 **위원장 1명**과 **부위원장 1명**을 포함하여 **10명** 이내의 위원으로 구성 보기 ①

(2) 위원회의 위원장은 **발주기관**의 **장**이 되고, 부위원장과 위원은 다음에 해당하는 사람 중에서 위원장이 임명하거나 성별을 고려하여 위촉한다.

① 해당 발주기관의 **과장급** 이상 **공무원**

② 소방분야 연구기관의 **연구위원급** 이상인 사람 보기 ②

③ 소방분야의 **박사**학위를 취득하고 그 분야에서 **3년** 이상 연구 또는 실무경험이 있는 사람

④ 대학(소방분야 한정)의 **조교수** 이상인 사람

⑤ **소방기술사** 자격을 취득한 사람

(3) 위원의 임기는 **3년**으로 하며, 한 차례만 연임할 수 있다. 보기 ④

(4) 위원회의 회의는 재적위원 과반수의 출석으로 개의하고, 출석위원 과반수의 찬성으로 의결한다. 보기 ③

(5) 위원회의 운영에 필요한 사항은 위원회의 의결을 거쳐 **위원장**이 정한다.

① 제외한 → 포함하여
③ 3분의 2 이상 → 과반수
④ 2년으로 하되, 두 차례까지 → 3년으로 하되, 한 차례만

답 ②

18회

★
**58** 소방시설공사업법령상 영업정지가 그 이용자에게 불편을 주거나 그 밖에 공익을 해칠 우려가 있을 때에 시·도지사가 영업정지처분을 갈음하여 과징금을 부과할 수 있는 경우가 아닌 것은?

09회 문 52
08회 문 68
06회 문 57

① 사업수행능력 평가에 관한 서류를 위조하거나 변조하는 등 거짓이나 그 밖의 부정한 방법으로 입찰에 참여한 경우
② 상이한 특정소방대상물의 소방시설에 대한 시공과 감리를 함께할 수 없으나 이를 위반하여 시공과 감리를 함께한 경우
③ 정당한 사유없이 관계공무원의 출입 또는 검사·조사를 기피한 경우
④ 공사감리자를 변경하였을 때에는 새로 지정된 공사감리자와 종전의 공사감리자는 감리업무수행에 관한 사항과 관계서류를 인수·인계하여야 하나, 인수·인계를 거부·방해·기피한 경우

해설 **공사업법 제9조**
**과징금 처분**
(1) 사업수행능력 평가에 관한 **서류**를 **위조**하거나 변조하는 등 거짓이나 그 밖의 부정한 방법으로 입찰에 참여한 경우 보기 ①
(2) 동일한 특정소방대상물의 소방시설에 대한 **시공**과 **감리**를 **함께**할 수 없으나 이를 **위반**하여 시공과 감리를 함께한 경우 보기 ②
(3) 정당한 사유없이 관계**공무원**의 **출입** 또는 **검사·조사**를 **기피**한 경우 보기 ③
(4) 공사감리자를 변경하였을 때에는 새로 지정된 공사감리자와 종전의 공사감리자는 감리업무수행에 관한 사항과 관계서류를 인수·인계하여야 하나, **인수·인계**를 **거부·방해·기피**한 경우 보기 ④

② 상이한 → 동일한

답 ②

★
**59** 소방시설 설치 및 관리에 관한 법령상 특정소방대상물이 증축되는 경우에 기존 부분에 대해서는 증축 당시의 소방시설의 설치에 관한 대통령령 또는 화재안전기준을 적용하지 아니하는 경우가 있다. 이 경우에 해당하지 않는 것은?

① 기존 부분과 증축 부분이 60분+방화문으로 구획되어 있는 경우
② 기존 부분과 증축 부분이 국토교통부장관이 정하는 기준에 적합한 자동방화셔터로 구획되어 있는 경우
③ 자동차 생산공장 내부에 연면적 50제곱미터의 직원 휴게실을 증축하는 경우
④ 자동차 생산공장에 3면 이상에 벽이 없는 구조의 캐노피를 설치하는 경우

해설 **소방시설법 시행령 제15조**
**특정소방대상물의 증축 또는 용도변경시의 소방시설기준 적용의 특례(기존 부분에 대해서는 증축 당시의 소방시설의 설치에 관한 대통령령 또는 화재안전기준을 적용하지 아니하는 경우)**
(1) 기존 부분과 증축 부분이 **내화구조**로 된 **바닥**과 **벽**으로 구획된 경우
(2) 기존 부분과 증축 부분이 **60분+방화문**(국토교통부장관이 정하는 기준에 적합한 **자동방화셔터 포함**)으로 구획되어 있는 경우
보기 ① ②
(3) 자동차 생산공장 등 화재위험이 낮은 특정소방대상물 내부에 연면적 **33m²** 이하의 직원 휴게실을 증축하는 경우 보기 ③
(4) 자동차 생산공장 등 화재위험이 낮은 특정소방대상물에 **캐노피**(**3면** 이상에 벽이 없는 구조의 캐노피)를 설치하는 경우 보기 ④

③ 50제곱미터 → 33제곱미터 이하

답 ③

★★★
**60** 화재의 예방 및 안전관리에 관한 법령상 1급 소방안전관리대상물에 해당하는 것은? (단, 「공공기관의 소방안전관리에 관한 규정」을 적용받는 특정소방대상물은 제외함)

15회 문 65
14회 문 62
11회 문 57
02회 문 74

① 지하구
② 철강 등 불연성 물품을 저장·취급하는 창고
③ 층수가 10층이고 연면적이 1만 5천제곱미터인 판매시설
④ 층수가 20층이고 지상으로부터 높이가 60미터인 아파트

해설 화재예방법 시행령 [별표 4]

① , ② 2급 소방안전관리대상물
④ 20층 → 30층 이상, 60미터 → 120미터 이상

중요

**소방안전관리자 및 소방안전관리보조자를 선임하는 특정소방대상물**

| 소방안전관리대상물 | 특정소방대상물 |
|---|---|
| 특급 소방안전관리대상물 **(동식물원, 철강 등 불연성 물품 저장·취급 창고, 지하구, 위험물제조소 등** 제외) | • **50층** 이상(지하층 제외) 또는 지상 **200m** 이상 아파트<br>• **30층** 이상(지하층 포함) 또는 지상 **120m** 이상(아파트 제외) 보기 ④<br>• 연면적 **10만m²** 이상(아파트 제외) |
| 1급 소방안전관리대상물 **(동식물원, 철강 등 불연성 물품 저장·취급 창고, 지하구, 위험물제조소 등** 제외) 보기 ② | • **30층** 이상(지하층 제외) 또는 지상 **120m** 이상 **아파트**<br>• 연면적 **15000m²** 이상인 것(아파트 및 연립주택 제외) 보기 ③<br>• **11층** 이상(아파트 제외)<br>• 가연성 가스를 **1000t** 이상 저장·취급하는 시설 |
| 2급 소방안전관리대상물 | • 지하구 보기 ①<br>• 가스제조설비를 갖추고 도시가스사업 허가를 받아야 하는 시설 또는 가연성 가스를 **100~1000t** 미만 저장·취급하는 시설<br>• **옥내소화전설비 · 스프링클러설비** 설치대상물<br>• **물분무등소화설비**(호스릴 방식의 물분무등소화설비만을 설치한 경우 제외) 설치대상물<br>• 공동주택<br>• 목조건축물(국보·보물) |
| 3급 소방안전관리대상물 | • 간이스프링클러설비(주택전용 간이스프링클러설비 제외) 설치대상물<br>• **자동화재탐지설비** 설치대상물 |

답 ③

★★

**61** 소방시설 설치 및 관리에 관한 법령상 임시소방시설에 해당하지 않는 것은?

17회 문112

① 비상경보장치 ② 간이완강기
③ 간이소화장치 ④ 간이피난유도선

해설 소방시설법 시행령 [별표 8]
임시소방시설의 종류와 설치기준 등

(1) **임시소방시설**의 **종류**

| 종 류 | 설 명 |
|---|---|
| 소화기 | – |
| 간이소화장치 보기 ③ | 물을 방사하여 **화재**를 **진화**할 수 있는 장치로서 **소방청장**이 정하는 성능을 갖추고 있을 것 |
| 비상경보장치 보기 ① | 화재가 발생한 경우 주변에 있는 작업자에게 **화재사실**을 알릴 수 있는 장치로서 **소방청장**이 정하는 성능을 갖추고 있을 것 |
| 간이피난유도선 보기 ④ | 화재가 발생한 경우 **피난구 방향**을 안내할 수 있는 장치로서 **소방청장**이 정하는 성능을 갖추고 있을 것 |
| 가스누설경보기 | **가연성 가스**가 누설 또는 발생된 경우 **탐지**하여 **경보**하는 장치로서 **소방청장**이 실시하는 형식승인 및 제품검사를 받은 것 |
| 비상조명등 | **화재발생시** 안전하고 원활한 피난활동을 할 수 있도록 **거실** 및 **피난통로** 등에 설치하여 **자동점등**되는 조명장치로서 **소방청장**이 정하는 성능을 갖추고 있을 것 |
| 방화포 | **용접용단** 등 **작업**시 발생하는 금속성 불티로부터 가연물이 점화되는 것을 방지해주는 **천** 또는 **불연성 물품**으로서 **소방청장**이 정하는 성능을 갖추고 있을 것 |

(2) **임시소방시설**을 설치하여야 하는 **공사**의 **종류**와 **규모**

| 종 류 | 규 모 |
|---|---|
| 소화기 | 건축허가 등을 할 때 **소방본부장** 또는 **소방서장**의 동의를 받아야 하는 특정소방대상물의 건축·대수선·용도변경 또는 설치 등을 위한 공사 중 작업을 하는 현장에 설치 |
| 간이소화장치 | 다음 어느 하나에 해당하는 공사의 작업현장에 설치<br>① 연면적 **3000m²** 이상<br>② 지하층, 무창층 또는 **4층** 이상의 층(단, 바닥면적이 **600m²** 이상인 경우만 해당) |

| 종 류 | 규 모 |
|---|---|
| 비상경보장치 | 다음의 어느 하나에 해당하는 공사의 작업현장에 설치<br>① 연면적 **400m²** 이상<br>② **지하층** 또는 **무창층**(단, 바닥면적이 **150m²** 이상인 경우만 해당) |
| 간이피난유도선 | 바닥면적이 **150m²** 이상인 **지하층** 또는 **무창층**의 작업현장에 설치 |
| 가스누설경보기 | 바닥면적이 **150m²** 이상인 **지하층** 또는 **무창층**의 작업현장에 설치 |
| 비상조명등 | 바닥면적이 **150m²** 이상인 **지하층** 또는 **무창층**의 작업현장에 설치 |
| 방화포 | **용접용단** 작업이 진행되는 모든 작업장에 설치 |

(3) **임시소방시설**과 **기능** 및 **성능**이 **유사한 소방시설**로서 임시소방시설을 설치한 것으로 보는 소방시설

| 종 류 | 설 명 |
|---|---|
| 간이소화장치를 설치한 것으로 보는 소방시설 | **옥내소화전** 또는 **연결송수관설비**의 방수구 인근에 **소방청장**이 정하여 고시하는 기준에 맞는 소화기 |
| 비상경보장치를 설치한 것으로 보는 소방시설 | **비상방송설비** 또는 **자동화재탐지설비** |
| 간이피난유도선을 설치한 것으로 보는 소방시설 | **피난유도선, 피난구유도등, 통로유도등** 또는 **비상조명등** |

답 ②

★★★
## 62 소방시설 설치 및 관리에 관한 법령에 대한 설명으로 옳은 것은?

① 시·도지사는 소방시설관리업등록증(등록수첩) 재발급신청서를 제출받은 경우에는 3일 이내에 소방시설관리업등록증 또는 등록수첩을 재발급해야 한다.
② 소방시설관리업자가 소방시설관리업을 휴·폐업한 때에는 3일 이내에 소재지를 관할하는 소방서장에게 그 소방시설관리업등록증 및 등록수첩을 반납하여야 한다.
③ 시·도지사는 소방시설관리업자로부터 소방시설관리업등록사항 변경신고를 받은 경우 7일 이내에 소방시설관리업등록증 및 등록수첩을 새로 발급하거나 제출된 소방시설관리업등록증 및 등록수첩과 기술인력의 기술자격증(경력수첩 포함)에 그 변경된 사항을 적은 후 내주어야 한다.
④ 피성년후견인이 금고 이상의 형의 집행유예를 선고받고 그 유예기간이 종료된 경우에는 소방시설관리업의 등록을 할 수 있다.

해설 **소방시설법 시행규칙 제32조**
**시·도지사**는 소방시설관리업등록증 재발급신청서를 제출받은 경우에는 **3일** 이내에 소방시설관리업 **등록증** 또는 **등록수첩**을 **재발급**해야 한다.

② 3일 이내에 소재지를 관할하는 소방서장에게 → 지체없이 시·도지사에게(제32조)
③ 7일 이내 → 5일 이내(제34조)
④ 피성년후견인은 어떠한 경우에도 소방시설관리업의 등록을 할 수 없다(소방시설법 30조).

답 ①

★★★
## 63 소방시설 설치 및 관리에 관한 법령상 특정소방대상물의 설명으로 옳지 않은 것은?

14회 문 67
13회 문 58
12회 문 68
09회 문 73
08회 문 55
06회 문 58
05회 문 63
05회 문 69
02회 문 54

① 의원은 근린생활시설이다.
② 보건소는 업무시설이다.
③ 요양병원은 의료시설이다.
④ 동물원은 동물 및 식물 관련 시설이다.

해설 **소방시설법 시행령 [별표 2]**
(1) **근린생활시설, 업무시설**

| 근린생활시설 | 업무시설 |
|---|---|
| 의원 보기 ① | 보건소 보기 ② |

(2) **의료시설**

| 구 분 | 종 류 |
|---|---|
| 병원 | • 종합병원<br>• 병원<br>• 치과병원<br>• 한방병원<br>• **요양병원** 보기 ③ |
| 격리병원 | • 전염병원<br>• 마약진료소 |
| 정신의료기관 | – |
| 장애인 의료재활시설 | – |

④ 동물원 : 문화 및 집회시설

답 ④

★

**64** 03회 문 71

**소방시설 설치 및 관리에 관한 법령상 우수품질제품에 대한 인증 및 지원에 관한 설명으로 옳은 것은?**

① 우수품질인증을 받으려는 자는 대통령령으로 정하는 바에 따라 시·도지사에게 신청하여야 한다.

② 우수품질인증을 받은 소방용품에는 KS 인증표시를 한다.

③ 우수품질인증의 유효기간은 5년의 범위에서 행정안전부령으로 정한다.

④ 중앙행정기관은 건축물의 신축으로 소방용품을 신규 비치하여야 하는 경우 우수품질인증 소방용품을 반드시 구매·사용해야 한다.

해설 **소방시설법 제43조, 제44조**

① 대통령령 → 행정안전부령, 시·도지사 → 소방청장
② KS인증표시 → 우수품질인증표시
④ 반드시 → 우선

답 ③

★★★

**65** 06회 문 69

**소방시설 설치 및 관리에 관한 법령상 무선통신보조설비를 설치하여야 하는 특정소방대상물에 해당하지 않는 것은? (단, 위험물 저장 및 처리 시설 중 가스시설은 제외함)**

① 공동구

② 지하가(터널은 제외)로서 연면적 1천$m^2$ 이상인 것

③ 층수가 30층 이상인 것으로서 11층 이상 부분의 모든 층

④ 지하층의 층수가 3층 이상이고 지하층의 바닥면적의 합계가 1천$m^2$ 이상인 것은 지하층의 모든 층

해설 **소방시설법 시행령 [별표 4]**
**무선통신보조설비의 설치대상(가스시설 제외)**

(1) 지하가(터널 제외)로서 연면적 **1000$m^2$** 이상 보기 ②

(2) 지하층의 바닥면적의 합계가 **3000$m^2$** 이상인 것 또는 지하층의 층수가 **3층** 이상이고 지하층의 바닥면적의 합계가 **1000$m^2$** 이상인 것은 지하층의 **모든 층** 보기 ④

(3) 지하가 중 터널로서 길이가 **500m** 이상인 것

(4) **공동구** 보기 ①

(5) 층수가 **30층 이상**인 것으로서 **16층** 이상 부분의 **모든 층** 보기 ③

③ 11층 이상 → 16층 이상

답 ③

★★★

**66**

**소방시설 설치 및 관리에 관한 법령상 주택용 소방시설을 설치하여야 하는 대상을 모두 고른 것은?**

| ㉠ 다중주택 | ㉡ 다가구주택 |
|---|---|
| ㉢ 연립주택 | ㉣ 기숙사 |

① ㉠, ㉣　② ㉡, ㉣
③ ㉠, ㉡, ㉢　④ ㉡, ㉢, ㉣

해설 **소방시설법 제10조**
**주택에 설치하는 소방시설**

(1) 단독주택
(2) 공동주택(아파트 및 기숙사는 제외)

중요

건축법시행령 [별표 1]

| 단독주택 | 공동주택 |
|---|---|
| ① 단독주택 | ① 아파트 |
| ② **다중주택** 보기 ㉠ | ② **연립주택** 보기 ㉢ |
| ③ **다가구주택** 보기 ㉡ | ③ **다세대주택** |
| ④ 공관 | ④ 기숙사 보기 ㉣ |

④ 기숙사는 제외되므로 해당되지 않음
∴ 여기서는 ㉠, ㉡, ㉢이 답이 된다.

답 ③

★

**67**

**화재의 예방 및 안전관리에 관한 법령상 소방본부장이 화재안전조사위원회의 위원으로 임명하거나 위촉할 수 없는 사람은?**

① 소방기술사

② 소방 관련 분야의 석사학위 이상을 취득한 사람

③ 과장급 직위 이상의 소방공무원

④ 소방공무원 교육훈련기관에서 소방과 관련한 연구에 3년 이상 종사한 사람

해설 **화재예방법 시행령 제11조**
**화재안전조사위원회의 위원**

(1) **과장급** 직위 이상의 **소방공무원** 보기 ③

(2) **소방기술사** 보기 ①
(3) **소방시설관리사**
(4) 소방 관련 분야의 **석사학위** 이상을 취득한 사람 보기 ②
(5) 소방 관련 법인 또는 단체에서 소방 관련 업무에 **5년** 이상 종사한 사람 보기 ④
(6) 소방공무원 교육훈련기관, 학교 또는 연구소에서 소방과 관련한 교육 또는 연구에 **5년** 이상 종사한 사람

④ 3년 이상 → 5년 이상

답 ④

## 68 위험물안전관리법령상 허가를 받지 아니하고 지정수량 이상의 위험물을 저장 또는 취급하는 자에 대한 조치명령에 관한 설명으로 옳은 것은?

19회 문 66
18회 문 72
17회 문 67
17회 문 68
14회 문 68

① 소방서장은 수산용으로 필요한 난방시설을 위한 지정수량 20배의 저장소를 설치한 자에 대하여 제거 등 필요한 조치를 명할 수 있다.
② 소방본부장은 주택의 난방시설(공동주택의 중앙난방시설은 제외한다)을 위한 취급소를 설치한 자에 대하여 제거 등 필요한 조치를 명할 수 있다.
③ 시·도지사는 축산용으로 필요한 난방시설을 위한 지정수량 20배의 저장소를 설치한 자에 대하여 제거 등 필요한 조치를 명할 수 있다.
④ 시·도지사는 농예용으로 필요한 건조시설을 위한 지정수량 30배의 저장소를 설치한 자에 대하여 제거 등 필요한 조치를 명할 수 있다.

해설 **위험물법 제6조**
(1) **제조소 등의 허가를 받지 않아도 되는 경우**
① **주택**의 **난방시설**(공동주택의 중앙난방시설 제외)을 위한 **저장소** 또는 **취급소** 보기 ②
② **농예용·축산용** 또는 **수산용**으로 필요한 **난방시설** 또는 **건조시설**을 위한 지정수량 **20배** 이하의 **저장소** 보기 ①③④
(2) **위험물 시설**의 **설치** 및 **변경권자**
시·도지사

④ 농예용 건조시설로 **20배**를 **초과**하므로 **시·도지사**가 조치를 명할 수 있다.

답 ④

## 69 위험물안전관리법령상 안전교육의 교육대상자와 교육시기의 연결이 옳지 않은 것은?

① 안전관리자 – 제조소 등의 안전관리자로 선임된 날부터 1개월 이내
② 위험물운송자 – 이동탱크저장소의 위험물운송자로 종사한 날부터 6개월 이내
③ 탱크시험자의 기술인력 – 탱크시험자의 기술인력으로 등록한 날부터 6개월 이내
④ 위험물운송자가 되고자 하는 자 – 최초 종사하기 전

해설 **위험물규칙 [별표 24]**
**교육과정·교육대상자·교육시간·교육시기 및 교육기관**

| 교육과정 | 교육대상자 | 교육시간 | 교육시기 | 교육기관 |
|---|---|---|---|---|
| 강습교육 | 안전관리자가 되려는 사람 | 24시간 | 최초 선임되기 전 | 한국소방안전원 |
| | 위험물운반자가 되려는 사람 | 8시간 | 최초 종사하기 전 | 한국소방안전원 |
| | 위험물운송자가 되려는 사람 | 16시간 | 최초 종사하기 전 보기 ④ | 한국소방안전원 |
| 실무교육 | 안전관리자 | 8시간 이내 | ① 제조소 등의 안전관리자로 선임된 날부터 6개월 이내 보기 ①<br>② ①에 따른 교육을 받은 후 2년마다 1회 | 한국소방안전원 |
| | 위험물운반자 | 4시간 | ① 위험물운반자로 종사한 날부터 6개월 이내<br>② ①에 따른 교육을 받은 후 3년마다 1회 | 한국소방안전원 |
| | 위험물운송자 | 8시간 이내 | ① 이동탱크저장소의 위험물운송자로 종사한 날부터 6개월 이내 보기 ②<br>② ①에 따른 교육을 받은 후 3년마다 1회 | 한국소방안전원 |
| | 탱크시험자의 기술인력 | 8시간 이내 | ① 탱크시험자의 기술인력으로 등록한 날부터 6개월 이내 보기 ③<br>② ①에 따른 교육을 받은 후 2년마다 1회 | 한국소방산업기술원 |

① 1개월 이내 → 6개월 이내

답 ①

★★

**70** 위험물안전관리법령상 기계에 의하여 하역하는 구조로 된 운반용기에 대한 수납기준으로 옳은 것은?

12회 문100

① 금속제의 운반용기는 3년 6개월 이내에 실시한 운반용기의 외부의 점검 및 7년 이내의 사이에 실시한 운반용기의 내부의 점검에서 누설 등 이상이 없을 것
② 경질플라스틱제의 운반용기에 액체위험물을 수납하는 경우에는 당해 운반용기는 제조된 때로부터 7년 이내의 것으로 할 것
③ 플라스틱내용기 부착의 운반용기에 있어서는 3년 6개월 이내에 실시한 기밀시험에서 누설 등 이상이 없을 것
④ 금속제의 운반용기에 액체위험물을 수납하는 경우에는 55℃의 온도에서 증기압이 130kPa 이하가 되도록 수납할 것

해설 위험물규칙 [별표 19] Ⅱ
적재방법

① 3년 6개월 이내 → 2년 6개월 이내
  7년 이내 → 5년 이내
② 7년 이내 → 5년 이내
③ 3년 6개월 이내 → 2년 6개월 이내

답 ④

★★★

**71** 위험물안전관리법령상 제1류 위험물의 지정수량으로 옳지 않은 것은?

19회 문 88, 18회 문 86, 17회 문 87, 16회 문 80, 16회 문 85, 15회 문 77, 14회 문 77, 14회 문 78, 12회 문 82

① 과염소산염류－50킬로그램
② 브로민산염류－200킬로그램
③ 아이오딘산염류－300킬로그램
④ 다이크로뮴산염류－1000킬로그램

해설 위험물령 [별표 1]
위험물 및 지정수량

| 위험물 | | | 지정수량 |
|---|---|---|---|
| 유 별 | 성 질 | 품 명 | |
| 제1류 | 산화성 고체 | 아염소산염류 | 50kg |
| | | 염소산염류 | |
| | | 과염소산염류 보기 ① | |
| | | 무기과산화물 | |
| | | 브로민산염류 보기 ② | 300kg |
| | | 질산염류 | |
| | | 아이오딘산염류 보기 ③ | |
| | | 과망가니즈산염류 | 1000kg |
| | | 다이크로뮴산염류 보기 ④ | |

② 200킬로그램 → 300킬로그램

답 ②

★★

**72** 위험물안전관리법령상 위험물시설의 설치 및 변경 등에 관한 조문의 일부이다. ( )에 들어갈 말을 바르게 나열한 것은?

19회 문 66, 18회 문 68, 17회 문 67, 17회 문 68, 14회 문 68

> 제조소 등의 위치·구조 또는 설비의 변경 없이 당해 제조소 등에서 저장하거나 취급하는 위험물의 품명·수량 또는 지정수량의 배수를 변경하고자 하는 자는 변경하고자 하는 날의 ( ㉠ ) 전까지 ( ㉡ )이 정하는 바에 따라 ( ㉢ )에게 신고하여야 한다.

① ㉠ : 1일, ㉡ : 대통령령, ㉢ : 소방서장
② ㉠ : 1일, ㉡ : 행정안전부령, ㉢ : 시·도지사
③ ㉠ : 3일, ㉡ : 대통령령, ㉢ : 소방서장
④ ㉠ : 3일, ㉡ : 행정안전부령, ㉢ : 시·도지사

해설 위험물법 제6조
제조소 등의 위치·구조 또는 설비의 변경없이 당해 제조소 등에서 저장하거나 취급하는 위험물의 품명·수량 또는 지정수량의 배수를 변경하고자 하는 자는 변경하고자 하는 날의 **1일** 보기 ㉠ 전까지 **행정안전부령** 보기 ㉡ 이 정하는 바에 따라 **시·도지사** 보기 ㉢ 에게 신고하여야 한다.

답 ②

★★★

**73** 다중이용업소의 안전관리에 관한 특별법령상 관련 행정기관의 통보사항에 관한 내용이다. ( )에 들어갈 말을 바르게 나열한 것은?

> 허가관청은 다중이용업주가 휴업 후 영업을 재개(再開)하였을 때에는 그 신고를 수리한 날부터 ( ㉠ ) 이내에 ( ㉡ )에게 통보하여야 한다.

① ㉠ : 14일, ㉡ : 시·도지사
② ㉠ : 30일, ㉡ : 시·도지사
③ ㉠ : 14일, ㉡ : 소방본부장 또는 소방서장
④ ㉠ : 30일, ㉡ : 소방본부장 또는 소방서장

해설 다중이용업소법 제7조
**허가관청의 통보**
허가관청은 다중이용업주가 다음의 어느 하나에 해당하는 행위를 하였을 때에는 그 신고를 수리(受理)한 날부터 **30일** 보기 ㉠ 이내에 **소방본부장 또는 소방서장** 보기 ㉡ 에게 통보할 것

(1) 휴업·폐업 또는 휴업 후 **영업**의 **재개**
(2) **영업내용**의 **변경**
(3) **다중이용업주**의 **변경** 또는 다중이용업주 **주소**의 **변경**
(4) 다중이용업소 **상호** 또는 **주소**의 **변경**

답 ④

★★★
**74** 12회 문 52

**다중이용업소의 안전관리에 관한 특별법령상 화재를 예방하고 화재로 인한 생명·신체·재산상의 피해를 방지하기 위하여 필요하다고 인정하는 경우 화재위험평가를 할 수 있는 지역 또는 건축물에 해당하는 것은?**

① 3천제곱미터 지역 안에 있는 다중이용업소가 40개 이상 밀집하여 있는 경우
② 하나의 건축물에 다중이용업소로 사용하는 영업장 바닥면적의 합계가 5백제곱미터 이상인 경우
③ 5층 이상인 건축물로서 다중이용업소가 10개 이상 있는 경우
④ 4천제곱미터 지역 안에 4층 이하인 건축물로서 다중이용업소가 20개 이상 밀집하여 있는 경우

해설 **다중이용업소법 제15조**
**다중이용업소에 대한 화재위험평가**
(1) **2000m²** 지역 안에 다중이용업소가 **50개** 이상 밀집하여 있는 경우
(2) **5층** 이상인 건축물로서 다중이용업소가 **10개** 이상 있는 경우 보기 ③
(3) 하나의 건축물에 다중이용업소로 사용하는 영업장 바닥면적의 합계가 **1000m²** 이상인 경우

답 ③

★
**75** 17회 문 72 / 16회 문 74 / 15회 문 75 / 14회 문 72 / 13회 문 72 / 12회 문 63

**다중이용업소의 안전관리에 관한 특별법령상 다중이용업소의 안전관리기본계획에 포함되어야 할 사항으로 옳지 않은 것은?**

① 다중이용업소의 자율적인 안전관리 촉진에 관한 사항
② 다중이용업소의 화재안전에 관한 정보체계의 구축 및 관리
③ 다중이용업소의 적정한 유지·관리에 필요한 교육과 기술 연구·개발
④ 다중이용업주와 종업원에 대한 자체지도 계획

해설 **다중이용업소법 제5조 제②항**
**다중이용업소의 안전관리기본계획**
(1) 다중이용업소의 안전관리에 관한 **기본 방향**
(2) 다중이용업소의 자율적인 안전관리 **촉진**에 관한 사항 보기 ①
(3) 다중이용업소의 화재안전에 관한 **정보체계**의 **구축** 및 **관리** 보기 ②
(4) 다중이용업소의 안전 관련 법령 **정비** 등 제도 개선에 관한 사항
(5) 다중이용업소의 적정한 유지·관리에 필요한 **교육**과 **기술 연구·개발** 보기 ③
(6) 다중이용업소의 **화재배상책임보험**에 관한 기본방향
(7) 다중이용업소의 화재배상책임보험 가입관리 **전산망**의 구축·운영
(8) 다중이용업소의 **화재배상책임보험제도**의 정비 및 개선에 관한 사항
(9) 다중이용업소의 화재위험평가의 연구·개발에 관한 사항
(10) 다중이용업소의 안전관리에 관하여 **대통령령**으로 정하는 사항

④ 종업원은 해당 없음

답 ④

## 제 4 과목 위험물의 성질·상태 및 시설기준

★★★
**76** 16회 문 77 / 15회 문 85 / 12회 문 21 / 11회 문 95 / 10회 문 84 / 06회 문 96

**물과 반응하여 수산화나트륨을 발생하는 무기과산화물은?**

① 다이크로뮴산나트륨
② 과망가니즈산나트륨
③ 과산화나트륨
④ 과염소산나트륨

해설 **과산화나트륨($Na_2O_2$)**
(1) 상온에서 **물**에 의해 분해하여 **수산화나트륨**($NaOH$)과 **산소**($O_2$)가 발생한다.
$2Na_2O_2 + 2H_2O \rightarrow 4NaOH + O_2\uparrow$
(2) **이산화탄소**($CO_2$)를 흡수하여 **산소**($O_2$)를 발생한다.
$2Na_2O_2 + 2CO_2 \rightarrow 2Na_2CO_3 + O_2\uparrow$
(3) **산**과 반응하여 **과산화수소**($H_2O_2$)를 생성한다.
$Na_2O_2 + 2HCl \rightarrow 2NaCl + H_2O_2\uparrow$

중요

과산화나트륨($Na_2O_2$)

| 분자량 | 78 |
|---|---|
| 비 중 | 2.8 |
| 융 점 | 460℃ |
| 분해온도 | 약 657℃ |

(1) **일반성질**
① 보통은 **황색**의 분말 또는 과립상이다(순수한 것은 **백색**).
② **흡습성**이 강하고 조해성이 있다.
(2) **위험성**
① **피부**를 **부식**시킨다.
② 가연물과 접촉시 발화한다.
③ 물과 급격하게 반응하여 **산소**를 발생시키며, 다량일 경우 폭발한다.
(3) **저장 및 취급방법**
① 화기를 엄금하고 냉암소에 보관할 것
② 가열·충격·마찰 등을 피하고 유기물의 혼입을 막을 것
(4) **소화방법**
① **마른모래·소금분말·건조석회** 등으로 **질식소화**한다.
② 주수소화 엄금

답 ③

★★
**77** 탄화칼슘 10kg이 질소와 고온에서 모두 반응한다고 가정할 때 생성되는 칼슘시안아미드(Calcium cyanamide)의 질량(kg)은? (단, 원자량은 Ca는 40, C는 12, N는 14로 한다.)

18회 문 82 / 17회 문 79 / 15회 문 84 / 14회 문 80 / 13회 문 80 / 09회 문 83

① 10.3 ② 12.5
③ 14.4 ④ 25.0

해설 (1) **원자량**

| 원 자 | 원자량 |
|---|---|
| C | 12 |
| N | 14 |
| Ca | 40 |

분자량 $CaC_2 = 40 + 12 \times 2 = 64$
$CaCN_2 = 40 + 12 + 14 \times 2 = 80$

(2) **탄화칼슘**과 **질소**의 **반응식**
$CaC_2 + N_2 \rightarrow CaCN_2 + C$
64 ╲╱ 80 ⟶ 분자량
10kg ╱╲ $x$ ⟶ 실제량

비례식으로 풀면
$64 : 80 = 10\text{kg} : x$
$80 \times 10\text{kg} = 64x$
$$x = \frac{80 \times 10\text{kg}}{64} = 12.5\text{kg}$$

답 ②

★★★
**78** 위험물안전관리법령상 제2류 위험물인 금속분에 해당되는 것은? (단, 150마이크로미터의 체를 통과하는 것이 50중량퍼센트 미만인 것은 제외한다.)

18회 문 80 / 16회 문 78 / 16회 문 84 / 15회 문 80 / 15회 문 81 / 14회 문 79 / 13회 문 78 / 13회 문 79 / 12회 문 71 / 09회 문 82 / 02회 문 80

① 칼슘분
② 니켈분
③ 세슘분
④ 아연분

해설 **위험물령 [별표 1]**
**금속분에 해당되지 않는 것**
(1) 알칼리금속(리튬분, 나트륨분, 칼륨분, 루비듐분, **세슘분**, 프랑슘분) 보기 ③
(2) 알칼리토류금속(**칼슘분**, 베릴륨분, 스트론분, 바륨분, 라듐분) 보기 ①
(3) 철
(4) 마그네슘
(5) 구리분
(6) **니켈분** 보기 ②
(7) **150마이크로미터**〔$\mu$m〕의 체를 통과하는 것이 **50중량퍼센트**〔wt%〕 미만

중요

**금속분**
(1) 아연분(Zn) 보기 ④
(2) 알루미늄분(Al)
(3) 안티몬분(Sb) : 비중 **6.69**, 융점 **630℃**
(4) 티탄분
(5) 은분

답 ④

★★★
**79** 황린이 공기 중에서 완전연소할 때 생성되는 물질은?

16회 문 79 / 13회 문 81 / 05회 문 81 / 05회 문 93 / 03회 문 86

① 오산화인
② 황화수소
③ 인화수소
④ 이산화황

해설 **황린($P_4$)의 위험성**

(1) 공기 중에 방치하면 액화되면서 **자연발화**한다.
(2) 가연성이 강하고 매우 자극적이며 **맹독성**이다.
(3) 완전연소할 경우 **오산화인**($P_2O_5$)의 **백색연기**를 낸다.

$$P_4+5O_2 \rightarrow 2P_2O_5$$

오산화인 보기 ①

(4) 수산화칼륨용액 등 강알칼리용액과 반응하여 유독성의 **포스핀**($PH_3$)을 발생시킨다.

$$P_4+3KOH+3H_2O \rightarrow PH_3\uparrow+3KH_2PO_2$$

포스핀

답 ①

★★★
## 80 제2류 위험물에 관한 설명으로 옳은 것은?

18회 문 78 / 16회 문 78 / 16회 문 84 / 15회 문 80 / 15회 문 81 / 14회 문 79 / 13회 문 78 / 13회 문 79 / 12회 문 71 / 09회 문 82 / 02회 문 80

① 적린은 황린에 비해 화학적으로 활성이 크고 공기 중에서 불안정하다.
② 마그네슘 화재시 물을 주수하면 메탄가스가 발생하여 폭발적으로 연소한다.
③ 황은 연소될 때 오산화인이 생성된다.
④ 철분은 상온에서 묽은산과 반응하여 수소가스를 발생한다.

해설 ① **적린** : 자연발화의 위험이 없으므로 공기 중에서 안정하다. 보기 ①
② **마그네슘** : 과열 수증기 또는 뜨거운 물과 접촉시 격렬하게 **수소**($H_2$)를 발생시킨다. 보기 ②
③ **황** : 공기 중에서 연소하면 **이산화황가스**($SO_2$)가 발생한다. 보기 ③
④ **철분** : 상온에서 묽은산과 반응하여 **수소가스**를 발생한다. 보기 ④

$$Fe+2HCl \rightarrow FeCl_2+H_2\uparrow$$

철분 묽은산 수소

① 공기 중에서 불안정하다 → 공기 중에서 안정하다.
② 메탄가스 → 수소
③ 오산화인 → 이산화황가스

답 ④

★★★
## 81 아세트알데하이드에 관한 설명으로 옳지 않은 것은?

16회 문 88 / 13회 문 91 / 12회 문 80 / 04회 문 94 / 03회 문 80 / 03회 문 99

① 공기 중에서 산화되면 에틸알코올이 생성된다.
② 강산화제와 접촉시 혼촉발화의 위험성이 있다.
③ 인화점이 낮아 상온에서 인화하기 쉬운 물질이다.
④ 구리, 은, 마그네슘과 반응하여 폭발성 물질을 생성한다.

해설 **아세트알데하이드**

(1) 공기 중에서 산화되면 **과산화물**이 생성된다. 보기 ①
(2) 강산화제와 접촉시 **혼촉발화**의 위험성이 있다. 보기 ②
(3) 인화점이 낮아 상온에서 인화하기 쉬운 물질이다. 보기 ③
(4) **구리**, **은**, **마그네슘**과 반응하여 폭발성 물질을 생성한다. 보기 ④

① 에틸알코올 → 과산화물

답 ①

★★★
## 82 탄화알루미늄과 트리에틸알루미늄이 각각 물과 반응할 때 생성되는 기체는?

18회 문 77 / 17회 문 79 / 15회 문 84 / 14회 문 80 / 13회 문 80 / 09회 문 83

| | 탄화알루미늄 | 트리에틸알루미늄 |
|---|---|---|
| ① | $CH_4$ | $C_2H_6$ |
| ② | $C_2H_2$ | $H_2$ |
| ③ | $CH_4$ | $C_2H_4$ |
| ④ | $C_2H_6$ | $H_2$ |

해설 (1) **탄화알루미늄**($Al_4C_3$)
물과 반응하여 **메탄**($CH_4$)을 발생한다.

$$Al_4C_3+12H_2O \longrightarrow 4Al(OH)_3+3CH_4\uparrow$$

탄화알루미늄 물 수산화알루미늄 메탄

(2) **트리에틸알루미늄**[$(C_2H_5)_3Al$] : TEA
**물**과 반응하여 **에탄**($C_2H_6$)을 발생한다.

$$(C_2H_5)_3Al+3H_2O \rightarrow Al(OH)_3+3C_2H_6\uparrow$$

트리에틸알루미늄 물 수산화알루미늄 에탄

답 ①

★★★
## 83 위험물안전관리법령상 지정수량 이상의 위험물을 운반하는 경우 질산에틸과 함께 운반할 수 있는 것은?

15회 문 79 / 14회 문 82 / 11회 문 60 / 11회 문 71 / 10회 문 90 / 09회 문 87 / 03회 문 87

① 염소산암모늄, 과망가니즈산칼륨
② 적린, 아크릴산
③ 아세톤, 황린
④ 등유, 과염소산

해설 질산에틸 : 제5류위험물

① 염소산암모늄 : 제1류위험물 / 과망가니즈산칼륨 : 제1류위험물
② 적린 : 제2류위험물 / 아크릴산 : 제4류위험물
③ 아세톤 : 제4류위험물 / 황린 : 제3류위험물
④ 등유 : 제4류위험물 / 과염소산 : 제6류위험물

※ 위험물의 혼재
① 제1류+제6류
② 제2류+제4류
③ 제2류+제5류
④ 제3류+제4류
⑤ 제2류+제4류+제5류
∴ ②번이 정답

답 ②

★★
## 84 트리나이트로페놀에 관한 설명으로 옳지 않은 것은?

① 300℃ 이상으로 가열하면 폭발한다.
② 순수한 것은 상온에서 황색의 액체이다.
③ 에탄올에 녹는다.
④ 피크린산이라고도 한다.

해설 **트리나이트로페놀**
(1) 순수한 것은 **무색**이지만 공업용은 **휘황색**의 침상결정이다. 보기 ②
(2) **독성**이 있으며, **쓴맛**이 난다.
(3) 찬물에는 잘 녹지 않지만, **더운물·알코올**(에탄올)·**에터·벤젠** 등에는 잘 녹는다. 보기 ③
(4) 충격·마찰에 비교적 둔감하여 공기 중 장기 저장이 가능하다.
(5) 300℃ 이상으로 가열하면 폭발한다. 보기 ①
(6) 피크르산, 피크린산이라고도 한다. 보기 ④

② 순수한 것은 **무색**이다.

답 ②

★★
## 85 제4류 위험물에 관한 설명으로 옳지 않은 것은?

13회 문 83
06회 문 20
03회 문 94

① 크레오소트유는 콜타르를 증류하여 제조하며 나프탈렌과 안트라센을 포함한 혼합물이다.
② 콜로디온은 용제인 에탄올과 에터가 증발하고 나면 제6류 위험물과 같은 산화성을 나타낸다.
③ 이황화탄소는 액체비중이 물보다 크며 완전연소시 이산화황과 이산화탄소가 생성된다.
④ 이소프로필알코올은 25℃에서 인화의 위험이 있고 증기는 공기보다 무거워 낮은 곳에 체류한다.

해설 ② 제6류 위험물과 같은 산화성을 나타낸다.
→ 제5류 위험물과 같은 위험성을 나타낸다.

중요

**콜로디온**[$C_{12}H_{16}O_6(NO_3)_4-C_{13}H_{17}O_7(NO_3)_3$]
(1) **일반성질**
① **무색** 또는 끈기있는 **미황색** 액체이다.
② 질화도가 낮은 질화면을 **에터 1, 에틸알코올 3**의 비율로 혼합한 혼합물이다.
(2) **위험성**
① 에틸알코올·다이에틸에터의 용제는 휘발성이 크고 가연성 증기를 쉽게 발생시킨다.
② 용제가 증발하여 질화면만 남으면 폭발의 위험이 있다.
(3) **저장 및 취급방법**
① 용제의 증발을 막기 위해 용기는 밀폐할 것
② 화기엄금
(4) **소화방법**
① 대형화재의 경우 다량의 **알코올포**로 **질식소화**한다.
② 물분무는 외벽의 냉각에만 이용할 것

답 ②

★★★
## 86 위험물안전관리법령상 위험물별 지정수량과 위험등급의 연결로 옳지 않은 것은?

19회 문 88
18회 문 71
17회 문 87
16회 문 85
16회 문 80
15회 문 77
14회 문 77
14회 문 78
13회 문 76

① 염소산칼륨, 과산화마그네슘－50kg－Ⅰ등급
② 질산, 과산화수소－300kg－Ⅰ등급
③ 수소화리튬, 다이에틸아연－300kg－Ⅲ등급
④ 피크린산(제2종)－100kg－Ⅱ등급

해설 **지정수량**과 **위험등급**

| 물 질 | 지정수량 | 위험등급 |
|---|---|---|
| • 염소산칼륨<br>• 과산화마그네슘 | 50kg | Ⅰ등급 보기 ① |
| • 다이에틸아연 | 50kg | Ⅱ등급 보기 ③ |
| • 피크린산(제2종)<br>• 메틸하이드라진(제2종) | 100kg | Ⅱ등급 보기 ④ |
| • 질산<br>• 과산화수소 | 300kg | Ⅰ등급 보기 ② |
| • 수소화리튬 | 300kg | Ⅲ등급 보기 ③ |

중요

(1) **제3류 위험물의 종류 및 지정수량**

| 성질 | 품 명 | 지정수량 | 대표물질 | 위험등급 |
|---|---|---|---|---|
| 자연발화성 물질 및 금수성 물질 | 칼륨 | 10kg | 칼륨 | Ⅰ |
| | 나트륨 | | 나트륨 | |
| | 알킬알루미늄 | | 트리에틸알루미늄 · 트리이소부틸알루미늄 | |
| | 알킬리튬 | | 부틸리튬 · 에틸리튬 · 메틸리튬 | |
| | 황린 | 20kg | 황린 | |
| | 알칼리금속(K, Na 제외) 및 알칼리토금속 | 50kg | 리튬 · 세슘 · 루비듐 · 프란슘 · 칼슘 · 바륨 · 라듐 · 베릴륨 · 스트론튬 | Ⅱ |
| | 유기금속화합물(알킬알루미늄, 알킬리튬 제외) | | 다이에틸텔르륨 · **다이에틸아연** · 다이메틸카드뮴 · 다이에틸카드뮴 · 다이메틸수은 | |
| | 금속의 수소화물 | 300kg | **수소화리튬** · 수소화나트륨 · 수소화칼륨 · 수소화칼슘 · 수소화붕소나트륨 · 수소화알루미늄리튬 | Ⅲ |
| | 금속의 인화물 | | 인화칼슘 · 인화알루미늄 · 인화아연 · 인화칼륨 | |
| | 칼슘 또는 알루미늄의 탄화물 | | 탄화칼슘 · 탄화알루미늄 | |

(2) **위험등급**

| 구 분 | 위험등급 Ⅰ | 위험등급 Ⅱ | 위험등급 Ⅲ |
|---|---|---|---|
| 제1류 위험물 | • 아염소산염류<br>• 염소산염류<br>• 과염소산염류<br>• 무기과산화물<br>• 그 밖에 지정수량이 **50kg**인 위험물 | • 브로민산염류<br>• 질산염류<br>• 아이오딘산염류<br>• 그 밖에 지정수량이 **300kg**인 위험물 | 위험등급 Ⅰ, Ⅱ 이외의 것 |
| 제2류 위험물 | - | • 황화인<br>• 적린<br>• 황<br>• 그 밖에 지정수량이 **100kg**인 위험물 | 위험등급 Ⅰ, Ⅱ 이외의 것 |
| 제3류 위험물 | • 칼륨<br>• 나트륨<br>• 알킬알루미늄<br>• 알킬리튬<br>• 황린<br>• 그 밖에 지정수량이 **10kg** 또는 **20kg**인 위험물 | • 알칼리금속 및 알칼리토금속<br>• 유기금속화합물<br>• 그 밖에 지정수량이 **50kg**인 위험물 | |
| 제4류 위험물 | **특수인화물** | • **제1석유류**<br>• **알코올류** | |
| 제5류 위험물 | 지정수량이 **10kg**인 위험물 | 위험등급 Ⅰ 이외의 것 | |
| 제6류 위험물 | 모두 | - | |

③ 다이에틸아연 : 300kg → 50kg,
Ⅲ 등급 → Ⅱ 등급

답 ③

★★★

**87** 07회 문 76 02회 문 97

**고농도의 경우 충격, 마찰에 의해 단독으로도 폭발할 수 있으며, 분해시 발생기 산소가 발생하는 물질은?**

① 트리에틸알루미늄
② 인화칼슘
③ 하이드라진
④ 과산화수소

해설 **과산화수소**($H_2O_2$) 보기 ④

(1) 상온에서 서서히 분해되어 **물**과 **산소가스**를 발생시킨다.

$$2H_2O_2 \rightarrow 2H_2O + O_2 \uparrow$$
과산화수소 물 산소가스

(2) 고농도의 경우 충격, 마찰에 의해 **단독**으로도 폭발할 수 있다.

참고

**과산화수소의 안정제**
(1) 요소
(2) 글리세린
(3) 인산나트륨

답 ④

★★★

## 88

14회 문 89 / 11회 문 88 / 10회 문 53 / 12회 문 72 / 11회 문 81 / 10회 문 76 / 09회 문 76 / 07회 문 86 / 04회 문 78

**위험물안전관리법령상 위험물제조소의 환기설비에 관한 기준 중 다음 (  )에 들어갈 내용으로 옳은 것은?**

> 환기구는 지붕 위 또는 지상 (  )m 이상의 높이에 회전식 고정벤틸레이터 또는 루프팬방식으로 설치할 것

① 1　② 2

③ 3　④ 4

해설 위험물규칙 [별표 4]

제조소의 환기설비 시설기준

(1) 환기는 **자연배기방식**으로 할 것

(2) 급기구는 바닥면적 **150m²**마다 1개 이상으로 하되, 그 크기는 **800cm²** 이상으로 할 것

| 바닥면적 | 급기구의 면적 |
|---|---|
| 60cm² 미만 | **150cm²** 이상 |
| 60~90cm² 미만 | **300cm²** 이상 |
| 90~120cm² 미만 | **450cm²** 이상 |
| 120~150cm² 미만 | **600cm²** 이상 |

(3) 급기구는 **낮은 곳**에 설치하고 가는 눈의 구리망 등으로 **인화방지망**을 설치할 것

(4) 환기구는 지붕 위 또는 지상 **2m** 이상의 높이에 **회전식 고정벤틸레이터** 또는 **루프팬방식**으로 설치할 것 보기 ②

중요

**환기설비의 설치 제외**

배출설비가 설치되어 유효하게 환기가 되는 건축물

답 ②

★★★

## 89

19회 문 99 / 14회 문 96 / 03회 문 76

**위험물안전관리법령상 위험물을 취급하는 제조소 건축물의 지붕을 내화구조로 할 수 있는 것은?**

① 과염소산　② 과망가니즈산칼륨

③ 부틸리튬　④ 산화프로필렌

해설 위험물규칙 [별표 4] Ⅳ

위험물 취급 건축물의 지붕을 내화구조로 할 수 있는 구조

(1) **제2류 위험물**(분말상태의 것과 인화성 고체 제외)

(2) **제4석유류 · 동식물유류**

(3) **제6류위험물**

> ① 과염소산 : 제6류 위험물
> ② 과망가니즈산칼륨 : 제1류 위험물
> ③ 부틸리튬 : 제3류 위험물
> ④ 산화프로필렌 : 특수인화물

답 ①

★★★

## 90

19회 문 92 / 16회 문100 / 10회 문 85 / 05회 문 78

**위험물안전관리법령상 철분을 취급하는 위험물제조소에 설치하여야 하는 주의사항을 표시한 게시판의 내용으로 옳은 것은?**

① 물기주의　② 물기엄금

③ 화기주의　④ 화기엄금

해설 위험물규칙 [별표 4]

위험물제조소의 게시판 설치기준

| 위험물 | 주의사항 | 비 고 |
|---|---|---|
| • 제1류 위험물(알칼리금속의 과산화물)<br>• 제3류 위험물(금수성 물질) | 물기엄금 | **청색**바탕에 **백색**문자 |
| • 제2류 위험물(인화성 고체 제외) : **황화**인, **적**린, 황, **철**분, **마**그네슘, **금**속분<br>기억법 황화적철마금 | 화기주의<br>보기 ③ | **적색**바탕에 백색문자 |
| • 제2류 위험물(인화성 고체)<br>• 제3류 위험물(자연발화성 물질)<br>• 제**4**류 위험물<br>• 제5류 위험물 | **화**기**엄**금 | |
| • 제6류 위험물 | 별도의 표시를 하지 않는다. | |

기억법 화4엄(화사함)

비교

**위험물 운반용기의 주의사항**(위험물규칙 [별표 19])

| 위험물 | | 주의사항 |
|---|---|---|
| 제1류 위험물 | 알칼리금속의 과산화물 | • 화기 · 충격주의<br>• 물기엄금<br>• 가연물 접촉주의 |
| | 기타 | • 화기 · 충격주의<br>• 가연물 접촉주의 |
| 제2류 위험물 | 철분 · 금속분 · 마그네슘 | • 화기주의<br>• 물기엄금 |
| | 인화성 고체 | • 화기엄금 |
| | 기타 | • 화기주의 |

18회

| 위험물 | | 주의사항 |
|---|---|---|
| 제3류 위험물 | 자연발화성 물질 | • 화기엄금<br>• 공기접촉엄금 |
| | 금수성 물질 | • 물기엄금 |
| 제4류 위험물 | | • 화기엄금 |
| 제5류 위험물 | | • 화기엄금<br>• 충격주의 |
| 제6류 위험물 | | • 가연물 접촉주의 |

답 ③

★★★
**91** 위험물안전관리법령상 위험물제조소에 옥외소화전이 5개 있을 경우 확보하여야 할 수원의 최소 수량($m^3$)은?

15회 문 97
08회 문 85

① 14　　② 31.2
③ 54　　④ 67.5

해설 위험물규칙 [별표 17]
위험물제조소의 옥외소화전 수원

$$Q = 13.5N$$

여기서, $Q$ : 옥외소화전 수원[$m^3$]
$N$ : 소화전개수(최대 4개)

**위험물제조소**의 **옥외소화전 수원** $Q$는
$Q = 13.5N = 13.5 \times 4 = 54m^3$

중요

수원(위험물규칙 [별표 17])

| 설 비 | | 수 원 |
|---|---|---|
| 옥내 소화전 설비 | 일반 건축물 | $Q = 2.6N$(30층 미만)<br>$Q = 5.2N$(30~49층 이하)<br>$Q = 7.8N$(50층 이상)<br>여기서, $Q$ : 수원의 저수량[$m^3$]<br>$N$ : 가장 많은 층의 소화전개수(30층 미만 : 최대 **2개**, 30층 이상 : 최대 **5개**) |
| | 위험물 제조소 | $Q = 7.8N$<br>여기서, $Q$ : 수원[$m^3$]<br>$N$ : 가장 많은 층의 소화전개수(**최대 5개**) |
| 옥외 소화전 설비 | 일반 건축물 | $Q = 7N$<br>여기서, $Q$ : 수원[$m^3$]<br>$N$ : 소화전개수(**최대 2개**) |
| | 위험물 제조소 | $Q = 13.5N$<br>여기서, $Q$ : 수원[$m^3$]<br>$N$ : 소화전개수(**최대 4개**) |

답 ③

★★★
**92** 위험물안전관리법령상 위험물제조소와 인근 건축물 등과의 안전거리가 다음 중 가장 긴 것은? (단, 제6류 위험물을 취급하는 제조소를 제외한다.)

16회 문 92
14회 문 88
15회 문 88
13회 문 88
11회 문 66
10회 문 87
09회 문 92
07회 문 77
06회 문100
05회 문 79
04회 문 83
02회 문100

① 「초·중등교육법」에 정하는 학교
② 사용전압이 35000V를 초과하는 특고압 가공전선
③ 「도시가스사업법」의 규정에 의한 가스 공급시설
④ 「문화유산의 보존 및 활용에 관한 법률」의 규정에 의한 기념물 중 지정문화재

해설 위험물규칙 [별표 4]
위험물제조소의 안전거리

| 안전거리 | 대 상 |
|---|---|
| 3m 이상 | • **7~35kV** 이하의 특고압가공전선 |
| 5m 이상 | • **35kV**를 초과하는 특고압가공전선 **보기 ②** |
| 10m 이상 | • **주거용**으로 사용되는 것 |
| 20m 이상 | • 고압가스 **제조**시설(용기에 충전하는 것 포함)<br>• 고압가스 **사용**시설(1일 **30m³** 이상 용적 취급)<br>• 고압가스 **저장**시설<br>• 액화산소 **소비**시설<br>• 액화석유가스 제조·저장시설<br>• 도시가스 공급시설 **보기 ③** |
| 30m 이상 | • 학교 **보기 ①**<br>• 병원급 의료기관<br>• 공연장, • 영화상영관 ─ **300명** 이상 수용시설<br>• 아동복지시설<br>• 노인복지시설<br>• 장애인복지시설<br>• 한부모가족 복지시설<br>• 어린이집<br>• 성매매 피해자 등을 위한 지원시설<br>• 정신건강증진시설<br>• 가정폭력피해자 보호시설 ─ **20명** 이상 수용시설 |
| 50m 이상 | • 유형문화재<br>• 지정문화재 **보기 ④** |

① 30m 이상
② 5m 이상
③ 20m 이상
④ 50m 이상

답 ④

★★★
## 93 위험물안전관리법령상 지하탱크저장소의 기준에 관한 설명으로 옳은 것은? (단, 이중벽탱크와 특수누설방지구조는 제외한다.)

15회 문 94
12회 문 83
10회 문 89
09회 문 93
04회 문 88

① 지하저장탱크의 윗부분은 지면으로부터 0.5m 이상 아래에 있어야 한다.
② 지하저장탱크와 탱크전용실의 안쪽과의 사이는 5cm 이상의 간격을 유지하도록 한다.
③ 지하저장탱크는 용량이 1500L 이하일 때 탱크의 최대 직경은 1067mm, 강철판의 최소두께는 4.24mm로 한다.
④ 철근콘크리트 구조인 탱크전용실의 벽·바닥 및 뚜껑은 두께 0.3m 이상으로 하고 그 내부에는 지름 9mm부터 13mm까지의 철근을 가로 및 세로로 5cm부터 20cm까지의 간격으로 배치한다.

해설 위험물규칙 [별표 8] I
지하탱크저장소의 기준
(1) 탱크전용실은 지하의 가장 가까운 벽·피트·가스관 등의 시설물 및 대지경계선으로부터 **0.1m** 이상 떨어진 곳에 설치하고, 지하저장탱크와 탱크전용실의 안쪽과의 사이는 **0.1m 이상**의 간격을 유지하도록 하며, 해당 탱크의 주위에 마른모래 또는 습기 등에 의하여 응고되지 아니하는 입자지름 **5mm** 이하의 마른 자갈분을 채울 것 보기 ②
(2) 지하저장탱크의 윗부분은 지면으로부터 **0.6m 이상** 아래에 있을 것 보기 ①
(3) 지하저장탱크를 **2 이상** 인접해 설치하는 경우에는 그 상호간에 **1m**(해당 2 이상의 지하저장탱크의 용량의 합계가 지정수량의 **100배** 이하인 때에는 **0.5m**) 이상의 간격 유지(단, 그 사이에 탱크전용실의 벽이나 두께 **20cm 이상**의 콘크리트 구조물이 있는 경우는 제외)

| 탱크용량 (단위 : L) | 탱크의 최대직경 (단위 : mm) | 강철판의 최소두께 (단위 : mm) |
|---|---|---|
| 1000 이하 | 1067 | 3.20 |
| **1000 초과 2000 이하** | 1219 | 3.20 보기 ③ |
| 2000 초과 4000 이하 | 1625 | 3.20 |
| 4000 초과 15000 이하 | 2450 | 4.24 |
| 15000 초과 45000 이하 | 3200 | 6.10 |
| 45000 초과 75000 이하 | 3657 | 7.67 |
| 75000 초과 189000 이하 | 3657 | 9.27 |
| 189000 초과 | – | 10.00 |

(4) 벽·바닥 및 뚜껑의 두께는 **0.3m** 이상일 것 보기 ④
(5) 벽·바닥 및 뚜껑의 내부에는 지름 **9mm**부터 **13mm**까지의 철근을 가로 및 세로로 **5cm**부터 **20cm**까지의 간격으로 배치할 것 보기 ④
(6) 벽·바닥 및 뚜껑의 재료에 **수밀콘크리트**를 혼입하거나 벽·바닥 및 뚜껑의 중간에 **아스팔트층**을 만드는 방법으로 적정한 방수조치를 할 것

① 0.5m 이상 → 0.6m 이상
② 5cm 이상 → 0.1m 이상
③ 1067mm → 1219mm
4.24mm → 3.20mm

답 ④

★★★
## 94 위험물안전관리법령상 옥외탱크저장소 탱크 주위에 설치하는 방유제의 설치기준 중 (  )에 들어갈 내용으로 옳게 나열된 것은?

19회 문 95
16회 문 95
13회 문 90
13회 문 95
10회 문 95
09회 문 94
08회 문 86
07회 문 78
06회 문 82
03회 문 90

방유제는 두께 ( ㉠ )m 이상, 지하매설깊이 ( ㉡ )m 이상으로 할 것. 다만, 방유제와 옥외저장탱크 사이의 지반면 아래에 불침윤성(不浸潤性) 구조물을 설치하는 경우에는 지하매설깊이를 해당 불침윤성 구조물까지로 할 수 있다.

① ㉠ : 0.1, ㉡ : 0.5
② ㉠ : 0.1, ㉡ : 1.0
③ ㉠ : 0.2, ㉡ : 0.5
④ ㉠ : 0.2, ㉡ : 1.0

해설 위험물규칙 [별표 6] Ⅸ
옥외탱크저장소의 방유제

(1) 방유제는 높이 0.5~3m 이하, 두께 0.2m **보기 ㉠** 이상, 지하매설깊이 1m **보기 ㉡** 이상으로 할 것(단, 방유제와 옥외저장탱크 사이의 지반면 아래에 불침윤성 구조물을 설치하는 경우에는 지하매설깊이를 해당 불침윤성 구조물까지로 할 수 있다)
(2) 방유제 내의 면적은 **8만m²** 이하로 할 것

답 ④

★★★
## 95 위험물안전관리법령상 이동탱크저장소의 기준에 관한 설명으로 옳은 것을 모두 고른 것은?

14회 문100 / 13회 문 96 / 11회 문 90

㉠ 이동탱크저장소에 주입설비를 설치하는 경우에는 주입설비의 길이는 60m 이내로 하고, 분당 배출량은 250L 이하로 할 것
㉡ 탱크는 두께 3.2mm 이상의 강철판 또는 이와 동등 이상의 강도·내식성 및 내열성이 있다고 인정하여 소방청장이 정하여 고시하는 재료 및 구조로 위험물이 새지 아니하게 제작할 것
㉢ 제4류 위험물 중 특수인화물, 제1석유류 또는 제2석유류의 이동탱크저장소에는 정해진 기준에 의하여 접지도선을 설치할 것
㉣ 방호틀은 두께 1.6mm 이상의 강철판 또는 이와 동등 이상의 기계적 성질이 있는 재료로서 산모양의 형상으로 할 것

① ㉠, ㉣　② ㉡, ㉢
③ ㉠, ㉢, ㉣　④ ㉠, ㉡, ㉢, ㉣

해설 위험물규칙 [별표 10]

(1) **Ⅳ 결합금속구 등 이동탱크저장소의 주입설비 기준** : ㉠
　① 위험물이 샐 우려가 없고 화재예방상 안전한 구조로 할 것
　② 주입설비의 길이는 **50m** 이내로 하고, 그 끝부분에 축적되는 정전기를 유효하게 제거할 수 있는 장치를 할 것
　③ 분당 배출량은 **200L** 이하로 할 것
(2) **Ⅱ 이동탱크저장소의 구조** : ㉡
　탱크는 두께 **3.2mm** 이상의 강철판 또는 이와 동등 이상의 강도·내식성 및 내열성이 있다고 인정하여 **소방청장**이 정하여 고시하는 재료 및 구조로 위험물이 새지 아니하게 제작할 것
(3) **Ⅶ 접지도선** : ㉢
　제4류 위험물 중 **특수인화물**, **제1석유류** 또는 **제2석유류**의 이동탱크저장소에는 다음의 기준에 의하여 접지도선을 설치하여야 한다.
　① **양도체**의 도선에 비닐 등의 절연차단재료로 피복하여 끝부분에 접지전극 등을 결착시킬 수 있는 **클립**(Clip) 등을 부착할 것
　② 도선이 손상되지 아니하도록 도선을 **수납**할 수 있는 장치를 부착할 것
(4) **Ⅱ 이동탱크저장소의 구조** : ㉣
　방호틀은 두께 **2.3mm** 이상의 **강철판** 또는 이와 동등 이상의 기계적 성질이 있는 재료로서 산모양의 형상으로 하거나 이와 동등 이상의 강도가 있는 형상으로 할 것

㉠ 60m → 50m, 250L → 200L
㉣ 1.6mm → 2.3mm

답 ②

★★★
## 96 위험물안전관리법령상 위험물저장소의 건축물 외벽이 내화구조이고 연면적이 900m² 인 경우, 소화설비의 설치기준에 의한 소화설비 소요단위의 계산값은?

15회 문100 / 14회 문 97 / 10회 문100 / 08회 문 98

① 6　② 9
③ 12　④ 18

해설 위험물규칙 [별표 17]
소요단위의 계산방법

| 제조소 또는 취급소의 건축물 | | 저장소의 건축물 | |
|---|---|---|---|
| 외벽이 내화구조인 것 | 외벽이 내화구조가 아닌 것 | 외벽이 내화구조인 것 | 외벽이 내화구조가 아닌 것 |
| 1 소요단위 : 100m² | 1 소요단위 : 50m² | 1 소요단위 : 150m² | 1 소요단위 : 75m² |

기억법 제취내1아5, 저내15아75

1 소요단위가 150m²이므로

$$소요단위=\frac{연면적}{1\ 소요단위}=\frac{900m^2}{150m^2}=6단위$$

답 ①

★★
**97** 위험물안전관리법령상 이송취급소에 관한 기준 중 ( )에 들어갈 내용으로 옳은 것은?

05회 문 94

> 내압시험시 배관 등은 최대상용압력의 ( )배 이상의 압력으로 4시간 이상 수압을 가하여 누설 그 밖의 이상이 없을 것

① 1 ② 1.1
③ 1.25 ④ 1.5

해설 위험물규칙 [별표 15] Ⅳ 기타설비 등
이송취급소의 비파괴시험 · 내압시험

| 비파괴시험 | 내압시험 보기 ③ |
|---|---|
| 배관 등의 **용접부**는 비파괴시험을 실시하여 합격할 것. 이 경우 이송기지 내의 지상에 설치된 배관 등은 전체 용접부의 **20%** 이상을 발췌하여 시험할 수 있다. | 배관 등은 **최대상용압력**의 **1.25배** 이상의 압력으로 **4시간** 이상 수압을 가하여 누설, 그 밖의 이상이 없을 것 |

답 ③

★★★
**98** 위험물안전관리법령상 제1종 판매취급소의 위험물을 배합하는 실에 관한 기준으로 옳은 것은?

17회 문 99
16회 문 97
15회 문 98
14회 문 91
11회 문 84
10회 문 55
03회 문 93

① 바닥면적은 $6m^2$ 이상 $15m^2$ 이하로 할 것
② 방화구조 또는 난연재료로 된 벽으로 구획할 것
③ 출입구 문턱의 높이는 바닥면으로부터 5cm 이상으로 할 것
④ 출입구에는 수시로 열 수 있는 자동폐쇄식의 30분 방화문을 설치할 것

해설 위험물규칙 [별표 14] Ⅰ
제1종 판매취급소의 기준
(1) 제1종 판매취급소 : 저장 또는 취급하는 위험물의 수량이 지정수량의 **20배** 이하인 판매취급소
(2) 위험물을 배합하는 실 바닥면적 : **$6\sim15m^2$** 이하 보기 ①
(3) 제1종 판매취급소의 용도로 사용되는 건축물의 부분은 **내화구조** 또는 **불연재료**로 하고, 판매취급소로 사용되는 부분과 다른 부분과의 격벽은 **내화구조**로 할 것 보기 ②
(4) 제1종 판매취급소의 용도로 사용하는 부분의 창 및 출입구에는 60분+방화문, 60분 방화문 또는 30분 방화문을 설치할 것 보기 ④

중요

> **위험물을 배합하는 제1종 판매취급소의 실의 기준**(위험물규칙 [별표 14] Ⅰ)
> (1) 바닥면적은 **$6\sim15m^2$** 이하일 것
> (2) **내화구조** 또는 **불연재료**로 된 벽으로 구획할 것
> (3) 바닥은 위험물이 침투하지 아니하는 구조로 하여 적당한 경사를 두고 **집유설비**를 할 것
> (4) 출입구에는 수시로 열 수 있는 자동폐쇄식의 60분+방화문, 60분 방화문을 설치할 것
> (5) 출입구 문턱의 높이는 바닥면으로부터 **0.1m** 이상으로 할 것 보기 ③
> (6) 내부에 체류한 가연성의 증기 또는 가연성의 미분을 **지붕 위**로 방출하는 설비를 할 것

② 방화구조 또는 난연재료 → 내화구조 또는 불연재료
③ 5cm 이상 → 0.1m 이상
④ 30분 방화문 → 60분+방화문, 60분 방화문

답 ①

★★★
**99** 위험물안전관리법령상 옥외저장소에 저장할 수 없는 위험물을 모두 고른 것은? (단, 국제해상위험물규칙에 적합한 용기에 수납된 경우와 「관세법」상 보세구역 안에 저장하는 경우는 제외한다.)

17회 문 92
11회 문 89
09회 문 78
02회 문 93

> ㉠ 황 ㉡ 인화알루미늄
> ㉢ 벤젠 ㉣ 에틸알코올
> ㉤ 초산 ㉥ 적린
> ㉦ 과염소산

① ㉠, ㉣, ㉦ ② ㉡, ㉢, ㉥
③ ㉡, ㉤, ㉥ ④ ㉢, ㉤, ㉦

해설 위험물령 [별표 2]
옥외저장소에 저장 · 취급할 수 있는 위험물
(1) 황
(2) 인화성 고체(인화점이 0℃ 이상인 것에 한함)
(3) 제1석유류(인화점이 0℃ 이상인 것에 한함)
(4) 제2석유류
(5) 제3석유류
(6) 제4석유류
(7) 알코올류
(8) 동식물유류
(9) 제6류 위험물

| 종 류 | 유별 및 품명 | 인화점 | 옥외 저장여부 |
|---|---|---|---|
| ㉠ 황 | 제2류 위험물 | – | 가능 |
| ㉡ 인화알루미늄 | 제3류 위험물 | – | 불가능 |
| ㉢ 벤젠 | 제4류 위험물 (제1석유류) | −11℃ | 불가능 |
| ㉣ 에틸알코올 | 제4류 위험물 (알코올류) | 13℃ | 가능 |
| ㉤ 초산 | 제4류 위험물 (제2석유류) | 40℃ | 가능 |
| ㉥ 적린 | 제2류 위험물 | – | 불가능 |
| ㉦ 과염소산 | 제6류 위험물 | – | 가능 |

답 ②

★★★

**100** 14회 문 99

**위험물안전관리법령상 주유취급소의 담 또는 벽의 일부분에 방화상 유효한 구조의 유리를 부착할 때 설치기준으로 옳지 않은 것은?**

① 하나의 유리판의 가로의 길이는 2m 이내일 것
② 주유취급소 내의 지반면으로부터 70cm를 초과하는 부분에 한하여 유리를 부착할 것
③ 유리를 부착하는 범위는 전체의 담 또는 벽의 길이의 10분의 3을 초과하지 아니할 것
④ 유리를 부착하는 위치는 주입구, 고정주유설비 및 고정급유설비로부터 4m 이상 거리를 둘 것

해설 **위험물규칙 [별표 13] Ⅶ**
**주유취급소의 담 또는 벽에 유리부착시 설치기준**
(1) 주유취급소 내의 지반면으로부터 **70cm**를 초과하는 부분에 한하여 유리를 부착할 것 보기 ②
(2) 하나의 유리판의 가로길이는 2m 이내일 것 보기 ①
(3) 유리판의 테두리를 금속제의 구조물에 견고하게 고정하고 해당 구조물을 담 또는 벽에 견고하게 부착할 것
(4) 유리의 구조는 접합유리(두 장의 유리를 두께 0.76mm 이상의 폴리비닐부티랄 필름으로 접합한 구조)로 하되, 비차열 **30분** 이상의 방화성능이 인정될 것
(5) 유리를 부착하는 위치는 주입구, 고정주유설비 및 고정급유설비로부터 **4m** 이상 거리를 둘 것 보기 ④
(6) 유리를 부착하는 범위는 전체의 담 또는 벽의 길이의 $\frac{2}{10}$를 초과하지 아니할 것 보기 ③

기억법 **취유2**

③ 10분의 3 → 10분의 2

답 ③

## 제 5 과목 소방시설의 구조 원리

★

**101 소화기구 및 자동소화장치의 화재안전기준상 상업용 주방자동소화장치의 설치기준이 아닌 것은?**

① 소화장치는 조리기구의 종류별로 성능인증 받은 설계 매뉴얼에 적합하게 설치할 것
② 감지부는 성능인증 받는 유효높이 및 위치에 설치할 것
③ 차단장치(전기 또는 가스)는 상시 확인 및 점검이 가능하도록 설치할 것
④ 수신부는 주위의 열기류 또는 습기 등과 주위온도에 영향을 받지 아니하고 사용자가 상시 볼 수 있는 장소에 설치할 것

해설 **상업용 주방자동소화장치**의 **설치기준**(NFPC 101 제4조, NFTC 101 2.1.2.2)
(1) 소화장치는 조리기구의 종류별로 성능인증 받은 설계 매뉴얼에 적합하게 설치할 것 보기 ①
(2) 감지부는 성능인증 받는 **유효높이** 및 **위치**에 설치할 것 보기 ②
(3) 차단장치(전기 또는 가스)는 상시 확인 및 점검이 가능하도록 설치할 것 보기 ③
(4) 후드에 방출되는 분사헤드는 후드의 **가장 긴 변**의 길이까지 방출될 수 있도록 약제방출 방향 및 거리를 고려하여 설치할 것
(5) 덕트에 방출되는 분사헤드는 성능인증 받는 길이 이내로 설치할 것

비교

**주거용 주방자동소화장치의 설치기준**(NFPC 101 제4조, NFTC 101 2.1.2.1)
(1) 소화약제 방출구는 **환기구**의 청소부분과 **분리**되어 있어야 하며, 형식승인 받은 **유효 설치 높이** 및 **방호면적**에 따라 설치할 것
(2) 감지부는 형식승인 받은 유효한 **높이** 및 **위치**에 설치할 것
(3) 차단장치(전기 또는 가스)는 상시 확인 및 점검이 가능하도록 설치할 것
(4) 가스용 주방자동소화장치를 사용하는 경우 **탐지부**는 **수신부**와 **분리**하여 설치하되, 공기보다 가벼운 가스를 사용하는 경우에는 **천장면**으로부터 30cm 이하의 위치에 설치하고, 공기보다 무거운 가스를 사용하는 장소에는 **바닥면**으로부터 30cm 이하의 위치에 설치할 것
(5) 수신부는 주위의 **열기류** 또는 **습기** 등과 주위온도에 영향을 받지 아니하고 사용자가 상시 볼 수 있는 장소에 설치할 것 보기 ④

④ 주거용 주방자동소화장치의 설치기준

답 ④

★★★
**102** 무선통신보조설비의 화재안전기준상 ( )에 들어갈 내용으로 옳게 묶인 것은?

17회 문118 15회 문121 14회 문124 07회 문 27

( ), ( ), ( ) 또는 공동구의 출입구 및 출입구 인근에서 통신이 가능한 장소에 설치할 것

① 건축물, 지하구, 터널
② 고층건축물, 지하구, 터널
③ 공동주택, 지하가, 터널
④ 건축물, 지하가, 터널

해설 **무선통신보조설비**의 **설치기준**(NFPC 505 제5~7조, NFTC 505 2.2)
(1) 누설동축케이블 및 안테나는 **금속판** 등에 의하여 **전파의 복사** 또는 **특성**이 현저하게 저하되지 아니하는 위치에 설치할 것
(2) **누설동축케이블**과 이에 접속하는 **안테나** 또는 **동축케이블**과 이에 접속하는 **안테나**일 것
(3) 누설동축케이블 및 동축케이블은 불연 또는 난연성의 것으로서 습기에 따라 전기의 특성이 변질되지 아니하는 것으로 하고, 노출하여 설치한 경우에는 피난 및 통행에 장애가 없는 것으로 할 것
(4) 누설동축케이블 및 동축케이블은 화재에 따라 해당 케이블의 피복이 소실된 경우에 케이블 본체가 떨어지지 아니하도록 4m 이내마다 **금속제** 또는 **자기제** 등의 지지금구로 **벽**·천장·기둥 등에 견고하게 고정시킬 것(**불연재료**로 구획된 반자 안에 설치하는 경우는 제외)
(5) 누설동축케이블 및 안테나는 **고압**전로로부터 1.5m 이상 떨어진 위치에 설치할 것(당해 전로에 **정전기차폐장치**를 유효하게 설치한 경우에는 제외)

기억법 **불벽, 정고압**

(6) 누설동축케이블의 끝부분에는 **무반사종단저항**을 설치할 것
(7) 누설동축케이블, 동축케이블, 분배기, 분파기, 혼합기 등의 임피던스는 50Ω으로 할 것
(8) 증폭기의 전면에는 **표시등** 및 **전압계**를 설치할 것
(9) **건축물**, **지하가**, **터널** 또는 **공동구**의 출입구 및 출입구 인근에서 통신이 가능한 장소에 설치할 것 보기 ④
(10) 다른 용도로 사용되는 안테나로 인한 **통신장애**가 발생하지 않도록 설치할 것
(11) 옥외안테나는 견고하게 설치하며 파손의 우려가 없는 곳에 설치하고 그 가까운 곳의 보기 쉬운 곳에 "**무선통신보조설비 안테나**"라는 표시와 함께 통신가능거리를 표시한 표지를 설치할 것
(12) 수신기가 설치된 장소 등 사람이 상시 근무하는 장소에는 옥외안테나의 위치가 모두 표시된 옥외안테나 위치표시도를 비치할 것

답 ④

★★★
**103** 펌프의 제원이 전양정 50m, 유량 $6m^3/min$, 4극 유도전동기 60Hz, 슬립 3%일 때, 비속도는 약 얼마인가?

14회 문 28 12회 문 33 11회 문 41

① 210.11 ② 214.60
③ 227.45 ④ 235.31

해설 (1) **회전속도**

$$N = \frac{120f}{P}(1-s) \text{ [rpm]}$$

여기서, $N$ : 회전속도[rpm], $P$ : 극수
$f$ : 주파수[Hz], $s$ : 슬립

회전속도 $N$은

$$N = \frac{120f}{P}(1-s) = \frac{120 \times 60}{4}(1-0.03) = 1746\text{rpm}$$

- $f$ : 60Hz
- $s$ : 3%=0.03
- $P$ : 4극

비교

**동기속도**

$$N_s = \frac{120f}{P} \text{ [rpm]}$$

여기서, $f$ : 주파수[Hz], $P$ : 극수

(2) **비속도**(비교회전도)

$$N_s = N\frac{\sqrt{Q}}{\left(\frac{H}{n}\right)^{\frac{3}{4}}}$$

여기서, $N_s$ : 펌프의 비교회전도(비속도) 〔m³/min · m/rpm〕

$N$ : 회전수〔rpm〕

$Q$ : 유량〔m³/min〕

$H$ : 양정〔m〕

$n$ : 단수

**펌프**의 **비교회전도** $N_s$는

$$N_s = N\frac{\sqrt{Q}}{\left(\frac{H}{n}\right)^{\frac{3}{4}}} = 1746\text{rpm} \times \frac{\sqrt{6\text{m}^3/\text{min}}}{(50\text{m})^{\frac{3}{4}}}$$

$\fallingdotseq 227.45$

- $N$ : 1746rpm(바로 위에서 구한 값)
- $Q$ : 6m³/min
- $H$ : 50m
- $n$ : 주어지지 않았으므로 무시

※ **rpm**(revolution per minute) : 분당 회전속도

용어

**비속도**

펌프의 성능을 나타내거나 가장 적합한 **회전수**를 결정하는 데 이용되며, **회전자**의 **형상**을 나타내는 척도가 된다.

중요

**비속도**(비교회전도)

| 구 분 | 설 명 |
|---|---|
| 뜻 | 펌프의 성능을 나타내거나 가장 적합한 **회전수**를 결정하는 데 이용되며, **회전자**의 **형상**을 나타내는 척도가 된다.<br>① 회전자의 형상을 나타내는 척도<br>② **펌프**의 **성능**을 나타냄<br>③ 최적합 회전수 결정에 이용됨 |
| 비속도값 | ① 터빈펌프<br>80~120m³/min · m/rpm<br>② 볼류트펌프<br>250~450m³/min · m/rpm<br>③ 축류펌프<br>800~2000m³/min · m/rpm |
| 특징 | ① 축류펌프는 원심펌프에 비해 높은 비속도를 가진다.<br>② 같은 종류의 펌프라도 운전조건이 다르면 비속도의 값이 다르다.<br>③ 저용량 고수두용 펌프는 작은 비속도의 값을 가진다. |

답 ③

★★★

**104** 16회 문122 12회 문 24

**특별피난계단의 계단실 및 부속실 제연설비의 화재안전기준상 제연구획에 대한 급기기준으로 옳지 않은 것은?**

① 계단실 및 부속실을 동시에 제연하는 경우 계단실에 대하여는 그 부속실의 수직풍도를 통해 급기할 수 있다.

② 하나의 수직풍도마다 전용의 송풍기로 급기할 것

③ 부속실을 제연하는 경우 동일수직선상에 2대 이상의 급기송풍기가 설치되는 경우에는 수직풍도를 분리하여 설치할 수 있다.

④ 계단실을 제연하는 경우 전용수직풍도를 설치하거나 부속실에 급기풍도를 직접 연결하여 급기하는 방식으로 할 것

해설 **제연구역**의 **급기기준**(NFPC 501A 제16조, NFTC 501A 2.13)

(1) 부속실을 제연하는 경우 **동일수직선상**의 모든 부속실은 하나의 **전용수직풍도**를 통해 동시에 급기할 것(단, 동일수직선상에 **2대** 이상의 급기송풍기가 설치되는 경우에는 **수직풍도**를 **분리**하여 설치 가능) **보기 ③**

(2) 계단실 및 부속실을 동시에 제연하는 경우 계단실에 대하여는 그 **부속실**의 **수직풍도**를 통해 급기할 수 있다. **보기 ①**

(3) 계단실만 제연하는 경우에는 **전용수직풍도**를 설치하거나 **계단실**에 **급기풍도** 또는 **급기송풍기**를 직접 연결하여 급기하는 방식으로 할 것 **보기 ④**

(4) 하나의 **수직풍도**마다 전용의 송풍기로 급기할 것 **보기 ②**

(5) 비상용승강기 또는 피난용승강기의 승강장을 제연하는 경우에는 해당 승강기의 **승강로**를 **급기풍도**로 사용할 수 있다.

④ 부속실에 → 계단실에

답 ④

★★★

**105** **연결송수관설비의 화재안전기준상 배관 등의 설치기준으로 옳지 않은 것은?**

19회 문123 16회 문121 15회 문119 12회 문103

① 지상 11층 이상인 특정소방대상물에 있어서는 습식설비로 할 것
② 주배관의 구경은 100mm 이상의 전용배관으로 할 것
③ 연결송수관설비의 배관은 주배관의 구경이 100mm 이상인 옥내소화전설비의 배관과 겸용할 수 있다.
④ 배관 내 사용압력이 1.2MPa 이상일 경우에는 일반배관용 스테인리스강관(KS D 3595) 또는 배관용 스테인리스강관(KS D 3576)을 사용한다.

해설 **연결송수관설비 배관 등의 설치기준**(NFPC 502 제5조, NFTC 502 2.2)

(1) 주배관의 구경은 **100mm** 이상의 전용배관으로 할 것 **보기 ②**(단, 주배관의 구경이 **100mm 이상**인 **옥내소화전설비**의 배관과 겸용할 수 있다. **보기 ③**)
(2) 지면으로부터의 높이가 **31m** 이상인 특정소방대상물 또는 **지상 11층** 이상인 특정소방대상물에 있어서는 **습식설비**로 할 것 **보기 ①**

| 배관 내 사용압력 1.2MPa 미만 **보기 ④** | 배관 내 사용압력 1.2MPa 이상 |
|---|---|
| ① 배관용 탄소강관<br>② 이음매 없는 구리 및 구리합금관(단, **습식** 배관에 한함)<br>③ 배관용 스테인리스강관 또는 일반배관용 스테인리스강관<br>④ 덕타일 주철관 | ① 압력배관용 탄소강관<br>② 배관용 아크용접 탄소강강관 |

④ 1.2MPa 이상 → 1.2MPa 미만

답 ④

★★

**106** **4단 펌프인 수평회전축 소화펌프를 운전하면서 물의 압력을 측정하였더니 흡입측 압력이 0.09MPa, 토출측 압력이 0.98MPa이었다. 이 펌프 1단의 임펠러에 가해지는 토출압력(MPa)은 약 얼마인가?**

02회 문108

① 0.13 ② 0.16
③ 0.19 ④ 0.21

해설 압축비

$$K = \sqrt[\varepsilon]{\frac{p_2}{p_1}}$$

여기서, $K$ : 압축비
$\varepsilon$ : 단수
$p_1$ : 흡입측 압력〔MPa〕
$p_2$ : 토출측 압력〔MPa〕

**압축비** $K$는

$$K = \sqrt[\varepsilon]{\frac{p_2}{p_1}} = \sqrt[4]{\frac{0.98\text{MPa}}{0.09\text{MPa}}} = 1.817$$

※ 각 단의 임펠러에 가해지는 토출측 압력 = 흡입측 압력×압축비($K$)

| 단 수 | 흡입측·토출측 압력 |
|---|---|
| 1단 | ① 흡입측 압력=**0.09MPa**<br>② 토출측 압력=흡입측 압력×압축비<br>=0.09MPa×1.817<br>≒**0.16MPa** |
| 2단 | ① 흡입측 압력=**0.16MPa**<br>② 토출측 압력=흡입측 압력×압축비<br>=0.16MPa×1.817<br>≒**0.29MPa**<br>※ 1단의 토출측 압력이 곧 2단의 흡입측 압력이 된다. |
| 3단 | ① 흡입측 압력=**0.29MPa**<br>② 토출측 압력=흡입측 압력×압축비<br>=0.29MPa×1.817<br>≒**0.53MPa**<br>※ 2단의 토출측 압력이 곧 3단의 흡입측 압력이 된다. |
| 4단 | ① 흡입측 압력=**0.53MPa**<br>② 토출측 압력=흡입측 압력×압축비<br>=0.53MPa×1.817<br>≒**0.96MPa**<br>※ 3단의 토출측 압력이 곧 4단의 흡입측 압력이 된다. |

비교

**가압송수능력**

$$\text{가압송수능력} = \frac{p_2 - p_1}{\varepsilon}$$

여기서, $p_1$ : 흡입측 압력〔MPa〕
$p_2$ : 토출측 압력〔MPa〕
$\varepsilon$ : 단수

답 ②

18회

★★★
**107** 연결살수설비의 화재안전기준상 (　)에 들어갈 내용으로 옳게 묶인 것은?
15회 문123 13회 문122 03회 문121

> 송수구는 구경 (　)mm의 쌍구형으로 설치할 것. 다만, 하나의 송수구역에 부착하는 살수헤드의 수가 (　)개 이하인 것은 단구형의 것으로 할 수 있다.

① 40, 3
② 40, 10
③ 65, 10
④ 100, 20

해설 **연결살수설비**(NFPC 503 제4조, NFTC 503 2.1.1.3)

> 송수구는 구경 **65mm**의 **쌍구형**으로 하여야 한다(단, 하나의 송수구역에 부착하는 살수헤드의 수가 **10개** 이하인 것에 있어서는 **단구형**의 것으로 할 수 있다). 보기 ③

답 ③

★★★
**108** 소방시설용 비상전원수전설비의 화재안전기준상 다음 설명에 해당하는 용어는?
11회 문116 07회 문 34

> 소방회로 및 일반회로 겸용의 것으로서 수전설비, 변전설비 그 밖의 기기 및 배선을 금속제 외함에 수납한 것을 말한다.

① 공용큐비클식
② 공용배전반
③ 공용분전반
④ 전용큐비클식

해설 **소방시설용 비상전원수전설비**(NFPC 602 제3조, NFTC 602 1.7)

| 구 분 | 설 명 |
|---|---|
| 소방회로 | 소방부하에 전원을 공급하는 전기회로 |
| 일반회로 | 소방회로 이외의 전기회로 |
| 수전설비 | 전력수급용 **계기용 변성기·주차단장치** 및 그 **부속기기** |
| 변전설비 | **전력용 변압기** 및 그 **부속장치** |
| 전용큐비클식 | **소방회로용**의 것으로 수전설비, 변전설비 그 밖의 기기 및 배선을 금속제 외함에 수납한 것 |
| **공용큐비클식** 보기 ① | **소방회로** 및 **일반회로 겸용**의 것으로서 수전설비, 변전설비 그 밖의 기기 및 배선을 금속제 외함에 수납한 것 |
| 전용배전반 | **소방회로 전용**의 것으로서 개폐기, 과전류차단기, 계기 그 밖의 배선용 기기 및 배선을 금속제 외함에 수납한 것 |
| 공용배전반 | **소방회로** 및 **일반회로 겸용**의 것으로서 개폐기, 과전류차단기, 계기 그 밖의 배선용 기기 및 배선을 금속제 외함에 수납한 것 |
| 전용분전반 | **소방회로 전용**의 것으로서 분기개폐기, 분기과전류차단기 그 밖의 배선용 기기 및 배선을 금속제 외함에 수납한 것 |
| 공용분전반 | **소방회로** 및 **일반회로 겸용**의 것으로서 분기개폐기, 분기과전류차단기 그 밖의 배선용 기기 및 배선을 금속제 외함에 수납한 것 |

중요

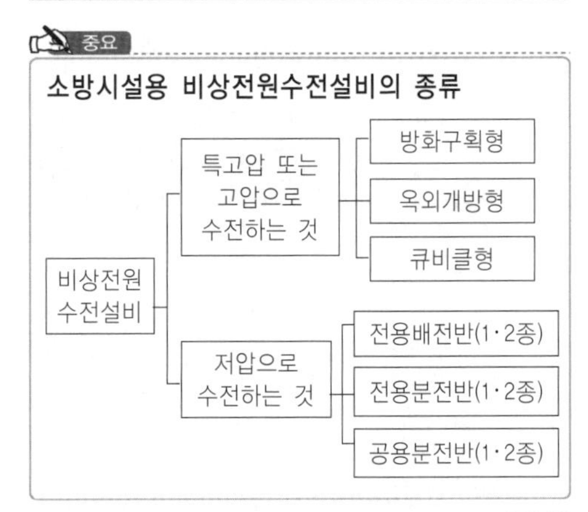


답 ①

★★★
**109** 피난기구의 화재안전기준의 설치장소별 피난기구 적응성에서 4층 이상 10층 이하의 노유자시설에 설치할 수 있는 피난기구로 묶인 것은?
12회 문104 10회 문117 07회 문102

① 구조대, 미끄럼대
② 피난교, 승강식 피난기
③ 완강기, 승강식 피난기
④ 피난교, 완강기

해설 **피난기구**의 **적응성**(NFTC 301 2.1.1)

| 설치 장소별 구분 \ 층별 | 1층 | 2층 | 3층 | 4층 이상 10층 이하 |
|---|---|---|---|---|
| 노유자시설 | • 미끄럼대<br>• 구조대<br>• 피난교<br>• 다수인 피난장비<br>• 승강식 피난기 | • 미끄럼대<br>• 구조대<br>• 피난교<br>• 다수인 피난장비<br>• 승강식 피난기 | • 미끄럼대<br>• 구조대<br>• 피난교<br>• 다수인 피난장비<br>• 승강식 피난기 | • 구조대[1]<br>• 피난교<br>• 다수인 피난장비<br>• 승강식 피난기<br>보기 ② |
| 의료시설·입원실이 있는 의원·접골원·조산원 | - | - | • 미끄럼대<br>• 구조대<br>• 피난교<br>• 피난용 트랩<br>• 다수인 피난장비<br>• 승강식 피난기 | • 구조대<br>• 피난교<br>• 피난용 트랩<br>• 다수인 피난장비<br>• 승강식 피난기 |
| 영업장의 위치가 **4층** 이하인 다중 이용업소 | - | • 미끄럼대<br>• 피난사다리<br>• 구조대<br>• 완강기<br>• 다수인 피난장비<br>• 승강식 피난기 | • 미끄럼대<br>• 피난사다리<br>• 구조대<br>• 완강기<br>• 다수인 피난장비<br>• 승강식 피난기 | • 미끄럼대<br>• 피난사다리<br>• 구조대<br>• 완강기<br>• 다수인 피난장비<br>• 승강식 피난기 |
| 그 밖의 것 | - | - | • 미끄럼대<br>• 피난사다리<br>• 구조대<br>• 완강기<br>• 피난교<br>• 피난용 트랩<br>• 간이완강기[2]<br>• 공기안전매트[2]<br>• 다수인 피난장비<br>• 승강식 피난기 | • 피난사다리<br>• 구조대<br>• 완강기<br>• 피난교<br>• 간이완강기[2]<br>• 공기안전매트[2]<br>• 다수인 피난장비<br>• 승강식 피난기 |

1) 구조대의 적응성은 장애인관련시설로서 주된 사용자 중 스스로 피난이 불가한 자가 있는 경우 추가로 설치하는 경우에 한한다.
2) 간이완강기의 적응성은 **숙박시설**의 **3층 이상**에 있는 객실에, **공기안전매트**의 적응성은 **공동주택**에 추가로 설치하는 경우에 한한다.

답 ②

★★★
**110** 유도등 및 유도표지의 화재안전기준상 축광식 피난유도선의 설치기준에 관한 설명으로 옳지 않은 것은?

17회 문112 / 16회 문117 / 13회 문119

① 바닥으로부터 높이 50cm 이하의 위치 또는 바닥면에 설치할 것
② 구획된 각 실로부터 주출입구 또는 비상구까지 설치할 것
③ 피난유도 표시부는 1m 이내의 간격으로 연속되도록 설치할 것
④ 외부의 빛 또는 조명장치에 의하여 상시 조명이 제공되거나 비상조명등에 의한 조명이 제공되도록 설치할 것

해설 **피난유도선 설치기준**(NFPC 303 제9조, NFTC 303 2.6)

| 축광방식의 피난유도선 | 광원점등방식의 피난유도선 |
|---|---|
| ① 구획된 각 실로부터 **주출입구** 또는 **비상구**까지 설치 보기 ②<br>② 바닥으로부터 높이 **50cm 이하**의 위치 또는 바닥면에 설치 보기 ①<br>③ 피난유도 표시부는 **50cm 이내**의 간격으로 연속되도록 설치 보기 ③<br>④ 부착대에 의하여 견고하게 설치<br>⑤ **외부의 빛** 또는 **조명장치**에 의하여 상시 조명이 제공되거나 비상조명등에 의한 조명이 제공되도록 설치 보기 ④ | ① 구획된 각 실로부터 **주출입구** 또는 **비상구**까지 설치<br>② 피난유도 표시부는 바닥으로부터 높이 **1m 이하**의 위치 또는 바닥면에 설치<br>③ 피난유도 표시부는 **50cm 이내**의 간격으로 연속되도록 설치하되 실내장식물 등으로 설치가 곤란할 경우 **1m 이내**로 설치<br>④ 수신기로부터의 **화재신호** 및 **수동조작**에 의하여 광원이 점등되도록 설치<br>⑤ 비상전원이 **상시 충전상태**를 유지하도록 설치<br>⑥ 바닥에 설치되는 피난유도 표시부는 **매립**하는 방식을 사용<br>⑦ 피난유도 제어부는 조작 및 관리가 용이하도록 바닥으로부터 **0.8~1.5m** 이하의 높이에 설치 |

③ 1m 이내 → 50cm 이내

답 ③

★★★
## 111 자동화재탐지설비 및 시각경보장치의 화재안전기준상 다음 조건에서 설명하고 있는 감지기는?

12회 문108
07회 문112

> ㉠ 분전반 내부에 설치하는 경우 접착제를 이용하여 돌기를 바닥에 고정시키고 그 곳에 감지기를 설치할 것
> ㉡ 감지기와 감지구역의 각 부분과의 수평거리가 내화구조의 경우 1종 4.5m 이하, 2종 3m 이하로 할 것
> ㉢ 단자부와 마감고정금구와의 설치간격은 10cm 이내로 설치할 것

① 정온식 감지선형
② 열전대식 차동식 분포형
③ 광전식 분리형
④ 열연복합형

해설 **정온식 감지선형 감지기**의 **설치기준**(NFPC 203 제7조, NFTC 203 2.4.3.12)

(1) 보조선이나 고정금구를 사용하여 감지선이 늘어지지 않도록 설치할 것
(2) 단자부와 마감고정금구와의 설치간격은 **10cm** 이내로 할 것 **보기 ㉢**
(3) 감지선형 감지기의 굴곡반경은 **5cm** 이상으로 할 것
(4) 각 부분과의 수평거리 **보기 ㉡**

| 1종 | 2종 |
|---|---|
| **3m**(내화구조는 **4.5m**) 이하 | **1m**(내화구조는 3m) 이하 |

(5) 케이블트레이에 감지기를 설치하는 경우에는 **케이블트레이 받침대**에 마감금구를 사용하여 설치할 것
(6) **창고**의 **천장** 등에 지지물이 적당하지 않은 장소에서는 **보조선**을 설치하고 그 보조선에 설치할 것
(7) 분전반 내부에 설치하는 경우 접착제를 이용하여 **돌기**를 바닥에 고정시키고 그곳에 감지기를 설치할 것 **보기 ㉠**

비교

**굴곡반경**

| 정온식 감지선형 감지기 | 공기관식 감지기 |
|---|---|
| **5cm** 이상 | **5mm** 이상 |

답 ①

★★★
## 112 자동화재탐지설비 및 시각경보장치의 화재안전기준상 다음 조건을 만족하는 소방대상물의 최소 경계구역수는?

> ㉠ 층별 바닥면적 $605m^2$(55m×11m)인 10층 규모의 대상물
> ㉡ 지하 2층, 지상 8층 구조이고, 높이가 43m인 소방대상물
> ㉢ 건물 중앙부에 지하까지 연계된 계단 및 엘리베이터 설치

① 12개　　② 21개
③ 23개　　④ 24개

해설 **전체 경계구역수**

(1) **수평 경계구역수**

| 적용설비 | 층 수 | 경계구역 |
|---|---|---|
| 자동화재탐지설비 | 지하 1·2층 | 하나의 경계구역의 면적은 **600m²** 이하로 하여야 하므로(NFPC 203 제4조, NFTC 203 2.1) $\frac{605m^2}{600m^2} = 1.008 ≒ 2$경계구역(절상) 2경계구역×2개층=**4경계구역** |
| | 지상 1~8층 | 하나의 경계구역의 면적은 **600m²** 이하로 하여야 하므로(NFPC 203 제4조, NFTC 203 2.1) $\frac{605m^2}{600m^2} = 1.008 ≒ 2$경계구역(절상) 2경계구역×8개층=**16경계구역** |
| 합계 | | 4경계구역+16경계구역=**20경계구역** |

- 한 변의 길이가 주어지지 않았으므로 **길이**는 **무시**하고, 1경계구역의 면적 **600m²** 이하로 경계구역을 산정하면 된다.
- 경계구역 산정은 **소수점**이 발생하면 반드시 **절상**한다.

중요

**각 층의 경계구역 산정**

(1) 여러 개의 **건축물**이 있는 경우 각각 **별개**의 **경계구역**으로 한다.
(2) 여러 개의 **층**이 있는 경우 각각 **별개**의 **경계구역**으로 한다(단, **2개층**의 면적의 합이 **500m² 이하**인 경우는 **1경계구역**으로 할 수 있다).

(3) **지하층**과 **지상층**은 **별개**의 **경계구역**으로 한다(단, **지하 1층**인 경우에도 **별개**의 **경계구역**으로 한다). 주의! 또 주의!
(4) 1경계구역의 면적은 **600m² 이하**로 하고, 한 변의 길이는 **50m 이하**로 할 것
(5) **목욕실·화장실** 등도 **경계구역 면적**에 **포함**한다.
(6) **계단(내부계단, 바깥계단)**은 **경계구역 면적**에서 **제외**한다.
(7) **계단·엘리베이터 승강로(권상기실이 있는 경우는 권상기실)·린넨슈트·파이프덕트** 등은 각각 **별개**의 **경계구역**으로 한다.

(2) **수직 경계구역수**

① **계단**

| 구 분 | 경계구역 |
|---|---|
| 지하층 | • 수직거리 : $4.3\text{m} \times 2\text{개층} = 8.6\text{m}$<br>• 경계구역 : $\frac{\text{수직거리}}{45\text{m}} = \frac{8.6\text{m}}{45\text{m}} = 0.19$<br>≒ **1경계구역**(절상) |
| 지상층 | • 수직거리 : $4.3\text{m} \times 8\text{개층} = 34.4\text{m}$<br>• 경계구역 : $\frac{\text{수직거리}}{45\text{m}} = \frac{34.4\text{m}}{45\text{m}} = 0.76$<br>≒ **1경계구역**(절상) |
| 합계 | 1경계구역+1경계구역=**2경계구역** |

- **지하층**과 **지상층**은 **별개**의 **경계구역**으로 한다.
- 수직거리 **45m 이하**를 **1경계구역**으로 하므로 $\frac{\text{수직거리}}{45\text{m}}$를 하면 경계구역을 구할 수 있다.
- [조건]에서 높이가 43m이고 지하 2층, 지상 8층 총 10층이므로 한 층당 4.3m로 간주 $\left(\frac{43\text{m}}{10\text{층}} = 4.3\text{m}\right)$
- 경계구역 산정은 **소수점**이 발생하면 반드시 **절상**한다.

중요

**계단의 경계구역 산정**
(1) **수직거리 45m** 이하마다 **1경계구역**으로 한다.
(2) **지하층**과 **지상층**은 **별개**의 **경계구역**으로 한다(단, **지하 1층**인 경우는 지상층과 **동일 경계구역**으로 한다).

② **엘리베이터 권상기실** : 엘리베이터 권상기실은 [조건]에서 건물 중앙부에 1개가 있으므로 **1경계구역**이다.

- 엘리베이터 권상기실은 계단, 경사로와 같이 **45m**마다 구획하는 것이 아니므로 엘리베이터 권상기실마다 각각 1개의 경계구역으로 산정한다. 거듭 주의하라!!

중요

**엘리베이터 승강로·린넨슈트·파이프덕트의 경계구역 산정**
수직거리와 관계없이 무조건 각각 **1개**의 **경계구역**으로 한다.

∴ 총 경계구역=각 층+계단+엘리베이터 권상기실
=20+2+1=**23경계구역**

답 ③

★★★
**113** 19회 문104 19회 문108 18회 문123 17회 문106 14회 문103 11회 문111 10회 문 34 10회 문112

**판매시설이 설치된 복합건축물로서 스프링클러설비가 설치되어 있고 배관길이 80m, 관경 100mm, 마찰손실계수 0.03인 배관을 통해 높이 60m까지 소화수를 공급할 경우, 펌프의 이론 소요동력(kW)은 약 얼마인가? (단, 펌프효율 : 0.8, 전달계수 : 1.15, 중력가속도 : 9.8m/s², 헤드의 방수압 : 10mAq, π : 3.14, 헤드는 표준형이다.)**

① 47.28 ② 52.28
③ 57.28 ④ 62.28

해설 (1) **토출량(유량)**

$$Q = N \times 80\,\text{[L/min]}$$

여기서, $Q$ : 토출량[L/min]
$N$ : 폐쇄형 헤드의 기준개수(설치개수가 기준개수보다 작으면 그 설치개수)

**유량** $Q$는
$Q = N \times 80\,\text{L/min} = 30 \times 80\,\text{L/min} = 2400\,\text{L/min}$

참고

**폐쇄형 헤드의 기준개수**

| 특정소방대상물 | | 폐쇄형 헤드의 기준개수 |
|---|---|---|
| 지하가·지하역사 | | 30 |
| 11층 이상 | | 30 |
| 10층 이하 | 공장(특수가연물) | 30 |
| 10층 이하 | 판매시설(백화점 등), 복합건축물(판매시설이 설치된 것) | 30 |
| 10층 이하 | 근린생활시설, 운수시설, 복합건축물(판매시설 미설치) | 20 |
| 10층 이하 | 8m 이상 | 20 |
| 10층 이하 | 8m 미만 | 10 |
| 공동주택(아파트 등) | | 10(각 동이 주차장으로 연결된 주차장 : 30) |

(2) **유량**(Flowrate)=체적유량

$$Q = AV = \left(\frac{\pi D^2}{4}\right)V$$

여기서, $Q$ : 유량[m³/s]
$A$ : 단면적[m²]
$V$ : 유속[m/s]
$D$ : 내경[m]

**유속** $V$는

$$V = \frac{Q}{\frac{\pi D^2}{4}} = \frac{2.4\text{m}^3/60\text{s}}{\frac{3.14 \times (0.1\text{m})^2}{4}} \fallingdotseq 5.1\text{m/s}$$

- $Q$ : $2400\text{L/min} = 2.4\text{m}^3/60\text{s}$ $(1000\text{L} = 1\text{m}^3,\ 1\text{min} = 60\text{s})$
- $D$ : $100\text{mm} = 0.1\text{m}(1000\text{mm} = 1\text{m})$
- $\pi$ : 3.14([단서 조건]에서 주어짐)

(3) **다르시-웨버(Darcy-Weisbach)의 식**

$$H = \frac{\Delta P}{\gamma} = \frac{flV^2}{2gD}$$

여기서, $H$ : 마찰손실수두[m]
$\Delta P$ : 압력차(압력손실)[Pa]
$\gamma$ : 비중량(물의 비중량 9800N/m³)
$f$ : 관마찰계수
$l$ : 길이[m]
$V$ : 유속[m/s]
$g$ : 중력가속도(9.8m/s²)
$D$ : 내경[m]

**마찰손실수두** $H(h_1)$는

$$H(h_1) = \frac{flV^2}{2gD} = \frac{0.03 \times 80\text{m} \times (5.1\text{m/s})^2}{2 \times 9.8\text{m/s}^2 \times 0.1\text{m}} \fallingdotseq 31.85\text{m}$$

- $f$ : **0.03**(문제에서 주어짐)
- $l$ : **80m**(문제에서 주어짐)
- $V$ : **5.1m/s**(바로 위에서 구한 값)
- $g$ : **9.8m/s²**([단서 조건]에서 주어짐)
- $D$ : 100mm=**0.1m**(1000mm=1m)

(4) **전양정**

$$H = h_1 + h_2 + 10$$

여기서, $H$ : 전양정[m]
$h_1$ : 배관 및 관부속품의 마찰손실수두[m]
$h_2$ : 실양정(흡입양정+토출양정)[m]

**전양정** $H$는

$$H = h_1 + h_2 + 10 = 31.85 + 60 + 10 = 101.85\text{m}$$

- $h_1$ : 31.85m(바로 위에서 구한 값)
- $h_2$ : 60m(문제에서 높이 60m가 실양정)

(5) **전동력**

$$P = \frac{0.163QH}{\eta}K$$

여기서, $P$ : 전동력[kW]
$Q$ : 유량[m³/min]
$H$ : 전양정[m]
$K$ : 전달계수
$\eta$ : 효율

**펌프동력**(전동력) $P$는

$$P = \frac{0.163QH}{\eta}K = \frac{0.163 \times 2400\text{L/min} \times 101.85\text{m}}{0.8} \times 1.15 = \frac{0.163 \times 2.4\text{m}^3/\text{min} \times 101.85\text{m}}{0.8} \times 1.15 \fallingdotseq 57.28\text{kW}$$

답 ③

★★★

### 114 비상콘센트설비의 화재안전기준상 전원 및 콘센트 등 설치기준으로 옳지 않은 것은?

15회 문122 14회 문123 13회 문123 09회 문119

① 지하층을 포함한 층수가 7층 이상으로서 연면적 2000m² 이상인 소방대상물에 설치하는 비상콘센트설비는 자가발전설비를 비상전원으로 설치한다.
② 하나의 전용회로에 설치하는 비상콘센트는 10개 이하로 할 것
③ 비상콘센트용의 풀박스 등은 방청도장을 한 것으로서, 두께 1.6mm 이상의 철판으로 할 것
④ 비상콘센트설비의 전원회로는 단상교류 220V인 것으로서, 그 공급용량은 1.5kVA 이상인 것으로 할 것

해설 **비상콘센트설비**의 **비상전원설치대상**(NFPC 504 제4조, NFTC 504 2.1.1.2)

(1) **지하층**을 **제외**한 층수가 **7층** 이상으로서 연면적이 **2000m²** 이상 **보기 ①**
(2) 지하층의 바닥면적의 합계가 3000m² 이상

① 지하층을 포함한 → 지하층을 제외한

중요

**비상콘센트설비의 설치기준**(NFPC 504 제4조, NFTC 504 2.1.2, 2.1.5) **보기 ④**

| 구 분 | 전 압 | 공급용량 | 플러그 접속기 |
|---|---|---|---|
| 단상 교류 | 220V | 1.5kVA 이상 | 접지형 2극 |

(1) 하나의 전용회로에 설치하는 비상콘센트는 **10개** 이하로 할 것(전선의 용량은 최대 **3개**) **보기 ②**

| 설치하는 비상콘센트 수량 | 전선의 용량산정시 적용하는 비상콘센트 수량 | 전선의 용량 |
|---|---|---|
| 1 | 1개 이상 | 1.5kVA 이상 |
| 2 | 2개 이상 | 3.0kVA 이상 |
| 3~10 | 3개 이상 | 4.5kVA 이상 |

(2) 전원회로는 각 층에 있어서 **2** 이상이 되도록 설치할 것(단, 설치하여야 할 층의 콘센트가 1개인 때에는 하나의 회로로 할 수 있다)
(3) 플러그접속기의 칼받이 접지극에는 **접지공사**를 하여야 한다.
(4) 풀박스는 **1.6mm** 이상의 철판을 사용할 것 **보기 ③**
(5) 절연저항은 전원부와 외함 사이를 **직류 500V** 절연저항계로 측정하여 **20MΩ** 이상일 것
(6) 전원으로부터 각 층의 비상콘센트에 분기되는 경우에는 **분기배선용 차단기**를 보호함 안에 설치할 것
(7) 바닥으로부터 **0.8~1.5m** 이하의 높이에 설치할 것
(8) 전원회로는 주배전반에서 **전용회로**로 하며, 배선의 종류는 **내화배선**이어야 한다.
(9) 콘센트마다 **배선용 차단기**를 설치하며, 충전부가 노출되지 않도록 할 것

답 ①

★★★
**115** 16회 문115 04회 문111

**자동화재탐지설비 및 시각경보장치의 화재안전기준상 수신기 설치기준으로 옳은 것은?**

① 4층 이상의 소방대상물에는 발신기와 전화통화가 가능한 수신기를 설치할 것
② 수신기는 감지기, 중계기 또는 발신기가 작동하는 경계구역을 표시할 수 있는 것으로 설치할 것
③ 하나의 경계구역은 여러 개 표시등으로 표시하여 공동감시가 가능토록 설치할 것
④ 실내면적이 $50m^2$ 이상으로 열이나 연기 등으로 인하여 감지기가 일시적인 화재신호를 발신할 우려가 있는 경우에는 축적기능이 있는 수신기를 설치할 것

해설 **자동화재탐지설비**의 **수신기 설치기준**(NFPC 203 제5조, NFTC 203 2.2.3)

(1) 수신기는 **감지기**, **중계기** 또는 **발신기**가 작동하는 경계구역을 표시할 수 있는 것으로 할 것 **보기 ②**
(2) 하나의 경계구역은 하나의 **표시등** 또는 하나의 **문자**로 표시되도록 할 것 **보기 ③**
(3) 해당 특정소방대상물의 경계구역을 각각 표시할 수 있는 **회선수 이상**의 수신기를 설치
(4) 해당 특정소방대상물에 가스누설탐지설비가 설치된 경우에는 가스누설탐지설비로부터 가스누설신호를 수신하여 가스누설경보를 할 수 있는 수신기를 설치(가스누설탐지설비의 수신부를 별도로 설치한 경우 제외)
(5) **수위실** 등 상시 사람이 근무하는 장소에 설치할 것. 다만, 사람이 상시 근무하는 장소가 없는 경우에는 **관계인**이 쉽게 접근할 수 있고 관리가 쉬운 장소에 설치 가능
(6) 수신기가 설치된 장소에는 **경계구역 일람도**를 비치할 것(단, 모든 수신기와 연결되어 각 수신기의 상황을 감시하고 제어할 수 있는 수신기를 설치하는 경우에는 **주수신기**를 제외한 기타 수신기는 제외)
(7) 수신기의 음향기구는 그 음량 및 음색이 다른 기기의 소음 등과 명확히 **구별**될 수 있는 것으로 할 것
(8) 화재·가스·전기 등에 대한 종합방재반을 설치한 경우에는 해당 조작반에 수신기의 작동과 연동하여 감지기·중계기 또는 발신기가 작동하는 경계구역을 표시할 수 있는 것으로 할 것
(9) 수신기의 조작 스위치는 바닥으로부터의 높이가 **0.8~1.5m 이하**인 장소에 설치
(10) 하나의 특정소방대상물에 **2** 이상의 **수신기**를 설치하는 경우에는 수신기를 **상호**간 **연동**하여 화재발생 상황을 각 수신기마다 확인할 수 있도록 할 것

(11) 특정소방대상물 또는 그 부분이 지하층·무창층 등으로서 환기가 잘 되지 아니하거나 실내면적이 $40m^2$ 미만인 장소, 감지기의 부착면과 실내바닥과의 거리가 2.3m 이하인 장소로서 일시적으로 발생한 열·연기 또는 먼지 등으로 인하여 감지기가 화재신호를 발신할 우려가 있는 때에는 축적기능 등이 있는 것으로 설치 **보기 ④**

(12) 화재로 인하여 하나의 층의 지구음향장치 배선이 단락되어도 다른 층의 화재통보에 지장이 없도록 각 층 배선상에 유효한 조치를 할 것

① 해당없음(삭제된 규정)
③ 여러 개 표시등 → 하나의 표시등
④ 실내면적이 $50m^2$ 이상 → 실내면적이 $40m^2$ 미만

답 ②

★★★
## 116 자동화재탐지설비 및 시각경보장치의 화재안전기준상 광전식 분리형 감지기의 설치기준으로 옳은 것은?

12회 문118 / 11회 문122 / 08회 문114

① 광축은 나란한 벽으로부터 0.6m 이상 이격하여 설치할 것
② 광축의 높이는 천장 등 높이의 60% 이상으로 할 것
③ 감지기의 송광부와 수광부는 설치된 뒷벽으로부터 30cm 이내 위치에 설치할 것
④ 감지기의 수평면은 햇빛이 잘 비추는 곳으로 놓이도록 설치할 것

해설 **광전식 분리형 감지기**의 **설치기준**(NFPC 203 제7조, NFTC 203 2.4.3.15)

(1) 감지기의 송광부와 수광부는 설치된 뒷벽으로부터 **1m 이내** 위치에 설치할 것 **보기 ③**
(2) 감지기의 광축의 길이는 **공칭감시거리** 범위 이내일 것
(3) 광축의 높이는 천장 등 높이의 **80%** 이상일 것 **보기 ②**
(4) 광축은 나란한 벽으로부터 **0.6m** 이상 이격하여 설치할 것 **보기 ①**
(5) 감지기의 수광면은 **햇빛**을 직접 받지 않도록 설치할 것 **보기 ④**

② 60% 이상 → 80% 이상
③ 30cm 이내 → 1m 이내
④ 수평면은 햇빛이 잘 비추는 곳으로 놓이도록 설치할 것 → 수광면은 햇빛을 직접 받지 않도록 설치할 것

중요

(1) **아날로그식 분리형 광전식 감지기의 공칭감시거리**(감지기의 형식승인 및 제품검사의 기술기준 제19조)
**5~100m** 이하로 하여 **5m 간격**으로 한다.

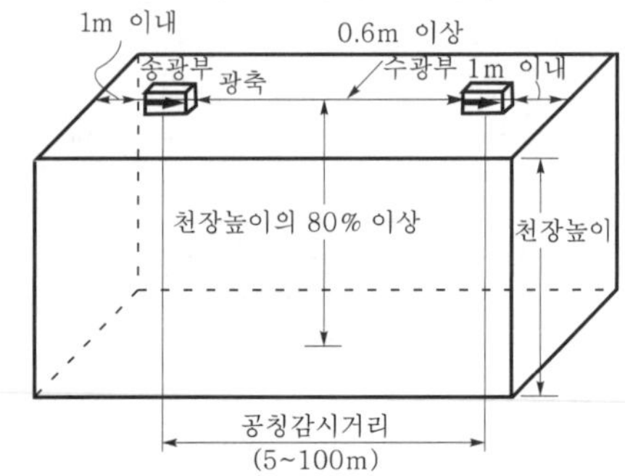


(2) **특수한 장소에 설치하는 감지기**(NFPC 203 제7조, NFTC 203 2.4.4.1, 2.4.4.2)

| 장 소 | 적응감지기 |
|---|---|
| • 화학공장<br>• 격납고<br>• 제련소 | • 광전식 분리형 감지기<br>• 불꽃감지기 |
| • 전산실<br>• 반도체공장 | • 광전식 공기흡입형 감지기 |

답 ①

★★★
## 117 포소화설비의 화재안전기준상 포헤드 및 고정포방출구 설치기준으로 옳지 않은 것은?

13회 문108

① 포헤드의 1분당 바닥면적 $1m^2$당 방사량으로 차고·주차장에 합성계면활성제포 소화약제 6.5L 이상
② 포헤드 및 고정포방출구의 팽창비가 20 이하인 경우에는 포헤드, 압축공기포헤드를 사용한다.
③ 포워터 스프링클러헤드는 특정소방대상물의 천장 또는 반자에 설치하되, 바닥면적 $8m^2$마다 1개 이상으로 하여 해당 방호대상물의 화재를 유효하게 소화할 수 있도록 할 것
④ 포헤드는 특정소방대상물의 천장 또는 반자에 설치하되, 바닥면적 $9m^2$마다 1개 이상으로 하여 해당 방호대상물의 화재를 유효하게 소화할 수 있도록 할 것

해설 **포헤드 및 고정포방출구 설치기준**

(1) **포의 팽창비율에 따른 포방출구의 종류**

| 팽창비율에 따른 포의 종류 | 포방출구의 종류 |
|---|---|
| 팽창비가 20 이하(저발포) | ① 포헤드<br>② 압축공기포헤드<br>보기 ② |
| 팽창비가 80~1000 미만(고발포) | 고발포용 고정포방출구 |

(2) **헤드의 설치기준**

| 구 분 | 설치개수 |
|---|---|
| 포워터 스프링클러헤드 | $\frac{\text{바닥면적}}{8m^2}$ 보기 ③ |
| 포헤드 | $\frac{\text{바닥면적}}{9m^2}$ 보기 ④ |

(3) **포헤드의 분당 방사량**

| 특정소방대상물 | 포소화약제의 종류 | 방사량 |
|---|---|---|
| • 차고 · 주차장<br>• 항공기격납고 | • 수성막포 | $3.7L/m^2$ · 분 |
| | • 단백포 | $6.5L/m^2$ · 분 |
| | • 합성계면활성제포 보기 ① | $8.0L/m^2$ · 분 |
| • 특수가연물 저장 · 취급소 | • 수성막포<br>• 단백포<br>• 합성계면활성제포 | $6.5L/m^2$ · 분 |

① 6.5L 이상 → 8.0L 이상

비교

**전역방출방식의 고발포용 고정포방출구 설치기준**(NFPC 105 제12조, NFTC 105 2.9.4.1)
(1) 개구부에 **자동폐쇄장치**를 설치할 것
(2) 포방출구는 바닥면적 **500$m^2$**마다 1개 이상으로 할 것
(3) 포방출구는 방호대상물의 **최고 부분**보다 **높은 위치**에 설치할 것
(4) 해당 방호구역의 관포체적 1$m^3$에 대한 포수용액 방출량은 특정소방대상물 및 포의 팽창비에 따라 달라진다.

※ **관포체적** : 해당 바닥면으로부터 방호대상물의 높이보다 **0.5m** 높은 위치까지의 체적

답 ①

★★★
**118** 17회 문114 17회 문125

**소방시설의 내진설계기준에서 규정하고 있는 배관의 내진설계기준으로 옳지 않은 것은?**

① 건물 구조부재 간의 상대변위에 의한 배관의 응력을 최소화하기 위하여 지진분리이음 또는 지진분리장치를 사용하거나 이격거리를 유지하여야 한다.
② 건축물 지진분리이음 설치위치 및 건축물 간의 연결배관 중 지상노출 배관이 건축물로 인입되는 위치의 배관에는 관경에 따라 지진분리장치를 설치하여야 한다.
③ 천장과 일체 거동을 하는 부분에 배관이 지지되어 있을 경우 배관을 단단히 고정시키기 위해 흔들림 방지 버팀대를 사용하여야 한다.
④ 흔들림 방지 버팀대와 그 고정장치는 소화설비의 동작 및 살수를 방해하지 않아야 한다.

해설 **소방시설의 내진설계기준 제6조**
(1) 건물 구조부재 간의 상대변위에 의한 배관의 응력을 최소화하기 위하여 지진분리이음 또는 지진분리장치를 사용하거나 이격거리를 유지하여야 한다. 보기 ①
(2) 건축물 지진분리이음 설치위치 및 건축물 간의 연결배관 중 지상노출 배관이 건축물로 인입되는 위치의 배관에는 관경에 관계없이 지진분리장치를 설치하여야 한다. 보기 ②
(3) 천장과 일체 거동을 하는 부분에 배관이 지지되어 있을 경우 배관을 단단히 고정시키기 위해 흔들림 방지 버팀대를 사용하여야 한다. 보기 ③
(4) 배관의 흔들림을 방지하기 위하여 흔들림 방지 버팀대를 사용하여야 한다.
(5) 흔들림 방지 버팀대와 그 고정장치는 소화설비의 동작 및 살수를 방해하지 않아야 한다. 보기 ④

② 관경에 따라 → 관경에 관계없이

답 ②

18회

★★
**119 미분무소화설비의 화재안전기준상 헤드의 설치기준으로 옳지 않은 것은?**

① 미분무헤드는 설계도면과 동일하게 설치하여야 한다.
② 미분무헤드는 소방대상물의 천장·반자·천장과 반자 사이·덕트·선반 기타 이와 유사한 부분에 설계자의 의도에 적합하도록 설치하여야 한다.
③ 미분무소화설비에 사용되는 헤드는 개방형 헤드를 설치하여야 한다.
④ 미분무헤드는 배관, 행거 등으로부터 살수가 방해되지 아니하도록 설치하여야 한다.

해설 **헤드**의 **설치기준**(NFPC 104A 제13조, NFTC 104A 2.10)

(1) 미분무헤드는 소방대상물의 천장·반자·천장과 반자 사이·덕트·선반 기타 이와 유사한 부분에 설계자의 의도에 적합하도록 설치 보기 ②
(2) 하나의 헤드까지의 **수평거리** 산정은 설계자가 제시
(3) 미분무설비에 사용되는 헤드는 **조기반응형 헤드**를 설치 보기 ③
(4) 폐쇄형 미분무헤드는 그 설치장소의 평상시 **최고 주위온도**에 따라 다음 식에 따른 표시온도의 것으로 설치

$$T_a = 0.9T_m - 27.3℃$$

여기서, $T_a$ : 최고 주위온도
$T_m$ : 헤드의 표시온도
(5) 미분무헤드는 배관, 행거 등으로부터 살수가 방해되지 아니하도록 설치 보기 ④
(6) 미분무헤드는 설계도면과 **동일**하게 설치 보기 ①

③ 개방형 헤드 → 조기반응형 헤드

답 ③

★★★
**120 스프링클러설비의 화재안전기준상 폐쇄형 스프링클러설비의 방호구역·유수검지장치의 기준으로 옳지 않은 것은?**
14회 문122

① 자연낙차에 따른 압력수가 흐르는 배관상에 설치된 유수검지장치는 화재시 물의 흐름을 검지할 수 있는 최대한의 압력이 얻어질 수 있도록 수조의 상단으로부터 낙차를 두어 설치할 것
② 하나의 방호구역에는 1개 이상의 유수검지장치를 설치하되, 화재발생시 접근이 쉽고 점검하기 편리한 장소에 설치할 것
③ 스프링클러헤드에 공급되는 물은 유수검지장치를 지나도록 할 것. 다만, 송수구를 통하여 공급되는 물은 그러하지 아니하다.
④ 조기반응형 스프링클러헤드를 설치하는 경우에는 습식 유수검지장치 또는 부압식 스프링클러설비를 설치할 것

해설 **폐쇄형 스프링클러설비**의 **방호구역·유수검지장치**의 **적합기준**(NFPC 103 제6조, NFTC 103 2.3.1)

(1) 하나의 방호구역의 바닥면적은 **3000m²**를 초과하지 아니할 것(단, 폐쇄형 스프링클러설비에 **격자형 배관방식**을 채택하는 때에는 3700m² 범위 내에서 **펌프용량**, **배관**의 **구경** 등을 수리학적으로 계산한 결과 헤드의 방수압 및 방수량이 방호구역 범위 내에서 소화목적을 달성하는 데 충분할 것)
(2) 하나의 방호구역에는 **1개** 이상의 **유수검지장치**를 설치하되, 화재발생시 접근이 쉽고 점검하기 편리한 장소에 설치할 것 보기 ②
(3) 하나의 방호구역은 **2개 층**에 미치지 아니하도록 할 것(단, 1개 층에 설치되는 스프링클러헤드의 수가 **10개 이하**인 경우와 **복층형 구조**의 **공동주택**에는 **3개 층** 이내로 할 수 있다)
(4) **유수검지장치**를 **실내**에 설치하거나 보호용 철망 등으로 구획하여 바닥으로부터 0.8~1.5m 이하의 위치에 설치하되, 그 실 등에는 개구부가 가로 0.5m 이상 세로 1m 이상의 출입문을 설치하고 그 출입문 상단에 **"유수검지장치실"**이라고 표시한 표지를 설치할 것(단, 유수검지장치를 기계실(공조용 기계실 포함) 안에 설치하는 경우에는 별도의 실 또는 보호용 철망을 설치하지 아니하고 기계실 출입문 상단에 **"유수검지장치실"**이라고 표시한 표지를 설치가능)
(5) 스프링클러헤드에 공급되는 물은 **유수검지장치**를 지나도록 할 것(단, 송수구를 통하여 공급되는 물은 제외) 보기 ③
(6) 자연낙차에 따른 압력수가 흐르는 배관상에 설치된 유수검지장치는 화재시 물의 흐름을 검지할 수 있는 **최소한**의 압력이 얻어질 수 있도록 수조의 **하단**으로부터 낙차를 두어 설치할 것 보기 ①
(7) **조기반응형** 스프링클러헤드를 설치하는 경우에는 **습식 유수검지장치** 또는 **부압식 스프링클러설비**를 설치할 것 보기 ④

① 최대한 → 최소한, 상단 → 하단

답 ①

★★★
**121** **간이스프링클러설비의 화재안전기준상 상수도 직결형의 배관 및 밸브 설치순서로 옳은 것은?**

① 수도용 계량기, 급수차단장치, 개폐표시형 밸브, 압력계, 체크밸브, 유수검지장치, 2개의 시험밸브의 순으로 설치할 것
② 수도용 계량기, 급수차단장치, 개폐표시형 밸브, 체크밸브, 압력계, 유수검지장치, 2개의 시험밸브의 순으로 설치할 것
③ 급수차단장치, 수도용 계량기, 개폐표시형 밸브, 체크밸브, 압력계, 유수검지장치, 2개의 시험밸브의 순으로 설치할 것
④ 수도용 계량기, 개폐표시형 밸브, 급수차단장치, 체크밸브, 압력계, 유수검지장치, 2개의 시험밸브의 순으로 설치할 것

해설 **간이스프링클러설비**의 **배관** 및 **밸브순서**(NFTC 103A 2.5.16)

(1) **상수도 직결형**의 경우 : **수도**용 계량기, **급수**차단장치, **개**폐표시형 밸브, **체**크밸브, **압**력계, **유**수검지장치(압력스위치 등 포함), **시**험밸브(**2**개) 보기 ②

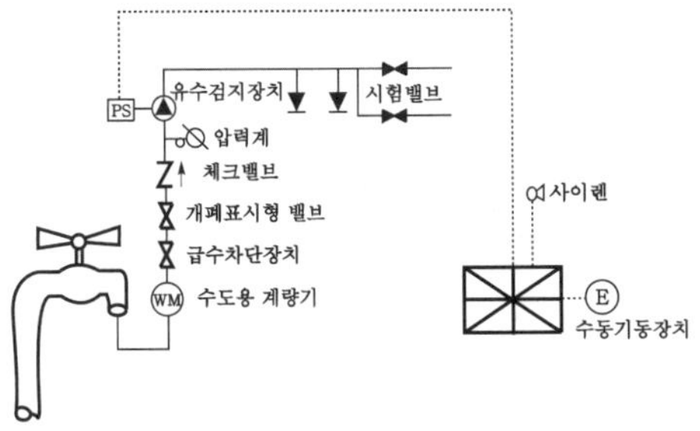


상수도 직결형

기억법 상수도2 급수 개체 압유시(상수도가 이 상함)

※ **간이스프링클러설비 이외의 배관** : 화재시 배관을 차단할 수 있는 **급수차단장치** 설치

(2) **펌프 등의 가압송수장치**를 이용하여 배관 및 밸브 등을 설치하는 경우

**수원**, **연성계** 또는 **진공계**(수원이 펌프보다 높은 경우 제외), **펌프** 또는 **압력수조**, **압력계**, **체크밸브**, **성능시험배관**, **개폐표시형 밸브**, **유수검지장치**, **시험밸브**

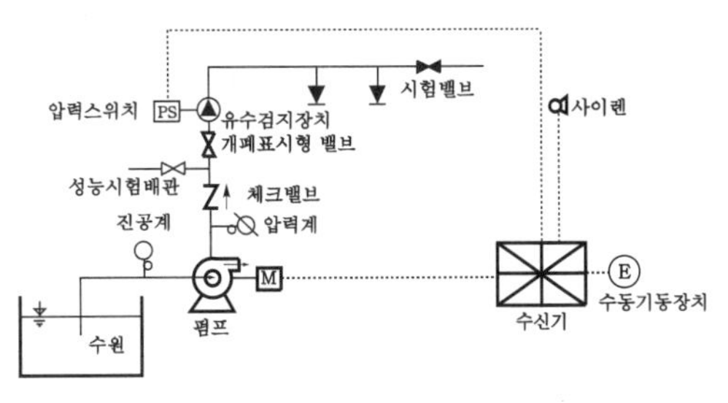


펌프 등의 가압송수장치 이용

기억법 수연펌프 압체성 개유시

(3) **가압수조를 가압송수장치**를 이용하여 배관 및 밸브 등을 설치하는 경우 : **수원**, **가압수조**, **압력계**, **체크밸브**, **성능시험배관**, **개폐표시형 밸브**, **유수검지장치**, **시험밸브(2개)**

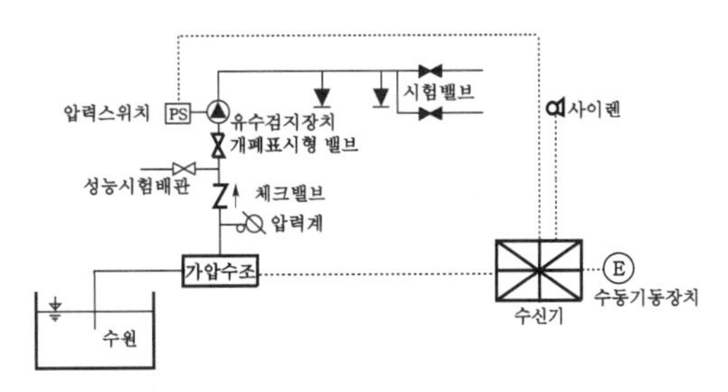


가압수조를 가압송수장치로 이용

기억법 가수가2 압체성 개유시(가수가인)

(4) **캐비닛형의 가압송수장치**에 배관 및 밸브 등을 설치하는 경우 : **수원**, **연성계** 또는 **진공계**(수원이 펌프보다 높은 경우 제외), **펌프** 또는 **압력수조**, **압력계**, **체크밸브**, **개폐표시형 밸브**, **시험밸브(2개)**

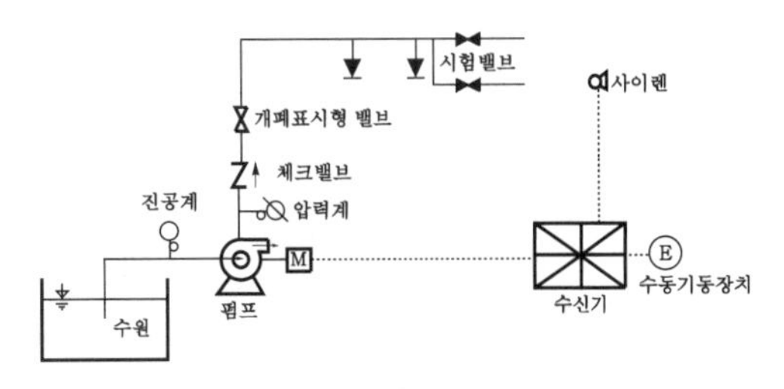


캐비닛형의 가압송수장치 이용

기억법 2캐수연 펌압체개시(가구회사 이케아)

답 ②

★★★
**122** **소방시설 설치 및 관리에 관한 법령상 옥외소화전설비 설치대상으로 옳은 것은?**

① 동일 구 내 각각의 건축물이 다른 건축물의 2층 외벽으로부터 수평거리가 10.5m이며, 지상 1층 및 2층 바닥면적합계가 $5000m^2$인 건축물
② 가연성 액체류 $1000m^3$ 이상을 저장하는 창고
③ 국보로 지정된 석조건축물
④ 볏짚류 750000kg 이상을 저장하는 창고

해설 (1) **옥외소화전설비**의 **설치대상**(소방시설법 시행령 [별표 4])

| 설치대상 | 조 건 |
|---|---|
| ① 목조건축물 보기 ③ | • 국보 · 보물 |
| ② **지**상 1 · 2층 | • 바닥면적합계 **9000m²** 이상(같은 구 내의 둘 이상의 특정소방대상물이 연소 우려가 있는 구조인 경우 이를 하나의 특정소방대상물로 본다) 보기 ① |
| ③ 특수가연물 저장 · 취급 | • 지정수량 **750배** 이상 보기 ② ④ |

기억법 지9외(지구의)

(2) **특수가연물**(화재예방법 시행령 [별표 2])

| 품 명 | | 수 량 |
|---|---|---|
| 가연성 액체류 보기 ② | | $2m^3$ 이상 |
| 목재가공품 및 나무부스러기 | | $10m^3$ 이상 |
| 면화류 | | 200kg 이상 |
| 나무껍질 및 대팻밥 | | 400kg 이상 |
| 넝마 및 종이부스러기 | | 1000kg 이상 |
| 사류(絲類) | | 1000kg 이상 |
| 볏짚류 보기 ④ | | 1000kg 이상 |
| 가연성 고체류 | | 3000kg 이상 |
| 고무류 · 플라스틱류 | 발포시킨 것 | $20m^3$ 이상 |
| 고무류 · 플라스틱류 | 그 밖의 것 | 3000kg 이상 |
| 석탄 · 목탄류 | | 10000kg 이상 |

※ **특수가연물** : 화재가 발생하면 그 확대가 빠른 물품

기억법 가액목면나 넝사볏가고 고석 (2 1 2 4 1 3 3 1)

① 바닥면적합계 $5000m^2$ → 바닥면적합계 $9000m^2$ 이상
② $2m^3$ 이상×750배=$1500m^3$ 이상
∴ $1000m^3$ 이상 → $1500m^3$ 이상
③ 석조건축물 → 목조건축물
④ 1000kg 이상×750배=750000kg 이상
∴ 750000kg 이상은 옥외소화전설비 설치대상

답 ④

★★★
**123** **판매시설이 설치된 지상 5층 복합건축물 각 층에 최대 옥내소화전 3개와 폐쇄형 스프링클러헤드 60개가 설치되어 있을 경우, 필요한 수원의 양($m^3$)은?**

19회 문104 19회 문108 18회 문113 17회 문106 14회 문103 11회 문111 10회 문 34 10회 문112

① 101.2 ② 57.8
③ 55.8 ④ 53.2

해설 (1) **옥내소화전 수원**의 **양**

$Q=2.6N$(1~29층 이하)
$Q=5.2N$(30~49층 이하)
$Q=7.8N$(50층 이상)

여기서, $Q$ : 수원의 저수량[$m^3$]
$N$ : 가장 많은 층의 소화전 개수(30층 미만 : 최대 2개, 30층 이상 : 최대 5개)

**수원의 양** $Q_1$은

$Q_1=2.6N=2.6\times2=5.2m^3$

(2) **스프링클러설비**(폐쇄형) **수원**의 **양**

$Q=1.6N$(1~29층 이하)
$Q=3.2N$(30~49층 이하)
$Q=4.8N$(50층 이상)

여기서, $Q$ : 수원의 저수량[$m^3$]
$N$ : 폐쇄형 헤드의 기준개수(설치개수가 기준개수보다 적으면 그 설치개수)

**수원의 양** $Q_2$는

$Q_2=1.6N=1.6\times30=48m^3$

전체 필요한 수원의 양 $Q=Q_1+Q_2$
$=5.2m^3+48m^3$
$=53.2m^3$

• 옥상수조의 유무는 알 수 없으므로 이 문제에서는 제외한다.

중요

**폐쇄형 헤드의 기준개수**

| 특정소방대상물 | | 폐쇄형 헤드의 기준개수 |
|---|---|---|
| 지하가 · 지하역사 | | 30 |
| 11층 이상 | | |
| 10층 이하 | 공장(특수가연물) | |
| | 판매시설(백화점 등), 복합건축물(판매시설이 설치된 것) | |
| | 근린생활시설, 운수시설, 복합건축물(판매시설 미설치) | 20 |
| | 8m 이상 | |
| | 8m 미만 | 10 |
| 공동주택(아파트 등) | | 10(각 동이 주차장으로 연결된 주차장 : 30) |

답 ④

★★★
**124** 09회 문102

**자동화재탐지설비 및 시각경보장치의 화재안전기준상 청각장애인용 시각경보장치의 설치기준으로 옳지 않은 것은?**

① 설치높이는 바닥으로부터 2m 이상 2.5m 이하의 장소에 설치할 것
② 천장의 높이가 2m 이하인 경우에는 천장으로부터 1m 이내의 장소에 설치하여야 한다.
③ 복도 · 통로 · 청각장애인용 객실 및 공용으로 사용하는 거실에 설치하며, 각 부분으로부터 유효하게 경보를 발할 수 있는 위치에 설치할 것
④ 공연장 · 집회장 · 관람장 또는 이와 유사한 장소에 설치하는 경우에는 시선이 집중되는 무대부 부분 등에 설치할 것

해설 **설치높이**

| 기 기 | 설치높이 |
|---|---|
| 기타 기기 | **0.8~1.5m** 이하 |
| 시각경보장치 | **2~2.5m** 이하 보기 ①<br>(단, 천장높이 2m 이하는 천장에서 0.15m 이내의 장소) |

기억법 시25(CEO)

② 1m 이내 → 0.15m 이내

중요

**청각장애인용 시각경보장치의 설치기준**(NFPC 203 제8조, NFTC 203 2.5.2)

(1) **복도 · 통로 · 청각장애인용 객실** 및 공용으로 사용하는 **거실**에 설치하며, 각 부분으로부터 유효하게 경보를 발할 수 있는 위치에 설치할 것 보기 ③
(2) **공연장 · 집회장 · 관람장** 또는 이와 유사한 장소에 설치하는 경우에는 시선이 집중되는 **무대부 부분** 등에 설치할 것 보기 ④
(3) 바닥으로부터 **2~2.5m** 이하의 장소에 설치할 것(단, 천장의 높이가 2m 이하인 경우에는 천장으로부터 0.15m 이내의 장소) 보기 ②
(4) 시각경보장치의 광원은 **전용**의 **축전지설비** 또는 **전기저장장치**에 의하여 점등되도록 할 것(단, 시각경보기에 작동전원을 공급할 수 있도록 형식승인을 얻은 수신기를 설치한 경우는 제외)

※ **하나의 특정소방대상물에 2 이상의 수신기가 설치된 경우** : 어느 수신기에서도 **지구음향장치** 및 **시각경보장치**를 작동할 수 있도록 할 것

답 ②

★★★
**125** 18회 문 18 / 17회 문108 / 16회 문124 / 15회 문101 / 13회 문102 / 12회 문 34 / 10회 문 41 / 08회 문102 / 07회 문109

**소방펌프 시운전시 공급유량이 원활하지 않아 펌프 임펠러 교체로 회전수를 변경하였다. 이때 소요 펌프동력(kW)은 약 얼마인가?**

㉠ 회전수 $N_1$ : 1800rpm, $N_2$ : 1980rpm
㉡ 임펠러 직경 $D_1$ : 400mm, $D_2$ : 440mm
㉢ 유량 : 3050L/min
㉣ 양정 $H_1$ : 85m, 전달계수 : 1.1, 펌프효율 : 0.75

① 61.98　② 70.74
③ 80.74　④ 90.74

해설 (1) **양정**

변경 후의 **양정** $H_2$는

$$H_2 = H_1\left(\frac{N_2}{N_1}\right)^2\left(\frac{D_2}{D_1}\right)^2$$

$$= 85\text{m} \times \left(\frac{1980\,\text{rpm}}{1800\,\text{rpm}}\right)^2 \times \left(\frac{440\,\text{mm}}{400\,\text{mm}}\right)^2$$

$$\fallingdotseq 124.45\text{m}$$

18회

중요

**유량, 양정, 축동력**

| 구 분 | 공 식 |
| --- | --- |
| 유량 (풍량, 배출량) | **회전수**에 **비례**하고 **직경**(관경)의 **세제곱**에 **비례**한다.<br>$$Q_2 = Q_1\left(\frac{N_2}{N_1}\right)\left(\frac{D_2}{D_1}\right)^3$$<br>또는 $Q_2 = Q_1\left(\frac{N_2}{N_1}\right)$<br>여기서, $Q_2$ : 변경 후 유량〔L/min〕<br>$Q_1$ : 변경 전 유량〔L/min〕<br>$N_2$ : 변경 후 회전수〔rpm〕<br>$N_1$ : 변경 전 회전수〔rpm〕<br>$D_2$ : 변경 후 직경(관경)〔mm〕<br>$D_1$ : 변경 전 직경(관경)〔mm〕 |
| 양정 (전압) | **회전수**의 **제곱** 및 **직경**(관경)의 **제곱**에 **비례**한다.<br>$$H_2 = H_1\left(\frac{N_2}{N_1}\right)^2\left(\frac{D_2}{D_1}\right)^2$$<br>또는 $H_2 = H_1\left(\frac{N_2}{N_1}\right)^2$<br>여기서, $H_2$ : 변경 후 양정〔m〕<br>$H_1$ : 변경 전 양정〔m〕<br>$N_2$ : 변경 후 회전수〔rpm〕<br>$N_1$ : 변경 전 회전수〔rpm〕<br>$D_2$ : 변경 후 직경(관경)〔mm〕<br>$D_1$ : 변경 전 직경(관경)〔mm〕 |
| 축동력 (동력) | **회전수**의 **세제곱** 및 **직경**(관경)의 **오제곱**에 **비례**한다.<br>$$P_2 = P_1\left(\frac{N_2}{N_1}\right)^3\left(\frac{D_2}{D_1}\right)^5$$<br>또는 $P_2 = P_1\left(\frac{N_2}{N_1}\right)^3$<br>여기서, $P_2$ : 변경 후 축동력〔kW〕<br>$P_1$ : 변경 전 축동력〔kW〕<br>$N_2$ : 변경 후 회전수〔rpm〕<br>$N_1$ : 변경 전 회전수〔rpm〕<br>$D_2$ : 변경 후 직경(관경)〔mm〕<br>$D_1$ : 변경 전 직경(관경)〔mm〕 |

※ **상사**(相似)의 **법칙** : 기원이 서로 다른 구조들의 **외관** 및 **기능**이 **유사**한 현상

(2) **전동력**

$$P = \frac{0.163QH}{\eta}K$$

여기서, $P$ : 전동력〔kW〕
$Q$ : 유량〔$m^3$/min〕
$H$ : 전양정〔m〕
$K$ : 전달계수
$\eta$ : 효율

**전동력** $P$는

$$P = \frac{0.163QH}{\eta}K$$
$$= \frac{0.163 \times 3.05\text{m}^3/\text{min} \times 124.45\text{m}}{0.75} \times 1.1$$
$$= 90.74\text{kW}$$

- $Q$ : $1000\text{L} = 1\text{m}^3$이므로
  $3050\text{L/min} = 3.05\text{m}^3/\text{min}$
- $H$ : 124.45m(바로 위에서 구한 값)
- $\eta$ : 0.75
- 펌프동력=전동력

답 ④

18회

# 2017년도 제17회 소방시설관리사 1차 국가자격시험

| 문제형별 | 시 간 | 시험과목 |
|---|---|---|
| A | 125분 | ① 소방안전관리론 및 화재역학<br>② 소방수리학, 약제화학 및 소방전기<br>③ 소방관련 법령<br>④ 위험물의 성질 · 상태 및 시설기준<br>⑤ 소방시설의 구조 원리 |

| 수험번호 | | 성 명 | |
|---|---|---|---|

【 수험자 유의사항 】

1. **시험문제지**는 단일형별(A형)이며, 답안카드형별 기재란에 표시된 형별(A형)을 확인하시기 바랍니다. 시험문제지의 **총면수**, **문제번호 일련순서**, **인쇄상태** 등을 확인하시고, 문제지 표지에 수험번호와 성명을 기재하시기 바랍니다.
2. 답은 각 문제마다 요구하는 **가장 적합하거나 가까운 답 1개**만 선택하고, 답안카드 작성시 **마킹착오**로 인한 불이익은 전적으로 **수험자에게 책임**이 있음을 알려드립니다.
3. 답안카드는 국가전문자격 공통 표준형으로 문제번호가 1번부터 125번까지 인쇄되어 있습니다. 답안 마킹시에는 반드시 **시험문제지의 문제번호와 동일한 번호**에 마킹하여야 합니다.
4. **감독위원의 지시에 불응하거나 시험시간 종료 후 답안카드를 제출하지 않을 경우** 불이익이 발생할 수 있음을 알려드립니다.
5. 시험문제지는 시험 종료 후 가져가시기 바랍니다.

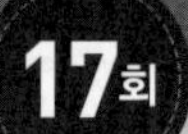

# 2017. 04. 29. 시행

## 제 1 과목 소방안전관리론 및 화재역학

★★★

**01** 프로판($C_3H_8$) 2몰과 산소($O_2$) 10몰이 반응할 경우 이산화탄소($CO_2$)는 몇 몰이 생성되는가?

18회 문 27
15회 문 12
12회 문 86
11회 문 22

유사문제부터 풀어보세요. 실력이 팍!팍! 올라갑니다.

① 2
② 4
③ 6
④ 8

해설 **탄화수소계 가스의 연소반응식**

| 성 분 | 연소반응식 | 산소량 |
|---|---|---|
| 메탄 | $CH_4+2O_2 \rightarrow CO_2+2H_2O$ (2몰) | 2.0mol |
| 에틸렌 | $C_2H_4+3O_2 \rightarrow 2CO_2+2H_2O$ | 3.0mol |
| 에탄 | $2C_2H_6+7O_2 \rightarrow 4CO_2+6H_2O$ | 3.5mol |
| 프로필렌 | $2C_3H_6+9O_2 \rightarrow 6CO_2+6H_2O$ | 4.5mol |
| 프로판 | $C_3H_8+5O_2 \rightarrow 3CO_2+4H_2O$ (5몰) | 5.0mol |
| 부틸렌 | $C_4H_8+6O_2 \rightarrow 4CO_2+4H_2O$ | 6.0mol |
| 부탄 | $2C_4H_{10}+13O_2 \rightarrow 8CO_2+10H_2O$ | 6.5mol |

**프로판의 연소반응식**

$\underline{C_3H_8}+\underline{5O_2} \rightarrow \underline{3CO_2}+4H_2O$
1mol 5mol 3mol

$\underline{2C_3H_8}+\underline{10O_2} \rightarrow \underline{6CO_2}+8H_2O$
2mol 10mol 6mol

답 ③

★

**02** 폭발성 분위기 내에 표준용기의 접합면 틈새를 통하여 폭발화염이 내부에서 외부로 전파되지 않는 최대안전틈새(화염일주한계)가 가장 넓은 물질은?

① 부탄
② 에틸렌
③ 수소
④ 아세틸렌

해설 **최대안전틈새**(화염일주한계)

| 폭발등급 \ 구분 | 최대안전틈새 | 대상물질 |
|---|---|---|
| A 보기 ① | 0.9mm 이상 | 메탄, 에탄, **부탄**, 일산화탄소, 암모니아 |
| B 보기 ② | 0.5mm 초과 0.9mm 미만 | **에틸렌**, 시안화수소, 산화에틸렌 |
| C 보기 ③④ | 0.5mm 이하 | **수소, 아세틸렌** |

용어

**최대안전틈새**(MESG ; Maximum Experimental Safe Gap, 화염일주한계 : Flame propagation limit)

(1) 폭발성 분위기 내에서 방치된 표준용기의 접합면 틈새를 통하여 폭발화염이 내부에서 외부로 전파되는 것을 저지할 수 있는 틈새의 최대간격치
(2) 내용적이 **8L**이고 틈새깊이가 **25mm**인 표준용기 안에서 가스가 폭발할 때 발생한 화염이 용기 밖으로 전파하여 가연성 가스에 점화되지 않는 최대틈새

답 ①

★★★

**03** 열에너지원 중 기계적 열에너지가 아닌 것은?

18회 문 19
16회 문 09

① 마찰열 ② 압축열
③ 마찰스파크 ④ 유도열

해설 **열에너지원의 종류**

| 기계열 (기계적 열에너지) | 전기열 (전기적 열에너지) | 화학열 (화학적 열에너지) |
|---|---|---|
| • **압**축열 보기② <br> • **마**찰열 보기① <br> • **마**찰스파크 보기③ <br> 기억법 기압마마 | • 유도열 보기④ <br> • 유전열 <br> • 저항열 <br> • 아크열 <br> • 정전기열 <br> • 낙뢰에 의한 열 | • **연**소열 <br> • **용**해열 <br> • **분**해열 <br> • **생**성열 <br> • **자**연발화열 <br> 기억법 화연용분생자 |

④ 유도열 : 전기열

답 ④

☆☆

## 04 폭굉 유도거리가 짧아질 수 있는 조건으로 옳지 않은 것은?

18회 문 10
16회 문 23
15회 문 08
06회 문 22
04회 문 18
03회 문 14

① 점화에너지가 클수록 짧아진다.
② 정상 연소속도가 큰 가스일수록 짧아진다.
③ 관경이 작을수록 짧아진다.
④ 압력이 낮을수록 짧아진다.

해설 **폭굉 유도거리(DID ; Detonation Inducement Distance)가 짧아질 수 있는 조건**

(1) 관경이 작을수록 짧아진다. 보기 ③
(2) 점화에너지가 클수록 짧아진다. 보기 ①
(3) 압력이 높을수록 짧아진다. 보기 ④
(4) 연소속도가 빠를수록 짧아진다(정상 연소속도가 큰 가스일수록 짧아진다). 보기 ②

기억법 **폭유관작짧(짤)**

④ 압력이 높을수록 짧아진다.

용어

**폭굉 유도거리**
최초의 정상적인 연소에서 격렬한 폭굉으로 진행할 때까지의 거리

답 ④

☆☆☆

## 05 메탄 30vol%, 에탄 30vol%, 부탄 40vol%인 혼합기체의 공기 중 폭발하한계는 약 몇 vol%인가? (단, 공기 중 각 가스의 폭발하한계는 메탄 5.0vol%, 에탄 3.0vol%, 부탄 1.8vol%이다.)

14회 문 01
10회 문 16
05회 문 05
04회 문 13

① 2.62
② 3.28
③ 4.24
④ 5.27

해설 **폭발하한계**
혼합가스의 용량이 100vol%일 때

$$\frac{100}{L}=\frac{V_1}{L_1}+\frac{V_2}{L_2}+\cdots\cdots+\frac{V_n}{L_n}$$

여기서, $L$ : 혼합가스의 폭발하한계[vol%]
$L_1$, $L_2$, $L_n$ : 가연성 가스의 폭발하한계[vol%]
$V_1$, $V_2$, $V_n$ : 가연성 가스의 용량[vol%]

**혼합가스의 폭발하한계 $L$은**

$$L=\frac{100}{\dfrac{V_1}{L_1}+\dfrac{V_2}{L_2}+\cdots\cdots+\dfrac{V_n}{L_n}}$$

$$=\frac{100}{\dfrac{30}{5.0}+\dfrac{30}{3.0}+\dfrac{40}{1.8}}$$

$\fallingdotseq 2.62$vol%

※ 연소하한계=폭발하한계

비교

**폭발하한계**
혼합가스의 용량이 100%가 아닐 때

$$\frac{\text{혼합가스의 용량}}{L}=\frac{V_1}{L_1}+\frac{V_2}{L_2}+\cdots\cdots+\frac{V_n}{L_n}$$

여기서, $L$ : 혼합가스의 폭발하한계[vol%]
$L_1$, $L_2$, $L_n$ : 가연성 가스의 폭발하한계[vol%]
$V_1$, $V_2$, $V_n$ : 가연성 가스의 용량[vol%]

답 ①

☆☆☆

## 06 유류 저장탱크 내부의 물이 점성을 가진 뜨거운 기름의 표면 아래에서 끓을 때 화재를 수반하지 않고 기름이 넘치는 현상은?

19회 문 06
19회 문 13
16회 문 04
16회 문 14
11회 문 16
10회 문 11
08회 문 24
06회 문 15
04회 문 03
03회 문 23

① 슬롭오버(Slop over)
② 플레임오버(Flame over)
③ 보일오버(Boil over)
④ 프로스오버(Froth over)

해설 **유류탱크에서 발생하는 현상**

| 여러 가지 현상 | 정 의 |
|---|---|
| **보일오버**<br>(Boil over) | • 중질유의 석유탱크에서 장시간 조용히 연소하다 탱크 내의 잔존기름이 갑자기 분출하는 현상<br>• 유류탱크에서 탱크 바닥에 물과 기름의 **에멀션**이 섞여 있을 때 이로 인하여 화재가 발생하는 현상<br>• 연소유면으로부터 100℃ 이상의 열파가 탱크 저부에 고여 있는 물을 비등하게 하면서 연소유를 탱크 밖으로 비산시키며 연소하는 현상 |

17회

| 여러 가지 현상 | 정 의 |
|---|---|
| **보일오버** (Boil over) | • 탱크 **저부**의 물이 급격히 증발하여 기름이 탱크 밖으로 화재를 동반하여 방출하는 현상<br>기억법 **보저(보자기)** |
| **오일오버** (Oil over) | 저장탱크에 저장된 유류저장량이 내용적의 **50%** 이하로 충전되어 있을 때 화재로 인하여 탱크가 폭발하는 현상 |
| **프로스오버** (Froth over) 보기 ④ | **물**이 점성의 뜨거운 **기름표면 아래에서 끓을 때** 화재를 수반하지 않고 용기가 넘치는 현상 |
| **슬롭오버** (Slop over) | • **물**이 연소유의 **뜨거운 표면**에 **들어갈 때** 기름표면에서 화재가 발생하는 현상<br>• 유화제로 소화하기 위한 **물**이 수분의 급격한 증발에 의하여 액면이 거품을 일으키면서 **열유층 밑**의 **냉유**가 급히 열팽창하여 **기름**의 **일부**가 불이 붙은 채 탱크벽을 넘어서 일출하는 현상 |

용어

**플레임오버**(Flame over)
최초 가연물로부터 발생한 미연소연료들이 천장부 열기층에 충분한 농도를 축적하여 연소하는 것 즉, **연소하한계**를 **초과**하는 농도로 축적되어 연소하는 현상
(1) 최초 가연물로부터 떨어져 있는 가연물이 착화되기 전에도 발생할 수 있다.
(2) **롤오버**(Roll over)라고도 한다.

답 ④

★★
## 07 최소발화(점화)에너지에 영향을 미치는 인자에 관한 설명으로 옳지 않은 것은?

19회 문 01 / 12회 문 22 / 10회 문 20 / 02회 문 14

① 온도가 높을수록 최소발화에너지가 낮아진다.
② 압력이 낮을수록 최소발화에너지가 낮아진다.
③ 산소의 분압이 높아지면 연소범위 내에서 최소발화에너지가 낮아진다.
④ 연소범위에 따라서 최소발화에너지는 변하며 화학양론비 부근에서 가장 낮다.

해설 **최소착화에너지**(MIE)가 낮아지는 조건
(1) 온도와 압력이 높을 때 보기 ① ②
(2) 산소의 농도가 높을 때(산소의 분압이 높을 때) 보기 ③
(3) 표면적이 넓을 때

• 최소착화에너지=최소발화에너지=최소점화에너지
• 연소범위에 따라 최소발화에너지는 변함
• 최소발화에너지는 화학양론비 부근에서 가장 낮다. 보기 ④

② 압력이 낮을수록 → 압력이 높을수록

중요

**최소발화에너지가 극히 작은 것**
(1) 수소($H_2$), (2) 아세틸렌($C_2H_2$) — 0.02mJ
(3) 메탄($CH_4$), (4) 에탄($C_2H_6$), (5) 프로판($C_3H_8$), (6) 부탄($C_4H_{10}$) — 0.3mJ

※ **최소발화에너지**(MIE ; Minimum Ignition Energy)
① 국부적으로 온도를 높이는 전기불꽃과 같은 점화원에 의해 점화될 때의 에너지 최소값
② 가연성 물질이 공기와 혼합되어 있는 상태에서 착화시켜 연소가 지속되기 위한 최소에너지

답 ②

★★★
## 08 기압 상온에서 인화점이 낮은 것에서 높은 것으로 옳게 나열한 것은?

04회 문 97

① 아세톤 < 이황화탄소 < 메틸알코올 < 벤젠
② 이황화탄소 < 아세톤 < 벤젠 < 메틸알코올
③ 벤젠 < 이황화탄소 < 아세톤 < 메틸알코올
④ 아세톤 < 벤젠 < 메틸알코올 < 이황화탄소

해설 **제4류 위험물의 인화점**

| 구분＼종류 | 유 별 | 인화점 |
|---|---|---|
| 이황화탄소 | 특수인화물 | -30℃ |
| 아세톤 | 제1석유류 | -18℃ |
| 벤젠 | 제1석유류 | -11℃ |
| 메틸알코올 | 알코올류 | 11℃ |

답 ②

★★★
## 09 연소속도에 영향을 미치는 요인에 관한 설명으로 옳지 않은 것은?

10회 문 15

① 화염온도가 높을수록 연소속도는 증가한다.
② 미연소 가연성 기체의 비열이 클수록 연소속도는 증가한다.
③ 미연소 가연성 기체의 열전도율이 클수록 연소속도는 증가한다.
④ 미연소 가연성 기체의 밀도가 작을수록 연소속도는 증가한다.

해설 **연소속도**에 **영향**을 미치는 **요인**

(1) **화염온도**가 **높을수록** 연소속도는 증가한다. 보기 ①
(2) **열전도율**이 **클수록** 연소속도는 증가한다. 보기 ③
(3) **비열, 밀도, 분자량**이 **작을수록** 연소속도는 증가한다. 보기 ②④

② 클수록 → 작을수록

중요

| 연소온도에 영향을 미치는 요인 | 연소속도에 영향을 미치는 요인 |
|---|---|
| ① 공기비<br>② 산소농도<br>③ 연소상태<br>④ 연소의 발열량<br>⑤ 연소 및 공기의 현열<br>⑥ 화염전파의 열손실 | ① 공기비<br>② 산소농도<br>③ 활성화에너지<br>④ 발열량<br>⑤ 연소상태<br>⑥ 압력<br>⑦ 촉매<br>⑧ 가연물의 온도<br>⑨ 가연물의 입자 |

답 ②

★★★
## 10 목재 300kg과 고무 500kg이 쌓여 있는 공간(가로 4m, 세로 8m, 높이 6m)의 내부 화재하중($kg/m^2$)은 약 얼마인가? (단, 목재의 단위발열량은 18855kJ/kg, 고무의 단위발열량은 42430kJ/kg이다.)

18회 문 14, 16회 문 24, 14회 문 09, 13년 문 17, 12회 문 20, 11회 문 20, 08회 문 10, 07회 문 15, 06회 문 05, 06회 문 09, 04회 문 01, 02회 문 11

① 44.54 ② 46.62
③ 48.22 ④ 50.62

해설 화재하중

$$q=\frac{\Sigma G_t H_t}{HA}=\frac{\Sigma Q}{4500A}$$

여기서, $q$ : 화재하중[$kg/m^2$]
$G_t$ : 가연물의 양[kg]
$H_t$ : 가연물의 단위중량당 발열량([kcal/kg] 또는 [kJ/kg])
$H$ : 목재의 단위중량당 발열량([kcal/kg] 또는 [kJ/kg])
$A$ : 바닥면적[$m^2$]
$\Sigma Q$ : 가연물의 전체발열량([kcal] 또는 [kJ])

• $H$ : 목재의 단위중량당 발열량=목재의 단위발열량

화재하중 $q$는

$$q=\frac{\Sigma G_t H_t}{HA}$$
$$=\frac{(300\text{kg}\times 18855\text{kJ/kg})+(500\text{kg}\times 42430\text{kJ/kg})}{18855\text{kJ/kg}\times(4\times 8)\text{m}^2}$$
$$\fallingdotseq 44.54\text{kg/m}^2$$

• $A$(바닥면적)$=(4\times 8)m^2$ : 높이는 적용하지 않는 것에 주의할 것
• $\Sigma$ : '**시그마**'라고 읽으며 '**모두 더한다**'라는 의미로서 여기서는 **가연물 전체**의 **무게**를 말한다.

답 ①

★★★
## 11 건축물 피난계획 수립시 Fool proof를 적용한 사례로 옳지 않은 것은?

19회 문 12, 18회 문 21, 15회 문 22, 14회 문 24, 11회 문 03, 10회 문 06, 03회 문 03, 02회 문 23

① 소화·경보설비의 위치, 유도표지에 판별이 쉬운 색채를 사용한다.
② 피난방향으로 열리는 출입문을 설치한다.
③ 도어노브는 회전식이 아닌 레버식을 사용한다.
④ 정전시를 대비한 비상조명등을 설치하며, 피난경로는 2방향 이상 피난로를 확보한다.

해설 Fail safe와 Fool proof

| 페일 세이프(Fail safe) | 풀 프루프(Fool proof) |
|---|---|
| ① 한 가지 피난기구가 고장이 나도 다른 수단을 이용할 수 있도록 고려하는 것이다.<br>② **한 가지**가 **고장**이 **나도** 다른 수단을 이용하는 원칙이다.<br>③ **두 방향**의 피난동선을 항상 확보하는 원칙이다. 보기 ④ | ① 피난경로는 **간단명료**하게 한다.<br>② 피난구조설비는 **고정식 설비**를 위주로 설치한다.<br>③ 피난수단은 **원시적 방법**에 의한 것을 원칙으로 한다.<br>④ 피난통로를 **완전불연화**한다.<br>⑤ 막다른 **복도**가 **없도록** 계획한다.<br>⑥ **간단한 그림**이나 **색채**를 이용하여 표시한다. 보기 ①<br>⑦ **피난방향**으로 **열리는 출입문**을 설치한다. 보기 ②<br>⑧ 도어노브는 **레버식**으로 사용한다. 보기 ③ |

중요

**피난계획**의 **일반적인 원칙**
(1) 피난경로는 **간단명료**하게 한다.
(2) 피난구조설비는 **고정식 설비**를 위주로 설치한다.
(3) 피난수단은 **원시적 방법**에 의한 것을 원칙으로 한다.
(4) **2방향**의 피난통로를 확보한다.
(5) 피난통로를 **완전불연화**한다.
(6) **화재층**의 **피난**을 **최우선**으로 고려한다.
(7) 피난시설 중 피난로는 **복도** 및 **거실**을 가리킨다.
(8) 인간의 **본능적 행동**을 무시하지 않도록 고려한다.
(9) 계단은 **직통계단**으로 한다.
(10) 피난경로에 따라서 일정한 구획을 한정하여 피난구역을 설정한다.
(11) 'Fool proof'와 'Fail safe'의 원칙을 중시한다.

답 ④

**12** 16회 문 18
**구획실 내 화염(가로 2m, 세로 2m)에서 발생되는 연기발생량(kg/s)을 힌클리(Hinkley) 공식을 이용해 계산하면 약 얼마인가? (단, 청결층(Clear layer)의 높이 1.8m, 공기의 밀도 1.22kg/m$^3$, 외기의 온도 290K, 화염의 온도 1100K, 중력가속도 9.81m/s$^2$이다.)**

① 3.15 ② 3.32
③ 3.63 ④ 3.87

해설 **연기생성률**

$$M = 0.188 \times P \times y^{\frac{3}{2}}$$

여기서, $M$ : 연기생성률〔kg/s〕
$P$ : 화염경계의 길이(화염둘레길이)〔m〕
$y$ : 바닥과 천장 아래 연기층 아랫부분 간의 거리(청결층의 높이)〔m〕

**연기생성률** $M$은

$M = 0.188 \times P \times y^{\frac{3}{2}}$

$= 0.188 \times 8\text{m} \times (1.8\text{m})^{\frac{3}{2}} \fallingdotseq 3.63\text{kg/s}$

- $P$ : 문제에서 화염이 가로 2m, 세로 2m이므로 화염둘레길이는 2m+2m+2m+2m=8m

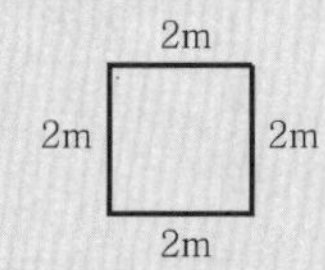


▮ 화염둘레길이 ▮

- 문제에 일부 오류가 있다. 연기발생량을 구하라고 해놓고 단위는 kg/s로 주어졌다. 여기서는 단위를 보고 연기생성률〔kg/s〕을 구하는 것이 타당하다. 또한 화재실의 높이가 주어지지 않아 연기발생량은 구할 수 없다.
- 청결층=공기층(청결층보다는 **'공기층'**이란 용어가 더 맞다)

비교

**힌클리공식**
(1) **연기발생량**

$$Q = \frac{A(H-y)}{t}$$

여기서, $Q$ : 연기발생량〔m$^3$/s〕
$A$ : 화재실의 바닥면적〔m$^2$〕
$H$ : 화재실의 높이〔m〕
$y$ : 바닥과 천장 아래 연기층 아랫부분 간의 거리(청결층의 높이)〔m〕
$t$ : 하강시간〔s〕

(2) 하강시간

$$t = \frac{20A}{P \times \sqrt{g}} \times \left( \frac{1}{\sqrt{y}} - \frac{1}{\sqrt{H}} \right)$$

여기서, $t$ : 하강시간〔s〕
$A$ : 화재실의 바닥면적〔$m^2$〕
$P$ : 화염경계의 길이(화염둘레길이)〔m〕
$g$ : 중력가속도(9.81m/$s^2$)
$y$ : 바닥과 천장 아래 연기층 아랫부분 간의 거리(청결층의 높이)〔m〕
$H$ : 화재실의 높이〔m〕

답 ③

★★★
**13** 건축물의 화재안전에 대한 공간적 대응방법에 해당되지 않는 것은?
15회 문 18
13회 문 09
12회 문 10

① 건축물 내장재의 난연·불연화성능
② 건축물의 내화성능
③ 건축물의 방화구획성능
④ 건축물의 제연설비성능

해설
① 공간적 대응(회피성)
②, ③ 공간적 대응(대항성)
④ 설비적 대응

중요

공간적 대응

| 구 분 | 설 명 |
|---|---|
| **대**항성 보기 ②③ | ① 건축물의 내화성능·방연성능(건축물의 방·배연성능)·초기소화 대응 등의 화재사상의 저항능력<br>② 건축물의 방화구획성능 |
| **회**피성 보기 ① | 건축물 내장재의 불연화·난연화·내장제한·세분화·방화훈련(소방훈련)·불조심 등 출화유발·확대 등을 저감시키는 예방조치 강구 |
| **도**피성 | 화재가 발생한 경우 안전하게 피난할 수 있는 시스템 |

기억법 도대회

※ **설비적 대응** : 제연설비, 방화문, 방화셔터, 자동화재탐지설비, 스프링클러설비 등에 의한 대응 보기 ④

답 ④

★★★
**14** 건축물의 피난·방화구조 등의 기준에 관한 규칙상 건축물의 내화구조로 옳지 않은 것은? (단, 특별건축구역 등 기타사항은 고려하지 않는다.)
13회 문 12
07회 문 01

① 외벽 중 비내력벽의 경우 철골·철근콘크리트조로서 두께가 5센티미터 이상인 것
② 보의 경우 철골을 두께 5센티미터 이상의 콘크리트로 덮은 것
③ 벽의 경우 철재로 보강된 콘크리트블록조·벽돌조 또는 석조로서 철재에 덮은 콘크리트블록 등의 두께가 5센티미터 이상인 것
④ 기둥의 경우 그 작은 지름이 25센티미터 이상인 것으로서 철골을 두께 5센티미터 이상의 콘크리트로 덮은 것

해설 **건축물의 피난·방화 등의 기준에 관한 규칙 제3조**
**내화구조의 기준**

| 내화구분 | | 기 준 |
|---|---|---|
| 벽 | 모든 벽 | ① 철골·철근콘크리트조로서 두께가 10cm 이상인 것<br>② 골구를 철골조로 하고 그 양면을 두께 4cm 이상의 철망 모르타르로 덮은 것<br>③ 두께 5cm 이상의 콘크리트 블록·벽돌 또는 석재로 덮은 것<br>④ 철재로 보강된 **콘크리트블록조·벽돌조** 또는 석조로서 철재에 덮은 콘크리트블록의 두께가 5cm 이상인 것 보기 ③<br>⑤ 벽돌조로서 두께가 19cm 이상인 것 |
| | 외벽 중 비내력벽 | ① 철골·철근콘크리트조로서 두께가 7cm 이상인 것 보기 ①<br>② 골구를 철골조로 하고 그 양면을 두께 3cm 이상의 철망 모르타르로 덮은 것<br>③ 두께 4cm 이상의 콘크리트 블록·벽돌 또는 석재로 덮은 것<br>④ 석조로서 두께가 7cm 이상인 것 |
| 기둥(작은 지름이 25cm 이상인 것) 보기 ④ | | ① 철골을 두께 6cm 이상의 철망모르타르로 덮은 것<br>② 두께 7cm 이상의 콘크리트블록·벽돌 또는 석재로 덮은 것<br>③ 철골을 두께 5cm 이상의 콘크리트로 덮은 것 |

17회

| 내화구분 | 기 준 |
|---|---|
| 바닥 | ① 철골·철근콘크리트조로서 두께가 10cm 이상인 것<br>② 석조로서 철재에 덮은 콘크리트블록 등의 두께가 5cm 이상인 것<br>③ 철재의 양면을 두께 5cm 이상의 철망 모르타르로 덮은 것 |
| 보 | ① 철골을 두께 6cm 이상의 철망 모르타르로 덮은 것<br>② 두께 5cm 이상의 콘크리트로 덮은 것 **보기 ②** |

① 5센티미터 → 7센티미터

답 ①

★

**15 건축법령상 방화구획 등의 설치 대상건축물 중 방화구획 설치를 적용하지 않거나 그 사용에 지장이 없는 범위에서 완화하여 적용할 수 있는 것이 아닌 것은? (단, 특별건축구역 등 기타사항은 고려하지 않는다.)**

① 장례시설의 용도로 쓰는 거실로서 시선 및 활동공간의 확보를 위하여 불가피한 부분
② 승강기의 승강장 및 승강로로서 그 건축물의 다른 부분과 방화구획으로 구획된 부분
③ 주요구조부가 난연재료로 된 주차장
④ 복층형 공동주택의 세대별 층간 바닥부분

해설 **건축법 시행령 제46조**
**방화구획을 적용하지 않거나 완화하여 적용할 수 있는 경우**
(1) 문화 및 집회시설(동식물원 제외), 종교시설, 운동시설 또는 **장례시설**의 용도로 쓰는 거실로서 시선 및 활동공간의 확보를 위하여 불가피한 부분 **보기 ①**
(2) 물품의 제조·가공 및 운반 등(보관은 제외)에 필요한 **고정식** 대형기기 또는 설비의 설치를 위하여 불가피한 부분(단, 지하층인 경우에는 지하층의 외벽 한쪽 면 전체가 건물 밖으로 개방되어 보행과 자동차의 진입·출입이 가능한 경우에 한정)
(3) 계단실·복도 또는 승강기의 승강장 및 승강로로서 그 건축물의 다른 부분과 방화구획으로 구획된 부분. 단, 해당 부분에 위치하는 설비배관 등이 바닥을 관통하는 부분은 제외한다. **보기 ②**
(4) 건축물의 **최상층** 또는 **피난층**으로서 대규모 회의장·강당·스카이라운지·로비 또는 피난안전구역 등의 용도로 쓰는 부분으로서 그 용도로 사용하기 위하여 불가피한 부분
(5) **복층형 공동주택**의 **세대별 층간 바닥**부분 **보기 ④**
(6) 주요구조부가 **내화구조** 또는 **불연재료**로 된 주차장 **보기 ③**
(7) **단독주택,** 동물 및 식물 관련시설 또는 국방·군사시설(집회, 체육, 창고 등의 용도로 사용되는 시설만 해당)로 쓰는 건축물
(8) 건축물의 1층과 2층의 일부를 동일한 용도로 사용하며 그 건축물의 다른 부분과 방화구획으로 구획된 부분(바닥면적 합계 500m$^2$ 이하인 경우 한정)

③ 난연재료 → 내화구조 또는 불연재료

답 ③

★★★

**16 굴뚝효과(Stack effect)에 관한 설명으로 옳은 것은?**

18회 문 25
17회 문 18
17회 문 23
15회 문 15
13회 문 24
10회 문 05
09회 문 02
07회 문 07
04회 문 09

① 건물 내부와 외부의 온도차가 클수록 발생가능성이 낮다.
② 일반적으로 고층 건물보다 저층 건물에서 더 크다.
③ 층간 공기누설과 관계가 없다.
④ 건물 내부와 외부의 공기밀도차로 인해 발생한 압력차로 발생한다.

해설 **굴뚝효과**(Stack effect)
(1) 건물 내의 연기가 **압력차**에 의하여 순식간에 상승하여 상층부로 이동하는 현상이다.
(2) 실내·외 공기 사이의 **온도**와 **밀도 차이**에 의해 공기가 건물의 **수직방향**으로 이동하는 현상이다.
(3) 건물 내부와 외부의 **공기밀도차**로 인해 발생한 **압력차**로 발생하는 현상이다. **보기 ④**

① 낮다. → 높다.
② 크다. → 작다.
③ 없다. → 있다.

중요

**굴뚝효과**와 **관계있는 것**
(1) 건물의 높이(**고층 건물**에서 발생) 보기 ②
(2) 누설틈새 보기 ③
(3) 내·외부 온도차 보기 ①
(4) 외벽의 기밀성
(5) 건물의 구획
(6) 건물의 층간 공기 누출
(7) 공조설비

비교

**연기를 이동시키는 요인**
(1) **연돌**(굴뚝)**효과**
(2) 외부에서의 **풍력**의 영향
(3) 온도상승에 의한 증기**팽창**(온도상승에 따른 기체의 팽창)
(4) 건물 내에서의 강제적인 공기이동(공조설비)
(5) 건물 내에서의 **온도차**(기후조건)
(6) 비중차
(7) **부력**

답 ④

★★
## 17 연기의 피난한계에서 발광형 표지 및 주간 창의 가시거리(간파거리)는? (단, $L$은 가시거리, $C_s$는 감광계수이다.)

① $L=\dfrac{1\sim2}{C_s}\text{m}$ ② $L=\dfrac{3\sim4}{C_s}\text{m}$

③ $L=\dfrac{5\sim10}{C_s}\text{m}$ ④ $L=\dfrac{11\sim15}{C_s}\text{m}$

해설 **가시거리**

$$L=\frac{C_v}{C_s}$$

여기서, $L$ : 가시거리〔m〕
$C_v$ : 물체별 가시거리(비발광체 2~4m, 발광체 5~10m)
$C_s$ : 감광계수

**발광체(발광형 표지)**이므로

$$L=\frac{5\sim10}{C_s}$$

용어

**가시거리**
건물에서 사람이 목표물을 식별할 수 있는 거리

비교

**발광체를 사용한 건물 내 미숙지자의 30m 한계간파거리를 확보하는 데 필요한 감광계수($C_s$)는?**

해설 $C_s=\dfrac{C_v}{L}=\dfrac{5\sim10}{L}=\dfrac{5\sim10\text{m}}{30\text{m}}$
$=0.167\sim0.333$

| 한계간파거리 |

| 건물 내 숙지자 | 건물 내 미숙지자 |
|---|---|
| 5m | 30m |

답 ③

★★★
## 18 제한된 공간에서 연기 이동과 확산에 관한 설명으로 옳지 않은 것은?


18회 문 25
17회 문 16
17회 문 23
15회 문 15
13회 문 24
10회 문 05
09회 문 02
07회 문 07
04회 문 09


① 고층 건물의 연기이동을 일으키는 주요 인자는 부력, 팽창, 바람 영향 등이다.
② 중성대에서 연기의 흐름이 가장 활발하다.
③ 계단에서 연기 수직이동속도는 일반적으로 3~5m/s이다.
④ 거실에서 연기 수평이동속도는 일반적으로 0.5~1.0m/s이다.

해설 (1) **중성대**
① 화재실의 내부온도가 상승하면 중성대의 위치는 **낮아지며** 외부로부터의 공기유입이 많아져서 연기의 이동이 활발하게 진행된다.
② 연기의 흐름이 가장 **둔하다**. 보기 ②

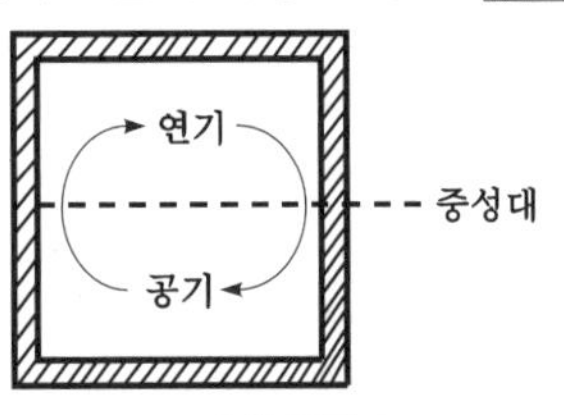

| 중성대 |

(2) **연기**의 **이동속도**

| 구 분 | 설 명 |
|---|---|
| 수평방향 | 0.5~1.0m/s 보기 ④ |
| 수**직**방향 | 2~3m/s |
| **계**단실 내의 수직이동속도 | 3~5m/s 보기 ③ |

기억법 **직23, 계35**

② 활발하다. → 둔하다.

답 ②

★★★
**19** 공간화재 특성에 관한 설명으로 옳지 않은 것은?

17회 문 19
15회 문 20
14회 문 13
12회 문 19
11회 문 15

① 플래시오버는 실내의 국소화재로부터 실내 모든 가연물 표면이 연소하는 현상을 말한다.
② 백드래프트는 신선한 공기가 유입되어 실내에 축적되었던 가연성 가스가 단시간에 폭발적으로 연소하는 현상이다.
③ 환기지배형 화재란 환기가 충분한 상태에서 가연물의 양에 따라 제어되는 화재를 말한다.
④ 공간화재에서 연기와 공기의 유동은 주로 온도 상승에 의한 부력의 영향 때문이다.

해설 **연료지배형 화재와 환기지배형 화재**

| 구 분 | 연료지배형 화재 | 환기지배형 화재 |
|---|---|---|
| 정의 | **환기**가 **충분**한 상태에서 **가연물**의 **양**에 따라 제어되는 화재 | **가연물**이 **충분**한 상태에서 **환기량**에 따라 제어되는 화재 보기 ③ |
| 지배 조건 | • 연료량에 의하여 지배<br>• 가연물이 적음<br>• 개방된 공간에서 발생 | • 환기량에 의하여 지배<br>• 가연물이 많음<br>• 지하 무창층 등에서 발생 |
| 발생 장소 | • 목조건물<br>• 큰 개방형 창문이 있는 건물 | • 내화구조건물<br>• 극장이나 밀폐된 소규모 건물 |
| 연소 속도 | 빠르다. | 느리다. |
| 화재 성상 | 구획화재시 **플래시오버 이전**에서 발생 | 구획화재시 **플래시오버 이후**에서 발생 |
| 위험성 | 개구부를 통하여 상층 연소 확대 | 실내공기 유입시 **백드래프트 발생** |
| 온도 | 실내온도가 **낮음** | 실내온도가 **높음** |

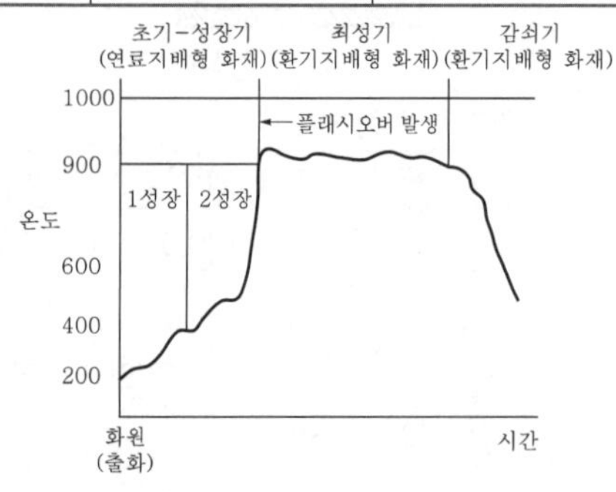


| 화재온도곡선에 따른 화재성상 |

답 ③

★★★
**20** 연기제연방식에 관한 설명으로 옳은 것은?

19회 문 21
15회 문 14
14회 문 21
13회 문 25
09회 문114
06회 문 21

① 밀폐제연방식은 비교적 대규모 공간의 연기제어에 적합하다.
② 자연제연방식은 실내·외의 온도, 개구부의 높이나 형상, 외부 바람 등에 영향을 받는다.
③ 스모크타워 제연방식은 기계배연의 한 방법으로 저층 건물에 적합하다.
④ 기계제연방식은 넓은 면적의 구획과 좁은 면적의 구획을 공동 배연할 경우 넓은 면적에서 현저한 압력 저하가 일어난다.

해설
① 대규모 공간 → 소규모 공간
③ 저층 건물 → 고층 건물
④ 넓은 면적에서 → 좁은 면적에서

중요

**제연방식**

| 구 분 | | 설 명 |
|---|---|---|
| **밀**폐제연방식 | | • 화재 발생시 벽이나 문 등으로 연기를 밀폐하여 연기의 외부유출 및 외부의 공기유입을 막아 제연하는 방식으로 **주**택이나 **호**텔 등 방연구획을 작게 하는 건물에 적합<br>• 연기를 일정 구획에 한정시키는 방법으로 비교적 **소규모 공간**의 연기제어에 적합 보기 ①<br>기억법 **밀주호** |
| **자**연제연방식 | | **개**구부 이용<br>기억법 **자개** |
| **스**모크타워 제연방식 보기 ③ | | **루**프 모니터 이용<br>기억법 **스루** |
| 기계 제연 방식 보기 ④ | 제1종 | 송풍기+제연기 |
| | 제**2**종 | **송**풍기<br>기억법 **2송** |
| | 제3종 | 제연기 |

※ 보기 ② **자연제연방식** : 실의 상부에 설치된 **창** 또는 **전용 제연구**로부터 연기를 옥외로 배출하는 방식으로 전원이나 복잡한 장치가 필요하지 않으며, 평상시 **환기 겸용**으로 방재설비의 유휴화 방지에 이점이 있다.

답 ②

★

## 21 연소물질과 연소시 생성되는 연소가스의 연결이 옳은 것을 모두 고른 것은? (단, 불완전연소를 포함한다.)

㉠ PVC－황화수소
㉡ 나일론－암모니아
㉢ 폴리스티렌－시안화수소
㉣ 레이온－아크롤레인

① ㉠, ㉡　　② ㉠, ㉢
③ ㉡, ㉣　　④ ㉢, ㉣

해설 **연소물질 vs 연소시 생성되는 연소가스**

| 연소물질 | 연소시 생성되는 연소가스 |
|---|---|
| PVC | 염화수소(HCl) 보기 ㉠ |
| 나일론 | 암모니아($NH_3$) 보기 ㉡ |
| 폴리스티렌 | 벤젠($C_6H_6$) 보기 ㉢ |
| 레이온 | 아크롤레인($CH_2CHCHO$) 보기 ㉣ |

㉠ 황화수소 → 염화수소
㉢ 시안화수소 → 벤젠

용어

**연소생성물**
연소시 생성되는 연소가스

중요

**연소가스의 TLV－TWA**

| 종 류 | TLV-TWA〔ppm〕 |
|---|---|
| 아크롤레인($CH_2CHCHO$) | 0.1 |
| 포스겐($COCl_2$) | 0.1 |
| 이산화질소($NO_2$) | 2 |
| 염화수소(HCl) | 5 |
| 이산화황, 아황산가스($SO_2$) | 5 |
| 시안화수소(HCN) | 10 |
| 황화수소($H_2S$) | 10 |
| 암모니아($NH_3$) | 25 |
| 일산화탄소(CO) | 50 |
| 이산화탄소($CO_2$) | 5000 |

※ **TLV－TWA(시간가중평균농도)** : 일주일에 40시간, 하루에 8시간씩 근무할 때 노출되어도 영향을 주지 않는 최고평균농도(허용농도)

답 ③

★★★

## 22 화재시 연기성질에 관한 설명으로 옳지 않은 것은?

① 연기란 연소가스에 부가하여 미세하게 이루어진 미립자와 에어로졸성의 불안정한 액체입자로 구성된다.
② 연기입자의 크기는 0.01~10$\mu$m에 이르는 정도이다.
③ 탄소입자가 다량으로 함유된 연기는 농도가 짙으며 검게 보인다.
④ 연기의 생성은 화재크기와는 관계가 없고, 층 면적과 구획크기와 관계가 있다.

해설 **연기의 성질**

(1) 연기란 연소가스에 부가하여 미세하게 이루어진 **미립자**와 에어로졸성의 **불안정한 액체입자**로 구성한다. 보기 ①
(2) 연기입자의 크기는 **0.01~10$\mu$m**에 이르는 정도이다. 보기 ②
(3) **탄소**입자가 다량으로 함유된 연기는 농도가 짙으며 **검게** 보인다. 보기 ③
(4) 연기의 생성은 화재크기와 관계가 있고, **층 면적**과 **구획크기**와도 관계가 있다. 보기 ④

④ 화재크기와 관계가 없고 → 화재크기와 관계가 있고

답 ④

★★

## 23 표준대기압 조건에서 내부와 외부가 각각 25℃와 －10℃이고 높이가 170m인 건물에서 중성대가 건물의 중간 높이에 위치한다고 가정하면, 건물 샤프트의 최상부와 외부 사이의 굴뚝효과에 의한 압력차(Pa)는 약 얼마인가?

18회 문 25
17회 문 16
17회 문 18
15회 문 15
13회 문 24
10회 문 05
09회 문 02
07회 문 07
04회 문 09

① 94.76　　② 113.24
③ 131.34　　④ 150.16

해설 **굴뚝효과**(Stack effect)에 따른 **압력차**

$$\Delta P = k\left(\frac{1}{T_o} - \frac{1}{T_i}\right)h$$

여기서, $\Delta P$ : 굴뚝효과에 따른 압력차〔Pa〕
$k$ : 계수(3460)
$T_o$ : 외기 절대온도(273+℃)〔K〕
$T_i$ : 실내 절대온도(273+℃)〔K〕
$h$ : 중성대 위의 거리〔m〕

17회

**굴뚝효과**에 따른 **압력차** $\Delta P$는

$$\Delta P = k\left(\frac{1}{T_o} - \frac{1}{T_i}\right)h$$

$$= 3460 \times \left(\frac{1}{(273-10)\text{K}} - \frac{1}{(273+25)\text{K}}\right) \times 85\text{m}$$

$$= 131.34\text{Pa}$$

- $T_o \cdot T_i$ : **절대온도**를 적용한다.
- $h$ : 중성대가 중앙에 위치하므로 $h$는 $\frac{170\text{m}}{2}$ =85m가 된다. 거듭 주의!

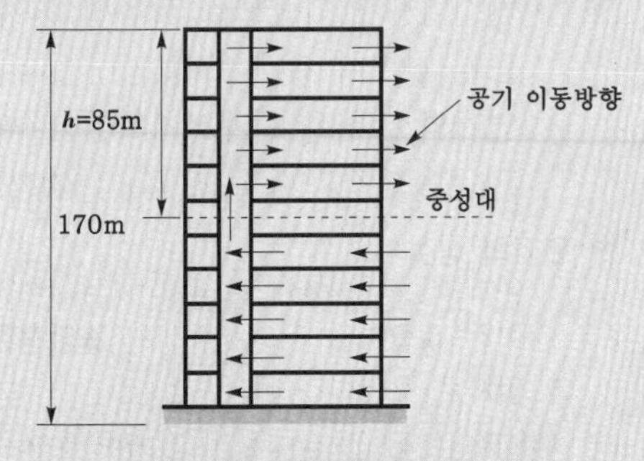


∥ 정상 굴뚝효과에 따른 공기이동 ∥

- 중성대=중성면

용어

**연돌**(굴뚝)**효과**(Stack effect)

(1) 건물 내의 연기가 압력차에 의하여 순식간에 이동하여 상층부로 상승하거나 외부로 배출되는 현상

(2) 실내·외 공기 사이의 **온도**와 **밀도**의 **차이**에 의해 공기가 건물의 수직방향으로 이동하는 현상

답 ③

★★★

## 24

07회 문 04

**난류화염으로부터 10℃의 벽으로 전달되는 대류열유속($kW/m^2$)은? (단, 대류열전달계수 $h$ 값은 $5W/m^2 \cdot$℃를 사용하고, 시간 평균 최대화염온도는 약 900℃이다.)**

① 3.16 ② 4.45

③ 5.41 ④ 6.12

해설 **대류열류**

$$\mathring{q}'' = h(T_2 - T_1)$$

여기서, $\mathring{q}''$ : 대류열류[$W/m^2$]

$h$ : 대류전열계수[$W/m^2 \cdot$℃]

$(T_2 - T_1)$ : 온도차[℃]

**대류열류** $\mathring{q}''$는

$$\mathring{q}'' = h(T_2 - T_1)$$

$$= 5W/m^2 \cdot ℃ \times (900-10)℃$$

$$= 4450W/m^2$$

$$= 4.45kW/m^2$$

답 ②

★★

## 25

13회 문 11
10회 문 03
04회 문 17
02회 문 01

**목조건축물의 화재 특성으로 옳지 않은 것은?**

① 화염의 분출면적이 작고 복사열이 커서 접근하기 어렵다.

② 습도가 낮을수록 연소확대가 빠르다.

③ 횡방향보다 종방향의 화재성장이 빠르다.

④ 화재 최성기 이후 비화에 의해 화재확대의 위험성이 높다.

해설 **목조건축물**의 **화재 특성**

(1) 화염의 **분출면적**이 **크고 복사열**이 **커서** 접근하기 어렵다. 보기 ①

(2) **습도**가 **낮을수록** 연소확대가 빠르다. 보기 ②

(3) 횡방향보다 **종방향**의 화재성장이 빠르다. 보기 ③

(4) 화재 최성기 이후 **비화**에 의해 화재확대의 위험성이 높다. 보기 ④

① 분출면적이 작고 → 분출면적이 크고

답 ①

**제 2 과목** 소방수리학 · 약제화학 및 소방전기

★★

## 26

19회 문 26
18회 문 44
17회 문 29
17회 문115
16회 문 28
14회 문 27
13회 문 28
13회 문 32
12회 문 27
12회 문 37
10회 문106
09회 문 48

**아보가드로(Avogadro)의 법칙에 관한 설명으로 옳은 것은?**

① 온도가 일정할 때 기체의 압력은 부피에 반비례한다.

② 0℃, 1기압에서 모든 기체 1몰의 부피는 22.4L이다.

③ 압력이 일정할 때 기체의 부피는 절대온도에 비례한다.

④ 밀폐된 용기에서 유체에 가한 압력은 모든 방향에서 같은 크기로 전달된다.

| 법칙 또는 원리 | 설 명 |
|---|---|
| 보일의 법칙 | **온도**가 **일정**할 때 기체의 압력은 부피에 **반비례**한다. |
| 아보가드로의 법칙 | 0℃, 1기압에서 모든 기체 1몰의 부피는 22.4L이다. 보기 ② |
| 샤를의 법칙 | **압력**이 **일정**할 때 기체의 부피는 **절대온도**에 **비례**한다. |
| 파스칼의 원리 | 밀폐된 용기에서 유체에 가한 압력은 **모든 방향**에서 **같은 크기**로 전달된다. |

답 ②

★★★

## 27 관성력과 점성력의 비를 나타내는 무차원 수는?

19회 문 32 / 18회 문 47 / 17회 문 31 / 14회 문 29 / 13회 문 30 / 12회 문 29 / 11회 문 29 / 09회 문 26 / 05회 문 32 / 05회 문 34 / 03회 문 39

① 웨버(Weber)수
② 프루드(Froude)수
③ 오일러(Euler)수
④ 레이놀즈(Reynolds)수

해설 **무차원수의 물리적 의미**

| 명 칭 | 물리적 의미 |
|---|---|
| 레이놀즈(Reynolds)수 | $\frac{관성력}{점성력}$ 보기 ④ |
| 프루드(Froude)수 | $\frac{관성력}{중력}$ |
| 마하(Mach)수 | $\frac{관성력}{압축력}$ |
| 웨버(Weber)수 | $\frac{관성력}{표면장력}$ |
| 오일러(Euler)수 | $\frac{압축력}{관성력}$ |
| 코시(Couchy)수 | $\frac{관성력}{탄성력}$ |

답 ④

★★★

## 28 배관 내 동압을 측정할 수 없는 장치는?

19회 문 34 / 12회 문 42 / 11회 문 27 / 02회 문 50

① 피토관 ② 피에조미터
③ 시차액주계 ④ 피토-정압관

해설

| 정압측정 | 유속측정 (동압측정) | 유량측정 |
|---|---|---|
| ① 정압관 (Static tube)<br>② 피에조미터 (Piezometer) 보기 ② | ① **시**차액주계 (Differntial manometer) 보기 ③<br>② **피**토관 (Pitot-tube) 보기 ①<br>③ **피**토-정압관 (Pitot-static tube) 보기 ④<br>④ **열**선속도계 (Hot-wire anemometer) | ① 오리피스 (Orifice)<br>② 벤투리미터 (Venturi meter)<br>③ 로터미터 (Rotameter)<br>④ 위어 (Weir) |

기억법 **유시피열**

② 피에조미터 : 정압측정

답 ②

★

## 29 다음과 같이 단면이 원형인 연직점축소관에서 위에서 아래로 물이 0.3m³/s로 흐를 때, 상하 단면에서의 압력차는? (단, 관 내 에너지손실은 무시하고, 물의 밀도는 1000kg/m³, 중력가속도는 10.0m/s², 원주율은 3.0이다.)

19회 문 26 / 18회 문 44 / 17회 문 26 / 17회 문115 / 16회 문 28 / 14회 문 27 / 13회 문 28 / 13회 문 32 / 12회 문 27 / 12회 문 37 / 10회 문106 / 09회 문 48

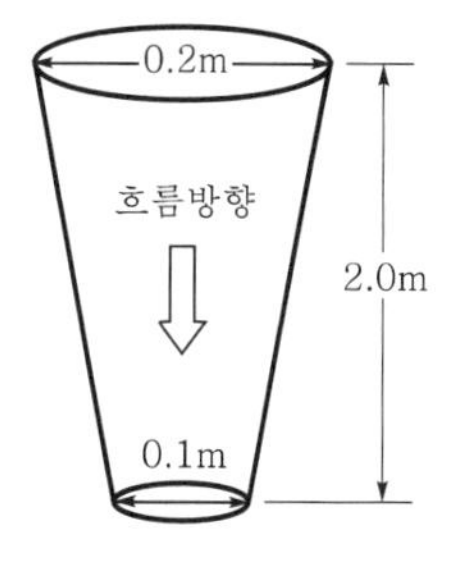


① $73N/cm^2$ ② $73kN/m^2$
③ $75N/cm^2$ ④ $75kN/m^2$

해설 (1) 유량

$$Q = AV = \frac{\pi D^2}{4} V$$

여기서, $Q$ : 유량[m³/s], $A$ : 단면적[m²]
$V$ : 유속[m/s], $D$ : 지름[m]

$$V_1=\frac{Q}{\frac{\pi D_1^2}{4}}=\frac{0.3\text{m}^3/\text{s}}{\frac{3\times(0.2\text{m})^2}{4}}=10\text{m/s}$$

원주율 $\pi=3$

$$V_2=\frac{Q}{\frac{\pi D_2^2}{4}}=\frac{0.3\text{m}^3/\text{s}}{\frac{3\times(0.1\text{m})^2}{4}}=40\text{m/s}$$

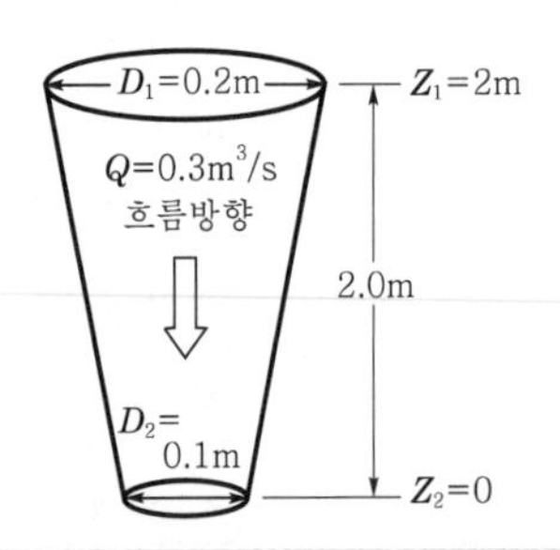


$$\frac{V_1^2}{2g}+\frac{p_1}{\gamma}+Z_1=\frac{V_2^2}{2g}+\frac{p_2}{\gamma}+Z_2$$

(2) **베르누이 방정식**

$$\frac{V_1^2}{2g}+\frac{p_1}{\gamma}+Z_1=\frac{V_2^2}{2g}+\frac{p_2}{\gamma}+Z_2 \quad \cdots\cdots ①$$

여기서, $V_1$, $V_2$ : 유속[m/s]
$p_1$, $p_2$ : 압력[kN/m²]
$Z_1$, $Z_2$ : 높이[m]
$g$ : 중력가속도(10m/s²)
$\gamma$ : 비중량(9.8kN/m³)

(3) **비중량**

$$\gamma=\rho g \quad \cdots\cdots ②$$

여기서, $\gamma$ : 비중량[N/m³]
$\rho$ : 밀도(물의 밀도 1000N·s²/m⁴)
$g$ : 중력가속도(10m/s²)

②식을 ①식에 대입하면

$$\frac{V_1^2}{2g}+\frac{p_1}{\rho g}+Z_1=\frac{V_2^2}{2g}+\frac{p_2}{\rho g}+Z_2$$

각각에 $\rho g$를 곱하면

$$\rho g\frac{V_1^2}{2g}+\rho g\frac{p_1}{\rho g}+\rho g Z_1=\rho g\frac{V_2^2}{2g}+\rho g\frac{p_2}{\rho g}+\rho g Z_2$$

$$p_1-p_2=\frac{\rho V_2^2}{2}-\frac{\rho V_1^2}{2}+\rho g Z_2-\rho g Z_1$$

$$p_1-p_2=\rho\left(\frac{V_2^2}{2}-\frac{V_1^2}{2}+gZ_2-gZ_1\right)$$

$$=\rho\left(\frac{V_2^2}{2}-\frac{V_1^2}{2}+g(Z_2-Z_1)\right)$$

$$=1000\text{N}\cdot\text{s}^2/\text{m}^4\left(\frac{(40\text{m/s})^2}{2}-\frac{(10\text{m/s})^2}{2}+10\text{m/s}^2\times(0-2\text{m})\right)$$

$$=730000\text{N/m}^2$$

$$=73\text{N/cm}^2$$

- 1m=100cm=10²cm이므로 1m²=(10²cm)²=10⁴cm²이다. 그러므로 730000N/m²=730000N/10⁴cm²=73N/cm²가 된다.

답 ①

★★

**30 안지름 2.0cm인 노즐을 통하여 매초 0.06m³의 물을 수평으로 방사할 때, 노즐에서 발생하는 반발력(kN)은? (단, 물의 밀도는 1000kg/m³이고, 원주율은 3.0이다.)**

① 1.0 ② 1.2
③ 10 ④ 12

해설 **노즐에 걸리는 반발력**

$$F=\rho QV$$

(1) **연속방정식**

$$Q=AV=\frac{\pi D^2}{4}V$$

여기서, $Q$ : 유량[m³/s]
$A$ : 단면적[m²]
$V$ : 유속[m/s]
$D$ : 안지름[m]

**유속** $V=\frac{Q}{\frac{\pi D^2}{4}}=\frac{0.06\text{m}^3/\text{s}}{\frac{3\times(0.02\text{m})^2}{4}}=200\text{m/s}$

- 원주율 $\pi$ : 조건에 의해 3으로 계산
- $D$ : 100cm=1m이므로 2.0cm=0.02m
- $Q$ : 매초 0.06m³이므로 0.06m³/s

(2) **노즐**에 **걸리는 반발력**

$$F=\rho QV$$

여기서, $F$ : 노즐의 반발력[N]
$\rho$ : 밀도(물의 밀도 1000N·s²/m⁴)
$Q$ : 유량[m³/s]
$V$ : 노즐의 유속[m/s]

**노즐**의 **반발력**

$$F=\rho QV$$
$$=1000\text{N}\cdot\text{s}^2/\text{m}^4\times0.06\text{m}^3/\text{s}\times200\text{m/s}$$
$$=12000\text{N}=12\text{kN}$$

- $\rho$ : 1000kg/m³=1000N·s²/m⁴
- 1000N=1kN이므로 12000N=12kN

답 ④

★

## 31 물의 특성을 나타내는 식과 그에 대한 차원식이 모두 옳게 표현된 것은? (단, 물의 점성계수는 $\mu$, 동점성계수는 $\nu$, 밀도는 $\rho$, 비중량은 $\gamma$, 중력가속도는 $g$, 질량은 M, 길이는 L, 시간은 T이다.)

19회 문 32
18회 문 47
17회 문 27
16회 문 31
14회 문 29
13회 문 30
12회 문 29
11회 문 29
09회 문 26
05회 문 32
05회 문 34
03회 문 39

① $\mu=\rho\times\nu[\mathrm{ML^{-1}T^{-1}}]$

② $\gamma=\rho\times g[\mathrm{ML^{-2}T^{-1}}]$

③ $\rho=\nu\times\mu[\mathrm{ML^{-3}}]$

④ $\gamma=\rho\times g[\mathrm{ML^{-3}T^{-1}}]$

해설 (1) 동점성계수

$$\nu=\frac{\mu}{\rho}$$

여기서, $\nu$ : 동점성계수[m²/s]
$\mu$ : 점성계수[kg/m·s]
$\rho$ : 밀도[kg/m³]

① $\mu=\rho\times\nu$[kg/m·s][$\mathrm{ML^{-1}T^{-1}}$]

③ $\rho=\dfrac{\mu}{\nu}$[kg/m³][$\mathrm{ML^{-3}}$]

(2) 비중량

$$\gamma=\rho\times g$$

여기서, $\gamma$ : 비중량[kg/m²·s²]
$\rho$ : 밀도[kg/m³]
$g$ : 중력가속도[m/s²]

②, ④ $\gamma=\rho\times g$[kg/m²·s²][$\mathrm{ML^{-2}T^{-2}}$]

답 ①

★

## 32 개방된 물탱크 A의 수면으로부터 5m 아래에 지름 10mm인 오리피스를 부착하였다. 그 아래쪽에 설치한 한 변의 길이가 75cm인 정사각형 수조 안으로 물을 낙하시켜서 16분 40초 후에 수조의 수심이 0.8m 상승하였다면, 오리피스의 유량계수는? (단, 물탱크 A의 수심은 변화 없고, 수축계수는 1.0, 원주율은 3.0, 중력가속도는 10.0m/s²이다.)

08회 문 42
06회 문 43

① 0.45 ② 0.50
③ 0.60 ④ 0.75

해설

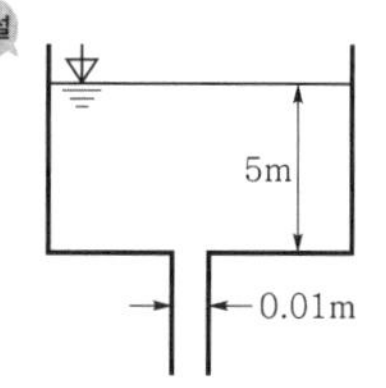


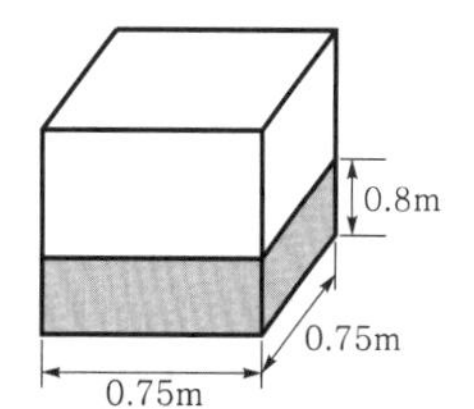


$$Q=C_vC_0A\sqrt{2gH}$$

(1) 유량 Ⅰ

$$Q=\frac{V}{t}$$

여기서, $Q$ : 유량[m³/s]
$V$ : 체적[m³]
$t$ : 시간[s]

유량 $Q=\dfrac{V}{t}=\dfrac{0.75\mathrm{m}\times0.75\mathrm{m}\times0.8\mathrm{m}}{16\text{분}\times60\mathrm{s}+40\mathrm{s}}$
$=4.5\times10^{-4}\mathrm{m^3/s}$

- $V$ : 가로×세로×높이이므로 0.75m×0.75m×0.8m(75cm=0.75m)
- $t$ : 16분 40초이므로 먼저 16분을 초로 환산하여 60초를 곱한 후 40초를 더함(16분×60s+40s)

(2) 유량 Ⅱ

$$Q=C_vC_0A\sqrt{2gH}=C_vC_0\frac{\pi D^2}{4}\sqrt{2gH}$$

여기서, $Q$ : 유량[m³/s]
$C_v$ : 유량계수
$C_0$ : 수축계수
$A$ : 단면적[m²]
$g$ : 중력가속도[m/s²]
$H$ : 양정[m]
$D$ : 지름[m]

유량계수 $C_v$는

$$C_v=\frac{Q}{C_0\dfrac{\pi D^2}{4}\sqrt{2gH}}$$

$$=\frac{4.5\times10^{-4}\mathrm{m^3/s}}{1\times\dfrac{3\times(0.01\mathrm{m})^2}{4}\times\sqrt{2\times10\mathrm{m/s^2}\times5\mathrm{m}}}$$

$=0.6$

- $D$ : 10mm=0.01m(1000mm=1m이므로 10mm =0.01m)
- 원주율 $\pi$ : 조건에 의해 3으로 계산
- $g$ : 조건에 의해 10m/s²로 계산

답 ③

★★★

**33** 서징(Surging)현상에 관한 설명으로 옳은 것은?

10회 문 26 / 09회 문 30 / 02회 문 48 / 02회 문116

① 만관흐름에서 관로 끝에 위치한 밸브를 갑자기 닫을 경우 발생한다.

② 펌프의 흡입측 배관의 물의 정압이 기존의 수증기압보다 낮아져서 기포가 발생한다.

③ 수주분리(Column separation)가 생겨 재결합시에 발생하는 격심한 충격파로 관로에 피해를 발생시킨다.

④ 펌프운전 중에 계기압력의 눈금이 어떤 주기를 가지고 큰 진폭으로 흔들리고, 토출량도 어떤 범위에서 주기적인 변동이 발생된다.

해설 **맥동현상**(Surging, 서징현상) **보기 ④**
유량이 단속적으로 변하여 펌프 입출구에 설치된 진공계·압력계가 흔들리고 진동과 소음이 일어나며 펌프의 토출유량이 변하는 현상이다.

(1) **맥동현상**의 **발생원인**
① 배관 중에 **수조**가 있을 때
② 배관 중에 **기체상태**의 부분이 있을 때
③ **유량조절밸브**가 배관 중 수조의 위치 **후방**에 있을 때
④ 펌프의 특성곡선이 **산모양**이고 운전점이 그 **정상부**일 때

(2) **맥동현상**의 **방지대책**
① 배관 중의 불필요한 수조를 없앤다.
② 배관 내의 기체(공기)를 제거한다.
③ 유량조절밸브를 배관 중 수조의 전방에 설치한다.
④ 운전점을 고려하여 적합한 펌프를 선정한다.
⑤ 풍량 또는 토출량을 줄인다.

①, ③ 수격작용(Water hammering)
② 공동현상(Cavitation)
④ 서징(Surging)현상=맥동현상

답 ④

★★

**34** 제1종 분말소화약제의 주성분인 탄산수소나트륨 10kg 전량이 850℃에서 2차 열분해될 때 생성되는 이산화탄소 발생량(kg)은 약 얼마인가? (단, 원자량은 Na : 23, H : 1, C : 12, O : 16으로 한다.)

18회 문 33 / 16회 문 35 / 13회 문 39

① 2.62 ② 3.48
③ 5.24 ④ 10.48

해설 (1) **분자량**

| 물 질 | 원자량 |
|---|---|
| H | 1 |
| C | 12 |
| O | 16 |
| Na | 23 |

$NaHCO_3$=23+1+12+16×3=84kg/kmol
$CO_2$=12+16×2=44kg/kmol

(2) **제1종 분말소화약제**
① 1차 분해반응식(270℃)
$2NaHCO_3 \rightarrow Na_2CO_3+CO_2+H_2O-Q$〔kcal〕
② 2차 분해반응식(850℃)
$2NaHCO_3 \rightarrow Na_2O+2CO_2+H_2O-Q$〔kcal〕
$2NaHCO_3 \rightarrow Na_2O+2CO_2+H_2O$
2×84kg/kmol ╳ 2×44kg/kmol
10kg　　　　 $x$
2×84kg/kmol : 2×44kg/kmol=10kg : $x$

$$\therefore x = \frac{10\text{kg} \times 2 \times 44\text{kg/kmol}}{2 \times 84\text{kg/kmol}} \fallingdotseq 5.24\text{kg}$$

답 ③

★

**35** 이산화탄소 소화약제에 관한 설명으로 옳지 않은 것은?

18회 문 32 / 16회 문 36 / 11회 문 48 / 08회 문 39 / 03회 문 45

① 무색, 무취이며 전기적으로 비전도성이고 공기보다 약 1.5배 무겁다.

② 임계온도는 약 31℃이고, 삼중점은 0.51 MPa에서 약 −56℃이다.

③ A급, B급, C급 화재에 모두 적응이 가능하나 주로 B급과 C급 화재에 사용된다.

④ 한국산업규격에 따른 품질에 관한 액화이산화탄소 분류에서 제1종과 제2종을 소화약제로 사용한다.

해설 이산화탄소 소화약제

(1) 무색·무취이며, 전기적으로 **비전도성**이고 공기보다 약 **1.5배** 무겁다. 보기 ①

(2) **임계온도**는 약 **31℃**이고, **삼중점**은 0.51MPa에서 약 **-56℃**이다. 보기 ②

(3) A급, B급, C급 화재에 모두 적응이 가능하나 주로 **B급**과 **C급** 화재에 사용된다. 보기 ③

④ 한국산업규격에 따른 품질에 관한 액화이산화탄소 분류에서 제1종, 제2종, 제3종이 있으며 주로 **제2종** 소화약제로 사용한다. 제1종과 제2종을 → 제2종을

답 ④

★★

## 36 소화원액 15L로 3% 합성계면활성제 포수용액을 만들었다. 이 수용액을 이용하여 발생시킨 포의 총 부피가 325$m^3$일 때, 팽창비는?

19회 문 38 / 18회 문 26 / 13회 문 37 / 11회 문 37 / 07회 문106 / 05회 문110

① 450 ② 550

③ 650 ④ 750

해설

- 발포배율(팽창비)

$$=\frac{\text{방출된 포의 체적[L]}}{\text{방출 전 포수용액의 체적[L]}}$$

- 방출 전 포수용액의 체적$=\frac{\text{포원액량}}{\text{농도}}$

$$\text{방출 전 포수용액의 체적}=\frac{\text{포원액량}}{\text{농도}}=\frac{15L}{0.03}=500L$$

$$\text{팽창비}=\frac{\text{방출된 포의 체적[L]}}{\text{방출 전 포수용액의 체적[L]}}=\frac{325000L}{500L}=650$$

※ 1$m^3$=1000L이므로 325$m^3$=325000L

비교

$$\text{팽창비}=\frac{\text{내용적(용량, 부피)}}{\text{전체 중량}-\text{빈 시료용기의 중량}}$$

답 ③

★★★

## 37 화재안전기준에서 정한 할로겐화합물 및 불활성기체 소화약제의 최대 허용설계농도 기준으로 옳지 않은 것은?

19회 문 36 / 19회 문117 / 18회 문 31 / 15회 문 36 / 15회 문116 / 14회 문 36 / 14회 문110 / 12회 문 31 / 07회 문121

① HCFC-124 : 1.0%

② HFC-227ea : 10.5%

③ HFC-125 : 12.5%

④ FC-3-1-10 : 40%

해설 **할로겐화합물 및 불활성기체 소화약제**의 **최대 허용설계농도**(NFTC 107A 2.4.2)

| 소화약제 | 최대 허용설계농도[%] |
|---|---|
| FIC-1311 | 0.3 |
| HCFC-124 | 1.0 보기 ① |
| FK-5-1-12 | 10 |
| HCFC BLEND A | |
| HFC-227ea | 10.5 보기 ② |
| HFC-125 | 11.5 보기 ③ |
| HFC-236fa | 12.5 |
| HFC-23 | 30 |
| FC-3-1-10 | 40 보기 ④ |
| IG-01 | 43 |
| IG-100 | |
| IG-541 | |
| IG-55 | |

③ HFC-125 : 11.5%

답 ③

★★

## 38 금속화재에 적응성이 없는 분말소화약제는?

① G-1

② MET-L-X

③ Na-X

④ CDC(Compatible Dry Chemical)

해설 **금속화재**에 **적응성**이 있는 **분말소화약제**

| 종 류 | 구 성 | 적용대상 | 특 징 |
|---|---|---|---|
| G-1 보기 ① | 흑연과 유기인이 입혀진 코크스 | Mg, Al, K, Na | ① 흑연은 열을 흡수하여 금속을 냉각<br>② 유기인은 증기를 발생시켜 산소를 차단 |
| MET-L-X 보기 ② | NaCl +첨가물 | Na | ① 대형 금속화재에 적합<br>② 염화나트륨(NaCl, 소금)에 내습용 첨가제와 플라스틱이 첨가됨 |

| 종 류 | 구 성 | 적용대상 | 특 징 |
|---|---|---|---|
| Na-X 보기 ③ | 탄산나트륨 +첨가제 | Na, K | 염소가 포함되지 않는 소화약제 |
| Lith-X | 흑연 +첨가제 | Li | MgO나 Zr, Na 화재에도 사용 |

답 ④

★★★

**39** 질식소화를 위한 연소한계 산소농도가 15vol%인 가연물질의 소화에 필요한 $CO_2$ 가스의 최소소화농도(vol%)는? (단, 무유출(No efflux)방식을 전제로 하고, 공기 중 산소는 20vol%이다.)

13회 문 38

① 20 ② 25
③ 33 ④ 40

해설 $CO_2$ 농도

$$CO_2 = \frac{20 - O_2}{20} \times 100$$
$$= \frac{20 - 15}{20} \times 100$$
$$= 25\,\text{vol\%}$$

원래 $CO_2$ 농도 공식은

$CO_2 = \frac{21 - O_2}{21}$ 이지만 이 문제에서는 공기 중 산소가 20vol%라고 했으므로

$CO_2 = \frac{20 - O_2}{20}$ 식 적용

중요

**가스계 소화설비와 관련된 식**

$$CO_2 = \frac{\text{방출가스량}}{\text{방호구역체적} + \text{방출가스량}} \times 100 = \frac{21 - O_2}{21} \times 100$$

여기서, $CO_2$ : $CO_2$의 농도〔%〕, 할론농도〔%〕
$O_2$ : $O_2$의 농도〔%〕

$$\text{방출가스량〔m}^3\text{〕} = \frac{21 - O_2}{O_2} \times \text{방호구역체적〔m}^3\text{〕}$$

여기서, $O_2$ : $O_2$의 농도〔%〕

$$PV = \frac{W}{M} RT$$

여기서, $P$ : 기압〔atm〕
$V$ : 방출가스량〔m³〕
$W$ : 무게〔kg〕
$M$ : 분자량($CO_2$ : 44, 할론 1301 : 148.95)
$R$ : 0.082atm · m³/kmol · K
$T$ : 절대온도(273+℃)〔K〕

$$Q = \frac{W_t\,C(t_1 - t_2)}{H}$$

여기서, $Q$ : 액화 $CO_2$의 증발량〔kg〕
$W_t$ : 배관의 중량〔kg〕
$C$ : 배관의 비열〔kcal/kg · ℃〕
$t_1$ : 방출 전 배관의 온도〔℃〕
$t_2$ : 방출될 때의 배관의 온도〔℃〕
$H$ : 액화 $CO_2$의 증발잠열〔kcal/kg〕

답 ②

★★★

**40** 다음 중 오존파괴지수가 가장 높은 소화약제는?

① Halon 2402
② Halon 1211
③ CFC 12
④ CFC 113

해설 **할론**의 **오존파괴지수**

| 품 명 | 오존파괴지수 |
|---|---|
| CFC 113 보기 ④ | 0.8 |
| CFC 11 | 1.0 |
| CFC 12 보기 ③ | 1.0 |
| CFC 114 | 1.0 |
| 사염화탄소 | 1.1 |
| Halon 1211 보기 ② | 3.0 |
| Halon 2402 보기 ① | 6.0 |
| Halon 1301 | 10.0 |

① 여기서는 Halon 2402가 6.0으로 가장 높음

용어

**오존파괴지수**(ODP ; Ozone Depletion Potential)
오존파괴능력을 상대적으로 나타내는 지표로 CFC 11을 기준으로 하여 다음과 같이 구한다.

$$\text{ODP} = \frac{\text{어떤 물질 1kg이 파괴하는 오존량}}{\text{CFC 11의 1kg이 파괴하는 오존량}}$$

답 ①

★★★

**41** 열분해로 생성된 불연성의 용융물질에 의한 방진소화효과를 발생시키는 분말소화약제는?

① $NH_4H_2PO_4$
② $KHCO_3$
③ $NaHCO_3$
④ $KHCO_3+CO(NH_2)_2$

해설 **제3종 분말소화약제**($NH_4H_2PO_4$)의 **소화작용**

(1) 열분해에 의한 **냉각작용**
(2) 발생한 불연성 가스에 의한 **질식작용**
(3) 메타인산($HPO_3$)에 의한 **방진작용**
(4) 유리된 $NH_4^+$의 **부촉매작용**
(5) 분말운무에 의한 **열방사**의 **차단효과**

• 방진작용＝방진소화효과

※ 제3종 분말소화약제가 A급 화재에도 적용되는 이유 : **인산분말암모늄계**가 열에 의해 분해되면서 생성되는 불연성의 용융물질이 가연물의 표면에 부착되어 **차단효과**를 보여주기 때문이다.

용어

**방진작용**
가연물의 표면에 부착되어 차단효과를 나타내는 것

중요

**분말소화약제**

| 종 별 | 주성분 | 착 색 |
|---|---|---|
| 제1종 | 중탄산나트륨 ($NaHCO_3$) | **백**색 |
| 제2종 | 중탄산칼륨 ($KHCO_3$) | **담자**색 (담회색) |
| 제3종 | 제1인산암모늄 ($NH_4H_2PO_4$) | 담**홍**색 |
| 제4종 | 중탄산칼륨＋요소 ($KHCO_3+(NH_2)_2CO$) | **회**(백)색 |

기억법 **백담자 홍회**

답 ①

★★

**42** 100Ω의 저항부하 2개만으로 직렬연결된 회로에 AC 60Hz, 220V의 교류전원을 인가하였을 때, 역률은 얼마인가?

① 1
② 0.9
③ 0.8
④ 0.7

해설

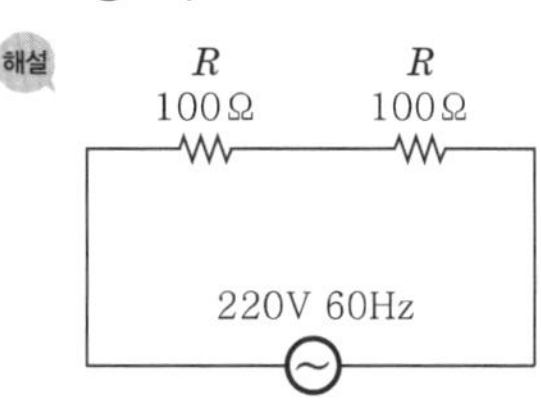


**교류전류에 대한 $RLC$ 작용**

| 회로의 종류 | | 위상차 | 역률 및 무효율 |
|---|---|---|---|
| 단독회로 | $R$ | 0 | $\cos\theta=1$<br>$\sin\theta=0$<br>여기서, $\cos\theta$ : 역률<br>$\sin\theta$ : 무효율 |
| | $L$ | $\frac{\pi}{2}$ | $\cos\theta=0$<br>$\sin\theta=1$<br>여기서, $\cos\theta$ : 역률<br>$\sin\theta$ : 무효율 |
| | $C$ | $\frac{\pi}{2}$ | $\cos\theta=0$<br>$\sin\theta=1$<br>여기서, $\cos\theta$ : 역률<br>$\sin\theta$ : 무효율 |

① $R$(저항)만의 회로이므로 역률 $\cos\theta=1$

답 ①

★★★

**43** 단면적이 2mm²이고, 길이가 2km인 원형 구리전선의 저항은 약 얼마인가? (단, 구리의 고유저항은 $1.72\times10^{-8}$Ω·m이다.)

16회 문 45

① 1.72mΩ ② 17.2mΩ
③ 1.72Ω ④ 17.2Ω

해설 고유저항

$$R=\rho\frac{l}{A}=\rho\frac{l}{\pi r^2}\,[\Omega]$$

여기서, $R$ : 저항[Ω]
$\rho$ : 고유저항[Ω·m]
$A$ : 도체의 단면적[m²]
$l$ : 도체의 길이[m]
$r$ : 도체의 반지름[m]

$$R=\rho\frac{l}{A}=1.72\times10^{-8}\times\frac{2000}{2\times10^{-6}}\fallingdotseq17.2\,\Omega$$

- 1km=1000m이므로 2km=2000m
- 1m=1000mm이고 1mm=$10^{-3}$m이므로 $2mm^2=2\times(10^{-3}m)^2=2\times10^{-6}m^2$

답 ④

★★

**44** 다음 회로에서 4Ω의 저항에 흐르는 전류는?

13회 문 40
08회 문 33
02회 문 43

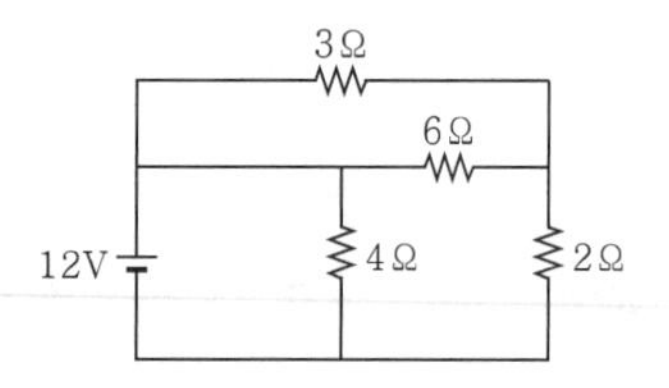


① 1A ② 2A
③ 3A ④ 6A

해설 회로를 변형하면

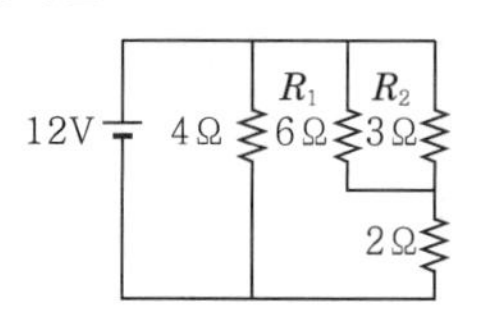


병렬로 연결된 6Ω과 3Ω의 합성저항은

$$R_{63}=\frac{6\times3}{6+3}=2\,\Omega$$

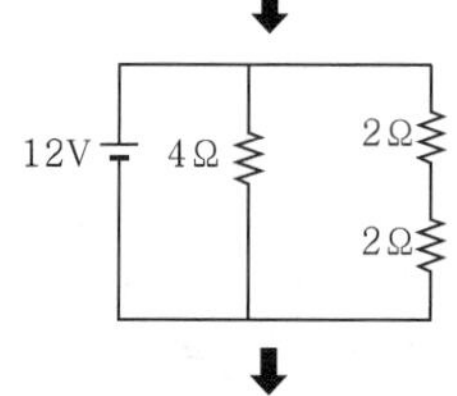


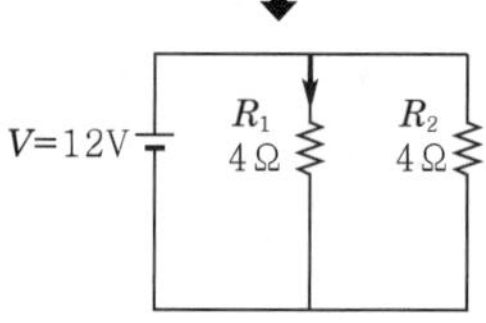


전체 저항 $R=\frac{4\times4}{4+4}=2\,\Omega$

(1) **전체전류**

$$I=\frac{V}{R}$$

여기서, $I$ : 전체 전류〔A〕
$V$ : 전압〔V〕
$R$ : 전체 저항〔Ω〕

전체 전류 $I=\frac{V}{R}=\frac{12}{2}=6\text{A}$

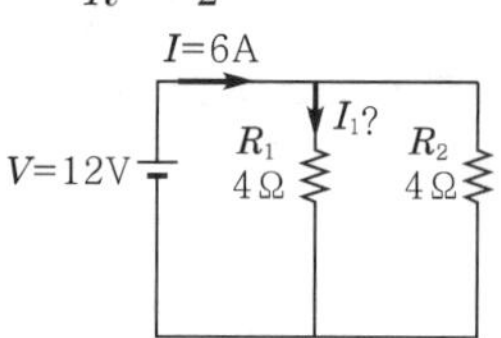


(2) **4Ω에 흐르는 전류**

$$I_1=\frac{R_2}{R_1+R_2}I$$

$$=\frac{4}{4+4}\times6=3\text{A}$$

답 ③

★★

**45** 다음은 정현파 교류전압파형의 한 주기를 나타내었다. 시간($t$)에 따른 전압의 순시값을 가장 근사하게 표현한 것은?

19회 문 50

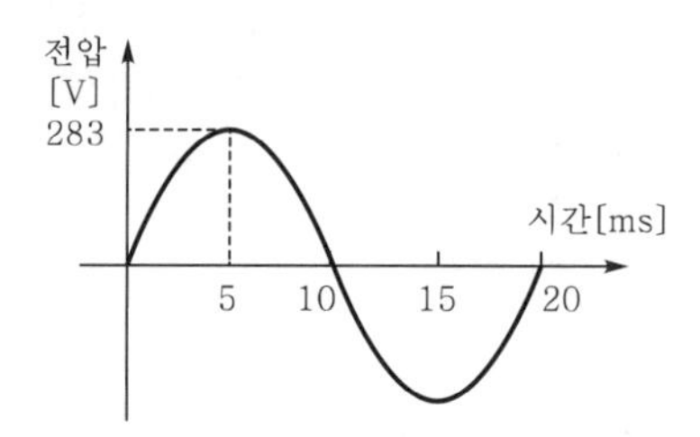


① $v(t)=\sqrt{2}\cdot200\cdot\sin40\pi t$
② $v(t)=\sqrt{2}\cdot200\cdot\sin100\pi t$
③ $v(t)=\sqrt{2}\cdot220\cdot\sin40\pi t$
④ $v(t)=\sqrt{2}\cdot220\cdot\sin100\pi t$

해설 (1) **순시값**

$$v=V_m\sin\omega t=\sqrt{2}\,V\sin\omega t〔V〕$$

여기서, $v$ : 전압의 순시값〔V〕
$V_m$ : 전압의 최대값〔V〕
$\omega$ : 각주파수〔rad/s〕
$t$ : 주기〔s〕
$V$ : 전압의 실효값〔V〕

(2) **최대값**

$$V_m=\sqrt{2}\,V$$

여기서, $V_m$ : 전압의 최대값〔V〕
$V$ : 전압의 실효값〔V〕

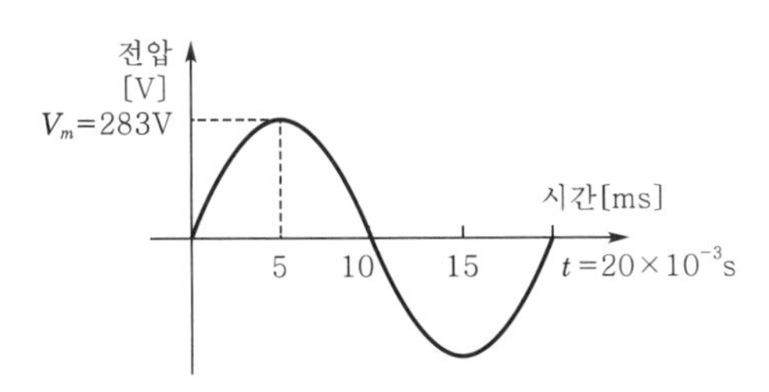


$V_m = \sqrt{2}\,V$

$283 = \sqrt{2} \cdot 200$

(3) **각주파수**

$$\omega = 2\pi f = 2\pi \frac{1}{t}$$

여기서, $\omega$ : 각주파수〔rad/s〕
$f$ : 주파수〔Hz〕
$t$ : 주기〔s〕

$2\pi f = 2\pi \frac{1}{t}$

$2f = 2\frac{1}{t} = 2\frac{1}{20\times10^{-3}} = 100$

$\therefore\ v(t) = V_m \sin\omega t$

$= V_m \sin 2\pi f t$

$= \sqrt{2} \cdot 200 \cdot \sin 100\pi t$

- $t$ : 그래프에서 20ms이므로 $20\times10^{-3}$s
- $V_m$ : $\sqrt{2} \cdot 200$
- $2f$ : 100

답 ②

★

## 46 자화되지 않은 강자성체를 외부자계 내에 놓았더니 히스테리시스곡선(Hysteresis loop)이 나타났다. 이에 관한 설명으로 옳은 것을 모두 고른 것은?

㉠ 외부자계의 세기를 계속 증가시키면 강자성체의 자속밀도가 계속 증가한다.
㉡ 자계의 세기를 0에서 증가시켰다가 다시 0으로 감소시키면 강자성체에는 잔류자기(Residual magnetization)가 남게 된다.
㉢ 히스테리시스곡선이 이루는 면적에 해당하는 에너지는 손실이다.
㉣ 주파수를 낮추면 히스테리시스곡선이 이루는 면적을 키울 수 있다.

① ㉠　　② ㉡, ㉢
③ ㉡, ㉢, ㉣　　④ ㉠, ㉡, ㉢, ㉣

해설 **히스테리시스곡선**

(1) 외부자계의 세기를 계속 증가시키면 강자성체의 자속밀도가 **증가**하다가 **포화**된다. 보기 ㉠

(2) 자계의 세기를 0에서 증가시켰다가 다시 0으로 감소시키면 강자성체에는 **잔류자기**가 남게 된다. 보기 ㉡

(3) 히스테리시스곡선이 이루는 면적에 해당하는 에너지는 **손실**이다. 보기 ㉢

(4) **주파수**를 **낮추면** 히스테리시스곡선이 이루는 **면적을 줄일 수 있다.** 보기 ㉣

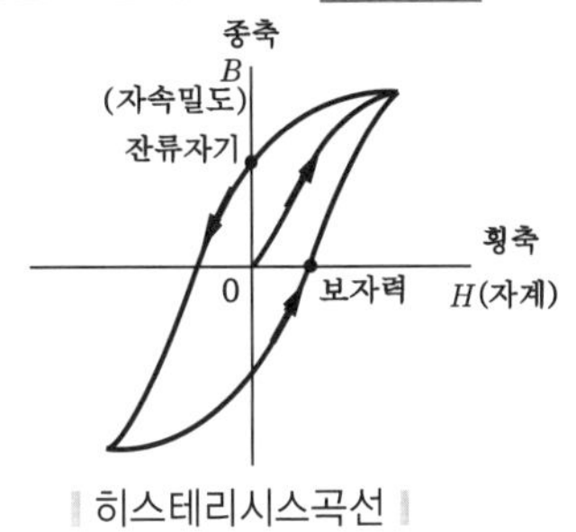


| 히스테리시스곡선 |

답 ②

★★★

## 47 다음 논리회로에 대한 논리식을 가장 간략화한 것은?

18회 문 37
16회 문 50
15회 문 47
15회 문 50
13회 문 48
12회 문 41

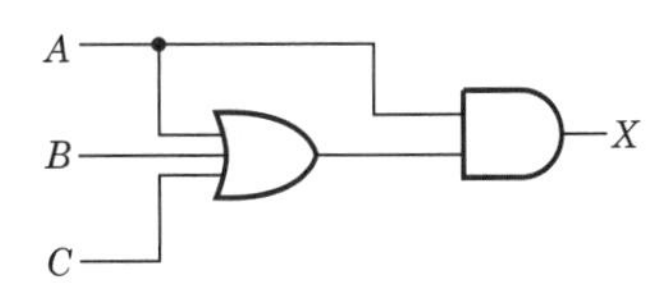


① $X = A$　　② $X = AB$
③ $X = BC$　　④ $X = AB + BC$

해설

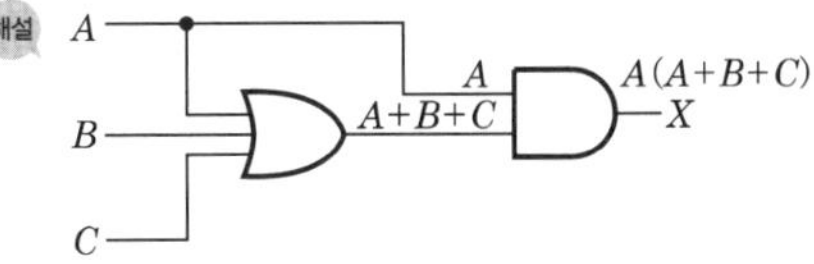


$X = A(A+B+C)$

$= \underline{AA} + AB + AC$ ($X \cdot X = X$)

$= A + AB + AC$

$= A\underline{(1+B+C)}$ ($X + 1 = 1$)

$= \underline{A \cdot 1} = A$ ($X \cdot 1 = X$)

중요

**불대수의 정리**

| 논리합 | 논리곱 | 비 고 |
|---|---|---|
| $X+0=X$ | $X\cdot 0=0$ | – |
| $X+1=1$ | $X\cdot 1=X$ | – |
| $X+X=X$ | $X\cdot X=X$ | – |
| $X+\overline{X}=1$ | $X\cdot\overline{X}=0$ | – |
| $X+Y=Y+X$ | $X\cdot Y=Y\cdot X$ | 교환법칙 |
| $X+(Y+Z)$ $=(X+Y)+Z$ | $X(YZ)=(XY)Z$ | 결합법칙 |
| $X(Y+Z)$ $=XY+XZ$ | $(X+Y)(Z+W)$ $=XZ+XW+YZ$ $+YW$ | 분배법칙 |
| $X+XY=X$ | $\overline{X}+XY=\overline{X}+Y$ $X+\overline{X}Y=X+Y$ $X+\overline{X}\,\overline{Y}=X+\overline{Y}$ | 흡수법칙 |
| $(\overline{X+Y})$ $=\overline{X}\cdot\overline{Y}$ | $(\overline{X\cdot Y})=\overline{X}+\overline{Y}$ | 드모르간의 정리 |

답 ①

**48** 다음 타임차트의 논리식은? (단, $A$, $B$, $C$는 입력, $X$는 출력이다.)

18회 문 36

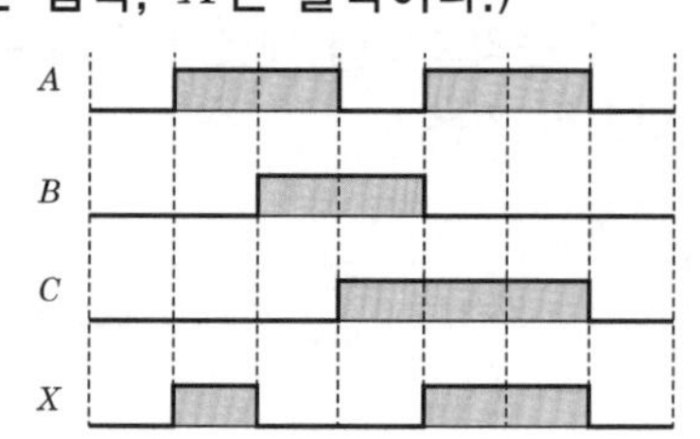

① $X=A\overline{B}$

② $X=\overline{A}B$

③ $X=AB\overline{C}$

④ $X=\overline{A}\,B\,\overline{C}$

해설 (1) $X=A\overline{B}$

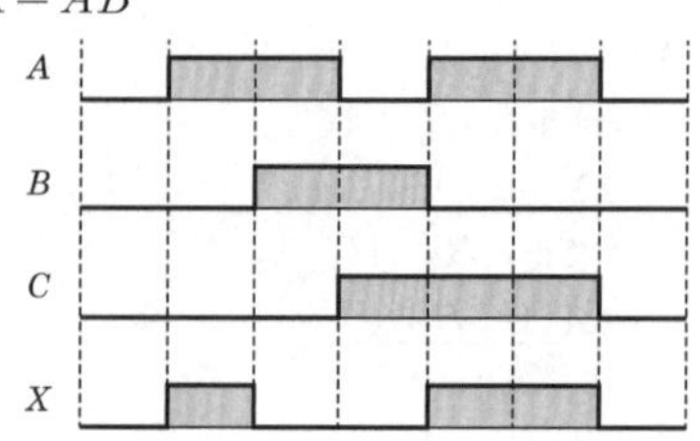

(2) $X=\overline{A}B$

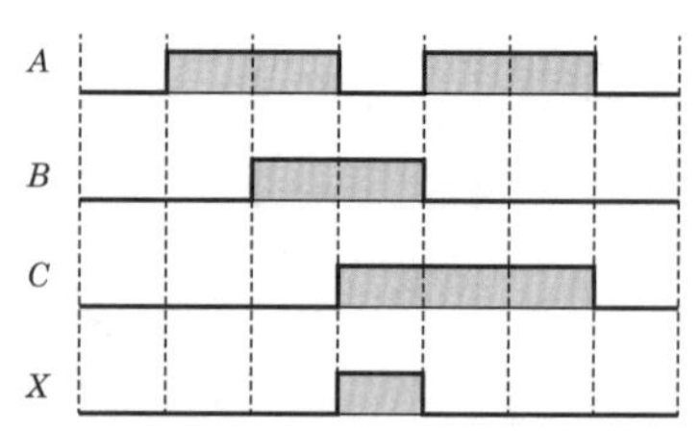

(3) $X=AB\overline{C}$

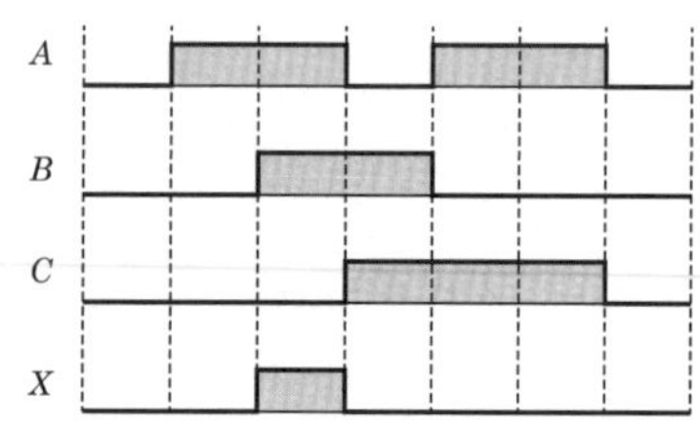

(4) $X=\overline{A}\,B\,\overline{C}$

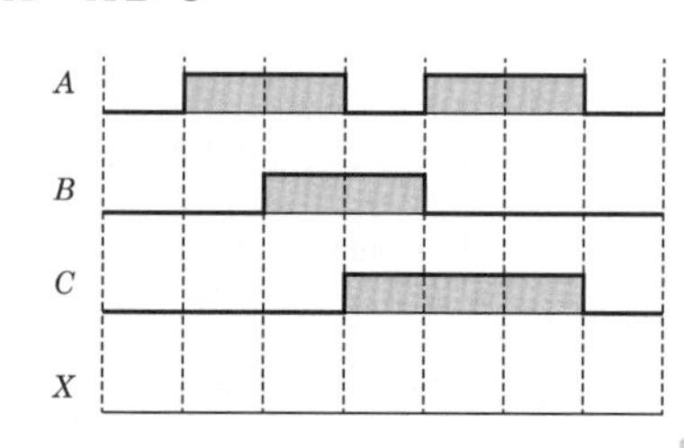

답 ①

**49** 콘덴서(Condenser)에 축적되는 에너지를 2배로 만들기 위한 방법으로 옳지 않은 것은?

19회 문 46
16회 문 42
15회 문 54
14회 문 49
12회 문 49

① 두 극판의 면적을 2배로 한다.

② 두 극판 사이의 간격을 0.5배로 한다.

③ 두 전극 사이에 인가된 전압을 2배로 한다.

④ 두 극판 사이에 유전율이 2배인 유전체를 삽입한다.

해설 (1) **정전에너지**

$$W=\frac{1}{2}QV=\frac{1}{2}CV^2=\frac{Q^2}{2C}\text{[J]} \quad \cdots\cdots ①$$

여기서, $W$ : 정전에너지[J]

$Q$ : 전하[C]

$V$ : 전압[V]

$C$ : 정전용량[F]

(2) **정전용량**

$$C = \frac{Q}{V} = \frac{\varepsilon A}{d} \text{[F] 또는 } C = \frac{\varepsilon S}{d} \quad \cdots\cdots ②$$

여기서, $Q$ : 전하(전기량)[C]
$C$ : 정전용량[F]
$A$ 또는 $S$ : 극판의 면적[m²]
$d$ : 극판간의 간격[m]
$\varepsilon$ : 유전율[F/m]($\varepsilon = \varepsilon_0 \cdot \varepsilon_s$)
$\varepsilon_0$ : 진공의 유전율[F/m]
$\varepsilon_s$ : 비유전율(단위 없음)

①식에 ②식을 대입하면

$$W = \frac{1}{2}CV^2 = \frac{\varepsilon A}{2d}V^2 \propto V^2$$

$$W \propto V^2 = (\sqrt{2})^2 = 2$$

③ 2배 → $\sqrt{2}$ 배

답 ③

★★★
**50** 다음은 금속관을 사용한 소방용 옥내배선 그림기호의 일부분이다. 공사방법으로 옳지 않은 것은?
13회 문 50

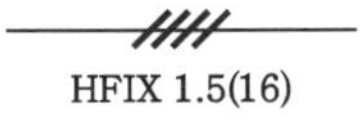


① 천장은폐배선을 한다.
② 직경 1.5mm인 전선 4가닥을 사용한다.
③ 내경 16mm의 후강전선관을 사용한다.
④ 저독성 난연 가교 폴리올레핀 절연전선을 사용한다.

해설

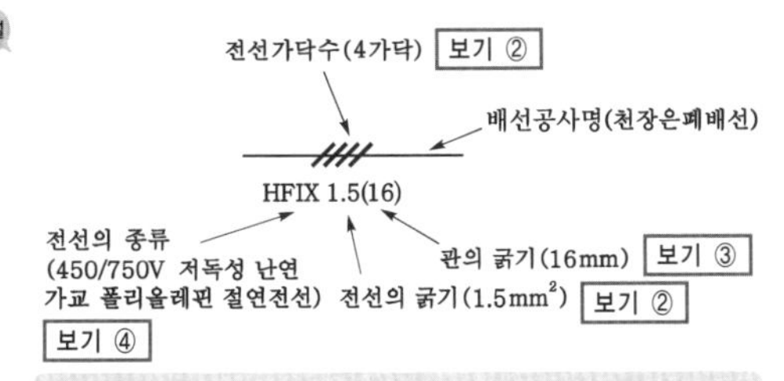


② 직경 1.5mm → 단면적 1.5mm²

중요

(1) **옥내배선기호**

| 명 칭 | 그림기호 | 비 고 |
|---|---|---|
| 천장은폐배선 | ——— 보기 ① | • 천장 속의 배선을 구별하는 경우 : — · — · — |
| 바닥은폐배선 | — — — | – |
| 노출배선 | - - - - - - - | • 바닥면 노출배선을 구별하는 경우 : —‥—‥— |

(2) **배관**의 **표시방법**
① 강제전선관의 경우
2.5(19)
② 경질비닐전선관인 경우
2.5(VE16)
③ 2종 금속제 가요전선관인 경우
2.5(F₂ 17)
④ 합성수지제 가요관인 경우
2.5(PF16)
⑤ 전선이 들어 있지 않은 경우
(19)

답 ②

**제 3 과목** 소방관련법령

★
**51** 소방기본법령상 소방청장이 수립·시행하는 종합계획에 포함되어야 하는 사항에 해당하지 않는 것은?

① 소방전문인력 양성
② 화재안전분야 국제경쟁력 향상
③ 소방업무의 교육 및 홍보
④ 소방기술의 연구·개발 및 보급

해설 기본법 제6조
종합계획에 포함되어야 하는 사항
(1) 소방서비스의 질 향상을 위한 **정책**의 **기본방향**
(2) 소방업무에 필요한 **체계**의 구축, **소방기술**의 **연구·개발** 및 **보급** 보기 ④
(3) 소방업무에 필요한 **장비**의 구비
(4) **소방전문인력** 양성 보기 ①
(5) **소방업무**에 필요한 **기반조성**
(6) **소방업무**의 **교육** 및 **홍보**(소방자동차의 우선 통행 등에 관한 홍보 포함) 보기 ③

② 해당없음

답 ②

★★★

**52** 소방기본법령상 소방활동에 필요한 소방용수시설을 설치하고 유지·관리하여야 하는 자는? (단, 권한의 위임 등 기타사항은 고려하지 않음)

① 소방본부장·소방서장
② 시장·군수
③ 시·도지사
④ 소방청장

해설 **기본법 제10조**
**소방용수시설의 설치·유지·관리**

| 구 분 | 설 명 |
|---|---|
| 설치권자 | **시·도지사** 보기 ③ |
| 소방용수시설의 종류 | 소화전, 급수탑, 저수조 |
| 소방용수시설의 설치기준 | 행정안전부령 |

※ 소화전을 설치하는 일반수도사업자는 관할 소방서장과 사전협의를 거친 후 소화전을 설치하여야 하며, 설치사실을 관할 **소방서장**에게 통지하고, 그 소화전을 유지·관리하여야 한다.

답 ③

★★★

**53** 화재의 예방 및 안전관리에 관한 법령상 명시적으로 규정하고 있는 화재예방강화지구의 지정 대상지역에 해당하지 않는 것은?

16회 문 54
10회 문 71
03회 문 53
02회 문 53

① 주택이 밀집한 지역
② 공장·창고가 밀집한 지역
③ 석유화학제품을 생산하는 공장이 있는 지역
④ 소방시설·소방용수시설 또는 소방출동로가 없는 지역

해설 **화재예방법 제18조**
**화재예방강화지구의 지정**
(1) 지정권자 : 시·도지사
(2) 지정지역
① **시장**지역
② **공장·창고**가 밀집한 지역 보기 ②
③ **목조건물**이 밀집한 지역
④ 노후·불량 건축물이 밀집한 지역
⑤ **위험물**의 **저장** 및 **처리시설**이 **밀집**한 지역
⑥ **석유화학제품**을 생산하는 공장이 있는 지역 보기 ③
⑦ 「산업입지 및 개발에 관한 법률」에 따른 산업단지
⑧ **소방시설·소방용수시설** 또는 **소방출동로**가 **없는** 지역 보기 ④
⑨ 「물류시설의 개발 및 운영에 관한 법률」에 따른 물류단지
⑩ **소방청장, 소방본부장** 또는 **소방서장**(소방관서장)이 화재예방강화지구로 지정할 필요가 있다고 인정하는 지역

기억법 강시

중요

(1) **화재예방강화지구**(화재예방법 제18조)
① 지정 : **시·도지사**
② **화재안전조사** : **소방청장·소방본부장** 또는 **소방서장**(소방관서장)

※ **화재예방강화지구** : 화재 발생 우려가 크거나 화재가 발생할 경우 피해가 클 것으로 예상되는 지역에 대하여 화재의 예방 및 안전관리를 강화하기 위해 지정·관리하는 지역

(2) **화재예방강화지구 안의 화재안전조사·소방훈련 및 교육**(화재예방법 시행령 제20조)
① 실시자 : **소방본부장·소방서장**
② 횟수 : **연 1회** 이상
③ 훈련·교육 : **10일 전** 통보

답 ①

★★★

**54** 화재의 예방 및 안전관리에 관한 법령상 특수가연물의 저장 및 취급기준에 관한 설명으로 옳지 않은 것은?

15회 문 53
14회 문 52
11회 문 54
08회 문 71

① 살수설비를 설치하는 경우에는 쌓는 높이는 15m 이하가 되도록 할 것
② 발전용으로 저장하는 석탄·목탄류는 품명별로 구분하여 쌓을 것
③ 쌓는 부분의 바닥면적 사이는 실내의 경우 1.2m 또는 쌓는 높이의 $\frac{1}{2}$ 중 큰 값 이상이 되도록 할 것
④ 특수가연물을 저장 또는 취급하는 장소에는 품명·최대수량 및 화기취급의 금지표지를 설치할 것

해설 **화재예방법 시행령 [별표 3]**
**특수가연물의 저장 및 취급의 기준**
(1) 특수가연물을 저장 또는 취급하는 장소에는 품명·최대수량 및 화기취급의 금지표지를 설치할 것 보기 ④
(2) 쌓아 저장하는 기준(단, 석탄·목탄류를 발전용으로 저장하는 것 제외) 보기 ②
① 품명별로 구분하여 쌓을 것

② 쌓는 높이는 10m 이하가 되도록 하고, 쌓는 부분의 바닥면적은 $50m^2$(석탄·목탄류는 $200m^2$) 이하가 되도록 할 것[단, 살수설비를 설치하거나, 방사능력 범위에 해당 특수가연물이 포함되도록 대형 수동식 소화기를 설치하는 경우에는 쌓는 높이를 15m 이하, 쌓는 부분의 바닥면적을 $200m^2$(석탄·목탄류는 $300m^2$) 이하로 할 수 있다]. **보기 ①**

③ 쌓는 부분의 바닥면적 사이는 실내의 경우 1.2m 또는 **쌓는 높이**의 $\frac{1}{2}$ 중 **큰 값**(실외 3m 또는 **쌓는 높이** 중 **큰 값**) 이상으로 간격을 둘 것 **보기 ③**

② 석탄·목탄류를 발전용으로 저장하는 경우는 제외

답 ②

★★
## 55 소방시설공사업법령상 중급기술자 이상의 소방기술자(기계 및 전기분야) 배치기준으로 옳지 않은 것은?

16회 문 57
07회 문 55

① 호스릴방식의 포소화설비가 설치되는 특정소방대상물의 공사현장
② 아파트가 아닌 특정소방대상물로서 연면적 2만$m^2$인 공사현장
③ 연면적 2만$m^2$인 아파트 공사현장
④ 제연설비가 설치되는 특정소방대상물의 공사현장

해설 **공사업령 [별표 2]**
**소방기술자의 배치기준**

| 소방기술자의 배치기준 | 소방시설 공사현장의 기준 |
|---|---|
| 행정안전부령으로 정하는 특급기술자인 소방기술자(기계분야 및 전기분야) | ① 연면적 **20만**$m^2$ 이상인 특정소방대상물의 공사 현장<br>② **지하층**을 **포함**한 층수가 **40층** 이상인 특정소방대상물의 공사현장 |
| 행정안전부령으로 정하는 고급기술자 이상의 소방기술자(기계분야 및 전기분야) | ① 연면적 **3만~20만**$m^2$ 미만인 특정소방대상물(아파트 제외)의 공사현장<br>② **지하층**을 **포함**한 **층수**가 **16~40층** 미만인 특정소방대상물의 공사현장 |
| 행정안전부령으로 정하는 중급기술자 이상의 소방기술자(기계분야 및 전기분야) | ① **물분무등소화설비**(호스릴방식 소화설비 제외) 또는 **제연설비**가 설치되는 특정소방대상물의 공사현장 **보기 ④**<br>② 연면적 5000~30000$m^2$ **미만**인 특정소방대상물(아파트 제외)의 공사현장 **보기 ②**<br>③ 연면적 **1만~20만**$m^2$ **미만**인 아파트의 공사현장 **보기 ③** |
| 행정안전부령으로 정하는 초급기술자 이상의 소방기술자(기계분야 및 전기분야) | ① 연면적 1000~5000$m^2$ 미만인 특정소방대상물(아파트 제외)의 공사현장<br>② 연면적 1000~10000$m^2$ 미만인 아파트의 공사현장<br>③ **지하구**의 공사현장 |
| 자격수첩을 발급받은 소방기술자 | 연면적 1000$m^2$ 미만인 특정소방대상물의 공사현장 |

① 호스릴방식 소화설비는 제외

답 ①

★
## 56 소방시설공사업법령상 소방시설업자의 지위승계가 가능한 자에 해당하는 것을 모두 고른 것은?

05회 문 72

> ㉠ 소방시설업자가 사망한 경우 그 상속인
> ㉡ 소방시설업자가 그 영업을 양도한 경우 그 양수인
> ㉢ 법인인 소방시설업자가 다른 법인과 합병한 경우 합병 후 존속하는 법인이나 합병으로 설립되는 법인

① ㉠, ㉡　　② ㉠, ㉢
③ ㉡, ㉢　　④ ㉠, ㉡, ㉢

해설 **공사업법 제7조**
**소방시설업자의 지위승계**
(1) 소방시설업자가 **사망**한 경우 그 **상속인** **보기 ㉠**
(2) 소방시설업자가 그 영업을 **양도**한 경우 그 **양수인** **보기 ㉡**

(3) 법인인 소방시설업자가 다른 법인과 합병한 경우 합병 후 존속하는 법인이나 합병으로 설립되는 법인 **보기 ㉢**

답 ④

★★★
**57** 15회 문 66 **소방시설 설치 및 관리에 관한 법령상 특정소방대상물에 대하여 관계인이 소방시설 등을 정기적으로 자체점검 할 때 소방시설별로 갖추어야 하는 점검장비의 연결이 옳지 않은 것은?**

① 포소화설비-헤드결합렌치
② 할로겐화합물 및 불활성기체 소화설비-절연저항계
③ 옥내소화전설비-차압계
④ 제연설비-폐쇄력측정기

해설 **소방시설법 시행규칙 [별표 3]**
**소방시설별 점검장비**

| 소방시설 | 장 비 | 규 격 |
|---|---|---|
| 모든 소방시설 | ① 방수압력측정계<br>② 절연저항계(절연저항측정기)<br>③ 전류전압측정계 | - |
| 소화기구 | 저울 | - |
| 옥내소화전설비, 옥외소화전설비 | 소화전밸브압력계 **보기 ③** | - |
| 스프링클러설비, 포소화설비 | 헤드결합렌치 **보기 ①** | - |
| 이산화탄소소화설비, 분말소화설비, 할론소화설비, 할로겐화합물 및 불활성기체(다른 원소와 화학 반응을 일으키기 어려운 기체) 소화설비 | ① 검량계<br>② 기동관누설시험기<br>③ 그 밖에 소화약제의 저장량을 측정할 수 있는 점검기구 **보기 ②** | - |
| 자동화재 탐지설비, 시각경보기 | ① 열감지기시험기<br>② 연(煙)감지기시험기<br>③ 공기주입시험기<br>④ 감지기시험기 연결막대<br>⑤ 음량계 | - |
| 누전경보기 | 누전계 | 누전전류 측정용 |
| 무선통신보조설비 | 무선기 | 통화 시험용 |
| 제연설비 | ① 풍속풍압계<br>② 폐쇄력측정기 **보기 ④**<br>③ 차압계(압력차 측정기) | - |
| 통로유도등, 비상조명등 | 조도계 (밝기 측정기) | 최소 눈금이 **0.1럭스** 이하인 것 |

② **절연저항계**는 **모든 소방시설**로서 **할로겐화합물 및 불활성기체 소화설비**에도 해당되므로 할로겐화합물 및 불활성기체 소화설비의 점검장비가 맞다. 그러므로 답이 아니다.
③ 옥내소화전설비 → 소화전밸브압력계

답 ③

★★★
**58** **소방시설 설치 및 관리에 관한 법령상 소방시설 등의 일반소방시설관리업의 자체점검시 점검인력 배치기준 중 종합점검에서 점검인력 1단위가 하루 동안 점검할 수 있는 특정소방대상물의 연면적($m^2$) 기준은? (단, 일반건축물의 경우이다.)**

① 7000 ② 8000
③ 9000 ④ 10000

해설 **소방시설법 시행규칙 [별표 2]**(소방시설법 시행규칙 [별표 4] 2024. 12. 1. 개정 예정)
**일반소방시설관리업 점검인력 배치기준**

| 구 분 | 일반건축물 | 아파트 |
|---|---|---|
| 소규모 점검 | 점검인력 1단위 **3500m²** | 점검인력 1단위 **90세대** |
| 종합 점검 | 점검인력 1단위 **10000m²** **보기 ④** (보조기술인력 1명 추가시 : **3000m²**) | 점검인력 1단위 **300세대** (보조기술인력 1명 추가시 : **70세대**) |
| 작동 점검 | 점검인력 1단위 **12000m²** (보조기술인력 1명 추가시 : **3500m²**) | 점검인력 1단위 **350세대** (보조기술인력 1명 추가시 : **90세대**) |

답 ④

★★★

**59** 소방시설 설치 및 관리에 관한 법령상 일반소방시설관리업의 등록기준으로 옳지 않은 것은?

05회 문 70
02회 문 71

① 보조기술인력으로 중급점검자는 1명 이상 있어야 한다.

② 보조기술인력으로 초급점검자는 1명 이상 있어야 한다.

③ 소방공무원으로 3년 이상 근무하고 소방기술인정자격수첩을 발급받은 사람은 보조기술인력이 될 수 있다.

④ 주된 기술인력은 소방시설관리사 1명 이상이다.

해설 소방시설법 시행령 [별표 9]
일반소방시설관리업의 등록기준

| 기술인력 | 기 준 |
|---|---|
| 주된 기술인력 | • 소방시설관리사+실무경력 1년 : 1명 이상 보기 ④ |
| 보조 기술인력 | • 중급점검자 : 1명 이상 보기 ①<br>• 초급점검자 : 1명 이상 보기 ② |

③ 해당없음

답 ③

★★

**60** 화재의 예방 및 안전관리에 관한 법령상 연면적 $126000m^2$의 업무시설인 건축물에서는 소방안전관리보조자를 최소 몇 명을 선임하여야 하는가?

① 5

② 6

③ 8

④ 9

해설 화재예방법 시행령 [별표 5]
소방안전관리보조자 선임기준

| 구 분 | 선임기준 | 비 고 |
|---|---|---|
| 300세대 이상인 아파트 | 1명 | 초과되는 300세대마다 1명 이상 추가(소수점 이하 삭제) |
| 연면적 $15000m^2$ 이상(아파트 및 연립주택 제외) | 1명 | 초과되는 $15000m^2$(특정소방대상물의 종합방재실에 자위소방대가 24시간 상시 근무하고, 소방자동차 중 소방펌프차, 소방물탱크차, 소방화학차 또는 무인방수차를 운용하는 경우에는 $30000m^2$)마다 1명 이상 추가(소수점 이하 삭제) |
| ① 공동주택 중 기숙사<br>② 의료시설<br>③ 노유자시설<br>④ 수련시설<br>⑤ 숙박시설(숙박시설로 사용되는 바닥면적의 합계가 $1500m^2$ 미만이고 관계인이 24시간 상시 근무하고 있는 숙박시설은 제외) | 1명 | 해당 특정소방대상물이 소재하는 지역을 관할하는 소방서장이 야간이나 휴일에 해당 특정소방대상물이 이용되지 아니한다는 것을 확인한 경우에는 소방안전관리보조자를 선임하지 아니할 수 있음 |

소방안전관리보조자의 선임수

$$= \frac{126000m^2}{15000m^2} = 8.4 ≒ 8\text{명(소수점 이하는 삭제)}$$

※ $15000m^2$ 초과될 때마다 1명 이상 선임해야 하므로 $15000m^2 \times 8$명$=120000m^2$이고 $6000m^2$가 남았는데 $6000m^2$는 $15000m^2$가 초과되지 않으므로 인원이 더 필요 없으므로 소수점 이하는 버리는 것이 맞음

답 ③

★★★

**61** 소방시설 설치 및 관리에 관한 법령상 소방본부장이나 소방서장에게 건축허가 동의를 받아야 하는 건축물은?

16회 문 60
15회 문 59
13회 문 61
09회 문 68
02회 문 65

① 연면적 $150m^2$인 수련시설

② 주차장으로 사용되는 바닥면적이 $150m^2$인 층이 있는 주차시설

③ 연면적 $50m^2$인 위험물저장 및 처리시설

④ 연면적 $250m^2$인 장애인 의료재활시설

해설 소방시설법 시행령 제7조
건축허가 등의 동의대상물

(1) 연면적 $400m^2$(학교시설 : $100m^2$, 수련시설·노유자시설 : $200m^2$, 정신의료기관·장애인 의료재활시설 : $300m^2$) 이상 보기 ① ④

(2) **6층** 이상인 건축물
(3) 차고・주차장으로서 바닥면적 **200m²** 이상 (자동차 **20대** 이상) 보기 ②
(4) **항공기격납고, 관망탑, 항공관제탑, 방송용 송수신탑**
(5) 지하층 또는 무창층의 바닥면적 **150m²** 이상 (공연장은 **100m²** 이상)
(6) **위험물저장 및 처리시설, 지하구** 보기 ③
(7) 전기저장시설, 풍력발전소
(8) 조산원, 산후조리원, 의원(입원실 있는 것)
(9) 결핵환자나 한센인이 24시간 생활하는 노유자시설
(10) 요양병원(의료재활시설 제외)
(11) 노인주거복지시설・노인의료복지시설 및 재가노인복지시설, 학대피해노인 전용쉼터, 아동복지시설, 장애인거주시설
(12) 정신질환자 관련시설(공동생활가정을 제외한 재활훈련시설과 종합시설 중 24시간 주거를 제공하지 않는 시설 제외)
(13) 노숙인자활시설, 노숙인재활시설 및 노숙인요양시설
(14) 공장 또는 창고시설로서 지정수량의 **750배 이상**의 특수가연물을 저장・취급하는 것
(15) 가스시설로서 지상에 노출된 탱크의 저장용량의 합계가 **100톤** 이상인 것

① 150m² → 200m² 이상
② 150m² → 200m² 이상
③ 면적에 관계없이 위험물저장 및 처리시설은 모두 건축허가 동의를 받아야 하므로 연면적 50m²도 건축허가 동의대상이다.
④ 250m² → 300m² 이상

답 ③

★★★
**62** 16회 문 63 / 12회 문 58 / 10회 문 72 / 09회 문 55

**소방시설 설치 및 관리에 관한 법령상 방염성능검사 결과가 방염성능기준에 부합하지 않는 것은?**

① 탄화한 길이는 22cm이었다.
② 버너의 불꽃을 제거한 때부터 불꽃을 올리며 연소하는 상태가 그칠 때까지 시간이 18초이었다.
③ 버너의 불꽃을 제거한 때부터 불꽃을 올리지 아니하고 연소하는 상태가 그칠 때까지 시간이 27초이었다.
④ 탄화한 면적은 45cm²이었다.

해설 **소방시설법 시행령 제31조**
**방염성능기준**

| 구 분 | 기 준 |
|---|---|
| 잔염시간 | **20초** 이내 |
| 잔진시간(잔신시간) | **30초** 이내 |
| 탄화길이 | **20cm** 이내 보기 ① |
| 탄화면적 | **50cm²** 이내 보기 ④ |
| 불꽃접촉횟수 | **3회** 이상 |
| 최대연기밀도 | **400** 이하 |

① 22cm → 20cm 이내

용어

| 잔염시간 | 잔진시간(잔신시간) |
|---|---|
| 버너의 불꽃을 제거한 때부터 **불꽃을 올리며** 연소하는 상태가 그칠 때까지의 시간 보기 ② | 버너의 불꽃을 제거한 때부터 **불꽃을 올리지 않고** 연소하는 상태가 그칠 때까지의 시간 보기 ③ |

답 ①

★★★
**63** 19회 문 64 / 16회 문 55 / 13회 문 66

**소방시설 설치 및 관리에 관한 법령상 1년 이하의 징역 또는 1천만원 이하의 벌금에 처할 수 있는 것은?**

① 화재안전조사를 정당한 사유 없이 거부・방해한 자
② 관리업의 등록증을 다른 자에게 빌려준 관리업자
③ 소방안전관리자를 선임하여야 하는 관계자가 소방안전관리자를 선임하지 아니한 자
④ 소방안전관리자에게 불이익한 처우를 한 관계인

해설 **1년 이하의 징역 또는 1000만원 이하의 벌금**
(1) 소방시설의 **자체점검** 미실시자(소방시설법 제58조)
(2) **소방시설관리사증** 대여(소방시설법 제58조) 보기 ②
(3) **소방시설관리업**의 등록증 대여(소방시설법 제58조)
(4) 제조소 등의 정기점검 기록 허위 작성(위험물법 제35조)
(5) **자체소방대**를 두지 않고 제조소 등의 허가를 받은 자(위험물법 제35조)
(6) **위험물 운반용기**의 검사를 받지 않고 유통시킨 자(위험물법 제35조)

(7) 제조소 등의 긴급사용정지 위반자(위험물법 제35조)
(8) 영업정지처분 위반자(공사업법 제36조)
(9) 허위감리자(공사업법 제36조)
(10) 공사감리자 미지정자(공사업법 제36조)
(11) 설계, 시공, 감리를 하도급한 자(공사업법 제36조)
(12) 소방시설업자가 아닌 자에게 **소방시설공사** 등을 **도급**한 관계인(공사업법 제36조)

①, ③, ④ 300만원 이하의 벌금(화재예방법 제50조)

답 ②

★★★

**64** 12회 문 54 / 10회 문 62 / 03회 문 72

**소방시설 설치 및 관리에 관한 법령상 소방용품 중 형식승인을 받지 않아도 되는 것은? (단, 연구개발 목적의 용도로 제조하거나 수입하는 것은 제외함)**

① 방염제　② 공기호흡기
③ 유도표지　④ 누전경보기

해설 **소방시설법 시행령 제6조**
**소방용품 제외대상**
(1) 주거용 주방자동소화장치용 소화약제
(2) 가스자동소화장치용 소화약제
(3) 분말자동소화장치용 소화약제
(4) 고체에어로졸 자동소화장치용 소화약제
(5) 소화약제 외의 것을 이용한 간이소화용구
(6) 휴대용 비상조명등
(7) 유도표지 **보기 ③**
(8) 벨용 푸시버튼스위치
(9) 피난밧줄
(10) 옥내소화전함
(11) 방수구

답 ③

★★★

**65** 12회 문 74 / 10회 문 73

**소방시설 설치 및 관리에 관한 법령상 신축하는 특정소방대상물 중 성능위주설계를 하여야 하는 장소에 해당하지 않는 것은?**

① 높이가 130m인 업무시설
② 연면적 23만$m^2$인 아파트
③ 지하 5층이며 지상 29층인 의료시설
④ 연면적 4만$m^2$인 공항시설

해설 **소방시설법 시행령 제9조**
**성능위주설계를 하여야 하는 특정소방대상물의 범위**
(1) 연면적 **20만$m^2$** 이상(단, 아파트 제외)
(2) 50층 이상(지하층 제외)이거나 지상으로부터 높이가 200m 이상인 아파트 **보기 ②**
(3) 30층 이상(지하층 포함)이거나 지상으로부터 높이가 120m 이상은 특정소방대상물(아파트 등 제외) **보기 ①③**
(4) 연면적 **3만$m^2$** 이상인 **철도** 및 **도시철도시설, 공항시설** **보기 ④**
(5) 연면적 **10만$m^2$** 이상이거나 지하 2층 이하이고 지하층의 바닥면적의 합이 **3만$m^2$** 이상인 창고시설
(6) 하나의 건축물에 영화상영관이 **10개** 이상
(7) 지하연계 복합건축물에 해당하는 특정소방대상물
(8) 터널 중 수저터널 또는 길이가 **5000m** 이상인 것

② **아파트**의 연면적은 성능위주설계 범위에 해당 안 됨

중요

**성능위주설계를 할 수 있는 사람의 자격 · 기술인력**(공사업령 [별표 1의 2])

| 성능위주설계자의 자격 | 기술인력 |
|---|---|
| ① **전문 소방시설설계업**을 등록한 사람<br>② 전문 소방시설설계업 등록기준에 따른 **기술인력**을 갖춘 사람으로서 **소방청장**이 정하여 고시하는 연구기관 또는 단체 | **소방 기술사 2명** 이상 |

답 ②

★

**66** 15회 문 63 / 04회 문 53

**화재의 예방 및 안전관리에 관한 법령상 화재안전조사에 관한 설명으로 옳은 것은?**

① 화재안전조사의 연기를 신청하려는 자는 화재안전조사 시작 1일 전까지 전화로 연기신청을 할 수 있다.
② 화재안전조사를 하는 관계인에게 필요한 자료제출을 명할 수 있지만 필요한 보고를 하도록 할 수는 없다.
③ 관계인이 장기출장으로 화재안전조사에 참여할 수 없는 경우에는 연기신청을 할 수 없다.
④ 소방서장은 연기신청 결과통지서를 연기신청자에게 통지하여야 하고, 연기기간이 종료하면 지체없이 조사를 시작하여야 한다.

해설 (1) **화재예방법 시행규칙 제4조**

① 시작 1일 전까지 전화로→시작 3일 전까지 연기신청서(전자문서로 된 신청서 포함)로

(2) **화재예방법 시행령 제8조**

② 화재안전조사를 하는 소방관서장은 관계인에게 필요한 자료제출을 명할 수 있고 필요한 보고를 하도록 **할 수도 있다.**

(3) **화재예방법 시행령 제9조**

③ 할 수 없다.→할 수 있다.

(4) **화재예방법 시행규칙 제4조**

④ **소방청장, 소방본부장,** 또는 **소방서장**은 연기신청 결과통지서를 연기신청자에게 통지하여야 하고, 연기기간이 종료하면 **지체없이** 조사를 시작하여야 한다.

답 ④

★

**67** 위험물안전관리법령상 위험물시설의 설치 및 변경에 관한 설명으로 옳지 않은 것은? (단, 권한의 위임 등 기타사항은 고려하지 않음)

19회 문 66
18회 문 68
18회 문 72
17회 문 68
14회 문 68

① 제조소 등을 설치하고자 하는 자는 그 설치장소를 관할하는 시·도지사의 허가를 받아야 한다.

② 제조소 등의 위치·구조 등의 변경 없이 당해 제조소 등에서 저장하는 위험물의 품명·수량 등을 변경하고자 하는 자는 변경하고자 하는 날까지 시·도지사의 허가를 받아야 한다.

③ 군사목적으로 제조소 등을 설치하고자 하는 군부대의 장이 제조소 등의 소재지를 관할하는 시·도지사와 협의한 경우에는 허가를 받은 것으로 본다.

④ 군부대의 장은 국가기밀에 속하는 제조소 등의 설비를 변경하고자 하는 경우에는 당해 제조소 등의 변경공사를 착수하기 전에 그 공사의 설계도서와 서류제출을 생략할 수 있다.

해설 **위험물법 제6·7조, 위험물령 제7조**
**위험물시설의 설치 및 변경**

(1) 제조소 등을 설치하고자 하는 자는 그 설치장소를 관할하는 **시·도지사**의 **허가**를 받아야 한다. 보기 ①

(2) 제조소 등의 위치·구조 등의 변경 없이 당해 제조소 등에서 저장하는 위험물의 품명·수량 등을 변경하고자 하는 자는 변경하고자 하는 날의 **1일 전**까지 **시·도지사**에게 **신고**하여야 한다. 보기 ②

(3) **군사목적**으로 제조소 등을 설치하고자 하는 군부대의 장이 제조소 등의 소재지를 관할하는 **시·도지사**와 협의한 경우에는 **허가**를 받은 것으로 본다. 보기 ③

(4) **군부대**의 장은 국가기밀에 속하는 제조소 등의 설비를 변경하고자 하는 경우에는 당해 제조소 등의 변경공사를 착수하기 전에 그 공사의 설계도서와 서류제출을 생략할 수 있다. 보기 ④

② 변경하고자 하는 날까지 시·도지사의 허가를 받아야 한다. → 변경하고자 하는 날의 1일 전까지 시·도지사에게 신고하여야 한다.

답 ②

★★★

**68** 위험물안전관리법령상 허가를 받고 설치하여야 하는 제조소 등을 모두 고른 것은?

19회 문 66
18회 문 68
18회 문 72
17회 문 67
14회 문 68

㉠ 공동주택의 중앙난방시설을 위한 취급소
㉡ 농예용으로 필요한 건조시설을 위한 지정수량 20배 이하의 저장소
㉢ 축산용으로 필요한 난방시설을 위한 지정수량 20배 이하의 취급소

① ㉠, ㉡　　② ㉠, ㉢
③ ㉡, ㉢　　④ ㉠, ㉡, ㉢

해설 **위험물법 제6조**
**제조소 등의 설치허가 제외장소**

(1) **주택**의 난방시설(공동주택의 중앙난방시설 제외)을 위한 **저장소** 또는 **취급소** 보기 ㉠

(2) 지정수량 **20배** 이하의 **농예용·축산용·수산용** 난방시설 또는 건조시설을 위한 **저장소** 보기 ㉡㉢

㉠ 공동주택의 **중앙난방시설**이므로 **설치허가 대상**
㉢ 축산용으로 지정수량 20배 이하이지만 저장소가 아니라 **취급소**이므로 **설치허가 대상**

답 ②

★★★

**69** 위험물안전관리법령상 탱크안전성능검사의 내용에 해당하지 않는 것은?

19회 문 67
15회 문 68
12회 문 73

① 수직·수평검사　　② 충수·수압검사
③ 기초·지반검사　　④ 암반탱크검사

17회

해설 위험물령 제8조
위험물탱크의 탱크안전성능검사

| 검사항목 | 조 건 |
|---|---|
| 기초·지반검사, 용접부검사 보기 ③ | 옥외탱크저장소의 액체위험물 탱크 중 그 용량이 100만L 이상인 탱크 |
| 충수·수압검사 보기 ② | 액체위험물을 저장 또는 취급하는 탱크 |
| 암반탱크검사 보기 ④ | 액체위험물을 저장 또는 취급하는 암반 내의 공간을 이용한 탱크 |

중요
위험물령 제9조
시·도지사가 면제할 수 있는 탱크안전성능검사 : **충수·수압검사**

답 ①

☆
## 70 위험물안전관리법령상 과징금에 관한 설명으로 옳지 않은 것은?

① 시·도지사는 제조소 등에 대한 사용의 취소가 공익을 해칠 우려가 있는 때에는 사용취소처분에 갈음하여 1억원 이하의 과징금을 부과할 수 있다.
② 과징금의 징수절차에 관하여는 「국고금 관리법 시행규칙」을 준용한다.
③ 1일당 과징금의 금액은 당해 제조소 등의 1년간의 총 매출액을 기준으로 하여 산정한다.
④ 시·도지사는 과징금을 납부하여야 하는 자가 납부기한까지 이를 납부하지 아니한 때에는 「지방행정제재·부과금의 징수 등에 관한 법률」에 따라 징수한다.

해설 **위험물법 제13조, 위험물규칙 제27조, 위험물규칙 [별표 3의 2]**
**과징금**
(1) 시·도지사는 제조소 등에 대한 사용의 취소가 공익을 해칠 우려가 있는 때에는 사용취소처분에 갈음하여 **2억원 이하**의 과징금을 부과할 수 있다. 보기 ①
(2) 과징금의 징수절차에 관하여는 **「국고금 관리법 시행규칙」**을 준용한다. 보기 ②
(3) 1일당 과징금의 금액은 당해 제조소 등의 **1년간의 총 매출액**을 기준으로 하여 산정한다. 보기 ③
(4) **시·도지사**는 과징금을 납부하여야 하는 자가 납부기한까지 이를 납부하지 아니한 때에는 「지방행정제재·부과금의 징수 등에 관한 법률」에 따라 징수한다. 보기 ④

① 1억원 → 2억원

중요
**과징금**(소방시설법 제36조, 공사업법 제10조, 위험물법 제13조)

| 3000만원 이하 | 2억원 이하 |
|---|---|
| • 소방시설관리업 영업정지처분 갈음 | • 제조소 사용정지처분 갈음<br>• 소방시설업(설계업·감리업·공사업·방염업) 영업정지처분 갈음 |

답 ①

☆
## 71 위험물안전관리법령상 탱크시험자로 등록하거나 탱크시험자의 업무에 종사할 수 있는 경우는?

① 피성년후견인
② 「소방기본법」에 따른 금고 이상의 형의 집행유예선고를 받고 그 유예기간 중에 있는 자
③ 「소방시설공사업법」에 따른 금고 이상의 실형의 선고를 받고 그 집행이 종료되거나 집행이 면제된 날부터 1년이 된 자
④ 탱크시험자의 등록이 취소된 날부터 3년이 된 자

해설 **위험물법 제16조**
**위험물탱크시험자 등록 또는 업무에 종사할 수 없는 경우**
(1) **피성년후견인** 보기 ①
(2) 금고 이상의 실형의 선고를 받고 그 집행이 종료(집행이 종료된 것으로 보는 경우 포함)되거나 집행이 면제된 날부터 **2년**이 지나지 아니한 자 보기 ③
(3) 금고 이상의 형의 집행유예선고를 받고 그 **유예기간 중**에 있는 자 보기 ②
(4) 탱크시험자의 **등록이 취소**(피성년후견인에 해당하여 자격이 취소된 경우는 제외)된 날부터 **2년**이 지나지 아니한 자 보기 ④

④ 2년이 지났으므로 탱크시험자로 등록하거나 탱크시험자의 업무에 종사 가능

답 ④

17회

★

## 72 다중이용업소의 안전관리에 관한 특별법령상 다중이용업소의 안전관리기본계획(이하 "기본계획"이라 한다)의 수립 · 시행에 관한 설명으로 옳지 않은 것은?

18회 문 75 / 16회 문 74 / 15회 문 75 / 14회 문 72 / 13회 문 72 / 12회 문 63

① 기본계획에는 다중이용업소의 안전관리에 관한 기본방향이 포함되어야 한다.

② 소방청장은 수립된 기본계획을 시 · 도지사에게 통보하여야 한다.

③ 시 · 도지사는 기본계획에 따라 연도별 계획을 수립 · 시행하여야 한다.

④ 소방청장은 5년마다 다중이용업소의 기본계획을 수립 · 시행하여야 한다.

해설 **다중이용업법 제5조**
**다중이용업소의 안전관리기본계획 수립 · 시행**

(1) 기본계획에는 다중이용업소의 안전관리에 관한 **기본방향**이 **포함**되어야 한다. 보기 ①
(2) **소방청장**은 수립된 기본계획을 **시 · 도지사**에게 통보하여야 한다. 보기 ②
(3) **소방청장**은 기본계획에 따라 **연도별 계획**을 **수립 · 시행**하여야 한다. 보기 ③
(4) **소방청장**은 **5년**마다 다중이용업소의 **기본계획을 수립 · 시행**하여야 한다. 보기 ④

③ 시 · 도지사 → 소방청장

중요

**다중이용업법 제5 · 6조**

| 안전관리기본계획의 수립 | 안전관리집행계획의 수립 |
|---|---|
| 소방청장 | 소방본부장 |

답 ③

★★★

## 73 다중이용업소의 안전관리에 관한 특별법령상 화재위험평가 대행자의 등록을 반드시 취소해야 하는 사유에 해당하지 않는 것은?

① 평가서를 허위로 작성하거나 고의 또는 중대한 과실로 평가서를 부실하게 작성한 경우

② 다른 사람에게 등록증이나 명의를 대여한 경우

③ 거짓이나 그 밖의 부정한 방법으로 등록한 경우

④ 최근 1년 이내에 2회의 업무정지처분을 받고 다시 업무정지처분 사유에 해당하는 행위를 한 경우

해설 **다중이용업규칙 [별표 3]**
**화재위험평가 대행자**

| 행정처분 | 위반사항 |
|---|---|
| 1차 경고 | ① 평가대행자의 **기술인력 부족**<br>② 평가서 미보존<br>③ 등록 후 **2년** 이상 미실적<br>④ 평가대행자의 장비가 부족한 경우 |
| 1차 업무정지 **3월** | 타평가서 복제 |
| 1차 업무정지 **6월** | ① **1개월** 이상 시험장비 없는 경우<br>② **하도급**<br>③ 화재위험평가서 허위작성 |
| 2차 업무정지 **1월** | ① 평가대행자의 기술인력 부족<br>② 장비 부족<br>③ 평가서 미보존 |
| 2차 업무정지 **6월** | 타평가서 복제 |
| 1차 등록취소 | ① 기술인력 · 장비가 전혀 없는 경우<br>② 업무정지처분 기간 중 신규로 대행업무를 한 경우<br>③ **등록결격사유**에 해당하는 경우<br>④ **거짓**, 그 밖의 **부정한 방법**으로 등록 보기 ③<br>⑤ **최근 1년 이내 2회 업무정지처분** 받고 재업무정지처분 받은 때 보기 ④<br>⑥ **등록증 대여** 보기 ② |

답 ①

★★

## 74 다중이용업소의 안전관리에 관한 특별법령상 화재배상책임보험의 가입 촉진 및 관리에 관한 설명으로 옳지 않은 것은?

16회 문 75 / 14회 문 75

① 다중이용업주는 다중이용업주를 변경한 경우 화재배상책임보험에 가입한 후 그 증명서를 소방서장에게 제출하여야 한다.

② 화재배상책임보험에 가입한 다중이용업주는 화재배상책임보험에 가입한 영업소임을 표시하는 표지를 부착할 수 있다.

③ 보험회사는 화재배상책임보험에 가입하여야 할 자와 계약을 체결한 경우 소방서장에게 알려야 한다.

④ 소방서장은 다중이용업주가 화재배상책임보험에 가입하지 아니한 경우 허가취소를 하거나 영업정지를 할 수 있다.

해설 다중이용업법 제13조 3 제⑤항
**소방본부장** 또는 **소방서장**은 다중이용업주가 화재배상책임보험에 가입하지 아니하였을 때에는 허가관청에 다중이용업주에 대한 인가·허가의 취소, 영업의 정지 등 필요한 조치를 취할 것을 요청할 수 있다.

④ **소방서장**이 허가관청에 허가취소 또는 영업정지를 **요청**할 수 있지만, 직접 허가 취소 또는 영업정지를 할 수는 없다.

답 ④

★★
**75** **다중이용업소의 안전관리에 관한 특별법령상 용어의 설명으로 옳지 않은 것은?**

① "안전시설등"이란 소방시설, 비상구, 영업장 내부 피난통로 그 밖의 안전시설을 말한다.
② "영업장의 내부구획"이란 다중이용업소의 영업장 내부를 이용객들이 사용할 수 있도록 벽 또는 칸막이 등을 사용하여 구획된 실을 만드는 것을 말한다.
③ "실내장식물"이란 건축물 내부의 천장 또는 벽·바닥 등에 설치하는 것으로 옷장, 찬장 등 가구류가 포함된다.
④ "다중이용업"이란 불특정 다수인이 이용하는 영업 중 화재 등 재난발생시 생명·신체·재산상의 피해가 발생할 우려가 높은 영업을 말한다.

해설 다중이용업법 제2조
용어의 뜻

| 용 어 | 설 명 |
|---|---|
| 다중이용업 | 불특정 다수인이 이용하는 영업 중 화재 등 재난 발생시 생명·신체·재산상의 피해가 발생할 우려가 높은 것으로서 **대통령령**으로 정하는 영업 보기 ④ |
| 안전시설등 | 소방시설, **비상구, 영업장 내부 피난통로,** 그 밖의 안전시설로서 **대통령령**으로 정하는 것 보기 ① |
| 실내장식물 | 건축물 내부의 **천장** 또는 **벽**에 설치하는 것으로서 **대통령령**으로 정하는 것 보기 ③ |
| 화재위험평가 | 다중이용업소가 밀집한 지역 또는 건축물에 대하여 화재발생 가능성과 화재로 인한 불특정 다수인의 생명·신체·재산상의 피해 및 주변에 미치는 영향을 **예측·분석**하고 이에 대한 대책을 마련하는 것 |
| 밀폐구조의 영업장 | **지상층**에 있는 다중이용업소의 영업장 중 **채광·환기·통풍** 및 **피난** 등이 용이하지 못한 구조로 되어 있으면서 **대통령령**으로 정하는 기준에 해당하는 영업장 |
| 영업장의 내부구획 | 다중이용업소의 영업장 내부를 이용객들이 사용할 수 있도록 **벽** 또는 **칸막이** 등을 사용하여 구획된 실을 만드는 것 보기 ② |

③ **바닥**에 설치하는 것은 아님

답 ③

**제 4 과목** 위험물의 성질·상태 및 시설기준

★★★
**76** **제1류 위험물에 관한 설명으로 옳지 않은 것은?**

19회 문 76
16회 문 83
15회 문 86
13회 문 77
06회 문 98
05회 문 77
02회 문 99

① 모두 불연성 물질이며, 강력한 산화제로 열분해하여 산소를 발생시킨다.
② 브로민산염류, 질산염류, 아이오딘산염류는 지정수량이 300kg이고 위험등급 Ⅱ에 해당된다.
③ 물에 녹아 수용액 상태가 되면 산화성이 없어진다.
④ 무기과산화물, 퍼옥소붕산염류, 삼산화크로뮴은 물과 반응하여 산소를 발생하고 발열한다.

해설 제1류 위험물
(1) 모두 **불연성 물질**이며, 강력한 산화제로 열분해하여 **산소**를 발생시킨다. 보기 ①
(2) **브로민산염류, 질산염류, 아이오딘산염류**는 지정수량이 300kg이고 **위험등급** Ⅱ에 해당된다. 보기 ②
(3) 물에 녹아 수용액 상태가 되어도 산화성이 **없어지지 않는다.** 보기 ③

(4) **무기과산화물, 퍼옥소붕산염류, 삼산화크로뮴**은 **물**과 반응하여 **산소**를 발생하고 발열한다. 보기 ④

③ 되면 산화성이 없어진다. → 되어도 산화성이 없어지지 않는다.

중요

(1) **지정수량**(위험물령 [별표 1])

| 지정수량 | 품 명 |
|---|---|
| 50kg | • 염소산염류<br>• 아염소산염류<br>• 과염소산염류<br>• 무기과산화물 |
| 300kg | • 브로민산염류<br>• 질산염류<br>• 아이오딘산염류 |
| 1000kg | • 과망가니즈산염류<br>• 다이크로뮴산염류 |

※ **지정수량** : 대통령령으로 정하는 수량

(2) **위험물의 위험등급**(위험물규칙 [별표 19] Ⅴ)

| 구 분 | 위험등급 Ⅰ | 위험등급 Ⅱ | 위험등급 Ⅲ |
|---|---|---|---|
| 제1류 위험물 | • 아염소산염류<br>• 염소산염류<br>• 과염소산염류<br>• 무기과산화물<br>• 그 밖에 지정수량이 50kg인 위험물 | • 브로민산염류<br>• 질산염류<br>• 아이오딘산염류<br>• 그 밖에 지정수량이 300kg인 위험물 | 위험등급 Ⅰ, Ⅱ 이외의 것 |
| 제2류 위험물 | - | • 황화인<br>• 적린<br>• 황<br>• 그 밖에 지정수량이 100kg인 위험물 | |
| 제3류 위험물 | • 칼륨<br>• 나트륨<br>• 알킬알루미늄<br>• 알킬리튬<br>• 황린<br>• 그 밖에 지정수량이 10kg 또는 20kg인 위험물 | • 알칼리금속 및 알칼리토금속<br>• 유기금속화합물<br>• 그 밖에 지정수량이 50kg인 위험물 | |
| 제4류 위험물 | **특수인화물** | **• 제1석유류<br>• 알코올류** | |
| 제5류 위험물 | 지정수량이 10kg인 위험물 | 위험등급 Ⅰ 이외의 것 | |
| 제6류 위험물 | 모두 | - | |

답 ③

☆☆
**77** 제1류 위험물인 질산염류에 관한 설명으로 옳은 것은?
14회 문 81

① 질산나트륨은 흑색화약의 원료로 사용된다.
② 질산칼륨은 AN-FO 폭약의 원료로 사용된다.
③ 강력한 산화제로 염소산염류에 비해 불안정하여 폭약의 원료로 사용된다.
④ 물에 잘 녹으며 조해성이 있는 것이 많다.

해설 ① **질산칼륨**은 **흑색화약**의 원료로 사용된다.
② **질산암모늄**은 **AN-FO 폭약**의 원료로 사용된다.
③ **강력한 산화제**이지만 염소산염류보다 안정하다.
④ **물**에 **잘 녹으며 조해성**이 있는 것이 많다.

답 ④

☆
**78** 제2류 위험물인 황화인에 관한 설명으로 옳지 않은 것은?
11회 문 76

① 대표적으로 안정된 황화인은 $P_4S_3$, $P_2S_5$, $P_4S_7$이 있다.
② $P_4S_3$, $P_2S_5$, $P_4S_7$의 연소생성물은 오산화인과 이산화황으로 동일하며 유독하다.
③ $P_4S_3$, $P_2S_5$, $P_4S_7$는 찬물과 반응하여 가연성 가스인 황화수소가 발생된다.
④ 가열에 의해 매우 쉽게 연소하며 때에 따라 폭발한다.

해설 **황화인**

(1) 대표적으로 안정된 황화인은 **$P_4S_3$(삼황화인), $P_2S_5$(오황화인), $P_4S_7$(칠황화인)**이 있다. 보기 ①
(2) $P_4S_3$, $P_2S_5$, $P_4S_7$의 연소생성물은 **오산화인($P_2O_5$)**과 **이산화황($SO_2$)**으로 동일하며 유독하다. 보기 ②
(3) $P_2S_5$, $P_4S_7$은 **찬물**과 **반응**하여 가연성 가스인 **황화수소($H_2S$)**가 발생된다. 보기 ③
(4) 가열에 의해 매우 쉽게 연소하며 때에 따라 폭발한다. 보기 ④

③ $P_4S_3$는 찬물과 반응하지 않는다.

답 ③

★

## 79 물과 반응하여 가연성 가스인 메탄($CH_4$)이 발생되는 위험물을 모두 고른 것은?

18회 문 82 / 15회 문 84 / 14회 문 80 / 13회 문 80 / 09회 문 83

㉠ 인화알루미늄
㉡ 다이에틸아연
㉢ 탄화알루미늄
㉣ 수소화 알루미늄리튬
㉤ 메틸리튬

① ㉢, ㉤ ② ㉣, ㉤
③ ㉠, ㉡, ㉣ ④ ㉢, ㉣, ㉤

해설 ㉠ **인화알루미늄(AlP)** : 물과 반응하여 **포스핀($PH_3$)** 발생

$AlP + 3H_2O \rightarrow Al(OH)_3 + PH_3$(포스핀)

㉡ **다이에틸아연($Zn(C_2H_5)_2$)** : 물과 반응하여 **에탄($C_2H_6$)** 발생

$Zn(C_2H_5)_2 + 2H_2O \rightarrow Zn(OH)_2 + 2C_2H_6$(에탄)

㉢ **탄화알루미늄($Al_4C_3$)** : 물과 반응하여 가연성 가스인 **메탄**($CH_4$) 발생

$Al_4C_3 + 12H_2O \rightarrow 4Al(OH)_3 + 3CH_4$(메탄)

㉣ **수소화 알루미늄리튬($LiAlH_4$)** : 물과 반응하여 **수산화리튬**(LiOH)과 가연성 가스인 **수소**($H_2$) 발생

$LiAlH_4 + 4H_2O \rightarrow LiOH + Al(OH)_3 + 4H_2$(수소)

㉤ **메틸리튬($CH_3Li$)** : 물과 반응하여 가연성 가스인 **메탄**($CH_4$) 발생

$CH_3Li + H_2O \rightarrow LiOH + CH_4$(메탄)

답 ①

★★★

## 80 아세트알데하이드(Acetaldehyde)를 취급하는 제조설비의 재질로 사용할 수 있는 것은?

18회 문 81 / 16회 문 88 / 13회 문 91 / 12회 문 80 / 04회 문 94 / 03회 문 99

① 구리 ② 마그네슘
③ 은 ④ 철

해설 **위험물규칙 [별표 4]**
**아세트알데하이드, 산화프로필렌**
제4류 위험물(특수인화물)로서 **구리**(동)·**마그네슘**·**은**·**수은**으로 만들지 아니할 것 보기 ①②③

기억법 **구마은수**

답 ④

★★★

## 81 특수인화물에 해당하지 않는 것은?

15회 문100 / 10회 문100

① $C_2H_5OC_2H_5$ ② $CH_3CHCH_2O$
③ $CH_3COCH_3$ ④ $CH_3CHO$

해설 **특수인화물**
(1) 다이에틸**에**터($C_2H_5OC_2H_5$) 보기 ①
(2) **이**황화탄소($CS_2$)
(3) **아**세트**알**데하이드($CH_3CHO$) 보기 ④
(4) **산**화프로필렌($CH_3CHCH_2O$) 보기 ②

기억법 **특에이 아알산**

③ 제1석유류 : 아세톤($CH_3COCH_3$)

답 ③

★★

## 82 다이에틸에터를 장시간 저장할 때 폭발성의 불안정한 과산화물을 생성한다. 이러한 과산화물 생성 방지를 위한 방법으로 옳은 것은?

① 10% KI 용액을 첨가한다.
② 40mesh의 구리망을 넣어준다.
③ 30% 황산제일철을 넣어준다.
④ $CaCl_2$를 넣어준다.

해설 **다이에틸에터($C_2H_5OC_2H_5$)의 저장 및 취급방법**
(1) 폭발성의 과산화물 생성 방지를 위해 **40mesh**의 **구리망**을 넣어둘 것 보기 ②
(2) 정전기 방지를 위해 약간의 **염화칼슘**($CaCl_2$)을 넣어둘 것
(3) **갈색병**에 넣어 저장할 것
(4) 대량 저장시에는 **불활성 가스**를 봉입할 것

기억법 **에me4(애매하면 사라!)**

답 ②

★★★

## 83 제5류 위험물 중 나이트로화합물에 해당하는 물질로만 이루어진 것은?

① 나이트로셀룰로오스, 나이트로글리세린, 나이트로글리콜
② 트리나이트로톨루엔, 다이나이트로페놀, 나이트로글리콜
③ 나이트로글리세린, 펜트리트, 다이나이트로톨루엔
④ 트리나이트로톨루엔, 피크린산, 테트릴

해설 **제5류 위험물의 종류 및 지정수량**

| 성질 | 품 명 | 지정수량 | 대표물질 |
|---|---|---|---|
| 자기반응성 물질 | 유기과산화물 | • 제1종 : 10kg<br>• 제2종 : 100kg | ① 과산화벤조일<br>② 메틸에틸케톤퍼옥사이드 |
| | 질산에스터류 | | ① 질산메틸<br>② 질산에틸<br>③ 나이트로셀룰로오스<br>④ 나이트로글리세린<br>⑤ 나이트로글리콜<br>⑥ 셀룰로이드 |
| | 나이트로화합물 | | ① 피크린산<br>② 트리나이트로톨루엔<br>③ 트리나이트로벤젠 보기④<br>④ 테트릴 |
| | 나이트로소화합물 | | ① 파라나이트로소벤젠<br>② 다이나이트로소레조르신<br>③ 나이트로소아세트페논 |
| | 아조화합물 | | ① 아조벤젠<br>② 하이드록시아조벤젠<br>③ 아미노아조벤젠<br>④ 아족시벤젠 |
| | 다이아조화합물 | | ① 다이아조메탄<br>② 다이아조다이나이트로페놀<br>③ 다이아조카르복실산에스터<br>④ 질화납 |
| | 하이드라진유도체 | | ① 하이드라진<br>② 하이드라조벤젠<br>③ 하이드라지드<br>④ 염산하이드라진<br>⑤ 황산하이드라진 |

기억법 **나트피테(니트를 입고 비데에 앉아?)**

중요

**제5류 위험물**

| 지정수량 | 위험등급 |
|---|---|
| 제1종 : 10kg | Ⅰ |
| 제2종 : 100kg | Ⅱ |

답 ④

★★★

## 84 트리나이트로톨루엔(TNT)의 열분해생성물이 아닌 것은?

15회 문 87
05회 문 82

① $H_2$　　② $CO_2$

③ $CO$　　④ $N_2$

해설 **TNT(트리나이트로톨루엔)의 열분해반응식**

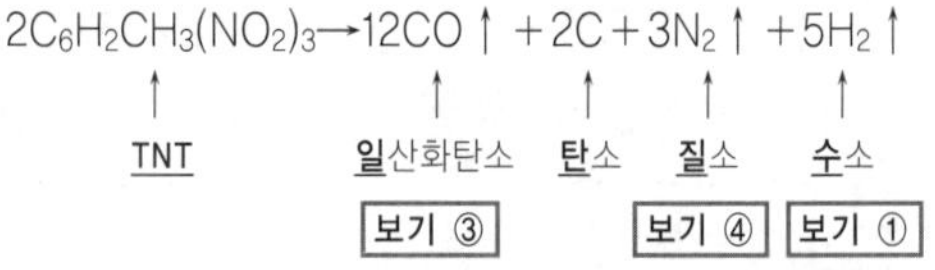


기억법 **TNT 일탄 수질**

답 ②

★★

## 85 옥내저장소에 질산칼륨 450kg, 염소산칼륨 300kg, 질산 600L를 저장하고 있다. 이 저장소는 지정수량의 몇 배를 저장하고 있는가? (단, 저장 중인 질산의 비중은 1.5이다.)

16회 문 98
15회 문 82
12회 문 93
11회 문 99

① 5.5　　② 9.5

③ 10.5　　④ 12.5

해설 (1) **질산**의 **질량**

$$\rho = \frac{m}{V}$$

여기서, $\rho$ : 밀도([$kg/m^3$] 또는 [kg/L])

$m$ : 질량[kg]

$V$ : 부피([$m^3$] 또는 [L])

4℃ 1기압에서 물의 밀도는 약 **1kg/L**이므로 어떤 물질의 비중과 밀도는 같다고 본다.

비중 1.5=밀도 1.5kg/L

질량 $m = \rho V = 1.5\text{kg/L} \times 600\text{L} = 900\text{kg}$

(2) **지정수량**의 **배수**

$$\text{지정수량의 배수} = \frac{\text{저장량}}{\text{지정수량}} + \frac{\text{저장량}}{\text{지정수량}} + \cdots$$

**| 지정수량 |**

| 물 질 | 품 명 | 지정수량 |
|---|---|---|
| 질산칼륨 | 질산염류<br>(제1류 위험물) | 300kg |
| 염소산칼륨 | 염소산염류<br>(제1류 위험물) | 50kg |
| 질산 | 제6류 위험물 | 300kg |

지정수량의 배수

$= \frac{450\text{kg}}{300\text{kg}} + \frac{300\text{kg}}{50\text{kg}} + \frac{900\text{kg}}{300\text{kg}}$

$= 10.5$배

답 ③

★★★
### 86 제6류 위험물에 관한 설명으로 옳지 않은 것은?

16회 문 82 / 15회 문 83 / 14회 문 85 / 13회 문 87 / 09회 문 25 / 08회 문 79 / 05회 문 80

① 농도가 30wt%인 과산화수소는 「위험물안전관리법령」상의 위험물이다.
② 과산화수소의 자연분해 방지를 위해 용기에 인산 또는 요산을 첨가한다.
③ 질산은 염산과 일정한 비율로 혼합되면 금과 백금을 녹일 수 있는 왕수가 된다.
④ 과염소산은 가열하면 폭발적으로 분해되고 유독성 염화수소를 발생한다.

해설 위험물령 [별표 1]

| 과산화수소 보기 ① | 질산 |
|---|---|
| 수용액의 농도<br>36wt% 이상 | 비중<br>1.49 이상 |
| 기억법 과36 | 기억법 질49 |

답 ①

★★★
### 87 위험물안전관리법령상 위험물별 지정수량과 위험등급의 연결이 옳지 않은 것은?

19회 문 88 / 18회 문 86 / 18회 문 71 / 16회 문 80 / 16회 문 85 / 15회 문 77 / 14회 문 77 / 14회 문 78 / 13회 문 76

① 에틸알코올, 메틸에틸케톤－400L－Ⅱ등급
② 질산암모늄, 수소화리튬－300kg－Ⅱ등급 또는 Ⅲ등급
③ 알킬알루미늄－10kg－Ⅰ등급
④ 철분, 마그네슘－500kg－Ⅲ등급

해설 지정수량과 위험등급

| 물 질 | 품 명 | 지정수량 | 위험등급 |
|---|---|---|---|
| 에틸알코올 | 알코올류<br>(제4류 위험물) | 400L | Ⅱ<br>보기 ① |
| 메틸에틸케톤 | 제1석유류<br>(비수용성) | 200L | Ⅱ<br>보기 ① |
| 질산암모늄 | 질산염류<br>(제1류 위험물) | 300kg | Ⅱ<br>보기 ② |
| 수소화리튬 | 금속의 수소화물<br>(제3류 위험물) | 300kg | Ⅲ<br>보기 ② |
| 알킬알루미늄 | 알킬알루미늄<br>(제3류 위험물) | 10kg | Ⅰ<br>보기 ③ |
| 철분 | 철분<br>(제2류 위험물) | 500kg | Ⅲ<br>보기 ④ |
| 마그네슘 | 마그네슘<br>(제2류 위험물) | 500kg | Ⅲ<br>보기 ④ |

답 ①

★★★
### 88 위험물안전관리법령상 옥외탱크저장소 주위에 확보하여야 하는 보유공지는 어느 부분을 기준으로 너비를 확보하는가?

① 방유제의 내벽
② 옥외저장탱크의 측면
③ 옥외저장탱크 밑판의 중심
④ 펌프시설의 중심

해설 위험물규칙 [별표 6] Ⅱ 보기 ②
옥외탱크저장소의 보유공지는 위험물의 최대수량에 따라 **옥외저장탱크의 측면**으로부터 다음의 표에 의한 **너비**의 **공지**를 **보유**하여야 한다.

‖ 보유공지 ‖

| 저장 또는 취급하는 위험물의 최대수량 | 공지의 너비 |
|---|---|
| 지정수량의 **500배** 이하 | 3m 이상 |
| 지정수량의 500배 초과 **1000배** 이하 | 5m 이상 |
| 지정수량의 1000배 초과 **2000배** 이하 | 9m 이상 |
| 지정수량의 2000배 초과 **3000배** 이하 | 12m 이상 |
| 지정수량의 3000배 초과 **4000배** 이하 | 15m 이상 |
| 지정수량의 **4000배** 초과 | 당해 탱크의 수평단면의 최대지름(가로형인 경우에는 긴 변)과 높이 중 큰 것과 같은 거리 이상(단, **30m 초과**의 경우에는 **30m 이상**으로 할 수 있고, **15m 미만**의 경우에는 **15m 이상**으로 하여야 한다). |

답 ②

★★★
## 89 위험물안전관리법령상 하이드록실아민 등을 취급하는 제조소의 담 또는 토제 설치기준에 관한 내용이다. (  )에 알맞은 숫자를 순서대로 나열한 것은?

09회 문 96

> 제조소 주위에는 공작물 외측으로부터 (  )m 이상 떨어진 장소에 담 또는 토제를 설치하고 담의 두께는 (  )cm 이상의 철근콘크리트조로 하고, 토제의 경우 경사면의 경사도는 (  )도 미만으로 한다.

① 2, 15, 60　② 2, 20, 45
③ 3, 15, 60　④ 3, 20, 45

해설 **위험물규칙 [별표 4]**
**하이드록실아민 등을 취급하는 제조소의 특례기준**
(1) 담 또는 토제는 해당 제조소의 외벽 또는 이에 상당하는 공작물의 외측으로부터 **2m** 이상 떨어진 장소에 설치할 것
(2) 담 또는 토제의 높이는 해당 제조소에 있어서 하이드록실아민 등을 취급하는 부분의 높이 이상으로 할 것
(3) 담은 두께 **15cm** 이상의 **철근콘크리트조·철골철근콘크리트조** 또는 두께 **20cm** 이상의 **보강콘크리트블록조**로 할 것
(4) 토제의 경사면의 경사도는 **60°** 미만으로 할 것

답 ①

★★★
## 90 위험물안전관리법령상 제조소 등에 설치하는 비상구 설치기준으로 옳지 않은 것은?

① 출입구와 같은 방향에 있지 아니하고, 출입구로부터 3미터 이상 떨어져 있을 것
② 작업장 각 부분으로부터 하나의 비상구까지 수평거리는 50미터 이하가 되도록 할 것
③ 비상구의 너비는 0.75미터 이상, 높이는 1.5미터 이상으로 할 것
④ 피난방향으로 열리는 구조이며, 항상 잠겨 있는 구조로 할 것

해설 **산업안전보건기준에 관한 규칙 제17조**
**제조소에 설치하는 비상구 설치기준**
(1) 출입구와 같은 방향에 있지 아니하고, 출입구로부터 **3m** 이상 떨어져 있을 것 **보기 ①**
(2) 작업장의 각 부분으로부터 하나의 비상구 또는 출입구까지의 수평거리가 **50m** 이하가 되도록 할 것(단, 작업장이 있는 층에 피난층(직접 지상으로 통하는 출입구가 있는 층과 피난안전구역) 또는 지상으로 통하는 직통계단(경사로 포함)을 설치한 경우에는 그 부분에 한정하여 본문에 따른 기준을 충족한 것으로 본다) **보기 ②**
(3) 비상구의 너비는 **0.75m** 이상으로 하고, 높이는 **1.5m** 이상으로 할 것 **보기 ③**
(4) 비상구의 문은 피난방향으로 열리도록 하고, **실내에서 항상 열 수 있는 구조**로 할 것 **보기 ④**

> ④ 항상 잠겨있는 구조 → 실내에서 항상 열 수 있는 구조

답 ④

★★★
## 91 위험물제조소의 옥외에 있는 위험물 취급탱크 2기가 방유제 내에 있다. 방유제의 최소내용적($m^3$)은 얼마인가?

13회 문 90
09회 문 89
08회 문 77
04회 문 86
02회 문 76

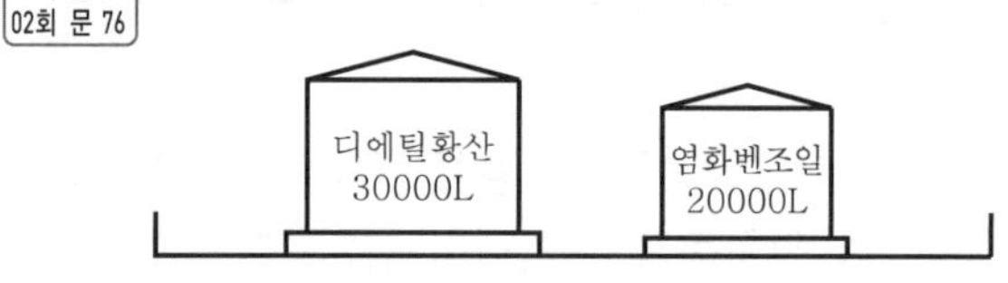


① 15　② 17
③ 32　④ 33

해설 **위험물규칙 [별표 4]**
**위험물제조소의 방유제용량**
=탱크최대용량×0.5+기타 탱크용량의 합×0.1
=30000L×0.5+20000L×0.1
=17000L
=$17m^3$

> • $1000L=1m^3$이므로 $17000L=17m^3$

중요

**방유제용량**

| 위험물제조소 | 옥외탱크저장소 |
|---|---|
| ① **1기의 탱크**<br>방유제용량=탱크용량×0.5<br>② **2기 이상의 탱크**<br>방유제용량=탱크최대용량×0.5+기타 탱크용량의 합×0.1 | ① 1기의 탱크<br>방유제용량=탱크용량×1.1<br>② 2기 이상의 탱크<br>방유제용량=탱크최대용량×1.1 |

답 ②

★★

**92** 위험물안전관리법령상 옥외저장소에 저장 또는 취급할 수 없는 위험물은? (단, 국제해상위험물규칙에 적합한 용기에 수납된 경우, 보세구역 안에 저장하는 경우에는 제외한다.)

18회 문 99 / 11회 문 89 / 09회 문 78 / 02회 문 93

① 벤젠 ② 톨루엔
③ 피리딘 ④ 에틸알코올

해설 위험물령 [별표 2]
옥외저장소에 저장·취급할 수 있는 위험물
(1) 황
(2) 인화성 고체(인화점이 0℃ 이상인 것에 한함)
(3) 제1석유류(인화점이 0℃ 이상인 것에 한함)
(4) 제2석유류
(5) 제3석유류
(6) 제4석유류
(7) 알코올류
(8) 동식물유류
(9) 제6류 위험물

제1석유류·알코올류의 인화점

| 종 류 | 제1석유류 | | | 알코올류 |
|---|---|---|---|---|
| | 벤젠 | 톨루엔 | 피리딘 | 에틸알코올 |
| 인화점 | -11℃ | 4℃ | 20℃ | 13℃ |

① 벤젠은 제1석유류이지만 -11℃로 인화점이 0℃ 이상이 아니므로 옥외저장소에 저장 또는 취급할 수 없다.

답 ①

★★

**93** 위험물안전관리법령상 이송취급소를 설치할 수 없는 장소는? (단, 지형상황 등 부득이한 경우 또는 횡단의 경우는 제외한다.)

06회 문 62 / 05회 문 90

① 시가지도로의 노면 아래
② 산림 또는 평야
③ 고속국도의 갓길
④ 지하 또는 해저

해설 위험물규칙 [별표 15]
이송취급소의 설치제외장소
(1) **철도** 및 **도로**의 **터널 안**
(2) **고속국도** 및 **자동차전용도로**의 차도·**갓길** 및 중앙분리대 보기 ③
(3) **호수·저수지** 등으로서 수리의 수원이 되는 곳
(4) **급경사지역**으로서 붕괴의 위험이 있는 지역

답 ③

★★★

**94** 위험물안전관리법령상 옥외저장탱크의 대기밸브 부착 통기관은 얼마 이하의 압력차(kPa)로 작동되어야 하는가?

03회 문 78

① 5 ② 7
③ 10 ④ 20

해설 위험물규칙 [별표 6]
옥외저장탱크의 통기장치

| 밸브 없는 통기관 | 대기밸브 부착 통기관 보기 ① |
|---|---|
| ① 지름 : **30mm** 이상<br>② 끝부분 : **45°** 이상<br>③ 인화방지장치 : 인화점이 38℃ 미만인 위험물만을 저장 또는 취급하는 탱크에 설치하는 통기관에는 화염방지장치를 설치하고, 그 외의 탱크에 설치하는 통기관에는 40메시(Mesh) 이상의 구리망 또는 동등 이상의 성능을 가진 인화방지장치를 설치할 것(단, 인화점 **70℃** 이상의 위험물만을 해당 위험물의 인화점 미만의 온도로 저장 또는 취급하는 탱크에 설치하는 통기관은 제외) | ① 작동압력 차이 : **5kPa** 이하<br>② 인화방지장치 : 인화점이 38℃ 미만인 위험물만을 저장 또는 취급하는 탱크에 설치하는 통기관에는 화염방지장치를 설치하고, 그 외의 탱크에 설치하는 통기관에는 40메시(Mesh) 이상의 구리망 또는 동등 이상의 성능을 가진 인화방지장치를 설치할 것(단, 인화점 **70℃** 이상의 위험물만을 해당 위험물의 인화점 미만의 온도로 저장 또는 취급하는 탱크에 설치하는 통기관은 제외) |

답 ①

★★★

**95** 위험물안전관리법령상 옥내탱크저장소의 저장탱크에 크레오소트유(creosote oil)를 저장하고자 할 때 최대용량(L)은?

① 20000 ② 40000
③ 60000 ④ 80000

해설 위험물규칙 [별표 7]
옥내탱크저장소의 용량

| 지정수량의 40배 이하 | 20000L 이하 (20000L 초과시에는 20000L) |
|---|---|
| ① 제4석유류(기어유·실린더유)<br>② 동식물유류 | ① 특수인화물(다이에틸에터, 이황화탄소)<br>② 제1석유류(아세톤, 휘발유)<br>③ 제2석유류(등유, 경유)<br>④ 제3석유류(중유, 크레오소트유) 보기 ①<br>⑤ 알코올류 |

답 ①

★★★

**96** 다음 그림과 같은 저장탱크에 중유를 저장하고자 한다. 지정수량의 최대 몇 배를 저장할 수 있는가? (단, 공간용적은 10%이고, 원주율은 3.14, 소수점 셋째자리에서 반올림한다.)

05회 문 86 / 04회 문 93

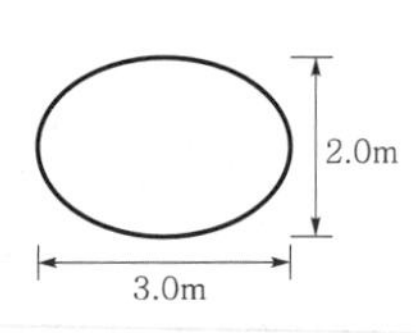

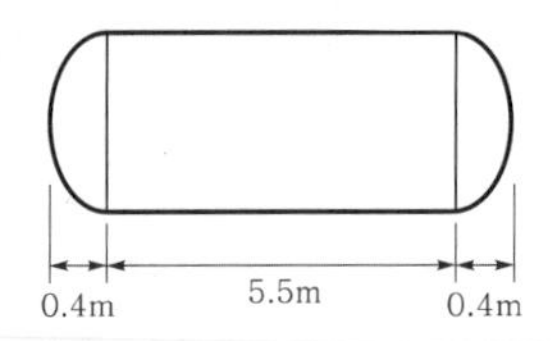


① 12.22 ② 13.03
③ 13.58 ④ 14.47

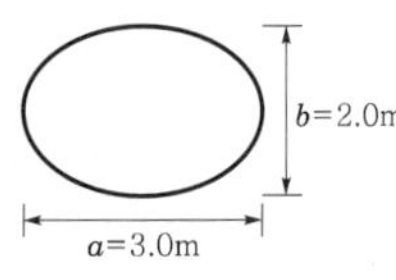

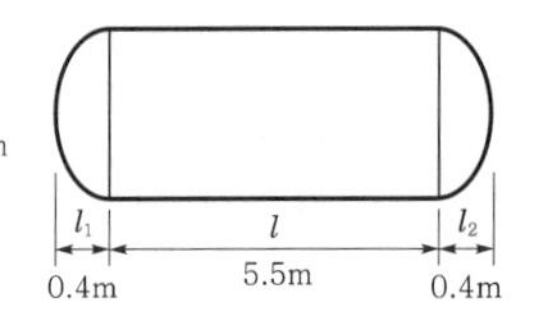


(1) **내용적**

$$\text{내용적} = \frac{\pi ab}{4}\left(l + \frac{l_1 + l_2}{3}\right)$$

$$= \frac{3.14 \times 3\text{m} \times 2\text{m}}{4} \times \left(5.5\text{m} + \frac{0.4\text{m} + 0.4\text{m}}{3}\right)$$

$\fallingdotseq 27.161\text{m}^3$

원주율 $= \pi$

(2) **저장량**

저장량=내용적×(1−공간용적)

$= 27161\text{L} \times (1 - 0.1)$

$\fallingdotseq 24445\text{L}$

용어

**공간용적**
압력, 온도 등의 변화에 의하여 탱크 내 위험물의 팽창에 대비하기 위한 여유공간

(3) **중유 지정수량**의 **배수**

$$\text{지정수량의 배수} = \frac{\text{저장량}}{\text{지정수량}}$$

$$= \frac{24445\text{L}}{2000\text{L}} \fallingdotseq 12.22\text{배}$$

• 중유의 지정수량 : 2000L

답 ①

★★

**97** 위험물안전관리법령상 수소충전설비를 설치한 주유취급소의 충전설비 설치기준으로 옳지 않은 것은?

19회 문100

① 자동차 등의 충돌을 방지하는 조치를 마련할 것
② 충전호스는 200kg중 이하의 하중에 의하여 깨져 분리되거나 이탈되어야 하며, 깨져 분리되거나 이탈된 부분으로부터 가스누출을 방지할 수 있는 구조일 것
③ 급유공지 또는 주유공지에 설치할 것
④ 충전호스는 자동차 등의 가스충전구와 정상적으로 접속하지 않는 경우에는 가스가 공급되지 않는 구조로 할 것

해설 **위험물규칙 [별표 13]**
**수소충전설비를 설치한 주유취급소의 충전설비 설치기준**

(1) 자동차 등의 **충돌**을 **방지**하는 조치를 마련할 것 **보기 ①**
(2) 충전호스는 **200kg중 이하**의 하중에 의하여 깨져 분리되거나 이탈되어야 하며, 깨져 분리되거나 이탈된 부분으로부터 가스누출을 방지할 수 있는 구조일 것 **보기 ②**
(3) **급유공지** 또는 **주유공지 외**의 장소에 설치할 것 **보기 ③**
(4) 충전호스는 자동차 등의 가스충전구와 정상적으로 접속하지 않는 경우에는 가스가 공급되지 않는 구조로 할 것 **보기 ④**

③ 급유공지 또는 주유공지 → 급유공지 또는 주유공지 외

답 ③

★

**98** 제4류 위험물 제1석유류인 아세톤 1000L를 사용하는 취급소의 살수기준면적이 465m$^2$라면, 소화설비 적응성을 갖기 위한 스프링클러설비의 최소 방사량(m$^3$/min)은? (단, 위험물을 취급하는 설비 또는 부분이 넓게 분산되어 있지 않다. 소수점 셋째자리에서 반올림한다.)

① 3.77 ② 4.05
③ 5.67 ④ 6.10

해설 **위험물규칙 [별표 17]**

(1) **방사밀도**

| 살수기준면적 $(m^2)$ | 방사밀도$(L/m^2 \cdot 분)$ | |
|---|---|---|
| | 인화점 38℃ 미만 | 인화점 38℃ 이상 |
| 279 미만 | 16.3 이상 | 12.2 이상 |
| 279 이상 372 미만 | 15.5 이상 | 11.8 이상 |
| 372 이상 465 미만 | 13.9 이상 | 9.8 이상 |
| 465 이상 → | 12.2 이상 | 8.1 이상 |

※ **비고** : 살수기준면적은 내화구조의 벽 및 바닥으로 구획된 하나의 실의 바닥면적을 말하고, 하나의 실의 바닥면적이 $465m^2$ 이상인 경우의 살수기준면적은 **$465m^2$**로 한다. 다만, 위험물의 취급을 주된 작업내용으로 하지 아니하고 소량의 위험물을 취급하는 설비 또는 부분이 넓게 분산되어 있는 경우에는 방사밀도는 **$8.2L/m^2 \cdot$ 분** 이상, 살수기준면적은 **$279m^2$** 이상으로 할 수 있다.

아세톤의 인화점 : −18℃로서 38℃ 미만이므로 12.2 선정

(2) 방사량=방사밀도$(L/m^2 \cdot 분)$×살수기준면적$(m^2)$
$=12.2L/m^2 \cdot min \times 465m^2$
$=5673L/min ≒ 5.67m^3/min$

$1000L=1m^3$이므로 $5673L/min=5.673m^3/min ≒ 5.67m^3/min$

답 ③

★★
## 99 위험물안전관리법령상 제1종 판매취급소의 위치·구조 및 설비의 기준에 관한 설명으로 옳지 않은 것은?

18회 문 98 / 16회 문 97 / 15회 문 98 / 14회 문 91 / 11회 문 84 / 10회 문 55 / 03회 문 93

① 상층이 없는 경우 지붕은 내화구조 또는 불연재료로 한다.

② 취급하는 위험물은 지정수량 20배 이하로 한다.

③ 상층이 있는 경우 상층의 바닥을 내화구조로 한다.

④ 저장하는 위험물은 지정수량 40배 이하로 한다.

해설 **위험물규칙 [별표 14]**

**제1종 판매취급소의 위치·구조 및 설비의 기준**

(1) 상층이 **없는** 경우 **지붕**은 **내화구조** 또는 **불연재료**로 한다. 보기 ①

(2) **취급**하는 위험물은 지정수량 **20배** 이하로 한다. 보기 ②

(3) 상층이 **있는** 경우 상층의 **바닥**을 **내화구조**로 한다. 보기 ③

(4) **저장**하는 위험물은 지정수량 **20배** 이하로 한다. 보기 ④

④ 40배 → 20배

비교

**판매취급소의 종류**

| 제1종 판매취급소 | 제2종 판매취급소 |
|---|---|
| 저장·취급하는 위험물의 수량이 지정수량의 **20배** 이하인 판매취급소 | 저장·취급하는 위험물의 수량이 지정수량의 **40배** 이하인 판매취급소 |

답 ④

★★★
## 100 위험물안전관리법령상 주유취급소의 위치·구조 및 설비의 기준에 관한 내용이다. ( )에 알맞은 숫자를 순서대로 나열한 것은?

11회 문100 / 08회 문 93 / 04회 문 68 / 03회 문100

주유취급소의 고정주유설비의 주위에는 주유를 받으려는 자동차 등이 출입할 수 있도록 너비 ( )m 이상, 길이 ( )m 이상의 콘크리트 등으로 포장한 공지를 보유하여야 한다.

① 6, 10

② 6, 15

③ 10, 6

④ 15, 6

해설 **위험물규칙 [별표 13]**

주유취급소의 **고정주유설비**의 주위에는 주유를 받으려는 자동차 등이 출입할 수 있도록 너비 **15m** 이상, 길이 **6m** 이상의 **콘크리트** 등으로 포장한 공지를 보유하여야 한다.

답 ④

## 제 5 과목 소방시설의 구조 원리

★★★

**101** 특정소방대상물별 소화기구의 능력단위 기준에 관한 설명으로 옳은 것은? (단, 주요구조부는 내화구조가 아님)

15회 문102
13회 문101
11회 문106

① 위락시설 : 바닥면적 $50m^2$마다 능력단위 1단위 이상
② 장례시설 : 바닥면적 $100m^2$마다 능력단위 1단위 이상
③ 관광휴게시설 : 바닥면적 $100m^2$마다 능력단위 1단위 이상
④ 창고시설 : 바닥면적 $200m^2$마다 능력단위 1단위 이상

해설 **특정소방대상물별 소화기구의 능력단위기준**(NFTC 101 2.1.1.2)

| 특정소방대상물 | 능력단위 (바닥면적) | 건축물의 주요구조부가 **내화구조**이고, 벽 및 반자의 실내에 면하는 부분이 **불연재료·준불연재료** 또는 **난연재료**로 된 특정소방대상물의 능력단위 |
|---|---|---|
| • **위**락시설 **보기 ①**<br>기억법 위3(위상) | 바닥면적 **30m²**마다 1단위 이상 | 바닥면적 **60m²**마다 1단위 이상 |
| • **공연**장<br>• **집**회장<br>• **관람**장 및 **문**화재<br>• **의**료시설 · **장**례시설 **보기 ②**<br>기억법 5공연장 문의 집관람(손오공 연장 문의 집관람) | 바닥면적 **50m²**마다 1단위 이상 | 바닥면적 **100m²**마다 1단위 이상 |
| • **근**린생활시설<br>• **판**매시설<br>• 운수시설<br>• **숙**박시설<br>• **노**유자시설<br>• **전**시장<br>• 공동**주**택<br>• **업**무시설<br>• **방**송통신시설<br>• 공장 · **창**고시설 **보기 ④**<br>• **항**공기 및 자동**차** 관련시설 및 **관광**휴게시설 **보기 ③**<br>기억법 근판숙노전 주업방차창 1항 관광(근판숙노전 주업방차창 일본항관광) | 바닥면적 **100m²**마다 1단위 이상 | 바닥면적 **200m²**마다 1단위 이상 |
| • 그 밖의 것 | 바닥면적 **200m²**마다 1단위 이상 | **400m²**마다 1단위 이상 |

① $50m^2$ → $30m^2$
② $100m^2$ → $50m^2$
④ $200m^2$ → $100m^2$

답 ③

★★

**102** 미분무소화설비의 방수구역 내에 설치된 미분무헤드의 개수가 20개, 헤드 1개당 설계유량은 50L/min, 방사시간 1시간, 배관의 총체적 $0.06m^3$이며, 안전율은 1.2일 경우 본 소화설비에 필요한 최소 수원의 양($m^3$)은?

① 72.06 ② 74.06
③ 76.06 ④ 78.06

해설 **미분무소화설비**의 **수원**(NFTC 104A 2.3.4)

$$Q = NDTS + V$$

여기서, $Q$ : 수원의 양[$m^3$]
$N$ : 방호구역(방수구역) 내 헤드의 개수
$D$ : 설계유량[$m^3$/min]
$T$ : 설계방수시간[min]
$S$ : 안전율(1.2 이상)
$V$ : 배관의 총체적[$m^3$]

**수원**의 **양** $Q$는

$Q = NDTS + V$

$= 20개 \times 0.05m^3/min \times 60min \times 1.2 + 0.06m^3$

$= 72.06m^3$

- $N$(20개)
- $D$(0.05m³/min) : 1000L=1m³이므로 50L/min=0.05m³/min
- $T$(60min) : 1시간=60min
- $S$(1.2)
- $V$(0.06m³)

답 ①

★★★
**103** 16회 문101

**도로터널의 화재안전기준에 관한 내용으로 옳지 않은 것은?**

① 소화전함과 방수구는 주행차로 우측 측벽을 따라 50m 이내의 간격으로 설치하며, 편도 2차선 이상의 양방향 터널이나 4차로 이상의 일방향 터널의 경우에는 양쪽 측벽에 각각 50m 이내의 간격으로 엇갈리게 설치할 것
② 물분무설비의 하나의 방수구역은 25m 이상으로 하며, 4개 방수구역을 동시에 20분 이상 방수할 수 있는 수량을 확보할 것
③ 제연설비의 설계화재강도는 20MW를 기준으로 하고, 이때 연기발생률은 80m³/s로 할 것
④ 연결송수관설비의 방수압력은 0.35MPa 이상, 방수량은 400L/min 이상을 유지할 수 있도록 할 것

해설 **도로터널**

**보기 ①** NFPC 제6조 제1호(NFTC 603 2.2.1.1) :
옥내소화전설비의 소화전함과 방수구는 주행차로 우측 측벽을 따라 **50m** 이내의 간격으로 설치하며, **편도 2차선 이상**의 **양방향 터널**이나 **4차로** 이상의 **일방향 터널**의 경우에는 양쪽 측벽에 각각 50m 이내의 간격으로 엇갈리게 설치할 것

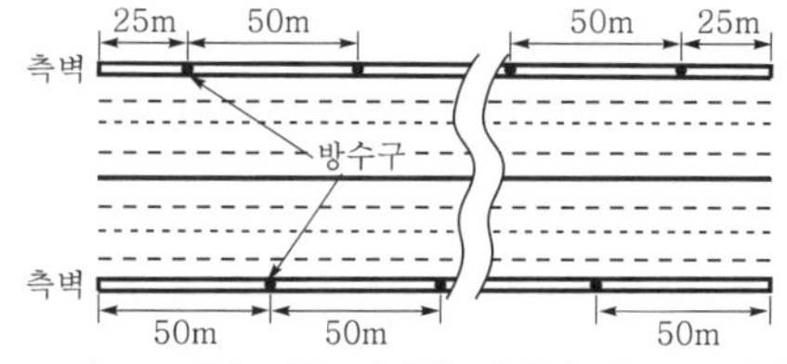


‖ 편도 2차선 이상 양방향 터널의 방수구 설치 ‖

**보기 ②** NFPC 제7조 제2호(NFTC 603 2.3.1.2) :
물분무설비의 하나의 방수구역은 **25m** 이상으로 하며, **3개** 방수구역을 동시에 **40분** 이상 방수할 수 있는 수량을 확보할 것

**보기 ③** NFPC 제11조(NFTC 603 2.7.1.1) :
제연설비의 설계화재강도 **20MW**를 기준으로 하고, 이때 연기발생률은 **80m³/s**로 하며, 배출량은 발생된 연기와 혼합된 공기를 충분히 배출할 수 있는 용량 이상을 확보할 것

**보기 ④** NFPC 제12조(NFTC 603 2.8.1.1) :
연결송수관설비의 방수압력은 **0.35MPa** 이상, 방수량은 **400L/min** 이상을 유지할 수 있도록 할 것

② 4개 → 3개, 20분 → 40분

답 ②

★★★
**104** 17회 문123 07회 문114 03회 문105

**소화수조 및 저수조의 화재안전기준에 관한 내용으로 옳지 않은 것은?**

① 지하에 설치하는 소화용수설비의 흡수관 투입구는 그 한 변이 0.6m 이상이거나 직경이 0.6m 이상인 것, 소요수량이 80m³ 미만인 것은 1개 이상, 80m³ 이상인 것은 2개 이상을 설치한다.
② 1층과 2층의 바닥면적의 합계가 32000m² 인 경우 소화수조의 저수량은 100m³ 이상이어야 한다.
③ 소화수조 또는 저수조가 지표면으로부터의 깊이가 4.5m 이상인 지하에 있는 경우에는 소요수량에 관계없이 가압송수장치의 분당 양수량은 1100L 이상으로 설치한다.
④ 소화용수설비를 설치하여야 할 특정소방대상물에 있어서 유수의 양이 0.8m³/min 이상인 유수를 사용할 수 있는 경우에는 소화수조를 설치하지 아니할 수 있다.

해설 **소화수조** 및 **저수조**(NFPC 402 제4~5조, NFTC 402 2.1~2.2)

(1) **흡수관 투입구**(지하에 설치하며, 한 변 또는 직경이 **0.6m** 이상)

| 소요수량 | 80m³ 미만 | 80m³ 이상 |
|---|---|---|
| 흡수관 투입구 수 | 1개 이상 | 2개 이상 |

(2) **소화수조**의 **저수량** $Q$

$$Q = \frac{연면적}{기준면적}(절상) \times 20m^3$$

17회

$$= \frac{32000\text{m}^2}{7500\text{m}^2}(\text{절상}) \times 20\text{m}^3$$
$$= 5 \times 20\text{m}^3 = 100\text{m}^3$$

참고

**저수량 산출**

| 구 분 | 기준면적 |
|---|---|
| 지상 1층 및 2층의 바닥면적합계 15000m² 이상 | 7500m² |
| 기타 | 12500m² |

(3) **가압송수장치**의 분당 **양수량**(4.5m 이상의 지하의 경우 다음 표에 의할 것)

| 저수량 | 20~40m³ 미만 | 40~100m³ 미만 | 100m³ 이상 |
|---|---|---|---|
| 분당 양수량 | 1100L 이상 | 2200L 이상 | 3300L 이상 |

(4) 소화용수설비를 설치하여야 할 특정소방대상물에 있어서 유수의 양이 **0.8m³/min** 이상인 유수를 사용할 수 있는 경우에는 소화수조를 설치하지 아니할 수 있다.

③ 소요수량에 따라 1100L 이상, 2200L 이상, 3300L 이상으로 설치

답 ③

★★★
## 105

12회 문 30
09회 문 46

**경유를 저장한 직경 40m인 플로팅루프탱크에 고정포방출구를 설치하고 소화약제는 수성막포농도 3%, 분당 방출량 10L/m², 방사시간 20분으로 설계할 경우 본 포소화설비의 고정포방출구에 필요한 소화약제량(L)은 약 얼마인가? (단, 탱크내면과 굽도리판의 간격은 1.4m, 원주율은 3.14, 기타 제시되지 않은 것은 고려하지 않음)**

① 1018.11 ② 1108.11
③ 1058.11 ④ 1208.11

해설 **고정포방출구**

$$Q = A \times Q_1 \times T \times S$$

여기서, $Q$ : 수용액·수원·약제량[L]
$A$ : 탱크의 액표면적[m²]
$Q_1$ : 수용액의 분당방출량[L/m²·min]
$T$ : 방사시간[분]
$S$ : 농도

**고정포방출구**의 **방출량** $Q$는

$$Q = A \times Q_1 \times T \times S$$
$$= \frac{3.14}{4}(40^2 - 37.2^2)\text{m}^2 \times 10\text{L/m}^2 \cdot \text{min} \times 20\text{min} \times 0.03 = 1018.11\text{L}$$

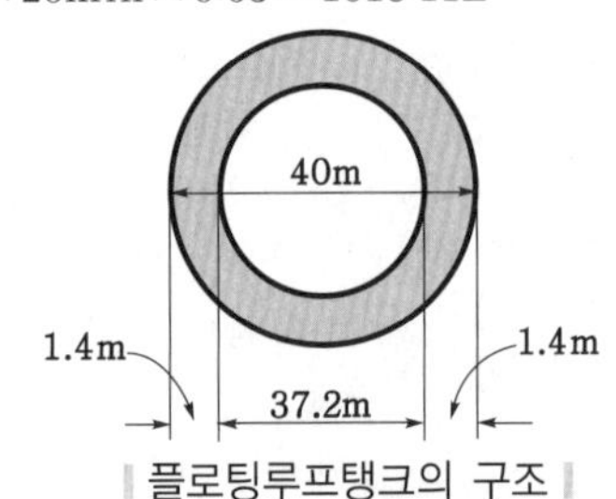


| 플로팅루프탱크의 구조 |

- $A$(탱크의 액표면적) : 탱크표면의 표면적만 고려하여야 하므로 문제에서 굽도리판의 간격 **1.4m**를 적용하여 그림에서 빗금 친 부분만 적용하여 $\frac{3.14}{4}(40^2 - 37.2^2)\text{m}^2$로 계산하여야 한다. 꼭 기억해 두어야 할 사항은 굽도리판의 간격을 적용하는 것은 **플로팅루프탱크**의 경우에만 한한다는 것이다.
- $Q_1$(수용액의 분당방출량) : 문제에서 **10L/m²·min**
- $T$(방사시간) : 문제에서 **20min**
- $S$(농도) : 소화약제량이므로 3%=0.03이다.

답 ①

★★
## 106

19회 문104
19회 문108
18회 문113
18회 문123
14회 문103
11회 문111
10회 문 34
10회 문112

**스프링클러설비의 화재안전기준에 관한 내용으로 옳은 것은?**

① 50층인 초고층건축물에 스프링클러설비를 설치할 때 본 설비의 유효수량과 옥상에 설치한 수원의 양을 합한 수원의 양은 100m³이다.
② 소방펌프의 성능은 체절운전시 정격토출압력의 150%를 초과하지 아니하고, 정격토출량의 140%로 운전시 정격토출압력의 65% 이상이 되어야 한다.
③ 성능시험배관은 펌프의 토출측에 설치된 개폐밸브 이후에서 분기하여 설치하고, 유량측정장치를 기준으로 전단 및 후단의 직관부에 개폐밸브를 설치한다.
④ 가압송수장치에는 체절운전시 수온의 상승을 방지하기 위한 순환배관을 설치할 것. 다만, 충압펌프의 경우에는 그러하지 아니하다.

해설 **스프링클러설비**의 **화재안전기준**(NFPC 103 제4조, 제8조, NFTC 103 2.1)

① **스프링클러설비**(폐쇄형)

$Q = 1.6N$(1~29층 이하)
$Q = 3.2N$(30~49층 이하)
$Q = 4.8N$(50층 이상)

여기서, $Q$ : 수원의 저수량[m$^3$]
$N$ : 폐쇄형 헤드의 기준개수(설치개수가 기준개수보다 적으면 그 설치개수)

옥상수원 $Q = 1.6N \times \frac{1}{3}$

$\left(30\text{~}49\text{층 이하} : 3.2N \times \frac{1}{3},\ 50\text{층 이상} : 4.8N \times \frac{1}{3}\right)$

여기서, $Q$ : 수원의 저수량[m$^3$]
$N$ : 폐쇄형 헤드의 기준개수(설치개수가 기준개수보다 적으면 그 설치개수)

중요

**폐쇄형 헤드의 기준개수**

| 특정소방대상물 | | 폐쇄형 헤드의 기준개수 |
|---|---|---|
| 지하가 · 지하역사 | | 30 |
| 11층 이상 | | 30 |
| 10층 이하 | 공장(특수가연물) | 30 |
| 10층 이하 | 판매시설(백화점 등), 복합건축물(판매시설이 설치된 것) | 30 |
| 10층 이하 | 근린생활시설, 운수시설, 복합건축물(판매시설 미설치) | 20 |
| 10층 이하 | 8m 이상 | 20 |
| 10층 이하 | 8m 미만 | 10 |
| 공동주택(아파트 등) | | 10(각 동이 주차장으로 연결된 주차장 : 30) |

**50층** 이상이므로

㉠ 유효수량 $Q = 4.8N = 4.8 \times 30 = 144\text{m}^3$

㉡ 옥상수원 $Q = 4.8N \times \frac{1}{3}$
$= 4.8 \times 30 \times \frac{1}{3} = 48\text{m}^3$

㉢ 전체 수원의 양=유효수량+옥상수원
$= 144\text{m}^3 + 48\text{m}^3$
$= 192\text{m}^3$ 보기 ①

- 11층 이상이므로 기준개수 $N = 30$개
- 50층이므로 $Q = 4.8N$, $Q = 4.8N \times \frac{1}{3}$ 적용

② 펌프의 성능은 체절운전시 정격토출압력의 **140%**를 초과하지 아니하고, 정격토출량의 **150%**로 운전시 정격토출압력의 **65%** 이상이 되어야 한다. 보기 ②

③ 성능시험배관은 펌프의 토출측에 설치된 **개폐밸브 이전**에서 분기하여 설치하고, 유량측정장치를 기준으로 **전단 직관부**에 **개폐밸브**를, **후단 직관부**에는 **유량조절밸브**를 설치할 것 보기 ③

④ 가압송수장치에는 체절운전시 수온의 상승을 방지하기 위한 **순환배관**을 설치할 것. 다만, **충압펌프**의 경우에는 그러하지 아니하다. 보기 ④

답 ④

★
**107** **승강식 피난기 및 하향식 피난구용 내림식 사다리에 관한 설치기준으로 옳은 것은?**
16회 문110

① 하강구 내측에는 기구의 연결 금속구 등이 있어야 하며 전개된 피난기구는 하강구·수직투영면적 공간 내의 범위를 침범하지 않는 구조이어야 할 것

② 승강식 피난기 및 하향식 피난구용 내림식 사다리는 설치경로가 설치층에서 옥상층까지 연계될 수 있는 구조로 설치할 것. 단, 건축물 구조 및 설치 여건상 불가피한 경우에는 그러하지 아니한다.

③ 대피실의 출입문은 60분+방화문 또는 60분 방화문으로 설치하고, 피난방향에서 식별할 수 있는 위치에 "대피실" 표지판을 부착할 것. 단, 외기와 개방된 장소에는 그러하지 아니한다. 또한 착지점과 하강구는 상호 수평거리 15cm 이상의 간격을 둘 것

④ 대피실 출입문이 개방되거나, 피난기구 작동시 해당층 및 직상층 거실에 설치된 유도표지 및 시각장치가 작동되고, 감시제어반에서는 피난기구의 작동을 확인할 수 있어야 할 것

해설 **승강식 피난기 및 하향식 피난구용 내림식 사다리에 관한 설치기준**(NFPC 301 제5조, NFTC 301 2.1.3.9)

(1) 하강구 내측에는 기구의 **연결 금속구** 등이 없어야 하며 전개된 피난기구는 하강구 수평투영면적 공간 내의 범위를 침범하지 않는 구조이어야 할 것 보기 ①

17회

(2) 승강식 피난기 및 하향식 피난구용 내림식 사다리는 설치경로가 설치층에서 **피난층**까지 연계될 수 있는 구조로 설치할 것(단, 건축물 구조 및 설치 여건상 불가피한 경우는 제외) **보기 ②**

(3) 대피실의 출입문은 60분+방화문 또는 60분 방화문으로 설치하고, 피난방향에서 식별할 수 있는 위치에 **"대피실"** 표지판을 부착할 것. 단, 외기와 개방된 장소에는 그러하지 아니한다. 착지점과 하강구는 상호 **수평거리 15cm** 이상의 간격을 둘 것 **보기 ③**

(4) 대피실 출입문이 개방되거나, 피난기구 작동 시 해당층 및 직하층 거실에 설치된 **표시등** 및 **경보장치**가 작동되고, **감시제어반**에서는 피난기구의 작동을 확인할 수 있어야 할 것 **보기 ④**

> ① 있어야 → 없어야
> ② 옥상층 → 피난층
> ④ 직상층 → 직하층, 유도표지 → 표시등, 시각장치 → 경보장치

답 ③

★★

### 108 특정소방대상물에 아래의 조건에 따라 소방펌프를 설치할 경우 전동기의 설계용량(kW)은 약 얼마인가?

18회 문 18 / 18회 문125 / 16회 문124 / 15회 문101 / 13회 문 33 / 13회 문102 / 12회 문 34 / 10회 문 41 / 08회 문102 / 07회 문109

> ㉠ 전달계수(전동기 직결) : 1.1
> ㉡ 정격토출량 : 1500L/min
> ㉢ 전양정 : 40m
> ㉣ 펌프효율 : 75%

① 12.4　　② 14.4
③ 16.4　　④ 20.4

해설 **전동기**의 **용량**

$$P=\frac{0.163\,QH}{\eta}K$$

여기서, $P$ : 전동력〔kW〕
$Q$ : 유량〔$m^3$/min〕
$H$ : 전양정〔m〕
$K$ : 전달계수
$\eta$ : 효율

**전동기**의 **용량** $P$는

$$P=\frac{0.163QH}{\eta}K$$

$$=\frac{0.163\times1.5\text{m}^3/\text{min}\times40\text{m}}{0.75}\times1.1 ≒ 14.4\text{kW}$$

- $Q$ : 1000L=1$m^3$이므로 1500L/min=1.5$m^3$/min
- $\eta$ : 75%=0.75

답 ②

★★

### 109 소방시설 도시기호의 명칭을 순서대로 연결한 것은?

19회 문107

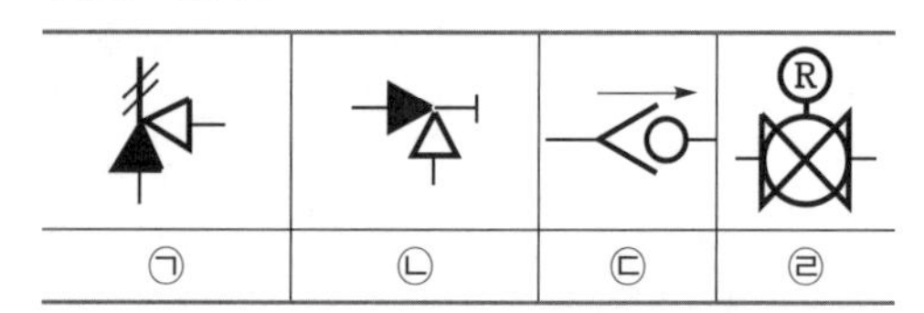

| ㉠ | ㉡ | ㉢ | ㉣ |
|---|---|---|---|

① ㉠ 릴리프밸브(일반), ㉡ 앵글밸브, ㉢ 가스체크밸브, ㉣ 감압밸브
② ㉠ 앵글밸브, ㉡ 릴리프밸브(일반), ㉢ 감압밸브, ㉣ 가스체크밸브
③ ㉠ 앵글밸브, ㉡ 릴리프밸브(일반), ㉢ 가스체크밸브, ㉣ 감압밸브
④ ㉠ 릴리프밸브(일반), ㉡ 가스체크밸브, ㉢ 앵글밸브, ㉣ 감압밸브

해설 **소방시설 도시기호**(소방시설 자체점검사항 등에 관한 고시 [별표])

| 명 칭 | 도시기호 |
|---|---|
| 릴리프밸브(일반) **보기 ㉠** | |
| 앵글밸브 **보기 ㉡** | |
| 가스체크밸브 **보기 ㉢** | |
| 감압밸브 **보기 ㉣** | |
| 볼밸브 | |
| 공기조절밸브 | |
| 자동밸브 | |
| 동체크밸브 | |

답 ①

★★
**110** 소방시설 설치 및 관리에 관한 법령에서 제시된 소방시설의 분류로 옳지 않은 것은?

19회 문 62 / 16회 문 58 / 12회 문 61 / 10회 문 70 / 10회 문120 / 09회 문 70 / 06회 문 52 / 02회 문 55

① 경보설비 : 자동화재탐지설비, 비상경보설비, 비상방송설비, 가스누설경보기
② 피난구조설비 : 피난기구, 인명구조기구, 유도등, 비상조명등, 제연설비
③ 소화설비 : 소화기구, 소화전설비(옥내, 옥외), 물분무소화설비, 미분무소화설비
④ 소화활동설비 : 연결살수설비, 연소방지설비, 무선통신보조설비, 비상콘센트설비

해설 **NFPC 301 제3조, NFTC 301 1.7~1.8, 소방시설법 시행령 [별표 1]**

| 피난구조설비 보기 ② | 소화활동설비 |
|---|---|
| ① 피난기구<br>- **피**난사다리<br>- **구**조대<br>- **완**강기<br>- 소방청장이 정하여 고시하는 화재안전기준으로 정하는 것(미끄럼대, 피난교, 공기안전매트, 피난용 트랩, 다수인 피난장비, 승강식 피난기, 간이 완강기, 하향식 피난구용 내림식 사다리)<br>기억법 피구완<br>② 인명구조기구<br>- 방열복<br>- 방화복(안전모, 보호장갑, 안전화 포함)<br>- 공기호흡기<br>- 인공소생기<br>③ 유도등<br>- 피난유도선<br>- 피난구유도등<br>- 통로유도등<br>- 객석유도등<br>- 유도표지<br>④ 비상조명등 · 휴대용 비상조명등 | ① **연결송수관**설비<br>② **연결살수**설비<br>③ **연소방지**설비<br>④ **무선통신보조**설비<br>⑤ **제연**설비<br>⑥ **비상콘센트**설비<br>기억법 3연무제비콘 |

② **제연설비**는 **소화활동설비**이다.

답 ②

★
**111** 다중이용업소(작동, 종합) 점검표의 점검항목 중 경보설비에 해당되지 않는 것은?

① 자동화재탐지설비 ② 비상벨
③ 가스누설경보기 ④ 자동식 사이렌설비

해설 **다중이용업소 종합점검표**(소방시설의 자체점검 서식 4)

**경보설비**

| 구 분 | 설 명 |
|---|---|
| 비상벨 · 자동화재탐지설비 보기 ① ② | ① 구획된 실마다 감지기(발신기), 음향장치 설치 및 정상 작동 여부<br>② 전용 수신기가 설치된 경우 주수신기와 상호 연동되는지 여부<br>③ 수신기 예비전원(축전지) 상태 적정 여부(상시 충전, 상용전원 차단시 자동절환) |
| 가스누설경보기 보기 ③ | 주방 또는 난방시설이 설치된 장소에 설치 및 정상 작동 여부 |

④ 해당없음

답 ④

★
**112** 고층건축물의 화재안전기준에 따른 피난안전구역에 설치하는 소방시설 중 피난유도선의 설치기준으로 옳지 않은 것은?

18회 문110 / 16회 문117 / 13회 문119

① 피난안전구역이 설치된 층의 계단실 출입구에서 피난안전구역 주출입구 또는 비상구까지 설치할 것
② 계단실에 설치하는 경우 계단 및 계단참에 설치할 것
③ 피난유도 표시부의 너비는 최소 20mm 이하로 설치할 것
④ 광원점등방식(전류에 의하여 빛을 내는 방식)으로 설치하되, 60분 이상 유효하게 작동할 것

해설 **고층건축물**의 **화재안전기준**(NFTC 604 2.6.1)

**피난안전구역에 설치하는 피난유도선의 설치기준**

(1) 피난안전구역이 설치된 층의 계단실 출입구에서 피난안전구역 **주출입구** 또는 **비상구**까지 설치할 것 보기 ①
(2) 계단실에 설치하는 경우 **계단** 및 **계단참**에 설치할 것 보기 ②
(3) 피난유도 표시부의 너비는 **최소 25mm 이상**으로 설치할 것 보기 ③

17회

(4) **광원점등방식**(전류에 의하여 빛을 내는 방식)으로 설치하되, **60분** 이상 유효하게 작동할 것 **보기 ④**

③ 20mm 이하 → 25mm 이상

답 ③

★★★
### 113 휴대용 비상조명등 설치기준으로 옳지 않은 것은?

16회 문118 / 12회 문101 / 11회 문124 / 09회 문110 / 08회 문120

① 숙박시설 또는 다중이용업소에는 객실 또는 영업장 안의 구획된 실마다 잘 보이는 곳(외부에 설치시 출입문 손잡이로부터 1m 이내 부분)에 1개 이상 설치할 것
② 「유통산업발전법」에 따른 대규모점포(지하상가 및 지하역사는 제외한다)와 영화상영관에는 보행거리 50m 이내마다 2개를 설치할 것
③ 지하상가 및 지하역사에는 보행거리 25m 이내마다 3개 이상 설치할 것
④ 설치높이는 바닥으로부터 0.8m 이상 1.5m 이하의 높이에 설치할 것

해설 **휴대용 비상조명등의 설치기준**(NFPC 304 제4조 제②항, NFTC 304 2.1.2)
(1) 다음의 장소에 설치할 것
① **숙박시설** 또는 **다중이용업소**에는 **객실** 또는 영업장 안의 **구획**된 **실**마다 잘 보이는 곳(외부에 설치시 출입문 손잡이로부터 1m 이내 부분)에 **1개 이상** 설치 **보기 ①**
② 「유통산업발전법」 제2조 제3호에 따른 **대규모점포**(지하상가 및 지하역사를 제외한다)와 **영화상영관**에는 **보행거리 50m** 이내마다 **3개 이상** 설치 **보기 ②**
③ **지하상가** 및 **지하역사**에는 **보행거리 25m** 이내마다 **3개 이상** 설치 **보기 ③**
(2) 설치높이는 바닥으로부터 **0.8~1.5m** 이하의 높이에 설치할 것 **보기 ④**
(3) 어둠 속에서 위치를 확인할 수 있도록 할 것
(4) 사용시 **자동**으로 **점등**되는 구조일 것
(5) 외함은 **난연성능**이 있을 것
(6) 건전지를 사용하는 경우에는 **방전방지조치**를 하여야 하고, **충전식 배터리**의 경우에는 **상시 충전**되도록 할 것
(7) 건전지 및 충전식 배터리의 용량은 **20분** 이상 유효하게 사용할 수 있는 것으로 할 것

② 2개 → 3개 이상

답 ②

★
### 114 소방시설의 내진설계기준으로 옳은 것은?

18회 문118 / 17회 문125

① 건물 구조부재 간의 상대변위에 의한 배관의 응력을 최대화하기 위하여 지진분리이음 또는 지진분리장치를 사용하거나 이격거리를 유지하여야 한다.
② 반자와 일체 거동을 하는 부분에 배관이 지지되어 있을 경우 배관을 단단히 고정시키기 위해 흔들림 방지 버팀대를 사용하여야 한다.
③ 배관의 흔들림을 방지하기 위하여 흔들림 방지 버팀대를 사용하여야 한다.
④ 흔들림 방지 버팀대 또는 그 고정장치는 소화설비의 동작 및 살수를 방해하지 않아야 한다.

해설 **소방시설**의 **내진설계기준 제6조**
(1) 건물 구조부재 간의 상대변위에 의한 배관의 응력을 최소화하기 위하여 지진분리이음 또는 지진분리장치를 사용하거나 이격거리를 유지하여야 한다. **보기 ①**
(2) 건축물 지진분리이음 설치위치 및 건축물 간의 연결배관 중 지상노출 배관이 건축물로 인입되는 위치의 배관에는 관경에 관계없이 지진분리장치를 설치하여야 한다.
(3) 천장과 일체 거동을 하는 부분에 배관이 지지되어 있을 경우 배관을 단단히 고정시키기 위해 흔들림 방지 버팀대를 사용하여야 한다. **보기 ②**
(4) 배관의 흔들림을 방지하기 위하여 **흔들림 방지 버팀대**를 사용하여야 한다. **보기 ③**
(5) 흔들림 방지 버팀대와 그 고정장치는 소화설비의 동작 및 살수를 방해하지 않아야 한다. **보기 ④**

① 최대화 → 최소화
② 반자와 → 천장과
④ 또는 → 와

답 ③

17회

★★★

**115** **수평배관의 직경이 확대되면서 유속이 16m/s에서 6m/s로 변동될 경우 압력수두(m)는 얼마인가? (단, 중력가속도는 $10m/s^2$이다.)**

19회 문 26 / 18회 문 44 / 17회 문 26 / 17회 문 29 / 16회 문 28 / 14회 문 27 / 13회 문 28 / 13회 문 32 / 12회 문 27 / 12회 문 37 / 10회 문106 / 09회 문 48

① 4 ② 8
③ 11 ④ 15

해설 **베르누이 방정식**

$$\frac{V_1^{\,2}}{2g}+\frac{p_1}{\gamma}+Z_1=\frac{V_2^{\,2}}{2g}+\frac{p_2}{\gamma}+Z_2$$

여기서, $V_1$, $V_2$ : 유속〔m/s〕
$p_1$, $p_2$ : 압력〔$kN/m^2$〕
$Z_1$, $Z_2$ : 높이〔m〕
$g$ : 중력가속도($10m/s^2$)
$\gamma$ : 비중량($9.8kN/m^3$)

문제에서 **수평배관**이라고 함에 따라 **위치에너지**는 **동일**하므로($Z_1=Z_2$)

$$\frac{V_1^{\,2}}{2g}+\frac{p_1}{\gamma}=\frac{V_2^{\,2}}{2g}+\frac{p_2}{\gamma}$$

$$\frac{(16\text{m/s})^2}{2\times10\text{m/s}^2}+\frac{p_1}{\gamma}=\frac{(6\text{m/s})^2}{2\times10\text{m/s}^2}+\frac{p_2}{\gamma}$$

$$\frac{(16\text{m/s})^2}{2\times10\text{m/s}^2}-\frac{(6\text{m/s})^2}{2\times10\text{m/s}^2}=\frac{p_2}{\gamma}-\frac{p_1}{\gamma}$$

$$\frac{p_2}{\gamma}-\frac{p_1}{\gamma}=\frac{(16\text{m/s})^2}{2\times10\text{m/s}^2}-\frac{(6\text{m/s})^2}{2\times10\text{m/s}^2}=11\text{m}$$

답 ③

★★★

**116** **절연유 봉입변압기 설비에 물분무소화설비를 설치한 경우 필요한 저수량($m^3$)은 얼마인가? (단, 바닥면적을 제외한 변압기의 표면적은 $24m^2$)**

19회 문121 / 16회 문103 / 15회 문107 / 11회 문115 / 09회 문105

① 1.2 ② 2.4
③ 3.6 ④ 4.8

해설 (1) **물분무소화설비**의 **수원**(NFPC 104 제4조, NFTC 104 2.1)

| 특정소방대상물 | 토출량 | 최소기준 | 비 고 |
|---|---|---|---|
| **컨**베이어 벨트 | $10L/min \cdot m^2$ | – | 벨트부분의 바닥면적 |
| **절**연유 봉입 변압기 | $10L/min \cdot m^2$ | – | 표면적을 합한 면적 (바닥면적 제외) |
| **특**수 가연물 | $10L/min \cdot m^2$ | 최소 $50m^2$ | 최대 방수구역의 바닥면적 기준 |
| **케**이블트레이·덕트 | $12L/min \cdot m^2$ | – | 투영된 바닥면적 |
| **차**고·주차장 | $20L/min \cdot m^2$ | 최소 $50m^2$ | 최대 방수구역의 바닥면적 기준 |
| 위험물 저장탱크 | $37L/min \cdot m$ | – | 위험물탱크 둘레길이(원주길이) : 위험물규칙 〔별표 6〕 Ⅱ |

※ 모두 **20분**간 방수할 수 있는 양 이상으로 하여야 한다.

기억법
**컨절특케차**
1 1 2

(2) **절연유 봉입변압기**의 **방사량**(토출량) $Q$는
$Q$ =표면적(바닥면적 제외)×$10L/min \cdot m^2$
$=24m^2\times10L/min \cdot m^2=240L/min$

(3) **수원**의 **양** $Q$는
$Q$ =토출량×방사시간
$=240L/min\times20min=4800L=4.8m^3$

- 토출량(240L/min) : (2)에서 구한 값
- 방사시간(20min) : NFPC 104 제4조, NFTC 104 2.1.0에 의해 20min 적용
- $1000L=1m^3$이므로 $4800L=4.8m^3$

답 ④

★★

**117** **다음 간이소화용구를 배치했을 때 능력단위의 합은?**

16회 문 96 / 14회 문 90

㉠ 삽을 상비한 마른모래(50L, 4포)
㉡ 삽을 상비한 팽창질석(80L, 4포)

① 2단위 ② 3단위
③ 4단위 ④ 5단위

해설 **소화약제 외의 것을 이용한 간이소화용구의 능력단위**(NFTC 101 1.7.1.6)

| 간이소화용구 | | 능력단위 |
|---|---|---|
| **마**른모래 | 삽을 상비한 **50L** 이상의 것 1포 | **0.5**단위 |
| **팽**창질석 또는 진주암 | 삽을 상비한 **80L** 이상의 것 1포 | |

17회

기억법 마5 05
팽8 05

(1) 삽을 상비한 마른모래는 50L 이상의 것 1포가 0.5 단위이므로 4포는 **0.5×4=2단위**
(2) 삽을 상비한 팽창질석은 80L 이상의 것 1포가 0.5단위이므로 80L 이상의 것 1포는 0.5단위 4포는 **0.5×4=2단위**
(3) 능력단위의 합=**2단위**+**2단위**=**4단위**

비교

**위험물제조소 등에 설치하는 소화설비의 능력단위**(위험물규칙 [별표 17])

| 소화설비 | 용 량 | 능력단위 |
|---|---|---|
| 소화전용 물통 | 8L | 0.3 |
| 마른모래(삽 1개 포함) | 50L | 0.5 |
| 수조(소화전용 물통 3개 포함) | 80L | 1.5 |
| 팽창질석 또는 팽창진주암 (삽 1개 포함) | 160L | 1.0 |
| 수조(소화전용 물통 6개 포함) | 190L | 2.5 |

기억법
소 물 8 3
마 1 5 5
3 8 15
팽 1 16 10
6 9 25

답 ③

★★
## 118 무선통신보조설비의 화재안전기준상 누설동축케이블 등의 설치기준으로 옳지 않은 것은?

18회 문102
15회 문121
14회 문124
07회 문 27

① 누설동축케이블은 화재에 따라 해당 케이블의 피복이 소실된 경우에 케이블 본체가 떨어지지 아니하도록 4m 이내마다 금속제 또는 자기제 등의 지지금구로 벽·천장·기둥 등에 견고하게 고정시킬 것
② 누설동축케이블의 중간부분에는 무반사 종단저항을 견고하게 설치할 것
③ 누설동축케이블 및 안테나는 금속판 등에 따라 전파의 복사 또는 특성이 현저하게 저하되지 아니하는 위치에 설치할 것
④ 누설동축케이블 및 안테나는 고압의 전로로부터 1.5m 이상 떨어진 위치에 설치할 것

해설 **무선통신보조설비**의 **설치기준**(NFPC 505 제5~7조, NFTC 505 2.2)
(1) 누설동축케이블 및 안테나는 **금속판** 등에 의하여 **전파의 복사** 또는 **특성**이 현저하게 저하되지 아니하는 위치에 설치할 것 보기 ③
(2) **누설동축케이블**과 이에 접속하는 **안테나** 또는 **동축케이블**과 이에 접속하는 **안테나**일 것
(3) 누설동축케이블 및 동축케이블은 불연 또는 난연성의 것으로서 습기에 따라 전기의 특성이 변질되지 아니하는 것으로 하고, 노출하여 설치한 경우에는 피난 및 통행에 장애가 없도록 할 것
(4) 누설동축케이블 및 동축케이블은 화재에 따라 해당 케이블의 피복이 소실된 경우에 케이블 본체가 떨어지지 아니하도록 **4m** 이내마다 **금속제** 또는 **자기제** 등의 지지금구로 **벽**·천장·기둥 등에 견고하게 고정시킬 것(**불연재료**로 구획된 반자 안에 설치하는 경우는 제외) 보기 ①
(5) 누설동축케이블 및 안테나는 **고압**전로로부터 **1.5m** 이상 떨어진 위치에 설치할 것(당해 전로에 **정전기차폐장치**를 유효하게 설치한 경우에는 제외) 보기 ④

기억법 **불벽, 정고압**

(6) 누설동축케이블의 끝부분에는 **무반사종단저항**을 설치할 것 보기 ②
(7) 누설동축케이블, 동축케이블, 분배기, 분파기, 혼합기 등의 임피던스는 **50Ω**으로 할 것
(8) 증폭기의 전면에는 **표시등** 및 **전압계**를 설치할 것
(9) **건축물**, **지하가**, **터널** 또는 **공동구**의 출입구 및 출입구 인근에서 통신이 가능한 장소에 설치할 것
(10) 다른 용도로 사용되는 안테나로 인한 **통신장애**가 발생하지 않도록 설치할 것
(11) 옥외안테나는 견고하게 설치하며 파손의 우려가 없는 곳에 설치하고 그 가까운 곳의 보기 쉬운 곳에 "**무선통신보조설비 안테나**"라는 표시와 함께 통신가능거리를 표시한 표지를 설치할 것
(12) 수신기가 설치된 장소 등 사람이 상시 근무하는 장소에는 옥외안테나의 위치가 모두 표시된 옥외안테나 위치표시도를 비치할 것

② 중간부분 → 끝부분

답 ②

★★★
## 119 스프링클러설비의 화재안전기준상 설치장소의 최고주위온도가 79℃인 경우, 표시온도 몇 ℃의 폐쇄형 스프링클러헤드를 설치해야 하는가? (단, 높이가 4m 이상인 공장은 제외한다.)

① 64℃ 이상 106℃ 미만
② 79℃ 이상 121℃ 미만
③ 121℃ 이상 162℃ 미만
④ 162℃ 이상

해설 **폐쇄형 스프링클러헤드의 설치기준**(NFTC 103 2.7.6)

| 설치장소의 최고주위온도 | 표시온도 |
|---|---|
| 39℃ 미만 | 79℃ 미만 |
| 39~64℃ 미만 | 79~121℃ 미만 |
| 64~106℃ 미만 → | 121~162℃ 미만 보기 ③ |
| 106℃ 이상 | 162℃ 이상 |

※ **비고** : 높이 4m 이상인 공장은 표시온도 121℃ 이상으로 할 것

기억법 39 79<br>64 121<br>106 162

답 ③

★★★

**120** **자동화재탐지설비의 화재안전기준상 20m 이상의 높이에 설치할 수 있는 감지기는?**

19회 문119 / 14회 문112 / 08회 문111 / 07회 문125 / 06회 문123 / 03회 문115 / 02회 문124

① 차동식 분포형 공기관식 감지기
② 광전식 스포트형 중 아날로그방식
③ 이온화식 스포트형 중 아날로그방식
④ 광전식 공기흡입형 중 아날로그방식

해설 **부착높이별 감지기의 종류**(NFPC 203 제7조, NFTC 203 2.4.1)

| 부착높이 | 감지기의 종류 |
|---|---|
| 4m 미만 | • 차동식(스포트형, 분포형)<br>• 보상식 스포트형<br>• 정온식(스포트형, 감지선형) ─ 열감지기<br>• 이온화식 또는 광전식(스포트형, 분리형, 공기흡입형) : 연기감지기<br>• 열복합형<br>• 연기복합형<br>• 열연기복합형 ─ 복합형 감지기<br>• 불꽃감지기<br>기억법 열연불복 4미 |
| 4~8m 미만 | • 차동식(스포트형, 분포형)<br>• 보상식 스포트형<br>• 정온식(스포트형, 감지선형) 특종 또는 1종 ─ 열감지기<br>• 이온화식 1종 또는 2종<br>• 광전식(스포트형, 분리형, 공기흡입형) 1종 또는 2종 ─ 연기감지기<br>• 열복합형<br>• 연기복합형<br>• 열연기복합형 ─ 복합형 감지기<br>• 불꽃감지기<br>기억법 8미열 정특1 이광12 복불 |
| 8~15m 미만 | • 차동식 분포형<br>• 이온화식 1종 또는 2종<br>• 광전식(스포트형, 분리형, 공기흡입형) 1종 또는 2종<br>• 연기복합형<br>• 불꽃감지기<br>기억법 15분 이광12 연복불 |
| 15~20m 미만 | • 이온화식 1종<br>• 광전식(스포트형, 분리형, 공기흡입형) 1종<br>• 연기복합형<br>• 불꽃감지기<br>기억법 이광불연복2 |
| 20m 이상 | • 불꽃감지기<br>• 광전식(분리형, 공기흡입형) 중 아날로그방식 보기 ④<br>기억법 불광 분공아 |

※ **비고**

① 감지기별 부착높이 등에 대하여 별도로 형식승인을 받은 경우에는 그 성능인정범위 내에서 사용할 수 있다.

② 부착높이 20m 이상에 설치되는 광전식 중 아날로그방식의 감지기는 공칭감지농도 하한값이 감광률 **5%/m** 미만인 것으로 한다.

답 ④

★

**121** **각 층의 바닥면적이 500m² 인 건축물에 다음 조건에 따라 자동화재탐지설비를 설치하는 경우 P형 수신기의 필요한 최소가닥수는? (단, 계단은 고려하지 않음)**

> ㉠ 건축물은 지하 2층, 지상 6층
> ㉡ 수신기는 1층에 설치
> ㉢ 6회로마다 발신기 공통선, 경종·표시등공통선은 1선씩 추가함

① 16가닥
② 22가닥
③ 24가닥
④ 28가닥

17회

해설

6층 ⓅⒷⓁ
5층 ⓅⒷⓁ
4층 ⓅⒷⓁ
3층 ⓅⒷⓁ
2층 ⓅⒷⓁ
1층 ⓅⒷⓁ 22
지하 1층 ⓅⒷⓁ
지하 2층 ⓅⒷⓁ

**22가닥** : 회로선 8, 발신기공통선 2, 경종선 8, 경종・표시등공통선 2, 응답선 1, 표시등선 1

(1) 회로선 : **발신기세트수** ⓅⒷⓁ를 센다.

(2) 발신기공통선 : [조건]에서 6회로마다 추가하므로 $\frac{\text{회로선}}{6\text{회로}}(\text{절상})=\frac{8\text{회로}}{6\text{회로}}=1.3 \fallingdotseq 2$

(3) 경종선 : 층수마다 **1가닥**씩 추가

용어

**자동화재탐지설비**의 **우선경보방식**
11층(공동주택 16층) 이상의 특정소방대상물의 경보

(4) 경종・표시등공통선 : [조건]에서 6회로마다 추가하므로
$\frac{\text{회로선}}{6\text{회로}}(\text{절상})=\frac{8\text{회로}}{6\text{회로}}=1.3 \fallingdotseq 2$

(5) 응답선 : 무조건 **1가닥**

(6) 표시등선 : 무조건 **1가닥**

답 ②



★

## 122 건설현장의 화재안전기준상 용어의 정의로 옳지 않은 것은?

18회 문 61

① "소화기"란 소화약제를 압력에 따라 방사하는 기구로서 사람이 수동으로 조작하여 소화하는 것을 말한다.

② "간이소화장치"란 건설현장에서 화재발생시 신속한 화재 진압이 가능하도록 물을 방수하는 형태의 소화장치를 말한다.

③ "비상경보장치"란 발신기, 경종, 표시등 및 시각경보장치가 결합된 형태의 것으로서 화재위험 작업공간 등에서 자동조작에 의해 화재경보상황을 알려줄 수 있는 비상벨장치를 말한다.

④ "간이피난유도선"이란 화재발생시 작업자의 피난을 유도할 수 있는 케이블 형태의 장치를 말한다.

해설 **용어의 정의**(NFPC 606 제2조, NFTC 606 1.7)

| 용 어 | 설 명 |
|---|---|
| 소화기 **보기 ①** | 소화약제를 압력에 따라 방사하는 기구로서 사람이 **수동**으로 조작하여 소화하는 것 |
| 간이소화장치 **보기 ②** | 건설현장에서 화재발생시 신속한 화재 진압이 가능하도록 물을 방수하는 형태의 소화장치 |
| 비상경보장치 **보기 ③** | 발신기, 경종, 표시등 및 시각경보장치가 결합된 형태의 것으로서 화재위험 작업공간 등에서 **수동**조작에 의해서 화재경보상황을 알려줄 수 있는 비상벨장치 |
| 간이피난유도선 **보기 ④** | 화재발생시 작업자의 피난을 유도할 수 있는 **케이블** 형태의 장치 |

③ 자동조작 → 수동조작

답 ③

★★★

## 123 연면적이 65000m²인 5층 건축물에 설치되어야 하는 소화수조 또는 저수조의 최소 저수량은? (단, 각 층의 바닥면적은 동일)

17회 문104
07회 문114
03회 문105

① $160m^3$ 이상

② $180m^3$ 이상

③ $200m^3$ 이상

④ $220m^3$ 이상

해설 **소화수조・저수조**의 **저수량**

소화수조・저수조의 저수량
$$=\frac{\text{소방대상물의 연면적}}{\text{기준면적}}(\text{절상})\times 20m^3$$

기준면적이 **7500m²**이므로

$\frac{65000\text{m}^2}{7500\text{m}^2}$(절상)$=8.6 \fallingdotseq 9$

$9 \times 20\text{m}^3 = 180\text{m}^3$

[단서]에서 각 층의 바닥면적이 동일하므로

각 층의 바닥면적$=\frac{\text{연면적}}{\text{층수}}=\frac{65000\text{m}^2}{5\text{층}}=13000\text{m}^2$

한 층의 바닥면적이 13000m²이므로 지상 1층 및 2층 바닥면적합계는 13000m²×2개층=26000m²로 15000m² 이상이므로 기준면적은 **7500m²**가 된다.

중요

**소화수조 또는 저수조의 기준면적**

| 구 분 | 기준면적 |
|---|---|
| 지상 1층 및 2층 바닥면적합계 15000m² 이상 → | 7500m² |
| 기타 | 12500m² |

답 ②

★★★

## 124 다음 조건에서 이산화탄소 소화설비를 설치할 경우 감지기의 최소 설치개수는?

13회 문114

㉠ 내화구조의 공장 건축물로 바닥면적 800m²
㉡ 차동식 스포트형 2종 감지기 설치
㉢ 감지기 부착높이 7.5m

① 23 ② 32
③ 46 ④ 64

해설 **감지기 1개가 담당하는 바닥면적**

| 부착높이 및 소방대상물의 구분 | | 차동식·보상식 스포트형 1종 | 차동식·보상식 스포트형 2종 | 정온식 스포트형 특종 | 정온식 스포트형 1종 | 정온식 스포트형 2종 |
|---|---|---|---|---|---|---|
| 4m 미만 | 내화구조 | 90 | 70 | 70 | 60 | 20 |
| 4m 미만 | 기타구조 | 50 | 40 | 40 | 30 | 15 |
| 4m 이상 8m 미만 | 내화구조 → | 45 | 35 | 35 | 30 | – |
| 4m 이상 8m 미만 | 기타구조 | 30 | 25 | 25 | 15 | – |

• 기타구조=비내화구조

**교차회로방식**의 감지기개수

$=\frac{\text{바닥면적}[\text{m}^2]}{\text{감지기 바닥면적}[\text{m}^2]}$(절상)$\times 2$개 회로

$=\frac{800\text{m}^2}{35\text{m}^2}=22.8=23$

$23 \times 2$개 회로$=46$개

중요

**교차회로방식 적용설비**
(1) 분말소화설비
(2) 할론소화설비
(3) 이산화탄소 소화설비
(4) 준비작동식 스프링클러설비
(5) 일제살수식 스프링클러설비
(6) 할로겐화합물 및 불활성기체 소화설비

답 ③

★

## 125 소방시설의 내진설계기준상 용어의 정의로 옳지 않은 것은?

18회 문118
17회 문114

① "내진"이란 면진, 제진을 포함한 지진으로부터 소방시설의 피해를 줄일 수 있는 구조를 의미하는 포괄적인 개념을 말한다.
② "면진"이란 건축물과 소방시설을 지진동으로부터 격리시켜 지반진동으로 인한 지진력이 직접 구조물로 전달되는 양을 감소시킴으로써 내진성을 확보하는 수동적인 지진제어기술을 말한다.
③ "세장비($L/r$)"란 흔들림 방지 버팀대 지지대의 길이($L$)와, 최소단면 2차 반경($r$)의 비율을 말하며, 세장비가 작을수록 좌굴(Buckling)현상이 발생하여 지진 발생시 파괴되거나 손상을 입기 쉽다.
④ "내진스토퍼"란 지진하중에 의해 과도한 변위가 발생하지 않도록 제한하는 장치를 말한다.

17회

해설 **소방시설**의 **내진설계기준 제3조**

| 용 어 | 설 명 |
|---|---|
| 내진 보기 ① | 면진, **제진**을 **포함**한 지진으로부터 소방시설의 피해를 줄일 수 있는 구조를 의미하는 포괄적인 개념 |
| 면진 보기 ② | **건축물**과 **소방시설**을 지진동으로부터 **격리시켜** 지반진동으로 인한 **지진력**이 직접 구조물로 전달되는 양을 감소시킴으로써 내진성을 확보하는 **수동적**인 지진제어기술 |
| 제진 | 별도의 장치를 이용하여 **지진력**에 상응하는 **힘**을 구조물 내에서 발생시키거나 **지진력**을 **흡수**하여 구조물이 부담해야 하는 지진력을 감소시키는 지진제어기술 |
| 수평지진하중 $(F_{pw})$ | 지진시 흔들림 방지 버팀대에 전달되는 배관의 **동적 지진하중** 또는 같은 크기의 **정적 지진하중**으로 환산한 값으로 허용응력설계법으로 산정한 지진하중 |
| 세장비 $(L/r)$ 보기 ③ | **흔들림 방지 버팀대 지지대의 길이($L$)와 최소단면 2차 반경**($r$)의 비율을 말하며, 세장비가 커질수록 좌굴(Buckling)현상이 발생하여 지진 발생시 파괴되거나 손상을 입기 쉽다. |
| 지진거동특성 | 지진 발생으로 인한 **외부적인 힘**에 반응하여 **움직이는 특성** |
| 지진분리이음 | 지진 발생시 지진으로 인한 진동이 배관에 손상을 주지 않고 배관의 축방향변위, 회전, 1° 이상의 **각도변위**를 **허용**하는 이음(단, 구경 200mm 이상의 배관은 허용하는 각도변위를 0.5° 이상으로 한다.) |
| 지진분리장치 | 지진 발생시 건축물 지진분리이음 설치위치 및 지상에 노출된 건축물과 건축물 사이 등에서 발생하는 상대변위 발생에 대응하기 위해 모든 방향에서의 변위를 허용하는 커플링, 플렉시블조인트, 관부속품 등의 집합체 |
| 가요성 이음장치 | 지진시 수조 또는 가압송수장치와 배관 사이 등에서 발생하는 상대변위 발생에 대응하기 위해 수평 및 수직 방향의 변위를 허용하는 플렉시블조인트 등 |
| 가동중량 $(W_p)$ | 수조, 가압송수장치, 함류, 제어반 등, 가스계 및 분말소화설비의 저장용기, 비상전원, 배관의 작동상태를 고려한 무게를 말하며 다음의 기준에 따른다.<br>① 배관의 작동상태를 고려한 무게란 배관 및 기타 부속품의 무게를 포함하기 위한 중량으로 용수가 충전된 배관 무게의 **1.15배**를 적용한다.<br>② 수조, 가압송수장치, 함류, 제어반 등, 가스계 및 분말소화설비의 저장용기, 비상전원의 작동상태를 고려한 무게란 유효중량에 안전율을 고려하여 적용한다. |
| 근입깊이 | 앵커볼트가 벽면 또는 바닥면 속으로 들어가 **인발력**에 저항할 수 있는 구간의 길이 |
| 내진스토퍼 보기 ④ | 지진하중에 의해 과도한 변위가 발생하지 않도록 **제한**하는 **장치** |
| 구조부재 | 건축설계에 있어 구조계산에 포함되는 **하중**을 **지지**하는 **부재** |
| 지진하중 | 지진에 의한 지반운동으로 **구조물**에 **작용**하는 **하중** |
| 편심하중 | 하중의 합력방향이 그 물체의 중심을 지나지 않을 때의 하중 |
| 지진동 | **지진**시 발생하는 **진동** |
| 단부 | 직선배관에서 **방향 전환하는 지점**과 **배관이 끝나는 지점** |
| $S$ | 재현주기 2400년을 기준으로 정의되는 최대 고려 지진의 유효수평지반가속도로서 "건축물 내진설계기준(KDS 41 17 00)"의 지진구역에 따른 지진구역계수($Z$)에 2400년 재현주기에 해당하는 **위험도계수($I$) 2.0**을 곱한 값 |

| 용 어 | 설 명 |
|---|---|
| $S_s$ | 단주기 응답지수(Short period response parameter)로서 유효수평지반가속도 $S$를 **2.5배** 한 값 |
| 영향구역 | 흔들림 방지 버팀대가 **수평지진하중**을 지지할 수 있는 **예상구역** |
| 상쇄배관 | 영향구역 내의 직선배관이 방향 전환한 후 다시 같은 방향으로 연속될 경우, 중간에 방향 전환된 짧은 배관은 단부로 보지 않고 상쇄하여 직선으로 볼 수 있는 것을 말하며, 짧은 배관의 합산길이는 **3.7m 이하**여야 한다. |
| 수직직선배관 | 중력방향으로 설치된 주배관, 교차배관, 가지배관 등으로서 어떠한 방향 전환도 없는 직선배관(단, 방향 전환부분의 배관길이가 상쇄배관(Offset)길이 이하인 경우 하나의 수직직선배관으로 간주한다.) |

| 용 어 | 설 명 |
|---|---|
| 수평직선배관 | 수평방향으로 설치된 주배관, 교차배관, 가지배관 등으로서 어떠한 방향 전환도 없는 직선배관(단, 방향 전환부분의 배관길이가 상쇄배관(Offset)길이 이하인 경우 하나의 수평직선배관으로 간주한다.) |
| 가지배관 고정장치 | 지진거동특성으로부터 가지배관의 움직임을 제한하여 파손, 변형 등으로부터 가지배관을 보호하기 위한 와이어타입, 환봉타입의 고정장치 |
| 제어반 등 | **수신기**(**중계반**을 **포함**), **동력제어반**, **감시제어반** 등 |
| 횡방향 흔들림 방지 버팀대 | 수평직선배관의 진행방향과 **직각방향**(**횡방향**)의 수평지진하중을 지지하는 버팀대 |
| 종방향 흔들림 방지 버팀대 | 수평직선배관의 **진행방향**(**종방향**)의 수평지진하중을 지지하는 버팀대 |
| 4방향 흔들림 방지 버팀대 | 건축물 평면상에서 종방향 및 횡방향 수평지진하중을 지지하거나, 종·횡 단면상에서 전후좌우 방향의 수평지진하중을 지지하는 버팀대 |

③ 작을수록 → 커질수록

**답** ③

## 눈 마사지는 이렇게

① 마사지 전 눈 주위 긴장된 근육을 풀어주기 위해 간단한 눈 주위 스트레칭(눈을 크게 뜨거나 감는 등)을 한다.

② 엄지손가락을 제외한 나머지 손가락을 펴서 눈썹 끝부터 눈 바로 아래 부분까지 가볍게 댄다.

③ 눈을 감고 눈꺼풀이 당긴다는 느낌이 들 정도로 30초간 잡아 당긴다.

④ 눈꼬리 바로 위 손가락이 쏙 들어가는 부분(관자놀이)에 세 손가락으로 지그시 누른 후 시계 반대방향으로 30회 돌려준다.

⑤ 마사지 후 눈을 감은 뒤 두 손을 가볍게 말아 쥐고 아래에서 위로 피아노 건반을 누르듯 두드려준다. 10초 동안 3회 반복

도움말 : 고대안암병원 김효명 교수, 누네병원 최재호 원장

# 2016년도 제16회 소방시설관리사 1차 국가자격시험

| 문제형별 | 시 간 | 시험과목 |
|---|---|---|
| A | 125분 | ① 소방안전관리론 및 화재역학<br>② 소방수리학, 약제화학 및 소방전기<br>③ 소방관련 법령<br>④ 위험물의 성질 · 상태 및 시설기준<br>⑤ 소방시설의 구조 원리 |

| 수험번호 | | 성 명 | |
|---|---|---|---|

## 【수험자 유의사항】

1. **시험문제지**는 단일형별(A형)이며, 답안카드형별 기재란에 표시된 형별(A형)을 확인하시기 바랍니다. 시험문제지의 **총면수**, **문제번호 일련순서**, **인쇄상태** 등을 확인하시고, 문제지 표지에 수험번호와 성명을 기재하시기 바랍니다.
2. 답은 각 문제마다 요구하는 **가장 적합하거나 가까운 답 1개**만 선택하고, 답안카드 작성시 **마킹착오**로 인한 불이익은 전적으로 **수험자에게 책임**이 있음을 알려드립니다.
3. 답안카드는 국가전문자격 공통 표준형으로 문제번호가 1번부터 125번까지 인쇄되어 있습니다. 답안 마킹시에는 반드시 **시험문제지의 문제번호와 동일한 번호**에 마킹하여야 합니다.
4. **감독위원의 지시에 불응하거나 시험시간 종료 후 답안카드를 제출하지 않을 경우** 불이익이 발생할 수 있음을 알려드립니다.
5. 시험문제지는 시험 종료 후 가져가시기 바랍니다.

# 2016. 04. 30. 시행

**제 1 과목** 소방안전관리론 및 화재역학

★★★

**01** 표면연소(작열연소)에 관한 설명으로 옳지 않은 것은?

12회 문 23

유사문제부터 풀어보세요. 실력이 팍!팍! 올라갑니다.

① 흑연, 목탄 등과 같이 휘발분이 거의 포함되지 않은 고체연료에서 주로 발생한다.
② 불꽃연소에 비해 일산화탄소가 발생할 가능성이 크다.
③ 화학적 소화만 소화효과가 있다.
④ 불꽃연소에 비해 연소속도가 느리고 단위시간당 방출열량이 적다.

해설

| 구 분 | 불꽃연소 | 작열연소(표면연소) |
|---|---|---|
| 불꽃여부 | • 불꽃 발생 | • 불꽃 미발생 |
| 화재구분 | • 표면화재 | • 심부화재 |
| 연소속도 | • 연소속도가 빠르다. | • 연소속도가 느리다. 보기 ④ |
| 연쇄반응 | • 연쇄반응 발생 | • 연쇄반응 미발생 |
| 방출열량 | • 방출열량이 많다. | • 방출열량이 적다. |
| 적응화재 | • BC급 | • A급 |
| 에너지 | • 고에너지 화재 | • 저에너지 화재 |
| 연소물질 | • 가솔린, 석유류의 인화성 액체, 메탄, 수소, 아세틸렌 등의 가스<br>• 열가소성 수지 | • 코크스, 목탄(숯) 및 금속분(K, Al, Mg) 보기 ①<br>• 열경화성 수지 |
| 소화효과 | • 물리적 소화<br>• 화학적 소화 | • 물리적 소화 보기 ③ |
| 연소의 요소 | • 연소의 4요소 | • 연소의 3요소 |
| 일산화탄소(CO) | • 발생 가능성이 적다. | • 발생 가능성이 크다. 보기 ② |

용어

**표면연소**(작열연소)
열분해에 의하여 가연성 가스를 발생하지 않고 그 **물질 자체**가 연소하는 현상

③ 화학적 소화 → 물리적 소화

답 ③

★★★

**02** 아이오딘값에 관한 설명으로 옳지 않은 것은?

03회 문 84

① 유지 100g에 흡수된 아이오딘의 g수로 표시한 값이다.
② 값이 클수록 불포화도가 낮고 반응성이 작다.
③ 값이 클수록 공기 중에 노출되면 산화열 축적에 의해 자연발화하기 쉽다.
④ 아이오딘값이 130 이상인 유지를 건성유라고 한다.

해설 아이오딘값

(1) 값이 클수록 **불포화도**가 **높고 반응성**이 **크다**(값이 클수록 불포화 결합은 크고 산소와의 결합이 쉽다). 보기 ②
(2) 값이 클수록 공기 중에 노출되면 산화열 축적에 의해 **자연발화**하기 **쉽다**(값이 클수록 공기 중의 산소와 반응하여 자연발화를 일으킨다). 보기 ③

| 분 류 | 아이오딘값 | 종 류 |
|---|---|---|
| 불건성유 | 100 이하 | ① 동백기름<br>② 올리브유<br>③ 피마자유 |
| 반건성유 | 100~130 | ① 채종유<br>② 면실유<br>③ 쌀겨유<br>④ 옥수수기름<br>⑤ 콩기름 |
| 건성유 | 130 이상 보기 ④ | ① 아마인유<br>② 들기름<br>③ 정어리유<br>④ 해바라기유<br>⑤ 등유 |

※ **아이오딘값** : 유지 100g에 흡수되는 아이오딘의 양을 g으로 나타낸 것 보기 ①

② 불포화도가 낮고 → 불포화도가 크고

답 ②

★★★

## 03 연료가스의 분출속도가 연소속도보다 클 때, 주위 공기의 움직임에 따라 불꽃이 노즐에서 정착하지 않고 떨어져 꺼지는 현상은?

18회 문 03
10회 문 17
02회 문 12

① 불완전연소(Incomplete combustion)
② 리프팅(Lifting)
③ 블로오프(Blowoff)
④ 역화(Back fire)

해설 **연소상의 문제점**

(1) **백파이어**(Back fire, 역화) : 가스가 노즐에서 분출되는 속도가 연소속도보다 느려져 버너 내부에서 연소하게 되는 현상

| 백파이어 |

혼합가스의 유출속도<연소속도

(2) **리프트**[Lift=리프팅(Lifting), 불꽃뜨임] : 가스가 노즐에서 나가는 속도가 연소속도보다 빠르게 되어 불꽃이 버너의 노즐에서 떨어져서 연소하게 되는 현상

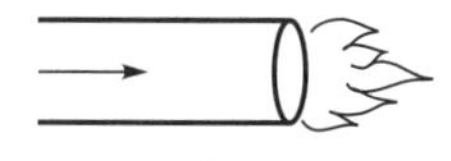

| 리프트 |

혼합가스의 유출속도>연소속도

(3) **블로오프**(Blowoff) : 리프트 상태에서 불이 꺼지는 현상 **보기 ③**

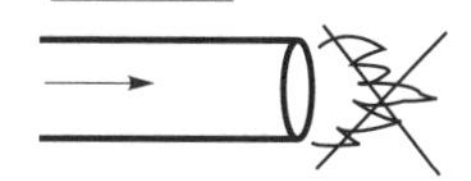

| 블로오프 |

답 ③

★★

## 04 액화가스 탱크폭발인 BLEVE(Boiling Liquid Expanding Vapor Explosion)의 방지대책으로 옳지 않은 것은?

19회 문 06
19회 문 13
18회 문 02
17회 문 06
16회 문 14
13회 문 07
11회 문 16
10회 문 11
09회 문 06
08회 문 24
06회 문 15
04회 문 03
03회 문 23

① 탱크가 화염에 의해 가열되지 않도록 고정식 살수설비를 설치한다.
② 입열 억제를 위하여 탱크를 지상에 설치한다.
③ 용기 내압강도를 유지할 수 있도록 견고하게 탱크를 제작한다.
④ 탱크 내벽에 열전도도가 큰 알루미늄 합금박판을 설치한다.

해설 **블래비(BLEVE ; Boiling Liquid Expanding Vapor Explosion)의 방지대책**

(1) 탱크가 화염에 의해 가열되지 않도록 고정식 살수설비를 설치한다. **보기 ①**
(2) 외부 화염에 의한 폭발 및 화재에 대한 안전성을 확보하기 위해서 탱크를 **지하**에 **설치**한다. **보기 ②**
(3) 용기 내압강도를 유지할 수 있도록 견고하게 탱크를 제작한다. **보기 ③**
(4) 탱크 내벽에 열전도도가 큰(좋은) 알루미늄 합금박판을 설치한다. **보기 ④**
(5) 외부단열

② 지상에 설치 → 지하에 설치

**용어**

(1) **블래비(BLEVE)**
과열상태의 탱크에서 내부의 액화가스가 분출하여 기화되어 폭발하는 현상
(2) **입열**
외부에서 가해지는 열량

**비교**

**유류탱크에서 발생하는 현상**

| 여러 가지 현상 | 정 의 |
|---|---|
| **보일오버** (Boil over) | • 중질유의 석유탱크에서 장시간 조용히 연소하다 탱크 내의 잔존기름이 갑자기 분출하는 현상<br>• 유류탱크에서 탱크 바닥에 물과 기름의 **에멀션**이 섞여 있을 때 이로 인하여 화재가 발생하는 현상<br>• 연소유면으로부터 100℃ 이상의 열파가 탱크 저부에 고여 있는 물을 비등하게 하면서 연소유를 탱크 밖으로 비산시키며 연소하는 현상<br>• 탱크 **저부**의 물이 급격히 증발하여 기름이 탱크 밖으로 화재를 동반하여 방출하는 현상<br>기억법 보저(보자기) |

16회

| 여러 가지 현상 | 정 의 |
|---|---|
| **오일오버** (Oil over) | 저장탱크에 저장된 유류저장량이 내용적의 **50%** 이하로 충전되어 있을 때 화재로 인하여 탱크가 폭발하는 현상 |
| **프로스오버** (Froth over) | **물**이 점성의 뜨거운 **기름표면 아래서 끓을 때** 화재를 수반하지 않고 용기가 넘치는 현상 |
| **슬롭오버** (Slop over) | • **물**이 연소유의 **뜨거운 표면**에 **들어갈 때** 기름표면에서 화재가 발생하는 현상<br>• 유화제로 소화하기 위한 **물**이 수분의 급격한 증발에 의하여 액면이 거품을 일으키면서 **열유층 밑**의 **냉유**가 급히 열팽창하여 **기름**의 **일부**가 불이 붙은 채 탱크벽을 넘어서 일출하는 현상 |

답 ②

★

**05** **40톤의 프로판이 증기운 폭발했을 때, TNT당량모델에 따른 TNT당량과 환산거리(폭발지점으로부터 100m 지점)에 관한 설명으로 옳지 않은 것은? (단, 프로판의 연소열은 47MJ/톤, TNT의 연소열은 4.7MJ/톤, 폭발효율은 0.1이다.)**

① TNT당량은 어떤 물질이 폭발할 때 내는 에너지와 동일 에너지를 내는 TNT중량을 말한다.

② 환산거리는 폭발의 영향범위 산정 및 폭풍파의 특성을 결정하는 데 사용된다.

③ TNT당량값은 40000kg이다.

④ 환산거리값은 약 $5.00\text{m/kg}^{1/3}$이다.

해설

③ 프로판이 TNT보다 10배의 연소열을 발생하므로 40톤은 40000kg의 10배인 400000kg이고, 프로판의 폭발효율이 0.1이라서 당량값이 40000kg이 된다.

④ $5.00\text{m/kg}^{1/3} \rightarrow 2.9\text{m/kg}^{1/3}$

TNT용량

(1) 어떤 물질이 폭발할 때 내는 에너지와 동일 에너지를 내는 TNT중량

(2) 프로판의 연소열을 TNT의 동일한 연소열을 내는 양으로 환산한 양

(3) 환산거리는 폭발의 영향범위 산정 및 폭풍파의 특성을 결정하는 데 사용된다.

〈기호〉

- $W$ : 40톤=40000kg(1톤=1000kg)
- $R$ : 100m

$$\lambda = \frac{R}{W^{\frac{1}{3}}}$$

여기서, $\lambda$ : 환산거리[m/kg$^{1/3}$]

$R$ : 폭발지점으로부터 거리[m]

$W$ : TNT당량[kg]

환산거리 $\lambda$는

$$\lambda = \frac{R}{W^{\frac{1}{3}}} = \frac{100\text{m}}{40000\text{kg}^{\frac{1}{3}}} \fallingdotseq 2.9\text{m/kg}^{1/3}$$

답 ④

★★

**06** **건축물의 피난·방화구조 등의 기준에 관한 규칙상 고층건축물에 설치하는 피난용 승강기의 설치기준에 관한 설명으로 옳은 것은?**

① 승강로의 상부에 배연설비를 설치할 것

② 승강장에는 상용전원에 의한 조명설비만을 설치할 것

③ 예비전원은 전용으로 하고 30분 동안 작동할 수 있는 용량의 것으로 할 것

④ 승강장의 바닥면적은 피난용 승강기 1대에 대하여 4제곱미터로 할 것

해설 **건축물의 피난·방화구조 등의 기준에 관한 규칙 제30조**

**피난용 승강기의 설치기준**

(1) **피난용 승강기 승강장의 구조**

① 승강장의 출입구를 제외한 부분은 해당 건축물의 다른 부분과 **내화구조**의 바닥 및 벽으로 구획할 것

② 승강장은 각 층의 내부와 연결될 수 있도록 하되, 그 출입구에는 **60분+방화문, 60분 방화문**을 설치할 것. 이 경우 방화문은 언제나 닫힌 상태를 유지할 수 있는 구조일 것

③ 실내에 접하는 부분의 마감은 **불연재료**로 할 것

④ **배연설비**를 설치할 것

(2) **피난용 승강기 승강로의 구조**
① 승강로는 해당 건축물의 다른 부분과 **내화구조**로 구획할 것
② 승강로 **상부**에 **배연설비**를 설치할 것 보기 ①

(3) **피난용 승강기 기계실의 구조**
① 출입구를 제외한 부분은 해당 건축물의 다른 부분과 **내화구조**의 바닥 및 벽으로 구획할 것
② 출입구에는 **60분+방화문** 또는 **60분 방화문**을 설치할 것

(4) **피난용 승강기 전용 예비전원**
① 정전시 피난용 승강기, 기계실, 승강장 및 폐쇄회로 텔레비전 등의 설비를 작동할 수 있는 **별도**의 **예비전원설비**를 설치할 것
② 예비전원 작동가능용량

| 준초고층 건축물 | 초고층 건축물 |
|---|---|
| **1시간** 이상 | **2시간** 이상 |

③ 상용전원과 예비전원의 공급을 **자동** 또는 **수동**으로 전환이 가능한 설비를 갖출 것
④ 전선관 및 배선은 고온에 견딜 수 있는 내열성 자재를 사용하고, **방수조치**를 할 것

② **예비전원**으로 작동하는 조명설비 설치
③ 예비전원은 전용으로 하고 **준초고층건축물**은 **1시간** 이상, **초고층건축물**은 **2시간** 이상 작동할 수 있는 용량의 것으로 할 것
④ 해당 없음

답 ①

★★★
## 07 초고층 및 지하연계 복합건축물 재난관리에 관한 특별법령상 종합방재실의 설치기준에 관한 설명으로 옳지 않은 것은?

① 종합방재실과 방화구획된 부속실을 설치할 것
② 재난 및 안전관리에 필요한 인력은 2명을 상주하도록 할 것
③ 면적은 20제곱미터 이상으로 할 것
④ 종합방재실을 피난층이 아닌 2층에 설치하는 경우 특별피난계단 출입구로부터 5미터 이내에 위치할 것

해설 **초고층 및 지하연계 복합건축물 재난관리에 관한 특별법 시행규칙 제7조**
종합방재실의 설치기준

(1) **종합방재실의 개수** : **1개**(단, 100층 이상인 초고층 건축물 등의 관리주체는 종합방재실이 그 기능을 상실하는 경우에 대비하여 종합방재실을 추가로 설치하거나, 관계지역 내 다른 종합방재실에 보조종합재난관리체제를 구축하여 재난관리 업무가 중단되지 아니하도록 할 것)

(2) **종합방재실의 위치**
① **1층** 또는 **피난층**(단, 초고층 건축물 등에 특별피난계단이 설치되어 있고, 특별피난계단 출입구로부터 **5m** 이내에 종합방재실을 설치하려는 경우에는 **2층** 또는 **지하 1층**에 설치할 수 있으며, **공동주택**의 경우에는 **관리사무소** 내에 설치 가능) 보기 ④
② 비상용승강장, 피난전용승강장 및 특별피난계단으로 이동하기 쉬운 곳
③ 재난정보수집 및 제공, 방재활동의 거점 역할을 할 수 있는 곳
④ **소방대**가 쉽게 도달할 수 있는 곳
⑤ 화재 및 침수 등으로 인하여 피해를 입을 우려가 적은 곳

(3) **종합방재실의 구조 및 면적**
① 다른 부분과 방화구획으로 설치할 것(단, 다른 제어실 등의 감시를 위하여 두께 **7mm** 이상의 **망입유리**(두께 **16.3mm** 이상의 **접합유리** 또는 두께 **28mm** 이상의 **복층유리**를 **포함**한다)로 된 **4m$^2$** 미만의 **붙박이창**을 설치할 수 있다.
② 인력의 대기 및 휴식 등을 위하여 종합방재실과 방화구획된 **부속실**을 설치할 것 보기 ①
③ 면적은 **20m$^2$** 이상으로 할 것 보기 ③
④ 재난 및 안전관리, 방범 및 보안, 테러 예방을 위하여 필요한 시설·장비의 설치와 근무 인력의 재난 및 안전관리활동, 재난 발생시 소방대원의 지휘활동에 지장이 없도록 설치할 것
⑤ 출입문에는 **출입제한** 및 **통제장치**를 갖출 것

(4) **종합방재실의 설비 등**
① 조명설비(예비전원을 포함한다) 및 급수·배수설비
② 상용전원과 예비전원의 공급을 **자동** 또는 **수동**으로 전환하는 설비
③ 급기·배기설비 및 냉방·난방설비
④ 전력 공급 상황 확인 시스템
⑤ 공기조화·냉난방·소방·승강기설비의 감시 및 제어 시스템
⑥ 자료 저장 시스템
⑦ 지진계 및 풍향·풍속계(초고층 건축물에 한정)
⑧ 소화장비 보관함 및 무정전 전원공급장치

⑨ 피난안전구역, 피난용승강기 승강장 및 테러 등의 감시와 방범·보안을 위한 폐쇄회로텔레비전(CCTV)

(5) 초고층 건축물 등의 관리주체는 종합방재실에 재난 및 안전관리에 필요한 인력을 **3명** 이상 상주하도록 하여야 한다. **보기 ②**

(6) 초고층 건축물 등의 관리주체는 종합방재실의 기능이 항상 정상적으로 작동되도록 종합방재실의 시설 및 장비 등을 수시로 점검하고, 그 결과를 보관하여야 한다.

② 2명 → 3명 이상

답 ②

★★★
## 08 다중이용업소의 안전관리에 관한 특별법령상 다중이용업이 아닌 것은?

19회 문 72 / 12회 문 64 / 09회 문 59 / 07회 문 66

① 수용인원이 400명인 학원
② 지상 3층에 설치된 영업장으로 사용하는 바닥면적의 합계가 66제곱미터인 일반음식점 영업
③ 구획된 실(室) 안에 학습자가 공부할 수 있는 시설을 갖추고 숙박 또는 숙식을 제공하는 고시원업
④ 노래연습장업

해설 **다중이용업령 제2조, 다중이용업 규칙 제2조 다중이용업**

(1) 휴게음식점영업·일반음식점영업·제과점영업 : **100m²** 이상(지하층은 **66m²** 이상) **보기 ②**
(2) 단란주점영업·유흥주점영업
(3) 영화상영관·비디오물감상실업·비디오물소극장업 및 복합영상물제공업
(4) 학원 수용인원 **300명** 이상 **보기 ①**
(5) 학원 수용인원 **100~300명** 미만
 ① **기숙사**가 있는 학원
 ② **2 이상** 학원 수용인원 **300명** 이상
 ③ **다중이용업**과 **학원**이 함께 있는 것
(6) **목욕장업**
(7) 게임제공업, 인터넷 컴퓨터게임시설 제공업·복합유통게임 제공업
(8) 노래연습장업 **보기 ④**
(9) 산후조리업
(10) **고시원업** **보기 ③**
(11) **전화방업**
(12) 화상대화방업
(13) **수면방업**
(14) **콜라텍업**
(15) 방탈출카페업
(16) 키즈카페업
(17) 만화카페업
(18) 권총사격장(옥내사격장)
(19) 가상체험 체육시설업(실내에 1개 이상의 별도의 구획된 실을 만들어 골프종목의 운동이 가능한 시설을 경영하는 영업에 한함)
(20) 안마시술소

② 66제곱미터 → 100제곱미터 이상

답 ②

★★★
## 09 열에너지원의 종류 중 화학열이 아닌 것은?

18회 문 19 / 17회 문 03

① 분해열 ② 압축열
③ 용해열 ④ 생성열

해설 **열에너지원의 종류**

| 기계열 | 전기열 | 화학열 |
|---|---|---|
| • **압**축열<br>• **마**찰열<br>• **마**찰스파크 | • 유도열<br>• 유전열<br>• 저항열<br>• 아크열<br>• 정전기열<br>• 낙뢰에 의한 열 | • **연**소열<br>• **용**해열<br>• **분**해열<br>• **생**성열<br>• **자**연발화열 |

기억법 **기압마마**
**화연용분생자**

② 압축열 : 기계열

답 ②

★★
## 10 소방시설 등의 성능위주설계 방법 및 기준상 화재 및 피난시뮬레이션의 시나리오 작성시 국내 업무용도 건축물의 수용인원 산정기준은 1인당 몇 m²인가?

19회 문 11 / 15회 문 21 / 11회 문 59 / 10회 문 63 / 09회 문 56 / 06회 문 74

① 4.6 ② 9.3
③ 18.6 ④ 22.3

해설 **소방시설 등 성능위주설계 평가운영 표준 가이드라인 수용인원 산정기준**

| 사용용도 | | 수용인원(m²/인) |
|---|---|---|
| 집회용도 | • 고밀도지역(고정좌석 없음) | 0.65 |
| | • 카지노 등 | 1 |
| | • 무대<br>• 운동실<br>• 저밀도지역(고정좌석 없음) | 1.4 |
| | • 수영장 데크 | 2.8 |

| 사용용도 | | 수용인원($m^2$/인) |
|---|---|---|
| 집회용도 | • 열람실<br>• 헬스장<br>• 스케이트장 | 4.6 |
| | • 수영장 | 4.6(물 표면) |
| | • 취사장<br>• 서가지역<br>• 접근출입구, 좁은 통로, 회랑 | 9.3 |
| | • 벤치형 좌석 | 1인 / 좌석길이 45.7cm |
| | • 고정좌석 | 고정 좌석수 |
| 교육용도 | • 교실 | 1.9 |
| | • 매점, 도서관, 작업실 | 4.6 |
| 의료용도 | • 수면구역(구내숙소)<br>• 교정, 감호용도 | 11.1 |
| | • 입원치료구역 | 22.3 |
| 주거용도 | • 대형 숙식주거<br>• 아파트<br>• 호텔, 기숙사 | 18.6 |
| 공업용도 | • 일반 및 고위험공업 | 9.3 |
| | • 특수공업 | 수용인원 이상 |
| 업무용도 | | 9.3 보기 ② |
| 창고용도(사업용도 외) | | 수용인원 이상 |

답 ②

★★★

## 11 1기압 상온에서 가연성 가스의 연소범위(vol%)로 옳지 않은 것은?

18회 문 05 / 15회 문 04 / 12회 문 01 / 11회 문 05 / 10회 문 02 / 09회 문 10 / 07회 문 11 / 04회 문 15

① 수소 : 4~75

② 메탄 : 5~15

③ 암모니아 : 15~25

④ 일산화탄소 : 3~11.5

해설 **공기 중의 폭발한계**(상온, 1atm)

| 가 스 | 하한계 〔vol%〕 | 상한계 〔vol%〕 |
|---|---|---|
| 아세틸렌($C_2H_2$) | 2.5 | 81 |
| 수소($H_2$) 보기 ① | 4 | 75 |
| 일산화탄소(CO) 보기 ④ | 12 | 75 |
| 에터[$(C_2H_5)_2O$] | 1.7 | 48 |
| 이황화탄소($CS_2$) | 1 | 50 |
| 암모니아($NH_3$) 보기 ③ | 15 | 25 |
| 메탄($CH_4$) 보기 ② | 5 | 15 |
| 에탄($C_2H_6$) | 3 | 12.4 |
| 프로판($C_3H_8$) | 2.1 | 9.5 |
| 부탄($C_4H_{10}$) | 1.8 | 8.4 |
| 휘발유($C_5H_{12}$~$C_9H_{20}$) | 1.2 | 7.6 |

기억법
아 2581
수 475
일 1275
에터 1748
이 150
암 1525
메 515
에 3124
프 2195
부 1884
휘 1276

※ 연소한계=연소범위=가연한계=가연범위=폭발한계=폭발범위

답 ④

★★

## 12 위험물별 저장방법에 대한 설명 중 틀린 것은?

① 황은 정전기가 축적되지 않도록 하여 저장한다.

② 적린은 화기로부터 격리하여 저장한다.

③ 마그네슘은 건조하면 부유하여 분진폭발의 위험이 있으므로 물에 적시어 보관한다.

④ 황화인은 산화제와 격리하여 저장한다.

해설
① 황 : **정전기**가 축적되지 않도록 하여 저장
② 적린 : **화기**로부터 격리하여 저장
③ 마그네슘 : **물**에 적시어 보관하면 **수소**($H_2$) 발생
④ 황화인 : **산화제**와 격리하여 저장

중요

**주수소화**(물소화)시 **위험**한 **물질**

| 구 분 | 현 상 |
|---|---|
| • 무기과산화물 | **산소**($O_2$) 발생 |
| • **금**속분<br>• **마**그네슘<br>• 알루미늄<br>• 칼륨<br>• 나트륨<br>• 수소화리튬 | **수소**($H_2$) 발생 |
| • 가연성 액체의 유류화재 | **연소면**(화재면) 확대 |

기억법 **금마수**

※ **주수소화** : 물을 뿌려 소화하는 방법

답 ③

★★★

**13** 1기압 상온에서 발화점(Ignition point)이 가장 낮은 것은?

07회 문 98

① 황린　② 이황화탄소
③ 셀룰로이드　④ 아세트알데하이드

해설 **물질의 발화점**

| 물질의 종류 | 발화점 |
|---|---|
| • 황린 **보기 ①** | 30~50℃ |
| • 황화인<br>• 이황화탄소 **보기 ②** | 100℃ |
| • 셀룰로이드 **보기 ③** | 170~190℃ |
| • 나이트로셀룰로오스 | 180℃ |
| • 아세트알데하이드 **보기 ④** | 185℃ |

비교

**물질의 인화점과 발화점**

| 물 질 | 인화점 | 발화점 |
|---|---|---|
| • 프로필렌 | -107℃ | 497℃ |
| • 에틸에터<br>• 다이에틸에터 | -45℃ | 180℃ |
| • 가솔린(휘발유) | -43℃ | 300℃ |
| • 이황화탄소 | -30℃ | 100℃ |
| • 아세틸렌 | -18℃ | 335℃ |
| • 아세톤 | -18℃ | 538℃ |
| • 에틸알코올 | 13℃ | 423℃ |

중요

**저장물질**

| 물질의 종류 | 보관장소 |
|---|---|
| • 황린<br>• 이황화탄소($CS_2$) | 물속 |
| • 나이트로셀룰로오스 | 알코올 속 |
| • 칼륨(K)<br>• 나트륨(Na)<br>• 리튬(Li) | 석유류(등유) 속 |
| • 아세틸렌($C_2H_2$) | 디메틸프롬아미드(DMF), 아세톤 |

답 ①

★★

**14** 다음에서 설명하는 것은?

19회 문 06 / 19회 문 13 / 18회 문 02 / 17회 문 06 / 16회 문 04 / 13회 문 07 / 11회 문 16 / 10회 문 11 / 09회 문 06 / 08회 문 24 / 06회 문 15 / 03회 문 23

> 미분탄, 소맥분, 플라스틱의 분말같은 가연성 고체가 미분말로 되어 공기 중에 부유한 상태로 폭발농도 이상으로 있을 때 착화원이 존재함으로써 발생하는 폭발현상

① 산화폭발
② 분무폭발
③ 분진폭발
④ 분해폭발

해설 **폭발의 종류**

| 종 류 | 설 명 |
|---|---|
| 산화폭발 | 가연성 가스가 공기 중에 누설 혹은 인화성 액체 저장탱크에 **공기**가 **유입**되어 폭발성 혼합가스를 형성하고 여기에 탱크 내에서 정전기 불꽃이 발생하든지 탱크 내로 착화원이 유입되어 착화 폭발하는 현상 |
| 분무폭발 | 착화에너지에 의하여 일부의 **액적**이 가열되어 그의 표면부분에 가연성의 혼합기체가 형성되고 이것이 연소하기 시작하여 이 연소열에 의하여 부근의 액적의 주위에는 가연성 혼합기체가 형성되고 순차적으로 연소반응이 진행되어 이것이 가속화되어 폭발이 발생하는 현상 |

16회

| 종 류 | 설 명 |
|---|---|
| 분진폭발 보기 ③ | 미분탄, 소맥분, 플라스틱의 분말같은 가연성 고체가 **미분말**로 되어 공기 중에 부유한 상태로 폭발농도 이상으로 있을 때 착화원이 존재함으로써 발생하는 폭발현상 |
| 분해폭발 | **산화에틸렌, 아세틸렌, 에틸렌** 등의 분해성 가스와 다이아조화합물 같은 자기 분해성 고체가 **분해**하면서 폭발하는 현상 |

중요

**폭발의 종류**

| 폭발 종류 | 물 질 |
|---|---|
| **분해**폭발 | • **과**산화물 · **아**세틸렌<br>• **다**이너마이트<br>기억법 **분해과아다** |
| 분진폭발 | • 밀가루 · 담뱃가루<br>• 석탄가루 · 먼지<br>• 전분 · 금속분 |
| **중**합폭발 | • **염**화비닐<br>• **시**안화수소<br>기억법 **중염시** |
| **분**해 · **중**합폭발 | • **산**화에틸렌<br>기억법 **분중산** |
| **산**화폭발 | • **압**축가스<br>• **액**화가스<br>기억법 **산압액** |

답 ③

★★★
## 15 화재성장속도 분류에서 약 1MW의 열량에 도달하는 시간이 600초인 것은?

19회 문 15
13회 문 19

① Slow 화재
② Medium 화재
③ Fast 화재
④ Ultra fast 화재

해설 **화재성장속도에 따른 시간**(약 1MW의 열량에 도달하는 시간)

| 화재성장속도 | 시 간 |
|---|---|
| 느린(Slow) | 600s |
| 중간(Medium) 보기 ② | 300s |
| 빠름(Fast) | 150s |
| 매우 빠름(Ultra fast) | 75s |

답 ①

★★★
## 16 연소시 발생하는 연소가스가 인체에 미치는 영향에 관한 설명으로 옳지 않은 것은?

19회 문 19
15회 문 11
15회 문 16

① 포스겐은 독성이 매우 강한 가스로서 공기 중에 25ppm만 있어도 1시간 이내에 사망한다.
② 아크롤레인은 눈과 호흡기를 자극하며 기도장애를 일으킨다.
③ 이산화탄소는 그 자체의 독성은 거의 없으나 다량이 존재할 경우 사람의 호흡속도를 증가시켜 화재가스에 혼합된 유해가스의 흡입을 증가시킨다.
④ 시안화수소는 달걀 썩는 냄새가 나는 특성이 있으며, 공기 중에 0.02%의 농도만으로도 치명적인 위험상태에 빠질 수가 있다.

해설 **연소가스**

| 연소가스 | 설 명 |
|---|---|
| **일**산화탄소(CO) | ① 화재시 흡입된 일산화탄소(CO)의 화학적 작용에 의해 **헤모글로빈**(Hb)이 혈액의 산소운반작용을 저해하여 사람을 질식 · 사망하게 한다.<br>② 목재류의 화재시 인명피해를 가장 많이 주며, 연기로 인한 의식불명 또는 질식을 가져온다.<br>③ 인체의 **폐**에 큰 자극을 준다.<br>④ **산**소와의 **결**합력이 극히 강하여 질식작용에 의한 독성을 나타낸다.<br>기억법 **일헤폐산결** |
| **이**산화탄소($CO_2$) 보기 ③ | 연소가스 중 **가장 많은 양**을 차지하고 있으며 가스 그 자체의 독성은 거의 없으나 다량이 존재할 경우 호흡속도를 증가시키고, 이로 인하여 화재가스에 혼합된 유해가스의 혼입을 증가시켜 위험을 가중시키는 가스이다.<br>기억법 **이많** |

16회

| 연소가스 | 설 명 |
|---|---|
| **암**모니아 ($NH_3$) | ① 나무, **페**놀수지, **멜**라민수지 등의 **질소함유물**이 연소할 때 발생하며, 냉동시설의 **냉**매로 쓰인다.<br>② **눈·코·폐** 등에 매우 **자극성**이 큰 가연성 가스이다.<br>기억법 **암페멜냉자** |
| **포**스겐 ($COCl_2$) 보기 ① | ① 독성이 매우 강한 가스로서 **소**화제인 **사염화탄소($CCl_4$)**를 화재시에 사용할 때도 발생한다.<br>② 공기 중에 **25ppm**만 있어도 **1시간** 이내에 사망한다.<br>기억법 **포소사** |
| **황**화수소 ($H_2S$) | ① **달걀 썩는 냄새**가 나는 특성이 있다.<br>② 황분이 포함되어 있는 물질의 불완전연소에 의하여 발생하는 가스이다.<br>③ **자**극성이 있다.<br>기억법 **황달자** |
| **아**크롤레인 ($CH_2CHCHO$) 보기 ② | ① 독성이 매우 높은 가스로서 **석유제품**, **유지** 등이 연소할 때 생성되는 가스이다.<br>② 눈과 호흡기를 자극하며, 기도장애를 일으킨다.<br>기억법 **아석유** |

④ 시안화수소 → 황화수소

답 ④

★

**17** **바닥으로부터 높이 0.2m의 위치에 개구부(가로 2m×세로 2m) 1개가 있는 창고(바닥면적 가로 3m×세로 4m, 높이 3m)에 화재가 발생하였을 때, Flash over 발생에 필요한 최소한의 열방출속도 $Q_{fo}$는 몇 kW인가? (단, Thomas의 공식 $Q_{fo}$〔kW〕$=7.8A_T+378A\sqrt{H}$을 이용하며, 소수점 이하 셋째자리에서 반올림한다.)**

① 2528.29 ② 2559.49
③ 2621.89 ④ 2653.09

해설 문제의 조건을 그림으로 나타내면

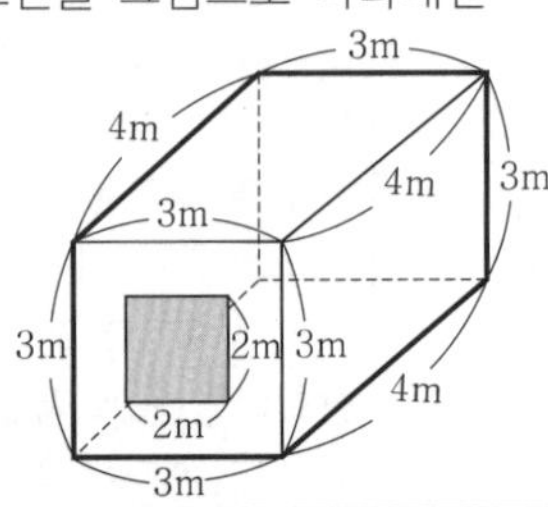


$$Q_{fo}=7.8A_T+378A\sqrt{H}$$

여기서, $Q_{fo}$ : 열방출속도〔kW〕
$A_T$ : 개구부를 제외한 내부표면적〔$m^2$〕
$A$ : 환기구면적(개구부면적)〔$m^2$〕
$H$ : 환기구 높이(개구부의 세로길이)〔m〕

**열방출속도** $Q_{fo}$는

$Q_{fo}=7.8A_T+378A\sqrt{H}$
$=7.8\times$(앞면+뒷면+옆면×2개+윗면+아랫면−개구부면적)$+378A\sqrt{H}$
$=7.8\times(3\times3+3\times3+4\times3\times2$개$+4\times3+4\times3-2\times2)+378\times(2\times2)\sqrt{2}$
$\fallingdotseq 2621.89$kW

• 바닥으로부터 개구부 높이 0.2m는 적용하지 않는 것에 주의할 것

답 ③

★★★

**18** 17회 문 12 **힌클리(Hinkley) 공식을 이용하여 실내 화재시 연기의 하강시간을 계산할 때 필요한 자료로 옳은 것을 모두 고른 것은?**

ㄱ 화재실의 바닥면적
ㄴ 화재실의 높이
ㄷ 청결층(Clear layer) 높이
ㄹ 화염 둘레길이

① ㄱ, ㄴ ② ㄴ, ㄹ
③ ㄱ, ㄷ, ㄹ ④ ㄱ, ㄴ, ㄷ, ㄹ

해설 **하강시간**(힌클리 공식)

$$t=\frac{20A}{P\times\sqrt{g}}\times\left(\frac{1}{\sqrt{y}}-\frac{1}{\sqrt{H}}\right)$$

여기서, $t$ : 하강시간〔s〕
$A$ : 화재실의 바닥면적〔$m^2$〕
$H$ : 화재실의 높이〔m〕
$y$ : 바닥과 천장 아래 연기층 아랫부분 간의 거리(청결층의 높이)〔m〕
$P$ : 화재경계의 길이(화염 둘레길이)〔m〕
$g$ : 중력가속도(9.8m/$s^2$)

중요

**힌클리 공식**

(1) **연기발생량**

$$Q=\frac{A(H-y)}{t}$$

여기서, $Q$ : 연기발생량[$m^3/s$]

$A$ : 화재실의 바닥면적[$m^2$]

$H$ : 화재실의 높이[m]

$y$ : 바닥과 천장 아래 연기층 아랫부분 간의 거리(청결층의 높이)[m]

$t$ : 하강시간[s]

(2) **연기생성률**

$$M=0.188\times P\times y^{\frac{3}{2}}$$

여기서, $M$ : 연기생성률[kg/s]

$P$ : 화재경계의 길이(화염 둘레길이)[m]

$y$ : 바닥과 천장 아래 연기층 아랫부분 간의 거리(청결층의 높이)[m]

답 ④

★★★

## 19 국내 화재분류에서 A급화재에 해당하는 것은?

19회 문 09 / 18회 문 06 / 15회 문 03 / 14회 문 03 / 13회 문 06 / 10회 문 31

① 일반화재　② 유류화재

③ 전기화재　④ 금속화재

해설 **화재의 분류**

| 화재의 종류 | 표시색 | 적응물질 |
|---|---|---|
| 일반화재 (A급) 보기 ① | **백**색 | • 일반가연물<br>• 종이류 화재<br>• 목재, 섬유화재 |
| 유류화재 (B급) | **황**색 | • 가연성 액체<br>• 가연성 가스<br>• 액화가스화재<br>• 석유화재 |
| 전기화재 (C급) | **청**색 | • 전기설비 |
| 금속화재 (D급) | **무**색 | • 가연성 금속 |
| 주방화재 (K급) | - | • 식용유화재 |

• 최근에는 색을 표시하지 않음

기억법 **백황청무**

① 일반화재 → A급화재

중요

**K급화재**(식용유화재)(NFPA, ISO분류에 의한 구분)

(1) 인화점과 발화점의 온도차가 적고 발화점이 비점 이하이기 때문에 화재발생시 액체의 온도를 낮추지 않으면 소화하여도 재발화가 쉬운 화재

(2) 질식소화

(3) 다른 물질을 넣어서 냉각소화

답 ①

★

## 20 연소과정에 따른 시간과 에너지의 관계를 나타내는 그림에서 연소열을 나타내는 구간은?

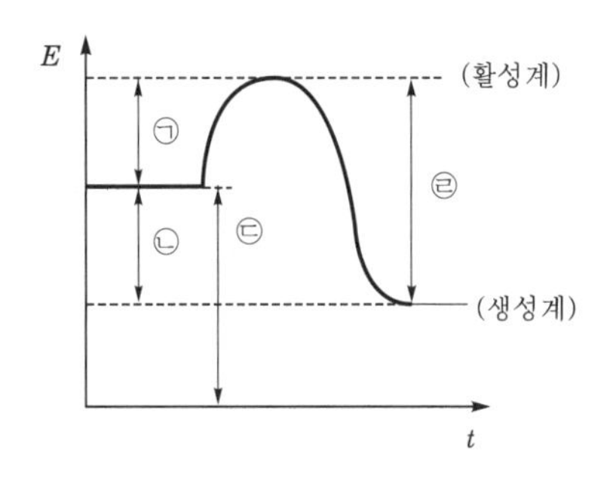


① ㉠　② ㉡

③ ㉢　④ ㉣

해설 **연소과정에 따른 시간과 에너지 관계 그래프**

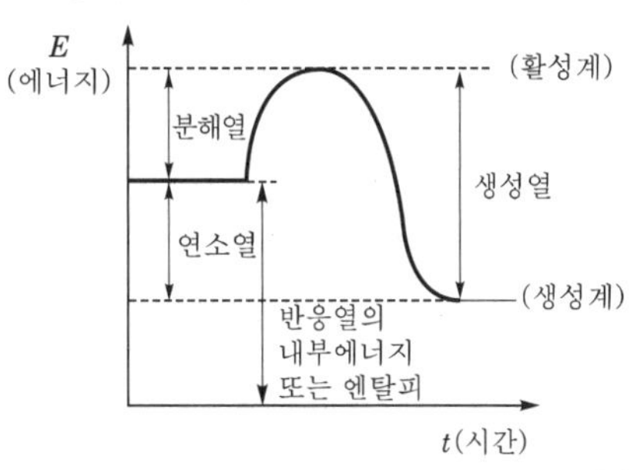


답 ②

★★

## 21 정상상태에서 위험분위기가 지속적으로 또는 장기적으로 존재하는 배관 내부에 적합한 방폭구조는?

12회 문 06 / 08회 문 02

① 내압방폭구조　② 본질안전방폭구조

③ 압력방폭구조　④ 안전증방폭구조

해설 **방폭구조**의 **종류**

(1) **내압(耐壓)방폭구조($d$)** : 폭발성 가스가 용기 내부에서 폭발하였을 때 용기가 그 압력에 견디거나 또는 **외부**의 **폭발성 가스**에 인화될 우려가 없도록 한 구조

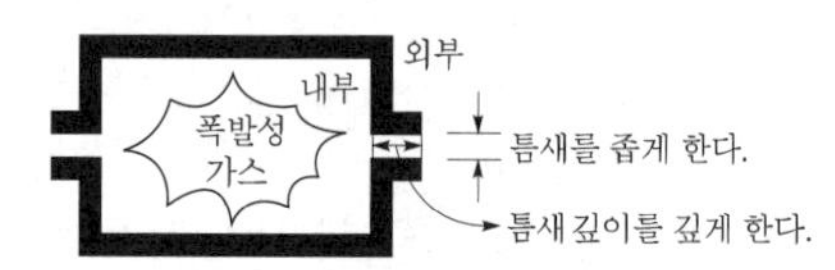


| 내압(耐壓)방폭구조 |

(2) **내압(內壓)방폭구조**(압력방폭구조, $p$) : 용기 내부에 질소 등의 보호용 가스를 충전하여 외부에서 폭발성 가스가 침입하지 못하도록 한 구조

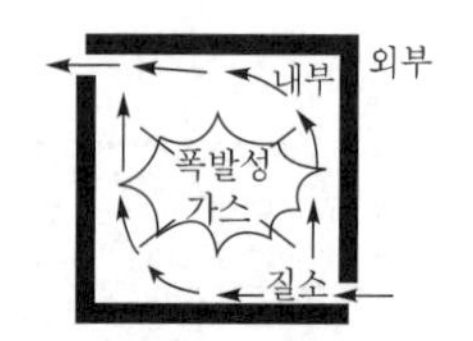


| 압력방폭구조 |

(3) **안전증방폭구조($e$)** : 기기의 정상운전 중에 폭발성 가스에 의해 **점화원**이 될 수 있는 전기불꽃 또는 고온이 되어서는 안 될 부분에 **기계적 · 전기적**으로 특히 안전도를 증가시킨 구조

| 안전증방폭구조 |

(4) **유입방폭구조($o$)** : 전기불꽃, 아크 또는 고온이 발생하는 부분을 **기름** 속에 넣어 폭발성 가스에 의해 인화가 되지 않도록 한 구조

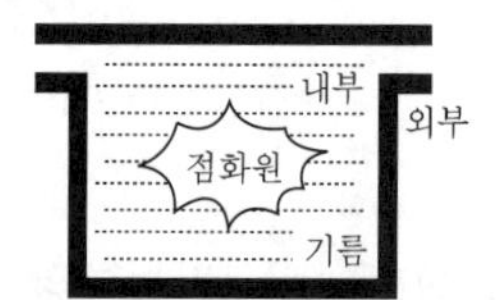


| 유입방폭구조 |

(5) **본질안전방폭구조($i$)** 보기 ②

① 폭발성 가스가 **단선**, **단락**, **지락** 등에 의해 발생하는 전기불꽃, 아크 또는 고온에 의하여 점화되지 않는 것이 확인된 구조

② 정상상태에서 위험분위기가 **지속적**으로 또는 장기적으로 존재하는 배관 내부에 적합한 방폭구조

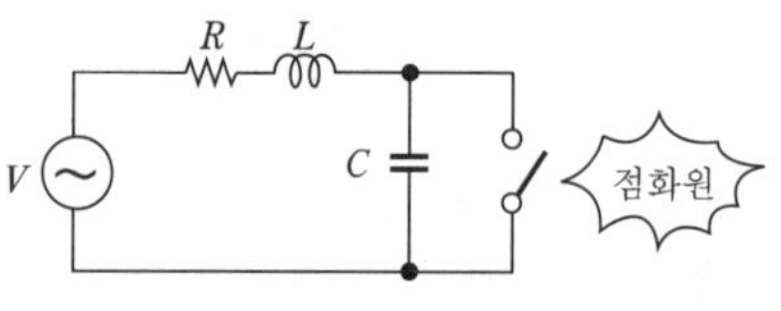


| 본질안전방폭구조 |

(6) **특수방폭구조($s$)** : 위에서 설명한 구조 이외의 방폭구조로서 폭발성 가스에 의해 점화되지 않는 것이 시험 등에 의하여 확인된 구조

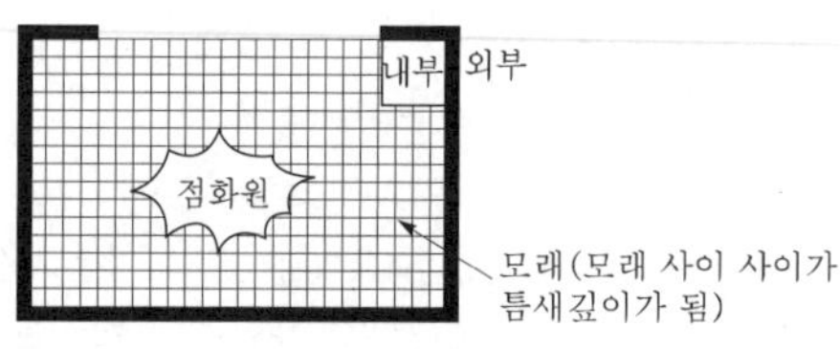


| 특수방폭구조 |

답 ②

★★★

## 22 다음에서 설명하는 인간의 피난행동 특성은?

18회 문 20
14회 문 25
10회 문 09
09회 문 04
05회 문 07

- 화재가 발생하면 확인하려 하고, 그것이 비상사태로 확인되면 화재로부터 멀어지려고 하는 본능
- 연기, 불의 차폐물이 있는 곳으로 도망가거나 숨는다.
- 발화점으로부터 조금이라도 먼 곳으로 피난한다.

① 추종본능 ② 귀소본능
③ 퇴피본능 ④ 지광본능

해설 **화재발생시 인간**의 **피난 특성**

| 피난 특성 | 설 명 |
|---|---|
| 귀소본능 | ① **친숙한 피난경로**를 선택하려는 행동<br>② 무의식 중에 **평상시** 사용하는 **출입구**나 **통로**를 사용하려는 행동<br>③ 화재시 본능적으로 원래 왔던 길 또는 늘 사용하는 경로로 탈출하려고 하는 것 |
| 지광본능 | ① **밝은 쪽**을 지향하는 행동<br>② 화재의 공포감으로 인하여 **빛**을 따라 외부로 달아나려고 하는 행동 |

| 피난 특성 | 설 명 |
|---|---|
| **퇴피본능**<br>보기 ③ | ① 화염, 연기에 대한 공포감으로 **발화의 반대방향**으로 이동하려는 행동<br>② 화재가 발생하면 확인하려 하고, 그것이 비상사태로 확인되면 **화재**로부터 **멀어지려고** 하는 본능<br>③ 연기, 불의 **차폐물**이 있는 곳으로 도망가거나 숨는다.<br>④ **발화점**으로부터 조금이라도 **먼 곳**으로 피난한다. |
| 추종본능 | ① 많은 사람이 달아나는 방향으로 쫓아가려는 행동<br>② 화재시 **최초**로 **행동**을 **개시**한 사람을 따라 전체가 움직이려는 행동 |
| 좌회본능 | **좌측통행**을 하고 **시계반대방향**으로 회전하려는 행동 |
| 폐쇄공간 지향본능 | 가능한 **넓은 공간**을 찾아 **이동**하다가 위험성이 높아지면 의외의 좁은 공간을 찾는 본능 |
| 초능력본능 | 비상시 **상상**도 **못할 힘**을 내는 본능 |
| 공격본능 | **이상심리현상**으로서 구조용 헬리콥터를 부수려고 한다든지 무차별적으로 주변사람과 구조인력 등에게 공격을 가하는 본능 |
| 패닉(Panic) 현상 | 인간의 비이성적인 또는 부적합한 **공포반응행동**으로서 무모하게 높은 곳에서 뛰어내리는 행위라든지, 몸이 굳어서 움직이지 못하는 행동 |

답 ③

★

## 23 폭연과 폭굉에 관한 설명으로 옳은 것은?

18회 문 10
17회 문 04
15회 문 08
06회 문 22
04회 문 18
03회 문 14

① 폭연은 압력파가 미반응 매질 속으로 음속 이하로 이동하는 폭발현상을 말한다.

② 폭연은 폭굉으로 전이될 수 없다.

③ 폭굉의 최고압력은 초기압력과 동일하다.

④ 폭굉의 파면에서는 온도, 압력, 밀도가 연속적으로 나타난다.

② 폭연은 폭굉으로 전이될 수 **있다.**
③ 폭굉의 최고압력은 초기압력보다 **높다.**
④ 폭굉의 파면에서는 온도, 압력, 밀도가 **불연속적**으로 나타난다.

| 폭 연 | 폭 굉 |
|---|---|
| ① 폭연은 폭굉으로 전이될 수 있으며, 압력파 또는 충격파가 미반응 매질 속으로 **음속보다 느리게 이동**하는 경우 | ① 압력파 또는 충격파가 미반응 매질 속으로 **음속보다 빠르게 이동**하는 경우로 압력상승은 폭연의 경우보다 **10배** 정도 또는 그 이상 |
| ② 연소파의 전파속도는 기체의 조성이나 농도에 따라 다르지만 일반적으로 **0.1~10m/s**인 범위<br>③ 폭연시에 벽이 받는 압력은 **정압뿐**<br>④ 연소파의 파면(화염면)에서 온도, 압력, 밀도의 변화를 보면 **연속적** | ② 폭굉으로 유도되는 반응 메커니즘이 심각한 정도의 초기압력이나 충격파를 생성하기 위해서는 아주 작은 부피 내에서 아주 짧은 시간에 에너지 방출<br>③ 폭굉파는 **1000~ 3500 m/s** 정도로 빠르게 나타나며 이때 발생되는 압력은 **약 1000kg$_f$/cm$^2$** 정도<br>④ 연소시의 **정압에 충격파의 동압을 받아 파괴효과 증가**<br>⑤ 폭굉시에는 파면에서 온도, 압력, 밀도가 **불연속적** |

답 ①

★★★

## 24 가로 10m, 세로 10m, 높이 5m인 공간에 저장되어 있는 발열량 13500kcal/kg인 가연물 2000kg과 발열량 9000kcal/kg인 가연물 1000kg이 완전연소하였을 때 화재하중은 몇 kg/m$^2$인가? (단, 목재의 단위발열량은 4500kcal/kg이다.)

18회 문 14
17회 문 10
14회 문 09
13회 문 17
12회 문 20
11회 문 20
08회 문 10
07회 문 15
06회 문 05
06회 문 09
04회 문 01
02회 문 11

① 20 ② 40

③ 60 ④ 80

해설 **화재하중**

$$q = \frac{\Sigma G_t H_t}{HA} = \frac{\Sigma Q}{4500A}$$

여기서, $q$ : 화재하중[kg/m$^2$]
$G_t$ : 가연물의 양[kg]
$H_t$ : 가연물의 단위중량당 발열량[kcal/kg]
$H$ : 목재의 단위중량당 발열량[kcal/kg]
$A$ : 바닥면적[m$^2$]
$\Sigma Q$ : 가연물의 전체 발열량[kcal]

• $H$ : 목재의 단위발열량=목재의 단위중량당 발열량

화재하중 $q$는

$$q = \frac{\Sigma G_t H_t}{HA}$$

$$= \frac{(2000\text{kg} \times 13500\text{kcal/kg}) + (1000\text{kg} \times 9000\text{kcal/kg})}{4500\text{kcal/kg} \times (10 \times 10)\text{m}^2}$$

$$= 80\text{kg/m}^2$$

16회

- $A$(바닥면적)=(10×10)m² : 높이는 적용하지 않는 것에 주의할 것
- $\Sigma$ : '**시그마**'라고 읽으며 '**모두 더한다**'라는 의미로서 여기서는 **가연물 전체의 무게**를 말한다.

답 ④

★★★
## 25 물리적 소화방법이 아닌 것은?

18회 문 07 / 16회 문 37 / 15회 문 05 / 15회 문 34 / 14회 문 08 / 13회 문 34 / 08회 문 08 / 07회 문 16 / 06회 문 03

① 질식소화
② 냉각소화
③ 제거소화
④ 억제소화

해설

| 물리적 소화방법 | 화학적 소화방법 |
|---|---|
| • 냉각소화 보기 ②<br>• 질식소화 보기 ①<br>• 제거소화 보기 ③<br>• 희석소화 | • 억제소화(부촉매소화, 화학소화) 보기 ④ |

중요

**소화의 형태**

| 소화 형태 | 설 명 |
|---|---|
| **냉**각 소화 | • **점화원**을 냉각시켜 소화하는 방법<br>• **증**발잠열을 이용하여 열을 빼앗아 가연물의 **온**도를 떨어뜨려 화재를 진압하는 소화<br>• 다량의 물을 뿌려 소화하는 방법<br>• 가연성 물질을 **발화점 이하**로 **냉각** |
| **질**식 소화 | • 공기 중의 **산소농도**를 **16%**(10~15%) 이하로 희박하게 하여 소화<br>• 산화제의 농도를 낮추어 연소가 지속될 수 없도록 함<br>• **산소공급**을 **차단**하는 소화방법 |
| 제거 소화 | • **가연물**을 **제거**하여 소화하는 방법 |
| 부촉매 소화 (=화학소화) | • **연쇄반응**을 **차단**하여 소화하는 방법<br>• **화학적**인 **방법**으로 화재억제 |
| 희석 소화 | • 기체 · 고체 · 액체에서 나오는 분해가스나 증기의 농도를 낮춰 소화하는 방법 |

부촉매소화=연쇄반응 차단소화

기억법 **냉점온증발**
**질산**

답 ④

**제 2 과목** 소방수리학 · 약제화학 및 소방전기

★★★
## 26 뉴턴의 점성법칙과 관계가 없는 것은?

19회 문 28 / 06회 문 46

① 점성계수
② 속도기울기
③ 전단응력
④ 압력

해설 **뉴턴**(Newton)의 **점성법칙**

$$\tau = \mu \frac{du}{dy}$$

여기서, $\tau$ : 전단응력〔N/m²〕
$\mu$ : 점성계수〔N · s/m²〕
$\frac{du}{dy}$ : 속도구배(속도기울기)

답 ④

★★★
## 27 단일 재질로 두께가 20cm인 벽체의 양면 온도가 각각 800℃와 100℃라면 이 벽체를 통하여 단위면적(m²)당 1시간(hr) 동안 전도에 의해 전달되는 열의 양은 몇 J인가? (단, 열전도계수는 4J/m · hr · K이다.)

19회 문 10 / 19회 문 17 / 13회 문 18 / 11회 문 23 / 07회 문 17

① 14000　　② 16000
③ 18000　　④ 20000

해설

$$\mathring{q} = \frac{kA(T_2 - T_1)}{l}$$

(1) **절대온도**

$$K = 273 + ℃$$

여기서, $K$ : 절대온도〔K〕
℃ : 섭씨온도〔℃〕

$T_2 = 273 + ℃ = 273 + 800℃ = 1073\text{K}$

$T_1 = 273 + ℃ = 273 + 100℃ = 373\text{K}$

(2) **전도**

$$\mathring{q} = \frac{kA(T_2 - T_1)}{l}$$

여기서, $\mathring{q}$ : 열전달량〔J/s〕=〔W〕
$k$ : 열전도율〔W/m · ℃〕
$A$ : 단면적〔m²〕
$T_2 - T_1$ : 온도차〔℃ 또는 K〕
$l$ : 두께〔m〕

열전달량 $\mathring{q}$는

$$\mathring{q} = \frac{kA(T_2 - T_1)}{l}$$

$$= \frac{4\text{J/m} \cdot \text{hr} \cdot \text{K} \times 1\text{m}^2 \times (1073 - 373)\text{K}}{0.2\text{m}}$$

$$= 14000\text{J/hr}$$

- $A$ : 단위면적[$m^2$]=$1m^2$
- L : 100cm=1m이므로 20cm=0.2m

답 ①

★★★
**28** 베르누이(Bernoulli)식에 관한 설명으로 옳지 않은 것은?

18회 문 44 / 14회 문 27 / 12회 문 27 / 19회 문 26 / 17회 문 26 / 17회 문 29 / 17회 문115 / 13회 문 28 / 13회 문 32 / 12회 문 37 / 10회 문106 / 09회 문 48

① 배관 내의 모든 지점에서 위치수두, 속도수두, 압력수두의 합은 일정하다.
② 수평으로 설치된 배관의 위치수두는 일정하다.
③ 수력구배선은 위치수두와 속도수두의 합을 이은 선을 말한다.
④ 구경이 커지면 유속이 감소되어 속도수두는 감소한다.

해설

③ 속도수두 → 압력수두

속도구배선=속도기울기선

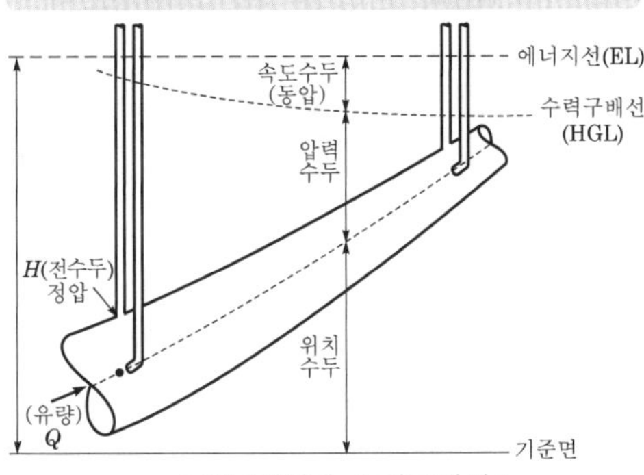

| 에너지선과 수력구배선 |

답 ③

★★★
**29** 다음 그림과 같이 수조 벽면에 설치된 오리피스로 유량 $Q$의 물이 방출되고 있다. 이때 수위가 감소하여 $1/4h$가 되었다면 방출유량은 얼마인가? (단, 점성에 의한 영향 등은 무시한다.)

11회 문 34 / 02회 문 37

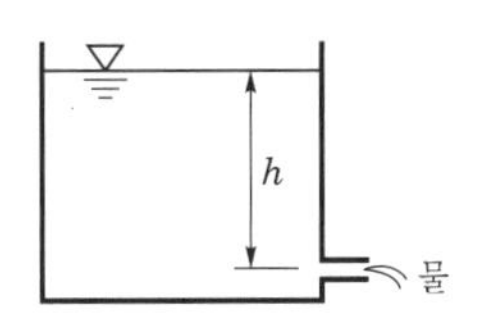


① $\frac{1}{\sqrt{2}}Q$　　② $\frac{1}{2}Q$

③ $\sqrt{2}\,Q$　　④ $2Q$

해설 (1) 토리첼리의 식

$$V = \sqrt{2gh}$$

여기서, $V$ : 유속[m/s]
$g$ : 중력가속도(9.8m/$s^2$)
$h$ : 높이[m]

(2) 유량

$$Q = AV$$

여기서, $Q$ : 유량[$m^3$/s]
$A$ : 단면적[$m^2$]
$V$ : 유속[m/s]

$V = \sqrt{2gh} \propto \sqrt{h} = \sqrt{\frac{1}{4}h'} = \frac{1}{2}\sqrt{h'}$

$Q = AV \propto V$

$\therefore\ Q = \frac{1}{2}Q'$

답 ②

★★★
**30** 온도가 35℃이고 절대압력이 6000kPa인 공기의 비중량은 약 몇 N/$m^3$인가? (단, 공기의 기체상수는 $R$=286.8J/kg · K이고, 중력가속도 $g$=9.8m/$sec^2$이다.)

19회 문 89 / 18회 문 22 / 18회 문 30 / 15회 문 06 / 14회 문 30 / 13회 문 03 / 11회 문 36 / 11회 문 47 / 04회 문 45

① 579　　② 666

③ 755　　④ 886

해설

$$\gamma = \rho g$$

(1) 이상기체 상태방정식

$$\rho = \frac{P}{RT}$$

여기서, $\rho$ : 밀도[kg/$m^3$ 또는 N · $s^2$/$m^4$]
$P$ : 압력[kPa 또는 kN/$m^2$]
$R$ : 기체상수[kJ/kg · K 또는 kN · m/kg · K]
$T$ : 절대온도(273+℃)[K]

16회

**공기의 밀도** $\rho$는

$$\rho = \frac{P}{RT}$$
$$= \frac{6000\text{kN/m}^2}{0.2868\text{kN}\cdot\text{m/kg}\cdot\text{K}\times(273+35)\text{K}}$$
$$\fallingdotseq 67.923\text{kg/m}^3$$
$$= 67.923\text{N}\cdot\text{s}^2/\text{m}^4$$

- $P$ : $6000\text{kPa} = 6000\text{kN/m}^2$ $(1\text{kPa} = 1\text{kN/m}^2)$
- $R$ : $286.8\text{J/kg}\cdot\text{K} = 0.2868\text{kJ/kg}\cdot\text{K} = 0.2868\text{kN}\cdot\text{m/kg}\cdot\text{K}$ $(1000\text{J} = 1\text{kJ},\ 1\text{kJ} = 1\text{kN}\cdot\text{m})$
- $\rho$ : $1\text{kg/m}^3 = 1\text{N}\cdot\text{s}^2/\text{m}^4$이므로 $67.923\text{kg/m}^3 = 67.923\text{N}\cdot\text{s}^2/\text{m}^4$

(2) **비중량**

$$\gamma = \rho g$$

여기서, $\gamma$ : 비중량[N/m$^3$]
$\rho$ : 밀도[N・s$^2$/m$^4$]
$g$ : 중력가속도(9.8m/s$^2$)

비중량 $\gamma = \rho g = 67.923\text{N}\cdot\text{s}^2/\text{m}^4\times 9.8\text{m/s}^2 \fallingdotseq 666\text{N/m}^3$

비교

(1) **이상기체 상태방정식**

$$\rho = \frac{PM}{RT}$$

여기서, $\rho$ : 밀도[kg/m$^3$]
$P$ : 압력[atm]
$M$ : 분자량[kg/kmol]
$R$ : 0.082atm・m$^3$/kmol・K
$T$ : 절대온도(273+℃)[K]

(2) **절대압**
① **절**대압=**대**기압+**게**이지압(계기압)
② **절**대압=**대**기압**－진**공압

기억법 **절대게, 절대－진(절대마진)**

답 ②

★★★

## 31 지름이 10cm인 원형 배관에 물이 층류로 흐르고 있다. 이때 물의 최대 평균유속은 약 몇 m/s인가? (단, 동점성계수는 $\nu$=1.006×10$^{-6}$m$^2$/s, 임계레이놀즈수는 2100이다.)

19회 문 32
18회 문 47
17회 문 27
17회 문 31
14회 문 29
13회 문 30
12회 문 29
11회 문 29
09회 문 26
05회 문 32
05회 문 34
03회 문 39

① 0.021 ② 0.21
③ 2.1 ④ 21

해설 **레이놀즈수**

$$Re = \frac{DV\rho}{\mu} = \frac{DV}{\nu}$$

여기서, $Re$ : 레이놀즈수
$D$ : 내경[m]
$V$ : 유속[m/s]
$\rho$ : 밀도[kg/m$^3$]
$\mu$ : 점도[kg/m・s]
$\nu$ : 동점성계수$\left(\dfrac{\mu}{\rho}\right)$[cm$^2$/s]

**유속** $V$는

$$V = \frac{Re\nu}{D} = \frac{2100\times(1.006\times10^{-6}\text{m}^2/\text{s})}{0.1\text{m}} \fallingdotseq 0.021\text{m/s}$$

- $D$ : 100cm=1m이므로 10cm=0.1m

답 ①

★

## 32 배관의 마찰손실압력을 계산할 수 있는 하젠-윌리엄스(Hazen-Williams)식에 관한 설명으로 옳지 않은 것은?

① 마찰손실은 유량의 1.85승에 정비례한다.
② 마찰손실은 배관 내경의 4.87승에 반비례한다.
③ 마찰손실은 관마찰손실계수의 1.85승에 정비례한다.
④ 관경은 호칭경보다 배관의 내경을 대입한다.

해설 **하젠-윌리엄스의 식**(Hazen-Williams formula)

$$\Delta P_m = 6.053\times10^4\times\frac{Q^{1.85}\ \text{(비례)}}{C^{1.85}\times D^{4.87}\ \text{(반비례)}}\times L$$

여기서, $\Delta P_m$ : 압력손실(마찰손실)[MPa]
$C$ : 조도
$D$ : 관의 내경[mm] **보기 ④**
$Q$ : 관의 유량[L/min]
$L$ : 관의 길이[m]

- 분모에 있으면 반비례, 분자에 있으면 비례. 보기 ①, ②는 옳고, 공식에서 조도($C$)에는 반비례하지만, 관마찰손실계수는 무관하다.

중요

(1) **하젠-윌리엄스식의 적용**
① 유체종류 : 물
② 비중량 : 9800N/m$^3$
③ 온도 : 7.2~24℃
④ 유속 : 1.5~5.5m/s

(2) 조도

| 배 관 | 조 도 |
|---|---|
| • 흑관(건식)<br>• 주철관 | 100 |
| • 흑관(습식)<br>• 백관(아연도금강관) | 120 |
| • 동관 | 150 |

답 ③

★★★

**33** **원형 배관 내부로 흐르는 유체의 레이놀즈 수가 1000일 때 마찰손실계수는 얼마인가?**

① 0.024 ② 0.064
③ 0.076 ④ 0.098

해설 **마찰손실계수**

$$f = \frac{64}{Re}$$

여기서, $f$ : 관마찰계수(마찰손실계수)
$Re$ : 레이놀즈수

**층류**일 때 **관마찰계수** $f$는

$$f = \frac{64}{Re} = \frac{64}{1000} = 0.064$$

답 ②

★★★

**34** **펌프의 공동현상(Cavitation)의 방지방법이 아닌 것은?**

12회 문 35 / 11회 문104 / 08회 문 07 / 08회 문 27 / 03회 문112

① 수조의 밑부분에 배수밸브 및 배수관을 설치해 둔다.
② 펌프의 설치위치를 수조의 수위보다 낮게 한다.
③ 흡입관로의 마찰손실을 줄인다.
④ 양흡입펌프를 선정한다.

해설 **공동현상**(Cavitation)

|  |  |
|---|---|
| 개요 | 펌프의 흡입측 배관 내의 물의 정압이 기존의 증기압보다 낮아져서 기포가 발생되어 물이 흡입되지 않는 현상 |
| 발생현상 | ① 소음과 진동 발생<br>② 관 부식<br>③ **임펠러**의 **손상**(수차의 날개를 해친다)<br>④ 펌프의 성능저하 |
| 발생원인 | ① 펌프의 흡입수두가 클 때(소화펌프의 흡입고가 클 때)<br>② 펌프의 마찰손실이 클 때<br>③ 펌프의 임펠러속도가 클 때<br>④ 펌프의 설치위치가 수원보다 높을 때<br>⑤ 관 내의 수온이 높을 때(물의 온도가 높을 때)<br>⑥ 관 내의 물의 정압이 그때의 증기압보다 낮을 때<br>⑦ 흡입관의 구경이 작을 때<br>⑧ 흡입거리가 길 때<br>⑨ 유량이 증가하여 펌프물이 과속으로 흐를 때 |
| 방지대책(방지방법) | ① 펌프의 흡입수두를 작게 한다.<br>② 펌프의 마찰손실을 작게 한다(흡입관로의 마찰손실을 줄인다). 보기 ③<br>③ 펌프의 **임펠러속도**(회전수)를 작게 한다.<br>④ 펌프의 설치위치를 수원보다 낮게 한다. 보기 ②<br>⑤ **양흡입**펌프를 사용한다(펌프의 흡입측을 가압한다). 보기 ④<br>⑥ 관 내의 물의 정압을 그때의 증기압보다 높게 한다.<br>⑦ 흡입관의 구경을 크게 한다.<br>⑧ **펌프**를 **2개** 이상 설치한다. |

① 맥동현상에 대한 방지대책 내용이다.

답 ①

★★★

**35** **제3종 분말소화약제에 해당하는 것을 모두 고른 것은?**

18회 문 33 / 17회 문 34 / 13회 문 39

㉠ 분자식 : $KHCO_3$
㉡ 적응화재 : A급, B급, C급
㉢ 착색 : 담회색
㉣ 열분해생성물 : 메타인산($HPO_3$)

① ㉠, ㉢ ② ㉠, ㉣
③ ㉡, ㉢ ④ ㉡, ㉣

해설 **분말소화기**(질식효과)

| 종 별 | 소화약제 | 약제의 착색 | 화학반응식 | 적응화재 |
|---|---|---|---|---|
| 제1종 | 중탄산나트륨 ($NaHCO_3$) | 백색 | $2NaHCO_3 \rightarrow Na_2CO_3 + CO_2 + H_2O$ | BC급 |
| 제2종 | 중탄산칼륨 ($KHCO_3$) 보기 ㉠ | 담자색 (담회색) 보기 ㉢ | $2KHCO_3 \rightarrow K_2CO_3 + CO_2 + H_2O$ | BC급 |
| 제3종 | 인산암모늄 ($NH_4H_2PO_4$) | 담홍색 | $NH_4H_2PO_4 \rightarrow HPO_3 + NH_3 + H_2O$ 보기 ㉣ | ABC급 보기 ㉡ |
| 제4종 | 중탄산칼륨+요소 ($KHCO_3 + (NH_2)_2CO$) | 회(백)색 | $2KHCO_3 + (NH_2)_2CO \rightarrow K_2CO_3 + 2NH_3 + 2CO_2$ | BC급 |

- 화학반응식=열분해반응식
- 담자색=보라색
- 담홍색=핑크색

중요

**온도에 따른 제3종 분말소화약제의 열분해반응식**

| 온 도 | 열분해반응식 |
|---|---|
| 190℃ | $NH_4H_2PO_4 \rightarrow H_3PO_4$(올소인산)$+NH_3$ |
| 215℃ | $2H_3PO_4 \rightarrow H_4P_2O_7$(피로인산)$+H_2O$ |
| 300℃ | $H_4P_2O_7 \rightarrow 2HPO_3$(메타인산)$+H_2O$ |
| 250℃ | $2HPO_3 \rightarrow P_2O_5$(오산화인)$+H_2O$ |

답 ④

★
## 36 이산화탄소 소화약제에 관한 설명으로 옳지 않은 것은?

18회 문 32 / 17회 문 35 / 11회 문 48 / 08회 문 39 / 03회 문 45

① 이온결합 물질이다.
② 기체의 비중은 약 1.52로 공기보다 무겁다.
③ 1기압 상온에서 무색 기체이다.
④ 삼중점은 1기압에서 약 −56℃이다.

해설 **이산화탄소 소화약제**

(1) **공유결합** 물질이다. 보기 ①
(2) 기체의 비중은 약 **1.52**로 공기보다 무겁다. 보기 ②
(3) 1기압 상온에서 **무색** 기체이다. 보기 ③
(4) 삼중점은 1기압에서 약 **−56℃**이다. 보기 ④
(5) 대기압, 상온에서 **무색, 무취**의 기체이며 화학적으로 안정되어 있다.
(6) 31℃에서 액체와 증기가 동일한 밀도를 갖는다.
(7) $CO_2$ 소화기는 밀폐된 공간에서 소화효과가 크다.

‖ 이산화탄소의 물성 ‖

| 구 분 | 물 성 |
|---|---|
| 임계압력 | 72.75atm |
| 임계온도 | 31℃ |
| 3중점(삼중점) | −56.3℃(약 −56℃) |
| 승화점(비점) | −78.5℃ |
| 허용농도 | 0.5% |
| 수분 | 0.05% 이하(함량 99.5% 이상) |

기억법 이356, 비이78

용어

**공유결합**
원자들이 각각 전자를 내놓아 전자쌍을 만들고, 이 전자쌍을 공유함으로써 형성되는 결합

‖ 공유결합의 종류 ‖

| 종 류 | 설 명 |
|---|---|
| 단일결합 | 두 원자가 전자쌍 1개를 공유하는 결합<br>예 메테인($CH_4$), 암모니아($NH_4$) |
| 2중 결합 | 두 원자가 전자쌍 2개를 공유하는 결합<br>예 산소($O_2$), 이산화탄소($CO_2$) |
| 3중 결합 | 두 원자가 전자쌍 3개를 공유하는 결합<br>예 질소($N_2$), 일산화탄소(CO) |

① 이온결합 → 공유결합

답 ①

★★★
## 37 포소화약제가 연소표면을 덮어 공기 접촉을 차단하는 소화원리는?

18회 문 07 / 16회 문 25 / 15회 문 05 / 15회 문 34 / 14회 문 08 / 13회 문 34 / 08회 문 08 / 07회 문 16 / 06회 문 03

① 냉각소화
② 질식소화
③ 탈수소화
④ 부촉매소화

해설 **소화의 형태**

| 소화 형태 | 설 명 |
|---|---|
| 냉각소화 | • **점화원**을 냉각시켜 소화하는 방법<br>• **증**발잠열을 이용하여 열을 빼앗아 가연물의 **온**도를 떨어뜨려 화재를 진압하는 소화<br>• 다량의 물을 뿌려 소화하는 방법<br>• 가연성 물질을 **발화점 이하**로 **냉각** |
| 질식소화 보기 ② | • 공기 중의 **산소농도**를 **16%**(10~15%) 이하로 희박하게 하여 소화<br>• 산화제의 농도를 낮추어 연소가 지속될 수 없도록 함<br>• **산소공급**을 **차단**하는 소화방법(연소표면을 덮어 공기 접촉을 차단하는 소화원리) |
| 제거소화 | • **가연물**을 **제거**하여 소화하는 방법 |
| 부촉매소화(=화학소화) | • **연쇄반응**을 **차단**하여 소화하는 방법<br>• **화학적인 방법**으로 화재억제 |
| 희석소화 | • 기체·고체·액체에서 나오는 분해가스나 증기의 농도를 낮춰 소화하는 방법 |

부촉매소화=연쇄반응 차단소화

**기억법** 냉점온증발
질산

중요

**주된 소화효과**

| 소화약제 | 소화효과 |
|---|---|
| • 포소화약제<br>• 분말소화약제<br>• 이산화탄소 소화약제 | 질식소화 |
| • 물소화약제(물분무소화설비) | 냉각소화 |
| • 할론소화약제 | 화학소화<br>(부촉매효과) |

답 ②

★★★

**38** 1기압에서 20℃의 물 10kg을 100℃의 수증기로 만들 때 필요한 열량은 약 몇 kJ인가? (단, 물의 비열은 4.2kJ/kg·K, 증발잠열은 2263.8kJ/kg, 융해잠열은 336kJ/kg으로 한다.)

10회 문 35

① 15998 ② 25998
③ 35998 ④ 45998

해설

$$Q=mc\Delta T+rm$$

(1) **절대온도**

$$K=273+℃$$

여기서, $K$ : 절대온도〔K〕
℃ : 섭씨온도〔℃〕

$T_1=273+℃=273+20℃=293K$

$T_2=273+℃=273+100℃=373K$

(2) **열량**

$$Q=mc\Delta T+rm$$

여기서, $Q$ : 열량〔kJ〕
$m$ : 질량〔kg〕
$c$ : 물의 비열〔kJ/kg·K〕
$\Delta T$ : 온도차〔K〕
$r$ : 증발잠열〔kJ/kg〕

**열량 $Q$는**

$Q=mc\Delta T+rm$
=10kg×4.2kJ/kg·K×(373−293)K+2263.8kJ/kg×10kg=25998kJ

※ 융해잠열은 적용되지 않는다. 주의하라!

답 ②

★★

**39** 할론원소가 아닌 것은?

04회 문 42

① Cl ② Br
③ At ④ Ne

해설 **할론원소**

(1) 불소 : F
(2) 염소 : Cl 보기 ①
(3) 브로민(취소) : Br 보기 ②
(4) 아이오딘(옥소) : I
(5) 아스타틴 : At(지금까지 발견된 할론 중에서 가장 무거운 원소) 보기 ③

**기억법** FClBrI

답 ④

★★

**40** 농도가 6.5wt%인 단백포 소화약제 수용액 1kg에 물을 첨가하여 농도가 1.5wt%인 단백포 소화약제 수용액으로 만들고자 한다. 이때 첨가해야 하는 물의 양은 약 몇 kg인가?

① 2.22kg
② 2.78kg
③ 3.33kg
④ 3.88kg

해설 (1)

포수용액=포원액+수원

1kg=포원액+수원

(2)

$$6.5\text{wt\%}=\frac{\text{포원액}}{(\text{포원액}+\text{수원})}\times 100\%$$

$$6.5\text{wt\%}=\frac{\text{포원액}}{1\text{kg}}\times 100\%$$

$$\frac{6.5\text{wt\%}\times 1\text{kg}}{100\%}=\text{포원액}$$

$$\text{포원액}=\frac{6.5\text{wt\%}\times 1\text{kg}}{100\%}=0.065\text{kg}$$

(3)

$$1.5\text{wt\%}=\frac{\text{포원액}}{(\text{포수용액}+\text{수원})}\times 100\%$$

$$1.5\text{wt\%}=\frac{0.065\text{kg}}{(1\text{kg}+\text{수원})}\times 100\%$$

$$1\text{kg}+\text{수원}=\frac{0.065\text{kg}}{1.5\text{wt\%}}\times 100\%$$

$$\text{수원}=\left(\frac{0.065\text{kg}}{1.5\text{wt\%}}\times 100\%\right)-1\text{kg}\fallingdotseq 3.33\text{kg}$$

답 ③

★★★

**41** 할론소화설비의 화재안전기준상 할론소화약제의 저장용기 등에 관한 기준이다. ( ) 안에 들어갈 내용으로 모두 옳은 것은?

15회 문108
09회 문108

> 축압식 저장용기의 압력은 온도 20℃에서 ( ㉠ )을 저장하는 것은 1.1MPa 또는 2.5MPa, ( ㉡ )을 저장하는 것은 2.5MPa 또는 4.2MPa이 되도록 질소가스로 축압할 것

① ㉠ : 할론 1211, ㉡ : 할론 1301
② ㉠ : 할론 1211, ㉡ : 할론 2402
③ ㉠ : 할론 1301, ㉡ : 할론 2402
④ ㉠ : 할론 1011, ㉡ : 할론 1301

해설 **할론소화설비**(NFPC 107 제4·10조, NFTC 107 2.1.2)

| 구 분 | | 할론 1301 | 할론 1211 | 할론 2402 |
|---|---|---|---|---|
| 저장압력 | | 2.5MPa 또는 4.2MPa **보기 ㉡** | 1.1MPa 또는 2.5MPa **보기 ㉠** | – |
| 방출압력 | | 0.9MPa | 0.2MPa | 0.1MPa |
| 충전비 | 가압식 | 0.9~1.6 이하 | 0.7~1.4 이하 | 0.51~0.67 미만 |
| | 축압식 | | | 0.67~2.75 이하 |

① 축압식 저장용기의 압력은 온도 20℃에서 **할론 1211**을 저장하는 것은 **1.1MPa** 또는 **2.5MPa**, **할론 1301**을 저장하는 것은 **2.5MPa** 또는 **4.2MPa**이 되도록 **질소**가스로 축압할 것

답 ①

★★

**42** 콘덴서의 정전용량에 관한 설명으로 옳지 않은 것은?

19회 문 46
17회 문 49
15회 문 45
14회 문 49
12회 문 49

① 전극 사이에 삽입된 절연물의 투자율에 비례한다.
② 동일한 정전용량을 갖는 콘덴서 2개를 병렬 연결하면 합성 정전용량은 2배가 된다.
③ 전극이 전하를 축적할 수 있는 능력의 정도를 나타내는 비례상수이다.
④ 전극 사이의 간격에 반비례한다.

해설 **정전용량**

$$C=\frac{Q}{V}=\frac{\varepsilon A}{d}\text{[F]} \text{ 또는 } C=\frac{\varepsilon S(\text{비례})}{d(\text{반비례})}$$

여기서, $Q$ : 전하(전기량)[C]
$C$ : 정전용량[F]
$V$ : 전압[V]
$A$ 또는 $S$ : 극판의 면적[m²]
$d$ : 극판 간의 간격[m]
$\varepsilon$ : 유전율[F/m] $\varepsilon=\varepsilon_0\cdot\varepsilon_s$
$\varepsilon_0$ : 진공의 유전율[F/m]
$\varepsilon_s$ : 비유전율(단위 없음)

• **분자**에 있으면 **비례**, **분모**에 있으면 **반비례**

① 투자율에 비례 → 유전율에 비례

| 동일한 콘덴서 2개 병렬연결 | 동일한 콘덴서 2개 직렬연결 |
|---|---|
| 합성 정전용량 **2배** | 합성 정전용량 **1/2배** |

용어

**정전용량(커패시턴스)**
(1) 콘덴서가 전하를 축적할 수 있는 능력
(2) 전극이 전하를 축적할 수 있는 능력의 정도

답 ①

★★

**43** 기전력이 $E$이고 내부저항이 $r$인 같은 종류의 전지 3개를 병렬 접속하여 부하저항 $R$에 연결하였다. 부하저항 $R$에 흐르는 전류 $I$는?

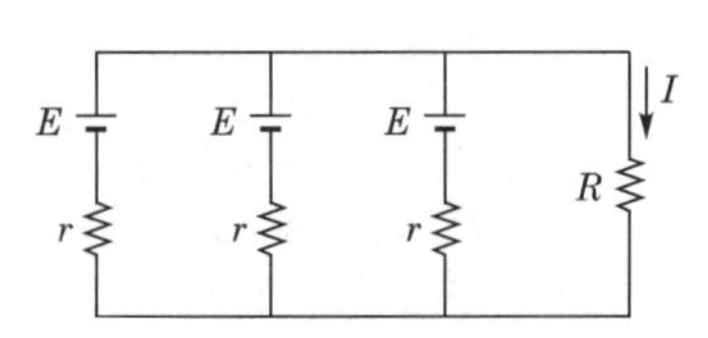


① $I=\frac{E}{R}$　② $I=\frac{E}{R+3r}$
③ $I=\frac{3E}{R+3r}$　④ $I=\frac{3E}{3R+r}$

해설 **전지의 병렬접속**

$$I=\frac{E}{\frac{r}{m}+R}$$

여기서, $I$ : 전류〔A〕
$E$ : 기전력〔V〕
$r$ : 전지의 내부저항〔Ω〕
$R$ : 부하저항〔Ω〕
$m$ : 전지의 개수

전류 $I=\frac{E}{\frac{r}{m}+R}$

$I=\frac{E}{\frac{r}{3}+R}$ ← 전지가 3개 있으므로

$=\frac{3E}{3\left(\frac{r}{3}+R\right)}$ ← 정리를 위해 분모·분자에 3을 곱함

$=\frac{3E}{r+3R}$ ← 분모를 정리하면

$=\frac{3E}{3R+r}$

비교

**전지의 직렬접속**

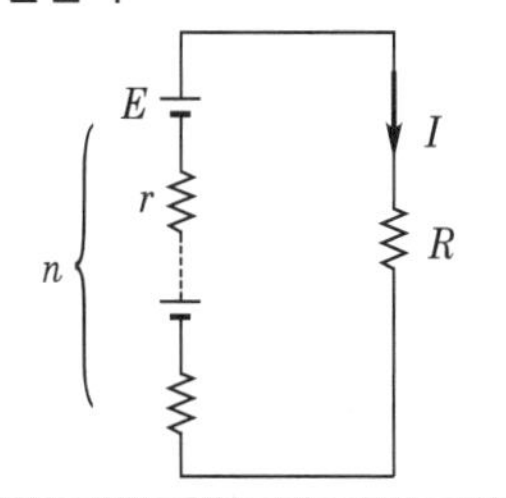


$$I=\frac{nE}{nr+R}$$

여기서, $I$ : 전류〔A〕
$n$ : 직렬연결개수
$E$ : 기전력〔V〕
$r$ : 내부저항〔Ω〕
$R$ : 외부저항〔Ω〕

답 ④

★★★
**44** 우리나라에서 사용하는 단상 220V, 60Hz인 배전전압의 최대값은 약 몇 V인가?

① 156 ② 220
③ 311 ④ 346

해설 **전압의 실효값**

$$V=0.707V_m$$

여기서, $V$ : 전압의 실효값〔V〕
$V_m$ : 전압의 최대값〔V〕

**전압의 최대값** $V_m$은

$$V_m=\frac{V}{0.707}=\frac{220}{0.707}\fallingdotseq 311\text{V}$$

• 우리가 일반적으로 말하는 전압은 **실효값**($V$)이다.

비교

**정현파 교류**

$$V_{av}=0.637V_m$$

여기서, $V_{av}$ : 전압의 평균값〔V〕
$V_m$ : 전압의 최대값〔V〕

중요

**파형률과 파고율**

| 파 형 | 파형률 | 파고율 |
|---|---|---|
| 정현파 | 1.11(1.1) | 1.414 |
| 삼각파 | 1.155 | 1.732 |
| 구형파 | 1 | 1 |

답 ③

★★
**45** 17회 문 43 감지기 배선으로 단면적 1.5mm²인 구리 전선을 2km 사용하였다. 이 전선의 저항은 약 몇 Ω인가? (단, 구리의 고유저항은 $1.72\times10^{-8}$Ω·m이다.)

① 8
② 12
③ 18
④ 23

해설 **고유저항**

$$R=\rho\frac{l}{A}=\rho\frac{l}{\pi r^2}〔\Omega〕$$

여기서, $R$ : 저항〔Ω〕
$\rho$ : 고유저항〔Ω·m〕
$A$ : 도체의 단면적〔m²〕
$l$ : 도체의 길이〔m〕
$r$ : 도체의 반지름〔m〕

$$R=\rho\frac{l}{A}=1.72\times10^{-8}\times\frac{2000}{1.5\times10^{-6}}\fallingdotseq 23\Omega$$

- 1km=1000m이므로 2km=2000m
- 1m=1000mm이고 1mm=$10^{-3}$m이므로 1.5mm$^2$=1.5×($10^{-3}$m)$^2$=1.5×$10^{-6}$m$^2$

답 ④

★★★

**46** **구리선을 사용할 때 큰 고장전류가 접지도체를 통하여 흐르지 않을 경우 접지도체의 최소 단면적은 몇 mm$^2$ 이상이어야 하는가?**

09회 문 33
08회 문 30

① 6

② 16

③ 50

④ 100

해설 **큰 고장전류가 접지도체를 통하여 흐르지 않을 경우 접지도체의 최소 단면적**

| 구 리 | 철 제 |
|---|---|
| 6mm$^2$ 이상 | 50mm$^2$ 이상 |

답 ①

★★★

**47** **교류전력에 관한 내용으로 옳지 않은 것은?**

① 저항 4Ω과 코일 3Ω이 직렬 연결되어 있고 100V, 60Hz인 전압을 공급하면 유효전력은 1.6kW이다.

② 공진주파수에서 유효전력과 피상전력은 같다.

③ kVar는 무효전력의 단위이다.

④ kW는 피상전력의 단위이다.

해설 **교류전력**

(1) **전류**

$$I=\frac{V}{\sqrt{R^2+X_L^{\ 2}}}$$

여기서, $I$ : 전류[A]
$V$ : 전압[V]
$R$ : 저항[Ω]
$X_L$ : 유도리액턴스[Ω]

**전류** $I=\frac{V}{\sqrt{R^2+X_L^{\ 2}}}$
$=\frac{100}{\sqrt{4^2+3^2}}$
$=20\text{A}$

(2) **유효전력**(평균전력, 소비전력)

$$P=VI\cos\theta=I^2R\,[\text{W}]$$

여기서, $P$ : 유효전력[W]
$V$ : 전압[V]
$I$ : 전류[A]
$\cos\theta$ : 역률
$R$ : 저항[Ω]

**유효전력** $P=I^2R$
$=20^2\times4$
$=1600\text{W}$
$=1.6\text{kW}$

- 1000W=1kW이므로 1600kW=1.6kW

④ kW는 **유효전력**의 단위이다.

중요

(1) **무효전력**

$$P_r=VI\sin\theta=I^2X\,[\text{Var}]$$

여기서, $P_r$ : 무효전력[Var]
$V$ : 전압[V]
$I$ : 전류[A]
$\sin\theta$ : 무효율
$X$ : 리액턴스[Ω]

※ **무효전력** : **교류전압**($V$)과 **전류**($I$) 그리고 **무효율**($\sin\theta$)의 곱형태

(2) **피상전력**

$$P_a=VI=\sqrt{P^2+P_r^{\ 2}}=I^2Z\,[\text{VA}]$$

여기서, $P_a$ : 피상전력[VA]
$V$ : 전압[V]
$I$ : 전류[A]
$P$ : 유효전력[W]
$P_r$ : 무효전력[Var]
$Z$ : 임피던스[Ω]

답 ④

★★★

## 48 피드백(Feedback) 제어시스템의 특징으로 옳은 것은?

11회 문 28

① 개루프 제어시스템에 비하여 감도(입력 대 출력비)가 증가한다.

② 개루프 제어시스템에 비하여 대역폭이 감소한다.

③ 입력과 출력을 비교하는 기능이 있다.

④ 개루프 제어시스템에 비하여 구조는 간단하나 설치비용이 비싸다.

해설 **피드백 제어**의 **특징**

(1) **정확도**가 **증가**한다.

(2) 감대폭이 증가한다.

(3) **대역폭이 크다.** 보기 ②

(4) 계의 특성변화에 대한 입력 대 출력비의 감도가 감소한다. 보기 ①

(5) 구조가 **복잡**하고 설치비용이 **고가**이다. 보기 ④

(6) 발진을 일으키고 불안정한 상태로 되어가는 경향성이 있다.

(7) 입력과 출력을 비교하는 기능이 있다. 보기 ③

① 증가 → 감소
② 감소 → 증가
④ 구조는 간단하나 설치비용이 비싸다.
→ 구조도 복잡하고 설치비용도 비싸다.

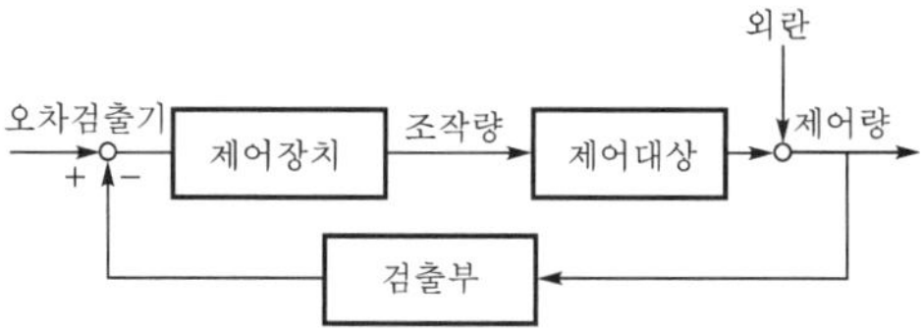


‖ 피드백 제어 ‖

피드백 제어=폐루프 제어

용어

**피드백 제어(Feedback control)**
출력신호를 입력신호로 되돌려서 **입력**과 **출력**을 **비교**함으로써 **정확한 제어**가 가능하도록 한 제어

답 ③

★★

## 49 다음 시퀀스회로에 관한 설명으로 옳지 않은 것은?

18회 문 37
15회 문 47

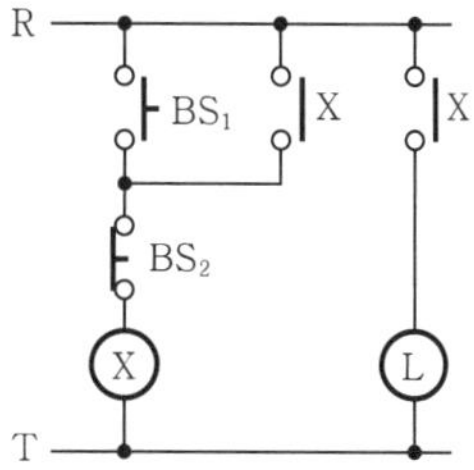


① $BS_1$를 누르고 $BS_2$를 누르지 않으면 L이 ON 상태가 된다.

② $BS_1$은 a접점을 사용하였으므로 $BS_2$는 b접점을 사용하였다.

③ 코일 X가 접점 X를 동작시키기 때문에 인터록회로라고 한다.

④ ON 상태가 되어 있는 L을 OFF상태로 변화시키기 위해 $BS_2$를 누른다.

해설 ③ 인터록회로 → 자기유지회로

비교

**인터록회로**

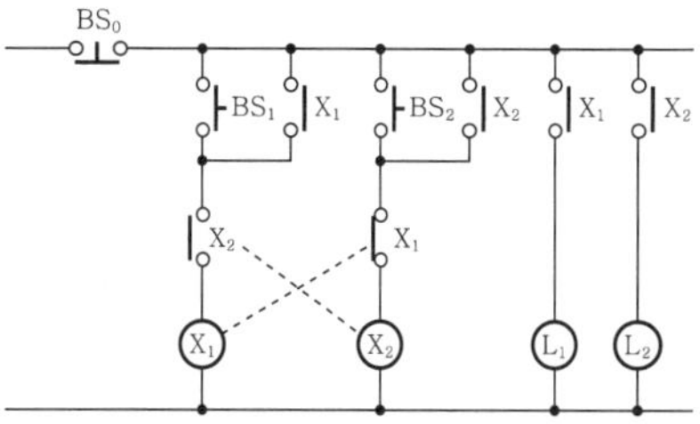


답 ③

★★★

## 50 다음 그림의 논리회로와 동일한 동작을 하는 회로는?

18회 문 37
17회 문 47
16회 문 50
15회 문 47
13회 문 48
12회 문 41

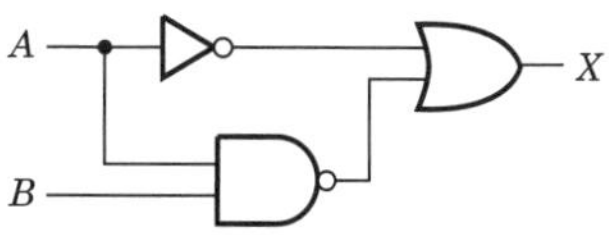


① 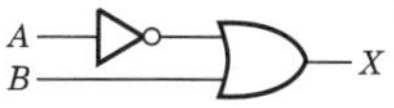


② 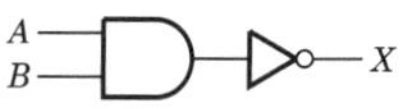


③ 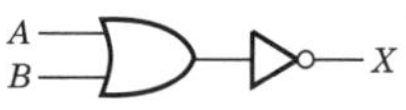


④ 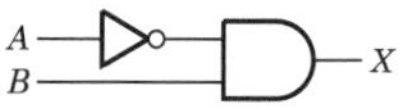


16회

해설

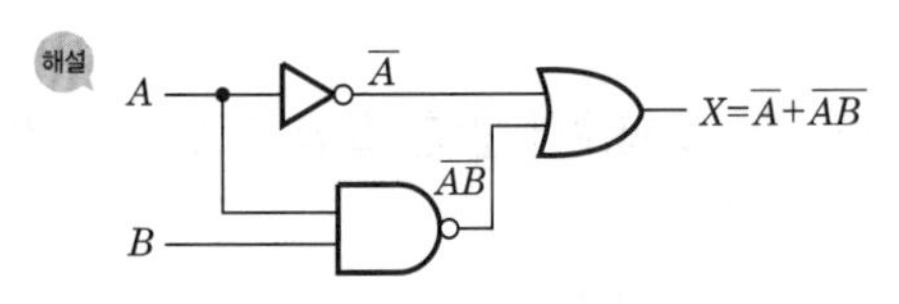


$X=\overline{A}+\underline{\overline{AB}}$ ($\overline{X\cdot Y}=\overline{X}+\overline{Y}$)

$=\overline{A}+(\overline{A}+\overline{B})$

$=\underline{\overline{A}+\overline{A}}+\overline{B}$ ($X+X=X$)

$=\underline{\overline{A}+\overline{B}}$ ($\overline{X}+\overline{Y}=\overline{X\cdot Y}$)

$=\overline{AB}$

① $X=\overline{A}+B$

② $X=\overline{AB}$

③ $X=\overline{A+B}$

④ $X=\overline{A}B$

중요

(1) **불대수**의 **정리**

| 논리합 | 논리곱 | 비 고 |
|---|---|---|
| $X+0=X$ | $X\cdot 0=0$ | – |
| $X+1=1$ | $X\cdot 1=X$ | – |
| $X+X=X$ | $X\cdot X=X$ | – |
| $X+\overline{X}=1$ | $X\cdot\overline{X}=0$ | – |
| $X+Y=Y+X$ | $X\cdot Y=Y\cdot X$ | 교환법칙 |
| $X+(Y+Z)$<br>$=(X+Y)+Z$ | $X(YZ)=(XY)Z$ | 결합법칙 |
| $X(Y+Z)$<br>$=XY+XZ$ | $(X+Y)(Z+W)$<br>$=XZ+XW+YZ$<br>$+YW$ | 분배법칙 |
| $X+XY=X$ | $\overline{X}+XY=\overline{X}+Y$<br>$X+\overline{X}Y=X+Y$<br>$X+\overline{X}\,\overline{Y}=X+\overline{Y}$ | 흡수법칙 |
| $(\overline{X+Y})$<br>$=\overline{X}\cdot\overline{Y}$ | $(\overline{X\cdot Y})=\overline{X}+\overline{Y}$ | 드모르간의 정리 |

(2) **시퀀스회로**와 **논리회로**

| 명 칭 | 시퀀스회로 | 논리회로 |
|---|---|---|
| AND 회로 **(직렬 회로)** | | $X=A\cdot B$<br>입력신호 $A$, $B$가 동시에 1일 때만 출력신호 $X$가 1이 된다. |
| OR 회로 **(병렬 회로)** | | $X=A+B$<br>입력신호 $A$, $B$ 중 어느 하나라도 1이면 출력신호 $X$가 1이 된다. |
| NOT 회로 **(b접점)** | | $X=\overline{A}$<br>입력신호 $A$가 0일 때만 출력신호 $X$가 1이 된다. |
| NAND 회로 | | $X=\overline{A\cdot B}$<br>입력신호 $A$, $B$가 동시에 1일 때만 출력신호 $X$가 0이 된다(AND회로의 부정) |
| NOR 회로 | | $X=\overline{A+B}$<br>입력신호 $A$, $B$가 동시에 0일 때만 출력신호 $X$가 1이 된다(OR회로의 부정) |
| EXCL-USIVE OR 회로 | | $X=A\oplus B=\overline{A}B+A\overline{B}$<br>입력신호 $A$, $B$ 중 어느 한쪽만이 1이면 출력신호 $X$가 1이 된다. |
| EXCL-USIVE NOR 회로 | | $X=\overline{A\oplus B}=AB+\overline{A}\,\overline{B}$<br>입력신호 $A$, $B$가 동시에 0이거나 1일 때만 출력신호 $X$가 1이 된다. |

답 ②

## 제 3 과목 소방관련법령

★★★
**51** 소방기본법령상 소방용수시설 중 저수조의 설치기준으로 옳지 않은 것은?
10회 문 57 08회 문 66

① 지면으로부터의 낙차가 4.5미터 이하일 것
② 흡수부분의 수심이 0.5미터 이상일 것
③ 흡수관의 투입구가 원형의 경우에는 지름이 50센티미터 이상일 것
④ 저수조에 물을 공급하는 방법은 상수도에 연결하여 자동으로 급수되는 구조일 것

해설 기본규칙 [별표 3]
**소방용수시설의 저수조의 설치기준**
(1) 낙차 : **4.5m** 이하 보기 ①
(2) 수심 : **0.5m** 이상 보기 ②
(3) 투입구의 길이 또는 지름 : **60cm** 이상 보기 ③
(4) 소방펌프자동차가 **쉽게 접근**할 수 있도록 할 것
(5) 흡수에 지장이 없도록 **토사** 및 **쓰레기** 등을 제거할 수 있는 설비를 갖출 것
(6) 저수조에 물을 공급하는 방법은 **상수도**에 연결하여 **자동**으로 **급수**되는 구조일 것 보기 ④

③ 50센티미터 이상 → 60센티미터 이상

답 ③

★★★
**52** 소방기본법령상 소방신호의 종류별 신호방법에 관한 설명으로 옳은 것은?
10회 문 67

① 경계신호의 타종신호는 1타와 연 2타를 반복하며, 사이렌신호는 5초 간격을 두고 10초씩 3회이다.
② 발화신호의 타종신호는 난타이며, 사이렌신호는 5초 간격을 두고 5초씩 3회이다.
③ 해제신호의 타종신호는 상당한 간격을 두고 1타씩 반복하며, 사이렌신호는 30초간 1회이다.
④ 훈련신호의 타종신호는 연 3타 반복이며, 사이렌신호는 30초 간격을 두고 1분씩 3회이다.

해설 기본규칙 [별표 4]
**소방신호표**

| 종별 \ 신호방법 | 타종신호 | 사이렌신호 |
|---|---|---|
| 경계신호 보기 ① | **1타**와 **연 2타**를 반복 | **5초** 간격을 두고 **30초**씩 **3회** |
| 발화신호 보기 ② | **난타** | **5초** 간격을 두고 **5초**씩 **3회** |
| 해제신호 보기 ③ | 상당한 간격을 두고 **1타**씩 반복 | **1분**간 **1회** |
| 훈련신호 보기 ④ | **연 3타** 반복 | **10초** 간격을 두고 **1분**씩 **3회** |

① 10초씩 3회 → 30초씩 3회
③ 30초간 1회 → 1분간 1회
④ 30초 간격 → 10초 간격

답 ②

★
**53** 소방기본법령상 소방활동 종사명령에 관한 설명으로 옳지 않은 것은?

① 소방서장은 소방활동 종사명령을 받은 자에게 소방활동에 필요한 보호장구를 지급하는 등 안전을 위한 조치를 하여야 한다.
② 소방대장은 화재 등 위급한 상황이 발생한 현장에서 소방활동을 위하여 필요할 때에는 그 현장에 있는 자에게 소방활동 종사명령을 할 수 있다.
③ 소방대상물에 화재 등 위급한 상황이 발생한 경우 소방활동에 종사한 소방대상물의 점유자는 소방활동비용을 지급받을 수 있다.
④ 시·도지사는 소방활동 종사명령에 따라 소방활동에 종사한 자가 그로 인하여 사망하거나 부상을 입은 경우에는 보상하여야 한다.

해설 기본법 제24조
**소방활동에 종사한 사람이 시·도지사로부터 소방활동의 비용을 지급받을 수 없는 경우**
(1) 소방대상물에 화재, 재난·재해, 그 밖의 위급한 상황이 발생한 경우 그 **관계인**
(2) 고의 또는 과실로 화재 또는 구조·구급 활동이 필요한 상황을 **발생시킨 사람**

(3) 화재 또는 구조·구급 현장에서 **물건**을 **가져간 사람**

중요

**관계인**
(1) 소유자
(2) 관리자
(3) 점유자

답 ③

### 54 화재의 예방 및 안전관리에 관한 법령상 화재예방강화지구의 지정 등에 관한 설명으로 옳은 것은?

17회 문 53 / 10회 문 71 / 03회 문 53 / 02회 문 53

① 소방서장은 화재예방강화지구 안의 관계인에 대하여 대통령령으로 정하는 바에 따라 소방에 필요한 훈련 및 교육을 실시할 수 있다.
② 소방본부장은 소방상 필요한 교육을 실시하고자 하는 때에는 화재예방강화지구 안의 관계인에게 교육 7일 전까지 그 사실을 통보하여야 한다.
③ 소방서장은 화재가 발생할 우려가 높거나 화재로 인하여 피해가 클 것으로 예상되는 시장지역을 화재예방강화지구로 지정할 수 있다.
④ 시·도지사는 화재안전조사를 한 결과 화재의 예방강화를 위하여 필요하다고 인정할 때에는 관계인에게 소방설비 등의 설치를 명할 수 있다.

해설 **화재예방법 제2조**
(1) **화재예방강화지구**
① 지정 : **시·도지사**
② 화재안전조사 : **소방청장·소방본부장** 또는 **소방서장**(소방관서장)

※ **화재예방강화지구** : 화재 발생 우려가 크거나 화재가 발생할 경우 피해가 클 것으로 예상되는 지역에 대하여 화재의 예방 및 안전관리를 강화하기 위해 지정·관리하는 지역

(2) **화재예방강화지구**의 **지정**(화재예방법 제18조)
① **지정권자** : 시·도지사 **보기 ③**
② **지정지역**
㉠ **시장**지역
㉡ **공장·창고**가 밀집한 지역
㉢ **목조건물**이 밀집한 지역
㉣ 노후·불량 건축물이 밀집한 지역
㉤ **위험물**의 **저장** 및 **처리시설**이 **밀집**한 지역
㉥ **석유화학제품**을 생산하는 공장이 있는 지역
㉦ 「산업입지 및 개발에 관한 법률」에 따른 산업단지
㉧ **소방시설·소방용수시설** 또는 **소방출동로**가 **없는** 지역
㉨ 「물류시설의 개발 및 운영에 관한 법률」에 따른 물류단지
㉩ **소방청장, 소방본부장** 또는 **소방서장**(소방관서장)이 화재예방강화지구로 지정할 필요가 있다고 인정하는 지역

기억법 강시

(3) **화재예방강화지구** 안의 **화재안전조사·소방훈련 및 교육**(화재예방법 시행령 제20조)
① 실시자 : **소방관서장** **보기 ①②**
② 횟수 : **연 1회** 이상
③ 훈련·교육 : **10일 전** 통보 **보기 ②**

(4) **화재안전조사 조치명령**(화재예방법 제18조)
**소방관서장**은 화재안전조사를 한 결과 화재의 예방강화를 위하여 필요하다고 인정할 때에는 관계인에게 소방설비 등의 설치를 명할 수 있다. **보기 ④**

② 7일 전 → 10일 전(화재예방법 시행령 제20조)
③ 소방서장 → 시·도지사(화재예방법 제18조 제1항)
④ 시·도지사 → 소방관서장(화재예방법 제18조 제4항)

답 ①

### 55 소방시설공사업법령상 1년 이하의 징역 또는 1천만원 이하의 벌금에 처해질 수 없는 자는?

19회 문 64 / 17회 문 63 / 13회 문 66

① 소방시설공사업법을 위반하여 시공을 한 자
② 해당 소방시설업자가 아닌 자에게 소방시설공사 등을 도급한 특정소방대상물의 관계인
③ 공사감리 결과의 통보 또는 공사감리 결과보고서의 제출을 허위로 한 소방공사감리업을 등록한 자
④ 등록증이나 등록수첩을 다른 자에게 빌려준 소방시설업자

해설 1년 이하의 징역 또는 1000만원 이하의 벌금
(1) 소방시설의 **자체점검** 미실시자(소방시설법 제58조)
(2) **소방시설관리사증** 대여(소방시설법 제58조)
(3) **소방시설관리업**의 등록증 대여(소방시설법 제58조)
(4) 제조소 등의 정기점검 기록 허위 작성(위험물법 제35조)
(5) **자체소방대**를 두지 않고 제조소 등의 허가를 받은 자(위험물법 제35조)
(6) **위험물 운반용기**의 검사를 받지 않고 유통시킨 자(위험물법 제35조)
(7) 제조소 등의 긴급 사용정지 위반자(위험물법 제35조)
(8) 영업정지처분 위반자(공사업법 제36조)
(9) 허위 감리자(공사업법 제36조) 보기 ③
(10) 공사감리자 미지정자(공사업법 제36조)
(11) 설계, 시공, 감리를 하도급한 자(공사업법 제36조)
(12) 소방시설업자가 아닌 자에게 소방시설공사 등을 도급한 관계인(공사업법 제36조) 보기 ②
(13) 소방시설공사업법을 위반하여 설계나 시공을 한 자(공사업법 제36조) 보기 ①

④ 300만원 이하의 벌금

답 ④

★★
**56** 05회 문 67
**소방시설공사업법령상 감리업자가 감리원 배치규정을 위반하여 소속 감리원을 소방시설공사 현장에 배치하지 아니한 경우에 해당되는 벌칙기준은?**

① 100만원 이하의 벌금
② 200만원 이하의 과태료
③ 300만원 이하의 벌금
④ 500만원 이하의 벌금

해설 **공사업법 제37조**
**300만원 이하의 벌금**
(1) 다른 자에게 자기의 성명이나 상호를 사용하여 소방시설공사 등을 수급 또는 시공하게 하거나 소방시설업의 등록증·등록수첩을 빌려준 사람
(2) 감리원 미배치자 보기 ③
(3) 소방기술인정 자격수첩을 빌려준 사람
(4) 2 이상의 업체에 취업한 사람
(5) 관계인의 업무를 방해하거나 **비밀누설**

답 ③

★
**57** 17회 문 55 07회 문 55
**소방시설공사업법령상 지하층을 포함한 층수가 40층이고, 연면적이 20만제곱미터인 특정소방대상물의 공사 현장에 배치해야 하는 소방기술자의 배치기준으로 옳은 것은?**

① 행정안전부령으로 정하는 특급기술자인 소방기술자(기계분야 및 전기분야)
② 행정안전부령으로 정하는 고급기술자 이상의 소방기술자(기계분야 및 전기분야)
③ 행정안전부령으로 정하는 중급기술자 이상의 소방기술자(기계분야 및 전기분야)
④ 행정안전부령으로 정하는 초급기술자 이상의 소방기술자(기계분야 및 전기분야)

해설 **공사업법령 [별표 2]**
**소방기술자의 배치기준**

| 소방기술자의 배치기준 | 소방시설공사 현장의 기준 |
|---|---|
| 행정안전부령으로 정하는 **특급기술자**인 소방기술자(기계분야 및 전기분야) 보기 ① | ① 연면적 **20만m²** 이상인 특정소방대상물의 공사 현장<br>② **지하층**을 **포함**한 층수가 **40층** 이상인 특정소방대상물의 공사 현장 |
| 행정안전부령으로 정하는 **고급기술자** 이상의 소방기술자(기계분야 및 전기분야) | ① 연면적 **3만~20만m²** 미만인 특정소방대상물(아파트 제외)의 공사 현장<br>② **지하층**을 **포함**한 **층수**가 16~**40층** 미만인 특정소방대상물의 공사 현장 |
| 행정안전부령으로 정하는 **중급기술자** 이상의 소방기술자(기계분야 및 전기분야) | ① 물분무등소화설비(호스릴 방식 소화설비 제외) 또는 제연설비가 설치되는 특정소방대상물의 공사 현장<br>② 연면적 **5000~30000m²** **미만**인 특정소방대상물(아파트 제외)의 공사 현장<br>③ 연면적 **1만~20만m²** **미만**인 아파트의 공사 현장 |
| 행정안전부령으로 정하는 **초급기술자** 이상의 소방기술자(기계분야 및 전기분야) | ① 연면적 **1000~5000m²** 미만인 특정소방대상물(아파트 제외)의 공사 현장<br>② 연면적 **1000~10000m²** 미만인 아파트의 공사 현장<br>③ **지하구**의 공사 현장 |
| 자격수첩을 발급받은 소방기술자 | 연면적 **1000m²** 미만인 특정소방대상물의 공사 현장 |

답 ①

★★★

**58** 소방시설 설치 및 관리에 관한 법령상 소화활동설비에 해당하지 않는 것은?

19회 문 62 / 17회 문110 / 12회 문 61 / 10회 문 70 / 10회 문120 / 09회 문 70 / 06회 문 52 / 02회 문 55

① 상수도소화용수설비
② 무선통신보조설비
③ 비상콘센트설비
④ 연결살수설비

해설 **NFPC 301 제3조, NFTC 301 1.7~1.8, 소방시설법 시행령 [별표 1]**

| 피난구조설비 | 소화활동설비 |
|---|---|
| ① 피난기구<br>├ **피**난사다리<br>├ **구**조대<br>├ **완**강기<br>└ 소방청장이 정하여 고시하는 화재안전성능기준으로 정하는 것(미끄럼대, 피난교, 공기안전매트, 피난용 트랩, 다수인 피난장비, 승강식 피난기, 간이 완강기, 하향식 피난구용 내림식 사다리)<br>기억법 **피구완**<br>② 인명구조기구<br>├ 방열복<br>├ 방화복(안전모, 보호장갑, 안전화 포함)<br>├ 공기호흡기<br>└ 인공소생기<br>③ 유도등<br>├ 피난유도선<br>├ 피난구유도등<br>├ 통로유도등<br>├ 객석유도등<br>└ 유도표지<br>④ 비상조명등·휴대용 비상조명등 | ① **연결송수관**설비<br>② **연결살수**설비 **보기 ④**<br>③ **연소방지**설비<br>④ **무선통신보조**설비 **보기 ②**<br>⑤ **제연**설비<br>⑥ **비상콘센트**설비 **보기 ③**<br>기억법 **3연무제비콘** |

답 ①

★

**59** 특급 소방안전관리대상물의 소방안전관리에 관한 강습과목으로 틀린 것은?

11회 문 64

① 직업윤리 및 리더십
② 소방관계법령
③ 소방실무이론
④ 종합방재실 운용

해설 **화재예방법 시행규칙 [별표 5]**
**소방안전관리업무의 강습교육과목 및 교육시간**

| 구 분 | 교육과목 | 교육시간 |
|---|---|---|
| 특급 소방안전관리자 | • 소방안전관리자 제도<br>• 화재통계 및 피해분석<br>• 직업윤리 및 리더십 **보기 ①**<br>• 소방관계법령 **보기 ②**<br>• 건축·전기·가스 관계법령 및 안전관리<br>• 위험물안전관계법령 및 안전관리<br>• 재난관리 일반 및 관련법령<br>• 초고층재난관리법령<br>• 소방기초이론<br>• 연소·방화·방폭공학<br>• 화재예방 사례 및 홍보<br>• 고층건축물 소방시설 적용기준<br>• 소방시설의 종류 및 기준<br>• 소방시설(소화설비, 경보설비, 피난구조설비, 소화용수설비, 소화활동설비)의 구조·점검·실습·평가<br>• 공사장 안전관리 계획 및 감독<br>• 화기취급감독 및 화재위험작업 허가·관리<br>• 종합방재실 운용 **보기 ④**<br>• 피난안전구역 운영<br>• 고층건축물 화재 등 재난사례 및 대응방법<br>• 화재원인 조사실무<br>• 위험성 평가기법 및 성능위주 설계<br>• 소방계획 수립 이론·실습·평가(피난약자의 피난계획 등 포함)<br>• 자위소방대 및 초기대응체계 구성 등 이론·실습·평가<br>• 방재계획 수립 이론·실습·평가<br>• 재난예방 및 피해경감계획 수립 이론·실습·평가<br>• 자체점검 서식의 작성 실습·평가<br>• 통합안전점검 실시(가스, 전기, 승강기 등)<br>• 피난시설, 방화구획 및 방화시설의 관리<br>• 구조 및 응급처치 이론·실습·평가<br>• 소방안전 교육 및 훈련 이론·실습·평가<br>• 화재시 초기대응 및 피난 실습·평가<br>• 업무수행기록의 작성·유지 실습·평가 | 160시간 |

| 구 분 | 교육과목 | 교육시간 |
|---|---|---|
| 특급 소방안전 관리자 | • 화재피해 복구<br>• 초고층 건축물 안전관리 우수사례 토의<br>• 소방신기술 동향<br>• 시청각 교육 | 160 시간 |
| 1급 소방안전 관리자 | • 소방안전관리자 제도<br>• 소방관계법령<br>• 건축관계법령<br>• 소방학개론<br>• 화기취급감독 및 화재위험작업 허가・관리<br>• 공사장 안전관리 계획 및 감독<br>• 위험물・전기・가스 안전관리<br>• 종합방재실 운영<br>• 소방시설의 종류 및 기준<br>• 소방시설(소화설비, 경보설비, 피난구조설비, 소화용수설비, 소화활동설비)의 구조・점검・실습・평가<br>• 소방계획 수립 이론・실습・평가(피난약자의 피난계획 등 포함)<br>• 자위소방대 및 초기대응체계 구성 등 이론・실습・평가<br>• 작동점검표 작성 실습・평가<br>• 피난시설, 방화구획 및 방화시설의 관리<br>• 구조 및 응급처치 이론・실습・평가<br>• 소방안전 교육 및 훈련 이론・실습・평가<br>• 화재시 초기대응 및 피난 실습・평가<br>• 업무수행기록의 작성・유지 실습・평가<br>• 형성평가(시험) | 80 시간 |
| 공공기관 소방안전 관리자 | • 소방안전관리자 제도<br>• 직업윤리 및 리더쉽<br>• 소방관계법령<br>• 건축관계법령<br>• 공공기관 소방안전규정의 이해<br>• 소방학개론<br>• 소방시설의 종류 및 기준<br>• 소방시설(소화설비, 경보설비, 피난구조설비, 소화용수설비, 소화활동설비)의 구조・점검・실습・평가 | 40 시간 |

| 구 분 | 교육과목 | 교육시간 |
|---|---|---|
| 공공기관 소방안전 관리자 | • 소방안전관리 업무대행 감독<br>• 공사장 안전관리 계획 및 감독<br>• 화기취급감독 및 화재위험작업 허가・관리<br>• 위험물・전기・가스 안전관리<br>• 소방계획 수립 이론・실습・평가(피난약자의 피난계획 등 포함)<br>• 자위소방대 및 초기대응체계 구성 등 이론・실습・평가<br>• 작동점검표 및 외관점검표 작성 실습・평가<br>• 피난시설, 방화구획 및 방화시설의 관리<br>• 응급처치 이론・실습・평가<br>• 소방안전 교육 및 훈련 이론・실습・평가<br>• 화재시 초기대응 및 피난 실습・평가<br>• 업무수행기록의 작성・유지 실습・평가<br>• 공공기관 소방안전관리 우수사례 토의<br>• 형성평가(수료) | 40 시간 |
| 2급 소방안전 관리자 | • 소방안전관리자 제도<br>• 소방관계법령(건축관계법령 포함)<br>• 소방학개론<br>• 화기취급감독 및 화재위험작업 허가・관리<br>• 위험물・전기・가스 안전관리<br>• 소방시설의 종류 및 기준<br>• 소방시설(소화설비, 경보설비, 피난구조설비)의 구조・원리・점검・실습・평가<br>• 소방계획 수립 이론・실습・평가(피난약자의 피난계획 등 포함)<br>• 자위소방대 및 초기대응체계 구성 등 이론・실습・평가<br>• 작동점검표 작성 실습・평가<br>• 피난시설, 방화구획 및 방화시설의 관리<br>• 응급처치 이론・실습・평가<br>• 소방안전 교육 및 훈련 이론・실습・평가<br>• 화재 시 초기대응 및 피난 실습・평가<br>• 업무수행기록의 작성・유지 실습・평가<br>• 형성평가(시험) | 40 시간 |

| 구 분 | 교육과목 | 교육시간 |
|---|---|---|
| 3급 소방안전관리자 | • 소방관계법령<br>• 화재일반<br>• 화기취급감독 및 화재위험작업 허가·관리<br>• 위험물·전기·가스 안전관리<br>• 소방시설(소화기, 경보설비, 피난구조설비)의 구조·점검·실습·평가<br>• 소방계획 수립 이론·실습·평가(업무수행기록의 작성·유지 실습·평가 및 피난약자의 피난계획 등 포함)<br>• 작동점검표 작성 실습·평가<br>• 응급처치 이론·실습·평가<br>• 소방안전 교육 및 훈련 이론·실습·평가<br>• 화재시 초기대응 및 피난 실습·평가<br>• 형성평가(시험) | 24시간 |
| 업무대행 감독자 | • 소방관계법령<br>• 소방안전관리 업무대행 감독<br>• 소방시설 유지·관리<br>• 화기취급감독 및 위험물·전기·가스 안전관리<br>• 소방계획 수립 이론·실습·평가(업무수행기록의 작성·유지 및 피난약자의 피난계획 등 포함)<br>• 자위소방대 구성운영 등 이론·실습·평가<br>• 응급처치 이론·실습·평가<br>• 소방안전 교육 및 훈련 이론·실습·평가<br>• 화재시 초기대응 및 피난 실습·평가<br>• 형성평가(수료) | 16시간 |
| 건설현장 소방안전관리자 | • 소방관계법령<br>• 건설현장 관련 법령<br>• 건설현장 화재일반<br>• 건설현장 위험물·전기·가스 안전관리<br>• 임시소방시설의 구조·점검·실습·평가<br>• 화기취급감독 및 화재위험작업 허가·관리<br>• 건설현장 소방계획 이론·실습·평가<br>• 초기대응체계 구성·운영 이론·실습·평가<br>• 건설현장 피난계획 수립<br>• 건설현장 작업자 교육훈련 이론·실습·평가<br>• 응급처치 이론·실습·평가<br>• 형성평가(수료) | 24시간 |

답 ③

★★★

**60** 소방시설 설치 및 관리에 관한 법령상 건축허가 등을 할 때 미리 소방본부장 또는 소방서장의 동의를 받아야 하는 건축물의 범위로 옳지 않은 것은?

17회 문 61 / 15회 문 59 / 13회 문 61 / 09회 문 68 / 02회 문 65

① 지하층 또는 무창층이 있는 공연장으로서 바닥면적이 100제곱미터 이상인 층이 있는 것

② 연면적이 200제곱미터 이상인 노유자시설(老幼者施設) 및 수련시설

③ 연면적이 300제곱미터 이상인 장애인 의료재활시설

④ 주차용도로 사용되는 시설로 승강기 등 기계장치에 의한 주차시설로서 자동차 10대 이상을 주차할 수 있는 시설

해설 **소방시설법 시행령 제7조**

**건축허가 등의 동의대상물**

(1) 연면적 **400m²**(학교시설 : **100m²**, **수련시설·노유자시설 : 200m²**, **정신의료기관·장애인 의료재활시설** : **300m²**) 이상 **보기 ②③**
(2) **6층** 이상인 건축물
(3) 차고·주차장으로서 바닥면적 **200m²** 이상(자동차 **20대** 이상) **보기 ④**
(4) **항공기격납고, 관망탑, 항공관제탑, 방송용 송수신탑**
(5) 지하층 또는 무창층의 바닥면적 **150m²** 이상(공연장은 **100m²** 이상) **보기 ①**
(6) **위험물저장 및 처리시설, 지하구**
(7) 전기저장시설, 풍력발전소
(8) 조산원, 산후조리원, 의원(입원실 있는 것)
(9) 결핵환자나 한센인이 24시간 생활하는 노유자시설
(10) 요양병원(의료재활시설 제외)
(11) 노인주거복지시설·노인의료복지시설 및 재가노인복지시설, 학대피해노인 전용쉼터, 아동복지시설, 장애인거주시설
(12) 정신질환자 관련시설(공동생활가정을 제외한 재활훈련시설과 종합시설 중 24시간 주거를 제공하지 않는 시설 제외)
(13) 노숙인자활시설, 노숙인재활시설 및 노숙인요양시설
(14) 공장 또는 창고시설로서 지정수량의 **750배 이상**의 특수가연물을 저장·취급하는 것
(15) 가스시설로서 지상에 노출된 탱크의 저장용량의 합계가 **100톤** 이상인 것

④ 10대 이상 → 20대 이상

답 ④

★★★
**61** 소방시설 설치 및 관리에 관한 법령상 건축허가 등의 동의요구에 대한 조문의 내용이다. (   ) 안에 들어갈 숫자가 바르게 나열된 것은?

> 소방본부장 또는 소방서장은 건축허가 등의 동의요구서류를 접수한 날부터 ( ㉠ )일(허가를 신청한 건축물 등이 화재의 예방 및 안전관리에 관한 법률 시행령 [별표 4] 제1호 가목의 어느 하나에 해당하는 경우에는 10일) 이내에 건축허가 등의 동의여부를 회신하여야 하고, 동의요구서 및 첨부서류의 보완이 필요한 경우에는 ( ㉡ )일 이내의 기간을 정하여 보완을 요구할 수 있다. 건축허가 등의 동의를 요구한 기관이 그 건축허가 등을 취소하였을 때에는 취소한 날부터 ( ㉢ )일 이내에 건축물 등의 시공지 또는 소재지를 관할하는 소방본부장 또는 소방서장에게 그 사실을 통보하여야 한다.

① ㉠ 5, ㉡ 4, ㉢ 7 ② ㉠ 5, ㉡ 5, ㉢ 7
③ ㉠ 7, ㉡ 3, ㉢ 7 ④ ㉠ 7, ㉡ 4, ㉢ 5

해설 **소방시설법 시행규칙 제3조**
**건축허가 등의 동의여부 회신**

| 날 짜 | 연면적 |
|---|---|
| **4일** 이내 | • 건축허가 등의 **동의**요구서류 보완 |
| **5일** 이내 | • 기타 |
| **7일** 이내 | • 건축허가 등의 취소 통보 |
| **10일** 이내 | • **50층** 이상(지하층 제외) 또는 지상으로부터 높이 **200m** 이상인 아파트<br>• **30층** 이상(지하층 포함) 또는 높이 **120m** 이상(아파트 제외)<br>• 연면적 **10만$m^2$** 이상(아파트 제외) |

답 ①

★
**62** 소방시설 설치 및 관리에 관한 법령상 소방청장이 정하는 내진설계기준에 맞게 설치하여야 하는 소방시설은? (단, 내진설계기준을 적용하여야 하는 소방시설을 설치하여야 하는 특정소방대상물의 경우에 한함)

19회 문 58

① 자동화재탐지설비 ② 옥외소화전설비
③ 물분무등소화설비 ④ 비상경보설비

해설 **소방시설법 시행령 제8조**
**내진설계기준 적용 소방시설**
(1) 옥내소화전설비
(2) 스프링클러설비
(3) 물분무등소화설비 **보기 ③**

중요

**물분무등소화설비**(소방시설법 시행령 [별표 1])
(1) 물분무소화설비
(2) 미분무소화설비
(3) 포소화설비
(4) 이산화탄소 소화설비
(5) 할론소화설비
(6) 할로겐화합물 및 불활성기체 소화설비
(7) 분말소화설비
(8) 강화액 소화설비
(9) 고체에어로졸 소화설비

답 ③

★★★
**63** 소방시설 설치 및 관리에 관한 법령상 방염대상물품에 대한 방염성능기준으로 옳은 것은? (단, 고시는 고려하지 않음)

17회 문 62
12회 문 58
10회 문 72
09회 문 55

① 버너의 불꽃을 제거한 때부터 불꽃을 올리며 연소하는 상태가 그칠 때까지 시간은 30초 이내일 것
② 탄화(炭化)한 면적은 100제곱센티미터 이내, 탄화한 길이는 30센티미터 이내일 것
③ 불꽃에 의하여 완전히 녹을 때까지 불꽃의 접촉횟수는 2회 이상일 것
④ 버너의 불꽃을 제거한 때부터 불꽃을 올리지 아니하고 연소하는 상태가 그칠 때까지 시간은 30초 이내일 것

해설 **소방시설법 시행령 제31조**
**방염성능기준**

| 구 분 | 기 준 |
|---|---|
| 잔염시간 | **20초** 이내 **보기 ①** |
| 잔진시간(잔신시간) | **30초** 이내 **보기 ④** |
| 탄화길이 | **20cm** 이내 |
| 탄화면적 | **50$cm^2$** 이내 **보기 ②** |
| 불꽃 접촉횟수 | **3회** 이상 **보기 ③** |
| 최대연기밀도 | **400** 이하 |

① 30초 이내 → 20초 이내
② 100제곱센티미터 이내 → 50제곱센티미터 이내, 30센티미터 이내 → 20센티미터 이내
③ 2회 이상 → 3회 이상

용어

| 잔염시간 | 잔진시간(잔신시간) |
|---|---|
| 버너의 불꽃을 제거한 때부터 **불꽃을 올리며** 연소하는 상태가 그칠 때까지의 시간 | 버너의 불꽃을 제거한 때부터 **불꽃을 올리지 않고** 연소하는 상태가 그칠 때까지의 시간 |

답 ④

## 64 소방시설 설치 및 관리에 관한 법령상 시·도지사가 소방시설관리업 등록을 반드시 취소하여야 하는 사유가 아닌 것은?

19회 문 59
15회 문 57
12회 문 57
11회 문 72
11회 문 73
10회 문 65
09회 문 64
09회 문 66
07회 문 61
07회 문 63
04회 문 69
04회 문 74

① 소방시설관리업자가 거짓이나 그 밖의 부정한 방법으로 등록을 한 경우
② 소방시설관리업자가 소방시설 등의 자체점검을 거짓으로 한 경우
③ 소방시설관리업자가 피성년후견인이 된 경우
④ 소방시설관리업자가 관리업의 등록증을 다른 자에게 빌려준 경우

해설

② 3차 위반시 등록취소

**등록취소**와 **영업정지**(소방시설법 제35조)

| 등록취소 | 영업정지 |
|---|---|
| ① **거짓**이나 **부정한 방법**으로 등록을 한 경우 보기 ① | ① **자체점검**을 하지 **않거나** 거짓으로 한 경우 보기 ② |
| ② **등록결격사유**에 해당된 경우(단, 법인으로서 결격사유에 해당하게 된 날부터 2개월 이내에 그 임원을 결격사유가 없는 임원으로 바꾸어 선임한 경우 제외) | ② **등록기준**에 **미달**하게 된 경우 |
| ③ **등록증** 또는 **등록수첩**을 빌려준 경우 보기 ④ | ③ **자체점검능력 평가**를 받지 않고 자체점검을 한 경우 |

중요

1. **소방시설관리업**(소방시설법 시행규칙 [별표 8])

| 구 분 | 설 명 |
|---|---|
| 1차 위반시 등록취소 (반드시 등록취소) | ① **거짓**, 그 밖의 **부정한 방법**으로 등록을 한 경우<br>② **등록결격사유**에 해당하게 된 경우<br>③ 다른 자에게 **등록증** 또는 **등록수첩**을 **빌려준** 경우 |
| 3차 위반시 등록취소 | ① 점검을 하지 아니하거나 점검결과를 **허위**로 **보고**한 경우<br>② **등록기준**에 **미달**하게 된 경우(단, 기술인력이 퇴직하거나 해임되어 **30일** 이내에 재선임하여 신고하는 경우는 제외)<br>③ 점검능력평가를 받지 않고 자체점검을 한 경우 |

2. **소방시설관리업의 등록결격사유**(소방시설법 제30조)
(1) 피성년후견인 보기 ③
(2) 금고 이상의 실형을 선고받고 그 집행이 끝나거나 집행이 면제된 날부터 **2년**이 지나지 아니한 사람
(3) 금고 이상의 형의 집행유예를 선고받고 그 유예기간 중에 있는 사람
(4) 관리업의 등록이 취소된 날부터 **2년**이 지나지 아니한 자

비교

**소방시설업**(공사업규칙 [별표 1])

| 구 분 | 설 명 |
|---|---|
| 1차 위반시 등록취소 | ① **거짓**이나 그 밖의 **부정한 방법**으로 등록한 경우<br>② **등록결격사유**에 해당하게 된 경우<br>③ **영업정지기간** 중에 설계·시공 또는 감리를 한 경우 |
| 2차 위반시 등록취소 | ① 등록을 한 후 정당한 사유 없이 **1년**이 지날 때까지 영업을 시작하지 아니하거나 계속하여 1년 이상 휴업한 때<br>② 다른 자에게 자기의 성명이나 상호를 사용하여 소방시설공사 등을 수급 또는 시공하게 하거나 소방시설업의 **등록증** 또는 **등록수첩**을 **빌려준** 경우<br>③ 설계·시공 또는 감리의 **업무수행** 의무 등을 **고의** 또는 **과실**로 위반하여 다른 자에게 **상해**를 입히거나 재산피해를 입힌 경우<br>④ 동일인이 **시공** 및 **감리**를 한 경우 |

답 ②

★★
**65** 소방시설 설치 및 관리에 관한 법령상 소방용품의 성능인증 등을 위반하여 합격표시를 하지 아니한 소방용품을 판매한 경우의 벌칙기준은?

① 200만원 이하의 과태료
② 300만원 이하의 벌금
③ 1년 이하의 징역 또는 1천만원 이하의 벌금
④ 3년 이하의 징역 또는 3천만원 이하의 벌금

해설 3년 이하의 징역 또는 3000만원 이하의 벌금
(1) **소방시설관리업 무**등록자(소방시설법 제57조)
(2) **형식승인**을 받지 않은 소방용품 제조·수입자(소방시설법 제57조)
(3) **제품검사**·합격표시를 하지 않은 소방용품 판매·진열(소방시설법 제57조) 보기 ④
(4) **부정한 방법**으로 전문기관의 지정을 받은 자(소방시설법 제57조)
(5) 제품검사를 받지 않은 사람(소방시설법 제57조)

기억법 무3(무더위에는 삼계탕이 최고)

중요

**벌칙**(소방시설법 제56조)

| 5년 이하의 징역 또는 5천만원 이하의 벌금 | 7년 이하의 징역 또는 7천만원 이하의 벌금 | 10년 이하의 징역 또는 1억원 이하의 벌금 |
|---|---|---|
| **소방시설 폐쇄·차단** 등의 행위를 한 자 | **소방시설 폐쇄·차단** 등의 행위를 하여 사람을 **상해**에 이르게 한 자 | **소방시설 폐쇄·차단** 등의 행위를 하여 사람을 **사망**에 이르게 한 자 |

답 ④

★★★
**66** 소방시설 설치 및 관리에 관한 법령상 소방청장이 한국소방산업기술원에 위탁할 수 있는 것은?
14회 문 64

① 합판·목재를 설치하는 현장에서 방염처리한 경우의 방염성능검사
② 소방용품에 대한 형식승인의 변경승인
③ 강습교육 및 실무교육
④ 소방용품에 대한 교체 등의 명령에 대한 권한

해설 소방시설법 50조, 화재예방법 48조
권한의 위탁

| 한국소방산업기술원 | 한국소방안전원 |
|---|---|
| • 대통령령이 정하는 **방**염성능검사업무(합판·목재를 설치하는 현장에서 방염처리한 경우의 방염성능검사는 제외)<br>• 소방용품의 **형**식승인(시험시설 심사 포함) 및 취소<br>• 소방용품 형식승인의 변경승인 보기 ②<br>• 소방용품의 **성**능인증 및 취소<br>• 소방용품의 **우**수품질 인증 및 취소<br>• 소방용품의 성능인증 변경인증 | • 소방안전관리자 또는 소방안전관리보조자 선임신고의 접수<br>• 소방안전관리자 또는 소방안전관리보조자 해임 사실의 확인<br>• 건설현장 소방안전관리자 선임신고의 접수<br>• 소방안전관리자 자격시험<br>• 소방안전관리자 자격증의 발급 및 재발급<br>• 소방안전관리 등에 관한 종합정보망의 구축·운영<br>• 강습교육 및 실무교육 |

기억법 기방 우성형

① 합판·목재를 설치하는 현장은 제외
③ 한국소방안전원에 위탁
④ 해당 없음

답 ②

★★★
**67** 소방시설 설치 및 관리에 관한 법령상 방염성능기준 이상의 실내장식물 등을 설치하여야 하는 특정소방대상물에 해당하는 것은?
19회 문 65
14회 문 61
13회 문 60
09회 문 12
02회 문 68

① 옥외에 설치된 문화 및 집회시설
② 건축물의 옥내에 있는 종교시설
③ 3층 건축물의 옥내에 있는 수영장
④ 층수가 11층 이상인 아파트

해설 소방시설법 시행령 제30조
방염성능기준 이상 적용 특정소방대상물
(1) 체력단련장, 공연장 및 종교집회장
(2) 문화 및 집회시설(옥내)
(3) 종교시설(옥내)
(4) 운동시설(**수영장**은 **제외**)
(5) 의원, 조산원, 산후조리원
(6) 의료시설(종합병원, 정신의료기관)
(7) 교육연구시설 중 **합숙소**
(8) 노유자시설

16회

(9) 숙박이 가능한 수련시설
(10) 숙박시설
(11) 방송국 및 촬영소
(12) 다중이용업소(단란주점영업, 유흥주점영업, 노래연습장의 영업장 등)
(13) 층수가 11층 이상인 것(**아파트**는 **제외**)

※ **11층 이상** : '**고층건축물**'에 해당된다.

① 옥외 → 옥내
③ 수영장 → 수영장 제외
④ 아파트 → 아파트 제외

답 ②

★
**68** 위험물안전관리법령상 위험물시설의 안전관리에 관한 설명으로 옳지 않은 것?

19회 문 70
15회 문 69
15회 문 71
13회 문 70
11회 문 87

① 위험물안전관리자를 선임하여야 하는 제조소 등의 경우, 안전관리자를 선임한 제조소 등의 관계인은 그 안전관리자를 해임하거나 안전관리자가 퇴직한 때에는 해임하거나 퇴직한 날부터 30일 이내에 다시 안전관리자를 선임하여야 한다.
② 암반탱크저장소는 관계인이 예방규정을 정하여야 하는 제조소 등에 포함된다.
③ 정기검사의 대상인 제조소 등이라 함은 액체위험물을 저장 또는 취급하는 50만 리터 이상의 옥외탱크저장소를 말한다.
④ 탱크안전성능시험자가 되고자 하는 자는 대통령령이 정하는 기술능력·시설 및 장비를 갖추어 소방청장에게 등록하여야 한다.

해설 (1) **위험물법 제15조 제②항**

| 소방안전관리자 재선임 | 위험물안전관리자 재선임 |
|---|---|
| 30일 이내 | 30일 이내 보기 ① |

(2) **위험물령 제15조** : 예방규정을 정하여야 할 제조소 등
① **10배** 이상의 **제조소·일반취급소**
② **100배** 이상의 **옥외저장소**
③ **150배** 이상의 **옥내저장소**
④ **200배** 이상의 **옥외탱크저장소**
⑤ 이송취급소
⑥ 암반탱크저장소 보기 ②

(3) **위험물령 제17·22조**

| 정기검사의 대상인 제조소 등 | 한국소방산업기술원에 위탁하는 탱크안전성능검사 |
|---|---|
| 액체위험물을 저장 또는 취급하는 **50만L** 이상의 **옥외탱크저장소** 보기 ③ | ① **100만L** 이상인 액체위험물을 저장하는 탱크<br>② 암반탱크<br>③ 지하탱크저장소의 액체위험물탱크 |

④ 위험물법 제16조 제②항
소방청장 → 시·도지사

답 ④

★★★
**69** 위험물안전관리법령상 지정수량 미만인 위험물의 저장 또는 취급에 관한 기술상의 기준을 정하는 것은?

12회 문 56

① 대통령령 ② 행정안전부령
③ 소방청고시 ④ 시·도의 조례

해설 **위험물법 제4·5조**
**위험물**

| 구 분 | 설 명 |
|---|---|
| **시·도**의 **조례** 보기 ④ | 지정수량 미만인 위험물의 저장·취급 |
| **90일** 이내 | 위험물의 임시저장기간 |

용어

**위험물**(위험물법 제2조)
**인화성** 또는 **발화성** 등의 성질을 가지는 것으로서 **대통령령**으로 정하는 물품

답 ④

★★
**70** 위험물안전관리법령상 위험물탱크 안전성능검사를 받아야 하는 경우 그 신청시기에 관한 설명으로 옳은 것은?

19회 문 67
17회 문 69
15회 문 68
12회 문 73

① 기초·지반검사는 위험물탱크의 기초 및 지반에 관한 공사의 개시 후에 한다.
② 용접부검사는 탱크 본체에 관한 공사의 개시 전에 한다.
③ 충수·수압검사는 탱크에 배관 그 밖의 부속설비를 부착한 후에 한다.
④ 암반탱크검사는 암반탱크의 본체에 관한 공사의 개시 후에 한다.

16회

해설 위험물규칙 제18조
탱크 안전성능검사의 신청시기

| 탱크 안전성능검사 | 신청시기 |
|---|---|
| 기초·지반검사 | 위험물탱크의 **기초** 및 **지반**에 관한 **공사**의 개시 **전** |
| 충수·수압검사 | 위험물을 저장 또는 취급하는 탱크에 배관 그 밖의 **부속설비**를 **부착**하기 **전** |
| 용접부검사 | **탱크 본체**에 관한 **공사**의 개시 **전** 보기 ② |
| 암반탱크검사 | 암반**탱크**의 **본체**에 관한 **공사**의 개시 **전** |

① 개시 후 → 개시 전
③ 부착한 후 → 부착하기 전
④ 개시 후 → 개시 전

답 ②

★★★
**71** 위험물안전관리법령상 취급소의 구분에 해당하지 않는 것은?

① 주유취급소 ② 판매취급소
③ 이송취급소 ④ 간이취급소

해설 위험물령 [별표 3]
위험물취급소의 구분

| 구 분 | 설 명 |
|---|---|
| 주유 취급소 | 고정된 주유설비에 의하여 **자동차·항공기** 또는 **선박** 등의 연료탱크에 직접 주유하기 위하여 위험물을 취급하는 장소 |
| **판**매 취급소 | **점포**에서 위험물을 용기에 담아 판매하기 위하여 지정수량의 **40배** 이하의 위험물을 취급하는 장소<br>기억법 **판4(판사 검사)** |
| 이송 취급소 | 배관 및 이에 부속된 설비에 의하여 위험물을 **이송**하는 장소 |
| 일반 취급소 | 주유취급소·판매취급소·이송취급소 이외의 장소 |

④ 해당없음

답 ④

★★
**72** 다중이용업소의 안전관리에 관한 특별법령상 안전시설 등에 해당하지 않는 것은?
09회 문 60

① 옥내소화전설비
② 구조대
③ 영업장 내부 피난통로
④ 창문

해설 다중이용업령 [별표 1의 2]
다중이용업소의 안전시설 등

| 시 설 | | 종 류 |
|---|---|---|
| 소방시설 | 소화설비 | •소화기<br>•자동확산소화기<br>•간이스프링클러설비(캐비닛형 간이스프링클러설비 포함) |
| | 피난설비 | •유도등<br>•유도표지<br>•비상조명등<br>•휴대용 비상조명등<br>•피난기구(미끄럼대·피난사다리·**구조대**·완강기·다수인 피난장비·승강식 피난기) 보기 ②<br>•피난유도선(단, 영업장 내부 피난통로 또는 복도가 있는 영업장에만 설치) |
| | 경보설비 | •비상벨설비 또는 자동화재탐지설비<br>•가스누설경보기 |
| 그 밖의 안전시설 | | •**창문**(단, 고시원업의 영업장에만 설치) 보기 ④<br>•영상음향차단장치 (단, 노래반주기 등 영상음향장치를 사용하는 영업장에만 설치)<br>•누전차단기 |

•영업장 내부 피난통로(단, 구획된 실이 있는 영업장에만 설치) 보기 ③

답 ①

★
**73** 다중이용업소의 안전관리에 관한 특별법령상 다중이용업주와 종업원이 받아야 하는 소방안전교육의 교과과정으로 옳지 않은 것은?

① 심폐소생술 등 응급처치요령
② 소방시설 및 방화시설의 유지·관리 및 사용방법
③ 소방시설설계 도면의 작성요령
④ 화재안전과 관련된 법령 및 제도

해설 다중이용업규칙 제7조
소방안전교육의 교과과정
(1) **화재안전**과 관련된 법령 및 제도 보기 ④
(2) 다중이용업소에서 화재가 발생한 경우 **초기대응** 및 **대피요령**
(3) 소방시설 및 **방화시설**의 유지·관리 및 사용방법 보기 ②
(4) 심폐소생술 등 **응급처치요령** 보기 ①

③ 해당없음

답 ③

★★
**74** 다중이용업소의 안전관리에 관한 특별법령상 다중이용업소의 안전관리기본계획 등에 관한 설명으로 옳은 것은?

18회 문 75 / 17회 문 72 / 15회 문 75 / 14회 문 72 / 13회 문 72 / 12회 문 63

① 소방청장은 5년마다 다중이용업소의 안전관리기본계획을 수립·시행하여야 한다.
② 소방본부장은 기본계획에 따라 매년 연도별 안전관리계획을 수립·시행하여야 한다.
③ 소방서장은 기본계획 및 연도별 계획에 따라 매년 안전관리집행계획을 수립한다.
④ 국무총리는 기본계획을 수립하면 대통령에게 보고하고 관계 중앙행정기관의 장과 시·도지사에게 통보한 후 이를 공고하여야 한다.

해설 다중이용업법 제5조

| 기본계획 보기 ① | 연도별 계획 |
|---|---|
| **소방청장**은 **5년**마다 다중이용업소의 안전관리기본계획 수립·시행 | **소방청장**은 기본계획에 따라 **매년** 연도별 안전관리계획 수립·시행 |

② 소방본부장 → 소방청장(다중이용업법 제5조 제③항)
③, ④ **소방청장**은 기본계획 및 연도별 계획을 수립하기 위하여 필요하면 관계 중앙행정기관의 장 및 시·도지사에게 관련된 자료의 제출을 요구할 수 있다. 이 경우 자료 제출을 요구받은 관계 중앙행정기관의 장 또는 시·도지사는 특별한 사유가 없으면 요구에 따라야 한다. (다중이용업법 제5조 제⑤항)

답 ①

★
**75** 다중이용업소의 안전관리에 관한 특별법령상 다중이용업주의 화재배상책임보험의 의무가입 등에 관한 설명으로 옳은 것은?

17회 문 74 / 14회 문 75

① 보험회사는 화재배상책임보험 외에 다른 보험의 가입을 다중이용업주에게 강요할 수 있다.
② 보험회사는 화재배상책임보험의 보험금 청구를 받은 때에는 지체없이 지급할 보험금을 결정하고 보험금 결정 후 30일 이내에 피해자에게 보험금을 지급하여야 한다.
③ 다중이용업주가 화재배상책임보험 청약 당시 보험회사가 요청한 화재발생 위험에 관한 중요한 사항을 허위로 알린 경우 보험회사는 그 계약의 체결을 거부할 수 있다.
④ 소방서장은 다중이용업주가 화재배상책임보험에 가입하지 아니하였을 때에는 다중이용업주에 대한 인가·허가의 취소를 하여야 한다.

해설 ① **다중이용업법 제13조 5**

강요할 수 있다. → 강요할 수 없다.

② **다중이용업법 제13조 4**

보험금의 지급 : **14일** 이내

③ **다중이용업법 제13조 5 ①항, 다중이용업령 제9조 5**

④ **다중이용업법 제13조 3 제⑤항**

**소방본부장** 또는 **소방서장**은 다중이용업주가 화재배상책임보험에 가입하지 아니하였을 때에는 허가관청에 다중이용업주에 대한 인가·허가의 취소, 영업의 정지 등 필요한 조치를 취할 것을 요청할 수 있다.

답 ③

## 제 4 과목 위험물의 성질·상태 및 시설기준

★
**76** 나이트로셀룰로오스에 관한 설명으로 옳지 않은 것은?

13회 문 84

① 질산에스터류에 속하며 자기반응성 물질이다.
② 직사광선에 의해 분해하여 자연발화할 수 있다.
③ 질화도가 클수록 분해도, 폭발성, 위험도가 감소한다.
④ 저장·운반시에는 물 또는 알코올을 첨가하여 위험성을 감소시킨다.

해설 **나이트로셀룰로오스**

(1) 지정수량은 **제1종 10kg**(**제2종 100kg**)이다.
(2) 물에는 녹지 않고 아세톤에는 녹는다.
(3) **질화도**가 **클수록** 분해도, 폭발성, 위험도가 증가한다. 보기 ③
(4) 셀룰로오스에 **진한 황산**과 **진한 질산**을 혼산으로 반응시켜 제조한 것이다.
(5) 질산에스터류에 속하며 자기반응성 물질이다. 보기 ①
(6) 직사광선에 의해 분해하여 자연발화할 수 있다. 보기 ②
(7) 저장·운반시에는 물 또는 알코올을 첨가하여 위험성을 감소시킨다. 보기 ④

③ 감소한다 → 증가한다.

답 ③

★
## 77 상온에서 저장·취급시 물과 접촉하면 위험한 것을 모두 고른 것은?

18회 문 76
15회 문 85
12회 문 21
11회 문 95
10회 문 84
06회 문 96

ㄱ 과산화나트륨
ㄴ 적린
ㄷ 칼륨
ㄹ 트리메틸알루미늄

① ㄱ, ㄴ, ㄷ ② ㄱ, ㄴ, ㄹ
③ ㄱ, ㄷ, ㄹ ④ ㄴ, ㄷ, ㄹ

해설 (1) **과산화나트륨($Na_2O_2$)** : 상온에서 물에 의해 분해하여 수산화나트륨(NaOH)과 **산소**($O_2$)가 발생하므로 위험하다. 보기 ㄱ

$2Na_2O_2 + 2H_2O \rightarrow 4NaOH + O_2\uparrow$

(2) **칼륨(K)** : 물과 격렬히 반응하여 **수소**($H_2$)와 열을 발생시키므로 위험하다. 보기 ㄷ

$2K + 2H_2O \rightarrow 2KOH + H_2 + 92.8kcal$

(3) **트리메틸알루미늄[$(CH_3)_3Al$]** : 물과 접촉시 심하게 반응하고 **폭발**한다. 보기 ㄹ

답 ③

★★★
## 78 제2류 위험물에 관한 설명으로 옳지 않은 것은?

18회 문 80
16회 문 84
15회 문 80
15회 문 81
14회 문 79
13회 문 78
13회 문 79
12회 문 71
09회 문 82
02회 문 80

① 철분, 마그네슘은 산과 반응하여 산소를 발생한다.
② 황은 가연성 고체로 푸른 불꽃을 내며 연소한다.
③ 적린이 연소하면 유독성의 $P_2O_5$가 발생한다.
④ 산화제와 혼합하면 가열, 충격, 마찰에 의해 발화·폭발의 위험이 있다.

해설 **제2류 위험물**

① **철분**(Fe)은 **묽은산**에 녹아 **수소**($H_2$)를 발생시킨다.

$Fe + 2HCl \longrightarrow FeCl_2 + H_2\uparrow$

**마그네슘**(Mg)은 **산**과 반응하여 **수소**($H_2$)를 발생시킨다.

$Mg+2HCl \longrightarrow MgCl_2+H_2\uparrow$

② **황**은 가연성 고체로 **푸른 불꽃**을 내며 연소한다.
③ **적린**이 연소하면 유독성의 **$P_2O_5$**(오산화인)이 발생한다.
④ **산화제**와 혼합하면 가열, 충격, 마찰에 의해 **발화·폭발**의 위험이 있다.

① 산소 → 수소

답 ①

★
## 79 제3류 위험물인 황린에 관한 설명으로 옳은 것은?

18회 문 79
13회 문 81
05회 문 81
05회 문 93
03회 문 86

① 증기는 자극성과 독성이 없다.
② 환원력이 약해 산소농도가 높아야 연소한다.
③ 갈색 또는 회색의 고체로 증기는 공기보다 가볍다.
④ 공기 중에서 자연발화의 위험성이 있어 물속에 저장한다.

해설
① 증기는 매우 자극적이며 **맹독성**이다.
② **환원력**이 **강**하기 때문에 산소농도가 낮은 분위기에서도 연소한다.
③ **백색** 또는 **담황색**의 **고체**로 증기는 공기보다 무겁다.

16회

중요

**황린($P_4$)**

(1) **일반성질**
① **백색** 또는 **담황색**의 고체이다.
② 물에 녹지 않고 물과 반응하지도 않는다.
③ **이황화탄소**($CS_2$) · **벤젠**($C_6H_6$)에 잘 녹는다.
④ 어두운 곳에서 **인광**을 낸다.
⑤ 공기를 차단하고 260℃로 가열하면 **적린**이 된다.
⑥ 증기는 공기보다 **무겁다.**

(2) **위험성**
① 공기 중에 방치하면 액화되면서 자연발화한다.
② 가연성이 강하고 매우 자극적이며 맹독성이다.
③ 연소할 경우 **오산화인**($P_2O_5$)의 **백색연기**를 낸다.
④ 인화점은 융점 이하이므로 매우 위험하고 200℃ 이상으로 가열하면 폭발적으로 분해하여 가연성 가스가 발생한다.

(3) **저장 및 취급방법**
① 화기 엄금할 것
② 공기와 수분의 접촉을 피할 것
③ 용기의 희석안정제로 **벤젠 · 펜탄 · 헥산 · 톨루엔** 등을 넣어 줄 것

(4) **소화방법**
① **팽창질석 · 팽창진주암 · 소다회 · 건조분말** 등으로 **질식소화**한다.
② 주변은 마른모래 등으로 차단하여 화재 확대 방지에 주력한다.
③ 주수소화 엄금

답 ④

★★★
## 80 위험물안전관리법령상 제4류 위험물의 품명별 위험등급이 바르게 짝지어진 것은?

19회 문 88 / 18회 문 71 / 18회 문 86 / 17회 문 87 / 16회 문 85 / 15회 문 77 / 14회 문 77 / 14회 문 78 / 13회 문 76

① 알코올류 – Ⅰ등급
② 특수인화물 – Ⅰ등급
③ 제2석유류 중 수용성액체 – Ⅱ등급
④ 제3석유류 중 비수용성액체 – Ⅱ등급

해설 **위험물규칙 [별표 19] Ⅴ**
**위험물의 위험등급**

| 구 분 | 위험등급 Ⅰ | 위험등급 Ⅱ | 위험등급 Ⅲ |
|---|---|---|---|
| 제1류 위험물 | • 아염소산염류<br>• 염소산염류<br>• 과염소산염류<br>• 무기과산화물<br>• 그 밖에 지정수량이 50kg인 위험물 | • 브로민산염류<br>• 질산염류<br>• 아이오딘산염류<br>• 그 밖에 지정수량이 300kg인 위험물 | 위험등급 Ⅰ, Ⅱ 이외의 것 보기 ③④ |
| 제2류 위험물 | – | • 황화인<br>• 적린<br>• 황<br>• 그 밖에 지정수량이 100kg인 위험물 | |
| 제3류 위험물 | • 칼륨<br>• 나트륨<br>• 알킬알루미늄<br>• 알킬리튬<br>• 황린<br>• 그 밖에 지정수량이 10kg 또는 20kg인 위험물 | • 알칼리금속 및 알칼리토금속<br>• 유기금속화합물<br>• 그 밖에 지정수량이 50kg인 위험물 | |
| 제4류 위험물 | **특수인화물** 보기 ② | **제1석유류** 및 **알코올류** 보기 ① | |
| 제5류 위험물 | 지정수량이 10kg인 위험물 | 위험등급 Ⅰ 이외의 것 | |
| 제6류 위험물 | 모두 | – | |

① Ⅰ등급 → Ⅱ등급
③, ④ Ⅱ등급 → Ⅲ등급

답 ②

★
## 81 제5류 위험물인 유기과산화물에 관한 설명으로 옳지 않은 것은?

03회 문 81

① 불티, 불꽃 등의 화기를 엄금한다.
② 직사광선을 피하고 냉암소에 저장한다.
③ 누출시 과산화수소로 혼합시켜 제거한다.
④ 벤조일퍼옥사이드는 진한황산과 혼촉시 분해를 일으켜 폭발한다.

해설 **유기과산화물(제5류 위험물)**
(1) 불티, 불꽃 등의 화기를 엄금한다. 보기 ①
(2) 직사광선을 피하고 **냉암소**에 저장한다. 보기 ②

(3) 누출시 **소량**일 때 **탄산가스, 분말, 건조된 모래**로, **대량**일 때는 **물**이 효과적이다.
(4) **벤조일퍼옥사이드**는 **진한 황산**과 혼촉 시 분해를 일으켜 **폭발**한다. 보기 ④

③ 해당없음

답 ③

**82** 제6류 위험물에 관한 설명으로 옳지 않은 것은?

17회 문 86 / 15회 문 83 / 14회 문 85 / 13회 문 87 / 09회 문 25 / 08회 문 79 / 05회 문 80

① 모두 불연성 물질이다.
② 위험물안전관리법령상 모든 품명의 위험등급은 Ⅱ등급이다.
③ 과산화수소 저장용기의 뚜껑은 가스가 배출되는 구조로 한다.
④ 질산이 목탄분, 솜뭉치와 같은 가연물에 스며들면 자연발화의 위험이 있다.

해설 제6류 위험물의 특징
(1) 위험물안전관리법령상 모두 **위험등급 Ⅰ**에 해당한다. 보기 ②
(2) 과염소산은 밀폐용기에 넣어 냉암소에 저장한다.
(3) 과산화수소 분해시 발생하는 발생기 산소는 **표백**과 **살균효과**가 있다.
(4) 질산은 단백질과 **크산토프로테인**(Xanthoprotein) 반응을 하여 **황색**으로 변한다.
(5) **모두 불연성** 물질이다. 보기 ①
(6) 과산화수소 저장용기의 뚜껑은 가스가 배출되는 구조로 한다. 보기 ③
(7) **질산**이 목탄분, 솜뭉치와 같은 가연물에 스며들면 **자연발화**의 위험이 있다. 보기 ④

② Ⅱ등급 → Ⅰ등급

답 ②

**83** 제1류 위험물에 관한 설명으로 옳지 않은 것은?

19회 문 76 / 17회 문 76 / 15회 문 86 / 13회 문 77 / 06회 문 98 / 05회 문 77 / 02회 문 99

① 과망가니즈산칼륨과 다이크로뮴산암모늄의 색상은 각각 등적색과 흑색이다.
② 염소산칼륨은 황산과 반응하여 이산화염소를 발생한다.
③ 아염소산나트륨은 강산화제이며 가열에 의해 분해하여 산소를 발생한다.
④ 질산암모늄은 급격한 가열, 충격에 의해 분해하여 폭발할 수 있다.

해설 (1) **과망가니즈산칼륨**($KMnO_4$)**의 성질**
① **흑자색**의 결정으로 물에 잘 녹는다. 보기 ①
② 강력한 **산화제**이다.
③ 단독으로는 비교적 안정하나 **진한 황산**을 가하면 **폭발**한다.
④ 유기물과 접촉하면 위험하다.
⑤ 약 **200~240℃** 정도에서 가열하면 **이산화망가니즈, 망가니즈산칼륨, 산소**를 발생한다.
(2) **다이크로뮴산암모늄**[$(NH_4)_2Cr_2O_7$]**의 성질**
① **적색** 또는 **등적색**의 침상결정이다. 보기 ①
② 아세톤에 녹지 않는다.
③ 가열하면 분해하여 **산화크로뮴**($Cr_2O_3$)·**질소가스**($N_2$)·**물**($H_2O$)을 생성한다.
$(NH_4)_2Cr_2O_7 \longrightarrow Cr_2O_3 + N_2\uparrow + 4H_2O$

① 과망가니즈산칼륨 : **흑자색**,
다이크로뮴산암모늄 : **적색** 또는 **등적색**

답 ①

**84** 위험물안전관리법령상 제2류 위험물에 관한 설명으로 옳지 않은 것은?

18회 문 78 / 18회 문 80 / 16회 문 78 / 15회 문 80 / 15회 문 81 / 14회 문 79 / 13회 문 78 / 13회 문 79 / 12회 문 71 / 09회 문 82 / 02회 문 80

① 황은 순도가 60중량퍼센트 이상인 것을 말하며 지정수량은 100kg이다.
② 마그네슘은 지름 2mm 이상의 막대모양의 것을 말하며 지정수량은 100kg이다.
③ 인화성 고체라 함은 고형알코올 그 밖에 1기압에서 인화점이 섭씨 40도 미만인 고체를 말하며 지정수량은 1000kg이다.
④ 철분이라 함은 철의 분말로서 53마이크로미터의 표준체를 통과하는 것이 50중량퍼센트 이상이어야 하며 지정수량은 500kg이다.

해설 위험물령 [별표 1]
**마그네슘에 해당되지 않는 것**
(1) **2mm**의 체를 통과하지 아니하는 덩어리 상태의 것
(2) 지름 2mm 이상의 막대모양의 것 보기 ②

② 마그네슘은 직경 2mm 이상의 막대모양의 것이 아니며, 지정수량은 500kg이다.

중요

**제2류 위험물**

| 유별 및 성질 | 위험등급 | 품 명 | 지정수량 |
|---|---|---|---|
| 제2류 가연성 고체 | Ⅱ | • 황화인<br>• 적린<br>• 황 | 100kg |
| | Ⅲ | • 마그네슘 보기 ②<br>• 철분<br>• 금속분 | 500kg |
| | Ⅱ~Ⅲ | • 그 밖에 행정안전부령이 정하는 것 | 100kg 또는 500kg |
| | Ⅲ | • 인화성 고체 | 1000kg |

답 ②

★★★

**85** 위험물안전관리법령상 제3류 위험물의 품명별 지정수량이 바르게 짝지어진 것은?

19회 문 88 / 18회 문 71 / 18회 문 86 / 17회 문 87 / 16회 문 80 / 14회 문 77 / 14회 문 78 / 13회 문 76 / 11회 문 82

① 나트륨, 황린-10kg
② 알킬알루미늄, 알킬리튬-20kg
③ 금속의 수소화물, 금속의 인화물-50kg
④ 칼슘의 탄화물, 알루미늄의 탄화물-300kg

해설 **제3류 위험물의 종류 및 지정수량**

| 성 질 | 품 명 | 지정수량 |
|---|---|---|
| 자연발화성 물질 및 금수성 물질 | 칼륨 | 10kg |
| | 나트륨 보기 ① | |
| | 알킬알루미늄 보기 ② | |
| | 알킬리튬 보기 ② | |
| | 황린 보기 ① | 20kg |
| | 알칼리금속(K, Na 제외) 및 알칼리토금속 | 50kg |
| | 유기금속화합물(알킬알루미늄, 알킬리튬 제외) | |
| | 금속의 수소화물 보기 ③ | 300kg |
| | 금속의 인화물 보기 ③ | |
| | 칼슘 또는 알루미늄의 탄화물 보기 ④ | |

① 황린 → 20kg
② 20kg → 10kg
③ 50kg → 300kg

답 ④

★

**86** 제6류 위험물인 과염소산에 관한 설명으로 옳지 않은 것은?

19회 문 82 / 14회 문 87

① 공기와 접촉시 황적색의 인화수소가 발생한다.
② 무색·무취의 액체로 물과 접촉하면 발열한다.
③ 무수물은 불안정하여 가열하면 폭발적으로 분해한다.
④ 저장시에는 가연성 물질과의 접촉을 피해야 한다.

해설 **과염소산**($HClO_4$)

(1) **일반성질**
① **무색·무취**의 유동성 액체이다. 보기 ②
② **흡습성**이 강하다.
③ **산화력**이 강하다.
④ 공기 중에서 강하게 발열한다.
⑤ 염소산 중에서 **가장 강하다**.

(2) **위험성**
① 매우 불안정한 강산이다. 보기 ③
② 물과 심하게 **발열반응**을 한다.
③ 공기 중에서 **염화수소**(HCl)를 발생시킨다. 보기 ①
④ **피부**를 **부식**시킨다.

(3) **저장 및 취급방법**
① 유리·도자기 등의 밀폐용기에 넣어 저장할 것
② 물과의 접촉을 피할 것
③ 저장시에는 가연성 물질과의 접촉을 피할 것 보기 ④

(4) **소화방법** : **분말** 또는 다량의 **물**로 **분무주수**하여 소화한다.

① 인화수소 → 염화수소

답 ①

★

**87** 이황화탄소에 관한 설명으로 옳지 않은 것은?

11회 문 79

① 인화점이 낮고 휘발이 용이하여 화재위험성이 크다.
② 공기 중에서 연소하면 유독성의 이산화황을 발생한다.
③ 증기는 공기보다 무겁고, 매우 유독하여 흡입시 신경계통에 장애를 준다.
④ 액체비중이 물보다 작고 물에 녹기 어렵기 때문에 수조탱크에 넣어 보관한다.

16회

해설 이황화탄소($CS_2$)의 성질

(1) **인화점**이 **낮고** 휘발이 용이하여 화재위험성이 크다. 보기 ①

(2) 공기 중에서 연소하면 유독성의 **이산화황**($SO_2$)을 발생한다. 보기 ②

(3) 증기는 **공기보다 무겁고,** 매우 **유독**하여 흡입 시 신경계통에 장애를 준다. 보기 ③

(4) 물에는 **녹지 않지만,** 알코올·에터·벤젠 등에는 잘 녹는다. 보기 ④

(5) 순수한 것은 **무색투명**하고 클로로포름과 같은 약한 향기가 있지만, 일반적으로 불순물 때문에 황색을 띠고 불쾌한 냄새가 난다.

④ 액체비중이 물보다 작다. → 액체비중이 물보다 크다.

답 ④

### 88 위험물안전관리법령상 제조소의 특례기준에서 은·수은·동·마그네슘 또는 이들의 합금으로 된 취급설비를 사용해서는 안 되는 위험물은?

18회 문 81 / 13회 문 91 / 12회 문 80 / 04회 문 94 / 03회 문 80 / 03회 문 83 / 03회 문 99

① 아세트알데하이드 ② 휘발유
③ 톨루엔 ④ 아세톤

해설 위험물규칙 [별표 4] XII

**아세트알데하이드 등을 취급하는 제조소의 특례**

(1) **은·수은·동·마그네슘** 또는 이들을 성분으로 하는 합금으로 만들지 아니할 것 보기 ①

(2) 연소성 혼합기체의 생성에 의한 폭발을 방지하기 위한 **불활성 기체** 또는 **수증기**를 봉입하는 장치를 갖출 것

(3) 탱크에는 **냉각장치** 또는 **보냉장치** 및 연소성 혼합기체의 생성에 의한 폭발을 방지하기 위한 **불활성 기체**를 **봉입**하는 **장치**를 갖출 것

중요

**위험물의 성질에 따른 제조소의 특례**(위험물규칙 [별표 4] XII)

(1) **산화프로필렌**을 취급하는 설비는 **은·수은·동·마그네슘** 또는 이들을 성분으로 하는 합금으로 만들지 아니할 것

(2) **알킬리튬**을 취급하는 설비에는 **불활성 기체**를 봉입하는 장치를 갖출 것

(3) **하이드록실아민** 등을 취급하는 설비에는 하이드록실아민 등의 **온도** 및 **농도**의 상승에 의한 위험한 반응을 방지하기 위한 조치를 강구할 것

(4) **하이드록실아민** 등을 취급하는 설비에는 **철이온** 등의 혼입에 의한 위험한 반응을 방지하기 위한 조치를 강구할 것

답 ①

### 89 위험물안전관리법령상 제조소에 피뢰침을 설치하여야 하는 경우 취급하는 위험물의 수량은 지정수량의 최소 몇 배 이상이어야 하는가? (단, 제조소에서 취급하는 위험물은 경유이며, 제조소에 피뢰침을 반드시 설치하는 경우에 한한다.)

02회 문 92

① 5 ② 10
③ 15 ④ 20

해설 위험물규칙 [별표 4]

지정수량의 **10배** 이상의 위험물을 취급하는 제조소(**제6류 위험물**을 취급하는 위험물제조소 제외)에는 피뢰침을 설치하여야 한다. 다만, 위험물제조소 주위의 상황에 따라 안전상 지장이 없는 경우에는 피뢰침을 설치하지 아니할 수 있다.

답 ②

### 90 위험물안전관리법령상 연면적 $500m^2$ 이상인 제조소에 반드시 설치하여야 하는 경보설비는?

08회 문 82

① 확성장치 ② 비상경보설비
③ 비상방송설비 ④ 자동화재탐지설비

해설 위험물규칙 [별표 17] II

**제조소 등별로 설치하여야 하는 경보설비의 종류**

| 제조소 등의 구분 | 제조소 등의 규모, 저장 또는 취급하는 위험물의 종류 및 최대수량 등 | 경보설비 |
|---|---|---|
| 제조소 및 일반취급소 | ① 연면적 **$500m^2$** 이상인 것<br>② 옥내에서 지정수량의 **100배** 이상을 취급하는 것(고인화점 위험물만을 **100℃** 미만의 온도에서 취급하는 것 제외)<br>③ 일반취급소로 사용되는 부분 외의 부분이 있는 건축물에 설치된 일반취급소(일반취급소와 일반취급소 외의 부분이 내화구조의 바닥 또는 벽으로 개구부 없이 구획된 것 제외) | 자동화재탐지설비 |

16회

| 제조소 등의 구분 | 제조소 등의 규모, 저장 또는 취급하는 위험물의 종류 및 최대수량 등 | 경보설비 |
|---|---|---|
| 옥내저장소 | ① 지정수량의 **100배** 이상을 저장 또는 취급하는 것(고인화점 위험물만을 저장 또는 취급하는 것 제외)<br>② 저장창고의 연면적이 **150m²**를 초과하는 것(당해 저장창고가 연면적 150m² 이내마다 불연재료의 격벽으로 개구부 없이 완전히 구획된 것과 **제2류** 또는 **제4류**의 위험물(인화성 고체 및 인화점이 **70℃** 미만인 **제4류** 위험물 제외)만을 저장 또는 취급하는 것에 있어서는 저장창고의 연면적이 **500m²** 이상의 것)<br>③ 처마높이가 **6m** 이상인 단층건물의 것<br>④ 옥내저장소로 사용되는 부분 외의 부분이 있는 건축물에 설치된 옥내저장소(옥내저장소와 옥내저장소 외의 부분이 내화구조의 바닥 또는 벽으로 개구부 없이 구획된 것과 **제2류** 또는 **제4류**의 위험물(인화성 고체 및 인화점이 70℃ 미만인 제4류 위험물 제외)만을 저장 또는 취급하는 것 제외) | 자동화재탐지설비 |
| 옥내탱크저장소 | 단층 건물 외의 건축물에 설치된 옥내탱크저장소로서 **소화난이도등급 Ⅰ**에 해당하는 것 | 자동화재탐지설비 |
| 주유취급소 | 옥내주유취급소 | 자동화재탐지설비 |
| 옥외탱크저장소 | 특수인화물, 제1석유류 및 알코올류를 저장 또는 취급하는 탱크의 용량이 1000만L 이상인 것 | • 자동화재탐지설비<br>• 자동화재속보설비 |
| 자동화재탐지설비 설치대상에 해당하지 아니하는 제조소 등 | 지정수량의 **10배** 이상을 저장 또는 취급하는 것 | • 자동화재탐지설비<br>• 비상경보설비<br>• 확성장치<br>• 비상방송설비 중 1종 이상 |

답 ④

★
## 91 위험물안전관리법령상 주유취급소의 위치·구조 및 설비의 기준에 관한 조문의 일부이다. ( )에 들어갈 숫자가 바르게 나열된 것은?

> 사무실 등의 창 및 출입구에 유리를 사용하는 경우에는 망입유리 또는 강화유리로 할 것. 이 경우 강화유리의 두께는 창에는 ( ㉠ ) mm 이상, 출입구에는 ( ㉡ )mm 이상으로 하여야 한다.

① ㉠ : 5, ㉡ : 10
② ㉠ : 5, ㉡ : 12
③ ㉠ : 8, ㉡ : 10
④ ㉠ : 8, ㉡ : 12

해설 **위험물규칙 [별표 13] Ⅵ**
**주유취급소에 설치하는 건축물 등의 규정에 의한 위치 및 구조의 적합기준**
사무실 등의 창 및 출입구에 유리를 사용하는 경우에는 망입유리 또는 강화유리로 할 것. 이 경우 강화유리의 두께는 **창**에는 8mm 보기 ㉠ 이상, **출입구**에는 12mm 보기 ㉡ 이상으로 할 것

답 ④

★★★
## 92 위험물안전관리법령상 제조소와 수용인원이 300인 이상인 영화상영관과의 안전거리 기준으로 옳은 것은? (단, 제6류 위험물을 취급하는 제조소를 제외한다.)

18회 문 92
15회 문 88
14회 문 88
13회 문 88
11회 문 66
10회 문 87
09회 문 92
07회 문 77
06회 문100
05회 문 79
04회 문 83
02회 문100

① 10m 이상
② 20m 이상
③ 30m 이상
④ 50m 이상

해설 **위험물규칙 [별표 4]**
**제조소의 안전거리**

| 안전거리 | 대 상 |
|---|---|
| 3m 이상 | • 7~35kV 이하의 특고압가공전선 |
| 5m 이상 | • 35kV를 초과하는 특고압가공전선 |
| 10m 이상 | • **주거용**으로 사용되는 것 |

| 안전거리 | 대 상 |
|---|---|
| 20m 이상 | • 고압가스 **제조**시설(용기에 충전하는 것 포함)<br>• 고압가스 **사용**시설(1일 $30m^3$ 이상 용적 취급)<br>• 고압가스 **저장**시설<br>• 액화산소 **소비**시설<br>• 액화석유가스 제조·저장시설<br>• 도시가스 공급시설 |
| 30m 이상 | • 학교<br>• 병원급 의료기관<br>• 공연장, • 영화상영관 — **300명** 이상 수용시설<br>• 아동복지시설<br>• 노인복지시설<br>• 장애인복지시설<br>• 한부모가족 복지시설<br>• 어린이집<br>• 성매매 피해자 등을 위한 지원시설<br>• 정신건강증진시설<br>• 가정폭력피해자 보호시설 — **20명** 이상 수용시설 |
| 50m 이상 | • 유형문화재<br>• 지정문화재 |

답 ③

★★

**93** 15회 문 89 13회 문 89

**위험물안전관리법령상 제조소에 설치하는 배출설비에 관한 설명으로 옳지 않은 것은?**

① 위험물취급설비가 배관이음 등으로만 된 경우에는 전역방식으로 할 수 있다.

② 전역방식 배출설비의 배출능력은 1시간당 바닥면적 $1m^2$당 $15m^3$ 이상으로 하여야 한다.

③ 배출구는 지상 2m 이상으로서 연소의 우려가 없는 장소에 설치하여야 한다.

④ 배풍기·배출덕트·후드 등을 이용하여 강제적으로 배출하는 것으로 하여야 한다.

해설 **위험물규칙 [별표 4] Ⅵ**
**배출설비**

(1) 배출설비는 **국소방식**으로 하여야 한다(단, 다음에 해당하는 경우에는 **전역방식**으로 할 수 있다).
 ① 위험물취급설비가 **배관이음** 등으로만 된 경우 보기 ①
 ② 건축물의 구조·작업장소의 분포 등의 조건에 의하여 전역방식이 유효한 경우

(2) 배출설비는 배풍기·배출덕트·후드 등을 이용하여 **강제**적으로 **배출**하는 것으로 하여야 한다. 보기 ④

(3) 배출능력은 1시간당 배출장소 용적의 **20배** 이상인 것으로 하여야 한다(단, **전역방식**의 경우에는 바닥면적 $1m^2$당 $18m^3$ 이상으로 할 수 있다). 보기 ②

(4) 배출설비의 급기구 및 배출구의 기준
 ① 급기구는 **높은 곳**에 설치하고, **가는 눈**의 구리망 등으로 인화방지망을 설치할 것
 ② 배출구는 **지상 2m** 이상으로서 연소의 우려가 없는 장소에 설치하고, 배출덕트가 관통하는 벽부분의 바로 가까이에 화재시 자동으로 폐쇄되는 방화댐퍼를 설치할 것 보기 ③

(5) 배풍기는 **강제배기방식**으로 하고, 옥내덕트의 내압이 대기압 이상이 되지 아니하는 위치에 설치할 것

② $15m^3$ 이상 → $18m^3$ 이상

답 ②

★★★

**94** 11회 문 85

**위험물안전관리법령상 소화설비, 경보설비 및 피난구조설비의 기준에 관한 조문의 일부이다. ( )에 들어갈 숫자는?**

> 제조소 등에 전기설비(전기배선, 조명기구 등은 제외한다)가 설치된 경우에는 당해 장소의 면적 $100m^2$마다 소형 수동식 소화기를 ( )개 이상 설치할 것

① 1　② 2
③ 3　④ 4

해설 **위험물규칙 [별표 17]**
**전기설비의 소화설비**
제조소 등에 전기설비(전기배선, 조명기구 등은 제외)가 설치된 경우에는 해당 장소의 면적 $100m^2$마다 보기 ① **소형 수동식 소화기**를 **1개** 이상 설치

답 ①

★★★

**95** 19회 문 95 18회 문 94 13회 문 90 13회 문 95 10회 문 95 09회 문 94 08회 문 86 07회 문 78 06회 문 82 03회 문 90

**옥외탱크저장소의 하나의 방유제 안에 3기의 아세톤 저장탱크가 있다. 위험물안전관리법령상 탱크 주위에 설치하여야 할 방유제 용량은 최소 몇 L 이상이어야 하는가? (단, 아세톤 저장탱크의 용량은 각각 10000L, 20000L, 30000L이다.)**

① 10000　② 22000
③ 33000　④ 60000

16회

해설 위험물규칙 [별표 6] Ⅸ
옥외탱크저장소의 방유제

| 구 분 | 설 명 |
|---|---|
| 높이 | 0.5~3m 이하 |
| 탱크 | **10기**(모든 탱크용량이 **20만L** 이하, 인화점이 70~200℃ 미만은 **20기**) 이하 |
| 면적 | **80000m$^2$** 이하 |
| 용량 | • 1기 : **탱크용량×110%** 이상<br>• 2기 이상 : **탱크최대용량×110%** 이상 |

비교

**위험물제조소 방유제의 용량**(위험물규칙 [별표 4] Ⅸ)

| 1기의 탱크 | 방유제용량=탱크용량×0.5 |
|---|---|
| 2기 이상의 탱크 | 방유제용량=탱크최대용량×0.5 +기타 탱크용량의 합×0.1 |

2기 이상이므로 탱크용량=최대용량×110%
=최대용량×1.1
=30000L×1.1
=33000L

중요

**옥외탱크저장소**와 **위험물제조소 방유제**의 **용량**을 구하는 식이 각각 다르므로 특히 주의하라!

답 ③

★★★
## 96 위험물안전관리법령상 용량 80L 수조(소화전용물통 3개 포함)의 능력단위는?

17회 문117
14회 문 90

① 0.5
② 1.0
③ 1.5
④ 2.0

해설 위험물규칙 [별표 17]
소화설비의 능력단위

| 소화설비 | 용 량 | 능력단위 |
|---|---|---|
| 소화전용 물통 | 8L | 0.3 |
| 마른모래(삽 1개 포함) | 50L | 0.5 |
| 수조(소화전용 물통 3개 포함) | 80L | 1.5 보기 ③ |
| 팽창질석 또는 팽창진주암(삽 1개 포함) | 160L | 1.0 |
| 수조(소화전용 물통 6개 포함) | 190L | 2.5 |

기억법

| 소 | 물 | 8 | 3 |
|---|---|---|---|
| 마 | 1 | 5 | 5 |
| | 3 | 8 | 15 |
| 팽 | 1 | 16 | 10 |
| | 6 | 9 | 25 |

답 ③

★
## 97 위험물안전관리법령상 판매취급소의 위치·구조 및 설비의 기준으로 옳지 않은 것은?

18회 문 98
17회 문 99
15회 문 98
14회 문 91
10회 문 55
11회 문 84
03회 문 93

① 제1종 판매취급소는 건축물의 1층에 설치할 것
② 제1종 판매취급소의 용도로 사용하는 부분의 창 및 출입구에는 60분+방화문, 60분 방화문 또는 30분 방화문을 설치할 것
③ 제2종 판매취급소의 용도로 사용하는 부분은 벽·기둥·바닥 및 보를 내화구조로 할 것
④ 제2종 판매취급소의 용도로 사용하는 부분에 천장이 있는 경우에는 이를 난연재료로 할 것

해설 위험물규칙 [별표 14] Ⅰ
(1) **제1종 판매취급소의 기준**
① 제1종 판매취급소는 건축물의 1층에 설치할 것 보기 ①
② 제1종 판매취급소 : 저장 또는 취급하는 위험물의 수량이 지정수량의 **20배** 이하인 판매취급소
③ 위험물을 배합하는 실 바닥면적 : **6~15m$^2$** 이하
④ 제1종 판매취급소의 용도로 사용되는 건축물의 부분은 **내화구조** 또는 **불연재료**로 하고, 판매취급소로 사용되는 부분과 다른 부분과의 격벽은 **내화구조**로 할 것
⑤ 제1종 판매취급소의 용도로 사용하는 부분의 창 및 출입구에는 60분+방화문, 60분 방화문 또는 30분 방화문을 설치할 것 보기 ②

(2) **제2종 판매취급소 위치·구조 및 설비의 기준**
① **벽·기둥·바닥** 및 **보**를 **내화구조**로 하고, **천장**이 있는 경우에는 이를 **불연재료**로 하며, 판매취급소로 사용되는 부분과 다른 부분과의 **격벽**은 **내화구조**로 할 것 보기 ③④
② 상층이 있는 경우에는 상층의 **바닥**을 **내화구조**로 하는 동시에 상층으로의 연소를 방

지하기 위한 조치를 강구하고, 상층이 없는 경우에는 **지붕**을 **내화구조**로 할 것

③ 연소의 우려가 없는 부분에 한하여 창을 두되, 해당 창에는 60분+방화문, 60분 방화문 또는 30분 방화문을 설치할 것

④ **출입구**에는 60분+방화문, 60분 방화문 또는 30분 방화문을 설치할 것

④ 난연재료 → 불연재료

답 ④

★★★

**98** 위험물안전관리법령상 에탄올 2000L를 취급하는 제조소 건축물 주위에 보유하여야 할 공지의 너비기준으로 옳은 것은?

17회 문 85 / 15회 문 82 / 12회 문 93 / 11회 문 99

① 2m 이상 ② 3m 이상
③ 4m 이상 ④ 5m 이상

해설 (1) **제4류 위험물의 종류 및 지정수량**

| 성질 | 품 명 | | 지정수량 | 대표물질 |
|---|---|---|---|---|
| 인화성 액체 | 특수인화물 | | 50L | 다이에틸에터·이황화탄소·아세트알데하이드·산화프로필렌·이소프렌·펜탄·디비닐에터·트리클로로실란 |
| | 제1석유류 | 비수용성 | 200L | **휘발유**·벤젠·톨루엔·시클로헥산·아크롤레인·에틸벤젠·초산에스터류·의산에스터류·콜로디온·메틸에틸케톤 |
| | | 수용성 | 400L | 아세톤·피리딘·시안화수소 |
| | 알코올류 | | 400L | 메틸알코올·에틸알코올·프로필알코올·이소프로필알코올·부틸알코올·아밀알코올·퓨젤유·변성알코올 |
| | 제2석유류 | 비수용성 | 1000L | 등유·경유·테레빈유·장뇌유·송근유·스티렌·클로로벤젠·크실렌 |
| | | 수용성 | 2000L | 의산·초산·메틸셀로솔브·에틸셀로솔브·알릴알코올 |
| | 제3석유류 | 비수용성 | 2000L | 중유·크레오소트유·나이트로벤젠·아닐린·담금질유 |
| | | 수용성 | 4000L | 에틸렌글리콜·글리세린 |
| | 제4석유류 | | 6000L | 기어유·실린더유 |
| | 동식물유류 | | 10000L | 아마인유·해바라기유·들기름·대두유·야자유·올리브유·팜유 |

**에탄올**의 지정수량이 **400L**이고 **2000L**를 저장하고 있는 **옥내저장소**이므로

$$배수 = \frac{저장수량}{지정수량} = \frac{2000L}{400L} = 5배$$

지정수량의 **5배**이므로 공지너비는 **3m** 이상이다.

(2) **위험물제조소**의 **보유공지**(위험물규칙 [별표 4])

| 취급하는 위험물의 최대수량 | 공지의 너비 |
|---|---|
| 지정수량의 10배 이하 → | 3m 이상 |
| 지정수량의 10배 초과 | 5m 이상 |

답 ②

★

**99** 위험물안전관리법령상 간이탱크저장소의 위치·구조 및 설비의 기준에 관한 조문의 일부이다. ( )에 들어갈 숫자가 바르게 나열된 것은?

15회 문 96

> 간이저장탱크는 두께 ( ㉠ )mm 이상 강판으로 흠이 없도록 제작하여야 하며, ( ㉡ ) kPa의 압력으로 10분간의 수압시험을 실시하여 새거나 변형되지 아니하여야 한다.

① ㉠ : 2.3, ㉡ : 60
② ㉠ : 2.3, ㉡ : 70
③ ㉠ : 3.2, ㉡ : 60
④ ㉠ : 3.2, ㉡ : 70

해설 **위험물규칙 [별표 9]**
**간이탱크저장소의 설치기준**

(1) 간이저장탱크의 용량 : **600L** 이하
(2) 하나의 간이탱크저장소에 설치하는 간이저장탱크수 : **3** 이하
(3) **70kPa**의 압력으로 **10분**간의 수압시험을 실시하여 새거나 변형되지 않을 것 **보기 ㉡**
(4) 옥외에 설치하는 경우에는 그 탱크의 주위에 너비 **1m** 이상의 공지를 두고, 전용실 안에 설치하는 경우에는 탱크와 전용실의 벽과의 사이에 **0.5m** 이상의 간격 유지
(5) 두께 **3.2mm** 이상의 강판으로 흠이 없도록 제작 **보기 ㉠**

16회

④ 간이저장탱크는 두께 **3.2mm 이상** 강판으로 흠이 없도록 제작하여야 하며, **70kPa**의 압력으로 **10분**간의 수압시험을 실시하여 새거나 변형되지 아니하여야 한다.

답 ④

★★★

**100** 위험물안전관리법령상 옥내저장소의 표지 및 게시판의 기준으로 옳지 않은 것은?

19회 문 92 18회 문 90 10회 문 85 05회 문 78

① 표지의 바탕은 백색으로, 문자는 흑색으로 할 것

② 표지는 한 변의 길이가 0.3m 이상, 다른 한 변의 길이가 0.6m 이상인 직사각형으로 할 것

③ 인화성 고체를 제외한 제2류 위험물에 있어서는 "화기엄금"의 게시판을 설치할 것

④ "물기엄금"을 표시하는 게시판에 있어서는 청색바탕에 백색문자로 할 것

해설 **위험물규칙 [별표 4]**
**위험물제조소의 게시판 설치기준**

| 위험물 | 주의사항 | 비 고 |
|---|---|---|
| • 제1류 위험물(알칼리금속의 과산화물)<br>• 제3류 위험물(금수성 물질) | 물기엄금 | **청색**바탕에 **백색**문자 |
| • 제2류 위험물(인화성 고체 제외) | 화기주의 | **적색**바탕에 **백색**문자 |
| • 제2류 위험물(인화성 고체)<br>• 제3류 위험물(자연발화성 물질)<br>• 제**4**류 위험물<br>• 제5류 위험물 | **화**기**엄**금 | |
| • 제6류 위험물 | 별도의 표시를 하지 않는다. | |

기억법 화4엄(화사함)

③ 화기엄금 → 화기주의

비교

**위험물 운반용기**의 **주의사항**(위험물규칙 [별표 19])

| 위험물 | | 주의사항 |
|---|---|---|
| 제1류 위험물 | 알칼리금속의 과산화물 | • 화기·충격주의<br>• 물기엄금<br>• 가연물 접촉주의 |
| | 기타 | • 화기·충격주의<br>• 가연물 접촉주의 |
| 제2류 위험물 | 철분·금속분·마그네슘 | • 화기주의<br>• 물기엄금 |
| | 인화성 고체 | • 화기엄금 |
| | 기타 | • 화기주의 |
| 제3류 위험물 | 자연발화성 물질 | • 화기엄금<br>• 공기접촉엄금 |
| | 금수성 물질 | • 물기엄금 |
| 제4류 위험물 | | • 화기엄금 |
| 제5류 위험물 | | • 화기엄금<br>• 충격주의 |
| 제6류 위험물 | | • 가연물 접촉주의 |

답 ③

## 제 5 과목 소방시설의 구조 원리

★★

**101** 도로터널의 화재안전기준상 소화기 설치기준으로 옳은 것은?

17회 문103

① 소화기의 총중량은 7kg 이하로 할 것

② B급화재시 소화기의 능력단위는 3단위 이상으로 할 것

③ 소화기는 바닥면으로부터 1.2m 이하의 높이에 설치할 것

④ 편도 2차선 이상의 양방향 터널에는 한쪽 측벽에 50m 이내의 간격으로 소화기 2개 이상을 설치할 것

해설 **도로터널**의 **소화기 설치기준**(NFPC 603 제5조, NFTC 603 2.1.1)

(1) 소화기의 총중량은 사용 및 운반이 편리성을 고려하여 **7kg** 이하로 할 것 보기 ①

(2) 소화기는 주행차로의 우측 측벽에 **50m** 이내의 간격으로 **2개** 이상을 설치하며, 편도 2차선 이상의 양방향 터널과 4차로 이상의 일방향 터널의 경우에는 양쪽 측벽에 각각 **50m** 이내의 간격으로 엇갈리게 **2개** 이상을 설치할 것 보기 ④

(3) 바닥면으로부터 **1.5m 이하**의 높이에 설치할 것 보기 ③

(4) 소화기구함의 상부에 "**소화기**"라고 조명식 또는 반사식의 표지판을 부착하여 사용자가 쉽게 인지할 수 있도록 할 것

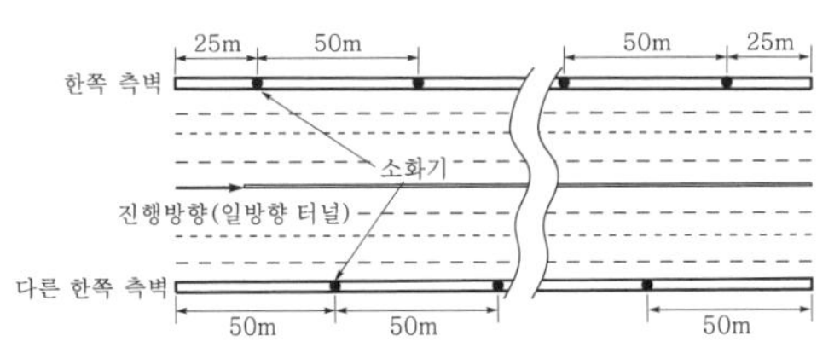


| 편도 4차선 일방향 터널의 소화기 설치 |

| A급화재 | B급화재 | C급화재 |
|---|---|---|
| 3단위 이상 | 5단위 이상 보기 ② | 적응성이 있는 것 |

답 ①

★★★
**102** 11회 문105 05회 문112

**가로 40m, 세로 30m의 특수가연물 저장소에 스프링클러설비를 하고자 한다. 정방향으로 헤드를 배치할 경우 필요한 헤드의 최소 설치개수는?**

① 130
② 140
③ 181
④ 221

해설 (1) **스프링클러헤드의 수평거리**(NFPC 103 제10조, NFTC 103 2.7.3 / NFPC 608 제7조, NFTC 608 2.3.1.4)

| 설치장소 | 설치기준 |
|---|---|
| 무대부 · 특수가연물(창고 포함) | 수평거리 **1.7**m 이하 |
| 기타구조(창고 포함) | 수평거리 **2.1**m 이하 |
| 내화구조(창고 포함) | 수평거리 **2.3**m 이하 |
| 공동주택(아파트) 세대 내 | 수평거리 **2.6**m 이하 |

기억법 무특 17
기 1
내 3
공아 26

(2) **수평헤드간격** $S$는

$S = 2R\cos 45°$
$= 2 \times 1.7\text{m} \times \cos 45°$
$\fallingdotseq 2.404\text{m}$

- 가로헤드 설치개수 $= \dfrac{\text{가로길이}}{\text{수평헤드간격}} = \dfrac{40\text{m}}{2.404\text{m}} = 16.6 \fallingdotseq 17$개(절상)
- 세로헤드 설치개수 $= \dfrac{\text{세로길이}}{\text{수평헤드간격}} = \dfrac{30\text{m}}{2.404\text{m}} = 12.4 = 13$개(절상)
- 헤드 설치개수=가로헤드 설치개수×세로헤드 설치개수
=17개×13개=221개

참고

**헤드의 배치형태**

(1) **정방형**(정사각형)

$$S = 2R\cos 45°,\ L = S$$

여기서, $S$ : 수평헤드간격
$R$ : 수평거리
$L$ : 배관간격

(2) **장방형**(직사각형)

$$S = \sqrt{4R^2 - L^2},\ L = 2R\cos\theta,\ S' = 2R$$

여기서, $S$ : 수평헤드간격
$R$ : 수평거리
$L$ : 배관간격
$S'$ : 대각선 헤드간격
$\theta$ : 각도

(3) **지그재그형**(나란히꼴형)

$$S = 2R\cos 30°,\ b = 2S\cos 30°,\ L = \frac{b}{2}$$

여기서, $S$ : 수평헤드간격
$R$ : 수평거리
$b$ : 수직헤드간격
$L$ : 배관간격

답 ④

★★★
**103** 19회 문121 17회 문116 15회 문107 11회 문115 09회 문105

**바닥면적이 100m$^2$인 지하주차장에 물분무소화설비를 설치하는 경우 필요한 수원의 최소량은?**

① 2000L ② 20000L
③ 40000L ④ 80000L

해설 **물분무소화설비(주차장)**

수원 저수량 =바닥면적×토출량×20min
=100m$^2$×20L/min · m$^2$×20min
=40000L

참고

**물분무소화설비의 수원**(NFPC 104 제4조, NFTC 104 2.1.1)

| 특정 소방대상물 | 토출량 | 최소 기준 | 비 고 |
|---|---|---|---|
| **컨**베이어 벨트 | 10L/min · $m^2$ | – | 벨트부분의 바닥면적 |
| **절**연유 봉입변압기 | 10L/min · $m^2$ | – | 표면적을 합한 면적 (바닥면적 제외) |
| **특**수가연물 | 10L/min · $m^2$ | 최소 $50m^2$ | 최대방수구역의 바닥면적 기준 |
| **케**이블트레이 · 덕트 | 12L/min · $m^2$ | – | 투영된 바닥면적 |
| **차**고 · 주차장 | 20L/min · $m^2$ | 최소 $50m^2$ | 최대방수구역의 바닥면적 기준 |
| 위험물 저장탱크 | 37L/min · m | – | 위험물탱크 둘레길이(원주길이) : 위험물규칙 〔별표 6〕 II |

※ 모두 **20분**간 방수할 수 있는 양 이상으로 하여야 한다.

기억법
**컨절특케차**
1 1 2

답 ③

★★★
## 104 스프링클러설비의 화재안전기준상 배관에 관한 기준으로 옳지 않은 것은?

① 배관 내 사용압력이 1.2MPa 이상일 경우에는 압력배관용탄소강관(KS D 3562)을 사용한다.
② 배관의 구경 계산시 수리계산에 따르는 경우 교차배관의 유속은 6m/s를 초과할 수 없다.
③ 펌프의 성능시험배관은 펌프의 토출측에 설치된 개폐밸브 이전에서 분기하여 설치하여야 한다.
④ 가압송수장치의 체절운전시 수온의 상승을 방지하기 위하여 체크밸브와 펌프 사이에서 분기한 구경 20mm 이상의 배관에 체절압력 미만에서 개방되는 릴리프밸브를 설치하여야 한다.

해설 **배관 내의 유속**

| 설 비 | | 유 속 |
|---|---|---|
| 옥내소화전설비 | | 4m/s 이하 |
| 스프링클러설비 | 가지배관 | 6m/s 이하 |
| | 기타배관 (교차배관 등) → | 10m/s 이하 보기 ② |

① NFPC 103 제8조 제①항, NFTC 103 2.5
② 6m/s → 10m/s(NFTC 103 2.5.3.3)
③ NFTC 103 2.5.6.1
④ NFTC 103 2.5.7

답 ②

★
## 105 포소화설비의 화재안전기준상 자동식기동장치로 자동화재탐지설비의 연기감지기를 사용하는 경우 설치기준으로 옳은 것은?

① 감지기는 보로부터 0.3m 이상 떨어진 곳에 설치한다.
② 반자부근에 배기구가 있는 경우에는 그 부근에 설치한다.
③ 천장 또는 반자가 낮은 실내에는 출입구의 먼 부분에 설치한다.
④ 좁은 실내에 있어서는 출입구의 먼 부분에 설치한다.

해설 (1) **포소화설비**의 **화재안전기술기준**(NFTC 105 2.8.2.2)
: 화재감지기는 「자동화재탐지설비의 화재안전기술기준(NFTC 203)」 2.4의 기준에 따라 설치할 것

(2) **연기감지기**의 **설치기준**(NFPC 203 제7조, NFTC 203 2.4.3.10)
① 천장 또는 반자가 **낮은 실내** 또는 **좁은 실내**인 경우에는 **출입구**에 가까운 부분 보기 ③ ④
② 천장 또는 반자부근에 **배**기구가 있는 경우에는 그 부근 보기 ②
③ 감지기는 벽 또는 보로부터 **0.6m** 이상의 곳 보기 ①

기억법 **연6배**

① 0.3m 이상 → 0.6m 이상
③ 출입구의 먼 부분에 → 출입구의 가까운 부분에
④ 출입구의 먼 부분에 → 출입구의 가까운 부분에

② NFPC 203 제7조 제③항, NFTC 203 2.4.3.10.4

답 ②

16회

★★★
### 106 다음 조건에서 이산화탄소 소화설비를 설치할 때 필요한 최소 소화약제량은?

- 화재시 연소면이 한정되고 가연물이 비산할 우려가 없는 장소
- 방호대상물 표면적 : $20m^2$
- 국소방출방식의 고압식

① 260kg　② 286kg
③ 364kg　④ 520kg

해설 **국소방출방식**의 $CO_2$ **소화약제량**(NFPC 106 제5조, NFTC 106 2.2.1.3)

| 특정 소방대상물 | 고압식 | 저압식 |
|---|---|---|
| • 연소면 한정 및 비산 우려가 없는 경우<br>• 윗면 개방용기 | 방호대상물 표면적$[m^2]\times 13kg/m^2 \times 1.4$ | 방호대상물 표면적$[m^2]\times 13kg/m^2 \times 1.1$ |
| • 기타 | 방호공간체적$[m^3]\times \left(8-6\frac{a}{A}\right)\times 1.4$ | 방호공간체적$[m^3]\times \left(8-6\frac{a}{A}\right)\times 1.1$ |

여기서, $a$ : 방호대상물 주위에 설치된 벽면적의 합계$[m^2]$
$A$ : 방호공간의 벽면적의 합계$[m^2]$

소화약제량=방호대상물 표면적$[m^2]\times 13kg/m^2 \times 1.4$
$=20m^2\times 13kg/m^2\times 1.4=364kg$

답 ③

★★★
### 107 분말소화설비의 화재안전기준상 전역방출방식일 때 방호구역의 체적 $1m^3$에 대한 소화약제량으로 옳은 것은?

19회 문118 19회 문122 15회 문112 13회 문109 10회 문 28 10회 문118 05회 문104 04회 문117 02회 문115

① 제1종 분말 : 0.60kg
② 제2종 분말 : 0.24kg
③ 제3종 분말 : 0.24kg
④ 제4종 분말 : 0.36kg

해설 **분말소화설비 전역방출방식**의 약제량 및 개구부 가산량(NFPC 108 제6조, NFTC 108 2.3.2.1)

| 종 별 | 약제량 | 개구부 가산량 (자동폐쇄장치 미설치시) |
|---|---|---|
| 제 1 종 | $0.6kg/m^3$ | $4.5kg/m^2$ |
| 제 2 · 3 종 | $0.36kg/m^3$ | $2.7kg/m^2$ |
| 제 4 종 | $0.24kg/m^3$ | $1.8kg/m^2$ |

② 0.24kg → 0.36kg
③ 0.24kg → 0.36kg
④ 0.36kg → 0.24kg

답 ①

★★★
### 108 분말소화설비의 화재안전기준상 가압식 분말소화설비 소화약제 저장용기에 설치하는 안전밸브의 작동압력기준은?

13회 문113

① 최고사용압력의 1.8배 이하
② 최고사용압력의 0.8배 이하
③ 내압시험압력의 1.8배 이하
④ 내압시험압력의 0.8배 이하

해설 **분말소화설비 저장용기의 안전밸브 설치**(NFPC 108 제4조, NFTC 108 2.1.2.2)

| 가압식 | 축압식 |
|---|---|
| **최고사용압력×1.8배** 이하 **보기 ①** | **내압시험압력×0.8배** 이하 |

답 ①

★★★
### 109 자동화재탐지설비의 감지기 설치기준으로 옳은 것은?

① 정온식 감지기는 주방·보일러실 등으로서 다량의 화기를 취급하는 장소에 설치하되, 공칭작동온도가 최고주위온도보다 10℃ 이상 높은 것으로 설치할 것
② 감지기(차동식 분포형의 것을 제외한다)는 실내로의 공기유입구로부터 0.8m 이상 떨어진 위치에 설치할 것
③ 스포트형 감지기는 65° 이상 경사되지 아니하도록 부착할 것
④ 감지기는 천장 또는 반자의 옥내에 면하는 부분에 설치할 것

해설 **감지기**의 **설치기준**
(1) 감지기(**차동식 분포형 제외**)는 실내로의 공기유입구로부터 **1.5m** 이상 떨어진 위치에 설치
(2) 감지기는 **천장** 또는 **반자**의 옥내에 면하는 부분에 설치 **보기 ④**

16회

(3) **보상식 스포트형 감지기**는 정온점이 감지기 주위의 평상시 **최고온도보다 20℃** 이상 높은 것으로 설치
(4) 정온식 감지기는 **주방·보일러실** 등으로 다량의 화기를 단속적으로 취급하는 장소에 설치하되 **공칭작동온도**가 **최고주위온도**보다 **20℃** 이상 높은 것으로 설치
(5) **스포트형 감지기**는 **45°** 이상 경사되지 아니하도록 부착

① 10℃ 이상 → 20℃ 이상
② 0.8m 이상 → 1.5m 이상
③ 65° 이상 → 45° 이상

답 ④

★

## 110 승강식 피난기 및 하향식 피난구용 내림식 사다리 설치기준에 관한 설명으로 옳은 것은?

17회 문107

① 대피실 내에는 일반 백열등을 설치할 것
② 사용시 기울거나 흔들리지 않도록 설치할 것
③ 대피실의 면적은 $3m^2$(2세대 이상일 경우에는 $5m^2$) 이상으로 할 것
④ 착지점과 하강구는 상호 수평거리 5cm 이상의 간격을 둘 것

해설 **승강식 피난기 및 하향식 피난구용 내림식 사다리 설치기준**(NFPC 301 제5조, NFTC 301 2.1.3.9)
(1) 승강식 피난기 및 하향식 피난구용 내림식 사다리는 설치경로가 설치층에서 피난층까지 연계될 수 있는 구조로 설치할 것(단, 건축물의 구조 및 설치 여건상 불가피한 경우는 제외)
(2) 대피실의 면적은 **$2m^2$**(2세대 이상일 경우에는 **$3m^2$**) 이상으로 하고, 하강구(개구부) 규격은 직경 **60cm** 이상일 것(단, 외기와 개방된 장소에는 제외) **보기 ③**
(3) 하강구 내측에는 기구의 연결 금속구 등이 없어야 하며 전개된 피난기구는 하강구 수평투영면적 공간 내의 범위를 침범하지 않는 구조이어야 할 것(단, 직경 60cm 크기의 범위를 벗어난 경우이거나, 직하층의 바닥 면으로부터 높이 **50cm** 이하의 범위는 제외)
(4) 대피실의 출입문은 **60분+방화문** 또는 **60분 방화문**으로 설치하고, 피난방향에서 식별할 수 있는 위치에 **"대피실"** 표지판을 부착할 것(단, 외기와 개방된 장소 제외)
(5) 착지점과 하강구는 상호 **수평거리 15cm** 이상의 간격을 둘 것 **보기 ④**
(6) 대피실 내에는 **비상조명등**을 설치할 것 **보기 ①**
(7) 대피실에는 층의 **위치표시**와 **피난기구 사용설명서** 및 **주의사항 표지판**을 부착할 것
(8) 대피실 출입문이 개방되거나, 피난기구 작동시 해당층 및 **직하층** 거실에 설치된 **표시등** 및 **경보장치**가 작동되고, 감시제어반에서는 피난기구의 작동을 확인할 수 있어야 할 것
(9) 사용시 기울거나 흔들리지 않도록 설치할 것 **보기 ②**

① 일반 백열등 → 비상조명등
③ $3m^2$(2세대 이상일 경우에는 $5m^2$) → $2m^2$(2세대 이상일 경우에는 $3m^2$)
④ 5cm 이상 → 15cm 이상

답 ②

★★★

## 111 할로겐화합물 및 불활성기체 소화설비 설치시 화재안전기준으로 옳지 않은 것은?

① 저장용기는 온도가 65℃ 이상이고 온도의 변화가 작은 곳에 설치할 것
② 저장용기를 방호구역 외에 설치한 경우에는 방화문으로 구획된 실에 설치할 것
③ 수동식 기동장치는 해당 방호구역의 출입구부근 등 조작을 하는 자가 쉽게 피난할 수 있는 장소에 설치할 것
④ 수동식 기동장치는 50N 이하의 힘을 가하여 기동할 수 있는 구조로 설치할 것

해설 **할로겐화합물 및 불활성기체 소화설비의 화재안전기술기준**(NFTC 107A 2.3.1)

저장용기 온도

| 40℃ 이하 | 55℃ 이하 |
|---|---|
| • 이산화탄소 소화설비<br>• 할론소화설비<br>• 분말소화설비 | • 할로겐화합물 및 불활성기체 소화설비 **보기 ①** |

답 ①

16회

★★
## 112 누전경보기의 화재안전기준상 누전경보기의 설치기준으로 옳은 것은?
13회 문117

① 변류기를 옥외의 전로에 설치하는 경우에는 옥내형으로 설치할 것
② 누전경보기의 전원을 분기할 때에는 다른 차단기에 따라 전원이 차단되도록 할 것
③ 누전경보기 전원의 개폐기에는 누전경보기용임을 표시한 표지를 할 것
④ 누전경보기 전원은 분전반으로부터 전용회로로 하고, 각 극에 개폐기 및 25A 이하의 과전류차단기를 설치할 것

해설 **누전경보기**의 **화재안전기준**(NFPC 205 제4·6조, NFTC 205 2.1.1)

(1) 경계전로의 정격전류가 60A를 초과하는 전로에 있어서는 **1급** 누전경보기를, 60A 이하의 전로에 있어서는 **1급** 또는 **2급** 누전경보기를 설치할 것(단, 정격전류가 60A를 초과하는 경계전로가 분기되어 각 분기회로의 정격전류가 60A 이하로 되는 경우 당해 분기회로마다 2급 누전경보기를 설치한 때에는 당해 경계전로에 1급 누전경보기를 설치한 것으로 본다).

| 경계전로 60A 이하 | 경계전로 60A 초과 |
|---|---|
| 1급 또는 2급 누전경보기 | 1급 누전경보기 |

(2) 변류기는 특정소방대상물의 형태, 인입선의 시설방법 등에 따라 옥외 인입선의 **제1지점**의 **부하측** 또는 **제2종 접지선측**의 점검이 쉬운 위치에 설치할 것(단, 인입선의 형태 또는 특정소방대상물의 구조상 부득이한 경우에는 인입구에 근접한 옥내에 설치 가능)
(3) 변류기를 옥외의 전로에 설치하는 경우에는 **옥외형**으로 설치할 것
(4) 전원은 분전반으로부터 **전용회로**로 하고, 각 극에 **개폐기** 및 **15A** 이하의 **과전류차단기**(**배선용 차단기**에 있어서는 **20A** 이하의 것으로 각 극을 개폐할 수 있는 것)를 설치할 것

| 과전류차단기 | 배선용 차단기 |
|---|---|
| 개폐기 및 15A 이하의 과전류차단기 | 20A 이하의 배선용 차단기 |

기억법 배2(배이다)

(5) 전원을 분기할 때에는 다른 차단기에 따라 전원이 차단되지 아니하도록 할 것
(6) 전원의 개폐기에는 누전경보기용임을 표시한 표지를 할 것 보기 ③

① 옥내형 → 옥외형
② 전원이 차단되도록 할 것 → 전원이 차단되지 아니하도록 할 것
④ 25A 이하 → 15A 이하

답 ③

★★
## 113 비상경보설비 및 단독경보형 감지기의 화재안전기준상 용어의 정의로 옳지 않은 것은?

① "비상벨설비"란 화재발생 상황을 경종으로 경보하는 설비를 말한다.
② "자동식 사이렌설비"란 화재발생 상황을 사이렌으로 경보하는 설비를 말한다.
③ "발신기"란 화재발생 신호를 수신기에 자동으로 발신하는 장치를 말한다.
④ "단독경보형 감지기"란 화재발생 상황을 단독으로 감지하여 자체에 내장된 음향장치로 경보하는 감지기를 말한다.

해설

| 용 어 | 설 명 |
|---|---|
| 발신기 보기 ③ | 화재발생 신호를 수신기에 **수동**으로 **발신**하는 장치 |
| 비상벨설비 보기 ① | 화재발생 상황을 **경종**으로 경보하는 설비 |
| 자동식 사이렌설비 보기 ② | 화재발생 상황을 **사이렌**으로 경보하는 설비 |
| 단독경보형 감지기 보기 ④ | 화재발생 상황을 **단독**으로 감지하여 자체에 **내장**된 **음향장치**로 경보하는 감지기 |

기억법 수발(수발을 드시오!)
경벨(경보벨)

③ 자동으로 → 수동으로

답 ③

★★

**114** 자동화재속보설비의 화재안전기준에 관한 설명으로 옳지 않은 것은?

19회 문115
13회 문115

① 문화재에 설치하는 자동화재속보설비는 속보기에 감지기를 직접 연결하는 방식(자동화재탐지설비 1개의 경계구역에 한한다)으로 할 수 있다.

② 조작스위치는 통상 1m 미만으로 설치하지만 특별한 높이규정은 없으며 신속한 전달이 중요하다.

③ 자동화재탐지설비와 연동으로 작동하여 자동적으로 화재발생 상황을 소방관서에 전달되는 것으로 하여야 한다.

④ 속보기는 소방관서에 통신망으로 통보하도록 하며, 데이터 또는 코드전송 방식을 부가적으로 설치할 수 있다.

해설 **자동화재속보설비**의 **설치기준**(NFPC 204 제4조, NFTC 204 2.1)

(1) **자동화재탐지설비**와 연동으로 작동하여 자동적으로 화재발생 상황을 **소방관서**에 전달되는 것으로 할 것 **보기 ③**

(2) 조작스위치는 바닥으로부터 **0.8~1.5m** 이하의 높이에 설치할 것 **보기 ②**

(3) 속보기는 소방관서에 **통신망**으로 통보하도록 하며, 데이터 또는 코드전송방식을 부가적으로 설치할 수 있다(단, 데이터 및 코드전송방식의 기준은 소방청장이 정한다). **보기 ④**

(4) **문화재**에 설치하는 자동화재속보설비는 **속보기**에 **감지기**를 **직접 연결**하는 방식(자동화재탐지설비 1개 경계구역)으로 할 수 있다. **보기 ①**

답 ②

★★★

**115** 자동화재탐지설비의 수신기 설치기준으로 옳지 않은 것은?

18회 문115
04회 문111

① 수위실 등 상시 사람이 근무하는 장소에 설치할 것. 다만, 사람이 상시 근무하는 장소가 없는 경우에는 관계인이 쉽게 접근할 수 있고 관리가 쉬운 장소에 설치할 수 있다.

② 해당 특정소방대상물의 경계구역을 각각 표시할 수 있는 회선수 미만의 수신기를 설치할 것

③ 하나의 경계구역은 하나의 표시등 또는 하나의 문자로 표시되도록 할 것

④ 수신기의 음향기구는 그 음량 및 음색이 다른 기기의 소음 등과 명확히 구별될 수 있는 것으로 할 것

해설 **자동화재탐지설비**의 **수신기 설치기준**(NFPC 203 제5조, NFTC 203 2.2.3)

(1) 해당 특정소방대상물의 경계구역을 각각 표시할 수 있는 **회선수 이상**의 수신기를 설치할 것 **보기 ②**

(2) 해당 특정소방대상물에 가스누설탐지설비가 설치된 경우에는 가스누설탐지설비로부터 가스누설신호를 수신하여 가스누설경보를 할 수 있는 수신기를 설치할 것(가스누설탐지설비의 수신부를 별도로 설치한 경우 제외)

(3) 수위실 등 상시 사람이 근무하는 장소에 설치할 것. 다만, 사람이 상시 근무하는 장소가 없는 경우에는 관계인이 쉽게 접근할 수 있고 관리가 쉬운 장소에 설치할 수 있다. **보기 ①**

(4) 수신기가 설치된 장소에는 **경계구역 일람도**를 비치할 것(단, 모든 수신기와 연결되어 각 수신기의 상황을 감시하고 제어할 수 있는 수신기를 설치하는 경우에는 주수신기를 제외한 기타 수신기는 제외)

(5) 수신기의 **음**향기구는 그 음량 및 음색이 다른 기기의 소음 등과 명확히 구별될 수 있는 것으로 할 것 **보기 ④**

(6) 수신기는 **감지기·중계기** 또는 **발신기**가 작동하는 경계구역을 표시할 수 있는 것으로 할 것

(7) 화재·가스·전기 등에 대한 **종합방재반**을 설치한 경우에는 해당 조작반에 수신기의 작동과 연동하여 감지기·중계기 또는 발신기가 작동하는 경계구역을 표시할 수 있는 것으로 할 것

(8) 하나의 경계구역은 **하**나의 **표시등** 또는 하나의 **문자**로 표시되도록 할 것 **보기 ③**

(9) 수신기의 조작 **스**위치는 바닥으로부터의 높이가 **0.8~1.5m 이하**인 장소에 설치할 것

(10) 하나의 특정소방대상물에 **2** 이상의 **수신기**를 설치하는 경우에는 수신기를 **상호**간 **연동**하여 화재발생 상황을 각 수신기마다 확인할 수 있도록 할 것

(11) 화재로 인하여 하나의 층의 지구음향장치 배선이 단락되어도 다른 층의 화재통보에 지장이 없도록 각 층 배선상에 유효한 조치를 할 것

기억법 **장경음 종감하2스**

② 회선수 미만 → 회선수 이상

답 ②

★★★

**116** **다음 조건의 창고건물에 옥외소화전이 4개 설치되어 있을 때 전동기펌프의 설계 동력은? (단, 주어진 조건 이외의 다른 조건은 고려하지 않고, 계산결과값은 소수점 셋째자리에서 반올림함)**

- 펌프에서 최고위 방수구까지의 높이 : 10m
- 배관의 마찰손실수두 : 40m
- 호스의 마찰손실수두 : 5m
- 펌프의 효율 : 65%
- 전달계수 : 1.1

① 14.34kW
② 15.45kW
③ 17.75kW
④ 30.90kW

해설

$$P=\frac{0.163QH}{\eta}K$$

(1) **옥외소화전설비 최소 토출량**

$$Q=N\times 350$$

여기서, $Q$ : 토출량〔L/min〕
$N$ : 옥외소화전 설치개수(최대 **2개**)

최소 토출량 $Q=N\times 350$
$=2\times 350=700\mathrm{L/min}$
$=0.7\mathrm{m^3/min}$

- $N$ : 최대 2개이므로 2 적용
- $1000\mathrm{L}=1\mathrm{m^3}$이므로 $700\mathrm{L/min}=0.7\mathrm{m^3/min}$

(2) **옥외소화전설비**

$$H=h_1+h_2+h_3+\underline{25}$$

여기서, $H$ : 전양정〔m〕
$h_1$ : 소방 호스의 마찰손실수두〔m〕
$h_2$ : 배관 및 관부속품의 마찰손실수두〔m〕
$h_3$ : 실양정(흡입양정+토출양정)〔m〕

기억법 외25(왜 이래요?)

전양정 $H$는
$H=h_1+h_2+h_3+25=5+40+10+25=80\mathrm{m}$

- $h_1$ : 5m(조건)
- $h_2$ : 40m(조건)
- $h_3$ : 10m(조건)

(3) **전동력**

$$P=\frac{0.163QH}{\eta}K$$

여기서, $P$ : 전동력〔kW〕
$Q$ : 유량〔$\mathrm{m^3/min}$〕
$H$ : 전양정〔m〕
$K$ : 전달계수
$\eta$ : 효율

전동력 $P$는

$$P=\frac{0.163QH}{\eta}K$$
$$=\frac{0.163\times 0.7\mathrm{m^3/min}\times 80\mathrm{m}}{0.65}\times 1.1 \fallingdotseq 15.45\mathrm{kW}$$

- $Q$ : $0.7\mathrm{m^3/min}$
- $H$ : 80m
- $\eta$ : 65%=0.65

답 ②

★★

**117** **광원점등방식의 피난유도선에 관한 설치기준으로 옳은 것을 모두 고른 것은?**

18회 문110
17회 문112
13회 문119

㉠ 바닥에 설치되는 피난유도 표시부는 노출하는 방식을 사용할 것
㉡ 수신기로부터의 화재신호 및 수동조작에 의하여 광원이 점등되도록 설치할 것
㉢ 피난유도 표시부는 바닥으로부터 높이 1.5m 이하의 위치 또는 바닥면에 설치할 것
㉣ 피난유도 표시부는 50cm 이내의 간격으로 연속되도록 설치하되 실내 장식물 등으로 설치가 곤란할 경우 1m 이내로 설치할 것

① ㉠, ㉣ ② ㉠, ㉢
③ ㉡, ㉢ ④ ㉡, ㉣

해설 **피난유도선 설치기준**(NFPC 303 제9조, NFTC 303 2.6)

| 구분 | 설치기준 |
|---|---|
| 축광방식의 피난유도선 | ① 구획된 각 실로부터 **주출입구** 또는 **비상구**까지 설치<br>② 바닥으로부터 높이 **50cm 이하**의 위치 또는 바닥면에 설치<br>③ 피난유도 표시부는 **50cm 이내**의 간격으로 연속되도록 설치<br>④ 부착대에 의하여 견고하게 설치 |

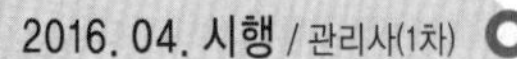

| 축광방식의 피난유도선 | ⑤ **외부의 빛** 또는 **조명장치**에 의하여 상시 조명이 제공되거나 비상조명등에 의한 조명이 제공되도록 설치 |
|---|---|
| 광원점등방식의 피난유도선 | ① 구획된 각 실로부터 **주출입구** 또는 **비상구**까지 설치<br>② 피난유도 표시부는 바닥으로부터 높이 **1m 이하**의 위치 또는 바닥면에 설치 **보기 ㉢**<br>③ 피난유도 표시부는 **50cm 이내**의 간격으로 연속되도록 설치하되 실내장식물 등으로 설치가 곤란할 경우 **1m 이내**로 설치 **보기 ㉣**<br>④ 수신기로부터의 **화재신호** 및 **수동조작**에 의하여 광원이 점등되도록 설치 **보기 ㉡**<br>⑤ 비상전원이 **상시 충전상태**를 유지하도록 설치<br>⑥ 바닥에 설치되는 피난유도 표시부는 **매립**하는 방식을 사용 **보기 ㉠**<br>⑦ 피난유도 제어부는 조작 및 관리가 용이하도록 바닥으로부터 **0.8~1.5m** 이하의 높이에 설치 |

㉠ 노출하는 방식 → 매립하는 방식
㉢ 1.5m 이하 → 1m 이하

답 ④

★★★
## 118 비상조명등의 화재안전기준에 따라 지하상가에 휴대용 비상조명등을 설치할 때 옳은 것은?

17회 문113 / 12회 문101 / 11회 문124 / 09회 문110 / 08회 문120

① 보행거리 50m마다 3개를 설치하였다.
② 보행거리 50m마다 1개를 설치하였다.
③ 보행거리 25m마다 3개를 설치하였다.
④ 바닥으로부터 1.8m 높이에 설치하였다.

해설 **휴대용 비상조명등**의 **적합기준**(NFPC 304 제4조, NFTC 304 2.1.2)

| 설치개수 | 설치장소 |
|---|---|
| **1개** 이상 | • **숙박시설** 또는 **다중이용업소**에는 객실 또는 영업장 안의 구획된 실마다 잘 보이는 곳(외부에 설치시 출입문 손잡이로부터 **1m 이내** 부분) |
| **3개** 이상 | • **지하상가** 및 **지하역사**의 **보행거리 25m** 이내마다 **보기 ③**<br>• **대규모점포**(지하상가 및 지하역사 제외)와 **영화상영관**의 **보행거리 50m** 이내마다 |

(1) 바닥으로부터 **0.8~1.5m 이하**의 높이에 설치할 것
(2) 어둠 속에서 **위치**를 **확인**할 수 있도록 할 것
(3) 사용시 **자동**으로 **점등**되는 구조일 것
(4) 외함은 **난연성능**이 있을 것
(5) 건전지를 사용하는 경우에는 **방전방지조치**를 하여야 하고, **충전식 배터리**의 경우에는 **상시 충전**되도록 할 것
(6) 건전지 및 충전식 배터리의 용량은 **20분** 이상 유효하게 사용할 수 있는 것으로 할 것

답 ③

★★
## 119 비상콘센트설비의 전원부와 외함 사이의 정격전압이 250V일 때 절연내력시험 전압은?

① 1000V ② 1200V
③ 1250V ④ 1500V

해설 **비상콘센트설비 절연내력시험**(NFPC 504 제4조, NFTC 504 2.1.6.2)

| 구 분 | 150V 이하 | 150V 초과 |
|---|---|---|
| 실효전압 | **1000V** | **(정격전압×2)+1000V**<br>예 250V인 경우<br>(250×2)+1000<br>=1500V |
| 견디는 시간 | **1분** 이상 | **1분** 이상 |

답 ④

★★
## 120 지하구에 방화벽을 설치하려고 한다. 방화벽의 설치기준으로 옳지 않은 것은?

12회 문125

① 내화구조로서 홀로 설 수 있는 구조일 것
② 방화벽에 출입문은 60분+방화문 또는 60분 방화문으로 설치할 것
③ 방화벽을 관통하는 케이블·전선 등에는 내열충전구조로 마감할 것
④ 방화벽은 분기구 및 국사·변전소 등의 건축물과 지하구가 연결되는 부위(건축물로부터 20m 이내)에 설치할 것

해설 **지하구**에 **설치**하는 **방화벽**의 **설치기준**(NFPC 605 제10조, NFTC 605 2.6.1)
(1) **내화구조**로서 홀로 설 수 있는 구조일 것
(2) 방화벽에 출입문은 60분+방화문 또는 60분 방화문으로 설치할 것

(3) 방화벽을 관통하는 케이블・전선 등에는 내화충전구조로 마감할 것 **보기 ③**
(4) 방화벽은 분기구 및 국사・변전소 등의 건축물과 지하구가 연결되는 부위(건축물로부터 20m 이내)에 설치할 것

③ 내열충전구조 → 내화충전구조

답 ③

★★★
## 121 연결송수관설비 방수구의 설치기준으로 옳지 않은 것은?

19회 문123 / 18회 문105 / 15회 문119 / 12회 문103

① 아파트의 경우 계단으로부터 5m 이내에 설치한다.
② 바닥면적이 1000m$^2$ 미만인 층에 있어서는 계단 부속실로부터 10m 이내에 설치한다.
③ 방수구는 개폐기능을 가진 것으로 설치하여야 하며, 평상시 닫힌 상태를 유지한다.
④ 방수구는 연결송수관설비의 전용방수구 또는 옥내소화전 방수구로서 구경 65mm의 것으로 설치한다.

해설 **연결송수관설비 방수구**의 **설치기준**(NFPC 502 제6조, NFTC 502 2.3.1.2, 2.3.1.5, 2.3.1.7)
(1) 아파트의 경우 계단으로부터 **5m** 이내에 설치한다. **보기 ①**
(2) 바닥면적이 **1000m$^2$** 미만인 층에 있어서는 계단(계단부속실 포함)로부터 **5m** 이내에 설치한다. **보기 ②**
(3) 방수구는 **개폐기능**을 가진 것으로 설치하여야 하며, 평상시 **닫힌 상태**를 유지한다. **보기 ③**
(4) 방수구는 연결송수관설비의 **전용방수구** 또는 **옥내소화전 방수구**로서 구경 **65mm**의 것으로 설치한다. **보기 ④**

② 10m 이내 → 5m 이내

중요

**연결송수관설비**의 **설치기준**(NFPC 502 제4・6조, NFTC 502 2.3~2.5)
(1) **층**마다 설치(**아파트**인 경우 **3층**부터 설치)
(2) **11층** 이상에는 **쌍구형**으로 설치(**아파트**인 경우 **단구형** 설치 가능)
(3) 방수구는 **개폐기능**을 가진 것일 것
(4) 방수구의 결합금속구는 구경 65mm로 한다.
(5) 방수구는 바닥에서 0.5~1m 이하에 설치한다.
(6) 수직배관마다 **1개** 이상 설치

| 습 식 | 건 식 |
|---|---|
| 송수구 → 자동배수밸브 → 체크밸브 | **송**수구 → **자**동배수밸브 → **체**크밸브 → **자**동배수밸브 |

기억법 **송자체자건**

답 ②

★
## 122 특별피난계단의 계단실 및 부속실 제연설비 화재안전기준상 급기송풍기의 설치기준으로 옳지 않은 것은?

18회 문104 / 12회 문 24

① 송풍기의 송풍능력은 송풍기가 담당하는 제연구역에 대한 급기량의 1.5배 이상으로 할 것
② 송풍기에는 풍량조절장치를 설치하여 풍량조절을 할 수 있도록 할 것
③ 송풍기에는 풍량을 실측할 수 있는 유효한 조치를 할 것
④ 송풍기는 옥내의 화재감지기의 동작에 따라 작동하도록 할 것

해설 **급기송풍기**의 **설치적합기준**(NFPC 501A 제19조, NFTC 501A 2.16)
(1) 송풍기의 송풍능력은 송풍기가 담당하는 제연구역에 대한 급기량의 **1.15배 이상**으로 할 것(단, 풍도에서 누설을 실측하여 조정하는 경우 제외) **보기 ①**
(2) 송풍기에는 **풍량조절장치**를 설치하여 풍량조절을 할 수 있도록 할 것 **보기 ②**
(3) 송풍기에는 풍량을 실측할 수 있는 유효한 조치를 할 것 **보기 ③**
(4) 송풍기는 인접장소의 화재로부터 영향을 받지 아니하고 접근 및 점검이 용이한 곳에 설치할 것
(5) 송풍기는 옥내의 **화재감지기**의 동작에 따라 작동되도록 할 것 **보기 ④**
(6) 송풍기와 연결되는 **캔버스**는 **내열성(석면재료 제외)**이 있는 것으로 할 것

① 1.5배 이상 → 1.15배 이상

답 ①

16회

★★★

**123** 연결살수설비를 설치하여야 할 특정소방대상물 또는 그 부분으로서 연결살수설비 헤드 설치 제외 장소가 아닌 것은?

① 목욕실 ② 발전실
③ 병원의 수술실 ④ 수영장 관람석

해설 **연결살수설비 헤드**의 **설치 제외**(NFPC 503 제7조, NFTC 503 2.4)

(1) **상점**(판매시설과 운수시설을 말하며, 바닥면적이 **150m²** 이상인 지하층에 설치된 것을 제외)으로서 주요구조부가 **내화구조** 또는 **방화구조**로 되어 있고 바닥면적이 **500m² 미만**으로 방화구획되어 있는 특정소방대상물 또는 그 부분
(2) **계단실**(특별피난계단의 부속실 포함) · **경사로** · **승강기의 승강로** · **파이프덕트** · **목욕실** · **수영장**(관람석 부분 제외) · **화장실** · 직접 외기에 **개방**되어 있는 **복도** 기타 이와 유사한 장소 보기 ①④
(3) **통신기기실** · **전자기기실** · 기타 이와 유사한 장소
(4) **발전실** · **변전실** · **변압기** · 기타 이와 유사한 전기설비가 설치되어 있는 장소 보기 ②
(5) 병원의 **수술실** · **응급처치실** · 기타 이와 유사한 장소 보기 ③
(6) 천장과 반자 양쪽이 **불연재료**로 되어 있는 경우로서 그 사이의 거리 및 구조가 다음의 어느 하나에 해당하는 부분
  ① 천장과 반자 사이의 거리가 **2m 미만**인 부분
  ② 천장과 반자 사이의 벽이 불연재료이고 천장과 반자 사이의 거리가 **2m 이상**으로서 그 사이에 가연물이 존재하지 아니하는 부분
(7) 천장 · 반자 중 **한쪽**이 **불연재료**로 되어 있고 천장과 반자 사이의 거리가 **1m 미만**인 부분
(8) 천장 및 반자가 불연재료 외의 것으로 되어 있고 천장과 반자 사이의 거리가 **0.5m 미만**인 부분
(9) **펌프실** · **물탱크실** 그 밖의 이와 비슷한 장소
(10) **현관** 또는 **로비** 등으로서 바닥으로부터 높이가 **20m 이상**인 장소
(11) **냉장창고**의 **영하**의 **냉장실** 또는 **냉동창고**의 **냉동실**
(12) **고온**의 **노**가 설치된 장소 또는 **물**과 **격렬**하게 **반응**하는 **물품**의 저장 또는 취급장소
(13) 불연재료로 된 특정소방대상물 또는 그 부분으로서 다음의 어느 하나에 해당하는 장소
  ① **정수장** · **오물처리장** 그 밖의 이와 비슷한 장소
  ② **펄프공장**의 **작업장** · **음료수공장**의 **세정** 또는 **충전**하는 **작업장** 그 밖의 이와 비슷한 장소
  ③ 불연성의 **금속** · **석재** 등의 **가공공장**으로서 가연성 물질을 저장 또는 취급하지 아니하는 장소
(14) 실내에 설치된 **테니스장** · **게이트볼장** · **정구장** 또는 이와 비슷한 장소로서 실내바닥 · 벽 · 천장이 **불연재료** 또는 **준불연재료**로 구성되어 있고 가연물이 존재하지 않는 장소로서 관람석이 없는 운동시설 부분(지하층 제외)

④ 수영장 관람석 부분 제외

답 ④

★★

**124** 다음 조건의 거실제연설비에서 다익형 송풍기를 사용할 경우 최소 축동력은? (단, 계산 결과값은 소수점 둘째자리에서 반올림함)

18회 문 18
18회 문125
17회 문108
15회 문101
13회 문102
12회 문 34
10회 문 41
08회 문102
07회 문109

- 송풍기 전압 : 50mmAq
- 송풍기 풍량 : 39600CMH
- 효율 : 55%

① 9.8kW ② 10.5kW
③ 11.8kW ④ 15.5kW

해설 **축동력**

$$P=\frac{P_TQ}{102\times60\eta}$$

여기서, $P$ : 배연기 동력〔kW〕
$P_T$ : 전압(풍압)〔mmAq, $mmH_2O$〕
$Q$ : 풍량〔$m^3$/min〕
$\eta$ : 효율

**축동력** $P$는

$$P=\frac{P_TQ}{102\times60\eta}$$
$$=\frac{50\text{mmAq}\times39600\text{m}^3/60\text{min}}{102\times60\times0.55}$$
$$≒9.8\text{kW}$$

- CMH(Cubic Meter per Hour)=$m^3$/h
- $Q$ : 39600CMH = 39600$m^3$/h = 39600$m^3$/60min (1h = 60min)
- $\eta$ : 55% = 0.55

※ **축동력** : 전달계수($K$)를 고려하지 않은 동력

답 ①

★★★
**125** 옥내소화전설비의 화재안전기준상 수조의 설치기준으로 옳지 않은 것은?

06회 문103
06회 문113

① 수조의 외측에 수위계를 설치할 것
② 동결방지조치를 하거나 동결의 우려가 없는 장소에 설치할 것
③ 수조의 밑부분에는 청소용 배수밸브 또는 배수관을 설치할 것
④ 수조의 상단이 바닥보다 높을 때에는 수조의 외측에 이동식 사다리를 설치할 것

해설 **옥내소화전설비용 수조**의 **설치기준**(NFPC 102 제4조, NFTC 102 2.1.6)
(1) 점검에 편리한 곳에 설치
(2) **동결방지조치** 또는 동결의 우려가 없는 곳에 설치 **보기 ②**
(3) 수조의 **외측**에 **수위계** 설치 **보기 ①**
(4) 수조의 상단이 바닥보다 높을 때는 수조 **외측**에 **고정식 사다리** 설치 **보기 ④**
(5) 수조가 실내에 설치된 때에는 **조명설비** 설치
(6) 수조의 밑부분에는 **청소용 배수밸브** 또는 **배수관** 설치 **보기 ③**

④ 이동식 사다리 → 고정식 사다리

답 ④

16회

## 기억전략법

읽었을 때 10% 기억

들었을 때 20% 기억

보았을 때 30% 기억

보고 들었을 때 50% 기억

친구(동료)와 이야기를 통해 70% 기억

**누군가를 가르쳤을 때 95% 기억**

# 2015년도 제15회 소방시설관리사 1차 국가자격시험

| 문제형별 | 시 간 | 시 험 과 목 |
| --- | --- | --- |
| A | 125분 | ① 소방안전관리론 및 화재역학<br>② 소방수리학, 약제화학 및 소방전기<br>③ 소방관련 법령<br>④ 위험물의 성질 · 상태 및 시설기준<br>⑤ 소방시설의 구조 원리 |

| 수험번호 | | 성 명 | |
| --- | --- | --- | --- |

【 수험자 유의사항 】

1. **시험문제지**는 단일형별(A형)이며, 답안카드형별 기재란에 표시된 형별(A형)을 확인하시기 바랍니다. 시험문제지의 **총면수**, **문제번호 일련순서**, **인쇄상태** 등을 확인하시고, 문제지 표지에 수험번호와 성명을 기재하시기 바랍니다.
2. 답은 각 문제마다 요구하는 **가장 적합하거나 가까운 답 1개**만 선택하고, 답안카드 작성시 **마킹착오**로 인한 불이익은 전적으로 **수험자에게 책임**이 있음을 알려드립니다.
3. 답안카드는 국가전문자격 공통 표준형으로 문제번호가 1번부터 125번까지 인쇄되어 있습니다. 답안 마킹시에는 반드시 **시험문제지의 문제번호와 동일한 번호**에 마킹하여야 합니다.
4. **감독위원의 지시에 불응하거나 시험시간 종료 후 답안카드를 제출하지 않을 경우** 불이익이 발생할 수 있음을 알려드립니다.
5. 시험문제지는 시험 종료 후 가져가시기 바랍니다.

# 15회 2015. 05. 02. 시행

## 제 1 과목 소방안전관리론 및 화재역학

★★★

**01** 연소에 관한 설명으로 옳지 않은 것은?

① 화학적 활성도가 큰 가연물일수록 연소가 용이하다.

② 조연성 가스는 가연물이 탈 수 있도록 도와주는 기체이다.

③ 열전도율이 작은 가연물일수록 연소가 용이하다.

④ 흡착열은 가연물의 산화반응으로 발열 축적된 것이다.

해설

④ **산화열** : 가연물의 산화반응으로 발열 축적된 것

중요

**점화원이 될 수 없는 것**
(1) 기화열
(2) 융해열
(3) 흡착열

기억법 **기융흡점**

답 ④

★★★

**02** 인화점과 발화점에 관한 설명으로 옳지 않은 것은?

12회 문 07
02회 문 24

① 인화점은 가연성 액체의 위험성 기준이 된다.

② 발화점은 발열량과 열전도율이 클 때 낮아진다.

③ 인화점은 점화원에 의하여 연소를 시작할 수 있는 최저온도이다.

④ 고체 가연물의 발화점은 가열된 공기의 유량, 가열속도에 따라 달라질 수 있다.

해설 연소와 관계되는 용어

| 구 분 | 설 명 |
|---|---|
| **발화점** (Ignition point) | ① 가연성 물질에 불꽃을 접하지 아니하였을 때 연소가 가능한 최저온도<br>② 파라핀계 탄화수소화합물의 경우 탄소수가 적을수록 높아진다.<br>③ 일반적으로 탄화수소계의 분자량이 클수록 낮아진다.<br>※ **발화점**<br>① 발열량이 클 때, 열전도율이 작을 때 낮아진다. **보기 ②**<br>② 고체 가연물의 발화점은 가열된 공기의 유량, 가열속도에 따라 달라질 수 있다. **보기 ④** |
| **인화점** (Flash point) | ① 휘발성 물질에 **불꽃**을 접하여 연소가 가능한 **최저온도**<br>② 가연성 증기 발생시 연소범위의 **하한계**에 이르는 **최저온도**<br>③ 가연성 증기를 발생하는 액체가 공기와 혼합하여 기상부에 다른 불꽃이 닿았을 때 연소가 일어나는 **최저온도**<br>④ 점화원에 의하여 연소를 시작할 수 있는 최저온도 **보기 ③**<br>⑤ **위험성 기준**의 척도 **보기 ①**<br>기억법 **위인하**<br>※ **인화점**<br>① 가연성 액체의 발화와 깊은 관계가 있다. **보기 ①**<br>② 연료의 조성, 점도, 비중에 따라 달라진다. |
| **연소점** (Fire point) | ① 인화점보다 **10℃** 높으며 연소를 **5초** 이상 **지속**할 수 있는 온도<br>② 어떤 인화성 액체가 공기 중에서 열을 받아 점화원의 존재하에 **지속적**인 연소를 일으킬 수 있는 온도<br>③ 가연성 액체에 점화원을 가져가서 인화된 후에 점화원을 제거하여도 가연물이 **계속** 연소되는 **최저온도**<br>기억법 **연지(연지 곤지)** |

② 발열량과 열전도율이 클 때 → 발열량이 클 때, 열전도율이 작을 때

답 ②

★★★
## 03 화재의 종류에 관한 설명으로 옳지 않은 것은?

19회 문 09
18회 문 06
16회 문 19
14회 문 03
13회 문 06
10회 문 31

① 산소와 친화력이 강한 물질의 화재로 연기가 발생하고, 연소 후 재를 남기면 A급 화재이다.
② 유류에서 발생한 증기가 공기와 혼합하여 점화되면 B급 화재이다.
③ 통전 중인 전기다리미에서 발생되는 화재는 C급 화재이다.
④ 칼륨이나 나트륨 등 금속류에 의한 화재는 K급 화재이다.

해설 **화재의 분류**

| 화재의 종류 | 표시색 | 적응물질 |
|---|---|---|
| 일반화재(A급) 보기 ① | 백색 | • 일반가연물<br>• 종이류 화재<br>• 목재, 섬유화재 |
| 유류화재(B급) 보기 ② | 황색 | • 가연성 액체<br>• 가연성 가스<br>• 액화가스화재<br>• 석유화재 |
| 전기화재(C급) 보기 ③ | 청색 | • 전기설비 |
| 금속화재(D급) | 무색 | • 가연성 금속 |
| 주방화재(K급) 보기 ④ | – | • 식용유화재 |

• 최근에는 색을 표시하지 않음

기억법 **백황청무**

④ K급 화재 → D급 화재

중요

**K급 화재**(식용유화재)(NFPA, ISO 분류에 의한 구분)
(1) 인화점과 발화점의 온도차가 적고 발화점이 비점 이하이기 때문에 화재발생시 액체의 온도를 낮추지 않으면 소화하여도 재발화가 쉬운 화재
(2) 질식소화
(3) 다른 물질을 넣어서 냉각소화

답 ④

★★★
## 04 가연성 가스 또는 증기가 공기와 혼합기를 형성하였을 때 위험도가 큰 물질의 순서로 옳은 것은?

18회 문 05
16회 문 11
12회 문 01
11회 문 05
10회 문 02
07회 문 11
09회 문 10
04회 문 15

| | |
|---|---|
| ㉠ 메탄 | ㉡ 에터 |
| ㉢ 프로판 | ㉣ 가솔린 |

① ㉠>㉡>㉢>㉣ ② ㉠>㉡>㉣>㉢
③ ㉡>㉣>㉢>㉠ ④ ㉡>㉠>㉣>㉢

해설 **위험도**

$$H=\frac{U-L}{L}$$

여기서, $H$ : 위험도
$U$ : 연소상한계
$L$ : 연소하한계

㉠ 메탄($CH_4$) $H=\frac{15-5}{5}=2$

㉡ 에터[$(C_2H_5)_2O$] $H=\frac{48-1.7}{1.7}=27.2$

㉢ 프로판($C_3H_8$) $H=\frac{9.5-2.1}{2.1}=3.5$

㉣ 가솔린($C_5H_{12}-C_9H_{20}$) $H=\frac{7.6-1.2}{1.2}=5.3$

③ ㉡ > ㉣ > ㉢ > ㉠

중요

| 가 스 | 하한계 〔vol%〕 | 상한계 〔vol%〕 |
|---|---|---|
| 아세틸렌($C_2H_2$) | 2.5 | 81 |
| 수소($H_2$) | 4 | 75 |
| 일산화탄소(CO) | 12 | 75 |
| 에터[$(C_2H_5)_2O$] | 1.7 | 48 |
| 이황화탄소($CS_2$) | 1 | 50 |
| 암모니아($NH_3$) | 15 | 25 |
| 메탄($CH_4$) | 5 | 15 |
| 에탄($C_2H_6$) | 3 | 12.4 |
| 프로판($C_3H_8$) | 2.1 | 9.5 |
| 부탄($C_4H_{10}$) | 1.8 | 8.4 |
| 휘발유($C_5H_{12}$~$C_9H_{20}$) | 1.2 | 7.6 |

휘발유=가솔린

기억법
아 2581
수 475
일 1275
에터 1748
이 150
암 1525
메 515
에 3124
프 2195
부 1884
휘 1276

답 ③

15회

★★★
## 05 소화방법에 관한 설명으로 옳지 않은 것은?

18회 문 07 / 16회 문 25 / 16회 문 37 / 15회 문 34 / 14회 문 08 / 13회 문 34 / 08회 문 08 / 07회 문 16 / 06회 문 03

① 부촉매소화 : 이산화탄소를 화원에 뿌렸다.
② 냉각소화 : 가연물질에 물을 뿌려 연소온도를 낮추었다.
③ 제거소화 : 산불화재시 주위 산림을 벌채하였다.
④ 질식소화 : 불연성 기체를 투입하여 산소농도를 떨어뜨렸다.

해설

| 구 분 | 설 명 |
|---|---|
| 부촉매소화 | • **할**론소화약제<br>• **할**로겐화합물 소화약제<br>• **분**말소화약제<br>• 강화액<br>기억법 **부분할(부부할인)** |
| 피복소화 | • 이산화탄소 소화약제 |

중요

**소화의 형태**

| 소화형태 | 설 명 |
|---|---|
| **냉**각소화 | • **점화원**을 냉각시켜 소화하는 방법<br>• **증**발잠열을 이용하여 열을 빼앗아 가연물의 **온**도를 떨어뜨려 화재를 진압하는 소화<br>• 다량의 물을 뿌려 소화하는 방법<br>• 가연성 물질을 **발화점 이하**로 **냉각**(연소온도 낮춤) **보기 ②** |
| **질**식소화 | • 공기 중의 **산소농도**를 **16%**(10~15%) 이하로 희박하게 하여 소화<br>• 산화제의 농도를 낮추어 연소가 지속될 수 없도록 함 **보기 ④**<br>• **산소공급**을 **차단**하는 소화방법 |
| 제거소화 | • **가연물**을 **제거**하여 소화하는 방법(산림벌채) **보기 ③** |
| 부촉매소화<br>(=화학소화) | • **연쇄반응**을 **차단**하여 소화하는 방법<br>• **화학적**인 **방법**으로 화재억제 |
| 희석소화 | • 기체·고체·액체에서 나오는 분해가스나 증기의 농도를 낮춰 소화하는 방법 |

부촉매소화=연쇄반응 차단소화

기억법 **냉점온증발, 질산**

답 ①

★★
## 06 이산화탄소 1.2kg을 18℃ 대기 중(1atm)에 방출하면 몇 L의 가스체로 변하는가? (기체상수가 0.082L·atm/mol·K인 이상기체이다. 단, 소수점 이하는 둘째자리에서 반올림함)

19회 문 89 / 18회 문 22 / 18회 문 30 / 16회 문 30 / 14회 문 30 / 13회 문 03 / 11회 문 36 / 11회 문 47 / 04회 문 45

① 0.6 ② 40.3
③ 610.5 ④ 650.8

해설 **이상기체상태 방정식**

$$PV=nRT$$

여기서, $P$ : 기압〔atm〕
$V$ : 부피〔$m^3$〕
$n$ : 몰수$\left(n=\dfrac{m(\text{질량〔kg〕})}{M(\text{분자량〔kg/kmol〕})}\right)$
$R$ : 기체상수(0.082atm·$m^3$/kmol·K)
$T$ : 절대온도(273+℃)〔K〕

$PV=\dfrac{m}{M}RT$에서

$$V=\frac{mRT}{PM}$$
$$=\frac{1200\text{g}\times0.082\text{L}\cdot\text{atm/mol}\cdot\text{K}\times(273+18)\text{K}}{1\text{atm}\times44\text{g/mol}}$$
$$=650.78$$
$$≒650.8\text{L}$$

• 1kg=1000g이므로 1.2kg=1200g

중요

**원자량**

| 원 소 | 원자량 |
|---|---|
| H | 1 |
| C | → 12 |
| N | 14 |
| O | → 16 |
| F | 19 |
| Na | 23 |
| K | 39 |
| Cl | 35.5 |
| Br | 80 |

이산화탄소 분자량($CO_2$) $M$은
$CO_2=12+16\times2=44\text{g/mol}$

답 ④

★★
## 07 화재시 노출피부에 대한 화상을 입힐 수 있는 최소 열유속으로 옳은 것은?

① $1kW/m^2$ ② $4kW/m^2$
③ $10kW/m^2$ ④ $15kW/m^2$

해설 **열유속(열류, Heat flux)**

| 열유속 | 설 명 |
|---|---|
| $1kW/m^2$ | 노출된 피부에 **통증**을 줄 수 있는 열유속의 최소값<br>기억법 통1(통일) |
| $4kW/m^2$<br>보기 ② | **화상**을 입힐 수 있는 값<br>기억법 화4(화사하다.) |
| $10 \sim 20kW/m^2$ | 물체가 **발화**하는 데 필요한 값 |

답 ②

★★
## 08 폭굉 유도거리가 짧아질 수 있는 조건으로 옳은 것은?

18회 문 10
17회 문 04
16회 문 23
06회 문 22
04회 문 18
03회 문 14

① 관경이 클수록 짧아진다.
② 점화에너지가 클수록 짧아진다.
③ 압력이 낮을수록 짧아진다.
④ 연소속도가 늦을수록 짧아진다.

해설 **폭굉 유도거리(DID ; Detonation Inducement Distance)가 짧아질 수 있는 조건**

(1) 관경이 작을수록 짧아진다. 보기 ①
(2) 점화에너지가 클수록 짧아진다. 보기 ②
(3) 압력이 높을수록 짧아진다. 보기 ③
(4) 연소속도가 빠를수록 짧아진다. 보기 ④

기억법 폭유관작짧(짤)

용어

**폭굉 유도거리**
최초의 정상적인 연소에서 격렬한 폭굉으로 진행할 때까지의 거리

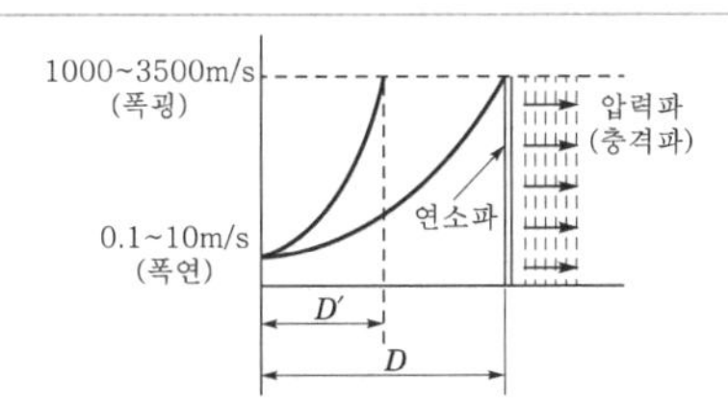


여기서, $D$ : 폭굉 유도거리
$D'$ : 폭굉 유도거리가 짧아졌을 때를 가정한 상태

| 폭굉 유도거리 |

답 ②

★★★
## 09 폭발범위(연소범위)에 관한 설명으로 옳지 않은 것은?

10회 문 21

① 불활성 가스를 첨가할수록 연소범위는 넓어진다.
② 온도가 높아질수록 폭발범위는 넓어진다.
③ 혼합기를 이루는 공기의 산소농도가 높을수록 연소범위는 넓어진다.
④ 가연물의 양과 유동상태 및 방출속도 등에 따라 영향을 받는다.

해설 **연소범위의 온도와 압력에 따른 변화**

(1) 온도가 낮아지면 좁아진다. 보기 ②
(2) 압력이 상승하면 넓어진다.
(3) 불활성 기체를 첨가하면 좁아진다. 보기 ①
(4) 일산화탄소(CO), 수소($H_2$)는 압력이 상승하면 좁아진다.
(5) 산소농도가 높을수록 연소범위는 넓어진다. 보기 ③
(6) 가연물의 양과 유동상태 및 방출속도 등에 따라 영향을 받는다. 보기 ④

기억법 연범일수좁

비교

**연소범위와 위험성**
(1) 하한계가 낮을수록 위험하다.
(2) 상한계가 높을수록 위험하다.
(3) 연소범위가 넓을수록 위험하다.
(4) 연소범위는 하한계는 그 물질의 인화점에 해당된다.
(5) 연소범위는 주위온도와 관계가 깊다.
(6) 압력 상승시 하한계는 불변, 상한계만 상승한다.

답 ①

★
## 10 가솔린 액면화재에서 직경 5m, 화재크기 10MW일 때 화염 중심에서 15m 떨어진 점에서의 복사열류는 몇 $kW/m^2$인가? (단, 가솔린의 경우 복사에너지 분율은 50%인 것으로 한다. $\pi$=3.14, 소수점 셋째자리에서 반올림함)

① 0.76 ② 1.35
③ 1.77 ④ 3.19

해설 **화염직경의 2배 이상 떨어진 목표물에 대한 복사열류**

$$\mathring{q}'' = \frac{X_r \mathring{Q}}{4\pi r^2}$$

여기서, $\mathring{q}''$ : 화염직경의 2배 이상 떨어진 목표물에 대한 복사열류[kW/m²]
$\mathring{Q}$ : 화재의 연소에너지 방출[kW]
$X_r$ : 총 방출에너지 중 복사된 에너지 분율(0.15~0.6)
$r$ : 화재중심에서 목표물까지의 거리[m]

화염직경의 **2배** 이상 떨어진 목표물에 대한 **복사열류** $\mathring{q}''$는

$$\mathring{q}'' = \frac{X_r \mathring{Q}}{4\pi r^2} = \frac{0.5 \times (10 \times 10^3)\text{kW}}{4 \times 3.14 \times (15\text{m})^2} ≒ 1.77\text{kW/m}^2$$

- $X_r$ : 단서에서 **50%**이므로 **0.5**
- $\mathring{Q}$ : 1kW=$10^3$W, 1MW=$10^6$W이므로
  1MW=$10^3$kW
  ∴ 10MW=$(10 \times 10^3)$kW
- $\pi$ : 단서에서 $\pi=3.14$이므로 **3.14** 적용
- $r$ : 문제에서 **15m**

중요

**연료의 복사에너지 분율($X_r$)**

| 물질명 | 복사에너지 분율($X_r$) |
|---|---|
| 메탄 | 15~20% |
| 부탄 | 20~40% |
| 헥산 | 40~60% |

답 ③

★★
## 11 연소생성물 중 발생하는 연소가스에 관한 설명으로 옳지 않은 것은?

19회 문 19
16회 문 16
15회 문 16

① 일산화탄소는 가연물이 불완전연소할 때 발생하는 것으로 유독성 기체이며, 연소가 가능한 물질이다.
② 시안화수소는 모직, 견직물 등의 불완전연소시 발생하며, 독성이 커서 인체에 치명적이다.
③ 염화수소는 폴리염화비닐 등과 같이 염소가 함유된 수지류가 탈 때 주로 생성되며 금속에 대한 강한 부식성이 있다.
④ 황화수소는 무색·무취의 기체이며 인화성과 독성이 강하여 살충제의 원료로 사용된다.

해설 **황화수소($H_2S$)**

(1) **무색** 기체 **보기 ④**
(2) 특유의 **달걀 썩는 냄새**가 남(무취 아님)
(3) **발화성**과 **독성**이 강함(인화성 없음)
(4) 황을 가진 유기물의 원료, **고압 윤활제**의 원료, 분석 화학에서의 **시약** 등으로 사용(살충제의 원료 아님) **보기 ④**

기억법 **황수무색**

답 ④

★★
## 12 탄화수소계 가연물의 완전연소식으로 옳은 것은?

18회 문 27
17회 문 01
12회 문 86
11회 문 22

① 에탄 : $C_2H_6 + 3O_2 \rightarrow 2CO_2 + 3H_2O$
② 프로판 : $C_3H_8 + 5O_2 \rightarrow 3CO_2 + 4H_2O$
③ 부탄 : $C_4H_{10} + 6O_2 \rightarrow 4CO_2 + 5H_2O$
④ 메탄 : $CH_4 + O_2 \rightarrow CO_2 + 2H_2O$

해설 **탄화수소계 가연물의 완전연소식**

| 탄화수소계 가연물 | 완전연소식 |
|---|---|
| 에탄 | $C_2H_6 + 3.5O_2 \rightarrow 2CO_2 + 3H_2O$ |
| 프로판 | $C_3H_8 + 5O_2 \rightarrow 3CO_2 + 4H_2O$ |
| 부탄 | $C_4H_{10} + 6.5O_2 \rightarrow 4CO_2 + 5H_2O$ |
| 메탄 | $CH_4 + 2O_2 \rightarrow CO_2 + 2H_2O$ |

답 ②

★★
## 13 연기 속을 투과하는 빛의 양을 측정하는 농도측정법으로 옳은 것은?

19회 문 20

① 중량농도법 ② 입자농도법
③ 한계도달법 ④ 감광계수법

해설 **연기농도측정법**

| 농도측정법 | 설 명 |
|---|---|
| 중량농도법 (절대농도 표시방법) | 단위체적당 연기입자의 **중량**(mg/m³)을 측정하는 농도측정법 |
| 입자농도법 (절대농도 표시방법) | 단위체적당 연기입자의 **개수**(개/cm³)를 측정하는 농도측정법 |

15회

| 농도측정법 | 설 명 |
|---|---|
| 감**광**계수법=투과율법(상대농도 표시방법) | 연기 속을 투과하는 **빛**의 **양**을 측정하는 농도측정법<br>기억법 빛광(光) |

답 ④

★★★
## 14 연기의 제연방식에 관한 설명으로 옳지 않은 것은?

19회 문 19 / 17회 문 20 / 14회 문 21 / 13회 문 25 / 09회 문114 / 06회 문 21

① 밀폐제연방식은 연기를 일정 구획에 한정시키는 방법으로 비교적 소규모 공간의 연기제어에 적합하다.

② 자연제연방식은 연기의 부력을 이용하여 천장, 벽에 설치된 개구부를 통해 연기를 배출하는 방식이다.

③ 기계제연방식은 기계력으로 연기를 제어하는 방식으로 제3종 기계제연방식은 급기 송풍기로 가압하고 자연배출을 유도하는 방식이다.

④ 스모크타워 제연방식은 세로방향 샤프트(Shaft) 내의 부력과 지붕 위에 설치된 루프 모니터의 흡입력을 이용하여 제연하는 방식이다.

해설

| 제연방식 | | 설 명 |
|---|---|---|
| **밀**폐제연방식 | | ① 화재 발생시 벽이나 문 등으로 연기를 밀폐하여 연기의 외부유출 및 외부의 공기유입을 막아 제연하는 방식으로 **주**택이나 **호**텔 등 방연구획을 작게 하는 건물에 적합<br>② 연기를 일정 구획에 한정시키는 방법으로 비교적 **소규모 공간**의 연기제어에 적합 **보기 ①** |
| **자**연제연방식 | | **개**구부 이용 **보기 ②** |
| **스**모크타워 제연방식 | | **루**프 모니터 이용 **보기 ④** |
| 기계제연 방식 | 제1종 | 송풍기+제연기 |
| | 제**2**종 | **송**풍기 |
| | 제3종 | 제연기 |

※ **자연제연방식** : 실의 상부에 설치된 창 또는 전용 제연구로부터 연기를 옥외로 배출하는 방식으로 전원이나 복잡한 장치가 필요하지 않으며, 평상시 환기 겸용으로 방재설비의 유휴화 방지에 이점이 있다.

기억법 **밀주호, 자개, 스루, 2송**

③ 제3종 기계제연방식 → 제2종 기계제연방식

답 ③

★★
## 15 건축물 내의 연기유동에 관한 설명으로 옳지 않은 것은?

18회 문 25 / 17회 문 18 / 17회 문 23 / 13회 문 24 / 10회 문 05 / 09회 문 02 / 07회 문 07 / 04회 문 09

① 화재실의 내부온도가 상승하면 중성대의 위치는 높아지며 외부로부터의 공기유입이 많아져서 연기의 이동이 활발하게 진행된다.

② 고층 건축물에서 연기유동을 일으키는 주요한 요인으로는 온도에 의한 기체팽창, 외부 풍압의 영향 등이 있다.

③ 연기층 두께 증가속도는 연소속도에 좌우되며 연기유동속도는 수평방향일 경우 0.5~1m/s, 계단실 등 수직방향일 경우 3~5m/s이다.

④ 연기는 부력에 의해 수직 상승하면서 확산되며, 천장에서 꺾인 후 천장면을 따라 흐르다 벽과 같은 수직 장애물을 만날 경우 흐름이 정지되어 연기층을 형성한다.

해설

① 화재실의 내부온도가 상승하면 중성대의 위치는 **낮아지며** 외부로부터의 공기유입이 많아져서 연기의 이동이 활발하게 진행된다.

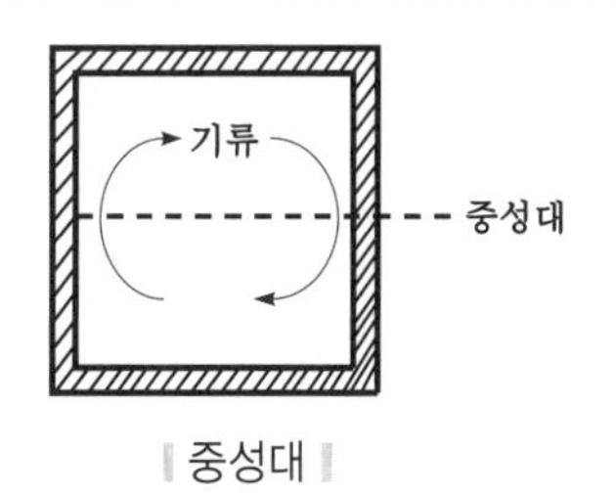


| 중성대 |

답 ①

★

## 16 화재시 연소생성물인 이산화질소($NO_2$)에 관한 설명으로 옳지 않은 것은?

19회 문 19
16회 문 16
15회 문 11

① 질산셀룰로이즈가 연소될 때 생성된다.
② 푸른색의 기체로 낮은 온도에서는 붉은 갈색의 액체로 변한다.
③ 이산화질소를 흡입하면 인후의 감각신경이 마비된다.
④ 공기 중에 노출된 이산화질소 농도가 200~700ppm이면 인체에 치명적이다.

해설 이산화질소($NO_2$)

(1) **질산셀룰로이즈**가 연소될 때 생성된다. 보기 ①
(2) **붉은 갈색**의 **기체**로 낮은 온도에서는 **푸른색**의 **액체**로 변한다. 보기 ②
(3) 이산화질소를 흡입하면 인후의 **감각신경**이 **마비**된다. 보기 ③
(4) 공기 중에 노출된 이산화질소 농도가 **200~700ppm**이면 인체에 **치명적**이다. 보기 ④
(5) **질소**가 함유된 물질이 완전연소시 발생한다.

기억법 이붉갈기(이불갈기)

답 ②

★★

## 17 자동방화셔터, 방화문 및 방화댐퍼의 기준상 방화댐퍼의 설치기준으로 옳지 않은 것은?

① 미끄럼부는 열팽창, 녹, 먼지 등에 의해 작동이 저해받지 않는 구조일 것
② 방화댐퍼의 주기적인 작동상태, 점검, 청소 및 수리 등 유지·관리를 위하여 검사구·점검구는 방화댐퍼에 인접하여 설치할 것
③ 부착방법은 구조체에 견고하게 부착시키는 공법으로 화재시 덕트가 탈락, 낙하되지 않을 것
④ 배연기의 압력에 의해 방재상 해로운 진동 및 간격이 생기지 않는 구조일 것

해설 방화댐퍼의 설치기준

(1) **미끄럼부**는 열팽창, 녹, 먼지 등에 의해 작동이 저해받지 않는 구조일 것 보기 ①
(2) 방화댐퍼의 주기적인 작동상태, 점검, 청소 및 수리 등 유지·관리를 위하여 **검사구·점검구**는 방화댐퍼에 **인접**하여 설치할 것 보기 ②
(3) 부착방법은 **구조체**에 견고하게 부착시키는 공법으로 화재시 덕트가 **탈락, 낙하**해도 **손상되지 않을 것** 보기 ③
(4) **배연기**의 압력에 의해 방재상 해로운 **진동** 및 **간격**이 생기지 않는 구조일 것 보기 ④

③ 탈락, 낙하되지 않을 것 → 탈락, 낙하해도 손상되지 않을 것

답 ③

★★★

## 18 건축물의 방화계획에 대한 공간적 대응의 요구성능으로 옳은 것은?

17회 문 13
13회 문 09
12회 문 10

① 대항성, 회피성, 일시성
② 설비성, 회피성, 도피성
③ 대항성, 도피성, 회피성
④ 영구성, 도피성, 설비성

해설 공간적 대응

| 구 분 | 설 명 |
|---|---|
| **대**항성 | ① 건축물의 내화성능·방연성능(건축물의 방·배연성능)·초기 소화 대응 등의 화재사상의 저항능력<br>② 건축물의 방화구획성능 |
| **회**피성 | 건축물 내장재의 불연화·난연화·내장제한·세분화·방화훈련(소방훈련)·불조심 등 출화유발·확대 등을 저감시키는 예방조치강구 |
| **도**피성 | 화재가 발생한 경우 안전하게 피난할 수 있는 시스템 |

기억법 도대회

※ **설비적 대응** : 제연설비, 방화문, 방화셔터, 자동화재탐지설비, 스프링클러설비 등에 의한 대응

답 ③

★★★

## 19 훈소의 일반적인 진행속도(cm/s) 범위로 옳은 것은?

12회 문 05
06회 문 07

① 0.001~0.01 ② 0.05~0.5
③ 0.1~1 ④ 10~100

해설 일반적인 **화염확산속도**

| 확산유형 | | 확산속도 |
|---|---|---|
| 훈소 | | 0.001~0.01cm/s 보기 ① |
| 두꺼운 고체의 측면 또는 하향확산 | | 0.1cm/s |
| 숲이나 산림 부스러기를 통한 바람에 의한 확산 | | 1~30cm/s |
| 두꺼운 고체의 상향확산 | | 1~100cm/s |
| 액면에서의 수평확산(표면화염) | | 1~100cm/s |
| 예혼합화염 | 층류 | 10~100cm/s |
| 예혼합화염 | 폭굉 | 약 $10^5$cm/s |

답 ①

★★
## 20

17회 문 19 / 14회 문 13 / 12회 문 19 / 11회 문 15

**화재온도곡선에 따른 화재성상 중 ( ㄴ ) 단계에서 나타나는 현상으로 옳지 않은 것은?**

① 환기지배형보다는 연료지배형의 화재특성을 보인다.
② 창문 등 건축물의 개구부로 화염이 뿜어져 나오는 시기이다.
③ 강렬한 복사열로 인하여 인접 건물로 연소가 확산될 수 있다.
④ 실내 전체에 화염이 충만되고 연소가 최고조에 이른다.

해설

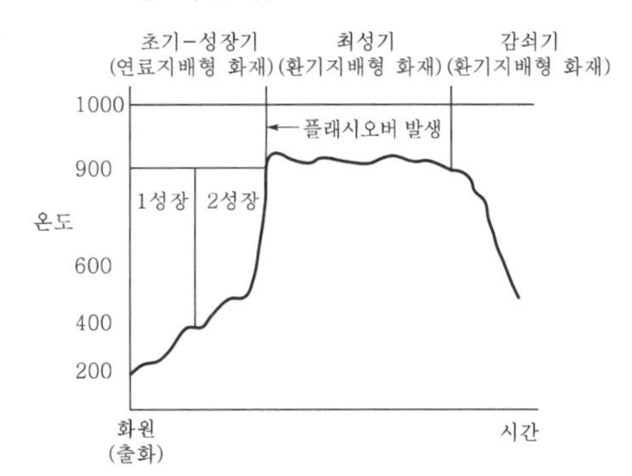


① 환기지배형의 화재특성을 보인다.

중요

**연료지배형 화재와 환기지배형 화재**

| 구 분 | 연료지배형 화재 | 환기지배형 화재 |
|---|---|---|
| 지배조건 | ① 연료량에 의하여 지배<br>② 가연물이 적음<br>③ 개방된 공간에서 발생 | ① 환기량에 의하여 지배<br>② 가연물이 많음<br>③ 지하 무창층 등에서 발생 |
| 발생장소 | ① 목조건물<br>② 큰 개방형 창문이 있는 건물 | ① 내화구조건물<br>② 극장이나 밀폐된 소규모 건물 |
| 연소속도 | 빠르다. | 느리다. |
| 화재성상 | 구획화재시 **플래시오버 이전**에서 발생 | 구획화재시 **플래시오버 이후**에서 발생 |
| 위험성 | 개구부를 통하여 상층 연소 확대 | 실내공기 유입시 **백드래프트 발생** |
| 온도 | 실내온도가 **낮다.** | 실내온도가 **높다.** |

답 ①

★★★
## 21

19회 문 11 / 11회 문 59 / 10회 문 63 / 09회 문 56 / 06회 문 10 / 06회 문 74

**특정소방대상물의 수용인원산정으로 옳은 것은?**

- 객실 30개인 콘도미니엄(온돌방)으로서 객실 1개당 바닥면적이 66m²인 경우 (  )명이다.
- 단, 콘도미니엄의 종사자는 10명이다.

① 660 ② 670
③ 760 ④ 770

해설 **소방시설법 시행령 [별표 7]**
**수용인원의 산정방법**

| 특정소방대상물 | | 산정방법 |
|---|---|---|
| • 숙박시설 | 침대가 있는 경우 | 종사자수+침대수 |
| • 숙박시설 | 침대가 없는 경우 | 종사자수+ $\dfrac{\text{바닥면적 합계}}{3m^2}$ |
| • 강의실 • 교무실 • 상담실 • 실습실 • 휴게실 | | $\dfrac{\text{바닥면적 합계}}{1.9m^2}$ |

15회

| 특정소방대상물 | 산정방법 |
|---|---|
| • 기타 | $\frac{\text{바닥면적 합계}}{3\text{m}^2}$ |
| • 강당<br>• 문화 및 집회시설, 운동시설 | $\frac{\text{바닥면적 합계}}{4.6\text{m}^2}$ |

$$\text{수용인원} = \text{종사자수} + \frac{\text{바닥면적 합계}}{3\text{m}^2}$$

$$= 10\text{명} + \frac{66\text{m}^2 \times 30\text{개}}{3\text{m}^2} = 670\text{명}$$

온돌방이므로 **'침대가 없는 경우'**이다.

답 ②

★

**22** **수직 및 수평방향의 피난시설계획에 관한 설명으로 옳지 않은 것은?**

19회 문 12 / 18회 문 21 / 17회 문 11 / 14회 문 24 / 11회 문 03 / 10회 문 06 / 03회 문 03 / 02회 문 23

① 계단실은 내화성능을 가지도록 방화구획하여야 한다.
② 계단실은 연기가 침입하지 않도록 타실보다 높은 압력을 가하는 것이 좋다.
③ 피난복도의 천장은 불연재료를 사용하고 피난시설계획을 고려하여 낮게 설치한다.
④ 계단실의 실내에 접하는 부분의 마감은 불연재료로 한다.

해설 **피난시설계획**

(1) 계단실은 내화성능을 가지도록 방화구획하여야 한다(수직방향). **보기 ①**
(2) 계단실은 연기가 침입하지 않도록 타실보다 **높은 압력**을 가하는 것이 좋다(수직방향). **보기 ②**
(3) 피난**복**도의 **천**장은 **불연재료**를 사용하고 피난시설계획을 고려하여 **높게** 설치한다(수평방향). **보기 ③**

기억법 **복천높(노)**

(4) 계단실의 실내에 접하는 부분의 마감은 **불연재료**로 한다(수직방향). **보기 ④**
(5) 피난복도에는 시설물을 설치하지 않아야 한다(수평방향).
(6) 피난복도에는 **피난방향, 계단**의 위치를 알 수 있는 표시를 한다(수평방향).
(7) **미끄럼 방지조치**와 **난간**을 설치한다(수직방향).
(8) **계단**은 **옥상층**까지 연결시킨다(수직방향).

③ 낮게 → 높게

답 ③

★★

**23** **건축법령상 지하층에 설치하는 비상탈출구의 설치기준에 관한 설명으로 옳은 것을 모두 고른 것은?**

> ㉠ 위치 : 출입구로부터 3m 이상 떨어진 곳에 설치할 것
> ㉡ 크기 : 유효너비는 0.75m 이상, 유효높이는 1.0m 이상
> ㉢ 높이 : 바닥으로부터 비상탈출구의 아랫부분까지의 높이가 1.2m 이상인 경우에는 벽체에 발판의 너비가 20cm 이상인 사다리를 설치할 것
> ㉣ 구조 및 표시 : 문은 실내에서 열 수 있는 구조로 하고, 내부 또는 외부에 비상탈출구 표시를 할 것

① ㉠, ㉡ ② ㉠, ㉢
③ ㉠, ㉡, ㉣ ④ ㉡, ㉢, ㉣

해설 **건축물의 피난·방화구조 등의 기준에 관한 규칙 제25조**
**지하층 비상탈출구의 설치기준**

(1) 비상탈출구의 유효너비는 **0.75m** 이상으로 하고, 유효높이는 **1.5m** 이상으로 할 것 **보기 ㉡**
(2) 비상탈출구의 문은 **피난방향**으로 열리도록 하고, 실내에서 항상 열 수 있는 구조로 하여야 하며, 내부 및 외부에는 비상탈출구의 표시를 할 것 **보기 ㉣**
(3) 비상탈출구는 출입구로부터 **3m** 이상 떨어진 곳에 설치할 것 **보기 ㉠**
(4) 지하층의 바닥으로부터 비상탈출구의 아랫부분까지의 높이가 **1.2m** 이상이 되는 경우에는 벽체에 발판의 너비가 **20cm** 이상인 **사다리**를 설치할 것 **보기 ㉢**
(5) 비상탈출구는 피난층 또는 지상으로 통하는 복도나 직통계단에 직접 접하거나 통로 등으로 연결될 수 있도록 설치하여야 하며, 피난층 또는 지상으로 통하는 복도나 직통계단까지 이르는 피난통로의 유효너비는 **0.75m** 이상으로 하고, 피난통로의 실내에 접하는 부분의 마감과 그 바탕은 **불연재료**로 할 것
(6) 비상탈출구의 진입부분 및 피난통로에는 통행에 지장이 있는 물건을 방치하거나 시설물을 설치하지 아니할 것

(7) 비상탈출구의 유도등과 피난통로의 비상조명등의 설치는 소방법령이 정하는 바에 의할 것

지문에 ㉠, ㉢, ㉣이 있다면 이것이 정답이지만 이 문제에서는 ㉠, ㉢ 밖에 없으므로 여기서는 ②가 정답이 된다!

답 ②

★★★
## 24 건축물의 화재특성에서 플래시오버(Flash over)와 롤오버(Roll over)에 관한 설명으로 옳지 않은 것은?

18회 문 16
11회 문 07
09회 문 01

① 플래시오버는 공간 내 전체 가연물을 발화시킨다.
② 롤오버에서는 화염이 주변공간으로 확대되어 간다.
③ 롤오버 현상은 플래시오버 현상과는 달리 감쇠기 단계에서 발생한다.
④ 내장재에 따른 플래시오버 발생시간을 보면, 난연성 재료보다는 가연성 재료의 소요시간이 짧다.

해설

| 구 분 | 플래시오버 (Flash over) | 롤오버 (Roll over) |
|---|---|---|
| 정의 | 화재로 인하여 실내의 온도가 급격히 상승하여 화재가 순간적으로 실내 전체에 확산되어 연소되는 현상으로 일반적으로 **순발연소**라고도 함 | 작은 화염이 실내에 흩어져 있는 상태 |
| 발생 시간 | ① 화재발생 후 5~6분경<br>② 난연성 재료보다는 가연성 재료의 소요시간이 짧음 | - |
| 발생 시점 | **성장기~최성기**(성장기에서 최성기로 넘어가는 분기점) | **플**래시오버 직전<br>기억법 **롤플** |
| 실내 온도 | 약 800~900℃ | - |
| 특징 | 공간 내 전체 가연물 발화 | ① 화염이 주변 공간으로 확대되어 감<br>② 작은 화염은 고열의 연기가 충만한 실의 천장 부근 또는 개구부 상부로 나오는 연기에 혼합되어 나타남 |

③ 롤오버 현상은 플래시오버 현상과는 달리 **플래시오버 직전**에서 발생한다.

※ 플래시오버포인트(Flash over point) : 내화건축물에서 최성기로 보는 시점

답 ③

★★
## 25 직통계단 및 피난계단에 관한 설명으로 옳지 않은 것은?

① 11층 이상인 공동주택의 직통계단은 거실의 각 부분으로부터 계단에 이르는 보행거리를 60m 이하로 설치한다.
② 5층 이상 판매시설 용도의 층에 설치되는 직통계단은 1개 이상을 특별피난계단으로 설치한다.
③ 지하층으로서 거실의 바닥면적의 합계가 $200m^2$ 이상인 것은 직통계단을 2개 이상 설치한다.
④ 주요구조부가 내화구조인 5층 이상인 층의 바닥면적의 합계가 $200m^2$ 이하인 경우에는 피난계단 또는 특별피난계단의 설치가 면제된다.

해설 **건축령 제34조**
**거실의 각 부분으로부터 직통계단의 보행거리**

| 보행거리 | 조 건 |
|---|---|
| 보행거리 **30m** 이하 | 일반적인 경우 |
| 보행거리 **40m** 이하 | **16층** 이상인 **공동주택** |
| 보행거리 **50m** 이하 | • 16층 미만인 공동주택<br>• 주요구조부가 **내화구조** 또는 **불연재료**로 된 건축물(지하층에 설치하는 바닥면적합계 **300m²** 이상인 공연장·집회장·관람장·전시장 제외) |
| 보행거리 **75m** 이하 | 자동화 생산시설에 **스프링클러** 등 자동식 소화설비를 설치한 공장으로서 국토교통부령으로 정하는 공장 |
| 보행거리 **100m** 이하 | **무인화 공장** |

① 보행거리 60m 이하 → 보행거리 30m 이하

답 ①

15회

**제 2 과목** 소방수리학 · 약제화학 및 소방전기

★★★

**26** 성능이 동일한 펌프 2대를 직렬로 연결하여 작동시킬 때 병렬연결에 비하여 그 양이 약 2배로 증가하는 것은?

18회 문 43 / 09회 문104 / 04회 문119

① 유량 ② 효율

③ 동력 ④ 양정

해설 **펌프의 연결**

| 구 분 | 직렬연결 | 병렬연결 |
|---|---|---|
| 양수량(토출량, 유량) | $Q$ | $2Q$ |
| 양정 | $2H$ | $H$ |
| 토출압 | $2P$ | $P$ |
| 그래프 | 양정 H / 2대 운전 / 단독운전 / 토출량 Q<br>직렬연결 | 양정 H / 2대 운전 / 단독운전 / 토출량 Q<br>병렬연결 |

답 ④

★★★

**27** 원형관 속에 유체가 층류상태로 흐르고 있다. 이때 관의 지름을 2배로 할 경우 손실수두는 처음의 몇 배가 되는가? (단, 유량은 일정하다.)

11회 문 26

① $\frac{1}{16}$ ② $\frac{1}{8}$

③ 8 ④ 16

해설 (1)

| 구분 | 층 류 | |
|---|---|---|
| | 유체의 속도를 알 수 있는 경우 | 유체의 속도를 알 수 없는 경우 |
| 손실수두 | $H=\frac{flV^2}{2gD}$ [m]<br>(다르시-바이스바하의 식)<br>여기서,<br>$H$ : 마찰손실(손실수두)[m]<br>$f$ : 관마찰계수<br>$l$ : 길이[m]<br>$V$ : 유속[m/s]<br>$g$ : 중력가속도(9.8m/s$^2$)<br>$D$ : 내경[m] | $H=\frac{128\mu Ql}{\gamma\pi D^4}$ [m]<br>(하겐-포아젤의 식)<br>여기서,<br>$H$ : 마찰손실(손실수두)[m]<br>$\mu$ : 점성계수[N · s/m$^2$]<br>$Q$ : 유량[m$^3$/s]<br>$l$ : 길이[m]<br>$D$ : 내경[m] |

이 문제에서는 유체의 속도를 알 수 없으므로

$H=\frac{128\mu Ql}{\gamma\pi D^4}$ 식 적용

(2) **하겐-포아젤의 법칙**(Hargen-Poiselle's law, 층류)

$$H=\frac{\Delta P}{\gamma}=\frac{128\mu Ql}{\gamma\pi D^4}$$

여기서, $\Delta P$ : 압력차(압력강하)[N/m$^2$]

$\mu$ : 점도[N · s/m$^2$]

$Q$ : 유량[m$^3$/s]

$l$ : 길이[m]

$D$ : 내경[m]

손실수두 $H$는

$$H=\frac{128\mu Ql}{\pi D^4}\propto\frac{1}{D^4}=\frac{1}{2^4}=\frac{1}{16}$$

참고

| 하겐-포아젤의 법칙 | 다르시-웨버의 식 |
|---|---|
| 일정한 유량의 물이 층류로 원관에 흐를 때의 손실수두계산(수평원관 속에서 층류의 흐름이 있을 때 손실수두계산) | 곧고 긴 관에서의 손실수두계산 |

답 ①

★★★

**28** 다르시-바이스바하(Darcy-Weisbach) 공식에서 수두손실에 관한 설명으로 옳지 않은 것은?

19회 문 29 / 18회 문 46 / 12회 문 36 / 08회 문 05 / 07회 문 36 / 02회 문 28

① 관 길이에 비례한다.

② 마찰손실계수에 비례한다.

③ 유속의 제곱에 비례한다.

④ 중력가속도에 비례한다.

해설 **다르시-바이스바하 공식**

$$H=\frac{\Delta P}{\gamma}=\frac{flV^2(\text{비례})}{2gD(\text{반비례})}$$

여기서, $H$ : 마찰손실(손실수두)[m]

$\Delta P$ : 압력차[kPa 또는 kN/m$^2$]

$\gamma$ : 비중량(물의 비중량 9.8kN/m$^3$)

$f$ : 관마찰계수

$l$ : 길이[m]

$V$ : 유속[m/s]

$g$ : 중력가속도(9.8m/s$^2$)

$D$ : 내경[m]

• **분자**에 있으면 **비례**, **분모**에 있으면 **반비례**

④ **중력가속도**에 **반비례**한다.

답 ④

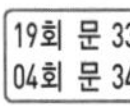

## 29 단면(5cm×5cm)이 정사각형 관에 유체가 가득 차 흐를 때의 수력지름(m)은?

19회 문 33
04회 문 34

① 0.0125　② 0.025
③ 0.05　④ 0.2

해설 (1) **수력반경(Hydraulic radius)**

$$R_h = \frac{A}{l} = \frac{1}{4}(D-d) = \frac{1}{4}D'$$

여기서, $R_h$ : 수력반경[m]
$A$ : 단면적[cm²]
$l$ : 접수길이[m]
$D$ : 관의 외경[m]
$d$ : 관의 내경[m]
$D'$ : 수력직경[m]

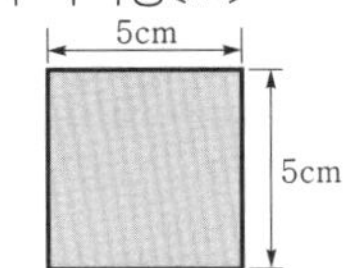


수력반경 $R_h$는

$$R_h = \frac{A}{l} = \frac{5\times5}{(5\times4\text{면})\text{cm}} = 1.25\text{cm} = 0.0125\text{m}$$

• 100cm=1m, 1cm=0.01m이므로 1.25cm=0.0125m

(2) **수력직경**

$$D' = 4R_h$$

여기서, $D'$ : 수력직경[m]
$R_h$ : 수력반경[m]

수력직경 $D' = 4R_h = 4\times0.0125\text{m} = 0.05\text{m}$

답 ③

## 30 원형관 속의 유량이 1800L/min이고 평균유속이 3m/s일 때, 관의 지름(mm)은 약 얼마인가?

18회 문 45
08회 문 44

① 102.4　② 112.9
③ 124.6　④ 132.8

해설

$$Q = AV = \left(\frac{\pi}{4}D^2\right)V$$

여기서, $Q$ : 유량[m³/s]
$A$ : 단면적[m²]
$V$ : 유속[m/s]
$D$ : 직경[m]

$$Q = \frac{\pi}{4}D^2V$$

$$\frac{4Q}{\pi V} = D^2$$

$$D^2 = \frac{4Q}{\pi V}$$

$$\sqrt{D^2} = \sqrt{\frac{4Q}{\pi V}}$$

$$D = \sqrt{\frac{4Q}{\pi V}} = \sqrt{\frac{4\times1.8\text{m}^3/60\text{s}}{\pi\times3\text{m/s}}}$$

$$≒ 0.1129\text{m} = 112.9\text{mm}$$

• 1000L=1m³, 1min=60s이므로 1800L/min=1.8m³/60s
• 1m=1000mm이므로 0.1129m=112.9mm

답 ②

## 31 저수조가 소화펌프보다 아래에 있으며, 펌프의 토출유량 520L/min, 전양정 64m, 효율 55%, 전달계수 1.2인 경우의 펌프의 축동력(kW)은?

19회 문 30
02회 문 39

① 5.4　② 9.9
③ 11.8　④ 18.4

해설 **축동력**

$$P = \frac{0.163QH}{\eta}$$

여기서, $P$ : 축동력[kW]
$Q$ : 유량[m³/min]
$H$ : 전양정[m]
$\eta$ : 효율

축동력 $P$는

$$P = \frac{0.163QH}{\eta} = \frac{0.163\times0.52\text{m}^3/\text{min}\times64\text{m}}{0.55}$$

$$≒ 9.9\text{kW}$$

• 1000L=1m³이므로 520L/min=0.52m³/min
• $\eta$=55%=0.55

**비교**

(1) **전동력(모터동력)**

$$P = \frac{0.163QH}{\eta}K$$

여기서, $P$ : 전동력[kW]
$Q$ : 유량[m³/min]
$H$ : 전양정[m]
$K$ : 전달계수
$\eta$ : 효율

(2) **수동력** : 전달계수($K$)와 효율($\eta$)을 고려하지 않은 동력

$$P = 0.163QH$$

여기서, $P$ : 수동력[kW]
$Q$ : 유량[m³/min]
$H$ : 전양정[m]

답 ②

★★★

**32** 하늘을 향해 수직으로 물을 분사할 때 호스 출구의 압력이 400kPa이면, 호스 출구 선단으로부터 도달할 수 있는 물의 최대높이(m)는 약 얼마인가?

06회 문 34 / 05회 문 42 / 03회 문107 / 02회 문 38 / 02회 문 41

① 10.8 ② 20.8
③ 30.8 ④ 40.8

$$H=\frac{P}{\gamma}$$

여기서, $H$ : 압력수두〔m〕
$P$ : 압력〔kPa〕
$\gamma$ : 비중량(물의 비중량 9.8kN/m$^3$)

**압력수두 $H$는**

$$H=\frac{P}{\gamma}=\frac{400\text{kN/m}^2}{9.8\text{kN/m}^3} \fallingdotseq 40.8\text{m}$$

• 1kPa=1kN/m$^2$이므로 400kPa=400kN/m$^2$

답 ④

★★★

**33** 모세관현상으로 인한 액체의 상승높이를 구하는 공식에 포함되지 않는 요소만을 고른 것은?

19회 문 27 / 10회 문 39

| | |
|---|---|
| ㉠ 관의 길이 | ㉡ 관의 지름 |
| ㉢ 밀도 | ㉣ 표면장력 |
| ㉤ 전단응력 | |

① ㉠, ㉢ ② ㉠, ㉤
③ ㉡, ㉢, ㉣ ④ ㉢, ㉣, ㉤

해설 **모세관현상**(Capillarity in tube)

(1) 액체와 고체가 접촉하면 상호 **부착**하려는 **성질**을 갖는데, 이 **부착력**과 액체의 **응집력**의 **상대적 크기**에 의해 일어나는 현상
(2) 액체 속에 가는 관을 넣으면 액체가 상승 또는 하강하는 현상

$$h=\frac{4\sigma\cos\theta}{\gamma D}=\frac{4\sigma\cos\theta}{\rho g D}$$

여기서, $h$ : 상승높이〔m〕
$\sigma$ : 표면장력〔N/m〕
$\theta$ : 각도
$\gamma$ : 비중량〔N/m$^3$〕
$D$ : 관의 지름〔m〕
$\rho$ : 밀도〔N·s$^2$/m$^4$〕
$g$ : 중력가속도〔9.8m/s$^2$〕

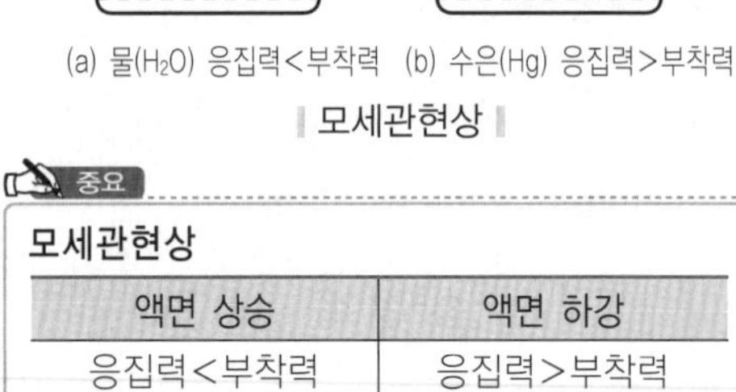

(a) 물($H_2O$) 응집력<부착력 (b) 수은(Hg) 응집력>부착력

‖ 모세관현상 ‖

중요

**모세관현상**

| 액면 상승 | 액면 하강 |
|---|---|
| 응집력<부착력 | 응집력>부착력 |

답 ②

★★★

**34** 부촉매효과로 화재를 소화하는 소화약제가 아닌 것은?

18회 문 07 / 16회 문 25 / 16회 문 37 / 15회 문 05 / 14회 문 08 / 13회 문 34 / 08회 문 08 / 07회 문 16 / 06회 문 03

① 할론 1301 소화약제
② 강화액 소화약제
③ 이산화탄소 소화약제
④ 제2종 분말소화약제

해설 **부촉매효과 소화약제**

(1) 할론 1211 소화약제
(2) 할론 1301 소화약제 **보기 ①**
(3) 강화액 소화약제 **보기 ②**
(4) 분말소화약제(1~4종) **보기 ④**
(5) 할로겐화합물 소화약제

③ <u>이</u>산화탄소 소화약제 : <u>피</u>복효과

기억법 이피(<u>이피</u>좀 봐!)

답 ③

★

**35** 강화액 소화약제에 관한 설명으로 옳지 않은 것은?

05회 문 41

① 수소이온지수(pH)는 5.5~7.5이고, 응고점은 영하 16~20℃이다.
② 물에 탄산칼륨, 황산암모늄, 인산암모늄 및 침투제 등을 첨가한 것이다.
③ 용기 내부를 크로뮴 도금 또는 내식성 도료로 처리하여 저장한다.
④ 사람의 피부에 닿으면 피부염, 피부모공 손상 등을 야기할 수 있다.

해설 강화액 소화약제

| 구 분 | 설 명 |
|---|---|
| 수소이온지수(pH) | 11~12 |
| 응고점 | -26~-30℃ |
| 색상 | **황색**(노란색) |
| 특징 | **소화기용 소화약제**로 사용 |

수소이온지수(pH)=수소이온농도(pH)

답 ①

★★★
**36** **화재안전기준상 가연성 액체 또는 가연성 가스의 소화에 필요한 이산화탄소 소화약제의 설계농도에 관한 기준으로 옳지 않은 것은?**

19회 문 36 / 19회 문117 / 18회 문 31 / 17회 문 37 / 15회 문110 / 14회 문 36 / 14회 문110 / 12회 문 31 / 07회 문121

① 아세틸렌 : 66%
② 에틸렌 : 49%
③ 일산화탄소 : 64%
④ 석탄가스, 천연가스 : 75%

해설 설계농도

| 방호대상물 | 설계농도[%] |
|---|---|
| 수소 | 75 |
| 아세틸렌 보기 ① | 66 |
| 일산화탄소 보기 ③ | 64 |
| 산화에틸렌 | 53 |
| 에틸렌 보기 ② | 49 |
| 에탄 | 40 |
| **석**탄가스, **천**연가스 보기 ④ | 37 |
| 사이크로 프로판 | |
| 이소부탄 | 36 |
| 프로판 | |
| 메탄 | 34 |
| 부탄 | |

기억법 **37석천**

※ 설계농도 : 소화농도에 **20%**의 여유분을 더한 값

④ 75% → 37%

답 ④

★★★
**37** **분말소화약제에 요구되는 이상적 조건으로 옳지 않은 것은?**

19회 문 35 / 14회 문 34 / 14회 문111 / 06회 문117

① 분체의 안식각이 클수록 유동성이 좋아진다.
② 시간 경과에 따른 안정성이 높아야 한다.
③ 분말소화약제로 사용되기 위한 겉보기 비중값은 0.82g/mL 이상이어야 한다.
④ 수분침투에 대한 내습성이 높아야 한다.

해설 분말소화약제

(1) 분체의 **안식각**(安息角)이 **작을수록 유동성**이 좋아진다. 보기 ①
(2) 유동성이 좋은 분말일수록 안식각도 작고, 높이도 낮다.

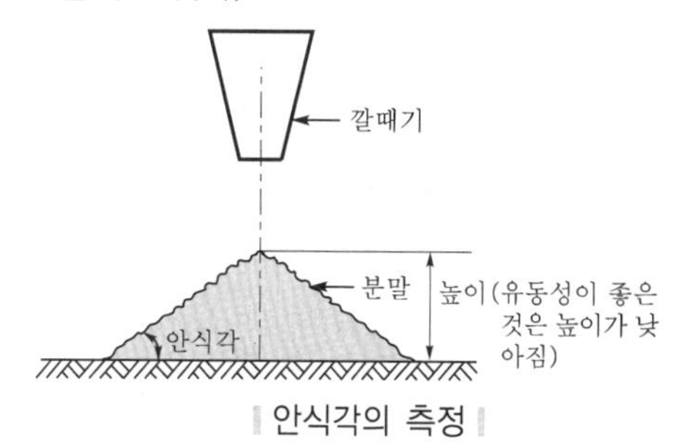


안식각의 측정

용어

| 용 어 | 설 명 |
|---|---|
| 분체 | 분말입자를 모아 놓은 것 |
| 안식각 | 일정한 높이에서 깔때기를 통해 분말을 떨어뜨렸을 때, 쌓인 높이의 각도로 분말의 유동성을 측정할 때 사용 |

중요

**분말소화약제의 일반적인 성질(물리적 성질)**
(1) 겉보기 비중이 0.82g/mL 이상일 것
(2) 분말의 미세도는 20~25$\mu m$ 이하일 것
(3) 유동성이 좋을 것
(4) 흡습률이 낮을 것
(5) 고화현상이 잘 일어나지 않을 것
(6) 발수성이 좋을 것

※ 겉보기 비중 : 분말소화약제 1mL당 질량[g]

답 ①

★★
## 38 산·알칼리 소화기에 사용되는 소화약제의 주성분은?

① $NH_4H_2PO_4$ – 진한 $H_2SO_4$
② $KHCO_3$ – 진한 $H_2SO_4$
③ $Al_2(SO_4)_3$ – 진한 $H_2SO_4$
④ $NaHCO_3$ – 진한 $H_2SO_4$

해설 **소화약제의 주성분**

| 강화액 소화기 | 산·알칼리 소화기 보기 ④ |
|---|---|
| • $K_2CO_3$(탄산칼륨)<br>• $(NH_4)_2SO_4$(황산암모늄)<br>• $(NH_4)_2PO_4$(인산암모늄)<br>• 침투제<br>기억법 강K(칼)황인 | • $NaHCO_3$(탄산수소나트륨)<br>• 진한 $H_2SO_4$(황산)<br>기억법 산Na황 |

답 ④

★★★
## 39 할로겐화합물 및 불활성기체 소화약제 HCFC BLEND A의 구성성분이 아닌 것은?

14회 문 35 / 14회 문 39 / 08회 문 47 / 08회 문122 / 07회 문 43

① HCFC – 22　② HCFC – 23
③ HCFC – 123　④ HCFC – 124

해설 **할로겐화합물 및 불활성기체 소화약제의 종류**(NFPC 107A 제4조, NFTC 107A 2.1.1)

| 종 류 | 소화약제 | 상품명 | 화학식 | 방출시간 | 주된 소화원리 |
|---|---|---|---|---|---|
| 할로겐화합물 소화약제 | 퍼플루오로부탄(FC-3-1-10) | CEA-410 | $C_4F_{10}$ | 10초 이내 | 부촉매 효과 (억제작용) |
| | 트리플루오로메탄(HFC-23) | FE-13 | $CHF_3$ | | |
| | 펜타플루오로에탄(HFC-125) | FE-25 | $CHF_2CF_3$ | | |
| | 헵타플루오로프로판(HFC-227ea) | FM-200 | $CF_3CHFCF_3$ | | |
| | 클로로테트라플루오로에탄(HCFC-124) | FE-241 | $CHClFCF_3$ | | |
| | 하이드로클로로플루오로카본 혼화제(HCFC BLEND A) | NAF S-Ⅲ | HCFC-22 보기 ① ($CHClF_2$) : 82%<br>HCFC-123 보기 ③ ($CHCl_2CF_3$) : 4.75%<br>HCFC-124 보기 ④ ($CHClFCF_3$) : 9.5%<br>$C_{10}H_{16}$ : 3.75% | | |
| 불활성기체 소화약제 | 불연성·불활성 기체 혼합가스(IG-541) | Inergen | $N_2$ : 52%<br>Ar : 40%<br>$CO_2$ : 8% | 60초 이내 | 질식효과 |
| | 불연성·불활성 기체 혼합가스(IG-55) | 아르고나이트 | $N_2$ : 50%<br>Ar : 50% | | |
| | 불연성·불활성 기체 혼합가스(IG-100) | NN-100 | $N_2$ | | |
| | 불연성·불활성 기체 혼합가스(IG-01) | – | Ar | | |

답 ②

★★★
## 40 회로의 부하 $R_L$에서 소비될 수 있는 최대전력(W)은?

① 105
② 115
③ 125
④ 135

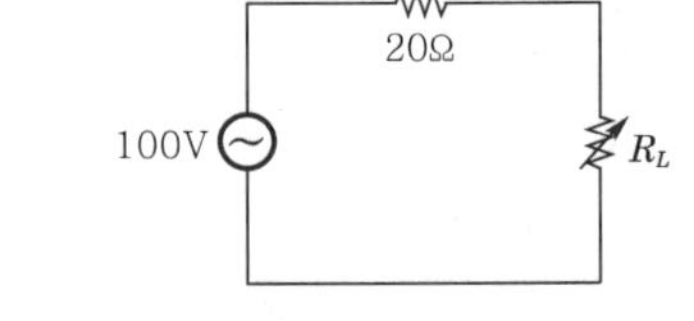


해설

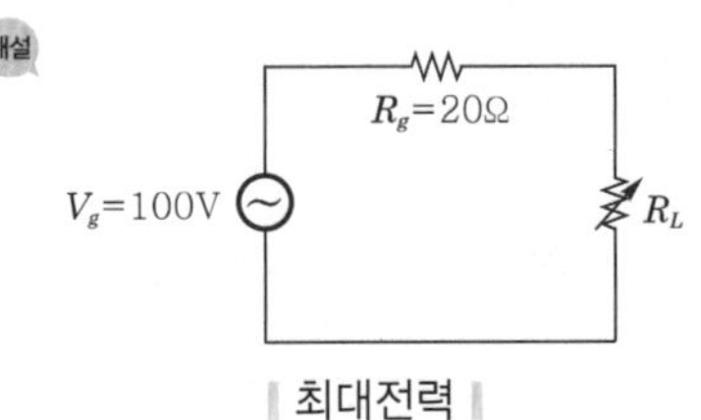


**최대전력**

$$P_{\max} = \frac{V_g^2}{4R_g}$$

여기서, $P_{\max}$ : 최대전력[W]
$V_g$ : 전압[V]
$R_g$ : 저항[Ω]

최대전력 $P_{\max} = \frac{V_g^2}{4R_g} = \frac{100^2}{4\times 20} = 125\text{W}$

답 ③

★★★
## 41 어떤 저항에 220V의 전압을 인가하여 2A의 전류가 3초 동안 흘렀다면, 이때 저항에서 발생한 열량(cal)은 약 얼마인가?

18회 문 38 / 13회 문 41

① 106　② 317
③ 440　④ 1320

해설 **열량**

$$H = 0.24Pt = 0.24\,VIt = 0.24I^2Rt$$

여기서, $H$ : 열량〔cal〕
$P$ : 전력〔W〕
$V$ : 전압〔V〕
$I$ : 전류〔A〕
$t$ : 시간〔s〕
$R$ : 저항〔Ω〕

열량
$H=0.24\,VIt=0.24\times220\times2\times3 \fallingdotseq 317\text{cal}$

답 ②

★★
## 42 어떤 회로의 유효전력이 70W, 무효전력이 50Var이면 역률은 약 얼마인가?

① 0.58 ② 0.71
③ 0.81 ④ 0.98

해설 (1) **피상전력**

$$P_a = VI = \sqrt{P^2+P_r^2} = I^2Z\,〔\text{VA}〕$$

여기서, $P_a$ : 피상전력〔VA〕
$V$ : 전압〔V〕
$I$ : 전류〔A〕
$P$ : 유효전력〔W〕
$P_r$ : 무효전력〔Var〕
$Z$ : 임피던스〔Ω〕

피상전력
$P_a=\sqrt{P^2+P_r^2}=\sqrt{70^2+50^2} \fallingdotseq 86\text{VA}$

(2) **역률**

$$\cos\theta = \frac{P}{P_a} = \frac{P}{VI} = \frac{P}{Z}$$

여기서, $\cos\theta$ : 역률
$P$ : 유효전력〔W〕
$P_a$ : 피상전력〔VA〕
$V$ : 전압〔V〕
$I$ : 전류〔A〕
$Z$ : 임피던스〔Ω〕

$\cos\theta = \frac{P}{P_a} = \frac{70}{86} \fallingdotseq 0.81$

답 ③

★★★
## 43 자속변화에 의한 유도기전력의 크기를 결정하는 법칙은?

14회 문 41

① 패러데이의 전자유도법칙
② 플레밍의 왼손법칙
③ 렌츠의 법칙
④ 플레밍의 오른손법칙

해설 **여러 가지 법칙**

| 법 칙 | 설 명 |
|---|---|
| 플레밍의 오른손법칙 | 도체운동에 의한 유도기전력의 방향 결정<br>기억법 방유도오(방에 우유를 도로 갖다 놓게!) |
| 플레밍의 왼손법칙 | 전자력의 방향 결정<br>기억법 왼전(왠 전쟁이냐?) |
| 렌츠의 법칙<br>(렌쯔의 법칙) | 자속변화에 의한 유도기전력의 방향 결정<br>기억법 렌유방(오렌지가 유일한 방법이다) |
| 패러데이의 전자유도법칙<br>(패러데이의 법칙)<br>보기 ① | ① 자속변화에 의한 유기기전력의 크기 결정<br>② 전자유도현상에 의하여 생기는 **유도기전력**의 **크기**를 정의하는 법칙<br>기억법 패유크(폐유를 버리면 큰일난다) |
| 암페어의 오른나사법칙<br>(앙페르의 법칙) | ① 전류에 의한 자기장(자계)의 방향 결정<br>② 전류가 흐르는 도체 주위의 자계방향 결정<br>기억법 암전자(양전자) |
| 비오-사바르의 법칙 | 전류에 의해 발생되는 자기장의 크기 결정<br>기억법 비전자(비전공자) |

답 ①

★★★
## 44 어떤 코일 2개의 극성을 달리하여 직렬 접속하였을 때 합성인덕턴스가 200mH와 100mH로 각각 측정되었다. 이 경우 두 코일의 상호인덕턴스(mH)는?

19회 문 44
14회 문 45
13회 문 44
10회 문 30

① 25 ② 50
③ 75 ④ 100

해설 **합성인덕턴스**

$$L = L_1 + L_2 \pm 2M\,〔\text{H}〕$$

여기서, $L$ : 합성인덕턴스〔H〕
$L_1$, $L_2$ : 자기인덕턴스〔H〕
$M$ : 상호인덕턴스〔H〕

| 같은 방향(직렬연결) | 반대방향 |
|---|---|
| $L=L_1+L_2+2M$ | $L=L_1+L_2-2M$ |

합성인덕턴스가 **같은 방향**으로 접속했을 때는 **큰 값**, **반대방향**으로 접속했을 때는 **작은 값**이므로

$$200=L_1+L_2+2M$$
$$-\ \underline{100=L_1+L_2-2M}$$
$$100=4M$$
$$\frac{100}{4}=M$$
$$25=M$$
$$M=25\text{mH}$$

중요

**코일의 방향**

| 같은 방향 | 반대방향 |
|---|---|
| o—•ꝏ—•ꝏ—o | o—•ꝏ—ꝏ•—o |
| o—ꝏ•—ꝏ•—o | o—ꝏ•—•ꝏ—o |

답 ①

★★
## 45 콘덴서의 정전용량에 관한 설명으로 옳지 않은 것은?

19회 문 46 / 17회 문 49 / 16회 문 42 / 14회 문 49 / 12회 문 49

① 유전율의 크기에 비례한다.
② 전극이 전하를 축적할 수 있는 능력의 정도이다.
③ 단위는 테슬라(Tesla)로서 〔T〕로 나타낸다.
④ 전극의 면적에 비례하고, 전극 사이의 간격에 반비례한다.

해설 **정전용량**

$$C=\frac{Q}{V}=\frac{\varepsilon A}{d}\text{〔F〕 또는 } C=\frac{\varepsilon S(\text{비례})}{d(\text{반비례})}$$

여기서, $Q$ : 전하(전기량)〔C〕
$C$ : 정전용량〔F〕
$V$ : 전압〔V〕
$A$ 또는 $S$ : 극판의 면적〔$m^2$〕
$d$ : 극판 간의 간격〔m〕
$\varepsilon$ : 유전율〔F/m〕($\varepsilon=\varepsilon_0\cdot\varepsilon_s$)
$\varepsilon_0$ : 진공의 유전율〔F/m〕
$\varepsilon_s$ : 비유전율(단위 없음)

• **분자**에 있으면 **비례**, **분모**에 있으면 **반비례**

③ 테슬라(Tesla), 〔T〕 : 자속밀도의 단위

용어

**정전용량(커패시턴스)**
(1) 콘덴서가 전하를 축적할 수 있는 능력
(2) 전극이 전하를 축적할 수 있는 능력의 정도

답 ③

★★★
## 46 역률이 0.8인 다음 회로에 220V의 실효전압을 인가하여 5A의 실효전류가 흐르고 있다. 이 부하가 2시간 동안 소비하는 전력량(kWh)은 약 얼마인가?

11회 문 40

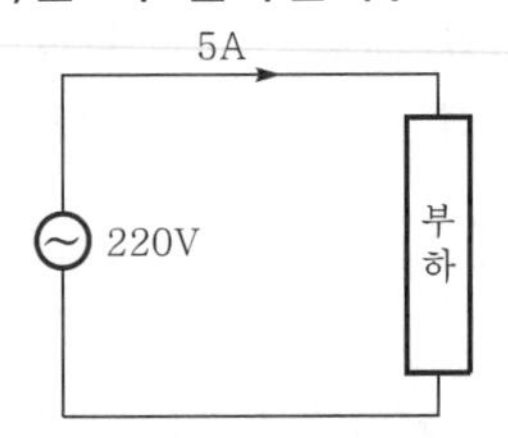


① 1.10　　② 1.76
③ 2.20　　④ 2.49

해설 **전력량**(Electric power quantity)

$$W=VIt\cos\theta=I^2Z\cos\theta t=Pt\cos\theta\text{〔Wh〕}$$

여기서, $W$ : 전력량〔Wh〕
$P$ : 전력〔W〕
$t$ : 시간〔h〕
$I$ : 전류〔A〕
$V$ : 전압〔V〕
$Z$ : 임피던스〔Ω〕
$\cos\theta$ : 역률

소비전력량 $W=VIt\cos\theta=220\times5\times2\times0.8$
$=1760\text{Wh}$
$=1.76\text{kWh}$

• 1000W=1kW이므로 1760Wh=1.76kWh

답 ②

★★★
## 47 그림과 같은 논리회로는?

18회 문 37 / 17회 문 47 / 16회 문 49 / 16회 문 50 / 15회 문 50 / 13회 문 48 / 12회 문 41

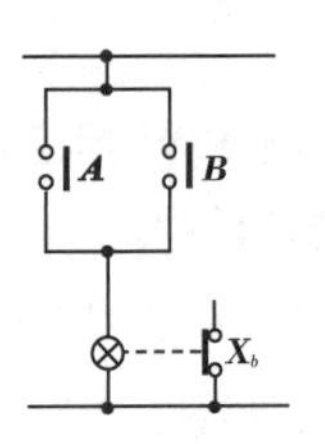


① AND회로　　② OR회로
③ NAND회로　　④ NOR회로

해설 **시퀀스회로와 논리회로**

| 명 칭 | 시퀀스회로 | 논리회로 |
|---|---|---|
| AND 회로 **(직렬 회로)** | 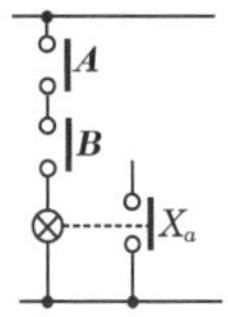 |  $X=A\cdot B$<br>입력신호 $A$, $B$가 동시에 1일 때만 출력신호 $X$가 1이 된다. |
| OR 회로 **(병렬 회로)** | 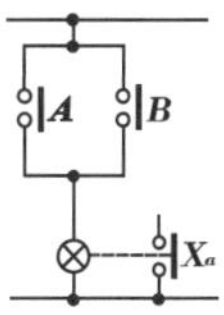 |  $X=A+B$<br>입력신호 $A$, $B$ 중 어느 하나라도 1이면 출력신호 $X$가 1이 된다. |
| NOT 회로 **(b접점)** | 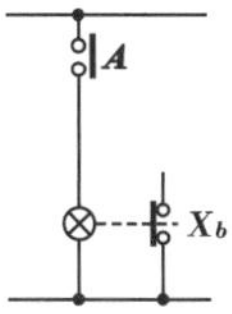 | 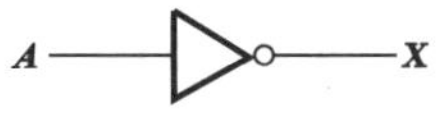 $X=\overline{A}$<br>입력신호 $A$가 0일 때만 출력신호 $X$가 1이 된다. |
| NAND 회로 | 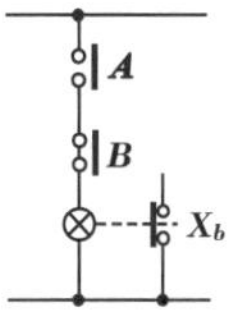 | 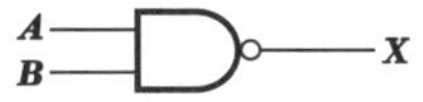 $X=\overline{A\cdot B}$<br>입력신호 $A$, $B$가 동시에 1일 때만 출력신호 $X$가 0이 된다(AND회로의 부정). |
| NOR 회로 보기 ④ | 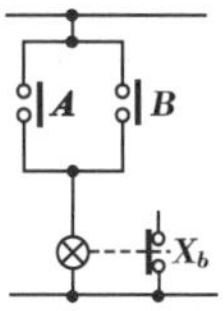 | 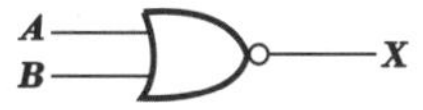 $X=\overline{A+B}$<br>입력신호 $A$, $B$가 동시에 0일 때만 출력신호 $X$가 1이 된다(OR회로의 부정). |
| EXCLU-SIVE OR 회로 | 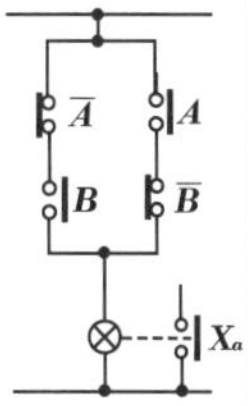 |  $X=A\oplus B=\overline{A}B+A\overline{B}$<br>입력신호 $A$, $B$ 중 어느 한쪽만이 1이면 출력신호 $X$가 1이 된다. |
| EXCLU-SIVE NOR 회로 | 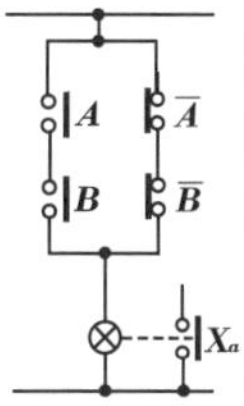 |  $X=\overline{A\oplus B}=AB+\overline{A}\,\overline{B}$<br>입력신호 $A$, $B$가 동시에 0이거나 1일 때만 출력신호 $X$가 1이 된다. |

답 ④

★★

**48** 소방설비 배선에서 내화배선 또는 내열배선으로 설치가 가능한 것은?

12회 문 46 12회 문 47 11회 문125 07회 문 33 07회 문 49

① 옥내소화전설비의 비상전원에서 동력제어반 및 가압송수장치에 이르는 전원회로의 배선
② 비상콘센트설비 전원회로의 배선
③ 자동화재탐지설비 전원회로의 배선
④ 스프링클러설비의 상용전원으로부터 동력제어반에 이르는 배선

해설 (1) **내화배선**
① **옥내소화전설비**의 **비상전원**으로부터 동력제어반 및 가압송수장치에 이르는 전원회로의 배선(NFPC 102 제10조, NFTC 102 2.7.1.1) 보기 ①
② **비상콘센트설비**의 전원회로의 배선(NFPC 504 제6조, NFTC 504 2.3.1.1) 보기 ②
③ **자동화재탐지설비** 전원회로의 배선(NFPC 203 제11조, NFTC 203 2.8.1.1) 보기 ③

기억법 **화내비콘탐**

(2) **내화배선 또는 내열배선**
① **옥내소화전설비**의 **상용전원**으로부터 동력제어반에 이르는 배선(NFPC 102 제10조, NFTC 102 2.7.1.2)
② **옥내소화전설비**의 **감시·조작** 또는 **표시등** 회로의 배선(NFPC 102 제10조, NFTC 102 2.7.1.2)
③ **스프링클러설비**의 **상용전원**으로부터 동력제어반에 이르는 배선(NFPC 103 제14조, NFTC 103 2.11.1.2) 보기 ④
④ **스프링클러설비**의 **감시·조작** 또는 **표시등** 회로의 배선(NFPC 103 제14조)

답 ④

★★★

**49** 그림과 같이 평형 3상 회로에 선간전압 220V의 대칭 3상 전압을 인가할 때, 한 선로에 흐르는 선전류(A)는 약 얼마인가?

05회 문 36

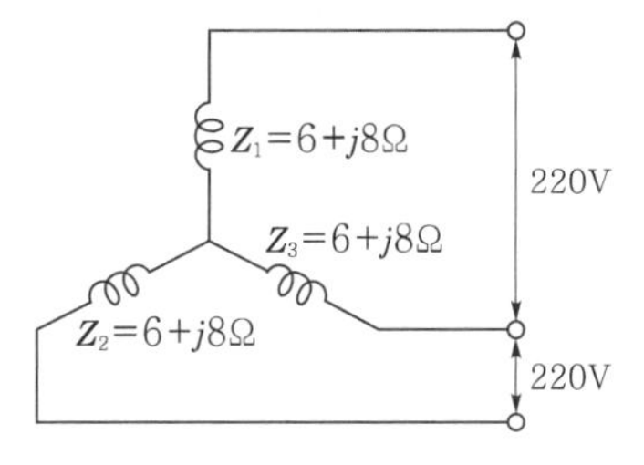


① 12.7 ② 22.0
③ 27.5 ④ 36.7

해설

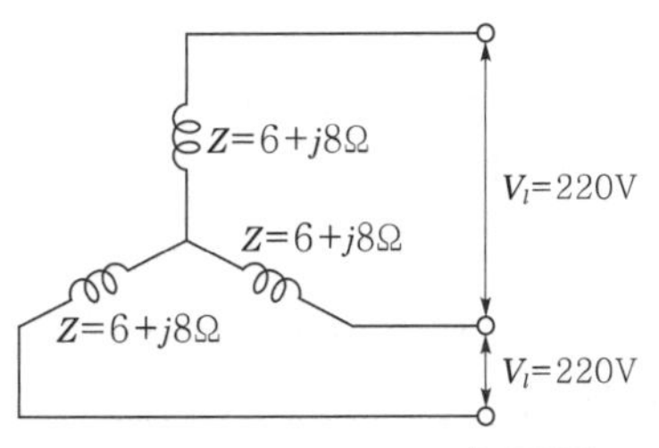


(1) Y결선 임피던스 $Z=\sqrt{6^2+8^2}=10\Omega$

(2) Y결선 선전류

$$I_Y=\frac{V_l}{\sqrt{3}Z}$$

여기서, $I_Y$ : 선전류〔A〕

$V_l$ : 선간전압〔V〕

$Z$ : 임피던스〔Ω〕

$\therefore$ 선전류 $I_Y=\frac{V_l}{\sqrt{3}Z}=\frac{220}{\sqrt{3}\times 10}\fallingdotseq 12.7\text{A}$

답 ①

★★★

## 50 논리식 $[A\overline{B}(C+BD)+\overline{A}\,\overline{B}]C$를 간단히 하면?

18회 문 37
17회 문 47
16회 문 50
15회 문 47
13회 문 48
12회 문 41

① $\overline{A}B$ ② $AB$

③ $\overline{B}C$ ④ $BC$

해설 **논리식**

논리식 $=[A\overline{B}(C+BD)+\overline{A}\overline{B}]C$

$=[A\overline{B}C+A\overline{B}BD+\overline{A}\overline{B}]C$ ($\overline{B}B=0$)

$\overline{X}\cdot X=0$

$=A\overline{B}CC+\overline{A}\overline{B}C$ ($CC=C$)

$X\cdot X=X$

$=A\overline{B}C+\overline{A}\overline{B}C$

$=\overline{B}C(A+\overline{A})$ ($A+\overline{A}=1$)

$X+\overline{X}=1$

$=\overline{B}C$

중요

| 논리합 | 논리곱 | 비 고 |
|---|---|---|
| $X+0=X$ | $X\cdot 0=0$ | − |
| $X+1=1$ | $X\cdot 1=X$ | − |
| $X+X=X$ | $X\cdot X=X$ | − |
| $X+\overline{X}=1$ | $X\cdot\overline{X}=0$ | − |
| $X+Y=Y+X$ | $X\cdot Y=Y\cdot X$ | 교환법칙 |
| $X+(Y+Z)=(X+Y)+Z$ | $X(YZ)=(XY)Z$ | 결합법칙 |
| $X(Y+Z)=XY+XZ$ | $(X+Y)(Z+W)=XZ+XW+YZ+YW$ | 분배법칙 |
| $X+XY=X$ | $\overline{X}+XY=\overline{X}+Y$<br>$X+\overline{X}Y=X+Y$<br>$X+\overline{X}\,\overline{Y}=X+\overline{Y}$ | 흡수법칙 |
| $(\overline{X+Y})=\overline{X}\cdot\overline{Y}$ | $(\overline{X\cdot Y})=\overline{X}+\overline{Y}$ | 드모르간의 정리 |

답 ③

## 제 3 과목 소방관련법령

★★★

## 51 소방기본법령상 5년 이하의 징역 또는 5천만원 이하의 벌금에 처하는 사람이 아닌 것은?

18회 문 51
14회 문 53
14회 문 66
11회 문 70

① 화재진압 및 구조·구급활동을 위하여 출동하는 소방자동차의 출동을 방해한 사람

② 정당한 사유 없이 소방용수시설 또는 비상소화장치를 사용하거나 소방용수시설의 효용을 해치거나 그 정당한 사용을 방해한 사람

③ 출동한 소방대원에게 폭행 또는 협박을 행사하여 화재진압·인명구조 또는 구급활동을 방해한 사람

④ 불이 번질 우려가 있는 소방대상물을 일시적으로 사용하는 것을 방해한 자

해설 **벌금**

| 벌 칙 | 내 용 |
|---|---|
| 5년 이하의 징역 또는 5000만원 이하의 벌금<br>(기본법 제50조) | • 소방자동차의 **출동** 방해<br>• 사람구출 방해<br>• 소방용수시설 또는 비상소화장치의 **효용** 방해<br>• 소방대원 폭행·협박 |
| 3년 이하의 징역 또는 3000만원 이하의 벌금<br>(기본법 제51조) | • 소방활동에 필요한 소방대상물 및 **토지**의 **강제처분**을 방해한 자 **보기 ④** |
| 300만원 이하의 벌금 | • 소방활동에 필요한 소방대상물과 **토지** 외의 **강제처분**을 방해한 자(기본법 제52조) |

| 벌 칙 | 내 용 |
|---|---|
| 300만원 이하의 벌금 | • 소방자동차의 통행과 소방활동에 방해가 되는 주정차 제거·이동을 방해한 자(기본법 제52조)<br>• 화재의 **예방조치명령** 위반(화재예방법 제50조) |
| 100만원 이하의 벌금<br>(기본법 제54조) | • **피난명령** 위반<br>• 위험시설 등에 대한 긴급조치 방해<br>• 소방활동을 하지 않은 **관계인**<br>※ 소방활동 : 화재가 발생한 경우 소방대가 현장에 도착할 때까지 사람을 구출하는 조치<br>• 위험시설 등에 정당한 사유없이 **물**의 **사용**이나 **수도**의 **개폐장치**의 사용 또는 조작을 하지 못하게 하거나 **방해**한 자<br>• 소방대의 **생활안전활동**을 방해한 자 |
| 500만원 이하의 과태료<br>(기본법 제56조) | • **화재** 또는 **구조·구급**에 필요한 사항을 **거짓**으로 알린 사람 |
| 200만원 이하의 과태료 | • 소방용수시설·소화기구 및 설비 등의 설치명령 위반(화재예방법 제52조)<br>• 특수가연물의 저장·취급 기준 위반(화재예방법 제52조)<br>• **소방활동구역 출입**(기본법 제56조)<br>• **소방자동차**의 **출동**에 **지장**을 준 자(기본법 제56조)<br>• 한국 119 청소년단 또는 이와 유사한 명칭을 사용한 자(기본법 제56조)<br>• 한국소방안전원 또는 이와 유사한 명칭을 사용한 자(기본법 제56조) |
| 20만원 이하의 과태료<br>(기본법 제57조) | • 시장지역에서 화재로 오인할 우려가 있는 **연막소독**을 하면서 관할소방서장에게 신고를 하지 아니하여 소방자동차를 출동하게 한 자 |

④ 3년 이하의 징역 또는 3천만원 이하의 벌금

답 ④

★★

**52** 소방기본법령상 소방교육·훈련의 종류와 종류별 소방교육·훈련의 대상자의 연결이 옳지 않은 것은?

09회 문 51

① 화재진압훈련 – 화재진압업무를 담당하는 소방공무원

② 인명구조훈련 – 구조업무를 담당하는 소방공무원

③ 응급처치훈련 – 구조업무를 담당하는 소방공무원

④ 인명대피훈련 – 소방공무원

해설 **기본규칙 제9조**

**소방대원의 소방교육·훈련 대상자**

| 종 류 | 대상자 |
|---|---|
| 화재진압 훈련 | ① **화재진압**업무를 담당하는 **소방공무원** 보기 ①<br>② 화재 등 현장활동의 보조임무를 수행하는 **의무소방원** 및 **의용소방대원** |
| 인명구조 훈련 | ① **구조**업무를 담당하는 **소방공무원** 보기 ②<br>② 화재 등 현장활동의 보조임무를 수행하는 **의무소방원** 및 **의용소방대원** |
| 응급처치 훈련 | ① **구급**업무를 담당하는 **소방공무원**<br>② **의무소방원** 및 **의용소방대원** |
| 인명대피 훈련 | ① **소방공무원** 보기 ④<br>② **의무소방원** 및 **의용소방대원** |
| 현장지휘 훈련 | 소방위·소방경·소방령 및 소방정 |

③ 구조업무 → 구급업무

중요

**소방교육훈련**(기본규칙 [별표 3의 2])

| 실 시 | **2년**마다 **1회** 이상 실시 |
|---|---|
| 기 간 | **2주** 이상 |
| 정하는 사람 | 소방청장 |
| 종 류 | ① 화재진압훈련<br>② 인명구조훈련<br>③ 응급처치훈련<br>④ 인명대피훈련<br>⑤ 현장지휘훈련 |

답 ③

15회

★★★
## 53 화재의 예방 및 안전관리에 관한 법령상 불을 사용하는 설비 등의 관리기준과 특수가연물의 저장·취급기준에 관한 설명으로 옳은 것은?

17회 문 54
14회 문 52
11회 문 54
08회 문 71

① 불꽃을 사용하는 용접 또는 용단 작업자 주변 반경 10m 이내에 소화기를 갖추어야 한다.
② 특수가연물을 저장 또는 취급하는 장소에는 품명·최대수량 및 화기취급의 금지표지를 설치하여야 한다.
③ 석탄·목탄류를 발전용으로 저장하는 경우에는 반드시 품명별로 구분하여 쌓고, 쌓는 부분의 바닥면적 사이는 실내의 경우 1.2m 또는 쌓는 높이의 1/2 중 큰 값 이상이 되도록 하여야 한다.
④ 화재예방을 위하여 불을 사용할 때 지켜야 하는 사항은 소방본부장이 정한다.

해설 **화재예방법 시행령 [별표 3]**
**특수가연물의 저장 및 취급의 기준**
(1) 특수가연물을 저장 또는 취급하는 장소에는 품명·최대수량 및 화기취급의 금지표지를 설치할 것 보기 ②
(2) 쌓아 저장하는 기준(단, 석탄·목탄류를 발전용으로 저장하는 것 제외)
① 품명별로 구분하여 쌓을 것
② 쌓는 높이는 **10m** 이하가 되도록 하고, 쌓는 부분의 바닥면적은 **50m²**(석탄·목탄류는 **200m²**) 이하가 되도록 할 것[단, 살수설비를 설치하거나, 방사능력 범위에 해당 특수가연물이 포함되도록 대형 수동식 소화기를 설치하는 경우에는 쌓는 높이를 **15m** 이하, 쌓는 부분의 바닥면적을 **200m²**(석탄·목탄류는 **300m²**) 이하로 할 수 있다].
③ 쌓는 부분의 바닥면적 사이는 실내의 경우 **1.2m** 또는 **쌓는 높이**의 **1/2** 중 **큰 값**(실외 **3m** 또는 **쌓는 높이** 중 **큰 값**) 이상으로 간격을 둘 것

① 10m 이내 → **5m** 이내(화재예방법 시행령 [별표 1])
③ 석탄·목탄류를 발전용으로 저장하는 경우는 제외(화재예방법 시행령 [별표 3])
④ 불을 사용할 때 지켜야 하는 사항은 **대통령령**으로 정한다(화재예방법 제17조).

중요
**불꽃을 사용하는 용접·용단기구**(화재예방법 시행령 [별표 1])
(1) 용접 또는 용단 작업자 주변 반경 **5m** 이내에 **소화기**를 갖추어 둘 것
(2) 용접 또는 용단 작업장 주변 반경 **10m** 이내에는 **가연물**을 쌓아두거나 놓아두지 말 것(단, 가연물의 제거가 곤란하여 방지포 등으로 방호조치를 한 경우는 제외)

답 ②

★★
## 54 소방기본법령상의 내용으로 (　　)에 들어갈 말을 순서대로 바르게 나열한 것은?

13회 문 51
11회 문 52
10회 문 58

> 소방의 역사와 안전문화를 발전시키고 국민의 안전의식을 높이기 위하여 소방청장은 (　)을, 시·도지사는 (　)을 설립하여 운영할 수 있다.

① 소방체험관 － 소방박물관
② 소방체험관 － 소방과학관
③ 소방박물관 － 소방체험관
④ 소방박물관 － 소방과학관

해설 **기본법 제5조 제①·②항**
**설립과 운영**

| 소방박물관 | 소방체험관 |
|---|---|
| 소방청장 | 시·도지사 |
| 행정안전부령 | 시·도의 조례 |

답 ③

★
## 55 소방시설공사업법령상 감리업자가 소방공사를 감리할 때 반드시 수행하여야 할 업무가 아닌 것은?

① 완공된 소방시설 등의 성능시험
② 공사업자가 한 소방시설 등의 시공이 설계도서와 화재안전기준에 맞는지에 대한 지도·감독
③ 소방시설 등 설계변경사항의 도면수정
④ 공사업자가 작성한 시공상세도면의 적합성 검토

해설 **공사업법 제16조**
**소방시설감리업자의 업무 수행**
(1) 소방시설 등의 **설치계획표**의 **적법성 검토**
(2) 소방시설 등 **설계도서**의 **적합성 검토**
(3) 소방시설 등 설계변경사항의 **적합성 검토**

(4) 소방용품의 위치·규격 및 사용 자재의 **적합성 검토**
(5) 공사업자가 한 소방시설 등의 시공이 **설계도서**와 화재안전기준에 맞는지에 대한 **지도·감독** 보기 ②
(6) 완공된 소방시설 등의 **성능시험** 보기 ①
(7) 공사업자가 작성한 시공상세도면의 **적합성 검토** 보기 ④
(8) 피난시설 및 방화시설의 **적법성 검토**
(9) 실내장식물의 불연화(不燃化)와 방염물품의 **적법성 검토**

답 ③

**56** 소방시설공사업법령에 관한 설명으로 옳지 않은 것은?

① 감리업자가 소방공사의 감리를 마쳤을 때에는 소방공사감리 결과보고(통보)서에 소방시설공사 완공검사신청서, 소방시설 성능시험조사표, 소방공사 감리일지를 첨부하여 소방본부장 또는 소방서장에게 알려야 한다.
② 특정소방대상물의 관계인은 공사감리자가 변경된 경우에는 변경일부터 30일 이내에 소방공사감리자 변경신고서를 소방본부장 또는 소방서장에게 제출하여야 한다.
③ 소방공사감리업자는 감리원을 소방공사 감리현장에 배치하는 경우에는 소방공사 감리원 배치통보서를 감리원 배치일부터 7일 이내에 소방본부장 또는 소방서장에게 알려야 한다.
④ 소방시설공사업자는 해당 소방시설공사의 착공 전까지 소방시설공사 착공(변경) 신고서를 소방본부장 또는 소방서장에게 신고하여야 한다.

해설 **공사업법규칙 제19조**
**감리결과의 통보**
감리업자가 소방공사의 감리를 마쳤을 때에는 소방공사감리 결과보고(통보)서에 다음 서류를 첨부하여 공사가 완료된 날부터 **7일** 이내에 특정소방대상물의 **관계인**, 소방시설공사의 **도급인** 및 특정소방대상물의 공사를 감리한 건축사에게 알리고, **소방본부장** 또는 **소방서장**에게 보고하여야 한다.
(1) 소방시설 **성능시험조사표** 1부
(2) 착공신고 후 변경된 **소방시설 설계도면** 1부
(3) **소방공사 감리일지**

① 완공검사신청서 → 소방시설 설계도면

답 ①

**57** 소방시설공사업법령상 소방시설업에 대한 행정처분기준 중 2차 위반시 등록취소사항에 해당하는 것은? (단, 가중 또는 감경사유는 고려하지 않음)

19회 문 59
16회 문 64
12회 문 57
11회 문 72
11회 문 73
10회 문 65
09회 문 64
09회 문 66
07회 문 61
07회 문 63
04회 문 69
04회 문 74

① 거짓이나 그 밖의 부정한 방법으로 등록한 경우
② 다른 자에게 등록증 또는 등록수첩을 빌려준 경우
③ 영업정지기간 중에 설계·시공 또는 감리를 한 경우
④ 정당한 사유 없이 하수급인의 변경요구를 따르지 아니한 경우

해설 **공사업규칙 [별표 1]**
**소방시설업**

| 구 분 | 설 명 |
|---|---|
| 1차 위반시 등록취소 | ① **거짓**이나 그 밖의 **부정한 방법**으로 등록한 경우 보기 ①<br>② **등록결격사유**에 해당하게 된 경우<br>③ **영업정지기간** 중에 설계·시공 또는 감리를 한 경우 보기 ③ |
| 2차 위반시 등록취소 | ① 등록을 한 후 정당한 사유 없이 **1년**이 지날 때까지 영업을 시작하지 아니하거나 계속하여 1년 이상 휴업한 때<br>② 다른 자에게 자기의 성명이나 상호를 사용하여 소방시설공사 등을 수급 또는 시공하게 하거나 소방시설업의 **등록증** 또는 **등록수첩**을 **빌려준** 경우 보기 ②<br>③ 설계·시공 또는 감리의 **업무수행** 의무 등을 **고의** 또는 **과실**로 위반하여 다른 자에게 **상해**를 입히거나 재산피해를 입힌 경우<br>④ 동일인이 **시공** 및 **감리**를 한 경우 |
| 3차 위반시 등록취소 | ① 하수급인의 변경요구 불응 보기 ④<br>② 하수급인에게 대금 미지급<br>③ 시공능력평가 거짓제출 |

비교

**소방시설관리업**(소방시설법 시행규칙 [별표 8])

| 구 분 | 설 명 |
|---|---|
| 1차 위반시 등록 취소 | ① **거짓**, 그 밖의 **부정한 방법**으로 등록을 한 경우<br>② **등록결격사유**에 해당하게 된 경우<br>③ 다른 자에게 **등록증** 또는 **등록수첩**을 **빌려준** 경우 |

| 구 분 | 설 명 |
|---|---|
| 3차 위반시 등록 취소 | ① 점검을 하지 아니하거나 점검 결과를 **허위**로 **보고**한 경우<br>② **등록기준**에 **미달**하게 된 경우(단, 기술인력이 퇴직하거나 해임되어 **30일** 이내에 재선임하여 신고하는 경우는 제외)<br>③ 점검능력평가를 받지 않고 자체점검을 하는 경우 |

답 ②

★★★
**58** 소방시설 설치 및 관리에 관한 법령상 소방시설 등의 자체점검에 관한 설명으로 옳지 않은 것은?

14회 문 58
12회 문 60
03회 문 56

① 작동점검대상인 자동화재탐지설비 설치대상물은 관계인이 점검할 수 있다.
② 제연설비가 설치된 터널은 종합점검대상이다.
③ 특급 소방안전관리대상물의 종합점검은 반기에 1회 이상 실시한다.
④ 종합점검대상인 특정소방대상물의 작동점검은 종합점검을 받은 달부터 3개월이 되는 달에 실시한다.

해설 **소방시설법 시행규칙 [별표 3]**
**소방시설 등 자체점검의 점검대상, 점검자의 자격, 점검횟수 및 시기**

(1) **작동점검**

| 점검대상 | 점검자의 자격 (주된 인력) | 점검횟수 및 점검시기 |
|---|---|---|
| 간이스프링클러설비·자동화재탐지설비 | • 관계인 보기 ①<br>• 소방안전관리자로 선임된 소방시설관리사 또는 소방기술사<br>• 소방시설관리업에 등록된 기술인력 중 소방시설관리사 또는 「소방시설공사업법 시행규칙」에 따른 특급점검자 | 작동점검은 **연 1회** 이상 실시하며, 종합점검대상은 종합점검을 받은 달부터 **6개월**이 되는 달에 실시 보기 ④ |

(2) **종합점검**

| 점검대상 | 점검실시 |
|---|---|
| • 제연설비 터널 보기 ②<br>• 스프링클러설비<br>중요<br>① 공공기관 : $1000m^2$<br>② 다중이용업 : $2000m^2$<br>③ 물분무등(호스릴 ×) : $5000m^2$ | **반기별 1회** 이상 보기 ③ |

④ 3개월 → 6개월

답 ④

★★★
**59** 소방시설 설치 및 관리에 관한 법령상 건축허가 등의 동의대상물이 아닌 것은?

17회 문 61
16회 문 60
13회 문 61
09회 문 68
02회 문 65

① 연면적이 $100m^2$인 수련시설
② 차고·주차장 또는 주차용도로 사용되는 시설로서 차고·주차장으로 사용되는 층 중 바닥면적이 $300m^2$인 층이 있는 시설
③ 관망탑
④ 항공기격납고

해설 **소방시설법 시행령 제7조**
**건축허가 등의 동의대상물**

(1) 연면적 **$400m^2$**(학교시설 : **$100m^2$**, **수련시설·노유자시설 : $200m^2$**, **정신의료기관·장애인 의료재활시설 : $300m^2$**) 이상 보기 ①
(2) **6층** 이상인 건축물
(3) 차고·주차장으로서 바닥면적 **$200m^2$** 이상(자동차 **20대** 이상) 보기 ②
(4) **항공기격납고, 관망탑, 항공관제탑, 방송용 송수신탑** 보기 ③④
(5) 지하층 또는 무창층의 바닥면적 **$150m^2$** 이상(공연장은 **$100m^2$** 이상)
(6) **위험물저장 및 처리시설, 지하구**
(7) 전기저장시설, 풍력발전소
(8) 조산원, 산후조리원, 의원(입원실 있는 것)
(9) 결핵환자나 한센인이 24시간 생활하는 노유자시설
(10) 요양병원(의료재활시설 제외)
(11) 노인주거복지시설·노인의료복지시설 및 재가노인복지시설, 학대피해노인 전용쉼터, 아동복지시설, 장애인거주시설
(12) 정신질환자 관련시설(공동생활가정을 제외한 재활훈련시설과 종합시설 중 24시간 주거를 제공하지 않는 시설 제외)
(13) 노숙인자활시설, 노숙인재활시설 및 노숙인요양시설
(14) 공장 또는 창고시설로서 지정수량의 **750배 이상**의 특수가연물을 저장·취급하는 것
(15) 가스시설로서 지상에 노출된 탱크의 저장용량의 합계가 **100톤** 이상인 것

① $100m^2$인 수련시설 → **$200m^2$** 이상인 **수련시설**

답 ①

★★

## 60 소방시설 설치 및 관리에 관한 법령상 소방시설관리업에 관한 설명으로 옳은 것은?

① 업종별 기술인력 등 관리업의 등록기준 및 영업범위 등에 필요한 사항은 행정안전부령으로 정한다.

② 소방시설관리업의 등록신청과 등록증·등록수첩의 발급·재발급 신청, 그 밖에 소방시설관리업의 등록에 필요한 사항은 대통령령으로 정한다.

③ 소방기본법에 따른 금고 이상의 실형을 선고받고 그 집행이 면제된 날부터 3년이 지난 사람은 소방시설관리업의 등록을 할 수 없다.

④ 시·도지사는 소방시설관리업의 등록신청을 위하여 제출된 서류를 심사한 결과 신청서 및 첨부서류의 기재내용이 명확하지 아니한 때에는 10일 이내의 기간을 정하여 이를 보완하게 할 수 있다.

해설 (1) **소방시설법 제29조**

① 업종별 기술인력 등 관리업의 등록기준 및 영업범위 등에 필요한 사항은 **대통령령**으로 정한다. 보기 ①

② 소방시설관리업의 등록신청과 등록증·등록수첩의 발급·재발급 신청, 그 밖에 소방시설관리업의 등록에 필요한 사항은 **행정안전부령**으로 정한다. 보기 ②

(2) **소방시설법 제30조** : 소방기본법에 따른 금고 이상의 실형을 선고받고 그 집행이 면제된 날부터 **2년**이 지나지 아니한 사람은 소방시설관리업의 등록을 할 수 없다. 보기 ③

(3) **소방시설법 시행규칙 제31조** : **시·도지사**는 소방시설관리업의 등록신청을 위하여 제출된 서류를 심사한 결과 신청서 및 첨부서류의 기재내용이 명확하지 아니한 때에는 **10일** 이내의 기간을 정하여 이를 보완하게 할 수 있다. 보기 ④

답 ④

★★★

## 61 소방시설 설치 및 관리에 관한 법령상 특정소방대상물의 관계인이 특정소방대상물의 규모·용도 및 수용인원 등을 고려하여 갖추어야 하는 소방시설에 관한 설명으로 옳지 않은 것은?

① 지하가 중 터널로서 길이가 1000m 이상인 터널에는 옥내소화전설비를 설치하여야 한다.

② 판매시설로서 바닥면적의 합계가 $5000m^2$ 이상인 경우에는 모든 층에 스프링클러설비를 설치하여야 한다.

③ 위락시설로서 연면적 $600m^2$ 이상인 경우 자동화재탐지설비를 설치하여야 한다.

④ 지하층을 포함하는 층수가 5층 이상인 관광호텔에는 방열복, 인공소생기 및 공기호흡기를 설치하여야 한다.

해설 **소방시설법 시행령 [별표 4] 제3호**
**인명구조기구의 설치대상**

| 설치장소 | 설치기구 |
|---|---|
| **5층** 이상 **병원** (지하층 포함) | • 방열복<br>• 방화복(안전모, 보호장갑, 안전화 포함)<br>• 공기호흡기<br>※ 병원에는 인공소생기가 이미 비치되어 있으므로 필요 없음 |
| **7층** 이상 **관광호텔** (지하층 포함) | • 방열복<br>• 방화복(안전모, 보호장갑, 안전화 포함)<br>• 공기호흡기<br>• 인공소생기 |

비교

**공기호흡기 설치대상**(소방시설법 시행령 [별표 4] 제3호)

(1) 수용인원 **100명** 이상인 문화 및 집회시설 중 **영화상영관**
(2) 판매시설 중 **대규모점포**
(3) 운수시설 중 **지하역사**
(4) 지하가 중 **지하상가**
(5) **이산화탄소 소화설비(호스릴 이산화탄소소화설비 제외)**를 설치하여야 하는 특정소방대상물

답 ④

★★★
**62** 소방시설 설치 및 관리에 관한 법령상 제조 또는 가공공정에서 방염처리를 해야 하는 방염대상물품이 아닌 것은?

19회 문 61 / 12회 문 14 / 12회 문 67 / 04회 문 60 / 02회 문 64

① 창문에 설치하는 블라인드
② 카펫
③ 전시용 합판
④ 두께가 2mm 미만인 종이벽지

해설 **소방시설법 시행령 제31조**
**방염대상물품**

| 제조 또는 가공 공정에서 방염처리를 한 방염대상물품 | 건축물 내부의 천장이나 벽에 부착하거나 설치하는 것 |
|---|---|
| ① 창문에 설치하는 **커튼류**(블라인드 포함) **보기 ①**<br>② 카펫 **보기 ②**<br>③ **벽지류**(두께 2mm 미만인 **종이벽지 제외**)<br>④ **전시용 합판·목재** 또는 **섬유판** **보기 ③**<br>⑤ **무대용 합판·목재** 또는 **섬유판**<br>⑥ **암막·무대막**(영화상영관·가상체험 체육시설업의 **스크린** 포함)<br>⑦ 섬유류 또는 합성수지류 등을 원료로 하여 제작된 소파·의자(단란주점영업, 유흥주점영업 및 노래연습장업의 영업장에 설치하는 것만 해당) | ① 종이류(두께 **2mm 이상**), **합성수지류** 또는 **섬유류**를 주원료로 한 물품 **보기 ④**<br>② **합판**이나 **목재**<br>③ 공간을 구획하기 위하여 설치하는 **간이칸막이**<br>④ **흡음재**(흡음용 커튼 포함) 또는 **방음재**(방음용 커튼 포함)<br>※ 가구류(옷장, 찬장, 식탁, 식탁용 의자, 사무용 책상, 사무용 의자, 계산대)와 너비 10cm 이하인 반자돌림대, 내부 마감재료 제외 |

비교

**다중이용업**의 **실내장식물**(다중이용업법 제10조)
다중이용업소에 설치 또는 교체하는 실내장식물(반자돌림대 등의 너비 **10cm 이하**인경우 **제외**)은 **불연재료** 또는 **준불연재료**로 설치

답 ④

★★
**63** 화재의 예방 및 안전관리에 관한 법령상 화재안전조사에 관한 설명으로 옳지 않은 것은?

17회 문 66 / 04회 문 53

① 소방청장, 소방본부장 또는 소방서장은 화재안전조사를 하려면 관계인에게 조사대상, 조사기간 및 조사사유 등을 구두 또는 대면으로 알려야 한다.
② 소방청장, 소방본부장 또는 소방서장은 화재안전조사를 마친 때에는 그 조사결과를 관계인에게 서면으로 통지하여야 한다.
③ 화재안전조사 대상 선정위원회는 위원장 1명을 포함한 7명 이내의 위원으로 구성하고, 위원장은 소방청장 또는 소방본부장이 된다.
④ 소방청장, 소방본부장 또는 소방서장은 화재안전조사 결과에 따른 조치명령의 미이행 사실 등을 공개하려면 공개내용과 공개방법 등을 공개대상 소방대상물의 관계인에게 미리 알려야 한다.

해설 **화재예방법 제7조**
**화재안전조사**
(1) 실시자 : **소방청장·소방본부장·소방서장**(소방관서장)
(2) 관계인의 승낙이 필요한 곳 : **주거**(주택)
(3) 소방관서장은 화재안전조사를 실시하려는 경우 사전에 관계인에게 조사대상, 조사기간 및 조사사유 등을 우편, 전화, 전자메일 또는 문자전송 등을 통하여 통지하고 이를 대통령령으로 정하는 바에 따라 인터넷 홈페이지나 전산시스템 등을 통하여 공개 **보기 ①**

용어

**화재안전조사**
소방청장, 소방본부장 또는 소방서장(소방관서장)이 소방대상물, 관계지역 또는 관계인에 대하여 소방시설 등이 소방관계법령에 적합하게 설치·관리되고 있는지, 소방대상물에 화재의 발생위험이 있는지 등을 확인하기 위하여 실시하는 현장조사·문서열람·보고요구 등을 하는 활동

① 구두 또는 대면 → 구두(전화) 또는 서면(우편, 전자메일, 문자전송)

답 ①

★

**64** 15회 문 64

**소방시설 설치 및 관리에 관한 법령상 소방시설관리사시험에 응시할 수 없는 사람은?**

① 15년의 소방실무경력이 있는 사람
② 소방설비산업기사 자격을 취득한 후 2년의 소방실무경력이 있는 사람
③ 위험물기능사 자격을 취득한 후 3년의 소방실무경력이 있는 사람
④ 위험물기능장

해설 **소방시설법 시행령 제27조**[(구법 적용) – 2026. 12. 1. 개정 예정]

**소방시설관리사시험의 응시자격**

| 소방실무경력 | 대 상 |
|---|---|
| 무관 | • 소방기술사<br>• 위험물기능장 **보기 ④**<br>• 건축사<br>• 건축기계설비기술사<br>• 건축전기설비기술사<br>• 공조냉동기계기술사 |
| 2년 이상 | • 소방설비기사<br>• 소방안전공학(소방방재공학, 안전공학) 석사학위<br>• 특급 소방안전관리자 |
| 3년 이상 | • 소방설비산업기사<br>• 소방안전관리학과 전공자<br>• 소방안전관련학과 전공자<br>• 산업안전기사<br>• 1급 소방안전관리자<br>• 위험물산업기사<br>• 위험물기능사 **보기 ③** |
| 5년 이상 | • 소방공무원<br>• 2급 소방안전관리자 |
| 7년 이상 | • 3급 소방안전관리자 |
| 10년 이상 | • 소방실무경력자 **보기 ①** |

② 2년 → 3년

답 ②

★★★

**65** 18회 문 60 14회 문 62 11회 문 57 02회 문 74

**화재의 예방 및 안전관리에 관한 법령상 특급 소방안전관리대상물의 소방안전관리자로 선임할 수 없는 사람은?**

① 소방설비산업기사 자격을 취득한 후 5년간 1급 소방안전관리대상물의 소방안전관리자로 근무한 실무경력이 있는 사람
② 소방공무원으로 25년간 근무한 경력이 있는 사람
③ 소방시설관리사의 자격이 있는 사람
④ 소방기술사의 자격이 있는 사람

해설 화재예방법 시행령 [별표 4]

(1) **특급 소방안전관리대상물**의 **소방안전관리자 선임조건**

| 자 격 | 경 력 | 비 고 |
|---|---|---|
| • 소방기술사<br>• 소방시설관리사 | 경력 필요 없음 | 특급 소방안전관리자 자격증을 받은 사람 |
| • 1급 소방안전관리자(소방설비기사) | 5년 | |
| • 1급 소방안전관리자(소방설비산업기사) | 7년 | |
| • 소방공무원 | 20년 | |
| • 소방청장이 실시하는 특급 소방안전관리대상물의 소방안전관리에 관한 시험에 합격한 사람 | 경력 필요 없음 | |

(2) **1급 소방안전관리대상물**의 **소방안전관리자 선임조건**

| 자 격 | 경 력 | 비 고 |
|---|---|---|
| • 소방설비기사 · 소방설비산업기사 | 경력 필요 없음 | 1급 소방안전관리자 자격증을 받은 사람 |
| • 소방공무원 | 7년 | |
| • 소방청장이 실시하는 1급 소방안전관리대상물의 소방안전관리에 관한 시험에 합격한 사람 | 경력 필요 없음 | |
| • 특급 소방안전관리대상물의 소방안전관리자 자격이 인정되는 사람 | | |

(3) **2급 소방안전관리대상물**의 **소방안전관리자 선임조건**

| 자 격 | 경 력 | 비 고 |
|---|---|---|
| • 위험물기능장 · 위험물산업기사 · 위험물기능사 | 경력 필요 없음 | 2급 소방안전관리자 자격증을 받은 사람 |
| • 소방공무원 | 3년 | |
| • 소방청장이 실시하는 2급 소방안전관리대상물의 소방안전관리에 관한 시험에 합격한 사람 | 경력 필요 없음 | |
| • 「기업활동 규제완화에 관한 특별조치법」에 따라 소방안전관리자로 선임된 사람(소방안전관리자로 선임된 기간으로 한정) | | |
| • 특급 또는 1급 소방안전관리대상물의 소방안전관리자 자격이 인정되는 사람 | | |

(4) **3급 소방안전관리대상물**의 **소방안전관리자 선임조건**

| 자 격 | 경 력 | 비 고 |
|---|---|---|
| • 소방공무원 | 1년 | 3급 소방안전관리자 자격증을 받은 사람 |
| • 소방청장이 실시하는 3급 소방안전관리대상물의 소방안전관리에 관한 시험에 합격한 사람 | 경력 필요 없음 | |
| • 「기업활동 규제완화에 관한 특별조치법」에 따라 소방안전관리자로 선임된 사람(소방안전관리자로 선임된 기간으로 한정) | | |
| • 특급 소방안전관리대상물, 1급 소방안전관리대상물 또는 2급 소방안전관리대상물의 소방안전관리자 자격이 인정되는 사람 | | |

참고

**소방안전관리자 및 소방안전관리보조자를 선임하는 특정소방대상물**(화재예방법 시행령 [별표 4])

| 소방안전관리대상물 | 특정소방대상물 |
|---|---|
| 특급 소방안전관리대상물 **(동식물원, 철강 등 불연성 물품 저장·취급창고, 지하구, 위험물제조소 등** 제외) | • **50층** 이상(지하층 제외) 또는 지상 **200m** 이상 아파트<br>• **30층** 이상(지하층 포함) 또는 지상 **120m** 이상(아파트 제외)<br>• 연면적 **10만$m^2$** 이상(아파트 제외) |
| 1급 소방안전관리대상물 **(동식물원, 철강 등 불연성 물품 저장·취급창고, 지하구, 위험물제조소 등** 제외) | • **30층** 이상(지하층 제외) 또는 지상 **120m** 이상 **아파트**<br>• 연면적 **15000$m^2$** 이상인 것(아파트 및 연립주택 제외)<br>• **11층** 이상(아파트 제외)<br>• 가연성 가스를 **1000t** 이상 저장·취급하는 시설 |
| 2급 소방안전관리대상물 | • 지하구<br>• 가스제조설비를 갖추고 도시가스사업 허가를 받아야 하는 시설 또는 가연성 가스를 **100~1000t** 미만 저장·취급하는 시설<br>• **옥내소화전설비·스프링클러설비** 설치대상물<br>• **물분무등소화설비**(호스릴방식의 물분무등소화설비만을 설치한 경우 제외) 설치대상물<br>• 공동주택<br>• 목조건축물(국보·보물) |
| 3급 소방안전관리대상물 | • 간이스프링클러설비(주택전용 간이스프링클러설비 제외) 설치대상물<br>• **자동화재탐지설비** 설치대상물 |

① 5년간 → 7년 이상

답 ①

★★★

**66** 17회 문 57

**소방시설별 점검장비 중 조도계의 규격은?**

① 최소눈금이 0.1럭스 이하
② 최대눈금이 0.1럭스 이하
③ 최소눈금이 0.1럭스 이상
④ 최대눈금이 0.1럭스 이상

해설 **소방시설법 시행규칙 [별표 3]**
**소방시설별 점검장비**
**조도계** : 최소눈금이 **0.1럭스** 이하

답 ①

★★

**67** 17회 문 66

**화재의 예방 및 안전관리에 관한 법령상 화재안전조사의 연기를 신청할 수 있는 사유가 아닌 것은?**

① 화재안전조사의 실시를 사전에 통지하면 조사목적을 달성할 수 없다고 인정되는 경우
② 「재난 및 안전관리 기본법」에 해당하는 자연재난, 사회재난이 발생한 경우
③ 관계인의 질병, 사고, 장기출장의 경우
④ 권한 있는 기관에 자체점검기록부, 교육·훈련일지 등 화재안전조사에 필요한 장부·서류 등이 압수되거나 영치되어 있는 경우

해설 **화재예방법 시행령 제9조**
**화재안전조사의 연기**
(1) 「재난 및 안전관리 기본법」에 해당하는 자연재난, 사회재난이 발생한 경우 보기 ②
(2) 관계인의 질병, 사고, 장기출장의 경우 보기 ③
(3) 권한 있는 기관에 자체점검기록부, 교육·훈련일지 등 화재안전조사에 필요한 장부·서류 등이 압수되거나 영치되어 있는 경우 보기 ④
(4) 소방대상물의 증축·용도변경 또는 대수선 등의 공사로 화재안전조사를 실시하기 어려운 경우

답 ①

★★
## 68 위험물안전관리법령상 시·도지사가 면제할 수 있는 탱크안전성능검사는?

19회 문 67 / 17회 문 69 / 16회 문 70 / 12회 문 73

① 기초·지반검사
② 충수·수압검사
③ 용접부검사
④ 암반탱크검사

해설 **위험물령 제9조**
시·도지사가 면제할 수 있는 탱크안전성능검사 :
**충수·수압검사** 보기 ②

중요

**위험물탱크**의 **탱크안전성능검사**(위험물령 제8조)

| 검사항목 | 조 건 |
|---|---|
| • 기초·지반검사<br>• 용접부검사 | 옥외탱크저장소의 액체위험물탱크 중 그 용량이 **100만L** 이상인 탱크 |
| • 충수·수압검사 | 액체위험물을 저장 또는 취급하는 탱크 |
| • 암반탱크검사 | 액체위험물을 저장 또는 취급하는 암반 내의 공간을 이용한 탱크 |

답 ②

★★
## 69 위험물안전관리법령상 정기점검의 대상인 제조소 등에 해당하지 않는 것은?

19회 문 70 / 16회 문 68 / 15회 문 71 / 13회 문 70 / 11회 문 87

① 지하탱크저장소
② 이동탱크저장소
③ 간이탱크저장소
④ 암반탱크저장소

해설 **위험물령 제15·16조**
**정기점검대상인 제조소**
(1) 지정수량의 **10배** 이상 **제조소·일반취급소**
(2) 지정수량의 **100배** 이상 **옥외저장소**
(3) 지정수량의 **150배** 이상 **옥내저장소**
(4) 지정수량의 **200배** 이상 **옥외탱크저장소**
(5) 암반탱크저장소 보기 ④
(6) 이송취급소
(7) 지하탱크저장소 보기 ①
(8) 이동탱크저장소 보기 ②
(9) **지하**에 매설된 **탱크**가 있는 **제조소·주유취급소·일반취급소**

기억법
1 제일
1 외
5 내
2 탱

바로 뒤 문제 71과 비교해서 볼 것

답 ③

★
## 70 위험물안전관리법령상 소방청장이 한국소방안전원에 위탁한 교육에 해당하지 않는 것은?

① 안전관리자로 선임된 자에 대한 안전교육
② 탱크시험자의 기술인력으로 종사하는 자에 대한 안전교육
③ 위험물운송자로 종사하는 자에 대한 안전교육
④ 소방청장이 실시하는 안전관리자교육을 이수한 자를 위한 안전교육

해설 **위험물령 제22조 제①항**
**한국소방안전원에 위탁한 교육**
(1) 위험물운반자 또는 위험물운송자의 요건을 갖추려는 사람
(2) 위험물취급자격자의 자격을 갖추려는 사람
(3) **안전관리자**로 선임된 자에 대한 안전교육 보기 ①
(4) **위험물운송자**로 종사하는 자에 대한 안전교육 보기 ③
(5) 위험물운반자로 종사하는 자에 대한 안전교육
(6) 소방청장이 실시하는 **안전관리자교육**을 이수한 자를 위한 안전교육 보기 ④

답 ②

15회

★★★

**71** 위험물안전관리법령상 관계인이 예방규정을 정하여야 하는 제조소 등이 아닌 것은?

19회 문 70
16회 문 68
15회 문 69
13회 문 70
11회 문 87

① 지정수량의 100배의 위험물을 저장하는 옥외저장소

② 지정수량의 10배의 위험물을 취급하는 제조소

③ 지정수량의 100배의 위험물을 저장하는 옥외탱크저장소

④ 지정수량의 150배의 위험물을 저장하는 옥내저장소

해설 **위험물령 제15조**
**예방규정을 정하여야 할 제조소 등**
(1) **10배** 이상의 **제**조소·**일**반취급소 보기 ②
(2) **100배** 이상의 옥**외**저장소 보기 ①
(3) **150배** 이상의 옥**내**저장소 보기 ④
(4) **200배** 이상의 옥외**탱**크저장소 보기 ③
(5) 이송취급소
(6) 암반탱크저장소

기억법 1 제일
1 외
5 내
2 탱

③ 100배 → 200배

답 ③

★★★

**72** 다중이용업소의 안전관리에 관한 특별법령상 다중이용업소의 영업장에 설치·유지하여야 하는 안전시설 등에 관한 설명으로 옳지 않은 것은?

13회 문 73

① 밀폐구조의 영업장에는 간이스프링클러설비를 설치하여야 한다.

② 노래반주기 등 영상음향장치를 사용하는 영업장에는 자동화재탐지설비를 설치하여야 한다.

③ 구획된 실이 있는 노래연습장업의 영업장에는 영업장 내부 피난통로를 설치하여야 한다.

④ 피난유도선은 모든 다중이용업소의 영업장에 설치하여야 한다.

해설 **다중이용업소령 [별표 1의 2]**
**다중이용업소 피난유도선의 설치장소**
영업장 내부 피난통로 또는 복도가 있는 영업장

④ 모든 다중이용업소의 영업장에 설치하는 것은 아님

답 ④

★

**73** 다중이용업소의 안전관리에 관한 특별법령상 소방본부장이 관할지역 다중이용업소의 안전관리를 위하여 수립하는 안전관리집행계획에 포함되는 사항이 아닌 것은?

① 다중이용업소 밀집지역의 소방시설 설치, 유지·관리와 개선계획

② 다중이용업소의 화재안전에 관한 정보체계의 구축

③ 다중이용업주와 종업원에 대한 소방안전교육·훈련계획

④ 다중이용업주와 종업원에 대한 자체지도계획

해설 **다중이용업령 제8조**
**안전관리집행계획의 포함사항**
(1) 다중이용업소 밀집지역의 소방시설 **설치, 유지·관리**와 개선계획 보기 ①
(2) 다중이용업주와 종업원에 대한 **소방안전교육·훈련계획** 보기 ③
(3) 다중이용업주와 종업원에 대한 **자체지도계획** 보기 ④
(4) 다중이용업소의 화재위험평가의 **실시** 및 **평가**
(5) 다중이용업소의 화재위험평가에 따른 **조치계획**

답 ②

★

## 74 다중이용업소의 안전관리에 관한 특별법령상 다중이용업주는 화재배상책임보험에 가입할 의무가 있다. 이 화재배상책임보험에서 부상 등급과 보험금액의 한도가 바르게 연결되지 않은 것은?

13회 문 74

① 1급 – 3000만원
② 2급 – 1500만원
③ 3급 – 1200만원
④ 4급 – 500만원

해설 다중이용업령 [별표 2]
부상 등급별 화재배상책임보험 보험금액의 한도

| 부상 등급 | 한도금액 | 부상 등급 | 한도금액 |
|---|---|---|---|
| 1급 | 3000만원 | 8급 | 300만원 |
| 2급 | 1500만원 | 9급 | 240만원 |
| 3급 | 1200만원 | 10급 | 200만원 |
| 4급 | 1000만원 | 11급 | 160만원 |
| 5급 | 900만원 | 12급 | 120만원 |
| 6급 | 700만원 | 13~14급 | 80만원 |
| 7급 | 500만원 | – | – |

④ 4급–1000만원

답 ④

★★★

## 75 다중이용업소의 안전관리에 관한 특별법령상 내용으로 (  )에 들어갈 말은?

18회 문 75
17회 문 72
16회 문 74
14회 문 72
13회 문 72
12회 문 63

> 소방청장은 다중이용업소의 화재 등 재난이나 그 밖의 위급한 상황으로 인한 인적·물적 피해의 감소, 안전기준의 개발, 자율적인 안전관리능력의 향상, 화재배상책임보험제도의 정착 등을 위하여 (  )마다 다중이용업소의 안전관리기본계획을 수립·시행하여야 한다.

① 1년 ② 3년
③ 5년 ④ 7년

해설 다중이용업법 제5조
다중이용업소 안전관리기본계획의 수립·시행
(1) 수립·시행자 : **소방청장**
(2) 수립·시행주기 : **5년** 보기 ③

답 ③

제 4 과목 위험물의 성질·상태 및 시설기준

★★★

## 76 제6류 위험물이 아닌 것은?

19회 문 81
13회 문 68
10회 문 78
08회 문 80
05회 문 54
02회 문 62

① 과염소산
② 아염소산칼륨
③ 질산(비중 1.49 이상)
④ 과산화수소(농도 36중량퍼센트 이상)

해설 위험물령 [별표 1]
위험물

| 유 별 | 성 질 | 품 명 |
|---|---|---|
| 제1류 | 산화성 고체 | • 아염소산염류(아염소산칼륨)<br>• 염소산염류<br>• 과염소산염류<br>• 질산염류<br>• 무기과산화물<br>기억법 1산고(일산GO) |
| 제2류 | 가연성 고체 | • **황화**인<br>• **적**린<br>• **황**<br>• **마**그네슘<br>기억법 2황화적황마 |
| 제3류 | 자연발화성 물질 및 금수성 물질 | • **황**린<br>• **칼**륨<br>• **나트**륨<br>• 알킬리튬<br>기억법 3황칼나트 |
| 제4류 | 인화성 액체 | • 특수인화물<br>• 알코올류<br>• 석유류<br>• 동식물유류 |
| 제5류 | 자기반응성 물질 | • 셀룰로이드<br>• 유기과산화물<br>• 질산에스터류 |
| 제6류 | 산화성 액체 | • **과염**소산 보기 ①<br>• 과**산**화수소(농도 36중량퍼센트 이상) 보기 ④<br>• **질**산(비중 1.49 이상) 보기 ③<br>기억법 6산액과염산질 |

② 제1류 위험물

답 ②

15회

★★★

**77** 위험물안전관리법령상 품명(위험물)별 지정수량과 위험등급이 바르게 연결된 것은?

19회 문 88 / 18회 문 71 / 18회 문 86 / 17회 문 87 / 16회 문 80 / 16회 문 85 / 14회 문 77 / 14회 문 78 / 13회 문 76

① 알킬리튬 – 10kg – Ⅰ등급
② 황린 – 20kg – Ⅱ등급
③ 유기금속화합물(제2종) – 300kg – Ⅲ등급
④ 금속의 인화물 – 500kg – Ⅲ등급

해설 위험물령 [별표 1], 위험물규칙 [별표 19] Ⅴ

| 품 명 | 지정수량 | 위험등급 |
|---|---|---|
| 알칼리튬 | 10kg | Ⅰ등급 보기 ① |
| 황린 | 20kg | Ⅰ등급 보기 ② |
| 유기금속화합물(제2종) | 100kg | Ⅱ등급 보기 ③ |
| 금속의 인화물 | 300kg | Ⅲ등급 보기 ④ |

중요

**위험물의 위험등급**(위험물규칙 [별표 19] Ⅴ)

| 구 분 | 위험등급 Ⅰ | 위험등급 Ⅱ | 위험등급 Ⅲ |
|---|---|---|---|
| 제1류 위험물 | 아염소산염류, 염소산염류, 과염소산염류, 무기과산화물, 그 밖에 지정수량이 **50kg**인 위험물 | 브로민산염류, 질산염류, 아이오딘산염류, 그 밖에 지정수량이 **300kg**인 위험물 | 위험등급 Ⅰ, Ⅱ 이외의 것 |
| 제2류 위험물 | – | 황화인, 적린, 황, 그 밖에 지정수량이 **100kg**인 위험물 | |
| 제3류 위험물 | 칼륨, 나트륨, 알킬알루미늄, 황린, 그 밖에 지정수량이 **10kg** 또는 **20kg**인 위험물 | 알칼리금속 및 알칼리토금속, 유기금속화합물, 그 밖에 지정수량이 **50kg**인 위험물 | |
| 제4류 위험물 | **특수인화물** | **제1석유류** 및 **알코올류** | |
| 제5류 위험물 | 지정수량이 **10kg**인 위험물 | 위험등급 Ⅰ 이외의 것 | |
| 제6류 위험물 | 모두 | – | |

답 ①

★★★

**78** 제4류 위험물 중 제3석유류에 해당하는 것은?

19회 문 86 / 14회 문 82 / 13회 문 82 / 10회 문 82

① 중유
② 경유
③ 등유
④ 휘발유

해설 위험물령 [별표 1]
제4류 위험물

| 제4류 위험물 | 인화점 | 대표물질 |
|---|---|---|
| 특수인화물 | –20℃ 이하 | • 이황화탄소<br>• 다이에틸에터 |
| 제1석유류 | 21℃ 미만 | • 아세톤<br>• 휘발유 |
| 제2석유류 | 21~70℃ 미만 | • 등유<br>• 경유 |
| 제3석유류 | 70~200℃ 미만 | • 중유 보기 ①<br>• 크레오소트유 |
| 제4석유류 | 200~250℃ 미만 | • 기어유<br>• 실린더유 |

답 ①

★★

**79** 제5류 위험물에 관한 설명으로 옳지 않은 것은?

18회 문 83 / 14회 문 82 / 11회 문 60 / 11회 문 91 / 10회 문 90 / 09회 문 87 / 03회 문 87

① 외부의 산소 없이도 자기연소하고 연소속도가 빠르다.
② 나이트로화합물은 나이트로기가 많을수록 분해가 용이하다.
③ 지정수량 이상의 제5류 위험물 운반·적재시 제2류, 제4류, 제6류 위험물과 혼재가 가능하다.
④ 일반적으로 다량의 물을 사용하여 냉각소화가 가능하다.

해설 위험물규칙 [별표 19]
유별을 달리하는 위험물의 혼재기준
(1) 제1류+제6류
(2) 제2류+제4류
(3) 제2류+제5류 보기 ③
(4) 제3류+제4류
(5) 제4류+제5류 보기 ③

③ **제5류**는 **제2류** 및 제4류와 혼재 가능

답 ③

★★
## 80 제2류 위험물의 특성에 관한 설명으로 옳은 것은?

18회 문 78 / 18회 문 80 / 16회 문 78 / 16회 문 84 / 15회 문 81 / 14회 문 79 / 13회 문 78 / 13회 문 79 / 12회 문 71 / 09회 문 82 / 02회 문 80

① 철분은 절삭유와 같은 기름이 묻은 상태로 장기간 방치하면 자연발화하기 쉽다.
② 황은 물이나 알코올에 잘 녹으며 고온에서 탄소와 반응하면 이황화탄소가 발생한다.
③ 삼황화인은 찬 물에 잘 녹고 조해성이 있으며, 연소시 유독한 오산화인과 이산화황을 발생한다.
④ 적린은 상온에서 공기 중에 방치하면 자연발화를 일으키므로 이를 방지하기 위하여 물속에 보관하여야 한다.

해설
② **황**은 물에는 녹지 않는다.
③ **삼황화인**은 물에 녹지 않는다.
④ **적린**은 냉암소에 보관하여야 한다.

중요

(1) **철분(Fe)**
① **회백색**의 분말이다.
② 강자성체이지만 **766℃**에서 강자성을 상실한다.
③ 묽은산에 녹아 **수소**($H_2$)를 발생한다.

$$Fe + 2HCl \longrightarrow \underset{\text{염화철}}{FeCl_2} + H_2$$

④ 연소하기 쉽고 기름이 묻은 철분을 장기간 방치하면 자연발화의 위험이 있다.
⑤ $KClO_3$ · $NaClO_3$와 혼합한 것은 충격에 의해 폭발한다.

(2) **황(S)**
① **황색**의 결정 또는 **미황색** 분말이다.
② 이황화탄소($CS_2$)에는 녹지만, **물**에는 녹지 않는다.
③ 고온에서 탄소(C)와 반응하여 이황화탄소($CS_2$)를 생성시키며, 금속이나 할론원소와 반응하여 황화합물을 만든다.
④ 공기 중에서 연소하면 **이산화황가스**($SO_2$)가 발생한다.
⑤ **전기절연체**이므로 마찰에 의한 정전기가 발생한다.

(3) **삼황화인**($P_4S_3$)
① **황색** 결정이다.
② 질산 · 알칼리 · 이황화탄소($CS_2$)에는 녹지만, **물 · 황산 · 염산** 등에는 녹지 않는다.
③ 공기 중에서 연소하여 **오산화인**($P_2O_5$)과 **이산화황**($SO_2$)을 발생시킨다.

$$P_4S_3 + O_2 \rightarrow 2P_2O_5 + 3SO_2$$

(4) **적린**($P_4$)
① **암적색**의 분말이다.
② **황린**의 동소체이다.
③ 자연발화의 위험이 없으므로 안전하다.
④ 조해성이 있다.
⑤ 물 · 이황화탄소 · 에터 · 암모니아 등에는 녹지 않는다.
⑥ 전형적인 **비금속원소**이다.

답 ①

★★
## 81 제2류 위험물 마그네슘(Mg)에 관한 설명으로 옳지 않은 것은?

18회 문 78 / 18회 문 80 / 16회 문 78 / 16회 문 84 / 15회 문 80 / 14회 문 79 / 13회 문 78 / 13회 문 79 / 12회 문 71 / 12회 문 82 / 09회 문 82 / 06회 문 80 / 06회 문 88 / 02회 문 80

① 공기 중 습기와 서서히 반응하여 열이 축적되면 자연발화의 위험성이 있다.
② 미세한 분말은 밀폐공간 내 부유(浮游)하면 분진폭발의 위험이 있다.
③ 이산화탄소($CO_2$) 중에서 연소한다.
④ 산이나 뜨거운 물에 반응하여 메탄($CH_4$)가스를 발생시킨다.

해설
(1) **산과 반응** : $Mg+2HCl \rightarrow MgCl_2+H_2\uparrow$
(2) **물과 반응** : $Mg+2H_2O \rightarrow Mg(OH)_2+H_2\uparrow$

④ 마그네슘(Mg)은 **산 · 물**과 반응하여 **수소**($H_2$)를 발생시킨다.

답 ④

★★★
## 82 옥내저장소에 아세톤 18L 용기 100개와 초산 200L 용기 10개를 저장하고 있다면 이 저장소에는 지정수량의 몇 배를 저장하고 있는가? (단, 용기는 가득 차 있다고 가정한다.)

17회 문 85 / 16회 문 98 / 12회 문 93 / 11회 문 99

① 5
② 5.5
③ 7
④ 9.5

15회

해설 **제4류 위험물의 종류 및 지정수량**

| 성질 | 품명 | | 지정수량 | 대표물질 |
|---|---|---|---|---|
| 인화성 액체 | 특수인화물 | | 50L | 다이에틸에터 · 이황화탄소 · 아세트알데하이드 · 산화프로필렌 · 이소프렌 · 펜탄 · 디비닐에터 · 트리클로로실란 |
| | 제1석유류 | 비수용성 | 200L | 휘발유 · 벤젠 · 톨루엔 · 시클로헥산 · 아크롤레인 · 에틸벤젠 · 초산에스터류 · 의산에스터류 · 콜로디온 · 메틸에틸케톤 |
| | | 수용성 | **400L** | 아세톤 · 피리딘 · 시안화수소 |
| | 알코올류 | | 400L | 메틸알코올 · 에틸알코올 · 프로필알코올 · 이소프로필알코올 · 부틸알코올 · 아밀알코올 · 퓨젤유 · 변성알코올 |
| | 제2석유류 | 비수용성 | 1000L | 등유 · 경유 · 테레빈유 · 장뇌유 · 송근유 · 스티렌 · 클로로벤젠 · 크실렌 |
| | | 수용성 | **2000L** | 의산 · **초산** · 메틸셀로솔브 · 에틸셀로솔브 · 알릴알코올 |
| | 제3석유류 | 비수용성 | 2000L | 중유 · 크레오소트유 · 나이트로벤젠 · 아닐린 · 담금질유 |
| | | 수용성 | 4000L | 에틸렌글리콜 · 글리세린 |
| | 제4석유류 | | 6000L | 기어유 · 실린더유 |
| | 동식물유류 | | 10000L | 아마인유 · 해바라기유 · 들기름 · 대두유 · 야자유 · 올리브유 · 팜유 |

지정수량의 배수

$$= \frac{저장량}{지정수량} + \frac{저장량}{지정수량}$$

$$= \frac{18L \times 100개}{400L} + \frac{200L \times 10개}{2000L} = 5.5배$$

답 ②

★★

**83** 제6류 위험물에 관한 설명으로 옳지 않은 것은?

17회 문 86 / 16회 문 82 / 14회 문 85 / 13회 문 87 / 09회 문 25 / 08회 문 79 / 05회 문 80

① 모두 무기화합물이며 불연성의 산화성 액체이다.

② 지정수량은 300kg이며 위험등급은 I 등급에 해당한다.

③ 과산화수소의 저장용기는 완전히 밀전하여 저장한다.

④ 할로젠간화합물을 제외하고 산소를 함유하고 있으며 다른 물질을 산화시킨다.

해설 **과산화수소($H_2O_2$)의 저장 및 취급방법**

(1) 유기용기에 장기보존을 피할 것

(2) 요소 · 글리세린 · 인산나트륨 등의 분해방지 안정제를 넣어 산소분해를 억제시킬 것

③ 과산화수소는 밀전하여 저장하면 안 된다.

용어

**밀전**
새지 않게 마개를 꼭 닫음

답 ③

★★

**84** 물과 반응하여 가연성 가스를 발생하는 위험물만으로 나열된 것은?

18회 문 82 / 17회 문 79 / 14회 문 80 / 13회 문 80 / 09회 문 83

① $CaC_2$, $LiAlH_4$, $Al_4C_3$

② $K_2O_2$, $NaH$, $Zn(ClO_3)_2$

③ $Ba(ClO_3)_2$, $K_2O_2$, $CaC_2$

④ $Zn(ClO_3)_2$, $Ba(ClO_3)_2$, $Al_4C_3$

해설 (1) **탄화칼슘($CaC_2$)** : 물과 반응하여 **수산화칼슘**[$Ca(OH)_2$]과 가연성 가스인 **아세틸렌**($C_2H_2$)을 발생시킨다.

$$CaC_2 + 2H_2O \rightarrow Ca(OH)_2 + C_2H_2 \uparrow$$

(2) **수소화 알루미늄리튬($LiAlH_4$)** : 물과 반응하여 **수산화리튬**($LiOH$)과 가연성 가스인 **수소**($H_2$)를 발생시킨다.

$$LiAlH_4 + 4H_2O \rightarrow LiOH + Al(OH)_3 + 4H_2$$

(3) **탄화알루미늄($Al_4C_3$)** : 물과 반응하여 가연성 가스인 **메탄**($CH_4$)을 발생시킨다.

$$Al_4C_3 + 12H_2O \rightarrow 4Al(OH)_3 + 3CH_4 \uparrow$$

용어

| 가연성 가스 | 지연성 가스(조연성 가스) |
|---|---|
| 물질 자체가 연소하는 것 | 자기자신은 연소하지 않지만 연소를 도와주는 가스 |

비교

**가연성 가스와 지연성 가스**

| 가연성 가스 | 지연성 가스 (조연성 가스) |
|---|---|
| ① 수소($H_2$)<br>② 메탄($CH_4$)<br>③ 일산화탄소(CO)<br>④ 천연가스<br>⑤ 부탄<br>⑥ 에탄($C_2H_6$)<br>⑦ 아세틸렌($C_2H_2$) | ① 산소($O_2$)<br>② 공기<br>③ 오존($O_3$)<br>④ 불소(F)<br>⑤ 염소($Cl_2$) |

기억법 가수메일 천부에아

답 ①

★★
**85** 제1류 위험물인 과산화나트륨($Na_2O_2$) 1kg이 완전 열분해 되었을 경우 생성되는 산소는 표준상태(STP)에서 약 몇 L인가? (단, Na 원자량은 23, O 원자량은 16으로 한다.)

18회 문 76 / 16회 문 77 / 12회 문 21 / 11회 문 95 / 10회 문 84 / 06회 문 96

① 0.143 ② 0.283
③ 143.59 ④ 283.18

해설 **과산화나트륨**

$$2Na_2O_2 \rightarrow 2Na_2O + O_2$$

분자량 $2Na_2O_2 = 2\times[(23\times2)+(16\times2)] = 156g/mol$
표준상태에서 1mol의 기체는 0℃, 1기압에서 22.4L를 가지므로

$156g/mol : 22.4L/mol = 1000g : x$
$22.4L/mol \times 1000g = 156g/mol \times x$
$\frac{22.4L/mol \times 1000g}{156g/mol} = x$
$143.59L \fallingdotseq x$

• 1kg=1000g

중요

**원자량**

| 원 소 | 원자량 |
|---|---|
| H | 1 |
| C | 12 |
| N | 14 |
| O | 16 |
| F | 19 |
| Na | 23 |
| K | 39 |
| Cl | 35.5 |
| Br | 80 |

답 ③

★
**86** 제1류 위험물의 성상 및 위험성에 관한 설명으로 옳지 않은 것은?

19회 문 76 / 17회 문 76 / 16회 문 83 / 13회 문 77 / 06회 문 98 / 05회 문 77 / 02회 문 99

① 질산칼륨은 무색결정 또는 백색분말이며 짠맛이 있다.
② 과염소산칼륨은 무색·무취의 결정으로 에탄올, 에터에 잘 녹는다.
③ 질산나트륨은 무색결정으로 조해성이 있으며 칠레초석이라고도 부른다.
④ 과망가니즈산나트륨은 적린, 황, 금속분과 혼합하면 가열, 충격에 의해 폭발한다.

해설 **과염소산칼륨($KClO_4$)** 보기 ②
(1) 무색·무취의 사방정계결정 또는 **백색분말**이다.
(2) 물·알코올(에탄올)·에터 등에 녹지 않는다.
(3) **400℃** 이상에서 분해하여 산소를 발생시킨다.
(4) 상온에서 비교적 안정성이 높다.

답 ②

★
**87** 트리나이트로톨루엔[$C_6H_2CH_3(NO_2)_3$] 열분해 반응시 최종적으로 발생하는 물질이 아닌 것은?

17회 문 84 / 05회 문 82

① $N_2$ ② $H_2$
③ CO ④ $NO_2$

해설 **TNT(트리나이트로톨루엔)의 열분해 반응식**

$$\underset{\text{TNT}}{2C_6H_2CH_3(NO_2)_3} \rightarrow \underset{\text{일산화탄소}}{12CO\uparrow} + \underset{\text{탄소}}{2C} + \underset{\text{질소}}{3N_2\uparrow} + \underset{\text{수소}}{5H_2\uparrow}$$

답 ④

★★★
**88** 위험물안전관리법령상 위험물제조소의 안전거리 적용대상에서 제외되는 위험물은?

05회 문 79 / 02회 문100

① 제3류 위험물
② 제4류 위험물
③ 제5류 위험물
④ 제6류 위험물

15회

해설 **위험물규칙 [별표 4]**
위험물제조소 안전거리 적용제외 : **제6류 위험물**

비교

**옥내저장소의 안전거리 적용제외**(위험물규칙 [별표 5])
(1) 제4석유류 또는 동식물유류 저장·취급 장소(최대수량이 지정수량의 **20배** 미만)
(2) **제6류** 위험물 저장·취급장소
(3) 다음 기준에 적합한 지정수량 **20배**(하나의 저장창고의 바닥면적이 **150m²** 이하인 경우 **50배**) 이하의 장소
① 저장창고의 벽·기둥·바닥·보 및 지붕이 **내화구조**일 것
② 저장창고의 출입구에 수시로 열 수 있는 자동폐쇄방식의 60분+방화문, 60분 방화문이 설치되어 있을 것
③ 저장창고에 **창**을 설치하지 아니할 것

답 ④

★★★
## 89 위험물안전관리법령상 위험물제조소의 채광 및 조명설비에 관한 기준으로 옳지 않은 것은?

16회 문 93
13회 문 89

① 전선은 내화·내열전선으로 할 것
② 점멸스위치는 출입구 바깥부분에 설치할 것(다만, 스위치의 스파크로 인한 화재·폭발의 우려가 없을 경우에는 그러하지 아니한다)
③ 가연성 가스 등이 체류할 우려가 있는 장소의 조명등은 방폭등으로 할 것
④ 채광설비는 불연재료로 하고 연소의 우려가 없는 장소에 설치하되 채광면적을 최대로 할 것

해설 **위험물규칙 [별표 4] Ⅴ**
(1) **채광설비의 설치기준** : 채광설비는 **불연재료**로 하고, 연소의 우려가 없는 장소에 설치하되 채광면적을 **최소**로 할 것
(2) **조명설비의 설치기준**
① 가연성 가스 등이 체류할 우려가 있는 장소의 조명등은 **방폭등**으로 할 것 보기 ③
② 전선은 **내화·내열전선**으로 할 것 보기 ①
③ 점멸스위치는 **출입구 바깥부분**에 설치할 것(단, 스위치의 스파크로 인한 화재·폭발의 우려가 없을 경우 제외) 보기 ②

④ 최대 → 최소

비교

**위험물규칙 [별표 4] Ⅴ**
**환기설비 및 배출설비**
(1) 환기설비의 급기구는 낮은 곳에 설치하고 가는 눈의 구리망 등으로 **인화방지망**을 설치할 것
(2) 배출설비의 배풍기는 **강제배기방식**으로 할 것
(3) 배출설비의 배출능력은 1시간당 배출장소 용적의 **20배** 이상(단, 전역방식의 경우에는 바닥면적 **18m³/m²** 이상으로 할 수 있다)

답 ④

★★★
## 90 위험물안전관리법령상 제1류 위험물 중 알칼리금속의 과산화물 운반용기 외부에 표시해야 할 주의사항으로 옳지 않은 것은? (단, 국제해상위험물규칙(IMDG Code)에 정한 기준 또는 소방청장이 정하여 고시하는 기준에 적합한 표시를 한 경우는 제외한다.)

① 물기엄금　② 화기·충격주의
③ 공기접촉엄금　④ 가연물접촉주의

해설 **위험물규칙 [별표 19] Ⅱ**
**위험물 운반용기 표시 주의사항**

| 위험물 | | 주의사항 |
|---|---|---|
| 제1류 | • 알칼리금속의 과산화물 | • 화기·충격주의<br>• 물기엄금<br>• 가연물접촉주의 |
| | • 그 밖의 것 | • 화기·충격주의<br>• 가연물접촉주의 |
| 제2류 | • 철분·금속분·마그네슘 | • 화기주의<br>• 물기엄금 |
| | • 인화성 고체 | • 화기엄금 |
| | • 그 밖의 것 | • 화기주의 |
| 제3류 | • 자연발화성 물질 | • 화기엄금<br>• 공기접촉엄금<br>보기 ③ |
| | • 금수성 물질 | • 물기엄금 |
| 제4류 | | • 화기엄금 |
| 제5류 | | • 화기엄금<br>• 충격주의 |
| 제6류 | | • 가연물접촉주의 |

답 ③

★★
**91** 03회 문 82

**위험물안전관리법령상 위험물제조소의 압력계 및 안전장치설비 중 위험물을 가압하는 설비에 설치하는 안전장치가 아닌 것은?**

① 밸브 없는 통기관
② 안전밸브를 겸하는 경보장치
③ 감압측에 안전밸브를 부착한 감압밸브
④ 자동적으로 압력의 상승을 정지시키는 장치

해설 위험물규칙 [별표 4] Ⅷ
안전장치의 설치기준
(1) 자동적으로 압력의 상승을 정지시키는 장치 보기 ④
(2) 감압측에 안전밸브를 부착한 감압밸브 보기 ③
(3) 안전밸브를 겸하는 경보장치 보기 ②
(4) 파괴판 : 위험물의 성질에 따라 안전밸브의 작동이 곤란한 가압설비

답 ①

★★
**92** 06회 문 91

**위험물안전관리법령상 위험물제조소의 옥외에서 액체위험물을 취급하는 설비의 바닥의 둘레에 설치하는 턱의 높이 기준은?**

① 0.1m 이상　　② 0.15m 이상
③ 0.3m 이상　　④ 0.5m 이상

해설 위험물규칙 [별표 4] Ⅶ
옥외에서 액체위험물을 취급하는 바닥기준
(1) 바닥의 둘레에 높이 **0.15m** 이상의 턱을 설치하는 등 위험물이 외부로 흘러나가지 아니하도록 할 것 보기 ②
(2) 바닥은 **콘크리트** 등 위험물이 스며들지 아니하는 재료로 하고, 턱이 있는 쪽이 낮게 경사지게 할 것
(3) 바닥의 **최저부**에 **집유설비**를 할 것
(4) 위험물을 취급하는 설비에 있어서는 해당 위험물이 직접 배수구에 흘러들어가지 아니하도록 집유설비에 **유분리장치**를 설치할 것

답 ②

★★
**93** 08회 문 91

**위험물안전관리법령상 제조소 등의 소화난이도 Ⅰ등급 중 황만을 저장·취급하는 옥내탱크저장소에 설치하는 소화설비는?**

① 물분무 소화설비
② 강화액 소화설비
③ 이산화탄소 소화설비
④ 할로겐화합물 및 불활성기체 소화설비

해설 위험물규칙 [별표 17] Ⅰ
황만을 저장·취급하는 것 : **물분무 소화설비**

답 ①

★★
**94** 18회 문 93 / 12회 문 83 / 10회 문 89 / 09회 문 93 / 04회 문 88

**위험물안전관리법령상 지하탱크저장소 하나의 전용실에 경유 20000L와 휘발유 10000L의 저장탱크를 인접해 설치하는 경우 탱크 상호간의 거리는 최소 몇 m를 유지하여야 하는가? (단, 지하저장탱크 사이에 탱크전용실의 벽이나 두께 20cm 이상의 콘크리트 구조물이 있는 경우는 제외)**

① 0.3　　② 0.5
③ 0.6　　④ 1

해설 위험물규칙 [별표 8] Ⅰ
지하탱크저장소의 기준
(1) 탱크전용실은 지하의 가장 가까운 벽·피트·가스관 등의 시설물 및 대지경계선으로부터 **0.1m** 이상 떨어진 곳에 설치하고, 지하저장탱크와 탱크전용실의 안쪽과의 사이는 **0.1m 이상**의 간격을 유지하도록 하며, 해당 탱크의 주위에 마른모래 또는 습기 등에 의하여 응고되지 아니하는 입자지름 **5mm** 이하의 마른 자갈분을 채울 것
(2) 지하저장탱크의 윗부분은 지면으로부터 **0.6m 이상** 아래에 있을 것
(3) 지하저장탱크를 2 이상 인접해 설치하는 경우에는 그 상호간에 1m(해당 2 이상의 지하저장탱크의 용량의 합계가 지정수량의 100배 이하인 때에는 0.5m) 이상의 간격 유지(단, 그 사이에 탱크전용실의 벽이나 두께 **20cm 이상**의 콘크리트 구조물이 있는 경우는 제외)

‖ 지정수량 ‖

| 품 명 | 지정수량 |
|---|---|
| 휘발유 | 200L |
| 경유 | 1000L |

15회

$$배수 = \frac{저장수량}{지정수량} + \frac{저장수량}{지정수량} = \frac{20000L}{1000L} + \frac{10000L}{200L} = 70배$$

100배 이하이므로 **0.5m**

② 지하저장탱크를 2 이상 인접해 설치하는 경우에는 그 상호간에 1m(해당 2 이상의 지하저장탱크의 용량의 합계가 지정수량의 **100배** 이하인 때에는 **0.5m**) 이상의 간격 유지)

답 ②

**95** 위험물안전관리법령상 옥내탱크저장소의 탱크전용실에 하나의 탱크를 설치하고 등유를 저장하려고 한다. 저장할 수 있는 최대용량과 그 지정수량 배수는?

① 20000L − 20배
② 20000L − 40배
③ 40000L − 20배
④ 40000L − 40배

해설 **위험물규칙 [별표 7] Ⅰ**
**옥내탱크저장소의 기준**
옥내저장탱크의 용량(동일한 탱크전용실에 옥내저장탱크를 2 이상 설치하는 경우에는 각 탱크의 용량의 합계)은 지정수량의 **40배**(제4석유류 및 동식물유류 외의 제4류 위험물에 있어서 해당 수량이 20000L를 초과할 때에는 **20000L**) 이하일 것

‖ 지정수량 배수 ‖

| 품 명 | 지정수량 배수 |
|---|---|
| • 제1류 위험물<br>• 제2류 위험물<br>• 제3류 위험물<br>• 제4류 위험물<br>(제4석유류 · 동식물유류)<br>• 제5류 위험물<br>• 제6류 위험물 | 지정수량의 **40배** |
| 제4류 위험물<br>(특수인화물 · 제1~3석유류) | 해당 수량<br>(최대 **20000L**) |

등유는 제2석유류(비수용성이므로) 지정수량은 1000L

$$배수 = \frac{저장수량}{지정수량} = \frac{20000L}{1000L} = 20배$$

∴ 등유의 최대용량은 **20000L**, 지정수량 배수는 **20배**이다.

중요

**제4류 위험물의 종류 및 지정수량**

| 성질 | 품 명 | | 지정수량 | 대표물질 |
|---|---|---|---|---|
| 인화성 액체 | 특수인화물 | | 50L | **다이에틸에터 · 이황화탄소** · 아세트알데하이드 · 산화프로필렌 · 이소프렌 · 펜탄 · 디비닐에터 · 트리클로로실란 |
| | 제1 석유류 | 비수용성 | 200L | **휘발유** · 벤젠 · 톨루엔 · 시클로헥산 · 아크롤레인 · 에틸벤젠 · 초산에스터류 · 의산에스터류 · 콜로디온 · 메틸에틸케톤 |
| | | 수용성 | 400L | **아세톤** · 피리딘 · 시안화수소 |
| | 알코올류 | | 400L | **메틸알코올 · 에틸알코올** · 프로필알코올 · 이소프로필알코올 · 부틸알코올 · 아밀알코올 · 퓨젤유 · 변성알코올 |
| | 제2 석유류 | 비수용성 | 1000L | **등유 · 경유** · 테레빈유 · 장뇌유 · 송근유 · 스티렌 · 클로로벤젠 · 크실렌 |
| | | 수용성 | 2000L | 의산 · 초산 · 메틸셀로솔브 · 에틸셀로솔브 · 알릴알코올 |
| | 제3 석유류 | 비수용성 | 2000L | **중유 · 크레오소트유** · 나이트로벤젠 · 아닐린 · 담금질유 |
| | | 수용성 | 4000L | 에틸렌글리콜 · 글리세린 |
| | 제4석유류 | | 6000L | **기어유 · 실린더유** |
| | 동식물유류 | | 10000L | 아마인유 · 해바라기유 · 들기름 · 대두유 · 야자유 · 올리브유 · 팜유 |

답 ①

★★
## 96 위험물안전관리법령상 간이탱크저장소 설치기준에 관한 내용으로 옳은 것은?

16회 문 99

① 간이저장탱크의 용량은 1000L 이하이어야 한다.
② 하나의 간이탱크저장소에 설치하는 간이저장탱크수는 5 이하로 한다.
③ 간이저장탱크는 70kPa의 압력으로 10분간의 수압시험을 실시하여 새거나 변형되지 아니하여야 한다.
④ 간이저장탱크를 옥외에 설치하는 경우 그 탱크 주위에 너비 0.5m 이상의 공지를 둔다.

해설 **위험물규칙 [별표 9]**
**간이탱크저장소의 설치기준**

(1) 간이저장탱크의 용량 : **600L** 이하 보기 ①
(2) 하나의 간이탱크저장소에 설치하는 간이저장탱크수 : **3** 이하 보기 ②
(3) **70kPa**의 압력으로 **10분**간의 수압시험을 실시하여 새거나 변형되지 않을 것 보기 ③
(4) 옥외에 설치하는 경우에는 그 탱크의 주위에 너비 **1m** 이상의 공지를 두고, 전용실 안에 설치하는 경우에는 탱크와 전용실의 벽과의 사이에 **0.5m** 이상의 간격 유지 보기 ④
(5) 두께 **3.2mm** 이상의 강판으로 흠이 없도록 제작

① 1000L → 600L
② 5 → 3
④ 0.5m → 1m

답 ③

★★★
## 97 위험물안전관리법령상 제조소 등에 설치하는 옥외소화전설비 수원기준에 관한 것이다. (   )에 들어갈 숫자는?

18회 문 91
08회 문 85

수원의 수량은 옥외소화전의 설치개수(설치개수가 4개 이상인 경우는 4개의 옥외소화전)에 (   )$m^3$를 곱한 양 이상이 되도록 설치할 것

① 2.6　　② 7
③ 7.8　　④ 13.5

해설 **위험물규칙 [별표 17]**
**수원**

| 설비 | | 수원 |
|---|---|---|
| 옥내소화전설비 | 일반건축물 | $Q=2.6N$(30층 미만)<br>$Q=5.2N$(30~49층 이하)<br>$Q=7.8N$(50층 이상)<br>여기서, $Q$ : 수원의 저수량[$m^3$]<br>$N$ : 가장 많은 층의 소화전 개수(30층 미만 : 최대 **2개**, 30층 이상 : 최대 **5개**) |
| | 위험물제조소 | $Q=7.8N$<br>여기서, $Q$ : 수원[$m^3$]<br>$N$ : 가장 많은 층의 소화전 개수(최대 **5개**) |
| 옥외소화전설비 | 일반건축물 | $Q=7N$<br>여기서, $Q$ : 수원[$m^3$]<br>$N$ : 소화전 개수(최대 **2개**) |
| | 위험물제조소 | $Q=13.5N$<br>여기서, $Q$ : 수원[$m^3$]<br>$N$ : 소화전 개수(최대 **4개**) |

답 ④

★★
## 98 위험물안전관리법령상 제1종 판매취급소에 관한 설명으로 옳지 않은 것은?

18회 문 98
17회 문 99
16회 문 97
14회 문 91
11회 문 84
03회 문 93

① 제1종 판매취급소는 저장 또는 취급하는 위험물의 수량이 지정수량의 20배 이하인 판매취급소를 말한다.
② 제1종 판매취급소의 위험물을 배합하는 실의 바닥면적은 $20m^2$ 이하로 한다.
③ 제1종 판매취급소로 사용되는 부분과 다른 부분과의 격벽은 내화구조로 하여야 한다.
④ 제1종 판매취급소의 용도로 사용하는 부분의 창 및 출입구에는 60분+방화문, 60분 방화문 또는 30분 방화문을 설치하여야 한다.

해설 **위험물규칙 [별표 14] Ⅰ**
**제1종 판매취급소의 기준**

(1) 제1종 판매취급소 : 저장 또는 취급하는 위험물의 수량이 지정수량의 **20배** 이하인 판매취급소 보기 ①
(2) 위험물을 배합하는 실 바닥면적 : **6~15$m^2$** 이하 보기 ②
(3) 제1종 판매취급소의 용도로 사용되는 건축물의 부분은 **내화구조** 또는 **불연재료**로 하고, 판매취급소로 사용되는 부분과 다른 부분과의 격벽은 **내화구조**로 할 것 보기 ③

(4) 제1종 판매취급소의 용도로 사용하는 부분의 창 및 출입구에는 60분+방화문, 60분 방화문 또는 30분 방화문을 설치할 것 **보기 ④**

② $20m^2 \rightarrow 6\sim15m^2$

비교

**위험물을 배합하는 제1종 판매취급소의 실의 기준**(위험물규칙 [별표 14] Ⅰ)

(1) 바닥면적은 **$6\sim15m^2$** 이하일 것
(2) **내화구조** 또는 **불연재료**로 된 벽으로 구획할 것
(3) 바닥은 위험물이 침투하지 아니하는 구조로 하여 적당한 경사를 두고 **집유설비**를 할 것
(4) 출입구에는 수시로 열 수 있는 자동폐쇄식의 60분+방화문, 60분 방화문을 설치할 것
(5) 출입구 문턱의 높이는 바닥면으로부터 **0.1m** 이상으로 할 것
(6) 내부에 체류한 가연성의 증기 또는 가연성의 미분을 **지붕 위**로 방출하는 설비를 할 것

답 ②

★★

## 99 위험물안전관리법령상 주유취급소 내에 설치하는 고정주유설비와 고정급유설비 사이에 유지하여야 하는 거리기준은?

① 1m 이상　② 3m 이상
③ 4m 이상　④ 5m 이상

해설 **위험물규칙 [별표 13] Ⅳ**

**주유취급소 내의 고정주유설비 또는 고정급유설비**

(1) **고정주유설비 중심선 기점**

| 구 분 | 거 리 |
|---|---|
| 부지경계선·담 및 건축물의 벽까지 | **2m**(개구부가 없는 벽까지는 **1m**) 이상 |
| 도로경계선까지 | **4m** 이상 |

(2) **고정급유설비 중심선 기점**

| 구 분 | 거 리 |
|---|---|
| 부지경계선 및 담까지 | **1m** 이상 |
| 건축물의 벽까지 | **2m**(개구부가 없는 벽까지는 **1m**) 이상 |
| 도로경계선까지 | **4m** 이상 |

(3) **고정주유설비와 고정급유설비의 사이** : **4m** 이상 **보기 ③**

답 ③

★★★

## 100 위험물안전관리법령상 경유 40000L를 저장하고 있는 위험물에 관한 소화설비 소요단위는?

18회 문 96
15회 문100
10회 문100
08회 문 98

① 2단위　② 4단위
③ 6단위　④ 8단위

해설 **위험물규칙 [별표 17]**

$$소요단위 = \frac{저장량}{지정수량 \times 10배}$$

$$= \frac{40000L}{1000L \times 10배} = 4단위$$

중요

(1) **소요단위**

| 제조소 등 | | 면 적 |
|---|---|---|
| • 제조소<br>• 취급소 | 외벽이 기타구조 | $50m^2$ |
| | 외벽이 내화구조 | $100m^2$ |
| • 저장소 | 외벽이 기타구조 | $75m^2$ |
| | 외벽이 내화구조 | $150m^2$ |
| • 위험물 | 지정수량의 **10배** | |

(2) **제4류 위험물**

| 성질 | 품 명 | | 지정수량 | 대표물질 |
|---|---|---|---|---|
| 인화성 액체 | 특수인화물 | | 50L | • 다이에틸에터<br>• 이황화탄소<br>• 산화프로필렌<br>• 아세트알데하이드 |
| | 제1석유류 | 비수용성 | 200L | • 휘발유<br>• 콜로디온 |
| | | 수용성 | 400L | • 아세톤 |
| | 알코올류 | | 400L | • 변성 알코올 |
| | 제2석유류 | 비수용성 | **1000L** | • 등유<br>• **경유** |
| | | 수용성 | 2000L | • 아세트산 |
| | 제3석유류 | 비수용성 | 2000L | • 중유<br>• 크레오소트유 |
| | | 수용성 | 4000L | • 글리세린 |
| | 제4석유류 | | 6000L | • 기어유<br>• 실린더유 |
| | 동식물유류 | | 10000L | • 아마인유 |

용어

| 소요단위 | 능력단위 |
|---|---|
| 소화설비의 설치대상이 되는 건축물, 그 밖의 **공작물**의 **규모** 또는 **위험물**의 **양**의 기준단위 | 소요단위에 대응하는 **소화설비**의 **소화능력**의 기준단위 |

답 ②

## 제 5 과목 소방시설의 구조 원리

★★★

**101** 한 대의 원심펌프를 회전수를 달리하여 운전할 때의 관계식은? (단, $Q$ : 유량, $N$ : 회전수, $H$ : 양정, $L$ : 축동력)

18회 문 18 / 18회 문125 / 17회 문108 / 16회 문124 / 13회 문102 / 12회 문 34 / 10회 문 41 / 08회 문102 / 07회 문109

① $\dfrac{Q_2}{Q_1}=\dfrac{N_1}{N_2}$　② $\dfrac{H_1}{H_2}=\left(\dfrac{N_1}{N_2}\right)^2$

③ $\dfrac{L_1}{L_2}=\left(\dfrac{N_2}{N_1}\right)^3$　④ $\dfrac{Q_1}{Q_2}=\left(\dfrac{N_2}{N_1}\right)^4$

해설 **유량, 양정, 축동력**

(1) **유량**(풍량)

$$Q_2=Q_1\left(\frac{N_2}{N_1}\right)\left(\frac{D_2}{D_1}\right)^3$$

또는

$$Q_2=Q_1\left(\frac{N_2}{N_1}\right)$$

(2) **양정**(정압)

$$H_2=H_1\left(\frac{N_2}{N_1}\right)^2\left(\frac{D_2}{D_1}\right)^2$$

또는

$$H_2=H_1\left(\frac{N_2}{N_1}\right)^2$$

(3) **축동력**

$$\overset{(L_2)}{P_2}=\overset{(L_1)}{P_1}\left(\frac{N_2}{N_1}\right)^3\left(\frac{D_2}{D_1}\right)^5$$

또는

$$P_2=P_1\left(\frac{N_2}{N_1}\right)^3$$

여기서, $Q_2$ : 변경 후 유량(풍량)[m$^3$/min]
$Q_1$ : 변경 전 유량(풍량)[m$^3$/min]
$H_2$ : 변경 후 양정(정압)[m]
$H_1$ : 변경 전 양정(정압)[m]
$P_2$ : 변경 후 축동력[kW]
$P_1$ : 변경 전 축동력[kW]
$N_2$ : 변경 후 회전수[rpm]
$N_1$ : 변경 전 회전수[rpm]
$D_2$ : 변경 후 관경[mm]
$D_1$ : 변경 전 관경[mm]

① $\dfrac{Q_2}{Q_1}=\dfrac{N_2}{N_1}$　② $\dfrac{H_1}{H_2}=\left(\dfrac{N_1}{N_2}\right)^2$

③ $\dfrac{L_2}{L_1}=\left(\dfrac{N_2}{N_1}\right)^3$　④ $\dfrac{Q_1}{Q_2}=\dfrac{N_1}{N_2}$

답 ②

★★★

**102** 바닥면적 530m$^2$의 특정소방대상물인 장례시설에 설치할 소화기구의 최소능력단위는? (단, 주요구조부는 비내화구조임)

17회 문101 / 13회 문101 / 11회 문106

① 3　② 6

③ 8　④ 11

해설 **특정소방대상물별 소화기구의 능력단위기준**(NFTC 101 2.1.1.2)

| 특정소방대상물 | 능력단위(바닥면적) | 내화구조이고 불연재료·준불연재료·난연재료(바닥면적) |
|---|---|---|
| • **위**락시설(무도학원)<br>기억법 위3(위상) | **30m$^2$마다** 1단위 이상 | 60m$^2$마다 1단위 이상 |
| • **공연**장·**집**회장<br>• **관람**장 및 **문**화재<br>• **의**료시설<br>• **장**례시설<br>기억법 5공연장 문의 집관람(손오공 연장 문의 집관람) | **50m$^2$마다** 1단위 이상 | 100m$^2$마다 1단위 이상 |
| • **근**린생활시설·**판**매시설·운수시설<br>• **숙**박시설·**노**유자시설<br>• **전**시장<br>• 공동**주**택·**업**무시설<br>• **방**송통신시설·공장<br>• **창**고·**항**공기 및 자동**차** 관련시설<br>• **관광**휴게시설<br>기억법 근판숙노전 주업방차창 1항관광(근판숙노전 주업방차창 일본항관광) | **100m$^2$마다** 1단위 이상 | 200m$^2$마다 1단위 이상 |
| • 그 밖의 것 | 200m$^2$마다 1단위 이상 | 400m$^2$마다 1단위 이상 |

15회

**비내화구조**이므로

$$\text{최소능력단위} = \frac{\text{바닥면적}[m^2]}{\text{능력단위 기준면적}[m^2]} = \frac{530m^2}{50m^2} = 10.6 ≒ 11\text{단위(절상)}$$

답 ④

★★★

## 103 옥외소화전설비 노즐선단의 방수압력이 0.26MPa에서 310L/min으로 방수되었다. 350L/min을 방수하고자 할 경우 노즐선단의 방수압력(MPa)은? (단, 계산결과값은 소수점 넷째자리에서 반올림함)

14회 문 33

① 0.200　② 0.231
③ 0.331　④ 0.462

해설 **방수량(토출량)**

$$Q = K\sqrt{10P}$$

여기서, $Q$ : 방수량[L/min]
$K$ : 방출계수
$P$ : 방수압력[MPa]

방출계수 $K$는

$$K = \frac{Q}{\sqrt{10P}} = \frac{310L/min}{\sqrt{10 \times 0.26MPa}} ≒ 192.253$$

방수량을 350L/min으로 증가시켰을 때

$Q = K\sqrt{10P}$

$Q^2 = (K\sqrt{10P})^2$

$Q^2 = K^2 \times 10P$

$10P = \frac{Q^2}{K^2}$

$$P = \frac{Q^2}{10K^2} = \frac{(350L/min)^2}{10 \times 192.253^2} ≒ 0.331MPa$$

중요

**토출량(방수량)**

(1) $$Q = 10.99D^2\sqrt{10P}$$

여기서, $Q$ : 토출량[$m^3$/s]
$D$ : 구경
$P$ : 방사압력[MPa]

(2) $$Q = 0.653D^2\sqrt{10P}$$

여기서, $Q$ : 토출량[L/min]
$D$ : 구경
$P$ : 방사압력[MPa]

답 ③

★★

## 104 스프링클러설비에 관한 설명으로 옳은 것을 모두 고른 것은?

06회 문112
02회 문111

㉠ 유리벌브형 폐쇄형 헤드의 표시온도가 93℃인 경우 액체의 색은 초록색이어야 한다.
㉡ 반응시간지수(RTI)란 기류의 온도·압력 및 작동시간에 대하여 스프링클러헤드의 반응을 예상한 지수이다.
㉢ 준비작동식 유수검지장치의 작동에서 화재감지회로는 교차회로방식으로 하여야 하나, 스프링클러설비의 배관에 압축공기가 채워지는 경우에는 그렇지 않다.
㉣ 상부에 설치된 헤드의 방출수에 따라 감열부에 영향을 받을 우려가 있는 헤드에는 방출수를 차단할 수 있는 유효한 반사판을 설치하여야 한다.

① ㉠, ㉡　② ㉠, ㉢
③ ㉡, ㉣　④ ㉢, ㉣

해설 ㉠ **퓨지블링크형·유리벌브형**(스프링클러헤드형식 제12조 6)

| 퓨지블링크형 | | 유리벌브형 | |
|---|---|---|---|
| 표시온도[℃] | 색 | 표시온도[℃] | 색 |
| 77℃ 미만 | 표시 없음 | 57℃ | 오렌지 |
| 78~120℃ | 흰색 | 68℃ | 빨강 |
| 121~162℃ | 파랑 | 79℃ | 노랑 |
| 163~203℃ | 빨강 | 93℃ | 초록 |
| 204~259℃ | 초록 | 141℃ | 파랑 |
| 260~319℃ | 오렌지 | 182℃ | 연한 자주 |
| 320℃ 이상 | 검정 | 227℃ 이상 | 검정 |

㉡ **반응시간지수**(Response Time Index) : 기류의 온도·속도 및 작동시간에 대하여 스프링클러헤드의 반응을 예상한 지수로서 다음 식에 의하여 계산한다(스프링클러헤드형식 제2조).

$$RTI = \tau\sqrt{u}$$

여기서, RTI : 반응시간지수$[m \cdot s]^{0.5}$
$\tau$ : 감열체의 시간상수[초]
$u$ : 기류속도[m/s]

㉢ NFPC 103 제9조 제③항, NFTC 103 제10조 2.6.3.2
㉣ 반사판 → 차폐판(NFPC 103B 제10조, NFTC 103 2.7.1.9)

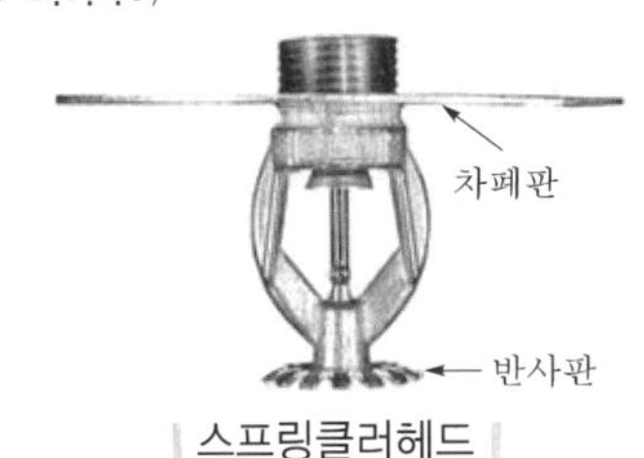

| 스프링클러헤드 |

답 ②

★★
**105** **표시등의 성능인증 및 제품검사의 기술기준상 옥내소화전의 표시등은 사용전압의 몇 %인 전압을 24시간 연속하여 가하는 경우 단선이 발생하지 않아야 하는가?**

① 130　② 140
③ 150　④ 160

해설 **표시등의 성능인증 및 제품검사의 기술기준 제7조 표시등의 수명시험**
표시등은 사용전압의 **130%**인 전압을 **24시간** 연속하여 가하는 경우 **단선**, 현저한 **광속변화**, **전류변화** 등의 현상이 발생하지 않아야 함 보기 ①

답 ①

★★★
**106** (19회 문 41, 09회 문 27, 07회 문 32) **펌프의 토출관과 흡입관 사이의 배관도중에 설치한 흡입기에 펌프에서 토출된 물의 일부를 보내고, 농도조정밸브에서 조정된 포소화약제의 필요량을 포소화약제 탱크에서 펌프 흡입측으로 보내어 이를 혼합하는 방식은?**

① 라인 프로포셔너방식
② 프레져 프로포셔너방식
③ 펌프 프로포셔너방식
④ 프레져사이드 프로포셔너방식

해설 **포소화약제**의 **혼합장치**
(1) **펌프 프로포셔너방식(펌프혼합방식)**
① 펌프 토출측과 흡입측에 바이패스를 설치하고, 그 바이패스의 도중에 설치한 어댑터(Adaptor)로 펌프 토출측 수량의 일부를 통과시켜 공기포 용액을 만드는 방식
② 펌프의 **토출관**과 **흡입관** 사이의 배관 도중에 설치한 흡입기에 펌프에서 토출된 물의 일부를 보내고 **농도조정밸브**에서 조정된 포소화약제의 필요량을 포소화약제 탱크에서 펌프 흡입측으로 보내어 약제를 혼합하는 방식

기억법 **펌농**

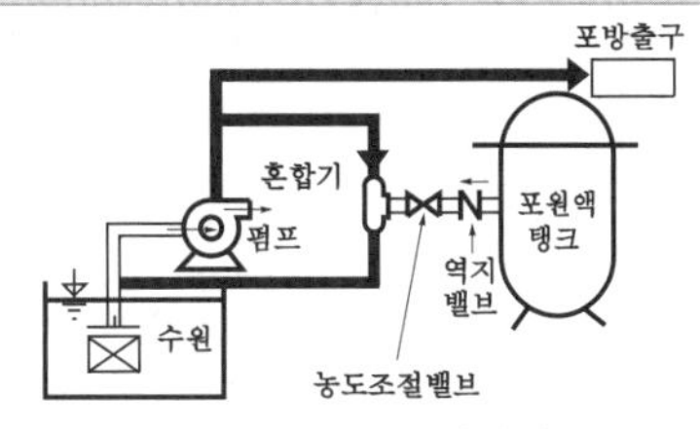

| 펌프 프로포셔너방식 |

(2) **프레져 프로포셔너방식(차압혼합방식)**
① 가압송수관 도중에 공기포 소화원액 혼합조(P.P.T)와 혼합기를 접속하여 사용하는 방법
② **격막방식 휨탱크**를 사용하는 에어휨 혼합방식
③ 펌프와 발포기의 중간에 설치된 **벤**투리관의 **벤투리작용**과 펌프 가압수의 **포소화약제 저장탱크**에 대한 압력에 의하여 포소화약제를 흡입·혼합하는 방식

기억법 **프프벤벤탱**

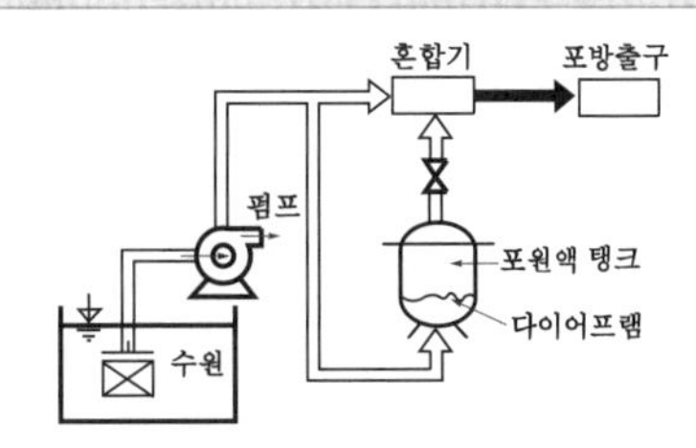

| 프레져 프로포셔너방식 |

(3) **라인 프로포셔너방식(관로혼합방식)**
① 급수관의 배관 도중에 포소화약제 흡입기를 설치하여 그 흡입관에서 소화약제를 흡입하여 혼합하는 방식
② 펌프와 발포기의 중간에 설치된 벤투리관의 **벤투리작용**에 의하여 포소화약제를 흡입·혼합하는 방식

기억법 **라벤(라벤다)**

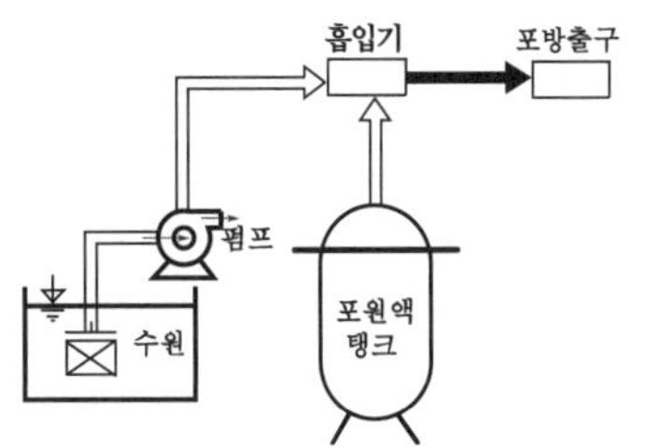

| 라인 프로포셔너방식 |

(4) **프레져사이드 프로포셔너방식(압입혼합방식)**

① 소화원액 가압펌프(압입용 펌프)를 별도로 사용하는 방식

② 펌프 **토출관**에 압입기를 설치하여 포소화약제 **압입용 펌프**로 포소화약제를 압입시켜 혼합하는 방식

기억법 **프사압**

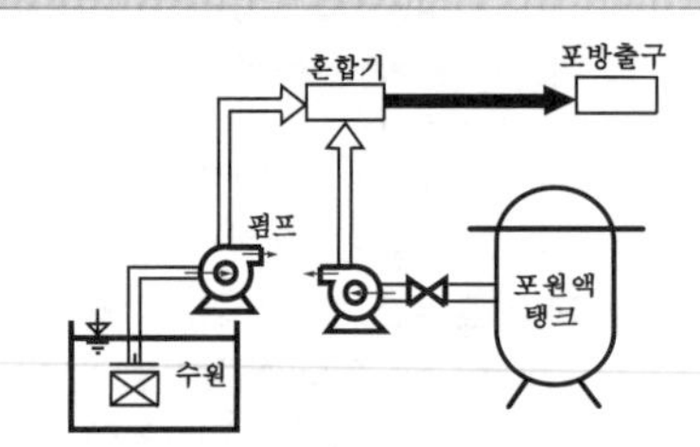


| 프레져사이드 프로포셔너방식 |

(5) **압축공기포 믹싱챔버방식** : 포수용액에 공기를 강제로 주입시켜 원거리 방수가 가능하고 물 사용량을 줄여 수손피해를 최소화할 수 있는 방식

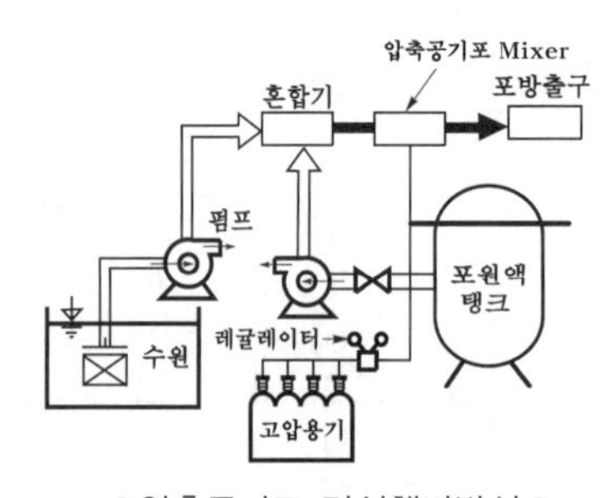


| 압축공기포 믹싱챔버방식 |

답 ③

★★★

**107** 바닥면적이 30m²인 변압기실에 물분무소화설비를 설치하려고 한다. 바닥부분을 제외한 절연유 봉입변압기의 표면적을 합한 면적이 3m²일 때, 수원의 최소저수량(L)은?

19회 문121 / 17회 문116 / 16회 문104 / 11회 문115 / 09회 문105

① 450　② 600
③ 900　④ 1200

해설 **물분무소화설비(절연유 봉입변압기)**

수원 저수량=바닥면적×토출량×20min
$=3\text{m}^2\times 10\text{L/min}\cdot\text{m}^2\times 20\text{min}$
$=600\text{L}$

참고

**물분무소화설비의 수원**(NFPC 104 제4조, NFTC 104 2.1.1)

| 특정 소방대상물 | 토출량 | 최소 기준 | 비 고 |
|---|---|---|---|
| **컨**베이어 벨트 | 10L/min · m² | – | 벨트부분의 바닥면적 |
| **절**연유 봉입변압기 | 10L/min · m² | – | 표면적을 합한 면적 (바닥면적 제외) |
| **특**수가연물 | 10L/min · m² | 최소 50m² | 최대방수구역의 바닥면적 기준 |
| **케**이블트레이 · 덕트 | 12L/min · m² | – | 투영된 바닥면적 |
| **차**고 · 주차장 | 20L/min · m² | 최소 50m² | 최대방수구역의 바닥면적 기준 |
| 위험물 저장탱크 | 37L/min · m | – | 위험물탱크 둘레길이(원주길이) : 위험물규칙 [별표 6] Ⅱ |

※ 모두 **20분**간 방수할 수 있는 양 이상으로 하여야 한다.

기억법
**컨절특케차**
1　1 2

답 ②

★★★

**108** 할론소화설비의 화재안전기준상 분사헤드의 방출압력의 최소기준으로 옳은 것은?

16회 문 41 / 09회 문108

할론 1301　할론 1211　할론 2402

① 0.9MPa 이상　0.2MPa 이상　0.1MPa 이상
② 0.8MPa 이상　0.1MPa 이상　0.3MPa 이상
③ 0.7MPa 이상　0.3MPa 이상　0.4MPa 이상
④ 1.0MPa 이상　0.2MPa 이상　0.2MPa 이상

해설 **할론소화설비**(NFPC 107 제4 · 10조, NFTC 107 2.1.2)

| 구 분 | | 할론 1301 | 할론 1211 | 할론 2402 |
|---|---|---|---|---|
| 저장압력 | | 2.5MPa 또는 4.2MPa | 1.1MPa 또는 2.5MPa | – |
| 방출압력 | | 0.9MPa | 0.2MPa | 0.1MPa |
| 충전비 | 가압식 | 0.9~1.6 이하 | 0.7~1.4 이하 | 0.51~0.67 미만 |
| | 축압식 | | | 0.67~2.75 이하 |

답 ①

★★
**109** **이산화탄소 소화설비의 자동식 기동장치 중 가스압력식 기동장치의 설치기준으로 옳지 않은 것은?**

① 기동용 가스용기 및 해당 용기에 사용하는 밸브는 25MPa 이상의 압력에 견딜 수 있는 것으로 할 것
② 기동용 가스용기에는 내압시험압력의 0.8배부터 내압시험압력 이하에서 작동하는 안전장치를 설치할 것
③ 기동용 가스용기의 체적은 5L 이상으로 하고, 해당 용기에 저장하는 비활성 기체는 5.0MPa 이상(21℃ 기준)의 압력으로 충전할 것
④ 기동용 가스용기에는 충전여부를 확인할 수 있는 압력게이지를 설치할 것

해설 **가스압력식 기동장치의 기준**(NFTC 106 2.3.2.3)
(1) 기동용 가스용기 및 해당 용기에 사용하는 밸브는 **25MPa** 이상의 압력에 견딜 수 있는 것으로 할 것 보기 ①
(2) 기동용 가스용기에는 내압시험압력의 **0.8배**부터 **내압시험압력** 이하에서 작동하는 안전장치를 설치할 것 보기 ②
(3) 기동용 가스용기의 체적은 **5L** 이상으로 하고, 해당 용기에 저장하는 질소 등의 비활성 기체는 **6.0MPa** 이상(21℃ 기준)의 압력으로 충전할 것 보기 ③
(4) 기동용 가스용기에는 충전여부를 확인할 수 있는 **압력게이지**를 설치할 것 보기 ④

③ 5.0MPa → 6.0MPa

답 ③

★★★
**110** **할로겐화합물 및 불활성기체 소화설비의 화재안전기준상 사람이 상주하는 곳에 설치하는 할로겐화합물 및 불활성기체 소화약제의 최대허용설계농도로 옳은 것은?**

19회 문 36 / 19회 문117 / 18회 문 31 / 17회 문 37 / 15회 문110 / 14회 문 36 / 14회 문110 / 12회 문 31 / 07회 문121

① HCFC BLEND A : 11%
② IG-100 : 45%
③ HFC-23 : 55%
④ HFC-227ea : 10.5%

해설 **할로겐화합물 및 불활성기체 소화약제 최대허용설계농도**(NFTC 107A 2.4.2)

| 소화약제 | 최대허용설계농도〔%〕 |
|---|---|
| FIC-13I1 | 0.3 |
| HCFC-124 | 1.0 |
| FK-5-1-12 | 10 보기 ① |
| HCFC BLEND A | |
| HFC-227ea<br>기억법 227e(둘둘치킨이 맛있다) | 10.5 보기 ④ |
| HFC-125<br>기억법 125(이리온) | 11.5 |
| HFC-236fa | 12.5 |
| HFC-23 | 30 보기 ③ |
| FC-3-1-10<br>기억법 FC31(FC 서울의 3.1절) | 40 |
| IG-01 | 43 보기 ② |
| IG-100 | |
| IG-541 | 43 |
| IG-55 | |

① 11% → 10%　② 45% → 43%
③ 55% → 30%

답 ④

★★★
**111** **자동화재탐지설비 및 시각경보장치의 화재안전기준상의 내용으로 옳지 않은 것은?**

09회 문109

① 외기에 면하여 상시 개방된 부분이 있는 차고에 있어서는 외기에 면하는 각 부분으로부터 5m 미만의 범위 안에 있는 부분은 경계구역의 면적에 산입하지 아니한다.
② 4층 이상의 특정소방대상물에는 발신기와 전화통화가 가능한 수신기를 설치할 것
③ 중계기는 수신기에서 직접 감지기회로의 도통시험을 행하지 아니하는 것에 있어서는 수신기와 감지기 사이에 설치할 것
④ 열전대식 차동식 분포형 감지기는 하나의 검출기에 접속하는 감지부는 4개 이상 20개 이하가 되도록 할 것

해설 **하나의 검출부에 접속하는 감지부의 개수**(NFPC 203 제7조, NFTC 203 2.4.3.8, 2.4.3.9.2)

| 열반도체식 감지기 | 열전대식 감지기 |
|---|---|
| 2~15개 이하 | 4~20개 이하 |

15회

② 삭제된 규정

답 ②

★★
### 112 방호구역이 $120m^3$인 공간에 전역방출방식의 분말소화설비를 설치할 때 최소 소화약제 저장량(kg)은? (단, 소화약제는 제2종 분말이며, 개구부의 면적은 $2m^2$로 자동폐쇄장치가 설치되어 있지 않음)

19회 문118 19회 문122 16회 문107 13회 문109 10회 문 28 10회 문118 05회 문104 04회 문117 02회 문115

① 35.7 ② 48.6
③ 56.3 ④ 61.8

해설 **분말소화설비 전역방출방식의 약제량 및 개구부 가산량**(NFPC 108 제6조, NFTC 108 2.3.2.1)

| 종 별 | 약제량 | 개구부 가산량 (자동폐쇄장치 미설치시) |
|---|---|---|
| 제1종 | $0.6kg/m^3$ | $4.5kg/m^2$ |
| 제2・3종 | $0.36kg/m^3$ → | $2.7kg/m^2$ |
| 제4종 | $0.24kg/m^3$ | $1.8kg/m^2$ |

분말 저장량=방호구역체적$[m^3]$×약제량$[kg/m^3]$ +개구부 면적$[m^2]$×개구부 가산량$[kg/m^2]$
$=120m^3\times0.36kg/m^3+2m^2\times2.7kg/m^2$
$=48.6kg$

※ 자동폐쇄장치가 설치되어 있지 않으므로 **개구부 가산량** 적용

답 ②

★★
### 113 자동화재속보설비에 관한 설명으로 옳지 않은 것은?

① 노유자 생활시설은 자동화재속보설비를 설치하여야 한다.
② 문화재에 설치하는 자동화재속보설비는 속보기에 감지기를 직접 연결하는 방식(자동화재탐지설비 1개의 경계구역에 한한다)으로 할 수 있다.
③ 속보기는 연동 또는 수동작동에 의한 다이얼링 후 소방관서와 전화접속이 이루어지지 않는 경우에는 최초 다이얼링을 포함하여 3회 이상 반복적으로 접속을 위한 다이얼링이 이루어져야 한다.
④ 속보기는 음성속보방식 외에 데이터 또는 코드전송방식 등을 이용한 속보기능을 부가로 설치할 수 있다.

해설 **자동화재속보설비**의 **속보기**의 성능인증 및 제품검사의 기술기준 제5조

③ 속보기는 연동 또는 수동작동에 의한 다이얼링 후 **소방관서**와 전화접속이 이루어지지 않는 경우에는 최초 다이얼링을 포함하여 **10회** 이상 반복적으로 접속을 위한 다이얼링이 이루어져야 한다. 이 경우 매회 다이얼링 완료 후 호출은 **30초** 이상 지속되어야 한다.

답 ③

★★★
### 114 누전경보기의 형식승인 및 제품검사의 기술기준상 누전경보기의 공칭작동전류치는 몇 mA 이하이어야 하는가?

① 200 ② 250
③ 300 ④ 350

해설 **누전경보기**의 형식승인 및 제품검사의 기술기준 제7・8조

**공칭작동전류치와 감도조정장치**

| 공칭작동전류치 | 감도조정장치의 최대치 |
|---|---|
| 200mA 이하 **보기 ①** | 1A(1000mA) |

기억법 공200

답 ①

★★★
### 115 아래와 같은 평면도에서 단독경보형 감지기의 최소 설치개수는? (단, A실과 B실 사이는 벽체 상부의 전부가 개방되어 있으며, 나머지 벽체는 전부 폐쇄되어 있음)

11회 문123

| A실 (바닥면적 $20m^2$) | B실 (바닥면적 $30m^2$) | C실 (바닥면적 $30m^2$) | D실 (바닥면적 $30m^2$) |
|---|---|---|---|
| E실 (바닥면적 $160m^2$) | | | |

① 3 ② 4
③ 5 ④ 6

해설 단독경보형 감지기는 바닥면적 **$150m^2$마다 1개 이상** 설치하므로(NFPC 201 제5조, NFTC 201 2.2.1)

$$\text{단독경보형 감지기수}=\frac{\text{바닥면적}}{150m^2}$$

$A실 = \frac{20m^2}{150m^2} = 0.13 ≒ 1개(절상)$

$B실 = \frac{30m^2}{150m^2} = 0.2 ≒ 1개(절상)$

$C실 = \frac{30m^2}{150m^2} = 0.2 ≒ 1개(절상)$

$D실 = \frac{30m^2}{150m^2} = 0.2 ≒ 1개(절상)$

$E실 = \frac{160m^2}{150m^2} = 1.06 ≒ 2개(절상)$

전체 **6개**

※ A실과 B실은 벽체 상부가 개방되어 있지만 B실이 $30m^2$ 미만이 되지 않아 A실과 B실을 각각 1개의 실로 보고 계산하여야 한다.

비교

**아래와 같은 평면도에서 단독경보형 감지기의 최소 설치개수는? (단, A실과 B실 사이는 벽체 상부의 전부가 개방되어 공기가 상호유통되며 나머지 벽체는 전부 폐쇄되어 있음)**

| A실 (바닥면적 $20m^2$) | B실 (바닥면적 $25m^2$) | C실 (바닥면적 $30m^2$) | D실 (바닥면적 $30m^2$) |
|---|---|---|---|
| E실 (바닥면적 $160m^2$) | | | |

해설 **단독경보형 감지기**는 바닥면적 **$150m^2$**마다 **1개 이상** 설치하므로

$$단독경보형\ 감지기\ 수 = \frac{바닥면적}{150m^2}$$

$A와\ B실 = \frac{(20+25)m^2}{150m^2} = 0.3 ≒ 1개(절상)$

$C실 = \frac{30m^2}{150m^2} = 0.2 ≒ 1개(절상)$

$D실 = \frac{30m^2}{150m^2} = 0.2 ≒ 1개(절상)$

$E실 = \frac{160m^2}{150m^2} = 1.06 ≒ 2개(절상)$

전체 **5개**

※ A실과 B실은 벽체 상부가 개방되어 있고 각각 $30m^2$ 미만이므로 A실과 B실을 1개의 실로 보고 계산하여야 한다.

중요

**단독경보형 감지기**의 **설치기준**(NFPC 201 제5조, NFTC 201 2.2.1)

(1) 각 실(이웃하는 실내의 바닥면적이 각각 **$30m^2$** 미만이고 벽체의 상부의 전부 또는 일부가 개방되어 이웃하는 실내와 공기가 상호유통되는 경우에는 이를 1개의 실로 본다) 마다 설치하되 바닥면적이 $150m^2$를 초과하는 경우에는 **$150m^2$**마다 1개 이상 설치할 것
(2) 최상층 계단실의 **천장**(외기가 상통하는 계단실의 경우 제외)에 설치할 것
(3) 건전지를 **주전원**으로 사용하는 경우에는 정상적인 작동상태를 유지할 수 있도록 건전지를 교환할 것
(4) 상용전원을 주전원으로 사용하는 단독경보형 감지기의 2차 전지는 제품검사에 합격한 것을 사용할 것

답 ④

★★

**116** **피난기구의 화재안전기준상 피난기구의 설치기준으로 옳은 것은?**

19회 문124
14회 문115

① 층마다 설치하되, 노유자시설로 사용되는 층에 있어서는 그 층의 바닥면적 $500m^2$마다 1개 이상 설치할 것
② 층마다 설치하되, 위락시설로 사용되는 층에 있어서는 그 층의 바닥면적 $1000m^2$마다 1개 이상 설치할 것
③ 층마다 설치하되, 계단실형 아파트에 있어서는 각 세대마다, 그 밖의 용도의 층에 있어서는 그 층의 바닥면적 $1200m^2$마다 1개 이상 설치할 것
④ 숙박시설(휴양콘도미니엄을 제외한다)의 경우에는 추가로 객실마다 완강기 또는 하나 이상의 간이완강기를 설치할 것

해설 **피난기구**의 **설치대상**(NFPC 301 제5조, NFTC 301 2.1.2.1)

| 조 건 | 설치대상 |
|---|---|
| $500m^2$마다 (층마다 설치) 보기 ① | 숙박시설 · 노유자시설 · 의료시설 기억법 5숙노의 |
| $800m^2$마다 (층마다 설치) 보기 ② | 위락시설 · 문화 및 집회시설 · 운동시설 · 판매시설, 복합용도의 층 기억법 위문8 운동판(위문팔) |

15회

| 조 건 | 설치대상 |
| --- | --- |
| $1000m^2$마다 | 그 밖의 용도의 층 **보기 ③** |
| 각 세대마다 | 아파트 등(계단실형 아파트) **보기 ③** |

※ 숙박시설(휴양콘도미니엄을 제외한다)의 경우에는 추가로 객실마다 **완강기** 또는 **둘 이상**의 **간이완강기**를 설치할 것 **보기 ④**

답 ①

★★★
## 117 비상조명등의 화재안전기준상 비상조명등의 설치제외 규정 중 일부이다. ( ) 안에 들어갈 숫자는?

14회 문118

> 거실의 각 부분으로부터 하나의 출입구에 이르는 보행거리가 ( )m 이내인 부분

① 15 ② 20
③ 25 ④ 30

해설 **설치제외 장소**

(1) **비상조명등**의 **설치제외 장소**(NFPC 304 제5조, NFTC 304 2.2.1.1)
① 거실 각 부분에서 출입구까지의 **보행거리 15m** 이내 **보기 ①**
② **공동주택 · 경기장 · 의원 · 의료시설 · 학교의 거실**

기억법 **조공 경의학**

(2) **휴대용 비상조명등**의 **설치제외 장소**(NFPC 304 제5조, NFTC 304 2.2.2)
① 복도 · 통로 · 창문 등을 통해 **피**난이 용이한 경우(**지상 1층 · 피난층**)
② **숙박시설**로서 **복**도에 비상조명등을 설치한 경우

기억법 **휴피(휴지로 피닦아.), 휴숙복**

(3) **통로유도등**의 **설치제외 장소**(NFPC 303 제11조, NFTC 303 2.8.2)
① 길이 **30m** 미만의 복도 · 통로(구부러지지 않은 복도 · 통로)
② 보행거리 **20m** 미만의 복도 · 통로(출입구에 **피난구유도등**이 설치된 복도 · 통로)

(4) **객석유도등**의 **설치제외 장소**(NFPC 303 제11조, NFTC 303 2.8.3)
① **채광**이 충분한 객석(**주간**에만 사용)
② **통**로유도등이 설치된 객석(거실 각 부분에서 거실 출입구까지의 **보행거리 20m** 이하)

기억법 **채객보통(채소는 객관적으로 보통이다)**

답 ①

★★
## 118 유도등의 형식승인 및 제품검사의 기술기준상 식별도의 기준으로 ( ) 안에 들어갈 숫자는?

> 피난구유도등 및 거실통로유도등은 상용전원으로 등을 켜는(평상사용 상태로 연결, 사용전압에 의하여 점등 후 주위조도를 10lx에서 30lx까지의 범위 내로 한다) 경우에는 직선거리 ( ㉠ )m의 위치에서, 비상전원으로 등을 켜는(비상전원에 의하여 유효점등시간 동안 등을 켠 후 주위조도를 0.1x에서 1lx까지의 범위 내로 한다) 경우에는 직선거리 ( ㉡ )m의 위치에서 각기 보통시력(시력 1.0에서 1.2의 범위 내를 말한다)으로 피난유도표시에 대한 식별이 가능하여야 한다.

① ㉠ : 10, ㉡ : 10 ② ㉠ : 15, ㉡ : 15
③ ㉠ : 20, ㉡ : 15 ④ ㉠ : 30, ㉡ : 20

해설 **유도등**의 형식승인 및 제품검사의 기술기준 제16조
**식별도시험**

| 구 분 | 상용전원 | 비상전원 |
| --- | --- | --- |
| 주위조도 | 10~30lx 범위 | 0~1lx 범위 |
| 직선거리 | 30m | 20m |

답 ④

★★★
## 119 연결송수관설비의 설치기준으로 옳지 않은 것은?

19회 문123
18회 문105
16회 문121
12회 문103

① 건식 연결송수관설비의 송수구 부근의 자동배수밸브 및 체크밸브는 송수구 · 체크밸브 · 자동배수밸브 순으로 설치할 것
② 방수기구함은 피난층과 가장 가까운 층을 기준으로 3개층마다 설치하되, 그 층의 방수구마다 보행거리 5m 이내에 설치할 것
③ 지표면에서 최상층 방수구의 높이가 70m 이상의 특정소방대상물에는 연결송수관설비의 가압송수장치를 설치하여야 한다.
④ 11층 이상의 아파트의 용도로 사용되는 층에 설치하는 방수구는 단구형으로 할 수 있다.

해설 **연결송수관설비**의 **설치기준**(NFPC 502 제4 · 6조, NFTC 502 2.3~2.5)
(1) 층마다 설치(**아파트**인 경우 **3층**부터 설치)

(2) **11층** 이상에는 **쌍구형**으로 설치(**아파트**인 경우 **단구형** 설치 가능)
(3) 방수구는 **개폐기능**을 가진 것일 것
(4) 방수구는 연결송수관설비의 전용방수구 또는 옥내소화전 방수구로서 구경 **65mm**로 한다.
(5) 방수구는 바닥에서 **0.5~1m** 이하에 설치한다.
(6) **수직배관**마다 **1개** 이상 설치

| 습 식 | 건 식 보기 ① |
|---|---|
| 송수구 → 자동배수밸브 → 체크밸브 | **송**수구 → **자**동배수밸브 → **체**크밸브 → **자**동배수밸브<br>기억법 **송자체자건** |

① 송수구·체크밸브·자동배수밸브 순 → 송수구·자동배수밸브·체크밸브·자동배수밸브 순

답 ①

★★
**120 바닥면적이 750m²인 거실에 다음과 같이 제연설비를 설치하려고 할 때, 배기팬 구동에 필요한 전동기 용량(kW)은? (단, 계산 결과값은 소수점 넷째자리에서 반올림함)**

- 예상제연구역은 직경 45m이고, 제연경계벽의 수직거리는 3.2m이다.
- 직관덕트의 길이는 180m, 직관덕트의 손실저항은 0.2mmAq/m이며, 기타 부속류 저항의 합계는 직관덕트 손실합계의 55%로 하고, 전동기의 효율은 60%, 전달계수 $K$값은 1.1로 한다.

① 9.891 ② 11.683
③ 15.322 ④ 18.109

해설 (1) **거실의 배출량($Q$)**(NFPC 501 6조, NFTC 501 1.2.3.2)

① 바닥면적 **400m² 미만**(최저치 **5000m³/h** 이상)

배출량(m³/min)
=바닥면적(m²)×1m³/m²·min

② 바닥면적 **400m² 이상**

㉠ 직경 40m 이하 : **40000m³/h** 이상

**예상제연구역이 제연경계로 구획된 경우**

| 수직거리 | 배출량 |
|---|---|
| 2m 이하 | 40000m³/h 이상 |
| 2m 초과 2.5m 이하 | 45000m³/h 이상 |
| 2.5m 초과 3m 이하 | 50000m³/h 이상 |
| 3m 초과 | 60000m³/h 이상 |

㉡ 직경 40m 초과 : **45000m³/h** 이상

**예상제연구역이 제연경계로 구획된 경우**

| 수직거리 | 배출량 |
|---|---|
| 2m 이하 | 45000m³/h 이상 |
| 2m 초과 2.5m 이하 | 50000m³/h 이상 |
| 2.5m 초과 3m 이하 | 55000m³/h 이상 |
| 3m 초과 → | 65000m³/h 이상 |

※ m³/h=CMH(Cubic Meter per Hour)

(2) **소요전압($P_T$)**

$P_T$= 덕트 손실저항+기타 부속류 저항합계
=(180m×0.2mmAq/m)+(180m×0.2mmAq/m)×0.55
=55.8mmAq

- 덕트 손실저항 : 180m×0.2mmAq([조건]에 의해)
- 기타 부속류 저항합계 : (180m×0.2mmAq/m)×0.55([조건]에 의해 부속류 저항합계는 덕트 손실합계의 55%이므로 0.55를 곱함)

(3) **전동기 용량(배연기 동력)($P$)**

$$P=\frac{P_T Q}{102\times 60\eta}K$$

여기서, $P$ : 배연기 동력(kW)
$P_T$ : 전압(풍압)(mmAq, mmH₂O)
$Q$ : 풍량(m³/min)
$K$ : 여유율(전달계수)
$\eta$ : 효율

**배출기**의 **이론소요동력**(배연기 동력) $P$는

$$P=\frac{P_T Q}{102\times 60\eta}K$$

$$=\frac{55.8\text{mmAq}\times 65000\text{m}^3/60\text{min}}{102\times 60\times 0.6}\times 1.1$$

$=18.1086$

$\fallingdotseq 18.109\text{kW}$

- 배연설비(제연설비)에 대한 동력은 반드시 $P=\frac{P_T Q}{102\times 60\eta}K$를 적용하여야 한다. 우리가 알고 있는 일반적인 식 $P=\frac{0.163QH}{\eta}K$를 적용하여 풀면 틀린다.
- [조건]에서 전달계수 $K$는 **1.1**
- $P_T$ : **55.8mmAq**(위에서 구한 값)

- $Q$ : 65000m³/h=65000m³/60min(위 표에서 구한 값) : 1h=60min
- $\eta$ : 60%=0.6([조건]에 의해)

답 ④

★★★
## 121 무선통신보조설비의 설치기준으로 옳지 않은 것은?

18회 문102 / 17회 문118 / 14회 문124 / 07회 문 27

① 누설동축케이블의 끝부분에는 무반사 종단저항을 견고하게 설치할 것
② 분배기·분파기 및 혼합기 등의 임피던스는 100Ω의 것으로 할 것
③ 증폭기에는 비상전원이 부착된 것으로 하고 해당 비상전원용량은 무선통신보조설비를 유효하게 30분 이상 작동시킬 수 있는 것으로 할 것
④ 누설동축케이블은 금속판 등에 따라 전파의 복사 또는 특성이 현저하게 저하되지 아니하는 위치에 설치할 것

해설 **무선통신보조설비**의 **설치기준**(NFPC 505 제5조, 제7조, NFTC 505 2.2.2)
누설동축케이블·동축케이블 또는 분배기·분파기·혼합기 등의 임피던스는 **50Ω**으로 할 것
**보기 ②**

중요

**비상전원의 용량**

| 설 비 | 비상 전원의 용량 |
|---|---|
| 자동화재**탐**지설비, 비상**경**보설비, 자동화재**속**보설비<br>기억법 **탐경속1** | 10분 이상 |
| ① 유도등, 비상조명등, 비상콘센트설비, 제연설비<br>② 옥내소화전설비(30층 미만)<br>③ 특별피난계단의 계단실 및 부속실 제연설비(30층 미만)<br>④ 스프링클러설비(30층 미만)<br>⑤ 연결송수관설비(30층 미만) | 20분 이상 |
| 무선통신보조설비의 증폭기 | 30분 이상 |
| ① 옥내소화전설비(30~49층 이하)<br>② 특별피난계단의 계단실 및 부속실 제연설비(30~49층 이하)<br>③ 연결송수관설비(30~49층 이하)<br>④ 스프링클러설비(30~49층 이하) | 40분 이상 |
| ① 유도등·비상조명등(지하상가 및 11층 이상)<br>② 옥내소화전설비(50층 이상)<br>③ 특별피난계단의 계단실 및 부속실 제연설비(50층 이상)<br>④ 연결송수관설비(50층 이상)<br>⑤ 스프링클러설비(50층 이상) | 60분 이상 |

② 100Ω → 50Ω

답 ②

★★
## 122 비상콘센트설비의 화재안전기준상 전원회로의 설치기준으로 옳지 않은 것은?

18회 문114 / 14회 문124 / 13회 문123 / 09회 문119

① 비상콘센트설비의 전원회로는 단상교류 220V인 것으로서, 그 공급용량은 1.5kVA 이상인 것으로 할 것
② 전원회로는 각 층에 2 이상이 되도록 설치할 것(다만, 설치하여야 할 층의 비상콘센트가 1개인 때에는 하나의 회로로 할 수 있다)
③ 비상콘센트용의 풀박스 등은 방청도장을 한 것으로서, 두께 1.6mm 이상의 철판으로 할 것
④ 하나의 전용회로에 설치하는 비상콘센트는 15개 이하로 할 것

해설 **비상콘센트설비**의 **설치기준**(NFPC 504 제4조, NFTC 504 2.1.2, 2.1.5)

| 구 분 | 전 압 | 공급용량 | 플러그 접속기 |
|---|---|---|---|
| 단상 교류 | 220V | 1.5kVA 이상 | 접지형 2극 |

(1) 하나의 전용회로에 설치하는 비상콘센트는 **10개** 이하로 할 것(전선의 용량은 최대 **3개**)

| 설치하는 비상콘센트 수량 | 전선의 용량산정시 적용하는 비상콘센트 수량 | 전선의 용량 |
|---|---|---|
| 1 | 1개 이상 | 1.5kVA 이상 |

| 설치하는 비상콘센트 수량 | 전선의 용량산정시 적용하는 비상콘센트 수량 | 전선의 용량 |
|---|---|---|
| 2 | 2개 이상 | 3.0kVA 이상 |
| 3~10 | 3개 이상 | 4.5kVA 이상 |

(2) 전원회로는 각 층에 있어서 **2** 이상이 되도록 설치할 것(단, 설치하여야 할 층의 콘센트가 1개인 때에는 하나의 회로로 할 수 있다)
(3) 플러그접속기의 칼받이 접지극에는 **접지공사**를 하여야 한다.
(4) 풀박스는 **1.6mm** 이상의 철판을 사용할 것
(5) 절연저항은 전원부와 외함 사이를 **직류 500V** 절연저항계로 측정하여 **20MΩ** 이상일 것
(6) 전원으로부터 각 층의 비상콘센트에 분기되는 경우에는 **분기배선용 차단기**를 보호함 안에 설치할 것
(7) 바닥으로부터 **0.8~1.5m** 이하의 높이에 설치할 것
(8) 전원회로는 주배전반에서 **전용회로**로 하며, 배선의 종류는 **내화배선**이어야 한다.
(9) 콘센트마다 **배선용 차단기**를 설치하며, 충전부가 노출되지 않도록 할 것

④ 15개 → 10개

답 ④

★★
## 123 연결살수설비의 화재안전기준상 연결살수설비의 헤드를 설치해야 할 곳은?

18회 문107 13회 문122 03회 문121

① 천장·반자 중 한쪽이 불연재료로 되어 있고 천장과 반자 사이의 거리가 0.9m인 부분
② 고온의 노가 설치된 장소 또는 물과 격렬하게 반응하는 물품의 저장 또는 취급장소
③ 천장 및 반자가 불연재료 외의 것으로 되어 있고 천장과 반자 사이의 거리가 1.5m인 부분
④ 현관으로서 바닥으로부터 높이가 20m인 장소

해설 **연결살수설비**의 **헤드 설치제외**(NFTC 503 2.4)
(1) 천장·반자 중 한쪽이 **불연재료**로 되어 있고 천장과 반자 사이의 거리가 **1m** 미만인 부분 보기 ①
(2) 천장 및 반자가 **불연재료 외**의 것으로 되어 있고 천장과 반자 사이의 거리가 **0.5m** 미만인 부분 보기 ③
(3) 펌프실·물탱크실, 그 밖의 이와 비슷한 장소
(4) **현관** 또는 **로비** 등으로서 바닥으로부터 높이가 **20m** 이상인 장소 보기 ④
(5) 냉장창고의 **영하**의 **냉장실** 또는 냉동창고의 냉동실
(6) **고온**의 **노**가 설치된 장소 또는 **물**과 격렬하게 반응하는 물품의 저장 또는 취급장소 보기 ②

③ 1.5m → 0.5m

답 ③

★★★
## 124 지하구에 설치하는 연소방지설비의 배관에 관한 기준으로 옳지 않은 것은?

14회 문125

① 급수배관은 전용으로 하여야 한다.
② 헤드 간의 수평거리는 연소방지설비 전용헤드의 경우 2m 이하로 한다.
③ 하나의 배관에 연소방지설비 전용헤드가 6개 이상 설치될 경우 배관구경은 80mm로 한다.
④ 수평주행배관의 구경은 100mm 이상으로 한다.

해설 (1) **지하구**의 **설치기준**(NFPC 605 제8조, NFTC 605 2.4)
① **급수배관**은 **전용**으로 하여야 한다. 보기 ①
② 헤드 간의 수평거리는 **연소방지설비 전용헤드**의 경우에는 **2m** 이하, **스프링클러헤드**의 경우에는 **1.5m** 이하로 할 것 보기 ②
③ 살수구역은 환기구 사이의 간격으로 **700m** 이하마다 또는 환기구 등을 기준으로 **1개** 이상 설치하되, 하나의 살수구역의 길이는 **3m** 이상으로 할 것
(2) **연소방지설비**의 **배관구경**(NFPC 605 제8조, NFTC 605 2.4.1.3.1)
① 연소방지설비 전용헤드를 사용하는 경우 보기 ③

| 배관의 구경 | 32mm | 40mm | 50mm | 65mm | 80mm |
|---|---|---|---|---|---|
| 살수 헤드 수 | 1개 | 2개 | 3개 | 4개 또는 5개 | 6개 이상 |

15회

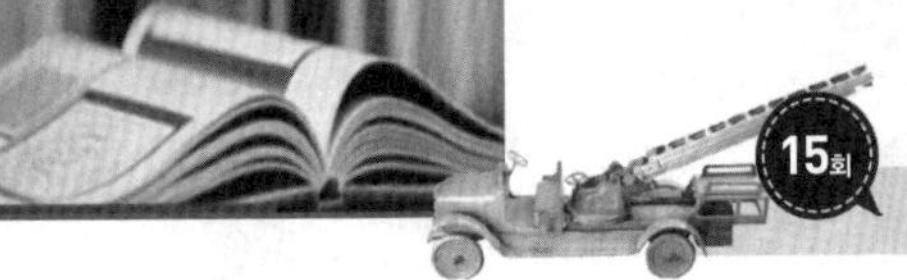

② 스프링클러헤드를 사용하는 경우

| 구분 \ 배관의 구경 | 25mm | 32mm | 40mm | 50mm | 65mm | 80mm | 90mm | 100mm | 125mm | 150mm |
|---|---|---|---|---|---|---|---|---|---|---|
| 폐쇄형 헤드수 | 2개 | 3개 | 5개 | 10개 | 30개 | 60개 | 80개 | 100개 | 160개 | 161개 이상 |
| 개방형 헤드수 | 1개 | 2개 | 5개 | 8개 | 15개 | 27개 | 40개 | 55개 | 90개 | 91개 이상 |

④ 해당 없음

답 ④

★★

**125** **다음과 같은 조건에서 평면에서 '실 Ⅰ'에 급기하여야 할 풍량은 최소 몇 $m^3/s$인가? (단, 계산결과값은 소수점 넷째자리에서 반올림함)**

19회 문111
12회 문121
11회 문108
09회 문 13

- 각 실의 출입문($d_1$, $d_2$)은 닫혀 있고, 각 출입문의 누설틈새는 $0.02m^2$이며, 각 실의 출입문 이외의 누설틈새는 없다.
- '실 Ⅰ'과 외기 간의 차압은 50Pa로 한다.
- 풍량산출식은 $Q = 0.827 \times A \times P^{\frac{1}{2}}$ 이다 ($Q$ : 풍량, $A$ : 누설틈새면적, $P$ : 차압).

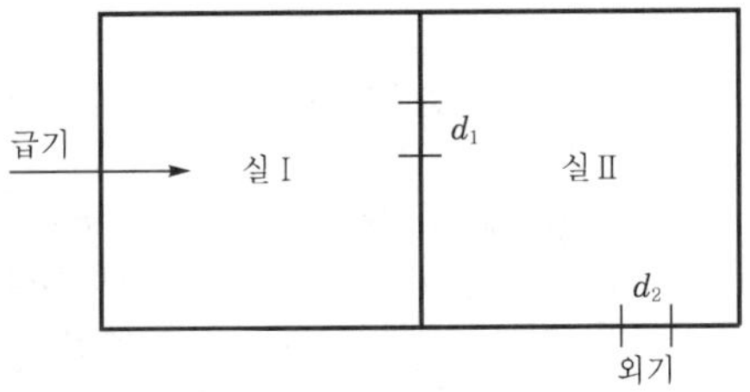


① 0.040 ② 0.083
③ 0.117 ④ 0.234

해설 **직렬상태**이므로

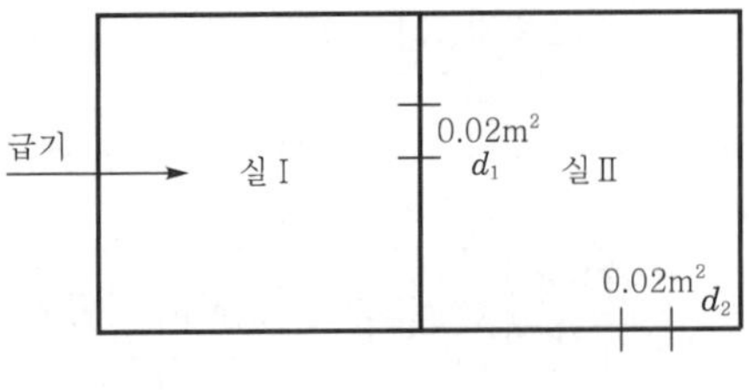


누설틈새면적 $A = \dfrac{1}{\sqrt{\dfrac{1}{{A_1}^2} + \dfrac{1}{{A_2}^2}}}$

$= \dfrac{1}{\sqrt{\dfrac{1}{0.02^2} + \dfrac{1}{0.02^2}}}$

$= 0.01414m^2$

풍량 $Q = 0.827AP^{\frac{1}{2}}$

$= 0.827A\sqrt{P}$

$= 0.827 \times 0.01414m^2 \times \sqrt{50}\,Pa$

$\fallingdotseq 0.083m^3/s$

중요

**(1) 유입풍량**

$$Q = 0.827A\sqrt{P}$$

여기서, $Q$ : 유입풍량$[m^3/s]$
$A$ : 문의 틈새면적$[m^2]$
$P$ : 문을 경계로 한 실내외의 기압차 [Pa]

**(2) 누설틈새면적**

| 구 분 | 설 명 |
|---|---|
| 직렬 상태 | $A = \dfrac{1}{\sqrt{\dfrac{1}{{A_1}^2} + \dfrac{1}{{A_2}^2} + \cdots}}$<br>여기서, $A$ : 전체 누설틈새면적$[m^2]$<br>$A_1$, $A_2$ : 각 실의 누설틈새면적$[m^2]$<br>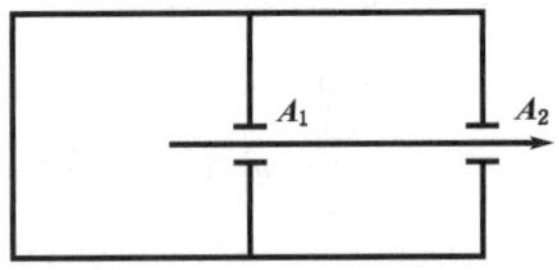 |
| 병렬 상태 | $A = A_1 + A_2 + \cdots$<br>여기서, $A$ : 전체 누설틈새면적$[m^2]$<br>$A_1$, $A_2$ : 각 실의 누설틈새면적$[m^2]$<br>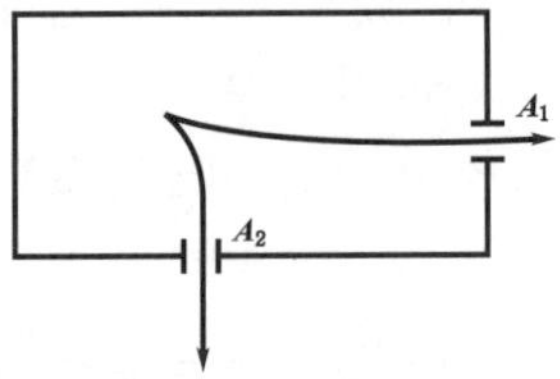 |

답 ②

# 2014년도 제14회 소방시설관리사 1차 국가자격시험

| 문제형별 | 시 간 | 시험과목 |
|---|---|---|
| A | 125분 | ① 소방안전관리론 및 화재역학<br>② 소방수리학, 약제화학 및 소방전기<br>③ 소방관련 법령<br>④ 위험물의 성질 · 상태 및 시설기준<br>⑤ 소방시설의 구조 원리 |

| 수험번호 | | 성 명 | |
|---|---|---|---|

【 수험자 유의사항 】

1. **시험문제지**는 단일형별(A형)이며, 답안카드형별 기재란에 표시된 형별(A형)을 확인하시기 바랍니다. 시험문제지의 **총면수**, **문제번호 일련순서**, **인쇄상태** 등을 확인하시고, 문제지 표지에 수험번호와 성명을 기재하시기 바랍니다.

2. 답은 각 문제마다 요구하는 **가장 적합하거나 가까운 답 1개**만 선택하고, 답안카드 작성시 **마킹착오**로 인한 불이익은 전적으로 **수험자에게 책임**이 있음을 알려드립니다.

3. 답안카드는 국가전문자격 공통 표준형으로 문제번호가 1번부터 125번까지 인쇄되어 있습니다. 답안 마킹시에는 반드시 **시험문제지의 문제번호와 동일한 번호**에 마킹하여야 합니다.

4. **감독위원의 지시에 불응하거나 시험시간 종료 후 답안카드를 제출하지 않을 경우** 불이익이 발생할 수 있음을 알려드립니다.

5. 시험문제지는 시험 종료 후 가져가시기 바랍니다.

# 14회 2014. 05. 17. 시행

## 제 1 과목 소방안전관리론 및 화재역학

★★★

**01** 공기 50vol%, 프로판 35vol%, 부탄 12vol%, 메탄 3vol%인 혼합기체의 공기 중 폭발하한계는 몇 vol%인가? (단, 공기 중 각 가스의 폭발하한계는 메탄 5vol%, 프로판 2vol%, 부탄 1.8vol%이다.)

17회 문 05
10회 문 16
05회 문 05
04회 문 13

① 2.02
② 3.41
③ 4.04
④ 6.82

해설 **폭발하한계**

(1) 혼합가스의 용량이 100vol%일 때

$$\frac{100}{L}=\frac{V_1}{L_1}+\frac{V_2}{L_2}+\cdots\cdots+\frac{V_n}{L_n}$$

여기서, $L$ : 혼합가스의 폭발하한계〔vol%〕
$L_1$, $L_2$, $L_n$ : 가연성 가스의 폭발하한계〔vol%〕
$V_1$, $V_2$, $V_n$ : 가연성 가스의 용량〔vol%〕

(2) 혼합가스의 용량이 100%가 아닐 때

$$\frac{혼합가스의\ 용량}{L}=\frac{V_1}{L_1}+\frac{V_2}{L_2}+\cdots\cdots+\frac{V_n}{L_n}$$

여기서, $L$ : 혼합가스의 폭발하한계〔vol%〕
$L_1$, $L_2$, $L_n$ : 가연성 가스의 폭발하한계〔vol%〕
$V_1$, $V_2$, $V_n$ : 가연성 가스의 용량〔vol%〕

**폭발하한계 $L$은**

$$L=\frac{혼합가스의\ 용량}{\frac{V_1}{L_1}+\frac{V_2}{L_2}+\cdots\cdots+\frac{V_n}{L_n}}$$

$$=\frac{35+12+3}{\frac{35}{2}+\frac{12}{1.8}+\frac{3}{5}}$$

$\fallingdotseq 2.02\text{vol}\%$

※ 연소하한계=폭발하한계

답 ①

★★

**02** 화상의 정의와 응급처치(치료)에 관한 설명으로 옳지 않은 것은?

13회 문 08

① 2도 화상은 표재성 화상과 심재성 화상으로 분류된다.
② 3도 화상은 흑색화상으로 근육, 뼈까지 손상을 입는 탄화열상이다.
③ 1도 화상은 표피 손상이며 시원한 물 또는 찬 수건으로 화상부위를 식힌다.
④ 체표면적 10% 이상의 3도 화상은 중증화상에 속한다.

해설 (1) **화상 깊이에 따른 분류**

| 종 별 | 화상 정도 | 증 상 |
|---|---|---|
| 1도 화상 보기 ③ | 표피화상 (표층화상) | • 피부가 빨갛게 된다.<br>• 따끔거리는 통증이 있다.<br>• 치료하면 흉터가 없어진다.<br>• **시원한 물** 또는 **찬 수건**으로 화상부위를 식힌다. |
| 2도 화상 보기 ① | 진피화상 (부분층 화상) | • 물집이 생긴다.<br>• 심한 통증이 있다.<br>• 흉터 또는 피부변색, 탈모가 생길 수 있다.<br>• 표피뿐만 아니라 진피도 손상을 입은 화상이다.<br>• **표재성 화상**과 **심재성 화상**으로 분류한다. |
| 3도 화상 보기 ② | 전층화상 | • 피부가 하얗게 된다(백색화상).<br>• 신경까지 손상되어 통증을 잘 못 느낀다.<br>• 근육, 뼈까지 손상을 입는 **탄화열상**이다.<br>• 흉터가 남는다.<br>※ 생체징후를 자주 측정하고 산소를 공급하면서 이송 |

(2) **중증화상자에 따른 분류**

| 분 류 | 설 명 |
|---|---|
| 중증 화상 보기 ④ | • 호흡기관, 근골격계 손상을 동반한 화상<br>• 얼굴, 손, 발, 생식기, 호흡기관을 포함한 2도 또는 3도 화상에 해당<br>• 체표면의 **30% 이상**의 **2도 화상**<br>• 체표면의 **10% 이상**의 **3도 화상**(10% 이상의 전층화상)<br>• 환형 화상 |
| 중간 화상 | • 체표면의 **50% 이상**의 **1도 화상**<br>• 체표면의 **15~30% 미만**의 **2도 화상**<br>• 체표면의 **2~10% 미만**의 **3도 화상**(단, 얼굴, 손, 발, 생식기, 호흡기관은 제외) |
| 경증 화상 | • 체표면의 **50% 미만**의 **1도 화상**(50% 이하의 표층화상)<br>• 체표면의 **15% 미만**의 **2도 화상**(15% 미만의 부분층 화상)<br>• 체표면의 **2% 미만**의 **3도 화상**(단, 얼굴, 손, 발, 생식기, 호흡기관은 제외) |

② 흑색화상 → 백색화상

답 ②

★★★
## 03 화재의 분류와 표시색의 연결이 옳은 것은?

19회 문 09 / 18회 문 06 / 16회 문 19 / 15회 문 03 / 13회 문 06 / 10회 문 31

① 일반화재(A급) - 무색
② 유류화재(B급) - 황색
③ 전기화재(C급) - 백색
④ 금속화재(D급) - 청색

해설 **화재의 분류**

| 화재의 종류 | 표시색 | 적응물질 |
|---|---|---|
| 일반화재(A급) 보기 ① | **백**색 | • 일반가연물<br>• 종이류 화재<br>• 목재, 섬유화재 |
| 유류화재(B급) 보기 ② | **황**색 | • 가연성 액체<br>• 가연성 가스<br>• 액화가스화재<br>• 석유화재 |
| 전기화재(C급) 보기 ③ | **청**색 | • 전기설비 |
| 금속화재(D급) 보기 ④ | **무**색 | • 가연성 금속 |
| 주방화재(K급) | - | • 식용유화재 |

• 최근에는 색을 표시하지 않음

기억법 **백황청무**

답 ②

★★★
## 04 건축물 화재에 관한 설명으로 옳지 않은 것은?

18회 문 11 / 08회 문 18 / 05회 문 02

① 플래시오버 현상은 폭풍이나 충격파를 수반하지 않는다.
② 수분함유량이 최소 15% 이상인 경우에는 목재가 고온에 접촉해도 착화되기 어렵다.
③ 내화건축물의 온도-시간 표준곡선에서 화재발생 후 30분이 경과되면 온도는 약 1000℃ 정도에 달한다.
④ 내화건축물은 목조건축물에 비해 연소온도는 낮지만 연소지속시간은 길다.

해설 **내화건축물의 표준온도**

| 경과시간 | 표준온도 |
|---|---|
| 30분 후 보기 ③ | 840℃ |
| 1시간 후 | 925℃(950℃) |
| 2시간 후 | 1010℃ |

③ 1000℃ → 840℃

**내화건축물의 온도-시간 표준곡선**

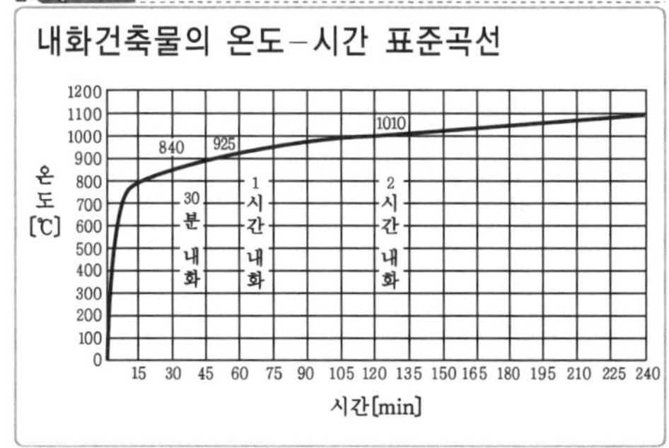


답 ③

★★
## 05 축압식 분말 소화기에 관한 설명으로 옳지 않은 것은?

① 충전압력은 0.7~0.98MPa이다.
② 지시압력계가 적색을 지시하면 과충전상태이다.
③ 지시압력계가 황색을 지시하면 정상상태이다.
④ 소화약제와 불활성 기체를 하나의 용기에 충전시켜 사용한다.

해설 **축압식 분말 소화기**

(1) 충전압력은 **0.7~0.98MPa**이다. 보기 ①
(2) 지시압력계가 **적색**을 지시하면 **과충전**상태이다. 보기 ②
(3) 지시압력계가 **황색**을 지시하면 **부족충전**상태이다. 보기 ③
(4) 소화약제와 불활성 기체를 하나의 용기에 충전시켜 사용한다. 보기 ④

③ 정상상태 → 부족충전상태

중요

지시압력계의 색과 상태

| 부족충전상태 | 정상상태 | 과충전상태 |
|---|---|---|
| 황색 | 녹색 | 적색 |

답 ③

## 06 연소용어에 관한 설명으로 옳지 않은 것은?

15회 문 02

① 인화점은 액면에서 증발된 증기의 농도가 그 증기의 연소하한계에 도달한 때의 온도이다.

② 위험도는 연소하한계가 낮고 연소범위가 넓을수록 증가한다.

③ 연소점은 연소상태에서 점화원을 제거하여도 자발적으로 연소가 지속되는 온도이다.

④ 발화점은 파라핀계 탄화수소화합물의 경우 탄소수가 적을수록 낮아진다.

해설 **연소용어**

(1) **인화점**은 액면에서 증발된 증기의 농도가 그 증기의 **연소하한계**에 도달한 때의 온도이다. 보기 ①

(2) **위험도**는 **연소하한계**가 **낮고 연소범위**가 **넓을수록** 증가한다. 보기 ②

(3) **연소점**은 연소상태에서 점화원을 제거하여도 자발적으로 연소가 **지속**되는 온도이다. 보기 ③

(4) 발화점은 파라핀계 탄화수소화합물의 경우 탄소수가 적을수록 **높아진다.** 보기 ④

④ 낮아진다. → 높아진다.

중요

연소와 관계되는 용어

(1) **발화점(Ignition point)** : 가연성 물질에 불꽃을 접하지 아니하였을 때 연소가 가능한 최저온도

※ 탄화수소계의 분자량이 클수록 발화온도는 일반적으로 낮다.

(2) **인화점(Flash point)**

① 휘발성 물질에 **불꽃**을 접하여 연소가 가능한 **최저온도**

② 가연성 증기 발생시 연소범위의 **하한계**에 이르는 **최저온도**

③ 가연성 증기를 발생하는 액체가 공기와 혼합하여 기상부에 다른 불꽃이 닿았을 때 연소가 일어나는 **최저온도**

④ **위험성 기준**의 척도

※ **인화점**

① 가연성 액체의 발화와 깊은 관계가 있다.

② 연료의 조성, 점도, 비중에 따라 달라진다.

(3) **연소점(Fire point)**

① 인화점보다 **10℃** 높으며 연소를 **5초** 이상 **지속**할 수 있는 온도

② 어떤 인화성 액체가 공기 중에서 열을 받아 점화원의 존재하에 **지속적**인 연소를 일으킬 수 있는 온도

③ 가연성 액체에 점화원을 가져가서 인화된 후에 점화원을 제거하여도 가연물이 **계속** 연소되는 **최저온도**

답 ④

## 07 연소의 개념과 형태에 관한 설명으로 옳은 것은?

19회 문 02
09회 문 05

① 폭굉 발생시 화염전파속도는 음속보다 느리다.

② 목탄(숯), 코크스, 금속분 등은 분해연소를 한다.

③ 기체연료의 연소형태는 확산연소, 예혼합연소, 증발연소가 있다.

④ 열가소성 수지는 연소되면서 용융액면이 넓어져 화재의 확산이 빨라진다.

해설 **연소의 개념과 형태**

(1) 폭굉 발생시 화염전파속도는 음속보다 **빠르다.** 보기 ①

(2) **목탄**(숯), **코크스**, **금속분** 등은 **표면연소**를 한다. 보기 ②

(3) **기체연료**의 연소형태는 **확산연소**, **예혼합연소**가 있다. 보기 ③

(4) **열가소성 수지**는 연소되면서 용융액면이 넓어져 **화재**의 **확산**이 빨라진다. 보기 ④

③ 증발연소 제외

중요

연소의 형태

| 연소 형태 | 종 류 |
|---|---|
| 표면연소 | • 숯, 코크스<br>• 목탄, 금속분 |
| 분해연소 | • 석탄, 종이<br>• 플라스틱, 목재<br>• 고무, 중유, 아스팔트 |

| 연소 형태 | 종 류 |
|---|---|
| 증발연소 | • 황, 왁스<br>• 파라핀, 나프탈렌<br>• 가솔린, 등유<br>• 경유, 알코올, 아세톤 |
| 자기연소 | • 나이트로글리세린, 나이트로셀룰로오스(질화면)<br>• TNT, 피크린산 |
| 액적연소 | • 벙커C유 |
| 확산연소 | • 메탄($CH_4$), 암모니아($NH_3$)<br>• 아세틸렌($C_2H_2$), 일산화탄소(CO)<br>• 수소($H_2$) |

**기억법** 표숯코목탄금, 분석종플목고중아
증황왁파나 가등경알아톤
확메암아틸일수

답 ④

★★

## 08 포소화약제의 주된 소화원리와 동일한 것은?

18회 문 07 / 16회 문 25 / 16회 문 37 / 15회 문 05 / 15회 문 34 / 13회 문 34 / 08회 문 08 / 07회 문 16 / 06회 문 03

① 식용유 화재시 용기의 뚜껑을 덮어서 소화
② 촛불을 입으로 불어서 소화
③ 산불의 진행방향쪽을 벌목하여 소화
④ 전기실 화재에 할론소화약제를 방사하여 소화

**해설** 주된 소화효과

| 소화설비 | 소화효과 |
|---|---|
| • 포소화설비<br>• 분말소화설비<br>• 이산화탄소 소화설비 | 질식소화 |
| • 물분무소화설비 | 냉각소화 |
| • 할론소화설비 | 화학소화<br>(부촉매효과) |

① 질식소화, ② 제거소화, ③ 제거소화, ④ 질식소화, 부촉매효과

※ 포소화약제의 주된 소화원리는 '**질식소화**'이므로 ①이 가장 옳은 답이다.

**비교**

**제거소화의 예**

(1) 액체연료탱크에서 화재가 발생하였을 때 펌프 등을 이용하여 **다른 연료탱크**로 **이송**하는 방법
(2) 인화성 액체 저장탱크의 화재시 차가운 아랫부분과 뜨거운 윗부분을 **교반**시키는 방법
(3) 유류, 가스 등의 파이프라인(Pipe line)에 있어서 **밸브**를 **폐쇄**시키는 방법
(4) 산림화재시 불이 진행하는 방향을 앞질러 가서 **벌목**하는 방법
(5) 사일로(Silo)나 야적된 고체가연물의 내부에서 화재가 발생하였을 때 **가연물**을 **이송**하는 방법
(6) 목질 물질의 표면을 **메타인산**으로 **코팅**(Coating)하는 방법
(7) 불에 타고 있는 액체나 고체 표면을 **포**로 **피복**하여 소화하는 방법
(8) 금속화재의 경우 연소성이 없는 물질로 **표면**을 **덮는 방법**
(9) **촛불**을 **입**으로 불어서 소화하는 방법

답 ①

★★★

## 09 목재 500kg과 종이 박스 300kg이 쌓여 있는 컨테이너(폭 : 2.4m, 길이 : 6m, 높이 : 2.4m) 내부의 화재하중($kg/m^2$)은? (단, 목재의 단위발열량은 18855kJ/kg이며, 종이의 단위발열량은 16760kJ/kg이다.)

18회 문 14 / 17회 문 10 / 16회 문 24 / 13회 문 17 / 12회 문 20 / 11회 문 20 / 08회 문 10 / 07회 문 15 / 06회 문 05 / 06회 문 09 / 04회 문 01 / 02회 문 11

① 22.18
② 53.24
③ 133.10
④ 223.08

**해설** 화재하중

$$q=\frac{\Sigma GH_1}{H_0 A}=\frac{\Sigma Q}{4500A}$$

여기서, $q$ : 화재하중〔$kg/m^2$〕
$G$ : 가연물의 무게〔kg〕
$H_1$ : 가연물의 단위중량당 발열량〔kcal/kg〕
$H_0$ : 목재의 단위중량당 발열량〔kcal/kg〕
$A$ : 바닥면적〔$m^2$〕
$\Sigma Q$ : 가연물의 전체 발열량〔kcal〕

$$q=\frac{\Sigma GH_1}{H_0 A}$$
$$=\frac{(500\text{kg}\times 18855\text{kJ/kg}+300\text{kg}\times 16760\text{kJ/kg})}{18855\text{kJ/kg}\times(2.4\times 6)\text{m}^2}$$
$$=53.24\text{kg/m}^2$$

- $A$ (바닥면적)=$(2.4\times6)m^2$ : 높이는 적용하지 않는 것에 주의할 것
- $\Sigma$ : '**시그마**'라고 읽으며 '**모두 더한다**'라는 의미로서 여기서는 **가연물 전체**의 **발열량**을 말한다.
- 단위 발열량에 모두 kJ/kg을 사용하고 있으므로 일부러 kcal/kg으로 변환할 필요는 없다.

답 ②

★

## 10 가연물의 연소시 에너지 방출속도를 측정하는 콘칼로리미터에 관한 설명으로 옳지 않은 것은?

① 기기의 측정요소 중 가연물의 질량 감소를 측정한다.

② 가연물의 연소열에 따라 에너지 방출속도가 다를 수 있다.

③ 동일한 가연물일지라도 점화방법, 점화위치에 따라 연소속도가 다를 수 있다.

④ 가연물의 연소생성물 중 일산화탄소 농도를 측정하여 에너지 방출속도를 산출한다.

해설 **콘칼로리미터**

(1) 기기의 측정요소 중 **가연물**의 **질량 감소**를 측정한다. 보기 ①

(2) 가연물의 연소열에 따라 **에너지 방출속도**가 **다를 수** 있다. 보기 ②

(3) 동일한 가연물일지라도 **점화방법, 점화위치**에 따라 연소속도가 다를 수 있다. 보기 ③

(4) 가연물의 연소생성물 중 **산소** 농도를 측정하여 에너지 방출속도를 산출한다. 보기 ④

(5) 일반적으로 연소시 산소 1kg당 약 **13000kJ**의 열방출을 한다고 가정하여 계산한다.

④ 일산화탄소 → 산소

중요

**에너지 방출속도**(열방출속도, 화재크기)

$$\mathring{Q}=\mathring{m}''A\Delta H_c\eta$$

여기서, $\mathring{Q}$ : 에너지 방출속도〔kW〕

$\mathring{m}''$ : 단위면적당 연소속도〔$g/m^2 \cdot s$〕

$\Delta H_c$ : 연소열〔kJ/g〕

$A$ : 연소관여면적〔$m^2$〕

$\eta$ : 연소효율

답 ④

★★★

## 11 열전달 형태에 관한 설명으로 옳지 않은 것은?

19회 문 16 / 18회 문 13 / 04회 문 19

① 전자기파의 형태로 열이 전달되는 것을 복사라 한다.

② 유체의 흐름에 의하여 열이 전달되는 것을 대류라 한다.

③ 전도열량은 면적, 온도차, 열전도율에 비례하고 두께에 반비례한다.

④ 전도는 뉴턴의 냉각법칙을 따른다.

해설 **열전달 형태**

| 전 도 보기 ④ | 대 류 | 복 사 |
|---|---|---|
| 푸리에의 법칙 | 뉴턴의 법칙 | 스테판-볼츠만의 법칙 |

④ 뉴턴의 냉각법칙 → 푸리에의 법칙

중요

**열전달의 종류**

| 종 류 | 설 명 |
|---|---|
| 전도 (Conduction) | 하나의 물체가 다른 물체와 직접 **접촉**하여 열이 이동하는 현상 |
| 대류 (Convection) | **유체**의 흐름에 의하여 열이 이동하는 현상 |
| 복사 (Radiation) | ① 화재시 화원과 **격리**된 인접 가연물에 불이 옮겨 붙는 현상<br>② 열전달 **매질**이 **없이** 열이 전달되는 형태<br>③ 열에너지가 **전자파**의 형태로 옮겨지는 현상으로, **가장 크게 작용**한다. |

답 ④

★★★

## 12 면적 $0.8m^2$의 목재표면에서 연소가 일어날 때 에너지 방출속도($\mathring{Q}$)는 몇 kW인가? (단, 목재의 최대질량연소유속($\mathring{m}''$)=$11g/m^2 \cdot s$, 기화열($L$)=4kJ/g, 유효연소열($\Delta H_c$)=15kJ/g이다.)

19회 문 23 / 08회 문 21

① 35.2

② 96.8

③ 132.0

④ 167.2

해설 에너지 방출속도(열방출속도, 화재크기)

$$\mathring{Q} = \mathring{m}'' A \Delta H_c \eta$$

여기서, $\mathring{Q}$ : 에너지 방출속도〔kW〕

$\mathring{m}''$ : 단위면적당 연소속도(질량연소유속)〔$g/m^2 \cdot s$〕

$\Delta H_c$ : 연소열〔kJ/g〕

$A$ : 연소관여면적〔$m^2$〕

$\eta$ : 연소효율

에너지 방출속도 $\mathring{Q}$는

$\mathring{Q} = \mathring{m}'' A \Delta H_c \eta$

$= 11g/m^2 \cdot s \times 0.8m^2 \times 15kJ/kg$

$= 132kW$

- $\eta$(연소효율) : 주어지지 않았으므로 무시
- $L$(기화열) : 적용할 필요 없음

답 ③

★★

## 13 구획실 화재(훈소화재는 제외)의 특징으로 옳지 않은 것은?

17회 문 19
15회 문 20
12회 문 19
11회 문 15

① 천장의 연기층은 화재의 초기단계보다 성장단계에서 빠르게 축적된다.

② 연기층이 축적되어 개방문의 상부에 도달되면 구획실 밖으로 흘러나가기 시작한다.

③ 연기생성속도가 연기배출속도를 초과하지 않으면 천장 연기층은 더 이상 하강하지 않는다.

④ 화재가 성장하면서 연기층은 축적되지만 연기와 가스의 온도는 더 이상 상승하지 않는다.

해설 구획실 화재(훈소화재는 제외)

(1) 천장의 연기층은 화재의 초기단계보다 **성장단계**에서 **빠르게** 축적된다. 보기 ①

(2) 연기층이 축적되어 개방문의 상부에 도달되면 구획실 밖으로 흘러나가기 시작한다. 보기 ②

(3) 연기생성속도가 연기배출속도를 초과하지 않으면 **천장 연기층**은 더 이상 **하강**하지 **않는다.** 보기 ③

(4) 화재가 성장하면서 연기층은 축적되고 연기와 가스의 **온도**도 **상승**한다. 보기 ④

④ 더 이상 상승하지 않는다. → 상승한다.

중요

**구획실 화재의 현상**

(1) 중성대가 개구부에 형성될 때 중성대 **아래쪽**은 **공기**가 **유입**되고 **위쪽**은 **연기**가 **유출**된다.

(2) 연기와 공기흐름은 주로 **온도**상승에 의한 **부력** 때문이다.

(3) **백드래프트**는 **환기지배형** 화재발생에서 발생한다.

(4) **벽면코너화염**이 단일벽면화염보다 화염**전파속도**가 **빠르다.**

답 ④

★★

## 14 PVC가 연소될 때 생성되며, 건물의 철골을 부식시키는 물질은?

① $NH_3$ ② $HCl$

③ $HCN$ ④ $CO$

해설 PVC 연소시 생성가스

(1) HCl(염화수소) : 부식성 가스

(2) $CO_2$(이산화탄소)

(3) CO(일산화탄소)

답 ②

★★★

## 15 허용농도(TLV)가 가장 낮은 가스들로 조합된 것은?

13회 문 21

① $CO$, $CO_2$

② $HCN$, $H_2S$

③ $COCl_2$, $CH_2CHCHO$

④ $C_6H_6$, $NH_3$

해설 독성가스의 허용농도

| 독성가스 | 허용농도 |
|---|---|
| • 포스겐($COCl_2$)<br>• 아크롤레인($CH_2CHCHO$) | 0.1ppm |
| • 염소($Cl_2$) | 1ppm |
| • 염화수소(HCl) | 5ppm |
| • 황화수소($H_2S$)<br>• 시안화수소(HCN)<br>• 벤젠($C_6H_6$) | 10ppm |
| • 암모니아($NH_3$)<br>• 일산화질소(NO) | 25ppm |
| • 일산화탄소(CO) | 50ppm |
| • 이산화탄소($CO_2$) | 5000ppm |

답 ③

★★★

## 16 화재안전기준상 연기제어 시스템에 관한 설명으로 옳은 것은?

13회 문120

① 유입풍도 안의 풍속은 15m/s 이하로 하여야 한다.

② 예상제연구역에 공기가 유입되는 순간의 풍속은 10m/s 이하가 되도록 한다.

③ 배출기의 흡입측 풍도 안의 풍속과 배출측 풍속은 각각 20m/s 이하로 하여야 한다.

④ 예상제연구역에 대한 공기유입구의 크기는 해당 예상제연구역 배출량 $1m^3/min$에 대하여 $35cm^2$ 이상으로 하여야 한다.

해설 **제연설비 예상제연구역의 공기유입방식**(NFPC 501 제8조, NFTC 501 2.5.5, 2.5.6)

(1) 예상제연구역에 공기가 유입되는 순간의 풍속은 **5m/s** 이하가 되도록 하고, 유입구의 구조는 유입공기를 상향으로 분출하지 않도록 설치한다(단, 유입구가 바닥에 설치되는 경우에는 상향으로 분출이 가능하며 풍속은 **1m/s 이하**). 보기 ②

(2) 예상제연구역에 대한 공기유입구의 크기는 해당 예상제연구역 배출량 **$1m^3/min$**에 대하여 **$35cm^2$ 이상**으로 하여야 한다. 보기 ④

① 15m/s 이하 → **20m/s** 이하
② 10m/s 이하 → **5m/s** 이하
③ 배출기의 흡입측 풍도 안의 풍속 : **15m/s** 이하, 배출기의 배출측 풍속 : **20m/s** 이하

중요

**제연설비**의 **풍속**(NFPC 501 제9조, NFTC 501 2.6.2.2) 보기 ①③

| 조 건 | 풍 속 |
|---|---|
| • 배출기의 흡입측 풍속 | 15m/s 이하 |
| • 배출기의 배출측 풍속<br>• 유입풍도 안의 풍속 | 20m/s 이하 |

답 ④

★

## 17 그림에서 연기층 하단의 강하속도($V_{sd}$)를 구하는 식으로 옳은 것은? (단, 플럼기체의 체하유입속도 : $v_p$, 천장면적 : $A_c$, 플럼기체의 밀도 : $\rho_p$, 연기층 기체의 밀도 : $\rho_s$이다.)

① $V_{sd}=\left(\frac{v_p}{A_c}\right)\cdot\left(\frac{\rho_p}{\rho_s}\right)$

② $V_{sd}=\left(\frac{v_p}{A_c}\right)\cdot\left(\frac{\rho_s}{\rho_p}\right)$

③ $V_{sd}=\left(\frac{A_c}{v_p}\right)\cdot\left(\frac{\rho_p}{\rho_s}\right)$

④ $V_{sd}=\left(\frac{A_c}{v_p}\right)\cdot\left(\frac{\rho_s}{\rho_p}\right)$

해설 **연기층 하단의 강하속도**

$$V_{sd}=\left(\frac{v_p}{A_c}\right)\cdot\left(\frac{\rho_p}{\rho_s}\right)$$

여기서, $V_{sd}$ : 연기층 하단의 강하속도[m/s]
$v_p$ : 플럼기체의 체하유입속도[m/s]
$A_c$ : 천장면적[$m^2$]
$\rho_p$ : 플럼기체의 밀도[$kg/m^3$]
$\rho_s$ : 연기층 기체의 밀도[$kg/m^3$]

답 ①

★

## 18 화재시 발생하는 연기량과 발연속도에 관한 설명으로 옳지 않은 것은?

① 발연량은 고분자재료의 종류와는 무관하다.

② 재료의 형상, 산소농도 등에 따라 발연속도는 크게 변한다.

③ 목질계보다 플라스틱계 재료의 발연량이 대체적으로 많다.

④ 재료의 발연량은 온도나 산소량 등에 크게 영향을 받는다.

해설 **연기량과 발연속도**

(1) 발연량은 **고분자재료**의 종류와도 관계가 있다(**방향족 화합물**이나 **폴리엔**(Polyene) 구조를 갖는 화합물이 지방족 화합물보다 **발연량**이 높다). 보기 ①

(2) 재료의 **형상, 산소농도** 등에 따라 발연속도는 크게 변한다. 보기 ②
(3) 목질계보다 **플라스틱계** 재료의 발연량이 대체적으로 많다. 보기 ③
(4) 재료의 발연량은 **온도**나 **산소량** 등에 크게 영향을 받는다. 보기 ④
(5) 열적으로 **불안정한 화합물**이 안정한 화합물보다 발연량이 높다.

① 무관하다. → 관계가 있다.

답 ①

★★★
## 19 건축물의 방화구조 기준으로 옳은 것을 모두 고른 것은?

㉠ 시멘트 모르타르 위에 타일을 붙인 것으로 그 두께의 합계가 2cm 이상인 것
㉡ 철망 모르타르의 바름 두께가 2cm 이상인 것
㉢ 작은 지름이 25cm 이상인 기둥으로서 철골을 두께 5cm 이상의 콘크리트로 덮은 것
㉣ 회반죽을 바른 것으로서 그 두께의 합계가 2.5cm 이상인 것

① ㉠, ㉢　② ㉡, ㉣
③ ㉠, ㉡, ㉣　④ ㉠, ㉡, ㉢, ㉣

해설 **피난·방화구조 제4조**
**방화구조의 기준**

| 구조내용 | 기 준 |
|---|---|
| • **철**망 **모**르타르 바르기 | 바름 두께가 **2cm** 이상인 것 보기 ㉡ |
| • **석**고판 위에 시멘트모르타르 또는 **회**반죽을 바른 것<br>• **시**멘트 모르타르 위에 타일을 붙인 것 보기 ㉠ | 두께의 합계가 **2.5cm** 이상인 것 보기 ㉣ |
| • 심벽에 흙으로 맞벽치기 한 것 | 모두 해당 |

기억법 **철모2, 석회시 25**

㉢ 내화구조 기준

답 ②

★★
## 20 다음 중 용어에 관한 설명으로 옳지 않은 것은?

19회 문 04

① 30분 방화문은 연기 및 불꽃을 차단할 수 있는 시간이 60분 이상 90분 미만인 방화문이다.
② 피난층이란 곧바로 지상으로 갈 수 있는 출입구가 있는 층을 말한다.
③ 무창층의 유효개구부는 도로 또는 차량이 진입할 수 있는 빈터로 향하여야 한다.
④ 소방시설이란 소화설비, 경보설비, 피난구조설비, 소화용수설비, 그 밖에 소화활동설비로서 대통령령으로 정하는 것을 말한다.

해설 **건축령 제64조**
**방화문의 구분**

| 60분+방화문 | 60분 방화문 | 30분 방화문 |
|---|---|---|
| 연기 및 불꽃을 차단할 수 있는 시간이 60분 이상이고, 열을 차단할 수 있는 시간이 30분 이상인 방화문 | 연기 및 불꽃을 차단할 수 있는 시간이 60분 이상인 방화문 | 연기 및 불꽃을 차단할 수 있는 시간이 30분 이상 60분 미만인 방화문 |

① 60분 이상 90분 미만 → 30분 이상 60분 미만

용어

**방화문**
화재시 상당한 시간 동안 연소를 차단할 수 있도록 하기 위하여 방화구획선상 또는 방화벽의 개구부 부분에 설치하는 것

답 ①

★★★
## 21 배연전용 수직 샤프트를 설치하여 공기의 온도차 등에 의한 부력과 루프 모니터의 흡인력으로 제연하는 방식은?

19회 문 21
17회 문 20
15회 문 14
13회 문 25
09회 문114
06회 문 21

① 밀폐제연　② 스모크타워 제연
③ 자연제연　④ 기계제연

해설 **제연방식**
(1) **밀**폐제연방식 : 화재 발생시 벽이나 문 등으로 연기를 밀폐하여 연기의 외부유출 및 외부의 공기유입을 막아 제연하는 방식으로 **주택**이나 **호텔** 등 **방연구획**을 **작게** 하는 **건물**에 적합
(2) **자**연제연방식 : **개구부** 이용
(3) **스**모크타워 제연방식 : **루프 모니터** 이용 보기 ②

(4) 기계제연방식 ─ 제1종 기계제연방식 : **송풍기+제연기**
─ 제2종 기계제연방식 : **송풍기**
─ 제3종 기계제연방식 : **제연기**

※ **자연제연방식** : 실의 상부에 설치된 **창** 또는 **전용 제연구**로부터 연기를 옥외로 배출하는 방식으로 전원이나 복잡한 장치가 필요하지 않으며, 평상시 **환기 겸용**으로 방재설비의 유휴화 방지에 이점이 있다.

기억법 **밀주호, 자개, 스루, 2송**

답 ②

★
## 22 건축물의 내부에 설치하는 피난계단의 구조에 관한 기준으로 옳지 않은 것은?

13회 문 10

① 계단실에는 상용전원에 의한 비상조명설비를 할 것
② 계단실의 실내에 접하는 부분의 마감은 불연재료로 할 것
③ 계단실의 바깥쪽과 접하는 창문 등은 해당 건축물의 다른 부분에 설치하는 창문 등으로부터 2m 이상 거리를 두고 설치할 것
④ 건축물의 내부에서 계단실로 통하는 출입구의 유효너비는 0.9m 이상으로 할 것

해설 **피난·방화구조 제9조**
**건축물의 내부에 설치하는 피난계단의 구조**
(1) 계단실은 창문·출입구 기타 개구부를 제외한 해당 건축물의 다른 부분과 **내화구조**의 **벽**으로 구획할 것
(2) 계단실의 실내에 접하는 부분의 마감은 **불연재료**로 할 것 **보기 ②**
(3) 계단실에는 **예비전원**에 의한 **조명설비**를 할 것 **보기 ①**
(4) 계단실의 바깥쪽과 접하는 창문 등(망이 들어 있는 유리의 붙박이창으로서 그 면적이 각각 $1m^2$ 이하 제외)은 해당 건축물의 다른 부분에 설치하는 창문 등으로부터 **2m** 이상의 거리를 두고 설치할 것 **보기 ③**
(5) 건축물의 내부와 접하는 계단실의 창문 등(출입구 제외)은 망이 들어 있는 유리의 붙박이창으로서 그 면적을 각각 $1m^2$ 이하로 할 것
(6) 건축물의 내부에서 계단실로 통하는 출입구의 유효너비는 **0.9m** 이상으로 하고, 그 출입구에는 피난의 방향으로 열 수 있는 것으로서 언제나 닫힌 상태를 유지하거나 화재로 인한 연기, 온도, 불꽃 등을 가장 신속하게 감지하여 자동적으로 닫히는 구조로 된 **60분+방화문** 또는 **60분 방화문**을 설치할 것 **보기 ④**
(7) 계단은 **내화구조**로 하고 **피난층** 또는 **지상**까지 직접 연결되도록 할 것

① 상용전원 → 예비전원

비교

**건축물의 바깥쪽에 설치하는 피난계단의 구조**
(피난·방화구조 제9조)
(1) 계단은 그 계단으로 통하는 출입구 외의 창문 등(망이 들어 있는 유리의 붙박이창으로서 그 면적이 각각 $1m^2$ 이하 제외)으로부터 2m 이상의 거리를 두고 설치할 것
(2) 건축물의 내부에서 계단으로 통하는 출입구에는 **60분+방화문** 또는 **60분 방화문**을 설치할 것
(3) 계단의 유효너비는 0.9m 이상으로 할 것
(4) 계단은 **내화구조**로 하고 지상까지 직접 연결되도록 할 것

답 ①

★★★
## 23 건축물에 설치하는 방화구획의 기준에 관한 설명으로 옳지 않은 것은?

① 스프링클러설비가 설치된 10층 이하의 층은 바닥면적 $3000m^2$ 이내마다 구획한다.
② 3층 이상의 층과 지하층은 층마다 구획한다.
③ 11층 이상의 층은 바닥면적 $600m^2$ 이내마다 구획한다.
④ 벽 및 반자의 실내에 접하는 부분의 마감이 불연재료이고 스프링클러설비가 설치된 11층 이상의 층은 $1500m^2$ 이내마다 구획한다.

해설 **건축령 제46조, 피난·방화구조 제14조**
**방화구획의 기준**

| 대상 건축물 | 대상 규모 | 층 및 구획방법 | | 구획 부분의 구조 |
|---|---|---|---|---|
| 주요구조부가 내화구조 또는 불연재료로 된 건축물 | 연면적 $1000m^2$ 넘는 것 | • 10층 이하 | • 바닥면적 $1000m^2$ 이내마다 | • 내화구조로 된 바닥·벽<br>• **60분+방화문, 60분 방화문**<br>• 자동방화셔터 |
| | | • 3층 이상<br>• 지하층 | • 층마다 | |

| 대상 건축물 | 대상 규모 | 층 및 구획방법 | | 구획 부분의 구조 |
|---|---|---|---|---|
| 주요구조부가 내화구조 또는 불연재료로 된 건축물 | 연면적 $1000m^2$ 넘는 것 | • 11층 이상 | • 바닥면적 $200m^2$ 이내마다 (실내마감을 불연재료로 한경우 $500m^2$ 이내마다) | • 내화구조로 된 바닥·벽 • **60분+방화문, 60분 방화문** • 자동방화셔터 |

- 필로티나, 그 밖의 비슷한 구조의 부분을 주차장으로 사용하는 경우 그 부분은 건축물의 다른 부분과 구획할 것
- 스프링클러, 기타 이와 유사한 자동식 소화설비를 설치한 경우 바닥면적은 위의 **3배** 면적으로 산정한다.

③ $600m^2$ 이내 → $200m^2$ 이내

답 ③

★★★
**24** 건축물 화재에 대응한 피난계획의 일반적 원칙으로 옳지 않은 것은?

19회 문 12 / 17회 문 11 / 18회 문 21 / 15회 문 22 / 11회 문 03 / 10회 문 06 / 03회 문 03 / 02회 문 23

① 2개 방향의 피난동선을 상시 확보한다.
② 피난수단은 전자기기나 기계장치로 조작하여 작동하는 것을 우선한다.
③ 피난경로에 따라서 일정한 구획을 한정하여 피난구역을 설정한다.
④ 'Fool proof'와 'Fail safe'의 원칙을 중시한다.

해설 **피난계획의 일반적인 원칙**

(1) 피난경로는 **간단명료**하게 한다.
(2) 피난구조설비는 **고정식 설비**를 위주로 설치한다.
(3) 피난수단은 **원시적 방법**에 의한 것을 원칙으로 한다. 보기 ②
(4) **2방향**의 피난통로를 확보한다. 보기 ①
(5) 피난통로를 **완전불연화**한다.
(6) **화재층**의 **피난**을 **최우선**으로 고려한다.
(7) 피난시설 중 피난로는 **복도** 및 **거실**을 가리킨다.
(8) 인간의 **본능적 행동**을 무시하지 않도록 고려한다.
(9) 계단은 **직통계단**으로 한다.
(10) 피난경로에 따라서 일정한 구획을 한정하여 피난구역을 설정한다. 보기 ③
(11) 'Fool proof'와 'Fail safe'의 원칙을 중시한다. 보기 ④

② 전자기기나 기계장치로 조작 → 원시적 방법으로 조작

중요

Fail safe와 Fool proof

| 용 어 | 설 명 |
|---|---|
| 페일 세이프 (Fail safe) | • 한 가지 피난기구가 고장이 나도 다른 수단을 이용할 수 있도록 고려하는 것 • **한 가지**가 **고장**이 **나도** 다른 수단을 이용하는 원칙 • **두 방향**의 피난동선을 항상 확보하는 원칙 |
| 풀 프루프 (Fool proof) | • 피난경로는 **간단명료**하게 한다. • 피난구조설비는 **고정식 설비**를 위주로 설치한다. • 피난수단은 **원시적 방법**에 의한 것을 원칙으로 한다. • 피난통로를 **완전불연화**한다. • 막다른 **복도**가 **없도록** 계획한다. • **간단한 그림**이나 **색채**를 이용하여 표시한다. |

답 ②

★★★
**25** 다음은 화재시 인간의 피난특성에 관한 설명이다. ( ) 안에 들어갈 내용을 순서대로 나열한 것은?

18회 문 20 / 16회 문 22 / 10회 문 09 / 09회 문 04 / 05회 문 07

> ( )은 화재시 본능적으로 원래 왔던 길 또는 늘 사용하는 경로로 탈출하려고 하는 것이며, ( )은 화염, 연기 등에 대한 공포감으로 인하여 위험요소로부터 멀어지려는 특성을 말한다.

① 귀소 본능, 지광 본능
② 지광 본능, 추종 본능
③ 귀소 본능, 퇴피 본능
④ 추종 본능, 퇴피 본능

해설 **화재발생시 인간의 피난 특성**

| 피난 특성 | 설 명 |
|---|---|
| **귀소본능** | ① 피난시 **평소**에 사용하는 **문**, 길, **통로**를 사용하거나 자신이 왔던 길로 **되돌아가려는** 본능 ② **친숙한 피난경로**를 선택하려는 행동 ③ 무의식 중에 **평상시** 사용하는 **출입구**나 **통로**를 사용하려는 행동 ④ 화재시 본능적으로 원래 왔던 길 또는 늘 사용하는 경로로 탈출하려고 하는 것 |
| **지광본능** | ① 화재시 연기 및 정전 등으로 시야가 흐려질 때 어두운 곳에서 개구부, 조명부 등의 **밝은 빛**을 따르려는 본능 ② **밝은 쪽**을 지향하는 행동 ③ 화재의 공포감으로 인하여 **빛**을 따라 외부로 달아나려고 하는 행동 |
| **퇴피본능** | ① 반사적으로 **위험**으로부터 **멀리**하려는 본능 ② 화염, 연기에 대한 공포감으로 **발화**의 **반대방향**으로 이동하려는 행동 ③ 화재가 발생하면 확인하려 하고, 그것이 비상사태로 확인되면 **화재**로부터 **멀어지려고** 하는 본능 ④ 연기, 불의 **차폐물**이 있는 곳으로 도망가거나 숨는다. ⑤ **발화점**으로부터 조금이라도 **먼 곳**으로 피난한다. |

| 피난 특성 | 설 명 |
|---|---|
| 추종본능 | ① 많은 사람이 달아나는 방향으로 쫓아가려는 행동<br>② 화재시 **최초**로 **행동**을 **개시**한 사람을 따라 전체가 움직이려는 행동 |
| 좌회본능 | **좌측통행**을 하고 **시계반대방향**으로 회전하려는 행동 |
| 폐쇄공간 지향본능 | 가능한 **넓은 공간**을 찾아 **이동**하다가 위험성이 높아지면 의외의 좁은 공간을 찾는 본능 |
| 초능력본능 | 비상시 **상상**도 **못할 힘**을 내는 본능 |
| 공격본능 | **이상심리현상**으로서 구조용 헬리콥터를 부수려고 한다든지 무차별적으로 주변사람과 구조인력 등에게 공격을 가하는 본능 |
| 패닉(Panic) 현상 | 인간의 비이성적인 또는 부적합한 **공포반응행동**으로서 무모하게 높은 곳에서 뛰어내리는 행위라든지, 몸이 굳어서 움직이지 못하는 행동 |

답 ③

## 제 2 과목 소방수리학 · 약제화학 및 소방전기

★★

**26** 엔트로피(Entropy)에 관한 설명으로 옳지 않은 것은?

① 등엔트로피 과정은 정압가역과정이다.
② 가역과정에서 엔트로피는 0이다.
③ 비가역과정에서 엔트로피는 증가한다.
④ 계가 가역적으로 흡수한 열량을 그때의 절대온도로 나눈 값이다.

해설 **등엔트로피($\Delta S$)**

| 가역단열과정 | 비가역단열과정 |
|---|---|
| $\Delta S=0$ | $\Delta S>0$ |

등엔트로피 과정=가역단열과정

① 정압가역과정 → 가역단열과정

용어

**엔탈피와 엔트로피**

| 엔탈피 | 엔트로피 |
|---|---|
| 어떤 물질이 가지고 있는 총 에너지 | 어떤 물질의 정렬상태를 나타내는 수치 |

답 ①

★★

**27** 동일한 고도에서 베르누이 방정식을 만족하는 유동이 유선을 따라 흐를 때, 유선 내에서 일정한 값을 갖는 것은?

19회 문 26 18회 문 44 17회 문 26 17회 문 29 17회 문115 16회 문 28 13회 문 28 13회 문 32 12회 문 27 12회 문 37 10회 문106 09회 문 48

① 전압과 정체압
② 정압과 국소압력
③ 내부에너지
④ 동압과 속도압력

해설 **베르누이 방정식**

(1) 정상유동에서 유선을 따라 유체입자의 **운동에너지, 위치에너지, 유동에너지**의 합은 일정하다는 것을 나타내는 식
(2) 유선 내에서 **전압**과 **정체압**이 일정한 값을 가진다. 보기 ①

| 전압 (Total pressure) | 정체압 (Stagnation pressure) |
|---|---|
| 정압+동압+정수압 | 정압+동압 |

중요

| 베르누이 방정식의 적용 조건 | 오일러 방정식의 유도시 가정 |
|---|---|
| ① **정**상 흐름(정상 유동)<br>② **비**압축성 흐름<br>③ **비**점성 흐름<br>④ **이**상유체<br>기억법 **베정비이** | ① **정상유동**(정상류)일 경우<br>② **유**체의 **마찰**이 **없을 경우**<br>③ 입자가 **유선**을 따라 **운동**할 경우<br>④ 유체의 점성력이 **영**(Zero)이다.<br>⑤ 유체에 의해 발생하는 **전단응력**은 없다.<br>기억법 **오방정유마운** |

답 ①

★★★

**28** 4단 소화펌프가 정격유량 $2m^3/min$, 회전수 2000rpm, 양정 60m일 경우 비속도는 약 얼마인가?

18회 문103 12회 문 33 11회 문 41

① 351　② 361
③ 371　④ 381

해설 **비속도**

$$N_s = N\frac{\sqrt{Q}}{\left(\frac{H}{n}\right)^{\frac{3}{4}}}$$

여기서, $N_s$ : 펌프의 비교회전도(비속도) $[m^3/min \cdot m/rpm]$

$N$ : 회전수〔rpm〕
$Q$ : 유량〔m³/min〕
$H$ : 양정〔m〕
$n$ : 단수

**펌프의 비교회전도** $N_s$는

$$N_s = N\frac{\sqrt{Q}}{\left(\frac{H}{n}\right)^{\frac{3}{4}}}$$

$$= 2000\text{rpm} \times \frac{\sqrt{2\text{m}^3/\text{min}}}{\left(\frac{60\text{m}}{4}\right)^{\frac{3}{4}}} \fallingdotseq 371$$

※ **rpm**(revolution per minute) : 분당 회전속도

**비속도**
펌프의 성능을 나타내거나 가장 적합한 **회전수**를 결정하는 데 이용되며, **회전자**의 **형상**을 나타내는 척도가 된다.

답 ③

★★★
## 29 레이놀즈수에 관한 설명으로 옳은 것은?

19회 문 32 / 18회 문 47 / 17회 문 27 / 17회 문 31 / 16회 문 31 / 13회 문 30 / 12회 문 29 / 11회 문 29 / 09회 문 26 / 05회 문 32 / 05회 문 34 / 03회 문 39

① 등속류와 비등속류를 구분하는 기준이 된다.
② 레이놀즈수의 물리적 의미는 관성력과 점성력의 관계를 나타낸다.
③ 정상류와 비정상류를 구분하는 기준이 된다.
④ 하임계 레이놀즈수는 층류에서 난류로 변할 때의 레이놀즈수이다.

해설 (1) **레이놀즈수** : 층류와 난류를 구분하는 기준

| 구 분 | 설 명 |
|---|---|
| **층류** | $Re$ < 2100 |
| **천이영역**(임계영역) | 2100 < $Re$ < 4000 |
| **난류** | $Re$ > 4000 |

(2) **임계 레이놀즈수**

| 상임계 레이놀즈수 | 하임계 레이놀즈수 보기 ④ |
|---|---|
| 층류에서 난류로 변할 때의 레이놀즈수(**4000**) | 난류에서 층류로 변할 때의 레이놀즈수(**2100**) |

(3) **무차원수의 물리적 의미와 유동의 중요성**

| 명 칭 | 물리적인 의미 | 유동의 중요성 |
|---|---|---|
| 레이놀즈(Reynolds)수 | 관성력/점성력 보기 ② | 모든 유체유동 |
| 프루드(Froude)수 | 관성력/중력 | 자유 표면 유동 |
| 마하(Mach)수 | 관성력/압축력 $\left(\frac{V}{C}\right)$ | 압축성 유동 |
| 코우시스(Cauchy)수 | 관성력/탄성력 $\left(\frac{\rho V^2}{k}\right)$ | 압축성 유동 |
| 웨버(Weber)수 | 관성력/표면장력 | 표면장력 |
| 오일러(Euler)수 | 압축력/관성력 | 압력차에 의한 유동 |

답 ②

★★
## 30 압축공기용 탱크 내부의 온도는 20℃이고, 계기압력은 345kPa이다. 이때 이상기체의 가정하에 탱크 내에 공기의 밀도는 약 몇 kg/m³인가? (단, 대기압은 101.3kPa, 공기의 기체상수는 286.9J/kg·K이다.)

19회 문 89 / 18회 문 22 / 18회 문 30 / 16회 문 30 / 15회 문 06 / 13회 문 03 / 11회 문 36 / 11회 문 47 / 04회 문 45

① 0.08 ② 4.10
③ 5.31 ④ 77.78

해설 **이상기체 상태방정식**

$$\rho = \frac{P}{RT}$$

(1) **절대압**
절대압=대기압+게이지압(계기압)
=101.3kPa+345kPa
=446.3kPa

기억법 **절대게**

(2) **이상기체 상태방정식**

$$\rho = \frac{P}{RT}$$

여기서, $\rho$ : 밀도〔kg/m³ 또는 N·s²/m⁴〕
$P$ : 압력〔kPa 또는 kN/m²〕
$R$ : 기체상수〔kJ/kg·K 또는 kN·m/kg·K〕
$T$ : 절대온도(273+℃)〔K〕

**공기의 밀도** $\rho$는

$$\rho = \frac{P}{RT}$$

$$= \frac{446.3\text{kN/m}^2}{0.2869\text{kN}\cdot\text{m/kg}\cdot\text{K}\times(273+20)\text{K}}$$

$$\fallingdotseq 5.31\text{kg/m}^3$$

- $P$ : $446.3\text{kPa} = 446.3\text{kN/m}^2$
  $(1\text{kPa} = 1\text{kN/m}^2)$
- $R$ : $286.9\text{J/kg}\cdot\text{K}$
  $= 0.2869\text{kJ/kg}\cdot\text{K}$
  $= 0.2869\text{kN}\cdot\text{m/kg}\cdot\text{K}$
  $(1\text{kJ} = 1\text{kN}\cdot\text{m})$

비교

(1) **이상기체 상태방정식**

$$\rho = \frac{PM}{RT}$$

여기서, $\rho$ : 밀도[kg/m$^3$]
$P$ : 압력[atm]
$M$ : 분자량[kg/kmol]
$R$ : 0.082atm·m$^3$/kmol·K
$T$ : 절대온도(273+℃)[K]

(2) **절대압**

① **절**대압=**대**기압+**게**이지압(계기압)
② **절**대압=**대**기압**-진**공압

기억법 **절대게, 절대-진(절대마진)**

답 ③

★★

## 31 소화설비 배관 직경이 300mm에서 450mm로 급격하게 확대되었을 때 작은 배관에서 큰 배관 쪽으로 분당 13.8m$^3$의 소화수를 보내면 연결부에서 발생하는 손실수두는 약 몇 m인가? (단, 중력가속도는 9.8m/s$^2$이다.)

① 0.17 ② 0.87
③ 1.67 ④ 2.17

해설 **돌연확대관에서의 손실수두**

$$H = K\frac{(V_1 - V_2)^2}{2g}$$

(1) **유량**

$$Q = AV = \left(\frac{\pi D^2}{4}\right)V$$

여기서, $Q$ : 유량[m$^3$/s]
$A$ : 단면적[m$^2$]
$V$ : 유속[m/s]
$D$ : 직경[m]

$$V_1 = \frac{Q}{\frac{\pi D_1^2}{4}} = \frac{13.8\text{m}^3/60\text{s}}{\frac{\pi \times (0.3\text{m})^2}{4}} \fallingdotseq 3.25\text{m/s}$$

$$V_2 = \frac{Q}{\frac{\pi D_2^2}{4}} = \frac{13.8\text{m}^3/60\text{s}}{\frac{\pi \times (0.45\text{m})^2}{4}} \fallingdotseq 1.446\text{m/s}$$

(2) **돌연확대관에서의 손실수두**

$$H = K\frac{(V_1 - V_2)^2}{2g}$$

여기서, $H$ : 손실수두[m]
$K$ : 손실계수
$V_1$ : 축소관유속[m/s]
$V_2$ : 확대관유속[m/s]
$g$ : 중력가속도(9.8m/s$^2$)

$$H = K\frac{(V_1 - V_2)^2}{2g} = \frac{(3.25\text{m/s} - 1.446\text{m/s})^2}{2 \times 9.8\text{m/s}^2} \fallingdotseq 0.17\text{m}$$

- $K$(손실계수) : 주어지지 않았으므로 무시

답 ①

★★

## 32 개방된 큰 탱크의 바닥에 있는 오리피스로부터 물이 8m/s의 속도로 흘러나올 때의 탱크 내 물의 높이는 약 몇 m인가? (단, 유체의 점성효과는 무시되며, 중력가속도는 9.8m/s$^2$이다.)

① 0.27 ② 1.27
③ 2.27 ④ 3.27

해설 **돌연축소관에서의 물의 높이**(손실수두)

$$H = K\frac{V^2}{2g}$$

여기서, $H$ : 물의 높이[m]
$K$ : 손실계수
$V$ : 유속[m/s]
$g$ : 중력가속도(9.8m/s$^2$)

- **오리피스** : 돌연축소관

물의 높이 $H$는

$$H = K\frac{V^2}{2g} = \frac{(8\text{m/s})^2}{2 \times 9.8\text{m/s}^2} \fallingdotseq 3.27\text{m}$$

- $K$(손실계수) : 주어지지 않았으므로 무시

답 ④

★★★

**33** 소화배관에 연결된 노즐의 방수량은 150L/min, 방수압력은 0.25MPa이다. 이 노즐의 방수량을 200L/min로 증가시킬 경우 방수압력은 약 몇 MPa인가?

15회 문103

① 0.24 ② 0.44
③ 4.44 ④ 5.44

해설 **방수량**(토출량)

$$Q=K\sqrt{10P}$$

여기서, $Q$ : 방수량〔L/min〕
$K$ : 방출계수
$P$ : 방수압력〔MPa〕

**방출계수** $K$는

$$K=\frac{Q}{\sqrt{10P}}=\frac{150\text{L/min}}{\sqrt{10\times0.25\text{MPa}}}\fallingdotseq 94.868$$

방수량을 200L/min으로 증가시켰을 때

$$Q=K\sqrt{10P}$$

$$Q^2=(K\sqrt{10P})^2$$

$$Q^2=K^2\times10P$$

$$10P=\frac{Q^2}{K^2}$$

$$P=\frac{Q^2}{10K^2}$$

$$=\frac{(200\text{L/min})^2}{10\times94.868^2}\fallingdotseq 0.44\text{MPa}$$

중요

**토출량**(방수량)

(1)
$$Q=10.99D^2\sqrt{10P}$$

여기서, $Q$ : 토출량〔$m^3$/s〕
$D$ : 구경
$P$ : 방사압력〔MPa〕

(2)
$$Q=0.653D^2\sqrt{10P}$$

여기서, $Q$ : 토출량〔L/min〕
$D$ : 구경
$P$ : 방사압력〔MPa〕

답 ②

★★★

**34** 일반화재, 유류화재, 전기화재에 모두 적응성이 있는 분말소화약제의 종류와 주성분의 연결로 옳은 것은?

19회 문 35
15회 문 37
14회 문111
06회 문117

① 제2종 분말소화약제－$NaHCO_3$
② 제2종 분말소화약제－$(NH_2)_2CO$
③ 제3종 분말소화약제－$NH_4H_2PO_4$
④ 제3종 분말소화약제－$Na_2CO_3$

해설 **분말소화약제**

| 종 별 | 주성분 | 착 색 | 적응화재 | 비 고 |
|---|---|---|---|---|
| 제1종 | 중탄산나트륨 ($NaHCO_3$) | **백**색 | BC급 | **식용유** 및 **지방질유**의 화재에 적합 |
| 제2종 | 중탄산칼륨 ($KHCO_3$) | 담**자**색 (담회색) | BC급 | – |
| 제3종 | 제1인산암모늄 ($NH_4H_2PO_4$) | 담**홍**색 | ABC급 | **차고·주차장**에 적합 |
| 제4종 | 중탄산칼륨 +요소 ($KHCO_3$+ $(NH_2)_2CO$) | **회**(백)색 | BC급 | – |

기억법 1식분(일식 분식)
3분 차주(삼보컴퓨터 차주)
백자홍회

답 ③

★★★

**35** 다음 중 부촉매효과가 없는 소화약제는?

15회 문 39
14회 문 39
08회 문 47
08회 문122
07회 문 43

① Halon 1301 소화약제
② 제1종 분말소화약제
③ HFC-125 할로겐화합물 및 불활성기체 소화약제
④ IG-100 할로겐화합물 및 불활성기체 소화약제

해설 **할로겐화합물 및 불활성기체 소화약제의 종류**(NFPC 107A 제4조, NFTC 107A 2.1.1)

| 종 류 | 소화약제 | 상품명 | 화학식 | 방출시간 | 주된 소화원리 |
|---|---|---|---|---|---|
| 할로겐화합물 소화약제 | 퍼플루오로부탄 (FC-3-1-10) | CEA-410 | $C_4F_{10}$ | 10초 이내 | **부촉매 효과** (억제작용) |
| | 트리플루오로메탄 (HFC-23) | FE-13 | $CHF_3$ | | |
| | 펜타플루오로에탄 (HFC-125) | FE-25 | $CHF_2CF_3$ | | |
| | 헵타플루오로프로판 (HFC-227ea) | FM-200 | $CF_3CHFCF_3$ | | |
| | 클로로테트라플루오로에탄 (HCFC-124) | FE-241 | $CHClFCF_3$ | | |

| 종 류 | 소화약제 | 상품명 | 화학식 | 방출시간 | 주된 소화 원리 |
|---|---|---|---|---|---|
| 할로겐화합물 소화약제 | 하이드로클로로플루오로카본 혼화제 (HCFC BLEND A) | NAF S-Ⅲ | HCFC-22 ($CHClF_2$) : 82% HCFC-123 ($CHCl_2CF_3$) : 4.75% HCFC-124 ($CHClFCF_3$) : 9.5% $C_{10}H_{16}$ : 3.75% | 10초 이내 | 부촉매 효과 (억제 작용) |
| 불활성기체 소화약제 | 불연성·불활성 기체 혼합가스(IG-541) | Inergen | $N_2$ : 52% Ar : 40% $CO_2$ : 8% | 60초 이내 | 질식 효과 |
| | 불연성·불활성 기체 혼합가스(IG-55) | 아르고나이트 | $N_2$ : 50% Ar : 50% | | |
| | 불연성·불활성 기체 혼합가스(IG-100) | NN-100 | $N_2$ | | |
| | 불연성·불활성 기체 혼합가스(IG-01) | – | Ar | | |

※ 분말소화약제는 **질식효과, 부촉매효과**가 모두 있다.

④ 질식효과

답 ④

★★★

## 36 화재안전기준상 할로겐화합물 및 불활성기체 소화약제별 최대허용설계농도(%)로 옳지 않은 것은?

19회 문 36, 19회 문117, 18회 문 31, 17회 문 37, 15회 문 36, 15회 문110, 14회 문110, 12회 문 31, 07회 문121

① HFC-227ea : 10.5%
② HCFC BLEND A : 10%
③ FK-5-1-12 : 15%
④ IG-55 : 43%

해설 **할로겐화합물 및 불활성기체 소화약제 최대허용설계농도**(NFTC 107A 2.4.2)

| 소화약제 | 최대허용설계농도 |
|---|---|
| FIC-13I1 | 0.3% |
| HCFC-124 | 1.0% |
| FK-5-1-12 **보기 ③** | 10% |
| HCFC BLEND A **보기 ②** | |
| HFC-227ea **보기 ①** | 10.5% |
| HFC-125 | 11.5% |
| HFC-236fa | 12.5% |
| HFC-23 | 30% |
| FC-3-1-10 | 40% |
| IG-01 | 43% |
| IG-100 | |
| IG-541 | |
| IG-55 **보기 ④** | |

③ 15% → 10%

답 ③

★

## 37 탄화칼슘($CaC_2$) 화재시 가장 적합한 소화 방법은?

12회 문 97

① 물을 주수하여 냉각소화한다.
② 이산화탄소를 방사하여 질식소화한다.
③ 마른모래로 질식소화한다.
④ 할론소화약제를 사용하여 부촉매 소화한다.

해설 **탄화칼슘($CaC_2$)의 소화방법**
(1) **마른모래 · 건조분말** 등으로 **질식소화**한다.
(2) 물 · 포 · 이산화탄소 · 할론 엄금

비교

**위험물규칙 [별표 4]**

| 위험물 | 품 명 | 주의사항 |
|---|---|---|
| 과산화나트륨 | **제1류** (알칼리금속의 과산화물) | 물기엄금 |
| 탄화칼슘 | **제3류** (금수성 물질) | 물기엄금 |
| 인화성 고체 | **제2류** (인화성 고체) | 화기엄금 |
| 과산화수소 | **제6류** | 별도의 표시를 하지 않음 |

답 ③

★★

## 38 다음 중 물소화약제에 관한 설명으로 옳지 않은 것은?

13회 문 36

① 침투제를 사용하여 물의 표면장력을 증가시키면 심부화재에 적용 가능하다.
② 다른 소화약제에 비해 비열 및 기화열이 크다.
③ 무상주수를 통해 질식, 냉각이 가능하다.
④ 희석소화를 통해 수용성 가연물질 화재에 적용 가능하다.

해설 **물소화약제**
(1) **침투제**를 사용하여 물의 표면장력을 감소시키면 **심부화재**에 적용 가능하다.
(2) 다른 소화약제에 비해 **비열** 및 **기화열**이 **크다.**
(3) **무상주수**를 통해 **질식, 냉각**이 가능하다.
(4) **희석소화**를 통해 **수용성** 가연물질 화재에 적용 가능하다.

① 증가 → 감소

중요

**주요 물질의 비열**

| 물질의 종류 | 비열〔kcal/kg · ℃〕 |
|---|---|
| 할론 1301 | 0.21 |
| 수증기 | 0.44 |
| 얼음 | 0.5 |
| 물 | 1 |

**물**은 다른 물질에 비하여 **비열**이 매우 **크므로** 냉각효과가 우수하다.

답 ①

★★★

## 39 화재안전기준상 할로겐화합물 및 불활성기체 소화약제인 IG-541의 혼합가스 체적성분비는?

15회 문 39 / 14회 문 35 / 08회 문 47 / 08회 문122 / 07회 문 43

① $N_2$ : 50%, Ar : 40%, CO : 10%

② $N_2$ : 52%, Ar : 40%, $CO_2$ : 8%

③ $CO_2$ : 50%, Ar : 40%, $N_2$ : 10%

④ $CO_2$ : 52%, Ar : 40%, $N_2$ : 8%

해설 **할로겐화합물 및 불활성기체 소화약제의 종류**
(NFPC 107A 제4조, NFTC 107A 2.1.1)

| 소화약제 | 화학식 |
|---|---|
| 퍼플루오로부탄 (FC-3-1-10) | $C_4F_{10}$ |
| 트리플루오로메탄 (HFC-23) | $CHF_3$ |
| 펜타플루오로에탄 (HFC-125) | $CHF_2CF_3$ |
| 헵타플루오로프로판 (HFC-227ea) | $CF_3CHFCF_3$ |
| 클로로테트라플루오로에탄 (HCFC-124) | $CHClFCF_3$ |
| 하이드로클로로플루오로카본 혼화제 (HCFC BLEND A) | • HCFC-22($CHClF_2$) : 82%<br>• HCFC-123($CHCl_2CF_3$) : 4.75%<br>• HCFC-124($CHClFCF_3$) : 9.5%<br>• $C_{10}H_{16}$ : 3.75% |
| 불연성 · 불활성 기체 혼합가스 (IG-01) | Ar |
| 불연성 · 불활성 기체 혼합가스 (IG-100) | $N_2$ |
| 불연성 · 불활성 기체 혼합가스 (IG-541) | • $N_2$ : 52%<br>• Ar : 40%<br>• $CO_2$ : 8% |

답 ②

★

## 40 납축전지의 전해액으로 옳은 것은?

① $Cd(OH)_2$
② $H_2SO_4$
③ $PbSO_4$
④ $MnO_2$

해설 **연(납)축전지**

(1) 양극 : **이산화납**($PbO_2$)
(2) 음극 : **납**(Pb)
(3) 전해액 : **묽은 황산**($2H_2S_4=H_2SO_4+H_2O$)
(4) 비중 : **1.2~1.3**
(5) 화학반응식

$$\underset{(+)}{PbO_2}+\underset{(전해액)}{2H_2SO_4}+\underset{(-)}{Pb} \underset{충전}{\overset{방전}{\rightleftarrows}} \underset{(+)}{PbSO_4}+\underset{(물)}{2H_2O}+\underset{(-)}{PbSO_4}$$

비교

**망가니즈(르클랑세)건전지**

(1) **양극** : 탄소(C)
(2) **음극** : 아연(Zn)
(3) **전해액** : 염화암모늄 용액($NH_4Cl+H_2O$)
(4) **감극제** : 이산화망가니즈($MnO_2$)

답 ②

★★★

## 41 전류가 흐르는 도체 주위의 자계방향을 결정하는 법칙은?

15회 문 43

① 패러데이의 법칙
② 렌츠의 법칙
③ 플레밍의 오른손법칙
④ 암페어의 오른나사법칙

해설 **여러 가지 법칙**

| 법 칙 | 설 명 |
|---|---|
| 플레밍의 **오**른손법칙 | **도**체운동에 의한 **유**도기전력의 **방**향 결정 |
| 플레밍의 **왼**손법칙 | **전**자력의 방향 결정 |
| **렌**츠의 법칙 (렌쯔의 법칙) | 자속변화에 의한 **유**도기전력의 **방**향 결정 |
| **패**러데이의 전자유도법칙 (페러데이의 법칙) | ① 자속변화에 의한 **유**기기전력의 **크**기 결정<br>② 전자유도현상에 의하여 생기는 **유도기전력**의 **크기**를 정의하는 법칙 |
| **암**페어의 오른나사법칙 (앙페에르의 법칙) **보기 ④** | ① **전**류에 의한 **자**기장(자계)의 방향 결정<br>② 전류가 흐르는 도체주위의 자계방향 결정 |

| 법 칙 | 설 명 |
|---|---|
| 비오-사바르의 법칙 | 전류에 의해 발생되는 자기장의 크기 결정 |

**기억법** 방유도오(방에 우유를 도로 갖다 놓게!)
왼전(왼 전쟁이냐?)
렌유방(오렌지가 유일한 방법이다)
패유크(폐유를 버리면 큰일난다)
암전자(양전자)
비전자(비전공자)

답 ④

★★
## 42 다음 왜형파 전압의 왜형률은 약 얼마인가?

$$v=150\sqrt{2}\sin\omega t+40\sqrt{2}\sin 2\omega t+70\sqrt{2}\sin 3\omega t$$

① 0.45 ② 0.54
③ 0.67 ④ 0.85

해설 **왜형률**

$$D=\frac{\sqrt{\left(\frac{V_{m2}}{\sqrt{2}}\right)^2+\left(\frac{V_{m3}}{\sqrt{2}}\right)^2}}{\frac{V_{m1}}{\sqrt{2}}}=\frac{\sqrt{{V_2}^2+{V_3}^2}}{V_1}$$

여기서, $D$ : 왜형률
$V_{m1}$ : 기본파의 최대값〔V〕
$V_{m2}$ : 제2고조파의 최대값〔V〕
$V_{m3}$ : 제3고조파의 최대값〔V〕
$V_1$ : 기본파의 실효값〔V〕
$V_2$ : 제2고조파의 실효값〔V〕
$V_3$ : 제3고조파의 실효값〔V〕

$$D=\frac{\sqrt{\left(\frac{V_{m2}}{\sqrt{2}}\right)^2+\left(\frac{V_{m3}}{\sqrt{2}}\right)^2}}{\frac{V_{m1}}{\sqrt{2}}}=\frac{\sqrt{\left(\frac{40\sqrt{2}}{\sqrt{2}}\right)^2+\left(\frac{70\sqrt{2}}{\sqrt{2}}\right)^2}}{\frac{150\sqrt{2}}{\sqrt{2}}}\fallingdotseq 0.54$$

**중요**

**왜형률**
전 고조파의 실효값을 기본파의 실효값으로 나눈 값으로 **파형**의 **일그러짐** 정도를 나타낸다.

$$\text{왜형률}=\frac{\text{전 고조파의 실효값}}{\text{기본파의 실효값}}$$

답 ②

★★★
## 43 다음 피드백제어계 블록선도의 전달함수는?

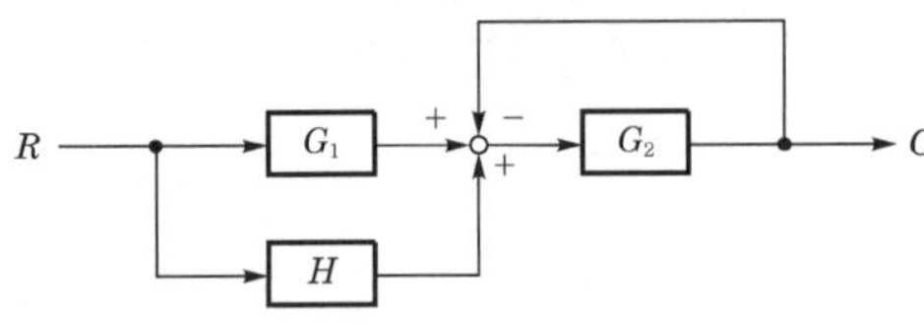


① $\frac{G_2(G_1+H)}{1+G_2}$ ② $\frac{G_2+H}{1+G_1G_2}$
③ $\frac{G_1G_2+H}{1+G_2}$ ④ $\frac{G_2}{1+G_1G_2H}$

해설
$RG_1G_2+RG_2H-CG_2=C$
$RG_1G_2+RG_2H=C+CG_2$
$R(G_1G_2+G_2H)=C(1+G_2)$
$\frac{G_1G_2+G_2H}{1+G_2}=\frac{C}{R}$
$\frac{C}{R}=\frac{G_1G_2+G_2H}{1+G_2}=\frac{G_2(G_1+H)}{1+G_2}$

답 ①

★★★
## 44 정격용량 1000kVA, 발전기 과도 리액턴스 0.2인 자가발전기의 차단기 용량(kVA)은?

① 5230 ② 5720
③ 6250 ④ 6830

해설 **발전기용 차단기의 용량**

$$P_s \geq \frac{P_n}{X_L}\times 1.25$$

여기서, $P_s$ : 발전기용 차단기의 용량〔kVA〕
$X_L$ : 과도리액턴스
$P_n$ : 발전기 용량〔kVA〕

$P_s \geq \frac{1000}{0.2}\times 1.25=6250\text{kVA}$

**비교**

**발전기 용량의 산정**

$$P_n \geq \left(\frac{1}{e}-1\right)X_L P\,\text{〔kVA〕}$$

여기서, $P_n$ : 발전기 정격용량〔kVA〕
$e$ : 허용전압강하
$X_L$ : 과도리액턴스
$P$ : 기동용량〔kVA〕

답 ③

★★★
## 45 인덕턴스가 각각 $L_1 = 5\text{H}$, $L_2 = 10\text{H}$인 두 코일을 그림과 같이 연결하고, 합성인덕턴스를 측정하였더니 5H이었다. 두 코일간의 상호인덕턴스 $M$[H]은?

19회 문 44
15회 문 44
13회 문 44
10회 문 30

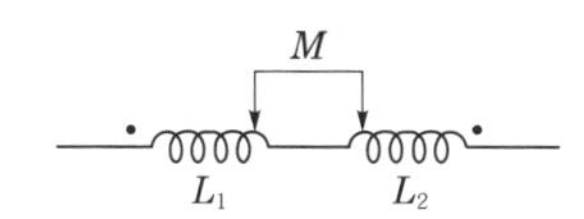


① 2　② 3
③ 4　④ 5

해설 **합성인덕턴스**

$$L = L_1 + L_2 \pm 2M\,[\text{H}]$$

여기서, $L$ : 합성인덕턴스[H]
$L_1$, $L_2$ : 자기인덕턴스[H]
$M$ : 상호인덕턴스[H]

**합성인덕턴스** $L$은
$L = L_1 + L_2 - 2M$ 이므로
$2M = L_1 + L_2 - L$
$\therefore\ M = \dfrac{L_1 + L_2 - L}{2} = \dfrac{5 + 10 - 5}{2} = 5$

| 같은 방향(직렬연결) | 반대방향 |
|---|---|
| $L = L_1 + L_2 + 2M$ | $L = L_1 + L_2 - 2M$ |

중요

**코일의 방향**

| 같은 방향 | 반대방향 |
|---|---|
| | |

비교

(1) **상호인덕턴스**(Mutual inductance)

$$M = K\sqrt{L_1 L_2}\,[\text{H}]$$

여기서, $M$ : 상호인덕턴스[H]
$K$ : 결합계수
$L_1$, $L_2$ : 자기인덕턴스[H]

(2) **결합계수**

| $K = 0$ | $K = 1$ |
|---|---|
| 두 코일 직교시 | 이상결합 · 완전결합시 |

답 ④

★★
## 46 60Hz인 교류전압을 인가할 때, 유도성 리액턴스가 3.77Ω이라면 인덕턴스는 약 몇 mH인가?

① 0.1　② 1
③ 10　④ 100

해설 **유도리액턴스**

$$X_L = 2\pi f L$$

여기서, $X_L$ : 유도리액턴스[Ω]
$f$ : 주파수[Hz]
$L$ : 인덕턴스[H]

인덕턴스 $L = \dfrac{X_L}{2\pi f} = \dfrac{3.77}{2\pi \times 60} \fallingdotseq 0.01\text{H} = 10\text{mH}$

• 1H=1000mH이므로 0.01H=10mH

비교

**용량리액턴스**

$$X_c = \frac{1}{2\pi f C}$$

여기서, $X_c$ : 용량리액턴스[Ω]
$f$ : 주파수[Hz]
$C$ : 정전용량[F]

답 ③

★★
## 47 교류전압만을 측정할 수 있는 계기는?

① 유도형 계기
② 가동코일형 계기
③ 정전형 계기
④ 열선형 계기

해설 **지시 전기계기의 종류**

| 계기의 종류 | 기 호 | 사용회로 |
|---|---|---|
| 가동코일형 | | 직류 |
| 가동철편형 | | 교류 |
| 정류형 | | 교류 |
| 유도형 **보기 ①** | | 교류 |
| 전류력계형 | | 교직양용 |

| 계기의 종류 | 기 호 | 사용회로 |
|---|---|---|
| 열전형 |  | 교직양용 |
| 정전형 |  | 교직양용 |

답 ①

★★★

**48** 역방향 전압영역에서 동작하고 전원전압을 일정하게 유지하기 위하여 사용되는 다이오드는?

13회 문 49

① 발광다이오드
② 터널다이오드
③ 포토다이오드
④ 제너다이오드

해설 **반도체 소자의 심벌**

| 명 칭 | 심 벌 |
|---|---|
| ① **정류용 다이오드** : 주로 실리콘 다이오드가 사용된다. |  혼동할 우려가 없을 때는 원을 생략 가능 |
| ② **제너 다이오드**(Zener Diode) : 주로 정전압 전원회로에 사용된다(**전원전압 일정**하게 **유지**). 보기 ④ | 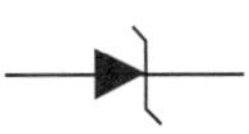 |
| ③ **발광 다이오드**(LED) : 화합물 반도체로 만든 다이오드로 응답속도가 빠르고 정류에 대한 광출력이 직선성을 가진다. | 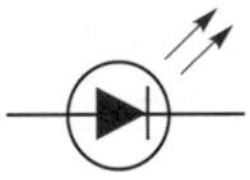 |
| ④ **CDS** : 광-저항 변환소자로서 감도가 특히 높고 값이 싸며 취급이 용이하다. |  |
| ⑤ **서미스터** : 부온도특성을 가진 저항기의 일종으로서 주로 **온도보상용**으로 쓰인다(**온도제어 회로용**). | 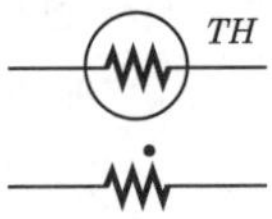 TH |
| ⑥ **SCR** : **단방향 대전류 스위칭 소자**로서 제어를 할 수 있는 정류소자이다(**DC 전력의 제어용**). | 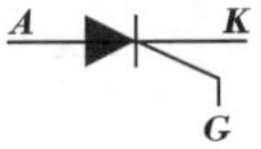 A K G |
| ⑦ **PUT** : SCR과 유사한 특성으로 게이트(G) 레벨보다 애노드(A) 레벨이 높아지면 스위칭하는 기능을 지닌 소자이다. | 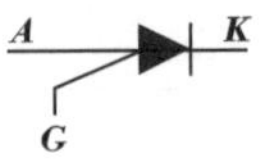 A K G |
| ⑧ **TRIAC** : **양방향성 스위칭 소자**로서 SCR 2개를 역병렬로 접속한 것과 같다(**AC 전력의 제어용, 쌍방향성 사이리스터**). | 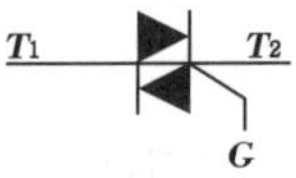 $T_1$ $T_2$ G |
| ⑨ **DIAC** : 네온관과 같은 성질을 가진 것으로서 주로 SCR, TRIAC 등의 **트리거소자**로 이용된다. | 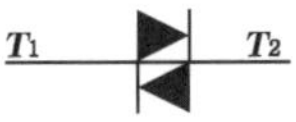 $T_1$ $T_2$ |
| ⑩ **바리스터**<br>• 주로 **서**지 전압에 대한 **회로 보호용**으로 사용된다.<br>• **계**전기 접점의 불꽃제거 |  |
| ⑪ **UJT**(단일 접합 트랜지스터) : 증폭기로는 사용이 불가능하며 톱니파나 펄스발생기로 작용하며 **SCR의 트리거 소자로** 쓰인다. | 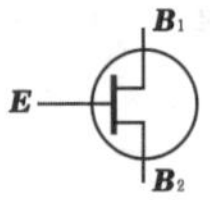 $B_1$ E $B_2$ |

기억법 **서온(서운해), 바리서계**

답 ④

★★★

**49** 평행판 콘덴서의 면적을 4배 증가시키고, 간격은 2배 감소시켰다면 콘덴서의 정전용량은 처음의 몇 배인가?

19회 문 46
17회 문 49
16회 문 42
15회 문 45
12회 문 49

① 2 ② 3
③ 4 ④ 8

해설 **정전용량**

$$C = \frac{\varepsilon S}{d} = \frac{\varepsilon_0 \varepsilon_s S}{d}$$

여기서, $C$ : 정전용량〔F〕
$S$ : 극판의 면적〔$m^2$〕
$\varepsilon$ : 유전율〔F/m〕($\varepsilon = \varepsilon_0 \cdot \varepsilon_s$)
$\varepsilon_0$ : 진공의 유전율〔F/m〕
$\varepsilon_s$ : 비유전율(단위 없음)
$d$ : 극판간의 간격〔m〕

**정전용량** $C$는

$C = \frac{\varepsilon S}{d}$ 에서

$$\therefore C_0 = \frac{\varepsilon \times 4S}{\frac{1}{2}d} = \frac{8\varepsilon S}{d} = 8C$$

※ 진공의 유전율 : $\varepsilon_0 = 8.855 \times 10^{-12}$ F/m

답 ④

★★★
**50** 2$\mu$F 콘덴서를 3kV로 충전하면 저장되는 에너지는 몇 J인가?

① 6
② 9
③ 12
④ 15

해설 정전에너지

$$W=\frac{1}{2}QV=\frac{1}{2}CV^2=\frac{Q^2}{2C}\text{〔J〕}$$

여기서, $W$ : 정전에너지〔J〕
$Q$ : 전하〔C〕
$V$ : 전압(충전전압)〔V〕
$C$ : 정전용량〔F〕

$$W=\frac{1}{2}CV^2$$
$$=\frac{1}{2}\times(2\times10^{-6})\times(3\times10^3)^2$$
$$=9\text{J}$$

답 ②

**제 3 과목 소방관련법령**

★★★
**51** 화재의 예방 및 안전관리에 관한 법령상 소방자동차의 우선통행 등과 소방대의 긴급통행에 관한 설명으로 옳지 않은 것은?

① 화재진압 및 구조·구급 활동을 위하여 출동하는 경우를 제외하고 소방자동차의 우선통행에 관해서는 소방기본법시행령에 정한 바에 따른다.
② 모든 차와 사람은 소방자동차가 화재진압을 위해 출동할 때에는 이를 방해하여서는 아니 된다.
③ 소방자동차가 훈련을 위하여 필요한 때에는 사이렌을 사용할 수 있다.
④ 소방대는 화재현장에 신속하게 출동하기 위하여 긴급할 때에는 일반적인 통행에 쓰이지 아니하는 도로·빈터 또는 물 위로 통행할 수 있다.

해설 기본법 제21조
소방자동차의 우선통행 등

① 화재진압 및 구조·구급 활동을 위하여 출동하는 경우를 제외하고 소방자동차의 우선통행에 관하여는 **도로교통법**이 정하는 바에 따른다.

답 ①

★★
**52** 화재의 예방 및 안전관리에 관한 법령상 특수가연물에 관한 설명으로 옳은 것은?

17회 문 54
15회 문 53
11회 문 54
08회 문 71

① 100킬로그램 이상의 면화류는 특수가연물로 분류된다.
② 800킬로그램 이상의 사류(絲類)는 특수가연물로 분류된다.
③ 특수가연물을 저장 또는 취급하는 장소에는 품명·최대수량 및 화기취급의 금지표지를 설치해야 한다.
④ 고무류·플라스틱류에는 합성수지의 섬유·옷감·종이 및 실과 이들의 넝마와 부스러기가 포함된다.

해설
① 100킬로그램 이상 → 200킬로그램 이상
② 800킬로그램 이상 → 1000킬로그램 이상
④ 합성수지의 섬유·옷감·종이 및 실과 이들의 넝마와 부스러기를 제외한다.

중요

(1) **특수가연물**(화재예방법 시행령 [별표 2])

| 품 명 | | 수 량 |
|---|---|---|
| 가연성 액체류 | | 2m³ 이상 |
| 목재가공품 및 나무부스러기 | | 10m³ 이상 |
| 면화류 | | 200kg 이상 |
| 나무껍질 및 대팻밥 | | 400kg 이상 |
| 넝마 및 종이부스러기 | | 1000kg 이상 |
| 사류(絲類) | | 1000kg 이상 |
| 볏짚류 | | 1000kg 이상 |
| 가연성 고체류 | | 3000kg 이상 |
| 고무류·플라스틱류 | 발포시킨 것 | 20m³ 이상 |
| 고무류·플라스틱류 | 그 밖의 것 | 3000kg 이상 |
| 석탄·목탄류 | | 10000kg 이상 |

기억법

가액목면나 넝사볏가고 고석
2 1 2 4 1 3 3 1

※ **특수가연물** : 화재가 발생하면 불길이 빠르게 번지는 물품

(2) **특수가연물의 저장 및 취급의 기준**(화재예방법 시행령 [별표 3])

① 특수가연물을 저장 또는 취급하는 장소에는 품명·최대수량 및 화기취급의 금지표지를 설치할 것 **보기 ③**

② 쌓아 저장하는 기준(단, 석탄·목탄류를 발전용으로 저장하는 것 제외)

㉠ 품명별로 구분하여 쌓을 것

㉡ 쌓는 높이는 **10m** 이하가 되도록 하고, 쌓는 부분의 바닥면적은 **50m²**(석탄·목탄류는 **200m²**) 이하가 되도록 할 것(단, 살수설비를 설치하거나, 방사능력 범위에 해당 특수가연물이 포함되도록 대형 수동식 소화기를 설치하는 경우에는 쌓는 높이를 **15m** 이하, 쌓는 부분의 바닥면적을 **200m²**(석탄·목탄류는 **300m²**) 이하로 할 수 있다)

㉢ 쌓는 부분의 바닥면적 사이는 실내의 경우 **1.2m** 또는 **쌓는 높이**의 **1/2** 중 **큰 값**(실외 **3m** 또는 **쌓는 높이** 중 **큰 값**) 이상으로 간격을 둘 것

답 ③

★★★

## 53 소방기본법을 위반하여 벌금에 처해지는 자는?

18회 문 51
15회 문 51
14회 문 66
11회 문 70

① 피난명령을 위반한 사람
② 특수가연물의 저장 및 취급 기준을 위반한 자
③ 화재예방강화지구에 대한 소방용수시설의 설치명령을 위반한 자
④ 시장지역에서 화재로 오인할 우려가 있는 연막소독을 하면서 관할소방서장에게 신고를 하지 아니하여 소방자동차를 출동하게 한 자

해설 **벌금**

| 벌 칙 | 내 용 |
|---|---|
| **5년 이하의 징역 또는 5000만원 이하의 벌금**<br>(기본법 제50조) | • 소방자동차의 **출동** 방해<br>• 사람구출 방해<br>• 소방용수시설 또는 비상소화장치의 **효용** 방해<br>• 소방대원 폭행·협박 |
| **3년 이하의 징역 또는 3000만원 이하의 벌금**<br>(기본법 제51조) | • 소방활동에 필요한 소방대상물 및 **토지**의 **강제처분**을 방해한 자 |
| **300만원 이하의 벌금** | • 소방활동에 필요한 소방대상물과 **토지** 외의 **강제처분**을 방해한 자(기본법 제52조)<br>• 소방자동차의 통행과 소방활동에 방해가 되는 주정차 제거·이동을 방해한 자(기본법 제52조)<br>• 화재의 **예방조치명령** 위반(화재예방법 제50조) |
| **100만원 이하의 벌금**<br>(기본법 제54조) | • **피난명령** 위반 **보기 ①**<br>• 위험시설 등에 대한 긴급조치 방해<br>• 소방활동을 하지 않은 **관계인**<br>※ 소방활동 : 화재가 발생한 경우 소방대가 현장에 도착할 때까지 사람을 구출하는 조치<br>• 위험시설 등에 정당한 사유없이 **물**의 **사용**이나 **수도**의 **개폐장치**의 사용 또는 조작을 하지 못하게 하거나 **방해**한 자<br>• 소방대의 **생활안전활동**을 방해한 자 |
| **500만원 이하의 과태료**<br>(기본법 제56조) | • **화재** 또는 **구조·구급**에 필요한 사항을 **거짓**으로 알린 사람 |
| **200만원 이하의 과태료** | • 소방용수시설·소화기구 및 설비 등의 설치명령 위반(화재예방법 제52조)<br>• 특수가연물의 저장·취급 기준 위반(화재예방법 제52조)<br>• **소방활동구역 출입**(기본법 제56조)<br>• **소방자동차**의 **출동**에 **지장**을 준 자(기본법 제56조)<br>• 한국 119 청소년단 또는 이와 유사한 명칭을 사용한 자(기본법 제56조)<br>• 한국소방안전원 또는 이와 유사한 명칭을 사용한 자(기본법 제56조) |
| **20만원 이하의 과태료**<br>(기본법 제57조) | • 시장지역에서 화재로 오인할 우려가 있는 **연막소독**을 하면서 관할소방서장에게 신고를 하지 아니하여 소방자동차를 출동하게 한 자 |

① 100만원 이하의 벌금(기본법 제54조)
②, ③ 200만원 이하의 과태료(화재예방법 제52조)
④ 20만원 이하의 과태료(기본법 제57조)

답 ①

★★★
**54** **화재의 예방 및 안전관리에 관한 법령상 화재예방강화지구의 지정에 관한 설명으로 옳지 않은 것은?**

① 시·도지사는 도시의 건물 밀집지역 등 화재의 우려가 높거나 화재가 발생하는 경우로 인하여 피해가 클 것으로 예상되는 목조건물이 밀집한 지역을 화재예방강화지구로 지정할 수 있다.
② 시·도지사는 화재예방강화지구 안의 소방대상물의 위치·구조 및 설비 등에 대한 화재안전조사를 분기별 1회 이상 실시하여야 한다.
③ 소방본부장 또는 소방서장은 화재예방강화지구 안의 관계인에 대하여 소방상 필요한 훈련 및 교육을 연 1회 이상 실시할 수 있다.
④ 소방본부장 또는 소방서장은 화재안전조사를 한 결과 화재의 예방과 경계를 위하여 필요하다고 인정할 때에는 관계인에게 소방용수시설, 소화기구, 그 밖에 소방에 필요한 설비의 설치를 명할 수 있다.

해설 **화재예방법 시행령 제20조**

② 분기별 1회 이상 → 연 1회 이상

중요

**횟수**
(1) **월 1회 이상** : 소방용수시설 및 **지**리조사(기본규칙 제7조)

기억법 **월1지(월요일이 지났다)**

(2) **연 1회 이상**
① 화재예방강화지구 안의 화재안전조사·훈련·교육(화재예방법 시행령 제20조)
② 특정소방대상물의 소방훈련·교육(화재예방법 시행규칙 제36조)
③ 제조소 등의 **정**기점검(위험물규칙 제64조)
④ **종**합점검(소방시설법 시행규칙 [별표 3])
⑤ 작동점검(소방시설법 시행규칙 [별표 3])

기억법 **연1정종(연일 정종술을 마셨다)**

(3) **2년마다 1회 이상**
① 소방대원의 소방교육·훈련(기본규칙 제9조)
② **실**무교육(화재예방법 시행규칙 제29조)

기억법 **실2(실리)**

답 ②

★★★
**55** **시·도지사는 이웃하는 다른 시·도지사와 소방업무에 관하여 상호응원협정을 체결한다. 상호응원협정 체결시 포함되어야 하는 사항으로 틀린 것은?**

① 소요경비의 부담에 관한 사항
② 응원출동 대상지역 및 규모
③ 화재의 예방에 관한 사항
④ 응원출동훈련 및 평가

해설 **기본규칙 제8조**
**소방업무의 상호응원협정**
(1) 다음의 **소방활동**에 관한 사항
① 화재의 **경**계·진압활동
② 구조·구급업무의 지원
③ 화재조사활동
(2) **응원출동 대상지역** 및 **규모** 보기 ②
(3) **소요경비**의 **부담**에 관한 사항 보기 ①
① **출**동대원의 수당·식사 및 의복의 수선
② 소방장비 및 기구의 정비와 연료의 보급
(4) **응원출동**의 **요청방법**
(5) **응원출동훈련** 및 **평가** 보기 ④

기억법 **경응출**

답 ③

★★
**56** **소방시설공사업법령상 소방시설업의 등록을 반드시 취소해야 하는 경우에 해당하지 않는 것은?**

① 거짓이나 그 밖의 부정한 방법으로 등록한 경우
② 법인의 대표자가 위험물안전관리법에 따른 금고 이상의 형의 집행유예를 선고받고 그 유예기간 중에 있어서 등록의 결격사유에 해당하는 경우
③ 등록을 한 후 정당한 사유 없이 1년이 지날 때까지 영업을 시작하지 아니한 때의 경우
④ 영업정지처분을 받고 영업정지기간 중에 새로운 설계·시공 또는 감리를 한 경우

해설 **공사업법 제9조**

**소방시설업의 등록취소**

(1) 거짓이나 그 밖의 **부정한 방법**으로 등록한 경우 보기 ①

(2) **등록결격사유**에 해당하게 된 경우(단, 등록결격사유가 된 법인이 그 사유가 발생한 날부터 3개월 이내에 그 사유를 해소한 경우 제외) 보기 ②

(3) **영업정지기간 중**에 소방시설공사 등을 한 경우 보기 ④

③ **6개월** 이내의 **영업정지**

답 ③

★★★

## 57 소방시설공사업법령상 하자보수 보증기간이 다른 소방시설은?

18회 문 56 / 10회 문 61 / 09회 문 57 / 08회 문 64 / 06회 문 73 / 03회 문 74

① 피난기구 ② 유도등
③ 무선통신보조설비 ④ 옥외소화전설비

해설 **공사업령 제6조**

**소방시설공사의 하자보수 보증기간**

| 보증기간 | 소방시설 |
|---|---|
| **2**년 | ① **유**도등 · 유도표지 · **피**난기구<br>② **비**상**조**명등 · 비상**경**보설비 · 비상**방**송설비<br>③ **무**선통신보조설비 |
| 3년 | ① 자동식 소화기<br>② 옥내 · 외소화전설비 보기 ④<br>③ 스프링클러설비 · 간이스프링클러설비<br>④ 물분무등소화설비 · 상수도소화용수설비<br>⑤ 자동화재탐지설비 · 소화활동설비(무선통신보조설비 제외) |

기억법 유비조경방무피2(유비조경방무피투)

답 ④

★★★

## 58 소방시설 설치 및 관리에 관한 법령상 소방시설 등의 자체점검에 관한 설명으로 옳지 않은 것은?

14회 문 58 / 12회 문 60 / 03회 문 56

① 작동점검대상인 자동화재탐지설비 설치대상물은 관계인이 점검할 수 있다.
② 제연설비가 설치된 터널은 종합점검대상이다.
③ 특급 소방안전관리대상물의 종합점검은 반기에 1회 이상 실시한다.
④ 종합점검대상인 특정소방대상물의 작동점검은 종합점검을 받은 달부터 3개월이 되는 달에 실시한다.

해설 **소방시설법 시행규칙 [별표 3]**

**소방시설 등 자체점검의 점검대상, 점검자의 자격, 점검횟수 및 시기**

(1) **작동점검**

| 점검대상 | 점검자의 자격(주된 인력) | 점검횟수 및 점검시기 |
|---|---|---|
| 간이스프링클러설비 · 자동화재탐지설비 | • 관계인 보기 ①<br>• 소방안전관리자로 선임된 소방시설관리사 또는 소방기술사<br>• 소방시설관리업에 등록된 기술인력 중 소방시설관리사 또는 「소방시설공사업법 시행규칙」에 따른 특급점검자 | 작동점검은 **연 1회** 이상 실시하며, 종합점검대상은 종합점검을 받은 달부터 **6개월**이 되는 달에 실시 보기 ④ |

(2) **종합점검**

| 점검대상 | 점검실시 |
|---|---|
| • 제연설비 터널 보기 ②<br>• 스프링클러설비<br>중요<br>① 공공기관 : 1000m²<br>② 다중이용업 : 2000m²<br>③ 물분무등(호스릴 ×) : 5000m² | **반기별 1회** 이상 보기 ③ |

④ 3개월 → 6개월

답 ④

★★

## 59 소방시설 설치 및 관리에 관한 법령상 지하가 중 터널인 경우 길이가 얼마 이상일 때 연결송수관설비를 설치하여야 하는가?

① 500m
② 1천m
③ 2천m
④ 3천m

해설 **소방시설법 시행령 [별표 4]**
**연결송수관설비의 설치대상**
(1) **5층** 이상으로서 연면적 **6000m²** 이상
(2) **7층** 이상(지하층 포함)
(3) **지하 3층** 이상이고 바닥면적 **1000m²** 이상
(4) 지하가 중 터널길이 **1000m** 이상 보기 ②

중요

**지하가 중 터널길이**

| 터널길이 | 설 비 |
|---|---|
| 500m 이상 | • 비상경보설비<br>• 비상콘센트설비<br>• 비상조명등<br>• 무선통신보조설비 |
| 1000m 이상 | • 자동화재탐지설비<br>• 옥내소화전설비<br>• 연결송수관설비 |

답 ②

★
**60** **소방시설 설치 및 관리에 관한 법령상 건축허가 등의 동의에 관한 설명으로 옳지 않은 것은?**

① 건축허가 등의 권한이 있는 행정기관은 건축허가 등을 할 때 미리 그 건축물 등의 시공지 또는 소재지를 관할하는 소방본부장이나 소방서장의 동의를 받아야 한다.
② 건축물 등의 사용승인에 대한 동의를 할 때에는 소방시설공사업법에 따른 소방시설공사의 완공검사증명서를 교부하는 것으로 동의를 갈음할 수 있다.
③ 건축허가 등의 동의를 요구한 기관이 그 건축허가 등을 취소하였을 때에는 취소한 날부터 7일 이내에 건축물 등의 시공지 또는 소재지를 관할하는 소방본부장 또는 소방서장에게 그 사실을 통보하여야 한다.
④ 건축물 등의 대수선 신고를 수리할 권한이 있는 행정기관은 그 신고를 수리하면 그 건축물 등의 시공지 또는 소재지를 관할하는 소방본부장이나 소방서장에게 수리한 날로부터 10일 이내에 그 사실을 알려야 한다.

해설 **소방시설법 제6조 제②항**
건축물 등의 대수선·증축·개축·재축 또는 용도변경의 신고를 수리할 권한이 있는 행정기관은 그 신고를 수리하면 그 건축물 등의 시공지 또는 소재지를 관할하는 **소방본부장**이나 **소방서장**에게 **지체없이** 그 사실을 알려야 한다. 보기 ④

④ 10일 이내에 → 지체없이

답 ④

★★★
**61** **소방시설 설치 및 관리에 관한 법령상 방염성능기준 이상의 실내장식물 등을 설치하여야 하는 특정소방대상물이 아닌 것은?**

19회 문 65
16회 문 67
13회 문 60
09회 문 12
02회 문 68

① 숙박이 가능한 수련시설
② 근린생활시설 중 체력단련장
③ 의료시설 중 종합병원
④ 방송통신시설 중 촬영소 및 전신전화국

해설 **소방시설법 시행령 제30조**
**방염성능기준 이상 적용 특정소방대상물**
(1) 체력단련장, 공연장 및 종교집회장 보기 ②
(2) 문화 및 집회시설
(3) 종교시설
(4) 운동시설(**수영장**은 **제외**)
(5) 의원, 조산원, 산후조리원
(6) 의료시설(종합병원, 정신의료기관) 보기 ③
(7) 교육연구시설 중 **합숙소**
(8) 노유자시설
(9) 숙박이 가능한 수련시설 보기 ①
(10) 숙박시설
(11) 방송국 및 촬영소
(12) 다중이용업소(단란주점영업, 유흥주점영업, 노래연습장의 영업장 등)
(13) 층수가 11층 이상인 것(**아파트**는 **제외**)

※ **11층 이상** : '**고층건축물**'에 해당된다.

④ 방송통신시설 중 방송국·촬영소

답 ④

★★★
## 62 화재의 예방 및 안전관리에 관한 법령상 소방안전관리자를 두어야 하는 특정소방대상물에 관한 설명으로 옳은 것은? (단, 공공기관의 소방안전관리에 관한 규정을 적용받는 특정소방대상물은 제외)

18회 문 69
15회 문 65
11회 문 57
02회 문 74

① 층수에 상관없이 지상으로부터 높이가 100미터 이상인 것은 특급 소방안전관리대상물이다.

② 지하구는 2급 소방안전관리대상물이다.

③ 가연성 가스를 1천톤 이상 저장·취급하는 시설은 2급 소방안전관리대상물이다.

④ 층수가 21층인 아파트는 1급 소방안전관리대상물이다.

해설 **화재예방법 시행령 [별표 4]**
**소방안전관리자 및 소방안전관리보조자를 선임하는 특정소방대상물**

| 소방안전관리대상물 | 특정소방대상물 |
|---|---|
| 특급 소방안전관리대상물 **(동식물원, 철강 등 불연성 물품 저장·취급창고, 지하구, 위험물제조소 등** 제외) | • **50층** 이상(지하층 제외) 또는 지상 **200m** 이상 아파트<br>• **30층** 이상(지하층 포함) 또는 지상 **120m** 이상(아파트 제외) 보기 ①<br>• 연면적 **10만**$m^2$ 이상(아파트 제외) |
| 1급 소방안전관리대상물 **(동식물원, 철강 등 불연성 물품 저장·취급창고, 지하구, 위험물제조소 등** 제외) | • **30층** 이상(지하층 제외) 또는 지상 **120m** 이상 **아파트** 보기 ④<br>• 연면적 **15000**$m^2$ 이상인 것(아파트 및 연립주택 제외)<br>• **11층** 이상(아파트 제외)<br>• 가연성 가스를 **1000t** 이상 저장·취급하는 시설 보기 ③ |
| 2급 소방안전관리대상물 | • 지하구 보기 ②<br>• 가스제조설비를 갖추고 도시가스사업 허가를 받아야 하는 시설 또는 가연성 가스를 **100~1000t** 미만 저장·취급하는 시설<br>• **옥내소화전설비·스프링클러설비** 설치대상물<br>• **물분무등소화설비**(호스릴방식의 물분무등소화설비만을 설치한 경우 제외) 설치대상물<br>• 공동주택<br>• 목조건축물(국보·보물) |
| 3급 소방안전관리대상물 | • 간이스프링클러설비(주택전용 간이스프링클러설비 제외) 설치대상물<br>• **자동화재탐지설비** 설치대상물 |

① 100미터 이상 → 120미터 이상
③ 2급 소방안전관리대상물 → 1급 소방안전관리대상물
④ 1급 소방안전관리대상물 → 2급 소방안전관리대상물

답 ②

★★
## 63 소방시설 설치 및 관리에 관한 법령상 소방시설관리사에 관한 설명으로 옳은 것은?

① 소방시설관리사는 동시에 둘 이상의 업체에 취업할 수 있다.

② 소방시설관리사증을 다른 자에게 빌려준 경우에는 소방시설관리사 자격을 정지 또는 취소할 수 있다.

③ 소방시설관리사의 자격이 취소된 날부터 2년이 지나지 아니한 사람은 소방시설관리사가 될 수 없다.

④ 소방청장은 시험에서 부정한 행위를 한 응시자에 대하여는 그 시험을 정지 또는 무효로 하고, 그 처분이 있는 날부터 3년간 시험응시자격을 정지한다.

해설 **소방시설법 제27조**
**소방시설관리사의 결격사유**

(1) 피성년후견인
(2) 금고 이상의 실형을 선고받고 그 집행이 끝나거나(집행이 끝난 것으로 보는 경우 포함) 집행이 면제된 날부터 **2년**이 지나지 아니한 사람
(3) 금고 이상의 형의 집행유예를 선고받고 그 유예기간 중에 있는 사람
(4) 자격취소 후 **2년**이 지나지 아니한 사람 보기 ③

① 취업할 수 있다. → 취업할 수 없다.
② 자격을 정지 또는 취소할 수 있다. → 자격을 취소하여야 한다.
④ 3년간 → 2년간

답 ③

★★

**64** 화재의 예방 및 안전관리에 관한 법령상 소방청장이 한국소방안전원에게 위임한 업무는?

16회 문 66

① 강습교육 및 실무교육
② 소방용품의 성능인증업무
③ 소방용품에 대한 우수품질인증업무
④ 소방용품에 대한 수거·폐기 또는 교체 등의 명령

해설 **화재예방법 제48조**
**소방청장이 한국소방안전원에게 위임하는 업무**
소방안전관리에 대한 **교육**업무

① **한국소방안전원**의 위탁업무
②, ③ **한국소방산업기술원**의 위탁업무
④ 해당 없음

비교

**권한의 위탁**(소방시설법 50조, 화재예방법 48조)

| 한국소방산업기술원 | 한국소방안전원 |
|---|---|
| • 대통령령이 정하는 **방**염성능검사업무(합판·목재를 설치하는 현장에서 방염처리한 경우의 방염성능검사는 제외)<br>• 소방용품의 **형**식승인(시험시설 심사 포함) 및 취소<br>• 소방용품 형식승인의 변경승인<br>• 소방용품의 **성**능인증 및 취소<br>• 소방용품의 **우**수품질 인증 및 취소<br>• 소방용품의 성능인증 변경인증 | • 소방안전관리자 또는 소방안전관리보조자 선임신고의 접수<br>• 소방안전관리자 또는 소방안전관리보조자 해임 사실의 확인<br>• 건설현장 소방안전관리자 선임신고의 접수<br>• 소방안전관리자 자격시험<br>• 소방안전관리자 자격증의 발급 및 재발급<br>• 소방안전관리 등에 관한 종합정보망의 구축·운영<br>• 강습교육 및 실무교육 |

기억법 기방 우성형

답 ①

★

**65** 소방시설 설치 및 관리에 관한 법령상 소방용품의 품질관리 등에 관한 설명으로 옳지 않은 것은?

① 소방청장은 제조자 또는 수입자의 소방용품에 대하여는 성능인증을 하여야 한다.
② 누구든지 형식승인을 받지 아니한 소방용품을 판매 목적으로 진열할 수 없다.
③ 누전경보기 및 가스누설경보기를 제조하거나 수입하려는 자는 형식승인을 받아야 한다.
④ 소방청장은 소방용품의 품질관리를 위하여 필요하다고 인정할 때에는 유통 중인 소방용품을 수집하여 검사할 수 있다.

해설 **소방시설법 제40조**
**소방청장**은 제조자 또는 수입자 등의 **요청이 있는 경우** 소방용품에 대하여 성능인증을 할 수 있다.

② 소방시설법 제37조 제⑥항
③ 소방시설법 제37조 제①항
④ 소방시설법 제45조 제①항

답 ①

★★★

**66** 화재의 예방 및 안전관리에 관한 법령, 소방시설 설치 및 관리에 관한 법령 과태료의 부과대상인 자는?

18회 문 51
15회 문 51
14회 문 53
11회 문 70

① 소방안전관리자를 선임하지 아니한 자
② 소방안전관리자에게 불이익한 처우를 한 관계인
③ 방염대상물품을 방염성능기준 이상으로 설치하지 아니한 자
④ 화재안전조사를 정당한 사유없이 거부·방해 또는 기피한 자

해설 (1) **300만원 이하의 벌금**
① 화재안전조사를 정당한 사유없이 거부·방해 또는 기피(화재예방법 제50조) **보기 ④**
② 위탁받은 업무에 종사하거나 종사하였던 사람의 **비밀누설**(소방시설법 제59조)
③ 방염성능검사 합격표시 위조(소방시설법 제59조)
④ **소**방안전관리자, 총괄소방안전관리자 또는 소방안전관리보조자 **미**선임(화재예방법 제50조) **보기 ①**
⑤ 소방안전관리자에게 불이익한 처우를 한 관계인(화재예방법 제50조) **보기 ②**

기억법 비3미소(비상미소)

(2) **300만원 이하의 과태료**
① 관계인의 소방안전관리업무 미수행(화재예방법 제52조)
② **소방훈련** 및 **교육** 미실시자(화재예방법 제52조)
③ 소방시설의 점검결과 미보고(소방시설법 제61조)

④ 관계인의 **허위자료제출**(소방시설법 제61조)
⑤ 공무원의 출입·검사를 거부·방해·기피한 자(소방시설법 제61조)
⑥ 방염대상물품을 방염성능기준 이상으로 설치하지 아니한 자(소방시설법 61조) 보기 ③

답 ③

★★★
## 67 소방시설 설치 및 관리에 관한 법령상 특정소방대상물 중 근린생활시설에 해당하는 것은?

18회 문 63
13회 문 58
12회 문 68
09회 문 73
08회 문 55
06회 문 58
05회 문 63
05회 문 69
02회 문 54

① 유흥주점
② 마약진료소
③ 같은 건축물에 해당 용도로 쓰는 바닥면적의 합계가 300제곱미터인 골프연습장
④ 같은 건축물에 해당 용도로 쓰는 바닥면적의 합계가 500제곱미터인 운전학원

해설 **소방시설법 시행령 [별표 2]**
**근린생활시설**

| 면 적 | 적용장소 |
|---|---|
| 150m$^2$ 미만 | • 단란주점 |
| 300m$^2$ 미만 | • 종교시설<br>• 공연장<br>• 비디오물 감상실업<br>• 비디오물 소극장업 |
| 500m$^2$ 미만 | • 탁구장<br>• 서점<br>• 볼링장<br>• 체육도장<br>• 금융업소<br>• 사무소<br>• 부동산 중개사무소<br>• 학원<br>• 골프연습장 보기 ③ |
| 1000m$^2$ 미만 | • 의약품 판매소<br>• 의료기기 판매소<br>• 자동차영업소<br>• 슈퍼마켓<br>• 일용품 |
| 전부 | • 기원<br>• 의원·이용원<br>• 휴게음식점·일반음식점<br>• 독서실<br>• 제과점<br>• 안마원(안마시술소 포함)<br>• 조산원(산후조리원 포함) |

기억법 종3(중세시대)
5탁볼 금부골 서체사학

① 위락시설
② 의료시설
④ 항공기 및 자동차 관련 시설

답 ③

★★★
## 68 다음은 위험물안전관리법상 위험물시설의 설치 및 변경에 관한 내용이다. ( ) 안에 들어갈 내용으로 옳은 것은?

19회 문 66
18회 문 68
18회 문 72
17회 문 67
17회 문 68

> 제조소 등의 위치·구조 또는 설비의 변경 없이 해당 제조소 등에서 저장하거나 취급하는 위험물의 품명·수량 또는 지정수량의 배수를 변경하고자 하는 자는 변경하고자 하는 날의 ( )일 전까지 행정안전부령이 정하는 바에 따라 시·도지사에게 신고하여야 한다.

① 5 ② 1
③ 10 ④ 14

해설 **위험물법 제6조 제②항**
제조소 등의 위치·구조 또는 설비의 변경 없이 해당 제조소 등에서 저장하거나 취급하는 위험물의 품명·수량 또는 지정수량의 배수를 변경하고자 하는 자는 변경하고자 하는 날의 **1일** 전까지 행정안전부령이 정하는 바에 따라 **시·도지사**에게 신고하여야 한다.

답 ②

★
## 69 위험물안전관리법에 관한 설명으로 옳은 것은?

① 위험물이라 함은 인화성 또는 발화성 등의 성질을 가지는 것으로서 행정안전부령으로 정하는 물품을 말한다.
② 지정수량이라 함은 위험물의 종류별로 위험성을 고려하여 행정안전부령으로 정하는 수량을 말한다.
③ 지정수량 미만인 위험물의 저장 또는 취급에 관한 기술상의 기준은 행정안전부령으로 정한다.
④ 위험물안전관리법은 철도 및 궤도에 의한 위험물의 저장·취급 및 운반에 있어서는 이를 적용하지 아니한다.

해설 위험물법 제3조
위험물안전관리법은 **항공기 · 선박 · 철도 및 궤도**에 의한 위험물의 저장 · 취급 및 운반에 있어서는 이를 적용하지 아니한다.

① 행정안전부령 → 대통령령
② 행정안전부령 → 대통령령
③ 행정안전부령 → 시 · 도의 조례

답 ④

★
**70** 위험물안전관리법령상 위험물의 안전관리와 관련된 업무를 수행하는 자로서 안전교육대상자로 명시된 자를 모두 고른 것은?

㉠ 안전관리자로 선임된 자
㉡ 탱크시험자의 기술인력으로 종사하는 자
㉢ 위험물운송자로 종사하는 자
㉣ 제조소 등을 시공한 자

① ㉠ ② ㉠, ㉡
③ ㉠, ㉡, ㉢ ④ ㉠, ㉡, ㉢, ㉣

해설 위험물법 제28조
위험물의 안전관리와 관련된 업무를 수행하는 자
(1) 안전관리자 보기 ㉠
(2) 탱크시험자 보기 ㉡
(3) 위험물운송자 보기 ㉢
(4) 위험물운반자

답 ③

★★★
**71** 위험물안전관리법령상 제조소에서 취급하는 제4류 위험물의 최대수량의 합이 지정수량의 12만배 이상 24만배 미만인 사업소의 경우 자체소방대에 두는 화학소방자동차 대수와 자체소방대원 수로 옳은 것은? (단, 다른 사업소 등과 상호응원협정은 없음)

① 1대-5인 ② 2대-10인
③ 3대-15인 ④ 4대-20인

해설 위험물령 [별표 8]
자체소방대에 두는 화학소방자동차 및 인원

| 구 분 | 화학소방 자동차 | 자체소방 대원의 수 |
|---|---|---|
| 지정수량 3천배 이상 12만배 미만 | 1대 | 5인 |
| 지정수량 12~24만배 미만 | 2대 | 10인 보기 ② |
| 지정수량 24~48만배 미만 | 3대 | 15인 |
| 지정수량 48만배 이상 | 4대 | 20인 |
| 옥외탱크저장소에 저장하는 제4류 위험물의 최대수량이 지정수량의 50만배 이상인 사업소 | 2대 | 10인 |

답 ②

★★★
**72** 다중이용업소의 안전관리에 관한 특별법상 다중이용업소의 안전관리기본계획의 수립권자는?

18회 문 75
17회 문 72
16회 문 74
15회 문 75
13회 문 72
12회 문 63

① 행정안전부장관 ② 소방청장
③ 시 · 도지사 ④ 소방본부장

해설 다중이용업법 제5 · 6조

| 안전관리기본계획의 수립 | 안전관리집행계획의 수립 보기 ② |
|---|---|
| 소방청장 | 소방본부장 |

답 ②

★
**73** 다중이용업소의 안전관리에 관한 특별법령상 이행강제금을 부과하는 경우는?

19회 문 74

① 다중이용업소의 사용금지 또는 제한명령을 위반한 경우
② 소방안전교육을 받지 않거나 종업원이 소방안전교육을 받도록 하지 않은 경우
③ 정기점검결과서를 보관하지 않은 경우
④ 화재배상책임보험에 가입하지 않은 경우

해설 다중이용업령 제24조 [별표 7]
이행강제금을 부과하는 경우
(1) **안전시설등**에 대하여 보완 등 필요한 **조치명령**을 위반한 경우
① 안전시설등의 **작동 · 기능**에 지장을 주지 않는 경미한 사항인 경우
② 안전시설등을 **고장상태**로 방치한 경우
③ 안전시설등을 **설치**하지 않은 경우
(2) **실내장식물**에 대한 **교체** 또는 **제거** 등 필요한 조치명령을 위반한 경우

(3) **영업장**의 **내부구획**에 대한 보완 등 필요한 조치명령을 위반한 경우
(4) 화재안전조사 조치명령을 위반한 경우
① 다중이용업소의 **공사**의 **정지** 또는 **중지명령**을 위반한 경우
② 다중이용업소의 **사용금지** 또는 **제한명령**을 위반한 경우 보기 ①
③ 다중이용업소의 **개수 · 이전** 또는 **제거명령**을 위반한 경우

답 ①

★
## 74 다중이용업주의 안전시설 등에 대한 정기점검에 관한 설명으로 옳은 것은?

① 다중이용업주는 다중이용업소의 안전관리를 위하여 정기적으로 안전시설 등을 점검하고 그 점검결과서를 1년간 보관하여야 한다.
② 자체점검을 한 경우 이외에는 매년 1회 이상 점검해야 한다.
③ 다중이용업주는 정기점검을 직접 수행할 수 없다.
④ 다중이용업소의 종업원인 경우에는 국가기술자격법에 따라 소방기술사의 자격을 보유 하였더라도 안전점검자의 자격은 없다.

해설 **다중이용업법 제13조**
다중이용업주는 다중이용업소의 안전관리를 위하여 정기적으로 안전시설 등을 점검하고 그 점검결과서를 **1년간** 보관하여야 한다.

② **매년 1회** 이상 점검 → **매분기별 1회** 이상 점검
③ 직접 수행할 수 없다. → 직접 수행할 수 있다.
④ 종업원 중 소방안전관리자 자격을 취득한 자, 소방기술사 · 소방설비기사 또는 소방설비산업기사 자격을 취득한 자는 안전점검자가 될 수 있다.

답 ①

★
## 75 다중이용업소의 안전관리에 관한 특별법령상 다중이용업주의 화재배상책임보험 가입 등에 관한 설명으로 옳지 않은 것은?

17회 문 74
16회 문 75

① 다중이용업주는 다중이용업주의 성명을 변경한 경우에는 화재배상책임보험에 가입한 후 그 증명서를 소방본부장 또는 소방서장에게 제출하여야 한다.
② 보험회사는 화재배상책임보험의 보험금 청구를 받은 때에는 청구받은 날로부터 14일 이내에 피해자에게 보험금을 지급하여야 한다.
③ 다중이용업주가 화재배상책임보험 청약 당시 보험회사가 요청한 안전시설 등의 유지 · 관리에 관한 사항 등을 허위로 알리는 경우 보험회사는 계약을 거절할 수 있다.
④ 소방서장은 다중이용업주가 화재배상책임보험에 가입하지 아니하였을 때에는 허가관청에 다중이용업주에 대한 영업의 정지 등 필요한 조치를 취할 것을 요청할 수 있다.

해설 **다중이용업법 제13조 4**
보험회사는 화재배상책임보험의 보험금 청구를 받은 때에는 지체 없이 지급할 보험금을 결정하고 보험금 결정 후 **14일** 이내에 피해자에게 보험금을 지급하여야 한다. 보기 ②

① 다중이용업법 제13조 3 제①항
③ 다중이용업법령 제9조 4
④ 다중이용업법령 제13조 3 제⑤항

답 ②

# 제 4 과목 위험물의 성질 · 상태 및 시설기준

★
## 76 염소산칼륨($KClO_3$)에 관한 설명으로 옳지 않은 것은?

① 냉수, 알코올에 잘 녹는다.
② 무색 결정으로 인체에 유독하다.
③ 황산과 접촉으로 격렬하게 반응하여 $ClO_2$를 발생한다.
④ 적린과 혼합하면 가열 · 충격 · 마찰에 의해 폭발할 수 있다.

해설 **염소산칼륨**($KClO_2$)

(1) 광택이 있는 **무색무취**의 결정 또는 **백색분말**이다.
(2) **온수 · 알칼리 · 글리세린**에 잘 녹으며, 냉수 및 알코올에는 잘 녹지 않는다. 보기 ①
(3) 다른 가연물과 혼합하여 가열하면 급격히 연소한다.
(4) **불연성 물질**이다.
(5) **무색 결정**으로 **인체**에 **유독**하다.
(6) **황산**과 접촉으로 격렬하게 반응하여 $ClO_2$를 발생한다.
(7) **적린**과 혼합하면 가열 · 충격 · 마찰에 의해 **폭발**할 수 있다.

① 냉수, 알코올 → 온수, 알칼리

답 ①

★★★
## 77 위험물의 유별 분류 및 지정수량이 옳지 않은 것은?

19회 문 88 / 18회 문 71 / 18회 문 86 / 17회 문 87 / 16회 문 80 / 16회 문 85 / 15회 문 77 / 14회 문 78 / 13회 문 76

① 염소화아이소사이아누르산 – 제1류 – 300kg
② 염소화규소화합물 – 제3류 – 300kg
③ 금속의 아지화합물(제1종) – 제5류 – 300kg
④ 할로젠간화합물 – 제6류 – 300kg

해설 **위험물규칙 제3조**

| 유 별 | 품 명 | 지정수량 |
|---|---|---|
| 제1류 | • 과아이오딘산염류<br>• 과아이오딘산<br>• 크로뮴, 납 또는 아이오딘의 산화물<br>• 아질산염류<br>• 차아염소산염류<br>• 염소화아이소사이아누르산 보기 ①<br>• 퍼옥소이황산염류<br>• 퍼옥소붕산염류 | 50kg, 300kg, 1000kg |
| 제3류 | • 염소화규소화합물 보기 ② | 10kg, 20kg, 50kg, 300kg |
| 제5류 | • 금속의 아지화합물 보기 ③<br>• 질산구아니딘 | • 제1종 : 10kg<br>• 제2종 : 100kg |
| 제6류 | • 할로젠간화합물 보기 ④ | 300kg |

③ 300kg → 10kg

답 ③

★★★
## 78 제2류 위험물에 관한 설명으로 옳지 않은 것은?

19회 문 88 / 18회 문 71 / 18회 문 86 / 17회 문 87 / 16회 문 80 / 16회 문 85 / 15회 문 77 / 14회 문 77 / 13회 문 76

① 금속분, 마그네슘은 위험등급 Ⅰ에 해당한다.
② 인화성 고체인 고형알코올은 지정수량이 1000kg이다.
③ 철분, 알루미늄분은 염산과 반응하여 수소가스를 발생한다.
④ 적린, 황의 화재시에는 물을 이용한 냉각소화가 가능하다.

해설 **제2류 위험물**

| 유별 및 성질 | 위험등급 | 품 명 | 지정수량 |
|---|---|---|---|
| 제2류 가연성 고체 | Ⅱ | • 황화인<br>• 적린<br>• 황 | 100kg |
| | Ⅲ | • 마그네슘<br>• 철분<br>• 금속분 | 500kg |
| | Ⅱ ~ Ⅲ | • 그 밖에 행정안전부령이 정하는 것 | 100kg 또는 500kg |
| | Ⅲ | • 인화성 고체 | 1000kg |

① 위험등급 Ⅰ → 위험등급 Ⅲ

답 ①

★★
## 79 위험물안전관리법령상 위험물에 해당하는 것은?

18회 문 78 / 18회 문 80 / 16회 문 78 / 16회 문 84 / 15회 문 80 / 15회 문 81 / 13회 문 78 / 13회 문 79 / 12회 문 71 / 09회 문 82 / 02회 문 80

① 황가루와 활석가루가 각각 50kg씩 혼합된 물질
② 아연분말 100kg 중 150$\mu$m의 체를 통과한 것이 60kg인 것
③ 철분 500kg 중 53$\mu$m의 표준체를 통과한 것이 200kg인 것
④ 구리분말 300kg 중 150$\mu$m의 체를 통과한 것이 200kg인 것

해설 **위험물령 [별표 1]**
**위험물**

① **황**은 순도가 **60wt%** 이상인 것을 말한다. 이 경우 순도측정에 있어서 불순물은 활석 등 불연성 물질과 수분에 한한다.

(1) 황가루와 활석가루가 각각 50kg씩 혼합된 물질이므로
(2) 전체중량=황 50kg+활석 50kg
=100kg

(3) 황순도〔wt%〕$=\frac{\text{황중량〔kg〕}}{\text{전체중량〔kg〕}}\times 100\%$

$=\frac{50kg}{100kg}\times 100\%$

$= 50wt\%$

∴ 황의 순도는 50wt%로서 60wt% 이상이 되지 않으므로 위험물이 아님

> ②, ④ '**금속분**'이라 함은 알칼리금속·알칼리토류금속·철 및 마그네슘 외의 금속의 분말을 말하고, **구리분·니켈분** 및 **150$\mu$m**의 체를 통과하는 것이 **50wt%** 미만인 것은 제외한다.

(1) 금속분 : 아연, 알루미늄, 안티몬

(2) 중량퍼센트

$=\frac{\text{150}\mu\text{m체를 통과한 중량〔kg〕}}{\text{금속분 중량〔kg〕}}\times 100\%$

$=\frac{60kg}{100kg}\times 100\%=60wt\%$

(3) 아연은 150$\mu$m체를 통과한 중량이 50wt% 이상이므로 위험물에 해당

(4) 구리분·니켈분은 위험물이 아님

> ③ '**철분**'이라 함은 철의 분말로서 **53$\mu$m**의 표준체를 통과하는 것이 **50wt%** 미만인 것은 제외한다.

(1) 중량퍼센트

$=\frac{\text{53}\mu\text{m체를 통과한 중량〔kg〕}}{\text{철분 중량〔kg〕}}\times 100\%$

$=\frac{200kg}{500kg}\times 100\%=40wt\%$

(2) 53$\mu$m체를 통과한 중량이 50wt% 미만이므로 위험물이 아님

답 ②

★★★

## 80 물과 반응하여 메탄($CH_4$)가스를 발생하는 위험물은?

18회 문 77 / 18회 문 82 / 17회 문 79 / 15회 문 84 / 13회 문 80 / 09회 문 83

① 인화칼슘 ② 탄화알루미늄
③ 수소화리튬 ④ 탄화칼슘

해설 **탄화칼슘과 탄화알루미늄**

(1) **탄화칼슘**과 **물**이 반응하면 **수산화칼슘**[$Ca(OH)_2$]과 **아세틸렌**($C_2H_2$)가스 발생

$$CaC_2+2H_2O \longrightarrow Ca(OH)_2+C_2H_2\uparrow$$

(2) 수분의 침입을 막기 위해 밀폐된 용기에 저장

(3) **탄화알루미늄**은 **물**과 반응하여 **메탄**($CH_4$) 발생

$$Al_4C_3+12H_2O \longrightarrow 4Al(OH)_3+3CH_4\uparrow$$

(4) 소화시 물, 포, 할론 금지

답 ②

★

## 81 ANFO 폭약의 원료로 사용되는 물질로 조해성이 있고 물에 녹을 때 흡열반응을 하는 것은?

17회 문 77

① 질산칼륨 ② 질산칼슘
③ 질산나트륨 ④ 질산암모늄

해설 **질산암모늄**($NH_4NO_3$)

(1) **일반성질**
① **무색·백색** 또는 **연회색**의 결정이다.
② **조해성**과 **흡습성**이 있다.
③ 물에 녹을 때 **흡열반응**을 한다.
④ 약 **220℃**로 가열하면 분해하여 **이산화질소**($N_2O$)와 **물**($H_2O$)이 발생한다.

$$NH_4NO_3 \rightarrow N_2O + 2H_2O$$

(2) **위험성**
① **AN-FO 폭약**의 원료로 이용된다. 보기 ④
② **단독**으로도 **폭발**할 위험이 있다.

(3) **저장 및 취급방법**
① 용기는 **밀폐**할 것
② 통풍이 잘 되는 냉암소에 보관할 것

(4) **소화방법** : 화재초기에만 다량의 **물**로 **냉각소화**한다.

답 ④

★★

## 82 제3류 위험물에 관한 설명으로 옳지 않은 것은?

18회 문 83 / 15회 문 79 / 11회 문 60 / 11회 문 91 / 10회 문 90 / 09회 문 87 / 03회 문 82

① 황린은 공기와 접촉하면 자연발화할 수 있다.
② 칼륨, 나트륨은 등유, 경유 등에 넣어 보관한다.
③ 지정수량 1/10을 초과하여 운반하는 경우, 제4류 위험물과 혼재할 수 없다.
④ 알킬알루미늄은 운반용기 내용적의 90% 이하로 수납하여야 한다.

해설 **위험물규칙 [별표 19]**
**유별을 달리하는 위험물의 혼재기준**

(1) 제1류 + 제6류
(2) 제2류 + 제4류
(3) 제2류 + 제5류

(4) 제3류 + 제4류

③ 제3류와 제4류는 혼재 가능

답 ③

★★★
**83** 다음 위험물 중 물에 잘 녹는 것은?

10회 문 81

① 벤젠 ② 아세톤
③ 가솔린 ④ 톨루엔

해설 **수용성**이 있는 **물질**(**물**에 잘 녹는 위험물)
(1) **과산**화**나**트륨
(2) **과망**가니즈산**칼**륨
(3) **무**수크로뮴산(**삼**산화크로뮴)
(4) **질**산**나**트륨
(5) 질산**칼**륨
(6) **초**산
(7) **알**코올(에틸알코올)
(8) **피**리딘
(9) **아**세트알데하이드
(10) **메**틸에틸케톤
(11) **아**세톤 보기 ②
(12) **초**산**메**틸
(13) 초산**에**틸
(14) 초산**프**로필
(15) **산**화**프**로필렌
(16) **글**리세린

기억법 물과산나과망칼 무삼질나칼 초알피아 메아초메에프 산프글

※ **수용성** : 물에 녹는 성질

답 ②

★★★
**84** 제5류 위험물에 관한 설명으로 옳지 않은 것은?

① 불티·불꽃·고온체와의 접근이나 과열·충격 또는 마찰을 피해야 한다.
② 제조소의 게시판에 표시하는 주의사항은 "충격주의"이며 적색바탕에 백색문자로 기재한다.
③ 운반용기의 외부에 표시하는 주의사항은 "화기엄금" 및 "충격주의"이다.
④ 유기과산화물, 나이트로화합물과 같은 자기반응성 물질은 제5류 위험물에 해당된다.

해설 위험물규칙 [별표 4]
게시판의 설치기준

| 위험물 | 주의사항 | 비 고 |
|---|---|---|
| • 제1류 위험물(알칼리금속의 과산화물)<br>• 제3류 위험물(금수성 물질) | 물기엄금 | **청색** 바탕에 **백색**문자 |
| • 제2류 위험물(인화성 고체 제외) | 화기주의 | **적색** 바탕에 **백색**문자 |
| • 제2류 위험물(인화성 고체)<br>• 제3류 위험물(자연발화성 물질)<br>• 제4류 위험물<br>• 제5류 위험물 | 화기엄금 | |
| • 제6류 위험물 | 별도의 표시를 하지 않는다. | – |

② 충격주의 → 화기엄금

답 ②

★★
**85** 제6류 위험물에 관한 설명으로 옳은 것은?

17회 문 86
16회 문 82
15회 문 83
13회 문 87
09회 문 25
08회 문 79
05회 문 80

① 옥내저장소 저장창고의 바닥면적은 $2000m^2$까지 할 수 있다.
② 과산화수소는 비중이 1.49 이상인 것에 한하여 위험물로 규제한다.
③ 지정수량의 5배 이상을 취급하는 제조소에는 피뢰침을 설치하여야 한다.
④ 제조소 건축물의 창 및 출입구에 유리를 이용하는 경우에는 망입유리로 하여야 한다.

해설 위험물규칙 [별표 5]
옥내저장소의 저장창고
(1) 위험물의 저장을 전용으로 하는 **독립**된 **건축물**로 할 것
(2) 처마높이가 **6m** 미만인 **단층건물**로 하고 그 바닥을 지반면보다 **높게** 할 것
(3) **벽·기둥 및 바닥**은 **내화구조**로 하고, **보**와 **서까래**는 **불연재료**로 할 것
(4) 지붕을 폭발력이 위로 방출된 정도의 가벼운 **불연재료**로 하고, 천장을 만들지 아니할 것
(5) 출입구에는 60분+방화문, 60분 방화문 또는 30분 방화문을 설치하되, 연소의 우려가 있는 외벽에 있는 출입구에는 수시로 열 수 있는 **자동폐쇄식**의 60분+방화문, 60분 방화문을 설치할 것

(6) 창 또는 출입구에 유리를 이용하는 경우에는 **망입유리**로 할 것 **보기 ④**

① $2000m^2$ → $1000m^2$ (위험물규칙 [별표 5])
② 과산화수소 → 질산(위험물령 [별표 1])
③ 5배 이상 → 10배 이상(위험물규칙 [별표 4])

답 ④

★

**86** **다이에틸에터에 10%-아이오딘화칼륨(KI) 용액을 첨가하였을 때 어떤 색상으로 변화하면 다이에틸에터 속에 과산화물이 생성되었다고 판정할 수 있는가?**

① 황색
② 청색
③ 백색
④ 흑색

해설 **에터의 과산화물 검출시약**
**아이오딘화칼륨**(KI) 용액 → **황색**으로 변함 **보기 ①**

에터=다이에틸에터

답 ①

★

**87** **제6류 위험물의 성상 및 위험성에 관한 설명으로 옳지 않은 것은?**

19회 문 82
16회 문 86

① $BrF_3$는 자극적인 냄새가 나는 산화제이다.
② $HNO_3$는 유독성이 있는 부식성 액체이며 가열하면 적갈색의 $NO_2$를 발생한다.
③ $HClO_4$는 자극적인 냄새가 나는 무색 액체이며 물과 접촉하면 흡열반응을 한다.
④ $BrF_5$는 산과 반응하여 부식성 가스를 발생하고 물과 접촉하면 폭발 위험성이 있다.

해설 **과염소산**($HClO_4$)
(1) **일반성질**
① **무색무취**의 유동성 액체이다.
② **흡습성**이 강하다.
③ **산화력**이 강하다.
④ 공기 중에서 강하게 발연한다.
⑤ 염소산 중에서 **가장 강하다.**
(2) **위험성**
① 매우 불안정한 강산이다.
② 물과 심하게 **발열반응**을 한다.
③ 공기 중에서 **염화수소**(HCl)를 발생시킨다.
④ **피부**를 **부식**시킨다.
(3) **저장 및 취급방법**
① 유리・도자기 등의 밀폐용기에 넣어 저장할 것
② 물과의 접촉을 피할 것
(4) **소화방법** : **분말** 또는 다량의 **물**로 **분무주수**하여 소화한다.

③ 흡열반응 → 발열반응

※ ① $BrF_3$(삼불화브로민)
② $HNO_3$(질산)
④ $BrF_5$(오불화브로민)

답 ③

★★★

**88** **위험물안전관리법령상 제조소의 안전거리 규정에 관한 설명으로 옳지 않은 것은?**

18회 문 92
16회 문 92
15회 문 88
13회 문 88
11회 문 66
10회 문 87
09회 문 92
07회 문 77
06회 문100
05회 문 79
04회 문 83
02회 문100

① 고등교육법에서 정하는 학교는 수용인원에 관계없이 30m 이상 이격하여야 한다.
② 영유아보육법에 의한 어린이집이 20명의 인원을 수용하는 경우는 30m 이상 이격하여야 한다.
③ 공연법에 의한 공연장이 300명의 인원을 수용하는 경우는 10m 이상 이격하여야 한다.
④ 노인복지법에 의한 노인복지시설이 20명의 인원을 수용하는 경우는 30m 이상 이격하여야 한다.

해설 **위험물규칙 [별표 4]**
**제조소의 안전거리**

| 안전거리 | 대 상 |
|---|---|
| 3m 이상 | • **7~35kV** 이하의 특고압가공전선 |
| 5m 이상 | • **35kV**를 초과하는 특고압가공전선 |
| 10m 이상 | • **주거용**으로 사용되는 것 |
| 20m 이상 | • 고압가스 **제조**시설(용기에 충전하는 것 포함)<br>• 고압가스 **사용**시설(1일 $30m^3$ 이상 용적 취급)<br>• 고압가스 **저장**시설<br>• 액화산소 **소비**시설<br>• 액화석유가스 제조・저장시설<br>• 도시가스 공급시설 |

| 안전거리 | 대 상 |
|---|---|
| 30m 이상 | • 학교 보기 ①<br>• 병원급 의료기관<br>• 공연장 보기 ③ / • 영화상영관 — 300명 이상 수용시설<br>• 아동복지시설 보기 ②<br>• 노인복지시설 보기 ④<br>• 장애인복지시설<br>• 한부모가족 복지시설<br>• 어린이집<br>• 성매매 피해자 등을 위한 지원시설<br>• 정신건강증진시설<br>• 가정폭력피해자 보호시설 — 20명 이상 수용시설 |
| 50m 이상 | • 유형문화재<br>• 지정문화재 |

③ 10m 이상 → 30m 이상

답 ③

★★★

**89** 위험물안전관리법령상 제조소의 환기설비 시설기준에 관한 설명으로 옳지 않은 것은?

18회 문 88 / 12회 문 72 / 11회 문 81 / 11회 문 88 / 10회 문 53 / 10회 문 76 / 09회 문 76 / 07회 문 86 / 04회 문 78

① 급기구는 해당 급기구가 설치된 실의 바닥면적 $150m^2$마다 1개 이상으로 하여야 한다.

② 환기구는 지붕 위 또는 지상 1m 이상의 높이에 설치하여야 한다.

③ 바닥면적이 $120m^2$인 경우, 급기구의 크기를 $600cm^2$ 이상으로 하여야 한다.

④ 급기구는 낮은 곳에 설치하고 가는 눈의 구리망 등으로 인화방지망을 설치하여야 한다.

해설 **위험물규칙 [별표 4]**
**제조소의 환기설비 시설기준**

(1) 환기는 **자연배기방식**으로 할 것

(2) 급기구는 바닥면적 **$150m^2$**마다 1개 이상으로 하되, 그 크기는 **$800cm^2$** 이상으로 할 것 보기 ①

| 바닥면적 | 급기구의 면적 |
|---|---|
| $60m^2$ 미만 | **$150cm^2$** 이상 |
| $60\sim90m^2$ 미만 | **$300cm^2$** 이상 |
| $90\sim120m^2$ 미만 | **$450cm^2$** 이상 |
| $120\sim150m^2$ 미만 | **$600cm^2$** 이상 보기 ③ |

(3) 급기구는 **낮은 곳**에 설치하고 **가는 눈의 구리망** 등으로 **인화방지망**을 설치할 것 보기 ④

(4) 환기구는 지붕 위 또는 지상 **2m** 이상의 높이에 **회전식 고정 벤틸레이터** 또는 **루프팬방식**으로 설치할 것 보기 ②

② 1m 이상 → 2m 이상

답 ②

★★★

**90** 위험물안전관리법령상 팽창진주암(삽 1개 포함)의 1.0 능력단위에 해당하는 용량으로 옳은 것은?

17회 문117 / 16회 문 96

① 50L　　② 80L
③ 100L　　④ 160L

해설 **위험물규칙 [별표 17]**
**소화설비의 능력단위**

| 소화설비 | 용 량 | 능력단위 |
|---|---|---|
| **소**화전용 **물**통 | 8L | 0.3 |
| **마**른모래(삽 1개 포함) | 50L | 0.5 |
| 수조(소화전용 물통 3개 포함) | 80L | 1.5 |
| **팽**창질석 또는 팽창진주암(삽 1개 포함) | 160L 보기 ④ | 1.0 |
| 수조(소화전용 물통 6개 포함) | 190L | 2.5 |

기억법
소 물 8 3
마 1 5 5
3 8 15
팽 1 16 10
6 9 25

답 ④

★

**91** 위험물안전관리법령상 제조소 등의 시설 중 각종 턱에 관한 기준으로 옳지 않은 것은?

18회 문 98 / 17회 문 99 / 16회 문 97 / 15회 문 98 / 11회 문 84 / 10회 문 55 / 03회 문 93

① 액체위험물을 취급하는 제조소의 옥외설비는 바닥의 둘레에 높이 0.15m 이상의 턱을 설치하여야 한다.

② 판매취급소에서 위험물을 배합하는 실의 출입구 문턱 높이는 바닥면으로부터 0.05m 이상이어야 한다.

③ 옥외탱크저장소에서 옥외저장탱크 펌프실의 바닥 주위에는 높이 0.2m 이상의 턱을 만들어야 한다.

④ 주유취급소의 펌프실 출입구에는 바닥으로부터 0.1m 이상의 턱을 설치하여야 한다.

해설 위험물규칙 [별표 14]
판매취급소의 위험물을 배합하는 실
(1) 바닥면적은 6~15$m^2$ 이하로 할 것
(2) **내화구조** 또는 **불연재료**로 된 벽으로 구획할 것
(3) 바닥은 위험물이 침투하지 아니하는 구조로 하여 적당한 경사를 두고 **집유설비**를 할 것
(4) 출입구에는 수시로 열 수 있는 **자동폐쇄식**의 60분+방화문, 60분 방화문을 설치할 것
(5) 출입구 문턱의 높이는 바닥면으로부터 **0.1m 이상**으로 할 것 보기 ②
(6) 내부에 체류한 가연성의 증기 또는 가연성의 미분을 **지붕 위**로 방출하는 설비를 할 것

② 0.05m 이상 → 0.1m 이상

답 ②

★
## 92 위험물안전관리법령상 제조소 내의 위험물을 취급하는 배관을 강관 이외의 재질로 하는 경우 사용할 수 없는 것은?
19회 문 91

① 폴리프로필렌
② 폴리우레탄
③ 고밀도 폴리에틸렌
④ 유리섬유 강화플라스틱

해설 위험물규칙 [별표 4]
위험물제조소 내의 위험물 취급 배관
(1) 강관 그 밖에 이와 유사한 금속성
(2) 폴리우레탄 보기 ②
(3) 고밀도 폴리에틸렌 보기 ③
(4) 유리섬유 강화플라스틱 보기 ④

답 ①

★
## 93 위험물안전관리법령상 제조소 옥외설비 바닥의 집유설비에 유분리장치를 설치해야 하는 액체위험물의 용해도 기준으로 옳은 것은?

① 15℃의 물 100g에 용해되는 양이 0.1g 미만인 것
② 15℃의 물 100g에 용해되는 양이 1g 미만인 것
③ 20℃의 물 100g에 용해되는 양이 0.1g 미만인 것
④ 20℃의 물 100g에 용해되는 양이 1g 미만인 것

해설 위험물규칙 [별표 4] Ⅶ
옥외에서 액체위험물을 취급하는 바닥기준
(1) 바닥의 둘레에 높이 **0.15m** 이상의 턱을 설치하는 등 위험물이 외부로 흘러나가지 아니하도록 할 것
(2) 바닥은 **콘크리트** 등 위험물이 스며들지 아니하는 재료로 하고, 턱이 있는 쪽이 낮게 경사지게 할 것
(3) 바닥의 **최저부**에 **집유설비**를 할 것
(4) 위험물을 취급하는 설비에 있어서는 해당 위험물이 직접 배수구에 흘러 들어가지 아니하도록 집유설비에 **유분리장치**를 설치할 것

※ **옥외에서 취급하는 위험물** : 20℃의 물 **100g**에 용해되는 양이 **1g** 미만인 것

답 ④

★
## 94 위험물안전관리법령상 위험물의 운송 및 운반에 관한 설명으로 옳지 않은 것은?

① 지정수량 이상을 운송하는 차량은 운행 전 관할 소방서에 신고하여야 한다.
② 알킬리튬은 운송책임자의 감독 또는 지원을 받아 운송을 하여야 한다.
③ 제3류 위험물 중 금수성 물질은 적재시 방수성이 있는 피복으로 덮어야 한다.
④ 위험물은 운반용기의 외부에 위험물의 품명, 수량, 주의사항 등을 표시하여 적재하여야 한다.

해설 위험물법 제21조 제②항
위험물의 운송
**대통령령**이 정하는 위험물의 운송에 있어서는 운송책임자의 감독 또는 지원을 받아 이를 운송하여야 한다.

① 관할 소방서에 신고할 필요는 없음

답 ①

★★
## 95 위험물안전관리법령상 옥내탱크저장소의 탱크전용실을 단층건물 외의 건축물에 설치할 수 없는 위험물은?

① 적린 ② 칼륨
③ 경유 ④ 질산

해설 위험물규칙 [별표 7]
옥내탱크저장소 중 탱크전용실을 단층건물 외의 건축물에 설치하는 것

| 유 별 | 품 명 |
| --- | --- |
| 제2류 | • 황화인<br>• 적린 보기 ①<br>• 덩어리 황 |
| 제3류 | • 황린 |
| 제4류 | • 인화점이 38℃ 이상인 위험물만을 저장 또는 취급하는 것(**경유, 등유** 등) 보기 ③ |
| 제6류 | • 질산 보기 ④ |

답 ②

★★
## 96 위험물안전관리법령상 옥내저장소의 지붕 또는 천장에 관한 설명으로 옳지 않은 것은?

19회 문 99
18회 문 89
03회 문 76

① 황린만 저장하는 경우에는 지붕을 내화구조로 할 수 있다.
② 셀룰로이드만 저장하는 경우에는 불연재료로 된 천장을 설치할 수 있다.
③ 할로젠간화합물만 저장하는 경우에는 지붕을 내화구조로 할 수 있다.
④ 피크린산만 저장하는 경우에는 난연재료로 된 천장을 설치할 수 있다.

해설 위험물규칙 [별표 5]
옥내저장소의 지붕 또는 천장

| 구 분 | 설 명 |
| --- | --- |
| 지붕(내화구조) | • **제2류** 위험물(분말상태의 것과 인화성 고체 제외) 저장창고<br>• **제6류** 위험물 저장창고 |
| 천장(난연재료 또는 불연재료) | • **제5류** 위험물 저장창고 |

기억법 **지내26, 천난불5**

① 황린 : 제3류 위험물
② 셀룰로이드 : 제5류 위험물
③ 할로젠간화합물 : 제6류 위험물
④ 피크린산 : 제5류 위험물

답 ①

★★★
## 97 위험물안전관리법령상 제조소 건축물의 외벽이 내화구조인 경우 2 소요단위에 해당하는 연면적은?

18회 문 96
15회 문100
10회 문100
08회 문 98

① $100m^2$　② $150m^2$
③ $200m^2$　④ $300m^2$

해설 위험물규칙 [별표 17]
소요단위의 계산방법

| 제조소 또는 취급소의 건축물 | | 저장소의 건축물 | |
| --- | --- | --- | --- |
| 외벽이 내화구조인 것 | 외벽이 내화구조가 아닌 것 | 외벽이 내화구조인 것 | 외벽이 내화구조가 아닌 것 |
| 1 소요단위 : $100m^2$ | 1 소요단위 : $50m^2$ | 1 소요단위 : $150m^2$ | 1 소요단위 : $75m^2$ |

※ 1 소요단위가 $100m^2$이므로 2 소요단위는 $200m^2$

기억법 **제취내1아5, 저내15아75**

답 ③

★
## 98 위험물안전관리법령상 이송취급소에 해당하지 않는 것을 모두 고른 것은?

㉠ 송유관안전관리법에 의한 송유관에 의하여 위험물을 이송하는 경우
㉡ 농어촌 전기공급사업촉진법에 따라 설치된 자가발전시설에 사용되는 위험물을 이송하는 경우
㉢ 사업소와 사업소 사이의 이송배관이 제3자(해당 사업소와 관련이 있거나 유사한 사업을 하는 자에 한한다)의 토지만을 통과하는 경우로서 배관의 길이가 100m 이하인 경우

① ㉠, ㉡　② ㉡, ㉢
③ ㉠, ㉢　④ ㉠, ㉡, ㉢

해설 이송취급소
배관(부속설비)에 의하여 위험물을 이송하는 취급소

④ ㉠, ㉡, ㉢ 모두 이송취급소에 해당되지 않음

답 ④

★

**99** 위험물안전관리법령상 주유취급소의 담 또는 벽의 일부분에 부착할 수 있는 방화상 유효한 유리는 하나의 유리판의 가로길이가 몇 m 이내이어야 하는가?

18회 문100

① 0.5

② 1.0

③ 1.5

④ 2.0

해설 **위험물규칙 [별표 13]**

**주유취급소의 담 또는 벽에 유리부착방법**

(1) 주유취급소 내의 지반면으로부터 **70cm**를 초과하는 부분에 한하여 유리를 부착할 것

(2) 하나의 유리판의 가로길이는 **2m** 이내일 것 **보기 ④**

(3) 유리판의 테두리를 금속제의 구조물에 견고하게 고정하고 해당 구조물을 담 또는 벽에 견고하게 부착할 것

(4) 유리의 구조는 접합유리(두 장의 유리를 두께 0.76mm 이상의 폴리비닐부티랄 필름으로 접합한 구조)로 하되, 비차열 **30분** 이상의 방화성능이 인정될 것

기억법 취유2

답 ④

★★★

**100** 위험물안전관리법령상 이동탱크저장소의 기준 중 이동저장탱크에 설치하는 강철판으로 된 칸막이, 방파판, 방호틀 각각의 최소 두께를 합한 값은?

18회 문 95
13회 문 96
11회 문 90

① 4.8mm ② 6.9mm

③ 7.1mm ④ 9.6mm

해설 **위험물규칙 [별표 10]**

**이동저장탱크**

| 구 분 | 두 께 |
|---|---|
| 방파판 | **1.6mm** 이상 |
| 방호틀 | **2.3mm** 이상 |
| 칸막이 | **3.2mm** 이상 |

방파판 두께+방호틀 두께+칸막이 두께
=1.6mm+2.3mm+3.2mm=7.1mm

답 ③

## 제 5 과목 소방시설의 구조 원리

★★

**101** 화재안전기준상 전기실 및 전산실에 적응성이 있는 소화기구의 소화약제는?

① 포소화약제

② 강화액소화약제

③ 할로겐화합물 및 불활성기체 소화약제

④ 산알칼리소화약제

해설 **이산화탄소 · 할론 · 할로겐화합물 및 불활성기체 소화기(소화설비) 적용대상**

(1) 주차장

(2) 전산실 ─┐
(3) 통신기기실 ─┘─ 전기설비

(4) 박물관

(5) 석탄창고

(6) 면화류창고

(7) 가솔린

(8) 인화성 고체위험물

답 ③

★★★

**102** 다음은 옥내소화전설비의 화재안전기준에 관한 내용이다. ( ) 안에 들어갈 내용이 순서대로 옳은 것은?

> 펌프의 성능은 체절운전시 정격토출압력의 ( )%를 초과하지 아니하고, 정격토출량의 ( )%로 운전시 정격토출압력의 ( )% 이상이 되어야 한다.

① 140, 65, 150 ② 140, 150, 65

③ 150, 65, 140 ④ 150, 140, 65

해설 **펌프의 성능**(NFPC 102 제6조, NFTC 102 2.2.1.7)

(1) 체절운전시 정격토출압력의 **140%**를 초과하지 아니할 것

(2) 정격토출량의 **150%**로 운전시 정격토출압력의 **65%** 이상이 되어야 한다.



▮ 펌프의 성능곡선 ▮

답 ②

★★★
**103** 옥내소화전이 지상 29층에 2개, 지상 30층에 3개 설치되어 있는 지상 40층인 건축물에서 화재안전기준상 수원의 최소용량($m^3$)은? (단, 옥상수원 제외)

19회 문104 / 19회 문108 / 18회 문113 / 18회 문123 / 17회 문106 / 11회 문111 / 10회 문 34 / 10회 문112

① 7.8 ② 15.6
③ 23.4 ④ 39.0

해설 **수원**의 **저수량**

$Q = 2.6N$ (1~29층 이하)
$Q = 5.2N$ (30~49층 이하)
$Q = 7.8N$ (50층 이상)

여기서, $Q$ : 수원의 저수량[$m^3$]
$N$ : 가장 많은 층의 소화전 개수(30층 미만 : 최대 2개, 30층 이상 : 최대 5개)

**수원의 최소유효저수량** $Q$는
$Q = 5.2N = 5.2 \times 3 = 15.6m^3$

비교

(1) **옥외소화전 수원**의 **저수량**

$Q \geq 7N$

여기서, $Q$ : 수원의 저수량[$m^3$]
$N$ : 옥외소화전 설치개수(최대 **2개**)

(2) **폐쇄형 스프링클러헤드**의 **수원의 저수량**

$Q = 1.6N$ (1~29층 이하)
$Q = 3.2N$ (30~49층 이하)
$Q = 4.8N$ (50층 이상)

여기서, $Q$ : 수원의 저수량[$m^3$]
$N$ : 폐쇄형 헤드의 기준개수(설치개수가 기준개수보다 적으면 그 설치개수)

(3) **폐쇄형 헤드의 기준개수**

| 특정소방대상물 | | 폐쇄형 헤드의 기준개수 |
|---|---|---|
| 지하가 · 지하역사 | | 30 |
| 11층 이상 | | |
| 10층 이하 | 공장(특수가연물) | |
| | 판매시설(백화점 등), 복합건축물(판매시설이 설치된 것) | |
| | 근린생활시설, 운수시설, 복합건축물(판매시설 미설치) | 20 |
| | 8m 이상 | |
| | 8m 미만 | 10 |
| 공동주택(아파트 등) | | 10(각 동이 주차장으로 연결된 주차장 : 30) |

답 ②

★★★
**104** 옥외소화전설비의 화재안전기준에 관한 설명으로 옳지 않은 것은?

13회 문105

① 노즐선단에서의 방수압력은 0.25MPa 이상이고, 방수량이 350L/min 이상이어야 한다.
② 수원은 설치개수(옥외소화전이 2개 이상 설치된 경우에는 2개)에 $7m^3$를 곱한 양 이상으로 한다.
③ 옥외소화전이 10개 이하 설치된 때에는 소화전 3개마다 1개 이상의 소화전함을 설치하여야 한다.
④ 호스접결구는 특정소방대상물의 각 부분으로부터 하나의 호스접결구까지의 수평거리가 40m 이하가 되도록 설치하고 호스구경은 65mm의 것으로 하여야 한다.

해설 **옥외소화전** 설치개수

| 옥외소화전 개수 | 옥외소화전함 개수 |
|---|---|
| 10개 이하 | **5m** 이내마다 **1개** 이상 |
| 11~30개 이하 | **11개** 이상 소화전함 분산설치 |
| 31개 이상 | 소화전 **3개**마다 **1개** 이상 설치 |

③ 옥외소화전이 10개 이하 설치된 때에는 옥외소화전마다 **5m** 이내의 장소에 1개 이상의 소화전함을 설치하여야 한다.

답 ③

★
**105** 화재조기진압용 스프링클러설비의 화재안전기준에 관한 설명으로 옳지 않은 것은 어느 것인가?

19회 문120 / 10회 문103

① 헤드하나의 방호면적은 $6.0m^2$ 이상 $9.3m^2$ 이하로 한다.
② 교차배관은 가지배관 밑에 설치하고 그 구경은 최소 40mm 이상으로 한다.
③ 하향식 헤드의 반사판의 위치는 천장이나 반자 아래 125mm 이상 355mm 이하로 한다.
④ 천장의 높이가 9.1m 이상 13.7m 이하인 경우 가지배관 사이의 거리는 2.4m 이상 3.7m 이하로 한다.

해설 **화재조기진압용 스프링클러설비**의 **화재안전기준**
(NFPC 103B 제8·10조, NFTC 103B 2.5.11.1, 2.7)

(1) 교차배관은 가지배관과 수평으로 설치하거나 또는 가지배관 밑에 설치하고, 최소 구경이 **40mm** 이상되도록 할 것 보기 ②

(2) 헤드 하나의 방호면적은 **6.0~9.3m²** 이하로 할 것 보기 ①

(3) 가지배관의 헤드 사이의 거리는 천장의 높이가 9.1m 미만인 경우에는 2.4~3.7m 이하로, **9.1~13.7m** 이하인 경우에는 **3.1m** 이하로 할 것 보기 ④

(4) 헤드의 반사판은 천장 또는 반자와 평행하게 설치하고 저장물의 최상부와 **914mm** 이상 확보되도록 할 것

(5) **하향식 헤드**의 반사판의 위치는 천장이나 반자 아래 **125mm** 이상 **355mm** 이하일 것 보기 ③

(6) 상향식 헤드의 감지부 중앙은 천장 또는 반자와 **101~152mm** 이하이어야 하며 반사판의 위치는 스프링클러 배관의 윗부분에서 최소 **178mm** 상부에 설치되도록 할 것

(7) 헤드와 벽과의 거리는 헤드 상호간 거리의 $\frac{1}{2}$을 초과하지 않아야 하며 최소 **102mm** 이상일 것

(8) 헤드의 작동온도는 **74℃** 이하일 것. 단, 헤드 주위의 온도가 **38℃** 이상의 경우에는 그 온도에서의 화재시험 등에서 헤드작동에 관하여 공인기관의 시험을 거친 것

④ 2.4m 이상 3.7m 이하 → 3.1m 이하

답 ④

★★★
**106 물분무소화설비의 화재안전기준에 관한 설명으로 옳지 않은 것은?**

① 220kV 초과 275kV 이하인 전압의 전기기기가 있는 장소에 있어서는 전기기기와 물분무헤드 사이에 210cm 이상 거리를 두어야 한다.

② 물분무소화설비를 설치하는 차고 또는 주차장의 배수구에는 새어나온 기름을 모아 소화할 수 있도록 길이 40m 이하마다 집수관·소화핏트 등 기름분리장치를 설치하여야 한다.

③ 수원은 절연유 봉입 변압기에 있어서 바닥부분을 제외한 표면적을 합한 면적 1m²에 대하여 10L/min로 20분간 방수할 수 있는 양 이상으로 하여야 한다.

④ 운전시에 표면의 온도가 260℃ 이상으로 되는 등 직접 분무를 하는 경우 그 부분에 손상을 입힐 우려가 있는 기계장치 등이 있는 장소에는 물분무헤드를 설치하지 아니할 수 있다.

해설 **전기기기와 물분무헤드의 거리**

| 전압[kV] | 거 리 |
|---|---|
| 66 이하 | 70cm 이상 |
| 66 초과 77 이하 | 80cm 이상 |
| 77 초과 110 이하 | 110cm 이상 |
| 110 초과 154 이하 | 150cm 이상 |
| 154 초과 181 이하 | 180cm 이상 |
| 181 초과 220 이하 | 210cm 이상 |
| 220 초과 275 이하 보기 ① | 260cm 이상 |

① 210cm 이상 → 260cm 이상

기억법
6 7
7 8
1 1
5 5
8 8
2 1
7 6

답 ①

★★★
**107 바닥면적 300m²인 주차장에 호스릴포소화설비를 설치하는 경우 화재안전기준상 포소화약제의 최소저장량(L)은? (단, 호스접결구는 8개, 약제의 사용농도는 3%이다.)**

① 800　　② 900
③ 1000　　④ 1100

해설 **옥내포소화전방식** 또는 **호스릴방식**

$$Q = N \times S \times 6000$$
(바닥면적 **200m²** 미만은 **75%**)

여기서, $Q$: 포소화약제의 양[L]
$N$: 호스접결구수(**최대 5개**)

**호스릴방식**의 **포약제량** $Q$는
$Q = N \times S \times 6000$(바닥면적 200m² 미만은 75%)
$= 5 \times 0.03 \times 6000 = 900$L

비교

**바닥면적이 180m²인 호스릴방식의 포소화설비를 설치한 건축물 내부에 호스접결구가 2개이고, 약제농도 3%형을 사용할 때 포약제의 최소필요량은 몇 L인가?**

해설 **옥내포소화전방식** 또는 **호스릴방식**

$$Q = N \times S \times 6000$$
(바닥면적 **200m²** 미만은 **75%**)

여기서, $Q$ : 포소화약제의 양〔L〕
$N$ : 호스접결구수(**최대 5개**)

**호스릴방식**의 **포약제량** $Q$는
$Q = N \times S \times 6000$(바닥면적 200m² 미만은 75%)
$= 2 \times 0.03 \times 6000 \times 0.75 = 270$L

※ 바닥면적이 200m² 미만이므로 **75%**를 적용한다.

답 ②

★★★
## 108 이산화탄소 소화설비의 화재안전기준에 관한 설명으로 옳은 것은?

① 저압식 저장용기의 충전비는 1.5 이상 1.9 이하로 한다.
② 소화약제의 저장용기는 온도가 50℃ 이하인 곳에 설치한다.
③ 셀룰로이드제품 등 자기연소성 물질을 저장·취급하는 장소에는 분사헤드를 설치하여야 한다.
④ 음향경보장치는 소화약제의 방사개시 후 1분 이상 경보를 계속할 수 있는 것으로 설치하여야 한다.

해설 (1) $CO_2$ **설비**의 **충전비**〔L/kg〕

| 기동용기 | 저장용기 |
|---|---|
| 고·저압식 : **1.5** 이상 | • 저압식 : **1.1~1.4** 이하<br>• 고압식 : **1.5~1.9** 이하 보기 ① |

(2) **저장용기 온도**

| 40℃ 이하 보기 ② | 55℃ 이하 |
|---|---|
| • 이산화탄소 소화설비<br>• 할론소화설비<br>• 분말소화설비 | • **할**로겐화합물 및 불활성기체 소화설비 |

기억법 **할5**

(3) **이산화탄소 소화설비의 분사헤드설치 제외 장소**
① **방재실·제어실** 등 사람이 상시 근무하는 장소
② **나이트로셀룰로오스·셀룰로이드제품** 등 자기연소성 물질을 저장·취급하는 장소 보기 ③
③ **나트륨·칼륨·칼슘** 등 활성금속물질을 저장·취급하는 장소
④ **전시장** 등의 관람을 위하여 다수인이 출입·통행하는 통로 및 전시실 등

답 ④



★
## 109 화재시 연소면이 1면에 한정되고 가연물이 비산할 우려가 없는 표면적 100m²인 방호대상물에 국소방출방식 할론소화약제를 적용할 경우, 할론 1301의 최소저장량(kg)은?

① 748 ② 850
③ 950 ④ 968

해설 **할론소화설비의 국소방출방식**(NFPC 107 제5조, NFTC 107 2.2.1.2.1)
**연소면 한정 및 비산우려가 없는 경우와 윗면 개방용기**

| 약제종별 | 저장량 |
|---|---|
| 할론 1301 | 방호대상물 표면적〔m²〕× 6.8kg/m² × 1.25 |
| 할론 1211 | 방호대상물 표면적〔m²〕× 7.6kg/m² × 1.1 |
| 할론 2402 | 방호대상물 표면적〔m²〕× 8.8kg/m² × 1.1 |

할론 1301 저장량〔kg〕
= 방호대상물 표면적〔m²〕× 6.8kg/m² × 1.25
= 100m² × 6.8kg/m² × 1.25 = 850kg

답 ②

★★★
## 110 할로겐화합물 및 불활성기체 소화설비의 화재안전기준상 A급 화재 소화농도가 30%일 경우 사람이 상주하는 곳에 사용이 가능한 소화약제는?

19회 문 36
19회 문117
18회 문 31
17회 문 37
15회 문 36
15회 문110
14회 문 36
12회 문 31
07회 문121

① FC-3-1-10 ② HCFC-124
③ HFC-125 ④ HFC-236fa

해설 **할로겐화합물 및 불활성기체 소화약제 최대허용설계농도**(NFTC 107A 2.4.2)

| 소화약제 | 최대허용설계농도〔%〕 |
|---|---|
| FIC-13I1 | 0.3 |
| HCFC-124 | 1.0 |
| FK-5-1-12 | 10 |
| HCFC BLEND A | |
| HFC-227ea | 10.5 |
| HFC-125 | 11.5 |

| 소화약제 | 최대허용설계농도〔%〕 |
|---|---|
| HFC-236fa | 12.5 |
| HFC-23 | 30 |
| FC-3-1-10 ⟶ | 40 |
| IG-01 | 43 |
| IG-100 | |
| IG-541 | |
| IG-55 | |

① FC-3-1-10은 40%까지 허용하므로 사용 가능

답 ①

★★★

## 111 분말소화약제의 화재안전기준상 소화약제 1kg당 저장용기의 내용적(L)으로 옳은 것은?

19회 문 35
15회 문 37
14회 문 34
06회 문117

① 제1종 분말 : 0.8
② 제2종 분말 : 0.9
③ 제3종 분말 : 0.9
④ 제4종 분말 : 1.0

해설 **분말소화약제 저장용기**의 **내용적**

| 약제종별 | 내용적〔L/kg〕 |
|---|---|
| 제1종 분말 | 0.8 |
| 제2·3종 분말 | 1 |
| 제4종 분말 | 1.25 |

기억법 분 1 8
2 3 1
4 1 2 5

참고

주성분

| 분말소화약제 | 주성분 |
|---|---|
| 제1종 분말 | 탄산수소나트륨(중탄산나트륨) |
| 제2종 분말 | 탄산수소칼륨(중탄산칼륨) |
| 제3종 분말 | 인산염(제1인산암모늄) |
| 제4종 분말 | 탄산수소칼륨＋요소 |

답 ①

★★★

## 112 자동화재탐지설비의 화재안전기준상 감지기의 부착높이가 8m 이상 15m 미만인 경우 설치하여야 하는 감지기가 아닌 것은?

19회 문119
17회 문120
08회 문111
07회 문125
06회 문123
03회 문115
02회 문124

① 불꽃감지기
② 이온화식 2종 감지기
③ 차동식 스포트형 감지기
④ 광전식 스포트형 1종 감지기

해설 **자동화재탐지설비 감지기**의 **부착높이**(NFPC 203 제7조, NFTC 203 2.4.1)

| 부착높이 | 감지기의 종류 |
|---|---|
| 4~8m 미만 | • 차동식(스포트형, 분포형)<br>• 보상식 스포트형<br>• 정온식(스포트형, 감지선형) 특종 또는 1종<br>• 이온화식 1종 또는 2종<br>• 광전식(스포트형, 분리형, 공기흡입형) 1종 또는 2종<br>• 열복합형<br>• 연기복합형<br>• 열연기복합형<br>• 불꽃감지기 |
| 8~15m 미만 | • 차동식 분포형<br>• 이온화식 1종 또는 2종<br>• 광전식(스포트형, 분리형, 공기흡입형) 1종 또는 2종<br>• 연기복합형<br>• 불꽃감지기 |
| 15~20m 미만 | • 이온화식 1종<br>• 광전식(스포트형, 분리형, 공기흡입형) 1종<br>• 연기복합형<br>• 불꽃감지기 |
| 20m 이상 | • 불꽃감지기<br>• 광전식(분리형, 공기흡입형) 중 아날로그방식 |

③ 4~8m 미만 설치

답 ③

★★

## 113 소방시설 설치 및 관리에 관한 법령상 자동화재속보설비를 설치하여야 하는 특정소방대상물에 해당하지 않는 것은?

① 문화유산의 보존 및 활용에 관한 법률상 국보로 지정된 목조건축물
② 노유자생활시설이 있는 것
③ 문화유산의 보존 및 활용에 관한 법률상 보물로 지정된 목조건축물
④ 숙박시설이 없는 청소년수련시설

해설 **소방시설법 시행령 [별표 4]**
**자동화재속보설비의 설치대상**

| 설치대상 | 조 건 |
|---|---|
| ① **수**련시설(숙박시설이 있는 것)<br>② **노**유자시설<br>③ 정신**병**원 및 의료재활시설<br>기억법 5수노병속 | • 바닥면적 **5**00$m^2$ 이상 |
| ④ 목조건축물 | • 국보·보물 |
| ⑤ 노유자생활시설<br>⑥ 전통시장<br>⑦ 조산원·산후조리원<br>⑧ 의원, 치과의원, 한의원(입원실이 있는 시설)<br>⑨ 종합병원, 병원, 치과병원, 한방병원 및 요양병원(의료재활시설 제외) | • 전부 |

④ 숙박시설이 없는 → 숙박시설이 있는

답 ④

★★★
**114** 19회 문101
**비상방송설비의 화재안전기준상 음향장치 설치기준으로 옳지 않은 것은?**

① 음량조정기를 설치하는 경우 음량조정기의 배선은 2선식으로 할 것
② 음향장치는 정격전압의 80% 전압에서 음향을 발할 수 있는 것을 할 것
③ 다른 방송설비와 공용하는 것에 있어서는 화재시 비상경보 외의 방송을 차단할 수 있는 구조로 할 것
④ 증폭기는 수위실 등 상시 사람이 근무하는 장소로서 점검이 편리하고 방화상 유효한 곳에 설치할 것

해설 **비상방송설비**의 **설치기준**(NFPC 202 제4조, NFTC 202 2.1)
(1) 확성기의 음성입력은 **실**내 **1**W, 실외 **3**W 이상일 것
(2) 확성기는 각 **층**마다 설치하되, 각 부분으로부터의 수평거리는 **25m 이하**일 것
(3) **음**량조정기는 **3선식 배선**일 것 보기 ①
(4) 조작스위치는 바닥으로부터 **0.8~1.5m** 이하의 높이에 설치할 것
(5) 다른 전기회로에 의하여 **유도장애**가 생기지 않을 것
(6) 비상방송 **개**시시간은 **10초** 이하일 것
(7) **엘리베이터** 내부에도 **별도**의 **음향장치**를 설치할 것

기억법 방3실1, 3음방(삼엄한 방송실) 개10방

중요

**수평거리**와 **보행거리**
(1) **수평거리**

| 수평거리 | 적용대상 |
|---|---|
| 수평거리 25m 이하 | • 발신기<br>• 음향장치(확성기)<br>• 비상콘센트(지하상가 또는 바닥면적 3000$m^2$ 이상) |
| 수평거리 50m 이하 | • 비상콘센트(기타) |

(2) **보행거리**

| 보행거리 | 적용대상 |
|---|---|
| 보행거리 15m 이하 | • 유도표지 |
| 보행거리 20m 이하 | • 복도**통**로유도등<br>• 거실**통**로유도등<br>• 3종 연기감지기 |
| 보행거리 30m 이하 | • 1·2종 연기감지기 |

기억법 보통2(보통이 아니네요!)

(3) **수직거리**

| 수직거리 | 적용대상 |
|---|---|
| 수직거리 10m 이하 | • 3종 연기감지기 |
| 수직거리 15m 이하 | • 1·2종 연기감지기 |

답 ①

★★
**115** 19회 문124 15회 문116
**화재안전기준상 각 층의 바닥면적이 3000$m^2$인 판매시설에서 층마다 설치하여야 하는 피난기구의 최소개수는?**

① 3　② 4
③ 5　④ 6

해설 **피난기구의 설치대상**(NFPC 301 제5조, NFTC 301 2.1.2.1)

| 조 건 | 설치대상 |
|---|---|
| 500m²마다 (층마다 설치) | **숙**박시설 · **노**유자시설 · **의**료시설 기억법 5숙노의 |
| 800m²마다 (층마다 설치) | **위**락시설 · **문**화 및 집회시설 · **운동**시설 · **판**매시설, 복합용도의 층 기억법 위문8 운동판(위문팔) |
| 1000m²마다 | 그 밖의 용도의 층 |
| 각 세대마다 | 아파트 등(계단실형 아파트) |

※ 숙박시설(휴양콘도미니엄을 제외한다)의 경우에는 추가로 객실마다 **완강기** 또는 **둘 이상**의 **간이완강기**를 설치할 것

판매시설 피난기구 설치개수

$$=\frac{\text{각 층 바닥면적}}{800\text{m}^2}=\frac{3000\text{m}^2}{800\text{m}^2}=3.75\text{개(절상)}$$

※ **절상** : '**무조건 올린다**'는 뜻

답 ②

★★

## 116 가스누설경보기의 형식승인 및 제품검사의 기술기준상 경보기의 일반구조로 옳지 않은 것은?

① 분리형의 탐지부 외함의 두께는 강판의 경우 1.0mm 이상일 것

② 수신부의 외함이 합성수지인 경우 자기소화성이 있을 것

③ 접착테이프를 사용하여 쉽게 고정할 수 있을 것

④ 전원공급의 상태를 쉽게 확인할 수 있는 표시등이 있을 것

해설 **가스누설경보기**의 **일반구조**(가스누설경보기의 형식승인 제4조)

(1) 분리형의 탐지부 외함의 두께는 강판의 경우 1.0mm 이상일 것 보기 ①

(2) 수신부의 외함이 **합성수지**인 경우 **자기소화성**이 있을 것 보기 ②

(3) **접착테이프** 등을 사용하는 구조가 **아닐 것** 보기 ③

(4) 전원공급의 상태를 쉽게 확인할 수 있는 **표시등**이 있을 것 보기 ④

(5) 건물 등에 부착하도록 되어 있는 것은 나사, 못 등에 의하여 쉽게 고정시킬 수 있는 구조일 것

‖ 경보기의 수신부 및 분리형의 탐지부 외함 두께 ‖

| 강 판 | 합성수지 |
|---|---|
| 1.0mm 이상 | 강판두께의 **2.5배**(단독형 중 분리형 중 **영**업용은 **1.5배**) |

기억법 탐강1, 탐합25, 영15

답 ③

★★★

## 117 유도등 및 유도표지의 화재안전기준상 통로유도등의 설치기준에 관한 내용으로 옳은 것을 모두 고른 것은?

> ㉠ 복도통로유도등은 구부러진 모퉁이 및 보행거리 20m마다 설치할 것
> ㉡ 계단통로유도등은 바닥으로부터 높이 1m 이하의 위치에 설치할 것
> ㉢ 거실통로유도등은 바닥으로부터 높이 1m 이상의 위치에 설치할 것

① ㉠, ㉡ ② ㉠, ㉢
③ ㉡, ㉢ ④ ㉠, ㉡, ㉢

해설 (1) **수평거리**

| 수평거리 | 기 기 |
|---|---|
| 25m 이하 | • 발신기<br>• 음향장치(확성기)<br>• 비상콘센트(지하상가 또는 지하층 바닥면적 **3000m²** 이상) |
| 50m 이하 | • 비상콘센트(기타) |

(2) **보행거리**

| 보행거리 | 기 기 |
|---|---|
| 15m 이하 | • 유도표지 |
| 20m 이하 보기 ㉠ | • 복도통로유도등<br>• 거실통로유도등<br>• 3종 연기감지기 |
| 30m 이하 | • 1 · 2종 연기감지기 |

(3) **수직거리**

| 수직거리 | 기 기 |
|---|---|
| 15m 이하 | • 1 · 2종 연기감지기 |
| 10m 이하 | • 3종 연기감지기 |

(4) **설치높이**

| 유도등·유도표지 | 설치높이 |
|---|---|
| • 복도통로유도등<br>• 계단통로유도등<br>• 통로유도표지 | 1m 이하<br>보기 ㉡ |
| • 피난구유도등<br>• 거실통로유도등 | 1.5m 이상 |

답 ①

★★★

**118** 비상조명등의 화재안전기준에 관한 설명으로 옳은 것은?

15회 문117

① 의료시설의 거실에는 비상조명등을 설치하지 아니한다.

② 휴대용 비상조명등의 설치높이는 바닥으로부터 0.5m 이상 1.0m 이하의 높이에 설치하여야 한다.

③ 거실의 각 부분으로부터 하나의 출입구에 이르는 수평거리가 15m 이내인 부분에는 비상조명등을 설치하지 아니한다.

④ 지하층을 포함한 층수가 11층 이상의 층은 비상조명등을 60분 이상 유효하게 작동시킬 수 있는 용량으로 하여야 한다.

② 0.5m 이상 1.0m 이하 → 0.8m 이상 1.5m 이하
③ 수평거리가 15m 이내 → 보행거리가 15m 이내
④ 지하층을 포함한 → 지하층을 제외한

중요

(1) **여러 가지 설비의 비상전원용량**

| 설비의 종류 | 비상전원용량 |
|---|---|
| 자동화재**탐**지설비, 비상**경**보설비, 자동화재**속**보설비 | 10분 이상 |
| 유도등, 비상조명등, 비상콘센트설비, 옥내소화전설비(30층 미만), 제연설비, 특별피난계단의 계단실 및 부속실 제연설비(30층 미만), 스프링클러설비(30층 미만), 연결송수관설비(30층 미만) | 20분 이상 |
| 무선통신보조설비의 증폭기 | 30분 이상 |
| 옥내소화전설비(30~49층 이하), 특별피난계단의 계단실 및 부속실 제연설비(30~49층 이하), 연결송수관설비(30~49층 이하), 스프링클러설비(30~49층 이하) | 40분 이상 |
| 유도등·비상조명등(지하상가 및 11층 이상), 옥내소화전설비(50층 이상), 특별피난계단의 계단실 및 부속실 제연설비(50층 이상), 연결송수관설비(50층 이상), 스프링클러설비(50층 이상) | 60분 이상 |

기억법 경1탐속(경일대 탐색)

(2) **비상조명등의 설치제외 장소**(NFPC 304 제5조, NFTC 304 2.2.1.1)

① 거실 각 부분에서 출입구까지의 **보행거리 15m** 이내

② **공동주택·경기장·의원·의료시설·학교의 거실**

기억법 조공 경의학

(3) **휴대용 비상조명등의 설치제외 장소**(NFPC 304 제5조, NFTC 304 2.2.2)

① 복도·통로·창문 등을 통해 피난이 용이한 경우(**지상 1층·피난층**)

② **숙박시설**로서 **복**도에 비상조명등을 설치한 경우

기억법 휴피(휴지로 피닦아.), 휴숙복

(4) **통로유도등의 설치제외 장소**(NFPC 304 제5조, NFTC 303 2.8.2)

① 길이 **30m** 미만의 복도·통로(구부러지지 않은 복도·통로)

② 보행거리 **20m** 미만의 복도·통로(출입구에 **피난구 유도등**이 설치된 복도·통로)

(5) **객석유도등의 설치제외 장소**(NFPC 303 제10조, NFTC 303 2.8.3)

① **채광**이 충분한 객석(**주간**에만 사용)

② **통**로유도등이 설치된 객석(거실 각 부분에서 거실 출입구까지의 **보행거리 20m** 이하)

기억법 채객보통(채소는 객관적으로 보통이다)

답 ①

★★

**119** 제연설비의 화재안전기준상 거실의 바닥면적이 $100m^2$인 예상제연구역이 다른 거실의 피난을 위한 경우 그 예상제연구역의 최소배출량($m^3$/hr)은?

① 5000　　② 6000

③ 7500　　④ 9000

해설 **거실(제연설비의 배출량)**(NFPC 501 제6조, NFTC 501 2.3.2)

바닥면적 $400m^2$ 미만(최저치 $5000m^3/h$ 이상)

배출량$[m^3/min]$=바닥면적$[m^2] \times 1m^3/m^2 \cdot min$

$$= 100m^2 \times 1m^3/m^2 \cdot min$$
$$= 100m^3/min$$
$$= 100m^3 \Big/ \frac{1}{60}hr$$
$$= 100m^3 \times 60/hr$$
$$= 6000m^3/hr$$

• $1hr = 60min$이므로 $1min = \frac{1}{60}hr$

중요

**배출량 및 배출방식**(NFPC 501 제6조, NFTC 501 2.3.2)

(1) **통로** : 예상제연구역이 통로인 경우의 배출량은 **$45000m^3/hr$** 이상으로 할 것

(2) **거실**

① **바닥면적 $400m^2$ 미만(최저치 $5000m^3/h$ 이상)**

**배출량**$[m^3/min]$
=바닥면적$[m^2] \times 1m^3/m^2 \cdot min$

② **바닥면적 $400m^2$ 이상**

㉠ 직경 40m 이하 : **$40000m^3/h$** 이상

‖ 예상제연구역이 제연경계로 구획된 경우 ‖

| 수직거리 | 배출량 |
|---|---|
| 2m 이하 | $40000m^3/h$ 이상 |
| 2m 초과 2.5m 이하 | $45000m^3/h$ 이상 |
| 2.5m 초과 3m 이하 | $50000m^3/h$ 이상 |
| 3m 초과 | $60000m^3/h$ 이상 |

㉡ 직경 40m 초과 : **$45000m^3/h$** 이상

‖ 예상제연구역이 제연경계로 구획된 경우 ‖

| 수직거리 | 배출량 |
|---|---|
| 2m 이하 | $45000m^3/h$ 이상 |
| 2m 초과 2.5m 이하 | $50000m^3/h$ 이상 |
| 2.5m 초과 3m 이하 | $55000m^3/h$ 이상 |
| 3m 초과 | $65000m^3/h$ 이상 |

※ **$m^3/h$**=CMH(Cubic Meter per Hour)

답 ②

★★★

**120** **제연설비의 화재안전기준에 관한 설명으로 옳은 것은?**

① 하나의 제연구역은 직경 40m 원 내에 들어갈 수 있어야 한다.

② 제연경계의 수직거리는 2.5m 이내이어야 한다.

③ 거실과 통로(복도를 제외)는 각각 제연구획하여야 한다.

④ 예상제연구역의 각 부분으로부터 하나의 배출구까지의 수평거리는 10m 이내가 되도록 하여야 한다.

해설 **제연설비의 화재안전기준**(NFPC 501 제4조, 제7조, NFTC 501 2.1.1, 2.4.2)

(1) 하나의 제연구역의 면적은 **$1000m^2$** 이내로 할 것

(2) 거실과 통로(복도 포함)는 각각 **제연구획**할 것 보기 ③

(3) 통로상의 제연구역은 보행중심선의 길이가 **60m**를 초과하지 아니할 것

(4) 하나의 제연구역은 직경 **60m** 원 내에 들어갈 수 있을 것 보기 ①

(5) 하나의 제연구역은 **2개 이상** 층에 미치지 아니하도록 할 것(단, 층의 구분이 불분명한 부분은 그 부분을 다른 부분과 별도로 제연구획할 것)

(6) 제연경계는 제연경계의 폭이 **0.6m 이상**이고, 수직거리는 **2m 이내**이어야 한다(단, 구조상 불가피한 경우는 2m를 초과할 수 있다). 보기 ②

(7) 예상제연구역의 각 부분으로부터 하나의 배출구까지의 **수평거리**는 **10m 이내**가 되도록 하여야 한다. 보기 ④

① 40m 원 내 → 60m 원 내
② 2.5m 이내 → 2m 이내
③ 복도를 제외 → 복도를 포함

답 ④

★★

**121** 지표면에서 최상층 방수구의 높이가 70m 이상인 특정소방대상물에 설치하는 연결송수관설비의 가압송수장치에 관한 화재안전기준으로 옳은 것은?

① 충압펌프가 기동이 된 경우에는 자동으로 정지되지 아니하도록 하여야 한다.
② 펌프의 토출량은 계단식 아파트의 경우에는 1200L/min 이상이 되는 것으로 하여야 한다.
③ 펌프의 양정은 최상층에 설치된 노즐선단의 압력이 0.25MPa 이상의 압력이 되도록 하여야 한다.
④ 펌프의 토출측에는 압력계를 체크밸브 이후에 펌프 토출측 플랜지에서 가까운 곳에 설치하여야 한다.

① 충압펌프가 기동이 된 경우에는 → 주펌프가 기동된 경우에는
③ 0.25MPa 이상 → 0.35MPa 이상
④ 체크밸브 이후에 → 체크밸브 이전에

중요

**연결송수관설비**(NFPC 502 제8조, NFTC 502 2.5.1.10)
(1) **연결송수관설비** : 펌프의 토출량 **2400L/min**(계단식 아파트는 **1200L/min**) 이상이 되는 것으로 할 것(단, 해당층에 설치된 방수구가 3개 초과(방수구가 5개 이상은 **5개**)인 경우에는 1개마다 **800L/min**(계단식 아파트는 **400L/min**)을 가산한 양)
(2) **연결송수관설비**의 **펌프토출량**

| | |
|---|---|
| 일반적인 경우 | ① 방수구 **3개** 이하<br>$Q = 2400\text{L/min}$ 이상<br>② 방수구 **4개** 이상<br>$Q = 2400 + (N-3) \times 800$ |
| 계단식 아파트 | ① 방수구 **3개** 이하<br>$Q = 1200\text{L/min}$ 이상<br>② 방수구 **4개** 이상<br>$Q = 1200 + (N-3) \times 400$ |

여기서, $Q$ : 펌프토출량〔L/min〕
$N$ : 가장 많은 층의 방수구 개수 (**최대 5개**)

※ **방수구** : 가압수가 나오는 구멍

답 ②

★

**122** 18회 문120 연결살수설비에서 폐쇄형 스프링클러헤드를 설치하는 경우 화재안전기준으로 옳은 것은?

① 스프링클러헤드와 그 부착면과의 거리는 55cm 이하로 하여야 한다.
② 높이가 4m 이상인 공장에 설치하는 스프링클러헤드는 그 설치장소의 평상시 최고 주위온도에 관계없이 표시온도 106℃ 이상의 것으로 할 수 있다.
③ 습식 연결살수설비 외의 설비에는 상향식 스프링클러헤드를 설치하여야 한다.
④ 스프링클러헤드의 반사판은 그 부착면과 10분의 1 이상 경사되지 않게 설치하여야 한다.

해설 **습식연결살수설비 외**의 **설비**에는 **상향식 스프링클러헤드**를 설치할 것(NFPC 503 제6조, NFTC 503 2.3.3.8)

① 55cm 이하 → 30cm 이하
② 106℃ 이상 → 121℃ 이상
④ 10분의 1 이상 경사되지 않게 설치 → 평행하게 설치

비교

**상향식 스프링클러헤드를 설치하지 않아도 되는 경우**(NFTC 503 2.3.3.8)
(1) **드라이펜던트 스프링클러헤드**를 사용하는 경우
(2) 스프링클러헤드의 설치장소가 **동파**의 **우려**가 **없는 곳**인 경우
(3) **개방형 스프링클러헤드를 사용하는 경우**

답 ③

★★★

**123** 18회 문114 15회 문122 13회 문123 09회 문119 비상콘센트설비의 화재안전기준상 전원회로 설치기준으로 옳지 않은 것은?

① 하나의 전용회로에 설치하는 비상콘센트는 10개 이하로 할 것
② 콘센트마다 플러그접속 차단기를 설치하여야 하며, 충전부가 노출되지 않도록 할 것
③ 전원으로부터 각 층의 비상콘센트에 분기되는 경우에는 분기배선용 차단기를 보호함 안에 설치할 것
④ 비상콘센트설비의 전원회로는 단상교류 220V인 것으로서, 그 공급용량은 1.5kVA 이상인 것으로 할 것

해설

② 플러그접속차단기를 설치 → 배선용 차단기를 설치

중요

**비상콘센트**의 **규격**(NFPC 504 제4조, NFTC 504 2.1.2)

| 구 분 | 전 압 | 용 량 | 플러그 접속기 |
|---|---|---|---|
| 단상 교류 | 220V | 1.5kVA 이상 | 접지형 2극 |

보기 ④

(1) 하나의 전용회로에 설치하는 비상콘센트는 **10개** 이하로 할 것 보기 ①
(2) 풀박스는 **1.6mm** 이상의 철판을 사용할 것
(3) 전원회로는 각 층에 있어서 **2** 이상이 되도록 설치할 것
(4) 콘센트마다 배선용 차단기를 설치하며, 충전부가 **노출되지 않도록** 할 것 보기 ②
(5) 전원으로부터 각 층의 비상콘센트에 분기되는 경우에는 **분기배선용 차단기**를 보호함 안에 설치할 것 보기 ③

답 ②

★★

## 124 무선통신보조설비의 화재안전기준에 관한 설명으로 옳은 것은?

18회 문102 17회 문118 15회 문121 07회 문 27

① 동축케이블의 임피던스는 45Ω으로 설치하여야 한다.
② 증폭기의 전면에는 주회로의 전원이 정상인지의 여부를 표시할 수 있는 표시등 및 전류계를 설치하여야 한다.
③ 같은 용도로 사용되는 안테나로 인한 통신장애가 발생하지 않도록 설치할 것
④ "분배기"란 신호의 전송로가 분기되는 장소에 설치하는 것으로 임피던스 매칭과 신호 균등분배를 위해 사용하는 장치를 말한다.

해설

① 45Ω → 50Ω
② 전류계 → 전압계
③ 같은 → 다른

중요

(1) **무선통신보조설비 용어**

| 용 어 | 설 명 |
|---|---|
| 분배기 보기 ④ | 신호의 전송로가 분기되는 장소에 설치하는 것으로 **임피던스 매칭(Matching)**과 **신호 균등분배**를 위해 사용하는 장치 |
| 분파기 | 서로 다른 주파수의 합성된 **신호**를 **분리**하기 위해서 사용하는 장치 |
| 혼합기 | **2개 이상**의 **입력신호**를 원하는 비율로 **조합**한 **출력**이 발생하도록 하는 장치 |
| 증폭기 | 신호 전송시 신호가 약해져 수신이 불가능해지는 것을 방지하기 위해서 **증폭**하는 장치 |

(2) **무선통신보조설비**의 **설치기준**(NFPC 505 제5~7조, NFTC 505 2.2)

① 누설동축케이블 및 안테나는 **금속판** 등에 의하여 **전파의 복사** 또는 **특성**이 현저하게 저하되지 아니하는 위치에 설치할 것
② **누설동축케이블**과 이에 접속하는 **안테나** 또는 **동축케이블**과 이에 접속하는 **안테나**일 것
③ 누설동축케이블 및 동축케이블은 불연 또는 난연성의 것으로서 습기에 따라 전기의 특성이 변질되지 아니하는 것으로 하고, 노출하여 설치한 경우에는 피난 및 통행에 장애가 없는 것으로 할 것
④ 누설동축케이블 및 동축케이블은 화재에 따라 해당 케이블의 피복이 소실된 경우에 케이블 본체가 떨어지지 아니하도록 **4m** 이내마다 **금속제** 또는 **자기제** 등의 지지금구로 **벽**·천장·기둥 등에 견고하게 고정시킬 것(**불연재료**로 구획된 반자 안에 설치하는 경우는 제외)
⑤ 누설동축케이블 및 안테나는 **고압**전로로부터 **1.5m** 이상 떨어진 위치에 설치할 것(당해 전로에 **정전기차폐장치**를 유효하게 설치한 경우에는 제외)

기억법 **불벽, 정고압**

⑥ 누설동축케이블의 끝부분에는 **무반사종단저항**을 설치할 것
⑦ 누설동축케이블, 동축케이블, 분배기, 분파기, 혼합기 등의 임피던스는 **50**Ω으로 할 것 보기 ①
⑧ 증폭기의 전면에는 **표시등** 및 **전압계**를 설치할 것 보기 ②
⑨ **건축물**, **지하가**, **터널** 또는 **공동구**의 출입구 및 출입구 인근에서 통신이 가능한 장소에 설치할 것
⑩ 다른 용도로 사용되는 안테나로 인한 **통신장애**가 발생하지 않도록 설치할 것 보기 ③
⑪ 옥외안테나는 견고하게 설치하며 파손의 우려가 없는 곳에 설치하고 그 가까운 곳의 보기 쉬운 곳에 "**무선통신보조설비 안테나**"라는 표시와 함께 통신가능거리를 표시한 표지를 설치할 것

⑫ 수신기가 설치된 장소 등 사람이 상시 근무하는 장소에는 옥외안테나의 위치가 모두 표시된 옥외안테나 위치표시도를 비치할 것
⑬ 소방전용 주파수대에 **전파의 전송** 또는 **복사**에 적합한 것으로서 **소방전용**의 것으로 할 것(단, 소방대 상호간의 **무선연락**에 지장이 없는 경우에는 다른 용도와 겸용할 수 있다.)
⑭ **비상전원용량**

| 설비의 종류 | 비상전원용량 |
|---|---|
| 자동화재탐지설비, 비상경보설비, 자동화재속보설비 | **10분** 이상 |
| 유도등, 비상조명등, 제연설비, 옥내소화전설비(30층 미만), 특별피난계단의 계단실 및 부속실 제연설비(30층 미만) | **20분** 이상 |
| 무선통신보조설비의 증폭기 | **30분** 이상 |
| 옥내소화전설비(30~49층 이하), 특별피난계단의 계단실 및 부속실 제연설비(30~49층 이하), 연결송수관설비(30~49층 이하), 스프링클러설비(30~49층 이하) | **40분** 이상 |
| 유도등 · 비상조명등(지하상가 및 11층 이상), 옥내소화전설비(50층 이상), 특별피난계단의 계단실 및 부속실 제연설비(50층 이상), 연결송수관설비(50층 이상), 스프링클러설비(50층 이상) | **60분** 이상 |

답 ④

★
**125** 16회 문120 15회 문124
**지하구의 화재안전기준에서 연소방지설비에 관한 설명으로 옳지 않은 것은?**

① 연소방지설비는 송수구로부터 3m 이내에 살수구역 안내표지를 설치할 것
② 방화벽을 관통하는 케이블·전선 등에는 내화충전구조로 마감할 것
③ 내화구조로서 홀로 설 수 있는 구조일 것
④ 헤드간의 수평거리는 연소방지설비 전용헤드의 경우에는 2m 이하로 할 것

① 3m 이내 → 1m 이내

중요

**지하구**
(1) **연소방지설비헤드**의 **설치기준**(NFPC 605 제8조, NFTC 605 2.4.2)
① **천장** 또는 **벽면**에 설치할 것
② 헤드간의 수평거리는 **연소방지설비 전용헤드**의 경우에는 **2m 이하**, **스프링클러헤드**의 경우에는 **1.5m 이하**로 할 것 보기 ④
③ 살수구역은 **환기구** 등을 기준으로 환기구 사이의 간격으로 **700m** 이내마다 **1개 이상** 설치하되, 하나의 살수구역의 길이는 **3m 이상**으로 할 것
(2) **지하구 연소방지설비 송수구의 설치기준**(NFPC 605 제8조, NFTC 605 2.4.3)
① 소방자동차가 쉽게 접근할 수 있는 노출된 장소에 설치하되, 눈에 띄기 쉬운 보도 또는 차도에 설치할 것
② 송수구는 구경 **65mm**의 **쌍구형**으로 할 것
③ 송수구로부터 **1m 이내**에 **살수구역 안내표지**를 설치할 것 보기 ①
④ 지면으로부터 높이가 **0.5m~1m** 이하의 위치에 설치할 것
⑤ 송수구의 가까운 부분에 **자동배수밸브**(또는 직경 **5mm**의 **배수공**)를 설치할 것. 이 경우 자동배수밸브는 배관 안의 물이 잘 빠질 수 있는 위치에 설치하되, 배수로 인하여 다른 물건 또는 장소에 피해를 주지 아니하여야 한다.
⑥ 송수구로부터 주배관에 이르는 연결배관에는 **개폐밸브**를 설치하지 아니할 것
⑦ **송수구**에는 이물질을 막기 위한 **마개**를 씌워야 한다.
(3) **지하구 연소방지설비 방화벽**의 **설치기준**(NFPC 605 제10조, NFTC 605 2.6.1)
① **내화구조**로서 홀로 설 수 있는 구조일 것 보기 ③
② 방화벽에 출입문은 60분+방화문 또는 60분 방화문으로 설치할 것
③ 방화벽을 관통하는 케이블·전선 등에는 내화충전구조로 마감할 것 보기 ②
④ 방화벽은 분기구 및 국사·변전소 등의 건축물과 지하구가 연결되는 부위(건축물로부터 20m 이내)에 설치할 것

답 ①

## 당신의 변화를 위한 10가지 조언

1. 남과 경쟁하지 말고 자기자신과 경쟁하라.
2. 자기자신을 깔보지 말고 격려하라.
3. 당신에게는 장점과 단점이 있음을 알라.
   (단점은 인정하고 고쳐 나가라.)
4. 과거의 잘못은 관대히 용서하라.
5. 자신의 외모, 가정, 성격 등을 포용하도록 노력하라.
6. 자신을 끊임없이 개선시켜라.
7. 당신은 지금 매우 중대한 어떤 계획에 참여하고 있다고
   생각하라.(그 책임의식은 당신을 변화시킨다.)
8. 당신은 꼭 성공한다고 믿으라.
9. 끊임없이 정직하라.
10. 주위에 내 도움이 필요한 이들을 돕도록 하라.
    (자신의 중요성을 다시 느끼게 할 것이다.)

•김형모의 「마음의 고통을 돕기 위한 10가지 충고」 중에서•

# 2013년도 제13회 소방시설관리사 1차 국가자격시험

| 문제형별 | 시 간 | 시험과목 |
|---|---|---|
| A | 125분 | ① 소방안전관리론 및 화재역학<br>② 소방수리학, 약제화학 및 소방전기<br>③ 소방관련 법령<br>④ 위험물의 성질 · 상태 및 시설기준<br>⑤ 소방시설의 구조 원리 |

| 수험번호 | | 성 명 | |
|---|---|---|---|

【 수험자 유의사항 】

1. **시험문제지**는 단일형별(A형)이며, 답안카드형별 기재란에 표시된 형별(A형)을 확인하시기 바랍니다. 시험문제지의 **총면수**, **문제번호 일련순서**, **인쇄상태** 등을 확인하시고, 문제지 표지에 수험번호와 성명을 기재하시기 바랍니다.

2. 답은 각 문제마다 요구하는 **가장 적합하거나 가까운 답 1개**만 선택하고, 답안카드 작성시 **마킹착오**로 인한 불이익은 전적으로 **수험자에게 책임**이 있음을 알려드립니다.

3. 답안카드는 국가전문자격 공통 표준형으로 문제번호가 1번부터 125번까지 인쇄되어 있습니다. 답안 마킹시에는 반드시 **시험문제지의 문제번호와 동일한 번호**에 마킹하여야 합니다.

4. **감독위원의 지시에 불응하거나 시험시간 종료 후 답안카드를 제출하지 않을 경우** 불이익이 발생할 수 있음을 알려드립니다.

5. 시험문제지는 시험 종료 후 가져가시기 바랍니다.

# 2013. 05. 04. 시행

## 제 1 과목 소방안전관리론 및 화재역학

★★

**01** 발화점(Ignition point)이 가장 낮은 것은?

19회 문 87
09회 문 81

① 메탄(Methane)
② 프로판(Propane)
③ 부탄(Butane)
④ 헥산(Hexane)

해설 **발화점**

| 품 명 | 발화점 |
|---|---|
| 헥산 보기 ④ | 225℃ |
| 부탄 보기 ③ | 304℃ |
| 프로판 보기 ② | 500℃ |
| 메탄 보기 ① | 537℃ |

답 ④

★

**02** 연소반응속도에 관한 설명으로 옳지 않은 것은?

① 분자 간의 충돌빈도수가 증가할수록 증가한다.
② 활성화 에너지가 클수록 증가한다.
③ 온도가 높을수록 증가한다.
④ 시간 변화량에 대한 농도 변화량이 클수록 증가한다.

해설 **연소반응속도**

(1) 분자 간의 충돌빈도수가 **증가할수록** 증가한다.
(2) **활성화 에너지**가 **작을수록** 증가한다.
(3) 온도가 높을수록 **증가**한다.
(4) 시간 변화량에 대한 농도 변화량이 클수록 증가한다.

답 ②

★★★

**03** 액체이산화탄소 20kg이 30℃의 대기 중으로 방출되었다. 대기 중에서 기체상태의 이산화탄소 체적(L)은 약 얼마인가? (단, 대기압은 1atm, 기체상수는 0.082 L·atm/mol·K, 이산화탄소는 이상기체 거동을 한다고 가정한다.)

19회 문 89
18회 문 22
18회 문 30
16회 문 30
15회 문 06
14회 문 30
11회 문 47
11회 문 36

① 1118.2
② 11293.6
③ 17145.5
④ 18263.6

해설 **이상기체 상태방정식**

$$PV = nRT$$

여기서, $P$ : 기압〔atm〕
$V$ : 부피(체적)〔m³〕
$n$ : 몰수 $\left[n = \dfrac{W(\text{질량〔kg〕})}{M(\text{분자량})}\right]$
$R$ : 기체상수(0.082m³·atm/kmol·K)
$T$ : 절대온도(273+℃)〔K〕

체적 $V$는

$$V = \frac{nRT}{P} = \frac{\frac{W}{M}RT}{P}$$

$$= \frac{\frac{20\text{kg}}{44\text{kg/kmol}} \times 0.082\text{L}\cdot\text{atm/mol}\cdot\text{K} \times (273+30)\text{K}}{1\text{atm}}$$

$$= \frac{\frac{20\text{kg}}{44\text{kg/kmol}} \times 0.082\text{m}^3\cdot\text{atm/kmol}\cdot\text{K} \times (273+30)\text{K}}{1\text{atm}}$$

$$= 11.2936\text{m}^3 = 11293.6\text{L}$$

- $CO_2$의 분자량($M$) : 44kg/kmol
- 1000L=1m³이고 1000mol=1kmol이므로 0.082L·atm/mol·K에서 단위 변환을 위해 분자·분모에 1000을 곱하면 0.082×1000L·atm/1000mol·K =0.082m³·atm/kmol·K

답 ②

★★

**04** 가연성 액체탄화수소가 유출되어 화재가 발생할 경우 소화에 적합한 Twin agent system의 약제 성분은?

① 단백포+제1종 분말소화약제
② 불화단백포+제2종 분말소화약제
③ 수성막포+제3종 분말소화약제
④ 합성계면활성제포+제4종 분말소화약제

해설 **수성막포+제3종 분말소화약제**
가연성 액체탄화수소가 유출되어 화재가 발생한 경우 소화에 적합한 Twin agent system의 약제 성분이다.

※ 포소화약제 중 분말소화약제와 겸용 사용이 가능한 것은 수성막포 소화약제뿐이다.

중요

**공기포 소화약제의 특징**

| 약제의 종류 | 특 징 |
|---|---|
| 단백포 | ① **흑갈색**이다.<br>② **냄새**가 **지독**하다.<br>③ 포안정제로서 **제1철염**을 첨가한다.<br>④ 다른 포약제에 비해 **부식성**이 **크다.** |
| 수성막포 | ① 안전성이 좋아 장기보관이 가능하다.<br>② 내약품성이 좋아 **타약제**와 **겸용** 사용이 가능하다.<br>③ 석유류 표면에 신속히 피막을 형성하여 유류증발을 억제한다.<br>④ 일명 **AFFF**(Aqueous Film Forming Foam)라고 한다.<br>⑤ 점성 및 표면장력이 작기 때문에 가연성 기름의 표면에서 쉽게 피막을 형성한다. |
| 내알코올형포 | ① 알코올류 위험물(**메탄올**)의 소화에 사용<br>② 수용성 유류화재(**아세트알데하이드, 에스터류**)에 사용<br>③ **가연성 액체**에 사용 |
| 불화단백포 | ① 소화성능이 가장 우수하다.<br>② 단백포와 수성막포의 결점인 열안정성을 보완시킴<br>③ **표면하 주입방식**에도 적합 |
| 합성계면활성제포 | ① **저발포**와 **고발포**를 임의로 발포할 수 있다.<br>② **유동성**이 좋다.<br>③ 카바이트 저장소에는 부적합하다. |

답 ③

★★
## 05 화재의 정의로 옳지 않은 것은?

① 불을 사용하는 사람의 부주의에 의해 불이 확대되는 연소현상이다.
② 사람의 의도에 반하여 출화되고 확대되는 연소현상이다.
③ 인명 및 경제적인 손실을 방지하기 위하여 소화할 필요성이 있는 연소현상이다.
④ 대기 중에 방치한 못이 공기 중의 산소와 반응하여 녹이 스는 연소현상이다.



해설 **화재의 정의**
(1) 자연 또는 인위적인 원인에 의하여 불이 물체를 연소시키고, 인명과 재산의 손해를 주는 현상
(2) 불이 그 사용목적을 넘어 다른 곳으로 연소하여 사람들에게 예기치 않은 경제상의 손해를 발생시키는 현상
(3) 사람의 의도에 반(反)하여 출화 또는 방화에 의하여 불이 발생하고 확대되는 현상 보기 ②
(4) 불을 사용하는 사람의 부주의와 불안정한 상태에서 발생되는 것 보기 ①
(5) 실화, 방화로 발생하는 연소현상을 말하며 사람에게 유익하지 못한 해로운 불
(6) 사람의 의사에 반한, 즉 대부분의 사람이 원치 않는 상태의 불
(7) 소화의 필요성이 있는 불 보기 ③
(8) 소화에 효과가 있는 어떤 물건(소화시설)을 사용할 필요가 있다고 판단되는 불

답 ④

★★★
## 06 화재의 분류에 관한 설명으로 옳지 않은 것은?

19회 문 09
18회 문 06
16회 문 19
15회 문 03
14회 문 03
10회 문 31

① A급화재는 액체탄화수소의 화재로, 발생되는 연기의 색은 흑색이다.
② B급화재는 유류의 화재로, 이를 예방하기 위해서는 유증기의 체류를 방지해야 한다.
③ C급화재는 전기화재로, 화재발생의 주요 원인으로는 과전류에 의한 열과 단락에 의한 스파크가 있다.
④ D급화재는 금속화재로, 수계 소화약제로 소화할 경우 가연성 가스를 발생할 위험성이 있다.

해설 **화재의 분류**

| 화 재 | 특 징 |
|---|---|
| A급화재 보기 ① | 일반화재로, 발생되는 연기의 색은 백색 |

| 화 재 | 특 징 |
|---|---|
| B급화재 보기 ② | 유류화재로, 이를 예방하기 위해서는 유증기의 체류 방지 |
| C급화재 보기 ③ | 전기화재로, 화재발생의 주요원인으로는 과전류에 의한 열과 단락에 의한 스파크 |
| D급화재 보기 ④ | 금속화재로, 수계 소화약제로 소화할 경우 가연성 가스의 발생 위험성 |
| K급화재 | 주방화재로, **식용유**에 화재가 발생했을 때 소화 |

답 ①



★★★

**07** **염화비닐 단량체(Vinylchloride monomer)가 폴리염화비닐(Polyvinylchloride)로 되는 반응과정에서 발열을 동반하면서 압력이 급상승하여 폭발하는 현상은?**

19회 문 06 / 19회 문 13 / 18회 문 02 / 17회 문 06 / 16회 문 04 / 11회 문 16 / 10회 문 11 / 09회 문 06 / 08회 문 24 / 06회 문 15 / 04회 문 03 / 03회 문 23

① 분해폭발 ② 산화폭발
③ 분무폭발 ④ 중합폭발

해설 **폭발의 종류**

| 폭 발 | 물 질 |
|---|---|
| 분해폭발 | • 과산화물 · 아세틸렌<br>• 다이나마이트<br>기억법 분해과아다 |
| 분진폭발 | • 밀가루 · 담뱃가루<br>• 석탄가루 · 먼지<br>• 전분 · 금속분 |
| 중합폭발 보기 ④ | • 염화비닐<br>• 시안화수소<br>기억법 중염시 |
| 분해 · 중합폭발 | • 산화에틸렌<br>기억법 분중산 |
| 산화폭발 | • 압축가스, 액화가스<br>기억법 산압액 |

답 ④

★★

**08** **화상(火傷)에 대한 설명으로 옳지 않은 것은?**

14회 문 02

① 15% 미만의 부분층 화상, 50% 이하의 표층화상을 경증화상이라 한다.
② 표피(Epidermis)뿐만 아니라 진피(Dermis)도 손상을 입은 화상을 3도화상이라 한다.
③ 3도화상을 입은 환자는 쇼크에 빠질 우려가 있으므로 생체징후를 자주 측정하고 산소를 공급하면서 이송해야 한다.
④ 10% 이상의 전층화상을 중증화상이라 한다.

해설 (1) **화상깊이에 따른 분류**

| 종 별 | 화상정도 | 증 상 |
|---|---|---|
| 1도 화상 | 표피화상 (표층화상) | • 피부가 **빨갛게** 된다.<br>• 따끔거리는 통증이 있다.<br>• 치료하면 흉터가 없어진다. |
| 2도 화상 | 진피화상 (부분층 화상) | • **물집**이 생긴다.<br>• 심한 통증이 있다.<br>• **흉터** 또는 **피부변색**, 탈모가 생길 수 있다.<br>• 표피뿐만 아니라 진피도 손상을 입은 화상 보기 ② |
| 3도 화상 | 전층화상 | • 피부가 **하얗게** 된다.<br>• 신경까지 손상되어 통증을 잘 못 느낀다.<br>• **흉터**가 남는다.<br>※ 생체징후를 자주 측정하고 산소를 공급하면서 이송 보기 ③ |

(2) **중증화상자에 따른 분류**

| 분 류 | 설 명 |
|---|---|
| 중증 화상 | • 호흡기관, 근골격계 손상을 동반한 화상<br>• 얼굴, 손, 발, 생식기, 호흡기관을 포함한 2도 또는 3도 화상에 해당<br>• 체표면의 **30%** 이상의 **2도** 화상<br>• 체표면의 **10%** 이상의 **3도** 화상(10% 이상의 전층화상) 보기 ④<br>• 환형 화상 |
| 중간 화상 | • 체표면의 **50%** 이상의 **1도** 화상<br>• 체표면의 **15~30%**의 **2도** 화상<br>• 체표면의 **2~10%** 미만의 **3도** 화상(단, 얼굴, 손, 발, 생식기, 호흡기관은 제외) |
| 경증 화상 | • 체표면의 **50%** 미만의 **1도** 화상(50% 이하의 표층화상) 보기 ①<br>• 체표면의 **15%** 미만의 **2도** 화상(15% 미만의 부분층 화상)<br>• 체표면의 **2%** 미만의 **3도** 화상(단, 얼굴, 손, 발, 생식기, 호흡기관은 제외) |

② 3도 화상 → 2도 화상

답 ②

★★
**09** 건축물의 화재안전에 대한 공간적 대응방법 중 대항성에 해당하지 않는 것은?

17회 문 13 15회 문 18 12회 문 10

① 건축물 내장재의 불연화성능
② 건축물 내화성능
③ 건축물 방화구획성능
④ 건축물 방·배연성능

해설 공간적 대응

| 구 분 | 설 명 |
|---|---|
| 대항성 | • 건축물의 **내화성능 · 방연성능**(건축물의 방·배연성능)·초기 소화대응 등의 화재사상의 **저항능력**<br>• 건축물의 방화구획성능 |
| 회피성 | • 건축물 내장재의 불연화·난연화·내장제한·세분화·방화훈련(소방훈련)·불조심 등 출화유발·확대 등을 저감시키는 **예방조치강구** |
| 도피성 | • 화재가 발생한 경우 안전하게 **피난**할 수 있는 시스템 |

※ **설비적 대응** : 제연설비, 방화문, 방화셔터, 자동화재탐지설비, 스프링클러설비 등에 의한 대응

① 회피성

답 ①

★★
**10** 건축물의 바깥쪽에 설치하는 피난계단의 구조로 기준에 적합하지 않은 것은?

14회 문 22

① 건축물의 내부에서 계단으로 통하는 출입구는 60분+방화문 또는 60분 방화문으로 할 것
② 계단의 유효너비를 0.9m 이상으로 할 것
③ 계단은 내화구조로 하고 지상까지 직접 연결할 것
④ 계단은 그 계단으로 통하는 출입구 외의 창문 등으로부터 1m 이상의 거리에 두고 설치할 것

해설 **피난·방화구조 제9조**
**건축물의 바깥쪽에 설치하는 피난계단의 구조**
(1) 계단은 그 계단으로 통하는 출입구 외의 창문 등(망이 들어 있는 유리의 붙박이창으로서 그 면적이 각각 $1m^2$ 이하 제외)으로부터 **2m** 이상의 거리를 두고 설치할 것 **보기 ④**
(2) 건축물의 내부에서 계단으로 통하는 출입구에는 **60분+방화문** 또는 **60분 방화문**을 설치할 것 **보기 ①**
(3) 계단의 유효너비는 0.9m 이상으로 할 것 **보기 ②**
(4) 계단은 **내화구조**로 하고 지상까지 직접 연결되도록 할 것 **보기 ③**

④ 1m 이상 → 2m 이상

비교

**건축물의 내부에 설치하는 피난계단의 구조**
(피난·방화구조 제9조)
(1) 계단실은 창문·출입구 기타 개구부를 제외한 해당 건축물의 다른 부분과 **내화구조**의 벽으로 구획할 것
(2) 계단실의 실내에 접하는 부분의 마감은 **불연재료**로 할 것
(3) 계단실에는 예비전원에 의한 조명설비를 할 것
(4) 계단실의 바깥쪽과 접하는 창문 등(망이 들어 있는 유리의 붙박이창으로서 그 면적이 각각 $1m^2$ 이하 제외)은 해당 건축물의 다른 부분에 설치하는 창문 등으로부터 **2m** 이상의 거리를 두고 설치할 것
(5) 건축물의 내부와 접하는 계단실의 창문 등(출입구 제외)은 망이 들어 있는 유리의 붙박이창으로서 그 면적을 각각 $1m^2$ 이하로 할 것
(6) 건축물의 내부에서 계단실로 통하는 출입구의 유효너비는 **0.9m** 이상으로 하고, 그 출입구에는 피난의 방향으로 열 수 있는 것으로서 언제나 닫힌 상태를 유지하거나 화재로 인한 연기, 온도, 불꽃을 감지하여 자동적으로 닫히는 구조로 된 **60분+방화문** 또는 **60분 방화문**을 설치할 것
(7) 계단은 **내화구조**로 하고 **피난층** 또는 **지상**까지 직접 연결되도록 할 것

답 ④

★
**11** 목조건축물의 화재에 관한 설명으로 옳지 않은 것은?

17회 문 25 10회 문 03 04회 문 17 02회 문 01

① 목조건축물 화재시 플래시오버(Flash over)에 도달하는 시간이 내화건축물 화재보다 빠르다.
② 건조한 목재는 셀룰로오스(Cellulose)가 주성분이다.
③ 목재는 열전도도가 낮아 철보다 단열효과가 작다.
④ 목재에 함유되어 있는 수분의 양은 연소속도에 큰 영향을 미친다.

해설 **목조건축물의 화재**

(1) 목조건축물 화재시 플래시오버(Flash over)에 도달하는 시간이 내화건축물 화재보다 빠르다. 보기 ①
(2) 건조한 목재는 **셀룰로오스**(Cellulose)가 주성분이다. 보기 ②
(3) 목재는 열전도도가 낮아 철보다 단열효과가 크다. 보기 ③
(4) 목재에 함유되어 있는 수분의 양은 연소속도에 큰 영향을 미친다. 보기 ④

③ 작다 → 크다

답 ③

★★★

## 12 건축물의 피난·방화 등의 기준에 관한 규칙에서 내화구조인 벽에 관한 기준으로 옳지 않은 것은?

17회 문 14 / 07회 문 01

① 벽돌조로서 두께가 19cm 이상인 것
② 철근콘크리트조 또는 철골철근콘크리트조로서 두께가 10cm 이상인 것
③ 골구를 철골조로 하고 그 양면을 두께 5cm 이상의 콘크리트블록·벽돌 또는 석재로 덮은 것
④ 고온·고압의 증기로 양생된 경량기포 콘크리트패널 또는 경량기포 콘크리트블록조로서 두께가 20cm 이상인 것

해설 **건축물의 피난·방화 등의 기준에 관한 규칙 제3조 내화구조의 기준**

| 내화구분 | | 기 준 |
|---|---|---|
| 벽 | 모든 벽 | ① 철골·철근콘크리트조로서 두께가 10cm 이상인 것 보기 ②<br>② 골구를 철골조로 하고 그 양면을 두께 4cm 이상의 철망 모르타르로 덮은 것<br>③ 두께 5cm 이상의 콘크리트 블록·벽돌 또는 석재로 덮은 것 보기 ③<br>④ 석조로서 철재에 덮은 콘크리트 블록의 두께가 5cm 이상인 것<br>⑤ 벽돌조로서 두께가 19cm 이상인 것 보기 ① |
| 벽 | 외벽 중 비내력벽 | ① 철골·철근콘크리트조로서 두께가 7cm 이상인 것<br>② 골구를 철골조로 하고 그 양면을 두께 3cm 이상의 철망 모르타르로 덮은 것<br>③ 두께 4cm 이상의 콘크리트 블록·벽돌 또는 석재로 덮은 것<br>④ 석조로서 두께가 7cm 이상인 것 |
| 기둥(작은 지름이 25cm 이상인 것) | | ① 철골을 두께 6cm 이상의 철망 모르타르로 덮은 것<br>② 두께 7cm 이상의 콘크리트 블록·벽돌 또는 석재로 덮은 것<br>③ 철골을 두께 5cm 이상의 콘크리트로 덮은 것 |
| 바닥 | | ① 철골·철근콘크리트조로서 두께가 10cm 이상인 것<br>② 석조로서 철재에 덮은 콘크리트 블록 등의 두께가 5cm 이상인 것<br>③ 철재의 양면을 두께 5cm 이상의 철망 모르타르로 덮은 것 |
| 보 | | ① 철골을 두께 6cm 이상의 철망 모르타르로 덮은 것<br>② 두께 5cm 이상의 콘크리트로 덮은 것 |

답 ④

★

## 13 피난복도 계획시 고려해야 할 일반적인 사항에 해당되지 않는 것은?

① 피난복도의 폭은 재실자가 빠른 시간 내에 안전한 피난처로 갈 수 있도록 하는 것이 좋다.
② 피난복도의 천장은 가능한 낮게 하고 천장에는 불연재를 사용한다.
③ 피난복도에는 피난에 방해가 되는 시설물을 설치하지 않아야 한다.
④ 피난복도에는 피난방향 및 계단위치를 알 수 있는 표식을 한다.

해설 **피난복도 계획시 고려해야 할 일반적인 사항**

(1) 피난복도의 폭은 재실자가 빠른 시간 내에 안전한 피난처로 갈 수 있도록 하는 것이 좋다. 보기 ①
(2) 피난복도의 천장은 가능한 높게 하고 천장에는 불연재를 사용한다. 보기 ②
(3) 피난복도에는 피난에 방해가 되는 시설물을 설치하지 않아야 한다. 보기 ③
(4) 피난복도에는 피난방향 및 계단위치를 알 수 있는 표식을 한다. 보기 ④
(5) 피난복도의 폭은 가능한 넓게 한다.

답 ②

★
## 14 화재의 현장에 있는 불특정다수인으로 이루어진 집단은 패닉(Panic)상태가 되기 쉬운데, 이 집단의 일반적 특징으로 옳지 않은 것은?

① 우연적으로 발생하는 집단이다.
② 각 개인에게 임무가 부여되는 집단이다.
③ 감정적인 분위기의 집단이다.
④ 암시에 걸리기 쉬운 집단이다.

해설 **화재현장의 불특정다수인으로 이루어진 집단의 일반적 특징**
(1) 우연적으로 발생하는 집단 **보기 ①**
(2) 각 개인에게 임무가 부여되지 않는 집단 **보기 ②**
(3) 감정적인 분위기의 집단 **보기 ③**
(4) 암시에 걸리기 쉬운 집단 **보기 ④**

답 ②

★
## 15 다음은 건축법시행령상 피난안전구역에 관한 기준이다. ( ) 안에 알맞은 것은?

초고층 건축물에는 피난층 또는 지상으로 통하는 직통계단과 직접 연결되는 피난안전구역(건축물의 피난·안전을 위하여 건축물 중간층에 설치하는 대피공간을 말한다)을 지상층으로부터 최대 ( )개 층마다 1개소 이상 설치하여야 한다.

① 30　② 40
③ 50　④ 60

해설 **건축령 제34조**
**피난안전구역에 관한 기준**

| 초고층 건축물 | 준초고층 건축물 |
|---|---|
| 피난층 또는 지상으로 통하는 직통계단과 직접 연결되는 피난안전구역을 지상층으로부터 **최대 30개** 층마다 **1개소** 이상 설치 | 피난층 또는 지상으로 통하는 직통계단과 직접 연결되는 피난안전구역을 해당 건축물 전체 층수의 $\frac{1}{2}$에 해당하는 층으로부터 **상하 5개층** 이내에 **1개소** 이상 설치(단, 국토교통부령으로 정하는 기준에 따라 피난층 또는 지상으로 통하는 직통계단을 설치하는 경우는 제외) |

※ 피난안전구역 : 건축물의 피난·안전을 위하여 건축물 중간층에 설치하는 대피공간

답 ①

★★
## 16 다음 중 구획화재에서 화재온도 상승곡선을 정하는 온도인자에 관한 설명으로 옳은 것은?

① 개구부 크기, 개구부 높이의 제곱근 및 실내의 전체 표면적에 비례한다.
② 개구부 크기에 비례하고 개구부 높이의 제곱근에 반비례한다.
③ 개구부 크기, 개구부 높이의 제곱근에 비례하고 실내의 전체 표면적에 반비례한다.
④ 개구부 크기에 반비례하고 개구부 높이의 제곱근에 비례한다.

해설 **온도인자(개구인자)**

$$f = \frac{A\sqrt{H}}{A_t}$$

여기서, $f$ : 온도인자(개구인자)
$A$ : 개구부 크기(면적)[$m^2$]
$H$ : 개구부 높이[m]
$A_t$ : 실내의 전체표면적[$m^2$]

③ 개구부 크기, 개구부 높이의 제곱근에 비례하고 실내의 전체 표면적에 반비례한다.

비교

**환기인자**

$$f = A\sqrt{H}$$

여기서, $f$ : 환기인자
$A$ : 개구부의 면적[$m^2$]
$H$ : 개구부의 높이[m]

답 ③

★★★
## 17 가로 10m, 세로 10m, 높이 3m의 공간에 발열량이 9000kcal/kg인 가연물 3000kg과 발열량이 4500kcal/kg인 가연물 2000kg이 저장된 실의 화재하중(kg/$m^2$)은? (단, 목재의 단위발열량은 4500kcal/kg이다.)

18회 문 14
17회 문 10
16회 문 24
14회 문 09
13회 문 17
12회 문 20
11회 문 20
08회 문 10
06회 문 05
06회 문 09
04회 문 01
02회 문 11

① 60　② 80
③ 100　④ 120

해설 **화재하중**

$$q = \frac{\Sigma G_t H_t}{HA} = \frac{\Sigma Q}{4500A}$$

여기서, $q$ : 화재하중[kg/m²]
$G_t$ : 가연물의 양[kg]
$H_t$ : 가연물의 단위중량당 발열량[kcal/kg]
$H$ : 목재의 단위중량당 발열량[kcal/kg]
$A$ : 바닥면적[m²]
$\Sigma Q$ : 가연물의 전체발열량[kcal]

- $H$ : 목재의 단위발열량=목재의 단위중량당 발열량

화재하중 $q$는

$$q = \frac{\Sigma G_t H_t}{HA}$$
$$= \frac{(3000\text{kg} \times 9000\text{kcal/kg}) + (2000\text{kg} \times 4500\text{kcal/kg})}{4500\text{kcal/kg} \times (10 \times 10)\text{m}^2}$$
$$= 80\text{kg/m}^2$$

- $A$(바닥면적)=(10×10)m² : 높이는 적용하지 않는 것에 주의할 것
- $\Sigma$ : '**시그마**'라고 읽으며 '**모두 더한다**'라는 의미로서 여기서는 '**가연물 전체**'의 무게를 말한다.

답 ②

★★★
**18** 열전도율 1.4kcal/m·h·℃, 두께 10cm, 면적 30m²인 콘크리트 벽체가 있다. 벽체의 내측온도는 30℃, 외측온도는 −5℃일 때, 벽체를 통한 손실열량(kcal/h)은? (단, 푸리에(Fourier)법칙을 이용하여 구한다.)

19회 문 10
19회 문 17
16회 문 27
11회 문 23
07회 문 17

① 14700　　② −15400
③ 16200　　④ 17500

해설 **전도**

$$\mathring{Q} = \frac{kA(T_2 - T_1)}{l}$$

여기서, $\mathring{Q}$ : 전도열(손실열량)[kcal/h]
$k$ : 열전도율[kcal/m·h·℃]
$A$ : 단면적[m²]
$(T_2 - T_1)$ : 온도차[℃]
$l$ : 벽체 두께[m]

**전도열**(손실열량) $\mathring{Q}$는

$$\mathring{Q} = \frac{kA(T_2 - T_1)}{l}$$
$$= \frac{1.4\text{kcal/m}\cdot\text{h}\cdot℃ \times 30\text{m}^2 \times (30-(-5))℃}{0.1\text{m}}$$
$$= 14700\text{kcal/h}$$

답 ①

★★
**19** 화재의 성장속도가 빠름(Fast)이라고 가정할 때 열방출률 $Q = \alpha t^2$에서 화재강도계수 $\alpha$[kW/s²]는 약 얼마인가? (단, $t$는 열방출률이 1055kW까지 도달하는 데 걸리는 시간이다.)

19회 문 15
16회 문 15

① 0.00293　　② 0.01172
③ 0.04689　　④ 0.18757

해설 **열방출률**

$$Q = \alpha t^2$$

여기서, $Q$ : 열방출률[kW]
$\alpha$ : 화재강도계수[kW/s²]
$t$ : 시간[s]

**화재강도계수** $\alpha$는

$$\alpha = \frac{Q}{t^2} = \frac{1055\text{kW}}{(150\text{s})^2} ≒ 0.04689\text{kW/s}^2$$

중요

**화재성장속도에 따른 시간**

| 화재성장속도 | 시 간 |
|---|---|
| 느린(Slow) | 600s |
| 중간(Medium) | 300s |
| 빠름(Fast) | 150s |
| 매우 빠름(Ultrafast) | 75s |

답 ③

★★
**20** 플래시오버(Flash over)가 발생하기 위해 필요한 열량에 관한 설명으로 옳지 않은 것은?

① 열량은 환기구 높이의 4제곱근에 비례한다.
② 열량은 단면적의 제곱근에 비례한다.
③ 열량은 열손실계수의 제곱근에 비례한다.
④ 열량은 접촉면의 표면적에 비례한다.

해설 **Flash over에 필요한 열량**

$$\mathring{Q}_{Fo} = 624\sqrt{A_0\sqrt{H_0}\cdot h\cdot A_T}$$

여기서, $\overset{\circ}{Q}_{Fo}$ : Flash over에 필요한 열량〔kW〕
$A_0$ : 개구부면적(환기구면적)〔$m^2$〕
$H_0$ : 개구부높이(환기구높이)〔m〕
$h$ : 열손실계수(대류전열계수)〔$kW/m^2 \cdot ℃$〕
$A_T$ : 구획실 내부표면적〔$m^2$〕

④ 열량은 접촉면 표면적의 제곱근에 비례한다.

답 ④

★★
## 21 허용농도가 가장 낮은 독성가스는?

14회 문 15

① 일산화질소 ② 황화수소
③ 염화수소 ④ 염소

해설 **독성가스**의 **허용농도**

| 독성가스 | 허용농도 |
|---|---|
| 염소($Cl_2$) **보기 ④** | 1ppm |
| 염화수소(HCl) **보기 ③** | 5ppm |
| 황화수소($H_2S$) **보기 ②** | 10ppm |
| 일산화질소(NO) **보기 ①** | 25ppm |

답 ④

★
## 22 발포폴리스타이렌(Expanded polystyrene)이 연소하였을 때 발생될 수 있는 연소가스로 옳지 않은 것은?

① 이산화탄소 ② 물
③ 암모니아 ④ 일산화탄소

해설 **발포폴리스타이렌(발포폴리스티렌)**의 **연소가스**

(1) 일산화탄소(CO) **보기 ④**
(2) 이산화탄소($CO_2$) **보기 ①**
(3) 염화수소(HCl)
(4) 이산화황($SO_2$)
(5) 물(수증기=$H_2O$) **보기 ②**
(6) 브로민화수소(HBr)
(7) 불화수소(HF)

③ 해당없음

답 ③

★★★
## 23 연기의 농도와 가시거리에 관한 설명으로 옳지 않은 것은?

① 어두침침한 것을 느낄 정도의 감광계수는 $0.5m^{-1}$이고 가시거리가 4m이다.
② 건물을 잘 아는 사람이 피난에 지장을 느낄 정도의 감광계수는 $0.3m^{-1}$이고 가시거리가 5m이다.
③ 건물을 잘 알지 못하는 사람의 경우 가시거리는 20~30m이고 감광계수는 0.07~$0.13m^{-1}$이다.
④ 감광계수로 표시한 연기의 농도와 가시거리는 반비례의 관계를 갖는다.

해설 **연기**의 **농도**와 **가시거리**

| 감광계수〔$m^{-1}$〕 | 가시거리〔m〕 | 상 황 |
|---|---|---|
| 0.1 (0.07~0.13) | 20~30 | 연기감지기가 작동할 때의 농도 |
| 0.3 | 5 | 건물 내부에 익숙한 사람이 피난에 지장을 느낄 정도의 농도 |
| 0.5 | 3 | 어두운 것을 느낄 정도의 농도(어두침침한 것을 느낄 정도) |
| 1 | 1~2 | 앞이 거의 보이지 않을 정도의 농도 |
| 10 | 0.2~0.5 | 화재 최성기 때의 농도 |
| 30 | – | 출화실에서 연기가 분출할 때의 농도 |

① 4m → 3m

답 ①

★★
## 24 건축물 내 연기유동과 확산에 관한 설명으로 옳지 않은 것은?

18회 문 24
17회 문 16
17회 문 18
17회 문 23
15회 문 15
10회 문 05
09회 문 02
07회 문 07
04회 문 09

① 연기가 수평으로 유동할 경우 속도는 약 0.5~1m/s이다.
② 건물 내부의 온도가 건물 외부의 온도보다 높을 경우 굴뚝효과에 의해 연기의 흐름은 아래로 이동한다.
③ 계단실 등 수직방향으로의 연기속도는 화재초기 약 1.5m/s, 농연시 약 3~4m/s로 인간의 보행속도보다 빠르다.
④ 연기의 비중은 공기보다 크지만 발생 직후의 연기는 온도가 높기 때문에 건물의 상층부로 이동한다.

해설 **건축물 내 연기유동**과 **확산**

(1) 연기가 수평으로 유동할 경우 속도는 약 **0.5~1m/s**이다. 보기 ①

(2) 건물 내부의 온도가 건물 외부의 온도보다 높을 경우 굴뚝효과에 의해 연기의 흐름은 **위로** 이동한다. 보기 ②

(3) 계단실 등 수직방향으로의 연기속도는 화재초기 약 **1.5m/s**, 농연시 약 **3~4m/s**로 인간의 보행속도보다 빠르다. 보기 ③

(4) 연기의 비중은 공기보다 크지만 발생 직후의 연기는 온도가 높기 때문에 건물의 **상층부**로 이동한다. 보기 ④

용어

**연돌**(굴뚝)**효과**(Stack effect)

(1) 건물 내의 연기가 압력차에 의하여 순식간에 이동하여 상층부로 상승하거나 외부로 배출되는 현상

(2) 실내외 공기 사이의 **온도**와 **밀도**의 **차이**에 의해 공기가 건물의 수직방향으로 이동하는 현상

참고

**굴뚝효과**(Stack effect)에 의한 **압력차**

$$\Delta P = k\left(\frac{1}{T_o} - \frac{1}{T_i}\right)h$$

여기서, $\Delta P$ : 굴뚝효과에 의한 압력차[Pa]

$k$ : 계수(3460)

$T_o$ : 외기 절대온도(273+℃)[K]

$T_i$ : 실내 절대온도(273+℃)[K]

$h$ : 중성대 위의 거리[m]

답 ②

★★★

**25** **제연방식 중 화재시 피난로가 되는 계단, 부속실 등에 외부공기를 급기하여 가압하는 방식은?**

19회 문 21
17회 문 20
15회 문 14
14회 문 21
09회 문114
06회 문 21

① Smoke tower 제연방식
② 제1종 기계제연방식
③ 제2종 기계제연방식
④ 제3종 기계제연방식

해설 **제연방식**

| 제연방식 | 설 명 |
|---|---|
| Smoke tower 제연방식 (스모크 타워 제연방식) | **루프 모니터**를 설치하여 제연하는 방식 |
| 제1종 기계제연방식 | ① 화재시 피난로가 되는 계단, 부속실 등에 외부공기를 급기하고 내부공기는 배기하여 가압 및 감압하는 방식<br>② **송풍기**와 **배연기**(배풍기)를 설치하여 급기와 배기를 하는 방식으로 **장치**가 **복잡**하다. |
| 제2종 기계제연방식 | ① 화재시 피난로가 되는 계단, 부속실 등에 외부공기를 급기하여 가압하는 방식 보기 ③<br>② **송풍기**만 설치하여 급기와 배기를 하는 방식으로 **역류**의 **우려**가 있다. |
| 제3종 기계제연방식 | ① 화재시 피난로가 되는 계단, 부속실 등에 내부 공기를 배기하여 감압하는 방식<br>② **배연기**(배풍기)만 설치하여 급기와 배기를 하는 방식으로 가장 많이 사용한다. |

답 ③

## 제 2 과목 소방수리학 · 약제화학 및 소방전기

★★★

**26** **다음에서 설명하고 있는 열역학 법칙은?**

> 어떤 두 물체 A와 B가 제3의 물체 C와 각각 열평형상태에 있을 때, 두 물체 A와 B도 서로 열평형상태이다.

① 열역학 제0법칙 ② 열역학 제1법칙
③ 열역학 제2법칙 ④ 열역학 제3법칙

해설 **열역학**의 **법칙**

(1) **열역학 제0법칙** (열평형의 법칙)

① 온도가 높은 물체에 낮은 물체를 접촉시키면 온도가 높은 물체에서 낮은 물체로 열이 이동하여 두 물체의 **온도**는 **평형**을 이루게 된다.

② 어떤 두 물체 A와 B가 제3의 물체 C와 각각 열평형상태에 있을 때, 두 물체 A와 B도 서로 열평형상태이다. 보기 ①

(2) **열역학 제1법칙** (에너지보존의 법칙) : 기체의 공급에너지는 **내부에너지**와 외부에서 한 일의 합과 같다.

(3) **열역학 제2법칙**

① 열은 절대로 스스로 **저온**에서 **고온**으로 흐르지 않는다.

② 열은 그 스스로 저열원체에서 고열원체로 이동할 수 없다.

③ 자발적인 변화는 **비가역적**이다.

④ 열을 완전히 일로 바꿀 수 있는 **열기관**을 만들 수 **없다.**

(4) **열역학 제3법칙** : 순수한 물질이 1atm하에서 결정상태이면 엔트로피는 0K에서 0이다.

답 ①

★★

**27** **그림과 같은 수평원형배관에 물이 충만하여 흐르는 정상유동에서 ㉮와 ㉯지점의 유속비 $\frac{V_1}{V_2}$은? (단, 물은 이상유체로 가정하고, ㉮지점에서 배관내경은 $D_1$, 물의 유속은 $V_1$이며, ㉯지점에서 배관내경은 $D_2$, 물의 유속은 $V_2$라 한다.)**

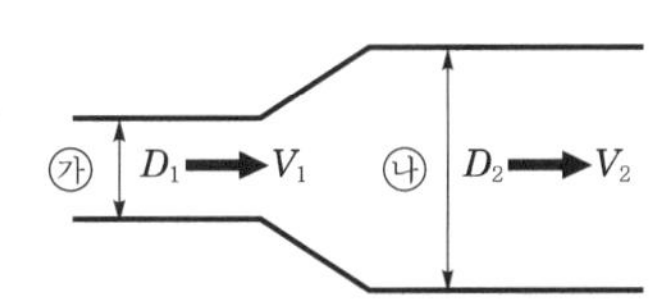


① $\left(\frac{D_2}{D_1}\right)^2$　　② $\frac{D_2}{D_1}$

③ $\frac{D_1}{D_2}$　　④ $\left(\frac{D_1}{D_2}\right)^2$

해설 **비압축성 유체**

$$\frac{V_1}{V_2} = \frac{A_2}{A_1} = \left(\frac{D_2}{D_1}\right)^2$$

여기서, $V_1, V_2$ : 유속〔m/s〕

$A_1, A_2$ : 단면적〔$m^2$〕

$D_1, D_2$ : 직경〔m〕

※ 비압축성 유체 : 압력을 받아도 체적변화를 일으키지 아니하는 유체

답 ①

★★

**28** **물이 수평원형배관 내를 충만하여 흐를 때 배관 내 어느 한 지점에서 물의 속도가 10m/s, 물의 정압력이 0.25MPa일 경우, 물의 속도수두(m)는 약 얼마인가? (단, 중력 가속도는 9.8m/s²으로 한다.)**

19회 문 26
18회 문 44
17회 문 26
17회 문 29
17회 문115
16회 문 28
14회 문 27
13회 문 32
12회 문 27
12회 문 37
10회 문106
09회 문 48

① 1.1　　② 3.1

③ 5.1　　④ 7.1

해설 **베르누이 방정식**

$$\frac{V^2}{2g} + \frac{p}{\gamma} + Z = \text{일정}$$

(속도수두)(압력수두)(위치수두)

여기서, $V(U)$ : 유속〔m/s〕

$p$ : 압력(〔kPa〕 또는 〔$kN/m^2$〕)

$Z$ : 높이〔m〕

$g$ : 중력가속도($9.8m/s^2$)

$\gamma$ : 비중량〔$kN/m^3$〕

속도수두 $H$는

$$H = \frac{V^2}{2g} = \frac{(10\text{m/s})^2}{2\times 9.8\text{m/s}^2} \fallingdotseq 5.1\text{m}$$

답 ③

★★

**29** **그림과 같이 밀폐계 속에 들어 있는 공기의 압력(1기압)을 일정하게 유지하면서 공기의 온도를 0℃에서 546℃로 증가시켰다. 546℃, 1기압상태일 때의 공기체적($V$)은 0℃, 1기압상태일 때 공기체적($V_0$)의 약 몇 배인가? (단, 공기는 이상기체로 가정한다.)**

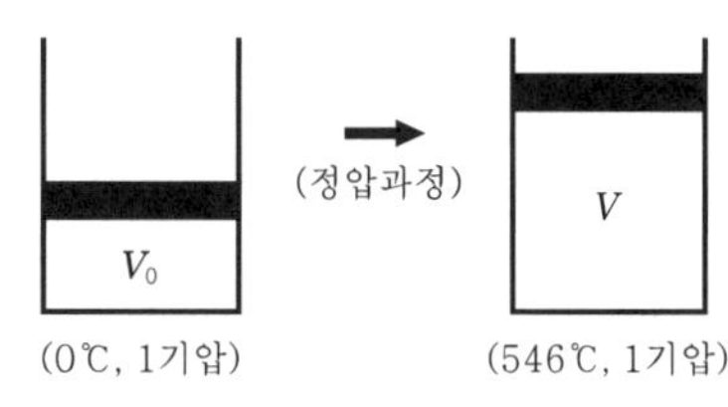


① 2　　② 3

③ 4　　④ 5

해설 **샤를의 법칙**(Charl's law)

압력이 일정할 때 기체의 부피는 절대온도에 비례한다.

$$\frac{V_1}{T_1} = \frac{V_2}{T_2}$$

여기서, $V_1$, $V_2$ : 부피[m³]

$T_1$, $T_2$ : 절대온도(273+℃)[K]

공기체적 $V_2$는

$$V_2 = \frac{V_1}{T_1} \times T_2$$

$$= \frac{V_1}{(273+0)\mathrm{K}} \times (273+546)\mathrm{K}$$

$$= 3V_1$$

- $T_1$ : $(273+0)\mathrm{K}$
- $T_2$ : $(273+546)\mathrm{K}$

답 ②

★★★

**30 관성력과 표면장력의 비를 나타내는 무차원수는?**

19회 문 32 / 18회 문 47 / 17회 문 27 / 17회 문 31 / 16회 문 31 / 14회 문 29 / 12회 문 29 / 11회 문 29 / 09회 문 26 / 05회 문 34 / 05회 문 32 / 03회 문 39

① 그라쇼프(Grashof) 수
② 프루드(Froude) 수
③ 오일러(Euler) 수
④ 웨버(Weber) 수

해설 **무차원수의 물리적 의미와 유동의 중요성**

| 명 칭 | 물리적인 의미 | 유동의 중요성 |
|---|---|---|
| 레이놀즈(Reynolds) 수 | 관성력/점성력 | 모든 유체유동 |
| 프루드(Froude) 수 | 관성력/중력 | 자유표면 유동 |
| 마하(Mach) 수 | 관성력/압축력 $\left(\frac{V}{C}\right)$ | 압축성 유동 |
| 코우시(Cauchy) 수 | 관성력/탄성력 $\left(\frac{\rho V^2}{k}\right)$ | 압축성 유동 |
| **웨**버(Weber) 수 | **관**성력/**표**면장력 | 표면장력 보기 ④ |
| 오일러(Euler) 수 | 압축력/관성력 | 압력차에 의한 유동 |

기억법 **웨관표**

답 ④

★★

**31 그림과 같이 비중이 1.2인 액체가 대기 중에 상부가 개방된 탱크에 들어 있을 때, A점의 계기압력은 수은주로 약 몇 mmHg인가? (단, 수은의 비중은 13.6, 물의 밀도는 1000kg/m³이다.)**

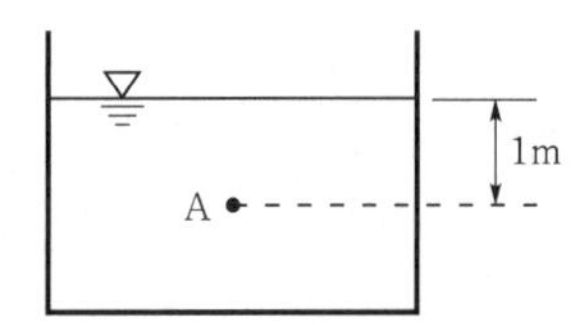


① 0.9 ② 16.3
③ 88.2 ④ 163.2

해설 (1) **비중**

$$s = \frac{\rho}{\rho_w} = \frac{\gamma}{\gamma_w}$$

여기서, $s$ : 비중

$\rho$ : 어떤 물질의 밀도[kg/m³]

$\rho_w$ : 물의 밀도

(1000kg/m³ 또는 1000N·s²/m⁴)

$\gamma$ : 어떤 물질의 비중량[N/m³]

$\gamma_w$ : 물의 비중량(9800N/m³)

어떤 물질의 비중량 $\gamma_1$는

$$\gamma_1 = s \times \gamma_w = 1.2 \times 9800\mathrm{N/m^3} = 11760\mathrm{N/m^3}$$

**표준대기압**

1atm=760mmHg=1.0332kg₁/cm²
=10.332mH₂O(mAq)
=14.7PSI(lb₁/in²)
=101.325kPa(kN/m²)
=1013mbar

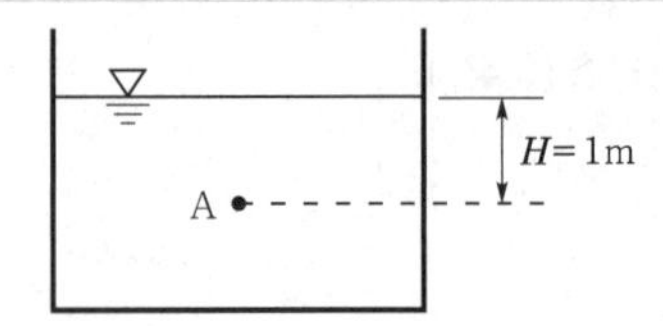


(2) **수두**

$$H = \frac{P}{\gamma}$$

여기서, $H$ : 수두[m]

$P$ : 압력[N/m²]

$\gamma$ : 비중량[N/m³]

비중량 $\gamma_2$는

$$\gamma_2 = \frac{P}{H} = \frac{101325\text{N/m}^2}{1\text{m}} = 101325\text{N/m}^3$$

(3) A점의 계기압력

$$P = \frac{\gamma_1}{\gamma_2}h = \frac{11760\text{N/m}^3}{101325\text{N/m}^3} \times 760\text{mmHg}$$

$$\fallingdotseq 88.2\text{mmHg}$$

답 ③

★★
**32** 내경이 $D$, 길이가 $L$인 직관으로 이루어진 소화배관에서 흐르는 물의 양이 200L/min일 때 마찰손실압력은 0.02MPa이다. 이 소화배관에서 흐르는 물의 양이 400L/min로 증가한다면 마찰손실압력(MPa)은 약 얼마인가? (단, 마찰손실계산은 Hazen-William's의 식을 따르고 소화배관의 조도계수는 일정하다.)

19회 문 26 / 18회 문 44 / 17회 문 26 / 17회 문 29 / 17회 문115 / 16회 문 28 / 14회 문 27 / 13회 문 28 / 13회 문 32 / 12회 문 27 / 10회 문106 / 09회 문 48

① 0.062 ② 0.072
③ 0.082 ④ 0.092

해설 **하젠-윌리엄스의 식**(Hazen-William's formula)

$$\Delta P_m = 6.053 \times 10^4 \times \frac{Q^{1.85}}{C^{1.85} \times D^{4.87}} \times L \propto Q^{1.85}$$

여기서, $\Delta P_m$ : 압력손실[MPa]
$C$ : 조도
$D$ : 관의 내경[mm]
$Q$ : 관의 유량[L/min]
$L$ : 관의 길이[m]

$\Delta P_m \propto Q^{1.85}$ 이므로

$0.02\text{MPa} : (200\text{L/min})^{1.85} = \square : (400\text{L/min})^{1.85}$

$(200\text{L/min})^{1.85} \times \square = 0.02\text{MPa} \times (400\text{L/min})^{1.85}$

$$\square = \frac{0.02\text{MPa} \times (400\text{L/min})^{1.85}}{(200\text{L/min})^{1.85}} \fallingdotseq 0.072\text{MPa}$$

답 ②

★★★
**33** 옥내소화전설비에 사용되는 소화펌프의 토출량이 1000L/min, 전양정이 100m, 펌프 전효율이 65%일 때 전동기의 출력(kW)은 약 얼마인가? (단, 소화펌프와 전동기의 동력전달계수($K$)는 1.1로 가정한다.)

① 22.6 ② 25.6
③ 27.6 ④ 30.6

해설 **전동기의 용량**

$$P = \frac{0.163\,QH}{\eta}K$$

여기서, $P$ : 전동기의 용량[kW]
$Q$ : 유량[m$^3$/min]
$H$ : 전양정[m]
$K$ : 전달계수
$\eta$ : 효율

전동기의 용량(출력) $P$는

$$P = \frac{0.163\,QH}{\eta}K$$

$$= \frac{0.163 \times 1\text{m}^3/\text{min} \times 100\text{m}}{0.65} \times 1.1 \fallingdotseq 27.6\text{kW}$$

답 ③

★★★
**34** 다음 중 화학적 소화원리에 해당하는 것은?

18회 문 07 / 16회 문 25 / 16회 문 37 / 15회 문 05 / 15회 문 34 / 14회 문 08 / 08회 문 08 / 07회 문 16 / 06회 문 13

① 부촉매소화
② 질식소화
③ 냉각소화
④ 희석소화

해설 **소화의 형태**

| 소화형태 | 설 명 |
|---|---|
| **냉**각소화 | • **점화원**을 냉각시켜 소화하는 방법<br>• **증**발잠열을 이용하여 열을 빼앗아 가연물의 **온**도를 떨어뜨려 화재를 진압하는 소화<br>• 다량의 물을 뿌려 소화하는 방법<br>• 가연성 물질을 **발화점 이하**로 **냉각** |
| **질**식소화 | • 공기 중의 **산소농도**를 **16%**(10~15%) 이하로 희박하게 하여 소화<br>• 산화제의 농도를 낮추어 연소가 지속될 수 없도록 함<br>• **산소공급**을 **차단**하는 소화방법 |
| 제거소화 | • **가연물**을 **제거**하여 소화하는 방법 |
| 부촉매소화<br>(=화학소화) | • **연쇄반응**을 **차단**하여 소화하는 방법<br>• **화학적**인 **방법**으로 화재억제<br>보기 ① |
| 희석소화 | • 기체·고체·액체에서 나오는 분해가스나 증기의 농도를 낮춰 소화하는 방법 |

부촉매소화=연쇄반응 차단소화

기억법 냉점온증발
질산

답 ①

★

**35** **포소화약제의 유화효과(Emulsion effect)를 이용하여 소화할 수 있는 방호대상물로 가장 적합한 장소는?**

① 전자제품창고 ② 유류저장고
③ 종이창고 ④ 귀금속상점

해설 **유화효과**(Emulsion effect)
유류표면에 **유화층**의 막을 형성시켜 공기의 접촉을 막는 방법으로 유류저장고에 적합하다.

답 ②

★★

**36** **소화수에 사용되는 첨가제 중 침투제에 관한 설명으로 옳은 것은?**

14회 문 38

① 물의 표면장력을 감소시켜 심부화재 소화를 돕는 첨가제
② 가연물과의 유화층 형성을 돕는 첨가제
③ 물의 동결을 방지하기 위한 첨가제
④ 물의 점도를 증가시켜 쉽게 흘러 유실되는 것을 방지하는 첨가제

해설 물의 **첨가제**

| 첨가제 | 설 명 |
|---|---|
| **강화액** | 알칼리금속염을 주성분으로 한 것으로 **황색** 또는 **무색**의 점성이 있는 수용액 |
| **침투제** | ① 침투성을 높여 주기 위해서 첨가하는 계면활성제의 총칭<br>② 물의 소화력을 보강하기 위해 첨가하는 약제로서 물의 **표면장력**을 **낮추어** 침투효과를 높이기 위한 첨가제<br>③ 물의 표면장력을 감소시켜 심부화재 소화를 돕는 첨가제 **보기 ①** |
| **유화제** | 고비점 유류에 사용을 가능하게 하기 위한 것 |
| **증점제** | 물의 점도를 높여 줌 |
| **부동제** | 물이 저온에서 동결되는 단점을 보완하기 위해 첨가하는 액체 |

용어

| Wet water | Wetting agent |
|---|---|
| 침투제가 첨가된 물 | 주수소화시 물의 표면장력에 의해 연소물의 침투속도를 향상시키기 위해 첨가하는 침투제 |

답 ①

★★

**37** **포노즐을 통하여 포수용액 80L를 포팽창비 5.0으로 방출시킬 경우 방출된 포의 체적(L)은?**

19회 문 38 / 18회 문 26 / 17회 문 36 / 11회 문 37 / 07회 문106 / 05회 문110

① 0.0625 ② 16
③ 80 ④ 400

해설 **발포배율**

발포배율(팽창비)
$$= \frac{\text{방출된 포의 체적[L]}}{\text{방출 전 포수용액의 체적[L]}}$$

방출된 포의 체적
=발포배율(팽창비)×방출 전 포수용액의 체적
$= 5.0 \times 80\text{L} = 400\text{L}$

중요

**발포배율식**
(1) 발포배율(팽창비)
$$= \frac{\text{내용적(용량)}}{\text{전체중량} - \text{빈 시료용기의 중량}}$$
(2) 발포배율(팽창비)
$$= \frac{\text{방출된 포의 체적[L]}}{\text{방출 전 포수용액의 체적[L]}}$$

답 ④

★★★

**38** **질식소화를 위한 연소한계산소농도가 14.7 vol%인 가연물질의 소화에 필요한 $CO_2$ 가스의 최소소화농도(vol%)는? (단, 무유출(No efflux)방식을 전제로 한다.)**

17회 문 39

① 28 ② 30
③ 34 ④ 36

해설 **$CO_2$ 농도**

$$CO_2 = \frac{21 - O_2}{21} \times 100$$
$$= \frac{21 - 14.7}{21} \times 100 = 30\,\text{vol\%}$$

중요

**가스계 소화설비와 관련된 식**

$$CO_2 = \frac{\text{방출가스량}}{\text{방호구역체적} + \text{방출가스량}} \times 100 = \frac{21 - O_2}{21} \times 100$$

여기서, $CO_2$ : $CO_2$의 농도〔%〕, 할론농도〔%〕
$O_2$ : $O_2$의 농도〔%〕

$$방출가스량〔m^3〕= \frac{21-O_2}{O_2} \times 방호구역체적〔m^3〕$$

여기서, $O_2$ : $O_2$의 농도〔%〕

$$PV = \frac{W}{M} RT$$

여기서, $P$ : 기압〔atm〕
$V$ : 방출가스량〔$m^3$〕
$W$ : 무게〔kg〕
$M$ : 분자량($CO_2$ : 44, 할론 1301 : 148.95)
$R$ : 0.082atm・$m^3$/kmol・K
$T$ : 절대온도(273+℃)〔K〕

$$Q = \frac{W_t\, C(t_1 - t_2)}{H}$$

여기서 $Q$ : 액화 $CO_2$의 증발량〔kg〕
$W_t$ : 배관의 중량〔kg〕
$C$ : 배관의 비열〔kcal/kg・℃〕
$t_1$ : 방출 전 배관의 온도〔℃〕
$t_2$ : 방출될 때의 배관의 온도〔℃〕
$H$ : 액화 $CO_2$의 증발잠열〔kcal/kg〕

답 ②

★★★
## 39 다음 분말소화약제의 열분해 반응식과 관계가 있는 것은?

18회 문 33 / 17회 문 34 / 16회 문 35

$NH_4H_2PO_4 \rightarrow NH_3 + H_2O + HPO_3 - 76.95kcal$

① 제1종 분말소화약제
② 제2종 분말소화약제
③ 제3종 분말소화약제
④ 제4종 분말소화약제

해설 **분말소화기**(질식효과)

| 종 별 | 소화약제 | 약제의 착색 | 화학반응식 | 적응 화재 |
|---|---|---|---|---|
| 제1종 | 중탄산나트륨 ($NaHCO_3$) | 백색 | $2NaHCO_3 \rightarrow Na_2CO_3 + CO_2 + H_2O$ | BC급 |
| 제2종 | 중탄산칼륨 ($KHCO_3$) | 담자색 (담회색) | $2KHCO_3 \rightarrow K_2CO_3 + CO_2 + H_2O$ | BC급 |
| 제3종 | 인산암모늄 ($NH_4H_2PO_4$) | 담홍색 | $NH_4H_2PO_4 \rightarrow HPO_3 + NH_3 + H_2O$ | ABC급 |
| 제4종 | 중탄산칼륨+요소 ($KHCO_3$+$(NH_2)_2CO$) | 회(백)색 | $2KHCO_3 + (NH_2)_2CO \rightarrow K_2CO_3 + 2NH_3 + 2CO_2$ | BC급 |

화학반응식=열분해반응식

중요

**온도에 따른 제3종 분말소화약제의 열분해 반응식**

| 온 도 | 열분해 반응식 |
|---|---|
| 190℃ | $NH_4H_2PO_4 \rightarrow H_3PO_4$(올소인산)$+NH_3$ |
| 215℃ | $2H_3PO_4 \rightarrow H_4P_2O_7$(피로인산)$+H_2O$ |
| 300℃ | $H_4P_2O_7 \rightarrow 2HPO_3$(메타인산)$+H_2O$ |
| 250℃ | $2HPO_3 \rightarrow P_2O_5$(오산화인)$+H_2O$ |

답 ③

★★
## 40 그림과 같은 회로에서 저항 20Ω에 흐르는 전류가 4A라면, 전류 $I$(A)는?

17회 문 44 / 08회 문 33 / 02회 문 43

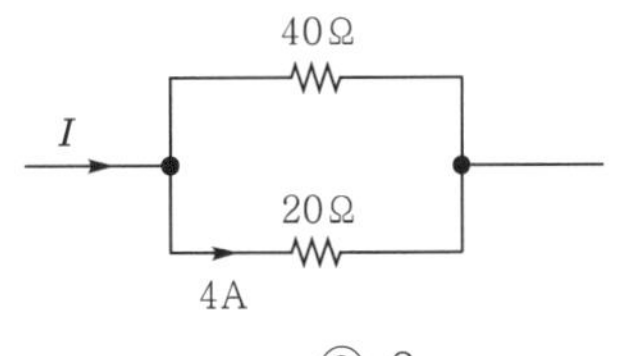


① 6 ② 8
③ 10 ④ 12

해설 **전압**

$$V = IR$$

여기서, $V$ : 전압〔V〕
$I$ : 전류〔A〕
$R$ : 저항〔Ω〕

전압 $V$는

$V = IR = 4A \times 20\Omega = 80V$

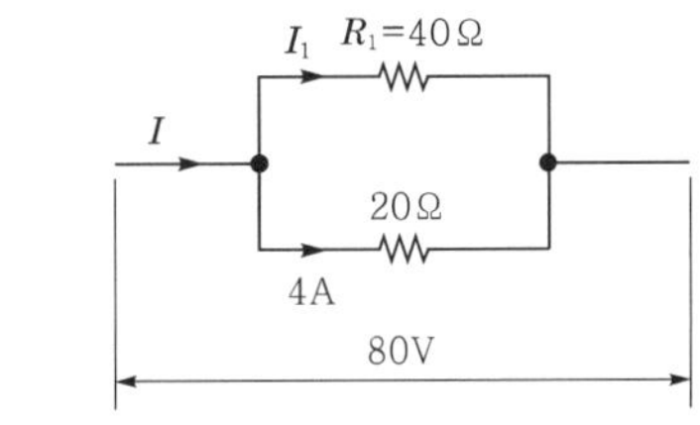


전류 $I_1$은

$$I_1 = \frac{V}{R_1} = \frac{80V}{40} = 2A$$

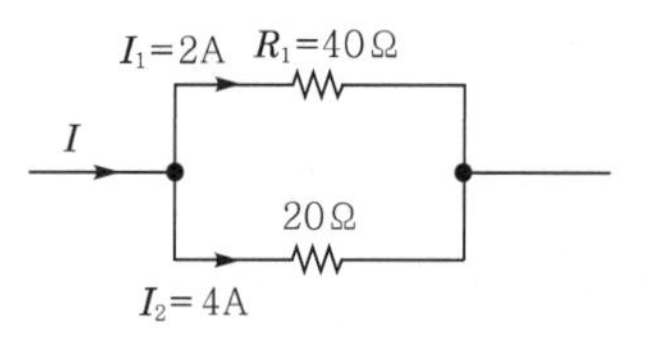


전체전류 $I$는

$I = I_1 + I_2 = 2\text{A} + 4\text{A} = 6\text{A}$

답 ①



★★
## 41 회로에 100V의 전압을 인가하였더니 5A의 전류가 흘러 72kcal의 열량이 발생하였다. 이때 전류가 흐른 시간(초)은?

18회 문 38
15회 문 41

① 0.6
② 6
③ 60
④ 600

해설 **열량**

$$H = 0.24Pt = 0.24\,VIt = 0.24I^2Rt$$

여기서, $H$ : 열량[cal]
$P$ : 전력[W]
$V$ : 전압[V]
$I$ : 전류[A]
$t$ : 시간[s]
$R$ : 저항[Ω]

시간 $t$는

$$t = \frac{H}{0.24\,VI} = \frac{72 \times 10^3}{0.24 \times 100 \times 5} = 600\text{s}$$

- $H$ : 72kcal=$72 \times 10^3$cal

답 ④

★★★
## 42 정전용량이 같은 콘덴서 2개의 병렬 합성정전용량은 직렬 합성정전용량의 몇 배인가?

① 2　② 4
③ 5　④ 8

해설 **정전용량**

| 직렬 합성정전용량 | 병렬 합성정전용량 |
|---|---|
| $C_s = \dfrac{C_1 \times C_2}{C_1 + C_2}$ | $C_p = C_1 + C_2$ |

1개의 콘덴서 용량이 1F이라고 하면

$$\frac{\text{병렬 합성정전용량}}{\text{직렬 합성정전용량}} = \frac{C_1 + C_2}{\dfrac{C_1 \times C_2}{C_1 + C_2}} = \frac{1+1}{\dfrac{1 \times 1}{1+1}} = 4$$

비교

**저항**

| 직렬 합성저항 | 병렬 합성저항 |
|---|---|
| $R_s = R_1 + R_2$ | $R_p = \dfrac{R_1 \times R_2}{R_1 + R_2}$ |

답 ②

★★★
## 43 100회 감은 코일과 쇄교하는 자속이 0.2초 동안에 5Wb에서 2Wb로 감소할 경우, 코일에 유도되는 기전력(V)은?

① 300　② 1000
③ 1500　④ 2500

해설 **유도기전력**(Induced electromitive force)

$$e = -N\frac{d\phi}{dt} = -L\frac{di}{dt} = Bl\,v\sin\theta\ \text{[V]}$$

여기서, $e$ : 유기기전력[V]
$N$: 코일권수[s]
$d\phi$ : 자속의 변화량[Wb]
$dt$ : 시간의 변화량[s]
$L$ : 자기인덕턴스[H]
$di$ : 전류의 변화량[A]
$B$ : 자속밀도[Wb/$m^2$]
$l$ : 도체의 길이[m]
$v$ : 도체의 이동속도[m/s]
$\theta$ : 이루는 각[rad]

**유도기전력** $e$는

$$e = -N\frac{d\phi}{dt} = -100\frac{(5-2)}{0.2} = -1500\text{V}$$

- 여기서 '−'는 단지 **유도기전력**의 **방향**을 나타낸다.
- 유도기전력=유기기전력

답 ③

★★

## 44 그림과 같이 직렬로 접속된 2개의 코일에 5A의 전류를 흘릴 때 결합된 합성코일에 발생하는 자기 에너지(J)는? (단, 코일의 자기 인덕턴스 $L_1 = L_2 = 20\text{mH}$, 상호인덕턴스 $M = 10\text{mH}$이다.)

19회 문 44
15회 문 44
14회 문 44
10회 문 30

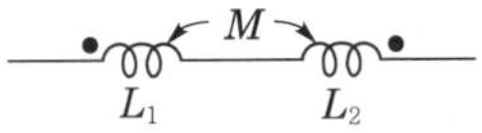

$M$, $L_1$, $L_2$

① 0.2　　② 0.25

③ 0.3　　④ 0.4

해설 **(1) 합성인덕턴스**

$$L = L_1 + L_2 \pm 2M \,[\text{H}]$$

여기서, $L$ : 합성인덕턴스[H]

$L_1$, $L_2$ : 자기인덕턴스[H]

$M$ : 상호인덕턴스[H]

| 같은 방향(직렬연결) | 반대방향 |
|---|---|
| $L = L_1 + L_2 + 2M$ | $L = L_1 + L_2 - 2M$ |

두 코일이 **반대방향**이므로 **합성인덕턴스** $L$은

$L = L_1 + L_2 - 2M = 20 + 20 - (2 \times 10) = 20\text{mH}$

중요

**코일의 방향**

| 같은 방향 | 반대방향 |
|---|---|
| 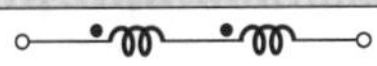 |  |
|  |  |

**(2) 코일에 축적되는 에너지**

$$W = \frac{1}{2}LI^2 = \frac{1}{2}IN\phi \,[\text{J}]$$

여기서, $W$ : 코일의 축적에너지[J]

$L$ : 인덕턴스[H]

$N$ : 코일권수

$\phi$ : 자속[Wb]

$I$ : 전류[A]

**코일의 축적에너지** $W$는

$$W = \frac{1}{2}LI^2 = \frac{1}{2} \times (20 \times 10^{-3}) \times 5^2 = 0.25\text{J}$$

- $L$ : 2개의 코일이 있으므로 자기인덕턴스가 아닌 '**합성인덕턴스**'를 적용한다.

답 ②

★★

## 45 전기계측기와 지시값의 연결이 옳지 않은 것은?

① 가동코일형 계기－평균값 지시

② 정전형 계기－평균값 및 실효값 지시

③ 열전형 계기－평균값 및 실효값 지시

④ 유도형 계기－평균값 지시

해설 **지시전기계기의 종류**

| 계기의 종류 | 기 호 | 사용회로 |
|---|---|---|
| 가동코일형 **보기 ①** |  | 직류 (평균값 지시) |
| 가동철편형 |  | 교류 (실효값 지시) |
| 정류형 |  | 교류 (실효값 지시) |
| 유도형 **보기 ④** |  | 교류 (실효값 지시) |
| 전류력계형 |  | 교직양용 (평균값 및 실효값 지시) |
| 열전형 **보기 ③** |  | 교직양용 (평균값 및 실효값 지시) |
| 정전형 **보기 ②** |  | 교직양용 (평균값 및 실효값 지시) |

④ 평균값 지시 → 실효값 지시

답 ④

★

## 46 $v = 50 + 20\sqrt{2}\sin(\omega t + 20) + 10\sqrt{2}\sin(3\omega t - 40)$V인 비정현파 교류전압의 실효값(V)은 약 얼마인가?

18회 문 40
12회 문 48

① 23.6　　② 37.4

③ 45.7　　④ 54.8

해설 **비정현파 교류전압의 실효값**

$$V = \sqrt{V_0^2 + \left(\frac{V_{m1}}{\sqrt{2}}\right)^2 + \left(\frac{V_{m2}}{\sqrt{2}}\right)^2 + \cdots + \left(\frac{V_{mn}}{\sqrt{2}}\right)^2} = \sqrt{V_0^2 + V_1^2 + V_2^2 + \cdots + V_n^2}\,[\text{A}]$$

여기서, $V$ : 비정현파 교류전압의 실효값[V]

$V_0$ : 직류분[V]

$V_{m1}$, $V_{m2}$, $V_{mn}$ : 각 고조파 전압의 최대값[V]

$V_1$, $V_2$, $V_n$ : 각 고조파의 전압의 실효값[V]

**비정현파 교류전압**의 **실효값** $V$는

$$V=\sqrt{{V_0}^2+\left(\frac{V_{m1}}{\sqrt{2}}\right)^2+\left(\frac{V_{m2}}{\sqrt{2}}\right)^2}$$

$$=\sqrt{50^2+\left(\frac{20\sqrt{2}}{\sqrt{2}}\right)^2+\left(\frac{10\sqrt{2}}{\sqrt{2}}\right)^2}\fallingdotseq 54.8\text{V}$$

답 ④



★

## 47 그림과 같이 저항 5Ω, 유도리액턴스 8Ω, 용량리액턴스 5Ω이 직렬로 접속된 회로의 역률은 약 얼마인가?

5Ω 8Ω 5Ω

① 0.65 ② 0.75

③ 0.86 ④ 0.94

해설 $RLC$ **직렬회로**

$$\cos\theta=\frac{R}{Z}=\frac{R}{\sqrt{R^2+(X_L-X_c)^2}}$$

여기서, $\cos\theta$ : 역률

$R$ : 저항[Ω]

$Z$ : 임피던스[Ω]

$X_L$ : 유도리액턴스[Ω]

$X_c$ : 용량리액턴스[Ω]

**역률** $\cos\theta$는

$$\cos\theta=\frac{R}{\sqrt{R^2+(X_L-X_c)^2}}$$

$$=\frac{5}{\sqrt{5^2+(8-5)^2}}\fallingdotseq 0.86$$

답 ③

★★★

## 48 그림과 같은 NAND 게이트와 등가인 논리식은?

18회 문 37
17회 문 47
16회 문 49
16회 문 50
15회 문 47
12회 문 41

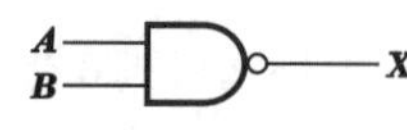


① $X=A+B$

② $X=\overline{A}\cdot\overline{B}$

③ $X=A\cdot B$

④ $X=\overline{A}+\overline{B}$

해설 **시퀀스회로**와 **논리회로**

| 명 칭 | 시퀀스회로 | 논리회로 |
|---|---|---|
| AND 회로 **(직렬 회로)** | | $X=A\cdot B$<br>입력신호 $A$, $B$가 동시에 1일 때만 출력신호 $X$가 1이 된다. |
| OR 회로 **(병렬 회로)** | | $X=A+B$<br>입력신호 $A$, $B$ 중 어느 하나라도 1이면 출력신호 $X$가 1이 된다. |
| NOT 회로 **(b접점)** | | $X=\overline{A}$<br>입력신호 $A$가 0일 때만 출력신호 $X$가 1이 된다. |
| NAND 회로 | | $X=\overline{A\cdot B}$<br>입력신호 $A$, $B$가 동시에 1일 때만 출력신호 $X$가 0이 된다(AND회로의 부정). |
| NOR 회로 | | $X=\overline{A+B}$<br>입력신호 $A$, $B$가 동시에 0일 때만 출력신호 $X$가 1이 된다(OR회로의 부정). |
| EXCLUSIVE OR 회로 | | $X=A\oplus B=\overline{A}B+A\overline{B}$<br>입력신호 $A$, $B$ 중 어느 한쪽만이 1이면 출력신호 $X$가 1이 된다. |
| EXCLUSIVE NOR 회로 | | $X=\overline{A\oplus B}=AB+\overline{A}\,\overline{B}$<br>입력신호 $A$, $B$가 동시에 0이거나 1일 때만 출력신호 $X$가 1이 된다. |

④ $X=\overline{A\cdot B}=\overline{A}+\overline{B}$

답 ④

★★★

## 49 다음 심벌이 의미하는 반도체 소자는?

14회 문 48

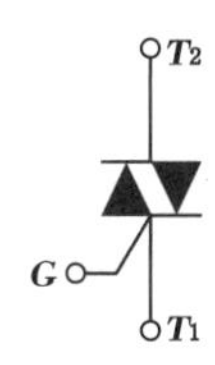


① DIAC ② TRIAC
③ SCR ④ SCS

해설 **반도체 소자**의 **심벌**

| 명 칭 | 심 벌 |
|---|---|
| ① **정류용 다이오드** : 주로 실리콘 다이오드가 사용된다. | 혼동할 우려가 없을 때는 원을 생략 가능 |
| ② **제너 다이오드**(Zener Diode) : 주로 정전압 전원회로에 사용된다(**전원전압 일정**하게 **유지**). | |
| ③ **발광 다이오드**(LED) : 화합물 반도체로 만든 다이오드로 응답속도가 빠르고 정류에 대한 광출력이 직선성을 가진다. | |
| ④ **CDS** : 광-저항 변환소자로서 감도가 특히 높고 값이 싸며 취급이 용이하다. | |
| ⑤ **서미스터** : 부온도특성을 가진 저항기의 일종으로서 주로 **온도보상용**으로 쓰인다(**온도제어 회로용**).<br>기억법 서온(서운해) | TH |
| ⑥ **SCR** : **단방향 대전류 스위칭 소자**로서 제어를 할 수 있는 정류소자이다(**DC전력의 제어용**). | A K G |
| ⑦ **PUT** : SCR과 유사한 특성으로 게이트($G$)레벨보다 애노드($A$) 레벨이 높아지면 스위칭하는 기능을 지닌 소자이다. | A K G |
| ⑧ **TRIAC** : **양방향성 스위칭 소자**로서 SCR 2개를 역병렬로 접속한 것과 같다(**AC전력의 제어용, 쌍방향성 사이리스터**). | T1 T2 G |
| ⑨ **DIAC** : 네온관과 같은 성질을 가진 것으로서 주로 SCR, TRIAC 등의 **트리거소자**로 이용된다. | T1 T2 |
| ⑩ **바리스터**<br>• 주로 서지 전압에 대한 **회로보호용**으로 사용된다.<br>• **계**전기 접점의 불꽃제거<br>기억법 바리서계 | |
| ⑪ **UJT**(단일 접합 트랜지스터) : 증폭기로는 사용이 불가능하며 톱니파나 펄스발생기로 작용하며 **SCR의 트리거 소자로** 쓰인다. | E B1 B2 |

답 ②

★

## 50 전선의 표시기호로서 천장은폐배선은?

17회 문 50

① ——————  ② — — —
③ -------------  ④ — - — - —

해설 **옥내배선기호**(KSC 0301)

| 명 칭 | 그림기호 | 비 고 |
|---|---|---|
| 천장은폐배선<br>보기 ① | —————— | • 천장 속의 배선을 구별하는 경우 : — - — - — |
| 바닥은폐배선 | — — — | - |
| 노출배선 | ------------- | • 바닥면 노출배선을 구별하는 경우 : —-- —-- — |
| 정크션박스 | -----⊙----- | - |
| 금속덕트 | MD | - |
| 케이블의 방화구획 관통부 | | - |
| 철거 | ×××⊗××× | - |

답 ①

13회

**제 3 과목** 소방관련법령

★★★

**51** **소방기본법상 소방기관·119종합상황실·박물관 등의 설치·운영에 관한 설명으로 옳지 않은 것은?**

15회 문 54
11회 문 52
10회 문 58

① 시·도의 소방기관의 설치에 필요한 사항은 대통령령으로 정한다.
② 119종합상황실의 설치·운영에 필요한 사항은 행정안전부령으로 정한다.
③ 소방박물관의 설립과 운영에 필요한 사항은 행정안전부령으로 정한다.
④ 소방체험관의 설립과 운영에 필요한 사항은 행정안전부령으로 정한다.

해설 **기본법 제5조 제①·②항**
설립과 운영

| 소방박물관 | 소방체험관 |
|---|---|
| 소방청장 | 시·도지사 |
| 행정안전부령 | 시·도의 조례 |

④ 행정안전부령 → 시·도의 조례

답 ④

★

**52** **소방기본법령에 관한 설명으로 옳지 않은 것은?**

① 화재진압 및 구조·구급활동을 위하여 출동하는 경우를 제외하고 소방자동차의 우선 통행에 관하여는 소방기본법이 정하는 바에 따른다.
② 소방활동에 필요한 사람으로서 취재인력 등 보도업무에 종사하는 사람은 소방대장이 출입을 제한할 수 없다.
③ 소방대상물에 화재가 발생한 경우 그 관계인은 소방활동에 종사하여도 소방활동의 비용을 지급받을 수 없다.
④ 소방활동구역을 정하는 자는 소방대장이다.

해설 **소방기본법령**
(1) 화재진압 및 구조·구급활동을 위하여 출동하는 경우를 제외하고 소방자동차의 우선 통행에 관하여는 **도로교통법**이 정하는 바에 따른다(기본법 제21조). 보기①
(2) 소방활동에 필요한 사람으로서 취재인력 등 보도업무에 종사하는 사람은 **소방대장**이 출입을 제한할 수 없다(기본령 제8조). 보기②
(3) 소방대상물에 화재가 발생한 경우 그 **관계인**은 소방활동에 종사하여도 소방활동의 **비용**을 지급받을 수 **없다**(기본법 제24조). 보기③
(4) 소방활동구역을 정하는 자는 **소방대장**이다(기본법 제23조). 보기④

중요

**소방자동차의 우선 통행**(기본법 제21조)
화재진압 및 구조·구급활동을 위하여 출동하는 경우를 제외하고 소방자동차의 우선 통행에 관하여는 「도로교통법」에서 정하는 바에 따른다.

답 ①

★★★

**53** **소방기본법령상 소방신호에 관한 설명으로 옳지 않은 것은?**

① 화재예방, 소방활동 또는 소방훈련을 위하여 사용한다.
② 예방신호는 화재예방상 필요하다고 인정하거나 화재위험경보시 발령한다.
③ 발화신호의 방법은 타종신호는 난타, 사이렌신호는 5초 간격을 두고 5초씩 3회 울린다.
④ 해제 및 훈련신호도 소방신호에 해당한다.

해설 **기본규칙 제10조**
소방신호의 종류

| 소방신호 | 설 명 |
|---|---|
| **경**계신호 보기 ② | 화재예방상 필요하다고 인정되거나 화재위험경보시 발령 |
| **발**화신호 보기 ③ | 화재가 발생한 때 발령 |
| **해**제신호 보기 ④ | 소화활동이 필요없다고 인정되는 때 발령 |
| **훈**련신호 보기 ④ | 훈련상 필요하다고 인정되는 때 발령 |

기억법 **경발해훈**

② 예방신호 → 경계신호

중요

**소방신호**(기본법 제18조) 보기 ①

| 소방신호의 목적 | 소방신호의 종류와 방법 |
|---|---|
| • 화재예방<br>• 소방활동<br>• 소방훈련 | 행정안전부령 |

답 ②

★

**54** **소방기본법령상 소방산업의 육성·진흥 및 지원 등에 관한 설명으로 옳지 않은 것은?**

① 국가는 소방산업의 육성·진흥을 위하여 행정상·재정상의 지원시책을 마련하여야 한다.

② 국가는 우수 소방제품의 전시·홍보를 위하여 대외무역법에 의한 무역전시장을 설치한 자에게 소방산업전시회 관련 국외홍보비의 재정적인 지원을 할 수 있다.

③ 국가는 고등교육법에 따른 전문대학에 소방기술의 연구·개발사업을 수행하게 할 수 있다.

④ 국가는 소방기술 및 소방산업의 국외시장 개척을 위한 사업을 추진하여야 한다.

해설 **기본법 제39조 7**

④ 국가는 소방기술 및 소방산업의 국제경쟁력과 국제적 통용성을 높이는 데에 필요한 기반 조성을 촉진하기 위한 시책을 마련하여야 한다.

중요

**소방기술의 연구·개발사업 수행**(기본법 제39조 6)

(1) **국공립 연구기관**
(2) 「과학기술분야 정부출연연구기관 등의 설립·운영 및 육성에 관한 법률」에 따라 설립된 **연구기관**
(3) 「특정연구기관 육성법」에 따른 특정연구기관
(4) 「고등교육법」에 따른 **대학·산업대학·전문대학** 및 **기술대학**
(5) 「민법」이나 다른 법률에 따라 설립된 소방기술 분야의 **법인**인 **연구기관** 또는 **법인 부설 연구소**
(6) 「기초연구진흥 및 기술개발지원에 관한 법률」에 따른 **기업부설연구소**
(7) 「소방산업의 진흥에 관한 법률」에 따른 **한국소방산업기술원**
(8) 대통령령으로 정하는 소방에 관한 기술개발 및 연구를 수행하는 기관·협회

답 ④

★

**55** **소방시설공사업법령상 소방기술자에 해당하지 않는 자는?**

19회 문 55
06회 문 72
05회 문 58

① 섬유기사

② 공조냉동기계산업기사

③ 전기기사

④ 건축전기설비기술사

해설 **공사업규칙 제24조 [별표 4의 2]**
**소방기술과 관련된 자격**

(1) 소방기술사, 소방시설관리사, 소방설비기사, 소방설비산업기사
(2) 위험물기능장, 위험물산업기사, 위험물기능사, 화공기술사, 화공기사, 화공산업기사
(3) 전기기사, 전기산업기사, 건축전기설비기술사, 전기기능장, 전기공사기사, 전기공사산업기사
(4) 건축사, 건축기사, 건축산업기사
(5) 산업안전기사, 산업안전산업기사
(6) 가스기술사, 가스기능장, 가스기사, 가스산업기사
(7) 건축기계설비기술사, 건축설비기사, 건축설비산업기사, 공조냉동기계기술사, 공조냉동기계기사, 공조냉동기계산업기사, 일반기계기사

비교

**소방기술과 관련된 학력**(공사업규칙 제24조)
다음 학과 졸업자가 소방기술과 관련된 학력이다.

(1) 소방안전관리학과(소방안전관리과, 소방시스템과, 소방학과, 소방환경관리과, 소방공학과 및 소방행정학과 포함)
(2) 전기공학과(전기과, 전기설비과, 전자공학과, 전기전자과, 전기전자공학과, 전기제어공학과 포함)
(3) 산업안전공학과(산업안전과, 산업공학과, 안전공학과, 안전시스템공학과 포함)
(4) 기계공학과(기계과, 기계학과, 기계설계학과, 기계설계공학과, 정밀기계공학과 포함)
(5) 건축공학과(건축과, 건축학과, 건축설비학과, 건축설계학과 포함)
(6) 화학공학과(공업화학과, 화학공업과 포함)

답 ①

★

## 56 소방시설공사업법령상 소방시설공사에 관한 설명으로 옳지 않은 것은?

① 하나의 건축물에 영화상영관이 10개 이상인 신축 특정소방대상물은 성능위주설계를 하여야 한다.
② 공사업자가 구조변경·용도변경되는 특정소방대상물에 연소방지설비의 살수구역을 증설하는 공사를 할 경우 소방서장에게 착공신고를 하여야 한다.
③ 하자보수 대상 소방시설 중 자동소화장치의 하자보수 보증기간은 3년이다.
④ 스프링클러설비(캐비닛형 간이스프링클러설비 포함)의 방수구역을 증설할 경우에는 공사감리자를 지정해야 한다.

해설 **공사업령 제10조**
**소방공사감리자 지정대상 특정소방대상물의 범위**
(1) 옥내소화전설비를 신설·개설 또는 증설할 때
(2) 스프링클러설비 등(캐비닛형 간이스프링클러설비 제외)을 신설·개설하거나 방호·방수구역을 증설할 때 보기 ④
(3) 물분무등소화설비(호스릴방식의 소화설비 제외)를 신설·개설하거나 방호·방수구역을 증설할 때
(4) 옥외소화전설비를 신설·개설 또는 증설할 때
(5) 자동화재탐지설비를 신설·개설할 때
(6) 비상방송설비를 신설 또는 개설할 때
(7) 통합감시시설을 신설 또는 개설할 때
(8) 소화용수설비를 신설 또는 개설할 때
(9) 다음의 소화활동설비에 대하여 시공할 때
  ① 제연설비를 신설·개설하거나 제연구역을 증설할 때
  ② 연결송수관설비를 신설 또는 개설할 때
  ③ 연결살수설비를 신설·개설하거나 송수구역을 증설할 때
  ④ 비상콘센트설비를 신설·개설하거나 전용회로를 증설할 때
  ⑤ 무선통신보조설비를 신설 또는 개설할 때
  ⑥ 연소방지설비를 신설·개설하거나 살수구역을 증설할 때

답 ④

★★

## 57 소방관련법에 의한 자동화재속보설비를 반드시 설치하여야 하는 특정소방대상물로 거리가 먼 것은?

① 10층 이하의 숙박시설
② 국보로 지정된 목조건축물
③ 노유자 생활시설
④ 바닥면적 $500m^2$ 이상의 층이 있는 수련시설

해설 **소방시설법 시행령 [별표 4]**
**자동화재속보설비의 설치대상**

| 설치대상 | 조 건 |
|---|---|
| ① 수련시설(숙박시설이 있는 것)<br>② 노유자시설<br>③ 정신병원 및 의료재활시설<br>기억법 5수노병속 | • 바닥면적 $500m^2$ 이상 |
| ④ 목조건축물 | • 국보·보물 |
| ⑤ 노유자생활시설<br>⑥ 전통시장<br>⑦ 조산원·산후조리원<br>⑧ 의원, 치과의원, 한의원(입원실이 있는 시설)<br>⑨ 종합병원, 병원, 치과병원, 한방병원 및 요양병원(의료재활시설 제외) | • 전부 |

답 ①

★★★

## 58 소방시설 설치 및 관리에 관한 법령상 특정소방대상물 중 근린생활시설에 해당하는 것은?

18회 문 63
14회 문 67
12회 문 68
09회 문 73
08회 문 55
06회 문 58
05회 문 63
05회 문 69
02회 문 54

① 바닥면적이 $500m^2$인 안마원
② 바닥면적이 $500m^2$인 서커스장
③ 바닥면적이 $1000m^2$인 금융업소
④ 바닥면적이 $1000m^2$인 고시원

해설 **소방시설법 시행령 [별표 2]**
**근린생활시설**
(1) 안마원 : 면적에 관계없이 모두 근린생활시설
(2) 서커스장 : 바닥면적 합계 $300m^2$ 미만
(3) 금융업소 : 바닥면적 합계 $500m^2$ 미만
(4) 고시원 : 바닥면적 합계 $500m^2$ 미만

중요

**근린생활시설**($300m^2$ 미만)
(1) 종교집회장
(2) 공연장(극장, 영화상영관, 연예장, 음악당, 서커스장)
(3) 비디오물 감상실업
(4) 비디오물 소극장업

답 ①

☆

**59** **특정소방대상물에 설치하는 소방시설 등의 유지·관리에 관한 설명으로 옳지 않은 것은?**

① 소방청장이 정하는 내진설계기준에 맞게 설치하여야 하는 소방시설은 소화설비 및 경보설비를 말한다.
② 화재안전기준이 변경되어 그 기준이 강화되는 경우, 강화된 기준을 적용하여야 하는 소방시설에는 자동화재속보설비가 포함된다.
③ 특정소방대상물이 증축되는 경우 기존 부분과 증축 부분이 내화구조로 된 바닥과 벽으로 구획되어 있으면 기존 부분에 대해서는 증축 당시의 화재안전기준을 적용하지 아니한다.
④ 수용인원 100명 이상의 판매시설 중 대규모 점포는 보조마스크가 장착된 인명구조용 공기호흡기를 층마다 두 대 이상 갖추어 두어야 한다.

해설 **소방시설법 시행령 제8조**
**대통령령으로 정하는 소방시설**
옥내소화전설비, 스프링클러설비, 물분무등소화설비

① 소방청장 → 대통령령,
소화설비 및 경보설비 → 옥내소화전설비, 스프링클러설비, 물분무등소화설비

답 ①

☆☆☆

**60** **소방시설 설치 및 관리에 관한 법령상 방염대상물품을 방염성능기준 이상의 것으로 설치하여야 하는 대상에 해당하지 않는 것은?**

19회 문 65
16회 문 67
14회 문 61
09회 문 12
02회 문 68

① 근린생활시설 중 체력단련장
② 건축물 옥내에 있는 수영장
③ 노유자시설
④ 층수가 13층인 업무시설

해설 **소방시설법 시행령 제30조**
**방염성능기준 이상 적용 특정소방대상물**
(1) 체력단련장, 공연장 및 종교집회장 [보기 ①]
(2) 문화 및 집회시설
(3) 종교시설
(4) 운동시설(**수영장**은 **제외**) [보기 ②]
(5) 의원, 조산원, 산후조리원
(6) 의료시설(종합병원, 정신의료기관)
(7) 교육연구시설 중 **합숙소**
(8) 노유자시설 [보기 ③]
(9) 숙박이 가능한 수련시설
(10) 숙박시설
(11) 방송국 및 촬영소
(12) 다중이용업소(단란주점영업, 유흥주점영업, 노래연습장의 영업장 등)
(13) 층수가 11층 이상인 것(**아파트**는 **제외**) [보기 ④]

② 수영장은 제외한다.

답 ②

☆☆☆

**61** **소방시설 설치 및 관리에 관한 법령상 소방본부장 또는 소방서장의 건축허가 등의 동의대상물 범위에 해당하는 것은?**

17회 문 61
16회 문 60
15회 문 59
09회 문 68
02회 문 65

① 차고·주차장으로 사용되는 층 중 바닥면적이 $100m^2$ 이상인 층이 있는 시설
② 승강기 등 기계장치에 의한 주차시설로서 자동차 10대 이상을 주차할 수 있는 시설
③ 지하층이 있는 공연장으로서 공연장의 바닥면적이 $100m^2$인 층이 있는 건축물
④ 노유자시설로서 연면적 $100m^2$인 건축물

해설 **소방시설법 시행령 제7조**
**건축허가 등의 동의대상물**
(1) 연면적 **$400m^2$**(학교시설 : **$100m^2$**, **수련시설·노유자시설 : $200m^2$**, **정신의료기관·장애인 의료재활시설 : $300m^2$**) 이상
(2) **6층** 이상인 건축물
(3) 차고·주차장으로서 바닥면적 **$200m^2$** 이상(자동차 20대 이상)
(4) **항공기격납고, 관망탑, 항공관제탑, 방송용 송수신탑**
(5) 지하층 또는 무창층의 바닥면적 **$150m^2$** 이상(공연장은 **$100m^2$** 이상) [보기 ③]
(6) **위험물저장 및 처리시설, 지하구**
(7) 전기저장시설, 풍력발전소
(8) 조산원, 산후조리원, 의원(입원실 있는 것)
(9) 결핵환자나 한센인이 24시간 생활하는 노유자시설
(10) 요양병원(의료재활시설 제외)
(11) 노인주거복지시설·노인의료복지시설 및 재가노인복지시설, 학대피해노인 전용쉼터, 아동복지시설, 장애인거주시설

(12) 정신질환자 관련시설(공동생활가정을 제외한 재활훈련시설과 종합시설 중 24시간 주거를 제공하지 않는 시설 제외)
(13) 노숙인자활시설, 노숙인재활시설 및 노숙인 요양시설
(14) 공장 또는 창고시설로서 지정수량의 **750배 이상**의 특수가연물을 저장·취급하는 것
(15) 가스시설로서 지상에 노출된 탱크의 저장용량의 합계가 **100톤** 이상인 것



기억법 2자(이자)

① $100m^2 \rightarrow 200m^2$
② 10대 이상 → 20대 이상
④ $100m^2 \rightarrow 200m^2$

답 ③

★
## 62 소방시설 설치 및 관리에 관한 법령상 복도 또는 통로로 연결된 둘 이상의 특정소방대상물을 하나의 소방대상물로 보지 않는 경우는?

① 내화구조로 된 연결통로가 벽이 없는 구조로서 길이가 10m인 경우
② 내화구조가 아닌 연결통로로 연결된 경우
③ 지하보도, 지하상가, 지하가로 연결된 경우
④ 지하구로 연결된 경우

해설 **소방시설법 시행령 [별표 2]**
**복도 또는 통로로 연결된 둘 이상의 특정소방대상물을 하나의 소방대상물로 보는 경우**
(1) 내화구조로 된 연결통로가 다음의 어느 하나에 해당되는 경우
  ① 벽이 없는 구조로서 그 길이가 **6m** 이하인 경우 보기 ①
  ② 벽이 있는 구조로서 그 길이가 **10m** 이하인 경우(단, 벽 높이가 바닥에서 천장까지의 높이의 $\frac{1}{2}$ 이상인 경우에는 벽이 있는 구조로 보고, 벽 높이가 바닥에서 천장까지의 높이의 $\frac{1}{2}$ 미만인 경우에는 벽이 없는 구조로 본다)
(2) **내화구조**가 아닌 연결통로로 연결된 경우 보기 ②
(3) 컨베이어로 연결되거나 플랜트설비의 배관 등으로 연결되어 있는 경우
(4) **지하보도, 지하상가, 지하가**로 연결된 경우 보기 ③
(5) **자동방화셔터** 또는 **60분+방화문**이 설치되지 않는 피트로 연결된 경우
(6) **지하구**로 연결된 경우 보기 ④

답 ①

★
## 63 우수소방대상물 선정업무의 객관성 및 전문성을 확보하기 위한 평가위원회의 위원으로 위촉될 수 없는 자는?

① 소방관련 법인에서 소방관련 업무에 5년 이상 종사한 사람
② 소방안전관리자로 선임된 소방기술사
③ 소방공무원 교육기관에서 소방과 관련한 교육에 5년 이상 종사한 사람
④ 소방관련 석사학위 이상을 취득한 사람

해설 **화재예방법 시행규칙 제47조**
**우수소방대상물의 선정업무의 평가위원회 위원**
(1) **소방기술사**(소방안전관리자로 선임된 사람 제외)
(2) 소방시설관리사
(3) 소방관련 **석사**학위 이상을 취득한 사람 보기 ④
(4) 소방관련 법인 또는 단체에서 소방관련 업무에 **5년** 이상 종사한 사람 보기 ①
(5) 소방공무원 교육기관, 대학 또는 연구소에서 소방과 관련한 교육 또는 연구에 **5년** 이상 종사한 사람 보기 ③

답 ②

★★★
## 64 소방시설 설치 및 관리에 관한 법령상 소방시설관리업에 관한 설명으로 옳지 않은 것은?

① 소방시설관리사가 동시에 둘 이상의 업체에 취업한 경우 그 자격을 취소하여야 한다.
② 소방공무원으로 4년을 근무하고, 소방시설공사업법에 따른 소방기술 인정 자격수첩을 발급받은 자는 소방시설관리업의 보조기술인력으로 등록할 수 있다.
③ 시·도지사는 등록수첩 재발급 신청서를 제출받은 때에는 10일 이내에 등록수첩을 재발급하여야 한다.
④ 관리업자가 사망한 경우 그 상속인이 피성년 후견인이라 할지라도 상속받은 날부터 3월 동안은 관리업자의 지위를 승계할 수 있다.

해설 3일
(1) **하**자보수기간(공사업법 제15조)
(2) 소방시설업 등록증 **분**실 등의 **재발급**(공사업규칙 제4조) 보기 ③
(3) 다중이용업소 안전시설 등의 완비증명서 재발급(다중이용업규칙 제11조)

기억법 3하분재(상하이에서 분재를 가져왔다)

③ 10일 이내 → 3일 이내(소방시설법 시행규칙 제34조)

답 ③

★
**65** **소방시설 설치 및 관리에 관한 법령상 소방용품의 형식승인을 반드시 취소하여야 하는 경우가 아닌 것은?**

① 거짓으로 형식승인을 받은 경우
② 거짓으로 보고 또는 자료제출을 한 경우
③ 거짓으로 제품검사를 받은 경우
④ 거짓으로 변경승인을 받은 경우

해설 **소방시설법 제39조**
**소방용품 형식승인의 취소**
(1) 거짓이나 그 밖의 부정한 방법으로 형식승인을 받은 경우 보기 ①
(2) 거짓이나 그 밖의 부정한 방법으로 제품검사를 받은 경우 보기 ③
(3) 변경승인을 받지 아니하거나 거짓이나 그 밖의 부정한 방법으로 변경승인을 받은 경우 보기 ④

② **6개월** 이내의 제품검사 중지

답 ②

★★★
**66** **소방시설 설치 및 관리에 관한 법령상 벌칙 중 1년 이하의 징역 또는 1천만원 이하의 벌금에 처하는 경우에 해당하는 것은 어느 것인가?**

19회 문 64
17회 문 63
16회 문 55

① 특정소방대상물의 소방시설 등이 화재안전기준에 따라 설치 또는 유지·관리되어 있지 아니하여 필요한 조치를 명하였으나 정당한 사유 없이 위반한 자
② 소방용품의 형식승인을 받지 아니하고 소방용품을 제조하거나 수입한 자
③ 소방시설관리업의 등록을 하지 아니하고 영업을 한 자
④ 특정소방대상물의 소방시설 등에 대하여 스스로 점검을 하지 아니하거나 관리업자 등으로 하여금 정기적으로 점검하게 하지 아니한 자

해설 **소방시설법 제58조**
**1년 이하의 징역 또는 1천만원 이하의 벌금**
(1) 관리업의 등록증이나 등록수첩을 다른 자에게 빌려준 자
(2) 영업정지처분을 받고 그 영업정지기간 중에 관리업의 업무를 한 자
(3) 소방시설 등에 대하여 스스로 점검을 하지 아니하거나 관리업자 등으로 하여금 정기적으로 점검하게 하지 아니한 자 보기 ④
(4) 소방시설관리사증을 다른 자에게 빌려주거나 동시에 둘 이상의 업체에 취업한 사람
(5) 형식승인의 변경승인을 받지 아니한 자

①~③ **3년** 이하의 징역 또는 **3000만원** 이하의 벌금

답 ④



★
**67** **화재의 예방 및 안전관리에 관한 법령상 소방안전관리자 교육 등에 관한 설명으로 옳지 않은 것은?**

① 2급 소방안전관리대상물의 소방안전관리자가 강습교육 신청시 경력증명서를 제출하여야 한다.
② 1급 소방안전관리자의 업무 강습시간은 80시간이다.
③ 소방청장은 소방안전관리자에 대한 실무교육을 2년마다 1회 이상 실시하여야 한다.
④ 소방안전관리자 및 소방안전관리보조자에 대한 실무교육의 교육대상, 교육일정 등 실무교육에 필요한 계획을 수립하여 매년 소방청장의 승인을 받아 교육실시 30일 전까지 교육대상자에게 통보하여야 한다.

해설 **화재예방법 시행규칙 제26조**
**소방안전관리자의 강습교육 서류**
(1) 사진(가로 3.5cm×세로 4.5cm) 1매
(2) 재직증명서(공공기관에 재직하는 자)

답 ①

★★★
**68** **위험물안전관리법령상 산화성 고체에 해당하는 것은?**

19회 문 81 / 15회 문 76 / 10회 문 78 / 08회 문 80 / 05회 문 54 / 02회 문 62

① 유기과산화물 ② 질산에스터류
③ 다이크로뮴산염류 ④ 하이드록실아민염류

해설 **위험물령 [별표 1]**
위험물

| 유 별 | 성 질 | 품 명 |
|---|---|---|
| 제**1**류 | **산**화성 **고**체 | • 아염소산염류(아염소산칼륨)<br>• 염소산염류<br>• 과염소산염류<br>• 질산염류<br>• 무기과산화물<br>• 다이크로뮴산염류 **보기 ③**<br>기억법 1산고(일산GO) |
| 제**2**류 | 가연성 고체 | • **황화**인<br>• **적**린<br>• **황**<br>• **마**그네슘<br>기억법 2황화적황마 |
| 제**3**류 | 자연발화성 물질 및 금수성 물질 | • **황**린<br>• **칼**륨<br>• **나트**륨<br>• 알킬리튬<br>기억법 3황칼나트 |
| 제4류 | 인화성 액체 | • 특수인화물<br>• 알코올류<br>• 석유류<br>• 동식물유류 |
| 제5류 | 자기반응성 물질 | • 셀룰로이드<br>• 유기과산화물 **보기 ①**<br>• 질산에스터류 **보기 ②** |
| 제**6**류 | **산**화성 **액**체 | • **과염**소산<br>• 과**산**화수소(농도 36중량퍼센트 이상)<br>• **질**산(비중 1.49 이상)<br>기억법 6산액과염산질 |

①, ②, ④ 자기반응성 물질

답 ③

★
**69** **위험물안전관리법령상 제조소 또는 일반취급소의 설비 중 변경허가를 받을 필요가 없는 경우는?**

① 배출설비를 신설하는 경우
② 불활성 기체의 봉입장치를 신설하는 경우
③ 위험물취급탱크의 탱크전용실을 증설하는 경우
④ 펌프설비를 증설하는 경우

해설 **위험물규칙 [별표 1의 2]**
**제조소 또는 일반취급소의 변경허가를 받아야 하는 경우**

(1) 제조소 또는 일반취급소의 위치를 이전하는 경우
(2) 건축물의 벽・기둥・바닥・보 또는 지붕을 증설 또는 철거하는 경우
(3) **배출설비**를 **신설**하는 경우 **보기 ①**
(4) 위험물취급탱크를 신설・교체・철거 또는 보수(탱크의 본체를 절개하는 경우)하는 경우
(5) 위험물취급탱크의 노즐 또는 맨홀을 신설하는 경우(노즐 또는 맨홀의 지름이 250mm를 초과하는 경우)
(6) 위험물취급탱크의 방유제의 높이 또는 방유제 내의 면적을 변경하는 경우
(7) 위험물취급탱크의 탱크전용실을 증설 또는 교체하는 경우 **보기 ③**
(8) 300m(지상에 설치하지 아니하는 배관의 경우 30m)를 초과하는 위험물 배관을 신설・교체・철거 또는 보수(배관을 절개하는 경우)하는 경우
(9) **불활성 기체**의 봉입장치를 **신설**하는 경우 **보기 ②**
(10) 누설범위를 국한하기 위한 설비를 신설하는 경우
(11) **냉각장치** 또는 **보냉장치**를 **신설**하는 경우
(12) 탱크전용실을 증설 또는 교체하는 경우
(13) 담 또는 토제를 신설・철거 또는 이설하는 경우
(14) 온도 및 농도의 상승에 의한 위험한 반응을 방지하기 위한 설비를 신설하는 경우
(15) 철이온 등의 혼입에 의한 위험한 반응을 방지하기 위한 설비를 신설하는 경우
(16) 방화상 유효한 담을 신설・철거 또는 이설하는 경우
(17) 위험물의 제조설비 또는 취급설비(펌프설비 제외)를 증설하는 경우
(18) 옥내소화전설비・옥외소화전설비・스프링클러설비・물분무등소화설비를 신설・교체(배관・밸브・압력계・소화전 본체・소화약제탱크・포헤드・포방출구 등의 교체 제외) 또는 철거하는 경우
(19) **자동화재탐지설비**를 **신설** 또는 **철거**하는 경우

비교

**위험물규칙 [별표 1의 2]**

(1) 옥내저장소의 변경허가를 받아야 하는 경우
① 건축물의 벽·기둥·바닥·보 또는 지붕을 증설 또는 철거하는 경우
② **배출설비**를 신설하는 경우
③ 누설범위를 국한하기 위한 설비를 신설하는 경우
④ 온도의 상승에 의한 위험한 반응을 방지하기 위한 설비를 신설하는 경우
⑤ 담 또는 토제를 신설·철거 또는 이설하는 경우
⑥ 옥외소화전설비·스프링클러설비·물분무등소화설비를 신설·교체(배관·밸브·압력계·소화전 본체·소화약제탱크·포헤드·포방출구 등의 교체 제외) 또는 철거하는 경우
⑦ **자동화재탐지설비**를 신설 또는 철거하는 경우

(2) 옥외저장소의 변경허가를 받아야 하는 경우
① 옥외저장소의 면적을 변경하는 경우
② 살수설비 등을 신설 또는 철거하는 경우
③ 옥외소화전설비·스프링클러설비·물분무등소화설비를 신설·교체(배관·밸브·압력계·소화전 본체·소화약제탱크·포헤드·포방출구 등의 교체 제외) 또는 철거하는 경우

답 ④

★★★
## 70 위험물안전관리법령상 제조소 등의 관계인이 예방규정을 정하여야 하는 제조소 등의 기준에 해당하는 것은?

19회 문 70
16회 문 68
15회 문 69
15회 문 71
11회 문 87

① 지정수량의 10배 이상의 위험물을 취급하는 제조소
② 지정수량의 50배 이상의 위험물을 저장하는 옥외저장소
③ 지정수량의 100배 이상의 위험물을 저장하는 옥내저장소
④ 지정수량의 150배 이상의 위험물을 취급하는 옥외탱크저장소

해설 **위험물령 제15조**
**예방규정을 정하여야 할 제조소 등**
(1) **10배** 이상의 **제조소·일반취급소** 보기 ①
(2) **100배** 이상의 **옥외저장소**
(3) **150배** 이상의 **옥내저장소**
(4) **200배** 이상의 **옥외탱크저장소**
(5) **이송취급소**
(6) **암반탱크저장소**

② 50배 → 100배
③ 100배 → 150배
④ 150배 → 200배

답 ①

★
## 71 위험물안전관리법령상 시·도지사의 권한을 한국소방산업기술원에 위탁하는 업무에 해당하는 것은?

① 제조소 등의 설치허가 또는 변경허가
② 군사목적인 제조소 등의 설치에 관한 군부대의 장과의 협의
③ 위험물의 품명·수량 또는 지정수량 배수의 변경신고의 수리
④ 저장용량이 70만L인 옥외탱크저장소 설치에 따른 완공검사

해설 **위험물령 제22조**
**한국소방산업기술원에 위탁하는 완공검사**
(1) 지정수량의 **1천배** 이상의 위험물을 취급하는 제조소 또는 일반취급소의 설치 또는 변경(사용 중인 제조소 또는 일반취급소의 보수 또는 부분적인 증설 제외)에 따른 완공검사
(2) 옥외탱크저장소(저장용량이 **50만L** 이상인 것만 해당) 또는 암반탱크저장소의 설치 또는 변경에 따른 완공검사 보기 ④

④ 70만L → 50만L

비교

**소방서장에게 위임하는 업무**(위험물령 제21조)
(1) 제조소 등의 설치허가 또는 변경허가 보기 ①
(2) 위험물의 품명·수량 또는 지정수량의 배수의 변경신고의 수리 보기 ③
(3) 군사목적 또는 군부대시설을 위한 제조소 등을 설치하거나 그 위치·구조 또는 설비의 변경에 관한 군부대 장과의 협의 보기 ②
(4) 탱크안전성능검사(한국소방산업기술원에 위탁하는 것 제외)
(5) 완공검사(한국소방산업기술원에 위탁하는 것 제외)
(6) 제조소 등의 설치자의 지위승계신고의 수리
(7) 제조소 등의 용도폐지신고의 수리

답 ④

★★
**72** 다중이용업소의 안전관리기본계획 등에 관한 설명으로 옳지 않은 것은?

18회 문 75 / 17회 문 72 / 16회 문 74 / 15회 문 75 / 14회 문 72 / 12회 문 63

① 소방청장은 다중이용업소의 안전관리기본계획을 5년마다 수립·시행하여야 한다.
② 소방청장은 기본계획에 따라 매년 연도별 안전관리계획을 수립·시행하여야 한다.
③ 다중이용업소의 안전관리를 위하여 시·도지사는 매년 안전관리집행계획을 수립하여 소방청장에게 제출하여야 한다.
④ 다중이용업소의 안전관리집행계획은 해당 연도 전년 12월 31일까지 수립하여야 한다.

해설 **다중이용업법 제6조**
**안전관리집행계획의 수립**
다중이용업소의 안전관리를 위하여 **소방본부장**은 **매년** 안전관리집행계획을 수립하여 **소방청장**에게 제출하여야 한다.

③ 시·도지사 → 소방본부장

비교
**안전관리계획의 수립**(다중이용업법 제5조)
소방청장은 기본계획에 따라 매년 연도별 안전관리계획을 수립·시행하여야 한다.

답 ③

★★
**73** 다중이용업소의 영업장에 설치·유지하여야 하는 안전시설 등에 관한 설명으로 옳지 않은 것은?

15회 문 72

① 지하층에 설치된 영업장에는 간이스프링클러설비를 설치하여야 한다.
② 노래반주기 등 영상음향장치를 사용하는 영업장에는 비상벨설비를 설치하여야 한다.
③ 가스시설을 사용하는 주방이나 난방시설이 있는 영업장에는 가스누설경보기를 설치하여야 한다.
④ 영업장 내부 피난통로 또는 복도가 있는 영업장에는 피난유도선을 설치하여야 한다.

해설 **다중이용업령 [별표 1의 2]**
**다중이용업소의 영업장에 설치·유지하여야 하는 안전시설**

| 안전시설 | 영업장 |
|---|---|
| 간이스프링클러설비 보기 ① | 지하층에 설치된 영업장 |
| 자동화재탐지설비 | 노래반주기 등 영상음향장치를 사용하는 영업장 |
| 가스누설경보기 보기 ③ | 가스시설을 사용하는 주방이나 난방시설이 있는 영업장 |
| 피난유도선 보기 ④ | 영업장 내부 피난통로 또는 복도가 있는 영업장 |
| 영상음향차단장치 | 노래반주기 등 영상음향장치를 사용하는 영업장 |

② 비상벨설비 → 자동화재탐지설비

답 ②

★
**74** 다중이용업소의 화재배상책임보험에 관한 설명으로 옳지 않은 것은?

15회 문 74

① 사망의 경우 피해자 1명당 1억 5천만원의 범위에서 피해자에게 발생한 손해액을 지급한다.
② 척추체 분쇄성 골절 부상의 경우 1천만원 범위에서 피해자에게 발생한 손해액을 지급한다.
③ 안전시설 등을 설치하려는 경우 다중이용업주는 화재배상책임보험에 가입한 후 그 증명서를 소방본부장 또는 소방서장에게 제출하여야 한다.
④ 보험회사는 화재배상책임보험에 가입하여야 할 자와 계약을 체결한 경우 그 사실을 보험회사의 전산시스템에 입력한 날부터 5일 이내에 소방서장에게 알려야 한다.

해설 **다중이용업령 [별표 2]**

① 다중이용업령 제9조 3
② 1천만원 → 3천만원
③ 다중이용업법 제13조 3
④ 다중이용업규칙 제14조 3

답 ②

★

## 75 다중이용업소의 화재위험평가 등에 관한 설명으로 옳지 않은 것은?

① 5층 이상인 건축물로서 다중이용업소가 10개 이상인 경우 화재위험평가를 할 수 있다.

② 위험유발지수의 산정기준, 방법 등은 소방청장이 고시한다.

③ 소방서장은 화재위험유발지수가 C등급인 경우 조치를 명할 수 있다.

④ 화재위험평가 대행자가 화재위험평가서를 허위로 작성한 경우 1차 행정처분기준은 업무정지 6월이다.

해설 **다중이용법 제15조**

**소방청장, 소방본부장** 또는 **소방서장**은 화재위험평가 결과 그 위험유발지수가 대통령령으로 정하는 기준 미만인 경우에는 해당 다중이용업주 또는 관계인에게 조치를 명할 수 있다.

참고

**대통령령으로 정하는 기준 미만인 경우**(다중이용업령 제11조)
**D등급** 또는 **E등급**

중요

**화재위험유발지수**(다중이용업령 [별표 4])

| 등 급 | 평가점수 |
|---|---|
| A | 80 이상 |
| B | 60~79 이하 |
| C | 40~59 이하 |
| D | 20~39 이하 |
| E | 20 미만 |

답 ③

**제 4 과목** 위험물의 성질·상태 및 시설기준

★★★

## 76 질산염류 150kg, 염소산염류 300kg, 과망가니즈산염류 3000kg을 동일한 장소에 저장하고 있는 경우 지정수량의 몇 배인가?

19회 문 88
18회 문 71
18회 문 86
17회 문 87
16회 문 80
16회 문 85
15회 문 77
14회 문 77
14회 문 78

① 4.3 ② 7
③ 9.5 ④ 16.5

해설 **지정수량 배수**

$$= \frac{\text{저장수량}}{\text{지정수량}} + \frac{\text{저장수량}}{\text{지정수량}} + \cdots$$

$$= \frac{150\text{kg}}{300\text{kg}} + \frac{300\text{kg}}{50\text{kg}} + \frac{3000\text{kg}}{1000\text{kg}}$$

$= 9.5$배

중요

**제1류 위험물의 종류 및 지정수량**

| 성질 | 품 명 | 지정수량 | 대표물질 |
|---|---|---|---|
| 산화성 고체 | 염소산염류 | 50kg | 염소산칼륨·염소산나트륨·염소산암모늄 |
| | 아염소산염류 | | 아염소산칼륨·아염소산나트륨 |
| | 과염소산염류 | | 과염소산칼륨·과염소산나트륨·과염소산암모늄 |
| | 무기과산화물 | | 과산화칼륨·과산화나트륨·과산화바륨 |
| | 크로뮴·납 또는 아이오딘의 산화물 | | 삼산화크로뮴 |
| | 브로민산염류 | 300kg | 브로민산칼륨·브로민산나트륨·브로민산바륨·브로민산마그네슘 |
| | 질산염류 | | 질산칼륨·질산나트륨·질산암모늄 |
| | 아이오딘산염류 | | 아이오딘산칼륨·아이오딘산칼슘 |
| | 과망가니즈산염류 | 1000kg | 과망가니즈산칼륨·과망가니즈산나트륨 |
| | 다이크로뮴산염류 | | 다이크로뮴산칼륨·다이크로뮴산나트륨·다이크로뮴산암모늄 |

답 ③

★

## 77 제1류 위험물에 관한 설명으로 옳은 것은?

19회 문 76
17회 문 76
16회 문 83
15회 문 86
06회 문 98
05회 문 77
02회 문 99

① 산화성 고체로서 모두 물보다 가벼운 고체물질이다.

② 브로민산염류, 과염소산, 과산화수소 등이 있다.

③ 무기과산화물의 화재시 주수소화해야 한다.

④ 가열·충격·마찰에 의하여 폭발의 위험성이 있다.

해설 **제1류 위험물**
(1) **산화성 고체**로서 모두 물보다 무거운 고체물질이다. 보기 ①
(2) **브로민산염류** 등이 있다(과염소산·과산화수소 : 제6류 위험물). 보기 ②
(3) 무기과산화물의 화재시 주수소화 금지(주수소화하면 **산소**($O_2$) 발생) 보기 ③
(4) 가열·충격·마찰에 의하여 폭발의 위험성이 있다. 보기 ④

답 ④

★
## 78 위험물의 특징에 관한 설명으로 옳은 것은?

18회 문 78 / 18회 문 80 / 16회 문 78 / 16회 문 84 / 15회 문 80 / 15회 문 81 / 14회 문 79 / 13회 문 79 / 12회 문 71 / 09회 문 82 / 02회 문 80

① 삼황화인은 약 100℃에서 발화하며 이황화탄소에 녹는다.
② 적린은 황린에 비하여 화학적으로 활성이 크고 물에 잘 녹는다.
③ 황은 연소시 유독성의 오산화인이 생성된다.
④ 마그네슘 화재시 물을 주수하면 산소가 발생하여 폭발적으로 연소한다.

해설 **위험물의 특징**
(1) 삼황화인은 약 **100℃**에서 발화하며 이황화탄소에 녹는다. 보기 ①
(2) 적린은 황린에 비하여 화학적으로 활성이 작고 물에 녹지 않는다.
(3) 황은 연소시 **이산화황가스**($SO_2$)가 발생한다.
(4) 마그네슘 화재시 물을 주수하면 **수소**($H_2$)가 발생하여 폭발적으로 연소한다.

답 ①

★★
## 79 제2류 위험물인 금속분에 해당되는 것은? (단, 150$\mu$m의 체를 통과하는 것이 50wt% 미만인 것은 제외)

18회 문 78 / 18회 문 18 / 16회 문 78 / 16회 문 84 / 15회 문 80 / 15회 문 81 / 14회 문 79 / 13회 문 78 / 12회 문 71 / 09회 문 82 / 02회 문 80

① 세슘분(Cs)
② 구리분(Cu)
③ 은분(Ag)
④ 철분(Fe)

해설 **위험물령 [별표 1]**
**금속분에 해당되지 않는 것**
(1) 알칼리금속(리튬분, 나트륨분, 칼륨분, 루비듐분, 세슘분, 프랑슘분)
(2) 알칼리토류금속(칼슘분, 베릴륨분, 스트론분, 바륨분, 라듐분)
(3) 철
(4) 마그네슘
(5) 구리분
(6) 니켈분
(7) **150마이크로미터($\mu$m)**의 체를 통과하는 것이 **50중량퍼센트(wt%)** 미만

답 ③

★
## 80 탄화칼슘($CaC_2$)과 탄화알루미늄($Al_4C_3$)에 관한 설명으로 옳은 것은?

18회 문 77 / 18회 문 82 / 17회 문 79 / 15회 문 84 / 14회 문 80 / 09회 문 83

① 탄화칼슘과 물이 반응할 때 생성되는 프로필렌은 금속과 반응하여 아세틸라이드(Acetylide)를 만든다.
② 저장시 발생하는 가스에 의해 용기의 내부압력이 상승하므로 개방된 용기에 저장한다.
③ 탄화알루미늄은 물과 반응시 아세틸렌가스가 발생하므로 위험하다.
④ 소화시 물, 포의 사용을 금한다.

해설 **탄화칼슘과 탄화알루미늄**
(1) 탄화칼슘과 물이 반응하면 **수산화칼슘**[$Ca(OH)_2$]과 **아세틸렌**($C_2H_2$)가스 발생

$$CaC_2 + 2H_2O \longrightarrow Ca(OH)_2 + C_2H_2 \uparrow$$

(2) 수분의 침입을 막기 위해 밀폐된 용기에 저장
(3) 탄화알루미늄은 물과 반응하여 메탄($CH_4$) 발생

$$Al_4C_3 + 12H_2O \longrightarrow 4Al(OH)_3 + 3CH_4 \uparrow$$

(4) 소화시 물, 포, 할론 금지

답 ④

★
## 81 제3류 위험물의 성질에 관한 설명으로 옳지 않은 것은?

16회 문 79 / 18회 문 79 / 05회 문 81 / 05회 문 93 / 03회 문 96

① 인화칼슘은 물과 반응하여 $PH_3$가 발생한다.
② 나트륨 화재시 주수소화를 하는 것이 안전하다.
③ 황린은 발화점이 매우 낮고 공기 중에서 자연발화하기 쉽다.
④ 칼륨은 물과 반응하여 발열하고 $H_2$가 발생한다.

해설 제3류 위험물의 성질
(1) 인화칼슘은 물과 반응하여 $PH_3$가 발생한다. 보기 ①
(2) 나트륨 화재시 주수소화를 하면 **수소($H_2$)**가스가 발생하므로 위험하다.

$$2K+2H_2O \longrightarrow 2KOH+H_2+92.8kcal$$

(3) 황린은 발화점이 매우 낮고 공기 중에서 자연발화하기 쉽다. 보기 ③
(4) 칼륨은 물과 반응하여 발열하고 $H_2$가 발생한다. 보기 ④

답 ②

★★
## 82 제4류 위험물의 인화점에 따른 구분과 종류를 연결한 것 중 옳지 않은 것은?
19회 문 86 / 15회 문 78 / 10회 문 82

① 인화점 영하 10℃ 이하－특수인화물－메탄올
② 인화점 200℃ 이상 250℃ 미만－제4석유류－기어유
③ 인화점 21℃ 이상 70℃ 미만－제2석유류－경유
④ 인화점 21℃ 미만－제1석유류－휘발유

해설 위험물령 [별표 1]
제4류 위험물

| 제4류 위험물 | 인화점 | 대표물질 |
|---|---|---|
| **특**수인화물 | －20℃ 이하 | ① **이**황화탄소<br>② 다이에틸**에**터<br>기억법 에이특(**에이특** 시럽) |
| 제**1**석유류 | 21℃ 미만 | ① **아**세톤<br>② 휘발유(**가**솔린)<br>③ **콜**로디온<br>기억법 아가콜1(**아가**의 **콜**록 **일**기) |
| 제2석유류 | 21~70℃ 미만 | ① 등유<br>② 경유 |
| 제3석유류 | 70~200℃ 미만 | ① 중유<br>② 크레오소트유 |
| 제4석유류 | 200~250℃ 미만 | ① 기어유<br>② 실린더유 |

① 영하 10℃ 이하 → 영하 20℃ 이하, 메탄올 → 이황화탄소, 다이에틸에터

답 ①

★
## 83 제4류 위험물에 관한 설명으로 옳지 않은 것은?
18회 문 85 / 06회 문 20 / 03회 문 94

① 크레오소트유－나프탈렌과 안트라센이 주성분이며 금속에 대한 부식성이 있다.
② 아크롤레인－중합반응을 일으킬 수 있으며 공기에 의해 산화되어 프로필알코올이 된다.
③ 콜로디온－용제(에탄올과 에터)가 증발하면 제5류 위험물과 같은 위험성이 있다.
④ 글리세린－나이트로글리세린의 원료이며 과망가니즈산칼륨과 혼촉발화한다.

해설 ② 프로필알코올 → 아크릴산

중요

**아크롤레인**($CH_2=CHCHO$)

| 구 분 | 설 명 |
|---|---|
| 일반 성질 | ① **무색투명**하며 불쾌한 냄새가 나는 가연성 액체이다.<br>② **물·알코올·에터**에 잘 녹는다.<br>③ 공기에 의해 산화되어 **아크릴산**이 된다. |
| 위험성 | ① 증기는 공기보다 무겁다.<br>② 반응성이 풍부하여 산화제·과산화물 등과 **중합반응**을 일으켜 발열한다.<br>③ 불꽃·열에 접촉시 자극성·유독성 가스가 발생한다. |
| 저장 및 취급방법 | ① 공기와의 접촉을 피할 것<br>② 용기 내에는 **질소**($N_2$) 등의 불활성 가스를 봉입할 것 |
| 소화방법 | **알코올포**로 **질식소화**한다(화재초기에는 물분무·이산화탄소·건조분말 등도 가능). |

답 ②

★
## 84 나이트로셀룰로오스에 관한 설명으로 옳은 것은?
16회 문 76

① 제1종 지정수량은 100kg이다.
② 물에는 녹지 않고 아세톤에는 녹는다.
③ 질화도가 클수록 폭발 위험성이 낮다.
④ 셀룰로오스에 진한 염산과 진한 질산을 혼산으로 반응시켜 제조한 것이다.

**해설** **나이트로셀룰로오스**

(1) 지정수량은 **제1종 10kg**(**제2종 100kg**)이다.
(2) 물에는 녹지 않고 아세톤에는 녹는다. 보기 ②
(3) **질화도**가 **클수록 폭발위험성**이 높다.
(4) 셀룰로오스에 **진한 황산**과 **진한 질산**을 혼산으로 반응시켜 제조한 것이다.

답 ②



★★
## 85 제5류 위험물의 종류와 성질 및 취급에 관한 설명으로 옳지 않은 것은?

① 유기과산화물의 지정수량은 제1종 10kg(제2종 100kg)이다.
② 질산에스터류는 외부로부터 산소의 공급이 없어도 자기연소하며 연소속도가 빠르다.
③ 나이트로글리세린, 알킬리튬, 알킬알루미늄 등이 있다.
④ 위험물제조소에는 적색바탕에 백색문자로 "화기엄금"이라는 주의사항을 표시한 게시판을 설치해야 한다.

**해설** **제5류 위험물의 종류와 성질 및 취급**

(1) 유기과산화물의 지정수량은 **제1종 10kg**(**제2종 100kg**)이다. 보기 ①
(2) 질산에스터류는 외부로부터 산소의 공급이 없어도 자기연소하며 연소속도가 빠르다. 보기 ②
(3) **나이트로글리세린, 트리나이트로벤젠, 셀룰로이드** 등이 있다.
(4) 위험물제조소에는 **적색바탕**에 **백색문자**로 "**화기엄금**"이라는 주의사항을 표시한 게시판을 설치해야 한다. 보기 ④

③ 제3류 위험물 : 알킬리튬, 알킬알루미늄

중요

**위험물규칙 [별표 19]**

(1) 위험물제조소의 주의사항

| 위험물 | 주의사항 | 비 고 |
|---|---|---|
| • 제1류 위험물 (알칼리금속의 과산화물)<br>• 제3류 위험물 (금수성 물질) | 물기엄금 | **청색**바탕에 **백색**문자 |
| • 제2류 위험물 (인화성 고체 제외) | 화기주의 | **적색**바탕에 **백색**문자 |
| • 제2류 위험물 (인화성 고체) | 화기엄금 | |
| • 제3류 위험물 (자연발화성 물질)<br>• 제4류 위험물<br>• 제5류 위험물 | 화기엄금 | **적색**바탕에 **백색**문자 |
| • 제6류 위험물 | 별도의 표시를 하지 않는다. | |

(2) 위험물 운반용기의 주의사항

| 위험물 | | 주의사항 |
|---|---|---|
| 제1류 위험물 | 알칼리금속의 과산화물 | • 화기·충격주의<br>• 물기엄금<br>• 가연물 접촉주의 |
| | 기타 | • 화기·충격주의<br>• 가연물 접촉주의 |
| 제2류 위험물 | 철분·금속분·마그네슘 | • 화기주의<br>• 물기엄금 |
| | 인화성 고체 | • 화기엄금 |
| | 기타 | • 화기주의 |
| 제3류 위험물 | 자연발화성 물질 | • 화기엄금<br>• 공기접촉엄금 |
| | 금수성 물질 | • 물기엄금 |
| 제4류 위험물 | | • 화기엄금 |
| 제5류 위험물 | | • 화기엄금<br>• 충격주의 |
| 제6류 위험물 | | • 가연물 접촉주의 |

답 ③

★★★
## 86 제6류 위험물에 해당되는 것은?

① 질산구아니딘 ② 염소화규소화합물
③ 할로젠간화합물 ④ 과아이오딘산

**해설** **위험물규칙 제3조**
**위험물 품명**

| 위험물 | 품 명 |
|---|---|
| 제1류 위험물 | ① 과아이오딘산염류<br>② 과아이오딘산 보기 ④<br>③ 크로뮴, 납 또는 아이오딘의 산화물<br>④ 아질산염류<br>⑤ 차아염소산염류<br>⑥ 염소화아이소사이아누르산<br>⑦ 퍼옥소이황산염류<br>⑧ 퍼옥소붕산염류 |
| 제3류 위험물 | 염소화규소화합물 보기 ② |
| 제5류 위험물 | ① 금속의 아지화합물<br>② 질산구아니딘 보기 ① |
| 제6류 위험물 | 할로젠간화합물 보기 ③ |

답 ③

★★
## 87 제6류 위험물의 특징에 관한 설명으로 옳지 않은 것은?

17회 문 86 / 16회 문 82 / 15회 문 83 / 14회 문 85 / 09회 문 25 / 08회 문 79 / 05회 문 80

① 위험물안전관리법령상 모두 위험등급 I 에 해당한다.
② 과염소산은 밀폐용기에 넣어 냉암소에 저장한다.
③ 과산화수소 분해시 발생하는 발생기 산소는 표백과 살균효과가 있다.
④ 질산은 단백질과 크산토프로테인(Xanthoprotein) 반응을 하여 붉은색으로 변한다.

해설 **제6류 위험물의 특징**
(1) 위험물안전관리법령상 모두 **위험등급** I 에 해당한다. 보기 ①
(2) 과염소산은 밀폐용기에 넣어 냉암소에 저장한다. 보기 ②
(3) 과산화수소 분해시 발생하는 발생기 산소는 **표백**과 **살균효과**가 있다. 보기 ③
(4) 질산은 단백질과 **크산토프로테인**(Xanthoprotein) 반응을 하여 **황색**으로 변한다. 보기 ④

중요

**위험등급 I 의 위험물**(위험물규칙 [별표 19] Ⅴ)
(1) **제1류 위험물**(아염소산염류, 염소산염류, 과염소산염류, 무기과산화물, 그 밖에 지정수량이 50kg인 위험물)
(2) **제3류 위험물**(칼륨, 나트륨, 알킬알루미늄, 알킬리튬, 황린, 그 밖에 지정수량이 10kg 또는 20kg인 위험물)
(3) **제4류 위험물**(특수인화물)
(4) **제5류 위험물**(지정수량이 **10kg**인 위험물)
(5) **제6류 위험물**

④ 붉은색 → 황색

답 ④

★
## 88 위험물안전관리법령상 안전거리에 관하여 규제를 받지 않는 제조소 등으로만 짝지어진 것은?

18회 문 92 / 16회 문 92 / 15회 문 88 / 14회 문 88 / 11회 문 66 / 10회 문 87 / 09회 문 92 / 07회 문 77 / 06회 문100 / 05회 문 79 / 04회 문 83 / 02회 문100

① 옥내저장소, 암반탱크저장소
② 지하탱크저장소, 옥내탱크저장소
③ 옥외탱크저장소, 제조소
④ 일반취급소, 옥외저장소

해설 **위험물규칙 [별표 4] 부표**
**안전거리에 관하여 규제를 받지 않는 제조소 등**
지하탱크저장소, 옥내탱크저장소 보기 ②

※ 위험물규칙 [별표 4] 부표에서 안전거리에 관하여 규제를 받지 않는 제조소등은 **지하탱크저장소, 옥내탱크저장소**이므로 ②가 정답이다.

비교

**안전거리에 관하여 규제를 받는 제조소 등**(위험물규칙 [별표 4] 부표)
제조소, 일반취급소, 옥내저장소, 옥외탱크저장소, 옥외저장소

답 ②

★★
## 89 위험물안전관리법령상 위험물제조소의 기준으로 옳은 것은?

16회 문 93 / 15회 문 89

① 조명설비의 전선은 내화·내열전선으로 할 것
② 채광설비는 연소의 우려가 없는 장소에 설치하되 채광면적을 최대로 할 것
③ 환기설비의 급기구는 높은 곳에 설치하고 가는 눈의 구리망 등으로 인화방지망을 설치할 것
④ 배출설비의 배풍기는 자연배기방식으로 할 것

해설 **위험물규칙 [별표 4] Ⅴ, Ⅵ**
**채광·조명 및 환기설비, 배출설비**
(1) 조명설비의 전선은 **내화·내열전선**으로 할 것 보기 ①
(2) 채광설비는 연소의 우려가 없는 장소에 설치하되 채광면적을 **최소**로 할 것 보기 ②
(3) 환기설비의 급기구는 낮은 곳에 설치하고 가는 눈의 구리망 등으로 **인화방지망**을 설치할 것 보기 ③
(4) 배출설비의 배풍기는 **강제배기방식**으로 할 것 보기 ④
(5) 배출설비의 배출능력은 1시간당 배출장소 용적의 **20배** 이상(단, 전역방식의 경우에는 바닥면적 $18m^3/m^2$ 이상으로 할 수 있다)

② 최대 → 최소, ③ 높은 곳 → 낮은 곳
④ 자연배기방식 → 강제배기방식

답 ①

★★★
## 90 위험물제조소의 하나의 방유제 안에 톨루엔 $200m^3$와 경유 $100m^3$를 저장한 옥외취급탱크가 각 1기씩 있다. 위험물안전관리법령상 탱크 주위에 설치하여야 할 방유제 용량은 최소 몇 $m^3$ 이상이 되어야 하는가?

17회 문 91 / 09회 문 89 / 08회 문 77 / 04회 문 86 / 02회 문 76

① 100
② 110
③ 220
④ 330

해설 **위험물규칙 [별표 4] Ⅸ**
**위험물제조소 방유제의 용량**

| 1기의 탱크 | 방유제용량=탱크용량×0.5 |
|---|---|
| 2기 이상의 탱크 | 방유제용량=탱크최대용량×0.5+기타 탱크용량의 합×0.1 |

2기 이상의 탱크이므로
방유제용량=탱크최대용량×0.5+기타 탱크용량의 합×0.1

$$=200\text{m}^3\times0.5+100\text{m}^3\times0.1=110\text{m}^3$$

비교

**옥외탱크저장소의 방유제**(위험물규칙 [별표 6] Ⅸ)

| 구 분 | 설 명 |
|---|---|
| 높이 | 0.5~3m 이하 |
| 탱크 | **10기**(모든 탱크용량이 **20만L** 이하, 인화점이 70~200℃ 미만은 **20기**) 이하 |
| 면적 | **80000m²** 이하 |
| 용량 | • 1기 : **탱크용량**×110% 이상<br>• 2기 이상 : **탱크최대용량**×110% 이상 |

답 ②

★★
## 91 위험물안전관리법령상 위험물의 성질에 따른 제조소의 특례에 관한 내용으로 옳지 않은 것은?

16회 문 88 / 18회 문 81 / 12회 문 80 / 04회 문 94 / 03회 문 80 / 03회 문 99

① 산화프로필렌을 취급하는 설비는 은·수은·동·마그네슘 또는 이들을 성분으로 하는 합금으로 만들지 아니할 것
② 알킬리튬을 취급하는 설비에는 불활성 기체를 봉입하는 장치를 갖출 것
③ 다이에틸에터를 취급하는 설비에는 온도 및 농도의 상승에 의한 위험한 반응을 방지하기 위한 조치를 강구할 것
④ 하이드록실아민염류를 취급하는 설비에는 철이온 등의 혼입에 의한 위험한 반응을 방지하기 위한 조치를 강구할 것

해설 **위험물규칙 [별표 4] Ⅻ**
**위험물의 성질에 따른 제조소의 특례**
(1) **산화프로필렌**을 취급하는 설비는 **은·수은·동·마그네슘** 또는 이들을 성분으로 하는 합금으로 만들지 아니할 것 보기 ①
(2) **알킬리튬**을 취급하는 설비에는 **불활성 기체**를 봉입하는 장치를 갖출 것 보기 ②
(3) **하이드록실아민** 등을 취급하는 설비에는 하이드록실아민 등의 **온도** 및 **농도**의 상승에 의한 위험한 반응을 방지하기 위한 조치를 강구할 것 보기 ③
(4) **하이드록실아민** 등을 취급하는 설비에는 **철이온** 등의 혼입에 의한 위험한 반응을 방지하기 위한 조치를 강구할 것 보기 ④

중요

**하이드록실아민 등을 취급하는 제조소의 특례**
(위험물규칙 [별표 4] Ⅻ)
건축물의 벽 또는 이에 상당하는 공작물의 외측으로부터 해당 제조소의 외벽 또는 이에 상당하는 공작물의 외측까지의 사이의 안전거리

$$D=51.1\sqrt[3]{N}$$

여기서, $D$ : 거리[m]
$N$ : 해당 제조소에서 취급하는 하이드록실아민 등의 지정수량의 배수

③ 다이에틸에터 → 하이드록실아민

답 ③

★★
## 92 위험물안전관리법령상 위험물제조소에 설치하는 옥내소화전설비의 설치기준으로 옳지 않은 것은?

① 비상전원의 용량은 그 설비를 유효하게 20분 이상 작동시키는 것이 가능할 것
② 배선은 600V 2종 비닐전선 또는 이와 동등 이상의 내열성을 갖는 전선을 사용할 것
③ 각 소화전의 노즐선단 방수량은 260L/min 이상일 것
④ 주배관 중 입상관은 관의 직경이 50mm 이상인 것으로 할 것

해설 **위험물 안전관리에 관한 세부기준 제129조**
**옥내소화전설비의 기준**
(1) 비상전원의 용량은 그 설비를 유효하게 **45분** 이상 작동시키는 것이 가능할 것 보기 ①
(2) 배선은 **600V 2종 비닐전선** 또는 이와 동등 이상의 내열성을 갖는 전선을 사용할 것 보기 ②
(3) 각 소화전의 노즐선단 방수량은 **260L/min** 이상일 것 보기 ③
(4) 주배관 중 입상관은 관의 직경이 **50mm** 이상인 것으로 할 것 보기 ④

① 20분 → 45분

답 ①

★★★
**93** **위험물안전관리법령상 위험물제조소에서 저장 또는 취급하는 위험물에 표시해야 하는 게시판의 주의사항이 옳게 연결된 것은?**

① 마그네슘, 인화성 고체－화기주의
② 질산메틸, 적린－화기주의
③ 칼슘카바이드, 철분－물기엄금
④ 톨루엔, 황린－화기엄금

해설 위험물규칙 [별표 19]

| 위험물 | 품 명 | 주의사항 |
|---|---|---|
| 마그네슘 | 제2류 | 화기주의, 물기엄금 |
| 인화성 고체 | 제2류 | 화기엄금 |
| 질산메틸 | 제5류 | 화기엄금 |
| 적린 | 제2류 | 화기주의 |
| 칼슘카바이드 (탄화칼슘) | 제3류 (금수성 물질) | 물기엄금 |
| 철분 | 제2류 | 화기주의, 물기엄금 |
| 톨루엔 | 제4류 | 화기엄금 보기 ④ |
| 황린 | 제3류 (자연발화성 물질) | 화기엄금 보기 ④ |

중요

위험물규칙 [별표 19]
(1) 위험물제조소의 주의사항

| 위험물 | 주의사항 | 비 고 |
|---|---|---|
| • 제1류 위험물 (알칼리금속의 과산화물)<br>• 제3류 위험물 (금수성 물질) | 물기엄금 | **청색**바탕에 **백색**문자 |
| • 제2류 위험물 (인화성 고체 제외) | 화기주의 | **적색**바탕에 **백색**문자 |
| • 제2류 위험물 (인화성 고체)<br>• 제3류 위험물 (자연발화성 물질)<br>• 제4류 위험물<br>• 제5류 위험물 | 화기엄금 | |
| • 제6류 위험물 | 별도의 표시를 하지 않는다. | |

(2) 위험물 운반용기의 주의사항

| 위험물 | | 주의사항 |
|---|---|---|
| 제1류 위험물 | 알칼리금속의 과산화물 | • 화기·충격주의<br>• 물기엄금<br>• 가연물 접촉주의 |
| | 기타 | • 화기·충격주의<br>• 가연물 접촉주의 |
| 제2류 위험물 | 철분·금속분·마그네슘 | • 화기주의<br>• 물기엄금 |
| | 인화성 고체 | • 화기엄금 |
| | 기타 | • 화기주의 |
| 제3류 위험물 | 자연발화성 물질 | • 화기엄금<br>• 공기접촉엄금 |
| | 금수성 물질 | • 물기엄금 |
| 제4류 위험물 | | • 화기엄금 |
| 제5류 위험물 | | • 화기엄금<br>• 충격주의 |
| 제6류 위험물 | | • 가연물 접촉주의 |

답 ④

★★
**94** **위험물안전관리법령상 옥내저장소의 시설기준에 관한 내용으로 옳지 않은 것은? (단, 다중건물 및 복합용도 건축물의 옥내저장소는 제외)**

① 저장창고는 위험물 저장을 전용으로 하는 독립된 건축물로 하여야 한다.
② 지붕은 내화구조로 하되 반자를 설치하여야 한다.
③ 제1류 위험물을 저장할 경우 지면에서 처마까지의 높이가 6m 미만의 단층 건물로 해야 한다.
④ 벽·기둥 및 바닥이 내화구조로 된 옥내저장소에 적린 600kg을 저장할 경우 너비 1m 이상의 공지를 확보해야 한다.

해설 위험물규칙 [별표 5]
옥내저장소의 시설기준
(1) 저장창고는 위험물 저장을 전용으로 하는 독립된 건축물로 하여야 한다. 보기 ①
(2) 저장창고는 지붕을 폭발력이 위로 방출될 정도의 **가벼운 불연재료**로 하고, 천장을 만들지 말 것
(3) 저장창고는 지면에서 처마까지의 높이가 **6m 미만**의 **단층 건물**로 해야 한다[단, **제2류** 또는 **제4류**의 위험물만을 저장하는 창고로서 다음의 기준에 적합한 창고의 경우에는 20m 이하로 할 수 있다. 1) 벽·기둥·보 및 바닥을 내화구조로 할 것, 2) 출입구에 60분+방화문, 60분 방화문을 설치할 것, 3) 피뢰침을 설치할 것(단, 주위상황에 의하여 안전상 지장이 없는 경우에는 그러지 아니하다.)]. 보기 ③

중요

(1) **옥내저장소의 보유공지**(위험물규칙 [별표 5])

| 최대수량 | 공지 너비 | |
|---|---|---|
| | 벽·기둥 및 바닥이 내화구조로 된 건축물 | 그 밖의 건축물 |
| 지정수량의 5배 이하 | - | 0.5m 이상 |
| 지정수량의 5배 초과 10배 이하 **보기 ④** | → 1m 이상 | 1.5m 이상 |
| 지정수량의 10배 초과 20배 이하 | 2m 이상 | 3m 이상 |
| 지정수량의 20배 초과 50배 이하 | 3m 이상 | 5m 이상 |
| 지정수량의 50배 초과 200배 이하 | 5m 이상 | 10m 이상 |
| 지정수량의 200배 초과 | 10m 이상 | 15m 이상 |

※ 지정수량의 20배를 초과하는 옥내저장소와 동일한 부지 내에 있는 다른 옥내저장소와의 사이에는 공지 너비의 $\frac{1}{3}$(수치가 3m 미만인 경우에는 3m)의 공지를 보유할 수 있다.

(2) **제2류 위험물**

| 유별 및 성질 | 위험등급 | 품 명 | 지정수량 |
|---|---|---|---|
| 제2류 가연성 고체 | Ⅱ | • 황화인<br>• 적린 **보기 ④**<br>• 황 | 100kg |
| | Ⅲ | • 마그네슘<br>• 철분<br>• 금속분 | 500kg |
| | Ⅱ~Ⅲ | • 그 밖에 행정안전부령이 정하는 것 | 100kg 또는 500kg |
| | Ⅲ | • 인화성 고체 | 1000kg |

답 ②

★★★

**95** **위험물안전관리법령상 이황화탄소를 제외한 인화성 액체위험물을 저장하는 옥외탱크저장소의 방유제시설기준에 관한 내용으로 옳지 않은 것은?**

19회 문 95 / 18회 문 94 / 16회 문 95 / 13회 문 90 / 10회 문 95 / 09회 문 94 / 08회 문 86 / 07회 문 78 / 06회 문 82 / 03회 문 90

① 방유제의 높이는 0.5m 이상 3m 이하로 한다.
② 옥외저장탱크의 총용량이 20만L 초과인 경우 방유제 내에 설치하는 탱크수는 10 이하로 한다.
③ 방유제 안에 탱크가 1개 설치된 경우 방유제의 용량은 그 탱크용량으로 한다.
④ 높이가 1m를 넘는 방유제의 안팎에는 계단 또는 경사로를 약 50m마다 설치해야 한다.

해설 **위험물규칙 [별표 6] Ⅸ**
**옥외탱크저장소의 방유제**

| 구 분 | 설 명 |
|---|---|
| 높이 | **0.5~3m** 이하 **보기 ①** |
| 탱크 | 10기(모든 탱크용량이 **20만L** 이하, 인화점이 70~200℃ 미만은 **20기**) 이하 **보기 ②** |
| 면적 | **80000m²** 이하 |
| 용량 | • 1기 : **탱크용량**×110% 이상 **보기 ③**<br>• 2기 이상 : **탱크최대용량**×110% 이상 |

③ 방유제 안에 탱크가 1개 설치된 경우 방유제의 용량은 그 탱크 용량의 110% 이상으로 한다.

답 ③

★★

**96** **위험물안전관리법령상 이동탱크저장소의 시설기준에 관한 내용으로 옳은 것은?**

18회 문 95 / 14회 문100 / 11회 문 90

① 옥외 상치장소로서 인근에 1층 건축물이 있는 경우에는 5m 이상 거리를 두어야 한다.
② 압력탱크 외의 탱크는 70kPa의 압력으로 30분간 수압시험을 실시하여 새거나 변형되지 않아야 한다.
③ 고체위험물의 탱크 내부에는 4000L 이하마다 3.2mm 이상의 강철판 등으로 칸막이를 설치해야 한다.
④ 위험물의 운반도중 위험물이 현저하게 새는 등 재난발생의 우려가 있는 경우에는 응급조치를 강구하는 동시에 가까운 소방관서 그 밖의 관계기관에 통보하여야 한다.

해설 **위험물규칙 [별표 10] Ⅰ · Ⅱ, [별표 19] Ⅲ**
**이동탱크저장소의 시설기준**

(1) 옥외 상치장소로서 인근에 건축물이 있는 경우에는 **5m**(**1층**은 **3m**) 이상 거리를 두어야 한다([별표 10] Ⅰ).
(2) 압력탱크 외의 탱크는 **70kPa**의 압력으로 **10분간** 수압시험을 실시하여 새거나 변형되지 않아야 한다([별표 10] Ⅱ).
(3) 액체위험물의 탱크 내부에는 **4000L** 이하마다 **3.2mm** 이상의 강철판 등으로 칸막이를 설치해야 한다([별표 10] Ⅱ).
(4) 위험물의 운반도중 위험물이 현저하게 새는 등 재난발생의 우려가 있는 경우에는 응급조치를 강구하는 동시에 가까운 소방관서 그 밖의 관계기관에 통보하여야 한다([별표 19] Ⅲ). 보기 ④

① 5m 이상 → 3m 이상
② 30분간 → 10분간
③ 고체위험물 → 액체위험물

중요

**위험물 표시방식**(위험물규칙 [별표 4 · 6 · 10 · 13])

| 구 분 | 표시방식 |
|---|---|
| 옥외탱크저장소 · 컨테이너식 이동탱크저장소 | **백색**바탕에 **흑색** 문자 |
| 주유취급소 | **황색**바탕에 **흑색** 문자 |
| 물기엄금 | **청색**바탕에 **백색** 문자 |
| 화기엄금 · 화기주의 | **적색**바탕에 **백색** 문자 |

답 ④

★★★
## 97 위험물안전관리법령상 과산화수소 5000kg을 저장하는 옥외저장소에 설치하여야 할 경보설비의 종류에 해당되지 않는 것은?

① 자동화재탐지설비 ② 비상경보설비
③ 확성장치 ④ 수동식 사이렌

해설 **위험물규칙 제42조**
**지정수량 10배 이상의 제조소 등(이동탱크저장소 제외)의 경보설비**

(1) 자동화재탐지설비 보기 ①
(2) 자동화재속보설비
(3) 비상경보설비(비상벨장치 또는 경종 포함) 보기 ②
(4) 확성장치(휴대용확성기 포함) 보기 ③
(5) 비상방송설비

참고

**과산화수소**

$$\text{지정수량 배수} = \frac{\text{저장수량}}{\text{지정수량}} = \frac{5000\text{kg}}{300\text{kg}} \fallingdotseq 17\text{배}$$

(∴ 지정수량의 10배 이상)

답 ④

★
## 98 위험물안전관리법령상 금속분, 마그네슘을 저장하는 곳에 적응성이 있는 소화설비를 다음 보기에서 모두 고른 것은?

㉠ 팽창질석
㉡ 이산화탄소 소화설비
㉢ 분말소화설비(탄산수소염류)
㉣ 대형 무상강화액소화기

① ㉠, ㉢ ② ㉠, ㉣
③ ㉠, ㉡, ㉢ ④ ㉡, ㉢, ㉣

해설 **위험물규칙 [별표 17]**
**철분 · 금속분 · 마그네슘 등의 소화설비 적응성**

(1) 분말소화설비(탄산수소염류 등) 보기 ㉢
(2) 분말소화기(탄산수소염류소화기)
(3) 건조사
(4) 팽창질석 또는 팽창진주암 보기 ㉠

답 ①

★
## 99 위험물안전관리법상 이송취급소의 시설기준에 관한 내용으로 옳지 않은 것은?

19회 문 97
12회 문 78
06회 문 71
05회 문 91

① 해상에 설치한 배관에는 외면부식을 방지하기 위한 도장을 실시하여야 한다.
② 도장을 한 배관은 지표면에 접하여 지상에 설치할 수 있다.
③ 지하매설배관은 지하가 내의 건축물을 제외하고는 그 외면으로부터 건축물까지 1.5m 이상 안전거리를 두어야 한다.
④ 해저에 배관을 설치하는 경우에는 원칙적으로 이미 설치된 배관에 대하여 30m 이상의 안전거리를 두어야 한다.

해설 **위험물규칙 [별표 15]**

(1) **지상** 또는 **해상**에 설치한 배관 등에는 외면부식을 방지하기 위한 도장을 실시하여야 한다. 보기 ① ②

(3) Ⅲ **지하매설배관**은 지하가 내의 건축물을 제외하고는 그 외면으로부터 건축물까지 **1.5m** 이상 안전거리를 두어야 한다. 보기 ③
(4) **해저**에 배관을 설치하는 경우에는 원칙적으로 이미 설치된 배관에 대하여 **30m** 이상의 안전거리를 두어야 한다. 보기 ④

답 ②



★

**100 위험물안전관리법령상 주유취급소에 설치할 수 있는 건축물이나 시설 등에 해당되지 않는 것은?**

① 주유취급소에 출입하는 사람을 대상으로 하는 일반음식점
② 자동차 등의 간이정비를 위한 작업장
③ 자동차 등의 세정을 위한 작업장
④ 전기자동차용 충전설비

해설 **위험물규칙 [별표 13] V**
**주유취급소에 설치할 수 있는 건축물이나 시설**
(1) 주유 또는 등유·경유를 옮겨 담기 위한 작업장
(2) 주유취급소의 업무를 행하기 위한 사무소
(3) 자동차 등의 점검 및 간이정비를 위한 작업장 보기 ②
(4) 자동차 등의 세정을 위한 작업장 보기 ③
(5) 주유취급소에 출입하는 사람을 대상으로 한 점포·휴게음식점 또는 전시장 보기 ①
(6) 주유취급소의 관계자가 거주하는 주거시설
(7) 전기자동차용 충전설비 보기 ④

① 일반음식점 → 휴게음식점

답 ①

## 제 5 과목 소방시설의 구조 원리

★★★

**101 내화구조의 건축물에 바닥면적이 310m² 인 무도학원(실내마감재료는 불연재료)에 소화기구 설치시 필요한 최소능력단위는?**

17회 문101
15회 문102
11회 문106

① 3 ② 6
③ 8 ④ 11

해설 **특정소방대상물별 소화기구의 능력단위기준**(NFTC 101 2.1.1.2)

| 특정소방대상물 | 소화기구의 능력단위 | 건축물의 주요구조부가 **내화구조**이고, 벽 및 반자의 실내에 면하는 부분이 **불연재료·준불연재료** 또는 **난연재료**로 된 특정소방대상물의 능력단위 |
|---|---|---|
| • **위**락시설<br>기억법 위3(**위상**) | 바닥면적 **30m²**마다 1단위 이상 | 바닥면적 **60m²**마다 1단위 이상 |
| • **공연**장<br>• **집**회장<br>• **관람**장 및 **문**화재<br>• **의**료시설·**장**례시설<br>기억법 5공연장 문의 집관람(손**오공 연장 문의 집관람**) | 바닥면적 **50m²**마다 1단위 이상 | 바닥면적 **100m²**마다 1단위 이상 |
| • **근**린생활시설<br>• **판**매시설<br>• 운수시설<br>• **숙**박시설<br>• **노**유자시설<br>• **전**시장<br>• 공동**주**택<br>• **업**무시설<br>• **방**송통신시설<br>• 공장·**창**고시설<br>• **항**공기 및 자동**차**관련시설 및 **관광**휴게시설<br>기억법 근판숙노전 주업방차창 1항관광(**근판숙노전 주업방차창 일**본**항관광**) | 바닥면적 **100m²**마다 1단위 이상 | 바닥면적 **200m²**마다 1단위 이상 |
| • 그 밖의 것 | 바닥면적 **200m²**마다 1단위 이상 | 바닥면적 **400m²**마다 1단위 이상 |

**내화구조**이고 실내마감재료는 **불연재료**이므로

$$\text{최소능력단위} = \frac{\text{바닥면적}\,[\text{m}^2]}{\text{능력단위 기준면적}\,[\text{m}^2]} = \frac{310\text{m}^2}{60\text{m}^2} = 5.16 \fallingdotseq 6\text{단위(절상)}$$

답 ②

☆☆☆

**102** 전양정이 50m이고 회전수가 2000rpm인 원심펌프의 회전수를 2400rpm으로 변경하여 운전하는 경우 펌프의 전양정(m)은?

18회 문 18 18회 문125 17회 문108 15회 문101 16회 문124 12회 문 34 10회 문 41 08회 문102 07회 문109

① 34.7 ② 60
③ 72 ④ 86.4

해설 **전양정** $H_2$는

$$H_2 = H_1\left(\frac{N_2}{N_1}\right)^2 = 50\text{m} \times \left(\frac{2400\text{rpm}}{2000\text{rpm}}\right)^2 = 72\text{m}$$

중요

**유량, 양정, 축동력**

(1) **유량**(풍량)

$$Q_2 = Q_1\left(\frac{N_2}{N_1}\right)\left(\frac{D_2}{D_1}\right)^3$$

또는

$$Q_2 = Q_1\left(\frac{N_2}{N_1}\right)$$

(2) **양정**(정압)

$$H_2 = H_1\left(\frac{N_2}{N_1}\right)^2\left(\frac{D_2}{D_1}\right)^2$$

또는

$$H_2 = H_1\left(\frac{N_2}{N_1}\right)^2$$

(3) **축동력**

$$P_2 = P_1\left(\frac{N_2}{N_1}\right)^3\left(\frac{D_2}{D_1}\right)^5$$

또는

$$P_2 = P_1\left(\frac{N_2}{N_1}\right)^3$$

여기서, $Q_2$ : 변경 후 유량(풍량)[$m^3$/min]
$Q_1$ : 변경 전 유량(풍량)[$m^3$/min]
$H_2$ : 변경 후 양정(정압)[m]
$H_1$ : 변경 전 양정(정압)[m]
$P_2$ : 변경 후 축동력[kW]
$P_1$ : 변경 전 축동력[kW]
$N_2$ : 변경 후 회전수[rpm]
$N_1$ : 변경 전 회전수[rpm]
$D_2$ : 변경 후 관경[mm]
$D_1$ : 변경 전 관경[mm]

답 ③

☆☆

**103** 옥내소화전설비의 화재안전기준에서 내화전선의 내열성능에 관한 설명이다. ( ) 안에 들어갈 내용으로 옳은 것은?

> 내화전선의 내화성능은 KS C IEC 60331-1과 2(온도 ( ㉠ )℃/가열시간 ( ㉡ )분) 표준 이상을 충족하고, 난연성능 확보를 위해 KS C IEC 60332-3-24 성능 이상을 충족할 것

| | ㉠ | ㉡ | | ㉠ | ㉡ |
|---|---|---|---|---|---|
| ① | 380 | 60 | ② | 380 | 120 |
| ③ | 830 | 60 | ④ | 830 | 120 |

해설 **내화전선**의 **내화성능**(NFTC 102 2.7.2) **보기 ④**
KS C IEC 60331-1과 2(온도 830℃/가열시간 120분)의 표준 이상을 충족하고, 난연성능 확보를 위해 KS C IEC 60332-3-24 성능 이상을 충족할 것

답 ④

☆

**104** 간이스프링클러설비의 설치기준으로 옳지 않은 것은?

① 간이헤드의 작동온도는 실내의 최대 주위 천장온도가 0℃ 이상 38℃ 이하인 경우 공칭작동온도가 57℃에서 77℃의 것을 사용할 것
② 방수압력(상수도직결형의 상수도압력)은 가장 먼 가지배관에서 2개의 간이헤드를 동시에 개방할 경우 각각의 간이헤드 선단 방수압력은 0.1MPa 이상으로 할 것
③ 비상전원은 간이스프링클러설비를 유효하게 10분 이상 작동될 수 있도록 할 것
④ 송수구는 구경 65mm의 단구형 또는 쌍구형으로 하여야 하며, 송수배관의 안지름은 32mm 이상으로 할 것

해설 NFPC 103A 제5·9·11·12조, NFTC 103A 2.2.1, 2.6.1.2, 2.8.1.3, 2.9
(1) 간이헤드의 작동온도는 실내의 최대 주위 천장온도가 **0~38℃** 이하인 경우 공칭작동온도가 **57~77℃**의 것을 사용할 것 **보기 ①**
(2) 방수압력(상수도직결형의 상수도압력)은 가장 먼 가지배관에서 **2개**의 **간이헤드**를 동시에 개방할 경우 각각의 간이헤드 선단 방수압력은 **0.1MPa** 이상으로 할 것 **보기 ②**

(3) 비상전원은 간이스프링클러설비를 유효하게 **10분**(**근린생활시설**로 사용하는 부분의 바닥면적 합계가 1000m$^2$ 이상인 것은 모든 층, 숙박시설 중 생활형 숙박시설로서 해당 용도로 사용되는 바닥면적의 합계가 600m$^2$ 이상인 것, 복합건축물(하나의 건축물이 근린생활시설, 판매시설, 업무시설, 숙박시설 또는 위락시설의 용도와 주택의 용도로 함께 사용되는 것)로서 연면적 1000m$^2$ 이상인 것은 모든 층의 경우 **20분**) 이상 작동될 수 있도록 할 것 보기 ③

(4) 송수구는 구경 **65mm**의 **단구형** 또는 **쌍구형**으로 하여야 하며, 송수배관의 안지름은 **40mm** 이상으로 할 것 보기 ④

답 ④

13회

★★★

**105** 옥외소화전설비의 화재안전기준에 의하여 옥외소화전을 11개 이상 30개 이하 설치 시 몇 개 이상의 소화전함을 분산 설치하여야 하는가?

14회 문104

① 5 ② 11
③ 16 ④ 21

해설 **옥외소화전함 설치개수**(NFPC 109 제7조, NFTC 109 2.4)

| 옥외소화전 개수 | 옥외소화전함 개수 |
|---|---|
| 10개 이하 | **5m** 이내마다 1개 이상 |
| 11~30개 이하 보기 ② | **11개** 이상 소화전함 분산 설치 |
| 31개 이상 | 소화전 **3개**마다 1개 이상 |

답 ②

★★★

**106** 물분무소화설비를 설치하는 차고 또는 주차장의 배수설비 설치기준으로 옳은 것은?

① 차량이 주차하는 장소의 적당한 곳에 높이 15cm 이상의 경계턱으로 배수구를 설치할 것
② 길이 60m 이하마다 집수관·소화핏트 등 기름분리장치를 설치할 것
③ 차량이 주차하는 바닥은 배수구를 향하여 100분의 1 이상의 기울기를 유지할 것
④ 배수설비는 가압송수장치의 최대송수능력의 수량을 유효하게 배수할 수 있는 크기 및 기울기로 할 것

해설 **물분무소화설비의 배수설비**(NFPC 104 제11조, NFTC 104 2.8)

(1) **10cm** 이상의 경계턱으로 배수구 설치(차량이 주차하는 곳) 보기 ①
(2) **40m** 이하마다 기름분리장치 설치 보기 ②
(3) 차량이 주차하는 바닥은 $\frac{2}{100}$ 이상의 기울기 유지 보기 ③
(4) 배수설비 : 가압송수장치의 최대송수능력의 수량을 유효하게 배수할 수 있는 크기 및 기울기 보기 ④

참고

기울기

| 기울기 | 설 명 |
|---|---|
| $\frac{1}{100}$ 이상 | 연결살수설비의 수평주행배관 |
| $\frac{2}{100}$ 이상 | 물분무소화설비의 배수설비 |
| $\frac{1}{250}$ 이상 | 습식·부압식설비 외 설비의 가지배관 |
| $\frac{1}{500}$ 이상 | 습식·부압식설비 외 설비의 수평주행배관 |

① 15cm 이상 → 10cm 이상
② 60m 이하 → 40cm 이하
③ 100분의 1 이상 → 100분의 2 이상

답 ④

★★

**107** 포소화설비의 자동식 기동장치로 폐쇄형 스프링클러헤드를 사용하는 경우 설치기준으로 옳지 않은 것은?

① 표시온도가 103℃ 이상의 것을 사용할 것
② 부착면의 높이는 바닥으로부터 5m 이하로 할 것
③ 1개의 스프링클러헤드의 경계면적은 20m$^2$ 이하로 할 것
④ 하나의 감지장치 경계구역은 하나의 층이 되도록 할 것

해설 **포소화설비의 자동식 기동장치**(폐쇄형 헤드 개방방식)(NFTC 105 2.8.2.1)

(1) 표시온도가 **79℃** 미만인 것을 사용하고, 1개의 스프링클러헤드의 **경**계면적은 **20m$^2$** 이하 보기 ③
(2) 부착면의 높이는 바닥으로부터 **5m** 이하로 하고, 화재를 유효하게 감지할 수 있도록 함 보기 ②
(3) 하나의 감지장치 경계구역은 하나의 **층**이 되도록 함 보기 ④

① 103℃ 이상 → 79℃ 미만

기억법 경2자동(경이롭다. 자동차)

답 ①

★

**108** 방포소화설비의 화재안전기준에서 전역방출식의 고발포용 고정포방출구의 설치기준으로 옳지 않은 것은?

18회 문117

① 차고 또는 주차장의 대상물에 포의 팽창비가 300인 고정포방출구는 해당 방호구역의 관포체적 $1m^3$에 대하여 1분당 방출량이 0.28L 이상의 양이 되도록 할 것

② 항공기격납고의 대상물에 포의 팽창비가 300인 고정포방출구는 해당 방호구역의 관포체적 $1m^3$에 대하여 1분당 방출량이 0.5L 이상의 양이 되도록 할 것

③ 고정포방출구는 바닥면적의 $500m^2$마다 1개 이상으로 할 것

④ 고정포방출구는 방호대상물의 최고 부분보다 낮은 위치에 설치할 것

해설 **전역방출방식**의 **고발포용 고정포방출구**(NFPC 105 제12조, NFTC 105 2.9.4.1)

(1) 개구부에 **자동폐쇄장치**를 설치할 것

(2) 포방출구는 바닥면적 **$500m^2$**마다 1개 이상으로 할 것

(3) 포방출구는 방호대상물의 **최고 부분**보다 **높은 위치**에 설치할 것

(4) 해당 방호구역의 관포체적 $1m^3$에 대한 포수용액 방출량은 특정소방대상물 및 포의 팽창비에 따라 달라진다.

※ **관포체적 :** 해당 바닥면으로부터 방호대상물의 높이보다 **0.5m** 높은 위치까지의 체적

④ 낮은 위치 → 높은 위치

답 ④

★★

**109** 다음과 같은 조건에서 이산화탄소 소화설비의 최소약제량(kg)은?

19회 문118
19회 문122
16회 문107
15회 문112
10회 문 28
10회 문118
05회 문104
04회 문117
02회 문115

- 전역방출방식의 표면화재 방호대상물
- 방호구역 체적 $200m^3$
- 설계농도 33%
- 자동폐쇄장치를 설치하지 아니한 개구부 면적 $4m^2$

① 180

② 200

③ 220

④ 240

해설 **이산화탄소 소화설비의 전역방출방식**(표면화재)

$CO_2$ 저장량[kg]=방호구역 체적[$m^3$]×약제량[$kg/m^3$]×보정계수+개구부면적[$m^2$]×개구부가산량($5kg/m^2$)

**| 표면화재의 약제량 및 개구부가산량 |**

| 방호구역 체적 | 약제량 | 개구부가산량(자동폐쇄장치 미설치시) | 최소 저장량 |
|---|---|---|---|
| $45m^3$ 미만 | $1kg/m^3$ | $5kg/m^2$ | 45kg |
| 45~$150m^3$ 미만 | $0.9kg/m^3$ | | |
| 150~$1450m^3$ 미만 → | $0.8kg/m^3$ | | 135kg |
| $1450m^3$ 이상 | $0.75kg/m^3$ | | 1125kg |

$CO_2$ 저장량[kg]=방호구역 체적[$m^3$]×약제량[$kg/m^3$]×보정계수+개구부면적[$m^2$]×개구부가산량($5kg/m^2$)

$$=200m^3 \times 0.8kg/m^3 + 4m^2 \times 5kg/m^2 = 180kg$$

- 방호구역체적이 $200m^3$이므로 약제량은 $0.8kg/m^3$
- 보정계수는 주어지지 않았으므로 무시

답 ①

★

**110** 할론소화설비의 화재안전기준에 의한 기동장치의 설치기준으로 옳은 것은?

① 수동식 기동장치의 조작부는 바닥으로부터 높이 1m 이상 1.5m 이하의 위치에 설치할 것

② 가스압력식 기동장치의 기동용 가스용기는 25MPa 이상의 압력에 견딜 수 있을 것

③ 가스압력식 기동장치의 기동용 가스용기에는 내압시험압력의 0.8배 내지 1.2배 사이에서 작동하는 안전장치를 설치할 것

④ 수동식 기동장치의 전역방출방식에 있어서는 방호대상물마다, 국소방출방식에 있어서는 방호구역마다 설치할 것

해설 **할론소화설비**의 **기동장치 설치기준**(NFTC 107 2.3)

(1) 기동장치의 조작부는 바닥으로부터 높이 **0.8~1.5m 이하**의 위치에 설치하고, 보호판 등에 따른 보호장치를 설치할 것

(2) 가스압력식 기동장치의 기동용 가스용기 및 해당용기에 사용하는 밸브는 **25MPa 이상**의 압력에 견딜 수 있는 것으로 할 것 **보기 ②**

(3) 가스압력식 기동장치의 기동용 가스용기에는 **내압시험압력 0.8배~내압시험압력 이하**에서 작동하는 안전장치를 설치할 것

(4) 수동식 기동장치의 **전역방출방식**은 **방호구역**마다, **국소방출방식**은 **방호대상물**마다 설치할 것

답 ②

★★

## 111 바닥면적이 400m²인 발전기실(층고 3m)에 소화농도 7%로 HFC-227ea를 설치시 소요하는 최저의 소화약제량(kg)은 약 얼마인가?

- 약제방사시 방호구역은 20℃로 한다.
- 소화약제별 선형상수를 구하기 위한 $K_1 = 0.1269$, $K_2 = 0.0005$이다.
- 기타 조건은 할로겐화합물 및 불활성기체 소화설비의 화재안전기준에 의한다.

① 330 ② 402

③ 804 ④ 877

해설 **할로겐화합물소화약제**(NFPC 107A 제7조, NFTC 107A 2.4)

$$W = \frac{V}{S}\left[\frac{C}{(100-C)}\right]$$

여기서, $W$ : 소화약제의 무게(소화약제량)〔kg〕

$V$ : 방호구역의 체적〔m³〕

$S$ : 소화약제별 선형상수($K_1 + K_2 \times t$)〔m³/kg〕

$C$ : 체적에 따른 소화약제의 설계농도〔%〕

$t$ : 방호구역의 최소예상온도〔℃〕

- 체적에 따른 소화약제의 설계농도 =소화농도×안전계수
- 설계농도 구하기

| 화재등급 | 설계농도 |
|---|---|
| A급 | A급 소화농도×1.2 |
| B급 | B급 소화농도×1.3 |
| C급 | A급 소화농도×1.35 |

**소화약제량** $W$는

$$W = \frac{V}{S}\left[\frac{C}{100-C}\right]$$

$$= \frac{(400\times 3)\text{m}^3}{0.1369}\left[\frac{9.1\%}{100-9.1\%}\right] ≒ 877\text{kg}$$

- $S$ : $K_1 + K_2 \times t = 0.1269 + 0.0005 \times 20℃ = 0.1369$
- $C$ : 소화농도×안전계수(발전실 B급 1.3) $= 7\% \times 1.3 = 9.1\%$
- 발전기실의 주된 원료는 경유이고 주된 원료에서 화재가 발생하므로 경유를 사용한다는 말이 없어도 B급이다.

비교

**불활성기체 소화약제**

$$X = 2.303\left(\frac{V_s}{S}\right)\times \log_{10}\left[\frac{100}{(100-C)}\right]\times V$$

여기서, $X$ : 소화약제의 부피〔m³〕

$S$ : 소화약제별 선형상수($K_1 + K_2 \times t$)〔m³/kg〕

| 소화약제 | $K_1$ | $K_2$ |
|---|---|---|
| IG-01 | 0.5685 | 0.00208 |
| IG-100 | 0.7997 | 0.00293 |
| IG-541 | 0.65799 | 0.00239 |
| IG-55 | 0.6598 | 0.00242 |

$C$ : 체적에 따른 소화약제의 설계농도〔%〕

$V_s$ : 20℃에서 소화약제의 비체적〔m³/kg〕

$t$ : 방호구역의 최소예상온도〔℃〕

$V$ : 방호구역의 체적〔m³〕

- 체적에 따른 소화약제의 설계농도 =소화농도×안전계수
- 안전계수

| 설계농도 | 소화농도 | 안전계수 |
|---|---|---|
| A급 | A급 | 1.2 |
| B급 | B급 | 1.3 |
| C급 | A급 | 1.35 |

답 ④

★★★

## 112 할로겐화합물 및 불활성기체 소화설비를 사람이 상주하는 곳에 설치시 소화약제량의 최대허용설계농도기준으로 옳지 않은 것은?

① HCFC BLEND A : 10%

② HFC-23 : 40%

③ HFC-125 : 11.5%

④ IG-55 : 43%

해설 **할로겐화합물 및 불활성기체 소화약제 최대허용 설계농도**(NFTC 107A 2.4.2)

| 소화약제 | 최대허용설계농도[%] |
|---|---|
| FIC-13I1 | 0.3 |
| HCFC-124 | 1.0 |
| HCFC BLEND A 보기 ① | 10 |
| FK-5-1-12 | 10 |
| HFC-227ea | 10.5 |
| HFC-125 보기 ③ | 11.5 |
| HFC-236fa | 12.5 |
| HFC-23 보기 ② | 30 |
| FC-3-1-10 | 40 |
| IG-01 | 43 |
| IG-100 | |
| IG-541 | |
| IG-55 보기 ④ | |

② HFC-23 : 30%

답 ②

★★★

**113** 16회 문108 **분말소화설비의 화재안전기준에 따른 소화약제 저장용기의 설치기준으로 옳지 않은 것은?**

① 제3종 분말 저장용기의 내용적은 소화약제 1kg당 1L로 할 것
② 저장용기의 충전비는 0.8 이상으로 할 것
③ 축압식 저장용기에 내압시험압력의 1.8배 이하에서 작동하는 안전밸브를 설치할 것
④ 저장용기 및 배관에 잔류 소화약제를 처리할 수 있는 청소장치를 설치할 것

해설 **분말소화설비 저장용기의 안전밸브 설치**(NFPC 108 제4조, NFTC 108 2.1.2.2)

| 가압식 | 축압식 |
|---|---|
| 최고사용압력×1.8배 이하 | 내압시험압력×0.8배 이하 |

③ 1.8배 이하 → 0.8배 이하

답 ③

★★★

**114** 17회 문124 **다음 조건에서 준비작동식 스프링클러설비 설치시 감지기의 최소설치 개수는?**

- 바닥면적 800m$^2$인 공장으로 비내화구조
- 차동식 스포트형 2종 감지기 설치
- 감지기 부착높이 7.5m

① 23
② 32
③ 46
④ 64

해설 **감지기 1개가 담당하는 바닥면적**

| 부착높이 및 소방대상물의 구분 | | 감지기의 종류 | | | | |
|---|---|---|---|---|---|---|
| | | 차동식·보상식 스포트형 | | 정온식 스포트형 | | |
| | | 1종 | 2종 | 특종 | 1종 | 2종 |
| 4m 미만 | 내화구조 | 90 | 70 | 70 | 60 | 20 |
| | 기타구조 | 50 | 40 | 40 | 30 | 15 |
| 4m 이상 8m 미만 | 내화구조 | 45 | 35 | 35 | 30 | - |
| | 기타구조 | 30 | 25 | 25 | 15 | - |

기타구조=비내화구조

**교차회로방식**의 감지기개수

$$= \frac{\text{바닥면적}[m^2]}{\text{감지기바닥면적}[m^2]}(\text{절상}) \times 2\text{개 회로}$$

$$= \frac{800m^2}{25m^2}$$

$= 32$

$32 \times 2$개 회로=64개

중요

**교차회로방식 적용설비**
(1) 분말소화설비
(2) 할론소화설비
(3) 이산화탄소 소화설비
(4) 준비작동식 스프링클러설비
(5) 일제살수식 스프링클러설비
(6) 할로겐화합물 및 불활성기체 소화설비

답 ④

★

**115** 자동화재속보설비의 화재안전기준에 의한 설치기준으로 옳지 않은 것은?

19회 문115 16회 문114

① 노유자생활시설에 상시 근무인원이 10인 이하인 경우 자동화재속보설비를 설치하지 아니할 수 있다.

② 스위치는 바닥으로부터 0.8m 이상 1.5m 이하의 높이에 설치하여야 한다.

③ 속보기는 소방관서에 통신망으로 통보하도록 하여야 한다.

④ 자동화재탐지설비와 연동으로 작동하여 자동적으로 화재발생상황이 소방관서에 전달되는 것으로 하여야 한다.

해설 **자동화재속보설비**의 **설치기준**(NFPC 204 제4조, NFTC 204 2.1)

(1) **자동화재탐지설비**와 연동으로 작동하여 자동적으로 화재발생 상황을 **소방관서**에 전달되는 것으로 할 것 **보기 ④**

(2) 조작스위치는 바닥으로부터 **0.8~1.5m** 이하의 높이에 설치할 것 **보기 ②**

(3) 속보기는 소방관서에 **통신망**으로 통보하도록 하며, 데이터 또는 코드전송방식을 부가적으로 설치할 수 있다(단, 데이터 및 코드전송방식의 기준은 소방청장이 정한다). **보기 ③**

(4) **문화재**에 설치하는 자동화재속보설비는 **속보기**에 **감지기**를 **직접 연결**하는 방식(자동화재탐지설비 1개 경계구역)으로 할 수 있다.

답 ①

★★★

**116** 비상방송설비의 화재안전기준에 의하여 지하 2층, 지상 30층, 연면적 80000m²인 특정소방대상물의 지상 1층에서 화재발생시 경보를 발하여야 하는 층은?

19회 문116 09회 문116 07회 문116 06회 문116 04회 문113

① 지하 2층, 지하 1층, 1층, 2층, 3층, 4층, 5층

② 1층, 2층, 3층

③ 1층, 2층, 5층

④ 전체 층

해설 **비상방송설비 · 자동화재탐지설비 우선경보방식 적용대상물**

11층(공동주택 16층) 이상의 특정소방대상물의 경보

‖ 음향장치의 경보 ‖

| 발화층 | 경보층 | |
|---|---|---|
| | 11층 (공동주택 16층) 미만 | 11층 (공동주택 16층) 이상 |
| 2층 이상 발화 | 전층 일제경보 | • 발화층<br>• 직상 4개층 |
| 1층 발화 | | • 발화층<br>• 직상 4개층<br>• 지하층 |
| 지하층 발화 | | • 발화층<br>• 직상층<br>• 기타의 지하층 |

중요

**지상 1층 발화시 경보층**

(1) 1층(발화층)

(2) 2층, 3층, 4층, 5층(직상 4개층)

(3) 지하 1층, 지하 2층(지하층)

답 ①

★★★

**117** 누전경보기의 화재안전기준에 의한 설치기준으로 옳지 않은 것은?

16회 문112

① 경계전로의 정격전류가 60A를 초과하는 전로에 있어서는 1급 누전경보기를 설치할 것

② 누전경보기 수신부의 음향장치는 수위실 등 상시 사람이 근무하는 장소에 설치할 것

③ 변류기를 옥외의 전로에 설치하는 경우에는 옥외형으로 설치할 것

④ 전원은 분전반으로부터 전용회로로 하고, 각 극에 개폐기 및 60A 이하의 과전류 차단기를 설치할 것

해설 **누전경보기**의 **차단기 설치**(NFPC 205 제6조, NFTC 205 2.3.1.1)

| 과전류 차단기 **보기 ④** | **배**선용 차단기 |
|---|---|
| 개폐기 및 15A 이하의 과전류 차단기 | **2**0A 이하의 배선용 차단기 |

④ 60A 이하 → 15A 이하

기억법 배2(배이다.)

비교

**누전경보기의 설치**(NFPC 205 제4조, NFTC 205 2.1.1.1) **보기 ①**

| 경계전로 60A 이하 | 경계전로 60A 초과 |
|---|---|
| 1급 또는 2급 누전경보기 | 1급 누전경보기 |

답 ④

★★

**118** **피난기구 설치시 피난 또는 소화활동상 유효한 개구부의 크기 기준으로 옳은 것은 어느 것인가?**

① 가로 0.5m 이상, 세로 1m 이상
② 가로 및 세로가 각 0.6m 이상
③ 가로 0.3m 이상, 세로 0.6m 이상
④ 가로 0.5m 이상, 세로 0.8m 이상

해설 **피난기구**의 **설치기준**(NFPC 301 제5조, NFTC 301 2.1.3.1)
피난 또는 소화활동상 유효한 개구부의 크기 : 가로 **0.5m** 이상 세로 **1m** 이상 보기 ①

답 ①

★

**119** **광원점등방식 피난유도선의 설치기준으로 옳지 않은 것은?**

18회 문110
17회 문112
16회 문117

① 피난유도 표시부는 80cm 이내의 간격으로 연속되도록 설치하되 실내장식물 등으로 설치가 곤란할 경우 2m 이내로 설치할 것
② 비상전원은 상시 충전상태를 유지하도록 설치할 것
③ 피난유도 제어부는 조작 및 관리가 용이하도록 바닥으로부터 0.8m 이상 1.5m 이하의 높이에 설치할 것
④ 피난유도 표시부는 바닥으로부터 높이 1m 이하의 위치 또는 바닥 면에 설치할 것

해설 **피난유도선 설치기준**(NFPC 303 제9조, NFTC 303 2.6)

| 종 류 | 설치기준 |
|---|---|
| 축광방식의 피난유도선 | ① 구획된 각 실로부터 **주출입구** 또는 **비상구**까지 설치<br>② 바닥으로부터 높이 **50cm 이하**의 위치 또는 바닥면에 설치<br>③ 피난유도 표시부는 **50cm 이내**의 간격으로 연속되도록 설치<br>④ 부착대에 의하여 견고하게 설치<br>⑤ **외부의 빛** 또는 **조명장치**에 의하여 상시 조명이 제공되거나 비상조명등에 의한 조명이 제공되도록 설치 |
| 광원점등방식의 피난유도선 | ① 구획된 각 실로부터 **주출입구** 또는 **비상구**까지 설치<br>② 피난유도 표시부는 바닥으로부터 높이 **1m 이하**의 위치 또는 바닥면에 설치 보기 ④<br>③ 피난유도 표시부는 **50cm 이내**의 간격으로 연속되도록 설치하되 실내장식물 등으로 설치가 곤란할 경우 **1m 이내**로 설치 보기 ①<br>④ 수신기로부터의 **화재신호** 및 **수동조작**에 의하여 광원이 점등되도록 설치<br>⑤ 비상전원이 **상시 충전상태**를 유지하도록 설치 보기 ②<br>⑥ 바닥에 설치되는 피난유도 표시부는 **매립**하는 방식을 사용<br>⑦ 피난유도 제어부는 조작 및 관리가 용이하도록 바닥으로부터 **0.8~1.5m** 이하의 높이에 설치 보기 ③ |

① 80cm 이내 → 50cm 이내,
2m 이내 → 1m 이내

답 ①

★★

**120** **다음은 제연설비의 공기유입방식 및 유입구에 관한 화재안전기준이다. (　) 안에 들어갈 내용으로 옳은 것은?**

14회 문 16

> 예상제연구역에 공기가 유입되는 순간의 풍속은 ( ㉠ )m/s 이하가 되도록 하고, 공기유입구의 구조는 유입공기를 ( ㉡ ) 이내로 분출할 수 있도록 하여야 한다.

① ㉠ 3, ㉡ 하향 45°
② ㉠ 5, ㉡ 하향 60°
③ ㉠ 3, ㉡ 상향 45°
④ ㉠ 5, ㉡ 상향 60°

해설 **제연설비 예상제연구역의 공기유입방식**(NFPC 501 제8조, NFTC 501 2.5.5, 2.5.6)
(1) 예상제연구역에 공기가 유입되는 순간의 풍속은 **5m/s** 이하가 되도록 하고, 유입구의 구조는 유입공기를 상향으로 분출하지 않도록 설치한다(단, 유입구가 바닥에 설치되는 경우에는 상향으로 분출이 가능하며 풍속은 **1m/s 이하**).
(2) 예상제연구역에 대한 공기유입구의 크기는 해당 예상제연구역 배출량 $1m^3$/min에 대하여 $35cm^2$ **이상**으로 하여야 한다.

중요

**제연설비의 풍속**(NFPC 501 제9조, NFTC 501 2.6.2.2)

| 조 건 | 풍 속 |
|---|---|
| • 배출기의 흡입측 풍속 | 15m/s 이하 |
| • 배출기의 배출측 풍속<br>• 유입풍도 안의 풍속 | 20m/s 이하 |

답 ②

★

## 121 특별피난계단의 부속실에 설치된 제연설비의 제어반기능에 관한 기준으로 옳지 않은 것은?

① 급기용 댐퍼의 개폐에 대한 감시 및 원격조작기능

② 급기송풍기와 유입공기의 배출용 송풍기의 작동여부에 대한 감시 및 원격조작기능

③ 수동기동장치의 작동여부에 대한 감시기능

④ 비상전원의 원격조작기능

해설 **특별피난계단의 부속실 제연설비의 제어반기능 기준**(NFTC 501A 2.20.1.2)

(1) **급기용 댐퍼**의 개폐에 대한 **감시** 및 **원격조작기능** 보기 ①

(2) **배출댐퍼** 또는 개폐기의 작동여부에 대한 **감시** 및 **원격조작기능**

(3) 급기송풍기와 유입공기의 **배출용 송풍기**(설치한 경우)의 작동여부에 대한 **감시** 및 **원격조작기능** 보기 ②

(4) 제연구역의 출입문의 일시적인 **고정개방** 및 **해정**에 대한 **감시** 및 **원격조작기능**

(5) **수동기동장치**의 **작동여부**에 대한 **감시기능** 보기 ③

(6) 급기구 개구율의 자동조절장치(설치하는 경우)의 작동여부에 대한 감시기(단, 급기구에 차압표시계를 고정부착한 자동차압·과압조절형 댐퍼를 설치하고 해당 제어반에도 차압표시계를 설치한 경우는 제외)

(7) **감시선로**의 단선에 대한 **감시기능**

(8) 예비전원이 확보되고 **예비전원**의 적합여부를 시험할 수 있을 것

답 ④

★★

## 122 연결살수설비의 화재안전기준에 의한 설치기준으로 옳지 않은 것은?

18회 문107 / 15회 문123 / 03회 문121

① 교차배관에는 가지배관과 가지배관 사이마다 1개 이상의 행가를 설치하되, 가지배관 사이의 거리가 4.5m를 초과하는 경우에는 4.5m 이내마다 1개 이상 설치할 것

② 개방형 헤드를 사용하는 연결살수설비의 수평주행배관은 헤드를 향하여 상향으로 100분의 1 이상의 기울기로 설치할 것

③ 천장 또는 반자의 각 부분으로부터 하나의 살수헤드까지의 수평거리가 연결살수설비 전용헤드의 경우 2.3m 이하로 할 것

④ 습식 연결살수설비의 배관은 동결방지조치를 하거나 동결의 우려가 없는 장소에 설치할 것

해설 **연결살수설비 헤드 수평거리**(NFPC 503 제6조, NFTC 503 2.3.2.2) 보기 ③

| 스프링클러헤드 | 연결살수설비 전용헤드 |
|---|---|
| 2.3m 이하 | 3.7m 이하 |

③ 2.3m 이하 → 3.7m 이하

답 ③

★★★

## 123 비상콘센트설비의 화재안전기준에 관한 설명으로 옳지 않은 것은?

18회 문114 / 15회 문122 / 14회 문123 / 09회 문119

① 하나의 전용회로에 설치하는 비상콘센트는 10개 이하로 할 것

② 비상콘센트의 전원부와 외함 사이의 절연저항은 전원부와 외함 사이를 500V 절연저항계로 측정할 때 20MΩ 미만일 것

③ 비상콘센트는 바닥으로부터 0.8m 이상 1.5m 이하의 위치에 설치할 것

④ 전원회로는 각 층에 2 이상이 되도록 설치할 것. 다만, 설치하여야 할 층의 비상콘센트가 1개인 때에는 하나의 회로로 할 수 있다.

해설 NFPC 504 제4조, NFTC 504 2.1.6.1

② 20MΩ 미만 → 20MΩ 이상

중요

**절연저항시험**

| 절연저항계 | 절연저항 | 대 상 |
|---|---|---|
| 직류 250V | 0.1MΩ 이상 | • 1경계구역의 절연저항 |

| 절연 저항계 | 절연저항 | 대 상 |
|---|---|---|
| 직류 500V | 5MΩ 이상 | • 누전경보기<br>• 가스누설경보기<br>• 수신기<br>• 자동화재속보설비<br>• 비상경보설비<br>• 유도등(교류입력측과 외함간 포함)<br>• 비상조명등(교류입력측과 외함간 포함) |
| | 20MΩ 이상 보기 ② | • 경종<br>• 발신기<br>• 중계기<br>• 비상**콘**센트<br>• 기기의 절연된 선로간<br>• 기기의 충전부와 비충전부간<br>• 기기의 교류입력측과 외함간(유도등·비상조명등 제외) |
| | 50MΩ 이상 | • 감지기(정온식 감지선형 감지기 제외)<br>• 가스누설경보기(10회로 이상)<br>• 수신기(10회로 이상) |
| | 1000MΩ 이상 | • 정온식 감지선형 감지기 |

기억법 콘2(콘이 맛있다)

답 ②

★★

**124 무선통신보조설비를 구성하는 장치로서 두 개 이상의 입력신호를 원하는 비율로 조합한 출력이 발생하도록 하는 장치는?**

① 분배기 ② 분파기
③ 증폭기 ④ 혼합기

해설 **무선통신보조설비**(NFPC 505 제3조, NFTC 505 1.7)

| 용 어 | 설 명 |
|---|---|
| 분배기 | 신호의 전송로가 분기되는 장소에 설치하는 것으로 **임피던스 매칭**(Matching)과 **신호 균등분배**를 위해 사용하는 장치 |
| 분파기 | 서로 다른 주파수의 합성된 **신호**를 **분리**하기 위해서 사용하는 장치 |
| 혼합기 보기 ④ | **2개 이상**의 **입력신호**를 원하는 비율로 **조합**한 **출력**이 발생하도록 하는 장치 |
| 증폭기 | 신호 전송시 신호가 약해져 수신이 불가능해지는 것을 방지하기 위해서 **증폭**하는 장치 |

답 ④

★

**125 지하구의 화재안전기준에서 연소방지재는 다음에 해당하는 부분에 시험성적서에 명시된 방식으로 시험성적서에 명시된 길이 이상으로 설치하되, 연소방지재 간의 설치 간격은 350m를 넘지 않도록 하여야 한다. 이 중에서 다음에 해당하지 않는 것은?**

19회 문110

① 주배관
② 지하구의 인입부 또는 인출부
③ 절연유 순환펌프 등이 설치된 부분
④ 기타 화재발생위험이 우려되는 부분

해설 **지하구 연소방지설비**의 **연소방지재**(NFPC 605 제9조, NFTC 605 2.5)

(1) **분기구**
(2) **지하구**의 **인입부** 또는 **인출부** 보기 ②
(3) **절연유 순환펌프** 등이 설치된 부분 보기 ③
(4) 기타 화재발생위험이 우려되는 부분 보기 ④

※ 내화배선방법으로 설치한 경우와 이와 동등 이상의 내화성능이 있도록 한 경우는 설치 제외

① 주배관 → 분기구

답 ①

## 면면이 이어져 오는 개성상인 5대 경영철학

1. 남의 돈으로 사업하지 않는다.
2. 한 가지 업종을 선택해 그 분야 최고 기업으로 키운다.
3. 장사꾼은 목에 칼이 들어와도 신용을 지킨다.
4. 자식이라도 능력이 모자라면 회사를 물려주지 않는다.
5. 기업은 국가경제발전에 기여해야 한다.

# 2011년도 제12회 소방시설관리사 1차 국가자격시험

| 문제형별 | 시 간 | 시험과목 |
|---|---|---|
| A | 125분 | ① 소방안전관리론 및 화재역학<br>② 소방수리학, 약제화학 및 소방전기<br>③ 소방관련 법령<br>④ 위험물의 성질 · 상태 및 시설기준<br>⑤ 소방시설의 구조 원리 |

| 수험번호 | | 성 명 | |
|---|---|---|---|

**【 수험자 유의사항 】**

1. **시험문제지**는 단일형별(A형)이며, 답안카드형별 기재란에 표시된 형별(A형)을 확인하시기 바랍니다. 시험문제지의 **총면수**, **문제번호 일련순서**, **인쇄상태** 등을 확인하시고, 문제지 표지에 수험번호와 성명을 기재하시기 바랍니다.

2. 답은 각 문제마다 요구하는 **가장 적합하거나 가까운 답 1개**만 선택하고, 답안카드 작성시 **마킹착오**로 인한 불이익은 전적으로 **수험자에게 책임**이 있음을 알려드립니다.

3. 답안카드는 국가전문자격 공통 표준형으로 문제번호가 1번부터 125번까지 인쇄되어 있습니다. 답안 마킹시에는 반드시 **시험문제지의 문제번호와 동일한 번호**에 마킹하여야 합니다.

4. **감독위원의 지시에 불응하거나 시험시간 종료 후 답안카드를 제출하지 않을 경우** 불이익이 발생할 수 있음을 알려드립니다.

5. 시험문제지는 시험 종료 후 가져가시기 바랍니다.

# 2011. 08. 21. 시행

**제 1 과목** 소방안전관리론 및 화재역학

★★

**01** 다음의 물질 중 공기에서의 위험도($H$)값이 가장 큰 것은?

18회 문 05 / 16회 문 11 / 15회 문 04 / 11회 문 05 / 10회 문 02 / 09회 문 10 / 07회 문 11 / 04회 문 15

① 일산화탄소　② 황화수소
③ 암모니아　④ 이황화탄소

해설 **위험도**

$$H=\frac{U-L}{L}$$

여기서, $H$ : 위험도
$U$ : 연소상한계
$L$ : 연소하한계

① 일산화탄소(CO) $H=\frac{75-12}{12}=5.25$

② 황화수소($H_2S$) $H=\frac{44-4}{4}=10.0$

③ 암모니아($NH_3$) $H=\frac{25-15}{15}=0.67$

④ 이황화탄소($CS_2$) $H=\frac{50-1}{1}=49$

중요

**공기 중의 폭발한계**(상온, 1atm)

| 가 스 | 하한계 〔vol%〕 | 상한계 〔vol%〕 |
|---|---|---|
| 아세틸렌($C_2H_2$) | 2.5 | 81 |
| 수소($H_2$) | 4 | 75 |
| 일산화탄소(CO) | 12 | 75 보기 ① |
| 에터($(C_2H_5)_2O$) | 1.7 | 48 |
| 이황화탄소($CS_2$) | 1 | 50 보기 ④ |
| 황화수소($H_2S$) | 4 | 44 보기 ② |
| 에틸렌($CH_2=CH_2$) | 2.7 | 36 |
| 암모니아($NH_3$) | 15 | 25 보기 ③ |
| 메탄($CH_4$) | 5 | 15 |
| 에탄($C_2H_6$) | 3 | 12.4 |
| 프로판($C_3H_8$) | 2.1 | 9.5 |
| 부탄($C_4H_{10}$) | 1.8 | 8.4 |

※ 연소한계=연소범위=가연한계=가연범위=폭발한계=폭발범위

비교

**폭발하한계**

르 샤틀리에의 법칙(Le Chatelier's law)은 다음과 같다.

$$\frac{100}{L}=\frac{V_1}{L_1}+\frac{V_2}{L_2}+\frac{V_3}{L_3}+\cdots+\frac{V_n}{L_n}$$

여기서, $L$ : 혼합가스의 폭발하한계〔vol%〕
$L_1, L_2, L_3, L_n$ : 가연성 가스의 폭발하한계〔vol%〕
$V_1, V_2, V_3, V_n$ : 가연성 가스의 용량〔vol%〕

답 ④

★★

**02** 다음 중 인간의 심장에 영향을 주지 않는 최대농도의 의미를 가지고 있는 것은?

18회 문 01

① $LC_{50}$　② $LD_{50}$
③ LOAEL　④ NOAEL

해설 **독성학**의 **허용농도**

(1) $LD_{50}$과 $LC_{50}$

| $LD_{50}$(Lethal Dose) : 반수치사량 | $LC_{50}$(Lethal Concentration) : 반수치사농도 |
|---|---|
| 실험쥐의 50%를 사망시킬 수 있는 물질의 양 | 실험쥐의 50%를 사망시킬 수 있는 물질의 농도 |

(2) LOAEL과 NOAEL

| LOAEL (Lowest Observed Adverse Effect Level) | NOAEL (No Observed Adverse Effect Level) |
|---|---|
| ① 인간의 심장에 영향을 주지 않는 **최소농도**<br>② 신체에 악영향을 감지할 수 있는 최소농도 즉, 심장에 독성을 미칠 수 있는 **최소농도**<br>③ 생물체의 성장기능, 신진대사 등에 영향을 주는 최소량으로 **인체**에 미치는 독성 **최소농도**<br>④ 이것보다 설계농도가 높은 소화약제는 사람이 없거나 **30초** 이내에 대피할 수 있는 장소에서만 사용할 수 있음 | ① 인간의 심장에 영향을 주지 않는 **최대농도** 보기 ④<br>② 약제방출 후 신체에 아무런 악영향도 감지할 수 없는 최대농도 즉, 심장에 독성을 미치지 않는 **최대농도** |

(3) **TLV(Threshold Limit Values, 허용한계농도)** : 독성 물질의 섭취량과 인간에 대한 그 반응 정도를 나타내는 관계에서 손상을 입히지 않는 농도 중 가장 큰 값

| TLV 농도표시법 | 정 의 |
|---|---|
| TLV-TWA<br>(시간가중 평균농도) | 매일 일하는 근로자가 하루에 8시간씩 근무할 경우 근로자에게 노출되어도 아무런 영향을 주지 않는 최고 평균농도 |
| TLV-STEL<br>(단시간 노출허용농도) | 단시간 동안 노출되어도 유해한 증상이 나타나지 않는 최고 허용농도 |
| TLV-C<br>(최고 허용한계농도) | 단 한순간이라도 초과하지 않아야 하는 농도 |

(4) **ALC(Approximate Lethal Concentration, 치사농도)** : 실험쥐의 50%를 15분 이내에 사망시킬 수 있는 허용농도

답 ④

★★★
## 03 건물에 익숙한 사람이 피난의 어려움을 겪기 시작하는 경우의 감광계수 및 가시거리는?

① 감광계수 0.1, 가시거리 20~30m
② 감광계수 0.3, 가시거리 5m
③ 감광계수 1, 가시거리 2m
④ 감광계수 10, 가시거리 0.2~0.5m

해설 **연기농도**와 **가시거리**

| 감광계수 $[m^{-1}]$ | 가시거리 [m] | 상 황 |
|---|---|---|
| 0.1 | 20~30 | • **연기감지기**가 작동할 때의 농도(연기감지기가 작동하기 직전의 농도)<br>• 복도 또는 실내에서 내부가 훤히 보이는 거리 |
| 0.3 | 5 | • 건물 내부에 익숙한 사람이 피난에 지장을 느낄 정도의 농도 **보기 ②** |
| 0.5 | 3 | • 어두운 것을 느낄 정도의 농도 |
| 1 | 1~2 | • 앞이 거의 보이지 않을 정도의 농도 |
| 10 | 0.2~0.5 | • **화재 최성기** 때의 농도 |
| 30 | - | • 출화실에서 연기가 분출할 때의 농도 |

※ 불특정 다수가 출입하는 장소에서의 피난한계의 연기농도는 감광계수로 $0.1 \sim 0.2m^{-1}$이다.

답 ②

★★
## 04 다음 중 자동화재탐지설비의 연기감지기가 아닌 것은?

① 이온화식 ② 광전식
③ 차동식 ④ 연기복합식

해설

| 열감지기 | 연기감지기 | 불꽃감지기 |
|---|---|---|
| • 차동식 **보기 ③**<br>• 정온식<br>• 열복합식 | • 이온화식 **보기 ①**<br>• 광전식 **보기 ②**<br>• 연기복합식 **보기 ④** | • 자외선식<br>• 적외선식<br>• 자외선 · 적외선 겸용식<br>• 불꽃복합형 |

비교

**차동식 분포형 감지기**
(1) 공기관식
(2) 열전대식
(3) 열반도체식

③ 차동식은 열감지기이다.

답 ③

★★
## 05 고체표면의 화염확산으로 옳지 않은 것은?

15회 문 19

① 화염확산방향이 수평전파할 때 확산속도가 빠르다.
② 화염확산에서 중력과 바람영향은 중요변수가 된다.
③ 화염확산속도는 화재위험성평가에서 중요한 역할을 한다.
④ 바람과 같은 방향으로의 화염확산은 순풍에서의 화염확산이라 한다.

해설 **고체표면**의 **화염확산**
(1) 화염확산방향이 **수직전파**할 때 확산속도가 빠르다. **보기 ①**
(2) 화염확산에서 **중력**과 **바람영향**은 중요변수가 된다. **보기 ②**
(3) 화염확산속도는 **화재위험성평가**에서 중요한 역할을 한다. **보기 ③**
(4) **바람**과 **같은 방향**으로의 화염확산은 **순풍**에서의 화염확산이라 한다. **보기 ④**

① 수평전파 → 수직전파

중요

**일반적인 화염확산속도**

| 확산유형 | | 확산속도 |
|---|---|---|
| 훈소 | | 0.001~0.01cm/s |
| 두꺼운 고체의 측면 또는 하향확산 | | 0.1cm/s |
| 숲이나 산림 부스러기를 통한 바람에 의한 확산 | | 1~30cm/s |
| 두꺼운 고체의 상향확산 | | 1~100cm/s |
| 액면에서의 수평확산(표면화염) | | |
| 예혼합화염 | 층류 | 10~100cm/s |
| | 폭굉 | 약 $10^5$cm/s |

답 ①

★★★

## 06 폭발성 가스의 최소발화에너지 범위 내에서 사용하도록 설계된 전기기기에서 단락, 단선시 전기불꽃이 발생하여도 폭발성 가스가 점화되지 않게 하는 원리의 방폭구조는?

16회 문 21
08회 문 02

① 본질안전방폭구조
② 안전증방폭구조
③ 내압방폭구조
④ 유입방폭구조

해설 **방폭구조**의 **종류**

(1) **내압(耐壓)방폭구조($d$)** : 폭발성 가스가 용기 내부에서 폭발하였을 때 용기가 그 압력에 견디거나 또는 **외부**의 **폭발성 가스**에 인화될 우려가 없도록 한 구조

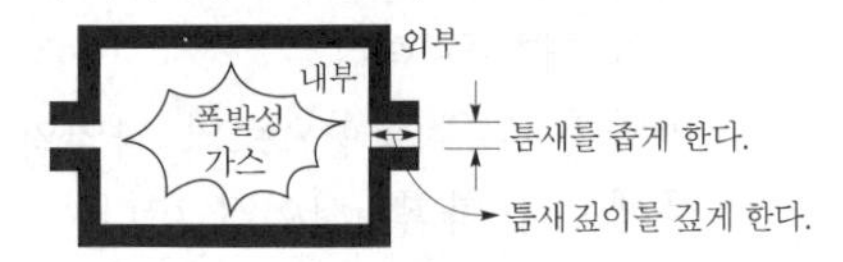


‖ 내압(耐壓)방폭구조 ‖

(2) **내압(內壓)방폭구조(압력방폭구조, $p$)** : 용기 내부에 **질소** 등의 보호용 가스를 충전하여 외부에서 폭발성 가스가 침입하지 못하도록 한 구조

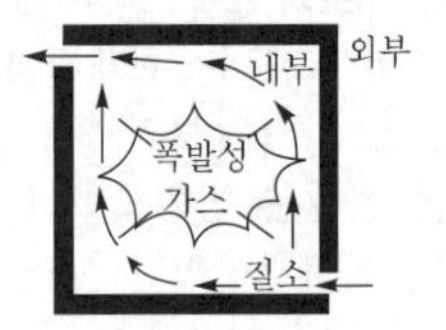

‖ 내압(內壓)방폭구조 ‖

(3) **안전증방폭구조($e$)** : 기기의 정상운전 중에 폭발성 가스에 의해 **점화원**이 될 수 있는 전기불꽃 또는 고온이 되어서는 안 될 부분에 **기계적 · 전기적**으로 특히 안전도를 증가시킨 구조

‖ 안전증방폭구조 ‖

(4) **유입방폭구조($o$)** : 전기불꽃, 아크 또는 고온이 발생하는 부분을 **기름** 속에 넣어 폭발성 가스에 의해 인화가 되지 않도록 한 구조

‖ 유입방폭구조 ‖

(5) **본질안전방폭구조($i$)** : 폭발성 가스가 **단선, 단락, 지락** 등에 의해 발생하는 전기불꽃, 아크 또는 고온에 의하여 점화되지 않는 것이 확인된 구조 **보기 ①**

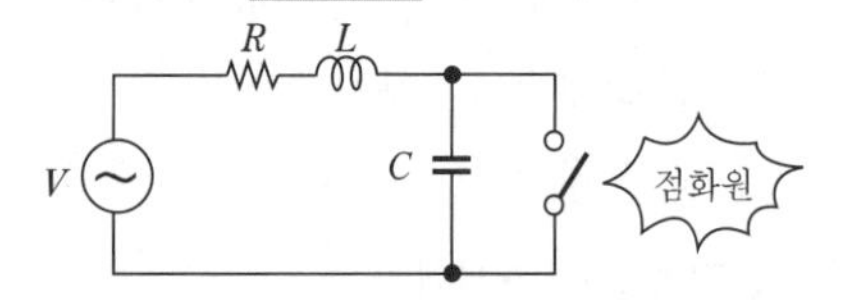


‖ 본질안전방폭구조 ‖

(6) **특수방폭구조($s$)** : 위에서 설명한 구조 이외의 방폭구조로서 폭발성 가스에 의해 점화되지 않는 것이 시험 등에 의하여 확인된 구조

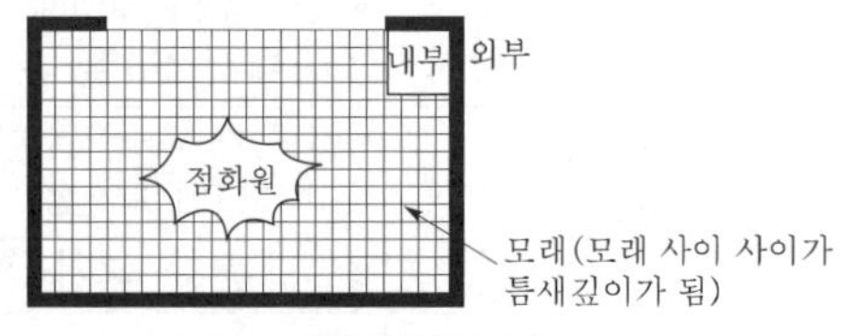


‖ 특수방폭구조 ‖

답 ①

★★

## 07 다음 섬유 중 발화온도가 가장 높은 것은?

15회 문 02
02회 문 24

① 나일론 ② 순면
③ 양모 ④ 폴리에스테르

해설 발화온도(발화점)

| 섬 유 | 발화온도 |
|---|---|
| 순면 보기 ② | 400℃ |
| 폴리에스테르 보기 ④ | 485℃ |
| 나일론 보기 ① | 532℃ |
| 양모 보기 ③ | 570~600℃ |

참고

연소와 관계되는 용어

| 구 분 | 설 명 |
|---|---|
| 발화점 | • 가연성 물질에 불꽃을 접하지 아니하였을 때 연소가 가능한 **최저온도** |
| 인화점 | • 휘발성 물질에 **불꽃**을 접하여 연소가 가능한 **최저온도** |
| 연소점 | • 가연성 액체가 개방된 용기에서 증기를 계속 발생하며 연소가 **지속**될 수 있는 **최저온도**<br>• 어떤 인화성 액체가 공기 중에서 열을 받아 **점화원**의 존재하에 **지속**적인 연소를 일으킬 수 있는 온도 |

답 ③

★

## 08 다음 중 복도에서 피난개시로부터 종료시까지의 복도허용피난시간을 계산하는 식은?

① $2\sqrt{\text{층의 거실 연면적의 합} + \text{층의 복도면적의 합}}$

② $3\sqrt{\text{층의 거실 연면적의 합} + \text{층의 복도면적의 합}}$

③ $4\sqrt{\text{층의 거실 연면적의 합} + \text{층의 복도면적의 합}}$

④ $5\sqrt{\text{층의 거실 연면적의 합} + \text{층의 복도면적의 합}}$

해설 허용피난시간

| 거실 | 복도 | 층 |
|---|---|---|
| $T_1 = 2 \sim 3\sqrt{A_1}$ | $T_2 = 4\sqrt{A_{1+2}}$ | $T_f = 8\sqrt{A_{1+2}}$ |
| 여기서,<br>$T_1$ : 거실허용 피난시간[s]<br>$A_1$ : 발화실의 면적[m²] | 여기서,<br>$T_2$ : 복도허용 피난시간<br>$A_{1+2}$ : 그 층의 모든 거실 및 복도의 면적 합계[m²] | 여기서,<br>$T_f$ : 층허용 피난시간 |

※ 거실피난시간 ≤ 거실허용피난시간
복도피난시간 ≤ 복도허용피난시간
층피난시간 ≤ 층허용피난시간

용어

| 구 분 | 설 명 |
|---|---|
| 거실 피난 시간 | 화재가 발생한 경우에 그 거실의 전원이 옥외로 피난을 완료하기까지의 시간으로, 원칙적으로 **각 거실**마다 산출하여 평가 |
| 복도 피난 시간 | 복도 등 제1차 안전구획에서 그 부분을 피난자가 이용하고 있는 시간대의 길이. 즉, 그 층의 복도에 최초의 피난자가 들어온 뒤, 최후의 피난자가 **계단실** 또는 **부속실**로 피난하기까지의 시간으로, 각 계단으로의 **피난경로**마다 평가 |
| 층 피난 시간 | 화재가 발생한 때부터 최후의 피난자가 계단실 또는 부속실로 피난하기까지의 시간으로, 각 계단으로의 **피난경로**마다 평가 |

답 ③

★★

## 09 할로겐화합물 소화약제의 ODP를 현저히 낮추기 위해 필요하지 않은 원소는?

① F　　② Cl

③ Br　　④ I

해설

| 할론원소 | ODP를 낮추는 원소 |
|---|---|
| ① F(불소)<br>② Cl(염소)<br>③ Br(브로민) 보기 ③<br>④ I(아이오딘) | ① F(불소) 보기 ①<br>② Cl(염소) 보기 ②<br>③ I(아이오딘) 보기 ④ |

용어

| 오존파괴지수 (ODP : Ozone Depletion Potential) | 지구온난화지수 (GWP : Global Warming Potential) |
|---|---|
| 오존파괴지수는 어떤 물질의 오존파괴능력을 상대적으로 나타내는 지표로 기준물질인 CFC 11(CFCl₃)의 ODP를 1로 하여 다음과 같이 구한다.<br>$ODP = \frac{\text{어떤 물질 1kg이 파괴하는 오존량}}{\text{CFC 11의 1kg이 파괴하는 오존량}}$ | 지구온난화지수는 지구온난화에 기여하는 정도를 나타내는 지표로 $CO_2$(이산화탄소)의 GWP를 1로 하여 다음과 같이 구한다.<br>$GWP = \frac{\text{어떤 물질 1kg이 기여하는 온난화 정도}}{CO_2\text{의 1kg이 기여하는 온난화 정도}}$ |

기억법 G온O오(지온 오오)

답 ③

★★★

**10** 건축방재계획에서 공간적 대응 중 회피성에 대한 설명으로 옳은 것은?

17회 문 13
15회 문 18
13회 문 09

① 내화성능, 방연성능, 초기 소화대응능력 등의 화재에 대응하여 저항하는 성능
② 화재가 발생한 경우 안전피난시스템
③ 제연설비, 방화문, 방화셔터, 자동화재탐지설비, 스프링클러설비 등에 의한 대응
④ 불연화, 난연화, 내장재의 제한, 용도별 구획 등으로 출화, 화재확대 등을 감소시키고자 하는 예방적 조치



해설 공간적 대응

| 구 분 | 설 명 |
|---|---|
| 대항성 | **내화성능 · 방연성능** · 초기 소화대응 등의 화재사상의 **저항능력** |
| 회피성 보기 ④ | 불연화 · 난연화 · 내장제한 · 세분화 · 방화훈련(소방훈련) · 불조심 등 출화유발 · 확대 등을 저감시키는 **예방조치강구** |
| 도피성 | 화재가 발생한 경우 안전하게 **피난**할 수 있는 시스템 |

※ **설비적 대응** : 제연설비, 방화문, 방화셔터, 자동화재탐지설비, 스프링클러설비 등에 의한 대응

답 ④

★★

**11** 불이나 연기가 다른 층으로 확대되지 못하도록 구획하는 건축물의 방재계획은?

① 단면계획
② 재료계획
③ 평면계획
④ 입면계획

해설 **건축물**의 **방재기능 설정요소**(건물을 지을 때 내외부 및 부지 등의 방재계획을 고려한 계획)

| 구 분 | 설 명 |
|---|---|
| 부지선정, 배치계획 | 소화활동에 지장이 없도록 적합한 **건물 배치**를 하는 것 |
| 평면계획 | **방연구획**과 **제연구획**을 설정하여 화재예방 · 소화 · 피난 등을 유효하게 하기 위한 계획 |
| 단면계획 보기 ① | 불이나 연기가 **다른 층**으로 이동하지 않도록 구획하는 계획 |
| 입면계획 | 불이나 연기가 **다른 건물**로 이동하지 않도록 구획하는 계획 (입면계획의 가장 큰 요소 : 벽과 개구부) |
| 재료계획 | 불연성능 · 내화성능을 가진 재료를 사용하여 화재를 예방하기 위한 계획 |

답 ①

★

**12** 화재발생시 건물 내 재실자들의 피난소요시간을 확보하거나 줄일 수 있는 방법 중 옳지 않은 것은?

① 난연성이나 불연성 건축내장재를 사용한다.
② 재실자들에게 화재를 가상한 피난교육을 실시한다.
③ 총 피난시간을 증가시키는 구조로 건물을 설계한다.
④ 피난이동시간을 줄이기 위해 피난통로에 장애물 등을 제거한다.

해설 **피난소요시간**을 **줄일 수 있는 방법**

(1) **난연성, 불연성 건축내장재** 사용 보기 ①
(2) 재실자들에게 화재를 가상한 **피난교육** 실시 보기 ②
(3) **총 피난시간**을 감소시키는 구조로 건물 설계 보기 ③
(4) 피난이동시간을 줄이기 위해 **피난통로장애물** 등 **제거** 보기 ④

용어

**피난소요시간**
어떤 층을 발화층으로 보고, 그 층에 있던 사람들 전원이 계단실 내까지 피난하는 데 걸리는 시간

답 ③

★★

**13** 19회 문 25

**가로 1m×세로 1m의 개구부가 존재하는 구획실에 환기지배형 화재가 발생하여 플래시오버 이전에 개구부의 높이가 2배로 증가하였다면 이 구획실의 환기인자는 약 몇 배로 증가하는가?**

① 1.4
② 2.8
③ 4.2
④ 5.6

해설 **환기인자**

$$f = A\sqrt{H}$$

여기서, $f$ : 환기인자
$A$ : 개구부의 면적[$m^2$]
$H$ : 개구부의 높이[m]

**개구부 높이**가 **2배**로 증가했다면 **세로 높이**도 **2배**로 증가했다고 볼 수 있으므로

① 처음상태 : **가로 1m×세로 1m**일 때, 환기인자

$f_1 = A\sqrt{H}$
$= (1m \times 1m)\sqrt{1배}$
$= 1배$

② 증가상태 : **가로 1m×세로 2m**일 때, 환기인자

$f_2 = A\sqrt{H}$
$= (1m \times 2m)\sqrt{2배}$
$= 2.8배$

비교

**중량감소속도**

$$R = kA\sqrt{H}$$

여기서, $R$ : 중량감소속도[kg/min]
$k$ : 상수(5.5~6.0)[$kg/min \cdot mm^{\frac{1}{2}}$]
$A$ : 개구부의 면적[$m^2$]
$H$ : 개구부의 높이[m]
$A\sqrt{H}$ : 환기인자

- 중량감소속도=연소속도
- 환기인자=개구인자

답 ②

★★

**14** 19회 문 61 15회 문 62 12회 문 67 04회 문 60 02회 문 64

**다음 중 불연재료 또는 준불연재료로 다중이용업소에 설치 또는 교체하는 실내장식물에 해당되지 않는 것은?**

① 너비 10cm 이하의 반자돌림대
② 흡음용 커튼
③ 합판과 목재
④ 두께 2mm 이상의 종이벽지

해설 **다중이용업법 제10조**
**다중이용업의 실내장식물**

다중이용업소에 설치 또는 교체하는 실내장식물(반자돌림대 등의 너비 **10cm 이하**인 경우 **제외**)은 **불연재료** 또는 **준불연재료**로 설치

비교

**소방시설법 시행령 제31조**
**방염대상물품**

| 제조 또는 가공 공정에서 방염처리를 한 물품 | 건축물 내부의 천장이나 벽에 부착하거나 설치하는 것 |
|---|---|
| ① 창문에 설치하는 **커튼류**(블라인드 포함)<br>② 카펫<br>③ **벽지류**(두께 2mm 미만인 **종이벽지 제외**)<br>④ **전시용 합판·목재** 또는 **섬유판**<br>⑤ **무대용 합판·목재** 또는 **섬유판**<br>⑥ **암막·무대막**(영화상영관·가상체험 체육시설업의 **스크린** 포함)<br>⑦ 섬유류 또는 합성수지류 등을 원료로 하여 제작된 소파·의자(단란주점영업, 유흥주점영업 및 노래연습장업의 영업장에 설치하는 것만 해당) | ① 종이류(두께 **2mm 이상**), **합성수지류** 또는 **섬유류**를 주원료로 한 물품 보기 ④<br>② **합판**이나 **목재** 보기 ③<br>③ 공간을 구획하기 위하여 설치하는 **간이 칸막이**<br>④ **흡음재**(흡음용 커튼 포함) 또는 **방음재**(방음용 커튼 포함) 보기 ②<br>※ 가구류(옷장, 찬장, 식탁, 식탁용 의자, 사무용 책상, 사무용 의자, 계산대)와 너비 10cm 이하인 반자돌림대, 내부 마감재료 **제외** |

①은 제외 대상

답 ①

★

## 15 위험물화재의 연소확대시 위험성 중 이연성(易燃性)에 관한 설명으로 옳은 것은?

17회 문 79
15회 문 84

① 연소열이 작다.
② 연소속도가 빠르다.
③ 낮은 산소농도에서도 연소되기 쉽다.
④ 연소점이 낮고, 연소가 계속되기 쉽다.

해설 이연성

| 구 분 | 설 명 |
|---|---|
| 뜻 | 물질에 점화하면 연소시키는 것은 가능하지만, **착화온도**가 **높기 때문**에 상온에서는 위험성이 없는 성질 |
| 특징 | ① 착화점(착화온도)이 높다.<br>② 연소속도가 빠르다. 보기 ②<br>③ 상온에서는 위험성이 없다. |
| 이연성 물질 | ① 면(綿)<br>② 볏짚<br>③ 대팻밥<br>④ 종이 |

용어

| 가연성 가스 | 지연성 가스(조연성 가스) |
|---|---|
| 물질 자체가 연소하는 것 | 자기자신은 연소하지 않지만 연소를 도와주는 가스 |

비교

가연성 가스와 지연성 가스

| 가연성 가스 | 지연성 가스 (조연성 가스) |
|---|---|
| • 수소($H_2$)<br>• 메탄($CH_4$)<br>• 일산화탄소($CO$)<br>• 천연가스<br>• 부탄<br>• 에탄($C_2H_6$) | • 산소($O_2$)<br>• 공기<br>• 오존($O_3$)<br>• 불소($F$)<br>• 염소($Cl_2$) |

기억법 가수메 일천부에

답 ②

★

## 16 화재가혹도에 대한 다음 설명 중 틀린 것은?

① 화재하중이 작으면 화재가혹도가 작다.
② 화재실 내 단위시간당 축적되는 열이 크면 화재가혹도가 크다.
③ 화재규모를 판단하는 척도로 주수시간을 결정하는 인자이다.
④ 화재발생으로 건물 내부 수용재산 및 건물자체 손상을 주는 능력의 정도이다.

해설

| 화재가혹도 | 화재하중 |
|---|---|
| ① 화재하중이 작으면 화재가혹도가 **작다.** 보기 ①<br>② 화재실 내 단위시간당 축적되는 열이 크면 화재가혹도가 **크다.** 보기 ②<br>③ 화재발생으로 **건물 내부 수용재산** 및 **건물자체 손상**을 주는 능력의 정도 보기 ④<br>④ 방호공간 안에서 화재로 인해 소실된 피해 정도 | ① **화재규모**를 **판단**하는 척도로 주수시간을 결정하는 인자 보기 ③<br>② 가연물 등의 연소시 **건축물**의 **붕괴** 등을 고려하여 설계하는 하중<br>③ 화재실 또는 화재구획의 **단위면적당 가연물**의 **양**<br>④ 일반건축물에서 가연성의 건축구조재와 가연성 수용물의 양으로서 건물화재시 **발열량** 및 **화재위험성**을 나타내는 용어<br>⑤ 건물화재에서 **가열온도**의 정도를 의미<br>⑥ 건물의 **내화설계**시 고려되어야 할 사항 |

비교

**화재강도의 주요소**
(1) 가연물의 **연소열**
(2) 가연물의 **비표면적**
(3) **공기**(산소)의 공급조절
(4) 화재실의 **벽**, **천장**, **바닥** 등의 **단열성**

답 ③

★★★

## 17 소화기의 형식승인 및 제품검사의 기술기준에서 정한 대형소화기의 기준으로 옳지 않은 것은?

① 강화액 60L
② 이산화탄소 50kg
③ 할론 30kg
④ 분말 30kg

해설 **대형소화기**의 **소화약제 충전량**(소화기의 형식승인 및 제품검사의 기술기준 제10조)

| 종 별 | 충전량 |
|---|---|
| 포(포말) | 20L 이상 |
| 분말 | **20kg** 이상 보기 ④ |
| 할론 | 30kg 이상 보기 ③ |
| 이산화탄소 | 50kg 이상 보기 ② |
| 강화액 | 60L 이상 보기 ① |
| 물 | 80L 이상 |

중요

(1) **소화능력단위에 의한 분류**(소화기의 형식 승인 및 제품검사의 기술기준 제4조)

| 소화기 분류 | | 능력단위 |
|---|---|---|
| 소형소화기 | | 1단위 이상 |
| 대형소화기 | A급 | 10단위 이상 |
| | B급 | 20단위 이상 |

기억법 대2B(데이빗)

(2) **보행거리**

| 보행거리 | 적 용 |
|---|---|
| 20m 이내 | • 소형소화기 |
| 30m 이내 | • 대형소화기 |

기억법 보3대

답 ④

☆☆
## 18 에너지 방출속도에 대한 다음 설명으로 옳지 않은 것은?

① 기화면적에 비례한다.
② 연소속도에 비례한다.
③ 유효연소열에 비례한다.
④ 기화열에 비례한다.

해설 **에너지 방출속도(열방출속도, 화재크기)**

$$\mathring{Q}=\mathring{m}''A\Delta H_c\eta$$

여기서, $\mathring{Q}$ : 에너지 방출속도〔kW〕
$\mathring{m}''$ : 단위면적당 연소속도〔g/m$^2$·s〕
$\Delta H_c$ : 연소열〔kJ/g〕
$A$ : 연소관여면적(기화면적)〔m$^2$〕
$\eta$ : 연소효율

중요

**에너지 방출속도**
(1) 기화면적에 **비례** 보기 ①
(2) 연소속도에 **비례** 보기 ②
(3) 유효연소열에 **비례** 보기 ③
(4) 연소효율에 **비례**

용어

**에너지 방출속도**
연소에 의하여 열에너지가 발생되는 속도

답 ④

☆☆
## 19 구획실 화재의 현상에 대한 설명 중 옳지 않은 것은?

17회 문 19
15회 문 20
14회 문 13
11회 문 15

① 중성대가 개구부에 형성될 때 중성대 아래쪽은 공기가 유입되고 위쪽은 연기가 유출된다.
② 연기와 공기흐름은 주로 온도상승에 의한 부력 때문이다.
③ 백드래프트는 연료지배형 화재발생에서 발생한다.
④ 벽면코너화염이 단일벽면화염보다 화염전파속도가 빠르다.

해설 **연료지배형 화재**와 **환기지배형 화재**

| 구 분 | 연료지배형 화재 | 환기지배형 화재 |
|---|---|---|
| 지배 조건 | • 연료량에 의하여 지배<br>• 가연물이 적음<br>• 개방된 공간에서 발생 | • 환기량에 의하여 지배<br>• 가연물이 많음<br>• 지하 무창층 등에서 발생 |
| 발생 장소 | • 목조건물<br>• 큰 개방형 창문이 있는 건물 | • 내화구조건물<br>• 극장이나 밀폐된 소규모 건물 |
| 연소 속도 | • 빠르다. | • 느리다. |
| 화재 성상 | • 구획화재시 **플래시오버 이전**에서 발생 | • 구획화재시 **플래시오버 이후**에서 발생 |
| 위험성 | • 개구부를 통하여 상층 연소 확대 | • 실내공기 유입시 **백드래프트 발생** 보기 ③ |
| 온도 | • 실내온도가 **낮다.** | • 실내온도가 **높다.** |

답 ③

★★★

**20** 소방대상물의 크기가 가로 5m×세로 4m ×높이 3m인 실에 23800kcal/kg의 발열량을 갖는 가연물이 가득 차 있다면 이 실내의 화재하중은 몇 kg/m²인가? (단, 가연물의 무게는 1445kg이며, 목재의 발열량은 4500kcal/kg이다.)

18회 문 14 / 17회 문 10 / 16회 문 24 / 14회 문 09 / 13회 문 17 / 11회 문 20 / 08회 문 10 / 07회 문 15 / 06회 문 05 / 06회 문 09 / 04회 문 01 / 02회 문 11

① 282　② 382
③ 5000　④ 10000



해설 **화재하중**

$$q = \frac{\Sigma G H_1}{H_0 A} = \frac{\Sigma Q}{4500A}$$

여기서, $q$ : 화재하중〔kg/m²〕
$G$ : 가연물의 무게〔kg〕
$H_1$ : 가연물의 단위중량당 발열량〔kcal/kg〕
$H_0$ : 목재의 단위중량당 발열량〔kcal/kg〕
$A$ : 바닥면적〔m²〕
$\Sigma Q$ : 가연물의 전체 발열량〔kcal〕

$$q = \frac{\Sigma G H_1}{H_0 \mathrm{A}} = \frac{1445\mathrm{kg} \times 23800\mathrm{kcal/kg}}{4500\mathrm{kcal/kg} \times (5\times 4)\mathrm{m}^2}$$

$\fallingdotseq 382\mathrm{kg/m}^2$

- $A$(바닥면적)=**(5×4)m²** : 높이는 적용하지 않는 것에 주의할 것
- $\Sigma$ : **'시그마'**라고 읽으며 **'모두 더한다'**라는 의미로서 여기서는 가연물 전체의 무게를 말한다.

답 ②

★

**21** 다음 중 화재발생시 다량의 물로 소화하면 안 되는 것은?

18회 문 76 / 16회 문 77 / 15회 문 58 / 11회 문 95 / 10회 문 84 / 06회 문 96

① 과산화벤조일
② 메틸에틸케톤퍼옥사이드
③ 과산화나트륨
④ 질산나트륨

해설 **과산화나트륨($Na_2O_2$)**

(1) 상온에서 **물**에 의해 분해하여 **수산화나트륨**(NaOH)과 **산소**($O_2$)가 발생한다.
$2Na_2O_2 + 2H_2O \rightarrow 4NaOH + O_2\uparrow$

(2) **이산화탄소**($CO_2$)를 흡수하여 **산소**($O_2$)를 발생한다.
$2Na_2O_2 + 2CO_2 \rightarrow 2Na_2CO_3 + O_2\uparrow$

(3) **산**과 반응하여 **과산화수소**($H_2O_2$)를 생성한다.
$Na_2O_2 + 2HCl \rightarrow 2NaCl + H_2O_2\uparrow$

중요

**과산화나트륨($Na_2O_2$)**

| 분자량 | 78 |
|---|---|
| 비 중 | 2.8 |
| 융 점 | 460℃ |
| 분해온도 | 약 657℃ |

(1) **일반성질**
① 보통은 **황색**의 분말 또는 과립상이다(순수한 것은 **백색**).
② **흡습성**이 강하고 조해성이 있다.

(2) **위험성**
① **피부**를 **부식**시킨다.
② 가연물과 접촉시 발화한다.
③ 물과 급격하게 반응하여 **산소**를 발생시키며, 다량일 경우 폭발한다.

(3) **저장 및 취급방법**
① 화기를 엄금하고 냉암소에 보관할 것
② 가열·충격·마찰 등을 피하고 유기물의 혼입을 막을 것

(4) **소화방법**
① **마른모래·소금분말·건조석회** 등으로 **질식소화**한다.
② 주수소화 엄금

답 ③

★★

**22** 다음 중 소염거리에 대한 설명으로 옳지 않은 것은?

19회 문 01 / 17회 문 07 / 10회 문 20 / 02회 문 14

① 점화가 되지 않는 전극간의 최대거리를 말한다.
② 전극의 간격이 좁은 경우 아무리 큰 전기에너지를 통해 형성된 불꽃을 가해도 점화되지 않는다.
③ 최소발화에너지는 소염거리에 비례한다.
④ 최소발화에너지는 연소속도에 반비례한다.

해설 ③ 최소발화에너지는 소염거리의 제곱에 비례한다.

**소염거리**

$$H = l^2 \lambda \frac{(T_f - T_u)}{S_u}$$

여기서, $H$ : 최소발화에너지〔J〕
$l$ : 소염거리〔m〕
$\lambda$ : 화염평균전달률〔W/m·K〕
$T_f$ : 화염온도〔K〕
$T_u$ : 가스온도〔K〕
$S_u$ : 연소속도〔m/s〕

용어

| 용 어 | 설 명 |
|---|---|
| **최소발화에너지** (Minimum Ignition Energy) | ① 가연성 가스 및 공기와의 혼합가스에 착화원으로 점화시에 발화하기 위하여 필요한 착화원이 갖는 최소에너지<br>② 국부적으로 온도를 높이는 전기불꽃과 같은 점화원에 의해 점화될 때의 에너지 최소값 |
| **소염거리** (Quenching distance) | 인화가 되지 않는 최대거리 |

• 최소발화에너지＝최소착화에너지＝최소정전기점화에너지

중요

**최소발화에너지(MIE ; Minimum Ignition Energy)**

| 가연성 가스 | 최소발화에너지 | 소염거리 |
|---|---|---|
| 2유화염소 | 0.015mJ | 0.0078cm |
| 수소 | 0.02mJ | 0.0098cm |
| 아세틸렌 | 0.03mJ | 0.011cm |
| 에틸렌 | 0.096mJ | 0.019cm |
| 메탄올 | 0.21mJ | 0.028cm |
| 프로판 | 0.3mJ | 0.031cm |
| 메탄 | 0.33mJ | 0.039cm |
| 에탄 | 0.42mJ | 0.035cm |
| 벤젠 | 0.76mJ | 0.043cm |
| 헥산 | 0.95mJ | 0.055cm |

답 ③

★★★

**23** 16회 문 01 **다음 중 작열연소에 대한 설명으로 옳은 것은?**

① 연소속도가 빠르고 불꽃을 발생하면서 연소하는 것을 말한다.
② 고에너지 화재이며 열가소성 수지의 화재이다.
③ 방출열량이 많다.
④ 연료의 표면에서 불꽃을 발생하지 않고 연소하는 것을 말한다.

해설

| 구 분 | 불꽃연소 | 작열연소(표면연소) |
|---|---|---|
| 불꽃여부 | • 불꽃 발생 | • 불꽃 미발생 보기 ④ |
| 화재구분 | • 표면화재 | • 심부화재 |
| 연소속도 | • 연소속도가 빠르다. | • 연소속도가 느리다. |
| 연쇄반응 | • 연쇄반응 발생 | • 연쇄반응 미발생 |
| 방출열량 | • 방출열량이 많다. | • 방출열량이 적다. |
| 적응화재 | • BC급 | • A급 |
| 에너지 | • 고에너지 화재 | • 저에너지 화재 |
| 연소물질 | • 가솔린, 석유류의 인화성 액체, 메탄, 수소, 아세틸렌 등의 가스<br>• 열가소성 수지 | • 코크스, 목탄(숯) 및 금속분(K, Al, Mg)<br>• 열경화성 수지 |

답 ④

★

**24** 18회 문104 16회 문122 **특별피난계단의 계단실 및 부속실 제연설비의 화재안전기준에 따라 급기송풍기를 설치하고자 한다. 급기송풍기의 설치에 관한 사항으로 틀린 것은?**

① 석면을 사용하여 송풍기의 틈새를 메운다.
② 송풍기는 옥내의 화재감지기의 동작에 따라 작동하도록 한다.
③ 송풍기의 배출측에는 풍량조절장치를 설치한다.
④ 송풍기의 송풍능력은 송풍기가 담당하는 제연구역에 대한 급기량의 1.15배 이상으로 한다.

해설 **급기송풍기**의 **설치적합기준**(NFPC 501A 제19조, NFTC 501A 2.16)

(1) 송풍기의 송풍능력은 송풍기가 담당하는 제연구역에 대한 급기량의 **1.15배 이상**으로 할 것(단, 풍도에서 누설을 실측하여 조정하는 경우 제외) 보기 ④
(2) 송풍기에는 풍량조절장치를 설치하여 풍량조절을 할 수 있도록 할 것 보기 ③
(3) 송풍기에는 풍량을 실측할 수 있는 유효한 조치를 할 것

(4) 송풍기는 인접장소의 화재로부터 영향을 받지 아니하고 접근 및 점검이 용이한 곳에 설치할 것
(5) 송풍기는 옥내의 **화재감지기**의 동작에 따라 작동되도록 할 것 보기 ②
(6) 송풍기와 연결되는 **캔버스**는 **내열성(석면재료 제외)**이 있는 것으로 할 것

답 ①

★★
## 25 가연성 가스와 관련된 다음 설명 중 틀린 것은?

① 불연성 가스 등을 가연성 혼합기에 첨가하면 최소산소농도(MOC)는 감소한다.
② 최소산소농도는 공기와 연료의 혼합기 중 산소의 부피를 나타내며 vol%의 단위로 나타낸다.
③ L.O.I(산소지수)는 가연물을 수직으로 하여 가장 윗부분에 착화하며 연소를 계속 유지시킬 수 있는 최소산소농도(vol%)를 말한다.
④ 가연성 가스의 조성이 완전연소조성 부근일 경우 최소발화에너지(MIE)는 최대가 된다.

해설
④ 가연성 가스의 조성이 완전연소조성 부근일 경우 최소발화에너지(MIE)는 **최소**가 된다.

| 구분 | MOC (최소산소농도) | LOI (산소지수) | MIE (최소발화에너지) |
|---|---|---|---|
| 뜻 | 공기와 연료의 혼합기 중산소의 부피를 나타냄 | 가연물을 수직으로 하여 가장 윗부분에 착화하며 **연소**를 **계속** 유지시킬 수 있는 최소산소농도 | 가연성 가스 및 공기와의 혼합가스에 착화원으로 점화시에 발화하기 위하여 필요한 착화원이 갖는 최소에너지 보기 ④ |
| 단위 | vol% 보기 ② | vol% 보기 ③ | J 또는 mJ |
| 설명 | 불연성 가스 등을 가연성 혼합기에 첨가하면 **감소** 보기 ① | LOI가 높을수록 연소우려 **감소** | 가연성 가스의 조성이 완전연소조성 부근일 경우 **최소** |

답 ④

## 제 2 과목 소방수리학 · 약제화학 및 소방전기

★★★
## 26 유량 2400Lpm, 양정 100m인 스프링클러설비용 펌프전동기의 효율은 얼마인가? (단, 전달계수는 1.1이고, 용량은 96HP이다.)

① 0.4　② 0.5
③ 0.6　④ 0.7

해설 **전동기의 용량**

$$P=\frac{9.8KHQ}{\eta t}$$

여기서, $P$ : 전동기의 용량〔kW〕
$\eta$ : 효율
$t$ : 시간〔s〕
$K$ : 여유계수
$H$ : 전양정〔m〕
$Q$ : 양수량(유량)〔$m^3$〕

1HP=0.746kW

이므로

$$96\text{HP}=\frac{96\text{HP}}{1\text{HP}}\times 0.746\text{kW} \fallingdotseq 71.7\text{kW}$$

펌프효율 $\eta$는

$$\eta=\frac{9.8KHQ}{Pt}$$

$$=\frac{9.8\times1.1\times100\times(2400\times10^{-3})}{71.7\times60} \fallingdotseq 0.6$$

• 1Lpm=$10^{-3}m^3$/min이므로
2400Lpm=2400×$10^{-3}m^3$/min
=2400×$10^{-3}m^3$/60s

중요
**아주 중요한 단위환산**(꼭! 기억하시라)
(1) 1mmAq=$10^{-3}$m$H_2O$=$10^{-3}$m
(2) 760mmHg=10.332m$H_2O$=10.332m
(3) 1Lpm=$10^{-3}m^3$/min
(4) 1HP=0.746kW

답 ③

★★★
## 27 일반적인 베르누이 방정식을 적용할 수 있는 조건으로 틀린 것은?

19회 문 26
18회 문 44
17회 문 26
17회 문 29
17회 문115
16회 문 28
14회 문 27
13회 문 28
13회 문 32
12회 문 37
10회 문106
09회 문 48

① 이상유체
② 비점성 유체
③ 압축성 유체
④ 정상류

해설 ③ 비압축성 유체

**베르누이 방정식**의 **적용조건**
(1) **정**상흐름(정상유동, 정상류)
(2) **비**압축성 흐름(비압축성 유체)
(3) **비**점성 흐름(비점성 유체)
(4) **이**상유체

기억법 **베정비이**

중요

**베르누이 방정식**

$$\frac{V_1^2}{2g}+\frac{p_1}{\gamma}+Z_1=\frac{V_2^2}{2g}+\frac{p_2}{\gamma}+Z_2=\text{일정(또는 } H)$$

(속도수두) (압력수두) (위치수두)

여기서, $V_1$, $V_2$ : 유속〔m/s〕
$p_1$, $p_2$ : 압력(〔kPa〕 또는 〔kN/m$^2$〕)
$Z_1$, $Z_2$ : 높이〔m〕
$g$ : 중력가속도(9.8m/s$^2$)
$\gamma$ : 비중량〔kN/m$^3$〕
$H$ : 전수두〔m〕

비교

**오**일러 **방**정식의 유도시 가정
(1) **정상유동**(정상류)일 경우
(2) **유**체의 **마찰**이 **없을 경우**
(3) 입자가 **유선**을 따라 **운동**할 경우
(4) 유체의 점성력이 **영**(Zero)이다.
(5) 유체에 의해 발생하는 **전단응력**은 없다.

기억법 **오방정유마운**

답 ③

☆☆
**28** $R$=10Ω, $C$=33μF, $L$=20mH인 $R-L-C$ 직렬회로의 공진주파수는?

① 19.6Hz ② 24.1Hz
③ 196Hz ④ 241Hz

해설 **공진주파수**

$$f_0=\frac{1}{2\pi\sqrt{LC}}\text{〔Hz〕}$$

여기서, $f_0$ : 공진주파수〔Hz〕
$L$ : 인덕턴스〔H〕
$C$ : 정전용량〔F〕

20mH=0.02H

공진주파수 $f_0$는

$$f_0=\frac{1}{2\pi\sqrt{LC}}=\frac{1}{2\pi\sqrt{0.02\times(33\times10^{-6})}}\fallingdotseq 196\text{Hz}$$

용어

**공진주파수**(Resonant frequency)
**위상차**를 **제거**하여 가장 큰 전력을 낼 수 있도록 하는 주파수

답 ③

☆☆
**29** 층류인 배관의 내경이 2cm이고 밀도가 1000kg/m$^3$, 점도가 0.008kg/m·s, 유량이 1.57×10$^{-4}$m$^3$/s로 흐른다. 관마찰계수는 얼마인가?

19회 문 32 / 18회 문 47 / 17회 문 27 / 17회 문 31 / 16회 문 31 / 14회 문 29 / 13회 문 30 / 11회 문 29 / 09회 문 26 / 05회 문 32 / 05회 문 34 / 03회 문 39

① 0.01 ② 0.02
③ 0.04 ④ 0.05

해설 (1) **유량**

$$Q=AV=\left(\frac{\pi}{4}D^2\right)V$$

여기서, $Q$ : 유량〔m$^3$/s〕
$A$ : 관의 단면적〔m$^2$〕
$V$ : 유속〔m/s〕
$D$ : 관의 내경〔m〕

유속 $V$는

$$V=\frac{Q}{\frac{\pi}{4}D^2}=\frac{1.57\times10^{-4}\text{ m}^3/\text{s}}{\frac{\pi}{4}\times(2\text{cm})^2}=\frac{1.57\times10^{-4}\text{ m}^3/\text{s}}{\frac{\pi}{4}\times(0.02\text{m})^2}\fallingdotseq 0.5\text{m/s}$$

(2) **레이놀즈수**

$$Re=\frac{DV\rho}{\mu}=\frac{DV}{\nu}$$

여기서, $Re$ : 레이놀즈수
$D$ : 내경〔m〕
$V$ : 유속〔m/s〕
$\rho$ : 밀도〔kg/m$^3$〕
$\mu$ : 점도〔kg/m·s〕
$\nu$ : 동점성계수$\left(\frac{\mu}{\rho}\right)$〔cm$^2$/s〕

레이놀즈수 $Re$는

$$Re = \frac{DV\rho}{\mu}$$

$$= \frac{2\text{cm} \times 0.5\text{m/s} \times 1000\text{kg/m}^3}{0.008\text{kg/m} \cdot \text{s}}$$

$$= \frac{0.02\text{m} \times 0.5\text{m/s} \times 1000\text{kg/m}^3}{0.008\text{kg/m} \cdot \text{s}}$$

$$= 1250$$

(3) **관마찰계수**

$$f = \frac{64}{Re}$$

여기서, $f$ : 관마찰계수
$Re$ : 레이놀즈수

**관마찰계수** $f$는

$$f = \frac{64}{Re} = \frac{64}{1250} ≒ 0.05$$

중요

**레이놀즈수**

| 층 류 | 천이영역(임계영역) | 난 류 |
|---|---|---|
| $Re<2100$ | $2100<Re<4000$ | $Re>4000$ |

답 ④

★★

## 30 다음 중 포소화설비의 고정포 약제량 산출방식으로 옳은 것은? (단, $Q_1$ : 포 수용액의 양(L/min · m²), $A$ : 탱크의 액표면적(m²), $T$ : 방출시간(min), $S$: 사용농도(%)이다.)

17회 문105
09회 문 46

① $Q = A \times Q_1 \times T$
② $Q = A \times Q_1 \times T \times S$
③ $Q = N \times S \times 6000\text{L}$
④ $Q = N \times S \times 8000\text{L}$

해설 (1) **고정포방출구 방식**

① **고정포방출구**

$$Q = A \times Q_1 \times T \times S$$

여기서, $Q$: 포소화약제의 양〔L〕
$A$ : 탱크의 액표면적〔m²〕
$Q_1$ : 단위 포소화수용액의 양〔L/m² · 분〕
$T$ : 방출시간〔분〕
$S$ : 포소화약제의 사용농도

② **보조소화전**

$$Q = N \times S \times 8000$$

여기서, $Q$ : 포소화약제의 양〔L〕
$N$ : 호스접결구 수(최대 3개)
$S$ : 포소화약제의 사용농도

③ **배관보정량**

$$Q = A \times L \times S \times 1000\text{L/m}^3$$
(내경 **75mm** 초과시에만 적용)

여기서, $Q$ : 배관보정량〔L〕
$A$ : 배관단면적〔m²〕
$L$ : 배관길이〔m〕
$S$ : 포소화약제의 사용농도

(2) **옥내포소화전방식 또는 호스릴방식**

$$Q = N \times S \times 6000$$
(바닥면적 **200m²** 미만은 **75%**)

답 ②

★★★

## 31 다음 중 설계농도가 가장 큰 할로겐화합물 및 불활성기체 소화약제는?

19회 문 36
19회 문117
18회 문 31
17회 문 37
15회 문 36
15회 문110
14회 문 36
14회 문110
07회 문121

① FK−5−1−12
② HFC−125
③ HFC−23
④ FC−3−1−10

해설 **할로겐화합물 및 불활성기체 소화약제 최대허용 설계농도**(NFTC 107A 2.4.2)

| 소화약제 | 최대허용설계농도〔%〕 |
|---|---|
| FIC−13I1 | 0.3 |
| HCFC−124 | 1.0 |
| FK−5−1−12 **보기 ①** | 10 |
| HCFC BLEND A | |
| HFC−227ea | 10.5 |
| HFC−125 **보기 ②** | 11.5 |
| HFC−236fa | 12.5 |
| HFC−23 **보기 ③** | 30 |
| FC−3−1−10 **보기 ④** | 40 |
| IG−01 | 43 |
| IG−100 | |
| IG−541 | |
| IG−55 | |

답 ④

★

## 32 그림에서 스위치 S를 닫을 때의 전류 $i(t)$ 〔A〕는 얼마인가?

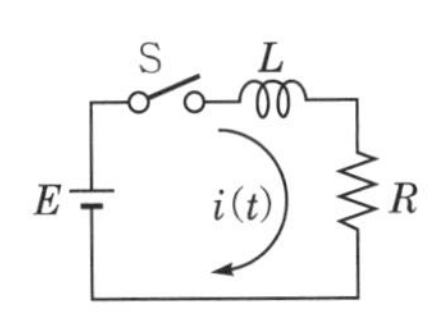


① $\frac{E}{R}e^{-\frac{R}{L}t}$ ② $\frac{E}{R}\left(1-e^{-\frac{R}{L}t}\right)$

③ $\frac{E}{R}e^{-\frac{L}{R}t}$ ④ $\frac{E}{R}\left(1-e^{-\frac{L}{R}t}\right)$

해설 $R-L$ **직렬회로**에서 **스위치** S를 닫을 때

$$i(t)=\frac{E}{R}\left(1-e^{-\frac{R}{L}t}\right)\text{〔A〕}$$

여기서, $i(t)$ : 전류〔A〕
$E$ : 전압〔V〕
$R$ : 저항〔Ω〕
$e$ : 자연대수(2.718281)
$L$ : 인덕턴스〔H〕

중요

(1) $RL$ 직렬회로

| 스위치 S를 닫을 때 | 스위치 S를 열 때 |
|---|---|
| ① 전류 $i=\frac{E}{R}\left(1-e^{-\frac{R}{L}t}\right)$〔A〕 | ① 전류 $i=\frac{E}{R}e^{-\frac{R}{L}t}$〔A〕 |
| ② 시정수 : $\tau=\frac{L}{R}$〔s〕 | ② 시정수 : $\tau=\frac{L}{R}$〔s〕 |

여기서, $E$ : 전압〔V〕, $R$ : 저항〔Ω〕,
$e$ : 자연대수, $L$ : 인덕턴스〔H〕

※ **자연대수** : $e=2.718281$을 밑으로 하는 대수

(2) $RC$ 직렬회로

| 스위치 S를 닫을 때 | 스위치 S를 열 때 |
|---|---|
| ① 전류 $i=\frac{E}{R}e^{-\frac{1}{RC}t}$〔A〕 | ① 전류 $i=-\frac{E}{R}e^{-\frac{1}{RC}t}$〔A〕 |
| ② 시정수 : $\tau=RC$〔s〕 | ② 시정수 : $\tau=RC$〔s〕 |

여기서, $E$ : 전압〔V〕, $R$ : 저항〔Ω〕,
$e$ : 자연대수, $C$ : 정전용량〔F〕

답 ②

★★★

## 33 전동기가 주파수 60Hz에서 동기속도가 1800rpm이다. 이 전동기의 회전속도는 몇 rpm이 되는가? (단, 슬립은 4%이다.)

18회 문103
14회 문 28
11회 문 41

① 1200 ② 1440
③ 1728 ④ 1800

해설 **회전속도**

$$N=N_s(1-s)$$

여기서, $N$ : 회전속도〔rpm〕, $N_s$ : 동기속도〔rpm〕
$s$ : 슬립

회전속도 $N$는
$N=N_s(1-s)=1800\times(1-0.04)=1728\text{rpm}$

- 이 문제에서는 주파수를 적용할 필요 없음
- $s=4\%$이므로 0.04 적용

용어

**슬립(Slip)**
유도전동기의 **회전자 속도**에 대한 **고정자**가 만든 **회전자계**의 **늦음**의 **정도**를 말하며, 평상 운전에서 슬립은 4~8% 정도 되며, 슬립이 클수록 회전속도는 느려진다.

중요

| 동기속도 | 회전속도 |
|---|---|
| $N_s=\frac{120f}{P}$〔rpm〕 | $N=\frac{120f}{P}(1-s)$〔rpm〕 |
| 여기서, $f$ : 주파수〔Hz〕<br>$P$ : 극수 | 여기서, $N$ : 회전속도〔rpm〕<br>$f$ : 주파수〔Hz〕<br>$P$ : 극수<br>$s$ : 슬립 |

답 ③

★★★

## 34 소화펌프의 상사법칙에 따라 펌프의 회전수가 2배가 되면 유량은 몇 배가 되는가?

18회 문 18
18회 문125
17회 문108
16회 문124
15회 문101
13회 문102
10회 문 41
08회 문102
07회 문109

① 2배
② 4배
③ 8배
④ 16배

해설 **유량**

$$Q_2=Q_1\left(\frac{N_2}{N_1}\right)=2Q_1$$

※ **상사(相似)의 법칙** : 서로 다른 구조들의 **외관** 및 **기능**이 **유사**한 현상

중요

**유량, 양정, 축동력**

(1) **유량**(풍량)

$$Q_2 = Q_1\left(\frac{N_2}{N_1}\right)\left(\frac{D_2}{D_1}\right)^3$$

또는

$$Q_2 = Q_1\left(\frac{N_2}{N_1}\right)$$

(2) **양정**(정압)

$$H_2 = H_1\left(\frac{N_2}{N_1}\right)^2\left(\frac{D_2}{D_1}\right)^2$$

또는

$$H_2 = H_1\left(\frac{N_2}{N_1}\right)^2$$

(3) **축동력**

$$P_2 = P_1\left(\frac{N_2}{N_1}\right)^3\left(\frac{D_2}{D_1}\right)^5$$

또는

$$P_2 = P_1\left(\frac{N_2}{N_1}\right)^3$$

여기서, $Q_2$ : 변경 후 유량(풍량)〔$m^3$/min〕
$Q_1$ : 변경 전 유량(풍량)〔$m^3$/min〕
$H_2$ : 변경 후 양정(정압)〔m〕
$H_1$ : 변경 전 양정(정압)〔m〕
$P_2$ : 변경 후 축동력〔kW〕
$P_1$ : 변경 전 축동력〔kW〕
$N_2$ : 변경 후 회전수〔rpm〕
$N_1$ : 변경 전 회전수〔rpm〕
$D_2$ : 변경 후 관경〔mm〕
$D_1$ : 변경 전 관경〔mm〕

답 ①

★★★

**35** 다음 중 펌프에서 발생하는 공동현상의 방지대책이 아닌 것은?

16회 문 34 / 11회 문104 / 08회 문 07 / 08회 문 27 / 03회 문112

① 펌프의 흡입수두를 크게 한다.
② 펌프의 흡입관경을 크게 한다.
③ 펌프의 설치위치를 수원보다 낮게 한다.
④ 펌프의 마찰손실을 적게 한다.

해설 ① 펌프의 흡입수두를 작게 한다.

**공동현상(Cavitation)**

| 구 분 | 설 명 |
|---|---|
| 개요 | 펌프의 흡입측 배관 내의 물의 정압이 기존의 증기압보다 낮아져서 기포가 발생되어 물이 흡입되지 않는 현상 |
| 발생현상 | ① 소음과 진동 발생<br>② 관 부식<br>③ 임펠러의 손상(수차의 날개를 해친다)<br>④ 펌프의 성능저하 |
| 발생원인 | ① 펌프의 흡입수두가 클 때(소화펌프의 흡입고가 클 때)<br>② 펌프의 마찰손실이 클 때<br>③ 펌프의 임펠러속도가 클 때<br>④ 펌프의 설치위치가 수원보다 높을 때<br>⑤ 관 내의 수온이 높을 때(물의 온도가 높을 때)<br>⑥ 관 내의 물의 정압이 그때의 증기압보다 낮을 때<br>⑦ 흡입관의 구경이 작을 때<br>⑧ 흡입거리가 길 때<br>⑨ 유량이 증가하여 펌프물이 과속으로 흐를 때 |
| 방지대책 | ① 펌프의 흡입수두를 작게 한다. 보기 ①<br>② 펌프의 마찰손실을 작게 한다. 보기 ④<br>③ 펌프의 임펠러속도(회전수)를 작게 한다.<br>④ 펌프의 설치위치를 수원보다 낮게 한다. 보기 ③<br>⑤ 양흡입펌프를 사용한다(펌프의 흡입측을 가압한다).<br>⑥ 관 내의 물의 정압을 그때의 증기압보다 높게 한다.<br>⑦ 흡입관의 구경을 크게 한다. 보기 ②<br>⑧ 펌프를 2개 이상 설치한다. |

답 ①

★★★

**36** 직경 40mm의 소방배관을 통해서 유량이 200L/min 흐르고 있다. 관의 길이 100m에 대한 손실수두는? (단, 관마찰계수 $f$는 0.05이다.)

19회 문 29 / 18회 문 46 / 08회 문 05 / 07회 문 36 / 02회 문 28

① 34.79m
② 44.79m
③ 54.79m
④ 64.79m

12회

해설 (1) **유량(Flowrate)=체적유량**

$$Q=AV$$

여기서, $Q$ : 유량[$m^3/s$]
$A$ : 단면적[$m^2$]
$V$ : 유속[m/s]

**유속** $V$는

$$V=\frac{Q}{A}=\frac{Q}{\frac{\pi}{4}D^2}=\frac{200\text{L/min}}{\frac{\pi}{4}(40\text{mm})^2}$$

$$=\frac{0.2\text{m}^3/\text{min}}{\frac{\pi}{4}(40\text{mm})^2}=\frac{0.2\text{m}^3/60\text{s}}{\frac{\pi}{4}(0.04\text{m})^2}$$

$$=2.652 ≒ 2.65\text{m/s}$$

(2) **다르시-웨버의 식**

$$H=\frac{\Delta P}{\gamma}=\frac{flV^2}{2gD}$$

여기서, $H$ : 마찰손실수두[m]
$\Delta P$ : 압력차[kPa]
$\gamma$ : 비중량(물의 비중량 9.8kN/$m^3$)
$f$ : 관마찰계수
$l$ : 길이[m]
$V$ : 유속[m/s]
$g$ : 중력가속도(9.8m/$s^2$)
$D$ : 내경[m]

**마찰손실수두** $H$는

$$H=\frac{flV^2}{2gD}$$

$$=\frac{0.05\times100\text{m}\times(2.65\text{m/s})^2}{2\times9.8\text{m/s}^2\times40\text{mm}}$$

$$=\frac{0.05\times100\text{m}\times(2.65\text{m/s})^2}{2\times9.8\text{m/s}^2\times0.04\text{m}}$$

$$=44.786 ≒ 44.79\text{m}$$

답 ②

★★
**37** 소화설비용 수평배관 내의 단면적이 0.27$m^2$, 45.1kPa의 압력, 유량이 0.75$m^3$/s일 때 전수두는 몇 m인가? (단, 물의 비중량은 9800N/$m^3$, 중력가속도는 9.8m/$s^2$이다.)

19회 문 26 / 18회 문 44 / 17회 문 26 / 17회 문 29 / 17회 문115 / 16회 문 28 / 14회 문 27 / 13회 문 28 / 13회 문 32 / 12회 문 27 / 10회 문106 / 09회 문 48

① 1m ② 3m
③ 5m ④ 7m

해설 (1) **유량**

$$Q=AV$$

여기서, $Q$ : 유량[$m^3/s$]
$V$ : 유속[m/s]
$A$ : 단면적[$m^2$]

**유속** $V$는

$$V=\frac{Q}{A}=\frac{0.75\text{m}^3/\text{s}}{0.27\text{m}^2} ≒ 2.8\text{m/s}$$

(2) **베르누이 방정식**

$$H=\frac{V^2}{2g}+\frac{P}{\gamma}+Z$$

(속도수두) (압력수두) (위치수두)

여기서, $H$ : 전수두[m]
$V$ : 유속[m/s]
$g$ : 중력가속도(9.8m/$s^2$)
$P$ : 압력([kN/$m^2$] 또는 [kPa])
$\gamma$ : 비중량(물의 비중량 9800kN/$m^3$)
$Z$ : 위치수두[m]

문제에서는 **수평배관** 내라고 하였으므로 위치수두 $Z=0$이므로 전수두 $H$는

$$H=\frac{V^2}{2g}+\frac{P}{\gamma}$$

$$=\frac{(2.8\text{m/s})^2}{2\times9.8\text{m/s}^2}+\frac{45.1\text{kPa}}{9800\text{N/m}^3}$$

$$=\frac{(2.8\text{m/s})^2}{2\times9.8\text{m/s}^2}+\frac{45.1\text{kN/m}^2}{9800\text{N/m}^3}$$

$$=\frac{(2.8\text{m/s})^2}{2\times9.8\text{m/s}^2}+\frac{45.1\times10^3\text{N/m}^2}{9800\text{N/m}^3}$$

$$≒ 5\text{m}$$

1kPa=1kN/$m^2$

답 ③

★★
**38** 포수용액의 발포성능은 합성계면활성제포 소화약제인 경우 25%인 포수용액을 수압력 0.1MPa, 방수량 매분 6L, 풍량 매분 13$cm^3$인 조건에서 표준발포장치를 사용하여 발포시키는 경우 거품의 팽창률은 몇 배 이상이어야 하며, 발포전 포수용액 용량의 25%인 포수용액이 거품으로부터 환원되는 데 필요한 시간은 몇 분 이상이어야 하는가?

① 500배, 1분 이상 ② 600배, 1분 이상
③ 500배, 3분 이상 ④ 600배, 3분 이상

해설 **포수용액**의 **발포성능**(소화약제형식 제4조)

| 구 분 | 합성계면활성제포 소화약제 | 기타 소화약제 |
|---|---|---|
| 수압력 | 0.1MPa | 0.7MPa |
| 방수량 | 6L/min | 10L/min |
| 거품팽창률 | **500배** 이상 | **6배**(수성막포는 **5배**)~**20배** 이하 |
| 25% 환원시간 | **3분** 이상 | **1분** 이상 |

답 ③



★

## 39 물의 소화성능을 향상시키기 위한 첨가제의 설명으로 적당하지 않는 것은?

① 침투제는 물의 소화력을 보강하기 위해 첨가하는 약제이다.

② 강화액은 알칼리금속염을 주성분으로 한 것으로 황색 또는 무색의 점성이 있는 수용액이다.

③ 유화제는 고비점 유류에 사용을 가능하게 하기 위한 것이다.

④ 증점제는 물의 점도를 낮추어 표면장력을 높게 해준다.

해설 ④ 증점제 : 물의 점도를 높여 줌

중요

**물의 첨가제**

| 첨가제 | 설 명 |
|---|---|
| 강화액 보기② | 알칼리금속염을 주성분으로 한 것으로 **황색** 또는 **무색**의 점성이 있는 수용액 |
| 침투제 보기① | ① 침투성을 높여 주기 위해서 첨가하는 계면활성제의 총칭<br>② 물의 소화력을 보강하기 위해 첨가하는 약제로서 **물의 표면장력을 낮추어** 침투효과를 높이기 위한 첨가제 |
| 유화제 보기③ | 고비점 유류에 사용을 가능하게 하기 위한 것 |
| 증점제 보기④ | 물의 점도를 높여 줌 |
| 부동제 | 물이 저온에서 동결되는 단점을 보완하기 위해 첨가하는 액체 |

용어

| Wet water | Wetting agent |
|---|---|
| 침투제가 첨가된 물 | 주수소화시 물의 표면장력에 의해 연소물의 침투속도를 향상시키기 위해 첨가하는 침투제 |

답 ④

★★

## 40 옥내소화전 호스로 화재진압시 노즐이 받는 반동력(N)은 얼마인가? (단, 소방호스의 내경은 40mm, 노즐은 13mm, 방수량은 150L/min이라고 가정한다.)

① 36N

② 49N

③ 56N

④ 66N

해설 (1) **방수량**

$$Q=0.653D^2\sqrt{10P}=0.6597CD^2\sqrt{10P}$$

여기서, $Q$ : 방수량〔L/min〕

$D$ : 노즐내경〔mm〕

$P$ : 방수압〔MPa〕

$C$ : 노즐의 흐름계수(유량계수)

$$Q=0.653D^2\sqrt{10P}$$

$$\frac{Q}{0.653D^2}=\sqrt{10P}$$

$$\sqrt{10P}=\frac{Q}{0.653D^2}$$

$$(\sqrt{10P})^2=\left(\frac{Q}{0.653D^2}\right)^2$$

$$10P=\left(\frac{Q}{0.653D^2}\right)^2$$

$$P=\frac{1}{10}\times\left(\frac{Q}{0.653D^2}\right)^2$$

$$=\frac{1}{10}\times\left(\frac{150\,\text{L/min}}{0.653\times(13\text{mm})^2}\right)^2$$

$$=0.1847\text{MPa}$$

(2) 노즐의 **반동력**(사람이 받는 **반동력**)

$$R=1.57PD^2$$

여기서, $R$ : 반동력(반력)〔N〕

$P$ : 방수압력〔MPa〕

$D$ : 노즐구경〔mm〕

반동력 $R=1.57PD^2$

$=1.57\times 0.1847\text{MPa}\times(13\text{mm})^2$

$\fallingdotseq 49\text{N}$

- 반발력과 혼동하지 말 것
- 반력=반동력

비교

(1) **운동량에 의한 반발력**

$$F=\rho QV=\rho Q(V_2-V_1)$$

여기서, $F$ : 운동량에 의한 반발력〔N〕

$\rho$ : 밀도(물의 밀도 1000N·s²/m⁴)

$Q$ : 유량〔m³/s〕

$V\cdot V_1\cdot V_2$ : 유속〔m/s〕

(2) **플랜지 볼트에 작용하는 힘**(노즐에 걸리는 반발력)

$$F=\frac{\gamma Q^2 A_1}{2g}\left(\frac{A_1-A_2}{A_1 A_2}\right)^2$$

여기서, $F$ : 플랜지 볼트에 작용하는 힘(노즐에 걸리는 반발력)〔N〕

$\gamma$ : 비중량(물의 비중량 9800N/m³)

$Q$ : 유량〔m³/s〕

$A_1$ : 소방호스의 단면적〔m²〕

$A_2$ : 노즐단면적〔m²〕

$g$ : 중력가속도(9.8m/s²)

답 ②

★★

**41** 그림의 논리회로를 표시한 것으로 옳은 것은?

18회 문 37 / 17회 문 47 / 16회 문 50 / 15회 문 47 / 15회 문 50 / 13회 문 48

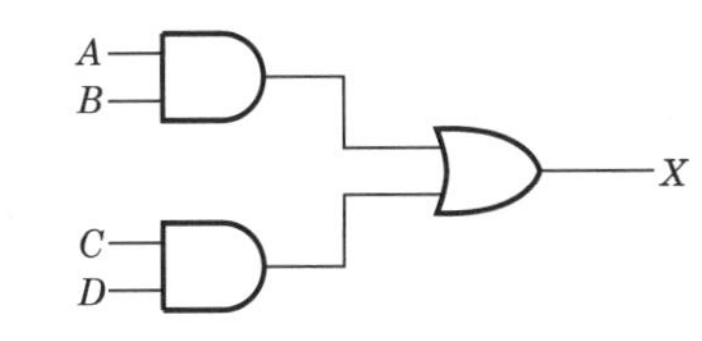


① $A\cdot B+C\cdot D$

② $(A+B)\cdot(C+D)$

③ $A\cdot B\cdot C\cdot D$

④ $A+B+C+D$

해설 $X=A\cdot B+C\cdot D=AB+CD$

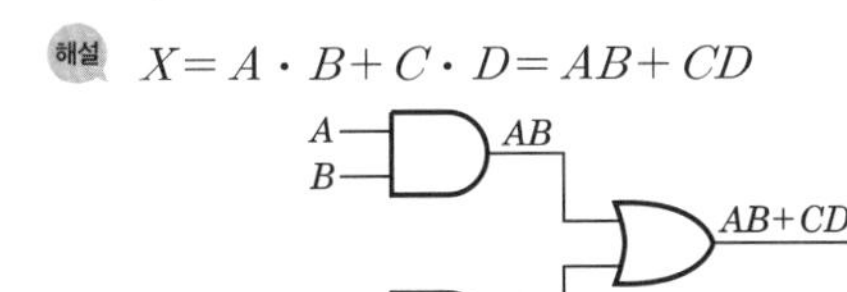

**시퀀스회로와 논리회로의 관계**

| 회로 | 시퀀스 회로 | 논리식 | 논리회로 |
|---|---|---|---|
| 직렬 회로 | | $Z=A\cdot B$<br>$Z=AB$ | |
| 병렬 회로 | | $Z=A+B$ | |
| a 접점 | | $Z=A$ | |
| b 접점 | | $Z=\overline{A}$ | |

답 ①

★★★

**42** 다음 중 유량을 측정할 수 있는 장치가 아닌 것은?

19회 문 34 / 17회 문 28 / 11회 문 27 / 02회 문 50

① 오리피스(Orifice)

② 벤투리(Venturi)미터

③ 피토(Pitot)관

④ 위어(Weir)

해설

| 정압측정 | 유속측정 (동압측정) | 유량측정 |
|---|---|---|
| ① 정압관 (Static tube)<br>② 피에조미터 (Piezometer) | ① 시차액주계 (Differntial manometer)<br>② 피토관 보기③ (Pitot-tube)<br>③ 피토-정압관 (Pitot-static tube)<br>④ 열선속도계 (Hot-wire anemometer) | ① 오리피스 보기① (Orifice)<br>② 벤투리미터 보기② (Venturi meter)<br>③ 로터미터 (Rotameter)<br>④ 위어 보기④ (Weir) |

기억법 유시피열

중요

**유량측정장치**

| 측정장치 | 설 명 |
|---|---|
| 오리피스미터 | **두 점간**의 **압력차**를 측정하여 유속 및 유량측정 |
| 벤투리미터 | 단면이 점차 축소 및 확대하는 관을 사용하여 축소하는 부분에서 유체를 가속하여 압력강하를 일으킴으로써 유량측정 |
| 로터미터 | 유량을 **부자**(Flot)에 의해서 직접 눈으로 읽을 수 있는 장치 |
| 위어 | **개수로**의 유량측정에 사용되는 장치 |

답 ③

★★

## 43 3F의 콘덴서에 5J의 에너지를 축적하기 위한 충전전압은 몇 V인가?

① $\frac{\sqrt{6}}{5}$

② $\sqrt{\frac{30}{3}}$

③ $\frac{\sqrt{10}}{3}$

④ $\sqrt{\frac{10}{3}}$

해설 **정전에너지**

$$W = \frac{1}{2}QV = \frac{1}{2}CV^2 = \frac{Q^2}{2C}\text{[J]}$$

여기서, $W$ : 정전에너지[J]
$Q$ : 전하[C]
$V$ : 전압(충전전압)[V]
$C$ : 정전용량[F]

$W = \frac{1}{2}CV^2$ 에서

**충전전압** $V$는

$$V = \sqrt{\frac{2W}{C}} = \sqrt{\frac{2\times5}{3}} = \sqrt{\frac{10}{3}}$$

답 ④

★

## 44 접지도체를 접지극이나 접지의 다른 수단과 연결하는 것은 견고하게 접속하고 매입되는 지점에는 "안전전기연결" 라벨이 영구적으로 고정되도록 시설하여야 한다. 다음 중 매입되는 지점으로 틀린 것은?

① 접지극의 모든 접지도체 연결지점
② 외부 도전성 부분의 모든 본딩도체 연결지점
③ 주개폐기에서 분리된 주접지단자
④ 주개폐기에서 분리된 보조접지단자

해설 **접지도체를 접지극이나 접지의 다른 수단과 연결하는 경우 매입되는 지점**

(1) 접지극의 모든 접지도체 연결지점 보기 ①
(2) 외부 도전성 부분의 모든 본딩도체 연결지점 보기 ②
(3) 주개폐기에서 분리된 주접지단자 보기 ③

답 ④

★

## 45 다음 전자소자의 심벌 명칭은 무엇인가?

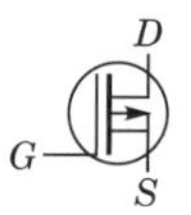


① SCR ② TRIAC
③ SCS ④ MOSFET

해설 **전자소자**

| 명 칭 | 심 벌 |
|---|---|
| SCR<br>(DC전력제어용 소자) | A, K, G |
| TRIAC<br>(AC전력제어용 소자) | $T_2$, $T_1$, G |
| SCS<br>(게이트전극이 2개인 DC제어소자) | $G_1$, A, K, $G_2$ |

| 명 칭 | 심 벌 |
|---|---|
| MOSFET 보기 ④ (금속산화막 반도체 전계효과 트랜지스터) | D, G, S |
| PUT (게이트($G$) 레벨보다 애노드($A$) 레벨이 높아지면 스위칭하는 기능을 지닌 소자) | A, K, G |

답 ④

★★★
**46** 다음 중 내화배선에서 사용하는 전선의 종류가 아닌 것은?

15회 문 48 / 12회 문 47 / 11회 문125 / 07회 문 33 / 07회 문 49

① 450/750V 저독성 난연 가교 폴리올레핀 절연전선
② 0.6/1kV 가교 폴리에틸렌 절연 저독성 난연 폴리올레핀 시스 전력 케이블
③ 6/10kV 가교 폴리에틸렌 절연 저독성 난연 폴리올레핀 시스 전력용 케이블
④ 연피케이블

해설 **내화배선**

| 사용전선의 종류 | 공사방법 |
|---|---|
| ① 450/750V 저독성 난연 가교 폴리올레핀 절연전선 보기 ①<br>② 0.6/1kV 가교 폴리에틸렌 절연 저독성 난연 폴리올레핀 시스 전력 케이블 보기 ②<br>③ 6/10kV 가교 폴리에틸렌 절연 저독성 난연 폴리올레핀 시스 전력용 케이블 보기 ③<br>④ 가교 폴리에틸렌 절연 비닐시스 트레이용 난연 전력 케이블<br>⑤ 0.6/1kV EP 고무절연 클로로프렌 시스 케이블<br>⑥ 300/500V 내열성 실리콘 고무 절연전선(180℃)<br>⑦ 내열성 에틸렌-비닐 아세테이트 고무 절연 케이블<br>⑧ 버스덕트(Bus duct) | • 금속관공사<br>• 2종 금속제 가요전선관공사<br>• 합성수지관공사<br>※ 내화구조로 된 벽 또는 바닥 등에 벽 또는 바닥의 표면으로부터 25mm 이상의 깊이로 매설할 것 |
| ⑨ 내화전선 | • 케이블공사 |

비교

**내열배선**

| 사용전선의 종류 | 공사방법 |
|---|---|
| ① 450/750V 저독성 난연 가교 폴리올레핀 절연전선<br>② 0.6/1kV 가교 폴리에틸렌 절연 저독성 난연 폴리올레핀 시스 전력 케이블<br>③ 6/10kV 가교 폴리에틸렌 절연 저독성 난연 폴리올레핀 시스 전력용 케이블<br>④ 가교 폴리에틸렌 절연 비닐시스 트레이용 난연 전력 케이블<br>⑤ 0.6/1kV EP 고무절연 클로로프렌 시스 케이블<br>⑥ 300/500V 내열성 실리콘 고무 절연전선(180℃)<br>⑦ 내열성 에틸렌-비닐 아세테이트 고무 절연 케이블<br>⑧ 버스덕트(Bus duct) | • 금속관공사<br>• 금속제 가요전선관공사<br>• 금속덕트공사<br>• 케이블공사 |
| ⑨ 내화전선 | • 케이블공사 |

답 ④

★★★
**47** 옥내소화전설비의 배선 중 내열배선의 공사방법이 아닌 것은?

15회 문 48 / 12회 문 46 / 11회 문125 / 07회 문 33 / 07회 문 49

① 금속덕트공사
② 합성수지관공사
③ 금속제 가요전선관공사
④ 케이블공사

해설 **문제 46 참조**

② 내화배선의 공사방법

답 ②

★★★
**48** 정현파교류의 평균값이 $\frac{220}{\pi\sqrt{2}}$V일 때 실효값은 다음 중 얼마인가?

18회 문 40 / 13회 문 46

① 50V ② 55V
③ 200V ④ 220V

해설 (1) **평균값**

$$V_{av} = \frac{2}{\pi}V_m = 0.637\,V_m$$

여기서, $V_{av}$ : 전압의 평균값〔V〕
$V_m$ : 전압의 최대값〔V〕

(2) **최대값**

$$V_m = \sqrt{2}\, V$$

여기서, $V_m$ : 최대값〔V〕
$V$ : 실효값〔V〕

최대값 $V_m = \frac{\pi}{2} V_{av}$

실효값 $V = \frac{V_m}{\sqrt{2}} = \frac{\frac{\pi}{2} V_{av}}{\sqrt{2}}$

$= \frac{\frac{\pi}{2} \times \frac{220}{\pi\sqrt{2}}}{\sqrt{2}} = 55\text{V}$

용어

| 평균값 | 최대값 |
|---|---|
| 순시값의 반주기에 대하여 평균한 값 | 교류의 순시값 중에서 가장 큰 값 |

중요

| 최대값 ↔ 실효값 | 최대값 ↔ 평균값 |
|---|---|
| $V_m = \sqrt{2}\, V$<br>여기서, $V_m$ : 최대값〔V〕<br>$V$ : 실효값〔V〕 | $V_m = \frac{\pi}{2} V_{av}$<br>여기서, $V_m$ : 최대값〔V〕<br>$V_{av}$ : 평균값〔V〕 |

답 ②

★★
**49** 평행판 콘덴서의 양극판 면적을 $\frac{1}{2}$배로 하고 간격을 2배로 하면 정전용량은 처음의 몇 배가 되는가?

19회 문 46
17회 문 49
16회 문 42
15회 문 45
14회 문 49

① $\frac{3}{2}$ ② $\frac{2}{3}$
③ 4 ④ $\frac{1}{4}$

해설 **정전용량**

$$C = \frac{\varepsilon S}{d} = \frac{\varepsilon_0 \varepsilon_s S}{d}$$

여기서, $C$ : 정전용량〔F〕
$S$ : 극판의 면적〔$\text{m}^2$〕
$\varepsilon$ : 유전율〔F/m〕($\varepsilon = \varepsilon_0 \cdot \varepsilon_s$)
$\varepsilon_0$ : 진공의 유전율〔F/m〕
$\varepsilon_s$ : 비유전율(단위 없음)
$d$ : 극판간의 간격〔m〕

**정전용량** $C$는

$C = \frac{\varepsilon S}{d}$ 에서

$\therefore C_0 = \frac{\varepsilon \times \frac{1}{2} S_0}{2 d_0} = \frac{1}{4}\frac{\varepsilon S_0}{d_0}$

$= \frac{1}{4} C$

※ 진공의 유전율 : $\varepsilon_0 = 8.855 \times 10^{-12}\text{F/m}$

답 ④

★★★
**50** 특성곡선이 서로 같은 두 대의 소화펌프를 직렬연결하여 두 펌프를 동시 운전하였을 경우 유량과 양정은 각각 몇 배가 되는가? (단, 토출측 배관의 마찰손실은 무시한다.)

① 유량 1배, 양정 1배
② 유량 2배, 양정 2배
③ 유량 1배, 양정 2배
④ 유량 2배, 양정 1배

해설 **펌프의 운전**

| 구 분 | 직렬운전 | 병렬운전 |
|---|---|---|
| 토출량(유량) | $Q$ | $2Q$ |
| 양정 | $2H$(토출압 : $2P$) | $H$(토출압 : $P$) |
| 그래프 | 양정 $H$, 2대 운전, 단독운전, 토출량 $Q$ | 양정 $H$, 2대 운전, 단독운전, 토출량 $Q$ |

답 ③

**제 3 과목** 소방관련법령

★★★
**51** 지정수량의 24만배 이상 48만배 미만을 취급하는 위험물제조소에는 화학소방자동차 대수 및 자체소방대원 몇 인을 비치하여야 하는가?

① 1대, 5인 ② 2대, 10인
③ 3대, 15인 ④ 4대, 20인

해설 위험물령 [별표 8]
자체소방대에 두는 화학소방자동차 및 인원

| 사업소의 구분 | 화학소방 자동차 | 자체 소방대원의 수 |
|---|---|---|
| 3천배 이상 12만배 미만 | 1대 | 5인 |
| 12~24만배 미만 | 2대 | 10인 |
| **24~48만배 미만** **보기 ③** | **3대** | **15인** |
| 48만배 이상 | 4대 | 20인 |
| 옥외탱크저장소에 저장하는 제4류 위험물의 최대수량이 지정수량의 50만배 이상인 사업소 | 2대 | 10인 |

답 ③

★
## 52 다음 중 소방청장·소방본부장 또는 소방서장이 다중이용업소에 대한 화재위험평가를 실시하는 대상이 아닌 것은?

18회 문 74

① $2000m^2$ 지역 안에 다중이용업소가 50개 이상 밀집하여 있는 경우
② 5층 이상인 건축물로서 다중이용업소가 10개 이상 있는 경우
③ 하나의 건축물에 다중이용업소로 사용하는 영업장 바닥면적의 합계가 $1000m^2$ 이상인 경우
④ 16층 이상인 건축물로서 11층 이상에 다중이용업소가 있는 경우

해설 다중이용업법 제15조
화재위험평가

| 구 분 | 설 명 |
|---|---|
| 평가자 | • 소방청장<br>• 소방본부장<br>• 소방서장 |
| 평가대상 | • **$2000m^2$** 내에 다중이용업소 **50개** 이상 **보기 ①**<br>• **5층** 이상 건축물에 다중이용업소 **10개** 이상 **보기 ②**<br>• 하나의 건축물에 다중이용업소 바닥면적 합계 **$1000m^2$** 이상 **보기 ③** |

용어

**화재위험평가**
다중이용업소가 밀집한 지역 또는 건축물에 대하여 화재의 가능성과 화재로 인한 불특정 다수인의 생명·신체·재산상의 피해 및 주변에 미치는 영향을 예측분석하고 이에 대한 대책을 강구하는 것

답 ④

★★★
## 53 다음 중 소방신호의 종류로서 옳지 않은 것은?

① 해제신호 ② 발화신호
③ 진압신호 ④ 훈련신호

해설 기본규칙 제10조
소방신호의 종류

| 소방신호 | 설 명 |
|---|---|
| **경**계신호 | 화재예방상 필요하다고 인정되거나 화재위험경보시 발령 |
| **발**화신호 **보기 ②** | 화재가 발생한 때 발령 |
| **해**제신호 **보기 ①** | 소화활동이 필요 없다고 인정되는 때 발령 |
| **훈**련신호 **보기 ④** | 훈련상 필요하다고 인정되는 때 발령 |

기억법 경발해훈

중요

**소방신호**(기본법 제18조)

| 소방신호의 목적 | 소방신호의 종류와 방법 |
|---|---|
| • 화재예방<br>• 소방활동<br>• 소방훈련 | 행정안전부령 |

답 ③

★★★
## 54 다음 중 소방시설 설치 및 관리에 관한 법령상 형식승인을 받는 소방용품에 포함되지 않는 것은?

17회 문 64
10회 문 62
03회 문 72

① 옥내소화전함
② 송수구
③ 예비전원이 내장된 비상조명등
④ 소방호스

해설 **소방시설법 시행령 제6조**

**소방용품 제외대상**

(1) 주거용 주방자동소화장치용 소화약제
(2) 가스자동소화장치용 소화약제
(3) 분말자동소화장치용 소화약제
(4) 고체에어로졸 자동소화장치용 소화약제
(5) 소화약제 외의 것을 이용한 간이소화용구
(6) 휴대용 비상조명등
(7) 유도표지
(8) 벨용 푸시버튼스위치
(9) 피난밧줄
(10) 옥내소화전함 보기 ①
(11) 방수구

※ 소방용품이 너무 많으므로 위의 제외대상만을 암기하도록 하자!

답 ①



★★
## 55 다음 중 소방대의 구성원이 아닌 사람은?

19회 문 54

① 소방공무원
② 의무소방원
③ 의용소방대원
④ 자체소방대원

해설 **기본법 제2조**

**소방대**

| 구 분 | 설 명 |
|---|---|
| 뜻 | 화재를 진압하고 화재, 재난, 재해, 그 밖의 위급한 상황에서의 구조·구급활동 등을 하기 위하여 구성된 조직체 |
| 구성원 | ① 소방공무원 보기 ①<br>② 의무소방원 보기 ②<br>③ 의용소방대원 보기 ③ |

답 ④

★★
## 56 지정수량 미만인 위험물의 저장 또는 취급에 관한 기술상의 기준은 무엇으로 정하는가?

16회 문 69

① 시·도의 조례
② 예규
③ 훈령
④ 안전기준

해설 **위험물법 제4·5조**

**위험물**

| 구 분 | 설 명 |
|---|---|
| **시·도의 조례** 보기 ① | 지정수량 미만인 위험물의 저장·취급 |
| **90일** 이내 | 위험물의 임시저장기간 |

용어

**위험물**(위험물법 제2조)
**인화성** 또는 **발화성** 등의 성질을 가지는 것으로서 **대통령령**으로 정하는 물품

답 ①

★★★
## 57 소방시설관리사의 행정처분기준에 대한 다음 설명으로 옳은 것은?

19회 문 59
16회 문 64
15회 문 57
11회 문 72
11회 문 73
10회 문 65
09회 문 64
09회 문 66
07회 문 61
07회 문 63
04회 문 69
04회 문 74

① 거짓, 그 밖의 부정한 방법으로 시험에 합격한 경우 1차 행정처분기준은 자격정지 2년이다.
② 동시에 둘 이상의 업체에 취업한 경우 1차 행정처분기준은 자격정지 2년이다.
③ 소방시설관리사증을 다른 사람에게 빌려준 경우 1차 행정처분기준은 자격취소이다.
④ 점검을 하지 않는 경우 2차 행정처분기준은 자격취소이다.

해설 **소방시설법 시행규칙 [별표 8]**

**소방시설관리사의 행정처분기준**

| 위반사항 | 행정처분기준 | | |
|---|---|---|---|
| | 1차 | 2차 | 3차 |
| ① 미점검 | 자격정지 1월 | 자격정지 6월 | 자격취소 |
| ② 거짓점검<br>③ 대행인력 배치기준·자격·방법 미준수<br>④ 자체점검 업무 불성실 | 경고(시정명령) | 자격정지 6월 | 자격취소 |
| ⑤ 부정한 방법으로 시험합격<br>⑥ 소방시설관리증 대여 보기 ③<br>⑦ 관리사 결격사유에 해당한 때<br>⑧ 2 이상의 업체에 취업한 때 | 자격취소 | – | – |

비교

**소방시설관리업자의 행정처분기준**(소방시설법 시행규칙 [별표 8])

| 위반사항 | 행정처분기준 | | |
|---|---|---|---|
| | 1차 | 2차 | 3차 |
| ① 미점검<br>② 점검능력평가를 받지 않고 자체점검을 한 경우 | 영업정지 1월 | 영업정지 3월 | 등록취소 |
| ③ 거짓점검<br>④ 등록기준미달(단, 기술인력이 퇴직하거나 해임되어 30일 이내에 재선임하여 신고하는 경우 제외) | 경고(시정명령) | 영업정지 3월 | 등록취소 |
| ⑤ 부정한 방법으로 등록한 때<br>⑥ 등록결격사유에 해당한 때<br>⑦ 등록증 또는 등록수첩 대여 | 등록취소 | – | – |

답 ③

★★
## 58 방염성능기준에 대한 다음 설명 중 옳지 않은 것은?

17회 문 62
16회 문 63
10회 문 72
09회 문 55

① 버너의 불꽃을 제거한 때부터 불꽃을 올리며 연소하는 상태가 그칠 때까지 시간은 30초 이내
② 탄화한 면적은 $50cm^2$ 이내, 탄화한 길이는 20cm 이내
③ 불꽃에 의하여 완전히 녹을 때까지 불꽃의 접촉횟수는 3회 이상
④ 발연량을 측정하는 경우 최대연기밀도는 400 이하

해설

① 20초 이내

중요

**방염성능기준**(소방시설법 시행령 제31조)

| 구 분 | 기 준 |
|---|---|
| 잔염시간 **보기 ①** | **20초** 이내 |
| 잔진시간(잔신시간) | **30초** 이내 |
| 탄화길이 | **20cm** 이내 |
| 탄화면적 **보기 ②** | **$50cm^2$** 이내 |
| 불꽃 접촉횟수 **보기 ③** | **3회** 이상 |
| 최대연기밀도 **보기 ④** | **400** 이하 |

비교

| 잔염시간 **보기 ①** | 잔진시간(잔신시간) |
|---|---|
| 버너의 불꽃을 제거한 때부터 불꽃을 올리며 연소하는 상태가 그칠 때까지의 시간 | 버너의 불꽃을 제거한 때부터 불꽃을 올리지 않고 연소하는 상태가 그칠 때까지의 시간 |

답 ①

★★
## 59 다음 중 소방시설업에 대한 설명으로 옳지 않은 것은?

① 전문소방시설설계업의 주된 기술인력은 기술사이고, 보조 기술인력은 1명 이상이다.
② 전문소방공사감리업인 경우 법인의 자본금은 1억원 이상이다.
③ 소방시설관리사와 소방설비기사(기계분야 및 전기분야의 자격을 함께 취득한 사람)는 소방시설관리업과 전문소방시설공사업에 주된 기술인력으로 선임될 수 있다.
④ 저수조와 연소방지설비는 기계분야의 소방공사감리업 대상이다.

해설

② 전문·일반 소방공사감리업은 자본금이 필요 없다. 자본금은 소방시설공사업에서만 필요하다.

중요

**설계업 vs 공사업**(공사업령 [별표 1])

(1) **소방시설설계업**

| 구분 | 전문 | 일반 |
|---|---|---|
| 기술인력 | • 주된 기술인력 : 소방기술사 **1명** 이상<br>• 보조 기술인력 : **1명** 이상 | • 주된 기술인력 : 소방기술사 또는 소방설비기사 **1명** 이상<br>• 보조 기술인력 : **1명** 이상 |
| 영업범위 | • 모든 특정소방대상물 | • **아파트**(기계분야 제연설비 제외)<br>• 연면적 $30000m^2$ (공장 $10000m^2$) 미만(기계분야 제연설비 제외)<br>• **위험물제조소** 등 |

12회

(2) 소방시설공사업

| 구분 | 전문 | 일반 |
|---|---|---|
| 기술인력 | • 주된 기술인력 : 소방기술사 또는 기계·전기분야 소방기사 각 **1명** (기계·전기분야 함께 취득한 사람 1명) 이상<br>• 보조 기술인력 : **2명** 이상 | • 주된 기술인력 : 소방기술사 또는 소방설비기사 **1명** 이상<br>• 보조 기술인력 : **1명** 이상 |
| 자본금 | • 법인 : **1억원** 이상<br>• 개인 : **1억원** 이상 | • 법인 : **1억원** 이상<br>• 개인 : **1억원** 이상 |
| 영업범위 | • 특정소방대상물 | • 연면적 **10000m²** 미만<br>• 위험물제조소 등 |

(3) 소방공사감리업

| 구분 | 전문 | 일반 |
|---|---|---|
| 기술인력 | • 소방기술사 **1명** 이상<br>• **특급**감리원 **1명** 이상<br>• **고급**감리원 **1명** 이상<br>• **중급**감리원 **1명** 이상<br>• **초급**감리원 **1명** 이상 | • **특급**감리원 **1명** 이상<br>• **고급** 또는 **중급** 감리원 **1명** 이상<br>• **초급**감리원 **1명** 이상 |
| 영업범위 | • 모든 특정 소방대상물 | • **아파트**(기계분야 제연설비 제외)<br>• 연면적 **30000m²**(공장 **10000m²**) 미만(기계분야 제연설비 제외)<br>• **위험물제조소** 등 |

답 ②

★★★

**60** 소방시설 설치 및 관리에 관한 법령상 소방시설 등의 자체점검에 관한 설명으로 옳지 않은 것은?

14회 문 58 / 12회 문 60 / 03회 문 56

① 작동점검 대상인 자동화재탐지설비 설치 대상물은 관계인이 점검할 수 있다.

② 제연설비가 설치된 터널은 종합점검 대상이다.

③ 특급 소방안전관리대상물의 종합점검은 반기에 1회 이상 실시한다.

④ 종합점검 대상인 특정소방대상물의 작동점검은 종합점검을 받은 달부터 3개월이 되는 달에 실시한다.

해설

④ 3개월 → 6개월

중요

**소방시설 등 자체점검**의 **점검대상, 점검자의 자격, 점검횟수 및 시기**(소방시설법 시행규칙 [별표 3])

(1) **작동점검**

| 점검대상 | 점검자의 자격(주된 인력) | 점검횟수 및 점검시기 |
|---|---|---|
| 간이스프링클러설비·자동화재탐지설비 | • 관계인 **보기 ①**<br>• 소방안전관리자로 선임된 소방시설관리사 또는 소방기술사<br>• 소방시설관리업에 등록된 기술인력 중 소방시설관리사 또는 「소방시설공사업법 시행규칙」에 따른 특급 점검자 | 작동점검은 **연 1회** 이상 실시하며, 종합점검대상은 종합점검을 받은 달부터 **6개월**이 되는 달에 실시 **보기 ④** |

(2) **종합점검**

| 점검대상 | 점검실시 |
|---|---|
| • 제연설비 터널 **보기 ②**<br>• 스프링클러설비<br>중요<br>① 공공기관 : 1000m²<br>② 다중이용업 : 2000m²<br>③ 물분무등(호스릴 ×) : 5000m² | **반기별 1회** 이상 **보기 ③** |

답 ④

★★

**61** 다음 중 소방시설의 분류로서 옳게 연결된 것은?

19회 문 62 / 17회 문110 / 16회 문 58 / 10회 문 70 / 10회 문120 / 09회 문 70 / 06회 문 52 / 02회 문 55

① 소화설비 – 연소방지설비

② 경보설비 – 비상조명등

③ 피난구조설비 – 방열복

④ 소화활동설비 – 통합감시시설

① 소화활동설비 – 연소방지설비
② 피난구조설비 – 비상조명등
③ 피난구조설비 – 방열복
④ 경보설비 – 통합감시시설

중요

**NFPC 301 제3조, NFTC 301 1.7, 1.8, 소방시설법 시행령 [별표 1]**

| 피난구조설비 | 소화활동설비 |
|---|---|
| ① 피난기구<br>- **피**난사다리<br>- **구**조대<br>- **완**강기<br>- 소방청장이 정하여 고시하는 화재안전기준으로 정하는 것(미끄럼대, 피난교, 공기안전매트, 피난용 트랩, 다수인 피난장비, 승강식 피난기, 간이 완강기, 하향식 피난구용 내림식 사다리)<br>기억법 피구완<br>② 인명구조기구<br>- 방열복 보기 ③<br>- 방화복(안전모, 보호장갑, 안전화 포함)<br>- 공기호흡기<br>- 인공소생기<br>③ 유도등<br>- 피난유도선<br>- 피난구유도등<br>- 통로유도등<br>- 객석유도등<br>- 유도표지<br>④ 비상조명등・휴대용 비상조명등<br>보기 ② | ① **연결송수관**설비<br>② **연결살수**설비<br>③ **연소방지**설비<br>보기 ①<br>④ **무선통신보조**설비<br>⑤ **제연**설비<br>⑥ **비상콘센트**설비<br>기억법 3연무제비콘 |

답 ③

★

## 62 다음 중 정기검사의 대상인 제조소 등에 대한 설명으로 옳은 것은?

① 액체위험물을 저장 또는 취급하는 10만 리터 이상의 옥외탱크저장소
② 액체위험물을 저장 또는 취급하는 50만 리터 이상의 옥외탱크저장소
③ 액체위험물을 저장 또는 취급하는 20만 리터 이상의 옥외탱크저장소
④ 액체위험물을 저장 또는 취급하는 200만 리터 이상의 옥외탱크저장소

해설 **위험물령 제17・22조**

| 정기검사의 대상인 제조소 등 | 한국소방산업기술원에 위탁하는 탱크안전성능검사 |
|---|---|
| 액체위험물을 저장 또는 취급하는 **50만L** 이상의 **옥외탱크저장소**<br>보기 ② | ① **100만L** 이상인 액체위험물을 저장하는 탱크<br>② 암반탱크<br>③ 지하탱크저장소의 액체위험물탱크 |

답 ②

★★

## 63 '다중이용업소의 안전관리에 관한 특별법령'에서 정한 안전관리기본계획 등에 관한 내용 중 잘못된 것은?

18회 문 75
17회 문 72
16회 문 74
15회 문 75
14회 문 72
13회 문 72

① 소방서장은 다중이용업소의 안전관리기본계획을 관계 중앙행정기관의 장과 협의를 거쳐 5년마다 수립하여야 한다.
② 소방청장은 매년 연도별 안전관리계획을 전년도 12월 31일까지 수립하여야 한다.
③ 소방청장은 연도별 계획을 수립하면 지체 없이 관계 중앙행정기관의 장과 시・도지사 및 소방본부장에게 통보하여야 한다.
④ 소방본부장은 관할지역의 다중이용업소에 대한 집행계획을 수립할 때에는 다중이용업주와 종업원에 대한 자체지도계획을 포함시켜야 한다.

해설 ① 소방청장

중요

**다중이용업소**

| 소방본부장 | 소방본부장・소방서장 |
|---|---|
| ① 집행계획의 수립・시행 등(다중이용업법 제6조)<br>② 집행계획의 내용 등(다중이용업령 제8조) | ① 관련행정기관의 통보사항(다중이용업법 제7조)<br>② 다중이용업소의 안전관리기준 등(다중이용업법 제9조)<br>③ 화재배상책임보험 가입촉진 및 관리(다중이용업법 제13조 3)<br>④ 안전관리우수업소표지 등(다중이용업법 제21조) |

| 소방본부장 | 소방본부장·소방서장 |
|---|---|
| ① 집행계획의 수립·시행 등(다중이용업법 제6조)<br>② 집행계획의 내용 등(다중이용업령 제8조) | ⑤ 안전우수관리업소의 공표절차 등(다중이용업령 제20조)<br>⑥ 다중이용업주의 신청에 의한 안전관리우수업소 공표 등(다중이용업령 제22조)<br>⑦ 인터넷 홈페이지를 이용한 사이버 소방안전교육(다중이용업규칙 제6조)<br>⑧ 안전시설 등의 설치신고(다중이용업규칙 제11조) |

답 ①

★★★
### 64 다음 중 다중이용업소로서 옳지 않은 것은?

19회 문 72
16회 문 08
09회 문 59
07회 문 66

① 지상 1층의 일반음식점
② 제과점영업
③ 노래연습장업
④ 목욕장업

해설 **다중이용업령 제2조, 다중이용업규칙 제2조**
**다중이용업소**
(1) 휴게음식점영업·일반음식점영업·제과점영업 : **100m²** 이상(지하층은 **66m²** 이상) **보기 ②**
(2) 단란주점영업·유흥주점영업
(3) 영화상영관·비디오물감상실업·비디오물소극장업 및 복합영상물제공업
(4) 학원 수용인원 **300명** 이상
(5) 학원 수용인원 **100~300명** 미만
  ① **기숙사**가 있는 학원
  ② **2 이상** 학원 수용인원 **300명** 이상
  ③ **다중이용업**과 **학원**이 함께 있는 것
(6) **목욕장업** **보기 ④**
(7) 게임제공업, 인터넷 컴퓨터게임시설제공업·복합유통게임제공업
(8) 노래연습장업 **보기 ③**
(9) 산후조리업
(10) **고시원업**
(11) 전화방업
(12) 화상대화방업
(13) 수면방업
(14) 콜라텍업
(15) 방탈출카페업
(16) 키즈카페업
(17) 만화카페업
(18) **권총사격장**(옥내사격장에 한함)
(19) 가상체험 체육시설업(실내에 **1개** 이상의 별도의 구획된 실을 만들어 골프종목의 운동이 가능한 시설을 경영하는 영업에 한함)
(20) 안마시술소

※ **지상 1층, 지상과 직접 접하는 층** : 그 영업장의 주된 출입구가 건축물 외부의 지면과 직접 연결되는 곳에서 하는 영업 제외

답 ①

★★★
### 65 화재예방강화지구에 대한 다음 설명 중 옳지 않은 것은?

① 시·도지사는 화재발생 우려가 크거나 화재가 발생할 경우 피해가 클 것으로 예상되는 지역에 대하여 화재의 예방 및 안전관리를 강화하기 위해 지정·관리하는 지역을 화재예방강화지구로 지정할 수 있다.
② 시장지역은 화재예방강화지구로 지정할 수 있다.
③ 화재예방강화지구 안의 관계인에 대하여 소방상 필요한 훈련 및 교육을 연 2회 이상 실시하여야 한다.
④ 소방본부장 또는 소방서장은 화재예방강화지구 안의 관계인에 대하여 소방에 필요한 훈련 및 교육을 실시할 수 있다.

해설 ③ 연 1회 이상

중요
**횟수**
(1) **월 1회 이상** : 소방용수시설 및 **지**리조사(기본규칙 제7조)

기억법 **월1지(월요일이 지났다)**

(2) 연 1회 이상
① 화재예방강화지구 안의 화재안전조사·훈련·교육(화재예방법 시행령 제20조)
② 특정소방대상물의 소방훈련·교육(**화재예방법 시행규칙** 제36조)
③ 제조소 등의 **정**기점검(위험물규칙 제64조)
④ **종**합점검(소방시설법 시행규칙 [별표 3])
⑤ 작동점검(소방시설법 시행규칙 [별표 3])

기억법 연1정종(연일 정종술을 마셨다)

(3) 2년마다 1회 이상
① 소방대원의 소방교육·훈련(기본규칙 제9조)
② **실**무교육(화재예방법 시행규칙 제29조)

기억법 실2(실리)

※ **화재예방강화지구**: 화재 발생 우려가 크거나 화재가 발생할 경우 피해가 클 것으로 예상되는 지역에 대하여 화재의 예방 및 안전관리를 강화하기 위해 지정·관리하는 지역

답 ③

★★★
**66** 화재안전기준이 변경되어 그 기준이 강화되는 경우 기존의 특정소방대상물에 강화된 기준을 적용하여야 하는 소방시설이 아닌 것은?

① 소화기구
② 자동화재속보설비
③ 지하구 가운데 공동구에 설치하는 소방시설
④ 물분무소화설비

해설 **소방시설법 제13조, 소방시설법 시행령 제13조**
**변경강화기준 적용설비**
(1) 소화기구 보기 ①
(2) 비상경보설비
(3) 자동화재탐지설비
(4) 자동화재속보설비 보기 ②
(5) 피난구조설비
(6) 소방시설(**공동구** 설치용, 전력 및 통신사업용 지하구, 노유자시설, 의료시설) 보기 ③

| 공동구, 전력 및 통신사업용 지하구 | 노유자시설 | 의료시설 |
|---|---|---|
| ① 소화기<br>② 자동소화장치<br>③ 자동화재탐지설비<br>④ 통합감시시설<br>⑤ 유도등<br>⑥ 연소방지설비 | ① 간이스프링클러설비<br>② 자동화재탐지설비<br>③ 단독경보형 감지기 | ① 스프링클러설비<br>② 간이스프링클러설비<br>③ 자동화재탐지설비<br>④ 자동화재속보설비 |

답 ④

★★★
**67** 방염대상물품 중 제조 또는 가공공정에서 방염처리를 하여야 하는 물품으로 옳지 않은 것은?

19회 문 61
15회 문 62
12회 문 14
04회 문 60
02회 문 64

① 창문에 설치하는 블라인드
② 두께가 2mm 미만인 종이벽지
③ 전시용 섬유판
④ 암막·무대막(가상체험 체육시설업에 설치하는 스크린을 포함한다)

해설 **소방시설법 시행령 제31조**
**방염대상물품**

| 제조 또는 가공 공정에서 방염처리를 한 방염대상물품 | 건축물 내부의 천장이나 벽에 부착하거나 설치하는 것 |
|---|---|
| ① 창문에 설치하는 **커튼류**(블라인드 포함) 보기 ①<br>② 카펫<br>③ **벽지류**(두께 2mm 미만인 **종이벽지 제외**) 보기 ②<br>④ **전시용 합판·목재** 또는 **섬유판** 보기 ③<br>⑤ **무대용 합판·목재** 또는 **섬유판**<br>⑥ **암막·무대막**(영화상영관·가상체험 체육시설업의 **스크린** 포함) 보기 ④<br>⑦ 섬유류 또는 합성수지류 등을 원료로 하여 제작된 소파·의자(단란주점영업, 유흥주점영업 및 노래연습장업의 영업장에 설치하는 것만 해당) | ① 종이류(두께 2mm 이상), **합성수지류** 또는 **섬유류**를 주원료로 한 물품<br>② **합판**이나 **목재**<br>③ 공간을 구획하기 위하여 설치하는 **간이 칸막이**<br>④ **흡음재**(흡음용 커튼 포함) 또는 **방음재**(방음용 커튼 포함)<br>※ 가구류(옷장, 찬장, 식탁, 식탁용 의자, 사무용 책상, 사무용 의자, 계산대)와 너비 10cm 이하인 반자돌림대, 내부 마감재료 제외 |

답 ②

★★★
## 68 다음의 특정소방대상물 중 근린생활시설에 해당되는 것은?

18회 문 63
14회 문 67
13회 문 58
09회 문 73
08회 문 55
06회 문 58
05회 문 63
05회 문 69
02회 문 54

① 바닥면적의 합계가 $1500m^2$인 슈퍼마켓
② 바닥면적의 합계가 $1200m^2$인 자동차영업소
③ 바닥면적의 합계가 $450m^2$인 골프연습장
④ 바닥면적의 합계가 $400m^2$인 공연장

해설 **소방시설법 시행령 [별표 2]**
**근린생활시설**

| 면 적 | 적용장소 |
|---|---|
| $150m^2$ 미만 | • 단란주점 |
| $300m^2$ 미만 | • 종교시설<br>• 공연장 보기 ④<br>• 비디오물 감상실업<br>• 비디오물 소극장업 |
| $500m^2$ 미만 | • 탁구장<br>• 서점<br>• 볼링장<br>• 체육도장<br>• 금융업소<br>• 사무소<br>• 부동산 중개사무소<br>• 학원<br>• 골프연습장 보기 ③ |
| $1000m^2$ 미만 | • 의약품 판매소<br>• 의료기기 판매소<br>• 자동차영업소 보기 ②<br>• 슈퍼마켓 보기 ①<br>• 일용품 |
| 전부 | • 기원<br>• 의원 · 이용원<br>• 휴게음식점 · 일반음식점<br>• 제과점<br>• 독서실<br>• 안마원(안마시술소 포함)<br>• 조산원(산후조리원 포함) |

기억법 종35

① $1500m^2 \rightarrow 1000m^2$ 미만
② $1200m^2 \rightarrow 1000m^2$ 미만
④ $400m^2 \rightarrow 300m^2$ 미만

답 ③

★
## 69 화재진압 등 소방활동을 위하여 필요할 때에 소방용수 외에 댐 · 저수지 또는 수영장 등의 물을 사용하거나 수도의 개폐장치 등을 조작할 수 없는 사람은?

① 소방청장
② 소방본부장
③ 소방서장
④ 소방대장

해설 **기본법 27조**
**위험시설 등에 대한 긴급조치 : 소방본부장 · 소방서장 · 소방대장** 보기 ②③④

(1) 화재진압 등 소방활동을 위하여 필요할 때 소방용수 외에 댐 · 저수지 또는 수영장 등의 **물**을 **사용**하거나 **수도**의 **개폐장치** 등 조작
(2) 화재발생을 막거나 폭발 등으로 화재가 확대되는 것을 막기 위하여 가스 · 전기 또는 유류 등의 시설에 대하여 **위험물질**의 공급을 **차단**하는 등의 조치

답 ①

★★★
## 70 소방안전관리대상물을 제외한 특정소방대상물에 관계인의 업무가 아닌 것은?

① 소방계획서의 작성 및 시행
② 피난시설, 방화구획 및 방화시설의 관리
③ 소방시설이나 그 밖의 소방관련시설의 관리
④ 화기취급의 감독

해설 **화재예방법 제24조 제⑤항**
**관계인 및 소방안전관리자의 업무**

| 특정소방대상물 (관계인) | 소방안전관리대상물 (소방안전관리자) |
|---|---|
| ① 피난시설 · 방화구획 및 방화시설의관리<br>② 소방시설, 그 밖의 소방관련시설의 관리<br>③ **화기취급**의 감독<br>④ 소방안전관리에 필요한 업무 | ① 피난시설 · 방화구획 및 방화시설의 관리<br>② 소방시설, 그 밖의 소방관련시설의 관리<br>③ **화기취급**의 감독<br>④ 소방안전관리에 필요한 업무 |

| 특정소방대상물 (관계인) | 소방안전관리대상물 (소방안전관리자) |
|---|---|
| ⑤ 화재발생시 초기대응 | ⑤ **소방계획서**의 작성 및 시행(대통령령으로 정하는 사항 포함)<br>⑥ **자위소방대** 및 **초기대응체계**의 구성·운영·교육<br>⑦ 소방훈련 및 교육<br>⑧ 소방안전관리에 관한 업무수행에 관한 기록·유지<br>⑨ 화재발생시 초기대응 |

용어

| 소방안전관리대상물 | 특정소방대상물 |
|---|---|
| 대통령령으로 정하는 특정소방대상물 | 건축물 등의 규모·용도 및 수용인원 등을 고려하여 소방시설을 설치하여야 하는 소방대상물로서 대통령령으로 정하는 것 |

답 ①

★★
## 71 다음 중 '위험물안전관리법 시행령'에서 정하는 위험물로 볼 수 없는 것은?

18회 문 78 / 18회 문 80 / 16회 문 78 / 16회 문 84 / 15회 문 80 / 15회 문 81 / 14회 문 79 / 13회 문 78 / 13회 문 79 / 09회 문 82 / 02회 문 80

① 황은 순도가 50중량퍼센트 이상인 것을 말한다.
② 철분은 철의 분말로서 53마이크로미터의 표준체를 통과하는 것이 50중량퍼센트 미만인 것은 제외한다.
③ 인화성 고체는 고형알코올, 그 밖에 1기압에서 인화점이 40℃ 미만인 고체를 말한다.
④ 제1석유류는 1기압에서 인화점이 21℃ 미만인 것을 말한다.

해설 ① 60중량퍼센트[wt/%]

중요

위험물령 [별표 1]

| 종 류 | 기 준 |
|---|---|
| 과산화수소 | 농도 **36wt%** 이상 |
| 황 보기 ① | 순도 **60wt%** 이상 |
| 질산 | 비중 **1.49** 이상 |

답 ①

★★★
## 72 위험물제조소의 환기설비의 기준에서 급기구가 설치된 실의 바닥면적이 $80m^2$일 때 1개 이상 설치하는 급기구의 면적은 몇 $cm^2$ 이상이어야 하는가?

18회 문 88 / 14회 문 89 / 11회 문 81 / 11회 문 88 / 10회 문 53 / 10회 문 76 / 09회 문 76 / 07회 문 86 / 04회 문 78

① 200 ② 300
③ 600 ④ 800

해설 위험물규칙 [별표 4]
위험물제조소의 환기설비
(1) 환기는 **자연배기방식**으로 할 것
(2) 급기구는 바닥면적 **$150m^2$**마다 1개 이상으로 하되, 그 크기는 **$800cm^2$** 이상일 것

| 바닥면적 | 급기구의 면적 |
|---|---|
| $60m^2$ 미만 | $150cm^2$ 이상 |
| $60\sim90m^2$ 미만 | $300cm^2$ 이상 보기 ② |
| $90\sim120m^2$ 미만 | $450cm^2$ 이상 |
| $120\sim150m^2$ 미만 | $600cm^2$ 이상 |

(3) 급기구는 **낮은 곳**에 설치하고, 가는 눈의 구리망 등으로 **인화방지망**을 설치할 것
(4) 환기구는 지붕 위 또는 지상 **2m** 이상의 높이에 **회전식 고정 벤틸레이터** 또는 **루프팬방식**으로 설치할 것

답 ②

★
## 73 탱크안전성능검사를 받아야 하는 위험물탱크의 탱크안전성능검사 항목으로 틀린 것은?

19회 문 67 / 17회 문 69 / 16회 문 68 / 15회 문 70

① 기초·지반감사 ② 배관검사
③ 충수·수압검사 ④ 용접부검사

해설 위험물령 제8조
위험물탱크의 탱크안전성능검사

| 검사항목 | 조 건 |
|---|---|
| ① **기초·지반검사** 보기 ①<br>② **용접부검사** 보기 ④ | 옥외탱크저장소의 액체위험물탱크 중 그 용량이 100만L 이상인 탱크 |
| ③ **충수·수압검사** 보기 ③ | 액체위험물을 저장 또는 취급하는 탱크 |
| ④ **암반탱크검사** | 액체위험물을 저장 또는 취급하는 암반 내의 공간을 이용한 탱크 |

비교

**탱크안전성능검사의 내용**(위험물령 [별표 4])

| 구 분 | 검사내용 |
|---|---|
| 기초·지반 검사 | • 특정설비에 관한 검사에 합격한 탱크 외의 탱크 : 탱크의 기초 및 지반에 관한 공사에 있어서 해당 탱크의 기초 및 지반이 행정안전부령으로 정하는 기준에 적합한지 여부를 확인함<br>• 행정안전부령으로 정하는 탱크 : 탱크의 기초 및 지반에 관한 공사에 상당한 것으로서 행정안전부령으로 정하는 공사에 있어서 해당 탱크의 기초 및 지반에 상당하는 부분이 행정안전부령으로 정하는 기준에 적합한지 여부를 확인함 |
| 충수·수압 검사 | • 탱크에 배관, 그 밖의 부속설비를 부착하기 전에 해당 탱크본체의 누설 및 변형에 대한 안전성이 행정안전부령으로 정하는 기준에 적합한지 여부를 확인함 |
| 용접부 검사 | • 탱크의 배관, 그 밖의 부속설비를 부착하기 전에 행하는 해당 탱크의 본체에 관한 공사에 있어서 탱크의 용접부가 행정안전부령으로 정하는 기준에 적합한지 여부를 확인함 |
| 암반탱크 검사 | • 탱크의 본체에 관한 공사에 있어서 탱크의 구조가 행정안전부령으로 정하는 기준에 적합한지 여부를 확인함 |

답 ②

★★★

**74** 다음 중 성능위주설계를 하여야 하는 특정소방대상물의 범위에 해당되는 것은?

17회 문 65
10회 문 73

① 연면적 10만$m^2$ 이상인 특정소방대상물
② 건축물의 높이가 60m 이상인 특정소방대상물
③ 연면적 2만$m^2$ 이상인 철도역사에 5000$m^2$를 증축한 소방대상물
④ 하나의 건축물에 영화상영관이 2개 있는데 9개를 추가로 증축한 소방대상물

해설 **소방시설법 시행령 제9조**
**성능위주설계를 하여야 하는 특정소방대상물의 범위**

(1) 연면적 **20만**$m^2$ 이상(단, 아파트 제외) **보기 ①**
(2) 50층 이상(지하층 제외)이거나 지상으로부터 높이가200m 이상인 아파트
(3) 30층 이상(지하층 포함)이거나 지상으로부터 높이가 120m 이상인 특정소방대상물(아파트 등 제외) **보기 ②**
(4) 연면적 **3만**$m^2$ 이상인 **철도** 및 **도시철도시설, 공항시설** **보기 ③**
(5) 연면적 **10만**$m^2$ 이상이거나 지하 2층 이하이고 지하층의 바닥면적의 합이 3만$m^2$ 이상인 창고시설
(6) 하나의 건축물에 영화상영관이 **10개** 이상 **보기 ④**
(7) 지하연계 복합건축물에 해당하는 특정소방대상물
(8) 터널 중 수저터널 또는 길이가 **5천m** 이상인 것

① 10만$m^2$ → 20만$m^2$
② 60m → 120m
③ 2만$m^2$ → 3만$m^2$

중요

**성능위주설계를 할 수 있는 사람의 자격·기술인력**(공사업령 [별표 1의 2])

| 성능위주설계자의 자격 | 기술인력 |
|---|---|
| ① **전문 소방시설설계업**을 등록한 사람<br>② 전문 소방시설설계업 등록기준에 따른 **기술인력**을 갖춘 사람으로서 **소방청장**이 정하여 고시하는 연구기관 또는 단체 | **소방 기술사 2명** 이상 |

답 ④

★

**75** 다음 중 '건축물의 피난·방화구조 등의 기준에 관한 규칙'에 의한 특별피난계단의 구조가 아닌 것은?

① 건축물의 내부와 계단실은 노대를 통하여 연결하거나 외부를 향하여 열 수 있는 면적 2$m^2$ 이상인 창문을 통하여 연결할 것
② 계단실·노대 및 부속실 창문 등을 제외하고는 내화구조의 벽으로 각각 구획할 것
③ 출입구의 유효너비는 0.9m 이상으로 하고 피난의 방향으로 열 수 있을 것
④ 계단실에는 예비전원에 의한 조명설비를 할 것

해설 ① 1$m^2$ 이상

중요

**피난 · 방화구조 제9조**
**특별피난계단의 구조**

(1) 건축물의 내부와 계단실은 노대를 통하여 연결하거나 외부를 향하여 열 수 있는 면적 $1m^2$ 이상인 창문(바닥에서 1m 이상의 높이에 설치한 것) 또는 적합한 구조의 배연설비가 있는 면적 $3m^2$ 이상인 부속실을 통하여 연결할 것 보기 ①
(2) 계단실 · 노대 및 부속실(비상용 승강기의 승강장을 겸용하는 부속실 포함)은 창문 등을 제외하고는 **내화구조**의 벽으로 각각 구획할 것 보기 ②
(3) 계단실 및 부속실의 실내에 접하는 부분의 마감(마감을 위한 바탕 포함)은 **불연재료**로 할 것
(4) 계단실에는 예비전원에 의한 조명설비를 할 것 보기 ④
(5) 계단실 · 노대 또는 부속실에 설치하는 건축물의 **바깥쪽**에 접하는 창문 등(망입, 유리의 붙박이창으로서 면적이 $1m^2$ 이하인 것 제외)은 계단실 · 노대 또는 부속실 외의 해당 건축물의 다른 부분에 설치하는 창문 등으로부터 2m 이상의 거리를 두고 설치할 것
(6) 계단실에는 노대 또는 부속실에 접하는 부분 외에는 건축물의 내부와 접하는 **창문** 등을 설치하지 아니할 것
(7) 계단실의 노대 또는 부속실에 접하는 창문 등(출입구 제외)은 망입유리의 붙박이창으로서 그 면적을 $1m^2$ 이하로 할 것
(8) 노대 및 부속실에는 계단실 외의 건축물의 **내부**와 접하는 창문 등(출입구 제외)을 설치하지 아니할 것
(9) 건축물의 내부에서 노대 또는 부속실로 통하는 출입구에는 **60분+방화문** 또는 **60분 방화문**을 설치하고, 노대 또는 부속실로부터 계단실로 통하는 출입구에는 **60분+방화문** 또는 **60분 방화문** 또는 **30분 방화문**을 설치할 것(단, **60분+방화문** 또는 **60분 방화문** 또는 **30분 방화문**은 **언제나 닫힌 상태**를 유지하거나 화재로 인한 연기, 온도, 불꽃을 감지하여 자동적으로 닫히는 구조)
(10) 계단은 **내화구조**로 하되, 피난층 또는 지상까지 직접 연결되도록 할 것
(11) 출입구의 유효너비는 0.9m 이상으로 하고 **피난의 방향**으로 열 수 있을 것 보기 ③

답 ①

## 제 4 과목 위험물의 성질 · 상태 및 시설기준

★★
**76** 19회 문 85 / 06회 문 87

**하이드록실아민 등을 취급하는 제조소의 위치로 건축물의 벽으로부터 공작물의 외측까지의 안전거리(m)로 옳은 것은? (단, 하이드록실아민의 지정수량의 배수는 9 배이다.)**

① 106.3
② 153.3
③ 157.3
④ 160.3

해설 **위험물규칙 [별표 4]**
**하이드록실아민 등을 취급하는 제조소의 안전거리**

$$D = 51.1\sqrt[3]{N}$$

여기서, $D$ : 거리〔m〕
$N$ : 해당 제조소에서 취급하는 하이드록실아민 등의 지정수량의 배수

$D = 51.1\sqrt[3]{N} = 51.1\sqrt[3]{9} = 106.3\text{m}$

답 ①

★★★
**77** **K(칼륨)을 보관하는 보호액의 종류로서 틀린 것은?**

① 등유
② 경유
③ 유동파라핀
④ 사염화탄소

해설 **물질에 따른 저장장소**

| 저장물질 | 저장장소 |
|---|---|
| • **황**린<br>• **이**황화탄소($CS_2$) | • **물**속 |
| • 나이트로셀룰로오스 | • 알코올 속 |
| • 칼륨(K)<br>• 나트륨(Na)<br>• 리튬(Li) | • 등유 보기 ①<br>• 경유 보기 ②<br>• 유동파라핀 보기 ③ |
| • 아세틸렌($C_2H_2$) | • 디메틸프로아미드(DMF)<br>• 아세톤 |

기억법 황물이(황토색 물이 나온다)

답 ④

★

**78** 이송취급소에서 배관을 도로 밑에 매설하는 경우 배관은 그 외면으로부터 도로의 경계에 대하여 몇 m 이상의 안전거리를 두어야 하는가?

19회 문 97
13회 문 99
06회 문 71
05회 문 91

① 1 ② 1.5
③ 4 ④ 10

해설 위험물규칙 [별표 15]
이송취급소의 도로 밑 매설배관의 안전거리

| 대 상 | 안전거리 |
|---|---|
| 도로 밑 | 1m 이상 **보기 ①** |

중요

위험물규칙 [별표 15]
(1) 이송취급소의 지하매설배관의 안전거리

| 대 상 | 안전거리 |
|---|---|
| • 건축물 | 1.5m 이상 |
| • 지하가<br>• 터널 | 10m 이상 |
| • 수도시설 | 300m 이상 |

(2) 이송취급소의 철도부지 밑 매설배관의 안전거리

| 대 상 | 안전거리 |
|---|---|
| • 철도부지의 용지경계 | 1m 이상 |
| • 철도중심선 | 4m 이상 |
| • 철도 · 도로의 경계선<br>• 주택 | 25m 이상 |
| • 공공공지<br>• 도시공원<br>• 판매 · 위락 · 숙박시설(연면적 1000m² 이상)<br>• 기차역 · 버스터미널(1일 20000명 이상 이용) | 45m 이상 |
| • 수도시설 | 300m 이상 |

(3) 이송취급소의 해저설치배관의 안전거리

| 대 상 | 안전거리 |
|---|---|
| • 타 배관 | 30m 이상 |

(4) 이송취급소의 하천 등 횡단설치배관의 안전거리

| 대 상 | 안전거리 |
|---|---|
| • 좁은 수로 횡단 | 1.2m 이상 |
| • 하수도 · 운하 횡단 | 2.5m 이상 |
| • 하천 횡단 | 4.0m 이상 |

답 ①



★

**79** 다음 중 제조소 등에서 위험물의 저장 및 취급에 관한 기준으로 옳지 않은 것은?

① 옥외저장소에서 위험물을 수납한 용기를 선반에 저장하는 경우에는 6m를 초과하여 저장하지 아니하여야 한다.
② 옥내저장소에서 동일 품명의 위험물이더라도 자연발화할 우려가 있는 위험물 또는 재해가 현저하게 증대할 우려가 있는 위험물을 다량 저장하는 경우에는 지정수량의 10배 이하마다 구분하여 상호간 0.3m 이상의 간격을 두어 저장하여야 한다.
③ 옥내저장소에서 위험물을 저장하는 경우 기계에 의하여 하역하는 구조로 된 용기만을 겹쳐 쌓는 경우에 있어서는 10m를 초과하여 용기를 겹쳐 쌓지 아니하여야 한다.
④ 옥내저장소에서는 용기에 수납하여 저장하는 위험물의 온도가 55℃를 넘지 아니하도록 필요한 조치를 강구하여야 한다.

해설 ③ 6m

중요

**옥내저장소의 위험물 적재높이기준**(위험물규칙 [별표 18])

| 대 상 | 높이기준 |
|---|---|
| • 기타 | 3m |
| • 제3석유류<br>• 제4석유류<br>• 동식물유류 | 4m |
| • 기계에 의한 하역구조 | 6m **보기 ③** |

※ **옥외저장소**에서 위험물을 수납한 용기를 선반에 저장하는 경우에는 6m를 초과하여 저장하지 아니하여야 한다. **보기 ①**

답 ③

★

## 80 다음 중 제5류 위험물의 일반성질이 아닌 것은?

18회 문 81
13회 문 91
04회 문 94
03회 문 80
03회 문 94
03회 문 99

① 불안정하고 분해되기 쉬우므로 폭발성이 강하다.
② 하이드라진 유도체를 제외하고 모두 유기화합물이다.
③ 산화반응에 의한 자연발화를 일으킨다.
④ 납 또는 구리 용기에 저장하고 용기가 파손되지 않도록 하여야 한다.

④ **납** 또는 **구리 용기**에 저장할 필요는 없다.

중요

**제5류 위험물의 일반성질**
(1) 상온에서 **고체** 또는 **액체상태**이다.
(2) 연소속도가 대단히 빠르다.
(3) 불안정하고 분해되기 쉬우므로 폭발성이 강하다. 보기 ①
(4) **자기연소** 또는 **내부연소**를 일으키기 쉽다.
(5) 산화반응에 의한 **자연발화**를 일으킨다. 보기 ③
(6) 한번 불이 붙으면 소화가 곤란하다.
(7) 다른 약품과의 접촉에 의해 폭발할 수 있다.
(8) 발화원을 가까이 하면 매우 위험하다.
(9) 대부분 **고체**이며, 모두 물보다 무겁다.
(10) 대부분 물에 잘 녹지 않는다.
(11) 모두 **가연성 물질**이다.
(12) 하이드라진 유도체를 제외하고 모두 **유기화합물**이다. 보기 ②

비교

**아세트알데하이드, 산화프로필렌**
제4류 위험물(특수인화물)로서 **구리·마그네슘·은·수은** 및 이의 합금성분과는 폭발성의 **아세틸라이드**를 생성하므로 위험하다.

답 ④

★★

## 81 위험물 적재방법 중 위험물을 수납한 운반용기를 겹쳐 쌓는 경우에는 그 높이를 몇 m 이하로 하여야 하는가?

① 2 ② 3
③ 4 ④ 6

해설 위험물규칙 [별표 19]
(1) 위험물을 수납한 운반용기를 겹쳐 쌓는 경우 그 높이는 3m 이하 보기 ②
(2) 용기의 상부에 걸리는 하중은 해당 용기 위에 해당 용기와 동종의 용기를 겹쳐 쌓아 3m의 높이로 하였을 때 걸리는 하중 이하

답 ②

★★★

## 82 다음 위험물 중 위험등급 Ⅱ에 해당하는 것은?

① 등유 ② 다이에틸에터
③ 크레오소트유 ④ 아세톤

해설 위험물규칙 [별표 19]

| 종 류 | 품 명 | 위험등급 |
|---|---|---|
| 등유 | 제2석유류 | Ⅲ |
| 다이에틸에터 | 특수인화물 | Ⅰ |
| 크레오소트유 | 제3석유류 | Ⅲ |
| 아세톤 보기 ④ | 제1석유류 | Ⅱ |

중요

위험물의 **위험등급**(위험물규칙 [별표 19] Ⅴ)

| 구 분 | 위험등급 Ⅰ | 위험등급 Ⅱ | 위험등급 Ⅲ |
|---|---|---|---|
| 제1류 위험물 | 아염소산염류, 염소산염류, 과염소산염류, 무기과산화물, 그 밖에 지정수량이 50kg인 위험물 | 브로민산염류, 질산염류, 아이오딘산염류, 그 밖에 지정수량이 300kg인 위험물 | 위험등급 Ⅰ, Ⅱ 이외의 것 |
| 제2류 위험물 | – | 황화인, 적린, 황, 그 밖에 지정수량이 100kg인 위험물 | |
| 제3류 위험물 | 칼륨, 나트륨, 알킬알루미늄, 황린, 그 밖에 지정수량이 10kg 또는 20kg인 위험물 | 알칼리금속 및 알칼리토금속, 유기금속화합물, 그 밖에 지정수량이 50kg인 위험물 | |
| 제4류 위험물 | **특수인화물** | **제1석유류** 및 **알코올류** | |
| 제5류 위험물 | 지정수량이 10kg인 위험물 | 위험등급 Ⅰ 이외의 것 | |
| 제6류 위험물 | 모두 | – | |

답 ④

12회

★

## 83 지하탱크저장소에서 지하저장탱크의 윗부분은 지면으로부터 몇 m 이상 아래에 있어야 하는가?

18회 문 93
15회 문 94
10회 문 89
09회 문 93
04회 문 88

① 0.6m
② 1.5m
③ 3m
④ 5m

해설 위험물규칙 [별표 8]
**지하탱크저장소의 기준**

(1) 탱크전용실은 지하의 가장 가까운 벽·피트·가스관 등의 시설물 및 대지경계선으로부터 **0.1m** 이상 떨어진 곳에 설치하고, 지하저장탱크와 탱크전용실의 안쪽과의 사이는 **0.1m 이상**의 간격을 유지하도록 하며, 해당 탱크의 주위에 마른 모래 또는 습기 등에 의하여 응고되지 아니하는 입자지름 **5mm** 이하의 마른 자갈분을 채울 것
(2) 지하저장탱크의 윗부분은 지면으로부터 **0.6m 이상** 아래에 있을 것 **보기 ①**
(3) 지하저장탱크를 2 이상 인접해 설치하는 경우에는 그 상호간에 **1m**(해당 2 이상의 지하저장탱크의 용량의 합계가 지정수량의 **100배** 이하인 때에는 **0.5m**) 이상의 간격 유지(단, 그 사이에 탱크전용실의 벽이나 두께 **20cm 이상**의 콘크리트 구조물이 있는 경우는 제외)

중요

**지하저장탱크를 지면하의 탱크전용실에 설치하지 않아도 되는 경우**(위험물규칙 [별표 8])
(1) 해당 탱크를 지하철·지하가 또는 지하터널로부터 **수평거리 10m** 이내의 장소 또는 지하건축물 내의 장소에 설치하지 아니할 것
(2) 해당 탱크를 그 수평투영의 세로 및 가로보다 각각 **0.6m 이상** 크고 두께가 **0.3m 이상**인 철근콘크리트조의 뚜껑으로 덮을 것
(3) 뚜껑에 걸리는 중량이 직접 해당 탱크에 걸리지 아니하는 구조일 것
(4) 해당 탱크를 견고한 기초 위에 고정할 것
(5) 해당 탱크를 지하의 가장 가까운 **벽·피트·가스관** 등의 시설물 및 대지경계선으로부터 **0.6m 이상** 떨어진 곳에 매설할 것

답 ①

★★

## 84 용량이 1000만L 이상인 옥외저장탱크의 주위에 설치하는 방유제에는 규정에 따라 해당 탱크마다 간막이둑을 설치하여야 하는데 설치기준으로 틀린 것은?

① 간막이둑은 흙 또는 철근콘크리트로 할 것
② 간막이둑의 용량은 간막이둑 안에 설치된 탱크의 용량의 5% 이상일 것
③ 일반적으로 간막이둑의 높이는 0.3m 이상으로 하되, 방유제의 높이보다 0.2m 이상 낮게 할 것
④ 방유제 내에 설치되는 옥외저장탱크의 용량의 합계가 2억L를 넘는 방유제에 있어서는 간막이둑의 높이를 1m 이상으로 하되, 방유제의 높이보다 0.2m 이상 낮게 할 것

해설 위험물규칙 [별표 6]
**용량이 1000만L 이상인 옥외저장탱크의 방유제 간막이둑 설치기준**

(1) 간막이둑의 높이는 **0.3m**(옥외저장탱크의 용량합계가 2억L를 넘는 방유제는 **1m**) 이상으로 하되, 방유제의 높이보다 **0.2m** 이상 낮게 할 것 **보기 ③ ④**
(2) 간막이둑은 **흙** 또는 **철근콘크리트**로 할 것 **보기 ①**
(3) 간막이둑의 용량은 간막이둑 안에 설치된 탱크용량의 **10%** 이상일 것 **보기 ②**

② 10% 이상

비교

**옥외탱크저장소의 방유제**(위험물규칙 [별표 6])

| 구 분 | 설 명 |
|---|---|
| 높이 | 0.5~3m 이하 |
| 탱크 | **10기**(모든 탱크용량이 **20만L** 이하, 인화점이 70~200℃ 미만은 **20기**) 이하 |
| 면적 | **80000m²** 이하 |
| 용량 | • 1기 : **탱크용량**×110% 이상<br>• 2기 이상 : **탱크최대용량**×110% 이상 |

답 ②

★★
## 85 다음 중 이동탱크저장소의 구조에 대한 설명으로 옳은 것은?

① 방파판은 두께 1.6mm 이상의 강철판으로 할 것
② 하나의 구획부분에 2개 이상의 방파판을 이동탱크저장소의 진행방향과 직각으로 설치하되, 각 방파판은 그 높이 및 칸막이로부터 거리를 다르게 할 것
③ 하나의 구획부분에 설치하는 각 방파판의 면적의 합계는 수직단면이 원형일 경우 해당 구획부분의 최대 수직단면적의 50% 이상으로 할 것
④ 방호틀의 두께는 3.2mm 이상의 강철판으로서 산모양의 형상으로 할 것

해설
② 평행으로 설치
③ 40% 이상
④ 2.3mm 이상

중요

**이동탱크저장소**의 **두께**(위험물규칙 [별표 10])

| 구 분 | 설 명 |
|---|---|
| 방파판 | **1.6mm** 이상 |
| 방호틀 | **2.3mm** 이상 (정상부분은 **50mm** 이상 높게 할 것) |
| 탱크본체 | **3.2mm** 이상 |
| 주입관의 뚜껑 | **10mm** 이상 |
| 맨홀 | **10mm** 이상 |

※ **방파판의 면적**：수직단면적의 **50%** (원형·타원형은 **40%**) 이상

답 ①

★★
## 86 다음 중 벤젠에 대한 설명으로 틀린 것은?

18회 문 27
17회 문 01
15회 문 12
11회 문 22

① 방향족 탄화수소의 화합물이다.
② 벤젠을 완전연소시키려면 6몰의 산소가 필요하다.
③ 불포화결합을 하고 있으나 안정하다.
④ 제4류 위험물의 제1석유류로서 지정수량이 200L이다.

해설 벤젠($C_6H_6$)
(1) **방향족 탄화수소**화합물 보기 ①
(2) **불포화결합**을 하고 있으나 안정 보기 ③
(3) 제4류 위험물의 **제1석유류**로서 지정수량은 **200L** 보기 ④
(4) 벤젠을 완전연소시키려면 **7.5몰**의 산소가 필요하다. 보기 ②

$$2C_6H_6+15O_2 \rightarrow 12CO_2+6H_2O$$

(5) **무색투명**한 액체
(6) **물**에는 녹지 않지만, 유기용제·수지·유지에는 잘 녹는다.
(7) 겨울철에는 응고상태에서도 연소 가능성이 있다.
(8) **피부**에 접촉시 **탈지성**이 있다.

중요

**탄화수소계 가스의 연소방정식**

| 성 분 | 연소방정식 | 산소량 |
|---|---|---|
| 메탄 | $CH_4+2O_2 \rightarrow CO_2+2H_2O$ (2몰) | 2.0mol |
| 에틸렌 | $C_2H_4+3O_2 \rightarrow 2CO_2+2H_2O$ | 3.0mol |
| 에탄 | $2C_2H_6+7O_2 \rightarrow 4CO_2+6H_2O$ | 3.5mol |
| 프로필렌 | $2C_3H_6+9O_2 \rightarrow 6CO_2+6H_2O$ | 4.5mol |
| 프로판 | $C_3H_8+5O_2 \rightarrow 3CO_2+4H_2O$ (5몰) | 5.0mol |
| 부틸렌 | $C_4H_8+6O_2 \rightarrow 4CO_2+4H_2O$ | 6.0mol |
| 부탄 | $2C_4H_{10}+13O_2 \rightarrow 8CO_2+10H_2O$ | 6.5mol |
| 벤젠 | $2C_6H_6+15O_2 \rightarrow 12CO_2+6H_2O$ | 7.5mol |

답 ②

★★
## 87 고객이 직접 주유하는 주유취급소 중 셀프용 고정급유설비의 설명으로 틀린 것은?

① 급유호스의 선단부에 수동개폐장치를 부착한 급유노즐을 설치할 것
② 급유노즐은 용기가 가득찬 경우에 자동적으로 정지시키는 구조일 것
③ 1회의 급유량의 상한은 100L 이하, 급유시간의 상한은 6분 이하로 한다.
④ 휘발유 1회 주유량의 상한은 100L 이하이고, 주유시간의 상한은 4분 이하로 한다.

해설 위험물규칙 [별표 13]

| | 셀프용 고정주유설비 | 셀프용 고정급유설비 |
|---|---|---|
| 휘발유 | • 주유량 : **100L** 이하<br>• 주유시간 : **4분** 이하 | • 급유량 : **100L** 이하<br>• 급유시간 : **6분** 이하 |
| 경유 | • 주유량 : **200L** 이하<br>• 주유시간 : **4분** 이하 | |

④ **셀프용 고정주유설비**에 대한 설명

용어

| 셀프용 고정주유설비 | 셀프용 고정급유설비 |
|---|---|
| 고객이 **직접** 자동차 등의 연료탱크 또는 용기에 위험물을 주입하는 **고정주유설비** | 고객이 **직접** 자동차 등의 연료탱크 또는 용기에 위험물을 주입하는 **고정급유설비** |

답 ④

## 88 다음 중 적린에 대한 설명으로 옳지 않은 것은?

① 황린의 동소체이다.
② 암적색의 분말이다.
③ 이황화탄소, 에터에 녹는다.
④ 자연발화의 위험이 없으므로 안전하다.

해설 ③ 이황화탄소, 에터에 **녹지 않는다.**

중요

적린($P_4$)

| 분자량 | 124 |
|---|---|
| 비 중 | 2.2 |
| 융 점 | 600℃ |
| 발화점 | 260℃ |

(1) **암적색**의 분말이다. 보기 ②
(2) 황린의 동소체이다. 보기 ①
(3) 자연발화의 위험이 없으므로 안전하다. 보기 ④
(4) **조해성**이 있다.
(5) 물·이황화탄소·에터·암모니아 등에는 녹지 않는다. 보기 ③
(6) 전형적인 **비금속 원소**이다.

③ 녹는다. → 녹지 않는다.

답 ③

## 89 다음 중 적린이 공기 중에서 연소하면 발생하는 물질은 무엇인가?

① 오산화인 ② 포스핀
③ 브로민 ④ 아이오딘

해설 **적린($P_4$)의 위험성**

(1) 강알칼리와 반응하여 **포스핀($PH_3$)**을 생성하고 할론원소 중 **브로민($Br_2$)**, **아이오딘($I_2$)**과 격렬히 반응한다.
(2) 연소하면 **오산화인($P_2O_5$)**을 발생한다.

비교

**오황화인($P_2S_5$)**

$$P_2S_5 + 8H_2O \rightarrow 5H_2S + 2H_3PO_4$$

(오황화인) (물) (황화수소) (인산)

답 ①

## 90 다음 중 고형알코올에 대한 설명으로 옳은 것은?

① 합성수지에 메탄올을 혼합 침투시켜 한천모양으로 만든다.
② 50℃ 미만에서 가연성의 증기를 발생하기 쉽고 인화하기 매우 쉽다.
③ 취급시 강산화제와는 혼합하여도 무방하다.
④ 연소시에는 용융하면서 타고 그을음을 내며 완전연소한다.

해설
② 30℃ 미만
③ 강산화제와 충분히 격리
④ 그을음을 내지 않음

중요

**고형알코올(제2류, 인화성 고체)**

(1) **등산용 휴대연료**
(2) 합성수지에 **메탄올($CH_3OH$)**을 혼합침투시켜 한천모양으로 만든다. 보기 ①
(3) **30℃ 미만**에서 가연성의 증기를 발생하기 쉽고 이 증기는 인화하기 매우 쉽다. 보기 ②
(4) 발생증기는 **메탄올의 증기**로서 매우 유독한 증기이다.
(5) 열 또는 화염에 의한 **화재위험성**이 대단히 **높다.**
(6) 연소시 용융하면서 타고 **그을음**을 **내지 않고** 완전연소한다. 보기 ④

(7) 화기엄금, 가열하거나 점화원을 피하고 불꽃이나 화염을 내는 기구와 멀리한다.
(8) 증기의 발생을 억제하고 낮은 곳에 증기가 체류하지 않도록 통풍 환기시키고 평소 **환기**가 양호하고 **찬 곳**에 저장한다.
(9) 취급시 **강산화제**와 혼합되지 않도록 충분히 **격리**시킨다. 보기 ③

답 ①

★
## 91 다음 중 질산의 성질에 대한 설명으로 옳은 것은?

① 제2류 위험물인 환원성 물질과 혼합시 발화한다.
② 습한 공기 중에서 흡열반응을 하는 무색의 무거운 액체이다.
③ 질산의 비중이 1.82 이상이면 위험물로 본다.
④ 진한질산을 가열하면 적갈색의 갈색증기인 $SO_2$가 발생한다.

해설 **질산($HNO_3$)의 성질**
(1) 제2류 위험물인 **환원성 물질**과 혼합시 **발화**한다. 보기 ①
(2) 습한 공기 중에서 **발열반응**을 하는 무색의 무거운 액체이다.
(3) 질산의 비중이 **1.49 이상**이면 위험물로 본다.
(4) 진한질산을 가열하면 적갈색의 갈색증기인 $NO_2$가 발생한다.
(5) 순수한 것은 **무색투명**하나, 공업용은 **황색**의 끈기있는 액체이다.
(6) **자극성 · 부식성 · 흡습성**이 강하다.
(7) 물 · 알코올 · 에터에 잘 녹는다.

답 ①

★
## 92 제5류 위험물 중 질산에스터류에 해당되지 않는 것은?

① 질산에틸 ② 질산메틸
③ 다이나이트로벤젠 ④ 나이트로글리세린

해설 **질산에스터류(제5류 위험물)**
(1) 질산메틸($CH_3ONO_2$) 보기 ②
(2) 질산에틸($C_2H_5ONO_2$) 보기 ①
(3) 나이트로셀룰로오스[$C_6H_7O_2(ONO_2)_3$]$_n$
(4) 나이트로글리세린[$C_3H_5(ONO_2)_3$] 보기 ④
(5) 나이트로글리콜
(6) 셀룰로이드($C_6H_{10}O_5$)$_n$

③ 다이나이트로벤젠 : 나이트로화합물

답 ③

★★★
## 93 다음과 같이 위험물을 옥내저장소에 저장할 때 지정수량의 배수는 얼마인가?

17회 문 85
16회 문 98
15회 문 82
11회 문 99

- 휘발유 400L
- 아세톤 400L
- 나이트로벤젠 4000L
- 글리세린 8000L

① 3배 ② 4배
③ 6배 ④ 7배

해설 **제4류 위험물**의 **종류** 및 **지정수량**

| 성질 | 품명 | | 지정수량 | 대표물질 |
|---|---|---|---|---|
| 인화성 액체 | 특수인화물 | | 50L | 다이에틸에터 · 이황화탄소 · 아세트알데하이드 · 산화프로필렌 · 이소프렌 · 펜탄 · 디비닐에터 · 트리클로로실란 |
| | 제1석유류 | 비수용성 | 200L | **휘발유** · 벤젠 · 톨루엔 · 시클로헥산 · 아크롤레인 · 에틸벤젠 · 초산에스터류 · 의산에스터류 · 콜로디온 · 메틸에틸케톤 |
| | | 수용성 | 400L | **아세톤** · 피리딘 · 시안화수소 |
| | 알코올류 | | 400L | 메틸알코올 · 에틸알코올 · 프로필알코올 · 이소프로필알코올 · 부틸알코올 · 아밀알코올 · 퓨젤유 · 변성알코올 |
| | 제2석유류 | 비수용성 | 1000L | 등유 · 경유 · 테레빈유 · 장뇌유 · 송근유 · 스티렌 · 클로로벤젠 · 크실렌 |
| | | 수용성 | 2000L | 의산 · 초산 · 메틸셀로솔브 · 에틸셀로솔브 · 알릴알코올 |
| | 제3석유류 | 비수용성 | 2000L | 중유 · 크레오소트유 · **나이트로벤젠** · 아닐린 · 담금질유 |
| | | 수용성 | 4000L | 에틸렌글리콜 · **글리세린** |
| | 제4석유류 | | 6000L | 기어유 · 실린더유 |
| | 동식물유류 | | 10000L | 아마인유 · 해바라기유 · 들기름 · 대두유 · 야자유 · 올리브유 · 팜유 |

지정수량의 배수

$$= \frac{저장량}{지정수량} + \frac{저장량}{지정수량} + \cdots$$

$$=\frac{400L}{200L}+\frac{400L}{400L}+\frac{4000L}{2000L}+\frac{8000L}{4000L}$$
= 7배

답 ④

★
## 94 다음 중 주수소화하면 위험한 물질은?

① 과산화수소 ② 인화칼슘
③ 질산칼륨 ④ 황

해설 **인화칼슘**($Ca_3P_2$)
(1) **위험성**
① 물 또는 묽은산과 반응하여 맹독성의 **포스핀**($PH_3$)가스를 발생한다.

$Ca_3P_2 + 6H_2O \rightarrow 3Ca(OH)_2 + 2PH_3 \uparrow$
$Ca_3P_2 + 6HCl \rightarrow 3CaCl_2 + 2PH_3 \uparrow$

② **벤젠 · 에터 · 이황화탄소**($CS_2$)와 습기하에서 접촉하면 발화한다.
(2) **일반성질**
① **적갈색**의 괴상고체이다.
② 공기 중에서 안정하다.
③ 300℃ 이상에서 산화된다.
④ **알코올 · 에터**에는 녹지 않는다.

용어
**주수소화**
물을 뿌려 소화하는 것

답 ②

★
## 95 지하저장탱크의 주위에는 해당 탱크로부터의 액체위험물의 누설을 검사하기 위한 관을 4개소 이상 적당한 위치에 설치하여야 하는데 설치기준으로 틀린 것은?

① 이중관으로 할 것. 다만, 소공이 없는 상부는 단관으로 할 수 있다.
② 재료는 금속관 또는 경질합성수지관으로 할 것
③ 관은 탱크전용실의 바닥 또는 탱크의 기초까지 닿게 할 것
④ 관의 상부로부터 탱크의 중심높이까지의 부분에는 소공이 뚫려 있을 것. 다만, 지하수위가 높은 장소에 있어서는 지하수위 높이까지의 부분에 소공이 뚫려 있어야 한다.

해설 ④ 관의 **밑부분**으로부터

중요
**지하저장탱크 주위**의 **누설검사관 4개소 이상 설치기준**(위험물규칙 [별표 8])
(1) **이중관**으로 할 것(단, 소공이 없는 상부는 **단관** 가능) **보기 ①**
(2) 재료는 **금속관** 또는 **경질합성수지관**으로 할 것 **보기 ②**
(3) 관은 탱크전용실의 바닥 또는 탱크의 기초까지 닿게 할 것 **보기 ③**
(4) 관의 **밑부분으로부터** 탱크의 중심높이까지의 부분에는 소공이 뚫려 있을 것(단, 지하수위가 높은 장소에 있어서는 지하수위 높이까지의 부분에 소공이 뚫려 있을 것) **보기 ④**
(5) 상부는 물이 침투하지 아니하는 구조로 하고, 뚜껑은 검사시에 쉽게 열 수 있도록 할 것

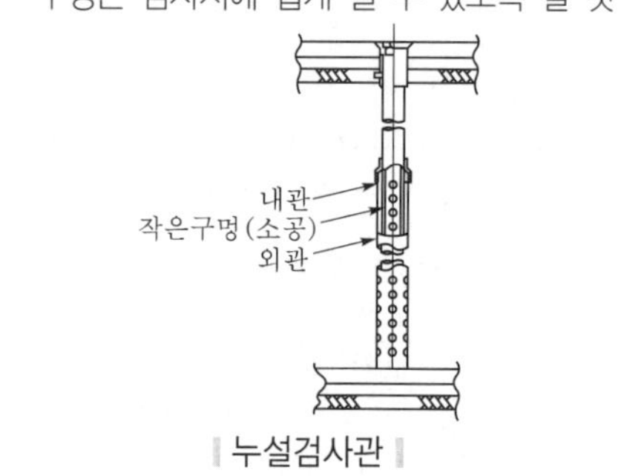

| 누설검사관 |

답 ④

★★★
## 96 위험물을 운반하고자 할 때 수납하는 위험물에 따라 주의사항을 기재하여야 하는데 다음 중 옳지 않은 것은?

① 제2류 위험물(인화성 고체) – 화기엄금
② 제4류 위험물 – 화기엄금
③ 제5류 위험물 – 화기엄금, 충격주의
④ 제6류 위험물 – 화기엄금

해설 ④ 제6류 위험물 – 가연물 접촉주의

중요
**위험물 운반용기**의 **주의사항**(위험물규칙 [별표 19])

| 위험물 | | 주의사항 |
|---|---|---|
| 제1류 위험물 | 알칼리금속의 과산화물 | • 화기 · 충격주의<br>• 물기엄금<br>• 가연물 접촉주의 |

| 위험물 | | 주의사항 |
|---|---|---|
| 제1류 위험물 | 기타 | • 화기 · 충격주의<br>• 가연물 접촉주의 |
| 제2류 위험물 | 철분 · 금속분 · 마그네슘 | • 화기주의<br>• 물기엄금 |
| | 인화성 고체 | • 화기엄금 보기 ① |
| | 기타 | • 화기주의 |
| 제3류 위험물 | 자연발화성 물질 | • 화기엄금<br>• 공기접촉엄금 |
| | 금수성 물질 | • 물기엄금 |
| 제4류 위험물 | | • 화기엄금 보기 ② |
| 제5류 위험물 | | • 화기엄금<br>• 충격주의 보기 ③ |
| 제6류 위험물 | | • 가연물 접촉주의<br>보기 ④ |

답 ④

★★★

**97** 위험물제조소의 보기 쉬운 곳에 저장 또는 취급하는 위험물에 따라 주의사항을 표시한 게시판을 설치하여야 하는데 다음 중 옳지 않은 것은?

14회 문 37

① 과산화나트륨 – 물기엄금
② 탄화칼슘 – 물기엄금
③ 인화성 고체 – 화기엄금
④ 과산화수소 – 화기엄금

해설 **위험물규칙 [별표 4]**

| 위험물 | 품 명 | 주의사항 |
|---|---|---|
| 과산화나트륨<br>보기 ① | **제1류**<br>(알칼리금속의 과산화물) | 물기엄금 |
| 탄화칼슘<br>보기 ② | **제3류**<br>(금수성 물질) | 물기엄금 |
| 인화성 고체<br>보기 ③ | **제2류**<br>(인화성 고체) | 화기엄금 |
| 과산화수소<br>보기 ④ | **제6류** | 별도의 표시를 하지 않음 |

④ 화기엄금 → 별도의 표시를 하지 않음

중요

**위험물규칙 [별표 19]**

| 위험물 | 주의사항 | 비 고 |
|---|---|---|
| • 제1류 위험물<br>(알칼리금속의 과산화물)<br>• 제3류 위험물<br>(금수성 물질) | 물기엄금 | **청색**바탕에 **백색**문자 |
| • 제2류 위험물<br>(인화성 고체 제외) | 화기주의 | **적색**바탕에 **백색**문자 |
| • 제2류 위험물<br>(인화성 고체)<br>• 제3류 위험물<br>(자연발화성 물질)<br>• 제4류 위험물<br>• 제5류 위험물 | 화기엄금 | |
| • 제6류 위험물 | 별도의 표시를 하지 않는다. | |

답 ④

★

**98** 위험물의 취급 중 제조에 관한 기준으로 옳지 않은 것은?

① 증류공정에 있어서는 위험물을 취급하는 설비의 내부압력의 변동 등에 의하여 액체 또는 증기가 새지 아니하도록 할 것
② 추출공정에 있어서는 추출관의 내부압력이 비정상으로 상승하지 아니하도록 할 것
③ 건조공정에 있어서는 위험물의 온도가 전반적으로 상승하지 아니하는 방법으로 가열 또는 건조할 것
④ 분쇄공정에 있어서는 위험물의 분말이 현저하게 부유하고 있거나 위험물의 분말이 현저하게 기계 · 기구 등에 부착하고 있는 상태로 그 기계 · 기구를 취급하지 아니할 것

해설 **위험물규칙 [별표 18]**
**위험물의 취급 중 제조에 관한 기준**

| 공 정 | 기 준 |
|---|---|
| 증류공정<br>보기 ① | 위험물을 취급하는 설비의 **내부압력**의 변동 등에 의하여 액체 또는 증기가 새지 아니하도록 할 것 |
| 추출공정<br>보기 ② | 추출관의 **내부압력**이 **비정상**으로 상승하지 아니하도록 할 것 |
| 건조공정<br>보기 ③ | 위험물의 온도가 **부분적**으로 상승하지 아니하는 방법으로 **가열** 또는 **건조**할 것 |
| 분쇄공정<br>보기 ④ | 위험물의 분말이 현저하게 부유하고 있거나 위험물의 분말이 현저하게 기계 · 기구 등에 부착하고 있는 상태로 그 기계 · 기구를 취급하지 아니할 것 |

③ 전반적 → 부분적

답 ③

★★

**99** 다음 중 옥내저장소의 지붕의 적합기준으로 옳지 않은 것은?

① 서까래의 간격은 45cm 이하, 중도리의 간격은 30cm 이하로 할 것
② 지붕의 아래쪽 면에는 한 변의 길이가 45cm 이하의 환강·경량형강 등으로 된 강제의 격자를 설치할 것
③ 지붕의 아래쪽 면에 철망을 쳐서 불연재료의 도리·보 또는 서까래에 단단히 결합할 것
④ 두께 5cm 이상, 너비 30cm 이상의 목재로 만든 받침대를 설치할 것

해설 **위험물규칙 [별표 5]**
**옥내저장소의 저장창고의 지붕기준**
(1) 중도리 또는 서까래의 간격은 **30cm** 이하로 할 것 보기 ①
(2) 지붕의 아래쪽 면에는 한 변의 길이가 **45cm** 이하의 **환강·경량형강** 등으로 된 강제의 격자를 설치할 것 보기 ②
(3) 지붕의 아래쪽 면에 철망을 쳐서 **불연재료**의 **도리·보** 또는 **서까래**에 단단히 결합할 것 보기 ③
(4) 두께 **5cm** 이상, 너비 **30cm** 이상의 목재로 만든 받침대를 설치할 것 보기 ④

비교

**옥내저장소**의 **구조**(위험물규칙 [별표 5])

| 격 벽 | 외 벽 |
|---|---|
| • 두께 **30cm 이상** : 철근콘크리트조·철골철근콘크리트조<br>• 두께 **40cm 이상** : 보강콘크리트블록조<br>※ **150m² 이내**마다 격벽으로 완전 구획, 저장창고의 양측 외벽으로부터 **1m 이상**, 상부지붕으로부터 **50cm 이상** 돌출 | • 두께 **20cm 이상** : 철근콘크리트조·철골철근콘크리트조<br>• 두께 **30cm 이상** : 보강시멘트블록조 |

답 ①

★

**100** 다음 중 위험물의 운반에 관한 기준으로 옳지 않은 것은?

18회 문 70

① 운반용기의 재질은 플라스틱으로 한다.
② 운반용기는 견고하여 쉽게 파손될 우려가 없고, 그 입구로부터 수납된 위험물이 샐 우려가 없도록 하여야 한다.
③ 기계에 의하여 하역하는 구조로 된 운반용기는 부식 등의 열화에 대하여 적절히 보호되어야 한다.
④ 기계에 의하여 하역하는 구조로 된 운반용기 중 상부에 배출구가 있는 운반용기는 폐지판 등에 의하여 배출구를 이중으로 밀폐할 수 있는 구조이어야 한다.

해설 ④ 상부에 → 하부에

중요

**위험물**의 **운반**에 관한 **기준**(위험물규칙 [별표 19])
(1) 운반용기의 재질은 **강판·알루미늄판·양철판·유리·금속판·종이·플라스틱·섬유판·고무류·합성섬유·삼·짚** 또는 **나무**로 한다. 보기 ①
(2) 운반용기는 견고하여 쉽게 파손될 우려가 없고, 그 입구로부터 수납된 위험물이 샐 우려가 없도로 하여야 한다. 보기 ②
(3) 기계에 의하여 하역하는 구조로 된 용기
① 운반용기는 부식 등의 **열화**에 대하여 적절히 보호될 것 보기 ③
② 운반용기는 수납하는 위험물의 내압 및 취급시와 운반시의 하중에 의하여 해당 용기에 생기는 **응력**에 대하여 안전할 것
③ 운반용기의 부속설비에는 수납하는 위험물이 해당 부속설비로부터 누설되지 아니하도록 하는 조치가 강구되어 있을 것

※ **하부에 배출구가 있는 운반용기의 적합조건**
① 배출구에는 개폐위치에 고정할 수 있는 밸브가 설치되어 있을 것
② 배출을 위한 배관 및 밸브에는 외부로부터의 충격에 의한 손상을 방지하기 위한 조치가 강구되어 있을 것
③ 폐지판 등에 의하여 배출구를 **이중**으로 **밀폐**할 수 있는 구조일 것(단, **고체 위험물**을 수납하는 운반용기는 제외)

답 ④

## 제 5 과목 소방시설의 구조 원리

★★★

**101** **다음 중 대규모점포(지하상가 및 지하역사 제외)와 영화상영관의 경우 휴대용 비상조명등의 설치기준으로 알맞은 것은?**

17회 문113
16회 문118
11회 문124
09회 문110
08회 문120

① 수평거리 25m 이내마다 3개 이상 설치
② 수평거리 50m 이내마다 3개 이상 설치
③ 보행거리 25m 이내마다 3개 이상 설치
④ 보행거리 50m 이내마다 3개 이상 설치

해설 **휴대용 비상조명등**의 **적합기준**(NFPC 304 제4조, NFTC 304 2.1.2)

| 설치개수 | 설치장소 |
|---|---|
| 1개 이상 | • **숙박시설** 또는 **다중이용업소**에는 객실 또는 영업장 안의 구획된 실마다 잘 보이는 곳(외부에 설치시 출입문 손잡이로부터 **1m 이내** 부분) |
| 3개 이상 | • **지하상가** 및 **지하역사**의 **보행거리 25m** 이내마다<br>• **대규모점포**(**지하상가 및 지하역사 제외**)와 **영화상영관**의 **보행거리 50m** 이내마다 **보기 ④** |

(1) 바닥으로부터 **0.8~1.5m 이하**의 높이에 설치할 것
(2) 어둠 속에서 **위치**를 **확인**할 수 있도록 할 것
(3) 사용시 **자동**으로 **점등**되는 구조일 것
(4) 외함은 **난연성능**이 있을 것
(5) 건전지를 사용하는 경우에는 **방전방지조치**를 하여야 하고, **충전식 배터리**의 경우에는 **상시 충전**되도록 할 것
(6) 건전지 및 충전식 배터리의 용량은 **20분** 이상 유효하게 사용할 수 있는 것으로 할 것

답 ④

★

**102** **물분무소화설비의 점검내용 중 설치사항을 확인한 바 다음 중 잘못된 것은?**

① 가압송수장치가 기동 후 자동정지되었다.
② 충압펌프가 기동 후 자동정지되었다.
③ 수조의 유효수량은 200L의 것이 사용되었다.
④ 물올림장치에는 전용의 수조를 설치하였다.

해설 **물분무소화설비**의 **가압송수장치 설치기준**(NFPC 104 제5조, NFTC 104 2.2)

(1) 가압송수장치가 기동이 된 경우 자동으로 정지되지 않도록할 것(단, **충압펌프** 제외) **보기 ①**
(2) 수조의 유효수량은 **100L** 이상으로 하되, 구경 **15mm** 이상의 급수배관에 따라 해당 수조에 물이 계속 보급되도록 할 것(100L 이상이므로 200L는 이상 없음)
(3) 물올림장치에는 **전용**의 **수조**를 설치할 것

중요

**가압송수장치가 기동된 경우 자동으로 정지되지 않도록 하는 이유**
화재시 기동된 **가압송수장치**가 **송수 중**에 **자동**으로 **정지**되어 **화재진화**에 **지장**을 초래할 수 있으므로

① 정지되었다. → 정지되지 않도록 할 것(단, 충압펌프 제외)

답 ①

★★

**103** **다음 중 연결송수관설비의 방수구의 설치기준으로 잘못된 것은?**

19회 문123
18회 문105
16회 문121
15회 문119

① 11층 이상의 부분에 설치하는 방수구는 단구형으로 할 것
② 연결송수관설비의 방수구는 그 특정소방대상물의 층마다 설치할 것
③ 방수구의 호스접결구는 바닥으로부터 높이 0.5m 이상 1m 이하의 위치에 설치할 것
④ 방수구는 연결송수관설비의 전용방수구 또는 옥내소화전방수구로서 구경 65mm의 것으로 설치할 것

① **쌍구형**으로 할 것

중요

**연결송수관설비의 설치기준**(NFPC 502 제4·6조, NFTC 502 2.3~2.5)
(1) **층**마다 설치(**아파트**인 경우 **3층**부터 설치)
(2) **11층** 이상에는 **쌍구형**으로 설치(**아파트**인 경우 **단구형** 설치 가능) **보기 ①**
(3) 방수구는 **개폐기능**을 가진 것일 것
(4) 방수구는 연결송수관설비의 전용방수구 또는 옥내소화전 방수구는 구경 65mm로 한다.
(5) 방수구는 바닥에서 0.5~1m 이하에 설치한다.
(6) 수직배관마다 **1개** 이상 설치

| 습 식 | 건 식 |
|---|---|
| 송수구 → 자동배수밸브 → 체크밸브 | **송**수구 → **자**동배수밸브 → **체**크밸브 → **자**동배수밸브 |

기억법 **송자체자건**

답 ①

★★★

**104** 다음 중 노유자시설의 3층에 적응성이 없는 피난기구는?

18회 문109 10회 문117 07회 문102

① 구조대 ② 미끄럼대
③ 피난교 ④ 완강기

해설 **피난기구**의 **적응성**(NFTC 301 2.1.1)

| 설치장소별 구분 \ 층별 | 1층 | 2층 | 3층 | 4층 이상 10층 이하 |
|---|---|---|---|---|
| 노유자시설 | •미끄럼대 •구조대 •피난교 •다수인 피난장비 •승강식 피난기 | •미끄럼대 •구조대 •피난교 •다수인 피난장비 •승강식 피난기 | •미끄럼대 •구조대 •피난교 •다수인 피난장비 •승강식 피난기 | •구조대[1] •피난교 •다수인 피난장비 •승강식 피난기 |
| 의료시설·입원실이 있는 의원·접골원·조산원 | – | – | •미끄럼대 •구조대 •피난교 •피난용 트랩 •다수인 피난장비 •승강식 피난기 | •구조대 •피난교 •피난용 트랩 •다수인 피난장비 •승강식 피난기 |
| 영업장의 위치가 4층 이하인 다중이용업소 | – | •미끄럼대 •피난사다리 •구조대 •완강기 •다수인 피난장비 •승강식 피난기 | •미끄럼대 •피난사다리 •구조대 •완강기 •다수인 피난장비 •승강식 피난기 | •미끄럼대 •피난사다리 •구조대 •완강기 •다수인 피난장비 •승강식 피난기 |
| 그 밖의 것 | – | – | •미끄럼대 •피난사다리 •구조대 •완강기 •피난교 •피난용 트랩 •간이완강기[2] •공기안전매트[2] •다수인 피난장비 •승강식 피난기 | •피난사다리 •구조대 •완강기 •피난교 •간이완강기[2] •공기안전매트[2] •다수인 피난장비 •승강식 피난기 |

1) **구조대**의 적응성은 장애인관련시설로서 주된 사용자 중 스스로 피난이 불가한 자가 있는 경우 추가로 설치하는 경우에 한한다.
2) 간이완강기의 적응성은 **숙박시설**의 **3층 이상**에 있는 객실에, **공기안전매트**의 적응성은 **공동주택**에 추가로 설치하는 경우에 한한다.

중요

**피난기구 적응성**

| 간이완강기 | 공기안전매트 |
|---|---|
| **숙박시설**의 **3층 이상**에 있는 객실 | 공동주택 |

답 ④

★★★

**105** 무선통신보조설비의 화재안전기준상 ( )에 들어갈 내용으로 옳게 묶인 것은?

17회 문118 15회 문121 14회 문124 07회 문 27

> ( ), ( ), ( ) 또는 공동구의 출입구 및 출입구 인근에서 통신이 가능한 장소에 설치할 것

① 건축물, 지하구, 터널
② 고층건축물, 지하구, 터널
③ 공동주택, 지하가, 터널
④ 건축물, 지하가, 터널

해설 **무선통신보조설비**의 **설치기준**(NFPC 505 제5~7조, NFTC 505 2.2)

(1) 누설동축케이블 및 안테나는 **금속판** 등에 의하여 **전파의 복사** 또는 **특성**이 현저하게 저하되지 아니하는 위치에 설치할 것
(2) **누설동축케이블**과 이에 접속하는 **안테나** 또는 **동축케이블**과 이에 접속하는 **안테나**일 것
(3) 누설동축케이블 및 동축케이블은 불연 또는 난연성의 것으로서 습기에 따라 전기의 특성이 변질되지 아니하는 것으로 하고, 노출하여 설치한 경우에는 피난 및 통행에 장애가 없도록 할 것
(4) 누설동축케이블 및 동축케이블은 화재에 따라 해당 케이블의 피복이 소실된 경우에 케이블 본체가 떨어지지 아니하도록 **4m** 이내마다 **금속제** 또는 **자기제** 등의 지지금구로 **벽**·천장·기둥 등에 견고하게 고정시킬 것(**불연재료**로 구획된 반자 안에 설치하는 경우는 제외)
(5) 누설동축케이블 및 안테나는 **고압**전로로부터 **1.5m** 이상 떨어진 위치에 설치할 것(당해 전로에 **정전기차폐장치**를 유효하게 설치한 경우에는 제외)

기억법 **불벽, 정고압**

(6) 누설동축케이블의 끝부분에는 **무반사종단저항**을 설치할 것
(7) 누설동축케이블, 동축케이블, 분배기, 분파기, 혼합기 등의 임피던스는 **50Ω**으로 할 것
(8) 증폭기의 전면에는 **표시등** 및 **전압계**를 설치할 것
(9) **건축물**, **지하가**, **터널** 또는 **공동구**의 출입구 및 출입구 인근에서 통신이 가능한 장소에 설치할 것
(10) 다른 용도로 사용되는 안테나로 인한 **통신장애**가 발생하지 않도록 설치할 것
(11) 옥외안테나는 견고하게 설치하며 파손의 우려가 없는 곳에 설치하고 그 가까운 곳의 보기 쉬운 곳에 **"무선통신보조설비 안테나"**라

는 표시와 함께 통신가능거리를 표시한 표지를 설치할 것

⑿ 수신기가 설치된 장소 등 사람이 상시 근무하는 장소에는 옥외안테나의 위치가 모두 표시된 옥외안테나 위치표시도를 비치할 것

답 ④

★★
## 106 보일러실, 음식점, 의료시설, 업무시설 등의 경우 바닥면적 몇 $m^2$마다 능력단위 1단위 이상의 소화기를 추가로 비치하여야 하는가?

① 25 ② 40
③ 50 ④ 60

해설 **부속용도별로 추가하여야 할 소화기구**(NFTC 101 2.1.1.3)

| 용도별 | 소화기 |
|---|---|
| ① **보일러실**·건조실·세탁소·대량화기취급소<br>② **음식점**(지하가 음식점 포함)·**다중이용업소**·노유자시설·호텔·기숙사·장례식장·교육연구시설·교정 및 군사시설의 주방, 의료시설·업무시설·공장의 주방(공동취사용)<br>③ 관리자의 출입이 곤란한 변전실·송전실·변압기실 및 배전반실(불연재료로 된 상자 안에 장치된 것 제외) | ① 해당 용도의 바닥면적 $25m^2$마다 능력단위 1단위 이상의 소화기로 할 것. 이 경우 용도별 ②의 주방에 설치하는 소화기 중 1개 이상은 주방화재용 소화기(K급)로 설치해야 한다. **보기 ①**<br>② 자동확산소화기는 해당 용도의 바닥면적을 기준으로 $10m^2$ 이하는 1개, $10m^2$ 초과는 2개 이상을 설치하되, 보일러, 조리기구, 변전설비 등 방호대상에 유효하게 분사될 수 있는 위치에 배치될 수 있는 수량으로 설치할 것 |
| **발전실·변전실·송전실**·변압기실·배전반실·통신기기실·전산기기실 | 바닥면적 **$50m^2$**마다 소화기 **1개** 이상 |

답 ①

★★★
## 107 다음 중 누전경보기의 수신부 설치제외장소로서 틀린 것은?

① 화약류를 제조하거나 저장 또는 취급하는 장소
② 온도의 변화가 급격한 장소
③ 가연성의 증기·먼지·가스 등과 부식성의 증기·가스 등이 다량으로 체류하는 장소
④ 온도가 높은 장소

해설 **누전경보기**의 **수신부**(NFPC 205 제5조, NFTC 205 2.2)

| 수신부의 설치장소 | 수신부의 설치제외장소 |
|---|---|
| 옥내의 점검에 편리한 장소 | ① **습**도가 높은 장소<br>② **온**도의 변화가 급격한 장소 **보기 ②**<br>③ **화**약류 제조·저장·취급장소 **보기 ①**<br>④ **대전류회로·고주파 발생회로** 등의 영향을 받을 우려가 있는 장소<br>⑤ **가**연성의 증기·먼지·가스·부식성의 증기·가스 다량 체류장소 **보기 ③** |

기억법 **온습누가대화**(**온**도 **습**도가 높으면 **누가 대화**하나?)

④ 온도의 변화가 급격한 장소

답 ④

★
## 108 다음 중 정온식 감지선형 감지기의 설치기준으로 옳지 않은 것은?

18회 문111
07회 문112

① 감지선형 감지기의 굴곡반경은 5cm 이내로 할 것
② 단자부와 마감고정금구와의 설치간격은 10cm 이내로 할 것
③ 감지기와 감지구역의 각 부분과의 수평거리가 내화구조의 경우 1종 4.5m 이하, 2종 3m 이하로 할 것
④ 창고의 천장 등에 지지물이 적당하지 않는 장소에서는 보조선을 설치하고 그 보조선에 설치할 것

해설 ① 5cm 이상

중요

**정온식 감지선형 감지기**의 **설치기준**(NFPC 203 제7조, NFTC 203 2.4.3.12)

(1) 보조선이나 고정금구를 사용하여 감지선이 늘어지지 않도록 설치할 것
(2) 단자부와 마감고정금구와의 설치간격은 **10cm** 이내로 할 것 **보기 ②**
(3) 감지선형 감지기의 굴곡반경은 **5cm** 이상으로 할 것 **보기 ①**
(4) 각 부분과의 수평거리 **보기 ③**

| 1종 | 2종 |
|---|---|
| **3m**(내화구조는 **4.5m**) 이하 | **1m**(내화구조는 **3m**) 이하 |

(5) 케이블트레이에 감지기를 설치하는 경우에는 **케이블트레이 받침대**에 마감금구를 사용하여 설치할 것
(6) **창고**의 **천장** 등에 지지물이 적당하지 않은 장소에서는 **보조선**을 설치하고 그 보조선에 설치할 것 보기 ④
(7) 분전반 내부에 설치하는 경우 접착제를 이용하여 **돌기**를 바닥에 고정시키고 그 곳에 감지기를 설치할 것

비교

굴곡반경

| 정온식 감지선형 감지기 | 공기관식 감지기 |
|---|---|
| 5cm 이상 | 5mm 이상 |

답 ①

★★
**109 다음 중 동일조건의 수(水)압력에서 표준형 헤드보다 큰 물방울을 방출하여 화염의 전파속도가 빠르고 발열량이 큰 저장창고 등에서 발생하는 대형화재를 진압할 수 있는 헤드는?**

① 속동형 스프링클러헤드
② 컨실드 스프링클러헤드
③ 라지드롭 스프링클러헤드
④ 조기반응형 스프링클러헤드

해설 **스프링클러헤드**

| 분 류 | 설 명 |
|---|---|
| **화재조기진압형 스프링클러헤드** (Early suppression fast-response sprinkler) 보기 ④ | 화재를 **초기**에 **진압**할 수 있도록 정해진 면적에 충분한 물을 방사할 수 있는 빠른 작동능력의 스프링클러헤드이다. |
| **라지드롭 스프링클러헤드** (Large drop sprinkler) 보기 ③ | 동일조건의 수(水)압력에서 표준형 헤드보다 **큰 물방울**을 방출하여 저장창고 등에서 발생하는 **대형화재**를 **진압**할 수 있는 헤드이다. |
| **주거형 스프링클러헤드** (Residentia sprinkler) | 폐쇄형 헤드의 일종을 **주거지역**의 화재에 적합한 감도·방수량 및 살수분포를 갖는 헤드로서 **간이형 스프링클러헤드**를 포함한다. |
| **랙형 스프링클러헤드** (Rack sprinkler) | **랙식 창고**에 설치하는 헤드로서 상부에 설치된 헤드의 방출된 물에 의해 작동에 지장이 생기지 아니하도록 **보호판**이 **부착**된 헤드이다. |
| **플러시 스프링클러헤드** (Flush sprinkler) | 부착나사를 포함한 몸체의 일부나 전부가 **천장면 위**에 설치되어 있는 스프링클러헤드이다. |
| **리세스드 스프링클러헤드** (Recessed sprinkler) | 부착나사 이외의 몸체 일부나 전부가 **보호집 안**에 설치되어 있는 스프링클러헤드를 말한다. |
| **컨실드 스프링클러헤드** (Concealed sprinkler) 보기 ② | 리세스드 스프링클러헤드에 **덮개**가 **부착**된 스프링클러헤드이다. |
| **속동형 스프링클러헤드** (Quick-response sprinkler) 보기 ① | 화재로 인한 **감응속도**가 일반 스프링클러보다 **빠른** 스프링클러로서 **사람**이 **밀집**한 **지역**이나 인명피해가 우려되는 장소에 가장 빨리 작동되도록 설계된 스프링클러헤드이다. |
| **드라이펜던트 스프링클러헤드** (Dry pendent sprinkler) | **동파방지**를 위하여 롱니플 내에 **질소가스**가 충전되어 있는 헤드이다. 습식과 건식 시스템에 사용되며, 배관 내의 물이 스프링클러 몸체에 들어가지 않도록 설계되어 있다. |

답 ③

★
**110 다음 중 준비작동식 스프링클러설비의 정상상태로서 옳지 않은 것은?**

① 경보시험밸브는 평상시 열린 상태이다.
② 전자밸브는 평상시 닫힌 상태이다.
③ 2차측 개폐밸브는 평상시 열린 상태이다.
④ 1차측 개폐밸브는 평상시 열린 상태이다.

해설 ① 경보시험밸브는 평상시 **닫힌 상태**이다.

답 ①

★★★
**111 다음 중 유량이 0.26m³/min일 때 옥내소화전설비의 주배관의 최소 관경은 얼마인가?**

① 50A ② 65A
③ 80A ④ 100A

해설 옥내소화전설비

| 배관의 구경 | 40mm | 50mm | 65mm | 80mm | 100mm |
|---|---|---|---|---|---|
| 방수량 | 130L/min | 260L/min | 390L/min | 520L/min | 650L/min |
| 소화전수 | 1개 | 2개 | 3개 | 4개 | 5개 |

답 ①

★★

**112** 다음은 옥내소화전설비의 물올림장치에 대한 대략적인 계통도이다. 번호에 대한 규격으로 옳은 것은?

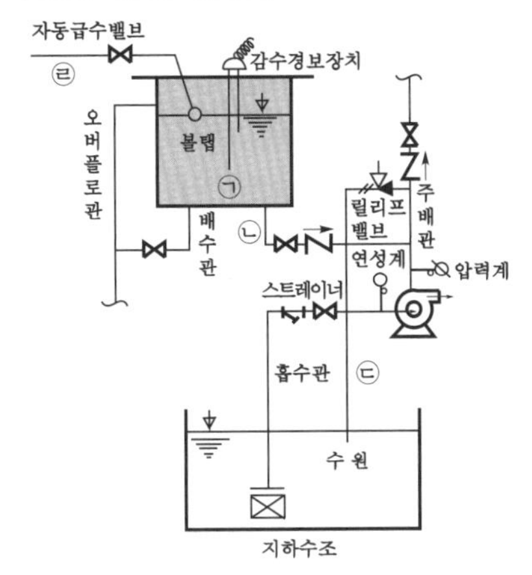


① ㉠ 100L 이상, ㉡ 25mm 이상, ㉢ 20mm 이상, ㉣ 15mm 이상
② ㉠ 200L 이상, ㉡ 15mm 이상, ㉢ 20mm 이상, ㉣ 25mm 이상
③ ㉠ 100L 이상, ㉡ 20mm 이상, ㉢ 25mm 이상, ㉣ 15mm 이상
④ ㉠ 200L 이상, ㉡ 20mm 이상, ㉢ 25mm 이상, ㉣ 15mm 이상

해설 (1) 물올림장치의 주위배관

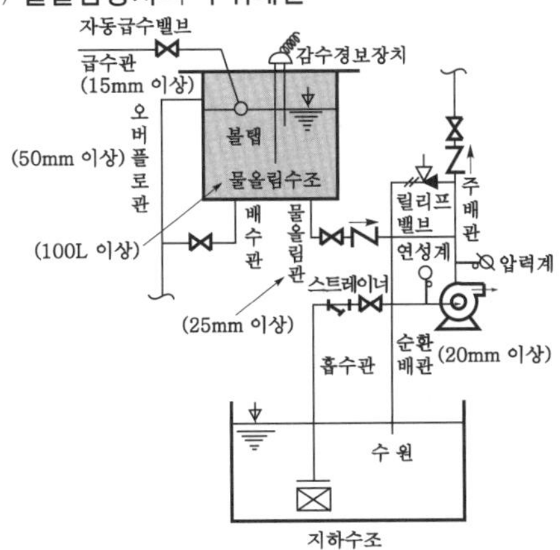


(2) 용량 및 구경

| 구 분 | 설 명 |
|---|---|
| 급수배관 구경 | 15mm 이상 |
| 순환배관 구경 | 20mm 이상(정격토출량의 2~3% 용량) |
| 물올림관 구경 | 25mm 이상(높이 1m 이상) |
| 오버플로관 구경 | 50mm 이상 |
| 물올림수조 용량 | 100L 이상 |

중요

**물올림장치**

| 구 분 | 설 명 |
|---|---|
| 설치 이유 | 수원의 수위가 펌프보다 아래에 있을 때 설치 |
| 주기능 | 펌프와 풋밸브 사이의 흡입관 내에 항상 물을 충만시켜 펌프가 물을 흡입할 수 있도록 하는 설비 |

답 ①

★★★

**113** 연결살수설비의 배관 중 하나의 배관에 부착하는 살수헤드의 수가 5개인 경우 배관의 구경은?

① 32mm ② 40mm
③ 50mm ④ 65mm

해설 구경

(1) 스프링클러설비

| 구분 \ 급수관 구경 | 25mm | 32mm | 40mm | 50mm | 65mm | 80mm | 90mm | 100mm | 125mm | 150mm |
|---|---|---|---|---|---|---|---|---|---|---|
| 폐쇄형 헤드수 | 2개 | 3개 | 5개 | 10개 | 30개 | 60개 | 80개 | 100개 | 160개 | 161개 이상 |
| 개방형 헤드수 | 1개 | 2개 | 5개 | 8개 | 15개 | 27개 | 40개 | 55개 | 90개 | 91개 이상 |

(2) 연결살수설비

| 배관의 구경 | 32mm | 40mm | 50mm | 65mm 보기 ④ | 80mm |
|---|---|---|---|---|---|
| 살수 헤드수 | 1개 | 2개 | 3개 | 4개 또는 5개 | 6~10개 이하 |

(3) 옥내소화전설비

| 배관의 구경 | 40mm | 50mm | 65mm | 80mm | 100mm |
|---|---|---|---|---|---|
| 방수량 | 130L/min | 260L/min | 390L/min | 520L/min | 650L/min |
| 소화전수 | 1개 | 2개 | 3개 | 4개 | 5개 |

답 ④

★★★
**114** **비상전원은 유효하게 작동시킬 수 있는 용량으로 하여야 하는데 다음 중 비상전원시간으로 가장 긴 것은?**

① 지하상가의 유도등
② 비상콘센트설비
③ 자동화재탐지설비
④ 무선통신보조설비

해설
① 지하상가의 유도등 : **60분** 이상
② 비상콘센트설비 : **20분** 이상
③ 자동화재탐지설비 : **10분** 이상
④ 무선통신보조설비 : **30분** 이상

중요

**각 설비의 비상전원 종류**

| 설 비 | 비상전원 | 비상전원 용량 |
|---|---|---|
| • 자동화재탐지설비 | • 축전지 | 10분 이상 |
| • 비상경보설비 | • 축전지<br>• 전기저장장치 | 10분 이상 |
| • 비상방송설비 | • 축전지<br>• 전기저장장치 | 10분 이상 |
| • 유도등 | • 축전지 | 20분 이상<br>※ 예외규정 : **60분** 이상<br>① **11층** 이상(지하층 제외)<br>② 지하층 · 무창층으로서 **도매시장 · 소매시장 · 여객자동차터미널 · 지하역사 · 지하상가** |
| • 무선통신보조설비 | • 축전지 | 30분 이상 |
| • 비상콘센트설비 | • 자가발전설비<br>• 비상전원수전설비<br>• 전기저장장치 | 20분 이상 |
| • 스프링클러설비 | • 자가발전설비<br>• 축전지설비<br>• 전기저장장치<br>• 비상전원수전설비(차고 · 주차장으로서 스프링클러설비가 설치된 부분의 바닥면적 합계가 1000m² 미만인 경우) | 20분 이상 |
| • 간이스프링클러설비 | • 비상전원수전설비 | **10분**(근린생활시설은 **20분**) 이상 |
| • 옥내소화전설비<br>• 제연설비<br>• 특별피난계단의 계단실 및 부속실 제연설비<br>• 연결송수관설비<br>• 분말소화설비<br>• 포소화설비<br>• 이산화탄소 소화설비<br>• 물분무소화설비<br>• 할론소화설비<br>• 할로겐화합물 및 불활성기체 소화설비<br>• 화재조기진압용 스프링클러설비 | • 자가발전설비<br>• 축전지설비<br>• 전기저장장치 | 20분 이상 |
| • 비상조명등 | • 자가발전설비<br>• 축전지설비 | 20분 이상<br>※ 예외규정 : **60분** 이상<br>① **11층** 이상(지하층 제외)<br>② 지하층 · 무창층으로서 **도매시장 · 소매시장 · 여객자동차터미널 · 지하역사 · 지하상가** |

답 ①

★★
**115** **다음 중 이산화탄소 소화설비의 소화약제의 저장용기의 설치기준으로 옳지 않은 것은?**

① 저압식 저장용기에는 내압시험압력의 0.64배 내지 0.8배의 압력에서 작동하는 안전밸브를 설치할 것
② 저장용기의 충전비는 저압식에 있어서는 1.5 이상 1.9 이하로 할 것
③ 저압식 저장용기에는 액면계 및 압력계와 2.3MPa 이상 1.9MPa 이하의 압력에서 작동하는 압력경보장치를 설치할 것
④ 저장용기는 고압식은 25MPa 이상, 저압식은 3.5MPa 이상의 내압시험압력에 합격한 것으로 할 것

해설
② 1.1 이상 1.4 이하

중요

(1) **이산화탄소 소화설비의 저장용기**(NFPC 106 제4조, NFTC 106 2.1)

| | |
|---|---|
| 자동냉동장치 | 2.1MPa 유지, −18℃ 이하 |
| 압력경보장치 | 2.3MPa 이상, 1.9MPa 이하 보기 ③ |
| 선택밸브 또는 개폐밸브의 안전장치 | 내압시험압력의 0.8배 |
| 저장용기 | • 고압식 : **25MPa** 이상 보기 ④<br>• 저압식 : **3.5MPa** 이상 보기 ④ |
| 안전밸브 | 내압시험압력의 **0.64~0.8**배 보기 ① |
| 봉 판 | 내압시험압력의 0.8~내압시험압력 |
| 충전비 | 고압식: **1.5~1.9** 이하<br>저압식: **1.1~1.4** 이하 |

(2) **이산화탄소 소화설비의 가스압력식 기동장치**(NFTC 106 2.3.2.3.3)

| 구 분 | 기 준 |
|---|---|
| 충전압력 | 6MPa 이상(21℃ 기준) |
| 체적 | 5$l$ 이상 |

② 1.5 이상 1.9 이하 → 1.1 이상 1.4 이하

답 ②

**116** **스프링클러설비의 수조(물탱크)의 후드밸브에서 헤드까지의 배관상에 설치된 개폐밸브는 항시 열려져 있어야 헤드로 방수가 가능하기 때문에, 개폐밸브가 열려져 있는 지를 감시제어반에서 항시 감시할 수 있도록 하는 설비가 탬퍼스위치이다. 다음 중 이 탬퍼스위치(Tamper Switch)를 설치하지 않아도 되는 것은?**

① 주펌프 흡입측 배관에 설치된 개폐밸브
② 고가수조와 수직배관 사이에 설치된 개폐밸브
③ 성능시험배관의 밸브
④ 유수검지장치의 1차측과 2차측에 설치된 개폐밸브

③ 해당사항 없음

**탬퍼스위치**의 **설치장소**

| 기 호 | 설치장소 |
|---|---|
| ① | **주펌프**의 **흡입측**에 설치된 개폐밸브 |
| ② | **주펌프**의 **토출측**에 설치된 개폐밸브 |
| ③ | **고가수조**와 **수직배관** 사이의 개폐밸브 |
| ④ | **유수검지장치, 일제개방밸브**의 **1차측** 개폐밸브 |
| ⑤ | **유수검지장치, 일제개방밸브**의 **2차측** 개폐밸브 |
| ⑥ | **충압펌프**의 **흡입측**에 설치된 개폐밸브 |
| ⑦ | **충압펌프**의 **토출측**에 설치된 개폐밸브 |
| ⑧ | **연결송수관**과 **수직배관** 사이의 개폐밸브 |

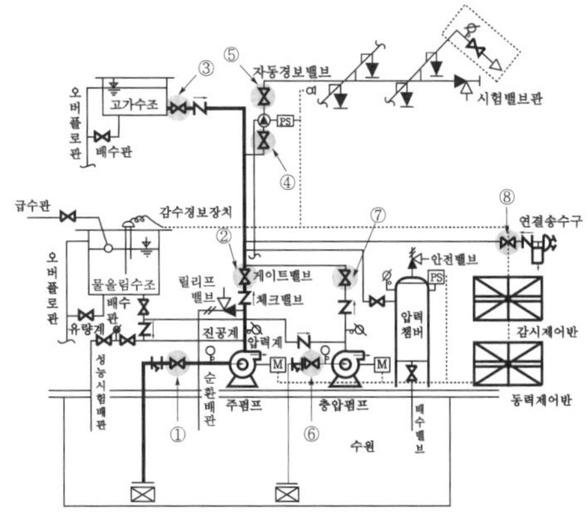


습식 스프링클러설비

용어

**탬퍼스위치(TS ; Tamper Switch)**
개폐밸브 폐쇄확인용

비교

감시제어반에서 도통시험 및 작동시험을 할 수 있어야 하는 회로

| 스프링클러설비 | 화재조기진압용 스프링클러설비 | 옥내·외소화전설비, 물분무소화설비, 포소화설비 |
|---|---|---|
| ① 기동용 수압개폐장치의 **압력스위치회로**<br>② 수조 또는 물올림수조의 **저수위감시회로**<br>③ **유수검지장치** 또는 **일제개방밸브**의 **압력스위치회로**<br>④ 일제개방밸브를 사용하는 설비의 **화재감지기회로**<br>⑤ 급수배관에 설치되어 있는 **개폐밸브의 폐쇄상태 확인회로** | ① **기동용 수압개폐장치의 압력스위치회로**<br>② **수조** 또는 **물올림탱크의 저수위감시회로**<br>③ **유수검지장치** 또는 **압력스위치회로**<br>④ 급수배관에 설치되어 있는 **개폐밸브의 폐쇄상태 확인회로** | ① **기동용 수압개폐장치의 압력스위치회로**<br>② **수조** 또는 **물올림수조의 저수위감시회로** |

답 ③

★★
## 117 다음과 같은 조건에 적응성이 없는 감지기는?

- 수신기는 비축적형 방식의 수신기이다.
- 열, 연기, 먼지 등으로 인하여 일시적으로 화재신호를 발생할 우려가 있는 장소이다.
- 실내면적이 $40m^2$ 미만인 장소, 감지기의 부착면과 실내바닥과의 거리가 2.3m 이하이다.

① 정온식 감지선형 감지기
② 보상식 감지기
③ 복합형 감지기
④ 분포형 감지기

해설 **감지기**(NFPC 203 제7조, NFTC 203 2.2.2)
**지하층·무창층** 등으로서 환기가 잘되지 아니하거나 실내면적이 **$40m^2$ 미만**인 장소, 감지기의 부착면과 실내바닥과의 거리가 **2.3m 이하**인 곳으로서 일시적으로 발생한 열·연기 또는 먼지 등으로 인하여 화재신호를 발신할 우려가 있는 장소의 적응감지기는 다음과 같다.
(1) 불꽃감지기
(2) 정온식 감지선형 감지기 **보기 ①**
(3) 분포형 감지기 **보기 ④**
(4) 복합형 감지기 **보기 ③**
(5) 광전식 분리형 감지기
(6) 아날로그방식의 감지기
(7) 다신호방식의 감지기
(8) 축적방식의 감지기

답 ②

★★
## 118 다음 중 광전식 분리형 감지기의 설치기준으로 옳지 않은 것은?

18회 문116
11회 문122
08회 문114

① 감지기의 수광면은 햇빛을 직접 받지 않도록 설치할 것
② 광축은 나란한 벽으로부터 0.6m 이상 이격하여 설치할 것
③ 감지기의 송광부와 수광부는 설치된 뒷벽으로부터 1m 이상 위치에 설치할 것
④ 감지기의 광축의 길이는 공칭감시거리 범위 이내일 것

해설 **광전식 분리형 감지기**의 **설치기준**(NFPC 203 제7조, NFTC 203 2.4.3.15)
(1) 감지기의 송광부와 수광부는 설치된 뒷벽으로부터 **1m 이내** 위치에 설치할 것 **보기 ③**
(2) 감지기의 광축의 길이는 **공칭감시거리** 범위 이내일 것 **보기 ④**
(3) 광축의 높이는 천장 등 높이의 **80% 이상**일 것
(4) 광축은 나란한 벽으로부터 **0.6m 이상** 이격하여 설치할 것 **보기 ②**
(5) 감지기의 수광면은 **햇빛**을 직접 받지 않도록 설치할 것 **보기 ①**

③ 1m 이내

중요

(1) **아날로그식 분리형 광전식 감지기의 공칭감시거리**(감지기의 형식승인 및 제품검사의 기술기준 제19조) : **5~100m** 이하로 하여 **5m 간격**으로 한다.

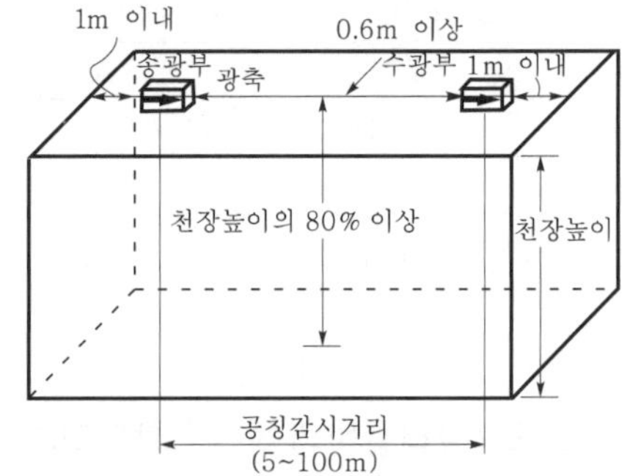


(2) **특수한 장소에 설치하는 감지기**(NFPC 203 제7조, NFTC 203 2.4.4.1, 2.4.4.2)

| 장 소 | 적응감지기 |
|---|---|
| • 화학공장<br>• 격납고<br>• 제련소 | • 광전식 분리형 감지기<br>• 불꽃감지기 |
| • 전산실<br>• 반도체공장 | • 광전식 공기흡입형 감지기 |

답 ③

★★★
## 119 바닥면적 $2000m^2$, 부착높이 6m, 내화구조인 소방대상물에 차동식 스포트형 감지기(2종)을 설치하고자 한다. 최소 설치개수는?

① 45개
② 58개
③ 67개
④ 80개

해설 **스포트형 감지기** (단위 : $m^2$)

| 부착높이 및 소방대상물의 구분 | | 감지기의 종류 | | | | |
|---|---|---|---|---|---|---|
| | | 차동식·보상식 스포트형 | | 정온식 스포트형 | | |
| | | 1종 | 2종 | 특종 | 1종 | 2종 |
| 4m 미만 | 내화구조 | 90 | 70 | 70 | 60 | 20 |
| | 기타구조 | 50 | 40 | 40 | 30 | 15 |
| 4m 이상 8m 미만 | 내화구조 | 45 | **35** | 35 | 30 | 설치 불가능 |
| | 기타구조 | 30 | 25 | 25 | 15 | |

부착높이 6m, 내화구조, 차동식 스포트형 2종을 설치하므로, 감지기 1개가 담당하는 바닥면적은 $35m^2$이므로 **최소 설치개수**는 다음과 같다.

(1) 간략식

최소 설치개수

$$= \frac{\text{바닥면적}}{\text{감지기 1개가 담당하는 바닥면적}} = \frac{2000m^2}{35m^2} = 57.1 \fallingdotseq 58\text{개(절상)}$$

(2) 원칙적인 식

최소 설치개수

$$= \frac{\text{바닥면적}(600m^2 \text{ 이하})}{\text{감지기 1개가 담당하는 바닥면적}} = \frac{595m^2}{35m^2} + \frac{595m^2}{35m^2} + \frac{595m^2}{35m^2} + \frac{215m^2}{35m^2} = 57.1 \fallingdotseq 58\text{개(절상)}$$

※ 1경계구역은 $600m^2$ 이하이므로 $600m^2$ 이하로 각각 계산하여 더함

비교

**연기감지기**

| 부착높이 | 감지기의 종류 | |
|---|---|---|
| | 1종 및 2종 | 3종 |
| 4m 미만 | 150 | 50 |
| 4~20m 미만 | 75 | 설치불가능 |

답 ②

★★

**120 그림과 같은 이산화탄소 소화설비 부대전기설비 평면도의 ㉮~㉱의 감지기간의 가닥수로서 옳은 것은?**

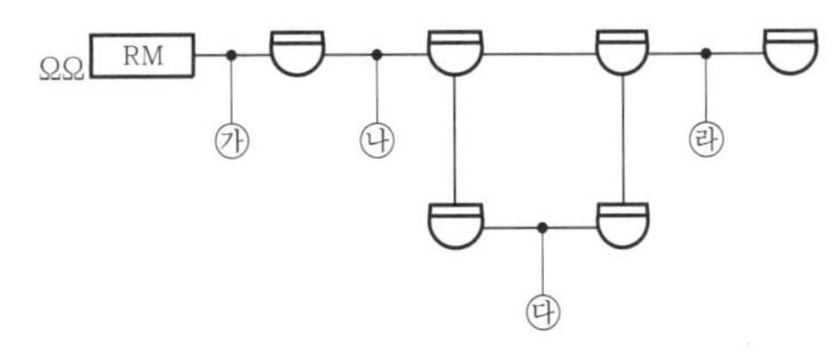


① ㉮ 4가닥, ㉯ 4가닥, ㉰ 4가닥, ㉱ 4가닥
② ㉮ 8가닥, ㉯ 8가닥, ㉰ 8가닥, ㉱ 8가닥
③ ㉮ 4가닥, ㉯ 4가닥, ㉰ 8가닥, ㉱ 8가닥
④ ㉮ 8가닥, ㉯ 8가닥, ㉰ 4가닥, ㉱ 4가닥

해설 **송배선식**과 **교차회로방식**

| 구 분 | 송배선식 | 교차회로방식 |
|---|---|---|
| 목적 | **도통시험**을 용이하게 하기 위하여 | 감지기의 **오동작** 방지 |
| 원리 | 배선의 도중에서 분기하지 않는 방식 | 하나의 담당구역 내에 **2 이상**의 **화재감지기 회로**를 설치하고 인접한 **2 이상의 화재감지기**가 **동시**에 **감지**되는 때에는 설비가 작동하는 방식으로 회로방식이 **AND회로**에 해당된다. |
| 적용설비 | • 자동화재탐지설비<br>• 제연설비 | • 분말소화설비<br>• 할론소화설비<br>• 이산화탄소 소화설비<br>• 준비작동식 스프링클러설비<br>• 일제살수식 스프링클러설비<br>• 할로겐화합물 및 불활성기체 소화설비 |
| 가닥수 산정 | 종단저항을 수동발신기함 내에 설치하는 경우 **루프**(Loop)된 곳은 **2가닥**, 기타 **4가닥**이 된다. | **말단**과 **루프**(Loop)된 곳은 **4가닥**, 기타 **8가닥**이 된다. |

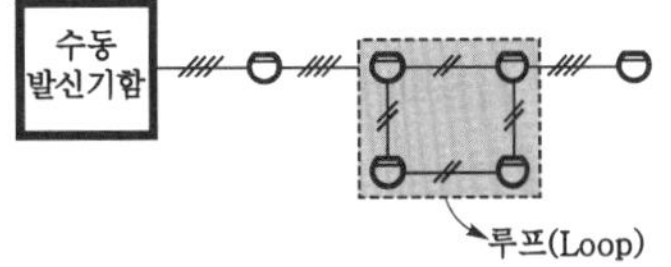


| 송배선식 |

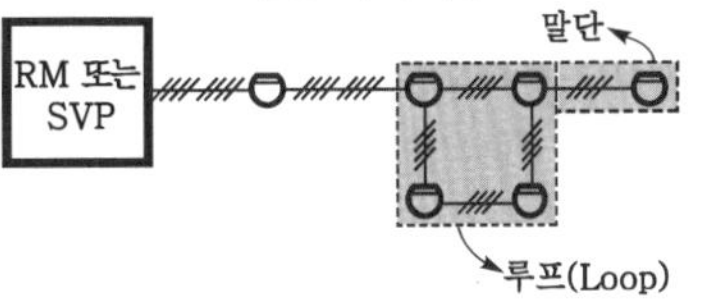


| 교차회로방식 |

답 ④

★★

**121** 그림은 어느 건물의 평면도로서 A~F는 출입문이며 각 실은 출입문 이외의 틈새가 없다고 한다. 거실과 부속실 사이의 총 틈새면적($m^2$)은 얼마인가? (단, 출입문 A~F의 틈새면적은 각각 $0.02m^2$이다.)

19회 문111
15회 문125
11회 문108
09회 문 13

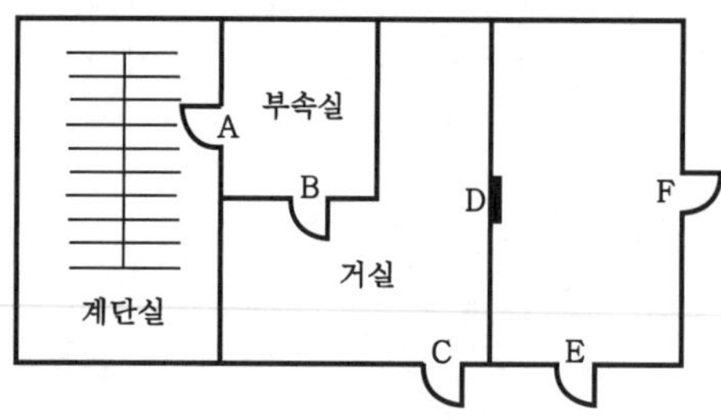


① 0.01 ② 0.02
③ 0.03 ④ 0.04

해설 단서에서 각 실의 틈새면적은 $0.02m^2$이다.

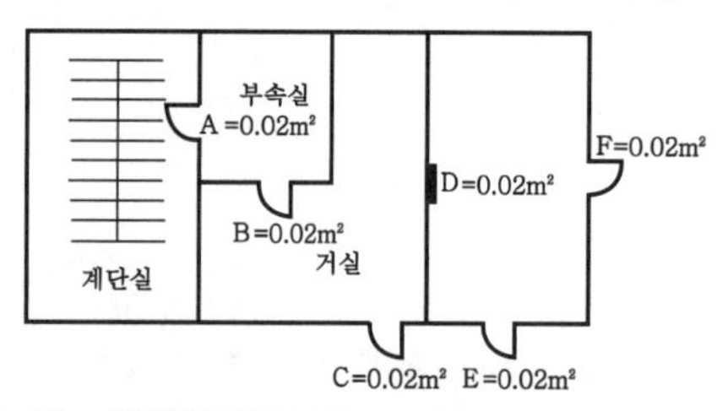


E~F는 **병렬상태**이므로

E~F=E+F=0.02+0.02=$\mathbf{0.04m^2}$

위의 내용을 정리하면 다음과 같이 변환시킬 수 있다.

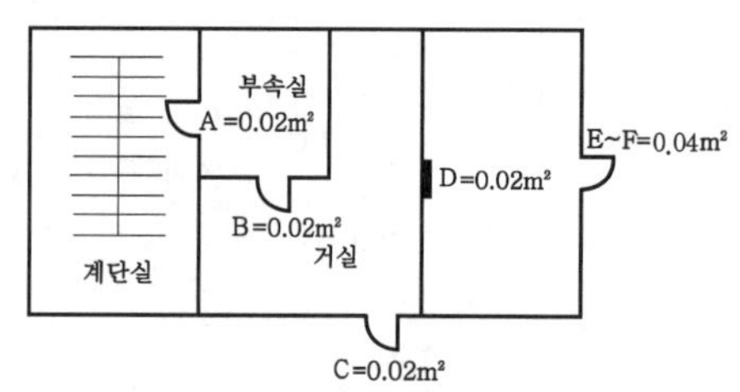


D~F는 **직렬상태**이므로

$$D\sim F=\frac{1}{\sqrt{\frac{1}{D^2}+\frac{1}{(E\sim F)^2}}}=\frac{1}{\sqrt{\frac{1}{0.02^2}+\frac{1}{0.04^2}}}=0.017 \fallingdotseq \mathbf{0.02m^2}$$

위의 내용을 정리하면 다음과 같이 변환시킬 수 있다.

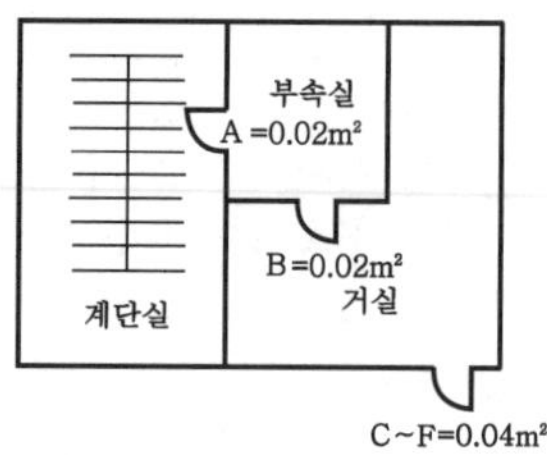


C~F는 **병렬상태**이므로

C~F=C+(D~F)=0.02+0.02=$\mathbf{0.04m^2}$

위의 내용을 정리하며 다음과 같이 변환시킬 수 있다.



B~F는 **직렬상태**이므로

$$B\sim F=\frac{1}{\sqrt{\frac{1}{B^2}+\frac{1}{(C\sim F)^2}}}=\frac{1}{\sqrt{\frac{1}{0.02^2}+\frac{1}{0.04^2}}}=0.017 \fallingdotseq \mathbf{0.02m^2}$$

위의 내용을 정리하며 다음과 같이 변환시킬 수 있다.

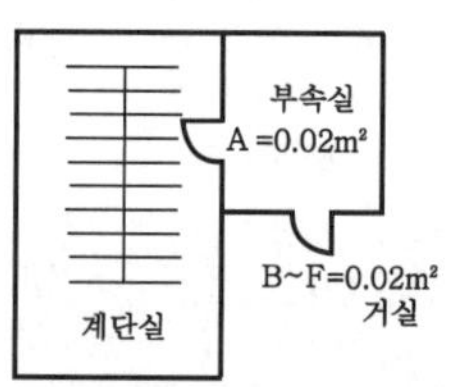


※ 문제는 거실과 부속실 사이의 틈새면적을 구하는 것이므로 **출입문** B의 틈새면적을 구하는 것이다. 출입문 A의 틈새면적은 이 문제에서는 무관하므로 특히 조심하라!!

중요

**누설틈새면적**

(1) **직렬상태**

$$A=\frac{1}{\sqrt{\frac{1}{A_1^2}+\frac{1}{A_2^2}+\cdots}}$$

여기서, $A$ : 전체 누설틈새면적[$m^2$]

$A_1$, $A_2$ : 각 실의 누설틈새면적[$m^2$]

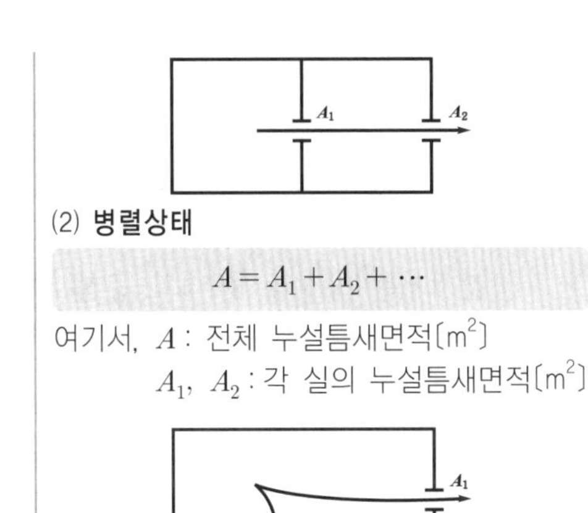


$$A = A_1 + A_2 + \cdots$$

여기서, $A$ : 전체 누설틈새면적[m²]

$A_1$, $A_2$ : 각 실의 누설틈새면적[m²]

답 ②

★
## 122 간이스프링클러설비의 화재안전기준에서 간이헤드의 적합기준으로 옳지 않은 것은?

① 폐쇄형 간이헤드를 사용할 것
② 간이헤드의 작동온도는 실내의 최대 주위천장온도가 0℃ 이상 38℃ 이하인 경우 공칭작동온도가 57℃에서 77℃의 것을 사용할 것
③ 간이헤드를 설치하는 천장·반자·천장과 반자 사이·덕트·선반 등의 각 부분으로부터 간이헤드까지의 수평거리는 3.7m 이하가 되도록 할 것
④ 상향식 간이헤드 또는 하향식 간이헤드의 경우에는 간이헤드의 디플렉터에서 천장 또는 반자까지의 거리는 25mm에서 102mm 이내가 되도록 설치할 것

해설 ③ 2.3m 이하

중요

**간이스프링클러설비의 간이헤드 적합기준**(NFPC 103A 제9조, NFTC 103A 2.6)

(1) **폐쇄형 간이헤드**를 사용할 것 보기 ①
(2) 간이헤드의 작동온도

| 최대 주위천장온도 | 공칭작동온도 |
|---|---|
| 0~38℃ 이하 보기 ② | 57~77℃ 보기 ② |
| 39~66℃ 이하 | 79~109℃ |

(3) **간이헤드**를 설치하는 천장·반자·천장과 반자 사이·덕트·선반 등의 각 부분으로부터 간이헤드까지의 **수평거리는 2.3m 이하** 보기 ③
(4) 상향식 간이헤드 또는 하향식 간이헤드 보기 ④

| 구 분 | 설 명 |
|---|---|
| 디플렉터~천장 또는 반자까지의 거리 | 25~102mm 이내 (플러시 스프링클러헤드 102mm 이하) |

(5) 측벽형 간이헤드

| 구 분 | 설 명 |
|---|---|
| 디플렉터~천장 또는 반자까지의 거리 | 102~152mm 이내 |

(6) 상향식 간이헤드 아래에 설치되는 하향식 간이헤드에는 상향식 헤드의 방출수를 차단할 수 있는 유효한 **차폐판**을 설치할 것
(7) 소방대상물의 보와 가장 가까운 간이헤드의 설치기준

| 간이헤드의 반사판 중심과 보의 수평거리 | 간이헤드의 반사판 높이와 보의 하단 높이의 수직거리 |
|---|---|
| 0.75m 미만 | 보의 하단보다 낮을 것 |
| 0.75~1m 미만 | 0.1m 미만일 것 |
| 1~1.5m 미만 | 0.15m 미만일 것 |
| 1.5m 이상 | 0.3m 미만일 것 |

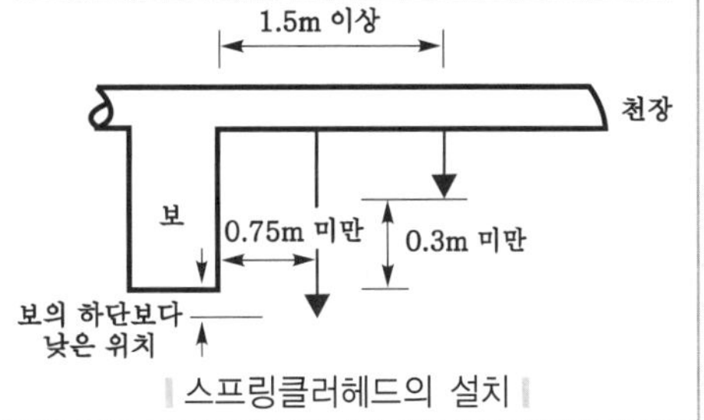


| 스프링클러헤드의 설치 |

답 ③

★★
## 123 옥내소화전설비에서 가장 많이 설치된 층의 소화전 개수가 7개일 때 유량계의 용량은 몇 L/min 이상으로 하여야 하는가? (단, 펌프 토출량은 700L/min이다.)

① 455L/min ② 975L/min
③ 1140L/min ④ 1225L/min

해설 **유량측정장치=토출량×1.75 이상**

$= 700\text{L/min} \times 1.75$ 이상
$= 1225\text{L/min}$ 이상

※ 유량측정장치는 성능시험배관의 직관부에 설치하되, 펌프의 정격토출량의 175% 이상 측정할 수 있는 성능이 있을 것

비교

| 체절점 | 설계점 | 150% 유량점 |
|---|---|---|
| **체절점**=정격토출양정×1.4 이하 | **설계점**=정격토출양정×1.0 | **150% 유량점**(운전점)=정격토출양정×0.65 이상 |

답 ④



★

**124 특별피난계단의 계단실 및 부속실 제연설비의 화재안전기준에 관한 설명으로 옳지 않은 것은?**

① 제연구역과 옥내와의 사이에 유지하여야 하는 최소차압은 40Pa 이상으로 하여야 한다.
② 제연구역과 옥내와의 사이에 유지하여야 하는 최소차압은 옥내에 스프링클러가 설치된 경우에는 12.5Pa 이상으로 하여야 한다.
③ 유입공기란 제연구역으로부터 옥내로 유입하는 공기로서 차압에 따라 누설하는 것과 출입문의 정상적인 개방에 따라 유입하는 것을 말한다.
④ 계단실과 부속실을 동시에 제연하는 경우 부속실의 기압은 계단실과 같게 하거나 계단실의 기압보다 낮게 할 경우에는 부속실과 계단실의 압력차이는 5Pa 이하가 되도록 하여야 한다.

해설

③ 정상적인 개방 → 일시적인 개방

중요

**차압 등**(NFPC 501A 제6조, NFTC 501A 2.3)
(1) 제연구역과 옥내와의 사이에 유지하여야 하는 차압은 **40Pa**(옥내에 **스프링클러설비**가 설치된 경우 **12.5Pa**) 이상 **보기 ①②**
(2) 제연설비가 가동되었을 경우 출입문의 개방에 필요한 힘은 **110N** 이하
(3) 출입문이 일시적으로 개방되는 경우 개방되지 아니하는 제연구역과 옥내와의 차압은 40Pa의 **70% 미만**이 되어서는 아니된다.

※ 계단실과 부속실을 동시에 제연하는 경우의 차압 : **5Pa** 미만 **보기 ④**

답 ③

★★★

**125 다음 중 자동화재탐지설비의 화재안전기준에 의한 불꽃감지기의 설치기준으로 옳지 않은 것은?**

① 감지기는 공칭감시거리와 공칭시야각을 기준으로 감시구역이 모두 포용될 수 있도록 설치할 것
② 감지기는 화재감지를 유효하게 감지할 수 있는 모서리 또는 벽 등에 설치할 것
③ 감지기를 바닥에 설치하는 경우에는 감지기는 천장을 향하여 설치할 것
④ 수분이 많이 발생할 우려가 있는 장소에는 방수형으로 설치할 것

해설

③ 감지기를 **천장**에 설치하는 경우에는 **바닥**을 향하여 설치할 것

중요

(1) **불꽃감지기의 설치기준**(NFPC 203 제7조, NFTC 203 2.4.3.13)
① 감지기는 **공칭감시거리**와 **공칭시야각**을 기준으로 감시구역이 모두 포용될 수 있도록 설치할 것 **보기 ①**
② 감지기는 화재감지를 유효하게 할 수 있는 **모서리** 또는 **벽** 등에 설치할 것 **보기 ②**
③ 감지기를 **천장**에 설치하는 경우에는 **바닥**을 향하여 설치할 것
④ **수분**이 많이 발생할 우려가 있는 장소에는 **방수형**으로 설치할 것 **보기 ④**

(2) **불꽃감지기의 공칭감시거리·공칭시야각**(감지기의 형식승인 및 제품검사의 기술기준, 제19조 2)

| 조 건 | 공칭감시거리 | 공칭시야각 |
|---|---|---|
| **20m 미만**의 장소에 적합한 것 | 1m 간격 | 5° 간격 |
| **20m 이상**의 장소에 적합한 것 | 5m 간격 | |

답 ③

# 2010년도 제11회 소방시설관리사 1차 국가자격시험

| 문제형별 | 시 간 | 시험과목 |
|---|---|---|
| A | 125분 | ① 소방안전관리론 및 화재역학<br>② 소방수리학, 약제화학 및 소방전기<br>③ 소방관련 법령<br>④ 위험물의 성질 · 상태 및 시설기준<br>⑤ 소방시설의 구조 원리 |

| 수험번호 | | 성 명 | |
|---|---|---|---|

【 수험자 유의사항 】

1. **시험문제지**는 단일형별(A형)이며, 답안카드형별 기재란에 표시된 형별(A형)을 확인하시기 바랍니다. 시험문제지의 **총면수**, **문제번호 일련순서**, **인쇄상태** 등을 확인하시고, 문제지 표지에 수험번호와 성명을 기재하시기 바랍니다.
2. 답은 각 문제마다 요구하는 **가장 적합하거나 가까운 답 1개**만 선택하고, 답안카드 작성시 **마킹착오**로 인한 불이익은 전적으로 **수험자에게 책임**이 있음을 알려드립니다.
3. 답안카드는 국가전문자격 공통 표준형으로 문제번호가 1번부터 125번까지 인쇄되어 있습니다. 답안 마킹시에는 반드시 **시험문제지의 문제번호와 동일한 번호**에 마킹하여야 합니다.
4. **감독위원의 지시에 불응하거나 시험시간 종료 후 답안카드를 제출하지 않을 경우** 불이익이 발생할 수 있음을 알려드립니다.
5. 시험문제지는 시험 종료 후 가져가시기 바랍니다.

**제 1 과목** 소방안전관리론 및 화재역학

★★
## 01 화재구획 내의 연소속도는 내화건축물과 같은 화재가 계속 지속되는 경우, 그 벽체가 도괴되지 않은 구획에서 가연물이 다량으로 있을 경우 이의 환기인자로서 옳은 것은? (단, $A$ : 개구부의 면적〔$m^2$〕, $H$ : 개구부의 높이〔m〕이다.)

① $H\sqrt{A}$　　② $A\sqrt{H}$
③ $A \cdot H$　　④ $\frac{H}{A}$

해설 **중량감소속도**

$$R = kA\sqrt{H}$$

여기서, $R$ : 중량감소속도〔kg/min〕
$k$ : 상수(5.5~6.0)〔kg/min · mm$^{\frac{1}{2}}$〕
$A$ : 개구부의 면적〔$m^2$〕
$H$ : 개구부의 높이〔m〕
$A\sqrt{H}$ : 환기인자

- 중량감소속도=연소속도
- 환기인자=개구인자

답 ②

★★★
## 02 대형소화기에 충전하는 소화약제의 양으로서 옳은 것은?

① 포－10L　　② 분말－10kg
③ 강화액－80L　　④ 물－50L

해설 **소화기의 형식승인 및 제품검사의 기술기준 제10조 대형소화기의 소화약제 충전량**

| 종 별 | 충전량 |
|---|---|
| 포(포말) | 20L 이상 |
| 분말 | 20kg 이상 |
| 할론 | 30kg 이상 |
| 이산화탄소 | 50kg 이상 |
| 강화액 | 60L 이상 보기 ③ |
| 물 | 80L 이상 |

③ 강화액 : 80L는 60L 이상이므로 적당

답 ③

★★
## 03 피난계획의 일반적인 원칙 중 Fool proof 원칙이 아닌 것은?

19회 문 12
18회 문 21
17회 문 11
15회 문 22
14회 문 24
10회 문 06
03회 문 03
02회 문 23

① 피난경로는 간단 명료하게 한다.
② 피난구조설비는 고정식 설비를 위주로 설치한다.
③ 피난통로를 완전불연화한다.
④ 한 가지 피난기구가 고장 나도 다른 수단을 이용할 수 있도록 고려한다.

해설 **페일 세이프**(Fail safe)와 **풀 프루프**(Fool proof)

| 용 어 | 설 명 |
|---|---|
| **페일 세이프** (Fail safe) | ① 한 가지 피난기구가 고장 나도 다른 수단을 이용할 수 있도록 고려하는 것<br>② 한 가지가 고장 나도 다른 수단을 이용하는 원칙 보기 ④<br>③ **두 방향**의 피난동선을 항상 확보하는 원칙 |
| **풀 프루프** (Fool proof) | ① 피난경로는 **간단 명료**하게 한다. 보기 ①<br>② 피난구조설비는 **고정식 설비**를 위주로 설치한다. 보기 ②<br>③ 피난수단은 **원시적 방법**에 의한 것을 원칙으로 한다.<br>④ 피난통로를 **완전불연화**한다. 보기 ③<br>⑤ 막다른 복도가 없도록 계획한다.<br>⑥ 간단한 그림이나 색채를 이용하여 표시한다. |

④ 페일 세이프(Fail safe)

답 ④

★
## 04 사건이 일어나기 전 29개의 작은 사건과 300개의 징후가 있다고 주장한 사람은?

① 크로노스(Chronos)
② 카이로스(Kairos)
③ 하임리히(Heimlich)
④ 하인리히(Heinrich)

해설

| 구 분 | 설 명 |
|---|---|
| 크로노스 (Chronos) | '**시간의 학문**'을 뜻하는 프랑스어 |
| 카이로스 (Kairos) | '**의미 있는 시간**'을 나타내는 헬라어 |
| 하임리히 (Heimlich) | 기도에 이물질이 걸렸을 때의 응급처치법을 창시한 사람 |
| 하인리히 (Heinrich) 보기 ④ | 하나의 결과에 29개의 작은 사건과 300개의 징후가 숨어있다고 주장한 사람 |

답 ④

★★★

## 05 다음 중 폭발범위와 의미가 다른 것은 어느 것인가?

18회 문 05
16회 문 11
15회 문 04
12회 문 01
10회 문 02
09회 문 10
07회 문 11

① 폭발한계 ② 위험범위
③ 연소한계 ④ 가연범위

해설 **폭발범위**와 **같은 의미**

(1) 폭발한계 보기 ①
(2) 연소한계 보기 ③
(3) 연소범위
(4) 가연한계
(5) 가연범위 보기 ④

중요

**폭발범위와 위험성**
(1) 하한계가 낮을수록 위험하다.
(2) 상한계가 높을수록 위험하다.
(3) 연소범위가 넓을수록 위험하다.
(4) 연소범위의 하한계는 그 물질의 **인화점**에 해당된다.
(5) 연소범위는 주위온도와 관계가 깊다.
(6) 압력상승시 **하한계**는 **불변**, **상한계**만 **상승**한다.

답 ②

★

## 06 경제발전과 화재피해의 상관관계를 설명한 것 중 옳은 것은?

① 경제가 발전하고, 생활수준이 높아질수록 화재요인은 감소한다.
② 경제의 발전과 화재피해는 별반 상관관계가 없다.
③ 경제의 발전과 더불어 소방과학의 발달로 화재피해액은 오히려 줄어드는 경향이 있다.
④ 국민의 총생산에서 화재피해가 차지하는 몫이 경제발전속도보다 빠른 속도로 상승하는 경향이 있다.

해설 경제발전속도 < 화재피해속도

④ 국민의 총생산에서 화재피해가 차지하는 몫이 경제발전속도보다 빠른 속도로 상승하는 경향이 있다.

답 ④

★★★

## 07 플래시오버(Flash over)의 설명 중 틀린 것은?

18회 문 16
15회 문 24
09회 문 01

① 폭발적인 착화현상
② 순발적인 연소확대현상
③ 화재로 인해 산소가 고갈된 건물 안으로 외부의 산소가 유입될 경우 발생하는 현상
④ 옥내화재가 서서히 진행하여 열이 축적되었다가 일시에 화염이 크게 발생하는 상태

해설 **플래시오버**(Flash over, 순발연소)

(1) 폭발적인 착화현상 보기 ①
(2) 폭발적인 **화재확대현상** 보기 ②
(3) 건물화재에서 발생한 가연성 가스가 일시에 인화하여 화염이 **충**만하는 단계
(4) 실내의 가연물이 연소됨에 따라 생성되는 가연성 가스가 실내에 누적되어 **폭**발적으로 연소하여 실 전체가 순간적으로 불길에 싸이는 현상
(5) **옥내화재**가 서서히 진행하여 열이 축적되었다가 일시에 화염이 크게 발생하는 상태 보기 ④
(6) 다량의 가연성 가스가 동시에 연소되면서 **급**격한 온도상승을 유발하는 현상
(7) 건축물에서 한순간에 폭발적으로 화재가 확산되는 현상

기억법 **플확충 폭급**

③ 백드래프트(Back draft)

중요

**플래시오버**(Flash over)
(1) **정의** : 화재로 인하여 실내의 온도가 급격히 상승하여 화재가 순간적으로 실내 전체에 확산되어 연소되는 현상으로 일반적으로 **순발연소**라고도 한다.

(2) **발생시간** : 화재 발생 후 **5~6**분경
(3) **발생시점** : **성장기~최성기**(성장기에서 최성기로 넘어가는 분기점)
(4) **실내온도** : 약 **800~900**℃

**플래시오버포인트**(Flash over point) : 내화건축물에서 최성기로 보는 시점

기억법 **내플89(내풀팔고** 네풀쓰자)

답 ③

## 08 열의 전달에 관한 설명 중 옳지 않은 것은?

① 열이 전달되는 것은 전도, 대류, 복사 중 한 가지이다.
② 어떤 물체를 통해서 전달되는 것은 전도이다.
③ 공기 등 기체의 흐름으로 인해서 전달되는 것은 대류이다.
④ 전자파의 형태로 에너지를 전달하는 것은 복사이다.

해설 열이 전달되는 것은 **전도, 대류, 복사**가 모두 관여된다.

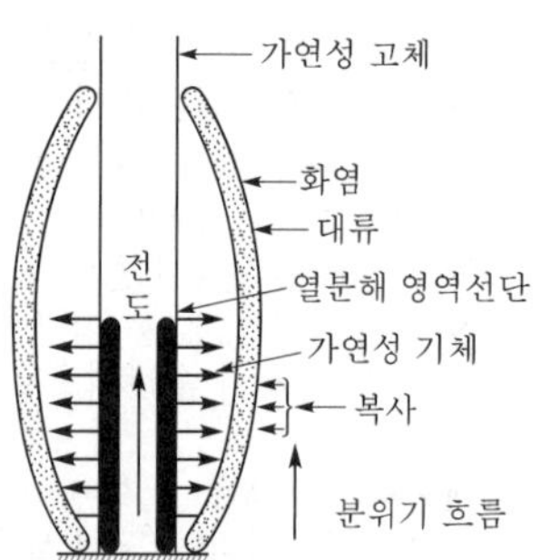


| 열의 전달 |

답 ①

## 09 건축물의 주요구조부가 아닌 것은 어느 것인가?

① 바닥 ② 보
③ 주계단 ④ 사이기둥

해설 **건축법 제2조**
**주요구조부**
(1) **내력벽**
(2) **보**(작은 보 제외) 보기 ②
(3) **지붕틀**(차양 제외)
(4) **바닥**(최하층 바닥 제외) 보기 ①
(5) **주계단**(옥외계단 제외) 보기 ③
(6) **기둥**(사이기둥 제외)

※ **주요구조부** : 건물의 구조내력상 주요한 부분

기억법 **벽보지 바주기**

답 ④

## 10 건축물의 내부는 방화에 지장이 없는 내부마감처리를 하여야 한다. 다음 중 내부마감처리를 하지 않아도 되는 것은?

① 천장 ② 반자
③ 바닥 ④ 벽

해설 **피난·방화구조 제24조**
**내부마감재료**
(1) **천장** 보기 ①
(2) **반자** 보기 ②
(3) **벽**(경계벽 포함) 보기 ④
(4) **기둥**

③ 해당없음

답 ③

## 11 다음 중 피난시설의 안전구획이 아닌 것은?

① 복도
② 계단부속실
③ 계단
④ 피난층에서 외부와 직면한 현관

해설 **피난시설**의 **안전구획**

|  |  |
|---|---|
| 1차 안전구획 | 복도 보기 ① |
| 2차 안전구획 | 부실(계단전실, 계단부속실) 보기 ② |
| 3차 안전구획 | 계단 보기 ③ |

답 ④

## 12 건축물에 화재가 발생할 때 연소확대를 방지하기 위한 계획에 해당되지 않는 것은?

18회 문 08
02회 문 20

① 수직계획 ② 입면계획
③ 수평계획 ④ 용도계획

해설 **건축물 내부**의 **연소확대방지**를 위한 **방화계획**
(1) **수평**구획(면적단위) 보기 ③
(2) 수**직**구획(층단위) 보기 ①
(3) **용**도구획(용도단위) 보기 ④

기억법 **연수평직용**

비교

건축물의 방재기능 설정요소(건축물을 지을 때 내외부 및 부지 등의 방재계획을 고려한 계획)
(1) 부지선정, 배치계획
(2) 평면계획
(3) 단면계획
(4) 입면계획
(5) 재료계획

② 해당없음

답 ②

★★★
**13** 플래시오버(Flash over)의 지연대책으로 틀린 것은?

① 두께가 두꺼운 내장재료를 사용한다.
② 열전도율이 큰 내장재료를 사용한다.
③ 주요구조부를 내화구조로 한다.
④ 개구부를 크게 설치한다.

해설 **플래시오버**의 **지연대책**
(1) 두께가 **두꺼운** 내장재료를 사용한다. 보기 ①
(2) **열전도율**이 **큰 내장재료**를 사용한다. 보기 ②
(3) 주요구조부를 **내화구조**로 하고 **개구부**를 **작게** 설치한다. 보기 ③
(4) 실내 가연물은 **소량단위**로 **분산저장**한다.

④ 개구부를 작게 설치한다.

중요

**플래시오버**에 **영향을 미치는 것**
(1) 개구율(창문 등의 개구부 크기)
(2) 내장재료
(3) 화원의 크기

기억법 **개내화**

답 ④

★
**14** 연소가스는 어떤 입자에 의해서 눈에 보이는가?

① 아황산가스 및 타르 입자
② 페놀 및 멜라민수지 입자
③ 탄소 및 타르 입자
④ 황화수소 및 수증기 입자

해설 **연기**(Smoke)
**탄소** 및 **타르 입자**에 의해 **연소가스**가 눈에 보이는 것

답 ③

★★
**15** 다음 연료지배형 화재의 특징에 대한 설명 중 틀린 것은?

17회 문 19
15회 문 20
14회 문 13
12회 문 19

① 연기와 고온가스는 외부의 차가운 공기보다 가벼움
② 유입공기량은 연소율을 조정함
③ 연료가 연소율을 조정함
④ 불꽃은 야외에서처럼 연소됨

해설

| 구 분 | 환기지배화재 (Ventilation control fire) | 연료지배화재 (Fuel control fire) |
|---|---|---|
| 용어 | 개구부를 거쳐 화재실로 유입하는 **공기량**에 의존하는 화재 | 최성기 화재에서의 화재성상이 화재실로 가지고 들어오는 **가연물량**에 의존하는 화재 |
| 특징 | • 연기와 고온가스의 경우 연료가 자유롭게 연소하지 못하여 많은 **연기**가 **발생**함<br>• **유입공기량**은 연소율을 조정함 보기 ②<br>• **불꽃**은 연기에 가려 잘 **보이지 않음** | • 연기와 고온가스는 외부의 차가운 공기보다 가벼움 보기 ①<br>• **연료**가 연소율을 조정함 보기 ③<br>• **불꽃**은 야외에서처럼 **연소됨** 보기 ④ |

② 환기지배화재

답 ②

★★★
**16** 보일오버(Boil over)현상에 대한 설명으로 옳은 것은?

19회 문 06
19회 문 13
18회 문 02
17회 문 06
16회 문 04
16회 문 14
13회 문 07
10회 문 11
09회 문 06
08회 문 24
06회 문 15
04회 문 03
03회 문 23

① 고열의 열유층을 유면 밑쪽으로 향하여 시간당 40~120cm 정도로 전도하는 열유층을 형성하는 현상
② 물이 연소유의 표면에 들어갈 때 수분의 급격한 증발로 인하여 기름이 탱크 밖으로 방출되는 현상
③ 탱크 저부의 물이 급격히 증발하여 탱크 밖으로 화재를 동반하며 방출하는 현상
④ 물이 점성의 뜨거운 표면 아래서 끓을 때 화재를 수반하지 않는 오버플로잉현상

해설
② 슬롭오버(Slop over)
③ 보일오버(Boil over)
④ 프로스오버(Froth over)

중요

**유류탱크, 가스탱크에서 발생하는 현상**

| 여러 가지 현상 | 정 의 |
|---|---|
| **블래비** (BLEVE) | 과열상태의 탱크에서 내부의 **액화가스**가 분출하여 기화되어 폭발하는 현상 |
| **보일오버** (Boil over) | ① **중**질유의 석유탱크에서 장시간 조용히 연소하다 탱크 내의 잔존기름이 갑자기 분출하는 현상<br>② 유류탱크에서 탱크 바닥에 물과 기름의 **에멀션**이 섞여 있을 때 이로 인하여 화재가 발생하는 현상<br>③ 연소 유면으로부터 100℃ 이상의 열파가 탱크 저부에 고여 있는 물을 비등하게 하면서 연소유를 탱크 밖으로 비산시키며 연소하는 현상<br>④ 유류탱크의 화재시 탱크 저부의 물이 뜨거운 열류층에 의하여 수증기로 변하면서 급작스러운 부피팽창을 일으켜 유류가 탱크 외부로 분출하는 현상<br>⑤ **탱크 저부**의 물이 급격히 증발하여 탱크 밖으로 화재를 동반하며 방출되는 현상 보기 ③ |
| **오일오버** (Oil over) | 저장탱크에 저장된 유류저장량이 내용적의 **50%** 이하로 충전되어 있을 때 화재로 인하여 탱크가 폭발하는 현상 |
| **프로스오버** (Froth over) | 물이 점성의 뜨거운 **기름표면 아래서 끓을 때** 화재를 수반하지 않고 용기가 넘치는 현상 |
| **슬롭오버** (Slop over) | ① **물**이 연소유의 **뜨거운 표면**에 **들어갈 때** 기름표면에서 화재가 발생하는 현상<br>② 유화제로 **소**화하기 위한 물이 수분의 급격한 증발에 의하여 액면이 거품을 일으키면서 열유층 밑의 냉유가 급히 열팽창하여 기름의 일부가 불이 붙은 채 탱크벽을 넘어서 일출하는 현상 |

기억법 **블액, 보중에탱저, 오5, 프기아, 슬물소**

답 ③

★★

## 17 다음 물질의 연소생성물과 관련이 없는 것은?

① 유지－아크롤레인($CH_2CHCHO$)
② PVC－염화수소(HCl)
③ 멜라닌－시안화수소(HCN)
④ 요소－암모니아($NH_3$)

해설 **연소시 시안화수소(HCN) 발생물질**
(1) **요소**
(2) **멜라닌**
(3) **아닐린**
(4) **Poly urethane**(폴리우레탄)

④ 요소－시안화수소(HCN)

답 ④

★★★

## 18 방화구조에 대한 기준으로 틀린 것은?

① 철망모르타르로서 그 바름두께가 2cm 이상인 것
② 두께 1.2cm 이상의 석고판에 석면시멘트판을 붙인 것
③ 시멘트모르타르 위에 타일을 붙인 것으로서 그 두께의 합계가 2.5cm 이상인 것
④ 심벽에 흙으로 맞벽치기 한 것

해설 **피난·방화구조 제4조**
**방화구조의 기준**

| 구조내용 | 기 준 |
|---|---|
| • 철망모르타르 바르기 | 바름두께가 **2cm** 이상인 것 보기 ① |
| • 석고판 위에 시멘트 모르타르 또는 회반죽을 바른 것<br>• 시멘트모르타르 위에 타일을 붙인 것 | 두께의 합계가 **2.5cm** 이상인 것 보기 ③ |
| • 심벽에 흙으로 맞벽치기 한 것 보기 ④ | 그대로 모두 인정됨 |

답 ②

★

## 19 다음 중 건축물 내장재 불연화를 함으로써 유효하지 않는 사항은?

① 출화 방지
② 발연량의 감소
③ 플래시오버의 지연
④ 구획의 세분화

해설 **건축물 내장재 불연화**

(1) 출화 방지 보기 ①
(2) 발연량의 감소 보기 ②
(3) 플래시오버의 지연 보기 ③

④ 건축방재의 공간적 대응 중 **회피성**에 해당

답 ④

★★

## 20 실내창고로 사용되는 소방대상건물(내부 크기는 가로, 세로, 높이가 5m×4m×3m)의 내부가 9000kcal/kg의 발열량을 가지고, 가연물의 무게는 2000kg이고, 단위발열량이 4500kcal/kg일 때 화재하중(kg/m²)은 얼마인가?

18회 문 14 / 17회 문 10 / 16회 문 24 / 14회 문 09 / 13회 문 17 / 12회 문 20 / 08회 문 10 / 07회 문 15 / 06회 문 05 / 06회 문 09 / 04회 문 01 / 02회 문 11

① 100 ② 200
③ 300 ④ 400

해설 **화재하중**

$$q=\frac{\Sigma GH_1}{H_0A}=\frac{\Sigma Q}{4500A}$$

여기서, $q$ : 화재하중[kg/m²]
$G$ : 가연물의 무게[kg]
$H_1$ : 가연물의 단위중량당 발열량[kcal/kg]
$H_0$ : 목재의 단위중량당 발열량[kcal/kg]
$A$ : 바닥면적[m²]
$\Sigma Q$ : 가연물의 전체 발열량[kcal]

$$q=\frac{\Sigma GH_1}{H_0A}=\frac{2000\text{kg}\times 9000\text{kcal/kg}}{4500\text{kcal/kg}\times(5\times 4)\text{m}^2}=200\text{kg/m}^2$$

- $A$(바닥면적)=(5×4)m² : 높이는 적용하지 않는 것에 주의할 것
- $\Sigma$ : '**시그마**'라고 읽으며 '**모두 더한다**'라는 의미로서 여기서는 **가연물 전체의** 무게를 말한다.

답 ②

★

## 21 다음은 연료의 발열량에 대한 설명이다. 잘못된 것은?

① 연소시 생성하는 수증기 증발잠열의 포함 여부에 따라 고발열량과 저발열량으로 나눈다.
② 일반적으로 표시하는 단위는 kJ/kg, kcal/kg, kcal/mol 등이다.
③ 기체의 발열량은 단위체적을 일정하게 하기 위하여 일반적으로 25℃, 1atm의 부피를 기준으로 한다.
④ 수증기의 증발잠열을 포함하지 않는 저발열량은 진발열량이라고도 한다.

해설 **연료의 발열량**

(1) 연소시 생성되는 수증기 증발잠열의 포함 여부에 따라 **고발열량**과 **저발열량**으로 나눈다. 보기 ①
(2) 일반적으로 표시하는 단위는 kJ/kg, kcal/kg, kcal/mol 등이다. 보기 ②
(3) **기체**의 **발열량**은 단위체적을 일정하게 하기 위하여 일반적으로 **0℃**, **1atm**의 부피를 기준으로 한다. 보기 ③
(4) 수증기의 증발잠열을 포함하지 않는 저발열량은 **진발열량**이라고도 한다. 보기 ④

③ 25℃ → 0℃

답 ③



★★

## 22 프로판이 연소할 때 메탄이 연소하는 경우보다 몇 배의 산소가 더 필요한가?

18회 문 27 / 17회 문 01 / 15회 문 12 / 12회 문 86

① 0.5 ② 1.5
③ 2.5 ④ 3.5

해설 **탄화수소계 가스의 연소방정식**

| 성 분 | 연소방정식 | 산소량 |
|---|---|---|
| 메탄 | $CH_4+2O_2 \rightarrow CO_2+2H_2O$ (2몰) | 2.0mol |
| 에틸렌 | $C_2H_4+3O_2 \rightarrow 2CO_2+2H_2O$ | 3.0mol |
| 에탄 | $2C_2H_6+7O_2 \rightarrow 4CO_2+6H_2O$ | 3.5mol |
| 프로필렌 | $2C_3H_6+9O_2 \rightarrow 6CO_2+6H_2O$ | 4.5mol |
| 프로판 | $C_3H_8+5O_2 \rightarrow 3CO_2+4H_2O$ (5몰) | 5.0mol |
| 부틸렌 | $C_4H_8+6O_2 \rightarrow 4CO_2+4H_2O$ | 6.0mol |
| 부탄 | $2C_4H_{10}+13O_2 \rightarrow 8CO_2+10H_2O$ | 6.5mol |

**프로판**이 연소할 때 필요한 산소량은 **5mol**이고, **메탄**이 연소할 때 필요한 산소량은 **2mol**이므로

$$\frac{\text{프로판}}{\text{메탄}}=\frac{5\text{mol}}{2\text{mol}}=2.5\text{배}$$

답 ③

★★★

**23** 단면적이 $10m^2$이고 두께가 2.5cm인 단열재를 통과하는 열전달률이 3kW이다. 내부(고온)면의 온도가 415℃이고 단열재의 열전도도가 0.2W/m·K이다. 외부(저온)면의 온도는?

19회 문 10 / 19회 문 17 / 16회 문 27 / 13회 문 18 / 07회 문 17

① 353℃ ② 378℃
③ 396℃ ④ 402℃

해설 **열전달률**(열전도율)

$$\dot{q}=\frac{KA(T_2-T_1)}{l}$$

여기서, $\dot{q}$ : 열전달량(열전도율)[W]
$K$ : 열전도율([W/m·℃] 또는 [W/m·K])
$A$ : 단면적[$m^2$]
$T_2-T_1$ : 온도차[℃]
$l$ : 벽체두께[m]

$$\dot{q}=\frac{KA(T_2-T_1)}{l}$$

$$\dot{q}l=KA(T_2-T_1)$$

$$\frac{\dot{q}l}{KA}=T_2-T_1$$

$$\frac{\dot{q}l}{KA}-T_2=-T_1$$

$$T_1=T_2-\frac{\dot{q}l}{KA}$$

$$=415℃-\frac{3kW\times2.5cm}{0.2W/m\cdot K\times10m^2}$$

$$=415℃-\frac{(3\times10^3)W\times2.5cm}{0.2W/m\cdot K\times10m^2}$$

$$=415℃-\frac{(3\times10^3)W\times0.025m}{0.2W/m\cdot K\times10m^2}$$

$$≒378℃$$

답 ②

★★★

**24** 지름 5cm인 구가 대류에 의해 열을 외부공기로 방출한다. 이 구는 50W의 전기히터에 의해 내부에서 가열되고 있다. 이 표면과 공기 사이의 온도차가 50℃라면 공기와 구 사이의 대류열전달계수는 얼마인가?

19회 문 17

① $127W/m^2\cdot℃$ ② $237W/m^2\cdot℃$
③ $347W/m^2\cdot℃$ ④ $458W/m^2\cdot℃$

해설 **대류열**

$$\ddot{q}=hA(T_2-T_1)$$

여기서, $\ddot{q}$ : 대류열(열류)[W]
$h$ : 대류전열계수(대류열전달계수)[$W/m^2\cdot℃$]
$A$ : 전열면적[$m^2$]
$T_2-T_1$ : 온도차[℃]

• 구의 면적 $=4\pi r^2$
여기서, $r$ : 반지름[m]

**대류열전달계수** $h$는

$$h=\frac{\ddot{q}}{A(T_2-T_1)}=\frac{50W}{4\pi r^2\times50℃}$$

$$=\frac{50W}{4\pi\times(2.5cm)^2\times50℃}$$

$$=\frac{50W}{4\pi\times(0.025m)^2\times50℃}$$

$$≒127W/m^2\cdot℃$$

답 ①

★★

**25** 공기 중 산소의 중량비는 약 몇 % 정도인가?

① 15 ② 21
③ 23 ④ 30

해설 **공기 중 산소농도**

| 구 분 | 산소농도 |
|---|---|
| 체적비(부피백분율) | 약 21vol% |
| 중량비(중량백분율) | 약 23wt% 보기 ③ |

• 부피백분율=용적백분율

답 ③

## 제 2 과목 소방수리학·약제화학 및 소방전기

★★

**26** 안지름이 5cm인 직원관에 기름이 속도 1.5m/s의 층류로 흐른다. 관의 길이가 10m라면 압력손실은 몇 kPa인가? (단, 기름의 밀도는 $1264kg/m^3$이고, 동점성계수는 $0.00118m^2/s$이다.)

15회 문 27

① 286.4 ② 226.4
③ 188.6 ④ 56.8

(1) **유량**

$$Q=AV=\left(\frac{\pi}{4}D^2\right)V$$

여기서, $Q$: 유량[$m^3/s$]
$A$: 단면적[$m^2$]
$V$: 유속(속도)[m/s]
$D$: 직경(안지름)[m]

**유량** $Q$는

$Q=\frac{\pi}{4}D^2 V$

$=\frac{\pi}{4}\times(5cm)^2\times1.5m/s$

$=\frac{\pi}{4}\times(0.05m)^2\times1.5m/s$

$≒0.00295m^3/s$

$=2.95\times10^{-3}m^3/s$

(2) **동점성계수**

$$\nu=\frac{\mu}{\rho}$$

여기서, $\nu$: 동점성계수[$m^2/s$]
$\mu$: 일반점도[kg/m·s]
$\rho$: 밀도[$kg/m^3$]

**일반점도** $\mu$는

$\mu=\nu\rho$

$=0.00118m^2/s\times1264kg/m^3$

$≒1.49kg/m\cdot s$

(3) **하겐-포아젤의 법칙**(Hargen-Poisell's law, 층류)

$$\Delta P=\frac{128\mu Ql}{\pi D^4}$$

여기서, $\Delta P$: 압력차(압력손실)[$N/m^2$]
$\mu$: 점도[kg/m·s]
$Q$: 유량[$m^3/s$]
$l$: 길이[m]
$D$: 내경[m]

**압력손실** $\Delta P$는

$\Delta P=\frac{128\mu Ql}{\pi D^4}$

$=\frac{128\times1.49kg/m\cdot s\times(2.95\times10^{-3}m^3/s)\times10m}{\pi\times(5cm)^4}$

$=\frac{128\times1.49kg/m\cdot s\times(2.95\times10^{-3}m^3/s)\times10m}{\pi\times(0.05m)^4}$

$≒286542N/m^2$

(4) **단위환산**

1atm=760mmHg=1.0332$kg_f/cm^2$
=10.332$mH_2O$(mAq)
=14.7PSI($lb_f/in^2$)
=101.325kPa($kN/m^2$)
=1013mbar

101.325$kN/m^2$=101.325kPa

286542$N/m^2$=286.542$kN/m^2$
=286.542kPa
≒286.4kPa

답 ①

★★★
## 27 다음 중 배관의 유속을 측정하는 장치가 아닌 것은?

① 시차액주계 ② 피토관
③ 마노미터 ④ 피토-정압관

해설

| 동압(유속)측정 | 유량측정 |
|---|---|
| ① 시차액주계<br>② 피토관<br>③ 피토-정압관<br>④ 열선속도계 | ① 벤투리미터<br>② 오리피스<br>③ 위어<br>④ 로터미터<br>⑤ 노즐(유동노즐)<br>⑥ 마노미터 : 배관 내의 유량을 직접 측정할 수는 없고 압력을 측정한 후 식에 의해 유량을 구할 수 있다. 보기 ③ |

③ **마노미터**(Manometer) : 유체의 **압력차**를 측정할 수 있는 계기

답 ③

★★
## 28 개루프제어계에 비하여 폐루프제어계가 가지는 특징을 설명한 것 중 틀린 것은?

16회 문 48

① 정확도가 증가한다.
② 감대폭이 증가한다.
③ 대역폭이 크다.
④ 구조가 간단하고 설치비용이 저가이다.

해설 **피드백제어**의 **특징**

(1) **정확도**가 증가한다. 보기 ①
(2) 감대폭이 증가한다. 보기 ②
(3) **대역폭**이 **크다.** 보기 ③
(4) 계의 특성변화에 대한 입력 대 출력비의 감도가 감소한다.

(5) 구조가 **복잡**하고 설치비용이 **고가**이다.
(6) 발진을 일으키고 불안정한 상태로 되어가는 경향성이 있다.

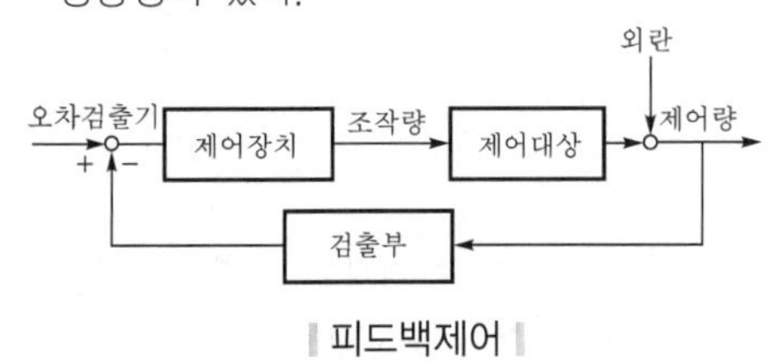


| 피드백제어 |

피드백제어=폐루프제어

용어

**피드백제어**(Feedback control)
출력신호를 입력신호로 되돌려서 **입력**과 **출력**을 **비교**함으로써 **정확한 제어**가 가능하도록 한 제어

답 ④

11회

★★★
## 29 다음 중 관성력/중력으로 표현되는 수의 명칭은?

19회 문 32
18회 문 47
17회 문 27
17회 문 31
16회 문 31
14회 문 29
13회 문 30
12회 문 29
09회 문 26
05회 문 32
05회 문 34
03회 문 39

① 레이놀즈수
② 오일러수
③ 마하수
④ 프루드수

해설 **무차원수**의 **물리적 의미**

| 명 칭 | 물리적 의미 |
|---|---|
| 레이놀즈(Reynolds)수 | 관성력/점성력 |
| 프루드(Froude)수 보기 ④ | 관성력/중력 |
| 마하(Mach)수 | 관성력/압축력 |
| 웨버(Weber)수 | 관성력/표면장력 |
| 오일러(Euler)수 | 압축력/관성력 |

답 ④

★★★
## 30 물이 다른 소화약제에 비하여 우수한 소화효과를 가지는 것은 무엇 때문인가?

① 융해잠열 ② 기화잠열
③ 질식효과 ④ 유화효과

해설 **물**이 **소화작업**에 사용되는 이유
(1) 가격이 싸다.
(2) 쉽게 구할 수 있다.
(3) 열흡수가 매우 크다(**기화잠열**이 크다). 보기 ②
(4) 사용방법이 비교적 간단하다.

중요

물($H_2O$)
(1) 기화잠열(증발잠열) : 539cal/g
(2) 융해열 : 80cal/g

※ 기화잠열(증발잠열)=기화열(증발열)

기억법 기53, 융8

답 ②

★★★
## 31 그림과 같은 회로의 역률은 얼마인가?

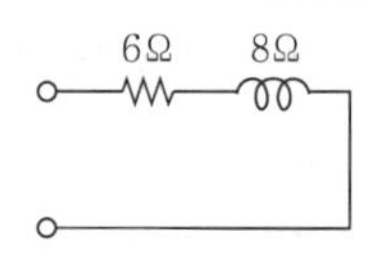


① 약 0.1 ② 약 0.6
③ 약 0.8 ④ 약 1

해설 $RL$ **직렬회로**의 **역률**

$$\cos\theta = \frac{R}{Z} = \frac{R}{\sqrt{R^2+X_L^{\ 2}}}$$

여기서, $\cos\theta$ : 역률
$R$ : 저항〔Ω〕
$Z$ : 임피던스〔Ω〕
$X_L$ : 유도리액턴스〔Ω〕

**역률** $\cos\theta$ 는

$$\cos\theta = \frac{R}{Z} = \frac{R}{\sqrt{R^2+X_L^{\ 2}}} = \frac{6}{\sqrt{6^2+8^2}} \fallingdotseq 0.6$$

비교

$RL$ **병렬회로**의 **역률**

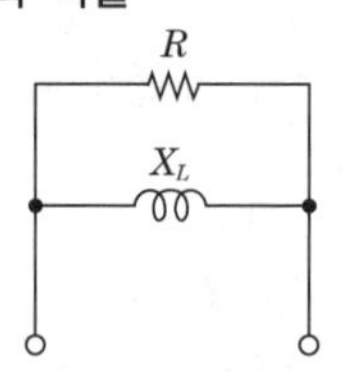


$$\cos\theta = \frac{X_L}{Z} = \frac{X_L}{\sqrt{R^2+X_L^{\ 2}}}$$

여기서, $\cos\theta$ : 역률
$X_L$ : 유도리액턴스〔Ω〕
$Z$ : 임피던스〔Ω〕
$R$ : 저항〔Ω〕

답 ②

★★★
**32** **에너지선(EL ; Energy Line)에 대한 다음 설명 중 맞는 것은?**

① 수력구배선보다 속도수두만큼 위에 있다.
② 수력구배선보다 압력수두만큼 위에 있다.
③ 수력구배선보다 속도수두만큼 아래에 있다.
④ 항상 수평선이다.

해설

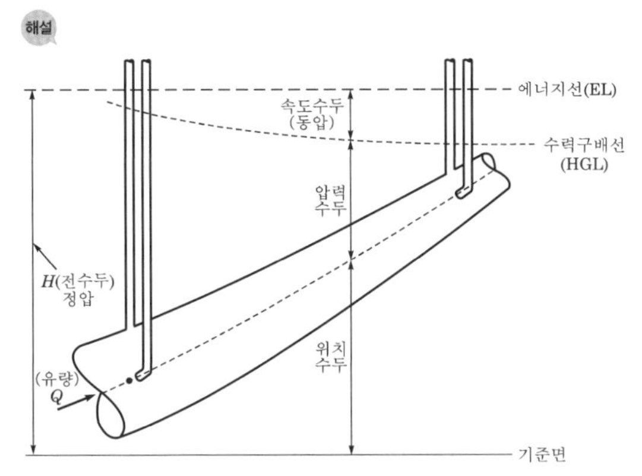


| 에너지선과 수력구배선 |

※ 에너지선은 수력구배선보다 속도수두만큼 위에 있다.

답 ①

★★
**33** **다음 중 경사진 관로의 유체흐름에서 수력구배선(HGL ; Hydraulic Grade Line)의 위치로 옳은 것은?**

① 압력수두와 위치수두를 합한 것이다.
② 압력수두, 위치수두와 속도수두를 합한 것이다.
③ 수력구배선은 에너지선 위에 있다.
④ 항상 수평이 된다.

해설 **수력구배선**(HGL)

(1) 관로 중심에서의 위치수두에 압력수두를 더한 높이 점을 맺은 선이다. 보기 ①
(2) 에너지선보다 항상 아래에 있다.
(3) 에너지선보다 속도수두만큼 아래에 있다.

• 속도구배선=속도기울기선

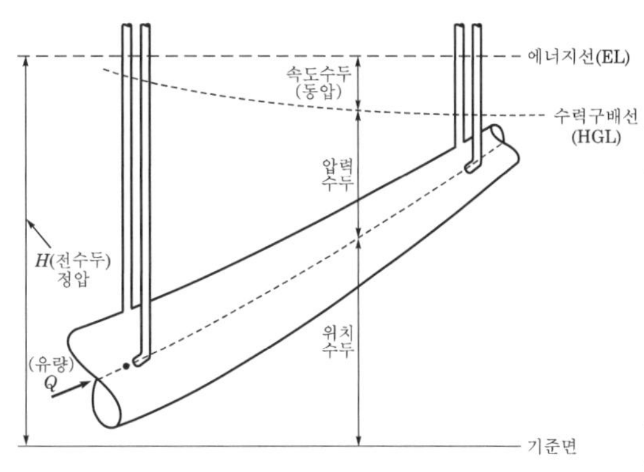


| 에너지선과 수력구배선 |

답 ①

★★★
**34** **다음 그림에서 유속 $V$와 $H$의 관계를 설명한 것 중 옳은 것은?**

16회 문 29
02회 문 37

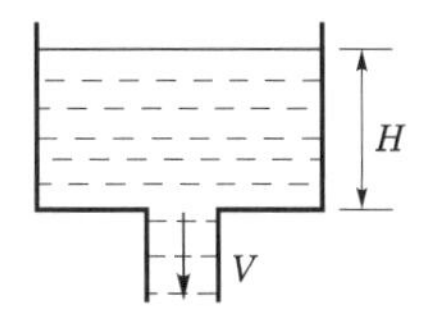


① $H$의 제곱에 비례한다.
② $H$의 제곱에 반비례한다.
③ $H$의 제곱근에 비례한다.
④ $H$의 제곱근에 반비례한다.

해설 **토리첼리**의 **식**(Torricelli's theorem)

$$V = \sqrt{2gH}$$

여기서, $V$ : 유속[m/s]
$g$ : 중력가속도(9.8m/s$^2$)
$H$ : 높이[m]

∴ $V$는 $H$의 제곱근($\sqrt{\ }$)에 비례한다.

답 ③

★★★
**35** **연속방정식(Continuity equation)의 설명에 대한 이론적 근거가 되는 것은?**

① 에너지보존의 법칙
② 질량보존의 법칙
③ 뉴턴의 운동 제2법칙
④ 관성의 법칙

해설 연속방정식(Continuity equation)
**질량보존법칙**의 일종 보기 ②

(1) $d(\rho VA)=0$

(2) $\rho dA=C$

(3) $\frac{dA}{A}=\frac{d\rho}{\rho}=\frac{dV}{V}=0$

참고

**연속방정식**
유체의 흐름이 정상류일 때 임의의 한 점에서 속도, 온도, 압력, 밀도 등의 평균값이 시간에 따라 변하지 않으며 임의의 두 점에서의 단면적, 밀도, 속도를 곱한 값은 같다.

답 ②

★★★

## 36 압력 100kPa, 온도 25℃의 $CO_2$ 기체 2kg을 연소시 체적은 몇 $m^3$인가? (단, $CO_2$의 연료비율은 97%이다.)

19회 문 89 / 18회 문 22 / 18회 문 30 / 16회 문 30 / 15회 문 06 / 14회 문 30 / 13회 문 03 / 11회 문 47 / 04회 문 45

① 1.1 ② 2.1
③ 3.1 ④ 4.1

해설 **이상기체 상태방정식**

$$PV=mRT$$

여기서, $P$ : 압력([N/m$^2$] 또는 [Pa])
$V$ : 체적[m$^3$]
$m$ : 질량[kg]
$R$ : $\frac{8314}{M}$ [N·m/kg·K]
$T$ : 절대온도(273+℃)[K]
$M$ : 분자량($CO_2$ 분자량 : 44)

**체적** $V$는

$$V=\frac{mRT}{P}$$

$$=\frac{2\text{kg}\times\frac{8314}{44}\text{N}\cdot\text{m/kg}\cdot\text{K}\times(273+25)\text{K}}{100\text{kPa}}$$

$$=\frac{2\text{kg}\times\frac{8314}{44}\text{N}\cdot\text{m/kg}\cdot\text{K}\times(273+25)\text{K}}{100\times10^3\text{Pa}}$$

$$\fallingdotseq 1.126\text{m}^3$$

연소시 체적=체적×연료비율

$1.126\text{m}^3\times0.97 \fallingdotseq 1.1\text{m}^3$

답 ①

★★

## 37 포소화약제의 팽창비에 대한 정의 중 알맞은 것은?

19회 문 38 / 18회 문 26 / 17회 문 36 / 13회 문 37 / 07회 문106 / 05회 문110

① 팽창비=용량/전체 중량
② 팽창비=용량/빈 시료용기의 중량
③ 팽창비=방출된 포의 체적/방출 전 포수용액의 체적
④ 팽창비=방출 전 포수용액의 체적/방출된 포의 체적

해설 **팽창비**

(1) 팽창비 $=\frac{\text{방출된 포의 체적[L]}}{\text{방출 전 포수용액의 체적[L]}}=\frac{\text{최종 발생한 포의 체적}}{\text{원래 포수용액 체적}}$

(2) 발포배율(팽창비)
$=\frac{\text{용량(부피)}}{\text{전체 중량}-\text{빈 시료용기의 중량}}$

중요

**팽창비**
(1) **저**발포 : **20배** 이하
(2) **고**발포
- 제1종 기계포 : **80~250배** 미만
- 제2종 기계포 : **250~500배** 미만
- 제3종 기계포 : **500~1000배** 미만

기억법 저2, 고81

답 ③

★★

## 38 다음 중 제거소화에 대한 설명으로 옳은 것은?

① 유류화재시 가연물을 포로 덮는다.
② 화학반응기의 화재시 원료공급관의 밸브를 잠근다.
③ 불연성 기체를 화염 속에 투입하여 산소의 농도를 감소시킨다.
④ 연쇄반응을 차단하여 소화한다.

해설 **제거소화방법**
(1) 산불의 확산방지를 위하여 **산림**의 **일부**를 **벌채**한다.
(2) 화학반응기의 화재시 원료공급관의 **밸브**를 **잠근다.** 보기 ②
(3) 유류탱크 화재시 **옥외소화전**을 사용하여 **탱크외벽**에 **주수**(注水)한다.
(4) 금속화재시 불활성 물질로 가연물을 덮어 **미연소부분**과 **분리**한다.
(5) 전기화재시 신속히 **전원**을 **차단**한다.
(6) 목재를 **방염**처리하여 가연성 기체의 생성을 억제·차단한다.

① 질식소화
② 제거소화
③ 희석소화
④ 화학소화(부촉매효과)

답 ②

★★★
**39** 분말소화약제 분말입도의 소화성능에 대하여 옳은 것은?

① 미세할수록 소화성능이 우수하다.
② 입도가 클수록 소화성능이 우수하다.
③ 입도와 소화성능과는 관련이 없다.
④ 입도가 너무 미세하거나 너무 커도 소화성능은 저하된다.

해설 **분말소화약제**의 **입도**

(1) 20~25$\mu$m의 입자로 미세도가 골고루 분포되어 있어야 한다.
(2) 입도가 너무 미세하거나 너무 커도 소화성능이 저하된다. **보기 ④**

- $\mu$m : '**미크론**' 또는 '**마이크로미터**'라고 읽는다.
- 입도=미세도

답 ④

★
**40** 자동화재탐지설비의 경종(DC 24V, 32W) 2개가 5분간 작동시 소비되는 전력량(Wh)은 얼마인가?

15회 문 46

① 2.74
② 3.74
③ 5.33
④ 6.33

해설 **전력량**(Electric power quantity)

$$W = VIt = I^2Rt = Pt\,[\text{J}]$$

여기서, $W$ : 전력량[J]
$P$ : 전력[W]
$t$ : 시간[s]
$I$ : 전류[A]
$V$ : 전압[V]
$R$ : 저항[Ω]

**소비전력량** $W$는

$W = Pt$=(32W×2개)×5분

=(32W×2개)×$\left(\frac{5}{60}\right)$h

≒ 5.333 ≒ 5.33Wh

- $\left(\frac{5}{60}\right)$=5분을 시간으로 환산한 값

답 ③

★★★
**41** 동기속도에 대한 설명으로 옳은 것은?

18회 문103
14회 문 28
12회 문 33

① 동기속도는 주파수에 비례한다.
② 동기속도는 주파수에 반비례한다.
③ 동기속도는 극수에 비례한다.
④ 동기속도는 회전수에 비례한다.

해설 **전동기**의 **속도**

| 동기속도 | 회전속도 |
|---|---|
| $N_s = \frac{120f}{P}$ [rpm] | $N = \frac{120f}{P}(1-s)$ [rpm] |
| 여기서, $N_s$ : 동기속도 [rpm]<br>$P$ : 극수<br>$f$ : 주파수[Hz] | 여기서, $N$ : 회전속도 [rpm]<br>$P$ : 극수<br>$f$ : 주파수[Hz]<br>$s$ : 슬립 |

동기속도 $N_s = \frac{120f}{P} \propto f$ (주파수에 비례)

용어

**슬립**(Slip)
유도전동기의 **회전자속도**에 대한 **고정자**가 만든 **회전자계**의 **늦음**의 **정도**를 말하며, 평상운전에서 슬립은 **4~8%** 정도이며, 슬립이 클수록 회전속도는 느려진다.

답 ①

★
**42** 흐르는 유체에서 정상류란 어떤 것을 지칭하는가?

① 흐름의 임의의 점에서 흐름특성이 시간에 따라 일정하게 변하는 흐름
② 흐름의 임의의 점에서 흐름특성이 시간에 따라 변하지 않는 흐름
③ 임의의 시각에 유로 내 모든 점의 속도벡터가 일정한 흐름
④ 임의의 시각에 유로 내 각 점의 속도벡터가 다른 흐름

해설 **정상류**와 **비정상류**

| 정상류(Steady flow) | 비정상류(Unsteady flow) |
|---|---|
| 유체의 흐름의 특성이 **시간**에 따라 변하지 않는 흐름 **보기 ②** | 유체의 흐름의 특성이 **시간**에 따라 변하는 흐름 |

답 ②

★★★
## 43 국소 대기압이 91.5kPa인 곳에서 개방탱크 속에 높이 3m의 물과 그 위에 비중 0.88인 기름이 3m 높이로 들어있다. 탱크 밑면의 절대압력은 약 몇 kPa인가?

① 130.5　② 133.8
③ 136.5　④ 146.7

해설
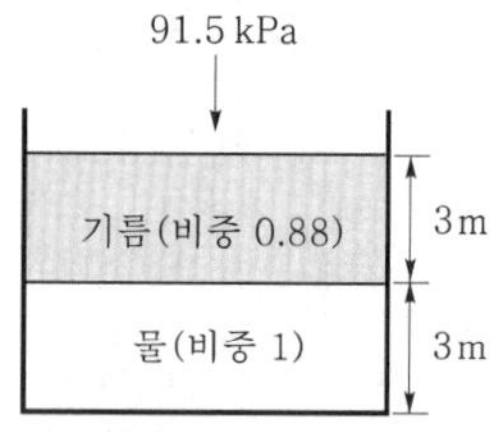


(1) **비중**

$$s=\frac{\gamma}{\gamma_w}$$

여기서, $s$ : 비중
$\gamma$ : 어떤 물질의 비중량[N/m³]
$\gamma_w$ : 물의 비중량(9800N/m³)

$\gamma_2=\gamma_w \cdot s$
$=9800\text{N/m}^3\times 0.88=8624\text{N/m}^3$

(2) **압력**

$$P=\gamma h$$

여기서, $P$ : 압력[N/m²]
$\gamma$ : 비중량(물의 비중량 9800N/m³)
$h$ : 깊이[m]

(3) **절대압**

- **절**대압=**대**기압+**게**이지압(계기압)
- **절**대압=**대**기압-**진**공압

기억법 **절대게, 절대-진(절대마진)**

게이지압$=\gamma_1 h_1+\gamma_2 h_2$
$=9800\text{N/m}^3\times 3\text{m}+8624\text{N/m}^3\times 3\text{m}$
$=55272\text{N/m}^3$
$=55.272\text{kN/m}^3$
$\fallingdotseq 55.2\text{kPa}$

$$1\text{kPa}=1\text{N/m}^2$$

절대압력=대기압+게이지압
$=91.5\text{kPa}+55.2\text{kPa}$
$\fallingdotseq 146.7\text{kPa}$

답 ④

★★
## 44 1차 권수 1000회, 2차 권수 120회인 변압기에 1차 단자전압이 200V일 때 2차 단자전압은 몇 V인가?

① 12V　② 24V
③ 36V　④ 48V

해설 **권수비**

$$a=\frac{N_1}{N_2}=\frac{V_1}{V_2}=\frac{I_2}{I_1}$$

여기서, $a$ : 권수비
$N_1$ : 1차 코일권수
$N_2$ : 2차 코일권수
$V_1$ : 정격 1차 전압[V]
$V_2$ : 정격 2차 전압[V]
$I_1$ : 정격 1차 전류[A]
$I_2$ : 정격 2차 전류[A]

$\frac{N_1}{N_2}=\frac{V_1}{V_2}$

**2차 전압** $V_2$는

$V_2=V_1\times\frac{N_2}{N_1}=200\times\frac{120}{1000}=24\text{V}$

답 ②

★
## 45 저항 10kΩ의 저항 색깔 순서로 맞는 것은? (단, 허용오차는 ±5%이다.)

19회 문 47

① 갈색-흑색-주황색-은색
② 갈색-주황색-흑색-은색
③ 갈색-흑색-적색-흑색-금색
④ 갈색-흑색-흑색-적색-금색

해설 (1) **컬러 코드표**

| 색 | 제1색띠 | 제2색띠 | 제3색띠 | 제4색띠 | 제5색띠 |
|---|---|---|---|---|---|
| | 제1숫자 | 제2숫자 | 제3숫자 | 제4숫자 | 허용오차 |
| 흑색 | 0 | 0 | 0 | $10^0$ | - |
| 갈색 | 1 | 1 | 1 | $10^1$ | ±1% |
| 적색 | 2 | 2 | 2 | $10^2$ | ±2% |

| 색 | 제1색띠 | 제2색띠 | 제3색띠 | 제4색띠 | 제5색띠 |
|---|---|---|---|---|---|
| | 제1숫자 | 제2숫자 | 제3숫자 | 제4숫자 | 허용오차 |
| 등색(주황색) | 3 | 3 | 3 | $10^3$ | - |
| 황색 | 4 | 4 | 4 | $10^4$ | - |
| 녹색 | 5 | 5 | 5 | $10^5$ | ±0.5% |
| 청색 | 6 | 6 | 6 | $10^6$ | ±0.25% |
| 밤색 | 7 | 7 | 7 | $10^7$ | ±0.1% |
| 회색 | 8 | 8 | 8 | - | ±0.05% |
| 백색 | 9 | 9 | 9 | - | - |
| 금색 | - | - | - | $10^{-1}$ | ±5% |
| 은색 | - | - | - | $10^{-2}$ | ±10% |

(2) **식별법** : 리드선과 색띠의 간격이 좁은 것부터 오른쪽으로 읽어간다.

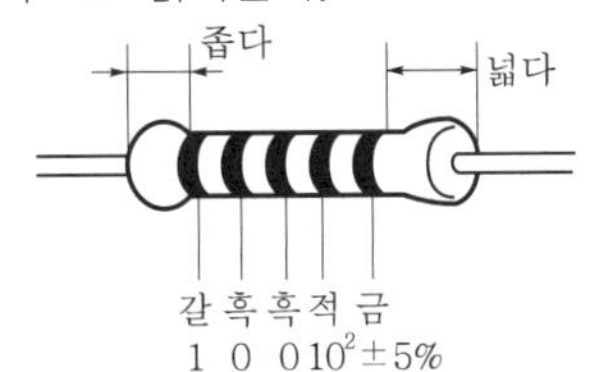


$100 \times 10^2 \pm 5\% = 10000 \pm 5\% (10\text{k}\Omega)$

비교

**4줄 표시**

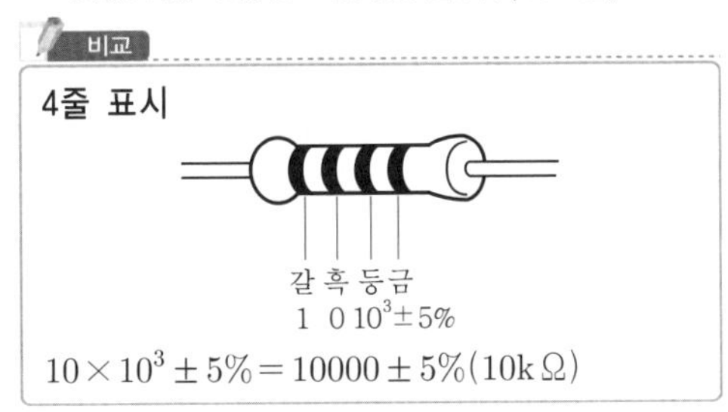


$10 \times 10^3 \pm 5\% = 10000 \pm 5\% (10\text{k}\Omega)$

중요

**4줄 표시와 5줄 표시**

| 4줄 표시 | 5줄 표시 |
|---|---|
| 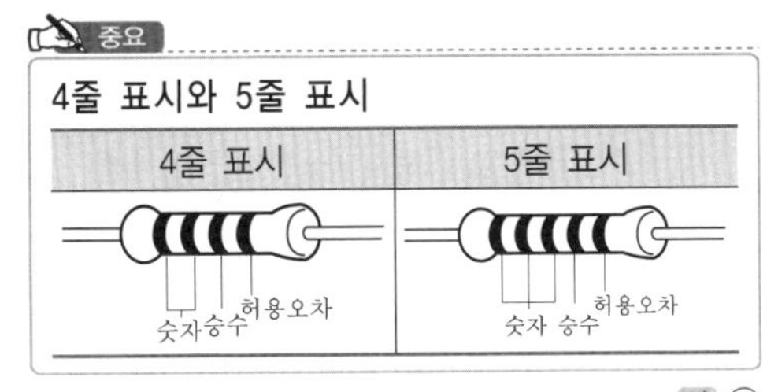 | |



답 ④

★★

**46** 길이 1.8m, 폭 1m인 직사각형의 평면수문이 수면과 수직으로 그 상단이 수면 아래 4m의 깊이에 설치되어 있다. 힘의 작용점인 압력중심은 수면으로부터 약 몇 m 지점인가? (단, 수문의 길이 방향이 수면으로부터의 깊이 방향과 일치한다.)

① 3.87　　② 3.97
③ 4.19　　④ 4.93

해설 그림으로 나타내면 다음과 같다.

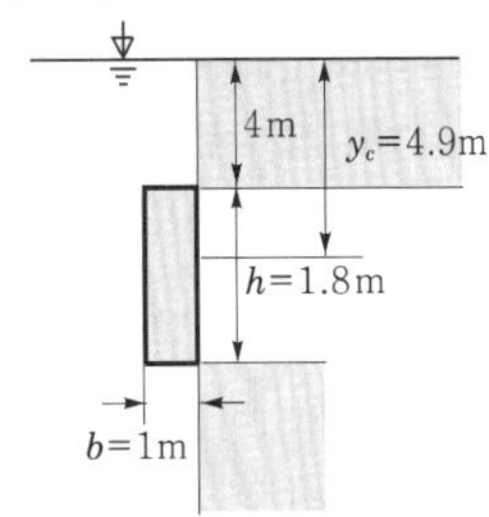


| 명 칭 | 구형(Rectangle) |
|---|---|
| 형 태 | $b$, $h$, $I_c$, $Y_c$ |
| $A$ 면적 | $A = bh$ |
| $y_c$(중심위치) | $y_c = \frac{h}{2}$ |
| $I_c$(관성능률) | $I_c = \frac{bh^3}{12}$ |

**작용점 깊이**

$$y_p = y_c + \frac{I_c}{Ay_c}$$

여기서, $y_p$ : 작용점 깊이(작용위치)[m]

$y_c$ : 중심위치[m]$\left(y_c = \text{수면깊이} + \frac{h}{2}\right)$

$I_c$ : 관성능률$\left(I_c = \frac{bh^3}{12}\right)$

$A$ : 단면적[m²]$(A = bh)$

$h$ : 길이[m]

**중심위치** $y_c$는

$$y_c = \text{수면깊이} + \frac{h}{2} = 4\text{m} + \frac{1.8\text{m}}{2} = 4.9\text{m}$$

**힘의 작용점** $y_p$는

$$y_p = y_c + \frac{I_c}{Ay_c}$$

$$= y_c + \frac{\frac{bh^3}{12}}{(bh)y_c}$$

$$= 4.9\text{m} + \frac{\frac{1\text{m} \times (1.8\text{m})^3}{12}}{(1 \times 1.8)\text{m}^2 \times 4.9\text{m}} \fallingdotseq 4.93\text{m}$$

답 ④

★★★

**47** 공기가 게이지압력 $2.06\times10^5$Pa의 상태로 지름이 0.15m인 관 속을 흐르고 있다. 이 때 대기압은 $1.03\times10^5$Pa이고 질량유량이 0.245kg/s라면 유속은 약 몇 m/s인가? (단, 공기의 온도는 37℃이고, 기체상수는 287J/kg·K이다.)

19회 문 89 / 18회 문 22 / 18회 문 30 / 16회 문 30 / 15회 문 06 / 14회 문 30 / 13회 문 03 / 11회 문 36 / 04회 문 45

① 3　② 4
③ 5　④ 6

해설 (1) **절대압**

절대압=대기압+게이지압

$$=(1.03\times10^5)\text{Pa}+(2.06\times10^5)\text{Pa}$$
$$=3.09\times10^5\text{Pa}$$

(2) **이상기체 상태방정식**

$$\rho=\frac{P}{RT}$$

여기서, $\rho$ : 밀도[kg/m³]
$P$ : 압력[Pa]
$R$ : 기체상수(287J/kg·K)
$T$ : 절대온도(273+℃)[K]

**밀도** $\rho$는

$$\rho=\frac{P}{RT}$$
$$=\frac{(3.09\times10^5)\text{ Pa}}{287\text{J/kg}\cdot\text{K}\times(273+37)\text{K}}\fallingdotseq3.47\text{kg/m}^3$$

(3) **질량유량**(Mass flowrate)

$$\overline{m}=AV\rho=\left(\frac{\pi}{4}D^2\right)V\rho$$

여기서, $\overline{m}$ : 질량유량[kg/s]
$A$ : 단면적[m²]
$V$ : 유속[m/s]
$\rho$ : 밀도[kg/m³]
$D$ : 지름(직경)[m]

**유속** $V$는

$$V=\frac{\overline{m}}{A\rho}=\frac{\overline{m}}{\left(\frac{\pi D^2}{4}\right)\rho}$$
$$=\frac{0.245\text{kg/s}}{\left(\frac{\pi\times(0.15\text{m})^2}{4}\right)\times3.47\text{kg/m}^3}$$
$$\fallingdotseq4\text{m/s}$$

답 ②

★★

**48** 이산화탄소 소화약제의 물성에 관한 설명 중 옳은 것은?

18회 문 32 / 17회 문 35 / 16회 문 36 / 08회 문 39 / 03회 문 45

① 임계압력 : 72.75atm
② 임계온도 : 24℃
③ 3중점 : 56.3℃
④ 승화점(비점) : 78.5℃

해설 **이산화탄소의 물성**

| 구 분 | 물 성 |
|---|---|
| 임계압력 보기 ① | 72.75atm |
| 임계온도 | 31℃ |
| 3중점 | -56.3℃ |
| 승화점(비점) | -78.5℃ |

기억법 이356, 이비78

답 ①

★★

**49** 그림에서 저항 90Ω과 직렬로 $R_2\sim R_4$가 연결되어 있을 때 $R_2$, $R_3$, $R_4$에 흐르는 전류가 가장 적은 것은?

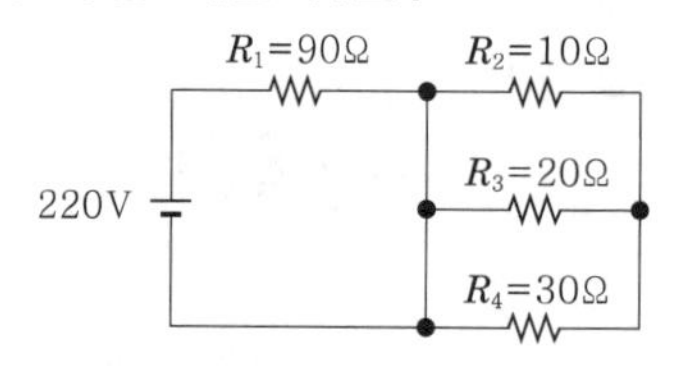


① 모두 같다.　② $R_2$
③ $R_3$　④ $R_4$

해설 (1) **전체저항**

$$R=R_1+\frac{1}{\frac{1}{R_2}+\frac{1}{R_3}+\frac{1}{R_4}}$$

여기서, $R$ : 전체 저항[Ω]
$R_1\sim R_4$ : 각각의 저항[Ω]

$$R=R_1+\frac{1}{\frac{1}{R_2}+\frac{1}{R_3}+\frac{1}{R_4}}$$
$$=90+\frac{1}{\frac{1}{10}+\frac{1}{20}+\frac{1}{30}}=95.45\,\Omega$$

(2) **전류**

$$I=\frac{V}{R}$$

여기서, $I$ : 전류[A], $V$ : 전압[V], $R$ : 저항[Ω]

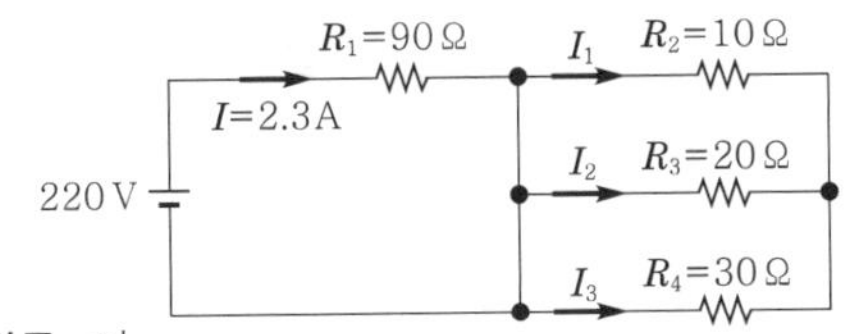


**전류** $I$는

$$I=\frac{V}{R}=\frac{220}{95.45}\fallingdotseq 2.3\text{A}$$

$$I_1=\frac{\frac{R_3\times R_4}{R_3+R_4}}{R_2+R_3+R_4}I=\frac{\frac{20\times 30}{20+30}}{10+20+30}\times 2.3=0.46\text{A}$$

$$I_2=\frac{\frac{R_2\times R_4}{R_2+R_4}}{R_2+R_3+R_4}I=\frac{\frac{10\times 30}{10+30}}{10+20+30}\times 2.3\fallingdotseq 0.29\text{A}$$

$$I_3=\frac{\frac{R_2\times R_3}{R_2+R_3}}{R_2+R_3+R_4}I=\frac{\frac{10\times 20}{10+20}}{10+20+30}\times 2.3\fallingdotseq 0.26\text{A}$$

∴ $I_1=0.46\text{A}$($R_2$의 전류)
$I_2=0.29\text{A}$($R_3$의 전류)
$I_3=0.26\text{A}$($R_4$의 전류)

답 ④

★★
## 50 소화약제를 이용한 간이소화용구가 아닌 것은?

① 자동확산소화기
② 수동펌프식 간이소화용구
③ 에어졸식 간이소화용구
④ 팽창진주암

해설 **소화약제**를 이용한 **간이소화용구**
(1) **투척식** 간이소화용구
(2) **수동펌프식** 간이소화용구 보기 ②
(3) **에어졸식** 간이소화용구 보기 ③
(4) **자동확산**소화기 보기 ①

비교
**간이소화용구**
(1) 소화약제를 이용한 간이소화용구
(2) 팽창질석 또는 팽창진주암
(3) 마른모래

답 ④

## 제 3 과목 소방관련법령

★★★
## 51 종합상황실 실장이 상급기관에 보고하지 않아도 되는 화재는?

① 사상자가 5인 이상 발생한 화재
② 이재민이 100인 이상 발생한 화재
③ 재산피해액이 50억원 이상 발생한 화재
④ 가스 및 화약류의 폭발에 의한 화재

해설 **기본규칙 제3조**
**종합상황실 실장의 보고화재**
(1) 사망자 **5인** 이상 화재
(2) 사상자 **10인** 이상 화재
(3) 이재민 **100인** 이상 화재 보기 ②
(4) 재산피해액 **50억원** 이상 화재 보기 ③
(5) 관광호텔, 층수가 **11층** 이상인 건축물, 지하상가, 시장, 백화점
(6) **5층** 이상 또는 객실 **30실** 이상인 **숙박시설**
(7) **5층** 이상 또는 병상 **30개** 이상인 **종합병원·정신병원·한방병원·요양소**
(8) **1000t** 이상인 선박(항구에 매어둔 것)
(9) 지정수량 **3000배** 이상의 위험물 제조소·저장소·취급소
(10) 연면적 **15000m²** 이상인 **공장** 또는 **화재예방강화지구**에서 발생한 화재
(11) **가스** 및 **화약류**의 폭발에 의한 화재 보기 ④
(12) **관공서·학교·정부미도정공장·문화재·지하철** 또는 **지하구의 화재**
(13) 철도차량, 항공기, 발전소 또는 변전소에서 발생한 화재
(14) 다중이용업소의 화재

용어
**종합상황실**
화재·재난·재해·구조·구급 등이 필요한 때에 신속한 소방활동을 위한 정보를 수집·분석과 판단·전파, 상황관리, 현장 지휘 및 조정·통제 등의 업무 수행

답 ①

★★★
## 52 소방박물관과 소방체험관의 설립·운영자는?

15회 문 54
13회 문 51
10회 문 58

① 소방박물관 : 소방청장,
소방체험관 : 소방청장
② 소방박물관 : 소방청장,
소방체험관 : 시·도지사
③ 소방박물관 : 시·도지사,
소방체험관 : 소방청장
④ 소방박물관 : 시·도지사,
소방체험관 : 시·도지사

해설 **기본법 제5조 제①항**
**설립과 운영**

11회

| 소방박물관 | 소방체험관 |
|---|---|
| 소방청장 | 시·도지사 |

답 ②

★★★

**53** 국토의 계획 및 이용에 관한 법률에 의한 주거지역에서 소방용수시설은 소방대상물과의 수평거리를 몇 m 이하가 되도록 설치하여야 하는가?

① 80　② 100
③ 120　④ 140

해설 **기본규칙 [별표 3]**
**소방용수시설의 설치기준**

| 거리기준 | 지 역 |
|---|---|
| 100m 이하 보기 ② | • 공업지역<br>• 상업지역<br>• 주거지역 |
| 140m 이하 | • 기타지역 |

답 ②

★★★

**54** 특수가연물의 저장 및 취급기준으로 옳지 않은 것은? (단, 석탄·목탄류는 발전용으로 저장하지 않는 경우이다.)

17회 문 54
15회 문 53
14회 문 52
08회 문 71

① 품명별로 구분하여 쌓는다.
② 쌓는 부분의 바닥면적 사이는 실내의 경우 1.5m 또는 쌓는 높이의 1/2 중 큰 값 이상이 되도록 한다.
③ 석탄을 쌓는 부분의 바닥면적은 $200m^2$ 이하로 한다.
④ 쌓는 높이는 10m 이하로 한다.

해설 **화재예방법 시행령 [별표 3]**
**특수가연물의 저장 및 취급의 기준**
(1) 특수가연물을 저장 또는 취급하는 장소에는 품명·최대수량 및 화기취급의 금지표지를 설치할 것
(2) 쌓아 저장하는 기준(단, 석탄·목탄류를 발전용으로 저장하는 것 제외)
　① 품명별로 구분하여 쌓을 것 보기 ①
　② 쌓는 높이는 **10m** 이하가 되도록 하고, 쌓는 부분의 바닥면적은 **$50m^2$**(석탄·목탄류는 **$200m^2$**) 이하가 되도록 할 것[단, 살수설비를 설치하거나, 방사능력 범위에 해당 특수가연물이 포함되도록 대형 수동식 소화기를 설치하는 경우에는 쌓는 높이를 **15m** 이하, 쌓는 부분의 바닥면적을 **$200m^2$**(석탄·목탄류는 **$300m^2$**) 이하로 할 수 있다]. 보기 ③ ④
　③ 쌓는 부분의 바닥면적 사이는 실내의 경우 1.2m 또는 **쌓는 높이**의 1/2 중 **큰 값**(실외 3m 또는 **쌓는 높이** 중 **큰 값**) 이상으로 간격을 둘 것

② 1.5m → 1.2m

답 ②

★

**55** 방염성능기준은 어느 법령으로 정하는가?

① 대통령령　② 행정안전부령
③ 소방청고시　④ 시·도의 조례

해설 **소방시설법 제20~21조**
(1) 방염성능 기준 : **대통령령** 보기 ①
(2) 방염성능 검사 : **소방청장**

답 ①

★

**56** 시·도간의 소방업무 상호응원협정을 체결하고자 할 때 필요사항이 아닌 것은?

① 소방신호방법의 통일
② 응원출동 대상지역 및 규모
③ 소요경비의 부담
④ 응원출동의 요청방법

해설 **기본규칙 제8조**
**소방업무의 상호응원협정**
(1) 다음의 **소방활동**에 관한 사항
　① 화재의 **경**계·진압활동
　② 구조·구급업무의 지원
　③ 화재조사활동
(2) **응원출동대상지역** 및 **규모** 보기 ②
(3) **소요경비**의 **부담**에 관한 사항 보기 ③
　① **출**동대원의 수당·식사 및 의복의 수선
　② 소방장비 및 기구의 정비와 연료의 보급
(4) **응원출동**의 **요청방법** 보기 ④
(5) **응원출동훈련** 및 **평가**

기억법 경응출

답 ①

★★★

**57** 1급 소방안전관리대상물에 관한 다음 설명 중 틀린 것은?

18회 문 60
15회 문 65
14회 문 62
02회 문 74

① 옥내소화전설비를 설치한 특정소방대상물
② 특정소방대상물로서 층수가 11층 이상인 것
③ 소방공무원으로 7년 이상의 경력을 가진 사람은 소방안전관리자가 될 수 있다.
④ 소방설비산업기사 자격증만을 가진 사람도 소방안전관리자가 될 수 있다.

해설 **화재예방법 시행령 [별표 4]**
**소방안전관리자 및 소방안전관리보조자를 선임하는 특정소방대상물**

| 소방안전관리대상물 | 특정소방대상물 |
|---|---|
| 특급 소방안전관리대상물 (**동식물원, 철강 등 불연성 물품 저장·취급창고, 지하구, 위험물제조소 등** 제외) | • **50층** 이상(지하층 제외) 또는 지상 **200m** 이상 아파트<br>• **30층** 이상(지하층 포함) 또는 지상 **120m** 이상(아파트 제외)<br>• 연면적 **10만**$m^2$ 이상(아파트 제외) |
| 1급 소방안전관리대상물 (**동식물원, 철강 등 불연성 물품 저장·취급창고, 지하구, 위험물제조소 등** 제외) | • **30층** 이상(지하층 제외) 또는 지상 **120m** 이상 **아파트**<br>• 연면적 **15000**$m^2$ 이상인 것(아파트 및 연립주택 제외)<br>• **11층** 이상(아파트 제외)<br>• 가연성 가스를 **1000t** 이상 저장·취급하는 시설 |
| 2급 소방안전관리대상물 | • 지하구<br>• 가스제조설비를 갖추고 도시가스사업 허가를 받아야 하는 시설 또는 가연성 가스를 **100~1000t** 미만 저장·취급하는 시설<br>• **옥내소화전설비·스프링클러설비** 설치대상물<br>• **물분무등소화설비**(호스릴 방식의 물분무등소화설비만을 설치한 경우 제외) 설치대상물<br>• 공동주택<br>• 목조건축물(국보·보물) |
| 3급 소방안전관리대상물 | • 간이스프링클러설비(주택전용 간이스프링클러설비 제외) 설치대상물<br>• **자동화재탐지설비** 설치대상물 |

① 2급 소방안전관리대상물

참고

**소방안전관리자 선임조건**(화재예방법 시행령 [별표 4])

(1) **특급 소방안전관리대상물**의 **소방안전관리자 선임조건**

| 자 격 | 경 력 | 비 고 |
|---|---|---|
| • 소방기술사<br>• 소방시설관리사 | 경력 필요 없음 | 특급 소방안전관리자 자격증을 받은 사람 |
| • 1급 소방안전관리자(소방설비기사) | 5년 | |
| • 1급 소방안전관리자(소방설비산업기사) | 7년 | |
| • 소방공무원 | 20년 | |
| • 소방청장이 실시하는 특급 소방안전관리대상물의 소방안전관리에 관한 시험에 합격한 사람 | 경력 필요 없음 | |

(2) **1급 소방안전관리대상물**의 **소방안전관리자 선임조건**

| 자 격 | 경 력 | 비 고 |
|---|---|---|
| • 소방설비기사(산업기사) | 경력 필요 없음 | 1급 소방안전관리자 자격증을 받은 사람 |
| • 소방공무원 | 7년 | |
| • 소방청장이 실시하는 1급 소방안전관리대상물의 소방안전관리에 관한 시험에 합격한 사람 | 경력 필요 없음 | |
| • 특급 소방안전관리대상물의 소방안전관리자 자격이 인정되는 사람 | | |

(3) **2급 소방안전관리대상물**의 **소방안전관리자 선임조건**

| 자 격 | 경 력 | 비 고 |
|---|---|---|
| • 위험물기능장·위험물산업기사·위험물기능사 | 경력 필요 없음 | 2급 소방안전관리자 자격증을 받은 사람 |
| • 소방공무원 | 3년 | |
| • 소방청장이 실시하는 2급 소방안전관리대상물의 소방안전관리에 관한 시험에 합격한 사람 | 경력 필요 없음 | |
| • 「기업활동 규제완화에 관한 특별조치법」에 따라 소방안전관리자로 선임된 사람(소방안전관리자로 선임된 기간으로 한정) | | |
| • 특급 또는 1급 소방안전관리대상물의 소방안전관리자 자격이 인정되는 사람 | | |

(4) **3급 소방안전관리대상물**의 **소방안전관리자 선임조건**

| 자 격 | 경 력 | 비 고 |
|---|---|---|
| • 소방공무원 | 1년 | 3급 소방안전관리자 자격증을 받은 사람 |
| • 소방청장이 실시하는 3급 소방안전관리대상물의 소방안전관리에 관한 시험에 합격한 사람 | 경력 필요 없음 | |
| • 「기업활동 규제완화에 관한 특별조치법」에 따라 소방안전관리자로 선임된 사람(소방안전관리자로 선임된 기간으로 한정) | | |
| • 특급 소방안전관리대상물, 1급 소방안전관리대상물 또는 2급 소방안전관리대상물의 소방안전관리자 자격이 인정되는 사람 | | |

답 ①

★★★

**58** 다음 중 위험물의 종류와 운반용기의 주의사항이 바르게 연결된 것은?

① 인화성 고체-공기접촉엄금
② 자연발화성 물질-충격주의
③ 제4류 위험물-화기주의
④ 제6류 위험물-가연물 접촉주의

해설 **위험물규칙 [별표 19]**
**위험물 운반용기의 주의사항**

| 위험물 | | 주의사항 |
|---|---|---|
| 제1류 | 알칼리금속의 과산화물 | • 화기·충격주의<br>• 물기엄금<br>• 가연물 접촉주의 |
| | 기타 | • 화기·충격주의<br>• 가연물 접촉주의 |
| 제2류 | 철분·금속분·마그네슘 | • 화기주의<br>• 물기엄금 |
| | 인화성 고체 | • 화기엄금 |
| | 기타 | • 화기주의 |
| 제3류 | 자연발화성 물질 | • 화기엄금<br>• 공기접촉엄금 |
| | 금수성 물질 | • 물기엄금 |
| 제4류 | | • 화기엄금 |
| 제5류 | | • 화기엄금<br>• 충격주의 |
| 제6류 보기 ④ | | • 가연물 접촉주의 |

중요

**위험물규칙 [별표 4]**
**위험물제조소의 게시판 설치기준**

| 위험물 | 주의사항 | 비 고 |
|---|---|---|
| • 제1류 위험물(알칼리금속의 과산화물)<br>• 제3류 위험물(금수성 물질) | 물기엄금 | **청색**바탕에 **백색**문자 |
| • 제2류 위험물(인화성 고체 제외) | 화기주의 | **적색**바탕에 **백색**문자 |
| • 제2류 위험물(인화성 고체)<br>• 제3류 위험물(자연발화성 물질)<br>• 제4류 위험물<br>• 제5류 위험물 | 화기엄금 | |
| • 제6류 위험물 | 별도의 표시를 하지 않는다. | |

답 ④

★★

**59** 숙박시설 외의 특정소방대상물로서 강의실, 상담실의 용도로 사용하는 바닥면적이 $190m^2$일 때 법정수용인원은?

19회 문 11
16회 문 10
15회 문 21
10회 문 63
09회 문 56
06회 문 74

① 80명 ② 90명
③ 100명 ④ 110명

해설 **소방시설법 시행령 [별표 7]**
**수용인원의 산정방법**

| 특정소방대상물 | | 산정방법 |
|---|---|---|
| • 숙박시설 | 침대가 있는 경우 | 종사자수+침대수 |
| | 침대가 없는 경우 | 종사자수+ $\dfrac{\text{바닥면적 합계}}{3m^2}$ |
| • 강의실 • 교무실<br>• 상담실 • 실습실<br>• 휴게실 | → | $\dfrac{\text{바닥면적 합계}}{1.9m^2}$ |
| • 기타 | | $\dfrac{\text{바닥면적 합계}}{3m^2}$ |
| • 강당<br>• 문화 및 집회시설, 운동시설<br>• 종교시설 | | $\dfrac{\text{바닥면적 합계}}{4.6m^2}$ |

$$\text{강의실·상담실} = \frac{\text{바닥면적 합계}}{1.9m^2} = \frac{190m^2}{1.9m^2} = 100\text{명}$$

답 ③

★★

**60** 다음 물질들 중 위험물 혼재기준에 따라 혼재 가능한 것들은? (단, 지정수량의 $\frac{1}{10}$을 초과하는 위험물에 해당한다.)

18회 문 83
15회 문 79
14회 문 82
11회 문 91
10회 문 90
09회 문 87
03회 문 87

① 다이크로뮴산염류-제4석유류
② 알코올류-과산화수소
③ 황린-아조화합물
④ 무기과산화물-질산

해설 **위험물규칙 [별표 19]**
**위험물의 혼재기준**

(1) 제1류 위험물+제6류 위험물 보기 ④
(2) 제2류 위험물+제4류 위험물
(3) 제2류 위험물+제5류 위험물
(4) 제3류 위험물+제4류 위험물

(5) 제4류 위험물+제5류 위험물

① 제1류 위험물-제4류 위험물
② 제4류 위험물-제6류 위험물
③ 제3류 위험물-제5류 위험물
④ 제1류 위험물-제6류 위험물

중요

**위험물**(위험물령 [별표 1])

| 유 별 | 성 질 | 품 명 |
|---|---|---|
| 제1류 | 산화성 고체 | • 아염소산염류(아염소산칼륨)<br>• 염소산염류<br>• 과염소산염류<br>• 질산염류<br>• 무기과산화물 보기 ④<br>기억법 1산고(일산GO) |
| 제2류 | 가연성 고체 | • 황화인<br>• 적린<br>• 황<br>• 마그네슘<br>기억법 2황화적황마 |
| 제3류 | 자연발화성 물질 및 금수성 물질 | • 황린<br>• 칼륨<br>• 나트륨<br>• 알킬리튬<br>기억법 3황칼나트 |
| 제4류 | 인화성 액체 | • 특수인화물<br>• 알코올류<br>• 석유류<br>• 동식물유류 |
| 제5류 | 자기반응성 물질 | • 셀룰로이드<br>• 유기과산화물<br>• 질산에스터류 |
| 제6류 | 산화성 액체 | • 과염소산<br>• 과산화수소(농도 36중량퍼센트 이상)<br>• 질산(비중 1.49 이상) 보기 ④<br>기억법 6산액과염산질 |

답 ④

★★

## 61 화재가 발생하는 경우 불길이 빠르게 번지는 특수가연물 중에서 가연성 고체류에 해당하지 않는 것은?

① 인화점이 섭씨 40도 이상 100도 미만일 것
② 인화점이 섭씨 100도 이상 200도 미만이고, 연소열량이 1그램당 8킬로칼로리 이상인 것
③ 인화점이 섭씨 200도 이상이고 연소열량이 1그램당 8킬로칼로리 이상인 것으로서 녹는점(융점)이 섭씨 100도 이상인 것
④ 1기압과 섭씨 20도 초과 40도 이하에서 액상인 것으로서 인화점이 섭씨 70도 이상 섭씨 200도 미만인 것

해설 **화재예방법 시행령 [별표 2]**
**가연성 고체류**

(1) 인화점이 **40~100℃** 미만 **보기 ①**
(2) 인화점이 **100~200℃** 미만이고, 연소열량이 **8kcal/g** 이상 **보기 ②**
(3) 인화점이 **200℃** 이상이고 연소열량이 **8kcal/g** 이상인 것으로서 녹는점(융점)이 **100℃** 미만 **보기 ③**
(4) 1기압과 **20℃** 초과 **40℃** 이하에서 **액상**인 것으로서, 인화점이 **70~200℃** 미만 **보기 ④**

③ 인화점이 섭씨 200도 이상이고 연소열량이 1그램당 8킬로칼로리 이상인 것으로서 녹는점(융점)이 **섭씨 100도 미만**인 것

답 ③

★

## 62 소방시설공사업자의 시공능력평가액은 산정식에 의하여 평가액을 산정하고 나서 몇 원 미만의 숫자는 버리는가?

① 1000원　② 10000원
③ 100000원　④ 1000000원

해설 **공사업규칙 [별표 4]**
**시공능력평가의 산정식**
소방시설공사업자의 시공능력 평가는 다음 계산식으로 산정하되, **100000원 미만**의 숫자는 버린다.
**보기 ③**

| 구 분 | 공 식 |
|---|---|
| **시공능력평가액** | 실적평가액+자본금평가액+기술력평가액+경력평가액±신인도평가액 |
| **실적평가액** | 연평균공사실적액 |
| **자본금평가액** | (실질자본금×실질자본금의 평점+소방청장이 지정한 금융회사 또는 소방산업공제조합에 출자·예치·담보한 금액)×$\frac{70}{100}$ |
| **기술력평가액** | 전년도 공사업계의 기술자 1인당 평균생산액×보유기술인력가중치합계×$\frac{30}{100}$+전년도 기술개발투자액 |

| 구 분 | 공 식 |
|---|---|
| **경력평가액** | 실적평가액×공사업경영기간 평점 $\times \frac{20}{100}$ |
| **신인도평가액** | (실적평가액+자본금평가액+기술력평가액+경력평가액)×신인도 반영비율 합계 |

답 ③

★

**63** **화재발생을 막거나 폭발 등으로 화재가 확대되는 것을 막기 위하여 가스·전기 또는 유류 등의 시설에 대하여 위험물질의 공급을 차단하는 등 필요한 조치를 할 수 없는 사람은?**

① 소방청장 ② 소방본부장
③ 소방서장 ④ 소방대장



해설 **기본법 27조**
**위험시설 등에 대한 긴급조치 : 소방본부장·소방서장·소방대장** 보기 ②③④

(1) 화재진압 등 소방활동을 위하여 필요할 때 소방용수 외에 댐·저수지 또는 수영장 등의 **물**을 **사용**하거나 **수도**의 **개폐장치** 등 조작
(2) 화재발생을 막거나 폭발 등으로 화재가 확대되는 것을 막기 위하여 가스·전기 또는 유류 등의 시설에 대하여 **위험물질**의 공급을 **차단**하는 등의 조치

답 ①

★★

**64** **특급 소방안전관리대상물의 소방안전관리에 관한 강습과목으로 틀린 것은?**
16회 문 59

① 직업윤리 및 리더십
② 소방관계법령
③ 소방실무이론
④ 종합방재실 운용

해설 **화재예방법 시행규칙 [별표 5]**
**강습교육 과목, 시간 및 운영방법 등**
(1) **교육과정별 과목 및 시간**

| 구 분 | 교육과목 | 교육시간 |
|---|---|---|
| 특급 소방안전관리자 | •소방안전관리자 제도<br>•화재통계 및 피해분석<br>•직업윤리 및 리더십<br>•소방관계법령<br>•건축·전기·가스 관계법령 및 안전관리<br>•위험물안전관계법령 및 안전관리<br>•재난관리 일반 및 관련법령<br>•초고층재난관리법령<br>•소방기초이론<br>•연소·방화·방폭공학<br>•화재예방 사례 및 홍보<br>•고층건축물 소방시설 적용기준<br>•소방시설의 종류 및 기준<br>•소방시설(소화설비, 경보설비, 피난구조설비, 소화용수설비, 소화활동설비)의 구조·점검·실습·평가<br>•공사장 안전관리 계획 및 감독<br>•화기취급감독 및 화재위험작업 허가·관리<br>•종합방재실 운용<br>•피난안전구역 운영<br>•고층건축물 화재 등 재난사례 및 대응방법<br>•화재원인 조사실무<br>•위험성 평가기법 및 성능위주 설계<br>•소방계획 수립 이론·실습·평가(피난약자의 피난계획 등 포함)<br>•자위소방대 및 초기대응체계 구성 등 이론·실습·평가<br>•방재계획 수립 이론·실습·평가<br>•재난예방 및 피해경감계획 수립 이론·실습·평가<br>•자체점검 서식의 작성 실습·평가<br>•통합안전점검 실시(가스, 전기, 승강기 등)<br>•피난시설, 방화구획 및 방화시설의 관리<br>•구조 및 응급처치 이론·실습·평가<br>•소방안전 교육 및 훈련 이론·실습·평가<br>•화재시 초기대응 및 피난 실습·평가<br>•업무수행기록의 작성·유지 실습·평가<br>•화재피해 복구<br>•초고층 건축물 안전관리 우수사례 토의<br>•소방신기술 동향<br>•시청각 교육 | 160시간 |

| 구 분 | 교육과목 | 교육시간 |
|---|---|---|
| 1급 소방안전 관리자 | • 소방안전관리자 제도<br>• 소방관계법령<br>• 건축관계법령<br>• 소방학개론<br>• 화기취급감독 및 화재위험 작업 허가·관리<br>• 공사장 안전관리 계획 및 감독<br>• 위험물·전기·가스 안전관리<br>• 종합방재실 운영<br>• 소방시설의 종류 및 기준<br>• 소방시설(소화설비, 경보설비, 피난구조설비, 소화용수설비, 소화활동설비)의 구조·점검·실습·평가<br>• 소방계획 수립 이론·실습·평가(피난약자의 피난계획 등 포함)<br>• 자위소방대 및 초기대응체계 구성 등 이론·실습·평가<br>• 작동점검표 작성 실습·평가<br>• 피난시설, 방화구획 및 방화시설의 관리<br>• 구조 및 응급처치 이론·실습·평가<br>• 소방안전 교육 및 훈련 이론·실습·평가<br>• 화재시 초기대응 및 피난 실습·평가<br>• 업무수행기록의 작성·유지 실습·평가<br>• 형성평가(시험) | 80 시간 |
| 공공기관 소방안전 관리자 | • 소방안전관리자 제도<br>• 직업윤리 및 리더쉽<br>• 소방관계법령<br>• 건축관계법령<br>• 공공기관 소방안전규정의 이해<br>• 소방학개론<br>• 소방시설의 종류 및 기준<br>• 소방시설(소화설비, 경보설비, 피난구조설비, 소화용수설비, 소화활동설비)의 구조·점검·실습·평가<br>• 소방안전관리 업무대행 감독<br>• 공사장 안전관리 계획 및 감독<br>• 화기취급감독 및 화재위험작업 허가·관리 | 40 시간 |

| 구 분 | 교육과목 | 교육시간 |
|---|---|---|
| 공공기관 소방안전 관리자 | • 위험물·전기·가스 안전관리<br>• 소방계획 수립 이론·실습·평가(피난약자의 피난계획 등 포함)<br>• 자위소방대 및 초기대응체계 구성 등 이론·실습·평가<br>• 작동점검표 및 외관점검표 작성 실습·평가<br>• 피난시설, 방화구획 및 방화시설의 관리<br>• 응급처치 이론·실습·평가<br>• 소방안전 교육 및 훈련 이론·실습·평가<br>• 화재시 초기대응 및 피난 실습·평가<br>• 업무수행기록의 작성·유지 실습·평가<br>• 공공기관 소방안전관리 우수사례 토의<br>• 형성평가(수료) | 40 시간 |
| 2급 소방안전 관리자 | • 소방안전관리자 제도<br>• 소방관계법령(건축관계법령 포함)<br>• 소방학개론<br>• 화기취급감독 및 화재위험 작업 허가·관리<br>• 위험물·전기·가스 안전관리<br>• 소방시설의 종류 및 기준<br>• 소방시설(소화설비, 경보설비, 피난구조설비)의 구조·원리·점검·실습·평가<br>• 소방계획 수립 이론·실습·평가(피난약자의 피난계획 등 포함)<br>• 자위소방대 및 초기대응체계 구성 등 이론·실습·평가<br>• 작동점검표 작성 실습·평가<br>• 피난시설, 방화구획 및 방화시설의 관리<br>• 응급처치 이론·실습·평가<br>• 소방안전 교육 및 훈련 이론·실습·평가<br>• 화재 시 초기대응 및 피난 실습·평가<br>• 업무수행기록의 작성·유지 실습·평가<br>• 형성평가(시험) | 40 시간 |

| 구 분 | 교육과목 | 교육시간 |
|---|---|---|
| 3급 소방안전 관리자 | • 소방관계법령<br>• 화재일반<br>• 화기취급감독 및 화재위험 작업 허가・관리<br>• 위험물・전기・가스 안전관리<br>• 소방시설(소화기, 경보설비, 피난구조설비)의 구조・점검・실습・평가<br>• 소방계획 수립 이론・실습・평가(업무수행기록의 작성・유지 실습・평가 및 피난약자의 피난계획 등 포함)<br>• 작동점검표 작성 실습・평가<br>• 응급처치 이론・실습・평가<br>• 소방안전 교육 및 훈련 이론・실습・평가<br>• 화재시 초기대응 및 피난 실습・평가<br>• 형성평가(시험) | 24시간 |
| 업무대행 감독자 | • 소방관계법령<br>• 소방안전관리 업무대행 감독<br>• 소방시설 유지・관리<br>• 화기취급감독 및 위험물・전기・가스 안전관리<br>• 소방계획 수립 이론・실습・평가(업무수행기록의 작성・유지 및 피난약자의 피난계획 등 포함)<br>• 자위소방대 구성운영 등 이론・실습・평가<br>• 응급처치 이론・실습・평가<br>• 소방안전 교육 및 훈련 이론・실습・평가<br>• 화재시 초기대응 및 피난 실습・평가<br>• 형성평가(수료) | 16시간 |
| 건설현장 소방안전 관리자 | • 소방관계법령<br>• 건설현장 관련 법령<br>• 건설현장 화재일반<br>• 건설현장 위험물・전기・가스 안전관리<br>• 임시소방시설의 구조・점검・실습・평가<br>• 화기취급감독 및 화재위험 작업 허가・관리<br>• 건설현장 소방계획 이론・실습・평가<br>• 초기대응체계 구성・운영 이론・실습・평가<br>• 건설현장 피난계획 수립<br>• 건설현장 작업자 교육훈련 이론・실습・평가<br>• 응급처치 이론・실습・평가<br>• 형성평가(수료) | 24시간 |

(2) **교육운영방법 등**

① 교육과정별 교육시간 운영 편성기준

| 구 분 | 시간 합계 | 이론 (30%) | 실무(70%) | |
|---|---|---|---|---|
| | | | 일반 (30%) | 실습 및 평가 (40%) |
| 특급 소방안전 관리자 | 160시간 | 48시간 | 48시간 | 64시간 |
| 1급 소방안전 관리자 | 80시간 | 24시간 | 24시간 | 32시간 |
| 2급 및 공공기관 소방안전 관리자 | 40시간 | 12시간 | 12시간 | 16시간 |
| 3급 소방안전 관리자 | 24시간 | 7시간 | 7시간 | 10시간 |
| 업무대행 감독자 | 16시간 | 5시간 | 5시간 | 6시간 |
| 건설현장 소방안전 관리자 | 24시간 | 7시간 | 7시간 | 10시간 |

② 위 ①에 따른 평가는 서식작성, 설비운용(소방시설에 대한 점검능력을 포함) 및 비상대응 등 실습내용에 대한 평가를 말한다.

③ 교육과정을 수료하고자 하는 사람은 위 ①에 따른 교육시간의 90% 이상을 출석하고, 위 ②에 따른 실습내용 평가에 합격하여야 한다(단, 결강시간은 1일 최대 3시간을 초과할 수 없다).

④ 공공기관 소방안전관리 업무에 관한 강습과목 중 일부 과목은 16시간 범위에서 원격교육으로 실시할 수 있다.

⑤ 구조 및 응급처치요령에는 「응급의료에 관한 법률 시행규칙」에 따른 구조 및 응급처치에 관한 교육의 내용과 시간이 포함되어야 한다.

③ 소방실무이론 → 소방기초이론

답 ③

★★★
## 65 업무상 과실로 제조소 등 또는 허가를 받지 않고 지정수량 이상의 위험물을 저장 또는 취급하는 장소에서 위험물을 유출·방출 또는 확산시켜 사람의 생명·신체 또는 재산에 대하여 위험을 발생시킨 사람에 대한 벌칙에 해당되는 것은?

① 10년 이하의 징역 또는 1억원 이하의 벌금
② 7년 이하의 금고 또는 7천만원 이하의 벌금
③ 무기 또는 3년 이상의 징역
④ 1년 이상 10년 이하의 징역

해설 위험물법 제34조
벌칙

| 벌 칙 | 내 용 |
|---|---|
| **7년** 이하의 금고 또는 **7천만원** 이하의 벌금 보기 ② | 업무상 과실로 제조소 등 또는 허가를 받지 않고 지정수량 이상의 위험물을 저장 또는 취급하는 장소에서 위험물을 유출·방출 또는 확산시켜 사람의 생명·신체 또는 재산에 대하여 **위험**을 발생시킨 사람 |
| **10년** 이하의 징역 또는 금고나 **1억원** 이하의 벌금 | 업무상 과실로 제조소 등 또는 허가를 받지 않고 지정수량 이상의 위험물을 저장 또는 취급하는 장소에서 위험물을 유출·방출 또는 확산시켜 사람을 **사상**에 이르게 한 사람 |

답 ②

★★★
## 66 제조소가 '문화유산의 보존 및 활용에 관한 법률'의 규정에 의한 유형문화재와 기념물 중 지정문화재와의 사이에 있어서 확보되어야 할 안전거리는 다음 중 어느 것인가?

18회 문 92
16회 문 92
15회 문 88
14회 문 88
13회 문 88
10회 문 87
09회 문 92
07회 문 77
06회 문100
05회 문 79
04회 문 83
02회 문100

① 10m 이상 ② 20m 이상
③ 40m 이상 ④ 50m 이상

해설 위험물규칙 [별표 4]
위험물제조소의 안전거리

| 안전거리 | 대 상 |
|---|---|
| 3m 이상 | • **7~35kV** 이하의 특고압가공전선 |
| 5m 이상 | • **35kV**를 초과하는 특고압가공전선 |
| 10m 이상 | • **주거용**으로 사용되는 것 |
| 20m 이상 | • 고압가스 **제조**시설(용기에 충전하는 것 포함)<br>• 고압가스 **사용**시설(1일 $30m^3$ 이상 용적 취급)<br>• 고압가스 **저장**시설<br>• 액화산소 **소비**시설<br>• 액화석유가스 제조·저장시설<br>• 도시가스 공급시설 |
| 30m 이상 | • 학교<br>• 병원급 의료기관<br>• 공연장, • 영화상영관 ─ **300명** 이상 수용시설<br>• 아동복지시설<br>• 노인복지시설<br>• 장애인복지시설<br>• 한부모가족 복지시설<br>• 어린이집<br>• 성매매 피해자 등을 위한 지원시설<br>• 정신건강증진시설<br>• 가정폭력피해자 보호시설 ─ (아동복지시설~가정폭력피해자 보호시설) **20명** 이상 수용시설 |
| 50m 이상 보기 ④ | • 유형문화재<br>• 지정문화재 |

답 ④

★★
## 67 성능위주설계를 할 수 있는 사람의 자격, 기술인력 및 자격에 따른 설계의 범위와 그 밖에 필요한 사항을 규정하는 법은?

① 대통령령 ② 행정안전부령
③ 소방청고시 ④ 시·도의 조례

해설 공사업법 제11조

| 권 한 | 설 명 |
|---|---|
| **대통령령** 보기 ① | **성능위주설계**를 할 수 있는 사람의 **자격, 기술인력** 및 자격에 따른 **설계**의 **범위**와 그 밖에 필요한 사항 |
| **소방청장** | **성능위주설계**의 **방법**과 그 밖의 필요한 사항 |

답 ①

11회

★★★
**68** **다음 중 소방기본법상의 벌칙으로 5년 이하의 징역 또는 5000만원 이하의 벌금에 해당하지 않는 것은?**

① 소방자동차가 화재진압 및 구조·구급활동을 위하여 출동하는 때에 그 출동을 방해한 사람
② 사람을 구출하거나 불이 번지는 것을 막기 위하여 소방대상물 및 토지의 사용제한의 강제처분을 방해한 사람
③ 화재 등 위급한 상황이 발생한 현장에서 사람을 구출하거나 불을 끄거나 불이 번지지 아니하도록 하는 일을 방해한 사람
④ 정당한 사유 없이 소방용수시설 또는 비상소화장치의 효용을 해하거나 그 정당한 사용을 방해한 사람



해설 **기본법 제50조**
**5년 이하의 징역 또는 5000만원 이하의 벌금**
(1) 소방자동차의 **출**동 방해 **보기 ①**
(2) 사람**구**출 방해 **보기 ③**
(3) 소방**용**수시설 또는 비상소화장치를 효용 방해 **보기 ④**

기억법 **출구용5**

② 3년 이하의 징역 또는 3000만원 이하의 벌금

답 ②

★★★
**69** **인화성 액체인 제4류 위험물의 품명별 지정수량으로 옳지 않은 것은?**

① 특수인화물 – 50L
② 제1석유류 중 비수용성 액체 – 200L
③ 알코올류 – 300L
④ 제4석유류 – 6000L

해설 **위험물령 [별표 1]**
**제4류 위험물**

| 성질 | 품 명 | | 지정수량 | 대표물질 |
|---|---|---|---|---|
| 인화성 액체 | 특수인화물 | | 50L | • 다이에틸에터<br>• 이황화탄소 |
| | 제1석유류 | 비수용성 | 200L | • 휘발유<br>• 콜로디온 |
| | | 수용성 | 400L | • 아세톤 |
| | 알코올류 | | 400L | • 변성 알코올 |
| | 제2석유류 | 비수용성 | 1000L | • 등유<br>• 경유 |
| | | 수용성 | 2000L | • 아세트산 |
| | 제3석유류 | 비수용성 | 2000L | • 중유<br>• 크레오소트유 |
| | | 수용성 | 4000L | • 글리세린 |
| | 제4석유류 | | 6000L | • 기어유<br>• 실린더유 |
| | 동식물유류 | | 10000L | • 아마인유 |

③ 300L → 400L

답 ③

★★★
**70** **다음은 소방기본법을 위반한 경우이다. 가장 무거운 벌칙을 받게 되는 사람은?**

18회 문 51
15회 문 51
14회 문 53
11회 문 66

① 소방자동차의 출동을 방해한 사람
② 화재 또는 구조·구급에 필요한 사항을 거짓으로 알린 사람
③ 소방활동구역에 무단으로 출입한 사람
④ 정당한 사유없이 소방대가 현장에 도착할 때까지 사람을 구출 또는 불을 끄는 조치를 하지 아니한 사람

해설 **벌금**

| 벌 칙 | 내 용 |
|---|---|
| **5년 이하의 징역 또는 5000만원 이하의 벌금** (기본법 제50조) | • 소방자동차의 **출동** 방해 **보기 ①**<br>• 사람구출 방해<br>• 소방용수시설 또는 비상소화장치의 **효용** 방해<br>• 소방대원 폭행·협박 |
| **3년 이하의 징역 또는 3000만원 이하의 벌금** (기본법 제51조) | • 소방활동에 필요한 소방대상물 및 **토지**의 **강제처분**을 방해한 자 |

| 벌 칙 | 내 용 |
|---|---|
| 300만원 이하의 벌금 | • 소방활동에 필요한 소방대상물과 **토지** 외의 **강제처분**을 방해한 자(기본법 제52조)<br>• 소방자동차의 통행과 소방활동에 방해가 되는 주정차 제거·이동을 방해한 자(기본법 52조)<br>• 화재의 **예방조치명령** 위반(화재예방법 제50조) |
| 100만원 이하의 벌금<br>(기본법 제54조) | • **피난명령** 위반<br>• 위험시설 등에 대한 긴급조치 방해<br>• 소방활동을 하지 않은 **관계인** 보기 ④<br>※ 소방활동 : 화재가 발생한 경우 소방대가 현장에 도착할 때까지 사람을 구출하는 조치<br>• 위험시설 등에 정당한 사유 없이 **물**의 **사용**이나 **수도**의 **개폐장치**의 사용 또는 조작을 하지 못하게 하거나 **방해**한 자<br>• 소방대의 **생활안전활동**을 방해한 자 |
| 500만원 이하의 과태료<br>(기본법 제56조) | • **화재** 또는 **구조·구급**에 필요한 사항을 **거짓**으로 알린 사람 보기 ② |
| 200만원 이하의 과태료 | • 소방용수시설·소화기구 및 설비 등의 설치명령 위반(화재예방법 제52조)<br>• 특수가연물의 저장·취급 기준 위반(화재예방법 제52조)<br>• **소방활동구역 출입**(기본법 제56조) 보기 ③<br>• **소방자동차**의 **출동**에 **지장**을 준 자(기본법 제56조)<br>• 한국 119 청소년단 또는 이와 유사한 명칭을 사용한 자(기본법 제56조)<br>• 한국소방안전원 또는 이와 유사한 명칭을 사용한 자(기본법 제56조) |
| 20만원 이하의 과태료<br>(기본법 제57조) | • 시장지역에서 화재로 오인할 우려가 있는 **연막소독**을 하면서 관할소방서장에게 신고를 하지 아니하여 소방자동차를 출동하게 한 자 |

① 5년 이하의 징역 또는 5000만원 이하의 벌금
② 500만원 이하의 과태료
③ 200만원 이하의 과태료
④ 100만원 이하의 벌금

답 ①

★★★
**71** 화재로 오인할 만한 우려가 있는 연막소독을 실시하는 사람은 관할 소방서장에게 신고하여야 하는데, 다음 중 신고대상이 아닌 곳은?

① 상가 밀집지역
② 공장 밀집지역
③ 목조건물 밀집지역
④ 위험물저장시설 밀집지역

해설 기본법 제19조
연막소독시 신고대상
(1) **시장**지역
(2) **공장·창고**가 밀집한 지역 보기 ②
(3) **목조건물**이 밀집한 지역 보기 ③
(4) **위험물**의 **저장** 및 **처리시설**이 **밀집**한 지역 보기 ④
(5) **석유화학제품**을 생산하는 공장이 있는 지역
(6) **시·도**의 **조례**가 정하는 지역 또는 장소

비교

**화재예방강화지구**의 **지정**(화재예방법 제18조)
(1) **시장**지역
(2) **공장·창고**가 밀집한 지역
(3) **목조건물**이 밀집한 지역
(4) 노후·불량 건축물이 밀집한 지역
(5) **위험물**의 **저장** 및 **처리시설**이 **밀집**한 지역
(6) **석유화학제품**을 생산하는 공장이 있는 지역
(7) 「산업입지 및 개발에 관한 법률」에 따른 산업단지
(8) **소방시설·소방용수시설** 또는 **소방출동로**가 **없는** 지역
(9) 「물류시설의 개발 및 운영에 관한 법률」에 따른 물류단지
(10) **소방청장, 소방본부장** 또는 **소방서장**(소방관서장)이 화재예방강화지구로 지정할 필요가 있다고 인정하는 지역

답 ①

★★★
**72** **소방시설관리사의 행정처분기준에 대한 다음 설명으로 옳은 것은?**

19회 문 59 16회 문 64 15회 문 57 11회 문 72 11회 문 73 10회 문 65 09회 문 64 09회 문 66 07회 문 61 07회 문 63 04회 문 69 04회 문 74

① 거짓, 그 밖의 부정한 방법으로 시험에 합격한 경우 1차 행정처분기준은 자격정지 2년이다.
② 동시에 둘 이상의 업체에 취업한 경우 1차 행정처분기준은 자격정지 2년이다.
③ 소방시설관리사증을 다른 사람에게 빌려준 경우 1차 행정처분기준은 자격취소이다.
④ 점검을 하지 않은 경우 2차 행정처분기준은 자격취소이다.

해설 **소방시설법 시행규칙 [별표 8]**
**소방시설관리사의 행정처분기준**

| 위반사항 | 행정처분기준 | | |
|---|---|---|---|
| | 1차 | 2차 | 3차 |
| ① 미점검 | 자격정지 1월 | 자격정지 6월 | 자격취소 |
| ② 거짓점검<br>③ 대행인력 배치기준·자격·방법 미준수<br>④ 자체점검 업무 불성실 | 경고 (시정명령) | 자격정지 6월 | 자격취소 |
| ⑤ 부정한 방법으로 시험합격<br>⑥ 소방시설관리사증 대여 **보기 ③**<br>⑦ 관리사 결격사유에 해당한 때<br>⑧ 2 이상의 업체에 취업한 때 | 자격취소 | - | - |

답 ③

★★★
**73** **소방시설 설치 및 관리에 관한 법령상 시·도지사가 소방시설관리업 등록을 반드시 취소하여야 하는 사유로 옳은 것을 모두 고른 것은?**

16회 문 64 15회 문 57 12회 문 57 11회 문 72 11회 문 73 10회 문 65 09회 문 64 09회 문 66 07회 문 61 07회 문 63 04회 문 69 04회 문 74

> ㉠ 소방시설관리업자가 거짓이나 그 밖의 부정한 방법으로 등록을 한 경우
> ㉡ 소방시설관리업자가 소방시설 등의 자체점검결과를 거짓으로 보고한 경우
> ㉢ 소방시설관리업자가 관리업의 등록기준에 미달하게 된 경우
> ㉣ 소방시설관리업자가 관리업의 등록증을 다른 자에게 빌려준 경우

① ㉠, ㉡　　② ㉠, ㉣
③ ㉡, ㉢　　④ ㉢, ㉣

해설 **소방시설법 시행규칙 [별표 8]**
**소방시설관리업자의 행정처분기준**

| 위반사항 | 행정처분기준 | | |
|---|---|---|---|
| | 1차 | 2차 | 3차 |
| ① 미점검<br>② 점검능력평가를 받지 않고 자체점검을 한 경우 | 영업정지 1월 | 영업정지 3월 | 등록취소 |
| ③ 거짓점검<br>④ 등록기준미달(단, 기술인력이 퇴직하거나 해임되어 30일 이내에 재선임하여 신고하는 경우 제외) | 경고 (시정명령) | 영업정지 3월 | 등록취소 |
| ⑤ 부정한 방법으로 등록한 때 **보기 ㉠**<br>⑥ 등록결격사유에 해당한 때<br>⑦ 등록증 또는 등록수첩 대여 **보기 ㉣** | 등록취소 | - | - |

답 ②

★
**74** **성능위주설계를 할 수 있는 자가 보유하여야 하는 기술인력의 기준은?**

① 소방기술사 2명 이상
② 소방기술사 1명 및 소방설비기사 2명(기계 및 전기분야 각 1명) 이상
③ 소방분야 공학박사 2명 이상
④ 소방기술사 1명 및 소방분야 공학박사 1명 이상

해설 **공사업령 [별표 1의 2]**
기술인력 : **소방기술사 2명** 이상

중요

**성능위주설계를 하여야 하는 특정소방대상물의 범위**(소방시설법 시행령 제9조)
(1) 연면적 **20만m$^2$** 이상(단, 아파트 제외)
(2) 50층 이상(지하층 제외)이거나 지상으로부터 높이가200m 이상인 아파트
(3) 30층 이상(지하층 포함)이거나 지상으로부터 높이가 120m 이상인 특정소방대상물(아파트 등 제외)
(4) 연면적 **3만m$^2$** 이상인 **철도** 및 **도시철도시설, 공항시설**
(5) 연면적 **10만m$^2$** 이상이거나 지하 2층 이하이고 지하층의 바닥면적의 합이 3만m$^2$ 이상인 창고시설
(6) 하나의 건축물에 영화상영관이 **10개** 이상
(7) 지하연계 복합건축물에 해당하는 특정소방대상물
(8) 터널 중 수저터널 또는 길이가 5천m 이상인 것

답 ①

★
## 75 소방안전교육사 시험과목 중 제2차 시험에 해당하는 것은?

① 재난관리론
② 소방학개론
③ 국민안전교육실무
④ 구급 및 응급처치론

해설 기본령 제7조 4
소방안전교육사

| 1차 시험 | | 2차 시험 |
|---|---|---|
| ① 소방학개론<br>② 구급 및 응급처치론<br>③ 재난관리론<br>④ 교육학개론 | 택 3 | 국민안전교육실무 |

답 ③

**제 4 과목** 위험물의 성질·상태 및 시설기준

★
## 76 오황화인($P_2S_5$)이 물과 작용하여 발생하는 기체는 어느 것인가?
17회 문 78

① 아황산가스 ② 황화수소
③ 포스겐가스 ④ 인화수소

해설 **오황화인**($P_2S_5$)
(1) **담황색**의 결정이다.
(2) **조해성 · 흡습성**이 있다.
(3) **이황화탄소**($CS_2$)에 잘 녹는다.
(4) 물과 반응하여 **황화수소**($H_2S$)와 **인산**($H_3PO_4$)을 발생한다.

$P_2S_5 + 8H_2O \rightarrow 5H_2S\uparrow + 2H_3PO_4$
(오황화인) (물) (황화수소) (인산)

답 ②

★
## 77 동식물유류를 취급할 때에는 그 일반성질을 잘 알아야 한다. 그 성질로서 틀린 것은 어느 것인가?

① 보통 인화점이 높다.
② 아이오딘이 130 이상인 것을 건성유라고 한다.
③ 돼지기름, 소기름은 동식물유류에 속한다.
④ 분자 속에 불포화결합이 많을수록 건조되기 어렵다.

해설
① 보통 **인화점**이 **높다.**
② 아이오딘이 **130 이상**인 것을 **건성유**라고 한다.
③ 돼지기름(돈지), 소기름(우지)도 **동식물유류**에 속한다.
④ 분자 속에 불포화결합이 많을수록 건조되기 쉽다.

답 ④

★
## 78 다음 다이에틸에터의 설명 중 틀린 것은 어느 것인가?
19회 문 80
06회 문 85
04회 문 98
02회 문 94

① 증기의 비중은 2.6이다.
② 전기의 불량도체이다.
③ 알코올에는 녹지 않지만, 물에는 잘 녹는다.
④ 물보다 가볍다.

해설 **다이에틸에터**($C_2H_5OC_2H_5$)
(1) 증기의 비중은 **2.6**이다. 보기 ①
(2) 전기의 **불량도체**이다. 보기 ②
(3) **알코올**에는 잘 녹지만, **물**에는 녹지 않는다. 보기 ③
(4) 물보다 가볍다. 보기 ④

다이에틸에터=에틸에터=에터=산화에틸

③ 녹지 않지만 → 잘 녹지만, 잘 녹는다. → 녹지 않는다.

답 ③

★★★
**79** CS₂를 물속에 저장하는 이유는 어느 것인가?

16회 문 87

① 불순물을 용해시키기 위해
② 가연성 증기의 발생을 방지하기 위해
③ 상온에서 수소가스를 방출하기 때문
④ 공기와 접촉시 즉시 폭발하기 때문

해설 **이황화탄소**($CS_2$)는 가연성 증기의 발생을 방지하기 위해 **물**로 덮어서 **저장**하여야 함 **보기 ②**

비교

**저장물질**

| 저장물질 | 저장장소 |
|---|---|
| • 황린<br>• 이황화탄소($CS_2$) | **물속** |
| • 나이트로셀룰로오스 | **알코올 속** |
| • 칼륨(K)<br>• 나트륨(Na)<br>• 리튬(Li) | **석유류**(등유) 속 |
| • 아세틸렌($C_2H_2$) | **아세톤**, **디메틸프로마미드**(DMF) |

답 ②

★★★
**80** 위험물 게시판의 표시사항 중 틀린 것은?

① 제2류 위험물-청색바탕에 백색문자-화기주의
② 제3류 위험물-적색바탕에 백색문자-화기엄금
③ 제1류 위험물-청색바탕에 백색문자-물기엄금
④ 제4류 위험물-적색바탕에 백색문자-화기엄금

해설 **게시판**의 **설치기준**

| 위험물 | 주의사항 | 비 고 |
|---|---|---|
| • 제1류(알칼리금속의 과산화물)<br>• 제3류(금수성 물질) | 물기엄금 | **청색**바탕에 **백색**문자 **보기 ③** |
| • 제2류(인화성 고체 제외) | 화기주의 | **적색**바탕에 **백색**문자 **보기 ②④** |
| • 제2류(인화성 고체)<br>• 제3류(자연발화성 물질)<br>• 제4류<br>• 제5류 | 화기엄금 | |
| • 제6류 | 별도의 표시를 하지 않는다. | |

비교

**위험물 운반용기**의 **주의사항**(위험물규칙 [별표 19])

| 위험물 | | 주의사항 |
|---|---|---|
| 제1류 | 알칼리금속의 과산화물 | • 화기·충격주의<br>• 물기엄금<br>• 가연물 접촉주의 |
| | 기타 | • 화기·충격주의<br>• 가연물 접촉주의 |
| 제2류 | 철분·금속분·마그네슘 | • 화기주의<br>• 물기엄금 |
| | 인화성 고체 | • 화기엄금 |
| | 기타 | • 화기주의 |
| 제3류 | 자연발화성 물질 | • 화기엄금<br>• 공기접촉엄금 |
| | 금수성 물질 | • 물기엄금 |
| 제4류 | | • 화기엄금 |
| 제5류 | | • 화기엄금<br>• 충격주의 |
| 제6류 | | • 가연물 접촉주의 |

답 ①

★★★
**81** 위험물제조소의 환기설비 중 급기구의 크기에 대한 기준으로 옳은 것은? (단, 급기구의 바닥면적은 $60m^2$이다.)

18회 문 88
14회 문 89
12회 문 72
11회 문 88
10회 문 53
10회 문 76
09회 문 76
07회 문 86
04회 문 78

① $150cm^2$ 이상
② $300cm^2$ 이상
③ $450cm^2$ 이상
④ $800cm^2$ 이상

해설 **위험물규칙 [별표 4]**
**위험물제조소의 환기설비**
(1) 환기는 **자연배기방식**으로 할 것
(2) 급기구는 바닥면적 **$150m^2$**마다 1개 이상으로 하되, 그 크기는 **$800cm^2$** 이상일 것

| 바닥면적 | 급기구의 면적 |
|---|---|
| $60m^2$ 미만 | $150cm^2$ 이상 |
| $60\sim90m^2$ 미만 **보기 ②** | $300cm^2$ 이상 |
| $90\sim120m^2$ 미만 | $450cm^2$ 이상 |
| $120\sim150m^2$ 미만 | $600cm^2$ 이상 |

(3) 급기구는 **낮은 곳**에 설치하고, 가는 눈의 구리망 등으로 **인화방지망**을 설치할 것

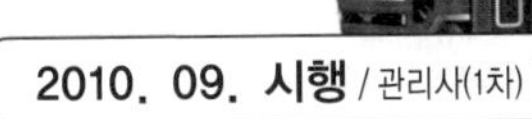

(4) 환기구는 지붕 위 또는 지상 **2m** 이상의 높이에 **회전식 고정 벤틸레이터** 또는 **루프팬방식**으로 설치할 것

답 ②

★★★
## 82 지하탱크저장소의 수압시험기준 중 압력탱크 외의 것은 몇 kPa의 압력으로 몇 분간 실시하는가?

① 50kPa, 10분
② 70kPa, 10분
③ 50kPa, 20분
④ 70kPa, 20분

해설 **위험물규칙 [별표 8]**
**지하탱크저장소의 변형시험**

| 구 분 | 압력탱크 | 압력탱크 이외 |
|---|---|---|
| • 수압시험 | 최대상용압력의 **1.5배**의 압력을 **10분**간 실시 | **70kPa**의 압력으로 **10분**간 실시 보기 ② |
| • 기밀시험<br>• 비파괴시험 | – | 최대상용압력이 **46.7kPa** 이상인 탱크 |

답 ②

★★
## 83 다음 위험물 중 물과 반응하였을 경우 포스핀($PH_3$)을 발생하는 물질은?

① $CaO$　② $Ca_3P_2$
③ $P_4S_3$　④ $C_6H_2(NO_2)_3CH_3$

해설 **인화석회**($Ca_3P_2$)
(1) 공기 중에서 안정하다.
(2) 물과 반응하여 맹독성의 가연성 가스인 **포스핀**($PH_3$)을 발생한다.

$Ca_3P_2 + 6H_2O \rightarrow 3Ca(OH)_2 + 2PH_3\uparrow$
(인화석회) (물) (수산화칼슘) (포스핀)

(3) 물과 작용하면 **소석회**를 만든다.
(4) **비중**이 **1 이상**이다.
① $CaO + H_2O \rightarrow Ca(OH)_2$
(산화칼슘) (물) (수산화칼슘)
③ $P_4S_3$(삼황화인) : 물에 불용이다.
④ $C_6H_2(NO_2)_3CH_3$(트리나이트로톨루엔) : 물에 불용이다.

※ **불용** : '**물과 반응하지 않는다**'는 의미

답 ②

★★
## 84 다음 중 제2종 판매취급소에 대한 설명으로 틀린 것은?

18회 문 98
17회 문 99
16회 문 97
15회 문 98
14회 문 91
03회 문 93

① 건축물의 지하 1층에 설치한다.
② 지정수량 40배 이하인 위험물을 저장·취급한다.
③ 창에는 60분+방화문, 60분 방화문 또는 30분 방화문을 설치한다.
④ 벽·기둥·바닥 및 보는 내화구조로 한다.

해설 **위험물규칙 [별표 14]**
**제2종 판매취급소 위치·구조 및 설비의 기준**
(1) 건축물의 1층에 설치할 것 보기 ①
(2) 보기 쉬운 곳에 **"위험물 판매취급소(제2종)"**라는 표시를 한 표지와 방화에 관하여 필요한 사항을 게시한 게시판을 설치하여야 한다.
(3) 창 또는 출입구에 유리를 이용하는 경우에는 망입유리로 할 것
(4) 전기설비는 전기사업법에 의한 전기설비기술기준에 의할 것
(5) 위험물을 배합하는 실은 다음에 의할 것
① 바닥면적은 **$6m^2$** 이상 **$15m^2$** 이하로 할 것
② 내화구조 또는 불연재료로 된 벽으로 구획할 것
③ 바닥은 위험물이 침투하지 아니하는 구조로 하여 적당한 경사를 두고 집유설비를 할 것
④ 출입구에는 수시로 열 수 있는 자동폐쇄식의 60분+방화문, 60분 방화문을 설치할 것
⑤ 출입구 문턱의 높이는 바닥면으로부터 **0.1m** 이상으로 할 것
⑥ 내부에 체류한 가연성의 증기 또는 가연성의 미분을 지붕 위로 방출하는 설비를 할 것
(6) **벽·기둥·바닥** 및 **보**를 **내화구조**로 하고, 천장이 있는 경우에는 이를 **불연재료**로 하며, 판매취급소로 사용되는 부분과 다른 부분과의 **격벽**은 **내화구조**로 할 것 보기 ④
(7) 상층이 있는 경우에는 상층의 **바닥**을 **내화구조**로 하는 동시에 상층으로의 연소를 방지하기 위한 조치를 강구하고, 상층이 없는 경우에는 **지붕**을 **내화구조**로 할 것
(8) 연소의 우려가 없는 부분에 한하여 창을 두되, 해당 창에는 60분+방화문, 60분 방화문 또는 30분 방화문을 설치할 것 보기 ③
(9) **출입구**에는 60분+방화문, 60분 방화문 또는 30분 방화문을 설치할 것

비교

판매취급소의 종류

| 제1종 판매취급소 | 제2종 판매취급소 |
|---|---|
| 저장·취급하는 위험물의 수량이 지정수량의 **20배** 이하인 판매취급소 | 저장·취급하는 위험물의 수량이 지정수량의 **40배** 이하인 판매취급소 **보기 ②** |

① 지하 1층 → 1층

답 ①

★

**85** 제조소 등에 전기설비가 설치된 경우에는 해당 장소의 면적 몇 $m^2$마다 소형 수동식 소화기를 1개 이상 설치하여야 하는가?

16회 문 94

① $50m^2$ ② $100m^2$

③ $150m^2$ ④ $200m^2$

해설 **위험물규칙 [별표 17]**

**전기설비의 소화설비**

제조소 등에 전기설비(전기배선, 조명기구 등은 제외)가 설치된 경우에는 해당 장소의 면적 **$100m^2$**마다 **소형 수동식 소화기**를 **1개** 이상 설치

답 ②

★

**86** 다음 보기에서 괄호 안에 알맞은 것은?

> [보기]
> 위험물에서 산화성 고체는 액체인 경우 1기압 및 ( )에서 액상인 것 또는 ( ) 초과 ( ) 이하에서 액상인 것을 제외한 것을 말한다.

① 20℃, 20℃, 40℃

② 20℃, 40℃, 40℃

③ 10℃, 20℃, 20℃

④ 10℃, 10℃, 20℃

해설 **위험물령 [별표 1]**

**산화성 고체의 정의**

| 액 체 | 기 체 |
|---|---|
| 1기압 및 **20℃**에서 액상인 것 또는 **20℃** 초과 **40℃** 이하에서 액상인 것 | 1기압 및 **20℃**에서 **기상**인 것 |

답 ①

★★★

**87** 다음 중 정기점검대상인 제조소가 아닌 것은?

19회 문 70
16회 문 68
15회 문 69
15회 문 71
13회 문 70

① 지정수량의 10배 이상의 위험물을 취급하는 일반취급소

② 지하탱크저장소

③ 이동탱크저장소

④ 지정수량의 100배 이상의 위험물을 저장하는 옥외탱크저장소

해설 **위험물령 제15조**

**정기점검대상인 제조소**

(1) 지정수량의 **10배** 이상 **제조소·일반취급소** **보기 ①**

(2) 지정수량의 **100배** 이상 **옥외저장소**

(3) 지정수량의 **150배** 이상 **옥내저장소**

(4) 지정수량의 **200배** 이상 **옥외탱크저장소**

(5) 암반탱크저장소

(6) 이송취급소

(7) **지하탱크저장소** **보기 ②**

(8) **이동탱크저장소** **보기 ③**

(9) 지하에 매설된 탱크가 있는 **제조소·주유취급소·일반취급소**

④ 지정수량의 **200배** 이상의 위험물을 취급하는 **옥외탱크저장소**

답 ④

★★★

**88** 다음 중 환기설비에 대한 설명 중 틀린 것은?

18회 문 88
14회 문 89
12회 문 72
11회 문 81
10회 문 53
10회 문 76
09회 문 76
07회 문 86
04회 문 78

① 환기방식은 강제배출방식으로 할 것

② 급기구는 바닥면적 $150m^2$마다 1개 이상으로 하되, 그 크기는 $800cm^2$ 이상으로 할 것

③ 급기구는 낮은 곳에 설치하고 가는 눈의 구리망 등으로 인화방지망을 설치할 것

④ 환기구는 지붕 위 또는 지상 2m 이상의 높이에 회전식 고정 벤틸레이터 또는 루프팬방식으로 설치할 것

해설 **환기설비**(위험물규칙 [별표 4])

(1) 환기는 **자연배기방식**으로 할 것 **보기 ①**

(2) 급기구는 바닥면적 **$150m^2$**마다 1개 이상으로 하되, 그 크기는 **$800cm^2$** 이상으로 할 것 **보기 ②**

| 바닥면적 | 급기구의 면적 |
|---|---|
| $60m^2$ 미만 | $150cm^2$ 이상 |
| $60$~$90m^2$ 미만 | $300cm^2$ 이상 |
| $90$~$120m^2$ 미만 | $450cm^2$ 이상 |
| $120$~$150m^2$ 미만 | $600cm^2$ 이상 |

(3) 급기구는 **낮은 곳**에 설치하고 가는 눈의 구리망 등으로 **인화방지망**을 설치할 것 보기 ③
(4) 환기구는 지붕 위 또는 지상 **2m** 이상의 높이에 **회전식 고정 벤틸레이터** 또는 **루프팬방식**으로 설치할 것 보기 ④

중요

**환기설비의 설치제외**
배출설비가 설치되어 유효하게 환기가 되는 건축물

① 강제배출방식 → 자연배기방식

답 ①

★★
## 89 옥외저장소에 저장할 수 있는 위험물은 다음 중 어느 것인가?

18회 문 99 / 17회 문 92 / 09회 문 78 / 02회 문 93

① 제1류 위험물 ② 제3류 위험물
③ 제5류 위험물 ④ 제6류 위험물

해설 **위험물령 [별표 2]**
**옥외저장소에 저장할 수 있는 위험물**

| 위험물 | 세부항목 |
|---|---|
| 제2류 | • 황<br>• 인화성 고체(인화점 0℃ 이상) |
| 제4류 | • 제1석유류(인화점 0℃ 이상)<br>• 알코올류<br>• 제2~4석유류<br>• 동식물유류 |
| 제6류 | • 전부 보기 ④ |

답 ④

★
## 90 다음 보기 중 괄호 안의 ㉠과 ㉡에 알맞은 것은?

18회 문 95 / 14회 문100 / 13회 문 96

[보기]
이동탱크저장소의 주입설비의 길이는 ( ㉠ )m 이내로 하고, 분당 배출량은 ( ㉡ )L 이하로 한다.

① ㉠ 25, ㉡ 100 ② ㉠ 50, ㉡ 200
③ ㉠ 100, ㉡ 200 ④ ㉠ 150, ㉡ 100

해설 **위험물규칙 [별표 10]**
**이동탱크저장소의 주입설비 설치기준**
(1) 위험물이 샐 우려가 없고 화재예방상 안전한 구조로 할 것
(2) 주입설비의 길이는 **50m** 이내로 하고, 그 끝부분에 축적되는 정전기를 유효하게 제거할 수 있는 장치를 할 것
(3) 배출량은 **200L/min** 이하로 할 것

답 ②

★★★
## 91 다음 중 서로 혼재가 가능한 위험물이 아닌 것은?

18회 문 83 / 15회 문 79 / 14회 문 82 / 11회 문 60 / 10회 문 90 / 09회 문 87 / 03회 문 87

① 제1류 위험물과 제6류 위험물
② 제1류 위험물과 제2류 위험물
③ 제2류 위험물과 제4류 위험물
④ 제3류 위험물과 제4류 위험물

해설 **위험물규칙 [별표 19]**
**위험물의 혼재기준**
(1) 제1류 위험물+제6류 위험물 보기 ①
(2) 제2류 위험물+제4류 위험물 보기 ③
(3) 제2류 위험물+제5류 위험물
(4) 제3류 위험물+제4류 위험물 보기 ④
(5) 제4류 위험물+제5류 위험물

| 위험물의 구분 | 제1류 | 제2류 | 제3류 | 제4류 | 제5류 | 제6류 |
|---|---|---|---|---|---|---|
| 제1류 | | × | × | × | × | ○ |
| 제2류 | × | | × | ○ | ○ | × |
| 제3류 | × | × | | ○ | × | × |
| 제4류 | × | ○ | ○ | | ○ | × |
| 제5류 | × | ○ | × | ○ | | × |
| 제6류 | ○ | × | × | × | × | |

답 ②

★
## 92 과산화칼륨이 황산과 반응하였을 때 생성되는 물질은?

① 염소 ② 불소
③ 과산화칼륨 ④ 과산화수소

해설 **과산화칼륨**($K_2O_2$)이 **황산**($H_2SO_4$)과 반응하였을 때 **과산화수소**($H_2O_2$)가 발생한다.

$K_2O_2 + H_2SO_4 \rightarrow K_2SO_4 + H_2O_2 \uparrow$
(과산화칼륨) (황산) (황산칼륨) (과산화수소)

답 ④

★★
## 93 소방관련법령에서 규정한 나이트로화합물이 아닌 것은?

① 피크린산 ② 나이트로벤젠
③ 트리나이트로톨루엔 ④ 다이나이트로나프탈렌

해설 **소방관련법령**에 규정한 **나이트로화합물**(제5류 위험물)
(1) 트리나이트로톨루엔(TNT) : $C_6H_2CH_3(NO_2)_3$
(2) 피크린산(TNP) : $C_6H_2(NO_2)_3OH$
(3) 트리나이트로벤젠 : $C_6H_3(NO_2)_3$
(4) 다이나이트로나프탈렌(DNN) : $C_{10}H_6(NO_2)_2$

• **나이트로화합물** : 나이트로기($NO_2$)가 2 이상인 것

② 나이트로벤젠 : 제4류 위험물

답 ②

**94** 제5류 위험물의 공통성질로서 틀린 것은?

① 대부분 유기질화합물이므로 가열, 충격, 마찰 등으로 인한 폭발의 위험이 있다.
② 시간의 경과에 따라 자연발화의 위험성을 갖는다.
③ 공기 또는 물과 접촉하여 연소하거나 가연성 가스를 발생하며 폭발적으로 연소한다.
④ 자기연소를 일으키며 연소의 속도가 상당히 빠르다.

해설 **제5류 위험물의 공통성질**

(1) 대부분 **유기질화합물**이므로 가열, 충격, 마찰 등으로 인한 폭발의 위험이 있다. 보기 ①
(2) 시간의 경과에 따라 **자연발화**의 위험성을 갖는다. 보기 ②
(3) **자기연소**를 일으키며 연소의 속도가 상당히 빠르다. 보기 ④
(4) 대부분 물에 녹지 않으며, 물과의 직접적인 반응위험성은 적다.
(5) 일부 품목은 **액체**이고 **대부분**이 **고체**이며 모두 **물보다 무겁다.**

③ 제3류 위험물의 공통성질

답 ③

**95** 칼륨 78kg과 메틸알코올이 반응하여 생성된 기체의 27℃, 1기압에서 부피는 얼마인가?

18회 문 76
16회 문 77
15회 문 85
12회 문 21
10회 문 84
06회 문 96

① 20.42L ② 24.62L
③ 27.72L ④ 320.61L

해설 **칼륨**과 **메틸알코올**

(1) **반응식**

$$2K + 2CH_3OH \rightarrow 2CH_3OK + H_2$$
(칼륨) (메틸알코올)(칼륨메틸레이드)(수소)

(2) **생성기체**

$$2K + 2CH_3OH \rightarrow 2CH_3OK + H_2$$

중요

**원자량**

| 원 소 | 원자량 |
|---|---|
| H | 1 |
| C | 12 |
| N | 14 |
| O | 16 |
| F | 19 |
| Na | 23 |
| K | 39 |
| Cl | 35.5 |
| Br | 80 |

1mol의 기체는 0℃, 1기압에서 22.4L를 가지므로

$(2\times39)\text{kg} : 22.4\text{L} = 78\text{kg} : x$
(2K)

$22.4\text{L}\times78\text{kg} = (2\times39)\text{kg}\times x$

$$\frac{22.4\text{L}\times78\text{kg}}{(2\times39)\text{kg}} = x$$

$22.4\text{L} = x$

중요

**보일-샤를의 법칙**(Boyle-Charl's law)

$$\frac{P_1V_1}{T_1} = \frac{P_2V_2}{T_2}$$

여기서, $P_1$, $P_2$ : 기압〔atm〕
$V_1$, $V_2$ : 부피〔L〕
$T_1$, $T_2$ : 절대온도(273+℃)〔K〕

0℃, 1기압(atm) → 27℃, 1기압(atm)으로 환산

$$\frac{P_1V_1}{T_1} = \frac{P_2V_2}{T_2}$$

$$\frac{1\text{atm}\times22.4\text{L}}{(273+0)\text{K}} = \frac{1\text{atm}\times V_2}{(273+27)\text{K}}$$

$$\frac{1\text{atm}\times22.4\text{L}}{(273+0)\text{K}}\times(273+27)\text{K}\times\frac{1}{1\text{atm}} = V_2$$

$24.62\text{L} \fallingdotseq V_2$

답 ②

**96** 액화천연가스(LNG)에 대한 설명으로 틀린 것은?

① 무색투명하다.
② 약 −42.1℃의 비점을 가진다.
③ 액화하면 물보다 가볍다.
④ 기화하면 공기보다 가볍다.

해설 **액화천연가스(LNG)의 화재성상**

(1) 주성분은 **메탄**($CH_4$)이다.
(2) 무색, 무취이다(무색투명). 보기 ①
(3) 액화하면 물보다 가볍고, 기화하면 **공기보다 가볍다**(액비중 약 0.425). 보기 ③ ④
(4) 비점 : 약 **−162℃**
(5) 발열량 : 약 **11000kcal/m³**

② 약 -162℃의 비점을 가진다.

중요

(1) 액화석유가스(LPG)의 화재성상
① 주성분은 **프로판**($C_3H_8$)과 **부탄**($C_4H_{10}$)이다.
② **무색, 무취**이다.
③ 독성이 없는 가스이다.
④ 액화하면 물보다 가볍고, 기화하면 **공기보다 무겁다.**
⑤ 휘발유 등 **유기용매**에 잘 녹는다.
⑥ 천연고무를 잘 녹인다.
⑦ 공기 중에서 쉽게 연소, 폭발한다.
⑧ 비점 : 프로판(**-42.1℃**), 부탄(**-0.5℃**)
⑨ 기화 및 액화가 용이하다.
⑩ 기화하면 체적이 커진다.
⑪ **증발잠열**이 크다.
⑫ 용기 내의 증기압은 온도, 가스의 종류에 따라 다르다.

(2) **가스의 주성분**

| 가스종류 | 주성분 |
|---|---|
| • 액화석유가스(LPG) | • 프로판($C_3H_8$)<br>• 부탄($C_4H_{10}$) |
| • 액화천연가스(LNG)<br>• 도시가스 | • 메탄($CH_4$) |

기억법 **P프부, 도메**

답 ②

★
## 97 다음 중 위험물의 성상기준에 대해 틀리게 설명한 것은?

① 철분이란 철의 분말로서 53μm의 표준체를 통과하는 것이 50중량% 미만인 것은 제외한다.
② 황은 순도 60중량% 이상인 것을 말한다.
③ 인화성 고체란 고형알코올, 그 밖의 1기압에서 인화점이 40℃ 미만인 고체를 말한다.
④ 제1석유류란 아세톤, 휘발유, 그 밖에 1기압에서 인화점이 40℃ 미만인 것을 말한다.

해설
④ **제1석유류**란 **아세톤, 휘발유,** 그 밖에 1기압에서 인화점이 21℃ 미만인 것을 말한다.

답 ④

★
## 98 다음 중 위험물의 성질에 따른 일반취급소의 특례기준에 적용을 받지 않는 위험물은?

① 알킬알루미늄 ② 산화프로필렌
③ 아세트알데하이드 ④ 다이에틸에터

해설 **위험물규칙 [별표 16] XII**
**위험물의 성질에 따른 일반취급소의 특례**
(1) 알킬알루미늄 등(알킬알루미늄, 알킬리튬)
(2) 아세트알데하이드 등(아세트알데하이드, 산화프로필렌)
(3) 하이드록실아민 등(하이드록실아민, 하이드록실아민염류)

답 ④

★★
## 99 가솔린 20000L를 저장하는 내화구조가 아닌 옥내저장소의 보유공지의 너비는 몇 m인가?

17회 문 85
16회 문 98
15회 문 82
12회 문 93

① 2m ② 5m
③ 7m ④ 10m

해설 (1) **제4류 위험물의 종류 및 지정수량**

| 성 질 | 품 명 | | 지정수량 | 대표물질 |
|---|---|---|---|---|
| 인화성 액체 | 특수인화물 | | 50L | 다이에틸에터·이황화탄소·아세트알데하이드·산화프로필렌·이소프렌·펜탄·디비닐에터·트리클로로실란 |
| | 제1석유류 | 비수용성 | 200L | **휘발유**·벤젠·톨루엔·시클로헥산·아크롤레인·에틸벤젠·초산에스터류·의산에스터류·콜로디온·메틸에틸케톤 |
| | | 수용성 | 400L | 아세톤·피리딘·시안화수소 |
| | 알코올류 | | 400L | 메틸알코올·에틸알코올·프로필알코올·이소프로필알코올·부틸알코올·아밀알코올·퓨젤유·변성알코올 |
| | 제2석유류 | 비수용성 | 1000L | 등유·경유·테레빈유·장뇌유·송근유·스티렌·클로로벤젠·크실렌 |
| | | 수용성 | 2000L | 의산·초산·메틸셀로솔브·에틸셀로솔브·알릴알코올 |

| 성 질 | 품 명 | | 지정수량 | 대표물질 |
|---|---|---|---|---|
| 인화성 액체 | 제3 석유류 | 비수용성 | 2000L | 중유·크레오소트유·니이트로벤젠·아닐린·담금질유 |
| | | 수용성 | 4000L | 에틸렌글리콜·글리세린 |
| | 제4석유류 | | 6000L | 기어유·실린더유 |
| | 동식물유류 | | 10000L | 아마인유·해바라기유·들기름·대두유·야자유·올리브유·팜유 |

**휘발유**의 지정수량이 200L이고
20000L를 저장하고 있는 **옥내저장소**이므로

$$\text{배수} = \frac{\text{저장수량}}{\text{지정수량}} = \frac{20000\text{L}}{200\text{L}} = 100\text{배}$$

지정수량이 **100배**이고 **기타구조**이므로 **10m** 이상이다.

(2) **옥내저장소**의 **보유공지**

| 위험물의 최대수량 | 공지의 너비 | |
|---|---|---|
| | 내화구조 | 기타구조 |
| 지정수량의 5배 이하 | – | 0.5m 이상 |
| 지정수량의 6~10배 이하 | 1m 이상 | 1.5m 이상 |
| 지정수량의 11~20배 이하 | 2m 이상 | 3m 이상 |
| 지정수량의 21~50배 이하 | 3m 이상 | 5m 이상 |
| 지정수량의 51~200배 이하 | 5m 이상 | 10m 이상 |
| 지정수량의 200배 초과 | 10m 이상 | 15m 이상 |

답 ④

★★

**100** **주유취급소의 주유공지란 주유를 받으려는 자동차 등이 출입할 수 있도록 너비 몇 m 이상, 길이 몇 m 이상의 콘크리트로 포장한 공지를 말하는가?**

17회 문100
08회 문 93
04회 문 68
03회 문100

① 너비 : 3m, 길이 : 6m
② 너비 : 6m, 길이 : 3m
③ 너비 : 6m, 길이 : 15m
④ 너비 : 15m, 길이 : 6m

해설 위험물규칙 [별표 13]
주유공지와 급유공지

| 주유공지 | 급유공지 |
|---|---|
| 주유를 받으려는 자동차 등이 출입할 수 있도록 너비 **15m** 이상, 길이 **6m** 이상의 콘크리트 등으로 포장한 공지 | 고정급유설비의 호스기기의 주위에 필요한 공지 |

참고

**고정주유설비와 고정급유설비**(위험물규칙 [별표 13])

| 고정주유설비 | 고정급유설비 |
|---|---|
| 펌프기기 및 호스기기로 되어 위험물을 **자동차** 등에 직접 주유하기 위한 설비로서 현수식 포함 | 펌프기기 및 호스기기로 되어 위험물을 **용기**에 옮겨 담거나 **이동저장탱크**에 주입하기 위한 설비로서 현수식 포함 |

답 ④

## 제 5 과목 소방시설의 구조 원리

★

**101** **다음 중 개방형 스프링클러설비의 방수구역에 관한 기준으로 적합하지 않은 것은 어느 것인가?**

① 하나의 방호구역의 바닥면적은 3000$m^2$를 초과하지 아니할 것
② 방수구역마다 일제개방밸브를 설치할 것
③ 하나의 방수구역을 담당하는 헤드의 개수는 50개 이하로 할 것
④ 하나의 방수구역은 2개층에 미치지 아니할 것

해설 **개방형 스프링클러설비**의 **방수구역기준**(NFPC 103 제7조, NFTC 103 2.4)

(1) 하나의 방수구역은 **2개 층**에 미치지 아니할 것 보기 ④
(2) **방수구역**마다 일제개방밸브를 설치할 것 보기 ②
(3) 하나의 방수구역을 담당하는 헤드의 개수는 **50개** 이하로 할 것(단, **2개** 이상의 방수구역으로 나눌 경우에는 **25개** 이상) 보기 ③

① **폐쇄형** 스프링클러설비의 방호구역기준

답 ①

★

**102 다음 중 옥상에 헬리포트를 설치하거나 헬리콥터를 통하여 구조할 수 있는 공간을 확보하여야 하는 것으로 옳은 것은?**

① 층수가 11층 이상인 건축물로서 11층 이상인 층의 바닥면적의 합계가 1만제곱미터 이상인 건축물

② 층수가 16층 이상인 건축물로서 16층 이상인 층의 바닥면적의 합계가 1만 5천제곱미터 이상인 건축물

③ 층수가 21층 이상인 건축물로서 21층 이상인 층의 바닥면적의 합계가 1만 5천제곱미터 이상인 건축물

④ 층수가 21층 이상인 건축물로서 21층 이상인 층의 바닥면적의 합계가 3만제곱미터 이상인 건축물

해설 **건축령 제40조**

**옥상광장 등의 설치**

(1) **옥상광장** 또는 **2층** 이상인 층에 있는 노대나 그 밖에 이와 비슷한 것의 주위에는 높이 **1.2m** 이상의 난간설치(단, 그 노대 등에 출입할 수 없는 구조인 경우는 제외)

(2) **5층** 이상인 층이 **문화** 및 **집회시설**(전시장 및 동식물원 제외), **종교시설**, **판매시설**, 위락시설 중 **주점영업** 또는 **장례시설**의 용도로 쓰는 경우에는 피난용도로 쓸 수 있는 광장을 옥상에 설치

(3) 다음 어느 하나에 해당하는 건축물은 옥상으로 통하는 출입문에 「소방시설 설치 및 관리에 관한 법률」에 따른 성능인증 및 제품검사를 받은 비상문 자동개폐장치(화재 등 비상시에 소방시스템과 연동되어 잠김 상태가 자동으로 풀리는 장치를 말한다)를 설치해야 한다.

① 제2항에 따라 피난용도로 쓸 수 있는 광장을 옥상에 설치해야 하는 건축물

② 피난용도로 쓸 수 있는 광장을 옥상에 설치하는 다음의 건축물

㉠ 다중이용건축물

㉡ 연면적 $1000m^2$ 이상인 공동주택

(4) 층수가 11층 이상인 건축물로서 11층 이상인 층의 바닥면적의 합계가 $10000m^2$ 이상인 건축물의 옥상에는 다음의 구분에 따른 공간을 확보하여야 한다. 보기 ①

① 건축물의 지붕을 평지붕으로 하는 경우 : 헬리포트를 설치하거나 헬리콥터를 통하여 인명 등을 구조할 수 있는 공간

② 건축물의 지붕을 경사지붕으로 하는 경우 : 경사지붕 아래에 설치하는 대피공간

(5) 제4항에 따른 헬리포트를 설치하거나 헬리콥터를 통하여 인명 등을 구조할 수 있는 공간 및 경사지붕 아래에 설치하는 대피공간의 설치기준은 국토교통부령으로 정한다.

답 ①

★★

**103 옥내소화전설비에 사용되는 펌프 풋밸브의 기능으로 옳은 것은?**

① 수격방지기능, 자동경보기능

② 감압기능, 체크밸브기능

③ 체크밸브기능, 여과기능

④ 여과기능, 수격방지기능

해설 **풋밸브**(Foot valve) 보기 ③

수원이 펌프보다 아래에 있을 때 설치하는 밸브

(1) 여과기능(이물질 침투방지)

(2) 체크밸브기능(역류방지)

비교

밸브의 기능

| 풋밸브 | 건식밸브 |
|---|---|
| ① 여과기능<br>② 체크밸브기능 | ① 자동경보기능<br>② 체크밸브기능 |

답 ③

★★★

**104 펌프의 공동현상(Cavitation) 방지책으로 적절치 못한 것은?**

16회 문 34
12회 문 35
08회 문 07
08회 문 27
03회 문112

① 펌프의 고정위치를 흡수면과 가깝게 한다.

② 설계시 가능한 한 여유양정을 크게 한다.

③ 설계 이상의 토출량을 내지 않도록 한다.

④ 가능한 한 흡수관을 간단하게 시공한다.

해설 **공동현상**(Cavitation)

| | |
|---|---|
| 개 요 | 펌프의 흡입측 배관 내의 물의 정압이 기존의 증기압보다 낮아져서 기포가 발생되어 물이 흡입되지 않는 현상 |
| 발생 현상 | ① 소음과 진동 발생<br>② 관 부식<br>③ **임펠러**의 **손상**(수차의 날개를 해친다)<br>④ 펌프의 성능저하 |

| | |
|---|---|
| 발생 원인 | ① 펌프의 흡입수두가 클 때(소화펌프의 흡입고가 클 때)<br>② 펌프의 마찰손실이 클 때<br>③ 펌프의 임펠러속도가 클 때<br>④ 펌프의 설치위치가 수원보다 높을 때<br>⑤ 관 내의 수온이 높을 때(물의 온도가 높을 때)<br>⑥ 관 내의 물의 정압이 그때의 증기압보다 낮을 때<br>⑦ 흡입관의 구경이 작을 때<br>⑧ 흡입거리가 길 때<br>⑨ 유량이 증가하여 펌프물이 과속으로 흐를 때 |
| 방지 대책 | ① 펌프의 흡입수두를 작게 한다.<br>② 펌프의 마찰손실을 작게 한다.<br>③ 펌프의 **임펠러속도**(회전수)를 작게 한다.<br>④ 펌프의 설치위치를 수원보다 낮게 한다.<br>⑤ 양흡입펌프를 사용한다(펌프의 흡입측을 가압한다).<br>⑥ 관 내의 물의 정압을 그때의 증기압보다 높게 한다.<br>⑦ 흡입관의 구경을 크게 한다.<br>⑧ **펌프**를 **2개** 이상 설치한다. |

답 ②

★
**105** 16회 문102 05회 문112 **스프링클러설비에서 가지배관과 스프링클러헤드 사이의 배관을 신축배관으로 하는 경우 다음 중 틀린 것은?**

① 신축배관의 설치길이는 무대부에 있어서는 수평거리 2.5m 이하일 것
② 최고사용압력은 1.4MPa 이상이어야 한다.
③ 최고사용압력의 1.5배 수압을 5분간 가하는 시험에서 파손, 누수 등이 없어야 한다.
④ 0.1MPa의 수압을 가한 상태로 전진폭 5mm, 진동수 25/초로 6시간 진동시키는 시험에서 누수 및 너트의 느슨해짐 등이 없어야 한다.

해설 **가지배관과 스프링클러헤드 사이의 배관을 신축배관으로 하는 경우**(NFPC 103 제10조, NFTC 103 2.7.3, 스프링클러설비 신축배관 성능인증 및 제품검사의 기술기준 제7~12조)

(1) 최고사용압력은 **1.4MPa** 이상이어야 한다. 보기 ②
(2) 최고사용압력의 **1.5배** 수압을 **5분**간 가하는 시험에서 파손, 누수 등이 없어야 한다. 보기 ③
(3) 신축배관은 **0.1MPa**의 수압을 가한 상태로 전진폭 5mm, 진동수 **25회/초**로 **6시간** 진동시키는 시험에서 누수 및 너트의 느슨해짐 등이 없어야 한다. 보기 ④
(4) 신축배관은 매초 **0.35MPa**로부터 **3.5MPa**까지의 압력변동을 연속하여 **4000회** 가한 다음 최고사용압력의 **1.5배** 수압력을 5분간 가하여도 물이 새거나 변형이 되지 아니하여야 한다.
(5) **신축배관**의 **설치길이**

| 설치장소 | 설치기준 |
|---|---|
| 무대부·특수가연물(창고 포함) | 수평거리 **1.7m** 이하 |
| 기타구조(창고 포함) | 수평거리 **2.1m** 이하 |
| 내화구조(창고 포함) | 수평거리 **2.3m** 이하 |
| 공동주택(아파트) 세대 내 | 수평거리 **2.6m** 이하 |

① 신축배관의 설치길이는 무대부에 있어서는 수평거리 **1.7m** 이하일 것

기억법 무특 17
기 1
내 3
공아 26

답 ①

★★★
**106** 17회 문101 15회 문102 13회 문101 **소화능력단위에 의한 분류에서 소형 소화기를 올바르게 설명한 것은?**

① 능력단위가 1단위 이상이면서 대형 소화기의 능력단위 미만인 소화기이다.
② 능력단위가 3단위 이상이면서 대형 소화기의 능력단위 미만인 소화기이다.
③ 능력단위가 5단위 이상이면서 대형 소화기의 능력단위 미만인 소화기이다.
④ 능력단위가 10단위 이상이면서 대형 소화기의 능력단위 미만인 소화기이다.

해설

| 소형 소화기 | 대형 소화기 |
|---|---|
| 능력단위가 **1단위** 이상이고 **대형** 소화기의 능력단위 미만인 소화기 보기 ① | 화재시 사람이 운반할 수 있도록 **운반대**와 **바퀴**가 설치되어 있고 능력단위가 **A급 10단위** 이상, **B급 20단위** 이상인 소화기 |

※ **소화능력단위** : 소화기구의 소화능력을 나타내는 수치

중요

(1) **소화능력단위에 의한 분류**(소화기의 형식승인 및 제품검사의 기술기준 제4조)

| 소화기 분류 | | 능력단위 |
|---|---|---|
| 소형 소화기 | | **1단위** 이상 |
| 대형 소화기 | A급 | **10단위** 이상 |
| | B급 | **20단위** 이상 |

(2) **특정소방대상물별 소화기구의 능력단위기준**(NFTC 101 2.1.1.2)

| 특정소방대상물 | 능력단위 (바닥면적) | 내화구조이고 불연재료·준불연재료·난연재료 (바닥면적) |
|---|---|---|
| • **위**락시설(무도학원)<br>기억법 위3(위상) | 30m²마다 1단위 이상 | 60m²마다 1단위 이상 |
| • **공연**장·**집**회장<br>• **관람**장 및 **문**화재<br>• **의**료시설<br>• **장**례시설<br>기억법 5공연장 문의 집관람(손오공 연장 문의 집관람) | 50m²마다 1단위 이상 | 100m²마다 1단위 이상 |
| • **근**린생활시설·**판**매시설·운수시설<br>• **숙**박시설·**노**유자시설<br>• **전**시장<br>• 공동**주**택·**업**무시설<br>• **방**송통신시설·공장<br>• **창**고·**항**공기 및 자동**차** 관련시설<br>• **관광**휴게시설<br>기억법 근판숙노전 주업방차창 1항관광(근판숙노전 주업방차창 일본항관광) | 100m²마다 1단위 이상 | 200m²마다 1단위 이상 |
| • 그 밖의 것 | 200m²마다 1단위 이상 | 400m²마다 1단위 이상 |

답 ①

★

**107** 피난기구인 완강기의 최소사용하중과 최대사용하중으로 옳은 것은?

① 250N, 800N ② 200N, 1000N
③ 250N, 1500N ④ 300N, 900N

해설 완강기의 하중 보기 ③

(1) 250N(최소하중)
(2) 750N
(3) 1500N(최대하중)

답 ③

★

**108** 제연구역으로부터 공기가 누설하는 출입문의 누설틈새면적을 식 $A=(L/l)\times A_d$로 산출할 경우, 각 출입문은 쌍여닫이문으로 설치되어 있다고 가정하였을 때 각 출입문의 $l$과 $A_d$의 수치가 올바른 것은?

19회 문111
15회 문125
12회 문121
09회 문 13

① 5.6, 0.06 ② 8.0, 0.03
③ 9.2, 0.06 ④ 9.2, 0.03

해설 **출입문의 틈새면적**

$$A=\left(\frac{L}{l}\right)\times A_d$$

여기서, $A$ : 출입문의 틈새[m²]
$L$ : 출입문의 틈새길이[m]
$l$ : 표준출입문의 틈새길이[m]

- 외여닫이문 : 5.6
- 승강기출입문 : 8.0
- 쌍여닫이문 : 9.2

$A_d$ : 표준출입문의 누설면적[m²]

- 외여닫이문(실내쪽 열림) : 0.01
- 외여닫이문(실외쪽 열림) : 0.02
- 쌍여닫이문 : 0.03
- 승강기출입문 : 0.06

답 ④

★★

**109** 제연설비에서 배출풍도단면의 직경의 크기가 500mm×800mm로 설치되어 있다. 이 배출풍도 강판의 두께는 몇 mm 이상으로 해야 하는가?

① 0.6 ② 0.8
③ 1.6 ④ 1.2

해설 **배출풍도의 강판두께**

| 풍도단면의 긴 변 또는 직경의 크기 | 강판두께 |
|---|---|
| 450mm 이하 | 0.5mm 이상 |
| 451~750mm 이하 | 0.6mm 이상 |
| 751~1500mm 이하 | 0.8mm 이상 |
| 1501~2250mm 이하 | 1.0mm 이상 |
| 2250mm 초과 | 1.2mm 이상 |

① 풍도단면의 긴 변이 **800mm**이므로 강판두께는 **0.8mm** 이상

답 ②

★★

## 110 예상제연구역에 대한 배출구에 대한 설명으로 옳은 것은?

19회 문112

① 바닥면적이 400m² 이상인 곳의 예상제연구역이 벽으로 구획되어 있는 경우 배출구는 천장 또는 반자와 바닥 사이의 중간 윗부분에 설치한다.
② 예상제연구역의 각 부분으로부터 하나의 배출구까지 수평거리는 20m 이내가 되도록 한다.
③ 바닥면적이 400m² 미만인 예상제연구역이 벽으로 구획되어 있는 경우의 배출구는 천장·반자 또는 반자와 바닥 사이의 중간 윗부분에 설치한다.
④ 바닥면적이 400m² 이상인 통로 외의 예상제연구역의 배출구를 벽에 설치한 경우에는 배출구의 하단과 바닥 간의 최단거리가 1.5m 이상이어야 한다.

해설 **예상제연구역 배출구의 설치기준**(NFPC 501 제7조, NFTC 501 2.4)

(1) 바닥면적이 **4**00m² **미**만인 예상제연구역이 벽으로 구획되어 있는 경우의 배출구는 **천장·반자** 또는 반자와 바닥 사이의 중간 윗부분에 설치 **보기 ③**
(2) 예상제연구역의 각 부분으로부터 하나의 배출구까지의 수평거리는 **10m** 이내
(3) 바닥면적이 400m² 이상인 통로 외의 예상제연구역의 배출구를 벽에 설치한 경우에는 배출구의 하단과 바닥 간의 최단거리가 **2m** 이상

기억법 **예4미**

답 ③

★★★

## 111 연면적 1000m²인 슈퍼마켓에 폐쇄형 스프링클러설비가 설치되어 있을 경우에 스프링클러설비에 필요한 펌프의 토출량은 얼마 이상이어야 하는가?

19회 문104 19회 문108 18회 문113 18회 문123 17회 문106 14회 문103 10회 문 34 10회 문112

① 800L/min ② 1600L/min
③ 2400L/min ④ 3200L/min

해설 **폐쇄형 스프링클러설비**의 **토출량**

$$Q = N \times 80\text{L/min}$$

여기서, $Q$ : 토출량[L/min]
$N$ : 폐쇄형 헤드의 기준개수(설치개수가 기준개수보다 작으면 그 설치개수)

**폐쇄형 헤드의 기준개수**

| 특정소방대상물 | | 폐쇄형 헤드의 기준개수 |
|---|---|---|
| 지하가·지하역사 | | 30 |
| 11층 이상 | | 30 |
| 10층 이하 | 공장(특수가연물) | 30 |
| | 판매시설(백화점 등), 복합건축물(판매시설이 설치된 것) → | 30 |
| | 근린생활시설, 운수시설, 복합건축물(판매시설 미설치) | 20 |
| | 8m 이상 | 20 |
| | 8m 미만 | 10 |
| 공동주택(아파트 등) | | 10(각 동이 주차장으로 연결된 주차장 : 30) |

**토출량** $Q$는

$Q = N \times 80\text{L/min} = 30 \times 80\text{L/min}$
$= 2400\text{L/min}$

답 ③

★★

## 112 소방대상물의 보가 있는 경우 포헤드와 보의 하단의 수직거리가 0.25m일 때 포헤드와 보의 수평거리는 얼마인가?

① 0.75m 미만
② 0.75m 이상 1m 미만
③ 1m 이상 1.5m 미만
④ 1.5m 이상

해설 **보가 있는 부분**의 **포헤드 설치기준**

| 포헤드와 보의 하단의 수직거리 | 포헤드와 보의 수평거리 |
|---|---|
| 0m | 0.75m 미만 |
| 0.1m 미만 | 0.75~1m 미만 |
| 0.1~0.15m 미만 | 1~1.5m 미만 |
| 0.15~0.3m 미만 → | 1.5m 이상 |

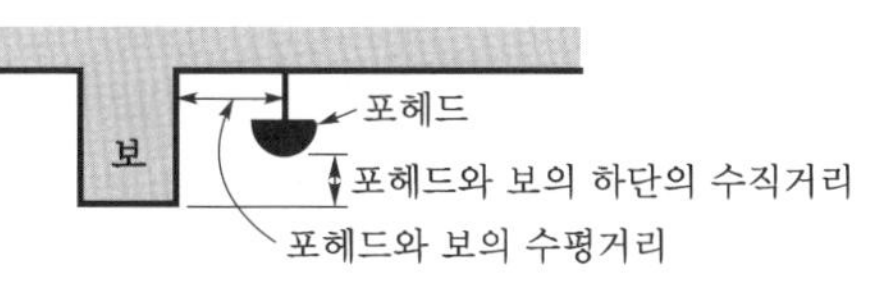


‖ 보가 있는 부분의 포헤드 설치 ‖

답 ④

★★
**113** **특별피난계단의 계단실 및 부속실 제연설비에서 유입공기의 배출방식 중 수직풍도의 상부에 전용의 배출용 송풍기를 설치하여 강제로 배출하는 방식을 무엇이라 하는가?**

① 수직풍도에 따른 배출(자연배출식)
② 배출구에 따른 배출
③ 제연설비에 따른 배출
④ 수직풍도에 따른 배출(기계배출식)

해설 **유입공기**의 **배출방식**(NFPC 501A 제13조, NFTC 501A 2.10.2)

| 배출방식 | | 설 명 |
|---|---|---|
| 수직풍도에 따른 배출 보기 ④ | 자연배출식 | **굴뚝효과**에 따라 배출하는 것 |
| | 기계배출식 | 수직풍도의 상부에 전용의 **배출용 송풍기**를 설치하여 강제로 배출하는 것 |
| 배출구에 따른 배출 | | 건물의 옥내와 면하는 **외벽**마다 옥외와 통하는 **배출구**를 설치하여 배출하는 것 |
| 제연설비에 따른 배출 | | **거실제연설비**가 설치되어 있고 해당 옥내로부터 옥외로 배출하여야 하는 유입공기의 양을 거실제연설비의 배출량에 합하여 배출하는 경우 유입공기의 배출은 해당 거실제연설비에 따른 배출로 갈음 |

※ **수직풍도에 따른 배출** : 옥상으로 직통하는 전용의 배출용 수직풍도를 설치하여 배출하는 것

답 ④

★
**114** **경사강하식 구조대에서 사람이 활강할 경우의 평균속도는 몇 m/s 이하이어야 하는가?**

① 3m/s ② 5m/s
③ 7m/s ④ 9m/s

해설 **경사강하식 구조대**(구조대의 형식승인 및 제품검사의 기술기준 제15조)

| 구 분 | 모형 활강 | 사람활강 |
|---|---|---|
| 평균속도 | 8m/s 이하 | 7m/s 이하 보기 ③ |
| 순간최대속도 | 9m/s 이하 | 8m/s 이하 |
| 경사각도 | 45° | 45° |

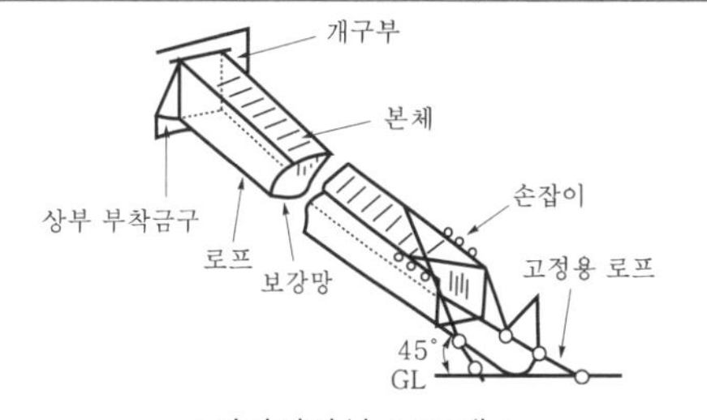


‖ 경사강하식 구조대 ‖

답 ③

★★★
**115** **바닥면적이 $30m^2$인 특수가연물을 저장·취급하는 소방대상물에 물분무소화설비를 계획하려고 한다. 물분무노즐의 방수압력이 0.3MPa일 때 소화펌프의 토출량은?**

19회 문121
17회 문116
16회 문103
15회 문107
09회 문105

① 500L/min 이상 ② 1000L/min 이상
③ 2500L/min 이상 ④ 3000L/min 이상

해설 **특수가연물**
토출량=바닥면적(최소 $50m^2$)×토출량
$=50m^2 \times 10L/min \cdot m^2 = 500L/min$

참고

**물분무소화설비의 수원**(NFPC 104 제4조, NFTC 104 2.1.1)

| 특정 소방대상물 | 토출량 | 최소 기준 | 비 고 |
|---|---|---|---|
| **컨**베이어 벨트 | 10L/min · $m^2$ | – | 벨트부분의 바닥면적 |
| **절**연유 봉입변압기 | 10L/min · $m^2$ | – | 표면적을 합한 면적 (바닥면적 제외) |
| **특**수가연물 | 10L/min · $m^2$ | 최소 $50m^2$ | 최대방수구역의 바닥면적 기준 |
| **케**이블트레이·덕트 | 12L/min · $m^2$ | – | 투영된 바닥면적 |
| **차**고·주차장 | 20L/min · $m^2$ | 최소 $50m^2$ | 최대방수구역의 바닥면적 기준 |
| 위험물 저장탱크 | 37L/min · m | – | 위험물탱크 둘레길이(원주길이) : 위험물규칙 〔별표 6〕 Ⅱ |

※ 모두 **20분**간 방수할 수 있는 양 이상으로 하여야 한다.

기억법
**컨절특케차**
1 1 2

답 ①

★★
**116** 소방시설용 비상전원수전설비에서 소방회로 전용의 것으로서 개폐기, 과전류차단기, 계기, 그 밖의 배선용 기기 및 배선을 금속제 외함에 수납한 것은?

18회 문108
07회 문 34

① 전용배전반
② 공용배전반
③ 전용분전반
④ 공용분전반

해설 **소방시설용 비상전원수전설비**(NFPC 602 제3조, NFTC 602 1.7)

| 용 어 | 설 명 |
|---|---|
| 수전설비 | 전력수급용 **계기용 변성기·주차단장치** 및 그 **부속기기** |
| 변전설비 | **전력용 변압기** 및 그 **부속장치** |
| 전용 큐비클식 | **소방회로용**의 것으로 **수**전설비, 변전설비, 그 밖의 기기 및 배선을 금속제 외함에 수납한 것<br>기억법 **전큐소수** |
| 공용 큐비클식 | **소방회로** 및 **일반회로 겸용**의 것으로서 수전설비, 변전설비, 그 밖의 기기 및 배선을 금속제 외함에 수납한 것 |
| 소방회로 | 소방부하에 전원을 공급하는 전기회로 |
| 일반회로 | 소방회로 이외의 전기회로 |
| 전용배전반 | **소방회로 전용**의 것으로서 **개폐기, 과전류차단기, 계기**, 그 밖의 배선용 기기 및 배선을 금속제 외함에 수납한 것 |
| 공용배전반 | **소방회로** 및 **일반회로 겸용**의 것으로서 개폐기, 과전류차단기, 계기, 그 밖의 배선용 기기 및 배선을 금속제 외함에 수납한 것 |
| 전용분전반 | **소방회로 전용**의 것으로서 **분기개폐기, 분기과전류차단기**, 그 밖의 배선용 기기 및 배선을 금속제 외함에 수납한 것 |
| 공용분전반 | **소방회로** 및 **일반회로 겸용**의 것으로서 분기개폐기, 분기과전류차단기, 그 밖의 배선용 기기 및 배선을 금속제 외함에 수납한 것 |

답 ①

★★
**117** 햇빛이나 전등불에 따라 축광하거나 전류에 따라 빛을 발하는 유도체로서 어두운 상태에서 피난을 유도할 수 있도록 띠형태로 설치되는 피난유도시설을 무엇이라 하는가?

① 비상구 유도선 ② 피난유도선
③ 비상구 유도표지 ④ 피난유도표지

해설

| 용 어 | 설 명 |
|---|---|
| 유도등 | 화재시에 **피난**을 **유도**하기 위한 등으로서 정상상태에서는 **상용전원**에 따라 켜지고 상용전원이 정전되는 경우에는 **비상전원**으로 자동전환되어 켜지는 등 |
| 피난구유도등 | **피난구** 또는 **피난경로**로 사용되는 **출입구**를 표시하여 피난을 유도하는 등 |
| 통로유도등 | **피난통로**를 **안내**하기 위한 유도등으로 **복도통로유도등, 거실통로유도등, 계단통로유도등** |
| 복도통로유도등 | 피난통로가 되는 복도에 설치하는 통로유도등으로서 피난구의 방향을 명시하는 것 |
| 거실통로유도등 | **거주, 집무, 작업, 집회, 오락**, 그 밖에 이와 유사한 목적을 위하여 계속적으로 사용하는 **거실, 주차장** 등 **개방**된 **통로**에 설치하는 유도등으로 피난의 방향을 명시하는 것 |
| 계단통로유도등 | 피난통로가 되는 **계단**이나 **경사로**에 설치하는 통로유도등으로 **바닥면** 및 **디딤바닥면**을 비추는 것을 말한다. |
| 객석유도등 | 객석의 **통로, 바닥** 또는 벽에 설치하는 유도등 |
| 피난구유도표지 | 피난구 또는 피난경로로 사용되는 출입구를 표시하여 피난을 유도하는 표지 |
| 통로유도표지 | 피난통로가 되는 복도, 계단 등에 설치하는 것으로서 피난구의 방향을 표시하는 유도표지 |
| 피난유도선<br>보기 ② | 햇빛이나 전등불에 따라 **축광**하거나 전류에 따라 빛을 발하는 유도체로서 어두운 상태에서 **피난**을 **유도**할 수 있도록 띠형태로 설치되는 피난유도시설 |

답 ②

★★

## 118 내화전선의 내화성능은 KS C IEC 60331-1과 2에서 온도는 830℃이고, 가열시간은 몇 분 이상을 충족하여야 하는가?

① 30분 ② 60분
③ 90분 ④ 120분

해설 **내화전선**의 **내화성능**(NFTC 102 2.7.2) **보기 ④**
KS C IEC 60331-1과 2(온도 830℃/가열시간 120분) 표준 이상을 충족하고, 난연성능 확보를 위해 KS C IEC 60332-3-24 성능 이상을 충족할 것

답 ④

★★★

## 119 누전경보기는 몇 V까지의 누전을 검출할 수 있어야 하는가?

① 300V ② 400V
③ 500V ④ 600V

해설 **대상에 따른 전압**

| 전 압 | 대 상 |
|---|---|
| 0.5V | 누전경보기의 전압강하 최대치 |
| 60V 미만 | 약전류회로(NFPC 203 제11조, NFTC 203 2.8.1.6) |
| 60V 초과 | 접지단자 설치(수신기 형식승인 및 제품검사의 기술기준 제3조) |
| 300V 이하 | • 전원변압기의 1차 전압<br>• 유도등 · 비상조명등의 사용전압 |
| 600V 이하 | 누전경보기의 경계전로전압 |

기억법 **5경전, 변3(변상해), 누6(누룩)**

※ 누전경보기는 사용전압 **600V**까지의 누전을 검출할 수 있다. **보기 ④**

답 ④

★★★

## 120 다음 [보기]는 피난기구의 축광표지에 관한 설명이다. ( ) 안에 알맞은 것은?

> 위치표지는 200lx 밝기의 광원으로 20분간 조사시킨 상태에서 다시 주위조도 ( )lx에서 ( )분간 발광 후 직선거리 ( )m 떨어진 위치에서 식별할 수 있는 것으로 할 것

① 10, 60, 10 ② 0, 60, 10
③ 10, 30, 20 ④ 0, 60, 20

해설 **축광표지의 성능인증 및 제품검사의 기술기준 제8조**
**발광 또는 축광 표지**
**200lx** 밝기의 광원으로 **20분**간 조사시킨 상태에서 다시 주위조도 **0lx**에서 **60분**간 발광 후 직선거리 **20m** 떨어진 위치에서 식별

답 ④

★★★

## 121 비상점등시 통로유도등의 표시면의 평균휘도는 몇 $cd/m^2$ 이상이어야 하는가?

① $100cd/m^2$ ② $150cd/m^2$
③ $300cd/m^2$ ④ $350cd/m^2$

해설 **비상점등시 표시면**의 **휘도**

| 피난구유도등 | 통로유도등 **보기 ②** |
|---|---|
| $100cd/m^2$ 이상 | $150cd/m^2$ 이상 |

답 ②

★★★

## 122 광전식 분리형 감지기의 광축은 나란한 벽으로부터 몇 m 이상 이격하여 설치하여야 하는가?

18회 문116
12회 문118
08회 문114

① 0.6m ② 1.5m
③ 1m ④ 2m

해설 **광전식 분리형 감지기**의 **설치기준**(NFPC 203 제7조, NFTC 203 2.4.3.15)
(1) 감지기의 송광부와 수광부는 설치된 뒷벽으로부터 **1m 이내** 위치에 설치할 것
(2) 감지기의 광축의 길이는 **공칭감시거리** 범위 이내일 것
(3) 광축의 높이는 천장 등 높이의 **80%** 이상일 것
(4) 광축은 나란한 벽으로부터 **0.6m** 이상 이격하여 설치할 것 **보기 ①**
(5) 감지기의 수광면은 **햇빛**을 직접 받지 않도록 설치할 것

중요

**아날로그식 분리형 광전식 감지기의 공칭감시거리**(감지기의 형식승인 및 제품검사의 기술기준 제19조)
**5~100m** 이하로 하여 5m **간격**으로 한다.

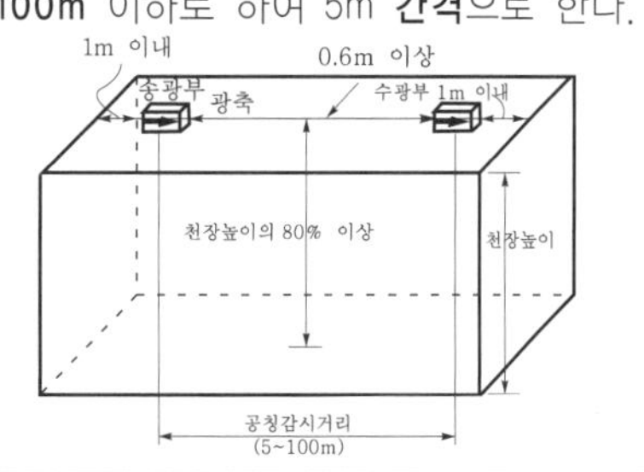


답 ①

★★
**123** 실내의 바닥면적이 $1000m^2$인 경우 단독경보형 감지기의 최소 설치수량은?
15회 문115

① 5개　　② 6개
③ 7개　　④ 10개

해설 **단독경보형 감지기**는 바닥면적 $150m^2$마다 **1개 이상** 설치하므로

$$단독경보형\ 감지기\ 수 = \frac{바닥면적}{150m^2}$$
$$= \frac{1000m^2}{150m^2}$$
$$= 6.66 ≒ 7개$$

중요

**단독경보형 감지기**의 **설치기준**(NFPC 201 제5조, NFTC 201 2.2.1)
(1) 각 실(이웃하는 실내의 바닥면적이 각각 $30m^2$ 미만이고 벽체의 상부의 전부 또는 일부가 개방되어 이웃하는 실내와 공기가 상호유통되는 경우에는 이를 1개의 실로 본다)마다 설치하되 바닥면적이 $150m^2$를 초과하는 경우에는 $150m^2$마다 1개 이상 설치할 것
(2) 최상층 계단실의 **천장**(외기가 상통하는 계단실의 경우 제외)에 설치할 것
(3) 건전지를 **주전원**으로 사용하는 경우에는 정상적인 작동상태를 유지할 수 있도록 건전지를 교환할 것
(4) 상용전원을 주전원으로 사용하는 단독경보형 감지기의 2차 전지는 제품검사에 합격한 것을 사용할 것

답 ③

★★★
**124** 휴대용 비상조명등을 다중이용업소의 외부에 설치할 경우 출입문 손잡이로부터 몇 m 이내에 몇 개 이상 설치하여야 하는가?
17회 문113 16회 문118 12회 문101 09회 문110 08회 문120

① 1m, 3개　　② 3m, 1개
③ 50m, 3개　　④ 1m, 1개

해설 **휴대용 비상조명등**의 **적합기준**(NFPC 304 제4조, NFTC 304 2.1.2)

| 설치개수 | 설치장소 |
|---|---|
| 1개 이상 | • 숙박시설 또는 다중이용업소에는 객실 또는 영업장 안의 구획된 실마다 잘 보이는 곳(외부에 설치시 출입문 손잡이로부터 **1m 이내** 부분) |
| 3개 이상 | • **지하상가** 및 **지하역사**의 **보행거리 25m** 이내마다<br>• **대규모점포(지하상가 및 지하역사 제외)**와 **영화상영관**의 **보행거리 50m** 이내마다 |

기억법 숙다1, 지상역, 대영화3

(1) 바닥으로부터 **0.8~1.5m** 이하의 높이에 설치할 것
(2) 어둠 속에서 **위치**를 **확인**할 수 있도록 할 것
(3) 사용시 **자동**으로 **점등**되는 구조일 것
(4) 외함은 **난연성능**이 있을 것
(5) 건전지를 사용하는 경우에는 **방전방지조치**를 하여야 하고, **충전식 배터리**의 경우에는 **상시 충전**되도록 할 것
(6) 건전지 및 충전식 배터리의 용량은 **20분** 이상 유효하게 사용할 수 있는 것으로 할 것

※ **휴대용 비상조명등** : 화재발생 등으로 정전시 안전하고 원활한 피난을 위하여 피난자가 휴대할 수 있는 조명등

답 ④

★★★
**125** 다음 중 자동화재탐지설비의 전원회로에 사용하는 내화배선의 전선의 종류가 아닌 것은?
15회 문 48 12회 문 46 12회 문 47 07회 문 33 07회 문 49

① 300/500V 내열성 실리콘 고무절연전선(180℃)
② 내열성 에틸렌-비닐 아세테이트 고무절연 케이블
③ 버스덕트(Bus duct)
④ 인입용 비닐절연전선

해설 **내화배선**

| 사용전선의 종류 | 공사방법 |
|---|---|
| ① 450/750V 저독성 난연 가교 폴리올레핀 절연전선<br>② 0.6/1kV 가교 폴리에틸렌 절연 저독성 난연 폴리올레핀 시스 전력 케이블<br>③ 6/10kV 가교 폴리에틸렌 절연 저독성 난연 폴리올레핀 시스 전력용 케이블<br>④ 가교 폴리에틸렌 절연 비닐 시스 트레이용 난연 전력 케이블<br>⑤ 0.6/1kV EP 고무절연 클로로프렌 시스 케이블<br>⑥ 300/500V 내열성 실리콘 고무절연전선(180℃) **보기 ①**<br>⑦ 내열성 에틸렌-비닐 아세테이트 고무절연 케이블 **보기 ②**<br>⑧ 버스덕트(Bus duct) **보기 ③** | • 금속관공사<br>• 2종 금속제 가요전선관공사<br>• 합성수지관공사<br>※ 내화구조로 된 벽 또는 바닥 등에 벽 또는 바닥의 표면으로부터 25mm 이상의 깊이로 매설할 것 |
| ⑨ 내화전선 | • 케이블공사 |

비교

**내열배선**

| 사용전선의 종류 | 공사방법 |
|---|---|
| ① 450/750V 저독성 난연 가교 폴리올레핀 절연전선<br>② 0.6/1kV 가교 폴리에틸렌 절연 저독성 난연 폴리올레핀 시스 전력 케이블<br>③ 6/10kV 가교 폴리에틸렌 절연 저독성 난연 폴리올레핀 시스 전력용 케이블<br>④ 가교 폴리에틸렌 절연 비닐 시스 트레이용 난연 전력 케이블<br>⑤ 0.6/1kV EP 고무절연 클로로프렌 시스 케이블<br>⑥ 300/500V 내열성 실리콘 고무절연전선(180℃)<br>⑦ 내열성 에틸렌-비닐 아세테이트 고무절연 케이블<br>⑧ 버스덕트(Bus duct) | • 금속관공사<br>• 금속제 가요전선관공사<br>• 금속덕트공사<br>• 케이블공사 |
| ⑨ 내화전선 | • 케이블공사 |

 ④

# 면접 · 구술시험 10계명

1. 질문의 핵심을 파악한다.
2. 밝은 표정으로 자신감 있게 답한다.
3. 줄줄 외워 답하기보다 잠깐 생각하고 대답한다.
4. 평이한 문제도 깊이 있게 설명한다.
5. 결론부터 말하고 그 근거를 제시한다.
6. 틀린 답변은 즉시 고친다.
7. 자신이 아는 범위에서 답한다.
8. 정확하고 알아듣기 쉽게 발음한다.
9. 시작할 때와 마칠 때 공손하게 인사한다.
10. 복장과 용모는 단정하게 한다.

# 2008년도 제10회 소방시설관리사 1차 국가자격시험

| 문제형별 | 시 간 | 시험과목 |
|---|---|---|
| A | 125분 | ① 소방안전관리론 및 화재역학<br>② 소방수리학, 약제화학 및 소방전기<br>③ 소방관련 법령<br>④ 위험물의 성질 · 상태 및 시설기준<br>⑤ 소방시설의 구조 원리 |

| 수험번호 | | 성 명 | |
|---|---|---|---|

【 수험자 유의사항 】

1. **시험문제지**는 단일형별(A형)이며, 답안카드형별 기재란에 표시된 형별(A형)을 확인하시기 바랍니다. 시험문제지의 **총면수**, **문제번호 일련순서**, **인쇄상태** 등을 확인하시고, 문제지 표지에 수험번호와 성명을 기재하시기 바랍니다.
2. 답은 각 문제마다 요구하는 **가장 적합하거나 가까운 답 1개**만 선택하고, 답안카드 작성시 **마킹착오**로 인한 불이익은 전적으로 **수험자에게 책임**이 있음을 알려드립니다.
3. 답안카드는 국가전문자격 공통 표준형으로 문제번호가 1번부터 125번까지 인쇄되어 있습니다. 답안 마킹시에는 반드시 **시험문제지의 문제번호와 동일한 번호**에 마킹하여야 합니다.
4. **감독위원의 지시에 불응하거나 시험시간 종료 후 답안카드를 제출하지 않을 경우** 불이익이 발생할 수 있음을 알려드립니다.
5. 시험문제지는 시험 종료 후 가져가시기 바랍니다.

# 2008. 09. 28. 시행

**제 1 과목** 소방안전관리론 및 화재역학

★★

**01** 다음 중 화재하중을 감소시키는 방법 중 틀린 것은?

① 가연물의 양을 줄인다.
② 불연화율을 낮춘다.
③ 바닥면적을 크게 한다.
④ 방출열량을 작게 한다.

해설 **화재하중**을 **감소**하는 **방법**

(1) **내장재 불연화**(불연화율을 높인다) 보기 ②
(2) **가연물 제거**(가연물의 양을 줄인다) 보기 ①
(3) 바닥면적을 크게 한다. 보기 ③
(4) 방출열량을 작게 한다. 보기 ④

② 낮춘다. → 높인다.

참고

**화재하중**(kg/m²)

(1) 가연물 등의 연소시 건축물의 붕괴 등을 고려하여 설계하는 하중
(2) 화재실 또는 화재구획의 단위면적당 가연물의 양
(3) 일반건축물에서 가연성의 건축구조재와 가연성 수용물의 양으로서 건물화재시 발열량 및 화재위험성을 나타내는 용어
(4) 건물화재에서 가열온도의 정도를 의미한다.
(5) 건물의 내화설계시 고려되어야 할 사항이다.

$$q=\frac{\Sigma G H_1}{H_0 A}=\frac{\Sigma Q}{4500A}$$

여기서, $q$ : 화재하중〔kg/m²〕
$G$ : 가연물의 양〔kg〕
$H_1$ : 가연물의 단위중량당 발열량〔kcal/kg〕
$H_0$ : 목재의 단위중량당 발열량〔kcal/kg〕
$A$ : 바닥면적〔m²〕
$\Sigma Q$ : 가연물의 전체 발열량〔kcal〕

답 ②

★★★

**02** 다음 보기 중 위험도가 작은 것부터 큰 것으로 올바르게 나열한 것은?

18회 문 05
16회 문 11
15회 문 04
12회 문 01
11회 문 05
09회 문 10
07회 문 11
04회 문 15

[보기]
A : 메탄, 하한계 5.0%, 상한계 15.0%
B : 에탄, 하한계 3.0%, 상한계 12.4%
C : 프로판, 하한계 2.1%, 상한계 9.5%
D : 부탄, 하한계 1.8%, 상한계 8.4%

① B－A－C－D
② C－B－A－D
③ A－B－C－D
④ D－A－B－C

해설 **위험도**

$$H=\frac{U-L}{L}$$

여기서, $H$ : 위험도, $U$ : 연소상한계
$L$ : 연소하한계

A(**메탄**) : $H=\frac{15-5.0}{5.0}=2.0$

B(**에탄**) : $H=\frac{12.4-3.0}{3.0}=3.13$

C(**프로판**) : $H=\frac{9.5-2.1}{2.1}=3.52$

D(**부탄**) : $H=\frac{8.4-1.8}{1.8}=3.67$

중요

**공기 중의 폭발한계**(상온, 1atm)

| 가 스 | 하한계〔vol%〕 | 상한계〔vol%〕 |
|---|---|---|
| 아세틸렌($C_2H_2$) | 2.5 | 81 |
| 수소($H_2$) | 4 | 75 |
| 일산화탄소(CO) | 12 | 75 |
| 에테르[($(C_2H_5)_2O$)] | 1.7 | 48 |
| 이황화탄소($CS_2$) | 1 | 50 |
| 에틸렌($CH_2=CH_2$) | 2.7 | 36 |
| 암모니아($NH_3$) | 15 | 25 |
| 메탄($CH_4$) | 5 | 15 |
| 에탄($C_2H_6$) | 3 | 12.4 |
| 프로판($C_3H_8$) | 2.1 | 9.5 |
| 부탄($C_4H_{10}$) | 1.8 | 8.4 |

※ 연소한계＝연소범위＝가연한계＝가연범위＝폭발한계＝폭발범위

답 ③

★★★

## 03 목조건축물에 화재가 발생하여 인근 건축물에 불이 옮겨 붙었다면 주된 원인은?

17회 문 25 / 13회 문 11 / 04회 문 17 / 02회 문 01

① 전도 ② 비화
③ 대류 ④ 복사

해설 **목조건축물**의 **화재원인**

| 종 류 | 설 명 |
|---|---|
| **접염** (화염의 접촉) | 화염 또는 열의 **접촉**에 의하여 불이 다른 곳으로 옮겨 붙는 것 |
| **비화** 보기 ② | 불티가 **바람**에 날리거나 화재현장에서 상승하는 **열기류** 중심에 휩쓸려 원거리 가연물에 착화하는 현상 |
| **복사열** | 복사파에 의하여 열이 **고온**에서 **저온**으로 이동하는 것 |

• 목조건축물=목재건축물

비교

**전달의 종류**

| 종 류 | 설 명 |
|---|---|
| **전도** (Conduction) | 하나의 물체가 다른 물체와 **직접 접촉**하여 열이 이동하는 현상 |
| **대류** (Convection) | **유체**의 **흐름**에 의하여 열이 이동하는 현상 |
| **복사** (Radiation) | ① 화재시 화원과 격리된 인접 가연물에 불이 옮겨 붙는 현상<br>② 열전달 매질이 없이 열이 전달되는 형태<br>③ 열에너지가 **전자파**의 형태로 옮겨지는 현상으로 **가장 크게 작용**한다. |

답 ②

★★★

## 04 다음 중 특수가연물이 아닌 것은?

① 면화류
② 석탄 및 목탄류
③ 고무류 · 플라스틱류
④ 락카퍼티

해설 **화재예방법 시행령 [별표 2]**
특수가연물

| 품 명 | | 수 량 |
|---|---|---|
| 가연성 액체류 | | $2m^3$ 이상 |
| 목재가공품 및 나무부스러기 | | $10m^3$ 이상 |
| 면화류 보기 ① | | 200kg 이상 |
| 나무껍질 및 대팻밥 | | 400kg 이상 |
| 넝마 및 종이부스러기 | | 1000kg 이상 |
| 사류(絲類) | | 1000kg 이상 |
| 볏짚류 | | 1000kg 이상 |
| 가연성 고체류 | | 3000kg 이상 |
| 고무류 · 플라스틱류 보기 ③ | 발포시킨 것 | $20m^3$ 이상 |
| | 그 밖의 것 | 3000kg 이상 |
| 석탄 · 목탄 보기 ② | | 10000kg 이상 |

④ 락카퍼티 : 제2류 위험물

답 ④

★★

## 05 다음 중 굴뚝효과와 관계가 없는 것은?

18회 문 25 / 17회 문 16 / 17회 문 18 / 17회 문 23 / 15회 문 15 / 13회 문 24 / 09회 문 02 / 07회 문 07 / 04회 문 09

① 건물의 높이
② 건물의 내장재 불연화
③ 누설틈새
④ 내 · 외부 온도차

해설 **굴뚝효과**와 **관계있는 것**

(1) 건물의 높이(**고층건물**에서 발생) 보기 ①
(2) 누설틈새 보기 ③
(3) 내 · 외부 온도차 보기 ④
(4) 외벽의 기밀성
(5) 건물의 구획
(6) 건물의 층간 공기 누출
(7) 공조설비

참고

**연기를 이동시키는 요인**

(1) **연돌**(굴뚝)**효과**
(2) 외부에서의 **풍력**의 영향
(3) 온도상승에 의한 증기**팽창**(온도상승에 따른 기체의 팽창)
(4) 건물 내에서의 강제적인 공기이동(공조설비)
(5) 건물 내에서의 **온도차**(기후조건)
(6) 비중차
(7) **부력**

용어

**굴뚝효과**(Stack effect)

(1) 건물 내의 연기가 압력차에 의하여 순식간에 상승하여 상층부로 이동하는 현상
(2) 실내외 공기 사이의 **온도**와 **밀도 차이**에 의해 공기가 건물의 **수직방향**으로 이동하는 현상

답 ②

★★
## 06 다음 중 Fool proof 대책이 아닌 것은?

19회 문 12 / 18회 문 21 / 17회 문 11 / 15회 문 22 / 14회 문 24 / 11회 문 03 / 03회 문 03 / 02회 문 23

① 소화설비 및 경보설비에 위치표시등을 적색으로 하여 쉽게 사용 가능하도록 한다.
② 피난구유도등에 문자 또는 그림을 사용하여 피난자가 쉽게 확인 가능하도록 한다.
③ 피난기구에 사용법을 기재하여 조작자가 쉽게 사용 가능하도록 한다.
④ 양방향 피난이 가능하도록 통로의 양측에 피난로를 확보한다.

해설 **페일 세이프**(Fail safe)와 **풀 프루프**(Fool proof)

| 용 어 | 설 명 |
|---|---|
| **페일 세이프** (Fail safe) | • 한 가지 피난기구가 고장이 나도 다른 수단을 이용할 수 있도록 고려하는 것<br>• 한 가지가 고장이 나도 다른 수단을 이용하는 원칙<br>• **2방향**의 피난통로를 확보한다. |
| **풀 프루프** (Fool proof) | • 피난경로는 **간단명료**하게 한다.<br>• 피난구조설비는 **고정식 설비**를 위주로 설치한다.<br>• 피난수단은 **원시적 방법**에 의한 것을 원칙으로 한다.<br>• 피난통로를 **완전불연화**한다.<br>• 막다른 복도가 없도록 계획한다.<br>• 간단한 **그림**이나 **색채**를 이용하여 표시한다.<br>• **사용법** 기재 및 **표시등**의 **적색** 표시 |

④ Fail safe

답 ④

★★
## 07 다음 중 방화구획은 바닥면적 몇 $m^2$ 이내마다 구획하여야 하는가? (단, 9층인 건축물은 내화구조로 되어 있고 스프링클러설비가 설치되어 있다.)

① 1000 ② 1500
③ 2000 ④ 3000

해설 **건축령 제46조, 피난·방화구조 제14조**
**방화구획의 설치기준**

| 구획 종류 | | 구획단위 |
|---|---|---|
| 층·면적 단위 | 10층 이하의 층 | • 바닥면적 **1000$m^2$**(자동식 소화설비 설치시 **3000$m^2$**) 이내마다 보기 ④ |
| | 11층 이상의 층 | • 바닥면적 **200$m^2$**(자동식 소화설비 설치시 **600$m^2$**) 이내마다<br>• 실내마감을 불연재료로 한 경우 바닥면적 **500$m^2$**(자동식 소화설비 설치시 **1500$m^2$**) 이내마다 |
| 층단위 | | **매층마다 구획**(단, 지하 1층에서 지상으로 직접 연결하는 경사로 부위 제외) |
| 용도 단위 | | 필로티나 그 밖에 이와 비슷한 구조(벽면적의 $\frac{1}{2}$ 이상이 그 층의 바닥면에서 위층 바닥 아래면까지 공간으로 된 것만 해당한다)의 부분을 주차장으로 사용하는 경우 그 부분은 건축물의 다른 부분과 구획할 것 |

비교

**방화벽의 기준**(건축령 제57조, 피난·방화구조 제21조)

| 대상 건축물 | 주요 구조부가 내화구조 또는 불연재료가 아닌 연면적 **1000$m^2$** 이상인 건축물 |
|---|---|
| 구획단지 | 연면적 **1000$m^2$** 미만마다 구획 |
| 방화벽의 구조 | • 내화구조로서 홀로 설 수 있는 구조일 것<br>• 방화벽의 양쪽 끝과 위쪽 끝을 건축물의 외벽면 및 지붕면으로부터 **0.5m** 이상 튀어나오게 할 것<br>• 방화벽에 설치하는 출입문의 너비 및 높이는 각각 **2.5m** 이하로 하고 이에 **60분+방화문** 또는 **60분 방화문**을 설치할 것 |

답 ④

★★
## 08 다음 중 강자성체인 것만으로 묶인 것은?

① 백금, 알루미늄, 철
② 라듐, 세슘, 철
③ 코발트, 니켈, 철
④ 철, 니켈, 크로뮴

해설 **자성체**의 **종류**

| 자성체 | 종 류 | |
|---|---|---|
| 상자성체 | • 알루미늄(Al)<br>• 백금(Pt) | |
| 반자성체 | • 금(Au)<br>• 구리(Cu)<br>• 탄소(C) | • 은(Ag)<br>• 아연(Zn) |
| 강자성체 보기 ③ | • 니켈(Ni)<br>• 망가니즈(Mn) | • 코발트(Co)<br>• 철(Fe) |

답 ③

★★★
## 09 인간은 위험사태가 발생하면 연기나 화염에 대한 공포감 때문에 반사적으로 멀어지려는 경향이 있는데 이를 무슨 본능이라고 하는가?

18회 문 20 / 16회 문 22 / 14회 문 25 / 09회 문 04 / 05회 문 07

① 좌회본능 ② 귀소본능
③ 퇴피본능 ④ 추종본능

해설 **화재발생시 인간의 피난특성**

| 피난 특성 | 설 명 |
|---|---|
| 귀소본능 | ① 피난시 **평소**에 사용하는 **문**, 길, **통로**를 사용하거나 자신이 왔었던 길로 **되돌아가려는** 본능<br>② **친숙한 피난경로**를 선택하려는 행동<br>③ 무의식 중에 **평상시** 사용하는 **출입구**나 **통로**를 사용하려는 행동<br>④ 화재시 본능적으로 원래 왔던 길 또는 늘 사용하는 경로로 탈출하려고 하는 것 |
| 지광본능 | ① 화재시 연기 및 정전 등으로 시야가 흐려질 때 어두운 곳에서 개구부, 조명부 등의 **밝은 빛**을 따르려는 본능<br>② **밝은 쪽**을 지향하는 행동<br>③ 화재의 공포감으로 인하여 **빛**을 따라 외부로 달아나려고 하는 행동 |
| 퇴피본능 보기 ③ | ① 반사적으로 **위험**으로부터 **멀리**하려는 본능<br>② 화염, 연기에 대한 공포감으로 **발화**의 **반대방향**으로 이동하려는 행동<br>③ 화재가 발생하면 확인하려 하고, 그것이 비상사태로 확인되면 **화재**로부터 **멀어지려고** 하는 본능<br>④ 연기, 불의 **차폐물**이 있는 곳으로 도망가거나 숨는다.<br>⑤ **발화점**으로부터 조금이라도 **먼 곳**으로 피난한다. |
| 추종본능 | ① 많은 사람이 달아나는 방향으로 쫓아가려는 행동<br>② 화재시 **최초**로 **행동**을 **개시**한 사람을 따라 전체가 움직이려는 행동 |
| 좌회본능 | **좌측통행**을 하고 **시계반대방향**으로 회전하려는 행동 |
| 폐쇄공간 지향본능 | 가능한 **넓은 공간**을 찾아 **이동**하다가 위험성이 높아지면 의외의 좁은 공간을 찾는 본능 |
| 초능력본능 | 비상시 **상상**도 **못할 힘**을 내는 본능 |
| 공격본능 | **이상심리현상**으로서 구조용 헬리콥터를 부수려고 한다든지 무차별적으로 주변사람과 구조인력 등에게 공격을 가하는 본능 |
| 패닉(Panic) 현상 | 인간의 비이성적인 또는 부적합한 **공포반응행동**으로서 무모하게 높은 곳에서 뛰어내리는 행위라든지, 몸이 굳어서 움직이지 못하는 행동 |

답 ③

★

## 10 정상연소에 대한 정의로 옳은 것은?

① 연소속도가 변화없이 일정하게 연소하는 현상
② 가연성 기체가 대기 중으로 확산되면서 연소하는 현상
③ 가연성 기체와 공기가 혼합되어 연소하는 현상
④ 가연물이 열분해되어 연소하는 현상

해설

| 정상연소 보기 ① | 비정상연소(폭발) |
|---|---|
| 연소속도가 변화없이 **일정**하게 **연소**하는 현상 | 연소에 의한 **열**의 **발생속도**가 열의 발산속도를 능가함에 따라 일어나는 현상 |

답 ①

★★

## 11 블래비 현상의 방지대책이 아닌 것은?

19회 문 06
19회 문 13
18회 문 02
17회 문 06
16회 문 04
13회 문 07
11회 문 16
09회 문 06
08회 문 24
06회 문 15
04회 문 03
03회 문 23

① 열전도도가 좋은 알루미늄판을 사용한다.
② 탱크를 원형으로 설치한다.
③ 탱크를 경사지게 설치한다.
④ 탱크의 내부압력을 감압한다.

해설 **블래비(BLEVE) 현상**의 방지대책
(1) 열전도도가 좋은(큰) 재질 사용 보기 ①
(2) 탱크를 **경사**지게 설치 보기 ③
(3) 탱크의 내부압력 **감압** 보기 ④
(4) 외부단열, 탱크 지하 설치
(5) 고정식 살수설비 설치

중요

**유류탱크, 가스탱크에서 발생하는 현상**

| 여러 가지 현상 | 정 의 |
|---|---|
| **블래비** (BLEVE) | 과열상태의 탱크에서 내부의 액화가스가 분출하여 기화되어 폭발하는 현상 |
| **보일 오버** (Boil over) | ① 중질유의 석유탱크에서 장시간 조용히 연소하다 탱크 내의 잔존 기름이 갑자기 분출하는 현상<br>② 유류탱크에서 탱크 바닥에 물과 기름의 **에멀션**이 섞여 있을 때 이로 인하여 화재가 발생하는 현상<br>③ 연소유면으로부터 100℃ 이상의 열파가 탱크 저부에 고여 있는 물을 비등하게 하면서 연소유를 탱크 밖으로 비산시키며 연소하는 현상 |
| **오일 오버** (Oil over) | 저장탱크에 저장된 유류저장량이 내용적의 50% 이하로 충전되어 있을 때 화재로 인하여 탱크가 폭발하는 현상 |

| 여러 가지 현상 | 정 의 |
|---|---|
| **프로스 오버** (Froth over) | 물이 점성의 뜨거운 기름 표면 아래에서 끓을 때 화재를 수반하지 않고 용기가 넘치는 현상 |
| **슬롭 오버** (Slop over) | ① 물이 연소유의 뜨거운 표면에 들어갈 때 기름 표면에서 화재가 발생하는 현상<br>② 유화제로 소화하기 위한 물이 수분의 급격한 증발에 의하여 액면이 거품을 일으키면서 열유층 밑의 냉유가 급히 열팽창하여 기름의 일부가 불이 붙은 채 탱크벽을 넘어서 일출하는 현상 |

② 탱크의 형태는 무관

답 ②

★★

## 12 다음 중 증기운 폭발을 발생할 수 있는 조건이 아닌 것은?

① 가스누설이 적을 때

② 다량의 가연성 증기를 방출할 때

③ 증기운의 형성이 좋을 때

④ 증기운이 클 때

해설 **증기운 폭발**의 **발생조건**

(1) 가스누설이 많을 때

(2) 다량의 가연성 증기를 방출할 때

(3) 증기운의 형성이 좋을 때

(4) 증기운이 클 때

용어

**증기운 폭발**(VCE ; Vapor Cloud Explosion)
대량의 가연성 물질이 누설되면 발생된 **증기**가 **공기**와 **혼합**하여 **연소범위**를 **형성**할 때 점화원을 만나면 폭발하는 현상

답 ①

★★★

## 13 다음 중 방화구획 방법이 아닌 것은?

① 수직계획 ② 수평계획

③ 동별 구획 ④ 용도별 계획

해설 **방화구획**의 **종류**

(1) 층단위(수직구획, 수직계획)

(2) 용도단위(용도구획, 용도별 계획)

(3) 면적단위(수평구획, 수평계획)

비교

**피난시설의 안전구획**

(1) 1차 안전구획 : **복도**

(2) 2차 안전구획 : **계단부속실**(전실)

(3) 3차 안전구획 : **계단**

※ **계단부속실**(전실) : 계단으로 들어가는 입구부분

답 ③

★

## 14 다음 중 산화제의 특성이 아닌 것은?

① 산소를 잃기 쉽다.

② 수소를 얻기 쉽다.

③ 전자를 잃기 쉽다.

④ 산화수가 감소한다.

해설

| 산화제 | 환원제 |
|---|---|
| ① **산소**를 **잃기** 쉽다.<br>② **수소**를 **얻기** 쉽다.<br>③ **전자**를 **얻기** 쉽다.<br>④ **산화수**가 **감소**한다. | ① 산소를 얻기 쉽다.<br>② 수소를 잃기 쉽다.<br>③ 전자를 잃기 쉽다.<br>④ 산화수가 증가한다. |

비교

| 산화(Oxidation) | 환원(Reduction) |
|---|---|
| • 산화수 증가<br>• 전자 잃음<br>• 산소 얻음 | • 산화수 감소<br>• 전자 얻음<br>• 산소 잃음 |

용어

| 산 화 | 환 원 |
|---|---|
| 원자 · 분자 · 이온 등이 전자를 잃는 것 | 원자 · 분자 · 이온 등이 전자를 얻는 것 |

답 ③

★★★

## 15 다음 중 연소속도에 영향을 주는 요인이 아닌 것은?

17회 문 09

① 공기비 ② 산소농도

③ 인화점 ④ 활성화에너지

해설 **연소속도**에 **영향**을 주는 **요인**

(1) 공기비 보기①

(2) 산소농도 보기②

(3) 활성화에너지 보기④

(4) 발열량

(5) 연소상태

(6) 압력

(7) 가연물의 온도

※ **산화속도**는 가연물이 산소와 반응하는 속도이므로 **연소속도**와 직접적인 관계가 있다.

답 ③

★★★
### 16 다음과 같은 혼합물의 연소하한계값은? (단, 프로판 70%, 부탄 20%, 에탄 10%로 혼합되었으며 각 가스의 연소하한계는 프로판 2.1, 부탄 1.8, 에탄 3.0이다.)

17회 문 05
14회 문 01
05회 문 05
04회 문 13

① 2.10 ② 3.10
③ 4.10 ④ 5.10

해설 **혼합가스**의 **연소하한계**

$$\frac{100}{L}=\frac{V_1}{L_1}+\frac{V_2}{L_2}+\frac{V_3}{L_3}+\cdots+\frac{V_n}{L_n}$$

여기서, $L$ : 혼합가스의 연소하한계〔vol%〕
$L_1,\ L_2,\ L_3, L_n$ : 가연성 가스의 연소하한계〔vol%〕
$V_1,\ V_2,\ V_3,\ V_n$ : 가연성 가스의 용량〔vol%〕

**혼합가스**의 **연소하한계**는

$$\frac{100}{L}=\frac{V_1}{L_1}+\frac{V_2}{L_2}+\frac{V_3}{L_3}=\frac{70}{2.1}+\frac{20}{1.8}+\frac{10}{3.0}$$

$$\therefore\ L=\frac{100}{\frac{70}{2.1}+\frac{20}{1.8}+\frac{10}{3.0}}≒2.1\%$$

• 연소하한계=폭발하한계

답 ①

★★
### 17 점화상태에서 연료가스의 분출속도가 연소속도보다 클 때 주위의 공기의 유동이 심하여 화염이 노즐에서 연소하지 못하고 떨어져서 화염이 꺼지는 현상은?

18회 문 03
16회 문 03
02회 문 12

① 블로오프 ② 리프트
③ 백파이어 ④ 플래시오버

해설 **연소상**의 **문제점**

(1) **백파이어**(Back fire, 역화) : 가스가 노즐에서 분출되는 속도가 연소속도보다 느려져 버너 내부에서 연소하게 되는 현상

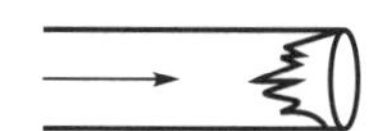

| 백파이어 |

• 혼합가스의 유출속도<연소속도

(2) **리프트**(Lift, 불꽃뜨임) : 가스가 노즐에서 나가는 속도가 연소속도보다 빠르게 되어 불꽃이 버너의 노즐에서 떨어져서 연소하게 되는 현상

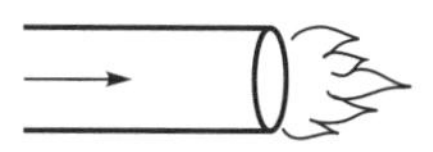

| 리프트 |

• 혼합가스의 유출속도>연소속도

(3) **블로오프**(Blowoff) : 리프트상태에서 불이 꺼지는 현상

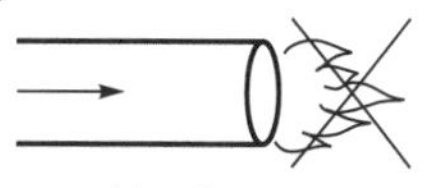

| 블로오프 |

※ **플래시오버**(Flash over) : 화재로 인하여 실내의 온도가 급격히 상승하여 화재가 순간적으로 실내 전체에 확산되어 연소되는 현상

답 ①

★★★
### 18 다음 중 발화점이 낮아지는 이유가 아닌 것은?

① 산소와 친화력이 좋을수록
② 발열량이 클수록
③ 압력이 높을수록
④ 증기압이 높을수록

해설 **발화점**이 낮아지는 이유

(1) 증기압이 낮을 때 보기 ④
(2) 습도가 낮을 때
(3) 분자구조가 복잡할 때
(4) 압력, 화학적 활성도가 클 때 보기 ③
(5) 산소와의 친화력이 좋을 때 보기 ①
(6) 발열량이 클 때 보기 ②

④ 높을수록 → 낮을수록

답 ④

★★
### 19 특수가연물 중 가연성 고체류가 아닌 것은?

① 고체로서 인화점이 40℃ 이상 100℃ 미만인 것
② 고체로서 인화점이 100℃ 이상 200℃ 미만이고, 연소열량이 8000cal/g 이상인 것
③ 고체로서 인화점이 200℃ 이상이고 연소열량이 8000cal/g 이상이며, 녹는점(융점)이 100℃ 미만인 것
④ 1기압과 20℃ 초과 40℃ 이하에서 고상인 것으로서 녹는점(융점)이 40℃ 미만인 것

10회

해설 **화재예방법 시행령 [별표 2]**
**가연성 고체류**
(1) 고체로서 인화점이 40~100℃ 미만인 것
(2) 고체로서 인화점이 100~200℃ 미만이고, 연소열량이 8kcal/g 이상인 것
(3) 고체로서 인화점이 200℃ 이상이고 연소열량이 8kcal/g 이상인 것으로서 녹는점(융점)이 100℃ 미만인 것
(4) 고체로서 1기압과 20℃ 초과 40℃ 이하에서 액상인 것으로서 인화점이 70~200℃ 미만인 것

※ **특수가연물** : 화재가 발생하면 그 확대가 빠른 물품

답 ④

★★
## 20 다음 중 최소착화에너지(MIE)가 낮아지는 조건이 아닌 것은?

19회 문 01 / 17회 문 07 / 12회 문 22 / 02회 문 14

① 압력을 높인다.
② 표면적을 넓게 한다.
③ 산소의 농도를 높인다.
④ 연소범위 상한계 근처로 한다.

해설 **최소착화에너지**(MIE)가 낮아지는 조건
(1) 온도와 압력이 높을 때 보기 ①
(2) 산소의 농도가 높을 때 보기 ③
(3) 표면적이 넓을 때 보기 ②

• 최소착화에너지=최소발화에너지

중요

**최소발화에너지가 극히 작은 것**
(1) 수소($H_2$) — 0.02mJ
(2) 아세틸렌($C_2H_2$) — 0.02mJ
(3) 메탄($CH_4$) — 0.3mJ
(4) 에탄($C_2H_5$) — 0.3mJ
(5) 프로판($C_3H_8$) — 0.3mJ
(6) 부탄($C_4H_{10}$) — 0.3mJ

※ **최소발화에너지**(MIE ; Minimum Ignition Energy)
① 국부적으로 온도를 높이는 전기불꽃과 같은 점화원에 의해 점화될 때의 에너지 최소값
② 가연성 물질이 공기와 혼합되어 있는 상태에서 착화시켜 연소가 지속되기 위한 최소에너지

답 ④

★★
## 21 연소범위에 대한 설명 중 옳은 것은?

15회 문 09

① 이산화탄소를 가연성 가스에 혼합하면 연소범위가 넓어진다.
② 질소를 가연성 가스에 혼합하면 연소범위가 넓어진다.
③ 온도가 내려가면 연소범위가 넓어진다.
④ 압력이 증가하면 연소범위가 넓어진다.

해설 **연소범위**의 **온도**와 **압력**에 따른 변화
(1) 온도가 낮아지면 좁아진다.
(2) 압력이 상승하면 넓어진다. 보기 ④
(3) 불활성 기체(**질소**·**이산화탄소** 등)를 첨가하면 좁아진다.
(4) 일산화탄소(CO)·수소($H_2$)는 압력이 상승하면 좁아진다.

④ 압력이 상승(증가)하면 연소범위가 넓어진다.

참고

**연소범위와 같은 의미**
(1) 폭발한계 (2) 폭발범위
(3) 연소한계 (4) 가연한계
(5) 가연범위

답 ④

★
## 22 다음 연소에 대한 설명 중 틀린 것은?

① 예혼합연소는 가연성 기체와 공기가 미리 혼합된 상태에서 연소가 진행된다.
② 확산연소는 기체의 연소이다.
③ 예혼합연소는 밀폐된 배관 내에서 발생한다.
④ 확산연소는 폭발로 전이된다.

해설 **예혼합연소**와 **확산연소**

| 예혼합연소 | 확산연소 |
|---|---|
| 가연성 기체와 공기가 **미리 혼합**된 상태에서 연소가 진행되는 것 보기 ① | 가연성 기체와 공기가 서로 **확산·혼합**하면서 연소하는 것 |
| 기체의 연소 보기 ② | 기체의 연소 |
| 밀폐된 배관 내에서 발생 보기 ③ | 용기 내의 **석유**나 **알코올**이 연소할 때 발생 |
| 폭발로 전이됨 | 폭발로 전이되지 않음 보기 ④ |

중요

| 고체가연물 연소 | 액체가연물 연소 | 기체가연물 연소 |
|---|---|---|
| ① 표면연소<br>② 분해연소<br>③ 증발연소<br>④ 자기연소 | ① 분해연소<br>② 증발연소<br>③ 액적연소 | ① 예혼합연소<br>② 확산연소 |

참고

| 연소형태 | 종 류 |
|---|---|
| 표면연소 | • 숯, 코크스<br>• 목탄, 금속분 |
| 분해연소 | • 석탄, 종이<br>• 플라스틱, 목재<br>• 고무, 중유<br>• 아스팔트 |
| 증발연소 | • 황, 왁스<br>• 파라핀, 나프탈렌<br>• 가솔린, 등유<br>• 경유, 알코올, 아세톤 |
| 자기연소 | • 나이트로글리세린<br>• 나이트로셀룰로오스(질화면)<br>• TNT, 피크린산 |
| 액적연소 | • 벙커C유 |
| 확산연소 | • 메탄($CH_4$), 암모니아($NH_3$)<br>• 아세틸렌($C_2H_2$)<br>• 일산화탄소(CO)<br>• 수소($H_2$) |

답 ④

★★
## 23 다음 중 정전기 대전현상에 대한 설명으로 틀린 것은?

15회 문 31

① 마찰대전은 물체가 마찰할 때 접촉위치가 이동하고 전하가 분리되는 현상
② 박리대전은 접촉되어 있는 물체가 벗겨질 때 전하분리가 일어나는 현상
③ 적하대전은 액체가 파이프 호스 내를 흐를 때 전하분리가 일어나는 현상
④ 충돌대전은 액체 분체가 충돌할 때 발생하는 현상

해설 **정전기 대전현상**

| 종 류 | 설 명 |
|---|---|
| 마찰대전 | 물체가 **마찰**할 때 접촉위치가 이동하고 전하가 분리되는 현상 보기 ① |
| 박리대전 | 접촉되어 있는 물체가 **벗겨질 때** 전하분리가 일어나는 현상 보기 ② |
| 유동대전 | 액체가 파이프 호스 내를 **흐를 때** 전하분리가 일어나는 현상 |
| 충돌대전 | 액체 분체가 **충돌**할 때 발생하는 현상 보기 ④ |
| 분출대전 | 액체·기체·고체 등이 작은 분출구를 통해 공기 중으로 **분출**될 때 발생하는 현상 |
| 파괴대전 | 고체·분체류 등이 **파괴**될 때 발생하는 현상 |
| 교반대전 | 액체가 **교반**에 의해 **진동**을 하게 될 때 발생하는 현상 |
| 침강대전 | 액체 등의 불순물이 **침강**하게 되어 발생하는 현상 |

답 ③

★★
## 24 다음 빈칸에 알맞은 말을 고르면?

> 연면적이 $1000m^2$ 이상인 목조의 건축물은 그 외벽 및 처마 밑의 연소할 우려가 있는 부분을 (　　)로 하되, 그 지붕은 (　　)로 하여야 한다.

① 방화구조 – 불연재료
② 내화구조 – 불연재료
③ 방화구조 – 난연재료
④ 내화구조 – 난연재료

해설 **피난·방화구조 제22조**
연면적이 $1000m^2$ 이상인 목조의 건축물은 그 **외벽** 및 **처마 밑**의 **연소할 우려가 있는 부분**을 **방화구조**로 하되, 그 **지붕**은 **불연재료**로 하여야 한다.

답 ①

★★★
## 25 화재시 중질유 탱크에서 장시간 조용히 연소하다가 탱크의 잔존기름이 갑자기 분출(Over flow)하는 현상을 무엇이라 하는가?

① 보일오버
② 슬롭오버
③ 프로스오버
④ 플래시오버

해설 문제 11 참조

보일오버(Boil over) 보기 ①

(1) 중질유의 석유탱크에서 장시간 조용히 연소하다 탱크 내의 잔존기름이 갑자기 분출하는 현상
(2) 유류탱크에서 탱크 바닥에 물과 기름의 **에멀션**이 섞여 있을 때 이로 인하여 화재가 발생하는 현상
(3) 연소유면으로부터 100℃ 이상의 열파가 탱크저부에 고여 있는 물을 비등하게 하면서 연소유를 탱크 밖으로 비산시키며 연소하는 현상

답 ①

## 제 2 과목 소방수리학 · 약제화학 및 소방전기

★★★
### 26 다음 중 수격작용을 방지하기 위한 대책으로 틀린 것은?

17회 문 33 / 09회 문 30 / 02회 문 48 / 02회 문116

① 관경을 작게 한다.
② 플라이 휠(Fly wheel)을 설치한다.
③ 수격방지기를 설치한다.
④ 밸브조작을 서서히 한다.

해설 **수격작용**(Water hammering)의 **방지대책**

(1) 관로의 관경을 크게 한다. 보기 ①
(2) 관로 내의 유속을 낮게 한다(관로에서 일부 고압수를 방출한다).
(3) 조압수조(Surge tank)를 설치하여 적정압력을 유지한다.
(4) **플라이 휠**(Fly wheel)을 설치한다. 보기 ②
(5) 펌프 송출구 가까이에 밸브를 설치한다.
(6) **에어챔버**(Air chamber)를 설치한다.
(7) **수격방지기**(WHC)를 설치한다. 보기 ③
(8) 밸브조작을 서서히 한다. 보기 ④

비교

**맥동현상**(Surging)의 **방지대책**
(1) 배관 중의 불필요한 수조를 없앤다.
(2) 배관 내의 기체(공기)를 제거한다.
(3) 유량조절밸브를 배관 중 **수조**의 **전방**에 설치한다.
(4) 운전점을 고려하여 적합한 펌프를 선정한다.
(5) **풍량** 또는 **토출량**을 줄인다.

답 ①

★★★
### 27 제1종 분말약제인 중탄산나트륨의 850℃에서의 열분해 반응식으로 맞는 것은?

① $2NaHCO_3 \rightarrow 2NaCO + CO_2 + H_2O - Q$ 〔kcal〕
② $2NaHCO_3 \rightarrow Na_2O + 2CO_2 + H_2O - Q$ 〔kcal〕
③ $2NaHCO_3 \rightarrow Na_2O + CO_2 + H_2O - Q$ 〔kcal〕
④ $2NaHCO_3 \rightarrow Na_2CO_2 + CO_2 + 2H_2O - Q$ 〔kcal〕

해설 **분말소화약제**

| 종 류 | 주성분 | 열분해 반응식 |
|---|---|---|
| 제1종 | 중탄산나트륨 ($NaHCO_3$) | • 270℃ : $2NaHCO_3 \rightarrow Na_2CO_3 + CO_2 + H_2O$<br>• 850℃ : $2NaHCO_3 \rightarrow Na_2O + 2CO_2 + H_2O$ |
| 제2종 | 중탄산칼륨 ($KHCO_3$) | • 190℃ : $2KHCO_3 \rightarrow K_2CO_3 + CO_2 + H_2O$<br>• 590℃ : $2KHCO_3 \rightarrow K_2O + 2CO_2 + H_2O$ |
| 제3종 | 인산암모늄 ($NH_4H_2PO_4$) | • 190℃ : $NH_4H_2PO_4 \rightarrow H_3PO_4 + NH_3$<br>• 215℃ : $2H_3PO_4 \rightarrow H_4P_2O_7 + H_2O$<br>• 300℃ 이상 : $H_4P_2O_7 \rightarrow 2HPO_3 + H_2O$<br>• 250℃ 이상 : $2HPO_3 \rightarrow P_2O_5 + H_2O$ |
| 제4종 | 중탄산칼륨 + 요소($KHCO_3$ + $(NH_2)_2CO$) | • $2KHCO_3 + (NH_2)_2CO \rightarrow K_2CO_3 + 2NH_3 + 2CO_2$ |

답 ②

★★
### 28 다음 분말소화약제 중 기준 약제량이 틀린 것은?

19회 문118 / 19회 문122 / 16회 문107 / 15회 문112 / 13회 문109 / 10회 문118 / 05회 문104 / 04회 문117 / 02회 문115

① 1종 $-$ 0.6kg/$m^3$
② 2종 $-$ 0.42kg/$m^3$
③ 3종 $-$ 0.36kg/$m^3$
④ 4종 $-$ 0.24kg/$m^3$

해설 **분말소화설비**(전역방출방식)의 **약제량**

| 종 별 | 약제량 | 개구부 가산량 (자동폐쇄장치 미설치시) |
|---|---|---|
| 제1종 보기 ① | 0.6kg/m³ | 4.5kg/m² |
| 제2·3종 보기 ③ | 0.36kg/m³ | 2.7kg/m² |
| 제4종 보기 ④ | 0.24kg/m³ | 1.8kg/m² |

② 2종－0.36kg/m³

답 ②

★★
## 29 표준상태에서 60m³의 용적을 가진 이산화탄소 가스를 액화하여 얻을 수 있는 액화탄산가스의 무게(kg)는 얼마인가?

① 110 ② 117.8
③ 127 ④ 130

해설 (1) **분자량**

| 원 소 | 원자량 |
|---|---|
| H | 1 |
| C | 12 |
| N | 14 |
| O | 16 |

$CO_2 = 12 + 16 \times 2 = 44$

(2) **표준상태**(0℃, 1atm)

44kg : 22.4m³=무게 : 60m³

무게×22.4m³=44kg×60m³

$$\text{무게} = \frac{44\text{kg} \times 60\text{m}^3}{22.4\text{m}^3} \fallingdotseq 117.8\text{kg}$$

- 기체(가스) 1g-mol이 차지하는 부피 : 22.4L
- 기체(가스) 1kg-mol이 차지하는 부피 : 22.4m³

답 ②

★★★
## 30 자체 인덕턴스가 20mH인 코일에 2A의 전류가 흘렀을 때 이 코일에 저장되는 에너지(J)는?

19회 문 44
15회 문 44
14회 문 45
13회 문 44

① 0.02J ② 0.04J
③ 0.06J ④ 0.08J

해설 **코일**에 **축적**되는 **에너지**

$$W = \frac{1}{2}LI^2 = \frac{1}{2}IN\phi\,[\text{J}]$$

여기서, $W$ : 코일의 축적에너지[J]
$L$ : 자기인덕턴스[H]
$I$ : 전류[A]
$N$ : 코일권수
$\phi$ : 자속[Wb]

**코일**의 **축적에너지** $W$는

$$W = \frac{1}{2}LI^2 = \frac{1}{2} \times (20 \times 10^{-3}) \times 2^2 = 0.04\text{J}$$

비교

**정전에너지**

$$W = \frac{1}{2}QV = \frac{1}{2}CV^2 = \frac{Q^2}{2C}\,[\text{J}]$$

여기서, $W$ : 정전에너지[J]
$Q$ : 전하[C]
$V$ : 전압[V]
$C$ : 정전용량[F]

답 ②



★★★
## 31 촉진제로 휘발유를 사용하여 목재에 화재가 발생하였다. 화재의 종류는?

19회 문 09
18회 문 06
16회 문 19
15회 문 03
14회 문 03
13회 문 06

① A급 화재 ② B급 화재
③ C급 화재 ④ D급 화재

해설

| 화재종류 | 표시색 | 적응물질 |
|---|---|---|
| 일반화재(**A급**) 보기 ① | 백색 | • 일반가연물(목재) |
| 유류화재(**B급**) | 황색 | • 가연성 액체(휘발유)<br>• 가연성 가스 |
| 전기화재(**C급**) | 청색 | • 전기설비 |
| 금속화재(**D급**) | 무색 | • 가연성 금속 |
| 주방화재(**K급**) | － | • 식용유화재 |

• 최근에는 색을 표시하지 않음

① 연소 후 재가 남으므로 **A급 화재**이다.

중요

| A급 화재 | 연소 후 재가 남는 화재 |
|---|---|
| B급 화재 | 연소 후 재가 남지 않는 화재 |

답 ①

★★★
## 32 다음 중 알칼리금속이 포함되어 있지 않은 분말소화약제는 무엇인가?

① 제1종 분말소화약제
② 제2종 분말소화약제
③ 제3종 분말소화약제
④ 제4종 분말소화약제

해설 **알칼리금속**

(1) 리튬(Li)
(2) 나트륨(Na)
(3) 칼륨(K)
(4) 루비듐(Rb)
(5) 세슘(Cs)

중요

**분말소화약제**

| 종 별 | 분자식 | 착 색 | 적응 화재 | 비 고 |
|---|---|---|---|---|
| 제1종 | 중탄산나트륨 ($NaHCO_3$) | 백색 | BC급 | **식용유** 및 **지방질유**의 화재에 적합 |
| 제2종 | 중탄산칼륨 ($KHCO_3$) | 담자색 (담회색) | BC급 | - |
| 제3종 | 제1인산암모늄 ($NH_4H_2PO_4$) | 담홍색 | ABC급 | **차고·주차장**에 적합 |
| 제4종 | 중탄산칼륨+요소 ($KHCO_3+(NH_2)_2CO$) | 회(백)색 | BC급 | - |

기억법 1식분(일식분식)
3분 차주(삼보컴퓨터 차주)

답 ③

★
## 33 펌프에서 사용하는 안내깃의 역할이 맞는 것은?

① 속도수두를 압력수두로 변환시킨다.
② 위치수두를 압력수두로 변환시킨다.
③ 속도수두를 위치수두로 변환시킨다.
④ 압력수두를 속도수두로 변환시킨다.

해설 **안내날개** 보기 ①

임펠러의 바깥쪽에 설치되어 있으며, 임펠러에서 얻은 물의 **속도수두**를 **압력수두**로 변환시키는 역할을 한다.

• 안내깃=안내날개=가이드베인

중요

**원심펌프**

| 벌류트펌프 | 터빈펌프 |
|---|---|
| 안내깃이 없고, **저양정**에 적합한 펌프 | 안내깃이 있고, **고양정**에 적합한 펌프 |

답 ①

★★★
## 34 10층인 판매시설에 스프링클러설비가 설치되어 있다. 이때 펌프의 효율이 70%이고 여유율이 1.1, 배관 내의 마찰손실이 10m, 흡입양정이 5m, 토출양정이 80m일 때 펌프동력(kW)은?

19회 문104
19회 문108
18회 문113
18회 문123
17회 문106
14회 문103
11회 문111
10회 문112

① 45.5kW
② 58.5kW
③ 64.7kW
④ 75.8kW

해설 (1) **토출량(유량)**

$$Q = N \times 80 \text{[L/min]}$$

여기서, $Q$ : 토출량[L/min]
$N$ : 폐쇄형 헤드의 기준개수(설치개수가 기준개수보다 작으면 그 설치개수)

유량 $Q$는

$Q = N \times 80\text{L/min} = 30 \times 80\text{L/min} = 2400\text{L/min}$

참고

**폐쇄형 헤드의 기준개수**

| 특정소방대상물 | | 폐쇄형 헤드의 기준개수 |
|---|---|---|
| 지하가·지하역사 | | 30 |
| 11층 이상 | | 30 |
| 10층 이하 | 공장(특수가연물) | 30 |
| 10층 이하 | 판매시설(백화점 등), 복합건축물(판매시설이 설치된 것) | 30 |
| 10층 이하 | 근린생활시설, 운수시설, 복합건축물(판매시설 미설치) | 20 |
| 10층 이하 | 8m 이상 | 20 |
| 10층 이하 | 8m 미만 | 10 |
| 공동주택(아파트 등) | | 10(각 동이 주차장으로 연결된 주차장 : 30) |

(2) **전양정**

$$H = h_1 + h_2 + 10$$

여기서, $H$ : 전양정〔m〕

$h_1$ : 배관 및 관부속품의 마찰손실수두〔m〕

$h_2$ : 실양정(흡입양정+토출양정)〔m〕

**전양정** $H$는

$H = h_1 + h_2 + 10$

$= 10 + (5 + 80) + 10 = 105\text{m}$

(3) **전동력**

$$P = \frac{0.163QH}{\eta}K$$

여기서, $P$ : 전동력〔kW〕

$Q$ : 유량〔$m^3$/min〕

$H$ : 전양정〔m〕

$K$ : 전달계수

$\eta$ : 효율

**펌프동력**(전동력) $P$는

$P = \frac{0.163QH}{\eta}K$

$= \frac{0.163 \times 2400\text{L/min} \times 105\text{m}}{0.7} \times 1.1$

$= \frac{0.163 \times 2.4\text{m}^3\text{/min} \times 105\text{m}}{0.7} \times 1.1$

$\fallingdotseq 64.7\text{kW}$

답 ③

★★

**35** 16회 문 38 **15℃의 물 1kg이 100℃의 수증기가 될 때 열량은 얼마인가? (단, 물의 비열 1kcal/kg·℃, 수증기 비열 0.6kcal/kg·℃, 증발잠열 539kcal/kg이다.)**

① 624kcal ② 724kcal

③ 824kcal ④ 924kcal

해설 **열량**

$$Q = mc\Delta T + rm$$

여기서, $Q$ : 열량〔kcal〕

$m$ : 질량〔kg〕

$c$ : 물의 비열〔kcal/kg·℃〕

$\Delta T$ : 온도차〔℃〕

$r$ : 기화열〔kcal〕

**열량** $Q$는

$Q = mc\Delta T + rm$

=1kg×1kcal/kg·℃×(100−15)℃

+539kcal/kg×1kg

=624kcal

※ 수증기 비열은 적용되지 않는다. 주의하라!

답 ①

★★★

**36** **다음 중 레이놀즈수를 구하는 공식으로 옳은 것은?**

| 배관직경 $d$, 절대점도 $\mu$, 유속 $V$, 밀도 $\rho$ |
|---|

① $\frac{dV\rho}{\mu}$ ② $\frac{d\mu}{\rho}$

③ $\frac{d\mu^2}{2g}$ ④ $\rho V^2$

해설 **레이놀즈수**

$$Re = \frac{DV\rho}{\mu} = \frac{DV}{\nu}$$

여기서, $Re$ : 레이놀즈수

$D$ : 내경〔m〕

$V$ : 유속〔m/s〕

$\rho$ : 밀도〔kg/$m^3$〕

$\mu$ : 점도〔g/cm·s〕

$\nu$ : 동점성계수$\left(\frac{\mu}{\rho}\right)$〔$cm^2$/s〕

답 ①

★★

**37** **다음 그림과 같이 벤투리관에 물이 흐르고 있다. 단면 1과 단면 2의 면적비가 2이고 압력수두차가 $\Delta H$일 때 단면 2에서의 유속은 얼마인가? (단, 손실은 무시한다.)**

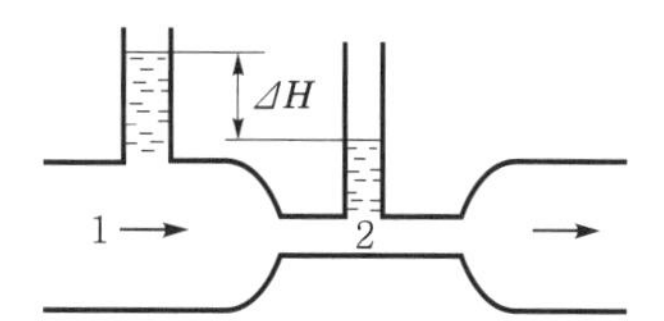


① $\sqrt{\frac{2g\Delta H}{3}}$ ② $\sqrt{2g\Delta H}$

③ $2\sqrt{\frac{2g\Delta H}{3}}$ ④ $\sqrt{\frac{3g\Delta H}{2}}$

해설 (1) **벤투리미터**(Venturi meter)

$$Q = C\frac{A_2}{\sqrt{1-m^2}}\sqrt{\frac{2g(\gamma_s - \gamma)}{\gamma}R}$$

여기서, $Q$ : 유량〔$m^3$/s〕

$C$ : 유량계수

10회

$A_2$ : 출구면적〔m²〕
$g$ : 중력가속도(9.8m/s²)
$\gamma_s$ : 비중량(수은의 비중량 133.28kN/m³)
$\gamma$ : 비중량(물의 비중량 9.8kN/m³)
$R$ : 마노미터 읽음〔m〕
$m$ : $\dfrac{A_2}{A_1}=\left(\dfrac{D_2}{D_1}\right)^2$
$A_1$ : 입구면적〔m²〕
$D_1$ : 입구직경〔m〕
$D_2$ : 출구직경〔m〕

(2) **오리피스**(Orifice)

$$\Delta p = p_2 - p_1 = R(\gamma_s - \gamma)$$

여기서, $\Delta p$ : U자관 마노미터의 압력차〔Pa〕
$p_2$ : 출구압력〔Pa〕
$p_1$ : 입구압력〔Pa〕
$R$ : 마노미터 읽음〔m〕
$\gamma_s$ : 비중량(수은의 비중량 133.28kN/m³)
$\gamma$ : 비중량(물의 비중량 9.8kN/m³)

(3) **압력수두차**

$$\Delta H = \frac{\Delta p}{\gamma}$$

여기서, $\Delta H$ : 압력수두차〔m〕
$\Delta p$ : 압력차〔kPa〕
$\gamma$ : 비중량(물의 비중량 9.8kN/m³)

(4) **유량**

$$Q = AV$$

여기서, $Q$ : 유량〔m³/s〕
$A$ : 단면적〔m²〕
$V$ : 유속〔m/s〕

손실이 무시되므로 $C=1$

$$\Delta H = \frac{\Delta p}{\gamma} = \frac{R(\gamma_s - \gamma)}{\gamma}$$

**단면 2**에서의 **유속** $V_2$는

$$V_2 = \frac{Q}{A_2} = \frac{\dfrac{A_2}{\sqrt{1-m^2}}\sqrt{\dfrac{2g(\gamma_s-\gamma)}{\gamma}R}}{A_2}$$

$$= \frac{1}{\sqrt{1-m^2}}\sqrt{\frac{2g(\gamma_s-\gamma)}{\gamma}R}$$

$$= \frac{1}{\sqrt{1-m^2}}\sqrt{2g\Delta H}$$

$$= \frac{1}{\sqrt{1-\left(\dfrac{1}{2}\right)^2}}\sqrt{2g\Delta H}$$

$$= 2\sqrt{\frac{2g\Delta H}{3}}$$

답 ③

★★★
**38** 다음 중 물의 밀도 단위가 아닌 것은?

① 1g/cm³ ② 1000kg·s/m⁴
③ 1000kg/m³ ④ 1000N·s²/m⁴

해설 물의 **밀도**

$\rho$=1g/cm³=1000kg/m³
=1000N·s²/m⁴=102kgf·s²/m⁴

답 ②

★★★
**39** 다음 중 모세관현상에서 액면이 상승하는 경우는?

19회 문 27
15회 문 33

① 응집력보다 부착력이 클 때
② 부착력보다 응집력이 클 때
③ 비중이 클 때
④ 증기압이 클 때

해설 **모세관현상**(Capillarity in tube)

(1) 액체와 고체가 접촉하면 상호 **부착**하려는 **성질**을 갖는데 이 **부착력**과 액체의 **응집력**의 **상대적 크기**에 의해 일어나는 현상
(2) 액체 속에 가는 관을 넣으면 액체가 상승 또는 하강하는 현상

$$h = \frac{4\sigma\cos\theta}{\gamma D}$$

여기서, $h$ : 상승높이〔m〕
$\sigma$ : 표면장력〔N/m〕
$\theta$ : 각도
$\gamma$ : 비중량〔N/m³〕
$D$ : 관의 내경〔m〕

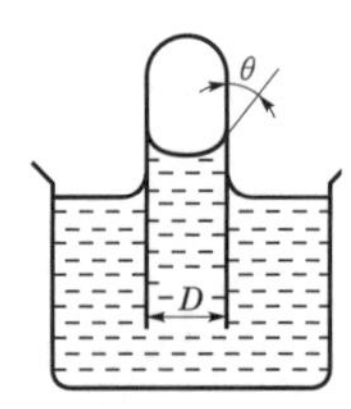

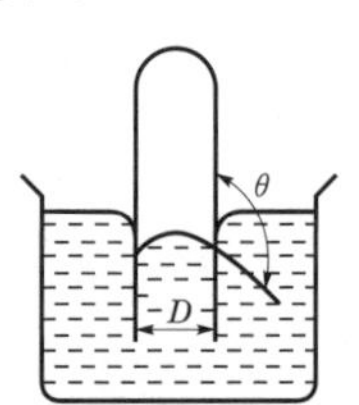


(a) 물($H_2O$) 응집력<부착력 (b) 수은(Hg) 응집력>부착력

‖ 모세관현상 ‖

중요

| 모세관현상 | |
|---|---|
| 액면 상승 | 액면 하강 |
| 응집력<부착력 | 응집력>부착력 |

답 ①

★★★

**40** 스프링클러헤드의 방수압이 0.1MPa일 때 방사량이 200L/min이었다면, 방수압이 0.4MPa일 때 방사량은 얼마인가?

① 200L/min ② 400L/min
③ 600L/min ④ 800L/min

해설 **방수량**(방사량)

$$Q=K\sqrt{10P}$$

여기서, $Q$ : 방수량〔L/min〕
$K$ : 방출계수
$P$ : 방수압〔MPa〕

**방출계수** $K$는

$$K=\frac{Q}{\sqrt{10P}}=\frac{200\text{L/min}}{\sqrt{10\times 0.1\text{MPa}}}=200$$

**방수량**(방사량) $Q$는

$$Q=K\sqrt{10P}$$
$$=200\sqrt{10\times 0.4\text{MPa}}$$
$$=400\text{L/min}$$

비교

**방수량**(방사량)

$$Q=0.653D^2\sqrt{10P}$$

여기서, $Q$ : 방수량〔L/min〕
$D$ : 관의 내경〔mm〕
$P$ : 방수압〔MPa〕

답 ②

★★★

**41** 다음 중 상사법칙이 틀린 것은?

18회 문 18
18회 문125
17회 문108
16회 문124
15회 문101
13회 문102
12회 문 34
07회 문109
08회 문102

① $P_2=P_1\times\left(\frac{N_2}{N_1}\right)^4$

② $Q_2=Q_1\times\left(\frac{N_2}{N_1}\right)$

③ $H_2=H_1\times\left(\frac{D_2}{D_1}\right)^2$

④ $P_2=P_1\times\left(\frac{D_2}{D_1}\right)^5$

해설 **유량·양정·축동력**(관경 $D_1$, $D_2$ 또는 회전수 $N_2$, $N_1$은 생략 가능)

(1) **유량**(풍량)

$$Q_2=Q_1\left(\frac{N_2}{N_1}\right)\left(\frac{D_2}{D_1}\right)^3$$

또는

$$Q_2=Q_1\left(\frac{N_2}{N_1}\right)$$

(2) **양정**(정압)

$$H_2=H_1\left(\frac{N_2}{N_1}\right)^2\left(\frac{D_2}{D_1}\right)^2$$

또는

$$H_2=H_1\left(\frac{N_2}{N_1}\right)^2$$

(3) **축동력**

$$P_2=P_1\left(\frac{N_2}{N_1}\right)^3\left(\frac{D_2}{D_1}\right)^5$$

또는

$$P_2=P_1\left(\frac{N_2}{N_1}\right)^3$$

여기서, $Q_2$ : 변경 후 유량(풍량)〔m$^3$/min〕
$Q_1$ : 변경 전 유량(풍량)〔m$^3$/min〕
$H_2$ : 변경 후 양정(정압)〔m〕
$H_1$ : 변경 전 양정(정압)〔m〕
$P_2$ : 변경 후 축동력〔kW〕
$P_1$ : 변경 전 축동력〔kW〕
$N_2$ : 변경 후 회전수〔rpm〕
$N_1$ : 변경 전 회전수〔rpm〕
$D_2$ : 변경 후 관경〔mm〕
$D_1$ : 변경 전 관경〔mm〕

① $P_2=P_1\times\left(\frac{N_2}{N_1}\right)^3$

답 ①

★★

**42** 다음 조건에서 열량은?

| 시간=10초, 전류=12A, 저항=2Ω |
|---|

① 590cal ② 690cal
③ 790cal ④ 890cal

10회

해설 **발열량**(열량)

$$H=0.24Pt=0.24I^2Rt=0.24VIt$$

여기서, $H$ : 발열량〔cal〕
$P$ : 전력〔W〕
$I$ : 전류〔A〕
$R$ : 저항〔Ω〕
$V$ : 전압〔V〕
$t$ : 시간〔s〕

**발열량**(열량) $H$는

$H=0.24I^2Rt=0.24\times12^2\times2\times10 \fallingdotseq 690\text{cal}$

답 ②

★★★

## 43 다음 피드백회로에서 등가이득은?

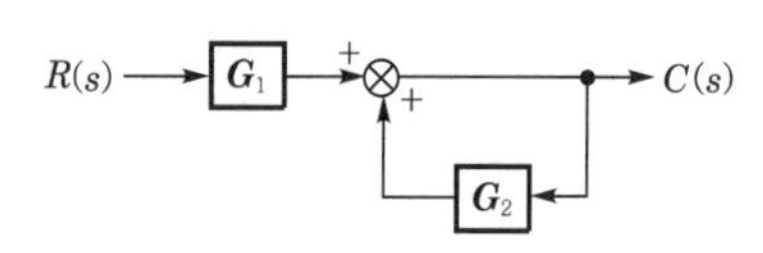


① $G_2/(1-G_2)$ ② $G_1+G_2/(G_1)$
③ $G_1/(1-G_2)$ ④ $G_1G_2/(1/G_2)$

해설 **전달함수**(등가이득)

$RG_1+CG_2=C$

$RG_1=C-CG_2$

$RG_1=C(1-G_2)$

$\frac{G_1}{(1-G_2)}=\frac{C}{R}$

$\frac{C}{R}=\frac{G_1}{(1-G_2)}$

※ **전달함수** : 모든 초기값을 0으로 하였을 때 출력신호의 라플라스 변환과 입력신호의 라플라스 변환의 비

답 ③

★★

## 44 다음 중 Y종 절연저항온도는?

① 90° ② 120°
③ 155° ④ 180°

해설 **절연물**의 **허용온도**

| 절연의 종류 | Y | A | E | B | F | H | C |
|---|---|---|---|---|---|---|---|
| 최고허용 온도〔℃〕 | 90 | 105 | 120 | 130 | 155 | 180 | 180℃ 초과 |

답 ①

★★

## 45 다음 중 3단자 단방향 신호인 것은?

① SSS ② TRIAC
③ SCR ④ SCS

해설 **소자**

| 명 칭 | 기 능 | 심 벌 |
|---|---|---|
| SSS | 2단자 양방향 소자 | $T_1$, $T_2$ |
| TRIAC | 3단자 양방향 소자 | $T_1$, $T_2$, $G$ |
| SCR 보기 ③ | 3단자 단방향 소자 | $A$, $K$, $G$ |
| SCS | 4단자 단방향 소자 | $G_1$, $A$, $K$, $G_2$ |

답 ③

★★

## 46 무부하 전압이 230kV이고 전부하 전압이 220kV일 때 전압변동률은?

① 3.54 ② 4.54
③ 5.54 ④ 6.54

해설 **전압변동률**

$$\delta=\frac{V_{R0}-V_R}{V_R}\times100$$

여기서, $\delta$ : 전압변동률〔%〕
$V_{R0}$ : 무부하 출력전압〔V〕
$V_R$ : 부하(전부하) 출력전압〔V〕

**전압변동률** $\delta$는

$\delta=\frac{V_{R0}-V_R}{V_R}\times100=\frac{230-220}{220}\times100 \fallingdotseq 4.54\%$

비교

**전압강하율**

$$\varepsilon=\frac{V_S-V_R}{V_R}\times100$$

여기서, $\varepsilon$ : 전압강하율〔%〕
$V_S$ : 입력전압〔V〕
$V_R$ : 출력전압〔V〕

답 ②

★★
## 47 한쪽이 여자되면 다른 쪽은 동작되지 않도록 하는 회로는?

① 자기유지회로
② Y－△ 기동회로
③ 정역회로
④ 인터록회로

해설 **시퀀스회로**

| 회 로 | 설 명 |
|---|---|
| 자기유지회로 보기 ① | 푸시버튼스위치 등의 순간동작으로 만들어진 입력신호가 제거되어도 **동작**을 **계속 지켜주는 회로** |
| Y－△ 기동회로 보기 ② | 전동기의 **기동전류**를 **감소**시키기 위하여 기동시에는 Y결선, 운전시에는 △결선으로 운전시키는 회로 |
| 정역회로 보기 ③ | 전동기를 **정회전** 및 **역회전**시킬 수 있는 회로 |
| 인터록회로 | **한쪽**이 **여자**되면 **다른 쪽**은 **동작**되지 **않도록** 하는 회로 |

답 ④

★
## 48 다음 회로도에서 전류값은?

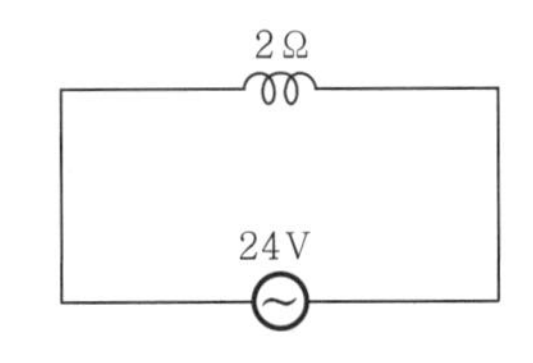


① 10A ② 12A
③ 24A ④ 2A

해설 **전류**

$$I=\frac{V}{X_L}$$

여기서, $I$ : 전류[A]
$V$ : 전압[V]
$X_L$ : 유도리액턴스[Ω]

**전류** $I$는

$$I=\frac{V}{X_L}=\frac{24}{2}=12\text{A}$$

답 ②

★★
## 49 다음의 전압강하값은 얼마인가?

19회 문105

- 단상 2선식 배선굵기 $2.0\text{mm}^2$
- 선로길이 100m
- 전류 10A

① 15.6V ② 17.8V
③ 18.8V ④ 20.2V

해설 **전선 단면적**의 **계산**

| 전기방식 | 전선 단면적 |
|---|---|
| 단상 2선식 | $A=\frac{35.6LI}{1000e}$ |
| 3상 3선식 | $A=\frac{30.8LI}{1000e}$ |
| 단상 3선식, 3상 4선식 | $A=\frac{17.8LI}{1000e'}$ |

여기서, $A$ : 전선 단면적[mm²]
$L$ : 선로길이[m]
$I$ : 전부하 전류[A]
$e$ : 각 선간의 전압강하[V]
$e'$ : 각 선간의 1선과 중성선 사이의 전압강하[V]

단상 2선식

**전압강하** $e$는

$$e=\frac{35.6LI}{1000A}$$
$$=\frac{35.6\times100\times10}{1000\times2}=17.8\text{V}$$

비교

**전압강하**

(1) 단상 2선식

$$e=V_s-V_r=2IR$$

(2) 3상 3선식

$$e=V_s-V_r=\sqrt{3}IR$$

여기서, $e$ : 전압강하[V]
$V_s$ : 입력전압[V]
$V_r$ : 출력전압[V]
$I$ : 전류[A]
$R$ : 저항[Ω]

답 ②

10회

★

## 50 다음 중 전선의 구비조건이 아닌 것은 어느 것인가?

① 기계적 강도가 클 것
② 저항률이 클 것
③ 가요성이 풍부할 것
④ 중량이 작을 것

해설 **전선**의 **구비조건**

(1) **도전율**이 클 것
(2) 저항률이 작을 것 **보기 ②**
(3) **내구성**이 좋을 것
(4) 비중이 작을 것
(5) **기계적 강도**가 클 것 **보기 ①**
(6) 가설이 쉽고 가격이 저렴할 것
(7) 가요성이 풍부할 것 **보기 ③**
(8) 중량이 작을 것 **보기 ④**

답 ②

# 제 3 과목 소방관련법령



★★★

## 51 다음 중 1급 소방안전관리대상물에 선임될 수 없는 사람은?

① 소방설비기사 자격을 가진 사람
② 소방공무원으로 3년 이상 근무한 경력이 있는 사람
③ 1급 소방안전관리자시험을 합격한 사람
④ 소방설비산업기사 자격을 가진 사람

해설 **화재예방법 시행령 [별표 4]**

(1) **특급 소방안전관리대상물**의 **소방안전관리자 선임조건**

| 자 격 | 경 력 | 비 고 |
|---|---|---|
| • 소방기술사<br>• 소방시설관리사 | 경력 필요 없음 | 특급 소방안전관리자 자격증을 받은 사람 |
| • 1급 소방안전관리자(소방설비기사) | 5년 | |
| • 1급 소방안전관리자(소방설비산업기사) | 7년 | |
| • 소방공무원 | 20년 | |
| • 소방청장이 실시하는 특급 소방안전관리대상물의 소방안전관리에 관한 시험에 합격한 사람 | 경력 필요 없음 | |

(2) **1급 소방안전관리대상물**의 **소방안전관리자 선임조건**

| 자 격 | 경 력 | 비 고 |
|---|---|---|
| • 소방설비기사 · 소방설비산업기사 | 경력 필요 없음 | 1급 소방안전관리자 자격증을 받은 사람 |
| • 소방공무원 | 7년 | |
| • 소방청장이 실시하는 1급 소방안전관리대상물의 소방안전관리에 관한 시험에 합격한 사람 | 경력 필요 없음 | |
| • 특급 소방안전관리대상물의 소방안전관리자 자격이 인정되는 사람 | | |

(3) **2급 소방안전관리대상물**의 **소방안전관리자 선임조건**

| 자 격 | 경 력 | 비 고 |
|---|---|---|
| • 위험물기능장 · 위험물산업기사 · 위험물기능사 | 경력 필요 없음 | 2급 소방안전관리자 자격증을 받은 사람 |
| • 소방공무원 | 3년 | |
| • 소방청장이 실시하는 2급 소방안전관리대상물의 소방안전관리에 관한 시험에 합격한 사람 | 경력 필요 없음 | |
| • 「기업활동 규제완화에 관한 특별조치법」에 따라 소방안전관리자로 선임된 사람(소방안전관리자로 선임된 기간으로 한정) | | |
| • 특급 또는 1급 소방안전관리대상물의 소방안전관리자 자격이 인정되는 사람 | | |

(4) **3급 소방안전관리대상물**의 **소방안전관리자 선임조건**

| 자 격 | 경 력 | 비 고 |
|---|---|---|
| • 소방공무원 | 1년 | 3급 소방안전관리자 자격증을 받은 사람 |
| • 소방청장이 실시하는 3급 소방안전관리대상물의 소방안전관리에 관한 시험에 합격한 사람 | 경력 필요 없음 | |
| • 「기업활동 규제완화에 관한 특별조치법」에 따라 소방안전관리자로 선임된 사람(소방안전관리자로 선임된 기간으로 한정) | | |
| • 특급 소방안전관리대상물, 1급 소방안전관리대상물 또는 2급 소방안전관리대상물의 소방안전관리자 자격이 인정되는 사람 | | |

② 소방공무원으로 **7년** 이상 근무한 경력이 있는 사람

답 ②

★
## 52 소방시설공사업자가 소방시설공사를 마친 때에는 완공검사를 받아야 하는데 소방관서에서 현장확인할 수 있는 대상물이 아닌 것은?

19회 문 57
09회 문 65
03회 문 70

① 16층 아파트
② 노유자시설
③ 지하상가
④ 스프링클러설비 등이 설치되는 특정소방대상물

해설 **공사업령 제5조**
**완공검사를 위한 현장확인 대상 특정소방대상물**
(1) **수**련시설
(2) **노**유자시설
(3) **문**화 및 집회시설, **운**동시설
(4) **종**교시설
(5) **판**매시설
(6) **숙**박시설
(7) **창**고시설
(8) 지하**상**가
(9) 다중이용업소
(10) 다음에 해당하는 설비가 설치되는 특정소방대상물
① **스프링클러설비** 등
② **물분무등소화설비**(호스릴방식 제외)
(11) 연면적 **10000m²** 이상이거나 **11층** 이상인 특정소방대상물(아파트 제외)
(12) 가연성가스를 제조·저장 또는 취급하는 시설 중 지상에 노출된 가연성 가스탱크의 저장용량 합계가 **1000t** 이상인 시설

기억법 **문종판 노수운 숙창상현**

답 ①

★★★
## 53 위험물제조소에 설치되는 환기설비에 대한 설치기준으로 틀린 것은?

18회 문 88
14회 문 89
12회 문 72
11회 문 81
11회 문 88
10회 문 76
09회 문 76
07회 문 86
04회 문 78

① 환기는 자연배기방식으로 할 것
② 급기구는 실의 바닥면적 $150m^2$마다 1개 이상으로 할 것
③ 급기구는 높은 곳에 설치하고 인화방지망을 설치할 것
④ 환기구는 지붕 위 또는 지상 2m 이상의 높이에 회전식 루프팬방식으로 할 것

해설 **위험물규칙 [별표 4]**
**위험물제조소의 환기설비**

(1) 환기는 **자연배기방식**으로 할 것
(2) 급기구는 바닥면적 **150m²**마다 1개 이상으로 하되, 그 크기는 **800cm²** 이상일 것

| 바닥면적 | 급기구의 면적 |
|---|---|
| 60m² 미만 | 150cm² 이상 |
| 60~90m² 미만 | 300cm² 이상 |
| 90~120m² 미만 | 450cm² 이상 |
| 120~150m² 미만 | 600cm² 이상 |

(3) 급기구는 **낮은 곳**에 설치하고, 가는 눈의 구리망 등으로 **인화방지망**을 설치할 것
(4) 환기구는 지붕 위 또는 지상 **2m** 이상의 높이에 **회전식 고정 벤틸레이터** 또는 **루프팬방식**으로 설치할 것

답 ③

★★
## 54 다음 설명 중 옳은 것은?

① 지하구의 구조는 폭 1.8m 이상, 높이 2m 이상이고, 길이 50m 이상이어야 한다.
② 방화구조는 철망모르타르로서 그 바름두께가 3cm 이상인 것이다.
③ 내화구조는 벽의 경우 철근콘크리트조로서 두께가 8cm 이상인 것이다.
④ 방화벽의 경우 방화벽의 양쪽 끝과 위쪽 끝을 건축물의 외벽면 및 지붕면으로부터 0.3m 이상 튀어나오게 해야 한다.

해설 **소방시설법 시행령 [별표 2]**
**지하구의 규격**
(1) 폭 : **1.8m** 이상
(2) 높이 : **2m** 이상
(3) 길이 : **50m** 이상

① 지하구 : 폭 **1.8m** 이상, 높이 **2m** 이상이고, 길이 **50m** 이상
② 방화구조는 철망모르타르로서 그 바름두께가 **2cm** 이상
③ 내화구조는 벽의 경우 철근콘크리트조로서 두께가 **10cm** 이상
④ 방화벽의 경우 방화벽의 양쪽 끝과 위쪽 끝을 건축물의 외벽면 및 지붕면으로부터 **0.5m** 이상 튀어나오게 할 것

답 ①

★★
## 55 다음 중 판매취급소의 기준으로서 틀린 것은?

19회 문 98
17회 문 99
16회 문 97
15회 문 98
14회 문 91
11회 문 84
03회 문 93

① 건축물의 1층에 설치할 것
② 게시판 및 표지판은 제조소에 준할 것
③ 위험물을 배합하는 실의 경우 $6m^2$ 이하일 것
④ 건축물의 부분은 내화구조 또는 불연재료로 할 것

**해설** **위험물규칙 [별표 14]**
**판매취급소의 설치기준**

(1) 건축물의 **1층**에 설치할 것 보기 ①
(2) 건축물의 부분은 **내화구조** 또는 **불연재료**로 할 것 보기 ④
(3) 배합하는 실의 설치기준
① 바닥면적은 **6~15m$^2$** 이하일 것 보기 ③
② **내화구조** 또는 **불연재료**로 된 벽으로 구획할 것
③ 바닥은 위험물이 침투하지 아니하는 구조로 하여 적당한 경사를 두고 **집유설비**를 할 것
④ 출입구에는 수시로 열 수 있는 **자동폐쇄식**의 60분+방화문, 60분 방화문을 설치할 것
⑤ 출입구 문턱의 높이는 바닥면으로부터 **0.1m** 이상으로 할 것
⑥ 내부에 체류한 가연성의 증기 또는 가연성의 미분을 지붕 위로 방출하는 설비를 할 것

③ 위험물을 배합하는 실의 경우 **6~15m$^2$** 이하일 것

답 ③

10회

★★★
## 56 무창층에 대한 설명 중 틀린 것은?

① 무창층이란 개구부 면적의 합계가 바닥면적의 1/30 이하가 되는 층
② 개구부의 크기가 지름 50cm 이상의 원이 통과할 수 있을 것
③ 개구부는 도로 또는 차량이 진입할 수 있는 빈터를 향할 것
④ 해당 층의 바닥면으로부터 개구부 밑부분까지의 높이가 1.5m 이내일 것

**해설** **소방시설법 시행령 제2조**
**무창층**

(1) **무창층**의 **정의** : 지상층 중 기준에 의한 개구부의 면적의 합계가 해당 층의 바닥면적의 $\frac{1}{30}$ 이하가 되는 층 보기 ①
(2) **무창층**의 **개구부**의 **기준**
① 개구부의 크기가 지름 50cm 이상의 원이 통과할 수 있을 것 보기 ②
② 해당 층의 바닥면으로부터 개구부 밑부분까지의 높이가 1.2m 이내일 것 보기 ④
③ 개구부는 **도로** 또는 **차량**이 진입할 수 있는 **빈터**를 향할 것 보기 ③
④ 화재시 건축물로부터 **쉽게 피난**할 수 있도록 개구부에 창살, 그 밖의 장애물이 설치되지 아니할 것
⑤ 내부 또는 외부에서 **쉽게 부수거나 열 수** 있을 것

기억법 무125

답 ④

★★★
## 57 소화용수설비의 설치기준으로서 옳은 것은?

16회 문 51
08회 문 66

① 저수조의 경우 지면으로부터 낙차가 4.5m 이하이고 흡수부분의 수심이 0.5m 이상일 것
② 주거지역, 상업지역에 설치하는 경우 수평거리를 140m 이하가 되도록 설치할 것
③ 소방용수시설의 유지관리책임자는 소방본부장 또는 소방서장이다.
④ 저수조에 물을 공급하는 방법은 상수도에 연결하여 수동으로 급수되는 구조일 것

**해설** **기본규칙 [별표 3]**
**소방용수시설의 저수조의 설치기준**

(1) 낙차 : **4.5m** 이하 보기 ①
(2) 수심 : **0.5m** 이상 보기 ①
(3) 투입구의 길이 또는 지름 : **60cm** 이상
(4) 소방펌프자동차가 **쉽게 접근**할 수 있도록 할 것
(5) 흡수에 지장이 없도록 **토사** 및 **쓰레기** 등을 제거할 수 있는 설비를 갖출 것
(6) 저수조에 물을 공급하는 방법은 **상수도**에 연결하여 **자동**으로 **급수**되는 구조일 것

① 저수조의 경우 지면으로부터 낙차가 **4.5m** 이하이고 흡수부분의 수심이 **0.5m** 이상일 것
② 주거지역, 상업지역에 설치하는 경우 수평거리를 **100m** 이하가 되도록 설치할 것
③ 소방용수시설의 유지관리책임자는 **시·도지사**이다.
④ 저수조에 물을 공급하는 방법은 상수도에 연결하여 **자동**으로 급수되는 구조일 것

답 ①

★★★
## 58 소방체험관의 설립·운영권자는?

15회 문 54
13회 문 51
11회 문 52

① 행정안전부장관
② 소방청장
③ 시·도지사
④ 소방본부장 및 소방서장

해설 기본법 제5조
설립과 운영

| 구 분 | 소방박물관 | 소방체험관 |
|---|---|---|
| 설립·운영자 | 소방청장 | 시·도지사 |
| 설립·운영사항 | 행정안전부령 | 시·도의 조례 |

답 ③

★★
**59** 다음 중 소방시설업의 등록을 할 수 있는 사람은?

① 피성년후견인
② 금고 이상의 실형의 집행유예를 선고받고 그 유예기간 중에 있는 사람
③ 소방기본법에 따른 금고 이상의 형의 집행유예선고를 받고 그 유예기간이 종료된 후 2년이 지나지 아니한 사람
④ 등록하고자 하는 소방시설업의 등록이 취소된 날부터 2년이 지나지 아니한 사람

해설 **공사업법 제5조**
**소방시설업의 등록결격사유**
(1) 피성년후견인
(2) 금고 이상의 실형을 선고받고 그 집행이 끝나거나(집행이 끝난 것으로 보는 경우 포함) 면제된 날부터 **2년**이 지나지 아니한 자
(3) 금고 이상의 형의 집행유예를 선고받고 그 **유예기간** 중에 있는 사람 보기 ③
(4) 등록취소 후 **2년**이 지나지 아니한 자
(5) **법인**의 **대표자**가 위 (1)~(4)에 해당되는 경우
(6) **법인**의 **임원**이 위 (2)~(4)에 해당되는 경우

답 ③

★★
**60** 다음 중 관리의 권원이 분리된 특정소방대상물이 아닌 것은?

① 복합건축물
② 지하가
③ 권원이 분리된 3개 동의 16층 이상 공동주택
④ 전통시장

해설 **화재예방법 제35조, 화재예방법 시행령 제35조**
**관리의 권원이 분리된 특정소방대상물**
(1) 복합건축물(지하층을 제외한 **11층** 이상 또는 연면적 **30000m²** 이상인 건축물) 보기 ①
(2) 지하가(지하의 인공구조물 안에 설치된 상점 및 사무실, 그 밖에 이와 비슷한 시설이 연속하여 지하도에 접하여 설치된 것과 그 지하도를 합한 것) 보기 ②
(3) **도매시장, 소매시장** 및 **전통시장** 보기 ④

답 ③

★★★
**61** 다음 소방시설별 하자보수 보증기간이 틀린 것은?

18회 문 56
14회 문 57
09회 문 57
08회 문 64
06회 문 73
03회 문 74

① 자동소화장치 : 3년
② 비상콘센트설비 : 3년
③ 비상경보설비 : 2년
④ 옥내소화전설비 : 2년

해설 **공사업령 제6조**
**소방시설공사의 하자보수 보증기간**

| 보증기간 | 소방시설 |
|---|---|
| 2년 | • **유**도등 · **유**도표지 · **피**난기구<br>• **비**상**조**명등 · 비상**경**보설비 · 비상**방**송설비 보기 ③<br>• **무**선통신보조설비<br>기억법 유비조경방무피2(유비조경방무피투) |
| 3년 | • 자동소화장치 보기 ①<br>• 옥내 · 외소화전설비 보기 ④<br>• 스프링클러설비 · 간이스프링클러설비<br>• 물분무등소화설비 · 상수도소화용수설비<br>• 자동화재탐지설비 · 소화활동설비(무선통신보조설비 제외)<br>• 소화활동설비<br>– **연**결송수관설비<br>– **연**결살수설비<br>– **연**소방지설비<br>– **무**선통신보조설비<br>– **제**연설비<br>– **비**상**콘**센트설비 보기 ②<br>기억법 3연무제비콘 |

④ 옥내소화전설비 : 3년

답 ④

★★★
**62** 다음 중 소방용품을 제조하고자 하는 자가 소방청장의 형식승인을 받지 않아도 되는 것은?

17회 문 64
12회 문 54
03회 문 72

① 옥내소화전함 ② 피난사다리
③ 유수제어밸브 ④ 단독경보형 감지기

해설 **소방시설법 시행령 제6조**
**소방용품 제외대상**
(1) 주거용 주방자동소화장치용 소화약제
(2) 가스자동소화장치용 소화약제
(3) 분말자동소화장치용 소화약제
(4) 고체에어로졸 자동소화장치용 소화약제
(5) 소화약제 외의 것을 이용한 간이소화용구
(6) 휴대용 비상조명등
(7) 유도표지
(8) 벨용 푸시버튼스위치
(9) 피난밧줄
(10) 옥내소화전함 **보기 ①**
(11) 방수구

답 ①

★★
## 63 다음 조건의 경우 수용인원수는?

19회 문 11
16회 문 10
15회 문 21
11회 문 59
09회 문 56
06회 문 74

[조건]
- 종업원수 : 30명
- 침대가 없는 숙박시설로서 바닥면적 $800m^2$

① 287명 ② 297명
③ 350명 ④ 450명

해설 **소방시설법 시행령 [별표 7]**
**수용인원의 산정방법**

| 특정소방대상물 | | 산정방법 |
|---|---|---|
| • 숙박시설 | 침대가 있는 경우 | 종사자수+침대수 |
| | 침대가 없는 경우 | 종사자수+ $\frac{\text{바닥면적 합계}}{3m^2}$ |
| • 강의실 • 교무실 • 상담실 • 실습실 • 휴게실 | | $\frac{\text{바닥면적 합계}}{1.9m^2}$ |
| • 기타 | | $\frac{\text{바닥면적 합계}}{3m^2}$ |
| • 강당 • 문화 및 집회시설, 운동시설 | | $\frac{\text{바닥면적 합계}}{4.6m^2}$ |

$$\text{수용인원}=\text{종사자수}+\frac{\text{바닥면적 합계}}{3m^2}$$
$$=30\text{명}+\frac{800m^2}{3m^2}$$
$$\fallingdotseq 297\text{명}$$

답 ②

★★
## 64 다음 설명 중 틀린 것은?

① 소방안전관리자를 선임·해임하였을 경우 소방본부장 또는 소방서장에게 14일 이내에 신고하여야 한다.
② 소방시설업의 등록증, 등록수첩의 발급 등의 미비서류보완기간은 10일 이내이다.
③ 소방시설업의 등록증, 등록수첩의 재발급신청서 처리기간은 3일 이내이다.
④ 소방안전관리자 해임시 30일 이내에 재선임하여야 한다.

해설 **화재예방법 제26조**
**소방안전관리자의 선임**
(1) 선임신고 : **14일** 이내
(2) 신고대상 : **소방본부장 · 소방서장**

① **해임**은 의무신고사항이 아니다.

답 ①

★★★
## 65 다음 중 소방시설업에 대한 행정처분으로 1차 위반시 등록이 취소되는 사항은?

19회 문 59
16회 문 64
15회 문 57
12회 문 57
11회 문 72
11회 문 73
09회 문 64
09회 문 66
07회 문 61
07회 문 63
04회 문 69
04회 문 74

① 기술인력 및 자본금이 등록기준에 미달한 경우
② 장비등록기준에 미달한 경우
③ 거짓 또는 그 밖의 부정한 방법으로 등록을 한 경우
④ 등록수첩을 다른 사람에게 빌려준 경우

해설 **공사업규칙 [별표 1]**
**소방시설업의 행정처분기준**

| 행정처분 | 위반사항 |
|---|---|
| 1차 영업정지 1월 | ① **화재안전기준** 등에 적합하게 설계·시공을 하지 않거나 부적합하게 감리<br>② 공사감리자의 **인수 · 인계**를 기피·거부·방해<br>③ **감리원**의 공사현장 미배치 또는 거짓배치<br>④ 하수급인에게 대금 미지급 |
| 1차 영업정지 6월 | ① 다른 자에게 자기의 성명이나 상호를 사용하여 소방시설공사 등을 수급 또는 시공하게 하거나 소방시설업의 등록증 또는 등록수첩을 빌려준 경우<br>② 소방시설공사 등의 업무수행 등을 **고의** 또는 **과실**로 **위반**하여 다른 자에게 **상해**를 입히거나 **재산피해**를 입힌 경우 |

| 행정처분 | 위반사항 |
|---|---|
| 1차 등록취소 | ① **부정한 방법**으로 등록한 경우 보기 ③<br>② **등록결격사유**에 해당한 경우<br>③ **영업정지기간** 중에 소방시설공사 등을 한 경우 |

답 ③

★★
## 66 위험물탱크 용적의 산정기준에서 ( ) 안에 알맞은 말은?

> 위험물을 저장 또는 취급하는 탱크의 용량은 해당 탱크의 ( )에서 ( )을 뺀 용적으로 한다.

① 공간용적, 내용적
② 내용적, 공간용적
③ 최대저장량, 안전용량
④ 최대저장량, 내용적

해설 **위험물규칙 제5조** 보기 ②
위험물을 저장 또는 취급하는 탱크의 용량은 해당 탱크의 **내용적**에서 **공간용적**을 **뺀 용적**으로 한다.

※ **탱크**의 **용량**
=탱크의 내용적－탱크의 공간용적

답 ②

★★★
## 67 다음 중 소방신호의 신호방법으로 틀린 것은?

16회 문 52

① 타종신호로 경계신호는 1타와 연 2타를 반복한다.
② 사이렌신호로 해제신호는 1분간 1회이다.
③ 사이렌신호로 발화신호는 5초 간격으로 30초씩 3회이다.
④ 타종신호로 훈련신호는 연 3타를 반복한다.

해설 **기본규칙 [별표 4]**
**소방신호표**

| 신호방법 / 종 별 | 타종신호 | 사이렌신호 |
|---|---|---|
| 경계신호 | **1타**와 연 **2타**를 반복 보기 ① | **5초** 간격을 두고 **30초**씩 **3회** |
| 발화신호 | **난타** | **5초** 간격을 두고 **5초**씩 **3회** 보기 ③ |
| 해제신호 | 상당한 간격을 두고 **1타**씩 반복 | **1분**간 **1회** 보기 ② |
| 훈련신호 | **연 3타** 반복 보기 ④ | **10초** 간격을 두고 **1분**씩 **3회** |

③ 사이렌신호로 **발화신호**는 **5초** 간격을 두고 **5초**씩 **3회**이다.

답 ③

★★
## 68 소방시설관리업의 등록을 위하여 소방시설관리사의 결격사유가 아닌 것은?

① 피성년후견인
② 금고 이상의 선고를 받고 종료 후 2년이 지나지 아니한 사람
③ 형의 집행유예를 받고 그 기간 중에 있는 사람
④ 파산자로서 복권되지 아니한 사람

해설 **소방시설법 제27조**
**소방시설관리사의 결격사유**
(1) 피성년후견인 보기 ①
(2) 금고 이상의 실형을 선고받고 그 집행이 끝나거나(집행이 끝난 것으로 보는 경우 포함) 집행이 면제된 날부터 **2년**이 지나지 아니한 사람 보기 ②
(3) 금고 이상의 형의 집행유예를 선고받고 그 **유예기간** 중에 있는 사람 보기 ③
(4) 자격취소 후 **2년**이 지나지 아니한 사람

답 ④

★★★
## 69 다음 중 소방신호에 대한 설명으로 옳은 것은?

① 화재시 경계신호를 발할 수 있다.
② 화재가 발생할 우려가 있을 경우 발화신호를 할 수 있다.
③ 소화활동 중에 해제신호를 할 수 있다.
④ 소방대 비상소집시 훈련신호를 할 수 있다.

해설 **기본규칙 제10조**
**소방신호의 종류**

| 종 류 | 설 명 |
|---|---|
| 경계신호 | 화재예방상 필요하다고 인정되거나 화재위험경보시 발령 |
| 발화신호 | 화재가 발생한 때 발령 |
| 해제신호 | 소화활동이 필요 없다고 인정되는 때 발령 |
| 훈련신호 | 훈련상 필요하다고 인정되는 때 발령 |

① 화재시 **발화신호**를 발할 수 있다.
② 화재가 발생할 우려가 있을 경우 **경계신호**를 발할 수 있다.
③ 소화활동이 필요 없다고 인정되는 때 **해제신호**를 할 수 있다.
④ 소방대 비상소집시 **훈련신호**를 할 수 있다.

답 ④

★★
**70** 화재를 진압하고 인명구조활동을 위하여 사용되는 소화활동설비로 옳은 것은?

19회 문 62 / 17회 문110 / 16회 문 58 / 12회 문 61 / 10회 문120 / 09회 문 70 / 06회 문 52 / 02회 문 55

① 비상경보설비 ② 자동화재속보설비
③ 인명구조기구 ④ 비상콘센트설비

해설 **소방시설법 시행령 [별표 1]**
**소화활동설비**
(1) **연결송수관**설비
(2) **연결살수**설비
(3) **연소방지**설비
(4) **무선통신보조**설비
(5) **제연**설비
(6) **비상콘센트**설비 보기 ④

①, ② 경보설비
③ 피난구조설비
④ 소화활동설비

용어
**소화활동설비**
화재를 진압하거나 인명구조활동을 위하여 사용하는 설비

답 ④

★★★
**71** 다음 중 소방본부장 또는 소방서장의 명령 및 권한이 아닌 것은?

17회 문 53 / 16회 문 54 / 03회 문 53 / 02회 문 53

① 화재예방강화지구 지정
② 모닥불, 흡연 등 화기의 취급
③ 풍등 등 소형열기구 날리기
④ 용접·용단 등 불꽃을 발생시키는 행위

해설 **화재예방법 제17조**
**소방관서장의 명령사항**
(1) 모닥불, 흡연 등 화기의 취급 보기 ②
(2) 풍등 등 소형열기구 날리기 보기 ③
(3) 용접·용단 등 불꽃을 발생시키는 행위 보기 ④

중요
**화재예방법 제2조, 제18조**
화재예방강화지구의 지정
(1) **지정권자** : 시·도지사
(2) **지정지역**
① **시장**지역
② **공장·창고**가 밀집한 지역
③ **목조건물**이 밀집한 지역
④ 노후·불량 건축물이 밀집한 지역
⑤ **위험물**의 **저장** 및 **처리시설**이 **밀집**한 지역
⑥ **석유화학제품**을 생산하는 공장이 있는 지역
⑦ 「산업입지 및 개발에 관한 법률」에 따른 산업단지
⑧ **소방시설·소방용수시설** 또는 **소방출동로**가 **없는** 지역
⑨ 「물류시설의 개발 및 운영에 관한 법률」에 따른 물류단지
⑩ **소방청장, 소방본부장** 또는 **소방서장**(소방관서장)이 화재예방강화지구로 지정할 필요가 있다고 인정하는 지역

기억법 강시

※ **화재예방강화지구** : 시·도지사가 화재 발생 우려가 크거나 화재가 발생할 경우 피해가 클 것으로 예상되는 지역에 대하여 화재의 예방 및 안전관리를 강화하기 위해 지정·관리하는 지역

답 ①

★★★
**72** 다음 중 방염성능기준이 틀린 것은?

17회 문 62 / 16회 문 63 / 12회 문 58 / 09회 문 55

① 버너의 불꽃을 제거한 때부터 불꽃을 올리며 연소하는 상태가 그칠 때까지의 시간이 20초 이내
② 버너의 불꽃을 제거한 때부터 불꽃을 올리지 아니하고 연소하는 상태가 그칠 때까지의 시간이 30초 이내
③ 탄화한 면적은 $20cm^2$, 탄화길이 20cm 이내
④ 불꽃의 접촉횟수는 3회 이상

해설 **소방시설법 시행령 제31조**
**방염성능기준**
(1) 잔염시간 : **20초** 이내 보기 ①
(2) 잔진시간(잔신시간) : **30초** 이내 보기 ②
(3) 탄화길이 : **20cm** 이내 보기 ③
(4) 탄화면적 : **$50cm^2$** 이내 보기 ③
(5) 불꽃 접촉횟수 : **3회** 이상 보기 ④
(6) 최대연기밀도 : **400** 이하

③ 탄화한 면적은 **$50cm^2$** 이내, 탄화길이는 **20cm** 이내

용어

(1) **잔염시간** : 버너의 불꽃을 제거한 때부터 불꽃을 올리며 연소하는 상태가 그칠 때까지의 시간
(2) **잔진시간(잔신시간)** : 버너의 불꽃을 제거한 때부터 불꽃을 올리지 않고 연소하는 상태가 그칠 때까지의 시간

답 ③

★★★
## 73 다음 중 성능위주설계를 해야 하는 특정소방대상물이 아닌 것은?

17회 문 65
2회 문 74

① 연면적 200000$m^2$ 이상 특정소방대상물
② 연면적 30000$m^2$ 이상 철도역사 및 공항시설
③ 공동주택은 면적기준만 적용하고 높이는 적용하지 않는다.
④ 하나의 건축물에 영화상영관이 10개 이상인 특정소방대상물

해설 **소방시설법 시행령 제9조**
**성능위주설계를 하여야 하는 특정소방대상물의 범위**
(1) 연면적 **20만$m^2$** 이상(단, 아파트 제외) 보기 ①
(2) 50층 이상(지하층 제외)이거나 지상으로부터 높이가 200m 이상인 아파트
(3) 30층 이상(지하층 포함)이거나 지상으로부터 높이가 120m 이상인 특정소방대상물(아파트 등 제외)
(4) 연면적 **3만$m^2$** 이상인 **철도** 및 **도시철도시설, 공항시설** 보기 ②
(5) 연면적 **10만$m^2$** 이상이거나 지하 2층 이하이고 지하층의 바닥면적의 합이 3만$m^2$ 이상인 창고시설
(6) 하나의 건축물에 영화상영관이 **10개** 이상 보기 ④
(7) 지하연계 복합건축물에 해당하는 특정소방대상물
(8) 터널 중 수저터널 또는 길이가 5천m 이상인 것

③ **공동주택(아파트)**은 성능위주설계 대상에서 제외한다.

답 ③

★
## 74 건축물에 설치하는 굴뚝의 기준으로 틀린 것은?

① 굴뚝의 옥상 돌출부는 지붕면으로부터의 수직거리를 1m 이상으로 할 것
② 굴뚝의 상단으로부터 수평거리 1m 이내에 다른 건축물이 있는 경우에는 그 건축물의 처마보다 1m 이상 높게 할 것
③ 금속제 또는 석면제 굴뚝으로서 건축물의 지붕 속·반자 위 및 가장 아랫바닥 밑에 있는 굴뚝의 부분은 금속 외의 불연재료로 덮을 것
④ 금속제 또는 석면제 굴뚝은 목재, 기타 가연재료로부터 10cm 이상 떨어져서 설치할 것

해설 **피난·방화기준 제20조**
**건축물에 설치하는 굴뚝**
(1) 굴뚝의 옥상 돌출부는 지붕면으로부터의 수직거리를 **1m 이상**으로 할 것 보기 ①
(2) 굴뚝의 상단으로부터 수평거리 **1m 이내**에 다른 건축물이 있는 경우에는 그 건축물의 처마보다 **1m 이상** 높게 할 것 보기 ②
(3) **금속제** 또는 **석면제** 굴뚝으로서 건축물의 지붕 속·반자 위 및 가장 아랫바닥 밑에 있는 굴뚝의 부분은 금속 외의 **불연재료**로 덮을 것 보기 ③
(4) **금속제** 또는 **석면제** 굴뚝은 목재, 기타 가연재료로부터 **15cm 이상** 떨어져서 설치할 것 보기 ④

④ 10cm 이상 → 15cm 이상

답 ④

★
## 75 다음 중 계단 및 복도의 기준이 틀린 것은?

① 특별피난계단의 출입구의 유효너비는 0.9m 이상으로 할 것
② 특별피난계단의 계단실, 부속실에 설치하는 창문 등은 건축물의 다른 부분에 설치하는 창문으로부터 2m 이상의 거리를 두고 설치할 것
③ 관람석 등의 각 출구의 유효너비는 1m 이상일 것
④ 유치원, 초등학교 등의 경우 양옆에 거실이 있는 복도의 경우 복도의 유효너비는 2.4m 이상일 것

해설 (1) **특별피난계단**의 **구조**(피난·방화구조 제9조)
① 계단실에는 **예비전원**에 의한 조명설비를 할 것
② 계단은 **내화구조**로 하되 피난층 또는 지상까지 **직접** 연결되도록 할 것
③ **출입구**의 **유효너비**는 **0.9m 이상**으로 하고 피난의 방향으로 열 수 있을 것 보기 ①
(2) **관람석** 등의 **출구 설치기준**(피난·방화구조 제10조)

① 관람실별 **2개소** 이상 설치할 것
② **각 출구**의 **유효너비**는 1.5m **이상**일 것 보기 ③
③ 개별 관람실 출구의 유효너비의 합계는 개별 관람석의 0.6m/100m²의 비율로 산정한 너비 이상으로 할 것

(3) 건축물에 설치하는 **복도**의 **유효너비**(피난·방화구조 제15조 2)

| 구 분 | 양옆에 거실이 있는 복도 | 기타의 복도 |
|---|---|---|
| 유치원·초등학교·중학교·고등학교 | 2.4m 이상 보기 ④ | 1.8m 이상 |
| 공동주택, 오피스텔 | 1.8m 이상 | 1.2m 이상 |
| 해당 층 거실의 바닥면적 합계가 200m² 이상인 경우 | 1.5m 이상 (의료시설의 복도는 1.8m 이상) | 1.2m 이상 |

③ 관람석 등의 각 출구의 유효너비는 1.5m 이상일 것

답 ③

**제 4 과목** 위험물의 성질·상태 및 시설기준

★★★
## 76 위험물제조소의 환기설비 설치기준에서 바닥면적이 90m²일 때 급기구의 크기는 얼마 이상으로 하여야 하는가?

18회 문 88 / 14회 문 89 / 12회 문 72 / 11회 문 81 / 11회 문 88 / 10회 문 53 / 09회 문 76 / 07회 문 86 / 04회 문 78

① 150cm²
② 300cm²
③ 450cm²
④ 600cm²

해설 **위험물규칙 [별표 4]**
**위험물제조소의 환기설비**
(1) 환기는 **자연배기방식**으로 할 것
(2) 급기구는 바닥면적 **150m²**마다 1개 이상으로 하되, 그 크기는 **800cm²** 이상일 것

| 바닥면적 | 급기구의 면적 |
|---|---|
| 60m² 미만 | 150cm² 이상 |
| 60~90m² 미만 | 300cm² 이상 |
| 90~120m² 미만 | 450cm² 이상 보기 ③ |
| 120~150m² 미만 | 600cm² 이상 |

(3) 급기구는 **낮은 곳**에 설치하고, 가는 눈의 구리망 등으로 **인화방지망**을 설치할 것
(4) 환기구는 지붕 위 또는 지상 **2m** 이상의 높이에 **회전식 고정 벤틸레이터** 또는 **루프팬방식**으로 설치할 것

답 ③

★
## 77 제3류 위험물의 공통성질에 해당하는 것은?

① 주수소화는 모두 불가능하다.
② 산화성 고체이다.
③ 대부분 무기화합물이다.
④ 저장시는 모두 석유류 속에 저장하여야 한다.

해설 **제3류 위험물**의 공통성질
(1) **황린**을 **제외**한 제3류 위험물은 **주수소화 불가능**
(2) 자연발화성 및 금수성 물질
(3) 대부분 **무기화합물** 보기 ③
(4) 저장시는 **칼륨**과 **나트륨**은 **석유류**(**등유**, 경유, 유동파라핀) 속에 저장

답 ③

★★★
## 78 다음 중 자연발화성 물질 및 금수성 물질은 몇 류 위험물인가?

19회 문 81 / 15회 문 76 / 13회 문 68 / 08회 문 80 / 05회 문 54 / 02회 문 62

① 제1류 위험물 ② 제2류 위험물
③ 제3류 위험물 ④ 제4류 위험물

해설 **위험물령 [별표 1]**
**위험물**

| 유별 | 성 질 | 품 명 |
|---|---|---|
| 제1류 | 산화성 고체 | • 아염소산염류<br>• 염소산염류<br>• 과염소산염류<br>• 무기과산화물<br>• 브로민산염류<br>• 질산염류<br>• 아이오딘산염류<br>• 삼산화크로뮴<br>• 과망가니즈산염류<br>• **다이크로뮴산염류**(다이크로뮴산염)<br>기억법 1산고(일산GO) |
| 제2류 | 가연성 고체 | • 황화인<br>• 적린<br>• 황<br>• 철분<br>• 마그네슘<br>• 금속분<br>• 인화성 고체<br>기억법 2황화적황마 |

| 유별 | 성질 | 품명 |
|---|---|---|
| 제3류 | 자연발화성 물질 및 금수성 물질 보기 ③ | • **칼**륨<br>• **나트**륨<br>• 알킬알루미늄<br>• **알킬리튬**<br>• **황린**<br>• 알칼리금속(칼륨 및 나트륨 제외) 및 알칼리토금속<br>• 유기금속화합물(알킬알루미늄 및 알킬리튬 제외)<br>• 금속수소화물<br>• 금속인화물<br>• 칼슘 또는 알루미늄의 탄화물(**탄화칼슘**)<br>기억법 3황칼나트 |
| 제4류 | 인화성 액체 | • 특수인화물(아세트알데하이드)<br>• 제1석유류<br>• 알코올류<br>• 제2석유류<br>• 제3석유류<br>• 제4석유류<br>• 동식물유류 |
| 제5류 | 자기반응성 물질 | • 유기과산화물<br>• 질산에스터류(셀룰로이드)<br>• 나이트로화합물<br>• 나이트로소화합물<br>• 아조화합물<br>• 다이아조화합물<br>• 하이드라진 유도체 |
| 제6류 | 산화성 액체 | • **과염**소산<br>• 과**산**화수소<br>• **질**산<br>기억법 6산액과염산질 |

답 ③

★★

## 79 다음 중 제6류 위험물이 아닌 것은?

① 과염소산 ② 과산화수소
③ 질산 ④ 과아이오딘산

해설 문제 3 참조

④ 과아이오딘산 : 제1류 위험물

답 ④

★★★

## 80 방수성이 있는 피복으로 덮어야 하는 위험물로만 구성된 것은?

① 과염소산염류, 삼산화크로뮴, 황린
② 무기과산화물, 과산화수소, 마그네슘
③ 철분, 금속분, 마그네슘
④ 염소산염류, 과산화수소, 특수인화물

해설 **위험물규칙 [별표 19]**
**방수성이 있는 피복 조치**

| 유 별 | 적용대상 |
|---|---|
| 제1류 위험물 | • 알칼리금속의 과산화물 |
| 제2류 위험물 보기 ③ | • 철분<br>• 금속분<br>• 마그네슘 |
| 제3류 위험물 | • 금수성 물품 |

비교

**차광성**이 있는 **피복 조치**(위험물규칙 [별표 19])

| 유 별 | 적용대상 |
|---|---|
| 제1류 위험물 | • 전부 |
| 제3류 위험물 | • 자연발화성 물품 |
| 제4류 위험물 | • 특수인화물 |
| 제5류 위험물 | • 전부 |
| 제6류 위험물 | |

답 ③

★★★

## 81 다음 중 물에 잘 녹지 않는 위험물은 어느 것인가?

14회 문 83

① 벤젠 ② 에틸알코올
③ 글리세린 ④ 아세트알데하이드

해설 **수용성**이 있는 **물질**(물에 잘 녹는 위험물)
(1) 과산화나트륨
(2) 과망가니즈산칼륨
(3) 무수크로뮴산(삼산화크로뮴)
(4) 질산나트륨
(5) 질산칼륨
(6) 초산
(7) 알코올(에틸알코올) 보기 ②
(8) 피리딘
(9) 아세트알데하이드 보기 ④
(10) 메틸에틸케톤
(11) 아세톤
(12) 초산메틸
(13) 초산에틸
(14) 초산프로필
(15) 산화프로필렌
(16) 글리세린 보기 ③

※ **수용성** : 물에 녹는 성질

답 ①

★★★

**82** 다음 중 제4류 위험물의 제2석유류에 해당하는 것은?

19회 문 86 / 15회 문 78 / 13회 문 82

① 클로로벤젠 ② 피리딘
③ 시안화수소 ④ 휘발유

해설 **제4류 위험물**

| 품 명 | 종 류 |
|---|---|
| 제1석유류 | ① 아세톤 · 휘발유 · 벤젠<br>② 톨루엔 · 시클로헥산<br>③ 아크롤레인 · 초산에스터류<br>④ 의산에스터류<br>⑤ 메틸에틸케톤 · 에틸벤젠 · 피리딘 |
| 제2석유류 | ① 등유 · 경유 · 의산<br>② 초산 · 테레빈유 · 장뇌유<br>③ 송근유 · 스티렌 · 메틸셀로솔브<br>④ 에틸셀로솔브 · 클로로벤젠 · 크실렌 **보기 ①**<br>⑤ 알릴알코올 |
| 제3석유류 | ① 중유 · 크레오소트유<br>② 에틸렌글리콜 · 글리세린<br>③ 나이트로벤젠 · 아닐린 · 담금질유 |
| 제4석유류 | ① 기어유<br>② 실린더유 |

① 제2석유류
②~④ 제1석유류

답 ①

★★

**83** 제4류 위험물인 톨루엔의 특성으로 옳지 않은 것은?

① 무색의 휘발성 액체이다.
② 인화점은 4℃이고 착화점은 552℃이다.
③ 독성이 있고 방향성을 갖는다.
④ 물에는 녹으나 유기용제에는 녹지 않는다.

해설 **톨루엔**($C_6H_5CH_3$)

| 분자량 | 92 |
|---|---|
| 비 중 | 0.9 |
| 증기비중 | 3.17 |
| 융 점 | -95℃ |
| 비 점 | 111℃ |
| 인화점 **보기 ②** | 4℃ |
| 발화점(착화점) **보기 ②** | 552℃ |
| 연소범위 | 1.27~7% |

(1) **무색투명**하며 벤젠향과 같은 독특한 냄새를 가진 휘발성 액체이다. **보기 ①**
(2) **물**에는 녹지 않지만, 알코올 · 에터 · 벤젠 등 유기용제에는 잘 녹는다.
(3) 금속은 부식되지 않지만, **고무 · 플라스틱**을 **부식**시킨다.
(4) 융점은 벤젠보다 낮고, 인화점은 벤젠보다 높다.
(5) 독성은 벤젠의 $\frac{1}{10}$ 정도이다. **보기 ③**

④ 물에는 녹지 않지만 유기용제에는 잘 녹는다.

답 ④

★

**84** 제3류 위험물인 칼륨의 특성으로 옳지 않은 것은?

18회 문 76 / 16회 문 77 / 15회 문 85 / 12회 문 21 / 11회 문 95 / 06회 문 96

① 물보다 비중이 크다.
② 은백색의 광택이 있는 무른 경금속이다.
③ 연소시 보라색 불꽃을 내면서 연소한다.
④ 융점이 63.5℃이고 비점은 762℃이다.

해설 **칼륨**(K)

| 원자량 | 39 |
|---|---|
| 비 중 | 0.857 |
| 융 점 **보기 ④** | 63.5℃ |
| 비 점 **보기 ④** | 762℃ |

(1) **은백색**의 광택이 있는 경금속이다. **보기 ②**
(2) **조해성 · 흡습성**이 있다.
(3) 수은과 반응하여 **아말감**을 만든다.
(4) **석유** 등 보호액 속에 장기간 보관시 KOH · $K_2O$ · $K_2CO_3$가 피복되어 가라앉는다.
(5) **산, 알코올** 등과 반응하여 **수소**($H_2$)를 발생한다.
(6) **물**과 격렬히 반응하여 **수소**($H_2$)와 열을 발생한다.
(7) 연소하면 **과산화칼륨**($K_2O_2$)이 생성된다.
(8) 연소시 보라색 불꽃을 내며 연소한다. **보기 ③**

① 물보다 비중이 **작다**.

답 ①

★★★

**85** 다음 중 위험물제조소의 게시판에 기재사항이 아닌 것은?

19회 문 92 / 18회 문 90 / 16회 문100 / 05회 문 78

① 위험물의 유별
② 안전관리자의 성명
③ 위험등급
④ 취급최대수량

해설 **위험물규칙 [별표 4]**
**위험물제조소 게시판의 기재사항**

(1) 위험물의 유별 **보기 ①**
(2) 위험물의 품명
(3) 위험물의 저장최대수량
(4) 위험물의 취급최대수량 **보기 ④**
(5) 지정수량의 배수
(6) 안전관리자의 성명 또는 직명 **보기 ②**

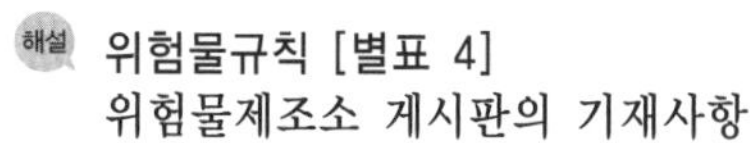
중요

**위험물제조소의 게시판 설치기준**(위험물규칙 [별표 4])

| 위험물 | 주의사항 | 비 고 |
|---|---|---|
| • 제1류 위험물 (알칼리금속의 과산화물)<br>• 제3류 위험물 (금수성 물질) | 물기엄금 | **청색**바탕에 **백색**문자 |
| • 제2류 위험물 (인화성 고체 제외) | 화기주의 | **적색**바탕에 **백색**문자 |
| • 제2류 위험물 (인화성 고체)<br>• 제3류 위험물 (자연발화성 물질)<br>• 제4류 위험물<br>• 제5류 위험물 | 화기엄금 | |
| • 제6류 위험물 | 별도의 표시를 하지 않는다. | |

답 ③

★
## 86 트리에틸알루미늄의 성질 중 틀린 것은?

① 유기금속화합물이다.
② 폴리에틸렌·폴리스티렌 등을 공업적으로 합성하기 위해서 사용한다.
③ 공기와 접촉하면 산화한다.
④ 무색 액체로 분자량 114.17, 녹는점 -52.5℃, 끓는점 194℃이다.

해설 **트리에틸알루미늄** [$(C_2H_5)_3Al$] : TEA **보기 ④**

| 분자량 | 114.17 |
|---|---|
| 비 중 | 0.83 |
| 융점(녹는점) | -46℃ 또는 -52.5℃ |
| 비점(끓는점) | 185℃ 또는 194℃ |

(1) **무색투명**한 **액체**이다.
(2) 외관은 등유와 비슷한 **가연성**이다.
(3) $C_1$~$C_4$는 공기 중에서 자연발화성이 강하다.
(4) 공기 중에 노출되면 **백색연기**가 발생하며 연소한다.
(5) **유기금속화합물**이다. **보기 ①**
(6) **폴리에틸렌·폴리스티렌** 등을 공업적으로 합성하기 위해서 사용한다. **보기 ②**

③ 공기와 접촉하면 **발화**한다.

답 ③

★★★
## 87 다음 중 제조소에서 30m 이상의 안전거리를 두지 않아도 되는 것은?

18회 문 92
16회 문 92
15회 문 88
14회 문 88
13회 문 88
11회 문 66
09회 문 92
07회 문 77
06회 문100
05회 문 79
04회 문 83
02회 문100

① 100명 이상을 수용하는 학교
② 20명 이상을 수용하는 노인관련시설
③ 100명 이상을 수용하는 공연장
④ 종합병원

해설 **위험물규칙 [별표 4]**
**위험물제조소의 안전거리**

| 안전거리 | 대 상 |
|---|---|
| 3m 이상 | • **7~35kV** 이하의 특고압가공전선 |
| 5m 이상 | • **35kV**를 초과하는 특고압가공전선 |
| 10m 이상 | • **주거용**으로 사용되는 것 |
| 20m 이상 | • 고압가스 **제조**시설(용기에 충전하는 것 포함)<br>• 고압가스 **사용**시설(1일 30m³ 이상 용적 취급)<br>• 고압가스 **저장**시설<br>• 액화산소 **소비**시설<br>• 액화석유가스 제조·저장시설<br>• 도시가스 공급시설 |
| 30m 이상 | • 학교<br>• 병원급 의료기관<br>• 공연장, • 영화상영관 ─ **300명** 이상 수용시설<br>• 아동복지시설<br>• 노인복지시설<br>• 장애인복지시설<br>• 한부모가족 복지시설<br>• 어린이집<br>• 성매매 피해자 등을 위한 지원시설<br>• 정신건강증진시설<br>• 가정폭력피해자 보호시설 ─ **20명** 이상 수용시설 |
| 50m 이상 | • 유형문화재<br>• 지정문화재 |

10회

③ **300명** 이상을 수용하는 **공연장**

답 ③

★★★
**88** 다음 중 옥내저장소에 제5류 위험물을 저장하고자 할 때 주의사항은?

① 물기주의 ② 물기엄금
③ 화기주의 ④ 화기엄금

해설 문제 85 참조

④ 제5류 위험물 : 화기엄금

답 ④

★
**89** 지하탱크저장소에 대한 설명으로 옳은 것은?

18회 문 93
15회 문 94
12회 문 93
09회 문 93
04회 문 88

① 지하저장탱크 윗부분과 지면과의 거리는 0.6m 이상일 것
② 지하저장탱크와 탱크전용실의 간격은 0.8m 이상일 것
③ 지하저장탱크 상호간 거리는 0.5m 이상일 것
④ 지하의 가장 가까운 벽, 피트 등의 시설물 및 대지경계선은 0.5m 이상일 것

해설 위험물규칙 [별표 8]
지하탱크저장소의 기준
(1) 지하저장탱크 윗부분과 지면과의 거리는 **0.6m** 이상일 것 보기 ①
(2) 지하저장탱크와 탱크전용실의 간격은 **0.1m** 이상일 것
(3) 지하저장탱크 상호간 거리는 **1m**(탱크용량 합계가 지정수량 **100배** 이하는 **0.5m**) 이상일 것
(4) 지하의 가장 가까운 벽, 피트 등의 시설물 및 대지경계선은 **0.1m** 이상일 것

답 ①

★★★
**90** 적린, 황, 철의 위험물과 혼재할 수 있는 유별은?

18회 문 83
15회 문 79
14회 문 82
11회 문 60
11회 문 91
09회 문 87
03회 문 87

① 1류 ② 3류
③ 4류 ④ 6류

해설 위험물규칙 [별표 19]
위험물의 혼재기준
(1) 제1류 위험물+제6류 위험물
(2) 제2류 위험물+제4류 위험물 보기 ③
(3) 제2류 위험물+제5류 위험물
(4) 제3류 위험물+제4류 위험물
(5) 제4류 위험물+제5류 위험물

제2류 위험물(적린, 황, 철)+제4류 위험물=혼재 가능

답 ③

★★★
**91** 이동탱크저장소에 압력안전장치를 설치하였을 때 상용압력이 20kPa을 초과할 때 안전장치의 압력은?

① 20~24kPa
② 28kPa
③ 상용압력의 1.1배 이하
④ 상용압력의 1.2배 이하

해설 위험물규칙 [별표 10]
이동탱크저장소의 안전장치

| 상용압력 | 작동압력 |
|---|---|
| 20kPa 이하 | 20~24kPa 이하 |
| 20kPa 초과 | 상용압력의 1.1배 이하 보기 ③ |

비교

위험물제조소의 보유공지(위험물규칙 [별표 4])

| 취급하는 위험물의 최대수량 | 공지의 너비 |
|---|---|
| 지정수량의 10배 이하 | 3m 이상 |
| 지정수량의 10배 초과 | 5m 이상 |

답 ③

★★
**92** 다음 중 위험물 이송취급소의 이송배관으로서 사용이 불가능한 것은?

① 압력배관용 탄소강관
② 고압배관용 탄소강관
③ 고온배관용 탄소강관
④ 일반배관용 탄소강관

해설 위험물규칙 [별표 15]
이송취급소 배관 등의 재료

| 배관 등 | 재 료 |
|---|---|
| 배관 | • 고압배관용 탄소강관 보기 ②<br>• 압력배관용 탄소강관 보기 ①<br>• 고온배관용 탄소강관 보기 ③<br>• 배관용 스테인리스강관 |

| 배관 등 | 재 료 |
|---|---|
| 관이음쇠 | • 배관용 강제맞대기용접식 관이음쇠<br>• 철강재 관플랜지 압력단계<br>• 관플랜지의 치수허용자<br>• 강제용접식 관플랜지<br>• 철강재 관플랜지의 기본치수<br>• 관플랜지의 개스킷자리치수 |
| 밸브 | • 주강 플랜지형 밸브 |

답 ④

★★
## 93 위험물제조소 등에 경보설비를 설치하여야 할 대상은?

① 지정수량 10배 이상
② 지정수량 20배 이상
③ 지정수량 30배 이상
④ 지정수량 40배 이상

해설 **위험물규칙 제42조**
**경보설비의 설치**
**지정수량**의 **10배 이상**의 위험물을 저장 또는 취급하는 제조소 등 보기 ①

답 ①

★★
## 94 다음 중 소화난이도 Ⅰ등급에 해당하지 않는 것은?

19회 문 93
09회 문 90

① 연면적 $1000m^2$ 이상 제조소
② 지정수량 100배 이상 옥내저장소
③ 지반면으로부터 탱크상단까지 높이가 6m 이상인 옥외탱크저장소
④ 인화성 고체 지정수량 100배 이상 저장하는 옥외저장소

해설 **위험물규칙 [별표 17]**
**소화난이도 등급 Ⅰ에 해당하는 제조소 등**

| 구 분 | 적용대상 |
|---|---|
| 제조소, 일반취급소 | • 연면적 **1000m²** 이상 보기 ①<br>• 지정수량 **100배** 이상(고인화점 위험물만을 100℃ 미만의 온도에서 취급하는 것 및 화약류 위험물을 취급하는 것 제외) 보기 ④<br>• 지반면에서 **6m** 이상의 높이에 위험물 취급설비가 있는 것(고인화점 위험물만을 100℃ 미만의 온도에서 취급하는 것 제외) 보기 ③<br>• 일반취급소 이외의 건축물에 설치된 것 |
| 옥내저장소 | • 지정수량 **150배** 이상<br>• 연면적 **150m²**를 초과하는 것(150m² 이내마다 불연재료로 개구부 없이 구획된 것 및 인화성 고체 외의 제2류 위험물 또는 인화점 70℃ 이상의 제4류 위험물만을 저장하는 것은 제외)<br>• 처마높이 **6m** 이상인 단층건물<br>• 옥내저장소 이외의 건축물에 설치된 것 |
| 옥외탱크저장소 | • 액표면적 **40m²** 이상<br>• 지반면에서 탱크 옆판의 상단까지 높이가 **6m** 이상<br>• 지중 탱크·해상 탱크로서 지정수량 **100배** 이상<br>• 지정수량 **100배** 이상(고체위험물 저장) |
| 옥내탱크저장소 | • 액표면적 **40m²** 이상<br>• 바닥면에서 탱크 옆판의 상단까지 높이가 **6m** 이상<br>• 탱크 전용실이 단층건물 외의 건축물에 있는 것 |
| 옥외저장소 | • 덩어리 상태의 황을 저장하는 것으로서 경계표시 내부의 면적 100m² 이상인 것<br>• 지정수량 **100배** 이상 |
| 암반탱크저장소 | • 액표면적 **40m²** 이상<br>• 지정수량 **100배** 이상(고체위험물 저장) |
| 이송취급소 | • 모든 대상 |

② 지정수량 **150배** 이상의 **옥내저장소**

답 ②

★★★
## 95 다음 중 옥외탱크저장소의 방유제 용량은 탱크가 하나일 때 탱크용량의 몇 % 이상이어야 하는가?

19회 문 95
18회 문 94
16회 문 95
13회 문 90
13회 문 95
09회 문 94
08회 문 86
07회 문 78
06회 문 82
03회 문 90

① 30%   ② 80%
③ 110%   ④ 150%

해설 **위험물규칙 [별표 6] Ⅸ**
**옥외탱크저장소의 방유제**
(1) 높이 : **0.5~3m** 이하
(2) 탱크 : **10기**(모든 탱크용량이 **20만**L 이하, 인화점이 70~200℃ 미만은 **20기**) 이하
(3) 면적 : **80000m²** 이하
(4) 용량
① 1기 : **탱크용량**×110% 이상 보기 ③
② 2기 이상 : **탱크최대용량**×110% 이상

답 ③

★

## 96 인화칼슘이 물과 반응하였을 때 발생하는 가스에 대한 설명으로 옳은 것은?

① 폭발성인 수소를 발생한다.
② 유독성인 인화수소를 발생한다.
③ 조연성인 산소를 발생한다.
④ 가연성인 아세틸렌을 발생한다.

해설 **인화칼슘**($Ca_3P_2$)

| 분자량 | 182 |
|---|---|
| 비 중 | 2.51 |
| 융 점 | 1600℃ |

(1) **적갈색**의 괴상고체이다.
(2) 공기 중에서 안정하다.
(3) **300℃** 이상에서 산화된다.
(4) **알코올 · 에터**에는 녹지 않는다.
(5) 물 또는 묽은 산과 반응하여 맹독성의 **포스핀**($PH_3$) 가스를 발생한다.

- $Ca_3P_2 + 6H_2O \rightarrow 3Ca(OH)_2 + 2PH_3 \uparrow$
- $Ca_3P_2 + 6HCl \rightarrow 3CaCl_2 + 2PH_3 \uparrow$
- 포스핀($PH_3$)=인화수소

답 ②

★★★

## 97 화재예방과 재해 발생시 비상조치를 하기 위하여 제조소 등에 예방규정을 작성하여야 하는데 대상 기준이 아닌 것은?

① 지정수량 10배 이상의 위험물을 취급하는 제조소
② 지정수량 100배 이상의 위험물을 저장하는 일반취급소
③ 지정수량 150배 이상의 위험물을 저장하는 옥내저장소
④ 암반탱크저장소

해설 **위험물령 제15조**
**예방규정을 정하여야 할 제조소 등**
(1) **10배** 이상의 **제조소 · 일반취급소** 보기 ①
(2) **100배** 이상의 **옥외저장소**
(3) **150배** 이상의 **옥내저장소** 보기 ③
(4) **200배** 이상의 **옥외탱크저장소**
(5) **이송취급소**
(6) **암반탱크저장소** 보기 ④

② 지정수량 **10배** 이상의 위험물을 저장하는 **일반취급소**

답 ②

★★

## 98 간이저장탱크의 밸브 없는 통기관에 대한 설명 중 틀린 것은?

① 통기관은 위험물 주입시 외에는 항상 막아놓도록 한다.
② 통기관은 옥외에 설치하되 그 끝부분의 높이는 지상 1.5m 이상으로 할 것
③ 통기관의 끝부분은 수평면에 대하여 아래로 45도 이상 구부려 빗물 등이 침투하지 아니하도록 할 것
④ 가는 눈의 구리망 등으로 인화방지장치를 할 것

해설 **밸브 없는 통기관**
(1) **간이탱크저장소**(위험물규칙 [별표 9])
① 지름 : **25mm** 이상
② 통기관의 끝부분 ┬ 각도 : **45°** 이상 보기 ③
　　　　　　　　　└ 높이 : 지상 **1.5m** 이상 보기 ②
③ 통기관의 설치 : **옥외**
④ 인화방지장치 : 가는 눈의 구리망 사용 보기 ④
(2) **옥내탱크저장소**(위험물규칙 [별표 7])
① 지름 : **30mm** 이상
② 통기관의 끝부분 : **45°** 이상
③ 인화방지장치 : 인화점이 **38℃ 미만**인 위험물만을 저장 또는 취급하는 탱크에 설치하는 통기관에는 화염방지장치를 설치하고, 그 외의 탱크에 설치하는 통기관에는 **40메시**(Mesh) 이상의 구리망 또는 동등 이상의 성능을 가진 인화방지장치를 설치할 것(단, 인화점 **70℃** 이상의 위험물만을 해당 위험물의 인화점 미만의 온도로 저장 또는 취급하는 탱크에 설치하는 통기관은 제외)
④ 통기관은 가스 등이 체류할 우려가 있는 굴곡이 없도록 할 것

답 ①

★

## 99 다음 중 제4류 위험물의 특수인화물에 해당하는 위험물은?

① 벤젠　② 염화아세틸
③ 이소프로필아민　④ 아세토니트릴

해설 **특수인화물**
(1) 다이에틸에터

(2) 이황화탄소
(3) 아세트
(4) 알데하이드 · 산화프로필렌
(5) 이소프렌 · 이소프로필아민 · 펜탄
(6) 디비닐에터 · 트리클로로실란

①, ②, ④ 제1석유류, ③ 특수인화물

답 ③

★★★
**100** 제2석유류(비수용성) 40000L에 대한 위험물의 소요단위는 얼마인가?

18회 문 96
15회 문100
14회 문 97
08회 문 98

① 10　　② 8
③ 6　　④ 4

해설 위험물규칙 [별표 17]

$$\text{소요단위} = \frac{\text{저장량}}{\text{지정수량} \times 10\text{배}}$$

$$= \frac{40000\text{L}}{1000\text{L} \times 10\text{배}}$$

$$= 4\text{단위}$$

중요

(1) 소요단위

| 제조소 등 | | 면 적 |
|---|---|---|
| • 제조소<br>• 취급소 | 외벽이 기타구조 | $50m^2$ |
| | 외벽이 내화구조 | $100m^2$ |
| • 저장소 | 외벽이 기타구조 | $75m^2$ |
| | 외벽이 내화구조 | $150m^2$ |
| • 위험물 | 지정수량의 10배 | |

(2) 제4류 위험물

| 성 질 | 품 명 | | 지정수량 |
|---|---|---|---|
| 인화성 액체 | 특수인화물 | | 50L |
| | 제1 석유류 | 비수용성 | 200L |
| | | 수용성 | 400L |
| | 알코올류 | | 400L |
| | 제2 석유류 | 비수용성 | 1000L |
| | | 수용성 | 2000L |
| | 제3 석유류 | 비수용성 | 2000L |
| | | 수용성 | 4000L |
| | 제4석유류 | | 6000L |
| | 동식물유류 | | 10000L |

용어

| 소요단위 | 능력단위 |
|---|---|
| 소화설비의 설치대상이 되는 건축물, 그 밖의 **공작물**의 **규모** 또는 **위험물**의 **양**의 기준단위 | 소요단위에 대응하는 **소화설비**의 **소화능력**의 기준단위 |

답 ④

## 제 5 과목 소방시설의 구조 원리

★★★
**101** 다음 수계소화설비에 대한 설명 중 틀린 것은?

① 물올림장치는 수조가 펌프보다 낮은 경우에 설치한다.
② 가압송수장치에는 고가수조방식, 압력수조방식, 펌프방식 등이 있다.
③ 릴리프밸브는 체절운전시 수온상승을 방지하기 위해 설치한다.
④ 순환배관은 펌프의 성능시험을 하기 위해 설치한다.

해설 **순환배관**의 **설치목적**
체절운전시 수온의 상승방지

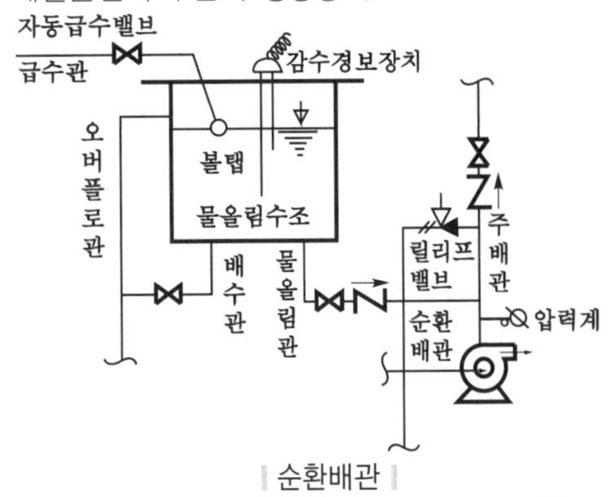

| 순환배관 |

답 ④

★★★
**102** 물올림장치의 저수위경보장치가 동작된 이유가 아닌 것은?

① 자동급수장치의 고장
② 저수위 경보장치의 고장
③ 수신반 고장
④ 배관 내에 공기고임상태

해설 **물올림장치의 감수경보의 원인**

(1) 급수밸브의 차단
(2) 자동급수장치의 고장 **보기 ①**
(3) 물올림장치의 배수밸브의 개방
(4) 풋밸브의 고장
(5) 저수위 경보장치의 고장 **보기 ②**
(6) 수신반 고장 **보기 ③**

답 ④

★★
**103 다음 중 화재조기진압용 스프링클러설비에 대한 설명으로 맞는 것은?**
19회 문120 14회 문105

① 천장면의 기울기가 1000분의 168을 초과하지 아니하여야 하고 초과할 경우 반자를 지면과 수평으로 설치할 것
② 저장물의 간격은 모든 방향에서 132mm 이상 유지할 것
③ 해당 층의 높이가 18.1m 이하일 것
④ 천장은 평평하여야 하며 철재나 목재트러스 구조인 경우 철재나 목재의 돌출부분이 152mm를 초과하지 아니할 것

해설 **화재조기진압용 스프링클러설비 설치장소의 구조**(NFPC 103B 제4조, NFTC 103B 2.1)

(1) 해당 층의 높이가 **13.7m** 이하일 것 **보기 ③**
(2) 천장의 기울기가 $\frac{168}{1000}$을 초과하지 않아야 하고, 이를 초과하는 경우에는 반자를 지면과 **수평**으로 설치할 것 **보기 ①**
(3) 천장은 **평평**하여야 하며 철재나 목재트러스 구조인 경우, 철재나 목재의 돌출부분이 **102mm**를 초과하지 아니할 것 **보기 ④**
(4) 보로 사용되는 목재·콘크리트 및 철재 사이의 간격이 **0.9~2.3m** 이하일 것
(5) 창고 내의 선반의 형태는 하부로 물이 침투되는 구조로 할 것

답 ①

★★★
**104 연결살수설비의 전용헤드와 일반헤드의 수평거리로서 맞는 것은?**

① 전용헤드－2.7m, 일반헤드－1.6m
② 전용헤드－3.2m, 일반헤드－2.1m
③ 전용헤드－3.7m, 일반헤드－2.1m
④ 전용헤드－3.7m, 일반헤드－2.3m

해설 **연결살수설비 헤드의 설치간격**(NFPC 503 제6조, NFTC 503 2.3.2.2) **보기 ④**

| 살수헤드<br>(전용헤드) | 스프링클러헤드<br>(일반헤드) |
|---|---|
| 3.7m 이하 | 2.3m 이하 |

※ 연결살수설비에서 하나의 송수구역에 설치하는 개방형 헤드수는 **10개** 이하로 하여야 한다.

답 ④

★★
**105 분말소화기의 축압식의 가스로 사용되는 것은?**

① 압축공기 ② 메탄
③ 이산화탄소 ④ 질소

해설 **압력원**

| 소화기 | 압력원(충전가스) |
|---|---|
| • 강화액<br>• 산·알칼리<br>• 화학포<br>• 분말(가스가압식) | 이산화탄소 |
| • 할론<br>• 분말(축압식) | 질소 **보기 ④** |

답 ④

★★★
**106 수평배관 내로 물이 10m/s의 속도로 흐르고 있다. 배관 내에 작용하는 압력은 98.07kPa 이고 위치수두는 10m이다. 이 배관 내의 전수두값은?**

① 18.6m ② 20.6m
③ 25.1m ④ 27.6m

해설 **베르누이 방정식**(Bernoulli's equation)

$$H=\frac{V^2}{2g}+\frac{p}{\gamma}+Z$$

(속도수두) (압력수두) (위치수두)

여기서, $H$ : 전수두〔m〕
$V$ : 유속〔m/s〕
$p$ : 압력〔kPa〕
$Z$ : 높이〔m〕
$g$ : 중력가속도(9.8m/$s^2$)
$\gamma$ : 비중량(물의 비중량 9.8kN/$m^3$)

전수두 $H$는

$$H=\frac{V^2}{2g}+\frac{p}{\gamma}+Z$$
$$=\frac{(10\text{m/s})^2}{2\times9.8\text{m/s}^2}+\frac{98.07\text{kPa}}{9.8\text{kN/m}^3}+10\text{m}$$
$$=\frac{(10\text{m/s})^2}{2\times9.8\text{m/s}^2}+\frac{98.07\text{kPa}}{9.8\text{kN/m}^3}+10\text{m}$$
$$\fallingdotseq 25.1\text{m}$$

- $1\text{kPa}=1\text{kN/m}^2$

답 ③

★★

**107** **노즐구경이 19mm인 소방자동차 노즐로 방수시 방수압력이 0.3MPa이었다. 이때 옥내소화전설비의 방수량(L/min)은?**

① 356.2 ② 408.3
③ 512.5 ④ 622.3

해설 **방수량**

$$Q=0.653D^2\sqrt{10P}$$

여기서, $Q$ : 방수량[L/min]
$D$ : 구경[mm]
$P$ : 방수압[MPa]

**방수량** $Q$는

$Q=0.653D^2\sqrt{10P}$
$=0.653\times(19\text{mm})^2\times\sqrt{10\times0.3\text{MPa}}$
$\fallingdotseq 408.3\text{L/min}$

비교

**방수량**

$$Q=K\sqrt{10P}$$

여기서, $Q$ : 방수량[L/min]
$K$ : 방출계수
$P$ : 방수압[MPa]

답 ②

★★

**108** **다음 빈칸에 알맞은 것을 고르면?**

이산화탄소 소화설비에서 자동식 기동장치의 전기식 기동장치에는 ( )병 이상의 저장용기를 동시에 개방하는 설비에 있어서는 ( )병 이상의 저장용기에 전자개방밸브를 부착할 것

① 7-2 ② 5-2
③ 7-3 ④ 2-7

해설 **$CO_2$ 소화설비**의 **자동식 기동장치**(NFPC 106 제6조, NFTC 106 2.3.2)
**7병** 이상의 저장용기를 동시에 개방하는 설비는 **2병** 이상에 **전자개방밸브**를 설치할 것

비교

**분말소화약제의 가압용 가스용기**(NFPC 108 제5조, NFTC 108 2.2.2)
가스용기를 **3병** 이상 설치한 경우 **2병** 이상에 **전자개방밸브**를 부착할 것

답 ①

★★★

**109** **다음 중 틀리게 설명한 것은?**

① 저압식 저장용기에는 액면계 및 압력계를 설치할 것
② 저압식 저장용기에는 내압시험압력의 0.8배 내지 내압시험압력에서 작동하는 봉판을 설치할 것
③ 고압식 저장용기에는 25MPa 이상의 내압시험압력에 합격한 것으로 할 것
④ 고압식 저장용기 충전비는 1.5 이상 2.0 이하로 할 것

해설 **$CO_2$ 설비**의 **저장용기**(NFPC 106 제4조, NFTC 106 2.1)

|  | |  |
|---|---|---|
| 자동냉동장치 | | 2.1MPa 유지, −18℃ 이하 |
| 압력경보장치 | | 2.3MPa 이상, 1.9MPa 이하 |
| 선택밸브 또는 개폐밸브의 안전장치 | | 내압시험압력의 0.8배 |
| 저장용기 | | • 고압식 : **25MPa** 이상 보기 ③<br>• 저압식 : **3.5MPa** 이상 |
| 안전밸브 | | 내압시험압력의 0.64~0.8배 |
| 봉 판 | | 내압시험압력의 0.8~내압시험압력 보기 ② |
| 충전비 | 고압식 | 1.5~1.9 이하 보기 ④ |
| | 저압식 | 1.1~1.4 이하 |

④ 고압식 저장용기 충전비는 **1.5** 이상 **1.9** 이하로 할 것

답 ④

★★★

**110** **방호구역의 체적이 600m³의 전기실에 화재가 발생되어 이산화탄소 소화약제를 방출하여 소화를 하였다면 이곳에 방출하여야 하는 $CO_2$ 방사량(m³)은 얼마인가? (단, 한계 산소농도는 15%이다.)**

① 160 ② 180
③ 240 ④ 300

해설 **방출가스량**

$$방출가스량=\frac{21-O_2}{O_2}\times 방호구역체적$$

여기서, $O_2$ : $O_2$의 농도[%]

$$방출가스량=\frac{21-O_2}{O_2}\times 방호구역체적$$
$$=\frac{21-15}{15}\times 600\text{m}^3$$
$$=240\text{m}^3$$

비교

**$CO_2$의 농도**

$$CO_2=\frac{방출가스량}{방호구역체적+방출가스량}\times 100$$
$$=\frac{21-O_2}{21}\times 100$$

여기서, $CO_2$ : $CO_2$의 농도[%], 할론농도[%]
$O_2$ : $O_2$의 농도[%]

답 ③

★★★

**111** **다음 중 종단저항에 대한 설명 중 틀린 것은?**

① 감지기배선 중간에 설치할 것
② 전용함을 설치하는 경우 그 설치높이는 바닥으로부터 1.5m 이내로 할 것
③ 감지기회로 끝부분에 설치할 것
④ 종단감지기에 설치할 경우에는 구별이 쉽도록 해당 감지기의 기판 및 감지기 외부 등에 별도의 표시를 할 것

해설 **감지기회로의 도통시험을 위한 종단저항의 기준**
(NFPC 203 제11조, NFTC 203 2.8.1.3.1)
(1) 점검 및 관리가 쉬운 장소에 설치할 것
(2) 전용함 설치시 바닥에서 **1.5m** 이내의 높이에 설치할 것 **보기 ②**
(3) 감지기회로의 **끝부분**에 설치하며, 종단감지기에 설치할 경우 구별이 쉽도록 해당 감지기의 **기판** 및 감지기 외부 등에 별도의 표시를 할 것 **보기 ③ ④**

기억법 **종도끝(좀도둑! 끝)**

답 ①

★★

**112** **백화점에 스프링클러설비를 설치할 경우 수원의 용량은?**

19회 문104 / 19회 문108 / 18회 문113 / 18회 문123 / 17회 문106 / 14회 문103 / 11회 문111 / 10회 문 34

① 16m³
② 32m³
③ 48m³
④ 64m³

해설 **스프링클러설비의 수원 저수량**

$$Q=1.6N$$

여기서, $Q$ : 수원의 저수량[m³]
$N$ : 폐쇄형 헤드의 기준개수(설치개수가 기준개수보다 작으면 그 설치개수)

**수원의 저수량** $Q=1.6N=1.6\times 30=48\text{m}^3$

참고

**폐쇄형 헤드의 기준개수**

| 특정소방대상물 | | 폐쇄형 헤드의 기준개수 |
|---|---|---|
| 지하가 · 지하역사 | | 30 |
| 11층 이상 | | 30 |
| 10층 이하 | 공장(특수가연물) | 30 |
| 10층 이하 | 판매시설(백화점 등), 복합건축물(판매시설이 설치된 것) | 30 |
| 10층 이하 | 근린생활시설, 운수시설, 복합건축물(판매시설 미설치) | 20 |
| 10층 이하 | 8m 이상 | 20 |
| 10층 이하 | 8m 미만 | 10 |
| 공동주택(아파트 등) | | 10(각 동이 주차장으로 연결된 주차장 : 30) |

답 ③

★★★

**113** **지하가에 스프링클러설비를 설치할 경우 펌프 토출량으로 알맞은 것은? (단, 스프링클러헤드는 80개를 설치한다.)**

① 800L/min ② 1600L/min
③ 2400L/min ④ 2200L/min

**해설** 문제 112 참조
**펌프 토출량**

$$Q = N \times 80\text{L/min}$$

여기서, $Q$ : 펌프 토출량[L/min]
$N$ : 폐쇄형 헤드의 기준개수(설치개수가 기준개수보다 작으면 그 설치개수)

**펌프 토출량** $Q$는

$Q = N \times 80\text{L/min}$
$= 30 \times 80\text{L/min}$
$= 2400\text{L/min}$

답 ③

★★★

## 114 다음 중 조기반응형 스프링클러헤드를 설치할 수 없는 장소로 맞는 것은?

① 공동주택의 거실
② 노유자시설의 거실
③ 다중이용업소
④ 오피스텔의 침실

**해설** **조기반응형 스프링클러헤드**의 **설치장소**(NFPC 103 제10조, NFTC 103 2.7.5)
(1) 공동주택・노유자시설의 거실 보기 ①②
(2) 오피스텔・숙박시설의 침실 보기 ④
(3) 병원・의원의 입원실

용어

**조기반응형 헤드**
표준형 스프링클러헤드보다 **기류온도** 및 **기류속도**에 **조기**에 **반응**하는 것

답 ③

★

## 115 간이스프링클러설비의 가압송수장치로 사용할 수 없는 것은?

① 고가수조 ② 압력수조
③ 가압수조 ④ 지하수조

**해설** **간이스프링클러설비**의 **가압송수장치**(NFPC 103A 제5조, NFTC 103A 2.2)
(1) 고가수조 보기 ①
(2) 압력수조 보기 ②
(3) 가압수조 보기 ③
(4) 펌프

답 ④

★★

## 116 표준형(표준반응) 스프링클러헤드의 반응시간지수로서 옳은 것은?

① 50 이하 ② 50~80
③ 80~350 ④ 350 초과

**해설** **스프링클러헤드**의 **반응시간지수**(스프링클러헤드 형식승인 및 제품검사의 기술기준 제13, 15, 22조)

| 헤드 종류 | | 반응시간지수 |
|---|---|---|
| 화재조기진압용 | 표준방향 | 20~36 이내 |
| | 최악의 방향 | 138 이하 |
| 주거형 | | 50 이하 |
| 표준형 | 조기반응 | 50 이하 |
| | 특수반응 | 51 초과 80 이하 |
| | 표준반응 | 80 초과 350 이하 보기 ③ |

중요

**반응시간지수**(RTI)
기류의 온도・속도 및 작동시간에 대하여 스프링클러헤드의 반응을 예상한 지수

$$\text{RTI} = r\sqrt{u}$$

여기서, RTI : 반응시간지수[m・s]
$r$ : 감열체의 시간상수[s]
$u$ : 기류속도[m/s]

답 ③

★★★

## 117 다음 중 피난기구의 적응성이 잘못된 것은?

18회 문109
12회 문104
07회 문102

① 9층 공동주택-피난사다리
② 5층 노유자시설-피난교
③ 4층 기숙사-미끄럼대
④ 5층 수련시설-간이완강기

**해설** **피난기구**의 **적응성**(NFTC 301 2.1.1)

| 설치장소별 구분 \ 층별 | 1층 | 2층 | 3층 | 4층 이상 10층 이하 |
|---|---|---|---|---|
| 노유자시설 | • 미끄럼대<br>• 구조대<br>• 피난교<br>• 다수인 피난장비<br>• 승강식 피난기 | • 미끄럼대<br>• 구조대<br>• 피난교<br>• 다수인 피난장비<br>• 승강식 피난기 | • 미끄럼대<br>• 구조대<br>• 피난교<br>• 다수인 피난장비<br>• 승강식 피난기 | • 구조대[1]<br>• 피난교<br>• 다수인 피난장비<br>• 승강식 피난기 |
| 의료시설・입원실이 있는 의원・접골원・조산원 | - | - | • 미끄럼대<br>• 구조대<br>• 피난교<br>• 피난용 트랩<br>• 다수인 피난장비<br>• 승강식 피난기 | • 구조대<br>• 피난교<br>• 피난용 트랩<br>• 다수인 피난장비<br>• 승강식 피난기 |

| 설치 장소별 구분 \ 층별 | 1층 | 2층 | 3층 | 4층 이상 10층 이하 |
|---|---|---|---|---|
| 영업장의 위치가 4층 이하인 다중 이용업소 | - | • 미끄럼대<br>• 피난사다리<br>• 구조대<br>• 완강기<br>• 다수인 피난장비<br>• 승강식 피난기 | • 미끄럼대<br>• 피난사다리<br>• 구조대<br>• 완강기<br>• 다수인 피난장비<br>• 승강식 피난기 | • 미끄럼대<br>• 피난사다리<br>• 구조대<br>• 완강기<br>• 다수인 피난장비<br>• 승강식 피난기 |
| 그 밖의 것 (기숙사 등) | - | - | • 미끄럼대<br>• 피난사다리<br>• 구조대<br>• 완강기<br>• 피난교<br>• 피난용 트랩<br>• 간이완강기2)<br>• 공기안전매트2)<br>• 다수인 피난장비<br>• 승강식 피난기 | • 피난사다리<br>• 구조대<br>• 완강기<br>• 피난교<br>• 간이완강기2)<br>• 공기안전매트2)<br>• 다수인 피난장비<br>• 승강식 피난기 |

1) 구조대의 적응성은 장애인관련시설로서 주된 사용자 중 스스로 피난이 불가한 자가 있는 경우 추가로 설치하는 경우에 한한다.
2) 간이완강기의 적응성은 **숙박시설**의 **3층 이상**에 있는 객실에, **공기안전매트**의 적응성은 **공동주택**에 추가로 설치하는 경우에 한한다.

③ 4층 기숙사 : 피난사다리, 구조대, 완강기, 피난교, 간이완강기, 공기안전매트, 다수인 피난장비, 승강식 피난기

답 ③

★★
**118 박물관에 $CO_2$ 소화설비를 하려고 한다. 이 박물관의 체적은 400m³이고, 자동폐쇄장치가 설치되어 있지 않으며 개구부 면적은 5m²이다. 이때 탄산가스의 저장량(kg)은?**

19회 문118 / 19회 문122 / 16회 문107 / 15회 문112 / 13회 문109 / 10회 문 28 / 05회 문104 / 04회 문117 / 02회 문115

① 650kg
② 750kg
③ 850kg
④ 950kg

해설 **이산화탄소 소화설비 저장량**

$CO_2$ 저장량〔kg〕
=방호구역 체적〔m³〕×약제량〔kg/m³〕+ 개구부 면적〔m²〕×개구부가산량〔10kg/m²〕

$= 400\text{m}^3 \times 2.0\text{kg/m}^3 + 5\text{m}^2 \times 10\text{kg/m}^2$
$= 850\text{kg}$

중요

**이산화탄소 소화설비**(심부화재)(NFPC 106 제5조, NFTC 106 2.2.1.2.1)

| 방호 대상물 | 약제량 | 개구부가산량 (자동폐쇄장치 미설치시) | 설계 농도 |
|---|---|---|---|
| 전기설비, 케이블실 | 1.3kg/m³ | 10kg/m² | 50% |
| 전기설비 (55m³ 미만) | 1.6kg/m³ | | |
| 서고, 박물관, 목재가공품창고, 전자제품창고 | 2.0kg/m³ | | 65% |
| 석탄창고, 면화류창고, 고무류, 모피창고, 집진설비 | 2.7kg/m³ | | 75% |

답 ③

★
**119 다음 중 스프링클러헤드가 설치되는 배관은?**

① 가지배관　② 교차배관
③ 수평주행배관　④ 배수배관

해설 **스프링클러설비의 배관**

| 종 류 | 설 명 |
|---|---|
| 가지배관 보기 ① | **스프링클러헤드**가 설치되어 있는 배관 |
| 교차배관 | **직접** 또는 **수직배관**을 통하여 **가지배관**에 **급수**하는 배관 |
| 주배관 | 각 **층**을 **수직**으로 **관통**하는 수직배관 |
| 신축배관 | 가지배관과 스프링클러헤드를 연결하는 **구부림**이 **용이**하고 **유연성**을 가진 배관 |
| 급수배관 | 수원 및 옥외송수구로부터 스프링클러헤드에 **급수**하는 **배관** |
| 수직배관 | 수직으로 **층**마다 물을 공급하는 배관 |
| 수직배수배관 | **층**마다 물을 배수하는 수직배관 |
| 수평주행배관 | 각 층에서 **교차배관**까지 물을 공급하는 배관 |

답 ①

★★★
**120 다음 중 소방시설의 분류가 잘못 연결된 것은?**

19회 문 62 / 17회 문110 / 16회 문 58 / 12회 문 61 / 10회 문 70 / 09회 문 70 / 06회 문 52 / 02회 문 55

① 소화활동설비－단독경보형 감지기
② 소화활동설비－비상콘센트설비
③ 경보설비－자동화재속보설비
④ 피난구조설비－비상조명등

해설 **소방시설법 시행령 [별표 1]**
**소화활동설비**
(1) **연결송수관**설비
(2) **연결살수**설비
(3) **연소방지**설비
(4) **무선통신보조**설비
(5) **제연**설비
(6) **비상콘센트**설비

기억법 **3연무제비콘**

① 경보설비 : 단독경보형 감지기

용어

**소화활동설비**
화재를 진압하거나 인명구조활동을 위하여 사용하는 설비

답 ①

★★
**121 다음 중 소방시설 면제기준이 옳게 된 것은?**

① 스프링클러설비를 설치하여야 할 특정소방대상물에 물분무소화설비를 설치한 경우
② 물분무등소화설비를 설치하여야 하는 차고, 주차장에 간이스프링클러설비를 설치한 경우
③ 비상방송설비를 설치하여야 할 특정소방대상물에 단독경보형 감지기를 설치한 경우
④ 간이스프링클러설비를 설치하여야 할 특정소방대상물에 이산화탄소 소화설비를 설치한 경우

해설 **소방시설법 시행령 [별표 5]**
**소방시설 면제기준**

| 면제대상 | 대체설비 |
|---|---|
| 스프링클러설비 | • **물분무등소화설비** |
| 물분무등소화설비 | • **스프링클러설비** 보기 ① |
| 간이스프링클러설비 | • 스프링클러설비<br>• 물분무소화설비 · 미분무소화설비 |
| 비상경보설비 또는 단독경보형 감지기 | • 자동화재탐지설비 |
| 비상경보설비 | • **2개** 이상 **단독경보형 감지기** 연동 |
| 비상방송설비 | • 자동화재탐지설비<br>• 비상경보설비 |
| 연결살수설비 | • 스프링클러설비<br>• 간이스프링클러설비<br>• 물분무소화설비 · 미분무소화설비 |
| 제연설비 | • **공기조화설비** |
| 연소방지설비 | • 스프링클러설비<br>• 물분무소화설비 · 미분무소화설비 |
| 연결송수관설비 | • 옥내소화전설비<br>• 스프링클러설비<br>• 간이스프링클러설비<br>• 연결살수설비 |
| 자동화재탐지설비 | • 자동화재탐지설비의 기능을 가진 스프링클러설비<br>• 물분무등소화설비 |
| 옥내소화전설비 | • 옥외소화전설비<br>• 미분무소화설비(호스릴방식) |

① **스프링클러설비**를 설치하여야 할 특정소방대상물에 **물분무소화설비**를 설치한 경우
② **물분무등소화설비**를 설치하여야 하는 차고, 주차장에 **스프링클러설비**를 설치한 경우
③ **비상방송설비**를 설치하여야 할 특정소방대상물에 **비상경보설비**를 설치한 경우
④ **간이스프링클러설비**를 설치하여야 할 특정소방대상물에 **물분무소화설비**를 설치한 경우

답 ①

★★★
**122 P형 수신기의 반복시험으로 수신기를 정격 사용전압에서 몇 회의 화재동작을 실시하였을 경우 구조나 기능에 이상이 생기지 아니하여야 하는가?**

① 10000회 ② 15000회
③ 20000회 ④ 25000회

해설 **반복시험 횟수**

| 구 분 | 기 기 |
|---|---|
| 1000회 | 감지기, 속보기 |
| 2000회 | 중계기 |
| 2500회 | 유도등 |
| 5000회 | 전원스위치, 발신기 |
| 10000회 보기 ① | 비상조명등, 스위치 접점, 기타의 설비 및 기기 |

답 ①

★
## 123 유도표지에 대한 기준으로 틀린 것은?

① 방사성 물질을 사용하는 유도표지는 쉽게 파괴되지 아니하는 재질일 것
② 주위조도 0lx에서 60분간 발광 후 직선거리 20m 떨어진 위치에서 유도표지 또는 위치표지가 있다는 것이 식별되어야 하고 유도표지는 3m 거리에서 표시면의 표시 중 주체가 되는 문자 또는 주체가 되는 화살표 등이 쉽게 확인될 것
③ 휘도는 주위조도 0lx에서 20분간 발광 후 $20mcd/m^2$일 것
④ 표시면은 쉽게 변형, 변질, 변색되지 아니할 것

해설 **유도표지**의 **적합기준**(NFPC 303 제8조, 축광표지의 성능인증 및 제품검사의 기술기준 제8~9조, NFTC 303 2.5.1.4)

(1) 축광유도표지 및 축광위치표지는 **200lx** 밝기의 광원으로 20분간 조사시킨 상태에서 다시 주위조도 **0lx**에서 **60분**간 발광 후 직선거리 **20m** 떨어진 위치에서 유도표지 또는 위치표지가 있다는 것이 식별되어야 하고 유도표지는 **3m** 거리에서 표시면의 표시 중 주체가 되는 문자 또는 주체가 되는 화살표 등을 쉽게 식별할 수 있는 것으로 할 것
(2) 축광표지의 표시면을 **0lx** 상태에서 **1시간** 이상 방치한 후 **200lx** 밝기의 광원으로 **20분**간 조사시킨 상태에서 다시 주위조도를 **0lx**로 하여 휘도시험을 실시하는 경우

| 발광시간 | 휘 도 |
|---|---|
| 5분간 | $110mcd/m^2$ 이상 |
| 10분간 | $50mcd/m^2$ 이상 |
| 20분간 | $24mcd/m^2$ 이상 |
| 60분간 | $7mcd/m^2$ 이상 |

③ $20mcd/m^2 \rightarrow 24mcd/m^2$ 이상

답 ③

★★
## 124 발신기의 구성요소가 아닌 것은?

① 화재표시등 ② 응답표시등
③ 스위치 ④ 명판

해설 **발신기의 구성요소**
보호판, 스위치(**보기 ③**), 응답램프(**보기 ②**), 외함, 명판(**보기 ④**)

기억법 **발보스전응**

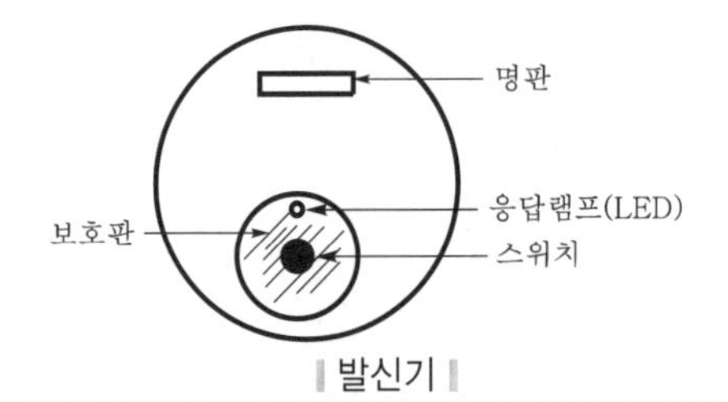


| 발신기 |

응답램프=응답표시등

① **화재표시등** : **수신기**의 구성요소

비교

**자동화재탐지설비의 구성요소**

| | |
|---|---|
| (1) 감지기 | (2) 수신기 |
| (3) 발신기 | (4) 중계기 |
| (5) 음향장치 | (6) 표시등 |
| (7) 전원 | (8) 배선 |

답 ①

★
## 125 다음 중 지하구의 통합감시시설 구축에 관한 설명 중 틀린 것은?

① 수신기는 관할 소방관서에 설치하고 보조수신기는 지하구 통제실에 설치할 것
② 소방관서와 지하구의 통제실 간에 화재 등 소방활동과 관련된 정보를 상시 교환할 수 있는 정보통신망을 구축할 것
③ 정보통신망(무선통신망을 포함)은 광케이블 또는 이와 유사한 성능을 가진 선로일 것
④ 수신기는 지하구의 통제실에 설치하되 화재신호, 경보, 발화지점 등 수신기에 표시되는 정보가 [별표 1]에 적합한 방식으로 119상황실이 있는 관할소방관서의 정보통신장치에 표시되도록 할 것

해설 **지하구**의 **통합감시시설**의 **구축기준**(NFPC 605 제12조, NFTC 605 2.8)

(1) 소방관서와 지하구의 통제실 간에 화재 등 소방활동과 관련된 정보를 상시 교환할 수 있는 **정보통신망** 구축 **보기 ②**
(2) 정보통신망은 **광케이블** 또는 이와 유사한 성능을 가진 선로일 것 **보기 ③**
(3) **수신기**는 지하구의 **통제실**에 설치하되 화재신호, 경보, 발화지점 등 수신기에 표시되는 정보가 [별표 1]에 적합한 방식으로 119상황실이 있는 관할소방관서의 정보통신장치에 표시되도록 할 것 **보기 ④**

답 ①

# 2006년도 제09회 소방시설관리사 1차 국가자격시험

| 문제형별 | 시 간 | 시험과목 |
|---|---|---|
| A | 125분 | ① 소방안전관리론 및 화재역학<br>② 소방수리학, 약제화학 및 소방전기<br>③ 소방관련 법령<br>④ 위험물의 성질 · 상태 및 시설기준<br>⑤ 소방시설의 구조 원리 |

| 수험번호 | | 성 명 | |
|---|---|---|---|

【 수험자 유의사항 】

1. **시험문제지**는 단일형별(A형)이며, 답안카드형별 기재란에 표시된 형별(A형)을 확인하시기 바랍니다. 시험문제지의 **총면수**, **문제번호 일련순서**, **인쇄상태** 등을 확인하시고, 문제지 표지에 수험번호와 성명을 기재하시기 바랍니다.

2. 답은 각 문제마다 요구하는 **가장 적합하거나 가까운 답 1개**만 선택하고, 답안카드 작성시 **마킹착오**로 인한 불이익은 전적으로 **수험자에게 책임**이 있음을 알려드립니다.

3. 답안카드는 국가전문자격 공통 표준형으로 문제번호가 1번부터 125번까지 인쇄되어 있습니다. 답안 마킹시에는 반드시 **시험문제지의 문제번호와 동일한 번호**에 마킹하여야 합니다.

4. **감독위원의 지시에 불응하거나 시험시간 종료 후 답안카드를 제출하지 않을 경우** 불이익이 발생할 수 있음을 알려드립니다.

5. 시험문제지는 시험 종료 후 가져가시기 바랍니다.

# 09회 2006. 07. 02. 시행

**제 1 과목** 소방안전관리론 및 화재역학

★★★
**01** 화재로 인하여 실내의 온도가 급격히 상승하여 화재가 순간적으로 실내 전체에 확산 연소되는 현상은?

18회 문 16 / 15회 문 24 / 11회 문 07

① Flash over ② Boil over
③ Back draft ④ Back fire

해설 **플래시오버(Flash over)**
(1) **정의**
① 폭발적인 착화현상
② 순발적인 연소확대현상
③ 화염이 급격히 확대되는 현상(폭발적인 화재의 확대현상)
④ 화재로 인하여 실내의 온도가 급격히 상승하여 화재가 순간적으로 실내 전체에 확산되어 연소되는 현상 보기 ①
(2) **발생시점** : **성장기~최성기**(성장기에서 최성기로 넘어가는 분기점)
(3) **실내온도** : 약 800~900℃

기억법 내플89(내풀팔고 네풀쓰자)

비교

| 구 분 | 설 명 |
|---|---|
| 보일오버(Boil over) | ① 중질유의 탱크에서 장시간 조용히 연소한다. 탱크 내의 잔존 기름이 갑자기 분출하는 현상<br>② 유류탱크에서 탱크 바닥에 물과 기름의 **에멀션**(Emulsion)이 섞여 있을 때 이로 인하여 화재가 발생하는 현상<br>③ 연소유면으로부터 100℃ 이상의 열파가 탱크 저부에 고여 있는 물을 비등하게 하면서 연소유를 탱크 밖으로 비산시키며 연소하는 현상 |
| 백드래프트(Back draft) | 화재실 내에 연소가 계속되어 산소가 심히 부족한 상태에서 개구부를 통하여 산소가 공급되면 화염이 산소의 공급통로로 분출되는 현상 |
| 백파이어(Back fire, 역화) | 가스가 노즐에서 나가는 속도가 연소속도보다 느려져 버너 내부에서 연소하게 되는 현상 |

답 ①

★★★
**02** 건축물화재에서 연기의 이동에 영향이 적은 것은?

18회 문 25 / 17회 문 16 / 17회 문 18 / 17회 문 23 / 15회 문 15 / 13회 문 24 / 10회 문 05 / 07회 문 07 / 04회 문 09

① 굴뚝효과
② 건물 내부의 온도차
③ 건물 내부의 냉방작동
④ 공조설비

해설 **연기**를 **이동**시키는 **요인**
(1) **연돌**(굴뚝)**효과** 보기 ①
(2) 외부에서의 **풍력**의 영향
(3) 온도상승에 의한 증기**팽창**(온도상승에 따른 기체의 팽창)
(4) 건물 내에서의 강제적인 공기이동(공조설비) 보기 ④
(5) 건물 내외의 **온도차**(기후조건) 보기 ②
(6) 비중차
(7) **부력**

※ **굴뚝효과** : 건물 내의 연기가 압력차에 의하여 순식간에 상승하여 상층부로 이동하는 현상

답 ③

★★
**03** 건축물에 화재가 발생할 때 연소확대를 방지하기 위한 계획에 해당하지 않는 것은?

① 수용인원 ② 층단위
③ 용도단위 ④ 면적단위

해설 **연소확대**를 **방지**하기 위한 **계획**
(1) 층단위(수직구획) 보기 ②
(2) 용도단위(용도구획) 보기 ③
(3) 면적단위(수평구획) 보기 ④

답 ①

★★★
**04** 화재 발생시 인간의 피난특성을 설명한 것 중 틀린 것은?

18회 문 20 / 16회 문 22 / 14회 문 25 / 10회 문 09 / 05회 문 07

① 지광본능 : 밝은 곳을 향하여 움직인다.
② 퇴피본능 : 발화의 반대방향으로 움직인다.
③ 귀소본능 : 평상시 사용하는 출입구를 사용한다.
④ 좌회본능 : 오른손잡이이고 왼쪽으로 통행하고 시계방향으로 회전한다.

해설 ④ **좌회본능** : 오른손잡이이고 왼쪽으로 통행하고 **시계반대방향**으로 회전한다.

참고

**화재 발생시 인간의 피난특성**

| 피난 특성 | 설 명 |
|---|---|
| 귀소본능 | ① 피난시 **평소**에 사용하는 **문**, 길, **통로**를 사용하거나 자신이 왔었던 길로 **되돌아가려는** 본능 **보기 ③**<br>② **친숙한 피난경로**를 선택하려는 행동<br>③ 무의식 중에 **평상시** 사용하는 **출입구**나 **통로**를 사용하려는 행동<br>④ 화재시 본능적으로 원래 왔던 길 또는 늘 사용하는 경로로 탈출하려고 하는 것 |
| 지광본능 | ① 화재시 연기 및 정전 등으로 시야가 흐려질 때 어두운 곳에서 개구부, 조명부 등의 **밝은 빛**을 따르려는 본능<br>② **밝은 쪽**을 지향하는 행동 **보기 ①**<br>③ 화재의 공포감으로 인하여 **빛**을 따라 외부로 달아나려고 하는 행동 |
| 퇴피본능 | ① 반사적으로 **위험**으로부터 **멀리**하려는 본능<br>② 화염, 연기에 대한 공포감으로 **발화**의 **반대방향**으로 이동하려는 행동 **보기 ②**<br>③ 화재가 발생하면 확인하려하고, 그것이 비상사태로 확인되면 **화재**로부터 **멀어지려고** 하는 본능<br>④ 연기, 불의 **차폐물**이 있는 곳으로 도망가거나 숨는다.<br>⑤ **발화점**으로부터 조금이라도 **먼 곳**으로 피난한다. |
| 추종본능 | ① 많은 사람이 달아나는 방향으로 쫓아가려는 행동<br>② 화재시 **최초**로 **행동**을 **개시**한 사람을 따라 전체가 움직이려는 행동 |
| 좌회본능 | **좌측통행**을 하고 **시계반대방향**으로 회전하려는 행동 **보기 ④** |
| 폐쇄공간 지향본능 | 가능한 **넓은 공간**을 찾아 **이동**하다가 위험성이 높아지면 의외의 좁은 공간을 찾는 본능 |
| 초능력본능 | 비상시 **상상**도 **못할 힘**을 내는 본능 |
| 공격본능 | **이상심리현상**으로서 구조용 헬리콥터를 부수려고 한다든지 무차별적으로 주변사람과 구조인력 등에게 공격을 가하는 본능 |
| 패닉(Panic) 현상 | 인간의 비이성적인 또는 부적합한 **공포반응행동**으로서 무모하게 높은 곳에서 뛰어내리는 행위라든지, 몸이 굳어서 움직이지 못하는 행동 |

답 ④

★★★
**05** 다음 중 파라핀의 연소형태는 어느 것인가?

19회 문 02
14회 문 07

① 표면연소 ② 증발연소
③ 분해연소 ④ 자기연소

해설 **연소의 형태**

| 구 분 | 종 류 |
|---|---|
| 표면연소 | • **숯**, **코**크스<br>• **목탄**, **금**속분 |
| 분해연소 | • **석**탄, **종**이<br>• **플**라스틱, **목**재<br>• **고**무, **중**유, **아**스팔트 |
| 증발연소 **보기 ②** | • **황**, **왁**스<br>• **파**라핀, **나**프탈렌<br>• **가**솔린, **등**유<br>• **경**유, **알**코올, **아**세**톤** |
| 자기연소 | • 나이트로글리세린, 나이트로셀룰로오스(질화면)<br>• TNT, 피크린산 |
| 액적연소 | • 벙커C유 |
| 확산연소 | • **메**탄($CH_4$), **암**모니아($NH_3$)<br>• **아**세**틸**렌($C_2H_2$), **일**산화탄소(CO)<br>• **수**소($H_2$) |

기억법 **표숯코목탄금, 분석종플목고중아**
**증황왁파나 가등경알아톤**
**확메암아틸일수**

답 ②

★★★
**06** 분진폭발에 의한 화재의 위험성이 없는 것은?

19회 문 06
19회 문 16
18회 문 02
18회 문 17
17회 문 06
16회 문 04
16회 문 14
13회 문 07
11회 문 16
10회 문 11
09회 문 06
08회 문 24
06회 문 15
04회 문 03

① 탄화칼슘
② 알루미늄분
③ 아연분
④ 밀가루

09회

해설 **분진폭발을 일으키지 않는 물질**

(1) 시멘트
(2) 석회석
(3) 탄산칼슘($CaCO_3$)
(4) 생석회(CaO)
(5) 소석회[$Ca(OH)_2$]=수산화칼슘

기억법 **분시석탄칼생**

중요

**폭발의 종류**

| 종 류 | 구 분 |
|---|---|
| 분해폭발 | ① 과산화물<br>② 아세틸렌<br>③ 다이너마이트<br>④ 탄화칼슘(카바이드) |
| 분진폭발 | ① 밀가루 보기 ④<br>② 담뱃가루<br>③ 석탄가루<br>④ 먼지<br>⑤ 전분<br>⑥ 금속분(알루미늄분, 아연분, 안티몬분) 보기 ②③ |
| 중합폭발 | ① 염화비닐<br>② 시안화수소 |
| 분해·중합폭발 | 산화에틸렌 |
| 산화폭발 | ① 압축가스<br>② 액화가스 |

답 ①

★★★

## 07 불꽃의 색깔에 의한 온도의 측정에서 낮은 온도에서부터 높은 온도의 순서대로 옳게 나열한 것은?

① 암적색 < 백적색 < 황적색 < 휘백색
② 암적색 < 휘백색 < 적색 < 황적색
③ 암적색 < 황적색 < 백적색 < 휘백색
④ 암적색 < 휘적색 < 황적색 < 적색

해설 **연소의 색과 온도**

| 색 | 온도[℃] |
|---|---|
| 암적색(진홍색) | 700~750 |
| 적색 | 850 |
| 휘적색(주황색) | 925~950 |
| 황적색 | 1100 |
| 백적색(백색) | 1200~1300 |
| 휘백색 | 1500 |

※ 불꽃의 색상 중 낮은 온도에서 높은 온도의 순서 : 암적색<황적색<백적색<휘백색

기억법 진7(진출)
적8(저팔계)
주9(주먹구구)
휘백5
암황백휘

답 ③

★★★

## 08 방염성능의 측정기준으로 틀린 것은?

① 잔진시간 30초 이내
② 불꽃 접촉횟수 3회 이상
③ 탄화면적 50m² 이내
④ 탄화길이 20cm 이내

해설 **방염성능의 측정기준**

| 구 분 | 설 명 |
|---|---|
| 잔진시간(잔신시간) | 30초 이내 보기 ① |
| 잔염시간 | 20초 이내 |
| 탄화면적 | 50cm² 이내 보기 ③ |
| 탄화길이 | 20cm 이내 보기 ④ |
| 불꽃 접촉횟수 | 3회 이상 보기 ② |
| 최대연기밀도 | 400 이하 |

③ 50m² → 50cm²

용어

**잔진시간과 잔염시간**

| 잔진시간(잔신시간) | 잔염시간 |
|---|---|
| 버너의 불꽃을 제거한 때부터 불꽃을 올리지 아니하고 연소하는 상태가 그칠 때까지의 경과시간 | 버너의 불꽃을 제거한 때부터 불꽃을 올리며 연소하는 상태가 그칠 때까지의 경과시간 |

답 ③

★★★

## 09 다음 중 할론이 상온에서 기체상태인 것은 어느 것인가?

19회 문 37

① 1301 ② 1011
③ 104 ④ 2402

해설

| 상온에서 기체상태 | 상온에서 액체상태 |
|---|---|
| ① 할론 1301 보기 ①<br>② 할론 1211 | ① 할론 1011<br>② 할론 104<br>③ 할론 2402<br>④ 이산화탄소 |

답 ①

★★★
## 10 연소한계가 넓은 순서대로 옳게 나열된 것은?

18회 문 05 / 16회 문 11 / 15회 문 04 / 12회 문 02 / 11회 문 05 / 10회 문 02 / 07회 문 11 / 04회 문 15

① 에터 > 수소 > 메탄 > 프로판
② 에터 > 메탄 > 수소 > 프로판
③ 수소 > 에터 > 메탄 > 프로판
④ 수소 > 메탄 > 에터 > 프로판

해설 **공기 중의 폭발한계**(상온, 1atm)

| 가 스 | 하한계[vol%] | 상한계[vol%] |
|---|---|---|
| 아세틸렌($C_2H_2$) | 2.5 | 81 |
| 수소($H_2$) | 4 | 75 |
| 일산화탄소(CO) | 12 | 75 |
| 에터[$(C_2H_5)_2O$] | 1.7 | 48 |
| 이황화탄소($CS_2$) | 1 | 50 |
| 에틸렌($CH_2=CH_2$) | 2.7 | 36 |
| 암모니아($NH_3$) | 15 | 25 |
| 메탄($CH_4$) | 5 | 15 |
| 에탄($C_2H_6$) | 3 | 12.4 |
| 프로판($C_3H_8$) | 2.1 | 9.5 |
| 부탄($C_4H_{10}$) | 1.8 | 8.4 |

※ 연소한계=연소범위=가연한계=가연범위=폭발한계=폭발범위

답 ③

★
## 11 피난구조설비가 아닌 것은?

① 시각경보기　② 유도등
③ 완강기　④ 피난사다리

해설 **NFPC 301 제3조, NFTC 301 1.7~1.8, 소방시설법 시행령 [별표 1]**
**피난구조설비**
(1) 피난기구 [보기 ③ ④]
(2) 인명구조기구
(3) 유도등·유도표지 [보기 ②]
(4) 비상조명등·휴대용 비상조명등

① 시각경보기 : 경보설비

중요

| 피난기구 | 인명구조기구 |
|---|---|
| ① **피**난사다리 [보기 ④]<br>② **구**조대<br>③ **완**강기 [보기 ③]<br>④ 소방청장이 정하여 고시하는 화재안전기준으로 정하는 것(미끄럼대, 피난교, 공기안전매트, 피난용 트랩, 다수인 피난장비, 승강식 피난기, 간이 완강기, 하향식 피난구용 내림식 사다리) | ① 방열복<br>② 방화복(안전모, 보호장갑, 안전화 포함)<br>③ 공기호흡기<br>④ 인공소생기 |

기억법 **피구완**

답 ①

★★★
## 12 다음 중 다중이용업소가 아닌 것은?

19회 문 65 / 16회 문 67 / 14회 문 61 / 13회 문 60 / 02회 문 68

① 예식장　② 콜라텍업
③ 수면방업　④ 산후조리원

해설 **다중이용업령 제2조, 다중이용업규칙 제2조**
**다중이용업**
(1) 휴게음식점영업·일반음식점영업·제과점영업 : **100m²** 이상(지하층은 **66m²** 이상)
(2) 단란주점영업·유흥주점영업
(3) 영화상영관·**비디오물감상실업**·비디오물소극장업 및 복합영상물제공업
(4) 학원 수용인원 **300명** 이상
(5) 학원 수용인원 **100~300명** 미만
　① **기숙사**가 있는 학원
　② **2 이상** 학원 수용인원 **300명** 이상
　③ **다중이용업**과 **학원**이 함께 있는 것
(6) **목욕장업**
(7) 게임제공업, 인터넷 컴퓨터게임시설 제공업·복합유통게임 제공업
(8) **노래연습장업**
(9) **산후조리업** [보기 ④]
(10) **고시원업**
(11) **전화방업**
(12) 화상대화방업
(13) **수면방업** [보기 ③]
(14) **콜라텍업** [보기 ②]
(15) 방탈출카페업
(16) 키즈카페업
(17) 만화카페업
(18) 권총사격장(옥내사격장)
(19) 가상체험 체육시설업(실내에 1개 이상의 별도의 구획된 실을 만들어 골프종목의 운동이 가능한 시설을 경영하는 영업으로 한정)
(20) 안마시술소

① 예식장 : 문화 및 집회시설, 운동시설

비교

**다중이용업소의 안전시설 등**(다중이용업령 [별표 1의 2])

| 시 설 | | 종 류 |
|---|---|---|
| 소방시설 | 소화설비 | • 소화기<br>• 자동확산소화기<br>• 간이스프링클러설비(캐비닛형 간이스프링클러설비 포함) |
| | 피난구조설비 | • 유도등<br>• 유도표지<br>• 비상조명등<br>• 휴대용 비상조명등<br>• 피난기구(미끄럼대·피난사다리·구조대·완강기·다수인 피난장비·승강식 피난기)<br>• 피난유도선(단, 영업장 내부 피난통로 또는 복도가 있는 영업장에만 설치) |
| | 경보설비 | • 비상벨설비 또는 자동화재탐지설비<br>• 가스누설경보기 |

| 시 설 | 종 류 |
|---|---|
| 그 밖의 안전시설 | • **창문**(단, 고시원업의 영업장에만 설치)<br>• 영상음향차단장치(단, 노래반주기 등 영상음향장치를 사용하는 영업장에만 설치)<br>• 누전차단기 |

답 ①

★★★
## 13 개구면적 0.4m²와 0.4m²가 직렬로 연결되었을 때의 유효누설면적은?

19회 문111 15회 문125 12회 문121 11회 문108

① $0.1m^2$ ② $0.2m^2$
③ $0.3m^2$ ④ $0.4m^2$

해설 **유효누설면적**($A$)

$$A=\frac{1}{\sqrt{\frac{1}{A_1^2}+\frac{1}{A_2^2}}}=\frac{1}{\sqrt{\frac{1}{0.4^2}+\frac{1}{0.4^2}}}\fallingdotseq 0.3\text{m}^2$$

참고

**누설틈새면적**

(1) 직렬상태

$$A=\frac{1}{\sqrt{\frac{1}{{A_1}^2}+\frac{1}{{A_2}^2}+\cdots}}$$

여기서, $A$ : 전체 누설틈새면적[m²]
$A_1, A_2$ : 각 실의 누설틈새면적[m²]

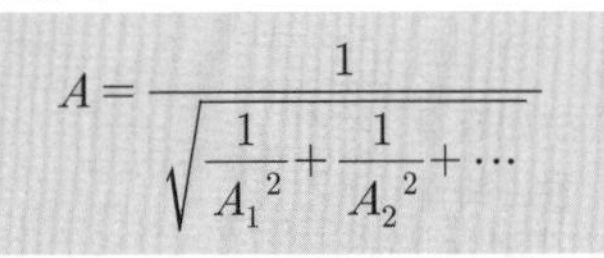


(2) 병렬상태

$$A=A_1+A_2+\cdots$$

여기서, $A$ : 전체 누설틈새면적[m²]
$A_1, A_2$ : 각 실의 누설틈새면적[m²]

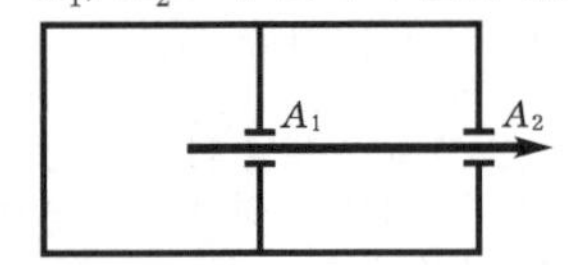


답 ③

★★
## 14 가연성 기체 또는 액체의 연소범위에 대한 설명이 잘못된 것은?

① 하한이 낮을수록 발화위험이 높다.
② 연소범위가 넓을수록 발화위험이 크다.
③ 압력이 낮을 때 연소범위가 넓어진다.
④ 연소범위는 주위온도와 관계가 깊다.

해설 **폭발한계**와 **위험성**

(1) 하한계가 낮을수록 위험하다. 보기 ①
(2) 상한계가 높을수록 위험하다.
(3) 연소범위가 넓을수록 위험하다. 보기 ②
(4) 연소범위의 하한계는 그 물질의 **인화점**에 해당된다.
(5) 연소범위는 주위온도와 관계가 깊다. 보기 ④
(6) 압력상승시 하한계는 불변, 상한계만 상승한다.

③ 압력이 낮을 때 연소범위가 **좁아진다.**

답 ③

★★★
## 15 소방신호의 종류가 아닌 것은?

① 발화신호 ② 경계신호
③ 출동신호 ④ 훈련신호

해설 **기본규칙 제10조**
**소방신호의 종류**

| 종 류 | 설 명 |
|---|---|
| **경계신호** 보기 ② | 화재예방상 필요하다고 인정되거나 화재위험경보시 발령 |
| **발화신호** 보기 ① | 화재가 발생한 때 발령 |
| **해제신호** | 소화활동이 필요 없다고 인정되는 때 발령 |
| **훈련신호** 보기 ④ | 훈련상 필요하다고 인정되는 때 발령 |

답 ③

★★★
## 16 자연발화의 예방을 위한 대책으로 옳지 않은 것은?

18회 문 24

① 통풍이나 환기로 열의 축적을 방지한다.
② 주위온도를 낮게 하여 반응계에 이상이 생기지 않도록 한다.
③ 열전도성을 나쁘게 한다.
④ 용기파손에 주의한다.

해설 **자연발화**의 **방지법**

(1) **습**도가 **높**은 곳을 **피**할 것(건조하게 유지할 것)
(2) 저장실의 온도를 낮출 것(주위온도를 낮게 한다) 보기 ②
(3) 통풍이 잘 되게 할 것 보기 ①
(4) 퇴적 및 수납시 열이 쌓이지 않게 할 것(열의 축적을 방지한다)
(5) **열전도성**을 좋게 할 것 보기 ③

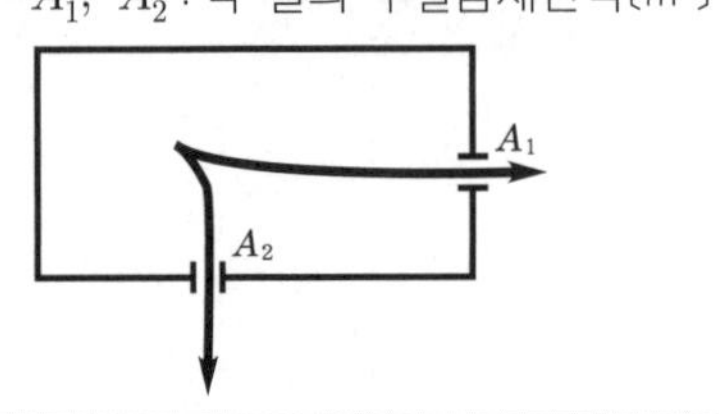

(6) **용기파손**에 **주의**할 것 **보기 ④**

**기억법** 자발습높피

③ 나쁘게 한다. → 좋게 한다.

비교

**자연발화 조건**
(1) 열전도율이 작을 것
(2) 발열량이 클 것
(3) 주위의 온도가 높을 것
(4) 표면적이 넓을 것

답 ③

★★
## 17 다음 기체 중 불연성 가스에 해당되지 않는 것은?

① 수증기 ② 질소
③ 일산화탄소 ④ 아르곤

해설 **불연성 물질**

| 구 분 | 설 명 |
|---|---|
| 주기율표의 0족 원소 | **헬륨**(He), **네온**(Ne), **아르곤**(Ar)(**보기 ④**), **크립톤**(Kr), **크세논**(Xe), **라돈**(Rn) |
| 산소와 더 이상 반응하지 않는 물질 | **물**($H_2O$), **이산화탄소**($CO_2$), **산화알루미늄**($Al_2O_3$), **오산화인**($P_2O_5$) |
| 흡열반응 물질 | **질소**($N_2$) **보기 ②** |
| 기타 | **수증기** **보기 ①** |

③ 해당없음

답 ③

★★★
## 18 주수소화하면 안 되는 물질은?

① Na ② $H_2O_2$
③ $KClO_3$ ④ $CH_3COOH$

해설 **나트륨**(Na)은 주수소화하면 **수소**($H_2$)가 발생하므로 더욱 위험하다.

• $H_2O_2$(과산화수소) · $KClO_3$(염소산칼륨) · $CH_3COOH$(초산)은 주수소화 가능

참고

| 구 분 | 화학식 |
|---|---|
| **무기 과산화물** | ① $2K_2O_2+2H_2O \rightarrow 4KOH+O_2$<br>② $2Na_2O_2+2H_2O \rightarrow 4NaOH+O_2$ |
| **금속분** | $Al+2H_2O \rightarrow Al(OH)_2+H_2$ |
| **기타 물질** | ① $2K+2H_2O \rightarrow 2KOH+H_2$<br>② $2Na+2H_2O \rightarrow 2NaOH+H_2$<br>③ $2Li+2H_2O \rightarrow 2LiOH+H_2$<br>④ $Mg+2H_2O \rightarrow Mg(OH)_2+H_2$ |

답 ①

★
## 19 가연성 섬유류 등의 연소성을 줄이기 위해서 화학물질을 사용하는 경우가 있는데, 그 방법과 원리로 옳지 않은 것은?

① 화학물질이 불연성 가스를 발생하여 산소를 제거시킨다.
② 화학물질의 흡열반응을 이용한다.
③ 연쇄반응을 변화시킬 수 있는 작은 입자가 생성된다.
④ 화학물질이 가연성 섬유의 표면을 용해시켜 분자조직을 바꾼다.

해설 **연소성**을 **줄이기** 위한 **방법**
(1) 화학물질이 불연성 가스를 발생하여 **산소**를 **제거**시킨다. **보기 ①**
(2) 화학물질의 **흡열반응**을 이용한다. **보기 ②**
(3) **연쇄반응**을 변화시킬 수 있는 작은 입자가 생성된다. **보기 ③**

답 ④

★★★
## 20 다음 설명 중 틀린 것은?

① 피난시설의 안전구획을 설정할 때 계단은 해당되지 않는다.
② 방화구획에는 수평구획, 수직구획, 용도구획이 있다.
③ 계단은 제3차 안전구획에 속한다.
④ 건축방재를 위한 공간적 대응은 도피성 대응, 회피성 대응, 대항성 대응이 있다.

해설 **피난시설**의 **안전구획**

| 안전구획 | 장 소 |
|---|---|
| 1차 | **복도** |
| 2차 | **계단부속실**(전실) |
| 3차 | **계단** |

※ **계단부속실**(전실) : 계단으로 들어가는 입구부분

답 ①

★★★
## 21 가연물질의 조건으로 옳지 않은 것은?

① 산화하기 쉽고, 산소와 결합시 발열량이 커야 한다.
② 연소반응을 일으키는 활성화에너지가 커야 한다.
③ 열의 축적이 용이하여야 한다.
④ 연쇄반응을 일으키기 쉬워야 한다.

해설 **가연물**이 **연소**하기 쉬운 **조건**
(1) 산소와 **친화력**이 클 것 [보기 ①]
(2) **발열량**이 클 것
(3) **표면적**이 넓을 것
(4) 열전도율이 작을 것
(5) 활성화에너지가 작을 것 [보기 ②]
(6) **연쇄반응**을 일으킬 수 있을 것 [보기 ④]
(7) **열**의 **축적**이 용이할 것 [보기 ③]

② 커야 한다. → 작아야 한다.

※ **활성화에너지** : 가연물이 처음 연소하는 데 필요한 열

답 ②

★
## 22 화재시 공기의 이동현상을 옳게 설명한 것은?

① 건물 외부의 온도가 내부의 온도보다 높으면 공기는 수직으로 이동한다.
② 건물 내·외부의 온도가 같을 경우 공기는 수평으로 이동한다.
③ 건물 외부의 온도가 내부의 온도보다 높으면 공기는 소용돌이를 치게 된다.
④ 건물 내부의 온도가 외부의 온도보다 높으면 공기는 수직으로 이동한다.

해설 건물 내부의 온도가 외부의 온도보다 높으면 외부의 공기가 실내의 바닥쪽으로 유입되어 데워지므로 열기류에 의해 공기는 **수직**으로 **이동**한다.

답 ④

★★★
## 23 고체 가연물이 연소할 때 나타나는 연소 현상에 해당하는 것은?

① 표면연소 ② 심부연소
③ 발염연소 ④ 불꽃연소

해설

| 고체 가연물 연소 | 액체 가연물 연소 | 기체 가연물 연소 |
|---|---|---|
| ① 표면연소 [보기 ①]<br>② 분해연소<br>③ 증발연소<br>④ 자기연소 | ① 분해연소<br>② 증발연소<br>③ 액적연소 | ① 예혼합연소<br>② 확산연소 |

참고

**연소의 형태**

| 연소형태 | 종 류 |
|---|---|
| **표면연소** | **숯**, 코크스, **목탄**, 금속분 |
| **분해연소** | 석탄, 종이, 플라스틱, 목재, 고무, 중유, 아스팔트 |
| **증발연소** | 황, 왁스, 파라핀, 나프탈렌, 가솔린, 등유, 경유, 알코올, 아세톤 |
| **자기연소** | 나이트로글리세린, 나이트로셀룰로오스(질화면), TNT, 피크린산 |
| **액적연소** | 벙커C유 |
| **확산연소** | 메탄($CH_4$), 암모니아($NH_3$), 아세틸렌($C_2H_2$), 일산화탄소($CO$), 수소($H_2$) |

답 ①

★
## 24 다음 중 방화구역의 효과와 관계없는 것은?

① 화염의 제한 ② 인명의 안전대피
③ 화재하중의 감소 ④ 연기의 확산방지

해설 **방화구역**의 **효과**
(1) 화염의 제한 [보기 ①]
(2) 인명의 안전대피 [보기 ②]
(3) 연기의 확산방지 [보기 ④]

※ **방화구역** : 화재가 발생한 지역에서 불이 계속 확대되지 않도록 내화구조 또는 불연재료로 된 구역

답 ③

★★★
## 25 다음 중 제6류 위험물의 공통성질이 아닌 것은?

17회 문 86 / 16회 문 82 / 15회 문 83 / 14회 문 85 / 13회 문 87 / 08회 문 79 / 05회 문 80

① 비중이 1보다 크며 물에 녹지 않는다.
② 산화성 물질로 다른 물질을 산화시킨다.
③ 자신들은 모두 불연성 물질이다.
④ 대부분 분해하며 유독성 가스를 발생하여 부식성이 강하다.

해설 **제6류 위험물**의 **공통성질**
(1) 비중이 **1보다 크며** 물에 잘 녹는다. [보기 ①]
(2) **산화성 물질**로 다른 물질을 산화시킨다. [보기 ②]
(3) 자신들은 모두 **불연성 물질**이다. [보기 ③]
(4) 대부분 분해하며 **유독성 가스**를 발생하여 **부식성**이 강하다. [보기 ④]

① 녹지 않는다. → 잘 녹는다.

답 ①

# 제 2 과목 소방수리학·약제화학 및 소방전기

★★★
## 26 레이놀즈(Reynolds)수의 물리적인 의미로 맞는 것은?

19회 문 32 / 18회 문 47 / 17회 문 31 / 17회 문 27 / 16회 문 31 / 14회 문 29 / 13회 문 30 / 12회 문 29 / 11회 문 29 / 05회 문 34 / 05회 문 32 / 03회 문 39

① 관성력/탄성력
② 관성력/중력
③ 관성력/압력
④ 관성력/점성력

해설 **무차원수**의 **물리적 의미**

| 명 칭 | 물리적 의미 |
|---|---|
| 레이놀즈(Reynolds)수 **보기 ④** | 관성력/점성력 |
| 프루드(Froude)수 | 관성력/중력 |
| 마하(Mach)수 | 관성력/압축력 |
| 웨버(Weber)수 | 관성력/표면장력 |
| 오일러(Euler)수 | 압축력/관성력 |

답 ④

★★★

## 27 펌프와 발포기의 중간에 설치된 벤추리관의 벤추리작용에 의하여 포소화약제를 흡입·혼합하는 방식은?

19회 문 41
15회 문106
07회 문 32

① 라인 프로포셔너 방식
② 프레져 사이드 프로포셔너 방식
③ 프레져 프로포셔너 방식
④ 펌프 프로포셔너 방식

해설 **포소화약제**의 **혼합장치**

(1) **펌프 프로포셔너방식(펌프혼합방식)**

① 펌프 토출측과 흡입측에 바이패스를 설치하고, 그 바이패스의 도중에 설치한 어댑터(Adaptor)로 펌프 토출측 수량의 일부를 통과시켜 공기포 용액을 만드는 방식

② 펌프의 **토출관**과 **흡입관** 사이의 배관 도중에 설치한 흡입기에 펌프에서 토출된 물의 일부를 보내고 **농도조정밸브**에서 조정된 포소화약제의 필요량을 포소화약제 탱크에서 펌프 흡입측으로 보내어 약제를 혼합하는 방식

기억법 **펌농**

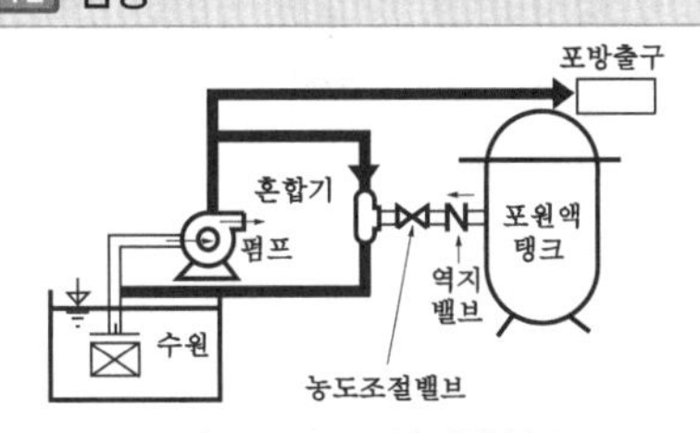


| 펌프 프로포셔너방식 |

(2) **프레져 프로포셔너방식(차압혼합방식)**

① 가압송수관 도중에 공기포 소화원액 혼합조(P.P.T)와 혼합기를 접속하여 사용하는 방법

② **격막방식 휨탱크**를 사용하는 에어휨 혼합방식

③ 펌프와 발포기의 중간에 설치된 **벤**추리관의 **벤추리작용**과 펌프 가압수의 **포소화약제 저장탱크**에 대한 압력에 의하여 포소화약제를 흡입·혼합하는 방식

기억법 **프프벤벤탱**

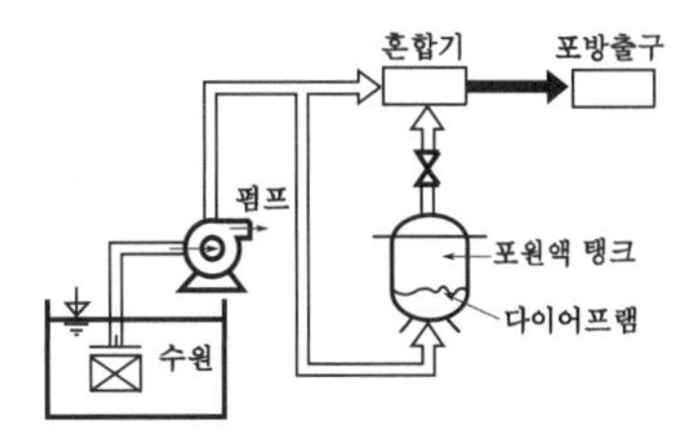


| 프레져 프로포셔너방식 |

(3) **라인 프로포셔너방식(관로혼합방식)** **보기 ①**

① 급수관의 배관 도중에 포소화약제 흡입기를 설치하여 그 흡입관에서 소화약제를 흡입하여 혼합하는 방식

② 펌프와 발포기의 중간에 설치된 벤추리관의 **벤추리작용**에 의하여 포소화약제를 흡입·혼합하는 방식

기억법 **라벤(라벤다)**

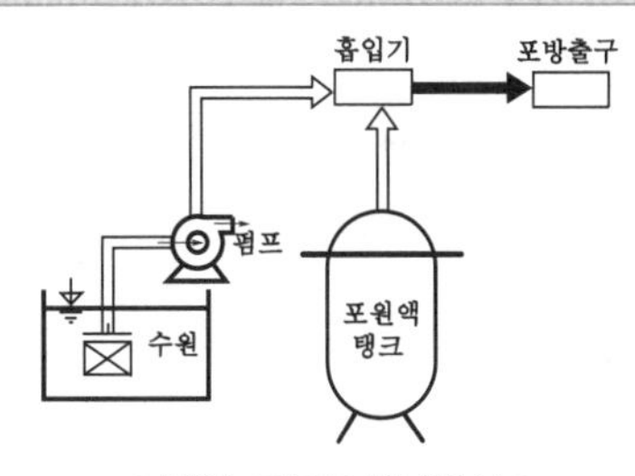


| 라인 프로포셔너방식 |

(4) **프레져사이드 프로포셔너방식(압입혼합방식)**

① 소화원액 가압펌프(압입용 펌프)를 별도로 사용하는 방식

② 펌프 **토출관**에 압입기를 설치하여 포소화약제 **압입용 펌프**로 포소화약제를 압입시켜 혼합하는 방식

기억법 **프사압**

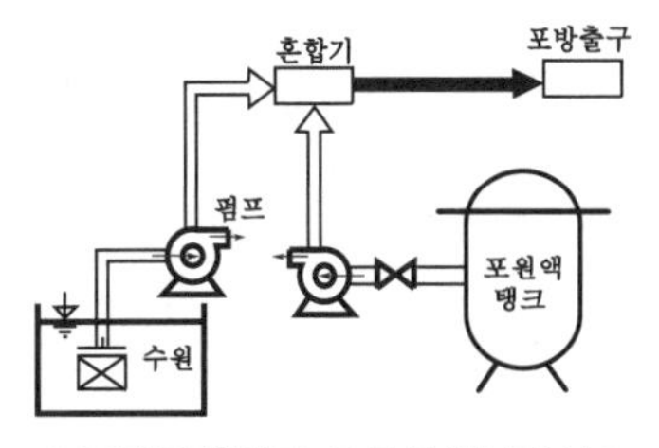


| 프레져사이드 프로포셔너방식 |

(5) **압축공기포 믹싱챔버방식** : 포수용액에 공기를 강제로 주입시켜 **원거리 방수**가 가능하고 물 사용량을 줄여 **수손피해**를 **최소화**할 수 있는 방식

| 압축공기포 믹싱챔버방식 |

답 ①

★★

## 28 산불화재 소화시 가장 효과가 좋은 물의 첨가제는?

19회 문 40

① 강화액　　② 침투제
③ 증점제　　④ 유화제

해설 물의 **첨가제**

| 첨가제 | 설 명 |
|---|---|
| 강화액 보기 ① | 알칼리 금속염을 주성분으로 한 것으로 **황색** 또는 **무색**의 점성이 있는 수용액 |
| 침투제 보기 ② | ① 침투성을 높여 주기 위해서 첨가하는 계면활성제의 총칭<br>② 물의 소화력을 보강하기 위해 첨가하는 약제로서 물의 **표면장력**을 **낮추어** 침투효과를 높이기 위한 첨가제 |
| 유화제 보기 ④ | 고비점 유류에 사용을 가능하게 하기 위한 것<br>※ 대표적인 증점제 : CMC(Carboxy Methyl Cellulose) |
| 증점제 보기 ③ | 물의 점도를 높여 줌. **산불화재**에 적합 |
| 부동제 | 물이 저온에서 동결되는 단점을 보완하기 위해 첨가하는 액체 |

용어

| Wet water | Wetting agent |
|---|---|
| 침투제가 첨가된 물 | 주수소화시 물의 표면장력에 의해 연소물의 침투속도를 향상시키기 위해 첨가하는 침투제 |

답 ③

★★★

## 29 물이 소화작업에 사용되는 이유가 아닌 것은?

① 구하기 쉽다.
② 무상주수일 때에는 소화효과가 크다.
③ 비열과 증발잠열이 크기 때문이다.
④ 모든 화재에 적응성이 있다.

해설 물이 **소화작업**에 **사용**되는 **이유**

(1) 가격이 싸다.
(2) 쉽게 구할 수 있다. 보기 ①
(3) 열흡수가 매우 크다.
(4) 사용방법이 비교적 간단하다.
(5) 비열과 증발잠열이 크다. 보기 ③
(6) 무상주수일 때 소화효과가 크다. 보기 ②

④ 모든 화재에 적응성이 있는 것은 아니다.

답 ④

★★★

## 30 다음 중 수격작용에 대한 설명으로 옳은 것은?

17회 문 33
10회 문 26
02회 문 48
02회 문116

① 배관 내를 흐르는 유체의 유속을 급격하게 변화시키므로 압력이 상승 또는 하강하여 관로의 벽면을 치는 현상
② 펌프의 흡입측 배관 내의 물의 정압이 기존의 증기압보다 낮아져서 기포가 발생되어 물이 흡입되지 않는 현상
③ 유량이 단속적으로 변하여 펌프 입출구에 설치된 진공계·압력계가 흔들리고 진동과 소음이 일어나며 펌프의 토출유량이 변하는 현상
④ 배관 속의 물흐름을 급히 차단하였을 때 정압이 동압으로 전환되면서 일어나는 쇼크(Shock)현상

해설 **수격작용(Water hammering)**

(1) 배관 속의 물흐름을 **급히 차단**하였을 때 동압이 정압으로 전환되면서 일어나는 쇼크(Shock)현상
(2) 배관 내를 흐르는 유체의 유속을 급격하게 변화시키므로 압력이 상승 또는 하강하여 **관로**의 **벽면**을 **치는 현상** 보기 ①
(3) 물이 파이프 속에 꽉 차서 흐를 때, 정전 등의 원인으로 유속이 급격히 변하면서 물에 **심한 압력변화**가 생기고 **큰 소음**이 발생하는 현상

비교

| 공동현상 (Cavitation, 캐비테이션) | 맥동현상 (Surging, 서징) |
|---|---|
| 펌프의 흡입측 배관 내의 물의 정압이 기존의 증기압보다 낮아져서 **기포**가 **발생**되어 물이 흡입되지 않는 현상 | 유량이 단속적으로 변하여 펌프 입출구에 설치된 **진공계·압력계**가 흔들리고 **진동**과 **소음**이 일어나며 펌프의 **토출유량**이 변하는 현상 |

기억법 공기

답 ①

★★★
## 31 표면하 주입방식에 사용할 수 있는 포소화약제는?

① 단백포
② 불화단백포
③ 합성계면활성제포
④ 알코올포

해설 **표면하 주입방식**

| 적용 방출구 | 적용 포소화약제 |
|---|---|
| • Ⅲ형 방출구 | • 수성막포<br>• 불화단백포 보기 ② |

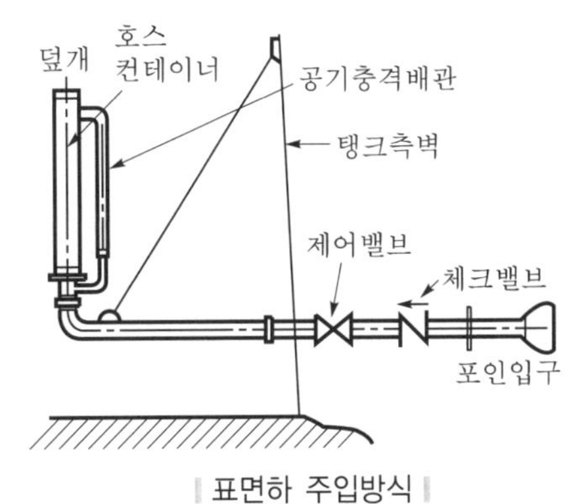


| 표면하 주입방식 |

답 ②

★★
## 32 피토-정압관은 다음 중 무엇을 측정하는 것인가?

① 정지하고 있는 유체의 질량
② 유동하고 있는 유체의 비중량
③ 유동하고 있는 유체의 동압
④ 유동하고 있는 유체의 정압

해설 **측정기구**

| 유동하고 있는 유체의 정압 | 유동하고 있는 유체의 동압 보기 ③ |
|---|---|
| • 정압관<br>• 피에조미터 | • 피토-정압관 |

※ 유동하고 있는 유체의 정압=교란되지 않는 유체의 정압

답 ③

★
## 33 접지도체와 접지극의 접속방법으로 틀린 것은

① 발열성 용접
② 압착접속
③ 클램프 접속
④ 직접 접속

해설 **접지도체**와 **접지극**의 **접속방법**

(1) 발열성 용접 보기 ①
(2) 압착접속 보기 ②
(3) 클램프 접속 보기 ③

답 ④

★★★
## 34 입력신호 $A$, $B$ 값이 모두 1일 때만 출력 $X$가 1이 되는 회로는?

19회 문 43

① OR 회로　② AND 회로
③ NOT 회로　④ NOR 회로

해설 **진리표**

| 명 칭 | 진리표 |
|---|---|
| AND 회로 | A B X: 0 0 0 / 0 1 0 / 1 0 0 / 1 1 1 |
| OR 회로 | A B X: 0 0 0 / 0 1 1 / 1 0 1 / 1 1 1 |
| NOT 회로 | A X: 0 1 / 1 0 |
| NAND 회로 | A B X: 0 0 1 / 0 1 1 / 1 0 1 / 1 1 0 |

| 명 칭 | 진리표 |
|---|---|
| NOR 회로 | A B X: 0 0 1 / 0 1 0 / 1 0 0 / 1 1 0 |
| Exclusive OR 회로 | A B X: 0 0 0 / 0 1 1 / 1 0 1 / 1 1 0 |
| Exclusive NOR 회로 | A B X: 0 0 1 / 0 1 0 / 1 0 0 / 1 1 1 |

- ① OR 회로는 1과 0 또는 0과 1일 때도 1이므로 답이 될 수 없다.

답 ②

★★★
**35** **이산화탄소 소화설비에 사용되는 이산화탄소 용기의 허용 충전비는 얼마인가? (단, 고압용기식이다.)**

① 1.5 이상 1.9 이하
② 1.2 이상 1.5 이하
③ 1.0 이상 1.3 이하
④ 0.8 이상 1.0 이하

해설 **$CO_2$ 저장용기의 충전비**

| 구 분 | 충전비 |
|---|---|
| 고압식 | 1.5~1.9 이하 **보기 ①** |
| 저압식 | 1.1~1.4 이하 |

비교

**$CO_2$ 기동용기의 충전비**

| 구 분 | 충전비 |
|---|---|
| 고압식 | 1.5 이상 |
| 저압식 | |

답 ①

★★★
**36** **휘발유 등의 가연성 액체가 연소하는 데 필요한 산소의 농도가 14%라면 이것을 소화하는 데 필요한 $CO_2$의 설계농도는 몇 %인가?**

① 34% ② 40%
③ 52% ④ 60%

해설

$$CO_2 = \frac{21 - O_2}{21} \times 100$$

여기서, $CO_2$ : $CO_2$의 농도[%]
$O_2$ : $O_2$의 농도[%]

$$CO_2 = \frac{21 - O_2}{21} \times 100$$

$$= \frac{21 - 14}{21} \times 100 \fallingdotseq 34\%$$

중요

**이산화탄소 소화설비와 관련된 식**

$$CO_2 = \frac{\text{방출가스량}}{\text{방호구역체적} + \text{방출가스량}} \times 100 = \frac{21 - O_2}{21} \times 100$$

여기서, $CO_2$ : $CO_2$의 농도[%]
$O_2$ : $O_2$의 농도[%]

$$\text{방출가스량} = \frac{21 - O_2}{O_2} \times \text{방호구역체적}$$

여기서, $O_2$ : $O_2$ 의 농도[%]

$$PV = \frac{m}{M} RT$$

여기서, $P$ : 기압[atm]
$V$ : 방출가스량[$m^3$]
$m$ : 질량[kg]
$M$ : 분자량($CO_2$ : 44)
$R$ : 0.082atm · $m^3$/kg · mole · K
$T$ : 절대온도(273+℃)[K]

$$Q = \frac{W_t C (t_1 - t_2)}{H}$$

여기서, $Q$ : 액화 $CO_2$의 증발량[kg]
$W_t$ : 배관의 중량[kg]
$C$ : 배관의 비열[kcal/kg · ℃]
$t_1$ : 방출 전 배관의 온도[℃]
$t_2$ : 방출될 때의 배관의 온도[℃]
$H$ : 액화 $CO_2$의 증발잠열[kcal/kg]

답 ①

★★
**37** **펌프의 전효율 $\eta$를 구하는 식은? (단, $\eta_1$ : 기계효율, $\eta_2$ : 수력효율, $\eta_3$ : 체적효율)**

① $\eta = \eta_1 \times \eta_2 / \eta_3$ ② $\eta = \eta_1 \times \eta_3 / \eta_2$
③ $\eta = \eta_1 \times \eta_2 \times \eta_3$ ④ $\eta = \eta_2 \times \eta_3 / \eta_1$

해설 (1) **펌프**의 **효율**

$$\eta = \eta_1 \times \eta_2 \times \eta_3$$

여기서, $\eta$ : 펌프의 전효율
$\eta_1$ : 기계효율
$\eta_2$ : 수력효율
$\eta_3$ : 체적효율

(2) **펌프**의 **효율**($\eta$)

$$\eta = \frac{축동력 - 동력손실}{축동력}$$

(3) **손실**의 **종류**
① 누수손실
② 수력손실
③ 기계손실
④ 원판마찰손실

기억법 **누수 기원손(누수를 기원하는 손)**

답 ③

★★★
**38 연속방정식(Continuity equation)과 관계되는 것은?**

① 에너지보존의 법칙
② 질량보존의 법칙
③ 뉴턴의 운동 제2법칙
④ 관성의 법칙

해설 **연속방정식**
(1) 질량불변의 법칙(질량보존의 법칙) 보기 ②
(2) 질량유량($\overline{m} = AV\rho$)
(3) 중량유량($G = AV\gamma$)
(4) 유량($Q = AV$)

답 ②

★
**39 왕복펌프(피스톤펌프)에 공기실을 설치하는 이유는?**

① 수격작용을 방지하기 위하여
② 유량변동을 평균화하기 위하여
③ 공동현상을 방지하기 위하여
④ 맥동현상을 방지하기 위하여

해설 **피스톤펌프**의 **공기실 설치이유**
**유량변동**을 **평균화**하기 위하여

참고

**펌프의 종류**
(1) **원심펌프**
① 볼류트펌프

② 터빈펌프

(2) **왕복펌프**
① 다이어프램펌프
② 피스톤펌프
③ 플런저펌프

답 ②

★
**40 그림과 같은 고정곡면판이 있다. $x$축 방향에 미치는 힘 $F_x$의 식은?**

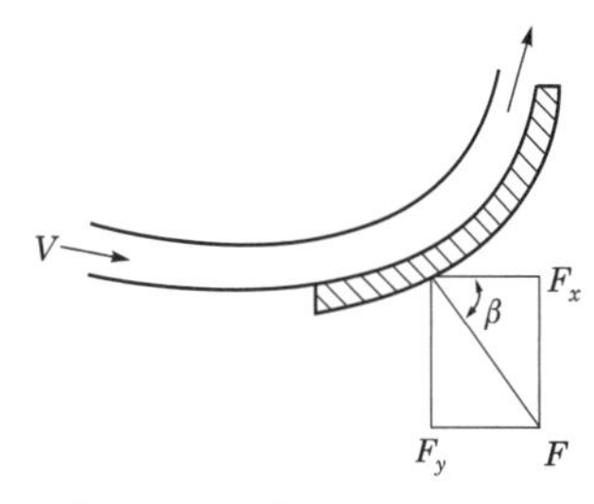


① $\rho QV(1-\cos\beta)$
② $\rho QV(1-\sin\beta)$
③ $-\rho QV\cos\beta$
④ $-\rho QV\sin\beta$

해설 **고정곡면판**에 **미치는 힘**

$$F_x = \rho QV(1-\cos\beta)$$
$$F_y = \rho QV\sin\beta$$

여기서, $F_x$ : $x$축의 힘[N]
$F_y$ : $y$축의 힘[N]
$\rho$ : 밀도[N·s²/m⁴]
$Q$ : 유량[m³/s]
$V$ : 유속[m/s]

답 ①

★★
## 41 수력구배(HGL)는?

① 에너지선보다 위에 있어야 한다.
② 에너지선 아래에 있고, 위치수두와 압력수두의 합이다.
③ 에너지선 위에 있고, 위치수두와 속도수두의 합이다.
④ 항상 수평선이다.

해설 **수력구배선**(HGL ; Hydraulic Grade Line)
에너지선 아래에 있고, 위치수두와 압력수두의 합이다.

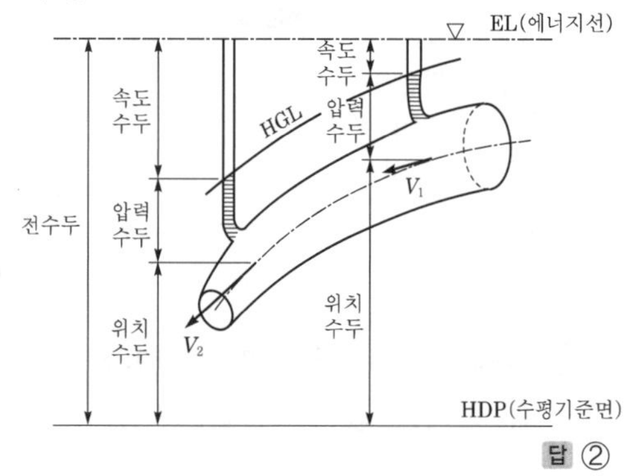


답 ②

★★
## 42 다음은 분말약제의 입자크기와 소화효과에 관한 설명이다. 옳은 것은?

① 입자는 10미크론 이하의 작은 입자가 소화효과가 좋다.
② 입자는 클수록 소화효과가 좋다.
③ 입자는 20~25미크론 정도가 소화효과가 좋다.
④ 입자의 크기와 소화효과는 관계가 없다.

해설 **미세도**(입도) 보기 ③
**20~25$\mu$m**의 입자로 미세도의 분포가 골고루 되어 있어야 하며, 입도가 너무 미세하거나 너무 커도 소화성능은 저하된다.

※ $\mu$m : '**미크론**' 또는 '**마이크로미터**'라고 읽는다.

답 ③

★★
## 43 포소화약제가 갖추어야 할 조건이 아닌 것은?

① 부착성이 있을 것
② 유동성을 가지고 내열성이 있을 것
③ 응집성과 안정성이 있을 것
④ 수용액의 침전량이 0.3% 이하일 것

해설 **포소화약제**의 **구비조건**
(1) **부착성**이 있을 것 보기 ①
(2) **유동성**을 가지고 **내열성**이 있을 것 보기 ②
(3) **응집성**과 **안정성**이 있을 것 보기 ③
(4) **독성**이 적을 것
(5) 바람에 견디는 힘이 클 것
(6) 수용액의 침전량이 **0.1%** 이하일 것 보기 ④

④ 0.3% → 0.1%

답 ④

★★
## 44 150Ω의 저항 3개를 병렬연결했을 때 합성저항〔Ω〕은?

① 30　② 50
③ 450　④ 500

해설
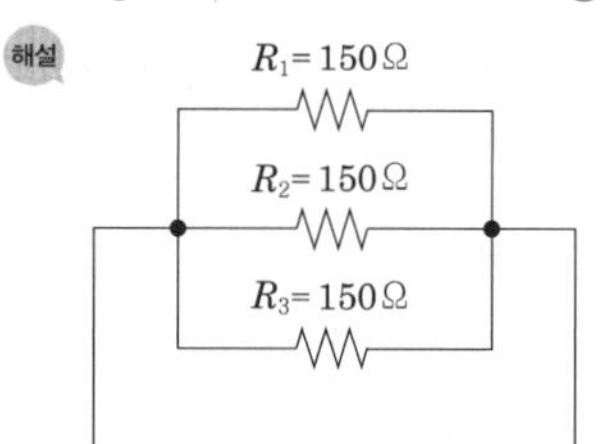


$$R=\frac{1}{\frac{1}{R_1}+\frac{1}{R_2}+\frac{1}{R_3}}$$

여기서, $R$ : 합성저항〔Ω〕
$R_1 \cdot R_2 \cdot R_3$ : 각각의 저항〔Ω〕

**합성저항** $R$는

$$R=\frac{1}{\frac{1}{R_1}+\frac{1}{R_2}+\frac{1}{R_3}}=\frac{1}{\frac{1}{150}+\frac{1}{150}+\frac{1}{150}}=50\,\Omega$$

답 ②

★★★
## 45 일반적으로 위험물별 적응 가능한 소화약제가 아닌 것은?

① 제1류 위험물 – 물소화약제
② 제2류 위험물 – 물소화약제
③ 제4류 위험물 – 포소화약제
④ 제5류 위험물 – 할론소화약제

해설 **일반적인 위험물별 소화약제**

| 위험물 | 적응 소화약제 |
|---|---|
| 제1류 | • 물소화약제 **보기 ①** |
| 제2류 | • 물소화약제 **보기 ②** |
| 제3류 | • 마른모래 |
| 제4류 | • 포소화약제 **보기 ③**<br>• 분말소화약제<br>• $CO_2$ 소화약제<br>• 할론소화약제 |
| 제5류 | • 물소화약제 |
| 제6류 | • 마른모래<br>• 분말소화약제 |

④ 할론소화약제 → 물소화약제

답 ④

★★

**46** 호스릴방식 포소화설비의 약제량 산정식으로 옳은 것은? (단, 바닥면적이 200m² 이상의 경우)

17회 문105
12회 문 30

① $Q=N\times S\times 8000$
② $Q=N\times S\times 6000$
③ $Q=A\times Q_1\times T\times S$
④ $Q=N\times S\times 6000\times 0.75$

해설 **호스릴방식 약제량 산정식**

| 바닥면적 200m² 이상 | 바닥면적 200m² 미만 |
|---|---|
| $Q=N\times S\times 6000$ | $Q=N\times S\times 6000\times 0.75$ |
| 여기서, $Q$ : 포소화약제의 양〔L〕<br>$N$ : 호스접결구수 (최대 **5개**)<br>$S$ : 포소화약제의 사용농도 | 여기서, $Q$ : 포소화약제의 양〔L〕<br>$N$ : 호스접결구수 (최대 **5개**)<br>$S$ : 포소화약제의 사용농도 |

비교

(1) **고정포방출구**

$$Q=A\times Q_1\times T\times S$$

여기서, $Q$ : 포소화약제의 양〔L〕
$A$ : 탱크의 액표면적〔m²〕
$Q_1$ : 단위 포소화수용액의 양〔L/m²·분〕
$T$ : 방출시간〔분〕
$S$ : 포소화약제의 사용농도

(2) **보조포소화전(옥외포소화전 방식)**

$$Q=N\times S\times 8000$$

여기서, $Q$ : 포소화약제의 양〔L〕
$N$ : 호스접결구수(최대 3개)
$S$ : 포소화약제의 사용농도

답 ②

★★

**47** 이산화탄소 소화설비에서 국소방출방식의 약제량 산정식은? (단, 고압식이며 윗면이 개방된 용기에 저장하는 경우이다.)

① 방호대상물 표면적$\times$13kg/m²$\times$1.4
② 방호대상물 표면적$\times$13kg/m²$\times$1.1
③ 방호공간체적$\times\left(8-6\dfrac{a}{A}\right)\times 1.4$
④ 방호공간체적$\times\left(8-6\dfrac{a}{A}\right)\times 1.1$

해설 **이산화탄소 소화설비 저장량(국소방출방식)**(NFPC 106 제5조, NFTC 106 2.2.1.3)

| 소방대상물 | 고압식 | 저압식 |
|---|---|---|
| • 연소면 한정 및 비산 우려가 없는 경우<br>• 윗면개방용기 | 방호대상물 표면적$\times$ 13kg/m²$\times$1.4 | 방호대상물 표면적$\times$ 13kg/m²$\times$1.1 |
| • 기타 | 방호공간체적$\times$ $\left(8-6\dfrac{a}{A}\right)\times 1.4$ | 방호공간체적$\times$ $\left(8-6\dfrac{a}{A}\right)\times 1.1$ |

여기서, $a$ : 방호대상물 주위에 설치된 벽면적의 합계〔m²〕
$A$ : 방호공간의 벽면적의 합계〔m²〕

답 ①

★★★

**48** 관 속을 물이 유속 10m/s로 유동하다 관경의 변화로 유속이 5m/s로 변화되었다면 압력수두의 변화는? (단, 유동마찰손실은 무시하고 위치에너지는 동일한 것으로 한다.)

19회 문 26
18회 문 44
17회 문 26
17회 문 29
17회 문115
16회 문 28
14회 문 27
13회 문 28
13회 문 32
12회 문 27
12회 문 37
10회 문106

① 3.83m 증가　② 3.44m 증가
③ 2.38m 증가　④ 2.78m 증가

해설

$$\frac{V_1^2}{2g}+\frac{p_1}{\gamma}+Z_1=\frac{V_2^2}{2g}+\frac{p_2}{\gamma}+Z_2+\Delta H$$

여기서, $V_1$, $V_2$ : 유속〔m/s〕
$p_1$, $p_2$ : 압력〔kN/m²〕
$Z_1$, $Z_2$ : 높이〔m〕
$g$ : 중력가속도(9.8m/s²)
$\gamma$ : 비중량(9.8kN/m³)

09회

$\Delta H$ : 손실수두〔m〕

조건에 의해 **유동마찰손실**은 **무시**하고 **위치에너지**는 **동일**하므로

$$\frac{V_1^2}{2g}+\frac{p_1}{\gamma}=\frac{V_2^2}{2g}+\frac{p_2}{\gamma}$$

$$\frac{(10\text{m/s})^2}{2\times 9.8\text{m/s}^2}+\frac{p_1}{\gamma}=\frac{(5\text{m/s})^2}{2\times 9.8\text{m/s}^2}+\frac{p_2}{\gamma}$$

$$\frac{p_2}{\gamma}-\frac{p_1}{\gamma}=\frac{(10\text{m/s})^2}{2\times 9.8\text{m/s}^2}-\frac{(5\text{m/s})^2}{2\times 9.8\text{m/s}^2}$$

$\fallingdotseq 3.83\text{m}$ 증가

답 ①

★★
**49** 다음 중 일에 대한 차원(Dimensions)은 어느 것인가? (단, M : 질량, L : 길이, T : 시간)

① $ML^2T^{-2}$ ② $MLT^{-1}$
③ $ML^{-2}T^2$ ④ $ML^2T^2$

해설

| 차 원 | SI단위[차원] | 절대단위[차원] |
|---|---|---|
| 길이 | m[L] | m[L] |
| 시간 | s[T] | s[T] |
| 운동량 | N·s[FT] | kg·m/s[$MLT^{-1}$] |
| 힘 | N[F] | kg·m/s²[$MLT^{-2}$] |
| 속도 | m/s[$LT^{-1}$] | m/s[$LT^{-1}$] |
| 가속도 | m/s²[$LT^{-2}$] | m/s²[$LT^{-2}$] |
| 질량 | N·s²/m[$FL^{-1}T^2$] | kg[M] |
| 압력 | N/m²[$FL^{-2}$] | kg/m·s²[$ML^{-1}T^{-2}$] |
| 밀도 | N·s²/m⁴[$FL^{-4}T^2$] | kg/m³[$ML^{-3}$] |
| 비중 | 무차원 | 무차원 |
| 비중량 | N/m³[$FL^{-3}$] | kg/m²·s²[$ML^{-2}T^{-2}$] |
| 비체적 | m⁴/N·s²[$F^{-1}L^4T^{-2}$] | m³/kg[$M^{-1}L^3$] |
| 일률 | N·m/s[$FLT^{-1}$] | kg·m²/s²[$ML^2T^{-3}$] |
| 일 | N·m/s[$FLT^{-1}$] | kg·m²/s²[$ML^2T^{-2}$] 보기 ① |

답 ①

★★
**50** 옥외소화전설비의 노즐 선단에서 유량계를 사용하여 방수량을 측정한 결과 800L/min 이었다. 노즐 구경이 23mm라면 노즐 선단의 방수압력은 약 몇 kPa인가? (단, 물의 밀도는 1000kg/m³이다.)

① 346 ② 437
③ 536 ④ 764

해설

$$Q=0.653D^2\sqrt{10P}$$

여기서, $Q$ : 방수량〔L/min〕
$D$ : 구경〔mm〕
$P$ : 방수압(방수압력)〔MPa〕

$$Q=0.653D^2\sqrt{10P}$$
$$0.653D^2\sqrt{10P}=Q$$
$$\sqrt{10P}=\frac{Q}{0.653D^2}$$
$$(\sqrt{10P})^2=\left(\frac{Q}{0.653D^2}\right)^2$$
$$10P=\left(\frac{Q}{0.653D^2}\right)^2$$
$$P=\left(\frac{800\text{L/min}}{0.653\times(23\text{mm})^2}\right)^2 \fallingdotseq 0.536\text{MPa}$$

1atm=760mmHg=1.0332kg$_f$/cm²
=10.332mH₂O(mAq)
=14.7PSI(1b$_f$/in²)
=101.325kPa(kN/m²)
=1013mbar

0.101325MPa=101.325kPa

0.536MPa=536kPa

답 ③

## 제 3 과목 소방관련법령

★★
**51** 소방대원이 해야 할 훈련 중 소방기본법령상에 정한 훈련이 아닌 것은? 15회 문 52

① 화재진압훈련
② 화재피난훈련
③ 응급처치훈련
④ 인명대피훈련

해설 **기본규칙 제9조**
**소방교육훈련**

| 실 시 | **2년**마다 **1회** 이상 실시 |
|---|---|
| 기 간 | **2주** 이상 |
| 정하는 사람 | 소방청장 |
| 종 류 | • 화재진압훈련 보기 ①<br>• 인명구조훈련<br>• 응급처치훈련 보기 ③<br>• 인명대피훈련 보기 ④<br>• 현장지휘훈련 |

답 ②

★

## 52 다음 중 소방시설업 등에 관한 사항으로 옳은 것은?

18회 문 58
08회 문 68
06회 문 57

① 소방시설업의 영업정지시 그 이용자에게 심한 불편을 줄 때에는 영업정지 처분에 갈음하여 2억원 이하의 과징금을 부과할 수 있다.

② 소방시설의 시공과 감리는 동일인이 수행할 수 있다.

③ 소방시설업은 어떠한 경우에도 지위를 승계할 수 없다.

④ 소방시설업자는 소방시설업의 등록증 또는 등록수첩을 1회에 한하여 다른 자에게 빌려줄 수 있다.

해설 **공사업법 제7~24조**
**소방시설업 등에 관한 사항**

(1) 소방시설업의 영업정지시 그 이용자에게 심한 불편을 줄 때에는 영업정지 처분에 갈음하여 **2억원** 이하의 **과징금**을 부과할 수 있다(공사업법 제10조). 보기 ①
(2) 소방시설의 시공과 **감리**는 **동일인**이 수행할 수 없다(공사업법 제24조).
(3) 소방시설업은 **사망·양도·합병** 등의 경우에는 **지위**를 **승계**할 수 있다(공사업법 제7조).
(4) 소방시설업자는 다른 자에게 자기의 성명이나 상호를 사용하여 소방시설공사 등을 수급 또는 시공하게 하거나 소방시설업의 **등록증** 또는 **등록수첩**을 다른 자에게 빌려 줄 수 없다(공사업법 제8조).

답 ①

★★★

## 53 다음 중 특정소방대상물의 소방안전관리자의 업무가 아닌 것은?

① 자위소방대 및 초기대응체계의 구성·운영·교육

② 소방시설, 그 밖의 소방관련시설의 관리

③ 권원별 소방안전관리자의 선임

④ 화기취급의 감독

해설 **화재예방법 제24조 제⑤항**
**관계인 및 소방안전관리자의 업무**

| 특정소방대상물 (관계인) | 소방안전관리대상물 (소방안전관리자) |
|---|---|
| ① 피난시설·방화구획 및 방화시설의 관리<br>② 소방시설, 그 밖의 소방관련시설의 관리<br>③ **화기취급**의 감독<br>④ 소방안전관리에 필요한 업무<br>⑤ 화재발생시 초기대응 | ① 피난시설·방화구획 및 방화시설의 관리<br>② 소방시설, 그 밖의 소방관련시설의 관리 보기 ②<br>③ **화기취급**의 감독 보기 ④<br>④ 소방안전관리에 필요한 업무<br>⑤ **소방계획서**의 작성 및 시행(대통령령으로 정하는 사항 포함)<br>⑥ **자위소방대** 및 **초기대응체계**의 구성·운영·교육 보기 ①<br>⑦ 소방훈련 및 교육<br>⑧ 소방안전관리에 관한 업무수행에 관한 기록·유지<br>⑨ 화재발생시 초기대응 |

용어

| 특정소방대상물 | 소방안전관리대상물 |
|---|---|
| 건축물 등의 규모·용도 및 수용인원 등을 고려하여 소방시설을 설치하여야 하는 소방대상물로서 대통령령으로 정하는 것 | 대통령령으로 정하는 특정소방대상물 |

답 ③

★★★

## 54 다음 중 소방신호가 아닌 것은 어느 것인가?

① 경계신호　② 피난신호
③ 발화신호　④ 해제신호

해설 **기본규칙 제10조**
**소방신호의 종류**

| 종 류 | 설 명 |
|---|---|
| 경계신호 보기 ① | 화재예방상 필요하다고 인정되거나 화재위험경보시 발령 |
| 발화신호 보기 ③ | 화재가 발생한 때 발령 |
| 해제신호 보기 ④ | 소화활동이 필요 없다고 인정되는 때 발령 |
| 훈련신호 | 훈련상 필요하다고 인정되는 때 발령 |

답 ②

09회

★★★

**55** 특정소방대상물의 방염성능기준으로 적합하지 않은 것은?

17회 문 62 / 16회 문 63 / 12회 문 58 / 10회 문 72

① 불꽃을 제거한 때부터 불꽃을 올리며 연소하는 상태가 그칠 때까지의 시간이 20초 이내

② 불꽃을 제거한 때부터 불꽃을 올리지 아니하고 연소하는 상태가 그칠 때까지의 시간이 30초 이내

③ 탄화한 면적은 $60cm^2$ 이내, 탄화한 길이는 30cm 이내

④ 불꽃의 접촉횟수는 3회 이상

해설 **소방시설법 시행령 제31조**
**방염성능기준**

(1) 잔염시간 : **20초** 이내 **보기 ①**
(2) 잔진시간(잔신시간) : **30초** 이내 **보기 ②**
(3) 탄화길이 : **20cm** 이내 **보기 ③**
(4) 탄화면적 : **$50cm^2$** 이내 **보기 ③**
(5) 불꽃 접촉횟수 : **3회** 이상 **보기 ④**
(6) 최대연기밀도 : **400** 이하

③ $60cm^2 \rightarrow 50cm^2$, $30cm \rightarrow 20cm$

용어

(1) **잔염시간** : 버너의 불꽃을 제거한 때부터 불꽃을 올리며 연소하는 상태가 그칠 때까지의 시간
(2) **잔진시간(잔신시간)** : 버너의 불꽃을 제거한 때부터 불꽃을 올리지 않고 연소하는 상태가 그칠 때까지의 시간

답 ③

★★

**56** 다음 중 수용인원 산정기준으로 옳은 것은?

19회 문 11 / 17회 문 10 / 15회 문 21 / 11회 문 59 / 10회 문 63 / 06회 문 74

① 침대가 없는 숙박시설은 종사자수에 바닥면적의 합계 $3m^2$당 1인 이상

② 강의실은 바닥면적의 합계 $3m^2$당 1인 이상

③ 강당은 바닥면적의 합계 $1.9m^2$당 1인 이상

④ 실습실은 바닥면적의 합계 $4.6m^2$당 1인 이상

해설 **소방시설법 시행령 [별표 7]**
**수용인원의 산정방법**

| 특정소방대상물 | | 산정방법 |
|---|---|---|
| • 숙박시설 | 침대가 있는 경우 | 종사자수+침대수 |
| | 침대가 없는 경우 | 종사자수+ $\dfrac{\text{바닥면적 합계}}{3m^2}$ |
| • 강의실 • 상담실 • 휴게실 | • 교무실 • 실습실 | $\dfrac{\text{바닥면적 합계}}{1.9m^2}$ |
| • 기타 | | $\dfrac{\text{바닥면적 합계}}{3m^2}$ |
| • 강당 • 문화 및 집회시설, 운동시설 | | $\dfrac{\text{바닥면적 합계}}{4.6m^2}$ |

답 ①

★★★

**57** 소방시설 중 하자보수기간이 2년이 아닌 것은?

18회 문 56 / 14회 문 57 / 10회 문 61 / 08회 문 73 / 06회 문 74 / 03회 문 74

① 비상방송설비 ② 비상조명등
③ 무선통신보조설비 ④ 자동화재탐지설비

해설 **공사업령 제6조**
**소방시설공사의 하자보수 보증기간**

| 보증기간 | 소방시설 |
|---|---|
| 2년 | ① 유도등 · 유도표지 · 피난기구<br>② 비상조명등 · 비상경보설비 · 비상방송설비 **보기 ①②**<br>③ 무선통신보조설비 **보기 ③**<br>기억법 유비조경방무피2(유비조경방무피투) |
| 3년 | ① 자동소화장치<br>② 옥내 · 외소화전설비<br>③ 스프링클러설비 · 간이스프링클러설비<br>④ 물분무등소화설비 · 상수도소화용수설비<br>⑤ 자동화재탐지설비(**보기 ④**) · 소화활동설비(무선통신보조설비 제외) |

답 ④

★★

**58** 다음 항목 가운데 가장 무거운 벌칙에 해당하는 것은?

① 화재안전조사를 정당한 사유없이 방해한 자

② 정당한 사유 없이 물의 사용이나 수도의 개폐장치의 사용 또는 조작을 하지 못하게 하거나 방해한 자

③ 특수가연물의 저장 · 취급 기준 위반

④ 피난명령 위반

해설

① 300만원 이하의 벌금(화재예방법 제50조)
②, ④ 100만원 이하의 벌금(기본법 제54조)
③ 200만원 이하의 과태료(화재예방법 제52조)

중요

**300만원 이하의 벌금**

(1) **화재안전조사** 방해(화재예방법 제50조) 보기 ①
(2) 위탁받은 업무에 종사하거나 종사하였던 사람의 **비밀누설**(소방시설법 제59조)
(3) 방염성능검사 합격표시 위조 및 허위시료 제출(소방시설법 제59조)
(4) 소방안전관리자, 총괄소방안전관리자 또는 소방안전관리보조자 미선임(화재예방법 제50조)
(5) 소방안전관리자에게 불이익한 처우를 한 관계인(화재예방법 제50조)
(6) 다른 자에게 자기의 성명이나 상호를 사용하여 소방시설공사 등을 수급 또는 시공하게 하거나 소방시설업의 등록증·등록수첩 빌려준 사람(공사업법 제37조)
(7) 감리원 미배치자(공사업법 제37조)
(8) 소방기술인정 자격수첩 빌려준 사람(공사업법 제37조)
(9) **2 이상**의 업체 취업한 사람(공사업법 제37조)
(10) 관계인의 업무방해 또는 비밀누설(공사업법 제37조)

기억법 비3(비상)

답 ①

★★★

## 59 다음 중 다중이용업이 아닌 것은?

19회 문 72 16회 문 08 12회 문 64 07회 문 66

① 예식장 ② 고시원
③ 노래연습장 ④ 산후조리원

해설 **다중이용업령 제2조**
**다중이용업**

(1) 휴게음식점영업·일반음식점영업·제과점영업 : **100m²** 이상(지하층은 **66m²** 이상)
(2) 단란주점영업·유흥주점영업
(3) 영화상영관·비디오물 감상실업·비디오물 소극장업
(4) 학원 수용인원 **300명** 이상
(5) 학원 수용인원 **100~300명** 미만
 ① **기숙사**가 있는 학원
 ② **2 이상** 학원 수용인원 **300명** 이상
 ③ **다중이용업**과 **학원**이 함께 있는 것
(6) **목욕장업**
(7) 게임제공업, 인터넷 컴퓨터게임시설 제공업·복합유통게임 제공업
(8) 노래연습장업 보기 ③
(9) 산후조리원업 보기 ④
(10) **고시원업** 보기 ②
(11) **전화방업**
(12) 화상대화방업
(13) **수면방업**
(14) **콜라텍업**
(15) 방탈출카페업
(16) 키즈카페업
(17) 만화카페업
(18) 권총사격장(옥내사격장)
(19) 가상체험 체육시설업(실내에 **1개** 이상의 별도의 구획된 실을 만들어 골프종목의 운동이 가능한 시설을 경영하는 영업에 한함)
(20) 안마시술소

① 예식장 : 문화 및 집회시설

답 ①

★★

## 60 다중이용업소의 영업장에 설치하는 소방시설이 아닌 것은?

16회 문 72

① 소화기 ② 자동확산소화기
③ 누전경보기 ④ 비상벨설비

해설 **다중이용업령 [별표 1의 2]**
**다중이용업소의 안전시설 등**

| 시 설 | | 종 류 |
|---|---|---|
| 소방시설 | 소화설비 | • 소화기 보기 ①<br>• 자동확산소화기 보기 ②<br>• 간이스프링클러설비(캐비닛형 간이스프링클러설비 포함) |
| | 피난구조설비 | • 유도등<br>• 유도표지<br>• 비상조명등<br>• 휴대용 비상조명등<br>• 피난기구(미끄럼대·피난사다리·구조대·완강기·다수인 피난장비·승강식 피난기)<br>• 피난유도선 |
| | 경보설비 | • 비상벨설비 보기 ④ 또는 자동화재탐지설비<br>• 가스누설경보기 |
| 그 밖의 안전시설 | | • **창문**(단, 고시원업의 영업장에만 설치)<br>• 영상음향차단장치(단, 노래반주기 등 영상음향장치를 사용하는 영업장에만 설치)<br>• 누전차단기 |

③ 해당없음(누전차단기와 헷갈리지 않도록 주의)

답 ③

★★
## 61 소방시설의 면제규정 적용 사항 중 옳지 않은 것은?

① 스프링클러설비－물분무소화설비
② 연결살수설비－스프링클러설비
③ 간이스프링클러설비－물분무소화설비
④ 연소방지설비－옥내소화전설비

해설 **소방시설법 시행령 [별표 5]**
**소방시설 면제기준**

| 면제대상 | 대체설비 |
|---|---|
| 스프링클러설비 | • **물분무등소화설비** 보기 ① |
| 물분무등소화설비 | • **스프링클러설비** |
| 간이스프링클러설비 | • 스프링클러설비<br>• **물분무소화설비**(보기 ③)<br>· 미분무소화설비 |
| 비상경보설비 또는 단독경보형 감지기 | • 자동화재탐지설비 |
| 비상경보설비 | • **2개** 이상 **단독경보형 감지기** 연동 |
| 비상방송설비 | • 자동화재탐지설비<br>• 비상경보설비 |
| 연결살수설비 | • 스프링클러설비 보기 ②<br>• 간이스프링클러설비<br>• 물분무소화설비 · 미분무소화설비 |
| 제연설비 | • **공기조화설비** |
| 연소방지설비 | • 스프링클러설비<br>• 물분무소화설비 · 미분무소화설비 |
| 연결송수관설비 | • 옥내소화전설비<br>• 스프링클러설비<br>• 간이스프링클러설비<br>• 연결살수설비 |
| 자동화재탐지설비 | • 자동화재탐지설비의 기능을 가진 스프링클러설비<br>• 물분무등소화설비 |
| 옥내소화전설비 | • 옥외소화전설비<br>• 미분무소화설비(호스릴방식) |

답 ④

★★
## 62 다음 중 특수가연물에 해당되지 않는 것은?

① 사류 1000kg
② 면화류 200kg
③ 나무껍질 및 대팻밥 400kg
④ 넝마 및 종이부스러기 500kg

해설 **화재예방법 시행령 [별표 2]**
**특수가연물**

| 품 명 | | 수 량 |
|---|---|---|
| 가연성 액체류 | | $2m^3$ 이상 |
| 목재가공품 및 나무부스러기 | | $10m^3$ 이상 |
| 면화류 보기 ② | | 200kg 이상 |
| 나무껍질 및 대팻밥 보기 ③ | | 400kg 이상 |
| 넝마 및 종이부스러기 보기 ④ | | 1000kg 이상 |
| 사류(絲類) 보기 ① | | 1000kg 이상 |
| 볏짚류 | | 1000kg 이상 |
| 가연성 고체류 | | 3000kg 이상 |
| 고무류 · 플라스틱류 | 발포시킨 것 | $20m^3$ 이상 |
| | 그 밖의 것 | 3000kg 이상 |
| 석탄 · 목탄류 | | 10000kg 이상 |

④ 500kg → 1000kg

※ **특수가연물** : 화재가 발생하면 그 확대가 빠른 물품

기억법
가액목면나 넝사볏가고 고석
2 1 2 4 1 3 3 1

답 ④

★★★
## 63 대통령령 또는 화재안전기준의 변경으로 강화된 기준을 적용하는 설비는 어느 것인가?

① 자동화재속보설비 ② 연결송수관설비
③ 비상콘센트설비 ④ 무선통신보조설비

해설 **소방시설법 제13조, 소방시설법 시행령 제13조**
**변경강화기준 적용설비**
(1) 소화기구
(2) 비상경보설비
(3) 자동화재탐지설비
(4) 자동화재속보설비 보기 ①
(5) 피난구조설비
(6) 소방시설(**공동구** 설치용, 전력 및 통신사업용 지하구, 노유자시설, 의료시설)

| 공동구, 전력 및 통신사업용 지하구 | 노유자시설 | 의료시설 |
|---|---|---|
| ① 소화기<br>② 자동소화장치<br>③ 자동화재탐지설비<br>④ 통합감시시설<br>⑤ 유도등<br>⑥ 연소방지설비 | ① 간이스프링클러설비<br>② 자동화재탐지설비<br>③ 단독경보형 감지기 | ① 스프링클러설비<br>② 간이스프링클러설비<br>③ 자동화재탐지설비<br>④ 자동화재속보설비 |

답 ①

★★★
## 64 소방시설관리사의 행정처분기준 중 1차 행정처분기준으로 틀린 것은?

19회 문 59 16회 문 64 15회 문 57 12회 문 57 11회 문 72 11회 문 73 10회 문 65 09회 문 66 07회 문 61 07회 문 63 04회 문 69 04회 문 74

① 거짓점검 – 경고(시정명령)
② 미점검 – 자격정지 3월
③ 소방시설관리사증 대여 – 자격취소
④ 2 이상 업체에 취업 – 자격취소

해설 **소방시설법 시행규칙 [별표 8]**
**소방시설관리사의 행정처분기준**

| 위반사항 | 행정처분기준 | | |
|---|---|---|---|
| | 1차 | 2차 | 3차 |
| ① 미점검 보기 ② | 자격정지 1월 | 자격정지 6월 | 자격취소 |
| ② 거짓점검 보기 ①<br>③ 대행인력 배치기준·자격·방법 미준수<br>④ 자체점검 업무 불성실 | 경고(시정명령) | 자격정지 6월 | 자격취소 |
| ⑤ 부정한 방법으로 시험합격<br>⑥ 소방시설관리사증 대여 보기 ③<br>⑦ 관리사 결격사유에 해당한 때<br>⑧ 2 이상의 업체에 취업한 때 보기 ④ | 자격취소 | – | – |

답 ②

★★
## 65 소방본부장 또는 소방서장이 소방시설의 공사를 마쳤는지의 완공검사를 하기 위한 현장확인 소방대상물이 아닌 것은?

19회 문 57 10회 문 65 03회 문 70

① 문화 및 집회시설, 운동시설
② 숙박시설
③ 다중이용업소
④ 근린생활시설

해설 **공사업령 제5조**
**완공검사를 위한 현장확인 대상 특정소방대상물**
(1) 수련시설
(2) 노유자시설
(3) 문화 및 집회시설, 운동시설
(4) 종교시설
(5) 판매시설
(6) 숙박시설
(7) 창고시설
(8) 지하상가
(9) 다중이용업소
(10) 다음에 해당하는 설비가 설치되는 특정소방대상물
① **스프링클러설비** 등
② **물분무등소화설비**(호스릴방식 제외)
(11) 연면적 **10000m²** 이상이거나 **11층** 이상인 특정소방대상물(아파트 제외)
(12) 가연성가스를 제조·저장 또는 취급하는 시설 중 지상에 노출된 가연성 가스탱크의 저장용량 합계가 **1000t** 이상인 시설

기억법 **문종판 노수운 숙창상현**

답 ④

★
## 66 소방시설관리업자가 거짓으로 점검한 경우의 1차 행정처분기준은?

19회 문 59 16회 문 64 15회 문 57 12회 문 57 11회 문 72 11회 문 73 10회 문 65 09회 문 64 07회 문 61 07회 문 63 04회 문 69 04회 문 74

① 등록취소
② 영업정지 3월
③ 경고(시정명령)
④ 영업정지 6월

해설 **소방시설법 시행규칙 [별표 8]**
**소방시설관리업자의 행정처분기준**

| 위반사항 | 행정처분기준 | | |
|---|---|---|---|
| | 1차 | 2차 | 3차 |
| ① 미점검<br>② 점검능력평가를 받지 않고 자체점검을 한 경우 | 영업정지 1월 | 영업정지 3월 | 등록취소 |
| ③ 거짓점검<br>④ 등록기준미달(단, 기술인력이 퇴직하거나 해임되어 30일 이내에 재선임하여 신고하는 경우 제외) | 경고(시정명령) | 영업정지 3월 | 등록취소 |
| ⑤ 부정한 방법으로 등록한 때<br>⑥ 등록결격사유에 해당한 때<br>⑦ 등록증 또는 등록수첩 대여 | 등록취소 | – | – |

답 ③

★★
## 67 소방관련법령상 소방대상물의 개수명령에 대한 명령권자는?

① 시·도지사 ② 소방청장
③ 소방대장 ④ 국토교통부장관

해설 **화재예방법 제14조**
**화재안전조사 결과에 따른 조치명령**
(1) 명령권자 : **소방청장·소방본부장·소방서장**(소방관서장) 보기 ②
(2) 명령사항
① **개수**명령
② **이전**명령
③ **제거**명령
④ **사용**의 **금지** 또는 제한명령, 사용폐쇄
⑤ **공사**의 **정지** 또는 중지명령

답 ②

★★★
## 68 건축허가 등의 동의대상물로서 옳지 않은 것은?

17회 문 61
16회 문 60
15회 문 59
13회 문 61
02회 문 65

① 연면적이 $400m^2$ 이상인 건축물
② 수련시설로서 연면적 $100m^2$ 이상인 것
③ 지하층 또는 무창층이 있는 건축물로서 바닥면적이 $150m^2$ 이상인 층이 있는 것
④ 방송용 송수신탑

② $100m^2 \rightarrow 200m^2$

**소방시설법 시행령 제7조**
**건축허가 등의 동의대상물**
(1) 연면적 **$400m^2$**(학교시설 : **$100m^2$**, **수련시설 · 노유자시설 : $200m^2$, 정신의료기관 · 장애인 의료재활시설** : **$300m^2$**) 이상 보기 ①
(2) **6층** 이상인 건축물
(3) 차고 · 주차장으로서 바닥면적 **$200m^2$** 이상(자동차 **20대** 이상)
(4) **항공기격납고, 관망탑, 항공관제탑, 방송용 송수신탑** 보기 ④
(5) 지하층 또는 무창층의 바닥면적 **$150m^2$** 이상(공연장은 **$100m^2$** 이상) 보기 ③
(6) **위험물저장 및 처리시설, 지하구**
(7) 전기저장시설, 풍력발전소
(8) 조산원, 산후조리원, 의원(입원실 있는 것)
(9) 결핵환자나 한센인이 24시간 생활하는 노유자시설
(10) 요양병원(정신병원, 의료재활시설 제외)
(11) 노인주거복지시설 · 노인의료복지시설 및 재가노인복지시설, 학대피해노인 전용쉼터, 아동복지시설, 장애인거주시설
(12) 정신질환자 관련시설(공동생활가정을 제외한 재활훈련시설과 종합시설 중 24시간 주거를 제공하지 않는 시설 제외)
(13) 노숙인자활시설, 노숙인재활시설 및 노숙인요양시설
(14) 공장 또는 창고시설로서 지정수량의 **750배 이상**의 특수가연물을 저장 · 취급하는 것
(15) 가스시설로서 지상에 노출된 탱크의 저장용량의 합계가 **100톤** 이상인 것

답 ②

★★
## 69 특정소방대상물의 분류에서 전력 또는 통신사업용의 지하구의 길이는 몇 m 이상인가?

① 2000m 이상
② 1500m 이상
③ 1000m 이상
④ 50m 이상

해설 **소방시설법 시행령 [별표 2]**
**지하구의 규격**

| 구 분 | 설 명 |
|---|---|
| 폭 | **1.8m** 이상 |
| 높이 | **2m** 이상 |
| 길이 → | **50m** 이상 보기 ④ |

답 ④

★
## 70 다음은 소방시설에 대한 분류이다. 잘못된 것은?

19회 문 62
17회 문110
16회 문 58
12회 문 61
10회 문 70
10회 문120
06회 문 52
02회 문 55

① 소화설비 : 옥내소화전설비, 옥외소화전설비
② 소화활동설비 : 비상콘센트설비, 제연설비, 연결송수관설비
③ 피난구조설비 : 자동식 사이렌, 구조대, 완강기
④ 경보설비 : 자동화재탐지설비, 누전경보기, 자동화재속보설비

해설 **NFPC 301 제3조, NFTC 301 1.7~1.8, 소방시설법 시행령 [별표 1]**
**피난구조설비**
(1) 피난기구
(2) 인명구조기구
(3) 유도등 ─ 피난유도선
　　　　　├ 피난구유도등
　　　　　├ 통로유도등
　　　　　├ 객석유도등
　　　　　└ 유도표지
(4) 비상조명등 · 휴대용 비상조명등

③ 경보설비 : 자동식 사이렌

중요

| 피난기구 | 인명구조기구 |
|---|---|
| ① 피난사다리<br>② 구조대<br>③ 완강기<br>④ 소방청장이 정하여 고시하는 화재안전기준으로 정하는 것(미끄럼대, 피난교, 공기안전매트, 피난용 트랩, 다수인 피난장비, 승강식 피난기, 간이 완강기, 하향식 피난구용 내림식 사다리) | ① 방열복<br>② 방화복(안전모, 보호장갑, 안전화 포함)<br>③ 공기호흡기<br>④ 인공소생기 |

답 ③

★★
## 71 단독경보형 감지기를 설치하여야 하는 특정소방대상물로 맞는 것은?

① 연면적 4백제곱미터 미만의 유치원
② 연면적 1천제곱미터 이상의 기숙사
③ 교육연구시설 내에 있는 합숙소 또는 기숙사로서 연면적 2천제곱미터 이상인 것
④ 연면적 600제곱미터 이상의 기숙사

해설 **소방시설법 시행령 [별표 4]**
**단독경보형 감지기의 설치대상**

| 연면적 | 설치대상 |
|---|---|
| $400m^2$ 미만 | • 유치원 보기 ① |
| $2000m^2$ 미만 | • 교육연구시설 또는 수련시설 내에 있는 **합숙소** 또는 **기숙사** |
| 모두 적용 | • 100명 미만의 수련시설(숙박시설이 있는 것)<br>• 연립주택<br>• 다세대주택 |

※ **단독경보형 감지기** : 화재발생상황을 단독으로 감지하여 자체에 내장된 음향장치로 경보하는 감지기

중요

**단독경보형 감지기**의 **설치기준**(NFPC 201 제5조, NFTC 201 2.2.1)
(1) 각 실(이웃하는 실내의 바닥면적이 각각 $30m^2$ 미만이고 벽체의 상부의 전부 또는 일부가 개방되어 이웃하는 실내와 공기가 상호유통되는 경우에는 이를 1개의 실로 본다)마다 설치하되 바닥면적이 $150m^2$를 초과하는 경우에는 $150m^2$마다 1개 이상 설치할 것
(2) 최상층 계단실의 **천장**(외기가 상통하는 계단실의 경우 제외)에 설치할 것
(3) 건전지를 **주전원**으로 사용하는 경우에는 정상적인 작동상태를 유지할 수 있도록 건전지를 교환할 것
(4) 상용전원을 주전원으로 사용하는 단독경보형 감지기의 2차 전지는 제품검사에 합격한 것을 사용할 것

답 ①

★★★
## 72 비상경보설비를 설치하여야 할 특정소방대상물의 기준으로 옳지 않은 것은?

① 연면적 $400m^2$ 이상인 것
② 지하층의 바닥면적이 $200m^2$ 이상인 것
③ 무창층의 바닥면적이 $150m^2$ 이상인 것
④ 무창층으로서 공연장인 경우 바닥면적이 $100m^2$ 이상인 것

해설 **소방시설법 시행령 [별표 4]**
**비상경보설비의 설치대상**

| 설치대상 | 조 건 |
|---|---|
| ① 지하층·무창층 | • 바닥면적 **$150m^2$**(공연장 **$100m^2$**) 이상 보기 ③ ④ |
| ② 전부 | • 연면적 **$400m^2$** 이상 보기 ① |
| ③ 지하가 중 터널 | • 길이 **500m** 이상 |
| ④ 옥내작업장 | • **50**인 이상 작업 |

② $200m^2 \rightarrow 150m^2$

답 ②

★
## 73 다음 중 특정소방대상물의 분류기준으로 틀린 것은?

18회 문 63
14회 문 67
13회 문 58
12회 문 68
08회 문 55
06회 문 58
05회 문 63
05회 문 69
02회 문 54

① 근린생활시설－이용원, 한의원, 안마시술소
② 위락시설－단란주점, 주점영업
③ 문화 및 집회시설－공연장, 무도장, 야외극장
④ 노유자시설－아동복지시설, 장애인관련시설, 경로당

해설 **소방시설법 시행령 [별표 2]**
**특정소방대상물**

| 공연장 | 문화 및 집회시설 |
|---|---|
| 무도장 | 위락시설 |
| 야외극장 | 관광휴게시설 |

답 ③

★★★
## 74 문화 및 집회시설, 운동시설로서 무대부의 바닥면적이 몇 $m^2$ 이상이면 제연설비를 설치하여야 하는가?

① 50 ② 100
③ 150 ④ 200

해설 **소방시설법 시행령 [별표 4]**
**제연설비의 설치대상**

| 설치대상 | 조 건 |
|---|---|
| ① 문화 및 집회시설, 운동시설<br>② 종교시설 | • 바닥면적 **200m²** 이상 보기 ④ |
| ③ 기타 | • **1000m²** 이상 |
| ④ 영화상영관 | • 수용인원 **100명** 이상 |
| ⑤ 지하가 중 터널 | • 예상교통량, 경사도 등 터널의 특성을 고려하여 행정안전부령으로 정하는 터널 |
| ⑥ 특별피난계단<br>⑦ 비상용 승강기의 승강장<br>⑧ 피난용 승강기의 승강장 | • 전부 |

답 ④

★★★
## 75 지하가 중 터널의 길이가 1000m일 때 설치하지 않아도 되는 소방시설은?

① 비상콘센트설비 ② 자동화재속보설비
③ 옥내소화전설비 ④ 무선통신보조설비

해설 **소방시설법 시행령 [별표 4]**
**지하가 중 터널길이**

| 터널길이 | 설 비 |
|---|---|
| 500m 이상 | • 비상경보설비<br>• 비상콘센트설비<br>• 비상조명등<br>• 무선통신보조설비 |
| 1000m 이상 | • 자동화재탐지설비<br>• 옥내소화전설비<br>• 연결송수관설비 |

답 ②

**제 4 과목** 위험물의 성질 · 상태 및 시설기준

★★
## 76 위험물제조소의 환기설비 중 급기구의 크기는? (단, 급기구의 바닥면적은 150m²이다.)

18회 문 88 / 14회 문 89 / 12회 문 72 / 11회 문 81 / 11회 문 88 / 10회 문 53 / 10회 문 76 / 07회 문 86 / 04회 문 78

① 150cm² 이상으로 한다.
② 300cm² 이상으로 한다.
③ 450cm² 이상으로 한다.
④ 800cm² 이상으로 한다.

해설 **위험물규칙 [별표 4]**
**위험물제조소의 환기설비**
(1) 환기는 **자연배기방식**으로 할 것
(2) 급기구는 바닥면적 **150m²**마다 1개 이상으로 하되, 그 크기는 **800cm²** 이상일 것 보기 ④

| 바닥면적 | 급기구의 면적 |
|---|---|
| 60m² 미만 | 150cm² 이상 |
| 60~90m² 미만 | 300cm² 이상 |
| 90~120m² 미만 | 450cm² 이상 |
| 120~150m² 미만 | 600cm² 이상 |

(3) 급기구는 **낮은 곳**에 설치하고, 가는 눈의 구리망 등으로 **인화방지망**을 설치할 것
(4) 환기구는 지붕 위 또는 지상 **2m** 이상의 높이에 **회전식 고정 벤틸레이터** 또는 **루프팬방식**으로 설치할 것

답 ④

★★
## 77 다음 중 알코올류에 해당되지 않는 것은 어느 것인가?

① 아밀알코올
② 1-부탄올
③ 변성알코올
④ 퓨젤유

해설 **알코올류**

| 지정수량 | 대표물질 |
|---|---|
| 400L | • 메틸알코올 · 에틸알코올 · 프로필알코올<br>• 이소프로필알코올 · 부틸알코올<br>• 아밀알코올(보기 ①) · 퓨젤유(보기 ④) · 변성알코올(보기 ③) |

용어
**알코올류**
1분자를 구성하는 탄소원자의 수가 1개부터 3개까지인 **포화1가** 알코올

답 ②

★★★
## 78 지정수량 이상의 위험물을 옥외저장소에 저장할 수 없는 위험물은?

18회 문 99 / 17회 문 92 / 11회 문 89 / 02회 문 93

① 등유 ② 경유
③ 휘발유 ④ 황

해설 **위험물령 [별표 2]**
옥외저장소에 지정수량 이상의 위험물을 저장할 수 있는 경우

| 위험물 | 물질명 |
|---|---|
| 제2류 위험물 | • 황<br>• 인화성 고체(인화점 0℃ 이상) : 고형알코올 |
| 제4류 위험물 | • 제1석유류(인화점 0℃ 이상) : 톨루엔<br>• 제2석유류 : 등유 · 경유 · 크실렌<br>• 제3석유류 : 중유 · 크레오소트유<br>• 제4석유류 : 기어유 · 실린더유<br>• 알코올류 : 메틸알코올 · 에틸알코올<br>• 동식물유류 : 아마인유 · 해바라기유 |
| 제6류 위험물 | • 과염소산<br>• 과산화수소<br>• 질산 |

③ 휘발유 인화점 : −43~−20℃

답 ③

**79** 위험물을 저장 또는 취급하는 탱크의 용량 산정방법은?

① 탱크의 용량＝탱크의 내용적＋탱크의 공간용적
② 탱크의 용량＝탱크의 내용적－탱크의 공간용적
③ 탱크의 용량＝탱크의 내용적×탱크의 공간용적
④ 탱크의 용량＝탱크의 내용적÷탱크의 공간용적

해설 **위험물규칙 제5조 제①항**

**탱크의 용량 산정**

위험물을 저장 또는 취급하는 탱크의 용량은 해당 탱크의 **내용적**에서 **공간용적**을 **뺀 용적**으로 한다.

※ 탱크의 용량＝탱크의 내용적－탱크의 공간용적 보기 ②

답 ②

**80** 다음 중 제4류 위험물의 유별 종류로 옳게 짝지어진 것은?

① 제1석유류－휘발유/스티렌
② 제2석유류－중유/초산
③ 제3석유류－중유/크레오소트유
④ 특수인화물－이황화탄소/콜로디온

해설 **제4류 위험물**

| 성 질 | 품 명 | | 지정수량 | 대표물질 |
|---|---|---|---|---|
| 인화성 액체 | 특수인화물 | | 50L | 다이에틸에터 · 이황화탄소 · 아세트알데하이드 · 산화프로필렌 · 이소프렌 · 펜탄 · 디비닐에터 · 트리클로로실란 |
| | 제1석유류 | 비수용성 | 200L | **휘발유** · 벤젠 · 톨루엔 · 시클로헥산 · 아크롤레인 · 에틸벤젠 · 초산에스터류 · 의산에스터류 · 콜로디온 · 메틸에틸케톤 |
| | | 수용성 | 400L | 아세톤 · 피리딘 · 시안화수소 |
| | 알코올류 | | 400L | 메틸알코올 · 에틸알코올 · 프로필알코올 · 이소프로필알코올 · 부틸알코올 · 아밀알코올 · 퓨젤유 · 변성알코올 |
| | 제2석유류 | 비수용성 | 1000L | 등유 · 경유 · 테레빈유 · 장뇌유 · 송근유 · 스티렌 · 클로로벤젠 · 크실렌 |
| | | 수용성 | 2000L | 의산 · 초산 · 메틸셀로솔브 · 에틸셀로솔브 · 알릴알코올 |
| | 제3석유류 보기③ | 비수용성 | 2000L | 중유 · 크레오소트유 · 나이트로벤젠 · 아닐린 · 담금질유 |
| | | 수용성 | 4000L | 에틸렌글리콜 · 글리세린 |
| | 제4석유류 | | 6000L | 기어유 · 실린더유 |
| | 동식물유류 | | 10000L | 아마인유 · 해바라기유 · 들기름 · 대두유 · 야자유 · 올리브유 · 팜유 |

답 ③

**81** 다음 물질 중 인화점이 가장 낮은 것은?

19회 문 87
13회 문 01

① 에터 ② 이황화탄소
③ 아세톤 ④ 벤젠

해설

| 물 질 | 인화점 | 발화점 | 연소범위 |
|---|---|---|---|
| 벤젠 | −11℃ | 562℃ | 1.4~8% |
| 아세톤 | −18℃ | 468℃ | 2.6~12.8% |
| 휘발유(가솔린) | −43~−20℃ | 300℃ | 1.2~7.6% |
| 이황화탄소 | −30℃ | 100℃ | 1~50% |
| 에터 보기 ① | −45℃ | 180℃ | 1.7~48% |

답 ①

★★
## 82 제2류 위험물 중 금속분에 해당되는 것은?

18회 문 78 / 18회 문 80 / 16회 문 78 / 16회 문 84 / 15회 문 80 / 15회 문 81 / 14회 문 79 / 13회 문 78 / 13회 문 79 / 12회 문 71 / 02회 문 80

① 철분
② 마그네슘분
③ 니켈분
④ 아연분

해설 **금속분**

(1) 아연분(Zn) 보기 ④
(2) 알루미늄분(Al)
(3) 안티몬분(Sb) : 비중 6.69, 융점 630℃
(4) 티탄분
(5) 은분

답 ④

★
## 83 탄화칼슘이 물과 반응할 때 생성하는 가스는 어느 것인가?

18회 문 77 / 18회 문 82 / 17회 문 79 / 15회 문 84 / 14회 문 80 / 13회 문 80

① 메탄
② 산소
③ 에탄
④ 아세틸렌

해설 **탄화칼슘**($CaC_2$)

(1) 물과 반응하여 **수산화칼슘**[$Ca(OH)_2$]과 가연성 가스인 **아세틸렌**($C_2H_2$)을 발생한다. 보기 ④

$$CaC_2 + 2H_2O \rightarrow Ca(OH)_2 + C_2H_2 \uparrow$$

(2) 건조한 공기 중에서는 **안정**하다.
(3) 고온에서 **질소**($N_2$)와 반응하여 **석회질소**($CaCN_2$)가 된다.
(4) 구리와 반응하여 **아세틸렌화구리**($CuC_2$)가 생성된다.

• 탄화칼슘=카바이드=칼슘카바이드

답 ④

★★
## 84 다음 중 특수인화물에 해당되는 것은 어느 것인가?

① 아세톤
② 초산
③ 아닐린
④ 아세트알데하이드

해설

| 품 명 | 대표물질 |
|---|---|
| 특수인화물 | • 다이에틸에터 · 이황화탄소<br>• 아세트알데하이드 · 산화프로필렌<br>• 이소프렌 · 펜탄 · 디비닐에터<br>• 트리클로로실라 |
| 제1석유류 | • 아세톤 · 휘발유 · 벤젠 보기 ①<br>• 톨루엔 · 시클로헥산<br>• 아크롤레인 · 초산에스터류 · 의산에스터류<br>• 메틸에틸케톤 · 에틸벤젠 · 피리딘 · 콜로디온 |
| 제2석유류 | • 등유 · 경유 · 의산<br>• 초산 · 테레빈유 · 장뇌유 보기 ②<br>• 송근유 · 스티렌 · 메틸셀로솔브<br>• 에틸셀로솔브 · 클로로벤젠 · 알릴알코올 · 크실렌 |
| 제3석유류 | • 중유 · 크레오소트유 · 에틸렌글리콜<br>• 글리세린 · 나이트로벤젠 · 아닐린 보기 ③<br>• 담금질유 |
| 제4석유류 | • 기어유 · 실린더유 |

답 ④

★★★
## 85 다음 중 비수용성 위험물은?

① 아크롤레인 ② 헥산
③ 메틸에틸케톤 ④ 초산

해설 **수용성이 있는 물질**

(1) 과산화나트륨
(2) 과망가니즈산칼륨
(3) 무수크로뮴산(삼산화크로뮴)
(4) 질산나트륨
(5) 질산칼륨
(6) 초산 보기 ④
(7) 알코올
(8) 피리딘
(9) 아세트알데하이드
(10) 메틸에틸케톤 보기 ③
(11) 아세톤
(12) 초산메틸
(13) 초산에틸
(14) 초산프로필
(15) 산화프로필렌
(16) 아크롤레인 보기 ①

용어

**비수용성 위험물**
물에 녹지 않는 위험물

답 ②

★★★
## 86 다음 중 물과 저장 가능한 위험물은?

① 과산화칼륨 ② 과산화나트륨
③ 알루미늄분 ④ 황린

해설 저장물질

(1) 황린, 이황화탄소($CS_2$) : **물속** 보기 ④
(2) 나이트로셀룰로오스 : **알코올 속**
(3) 칼륨(K), 나트륨(Na), 리튬(Li) : **석유류**(등유) **속**
(4) 아세틸렌($C_2H_2$) : **디메틸프로마미드**(DMF), **아세톤**

답 ④

★★★
## 87 다음 중 서로 혼재가 가능한 위험물은?

18회 문 83 / 15회 문 79 / 14회 문 82 / 11회 문 60 / 11회 문 91 / 10회 문 90 / 03회 문 87

① 제1류 위험물과 제6류 위험물
② 제1류 위험물과 제2류 위험물
③ 제2류 위험물과 제3류 위험물
④ 제3류 위험물과 제5류 위험물

해설 위험물규칙 [별표 19]
위험물의 혼재기준

(1) 제1류 위험물+제6류 위험물 보기 ①
(2) 제2류 위험물+제4류 위험물
(3) 제2류 위험물+제5류 위험물
(4) 제3류 위험물+제4류 위험물
(5) 제4류 위험물+제5류 위험물

| 위험물 구분 | 제1류 | 제2류 | 제3류 | 제4류 | 제5류 | 제6류 |
|---|---|---|---|---|---|---|
| 제1류 | | × | × | × | × | ○ |
| 제2류 | × | | × | ○ | ○ | × |
| 제3류 | × | × | | ○ | × | × |
| 제4류 | × | ○ | ○ | | ○ | × |
| 제5류 | × | ○ | × | ○ | | × |
| 제6류 | ○ | × | × | × | × | |

답 ①

★★★
## 88 이동탱크저장소의 상용압력이 20kPa을 초과할 경우 안전장치의 작동압력은?

① 상용압력의 1.1배 이하
② 상용압력의 1.5배 이하
③ 20kPa 이상, 24kPa 이하
④ 40kPa 이상, 48kPa 이하

해설 위험물규칙 [별표 10]
이동탱크저장소의 안전장치

| 상용압력 | 작동압력 |
|---|---|
| 20kPa 이하 | 20~24kPa 이하 |
| 20kPa 초과 | 상용압력의 1.1배 이하 보기 ① |

답 ①

★★★
## 89 위험물제조소의 옥외에 있는 위험물을 취급하는 취급탱크의 용량이 1000L 2기와 2000L 1기의 용량인 탱크 주위에 설치하여야 하는 방유제의 최소 기준용량은?

17회 문 91 / 13회 문 90 / 08회 문 77 / 04회 문 86 / 02회 문 76

① 1000L ② 1100L
③ 1200L ④ 1500L

해설 위험물규칙 [별표 4]
위험물제조소 방유제 용량
=탱크최대용량×0.5+기타 탱크용량의 합×0.1
=2000L×0.5+(1000L×2기)×0.1
=1200L

중요

**위험물제조소 방유제의 용량**(위험물규칙 [별표 4] Ⅸ)

| 1개의 탱크 | 2개 이상의 탱크 |
|---|---|
| 방유제용량=탱크용량×0.5 | 방유제용량=탱크최대용량×0.5+기타 탱크용량의 합×0.1 |

답 ③

★
## 90 위험물 옥내저장소의 소화난이도 등급 Ⅰ에 해당하는 제조소 등의 기준이 아닌 것은 어느 것인가?

19회 문 93 / 10회 문 94

① 지정수량의 100배 이상일 것
② 연면적 $150m^2$를 초과하는 것($150m^2$ 이내마다 불연재료로 개구부 없이 구획된 것 및 인화성 고체 외의 제2류 위험물 또는 인화점 70℃ 이상의 제4류 위험물만을 저장하는 것은 제외)
③ 처마의 높이가 6m 이상인 단층건물의 것
④ 옥내저장소로 사용되는 부분 외의 부분이 있는 건축물에 설치된 것

해설 위험물규칙 [별표 17]
소화난이도 등급 Ⅰ에 해당하는 제조소 등

| 구 분 | 적용대상 |
|---|---|
| 제조소, 일반 취급소 | 연면적 **1000$m^2$** 이상 |
| | 지정수량 **100배** 이상(고인화점 위험물만을 100℃ 미만의 온도에서 취급하는 것 및 화약류 위험물을 취급하는 것 제외) |
| | 지반면에서 **6m** 이상의 높이에 위험물 취급설비가 있는 것(고인화점 위험물만을 100℃ 미만의 온도에서 취급하는 것 제외) |
| | 일반취급소 이외의 건축물에 설치된 것 |
| 옥내 저장소 | 지정수량 **150배** 이상 |
| | 연면적 **150$m^2$**를 초과하는 것(150$m^2$ 이내마다 불연재료로 개구부 없이 구획된 것 및 인화성 고체 외의 제2류 위험물 또는 인화점 70℃ 이상의 제4류 위험물만을 저장하는 것은 제외) |
| | 처마높이 **6m** 이상인 단층건물 |
| | 옥내저장소 이외의 건축물에 설치된 것 |
| 옥외 탱크 저장소 | 액표면적 **40$m^2$** 이상 |
| | 지반면에서 탱크 옆판의 상단까지 높이가 **6m** 이상 |
| | 지중탱크 · 해상탱크로서 지정수량 **100배** 이상 |
| | 지정수량 **100배** 이상(고체위험물 저장) |
| 옥내 탱크 저장소 | 액표면적 **40$m^2$** 이상 |
| | 바닥면에서 탱크 옆판의 상단까지 높이가 **6m** 이상 |
| | 탱크전용실이 단층건물 외의 건축물에 있는 것 |
| 옥외 저장소 | 덩어리상태의 황을 저장하는 것으로서 경계표시 내부의 면적 100$m^2$ 이상인 것 |
| | 지정수량 **100배** 이상 |
| 암반 탱크 저장소 | 액표면적 **40$m^2$** 이상 |
| | 지정수량 **100배** 이상(고체위험물 저장) |
| 이송 취급소 | 모든 대상 |

① 지정수량의 150배 이상인 것

답 ①

★

## 91 다음 중 위험물 운송책임자의 감독 · 지원을 받아 운송하지 않아도 되는 위험물은?

① 알킬리튬
② 알킬알루미늄
③ 알루미늄
④ 알킬알루미늄이 함유된 물질

해설 **위험물령 제19조**
**운송책임자의 감독 · 지원을 받는 위험물**
(1) 알킬알루미늄 **보기 ②**
(2) 알킬리튬 **보기 ①**
(3) 알킬리튬 · 알킬알루미늄이 함유된 물질 **보기 ④**

용어

**운송책임자**
위험물 운송의 감독 또는 지원을 하는 사람

답 ③

★★★

## 92 제조소와 안전거리에 대한 설명으로 틀린 것은?

18회 문 92
16회 문 92
15회 문 88
14회 문 88
13회 문 88
11회 문 66
10회 문 87
07회 문 77
06회 문100
05회 문 79
04회 문 83
02회 문100

① 제조소가 설치된 부지 내에 있는 것을 제외한 주거용 건축물은 10m 이상의 거리를 둘 것
② 사용전압이 35000V를 초과하는 특고압가공전선과는 5m 이상의 거리를 둘 것
③ 학교와는 30m 거리를 두어야 하고 그 사이에는 어떤 시설도 있어서는 안 된다.
④ 요양병원과는 30m 이상의 거리를 둘 것

해설 ③ 학교와는 **30m** 이상의 거리를 두고 그 사이에는 여러 시설이 있어도 무관하다.

중요

**위험물제조소의 안전거리**(위험물규칙 [별표 4])

| 안전거리 | 대 상 |
|---|---|
| 3m 이상 | • **7~35kV** 이하의 특고압가공전선 |
| 5m 이상 | • **35kV**를 초과하는 특고압가공전선 |
| 10m 이상 | • **주거용**으로 사용되는 것 |
| 20m 이상 | • 고압가스 **제조**시설(용기에 충전하는 것 포함)<br>• 고압가스 **사용**시설(1일 30$m^3$ 이상 용적 취급)<br>• 고압가스 **저장**시설<br>• 액화산소 **소비**시설<br>• 액화석유가스 제조 · 저장시설<br>• 도시가스 공급시설 |

| 안전거리 | 대 상 |
|---|---|
| 30m 이상 | • 학교<br>• 병원급 의료기관<br>• 공연장, • 영화상영관 ― 300명 이상 수용시설<br>• 아동복지시설<br>• 노인복지시설<br>• 장애인복지시설<br>• 한부모가족 복지시설<br>• 어린이집<br>• 성매매 피해자 등을 위한 지원시설<br>• 정신건강증진시설<br>• 가정폭력피해자 보호시설 ― 20명 이상 수용시설 |
| 50m 이상 | • 유형문화재<br>• 지정문화재 |

답 ③

★

## 93 다음 중 지하탱크저장소의 기준으로 옳은 것은?

18회 문 93 / 15회 문 94 / 12회 문 83 / 10회 문 89 / 04회 문 88

① 탱크전용실은 지하의 가장 가까운 벽·피트·가스관 등의 시설물 및 대지경계선으로부터 0.3m 이상 떨어진 곳에 설치
② 지하저장탱크와 탱크전용실의 안쪽과의 사이는 0.5m 이상의 간격 유지
③ 해당 탱크의 주위에 마른모래 또는 습기 등에 의하여 응고되지 아니하는 입자지름 5cm 이하의 마른 자갈분을 채울 것
④ 지하저장탱크의 윗부분은 지면으로부터 0.6m 이상 아래에 있을 것

해설 위험물규칙 [별표 8]
**지하탱크저장소의 기준**
(1) 탱크전용실은 지하의 가장 가까운 벽·피트·가스관 등의 시설물 및 **대지경계선으로부터 0.1m** 이상 떨어진 곳에 설치
(2) 지하저장탱크와 탱크전용실의 안쪽과의 사이는 **0.1m** 이상의 간격 유지
(3) 해당 탱크의 주위에 마른모래 또는 습기 등에 의하여 응고되지 아니하는 입자지름 **5mm** 이하의 마른 자갈분을 채울 것
(4) 지하저장탱크의 윗부분은 지면으로부터 **0.6m** 이상 아래에 있을 것 보기 ④

답 ④

★★★

## 94 옥외탱크저장소의 방유제의 높이는?

19회 문 95 / 18회 문 94 / 16회 문 95 / 13회 문 90 / 13회 문 95 / 10회 문 95 / 08회 문 86 / 07회 문 78 / 06회 문 82 / 03회 문 90

① 0.8~1.5m 이하
② 1~1.5m 이하
③ 0.3~2m 이하
④ 0.5~3.0m 이하

해설 위험물규칙 [별표 6] Ⅸ
**옥외탱크저장소의 방유제**

| 구 분 | 설 명 |
|---|---|
| 높이 | **0.5~3m** 이하 보기 ④ |
| 탱크 | **10기**(모든 탱크용량이 **20만L** 이하, 인화점이 **70~200℃** 미만은 **20기**) 이하 |
| 면적 | **80000m$^2$** 이하 |
| 용량 | ① 1기 : **탱크용량×110%** 이상<br>② 2기 이상 : **탱크최대용량×110%** 이상 |

답 ④

★★

## 95 다음 중 옥외탱크저장소의 저장량이 지정수량의 2000배일 때 최소 보유공지는?

① 3m　② 5m
③ 9m　④ 12m

해설 위험물규칙 [별표 6]
**옥외탱크저장소의 보유공지**

| 위험물의 최대수량 | 공지의 너비 |
|---|---|
| 지정수량의 500배 이하 | 3m 이상 |
| 지정수량의 501~1000배 이하 | 5m 이상 |
| 지정수량의 1001~2000배 이하 | 9m 이상 보기 ③ |
| 지정수량의 2001~3000배 이하 | 12m 이상 |
| 지정수량의 3001~4000배 이하 | 15m 이상 |
| 지정수량의 4000배 초과 | 당해 탱크의 수평단면의 **최대지름**(가로형인 경우에는 긴 변)과 **높이** 중 **큰 것**과 같은 거리 이상(단, 30m 초과의 경우에는 **30m 이상**으로 할 수 있고, 15m 미만의 경우에는 **15m 이상**) |

비교
(1) **옥외저장소**의 **보유공지**(위험물규칙 [별표 11])

| 위험물의 최대수량 | 공지의 너비 |
|---|---|
| 지정수량의 10배 이하 | 3m 이상 |
| 지정수량의 11~20배 이하 | 5m 이상 |

09회

| 위험물의 최대수량 | 공지의 너비 |
|---|---|
| 지정수량의 21~50배 이하 | 9m 이상 |
| 지정수량의 51~200배 이하 | 12m 이상 |
| 지정수량의 200배 초과 | 15m 이상 |

(2) **옥내저장소**의 **보유공지**(위험물규칙 [별표 5])

| 위험물의 최대수량 | 공지의 너비 | |
|---|---|---|
| | 내화구조 | 기타구조 |
| 지정수량의 5배 이하 | – | 0.5m 이상 |
| 지정수량의 5배 초과 10배 이하 | 1m 이상 | 1.5m 이상 |
| 지정수량의 10배 초과 20배 이하 | 2m 이상 | 3m 이상 |
| 지정수량의 20배 초과 50배 이하 | 3m 이상 | 5m 이상 |
| 지정수량의 50배 초과 200배 이하 | 5m 이상 | 10m 이상 |
| 지정수량의 200배 초과 | 10m 이상 | 15m 이상 |

(3) **지정과산화물**의 **옥내저장소**의 **보유공지**(위험물규칙 [별표 5])

| 저장 또는 취급하는 위험물의 최대수량 | 공지의 너비 | |
|---|---|---|
| | 저장창고의 주위에 담 또는 토제를 설치하는 경우 | 기타의 경우 |
| 5배 이하 | 3.0m 이상 | 10m 이상 |
| 6~10배 이하 | 5.0m 이상 | 15m 이상 |
| 11~20배 이하 | 6.5m 이상 | 20m 이상 |
| 21~40배 이하 | 8.0m 이상 | 25m 이상 |
| 41~60배 이하 | 10.0m 이상 | 30m 이상 |
| 61~90배 이하 | 11.5m 이상 | 35m 이상 |
| 91~150배 이하 | 13.0m 이상 | 40m 이상 |
| 151~300배 이하 | 15.0m 이상 | 45m 이상 |
| 300배 초과 | 16.5m 이상 | 50m 이상 |

답 ③

☆

## 96 하이드록실아민 등을 취급하는 제조소의 특례기준으로 틀린 것은?

17회 문 89

① 담 또는 토제는 해당 제조소의 외벽 또는 이에 상당하는 공작물의 외측으로부터 2m 이상 떨어진 장소에 설치할 것

② 담 또는 토제의 높이는 해당 제조소에 있어서 하이드록실아민 등을 취급하는 부분의 높이 이상으로 할 것

③ 담은 두께 20cm 이상의 철근콘크리트조·철골철근콘크리트조 또는 두께 30cm 이상의 보강콘크리트블록조로 할 것

④ 토제의 경사면의 경사도는 60° 미만으로 할 것

해설 위험물규칙 [별표 4]

**하이드록실아민 등을 취급하는 제조소의 특례기준**

(1) 담 또는 토제는 해당 제조소의 외벽 또는 이에 상당하는 공작물의 외측으로부터 **2m** 이상 떨어진 장소에 설치할 것 **보기 ①**

(2) 담 또는 토제의 높이는 해당 제조소에 있어서 하이드록실아민 등을 취급하는 부분의 높이 이상으로 할 것 **보기 ②**

(3) 담은 두께 **15cm** 이상의 **철근콘크리트조·철골철근콘크리트조** 또는 두께 **20cm** 이상의 **보강콘크리트블록조**로 할 것

(4) 토제의 경사면의 경사도는 **60°** 미만으로 할 것 **보기 ④**

답 ③

☆

## 97 이동저장탱크의 구조로서 틀린 것은?

① 하나의 구획부분에 2개 이상의 방파판을 이동탱크저장소의 진행방향과 평행으로 설치할 것

② 측면틀은 외부로부터의 하중에 견딜 수 있는 구조로 할 것

③ 측면틀은 탱크상부의 네 모퉁이에 해당 탱크의 전단 또는 후단으로부터 각각 1m 이내의 위치에 설치할 것

④ 방호틀은 두께 1.6mm 이상의 강철판 또는 이와 동등 이상의 강도·내열성 및 내식성이 있는 금속성의 것으로 할 것

해설 위험물규칙 [별표 10]

| 방파판 | 방호틀 |
|---|---|
| 두께 **1.6mm** 이상의 **강철판** 또는 이와 동등 이상의 강도·내열성 및 내식성이 있는 금속성의 것으로 할 것 **보기 ④** | 두께 **2.3mm** 이상의 **강철판** 또는 이와 동등 이상의 기계적 성질이 있는 재료로서 산 모양의 형상으로 하거나 이와 동등 이상의 강도가 있는 형상으로 할 것 |

답 ④

★★
**98** 위험물안전관리법령에서 정하는 위험물저장취급시설이 아닌 것은?

① 암반탱크저장소 ② 이동탱크저장소
③ 옥외저장소 ④ 선박탱크저장소

해설 **위험물규칙 제29~36조**
**위험물저장취급시설**
(1) 옥내저장소
(2) 옥내탱크저장소
(3) 옥외저장소 보기 ③
(4) 옥외탱크저장소
(5) 지하탱크저장소
(6) 간이탱크저장소
(7) 이동탱크저장소 보기 ②
(8) 암반탱크저장소 보기 ①

답 ④

★★
**99** 제조소 중 가연성의 증기 또는 미분이 체류할 우려가 있는 건축물의 배출설비기준으로 틀린 것은?

① 배출설비는 국소방식으로 하여야 한다.
② 배출설비는 배풍기·배출덕트·후드 등을 이용하여 강제적으로 배출하는 것으로 하여야 한다.
③ 배출설비의 급기구는 낮은 곳에 설치한다.
④ 배출설비의 배출구는 지상 2m 이상으로서 연소의 우려가 없는 장소에 설치한다.

해설 **위험물규칙 [별표 4]**
**제조소의 배출설비 설치기준**
(1) 배출설비는 **국소방식**으로 하여야 한다. 보기 ①
(2) 배출설비는 **배풍기·배출덕트·후드** 등을 이용하여 강제적으로 배출하는 것으로 하여야 한다. 보기 ②
(3) 배출설비의 급기구는 **높은 곳**에 설치한다. 보기 ③
(4) 배출설비의 배출구는 지상 **2m** 이상으로서 연소의 우려가 없는 장소에 설치한다. 보기 ④
(5) 배풍기는 **강제배기방식**으로 한다.

③ 낮은 곳 → 높은 곳

답 ③

★
**100** 질산칼륨($KNO_3$)의 저장 및 취급시 주의사항에 있어서 옳지 못한 것은?

① 공기와의 접촉을 피하기 위하여 석유류 속에 보관한다.
② 용기는 밀전하고 위험물의 누출을 막는다.
③ 가열, 충격, 마찰 등을 피한다.
④ 환기가 좋은 냉암소에 저장한다.

해설 **질산칼륨**($KNO_3$)의 **저장·취급시 주의사항**
(1) **유기물**과의 접촉을 피한다.
(2) 용기는 **밀전**하고 위험물의 누출을 막는다. 보기 ②
(3) **가열·충격·마찰** 등을 피한다. 보기 ③
(4) 환기가 좋은 **냉암소**에 저장한다. 보기 ④

답 ①

## 제 5 과목 소방시설의 구조 원리

★★★
**101** 포방출구에 따른 탱크의 지붕구조가 옳게 연결되지 않은 것은?

① 고정지붕구조－Ⅰ형 방출구
② 부상지붕구조－특형 방출구
③ 부상덮개부착 고정지붕구조－Ⅲ형 방출구
④ 고정지붕구조－Ⅱ형 방출구

해설 **위험물안전관리에 관한 세부기준 제133조**
**포방출구**

| 탱크의 구조 | 포방출구 |
|---|---|
| 고정지붕구조(콘루프탱크) | • Ⅰ형 방출구 보기 ①<br>• Ⅱ형 방출구 보기 ④<br>• Ⅲ형 방출구(표면하 주입방식)<br>• Ⅳ형 방출구(반표면하 주입방식) |
| 부상덮개부착 고정지붕구조 | • Ⅱ형 방출구 |
| 부상지붕구조 | • 특형 방출구 보기 ② |

③ 부상덮개부착 고정지붕구조－Ⅱ형 방출구

답 ③

★★★

**102** 청각장애인용 시각경보장치의 설치높이는 바닥으로부터 몇 m인가?

18회 문124

① 0.5~0.8m 이하 ② 0.8~1.5m 이하
③ 1~1.5m 이하 ④ 2~2.5m 이하

해설 **설치높이**

| 기 기 | 설치높이 |
|---|---|
| 기타기기 | **0.8~1.5m** 이하 |
| 시각경보장치 | 2~2.5m 이하(단, 천장의 높이가 **2m 이하**인 경우에는 천장으로부터 **0.15m 이내**의 장소에 설치) 보기 ④ |

기억법 시25(CEO)

답 ④

★★

**103** 화재조기진압용 스프링클러설비의 수원의 양 계산식으로 옳은 것은? (단, $Q$ : 수원의 양[L], $K$ : 상수[$\mathrm{L/min/(MPa)^{\frac{1}{2}}}$], $P$ : 헤드선단의 압력[MPa])

① $Q=12\times60\times K\sqrt{10P}$
② $Q=12\times60\times K\sqrt{P}$
③ $Q=60\times60\times K\sqrt{10P}$
④ $Q=60\times60\times K\sqrt{P}$

해설 **수원의 저수량(수량)**

(1) **드렌처설비**

$$Q=1.6N$$

여기서, $Q$ : 수원의 저수량[m³]
$N$ : 드렌처헤드 개수(드렌처헤드가 가장 많이 설치된 **제어밸브** 기준)

(2) **스프링클러설비**

$$Q=1.6N$$

여기서, $Q$ : 수원의 저수량[m³]
$N$ : 폐쇄형 헤드의 기준개수(설치개수가 기준개수보다 적으면 그 설치개수)

(3) **스프링클러설비**(옥상수원)

$$Q=1.6N\times\frac{1}{3}$$

여기서, $Q$ : 수원의 저수량[m³]
$N$ : 폐쇄형 헤드의 기준개수(설치개수가 기준개수보다 적으면 그 설치개수)

(4) **옥내소화전설비**

$$Q=2.6N\text{(30층 미만)}$$
$$Q=5.2N\text{(30~49층 이하)}$$
$$Q=7.8N\text{(50층 이상)}$$

여기서, $Q$ : 수원의 저수량[m³]
$N$ : 가장 많은 층의 소화전개수(30층 미만 : 최대 **2개**, 30층 이상 : 최대 **5개**)

(5) **옥내소화전설비**(옥상수원)

$$Q=2.6N\times\frac{1}{3}$$

여기서, $Q$ : 수원의 저수량[m³]
$N$ : 가장 많은 층의 소화전개수(30층 미만 : 최대 2개, 30층 이상 : 최대 5개)

(6) **옥외소화전설비**

$$Q=7N$$

여기서, $Q$ : 수원의 저수량[m³]
$N$ : 옥외소화전 설치개수(**최대 2개**)

(7) **화재조기진압용 스프링클러설비**

$$Q=12\times60\times K\sqrt{10P}$$

여기서, $Q$ : 수원의 양[L]
$K$ : 상수[$\mathrm{L/min/(MPa)^{\frac{1}{2}}}$]
$P$ : 헤드선단의 압력[MPa]

답 ①

★★

**104** 토출량이 $Q$[L/min]인 소화펌프 2대를 직렬로 연결하였다면 토출량은?

18회 문 43
15회 문 26
04회 문119

① $Q$ ② $2Q$
③ $3Q$ ④ $4Q$

해설 **펌프의 연결**

| 구 분 | 직렬연결 | 병렬연결 |
|---|---|---|
| 양수량(토출량, 유량) | $Q$ 보기 ① | $2Q$ |
| 양정 | $2H$ | $H$ |
| 토출압 | $2P$ | $P$ |
| 그래프 | 양정 H / 2대 운전 / 단독운전 / 토출량 Q<br>‖ 직렬연결 ‖ | 양정 H / 2대 운전 / 단독운전 / 토출량 Q<br>‖ 병렬연결 ‖ |

답 ①

★★★
**105** 덕트에 설치된 물분무소화설비의 수원은 그 바닥면적 $1m^2$에 대하여 분당 몇 L로 20분간 방사할 수 있는 양 이상이어야 하는가?

19회 문121 / 17회 문116 / 16회 문103 / 15회 문107 / 11회 문115

① 5L　　② 10L
③ 12L　　④ 20L

해설 **물분무소화설비**의 **수원**(NFPC 104 제4조, NFTC 104 2.1.1)

| 특정 소방대상물 | 토출량 | 최소 기준 | 비 고 |
|---|---|---|---|
| **컨**베이어 벨트 | **1**0L/min · $m^2$ | – | 벨트부분의 바닥면적 |
| **절**연유 봉입변압기 | **1**0L/min · $m^2$ | – | 표면적을 합한 면적 (바닥면적 제외) |
| **특**수가연물 | **1**0L/min · $m^2$ | 최소 $50m^2$ | 최대방수구역의 바닥면적 기준 |
| **케**이블트레이 · 덕트 **보기 ③** | **1**2L/min · $m^2$ | – | 투영된 바닥면적 |
| **차**고 · 주차장 | **2**0L/min · $m^2$ | 최소 $50m^2$ | 최대방수구역의 바닥면적 기준 |
| 위험물 저장탱크 | 37L/min · m | – | 위험물탱크 둘레길이(원주길이) : 위험물규칙 [별표 6] II |

※ 모두 **20분**간 방수할 수 있는 양 이상으로 하여야 한다.

기억법
**컨절특케차**
1　12

답 ③

★★★
**106** 스프링클러설비의 교차배관에서 분기되는 기점으로 한쪽 가지배관에 설치하는 헤드 수는 몇 개 이하가 적당한가?

① 8　　② 10
③ 12　　④ 15

해설 한쪽 가지배관에 설치되는 헤드의 개수는 **8개** 이하로 한다.

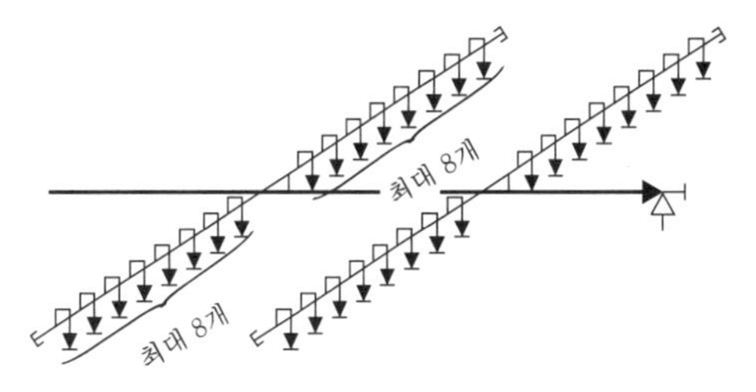


| 가지배관의 헤드 개수 |

비교
**연결살수설비**
연결살수설비에서 하나의 송수구역에 설치하는 개방형 헤드의 수는 **10개** 이하로 한다.

답 ①

★★★
**107** 분말소화약제 저장용기의 경우 가압식의 것에 있어서는 최고사용압력의 몇 배 이하에서 작동하는 안전밸브를 설치하여야 하는가?

① 1.2배　　② 1.5배
③ 1.8배　　④ 2.0배

해설 **분말소화약제 저장용기**의 **안전밸브 설치기준**(NFPC 108 제4조, NFTC 108 2.1.2.2)

| 방 식 | 기 준 |
|---|---|
| 가압식 | **최고사용압력**의 **1.8배** 이하 **보기 ③** |
| 축압식 | **내압시험압력**의 **0.8배** 이하 |

답 ③

★★★
**108** 할론소화설비를 전역방출방식으로 설치하고자 할 때 할론 1301의 분사헤드의 방출압력은?

16회 문 41 / 15회 문108

① 0.1MPa　　② 0.2MPa
③ 0.9MPa　　④ 1.4MPa

해설 **할론소화설비**(NFPC 107 제4 · 10조, NFTC 107 2.1.2)

| 구 분 | | 할론 1301 | 할론 1211 | 할론 2402 |
|---|---|---|---|---|
| 저장압력 | | 2.5MPa 또는 4.2MPa | 1.1MPa 또는 2.5MPa | – |
| 방출압력 | | 0.9MPa **보기 ③** | 0.2MPa | 0.1MPa |
| 충전비 | 가압식 | 0.9~1.6 이하 | 0.7~1.4 이하 | 0.51~0.67 미만 |
| | 축압식 | | | 0.67~2.75 이하 |

답 ③

★

## 109 차동식 분포형 열전대식 감지기를 설치하는 데 있어서 하나의 검출부에 접속하는 열전대의 수는 몇 개 이하가 적당한가?

15회 문111

① 40개 이하 ② 30개 이하
③ 20개 이하 ④ 10개 이하

해설 하나의 검출부에 접속하는 열전대부는 **20개** 이하로 한다.

중요

열전대식 감지기

| 분 류 | 바닥면적 | 설치개수 |
|---|---|---|
| 내화구조 | $22m^2$ | 4~20개 이하 |
| 기타구조 | $18m^2$ | 4~20개 이하 |

답 ③

★★★

## 110 휴대용 비상조명등의 설치기준으로 옳지 않은 것은?

17회 문113
16회 문118
12회 문101
11회 문124
08회 문120

① 배터리의 용량은 20분 이상 작동할 수 있을 것
② 숙박시설에는 객실에 보이는 곳에 1개 이상 설치할 것
③ 백화점, 영화상영관은 보행거리 50m 이내마다 3개 이상 설치할 것
④ 지하상가, 지하역사는 수평거리 20m 이내마다 3개 이상 설치할 것

해설 **휴대용 비상조명등**의 **적합기준**(NFPC 304 제4조, NFTC 304 2.1.2)

| 설치개수 | 설치장소 |
|---|---|
| 1개 이상 | • **숙박시설** 또는 **다중이용업소**에는 객실 또는 영업장 안의 구획된 실마다 잘 보이는 곳(외부에 설치시 출입문 손잡이로부터 **1m 이내** 부분) 보기 ② |
| 3개 이상 | • **지하상가** 및 **지하역사**의 **보행거리 25m** 이내마다 보기 ④<br>• **대규모점포**(**지하상가 및 지하역사 제외**)와 **영화상영관**의 **보행거리 50m** 이내마다 보기 ③ |

기억법 **숙다1, 지상역, 대영화3**

(1) 바닥으로부터 **0.8~1.5m** 이하의 높이에 설치할 것
(2) 어둠 속에서 **위치**를 **확인**할 수 있도록 할 것
(3) 사용시 **자동**으로 **점등**되는 구조일 것
(4) 외함은 **난연성능**이 있을 것
(5) 건전지를 사용하는 경우에는 **방전방지조치**를 하여야 하고, **충전식 배터리**의 경우에는 **상시 충전**되도록 할 것
(6) 건전지 및 충전식 배터리의 용량은 **20분** 이상 유효하게 사용할 수 있는 것으로 할 것 보기 ①

답 ④

★★★

## 111 제연설비에서 배출기의 흡입측 풍도 안의 풍속은?

① 10m/s 이하 ② 15m/s 이하
③ 20m/s 이하 ④ 25m/s 이하

해설 **제연설비**의 **풍속**(NFPC 501 제9조, NFTC 501 2.6.2)

| 풍 속 | 조 건 |
|---|---|
| 15m/s 이하 보기 ② | • 배출기 흡입측 풍속 |
| 20m/s 이하 | • 배출기 배출측 풍속<br>• 유입 풍도 안의 풍속 |

답 ②

★★★

## 112 연결살수설비 전용 헤드를 사용하는 경우 배관의 구경이 50mm이면 부착하는 개방형 헤드수는?

① 2개
② 3개
③ 4개 또는 5개
④ 6개 이상 10개 이하

해설 **배관**의 **기준**(NFPC 503 제5조, NFTC 503 2.2.3)

| **살**수헤드 개수 | 1개 | 2개 | 3개 보기 ② | 4개 또는 5개 | 6~10개 이하 |
|---|---|---|---|---|---|
| 배관구경 (mm) | 32 | 40 | 50 | 65 | 80 |

기억법 **503살**

답 ②

★★★

## 113 무선통신보조설비의 증폭기에 부착된 비상전원이 유효하게 작동해야 하는 기준 시간으로 알맞은 것은?

① 20분 이상 ② 25분 이상
③ 30분 이상 ④ 60분 이상

해설 **비상전원용량**

| 설비의 종류 | 비상전원용량 |
|---|---|
| **자**동화재탐지설비, 비상**경**보설비, **자**동화재속보설비 | **1**0분 이상 |
| 유도등, 비상조명등, 비상콘센트설비, 제연설비, 옥내소화전설비(30층 미만), 특별피난계단의 계단실 및 부속실 제연설비(30층 미만), 스프링클러설비(30층 미만), 연결송수관설비(30층 미만) | 20분 이상 |
| 무선통신보조설비의 **증**폭기 | 30분 이상 보기 ③ |
| 옥내소화전설비(30~49층 이하), 특별피난계단의 계단실 및 부속실 제연설비(30~49층 이하), 연결송수관설비(30~49층 이하), 스프링클러설비(30~49층 이하) | 40분 이상 |
| 유도등·비상조명등(지하상가 및 11층 이상), 옥내소화전설비(50층 이상), 특별피난계단의 계단실 및 부속실 제연설비(50층 이상), 연결송수관설비(50층 이상), 스프링클러설비(50층 이상) | 60분 이상 |

기억법 경자비1(**경자**라는 이름은 **비일**비재하게 많다)
3증(**3중**고)

답 ③

★★
**114** 실의 상부에 설치된 창 또는 전용 제연구로부터 연기를 옥외로 배출하는 방식으로 전원이나 복잡한 장치가 필요하지 않으며, 평상시 환기 겸용으로 방재설비의 유휴화 방지에 이점이 있는 것은?

19회 문 21
17회 문 20
15회 문 14
14회 문 21
13회 문 25
06회 문 21

① 밀폐제연방식
② 스모크타워 제연방식
③ 자연제연방식
④ 기계제연방식

해설 **제연방식**
(1) 자연제연방식 : 개구부 이용
(2) 스모크타워 제연방식 : 루프 모니터 이용
(3) 기계제연방식
① 제1종 기계제연방식 : 송풍기+제연기
② 제2종 기계제연방식 : 송풍기
③ 제3종 기계제연방식 : 제연기

※ **자연제연방식** : 실의 상부에 설치된 **창** 또는 **전용 제연구**로부터 연기를 옥외로 배출하는 방식으로 전원이나 복잡한 장치가 필요하지 않으며, 평상시 **환기 겸용**으로 방재설비의 유휴화 방지에 이점이 있다.

답 ③

★★★
**115** 포소화설비의 규정 방사압력은?

① 0.1MPa
② 0.17MPa
③ 0.25MPa
④ 0.35MPa

해설 **각 설비의 주요 사항**

| 구분 | 드렌처 설비 | 스프링클러 설비 | 소화용수 설비 | 옥내소화전 설비 | 옥외소화전 설비 | •포소화설비 •물분무소화설비 •연결송수관설비 |
|---|---|---|---|---|---|---|
| 방수압 | 0.1 MPa 이상 | 0.1~1.2 MPa 이하 | 0.15 MPa 이상 | 0.17~0.7 MPa 이하 | 0.25~0.7 MPa 이하 | 0.35 MPa 이상 보기 ④ |
| 방수량 | 80 L/min 이상 | 80 L/min 이상 | 800 L/min 이상 (가압송수장치 설치) | 130 L/min 이상 (30층 미만 : 최대 2개, 30층 이상 : 최대 5개) | 350 L/min 이상 (최대 2개) | 75 L/min 이상 (포워터 스프링클러헤드) |
| 방수구경 | – | – | – | 40mm | 65mm | – |
| 노즐구경 | – | – | – | 13mm | 19mm | – |

답 ④

★★★
**116** 30층의 소방대상물의 1층에서 화재가 발생한 경우 비상방송설비에서 우선적으로 경보를 발하는 곳은?

19회 문116
13회 문116
07회 문116
06회 문116
04회 문113

① 발화층
② 발화층·직상 4개층 및 지하층
③ 발화층 및 직상 4개층
④ 발화층 및 그 지하 전층

**해설** **비상방송설비 · 자동화재탐지설비 우선경보방식 적용 대상물**

11층(공동주택 16층) 이상의 특정소방대상물의 경보

‖ 음향장치의 경보 ‖

| 발화층 | 경보층 | |
|---|---|---|
| | 11층(공동주택 16층) 미만 | 11층(공동주택 16층) 이상 |
| 2층 이상 발화 | 전층 일제경보 | • 발화층<br>• 직상 4개층 |
| 1층 발화 | | • 발화층<br>• 직상 4개층<br>• 지하층 **보기 ②** |
| 지하층 발화 | | • 발화층<br>• 직상층<br>• 기타의 지하층 |

답 ②

★★★

**117** **10층 이하의 특정소방대상물에 헤드의 부착높이가 6m인 장소에 스프링클러설비를 설치하고자 할 때 수원의 양은?**

① $16m^3$ ② $32m^3$
③ $48m^3$ ④ $64m^3$

**해설** **폐쇄형 헤드의 기준개수**

| 특정소방대상물 | | 폐쇄형 헤드의 기준개수 |
|---|---|---|
| 지하가 · 지하역사 | | 30 |
| 11층 이상 | | |
| 10층 이하 | 공장(특수가연물) | |
| | 판매시설(백화점 등), 복합건축물(판매시설이 설치된 것) | |
| | 근린생활시설, 운수시설, 복합건축물(판매시설 미설치) | 20 |
| | 8m 이상 | |
| | 8m 미만 → | 10 |
| 공동주택(아파트 등) | | 10(각 동이 주차장으로 연결된 주차장 : 30) |

$$Q = 1.6N$$

여기서, $Q$ : 수원의 저수량[$m^3$]
$N$ : 폐쇄형 헤드의 기준개수(설치개수가 기준개수보다 작으면 그 설치개수)

수원의 양 $Q$는
$Q = 1.6N = 1.6 \times 10 = 16m^3$

답 ①

★

**118** **할로겐화합물 및 불활성기체 소화설비의 음향경보장치는 약제방사 개시 후 몇 분 이상 경보를 계속할 수 있는 것으로 하여야 하는가?**

19회 문109
05회 문124

① 30초 ② 1분
③ 2분 ④ 3분

**해설** **음향경보장치의 경보시간**

| 소화설비 | 경보시간 |
|---|---|
| • 분말소화설비<br>• 이산화탄소 소화설비<br>• 할론소화설비<br>• 할로겐화합물 및 불활성기체 소화설비 | 1분 이상 |

답 ②

★★★

**119** **비상콘센트설비의 전원회로의 설치기준으로 옳지 않은 것은?**

18회 문114
15회 문122
14회 문123
13회 문123

① 하나의 전용회로에 설치하는 비상콘센트는 10개 이하로 할 것
② 콘센트마다 배선용 차단기를 설치할 것
③ 비상콘센트용의 풀박스 등은 방청도장을 한 것으로서 두께 1.5mm 이상의 철판으로 할 것
④ 단상교류 1.5kVA 이상으로 220V를 사용할 것

**해설** **비상콘센트설비 전원회로의 설치기준**(NFPC 504 제4조, NFTC 504 2.1.2)

| 구분 | 전 압 | 용 량 | 플러그 접속기 |
|---|---|---|---|
| 단상 교류 | 220V **보기 ④** | 1.5kVA 이상 **보기 ④** | 접지형 2극 |

(1) 1 전용회로에 설치하는 비상콘센트는 10개 이하로 할 것(전선의 용량은 최대 3개) **보기 ①**
(2) 풀박스는 1.6mm 이상의 철판을 사용할 것 **보기 ③**
(3) 콘센트마다 배선용 차단기를 설치할 것 **보기 ②**

③ 1.5mm → 1.6mm

기억법 단2(단위), 10콘(시큰둥), 16철콘, 접2(접이식)

답 ③

★★
**120** **부착높이 4m 미만의 장소에 1종 연기감지기를 설치할 때 감지기 1개의 감지면적은 최대 몇 $m^2$인가?**

① $35m^2$ ② $50m^2$
③ $75m^2$ ④ $150m^2$

해설 **연기감지기**의 **바닥면적**

| 부착높이 | 감지기의 종류 | |
|---|---|---|
| | 1종 및 2종 | 3종 |
| 4m 미만 | 150 | 50 |
| 4~20m 미만 | 75 | 설치불가능 |

답 ④

★★
**121** **다음 중 비상경보설비의 설치기준으로 적절한 것은?**

① 음향장치의 음량은 부착된 음향장치의 중심으로부터 1m 떨어진 위치에서 90dB 이상이 되는 것으로 할 것
② 발신기의 위치표시등은 바닥으로부터 0.8m 이하 1.5m 이상의 높이에 설치할 것
③ 발신기는 각 특정소방대상물의 각 부분으로부터 수평거리 25m 이상이 되도록 할 것
④ 지구음향장치는 수평거리 50m 이하마다 설치할 것

해설 **비상경보설비**의 **설치기준**(NFPC 201 제4조, NFTC 201 2.1.4)
(1) 음향장치의 음량은 부착된 음향장치의 중심으로부터 **1m** 떨어진 위치에서 **90dB** 이상이 되는 것으로 할 것 보기 ①

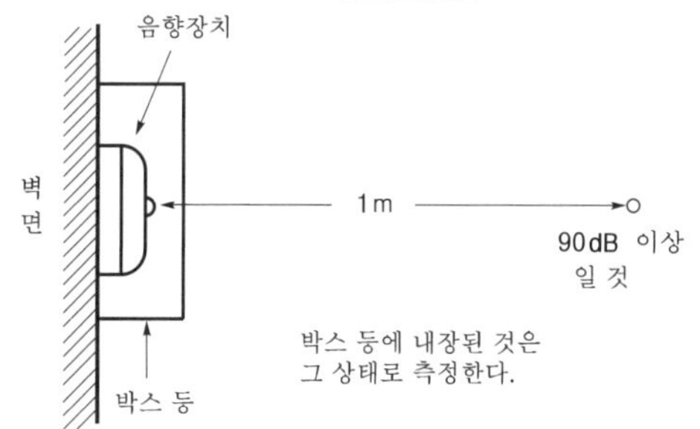


‖ 음향장치의 음량 측정 ‖

(2) 발신기의 위치표시등은 바닥으로부터 **0.8m 이상 1.5m 이하**의 높이에 설치할 것
(3) 발신기는 각 특정소방대상물의 각 부분으로부터 수평거리 **25m 이하**가 되도록 할 것
(4) 지구음향장치는 수평거리 **25m** 이하가 되도록 설치할 것

답 ①

★
**122** **수신기의 구조 및 일반 기능에 대한 설명 중 옳은 것은?**
19회 문102

① 정격전압이 60V를 넘는 기구의 금속제 외함에는 접지단자를 설치할 것
② 예비전원회로에는 단락사고 등으로부터 보호하기 위한 개폐기를 설치할 것
③ 극성이 있는 경우에는 오접속 방지장치를 하지 않아도 된다.
④ 내부에 주전원의 양극을 별도로 개폐할 수 있는 전원스위치를 설치할 것

해설 **수신기**의 **구조** 및 **일반 기능**(수신기 형식승인 및 제품검사의 기술기준 제3조)
(1) 정격전압이 **60V**를 넘는 기구의 금속제 외함에는 **접지단자**를 설치할 것 보기 ①
(2) 예비전원회로에는 **단락사고** 등으로부터 보호하기 위한 **퓨즈** 등 **과전류 보호장치**를 설치할 것
(3) 극성이 있는 경우에는 **오접속**을 **방지**하기 위하여 필요한 조치를 할 것
(4) 내부에 주전원의 **양극**을 **동시**에 개폐할 수 있는 **전원스위치**를 설치할 것

답 ①

★★
**123** **특별피난계단의 계단실 및 부속실 제연설비에서 계단실과 부속실을 동시에 제연하는 경우 부속실의 기압은 계단실과 같게 하거나 계단실의 기압보다 낮게 할 경우에는 부속실과 계단실의 압력차이는 몇 Pa 이하로 하여야 하는가?**

① 0.3Pa
② 5Pa
③ 10Pa
④ 40Pa

09회

해설 **특별피난계단**의 **계단실** 및 **부속실 제연설비**(NFPC 501A 제6조, NFTC 501A 2.3)

| 차 압 | 내 용 |
|---|---|
| 5Pa 이하 | • 부속실과 계단실의 압력차이 보기 ② |
| 12.5Pa 이상 | • 제연구역과 옥내와의 최소차압 (옥내에 스프링클러설비가 설치된 경우) |
| 40Pa 이상 | • 제연구역과 옥내와의 최소차압 |

답 ②

★★★
## 124 할론소화설비의 분사헤드로 소화약제 방출시 무상으로 분무되는 것으로 하여야 하는 약제는?

① 할론 1301　② 할론 2402
③ 할론 1211　④ 할론 104

해설 **할론 2402 : 무상으로 분무되는 헤드 사용**

※ 무상 : 안개모양

답 ②

★★★
## 125 다음 중 바닥으로부터 유도등의 설치높이가 잘못된 것은?

① 복도통로유도등 – 1.5m 이하
② 거실통로유도등 – 1.5m 이상
③ 계단통로유도등 – 1m 이하
④ 피난구유도등 – 1.5m 이상

해설 **유도등 및 유도표지**(NFPC 303 제5~8조, NFTC 303 2.2~2.5)

| 유도등·유도표지 | 설치높이 |
|---|---|
| • **복**도통로유도등 보기 ①<br>• **계**단통로유도등 보기 ③<br>• 통로유도표지 | **1**m 이하 |
| • **피**난구**유**도등 보기 ④<br>• 거실통로유도등 보기 ② | **1.5**m 이**상** |

① 1.5m → 1m

기억법 **계복1, 피유15상**

답 ①

# 2005년도 제08회 소방시설관리사 1차 국가자격시험

| 문제형별 | 시 간 | 시험과목 |
|---|---|---|
| A | 125분 | ① 소방안전관리론 및 화재역학<br>② 소방수리학, 약제화학 및 소방전기<br>③ 소방관련 법령<br>④ 위험물의 성질 · 상태 및 시설기준<br>⑤ 소방시설의 구조 원리 |

| 수험번호 | | 성 명 | |
|---|---|---|---|

【 수험자 유의사항 】

1. **시험문제지**는 단일형별(A형)이며, 답안카드형별 기재란에 표시된 형별(A형)을 확인하시기 바랍니다. 시험문제지의 **총면수**, **문제번호 일련순서**, **인쇄상태** 등을 확인하시고, 문제지 표지에 수험번호와 성명을 기재하시기 바랍니다.
2. 답은 각 문제마다 요구하는 **가장 적합하거나 가까운 답 1개**만 선택하고, 답안카드 작성시 **마킹착오**로 인한 불이익은 전적으로 **수험자에게 책임**이 있음을 알려드립니다.
3. 답안카드는 국가전문자격 공통 표준형으로 문제번호가 1번부터 125번까지 인쇄되어 있습니다. 답안 마킹시에는 반드시 **시험문제지의 문제번호와 동일한 번호**에 마킹하여야 합니다.
4. **감독위원의 지시에 불응하거나 시험시간 종료 후 답안카드를 제출하지 않을 경우** 불이익이 발생할 수 있음을 알려드립니다.
5. 시험문제지는 시험 종료 후 가져가시기 바랍니다.

**제 1 과목** 소방안전관리론 및 화재역학

★★
## 01 다음 중 TLV(Threshold Limit Values)에 관한 설명으로 옳은 것은?

① 독성 물질의 섭취량과 인간에 대한 그 반응정도를 나타내는 관계에서 손상을 입히지 않는 농도 중 가장 큰 값
② 실험쥐의 50%를 사망시킬 수 있는 물질의 양
③ 실험쥐의 50%를 사망시킬 수 있는 물질의 농도
④ 실험쥐의 50%를 15분 이내에 사망시킬 수 있는 허용농도

해설 **독성학**의 **허용농도**

(1) LD50과 LC50

| $LD_{50}$(Lethal Dose) : 반수치사량 | $LC_{50}$(Lethal Concentration) : 반수치사농도 |
|---|---|
| 실험쥐의 50%를 사망시킬 수 있는 물질의 양 | 실험쥐의 50%를 사망시킬 수 있는 물질의 농도 |

(2) LOAEL과 NOAEL

| LOAEL (Lowest Observed Adverse Effect Level) | NOAEL (No Observed Adverse Effect Level) |
|---|---|
| ① 인간의 심장에 영향을 주지 않는 **최소농도**<br>② 신체에 악영향을 감지할 수 있는 최소농도 즉, 심장에 독성을 미칠 수 있는 **최소농도**<br>③ 생물체의 성장기능, 신진대사 등에 영향을 주는 최소량으로 **인체**에 미치는 독성 **최소농도**<br>④ 이것보다 설계농도가 높은 소화약제는 사람이 없거나 **30초** 이내에 대피할 수 있는 장소에서만 사용할 수 있음 | ① 인간의 심장에 영향을 주지 않는 **최대농도**<br>② 약제방출 후 신체에 아무런 악영향도 감지할 수 없는 최대농도 즉, 심장에 독성을 미치지 않는 **최대농도** |

(3) **TLV(Threshold Limit Values, 허용한계농도)** : 독성 물질의 섭취량과 인간에 대한 그 반응정도를 나타내는 관계에서 손상을 입히지 않는 농도 중 가장 큰 값 **보기 ①**

| TLV 농도표시법 | 정 의 |
|---|---|
| TLV-TWA (시간가중 평균농도) | 매일 일하는 근로자가 하루에 8시간씩 근무할 경우 근로자에게 노출되어도 아무런 영향을 주지 않는 최고 평균농도 |
| TLV-STEL (단시간 노출허용농도) | 단시간 동안 노출되어도 유해한 증상이 나타나지 않는 최고 허용농도 |
| TLV-C (최고 허용한계농도) | 단 한순간이라도 초과하지 않아야 하는 농도 |

(4) **ALC(Approximate Lethal Concentration, 치사농도)** : 실험쥐의 50%를 15분 이내에 사망시킬 수 있는 허용농도

답 ①

★★★
## 02 다음 중 전기시설의 방폭구조의 종류가 아닌 것은?

16회 문 21
12회 문 06

① 내압(內壓)방폭구조
② 하중방폭구조
③ 안전증방폭구조
④ 유입방폭구조

해설 **방폭구조**의 **종류**

(1) **내압(耐壓)방폭구조($d$)** **보기 ①** : 폭발성 가스가 용기 내부에서 폭발하였을 때 용기가 그 압력에 견디거나 또는 외부의 폭발성 가스에 인화될 우려가 없도록 한 구조

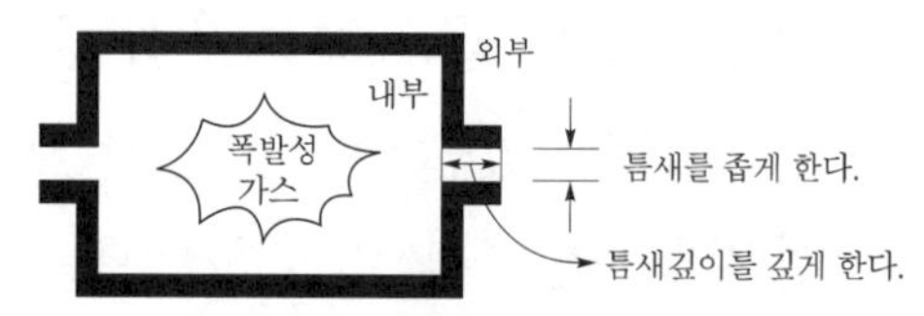


| 내압(耐壓)방폭구조 |

(2) **내압(內壓)방폭구조($p$)** : 용기 내부에 질소 등의 보호용 가스를 충전하여 외부에서 폭발성 가스가 침입하지 못하도록 한 구조

내압(耐壓)방폭구조=압력방폭구조

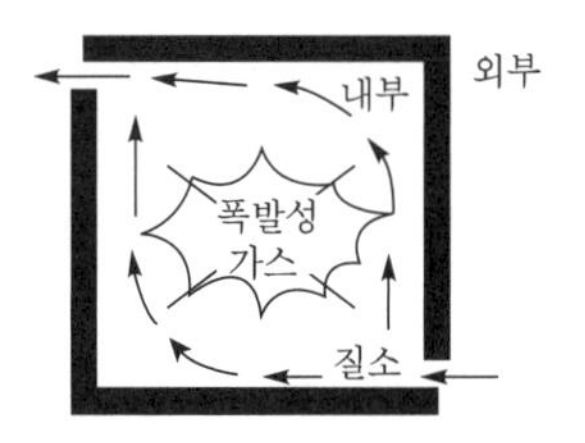


| 내압(內壓)방폭구조 |

(3) **안전증방폭구조**($e$) **보기 ③** : 기기의 정상운전 중에 폭발성 가스에 의해 점화원이 될 수 있는 전기불꽃 또는 고온이 되어서는 안 될 부분에 기계적, 전기적으로 특히 안전도를 증가시킨 구조

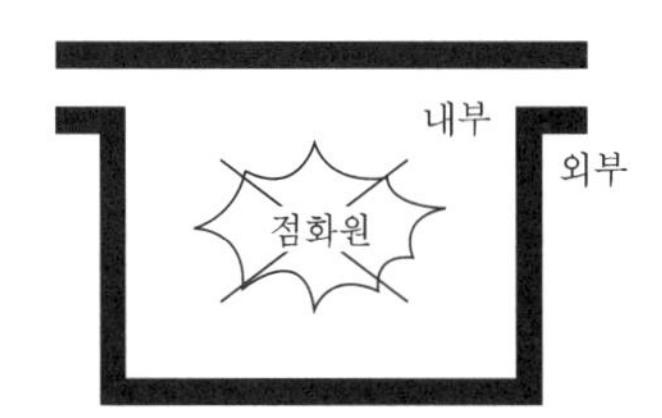


| 안전증방폭구조 |

(4) **유입방폭구조**($o$) **보기 ④** : 전기불꽃, 아크 또는 고온이 발생하는 부분을 기름 속에 넣어 폭발성 가스에 의해 인화되지 않도록 한 구조

| 유입방폭구조 |

(5) **본질안전방폭구조**($i$) : 폭발성 가스가 단선, 단락, 지락 등에 의해 발생하는 전기불꽃, 아크 또는 고온에 의하여 점화되지 않는 것이 확인된 구조

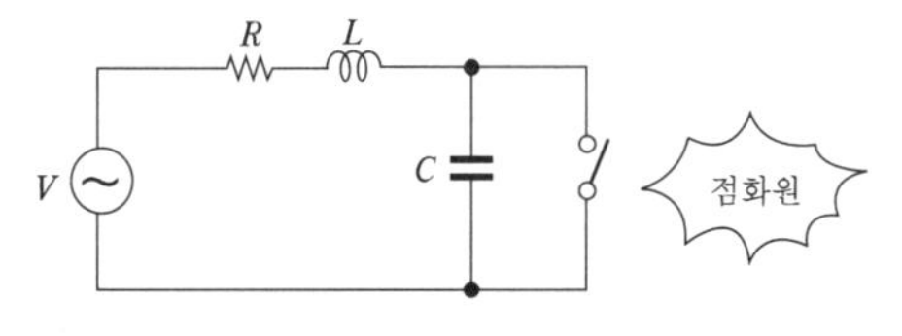


| 본질안전방폭구조 |

(6) **특수방폭구조**($s$) : 위에서 설명한 구조 이외의 방폭구조로서 폭발성 가스에 의해 점화되지 않는 것이 시험 등에 의하여 확인된 구조

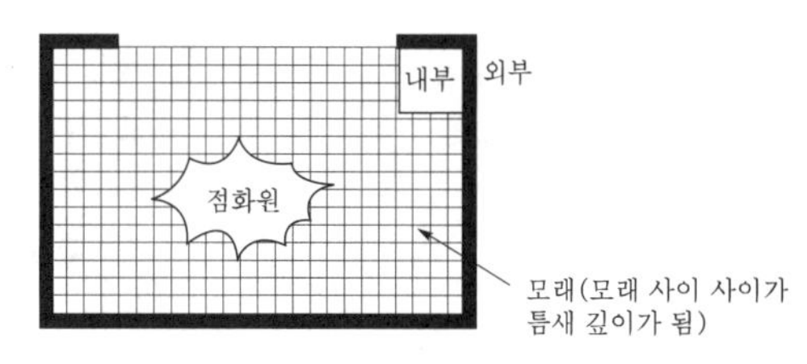


| 특수방폭구조 |

답 ②

★★
## 03 다음 중 상온상압에서 연소시 연소열이 가장 큰 가연물은?

① 인 ② 신문지
③ 벤젠 ④ 에틸알코올

해설 일반적인 **가연물**의 **연소열**

| 가연물 | 연소열 |
|---|---|
| 넝마(면직류) | 3981kcal/kg |
| 참나무 | 3987kcal/kg |
| **신문지** **보기 ②** | 4379kcal/kg |
| 소나무껍질 | 5276kcal/kg |
| **인** **보기 ①** | 5878kcal/kg |
| **에틸알코올** **보기 ④** | 7111kcal/kg |
| 목탄 | 7178kcal/kg |
| 석탄 | 7222kcal/kg |
| 알루미늄 | 7389kcal/kg |
| 탄소 | 7488kcal/kg |
| 코크스 | 8778kcal/kg |
| **벤젠** **보기 ③** | 10016kcal/kg |
| 휘발유 | 11167kcal/kg |
| 파라핀왁스 | 11167kcal/kg |
| 윤활유 | 11333kcal/kg |
| 헵탄 | 11476kcal/kg |

답 ③

★★★
## 04 분해연소를 하는 물질은?

① 코크스 ② 플라스틱
③ 황 ④ 나이트로글리세린

해설 **연소의 형태**

| 연소형태 | 종 류 |
|---|---|
| **표면연소** | 숯, 코크스, 목탄, 금속분<br>기억법 **표숯코목탄금** |
| **분해연소** | 석탄, 종이, 플라스틱(**보기 ②**), 목재, 고무, 중유, 아스팔트<br>기억법 **분석종플목고중아** |

| 연소형태 | 종 류 |
|---|---|
| 증발연소 | 황, 왁스, 파라핀, 나프탈렌, 가솔린, 등유, 경유, 알코올, 아세톤 기억법 증황왁파나 가등경알아톤 |
| 자기연소 | 질산에스터류, 셀룰로이드, 나이트로화합물, TNT, 피크린산 |
| 액적연소 | 벙커C유 |
| 확산연소 | 메탄($CH_4$), 암모니아($NH_3$), 아세틸렌($C_2H_2$), 일산화탄소(CO), 수소($H_2$) 기억법 확메암아틸일수 |

※ **분해연소** : 연소시 **열분해**에 의하여 발생된 가스와 산소가 혼합하여 연소하는 현상

답 ②

★★
## 05 관로에 유체가 흐를 때 관마찰손실은?

19회 문 29 / 18회 문 46 / 15회 문 28 / 12회 문 36 / 07회 문 36 / 02회 문 28

① 관 길이에 반비례한다.
② 관 직경에 비례한다.
③ 중력가속도에 반비례한다.
④ 유속에 반비례한다.

해설 **마찰손실**

다르시-웨버의 식(Darcy-Weisbach formula, **층류**)

$$H=\frac{\Delta p}{\gamma}=\frac{f l V^2}{2gD}$$

여기서, $H$ : 마찰손실[m]
$\Delta p$ : 압력차[kN/m²]
$\gamma$ : 비중량(물의 비중량 9.8kN/m³)
$f$ : 관마찰계수
$l$ : 길이[m]
$V$ : 유속[m/s]
$g$ : 중력가속도(9.8m/s²)
$D$ : 내경[m]

① 관 길이에 비례한다.
② 관 직경에 반비례한다.
④ 유속의 제곱에 비례한다.

답 ③

★★
## 06 다음 중 액체탄화수소 수송시 정전기에 의한 화재발생을 억제하기 위한 조치로서 적합하지 않은 것은?

① 유속을 1m/s 이하로 낮게 한다.
② 배관을 와류가 생성되지 않게 설계한다.
③ 불순물 등의 제거시 비전도성의 조밀한 필터를 사용한다.
④ 수송 이송시 낙차를 작게 한다.

해설 **정전기에 의한 화재발생 억제조치 사항**

(1) 유속을 **1m/s** 이하로 낮게 한다. 보기 ①
(2) 배관을 와류가 생성되지 않게 설계한다. 보기 ②
(3) 수송·이송시 **낙차**를 **작게** 한다. 보기 ④

**정전기 제거방법**
(1) **접지**를 한다.
(2) 공기를 **이온화**한다.
(3) 공기 중의 상대습도를 **70%** 이상으로 한다.

답 ③

★★★
## 07 소화펌프에서 발생할 수 있는 공동현상(Cavitation)의 방지대책으로 적절하지 못한 것은?

16회 문 34 / 12회 문 35 / 11회 문104 / 08회 문 27 / 03회 문112

① 펌프의 설치높이를 될 수 있는 대로 낮추어 흡입양정을 짧게 한다.
② 펌프의 회전속도를 낮추어 흡입 비교회전도를 크게 한다.
③ 두 대 이상의 펌프를 사용한다.
④ 양흡입펌프를 사용한다.

해설 **공동현상**의 **방지대책**

(1) 펌프의 흡입수두를 작게 한다. 보기 ①
(2) 펌프의 마찰손실을 작게 한다.
(3) 펌프의 **임펠러속도**(회전수)를 작게 한다. 보기 ②
(4) 펌프의 설치위치를 수원보다 낮게 한다.
(5) 양흡입 펌프를 사용한다(펌프의 흡입측을 가압한다). 보기 ④
(6) 관 내의 물의 정압을 그때의 증기압보다 높게 한다.
(7) 흡입관의 구경을 크게 한다.
(8) 펌프를 2개 이상 설치한다. 보기 ③

② 펌프의 회전속도를 낮추어 흡입 비교회전도를 낮게 한다.

답 ②

★★★
## 08 소화의 원리에서 소화형태로 볼 수 없는 것은?

18회 문 07 / 16회 문 25 / 16회 문 37 / 15회 문 05 / 14회 문 08 / 13회 문 34

① 발열소화 ② 화학소화(부촉매효과)
③ 희석소화 ④ 파괴소화

해설 **소화의 형태**

| 소화형태 | 설 명 |
|---|---|
| **냉각소화** | **점화원**을 냉각하여 소화하는 방법 |
| **질식소화** | 공기 중의 **산소농도**를 **16%**(10~15%) 이하로 희박하게 하여 소화하는 방법 |
| **제거소화** 보기 ④ (파괴소화) | 가연물을 제거하여 소화하는 방법 |
| **화학소화** 보기 ② (부촉매효과) | 연쇄반응을 억제하여 소화하는 방법으로 **억제작용**이라고도 한다. |
| **희석소화** 보기 ③ | 기체, 고체, 액체에서 나오는 분해가스나 증기의 **농도**를 **작게** 하여 연소를 중지시키는 소화방법 |
| **유화소화** | 물을 무상으로 방사하여 유류 표면에 **유화층**의 막을 형성시켜 공기의 접촉을 막아 소화하는 방법 |
| **피복소화** | 비중이 공기의 **1.5배** 정도로 무거운 소화약제를 방사하여 가연물의 구석구석까지 침투·피복하여 소화하는 방법 |

답 ①

★★★
## 09 절대압력 55kPa의 진공압은 몇 mmHg인가? (단, 대기압은 100kPa이라고 한다.)

① 237 ② 337
③ 437 ④ 537

해설

절대압=대기압-진공압

진공압=대기압-절대압
$=(100-55)\text{kPa}=45\text{kPa}$

1atm=760mmHg=1.0332kg$_f$/cm$^2$
=10.332mH$_2$O(mAq)
=14.7PSI(1b$_f$/in$^2$)
=101.325kPa(kN/m$^2$)
=1013mbar

$101.325\text{kPa}=760\text{mmHg}$ 이므로

$$45\text{kPa}=\frac{45\text{kPa}}{101.325\text{kPa}}\times 760\text{mmHg} \fallingdotseq 337\text{mmHg}$$

중요

**절대압**
(1) **절**대압=**대**기압+**게**이지압(계기압)
(2) **절**대압=**대**기압-**진**공압

기억법 **절대게**
**절대-진(절대마진)**

답 ②

★★
## 10 건물에서 초기의 발화위험물에 대한 화재하중을 감소시키는 방법은?

18회 문 14 / 17회 문 10 / 16회 문 24 / 14회 문 09 / 13회 문 17 / 12회 문 20 / 11회 문 20 / 07회 문 15 / 06회 문 05 / 06회 문 09 / 04회 문 01 / 02회 문 11

① 방화구획의 세분화
② 가연물 제거
③ 소화시설의 증강
④ 건물높이의 제한

해설 **화재하중을 감소하는 방법**
(1) **내장재 불연화**
(2) **가연물 제거** 보기 ②

참고

**화재하중(kg/m$^2$)**
(1) 가연물 등의 연소시 건축물의 붕괴 등을 고려하여 설계하는 하중
(2) 화재실 또는 화재구획의 단위면적당 가연물의 양
(3) 일반건축물에서 가연성의 건축구조재와 가연성 수용물의 양으로서 건물화재시 발열량 및 화재위험성을 나타내는 용어
(4) 건물화재에서 가열온도의 정도를 의미한다.
(5) 건물의 내화설계시 고려되어야 할 사항이다.

$$q=\frac{\Sigma GH_1}{H_0 A}=\frac{\Sigma Q}{4500A}$$

여기서, $q$ : 화재하중〔kg/m$^2$〕
$G$ : 가연물의 양〔kg〕
$H_1$ : 가연물의 단위중량당 발열량〔kcal/kg〕
$H_0$ : 목재의 단위중량당 발열량〔kcal/kg〕
$A$ : 바닥면적〔m$^2$〕
$\Sigma Q$ : 가연물의 전체 발열량〔kcal〕

답 ②

08회

★

## 11 할론소화약제의 특성이 아닌 것은?

① 비점이 비교적 낮다.
② 기화되기 쉽다.
③ 인화점이 높아야 한다.
④ 공기보다 무거워야 한다.

해설 **할론소화약제**의 **특성**

(1) 비점이 비교적 낮다. 보기 ①
(2) 기화되기 쉽다. 보기 ②
(3) 공기보다 무거워야 한다. 보기 ④
(4) 불연성이어야 한다.
(5) 증발잔류물이 없어야 한다.

답 ③

★★

## 12 문의 상단부와 하단부의 누설면적이 동일하다고 할 때 중성대에서 상단부까지의 높이가 1.49m인 문의 상단부와 하단부의 압력차(Pa)는? (단, 화재실의 온도는 600℃, 외부온도는 25℃이다.)

① 7.39　　② 9.39
③ 11.39　　④ 13.39

해설 문의 **상하단부 압력차**

$$\Delta P = 3460\left(\frac{1}{T_o} - \frac{1}{T_i}\right) \cdot H$$

여기서, $\Delta P$ : 문의 상하단부 압력차〔Pa〕
$T_o$ : 외부온도(대기온도)〔K〕
$T_i$ : 내부온도(화재실온도)〔K〕
$H$ : 중성대에서 상단부까지의 높이〔m〕

문의 **상하단부 압력차** $\Delta P$는

$$\Delta P = 3460\left(\frac{1}{T_o} - \frac{1}{T_i}\right) \cdot H$$
$$= 3460\left[\frac{1}{(273+25)\text{K}} - \frac{1}{(273+600)\text{K}}\right] \times 1.49\text{m}$$
$$= 11.39\text{Pa}$$

답 ③

★★★

## 13 연소의 4대 요소로 옳은 것은?

① 가연물－열－산소－발열량
② 가연물－발화온도－산소－반응속도
③ 가연물－열－산소－순조로운 연쇄반응
④ 가연물－산화반응－발열량－반응속도

해설 **연소**의 **4요소** 보기 ③

(1) 가연물(연료)
(2) 산소공급원(산소, 산화제, 공기, 바람)
(3) 점화원(온도, 열)
(4) 순조로운 연쇄반응

• 화재＝연소

답 ③

★★

## 14 다음 중 연소재료로 볼 수 있는 것은?

① C　　② $N_2$
③ 불활성 기체　　④ $CO_2$

해설 **불연성 가스**

(1) 불활성 기체[헬륨(He)·네온(Ne)·아르곤(Ar) 등] 보기 ③
(2) 질소($N_2$) 보기 ②
(3) 이산화탄소($CO_2$) 보기 ④

※ 불연성 가스는 연소재료로 볼 수 없다.

답 ①

★

## 15 다음 중 셀룰로이드 또는 폴리우레탄 등이 연소할 때 발생하는 연소생성물로 옳은 것은?

① 시안화수소　　② 아크롤레인
③ 질소산화물　　④ 암모니아

해설 ※ **셀룰로이드** 또는 **폴리우레탄**은 질소를 함유하고 있으므로 연소하면 **질소산화물**이 생성된다.

답 ③

★★

## 16 다음 중 열의 전달형태를 나타내는 법칙이 아닌 것은?

① 푸리에의 법칙
② 스테판·볼츠만의 법칙
③ 뉴턴의 냉각법칙
④ 그레이엄의 법칙

해설 **열**의 **전달형태**를 나타내는 **법칙**

(1) 푸리에의 법칙 보기 ①
(2) 스테판·볼츠만의 법칙 보기 ②
(3) 뉴턴의 냉각법칙 보기 ③

④ 그레이엄의 법칙 : 확산속도의 법칙

답 ④

★

## 17 다음은 분무연소에 대한 설명이다. 잘못된 것은?

19회 문 24
03회 문 09

① 액체연료를 수 $\mu$m ~ 수백 $\mu$m 크기의 액적으로 미립화시켜 연소시킨다.
② 휘발성이 낮은 액체연료의 연소가 여기에 해당한다.
③ 점도가 높은 중질유의 연소에 많이 이용하고 있다.
④ 미세한 액적으로 분무하는 이유는 표면적은 작게 하여 공기와의 혼합을 좋게 하기 위함이다.

해설 ④ 미세한 액적으로 분무시키는 이유는 **표면적을 넓게** 하여 공기와의 혼합을 좋게 하기 위함이다.

답 ④

★★★

## 18 내화구조 건물의 표준화재 온도곡선에서 화재발생 후 30분 경과시의 내부온도는 약 몇 ℃인가?

18회 문 11
14회 문 04
05회 문 02

① 500
② 840
③ 950
④ 1010

해설 **내화건축물**의 **내부온도**

| 시 간 | 내부온도 |
|---|---|
| 30분 경과 후 | 840℃ 보기 ② |
| 1시간 경과 후 | 925℃ |
| 2시간 경과 후 | 1010℃ |

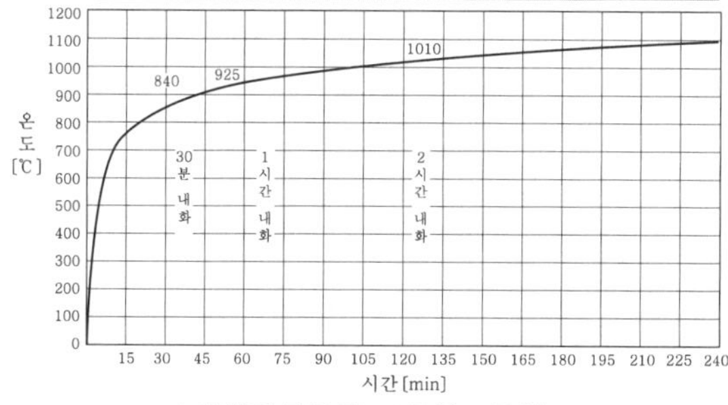


내화건축물의 표준온도곡선

답 ②

★★

## 19 연료층의 직경이 1m인 목재의 화염높이(m)는? (단, 목재의 에너지 방출속도는 130kW이다.)

① 0.59
② 2.89
③ 3.68
④ 4.34

해설 **연료**의 **화염높이**

$$l_F = 0.23\overset{\circ}{Q}^{\frac{2}{5}} - 1.02D$$

여기서, $l_F$ : 연료의 화염높이[m]
$\overset{\circ}{Q}$ : 에너지 방출속도[kW]
$D$ : 직경[m]

**목재**의 **화염높이** $l_F$는

$$l_F = 0.23\overset{\circ}{Q}^{\frac{2}{5}} - 1.02D$$
$$= 0.23 \times (130\text{kW})^{\frac{2}{5}} - 1.02 \times 1\text{m}$$
$$\fallingdotseq 0.59\text{m}$$

답 ①

★

## 20 할론에 의한 피해의 척도와 관계없는 것은?

① 지구의 온난화지수
② 오존층의 파괴지수
③ 분해열에 의한 복사열지수
④ 치사농도

해설 **할론**에 의한 **피해**의 **척도**

(1) **GWP**(지구온난화지수) : 지구온난화에 기여하는 정도를 나타내는 지표 보기 ①

$$\text{GWP} = \frac{\text{어떤 물질 1kg이 기여하는 온난화 정도}}{CO_2\text{의 1kg이 기여하는 온난화 정도}}$$

(2) **ODP**(오존파괴지수) : 어떤 물질의 오존파괴 능력을 상대적으로 나타내는 지표 보기 ②

$$\text{ODP} = \frac{\text{어떤 물질 1kg이 파괴하는 오존량}}{\text{CFC11의 1kg이 파괴하는 오존량}}$$

(3) **ALC**(치사농도) : 실험쥐의 50%를 **15분** 이내에 사망시킬 수 있는 허용농도 보기 ④

답 ③

★

## 21 준불연재료란?

① 철근콘크리트조, 연와조, 기타 이와 유사한 성능의 재료
② 철망모르타르로 바름두께가 2cm 이상인 것
③ 불에 잘 타지 아니하는 성능을 가진 재료
④ 불연재료에 준하는 방화성능을 가진 재료

08회

해설

| 구 분 | 불연재료 | 준불연재료 보기 ④ | 난연재료 |
|---|---|---|---|
| 정의 | 불에 타지 아니하는 성능을 가진 재료 | 불연재료에 준하는 방화성능을 가진 재료 | 불에 잘 타지 아니하는 성능을 가진 재료 |
| 등급 | **난연 1급** | **난연 2급** | **난연 3급** |

답 ④

★★
## 22 불꽃연소의 특성이 아닌 것은?

① 작열연소보다 산화반응속도가 크다.
② 연쇄반응이 일어난다.
③ 작열연소보다 발열이 크다.
④ 가연물 내부에서도 격렬한 연소가 진행된다.

해설 **불꽃연소**의 **특성**

(1) 작열연소보다 산화반응속도가 크다. 보기 ①
(2) 연쇄반응이 일어난다. 보기 ②
(3) 작열연소보다 발열이 크다. 보기 ③

중요

**불꽃연소 · 작열연소**

| 불꽃연소 | 작열연소 |
|---|---|
| ① 증발연소<br>② 분해연소<br>③ 확산연소<br>④ 예혼합연소 | ① 표면연소<br>② 응축연소<br>③ 직접연소 |

답 ④

★★★
## 23 플래시오버(Flash over)의 지연대책으로 옳은 것은?

① 두께가 얇은 내장재료를 사용한다.
② 열전도율이 큰 내장재료를 사용한다.
③ 주요 구조부를 내화구조로 하고 개구부를 크게 설치한다.
④ 실내가연물은 대량단위로 집합저장한다.

해설 **플래시오버**의 **지연대책**

(1) 두께가 **두꺼운** 내장재료를 사용한다.
(2) **열전도율**이 **큰 내장재료**를 사용한다. 보기 ②
(3) 주요 구조부를 **내화구조**로 하고 **개구부**를 **작게** 설치한다.
(4) 실내가연물은 **소량단위**로 **분산저장**한다.

답 ②

★★★
## 24 유류탱크 화재시의 슬롭오버현상이 아닌 것은?

19회 문 06
19회 문 13
18회 문 02
17회 문 06
16회 문 04
16회 문 14
13회 문 07
11회 문 16
10회 문 11
09회 문 06
06회 문 15
04회 문 03
03회 문 23

① 연소면의 온도가 100℃ 이상일 때 발생
② 폭발로 인한 유류탱크 파괴 후 유출된 연소유에서 발생
③ 연소면의 폭발적 연소로 탱크 외부까지 화재가 확산
④ 소화시 외부에서 뿌려지는 물에 의하여 발생

해설 **유류탱크, 가스탱크**에서 **발생**하는 **현상**

| 여러 가지 현상 | 정 의 |
|---|---|
| **블래비** (BLEVE) | 과열상태의 탱크에서 내부의 액화가스가 분출하여 기화되어 폭발하는 현상 |
| **보일오버** (Boil over) | ① 중질유의 석유탱크에서 장시간 조용히 연소하다 탱크 내의 잔존기름이 갑자기 분출하는 현상<br>② 유류탱크에서 탱크 바닥에 물과 기름의 **에멀션**이 섞여 있을 때 이로 인하여 화재가 발생하는 현상<br>③ 연소유면으로부터 100℃ 이상의 열파가 탱크 저부에 고여 있는 물을 비등하게 하면서 연소유를 탱크 밖으로 비산시키며 연소하는 현상 |
| **오일오버** (Oil over) | 저장탱크에 저장된 유류저장량이 내용적의 50% 이하로 충전되어 있을 때 화재로 인하여 탱크가 폭발하는 현상 |
| **프로스오버** (Froth over) | 물이 점성의 뜨거운 기름표면 아래에서 끓을 때 화재를 수반하지 않고 용기가 넘치는 현상 |
| **슬롭오버** (Slop over) | ① 물이 연소유의 뜨거운 표면에 들어갈 때 기름표면에서 화재가 발생하는 현상<br>② 유화제로 소화하기 위한 물이 수분의 급격한 증발에 의하여 액면이 거품을 일으키면서 열유층 밑의 냉유가 급히 열팽창하여 기름의 일부가 불이 붙은 채 탱크벽을 넘어서 일출하는 현상 |

답 ②

★★★

## 25 직경 1m의 액면화재(Pool fire)에서 목재의 에너지 방출속도(kW)는? (단, $\mathring{m}''$ : 11g/m$^2$ · s, $\Delta H_c$ : 15kJ/g)

19회 문 23
14회 문 12

① 0.785 ② 18
③ 130 ④ 1887

해설 **에너지 방출속도**(열방출속도, 화재크기)

$$\mathring{Q} = \mathring{m}'' A \Delta H_c \eta$$

여기서, $\mathring{Q}$ : 에너지 방출속도[kW]

$\mathring{m}''$ : 단위면적당 연소속도[g/m$^2$ · s]

$\Delta H_c$ : 연소열[kJ/g]

$A$ : 연소관여 면적[m$^2$]

$\eta$ : 연소효율

**연소관여 면적** $A$는

$$A = \frac{\pi}{4}D^2 = \frac{\pi}{4} \times (1\text{m})^2$$

$$\fallingdotseq 0.785\text{m}^2$$

**에너지 방출속도** $\mathring{Q}$는

$$\mathring{Q} = \mathring{m}'' A \Delta H_c \eta$$

$$= 11\text{g/m}^2 \cdot \text{s} \times 0.785\text{m}^2 \times 15\text{kJ/g}$$

$$\fallingdotseq 130\text{kJ/s}$$

$$= 130\text{kW}$$

- 1J/s=1W이므로 130kJ/s=130kW이다.
- $\eta$(연소효율)은 주어지지 않으면 생략한다.

답 ③

### 제 2 과목 소방수리학 · 약제화학 및 소방전기

★★★

## 26 20층 건물에 설치하는 스프링클러에 필요한 소화펌프에 직결되는 전동기 용량은? (단, 펌프 효율 0.8, 정격 토출 2.4m$^3$/min, 전양정 72m, 전달계수 1.2)

① 42kW ② 52kW
③ 62kW ④ 72kW

해설

$$P = \frac{0.163QH}{\eta}K$$

여기서, $P$ : 전동력[kW]

$Q$ : 유량[m$^3$/min]

$H$ : 전양정[m]

$K$ : 전달계수

$\eta$ : 효율

**전동기 용량** $P$는

$$P = \frac{0.163QH}{\eta}K$$

$$= \frac{0.163 \times 2.4\text{m}^3/\text{min} \times 72\text{m}}{0.8} \times 1.2$$

$$\fallingdotseq 42\text{kW}$$

답 ①

★★★

## 27 펌프에서 공동현상이 발생되는 조건이 아닌 것은?

16회 문 34
12회 문 35
11회 문104
08회 문 07
03회 문112

① 펌프 흡입배관의 압력손실이 크게 발생할 경우 발생한다.
② 펌프 흡입배관의 유속이 빠를 때 발생한다.
③ 펌프의 설치위치가 수면보다 낮을 때 발생한다.
④ 관 속으로 흐르는 물의 온도가 높을 때 발생한다.

해설 ③ 펌프의 설치위치가 수면보다 **높을 때** 발생한다.

중요

**공동현상**(Cavitation)

펌프의 흡입측 배관 내의 물의 정압이 기존의 증기압보다 낮아져서 기포가 발생되어 물이 흡입되지 않는 현상이다.

(1) 공동현상의 발생현상

① 소음과 진동 발생
② 관 부식
③ **임펠러**의 **손상**(수차의 날개를 해친다)
④ 펌프의 성능 저하

(2) 공동현상의 발생원인

① 펌프의 흡입수두가 클 때(소화펌프의 흡입고가 클 때)
② 펌프의 마찰손실이 클 때(펌프흡입배관의 압력손실이 클 때 **보기 ①**)
③ 펌프의 임펠러속도가 클 때
④ 펌프의 설치위치가 수원보다 높을 때 **보기 ③**
⑤ 관 내의 수온이 높을 때(물의 온도가 높을 때) **보기 ④**
⑥ 관 내의 물의 정압이 그때의 증기압보다 낮을 때

⑦ 흡입관의 구경이 작을 때
⑧ 흡입거리가 길 때
⑨ 유량이 증가하여 펌프물이 과속으로 흐를 때(펌프흡입배관의 유속이 빠를 때 **보기 ②**)

(3) 공동현상의 방지대책
① 펌프의 흡입수두를 작게 한다.
② 펌프의 마찰손실을 작게 한다.
③ 펌프의 **임펠러속도**(회전수)를 작게 한다.
④ 펌프의 설치위치를 수원보다 낮게 한다.

답 ③

## 28 입력파형과 회로가 다음과 같을 때 출력파형은?

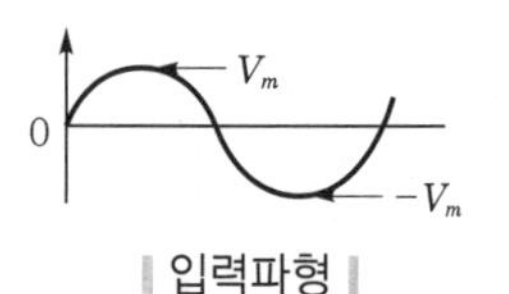

| 입력파형 |

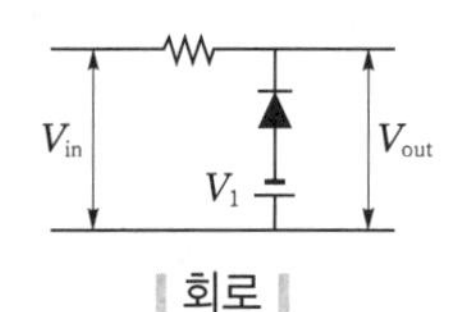

| 회로 |

①
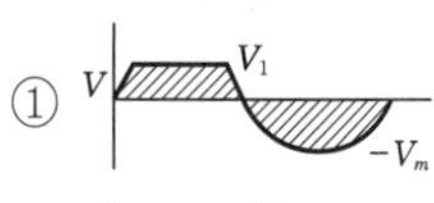


②
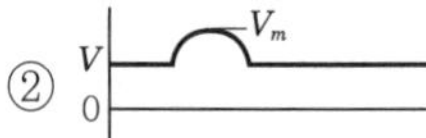


③
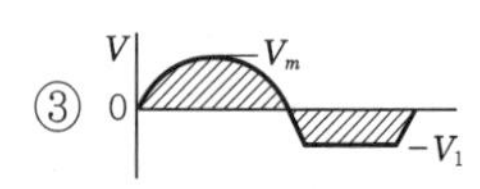


④
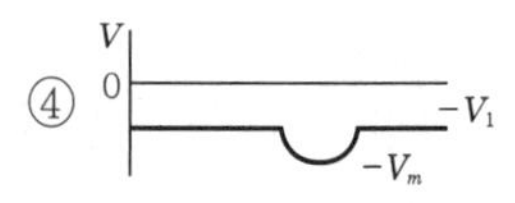


해설 (1) **입출력파형**과 **회로 1**

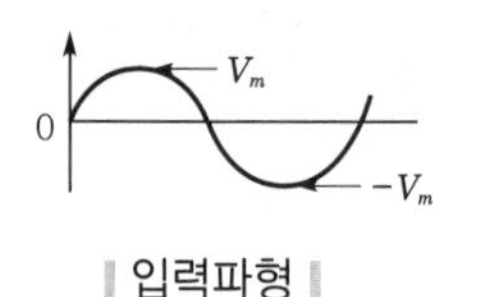

| 입력파형 |

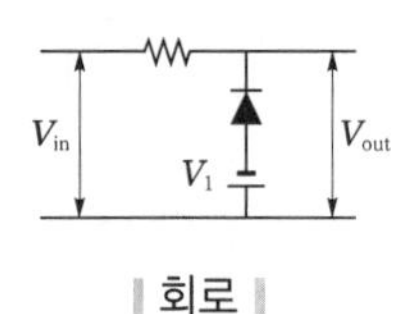

| 회로 |

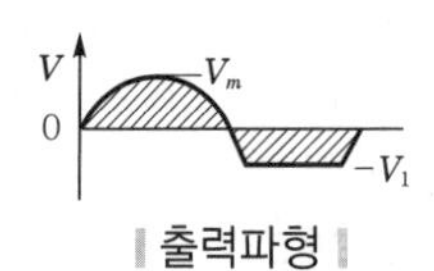

| 출력파형 |

(2) **입출력파형**과 **회로 2**

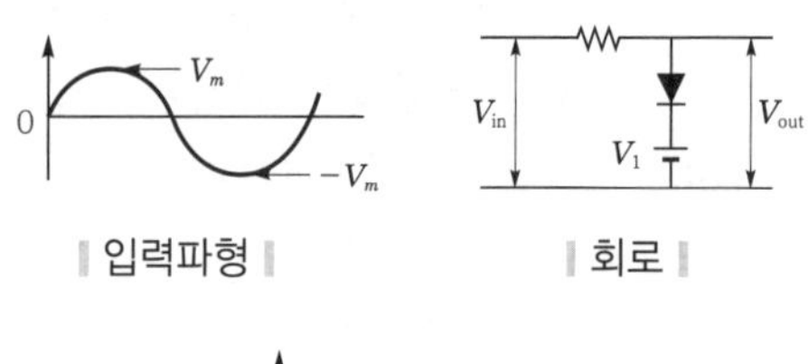

| 입력파형 | | 회로 |

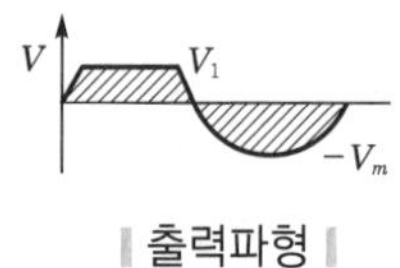

| 출력파형 |

답 ③

## 29 다음 절연전선 중 옥내배선용으로, 소방 및 비상전력으로 사용하는 것은?

① OW 전선
② DV 전선
③ IH 전선
④ HFIX 전선

해설 **HFIX 전선**
옥내배선용으로, **소방** 및 **비상전력**으로 사용

중요

**전선의 종류**

| 약 호 | 명 칭 | 최고허용 온도 |
|---|---|---|
| OW | 옥외용 비닐절연전선 | 60℃ |
| DV | 인입용 비닐절연전선 | |
| HFIX | 450/750V 저독성 난연 가교 폴리올레핀 절연전선 **보기 ④** | 90℃ |
| CV | 가교폴리에틸렌 절연비닐 외장케이블 | |
| IH | 하이퍼론절연전선 | 95℃ |
| FP | 내화케이블 | – |
| HP | 내열전선 | |
| GV | 접지용 비닐전선 | |
| E | 접지선 | |

답 ④

★

## 30 접지도체에 피뢰시스템이 접속되는 경우 접지도체의 단면적은 구리일 경우 몇 $mm^2$ 이상으로 하여야 하는가?

① 5
② 16
③ 26
④ 50

해설 **접지도체에 피뢰시스템이 접속되는 경우 접지도체의 단면적**

| 구 리 보기 ② | 철 제 |
|---|---|
| $16mm^2$ 이상 | $50mm^2$ 이상 |

답 ②

★★

## 31 제어명령을 증폭시켜 직접 제어대상을 제어시키는 부분을 무엇이라 하는가?

① 조절부
② 명령처리부
③ 조작부
④ 기준부

해설 **피드백제어계**의 **기본구성**

목표값 → 명령처리부 → 조절부 → 조작부 → 제어대상 → 제어량
(제어대상 → 검출부 → 명령처리부)

| 구 성 | 설 명 |
|---|---|
| 명령처리부 | 외부에서 제어계에 주어지는 값을 처리하는 부분 |
| 조절부 | 제어계가 작용을 하는 데 필요한 신호를 만들어 조작부에 보내는 부분 |
| 조작부 보기 ③ | 제어명령을 증폭시켜 직접 제어대상을 제어시키는 부분 |
| 제어대상 | 제어의 대상으로 제어하려고 하는 기계의 전체 또는 그 일부분 |
| 검출부 | 제어대상으로부터 제어에 필요한 신호를 인출하는 부분 |

답 ③

★★

## 32 다음 파형의 실효값을 구하면?

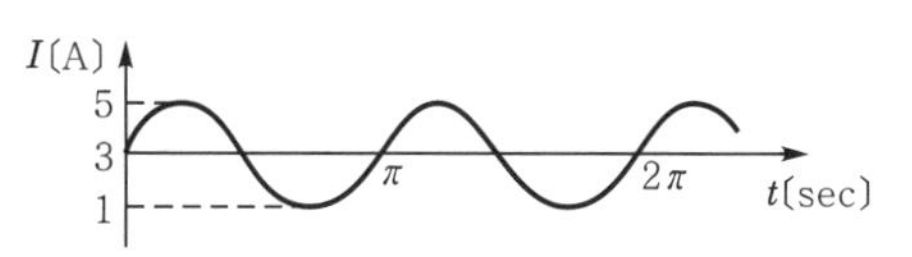


① 3.32A　　② 3.6A
③ 6.64A　　④ 7.21A

해설 그림의 파형을 식으로 나타내면

$$i = I_0 + I_m \sin\omega t = 3 + 2\sin 2t$$

$$I = \sqrt{{I_0}^2 + \left(\frac{I_m}{\sqrt{2}}\right)^2}$$

여기서, $I$ : 전류의 실효값[A]
$I_0$ : 직류분[A]
$I_m$ : 전류의 최대값[A]

**전류의 실효값** $I$는

$$I = \sqrt{{I_0}^2 + \left(\frac{I_m}{\sqrt{2}}\right)^2}$$

$$= \sqrt{3^2 + \left(\frac{2}{\sqrt{2}}\right)^2}$$

$$\fallingdotseq 3.32A$$

참고

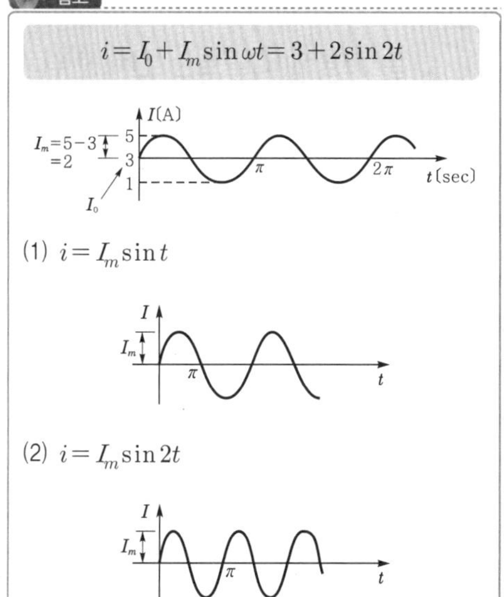


답 ①

08회

★★★

**33** $R_3$에 흐르는 전류는? ($R_1=1\Omega$, $R_2=R_3=2\Omega$, $R_4=3\Omega$)

17회 문 44
13회 문 40
02회 문 43

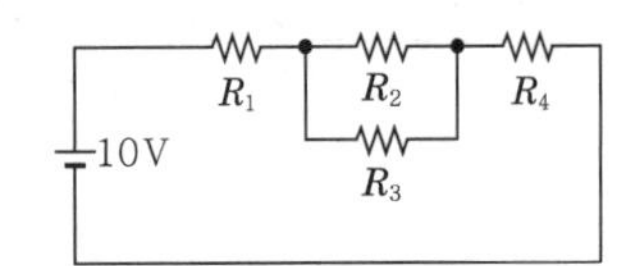


① 0.5A ② 0.75A
③ 1.0A ④ 1.5A

해설 **전체저항** $R$는

$$R=R_1+\frac{R_2\times R_3}{R_2+R_3}+R_4$$

$$=1+\frac{2\times 2}{2+2}+3=5\Omega$$

**전체전류** $I$는

$$I=\frac{V}{R}=\frac{10}{5}=2\text{A}$$

$R_3$에 흐르는 **전류** $I_3$는

$$I_3=\frac{R_2}{R_2+R_3}I$$

$$=\frac{2}{2+2}\times 2=1.0\text{A}$$

답 ③

★★★

**34** 다음 회로에서 흐르는 전체전류($I$)는 몇 A인가?

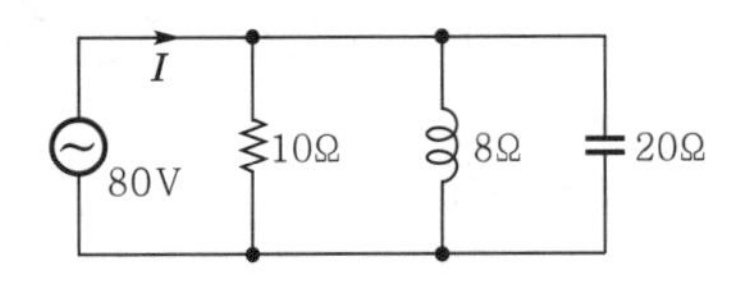


① 20A ② 15A
③ 10A ④ 5A

해설 $RLC$ **병렬회로**

$$I=\sqrt{\left(\frac{1}{R}\right)^2+\left(\frac{1}{X_C}-\frac{1}{X_L}\right)^2}\cdot V\,[\text{A}]$$

여기서, $I$ : 전류[A]
$R$ : 저항[Ω]
$X_C$ : 용량리액턴스[Ω]
$X_L$ : 유도리액턴스[Ω]
$V$ : 전압[V]

**전류** $I$는

$$I=\sqrt{\left(\frac{1}{R}\right)^2+\left(\frac{1}{X_C}-\frac{1}{X_L}\right)^2}\cdot V$$

$$=\sqrt{\left(\frac{1}{10}\right)^2+\left(\frac{1}{20}-\frac{1}{8}\right)^2}\times 80$$

$$=10\text{A}$$

답 ③

★★★

**35** 어떤 코일에 직류 30V를 가했더니 150W가 소비되고, 교류 100V를 가했더니 600W가 소비되었다. 이 코일의 리액턴스는?

① 2Ω ② 4Ω
③ 6Ω ④ 8Ω

해설 **직류**

$$P=\frac{V^2}{R}$$

여기서, $P$ : 직류전력[W]
$V$ : 전압[V]
$R$ : 저항[Ω]

**저항** $R$는

$$R=\frac{V^2}{P}=\frac{30^2}{150}=6\Omega$$

**교류**

$$P=I^2R=\left(\frac{V}{Z}\right)^2R$$

여기서, $P$ : 교류전력[W]
$I$ : 전류[A]
$R$ : 저항[Ω]
$V$ : 전압[V]
$Z$ : 임피던스[Ω]

$$P=\left(\frac{V}{Z}\right)^2R=\frac{V^2}{Z^2}R$$

$$Z^2=\frac{V^2}{P}R$$

$$Z=\frac{V}{\sqrt{P}}\sqrt{R}$$

$$=\frac{100}{\sqrt{600}}\times\sqrt{6}=10\Omega$$

$$Z=\sqrt{R^2+X^2}$$

여기서, $Z$ : 임피던스[Ω]
$R$ : 저항[Ω]
$X$ : 리액턴스[Ω]

$$Z^2=R^2+X^2$$

$Z^2 - R^2 = X^2$

$\sqrt{Z^2 - R^2} = X$

리액턴스 $X$는

$X = \sqrt{Z^2 - R^2} = \sqrt{10^2 - 6^2} = 8\Omega$

답 ④

★★
## 36 반지름 1.5mm, 길이 2km인 도선의 전기저항이 32Ω이다. 이 도선을 지름 6mm, 길이가 500m로 바꾸어 2A를 흘릴 때 1초간 발생하는 열량은?

① 0.96cal ② 1.92cal
③ 2.88cal ④ 3.84cal

$$R = \rho \frac{l}{A} [\Omega]$$

여기서, $R$ : 저항[Ω]
$\rho$ : 고유저항[Ω·m]
$A$ : 도체의 단면적[m²]
$l$ : 도체의 길이[m]

**고유저항** $\rho$는

$\rho = \frac{RA}{l} = \frac{R\pi r^2}{l}$

$= \frac{32 \times \pi \times (1.5 \times 10^{-3})^2}{2 \times 10^3}$

$= 1.13 \times 10^{-7} \Omega \cdot m$

**반지름 6mm의 전기저항** $R$는

$R = \rho \frac{l}{A} = \rho \frac{l}{\pi r^2}$

$= (1.13 \times 10^{-7}) \times \frac{500}{\pi \times (3 \times 10^{-3})^2}$

$≒ 2\Omega$

$$H = 0.24 I^2 Rt \,[\text{cal}]$$

여기서, $H$ : 발열량[cal]
$I$ : 전류[A]
$R$ : 저항[Ω]
$t$ : 시간[s]

**발열량**(열량) $H$는

$H = 0.24 I^2 Rt = 0.24 \times 2^2 \times 2 \times 1 = 1.92\text{cal}$

답 ②

★★
## 37 화학포에 대한 반응생성물로 얻어지는 것이 아닌 것은?

① $CO_2$ ② $H_2O$
③ $Al(OH)_3$ ④ $NaHCO_3$

해설 **화학포 소화약제**의 **화학반응식**

$6NaHCO_3 + Al_2(SO_4)_3 \cdot 18H_2O$
$\rightarrow 6CO_2 + 3Na_2SO_4 + 2Al(OH)_3 + 18H_2O$

④ $NaHCO_3$ : 제1종 분말소화약제

중요

**포 소화약제**
(1) 화학포 소화약제
(2) 공기포(기계포) 소화약제
① 단백포
② 수성막포
③ 내알코올형포
④ 불화단백포
⑤ 합성계면활성제포

※ 최근에는 **공기포 소화약제**만 사용되고 있다.

답 ④

★★★
## 38 분말소화약제의 소화효과가 가장 큰 입자 크기는?

① 20~25μm ② 5~10μm
③ 70~100μm ④ 30~50μm

해설 **미세도**

**20~25μm**의 입자로 미세도의 분포가 골고루 되어 있어야 한다. 보기 ①

※ μm : '**미크론**' 또는 '**마이크로미터**'라고 읽는다.

답 ①

08회

★
## 39 이산화탄소 소화약제에 대한 설명이다. 다음 중 맞지 않는 것은?

18회 문 32
17회 문 35
16회 문 36
11회 문 48
03회 문 45

① 이산화탄소의 가장 큰 효과는 질식효과이며, 약간의 냉각효과가 있다.
② 오염의 영향이 전혀 없다는 장점이 있다.
③ 밀폐상태에서 방출되는 경우 A급 화재에도 사용 가능하다.
④ 산소농도가 34vol%일 때 소화를 위한 이산화탄소 농도는 대개 14vol% 정도이다.

해설 **이산화탄소 소화약제**의 **특징**

(1) 이산화탄소의 가장 큰 효과는 **질식효과**이며, 약간의 **냉각효과**가 있다. 보기 ①

(2) **오염**의 영향이 전혀 **없다**는 장점이 있다. [보기 ②]

(3) 밀폐상태에서 방출되는 경우 **A급 화재**에도 사용 가능하다. [보기 ③]

(4) **산소농도**가 **14vol%**일 때 소화를 위한 **이산화탄소 농도**는 대개 **34vol%** 정도이다. [보기 ④]

④ 34vol% → 14vol%, 14vol% → 34vol%

중요

$$CO_2 = \frac{21 - O_2}{21} \times 100$$

여기서, $CO_2$ : $CO_2$의 농도[%]

$O_2$ : $O_2$의 농도[%]

**$CO_2$ 농도**는

$$CO_2 = \frac{21 - O_2}{21} \times 100 = \frac{21 - 14}{21} \times 100 ≒ 34\%$$

답 ④

★★★

**40 포 소화약제 중 내유염성(耐油染性)이 우수하며 표면하 주입방식을 적용할 수 있는 것은?**

① 단백포 ② 불화단백포

③ 내알코올포 ④ 합성계면활성제포

해설 **표면하 주입방식**(SSI) 적용약제

(1) 불화단백포 [보기 ②]

(2) 수성막포

※ **표면하 주입방식** : 포를 직접 기름 속으로 주입하여 포가 기름 속을 부상하여 유면 위로 퍼지게 하는 방식

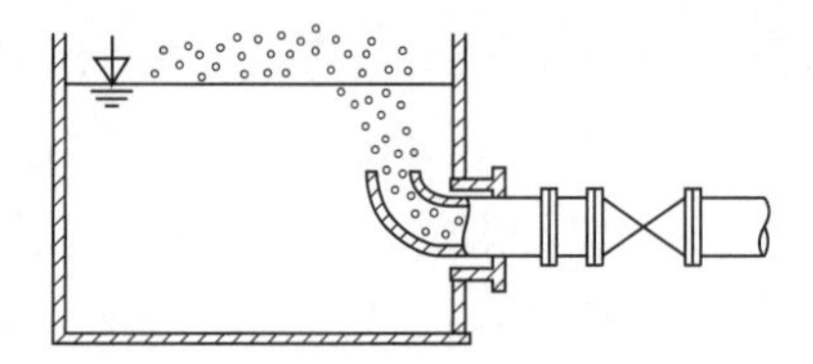

| 표면하 주입방식 |

답 ②

★★

**41 물 소화약제에 대한 설명이다. 다음 중 틀린 것은?**

① 물은 증발잠열이 작아 냉각효과가 우수하다.

② 물은 주로 A급 화재만 사용한다.

③ 사용 후 2차 피해인 수손이 발생한다.

④ 물은 액체에서 수증기로 바뀌면 체적은 1603배 정도 증가한다.

해설 **물 소화약제**의 **특징**

(1) 물은 증발잠열이 커서 **냉각효과**가 우수하다. [보기 ①]

(2) 물은 주로 **A급 화재**만 사용한다. [보기 ②]

(3) 사용 후 2차 피해인 **수손**이 발생한다. [보기 ③]

(4) 물은 액체에서 수증기로 바뀌면 체적은 **1603배** 정도 증가한다. [보기 ④]

① 증발잠열이 작아 → 증발잠열이 커서

답 ①

★★

**42 물이 들어 있는 탱크의 수면으로부터 10m의 길이에 직경 15cm의 노즐이 달려 있다. 이 노즐의 유량계수가 0.9라 할 때 몇 $m^3$/min이 흐르는가?**

17회 문 32
06회 문 43

① 2.4 ② 6.4

③ 8.4 ④ 13.4

해설

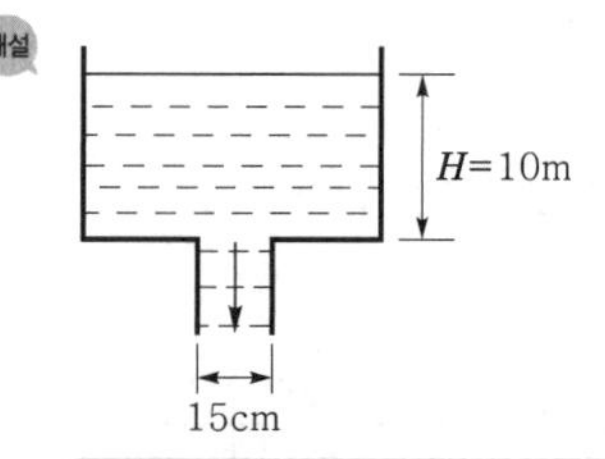


$$V = C\sqrt{2gH}$$

여기서, $V$ : 유속[m/s]

$C$ : 유량계수

$g$ : 중력가속도($9.8m/s^2$)

$H$ : 높이[m]

**유속** $V$는

$$V = C\sqrt{2gH} = 0.9\sqrt{2 \times 9.8m/s^2 \times 10m} = 12.6m/s$$

$$Q = AV = \left(\frac{\pi}{4}D^2\right)V$$

여기서, $Q$ : 유량[$m^3$/s]

$A$ : 단면적[$m^2$]

$V$ : 유속[m/s]

$D$ : 직경[m]

**유량** $Q$는

$$Q=\frac{\pi}{4}D^2V$$
$$=\frac{\pi}{4}\times(15\text{cm})^2\times12.6\text{m/s}$$
$$=\frac{\pi}{4}\times(0.15\text{m})^2\times12.6\text{m/s}$$
$$=0.2226\text{m}^3/\text{s}$$

1min=60s 이므로

$$0.2226\text{m}^3/\text{s}=\frac{0.2226\text{m}^3/\text{s}}{1\text{min}}\times60\text{s}$$
$$\fallingdotseq 13.4\text{m}^3/\text{min}$$

답 ④

★★★

**43** 직경 65mm에서 95mm로 확대되는 배관 속을 물이 $0.03\text{m}^3/\text{s}$의 유량으로 흐르고 있다. 이때 단면확대에 의한 손실수두는 몇 m인가?

① 0.58 ② 0.98
③ 1.18 ④ 1.98

해설

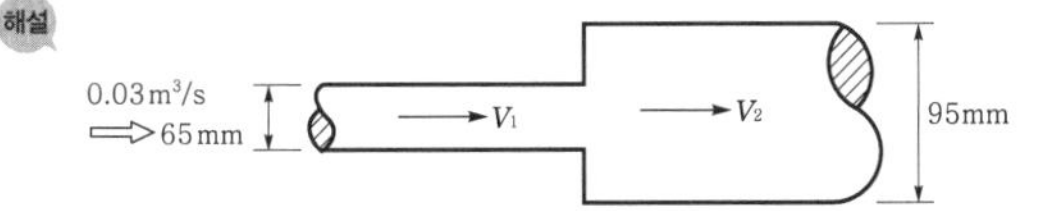


$$Q=AV=\left(\frac{\pi}{4}D^2\right)V$$

여기서, $Q$ : 유량[m³/s]
$A$ : 단면적[m²]
$V$ : 유속[m/s]
$D$ : 직경[m]

$$V_1=\frac{Q}{\frac{\pi}{4}{D_1}^2}=\frac{0.03\text{m}^3/\text{s}}{\frac{\pi}{4}(65\text{mm})^2}$$
$$=\frac{0.03\text{m}^3/\text{s}}{\frac{\pi}{4}(0.065\text{m})^2}$$
$$\fallingdotseq 9.04\text{m/s}$$

$$V_2=\frac{Q}{\frac{\pi}{4}{D_2}^2}=\frac{0.03\text{m}^3/\text{s}}{\frac{\pi}{4}(95\text{mm})^2}$$
$$=\frac{0.03\text{m}^3/\text{s}}{\frac{\pi}{4}(0.095\text{m})^2}$$
$$\fallingdotseq 4.23\text{m/s}$$

**돌연확대관**에서의 **손실**

$$H=K\frac{(V_1-V_2)^2}{2g}$$

여기서, $H$ : 손실수두[m]
$K$ : 손실계수
$V_1$ : 축소관유속[m/s]
$V_2$ : 확대관유속[m/s]
$g$ : 중력가속도(9.8m/s²)

**손실수두** $H$는

$$H=K\frac{(V_1-V_2)^2}{2\text{g}}$$
$$=\frac{(9.04\text{m/s}-4.23\text{m/s})^2}{2\times9.8\text{m/s}^2}$$
$$\fallingdotseq 1.18\text{m}$$

- $K$(손실계수)는 주어지지 않았으므로 **무시**한다.

답 ③

★★★

**44**  18회 문 45 / 15회 문 30

비중 1인 물이 15m/s의 속도로 고정된 평판에 수직으로 작용하고 있다. 이때 관의 지름이 10cm일 때 평판에 작용하는 힘은 몇 N인가?

① 1500 ② 1800
③ 2030 ④ 2330

해설

$$Q=AV=\left(\frac{\pi}{4}D^2\right)V$$

여기서, $Q$ : 유량[m³/s]
$A$ : 단면적[m²]
$V$ : 유속[m/s]
$D$ : 직경[m]

**유량** $Q$는

$$Q=\frac{\pi}{4}D^2V$$
$$=\frac{\pi}{4}\times(10\text{cm})^2\times15\text{m/s}$$
$$=\frac{\pi}{4}\times(0.1\text{m})^2\times15\text{m/s}$$
$$\fallingdotseq 0.12\text{m}^3/\text{s}$$

$$F=\rho QV$$

여기서, $F$ : 힘[N]
$\rho$ : 밀도(물의 밀도 1000N·s²/m⁴)
$Q$ : 유량[m³/s]
$V$ : 유속[m/s]

힘 $F$는

$F = \rho QV$

$= 1000\text{N} \cdot \text{s}^2/\text{m}^4 \times 0.12\text{m}^3/\text{s} \times 15\text{m/s}$

$= 1800\text{N}$

답 ②

★★★

**45 같은 펌프를 다른 회전수로 운전하는 경우에 회전수($N_1$, $N_2$), 토출량($Q_1$, $Q_2$) 양정($H_1$, $H_2$), 축동력($L_1$, $L_2$), 효율($\eta_1$, $\eta_2$)과의 관계를 나타내었다. 다음 중 틀린 것은 어느 것인가?**

① $L_2 = \left(\frac{N_2}{N_1}\right)^2 L_1$

② $H_2 = \left(\frac{N_2}{N_1}\right)^2 H_1$

③ $\eta_2 = \eta_1$

④ $Q_2 = \left(\frac{N_2}{N_1}\right) Q_1$

① $L_2 = \left(\frac{N_2}{N_1}\right)^3 L_1$

중요

**유량, 양정, 축동력**

(1) **유량** 보기 ④

$$Q_2 = Q_1\left(\frac{N_2}{N_1}\right)$$

또는

$$Q_2 = Q_1\left(\frac{N_2}{N_1}\right)\left(\frac{D_2}{D_1}\right)^3$$

여기서, $Q_2$ : 변경 후 유량[m³/min]

$Q_1$ : 변경 전 유량[m³/min]

$N_2$ : 변경 후 회전수[rpm]

$N_1$ : 변경 전 회전수[rpm]

$D_2$ : 변경 후 관경[mm]

$D_1$ : 변경 전 관경[mm]

(2) **양정** 보기 ②

$$H_2 = H_1\left(\frac{N_2}{N_1}\right)^2$$

또는

$$H_2 = H_1\left(\frac{N_2}{N_1}\right)^2\left(\frac{D_2}{D_1}\right)^2$$

여기서, $H_2$ : 변경 후 양정[m]

$H_1$ : 변경 전 양정[m]

$N_2$ : 변경 후 회전수[rpm]

$N_1$ : 변경 전 회전수[rpm]

$D_2$ : 변경 후 관경[mm]

$D_1$ : 변경 전 관경[mm]

(3) **축동력**

$$P_2 = P_1\left(\frac{N_2}{N_1}\right)^3$$

또는

$$P_2 = P_1\left(\frac{N_2}{N_1}\right)^3\left(\frac{D_2}{D_1}\right)^5$$

여기서, $P_2$ : 변경 후 축동력[kW]

$P_1$ : 변경 전 축동력[kW]

$N_2$ : 변경 후 회전수[rpm]

$N_1$ : 변경 전 회전수[rpm]

$D_2$ : 변경 후 관경[mm]

$D_1$ : 변경 전 관경[mm]

답 ①

★★

**46 소방펌프차로 양수를 했을 때 진공계가 420mmHg를 표시했다. 펌프에서 수면까지의 높이는 몇 m인가?**

① 4.9

② 5.7

③ 6.5

④ 7.2

해설

1atm=760mmHg=1.0332kg$_f$/cm$^2$

=10.332mH$_2$O(mAq)

=14.7PSI(lb$_f$/in$^2$)

=101.325kPa(kN/m$^2$)

=1013mbar

$$420\text{mmHg} = \frac{420\text{mmHg}}{760\text{mmHg}} \times 10.332\text{mH}_2\text{O}$$

$$\fallingdotseq 5.7\text{mH}_2\text{O}$$

$$= 5.7\text{m}$$

답 ②

★★★

**47** 소화능력, ODP(오존파괴지수), GWP(지구온난화지수), 독성 등을 종합 판단할 때 HFC계 소화약제 중 가장 우수한 것이지만 가격이 높은 단점을 지닌 할론소화약제 대체약제는?

15회 문 39
14회 문 35
14회 문 39
08회 문122
07회 문 43

① HFC－125(펜타플루오르에탄)
② HFC－23(트리플루오르메탄)
③ HFC－227ea(헵타플루오르프로판)
④ HFC－124(클로로테트라플루오르에탄)

해설 HFC－227ea 보기 ③

소화능력・ODP(오존파괴지수)・GWP(지구온난화지수)・독성 등을 종합 판단할 때 HFC계 소화약제 중 **가장 우수**한 것이지만 **가격**이 **높은 단점**을 지닌 소화약제

중요

**할로겐화합물 및 불활성기체 소화약제**의 **종류**
(NFPC 107A 제4조, NFTC 107A 2.1.1)

| 소화약제 | 상품명 | 화학식 |
|---|---|---|
| 퍼플루오르부탄 (FC-3-1-10) | CEA −410 | $C_4F_{10}$ |
| 트리플루오르메탄 (HFC-23) | FE-13 | $CHF_3$ |
| 펜타플루오르에탄 (HFC-125) | FE-25 | $CHF_2CF_3$ |
| 헵타플루오르프로판 (HFC-227ea) | FM −200 | $CF_3CHFCF_3$ |
| 클로로테트라플루오르에탄 (HCFC-124) | FE −241 | $CHClFCF_3$ |
| 하이드로클로로플루오르카본 혼화제 (HCFC BLEND A) | NAF S −Ⅲ | • HCFC-123($CHCl_2CF_3$) : 4.75%<br>• HCFC-22($CHClF_2$) : 82%<br>• HCFC-124($CHClFCF_3$) : 9.5%<br>• $C_{10}H_{16}$ : 3.75% |
| 불연성・불활성 기체 혼합가스 (IG-541) | Inergen | • $N_2$ : 52%, Ar : 40%,<br>• $CO_2$ : 8% |

답 ③

★★★

**48** 3상 유도전동기의 출력이 5HP, 전압 200V, 효율 85%, 역률 80%일 때 이 전동기에 유입되는 선전류는?

① 10A ② 16A
③ 20A ④ 24A

해설 **3상 전력**

$$P=\sqrt{3}\,V_l I_l \cos\theta\eta$$

여기서, $P$ : 3상 전력〔W〕
$V_l$ : 선간전압〔V〕
$I_l$ : 선전류〔A〕
$\cos\theta$ : 역률
$\eta$ : 효율

• 1HP＝746W
• 1PS＝735W

$5\text{HP}=5\times746=3730\text{W}$

**전류** $I$는

$$I=\frac{P}{\sqrt{3}\,V\cos\theta\eta}=\frac{3730}{\sqrt{3}\times200\times0.8\times0.85}\fallingdotseq16\text{A}$$

비교

**단상 전력**

$$P=VI\cos\theta\,\eta$$

여기서, $P$ : 단상전력〔W〕
$V$ : 전압〔V〕
$I$ : 전류〔A〕
$\cos\theta$ : 역률
$\eta$ : 효율

답 ②

★★★

**49** 온도가 3℃인 $CO_2$ 가스 2.5kg이 체적 0.5m$^3$인 용기에 가득차 있다. 가스압력은 몇 kPa인가?

① 632 ② 520
③ 340 ④ 260

해설

$$PV=\frac{m}{M}RT$$

여기서, $P$ : 기압〔atm〕
$V$ : 방출가스량〔m$^3$〕
$m$ : 질량〔kg〕
$M$ : 분자량($CO_2$ : 44)
$R$ : 0.082atm・m$^3$/kmol・K
$T$ : 절대온도(273＋℃)〔K〕

**가스압력**(기압) $P$는

$$P=\frac{m}{VM}RT$$
$$=\frac{2.5\text{kg}}{0.5\text{m}^3\times 44}\times 0.082\text{atm}\cdot\text{m}^3/\text{kmol}\cdot\text{K}\times(273+3)\text{K}$$
$$\fallingdotseq 2.57\text{atm}$$

1atm=760mmHg=1.0332$kg_f/cm^2$
=10.332$mH_2O$(mAq)
=14.7PSI($lb_f/in^2$)
=101.325kPa($kN/m^2$)
=1013[mbar]

$$2.57\text{atm}=\frac{2.57\text{atm}}{1\text{atm}}\times 101.325\text{kPa}\fallingdotseq 260\text{kPa}$$

답 ④

★★
## 50 할론소화약제를 사용해서는 안 되는 소화대상물은?

① 변압기, Oil switch
② Na, Ti
③ 가솔린, 인화성 연료
④ 액상 인화성 물질

해설 **할론소화약제**의 **사용제한** 소화대상물
(1) **셀룰로오스 질산염** 등과 같은 **자기반응성 물질** 또는 이들의 혼합물
(2) **Na, K, Mg, Ti**(티타늄), **Zr**(지르코늄), **U**(우라늄), **Pu**(플루토늄) 같은 반응성이 큰 금속 보기 ②
(3) **금속**의 **수소화합물**(LiH, NaH, $CaH_2$, $LiAH_4$ 등)
(4) **유기과산화물, 하이드라진**($N_2H_4$)과 같이 스스로 발열분해하는 화학제품

답 ②

# 제 3 과목 소방관련법령

★★★
## 51 예방규정을 정하여야 할 제조소 등으로 틀린 것은?

① 지정수량 10배 이상의 제조소
② 지정수량 200배 이상의 옥외탱크저장소
③ 지정수량 150배 이상의 옥외저장소
④ 지정수량 10배 이상의 일반취급소

해설 **위험물령 제15조**
**예방규정을 정하여야 할 제조소 등**
(1) **10배** 이상의 **제조소·일반취급소** 보기 ① ④
(2) **100배** 이상의 **옥외저장소** 보기 ③
(3) **150배** 이상의 **옥내저장소**
(4) **200배** 이상의 **옥외탱크저장소** 보기 ②
(5) **이송취급소**
(6) **암반탱크저장소**

③ 지정수량 **100배** 이상의 옥외저장소

용어

**예방규정**
제조소 등의 화재예방과 화재 등 재해 발생시의 비상조치를 위한 규정

답 ③

★★
## 52 옥내주유취급소에 있어서 해당 사무소 등의 출입구 및 피난구와 해당 피난구로 통하는 통로·계단 및 출입구에 설치하여야 하는 피난구조설비(피난설비)는?

① 유도등
② 자동식 사이렌설비
③ 제연설비
④ 소화기

해설 **위험물규칙 [별표 17]**
**피난구조설비(피난설비)**
(1) 옥내주유취급소에 있어서는 해당 사무소 등의 출입구 및 피난구와 해당 피난구로 통하는 통로·계단 및 출입구에 **유도등** 설치 보기 ①
(2) 유도등에는 **비상전원 설치**

답 ①

★★★
## 53 특정소방대상물의 분류 중 숙박시설에 해당되는 것은?

① 수녀원 ② 독서실
③ 마을회관 ④ 고시원

해설
① 수녀원 : **문화 및 집회시설, 운동시설**
② 독서실 : **근린생활시설**
③ 마을회관 : **업무시설**
④ 고시원 : **숙박시설**

중요

**숙박시설**(소방시설법 시행령 [별표 2])
(1) 일반형 숙박시설
(2) 생활형 숙박시설
(3) 고시원

답 ④

★★★
**54** 지하가 중 터널로서 길이가 2000m인 곳에 설치해야 할 소화활동설비가 아닌 것은 어느 것인가?

① 비상콘센트설비 ② 연결송수관설비
③ 무선통신보조설비 ④ 연결살수설비

해설 **소방시설법 시행령 [별표 4]**
**지하가 중 터널길이**

| 터널길이 | 설 비 |
|---|---|
| 500m 이상 | • 비상경보설비<br>• 비상콘센트설비 보기 ①<br>• 비상조명등<br>• 무선통신보조설비 보기 ③ |
| 1000m 이상 | • 자동화재탐지설비<br>• 옥내소화전설비<br>• 연결송수관설비 보기 ② |

④ 해당없음

답 ④

★★★
**55** 다음 중 특정소방대상물의 구분 중 그 짝이 잘못된 것은?

18회 문 63
14회 문 67
13회 문 58
12회 문 68
09회 문 73
06회 문 58
05회 문 63
05회 문 69
02회 문 54

① 근린생활시설 – 일반목욕탕
② 업무시설 – 소방서
③ 의료시설 – 의원
④ 위락시설 – 무도학원

해설 ③ 근린생활시설 – 의원

중요

**의료시설**(소방시설법 시행령 [별표 2])

| 구 분 | 종 류 |
|---|---|
| 병원 | • 종합병원<br>• 병원<br>• 치과병원<br>• 한방병원<br>• 요양병원 |
| 격리병원 | • 전염병원<br>• 마약진료소 |
| 정신의료기관 | – |
| 장애인 의료재활시설 | – |

답 ③

★
**56** 한국소방안전원의 업무가 아닌 것은 어느 것인가?

① 소방기술과 안전관리에 관한 교육 및 조사 연구
② 소방기술과 안전관리에 관한 각종 간행물의 발간
③ 소방용품에 대한 검사기술의 조사 연구
④ 화재예방과 안전관리의식의 고취를 위한 대국민 홍보

해설 **기본법 제41조**
**한국소방안전원의 업무**

(1) 소방기술과 안전관리에 관한 **조사·연구** 및 **교육** 보기 ①
(2) 소방기술과 안전관리에 관한 각종 **간행물**의 **발간** 보기 ②
(3) 화재예방과 안전관리의식의 고취를 위한 **대국민 홍보** 보기 ④
(4) 소방업무에 관하여 **행정기관**이 **위탁**하는 **사업**
(5) 소방안전에 관한 **국제협력**
(6) **회원**에 대한 **기술지원** 등 정관이 정하는 사항

③ 한국소방산업기술원의 업무

답 ③

★★★
**57** 상주공사감리를 하여야 할 대상으로서 옳은 것은?

① 16층 이상으로서, 300세대 이상인 아파트에 대한 소방시설의 공사
② 16층 이상으로서, 500세대 이상인 아파트에 대한 소방시설의 공사
③ 지하층을 포함한 16층 이상으로서, 300세대 이상인 아파트에 대한 소방시설의 공사
④ 지하층을 포함한 16층 이상으로서, 500세대 이상인 아파트에 대한 소방시설의 공사

해설 **공사업령 [별표 3]**
**소방공사감리 대상**

| 종 류 | 대 상 |
|---|---|
| 상주공사감리 | • 연면적 **30000m²** 이상<br>• **16층** 이상(지하층 포함)이고, **500세대** 이상인 **아파트** 보기 ④ |
| 일반공사감리 | • 기타 |

답 ④

★★
**58** 소방용수시설·소화기구 및 설비 등의 설치명령을 위반한 사람에 대한 과태료 처분기준으로 옳은 것은?

① 1회 위반시 : 30만원
② 2회 위반시 : 100만원
③ 3회 위반시 : 150만원
④ 4회 위반시 : 200만원

해설 화재예방법 시행령 [별표 9]
소방설비 설치명령 위반시의 과태료

| 위반사항 | 과태료 |
|---|---|
| 1차 위반 | 200만원 보기 ④ |
| 2차 위반 | |
| 3차 이상 위반 보기 ④ | |

답 ④

★★★
## 59 다음 중 특수가연물에 해당되지 않는 것은 어느 것인가?

21회 문 53
17회 문 54
15회 문 53
14회 문 52
11회 문 54
10회 문 04
08회 문 71

① 나무껍질 500kg
② 가연성 고체류 2000kg
③ 목재가공품 $15m^3$
④ 가연성 액체류 $3m^3$

해설 화재예방법 시행령 [별표 2]
특수가연물

| 품 명 | | 수 량 |
|---|---|---|
| 가연성 액체류 보기 ④ | | $2m^3$ 이상 |
| 목재가공품 및 나무부스러기 보기 ③ | | $10m^3$ 이상 |
| 면화류 | | 200kg 이상 |
| 나무껍질 및 대팻밥 보기 ① | | 400kg 이상 |
| 넝마 및 종이부스러기 | | 1000kg 이상 |
| 사류(絲類) | | |
| 볏짚류 | | |
| 가연성 고체류 보기 ② | | 3000kg 이상 |
| 고무류·플라스틱류 | 발포시킨 것 | $20m^3$ 이상 |
| | 그 밖의 것 | 3000kg 이상 |
| 석탄·목탄류 | | 10000kg 이상 |

② 가연성 고체류 3000kg 이상

※ **특수가연물**: 화재가 발생하면 그 확대가 빠른 물품

기억법
가액목면나 넝사볏가고 고석
2 124 1 3 31

답 ②

★★★
## 60 다음 중 소방시설관리업자에게 연 1회 이상 종합점검을 받아야 하는 대상으로 맞는 것은?

① 연면적 $5000m^2$ 이상 특정소방대상물
② 연면적 $10000m^2$ 이상 특정소방대상물
③ 연면적 $5000m^2$ 이상이고, 층수가 10층 이상인 아파트
④ 스프링클러설비가 설치된 특정소방대상물

해설 소방시설법 시행규칙 [별표 3]
소방시설 등 자체점검의 점검대상, 점검자의 자격, 점검횟수 및 시기

‖ 종합점검 ‖

| 구 분 | 설 명 |
|---|---|
| 점검대상 | ① 소방시설 등이 신설된 경우에 해당하는 특정소방대상물<br>② **스프링클러설비**가 설치된 특정소방대상물<br>③ **물분무등소화설비**(호스릴 방식의 물분무등소화설비만을 설치한 경우는 제외)가 설치된 연면적 **$5000m^2$** 이상인 특정소방대상물(위험물 제조소 등 제외)<br>④ 다중이용업의 영업장이 설치된 특정소방대상물로서 연면적이 **$2000m^2$** 이상인 것<br>⑤ **제연설비**가 설치된 터널<br>⑥ **공공기관** 중 연면적(터널·지하구의 경우 그 길이와 평균폭을 곱하여 계산된 값)이 **$1000m^2$** 이상인 것으로서 옥내소화전설비 또는 자동화재탐지설비가 설치된 것(단, 소방대가 근무하는 공공기관 제외) |
| 점검자의 자격(주된 인력) | ⑦ 소방시설관리업에 등록된 기술인력 중 **소방시설관리사**<br>⑧ 소방안전관리자로 선임된 **소방시설관리사** 또는 **소방기술사** |
| 점검횟수 및 점검시기 | ⑨ 점검횟수<br>㉠ 연 1회 이상(특급 소방안전관리대상물은 반기에 1회 이상) 실시<br>㉡ ㉠에도 불구하고 소방본부장 또는 소방서장은 소방청장이 소방안전관리가 우수하다고 인정한 특정소방대상물에 대해서는 3년의 범위에서 소방청장이 고시하거나 정한 기간 동안 종합점검을 면제할 수 있다(단, 면제기간 중 화재가 발생한 경우는 제외).<br>⑩ 점검시기<br>㉠ ①에 해당하는 특정소방대상물은 건축물을 사용할 수 있게 된 날부터 60일 이내 실시 |

| 구 분 | 설 명 |
|---|---|
| 점검횟수 및 점검시기 | ㉡ ㉠을 제외한 특정소방대상물은 건축물의 사용승인일이 속하는 달에 실시(단, 학교의 경우 해당 건축물의 사용승인일이 1월에서 6월 사이에 있는 경우에는 6월 30일까지 실시할 수 있다)<br>㉢ 건축물 사용승인일 이후 ③에 따라 종합점검대상에 해당하게 된 경우에는 그 다음 해부터 실시<br>㉣ 하나의 대지경계선 안에 2개 이상의 자체점검대상 건축물 등이 있는 경우 그 건축물 중 사용승인일이 가장 빠른 연도의 건축물의 사용승인일을 기준으로 점검할 수 있다. |

답 ④

★★★

## 61 소방활동구역의 출입자로서 대통령령이 정하는 자에 속하지 않는 사람은?

① 의사·간호사, 그 밖의 구조 구급업무에 종사하는 자
② 소방활동구역 밖에 있는 소방대상물의 소유자·관리자 또는 점유자
③ 취재인력 등 보도업무에 종사하는 자
④ 수사업무에 종사하는 자

해설 **기본령 제8조**
**소방활동구역 출입자**
(1) 소방활동구역 안에 있는 **소유자·관리자** 또는 **점유자**
(2) **전기·가스·수도·통신·교통**의 업무에 종사하는 자로서 원활한 **소방활동**을 위하여 필요한 자
(3) **의사·간호사,** 그 밖의 구조·구급업무에 종사하는 자 보기 ①
(4) **취재인력** 등 보도업무에 종사하는 자 보기 ③
(5) **수사업무**에 종사하는 자 보기 ④
(6) **소방대장**이 소방활동을 위하여 **출입**을 **허가**한 자

② 소방활동구역 **안**에 있는 소방대상물의 소유자·관리자 또는 점유자

※ **소방활동구역**: 화재, 재난·재해, 그 밖의 위급한 상황이 발생한 현장에 정하는 구역

답 ②

★

## 62 다음 중 판매할 수 있는 소방용품은?

① 형식승인을 신청한 소방용품
② 사전제품검사를 받은 소방용품
③ 형상 등을 임의로 변경하였으나 그 성능에는 이상이 없는 소방용품
④ 사후제품검사에 불합격하였으나 성능시험 결과 그 성능에는 이상이 없는 소방용품

해설 **소방시설법 제37조 제⑥항**
**사용·판매금지 소방용품**
(1) **형식승인**을 받지 아니한 것 보기 ①
(2) **형상** 등을 임의로 변경한 것 보기 ③
(3) **제품검사**를 받지 아니하거나 **합격 표시**를 하지 아니한 것 보기 ④

답 ②

★★★

## 63 전문소방시설공사업에서 주된 기술인력으로 소방설비기사 자격자는 기계분야와 전기분야로 구분하여 각각 몇 명 이상이어야 하는가?

① 기계분야 : 1명 이상, 전기분야 : 1명 이상
② 기계분야 : 2명 이상, 전기분야 : 1명 이상
③ 기계분야 : 2명 이상, 전기분야 : 2명 이상
④ 기계분야 : 3명 이상, 전기분야 : 3명 이상

해설 **공사업령 [별표 1]**
**소방시설공사업**

| 구분 | 전문 | 일반 |
|---|---|---|
| 기술인력 | • 주된 기술인력 : 소방기술사 또는 기계·전기분야 소방기사 각 **1명**(기계·전기분야 함께 취득한 사람 1명) 이상 보기 ①<br>• 보조 기술인력 : **2명** 이상 | • 주된 기술인력 : 소방기술사 또는 소방설비기사 **1명** 이상<br>• 보조 기술인력 : **1명** 이상 |
| 자본금 | • 법인 : **1억원** 이상<br>• 개인 : **1억원** 이상 | • 법인 : **1억원** 이상<br>• 개인 : **1억원** 이상 |
| 영업범위 | • 특정소방대상물 | • 연면적 $10000m^2$ 미만<br>• 위험물제조소 등 |

답 ①

★★★
## 64 다음 시설 중 하자보수의 보증기간이 틀린 것은?

18회 문 59 / 14회 문 57 / 10회 문 61 / 09회 문 57 / 06회 문 73 / 03회 문 74

① 유도등 ② 유도표지
③ 비상조명등 ④ 스프링클러설비

해설 **공사업령 제6조**
**소방시설공사의 하자보수 보증기간**

| 보증기간 | 소방시설 |
|---|---|
| 2년 | ① **유**도등 · **유**도표지 · **피**난기구 보기 ①② <br> ② **비**상**조**명등(보기 ③) · 비상**경**보설비 · 비상**방**송설비 <br> ③ **무**선통신보조설비 |
| 3년 | ① 자동소화장치 <br> ② 옥내 · 외소화전설비 <br> ③ 스프링클러설비(보기 ④) · 간이스프링클러설비 <br> ④ 물분무등소화설비 · 상수도소화용수설비 <br> ⑤ 자동화재탐지설비 · 소화활동설비(무선통신보조설비 제외) |

기억법 유비조경방무피2(유비조경방무피투)

답 ④

★★
## 65 소방시설관리사 자격의 결격사유가 아닌 것은?

① 피성년후견인
② 자격취소 후 2년이 지나지 아니한 사람
③ 파산 선고를 받은 자로 복권된 사람
④ 형의 집행유예를 받고 그 기간 중에 있는 사람

해설 **소방시설법 제27조**
**소방시설관리사의 결격사유**

(1) 피성년후견인 보기 ①
(2) 금고 이상의 실형을 선고받고 그 집행이 끝나거나(집행이 끝난 것으로 보는 경우 포함) 집행이 면제된 날부터 **2년**이 지나지 아니한 사람 보기 ②
(3) 금고 이상의 형의 집행유예를 선고받고 그 **유예기간** 중에 있는 사람 보기 ④
(4) 자격취소 후 **2년**이 지나지 아니한 사람

답 ③

★★★
## 66 다음 중 저수조의 설치기준으로 옳지 않은 것은?

16회 문 51 / 10회 문 57

① 지면으로부터의 낙차가 4.5m 이하일 것
② 흡수부분의 수심이 0.5m 이상일 것
③ 흡수관의 투입구가 사각형인 경우에는 한 변의 길이가 60cm 이하일 것
④ 저수조에 물을 공급하는 방법은 상수도에 연결하여 자동으로 급수되는 구조일 것

해설 **기본규칙 [별표 3]**
**소방용수시설의 저수조의 설치기준**

(1) 낙차 : **4.5m** 이하 보기 ①
(2) 수심 : **0.5m** 이상 보기 ②
(3) 투입구의 길이 또는 지름 : **60cm** 이상 보기 ③
(4) 소방펌프자동차가 **쉽게 접근**할 수 있도록 할 것
(5) 흡수에 지장이 없도록 **토사** 및 **쓰레기** 등을 제거할 수 있는 설비를 갖출 것
(6) 저수조에 물을 공급하는 방법은 **상수도**에 연결하여 **자동**으로 **급수**되는 구조일 것 보기 ④

③ 흡수관의 투입구가 사각형인 경우에는 한 변의 길이가 60cm 이상일 것

답 ③

★★
## 67 일반 소방시설설계업의 기계분야의 영업범위는 연면적 몇 $m^2$ 미만의 특정소방대상물에 대한 소방시설의 설계인가?

① 10000 ② 20000
③ 30000 ④ 50000

해설 **공사업령 [별표 1]**
**소방시설설계업**

| 구분 | 전문 | 일반 |
|---|---|---|
| 기술인력 | • 주된 기술인력 : 소방기술사 **1명** 이상 <br> • 보조 기술인력 : **1명** 이상 | • 주된 기술인력 : 소방기술사 또는 소방설비기사 **1명** 이상 <br> • 보조 기술인력 : **1명** 이상 |
| 영업범위 | • 모든 특정소방대상물 | • **아파트**(기계분야 제연설비 제외) <br> • 연면적 **30000m²**(공장 **10000m²**) 미만(기계분야 제연설비 제외) 보기 ③ <br> • **위험물제조소** 등 |

답 ③

★★

## 68 다음 중 소방시설업 등에 관한 사항으로 옳은 것은?

18회 문 58
09회 문 52
06회 문 57

① 소방시설업의 영업정지시 그 이용자에게 심한 불편을 줄 때에는 영업정지 처분에 갈음하여 2억원 이하의 과징금을 부과할 수 있다.

② 소방시설의 시공과 감리는 동일인이 수행할 수 있다.

③ 소방시설업은 어떠한 경우에도 지위를 승계할 수 없다.

④ 소방시설업자는 소방시설업의 등록증 또는 등록수첩을 1회에 한하여 다른 자에게 빌려줄 수 있다.

해설 **소방시설업 등에 관한 사항**(공사업법 제7~24조)

(1) 소방시설업의 영업정지시 그 이용자에게 심한 불편을 줄 때에는 영업정지 처분에 갈음하여 **2억원** 이하의 **과징금**을 부과할 수 있다(공사업법 제10조). 보기 ①

(2) 소방시설의 시공과 **감리**는 **동일인**이 수행할 수 없다(공사업법 제24조).

(3) 소방시설업은 **사망ㆍ양도ㆍ합병** 등의 경우에는 **지위**를 **승계**할 수 있다(공사업법 제7조).

(4) 소방시설업자는 다른 자에게 자기의 성명이나 상호를 사용하여 소방시설공사 등을 수급 또는 시공하게 하거나 소방시설업의 **등록증** 또는 **등록수첩**을 다른 자에게 빌려 줄 수 없다(공사업법 제8조).

답 ①

★★

## 69 소방안전관리자 또는 권원별 소방안전관리자를 선임할 때 소방안전관리자 선임신고서에 첨부할 서류에 해당하지 않는 것은?

① 소방안전관리자 자격증

② 소방안전관리대상물의 소방안전관리에 관한 업무를 감독할 수 있는 직위에 있는 자임을 증명하는 서류 및 소방안전관리 업무의 대행 계약서 사본(소방안전관리대상물의 관계인이 소방안전관리 업무를 대행하게 하는 경우만 해당) 1부

③ 소방안전관리학과를 졸업한 경우 졸업증명서

④ 소방안전관리대상물의 소방안전관리자를 겸임할 수 있는 서류 또는 선임사항이 기록된 자격수첩

해설 **화재예방법 시행규칙 제14조 제⑤항**
**소방안전관리자 선임신고시 첨부서류**

(1) 소방안전관리자 자격증 보기 ①

(2) 소방안전관리대상물의 소방안전관리에 관한 업무를 감독할 수 있는 직위에 있는 자임을 증명하는 서류 및 소방안전관리 업무의 대행 계약서 사본(소방안전관리대상물의 관계인이 소방안전관리 업무를 대행하게 하는 경우만 해당) 1부 보기 ②

(3) 「기업활동 규제완화에 관한 특별조치법」에 따라 해당 소방안전관리대상물의 소방안전관리자를 겸임할 수 있는 서류 또는 선임사항이 기록된 자격수첩 보기 ④

답 ③

★★★

## 70 소방시설공사업법령상 소방시설공사 완공검사를 위한 현장확인대상 특정소방대상물의 범위가 아닌 것은?

① 위락시설 ② 판매시설
③ 운동시설 ④ 창고시설

해설 **공사업령 제5조**
**완공검사를 위한 현장확인 대상 특정소방대상물**

(1) 수련시설
(2) 노유자시설
(3) 문화 및 집회시설, 운동시설
(4) 종교시설
(5) 판매시설
(6) 숙박시설
(7) 창고시설
(8) 지하상가
(9) 다중이용업소
(10) 다음에 해당하는 설비가 설치되는 특정소방대상물
① **스프링클러설비** 등
② **물분무등소화설비**(호스릴방식 제외)
(11) 연면적 **10000$m^2$** 이상이거나 **11층** 이상인 특정소방대상물(아파트 제외)
(12) 가연성가스를 제조ㆍ저장 또는 취급하는 시설 중 지상에 노출된 가연성 가스탱크의 저장용량 합계가 **1000t** 이상인 시설

기억법 **문종판 노수운 숙창상현**

답 ①

★★★

## 71 특수가연물을 쌓아 저장하는 기준이 아닌 것은?

17회 문 54
15회 문 53
14회 문 52
11회 문 54

① 물질별로 구분하여 쌓을 것

② 쌓는 높이는 10m 이하가 되도록 할 것

③ 쌓는 부분의 바닥면적은 50$m^2$ 이하가 되도록 할 것

④ 쌓는 부분의 바닥면적 사이는 1m 이상이 되도록 할 것

해설 **화재예방법 시행령 [별표 3]**
**특수가연물의 저장 및 취급의 기준**
(1) 특수가연물을 저장 또는 취급하는 장소에는 품명·최대수량 및 화기취급의 금지표지를 설치할 것
(2) 쌓아 저장하는 기준(단, 석탄·목탄류를 발전용으로 저장하는 것 제외)
① 품명별로 구분하여 쌓을 것 **보기 ①**
② 쌓는 높이는 **10m** 이하가 되도록 하고, 쌓는 부분의 바닥면적은 **50m²**(석탄·목탄류는 **200m²**) 이하가 되도록 할 것[단, 살수설비를 설치하거나, 방사능력 범위에 해당 특수가연물이 포함되도록 대형 수동식 소화기를 설치하는 경우에는 쌓는 높이를 **15m** 이하, 쌓는 부분의 바닥면적을 **200m²**(석탄·목탄류는 **300m²**) 이하로 할 수 있다]. **보기 ②③**
③ 쌓는 부분의 바닥면적 사이는 실내의 경우 **1.2m** 또는 **쌓는 높이**의 **1/2** 중 **큰 값**(실외 **3m** 또는 **쌓는 높이** 중 **큰 값**) 이상으로 간격을 둘 것

답 ④

★★
## 72 전문소방시설설계업을 등록하고자 할 때 주된 기술인력에 대한 기준에 맞는 것은?

① 기계분야 또는 전기분야 소방설비기사 자격자 1명 이상
② 기계분야 소방설비기사 자격자 1명 이상과 전기분야 소방설비산업기사 자격자 1명 이상
③ 기계분야와 전기분야를 겸하여 취득한 경우에는 겸하여 취득한 소방설비기사 자격자 1명 이상
④ 소방기술사 1명 이상

해설 **공사업령 [별표 1]**
**소방시설설계업**

| 구분 | 전문 | 일반 |
|---|---|---|
| 기술인력 | • 주된 기술인력 : 소방기술사 **1명** 이상 **보기 ④**<br>• 보조 기술인력 : **1명** 이상 | • 주된 기술인력 : 소방기술사 또는 소방설비기사 **1명** 이상<br>• 보조 기술인력 : **1명** 이상 |
| 영업범위 | • 모든 특정소방대상물 | • **아파트**(기계분야 제연설비 제외)<br>• 연면적 **30000m²**(공장 **10000m²**) 미만(기계분야 제연설비 제외)<br>• **위험물제조소** 등 |

※ 전문소방시설설계업 주된 기술인력 : 소방기술사 1명 이상

답 ④

★★
## 73 위험물 옥내저장소에 6류 위험물을 저장할 경우 하나의 저장창고 바닥면적은 몇 $m^2$ 이하로 하여야 하는가?

19회 문 98
05회 문 84

① 300 ② 500
③ 600 ④ 1000

해설 **위험물규칙 [별표 5] 제6호**
**옥내저장소의 하나의 저장창고 바닥면적 1000m² 이하**
**보기 ④**

| 유 별 | 품 명 |
|---|---|
| 제1류 위험물 | • 아염소산염류<br>• 염소산염류<br>• 과염소산염류<br>• 무기과산화물<br>• 지정수량 **50kg**인 위험물 |
| 제3류 위험물 | • 칼륨<br>• 나트륨<br>• 알킬알루미늄<br>• 알킬리튬<br>• 황린<br>• 지정수량 **10kg**인 위험물 |
| 제4류 위험물 | • 특수인화물<br>• 제1석유류<br>• 알코올류 |
| 제5류 위험물 | • 유기과산화물<br>• 질산에스터류<br>• 지정수량 **10kg**인 위험물 |
| 제6류 위험물 | • 전부 |

답 ④

★
## 74 건축허가 등의 동의요구시 동의요구서에 첨부하여야 할 서류가 아닌 것은?

① 건축허가신청서 및 건축허가서
② 설계도서 및 소방시설 설치계획표
③ 소방시설설계업 등록증
④ 소방시설공사업 등록증

해설 **소방시설법 시행규칙 제3조**
**건축허가 동의시 첨부서류**
(1) 건축허가신청서 및 건축허가서 사본 **보기 ①**
(2) 설계도서 및 소방시설 설치계획표 **보기 ②**
(3) 임시소방시설 설치계획서(설치시기·위치·종류·방법 등 임시소방시설의 설치와 관련한 세부사항 포함)

(4) 소방시설설계업 등록증과 소방시설을 설계한 기술인력의 기술자격증 사본 **보기 ③**
(5) 건축·대수선·용도변경신고서 사본
(6) 건축물의 단면도 및 주단면 상세도
(7) 소방시설의 층별 평면도 및 층별 계통도
(8) 창호도

※ 건축허가 등의 동의권자: **소방본부장·소방서장**

답 ④

★★★
## 75 스프링클러설비를 설치하여야 하는 특정소방대상물로서 틀린 것은?

① 복합건축물 또는 교육연구시설 내에 있는 학생수용을 위한 기숙사로서 연면적 $5000m^2$ 이상인 경우에는 전층
② 층수가 6층 이상인 특정소방대상물의 경우에는 전층
③ 정신의료기관 및 숙박시설이 있는 수련시설로서 연면적 $500m^2$ 이상인 경우에는 전층
④ 지하가로서 연면적 $1000m^2$ 이상인 것

해설 **소방시설법 시행령 [별표 4]**
**스프링클러설비의 설치대상**

| 설치대상 | 조 건 |
|---|---|
| ① 문화 및 집회시설(동·식물원 제외)<br>② 종교시설(주요구조부가 목조인 것 제외)<br>③ 운동시설[물놀이형 시설, 바닥(불연재료), 관람석 없는 운동시설 제외] | • 수용인원 – **100명** 이상<br>• 영화상영관 – 지하층·무창층 **500m²**(기타 **1000m²**)<br>• 무대부<br>① 지하층·무창층·4층 이상 **300m²** 이상<br>② 1~3층 **500m²** 이상 |
| ④ 판매시설<br>⑤ 운수시설<br>⑥ 물류터미널 | • 수용인원 **500명** 이상<br>• 바닥면적 합계 **5000m²** 이상 |
| ⑦ 조산원, 산후조리원<br>⑧ 정신의료기관<br>⑨ 종합병원, 병원, 치과병원, 한방병원 및 요양병원<br>⑩ 노유자시설<br>⑪ 수련시설(숙박 가능한 곳)<br>⑫ 숙박시설 | • 바닥면적 합계 **600m²** 이상 |
| ⑬ 지하가(터널 제외) | • 연면적 **1000m²** 이상 |
| ⑭ 지하층·무창층(축사 제외)<br>⑮ 4층 이상 | • 바닥면적 **1000m²** 이상 |
| ⑯ 10m 넘는 랙식 창고 | • 바닥면적 합계 **1500m²** 이상 |
| ⑰ 창고시설(물류터미널 제외) | • 바닥면적 합계 **5000m²** 이상 |
| ⑱ 기숙사<br>⑲ 복합건축물 | • 연면적 **5000m²** 이상 |
| ⑳ 6층 이상 | 모든 층 |
| ㉑ 공장 또는 창고시설 | • 특수가연물 저장·취급 – 지정수량 **1000배** 이상<br>• 중·저준위 방사성 폐기물의 저장시설 중 소화수를 수집·처리하는 설비가 있는 저장시설 |
| ㉒ 지붕 또는 외벽이 불연재료가 아니거나 내화구조가 아닌 공장 또는 창고시설 | • 물류터미널(⑥에 해당하지 않는 것)<br>① 바닥면적 합계 **2500m²** 이상<br>② 수용인원 **250명**<br>• 창고시설(물류터미널 제외) – 바닥면적 합계 **2500m²** 이상<br>• 지하층·무창층·4층 이상(⑭·⑮에 해당하지 않는 것) – 바닥면적 **500m²** 이상<br>• 랙식 창고(⑯에 해당하지 않는 것) – 바닥면적 합계 **750m²** 이상<br>• 특수가연물 저장·취급(㉑에 해당하지 않는 것) – 지정수량 **500배** 이상 |
| ㉓ 교정 및 군사시설 | • 보호감호소, 교도소, 구치소 및 그 지소, 보호관찰소, 갱생보호시설, 치료감호시설, 소년원 및 소년분류심사원의 수용시설<br>• 보호시설(외국인보호소는 보호대상자의 생활공간으로 한정)<br>• 유치장 |
| ㉔ 발전시설 | • 전기저장시설 |

③ 정신의료기관 및 숙박시설이 있는 수련시설로서 바닥면적 합계 **600m²** 이상인 경우에는 전층

답 ③

## 제 4 과목 위험물의 성질·상태 및 시설기준

★★★
**76** **위험물기능사가 취급할 수 있는 위험물의 종류로 옳은 것은?**

① 제1·3류 위험물
② 제1~4류 위험물
③ 제1~6류 위험물
④ 국가기술자격증에 기재된 유(類)의 위험물

해설 **위험물령 [별표 5]**
**위험물 취급자격자의 자격**

| 구 분 | 취급위험물 |
|---|---|
| 위험물기능장 | 모든 위험물 (제1류~제6류 위험물) 보기 ③ |
| 위험물산업기사 | |
| 위험물기능사 | |
| 안전관리자 교육이수자 | 제4류 위험물 |
| 소방공무원 경력자(**3년** 이상) | |

답 ③

★★★
**77** **위험물제조소의 옥외에 있는 액체위험물을 취급하는 1000L 1기 및 500L 2기의 용량인 탱크 주위에 설치하여야 하는 방유제의 최소 기준용량은?**

① 500L　　② 600L
③ 700L　　④ 800L

해설 **위험물규칙 [별표 4]**
**위험물제조소 방유제용량**
=탱크최대용량×0.5+기타 탱크용량의 합×0.1
$=1000L\times0.5+(500+500)L\times0.1=600L$

참고

**위험물제조소 방유제의 용량**(위험물규칙 [별표 4] Ⅸ)

| 1개의 탱크 | 2개 이상의 탱크 |
|---|---|
| 방유제용량=탱크용량×0.5 | 방유제용량=탱크최대용량×0.5+기타 탱크용량의 합×0.1 |

답 ②

★★★
**78** **위험물제조소별 주의사항으로 옳지 않은 것은?**

① 적린－화기주의
② 인화성 고체－화기주의
③ 크레오소트유－화기엄금
④ 아조화합물－화기엄금

해설 **위험물규칙 [별표 5]**

① 제2류(적린)－화기주의
② 제2류(인화성 고체)－화기엄금
③ 제4류(크레오소트유)－화기엄금
④ 제5류(아조화합물)－화기엄금

참고

**제조소의 게시판 주의사항**(위험물규칙 [별표 4])

| 위험물 | | 주의사항 |
|---|---|---|
| 제1류 위험물 | 알칼리금속의 과산화물 | • 물기엄금 |
| | 기타 | • 별도의 표시를 하지 않는다. |
| 제2류 위험물 | 인화성 고체 | • 화기엄금 |
| | 기타 | • 화기주의 |
| 제3류 위험물 | 자연발화성 물질 | • 화기엄금 |
| | 금수성 물질 | • 물기엄금 |
| 제4류 위험물 | | • 화기엄금 |
| 제5류 위험물 | | |
| 제6류 위험물 | | • 별도의 표시를 하지 않는다. |

답 ②

★★
**79** **다음 중 제6류 위험물의 공통성질이 아닌 것은?**

17회 문 86
16회 문 82
15회 문 82
14회 문 85
13회 문 87
09회 문 24
05회 문 80

① 비중이 1보다 작으며 물에 녹지 않는다.
② 산화성 물질로 다른 물질을 산화시킨다.
③ 자신들은 모두 불연성 물질이다.
④ 대부분 분해하며 유독성 가스를 발생하여 부식성이 강하다.

해설 **제6류 위험물의 공통성질**

(1) 비중이 **1보다 크며** 물에 잘 녹는다. 보기 ①
(2) **산화성 물질**로 다른 물질을 산화시킨다. 보기 ②
(3) 자신들은 모두 **불연성 물질**이다. 보기 ③
(4) 대부분 분해하며 **유독성 가스**를 발생하여 **부식성**이 강하다. 보기 ④

① 녹지 않는다. → 잘 녹는다.

답 ①

★★★
**80** **제1류 위험물로서 그 성질이 산화성 고체인 것은?**

19회 문 81
15회 문 76
13회 문 68
10회 문 78
05회 문 54
02회 문 62

① 셀룰로이드　　② 금속분
③ 아염소산염류　　④ 과염소산

해설 **위험물령 [별표 1]**
**위험물**

| 유 별 | 성 질 | 품 명 |
|---|---|---|
| 제1류 | 산화성 고체 | • 아염소산염류(아염소산칼륨) 보기 ③<br>• 염소산염류<br>• 과염소산염류<br>• 질산염류<br>• 무기과산화물<br>기억법 1산고(일산GO) |
| 제2류 | 가연성 고체 | • 황화인<br>• 적린<br>• 황<br>• 마그네슘<br>기억법 2황화적황마 |
| 제3류 | 자연발화성 물질 및 금수성 물질 | • 황린<br>• 칼륨<br>• 나트륨<br>• 알킬리튬<br>기억법 3황칼나트 |
| 제4류 | 인화성 액체 | • 특수인화물<br>• 알코올류<br>• 석유류<br>• 동식물유류 |
| 제5류 | 자기반응성 물질 | • 셀룰로이드<br>• 유기과산화물<br>• 질산에스터류 |
| 제6류 | 산화성 액체 | • 과염소산<br>• 과산화수소(농도 36중량퍼센트 이상)<br>• 질산(비중 1.49 이상)<br>기억법 6산액과염산질 |

답 ③

★

**81** LP가스의 공기에 대한 비중은 약 몇 배인가?

① 1.0~1.5배 ② 1.5~2.0배
③ 2.0~2.5배 ④ 2.5~3.0배

해설 **LP가스**(LPG)

| 주성분 | 증기비중 |
|---|---|
| 프로판($C_3H_8$) | 1.517 |
| 부탄($C_4H_{10}$) | 2 |

∴ LP가스의 증기비중은 약 **1.5~2배**가 된다.

답 ②

★★★

**82** 위험물제조소 등에 설치하는 경보설비의 종류가 아닌 것은?

16회 문 90

① 자동화재탐지설비
② 비상경보설비
③ 옥내탱크설비
④ 확성장치

해설 **위험물규칙 [별표 17]**
**위험물제조소의 경보설비**

(1) 자동화재**탐**지설비 보기 ①
(2) 비상**경**보설비 보기 ②
(3) 비상**방**송설비
(4) **확**성장치 보기 ④

③ 해당없음

기억법 경탐방확(경탐 정탐 방화)

답 ③

★★★

**83** 위험물로서 제1석유류에 속하는 것은?

① 이황화탄소 ② 휘발유
③ 다이에틸에터 ④ 파라크실렌

해설 **위험물령 [별표 1]**
**제4류 위험물**

| 성질 | 품 명 | | 지정수량 | 대표물질 |
|---|---|---|---|---|
| 인화성 액체 | 특수인화물 | | 50L | • 다이에틸에터<br>• 이황화탄소<br>• 산화프로필렌<br>• 아세트알데하이드 |
| | 제1 석유류 | 비수용성 | 200L | • 휘발유 보기 ②<br>• 콜로디온 |
| | | 수용성 | 400L | • 아세톤 |
| | 알코올류 | | 400L | • 변성 알코올 |
| | 제2 석유류 | 비수용성 | 1000L | • 등유<br>• 경유 |
| | | 수용성 | 2000L | • 아세트산 |
| | 제3 석유류 | 비수용성 | 2000L | • 중유<br>• 크레오소트유 |
| | | 수용성 | 4000L | • 글리세린 |
| | 제4석유류 | | 6000L | • 기어유<br>• 실린더유 |
| | 동식물유류 | | 10000L | • 아마인유 |

답 ②

★★★
## 84 소화난이도 등급 Ⅲ의 지하탱크저장소에 설치하여야 할 설비는?

① 대형 소화기 1개 이상
② 대형 소화기 2개 이상
③ 능력단위의 수치가 3단위 이상인 소형 수동식 소화기 2개 이상
④ 능력단위의 수치가 3단위 이상인 소형 수동식 소화기 3개 이상

해설 **위험물규칙 [별표 17]**
**소화난이도 등급 Ⅲ의 제조소 등에 설치하여야 하는 소화설비**

| 제조소 등의 구분 | 소화설비 | 설치기준 | |
|---|---|---|---|
| 지하탱크 저장소 보기 ③ | 소형 수동식 소화기 등 | 능력단위의 수치가 3 이상 | 2개 이상 |
| 이동 탱크 저장소 | 마른모래, 팽창질석, 팽창진주암 | 마른모래 150L 이상 | |
| | | 팽창질석·팽창진주암 640L 이상 | |

답 ③

★★★
## 85 위험물제조소 등에 옥외소화전을 설치하려고 한다. 옥외소화전을 5개 설치시 필요한 수원의 양은 얼마인가?

18회 문 91
15회 문 97

① $14m^3$ 이상
② $35m^3$ 이상
③ $36m^3$ 이상
④ $54m^3$ 이상

해설 **위험물규칙 [별표 17]**
**위험물제조소의 옥외소화전 수원**

$$Q = 13.5N$$

여기서, $Q$ : 옥외소화전 수원$[m^3]$
$N$ : 소화전개수(최대 4개)

**위험물제조소**의 **옥외소화전 수원** $Q$는

$Q = 13.5N$
$= 13.5 \times 4$
$= 54m^3$ 이상

중요

**수원**(위험물규칙 [별표 17])

| 설 비 | | 수 원 |
|---|---|---|
| 옥내 소화전 설비 | 일반 건축물 | $Q = 2.6N$(30층 미만)<br>$Q = 5.2N$(30~49층 이하)<br>$Q = 7.8N$(50층 이상)<br>여기서, $Q$ : 수원의 저수량$[m^3]$<br>$N$ : 가장 많은 층의 소화전개수(30층 미만 : 최대 **2개**, 30층 이상 : 최대 **5개**) |
| | 위험물 제조소 | $Q = 7.8N$<br>여기서, $Q$ : 수원$[m^3]$<br>$N$ : 가장 많은 층의 소화전개수 (**최대 5개**) |
| 옥외 소화전 설비 | 일반 건축물 | $Q = 7N$<br>여기서, $Q$ : 수원$[m^3]$<br>$N$ : 소화전개수 (**최대 2개**) |
| | 위험물 제조소 | $Q = 13.5N$<br>여기서, $Q$ : 수원$[m^3]$<br>$N$ : 소화전개수 (**최대 4개**) |

답 ④

★★★
## 86 다음 중 옥외탱크저장소에 설치하는 방유제에 대한 설명으로 틀린 것은?

19회 문 95
18회 문 94
16회 문 95
13회 문 90
13회 문 95
10회 문 95
09회 문 94
07회 문 78
06회 문 82
03회 문 90

① 방유제 내의 면적은 6만$m^2$ 이하로 할 것
② 방유제의 높이는 0.5m 이상 3m 이하로 할 것
③ 방유제 내에 설치하는 옥외저장탱크의 수는 10 이하로 할 것
④ 방유제는 철근콘크리트 또는 흙으로 만들 것

해설 **위험물규칙 [별표 6] Ⅸ**
**옥외탱크저장소의 방유제**

(1) 높이 : **0.5~3m** 이하 보기 ②
(2) 탱크 : **10기**(모든 탱크용량이 20만L 이하, 인화점이 70~200℃ 미만은 **20기**) 이하 보기 ③
(3) 면적 : **80000m²** 이하

(4) 용량 ┬ 1기 : **탱크용량**×110% 이상
　　　　└ 2기 이상 : **탱크최대용량**×110% 이상

답 ①

★
## 87 다음 중 질산에스터류에 속하지 않는 것은?

① 나이트로벤젠
② 질산메틸
③ 나이트로셀룰로오스
④ 질산에틸

해설 **질산에스터류**
(1) 나이트로글리세린 : **규조토 흡수**
(2) 나이트로셀룰로오스 보기 ③
(3) 질산에틸 보기 ④
(4) 질산메틸 보기 ②

① 나이트로벤젠 : 제3석유류

답 ①

★★★
## 88 소화난이도 등급 Ⅲ의 알킬알루미늄을 저장하는 이동탱크저장소에 자동차용 소화기 2개 이상을 설치한 후 추가로 설치하여야 할 마른모래는 몇 L 이상인가?

① 50L 이상　② 100L 이상
③ 150L 이상　④ 200L 이상

해설 **위험물규칙 [별표 17]**
**소화난이도 등급 Ⅲ의 알킬알루미늄을 저장하는 이동탱크저장소**
자동차용 소화기 2개 이상 설치한 후의 추가설치대상
(1) 마른모래 : **150L** 이상 보기 ③
(2) 팽창질석 · 팽창진주암 : **640L** 이상

답 ③

★★★
## 89 제4류 위험물로서 제1석유류인 아세톤의 지정수량은 몇 L인가?

① 100L　② 200L
③ 300L　④ 400L

해설 **위험물령 [별표 1]**
**제4류 위험물**

| 성 질 | 품 명 | | 지정수량 | 대표물질 |
|---|---|---|---|---|
| 인화성 액체 | 특수인화물 | | 50L | • 다이에틸에터<br>• 이황화탄소 |
| | 제1 석유류 | 비수용성 | 200L | • 휘발유<br>• 콜로디온 |
| | | 수용성 보기 ④ | 400L | • 아세톤 |
| | 알코올류 | | 400L | • 변성 알코올 |
| | 제2 석유류 | 비수용성 | 1000L | • 등유<br>• 경유 |
| | | 수용성 | 2000L | • 아세트산 |
| | 제3 석유류 | 비수용성 | 2000L | • 중유<br>• 크레오소트유 |
| | | 수용성 | 4000L | • 글리세린 |
| | 제4석유류 | | 6000L | • 기어유<br>• 실린더유 |
| | 동식물유류 | | 10000L | • 아마인유 |

답 ④

★
## 90 위험물안전관리자로 선임될 수 없는 사람은 누구인가?

① 위험물기능장
② 소방공무원 경력자
③ 안전관리자 교육이수자
④ 소방시설관리사

해설 **위험물령 [별표 6]**
**위험물안전관리자**
(1) 위험물기능장, 위험물산업기사, 위험물기능사 보기 ①
(2) 안전관리자 교육이수자 보기 ③
(3) 소방공무원 경력자 보기 ②

답 ④

08회

★★
## 91 소화난이도 등급 Ⅰ의 옥내탱크저장소에서 황만을 저장 · 취급할 경우 설치가능한 소화설비는?

15회 문 93

① 물분무소화설비　② 스프링클러설비
③ 포소화설비　④ 옥내소화전설비

해설 **위험물규칙 [별표 17] Ⅰ**
황만을 저장 · 취급하는 것 : **물분무소화설비**

답 ①

★★★
**92** 위험물제조소 중 위험물을 취급하는 건축물은 특별한 경우를 제외하고 어떤 구조로 하여야 하는가?

① 지하층이 없도록 하여야 한다.
② 지하층을 주로 사용하는 구조이어야 한다.
③ 지하층이 있는 2층 이내의 건축물이어야 한다.
④ 지하층이 있는 3층 이내의 건축물이어야 한다.

해설 **위험물규칙 [별표 4]**
**위험물을 취급하는 건축물의 구조**
(1) **지하층**이 없도록 하여야 한다. 보기 ①
(2) **벽·기둥·바닥·보·서까래** 및 **계단**을 **불연재료**로 하고, 연소의 우려가 있는 외벽은 출입구 외의 개구부가 없는 **내화구조**의 벽으로 하여야 한다.

답 ①

★★
**93** 주유취급소의 고정주유설비의 주위에는 주유를 받으려는 자동차 등이 출입할 수 있도록 너비 몇 m 이상, 길이 몇 m 이상의 콘크리트 등으로 포장한 공지를 보유하여야 하는가?

17회 문100
11회 문100
04회 문 68
03회 문100

① 너비 20m 이상, 길이 5m 이상
② 너비 10m 이상, 길이 8m 이상
③ 너비 15m 이상, 길이 6m 이상
④ 너비 10m 이상, 길이 6m 이상

해설 **위험물규칙 [별표 13]**
주유취급소의 주유공지 : 너비 **15m** 이상, 길이 **6m** 이상

답 ③

★
**94** 다음 물질 중 부동액으로 사용되는 것은 어느 것인가?

① 나이트로벤젠
② 에틸렌글리콜
③ 파라크실렌
④ 크레오소트유

해설 **부동액**
(1) 글리세린[$C_3H_5(OH)_3$]
(2) 에틸렌글리콜[$CH_2OH-CH_2OH$] 보기 ②

참고
**크레오소트유**
목재의 방부제로 쓰임.

답 ②

★
**95** 동식물유류를 취급할 때 그 일반성질을 잘 알아야 한다. 그 성질로서 옳은 것은 어느 것인가?

① 보통 인화점이 낮다.
② 아이오딘이 130 이상인 것을 건성유라고 한다.
③ 돼지기름, 소기름은 동식물유류에 속하지 않는다.
④ 분자 속에 불포화결합이 많을수록 건조되기 어렵다.

해설 ① 보통 **인화점**이 **높다.**
② 아이오딘이 **130 이상**인 것을 **건성유**라고 한다. 보기 ②
③ 돼지기름(돈지), 소기름(우지)도 동식물유류에 속한다.
④ 분자 속에 불포화결합이 많을수록 건조되기 쉽다.

답 ②

★★★
**96** 다음 위험물 중 백색을 띠지 않는 물질은?

① 과산화나트륨 ② 과망가니즈산칼륨
③ 과산화칼슘 ④ 취소산칼륨

해설 **물질**의 **색**
(1) **백색**
 ① 과산화나트륨
 ② 과산화마그네슘
 ③ 과산화칼슘
 ④ 과산화바륨
 ⑤ 취소산칼륨
(2) **암적색** : 무수크로뮴산(삼산화크로뮴)
(3) **적갈색** : 인화석회
(4) **오렌지색** : 과산화칼륨
(5) **흑자색** : 과망가니즈산칼륨 보기 ②

답 ②

★

**97** **다음 위험물의 화재시 주수에 의한 위험이 있는 것은 어느 것인가?**

① CaO ② $Ca_3P_2$
③ $P_4S_3$ ④ $C_6H_2(NO_2)_3CH_3$

해설 **인화석회**($Ca_3P_2$)
(1) 공기 중에서 안정하다.
(2) 물과 반응하여 맹독성의 가연성 가스인 **포스핀**($PH_3$)을 발생시킨다.

$$Ca_3P_2+6H_2O \rightarrow 3Ca(OH)_2+2PH_3\uparrow$$

(3) 물과 작용하면 **소석회**를 만든다.
(4) **비중**이 **1 이상**이다.

답 ②

★★

**98** **위험물은 1소요단위가 지정수량의 몇 배인가?**

18회 문 96 / 15회 문100 / 14회 문 97 / 10회 문100

① 5배 ② 10배
③ 20배 ④ 30배

해설 **위험물규칙 [별표 17]**
위험물의 1소요단위 : 지정수량의 **10배** 보기 ②

※ **소요단위** : 소화설비의 설치대상이 되는 건축물, 그 밖의 인공구조물의 규모 또는 위험물의 양의 기준 단위

답 ②

★★★

**99** **위험물 간이저장탱크에 대한 설명으로 맞는 것은?**

① 통기관은 지름 40mm 이상으로 한다.
② 용량은 600L 이하이어야 한다.
③ 탱크의 주위에 너비 1.5m 이상의 공지를 두어야 한다.
④ 수압시험은 50kPa의 압력으로 10분간 실시하여 새거나 변형되지 아니하여야 한다.

해설 **용량** 절대 중요!
(1) **100L** 이하
① 셀프용 고정주유설비 **휘발유 주유량**의 상한(위험물규칙 [별표 13])
② 셀프용 고정주유설비 **급유량**의 상한(위험물규칙 [별표 13])
(2) **200L** 이하 : 셀프용 고정주유설비 **경유** 주유량의 상한(위험물규칙 [별표 13])
(3) **400L** 이상 : 이송취급소 **기자재창고 포소화약제** 저장량(위험물규칙 [별표 15] Ⅳ)
(4) **600L** 이하 : 간이탱크저장소의 탱크용량(위험물규칙 [별표 9]) 보기 ②
(5) **1900L** 미만 : **알킬알루미늄** 등을 저장·취급하는 이동저장 탱크의 용량(위험물규칙 [별표 10] Ⅹ)
(6) **2000L** 미만 : 이동저장탱크의 방파판 설치제외(위험물규칙 [별표 10] Ⅱ)
(7) **2000L** 이하 : 주유취급소의 폐유탱크용량(위험물규칙 [별표 13])
(8) **4000L** 이하 : 이동저장탱크의 칸막이 설치(위험물규칙 [별표 10] Ⅱ)
(9) **40000L** 이하 : 일반취급소의 지하전용탱크의 용량(위험물규칙 [별표 16] Ⅶ)
(10) **60000L** 이하 : **고속국도** 주유취급소의 특례(위험물규칙 [별표 13])
(11) **50만~100만L** 미만 : **준특정 옥외탱크저장소**의 용량(위험물규칙 [별표 6] Ⅴ)
(12) **100만L** 이상
① **특정옥외탱크저장소**의 용량(위험물규칙 [별표 6] Ⅳ)
② 옥외저장탱크의 **개폐상황확인장치** 설치(위험물규칙 [별표 6] Ⅸ)
(13) **1000만L** 이상 : 옥외저장탱크의 **간막이둑** 설치용량(위험물규칙 [별표 6] Ⅸ)

답 ②

★★★

**100** **칼륨 보관시에 사용하는 것은?**

07회 문 96

① 수은
② 에탄올
③ 글리세린
④ 경유

해설 **칼륨**(K)의 **보호액**
(1) 석유(등유)
(2) 경유 보기 ④
(3) 유동파라핀

답 ④

08회

**제 5 과목** 소방시설의 구조 원리

★★★
**101 소방대상물에 자동화재탐지설비의 감지기를 설치하지 않아도 되는 곳은?**

① 목욕실·화장실, 기타 이와 유사한 장소
② 습기가 별로 없는 건조한 장소
③ 사람의 왕래가 별로 없는 장소
④ 천장 또는 반자의 높이가 15m 이상 20m 미만인 장소

해설 **감지기**의 **설치제외 장소**(NFPC 203 제7조, NFTC 203 2.4.5)
(1) 천장 또는 반자의 높이가 **20m** 이상인 장소
(2) **부식성** 가스가 체류하고 있는 장소
(3) **목욕실**·화장실, 기타 이와 유사한 장소 **보기 ①**
(4) 파이프덕트 등 **2개 층**마다 방화구획된 것이나 수평단면적이 **5m$^2$** 이하인 것
(5) 먼지·가루 또는 **수증기**가 다량으로 체류하는 장소

답 ①

★★
**102 펌프의 분당 토출량이 600L, 양정이 72m인 소화펌프를 설치하려고 한다. 이때 전동기의 용량은? (단, 펌프효율 : 0.55, 여유율 : 0.1)**

18회 문 18 / 18회 문125 / 17회 문108 / 16회 문124 / 15회 문101 / 13회 문102 / 12회 문 34 / 10회 문 41 / 07회 문109

① 10HP ② 12HP
③ 14HP ④ 19HP

해설 **전동기**의 **용량** $P$는

$$P = \frac{0.163QH}{\eta}K$$
$$= \frac{0.163 \times 600\text{L/min} \times 72\text{m}}{0.55} \times (1+0.1)$$
$$= \frac{0.163 \times 0.6\text{m}^3\text{/min} \times 72\text{m}}{0.55} \times 1.1$$
$$≒ 14\text{kW}$$

1HP=0.746kW 이므로

$$14\text{kW} = \frac{14\text{kW}}{0.746\text{kW}} \times 1\text{HP} ≒ 19\text{HP}$$

※ 여유율이 0.1이므로 동력전달계수($K$)는 1.1이 된다.

답 ④

★★
**103 P형 수신기의 화재표시작동시험을 한 결과 지구표시램프가 점등되지 않았을 때 원인으로서 맞지 않는 것은?**

① 해당 회로릴레이의 불량
② 표시램프의 단선
③ 감지기회로 배선의 단선
④ 시험스위치의 접촉 불량

해설 **화재표시작동시험시 지구표시램프 미점등**의 **원인**
(1) 해당 회로릴레이의 불량 **보기 ①**
(2) 표시램프의 단선 **보기 ②**
(3) 시험스위치의 접촉 불량 **보기 ④**

③ **화재표시작동시험**은 감지기회로와는 무관하다.

중요

**화재표시작동시험**

|  |  |
|---|---|
| 시험 방법 | ① 회로선택스위치로서 실행하는 시험 : 동작시험스위치를 눌러서 스위치 주의등의 점등을 확인한 후 회로선택스위치를 차례로 회전시켜 **1회로**마다 화재시의 작동시험을 행할 것<br>② 감지기 또는 발신기의 작동시험과 함께 행하는 방법 : 감지기 또는 발신기를 차례로 작동시켜 경계구역과 지구표시등과의 접속상태를 확인할 것 |
| 가부 판정의 기준 | 각 **릴레이**(Relay)의 작동, **화재표시등**, **지구표시등**, 그 밖의 표시장치의 점등(램프의 단선도 함께 확인할 것), **음향장치** 작동확인, **감지기회로** 또는 **부속기기회로**와의 연결접속이 정상일 것 |

답 ③

★★
**104 공기관식 감지기의 구성부분이 아닌 것은?**

① 미터릴레이 ② 다이어프램
③ 공기관 ④ 리크구멍

해설 **공기관식 감지기**
(1) 감열부 : 공기관 **보기 ③**
(2) 검출부 : 다이어프램, 리크구멍, 접점, 시험장치 **보기 ②④**

①은 열전대식 감지기의 구성요소이다.

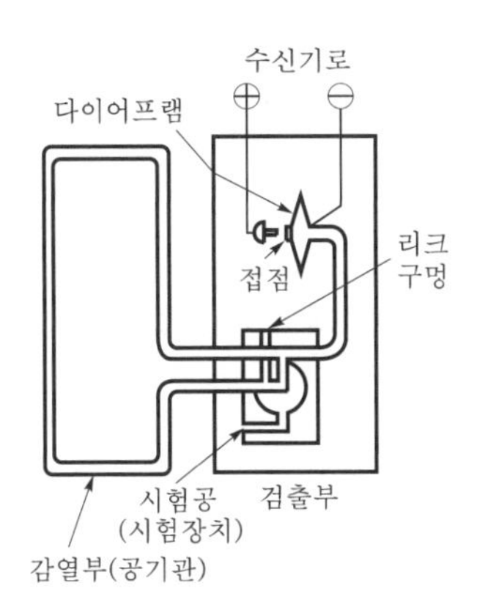


공기관식 감지기

답 ①

★★★
## 105 어느 건물에 설치된 옥내소화전 건물 중 임의의 것을 선택하여 방수시험을 하면서 피토계기로 노즐선단에서의 방수압을 측정해보니 0.4MPa이었다. 장착된 노즐의 관경은 15mm이다. 방수량은 대략 얼마로 추정되는가?

① 약 295 L/min
② 약 200 L/min
③ 약 170 L/min
④ 약 130 L/min

$$Q=0.653D^2\sqrt{10P}$$

여기서, $Q$ : 방수량〔L/min〕
$D$ : 구경〔mm〕
$P$ : 방수압〔MPa〕

**방수량** $Q$는

$Q=0.653D^2\sqrt{10P}$
$=0.653\times(15\text{mm})^2\times\sqrt{10\times0.4\text{MPa}}$
$\fallingdotseq 295\text{L/min}$

답 ①

★
## 106 펌프 주변 배관 중 수온상승 방지를 위한 배관은?

① 흡수관 ② 급수관
③ 순환배관 ④ 오버플로관

해설

| 배 관 | 설 명 |
|---|---|
| 흡수관 | 펌프 흡입측 배관 |
| 급수관 | 물올림수조에 물을 공급하기 위한 배관 |
| 순환배관 보기 ③ | 체절운전시 배관의 수온상승 방지 |
| 오버플로관 | 물올림수조에서 흘러 넘친 물을 배출시키기 위한 배관 |

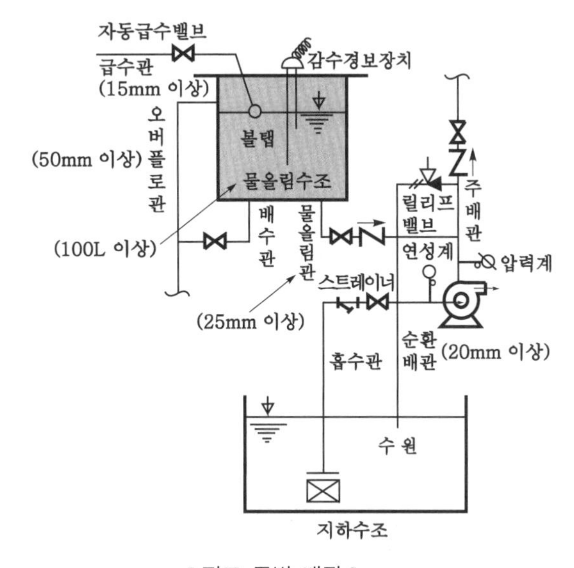


펌프 주변 배관

답 ③

★★
## 107 비상조명등의 비상전원이 60분간 유지되지 않아도 되는 소방대상물은?

① 지하층 또는 무창층으로서 도매시장
② 지하층 또는 무창층으로서 소매시장
③ 지하층 또는 무창층으로서 화물자동차터미널
④ 지하층 또는 무창층으로서 지하역사

해설 **유도등·비상조명등**의 **60분** 이상 **작동용량**(NFPC 303 제10조, NFTC 303 2.7.2.2)
(1) **11층** 이상(지하층 제외)
(2) 지하층·무창층으로서 **도매시장**(보기 ①)·**소매시장**(보기 ②)·**여객자동차터미널**·**지하역사**(보기 ④)·**지하상가**

답 ③

★★

**108** **공기포 소화설비에 있어서 공기포 소화약제 혼합장치의 기능을 바르게 설명한 것은?**

① 소화약제의 혼합비를 일정하게 유지하기 위한 것
② 유수량을 일정하게 유지하기 위한 것
③ 유수압력을 일정하게 유지하기 위한 것
④ 소화약제의 성분비를 일정하게 유지하기 위한 것

해설 **공기포 소화약제 혼합장치**
소화약제의 **혼합비**를 일정하게 **유지**하기 위한 것

중요

**공기포 소화약제 혼합장치의 종류**
(1) 펌프 프로포셔너 방식(펌프혼합방식)
(2) 라인 프로포셔너 방식(관로혼합방식)
(3) 프레져 프로포셔너 방식(차압혼합방식)
(4) 프레져 사이드 프로포셔너 방식(압입혼합방식)
(5) 압축공기포 믹싱챔버방식

답 ①

★★★

**109** **바닥면적이 180m²인 호스릴방식의 포소화설비를 설치한 옥내저장탱크에 포 방출구가 2개이고, 약제농도 3%형을 사용할 때 포약제의 최소 필요량은 몇 L인가?**

① 720 ② 360
③ 270 ④ 180

해설 **옥내포소화전방식** 또는 **호스릴방식**

$$Q = N \times S \times 6000$$
(바닥면적 200m² 미만은 75%)

여기서, $Q$ : 포소화약제의 양[L]
$N$ : 호스 접결구수(최대 5개)
$S$ : 포소화약제의 사용농도

**호스릴방식**의 **포 약제량** $Q$는

$Q = N \times S \times 6000$(바닥면적 200m² 미만은 75%)
$= 2 \times 0.03 \times 6000 \times 0.75$
$= 270\text{L}$

• 바닥면적이 200m² 미만이므로 75%를 적용한다.

답 ③

★★★

**110** **Halon 1211의 소화약제 분자식은?**

① $CBrF_3$ ② $CBr_3F$
③ $C_2Br_2F_4$ ④ $CF_2ClBr$

해설 **할론소화약제**의 **약칭** 및 **분자식**

| 종 류 | 약 칭 | 분자식 |
|---|---|---|
| Halon 1011 | CB | $CH_2ClBr$ |
| Halon 104 | CTC | $CCl_4$ |
| Halon 1211 | BCF | $CF_2ClBr$ 보기 ④ |
| Halon 1301 | BTM | $CF_3Br$ |
| Halon 2402 | FB | $C_2F_4Br_2(C_2Br_2F_4)$ |

답 ④

★★★

**111** **다음 중 높이 8m 이상의 호텔 로비에 설치할 수 있는 감지기는?**

19회 문119 17회 문120 14회 문112 07회 문125 06회 문123 03회 문115 02회 문124

① 차동식 분포형 감지기
② 차동식 스포트형 감지기
③ 정온식 감지선형 감지기
④ 보상식 스포트형 감지기

해설 **감지기**의 **부착높이**(NFPC 203 제7조, NFTC 203 2.4.1)

| 부착높이 | 감지기의 종류 |
|---|---|
| 4m 미만 | • 차동식(스포트형, 분포형)<br>• 보상식 스포트형<br>• 정온식(스포트형, 감지선형)<br>• 이온화식 또는 광전식(스포트형, 분리형, 공기흡입형)<br>• 열복합형<br>• 연기복합형<br>• 열연기복합형<br>• 불꽃감지기 |
| 4~8m 미만 | • 차동식(스포트형, 분포형)<br>• 보상식 스포트형<br>• 정온식(스포트형, 감지선형) 특종 또는 1종<br>• 이온화식 1종 또는 2종<br>• 광전식(스포트형, 분리형, 공기흡입형) 1종 또는 2종<br>• 열복합형<br>• 연기복합형<br>• 열연기복합형<br>• 불꽃감지기 |

| 부착높이 | 감지기의 종류 |
|---|---|
| 8~15m 미만 | • 차동식 분포형 **보기 ①**<br>• 이온화식 1종 또는 2종<br>• 광전식(스포트형, 분리형, 공기흡입형) 1종 또는 2종<br>• 연기복합형<br>• 불꽃감지기 |
| 15~20m 미만 | • 이온화식 1종<br>• 광전식(스포트형, 분리형, 공기흡입형) 1종<br>• 연기복합형<br>• 불꽃감지기 |
| 20m 이상 | • 불꽃감지기<br>• 광전식(분리형, 공기흡입형) 중 아날로그방식 |

답 ①

★★

**112 스프링클러설비에서 배관의 입구압력은 0.3MPa, 배관의 내경은 65mm, 길이는 30m, 유량이 600L/min일 때 배관출구의 압력은? (단, 배관의 조도는 100이다.)**

① 0.756MPa

② 0.124MPa

③ 0.226MPa

④ 2.275MPa

해설 **하젠-윌리엄스**의 **식**(Hargen-William's formula)

$$\Delta P_m = 6.053 \times 10^4 \times \frac{Q^{1.85}}{C^{1.85} \times D^{4.87}} \times L$$

여기서, $\Delta P_m$ : 압력손실〔MPa〕

$C$ : 조도

$D$ : 관의 내경〔mm〕

$Q$ : 관의 유량〔L/min〕

$L$ : 배관길이〔m〕

**압력손실** $\Delta P_m$ 은

$$\Delta P_m = 6.053 \times 10^4 \times \frac{Q^{1.85}}{C^{1.85} \times D^{4.87}} \times L$$

$$= 6.053 \times 10^4 \times \frac{(600\text{L/min})^{1.85}}{100^{1.85} \times (65\text{mm})^{4.87}} \times 30\text{m}$$

$$≒ 0.074\text{MPa}$$

※ 배관입구압력=배관출구압력+마찰손실압력

배관출구압력=배관입구압력-마찰손실압력

$=(0.3-0.074)\text{MPa}=0.226\text{MPa}$

답 ③

★★★

**113 축압식 분말소화기에 관한 옳은 설명은 어느 것인가?**

① 압력원이 별도의 용기에 저장되므로 안전하다.

② 장기간 보관시에도 가스누설이 적다.

③ 가압가스 저장용기는 용접식, 조임금구식이 있다.

④ 가스누설로 인한 압력강하를 방지하기 위해 주기적인 압력점검이 필요하다.

해설 **분말소화기**

| 구 분 | 가압식 | 축압식 |
|---|---|---|
| 압력원 | 별도의 용기에 저장 | 동일용기에 저장 |
| 압력계 | 없다. | 있다. |
| 충전가스 | 이산화탄소 | 질소 |
| 압력점검 | 주기적인 압력점검 불필요 | 주기적인 압력점검 필요 **보기 ④** |

답 ④

★★★

**114 광전식 분리형 감지기 광축의 높이가 천장등 높이의 몇 % 이상이어야 하는가?**

18회 문116
12회 문118
11회 문122

① 70% ② 80%

③ 90% ④ 100%

해설 **광전식 분리형 감지기**의 **설치기준**(NFPC 203 제7조, NFTC 203 2.4.3.15)

(1) 감지기의 수광면은 햇빛을 직접 받지 않도록 설치할 것

(2) 광축은 나란한 벽으로부터 **0.6m 이상** 이격하여 설치할 것

(3) 감지기의 송광부와 수광부는 설치된 뒷벽으로부터 **1m 이내** 위치에 설치할 것

(4) 광축의 높이는 천장등 높이의 **80% 이상**일 것 **보기 ②**

(5) 감지기의 광축의 길이는 **공칭감시거리** 범위 이내일 것

답 ②

★★
**115** 바닥면적이 $200m^2$ 이상인 건축물에 옥외 포소화전 방식 또는 호스릴방식의 약제저장량 산출 공식은? (단, $Q$ : 포소화약제량, $N$ : 호스접결구수, $S$ : 포소화약제 사용농도)

① $Q = N \times S \times 5000L$
② $Q = N \times S \times 6000L$
③ $Q = N \times S \times 7000L$
④ $Q = N \times S \times 8000L$

해설 **저장량 산출공식**

| 옥내 보조포소화전 | 옥외 보조포소화전 |
|---|---|
| $Q = N \times S \times 6000$ | $Q = N \times S \times 8000$ |
| (바닥면적 $200m^2$ 미만은 75%)<br>여기서, $Q$ : 포소화약제의 양〔L〕<br>$N$ : 호스접결구수 (최대 5개)<br>$S$ : 포소화약제의 사용농도 | 여기서, $Q$ : 포소화약제의 양〔L〕<br>$N$ : 호스접결구수 (최대 3개)<br>$S$ : 포소화약제의 사용농도 |

답 ④

★
**116** 스프링클러헤드의 설치제외 장소가 아닌 곳은?

① 계단실, 파이프 덕트
② 통신기기실, 전자기기실
③ 변압기실, 변전실
④ 불연재료인 천장과 반자 사이가 2m 이상인 부분

해설 **스프링클러헤드** 설치장소
(1) 보일러실
(2) 복도
(3) 슈퍼마켓
(4) 소매시장
(5) 위험물 취급장소
(6) 특수가연물 취급장소
(7) 거실
(8) 불연재료인 천장과 반자 사이가 2m 이상인 부분 보기 ④

기억법 위스복슈소 특보거(위스키는 복잡한 수소로 만들었다는 특보가 거실 TV에서 흘러 나왔다)

답 ④

★★
**117** 포소화설비의 기동장치에서 폐쇄형 스프링클러헤드를 사용할 경우에 헤드의 표시온도는 몇 ℃ 미만인가?

① 162
② 121
③ 79
④ 64

해설 **포소화설비**의 **자동기동장치**(NFPC 105 제11조, NFTC 105 2.8.2.1)
(1) 스프링클러헤드는 표시온도가 **79℃** 미만인 것을 사용한다. 보기 ③
(2) 1개의 스프링클러헤드의 경계면적은 **$20m^2$** 이하로 한다.
(3) 스프링클러헤드의 부착면 높이는 바닥으로부터 **5m** 이하이어야 한다.
(4) 하나의 감지장치 경계구역은 하나의 **층**이 되도록 할 것

답 ③

★
**118** 길이가 5m인 환봉에 인장하중을 가했을 때 그 길이가 5.3m로 되었다면 그 변형률은 얼마인가?

① 0.3
② 0.06
③ −0.3
④ −0.06

해설 **변형률**

$$\varepsilon = \frac{\lambda}{l}$$

여기서, $\varepsilon$ : 변형률
$\lambda$ : 변화된 길이〔m〕
$l$ : 길이〔m〕

**변형률** $\varepsilon$는

$$\varepsilon = \frac{\lambda}{l} = \frac{(5.3-5)m}{5m} = 0.06$$

답 ②

★★★
**119** 옥내소화전설비의 표시등에 대한 설명으로 옳은 것은?

① 위치표시등과 기동표시등은 모두 불이 켜진 상태로 있어야 한다.
② 위치표시등과 기동표시등은 모두 불이 켜지지 않은 상태로 있어야 한다.
③ 위치표시등은 평상시 불이 켜지지 않은 상태로 있어도 된다.
④ 기동표시등은 평상시 불이 켜지지 않은 상태로 있어야 한다.

해설 **표시등**의 **상태**

| 표시등 | 평상시 | 작동시 |
|---|---|---|
| 위치표시등 | 점등 | 점등 |
| 기동표시등 | 소등 보기 ④ | |

답 ④

★★★
**120** 대규모점포(지하상가 및 지하역사 제외)와 영화상영관에는 보행거리 50m 이내마다 몇 개 이상의 휴대용 비상조명등을 설치하여야 하는가?

17회 문113 16회 문118 12회 문101 11회 문124 09회 문110

① 1개 이상 ② 2개 이상
③ 3개 이상 ④ 5개 이상

해설 **휴대용 비상조명등**의 **적합기준**(NFPC 304 제4조, NFTC 304 2.1.2)

| 설치개수 | 설치장소 |
|---|---|
| 1개 이상 | **숙박시설** 또는 **다중이용업소**에는 객실 또는 영업장 안의 구획된 실마다 잘 보이는 곳(외부에 설치시 출입문 손잡이로부터 **1m 이내** 부분) |
| 3개 이상 보기 ③ | • **지하상가** 및 **지하역사**의 **보행거리 25m** 이내마다<br>• **대규모점포**(**지하상가** 및 **지하역사** 제외)와 **영화상영관**의 **보행거리 50m** 이내마다 |

기억법 숙다1, 지상역, 대영화3

답 ③

★★★
**121** 자동화재탐지설비의 지구음향장치는 수평길이 몇 m 이하마다 설치해야 하는가?

① 25m ② 40m
③ 50m ④ 60m

해설 (1) **수평거리**

| 구 분 | 기 기 |
|---|---|
| **25m** 이하 보기 ① | • 발신기<br>• **음**향장치(확성기)<br>• 비상콘센트(지하상가 또는 지하층 바닥면적합계 **3000m²** 이상) |
| **50m** 이하 | • 비상콘센트(기타) |

기억법 음25(음이온)

(2) **보행거리**

| 구 분 | 기 기 |
|---|---|
| **15m** 이하 | • 유도표지 |
| **20m** 이하 | • 복도통로유도등<br>• 거실통로유도등<br>• 3종 연기감지기 |
| **30m** 이하 | • 1·2종 연기감지기 |

용어

**수평거리와 보행거리**
(1) **수평거리** : 직선거리를 말하며, 반경을 의미하기도 한다.
(2) **보행거리** : 걸어서 가는 거리

답 ①

★★
**122** 할로겐화합물 및 불활성기체 소화약제 중에서 HCFC의 혼합물로서 구성성분은 HCFC-123(4.75%), HCFC-22(82%), HCFC-124(9.5%), $C_{10}H_{16}$(3.75%)로 이루어진 것은 무엇인가?

15회 문39 14회 문35 14회 문39 08회 문47 07회 문43

① NAF S-Ⅲ
② FM-200
③ FE-36
④ Inergen

해설 **할로겐화합물 및 불활성기체 소화약제**의 **종류**(NFPC 107A 제4조, NFTC 107A 2.1.1)

| 소화약제 | 상품명 | 화학식 |
|---|---|---|
| 퍼플루오르부탄 (FC-3-1-10) | CEA-410 | $C_4F_{10}$ |
| 트리플루오르메탄 (HFC-23) | FE-13 | $CHF_3$ |

08회

| 소화약제 | 상품명 | 화학식 |
|---|---|---|
| 펜타플루오르에탄 (HFC-125) | FE-25 | $CHF_2CF_3$ |
| 헵타플루오르 프로판 (HFC-227ea) | FM -200 | $CF_3CHFCF_3$ |
| 클로로테트라 플루오르에탄 (HCFC-124) | FE -241 | $CHClFCF_3$ |
| 하이드로클로로 플루오르카본 혼화제 (HCFC BLEND A) | NAF S -Ⅲ 보기 ① | • HCFC-123($CHCl_2CF_3$) : 4.75% • HCFC-22($CHClF_2$) : 82% • HCFC-124($CHClFCF_3$) : 9.5% • $C_{10}H_{16}$ : 3.75% |
| 불연성·불활성 기체 혼합가스 (IG-541) | Inergen | • $N_2$ : 52% • Ar : 40% • $CO_2$ : 8% |

답 ①

★★

**123 특별피난계단 부속실 등에 설치하는 급기가압방식 제연설비의 성능확인 항목을 열거한 것이다. 맞지 않는 것은?**

① 출입문의 크기, 개폐방향이 설계도면과 일치하는지 여부 확인

② 제연설비가 작동하는 경우 방연풍속, 차압 및 출입문의 개방력과 자동 닫힘 등 적합여부를 확인하는 시험 실시

③ 화재감지기 동작에 의한 설비작동 여부 확인

④ 피난구의 설치위치 및 크기의 적정 여부 확인

해설 **특별피난계단 부속실**의 **제연설비 성능확인**(NFPC 501A 제25조, NFTC 501A 2.22.2)

(1) **출입문**의 크기, **개폐방향**이 설계도면과 일치하는지 여부 확인 보기 ①

(2) 제연설비가 작동하는 경우 방연풍속, 차압 및 출입문의 개방력과 자동 닫힘 등 적합여부를 확인하는 시험 실시 보기 ②

(3) **화재감지기** 동작에 의한 **설비작동 여부** 확인 보기 ③

답 ④

★

**124 비상방송설비에서 전자음향장치에 사용하고 있는 주파수 범위는?**

① 400~1000Hz

② 40~1000Hz

③ 16~20000Hz

④ 160~10000Hz

해설 비상방송설비 전자음향장치의 주파수 범위

**400~1000Hz** 보기 ①

답 ①

★★★

**125 A급 화재를 기준으로 할 경우 소화능력단위 얼마 이상을 대형소화기라 하는가?**

① 10 ② 20

③ 30 ④ 40

해설 **소화능력단위**에 의한 **분류**

| 소화기 종류 | | 소화능력단위 |
|---|---|---|
| 소형소화기 | | 1단위 이상 |
| 대형소화기 | A급 | 10단위 이상 보기 ① |
| | B급 | 20단위 이상 |

※ **소화능력단위** : 소화기구의 소화능력을 나타내는 수치

답 ①

# 2004년도 제07회 소방시설관리사 1차 국가자격시험

| 문제형별 | 시 간 | 시험과목 |
|---|---|---|
| A | 125분 | ① 소방안전관리론 및 화재역학<br>② 소방수리학, 약제화학 및 소방전기<br>③ 소방관련 법령<br>④ 위험물의 성질 · 상태 및 시설기준<br>⑤ 소방시설의 구조 원리 |

| 수험번호 | | 성 명 | |
|---|---|---|---|

【 수험자 유의사항 】

1. **시험문제지**는 단일형별(A형)이며, 답안카드형별 기재란에 표시된 형별(A형)을 확인하시기 바랍니다. 시험문제지의 **총면수**, **문제번호 일련순서**, **인쇄상태** 등을 확인하시고, 문제지 표지에 수험번호와 성명을 기재하시기 바랍니다.

2. 답은 각 문제마다 요구하는 **가장 적합하거나 가까운 답 1개**만 선택하고, 답안카드 작성시 **마킹착오**로 인한 불이익은 전적으로 **수험자에게 책임**이 있음을 알려드립니다.

3. 답안카드는 국가전문자격 공통 표준형으로 문제번호가 1번부터 125번까지 인쇄되어 있습니다. 답안 마킹시에는 반드시 **시험문제지의 문제번호와 동일한 번호**에 마킹하여야 합니다.

4. **감독위원의 지시에 불응하거나 시험시간 종료 후 답안카드를 제출하지 않을 경우** 불이익이 발생할 수 있음을 알려드립니다.

5. 시험문제지는 시험 종료 후 가져가시기 바랍니다.

# 07회 2004. 10. 31. 시행

## 제 1 과목 소방안전관리론 및 화재역학

★★★
### 01 내화구조에 해당되는 것은?

17회 문 14
13회 문 12

① 철망모르타르 바르기로 그 두께가 2cm인 것
② 시멘트모르타르 위에 타일을 붙여 그 두께가 2.5cm인 것
③ 철골에 두께 5cm의 콘크리트를 덮은 기둥
④ 무근 콘크리트조로서 그 두께가 5cm인 것

해설 **내화구조의 기준**

| 내화구분 | 기 준 |
|---|---|
| 벽·바닥 | 철골·철근 콘크리트조로서 두께가 **10cm** 이상인 것 |
| 기둥 | 철골을 두께 **5cm** 이상의 콘크리트로 덮은 것 **보기 ③** |
| 보 | 두께 **5cm** 이상의 콘크리트로 덮은 것 |

①, ② 방화구조
④ 어느 구조에도 해당되지 않음.

답 ③

★★
### 02 다음은 LNG에 대한 설명이다. 잘못된 것은?

① 투명하면서 무색의 기체로 누설시 쉽게 인지하기 위하여 부취제를 첨가한다.
② 증기비중이 낮기 때문에 누설시 창문틈 등을 통하여 밖으로 배출된다.
③ 탄소와 수소로 이루어진 기체 탄화수소이다.
④ 프로판과 부탄이 주성분이다.

해설

| 종 류 | 주성분 | 증기밀도 |
|---|---|---|
| 도시가스 | 메탄($CH_4$) | 0.55 |
| LNG | | |
| LPG | 프로판($C_3H_8$) | 1.51 |
| **보기 ④** | 부탄($C_4H_{10}$) | 2 |

※ 증기밀도가 1보다 작으면 공기보다 가볍고, 1보다 크면 공기보다 무겁다.

④ LPG 주성분

답 ④

★★
### 03 콘크리트에 대한 설명 중 틀린 것은?

① 콘크리트와 강재의 열팽창률은 거의 같다.
② 콘크리트의 열전도율은 목재보다 적다.
③ 콘크리트는 장시간 화재에 노출되면 강도는 저하한다.
④ 콘크리트는 인장력에 대하여 아주 약하다.

해설 콘크리트의 열전도율은 목재보다 약 **10배** 정도 **크다.**

※ 목재건축물이 콘크리트건축물에 비해 여름에는 시원하고, 겨울에는 따뜻한 이유는 **열전도율**이 낮기 때문에 외부로부터의 **열기** 또는 **한기**를 차단시켜 주기 때문이다.

답 ②

★★★
### 04 난류화염으로부터 20℃의 벽으로 전달되는 대류열류는? (단, $h$=5W/m$^2$·℃, 평균시간 최대 화염온도는 800℃이다.)

17회 문 24

① 1.9kW/m$^2$  ② 2.9kW/m$^2$
③ 3.9kW/m$^2$  ④ 4.9kW/m$^2$

해설 **대류열류**

$$\mathring{q}'' = h(T_2 - T_1)$$

여기서, $\mathring{q}''$ : 대류열류[W/m$^2$]
$h$ : 대류전열계수[W/m$^2$·℃]
$(T_2 - T_1)$ : 온도차[℃]

**대류열류** $\mathring{q}''$는

$\mathring{q}'' = h(T_2 - T_1)$
$= 5\text{W/m}^2 \cdot ℃ \times (800-20)℃$
$= 3900\text{W/m}^2$
$= 3.9\text{kW/m}^2$

답 ③

★★★
### 05 초기화재의 소화용으로 사용되지 않는 것은?

① 스프링클러설비  ② 소화기
③ 옥내소화전설비  ④ 연결송수관설비

해설

| 초기소화설비 | 본격소화설비 |
|---|---|
| ① 소화기류 보기 ②<br>② 물분무소화설비<br>③ 옥내소화전설비 보기 ③<br>④ 스프링클러설비 보기 ①<br>⑤ 이산화탄소 소화설비<br>⑥ 할론소화설비<br>⑦ 분말소화설비<br>⑧ 포소화설비 | ① 소화용수설비<br>② 연결송수관설비 보기 ④<br>③ 연결살수설비<br>④ 비상용 엘리베이터<br>⑤ 비상콘센트설비<br>⑥ 무선통신보조설비 |

답 ④

★★★
## 06 다음 중 점화원이 될 수 없는 것은 어느 것인가?

① 단열압축 ② 대기압
③ 정전기불꽃 ④ 전기불꽃

해설 **점화원**(발화원)이 **될 수 없는 것**
(1) 기화열
(2) 융해열
(3) 흡착열
(4) 대기압 보기 ②

기억법 **점기융흡대**

※ **기화열** : 액체가 기체로 변할 때 발생하는 열

답 ②

★★★
## 07 화재시 연기를 이동시키는 추진력으로 옳지 않은 것은?

18회 문 25
17회 문 16
17회 문 18
17회 문 23
15회 문 15
13회 문 24
10회 문 05
09회 문 02
04회 문 09

① 굴뚝효과
② 팽창
③ 중력
④ 부력

해설 **연기**를 **이동**시키는 **요인**
(1) **연돌**(굴뚝)**효과** 보기 ①
(2) 외부에서의 **풍력**의 영향
(3) 온도상승에 의한 증기 **팽창** 보기 ②
(4) 건물 내에서의 강제적인 공기이동(공조설비)
(5) 건물 내외의 **온도차**
(6) 비중차
(7) **부력** 보기 ④

※ **굴뚝효과** : 건물 내의 연기가 압력차에 의하여 순식간에 상승하여 상층부로 이동하는 현상

답 ③

★★★
## 08 냉각소화에 사용되는 것으로 가장 흔한 것은?

① 포 ② 물
③ 이산화탄소 ④ 할론

해설 **냉각소화**에 사용되는 것으로 가장 흔한 것은 **물**이다.

중요

소화약제의 소화작용

| 소화약제 | 소화작용 | 주된 소화작용 |
|---|---|---|
| 물 | • 냉각작용<br>• 희석작용 | 냉각작용<br>(냉각소화)<br>보기 ② |
| 물(무상) | • 냉각작용<br>• 질식작용<br>• 유화작용<br>• 희석작용 | 질식작용<br>(질식소화) |
| 포 | • 냉각작용<br>• 질식작용 | |
| 분말 | • 질식작용<br>• 부촉매작용<br>(억제작용) | |
| 이산화탄소 | • 냉각작용<br>• 질식작용<br>• 피복작용 | |
| 할론 | • 질식작용<br>• 부촉매작용<br>(억제작용) | 부촉매작용<br>(연쇄반응<br>차단소화) |

답 ②

★★
## 09 착화온도(착화점)가 가장 높은 물질은?

① 석탄 ② 프로판
③ 메탄 ④ 셀룰로이드

해설

| 물질명 | 착화점 |
|---|---|
| 셀룰로이드 | 180℃ |
| 프로판 | 467℃ |
| 메탄 보기 ③ | 537℃ |

답 ③

★★
## 10 다음 소화기 설치장소 중 적당하지 않은 것은?

① 통행 또는 피난에 지장을 주지 않는 장소
② 사용시 반출이 용이한 장소
③ 장난의 방지를 위하여 사람들의 눈에 띄지 않는 장소
④ 위험물 등 각 부분으로부터 규정된 거리 이내의 장소

해설 **소화기**의 **설치장소**

(1) 통행 또는 피난에 지장을 주지 않는 장소 **보기 ①**
(2) 사용시 반출이 용이한 장소 **보기 ②**
(3) 사람들의 눈에 띄는 장소
(4) 바닥으로부터 1.5m 이하의 위치에 설치 **보기 ④**

※ 화재시 즉시 사용할 수 있도록 사람들의 눈에 잘 띄는 장소에 설치하여야 한다.

답 ③

★★★
## 11 공기 중 가연물의 위험도($H$)가 가장 작은 것은?

18회 문 05 / 16회 문 11 / 15회 문 04 / 12회 문 01 / 11회 문 05 / 10회 문 02 / 09회 문 10 / 04회 문 15

① 에터 ② 수소
③ 에틸렌 ④ 프로판

해설 **위험도**

$$H=\frac{U-L}{L}$$

여기서, $H$ : 위험도
$U$ : 연소상한계
$L$ : 연소하한계

① **에터**$=\frac{48-1.7}{1.7}=27.24$

② **수소**$=\frac{75-4}{4}=17.75$

③ **에틸렌**$=\frac{36-2.7}{2.7}=12.33$

④ **프로판**$=\frac{9.5-2.1}{2.1}=3.52$

중요

**공기 중의 폭발한계**(상온, 1atm)

| 가 스 | 하한계〔vol%〕 | 상한계〔vol%〕 |
|---|---|---|
| 아세틸렌($C_2H_2$) | 2.5 | 81 |
| 수소($H_2$) | 4 | 75 |
| 일산화탄소(CO) | 12 | 75 |
| 에터($(C_2H_5)_2O$) | 1.7 | 48 |
| 이황화탄소($CS_2$) | 1 | 50 |
| 에틸렌($CH_2=CH_2$) | 2.7 | 36 |
| 암모니아($NH_3$) | 15 | 25 |
| 메탄($CH_4$) | 5 | 15 |
| 에탄($C_2H_6$) | 3 | 12.4 |
| 프로판($C_3H_8$) | 2.1 | 9.5 |
| 부탄($C_4H_{10}$) | 1.8 | 8.4 |

※ 연소한계=연소범위=가연한계=가연범위=폭발한계=폭발범위

답 ④

★★★
## 12 할론소화약제 중 소화효과가 가장 좋고 독성이 가장 약한 것은?

① 할론 1301 ② 할론 104
③ 할론 1211 ④ 할론 2402

해설

| Halon 1301 **보기 ①** | Halon 2402 |
|---|---|
| **독성**이 가장 **약하고**, **소화효과**가 가장 **좋다**. | **독성**이 가장 **강하고**, **소화효과**가 가장 **나쁘다**. |

답 ①

★★
## 13 산소의 공기 중 확산속도는 수소의 공기 중 확산속도에 비해 몇 배 정도인가? (단, 산소의 분자량은 32, 수소는 2로 본다.)

① 4 ② 16
③ $\frac{1}{4}$ ④ $\frac{1}{16}$

해설 **그레이엄**의 **확산속도법칙**

$$\frac{V_B}{V_A}=\sqrt{\frac{M_A}{M_B}}$$

여기서, $V_A \cdot V_B$ : 확산속도〔m/s〕
$M_A \cdot M_B$ : 분자량

$$\frac{V_B}{V_A}=\sqrt{\frac{M_A}{M_B}}=\sqrt{\frac{2}{32}}=\frac{1}{4}$$

답 ③

★

## 14 목재화재시 초기의 연소속도가 매분 평균 0.75~1m씩 원형으로 확대한다면 발화 5분 후 연소된 면적은 약 몇 $m^2$ 정도 되는가?

① 38~70　② 38~78.5
③ 40~65　④ 44~78.5

해설 목재화재시 초기의 연소속도가 매분 평균 **0.75~1m**씩 원형으로 확대한다면 발화 **5분** 후 연소된 면적은 약 **44~78.5m²** 정도 된다.

중요

| 화재초기의 연소속도 | 화재중기의 연소속도 |
|---|---|
| 평균 **0.75~1m/min**씩 **원형**의 모양으로 확대해 나간다. | 평균 **1~1.5m/min**씩 **타원형**의 모양을 그리면서 확대해 나간다. |

답 ④

★★★

## 15 화재하중(Fire load)을 나타내는 단위는?

18회 문 14, 17회 문 10, 16회 문 24, 14회 문 09, 13회 문 17, 12회 문 20, 11회 문 20, 08회 문 10, 06회 문 05, 06회 문 09, 04회 문 01

① kcal/kg
② ℃/m²
③ kg/m²
④ kg/kcal

해설

$$q=\frac{\Sigma G_t H_t}{HA}=\frac{\Sigma Q}{4500A}$$

여기서, $q$ : 화재하중[kg/m²]
$G_t$ : 가연물의 양[kg]
$H_t$ : 가연물의 단위발열량[kcal/kg]
$H$ : 목재의 단위발열량[kcal/kg]
$A$ : 바닥면적[m²]
$\Sigma Q$ : 가연물의 전체 발열량[kcal]

답 ③

★★★

## 16 기체, 고체, 액체에서 나오는 분해가스나 증기의 농도를 낮추어 연소를 중지시키는 소화방법은?

18회 문 07, 16회 문 25, 16회 문 37, 15회 문 05, 15회 문 34, 14회 문 08, 13회 문 34, 08회 문 08, 06회 문 03

① 냉각소화　② 질식소화
③ 제거소화　④ 희석소화

해설 **소화의 형태**

| 소화형태 | 설 명 |
|---|---|
| **냉각소화** | **점화원**을 냉각하여 소화하는 방법 |
| **질식소화** | 공기 중의 **산소농도**를 **16%**(10~15%) 이하로 희박하게 하여 소화하는 방법 |
| **제거소화**<br>(파괴소화) | 가연물을 제거하여 소화하는 방법 |
| **화학소화**<br>(부촉매효과) | 연쇄반응을 억제하여 소화하는 방법으로 **억제작용**이라고도 한다. |
| **희석소화**<br>보기 ④ | 기체, 고체, 액체에서 나오는 분해가스나 증기의 **농도**를 **낮추어** 연소를 중지시키는 소화방법 |
| **유화소화** | 물을 무상으로 방사하여 유류 표면에 **유화층**의 막을 형성시켜 공기의 접촉을 막아 소화하는 방법 |
| **피복소화** | 비중이 공기의 **1.5배** 정도로 무거운 소화약제를 방사하여 가연물의 구석구석까지 침투·피복하여 소화하는 방법 |

답 ④

★★

## 17 열전도율을 표시하는 단위는?

19회 문 10, 19회 문 17, 16회 문 27, 13회 문 18, 11회 문 23

① kcal/m²·h·℃
② kcal·m²/h·℃
③ W/m·deg
④ J/m²·deg

해설 **열전도**와 관계있는 것
(1) 열전도율([kcal/m·h·℃], [W/m·deg])
보기 ③
(2) 비열[cal/g·℃]
(3) 밀도[kg/m³]
(4) 온도[℃]

답 ③

★

## 18 화재의 위험에 관한 사항 중 맞지 않는 것은?

① 인화점 및 착화점이 낮을수록 위험하다.
② 착화에너지가 작을수록 위험하다.
③ 증기압이 클수록, 비점 및 융점이 높을수록 위험하다.
④ 연소범위는 넓을수록 위험하다.

해설 ③ 증기압이 클수록, 비점 및 융점이 **낮을수록** 위험하다.

답 ③

★★★

## 19 다음 중 연소한계가 가장 넓은 것은 어느 물질인가?

① 에틸렌　② 프로판
③ 메탄　④ 일산화탄소

해설 **연소한계**가 넓은 순서
일산화탄소 > 에틸렌 > 메탄 > 프로판

참고

**공기 중의 연소한계**(상온, 1atm)

| 가 스 | 하한계 〔vol%〕 | 상한계 〔vol%〕 |
|---|---|---|
| 아세틸렌($C_2H_2$) | 2.5 | 81 |
| 수소($H_2$) | 4 | 75 |
| 일산화탄소(CO) **보기 ④** | 12 | 75 |
| 에터(($(C_2H_5)_2O$) | 1.7 | 48 |
| 이황화탄소($CS_2$) | 1 | 50 |
| 에틸렌($CH_2=CH_2$) **보기 ①** | 2.7 | 36 |
| 암모니아($NH_3$) | 15 | 25 |
| 메탄($CH_4$) **보기 ③** | 5 | 15 |
| 에탄($C_2H_6$) | 3 | 12.4 |
| 프로판($C_3H_8$) **보기 ②** | 2.1 | 9.5 |
| 부탄($C_4H_{10}$) | 1.8 | 8.4 |

답 ④

★

## 20 목재를 가열할 때 가열온도 160~360℃에서 많이 발생되는 기체는?

① 일산화탄소 ② 수소가스
③ 아세틸렌가스 ④ 유화수소가스

해설 **목재**의 **가열온도**에 따른 발생기체
(1) **160~360℃** : 일산화탄소(CO) **보기 ①**
(2) **361~500℃** : 이산화탄소($CO_2$)

참고

**목재의 연소과정**

목재의 가열 (100℃) 갈색 → 수분의 증발 (160℃) 흑갈색 → 목재의 분해 (220~260℃) 급격한 분해 → 탄화 종료 (300~350℃) → 발화 (420~470℃)

답 ①

★

## 21 인화성, 가연성 물질의 취급장소에 대한 화재와 폭발의 방지방법이 아닌 것은 어느 것인가?

① 발화원을 없앤다.
② 취급장소 주위의 공기 대신 불활성 기체로 바꾼다.
③ 밀폐된 용기 내에 보관한다.
④ 환기시설을 하지 않는다.

해설 **화재**와 **폭발**의 **방지방법**
(1) **발화원**을 없앤다. **보기 ①**
(2) 취급장소 주위의 공기 대신 **불활성 기체**로 바꾸어 산소의 농도를 낮춘다. **보기 ②**
(3) **밀폐**된 **용기** 내에 보관하고 **환기시설**을 한다. **보기 ③**

답 ④

★★★

## 22 다음 중 불연재료가 아닌 것은 어느 것인가?

① 기와 ② 석고보드
③ 유리 ④ 콘크리트

해설 (1) **내화구조**
① 정의 : 수리하여 재사용할 수 있는 구조
② 종류 ─ 철근콘크리트조 / 연와조 / 석조

(2) **방화구조**
① 정의 : 화재시 건축물의 인접부분으로의 연소를 차단할 수 있는 구조
② 종류 ─ 철망모르타르 바르기 / 회반죽 바르기

(3) **불연재료**
① 정의 : 불에 타지 않는 재료
② 종류 ─ 콘크리트 **보기 ④** / 석재 / 벽돌 / 기와 **보기 ①** / 유리 **보기 ③** / 철강 / 알루미늄 / 모르타르 / 회

(4) **준불연재료**
① 정의 : 불연재료에 준하는 방화성능을 가진 재료
② 종류 ─ 석고보드 / 목모시멘트판

(5) **난연재료**
① 정의 : 불에 잘 타지 아니하는 성능을 가진 재료
② 종류 ─ 난연합판 / 난연플라스틱판

② 석고보드는 준불연재료

답 ②

★

## 23 다음 설명 중 옳지 않은 것은?

① 피난로는 방화대책의 요소 중의 하나이다.
② 내화성능 바닥의 기준으로는 철근콘크리트조로서 두께가 10cm 이상인 것이다.
③ 실내의 난연화는 화재방어의 수단이 아니다.
④ 댐퍼는 닫힌 경우에 방화에 지장이 있는 틈이 생기지 않아야 한다.

해설 ① **피난로**는 방화대책의 요소 중의 하나이다. 보기 ①
② 내화성능 바닥의 기준으로는 **철근콘크리트조**로서 두께가 **10cm** 이상인 것이다. 보기 ②
③ 실내의 **난연화**는 화재방어의 수단이다. 보기 ③
④ 댐퍼는 닫힌 경우에 방화에 지장이 있는 틈이 생기지 않아야 한다. 보기 ④

③ 수단이 아니다. → 수단이다.

답 ③

★★★

## 24 가연물이 연소하기 쉬운 조건으로 틀린 것은?

① 산소와 친화력이 클 것
② 열전도율이 작을 것
③ 활성화에너지가 클 것
④ 발열량이 클 것

해설 **가연물**이 **연소**하기 쉬운 **조건**
(1) 산소와 **친화력**이 클 것 보기 ①
(2) **발열량**이 클 것 보기 ④
(3) **표면적**이 넓을 것
(4) 열전도율이 작을 것 보기 ②
(5) 활성화에너지가 작을 것 보기 ③
(6) **연쇄반응**을 일으킬 수 있을 것

③ 클 것 → 작을 것

※ **활성화에너지** : 가연물이 처음 연소하는 데 필요한 열

답 ③

★★

## 25 고체 가연물질(용융물질)의 연소과정에서 일반적으로 거치는 4단계의 순서는?

① 용융 – 열분해 – 기화 – 연소
② 열분해 – 용융 – 기화 – 연소
③ 기화 – 용융 – 열분해 – 연소
④ 열분해 – 기화 – 용융 – 연소

해설 **고체 가연물질**의 **연소과정** 보기 ①
용융 – 열분해 – 기화 – 연소

답 ①

# 제 2 과목 소방수리학 · 약제화학 및 소방전기

★★★

## 26 차동식 스포트형 열감지기의 감응부로 이용되지 않는 것은?

① 감열실 ② 다이어프램
③ 바이메탈 ④ 반도체 열전대

해설 **차동식 스포트형 감지기**
(1) 공기의 팽창 이용
① 감열실 보기 ①
② 다이어프램 보기 ②
③ 리크구멍
④ 접점
⑤ 시험장치
(2) 열기전력 이용
① 감열실
② 반도체 열전대 보기 ④
③ 고감도릴레이

③ **정온식 스포트형 열감지기**의 감응부

답 ③

★★★

## 27 무선통신보조설비의 설명 중 바르지 않은 것은?

18회 문102
17회 문118
15회 문121
14회 문124

① 수신기가 설치된 장소 등 사람이 상시 근무하는 장소에는 옥외안테나의 위치가 1 이상 표시된 옥외안테나 위치표시도를 비치할 것
② 누설동축케이블의 끝부분에는 무반사종단저항을 설치한다.
③ 증폭기의 전면에는 표시등 및 전압계를 설치한다.
④ 소방전용 주파수대에 전파의 전송 또는 복사에 적합한 것으로서 소방전용의 것으로 한다.

해설 **무선통신보조설비**의 **설치기준**(NFPC 505 제5~7조, NFTC 505 2.2)
(1) 누설동축케이블 및 안테나는 **금속판** 등에 의하여 **전파의 복사** 또는 **특성**이 현저하게 저하되지 아니하는 위치에 설치할 것
(2) **누설동축케이블**과 이에 접속하는 **안테나** 또는 **동축케이블**과 이에 접속하는 **안테나**일 것

07회

(3) 누설동축케이블 및 동축케이블은 불연 또는 난연성의 것으로서 습기에 따라 전기의 특성이 변질되지 아니하는 것으로 하고, 노출하여 설치한 경우에는 피난 및 통행에 장애가 없도록 할 것
(4) 누설동축케이블 및 동축케이블은 화재에 따라 해당 케이블의 피복이 소실된 경우에 케이블 본체가 떨어지지 아니하도록 **4m** 이내마다 **금속제** 또는 **자기제** 등의 지지금구로 **벽**·천장·기둥 등에 견고하게 고정시킬 것(**불연재료**로 구획된 반자 안에 설치하는 경우는 제외)
(4) 누설동축케이블 및 안테나는 **고압**전로로부터 **1.5m** 이상 떨어진 위치에 설치할 것(당해 전로에 **정전기차폐장치**를 유효하게 설치한 경우에는 제외)

기억법 **불벽, 정고압**

(5) 누설동축케이블의 끝부분에는 **무반사종단저항**을 설치할 것 보기 ②
(6) 누설동축케이블, 동축케이블, 분배기, 분파기, 혼합기 등의 임피던스는 **50Ω**으로 할 것
(7) 증폭기의 전면에는 **표시등** 및 **전압계**를 설치할 것 보기 ③
(8) **건축물, 지하가, 터널** 또는 **공동구**의 출입구 및 출입구 인근에서 통신이 가능한 장소에 설치할 것
(9) 다른 용도로 사용되는 안테나로 인한 **통신장애**가 발생하지 않도록 설치할 것
(10) 옥외안테나는 견고하게 설치하며 파손의 우려가 없는 곳에 설치하고 그 가까운 곳의 보기 쉬운 곳에 "**무선통신보조설비 안테나**"라는 표시와 함께 통신가능거리를 표시한 표지를 설치할 것
(11) 수신기가 설치된 장소 등 사람이 상시 근무하는 장소에는 옥외안테나의 위치가 모두 표시된 옥외안테나 위치표시도를 비치할 것 보기 ①
(12) 소방전용 주파수대에 **전파**의 **전송** 또는 **복사**에 적합한 것으로서 **소방전용**의 것으로 할 것(단, **소방대 상호간**의 **무선연락**에 지장이 없는 경우에는 다른 용도와 겸용 가능) 보기 ④

① 1 이상 → 모두

답 ①

★★★
## 28 자동화재탐지설비의 경계구역의 설명이 바르지 않은 것은?

① 하나의 경계구역이 2개 이상의 건축물에 미치지 아니하도록 하여야 한다.
② 한 변의 길이가 60m인 지하층을 하나의 경계구역으로 할 수 있다.
③ 소방대상물의 주된 출입구에서 그 내부 전체가 보이는 것에 있어서는 하나의 경계구역의 면적을 $1000m^2$ 이하로 할 수 있다.
④ 하나의 경계구역이 2개 이상의 층에 미치지 아니하도록 한다.

해설 **경계구역**의 **설정기준**(NFPC 203 제4조, NFTC 203 2.1)
(1) 1경계구역이 2개 이상의 **건축물**에 미치지 않을 것 보기 ①
(2) 1경계구역이 2개 이상의 **층**에 미치지 않을 것(단, **$500m^2$** 이하는 2개 층을 1경계구역으로 할 수 있다) 보기 ④
(3) 1경계구역의 면적은 **600**$m^2$ 이하로 하고, 1변의 길이는 50m 이하로 할 것(내부 전체가 보이면 $1000m^2$ 이하) 보기 ② ③

기억법 경600

② 한 변의 길이가 **50m**인 지하층을 하나의 경계구역으로 할 수 있다.

답 ②

★★★
## 29 차동식 분포형 감지기의 기능시험에 관한 설명 중 바르지 않은 것은?

① 펌프시험은 감지기의 작동공기압에 상당하는 공기량을 테스트펌프에 의해 불어넣어 작동할 때까지의 시간이 지정치인가를 확인하기 위한 시험이다.
② 유통시험은 작동계속시간의 조정을 위한 것이다.
③ 작동계속시험은 감지기가 작동을 개시한 때부터 작동정지할 때까지의 시간을 측정한다.
④ 접점수고시험은 접점수고치가 적정치를 보유하고 있는지를 확인하기 위한 시험이다.

해설 **차동식 분포형 감지기**의 **기능시험**
(1) **화재작동시험**
① **공기관식** : 펌프시험, 작동계속시험, 유통시험, 접점수고시험
② **열전대식** : 화재작동시험, 합성저항시험
(2) **연소시험**
① 감지기를 작동시키지 않고 행하는 시험
② 감지기를 작동시키고 행하는 시험

② 유통시험은 공기관이 새거나, 깨지거나, 줄어 들었는지의 여부 및 공기관의 길이를 확인하기 위한 시험이다.

 중요

**공기관식의 화재작동시험**

(1) **펌프시험** : 감지기의 작동공기압에 상당하는 공기량을 테스트펌프에 의해 불어넣어 작동할 때까지의 시간이 지정치인가를 확인하기 위한 시험 보기 ①

(2) **작동계속시험** : 감지기가 작동을 개시한 때부터 작동정지할 때까지의 시간을 측정하여 감지기의 작동의 계속이 정상인가를 확인하기 위한 시험 보기 ③

(3) **유통시험** : 공기관이 새거나, 깨지거나, 줄어 들었는지의 여부 및 공기관의 길이를 확인하기 위한 시험 보기 ②

① 검출부의 시험공 또는 공기관의 한쪽 끝에 **테스트펌프**를, 다른 한쪽 끝에 **마노미터**를 접속한다.

② 테스트펌프로 공기를 불어 넣어 마노미터의 수위를 **100mm**까지 상승시켜 수위를 정지시킨다(정지하지 않으면 공기관에 누설이 있는 것이다).

③ 시험콕을 이동시켜 송기구를 열고 수위가 **50mm**까지 내려가는 시간(**유통시간**)을 측정하여 공기관의 길이를 산출한다.

※ 공기관의 두께는 0.3mm 이상, 외경은 1.9mm 이상이며, 공기관의 길이는 20~100m 이하이어야 한다.

(4) **접점수고시험** : 접점수고치가 적정치를 보유하고 있는지를 확인하기 위한 시험(접점수고치가 규정치 이상이면 감지기의 작동이 늦어진다) 보기 ④

답 ②

★★

**30 다음 중 감지기의 종류와 작동원리 또는 감지방식의 연결이 바르지 않은 것은 어느 것인가?**

① 정온식 스포트형 감지기-바이메탈을 감지소자로 사용

② 이온화식 연기감지기-방사선동위원소를 감지소자로 사용

③ 적외선 스포트형 감지기-광전관을 감지소자로 사용

④ 열반도체식 감지기-열반도체소자를 감지소자로 사용

해설

③ 적외선 스포트형 감지기-**적외선 변화**를 감지하여 동작

중요

**불꽃감지기의 검출파장**

| 불꽃감지기 | 검출파장 |
|---|---|
| 자외선식 | 0.18~0.26 $\mu$m |
| 적외선식 | 4.35 $\mu$m |

답 ③

★★★

**31 다음 중 물의 소화효과와 거리가 먼 것은 어느 것인가?**

① 연쇄반응의 억제효과

② 질식효과

③ 냉각효과

④ 희석효과

해설 물의 **소화효과**

| 소화효과 | 의 미 |
|---|---|
| 냉각효과 보기 ③ | 다량의 물로 **점화원**을 **냉각**시켜 소화하는 방법 |
| 질식효과 보기 ② | 공기 중의 **산소농도**를 **16%**(10~15%) 이하로 희박하게 하여 소화하는 방법 |
| 희석효과 보기 ④ | 고체·기체·액체에서 나오는 **분해가스**나 **증기**의 **농도**를 낮추어 연소를 중지시키는 방법 |
| 유화효과 | 물을 무상으로 방사하여 유류 표면에 **유화층**의 막을 형성시켜 공기의 접촉을 막아 소화하는 방법 |

중요

**주된 소화효과**

| 소화약제 | 소화효과 |
|---|---|
| • 포<br>• 분말<br>• 이산화탄소 | 질식소화(질식효과) |
| • 물 | 냉각소화(냉각효과) |
| • 할론 | 화학소화(부촉매효과) |

답 ①

★★★
## 32 대규모 유류저장소에 가장 적합한 것으로서 압입기가 있는 포소화약제 혼합방식은?

19회 문 41
15회 문106
09회 문 27

① 펌프 프로포셔너(Pump proportioner) 방식
② 라인 프로포셔너(Line proportioner) 방식
③ 프레져 프로포셔너(Pressure proportioner) 방식
④ 프레져 사이드 프로포셔너(Pressure side proportioner) 방식

해설 **포소화약제**의 **혼합장치**

(1) **펌프 프로포셔너 방식**(펌프혼합방식) : 펌프의 토출관과 흡입관 사이의 배관 도중에 설치한 흡입기에 펌프에서 토출된 물의 일부를 보내고 **농도조정밸브**에서 조정된 포소화약제의 필요량을 포소화약제 탱크에서 펌프 흡입측으로 보내어 이를 혼합하는 방식

(2) **라인 프로포셔너 방식**(관로혼합방식)
  ① 펌프와 발포기의 중간에 설치된 벤투리관의 **벤투리작용**에 의하여 포소화약제를 흡입·혼합하는 방식
  ② 급수관의 배관도중에 포소화약제를 **흡입기**를 설치하여 그 흡입관에서 소화약제를 흡입·혼합하는 방식

(3) **프레져 프로포셔너 방식**(차압혼합방식)
  ① 가압송수관 도중에 **공기포소화원액혼합조**(P.P.T)와 혼합기를 접속하여 사용하는 방법
  ② **격막방식 휨탱크**를 사용하는 에어휨 혼합방식

(4) **프레져 사이드 프로포셔너 방식**(압입혼합방식) 보기 ④
  ① 소화원액 가압펌프(**압입용 펌프**)를 별도로 사용하는 방식
  ② 펌프 토출관에 **압입기**를 설치하여 포소화약제 **압입용 펌프**로 포소화약제를 압입시켜 혼합하는 방식

(5) **압축공기포 믹싱챔버방식** : 포수용액에 공기를 강제로 주입시켜 **원거리 방수**가 가능하고 물 사용량을 줄여 **수손피해**를 **최소화**할 수 있는 방식

중요

**포소화약제 혼합장치의 특징**

| 혼합방식 | 특 징 |
|---|---|
| **펌프 프로포셔너 방식**(Pump proportioner type) | ① 펌프는 포소화설비 전용의 것일 것<br>② 구조가 비교적 간단하다.<br>③ **소용량**의 **저장탱크용**으로 적당하다. |
| **라인 프로포셔너 방식**(Line proportioner type) | ① **구조**가 가장 **간단**하다.<br>② **압력강하**의 우려가 있다. |
| **프레져 프로포셔너 방식**(Pressure proportioner type) | ① 방호대상물 가까이에 포원액탱크를 분산배치할 수 있다.<br>② 배관을 **소화전·살수배관**과 **겸용**할 수 있다.<br>③ 포원액탱크의 압력용기 사용에 따른 **설치비**가 **고가**이다. |
| **프레져 사이드 프로포셔너 방식**(Pressure side proportioner type) | ① 고가의 포원액탱크 압력용기 사용이 불필요하다.<br>② **대용량**의 포소화설비에 적합하다.<br>③ 포원액탱크를 적재하는 **화학소방자동차**에 적합하다. |
| **압축공기포 믹싱챔버방식** | ① 원거리 방수가 가능하다.<br>② 수손피해가 적다. |

답 ④

★★
## 33 다음 중 반드시 내화배선으로 하여야 하는 것은?

15회 문 48
12회 문 46
12회 문 47
11회 문125
07회 문 49

① 비상벨설비 기동장치와 비상벨회로
② 자동화재탐지설비 수신반과 발신반회로
③ 옥내소화전설비 제어반과 위치표시등 회로
④ 자동화재탐지설비의 수신반과 중계기의 비상전원 회로

해설 ①~③ 내열배선, ④ 내화배선

중요

**소방시설의 배선공사**

(1) **자동화재탐지설비**

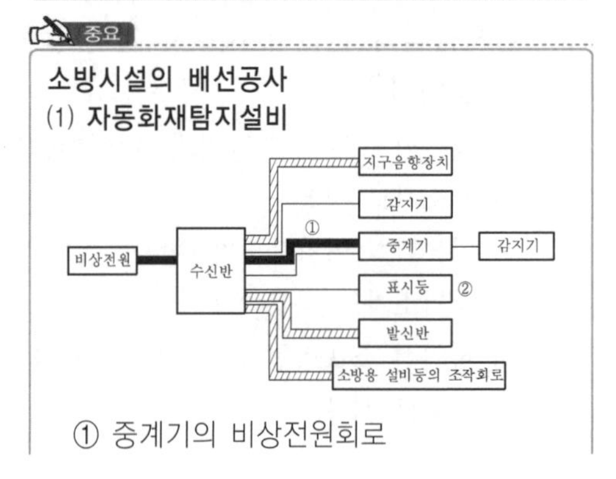


① 중계기의 비상전원회로

07회

② 발신기를 다른 소방용 설비 등의 기동장치와 겸용할 경우 발신기 상부 표시등의 회로는 비상전원에 연결된 **내열배선**으로 한다.

(2) **비상벨 · 자동식 사이렌**

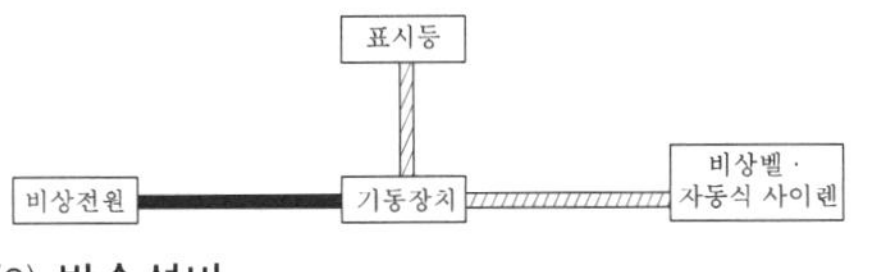


(3) **방송설비**

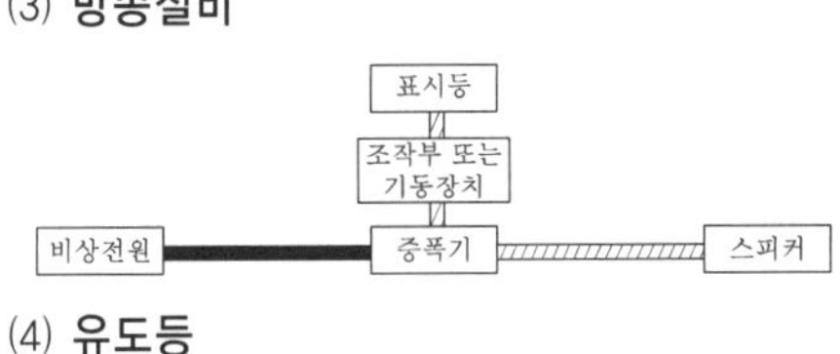


(4) **유도등**

(5) **비상조명등설비**

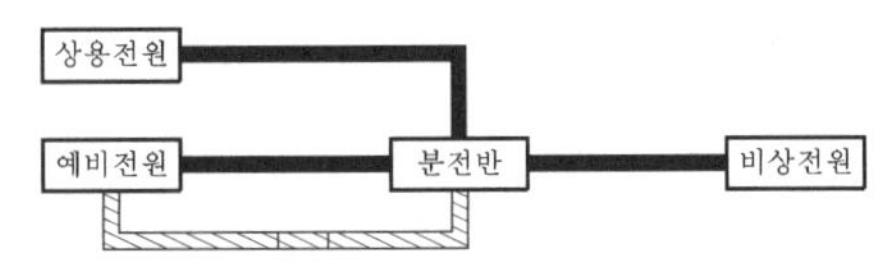


(6) **비상콘센트설비**

(7) **무선통신보조설비**

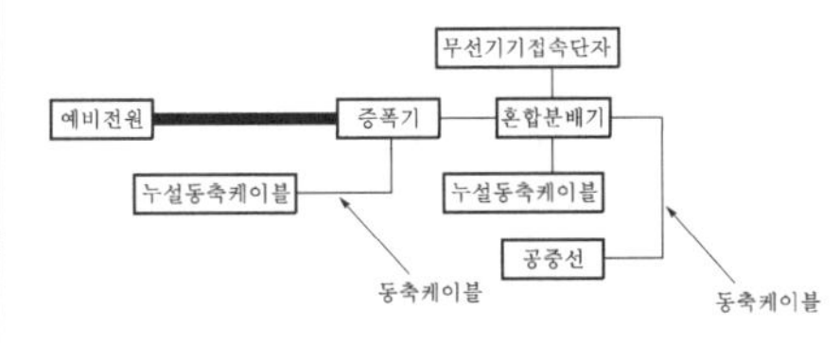


(8) **옥내소화전설비**

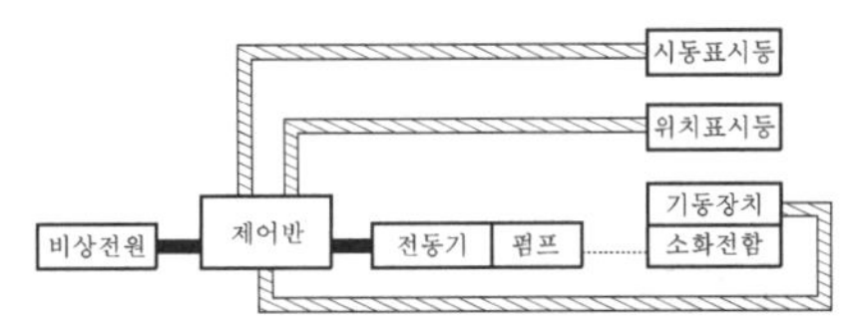


(9) **스프링클러설비 · 물분무소화설비 · 포소화설비**

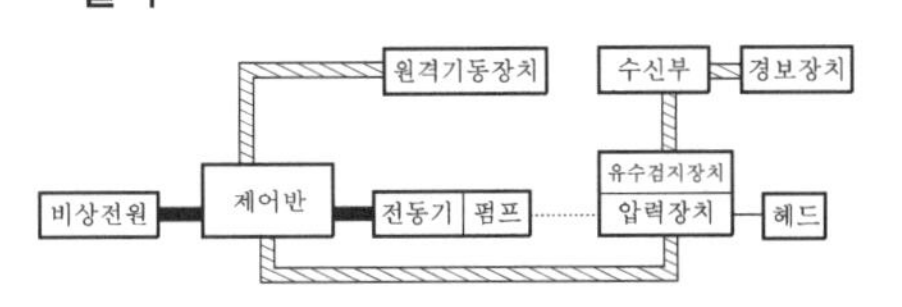


(10) **이산화탄소 소화설비 · 할론소화설비 · 분말소화설비**

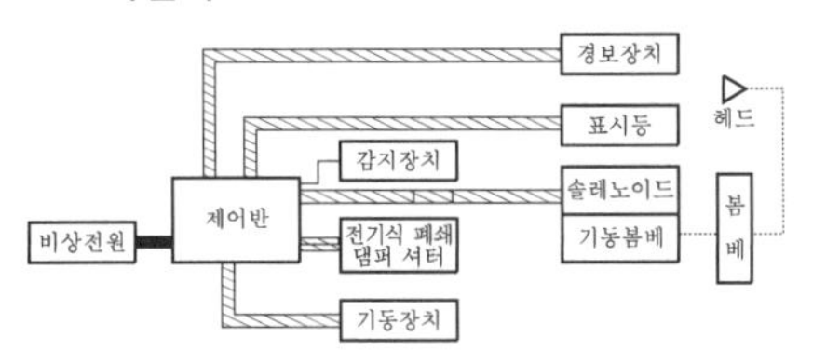


(11) **옥외소화전설비**

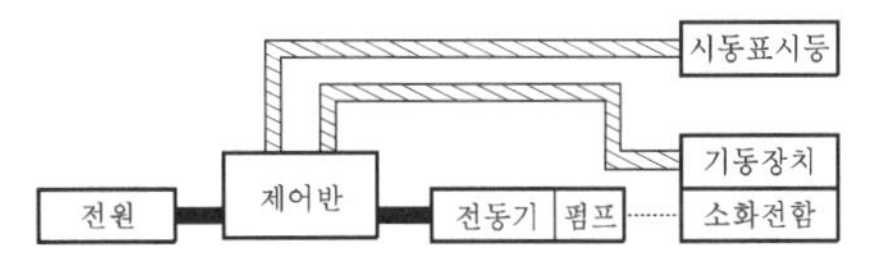


(12) **제연설비**

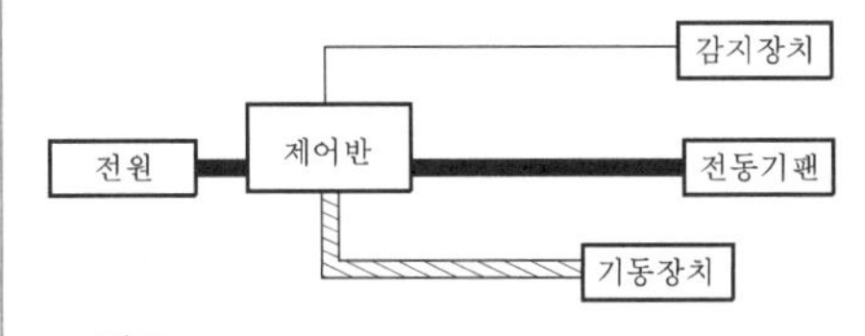


※ 비고
① ▬ 은 내화배선
② ▨ 은 내열배선
③ ── 은 일반배선
④ ········ 은 수도 또는 가스관
⑤ 축전지설비를 기기에 내장하는 경우에는 기기의 전원배선을 일반배선으로 할 수 있다.

답 ④

★★
**34** 소방시설용 비상전원수전설비의 설명이 바른 것은?
18회 문108
11회 문116

① 큐비클형은 반드시 전용큐비클식으로 설치하여야 한다.
② 옥외개방형은 건축물의 옥상을 제외한 곳에 설치하여야 한다.
③ 큐비클형의 경우 외함은 두께 2.3mm 이상의 강판으로 제작하여야 한다.
④ 비상전원수전설비는 전용의 방화구획 외에 설치하여야 한다.

해설 **소방시설용 비상전원수전설비**(NFPC 602 제5조, NFTC 602 2.2.2, 2.2.3)
(1) 큐비클형은 **전용큐비클** 또는 **공용큐비클식**으로 설치할 것
(2) 옥외개방형은 건축물의 **옥상**에 설치할 수 있다.

(3) 큐비클형의 경우 외함은 두께 2.3mm 이상의 강판으로 제작할 것 **보기 ③**

(4) 비상전원수전설비는 전용의 **방화구획 내**에 설치할 것

중요

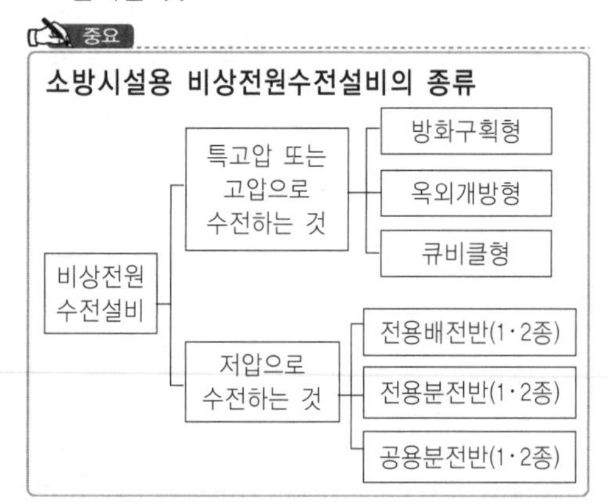


답 ③

★

## 35 등가관장 값이 가장 작은 것은?

① 티(측류) ② 45° 엘보

③ 게이트밸브 ④ 유니언

해설 **배관부속류에 상당하는 직관길이**

| 관 이음쇠 밸브 | 티(측류) | 45° 엘보 | 게이트밸브 | 유니언 |
|---|---|---|---|---|
| | 상당직관길이 | | | |
| 50mm | 3m | 1.2m | 0.39m | 극히 적다 |

티(측류)>45° 엘보>게이트밸브>유니언

답 ④

★★

## 36 직경 100mm인 배관에 초당 3m의 평균속도로 물이 흐를 때 배관길이 100m에서의 마찰손실수두는? (단, 배관의 마찰계수는 0.02)

19회 문 29 / 18회 문 46 / 15회 문 28 / 12회 문 36 / 08회 문 05 / 02회 문 28

① 4.63m ② 9.18m

③ 13.76m ④ 36.73m

해설 **다르시-바이스바하의 식**(Darcy-Weisbach formula, 층류)

$$H=\frac{\Delta p}{\gamma}=\frac{f l V^2}{2g D}$$

여기서, $H$ : 마찰손실[m]

$\Delta p$ : 압력차[kN/m²]

$\gamma$ : 비중량(물의 비중량 9.8kN/m³)

$f$ : 관마찰계수

$l$ : 길이[m]

$V$ : 유속[m/s]

$g$ : 중력가속도(9.8m/s²)

$D$ : 내경[m]

마찰손실 $H$는

$$H=\frac{f l V^2}{2g D}$$

$$=\frac{0.02\times 100\text{m}\times(3\text{m/s})^2}{2\times 9.8\text{m/s}^2\times 0.1\text{m}}$$

$$\fallingdotseq 9.18\text{m}$$

답 ②

★★★

## 37 구경 65mm인 노즐 선단에서 분당 400리터의 물이 방사되고 있을 때 물의 유속은?

① 1.01m/s ② 2.01m/s

③ 3.01m/s ④ 4.01m/s

해설 **유량**(Flowrate)

$$Q=AV=\left(\frac{\pi}{4}D^2\right)V$$

여기서, $Q$ : 유량[m³/s]

$A$ : 단면적[m²]

$V$ : 유속[m/s]

$D$ : 직경[m]

유속 $V$는

$$V=\frac{Q}{\frac{\pi}{4}D^2}$$

$$=\frac{400\text{L/min}}{\frac{\pi}{4}(0.065\text{m})^2}$$

$$=\frac{0.4\text{m}^3/60\text{s}}{\frac{\pi}{4}(0.065\text{m})^2}\fallingdotseq 2.01\text{m/s}$$

※ 1000L=1m³이므로 400L=0.4m³

답 ②

★★

## 38 압력계가 약 $30\text{lb}_f/\text{in}^2$를 가리키고 있다. 환산값은?

① 2070kPa

② 3070kPa

③ 4070kPa

④ 5070kPa

해설

$$
\begin{aligned}
1\text{atm} &= 760\text{mmHg} = 1.0332\text{kg}_f/\text{cm}^2 \\
&= 10.332\text{mH}_2\text{O(mAq)} \\
&= 14.7\text{PSI}(1\text{b}_f/\text{in}^2) \\
&= 101.325\text{kPa}(\text{kN/m}^2) \\
&= 1013\text{mbar}
\end{aligned}
$$

kPa로 변환하면

$$
30\text{1b}_f/\text{in}^2 = \frac{30\text{1b}_f/\text{in}^2}{14.7\text{1b}_f/\text{in}^2} \times 101.325\text{kPa} \fallingdotseq 207\text{0kPa}
$$

※ f(force)는 **중력상태**를 의미하는 것으로 보통 생략하는 경우가 많다.

답 ①

★★★

## 39 물의 특성 중 옳지 않은 것은 어느 것인가?

① 대기압 하에서 100℃의 물이 수증기로 바뀔 때 체적은 160배 정도 증가한다.

② 물의 기화잠열은 539cal/g이다.

③ 0℃의 물 1g이 100℃의 수증기가 되는 데 필요한 열량은 639cal/g이다.

④ 물의 융해잠열은 80cal/g이다.

① 대기압 하에서 100℃의 물이 수증기로 바뀔 때 체적은 **1600배** 정도 증가한다.

중요

**물의 잠열**

| 구 분 | 설 명 |
|---|---|
| 융해잠열 | 80cal/g |
| 기화(증발)잠열 | 539cal/g |
| 0℃의 물 1g이 100℃의 수증기가 되는 데 필요한 열량 | 639cal/g |
| 0℃의 얼음 1g이 100℃의 수증기가 되는 데 필요한 열량 | 719cal/g |

답 ①

★

## 40 이산화탄소 소화설비의 방호구역에 설치하는 과압배출구의 크기를 계산하는 일반식은? (단, $X$=배출구 면적, $Q$=$CO_2$ 유량, $P$=방호구역 허용강도)

① $X = \frac{\sqrt{239Q}}{P}$　② $X = \sqrt{\frac{239Q}{P}}$

③ $X = \frac{239\sqrt{Q}}{P}$　④ $X = \frac{239Q}{\sqrt{P}}$

해설 과압배출구 크기

$$
X = \frac{239Q}{\sqrt{P}}
$$

여기서, $X$ : 배출구 면적〔$\text{mm}^2$〕

$Q$ : $CO_2$ 유량〔kg/min〕

$P$ : 방호구역 허용강도〔kPa gauge〕

답 ④

★★

## 41 물의 유체특성 중 바르지 않은 것은 어느 것인가?

① 온도가 올라갈수록 물의 절대압도 높아진다.

② 온도가 올라갈수록 물의 증기압도 높아진다.

③ 압력을 가할 때 밀도의 변화가 크다.

④ 물은 극성공유결합을 하고 있다.

해설

③ 물은 **비압축성 유체**이므로 압력을 가할 때 밀도의 변화가 작다.

중요

**유체의 종류**

| 종 류 | 설 명 |
|---|---|
| **실**제유체 | **점**성이 **있**으며, **압축성**인 유체 |
| **이**상유체 | 점성이 없으며, **비압축성**인 유체 |
| **압**축성 유체 | **기체**와 같이 체적이 변화하는 유체 |
| 비압축성 유체 | **액체**와 같이 체적이 변화하지 않는 유체 |

기억법 실점있압(실점이 있는 사람 압박해)
이비
기압

답 ③

★★

## 42 할론 1301의 질소가스 축압에 대한 설명이 바르지 않은 것은?

① 질소가스를 축압할 때 쉽게 가압할 수 있다.

② 질소가스를 축압할 때 할론 1301과 화학적으로 반응한다.

③ 할론 1301은 자체 증기압이 낮기 때문에 질소가스로 축압한다.

④ 질소가스의 가압은 압력에 따라 고압식과 저압식으로 나누어진다.

해설 ② 질소가스를 축압할 때 할론 1301과 화학적으로 반응하지 않는다.

참고

**압력원**

| 소화기 | 충전가스 |
|---|---|
| • 강화액<br>• 산 · 알칼리<br>• 화학포<br>• 분말(가스가압식) | 이산화탄소 |
| • 할론<br>• 분말(축압식) | 질소 |

답 ②

★★★

## 43 IG-541에 관하여 설명한 것 중 바르지 않은 것은?

15회 문 39
14회 문 35
14회 문 39
08회 문 47
08회 문122

① IG-541은 불연성 · 불활성 기체 혼합가스이다.
② IG-541은 질소가 52% 함유되어 있다.
③ IG-541은 질소, 헬륨, 이산화탄소로 구성된다.
④ IG-541은 이산화탄소가 8% 함유되어 있다.

해설 ③ IG-541은 **질소, 아르곤, 이산화탄소**로 구성된다.

중요

**할로겐화합물 및 불활성기체 소화약제의 종류**

| 소화약제 | 화학식 |
|---|---|
| 도데카플루오르-2-메틸펜탄-3-원 (FK-5-1-12) | $CF_3CF_2C(O)CF(CF_3)_2$ |
| 퍼플루오르부탄 (FC-3-1-10) | $C_4F_{10}$ |
| 하이드로클로로플루오르카본혼화제 (HCFC BLEND A) | HCFC-123($CHCl_2CF_3$) : 4.75%<br>HCFC-22($CHClF_2$) : 82%<br>HCFC-124($CHClFCF_3$) : 9.5%<br>$C_{10}H_{16}$ : 3.75% |
| 클로로테트라플루오르에탄 (HCFC-124) | $CHClFCF_3$ |
| 펜타플루오르에탄 (HFC-125) | $CHF_2CF_3$ |
| 헵타플루오르프로판 (HFC-227ea) | $CF_3CHFCF_3$ |
| 트리플루오르메탄 (HFC-23) | $CHF_3$ |
| 헥사플루오르프로판 (HFC-236fa) | $CF_3CH_2CF_3$ |
| 트리플루오르이오다이드 (FIC-13I1) | $CF_3I$ |
| 불연성 · 불활성 기체혼합가스 (IG-01) | Ar |
| 불연성 · 불활성 기체혼합가스 (IG-100) | $N_2$ |
| 불연성 · 불활성 기체혼합가스 (IG-541) | $N_2$ : 52%, Ar : 40%, $CO_2$ : 8% |
| 불연성 · 불활성 기체혼합가스 (IG-55) | $N_2$ : 50%, Ar : 50% |

답 ③

★★

## 44 고압식 이산화탄소 소화약제 용기의 내용적이 50L라고 할 때, 이 용기에 충전할 수 있는 이산화탄소의 최대 양은?

① 11.1kg
② 22.2kg
③ 33.3kg
④ 44.4kg

해설 **$CO_2$ 소화약제**의 **충전비**(저장용기)

| 구 분 | 충전비 |
|---|---|
| 고압식 | **1.5~1.9** 이하 |
| 저압식 | **1.1~1.4** 이하 |

**충전비**

$$C=\frac{V}{G}$$

여기서, $C$ : 충전비〔L/kg〕
$V$ : 내용적〔L〕
$G$ : 저장량〔kg〕

**저장량** $G$는

$$G=\frac{V}{C}=\frac{50}{1.5\sim1.9}=33.3\sim26.3\text{kg}$$

∴ 최대량은 **33.3kg**이다.

답 ③

★★★

## 45 방수압력을 측정하였더니 0.3MPa이었다. 이때 방수량은? (단, 관창의 내경은 19mm)

① 21.49L/min ② 408.3L/min
③ 705.1L/min ④ 1000L/min

해설 **방수량** $Q$는

$$Q=0.653D^2\sqrt{10P}$$
$$=0.653\times(19\text{mm})^2\times\sqrt{10\times0.3\text{MPa}}$$
$$\fallingdotseq 408.3\text{L/min}$$

중요

소방에서 사용되는 **방수량** 식

(1) $Q=0.653D^2\sqrt{10P}=0.6597CD^2\sqrt{10P}$

여기서, $Q$ : 방수량〔L/min〕
$D$ : 관의 내경〔mm〕
$P$ : 동압〔MPa〕
$C$ : 노즐의 흐름계수(유량계수)

(2) $Q=K\sqrt{10P}$

여기서, $Q$ : 방수량〔L/min〕
$K$ : 방출계수
$P$ : 동압〔MPa〕

답 ②

★★★

## 46 높이 18m에서 압력계가 0.3MPa을, 3m에서는 0.15MPa을 지시하고 있다. 5층과 1층간의 수두손실은 얼마인가? (단, 관경은 100mm, 관 내 유속은 초당 5미터)

① 30m ② 40m
③ 50m ④ 60m

해설

$$\frac{{V_1}^2}{2g}+\frac{p_1}{\gamma}+Z_1=\frac{{V_2}^2}{2g}+\frac{p_2}{\gamma}+Z_2+\Delta H$$

(속도수두) (압력수두) (위치수두)

여기서, $V_1, V_2$ : 유속〔m/s〕
$p_1, p_2$ : 압력〔kN/m$^2$〕
$Z_1, Z_2$ : 높이〔m〕
$g$ : 중력가속도(9.8m/s$^2$)
$\gamma$ : 비중량(물의 비중량 9.8kN/m$^3$)
$\Delta H$ : 손실수두〔m〕

**5층**과 **1층**의 **유속**이 **같으므로 속도수두**가 같아져 속도수두를 무시하면 다음과 같이 표현된다.

$$\frac{p_1}{\gamma}+Z_1=\frac{p_2}{\gamma}+Z_2+\Delta H$$

**수두손실**(손실수두) $\Delta H$는

$$\Delta H=\frac{(p_1-p_2)}{\gamma}+(Z_1-Z_2)$$
$$=\frac{(0.3-0.15)\text{MPa}}{9.8\text{kN/m}^3}+(18-3)\text{m}$$
$$=\frac{150\text{kN/m}^2}{9.8\text{kN/m}^3}+15\text{m}$$

- 1MPa=1000kPa
- 1kPa=1kN/m$^2$
- 0.15MPa=150kPa=150kN/m$^2$

$$\Delta H\fallingdotseq\frac{150\text{kN/m}^2}{9.8\text{kN/m}^3}+15\text{m}\fallingdotseq 30\text{m}$$

답 ①

★★★

## 47 R형 중계기에 대한 설명 중 바르지 않은 것은?

① 중계기에는 예비전원을 설치하지 않아도 된다.
② 조작 및 점검이 편리한 장소에 설치하여야 한다.
③ 화재 및 침수 등의 재해로 인한 피해를 받을 우려가 없는 장소에 설치하여야 한다.
④ 중계기에는 상용전원을 설치하여야 한다.

해설 **중계기**의 **설치기준**(NFPC 203 제6조, NFTC 203 2.3)

(1) 수신기에 직접 감지기회로의 **도통시험**을 행하지 아니하는 것에 있어서는 **수신기**와 **감지기** 사이에 설치할 것
(2) **조작** 및 **점검**에 편리하고 화재 및 침수 등의 재해로 인한 피해를 받을 우려가 없는 장소에 설치할 것 **보기 ②③**
(3) 수신기에 의하여 감시되지 아니하는 배선을 통하여 전력을 공급받는 것에 있어서는 **전원입력측**의 배선에 **과전류차단기**를 설치하고 해당 전원의 정전이 즉시 수신기에 표시되는 것으로 하며, **상용전원** 및 **예비전원**의 시험을 할 수 있도록 할 것 **보기 ④**

① 중계기에는 **예비전원**을 설치하여야 한다.

답 ①

★

## 48 발신기의 시험에 관한 설명 중 바르지 않은 것은?

① 발신기의 시험조건은 실온이 섭씨 5도 이상, 섭씨 35도 이하이어야 한다.

② 옥내형 발신기의 경우 영하 5±2℃에서 50±2℃까지의 주위온도에서 이상이 없어야 한다.

③ 옥외형 발신기의 경우 영하 20±2℃에서 70±2℃까지의 주위온도에서 이상이 없어야 한다.

④ 발신기의 시험조건은 상대습도가 45% 이상 85% 이하의 상태에서 실시한다.

해설 **주위온도 시험**

| 주위온도 | 기 기 |
|---|---|
| −35~70℃ | 경종(옥외형), 발신기(옥외형) |
| −20~50℃ | 변류기(옥외형) |
| −10~50℃ | 기타, 발신기(옥내형) |
| 0~40℃ | 가스누설경보기(분리형) |

답 ②

★★★

## 49 내열배선공사에 사용되지 않는 전선은?

15회 문 48
12회 문 46
12회 문 47
11회 문125
07회 문 33

① 450/750V 저독성 난연 가교 폴리올레핀 절연전선

② 0.6/1kV 가교 폴리에틸렌 절연 저독성 난연 폴리올레핀 시스 전력 케이블

③ 6/10kV 가교 폴리에틸렌 절연 저독성 난연 폴리올레핀 시스 전력용 케이블

④ 로멕스전선

해설 **내열배선**

| 사용전선의 종류 | 공사방법 |
|---|---|
| ① 450/750V 저독성 난연 가교 폴리올레핀 절연전선 **보기 ①**<br>② 0.6/1kV 가교 폴리에틸렌 절연 저독성 난연 폴리올레핀 시스 전력 케이블 **보기 ②**<br>③ 6/10kV 가교 폴리에틸렌 절연 저독성 난연 폴리올레핀 시스 전력용 케이블 **보기 ③**<br>④ 가교 폴리에틸렌 절연 비닐시스 트레이용 난연 전력 케이블<br>⑤ 0.6/1kV EP 고무절연 클로로프렌 시스 케이블<br>⑥ 300/500V 내열성 실리콘 고무 절연전선(180℃)<br>⑦ 내열성 에틸렌-비닐 아세테이트 고무 절연 케이블<br>⑧ 버스덕트(Bus Duct) | • 금속관공사<br>• 금속제 가요전선관 공사<br>• 금속덕트 공사<br>• 케이블 공사 |
| ⑨ 내화전선 | • 케이블 공사 |

비교

**내화배선**

| 사용전선의 종류 | 공사방법 |
|---|---|
| ① 450/750V 저독성 난연 가교 폴리올레핀 절연전선<br>② 0.6/1kV 가교 폴리에틸렌 절연 저독성 난연 폴리올레핀 시스 전력 케이블<br>③ 6/10kV 가교 폴리에틸렌 절연 저독성 난연 폴리올레핀 시스 전력용 케이블<br>④ 가교 폴리에틸렌 절연 비닐시스 트레이용 난연 전력 케이블<br>⑤ 0.6/1kV EP 고무절연 클로로프렌 시스 케이블<br>⑥ 300/500V 내열성 실리콘 고무 절연전선(180℃)<br>⑦ 내열성 에틸렌-비닐 아세테이트 고무 절연 케이블<br>⑧ 버스덕트(Bus Duct) | • 금속관공사<br>• 2종 금속제 가요전선관공사<br>• 합성수지관공사<br>※ 내화구조로 된 벽 또는 바닥 등에 벽 또는 바닥의 표면으로부터 25mm 이상의 깊이로 매설할 것 |
| ⑨ 내화전선 | • 케이블공사 |

답 ④

★

## 50 소방용 전선에서 반드시 요구되는 사항이 아닌 것은?

① 불연성

② 내화성

③ 내열성

④ 가요성

① 반드시 불연성이 요구되는 것은 아니다.

답 ①



07회

## 제 3 과목 소방관련법령

★★
**51** 소방본부장 또는 소방서장의 직무로 옳은 것은?

① 이상기상의 예보 또는 특보가 있을지라도 화재위험경보를 발할 수 없다.
② 화재를 예방하기 위하여 필요한 때에는 기간을 정하여 일정한 구역 안에 있어서의 모닥불, 흡연 등 화기취급을 금지하거나 제한할 수 있다.
③ 화재의 위험경보가 해제될 때까지 관계인은 해당구역 안에 상주하여야 한다.
④ 화재의 현장에 소방활동구역을 설정할 수 있으나 그 구역으로부터 퇴거를 명하거나 출입을 금지 또는 제한할 수는 없다.

해설 **화재예방법 제17조**
**화재의 예방조치** 보기 ②
누구든지 화재예방강화지구 및 이에 준하는 **대통령령**으로 정하는 장소에서는 모닥불, 흡연 등 화기의 취급, 풍등 등 소형열기구 날리기, 용접·용단 등 불꽃을 발생시키는 행위 등을 하여서는 아니된다.

답 ②

★
**52** 특정소방대상물에서 소방안전관리업무를 대행할 수 있는 사람은?

① 소방시설관리업을 등록한 사람
② 소방공사감리업을 등록한 사람
③ 소방시설설계업을 등록한 사람
④ 소방시설공사업을 등록한 사람

해설 **화재예방법 제25조**
**소방안전관리업무 대행자** 보기 ①
소방안전관리업무를 대행하는 자의 대행인력의 배치기준·자격·방법 등 : **행정안전부령**

답 ①

★★
**53** 소방시설공사업자가 소방시설공사를 하고자 할 때에는?

① 소방시설 착공신고를 하여야 한다.
② 건축허가만 받으면 된다.
③ 시공 후 완공검사만 받으면 된다.
④ 소방서장의 인가를 받아야 한다.

해설 **공사업법 제13조**
**착공신고** 보기 ①
공사업자가 대통령령으로 정하는 소방시설공사를 하고자 하는 때에는 행정안전부령으로 정하는 바에 따라 그 공사의 내용, 시공장소, 그 밖의 필요한 사항을 **소방본부장** 또는 **소방서장**에게 **신고**하여야 한다.

답 ①

★★★
**54** 시·도지사는 등록신청을 받은 소방시설업의 업종별 자본금·기술인력이 소방시설업의 업종별 등록기준에 적합하다고 인정되는 경우에는 등록신청을 받은 날부터 며칠 이내에 소방시설업 등록증 및 소방시설업 등록수첩을 발급하여야 하는가?

① 3 ② 5
③ 10 ④ 15

해설 **공사업규칙 제2~7조**
**소방시설업**

| 내 용 | | 날 짜 |
|---|---|---|
| • 등록증 재발급 | 지위승계·분실 등 | **3일** 이내 |
| | 변경신고 등 | **5일** 이내 |
| • 등록서류보완 | | **10일** 이내 |
| • 등록증 발급 보기 ④ | | **15일** 이내 |
| • 등록사항 변경신고<br>• 지위승계 신고시 서류제출 | | **30일** 이내 |

답 ④

★
**55** 소방기술자의 소방시설공사 현장의 배치기준으로 옳은 것은?
17회 문 55
16회 문 57

① 기계분야의 소방설비기사는 기계분야 소방시설의 부대시설에 대한 공사에 배치할 수 없다.
② 비상콘센트설비 및 비상방송설비의 공사는 전기분야의 소방설비기사가 담당한다.
③ 전기분야의 소방설비기사는 기계분야 소방시설에 부설되는 자동화재탐지설비의 공사에 배치하여서는 아니 된다.
④ 무선통신보조설비의 공사는 기계분야의 소방설비기사도 배치할 수 있다.

해설 공사업령 [별표 2]
소방기술자의 배치기준

| 자격구분 | 소방시설공사의 종류 |
|---|---|
| 전기분야 소방시설 공사 | • 자동화재탐지설비 · 비상경보설비<br>• 시각경보기<br>• 비상방송설비 · 자동화재속보설비 또는 통합감시시설<br>• 비상콘센트설비 · 무선통신보조설비<br>• 기계분야 소방시설에 부설되는 전기시설 중 비상전원 · 동력회로 · 제어회로 |

답 ②

★★★
## 56 다음 중 제조소 등의 검사권한이 없는 사람은?

① 소방대장　② 시 · 도지사
③ 소방본부장　④ 소방서장

해설 위험물법 제22조
제조소 등의 출입 · 검사
(1) 검사권자 ─ **소방청장**
　├ **시 · 도지사** 보기 ②
　├ **소방본부장** 보기 ③
　└ **소방서장** 보기 ④
(2) 주거(주택) : **관계인**의 **승낙** 필요

답 ①

★
## 57 화재안전기준을 다르게 적용하여야 하는 특수한 용도 또는 구조를 가진 특정소방대상물 중 원자력발전소, 중 · 저준위 방사성 폐기물의 저장시설 등에 설치하지 않아도 되는 소방시설로서 옳은 것은?

① 옥내소화전설비 및 소화용수설비
② 옥내소화전설비 및 옥외소화전설비
③ 스프링클러설비 및 물분무등소화설비
④ 연결송수관설비 및 연결살수설비

해설 소방시설법 시행령 [별표 6]
소방시설을 설치하지 않을 수 있는 특정소방대상물 및 소방시설의 범위

| 구 분 | 특정소방대상물 | 소방시설 |
|---|---|---|
| **화**재안전**기**준을 달리 적용하여야 하는 특수한 용도 또는 구조를 가진 특정소방대상물 | • 원자력발전소<br>• 중 · 저준위 방사성 폐기물의 저장시설 | • **연**결송수관설비<br>• **연**결살수설비<br>보기 ④<br>기억법 화기연(**화기연**구) |
| 자체소방대가 설치된 특정소방대상물 | 자체소방대가 설치된 위험물제조소 등에 부속된 사무실 | • 옥내소화전설비<br>• 소화용수설비<br>• 연결살수설비<br>• 연결송수관설비 |

답 ④

★★★
## 58 정당한 사유 없이 며칠 이상 소방시설공사를 계속하지 아니한 때에는 도급계약을 해지할 수 있는가?

① 10일　② 20일
③ 30일　④ 60일

해설 공사업법 제23조
도급계약의 해지
(1) 소방시설업이 **등록취소**되거나 **영업정지**의 **처분**을 받은 경우
(2) 소방시설업을 **휴업** 또는 **폐업**한 경우
(3) 정당한 사유 없이 **30일** 이상 소방시설공사를 계속하지 아니하는 경우 보기 ③
(4) **하수급인**의 **변경요구**에 응하지 아니한 경우

답 ③

★
## 59 위험물 각 유별 저장 · 취급의 공통기준에 대한 내용으로 옳지 않은 것은?

① 제1류 위험물 중 자연발화성 물품에 있어서는 불티 · 불꽃 또는 고온체와의 접근 · 과열 또는 공기와의 접촉을 피하고, 금수성 물품에 있어서는 물과의 접촉을 피하여야 한다.
② 제4류 위험물은 불티 · 불꽃 · 고온체와의 접근 또는 과열을 피하고, 함부로 증기를 발생시키지 아니하여야 한다.
③ 제5류 위험물은 불티 · 불꽃 · 고온체와의 접근이나 과열 · 충격 또는 마찰을 피하여야 한다.
④ 제6류 위험물은 가연물과의 접촉 · 혼합이나 분해를 촉진하는 물품과의 접근 또는 과열을 피하여야 한다.

해설 위험물규칙 [별표 18] Ⅱ
위험물의 유별 저장 · 취급의 공통기준

**제1류 위험물** : 가연물과의 접촉·혼합이나 분해를 촉진하는 물품과의 접근 또는 **과열·충격·마찰** 등을 피하는 한편, **알칼리금속**의 **과산화물** 및 이를 함유한 것에 있어서는 물과의 접촉을 피할 것 보기 ①

답 ①

★★
## 60 원활한 소방활동을 위한 소방용수시설 및 지리조사의 실시횟수 기준으로 옳은 것은?

① 월 1회 이상 ② 3월에 1회 이상
③ 6월에 1회 이상 ④ 연 1회 이상

해설 **기본규칙 제7조**
**소방용수시설 및 지리조사**
(1) 조사자 : **소방본부장·소방서장**
(2) 조사일시 : **월 1회** 이상 보기 ①
(3) 조사내용
① 소방용수시설
② 도로의 **폭·교통상황**
③ 도로 주변의 **토지 고저**
④ 건축물의 **개황**
(4) 조사결과 : **2년간** 보관

답 ①

★★★
## 61 소방시설관리사가 다른 사람에게 자격증을 빌려주었을 때 제1차 행정처분기준은?

19회 문 59 / 16회 문 64 / 15회 문 57 / 12회 문 57 / 11회 문 72 / 11회 문 73 / 10회 문 65 / 09회 문 64 / 09회 문 66 / 07회 문 63 / 04회 문 69 / 04회 문 74

① 자격정지 3월
② 자격정지 6월
③ 자격정지 2년
④ 자격취소

해설 **소방시설법 시행규칙 [별표 8]**
**소방시설관리사의 행정처분기준**

| 위반사항 | 행정처분기준 | | |
|---|---|---|---|
| | 1차 | 2차 | 3차 |
| ① 미점검 | 자격정지 1월 | 자격정지 6월 | 자격취소 |
| ② 거짓점검<br>③ 대행인력 배치기준·자격·방법 미준수<br>④ 자체점검 업무 불성실 | 경고 (시정명령) | 자격정지 6월 | 자격취소 |
| ⑤ 부정한 방법으로 시험합격<br>⑥ 소방시설관리사증 대여<br>⑦ 관리사 결격사유에 해당한 때<br>⑧ 2 이상의 업체에 취업한 때 | 자격취소 보기 ④ | – | – |

답 ④

★★
## 62 위험물과 그 지정수량의 조합으로 옳은 것은?

① 황린 20kg ② 염소산염류 30kg
③ 과염소산 200kg ④ 질산 200kg

해설 **위험물령 [별표 1]**
**위험물**

| 품 명 | 지정수량 |
|---|---|
| 황린 | 20kg 보기 ① |
| 염소산염류 | 50kg |
| 과염소산 | 300kg |
| 질산 | |

답 ①

★★★
## 63 소방시설관리업자가 다른 사람에게 등록증을 빌려준 때의 1차 행정처분기준은?

19회 문 59 / 16회 문 64 / 15회 문 57 / 12회 문 57 / 11회 문 72 / 11회 문 73 / 10회 문 65 / 09회 문 64 / 09회 문 66 / 07회 문 61 / 04회 문 69 / 04회 문 74

① 경고
② 영업정지 3월
③ 영업정지 6월
④ 등록취소

해설 **소방시설법 시행규칙 [별표 8]**
**소방시설관리업자의 행정처분기준**

| 위반사항 | 행정처분기준 | | |
|---|---|---|---|
| | 1차 | 2차 | 3차 |
| ① 미점검<br>② 점검능력평가를 받지 않고 자체점검을 한 경우 | 영업정지 1월 | 영업정지 3월 | 등록취소 |
| ③ 거짓점검<br>④ 등록기준미달(단, 기술인력이 퇴직하거나 해임되어 30일 이내에 재선임하여 신고하는 경우 제외) | 경고 (시정명령) | 영업정지 3월 | 등록취소 |
| ⑤ 부정한 방법으로 등록한 때<br>⑥ 등록결격사유에 해당한 때<br>⑦ 등록증 또는 등록수첩 대여 | 등록취소 보기 ④ | – | – |

답 ④

★
## 64 소방시설관리사 시험의 시험위원이 될 수 없는 사람은?

① 소방관련분야의 석사학위를 가진 사람
② 소방관련학과 조교수 이상으로 2년 이상 재직한 사람
③ 소방시설관리사
④ 소방기술사

해설 **소방시설법 시행령 제40조**
**소방시설관리사의 시험위원**

07회

(1) 소방관련분야의 **박사학위**를 가진 사람
(2) 소방안전관련학과 조교수 이상으로 **2년** 이상 재직한 사람 **보기 ②**
(3) **소방위** 이상의 소방공무원
(4) **소방시설관리사** **보기 ③**
(5) **소방기술사** **보기 ④**

① 해당없음

답 ①

★★★
**65** **특수가연물에 해당하는 것은?**

① 사류 ② 알코올류
③ 황산 ④ 동식물유류

해설 **화재예방법 시행령 [별표 2]**
**특수가연물**
(1) 면화류
(2) 나무껍질 및 대팻밥
(3) 넝마 및 종이 부스러기
(4) 사류(絲類) **보기 ①**
(5) 볏짚류
(6) 가연성 고체류
(7) 석탄·목탄류
(8) 가연성 액체류
(9) 목재가공품 및 나무 부스러기
(10) 고무류·플라스틱류

※ **특수가연물**: 화재가 발생하면 그 확대가 빠른 물품

답 ①

★★★
**66** **다중이용업의 범위에 해당되는 것은?**

19회 문 72
16회 문 08
12회 문 64
09회 문 59

① 층수가 11층 이상인 아파트
② 바닥면적의 합계가 $100m^2$인 지상 3층 이상의 일반음식점영업
③ 옥외에 설치된 운동시설
④ 노유자시설

해설 **다중이용업령 제2조, 다중이용업 규칙 제2조**
**다중이용업**
(1) 휴게음식점영업·일반음식점영업·제과점영업 : $100m^2$ 이상(지하층은 $66m^2$ 이상) **보기 ②**
(2) 단란주점영업·유흥주점영업
(3) 영화상영관·비디오물감상실업·비디오물소극장업 및 복합영상물제공업
(4) 학원 수용인원 **300명** 이상
(5) 학원 수용인원 **100~300명** 미만
① **기숙사**가 있는 학원
② **2 이상** 학원 수용인원 **300명** 이상
③ **다중이용업**과 **학원**이 함께 있는 것
(6) **목욕장업**
(7) 게임제공업, 인터넷 컴퓨터게임시설 제공업·복합유통게임 제공업
(8) 노래연습장업
(9) 산후조리업
(10) **고시원업**
(11) **전화방업**
(12) 화상대화방업
(13) **수면방업**
(14) **콜라텍업**
(15) 방탈출카페업
(16) 키즈카페업
(17) 만화카페업
(18) 권총사격장(옥내사격장)
(19) 가상체험 체육시설업(실내에 **1개** 이상의 별도의 구획된 실을 만들어 골프종목의 운동이 가능한 시설을 경영하는 영업에 한함)
(20) 안마시술소

답 ②

★★
**67** **정당한 사유없이 관계공무원의 화재안전조사를 거부·방해 또는 기피한 사람의 벌칙은?**

① 100만원 이하의 벌금
② 200만원 이하의 벌금
③ 200만원 이하의 과태료
④ 300만원 이하의 벌금

해설 **300만원 이하의 벌금**
(1) 화재안전조사를 정당한 사유없이 거부·방해·기피(화재예방법 제50조) **보기 ④**
(2) 위탁받은 업무종사자의 **비밀누설**(소방시설법 제59조)
(3) 방염성능검사 합격표시 위조(소방시설법 제59조)
(4) 방염성능검사를 할 때 거짓시료를 제출한 자(소방시설법 제59조)
(5) 소방시설 등의 자체점검 결과조치를 위반하여 필요한 조치를 하지 아니한 관계인 또는 관계인에게 중대위반사항을 알리지 아니한 관리업자 등(소방시설법 제59조)
(6) **소방안전관리자, 총괄소방안전관리자** 또는 **소방안전관리보조자 미선임**(화재예방법 제50조)
(7) 다른 자에게 자기의 성명이나 상호를 사용하여 소방시설공사 등을 수급 또는 시공하게 하거나 소방시설업의 등록증·**등록수첩을 빌려준 자**(공사업법 제37조)
(8) **감리원 미배치자**(공사업법 제37조)
(9) 소방기술인정 자격수첩을 빌려준 자(공사업법 제37조)

(10) **2 이상의 업체에 취업**한 자(공사업법 제37조)
(11) 소방시설업자나 관계인 감독시 관계인의 업무를 방해하거나 비밀누설(공사업법 제37조)

답 ④

★
## 68 다음 중 소방시설관리사 자격의 결격사유에 해당되지 않는 것은?

① 피성년후견인
② 파산선고를 받은 사람으로서 복권된 사람
③ 금고 이상의 형의 선고를 받고 그 집행이 종료되거나 집행을 받지 아니하기로 확정된 날부터 1년이 지나지 아니한 사람
④ 금고 이상의 형의 집행유예의 선고를 받고 그 집행유예기간 중에 있는 사람

해설 **소방시설법 제27조**
**소방시설관리사의 결격사유**
(1) 피성년후견인 보기 ①
(2) 금고 이상의 실형을 선고받고 그 집행이 끝나거나(집행이 끝난 것으로 보는 경우 포함) 집행이 면제된 날부터 **2년**이 지나지 아니한 사람 보기 ③
(3) 금고 이상의 형의 집행유예를 선고받고 그 **유예기간** 중에 있는 사람 보기 ④
(4) 자격취소 후 **2년**이 지나지 아니한 사람

답 ②

★★
## 69 특정소방대상물의 소방시설은 정기적으로 점검을 받아야 하며, 그 결과를 누구에게 보고하여야 하는가?

① 시・도지사
② 소방청장
③ 한국소방안전원장
④ 소방본부장 또는 소방서장

해설 **소방시설법 제23조**
소방시설의 자체점검결과 보고 : **소방본부장・소방서장** 보기 ④

답 ④

★★
## 70 급수탑 및 지상에 설치하는 소화전・저수조의 소방용수표지에 관한 설명이다. ( ) 안에 알맞은 색은?

| 문자는 ( ㉠ ), 내측바탕은 ( ㉡ ), 외측바탕은 ( ㉢ )으로 하고 반사재료를 사용할 것 |
|---|

① ㉠ 흰색, ㉡ 붉은색, ㉢ 파란색
② ㉠ 붉은색, ㉡ 흰색, ㉢ 파란색
③ ㉠ 파란색, ㉡ 흰색, ㉢ 붉은색
④ ㉠ 파란색, ㉡ 붉은색, ㉢ 흰색

해설 **기본규칙 [별표 2]**
**소방용수표지**
(1) **지하**에 설치하는 소화전 또는 저수조의 소방용수표지
  ① 맨홀 뚜껑은 지름 **648mm** 이상의 것으로 할 것(단, 승하강식 소화전의 경우에는 제외)
  ② 맨홀 뚜껑에는 '**소화전・주정차금지**' 또는 '**저수조・주정차금지**'의 표시를 할 것
  ③ 맨홀 뚜껑 부근에는 **노란색 반사도료**로 폭 **15cm**의 선을 그 둘레를 따라 칠할 것
(2) **지상**에 설치하는 소화전, 저수조 및 **급수탑**의 소방용수표지

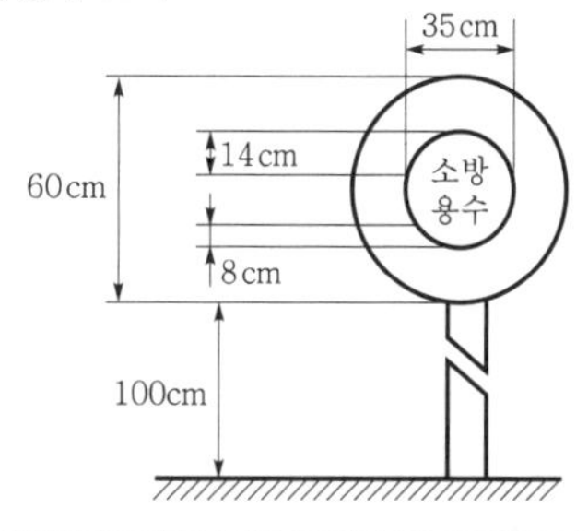


※ 문자는 **흰색**, 안쪽 바탕은 **붉은색**, 바깥쪽 바탕은 **파란색**으로 하고 반사재료를 사용하여야 한다.

답 ①

★
## 71 방화시설에 대한 관계인의 잘못된 행위가 아닌 것은?

① 방화시설을 폐쇄하는 행위
② 방화시설을 훼손하는 행위
③ 방화시설 주위에 장애물을 치우는 행위
④ 방화시설을 변경하는 행위

해설 **소방시설법 제16조**
**피난시설・방화구획 및 방화시설의 금지행위**
(1) **피난시설・방화구획** 및 **방화시설**을 **폐쇄**하거나 **훼손**하는 등의 행위 보기 ①②
(2) **피난시설・방화구획** 및 **방화시설**의 주위에 물건을 쌓아두거나 **장애물**을 **설치**하는 행위
(3) **피난시설・방화구획** 및 **방화시설**의 용도에 장애를 주거나 소방활동에 지장을 주는 행위
(4) **피난시설・방화구획** 및 **방화시설**을 **변경**하는 행위 보기 ④

답 ③

07회

★★
## 72 소방활동에 관한 사항으로 옳지 않은 것은?

① 화재현장을 발견한 사람은 소방서에 지체없이 알려야 한다.
② 화재가 발생한 때에는 그 소방대상물의 관계인은 급히 대피하여 화재의 연소상태를 살펴야 한다.
③ 소방대는 화재현장에 출동하기 위하여 긴급한 때에는 일반교통에 사용되지 않는 도로나 빈터 또는 물 위를 통행할 수 있다.
④ 소방자동차가 화재진압을 위하여 출동할 때에는 모든 차와 사람은 이를 방해하여서는 아니 된다.

해설 **기본법 제20조**
**관계인의 소방활동** 보기 ②
**관계인**은 소방대상물에 화재, 재난 · 재해, 그 밖의 위급한 상황이 발생한 경우에는 소방대가 현장에 도착할 때까지 **경보**를 울리거나 **대피**를 **유도**하는 등의 방법으로 **사람**을 **구출**하는 조치 또는 **불**을 **끄거나** 불이 번지지 아니하도록 필요한 조치를 하여야 한다.

답 ②

★
## 73 위험물을 취급하는 건축물의 조명설비의 적합기준이 아닌 것은?

① 연소의 우려가 없는 장소에 설치할 것
② 가연성 가스 등이 체류할 우려가 있는 장소의 조명등은 방폭등으로 할 것
③ 전선은 내화 · 내열전선으로 할 것
④ 점멸스위치는 출입구 바깥부분에 설치할 것

해설 **위험물규칙 [별표 4]**
**제조소의 조명설비의 적합기준**
(1) 가연성 가스 등이 체류할 우려가 있는 장소의 조명등은 **방폭등**으로 할 것 보기 ②
(2) 전선은 **내화 · 내열전선**으로 할 것 보기 ③
(3) 점멸스위치는 **출입구 바깥부분**에 설치할 것 (단, 스위치의 스파크로 인한 화재 · 폭발의 우려가 없는 경우는 제외) 보기 ④

답 ①

★★★
## 74 지정수량 10배 이하의 위험물제조소의 보유공지 너비는?

19회 문 90
04회 문 99

① 3m 이상 ② 5m 이상
③ 7m 이상 ④ 9m 이상

해설 **위험물규칙 [별표 4]**
**위험물제조소의 보유공지**

| 취급하는 위험물의 최대수량 | 공지의 너비 |
|---|---|
| 지정수량의 10배 이하 | 3m 이상 보기 ① |
| 지정수량의 10배 초과 | 5m 이상 |

답 ①

★★
## 75 도로에 해당하지 않는 것은?

① 도로법에 의한 도로
② 항만법에 의한 항만시설 중 임항교통시설에 해당하는 도로
③ 사도법에 의한 사도
④ 일반교통에 이용되는 너비 1m 이상의 도로로서 자동차의 통행이 가능한 것

해설 **위험물규칙 제2조**
**도로**
(1) 도로법에 의한 도로 보기 ①
(2) 임항교통시설의 도로 보기 ②
(3) 사도 보기 ③
(4) 일반교통에 이용되는 너비 **2m** 이상의 도로(자동차의 통행이 가능한 것)

답 ④

# 제 4 과목 위험물의 성질 · 상태 및 시설기준

★
## 76 과산화수소가 상온에서 분해시 발생하는 물질은?

18회 문 87
02회 문 97

① $H_2O+O_2$ ② $H_2O+N_2$
③ $H_2O+H_2$ ④ $H_2O+CO_2$

해설 **과산화수소**($H_2O_2$)는 상온에서 서서히 분해되어 **물**과 **산소가스**를 발생시킨다.
$2H_2O_2 \rightarrow 2H_2O + O_2 \uparrow$
과산화수소 물 산소가스

참고

과산화수소의 안정제
(1) 요소
(2) 글리세린
(3) 인산나트륨

답 ①

★★★
**77** 건축물, 그 밖의 인공구조물로서 주거용으로 사용되는 위험물제조소의 안전거리는?

18회 문 92 / 16회 문 92 / 15회 문 88 / 14회 문 88 / 13회 문 88 / 11회 문 66 / 10회 문 87 / 09회 문 92 / 06회 문100 / 05회 문 79 / 04회 문 83 / 02회 문100

① 3m 이상
② 5m 이상
③ 10m 이상
④ 20m 이상

해설 위험물규칙 [별표 4]
위험물제조소의 안전거리

| 안전거리 | 대 상 |
|---|---|
| 3m 이상 | • 7~35kV 이하의 특고압가공전선 |
| 5m 이상 | • 35kV를 초과하는 특고압가공전선 |
| 10m 이상 | • **주거용**으로 사용되는 것 보기 ③ |
| 20m 이상 | • 고압가스 **제조**시설(용기에 충전하는 것 포함)<br>• 고압가스 **사용**시설(1일 $30m^3$ 이상 용적 취급)<br>• 고압가스 **저장**시설<br>• 액화산소 **소비**시설<br>• 액화석유가스 제조·저장시설<br>• 도시가스 공급시설 |
| 30m 이상 | • 학교<br>• 병원급 의료기관<br>• 공연장, • 영화상영관 ─ **300명** 이상 수용시설<br>• 아동복지시설<br>• 노인복지시설<br>• 장애인복지시설<br>• 한부모가족 복지시설<br>• 어린이집<br>• 성매매 피해자 등을 위한 지원시설<br>• 정신건강증진시설<br>• 가정폭력피해자 보호시설 ─ **20명** 이상 수용시설 |
| 50m 이상 | • 유형문화재<br>• 지정문화재 |

답 ③

★★★
**78** 옥외탱크저장소의 방유제의 면적은?

19회 문 95 / 18회 문 94 / 16회 문 95 / 13회 문 90 / 13회 문 95 / 10회 문 95 / 09회 문 94 / 08회 문 86 / 06회 문 82 / 03회 문 90

① $50000m^2$ 이하
② $70000m^2$ 이하
③ $80000m^2$ 이하
④ $90000m^2$ 이하

해설 위험물규칙 [별표 6] Ⅸ
옥외탱크저장소의 방유제
(1) 높이 : **0.5~3m** 이하
(2) 탱크 : **10기**(모든 탱크용량이 **20만L** 이하, 인화점이 **70~200℃** 미만은 **20기**) 이하
(3) 면적 : **$80000m^2$** 이하 보기 ③
(4) 용량 ┬ 1기 : **탱크용량**×**110%** 이상
└ 2기 이상 : **탱크최대용량**×**110%** 이상

답 ③

★
**79** 이송취급소에서 배관을 철도부지에 인접하여 매설하는 경우 배관은 그 외면으로부터 주택에 대하여 몇 m 이상 거리를 유지하여야 하는가?

① 1.2 ② 1.5
③ 4 ④ 25

해설 위험물규칙 [별표 15]
이송취급소의 철도부지 밑 매설배관의 안전거리

| 대 상 | 안전거리 |
|---|---|
| • 철도부지의 용지경계 | 1m 이상 |
| • 철도중심선 | 4m 이상 |
| • 철도·도로의 경계선<br>• 주택 | 25m 이상<br>보기 ④ |
| • 공공공지<br>• 도시공원<br>• 판매·위락·숙박시설(연면적 $1000m^2$ 이상)<br>• 기차역·버스터미널(1일 20000명 이상 이용) | 45m 이상 |
| • 수도시설 | 300m 이상 |

답 ④

★
**80** 이송취급소의 배관에는 긴급차단밸브를 설치하여야 한다. 산림지역에 설치하는 경우에는 약 몇 km의 간격으로 설치하여야 하는가?

① 2 ② 4
③ 10 ④ 25

해설 위험물규칙 [별표 15]
이송취급소 배관의 긴급차단밸브 설치기준

| 대 상 | 간 격 |
|---|---|
| • 시가지 | 약 4km |
| • 산림지역 보기 ③ | 약 10km |

※ 감진장치 · 강진계 : 25km 거리마다 설치

답 ③

★

**81** 이송취급소에서 이송기기의 배관의 최대 상용압력이 0.2MPa일 때 공지의 너비는?

① 3m 이상 ② 5m 이상
③ 9m 이상 ④ 15m 이상

해설 위험물규칙 [별표 15]
이송취급소 이송기지의 안전조치

| 배관의 최대상용압력 | 공지의 너비 |
|---|---|
| 0.3MPa 미만 | 5m 이상 보기 ② |
| 0.3~1MPa 미만 | 9m 이상 |
| 1MPa 이상 | 15m 이상 |

답 ②

★★★

**82** 지정유기과산화물의 옥내저장소 격벽의 기준으로 옳지 않은 것은?

① 두께 30cm 이상의 철근콘크리트조
② 두께 30cm 이상의 철골철근콘크리트조
③ 두께 30cm 이상의 보강콘크리트블록조
④ 두께 40cm 이상의 보강콘크리트블록조

해설 위험물규칙 [별표 5]
지정유기과산화물의 저장창고 두께

(1) 외벽 ─┬ 20cm 이상 : 철근콘크리트조 · 철골철근콘크리트조
　　　　└ 30cm 이상 : 보강콘크리트블록조

(2) 격벽 ─┬ 30cm 이상 : 철근콘크리트조 보기 ① · 철골철근콘크리트조 보기 ②
　　　　└ 40cm 이상 : 보강콘크리트블록조 보기 ④

※ 150m² 이내마다 격벽으로 완전구획하고, 격벽의 양측은 외벽으로부터 1m 이상, 상부는 지붕으로부터 50cm 이상일 것

답 ③

★★★

**83** 위험물제조소의 탱크용량이 200m³ 및 150m³인 2개의 탱크 주위에 설치하여야 할 방유제의 최소용량은?

① 30m³ ② 50m³
③ 70m³ ④ 115m³

해설 위험물규칙 [별표 4]
위험물제조소 방유제 용량
=최대용량×0.5+기타용량의 합×0.1
$=200\times0.5+150\times0.1=115\text{m}^3$

답 ④

★

**84** 이동탱크저장소의 상용압력이 20kPa 이하일 경우 안전장치의 작동압력은?

① 상용압력의 1.1배 이하
② 상용압력의 1.5배 이하
③ 20kPa 이상, 24kPa 이하
④ 40kPa 이상, 48kPa 이하

해설 위험물규칙 [별표 10]
이동탱크저장소의 안전장치

| 상용압력 | 작동압력 |
|---|---|
| 20kPa 이하 | 20~24 kPa 이하 보기 ③ |
| 20kPa 초과 | 상용압력의 1.1배 이하 |

답 ③

★★★

**85** 저장 또는 취급하는 위험물의 최대수량이 지정수량의 50배일 때 옥내저장소의 공지의 너비는? (단, 벽 · 기둥 및 바닥이 내화구조로 된 건축물이다.)

① 1.5m 이상 ② 2m 이상
③ 3m 이상 ④ 5m 이상

해설 위험물규칙 [별표 5]
옥내저장소의 보유공지

| 위험물의 최대수량 | 공지의 너비 | |
|---|---|---|
| | 내화구조 | 기타구조 |
| 지정수량의 5배 이하 | – | 0.5m 이상 |
| 지정수량의 5배 초과 10배 이하 | 1m 이상 | 1.5m 이상 |
| 지정수량의 10배 초과 20배 이하 | 2m 이상 | 3m 이상 |
| 지정수량의 20배 초과 50배 이하 | 3m 이상 보기 ③ | 5m 이상 |
| 지정수량의 50배 초과 200배 이하 | 5m 이상 | 10m 이상 |
| 지정수량의 200배 초과 | 10m 이상 | 15m 이상 |

비교

(1) **옥외저장소의 보유공지**(위험물규칙 [별표 11])

| 위험물의 최대수량 | 공지의 너비 |
|---|---|
| 지정수량의 10배 이하 | 3m 이상 |
| 지정수량의 11~20배 이하 | 5m 이상 |
| 지정수량의 21~50배 이하 | 9m 이상 |
| 지정수량의 51~200배 이하 | 12m 이상 |
| 지정수량의 200배 초과 | 15m 이상 |

(2) **옥외탱크저장소의 보유공지**(위험물규칙 [별표 6])

| 위험물의 최대수량 | 공지의 너비 |
|---|---|
| 지정수량의 500배 이하 | 3m 이상 |
| 지정수량의 501~1000배 이하 | 5m 이상 |
| 지정수량의 1001~2000배 이하 | 9m 이상 |
| 지정수량의 2001~3000배 이하 | 12m 이상 |
| 지정수량의 3001~4000배 이하 | 15m 이상 |
| 지정수량의 4000배 초과 | 당해 탱크의 수평단면의 **최대지름**(가로형인 경우에는 긴 변)과 **높이** 중 **큰 것**과 같은 거리 이상(단, 30m 초과의 경우에는 **30m 이상**으로 할 수 있고, 15m 미만의 경우에는 **15m 이상**) |

(3) **지정과산화물의 옥내저장소의 보유공지**(위험물규칙 [별표 5])

| 저장 또는 취급하는 위험물의 최대수량 | 공지의 너비 | |
|---|---|---|
| | 저장창고의 주위에 담 또는 토제를 설치하는 경우 | 기타의 경우 |
| 5배 이하 | 3.0m 이상 | 10m 이상 |
| 6~10배 이하 | 5.0m 이상 | 15m 이상 |
| 11~20배 이하 | 6.5m 이상 | 20m 이상 |
| 21~40배 이하 | 8.0m 이상 | 25m 이상 |
| 41~60배 이하 | 10.0m 이상 | 30m 이상 |
| 61~90배 이하 | 11.5m 이상 | 35m 이상 |
| 91~150배 이하 | 13.0m 이상 | 40m 이상 |
| 151~300배 이하 | 15.0m 이상 | 45m 이상 |
| 300배 초과 | 16.5m 이상 | 50m 이상 |

답 ③

★★★

## 86 위험물제조소의 환기설비 중 급기구의 크기는? (단, 급기구의 바닥면적은 $70m^2$이다.)

18회 문 88
14회 문 89
12회 문 72
11회 문 81
11회 문 88
10회 문 53
10회 문 76
09회 문 76
04회 문 78

① $150cm^2$ 이상 ② $300cm^2$ 이상
③ $450cm^2$ 이상 ④ $800cm^2$ 이상

해설 **위험물규칙 [별표 4]**
**위험물제조소의 환기설비**
(1) 환기는 **자연배기방식**으로 할 것
(2) 급기구는 바닥면적 **$150m^2$**마다 1개 이상으로 하되, 그 크기는 **$800cm^2$** 이상일 것

| 바닥면적 | 급기구의 면적 |
|---|---|
| $60m^2$ 미만 | $150cm^2$ 이상 |
| $60 \sim 90m^2$ 미만 | $300cm^2$ 이상 **보기 ②** |
| $90 \sim 120m^2$ 미만 | $450cm^2$ 이상 |
| $120 \sim 150m^2$ 미만 | $600cm^2$ 이상 |

(3) 급기구는 **낮은 곳**에 설치하고, 가는 눈의 구리망 등으로 **인화방지망**을 설치할 것
(4) 환기구는 지붕 위 또는 지상 **2m** 이상의 높이에 **회전식 고정 벤틸레이터** 또는 **루프팬방식**으로 설치할 것

답 ②

★★★

## 87 제조소는 연면적 몇 $m^2$를 초과할 때 소화난이도 등급 Ⅱ에 해당되는가?

① 150 ② 600
③ 1000 ④ 2000

해설 **위험물규칙 [별표 17]**
**소화난이도 등급 Ⅱ에 해당하는 제조소 등**

| 구 분 | 적용대상 |
|---|---|
| 제조소, 일반취급소 | 연면적 **$600m^2$** 이상 **보기 ②** |
| | 지정수량 **10배** 이상(고인화점 위험물만을 100℃ 미만의 온도에서 취급하는 것 및 화약류 위험물을 취급하는 것 제외) |
| 옥내저장소 | 단층건물 이외의 것 |
| | 지정수량 **10배** 이상 |
| | 연면적 **$150m^2$** 초과 |
| 옥외저장소 | 덩어리상태의 황을 저장하는 것으로서 경계표시 내부의 면적이 **$5 \sim 100m^2$** 미만 |
| | **인화성 고체, 제1석유류, 알코올류**는 지정수량 **10~100배** 미만 |
| | 지정수량 **100배** 이상 |
| 주유취급소 | **옥내주유취급소** |
| 판매취급소 | **제2종 판매취급소** |

답 ②

07회

★★★
## 88 다음 중 주유취급소의 특례 기준에서 제외되는 것은?

① 영업용 주유취급소
② 항공기 주유취급소
③ 선박 주유취급소
④ 고속국도 주유취급소

해설 위험물규칙 [별표 13]
주유취급소의 특례기준
(1) 항공기 보기 ②
(2) 철도
(3) 고속국도 보기 ④
(4) 선박 보기 ③
(5) 자가용

답 ①

★
## 89 경유의 경우 주유취급소의 고정주유설비의 펌프기기는 주유관 선단에서의 최대 배출량이 몇 L/min 이하인 것으로 하여야 하는가?

① 40 ② 50
③ 80 ④ 180

해설 위험물규칙 [별표 13]
주유취급소의 고정주유설비·고정급유설비 배출량

| 위험물 | 배출량 |
|---|---|
| 제1석유류 | 50L/min 이하 |
| 등유 | 80L/min 이하 |
| 경유 | 180L/min 이하 보기 ④ |

답 ④

★★★
## 90 주유취급소에 설치하는 '물기엄금'이라고 표시한 게시판의 색깔은?

① 황색바탕에 흑색문자
② 황색바탕에 백색문자
③ 청색바탕에 백색문자
④ 적색바탕에 흑색문자

해설 위험물규칙 [별표 13]
주유취급소의 게시판
주유 중 엔진정지 : **황색**바탕에 **흑색**문자

중요

위험물규칙 [별표 4·6·10·13]
위험물 표시방식

| 구 분 | 표시방식 |
|---|---|
| 옥외탱크저장소·컨테이너식 이동탱크저장소 | **백색**바탕에 **흑색**문자 |
| 주유취급소 | **황색**바탕에 **흑색**문자 |
| 물기엄금 | **청색**바탕에 **백색**문자 보기 ③ |
| 화기엄금·화기주의 | **적색**바탕에 **백색**문자 |

답 ③

★
## 91 다음 중 2가 알코올에 해당되는 것은 어느 것인가?

① 메탄올 ② 에탄올
③ 에틸렌글리콜 ④ 글리세린

해설

| 1가 알코올 (OH수 1개) | 2가 알코올 (OH수 2개) | 3가 알코올 (OH수 3개) |
|---|---|---|
| • 메탄올<br>• 에탄올 | • 에틸렌글리콜 보기 ③ | • 글리세린 |

답 ③

★★★
## 92 물 또는 습기와 접촉하면 급격히 발화하는 물질은?

① 농황산 ② 금속나트륨
③ 황린 ④ 아세톤

해설 (1) **무기과산화물**
① $2K_2O_2 + 2H_2O \rightarrow 4KOH + O_2$
② $2Na_2O_2 + 2H_2O \rightarrow 4NaOH + O_2$
(2) **금속분** : $2Al + 6H_2O \rightarrow 2Al(OH)_3 + 3H_2$
(3) **기타물질**
① $2K + 2H_2O \rightarrow 2KOH + H_2$
② $2Na + 2H_2O \rightarrow 2NaOH + H_2$
③ $2Li + 2H_2O \rightarrow 2LiOH + H_2$
④ $Mg + 2H_2O \rightarrow Mg(OH)_2 + H_2$

※ **금속분**은 주수소화하면 **수소**($H_2$)가 발생하므로 더욱 위험하다.

답 ②

★★★
## 93 다음 중 휘발유의 인화점은?

① −18℃ ② −43℃
③ 11℃ ④ 70℃

해설

| 물 질 | 인화점 | 발화점 |
|---|---|---|
| • 프로필렌 | −107℃ | 497℃ |
| • 에틸에터<br>• 다이에틸에터 | −45℃ | 180℃ |
| • 가솔린(휘발유) 보기 ② | −43℃ | 300℃ |
| • 이황화탄소 | −30℃ | 100℃ |
| • 아세틸렌 | −18℃ | 335℃ |
| • 아세톤 | −18℃ | 538℃ |
| • 에틸알코올 | 13℃ | 423℃ |

답 ②

★★
## 94 순도가 높은 메틸에틸케톤퍼옥사이드(MEKPO)의 희석제로서 옳은 것은 어느 것인가?

① 나이트로글리세린 ② 나프탈렌
③ 아세틸퍼옥사이드 ④ 프탈산디부틸

해설 **메틸에틸케톤퍼옥사이드**의 **희석제**
(1) 프탈산디메틸
(2) 프탈산디부틸 보기 ④

답 ④

★★★
## 95 옥외탱크저장소의 탱크 중 압력탱크의 수압시험방법으로 옳은 것은?

① 0.07MPa의 압력으로 10분간 실시
② 0.15MPa의 압력으로 10분간 실시
③ 최대 상용압력의 0.7배의 압력으로 10분간 실시
④ 최대 상용압력의 1.5배의 압력으로 10분간 실시

해설 **위험물규칙 [별표 6]**
**옥외저장탱크의 외부구조 및 설비**
(1) 압력탱크 : **수압시험**(최대 상용압력의 **1.5배**의 압력으로 **10분**간 실시) 보기 ④
(2) 압력탱크 외의 탱크 : **충수시험**

비교

**지하탱크저장소**의 **수압시험**(위험물규칙 [별표 8])
(1) 압력탱크 : 최대 상용압력의 **1.5배** 압력
(2) 압력탱크 외 : **70kPa**의 압력
→ **10분**간 실시

답 ④

★★★
## 96 칼륨 보관시에 사용하는 것은?

08회 문100

① 수은 ② 에탄올
③ 글리세린 ④ 경유

해설 **칼륨**(K)의 **보호액**
(1) 석유(등유)
(2) 경유 보기 ④
(3) 유동파라핀

답 ④

★★
## 97 다음 중 착화온도가 가장 높은 것은?

① 황린 ② 적린
③ 황 ④ 삼산황인

해설

| 물 질 | 착화온도 |
|---|---|
| 황린 | 50℃ |
| 삼산황인 | 100℃ |
| 적린 | 260℃ |
| 황 보기 ③ | 360℃ |

• 발화점=착화점=착화온도

답 ③

★★★
## 98 물속에 넣어 저장하는 것이 안전한 물질은?

16회 문 13

① Na ② $CS_2$
③ 알킬알루미늄 ④ 아세톤

해설 **저장물질**

| 물질의 종류 | 보관장소 |
|---|---|
| • 황린<br>• 이황화탄소($CS_2$) 보기 ② | 물속 |
| • 나이트로셀룰로오스 | 알코올 속 |
| • 칼륨(K)<br>• 나트륨(Na)<br>• 리튬(Li) | 석유류(등유) 속 |
| • 아세틸렌($C_2H_2$) | 디메틸프롬아미드(DMF)<br>아세톤 |

참고

**물질의 발화점**

| 물질의 종류 | 발화점 |
|---|---|
| • 황린 | 30~50℃ |
| • 황화인<br>• 이황화탄소 | 100℃ |
| • 나이트로셀룰로오스 | 180℃ |

답 ②

07회

★
## 99 상온에서 무색의 기체로서 암모니아와 유사한 냄새를 가지는 물질은?

① 에틸벤젠　② 에틸아민
③ 산화프로필렌　④ 사이클로프로판

해설 **에틸아민**($C_2H_5NH_2$) 보기 ②
상온에서 **무색**의 **기체**로서 **암모니아**와 유사한 냄새를 가지는 물질

답 ②

★★
## 100 제4류 위험물의 소화에 가장 많이 사용되는 방법은?

① 물을 뿌린다.
② 연소물을 제거한다.
③ 공기를 차단한다.
④ 인화점 이하로 냉각한다.

해설 **제4류 위험물**의 **소화방법**
공기를 차단하여 **질식소화**한다. 보기 ③

중요

위험물의 일반사항

| 종 류 | 성 질 | 소화방법 |
|---|---|---|
| 제1류 | 강산화성 물질 (산화성 고체) | 물에 의한 **냉각소화**(단, **무기과산화물**은 **마른모래** 등에 의한 질식소화) |
| 제2류 | 환원성 물질 (가연성 고체) | 물에 의한 **냉각소화**(단, **황화인·철분·마그네슘·금속분**은 **마른모래** 등에 의한 **질식소화**) |
| 제3류 | 금수성 물질 및 자연발화성 물질 | 마른모래, 팽창질석, 팽창진주암에 의한 **질식소화**(마른모래보다 **팽창질석** 또는 **팽창진주암**이 더 효과적) |
| 제4류 | 인화성 물질 (인화성 액체) | 포·분말·$CO_2$·할론 소화약제에 의한 **질식소화** |
| 제5류 | 폭발성 물질 (자기반응성 물질) | 화재 초기에만 대량의 물에 의한 **냉각소화**(단, 화재가 진행되면 자연진화되도록 기다릴 것) |
| 제6류 | 산화성 물질 (산화성 액체) | 마른모래 등에 의한 **질식소화**(단, **과산화수소**는 다량의 **물**로 **희석소화**) |

답 ③

## 제5과목 소방시설의 구조 원리

★★★
## 101 옥내소화전설비의 수원이 펌프보다 낮은 위치에 있을 때 흡입배관에 설치하는 밸브는 어느 것인가?

① 풋밸브　② 게이트밸브
③ 글로브밸브　④ 스톱밸브

해설 **수원**이 **펌프**보다 **아래**에 있을 때 설치하는 것
(1) 풋밸브 보기 ①
(2) 물올림수조(호수조, 물마중장치, 프라이밍 탱크)
(3) 연성계 또는 진공계

참고

**풋밸브**
수원이 펌프보다 아래에 있을 때 설치하는 밸브
(1) 여과기능(이물질 침투방지)
(2) 체크밸브기능(역류방지)

답 ①

★★★
## 102 피난기구의 화재안전기준의 설치장소별 피난기구 적응성에서 노유자시설의 층별 적응성이 있는 피난기구의 연결이 옳은 것은?

18회 문109
12회 문104
10회 문117
07회 문102

① 지상 1층 – 완강기
② 지상 2층 – 완강기
③ 지상 3층 – 승강식 피난기
④ 지상 4층 – 미끄럼대

해설 **피난기구**의 **적응성**(NFTC 301 2.1.1)

| 설치장소별 구분 \ 층별 | 1층 | 2층 | 3층 | 4층 이상 10층 이하 |
|---|---|---|---|---|
| 노유자시설 | • 미끄럼대<br>• 구조대<br>• 피난교<br>• 다수인 피난장비<br>• 승강식 피난기 | • 미끄럼대<br>• 구조대<br>• 피난교<br>• 다수인 피난장비<br>• 승강식 피난기 | • 미끄럼대<br>• 구조대<br>• 피난교<br>• 다수인 피난장비<br>• 승강식 피난기 | • 구조대[1)]<br>• 피난교<br>• 다수인 피난장비<br>• 승강식 피난기 |
| 의료시설·입원실이 있는 의원·접골원·조산원 | – | – | • 미끄럼대<br>• 구조대<br>• 피난교<br>• 피난용 트랩<br>• 다수인 피난장비<br>• 승강식 피난기 | • 구조대<br>• 피난교<br>• 피난용 트랩<br>• 다수인 피난장비<br>• 승강식 피난기 |
| 영업장의 위치가 4층 이하인 다중이용업소 | – | • 미끄럼대<br>• 피난사다리<br>• 구조대<br>• 완강기<br>• 다수인 피난장비<br>• 승강식 피난기 | • 미끄럼대<br>• 피난사다리<br>• 구조대<br>• 완강기<br>• 다수인 피난장비<br>• 승강식 피난기 | • 미끄럼대<br>• 피난사다리<br>• 구조대<br>• 완강기<br>• 다수인 피난장비<br>• 승강식 피난기 |

| 설치 장소별 구분 \ 층별 | 1층 | 2층 | 3층 | 4층 이상 10층 이하 |
|---|---|---|---|---|
| 그 밖의 것 | - | - | • 미끄럼대<br>• 피난사다리<br>• 구조대<br>• 완강기<br>• 피난교<br>• 피난용 트랩<br>• 간이완강기[2]<br>• 공기안전매트[2]<br>• 다수인 피난 장비<br>• 승강식 피난기 | • 피난사다리<br>• 구조대<br>• 완강기<br>• 피난교<br>• 간이완강기[2]<br>• 공기안전매트[2]<br>• 다수인 피난 장비<br>• 승강식 피난기 |

1) 구조대의 적응성은 장애인관련시설로서 주된 사용자 중 스스로 피난이 불가한 자가 있는 경우 추가로 설치하는 경우에 한한다.
2) 간이완강기의 적응성은 **숙박시설**의 **3층 이상**에 있는 객실에, **공기안전매트**의 적응성은 **공동주택**에 추가로 설치하는 경우에 한한다.

① 완강기 → 미끄럼대 등
② 완강기 → 미끄럼대 등
④ 미끄럼대 → 피난교 등

답 ③

★★★
**103 자동화재탐지설비의 발신기는 소방대상물의 층마다 설치하되, 해당 소방대상물의 각 부분으로부터 하나의 발신기까지의 수평거리가 몇 m 이하가 되도록 하여야 하는가?**

① 15 ② 20
③ 25 ④ 30

해설 (1) **수평거리**

| 수평거리 | 기 기 |
|---|---|
| **25m** 이하 보기 ③ | • 발신기<br>• 음향장치(확성기)<br>• 비상콘센트(지하상가 또는 지하층 바닥면적합계 **3000m²** 이상) |
| **50m** 이하 | • 비상콘센트(기타) |

기억법 음25(음이온)

(2) **보행거리**

| 보행거리 | 기 기 |
|---|---|
| **15m** 이하 | • 유도표지 |
| **20m** 이하 | • 복도통로유도등<br>• 거실통로유도등<br>• 3종 연기감지기 |
| **30m** 이하 | • 1·2종 연기감지기 |

용어

**수평거리와 보행거리**
(1) **수평거리** : 직선거리를 말하며, 반경을 의미하기도 한다.
(2) **보행거리** : 걸어서 가는 거리

답 ③

★★★
**104 이산화탄소 소화설비 중 국소방출방식의 분사헤드가 저장소화약제를 방사하는 데 필요한 시간은 어느 것인가?**

① 10초 이내 ② 30초 이내
③ 1분 이내 ④ 2분 이내

해설 **약제방사시간**[NFPC 106 제8조(NFTC 106 2.5.2.2), NFPC 107 제10조(NFTC 107 2.7.1.4), NFPC 108 제11조(NFTC 108 2.8.1.2), 위험물안전관리에 관한 세부기준 제134~136조]

| 소화설비 | | 전역방출방식 | | 국소방출방식 | |
|---|---|---|---|---|---|
| | | 일반 건축물 | 위험물 제조소 | 일반 건축물 | 위험물 제조소 |
| 할론소화설비 | | **10초** 이내 | **30초** 이내 | **10초** 이내 | **30초** 이내 |
| 분말소화설비 | | **30초** 이내 | | **30초** 이내 보기 ② | |
| $CO_2$ 소화설비 | 표면화재 | **1분** 이내 | **60초** 이내 | | |
| | 심부화재 | **7분** 이내 | | | |

답 ②

★★★
**105 누전경보기의 변류기는 소방대상물의 형태, 인입선의 시설방법 등에 따라 어디에 설치하는가?**

① 옥외인입선의 제1지점의 전원측 또는 제1종 접지선측의 점검이 쉬운 위치에 설치
② 옥외인입선의 제1지점의 부하측 또는 제1종 접지선측의 점검이 쉬운 위치에 설치
③ 옥외인입선의 제1지점의 전원측 또는 제2종 접지선측의 점검이 쉬운 위치에 설치
④ 옥외인입선의 제1지점의 부하측 또는 제2종 접지선측의 점검이 쉬운 위치에 설치

해설 **누전경보기**의 **설치방법**(NFPC 205 제4조, NFTC 205 2.1.1)

| 정격전류 | 경보기 종류 |
|---|---|
| 60A 초과 | 1급 |
| 60A 이하 | 1급 또는 2급 |

(1) 변류기는 옥외인입선의 **제1지점**의 **부하측** 또는 **제2종**의 **접지선측**의 점검이 쉬운 위치에 설치할 것 보기 ④
(2) 옥외전로에 설치하는 변류기는 **옥외형**으로 설치할 것

답 ④

★★
## 106 팽창비가 18인 포소화설비에서 6% 원액저장량이 180L라면 포를 방출한 후의 포 체적은 얼마가 되겠는가?

19회 문 38 / 18회 문 26 / 17회 문 36 / 13회 문 37 / 11회 문 37 / 05회 문110

① $30m^3$ ② $44m^3$
③ $50m^3$ ④ $54m^3$

해설
- 발포배율(팽창비) $= \dfrac{\text{방출된 포의 체적[L]}}{\text{방출 전 포수용액의 체적[L]}}$
- 방출 전 포수용액의 체적 $= \dfrac{\text{포원액량}}{\text{농도}}$

방출 전 포수용액의 체적 $= \dfrac{\text{포원액량}}{\text{농도}}$
$= \dfrac{180L}{0.06} = 3000L$

**방출된 포의 체적**
=팽창비×방출 전 포수용액의 체적
$= 18 \times 3000L = 54000L = 54m^3$

- $1000L = 1m^3$이므로 $54000L = 54m^3$

답 ④

★★★
## 107 옥내소화전설비의 유효수량이 15000L라고 하면 몇 L를 옥상에 설치하여야 하는가?

① 5000 이상 ② 7500 이상
③ 10000 이상 ④ 12500 이상

해설 **옥상수원**의 **저수량**=유효수량$\times \dfrac{1}{3}$
$= 15000L \times \dfrac{1}{3}$
$= 5000L$

답 ①

★
## 108 스케줄 번호는 다음 중 배관의 무엇을 나타내는가?

① 배관의 길이 ② 배관의 구경
③ 배관의 두께 ④ 배관의 재질

해설 **스케줄 번호** : 배관의 두께 보기 ③

중요

**스케줄 번호**
(1) 고압배관 : **80** 이상
(2) 저압배관 : **40** 이상

답 ③

★★★
## 109 회전수가 1600rpm일 때 송풍기 전압 15cmAq, 풍량 $60m^3/min$를 내는 레이디얼 팬(Radial fan)이 있다. 전압효율이 70%일 때 축동력은 몇 마력(HP)인가?

18회 문 18 / 18회 문125 / 17회 문108 / 16회 문124 / 13회 문102 / 12회 문 34 / 10회 문 41 / 08회 문102

① 0.282HP ② 1.97HP
③ 2.82HP ④ 8.46HP

해설 **축동력**

$$P = \frac{P_T Q}{102 \times 60\eta}$$

여기서, $P$ : 배연기 동력[kW]
$P_T$ : 전압(풍압)[mmAq, $mmH_2O$]
$Q$ : 풍량[$m^3/min$]
$\eta$ : 효율

**축동력** $P$는

$P = \dfrac{P_T Q}{102 \times 60\eta}$
$= \dfrac{15cmAq \times 60m^3/min}{102 \times 60 \times 0.7}$
$= \dfrac{150mmAq \times 60m^3/min}{102 \times 60 \times 0.7}$
$= 2.1kW$

1HP=0.746kW 이므로

$2.1kW = \dfrac{2.1kW}{0.746kW} \times 1HP ≒ 2.82HP$

※ **축동력** : 전달계수($K$)를 고려하지 않은 동력

답 ③

★★★
## 110 통로유도등의 표시색깔은?

① 백색바탕에 적색문자
② 적색바탕에 녹색문자
③ 녹색바탕에 백색문자
④ 백색바탕에 녹색문자

해설

| 통로유도등 보기 ④ | 피난구유도등 |
|---|---|
| 백색바탕에 녹색문자 | 녹색바탕에 백색문자 |

답 ④

★

**111** 정온식 스포트형 감지기를 설치하는 현장에서 성능검사를 하려고 한다. 이때의 시험장치는?

① 메거　　② 회로시험기
③ 마노미터　　④ 가열시험기

해설 **시험기구**

| 감지기 | 시험기구 |
|---|---|
| 공기관식 감지기 | **마노미터** |
| 열전대식, 열반도체식 감지기 | **미터릴레이** |
| 스포트형 감지기 | **열감지기시험기** |
| 연기감지기 | **가연시험기** |

답 ④

★★★

**112** 정온식 감지선형 감지기 설치에서 감지선형 감지기의 굴곡반경은 몇 cm 이상으로 하여야 하는가?

18회 문111
12회 문108

① 2　　② 3
③ 5　　④ 6

해설 **고정방법**(NFPC 203 제7조, NFTC 203 2.4.3.12.2~2.4.3.12.3)

| 구 분 | 정온식 감지선형 감지기 |
|---|---|
| 단자부와 마감고정금구 | 10cm 이내 |
| 굴곡반경 | 5cm 이상 **보기 ③** |

답 ③

★★★

**113** 물분무소화설비를 설치한 차고 또는 주차장의 배수설비기준에 적합한 것은 어느 것인가?

① 차량이 주차하는 장소의 적당한 곳에 높이 20cm 이상의 경계턱으로 배수구를 설치할 것
② 배수구에는 길이 40m 이하마다 기름분리장치를 설치할 것
③ 차량이 주차하는 바닥은 배수구를 향하여 1/100 이상의 기울기를 유지할 것
④ 배수설비는 기준 헤드의 살수 수량을 유효하게 배제할 수 있는 크기 및 기울기로 할 것

해설 **물분무소화설비**의 **배수설비**(NFPC 104 제11조, NFTC 104 2.8)

(1) **10cm** 이상의 경계턱으로 배수구 설치(차량이 주차하는 곳)
(2) **40m** 이하마다 기름분리장치 설치 **보기 ②**
(3) 차량이 주차하는 바닥은 $\frac{2}{100}\left(\frac{1}{50}\right)$ 이상의 기울기 유지
(4) 배수설비 : 가압송수장치의 최대송수능력의 수량을 유효하게 배수할 수 있는 크기 및 기울기

참고

**기울기**

(1) $\frac{1}{100}$ 이상 : 연결살수설비의 수평주행배관
(2) $\frac{2}{100}$ 이상 : 물분무소화설비의 배수설비
(3) $\frac{1}{250}$ 이상 : 습식·부압식설비 외 설비의 가지배관
(4) $\frac{1}{500}$ 이상 : 습식·부압식설비 외 설비의 수평주행배관

답 ②

★★★

**114** 18층의 사무소 건축물로 연면적이 60000$m^2$인 경우 소화용수의 저수량으로 몇 $m^3$가 가장 타당한가?

17회 문104
17회 문123
03회 문105

① 80　　② 100
③ 120　　④ 140

해설

$$\text{소화수조·저수조의 저수량} = \frac{\text{소방대상물의 연면적}}{\text{기준면적}} \times 20m^3$$

기준면적이 **12500$m^2$**이므로

$$\frac{60000m^2}{12500m^2} \times 20m^3 = 96 ≒ 100m^3(\text{절상})$$

중요

**소화수조 또는 저수조의 기준면적**

| 구 분 | 기준면적 |
|---|---|
| 지상 1층 및 2층 바닥면적 합계 15000$m^2$ 이상 | 7500$m^2$ |
| 기타 | 12500$m^2$ |

답 ②

★★

**115** 경보기구의 정격전압이 몇 V를 넘어서면 그 금속제 외함에는 접지단자를 설치하여야 하는가?

① 60 ② 100

③ 150 ④ 200

해설 대상에 따른 **전압**

| 전 압 | 대 상 |
|---|---|
| 60V 초과 | 접지단자 설치 **보기 ①** |
| 300V 이하 | • 전원변압기의 1차 전압<br>• 유도등 · 비상조명등의 사용전압 |
| 600V 이하 | 누전경보기의 경계전로전압 |

기억법 변3(변상해), 누6(누룩)

답 ①

★★★

**116** 비상방송설비의 화재안전기준에서 11층 이상의 특정소방대상물 2층 이상의 층에서 발화한 때에는 우선적으로 경보를 몇 층에서 발할 수 있도록 하여야 하는가?

19회 문116
13회 문116
09회 문116
06회 문116
04회 문113

① 1층 및 2층, 3층, 4층, 5층

② 2층만

③ 2층 및 3층, 4층, 5층, 6층

④ 모든 층

해설 **비상방송설비 · 자동화재탐지설비 우선경보방식 적용대상물**

11층(공동주택 16층) 이상의 특정소방대상물의 경보

‖ 음향장치의 경보 ‖

| 발화층 | 경보층 | |
|---|---|---|
| | 11층<br>(공동주택 16층)<br>미만 | 11층<br>(공동주택 16층)<br>이상 |
| 2층 이상 발화 | 전층 일제경보 | • 발화층<br>• 직상 4개층<br>**보기 ③** |
| 1층 발화 | | • 발화층<br>• 직상 4개층<br>• 지하층 |
| 지하층 발화 | | • 발화층<br>• 직상층<br>• 기타의 지하층 |

답 ③

★★★

**117** 소화능력단위에 의한 분류에서 소형소화기를 올바르게 설명한 것은?

① 능력단위 1단위 이상이면서 대형소화기의 능력단위 미만인 소화기이다.

② 능력단위 3단위 이상이면서 대형소화기의 능력단위 미만인 소화기이다.

③ 능력단위 5단위 이상이면서 대형소화기의 능력단위 미만인 소화기이다.

④ 능력단위 10단위 이상이면서 대형소화기의 능력단위 미만인 소화기이다.

해설 **소화능력단위**에 의한 **분류**(소화기의 형식승인 및 제품검사의 기술기준 제4조)

| 소화기 종류 | | 능력단위 |
|---|---|---|
| 소형소화기 **보기 ①** | | **1단위** 이상 |
| 대형소화기 | A급 | **10단위** 이상 |
| | B급 | **20단위** 이상 |

답 ①

★★★

**118** 옥내소화전의 펌프 토출량이 매분 130L일 때 토출구 배관구경으로 가장 적당한 것은?

① 30mm ② 40mm

③ 50mm ④ 65mm

해설 (1) **옥내소화전설비**

| 배관구경〔mm〕 | 40 **보기 ②** | 50 | 65 | 80 | 100 |
|---|---|---|---|---|---|
| 유수량〔L/min〕 | **130** | 260 | 390 | 520 | 650 |
| 옥내소화전수 | 1개 | 2개 | 3개 | 4개 | 5개 |

(2) **연결살수설비**

| 배관구경〔mm〕 | 32 | 40 | 50 | 65 | 80 |
|---|---|---|---|---|---|
| 살수헤드수 | 1개 | 2개 | 3개 | 4~5개 | 6~10개 |

(3) **스프링클러설비**

| 급수관 구경〔mm〕 | 25 | 32 | 40 | 50 | 65 | 80 | 90 | 100 | 125 | 150 |
|---|---|---|---|---|---|---|---|---|---|---|
| 폐쇄형 헤드수 | 2개 | 3개 | 5개 | 10개 | 30개 | 60개 | 80개 | 100개 | 160개 | 161개 이상 |

답 ②

★

**119** **매층고 3.5m인 지상 5층의 어느 건물에 소방법의 기준에 따라 각 층마다 1개의 옥내소화전이 설치되어 있다고 하자. 5층에 설치된 호스를 옥상으로 끌고가서 노즐을 들고 직립자세로 작동시험을 하면서 피토계기로 방수압을 측정해 본 결과 0.16MPa을 지시하였다. 다음 사항 중 옳은 것은?**

① 이 설비의 방수성능은 적합하다.
② 이 설비의 방수성능은 적합하지 않다.
③ 시험방법이 잘못되었다.
④ 적법성 여부를 판단할 수 없다.

해설 옥내소화전설비의 작동시험은 **최상층**을 기준으로 실시하여야 하므로 **시험방법**이 **잘못**되었다.

답 ③

★★

**120** **이산화탄소 소화설비, 할론소화설비 등의 가스계 소화설비와 분말소화설비의 국소방출방식에 대한 설명 중 옳은 것은?**

① 고정된 분사헤드에서 특정 방호대상물에 직접 소화약제를 분사하는 방식이다.
② 내화구조 등의 벽 등으로 구획된 방호대상물로서 고정한 분사헤드에서 공간 전체로 소화약제를 분사하는 방식이다.
③ 호스 선단에 부착된 노즐을 이동하여 방호대상물에 직접 소화약제를 분사하는 방식이다.
④ 소화약제 용기 노즐 등을 운반가구에 적재하고 방호대상물에 직접 소화약제를 분사하는 방식이다.

해설 **소화설비**의 **방출방식**

(1) **전역방출방식**
① 고정식 소화약제 공급장치에 배관 및 분사헤드를 고정 설치하여 **밀폐 방호구역** 내에 소화약제를 방출하는 설비
② 내화구조 등의 벽 등으로 구획된 방호대상물로서 고정한 분사헤드에서 공간 전체로 소화약제를 분사하는 방식

(2) **국소방출방식**
① 고정식 소화약제 공급장치에 배관 및 분사헤드를 설치하여 **직접 화점**에 소화약제를 방출하는 설비로 화재발생 부분에만 **집중적**으로 소화약제를 방출하도록 설치하는 방식
② 고정된 분사헤드에서 특정 방호대상물에 직접 소화약제를 분사하는 방식 **보기 ①**

(3) **호스방출방식**(호스릴방식)
① 분사헤드가 배관에 고정되어있지 않고 소화약제 저장용기에 호스를 연결하여 사람이 직접 화점에 소화약제를 방출하는 이동식 소화설비
② 호스 선단에 부착된 노즐을 이동하여 방호대상물에 직접 소화약제를 분사하는 방식

답 ①

★★★

**121** **이산화탄소 소화설비에서 다음의 방호 대상물 중 가연성 액체 또는 가연성 가스의 소화에 필요한 설계농도가 가장 높은 것은?**

19회 문 36 / 19회 문117 / 18회 문 31 / 17회 문 37 / 15회 문 36 / 15회 문110 / 14회 문 36 / 14회 문110 / 12회 문 31

① 수소 ② 에탄
③ 프로판 ④ 에틸렌

해설 설계농도

| 방호대상물 | 설계농도[%] |
|---|---|
| • 수소 **보기 ①** | 75 |
| • 아세틸렌 | 66 |
| • 일산화탄소 | 64 |
| • 산화에틸렌 | 53 |
| • 에틸렌 **보기 ④** | 49 |
| • 에탄 **보기 ②** | 40 |
| • 석탄가스, 천연가스 | 37 |
| • 사이크로 프로판 | |
| • 이소부탄 | 36 |
| • 프로판 **보기 ③** | |
| • 메탄 | 34 |
| • 부탄 | |

※ **설계농도** : 소화농도에 **20%**의 여유분을 더한 값

답 ①

★

**122** **가스누설경보기에서 분리형으로서 영업용인 것의 회로수는?**

① 1 ② 2
③ 3 ④ 5

해설 가스누설경보기

| 분 류 | 용 도 | 회로수 |
|---|---|---|
| 단독형 | • 가정용 | – |
| 분리형 | • 영업용 | 1회로용 **보기 ①** |
| | • 공업용 | 1회로 이상용 |

답 ①

07회

★★
**123** **무선통신보조설비에서 옥외안테나의 설치 기준으로 틀린 것은?**

① 건축물, 지하가, 터널 또는 공동구의 출입구 및 출입구 인근에서 통신이 가능한 장소에 설치할 것
② 다른 용도로 사용되는 안테나로 인한 통신장애가 발생하지 않도록 설치할 것
③ 옥외안테나는 견고하게 설치하며 파손의 우려가 없는 곳에 설치하고 그 가까운 곳의 보기 쉬운 곳에 "옥외안테나"라는 표시와 함께 통신가능거리를 표시한 표지를 설치할 것
④ 수신기가 설치된 장소 등 사람이 상시 근무하는 장소에는 옥외안테나의 위치가 모두 표시된 옥외안테나 위치표시도를 비치할 것

해설 ③ 옥외안테나 → 무선통신보조설비 안테나

답 ③

★★
**124** **스프링클러설비의 유수검지장치를 시험할 수 있는 시험장치의 기준에 맞지 않는 것은?**

① 시험배관의 구경은 유수검지장치에서 가장 먼 가지배관의 구경과 동일한 구경으로 하고 그 끝에는 개방형 헤드를 설치한다.
② 유수검지장치의 가장 먼 가지배관 끝에 연결 설치한다.
③ 시험배관 끝에는 물받이통 및 배수관을 설치하여 시험 중 방사된 물이 바닥에 흘러내리지 않도록 한다.
④ 유수검지장치의 작동시 2 이상의 화재감지기회로가 작동되도록 시공한다.

해설 **시험장치**의 **기준**
(1) 시험배관의 구경은 유수검지장치에서 **가장 먼 가지배관**의 **구경**과 동일한 구경으로 하고 그 끝에는 **개방형 헤드**를 설치한다. 보기 ①
(2) 유수검지장치의 가장 먼 가지배관 끝에 연결 설치한다. 보기 ②
(3) 시험배관 끝에는 **물받이통** 및 **배수관**을 설치하여 시험 중 방사된 물이 바닥에 흘러내리지 않도록 한다. 보기 ③

답 ④

★★★
**125** **자동화재탐지설비의 감지기의 높이가 8m 이상인 장소에 설치할 수 있는 감지기는?**

19회 문119
17회 문120
14회 문112
08회 문111
06회 문123
03회 문115
02회 문124

① 보상식 스포트형
② 정온식 스포트형
③ 차동식 분포형
④ 차동식 스포트형

해설

| 부착높이 | 감지기의 종류 |
|---|---|
| 4~8m 미만 | • 차동식(스포트형, 분포형)<br>• 보상식 스포트형<br>• 정온식(스포트형, 감지선형) 특종 또는 1종<br>• 이온화식 1종 또는 2종<br>• 광전식(스포트형, 분리형, 공기흡입형) 1종 또는 2종<br>• 열복합형<br>• 연기복합형<br>• 열연기복합형<br>• 불꽃감지기 |
| 8~15m 미만 | • 차동식 분포형 보기 ③<br>• 이온화식 1종 또는 2종<br>• 광전식(스포트형, 분리형, 공기흡입형) 1종 또는 2종<br>• 연기복합형<br>• 불꽃감지기 |
| 15~20m 미만 | • 이온화식 1종<br>• 광전식(스포트형, 분리형, 공기흡입형) 1종<br>• 연기복합형<br>• 불꽃감지기 |
| 20m 이상 | • 불꽃감지기<br>• 광전식(분리형, 공기흡입형) 중 아날로그방식 |

답 ③

# 2002년도 제06회 소방시설관리사 1차 국가자격시험

| 문제형별 | 시 간 | 시험과목 |
| --- | --- | --- |
| A | 125분 | ① 소방안전관리론 및 화재역학<br>② 소방수리학, 약제화학 및 소방전기<br>③ 소방관련 법령<br>④ 위험물의 성질 · 상태 및 시설기준<br>⑤ 소방시설의 구조 원리 |

| 수험번호 | | 성 명 | |
| --- | --- | --- | --- |

【 수험자 유의사항 】

1. **시험문제지**는 단일형별(A형)이며, 답안카드형별 기재란에 표시된 형별(A형)을 확인하시기 바랍니다. 시험문제지의 **총면수**, **문제번호 일련순서**, **인쇄상태** 등을 확인하시고, 문제지 표지에 수험번호와 성명을 기재하시기 바랍니다.
2. 답은 각 문제마다 요구하는 **가장 적합하거나 가까운 답 1개**만 선택하고, 답안카드 작성시 **마킹착오**로 인한 불이익은 전적으로 **수험자에게 책임**이 있음을 알려드립니다.
3. 답안카드는 국가전문자격 공통 표준형으로 문제번호가 1번부터 125번까지 인쇄되어 있습니다. 답안 마킹시에는 반드시 **시험문제지의 문제번호와 동일한 번호**에 마킹하여야 합니다.
4. **감독위원의 지시에 불응하거나 시험시간 종료 후 답안카드를 제출하지 않을 경우** 불이익이 발생할 수 있음을 알려드립니다.
5. 시험문제지는 시험 종료 후 가져가시기 바랍니다.

# 06회 2002. 11. 03. 시행

## 제 1 과목 소방안전관리론 및 화재역학

★

**01** 다음 중 계절별 화재발생순서가 옳은 것은?

① 봄>겨울>여름>가을
② 봄>겨울>가을>여름
③ 겨울>봄>가을>여름
④ 겨울>봄>여름>가을

해설 **화재**의 **발생현황**

| 구 분 | 설 명 |
|---|---|
| **원인별** | 부주의>전기적 요인>기계적 요인>화학적 요인>교통사고>가스누출 |
| **장소별** | 근린생활시설>공동주택>공장 및 창고>복합건축물>업무시설>숙박시설>교육연구시설 |
| **계절별** | 겨울>봄>가을>여름 보기 ③ |

답 ③

★

**02** 화재피해의 증가요인으로 볼 수 없는 것은?

① 인구의 증가에 따른 건물 밀집
② 가연성 물질의 대량 사용
③ 전기사용의 증가
④ 견고하고 무거운 재료 대신 가볍고 불에 타기 쉬운 재료 설치

해설 **화재피해**의 **증가요인**
(1) 인구의 증가에 따른 건물 밀집 보기 ①
(2) 가연성 물질의 대량 사용 보기 ②
(3) 전기사용의 증가 보기 ③

답 ④

★★★

**03** 기체, 고체, 액체에서 나오는 분해가스나 증기의 농도를 낮추어 연소를 중지시키는 소화방법은?

18회 문 07 / 16회 문 25 / 16회 문 37 / 15회 문 05 / 15회 문 34 / 14회 문 08 / 13회 문 34 / 08회 문 08 / 07회 문 16

① 냉각소화 ② 질식소화
③ 제거소화 ④ 희석소화

해설 **소화**의 **형태**

| 형 태 | 설 명 |
|---|---|
| **냉각소화** | **점화원**을 냉각하여 소화하는 방법 |
| **질식소화** | 공기 중의 **산소농도**를 **16%**(10~15%) 이하로 희박하게 하여 소화하는 방법<br>기억법 질산 |
| **제거소화**<br>(파괴소화) | 가연물을 제거하여 소화하는 방법 |
| **화학소화**<br>(부촉매효과) | 연쇄반응을 억제하여 소화하는 방법으로 **억제작용**이라고도 한다. |
| **희석소화**<br>(부촉매효과)<br>보기 ④ | **기**체, **고**체, **액**체에서 나오는 분해가스나 증기의 **농도**를 **낮추어** 연소를 중지시키는 소화방법<br>기억법 희고기액 |
| **유화소화** | 물을 무상으로 방사하여 유류표면에 **유화층**의 막을 형성시켜 공기의 접촉을 막아 소화하는 방법 |
| **피복소화** | 비중이 공기의 **1.5배** 정도로 무거운 소화약제를 방사하여 가연물의 구석구석까지 침투·피복하여 소화하는 방법 |

답 ④

★★★

**04** 목조건물의 화재가 발생하여 최성기에 도달할 때, 연소온도는 약 몇 ℃ 정도 되는가?

① 300 ② 800
③ 1300 ④ 1800

해설 (1) **목조건물**의 화재온도 표준곡선
① 화재성상 : **고온단**기형
② 최고온도(최성기온도) : 1300℃ 보기 ③

기억법 목고단

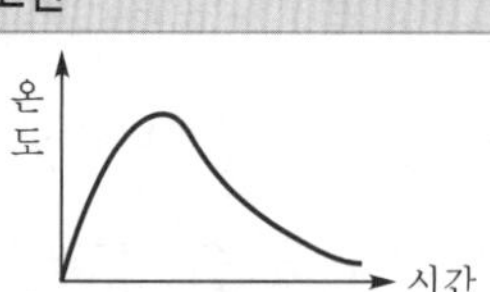


(2) **내화건물**의 화재온도 표준곡선
① 화재성상 : 저온장기형
② 최고온도(최성기온도) : 900~1000℃

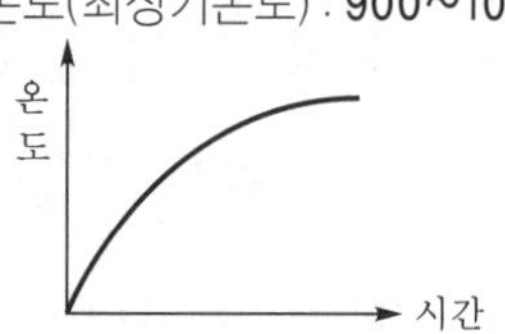


답 ③

★★

**05** 소방대상물의 크기가 가로 8m×세로 10m×높이 5m이고, 9000kcal/kg의 발열량을 가진 특정가연물로 가득 차 있다면 이 건물 내의 화재하중은 몇 $kg/m^2$인가? (단, 특정가연물의 비중은 0.8로 한다.)

18회 문 14 / 17회 문 10 / 16회 문 24 / 14회 문 09 / 13회 문 17 / 12회 문 20 / 11회 문 20 / 08회 문 10 / 07회 문 15 / 06회 문 09 / 04회 문 01 / 02회 문 11

① 8000
② 9000
③ 10000
④ 12000

해설 **화재하중**

$$Q=\frac{\Sigma(G_t H_t)}{HA}$$

$$=\frac{800\text{kg/m}^3\times(8\times10\times5)\text{m}^3\times9000\text{kcal/kg}}{4500\text{kcal/kg}\times(8\times10)\text{m}^2}$$

$$=8000\text{kg/m}^2$$

여기서, $Q$ : 화재하중[$kg/m^2$]
$G_t$ : 가연물의 양[kg]
$H_t$ : 가연물의 단위발열량[kcal/kg]
$H$ : 목재의 단위발열량(4500kcal/kg)
$A$ : 화재실의 바닥면적[$m^2$]

답 ①

★

**06** 다음 중 피난대책으로 부적합한 것은 어느 것인가?

① 화재층의 피난을 최우선으로 고려한다.
② 피난동선은 2방향 피난을 가장 중시한다.
③ 피난시설 중 피난로는 출입구 및 계단을 가리킨다.
④ 인간의 본능적 행동을 무시하지 않도록 고려한다.

해설 피난시설 중 피난로는 **복도** 및 **거실**을 가리킨다.

답 ③

★★★

**07** 훈소(燻燒)화재를 부분적으로 설명한 것이다. 옳지 않은 것은?

15회 문 19 / 12회 문 05

① 거의 밀폐된 내화구조로 된 실내화재시 많이 일어난다.
② 신선한 공기의 공급이 불충분하여 연소(延燒)가 거의 정지 또는 매우 느리게 진행된다.
③ 화재의 종기단계에 나타나는 현상으로 가연물이 거의 소진되고 더 이상 연소(延燒)가 진행되지 않는 상태를 말한다.
④ 훈소 중에도 열축적은 계속되어 외부공기가 갑자기 유입될 때에는 급격한 연소(延燒)가 일어날 수 있는 상태를 말한다.

해설 **훈소화재**

(1) 거의 **밀폐**된 **내화구조**로 된 실내화재시 많이 일어난다. 보기 ①
(2) 신선한 **공기**의 공급이 **불충분**하여 연소(延燒)가 거의 정지 또는 매우 느리게 진행된다. 보기 ②
(3) 화재의 **초기단계**에 나타나는 현상으로 불꽃없이 연기만 내면서 타다가 어느 정도 시간이 경과 후 발열될 때의 연소상태를 말한다.
(4) 훈소 중에도 열축적은 계속되어 외부공기가 갑자기 유입될 때에는 급격한 연소(延燒)가 일어날 수 있는 상태를 말한다. 보기 ④

※ **훈소**(Smoldering) : 공기 중의 산소와 고체연료 사이에서 느리게 진행되는 연소

답 ③

★

**08** 방화구역의 효과와 관계없는 것은 어느 것인가?

① 화염의 제한
② 인명의 안전대피
③ 화재하중의 감소
④ 연기의 확산방지

해설 **방화구역**의 **효과**

(1) 화염의 제한 보기 ①
(2) 인명의 안전대피 보기 ②
(3) 연기의 확산방지 보기 ④

※ **방화구역** : 화재가 발생한 지역에서 불이 계속 확대되지 않도록 내화구조 또는 불연재료로 된 구역

답 ③

★★★
## 09 화재하중에 영향을 주는 것은?

18회 문 14 / 17회 문 10 / 16회 문 24 / 14회 문 09 / 13회 문 17 / 12회 문 20 / 11회 문 20 / 08회 문 10 / 07회 문 15 / 06회 문 05 / 04회 문 01

① 가연물의 배열상태
② 가연물의 비표면적
③ 가연물의 양
④ 가연물의 온도

해설 **화재하중**에 영향을 주는 것
(1) 가연물의 양 보기 ③
(2) 단위면적
(3) 발열량

참고

**화재하중**

$$q = \frac{\Sigma G H_1}{H_0 A} = \frac{\Sigma Q}{4500A}$$

여기서, $q$ : 화재하중〔kg/m²〕
$G$ : 가연물의 양〔kg〕
$H_1$ : 가연물의 단위중량당 발열량〔kcal/kg〕
$H_0$ : 목재의 단위중량당 발열량〔kcal/kg〕
$A$ : 바닥면적〔m²〕
$\Sigma Q$ : 가연물의 전체 발열량〔kcal〕

답 ③

★★
## 10 증기압에 대한 설명과 관계가 없는 것은 어느 것인가?

① 증기분자의 질량이 클수록 큰 증기압이 나타난다.
② 분자의 운동이 커지면 증기압이 증가한다.
③ 액체의 온도가 상승하면 증기압이 증가한다.
④ 증발과 응축이 평형상태일 때의 압력을 포화증기압이라 한다.

해설 **증기압**
(1) 증기분자의 질량이 작을수록 큰 증기압이 나타난다.
(2) 분자의 운동이 커지면 증기압이 증가한다. 보기 ②
(3) 액체의 온도가 상승하면 증기압이 증가한다. 보기 ③
(4) 증발과 응축이 평형상태일 때의 압력을 **포화증기압**이라 한다. 보기 ④
(5) 증기압이 클수록 증발속도는 빠르다.

① 클수록 → 작을수록

※ **증기압** : 어떤 물질이 일정한 온도에서 열평형상태가 되는 증기의 압력

답 ①

★★
## 11 2014년부터 2018년까지 국내 산업시설 화재를 분석하였을 때 발생률이 높은 순서로 옳은 것은?

① 공장시설 > 창고시설 > 작업장
② 창고시설 > 공장시설 > 작업장
③ 공장시설 > 작업장 > 창고시설
④ 창고시설 > 작업장 > 공장시설

해설 **2014~2018년 산업시설 화재발생률이 높은 순서**
공장시설 > 동식물시설 > 창고시설 > 작업장 > 위생시설 > 발전시설 > 지중시설 보기 ①

답 ①

★★★
## 12 다음 중 휘발유의 인화점은?

① −18℃
② −43℃
③ 11℃
④ 70℃

해설

| 물 질 | 인화점 | 발화점 |
|---|---|---|
| • 프로필렌 | −107℃ | 497℃ |
| • 에틸에터<br>• 다이에틸에터 | −45℃ | 180℃ |
| • 가솔린(휘발유) 보기 ② | −43℃ | 300℃ |
| • 이황화탄소 | −30℃ | 100℃ |
| • 아세틸렌 | −18℃ | 335℃ |
| • 아세톤 | −18℃ | 538℃ |
| • 에틸알코올 | 13℃ | 423℃ |

답 ②

★
**13** **방화진단의 조건으로 거리가 가장 먼 것은?**

① 인접한 건축물의 구조
② 건물의 실내장식
③ 항공장애 등 설비의 유지상황
④ 휴일과 야간의 수용인원 파악

해설 **방화진단**의 **조건**
(1) 인접한 건축물의 구조 보기 ①
(2) 건물의 실내장식 보기 ②
(3) 휴일과 야간의 수용인원 파악 보기 ④

비교
**방화진단의 중요성**
(1) 화재발생 위험의 배제
(2) 화재확대 위험의 배제
(3) 피난통로의 확보

답 ③

★★
**14** **건물에 설치하는 피난계단의 설명 중 옳은 것은?**

① 건축물의 바깥쪽에 설치해야 한다.
② 지하3층 이하의 건물에 설치해야 한다.
③ 5층 이상의 건물에 설치해야 한다.
④ 스프링클러설비를 하면 피난계단의 설치는 면제된다.

해설 **건축령 제35~36조, 피난·방화구조 제9조**
**피난계단의 구조 및 설치기준**
(1) 건축물의 **내부** 또는 **바깥쪽**에 설치하여야 한다.
(2) **지하2층** 이하의 건물에 설치하여야 한다.
(3) **5층** 이상의 건물에 설치하여야 한다. 보기 ③

답 ③

★★★
**15** **유류저장탱크의 화재 중 열류층(Heat layer)을 형성, 화재의 진행과 더불어 열류층이 점차 탱크바닥으로 도달해 탱크저부에 물 또는 물기름 에멀션이 수증기로 변해 부피팽창에 의하여 유류의 갑작스러운 탱크 외부로의 분출을 발생시키면서 화재를 확대시키는 현상은?**

19회 문 06
19회 문 13
18회 문 02
17회 문 06
16회 문 04
16회 문 14
13회 문 07
11회 문 16
10회 문 11
09회 문 06
08회 문 24
04회 문 03
03회 문 23

① 보일오버(Boil over)
② 슬롭오버(Slop over)
③ 프로스오버(Froth over)
④ 플래시오버(Flash over)

해설 **유류탱크, 가스탱크**에서 **발생**하는 **현상**

| 현 상 | 설 명 |
|---|---|
| **블래비** (BLEVE) | 과열상태의 탱크에서 내부의 액화가스가 분출하여 기화되어 폭발하는 현상 |
| **보일오버** (Boil over) 보기 ① | ① 중질유의 석유탱크에서 장시간 조용히 연소하다 탱크 내의 잔존기름이 갑자기 분출하는 현상<br>② 유류탱크에서 탱크바닥에 물과 기름의 **에멀션**이 섞여 있을 때 이로 인하여 화재가 발생하는 현상<br>③ 연소유면으로부터 100℃ 이상의 열파가 탱크저부에 고여 있는 물을 비등하게 하면서 연소유를 탱크 밖으로 비산시키며 연소하는 현상 |
| **오일오버** (Oil over) | 저장탱크에 저장된 유류저장량이 내용적의 **50%** 이하로 충전되어 있을 때 화재로 인하여 탱크가 폭발하는 현상 |
| **프로스오버** (Froth over) | 물이 점성의 뜨거운 기름표면 아래서 끓을 때 화재를 수반하지 않고 용기가 넘치는 현상 |
| **슬롭오버** (Slop over) | ① 물이 연소유의 뜨거운 표면에 들어갈 때 기름표면에서 화재가 발생하는 현상<br>② 유화제로 소화하기 위한 물이 수분의 급격한 증발에 의하여 액면이 거품을 일으키면서 열유층 밑의 냉유가 급히 열팽창하여 기름의 일부가 불이 붙은 채 탱크벽을 넘어서 일출하는 현상 |

답 ①

★★★
**16** **고체가연물이 연소할 때 나타나는 연소현상에 해당하는 것은?**

① 표면연소 ② 심부연소
③ 발염연소 ④ 불꽃연소

해설

| 고체가연물 연소 | 액체가연물 연소 | 기체가연물 연소 |
|---|---|---|
| ① 표면연소 보기 ①<br>② 분해연소<br>③ 증발연소<br>④ 자기연소 | ① 분해연소<br>② 증발연소<br>③ 액적연소 | ① 예혼합연소<br>② 확산연소 |

답 ①

★
**17** **방재시스템의 인텔리전트(Intelligent)화와 관련이 적은 것은?**

① 정확한 방재정보의 파악
② 화재의 확대상황(불, 연기) 파악
③ 방재시스템의 설치 및 관리비용 절감
④ 화재시 빌딩 내 잔류인원 등 정보의 정확한 파악

해설 **방재시스템**의 **인텔리전트화**
(1) 정확한 방재정보의 파악 보기 ①
(2) 화재의 확대상황(불, 연기) 파악 보기 ②
(3) 화재시 빌딩 내 잔류인원 등 정보의 정확한 파악 보기 ④

③ **설치** 및 **관리비용**이 많이 든다.

답 ③

★★★
**18** **전기화재의 원인으로 볼 수 없는 것은?**
18회 문 04
04회 문 08

① 승압에 의한 발화
② 과전류에 의한 발화
③ 누전에 의한 발화
④ 단락에 의한 발화

해설 **전기화재**의 **발생원인**
(1) 단락(합선)에 의한 발화 보기 ④
(2) 과부하(과전류)에 의한 발화 보기 ②
(3) 절연저항 감소(누전)에 의한 발화 보기 ③
(4) 전열기기 과열에 의한 발화
(5) 전기불꽃에 의한 발화
(6) 용접불꽃에 의한 발화
(7) 낙뢰에 의한 발화

※ **승압** : 전압을 높여 주는 것으로 승압을 하면 전류를 적게 흐르게 할 수 있으므로 안전하다.

답 ①

★
**19** **건축물의 연소속도는 구조면에서 볼 때 목조건축물은 방화구조 건축물에 비하여 빠르고 방화구조 건축물은 내화구조 건축물보다 빠르다. 건축물의 구조에 따른 연소속도의 비교(비율)로 적합한 것은?**

① 목조 9, 방화구조 5, 내화구조 1
② 목조 7, 방화구조 5, 내화구조 1
③ 목조 5, 방화구조 3, 내화구조 1
④ 목조 3, 방화구조 2, 내화구조 1

해설 **건축물의 구조**에 따른 **연소속도**의 **비**
목조 6(5), 방화구조 3, 내화구조 1

답 ③

★★★
**20** **제4류 위험물의 일반적인 특성이 아닌 것은?**
18회 문 85
13회 문 83
03회 문 94

① 인화가 용이한 액체물질이다.
② 증기는 공기보다 가볍다.
③ 연소범위의 하한이 낮다.
④ 인화점이 낮다.

해설 **제4류 위험물**의 일반적 **특성**
(1) 인화가 용이한 액체물질이다. 보기 ①
(2) 증기는 공기보다 무겁다. 보기 ②
(3) 연소범위의 하한이 낮다. 보기 ③
(4) 인화점이 낮다. 보기 ④
(5) 물보다 가볍고 물에 녹기 어렵다.
(6) 증기가 공기와 약간만 혼합되어도 연소의 우려가 있다.

② 가볍다. → 무겁다.

※ 휘발유(제4류 위험물)를 가열하면 휘발유의 증기는 위로 상승하므로 공기보다 가벼울 것 같지만 이것은 열부력에 의해 상승하는 것이고 공기보다 무거운지, 가벼운지의 여부는 증기밀도 $= \frac{분자량}{29}$ 으로 계산하여 1보다 크면 공기보다 무겁고, 1보다 작으면 공기보다 가볍다.

답 ②

★★★
**21** **실의 상부에 설치된 창 또는 전용 제연구로부터 연기를 옥외로 배출하는 방식으로 전원이나 복잡한 장치가 필요하지 않으며, 평상시 환기 겸용으로 방재설비의 유휴화 방지에 이점이 있는 것은?**
19회 문 21
17회 문 20
15회 문 14
14회 문 21
13회 문 25
09회 문114

① 밀폐제연방식
② 스모크타워 제연방식
③ 자연제연방식
④ 기계식 제연방식

해설 **제연방식**의 **종류**

(1) **자연제연방식** : 건물에 설치된 창 **보기 ③**

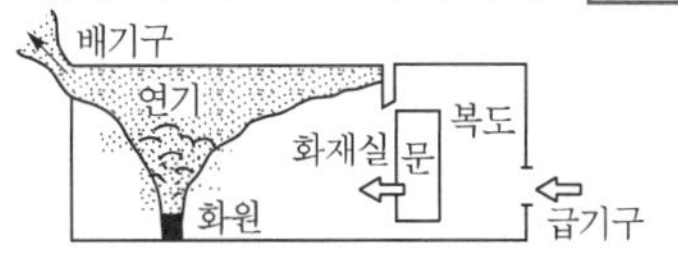


∥ 자연제연방식 ∥

(2) **스모크타워 제연방식** : 고층건물에 적합

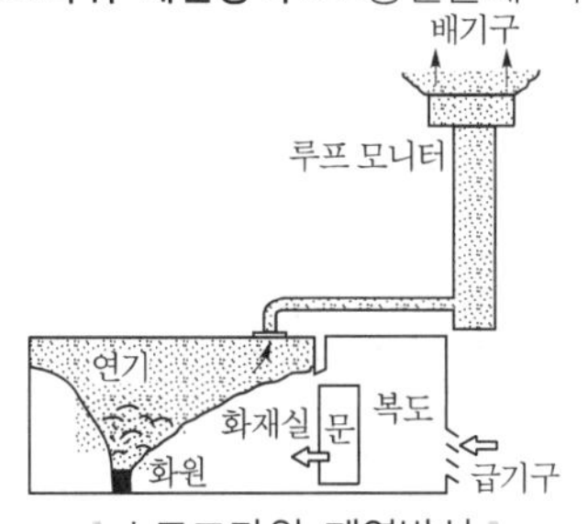


∥ 스모크타워 제연방식 ∥

(3) **기계제연방식**

① 제1종 : 송풍기+배연기

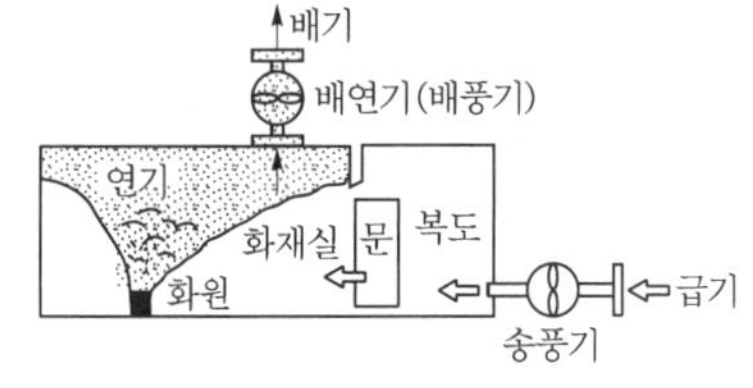


∥ 제1종 기계제연방식 ∥

② 제2종 : 송풍기

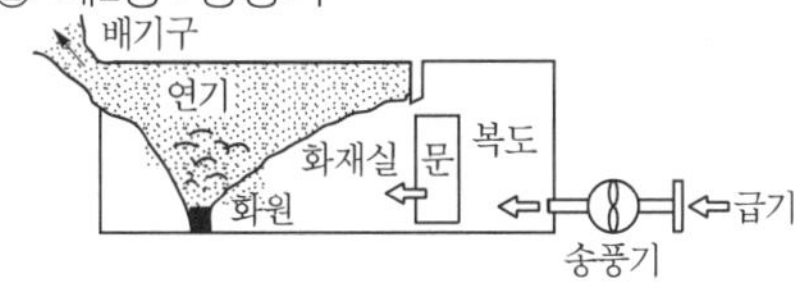


∥ 제2종 기계제연방식 ∥

③ 제3종 : 배연기

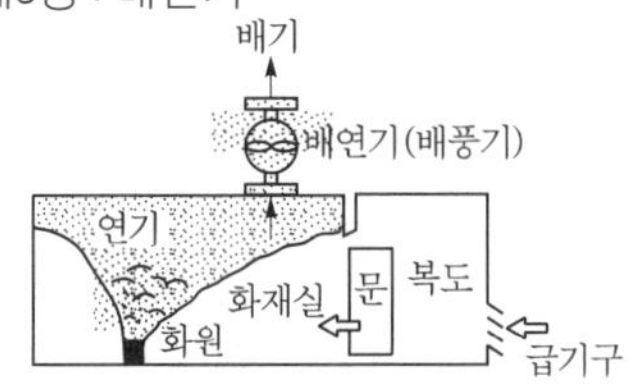


∥ 제3종 기계제연방식 ∥

답 ③

★★★

## 22 폭연(Deflagration)에 대한 설명으로 옳은 것은?

18회 문 10
17회 문 04
16회 문 23
15회 문 08
04회 문 18
03회 문 14

① 발열반응으로 연소의 전파속도가 음속보다 느린 현상
② 중요한 가열기구는 충격파에 의한 충격압력
③ 혼합비가 연소범위 상한보다 약간 높은 곳에서 발생
④ 발열반응으로 연소의 전파속도가 음속보다 빠른 현상

해설 **폭발**(Explosion)의 **종류**

| 폭연(Deflagration) | 폭굉(Detonation) |
|---|---|
| 화염전파속도 < 음속 | 화염전파속도 > 음속 |

②, ④ 폭굉에 관한 설명이다.

답 ①

★★★

## 23 가연성 가스가 아닌 것은?

① 수소 ② 염소
③ 에탄 ④ 메탄

해설 **가연성 가스**와 **지연성 가스**

| 가연성 가스 | 지연성 가스 |
|---|---|
| • **수**소($H_2$) **보기 ①**<br>• **메**탄($CH_4$) **보기 ④**<br>• **일**산화탄소(CO)<br>• **천**연가스<br>• **부**탄<br>• **에**탄($C_2H_6$) **보기 ③** | • 산소($O_2$)<br>• 공기<br>• 오존($O_3$)<br>• 불소(F)<br>• 염소($Cl_2$) **보기 ②** |

지연성 가스=조연성 가스

**기억법** **가수메 일천부에**

참고

**가연성 가스와 지연성 가스**
(1) **가연성 가스** : 물질 자체가 연소하는 것
(2) **지연성 가스** : 자기자신은 연소하지 않지만 연소를 도와 주는 가스

답 ②

★★★

## 24 방화재료의 구분이 잘못된 것은?

① 불연재료－철판
② 불연재료－석면 슬레이트
③ 준불연재료－목모, 시멘트판
④ 준불연재료－유리

해설

| 불연재료 **보기 ① ②** | 준불연재료 **보기 ③** |
|---|---|
| 콘크리트·석재·벽돌·기와·석면판·철강·알루미늄·유리·모르타르·회 | 목모·시멘트판 |

④ 준불연재료 → 불연재료

답 ④

★

## 25 다음 화재사례 중 가장 최근에 발생한 화재는?

① 부산 대아호텔 화재
② 제주 서귀포호텔 사우나 화재
③ 대구호텔 화재
④ 서울 대연각호텔 화재

해설 **국내 화재사례**

| 구 분 | 설 명 |
|---|---|
| **서울 대연각호텔 화재** | ① 발화 : 서울 중구 충무로 양식 라멘조<br>② 화재발생일시 : **1971년 12월 25일** 10시 17분 **보기 ④**<br>③ 원인 : LPG(액화석유가스)화재<br>④ 인명피해 : 226명(사망 163, 부상 63)<br>⑤ 재산피해 : 8억원 |
| **부산 대아호텔 화재** | ① 발화 : 부산시 부산진구 부전동 양식 라멘조<br>② 화재발생일시 : **1984년 1월 14일** 08시 **보기 ①**<br>③ 원인 : 석유난로<br>④ 인명피해 : 108명(사망 40, 부상 68)<br>⑤ 재산피해 : 2억 9천만원 |
| **제주 서귀포호텔 사우나 화재** | ① 발화 : 제주 서귀포시 양식 라멘조 6/2층<br>② 화재발생일시 : **1994년 3월 23일** 08시 35분 **보기 ②**<br>③ 원인 : 전기합선 추정<br>④ 인명피해 : 사망 3<br>⑤ 재산피해 : 6백만원 |
| **대구호텔 화재** | ① 발화 : 대구 서구 내당동 양식 라멘조 9/2층<br>② 화재발생일시 : **1994년 12월 20일** 07시 07분 **보기 ③**<br>③ 원인 : 원인미상<br>④ 인명피해 : 사망 1<br>⑤ 재산피해 : 3천만원 |

답 ③

★

## 26 프로그램제어에서 스캔타임의 계산식은?

① 스텝수+처리속도
② 스텝수−처리속도
③ 스텝수×처리속도
④ 스텝수÷처리속도

해설 스캔타임=스텝수×처리속도 **보기 ③**

※ **스캔타임** : 연산의 실행시간

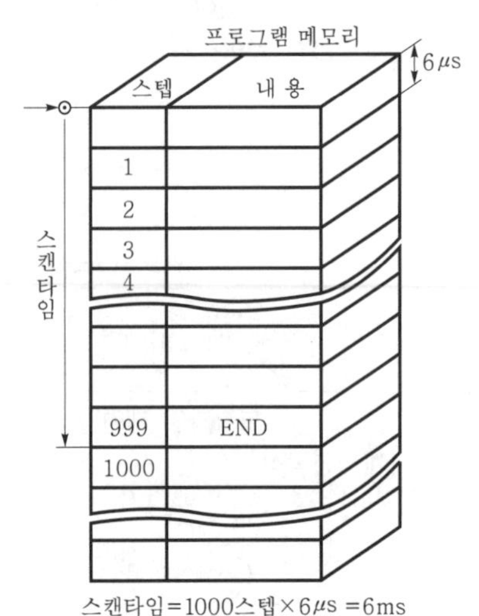


| 스캔타임의 계산 예 |

답 ③

★★★

## 27 할론소화설비에 사용하지 않는 할론은 어느 것인가?

① 할론 1301
② 할론 1211
③ 할론 1011
④ 할론 2402

해설 소화설비에 사용하는 **할론소화약제**

(1) 할론 1301 **보기 ①**
(2) 할론 1211 **보기 ②**
(3) 할론 2402 **보기 ④**

중요

(1) **상온에서 기체상태**
① 할론 1301
② 할론 1211

(2) **상온에서 액체상태**
① 할론 1011
② 할론 104
③ 할론 2402

답 ③

★★★
## 28 설계기준온도는 25℃이고, 25℃에서의 수증기압은 0.015MPa, 펌프 흡입배관에서의 마찰손실수두는 2m일 때 펌프의 유효흡입양정(NPSH)은 몇 m인가?

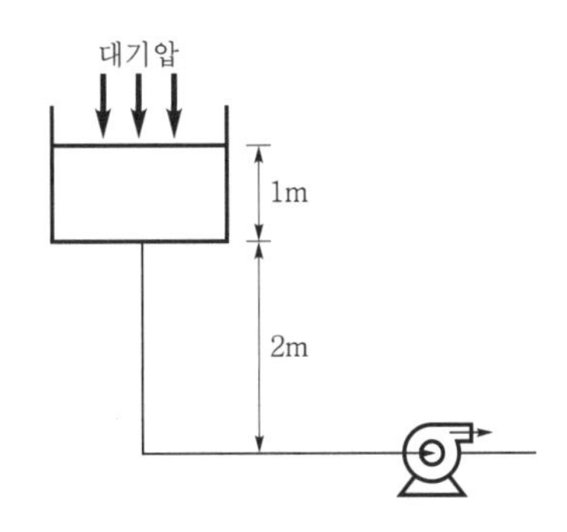


① 6.83m
② 7.83m
③ 8.83m
④ 9.83m

해설 **표준대기압**

1atm=760mmHg=1.0332kg$_f$/cm$^2$
=10.332mH$_2$O(mAq)
=14.7PSI(1b$_f$/in$^2$)
=101.325kPa(kN/m$^2$)
=1013mbar

1MPa ≒ 100m 이므로

대기압수두($H_a$) : 10.332m
(문제에 주어지지 않았을 때는 **표준대기압**을 적용한다)
수증기압수두($H_v$) : 0.015MPa=1.5m
압입수두($H_s$) : 1m+2m=3m
(펌프중심~수원까지의 수직거리)
마찰손실수두($H_L$) : 2m
수조가 펌프보다 높으므로 **압입 NPSH**는
NPSH= $H_a - H_v + H_s - H_L$
$= 10.332\text{m} - 1.5\text{m} + 3\text{m} - 2\text{m}$
$= 9.832$
$≒ 9.83\text{m}$

※ **NPSH** (Net Positive Suction Head) : 유효흡입양정

중요

(1) **흡입** NPSH(수조가 펌프보다 낮을 때)

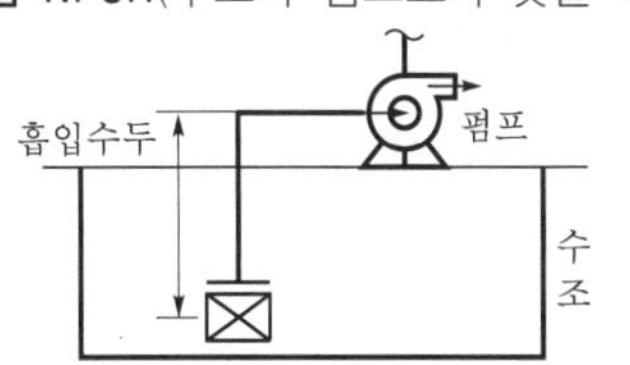


$$\text{NPSH} = H_a - H_v - H_s - H_L$$

여기서, NPSH : 유효흡입양정〔m〕
$H_a$ : 대기압수두〔m〕
$H_v$ : 수증기압수두〔m〕
$H_s$ : 흡입수두〔m〕
$H_L$ : 마찰손실수두〔m〕

(2) **압입** NPSH(수조가 펌프보다 높을 때)

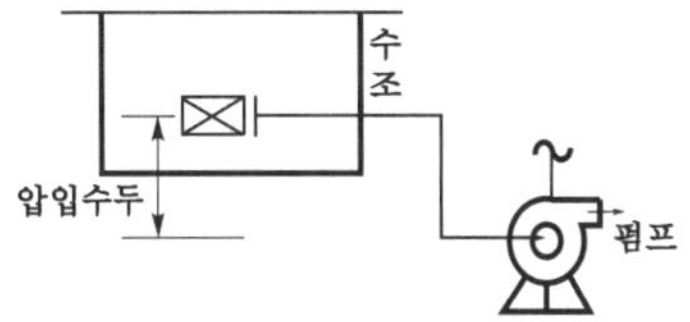


$$\text{NPSH} = H_a - H_v + H_s - H_L$$

여기서, NPSH : 유효흡입양정〔m〕
$H_a$ : 대기압수두〔m〕
$H_v$ : 수증기압수두〔m〕
$H_s$ : 압입수두〔m〕
$H_L$ : 마찰손실수두〔m〕

답 ④

★★
## 29 제어요소의 동작 중 연속동작이 아닌 것은?

18회 문 34

① P동작
② PID동작
③ PI동작
④ ON-OFF동작

해설 **제어동작**에 의한 **분류**

| 연속제어(연속동작) | 불연속제어(불연속동작) |
|---|---|
| ① 비례제어(P동작)<br>② 미분제어(D동작)<br>③ 적분제어(I동작)<br>④ 비례적분제어(PI동작)<br>⑤ 비례적분미분제어(PID 동작) | ① 2위치제어(ON-OFF 동작) **보기 ④**<br>② 샘플값제어 |

④ 불연속동작

답 ④

06회

★★★

## 30 유량이 2m³/min인 5단의 다단펌프가 2000 rpm의 회전으로 50m의 양정이 필요하다면 비속도(m³/min · m/rpm)는?

① 403 ② 503

③ 425 ④ 525

해설

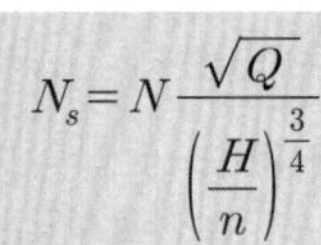

$$N_s = N\frac{\sqrt{Q}}{\left(\frac{H}{n}\right)^{\frac{3}{4}}}$$

여기서, $N_s$ : 펌프의 비교회전도(비속도) 〔m³/min · m/rpm〕

$N$ : 회전수〔rpm〕

$Q$ : 유량〔m³/min〕

$H$ : 양정〔m〕

$n$ : 단수

펌프의 비교회전도 $N_s$는

$$N_s = N\frac{\sqrt{Q}}{\left(\frac{H}{n}\right)^{\frac{3}{4}}}$$

$$= 2000\text{rpm} \times \frac{\sqrt{2\text{m}^3/\text{min}}}{\left(\frac{50\text{m}}{5}\right)^{\frac{3}{4}}}$$

$≒ 503$

※ **rpm**(revolution per minute) : 분당 회전속도

용어

**비속도**

펌프의 성능을 나타내거나 가장 적합한 **회전수**를 결정하는 데 이용되며, **회전자**의 형상을 나타내는 척도가 된다.

답 ②

★★

## 31 50μF의 콘덴서에 220V, 50Hz의 교류전압을 인가했을 때 흐르는 전류는?

① 1A ② 3.46A

③ 33.66A ④ 63.66A

해설 **용량리액턴스**

$$X_c = \frac{1}{2\pi f C}$$

여기서, $X_c$ : 용량리액턴스〔Ω〕

$f$ : 주파수〔Hz〕

$C$ : 정전용량〔F〕

**용량리액턴스** $X_c$는

$$X_c = \frac{1}{2\pi f C} = \frac{1}{2\pi \times 50 \times 50 \times 10^{-6}} ≒ 63.66\Omega$$

$$I = \frac{V}{X_c}$$

여기서, $I$ : 전류〔A〕

$V$ : 전압〔V〕

$X_c$ : 용량리액턴스〔Ω〕

**전류** $I$는

$$I = \frac{V}{X_c} = \frac{220}{63.66} ≒ 3.46\text{A}$$

답 ②

★★★

## 32 다음 물의 소화효과를 높이기 위하여 사용하는 첨가제 중 옳지 않은 것은?

① 강화액 ② 침투제

③ 증점제(增粘劑) ④ 방식제

해설 **물의 첨가제**

| 첨가제 | 설 명 |
|---|---|
| **강화액** 보기 ① | 알칼리 금속염을 주성분으로 한 것으로 황색 또는 무색의 점성이 있는 수용액 |
| **침투제** 보기 ② | 침투성을 높여 주기 위해서 첨가하는 계면활성제의 총칭 |
| **유화제** | 고비점 유류에 사용을 가능하게 하기 위한 것 |
| **증점제** 보기 ③ | 물의 점도를 높여 줌 |
| **부동제** | 물이 저온에서 동결되는 단점을 보완하기 위해 첨가하는 액체 |

④ 해당없음

용어

**물의 첨가제와 관련된 용어**

| Wet water | Wetting agent |
|---|---|
| 물의 침투성을 높여 주기 위해 Wetting agent가 첨가된 물 | 주수소화시 물의 표면장력에 의해 연소물의 침투속도를 향상시키기 위해 첨가하는 침투제 |

답 ④

★★

**33** 정전용량은 그림의 단자 a, b 및 a, c 간에 측정한 값은 얼마인가?

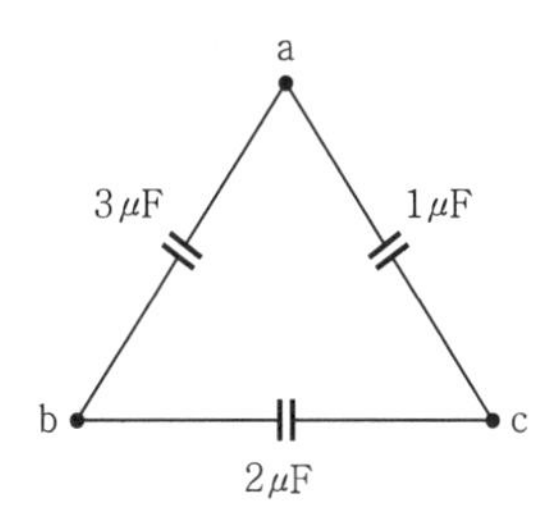


① ab 단자 : 3.67μF, ac 단자 : 2.2μF
② ab 단자 : 2.2μF, ac 단자 : 3.67μF
③ ab 단자 : 1.5μF, ac 단자 : 0.83μF
④ ab 단자 : 0.83μF, ac 단자 : 1.5μF

해설 (1) **ab 단자**의 합성정전용량 $C_{ab}$는

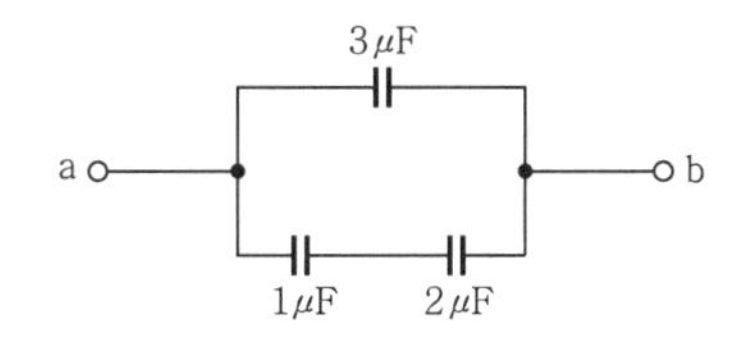


$$C_{ab}=3+\frac{1\times 2}{1+2} \fallingdotseq 3.67\mu\text{F}$$

(2) **ac 단자**의 합성정전용량 $C_{ac}$는

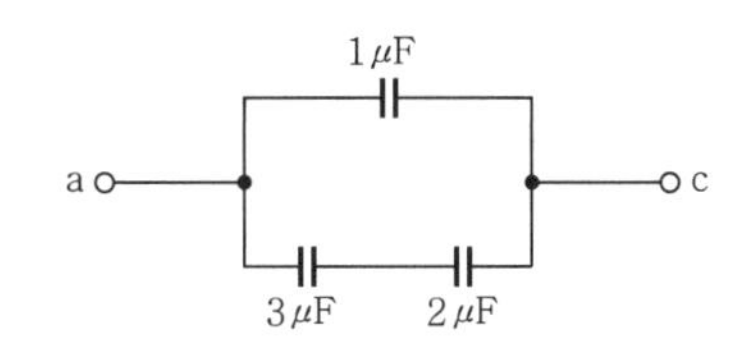


$$C_{ac}=1+\frac{3\times 2}{3+2} \fallingdotseq 2.2\mu\text{F}$$

답 ①

★★★

**34** 비중 $S$인 액체가 액면으로부터 $h$[cm] 깊이에 있는 점의 압력은 수은주로 몇 mmHg인가? (단, 수은의 비중은 13.6이다.)

15회 문 32
05회 문 42
03회 문107
02회 문 38
02회 문 41

① $13.6\,Sh$
② $1000\,Sh/13.6$
③ $Sh/13.6$
④ $10\,Sh/13.6$

해설

$S=\frac{\gamma}{\gamma_w}$ 에서

$\gamma=\gamma_w\cdot S$
$=9800\text{N/m}^3\times S$
$=9800S$

$h[\text{cm}]=10^{-2}h[\text{m}]$ 이므로

압력 $P$는

$P=\gamma h$
$=9800S\times 10^{-2}h$
$=98Sh\ [\text{N/m}^2]$

압력수두 $H$는

$H=\frac{P}{\gamma}$
$=\frac{98Sh}{\gamma}$
$=\frac{98Sh\text{N/m}^2}{13.6\times 9800\text{N/m}^3}$
$=\frac{10^{-2}Sh}{13.6}\text{m}$
$=\frac{10Sh}{13.6}\ [\text{mm}]$

답 ④

★★

**35** 3개의 저항 $R_1$, $R_2$, $R_3$[Ω]을 병렬로 접속했을 때 합성저항은 얼마인가?

① $R_1R_2R_3$
② $\frac{R_1R_2R_3}{R_1+R_2+R_3}$
③ $\frac{R_1R_2R_3}{R_1R_2+R_2R_3+R_1R_3}$
④ $\frac{R_1R_2+R_2R_3+R_3R_1}{R_1+R_2+R_3}$

해설 **병렬 합성저항** $R$는

$$R=\frac{1}{\frac{1}{R_1}+\frac{1}{R_2}+\frac{1}{R_3}}=\frac{1}{\frac{R_1R_2+R_2R_3+R_1R_3}{R_1R_2R_3}}=\frac{R_1R_2R_3}{R_1R_2+R_2R_3+R_1R_3}\ [\Omega]$$

답 ③

★

**36** 물소화설비의 배관에서 마찰손실을 구하는 실험식인 하젠-윌리엄 공식에서 $C$에 관한 설명으로 옳은 것은?

$$\Delta P = \frac{6.053 \times 10^4 \times Q^{1.85}}{C^{1.85} \times d^{4.87}}$$

① $C$는 상수로서 언제나 일정한 값을 갖는다.
② $C$값은 백관의 경우보다 주철관의 경우에 작은 값이 된다.
③ $C$값은 같은 내경의 관이며, 관의 재질과 무관하다.
④ 동일한 관에 대해서만 $C$값은 시간의 흐름에 따라 변하지 않는다.

해설 **배관**의 **조도**

| 조도($C$) | 배 관 |
|---|---|
| 100 | • 주철관 보기 ② <br> • 흑관(**건식** 스프링클러설비의 경우) <br> • 흑관(**준비작동식** 스프링클러설비의 경우) |
| 120 | • 흑관(**일제살수식** 스프링클러설비의 경우) <br> • 흑관(**습식** 스프링클러설비의 경우) <br> • 백관(아연도금강관) 보기 ② |
| 150 | • 동관(구리관) |

위 표에서 볼 때 일반적으로 조도($C$)값은 **백관**(120)의 경우보다 **주철관**(100)의 경우에 작은 값이 된다.

※ **관**의 Roughness **계수**(조도) : 배관의 재질이 매끄러우냐 또는 거칠으냐에 따라 작용하는 계수

참고

**하젠-윌리엄의 식(Hargen-William's formula)**

$$\Delta P_m = 6.053 \times 10^4 \times \frac{Q^{1.85}}{C^{1.85} \times D^{4.87}} \times L$$

여기서, $\Delta P_m$ : 압력손실〔MPa〕
$C$ : 조도
$D$ : 관의 내경〔mm〕
$Q$ : 관의 유량〔L/min〕
$L$ : 관의 길이〔m〕

답 ②

★

**37** 그림과 같은 자기회로에서 자속밀도(Wb/m²)는 무엇인가?

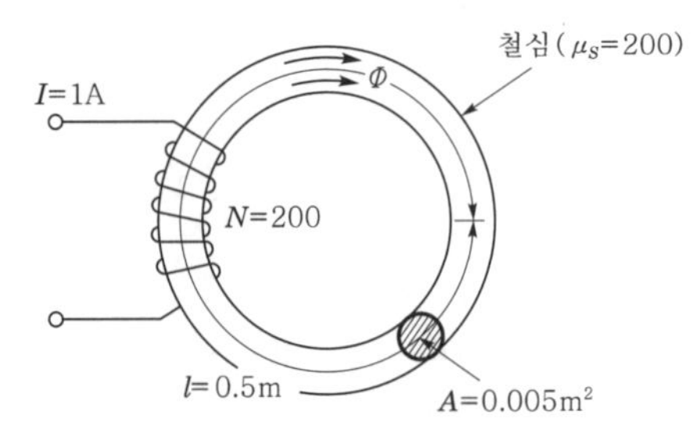


① $1.6\pi \times 10^{-2}$　② $1.6\pi \times 10^{-4}$
③ $3.2\pi \times 10^{-2}$　④ $3.2\pi \times 10^{-4}$

해설 (1) **자기저항**

$$R_m = \frac{l}{\mu A} \text{〔AT/Wb〕}$$

여기서, $R_m$ : 자기저항〔AT/Wb〕
$l$ : 자로의 길이〔m〕
$\mu$ : 투자율〔H/m〕
$A$ : 단면적〔m²〕

**자기저항** $R_m$은

$$R_m = \frac{l}{\mu A} = \frac{l}{\mu_o \mu_s A} = \frac{0.5}{4\pi \times 10^{-7} \times 200 \times 0.005} = \frac{1}{8\pi \times 10^{-7}} \text{〔AT/Wb〕}$$

진공의 투자율 : $\mu_o = 4\pi \times 10^{-7}$〔H/m〕

(2) **자속**

$$\phi = BA = \frac{NI}{R_m}$$

여기서, $\phi$ : 자속〔Wb〕
$B$ : 자속밀도〔Wb/m²〕
$A$ : 단면적〔m²〕
$N$ : 코일권수
$I$ : 전류〔A〕
$R_m$ : 자기저항〔AT/Wb〕

**자속** $\phi$는

$$\phi = \frac{NI}{R_m} = \frac{200 \times 1}{\frac{1}{8\pi \times 10^{-7}}} = 1.6\pi \times 10^{-4} \text{Wb}$$

**자속밀도** $B$는

$$B = \frac{\phi}{A} = \frac{1.6\pi \times 10^{-4}}{0.005} = 3.2\pi \times 10^{-2} \text{Wb/m}^2$$

답 ③

★★★

**38** 용량 2000L의 탱크에 물을 가득 채운 소방자동차가 화재현장에 출동하여 노즐압력 390kPa, 노즐구경 2.5cm를 사용하여 방수한다면 소방자동차 내의 물이 전부 방수되는 데 소요되는 시간은?

① 약 2분 30초 ② 약 3분 30초
③ 약 4분 30초 ④ 약 5분 30초

해설 **방수량**

$$Q=0.653D^2\sqrt{10P}$$

여기서, $Q$ : 방수량〔L/min〕
$D$ : 구경〔mm〕
$P$ : 방수압〔MPa〕

또한,

$$Q=0.653\,D^2\,\sqrt{10P}\,t$$

여기서, $Q$ : 용량〔L〕
$D$ : 구경〔mm〕
$P$ : 방수압〔MPa〕
$t$ : 시간〔min〕

시간 $t$는

$$t=\frac{Q}{0.653D^2\sqrt{10P}}$$
$$=\frac{2000\text{L}}{0.653\times(2.5\text{cm})^2\times\sqrt{10\times 390\text{kPa}}}$$
$$=\frac{2000\text{L}}{0.653\times(25\text{mm})^2\times\sqrt{10\times 0.39\text{MPa}}}$$
$≒ 2.5$분
$=2$분 $30$초

중요

**표준대기압**
1atm=760mmHg=1.0332kg$_f$/cm$^2$
=10.332mH$_2$O(mAq)
=14.7PSI(lb$_f$/in$^2$)
=101.325kPa(kN/m$^2$)
=1013mbar

답 ①

★★

**39** CO 5kg을 일정한 압력하에 25℃에서 60℃로 가열하는 데 필요한 열량은 몇 kJ인가? (단, 정압비열은 0.837kJ/kg·℃이다.)

① 105 ② 146
③ 251 ④ 356

해설

$$q=C_p(T_2-T_1)$$

여기서, $q$ : 열량〔kJ/kg〕
$C_p$ : 정압비열〔kJ/kg·℃〕
$T_2-T_1$ : 온도차(273+℃)〔K〕

$T_1=273+25℃=298\text{K}$
$T_2=273+60℃=333\text{K}$

**열량** $q$는

$q=C_p(T_2-T_1)$
$=0.837\text{kJ/kg}\times(333-298)\text{K}$
$=29.295\text{kJ/kg}$

5kg이므로
$29.295\text{kJ/kg}\times 5\text{kg} ≒ 146\text{kJ}$

용어

**정압비열**
압력이 일정할 때의 비열

답 ②

★★★

**40** 진공 계기압력이 18kPa, 20℃인 기체가 계기압력 800kPa로 등온압축되었다면 처음 체적에 대한 최후의 체적비는? (단, 대기압은 730mmHg이다.)

① 0.1 ② 0.2
③ 0.3 ④ 0.4

해설

$$760\text{mmHg}=101.325\text{kPa}$$

이므로,

$P_1$ : 절대압=대기압−진공압
$$=\left(\frac{730\text{mmHg}}{760\text{mmHg}}\times 101.325\text{kPa}\right)-18\text{kPa} ≒ 79\text{kPa}$$

$P_2$ : 절대압=대기압+계기압
$$=\left(\frac{730\text{mmHg}}{760\text{mmHg}}\times 101.325\text{kPa}\right)+800\text{kPa} ≒ 897\text{kPa}$$

**등온압축**일 때

$$P_1V_1=P_2V_2$$

여기서, $P_1$, $P_2$ : 기압〔kPa〕
$V_1$, $V_2$ : 부피(체적)〔m$^3$〕

체적비 $\dfrac{V_2}{V_1}$는

$$\frac{V_2}{V_1} = \frac{P_1}{P_2} = \frac{79\text{kPa}}{897\text{kPa}} = 0.1$$

※ **등온압축** : 온도가 동일한 상태에서 압축되는 것

답 ①

★★
**41** 동일한 크기의 전류가 흐르고 있는 간격이 10cm인 왕복평행도선에 1m당 $2\times10^{-6}$N의 힘이 작용한다면, 흐르는 전류의 양은 몇 A인가?

① 1 ② 2
③ 3 ④ 4

해설 **평행도체**의 **힘**

$$F = \frac{\mu_0 I_1 I_2}{2\pi r} = \frac{2 I_1 I_2}{r} \times 10^{-7} \text{[N/m]}$$

여기서, $F$ : 평행도체의 힘[N/m]
$\mu_0$ : 진공의 투자율[H/m]
$I_1, I_2$ : 전류[A]
$r$ : 두 평행도선의 거리[m]

$F = \frac{2 I_1 I_2}{r} \times 10^{-7}$[N]에서

**왕복도선**에 흐르는 전류가 같으므로($I_1 = I_2$)

$F = \frac{2 I^2}{r} \times 10^{-7}$[N]

**전류** $I = \sqrt{\frac{Fr}{2} \times 10^7}$
$= \sqrt{\frac{2\times10^{-6}\times0.1}{2}\times10^7}$
$= 1\text{A}$

• $r$ : 10cm=0.1m(100cm=1m)

답 ①

★★
**42** 그림과 같이 차 위에 물탱크와 펌프가 장치되어 펌프 끝의 지름 5cm의 노즐에서 매초 0.09m³의 물이 수평으로 분출된다고 하면 그 추력은 몇 N인가?

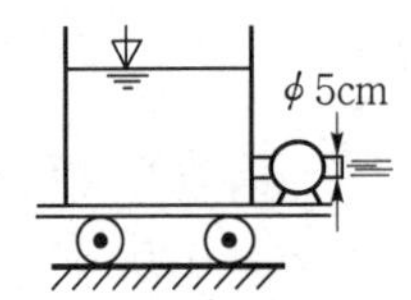


① 4125 ② 2079
③ 412 ④ 212

해설 (1) **방수량**

$$Q = AV = \frac{\pi D^2}{4} V$$

여기서, $Q$ : 방수량[m³/s]
$A$ : 단면적[m²]
$V$ : 유속[m/s]
$D$ : 내경[m]

**유속** $V$는

$$V = \frac{Q}{\frac{\pi D^2}{4}} = \frac{0.09\text{m}^3/\text{s}}{\frac{\pi \times (0.05\text{m})^2}{4}} \fallingdotseq 45.84\text{m/s}$$

(2) **힘**

$$F = \rho Q V$$

여기서, $F$ : 힘[N]
$\rho$ : 밀도(물의 밀도 1000N·s²/m⁴)
$Q$ : 방수량[m³/s]
$V$ : 유속[m/s]

**힘** $F$는
$F = \rho Q V$
$= 1000\text{N}\cdot\text{s}^2/\text{m}^4 \times 0.09\text{m}^3/\text{s} \times 45.84\text{m/s}$
$\fallingdotseq 4125\text{N}$

답 ①

★★★
**43** 그림과 같이 스프링클러설비의 가압송수장치에 대한 성능시험을 하기 위하여 오리피스를 통하여 시험한 결과 수은주의 높이가 95cm이다. 이 오리피스가 통과하는 유량(m³/s)은? (단, 중력가속도 $g$ = 9.8m/s²라 가정한다.)

17회 문 32
08회 문 42

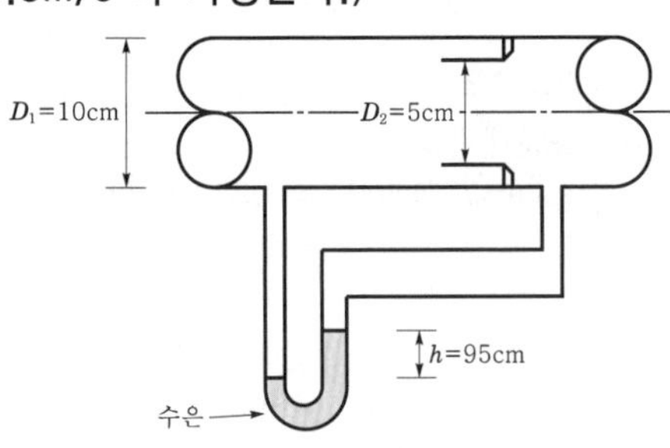


① 0.01 ② 0.03
③ 0.25 ④ 0.5

해설 **유량**

$$Q = C\frac{A_2}{\sqrt{1-m^2}}\sqrt{\frac{2g(\gamma_s-\gamma)}{\gamma}R}$$

여기서, $Q$ : 유량[m³/s]

$C$ : 유량계수

$A_2$ : 출구면적[m²]

$g$ : 중력가속도(9.8m/s²)

$\gamma_s$ : 비중량(수은의 비중량 133.28kN/m³)

$\gamma$ : 비중량(물의 비중량 9.8kN/m³)

$R$ : 마노미터 읽음[m]

$m$ : $\left(\dfrac{A_2}{A_1}=\left(\dfrac{D_2}{D_1}\right)^2\right)$

$A_1$ : 입구면적[m²]

$D_1$ : 입구직경[m]

$D_2$ : 출구직경[m]

$$m=\left(\frac{D_2}{D_1}\right)^2$$

$$=\left(\frac{5\text{cm}}{10\text{cm}}\right)^2$$

$$=0.25$$

**유량** $Q$는

$$Q=C\frac{A_2}{\sqrt{1-m^2}}\sqrt{\frac{2g(\gamma_s-\gamma)}{\gamma}R}$$

$$=\frac{\frac{\pi}{4}\times(5\text{cm})^2}{\sqrt{1-0.25^2}}\sqrt{\frac{2\times9.8\text{m/s}^2\times(133.28-9.8)\text{kN/m}^3}{9.8\text{kN/m}^3}\times95\text{cm}}$$

$$=\frac{\frac{\pi}{4}\times(0.05\text{m})^2}{\sqrt{1-0.25^2}}\sqrt{\frac{2\times9.8\text{m/s}^2\times(133.28-9.8)\text{kN/m}^3}{9.8\text{kN/m}^3}\times0.95\text{m}}$$

$$=0.031$$

$$\fallingdotseq 0.03\text{m}^3/\text{s}$$

※ **유량계수**($C$)는 주어지지 않았으므로 **생략**한다.

답 ②

★★

## 44 다음 중 관을 지지하는 데 사용하는 재료는?

① Lock nut ② Reamer

③ Saddle ④ Bushing

해설 **금속관공사**에 이용되는 **부품**

| 명 칭 | 외 형 | 설 명 |
|---|---|---|
| 부싱 (Bushing) | | 전선의 절연피복을 보호하기 위하여 **금속관 끝**에 취부하여 사용하는 부품 |
| 유니언 커플링 (Union coupling) | | **금속전선관 상호** 간을 **접속**하는 데 사용하는 부품(관이 **고정**되어 **있을 때**) |
| 노멀 벤드 (Normal bend) | | **매입배관**공사를 할 때 **직각**으로 굽히는 곳에 사용하는 부품 |
| 유니버설 엘보 (Universal elbow) | | **노출배관**공사를 할 때 관을 직각으로 굽히는 곳에 사용하는 부품 |
| 링 리듀서 (Ring reducer) | | **금속관**을 **아우트렛 박스**에 로크너트만으로 고정하기 어려울 때 **보조적**으로 사용되는 **부품** |
| 커플링 (Coupling) | 커플링<br>전선관 | **금속전선관 상호** 간을 **접속**하는 데 사용하는 부품(관이 **고정**되어 있지 **않을 때**) |
| 새들 (Saddle) 보기 ③ | | **관**을 **지지**하는 데 사용하는 재료 |
| 로크너트 (Lock nut) | | **금속관**과 **박스**를 **접속**할 때 사용하는 재료로 최소 **2개**를 사용한다. |
| 리머 (Reamer) | 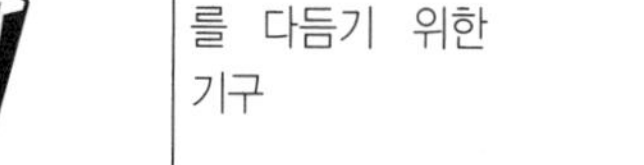 | 금속관 **말단**의 **모**를 다듬기 위한 기구 |

| 명 칭 | 외 형 | 설 명 |
|---|---|---|
| 파이프 커터 (Pipe cutter) | | 금속관을 절단하는 기구 |

답 ③

★★

## 45 진공 중에 놓여 있는 2C의 점전하로부터 10cm 떨어진 점에서의 전속밀도(C/m²)는?

① 15.92 ② 21.22

③ 31.83 ④ 63.66

해설 **전속밀도**

$$D=\frac{Q}{A}=\frac{Q}{4\pi r^2}[\mathrm{C/m^2}]$$

여기서, $D$ : 전속밀도[C/m²]

$A$ : 단면적[m²]

$Q$ : 전속[C]

$r$ : 거리[m]

**전속밀도** $D$는

$$D=\frac{Q}{4\pi r^2}=\frac{2}{4\pi\times 0.1^2}\fallingdotseq 15.92\mathrm{C/m^2}$$

※ 반지름이 $r$인 구의 표면적은 $4\pi r^2$이라는 것을 기억하라!

답 ①

★★★

## 46 점성계수를 직접 측정하는 데 적합한 것은?

19회 문 28
16회 문 26

① 피토관(Pitot tube)

② 슐리렌법(Schlieren method)

③ 벤투리미터(Venturi meter)

④ 세이볼트법(Saybolt method)

해설 **점도계**

(1) **세관법** : **하겐-포아젤의 법칙 이용**

① 세이볼트(Saybolt) 점도계 보기 ④

② 레드우드(Redwood) 점도계

③ 엥글러(Engler) 점도계

④ 바르베(Barbey) 점도계

⑤ 오스트발드(Ostwald) 점도계

(2) **회전원통법** : **뉴턴의 점성법칙** 이용

① **스**토머(Stormer) 점도계

② **맥**마이클(MacMichael) 점도계

기억법 **뉴점스맥**

(3) **낙구법** : **스토크스의 법칙** 이용

낙구식 점도계

※ **점도계** : 점성계수를 측정할 수 있는 기기

답 ④

★

## 47 20℃에서 표준전지의 기전력(V)은?

① 1V ② 1.0183V

③ 1.2V ④ 2V

해설 현재에 사용되고 있는 표준전지로는 **클라크전지, 웨스턴전지**가 사용되며 **20℃**에서 표준전지의 기전력은 **1.0183V**이다. 보기 ②

중요

**표준전지**(Standard cell)

(1) 양극 : 수은(Hg)

(2) 음극 : Cd 아말감

(3) 전해액 : 황산카드뮴($CdSO_4$)

(4) 기전력 : 20℃에서 1.0183V

(5) 내부저항 : 500Ω 이내

답 ②

★★

## 48 보정계수 $C=0.98$인 피토정압관으로 물의 유속을 측정하려고 한다. 액주계에는 비중이 13.6인 수은이 들어 있고 액주계에서 수은의 높이가 20cm일 때 유속은 몇 m/s인가?

① 1.4 ② 6.8

③ 7.7 ④ 10.5

해설 **유속**

$$V=C\sqrt{2gH\left(\frac{\gamma'}{\gamma}-1\right)}$$

여기서, $V$ : 유속[m/s]

$C$ : 보정계수

$g$ : 중력가속도(9.8m/s²)

$H$ : 높이[m]

$\gamma$ : 비중량(물의 비중량 9.8kN/m³)

$\gamma'$ : 비중량(수은의 비중량 133.28kN/m³)

**유속** $V$는

$$V=C\sqrt{2gH\left(\frac{\gamma'}{\gamma}-1\right)}$$

$$=0.98\sqrt{2\times 9.8\mathrm{m/s^2}\times 0.2\mathrm{m}\left(\frac{133.28\mathrm{kN/m^3}}{9.8\mathrm{kN/m^3}}-1\right)}$$

$$\fallingdotseq 6.8\mathrm{m/s}$$

답 ②

★★★

**49** 이산화탄소를 방사하여 산소의 체적농도를 10~14%로 하려면 상대적으로 방사된 이산화탄소의 농도는 얼마가 되어야 하는가? (단, 공기 중 산소의 체적비는 21%, 질소의 체적비는 79%이다.)

① 21.3~42.4% ② 27.3~48.4%
③ 33.3~52.4% ④ 37.3~58.4%

해설 산소의 체적농도가 **10~14%**이므로

$CO_{2A}$ **농도는**

$$CO_{2A}=\frac{21-O_2}{21}\times 100=\frac{21-14}{21}\times 100 \fallingdotseq 33.3\%$$

$CO_{2B}$ **농도는**

$$CO_{2B}=\frac{21-O_2}{21}\times 100=\frac{21-10}{21}\times 100 \fallingdotseq 52.4\%$$

∴ $CO_2$의 농도는 **33.3~52.4%**가 된다.

중요

**가스계 소화설비와 관련된 식**

$$CO_2=\frac{\text{방출가스량}}{\text{방호구역체적}+\text{방출가스량}}\times 100=\frac{21-O_2}{21}\times 100$$

여기서, $CO_2$ : $CO_2$의 농도〔%〕, 할론 농도〔%〕
$O_2$ : $O_2$의 농도〔%〕

$$\text{방출가스량}=\frac{21-O_2}{O_2}\times\text{방호구역체적}$$

여기서, $O_2$ : $O_2$의 농도〔%〕

$$PV=\frac{m}{M}RT$$

여기서, $P$ : 기압〔atm〕
$V$ : 방출가스량〔$m^3$〕
$m$ : 질량〔kg〕
$M$ : 분자량
($CO_2$ : 44, 할론 1301 : 148.95)
$R$ : 0.082atm·$m^3$/kmol·K
$T$ : 절대온도(273+℃)〔K〕

$$Q=\frac{W_t\,C(t_1-t_2)}{H}$$

여기서, $Q$ : 액화 $CO_2$의 증발량〔kg〕
$W_t$ : 배관의 중량〔kg〕
$C$ : 배관의 비열〔kcal/kg·℃〕
$t_1$ : 방출 전 배관의 온도〔℃〕
$t_2$ : 방출될 때의 배관의 온도〔℃〕
$H$ : 액화 $CO_2$의 증발잠열〔kcal/kg〕

답 ③

★

**50** 다음 중 비유전율이 가장 작은 것은?

① 실리콘유 ② 글리세린
③ 증류수 ④ 산화티탄 자기

해설 **비유전율**

| 유전체 | 비유전율 | 유전체 | 비유전율 |
|---|---|---|---|
| 진공 | 1 | 절연니스 | 5~6 |
| 공기 | 1.00059 | 운모(Mica) | 5~9 |
| 절연지 | 1.2~2.5 | 염화비닐(50Hz) | 5~9 |
| 테프론 | 2.03 | 도자기 | 5~6.5 |
| 절연유 | 2.2~2.4 | 스테아타이트 | 5.6~6.5 |
| 폴리에틸렌 | 2.2~2.4 | 소다유리 | 6~8 |
| 고무 | 2~3 | 에틸알코올 | 25 |
| 실리콘유 **보기 ①** | 2.58 | 글리세린 **보기 ②** | 40 |
| 호박(Amber) | 2.8 | 증류수 **보기 ③** | 80 |
| 수정 | 3.6 | 산화티탄 자기 **보기 ④** | 60~100 |
| 베이클라이트 | 4.75 | 티탄산바륨 | 1000~3000 |
| 석면 | 4.8 | | |

답 ①

**제 3 과목** 소방관련법령

★★

**51** 다음 중 소방시설관리사 자격의 결격사유에 해당되지 않는 것은?

① 피성년후견인
② 파산선고를 받은 사람으로서 복권된 사람
③ 금고 이상의 형의 선고를 받고 그 집행이 종료되거나 집행을 받지 아니하기로 확정된 날부터 1년이 지나지 아니한 사람
④ 금고 이상의 형의 집행유예의 선고를 받고 그 집행유예기간 중에 있는 사람

해설 **소방시설법 제27조**
**소방시설관리사의 결격사유**

(1) 피성년후견인 보기 ①
(2) 금고 이상의 실형을 선고받고 그 집행이 끝나거나(집행이 끝난 것으로 보는 경우 포함) 집행이 면제된 날부터 **2년**이 지나지 아니한 사람 보기 ③
(3) 금고 이상의 형의 집행유예를 선고받고 그 **유예기간** 중에 있는 사람 보기 ④
(4) 자격취소 후 **2년**이 지나지 아니한 사람

답 ②

★★
## 52 소방시설의 종류에 대한 설명으로 옳은 것은?

19회 문 62 / 17회 문110 / 16회 문 58 / 12회 문 61 / 10회 문 70 / 10회 문120 / 09회 문 70 / 02회 문 55

① 소화기구, 옥내소화전설비는 소화설비에 해당된다.
② 유도등, 비상조명등설비는 경보설비에 해당된다.
③ 상수도 소화용수설비는 소화활동설비에 해당된다.
④ 연결살수설비는 소화용수설비에 해당된다.

해설 **소방시설법 시행령 [별표 1]**

(1) 소화기구, 옥내소화전설비 – **소화설비** 보기 ①
(2) 유도등, 비상조명등설비 – **피난구조설비**
(3) 상수도 소화용수설비 – **소화용수설비**
(4) 연결살수설비 – **소화활동설비**

답 ①

★
## 53 화재 등의 통지대상이 아닌 것은?

① 소방본부 ② 소방서
③ 관계행정기관 ④ 관계인

해설 **기본법 제19조**
**화재 등의 통지**

화재현장 또는 구조·구급이 필요한 사고현장을 발견한 사람은 그 현장의 상황을 **소방본부·소방서** 또는 **관계행정기관**에 지체 없이 알려야 한다.

답 ④

★★★
## 54 소방용수시설의 저수조의 기준 중 지면으로부터의 낙차는?

① 0.5m 이하 ② 0.5m 이상
③ 4.5m 이하 ④ 4.5m 이상

해설 **기본규칙 [별표 3]**
**소방용수시설의 저수조**

(1) 지면으로부터의 낙차가 **4.5m 이하**일 것 보기 ③
(2) 흡수부분의 수심이 **0.5m 이상**일 것
(3) 소방펌프자동차가 용이하게 접근할 수 있을 것
(4) 흡수에 지장이 없도록 토사·쓰레기 등을 제거할 수 있는 설비를 할 것
(5) 흡수관의 투입구가 사각형의 경우에는 한 변의 길이가 **60cm 이상**, 원형의 경우에는 지름이 **60cm 이상**일 것

답 ③

★★
## 55 다음 중 소방시설관리사 시험위원의 자격이 없는 사람은?

① 소방관련분야의 석사학위를 가진 사람
② 대학 이상의 교육기관에서 소방관련학과 조교수 이상으로 2년 이상 재직한 사람
③ 소방령 이상의 소방공무원
④ 소방기술사

해설 **소방시설법 시행령 제40조**
**소방시설관리사 시험위원 등의 자격**

(1) 소방관련분야의 **박사학위**를 가진 사람
(2) **대학** 이상의 교육기관에서 **소방관련학과 조교수** 이상으로 **2년** 이상 재직한 사람 보기 ②
(3) **소방위** 이상의 소방공무원 보기 ③
(4) **소방시설관리사**
(5) 소방기술사 보기 ④

답 ①

★★★
## 56 소방시설관리업을 하고자 하는 사람은?

① 시·도지사에게 등록하여야 한다.
② 시·도지사에게 신고하여야 한다.
③ 소방청장에게 등록하여야 한다.
④ 소방청장에게 신고하여야 한다.

해설 **소방시설법 제29조**
**소방시설관리업**

(1) 업무 ┬ 소방시설 등의 **점검**
　　　　└ 소방시설 등의 **관리**
(2) 등록권자 : **시·도지사** 보기 ①
(3) 등록기준 : **대통령령**

답 ①

★★★
## 57 소방시설관리업의 영업정지 처분에 갈음하여 부과하는 과징금은?

18회 문 58
09회 문 52
08회 문 68

① 1000만원 이하 ② 3000만원 이하
③ 5000만원 이하 ④ 2억원 이하

해설 **소방시설법 제36조**
**소방시설관리업의 과징금**
(1) 부과권자 : **시 · 도지사**
(2) 부과금액 : **3000만원 이하** 보기 ②

답 ②

★★
## 58 다음의 특정소방대상물 중 근린생활시설에 해당되는 것은?

18회 문 63
14회 문 67
13회 문 58
12회 문 68
09회 문 73
08회 문 55
05회 문 63
05회 문 69
02회 문 54

① 의원
② 관광숙박업
③ 무도학원
④ 여인숙

해설 **소방시설법 시행령 [별표 2]**
**근린생활시설**

| 면 적 | 적용장소 |
|---|---|
| 150m² 미만 | • 단란주점 |
| 300m² 미만 | • 종교집회장<br>• 공연장<br>• 비디오물 감상실업<br>• 비디오물 소극장업 |
| 500m² 미만 | • 탁구장<br>• 서점<br>• 볼링장<br>• 체육도장<br>• 금융업소<br>• 사무소<br>• 부동산 중개사무소<br>• 학원 |
| 1000m² 미만 | • 의약품 판매소<br>• 의료기기 판매소<br>• 자동차 영업소<br>• 슈퍼마켓<br>• 일용품 |
| 전부 | • 기원<br>• 의원 · 이용원 보기 ①<br>• 휴게음식점 · 일반음식점<br>• 제과점<br>• 독서실<br>• 안마원(안마시술소 포함) |

① 근린생활시설 ② 숙박시설
③ 위락시설 ④ 숙박시설

용어

**근린생활시설**
사람이 생활을 하는 데 필요한 여러 가지 시설

답 ①

★★
## 59 객석유도등을 반드시 설치하여야 할 소방대상물은 어느 것인가?

① 종합병원 ② 호텔
③ 집회장 ④ 노인관련시설

해설 **소방시설법 시행령 [별표 4]**
**객석유도등의 설치장소**
(1) 유흥주점영업시설(카바레 · 나이트클럽 등만 해당)
(2) 문화 및 집회시설(집회장) 보기 ③
(3) 운동시설
(4) 종교시설

답 ③

★★
## 60 위험물탱크는 누가 실시하는 탱크안전 성능검사를 받아야 하는가?

① 소방청장 ② 시 · 도지사
③ 소방서장 ④ 한국소방안전원장

해설 **위험물법 제8조**
**탱크안전성능검사**
(1) 실시자 : **시 · 도지사** 보기 ②
(2) 탱크안전성능검사의 내용 : **대통령령**
(3) 탱크안전성능검사의 실시 등에 관한 사항 : **행정안전부령**

답 ②

★
## 61 세정작업의 일반취급소의 특례기준에서 위험물을 취급하는 설비는 바닥에 고정하고 해당 설비의 주위에 너비 몇 m 이상의 공지를 보유하여야 하는가?

① 1 ② 2
③ 3 ④ 4

해설 **위험물규칙 [별표 16]**
**특례기준** 보기 ③
위험물을 취급하는 설비는 바닥에 고정하고, 해당 설비의 주위에 너비 **3m** 이상의 공지를 보유할 것

답 ③

06회

★

## 62 다음 중 이송취급소를 설치할 수 있는 곳은?

17회 문 93
05회 문 90

① 철도 및 도로의 터널 안
② 고속국도 및 자동차전용도로의 차도·갓길 및 중앙분리대
③ 지형상황 등 부득이한 사유가 있고 안전에 필요한 조치를 한 곳
④ 호수·저수지 등으로서 수리의 수원이 되는 곳

해설 **위험물규칙 [별표 15]**
**이송취급소의 설치제외장소**
(1) **철도** 및 **도로**의 **터널 안** 보기 ①
(2) **고속국도** 및 **자동차전용도로**의 차도·갓길 및 중앙분리대 보기 ②
(3) **호수·저수지** 등으로서 수리의 수원이 되는 곳 보기 ④
(4) **급경사지역**으로서 붕괴의 위험이 있는 지역

①, ②, ④는 설치제외장소이다.

답 ③

★★★

## 63 암반탱크저장소의 암반탱크는 암반투수계수가 몇 m/s 이하인 천연암반 내에 설치하여야 하는가?

① $10^{-5}$　② $10^{-6}$
③ $10^{-7}$　④ $10^{-8}$

해설 **위험물규칙 [별표 12]**
**암반탱크저장소의 암반탱크 설치기준**
(1) 암반탱크는 암반투수계수가 $10^{-5}$**m/s** 이하인 천연암반 내에 설치할 것 보기 ①
(2) 암반탱크는 저장할 위험물의 증기압을 억제할 수 있는 **지하수면하**에 설치할 것
(3) 암반탱크의 내벽은 암반균열에 의한 낙반을 방지할 수 있도록 **볼트·콘크리트** 등으로 보강할 것

답 ①

★★★

## 64 문화집회 및 운동시설로서 무대부의 바닥면적이 몇 $m^2$ 이상이면 제연설비를 설치하여야 하는가?

① 50　② 100
③ 150　④ 200

해설 **소방시설법 시행령 [별표 4]**
**제연설비의 설치대상물**
(1) **200m²** 이상 : 문화 및 집회시설, 운동시설 보기 ④
(2) **1000m²** 이상 : 기타 시설

답 ④

★★

## 65 옮겨 담는 일반취급소에서 지하전용탱크란 고정급유설비에 접속하는 용량 몇 L 이하의 탱크를 말하는가?

① 10000　② 20000
③ 30000　④ 40000

해설 **위험물규칙 [별표 16]**
**일반취급소의 지하전용탱크**
고정급유설비에 접속하는 용량 **40000L** 이하의 지하의 전용탱크 보기 ④

답 ④

★

## 66 건축물 안에 설치하는 옥내주유취급소의 용도에 사용하는 부분의 몇 개 이상의 방면은 자동차 등이 출입하는 측 또는 통풍 및 피난상 필요한 공지에 접하도록 하고 벽을 설치하지 않아야 하는가?

① 1개 이상　② 2개 이상
③ 3개 이상　④ 4개 이상

해설 **위험물규칙 [별표 13]**
옥내주유취급소의 2 이상의 방면은 벽을 설치하지 아니할 것 보기 ②

답 ②

★

## 67 시·도 간의 소방업무 상호응원협정을 할 때는 미리 규약을 정하여야 하는데 이때 필요한 사항이 아닌 것은?

① 소방신호방법의 통일
② 응원출동 대상지역 및 규모
③ 소요경비의 부담 구분
④ 응원출동의 요청방법

해설 **기본규칙 제8조**
**소방업무의 상호응원협정**
(1) 다음의 **소방활동**에 관한 사항
　① 화재의 경계·진압활동
　② 구조·구급업무의 지원
　③ 화재조사활동
(2) **응원출동 대상지역** 및 **규모** 보기 ②
(3) **소요경비**의 **부담**에 관한 사항 보기 ③
　① 출동대원의 수당·식사 및 의복의 수선
　② 소방장비 및 기구의 정비와 연료의 보급
(4) **응원출동**의 **요청방법** 보기 ④
(5) **응원출동훈련** 및 **평가**

답 ①

★★★
**68** 소방용수시설에 사용되는 급수탑의 급수 배관의 구경은?

① 40mm 이상 ② 65mm 이상
③ 80mm 이상 ④ 100mm 이상

해설 기본규칙 [별표 3]
소화전·급수탑의 규격

| 소화전 | 급수탑 |
|---|---|
| 65mm 이상 | 100mm 이상 보기 ④ |

답 ④

★★★
**69** 18회 문 65
지하가로서 연면적 몇 $m^2$ 이상인 소방대상물에 무선통신보조설비를 설치하는가?

① 500 ② 1000
③ 1500 ④ 2000

해설 소방시설법 시행령 [별표 4]
무선통신보조설비의 설치대상
(1) **지하가**로서 연면적 **1000$m^2$** 이상 보기 ②
(2) **지하층**의 바닥면적 **3000$m^2$** 이상
(3) **지하3층** 이상이고 바닥면적 **1000$m^2$** 이상
(4) **공동구**

중요

**지하가의 설치대상**(소방시설법 시행령 [별표 4])
(1) 제연설비
(2) 무선통신보조설비 ─ **연면적 1000$m^2$ 이상**
(3) 스프링클러설비

답 ②

★★
**70** 다음의 소방시설이 설치기준에 적합하게 설치되어 있더라도 해당 설비의 유효범위 안의 부분에 연결송수관설비를 면제받을 수 없는 것은?

① 스프링클러설비 ② 물분무소화설비
③ 옥내소화전설비 ④ 연결살수설비

해설 소방시설법 시행령 [별표 6]
연결송수관설비를 면제받을 수 있는 것
(1) 스프링클러설비 보기 ①
(2) 옥내소화전설비 보기 ③
(3) 연결살수설비 보기 ④
(4) 간이스프링클러설비

답 ②

★
**71** 19회 문 97 / 13회 문 99 / 12회 문 78 / 05회 문 91
이송취급소에서 배관을 지하에 매설하는 경우 배관은 그 외면으로부터 지하가까지 몇 m 이상의 안전거리를 두어야 하는가?

① 0.3 ② 1.5
③ 10 ④ 300

해설 위험물규칙 [별표 15]
이송취급소의 지하매설배관의 안전거리

| 대 상 | 안전거리 |
|---|---|
| • 건축물 | 1.5m 이상 |
| • 지하가<br>• 터널 | 10m 이상 보기 ③ |
| • 수도시설 | 300m 이상 |

답 ③

★★
**72** 19회 문 55 / 13회 문 55 / 05회 문 58
다음 중 소방시설업의 종류가 아닌 것은 어느 것인가?

① 소방시설설계업 ② 소방시설공사업
③ 소방공사감리업 ④ 소방시설관리업

해설 공사업법 제2조 제①항
소방시설업

| 소방시설 설계업 보기 ① | 소방시설 공사업 보기 ② | 소방공사 감리업 보기 ③ | 방염처리업 |
|---|---|---|---|
| 소방시설공사에 기본이 되는 공사계획·설계도면·설계설명서·기술계산서 등을 작성하는 영업 | 설계도서에 따라 소방시설을 신설·증설·개설·이전·정비하는 영업 | 소방시설공사에 관한 발주자의 권한을 대행하여 소방시설공사가 설계도서와 관계법령에 따라 적법하게 시공되는지를 확인하고, 품질·시공관리에 대한 기술지도를 하는 영업 | 방염대상물품에 대하여 방염처리하는 영업 |

답 ④

★★★
**73** 18회 문 56 / 14회 문 57 / 10회 문 61 / 09회 문 57 / 08회 문 64 / 03회 문 74
소방시설공사 후 설비의 하자보수기간으로 그 기간이 2년인 것은?

① 자동소화장치
② 비상방송설비
③ 자동화재탐지설비
④ 스프링클러설비

해설 공사업령 제6조
소방시설공사의 하자보수기간
(1) 2년
① 유도등 · 유도표지
② 비상조명등 · 비상방송설비 · 비상경보설비 보기 ②
③ 무선통신보조설비 · 피난기구

기억법 유비조경방무피2(유비조경방무피투)

(2) 3년
① 옥내 · 외 소화전설비
② 상수도소화용수설비 · 소화활동설비(무선통신보조설비 제외)
③ 자동소화장치 · 스프링클러설비
④ 자동화재탐지설비 · 물분무등소화설비
⑤ 간이스프링클러설비

답 ②

★★
## 74 숙박시설 외의 특정소방대상물로서 강의실, 상담실의 용도로 사용하는 바닥면적이 190m²일 때 법정수용인원은?

19회 문 11
16회 문 10
15회 문 21
11회 문 59
10회 문 63
09회 문 56

① 80명　② 90명
③ 100명　④ 110명

해설 소방시설법 시행령 [별표 7]
수용인원의 산정방법

| 특정소방대상물 | | 산정방법 |
|---|---|---|
| • 숙박시설 | 침대가 있는 경우 | 종사자수+침대수 |
| | 침대가 없는 경우 | 종사자수+ $\frac{바닥면적\ 합계}{3m^2}$ |
| • 강의실 • 교무실 • 상담실 • 실습실 • 휴게실 → | | $\frac{바닥면적\ 합계}{1.9m^2}$ |
| • 기타 | | $\frac{바닥면적\ 합계}{3m^2}$ |
| • 강당 • 문화 및 집회시설, 운동시설 • 종교시설 | | $\frac{바닥면적의\ 합계}{4.6m^2}$ |

$$강의실 \cdot 상담실 = \frac{바닥면적\ 합계}{1.9m^2} = \frac{190m^2}{1.9m^2} = 100명$$

답 ③

★★
## 75 다음 중 축전지설비의 점검기구에 해당하지 않는 것은?

① 누전계　② 비중계
③ 절연저항계　④ 전류전압측정계

해설 ① 누전경보기의 점검기구

답 ①

## 제 4 과목 위험물의 성질 · 상태 및 시설기준

★★
## 76 다음 중 주유취급소의 특례기준에서 제외되는 것은?

① 영업용 주유취급소
② 항공기 주유취급소
③ 철도 주유취급소
④ 고속국도 주유취급소

해설 위험물규칙 [별표 13]
주유취급소의 특례기준
(1) 항공기 보기 ②
(2) 철도 보기 ③
(3) 고속국도 보기 ④
(4) 선박
(5) 자가용

답 ①

★
## 77 이동탱크저장소의 상용압력이 20kPa을 초과할 경우 안전장치의 작동압력은?

① 상용압력의 1.1배 이하
② 상용압력의 1.5배 이하
③ 20kPa 이상, 24kPa 이하
④ 40kPa 이상, 48kPa 이하

해설 위험물규칙 [별표 10]
이동탱크저장소의 안전장치

| 상용압력 | 작동압력 |
|---|---|
| 20kPa 이하 | 20~24kPa 이하 |
| 20kPa 초과 | 상용압력의 1.1배 이하 보기 ① |

답 ①

★★
**78** 지하탱크저장소에서 액중 펌프설비와 지하저장탱크의 접속방법은?

① 나사접합 ② 용접접합
③ 압축접합 ④ 플랜지접합

해설 위험물규칙 [별표 8]
지하탱크저장소 액중 펌프설비의 설치기준
(1) 액중 펌프설비는 지하저장탱크와 **플랜지접합**으로 할 것 보기 ④
(2) 액중 펌프설비 중 지하저장탱크 내에 설치되는 부분은 **보호관 내**에 설치할 것(단, 해당 부분이 충분한 강도가 있는 외장에 의하여 보호되어 있는 경우에는 제외)
(3) 액중 펌프설비 중 지하저장탱크의 상부에 설치되는 부분은 위험물의 누설을 점검할 수 있는 조치가 강구된 안전상 필요한 강도가 있는 피트 내에 설치할 것

답 ④

★
**79** 지하탱크저장소의 배관은 탱크의 윗부분에 설치하여야 하는데 탱크의 직근에 유효한 제어밸브를 설치하여도 반드시 윗부분에만 설치하여야 하는 것은 어떤 위험물인가?

① 제1석유류 ② 제3석유류
③ 제4석유류 ④ 동식물유류

해설 위험물규칙 [별표 8]
배관에 제어밸브 설치시 탱크의 윗부분에 설치하지 않아도 되는 경우
(1) 제2석유류 : 인화점 40℃ 이상
(2) 제3석유류 보기 ②
(3) 제4석유류 보기 ③
(4) 동식물유류 보기 ④

답 ①

★
**80** ( ) 안에 알맞은 수치는?

> 옥내탱크저장소의 탱크 중 통기관의 끝부분은 건축물의 창 또는 출입구 등의 개구부로부터 ( ㉠ )m 이상 떨어진 곳의 옥외에 설치하되 지면으로부터 ( ㉡ )m 이상의 높이로 할 것

① ㉠ 1, ㉡ 2 ② ㉠ 2, ㉡ 1
③ ㉠ 1, ㉡ 4 ④ ㉠ 4, ㉡ 1

해설 위험물규칙 [별표 7]
옥내탱크저장소의 통기관의 끝부분은 건축물의 창·출입구 등의 개구부로부터 **1m** 이상 떨어진 옥외의 장소에 지면으로부터 **4m** 이상의 높이로 설치하되, 인화점이 **40℃** 미만인 위험물의 탱크에 설치하는 통기관에 있어서는 부지경계선으로부터 **1.5m** 이상 이격할 것 보기 ③

답 ③

★★★
**81** 옥외탱크저장소의 방유제는 탱크의 지름이 15m 이상인 경우 그 탱크의 측면으로부터 탱크높이의 얼마 이상인 거리를 확보하여야 하는가? (단, 인화점이 200℃ 미만인 위험물을 저장·취급하는 경우이다.)

① $\frac{1}{2}$ ② $\frac{1}{3}$
③ $\frac{1}{4}$ ④ $\frac{1}{5}$

해설 위험물규칙 [별표 6]
옥외탱크저장소의 방유제와 탱크측면의 이격거리

| 탱크지름 | 이격거리 |
|---|---|
| 15m 미만 | 탱크높이의 $\frac{1}{3}$ 이상 |
| 15m 이상 | 탱크높이의 $\frac{1}{2}$ 이상 보기 ① |

답 ①

★★★
**82** 옥외탱크저장소의 방유제의 높이는?

19회 문 95
18회 문 94
16회 문 95
13회 문 90
13회 문 95
10회 문 95
09회 문 94
08회 문 86
07회 문 78
03회 문 90

① 0.8~1.5m 이하
② 1~1.5m 이하
③ 0.3~2m 이하
④ 0.5~3.0m 이하

해설 위험물규칙 [별표 6] Ⅸ
옥외탱크저장소의 방유제
(1) 높이 : **0.5~3m** 이하 보기 ④
(2) 탱크 : **10기**(모든 탱크용량이 **20만** L 이하, 인화점이 **70~200℃** 미만은 **20기**) 이하
(3) 면적 : **80000m$^2$** 이하
(4) 용량 ┬ 1기 : **탱크용량×110%** 이상
└ 2기 이상 : **탱크최대용량×110%** 이상

답 ④

06회

★★
## 83 일반적인 옥외탱크저장소의 옥외저장탱크는 두께 몇 mm 이상의 강철판을 틈이 없도록 제작하여야 하는가?

① 1.2 ② 1.6
③ 2.0 ④ 3.2

해설 **위험물규칙 [별표 6]**
옥외저장탱크는 **특정옥외저장탱크** 및 **준특정옥외저장탱크** 외에는 두께 **3.2mm** 이상의 **강철판** 또는 이와 동등 이상의 기계적 성질 및 용접성이 있는 재료로 틈이 없도록 제작하여야 한다. 보기 ④

답 ④

★
## 84 지정유기과산화물을 저장하는 옥내저장소의 저장창고의 창은 바닥으로부터 몇 m 이상의 높이에 설치하여야 하는가?

① 1 ② 2
③ 3 ④ 4

해설 **위험물규칙 [별표 5]**
**지정과산화물을 저장·취급하는 옥내저장소의 강화기준**
(1) 저장창고의 출입구에는 60분+방화문, 60분 방화문을 설치할 것
(2) 저장창고의 창은 바닥면으로부터 **2m** 이상의 높이에 두되, 하나의 벽면에 두는 창의 면적의 합계를 해당 벽면의 면적의 $\frac{1}{80}$ 이내로 하고, 하나의 창의 면적을 **0.4m$^2$** 이내로 할 것 보기 ②

답 ②

★
## 85 다이에틸에터의 취급 및 보관상 주의할 사항은?

19회 문 80 / 11회 문 78 / 04회 문 98 / 02회 문 94

① 제4류 위험물 중 가장 인화하기 쉬운 물질로서 폭발은 하지 않는다.
② 직사광선에 분해되어 과산화물이 생성되므로 화재시 위험하다.
③ 비전도성이므로 정전기를 발생하지 않는다.
④ 저장시는 통풍이 잘 되는 곳에 두면 증기가 나오므로 위험하다.

해설 **다이에틸에터**($C_2H_5OC_2H_5$)의 **저장** 및 **취급방법**
(1) 직사광선에 분해되어 **과산화물**이 생성되므로 화재시 위험하다. 보기 ②
(2) **불꽃** 등 화기를 멀리하고 **통풍**이 잘 되는 곳에 저장한다.
(3) 운반용기의 공기용적을 **10%** 이상 여유공간을 둔다.
(4) 소화방법으로는 **$CO_2$, 포** 등에 의한 **질식소화**를 한다.

답 ②

★★★
## 86 위험물제조소의 배출설비의 배출능력은 1시간당 배출장소용적의 몇 배 이상인 것으로 하여야 하는가?

① 10
② 20
③ 30
④ 40

해설 **위험물규칙 [별표 4]**
위험물제조소의 배출설비의 배출능력은 1시간당 배출장소용적의 **20배** 이상인 것으로 할 것 (단, 전역방식의 경우 **18m$^3$/m$^2$** 이상으로 할 수 있다) 보기 ②

답 ②

★★★
## 87 지정수량 10배의 하이드록실아민을 취급하는 제조소의 안전거리(m)는?

19회 문 85 / 12회 문 76

① 10
② 100
③ 111
④ 240

해설 **위험물규칙 [별표 4]**
**하이드록실아민 등을 취급하는 제조소의 안전거리**

$$D=51.1\sqrt[3]{N}$$

여기서, $D$ : 거리[m]
$N$ : 해당 제조소에서 취급하는 하이드록실아민 등의 지정수량의 배수

**거리** $D$는
$D=51.1\sqrt[3]{N}=51.1\sqrt[3]{10} \fallingdotseq 111\text{m}$

답 ③

★★
**88** 다음 중 제2류 위험물의 일반적 특성이 아닌 것은?

① 비교적 저온에서 착화되기 쉬운 가연성 고체로서 비중은 1보다 작다.
② 연소시 유독가스가 많이 발생하며 연소속도가 빠르다.
③ 금속분은 금수성 물질이므로 물이나 산과 접촉하면 발열 또는 발화한다.
④ 물에 대해 불용성이며 산화·연소되기 쉽다.

해설 **제2류 위험물**의 일반적 **특성**
(1) 비교적 저온에서 착화되기 쉬운 **가연성 고체**로서 비중은 1보다 **크다.** 보기 ①
(2) 연소시 유독가스가 많이 발생하며 연소속도가 빠르다. 보기 ②
(3) 금속분은 **금수성 물질**이므로 물이나 산과 접촉하면 **발열** 또는 **발화**한다. 보기 ③
(4) 연소열이 크고 **강환원성**이며, 저농도의 산소와도 결합한다.
(5) 물에 대해 **불용성**이며 **산화**·**연소**되기 쉽다. 보기 ④

① 작다. → 크다.

답 ①

★
**89** 옥내저장소의 저장창고에 선반 등의 수납장을 설치하는 경우의 적합기준으로 틀린 것은?

① 수납장은 불연재료로 할 것
② 수납장은 저장하는 위험물의 중량 등의 하중에 의하여 생기는 응력에 대하여 안전한 것일 것
③ 수납장에는 위험물을 수납한 용기가 쉽게 떨어지지 않도록 할 것
④ 수납장의 높이는 위험물을 적재한 상태에서 6m 미만일 것

해설 **위험물규칙 [별표 5]**
**옥내저장소 저장창고에 선반 등의 수납장을 설치하는 경우의 적합기준**
(1) 수납장은 **불연재료**로 만들어 견고한 기초 위에 고정할 것 보기 ①
(2) 수납장은 해당 **수납장** 및 그 **부속설비**의 **자중**, 저장하는 **위험물**의 **중량** 등의 하중에 의하여 생기는 응력에 대하여 안전한 것으로 할 것 보기 ②
(3) 수납장에는 위험물을 수납한 용기가 쉽게 떨어지지 아니하게 하는 조치를 할 것 보기 ③

답 ④

★
**90** 삼산화크로뮴의 성질로서 틀린 것은?

① 물, 에터 등에 녹는다.
② 암적색의 침상결정이다.
③ 피부를 부식시키고 물을 가하면 부식성의 강산이 된다.
④ 오래 저장하면 자연발화할 위험성이 없다.

해설 **삼산화크로뮴**($CrO_3$)의 **성질**
(1) **물, 알코올, 황산, 에터** 등에 녹는다. 보기 ①
(2) **암적색**의 침상결정이다. 보기 ②
(3) **피부**를 **부식**시키고 물을 가하면 부식성의 강산이 된다. 보기 ③
(4) 오래 저장하면 자연발화할 위험성이 크다. 보기 ④

삼산화크로뮴=무수크로뮴산

④ 없다. → 크다.

중요

**피부 부식물질**
(1) 과산화나트륨($Na_2O_2$)
(2) 염소산칼륨($KClO_3$)
(3) 삼산화크로뮴($CrO_3$)

답 ④

★★
**91** 옥외에서 액체위험물을 취급하는 바닥의 기준으로 틀린 것은?
15회 문 92

① 바닥의 둘레에 높이 0.3m 이상의 턱을 설치할 것
② 바닥은 콘크리트 등 위험물이 스며들지 아니하는 재료로 할 것
③ 바닥은 턱이 있는 쪽이 낮게 경사지게 할 것
④ 바닥의 최저부에 집유설비를 할 것

해설 **위험물규칙 [별표 4] Ⅶ**
**옥외에서 액체위험물을 취급하는 바닥기준**
(1) 바닥의 둘레에 높이 **0.15m** 이상의 턱을 설치하는 등 위험물이 외부로 흘러나가지 아니하도록 할 것 보기 ①
(2) 바닥은 **콘크리트** 등 위험물이 스며들지 아니하는 재료로 하고, 턱이 있는 쪽이 낮게 경사지게 할 것 보기 ②③

(3) 바닥의 **최저부**에 **집유설비**를 할 것 보기 ④
(4) 위험물을 취급하는 설비에 있어서는 해당 위험물이 직접 배수구에 흘러들어가지 아니하도록 집유설비에 **유분리장치**를 설치할 것

① 0.3m → 0.15m

답 ①

★★
## 92 제2류 위험물을 저장할 때 특히 주의할 점은?

① 환원제와 접촉을 피한다.
② 가연물과 접촉을 피한다.
③ 금속분은 습기를 피한다.
④ 가열을 피하고 찬 곳에 저장한다.

해설 **제2류 위험물**의 저장·취급시 **유의사항**
(1) 가열을 피하고 찬 곳에 저장한다. 보기 ④
(2) **산화제**와 접촉을 피한다.
(3) 용기 등의 파손으로 위험물이 누출되지 않도록 한다.
(4) 금속분은 **물**이나 **산**과의 접촉을 피한다.

답 ④

★★
## 93 저장 또는 취급하는 위험물의 최대수량이 지정수량의 30배일 때 옥내저장소의 공지의 너비는? (단, 벽·기둥 및 바닥이 내화구조로 된 건축물이다.)

① 1.5m 이상 ② 2m 이상
③ 3m 이상 ④ 5m 이상

해설 위험물규칙 [별표 5]
옥내저장소의 보유공지

| 위험물의 최대수량 | 공지너비 | |
|---|---|---|
| | 내화구조 | 기타구조 |
| 지정수량의 5배 이하 | - | 0.5m 이상 |
| 지정수량의 5배 초과 10배 이하 | 1m 이상 | 1.5m 이상 |
| 지정수량의 10배 초과 20배 이하 | 2m 이상 | 3m 이상 |
| 지정수량의 20배 초과 50배 이하 | 3m 이상 보기 ③ | 5m 이상 |
| 지정수량의 50배 초과 200배 이하 | 5m 이상 | 10m 이상 |
| 지정수량의 200배 초과 | 10m 이상 | 15m 이상 |

답 ③

★★★
## 94 다음 중 착화온도가 가장 낮은 것은?

① 황 ② 삼황화인
③ 적린 ④ 황린

해설 착화온도(착화점)

| 물 질 | 착화온도 |
|---|---|
| 황린 | 50℃ |
| 삼황화인 | 100℃ |
| 적린 | 260℃ |
| 황 | 360℃ |

답 ④

★★
## 95 다음 중 환기설비를 설치하지 않아도 되는 경우는?

① 조명설비를 유효하게 설치한 경우
② 배출설비를 유효하게 설치한 경우
③ 채광설비를 유효하게 설치한 경우
④ 공기조화설비를 유효하게 설치한 경우

해설 위험물규칙 [별표 4]

| 채광설비의 설치제외 | 환기설비의 설치제외 보기 ② |
|---|---|
| **조명설비**가 설치되어 유효하게 조도가 확보되는 건축물 | **배출설비**가 설치되어 유효하게 환기가 되는 건축물 |

답 ②

★
## 96 금속칼륨의 성상 중 가장 적당한 것은?

18회 문 76
16회 문 77
15회 문 85
12회 문 21
11회 문 95
10회 문 84

① 금속 가운데 가장 무거운 금속이다.
② 대기 중에서 수분을 흡수하지만 산화물을 만들지 않는다.
③ 화학적으로 매우 활발한 금속이다.
④ 상온에서 암적색의 광택이 나는 금속이다.

해설 **금속칼륨**(K)의 **성상**
(1) 화학적으로 매우 활발한 금속이다. 보기 ③
(2) **은백색**의 광택이 나는 금속이다.
(3) 가열하면 **보라색 불꽃**을 내면서 연소한다.
(4) **물** 또는 **알코올**과 **반응**하지만 에테르와는 반응하지 않는다.

답 ③

★
**97** 다음 제3류 위험물과 물이 반응할 때 반응열이 가장 큰 것은?

① 금속칼륨 ② 금속나트륨
③ 탄화칼슘 ④ 금속칼슘

해설 **물질**의 **반응열**

| 물 질 | 반응열 |
|---|---|
| 금속칼슘(Ca) 보기 ① | 10.2kcal |
| 탄화칼슘($CaC_2$) | 27.8kcal |
| 금속나트륨(Na) | 44.1kcal |
| 금속칼륨(K) | 46.4kcal |

답 ①

★★
**98** 과망가니즈산칼륨의 성질 중 잘못된 것은?

19회 문 76 / 17회 문 76 / 16회 문 83 / 15회 문 86 / 13회 문 77 / 05회 문 77 / 02회 문 99

① 흑자색의 결정으로 물에 잘 녹는다.
② 강력한 환원제이다.
③ 단독으로는 비교적 안정하나 진한 황산을 가하면 폭발한다.
④ 유기물과 접촉하면 위험하다.

해설 **과망가니즈산칼륨**($KMnO_4$)의 **성질**

(1) **흑자색**의 결정으로 물에 잘 녹는다. 보기 ①
(2) 강력한 **산화제**이다.
(3) 단독으로는 비교적 안정하나 **진한 황산**을 가하면 **폭발**한다. 보기 ③
(4) 유기물과 접촉하면 위험하다. 보기 ④
(5) 약 **200~240℃** 정도에서 가열하면 **이산화망가니즈, 망가니즈산칼륨, 산소**를 발생한다.

② 환원제 → 산화제

답 ②

★★★
**99** 위험물을 취급하는 건축물의 방화벽을 불연재료로 하였다. 주위에 보유공지를 두지 않고 취급할 수 있는 위험물의 종류는?

① 제1류 위험물 ② 제3류 위험물
③ 제5류 위험물 ④ 제6류 위험물

해설 **위험물규칙 [별표 4]**
**보유공지를 제외할 수 있는 방화상 유효한 격벽의 설치기준**

(1) 방화벽은 **내화구조**로 할 것(단, 취급하는 위험물이 **제6류 위험물**인 경우에는 **불연재료**로 할 수 있다) 보기 ④
(2) 방화벽에 설치하는 출입구 및 창 등의 개구부는 가능한 한 **최소**로 하고, 출입구 및 창에는 자동폐쇄식의 60분+방화문, 60분 방화문을 설치할 것
(3) 방화벽의 양단 및 상단이 외벽 또는 지붕으로부터 **50cm** 이상 돌출하도록 할 것

답 ④

★★★
**100** 위험물제조소의 안전거리를 30m 이상으로 하여야 하는 경우에 해당되지 않는 것은 어느 것인가?

18회 문 92 / 16회 문 92 / 15회 문 88 / 14회 문 88 / 13회 문 88 / 11회 문 66 / 10회 문 87 / 09회 문 92 / 07회 문 77 / 05회 문 79 / 04회 문 83 / 02회 문100

① 학교로서 수용인원이 200명 이상인 것
② 치과병원으로서 수용인원이 200명 이상인 것
③ 요양병원으로서 수용인원이 200명 이상인 것
④ 공연장으로서 수용인원이 200명 이상인 것

해설 **위험물규칙 [별표 4]**
**위험물제조소의 안전거리**

| 안전거리 | 대 상 |
|---|---|
| 3m 이상 | • **7~35kV** 이하의 특고압가공전선 |
| 5m 이상 | • **35kV**를 초과하는 특고압가공전선 |
| 10m 이상 | • **주거용**으로 사용되는 것 |
| 20m 이상 | • 고압가스 **제조**시설(용기에 충전하는 것 포함)<br>• 고압가스 **사용**시설(1일 $30m^3$ 이상 용적 취급)<br>• 고압가스 **저장**시설<br>• 액화산소 **소비**시설<br>• 액화석유가스 제조·저장시설<br>• 도시가스 공급시설 |
| 30m 이상 | • 학교 보기 ①<br>• 병원급 의료기관 보기 ②③<br>• 공연장, • 영화상영관 ─ **300명** 이상 수용시설<br>• 아동복지시설<br>• 노인복지시설<br>• 장애인복지시설<br>• 한부모가족 복지시설<br>• 어린이집<br>• 성매매 피해자 등을 위한 지원시설<br>• 정신건강증진시설<br>• 가정폭력피해자 보호시설 ─ **20명** 이상 수용시설 |
| 50m 이상 | • 유형문화재<br>• 지정문화재 |

답 ④

## 제 5 과목 소방시설의 구조 원리

★★

**101** **Halon 1301 소화설비를 설계하고자 한다. 소요약제량 450kg, 약제방출 노즐이 12개, 노즐에서의 방출압력이 1.8MPa일 때의 방출량이 1.25kg/s·cm²라고 할 때 방출노즐의 등가분구면적(cm²)은?**

① 1 ② 2

③ 3 ④ 4

해설 등가분구면적

$$= \frac{\text{유량[kg/s]}}{\text{방출량[kg/s}\cdot\text{cm}^2] \times \text{약제방출 노즐개수}}$$

$$= \frac{450\text{kg}/10\text{s}}{1.25\text{kg/s}\cdot\text{cm}^2 \times 12\text{개}}$$

$$= 3\text{cm}^2$$

**약제방사시간**(NFPC 106 제8조(NFTC 106 2.5.2.2), NFPC 107 제10조(NFTC 107 2.7.1.4), NFPC 108 제11조(NFTC 108 2.8.1.2)

| 구 분 | 일반건축물 | |
|---|---|---|
| | 전역방출방식 | 국소방출방식 |
| 분말 소화설비 | 30초 이내 | 30초 이내 |
| 할론 소화설비 | 10초 이내 | 10초 이내 |
| $CO_2$ 소화설비 | 표면화재(가연성 액체가연성 가스) : **1분** 이내 | 30초 이내 |
| | 심부화재(종이·목재·석탄·석유류·합성수지류) : **7분** 이내 | |

위 표에서 할론소화설비의 약제방사시간은 10초 이내이므로 10s를 적용한다.

※ **방출압력**(1.8MPa)은 적용하지 않는 것에 주의할 것

답 ③

★

**102** **흡입식 탐지부의 구조로서 적합하지 않은 것은?**

① 흡입펌프는 충분한 성능을 갖는 것일 것

② 가스흡입량의 표시방법은 단위시간당 흡입량을 지시할 수 있을 것

③ 공기유량계는 보기 쉬운 구조일 것

④ 공기유량계에 부착된 여과장치는 분진 등의 흡입을 방지하기 위한 구조일 것

해설 ② 가스흡입량의 표시방법은 **분당 흡입량**을 지시할 수 있을 것

용어

**흡입식 탐지부**

가스누설을 흡입하여 중계기 또는 수신부에 가스누설의 신호를 발신하는 부분

답 ②

★★

**103** **옥내소화전설비에 있어서 수조의 설치가 적당하지 않은 것은?**

16회 문125 06회 문113

① 수조를 실내에 설치하였을 경우에는 조명설비를 설치한다.

② 수조의 상단이 바닥보다 높을 때는 수조 내측에 사다리를 설치한다.

③ 점검에 편리한 곳에 설치한다.

④ 수조 밑부분에 청소용 배수밸브, 배수관을 설치한다.

해설 **옥내소화전설비용 수조**의 **설치기준**(NFPC 102 제4조, NFTC 102 2.1.6)

(1) 점검에 편리한 곳에 설치 보기 ③

(2) **동결방지조치** 또는 동결의 우려가 없는 곳에 설치

(3) 수조의 **외측**에 **수위계** 설치

(4) 수조의 상단이 바닥보다 높을 때는 수조 **외측**에 **고정식 사다리** 설치 보기 ②

(5) 수조가 실내에 설치된 때에는 **조명설비** 설치 보기 ①

(6) 수조의 밑부분에는 **청소용 배수밸브** 또는 **배수관** 설치 보기 ④

② 내측 → 외측, 사다리 → 고정식 사다리

답 ②

★★★

**104** **할론소화약제의 저장용기 중 할론 1211에 있어서의 충전비는 얼마인가?**

① 0.51 이상 0.67 미만

② 0.7 이상 1.4 이하

③ 0.67 이상 2.75 이하

④ 0.9 이상 1.6 이하

해설

| 구 분 | | 할론 1301 | 할론 1211 | 할론 2402 |
|---|---|---|---|---|
| 저장압력 | | 2.5MPa 또는 4.2MPa | 1.1MPa 또는 2.5MPa | – |
| 방출압력 | | 0.9MPa | 0.2MPa | 0.1MPa |
| 충전비 | 가압식 | 0.9~1.6 이하 | 0.7~1.4 이하 보기 ② | 0.51~0.67 미만 |
| | 축압식 | | | 0.67~2.75 이하 |

답 ②

★★

**105** 제어반으로부터 전선관 거리가 100m 떨어진 위치에 포소화설비의 일제개방반이 있고 바로 옆에 기동용 솔레노이드밸브가 있다. 제어반 출력단자에서의 전압강하는 없다고 가정했을 때 이 솔레노이드가 기동할 때의 솔레노이드 단자전압은 얼마가 되겠는가? (단, 제어회로 전압은 24V이며, 솔레노이드의 정격전류는 2.0A이고, 배선의 km당 전기저항의 값은 상온에서 8.8Ω이라고 한다.)

① 10.48V ② 20.48V
③ 30.48V ④ 40.48V

해설 제어회로 전압은 **24V**이고, 배선의 전기저항은 km당 8.8Ω이므로 100m일 때는 0.88Ω이 된다. **솔레노이드밸브**는 **단상 2선식**이므로

$e = V_s - V_r = 2IR\,[\mathrm{V}]$ 에서

**단자전압**

$V_r = V_s - 2IR = 24 - (2\times2\times0.88) = 20.48\mathrm{V}$

참고

**전압강하**

(1) 단상 2선식

$$e = V_s - V_r = 2IR$$

(2) 3상 3선식

$$e = V_s - V_r = \sqrt{3}\,IR$$

여기서, $e$ : 전압강하[V]
$V_s$ : 입력전압[V]
$V_r$ : 출력전압[V]
$I$ : 전류[A]
$R$ : 저항[Ω]

답 ②

★★★

**106** 길이 15m, 폭 10m인 방재센터의 조명률 50%, 전광속도 2400lm의 40W 형광등이 몇 등 있어야 400lx 조도가 될 수 있는가? (단, 층고 3.6m이며, 조명유지율은 80%이다.)

① 23등 ② 32등
③ 44등 ④ 63등

해설

$$FUN = AED$$

여기서, $F$ : 광속[lm]
$U$ : 조명률
$N$ : 등 개수
$A$ : 단면적[m²]
$E$ : 조도[lx]
$D$ : 감광보상률$\left(D = \dfrac{1}{M}\right)$
$M$ : 유지율

등수 $N$은

$N = \dfrac{AED}{FU}$

$= \dfrac{AE}{FUM}$

$= \dfrac{(15\times10)\times400}{2400\times0.5\times0.8}$

$= 62.5$

$\fallingdotseq 63$등

- 등수는 소수 발생시 반드시 절상한다.
- 층고는 적용하지 않는 것에 주의할 것. 왜냐하면 층고는 이미 조명률에 포함되어 있기 때문이다.

답 ④

★

**107** 종합방재센터에서 이용하는 제어방식이 아닌 것은?

① Ten key를 이용한 제어방식
② Optimization을 이용한 제어방식
③ Light pen을 이용한 제어방식
④ Touch screen을 이용한 제어방식

해설 **종합방재센터**에서 이용하는 **제어방식**

(1) Ten key를 이용한 제어방식 보기 ①

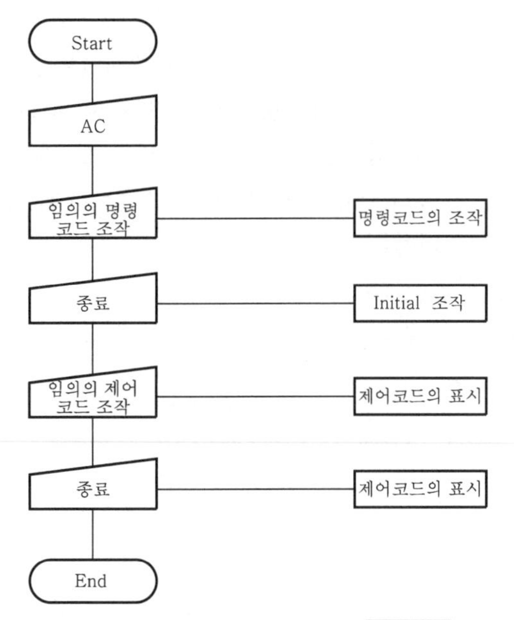


(2) Light pen을 이용한 제어방식 **보기 ③**

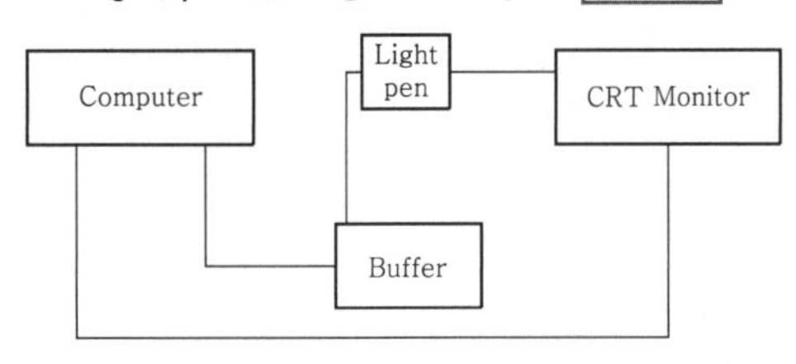


(3) PC mouse를 이용한 제어방식

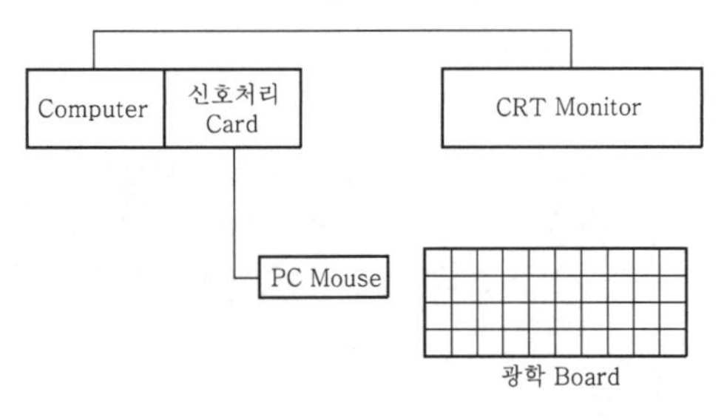


(4) Touch screen을 이용한 제어방식 **보기 ④**

Computer — Touch Head CRT Monitor

답 ②

★★★

**108** **풍량이 300m$^3$/min이며 전풍압이 35mmHg인 배연설비용 팬(Fan)을 설치할 경우 이 팬을 운전하는 전동기의 소요출력은 몇 kW인가? (단, Fan의 효율은 70%이며 여유계수 $K$는 1.21이다.)**

① 20.3kW ② 40.66kW
③ 54.5kW ④ 2964.5kW

해설 **제연설비**(배연설비)의 **전동기 용량산정**

$$P=\frac{P_T Q}{102\times 60\eta}K$$

여기서, $P$ : 배연기 동력〔kW〕
$P_T$ : 전압(풍압)〔mmAq, mmH$_2$O〕
$Q$ : 풍량〔m$^3$/min〕
$K$ : 여유율
$\eta$ : 효율

$760\text{mmHg}=10.332\text{mH}_2\text{O}=10.332\text{m}$ 이므로

$$35\text{mmHg}=\frac{35\text{mmHg}}{760\text{mmHg}}\times 10.332\text{m}$$
$$=0.475\text{m} ≒ 475\text{mm}$$

**전동기의 소요출력**

$$P=\frac{P_T Q}{102\times 60\eta}K$$
$$=\frac{475\times 300}{102\times 60\times 0.7}\times 1.21$$
$$≒ 40.66\text{kW}$$

참고

**아주 중요한 단위환산** (꼭! 기억하라.)
(1) 1mmAq=10$^{-3}$mH$_2$O=10$^{-3}$m
(2) 760mmHg=10.332mH$_2$O=10.332m
(3) 1lpm=10$^{-3}$m$^3$/min
(4) 1HP=0.746kW

답 ②

★★★

**109** **위험물시설에 대한 포소화설비의 포헤드 설치기준으로서 가장 적합한 것은?**

① 반경 25m 원의 면적에 1개 설치한다.
② 6m$^2$에 1개 설치한다.
③ 9m$^2$에 1개 설치한다.
④ 반경 30m 원의 면적에 1개 설치한다.

해설 **헤드**의 **설치개수**(NFPC 105 제12조, NFTC 105 2.9.2)

| 포워터 스프링클러헤드 | 포헤드 |
|---|---|
| 8m$^3$/개 | 9m$^3$/개 **보기 ③** |

기억법 포8워(표팔아), 포헤9

답 ③

★★

**110** 소화기구인 대형소화기를 설치하여야 할 특정소방대상물에 옥내소화전설비가 법적으로 유효하게 설치된 경우 해당 설비의 유효범위 안의 부분에 대한 대형소화기 감소기준은?

① 1/3을 감소할 수 있다.
② 1/2을 감소할 수 있다.
③ 2/3를 감소할 수 있다.
④ 설치하지 않을 수 있다.

해설 **대형소화기**의 **설치면제기준**

| 면제대상 | 대체설비 |
|---|---|
| **대**형소화기 | • **옥내 · 외**소화전설비 **보기 ④**<br>• **스**프링클러설비<br>• **물**분무등소화설비 |

기억법 옥내외 스물대

비교

**소화기**의 **감소기준**

| 감소대상 | 감소기준 | 적용설비 |
|---|---|---|
| 소형 소화기 | $\frac{1}{2}$ | • 대형소화기 |
| | $\frac{2}{3}$ | • 옥내 · 외소화전설비<br>• 스프링클러설비<br>• 물분무등소화설비 |

답 ④

★★

**111** 포소화설비에서 혼합장치(6%)를 사용하여 방출시 포원액은 20L/분 소모된다고 한다. 이 설비가 30분 작동되면 소모된 수원의 양($m^3$)은?

① $1.2m^3$　② $9.4m^3$
③ $36m^3$　④ $313.33m^3$

해설 포원액이 **6%**이므로 수원(물)은 **94%**(100−6=94%)가 된다.

$$\begin{cases} \text{포원액 } 20\text{L/분} \longrightarrow 6\% \\ \text{수원(물) } x\text{L/분} \longrightarrow 94\% \end{cases}$$

$20 : 0.06 = x : 0.94$

$$x = \frac{20 \times 0.94}{0.06} = 313.33\,\text{L/분}$$

설비가 **30분** 작동되면

$313.33\text{L/분} \times 30\text{분} = 9399\text{L} = 9.399\text{m}^3 \fallingdotseq 9.4\text{m}^3$

답 ②

★

**112** 폐쇄형 스프링클러헤드의 감도를 예상하는 지수인 RTI와 관련이 깊은 것은?

15회 문104 02회 문111

① 기류의 온도와 비열
② 기류의 온도, 속도 및 작동시간
③ 기류의 비열 및 유동방향
④ 기류의 온도, 속도 및 비열

해설 **반응시간지수**(response time index)
기류의 **온도 · 속도** 및 **작동시간**에 대하여 스프링클러헤드의 반응을 예상한 지수로서 다음 식에 의하여 계산한다(스프링클러헤드형식 제2조). **보기 ②**

$$RTI = \tau\sqrt{u}$$

여기서, RTI : 반응시간지수$[\text{m} \cdot \text{s}]^{0.5}$
$\tau$ : 감열체의 시간상수[초]
$u$ : 기류속도[m/s]

답 ②

★

**113** 다음 중 배수에 필요한 배관에 장치하는 배수밸브의 위치로서 제일 적합한 것은 어느 것인가?

16회 문125 06회 문103

① 최소위의 부분
② 최저위의 부분
③ 배관의 최말단
④ 자유로운 위치

해설 **옥내소화전설비용 수조**의 **설치기준**(NFPC 102 제4조, NFTC 102 2.1.6)
(1) 점검에 편리한 곳에 설치
(2) **동결방지조치** 또는 동결의 우려가 없는 곳에 설치
(3) 수조의 **외측**에 **수위계** 설치
(4) 수조의 상단이 바닥보다 높을 때는 수조 **외측**에 **고정식 사다리** 설치
(5) 수조가 실내에 설치된 때에는 **조명설비** 설치
(6) 수조의 밑부분에는 **청소용 배수밸브** 또는 **배수관** 설치

※ **배수밸브**는 **최저위**의 **부분**에 설치한다.

답 ②



06회

★★

**114** 체적 150m³인 방호대상물에 이산화탄소 소화설비를 설치하려고 한다. 소요약제량이 1.33kg/m³일 때 용기저장실에 저장하여야 할 저장용기의 수는? (단, 저장용기의 내용적은 68L, 충전비는 1.8이다.)

① 1병 ② 5병
③ 6병 ④ 7병

해설 **약제소요량**
$=150\text{m}^3\times 1.33\text{kg/m}^3=199.5\text{kg}$

$$C=\frac{V}{G}$$

여기서, $C$ : 충전비[L/kg]
$V$ : 내용적[L]
$G$ : 저장량(충전량)[kg]

**저장량** $G$는

$$G=\frac{V}{C}=\frac{68}{1.8}=37.777 ≒ 37.78\text{kg}$$

**저장용기의 수** $=\dfrac{\text{약제소요량}}{\text{저장량(충전량)}}=\dfrac{199.5\text{kg}}{37.78\text{kg}}$
$=5.28 ≒ 6$병

※ 저장용기의 수 산정은 계산결과에서 **소수**가 발생하면 반드시 **절상**한다.

답 ③

★

**115** 다음 중 완강기의 기능점검항목이 아닌 것은?

① 보호장치 ② 속도조절기
③ 로프 ④ 벨트

해설 ① 구조대의 기능점검 항목

중요

**기능점검항목**

| 완강기 | 피난사다리 | 구조대 |
|---|---|---|
| ① 속도조절기 **보기 ②**<br>② 속도조절기의 연결부<br>③ 로프 **보기 ③**<br>④ 벨트 **보기 ④**<br>⑤ 로프·벨트 결합부 | ① 종봉<br>② 횡봉<br>③ 결합부<br>④ 지지 금속구 | ① 결합액<br>② 보호장치<br>③ 사용 포·천장부의 재료 |

답 ①

★★

**116** 20층인 대형 건축물의 비상방송설비에서 1층에서 발화한 경우 우선경보를 발하여야 할 곳은?

19회 문116 / 13회 문116 / 09회 문116 / 07회 문116 / 04회 문113

① 1층
② 1층, 지하층
③ 1층, 2~5층, 지하층
④ 건물 전층

해설 **1층**에서 발화한 경우 **1층**(발화층), **2~5층**(직상 4개층), 지하층에 우선경보를 발하여야 한다.

중요

**비상방송설비·자동화재탐지설비 우선경보방식 적용대상물**
11층(공동주택 16층) 이상의 특정소방대상물의 경보

| 음향장치의 경보 |

| 발화층 | 경보층 | |
|---|---|---|
| | 11층(공동주택 16층) 미만 | 11층(공동주택 16층) 이상 |
| 2층 이상 발화 | 전층 일제경보 | • 발화층<br>• 직상 4개층 |
| 1층 발화 | | • 발화층<br>• 직상 4개층<br>• 지하층 |
| 지하층 발화 | | • 발화층<br>• 직상층<br>• 기타의 지하층 |

답 ③

★★

**117** 분말소화설비에서 약제가 갖추어야 할 물리적인 성질이 아닌 것은?

19회 문 35 / 15회 문 37 / 14회 문 34 / 14회 문111

① 겉보기 비중이 1.82 이상일 것
② 분말의 미세도는 20~25$\mu$m 이하일 것
③ 유동성이 좋을 것
④ 흡습률이 낮을 것

해설 **분말소화약제**의 **일반적**인 **성질**(물리적 성질)
(1) 겉보기 비중이 **0.82** 이상일 것
(2) 분말의 미세도는 **20~25$\mu$m** 이하일 것 **보기 ②**
(3) **유동성**이 좋을 것 **보기 ③**
(4) **흡습률**이 낮을 것 **보기 ④**
(5) **고화현상**이 잘 일어나지 않을 것
(6) **발수성**이 좋을 것

① 1.82 → 0.82

용어

| 용 어 | 설 명 |
|---|---|
| 겉보기 비중 | 눈으로 본 상태의 비중<br>$겉보기\ 비중 = \frac{시료의\ 중량[g]}{시료의\ 용적[mL]}$ |
| 미세도 | 분말의 미세한 정도를 나타내며, **'입도'**라고도 한다. |
| 유동성 | 쉽게 퍼지는 정도 |
| 흡습률 | 습기를 흡수하는 비율 |
| 고화 현상 | 분말이 덩어리가 되어 굳어지는 현상 |
| 발수성 | 습기를 배출시키는 성질 |

답 ①

★★

**118 자동화재탐지설비에서 비화재보가 빈번할 때의 조치로서 적당하지 않은 것은?**

① 감지기 설치장소에 급격한 온도상승을 유발하는 감열체가 있는지 확인

② 전원회로의 전압계 지시치가 0인가를 확인

③ 수신기 내부의 계전기접점 확인

④ 감지기 회로배선 및 절연상태 확인

해설 **비화재보**가 빈번할 때의 조치사항

(1) 감지기 설치장소에 급격한 온도상승을 유발하는 **감열체**가 있는지 확인 보기 ①

(2) 수신기 내부의 **계전기접점** 확인 보기 ③

(3) 감지기 **회로배선** 및 **절연상태** 확인 보기 ④

(4) **표시회로**의 절연상태 확인

답 ②

★

**119 다음 중 연결송수관설비의 송수구의 외관점검 사항이 아닌 것은?**

① 주위에 점검 또는 사용상 장해물이 없고 개폐방향 표시의 적정여부 확인

② 연결살수설비의 송수구 표지 및 송수구역 등을 명시한 계통도의 적정한 설치여부 확인

③ 송수구 외형의 누설·변형·손상 등이 없는가의 여부 확인

④ 송수구 내부에 이물질의 존재여부 확인

해설 ① 선택밸브의 외관점검 사항

중요

**연결송수관설비의 외관점검사항**

| 점검항목 | | 점검내용 |
|---|---|---|
| 송수구 | 주위의 상황 | • 주위에 사용상 또는 소방자동차의 접근에 장해물이 없는가의 여부 확인<br>• 연결살수설비의 송수구 표지 및 송수구역 등을 명시한 계통도의 적정한 설치여부 확인 |
| 송수구 | 외형 | • 외형의 누설·변형·손상 등이 없는지의 여부 확인<br>• 내부에 이물질의 존재여부 확인 |
| 선택밸브 | 주위의 상황 | • 주위에 점검 또는 사용상 장해물이 없고 개폐방향 및 선택밸브 표시의 적정여부 확인 |
| 선택밸브 | 외형 | • 변형·손상 등의 유무 확인 |

답 ①

★★

**120 수신기의 화재표시작동시험과 관계없는 것은?**

① 접점수고시험

② 화재표시램프의 시험

③ 지구표시램프의 시험

④ 음향장치의 시험

해설 **접점수고시험**은 공기관식 차동식 분포형 감지기의 화재작동시험의 한 방법이다.

참고

**공기관식 감지기의 화재작동시험**

(1) 펌프시험

(2) 작동계속시험

(3) 유통시험

(4) 접점수고시험

답 ①

★★★

**121 다음 중 분말소화설비 전역방출방식에 있어서 방호구역의 용적이 $500m^3$일 때 적당한 분사헤드의 수는? (단, 제1종 분말이며, 체적 $1m^3$에 대한 소화약제의 양은 0.6kg이며, 분사헤드 1개의 분당 표준방사량은 18kg이라고 한다.)**

① 35개 ② 50개

③ 70개 ④ 180개

**해설** **분말저장량**

=방호구역체적[$m^3$]×약제량[$kg/m^3$]
 +개구부면적[$m^2$]×개구부가산량[$kg/m^2$]
=$500m^3 \times 0.6kg/m^3$
=300kg

∴ 분사헤드수 = $\frac{300kg}{18kg} \times 2 \fallingdotseq 35$개(30초 이내에 방사하여야 하므로 2를 곱함)

답 ①

★★★
## 122 무선통신보조설비의 누설동축케이블 등의 설치기준으로 옳은 것은?

① 누설동축케이블과 이에 접속하는 안테나 또는 동축케이블과 이에 접속하는 안테나에 의한 것으로 할 것
② 습기에 의하여 전기특성이 저하되지 않는 것으로 하며 노출배선을 하지 않도록 할 것
③ 6m 이내마다 금속제로 견고하게 고정시킬 것
④ 끝부분에는 아무것도 설치하지 말고 그대로 단락시킬 것

**해설** **누설동축케이블** 등의 **설치기준**(NFPC 505 제5조, NFTC 505 2.2)

(1) **누설동축케이블**과 이에 접속하는 **안테나** 또는 **동축케이블**과 이에 접속하는 **안테나**에 의한 것으로 할 것 보기 ①
(2) 누설동축케이블 및 동축케이블은 불연 또는 난연성의 것으로서 습기에 따라 전기의 특성이 변질되지 아니하는 것으로 하고, 노출하여 설치한 경우에는 피난 및 통행에 장애가 없도록 할 것
(3) 누설동축케이블 및 동축케이블은 화재에 따라 해당 케이블의 피복이 소실된 경우에 케이블 본체가 떨어지지 아니하도록 4m 이내마다 금속제 또는 자기제 등의 지지금구로 벽·천장·기둥 등에 견고하게 고정시킬 것(단, 불연재료로 구획된 반자 안에 설치하는 경우에는 제외)
(4) 끝부분에는 **무반사 종단저항**을 설치할 것

답 ①

★★★
## 123 자동화재탐지설비의 감지기 설치높이가 10m인 장소에 설치할 수 있는 감지기의 종류는?

19회 문119 / 17회 문120 / 14회 문112 / 08회 문111 / 07회 문125 / 03회 문115 / 02회 문124

① 차동식 스포트형 ② 보상식 스포트형
③ 차동식 분포형 ④ 정온식 스포트형

**해설** **감지기**의 **부착높이**(NFPC 203 제7조, NFTC 203 2.4.1)

| 부착높이 | 감지기의 종류 |
|---|---|
| 8m 이상 15m 미만 | • 차동식 분포형 보기 ③<br>• 이온화식 1종 또는 2종<br>• 광전식(스포트형, 분리형, 공기흡입형) 1종 또는 2종<br>• 연기복합형<br>• 불꽃감지기 |
| 15m 이상 20m 미만 | • 이온화식 1종<br>• 광전식(스포트형, 분리형, 공기흡입형) 1종<br>• 연기복합형<br>• 불꽃감지기 |

①, ②, ④ 8m 미만에 설치가 가능하다.

답 ③

★★
## 124 거실제연설비의 배출량 기준이다. ( )에 맞는 것은?

> 거실의 바닥면적이 $400m^2$ 미만으로 구획된 예상제연구역에 대해서는 바닥면적 $1m^2$당 ( ㉠ ) 이상으로 하되, 예상제연구역 전체에 대한 최저 배출량은 ( ㉡ ) 이상으로 하여야 한다.

① ㉠ $0.5m^3/min$, ㉡ $10000m^3/hr$
② ㉠ $1m^3/min$, ㉡ $5000m^3/hr$
③ ㉠ $1.5m^3/min$, ㉡ $15000m^3/hr$
④ ㉠ $2m^3/min$, ㉡ $5000m^3/hr$

**해설** **제연설비**(NFPC 501 제6조, NFTC 501 2.3)
거실의 바닥면적이 **$400m^2$ 미만**으로 구획된 예상제연구역에 대해서는 바닥면적 $1m^2$당 **$1m^3/min$** 이상으로 하되, 예상제연구역 전체에 대한 최저 배출량은 **$5000m^3/hr$** 이상으로 하여야 한다.

답 ②

★★★
**125** **다음 중 교차회로방식의 화재감지기회로로 구성하여 작동되는 소화설비가 아닌 것은?**

① 할론소화설비
② 분말소화설비
③ 이산화탄소 소화설비
④ 자동화재탐지설비

해설 **교차회로방식**을 적용하는 **소화설비**

(1) 할론소화설비 **보기 ①**
(2) 분말소화설비 **보기 ②**
(3) 이산화탄소 소화설비 **보기 ③**
(4) 준비작동식 스프링클러설비
(5) 일제살수식 스프링클러설비
(6) 물분무소화설비

용어

**교차회로방식**
하나의 방호구역 내의 2 이상의 화재감지기 회로를 설치하고 인접한 2 이상의 화재감지기가 동시에 감지되는 때에 소화설비가 작동하여 소화약제가 방출되는 방식

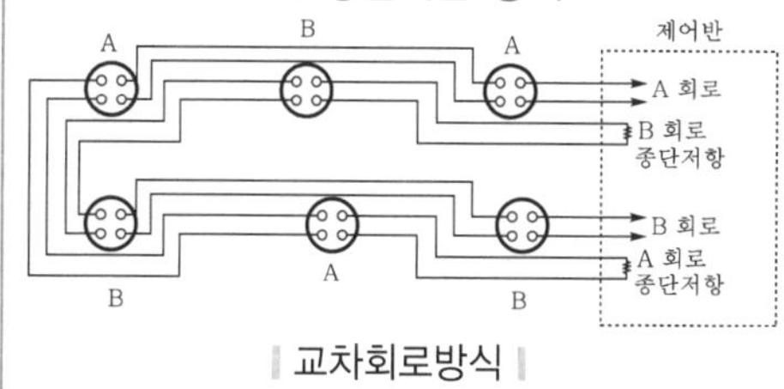


| 교차회로방식 |

답 ④

## 홍삼 잘 먹는 법

① 86도 이하로 달여야 건강성분인 사포닌이 잘 흡수된다.
② 두달 이상 장복해야 가시적인 효과가 나타난다.
③ 식사 여부와 관계없이 어느 때나 섭취할 수 있다.
④ 공복에 먹으면 흡수가 빠르다.
⑤ 공복에 먹은 뒤 위에 부담이 느껴지면 식후에 섭취한다.
⑥ 복용 초기 명현 반응(약을 이기지 못해 생기는 반응)이나 알레르기가 나타날 수 있으나 곧바로 회복되므로 크게 걱정하지 않아도 된다.
⑦ 복용 후 2주 이상 명현 반응이나 이상 증세가 지속되면 전문가와 상의한다.

자료=경희의료원 한방병원 동서협진과 · 영동세브란스병원비뇨기과

# 2000년도 제05회 소방시설관리사 1차 국가자격시험

| 문제형별 | 시 간 | 시험과목 |
| --- | --- | --- |
| A | 125분 | ① 소방안전관리론 및 화재역학<br>② 소방수리학, 약제화학 및 소방전기<br>③ 소방관련 법령<br>④ 위험물의 성질 · 상태 및 시설기준<br>⑤ 소방시설의 구조 원리 |

| 수험번호 | | 성 명 | |
| --- | --- | --- | --- |

【 수험자 유의사항 】

1. **시험문제지**는 단일형별(A형)이며, 답안카드형별 기재란에 표시된 형별(A형)을 확인하시기 바랍니다. 시험문제지의 **총면수**, **문제번호 일련순서**, **인쇄상태** 등을 확인하시고, 문제지 표지에 수험번호와 성명을 기재하시기 바랍니다.
2. 답은 각 문제마다 요구하는 **가장 적합하거나 가까운 답 1개**만 선택하고, 답안카드 작성시 **마킹착오**로 인한 불이익은 전적으로 **수험자에게 책임**이 있음을 알려드립니다.
3. 답안카드는 국가전문자격 공통 표준형으로 문제번호가 1번부터 125번까지 인쇄되어 있습니다. 답안 마킹시에는 반드시 **시험문제지의 문제번호와 동일한 번호**에 마킹하여야 합니다.
4. **감독위원의 지시에 불응하거나 시험시간 종료 후 답안카드를 제출하지 않을 경우** 불이익이 발생할 수 있음을 알려드립니다.
5. 시험문제지는 시험 종료 후 가져가시기 바랍니다.

# 2000. 10. 15. 시행

**제 1 과목** 소방안전관리론 및 화재역학

★

**01** 화재발생현황을 장소별로 분석할 때 화재발생률이 가장 낮은 장소는?

① 근린생활시설 ② 공장 및 창고
③ 교육연구시설 ④ 업무시설

해설 **화재발생현황**

| 요인별 | 발생률 높은 순서 |
|---|---|
| **원인별** | 부주의>전기적 요인>기계적 요인>화학적 요인>교통사고>가스누출 |
| **장소별** | 근린생활시설>공동주택>공장 및 창고>복합건축물>업무시설>숙박시설>교육연구시설 보기 ③ |
| **계절별** | 겨울>봄>가을>여름 |

답 ③

★★★

**02** 내화건축물의 온도-시간 표준곡선에서 약 3시간 후의 온도는 몇 ℃ 정도로 보는가?

18회 문 11
14회 문 04
08회 문 18

① 500 ② 700
③ 1000 ④ 1100

해설 **내화건축물**의 시간별 **온도**

| 시 간 | 온 도 |
|---|---|
| 1시간 후 | 950℃ |
| 2시간 후 | 1000℃ |
| 3시간 후 | 1100℃ 보기 ④ |

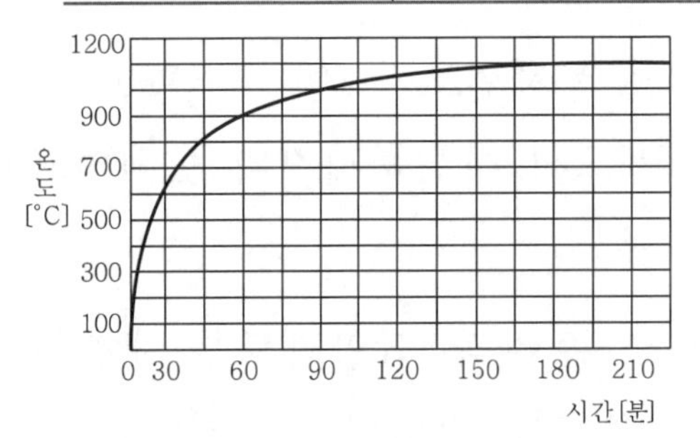


| 내화건축물의 표준온도곡선 |

답 ④

★★★

**03** 일반 목조건물의 최성기에서 연소낙하까지의 소요시간으로 가장 적합한 것은?

① 1~5분 ② 4~14분
③ 6~19분 ④ 13~24분

해설 **목재건축물**의 **화재진행과정**

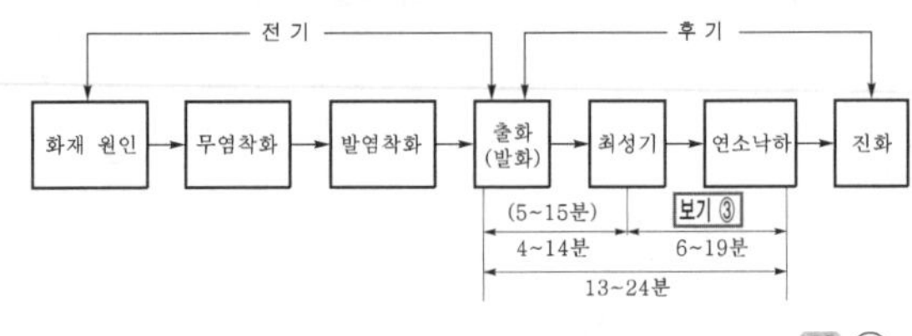


답 ③

★★

**04** 화재시 탄산가스의 농도로 인한 중독작용의 설명으로 적합하지 않은 것은?

① 농도가 1%인 경우 : 공중위생상의 상한선이다.
② 농도가 3%인 경우 : 호흡수가 증가되기 시작한다.
③ 농도가 4%인 경우 : 두부에 압박감이 느껴진다.
④ 농도가 6%인 경우 : 호흡이 곤란해진다.

해설 **이산화탄소**의 **영향**

| 농 도 | 영 향 |
|---|---|
| 1% | 공중위생상의 상한선이다. 보기 ① |
| 2% | 수 시간의 흡입으로는 증상이 없다. |
| 3% | 호흡수가 증가되기 시작한다. 보기 ② |
| 4% | 두부에 압박감이 느껴진다. 보기 ③ |
| 6% | 호흡수가 현저하게 증가한다. |
| 8% | 호흡이 곤란해진다. |
| 10% | 2~3분 동안에 의식을 상실한다. |
| 20% | 사망한다. |

※ 이산화탄소=탄산가스

답 ④

★★★
## 05 혼합가스가 존재할 경우 이 가스의 폭발하한치를 계산하면? (단, 혼합가스는 프로판 70%, 부탄 20%, 에탄 10%로 혼합되었으며 각 가스의 폭발하한치는 프로판 2.1, 부탄 1.8, 에탄 3.0으로 한다.)

17회 문 05
14회 문 01
10회 문 16
04회 문 13

① 2.10 ② 3.10
③ 4.10 ④ 5.10

해설 **혼합가스**의 **폭발하한계**

$$\frac{100}{L}=\frac{V_1}{L_1}+\frac{V_2}{L_2}+\frac{V_3}{L_3}+\cdots\cdots+\frac{V_n}{L_n}$$

여기서, $L$ : 혼합가스의 폭발하한계〔vol%〕
$L_1$, $L_2$, $L_3$, $L_n$ : 가연성 가스의 폭발하한계〔vol%〕
$V_1$, $V_2$, $V_3$, $V_n$ : 가연성 가스의 용량〔vol%〕

**혼합가스**의 **폭발하한계**는

$$\frac{100}{L}=\frac{V_1}{L_1}+\frac{V_2}{L_2}+\frac{V_3}{L_3}$$

$$\frac{100}{L}=\frac{70}{2.1}+\frac{20}{1.8}+\frac{10}{3.0}$$

$$\therefore\ L=\frac{100}{\dfrac{70}{2.1}+\dfrac{20}{1.8}+\dfrac{10}{3.0}}\fallingdotseq 2.1\%$$

폭발하한치=폭발하한계

답 ①

★★
## 06 소실 정도에 의한 분류기준 중 부분소란 건물의 몇 % 정도가 소실된 것을 말하는가?

① 30% 미만 소실된 것
② 30~50% 정도 소실된 것
③ 50~70% 정도 소실된 것
④ 70% 이상 소실된 것

해설 **소실 정도**에 의한 **분류**(화재조사 및 보고규정 제16조)

| 분 류 | 설 명 |
|---|---|
| 전소 | 건물의 **70% 이상**(입체면적에 대한 비율)이 소실되었거나 또는 그 미만이라도 잔존부분을 보수하여도 재사용이 불가능한 것 |
| 반소 | 건물의 **30~70% 미만**이 소실된 것 |
| 부분소 **보기 ①** | 전소, 반소에 해당하지 아니하는 것(건물의 **30% 미만** 소실) |

답 ①

★★★
## 07 화재발생시 인간의 피난특성으로 틀린 것은?

18회 문 20
16회 문 22
14회 문 25
10회 문 09
09회 문 04

① 무의식 중에 평상시 사용하는 출입구나 통로를 사용한다.
② 좌측통행을 하고 시계방향으로 회전한다.
③ 화염, 연기에 대한 공포감으로 발화의 반대방향으로 이동한다.
④ 화재시 최초로 행동을 개시한 사람을 따라 전체가 움직이는 경향이 있다.

해설 좌측통행을 하고 **시계반대방향**으로 회전한다.

참고

**화재발생시 인간의 피난특성**

| 피난특성 | 설 명 |
|---|---|
| **귀소본능** | 무의식 중에 평상시 사용하는 출입구나 통로를 사용한다. |
| **지광본능** | 화재의 공포감으로 인하여 빛을 따라 외부로 달아나려고 한다. |
| **퇴피본능** | 화염, 연기에 대한 공포감으로 발화의 반대방향으로 이동한다. |
| **추종본능** | 화재시 최초로 행동을 개시한 사람을 따라 전체가 움직이는 경향이 있다. |
| **좌회본능** | 좌측통행을 하고 시계반대방향으로 회전하는 본능이 있다. |
| **폐쇄공간 지향본능** | 가능한 **넓은 공간**을 찾아 **이동**하다가 위험성이 높아지면 의외의 좁은 공간을 찾는 본능 |
| **초능력본능** | 비상시 **상상**도 **못할 힘**을 내는 본능 |
| **공격본능** | **이상심리현상**으로서 구조용 헬리콥터를 부수려고 한다든지 무차별적으로 주변사람과 구조인력 등에게 공격을 가하는 본능 |
| **패닉(Panic) 현상** | 인간의 비이성적인 또는 부적합한 **공포반응행동**으로서 무모하게 높은 곳에서 뛰어내리는 행위라든지, 몸이 굳어서 움직이지 못하는 행동 |

답 ②

★★★
## 08 열전달의 스테판-볼츠만의 법칙은 복사체에서 발산되는 복사열은 복사체의 단면적의 몇 제곱에 비례한다는 것인가?

① 1 ② 2
③ 3 ④ 4

해설 열복사량은 복사체의 **절대온도**의 **4제곱**에 **비례**하고, **단면적**에 **비례**한다.

참고

**스테판-볼츠만의 법칙(Stefan-Boltzman's law)**

$$Q = aAF(T_1^4 - T_2^4)$$

여기서, $Q$ : 복사열
$a$ : 스테판-볼츠만 상수
$A$ : 단면적
$F$ : 기하학적 Factor
$T_1$ : 고온
$T_2$ : 저온

답 ①

★★

## 09 다음 중 백드래프트(Back draft)현상은 어느 시기에 나타나는가?

18회 문 16
09회 문 01

① 초기 ② 성장기
③ 최성기 ④ 감쇠기

해설 **백드래프트**(Back draft)**현상**

(1) **통기력**이 좋지 않은 상태에서 연소가 계속되어 산소가 심히 부족한 상태가 되었을 때 **개구부**를 통하여 산소가 공급되면 실내의 가연성 혼합기가 공급되는 **산소**의 **방향**과 **반대**로 흐르며 급격히 연소하는 현상으로서 **'역화현상'**이라고 하며, 이때에는 **화염**이 산소의 공급통로로 **분출**되는 현상을 눈으로 확인할 수 있다.

(2) 소방대가 소화활동을 위하여 화재실의 문을 개방할 때 신선한 공기가 유입되어 실내에 축적되었던 가연성 가스가 **단시간**에 **폭발적**으로 **연소**함으로써 화재가 폭풍을 동반하며 **실외**로 **분출**되는 현상으로 **감쇠기**에 나타난다. 보기 ④

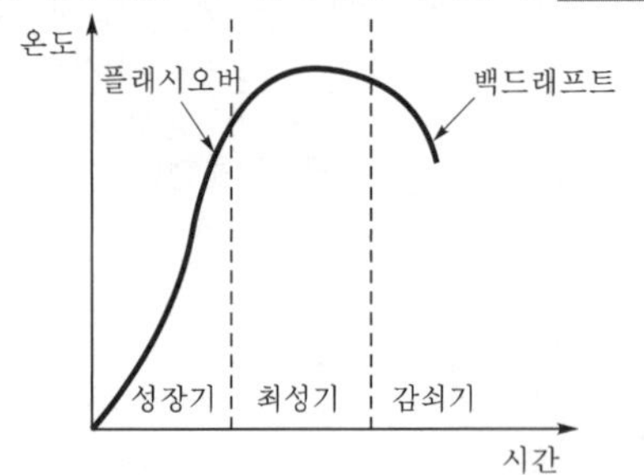


▌백드래프트와 플래시오버의 발생시기▐

답 ④

★★

## 10 다음 중 대형화재의 기준에 해당되지 않는 것은?

① 사망자 5명 이상
② 사상자 10명 이상
③ 재산피해 50억원 이상
④ 이재민 50명 이상

해설 **대형화재**(종합상황실장의 보고화재)(기본규칙 제3조)

(1) 사망자 **5명** 이상 보기 ①
(2) 사상자 **10명** 이상 보기 ②
(3) 재산피해 **50억원** 이상 보기 ③
(4) 이재민 **100명** 이상

④ 50명 → 100명

답 ④

★★★

## 11 '거실'에 해당되지 않는 것은?

① 침실 ② 마루
③ 응접실 ④ 현관

해설 **거실에 해당되지 않는 것**

(1) 복도
(2) 계단
(3) 현관 보기 ④
(4) 변소
(5) 욕실
(6) 창고
(7) 기계실

※ **거실** : 거주, 집무, 작업, 집회, 오락, 기타 이와 유사한 목적을 위하여 사용하는 것

답 ④

★★★

## 12 다음 중 자연발화의 위험이 없는 것은?

① 석탄 ② 휘발유
③ 셀룰로이드 ④ 퇴비

해설 **자연발화의 형태**

| 형 태 | 종 류 |
|---|---|
| **분해열** | ① **셀**룰로이드<br>② **나**이트로셀룰로오스<br>기억법 **분셀나** |
| **산화열** | ① 건성유(정어리유, 아마인유, 해바라기유)<br>② 석탄<br>③ 원면<br>④ 고무분말 |
| **발효열** | ① **퇴**비<br>② **먼**지<br>③ **곡**물<br>기억법 **발퇴먼곡** |

| 형 태 | 종 류 |
|---|---|
| 흡착열 | ① **목**탄<br>② **활**성탄<br>기억법 흡목활 |

기억법 자분산발흡

② **인화성 물질**로서 자연발화는 일어나지 않고 반드시 **점화원**이 있어야 발화된다.

답 ②

★

## 13 2000년 1~9월까지 국내의 대형화재 발생건수는?

① 1건 ② 2건
③ 3건 ④ 4건

해설 (1) 2000년 대형화재 발생현황

| 순위 | 발생일시 | 발생장소 | 원 인 | 인명피해(명) | | | 재산피해(천원) |
|---|---|---|---|---|---|---|---|
| | | | | 계 | 사망 | 부상 | |
| 1 | 09.19 | 전북 군산시 대명동 **(윤락업소)** | 원인 미상 | 5 | 5 | - | 7465 |
| 2 | 09.27 | 경기 시흥시 정왕동 **(공장)** | LPG 폭발 | 19 | 6 | 13 | 45000 |
| 3 | 10.18 | 경기 성남시 성남동 **(단란주점)** | 전기 합선 | 7 | 7 | - | 20000 |
| 4 | 11.02 | 경기 안산시 목내동 **(화학공장)** | 화학 반응 폭발 | 53 | 5 | 48 | 260000 |
| 5 | 11.11 | 서울 광진구 중곡동 **(의원)** | 원인 미상 | 33 | 8 | 25 | 12600 |
| | 계 | 5건 | | 117 | 31 | 86 | 345065 |

(2) 2001년 대형화재 발생현황

| 순위 | 발생일시 | 발생장소 | 원 인 | 인명피해(명) | | | 재산피해(천원) |
|---|---|---|---|---|---|---|---|
| | | | | 계 | 사망 | 부상 | |
| 1 | 01.10 | 경북 포항시 연일읍 **(대형 할인매장)** | 용접 작업 부주의 | 52 | 4 | 48 | 804300 |
| 2 | 03.04 | 서울 서대문구 홍제동 **(주택)** | 방화 | 9 | 6 | 3 | 102000 |
| 3 | 03.04 | 서울 강남구 세곡동 **(주거용 비닐하우스)** | 원인 미상 | 10 | 10 | - | 11000 |
| 4 | 05.16 | 경기 광주시 송정동 **(학원)** | 원인 미상의 불씨 | 33 | 10 | 23 | 4000 |
| 5 | 08.03 | 충남 천안시 신부동 **(단란주점)** | 전기 합선 | 8 | 6 | 2 | 45019 |
| 6 | 12.22 | 경기 의정부시 가능동 **(기원)** | 석유 난로 전도 | 9 | 5 | 4 | 3700 |
| | 계 | 6건 | | 1211 | 41 | 80 | 970019 |

답 ②

★★

## 14 다음의 고분자물질 중 산소지수(LOI)가 가장 작은 것은 어느 것인가?

① 폴리에틸렌
② 폴리프로필렌
③ 폴리스티렌
④ 폴리염화비닐

해설 **고분자물질**의 **산소지수**

| 고분자물질 | 산소지수 |
|---|---|
| 폴리에틸렌 **보기 ①** | 17.4% |
| 폴리스티렌 | 18.1% |
| 폴리프로필렌 | 19% |
| 폴리염화비닐 | 45% |

※ **산소지수**(LOI) : 가연물을 수직으로 하여 가장 윗부분에 착화하여 연소를 계속 유지시킬 수 있는 최소산소농도

답 ①

★★★

## 15 방염성능을 측정하는 기준으로 적합하지 않은 것은?

① 잔진시간
② 잔염시간
③ 불꽃접촉횟수
④ 최소연기밀도

05회

해설 **방염성능**의 **측정기준**

| 측정기준 | 설 명 |
|---|---|
| 잔진시간(잔신시간) 보기 ① | **30초** 이내 |
| 잔염시간 보기 ② | **20초** 이내 |
| 탄화면적 | **50cm²** 이내 |
| 탄화길이 | **20cm** 이내 |
| 불꽃접촉횟수 보기 ③ | **3회** 이상 |
| 최대연기밀도 | **400** 이하 |

참고

**잔진시간과 잔염시간**

| 잔진시간(잔신시간) | 잔염시간 |
|---|---|
| 버너의 불꽃을 제거한 때부터 불꽃을 올리지 않고 연소하는 상태가 그칠 때까지의 경과시간 | 버너의 불꽃을 제거한 때부터 불꽃을 올리며 연소하는 상태가 그칠 때까지의 경과시간 |

답 ④

★★★

## 16 보통화재에서 백색의 불꽃온도는 섭씨 몇 도 정도인가?

① 525 ② 750

③ 925 ④ 1200

해설 **연소**의 **색**과 **온도**

| 색 | 온도[℃] |
|---|---|
| 암적색(**진**홍색) | 700~750 |
| **적**색 | 850 |
| 휘적색(**주**황색) | 925~950 |
| 황적색(황색) | 1100 |
| 백적색(백색) 보기 ④ | 1200~1300 |
| **휘백**색 | 1500 |

기억법 진7(진출), 적8(저팔계), 주9(주먹구구), 휘백5

답 ④

★★

## 17 고분자재료의 난연화방법으로 옳지 않은 것은?

① 재료의 표면에 열전달을 제어하는 방법

② 재료의 열분해속도를 제어하는 방법

③ 재료의 열분해생성물을 제어하는 방법

④ 재료의 액상반응을 제어하는 방법

해설 **고분자재료**의 **난연화방법**

(1) 재료의 표면에 **열전달**을 제어하는 방법 보기 ①

(2) 재료의 **열분해속도**를 제어하는 방법 보기 ②

(3) 재료의 **열분해생성물**을 제어하는 방법 보기 ③

(4) 재료의 **기상반응**을 제어하는 방법

※ **기상반응** : 기체상태의 반응

답 ④

★★★

## 18 불꽃연소의 기본 4요소라 할 수 없는 것은?

① 연료 ② 인화점

③ 바람 ④ 연쇄반응

해설 **연소**의 **4요소(4면체적요소)**

(1) 가연물(연료) 보기 ①

(2) 산소공급원(산소, 산화제, 공기, 바람) 보기 ③

(3) 점화원(온도)

(4) 순조로운 연쇄반응 보기 ④

※ **불꽃연소** : 완전연소시에 발생하는 연소형태

답 ②

★★★

## 19 건축물 내에서 화재가 발생하여 연기감지기가 작동할 정도이면 가시거리는 얼마인가?

① 1~2m ② 3m

③ 5m ④ 20~30m

해설

| 감광계수 [$m^{-1}$] | 가시거리 [m] | 상 황 |
|---|---|---|
| 0.1 | 20~30 | 연기감지기가 작동할 때의 농도 보기 ④ |
| 0.3 | 5 | 건물 내부에 익숙한 사람이 피난에 지장을 느낄 정도의 농도 |
| 0.5 | 3 | 어두운 것을 느낄 정도의 농도 |
| 1 | 1~2 | 앞이 거의 보이지 않을 정도의 농도 |
| 10 | 0.2~0.5 | 화재 최성기 때의 농도 |
| 30 | - | 출화실에서 연기가 분출할 때의 농도 |

답 ④

★★

## 20 화재의 과정 중 실내온도가 800℃ 전후의 고온상태를 유지하는 시기는?

① 초기 ② 성장기

③ 최성기 ④ 종기

해설 **성장기**와 **최성기**

| 성장기 | 최성기 **보기 ③** |
|---|---|
| 공기의 유통구가 생기면 연소속도는 급격히 진행되어 실내는 순간적으로 화염이 가득하게 되는 현상 | 실내온도가 800℃ 전후의 고온상태를 유지하고 화재가 가장 왕성한 시기 |

답 ③

★★★
## 21 방화구조란?

① 철근콘크리트조, 연와조, 기타 이와 유사한 성능의 재료
② 불연재료에 준하는 방화성능을 가진 건축재료
③ 철망모르타르로서 바름두께가 2cm 이상인 것
④ 불에 잘 타지 아니하는 성능을 가진 건축재료

해설

| 구 분 | 설 명 |
|---|---|
| **내화구조** | 철근콘크리트조, 연와조, 기타 이와 유사한 성능을 가진 구조 |
| **준불연재료** | 불연재료에 준하는 방화성능을 가진 재료 |
| **방화구조** | 철망모르타르로서 바름두께가 2cm 이상인 것 **보기 ③** |
| **난연재료** | 불에 잘 타지 아니하는 성능을 가진 재료 |

※ **모르타르** : 시멘트와 모래를 섞어서 물에 갠 것

답 ③

★
## 22 알코올화재에 대한 설명으로 옳지 않은 것은?

① 연소시 발열량이 비교적 크다.
② 포소화약제로 소화가 가능하다.
③ 물분무로 소화가 가능하다.
④ 화염이 없고 화재가 급격히 진행된다.

해설 **알코올화재**

화염이 있고 화재가 급격히 진행된다.

※ 알코올은 탄소의 수에 비하여 수소의 수가 많으므로 **발염연소**한다.

참고

**발염연소**
불꽃을 내며 연소하는 것. 즉, 화염이 있는 연소현상

답 ④

★★★
## 23 파라핀의 연소형태는?

① 표면연소 ② 자기연소
③ 분해연소 ④ 증발연소

해설 **가연물**의 **연소형태**

| 연소형태 | 종 류 |
|---|---|
| **표면연소** | **숯**, **코**크스, **목탄**, **금**속분<br>기억법 **표숯코목탄금** |
| **분해연소** | **석**탄, **종**이, **플**라스틱, **목**재, **고**무, **중**유, **아**스팔트<br>기억법 **분석종플목고중아** |
| **증발연소** **보기 ④** | **황**, **왁**스, **파**라핀, **나**프탈렌, **가**솔린, **등**유, **경**유, **알**코올, **아**세톤<br>기억법 **증황왁파 나가등경알아** |
| **자기연소** | 질산에스터류, 셀룰로이드, 나이트로화합물, TNT, 피크린산 |
| **액적연소** | 벙커C유 |
| **확산연소** | 메탄($CH_4$), 암모니아($NH_3$), 아세틸렌($C_2H_2$), 일산화탄소(CO), 수소($H_2$) |

가연물=가연물질

답 ④

★★
## 24 수소의 최소정전기 점화에너지는 일반적으로 몇 mJ 정도 되는가?

① 0.01 ② 0.02
③ 0.2 ④ 0.3

해설 **최소정전기 점화에너지**

| 가연성가스 | 점화에너지 |
|---|---|
| 수소 | 0.02mJ **보기 ②** |
| ① 메탄($CH_4$)<br>② 에탄($C_2H_6$)<br>③ 프로판($C_3H_8$)<br>④ 부탄($C_4H_{10}$) | 0.3mJ |

※ **최소정전기 점화에너지**(최소발화에너지) : 국부적으로 온도를 높이는 전기불꽃과 같은 점화원에 의해 점화될 때의 에너지 최소값

답 ②

05회

★★★
## 25 일산화탄소(CO)를 1시간 정도 마셨을 때 사망에 이르게 하는 위험농도는?

① 0.1% ② 0.2%
③ 0.3% ④ 0.4%

해설 **일산화탄소의 영향**

| 농 도 | 영 향 |
|---|---|
| 0.2% | 1시간 호흡시 생명에 위험을 준다. |
| 0.4% | 1시간 내에 사망한다. 보기 ④ |
| 1% | 2~3분 내에 실신한다. |

답 ④

**제 2 과목** 소방수리학·약제화학 및 소방전기

★
## 26 $\cos\omega t$ 의 라플라스 변환은?

① $\frac{s}{s^2+\omega^2}$
② $\frac{\omega}{s^2+\omega^2}$
③ $\frac{s}{s^2-\omega^2}$
④ $\frac{\omega}{s^2-\omega^2}$

해설 **라플라스 변환**

| $\mathcal{L}[\cos\omega t]$ | $\mathcal{L}[\sin\omega t]$ |
|---|---|
| $\frac{s}{s^2+\omega^2}$ | $\frac{\omega}{s^2+\omega^2}$ |

답 ①

★★
## 27 지상 30m의 창문에서 구조대용 유도로프의 모래주머니를 자연낙하시켰을 경우 지상에 도착할 때의 속도는 몇 m/s인가?

① 14.25 ② 24.25
③ 588 ④ 688

해설 속도 $V$는

$V=\sqrt{2gH}$
$=\sqrt{2\times 9.8\text{m/s}^2\times 30\text{m}}$
$=24.248$
$\fallingdotseq 24.25\text{m/s}$

답 ②

★★
## 28 압력의 단위환산에서 틀린 것은?

① 346.5kPa abs=245.175kPa gauge
② 588.4mmHg=0.8ata
③ 405mmHg=0.55ata
④ 101.325kPa=10.332mAq

해설 **절대압**(abs)=대기압+게이지압(gauge)

346.5kPa abs
= 101.325kPa + 245.175kPa gauge

**절대압**
(1) 절대압=대기압+게이지압(계기압)
(2) 절대압=대기압-진공압

기억법 절대게
절대-진(절대마진)

답 ①

★★
## 29 트랜지스터 스위치의 ON-OFF 동작 속도는?

① $10^{-1}$~$10^{-4}$s ② $10^{-6}$~$10^{-9}$s
③ $10^{-11}$~$10^{-14}$s ④ $10^{-16}$~$10^{-19}$s

해설 **동작속도**

| 트랜지스터 스위치 | 기계 스위치 |
|---|---|
| $10^{-6}$~$10^{-9}$s 보기 ② | $10^{-3}$s |

답 ②

★★★
## 30 지름 300mm인 원형관 속을 6kg/s의 질량유량으로 공기가 흐르고 있다. 관 속 공기의 압력은 250kPa, 온도는 20℃일 때 관 속을 흐르는 공기의 평균속도는 몇 m/s인가? (단, 공기의 기체상수는 0.287kJ/kg·K이다.)

① 22.5 ② 24.5
③ 26.5 ④ 28.5

해설 (1) 밀도

$$\rho=\frac{P}{RT}$$

여기서, $\rho$ : 밀도[kg/m³]
$P$ : 압력[kPa]
$R$ : 기체상수(0.287kJ/kg·K)
$T$ : 절대온도(273+℃)[K]

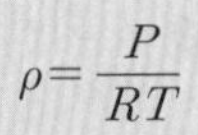

밀도 $\rho$는

$$\rho = \frac{P}{RT}$$
$$= \frac{250\text{kPa}}{0.287\text{kJ/kg}\cdot\text{K}\times(273+20)\text{K}}$$
$$= \frac{250\text{kN/m}^2}{0.287\text{kN}\cdot\text{m/kg}\cdot\text{K}\times(273+20)\text{K}}$$
$$\fallingdotseq 2.973\text{kg/m}^3$$

- $1\text{Pa}=1\text{N/m}^2$
- $1\text{J}=1\text{N}\cdot\text{m}$

(2) **질량유량**

$$\overline{m} = AV\rho$$

여기서, $\overline{m}$ : 질량유량[kg/s]
$A$ : 단면적[$\text{m}^2$]
$V$ : 유속[m/s]
$\rho$ : 밀도[$\text{kg/m}^3$]

**유속**(공기의 평균속도) $V$는

$$V = \frac{\overline{m}}{A\rho} = \frac{\overline{m}}{\frac{\pi}{4}D^2\rho}$$
$$= \frac{6\text{kg/s}}{\frac{\pi}{4}(0.3\text{m})^2\times 2.973\text{kg/m}^3}$$
$$\fallingdotseq 28.5\text{m/s}$$

※ **초**(시간)의 단위는 '**sec**' 또는 '**s**'로 나타낸다.

답 ④

★★★
## 31 다음 중 식용유 및 지방질유의 화재에 소화력이 가장 높은 것은?

① 탄산수소나트륨
② 탄산수소칼륨
③ 인산암모늄
④ 탄산수소칼슘

해설 **분말소화약제**

| 제1종 분말 | 제3종 분말 |
|---|---|
| 식용유 및 지방질유의 화재에 적합 | 차고·주차장에 적합 |

- 제1종 분말 : 탄산수소나트륨
- 제3종 분말 : 인산암모늄

답 ①

★★
## 32 동점성계수가 $1.15\times10^{-6}\text{m}^2/\text{s}$인 물이 지름 30mm의 관 내를 흐르고 있다. 층류가 기대될 수 있는 최대의 유량은?

19회 문 32
18회 문 47
17회 문 27
17회 문 31
16회 문 31
14회 문 29
13회 문 30
12회 문 29
11회 문 29
05회 문 34
03회 문 39

① $4.69\times10^{-5}\text{m}^3/\text{s}$
② $5.69\times10^{-5}\text{m}^3/\text{s}$
③ $4.69\times10^{-7}\text{m}^3/\text{s}$
④ $5.69\times10^{-7}\text{m}^3/\text{s}$

해설 $Re = \frac{DV}{\nu}$에서

**층류**의 최대 레이놀즈수 **2100**을 적용하면

$$2100 = \frac{0.03\text{m}\times V}{1.15\times10^{-6}\text{m}^2/\text{s}}$$

유속 $V = 0.08\text{m/s}$

**최대유량** $Q$는

$$Q = AV = \frac{\pi\times(0.03\text{m})^2}{4}\times 0.08\text{m/s}$$
$$\fallingdotseq 5.69\times10^{-5}\text{m}^3/\text{s}$$

참고

**레이놀즈수**

| 구 분 | 설 명 |
|---|---|
| **층류** | $Re < 2100$ |
| **천이영역**(임계영역) | $2100 < Re < 4000$ |
| **난류** | $Re > 4000$ |

답 ②

★★★
## 33 질소 3kg이 체적 $0.6\text{m}^3$의 용기에 충전되어 있다. 용기내부의 온도가 25℃일 때 압력 Pa을 구하면? (단, 기체상수의 값은 296J/kg·K이다.)

① 341040　② 441040
③ 541040　④ 641040

해설 **압력**

$$PV = GRT$$

여기서, $P$ : 압력[Pa]
$V$ : 부피[$\text{m}^3$]
$G$ : 무게[kg]
$R$ : 296[J/kg·K]
$T$ : 절대온도(273+℃)[K]

압력 $P$는

$$P=\frac{GRT}{V}$$
$$=\frac{3\text{kg}\times 296\text{J/kg}\cdot\text{K}\times(273+25)\text{K}}{0.6\text{m}^3}$$
$$=441040\text{Pa}$$

답 ②

★★★
**34** **프루드(Froude)수의 물리적인 의미는?**

19회 문 32 / 18회 문 47 / 17회 문 27 / 17회 문 31 / 16회 문 31 / 14회 문 29 / 13회 문 30 / 12회 문 29 / 11회 문 29 / 09회 문 26

① 관성력 / 탄성력
② 관성력 / 중력
③ 관성력 / 압력
④ 관성력 / 점성력

해설 **무차원수의 물리적 의미**

| 명 칭 | 물리적 의미 |
|---|---|
| 레이놀즈(Reynolds)수 | 관성력 / 점성력 |
| 프루드(Froude)수 | 관성력 / 중력 **보기 ②** |
| 마하(Mach)수 | 관성력 / 압축력 |
| 웨버(Weber)수 | 관성력 / 표면장력 |
| 오일러(Euler)수 | 압축력 / 관성력 |

답 ②

★★
**35** **반지름 25cm인 원관으로 수평거리 1500m의 위치에 10000m³/24hr의 물을 송수하려고 한다. 몇 bar의 압력을 가하여야 하는가? (단, 마찰계수는 0.03으로 한다.)**

① 0.16bar　② 1.16bar
③ 2.16bar　④ 3.16bar

해설 $Q=AV$ 에서

유속 $V$는

$$V=\frac{Q}{A}$$
$$=\frac{10000\text{m}^3/24\text{hr}}{\left(\frac{\pi\times 0.5^2}{4}\right)\text{m}^2}$$
$$=\frac{10000\text{m}^3/(24\times 3600\text{s})}{\left(\frac{\pi\times 0.5^2}{4}\right)\text{m}^2}$$
$$=0.589$$
$$\fallingdotseq 0.59\text{m/s}$$

$H=\frac{\Delta P}{\gamma}=\frac{flV^2}{2gD}$ 에서

압력 $\Delta P$는

$$\Delta P=\frac{\gamma flV^2}{2gD}$$
$$=\frac{9800\text{N/m}^3\times 0.03\times 1500\text{m}\times(0.59\text{m/s})^2}{2\times 9.8\text{m/s}^2\times 0.5\text{m}}$$
$$=15664.5\text{N/m}^2$$

- 101325Pa = 1013mbar
- $1\text{N/m}^2=1\text{Pa}$

이므로

$$\Delta P=15664.5\text{N/m}^2$$
$$=\frac{15664.5\text{Pa}}{101325\text{Pa}}\times 1013\text{mbar}$$
$$=156.606\text{mbar}$$
$$=0.156\text{bar}$$
$$\fallingdotseq 0.16\text{bar}$$

답 ①

★★★
**36** **선간전압이 220V인 3상 전원에 임피던스가 $Z=8+j6$〔Ω〕인 3상 Y부하를 연결할 경우 상전류는 몇 A인가?**

15회 문 49

① 5　② 12.7
③ 18.4　④ 22

해설

| Y 결선 | Δ 결선 |
|---|---|
| 선전류 $I_Y=\frac{V_l}{\sqrt{3}Z}$〔A〕 | 선전류 $I_\triangle=\frac{\sqrt{3}V_l}{Z}$〔A〕 |

Y 결선에서는 **선전류=상전류**이므로

상전류 $I_Y=\frac{V_l}{\sqrt{3}Z}=\frac{220}{\sqrt{3}(8+j6)}$
$$=\frac{220}{10\sqrt{3}}=12.701\fallingdotseq 12.7\text{A}$$

답 ②

★
**37** **정전용량(farad)과 같은 단위는?**

① V/m　② C/A
③ C/V　④ N·m

해설

$$C=\frac{Q}{V}$$

여기서, $C$ : 정전용량〔F〕
$V$ : 전압〔V〕
$Q$ : 전기량(전하)〔C〕

$$C[\text{F}]=\frac{Q[\text{C}]}{V[\text{V}]}$$

답 ③

★

## 38 그림과 같이 공기 중에 놓인 $2\times10^{-8}$C의 전하에서 2m 떨어진 P와 1m 떨어진 점 Q와의 전위차는?

① 80V
② 90V
③ 100V
④ 180V

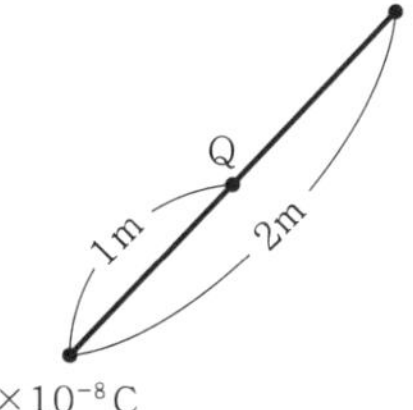


해설 **전위차**

$$V=\frac{Q}{4\pi\varepsilon r}=\frac{Q}{4\pi\varepsilon_0\varepsilon_s r}$$

여기서, $V$ : 전위차
$\varepsilon$ : 유전율〔F/m〕($\varepsilon=\varepsilon_0\cdot\varepsilon_s$)
$\varepsilon_0$ : 진공의 유전율〔F/m〕
$\varepsilon_s$ : 비유전율(진공 중·공기 중 $\varepsilon_s=1$)
$r$ : 거리〔m〕
$Q$ : 전하〔C〕

Q점에서의 **전위차** $V_Q$는

$$V_Q=\frac{Q}{4\pi\varepsilon_0\varepsilon_s r}=\frac{2\times10^{-8}}{4\pi\times(8.855\times10^{-12})\times1\times1}\fallingdotseq180\text{V}$$

P점에서의 **전위차** $V_P$는

$$V_P=\frac{Q}{4\pi\varepsilon_0\varepsilon_s r}=\frac{Q}{4\pi\times(8.855\times10^{-12})\times1\times2}\fallingdotseq90\text{V}$$

**전위차** $V$는

$V=V_Q-V_P=180-90=90\text{V}$

※ **진공**의 **유전율** $\varepsilon_0=8.855\times10^{-12}\text{F/m}$

답 ②

★★

## 39 유도등 20W 30등, 40W 70등의 점등에 필요한 축전지의 용량은 다음 조건에서 몇 Ah인가?

[조건] • 유도등의 사용전압 : 220V
• 용량환산시간 : 1.22
• 경년 용량저하율 : 0.8

① 15.45Ah
② 25.45Ah
③ 23.56Ah
④ 24.56Ah

해설 (1) **전류**

$$I=\frac{P}{V}$$

여기서, $I$ : 전류〔A〕
$P$ : 전력〔W〕
$V$ : 전압〔V〕

$$I=\frac{P}{V}=\frac{(20\times30)+(40\times70)}{220}=15.454\fallingdotseq15.45\text{A}$$

(2) **축전지**의 **용량**

$$C=\frac{1}{L}KI$$

여기서, $C$ : 축전지의 용량〔Ah〕
$L$ : 용량저하율(보수율)
$K$ : 용량환산시간〔h〕
$I$ : 방전전류〔A〕

$$C=\frac{1}{L}KI=\frac{1}{0.8}\times1.22\times15.45=23.561\fallingdotseq23.56\text{Ah}$$

답 ③

★★★

## 40 U자관에 수은이 채워져 있다. 여기에 어떤 액체를 넣었을 때 이 액체 24cm와 수은 10cm가 평형을 이루었다면 이 액체의 비중은? (단, 수은의 비중은 13.6이다.)

① 5.7
② 5.8
③ 5.9
④ 6.0

해설 **액체**의 **비중**

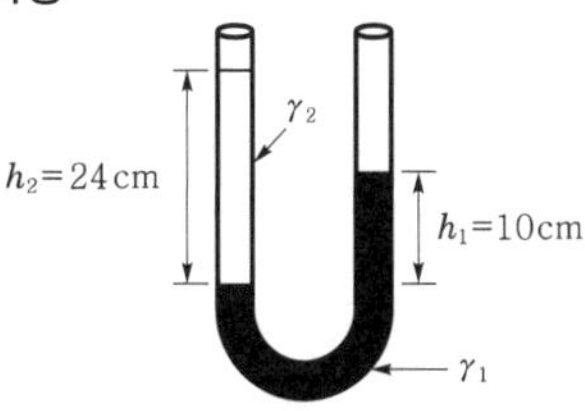


| U자관 |

$\gamma_1 h_1=\gamma_2 h_2$ 에서

**액체**의 **비중** $\gamma_2$는

$$\gamma_2=\frac{\gamma_1 h_1}{h_2}=\frac{13.6\times10\text{cm}}{24\text{cm}}\fallingdotseq5.7$$

답 ①

05회

★★★

**41** 강화액에 대한 설명으로 옳은 것은?

15회 문 35

① 침투제가 첨가된 물을 말한다.
② 침투성을 높여 주기 위해서 첨가하는 계면활성제의 총칭이다.
③ 물이 저온에서 동결되는 단점을 보완하기 위해 첨가하는 액체이다.
④ 알칼리금속염을 주성분으로 한 것으로 황색 또는 무색의 점성이 있는 수용액이다.

해설 물의 **첨가제**

| 첨가제 | 설 명 |
|---|---|
| 강화액 | 알칼리금속을 주성분으로 한 것으로 **황색** 또는 **무색**의 점성이 있는 수용액 **보기 ④** |
| 침투제 | 침투성을 높여 주기 위해서 첨가하는 계면활성제의 총칭 |
| 유화제 | 고비점 유류에 사용을 가능하게 하기 위한 것 |
| 증점제 | 물의 점도를 높여 줌 |
| 부동제 | 물이 저온에서 동결되는 단점을 보완하기 위해 첨가하는 액체 |

※ Wet water : 침투제가 첨가된 물

답 ④

★★★

**42** 유동하는 물의 속도가 12m/s, 압력이 0.1MPa이다. 이때 속도수두와 압력수두는 각각 얼마인가?

15회 문 32
06회 문 34
03회 문107
02회 문 38
02회 문 41

① 7.35m, 10m ② 73.5m, 10.5m
③ 7.35m, 20.33m ④ 0.6m, 10m

해설

$$H=\frac{V^2}{2g}$$

여기서, $H$ : 속도수두〔m〕
$g$ : 중력가속도(9.8m/s²)
$V$ : 유속〔m/s〕

**속도수두** $H$는

$$H=\frac{V^2}{2g}=\frac{(12\text{m/s})^2}{2\times 9.8\text{m/s}^2}\fallingdotseq 7.35\text{m}$$

$0.101325\text{MPa}=101.325\text{kPa}$ 이므로

$0.1\text{MPa}=100\text{kPa}$

$$1\text{kPa}=1\text{kN/m}^2$$

$$H=\frac{P}{\gamma}$$

여기서, $H$ : 압력수두〔m〕
$\gamma$ : 비중량〔kN/m³〕
$P$ : 압력〔kN/m²〕

**압력수두** $H$는

$$H=\frac{P}{\gamma}=\frac{100\text{kN/m}^2}{9.8\text{kN/m}^3}\fallingdotseq 10\text{m}$$

※ 물의 **비중량** $\gamma=9.8\text{kN/m}^3$

답 ①

★

**43** 전기분해에 의해서 구리를 정제하는 경우, 음극에서 구리 1kg을 석출하기 위해서는 100A의 전류를 몇 시간 흘려야 하는가? (단, 전기화학당량은 $0.3293\times10^{-3}$g/C이다.)

① 4.27시간 ② 8.44시간
③ 30370시간 ④ $3.037\times10^6$시간

해설

$$W=KQ=KIt\text{〔g〕}$$

여기서, $W$ : 석출된 물질의 양〔g〕
$K$ : 전기화학당량〔g/C〕
$Q$ : 전기량〔c〕
$I$ : 전류〔A〕
$t$ : 시간〔s〕

시간 $t$는

$$t=\frac{W}{KI}=\frac{1\times10^3}{0.3293\times10^{-3}\times100}\fallingdotseq 30370\text{s}$$

**1h = 3600s** 이므로

$$\therefore \frac{30370}{3600}\fallingdotseq 8.44\text{시간}$$

답 ②

★★★

**44** 다음 중 잘못된 것은?

① 할론 1301 – 연쇄반응을 억제 또는 차단함으로써 연소를 중단시키므로 소화
② 할론 2402 – 에탄($C_2H_6$)의 유도체
③ 할론 1211 – 할론소화제 중 독성이 가장 적고, 생산가격도 저렴
④ 할론 104 – 포스겐가스의 발생으로 현재 사용이 중지되었음

해설 **할론 1301의 성질**

(1) 소화성능이 가장 좋다.
(2) **독성**이 가장 **적다.**
(3) 오존층 파괴지수가 가장 높다.
(4) 비중은 약 **5.1배**이다.
(5) 무색, 무취의 **비전도성**이며 상온에서 **기체**이다.

③ 독성은 할론 1301이 가장 적다.

답 ③

★★★
## 45 이산화탄소 소화약제를 소화기용 용기에 충전시 충전비는 얼마 이상으로 하여야 하는가?

① 1.5　② 1.4
③ 1.3　④ 1.0

해설 이산화탄소 소화약제를 소화기용 용기에 충전시 충전비는 1.5 이상으로 하여야 한다.

참고

**$CO_2$ 저장용기의 충전비**

| 구 분 | 충전비 |
|---|---|
| 고압식 | 1.5~1.9 이하 |
| 저압식 | 1.1~1.4 이하 |

답 ①

★★
## 46 450/750V 저독성 난연 가교 폴리올레핀 절연전선의 최고허용온도는?

① 60℃　② 75℃
③ 90℃　④ 95℃

해설 **최고허용온도**

| 약 호 | 명 칭 | 최고 허용 온도 |
|---|---|---|
| OW | 옥외용 비닐절연전선 | 60℃ |
| DV | 인입용 비닐절연전선 | |
| HFIX | 450/750V 저독성 난연 가교 폴리올레핀 절연전선 **보기 ③** | 90℃ |
| CV | 가교폴리에틸렌 절연비닐외장케이블 | |
| IH | 하이퍼론 절연전선 | 95℃ |

답 ③

★
## 47 디지털제어의 이점이 아닌 것은?

① 감도의 개선
② 드리프트(Drift)의 제거
③ 잡음 및 외란 영향의 감소
④ 프로그램의 단일성

해설 **디지털제어의 이점**

(1) 감도의 개선 **보기 ①**
(2) 신뢰도 향상
(3) 드리프트(Drift)의 제거 **보기 ②**
(4) 잡음 및 외란 영향의 감소 **보기 ③**
(5) 보다 간결하고 경량
(6) 비용 절감
(7) 프로그램의 **융통성**

※ **드리프트**(Drift) : 전기장의 영향하에 전자들이 이동하는 것

답 ④

★★★
## 48 블록선도에서 $\frac{C}{R}$는?

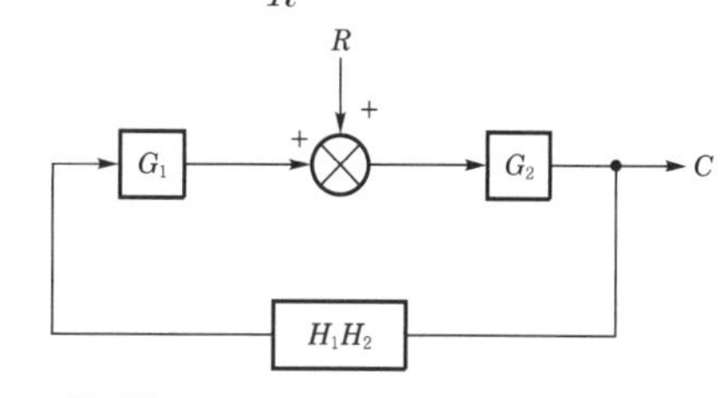


① $\dfrac{G_1 G_2}{H_1 H_2}$　② $\dfrac{H_1 H_2}{G_1 G_2}$

③ $\dfrac{G_2}{1-G_1 G_2 H_1 H_2}$　④ $\dfrac{G_1}{1-G_1 G_2 H_1 H_2}$

해설

$RG_2 + CG_1 G_2 H_1 H_2 = C$
$RG_2 = C - CG_1 G_2 H_1 H_2$
$RG_2 = C(1 - G_1 G_2 H_1 H_2)$
$\frac{C}{R} = \frac{G_2}{1 - G_1 G_2 H_1 H_2}$

※ **블록선도**(Block diagram) : 제어계의 신호 전송상태를 나타내는 계통도

답 ③

★★
## 49 다음은 물을 소화약제로 사용할 수 없는 물질들이다. 물을 사용해도 가능한 것은?

① 카바이드　② 과산화물
③ 마그네슘분(粉)　④ 탄소봉

해설 **물소화약제를 사용할 수 없는 물질**

| 물 질 | 발생하는 것 |
|---|---|
| **카바이드**(탄화칼슘) **보기 ①** | 아세틸렌($C_2H_2$) 발생 |
| **탄소봉 보기 ④** | |
| **금속분** | 수소($H_2$) 발생 |
| **마그네슘분 보기 ③** | |
| **무기과산화물** | 산소($O_2$) 발생 |

※ **무기과산화물**은 물소화약제를 사용할 수 없지만, **유기과산화물**은 제5류 위험물로서 주수소화(물소화약제 사용)가 가능하므로 여기서는 ②를 답으로 하여야 한다.

답 ②

★★★
**50** 공기 중에서 무게가 900N인 돌이 물 속에서의 무게가 400N일 때 이 돌의 비중은?

① 1.4 ② 1.6
③ 1.8 ④ 2.25

해설

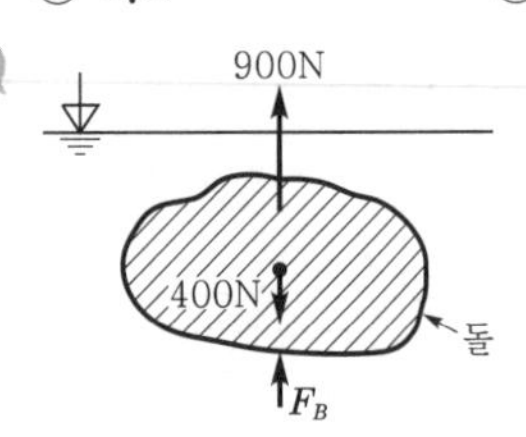


$$\text{물체의 비중} = \frac{\text{공기 중의 무게}}{\text{공기 중의 무게} - \text{물속의 무게}}$$

$$= \frac{900\text{N}}{900\text{N} - 400\text{N}} = 1.8$$

참고

**돌의 체적**
**부력** $F_B$=900N−400N=500N
$F_B = \gamma V$에서 돌의 체적 $V$는

$$V = \frac{F_B}{\gamma} = \frac{500\text{N}}{9800\text{N/m}^3} = 0.051\text{m}^3$$

답 ③

**제 3 과목 소방관련법령**

★★★
**51** 다음 중 소방안전관리자가 하지 않아도 되는 일은?

① 자위소방대 및 초기대응체계의 구성·운영·교육
② 소방계획서의 작성
③ 민방위 조직관리
④ 소방시설의 관리

해설 **화재예방법 제24조 제⑤항**
**관계인 및 소방안전관리자의 업무**

| 특정소방대상물 (관계인) | 소방안전관리대상물 (소방안전관리자) |
|---|---|
| ① 피난시설·방화구획 및 방화시설의 관리<br>② 소방시설, 그 밖의 소방관련시설의 관리<br>③ **화기취급**의 감독<br>④ 소방안전관리에 필요한 업무<br>⑤ 화재발생시 초기대응 | ① 피난시설·방화구획 및 방화시설의 관리<br>② 소방시설, 그 밖의 소방관련시설의 관리 **보기 ④**<br>③ **화기취급**의 감독<br>④ 소방안전관리에 필요한 업무<br>⑤ **소방계획서**의 작성 및 시행(대통령령으로 정하는 사항 포함) **보기 ②**<br>⑥ **자위소방대** 및 **초기대응체계**의 구성·운영·교육 **보기 ①**<br>⑦ 소방훈련 및 교육<br>⑧ 소방안전관리에 관한 업무수행에 관한 기록·유지<br>⑨ 화재발생시 초기대응 |

용어

| 소방안전관리대상물 | 특정소방대상물 |
|---|---|
| 대통령령으로 정하는 특정소방대상물 | 건축물 등의 규모·용도 및 수용인원 등을 고려하여 소방시설을 설치하여야 하는 소방대상물로서 대통령령으로 정하는 것 |

답 ③

★★★
**52** 소방대상물에 설치된 전기실로 그 바닥면적이 얼마 이상인 경우 물분무등소화설비를 설치하는가?

① $100\text{m}^2$ ② $200\text{m}^2$
③ $300\text{m}^2$ ④ $400\text{m}^2$

해설 **소방시설법 시행령 [별표 4]**
**물분무등소화설비의 설치대상**

| 설치대상 | 조 건 |
|---|---|
| ① 차고·주차장(50세대 미만 연립주택 및 다세대주택 제외) | • 바닥면적 합계 **200m²** 이상 |
| ② 전기실·발전실·변전실<br>③ 축전지실·통신기기실·전산실 | • 바닥면적 **300m²** 이상 **보기 ③** |
| ④ 주차용 건축물 | • 연면적 **800m²** 이상 |
| ⑤ 기계식 주차장치 | • **20대** 이상 |
| ⑥ 항공기격납고 | • 전부(규모에 관계없이 설치) |

| 설치대상 | 조 건 |
|---|---|
| ⑦ 중·저준위 방사성 폐기물의 저장시설(소화수를 수집·처리하는 설비 미설치) | • 이산화탄소 소화설비, 할론소화설비, 할로겐화합물 및 불활성기체 소화설비 설치 |
| ⑧ 지하가 중 터널 | • 예상교통량, 경사도 등 터널의 특성을 고려하여 행정안전부령으로 정하는 터널 |
| ⑨ 지정문화유산(문화유산 자료 제외) | • 소방청장이 국가유산청장과 협의하여 정하는 것 또는 적응소화설비 |

답 ③

★★★
**53** 물분무등소화설비에 해당되는 것은?

① 연결송수관설비
② 연결살수설비
③ 이산화탄소 소화설비
④ 상수도소화용수설비

해설 **소방시설법 시행령 [별표 1]**
**물분무등소화설비**
(1) 물분무소화설비
(2) 미분무소화설비
(3) 포소화설비
(4) 이산화탄소 소화설비 보기 ③
(5) 할론소화설비
(6) 할로겐화합물 및 불활성기체 소화설비
(7) 분말소화설비
(8) 강화액 소화설비
(9) 고체에어로졸 소화설비

①, ② 소화활동설비, ④ 소화용수설비

답 ③

★★★
**54** 위험물로서 제5류 자기반응성 물질에 해당되는 것은?

19회 문 81
15회 문 76
13회 문 68
10회 문 78
08회 문 80
02회 문 62

① 나이트로소화합물 ② 과염소산염류
③ 금속분 ④ 알코올류

해설 **위험물령 [별표 1]**
**위험물**

| 유 별 | 성 질 | 품 명 |
|---|---|---|
| 제5류 위험물 | 자기 반응성 물질 | • 유기과산화물<br>• 질산에스터류(셀룰로이드)<br>• 나이트로화합물<br>• 나이트로소화합물 보기 ①<br>• 아조화합물<br>• 다이아조화합물<br>• 하이드라진 유도체 |

② 제1류 위험물
③ 제2류 위험물
④ 제4류 위험물

답 ①

★★★
**55** 다음 중 소방신호의 방법으로 옳지 않은 것은?

① 사이렌에 의한 경계신호는 5초 간격을 30초씩 3회 취명
② 사이렌에 의한 발화신호는 3초 간격을 두고 3회 취명
③ 타종에 의한 해제신호는 상당한 기간을 두고 1타씩 반복
④ 타종에 의한 훈련신호는 연 3타 반복

해설 **기본규칙 [별표 4]**
**소방신호방법**

| 종별 \ 신호방법 | 타종신호 | 사이렌신호 |
|---|---|---|
| 경계신호 | 1타와 연 2타를 반복 | 5초 간격을 두고 30초씩 3회 보기 ① |
| 발화신호 | 난타 | 5초 간격을 두고 5초씩 3회 보기 ② |
| 해제신호 | 상당한 간격을 두고 1타씩 반복 보기 ③ | 1분간 1회 |
| 훈련신호 | 연 3타 반복 보기 ④ | 10초 간격을 두고 1분씩 3회 |

② 3초 → 5초

답 ②

★
**56** 다음 중 대통령령으로 정하는 특정소방대상물에 소방시설을 설치하여야 할 곳은 어느 것인가?

① 화재위험도가 낮은 특정소방대상물
② 화재안전기준을 적용하기가 어려운 특정소방대상물
③ 화재안전기준을 다르게 적용하여야 하는 특수한 용도를 가진 특정소방대상물
④ 자위소방대가 설치된 특정소방대상물

해설 **소방시설법 제13조 제④항**
**대통령령으로 정하는 소방시설의 설치제외장소**
(1) **화재위험도**가 **낮은 특정소방대상물**
(2) **화재안전기준**을 **적용**하기가 **어려운 특정소방대상물**
(3) 화재안전기준을 다르게 적용하여야 하는 **특수한 용도** 또는 **구조**를 가진 **특정소방대상물**
(4) **자체소방대**가 **설치된 특정소방대상물** 보기 ④

용어

| 자체소방대 | 자위소방대 |
|---|---|
| 다량의 위험물을 저장·취급하는 제조소에 설치하는 소방대 | 빌딩·공장 등에 설치하는 사설소방대 |

답 ④

★★
**57** **다음 중 소방시설관리사 자격의 결격사유에 해당되지 않는 것은?**

① 피성년후견인
② 파산자 선고를 받은 사람으로서 복권된 사람
③ 금고 이상의 형의 선고를 받고 그 집행이 종료되거나 집행을 받지 아니하기로 확정된 날부터 1년이 지나지 아니한 사람
④ 금고 이상의 형의 집행유예의 선고를 받고 그 집행유예기간 중에 있는 사람

해설 **소방시설법 제27조**
**소방시설관리사의 결격사유**
(1) 피성년후견인 보기 ①
(2) 금고 이상의 실형을 선고받고 그 집행이 끝나거나(집행이 끝난 것으로 보는 경우 포함) 집행이 면제된 날부터 **2년**이 지나지 아니한 사람 보기 ③
(3) 금고 이상의 형의 집행유예를 선고받고 그 **유예기간** 중에 있는 사람 보기 ④
(4) 자격취소 후 **2년**이 지나지 아니한 사람

답 ②

★
**58** **소방시설공사에 기본이 되는 공사계획·설계도면·설계설명서·기술계산서 등을 작성하는 영업은?**
19회 문 55
13회 문 55
06회 문 72

① 소방시설설계업 ② 소방시설공사업
③ 소방공사감리업 ④ 소방시설관리업

해설 **공사업법 제2조 제①항**
**소방시설업**

| 소방시설 설계업 | 소방시설 공사업 | 소방공사 감리업 | 방염처리업 |
|---|---|---|---|
| 소방시설공사에 기본이 되는 공사계획·설계도면·설계설명서·기술계산서 등을 작성하는 영업 보기 ① | 설계도서에 따라 소방시설을 신설·증설·개설·이전·정비하는 영업 | 소방시설공사에 관한 발주자의 권한을 대행하여 소방시설공사가 설계도서와 관계법령에 따라 적법하게 시공되는지를 확인하고, 품질·시공관리에 대한 기술지도를 하는 영업 | 방염대상물품에 대하여 방염처리하는 영업 |

답 ①

★
**59** **소방서장이 하는 특정소방대상물에 대한 화재안전조사의 방법과 절차를 말한 것이다. 틀린 것은?**

① 소방대상물 중 개인의 주거에 대해서는 원칙적으로 관계인의 승낙이 있어야 조사할 수 있다.
② 화재안전조사 업무를 수행하는 사람은 관계인의 정당한 업무를 방해해서는 안된다.
③ 조사업무를 수행하면서 알게 된 비밀은 누설해서는 안된다.
④ 원칙적으로 화재발생의 우려가 현저하여 긴급을 요할 때의 검사는 소방공무원 신분을 증명하는 증표를 내보이지 않고 실시할 수도 있다.

해설 **화재예방법 제12조**
어떠한 경우라도 **증표**는 반드시 **내보여야** 한다.

답 ④

★★
## 60 화재의 예방 또는 진압대책을 위하여 시행하는 소방대상물에 대한 화재안전조사에 관한 사항으로 틀린 것은?

① 원칙적으로 관계인의 승낙 없이 소방대상물의 공개시간 또는 근무시간 이외에는 할 수 없다.
② 조사계획에 대하여 소방대상물의 관계인이 미리 알지 못하도록 조치하여야 한다.
③ 조사자는 조사업무를 수행하면서 알게 된 관계인의 비밀을 다른 사람에게 누설하여서는 아니 된다.
④ 화재안전조사에 관하여 필요한 사항은 대통령령으로 정한다.

해설 **화재예방법 제8조**
소방관서장은 화재안전조사를 실시하려는 경우 사전에 관계인에게 조사대상, 조사기간 및 조사사유 등을 우편, 전화, 전자메일 또는 문자전송 등을 통하여 통지하고 이를 **대통령령**으로 정하는 바에 따라 인터넷 홈페이지나 전산시스템 등을 통하여 공개하여야 한다.

답 ②

★★★
## 61 다음 중 특수가연물에 해당되지 않는 것은 어느 것인가?

21회 문 53
17회 문 54
15회 문 53
14회 문 52
11회 문 54
10회 문 04
08회 문 71

① 나무껍질 500kg
② 가연성 고체류 2000kg
③ 목재가공품 $15m^3$
④ 가연성 액체류 $3m^3$

해설 **화재예방법 시행령 [별표 2]**
**특수가연물**

| 품 명 | | 수 량 |
|---|---|---|
| 가연성 액체류 보기 ④ | | $2m^3$ 이상 |
| 목재가공품 및 나무부스러기 보기 ③ | | $10m^3$ 이상 |
| 면화류 | | 200kg 이상 |
| 나무껍질 및 대팻밥 보기 ① | | 400kg 이상 |
| 넝마 및 종이부스러기 | | 1000kg 이상 |
| 사류(絲類) | | 1000kg 이상 |
| 볏짚류 | | 1000kg 이상 |
| 가연성 고체류 보기 ② | | 3000kg 이상 |
| 고무류·플라스틱류 | 발포시킨 것 | $20m^3$ 이상 |
| 고무류·플라스틱류 | 그 밖의 것 | 3000kg 이상 |
| 석탄·목탄류 | | 10000kg 이상 |

※ **특수가연물**: 화재가 발생하면 그 확대가 빠른 물품

기억법
가액목면나 넝사볏가고 고석
2 1 2 4　1　3　3 1

② 3000kg 이상이 되어야 한다.

답 ②

★★
## 62 화재의 예방 및 안전관리에 관한 법상 소방안전특별관리시설물의 대상기준 중 틀린 것은?

① 수련시설
② 항만시설
③ 전력용 및 통신용 지하구
④ 지정문화유산인 시설(시설이 아닌 지정문화유산을 보호하거나 소장하고 있는 시설을 포함)

해설 **화재예방법 제40조**
**소방안전특별관리시설물의 안전관리**
(1) 공항시설
(2) 철도시설
(3) 도시철도시설
(4) **항만시설** 보기 ②
(5) **지정문화유산** 및 **천연기념물 등인 시설**(시설이 아닌 지정문화유산 및 천연기념물 등을 보호하거나 소장하고 있는 시설 포함) 보기 ④
(6) 산업기술단지
(7) 산업단지
(8) 초고층 건축물 및 지하연계 복합건축물
(9) 영화상영관 중 수용인원 **1000명** 이상인 영화상영관
(10) **전력용 및 통신용 지하구** 보기 ③
(11) 석유비축시설
(12) 천연가스 인수기지 및 공급망
(13) 전통시장(**대통령령**으로 정하는 전통시장)

답 ①

★★★
## 63 특정소방대상물의 의료시설 중 병원이 아닌 것은?

18회 문 63
14회 문 67
13회 문 58
12회 문 68
09회 문 73
08회 문 55
06회 문 58
05회 문 69
02회 문 54

① 한방병원
② 정신병원
③ 전염병원
④ 요양병원

해설 **소방시설법 시행령 [별표 2]**
**의료시설**
(1) **병원** : 종합병원·병원·치과병원·한방병원·요양병원
(2) **격리병원** : 전염병원·마약진료소, 그 밖에 이와 비슷한 것 보기 ③
(3) 정신의료기관
(4) 장애인 의료재활시설

답 ③

★
## 64 다음 중 청문을 실시하지 않아도 되는 경우는?

① 소방기술사 자격의 취소
② 소방용품의 형식승인 취소
③ 소방용품의 성능시험 지정기관의 지정취소
④ 소방시설관리업의 등록취소

해설 **화재예방법 제46조, 소방시설법 제49조**
**청문실시 대상**
(1) 소방시설**관리사 자격**의 취소 및 정지
(2) 소방시설**관리업**의 **등록취소** 및 **영업정지** 보기 ④
(3) **소방용품**의 **형식승인 취소** 및 제품검사 보기 ②
(4) 소방용품의 성능시험 **지정기관**의 **지정취소** 및 업무정지 보기 ③
(5) 우수품질인증의 취소
(6) 소화용품의 성능인증 취소
(7) 소방안전관리자의 자격취소
(8) 진단기관의 지정취소

답 ①

★★
## 65 소방기술자의 실무교육에 관한 업무는 어디에 위탁할 수 있는가?

① 소방청　② 소방기술심의위원회
③ 한국소방안전원　④ 한국소방산업기술원

해설 **공사업법 제33조**
**권한의 위탁**

| 업 무 | 위 탁 | 권 한 |
|---|---|---|
| • 실무교육 | • 한국소방안전원 보기 ③<br>• 실무교육기관 | • 소방청장 |
| • 소방기술과 관련된 자격·학력·경력의 인정<br>• 소방기술자 양성·인정 교육훈련업무 | • 소방시설업자협회<br>• 소방기술과 관련된 법인 또는 단체 | • 소방청장 |
| • 시공능력평가 및 공시 | • 소방시설업자협회 | • 소방청장<br>• 시·도지사 |

답 ③

★★
## 66 지정수량 미만인 위험물의 취급기준 및 시설기준은?

① 시·도의 조례로 정한다.
② 방화안전관리규정에 포함시킨다.
③ 소방청장이 고시한다.
④ 위험물제조소 등의 내규로 정한다.

해설 **위험물법 제4조**
지정수량 미만인 위험물의 저장·취급 : **시·도**의 **조례** 보기 ①

※ **지정수량** : 위험물의 종류별로 위험성을 고려하여 대통령령으로 정하는 수량으로서 제조소 등의 설치허가 등에 있어서 **최저**의 기준이 되는 **수량**

답 ①

★★★
## 67 소방기술자가 동시에 둘 이상의 업체에 취업하였을 때의 벌칙에 해당하는 것은?

16회 문 56

① 200만원 이하의 과태료
② 100만원 이하의 벌금
③ 200만원 이하의 벌금
④ 300만원 이하의 벌금

해설 **공사업법 제37조**
**300만원 이하의 벌금**
(1) 등록증·등록수첩 빌려준 사람
(2) 감리원 미배치자
(3) 소방기술인정 자격수첩 빌려준 사람
(4) 2 이상의 업체에 취업한 사람 보기 ④
(5) 관계인의 업무방해

답 ④

★
## 68 다량의 위험물을 저장·취급하는 제조소 등에 설치하여야 하는 것은?

① 자체소방대　② 자위소방대
③ 의용소방대　④ 의무소방원

해설 **위험물법 제19조**

| 자체소방대 보기 ① | 자위소방대 |
|---|---|
| 다량의 위험물을 저장·취급하는 제조소에 설치하는 소방대 | 빌딩, 공장 등에 설치한 사설소방대 |

답 ①

★

**69** **다음의 특정소방대상물 중 근린생활시설에 해당되는 것은?**

18회 문 63 14회 문 67 13회 문 58 12회 문 68 09회 문 73 08회 문 55 06회 문 58 05회 문 63 02회 문 54

① 바닥면적의 합계가 1500$m^2$인 슈퍼마켓
② 바닥면적의 합계가 1200$m^2$인 자동차영업소
③ 바닥면적의 합계가 450$m^2$인 골프연습장
④ 바닥면적의 합계가 400$m^2$인 공연장

해설 **소방시설법 시행령 [별표 2]**
**근린생활시설**

| 면 적 | 적용장소 |
|---|---|
| 150$m^2$ 미만 | • 단란주점 |
| 300$m^2$ 미만 | • **종**교시설<br>• 공연장<br>• 비디오물 감상실업<br>• 비디오물 소극장업 |
| 500$m^2$ 미만 | • 탁구장<br>• 서점<br>• 볼링장<br>• 체육도장<br>• 금융업소<br>• 사무소<br>• 부동산 중개사무소<br>• 학원<br>• 골프연습장 보기 ③ |
| 1000$m^2$ 미만 | • 의약품 판매소<br>• 의료기기 판매소<br>• 자동차영업소<br>• 슈퍼마켓<br>• 일용품 |
| 전부 | • 기원<br>• 의원 · 이용원<br>• 휴게음식점 · 일반음식점<br>• 제과점<br>• 독서실<br>• 안마원(안마시술소 포함)<br>• 조산원(산후조리원 포함) |

기억법 종35

① 1500$m^2$ → 1000$m^2$ 미만
② 1200$m^2$ → 1000$m^2$ 미만
④ 400$m^2$ → 300$m^2$ 미만

답 ③

★★★

**70** **소방시설 설치 및 관리에 관한 법령상 일반소방시설관리업의 등록기준으로 옳지 않은 것은?**

05회 문 70 02회 문 71

① 보조기술인력으로 중급점검자는 1명 이상 있어야 한다.
② 보조기술인력으로 초급점검자는 1명 이상 있어야 한다.
③ 소방공무원으로 3년 이상 근무하고 소방기술인정자격수첩을 발급받은 사람은 보조기술인력이 될 수 있다.
④ 주된 기술인력은 소방시설관리사 1명 이상이다.

해설 **소방시설법 시행령 [별표 9]**
**일반소방시설관리업의 등록기준**

| 기술인력 | 기 준 |
|---|---|
| 주된 기술인력 | • 소방시설관리사+실무경력 1년 : **1명** 이상 보기 ④ |
| 보조 기술인력 | • 중급점검자 : **1명** 이상 보기 ①<br>• 초급점검자 : **1명** 이상 보기 ② |

③ 해당없음

답 ③

★★

**71** **다음 중 특정소방대상물의 관계인이 실시하는 소방훈련을 지도 · 감독할 수 있는 사람은?**

① 소방청장
② 시 · 도지사
③ 소방본부장 또는 소방서장
④ 한국소방안전원장

해설 **화재예방법 제37조**
(1) 소방훈련의 종류
① **소화**훈련
② **통보**훈련
③ **피난**훈련
(2) 소방훈련의 지도 · 감독 : **소방본부장 · 소방서장** 보기 ③

답 ③

★★

**72** **소방시설업자의 지위를 승계하고자 한다. 그 절차는?**

17회 문 56

① 시 · 도지사에게 등록하여야 한다.
② 시 · 도지사에게 신고하여야 한다.
③ 소방청장에게 등록하여야 한다.
④ 소방청장에게 신고하여야 한다.

해설 **공사업법 제7조**
소방시설업자의 지위승계 : **시·도지사**에게 **신고** [보기 ②]

※ **승계** : 직계가족으로부터 물려받음

답 ②

★
**73** **소방시설업의 등록은 누구에게 하여야 하는가?**

① 시·도지사 ② 소방서장
③ 국토교통부장관 ④ 소방청장

해설 **공사업법 제4조**
**소방시설업**
(1) 등록권자 : **시·도지사** [보기 ①]
(2) 등록기준 ┬ **자본금**
└ **기술인력**
(3) 종류 ┬ **소방시설설계업**
├ **소방시설공사업**
├ **소방공사감리업**
└ **방염처리업**
(4) 업종별 영업범위 : **대통령령**

답 ①

★★★
**74** **소방시설별 점검장비 중 조도계의 규격은?**

① 최소눈금이 0.1럭스 이하
② 최대눈금이 0.1럭스 이하
③ 최소눈금이 0.1럭스 이상
④ 최대눈금이 0.1럭스 이상

해설 **소방시설법 시행규칙 [별표 3]**
**소방시설별 점검장비**
**조도계** : 최소눈금이 **0.1럭스** 이하 [보기 ①]

답 ①

★★
**75** **소방안전관리대상물에 대한 소방안전관리자를 선임한 때에는 며칠 이내에 신고하여야 하는가?**

① 7일 ② 14일
③ 30일 ④ 60일

해설 **화재예방법 제26조**
**소방안전관리자의 선임**
(1) 선임신고 : **14일** 이내 [보기 ②]
(2) 신고대상 : **소방본부장·소방서장**

답 ②

## 제 4 과목 위험물의 성질·상태 및 시설기준

★
**76** **위험물을 취급하는 건축물의 방화벽을 불연재료로 하였다. 주위에 보유공지를 두지 않고 취급할 수 있는 위험물의 종류는?**

① 제1류 위험물 ② 제3류 위험물
③ 제5류 위험물 ④ 제6류 위험물

해설 **위험물규칙 [별표 4]**
**보유공지를 제외할 수 있는 방화상 유효한 격벽의 설치기준**
(1) 방화벽은 **내화구조**로 할 것(단, 취급하는 위험물이 **제6류 위험물**인 경우에는 **불연재료**로 할 수 있다) [보기 ④]
(2) 방화벽에 설치하는 출입구 및 창 등의 개구부는 가능한 한 **최소**로 하고, 출입구 및 창에는 자동폐쇄식의 60분+방화문, 60분 방화문을 설치할 것
(3) 방화벽의 양단 및 상단이 외벽 또는 지붕으로부터 **50cm** 이상 돌출하도록 할 것

답 ④

★★
**77** **대부분 무색결정 또는 백색분말로서 비중이 1보다 크며, 대부분 물에 잘 녹는 위험물은?**

19회 문 76
17회 문 76
16회 문 83
15회 문 86
13회 문 77
06회 문 98
02회 문 99

① 제1류 위험물 ② 제2류 위험물
③ 제3류 위험물 ④ 제4류 위험물

해설 **제1류 위험물**의 **특성**
(1) 상온에서 **고체상태**이다.
(2) 반응속도가 대단히 빠르다.
(3) 가열·충격 및 다른 화학제품과 접촉시 쉽게 분해하여 산소를 방출한다.
(4) **조연성·조해성** 물질이다.
(5) 대부분 **무색결정** 또는 **백색분말**로서 비중이 1보다 크며, 대부분 물에 잘 녹는다. [보기 ①]

답 ①

★★★
**78** **제3류 위험물 중 자연발화성 물질을 저장하는 위험물제조소의 게시판의 적합한 표시사항은?**

19회 문 92
18회 문 90
16회 문100
10회 문 88

① 화기주의 ② 물기엄금
③ 화기엄금 ④ 물기주의

해설 **위험물규칙 [별표 4]**
**위험물제조소의 게시판 설치기준**

| 위험물 | 주의사항 | 비 고 |
|---|---|---|
| • 제1류 위험물(알칼리금속의 과산화물)<br>• 제3류 위험물(금수성 물질) | 물기엄금 | **청색**바탕에 백색문자 |
| • 제2류 위험물(인화성 고체 제외) | 화기주의 | **적색**바탕에 백색문자 |
| • 제2류 위험물(인화성 고체)<br>• 제3류 위험물(자연발화성 물질) 보기 ③<br>• 제4류 위험물<br>• 제5류 위험물<br>기억법 **화4엄(화사함)** | **화**기**엄**금 | |
| • 제6류 위험물 | 별도의 표시를 하지 않는다. | |

답 ③

★★

## 79 다음 중 옥내저장소의 안전거리를 두지 아니할 수 있는 장소로서 적합하지 않은 것은?

18회 문 92 / 16회 문 92 / 15회 문 88 / 14회 문 88 / 13회 문 88 / 11회 문 66 / 10회 문 87 / 09회 문 92 / 07회 문 77 / 06회 문100 / 04회 문 83 / 02회 문100

① 제2석유류 · 제3석유류 · 제4석유류 또는 동식물유류의 위험물을 저장 또는 취급하는 옥내저장소로서 그 최대수량이 지정수량의 20배 미만인 것
② 제6류 위험물을 저장 또는 취급하는 옥내저장소
③ 지정수량 20배 이하인 저장창고의 벽 등이 내화구조인 것
④ 하나의 저장창고의 바닥면적이 $150m^2$ 이하인 경우에는 지정수량의 50배 이하로서 저장창고의 출입구에 자동폐쇄식의 60분+방화문, 60분 방화문이 설치되어 있는 것

해설 **위험물규칙 [별표 5]**
**옥내저장소의 안전거리 적용제외**
(1) **제4석유류** 또는 **동식물유류** 저장 · 취급 장소(최대수량이 지정수량의 **20배** 미만)
(2) **제6류 위험물** 저장 · 취급장소 보기 ②
(3) 다음 기준에 적합한 지정수량 **20배**(하나의 저장창고의 바닥면적이 **$150m^2$** 이하인 경우 **50배**) 이하의 장소
① 저장창고의 **벽 · 기둥 · 바닥 · 보** 및 **지붕**이 **내화구조**일 것 보기 ③
② 저장창고의 출입구에 수시로 열 수 있는 **자동폐쇄방식**의 60분+방화문, 60분 방화문이 설치되어 있을 것 보기 ④
③ 저장창고에 **창**을 설치하지 아니할 것

답 ①

★★★

## 80 제6류 위험물의 특성으로 옳지 않은 것은?

17회 문 86 / 16회 문 82 / 15회 문 83 / 14회 문 85 / 13회 문 87 / 09회 문 25 / 08회 문 79

① 의류 또는 피부에 닿지 않도록 한다.
② 마른 모래로 위험물의 비산을 방지한다.
③ 습기가 많은 곳에서 취급한다.
④ 소화 후에는 다량의 물로 씻어낸다.

해설 **제6류 위험물**의 **특성**
(1) 상온에서 **액체상태**이다.
(2) 불연성 물질이지만 **강산화제**이다.
(3) 물과 접촉시 **발열**한다.
(4) 유기물과 혼합하면 산화시킨다.
(5) **부식성**이 있다.

③ 습기가 많은 곳에서 취급하면 발열한다.

답 ③

★★

## 81 황린의 위험성에 대한 설명이다. 틀린 것은?

18회 문 79 / 16회 문 79 / 13회 문 81 / 05회 문 81 / 05회 문 93 / 03회 문 86

① 발화점은 50℃로 낮아 매우 위험하다.
② 증기는 유독하며 피부에 접촉되면 화상을 입는다.
③ 상온에 방치하면 증기를 발생시키고 산화하여 발열한다.
④ 백색 또는 담황색의 고체로 물에 잘 녹는다.

해설 **황린($P_4$)**의 **위험성**
(1) 발화점은 **50℃**로 낮아 매우 위험하다. 보기 ①
(2) 증기는 **유독**하며 피부에 접촉되면 **화상**을 입는다. 보기 ②
(3) 상온에 방치하면 증기를 발생시키고 산화하여 발열한다. 보기 ③
(4) **백색** 또는 **담황색**의 고체로 **물**에 **녹지 않는다.**

답 ④

★

## 82 TNT가 폭발하였을 때 발생되지 않는 가스는?

17회 문 84 / 15회 문 87

① $SO_2$　② $N_2$
③ CO　④ $H_2$

해설 TNT(트리나이트로톨루엔)의 **폭발분해방정식**

$$2C_6H_2(NO_2)_3CH_3 \rightarrow 12CO\uparrow + 2C + 3N_2\uparrow + 5H_2\uparrow$$

TNT　일산화탄소　탄소　질소　수소

답 ①

★★
**83** 옥내저장소의 저장창고는 처마높이가 몇 m 미만인 단층건물로 하여야 하는가?

① 4 ② 5
③ 6 ④ 8

해설 **위험물규칙 [별표 5]**
**옥내저장소의 저장창고**
(1) 위험물의 저장을 **전용**으로 하는 **독립**된 **건축물**로 할 것
(2) 처마높이가 **6m** 미만인 **단층건물**로 하고 그 바닥을 지반면보다 **높게** 할 것 보기 ③
(3) **벽 · 기둥** 및 **바닥**은 **내화구조**로 하고, **보**와 **서까래**는 **불연재료**로 할 것
(4) 지붕을 폭발력이 위로 방출될 정도의 **가벼운 불연재료**로 하고, 천장을 만들지 아니할 것
(5) 출입구에는 60분+방화문, 60분 방화문 또는 30분 방화문을 설치하되, 연소의 우려가 있는 외벽에 있는 출입구에는 수시로 열 수 있는 **자동폐쇄식**의 60분+방화문, 60분 방화문을 설치할 것
(6) 창 또는 출입구에 유리를 이용하는 경우에는 **망입유리**로 할 것

답 ③

★★
**84** 옥내저장소의 하나의 저장창고의 바닥면적을 $1000m^2$ 이하로 하는 것으로 틀린 것은 어느 것인가?

19회 문 98
08회 문 73

① 제1류 위험물 중 아염소산염류, 염소산염류, 과염소산염류, 무기과산화물, 그 밖에 지정수량이 50kg인 위험물
② 제3류 위험물 중 칼륨, 나트륨, 알킬알루미늄, 알킬리튬, 그 밖에 지정수량이 10kg인 위험물 및 황린
③ 제4류 위험물 중 특수인화물, 제2석유류 및 알코올류
④ 제6류 위험물

해설 **위험물규칙 [별표 5] 제6호**
**옥내저장소의 하나의 저장창고 바닥면적 $1000m^2$ 이하**

| 유 별 | 품 명 |
|---|---|
| 제1류 위험물 보기 ① | • 아염소산염류<br>• 염소산염류<br>• 과염소산염류<br>• 무기과산화물<br>• 지정수량 50kg인 위험물 |
| 제3류 위험물 보기 ② | • 칼륨<br>• 나트륨<br>• 알킬알루미늄<br>• 알킬리튬<br>• 황린<br>• 지정수량 10kg인 위험물 |
| 제4류 위험물 | • 특수인화물<br>• 제1석유류<br>• 알코올류 |
| 제5류 위험물 | • 유기과산화물<br>• 질산에스터류<br>• 지정수량 10kg인 위험물 |
| 제6류 위험물 | • 전부 보기 ④ |

답 ③

★★
**85** 일반적인 옥외탱크저장소의 옥외저장탱크는 두께 몇 mm 이상의 강철판을 틈이 없도록 제작하여야 하는가?

① 1.2 ② 1.6
③ 2.0 ④ 3.2

해설 **위험물규칙 [별표 6]**
옥외저장탱크는 **특정옥외저장탱크** 및 **준특정옥외저장탱크** 외에는 두께 **3.2mm** 이상의 강철판 또는 이와 동등 이상의 기계적 성질 및 용접성이 있는 재료로 틈이 없도록 제작하여야 한다. 보기 ④

답 ④

★★★
**86** 그림과 같은 위험물 저장탱크의 내용적은?

17회 문 96
04회 문 93

0.3m
6m
12m

① $452m^3$ ② $463m^3$
③ $1357m^3$ ④ $1391m^3$

해설 **내용적**$=\pi r^2 l=\pi\times 6^2\times 12 ≒ 1357m^3$

참고

**탱크의 내용적**(위험물 안전관리에 관한 세부기준 [별표 1])
(1) 타원형 탱크의 내용적
① 양쪽이 볼록한 것

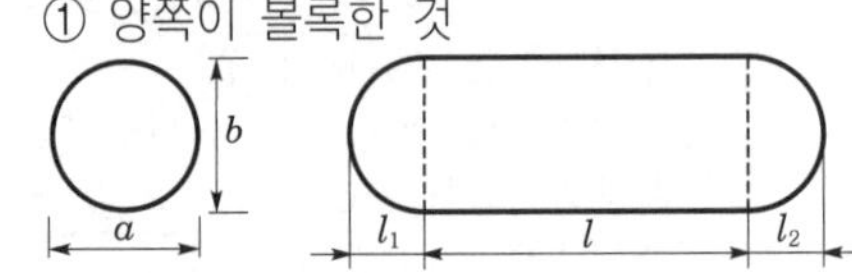

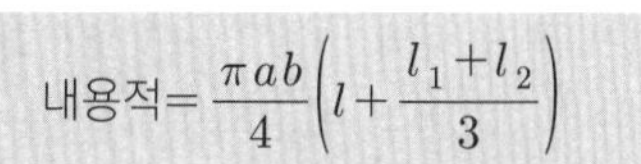

$$내용적=\frac{\pi ab}{4}\left(l+\frac{l_1+l_2}{3}\right)$$

② 한쪽은 볼록하고 다른 한쪽은 오목한 것

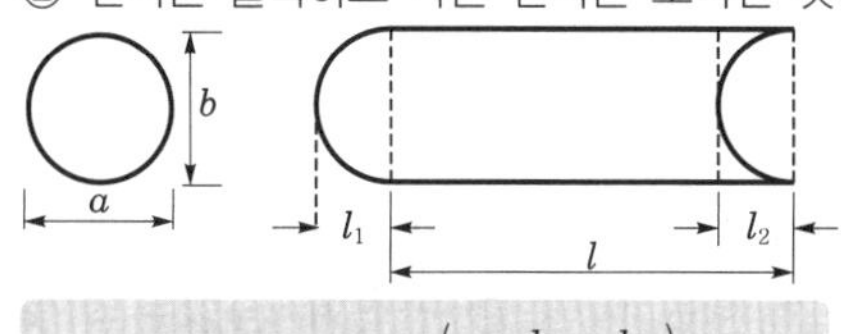


$$내용적=\frac{\pi ab}{4}\left(l+\frac{l_1-l_2}{3}\right)$$

(2) 원형 탱크의 내용적

① 횡으로 설치한 것

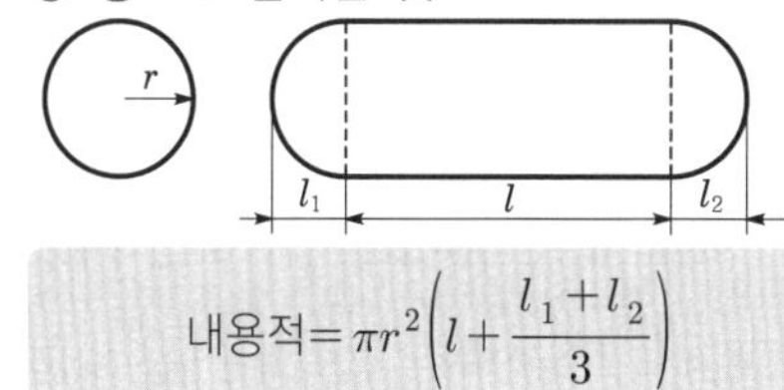


$$내용적=\pi r^2\left(l+\frac{l_1+l_2}{3}\right)$$

② 종으로 설치한 것

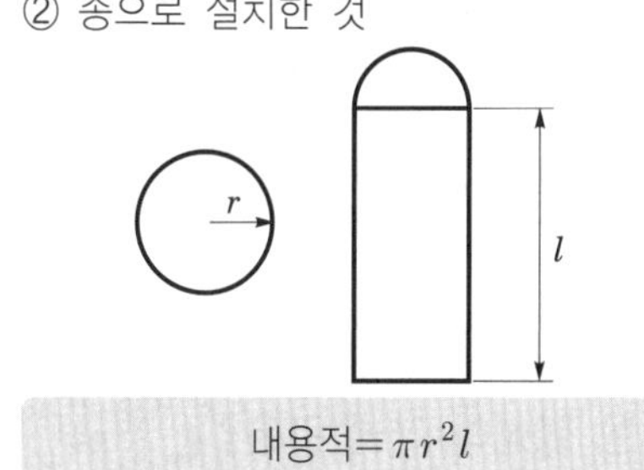


$$내용적=\pi r^2 l$$

답 ③

★★★

## 87 지하탱크저장소의 압력탱크 외의 탱크에 있어서 수압시험 방법으로 옳은 것은 어느 것인가?

① 70kPa의 압력으로 10분간 실시

② 0.15MPa의 압력으로 10분간 실시

③ 최대 상용압력의 0.7배의 압력으로 10분간 실시

④ 최대 상용압력의 1.5배의 압력으로 10분간 실시

해설 **위험물규칙 [별표 8]**

**지하탱크저장소의 수압시험**

| 구 분 | 설 명 | 비 교 |
|---|---|---|
| 압력탱크 | 최대 상용압력의 **1.5배** 압력 | **10분**간 실시 |
| 압력탱크 외 | 70kPa의 압력 보기 ① | |

답 ①

★★★

## 88 주유취급소에 설치하는 '주유중 엔진정지'라고 표시한 게시판의 색깔은?

① 흑색바탕에 황색문자

② 황색바탕에 흑색문자

③ 백색바탕에 적색문자

④ 적색바탕에 백색문자

해설 **위험물규칙 [별표 13]**

**주유취급소의 게시판**

주유중 엔진정지 : **황색**바탕에 **흑색**문자 보기 ②

답 ②

★★

## 89 등유의 경우 주유취급소의 고정주유설비의 펌프기기는 주유관 선단에서의 최대 배출량이 몇 L/min 이하인 것으로 하여야 하는가?

① 40　　② 50

③ 80　　④ 180

해설 **위험물규칙 [별표 13]**

**주유취급소의 고정주유설비·고정급유설비 배출량**

| 위험물 | 배출량 |
|---|---|
| 제1석유류 | 50L/min 이하 |
| 등유 | 80L/min 이하 보기 ③ |
| 경유 | 180L/min 이하 |

답 ③

★★

## 90 다음 중 이송취급소를 설치할 수 있는 곳은?

17회 문 93
06회 문 62

① 철도 및 도로의 터널 안

② 고속국도 및 자동차전용도로의 차도·갓길 및 중앙분리대

③ 지형상황 등 부득이한 사유가 있고 안전에 필요한 조치를 한 곳

④ 호수·저수지 등으로서 수리의 수원이 되는 곳

해설 **위험물규칙 [별표 15]**

**이송취급소의 설치제외장소**

(1) **철도** 및 **도로**의 **터널 안** 보기 ①

(2) **고속국도** 및 **자동차전용도로**의 차도·갓길 및 중앙분리대 보기 ②

(3) **호수·저수지** 등으로서 수리의 수원이 되는 곳 보기 ④

(4) **급경사지역**으로서 붕괴의 위험이 있는 지역

답 ③

★★
**91** 이송취급소에서 배관을 지하에 매설하는 경우 배관은 그 외면으로부터 지하가까지 몇 m 이상의 안전거리를 두어야 하는가?

19회 문 97
13회 문 99
12회 문 78
06회 문 71

① 0.3 ② 1.5
③ 10 ④ 300

해설 위험물규칙 [별표 15]
이송취급소의 지하매설 배관의 안전거리

| 대 상 | 안전거리 |
|---|---|
| • 건축물 | 1.5m 이상 |
| • 지하가<br>• 터널 | 10m 이상 **보기 ③** |
| • 수도시설 | 300m 이상 |

답 ③

★★
**92** 다음 위험물 중 물보다 가볍고 인화점이 0℃ 이하인 물질은?

① 이황화탄소 ② 아세트알데하이드
③ 테레빈유 ④ 경유

해설

| 물 질 | 비 중 | 인화점 |
|---|---|---|
| 아세트알데하이드 **보기 ②** | 0.784 | −38℃ |
| 이황화탄소 | 1.26 | −30℃ |
| 테레빈유 | 0.9 | 35℃ |
| 경유 | 0.85 | 50~70℃ |

※ 비중이 1 미만이면 물보다 가볍다.

답 ②

★★
**93** 다음 중 적린에 대한 설명 중 틀린 것은 어느 것인가?

18회 문 79
16회 문 79
13회 문 81
05회 문 81
03회 문 86

① 물이나 알코올에는 녹지 않는다.
② 착화온도는 약 260℃이다.
③ 공기 중에서 연소하면 인화수소가스가 발생한다.
④ 산화제와 혼합하면 발화하기 쉽다.

해설 **적린**(P)의 **특성**
(1) **물**이나 **알코올**에는 녹지 않는다. **보기 ①**
(2) 착화온도는 약 **260℃**이다. **보기 ②**
(3) 산화제와 혼합하면 발화하기 쉽다. **보기 ④**
(4) 공기 중에서 연소하면 **오산화인**이 발생한다.

$4P+5O_2 \rightarrow 2P_2O_5$(오산화인)↑

③ 인화수소가스 → 오산화인

답 ③

★
**94** 이송취급소에서 이송기지 내의 지상에 설치된 배관 등은 전체 용접부의 몇 % 이상을 발췌하여 비파괴시험을 실시하는가?

18회 문 97

① 10 ② 20
③ 30 ④ 40

해설 위험물규칙 [별표 15]
이송취급소의 비파괴시험·내압시험

| 비파괴시험 | 내압시험 |
|---|---|
| 배관 등의 용접부는 비파괴시험을 실시하여 합격할 것. 이 경우 이송기지 내의 지상에 설치된 배관 등은 전체 용접부의 **20%** 이상을 발췌하여 시험할 수 있다. **보기 ②** | 배관 등은 최대 상용압력의 **1.25배** 이상의 압력으로 **4시간** 이상 수압을 가하여 누설, 그 밖의 이상이 없을 것 |

답 ②

★★★
**95** 알코올류에서 탄소수가 증가할 때 변화하는 현상이 아닌 것은?

① 인화점이 높아진다.
② 발화점이 높아진다.
③ 연소범위가 좁아진다.
④ 수용성이 감소된다.

해설 **알코올류**에서 **탄소수**가 **증가**할 때 변화하는 현상
(1) 인화점이 높아진다. **보기 ①**
(2) 발화점이 낮아진다. **보기 ②**
(3) 연소범위가 좁아진다. **보기 ③**
(4) 비등점이 좁아진다.
(5) 융점이 좁아진다.
(6) 수용성이 감소된다. **보기 ④**

② 높아진다. → 낮아진다.

용어
(1) **비등점** : 끓는점
(2) **융점** : 녹는점
(3) **수용성** : 물에 녹는 성질

답 ②

★★
## 96 제1류 위험물 중 무기과산화물에 대한 설명으로 틀린 것은?

① 불연성 물질이다.
② 가열·충격에 의하여 폭발하는 것도 있다.
③ 물과 반응하여 발열하고 수소가스를 발생시킨다.
④ 가열 또는 산화되기 쉬운 물질과 혼합하면 분해되어 산소를 발생한다.

해설 **무기과산화물**(제1류 위험물)의 **특성**
(1) **불연성 물질**이다. 보기 ①
(2) 가열·충격에 의하여 폭발하는 것도 있다. 보기 ②
(3) **물**과 반응하여 발열하고 **산소가스**를 발생시킨다. 보기 ③
(4) 가열 또는 산화되기 쉬운 물질과 혼합하면 분해되어 **산소**를 **발생**한다. 보기 ④

③ 수소가스 → 산소가스

답 ③

★★★
## 97 일반취급소에서 열처리작업 또는 방전가공을 위한 위험물을 취급하는 곳으로서 지정수량 30배 미만에는 특례기준이 적용되는데 이때 방전가공을 위한 위험물은 인화점이 몇 ℃ 이상인 제4류 위험물에 한하는가?

① 21℃ ② 30℃
③ 50℃ ④ 70℃

해설 위험물규칙 [별표 16]
열처리작업 등의 특례기준
방전가공을 위한 위험물로서 인화점이 **70℃** 이상인 **제4류 위험물** 보기 ④

중요

온도 아주 중요!

| 온 도 | 설 명 |
|---|---|
| 15℃ 이하 | **압력탱크 외**의 **아세트알데하이드**의 온도(위험물규칙 [별표 18] Ⅲ) |
| 21℃ 미만 | ① 옥외저장탱크의 **주입구 게시판** 설치(위험물규칙 [별표 6] Ⅵ)<br>② 옥외저장탱크의 **펌프설비 게시판** 설치(위험물규칙 [별표 6] Ⅵ) |
| 30℃ 이하 | **압력탱크 외**의 **다이에틸에터·산화프로필렌**의 온도(위험물규칙 [별표 18] Ⅲ) |
| 38℃ 이상 | **보일러** 등으로 위험물을 소비하는 일반취급소(위험물규칙 [별표 16]) |
| 40℃ 미만 | 이동탱크저장소의 **원동기** 정지(위험물규칙 [별표 18] Ⅳ) |
| 40℃ 이하 | ① **압력탱크**의 **다이에틸에터·아세트알데하이드**의 온도(위험물규칙 [별표 18] Ⅲ)<br>② **보냉장치**가 **없는 다이에틸에터·아세트알데하이드**의 온도(위험물규칙 [별표 18] Ⅲ) |
| 40℃ 이상 | ① 지하탱크저장소의 배관 **윗부분** 설치 제외(위험물규칙 [별표 8])<br>② **세정작업**의 일반취급소(위험물규칙 [별표 16])<br>③ 이동저장탱크의 **주입구 주입호스** 결합 제외(위험물규칙 [별표 18] Ⅳ) |
| 55℃ 미만 | 옥내저장소의 **용기수납** 저장온도(위험물규칙 [별표 18] Ⅲ) |
| 70℃ 미만 | **옥내저장소** 저장창고의 **배출설비** 구비(위험물규칙 [별표 5]) |
| 70℃ 이상 | ① 옥내저장탱크의 **외벽·기둥·바닥**을 **불연재료**로 할 수 있는 경우(위험물규칙 [별표 7])<br>② **열처리작업** 등의 일반취급소(위험물규칙 [별표 16]) |
| 100℃ 이상 | **고인화점** 위험물(위험물규칙 [별표 4] Ⅺ) |
| 200℃ 이상 | 옥외저장탱크의 **방유제** 거리확보 제외(위험물규칙 [별표 6] Ⅸ) |

답 ④

★★
## 98 면적 $500m^2$인 제조소 등에 전기설비가 설치된 경우 소형 수동식 소화기의 설치 개수는?

① 1개 이상
② 3개 이상
③ 5개 이상
④ 7개 이상

해설 위험물규칙 [별표 17]
제조소 등에 **전기설비**가 설치된 경우에는 해당 장소의 면적 $100m^2$마다 소형 수동식 소화기를 1개 이상 설치할 것

$\frac{500m^2}{100m^2}$ = 5개 이상

답 ③

★

## 99 다음 중 질산칼륨에 대한 설명으로 틀린 것은?

① 강산화제이다.
② 흑색화약의 원료로서 폭발의 위험이 있다.
③ 알코올에는 잘 녹고 물이나 글리세린에는 녹지 않는다.
④ 수용액은 중성반응을 나타낸다.

해설 **질산칼륨**($KNO_3$)의 **특성**
(1) **강산화제**이다. 보기 ①
(2) **흑색화약**의 **원료**로서 **폭발**의 위험이 있다. 보기 ②
(3) **물**이나 **글리세린**에는 잘 녹고 **알코올**에는 녹지 않는다.
(4) 수용액은 **중성반응**을 나타낸다. 보기 ④

답 ③

★★

## 100 다음 중 BTX에 속하지 않는 것은?

① 벤젠 ② 톨루엔
③ 크세논 ④ 크실렌

해설 **BTX**(솔벤트나프타)
(1) 벤젠(Benzene)
(2) 톨루엔(Toluene)
(3) 크실렌(Xylene)

답 ③

# 제 5 과목 소방시설의 구조 원리

★★★

## 101 직경이 10m의 지붕이 없는 벙커C유 저장탱크에 국소방출방식의 3종 분말소화설비를 할 경우 약제의 저장량은 얼마 이상이어야 하는가?

① 409kg ② 450kg
③ 312kg ④ 761kg

해설 **벙커C유**는 **제4류 위험물**(제3석유류)로서 지붕이 없는 저장탱크에 저장하므로

| 약제종별 | 저장량 |
|---|---|
| 제1종 분말 | 방호대상물 표면적×8.8kg/m$^2$×1.1 |
| 제2·3종 분말 | 방호대상물 표면적×5.2kg/m$^2$×1.1 |
| 제4종 분말 | 방호대상물 표면적×3.6kg/m$^2$×1.1 |

위 표에서 **3종 분말**을 사용하므로

**약제저장량**
=방호대상물 표면적×5.2kg/m$^2$×1.1

$$= \frac{\pi}{4}D^2 \times 5.2\text{kg/m}^2 \times 1.1$$

$$= \frac{\pi}{4}(10\text{m})^2 \times 5.2\text{kg/m}^2 \times 1.1$$

$$\fallingdotseq 450\text{kg}$$

※ **국소방출방식** : 고정된 분기헤드에서 특정 방호대상물을 포함하도록 방호대상물에 직접 소화제를 분사하는 방식

답 ②

★★

## 102 자동화재탐지설비의 중계기에 반드시 설치하여야 할 시험장치는?

① 회로도통시험 및 과누전시험
② 예비전원시험 및 전로개폐시험
③ 절연저항시험 및 절연내력시험
④ 상용전원시험 및 예비전원시험

해설 중계기로 직접 전력을 공급받을 경우에는 **전원 입력측**의 배선에 과전류차단기를 설치하고 전원의 정전이 즉시 수신기에 표시되는 것으로 하여, **상용전원** 및 **예비전원**의 시험을 할 수 있도록 할 것 보기 ④

답 ④

★★★

## 103 연결살수설비 하나의 배관에 설치하는 전용헤드의 수는 배관의 구경에 따라 각각 다르다. 옳지 않은 것은 어느 것인가?

① 배관의 구경이 32mm인 것에는 1개의 헤드
② 배관의 구경이 40mm인 것에는 2개의 헤드
③ 배관의 구경이 50mm인 것에는 3개의 헤드
④ 배관의 구경이 65mm인 것에는 6개의 헤드

해설 **배관**의 **기준**

| 살수헤드 개수 | 1개 | 2개 | 3개 | 4개 또는 5개 | 6~10개 이하 |
|---|---|---|---|---|---|
| 배관구경 〔mm〕 | 32 | 40 | 50 | 65 보기 ④ | 80 |

답 ④

★★★

**104** 면화류를 저장하는 창고에 $CO_2$ 소화설비를 하려고 한다. 이 면화류의 저장창고 체적은 $100m^3$이고, 이곳에 설치된 개구부에는 자동폐쇄장치가 되어 있다. 창고에 필요한 $CO_2$의 저장량(kg)은 얼마로 하여야 하는가? (단, 설계농도는 75%)

19회 문118
19회 문122
16회 문107
15회 문112
13회 문109
10회 문 28
10회 문118
04회 문117
02회 문115

① 75kg ② 120kg
③ 200kg ④ 270kg

해설 **$CO_2$ 저장량**
=방호구역체적〔$m^3$〕×약제량〔$kg/m^3$〕
+개구부면적〔$m^2$〕×개구부가산량($10kg/m^2$)
$=100m^3 \times 2.7kg/m^3 = 270kg$

※ $CO_2$저장량 산정시 설계농도는 고려하지 않는다.

참고

**심부화재의 약제량**(NFPC 106 제5조, NFTC 106 2.2.1.2.1)

| 방호대상물 | 약제량 |
|---|---|
| 전기설비 | $1.3kg/m^3$ |
| 전기설비($55m^3$ 미만) | $1.6kg/m^3$ |
| **서**고, **박**물관, **목**재가공품창고, **전**자제품창고 | $2.0kg/m^3$ |
| **석**탄창고, **면**화류창고, **고**무류, **모**피창고, **집**진설비 | $2.7kg/m^3$ |

기억법 서박목전(선박이 목전에 있다)
석면고모집(석면은 고모집에 있다)

답 ④

★★

**105** 옥내소화전설비에서 물올림장치의 감수경보장치가 작동하였다. 다음 중 감수경보의 원인에 해당되지 않는 것은?

① 체크밸브의 고장
② 급수밸브의 차단
③ 자동급수장치의 고장
④ 풋밸브의 고장

해설 **물올림장치**의 **감수경보**의 **원인**
(1) 급수밸브의 차단 보기 ②
(2) 자동급수장치의 고장 보기 ③
(3) 물올림장치의 배수밸브의 개방
(4) 풋밸브의 고장 보기 ④

참고

**물올림장치**
물올림장치는 수원의 수위가 펌프보다 아래에 있을 때 설치하며, 주기능은 펌프와 후드밸브 사이의 흡입관 내에 항상 물을 충만시켜 펌프가 물을 흡입할 수 있도록 하는 설비이다.

※ 물올림수조=호수조=물마중장치=프라이밍탱크(Priming tank)

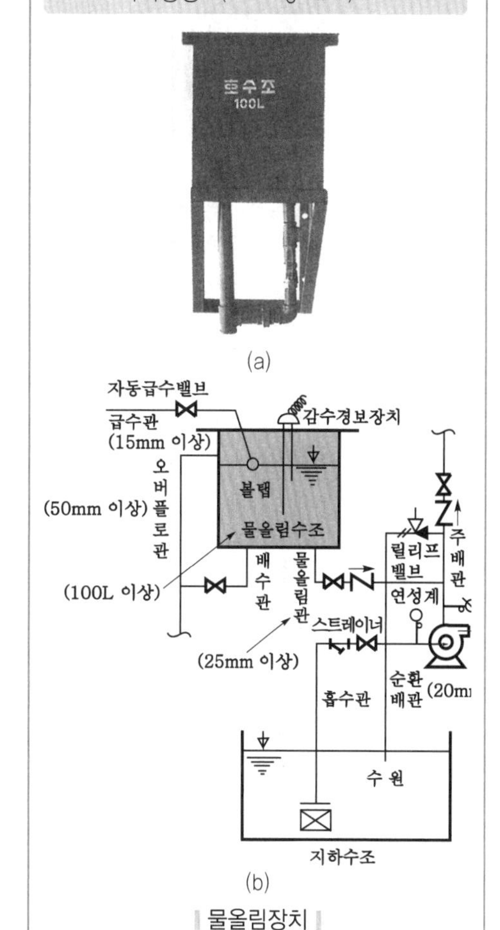


‖ 물올림장치 ‖

답 ①

★★

**106** 기동용 수압개폐장치의 구성요소 중 압력챔버의 역할이 아닌 것은?

① 수격작용 방지
② 배관 내의 이물질 침투방지
③ 배관 내의 압력저하시 충압펌프의 자동기동
④ 배관 내의 압력저하시 주펌프의 자동기동

05회

해설 **압력챔버**(기동용 수압개폐장치)

(1) 펌프의 게이트밸브(Gate valve) 2차측에 연결되어 배관 내의 압력이 감소하면 압력스위치가 작동되어 **충압펌프**(Jockey pump) 또는 **주펌프**를 **작동**시킨다. 보기 ③④

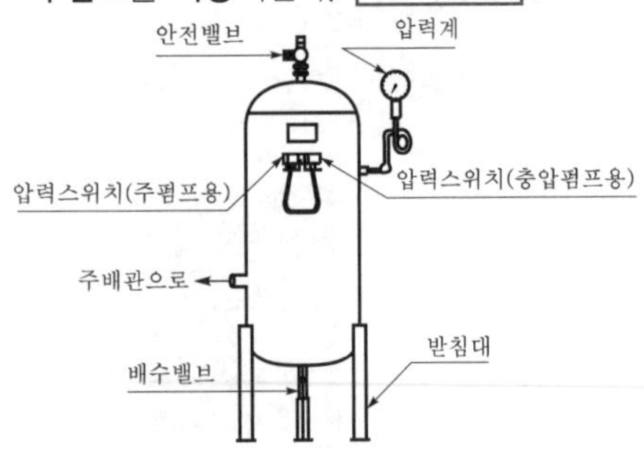


| 압력챔버 |

(2) 배관 내에서 수격작용(Water hammering) 발생시 수격작용에 의한 압력이 압력챔버 내로 전달되면 압력챔버 내의 물이 상승하면서 공기(압축성 유체)를 압축시키므로 압력을 흡수하여 **수격작용**을 **방지**하는 역할을 한다. 보기 ①

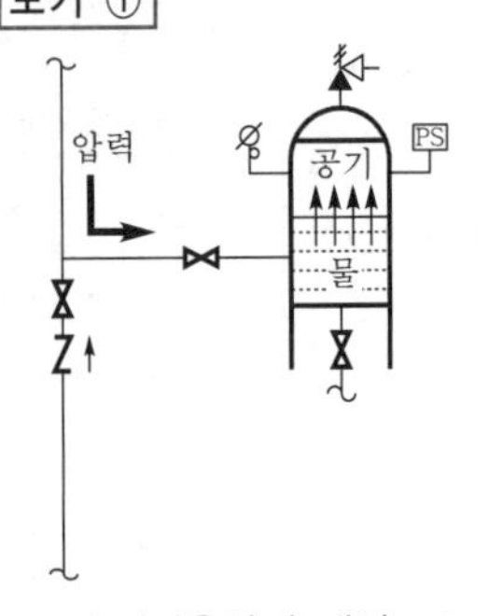


| 수격작용방지 개념도 |

용어

**수격작용**

배관 내를 흐르는 유체의 유속을 급격하게 변화시키므로 압력이 상승 또는 하강하여 관로의 벽면을 치는 현상이다.

답 ②

★★★

**107 자동화재탐지설비의 공기관식 차동식 분포형 감지기의 기능시험이 아닌 것은?**

① 화재작동시험 ② 유통시험
③ 화재표시시험 ④ 접점수고시험

해설 **화재표시작동시험**(화재표시시험)은 **수신기**의 **기능시험**이다.

※ **기능시험** : 감지기(화재작동시험), 수신기(화재표시작동시험)

답 ③

★★

**108 다음 중 수조가 펌프보다 높은 위치에 있을 때 설치를 제외시킬 수 있는 부속품 및 기기장치가 아닌 것은?**

① 풋밸브 ② 압력계
③ 진공계 ④ 물올림수조

해설 **풋밸브**, **진공계**(연성계), **물올림수조** 등은 흡입배관 내에 물을 충만시켜 주는 역할과 이의 감시기능을 하여 화재시 펌프가 물을 흡입할 수 있도록 도와주는 장치로서 수조가 펌프보다 높은 위치에 있을 경우에는 수조에 의해 흡입배관 내에 물을 항상 충만시킬 수 있으므로 설비에서 제외시킬 수 있다.

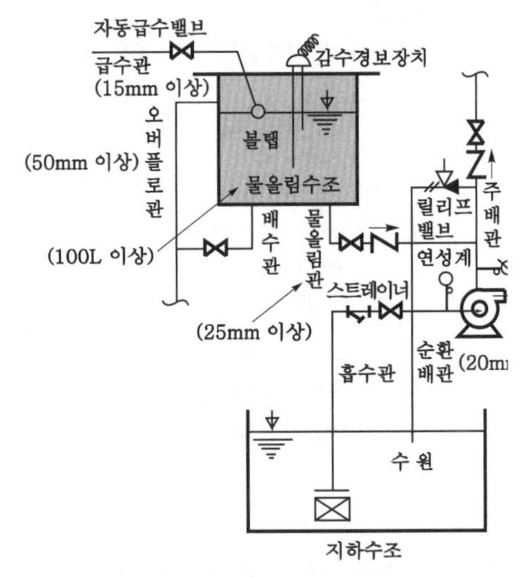


| 흡입배관 주위 도면 |

※ 물올림수조=호수조=프라이밍탱크(Priming tank)

답 ②

★★

**109 습식 스프링클러설비의 시험밸브함에 설치하지 않아도 되는 것은?**

① 압력계 ② 개폐밸브
③ 폐쇄형 헤드 ④ 개방형 헤드

해설 **시험밸브함**에 **설치**하는 것

(1) 압력계(생략가능) 보기 ①
(2) 개폐밸브 보기 ②

(3) 반사판 및 프레임이 제거된 개방형 헤드
**보기 ④**

(a)

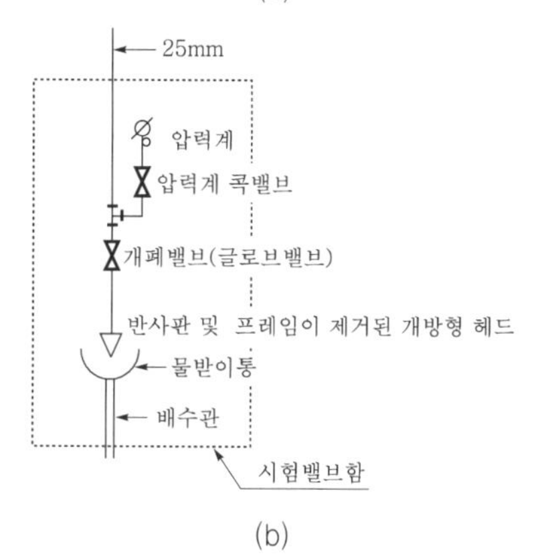


(b)

| 시험밸브함 |

답 ③

★★★

**110** 3%의 포원액을 사용하여 500 : 1의 발포배율로 할 때 고팽창포 1700L에는 몇 L의 물이 포함되어 있는가?

19회 문 38
18회 문 26
17회 문 36
13회 문 37
11회 문 37
07회 문106

① 1.1L ② 2.2L
③ 3.3L ④ 4.3L

**해설**

발포배율(팽창비)

$$=\frac{\text{방출된 포의 체적[L]}}{\text{방출 전 포수용액의 체적[L]}}$$ 에서

방출 전 포수용액의 체적

$$=\frac{\text{방출된 포의 체적[L]}}{\text{발포배율(팽창비)}}=\frac{1700\text{L}}{500}=3.4\text{L}$$

포수용액=포원액+물 에서

**포원액**이 **3%**이므로 **물**은 **97%**$(100-3=97\%)$가 된다.

$\therefore$ 물$=3.4\text{L}\times0.97=3.298\fallingdotseq3.3\text{L}$

**중요**

**발포배율식**

(1) 발포배율(팽창비)

$$=\frac{\text{내용적(용량)}}{\text{전체 중량}-\text{빈 시료용기의 중량}}$$

(2) 발포배율(팽창비)

$$=\frac{\text{방출된 포의 체적[L]}}{\text{방출 전 포수용액의 체적[L]}}$$

답 ③

★★

**111** 석유 · 벤젠 등과 같은 유기용매에 흡착하여 유면 위에 수용성의 얇은 막(경막)을 일으켜서 소화하는 포소화약제는?

① 단백포
② 수성막포
③ 내알코올포
④ 불화단백포

**해설** **포소화약제**

| 포 약제 | 설 명 |
|---|---|
| **단백포** | 동물성 단백질의 가수분해 생성물에 안정제를 첨가한 것이다. |
| **불화단백포** | 단백포에 불소계 계면활성제를 첨가한 것이다. |
| **합성계면 활성제포** | 합성물질이므로 변질 우려가 없다. |
| **수성막포** **보기 ②** | **석유 · 벤젠** 등과 같은 유기용매에 흡착하여 유면 위에 수용성의 얇은 막(경막)을 일으켜서 소화하며, 불소계의 계면활성제를 주성분으로 한다. AFFF(Aqueous Film Foaming Form)라고도 부른다. |
| **내알코올포** | **수용성 액체**의 화재에 적합하다. |

**참고**

**저발포용과 고발포용 소화약제**

| 저발포용 소화약제 (3%, 6%형) | 고발포용 소화약제 (1%, 1.5%, 2%형) |
|---|---|
| ① 단백포 소화약제<br>② 불화단백포 소화약제<br>③ 합성계면활성제포 소화약제<br>④ 수성막포 소화약제<br>⑤ 내알코올포 소화약제 | 합성계면활성제포 소화약제 |

답 ②

05회

★★★

**112** **스프링클러헤드를 방호반경 2.3m로 하여 정방형(정사각형)으로 배열할 때 헤드가 담당하는 면적이 최대가 될 수 있는 헤드간의 직선거리는?**

16회 문102
11회 문105

① 3.25m ② 3.98m
③ 4.6m ④ 6.9m

해설 **수평헤드간격** $S$는

$S=2R\cos 45°$

$=2\times 2.3\text{m}\times \cos 45°=3.252 ≒ 3.25\text{m}$

※ 문제에서 방호반경(수평거리) $R$는 2.3m이다.

참고

**헤드의 배치형태**

(1) **정방형**(정사각형)

$$S=2R\cos 45°,\ L=S$$

여기서, $S$ : 수평헤드간격
$R$ : 수평거리
$L$ : 배관간격

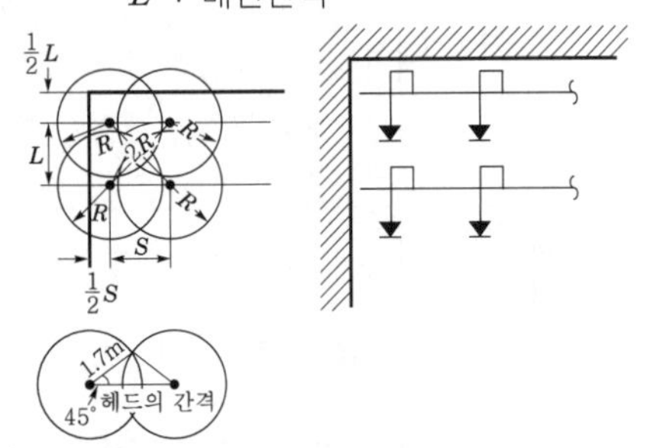


▌정방형▐

(2) 장방형(직사각형)

$$S=\sqrt{4R^2-L^2},\ L=2R\cos\theta,\ S'=2R$$

여기서, $S$ : 수평헤드간격
$R$ : 수평거리
$L$ : 배관간격
$S'$ : 대각선 헤드간격
$\theta$ : 각도

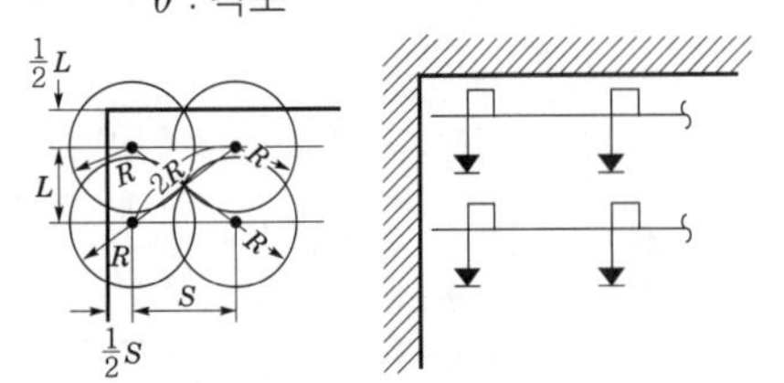


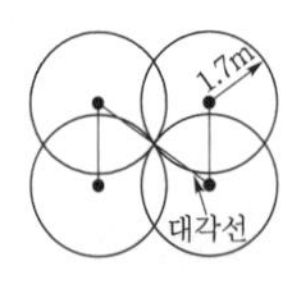


▌장방형▐

(3) 지그재그형(나란히꼴형)

$$S=2R\cos 30°,\ b=2S\cos 30°,\ L=\frac{b}{2}$$

여기서, $S$ : 수평헤드간격
$R$ : 수평거리
$b$ : 수직헤드간격
$L$ : 배관간격

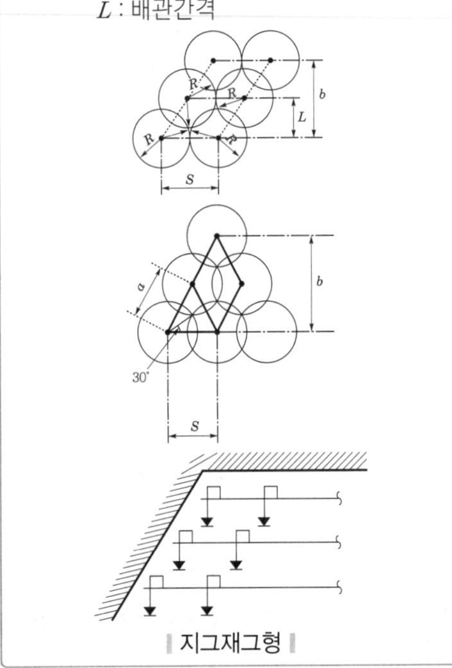


▌지그재그형▐

답 ①

★★★

**113** **자동화재탐지설비의 수신기에서 회로고장시 전압계가 0을 가리키지 않는 시험은?**

① 도통시험 ② 자동복구시험
③ 주경종정지시험 ④ 복구시험

해설 수신기 이상시 **전압계**가 0을 가리키는 **시험**

(1) 자동복구시험 보기 ②
(2) 복구시험 보기 ④
(3) 도통시험 보기 ①
(4) 예비전원시험
(5) 공통선시험

답 ③

★★
## 114 옥내소화전이 2개소 설치되어 있고 수원의 공급은 모터펌프로 한다. 수원으로부터 가장 먼 소화전의 앵글밸브까지의 요구되는 수두가 29.4m라고 할 때 모터의 용량은 몇 kW 이상이어야 하는가? (단, 호스 및 관창의 마찰손실수두는 3.6m, 펌프의 효율은 0.65이며, 전동기에 직결한 것으로 한다.)

① 1.59kW
② 2.59kW
③ 3.59kW
④ 4.59kW

해설 **옥내소화전**의 **토출량**(유량) $Q$는

$Q = N \times 130\,\text{L/min} = 2 \times 130\,\text{L/min}$
$= 260\,\text{L/min} = 0.26\,\text{m}^3/\text{min}$

※ $N$은 가장 많은 층의 소화전 개수(30층 미만 : 최대 2개, 30층 이상 : 최대 5개)

**옥내소화전**의 필요한 **낙차** $H$는

$H = h_1 + h_2 + 17 = 3.6 + 29.4 + 17 = 50\,\text{m}$

**모터**의 **용량** $P$는

$$P = \frac{0.163\,QH}{\eta}K$$

$$= \frac{0.163 \times 0.26\,\text{m}^3/\text{min} \times 50\,\text{m}}{0.65} \times 1.1$$

$= 3.586\,\text{kW} ≒ 3.59\,\text{kW}$

※ 단서에서 전동기 직결이므로 **전달계수**($K$)는 1.1을 적용하여야 한다.

참고

**전달계수 $K$의 값**

| 동력 형식 | $K$의 수치 |
|---|---|
| 전동기 직결 | 1.1 |
| 전동기 이외의 원동기 | 1.15~1.2 |

답 ③

★★★
## 115 수신기의 기능검사와 관계없는 것은?

① 저전압시험
② 화재표시작동시험
③ 공기관유통시험
④ 동시작동시험

해설 **수신기**의 **기능검사**

(1) 화재표시작동시험 보기 ②
(2) 회로도통시험
(3) 공통선시험
(4) 예비전원시험
(5) 동시작동시험 보기 ④
(6) 저전압시험 보기 ①
(7) 회로저항시험
(8) 지구음향장치의 작동시험
(9) 비상전원시험

③ 감지기의 기능시험(기능검사)

답 ③

★★★
## 116 포소화설비에서 포워터 스프링클러헤드가 5개 설치된 경우 수원의 양(m³)은?

① 1.75m³ ② 2.75m³
③ 3.75m³ ④ 4.75m³

해설 **포워터 스프링클러헤드**의 **수원**의 **양** $Q$는

$Q$ = 헤드개수 $\times 75\,\text{L/min} \times 10\,\text{min}$
$= 5$개 $\times 75\,\text{L/min} \times 10\,\text{min}$
$= 3750\,\text{L} = 3.75\,\text{m}^3$

참고

**표준방사량**(NFPC 105 제6조, NFTC 105 2.3.5)

| 구 분 | 표준방사량 |
|---|---|
| • 포워터 스프링클러헤드 | 75L/min 이상 |
| • 포헤드<br>• 고정포방출구<br>• 이동식 포노즐<br>• 압축공기포헤드 | 각 포헤드·고정포방출구 또는 이동식 포노즐의 설계압력에 따라 방출되는 소화약제의 양 |

※ 포헤드의 표준방사량 : 10분

답 ③

★★
## 117 다음 중 발신기의 배선종류가 아닌 것은?

① 표시선
② 공통선
③ 응답선
④ 소화선(소화전 사용시)

해설 **발신기**

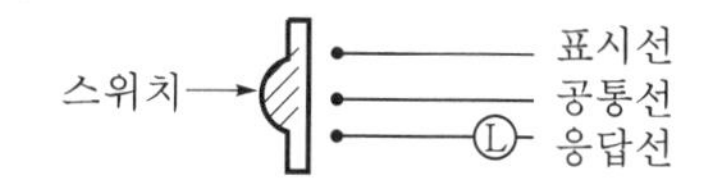


답 ④

★★

**118** **감지기의 배선방식에서 종단저항을 마지막 감지기에 설치하지 않고, 수신기 또는 발신기 속에 설치하는 것이 일반적이다. 그 주된 이유는?**

① 도통시험을 용이하게 하기 위함
② 절연저항시험을 용이하게 하기 위함
③ 시공을 용이하게 하기 위함
④ 배선의 길이를 절약하기 위함

해설 **종단저항**
감지기회로의 **도통시험**을 용이하게 하기 위하여 사용

답 ①

★★

**119** **습식 스프링클러설비 배관의 동파방지법으로 적당하지 않은 것은?**

① 보온재를 이용한 배관보온법
② 히팅코일을 이용한 가열법
③ 순환펌프를 이용한 물의 유동법
④ 에어 컴프레서를 이용한 방법

해설 **배관의 동파방지법**
(1) **보온재**를 이용한 배관보온법 보기 ①
(2) **히팅코일**을 이용한 가열법 보기 ②
(3) **순환펌프**를 이용한 물의 유동법 보기 ③
(4) **부동액** 주입법

참고

**보온재의 구비조건**
(1) 보온능력이 우수할 것
(2) 단열효과가 뛰어날 것
(3) 시공이 용이할 것
(4) 가벼울 것
(5) 가격이 저렴할 것

답 ④

★★

**120** **객석통로의 직선부분의 길이는 25m이다. 필요한 객석유도등의 최소수는?**

① 3개 ② 5개
③ 6개 ④ 7개

해설 **설치개수**
객석유도등

$$=\frac{\text{객석통로의 직선부분의 길이[m]}}{4}-1$$

$$=\frac{25}{4}-1=5.25$$

유도등의 개수산정은 **절상**이므로 **6개**를 선정한다.

기억법 객4

참고

**설치개수**
(1) **복도통로유도등** 또는 **거실통로유도등**
설치개수

$$=\frac{\text{구부러진 곳이 없는 부분의 보행거리[m]}}{20}-1$$

(2) **유도표지**
설치개수

$$=\frac{\text{구부러진 곳이 없는 부분의 길이[m]}}{15}-1$$

기억법 통2, 유15

답 ③

★★

**121** **이산화탄소 약제저장용기의 내용적이 100L이다. 이 용기에 이산화탄소 80kg을 저장하였을 경우 충전비는 얼마인가?**

① 0.8 ② 1
③ 1.25 ④ 1.3

$$C=\frac{V}{G}$$

여기서, $C$ : 충전비[L/kg]
$V$ : 내용적[L]
$G$ : 저장량[kg]

**충전비** $C$는

$$C=\frac{V}{G}=\frac{100\,\text{L}}{80\text{kg}}=1.25\,\text{L/kg}$$

답 ③

★★★

**122** **건물 내에 옥내소화전을 1층에 7개, 2층에 6개, 3층에 5개, 4층에 5개, 5층에 4개를 설치하였다. 이 건물에 필요한 수원의 저수량($m^3$)은 얼마인가?**

① $5.2m^3$ 이하 ② $5.2m^3$ 이상
③ $13m^3$ 이하 ④ $13m^3$ 이상

해설 **수원**의 **저수량** $Q$는

$Q=2.6N=2.6\times 2=5.2m^3$ 이상

※ $N$은 가장 많은 층의 소화전 개수(30층 미만 : 최대 2개, 30층 이상 : 최대 5개)

참고

**옥상수원의 저수량**

$$Q' \geq 2.6N\times\frac{1}{3}$$

여기서, $Q'$ : 옥상수원의 저수량[$m^3$]

$N$ : 가장 많은 층의 소화전 개수 (30층 미만 : 최대 2개, 30층 이상 : 최대 5개)

답 ②

★★★

## 123 무선통신보조설비의 누설동축케이블 및 안테나는 고압의 전로로부터 몇 m 이상 떨어진 위치에 설치하는가?

① 1 ② 1.5

③ 2 ④ 2.5

해설 **누설동축케이블**의 **설치기준**(NFPC 505 제5조, NFTC 505 2.2)

(1) 누설동축케이블 및 동축케이블은 화재에 따라 해당 케이블의 피복이 소실된 경우에 케이블 본체가 떨어지지 아니하도록 4m 이내마다 금속제 또는 자기제 등의 지지금구로 벽·천장·기둥 등에 견고하게 고정시킬 것 (단, 불연재료로 구획된 반자 안에 설치하는 경우에는 그러하지 아니하다.)

(2) 누설동축케이블 및 안테나는 고압전로로부터 **1.5m** 이상 떨어진 위치에 설치할 것 보기 ②

(3) 누설동축케이블의 끝부분에는 **무반사종단저항**을 설치할 것

답 ②

★★

## 124 자동화재탐지설비의 음향장치 설치기준에 적합하지 못한 것은?

19회 문109 09회 문118

① 소방대상물의 각 층 각 부분에서 음향장치까지의 수평거리는 25m 이하로 한다.

② 방송설비를 감지기와 연동하여 작동하도록 하고 주경종과 지구경종을 생략한다.

③ 음향장치는 정격전압 80%의 전압에서 음향을 발하도록 한다.

④ 음량은 부착된 음향장치 중심에서 1m 떨어진 위치에서 90dB 이상 되도록 한다.

해설 **음향장치**의 구조 및 성능기준

(1) 정격전압의 **80%** 전압에서 음향을 발할 것 (단, 건전지를 주전원으로 사용하는 음향장치는 제외) 보기 ③

(2) 음량은 **1m** 떨어진 곳에서 **90dB** 이상일 것 보기 ④

(3) **감지기**의 작동과 **연동**하여 작동할 것

(4) 소방대상물의 각 층 각 부분에서 음향장치까지의 수평거리는 25m 이하로 할 것 보기 ①

② 주경종과 지구경종을 → 지구경종을

답 ②

★★★

## 125 공기관식 차동식 분포형 감지기의 유통시험시 필요하지 않은 기구는?

① 백금카이로식 가열시험기

② 공기주입기

③ 고무관

④ 마노미터

해설 **유통시험**시 **사용기구**

(1) 공기주입기 보기 ②

(2) 고무관 보기 ③

(3) 유리관

(4) 마노미터 보기 ④

① 스포트형 감지기의 가열시험에 사용한다.

답 ①

05회

## 성공자와 실패자

1. 성공자는 실패자보다 더 열심히 일하면서도 더 많은 여유를 가집니다.
2. 실패자는 언제나 분주해서 꼭 필요한 일도 하지 못합니다. 성공자는 뉘우치면서도 결단합니다.
3. 실패자는 후회하지만 그 다음 순간 꼭 같은 실수를 저지릅니다.
4. 성공자는 자기의 기본원칙이 망가지지 않는 한 그가 할 수 있는 모든 양보를 합니다.
5. 실패자는 자존심에 매달려 양보하기를 두려워한 나머지 그의 원칙까지도 완전히 잃어버립니다.

# 1998년도 제04회 소방시설관리사 1차 국가자격시험

| 문제형별 | 시 간 | 시험과목 |
|---|---|---|
| A | 125분 | ① 소방안전관리론 및 화재역학<br>② 소방수리학, 약제화학 및 소방전기<br>③ 소방관련 법령<br>④ 위험물의 성질 · 상태 및 시설기준<br>⑤ 소방시설의 구조 원리 |

| 수험번호 | | 성 명 | |
|---|---|---|---|

【 수험자 유의사항 】

1. **시험문제지**는 단일형별(A형)이며, 답안카드형별 기재란에 표시된 형별(A형)을 확인하시기 바랍니다. 시험문제지의 **총면수**, **문제번호 일련순서**, **인쇄상태** 등을 확인하시고, 문제지 표지에 수험번호와 성명을 기재하시기 바랍니다.
2. 답은 각 문제마다 요구하는 **가장 적합하거나 가까운 답 1개**만 선택하고, 답안카드 작성시 **마킹착오**로 인한 불이익은 전적으로 **수험자에게 책임**이 있음을 알려드립니다.
3. 답안카드는 국가전문자격 공통 표준형으로 문제번호가 1번부터 125번까지 인쇄되어 있습니다. 답안 마킹시에는 반드시 **시험문제지의 문제번호와 동일한 번호**에 마킹하여야 합니다.
4. **감독위원의 지시에 불응하거나 시험시간 종료 후 답안카드를 제출하지 않을 경우** 불이익이 발생할 수 있음을 알려드립니다.
5. 시험문제지는 시험 종료 후 가져가시기 바랍니다.

# 04회 1998. 09. 20. 시행

## 제 1 과목 소방안전관리론 및 화재역학

★

**01** 화재실 혹은 화재공간의 단위바닥면적에 대한 등가가연물량의 값을 화재하중이라 하며 식으로 $Q=\Sigma(G_t \cdot H_t)/H \cdot A$와 같이 표현할 수 있다. 여기서 $H$는 무엇을 나타내는가?

18회 문 14 / 17회 문 10 / 16회 문 24 / 14회 문 09 / 13회 문 17 / 12회 문 20 / 11회 문 20 / 08회 문 10 / 07회 문 15 / 06회 문 05 / 06회 문 09 / 02회 문 11

① 목재의 단위발열량
② 가연물의 단위발열량
③ 화재실 내 가연물의 전체발열량
④ 목재의 단위발열량과 가연물의 단위발열량을 합한 것

해설

$$Q(q)=\frac{\Sigma G_t H_t}{HA}=\frac{\Sigma Q}{4500A}$$

여기서, $Q(q)$ : 화재하중〔kg/m$^2$〕
$G_t$ : 가연물의 양〔kg〕
$H_t$ : 가연물의 단위발열량〔kcal/kg〕
$H$ : 목재의 단위발열량〔kcal/kg〕
$\Sigma Q$ : 가연물의 전체발열량〔kcal〕

답 ①

★

**02** 1985~1995년 사이에 우리나라의 전체 화재 중 건물화재가 차지하는 비율은 약 몇 % 정도 되는가?

① 15.4%
② 37.8%
③ 67.5%
④ 85.1%

해설 **화재통계분석**(우리나라)

(1) $\frac{\text{건물화재}}{\text{전체 화재}}$=67.5% 보기 ③

(2) $\frac{\text{건물 사망자수}}{\text{전체 사망자수}}$=81.3%

답 ③

★★★

**03** 저장시 분해 또는 중합되어 폭발을 일으킬 수 있는 위험물은?

19회 문 06 / 19회 문 13 / 18회 문 02 / 17회 문 06 / 16회 문 04 / 16회 문 14 / 11회 문 16 / 13회 문 07 / 10회 문 11 / 09회 문 06 / 08회 문 24 / 06회 문 15

① 아세틸렌
② 시안화수소
③ 산화에틸렌
④ 염소산칼륨

해설 **폭발**의 **종류**

(1) **분해폭발** : 과산화물, 아세틸렌, 다이너마이트
(2) **분진폭발** : 밀가루, 담뱃가루, 석탄가루, 먼지, 전분, 금속분류
(3) **중합폭발** : 염화비닐, 시안화수소
(4) **분해·중합폭발** : 산화에틸렌 보기 ③
(5) **산화폭발** : 압축가스, 액화가스

기억법 **분과아다, 중염시, 분중산**

답 ③

★★★

**04** 연기에 의한 감광계수가 0.1, 가시거리가 20~30m일 때의 상황을 바르게 설명한 것은 어느 것인가?

① 건물 내부에 익숙한 사람이 피난에 지장을 느낄 정도
② 연기감지기가 작동할 정도
③ 어둠침침한 것을 느낄 정도
④ 앞이 거의 보이지 않을 정도

해설 **연기**의 **농도**와 **가시거리**

| 감광계수〔m$^{-1}$〕 | 가시거리〔m〕 | 상 황 |
|---|---|---|
| 0.1 | 20~30 | 연기감지기가 작동할 때의 농도 보기 ② |
| 0.3 | 5 | 건물 내부에 익숙한 사람이 피난에 지장을 느낄 정도의 농도 |
| 0.5 | 3 | 어두운 것을 느낄 정도의 농도 |
| 1 | 1~2 | 앞이 거의 보이지 않을 정도의 농도 |
| 10 | 0.2~0.5 | 화재 최성기 때의 농도 |
| 30 | - | 출화실에서 연기가 분출할 때의 농도 |

답 ②

★★

## 05 화재시 탄산가스의 농도로 인한 중독작용의 설명으로 적합하지 않은 것은?

① 농도가 1%인 경우 : 공중위생상의 상한선이다.
② 농도가 3%인 경우 : 호흡수가 증가되기 시작한다.
③ 농도가 4%인 경우 : 두부에 압박감이 느껴진다.
④ 농도가 6%인 경우 : 의식불명 또는 생명을 잃게 된다.

해설 **이산화탄소**의 **영향**

| 농 도 | 영 향 |
|---|---|
| 1% | 공중위생상의 상한선이다. 보기 ① |
| 2% | 수 시간의 흡입으로는 증상이 없다. |
| 3% | 호흡수가 증가되기 시작한다. 보기 ② |
| 4% | 두부에 압박감이 느껴진다. 보기 ③ |
| 6% | 호흡수가 현저하게 증가한다. |
| 8% | 호흡이 곤란해진다. |
| 10% | 2~3분 동안에 의식을 상실한다. |
| 20% | 사망한다. |

※ 이산화탄소=탄산가스

답 ④

★

## 06 가연성 가스이면서도 독성 가스인 것으로만 된 것은?

① 메탄, 에틸렌
② 불소, 밴젠
③ 이황화탄소, 염소
④ 황화수소, 암모니아

해설 **가연성** 가스+**독성** 가스 보기 ④

(1) 황화수소($H_2S$)
(2) 암모니아($NH_3$)

답 ④

★★★

## 07 액화가연가스의 용기가 과열로 파손되어 가스가 분출된 후 불이 붙었다. 이러한 현상을 무엇이라고 하는가?

① 블래비현상　② 보일오버현상
③ 슬롭오버현상　④ 파이어볼현상

해설 ① **블래비(BLEVE)현상** : **액화가연가스**의 용기가 과열로 파손되어 가스가 분출된 후 불이 붙는 현상 보기 ①
② **보일오버(Boil over)현상** : 연소유면으로부터 100℃ 이상의 열파가 탱크 저부에 고여 있는 물을 비등하게 하면서 연소유를 탱크 밖으로 비산시키며 연소하는 현상
③ **슬롭오버(Slop over)현상** : 연소유면의 온도가 100℃를 넘었을 때 연소유면에 주수되는 물이 비등하면서 연소유를 비산시켜 탱크 밖까지 확대시키는 현상
④ **파이어볼(Fire ball)현상** : 대량으로 증발한 가연성 액체가 갑자기 연소할 때에 만들어지는 공모양의 불꽃이 생기는 현상

답 ①

★

## 08 전기화재의 요인별 발생상황 분석시 가장 비율이 높은 것은?

18회 문 04
06회 문 18

① 절연열화에 의한 단락
② 과부하·과전류
③ 접촉 불량에 의한 단락
④ 압착·손상에 의한 단락

해설 **전기화재**의 **요인별 발생비율**

절연연화에 의한 단락 보기 ① >과부하·과전류>접촉 불량에 의한 단락>압착·손상에 의한 단락>반단선>누전·지락

답 ①

★★

## 09 연기의 이동과 관계가 먼 것은?

18회 문 25
17회 문 16
17회 문 18
17회 문 23
15회 문 15
13회 문 24
10회 문 05
09회 문 02
07회 문 07

① 굴뚝효과
② 비중차
③ 공조설비
④ 적설량

해설 **연기**를 **이동**시키는 **요인**

(1) 연돌(굴뚝)효과 보기 ①
(2) 외부에서의 풍력의 영향
(3) 온도상승에 의한 증기 팽창
(4) 건물 내에서의 강제적인 공기 이동(공조설비) 보기 ③
(5) 건물내외의 온도차
(6) 비중차 보기 ②

※ **굴뚝효과** : 건물 내의 연기가 압력차에 의하여 순식간에 상승하여 건물의 외부 또는 상층부로 이동하는 현상

답 ④

★★★
## 10 분진폭발을 일으킬 수 없는 것은 어느 것인가?

18회 문 17
09회 문 06

① 담뱃가루 ② 알루미늄분말
③ 아연분말 ④ 석회석분말

해설 **분진폭발**을 일으키지 않는 물질
(1) **시**멘트
(2) **석**회석 보기 ④
(3) **탄**산**칼**슘($CaCO_3$)
(4) **생**석회($CaO$)

기억법 **분시석탄칼생**

답 ④

★
## 11 화재의 연소한계에 관한 설명 중 옳지 않은 것은?

① 가연성 가스와 공기의 혼합가스에는 연소에 도달할 수 있는 농도의 범위가 있다.
② 농도가 낮은 편을 연소하한계라 하고, 농도가 높은 편을 연소상한계라고 한다.
③ 휘발유의 연소상한계는 10.5%이고, 연소하한계는 2.7%이다.
④ 혼합가스가 농도의 범위를 벗어날 때에는 연소하지 않는다.

해설 휘발유(가솔린)의 연소상한계는 **7.6%**이고, 연소하한계는 **1.4%**이다. 보기 ③

※ 연소한계=연소범위=가연한계=가연범위=폭발한계=폭발범위

답 ③

★★★
## 12 자기연소를 일으키는 가연물질로만 짝지어진 것은?

① 나이트로셀룰로오스, 황, 등유
② 질산에스터류, 셀룰로이드, 나이트로화합물
③ 셀룰로이드류, 발연황산, 목탄
④ 질산에스터류, 황린, 염소산칼륨

해설 **가연물**의 **연소형태**

| 연소형태 | 종 류 |
|---|---|
| **표면연소** | **숯**, **코**크스, **목탄**, **금**속분<br>기억법 **표숯코목탄금** |
| **분해연소** | **석**탄, **종**이, **플**라스틱, **목**재, **고**무, **중**유, **아**스팔트<br>기억법 **분석종플목고중아** |
| **증발연소** | **황**, **왁**스, **파**라핀, **나**프탈렌, **가**솔린, **등**유, **경**유, **알**코올, **아**세톤<br>기억법 **증황왁파 나가등경알아** |
| **자기연소** | 질산에스터류, 셀룰로이드, 나이트로화합물, TNT, 피크린산 보기 ② |
| **액적연소** | 벙커C유 |
| **확산연소** | **메**탄($CH_4$), **암**모니아($NH_3$), **아**세틸렌($C_2H_2$), **일**산화탄소($CO$), **수**소($H_2$)<br>기억법 **확메암아 일수** |

가연물=가연물질

답 ②

★★
## 13 프로판 50%, 부탄 40%, 프로필렌 10%로 된 혼합가스가 공기와 혼합된 경우 폭발하한계는 약 몇 %인가? (단, 공기 중 단일가스 폭발하한계는 $C_3H_8$ 2.2%, $C_4H_{10}$ 1.9%, $C_3H_9$ 2.4%이다.)

17회 문 05
14회 문 01
10회 문 16
05회 문 05

① 1.8 ② 2.1
③ 2.5 ④ 3.4

해설 **혼합가스**와 **폭발하한계**

$$\frac{100}{L}=\frac{V_1}{L_1}+\frac{V_2}{L_2}+\frac{V_3}{L_3}$$

$$\frac{100}{L}=\frac{50}{2.2}+\frac{40}{1.9}+\frac{10}{2.4}$$

$$\therefore\ L \fallingdotseq 2.1\%$$

답 ②

★
## 14 우리나라의 화재 원인 중 가장 많은 비율을 차지하고 있는 것은?

① 부주의 ② 전기적 요인
③ 기계적 요인 ④ 가스누출

해설 **화재**의 **발생현황**

| 구 분 | 설 명 |
|---|---|
| **원인별** 보기 ① | 부주의>전기적 요인>기계적 요인>화학적 요인>교통사고>가스누출 |
| **장소별** | 근린생활시설>공동주택>공장 및 창고>복합건축물>업무시설>숙박시설>교육연구시설 |
| **계절별** | 겨울>봄>가을>여름 |

답 ①

★★★
**15** 다음 물질의 증기가 공기와 혼합기체를 형성하였을 때 연소범위가 가장 넓은 혼합비를 형성하는 물질은?

18회 문 05 / 16회 문 11 / 15회 문 04 / 12회 문 01 / 11회 문 05 / 10회 문 02 / 09회 문 10 / 07회 문 11

① 수소($H_2$)
② 이황화탄소($CS_2$)
③ 아세틸렌($C_2H_2$)
④ 에터[$(C_2H_5)_2O$]

해설 **연소범위**가 넓은 순서
$C_2H_2$ > $H_2$ > $(C_2H_5)_2O$ > $CS_2$

참고

**공기 중의 폭발한계**(상온, 1atm)

| 가 스 | 하한계[vol%] | 상한계[vol%] |
|---|---|---|
| 아세틸렌($C_2H_2$) 보기 ③ | 2.5 | 81 |
| 수소($H_2$) | 4 | 75 |
| 일산화탄소(CO) | 12 | 75 |
| 에터[$(C_2H_5)_2O$] | 1.7 | 48 |
| 이황화탄소($CS_2$) | 1 | 50 |
| 암모니아($NH_3$) | 15 | 25 |
| 메탄($CH_4$) | 5 | 15 |
| 에탄($C_2H_6$) | 3 | 12.4 |
| 프로판($C_3H_8$) | 2.1 | 9.5 |

답 ③

★
**16** 다음 중 건물의 용도별(장소별) 화재발생현황이 가장 높은 곳은?

① 근린생활시설
② 공동주택
③ 공장 및 창고
④ 복합건축물

해설 **건물**의 **용도별 화재발생비율**
근린생활시설(보기 ①) > 공동주택 > 공장 및 창고 > 복합건축물 > 업무시설 > 숙박시설 > 교육연구시설

답 ①

★★
**17** 목조건축물의 화재진행상황에 관한 설명으로 알맞은 것은?

17회 문 25 / 13회 문 11 / 10회 문 03 / 02회 문 01

① 화원－무염착화－출화－소화
② 화원－발염착화－출화－소화
③ 화원－무염착화－발염착화－출화－성기－소화
④ 화원－무염착화－출화－성기－소화

해설 **목조건축물**의 **화재진행상황**

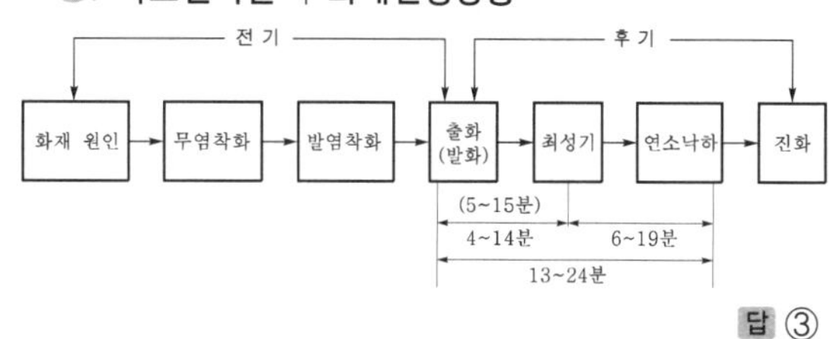


답 ③

★★★
**18** 폭연(Deflagation)에 대한 설명으로 옳은 것은?

18회 문 10 / 17회 문 04 / 16회 문 23 / 15회 문 08 / 06회 문 22 / 03회 문 14

① 발열반응으로 연소의 전파속도가 음속보다 느린 현상
② 중요한 가열기구는 충격파에 의한 충격압력
③ 혼합비가 연소범위 상한보다 약간 높은 곳에서 발생
④ 발열반응으로 연소의 전파속도가 음속보다 빠른 현상

해설 **폭발**(Explosion)의 종류
(1) **폭연**(Deflagration) : 화염전파속도 < 음속 보기 ①
(2) **폭굉**(Detonation) : 화염전파속도 > 음속

②, ④ 폭굉에 관한 설명

답 ①

★★
**19** 열의 전달에 관한 설명 중 옳지 않은 것은?

19회 문 16 / 18회 문 13 / 14회 문 11

① 열이 전달되는 것은 전도, 대류, 복사 중 한 가지이다.
② 어떤 물체를 통해서 전달되는 것은 전도이다.
③ 공기 등 기체의 흐름으로 인해서 전달되는 것은 대류이다.
④ 전자파의 형태로 에너지를 전달하는 것은 복사이다.

해설 열이 전달되는 것은 **전도, 대류, 복사**가 모두 연관된다. 보기 ①

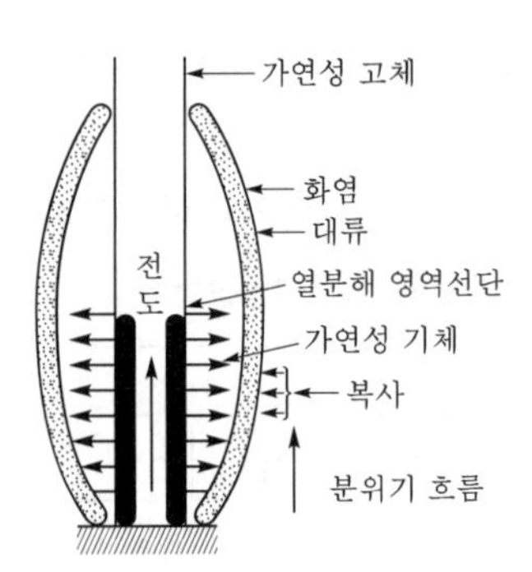


| 열의 전달 |

답 ①

★★★

**20** **산소의 유량이 2.12L/min, 질소의 유량이 8.48L/min일 때 산소지수(LOI)는?**

① 10%　　② 20%
③ 30%　　④ 40%

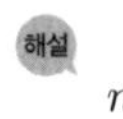

$$n\% = \frac{100 \times O_2}{O_2 + N_2}$$

$$= \frac{100 \times 2.12\,L/min}{2.12\,L/min + 8.48\,L/min}$$

$$= 20\%$$

※ **산소지수**(LOI) : 가연물을 수직으로 하여 가장 윗부분에 착화하여 연소를 계속 유지시킬 수 있는 최소산소농도

참고

**산소지수법**

(1) 산소나 질소 사용시

$$n\% = \frac{100 \times O_2}{O_2 + N_2}$$

(2) 산소나 질소 대신 공기 사용시

$$n\% = \frac{(100 \times O_2)(20.9 \times A)}{O_2 + N_2 + A}$$

여기서, $n\%$ : 산소지수〔%〕
$O_2$ : 산소의 유량〔L/min〕
$N_2$ : 질소의 유량〔L/min〕
$A$ : 공기의 체적유속〔$mm^3/s$〕

답 ②

★★★

**21** **보통 화재에서 휘백색 불꽃의 온도는 섭씨 몇 도 정도인가?**

① 525℃　　② 750℃
③ 925℃　　④ 1500℃

해설 **연소**의 **색**과 **온도**

| 색 | 온도〔℃〕 |
|---|---|
| 암적색(진홍색) | 700~750 |
| 적색 | 850 |
| 휘적색(주황색) | 925~950 |
| 황적색 | 1100 |
| 백적색(백색) | 1200~1300 |
| **휘백**색 보기 ④ | 1500 |

※ **불꽃의 색상 중 낮은 온도에서 높은 온도의 순서** : **암**적색<**황**적색<**백**적색<**휘**백색

기억법 진7(진출), 적8(저팔계), 주9(주먹구구) 휘백5, 암황백휘

답 ④

★★★

**22** **플라스틱 재료와 그 특성에 관한 대비로 옳은 것은?**

① PVC수지－열가소성
② 페놀수지－열가소성
③ 폴리에틸렌수지－열경화성
④ 멜라민수지－열가소성

해설 **합성수지**의 **화재성상**

| 열가소성 수지 | 열경화성 수지 |
|---|---|
| ① PVC수지 보기 ① | ① 페놀수지 |
| ② 폴리에틸렌수지 | ② 요소수지 |
| ③ 폴리스티렌수지 | ③ 멜라민수지 |

답 ①

★★

**23** **방화상 유효한 구획 중 일정규모 이상이면 건축물에 적용되는 방화구획을 하여야 한다. 다음 중에서 구획 종류가 아닌 것은?**

① 면적단위　　② 층단위
③ 용도단위　　④ 수용인원단위

해설 **방화구획**의 **종류**

(1) 층단위(수직구획) 보기 ②
(2) 용도단위(용도구획) 보기 ③
(3) 면적단위(수평구획) 보기 ①

답 ④

★

## 24 화재의 연소현상에 관한 설명으로 적합하지 않은 것은?

① 화재는 가연물질의 연소로부터 시작되고 그 연소로 종료된다.

② 연소의 요인으로서는 접염, 대류, 복사, 비화연소 등의 현상이 있다.

③ 연소의 종류는 정상연소, 접염연소의 2종으로 분류 구분된다.

④ 공기는 연소요소 중의 하나이다.

해설 연소의 종류는 **정상연소**, **비정상연소**의 2종으로 분류 구분된다. 보기 ③

> 답을 ②로 혼동할 수 있으나, **연소**의 **요인**으로는 접염, 대류, 복사, 비화연소 등이 있고, **열**의 **전달방식**이 전도, 대류, 복사임을 기억할 것

참고

**연소의 종류**

| 정상연소 | 비정상연소 |
|---|---|
| 연소속도가 수 m/s 미만 | ① **폭연** : 폭발연소로서 연소속도가 음속보다 느릴 때 발생<br>② **폭굉** : 연소속도가 음속보다 빠를 때 발생 |

답 ③

★★★

## 25 정전기의 발생이 가장 적은 것은?

① 자동차가 장시간 주행하는 경우

② 위험물 옥외탱크에 석유류를 주입하는 경우

③ 공기 중 습도가 높은 경우

④ 부도체를 마찰시키는 경우

해설 공기 중의 상대습도를 **70%** 이상으로 하면 정전기가 발생되지 않는다. 보기 ③

참고

**정전기의 방지대책**

(1) **접지**를 한다.

(2) 공기를 **이온화**한다.

(3) 공기 중의 상대**습**도를 **70%** 이상으로 한다.

(4) 가능한 한 **도**체를 사용한다.

기억법 정습7 접이도

답 ③

04회

## 제 2 과목 소방수리학 · 약제화학 및 소방전기

★

## 26 금속관공사로부터 애자사용공사로 바뀔 때 금속관 끝에 사용하여서는 안 되는 것은?

① 터미널캡 ② 절연부싱

③ 링리듀서 ④ 엔트런스캡

해설 **링리듀서**는 금속관의 지름보다 박스구멍의 지름이 큰 경우 사용한다. 보기 ③

답 ③

★★

## 27 $9.8N \cdot s/m^2$는 몇 poise인가?

① 9.8 ② 98

③ 980 ④ 9800

해설 $1m^2 = 10^4 cm^2$

$1N = 10^5 dyne$

$1poise = 1dyne \cdot s/cm^2$이므로

$$9.8N \cdot s/m^2 = \frac{9.8N \cdot s}{1m^2} \times \frac{1m^2}{10^4 cm^2} \times \frac{10^5 dyne}{1N}$$

$$= 98dyne \cdot s/cm^2$$

$$= 98poise$$

> ※ 점도의 단위는 'poise' 또는 'P'를 사용한다.

답 ②

★★

## 28 유체의 비중량 $\gamma$, 밀도 $\rho$ 및 중력가속도와의 관계는?

① $\gamma = \rho / g$ ② $\gamma = \rho g$

③ $\gamma = g / \rho$ ④ $\gamma = \rho / g^2$

해설

$$\gamma = \rho g = \frac{W}{V}$$

여기서, $\gamma$ : 비중량[$N/m^3$]

$\rho$ : 밀도[$N \cdot s^2/m^4$]

$g$ : 중력가속도($9.8m/s^2$)

$W$ : 중량[N]

$V$ : 체적[$m^3$]

답 ②

★★★
**29** 저항값이 일정한 저항에 가해지고 있는 전압을 3배로 하면 소비전력은 몇 배가 되는가?

① $\frac{1}{3}$ ② 9배
③ 6배 ④ 3배

해설 **전력**

$$P = VI = I^2R = \frac{V^2}{R} \text{〔W〕}$$

여기서, $P$ : 전력〔W〕
$V$ : 전압〔V〕
$I$ : 전류〔A〕
$R$ : 저항〔Ω〕

$P = \frac{V^2}{R}$에서 전력은 전압의 제곱에 비례하므로

$P' = \frac{(3V)^2}{R} = 9\frac{V^2}{R} \propto 9$

답 ②

★★
**30** 발명된 기름화재용 포원액 중 가장 뛰어난 소화액을 가진 소화액으로서 원액이든 수용액이든 장기보존성이 좋고 무독하여 $CO_2$ 가스 등과 병용이 가능한 소화약은 어느 것인가?

① 불화단백포 ② 수성막포
③ 단백포 ④ 알코올형포

해설 **수성막포**(AFFF) 보기 ②
**유류화재 진압용**으로 가장 뛰어나며 일명 Light water라고 부른다. 표면장력이 작기 때문에 가연성 기름의 표면에서 쉽게 피막을 형성한다.

참고

수성막포의 장단점

| 장 점 | 단 점 |
|---|---|
| ① 석유류 표면에 신속히 **피막**을 **형성**하여 유류증발을 억제한다.<br>② **안전성**이 좋아 장기보존이 가능하다.<br>③ **내약품성**이 좋아 타 약제와 겸용사용도 가능하다.<br>④ **내유염성**이 우수하다. | ① 가격이 비싸다.<br>② 내열성이 좋지 않다. |

※ **내유염성** : 포가 기름에 의해 오염되기 어려운 성질

답 ②

★★★
**31** 이산화탄소 소화약제의 저장용기 충전비로서 적합하게 짝지어져 있는 것은?

① 저압식은 1.1 이상, 고압식은 1.5 이상
② 저압식은 1.4 이상, 고압식은 2.0 이상
③ 저압식은 1.9 이상, 고압식은 2.5 이상
④ 저압식은 2.3 이상, 고압식은 3.0 이상

해설 이산화탄소 소화약제를 소화기용 용기에 충전시 충전비는 1.5 이상으로 하여야 한다.

참고

$CO_2$ 저장용기의 충전비 보기 ①

| 구 분 | 충전비 |
|---|---|
| 고압식 | 1.5~1.9 이하 |
| 저압식 | 1.1~1.4 이하 |

답 ①

★★
**32** 오리피스 헤드가 6cm이고 실제 물의 유출속도가 9.7m/s일 때 손실수두는? (단, $k=0.25$이다.)

① 0.6m ② 1.2m
③ 1.5m ④ 2.4m

해설 **돌연 축소관**에서의 **손실**

$$H = K\frac{{V_2}^2}{2g} \text{〔W〕}$$

여기서, $H$ : 손실수두〔m〕
$K$ : 손실계수
$V_2$ : 축소관 유속〔m/s〕
$g$ : 중력가속도(9.8m/s$^2$)

손실수두 $H$는

$H = K\frac{V^2}{2g} = 0.25 \times \frac{9.7^2}{2 \times 9.8} = 1.2\text{m}$

배관에서 오리피스 헤드로 연결되므로 돌연축소관 손실식을 적용한다.

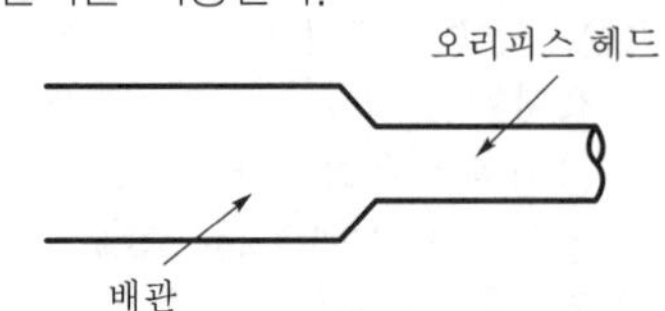


답 ②

★

## 33 파이프 내 물의 속도가 9.8m/s, 압력이 98kPa이다. 이 파이프가 기준면으로부터 3m 위에 있다면 전 수두는 몇 m인가?

① 13.5 ② 16
③ 16.7 ④ 17.9

해설 **베르누이 방정식**

$$\frac{V_1^2}{2g}+\frac{p_1}{\gamma}+Z_1=\frac{V_2^2}{2g}+\frac{p_2}{\gamma}+Z_2=\text{일정(또는 } H\text{)}$$

(속도수두) (압력수두) (위치수두)

여기서, $V_1, V_2$ : 유속〔m/s〕
$p_1, p_2$ : 압력〔kPa〕 또는 〔kN/m$^2$〕
$Z_1, Z_2$ : 높이〔m〕
$g$ : 중력가속도(9.8m/s$^2$)
$\gamma$ : 비중량〔kN/m$^3$〕
$H$ : 전수두〔m〕

배관에서 오리피스 헤드로 연결되므로 돌연축소관 손실식을 적용한다.

$$1\text{kN/m}^2=1\text{kPa}$$

$$H=\frac{V^2}{2g}+\frac{p}{\gamma}+Z$$
$$=\frac{(9.8\text{m/s})^2}{2\times 9.8\text{m/s}^2}+\frac{98\text{kN/m}^2}{9.8\text{kN/m}^3}+3\text{m}$$
$$=17.9\text{m}$$

답 ④

★★

## 34 내경이 $d$, 외경이 $D$인 동심 2중관에 액체가 가득 차 흐를 때 수력반경 $R_h$는?

19회 문 33
15회 문 34

① $\frac{1}{6}(D-d)$ ② $\frac{1}{6}(D+d)$
③ $\frac{1}{4}(D-d)$ ④ $\frac{1}{4}(D+d)$

해설 **수력반경(Hydraulic padius)**

$$R_h=\frac{A}{l}=\frac{1}{4}(D-d)$$

여기서, $R_h$ : 수력반경〔m〕
$A$ : 단면적〔m$^2$〕
$l$ : 접수길이〔m〕
$D$ : 관의 외경〔m〕
$d$ : 관의 내경〔m〕

※ **수력반경** : 면적을 접수길이(둘레길이)로 나눈 것

답 ③

★★★

## 35 다음 그림과 같이 시차액주계의 압력차($\Delta p$)는?

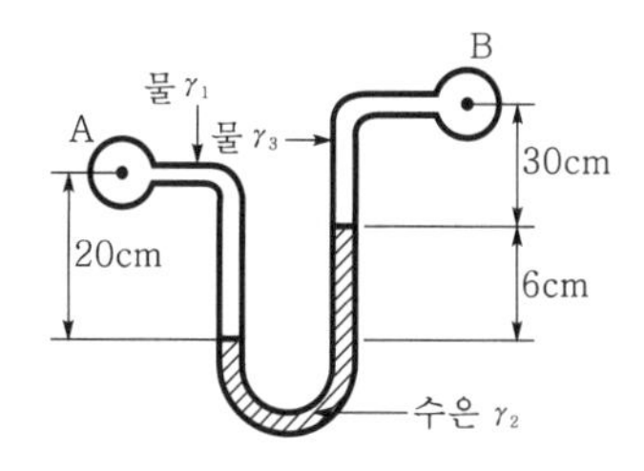


① 0.009MPa ② 0.09MPa
③ 0.9MPa ④ 9MPa

해설 $p_A+\gamma_1h_1-\gamma_2h_2-\gamma_3h_3=p_B$

$p_A-p_B=-\gamma_1h_1+\gamma_2h_2+\gamma_3h_3$
$=-(9.8\text{kN/m}^3\times 0.2\text{m})$
$+(133.28\text{kN/m}^3\times 0.06\text{m})$
$+(9.8\text{kN/m}^3\times 0.3\text{m})$
$=8.9768\text{kN/m}^2$
$=8.9768\text{kPa}\fallingdotseq 0.009\text{MPa}$

- 물의 비중량$=9.8\text{kN/m}^3$
- 수은의 비중량$=133.28\text{kN/m}^3$

참고

**시차액주계의 압력계산 방법**
경계면에서 내려올 때 더하고, 올라가 있을 때 뺀다.

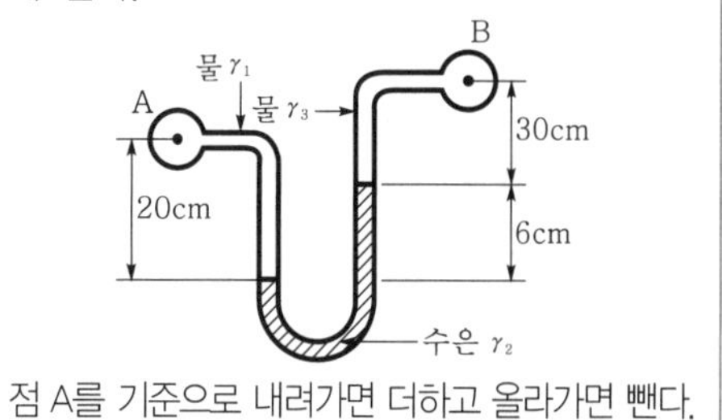


점 A를 기준으로 내려가면 더하고 올라가면 뺀다.

답 ①

★★

## 36 주기 0.002초인 교류의 주파수는?

① 50Hz ② 500Hz
③ 1000Hz ④ 2000Hz

해설 **주파수**

$$f=\frac{1}{T}$$

여기서, $f$ : 주파수[Hz]
$T$ : 주기[s]

주파수 $f=\frac{1}{T}=\frac{1}{0.002}=500\text{Hz}$

답 ②

★★★
## 37 대기압의 크기는 760mmHg이고, 수은의 비중은 13.6일 때 240mmHg의 압력은 계기압력으로 몇 kPa인가?

① −31.58 ② −69.32
③ −71.72 ④ −85.65

해설

절대압=대기압+게이지압(계기압)

게이지압=절대압−대기압
=240mmHg−760mmHg
=−520mmHg

$$760\text{mmHg}=101.325\text{kPa}$$

$-520\text{mmHg}=\frac{-520\text{mmHg}}{760\text{mmHg}}\times 101.325\text{kPa}$
$\fallingdotseq -69.32\text{kPa}$

※ 수은의 비중은 본 문제를 해결하는 데 무관하다.

참고

**절대압**
절대압=대기압−진공압

답 ②

★★
## 38 어떤 저항에 100V를 가하니 2A의 전류가 흐르고 300cal의 열량이 발생하였다. 전류가 흐른 시간(s)은?

① 12.5 ② 6.25
③ 1.5 ④ 3

해설 **줄의 법칙**(Joule's law)

$$H=0.24Pt=0.24VIt=0.24I^2Rt=0.24\frac{V^2}{R}t\ \text{[cal]}$$

여기서, $H$ : 발열량[cal], $P$ : 전력[W]
$t$ : 시간[s], $V$ : 전압[V]
$I$ : 전류[A], $R$ : 저항[Ω]

$H=0.24Pt=0.24I^2Rt=0.24VIt$ [cal]에서

$\therefore\ t=\frac{H}{0.24VI}=\frac{300}{0.24\times100\times2}=6.25\text{s}$

답 ②

★★
## 39 기체상수 $R$의 값 중 L·atm/mol·K의 단위에 맞는 수치는?

① 0.082 ② 62.36
③ 10.73 ④ 1.987

해설 **기체상수 $R$는** 보기 ①

$R$=0.082atm·m$^3$/kg·mol·K
=0.082atm·L/g·mol·K

- 1m$^3$=1000L
- 1kg=1000g

답 ①

★★
## 40 60Hz, 100V의 교류전압을 어떤 콘덴서에 가할 때 1A의 전류가 흐른다면, 이 콘덴서의 정전용량(μF)은?

① 377 ② 265
③ 26.5 ④ 2.65

해설 (1) **용량리액턴스 1**

$$X_C=\frac{V}{I}$$

여기서, $X_C$ : 용량리액턴스[Ω]
$V$ : 전압[V], $I$ : 전류[A]

(2) **용량리액턴스 2**

$$X_C=\frac{1}{\omega C}=\frac{1}{2\pi fC}\ [\Omega]$$

여기서, $X_C$ : 용량리액턴스[Ω]
$\omega$ : 각주파수[rad/s]
$f$ : 주파수[Hz]
$C$ : 정전용량(커패시턴스)[F]

$X_C=\frac{V}{I}=\frac{100}{1}=100\Omega$

$X_C=\frac{1}{2\pi fC}$ 이므로

$\therefore\ C=\frac{1}{2\pi fX_C}=\frac{1}{2\pi\times60\times100}\fallingdotseq 26.5\mu\text{F}$

답 ③

★★★

## 41 주수소화시 물의 표면장력에 의해 연소물의 침투속도를 향상시키기 위해 첨가제를 사용한다. 적합한 것은?

① Ethylene oxide

② Sodium carboxy methyl cellulose

③ Wetting agents

④ Viscosity agents

해설 **Wetting agent**

주수소화시 물의 표면장력을 저하시켜 연소물의 침투속도를 향상시키기 위해 첨가하는 침투제

참고

Wet water
물의 침투성을 높여 주기 위해 Wetting agent가 첨가된 물로서 이의 특징은 다음과 같다.
(1) 물의 표면장력을 저하하여 **침투력**을 좋게 한다.
(2) **연소열**의 **흡수**를 향상시킨다.
(3) **다공질 표면** 또는 **심부화재**에 적합하다.
(4) **재연소방지**에도 적합하다.

답 ③

★★★

## 42 원소 중 할로젠족원소가 아닌 것은?

16회 문 39

① 염소 ② 브로민

③ 네온 ④ 아이오딘

해설 **할로젠족원소**

| 구 분 | 설 명 |
|---|---|
| 불소 | F |
| 염소 보기 ① | Cl |
| 브로민(취소) 보기 ② | Br |
| 아이오딘(옥소) 보기 ④ | I |

기억법 FClBrI

답 ③

★

## 43 호주에서 무게가 19.6N인 어느 물체를 한국에서 재어보니 19.4N이었다면 한국에서의 중력가속도는 얼마인가? (단, 호주에서 중력가속도는 9.82m/s²이다.)

① 9.80m/s² ② 9.78m/s²

③ 9.75m/s² ④ 9.72m/s²

해설 **비례식으로 풀면**

$19.6\text{N} : 19.4\text{N} = 9.82\text{m/s}^2 : x$

$x = \frac{19.4\text{N}}{19.6\text{N}} \times 9.82\text{m/s}^2$

$\fallingdotseq 9.72\text{m/s}^2$

답 ④

★★

## 44 인산 제1암모늄 분말약제가 A급 화재에도 좋은 소화효과를 보여주는 이유는?

① 인산암모늄계 분말약제가 열에 의해 분해 되면서 생성된 물질이 특수한 냉각효과를 보여주기 때문이다.

② 인산암모늄계 분말약제가 열에 의해 분해 되면서 생성되는 불연성 가스가 질식효과를 보여주기 때문이다.

③ 인산암모늄계 분말약제가 열에 의해 분해 되면서 생성된 불연성의 용융물질이 가연물의 표면에 점착되어 차단효과를 보여주기 때문이다.

④ 인산 제1암모늄계 분말약제가 열에 의해 분해되어 생성되는 물질이 강력한 연쇄반응 차단효과를 보여주기 때문이다.

해설 **제3종 분말**(인산 제1암모늄계)은 방진작용을 하므로 **A급 화재**에도 적응성이 있다. 보기 ③

※ **방진작용** : 가연물의 표면에 점착(부착)되어 차단효과를 나타내는 것

답 ③

★★★

## 45 압력 0.8MPa, 온도 20℃의 $CO_2$ 기체 8kg을 수용한 용기의 체적은 얼마인가? (단, $CO_2$의 기체상수 $R = 19.26\text{kg}\cdot\text{m/kg}\cdot\text{K}$)

19회 문 89
18회 문 22
18회 문 30
16회 문 30
15회 문 06
14회 문 30
13회 문 03
11회 문 36
11회 문 47

① 0.34m³ ② 0.56m³

③ 2.4m³ ④ 19.3m³

해설 (1) **절대온도**

$$K = 273 + ℃$$

여기서, K : 절대온도[K]

℃ : 섭씨온도[℃]

$0.8\text{MPa} = 8\text{kg/cm}^2 = 8 \times 10^4\text{kg/m}^2$

절대온도 K는

K=273+℃=273+20=293K

(2) **이상기체 상태**

$$PV = WRT, \quad \rho = \frac{P}{RT}$$

여기서, $P$ : 압력[Pa]
$V$ : 부피[$m^3$]
$W$ : 무게[$kg_f$]
$R$ : 기체상수[$kg \cdot m/kg_f \cdot K$]
$T$ : 절대온도(273+℃)[K]
$\rho$ : 밀도[$kg/m^3$]

$PV = WRT$에서
체적 $V$는

$$V = \frac{WRT}{P}$$
$$= \frac{8kg \times 19.26kg \cdot m/kg \cdot K \times 293K}{8 \times 10^4 kg/m^2}$$
$$\fallingdotseq 0.56m^3$$

중요

**이상기체 상태방정식**

$$PV = nRT = \frac{m}{M}RT, \quad \rho = \frac{PM}{RT}$$

여기서, $P$ : 압력[atm]
$V$ : 부피[$m^3$]
$n$ : 몰수$\left(\frac{m}{M}\right)$
$R$ : 0.082(atm · $m^3$/kmol · K)
$T$ : 절대온도(273+℃)[K]
$m$ : 질량[kg]
$M$ : 분자량[kg/kmol]
$\rho$ : 밀도[$kg/m^3$]

$$PV = WRT, \quad \rho = \frac{P}{RT}$$

여기서, $P$ : 압력[atm]
$V$ : 부피[$m^3$]
$W$ : 무게[N] 또는 [$kg_f$]
$R$ : $\frac{848}{M}$[N · m/kg · K]
또는 [kg · m/$kg_f$ · K]
$T$ : 절대온도(273+℃)[K]
$\rho$ : 밀도[$kg/m^3$]

$$PV = GRT$$

여기서, $P$ : 압력[atm]
$V$ : 부피[$m^3$]
$G$ : 무게[N]
$R(N_2)$ : 296[J/N · K]
$T$ : 절대온도(273+℃)[K]

답 ②

★

## 46 다음 중 금속관 공사용 부품이 아닌 것은?

① Coupling ② Saddle
③ Cleat ④ Bushing

해설

| 부 품 | 용 도 |
|---|---|
| **커플링**(Coupling) | 금속관 상호 접속용 |
| **새들**(Saddle) | 금속관 고정용 |
| **부싱**(Bushing) | 전선 피복손상 방지 |
| **클리트**(Cleat) 보기 ③ | 애자사용공사에서 전선 고정용 |

답 ③

★★

## 47 $R-L-C$ 직렬회로에서 $R=4\Omega$, $X_L=7\Omega$, $X_C=4\Omega$일 때 합성 임피던스의 크기(Ω)는?

① 11 ② 9
③ 7 ④ 5

해설 $RLC$ **직렬회로**

**임피던스**

$$Z = \sqrt{R^2 + (X_L - X_C)^2}$$

여기서, $Z$ : 임피던스[Ω]
$R$ : 저항[Ω]
$X_L$ : 유도 리액턴스[Ω]
$X_C$ : 용량 리액턴스[Ω]

**임피던스** $Z$는

$$Z = \sqrt{R^2 + (X_L - X_C)^2} = \sqrt{4^2 + (7-4)^2} = 5\Omega$$

답 ④

★

## 48 한 상의 임피던스가 $8 + j6$[Ω]인 △부하에 200V를 인가할 때 3상 전력(kW)은?

① 3.2 ② 4.3
③ 9.6 ④ 10.5

해설 (1) **3상 유효전력**

$$P = 3V_P I_P \cos\theta = \sqrt{3}\, V_l I_l \cos\theta = 3 I_P^{\,2} R \text{[W]}$$

여기서, $V_P$ : 상전압[V]
$I_P$ : 상전류[A]
$V_l$ : 선간전압[V]
$I_l$ : 선전류[A]
$P$ : 3상유효전력[W]
$\cos\theta$ : 역률
$R$ : 저항[Ω]

유효전력 $P$는

$P = 3V_P I_P \cos\theta = \sqrt{3}\, V_l I_l \cos\theta = 3{I_P}^2 R$ 〔W〕

(2) **상전류**

$$I_P = \frac{V_P}{Z}$$

여기서, $I_P$ : 상전류〔A〕

$V_P$ : 상전압〔V〕

상전류 $I_P = \frac{V_P}{Z} = \frac{200}{\sqrt{8^2+6^2}} = 20\text{A}$

$\therefore\ P = 3{I_P}^2 R = 3 \times 20^2 \times 8$

$= 9600\text{W} = 9.6\text{kW}$

답 ③

★★

**49** 저항 $R$과 유도리액턴스 $X_L$이 병렬로 접속된 회로의 역률은?

① $\frac{R}{\sqrt{R^2+{X_L}^2}}$　② $\frac{\sqrt{R^2+{X_L}^2}}{R}$

③ $\frac{X_L}{\sqrt{R^2+{X_L}^2}}$　④ $\sqrt{\frac{R^2+{X_L}^2}{X_L}}$

해설 $RL$ **병렬회로**

$$\cos\theta = \frac{X_L}{\sqrt{R^2+{X_L}^2}}$$

여기서, $\cos\theta$ : 역률

$X_L$ : 유도리액턴스〔Ω〕

$R$ : 저항〔Ω〕

비교

$RL$ **병렬회로**

$$\sin\theta = \frac{R}{\sqrt{R^2+{X_L}^2}}$$

여기서, $\sin\theta$ : 무효율

$R$ : 저항〔Ω〕

$X_L$ : 유도리액턴스〔Ω〕

답 ③

★★

**50** $v = 141\sin\left(377t - \frac{\pi}{6}\right)$인 파형의 주파수(Hz)는?

① 377　② 100

③ 60　④ 50

해설 (1) **순시값**

$$v = V_m \sin\omega t = \sqrt{2}\, V \sin\omega t\text{〔V〕}(V_m = \sqrt{2}\, V)$$
$$i = I_m \sin\omega t = \sqrt{2}\, I \sin\omega t\text{〔A〕}(I_m = \sqrt{2}\, I)$$

여기서, $v$ : 전압의 순시값〔V〕

$V_m$ : 전압의 최대값〔V〕

$\omega$ : 각주파수〔rad/s〕

$t$ : 주기〔s〕

$V$ : 실효값〔V〕

$I$ : 전류의 순시값〔A〕

$I_m$ : 전류의 최대값〔A〕

순시값 $v = V_m \sin\omega t$에 위상차를 적용하면

$v = V_m \sin\left(\omega t - \frac{\pi}{6}\right)$

(2) **각주파수**

$$\omega = 2\pi f$$

여기서, $\omega$ : 각주파수〔rad/s〕

$f$ : 주파수〔Hz〕

$\omega = 2\pi f = 377$

$\therefore\ f = \frac{377}{2\pi} = 60\text{Hz}$

답 ③

## 제 3 과목 소방관련법령

★

**51** 소방시설관리사 시험은 누가 실시하는가?

① 소방청장

② 국토교통부 장관

③ 시・도지사

④ 소방본부장 또는 소방서장

해설 **소방시설법 제25조**

**소방시설관리사**

(1) 시험 : **소방청장**이 실시 보기 ①

(2) 응시자격 등의 사항 : **대통령령**

답 ①

★★

**52** 소방활동구역에 출입할 수 없는 사람은?

① 기계, 전기, 수도업무 종사자로서 소화작업에 관계가 있는 사람

② 의사, 간호사, 기타 구급업무 종사자

③ 보도업무 종사자

④ 소방대장의 출입허가를 받은 사람

해설 기본령 제8조
소방활동구역 출입자
(1) 관계인
(2) 소방활동에 관계가 있는 사람(**전기·가스·수도·통신·교통**)
(3) 의사·간호사 보기 ②
(4) 보도업무에 종사하는 사람 보기 ③
(5) **소방대장**의 출입허가를 받은 사람 보기 ④

답 ①

★★
## 53 소방대상물에 대한 화재예방을 위하여 관계인에게 필요한 자료제출을 명할 수 있는 사람은?

17회 문 66 15회 문 63

① 소방대상물의 소유자
② 안전관리담당자
③ 소방본부장 또는 소방서장
④ 소방안전관리자

해설 화재예방법 제7조
화재안전조사
(1) 실시자 : **소방청장·소방본부장·소방서장**(소방관서장) 보기 ③
(2) 관계인의 승낙이 필요한 곳 : **주거**(주택)
(3) 소방관서장은 화재안전조사를 실시하려는 경우 사전에 관계인에게 조사대상, 조사기간 및 조사사유 등을 우편, 전화, 전자메일 또는 문자전송 등을 통하여 통지하고 이를 대통령령으로 정하는 바에 따라 인터넷 홈페이지나 전산시스템 등을 통하여 공개

용어

**화재안전조사**
소방청장, 소방본부장 또는 소방서장(소방관서장)이 소방대상물, 관계지역 또는 관계인에 대하여 소방시설 등이 소방관계법령에 적합하게 설치·관리되고 있는지, 소방대상물에 화재의 발생위험이 있는지 등을 확인하기 위하여 실시하는 현장조사·문서열람·보고요구 등을 하는 활동

답 ③

★
## 54 화재안전기준을 다르게 적용하여야 하는 특수한 용도 또는 구조를 가진 특정소방대상물 중 원자력발전소, 중·저준위 방사성 폐기물의 저장시설 등에 설치하지 않아도 되는 소방시설로서 옳은 것은?

① 옥내소화전설비 및 소화용수설비
② 옥내소화전설비 및 옥외소화전설비
③ 스프링클러설비 및 물분무등소화설비
④ 연결송수관설비 및 연결살수설비

해설 소방시설법 시행령 [별표 6]
소방시설을 설치하지 않을 수 있는 특정소방대상물 및 소방시설의 범위

| 구 분 | 특정소방대상물 | 소방시설 |
|---|---|---|
| **화**재안전**기**준을 달리 적용해야 하는 특수한 용도 또는 구조를 가진 특정소방대상물 | • 원자력발전소<br>• 중·저준위 방사성 폐기물의 저장시설 | • **연**결송수관설비<br>• **연**결살수설비<br>보기 ④<br>기억법 화기연 (화기연구) |
| 자체소방대가 설치된 특정소방대상물 | 자체소방대가 설치된 위험물제조소 등에 부속된 사무실 | • 옥내소화전설비<br>• 소화용수설비<br>• 연결살수설비<br>• 연결송수관설비 |

답 ④

★
## 55 소방시설 설치 및 관리에 관한 법령상 소방시설관리사시험에 응시할 수 없는 사람은?

15회 문 64

① 15년의 소방실무경력이 있는 사람
② 소방설비산업기사 자격을 취득한 후 2년의 소방실무경력이 있는 사람
③ 위험물기능사 자격을 취득한 후 3년의 소방실무경력이 있는 사람
④ 위험물기능장

해설 **소방시설법 시행령 제27조**[(구법 적용) - 2026. 12. 1. 개정 예정]
**소방시설관리사시험의 응시자격**

| 소방실무경력 | 대 상 |
|---|---|
| 무관 | • 소방기술사<br>• 위험물기능장 보기 ④<br>• 건축사<br>• 건축기계설비기술사<br>• 건축전기설비기술사<br>• 공조냉동기계기술사 |
| **2년** 이상 | • 소방설비기사<br>• 소방안전공학(소방방재공학, 안전공학) 석사학위<br>• 특급 소방안전관리자 |
| **3년** 이상 | • 소방설비산업기사<br>• 소방안전관리학과 전공자<br>• 소방안전관련학과 전공자<br>• 산업안전기사<br>• 1급 소방안전관리자<br>• 위험물산업기사<br>• 위험물기능사 보기 ③ |
| **5년** 이상 | • 소방공무원<br>• 2급 소방안전관리자 |

| 소방실무경력 | 대 상 |
|---|---|
| 7년 이상 | • 3급 소방안전관리자 |
| 10년 이상 | • 소방실무경력자 보기 ① |

답 ②

★★★
**56** 특정소방대상물에서 소방훈련을 실시하지 않은 관계인에 대한 벌칙은?

① 100만원 이하의 벌금
② 200만원 이하의 벌금
③ 300만원 이하의 과태료
④ 300만원 이하의 벌금

해설 **300만원 이하의 과태료**
(1) 관계인의 소방안전관리업무 미수행(화재예방법 제52조)
(2) **소방훈련** 및 **교육** 미실시자(화재예방법 제52조) 보기 ③
(3) 소방시설의 점검결과 미보고(소방시설법 제61조)
(4) 관계인의 허위자료제출(소방시설법 제61조)
(5) 정당한 사유없이 공무원의 출입·검사를 거부·방해·기피한 자(소방시설법 제61조)
(6) 방염대상물품을 방염성능기준 이상으로 설치하지 아니한 자(소방시설법 61조)

답 ③

★★★
**57** 소방용수시설의 저수조는 지면으로부터의 낙차가 몇 m 이하여야 하는가?

① 4.5 ② 5
③ 5.5 ④ 6

해설 **기본규칙 [별표 3]**
**소방용수시설의 저수조**
(1) 지면으로부터의 낙차가 **4.5m** 이하일 것 보기 ①
(2) 흡수부분의 수심이 **0.5m** 이상일 것
(3) 소방펌프자동차가 용이하게 접근할 수 있을 것
(4) **토사·쓰레기** 등을 제거할 수 있는 설비를 할 것
(5) 흡수관의 투입구가 사각형의 경우에는 한 변의 길이가 **60cm** 이상, 원형의 경우에는 지름이 **60cm** 이상일 것

답 ①

★
**58** 특정소방대상물에서 소방안전관리업무를 대행할 수 있는 사람은?

① 소방시설관리업을 등록한 사람
② 소방공사감리업을 등록한 사람
③ 소방시설설계업을 등록한 사람
④ 소방시설공사업을 등록한 사람

해설 **화재예방법 제25조**
**소방안전관리업무 대행자** 보기 ①
소방시설관리업을 등록한 사람(소방시설관리업자)

답 ①

★★★
**59** 화재의 경계를 위한 소방신호의 목적이 아닌 것은?

① 화재예방 ② 소방활동
③ 시설보수 ④ 소방훈련

해설 **기본법 제18조**
(1) 소방신호의 목적
① **화재예방** 보기 ①
② **소방활동** 보기 ②
③ **소방훈련** 보기 ④
(2) 소방신호의 종류와 방법 : **행정안전부령**

답 ③

★★★
**60** 특정소방대상물에서 사용하는 물품으로 제조 또는 가공공정에서 방염처리를 반드시 해야 하는 것은?

19회 문 61
15회 문 62
12회 문 14
12회 문 67
02회 문 64

① 카펫
② 책상
③ 두께 2mm 미만 종이벽지류
④ 의자

해설 **소방시설법 시행령 제31조**
**방염대상물품**

| 제조 또는 가공 공정에서 방염처리를 한 물품 | 건축물 내부의 천장이나 벽에 부착하거나 설치하는 것 |
|---|---|
| ① 창문에 설치하는 **커튼류**(블라인드 포함)<br>② 카펫 보기 ①<br>③ 벽지류(두께 **2mm 미만 종이벽지 제외**)<br>④ **전시용 합판·목재** 또는 **섬유판**<br>⑤ **무대용 합판·목재** 또는 **섬유판**<br>⑥ **암막·무대막**(영화상영관·가상체험 체육시설업의 **스크린** 포함)<br>⑦ 섬유류 또는 합성수지류 등을 원료로 하여 제작된 소파·의자(단란주점영업, 유흥주점영업 및 노래연습장업의 영업장에 설치하는 것만 해당) | ① 종이류(두께 **2mm 이상**), **합성수지류** 또는 **섬유류**를 주원료로 한 물품<br>② **합판**이나 **목재**<br>③ 공간을 구획하기 위하여 설치하는 **간이칸막이**<br>④ **흡음재**(흡음용 커튼 포함) 또는 **방음재**(방음용 커튼 포함)<br>※ 가구류(옷장, 찬장, 식탁, 식탁용 의자, 사무용 책상, 사무용 의자, 계산대)와 너비 10cm 이하인 반자돌림대, 내부 마감재료 제외 |

②④ 해당없음
③ 제외대상

답 ①

★
**61** 일반음식점에서 음식조리를 위해 불을 사용하는 설비를 설치하는 경우 지켜야 하는 사항으로 옳지 않은 것은?

① 주방시설에 동물 또는 식물의 기름을 제거할 수 있는 필터를 설치하였다.
② 열이 발생하는 조리기구를 선반으로부터 0.6m 떨어지게 설치하였다.
③ 주방설비에 부속된 배기덕트 재질을 0.2mm 아연도금강판으로 사용하였다.
④ 가연성 주요구조부를 단열성이 있는 불연재료로 덮어씌웠다.

해설 **화재예방법 시행령 [별표 1]**
**음식 조리를 위하여 설치하는 설비**
(1) 주방설비에 부속된 배기덕트는 **0.5mm** 이상의 **아연도금강판** 또는 이와 동등 이상의 내식성 **불연재료**로 설치 보기 ④
(2) 주방시설에는 동물 또는 식물의 기름을 제거할 수 있는 **필터** 등을 설치 보기 ①
(3) 열을 발생하는 조리기구는 반자 또는 선반으로부터 **0.6m** 이상 떨어지게 할 것 보기 ②
(4) 열을 발생하는 조리기구로부터 **0.15m** 이내의 거리에 있는 가연성 주요구조부는 **단열성**이 있는 불연재료로 덮어씌울 것

③ 0.2mm → 0.5mm 이상

답 ③

★
**62** 소방시설업자가 특정소방대상물의 관계인에게 통지하지 않아도 되는 사항은 어느 것인가?

① 소방시설업자의 지위 양도
② 소방시설업의 등록취소 처분을 받은 때
③ 휴업한 때
④ 폐업한 때

해설 **공사업법 제8조**
**소방시설업자의 통지사항**
(1) 지위승계
(2) 등록취소 처분
(3) 영업정지 처분
(4) 휴업
(5) 폐업

답 ①

★
**63** 소방시설관리사 시험의 응시자격·시험과목 등에 관하여 필요한 사항은 무엇으로 정하는가?

① 대통령령
② 행정안전부령
③ 국토교통부령
④ 시·도의 조례

해설 **소방시설법 제25조**
**소방시설관리사**
(1) 시험 : **소방청장**이 실시
(2) 응시자격 등의 사항 : **대통령령**

답 ①

★★
**64** 제조소 등의 관계인은 위험물안전관리자가 일시적으로 직무를 수행할 수 없을 때 대리자를 지정하여 그 직무를 대행하게 하여야 하는데 직무를 대행하는 기간은 며칠을 초과할 수 없는가?

19회 문 69

① 7일 이내
② 14일 이내
③ 30일 이내
④ 90일 이내

해설 **위험물법 제15조**

| 날 짜 | 내 용 |
|---|---|
| **14일** 이내 | • 위험물안전관리자의 선임신고 |
| **30일** 이내 | • 위험물안전관리자의 재선임<br>• 위험물안전관리자의 직무대행 보기 ③ |

답 ③

★★★
**65** 다음 중 화재예방강화지구로 지정하지 않아도 되는 장소는?

① 시장지역
② 공장·창고가 밀집한 지역
③ 목조건물이 밀집한 지역
④ 위험물저장 및 처리시설이 미흡한 지역

해설 **화재예방법 제18조**
**화재예방강화지구의 지정지역**
(1) **시장**지역 보기 ①
(2) **공장·창고**가 **밀집**한 지역 보기 ②

(3) **목조건물**이 **밀집**한 지역 **보기 ③**
(4) 노후·불량 건축물이 밀집한 지역
(5) **위험물**의 **저장** 및 **처리시설**이 **밀집**한 지역
(6) **석유화학제품**을 생산하는 공장이 있는 지역
(7) 「산업입지 및 개발에 관한 법률」에 따른 산업단지
(8) **소방시설·소방용수시설** 또는 **소방출동로**가 **없는** 지역
(9) 「물류시설의 개발 및 운영에 관한 법률」에 따른 물류단지
(10) **소방청장, 소방본부장** 또는 **소방서장**(소방관서장)이 화재예방강화지구로 지정할 필요가 있다고 인정하는 지역

답 ④

★★★
## 66 다음 중 특수가연물에 해당되지 않는 것은?

① 면화류
② 황
③ 나무껍질 및 대팻밥
④ 석탄 및 목탄

해설 **화재예방법 시행령 [별표 2]**
**특수가연물**

| 품 명 | | 수 량 |
|---|---|---|
| 가연성 액체류 | | $2m^3$ 이상 |
| 목재가공품 및 나무부스러기 | | $10m^3$ 이상 |
| 면화류 **보기 ①** | | 200kg 이상 |
| 나무껍질 및 대팻밥 **보기 ③** | | 400kg 이상 |
| 넝마 및 종이부스러기 | | 1000kg 이상 |
| 사류(絲類) | | 1000kg 이상 |
| 볏짚류 | | 1000kg 이상 |
| 가연성 고체류 | | 3000kg 이상 |
| 고무류·플라스틱류 | 발포시킨 것 | $20m^3$ 이상 |
| 고무류·플라스틱류 | 그 밖의 것 | 3000kg 이상 |
| 석탄·목탄류 **보기 ④** | | 10000kg 이상 |

※ **특수가연물** : 화재가 발생하면 그 확대가 빠른 물품

기억법
가액목면나 넝사볏가고 고석
2 1 2 4 1 3 3 1

답 ②

★★★
## 67 다음 중 소방신호로 볼 수 없는 것은?

① 경계신호 ② 발화신호
③ 소화신호 ④ 훈련신호

해설 **기본규칙 제10조**
**소방신호의 종류**

| 종 류 | 설 명 |
|---|---|
| **경계**신호 | 화재예방상 필요하다고 인정할 때·화재위험경보가 있을 때 발령 |
| **발화**신호 | 화재가 발생한 때 발령 |
| **해제**신호 | 소화활동이 필요없다고 인정되는 때 발령 |
| **훈련**신호 | 훈련시 발령 |

답 ③

★
## 68 주유취급소의 고정주유설비의 주위에는 주유를 받으려는 자동차 등이 출입할 수 있도록 너비와 길이는 몇 m 이상의 콘크리트 등으로 포장한 공지를 보유하여야 하는가?

17회 문100
11회 문100
08회 문 93
03회 문100

① 너비 10m 이상, 길이 5m 이상
② 너비 10m 이상, 길이 10m 이상
③ 너비 15m 이상, 길이 6m 이상
④ 너비 20m 이상, 길이 8m 이상

해설 **위험물규칙 [별표 13]**
주유공지와 급유공지 **보기 ③**
(1) **주유공지** : 주유를 받으려는 자동차 등이 출입할 수 있도록 너비 15m 이상, 길이 6m 이상의 콘크리트 등으로 포장한 공지

기억법 주156

(2) **급유공지** : 고정급유설비의 호스기기의 주위에 필요한 공지

참고
**고정주유설비와 고정급유설비**(위험물규칙 [별표 13])
(1) **고정주유설비** : 펌프기기 및 호스기기로 되어 위험물을 자동차 등에 직접 주유하기 위한 설비로서 현수식 포함
(2) **고정급유설비** : 펌프기기 및 호스기기로 되어 위험물을 용기에 옮겨 담거나 이동저장탱크에 주입하기 위한 설비로서 현수식 포함

답 ③

★★★
## 69 거짓, 그 밖의 부정한 방법으로 등록을 한 소방시설관리업자의 1차 행정처분기준은?

19회 문 59
16회 문 64
15회 문 57
12회 문 57
11회 문 72
11회 문 73
10회 문 65
09회 문 64
09회 문 66
07회 문 61
07회 문 63
04회 문 74

① 경고
② 영업정지 3월
③ 영업정지 6월
④ 등록취소

해설 **소방시설법 시행규칙 [별표 8]**
**소방시설관리업자의 행정처분기준**

| 위반사항 | 행정처분기준 | | |
|---|---|---|---|
| | 1차 | 2차 | 3차 |
| ① 미점검<br>② 점검능력평가를 받지 않고 자체점검을 한 경우 | 영업정지 1월 | 영업정지 3월 | 등록취소 |
| ③ 거짓점검<br>④ 등록기준미달(단, 기술인력이 퇴직하거나 해임되어 30일 이내에 재선임하여 신고하는 경우 제외) | 경고(시정명령) | 영업정지 3월 | 등록취소 |
| ⑤ 부정한 방법으로 등록한 때<br>⑥ 등록결격사유에 해당한 때<br>⑦ 등록증 또는 등록수첩 대여 | 등록취소 보기 ④ | – | – |

답 ④

★

## 70 소방대원에게는 필요한 교육·훈련을 실시하여야 하는데 이와 관련이 없는 사람은?

① 소방청장 ② 시·도지사
③ 소방본부장 ④ 소방서장

해설 **기본법 제17조**
**소방교육·훈련**

(1) 실시자 ┬ **소방청장** 보기 ①
├ **소방본부장** 보기 ③
└ **소방서장** 보기 ④

(2) 실시규정 : **행정안전부령**

답 ②

★★★

## 71 다음 중 100만원 이하의 벌금에 해당되지 않는 것은?

① 정당한 사유 없이 소방대의 생활안전활동을 방해한 자
② 피난명령을 위반한 사람
③ 위험시설 등에 대한 긴급조치를 방해한 사람
④ 소방용수시설 또는 비상소화장치의 효용을 방해한 사람

해설 **기본법 제54조**
**100만원 이하의 벌금**

(1) 피난명령 위반 보기 ②
(2) 위험시설 등에 대한 긴급조치 방해 보기 ③
(3) 소방활동을 하지 않은 관계인
(4) 위험시설 등에 정당한 사유없이 **물**의 **사용**이나 **수도**의 **개폐장치**의 사용 또는 조작을 하지 못하게 하거나 **방해**한 자
(5) 소방대의 생활안전활동을 방해한 자 보기 ①

**④ 5년 이하의 징역 또는 5000만원 이하의 벌금**

답 ④

★★

## 72 소방대상물에 설치된 전기실로 그 바닥면적이 얼마 이상인 경우 물분무등소화설비를 설치하는가?

① $100m^2$ ② $200m^2$
③ $300m^2$ ④ $400m^2$

해설 **소방시설법 시행령 [별표 4]**
**물분무등소화설비의 설치대상**

| 설치대상 | 조 건 |
|---|---|
| ① 차고·주차장(50세대 미만 연립주택 및 다세대주택 제외) | • 바닥면적 합계 **200m²** 이상 |
| ② 전기실·발전실·변전실<br>③ 축전지실·통신기기실·전산실 | • 바닥면적 **300m²** 이상 보기 ③ |
| ④ 주차용 건축물 | • 연면적 **800m²** 이상 |
| ⑤ 기계식 주차장치 | • **20대** 이상 |
| ⑥ 항공기격납고 | • 전부(규모에 관계없이 설치) |
| ⑦ 중·저준위 방사성 폐기물의 저장시설(소화수를 수집·처리하는 설비 미설치) | • 이산화탄소 소화설비, 할론소화설비, 할로겐화합물 및 불활성기체 소화설비 설치 |
| ⑧ 지하가 중 터널 | • 예상교통량, 경사도 등 터널의 특성을 고려하여 행정안전부령으로 정하는 터널 |
| ⑨ 지정문화유산(문화유산 자료 제외) | • 소방청장이 국가유산청장과 협의하여 정하는 것 또는 적응소화설비 |

답 ③

★★★

## 73 화재가 발생할 우려가 높거나 화재가 발생하는 경우 그로 인하여 피해가 클 것으로 예상되는 구역에 대하여 취할 수 있는 조치는?

① 화재예방강화지구로 지정
② 소방활동구역의 설정
③ 소화활동지역으로 지정
④ 소방훈련지역의 설정

해설 **화재예방법 제2조**
**화재예방강화지구** 보기 ①
(1) 지정 : **시·도지사**
(2) 화재안전조사 : **소방청장, 소방본부장** 또는 **소방서장**(소방관서장)

※ **화재예방강화지구** : 화재발생 우려가 크거나 화재가 발생할 경우 피해가 클 것으로 예상되는 지역에 대하여 화재의 예방 및 안전관리를 강화하기 위해 지정·관리하는 지역

답 ①

★★★
## 74 소방시설 등의 점검결과를 거짓으로 한 소방시설관리사의 1차 행정처분기준은?

19회 문 59 16회 문 64 15회 문 57 12회 문 57 11회 문 72 11회 문 73 10회 문 65 09회 문 64 09회 문 66 07회 문 61 07회 문 63 04회 문 69

① 경고(시정명령)
② 자격정지 6월
③ 자격정지 2년
④ 자격취소

해설 **소방시설법 시행규칙 [별표 8]**
**소방시설관리사의 행정처분기준**

| 위반사항 | 행정처분기준 | | |
|---|---|---|---|
| | 1차 | 2차 | 3차 |
| ① 미점검 | 자격정지 1월 | 자격정지 6월 | 자격취소 |
| ② 거짓점검 보기 ①<br>③ 대행인력 배치기준·자격·방법 미준수<br>④ 자체점검 업무 불성실 | 경고(시정명령) | 자격정지 6월 | 자격취소 |
| ⑤ 부정한 방법으로 시험합격<br>⑥ 소방시설관리사증 대여<br>⑦ 관리사 결격사유에 해당한 때<br>⑧ 2 이상의 업체에 취업한 때 | 자격취소 | – | – |

답 ①

★★★
## 75 관리의 권원이 분리된 특정소방대상물의 소방안전관리를 하여야 할 특정소방대상물로서 고층건축물은 지하층을 제외한 층수가 몇 층 이상인 것을 말하는가?

① 11 ② 15
③ 19 ④ 23

해설 **화재예방법 제35조, 화재예방법 시행령 제35조**
**관리의 권원이 분리된 특정소방대상물의 소방안전관리**
(1) 복합건축물(**지하층**을 **제외**한 **11층** 이상 또는 연면적 $30000m^2$ 이상) 보기 ①
(2) 지하가(지하의 인공구조물 안에 설치된 상점 및 사무실, 그 밖에 이와 비슷한 시설이 연속하여 지하도에 접하여 설치된 것과 그 지하도를 합한 것)
(3) 도매시장, 소매시장 및 전통시장

답 ①



# 제 4 과목 위험물의 성질·상태 및 시설기준

★
## 76 지하저장탱크의 액체위험물의 누설을 검사하기 위한 관의 기준으로 적합하지 않은 것은?

① 단관으로 할 것
② 재료는 금속관 또는 경질합성수지관으로 할 것
③ 관은 탱크전용실의 바닥에 닿게 할 것
④ 관의 밑부분으로부터 탱크의 중심높이까지의 부분에는 소공이 뚫려 있을 것

해설 **위험물규칙 [별표 8]**
**지하저장탱크 누설검사관 설치기준**
(1) **이중관**으로 할 것(단, 소공이 없는 상부는 **단관**으로 할 수 있다)
(2) 재료는 **금속관** 또는 **경질합성수지관**으로 할 것 보기 ②
(3) 관은 **탱크전용실**의 **바닥** 또는 **탱크**의 **기초** 위에 닿게 할 것 보기 ③
(4) 관의 밑부분으로부터 탱크의 중심높이까지의 부분에는 **소공**이 뚫려 있을 것(단, 지하수위가 높은 장소에 있어서는 지하수위 높이까지의 부분에 소공이 뚫려 있어야 한다) 보기 ④
(5) 상부는 물이 침투하지 아니하는 구조로 하고, 뚜껑은 검사시에 쉽게 열 수 있도록 할 것

답 ①

★
## 77 자체에서 산소를 함유하고 있어 공기 중의 산소를 필요로 하지 않고 자기연소하는 것은 어느 것인가?

① 카바이드 ② 생석회
③ 초산에스터류 ④ 질산에스터류

해설 **제5류 위험물**(자기연소성 물질)
(1) 유기과산화물·나이트로화합물·나이트로소화합물
(2) 질산에스터류·하이드라진 유도체 보기 ④
(3) 아조화합물·다이아조화합물

답 ④

★★★
**78** 위험물제조소의 환기설비 중 급기구의 크기는? (단, 급기구의 바닥면적은 150m² 이상이다.)

18회 문 88 / 14회 문 89 / 12회 문 72 / 11회 문 81 / 11회 문 88 / 10회 문 53 / 10회 문 76 / 09회 문 76 / 07회 문 86

① 150cm² 이상 ② 30cm² 이상
③ 450cm² 이상 ④ 800cm² 이상

해설 **위험물규칙 [별표 4]**
**위험물제조소의 환기설비**
(1) 환기는 **자연배기방식**으로 할 것
(2) 급기구는 바닥면적 **150m²**마다 1개 이상으로 하되, 그 크기는 **800cm²** 이상일 것 보기 ④

| 바닥면적 | 급기구의 면적 |
|---|---|
| 60m² 미만 | 150cm² 이상 |
| 60~90m² 미만 | 300cm² 이상 |
| 90~120m² 미만 | 450cm² 이상 |
| 120~150m² 미만 | 600cm² 이상 |

(3) 급기구는 **낮은 곳**에 설치하고, 가는 눈의 구리망 등으로 **인화방지망**을 설치할 것
(4) 환기구는 지붕 위 또는 지상 **2m** 이상의 높이에 **회전식 고정 벤틸레이터** 또는 **루프팬방식**으로 설치할 것

답 ④

★★
**79** 다음 중 포소화설비에서 소화적응성이 없는 것은?

① 제1류 위험물(알칼리금속 과산화물)
② 제2류 위험물(인화성 고체)
③ 제5류 위험물
④ 제6류 위험물

해설 **위험물규칙 [별표 17]**
**포소화설비의 소화적응성**
(1) 건축물, 그 밖의 공작물
(2) 제1류 위험물(알칼리금속과산화물 등 제외) 보기 ①
(3) 제2류 위험물(**인화성 고체**)
(4) 제2류 위험물(철분·금속분·마그네슘 등 제외)
(5) 제3류 위험물(금수성 물품 제외)
(6) 제4류 위험물
(7) 제5류 위험물
(8) 제6류 위험물

답 ①

★★★
**80** 보냉장치가 없는 이동저장탱크에 저장하는 아세트알데하이드의 유지온도는?

① 30℃ 이하 ② 30℃ 이상
③ 40℃ 이하 ④ 40℃ 이상

해설 **위험물규칙 [별표 18]**
**보냉장치**가 **없는** 이동저장탱크에 저장하는 **아세트알데하이드** 등 또는 **다이에틸에터** 등의 온도는 **40℃** 이하로 유지할 것 보기 ③

※ 보냉장치가 있는 것 : **비점** 이하로 유지

답 ③

★★★
**81** 위험물제조소 표지의 바탕색은?

① 청색 ② 적색
③ 백색 ④ 흑색

해설 **위험물규칙 [별표 4]**
**위험물제조소의 표지**
(1) 한 변의 길이가 **0.3m** 이상, 다른 한 변의 길이가 **0.6m** 이상인 직사각형일 것
(2) 바탕은 **백색**으로, 문자는 **흑색**일 것 보기 ③

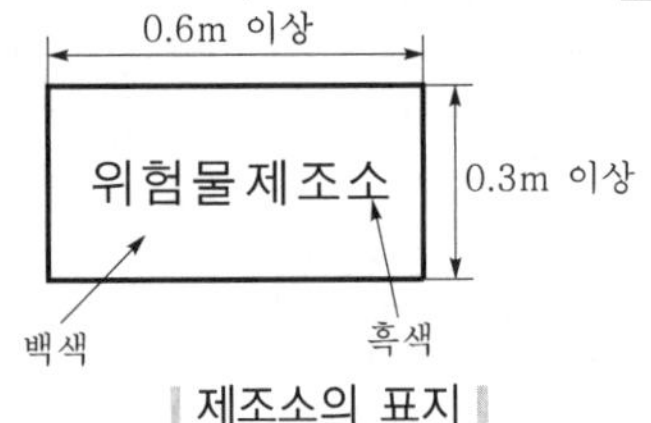


| 제조소의 표지 |

답 ③

★★★
**82** 순수한 프로판가스의 화학적 성질로 틀린 것은?

① 휘발유 등 유기용매에 잘 녹는다.
② 액화하면 물보다 가볍다.
③ 독성이 없는 가스이다.
④ 무색으로 독특한 냄새가 있다.

해설 **액화석유가스(LPG)의 화재성상**
(1) 주성분은 **프로판**($C_3H_8$)과 **부탄**($C_4H_{10}$)이다.
(2) **무색무취**이다.
(3) 독성이 없는 가스이다. 보기 ③
(4) 액화하면 물보다 가볍고, 기화하면 **공기보다 무겁다.** 보기 ②
(5) 휘발유 등 **유기용매**에 잘 녹는다. 보기 ①
(6) **천연고무**를 잘 녹인다.

④ 무색무취이다.

답 ④

★★★
## 83 위험물제조소의 안전거리로서 옳지 않은 것은?

18회 문 92 16회 문 92 15회 문 88 14회 문 88 13회 문 88 11회 문 66 10회 문 87 09회 문 92 07회 문 77 06회 문100 05회 문 79 02회 문100

① 3m 이상 : 7~35kV 이하의 특고압가공전선
② 5m 이상 : 35kV를 초과하는 특고압가공전선
③ 20m 이상 : 주거용으로 사용하는 것
④ 50m 이상 : 유형문화재

해설 위험물규칙 [별표 4]
위험물제조소의 안전거리

| 안전거리 | 대 상 |
|---|---|
| 3m 이상 | • **7~35kV** 이하의 특고압가공전선 보기 ① |
| 5m 이상 | • **35kV**를 초과하는 특고압가공전선 보기 ② |
| 10m 이상 | • **주거용**으로 사용되는 것 보기 ③ |
| 20m 이상 | • 고압가스 **제조**시설(용기에 충전하는 것 포함)<br>• 고압가스 **사용**시설(1일 $30m^3$ 이상 용적 취급)<br>• 고압가스 **저장**시설<br>• 액화산소 **소비**시설<br>• 액화석유가스 제조·저장시설<br>• 도시가스 공급시설 |
| 30m 이상 | • 학교<br>• 병원급 의료기관<br>• 공연장, • 영화상영관 — **300명** 이상 수용시설<br>• 아동복지시설<br>• 노인복지시설<br>• 장애인복지시설<br>• 한부모가족 복지시설<br>• 어린이집<br>• 성매매 피해자 등을 위한 지원시설<br>• 정신건강증진시설<br>• 가정폭력피해자 보호시설 — **20명** 이상 수용시설 |
| 50m 이상 | • 유형문화재 보기 ④<br>• 지정문화재 |

③ 20m → 10m

답 ③

★★★
## 84 옥외탱크저장소의 탱크 중 압력탱크의 수압시험방법으로 옳은 것은?

① 0.07MPa의 압력으로 10분간 실시
② 0.15MPa의 압력으로 10분간 실시
③ 최대 상용압력의 0.7배의 압력으로 10분간 실시
④ 최대 상용압력의 1.5배의 압력으로 10분간 실시

해설 위험물규칙 [별표 6]
옥외저장탱크의 외부구조 및 설비
(1) 압력탱크 : **수압시험(최대 상용압력**의 **1.5배**의 압력으로 **10분**간 실시) 보기 ④
(2) 압력탱크 외의 탱크 : **충수시험**

답 ④

★
## 85 지하탱크저장소의 탱크의 보호조치로서 탱크의 외면에 두께 몇 cm 이상이 되도록 아스팔트루핑에 의한 피복을 하여야 하는가?

① 1cm ② 2cm
③ 3cm ④ 4cm

해설 위험물규칙 [별표 8]
지하탱크저장소의 탱크의 보호조치 보기 ①
(1) 탱크의 외면에 부식방지도장을 실시하고, 그 표면에 아스팔트 및 아스팔트루핑에 의한 피복을 두께 **1cm**에 이를 때까지 교대로 실시할 것
(2) 탱크의 외면에 부식방지제 및 아스팔트프라이머의 순으로 도장을 한 후 아스팔트루핑 및 철망의 순으로 탱크를 피복하고, 그 표면에 두께가 **2cm** 이상에 이를 때까지 **모르타르**를 도장할 것

답 ①

★★
## 86 위험물제조소의 하나의 취급탱크 주위에 설치하는 방유제의 용량은 해당 탱크용량의 몇 % 이상으로 하여야 하는가?

17회 문 91 13회 문 90 09회 문 89 08회 문 77 02회 문 76

① 10 ② 30
③ 50 ④ 70

해설 위험물규칙 [별표 4] 보기 ③
위험물제조소의 하나의 취급탱크 주위에 설치하는 방유제의 용량은 해당 탱크용량의 **50%** 이상으로 하고, **2 이상**의 취급탱크 주위에 하나의 방유제를 설치하는 경우 그 방유제의 용량은 해당 탱크 중 용량이 최대인 것의 **50%**에 나머지 탱크 용량 합계의 **10%**를 가산한 양 이상이 되게 할 것

답 ③

★★
## 87 옥외저장탱크의 주입구 설치기준에 적합하지 않은 것은?

① 화재예방상 지장이 없는 장소에 설치할 것
② 주입호스 또는 주입관과 결합할 수 있고, 결합하였을 때 위험물이 새지 아니할 것
③ 주입구에는 밸브를 설치하고, 뚜껑은 설치하지 아니할 것
④ 인화점이 21℃ 미만인 위험물의 옥외저장탱크의 주입구에는 보기 쉬운 곳에 게시판을 설치할 것

해설 **위험물규칙 [별표 6]**
**옥외저장탱크의 주입구 기준**
(1) **화재예방상** 지장이 없는 장소에 설치할 것 보기 ①
(2) 주입호스 또는 주입관과 결합할 수 있고, 결합하였을 때 위험물이 새지 아니할 것 보기 ②
(3) 주입구에는 **밸브** 또는 **뚜껑**을 설치할 것 보기 ③
(4) **휘발유, 벤젠,** 그 밖에 정전기에 의한 재해가 발생할 우려가 있는 액체위험물의 옥외저장탱크의 주입구 부근에는 정전기를 유효하게 제거하기 위한 **접지전극**을 설치할 것
(5) **인화점**이 21℃ 미만인 위험물의 옥외저장탱크의 주입구에는 보기 쉬운 곳에 **게시판**을 설치할 것 보기 ④

③ 밸브를 설치하고, 뚜껑은 설치하지 아니할 것
→ 밸브 또는 뚜껑을 설치할 것

답 ③

★★★
## 88 지하저장탱크의 윗부분은 지면으로부터 몇 m 이상 아래에 있어야 하는가?

18회 문 93
15회 문 94
12회 문 83
10회 문 89
09회 문 93

① 0.3m ② 0.5m
③ 0.6m ④ 0.75m

해설 **위험물규칙 [별표 8]**
**지하탱크저장소의 기준**
(1) 지하저장탱크의 윗부분은 지면으로부터 **0.6m** 이상 아래에 있어야 한다. 보기 ③
(2) 지하저장탱크를 2 이상 인접해 설치하는 경우에는 그 상호간에 **1m**(해당 2 이상의 지하저장탱크의 용량의 합계가 지정수량의 100배 이하인 때에는 **0.5m**) 이상의 간격을 유지하여야 한다.

답 ③

★★
## 89 지정과산화물을 저장 또는 취급하는 옥내저장소의 저장창고의 지붕의 기준으로 틀린 것은?

① 중도리 또는 서까래의 간격은 45cm 이하로 할 것
② 두께 5cm 이상, 너비 30cm 이상의 목재로 만든 받침대를 설치할 것
③ 지붕의 아래쪽 면에는 한 변의 길이가 45cm 이하의 환강 등으로 된 강제의 격자를 설치할 것
④ 지붕의 아래쪽 면에 철망을 쳐서 불연재료의 도리·보 또는 서까래에 단단히 결합할 것

해설 **위험물규칙 [별표 5]**
**지정과산화물 저장·취급 옥내저장소의 지붕 조건**
(1) 중도리 또는 서까래의 간격은 **30cm** 이하로 할 것
(2) 지붕의 아래쪽 면에는 한 변의 길이가 **45cm** 이하의 **환강·경량형강** 등으로 된 강제의 격자를 설치할 것 보기 ③
(3) 지붕의 아래쪽 면에 철망을 쳐서 **불연재료**의 **도리·보** 또는 **서까래**에 단단히 결합할 것 보기 ④
(4) 두께 **5cm** 이상, 너비 **30cm** 이상의 목재로 만든 받침대를 설치할 것 보기 ②

답 ①

★
## 90 정제과정에 따라 감색유, 적색유, 백색유로 되는 것은?

① 장뇌유 ② 아마인유
③ 송근유 ④ 테레빈유

해설 **장뇌유**의 용도 보기 ①
(1) **감색유**, (2) **백색유** – 부유선광제, 방충방취제
(3) **적색유** : 바닐린, 농약원료

답 ①

★★★
## 91 이동탱크저장소의 탱크는 두께 몇 mm 이상의 강철판을 사용하여 제작하여야 하는가?

① 1.6mm 이상 ② 2.3mm 이상
③ 3.2mm 이상 ④ 50mm 이상

해설 **위험물규칙 [별표 10]**
**이동탱크저장소**의 탱크(맨홀 및 주입관 뚜껑 포함)는 두께 **3.2mm** 이상의 **강철판**을 사용할 것 **보기 ③**

중요

**이동탱크저장소의 두께**(위험물규칙 [별표 10])

| 구 분 | 설 명 |
|---|---|
| 방파판 | **1.6mm** 이상 |
| 방호틀 | **2.3mm** 이상(정상부분은 **50mm** 이상 높게 할 것) |
| 탱크 본체 | **3.2mm** 이상 |
| 주입관의 뚜껑 | **10mm** 이상 |
| 맨홀 | |

※ **방파판**의 **면적** : 수직단면적의 **50%** (원형·타원형은 **40%**) 이상

답 ③

### 92 플라스틱 재료와 그 특성에 대한 대비로 옳은 것은?

① PVC수지 – 열가소성
② 페놀수지 – 열가소성
③ 폴리에틸렌수지 – 열경화성
④ 멜라민수지 – 열가소성

해설 **합성수지**의 **화재성상**

| 열가소성수지 | 열경화성수지 |
|---|---|
| ① PVC수지 **보기 ①**<br>② 폴리에틸렌수지<br>③ 폴리스티렌수지<br>기억법 **열가P폴** | ① 페놀수지<br>② 요소수지<br>③ 멜라민수지 |

답 ①

### 93 위험물 저장탱크의 내용적을 산출하기 위한 식 중 다음 그림에 해당되는 것은 어느 것인가?

17회 문 96
05회 문 86

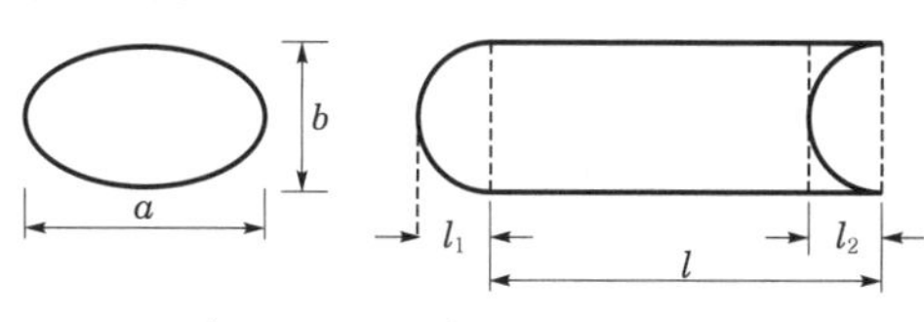


① $\dfrac{\pi ab}{4}\left(l+\dfrac{l_1+l_2}{3}\right)$

② $\dfrac{\pi ab}{4}\left(l+\dfrac{l_1-l_2}{3}\right)$

③ $\pi r^2\left(l+\dfrac{l_1+l_2}{3}\right)$

④ $\pi r^2 l$

해설 **위험물안전관리에 관한 세부기준 [별표 1]**
**탱크의 내용적**

(1) 타원형 탱크의 내용적
① 양쪽이 볼록한 것

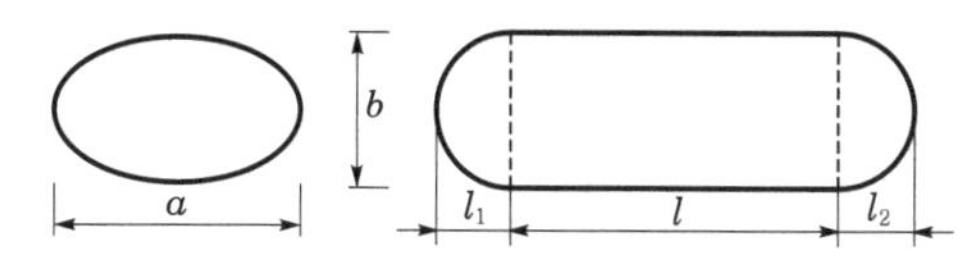


$$내용적=\frac{\pi ab}{4}\left(l+\frac{l_1+l_2}{3}\right)$$

② 한쪽은 볼록하고 다른 한쪽은 오목한 것

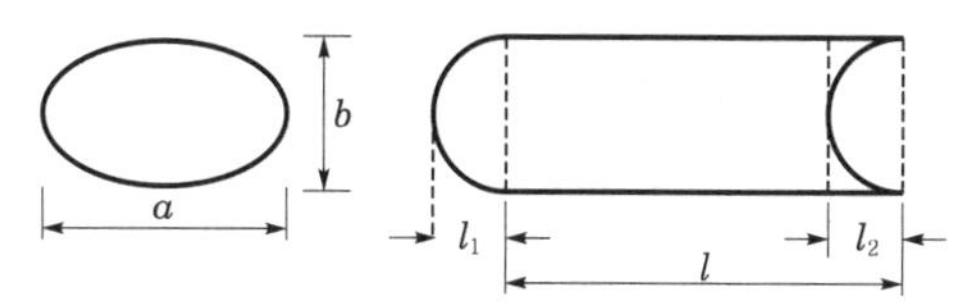


$$내용적=\frac{\pi ab}{4}\left(l+\frac{l_1-l_2}{3}\right)$$

(2) 원형 탱크의 내용적
① 횡으로 설치한 것

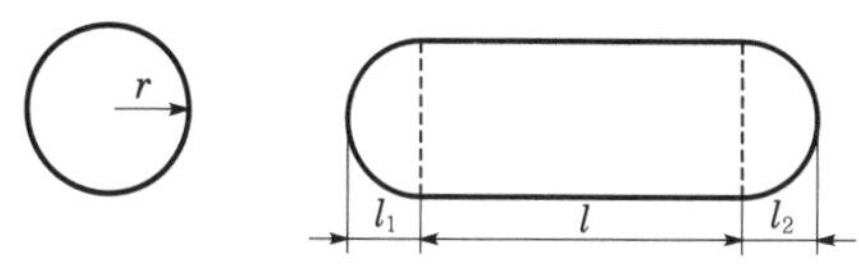


$$내용적=\pi r^2\left(l+\frac{l_1+l_2}{3}\right)$$

② 종으로 설치한 것

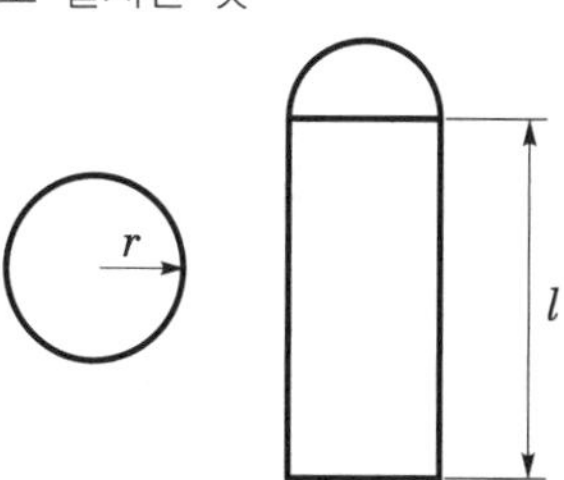


$$내용적=\pi r^2 l$$

답 ②

04회

★★★

## 94 다음 중 아세트알데하이드의 인화점은 몇 ℃인가?

18회 문 18
16회 문 88
13회 문 91
12회 문 80
03회 문 90
03회 문 99

① −45℃ ② −37.7℃
③ −30℃ ④ −11℃

해설 **인화점**

(1) 아세트알데하이드 : −37.7℃ 보기 ②
(2) 벤젠 : −11℃
(3) 초산메틸 · 질산메틸 : −10℃
(4) 메틸에틸케톤 : −1℃
(5) 톨루엔 : 4℃
(6) 메틸알코올 : 11℃
(7) 에틸알코올 : 13℃
(8) 피리딘 : 20℃
(9) 클로로벤젠 : 32.2℃
(10) 동식물유류 : 250~350℃

답 ②

★★

## 95 다음의 제4류 위험물 중 증기가 공기보다 가벼운 물질은?

① 다이에틸에터
② 이소프렌
③ 시안화수소
④ 펜탄

해설 **시안화수소**(HCN)의 증기는 공기보다 **가볍다.**

참고

**제4류 위험물의 일반성상**
(1) 상온에서 액체이며, 인화성이 높다.
(2) 증기는 공기보다 무겁다(HCN 제외).
(3) 증기는 공기가 약간만 혼합되어 있어도 연소한다.
(4) 대부분 물보다 가볍고 물에 녹기 어렵다.
(5) 착화온도가 낮은 것은 위험하다.

답 ③

★★★

## 96 제4류 위험물 중 석유류의 분류가 옳은 것은?

① 제1석유류 : 아세톤, 가솔린, 이황화탄소
② 제2석유류 : 등유, 경유, 장뇌유
③ 제3석유류 : 중유, 송근유, 크레오소트유
④ 제4석유류 : 윤활유, 가소제, 글리세린

해설

| 품 명 | 대표물질 |
|---|---|
| 제1석유류 | • 아세톤 · 휘발유 · 벤젠<br>• 톨루엔 · 시클로헥산<br>• 아크롤레인 · 초산에스터류 · 의산에스터류<br>• 메틸에틸케톤 · 에틸벤젠 · 피리딘 |
| 제2석유류 | • 등류 · 경유 · 의산 보기 ②<br>• 초산 · 테레빈유 · 장뇌유 보기 ②<br>• 송근유 · 스티렌 · 메틸셀로솔브<br>• 에틸셀로솔브 · 클로로벤젠 · 알릴알코올 · 크실렌 |
| 제3석유류 | • 중유 · 크레오소트유 · 에틸렌글리콜<br>• 글리세린 · 나이트로벤젠 · 아닐린<br>• 담금질유 |
| 제4석유류 | • 기어유 · 실린더유 |

답 ②

★★★

## 97 다음 물질 중 인화점이 가장 낮은 것은?

17회 문 08

① 에터 ② 이황화탄소
③ 아세톤 ④ 벤젠

해설

| 물 질 | 인화점 | 발화점 | 연소범위 |
|---|---|---|---|
| 벤젠 | −11℃ | 562℃ | 1.4~8% |
| 아세톤 | −18℃ | 468℃ | 2.6~12.8% |
| 휘발유 (가솔린) | −20~−43℃ | 300℃ | 1.2~7.6% |
| 이황화탄소 | −30℃ | 100℃ | 1~50% |
| 에터 보기 ① | −45℃ | 180℃ | 1.7~48% |

답 ①

★★

## 98 다음 중 다이에틸에터의 성질로서 옳지 않은 것은?

19회 문 80
11회 문 78
06회 문 85
02회 문 94

① 증기는 마취성이 있다.
② 무색투명하다.
③ 물에는 녹기 어려우나 알코올에는 잘 녹는다.
④ 정전기가 발생하기 어렵다.

해설 **다이에틸에터**의 **일반성상**

(1) 증기는 **마취성**이 있다. 보기 ①
(2) **무색투명**하다. 보기 ②
(3) 물에는 녹기 어려우나 알코올에는 잘 녹는다. 보기 ③
(4) **전기불량도체**이므로 **정전기**가 발생하기 쉽다.

답 ④

★★★
**99** 지정수량 10배 이하의 위험물제조소의 보유공지 너비는?

19회 문 90
07회 문 74

① 3m 이상 ② 5m 이상
③ 7m 이상 ④ 9m 이상

해설 위험물규칙 [별표 4]
위험물제조소의 보유공지

| 취급하는 위험물의 최대수량 | 공지의 너비 |
|---|---|
| 지정수량의 10배 이하 | 3m 이상 **보기 ①** |
| 지정수량의 10배 초과 | 5m 이상 |

답 ①

★★★
**100** 다음 위험물 중 수용성이 없는 물질은?

① 콜로디온 ② 아세트알데하이드
③ 산화프로필렌 ④ 아세톤

해설 **수용성**이 있는 **물질**
(1) 과산화나트륨
(2) 과망가니즈산칼륨
(3) 무수크로뮴산(삼산화크로뮴)
(4) 질산나트륨
(5) 질산칼륨
(6) 초산
(7) 알코올
(8) 피리딘
(9) 아세트알데하이드 **보기 ②**
(10) 메틸에틸케톤
(11) 아세톤 **보기 ④**
(12) 초산메틸
(13) 초산에틸
(14) 초산프로필
(15) 산화프로필렌 **보기 ③**

참고

**조해성이 있는 물질**
(1) 염소산나트륨 : 수산화나트륨과 중화된다.
(2) 염소산암모늄
(3) 질산나트륨
(4) 과염소산마그네슘

※ **조해성** : 공기 중에서 습기를 흡수하여 녹는 성질

답 ①

## 제5과목 소방시설의 구조 원리

★★
**101** P형 수신기의 예비전원의 전압을 시험용 스위치로 시험한 결과 0이었다. 다음 설명 중에서 관계가 없는 것은?

① 감지기 연결배선에 절연불량이 있었다.
② 접속배선이 단선되어 있었다.
③ 부식되어 절연용량이 없었다.
④ 예비전원 단자가 벗겨져 있었다.

해설 예비전원시험은 **감지기회로**(감지기 연결배선)와는 **무관**하다.

※ **예비전원시험** : 상용전원과 비상전원이 자동절환되는지의 여부확인

답 ①

★★★
**102** 이산화탄소 소화설비의 소화약제 저장용기의 선택밸브 또는 개폐밸브 사이에 설치하는 안전장치의 작동압력은 얼마이어야 하는가?

① 12~18MPa
② 15~20MPa
③ 내압시험압력의 0.8배
④ 17~25MPa

해설

| 구 분 | 기 준 | |
|---|---|---|
| 자동냉동장치 | −18℃ 이하에서 2.1MPa 유지 | |
| 압력경보장치 | 2.3MPa 이상 1.9MPa 이하 | |
| 선택밸브 또는 개폐밸브의 안전장치 **보기 ③** | 내압시험압력의 0.8배 | |
| 저장용기 | 저압식 | 3.5MPa 이상 |
| | 고압식 | 25MPa 이상 |
| 안전밸브 | 내압시험압력의 0.64~0.8배 | |
| 봉판 | 내압시험압력의 0.8배~내압시험압력 | |
| 충전비 | 저압식 | 1.1~1.4 이하 |
| | 고압식 | 1.5~1.9 이하 |

답 ③

★★★
### 103 할론소화설비의 배관시공 방법으로 틀린 것은?

① 전용으로 한다.
② 동관을 사용하는 경우 이음이 없는 것을 사용한다.
③ 강관을 사용하는 경우 배관은 압력배관용 탄소강관 중 이음이 없는 것을 사용한다.
④ 주배관은 반드시 스케줄 80 이상의 압력배관용 탄소강관을 사용한다.

해설 **할론소화설비**의 **배관**(NFPC 107 제8조, NFTC 107 2.5)
(1) **전용** 보기 ①
(2) 강관(**압력배관용 탄소강관**) : 스케줄 **40** 이상 보기 ③
(3) 동관(**이음이 없는 동** 및 동합금관) 보기 ②
① 고압식 : 16.5MPa 이상
② 저압식 : 3.75MPa 이상
(4) 배관부속 및 밸브류 : **강관** 또는 **동관**과 동등 이상의 강도 및 내식성 유지

기억법 **할동고16저37**

답 ④

★★
### 104 드렌처(Drencher)설비의 헤드 설치수가 5개일 때 그 수원은 다음 중 어느 것이 맞는가?

① 2000L ② 4000L
③ 6000L ④ 8000L

해설 **드렌처헤드**의 **수원**의 **양** $Q$는
$Q=1.6N=1.6\times 5=8\text{m}^3=8000\text{L}$

답 ④

★★★
### 105 습식 스프링클러설비 외의 설비에 있어서 헤드와 수평주행배관의 기울기로서 옳은 것은?

19회 문103

① 수평주행배관은 헤드를 향하여 상향으로 $\frac{1}{500}$ 이상의 기울기를 가질 것
② 수평주행배관은 헤드를 향하여 상향으로 $\frac{2}{100}$ 이상의 기울기를 가질 것
③ 수평주행배관은 헤드를 향하여 상향으로 $\frac{1}{100}$ 이상의 기울기를 가질 것
④ 수평주행배관은 헤드를 향하여 상향으로 $\frac{1}{250}$ 이상의 기울기를 가질 것

해설 **기울기**

| 기울기 | 설 명 |
|---|---|
| $\frac{1}{100}$ 이상 | 연결살수설비의 수평주행배관 |
| $\frac{2}{100}$ 이상 | 물분무소화설비의 배수설비 |
| $\frac{1}{250}$ 이상 | 습식·부압식 설비 외 설비의 가지배관 |
| $\frac{1}{500}$ 이상 | 습식·부압식 설비 외 설비의 수평주행배관 보기 ① |

답 ①

★★★
### 106 폐쇄형 스프링클러헤드를 주위온도 40℃인 장소에 설치할 경우 표시온도는 몇 ℃의 것을 설치하여야 하는가?

① 79℃ 미만
② 79℃ 이상 121℃ 미만
③ 121℃ 이상 162℃ 미만
④ 162℃ 이상

해설 **폐쇄형 스프링클러헤드**

| 설치장소의 최고 주위온도 | 표시온도 |
|---|---|
| **39**℃ 미만 | **79**℃ 미만 |
| 39~**64**℃ 미만 | 79~**121**℃ 미만 보기 ② |
| 64~**106**℃ 미만 | 121~**162**℃ 미만 |
| 106℃ 이상 | 162℃ 이상 |

기억법 39 79
64 121
106 162

답 ②

★★
### 107 비상콘센트설비의 전원회로의 공급용량 기준으로 옳은 것은?

① 단상교류 : 220V, 1kVA
② 단상교류 : 380V, 1.5kVA
③ 단상교류 : 380V, 1kVA
④ 단상교류 : 220V, 1.5kVA

해설

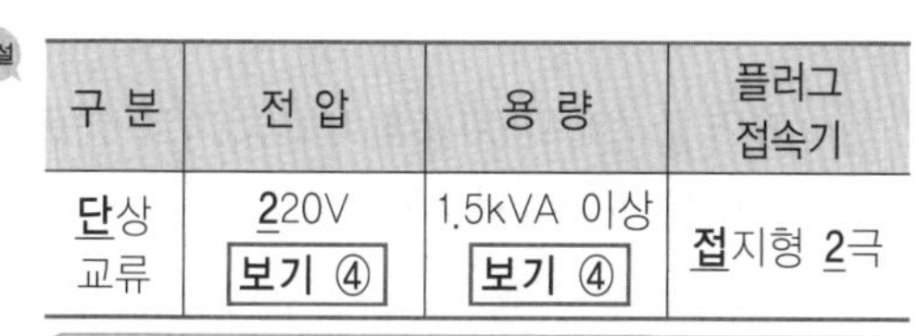

| 구 분 | 전 압 | 용 량 | 플러그 접속기 |
|---|---|---|---|
| 단상 교류 | 220V 보기 ④ | 1.5kVA 이상 보기 ④ | 접지형 2극 |

기억법 단2(단위), 접2(접이식)

답 ④

★★

**108 연결송수관설비에 관한 설명 중 옳은 것은?**

① 송수구는 쌍구형으로 하고, 소방펌프자동차가 접근할 수 있는 위치에 설치할 것
② 송수구의 부근에는 체크밸브를 설치할 것(단, 건식 설비의 경우에는 제외)
③ 주배관의 구경은 65mm 이상으로 할 것
④ 지면으로부터 높이가 31m 이상인 소방대상물에 있어서는 습식 설비로 할 것

해설 **연결송수관설비**를 **습식**으로 해야 하는 경우
(1) 높이 **31m** 이상 보기 ④
(2) **11층** 이상

답 ④

★★★

**109 어느 대상물에 옥외소화전이 4개 설치되어 있는 경우 옥외소화전의 수원의 수량 계산방법에 있어 다음 중 맞는 것은?**

① $2\times7\text{m}^3$　　② $3\times7\text{m}^3$
③ $4\times7\text{m}^3$　　④ $5\times7\text{m}^3$

해설 **수원**의 **저수량** $Q$는
$Q \geq 7N$
$\geq 7\times2 \geq 14\text{m}^3$

※ 소화전 개수($N$)는 **최대 2개**이다.

답 ①

★

**110 테스트펌프를 사용하여 공기관식 감지기 기능시험결과 그림과 같았다. 평상시 공기압에서 $P_2$까지 압을 가했더니 $P_1$에서 전기접점이 구성되었다면 감지기 동작지속시간은? (단, $t_1$, $t_2$, $t_3$는 압력 $P_1$, $P_2$, $P_1$일 때의 각각 시간을 나타낸다.)**

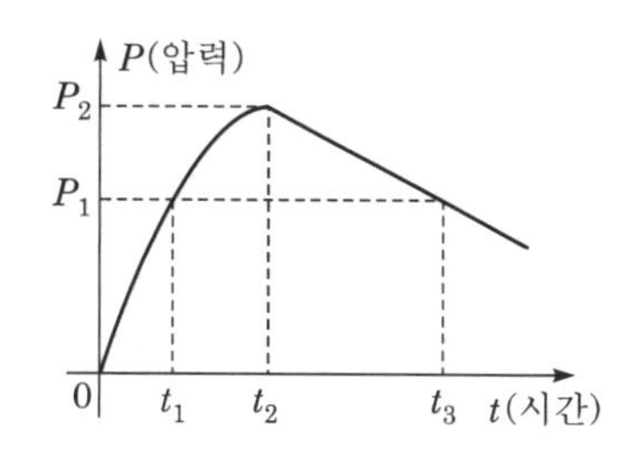


① $t_2-t_1$　　② $t_3-t_2$
③ $t_3-t_1$　　④ $t_2+t_1$

해설 전기접점이 구성되는 $P_1$의 교차점($t_3-t_1$)에서 감지기의 동작이 지속된다.

답 ③

★★

**111 자동화재탐지설비의 수신기를 설치할 때 옳은 것은?**

18회 문115
16회 문115

① 수신기 설치장소는 햇볕이 들고 온도가 높더라도 조작상 방해가 되는 장애물이 없는 곳이면 좋다.
② 수신기는 벽면에 설치하는 경우도 있으므로 탈락되지 않도록 견고히 취부하여야 한다.
③ 자립형 수신기를 설치하는 경우 경사가 지지 않도록 벽면에 붙여서 설치하여야 한다.
④ 수신기는 바닥 위에 견고하게 볼트로 꼭 죄어 설치하며 진동부는 충격이 있는 장소에 설치하여도 좋다.

해설 **수신기**의 **설치**
(1) 수신기의 설치장소는 햇볕이 들지 않는 곳에 설치하여야 한다.
(2) 수신기는 벽면에 설치하는 경우도 있으므로 탈락되지 않도록 견고히 취부하여야 한다. 보기 ②
(3) 자립형 수신기는 벽면으로부터 0.6m 이상 떨어져서 설치하여야 한다.
(4) 수신기의 진동부는 충격이 없는 장소에 설치하여야 한다.

답 ②

★★★

**112** 전역방출방식으로 할론소화설비의 분사헤드 방출압력의 설명으로 맞는 것은?

① 할론 2402를 방출하는 것에 있어서는 0.2MPa 이상일 때
② 할론 1211을 방출하는 것에 있어서는 0.1MPa 이상일 때
③ 할론 1011을 방출하는 것에 있어서는 0.5MPa 이상일 때
④ 할론 1301을 방출하는 것에 있어서는 0.9MPa 이상일 때

해설 **할론소화설비**(NFPC 107 제4조, NFTC 107 2.1.2)

| 구 분 | 할론 1301 | 할론 1211 | 할론 2402 |
|---|---|---|---|
| 저장압력 | 2.5MPa 또는 4.2MPa | 1.1MPa 또는 2.5MPa | – |
| 방출압력 | 0.9MPa | 0.2MPa | 0.1MPa |

답 ④

★★★

**113** 16층인 어느 건축물의 1층에서 화재가 발생하였을 때 비상방송설비가 우선적으로 경보를 하지 않아도 되는 층은?

19회 문116
13회 문116
09회 문116
07회 문116
06회 문116

① 지하층 ② 1층
③ 5층 ④ 6층

해설 **비상방송설비 · 자동화재탐지설비 우선경보방식 적용대상물**

11층(공동주택 16층) 이상의 특정소방대상물의 경보

‖ 음향장치의 경보 ‖

| 발화층 | 경보층 | |
|---|---|---|
| | 11층(공동주택 16층) 미만 | 11층(공동주택 16층) 이상 |
| 2층 이상 발화 | 전층 일제경보 | • 발화층<br>• 직상 4개층 |
| 1층 발화 | 전층 일제경보 | • 발화층<br>• 직상 4개층<br>• 지하층 |
| 지하층 발화 | 전층 일제경보 | • 발화층<br>• 직상층<br>• 기타의 지하층 |

답 ④

★★

**114** 제연설비에서 자동화재감지기와 연동되지 않아도 되는 것은?

① 가동식의 벽 ② 제연경계벽
③ 배출기 ④ 퓨즈댐퍼

해설 **자동화재감지기**와 **연동**되어야 하는 것

(1) 가동식의 벽 **보기 ①**
(2) 제연경계벽 **보기 ②**
(3) 댐퍼(Damper)
(4) 배출기 **보기 ③**

답 ④

★★★

**115** 다음 중 P형 수신기의 기능장치로 사용하지 않는 장치는?

① 화재표시작동시험장치
② 중계기 연결작동시험장치
③ 예비전원시험장치
④ 상용전원과 예비전원의 자동절환장치

해설 **P형 수신기**의 **기능장치**

(1) 화재표시작동시험장치 **보기 ①**
(2) 수신기와 감지기 사이의 도통시험장치
(3) 상용전원과 예비전원의 자동절환장치 **보기 ④**
(4) 예비전원 양부시험장치 **보기 ③**
(5) 기록장치

답 ②

★★

**116** 스프링클러설비의 특징으로 틀린 것은?

① 초기진화에 효과가 좋다.
② 조작이 간편하여 안전하다.
③ 사람이 없는 야간에도 자동적으로 화재를 감지하여 소화를 할 수 있다.
④ 시공이 다른 시설보다 간단하다.

해설 **스프링클러설비**는 시공이 다른 시설보다 **복잡**하다.

참고

**스프링클러설비의 특징**

(1) 초기진화에 효과가 좋다. **보기 ①**
(2) 조작이 간편하여 안전하다. **보기 ②**
(3) 사람이 없는 야간에도 자동적으로 화재를 감지하여 소화할 수 있다. **보기 ③**
(4) 물이 소화약제로 사용되므로 경제적이다.

답 ④

★★★

## 117 전기설비가 되어 있는 곳에 할론 1301 소화설비를 설치할 경우에 필요한 소화약제량은? (단, 전기실 체적 800m³, 자동폐쇄장치를 설치하지 않은 개구부면적 30m²)

19회 문118 19회 문122 16회 문107 15회 문112 13회 문109 10회 문 28 10회 문118 05회 문104 02회 문115

① 320kg ② 288kg
③ 328kg ④ 318kg

해설 **할론 저장량**
=방호구역체적〔m³〕×약제량〔kg/m³〕
　+개구부면적〔m²〕×개구부가산량〔kg/m²〕
=800m³×0.32kg/m³+30m²×2.4kg/m²
=328kg

참고

**할론 1301의 약제량 및 개구부가산량**

| 방호대상물 | 약제량 | 개구부 가산량(자동폐쇄장치 미설치시) |
|---|---|---|
| 차고 · 주차장 · 전기실 · 전산실 · 통신기기실 | 0.32~0.64kg/m³ | 2.4kg/m² |
| 사류 · 면화류 | 0.52~0.64kg/m³ | 3.9kg/m² |

기억법 차주전통할(전통활)
할사면(할아버지 사면)

답 ③

★

## 118 도통시험을 한 결과 단선이 된 회선이 있었을 때 그 원인으로 적당하지 않다고 생각되는 것은?

① 말단에 종단저항이 없었다.
② 회로선로가 단선되었다.
③ 도통시험 릴레이의 접점불량이다.
④ 시험스위치의 불량이다.

해설 **도통시험시**에는 릴레이가 작동되지 않으므로 릴레이의 접점불량과는 관계가 없다. 보기 ③

답 ③

★★★

## 119 옥내소화전설비에서 토출량이 $Q$(L/min)인 소화펌프 2대를 직렬로 연결하였다면 토출량은?

18회 문 43 15회 문 26 09회 문104

① $Q$ ② $2Q$
③ $3Q$ ④ $4Q$

해설 **펌프의 연결**

| 직렬연결 | 병렬연결 |
|---|---|
| ① 양수량(토출량, 유량) : $Q$ 보기 ①<br>② 양정 : $2H$ | ① 양수량(토출량, 유량) : $2Q$<br>② 양정 : $H$ |

답 ①

★★★

## 120 옥내소화전의 배관설비에 대한 설명으로 부적합한 것은?

① 펌프의 흡수관에 여과장치를 한다.
② 주배관 중 수직배관은 구경 50mm 이상의 것으로 한다.
③ 연결송수관과 겸용하는 경우의 가지관은 구경 50mm 이상의 것으로 한다.
④ 연결송수관의 설비와 겸용할 경우의 주배관의 구경은 100mm 이상의 것으로 한다.

해설 **옥내소화전설비**의 **배관구경**(NFPC 102 제6조, NFTC 102 2.3.5~2.3.6)

| 구 분 | 가지배관 | 주배관 중 수직배관 |
|---|---|---|
| 호스릴 | 25mm 이상 | 32mm 이상 |
| 일반 | 40mm 이상 | 50mm 이상 |
| 연결송수관 겸용 | 65mm 이상 | 100mm 이상 |

답 ③

★★★

## 121 제연설비의 설치장소를 제연구역으로 구획할 때 옳은 것은?

① 하나의 제연구역의 면적은 3000m² 이내로 할 것
② 하나의 제연구역은 3개 이상 층에 미치도록 할 것
③ 하나의 제연구역은 직경 80m 원 내에 들어갈 수 있을 것
④ 거실과 통로는 각각 제연구획할 것

해설 **제연구역**의 **기준**
(1) 하나의 제연구역의 면적은 **1000m²** 이내로 할 것
(2) 하나의 제연구역은 **2개** 이상 층에 미치지 아니할 것
(3) 하나의 제연구역은 직경 **60m** 원 내에 들어갈 수 있을 것
(4) 거실과 통로는 각각 **제연구획**할 것 보기 ④

답 ④

★
## 122 스프링클러설비의 점검정비에 관한 사항 중 부적절한 것은?

① 정비작업을 마친 후 30분 이하에 급수를 재개한다.
② 헤드의 주위에 필요한 공간을 갖는다.
③ 헤드는 규정의 일정간격을 유지하고 있는가를 확인한다.
④ 실온에 맞는 표시온도의 헤드를 사용한다.

해설 **정비작업**을 마친 후 **즉시 급수**를 **재개**하여 화재시를 대비하여야 한다. 보기 ①

① 30분 이하 → 즉시

답 ①

★★
## 123 습식 또는 건식 스프링클러설비에서 가압송수장치로부터 최고 위치, 최대 먼거리에 설치된 가지관의 말단에 시험배관을 설치하는 목적으로 가장 적합한 것은?

① 배관 내의 부식 및 이물질의 축적여부를 진단하기 위해서이다.
② 펌프의 성능시험을 하기 위해서이다.
③ 유수경보장치의 기능을 수시 확인하기 위해서이다.
④ 평상시 배관 내의 수압이 적당한 상태로 유지되고 있는지 확인하기 위해서이다.

해설 **시험배관**의 **설치목적**
(1) 유수검지장치(유수경보장치) 기능 점검 보기 ③
(2) 적정 **방수압** 및 **방수량** 확인
(3) 음향경보장치 작동 확인
(4) 수신반의 **화재등** 및 **지구등** 점등 확인
(5) 펌프의 **자동기동** 확인

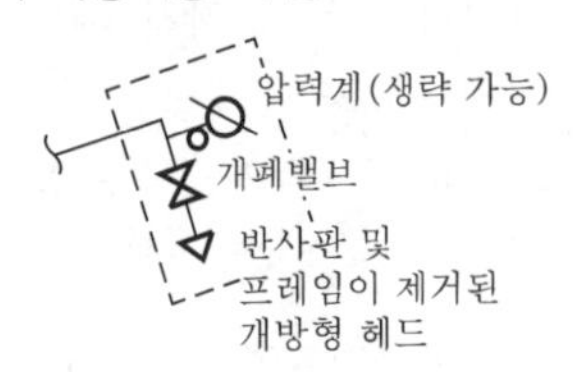


| 시험배관 |

※ 압력계는 생략가능

답 ③

★★★
## 124 연결송수관설비의 설치기준 중 적합하지 않는 것은?

① 주배관의 구경은 100mm 이상의 전용배관으로 설치
② 송수구는 구경 65mm로 설치
③ 방수구는 구경 65mm로 설치
④ 방수구는 해당 층의 각 부분으로부터 수평거리 40m 이하가 되도록 설치

해설 수평거리

| 수평거리 | 설 명 |
|---|---|
| 10m 이하 | 예상제연구역 |
| 15m 이하 | ① 호스릴 분말소화설비<br>② 호스릴 포소화설비<br>③ 호스릴 이산화탄소 소화설비<br>④ 호스릴 옥내소화전설비 |
| 20m 이하 | 호스릴 할론소화설비 |
| 25m 이하 | ① 옥내소화전 방수구<br>② 고정포 방출구(포소화전) |
| 40m 이하 | 옥외소화전 호스접결구 |
| 50m 이하 | 연결송수관설비 방수구 |

④ 방수구는 해당 층의 각 부분으로부터 수평거리 50m 이하가 되도록 설치한다.

답 ④

★
## 125 자동화재탐지설비에서 비화재보가 계속되는 경우의 조치로서 적당하지 않는 것은?

① 감지기회로의 배선의 절연상태 조사
② 수신기 내부의 계전기 기능 조사
③ 전원회로의 전압계의 지시 확인
④ 감지기 설치장소에 이상온도 반입체가 있는가 조사

해설 **비화재보**(오동작)는 **전압계**의 지시와는 무관하다.

답 ③

# 1996년도 제03회 소방시설관리사 1차 국가자격시험

| 문제형별 | 시 간 | 시험과목 |
|---|---|---|
| A | 125분 | ① 소방안전관리론 및 화재역학<br>② 소방수리학, 약제화학 및 소방전기<br>③ 소방관련 법령<br>④ 위험물의 성질 · 상태 및 시설기준<br>⑤ 소방시설의 구조 원리 |

| 수험번호 | | 성 명 | |
|---|---|---|---|

【 수험자 유의사항 】

1. **시험문제지**는 단일형별(A형)이며, 답안카드형별 기재란에 표시된 형별(A형)을 확인하시기 바랍니다. 시험문제지의 **총면수**, **문제번호 일련순서**, **인쇄상태** 등을 확인하시고, 문제지 표지에 수험번호와 성명을 기재하시기 바랍니다.

2. 답은 각 문제마다 요구하는 **가장 적합하거나 가까운 답 1개**만 선택하고, 답안카드 작성시 **마킹착오**로 인한 불이익은 전적으로 **수험자에게 책임**이 있음을 알려드립니다.

3. 답안카드는 국가전문자격 공통 표준형으로 문제번호가 1번부터 125번까지 인쇄되어 있습니다. 답안 마킹시에는 반드시 **시험문제지의 문제번호와 동일한 번호**에 마킹하여야 합니다.

4. **감독위원의 지시에 불응하거나 시험시간 종료 후 답안카드를 제출하지 않을 경우** 불이익이 발생할 수 있음을 알려드립니다.

5. 시험문제지는 시험 종료 후 가져가시기 바랍니다.

# 03회 1996. 03. 31. 시행



## 제 1 과목 소방안전관리론 및 화재역학

★

**01** 서로 유사한 탄화수소계의 가스에서는 연소하한계의 농도(vol%)와 그의 연소열(kcal/mol)의 곱은 거의 일정(약 1100kcal)한 관계를 나타낸다. 이를 무슨 법칙이라고 하는가?

① Le Chatelier의 법칙
② Burgess-Wheeler의 법칙
③ Boyle의 법칙
④ Gay-Lussac의 법칙

해설 **버거스 휠러(Burgess-Wheeler)의 법칙** 보기 ②
서로 유사한 탄화수소계의 가스에서는 **연소하한계**의 농도〔vol%〕와 그의 연소열〔kcal/mol〕의 곱은 거의 일정(약 **1100kcal**)한 관계로서 연소상한계는 편차가 크므로 적용이 곤란하다.

참고

연소하한계와 연소상한계

| 연소하한계 | 연소상한계 |
|---|---|
| 가연성 기체의 비율이 너무 적어 연소가 되지 않는 최저농도 | 가연성 기체의 비율이 너무 많아 연소가 되지 않는 최대농도 |

답 ②

★

**02** 다음의 반응식은 무엇을 설명하는가?

$$N_2+1/2O_2 \rightarrow N_2O+\Delta H$$

① 산화반응을 하고 발열반응을 갖는 물질
② 산화반응을 하고 흡열반응을 갖는 물질
③ 산화반응을 하지 않고 발열반응을 갖는 물질
④ 산화반응, 환원반응이 동시에 일어나는 물질

해설

| 산화반응 | 발열반응 |
|---|---|
| 물질($N_2$)이 산소($O_2$)와 화합하여 반응 | $+\Delta H$이면 발열반응, $-\Delta H$이면 흡열반응 |

답 ①

★★★

**03** 건축물의 피난시설 계획시 고려해야 할 일반 원칙 중 옳지 않은 것은?

19회 문 12
18회 문 21
17회 문 11
15회 문 22
14회 문 24
11회 문 03
10회 문 06
02회 문 23

① 피난경로는 간단 명료해야 한다.
② 피난구조설비는 피난시 쉽게 설치할 수 있는 기구나 장치에 의한다.
③ 피난경로에 따라서는 피난존(Zone)을 설정하는 것이 합리적이다.
④ 피난로는 패닉(Panic)현상이 일어나지 않도록 상호 반대방향으로 대칭인 형태가 좋다.

해설 **피난대책**의 일반적인 원리
(1) 피난경로는 **간단 명료**하게 한다. 보기 ①
(2) 피난구조설비는 **고정식 설비**를 위주로 설치한다.
(3) 피난수단은 **원시적 방법**에 의한 것을 원칙으로 한다.
(4) **2방향**의 피난통로를 확보한다.
(5) 피난통로를 **완전불연화**한다.
(6) 피난경로에 따라서는 피난존(Zone)을 설정하는 것이 합리적이다. 보기 ③

답 ②

★

**04** 연소의 형태로 볼 때 목탄, 코크스, 숯 등은 표면연소로 분류된다. 특히 코크스의 연소는 그 온도에 따라 반응식이 서로 상이하다. 다음 중 코크스의 0차 반응시에 그에 상응하는 온도 및 반응식으로 맞는 것은?

① 1100℃, $4C+3O_2 \rightarrow 2CO_2+2CO$
② 1500℃, $3C+2O_2 \rightarrow CO_2+2CO$
③ 1300℃, $4C+3O_2 \rightarrow 2CO_2+2CO$
④ 1100℃, $3C+2O_2 \rightarrow CO_2+2CO$

해설 **코크스**의 **0차 반응**
1500℃, $3C+2O_2 \rightarrow CO_2+2CO$

답 ②

★★★
## 05 자연발화에 의한 화재의 발생원인 중 가장 거리가 먼 것은?

① 분해열 ② 중합열
③ 중화열 ④ 산화열

해설 **자연발화의 형태**

| 구 분 | 설 명 |
|---|---|
| 분해열 보기 ① | 셀룰로이드, 나이트로셀룰로오스 기억법 분셀나 |
| 산화열 보기 ④ | 건성유(정어리유, 아마인유, 해바라기유), 석탄, 원면, 고무분말 |
| 발효열 | 퇴비, 먼지, 곡물 기억법 발퇴먼곡 |
| 흡착열 | 목탄, 활성탄 기억법 흡목활 |
| 중합열 보기 ② | 스티렌, 에폭시수지, 아크릴로니트릴 |

기억법 자분산발흡

답 ③

★
## 06 저압 옥내배선의 전기화재 예방상 옳지 않은 것은?

① 절연전선의 피복에 손상이 없도록 한다.
② 전선의 접속부분은 금속관 내에 있도록 한다.
③ 부하에 충분한 전선을 사용한다.
④ 이동전선은 비닐 외장케이블을 사용하지 않는다.

② 금속관 내에 전선의 접속부분을 만들면 안 된다. 왜냐하면 접속부분을 만들 경우 **합선** 또는 **누전**의 우려가 크며 **유지보수**시에 어려움이 있기 때문이다.

답 ②

★
## 07 우리나라의 화재발생 상황을 미국, 유럽 등 외국과 비교했을 때, 나타나는 일반적인 특성이 아닌 것은?

① 발화율이 높다(인구 1만 명당 발생건수).
② 화재건수당 사망자수가 많다.
③ 재산피해가 비교적 적다(화재 1건당 피해액).
④ 전체 화재 중 건물화재의 발생비율이 높다.

답 ②

★★
## 08 금속화재를 일으킬 수 있는 금속, 분진의 양으로서 적합한 것은?

① 30~80mg/L ② 25~180mg/L
③ 60~80mg/L ④ 40~160mg/L

해설 금속화재를 일으킬 수 있는 금속분진의 양
30~80mg/L

답 ①



★★★
## 09 고체가 액체로 되었다가 기체가 되어 불꽃을 내면서 연소하는 형태는?

19회 문 24
08회 문 17

① 증발연소 ② 분해연소
③ 표면연소 ④ 자기연소

해설 **연소의 형태**

(1) **고체의 연소**

| 구 분 | 설 명 |
|---|---|
| 표면연소 | **숯, 코크스, 목탄, 금속분** 등이 열분해에 의하여 가연성 가스가 발생하지 않고 그 물질 자체가 연소하는 현상 기억법 표숯코목탄금 |
| 분해연소 | **석탄, 종이, 플라스틱, 목재, 고무** 등의 연소시 열분해에 의하여 발생된 가스와 산소가 혼합하여 연소하는 현상 기억법 분석종플목고 |
| 증발연소 보기 ① | **황, 왁스, 파라핀, 나프탈렌** 등을 가열하면 고체에서 액체로, 액체에서 기체로 상태가 변하여 그 기체가 연소하는 현상 기억법 증황왁파나 |
| 자기연소 | 제5류 위험물인 **나이트로글리세린, 나이트로셀룰로오스**(질화면), **TNT, 피크린산** 등이 열분해에 의해 산소를 발생하면서 연소하는 현상 |

※ 표면연소=응축연소=작열연소=직접연소

※ 자기연소=내부연소

(2) **액체의 연소**

| 구 분 | 설 명 |
|---|---|
| 분해연소 | **중유, 아스팔트**와 같이 점도가 높고 비휘발성인 액체가 고온에서 열분해에 의해 가스로 분해되어 연소하는 현상 |
| 액적연소 | **벙커C유**와 같이 가열하고 점도를 낮추어 버너 등을 사용하여 액체의 입자를 안개형태로 분출하여 연소하는 현상 |

| 구 분 | 설 명 |
|---|---|
| 증발연소 | **가솔린, 등유, 경유, 알코올, 아세톤** 등과 같이 액체가 열에 의해 증기가 되어 그 증기가 연소하는 현상 |

(3) **기체**의 **연소**

| 구 분 | 설 명 |
|---|---|
| 확산연소 | **메탄**($CH_4$), **암모니아**($NH_3$), **아세틸렌**($C_2H_2$), **일산화탄소**($CO$), **수소**($H_2$) 등과 같이 기체연료가 공기 중의 산소와 혼합되면서 연소하는 현상 |
| 예혼합연소 | 기체연소에 공기 중의 산소를 미리 혼합한 상태에서 연소하는 현상 |

답 ①

★

## 10 화재예방을 위해 위험성 평가(안전성 평가), 예방진단, 안전관리 등을 실시하고 있는데, 이는 다음 중 어느 것의 사전대책에 해당되는가?

① 원인계(原因系) ② 현상계(現象系)
③ 결과계(結果系) ④ 방호계(防護系)

해설 **원인계**
화재예방을 위해 **위험성 평가, 예방진단, 안전관리** 등의 사전대책

답 ①

★

## 11 최근 5년간(2014~2018) 의료·복지시설의 화재발생비율이 높은 순서로 옳은 것은?

① 건강시설 > 의료시설 > 노유자시설
② 건강시설 > 노유자시설 > 의료시설
③ 의료시설 > 건강시설 > 노유자시설
④ 의료시설 > 노유자시설 > 건강시설

해설 **2014~2018년 의료·복지시설의 화재발생비율이 높은 순서**
의료시설 > 노유자시설 > 건강시설

답 ④

★

## 12 목탄(木炭) 연소시에 푸른 불꽃을 내는 것은?

① 표면연소가 일어나기 때문이다.
② 목탄의 열분해반응에 의한 분해연소가 일어나기 때문이다.
③ 발생한 이산화탄소가 고온에서 환원되어 생성된 일산화탄소 때문이다.
④ 연소가스의 확산에 의한 현상 때문이다.

해설 **목탄**은 처음 연소시에는 **푸른 불꽃**을 내는데 이것은 발생한 이산화탄소가 고온에서 환원되어 생성된 일산화탄소 때문이다. 이후에는 **빨간 불꽃**을 낸다. 보기 ③

답 ③

★

## 13 질식소화를 위해서 공기 중의 산소의 농도를 가장 낮추어야 하는 가연물질은?

① 가솔린 ② 아세틸렌
③ 목재 ④ 섬유

해설 **아세틸렌**($C_2H_2$) 보기 ②
**질식소화**를 위해서 공기 중의 산소농도를 낮추어야 한다.

답 ②

★★

## 14 디플러그레이션(Deflagration)에 대한 설명으로 맞는 것은?

18회 문 10
17회 문 04
16회 문 23
15회 문 08
06회 문 22
04회 문 18

① 충격파에 의해 유지되는 화학반응현상이다.
② 물질 내 충격파가 발생하여 반응을 일으키고 또한 반응을 유지하는 현상이다.
③ 폭굉현상이 일어나기 전의 현상이다.
④ 반응의 전파속도가 음속 이상인 것을 말한다.

해설 **폭연**(Deflagration)
폭굉현상이 일어나기 전의 현상이며, 반응의 **전파속도**가 **음속**보다 **느린 것**을 말한다. 보기 ③

①, ②, ④ 폭굉(Detonation)에 대한 설명이다.

참고

**연소**
- 정상연소
- 비정상연소 (폭발)
  - 폭연(Deflagration) : 화염전파속도 < 음속
  - 폭굉(Detonation) : 화염전파속도 > 음속

답 ③

★
## 15 건축물에 설치하는 자동방화셔터의 설치 기준 중 옳지 않은 것은?

① 피난상 유효한 60분+방화문 또는 60분 방화문으로부터 3m 이내에 설치할 것
② 전동 및 수동에 의하여 개폐할 수 있는 장치를 갖출 것
③ 한국산업규격(KS F 4510)에 의한 60분+방화문 또는 60분 방화문, 30분 방화문용 셔터규격에 적합할 것
④ 예비전원은 충전하지 않고 30분간 계속해서 셔터를 개폐시킬 수 있을 것

해설 **자동방화셔터**
한국산업규격(KS F 4510)에 의한 60분+방화문 또는 60분 방화문용 셔터규격에 적합할 것

답 ③

★★
## 16 가연물의 소화에 관한 설명으로 옳지 않은 것은?

① 물 1g은 약 1600배의 수증기를 발산시키므로 수증기에 의한 질식효과로 소화한다.
② 물의 증발로 인한 열의 흡수효과로 소화한다.
③ 가연물의 발화점 이하로 주수냉각 소화시킨다.
④ 물을 주수하는 방법에는 직사주수, 분무주수로 대별한다.

해설 **물을 주수하는 방법**

| 구 분 | 설 명 |
|---|---|
| **봉상주수** | 화점이 멀리 있을 때 또는 고체가연물의 대규모 화재시 사용<br>예 옥내소화전 |
| **적상주수** | 일반 고체가연물의 화재시 사용<br>예 스프링클러헤드 |
| **무상주수** | 화점이 가까이 있을 때 또는 질식효과, 에멀션효과를 필요로 할 때 사용<br>예 물분무헤드 |

답 ④

★
## 17 인화성 물질의 온도 구분에서 인화점이 -30℃ 이상 0℃ 미만에 해당하는 물질은 어느 것인가?

① 등유　② 가솔린
③ 산화에틸렌　④ 크실렌

해설 **인화점**

| 물 질 | 인화점 |
|---|---|
| 등유 | 30~60℃ |
| 가솔린 | -43℃ |
| 산화에틸렌 **보기 ③** | -30~0℃ |
| 크실렌 | 17.2~23℃ |

답 ③

★
## 18 전기화재의 요인별 발생상황 분석시 가장 비율이 높은 것은?

18회 문 04
06회 문 18

① 절연열화에 의한 단락
② 과부하・과전류
③ 접촉 불량에 의한 단락
④ 압착・손상에 의한 단락

해설 **전기화재의 요인별 발생비율**
절연연화에 의한 단락 **보기 ①** >과부하・과전류>접촉 불량에 의한 단락>압착・손상에 의한 단락>반단선>누전・지락

답 ①

★
## 19 등유의 공기 중 완전연소 조성농도를 구하면? (단, $C_5H_{12}$, $C_6H_{14}$, $C_{10}H_{22}$ 중 등유의 분자식을 찾아 적용하시오.)

① 3.22　② 1.38
③ 4.37　④ 2.55

해설 **완전연소 조성농도**

$$C=\frac{100}{1+4.773\left(n+\frac{m-f-2\lambda}{4}\right)}$$

여기서, $C$ : 완전연소 조성농도[%]
$n$ : 탄소수
$m$ : 수소수
$f$ : 할로원자수(F, Cl, Br, I)
$\lambda$ : 산소수

**등유**의 **탄소수**는 $C_9$~$C_{18}$이므로 문제에서 **등유**의 **분자식**은 $C_{10}H_{22}$가 되어 **완전연소 조성농도** $C$는

$$C=\frac{100}{1+4.773\left(n+\frac{m-f-2\lambda}{4}\right)}$$

$$=\frac{100}{1+4.773\left(10+\frac{22-0-2\times 0}{4}\right)}\fallingdotseq 1.38\%$$

※ **완전연소 조성농도**: 가연물질의 발열량이 **최대**이고, **폭발파괴력**이 가장 강한 농도

답 ②



★★★
## 20 건축물 안에 설치하는 피난계단의 구조가 아닌 것은?

① 계단실은 창문, 출입구, 기타 개구부를 제외하고는 해당 건축물의 다른 부분과 내화구조의 벽으로 구획할 것
② 계단실의 벽 및 반자의 실내에 접하는 부분의 마감은 불연재료로 할 것
③ 건축물의 내부에서 계단으로 통하는 출입구에는 60분+방화문 또는 60분 방화문을 설치할 것
④ 건축물의 내부와 접하는 계단실의 창문 등(출입구는 제외)은 망이 들어 있는 유리의 붙박이창으로서 그 면적은 각각 $1m^2$ 이하로 할 것

해설 **피난·방화구조**
**건축물 안에 설치하는 피난계단의 구조**
(1) 계단실은 창문·출입구, 기타 개구부를 제외하고는 해당 건축물의 다른 부분과 **내화구조**의 **벽**으로 구획할 것 보기 ①
(2) 계단실의 벽 및 반자의 실내에 접하는 부분의 마감은 **불연재료**로 할 것 보기 ②
(3) 계단실에는 예비전원에 의한 **조명설비**를 할 것
(4) 계단실은 바깥쪽에 접하는 창문 등(망이 들어 있는 붙박이창으로서 그 면적이 각각 $1m^2$ 이하는 제외)은 해당 건축물의 다른 부분에 설치하는 창문 등으로부터 2m 이상의 거리에 설치할 것
(5) 건축물의 내부와 접하는 계단실의 창문 등(출입구는 제외) 망이 들어 있는 유리의 붙박이창으로서 그 면적은 각각 $1m^2$ 이하로 할 것 보기 ④
(6) 건축물의 내부에서 계단실로 통하는 출입구의 유효너비는 0.9m 이상으로 하고, 그 출입구에는 피난의 방향으로 열 수 있는 것으로서 **언제나 닫힌 상태**를 유지하거나 화재시 연기의 발생 또는 온도상승에 의하여 자동적으로 닫히는 구조인 **60분+방화문** 또는 **60분 방화문**을 설치할 것

③ 건축물의 바깥쪽에 설치하는 피난계단의 구조

참고
**건축물**의 **바깥쪽**에 설치하는 **피난계단**의 구조(피난·방화구조 제9조)
(1) 계단은 그 계단으로 통하는 출입구 외의 창문 등(망이 들어있는 유리의 붙박이창으로서 그 면적이 각각 $1m^2$ 이하인 것 제외)으로부터 2m 이상의 거리를 두고 설치할 것
(2) 건축물의 내부에서 계단으로 통하는 출입구에는 **60분+방화문** 또는 **60분 방화문**을 설치할 것
(3) 계단의 유효너비는 0.9m 이상으로 할 것
(4) 계단은 **내화구조**로 하고 지상까지 직접 연결되도록 할 것

답 ③

★
## 21 가연성 가스를 사용하는 공정에서 연소·폭발을 예방하기 위하여 산소농도를 관리하게 된다. 다음 중 한계산소농도가 가장 낮은 물질은?

① 암모니아 ② 수소
③ 일산화탄소 ④ 메탄

해설 **한계산소농도**가 높은 순서
암모니아＞일산화탄소＞메탄＞수소

※ **한계산소농도**: 가연성 혼합기에서 연소 및 폭발하기 위한 최소 산소의 양

답 ②

★
## 22 방재시스템의 인텔리전트(Intelligent)화와 관련이 적은 것은?

① 정확한 화재정보의 파악
② 화재의 확대상황(불·연기)의 파악
③ 방재시스템의 설치 및 관리비용 절감
④ 화재시 빌딩 내 잔류인원 등 정보의 정확한 파악

해설 **방재시스템**의 **인텔리전트화**
(1) 정확한 **화재정보**의 파악 보기 ①
(2) 화재의 **확대상황**의 파악 보기 ②
(3) 방재시스템의 **설치** 및 **관리비용** 상승 보기 ③
(4) 화재시 빌딩 내 잔류인원 등 정보의 정확한 파악 보기 ④

③ 절감 → 상승

답 ③

★★★
**23** 물이 점성이 있는 뜨거운 기름표면 아래서 끓을 때 화재를 수반하지 않고 Over flow되는 현상을 무엇이라 하는가?

19회 문 06 / 19회 문 13 / 18회 문 02 / 17회 문 06 / 16회 문 04 / 16회 문 14 / 13회 문 07 / 11회 문 16 / 10회 문 11 / 09회 문 06 / 08회 문 24 / 06회 문 15 / 04회 문 03

① Froth over
② Slop over
③ Boil over
④ BLEVE

해설 **유류탱크, 가스탱크**에서 발생하는 **현상**

| 구 분 | 설 명 |
|---|---|
| 블래비 (BLEVE ; Boiling Liquid Expanding Vapour Explosion) | 과열상태의 탱크에서 내부의 액화가스가 분출하여 기화되어 폭발하는 현상 (그림: 안전밸브, 액화가스) |
| 보일오버 (Boil over) | ① 중질유의 탱크에서 장시간 조용히 연소하다 탱크 내의 잔존기름이 갑자기 분출하는 현상<br>② 유류탱크에서 탱크바닥에 물과 기름의 **에멀션**(Emulsion)이 섞여 있을 때 이로 인하여 화재가 발생하는 현상<br>③ 연소유면으로부터 100℃ 이상의 열파가 탱크 전부에 고여 있는 물을 비등하게 하면서 연소유를 탱크 밖으로 비산시키며 연소하는 현상 |
| 오일오버 (Oil over) | 저장탱크 내에 저장된 유류저장량이 내용적의 50% 이하로 충전되어 있을 때 화재로 인하여 탱크가 폭발하는 현상 |
| 프로스오버 (Froth over) | 물이 점성의 뜨거운 기름표면 아래에서 끓을 때 화재를 수반하지 않고 용기가 넘치는 현상 보기 ① |
| 슬롭오버 (Slop over) | ① 물이 연소유의 뜨거운 표면에 들어갈 때 기름표면에서 화재가 발생하는 현상<br>② 유화제로 소화하기 위한 물이 수분의 급격한 증발에 의하여 액면이 거품을 일으키면서 열유층 밑의 냉유가 급히 열팽창하여 기름의 일부가 불이 붙은 채 탱크벽을 넘어서 일출하는 현상 |

답 ①

★
**24** 발화점이 낮아지는 이유 중 가장 적합하지 않은 것은?

① 증기압 및 습도가 높을 때
② 분자구조가 복잡할 때
③ 압력, 화학적 활성도가 클 때
④ 산소와의 친화력이 좋을 때

해설 **발화점**이 낮아지는 이유
(1) 증기압이 낮을 때
(2) 습도가 낮을 때 ─ 보기 ①
(3) 분자구조가 복잡할 때 보기 ②
(4) 압력, 화학적 활성도가 클 때 보기 ③
(5) 산소와의 친화력이 좋을 때 보기 ④

① 높을 때 → 낮을 때

답 ①

★
**25** 소방안전을 정착시키기 위해서는 안전관리의 3요소(3E)를 적극 활용하여야 한다. 다음 중 3요소가 아닌 것은?

① 시행·규제(Enforcement)
② 기술(Engineering)
③ 교육(Education)
④ 열정(Enthusiasm)

해설 **안전관리**의 **3요소**(3E)
(1) 시행·규제(Enforcement) 보기 ①
(2) 기술(Engineering) 보기 ②
(3) 교육(Education) 보기 ③

답 ④

## 제 2 과목 소방수리학·약제화학 및 소방전기

★★★
**26** 다음 유량 $Q$=0.5m$^3$/s, 길이 $l$=50m, 관경 $D$=30cm, 마찰손실계수 $f$=0.03인 관을 통하여 높이 20m까지 양수할 경우 필요한 이론소요동력(HP)은 얼마인가?

① 242.7HP ② 2.42×10$^3$HP
③ 12.76HP ④ 127.6HP

해설 (1) **유량**

$$Q = AV = \left(\frac{\pi D^2}{4}\right)V$$

여기서, $Q$ : 유량[m³/s]
$A$ : 단면적[m²]
$V$ : 유속[m/s]
$D$ : 내경(지름)[m]

(2) **손실수두**

$$H = \frac{fLV^2}{2gD}$$

여기서, $H$ : 손실수두(마찰손실)[m]
$f$ : 관마찰계수
$L$ : 길이[m]
$V$ : 유속[m/s]
$g$ : 중력가속도(9.8m/s²)
$D$ : 내경[m]

$Q = AV$에서
**유속** $V$는

$$V = \frac{Q}{A} = \frac{Q}{\frac{\pi}{4}D^2} = \frac{0.5\text{m}^3/\text{s}}{\frac{\pi}{4}(0.3\text{m})^2} = 7.07\text{m/s}$$

**마찰손실** $H$는

$$H = \frac{flV^2}{2gD}$$
$$= \frac{0.03 \times 50\text{m} \times (7.07\text{m/s})^2}{2 \times 9.8\text{m/s}^2 \times 0.3\text{m}} = 12.75\text{m}$$

**전양정** $H = 20\text{m} + 12.75\text{m} = 32.75\text{m}$

(3) **이론소요동력**

$$P = \frac{\gamma QH}{1000\eta}K$$

여기서, $P$ : 전동력(이론소요동력)[kW]
$\gamma$ : 비중량(물의 비중량 9800N/m³)
$Q$ : 유량[m³/s]
$H$ : 전양정[m]
$K$ : 전달계수
$\eta$ : 효율

**이론소요동력** $P$는

$$P = \frac{\gamma QH}{1000\eta}K$$
$$= \frac{9800\text{N/m}^3 \times 0.5\text{m}^3/\text{s} \times 32.75\text{m}}{1000}$$
$$≒ 160.47\text{kW}$$

$1\text{HP} = 0.746\text{kW}$이므로

$$160.47\text{kW} = \frac{1\text{HP}}{0.746\text{kW}} \times 160.47\text{kW}$$
$$≒ 215\text{HP}$$

여유를 두어 242.7HP를 선택한다.

> ※ 물의 비중량($\gamma$)은 9800N/m³이며, 효율($\eta$)과 전달계수($k$)는 주어지지 않았으므로 생략한다. (고지가 얼마남지 않았다. 조금만 더 힘을 내라!)

답 ①

★★

## 27 그림에서 비압축성 유체가 중량유량 $G$= 3kN/s로 흐른다. 비중량이 9.8kN/m³인 경우 체적유량 $Q$와 1단면에서의 유속 $V_1$을 구하면?

$d_1$=300mm　$d_2$=200mm

① $Q = 30.6\text{m}^3/\text{s},\ V_1 = 4.33\text{m/s}$
② $Q = 3.06\text{m}^3/\text{s},\ V_1 = 43.3\text{m/s}$
③ $Q = 0.306\text{m}^3/\text{s},\ V_1 = 43.3\text{m/s}$
④ $Q = 0.306\text{m}^3/\text{s},\ V_1 = 4.33\text{m/s}$

해설 (1) **중량유량**

$$G = A_1V_1\gamma_1 = A_2V_2\gamma_2$$

여기서, $G$ : 중량유량[kN/s]
$A_1, A_2$ : 단면적[m²]
$V_1, V_2$ : 유속[m/s]
$\gamma_1, \gamma_2$ : 비중량[kN/m³]

**유속** $V_1$은

$$V_1 = \frac{G}{\gamma_1 A_1}$$
$$= \frac{3\text{kN/s}}{9.8\text{kN/m}^3 \times \frac{\pi}{4}(0.3\text{m})^2}$$
$$= 4.33\text{m/s}$$

(2) **체적유량**

$$Q = A_1V_1 = A_2V_2$$

여기서, $Q$ : 체적유량[m³/s]
$A_1, A_2$ : 단면적[m²]
$V_1, V_2$ : 유속[m/s]

**체적유량** $Q$는

$$Q = A_1V_1 = \frac{\pi}{4}(0.3\text{m})^2 \times 4.33\text{m/s} = 0.306\text{m}^3/\text{s}$$

답 ④

★★
**28** 100V, 60Hz 전원에 $R$=50Ω, 정전용량 $C$=180μF인 콘덴서를 직렬로 연결하였다. 소비전력(W)은 약 얼마인가?

① 182W ② 174W
③ 164W ④ 154W

해설 **용량리액턴스**

$$X_C=\frac{1}{\omega C}=\frac{1}{2\pi fC}[\Omega]$$

여기서, $X_C$ : 용량리액턴스[Ω]
$\omega$ : 각주파수[rad/s]
$f$ : 주파수[Hz]
$C$ : 정전용량(커패시턴스)[F]

용량리액턴스 $X_C$는

$$X_C=\frac{1}{2\pi fC}=\frac{1}{2\pi\times60\times180\times10^{-6}}=14.74\,\Omega$$

전류 $I=\frac{V}{Z}=\frac{100}{52.13}=1.91\text{A}$

소비전력을 구하라고 했으므로
소비전력 $P=I^2R=1.91^2\times50=182.4\text{W}$
∴ 근사값인 182W 정답

비교

**피상전력**
**$RC$ 직렬회로 임피던스**

$$Z=\sqrt{R^2+X_C^{\ 2}}\,[\Omega]$$

여기서, $Z$ : 임피던스[Ω]
$X_C$ : 용량리액턴스[Ω]
$R$ : 저항[Ω]

$RC$ 직렬회로의 임피던스 $Z$는
$Z=\sqrt{R^2+X_C^{\ 2}}=\sqrt{50^2+14.74^2}=52.13\,\Omega$
피상전력 $P$는
$P=\frac{V^2}{Z}=\frac{100^2}{52.13}\fallingdotseq 192\text{VA}$

답 ①

★
**29** 다음 중 순시치 정현파 전압 $e=E_m\sin(\omega t+\theta)$를 정의하는 요소끼리 묶여진 것은?

① 최대치, 주파수, 주기
② 실효치, 주파수, 주기
③ 실효치, 위상값, 주파수
④ 최대치, 실효치, 주기

해설 $e=E_m\sin(\omega t+\theta)$

$e$ : 순시치, $E_m$ : 최대치, $\omega$ : 각주파수, $t$ : 주기, $\theta$ : 위상값

답 ①

★★★
**30** 비중이 약 1.82로서 특히 A급 화재에 사용시 효과가 큰 분말약제는?

① $NaHCO_3$ ② $KHCO_3$
③ $KHCO_3+(NH_2)_2CO$ ④ $NH_4H_2PO_4$

해설 **분말소화약제**

| 종 별 | 주성분 | 적응화재 |
|---|---|---|
| 제1종 | 중탄산나트륨($NaHCO_3$) | BC급 |
| 제2종 | 중탄산칼륨($KHCO_3$) | BC급 |
| 제3종 | 제1인산암모늄($NH_4H_2PO_4$) | ABC급 |
| 제4종 | 중탄산칼륨+요소($KHCO_3+(NH_2)_2CO$) | BC급 |

답 ④

★★
**31** 전기분해에 의하여 음·양극에서 석출되는 물질의 양은 다음 중 어느 식으로 구하는가? (단, 전류 : $I$(A), 시간 : $t$(s), 석출량 : $w$(g), 인가전압 : $E$(V))

① $w=kEIt$ ② $w=\frac{kIt}{E}$
③ $w=kIt$ ④ $w=kI^2t$

해설 **석출된 물질의 양**

$$w=kQ=kIt\,[\text{g}]$$

여기서, $w$ : 석출된 물질의 양[g]
$k$ : 전기화학당량
$Q$ : 전기량[C]
$I$ : 전류[A]
$t$ : 시간[s]

답 ③

★
**32** 다음 설명 중 올바른 사항은?

① 단열지수$=\frac{\text{정압비열}}{\text{정적비열}}$
② 체적탄성계수$=-\frac{\text{부피변화율}}{\text{압력변화}}$
③ Mach수$=\frac{\text{음속}}{\text{유동속도}}$
④ 완전기체에서 음속은 기체의 온도와 압력에 따라 변화한다.

해설 ① 단열지수= $\frac{\text{정압비열}}{\text{정적비열}}$ 보기 ①

② 체적탄성계수=$-\frac{\text{압력변화}}{\text{부피변화율}}$

③ Mach수= $\frac{\text{유동속도}}{\text{음속}}$

④ 완전기체에서 음속은 기체의 온도에 따라 변화한다.

답 ①

★

**33 다음 그림은 어떤 기기의 간략화된 회로도이다. 다음 설명 중 틀린 것은?**

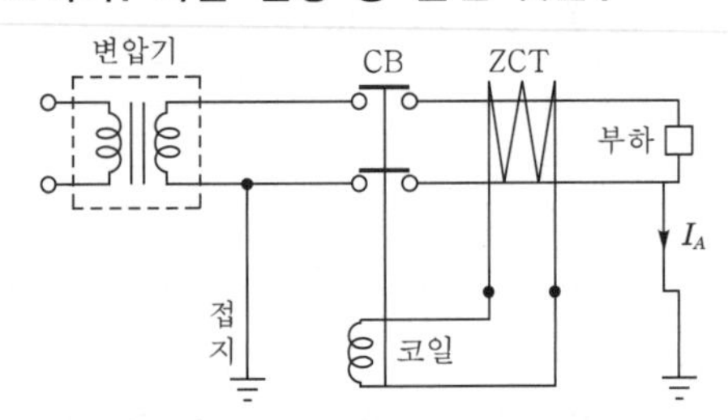


① 누전차단기 회로이다.

② $I_A$가 흐르면 CB는 off되어 부하전류가 흐르지 못한다.

③ ZCT는 영상변류기로 정격전류 이상의 전류를 감지해 준다.

④ 실제 기기에서는 CB를 off시키는 $I_A$ 크기를 조절할 수 있다.

해설 ③ ZCT는 영상변류기로 **누설전류**를 감지해 준다.

답 ③

★

**34 다음 중에서 할론 1301 소화약제의 사용제한 소방대상물로서 적합하지 않은 것은?**

① 반응성이 강한 금속

② 가연성 가스와 액체의 화재

③ 자기연소성 물질

④ 금속수소화합물

해설 **할론 1301** 소화약제의 **사용제한**

(1) 반응성이 강한 금속 보기 ①

(2) 자기연소성 물질 보기 ③

(3) 금속수소화합물 보기 ④

② 할론 1301은 가연성 가스와 액체의 화재에 사용하면 **부촉매효과**와 **질식효과**를 기대할 수 있다.

답 ②

★★

**35 다음과 같은 회로에서 공진 어드미턴스를 구하면?**

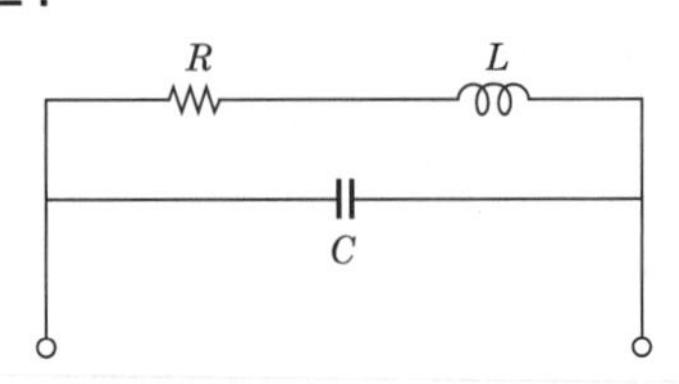


① $\frac{R}{R^2+(\omega L)^2}$ ② $\frac{R^2}{R^2+(\omega L)^2}$

③ $\frac{R}{R^2+(\omega C)^2}$ ④ $\frac{R^2}{R^2+(\omega C)^2}$

해설 $L$과 $C$에 흐르는 전류를 $I_L$, $I_C$라 하면

$$I_L=\frac{V}{R+j\omega L}$$

$$=\left(\frac{R}{R^2+(\omega L)^2}-j\frac{\omega L}{R^2+(\omega L)^2}\right)V\,[\text{A}]$$

$I_C=j\omega CV\,[\text{A}]$

합성전류 $I$는

$$I=I_L+I_C$$

$$=\left[\frac{R}{R^2+(\omega L)^2}+j\left(\omega C-\frac{\omega L}{R^2+(\omega L)^2}\right)\right][\text{V}]$$

$$=(G+jB)V\,[\text{A}]$$

공진 어드미턴스가 되기 위하여 서셉턴스 $B=0$으로 놓으면 공진 어드미턴스 $Y_0$는

$$Y_0=G=\frac{R}{R^2+(\omega L)^2}\,[\Omega]$$

※ **공진 임피던스** $Z_0=\frac{1}{Y_0}=\frac{R^2+(\omega L)^2}{R}$

답 ①

★

**36 다음 그림과 같은 전류 파형이 도선을 흐르고 있다. 이때 전류의 실효치를 구하면?**

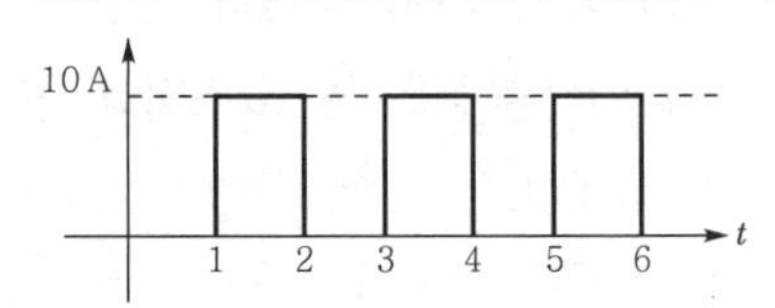


① $\sqrt{100}$ A ② $\sqrt{50}$ A

③ $\sqrt{25}$ A ④ $\sqrt{141}$ A

해설 **전류의 실효치**

$$I=\frac{I_m}{\sqrt{2}}$$

여기서, $I$ : 전류의 실효치〔A〕

$I_m$ : 전류의 최대치〔A〕

전류의 실효치 $I$는

$$I=\frac{I_m}{\sqrt{2}}=\frac{10}{\sqrt{2}}=\sqrt{50}\,\text{A}$$

답 ②

★

## 37 분말약제의 입자표면을 실리콘으로 표면처리하는 이유는?

① 약제의 유동성을 높이기 위해서이다.

② 약제가 습기를 흡수하지 않도록 하기 위해서이다.

③ 약제의 입자 크기를 작게 하기 위해서이다.

④ 약제가 열을 급속히 흡수하도록 하기 위해서이다.

해설 분말약제의 입자표면을 실리콘으로 처리하는 것은 약제가 습기를 흡수하지 않도록 하기 위해서이다. 만약, 약제가 습기를 흡수하여 고화되면 딱딱하게 굳어져서 압력을 가해도 약제가 방출되지 않는다.

※ **고화** : 고체 상태화되는 것

답 ②

★

## 38 다음과 같은 회로의 A단자와 B단자 사이에 전압 $V$를 인가하였다. 이때 흐르는 전류를 구하는 식은? (단, 저항 $R$은 모두 일정하다.)

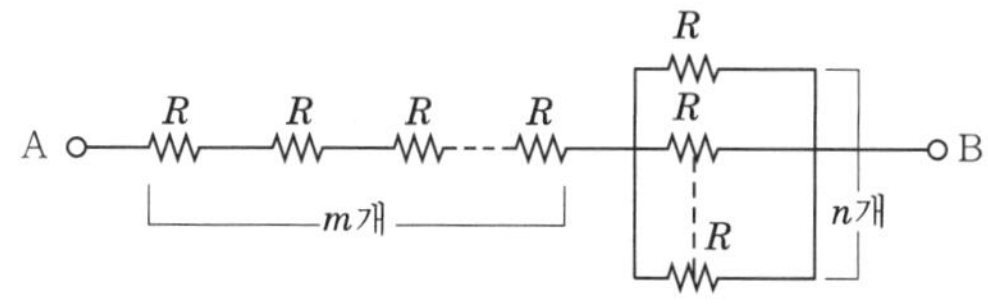


① $\dfrac{V}{R\left(m+\dfrac{1}{n}\right)}$　② $\dfrac{V}{R}\left(m+\dfrac{1}{n}\right)$

③ $\dfrac{V}{R\left(\dfrac{1}{m}+n\right)}$　④ $\dfrac{V}{R}\left(\dfrac{1}{m}+n\right)$

해설 **접속방법**

(1) 직렬연결

$$I=\frac{V}{mR}$$

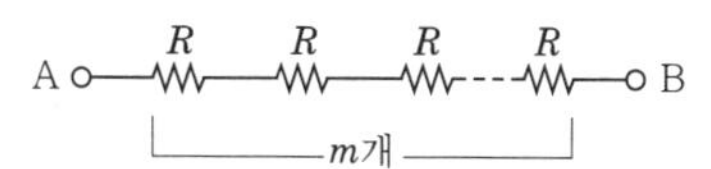


(2) 병렬연결

$$I=\frac{nV}{R}$$

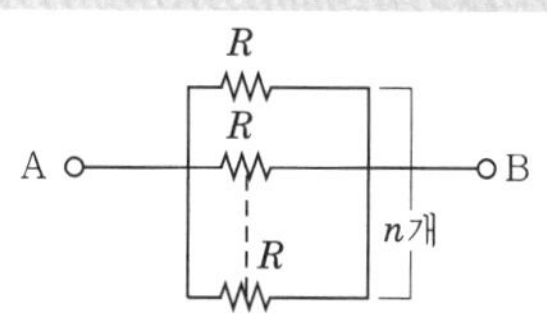


(3) 직·병렬 연결

$$I=\frac{V}{R\left(m+\dfrac{1}{n}\right)}$$

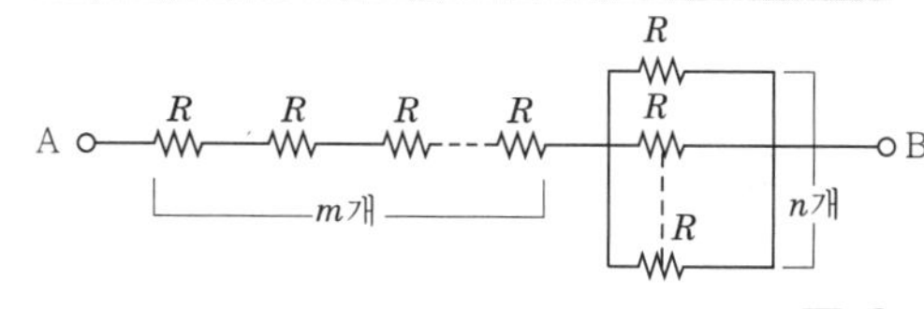


답 ①

★★

## 39 20℃에서 물의 점성계수는 $1.008\times10^{-3}$ Pa·s이었다. 상대밀도가 $0.998\text{g/cm}^3$라면 동점성계수는 얼마인가?

19회 문 32 / 18회 문 47 / 17회 문 27 / 17회 문 31 / 16회 문 31 / 14회 문 29 / 13회 문 30 / 12회 문 29 / 11회 문 29 / 09회 문 26 / 05회 문 32 / 05회 문 34

① $1.01\times10^{-3}\text{m}^2/\text{s}$

② $1.01\times10^{-6}\text{m}^2/\text{s}$

③ $1.008\times10^{-3}\text{m}^2/\text{s}$

④ $1.008\times10^{-6}\text{m}^2/\text{s}$

해설

- $1000\text{kg/m}^3=1000\text{N}\cdot\text{s}^2/\text{m}^4$
- $1\text{g/cm}^3=1\times10^3\text{N}\cdot\text{s}^2/\text{m}^4$

$0.998\text{g/cm}^3=0.998\times10^3\text{N}\cdot\text{s}^2/\text{m}^4$

$$V=\frac{\mu}{\rho}$$

여기서, $V$ : 동점도〔$\text{cm}^2/\text{s}$〕

$\mu$ : 일반점도〔$\text{N}\cdot\text{s}^2/\text{m}^2$〕

$\rho$ : 밀도〔$\text{N}\cdot\text{s}^2/\text{m}^4$〕

**동점성계수**(동점도) $V$는

$$V=\frac{\mu}{\rho}=\frac{1.008\times10^{-3}\,\text{N}\cdot\text{s/m}^2}{0.998\times10^3\,\text{N}\cdot\text{s}^2/\text{m}^4}=1.01\times10^{-6}\text{m}^2/\text{s}$$

$$\text{Pa}=\text{N/m}^2$$

답 ②

★★★
## 40 다음의 피드백 회로의 등가이득을 구하면?

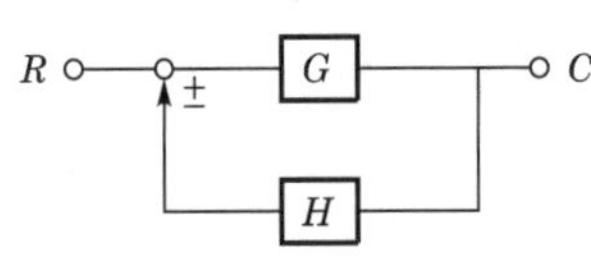


① $\dfrac{G}{1 \pm H}$　　② $\dfrac{G}{1 \mp GH}$

③ $\dfrac{H}{1 \pm GH}$　　④ $\dfrac{G}{1 \mp G}$

해설 $RG \pm CGH = C$

$RG = C \mp CGH$

$RG = C(\mp GH)$

$\therefore \dfrac{C}{R} = \dfrac{G}{1 \mp GH}$

답 ②

★
## 41 다이오드에 관한 설명 중 틀린 것은?

① P형, N형 반도체가 접합되어 만들어진다.

② 정류작용을 한다.

③ 항복전압이 높아 신호용과 전력용이 혼용된다.

④ 제너다이오드는 과전압을 방지한다.

해설 ③ 항복전압이 그다지 높지 않다.

참고
**항복전압**
다이오드에 역방향전압을 가했을 때 전류가 급격히 증가하기 시작할 때의 전압

답 ③

★
## 42 영구자석으로 쓰일 재료가 가져야 할 성질은?

① 잔류자기 및 보자력이 크다.

② 잔류자기 및 보자력이 작다.

③ 잔류자기만 크면 된다.

④ 보자력만 크면 된다.

해설 영구자석으로 쓰일 재료는 잔류자기 및 보자력이 커야 한다. 보기 ①

참고
**영구자석의 종류**
(1) 코발트 자석
(2) 알니코 자석
(3) 페라이트 자석

답 ①

★
## 43 수용성의 액체인화물에 단백포를 적용시켰을 때 발생하는 문제점은?

① 악취 발생　　② 침전 형성

③ 포의 비산　　④ 포의 소포

해설 **알코올**을 제외한 기타 포소화약제는 수용성 액체인화물에 적용시키면 **포**가 **소포**된다.

참고
**수용성과 소포성**

| 용 어 | 설 명 |
|---|---|
| **수용성** | 어떤 물질이 물에 녹는 성질 |
| **소포성** | 포가 깨지는 성질 보기 ④ |

답 ④

★★★
## 44 다음의 소화약제 중에서 분사헤드로부터 방출시 액체의 분무상으로 방사되는 것은?

① 할론 2402　　② 할론 1301

③ 할론 1211　　④ 이산화탄소

해설 **액체**의 **분무상**으로 방사되는 것
(1) 할론 1011
(2) 할론 104
(3) 할론 2402 보기 ①

참고
**기체상태로 방사되는 것**
(1) 할론 1301
(2) 할론 1211

답 ①

★
## 45 이산화탄소 소화약제의 적용시 운무현상이 발생하였다. 그 이유는?

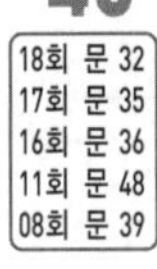


① 이산화탄소의 소화작용으로 다량의 연소기체 발생

② 이산화탄소의 방사시 주위의 온도가 내려가 고체탄산의 미세분말 형성

③ 이산화탄소의 방사시 다량의 수증기 발생

④ 이산화탄소의 방사시 주위의 온도가 내려가 대기 중의 수분이 응결

해설 **운무현상**
이산화탄소의 방사시 주위의 온도가 내려가 고체탄산의 미세분말 형성

답 ②

★★★
## 46 분말소화약제의 최적 입자 크기는?

① 5~15$\mu$m ② 20~25$\mu$m
③ 40~50$\mu$m ④ 75~85$\mu$m

해설 **미세도**
20~25$\mu$m의 입자로 미세도의 분포가 골고루 되어 있어야 한다.

※ $\mu$m : '**미크론**' 또는 '**마이크로미터**'라고 읽는다.

답 ②

★
## 47 다음은 액체의 점성에 대한 설명이다. 잘못된 것은? (단, $du$는 두 층간의 속도차, $dy$는 두 층간의 거리, $\rho$는 유체밀도이다.)

① $du/dy$는 전단변형률 또는 속도경사이다.
② 전단력 $\tau=\mu du/dy$에서 $\mu$는 절대점성계수이다.
③ $1/\mu$은 흐름에 대한 유체저항의 크기를 나타낸다.
④ 동점성계수는 $\mu/\rho$로 나타낼 수 있다.

해설
③ $\frac{1}{\mu}$은 의미가 없다.

답 ③

★★★
## 48 관로에서 레이놀즈수가 1850일 때 마찰계수 $f$의 값은?

① 0.1851 ② 0.0346
③ 0.0214 ④ 0.0185

해설 **관마찰계수 $f$**

$$f=\frac{64}{Re}$$

여기서, $f$ : 관마찰계수
$Re$ : 레이놀즈수

$$f=\frac{64}{Re}=\frac{64}{1850}\fallingdotseq 0.0346$$

답 ②

★
## 49 유체문제를 다루는 데에 있어서 유체를 연속체(Continuum)로 볼 수 없는 것은 어느 것인가?

① 분자평균 자유행로(Molecular mean free path)가 대표길이에 비하여 매우 작을 때
② 분자운동의 통계적 특성이 보존될 때
③ 분자간의 충돌시간이 매우 길어 분자운동이 간헐적으로 발생할 때
④ 유체를 하나의 연결된 균질성 질량체로 볼 수 있을 때

해설 분자간의 충돌시간이 매우 길어 분자운동이 간헐적으로 발생할 때 유체를 연속체로 볼 수 없다.

답 ③

★
## 50 포약제에 대한 아래의 일반적 구성요소에서 (  )에 들어가는 물질은?

| 포약제의 구성＝원액＋(  )＋무기안정제 |
|---|

① 기포안정제
② 합성계면활성제
③ 경수(Light water)
④ 아세톤

해설 **포약제의 구성**
＝원액＋기포안정제＋무기안정제

답 ①

# 제 3 과목 소방관련법령

★
## 51 다음 중 제조소 등의 전부 또는 일부의 사용정지를 명할 수 없는 것은?

① 변경허가를 받지 아니하고 제조소 등의 위치·구조 또는 설비를 변경할 때
② 완공검사를 받지 아니하고 제조소 등을 사용한 때
③ 제조소 등의 정기점검을 하지 아니한 때
④ 제조소 등에 위험물시설 안전원을 선임하지 아니한 때

해설 **위험물법 제12조**
**제조소 등 설치허가의 취소와 사용정지**
(1) **변경허가**를 받지 아니하고 제조소 등의 위치·구조 또는 설비를 변경한 때 보기 ①
(2) **완공검사**를 받지 아니하고 제조소 등을 사용한 때 보기 ②

(3) 안전조치 이행명령을 따르지 아니한 경우
(4) **수리·개조** 또는 **이전**의 **명령**에 **위반**한 때
(5) **위험물안전관리자**를 선임하지 아니한 때
(6) 안전관리자의 직무를 대행하는 **대리자**를 지정하지 아니한 때
(7) **정기점검**을 하지 아니한 때 보기 ③
(8) **정기검사**를 받지 아니한 때
(9) **저장·취급기준 준수명령**에 위반한 때

답 ④



★

## 52 다음 중 소방시설공사업 등록사항 변경신고항목이 아닌 것은?

① 기술인력
② 영업소의 소재지
③ 상호 또는 명칭
④ 자본금 또는 자산액

해설 **공사업규칙 제5조**
**소방시설공사업의 등록사항 변경신고 항목**
(1) 명칭·상호 또는 영업소 소재지 보기 ②③
(2) 대표자
(3) 기술인력 보기 ①

답 ④

★★★

## 53 화재가 발생할 우려가 높거나 화재가 발생하는 경우 그로 인하여 피해가 클 것으로 예상되는 구역에 대하여 취할 수 있는 조치는?

17회 문 53
16회 문 54
10회 문 71
02회 문 53

① 화재예방강화지구로 지정
② 소방활동구역의 설정
③ 소화활동지역으로 지정
④ 소방훈련지역의 설정

해설 **화재예방법 제2조, 제18조**
**화재예방강화지구** 보기 ①
(1) 지정 : **시·도지사**
(2) 화재안전조사 : **소방청장**, **소방본부장** 또는 **소방서장**(소방관서장)

※ **화재예방강화지구** : 화재발생 우려가 크거나 화재가 발생할 경우 피해가 클 것으로 예상되는 지역에 대하여 화재의 예방 및 안전관리를 강화하기 위해 지정·관리하는 지역

답 ①

★

## 54 제조소에 선임되어야 할 안전관리자의 자격으로 틀린 것은?

① 소방기술사 ② 위험물기능장
③ 위험물산업기사 ④ 위험물기능사

해설 **위험물령 [별표 6]**
**제조소 안전관리자의 자격**

| 종 류 | 자 격 |
|---|---|
| 제조소 | • 위험물기능장 보기 ②<br>• 위험물산업기사 보기 ③<br>• 위험물기능사 보기 ④ |

답 ①

★★★

## 55 소방용품의 형식승인의 내용 또는 행정안전부령으로 정하는 사항을 변경하고자 하는 경우에는 누구에게 무엇을 얻어야 하는가?

① 소방청장, 승인 ② 소방청장, 허가
③ 시·도지사, 승인 ④ 시·도지사, 허가

해설 **소방시설법 제38조**
소방용품의 형식승인 변경 : **소방청장**의 **변경승인**

답 ①

★★★

## 56 종합점검의 실시횟수는? (단, 특급소방안전관리대상물은 제외한다.)

15회 문 58
14회 문 58
12회 문 60

① 연 1회 이상 ② 연 2회 이상
③ 연 3회 이상 ④ 연 4회 이상

해설 **소방시설법 시행규칙 [별표 3]**
**소방시설 등 자체점검의 점검대상, 점검자의 자격, 점검횟수 및 시기**

‖ 종합점검 ‖

| 구 분 | 설 명 |
|---|---|
| 점검대상 | ① 소방시설 등이 신설된 경우에 해당하는 특정소방대상물<br>② **스프링클러설비**가 설치된 특정소방대상물<br>③ **물분무등소화설비**(호스릴 방식의 물분무등소화설비만을 설치한 경우는 제외)가 설치된 연면적 **5000m²** 이상인 특정소방대상물(위험물제조소 등 제외)<br>④ 다중이용업의 영업장이 설치된 특정소방대상물로서 연면적이 **2000m²** 이상인 것<br>⑤ **제연설비**가 설치된 터널<br>⑥ **공공기관** 중 연면적(터널·지하구의 경우 그 길이와 평균폭을 곱하여 계산된 값)이 **1000m²** 이상인 것으로서 옥내소화전설비 또는 자동화재탐지설비가 설치된 것(단, 소방대가 근무하는 공공기관 제외) |

| 구 분 | 설 명 |
|---|---|
| 점검자의 자격 (주된 인력) | ⑦ 소방시설관리업에 등록된 기술인력 중 **소방시설관리사**<br>⑧ 소방안전관리자로 선임된 **소방시설관리사** 또는 **소방기술사** |
| 점검횟수 및 점검시기 | ⑨ 점검횟수<br>㉠ 연 1회 이상(특급 소방안전관리대상물은 반기에 1회 이상) 실시<br>㉡ ㉠에도 불구하고 소방본부장 또는 소방서장은 소방청장이 소방안전관리가 우수하다고 인정한 특정소방대상물에 대해서는 3년의 범위에서 소방청장이 고시하거나 정한 기간 동안 종합점검을 면제할 수 있다(단, 면제기간 중 화재가 발생한 경우는 제외).<br>⑩ 점검시기<br>㉠ ①에 해당하는 특정소방대상물은 건축물을 사용할 수 있게 된 날부터 60일 이내 실시<br>㉡ ㉠을 제외한 특정소방대상물은 건축물의 사용승인일이 속하는 달에 실시(단, 학교의 경우 해당 건축물의 사용승인일이 1월에서 6월 사이에 있는 경우에는 6월 30일까지 실시할 수 있다.)<br>㉢ 건축물 사용승인일 이후 ③에 따라 종합점검대상에 해당하게 된 경우에는 그 다음 해부터 실시<br>㉣ 하나의 대지경계선 안에 2개 이상의 자체점검대상 건축물 등이 있는 경우 그 건축물 중 사용승인일이 가장 빠른 연도의 건축물의 사용승인일을 기준으로 점검할 수 있다. |

답 ①

★★
## 57 소화활동설비 중 제연설비를 설치해야 할 특정소방대상물로서 틀린 것은?

① 지하가로서 연면적 $1000m^2$ 이상인 것

② 문화 및 집회시설로서 무대부의 면적이 $200m^2$ 이상인 것

③ 특정소방대상물에 부설된 특별피난계단 및 비상용 승강기의 승강장

④ 층수가 5층 이상으로서 연면적 $6000m^2$ 이상인 것

해설 **소방시설법 시행령 [별표 4]**
**제연설비의 설치대상**

(1) 문화 및 집회시설, 운동시설로서 바닥면적 **$200m^2$** 이상 보기 ②

(2) 근린생활시설 · 위락시설 · 판매시설 · 숙박시설로서 지하층 · 무창층 바닥면적 **$1000m^2$** 이상 보기 ①

(3) 특정소방대상물에 부설된 특별피난계단 및 비상용 승강기의 승강장, 피난용 승강기의 승강장 보기 ③

④ 연결송수관설비의 설치대상

답 ④

★
## 58 다음 중 소방기본법령상 과태료 부과권자로 틀린 것은?

① 시 · 도지사　② 소방본부장

③ 소방청장　④ 소방서장

해설 **기본법 제56조 제④항**
**과태료**

(1) 정하는 기준 : **대통령령**

(2) 부과권자 ─ **시 · 도지사** 보기 ①
├ **소방본부장** 보기 ②
└ **소방서장** 보기 ④

답 ③

★
## 59 소방시설관리업의 중요사항 변경내용이 아닌 것은?

① 영업소 소재지의 변경

② 소방시설별 점검장비 변경

③ 기술인력의 변경

④ 대표자의 변경

해설 **소방시설법 시행규칙 제33조**
**소방시설관리업의 중요사항 변경**

(1) 영업소 소재지의 변경 보기 ①

(2) 상호 또는 명칭의 변경

(3) 대표자의 변경 보기 ④

(4) 기술인력의 변경 보기 ③

답 ②

★

## 60 위험물탱크는 누가 실시하는 탱크안전성능검사를 받아야 하는가?

① 소방청장　② 시·도지사
③ 소방서장　④ 한국소방안전원장

해설 **위험물법 제8조**
**탱크안전성능검사**
(1) 실시자 : **시·도지사** 보기 ②
(2) 탱크안전성능검사의 내용 : **대통령령**
(3) 탱크안전성능검사의 실시 등에 관한 사항 : **행정안전부령**

답 ②

★

## 61 소방시설업의 감독권한이 없는 사람은?

① 소방청장　② 시·도지사
③ 소방본부장　④ 소방서장

해설 **공사업법 제31조**
**소방시설업의 감독**
(1) 시·도지사 보기 ②
(2) 소방본부장 보기 ③
(3) 소방서장 보기 ④

답 ①

★

## 62 소방공사감리업의 업무사항이 아닌 것은?

① 완공된 소방시설 등의 성능시험
② 소방시설 시공능력 평가
③ 피난시설의 적법성 검토
④ 방화시설의 적법성 검토

해설 **공사업법 제16조**
**소방공사감리업의 업무수행**
(1) 소방시설 등의 **설치계획표**의 **적법성** 검토
(2) 소방시설 등 **설계도서**의 **적합성** 검토
(3) 소방시설 등 **설계변경사항**의 **적합성** 검토
(4) 소방용품의 위치·규격 및 사용자재의 적합성 검토
(5) 공사업자가 한 소방시설 등의 시공이 설계도서와 화재안전기준에 맞는지에 대한 지도·감독
(6) 완공된 소방시설 등의 성능시험 보기 ①
(7) 공사업자가 작성한 **시공상세도면**의 **적합성** 검토
(8) **피난·방화시설**의 **적법성** 검토 보기 ③④
(9) **실내장식물**의 **불연화** 및 **방염물품**의 **적법성** 검토

② **소방청장**의 업무

답 ②

★

## 63 소방시설관리업을 하고자 하는 사람은?

① 시·도지사에게 등록하여야 한다.
② 시·도지사에게 신고하여야 한다.
③ 소방청장에게 등록하여야 한다.
④ 소방청장에게 신고하여야 한다.

해설 **소방시설법 제29조**
**소방시설관리업**
(1) 업무 ┬ 소방시설 등의 **점검**
　　　　└ 소방시설 등의 **관리**
(2) 등록권자 : **시·도지사** 보기 ①
(3) 등록기준 : **대통령령**

답 ①

★★★

## 64 제조소 등의 관계인은 예방규정을 정하고 허가청에 제출하여야 한다. 여기서 허가청에 해당하는 것은?

① 소방청장　② 시·도지사
③ 소방서장　④ 소방안전원장

해설 **위험물법 제17조**
예방규정의 제출자 : **시·도지사** 보기 ②

※ **예방규정** : 제조소 등의 화재예방과 화재 등 재해발생시의 비상조치를 위한 규정

답 ②

★★★

## 65 다음 중 소방관련법령에서 정한 방염성능기준으로 틀린 것은?

① 불꽃을 제거한 때부터 불꽃을 올리며 연소하는 상태가 그칠 때까지의 시간이 20초 이내
② 불꽃을 제거한 때부터 불꽃을 올리지 아니하고 연소하는 상태가 그칠 때까지의 시간이 30초 이내
③ 탄화한 면적은 $60cm^2$ 이내, 탄화한 길이는 30cm 이내
④ 불꽃의 접촉횟수는 3회 이상

해설 **소방시설법 시행령 제31조**
**방염성능의 기준**
(1) 버너의 불꽃을 올리며 연소하는 상태가 그칠 때까지의 시간 **20초** 이내 보기 ①
(2) 버너의 불꽃을 올리지 않고 연소하는 상태가 그칠 때까지의 시간 **30초** 이내 보기 ②

(3) 탄화한 면적 $50cm^2$ 이내(길이 20cm 이내)
(4) 불꽃의 접촉횟수는 3회 이상 보기 ④
(5) 최대 연기밀도 400 이하

답 ③

★★★
**66** 다음 중 1급 소방안전관리대상물에 선임될 수 없는 사람은?

① 소방설비기사 자격을 가진 사람
② 소방공무원으로 3년 이상 근무한 경력이 있는 사람
③ 1급 소방안전관리자시험을 합격한 사람
④ 소방설비산업기사 자격을 가진 사람

해설 **화재예방법 시행령 [별표 4]**

(1) **특급 소방안전관리대상물**의 **소방안전관리자 선임조건**

| 자 격 | 경 력 | 비 고 |
|---|---|---|
| • 소방기술사<br>• 소방시설관리사 | 경력 필요 없음 | 특급 소방안전관리자 자격증을 받은 사람 |
| • 1급 소방안전관리자(소방설비기사) | 5년 | |
| • 1급 소방안전관리자(소방설비산업기사) | 7년 | |
| • 소방공무원 | 20년 | |
| • 소방청장이 실시하는 특급 소방안전관리대상물의 소방안전관리에 관한 시험에 합격한 사람 | 경력 필요 없음 | |

(2) **1급 소방안전관리대상물**의 **소방안전관리자 선임조건**

| 자 격 | 경 력 | 비 고 |
|---|---|---|
| • 소방설비기사 · 소방설비산업기사 | 경력 필요 없음 | 1급 소방안전관리자 자격증을 받은 사람 |
| • 소방공무원 보기 ② | 7년 | |
| • 소방청장이 실시하는 1급 소방안전관리대상물의 소방안전관리에 관한 시험에 합격한 사람 | 경력 필요 없음 | |
| • 특급 소방안전관리대상물의 소방안전관리자 자격이 인정되는 사람 | | |

(3) **2급 소방안전관리대상물**의 **소방안전관리자 선임조건**

| 자 격 | 경 력 | 비 고 |
|---|---|---|
| • 위험물기능장 · 위험물산업기사 · 위험물기능사 | 경력 필요 없음 | 2급 소방안전관리자 자격증을 받은 사람 |
| • 소방공무원 | 3년 | |
| • 소방청장이 실시하는 2급 소방안전관리대상물의 소방안전관리에 관한 시험에 합격한 사람 | 경력 필요 없음 | |
| • 「기업활동 규제완화에 관한 특별조치법」에 따라 소방안전관리자로 선임된 사람(소방안전관리자로 선임된 기간으로 한정) | | |
| • 특급 또는 1급 소방안전관리대상물의 소방안전관리자 자격이 인정되는 사람 | | |

(4) **3급 소방안전관리대상물**의 **소방안전관리자 선임조건**

| 자 격 | 경 력 | 비 고 |
|---|---|---|
| • 소방공무원 | 1년 | 3급 소방안전관리자 자격증을 받은 사람 |
| • 소방청장이 실시하는 3급 소방안전관리대상물의 소방안전관리에 관한 시험에 합격한 사람 | 경력 필요 없음 | |
| • 「기업활동 규제완화에 관한 특별조치법」에 따라 소방안전관리자로 선임된 사람(소방안전관리자로 선임된 기간으로 한정) | | |
| • 특급 소방안전관리대상물, 1급 소방안전관리대상물 또는 2급 소방안전관리대상물의 소방안전관리자 자격이 인정되는 사람 | | |

② 소방공무원으로 **7년** 이상 근무한 경력이 있는 사람

답 ②

★
**67** 다음 중 탱크시험자에 대한 감독상 필요한 명령권한이 없는 사람은?

① 소방청장 ② 시 · 도지사
③ 소방본부장 ④ 소방서장

해설 위험물법 제23조
탱크시험자에 대한 명령
(1) 시·도지사
(2) 소방본부장
(3) 소방서장

답 ①

★★★
## 68 관계인의 승낙 없이 수시로 화재안전조사를 할 수 없는 위험물 저장·취급소는?

① 여인숙 ② 기숙사
③ 연립주택 ④ 유기장

해설 위험물법 제22조
제조소 등의 출입·검사
(1) 검사권자 ─ **소방청장**
　　　　　　├ **시·도지사**
　　　　　　├ **소방본부장**
　　　　　　└ **소방서장**
(2) 주거(주택) : **관계인**의 **승낙** 필요

답 ③

★★★
## 69 소방활동구역의 무단출입자의 벌칙은?

① 100만원 이하의 벌금
② 200만원 이하의 벌금
③ 200만원 이하의 과태료
④ 300만원 이하의 벌금

해설 200만원 이하의 과태료
(1) 소방용수시설·소화기구 및 설비 등의 설치 명령 위반(화재예방법 제52조)
(2) 특수가연물의 저장·취급 기준 위반(화재예방법 제52조)
(3) 한국 119 청소년단 또는 이와 유사한 명칭을 사용한 자(기본법 제56조)
(4) 소방차의 출동에 지장을 준 자(기본법 제56조)
(5) 소방활동구역 출입(기본법 제56조) 보기 ③

답 ③

★
## 70 소방본부장이나 소방서장이 소방시설공사가 공사감리 결과보고서대로 완공되었는지 완공검사를 위한 현장확인할 수 있는, 대통령령으로 정하는 특정소방대상물이 아닌 것은 어느 것인가?

19회 문 57
10회 문 52
09회 문 65

① 노유자시설
② 문화 및 집회시설
③ 1000m² 미만의 공동주택
④ 지하상가

해설 공사업령 제5조
완공검사를 위한 현장확인 대상 특정소방대상물
(1) **수**련시설
(2) **노**유자시설
(3) **문**화 및 집회시설, **운**동시설
(4) **종**교시설
(5) **판**매시설
(6) **숙**박시설
(7) **창**고시설
(8) 지하**상**가
(9) 다중이용업소
(10) 다음에 해당하는 설비가 설치되는 특정소방대상물
　① **스프링클러설비** 등
　② **물분무등소화설비**(호스릴방식 제외)
(11) 연면적 **10000m²** 이상이거나 **11층** 이상인 특정소방대상물(아파트 제외)
(12) 가연성가스를 제조·저장 또는 취급하는 시설 중 지상에 노출된 가연성 가스탱크의 저장용량 합계가 **1000t** 이상인 시설

기억법 문종판 노수운 숙창상현

답 ③

★★
## 71 우수품질제품에 대한 인증을 할 수 있는 사람은?

18회 문 64

① 소방청장
② 시·도지사
③ 소방본부장 또는 소방서장
④ 한국소방안전원장

해설 소방시설법 제43조
우수품질제품의 인증
(1) 실시자 : **소방청장** 보기 ①
(2) 인증에 관한 사항 : 행정안전부령

※ **우수품질인증** : 형식승인의 대상이 되는 소방용품 중 품질이 우수하다고 인정하는 소방용품에 대하여 인증

답 ①

★
## 72 다음의 물품 중 소방관련법령에 의거 소방용품이 아닌 것은?

17회 문 64
12회 문 54
10회 문 62

① 주거용 주방자동소화장치용 소화약제
② 누전경보기
③ 가스누설경보기
④ 피난사다리

해설 **소방시설법 시행령 제6조**
**소방용품 제외대상**

(1) 주거용 주방자동소화장치용 소화약제 보기 ①
(2) 가스자동소화장치용 소화약제
(3) 분말자동소화장치용 소화약제
(4) 고체에어로졸자동소화장치용 소화약제
(5) 소화약제 외의 것을 이용한 간이소화용구
(6) 휴대용 비상조명등
(7) 유도표지
(8) 벨용 푸시버튼스위치
(9) 피난밧줄
(10) 옥내소화전함
(11) 방수구

답 ①

★★★
## 73 대통령령 또는 화재안전기준의 변경으로 강화된 기준을 적용하는 설비는?

① 자동화재속보설비
② 비상방송설비
③ 비상콘센트설비
④ 무선통신보조설비

해설 **소방시설법 제13조, 소방시설법 시행령 제13조**
**변경강화기준 적용설비**

(1) 소화기구
(2) 비상경보설비
(3) 자동화재탐지설비
(4) 자동화재속보설비 보기 ①
(5) 피난구조설비
(6) 소방시설(**공동구** 설치용, 전력 및 통신사업용 지하구, 노유자시설, 의료시설)

| 공동구, 전력 및 통신사업용 지하구 | 노유자시설 | 의료시설 |
|---|---|---|
| ① 소화기<br>② 자동소화장치<br>③ 자동화재탐지설비<br>④ 통합감시시설<br>⑤ 유도등<br>⑥ 연소방지설비 | ① 간이스프링클러설비<br>② 자동화재탐지설비<br>③ 단독경보형 감지기 | ① 스프링클러설비<br>② 간이스프링클러설비<br>③ 자동화재탐지설비<br>④ 자동화재속보설비 |

답 ①

★★★
## 74 하자보수대상 소방시설의 하자보수 보증기간이 다음 중 다른 것은?

18회 문 56
14회 문 57
10회 문 61
09회 문 57
08회 문 64
06회 문 73

① 주거용 주방자동소화장치
② 비상경보설비
③ 무선통신보조설비
④ 유도등 및 유도표지

해설 **공사업령 제6조**
**소방시설공사의 하자보수 보증기간**

| 보증기간 | 소방시설 |
|---|---|
| 2년 | • **유**도등 · **유**도표지 · **피**난기구<br>• **비**상**조**명등 · 비상**경**보설비 · 비상**방**송설비<br>• **무**선통신보조설비 |
| 3년 | • 자동소화장치<br>• 옥내 · 외 소화전설비<br>• 스프링클러설비 · 간이스프링클러설비<br>• 물분무등소화설비 · 상수도소화용수설비<br>• 자동화재탐지설비 · 소화활동설비(무선통신보조설비 제외) |

① 3년, ②~④ 2년

기억법 유비조경방무피2(유비조경방무피투)

답 ①

★
## 75 소방시설공사업자의 시공능력평가 및 공시방법 등에 대하여 필요한 사항을 무엇으로 정하는가?

① 대통령령
② 행정안전부령
③ 국토교통부령
④ 시 · 도의 조례

해설 **공사업법 제26조 제②항**
시공능력 평가 및 공시방법 : **행정안전부령**

답 ②

**제 4 과목** 위험물의 성질·상태 및 시설기준

★★★

**76** 위험물을 취급하는 건축물의 구조 중 반드시 내화구조로 하여야 할 것은?

19회 문 99
18회 문 89
14회 문 96

① 바닥
② 보
③ 계단
④ 연소우려가 있는 외벽

해설 **위험물규칙 [별표 4]**
**위험물을 취급하는 건축물의 기준**

| 불연재료로 하여야 하는 것 | 내화구조로 하여야 하는 것 |
|---|---|
| ① 벽<br>② 기둥<br>③ 바닥<br>④ 보<br>⑤ 서까래<br>⑥ 계단 | 연소의 우려가 있는 외벽<br>보기 ④ |

답 ④

★★

**77** 위험물을 저장 또는 취급하는 탱크의 용량산정 방법은?

① 탱크의 용량=탱크의 내용적+탱크의 공간용적
② 탱크의 용량=탱크의 내용적−탱크의 공간용적
③ 탱크의 용량=탱크의 내용적×탱크의 공간용적
④ 탱크의 용량=탱크의 내용적÷탱크의 공간용적

해설 **위험물규칙 제5조 제①항**
위험물을 저장 또는 취급하는 탱크의 용량은 해당 탱크의 내용적에서 공간용적을 뺀 용적으로 한다.

※ 탱크의 용량=탱크의 내용적−탱크의 공간용적

답 ②

★★★

**78** 옥외탱크저장소로서 제4류 위험물의 탱크에 설치하는 밸브 없는 통기관의 지름은?

17회 문 94

① 30mm 이하 ② 30mm 이상
③ 45mm 이하 ④ 45mm 이상

해설 **위험물규칙 [별표 6]**
**옥외저장탱크의 통기장치**

| 밸브 없는 통기관 | 대기밸브 부착 통기관 |
|---|---|
| ① 지름 : 30mm 이상<br>보기 ②<br>② 끝부분 : 45° 이상<br>③ 인화방지장치 : 인화점이 38℃ 미만인 위험물만을 저장 또는 취급하는 탱크에 설치하는 통기관에는 화염방지장치를 설치하고, 그 외의 탱크에 설치하는 통기관에는 40메시(Mesh) 이상의 구리망 또는 동등 이상의 성능을 가진 인화방지장치를 설치할 것(단, 인화점 70℃ 이상의 위험물만을 해당 위험물의 인화점 미만의 온도로 저장 또는 취급하는 탱크에 설치하는 통기관은 제외) | ① 작동압력 차이 : 5kPa 이하<br>② 인화방지장치 : 인화점이 38℃ 미만인 위험물만을 저장 또는 취급하는 탱크에 설치하는 통기관에는 화염방지장치를 설치하고, 그 외의 탱크에 설치하는 통기관에는 40메시(Mesh) 이상의 구리망 또는 동등 이상의 성능을 가진 인화방지장치를 설치할 것(단, 인화점 70℃ 이상의 위험물만을 해당 위험물의 인화점 미만의 온도로 저장 또는 취급하는 탱크에 설치하는 통기관은 제외) |

참고

**밸브 없는 통기관**

| 간이탱크저장소(위험물규칙 [별표 9]) | 옥내탱크저장소(위험물규칙 [별표 7]) |
|---|---|
| ① 지름 : 25mm 이상<br>② 통기관의 끝부분<br>㉠ 각도 : 45° 이상<br>㉡ 높이 : 지상 1.5m 이상<br>③ 통기관의 설치 : **옥외**<br>④ 인화방지장치 : 가는 눈의 구리망 사용(단, 인화점 70℃ 이상의 위험물만을 해당 위험물의 인화점 미만의 온도로 저장 또는 취급하는 탱크에 설치하는 통기관은 제외) | ① 지름 : 30mm 이상<br>② 통기관의 끝부분 : 45° 이상<br>③ 인화방지장치 : 인화점이 38℃ 미만인 위험물만을 저장 또는 취급하는 탱크에 설치하는 통기관에는 화염방지장치를 설치하고, 그 외의 탱크에 설치하는 통기관에는 40메시(Mesh) 이상의 구리망 또는 동등 이상의 성능을 가진 인화방지장치를 설치할 것(단, 인화점 70℃ 이상의 위험물만을 해당 위험물의 인화점 미만의 온도로 저장 또는 취급하는 탱크에 설치하는 통기관은 제외)<br>④ 통기관은 가스 등이 체류할 우려가 있는 굴곡이 없도록 할 것 |

답 ②

★

**79** **다음 중 황산에 대한 설명으로 잘못된 것은?**

① 흡습성이 있으므로 용기 저장시 가득 채우지 않아야 한다.
② 과염소산칼륨과 혼합시 폭발한다.
③ 산화력은 산 중에서 가장 세다.
④ 분해하면 이산화황($SO_2$)이 발생하므로 소화시 방독면을 착용해야 한다.

해설 **황산**($H_2SO_4$)
(1) **흡습성**이 있으므로 용기 저장시 가득 채우지 않아야 한다. 보기 ①
(2) **과염소산칼륨**과 혼합시 폭발한다. 보기 ②
(3) 분해하면 **이산화황**($SO_2$)이 발생하므로 소화시 **방독면**을 착용해야 한다. 보기 ④
(4) 대부분의 **금속**을 **부식**시킨다.

③ 산 중에서 가장 센 산화력을 가진 것은 **과염소산**이다.

답 ③

★★★

**80** **아세트알데하이드 또는 산화프로필렌을 취급하는 설비에 사용할 수 있는 금속은?**

18회 문 18 / 16회 문 88 / 13회 문 91 / 12회 문 80 / 04회 문 94 / 03회 문 99

① 수은 ② 동
③ 마그네슘 ④ 알루미늄

해설 **위험물규칙 [별표 4]**
**아세트알데하이드 등을 취급하는 제조소의 특례**
(1) 은·수은·구리(동)·마그네슘 또는 이들을 성분으로 하는 합금으로 만들지 아니할 것 보기 ①②③

기억법 **구마은수**

(2) 연소성 혼합기체의 생성에 의한 폭발을 방지하기 위한 **불활성 기체** 또는 **수증기**를 봉입하는 장치를 갖출 것
(3) 탱크에는 **냉각장치** 또는 **보냉장치** 및 연소성 혼합기체의 생성에 의한 폭발을 방지하기 위한 **불활성 기체**를 봉입하는 장치를 갖출 것

답 ④

★

**81** **유기과산화물에 대한 설명 중 잘못된 것은?**

16회 문 81

① 탈지면과 같이 두면 자연발화할 수 있다.
② 대개 자체분해를 잘 하므로 중합개시제로 많이 사용한다.
③ 냉암소에 보관하여야 하며 소화시 물을 사용해서는 안 된다.
④ 유기용매에 잘 녹고 강한 산화작용이 있다.

해설 **지정유기과산화물**은 **냉암소**에 **보관**하여야 하며 소화시에는 다량의 **물**에 의한 **주수소화**가 효과적이다.

※ **지정유기과산화물** : 제5류 위험물

답 ③



★

**82** **다음은 위험물제조소에 설치하는 안전장치이다. 이 중에서 위험물의 성질에 따라 안전밸브의 작동이 곤란한 가압설비에 한하여 설치하는 것은?**

15회 문 91

① 자동적으로 압력의 상승을 정지시키는 장치
② 감압측에 안전밸브를 부착한 감압밸브
③ 안전밸브를 겸하는 경보장치
④ 파괴판

해설 **위험물규칙 [별표 4] Ⅷ**
**안전장치의 설치기준**
(1) 자동적으로 압력의 상승을 정지시키는 장치
(2) 감압측에 안전밸브를 부착한 감압밸브
(3) 안전밸브를 겸하는 경보장치
(4) **파괴판** : 안전밸브의 작동이 곤란한 경우에 사용 보기 ④

답 ④

★

**83** **지하탱크저장소의 배관은 탱크의 윗부분에 설치하여야 하는데 탱크의 직근에 유효한 제어밸브를 설치하여도 반드시 윗부분에만 설치하여야 하는 것은 어떤 위험물인가?**

① 제1석유류 ② 제3석유류
③ 제4석유류 ④ 동식물유류

해설 **위험물규칙 [별표 8]**
**배관에 제어밸브 설치시 탱크의 윗부분에 설치하지 않아도 되는 경우**
(1) 제2석유류 : 인화점 40℃ 이상
(2) 제3석유류
(3) 제4석유류
(4) 동식물유류

답 ①

★★
## 84 다음 설명 중 옳은 것은?

16회 문 02

① 건성유는 공기 중의 산소와 반응하여 자연발화를 일으킨다.
② 아이오딘가가 클수록 불포화결합은 적다.
③ 불포화도가 크면 산소와의 결합이 어렵다.
④ 반건성유는 아이오딘가가 100 이상 150 이하이다.

해설 ① 건성유는 공기 중의 산소와 반응하여 자연발화를 일으킨다. 보기 ①
② 아이오딘가가 클수록 불포화 결합은 크다.
③ 불포화도가 크면 산소와의 결합이 쉽다.
④ 반건성유는 아이오딘가가 **100** 이상 **130** 이하이다.

참고

**아이오딘값**

| 구 분 | 설 명 |
|---|---|
| 불건성유 | 100 이하 |
| 반건성유 | 100~130(채종유, 면실유, 쌀겨유, 옥수수기름, 콩기름) |
| 건성유 | 130 이상(아마인유, 들기름, 정어리유, 해바라기유, 동유) |

※ **아이오딘값** : 유지 100g에 흡수되는 아이오딘의 양을 g으로 나타낸 것

답 ①

★★★
## 85 옥내저장소의 바닥을 반드시 물이 스며들지 않는 구조로 할 필요가 없는 것은?

① 유기과산화물
② 금속분
③ 제4류 위험물
④ 제3류 위험물(금수성 물질)

해설 **위험물규칙 [별표 5]**
**저장창고의 바닥을 물이 스며들지 않는 구조로 해야 하는 것**
(1) 제1류 위험물 : **알칼리금속**의 **과산화물**
(2) 제2류 위험물 : **철분·금속분·마그네슘** 보기 ②
(3) 제3류 위험물(금수성 물질) 보기 ④
(4) 제4류 위험물 보기 ③

① 제5류 위험물

답 ①

★
## 86 황린에 관한 설명 중 옳지 않은 것은?

18회 문 79
16회 문 76
13회 문 81
05회 문 81
05회 문 93

① 독성이 없다.
② 공기 중에 방치하면 자연발화될 가능성이 크다.
③ 물속에 저장한다.
④ 연소시 오산화인의 흰 연기가 발생한다.

해설 ※ **황린**($P_4$) : 독성이 강하며, 치사량은 **0.05g**이다.

답 ①

★★★
## 87 위험물 운반시 혼합적재가 가능한 것은?

18회 문 83
15회 문 79
14회 문 82
11회 문 60
11회 문 91
10회 문 90
09회 문 87

① 제1류 위험물+제5류 위험물
② 제3류 위험물+제5류 위험물
③ 제1류 위험물+제4류 위험물
④ 제2류 위험물+제5류 위험물

해설 **위험물규칙 [별표 19]**
**위험물의 혼재기준**
(1) 제1류 위험물+제6류 위험물
(2) 제2류 위험물+제4류 위험물
(3) 제2류 위험물+제5류 위험물 보기 ④
(4) 제3류 위험물+제4류 위험물
(5) 제4류 위험물+제5류 위험물

답 ④

★
## 88 $CO_2$ 소화설비에 소화적응성이 있는 것은 어느 것인가?

① 인화성 고체
② 알칼리금속 과산화물
③ 제3류 위험물
④ 제5류 위험물

해설 **위험물규칙 [별표 17]**
**$CO_2$ 소화설비의 소화적응성**
(1) 전기설비
(2) 인화성 고체 보기 ①
(3) 제4류 위험물

답 ①

★
## 89 옥외저장소에 선반을 설치하는 경우 선반의 높이는?

① 1m 이하　　② 1.5m 이하
③ 2m 이하　　④ 6m 이하

해설 위험물규칙 [별표 11]
옥외저장소의 선반 설치기준
(1) 선반은 **불연재료**로 만들고 견고한 지반면에 고정할 것
(2) 선반은 해당 선반 및 그 부속설비의 자중·저장하는 위험물의 **중량·풍하중·지진**의 영향 등에 의하여 생기는 응력에 대하여 안전할 것
(3) 선반의 높이는 **6m**를 초과하지 아니할 것 보기 ④
(4) 선반에는 위험물을 수납한 용기가 쉽게 낙하하지 아니하는 조치를 강구할 것

답 ④

★★★
## 90 옥외탱크저장소의 방유제 설치기준 중 틀린 것은?

19회 문 95
18회 문 94
16회 문 95
13회 문 90
13회 문 95
10회 문 95
09회 문 94
08회 문 86
07회 문 78
06회 문 82

① 면적은 80000m$^2$ 이하로 할 것
② 방유제는 철근콘크리트 이외의 구조로 할 것
③ 높이는 0.5m 이상 3m 이하로 할 것
④ 방유제 내에는 배수구를 설치할 것

해설 위험물규칙 [별표 6]

② 방유제는 **철근콘크리트**로 할 것

참고

**옥외탱크저장소의 방유제**(위험물규칙 [별표 6] Ⅸ)

| 구 분 | 설 명 |
|---|---|
| 높이 | **0.5~3m** 이하 |
| 탱크 | **10기** 이하 |
| 면적 | **80000m$^2$** 이하 |

답 ②

★
## 91 옥내탱크저장소의 탱크와 탱크전용실의 벽 및 탱크 상호간의 간격은?

① 0.2 m 이상 ② 0.3 m 이상
③ 0.4 m 이상 ④ 0.5 m 이상

해설 위험물규칙 [별표 7]
옥내탱크저장소의 기준
(1) 옥내저장탱크는 **단층건축물**에 설치된 **탱크전용실**에 설치할 것
(2) 옥내저장탱크와 탱크전용실의 벽과의 사이 및 옥내저장탱크의 상호간에는 **0.5m** 이상의 간격을 유지할 것(단, 탱크의 점검 및 보수에 지장이 없는 경우에는 제외) 보기 ④
(3) 탱크전용실은 **벽·기둥** 및 **바닥**을 **내화구조**로 하고, **보**를 **불연재료**로 하며, 연소의 우려가 있는 외벽은 출입구 외에는 **개구부**가 없도록 할 것(단, 인화점이 **70℃** 이상인 **제4류 위험물**만의 옥내저장탱크를 설치하는 탱크전용실에 있어서는 연소의 우려가 없는 외벽·기둥 및 바닥을 **불연재료**로 할 수 있다)

답 ④

★★★
## 92 제1류 위험물로서 그 성질이 산화성 고체인 것은?

① 아염소산염류 ② 과염소산
③ 금속분 ④ 셀룰로이드

해설 ① 제1류 위험물 보기 ①
② 제6류 위험물
③ 제2류 위험물
④ 제5류 위험물

참고

**위험물**

| 종 류 | 성 질 |
|---|---|
| 제1류 | 강산화성 물질(산화성 고체) |
| 제2류 | 환원성 물질(가연성 고체) |
| 제3류 | 금수성 물질(자연발화성 물질) |
| 제4류 | 인화성 물질(인화성 액체) |
| 제5류 | 폭발성 물질(자기반응성 물질) |
| 제6류 | 산화성 물질(산화성 액체) |

답 ①

★★
## 93 위험물을 배합하는 제1종 판매취급소의 실의 기준에 적합하지 않은 것은 어느 것인가?

18회 문 98
17회 문 99
16회 문 97
15회 문 98
14회 문 91
11회 문 84
10회 문 55

① 바닥면적을 6~15m$^2$ 이하로 할 것
② 내화구조로 된 벽으로 구획할 것
③ 바닥에는 적당한 경사를 두고, 집유설비를 할 것
④ 출입구에는 60분+방화문, 60분 방화문 또는 30분 방화문을 설치할 것

해설 위험물규칙 [별표 14] Ⅰ
위험물을 배합하는 제1종 판매취급소의 실의 기준
(1) 바닥면적은 **6~15m$^2$** 이하일 것 보기 ①
(2) **내화구조** 또는 **불연재료**로 된 벽으로 구획할 것 보기 ②
(3) 바닥은 위험물이 침투하지 아니하는 구조로 하여 적당한 경사를 두고 **집유설비**를 할 것 보기 ③
(4) 출입구에는 수시로 열 수 있는 **자동폐쇄식**의 60분+방화문 또는 60분 방화문을 설치할 것

(5) 출입구 문턱의 높이는 바닥면으로부터 0.1m 이상으로 할 것
(6) 내부에 체류한 가연성의 증기 또는 가연성의 미분을 지붕 위로 **방출**하는 **설비**를 할 것

답 ④

★

**94 제4류 위험물의 특성으로서 적절하지 못한 것은?**

18회 문 85
13회 문 83
06회 문 20

① 인화위험이 높다.
② 증기는 공기보다 무겁다.
③ 연소범위의 상한(값)이 높다.
④ 밀폐공간의 증기는 점화원에 의해 폭발한다.

해설 **제4류 위험물**의 **특성**

(1) 인화위험이 **높다**. 보기 ①
(2) 증기는 공기보다 **무겁다**. 보기 ②
(3) 연소범위는 상한(값)이 **낮다**. 보기 ③
(4) 밀폐공간의 증기는 **점화원**에 의해 **폭발**한다. 보기 ④

③ 높다. → 낮다.

※ 휘발유(제4류 위험물)를 가열하면 휘발유의 증기는 위로 상승하므로 공기보다 가벼울 것 같지만 이것은 **열부력**에 의해 상승하는 것이고 공기보다 무거운지, 가벼운지의 여부는 **증기밀도**$=\frac{\text{분자량}}{29}$으로 계산하여 1보다 크면 공기보다 무겁고, 1보다 작으면 공기보다 가볍다. (이것을 알라!)

답 ③

★

**95 순수한 것으로서 건조상태에 있을 때 충격·마찰에 의해 폭발의 위험성이 가장 높은 것은?**

① 삼산화크로뮴　② 철분
③ 칼슘탄화물　④ 아조화합물

해설 아조화합물 보기 ④
순수한 것으로서 건조상태에 있을 때 충격·마찰에 의해 **폭발**의 위험성이 있다.

※ **아조화합물** : 제5류 위험물(폭발성 물질)

답 ④

★★

**96 이송취급소 배관의 재료로 적합하지 않은 것은?**

① 고압배관용 탄소강관
② 압력배관용 탄소강관
③ 고온배관용 탄소강관
④ 일반배관용 탄소강관

해설 **위험물규칙 [별표 15]**
**이송취급소 배관 등의 재료**

| 배관 등 | 재 료 |
|---|---|
| 배관 | • 고압배관용 탄소강관(KS D 3564) 보기 ①<br>• 압력배관용 탄소강관(KS D 3562) 보기 ②<br>• 고온배관용 탄소강관(KS D 3570) 보기 ③<br>• 배관용 스테인리스강관(KS D 3576) |
| 관 이음쇠 | • 배관용 강제 맞대기용접식 관이음쇠(KS B 1541)<br>• 철강재 관플랜지 압력단계(KS B 1501)<br>• 관플랜지의 치수허용차(KS B 1502)<br>• 강제 용접식 관플랜지(KS B 1503)<br>• 철강재 관플랜지의 기본치수(KS B 1511)<br>• 관플랜지의 개스킷 자리치수(KS B 1519) |
| 밸브 | • 주강 플랜지형 밸브(KS B 2361) |

답 ④

★★★

**97 스프링클러설비에 의해 소화 적용되는 대상은?**

① 금속분 제조공장
② 제3류 위험물취급소
③ 주정공장
④ 특수인화물 취급소

해설 ① **마른모래** 등에 의한 피복소화
② **마른모래** 등에 의한 소화
③ **스프링클러설비** 등에 의한 주수소화
④ **포·분말·**$CO_2$**·할론**소화약제에 의한 질식소화

※ **주정공장** : **'알코올공장'**을 말하는 것으로서 **알코올포 소화약제**가 가장 적당하나, 스프링클러설비에 의한 **주수소화**도 가능하다.

답 ③

★★★

**98 Boil over 현상이 일어날 가능성이 가장 큰 것은?**

① 휘발유　② 중유
③ 아세톤　④ MEK

**해설** **보일오버**(Boil over)는 중질유(**중유**)의 화재시에 발생한다. 보기 ②

**참고**

**유류탱크, 가스탱크에서 발생하는 현상**

| 구 분 | 설 명 |
|---|---|
| **블래비 (BLEVE ; Boiling Liquid Expanding Vapour Explosion)** | 과열상태의 탱크에서 내부의 액화가스가 분출하여 기화되어 폭발하는 현상<br>안전밸브<br>액화가스<br>블래비(BLEVE) |
| **보일오버 (Boil over)** | ① **중질유**의 탱크에서 장시간 조용히 연소하다 탱크 내의 잔존기름이 갑자기 분출하는 현상<br>② 유류탱크에서 탱크바닥에 물과 기름의 **에멀션**(Emulsion)이 섞여 있을 때 이로 인하여 화재가 발생하는 현상<br>③ 연소유면으로부터 100℃ 이상의 열파가 탱크 저부에 고여 있는 물을 비등하게 하면서 연소유를 탱크 밖으로 비산시키며 연소하는 현상 |
| **오일오버 (Oil over)** | 저장탱크 내에 저장된 유류저장량이 내용적의 **50%** 이하로 충전되어 있을 때 화재로 인하여 탱크가 폭발하는 현상 |
| **프로스오버 (Froth over)** | 물이 점성의 뜨거운 기름표면 아래에서 끓을 때 화재를 수반하지 않고 용기가 넘치는 현상 |
| **슬롭오버 (Slop over)** | ① 물이 연소유의 뜨거운 표면에 들어갈 때 기름표면에서 화재가 발생하는 현상<br>② 유화제로 소화하기 위한 물이 수분의 급격한 증발에 의하여 액면이 거품을 일으키면서 열유층 밑의 냉유가 급히 열팽창하여 기름의 일부가 불이 붙은 채 탱크벽을 넘어서 일출하는 현상 |

답 ②

★

**99** Cu, Mg, Ag, Hg 등의 금속과 접촉시 폭발위험성이 있는 물질은?

18회 문 81 / 16회 문 88 / 13회 문 91 / 12회 문 80 / 04회 문 94 / 03회 문 80

① $CH_3CHO$

② $C_2H_5OC_2H_5$

③ $CS_2$

④ $C_6H_5CH_3$

**해설** 위험물규칙 [별표 4]

**아세트알데하이드**($CH_3CHO$), **산화프로필렌**($CH_3CHCH_2O$)은 구리(Cu), 마그네슘(Mg), 은(Ag), 수은(Hg) 등의 금속과 접촉시 폭발위험성이 있다. 보기 ①

답 ①

★★

**100** 주유취급소의 주유공지란 주유를 받으려는 자동차 등이 출입할 수 있도록 너비 몇 m 이상, 길이 몇 m 이상의 콘크리트로 포장한 공지를 말하는가?

17회 문100 / 11회 문100 / 08회 문 93 / 04회 문 68

① 너비 : 3m, 길이 : 6m

② 너비 : 6m, 길이 : 3m

③ 너비 : 6m, 길이 : 15m

④ 너비 : 15m, 길이 : 6m

**해설** 위험물규칙 [별표 13]

주유공지와 급유공지

| 주유공지 보기 ④ | 급유공지 |
|---|---|
| 주유를 받으려는 자동차 등이 출입할 수 있도록 너비 **15m** 이상, 길이 **6m** 이상의 콘크리트 등으로 포장한 공지 | 고정급유설비의 호스기기의 주위에 필요한 공지 |

**참고**

**고정주유설비와 고정급유설비**(위험물규칙 [별표 13])

| 고정주유설비 | 고정급유설비 |
|---|---|
| 펌프기기 및 호스기기로 되어 위험물을 자동차 등에 직접 주유하기 위한 설비로서 현수식 포함 | 펌프기기 및 호스기기로 되어 위험물을 용기에 채우거나 이동저장탱크에 주입하기 위한 설비로서 현수식 포함 |

답 ④

## 제 5 과목 소방시설의 구조 원리

★★★

**101 다음 설명 중 옳은 것은?**

① 상용전원이 저압수전인 경우에는 인입개폐기의 직전에서 분기하여 전용배선으로 하여야 한다.

② 특고압수전 또는 고압수전일 경우에는 전력용 변압기 2차측의 주차단기에서 분기하여 전용배선으로 하여야 한다.

③ 스프링클러 소화설비의 충압펌프는 그 설비의 최저의 살수장치의 자연압보다 적어도 0.2MPa이 더 크도록 하여야 한다.

④ 유수검지장치 하나의 방호구역은 2개 층에 미치지 아니하도록 하되 1개 층에 설치되는 헤드수가 10개 이하인 경우에는 3개 층 이내로 할 수 있다.

해설 ① **저압수전**인 경우에는 **인입개폐기**의 **직후**에서 분기하여 전용배선으로 하여야 한다.
② **특고압수전** 또는 **고압수전**일 경우에는 **전력용 변압기 2차측**의 **주차단기 1차측**에서 분기하여 **전용배선**으로 하여야 한다.
③ 스프링클러 소화설비의 충압펌프는 그 설비의 최고의 살수장치의 **자연압**보다 적어도 0.2MPa이 더 크도록 한다.
④ 유수검지장치 하나의 방호구역은 **2개 층**에 미치지 아니하도록 하되 1개 층에 설치되는 헤드수가 **10개** 이하인 경우에는 **3개 층** 이내로 할 수 있다. 보기 ④

답 ④

★

**102 스프링클러설비의 종류 중 습식에 대한 준비작동식의 장점으로 볼 수 없는 것은?**

① 배관의 수명이 길다.

② 화재시 헤드가 개방되기 전에 경보발령이 가능하다.

③ 배관 자체가 수격방지작용을 할 수 있다.

④ 헤드의 작동온도가 같을 경우 화재시 살수개시 시간이 빠르다.

해설 **습식**에 대한 **준비작동식**의 **장점**
(1) 배관의 **수명**이 길다. 보기 ①
(2) 화재시 헤드가 개방되기 전에 **경보발령**이 가능하다. 보기 ②
(3) 배관 자체가 **수격방지작용**을 할 수 있다. 보기 ③
(4) 동결의 우려가 있는 장소에도 사용이 가능하다.

④ 화재시 살수개시 시간은 느리다.

답 ④

★★★

**103 자동화재탐지설비의 경계구역에 대한 설명이다. 옳지 않은 것은?**

① 하나의 경계구역이 2개 이상의 건축물에 미치지 아니하도록 한다.

② 하나의 경계구역이 2개 이상의 층에 미치지 아니하도록 한다. 다만, $500m^2$ 이하의 범위 안에서는 2개의 층을 하나의 경계구역으로 할 수 있다.

③ 하나의 경계구역은 $500m^2$ 이하로 하고 한변의 길이는 50m 이하로 한다.

④ 해당 소방대상물의 주된 출입구에서 그 내부 전체가 보이는 것에 있어서는 하나의 경계구역 면적은 $1000m^2$ 이하로 할 수 있다.

해설 하나의 경계구역의 면적은 **$600m^2$** 이하로 하고, 한 변의 길이는 **50m** 이하로 할 것. 다만, 소방대상물의 주된 출입구에서 그 내부 전체가 보이는 것에 있어서는 **$1000m^2$** 이하로 할 수 있다.

※ **경계구역** : 소방대상물 중 화재신호를 발신하고 그 신호를 수신 및 유효하게 제어할 수 있는 구역

답 ③

★

**104 포소화설비의 기기장치로서 관계가 없는 것은?**

① 미터링콕(Metering cock)

② 이덕터(Eductor)

③ 호스컨테이너(Hose container)

④ 클리닝밸브(Cleaning valve)

해설 **포소화설비**의 **기기장치**

(1) **미터링콕**(Metering cock) : 농도조정밸브 **보기 ①**

(2) **이덕터**(Eductor) : 혼합기 **보기 ②**

(3) **호스컨테이너**(Hose container) : 표면하 주입방식에서 호스를 수납해 두는 곳 **보기 ③**

④ 분말소화설비의 기기장치이다.

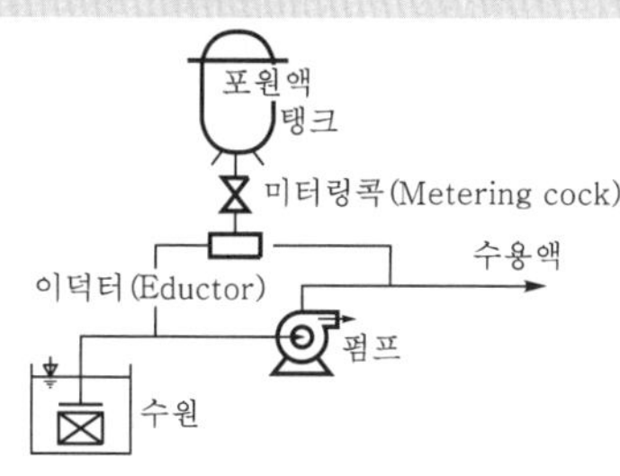


펌프 프로포셔너 방식

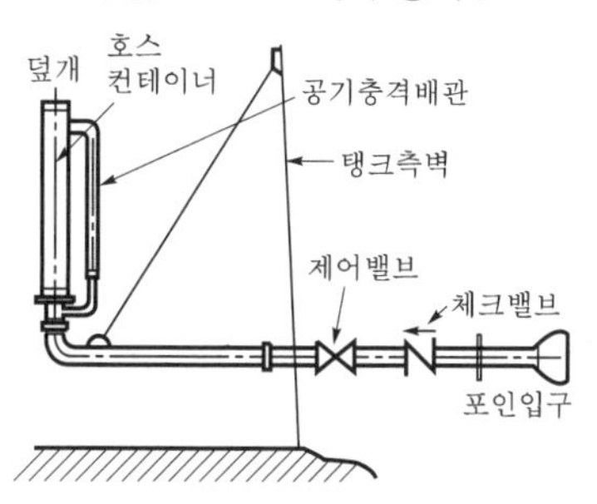


표면하 주입방식

답 ④

★★★
**105** 지면으로부터 5m 깊이의 지하에 설치된 소화용수설비에 있어서 소요 소화용수량이 $40m^3$인 경우 설치하여야 할 채수구의 수 ( ㉠ )와 가압송수장치의 1분당 양수량( ㉡ )이 모두 맞는 것은?

17회 문104
17회 문123
07회 문114

① ㉠ : 1개, ㉡ : 1100L 이상
② ㉠ : 2개, ㉡ : 2200L 이상
③ ㉠ : 3개, ㉡ : 3300L 이상
④ ㉠ : 4개, ㉡ : 4400L 이상

해설 (1) **채수구**의 **수**

| 소화수조 용량 | 20~40$m^3$ 미만 | 40~100$m^3$ 미만 | 100$m^3$ 이상 |
|---|---|---|---|
| 채수구의 수 | 1개 | 2개 | 3개 |

(2) **가압송수장치**의 분당 **양수량**

| 저수량 | 20~40$m^3$ 미만 | 40~100$m^3$ 미만 | 100$m^3$ 이상 |
|---|---|---|---|
| 분당 양수량 | 1100L 이상 | 2200L 이상 | 3300L 이상 |

답 ②

★★★
**106** 다음은 제연설비의 화재안전기준이다. 옳지 않은 것은?

① 배출기의 흡입측 풍도 안의 풍속은 20m/s 이하로 하고 배출측 풍속은 15m/s 이하로 한다.
② 하나의 제연구역의 면적은 $1000m^2$ 이내로 한다.
③ 예상제연구역에 대해서는 화재시 연기배출과 동시에 공기유입이 될 수 있게 한다.
④ 예상제연구역의 각 부분으로부터 하나의 배출구까지의 수평거리는 10m 이내가 되도록 한다.

해설 배출기 **흡입측** 풍도 안의 풍속은 **15m/s** 이하로 하고, **배출측** 풍속은 **20m/s** 이하로 한다.

※ 유입풍도 안의 풍속 : **20m/s** 이하

답 ①

03회

★★
**107** 옥외소화전설비를 작동시켜 노즐선단의 방수압력을 측정한 결과 압력이 0.35MPa 이었다. 이 노즐의 선단으로부터 방사되는 순간의 소화수의 유속은 몇 m/s인가? (단, 중력가속도는 $9.8m/s^2$이다.)

15회 문 32
06회 문 34
05회 문 42
02회 문 38
02회 문 41

① 16.19m/s ② 25.19m/s
③ 27.19m/s ④ 26.19m/s

해설 **압력수두**

$$H=\frac{P}{\gamma}$$

여기서, $H$ : 압력수두〔m〕
$P$ : 압력〔kPa〕
$\gamma$ : 비중량(물의 비중량 $9.8kN/m^3$)

**압력수두** $H$는

$$H=\frac{P}{\gamma}=\frac{0.35\text{MPa}}{9.8\text{kN/m}^3}=\frac{350\text{kPa}}{9.8\text{kN/m}^3}$$
$$=\frac{350\text{kN/m}^2}{9.8\text{kN/m}^3}\fallingdotseq 35\text{m}$$

$$V=\sqrt{2gH}$$

여기서, $V$ : 유속〔m/s〕

$g$ : 중력가속도(9.8m/s²)

$H$ : 높이〔m〕

**유속** $V$는

$V=\sqrt{2gH}=\sqrt{2\times 9.8\times 35}=26.19\text{m/s}$

답 ④



★

## 108 옥내소화전설비의 수원에 대한 설명으로 옳은 것은?

① 소화전이 가장 많은 층의 개수가 4개일 때 수원의 용량은 $10.4\text{m}^3$ 이상이어야 한다.

② 가압송수장치를 고가수조로 설치할 경우 유효수량의 1/3을 옥상에 별도로 설치할 필요가 없다.

③ 지하층만 있는 경우 유효수량의 1/3 이상을 지상1층 높이에 설치하여야 한다.

④ 수조에 맨홀을 설치할 경우 수조 외측의 수위계는 설치하지 않아도 좋다.

해설 ① 소화전이 가장 많은 층의 개수가 4개일 때 수원의 용량은 **5.2m³** (2.6×2=5.2) 이상이어야 한다.

② 가압송수장치를 **고가수조**로 설치할 경우 유효수량의 $\frac{1}{3}$을 옥상에 별도로 설치할 필요가 없다. 보기 ②

③ **지하층**만 있는 경우 유효수량의 $\frac{1}{3}$ 이상을 지상1층 높이에 설치할 필요가 없다.

④ 수조에 맨홀을 설치한 경우에도 수조 외측의 **수위계**는 설치하여야 한다.

답 ②

★★★

## 109 정격토출량이 2.4m³/min인 펌프를 설치한 스프링클러설비에서 성능시험배관의 유량측정장치는 얼마까지 측정할 수 있어야 하는가?

① $1.56\text{m}^3/\text{min}$ ② $2.4\text{m}^3/\text{min}$

③ $3.6\text{m}^3/\text{min}$ ④ $4.2\text{m}^3/\text{min}$

해설 **유량측정장치**=정격토출량×1.75

$=2.4\text{m}^3/\text{min}\times 1.75$

$=4.2\text{m}^3/\text{min}$

※ 유량측정장치는 펌프의 정격토출량의 **175% 이상** 측정할 수 있을 것(NFPC 103 제8조, NFTC 103 2.5.6.2)

답 ④

★★★

## 110 3선식 배선에 의하여 상시 충전되는 유도등의 전기회로에 점멸기를 설치할 때에 점등되어야 하는 경우로 옳지 않은 것은?

① 옥내소화전 방수구 개폐밸브를 개방한 때

② 자동화재탐지설비의 감지기 또는 발신기가 작동되는 때

③ 상용전원이 정전되거나 전원선이 단선되는 때

④ 방재업무를 통제하는 곳 또는 전기실의 배전반에서 수동으로 점등하는 때

해설 **3선식 배선**시 반드시 **점등**되는 경우

(1) **자동화재탐지설비**의 **감지기** 또는 **발신기**가 작동되는 때 보기 ②

(2) **비상경보설비**의 **발신기**가 작동되는 때

(3) **상용전원**이 **정전**되거나 **전원선**이 **단선**되는 때 보기 ③

(4) **방재업무**를 **통제**하는 곳 또는 **전기실의 배전반**에서 **수동적**으로 **점등**하는 때 보기 ④

(5) **자동소화설비**가 작동되는 때

답 ①

★★★

## 111 다음 중에서 이산화탄소 분사헤드를 설치할 수 있는 장소는?

① 이황화탄소를 저장·취급하는 곳

② 벤조일퍼옥사이드(B.P.O)를 저장·취급하는 곳

③ 셀룰로이드 제품을 저장·취급하는 곳

④ 나이트로셀룰로오스를 저장·취급하는 곳

해설 **$CO_2$ 분사헤드 설치제외 장소**(NFPC 106 제11조, NFTC 106 2.8)

(1) **방재실, 제어실** 등 사람이 상시 근무하는 장소

(2) **나이트로셀룰로오스, 셀룰로이드** 제품 등 자기연소성 물질을 저장, 취급하는 장소

(3) **나트륨, 칼륨, 칼슘, BPO** 등 활성금속물질을 저장, 취급하는 장소

(4) **전시장** 등의 관람을 위하여 다수인이 출입·통행하는 통로 및 전시실 등

답 ①

★★★

## 112 펌프의 공동현상(Cavitation) 방지책으로 적절치 못한 것은?

16회 문 34
12회 문 35
11회 문104
08회 문 07
07회 문 27

① 펌프의 고정위치를 흡수면과 가깝게 한다.
② 설계시 가능한 한 여유양정을 크게 한다.
③ 설계 이상의 토출량을 내지 않도록 한다.
④ 가능한 한 흡수관을 간단하게 시공한다.

해설 **공동현상(Cavitation)**
펌프의 흡입측 배관 내의 물의 정압이 기존의 증기압보다 낮아져서 **기포**가 발생되어 물이 흡입되지 않는 현상이다.

(1) **공동현상**의 **발생 현상**
① 소음과 진동 발생
② 관 부식
③ **임펠러**의 **손상**(수차의 날개를 해친다)
④ 펌프의 성능 저하

기억법 **공기**

(2) **공동현상**의 **발생원인**
① 펌프의 흡입수두가 클 때(소화펌프의 **흡입고**가 클 때)
② 펌프의 마찰손실이 클 때
③ 펌프의 임펠러속도가 클 때
④ 펌프의 설치위치가 수원보다 높을 때
⑤ 관 내의 수온이 높을 때(물의 온도가 높을 때)
⑥ 관 내의 물의 정압이 그때의 증기압보다 낮을 때
⑦ 흡입관의 구경이 작을 때
⑧ **흡입거리**가 길 때
⑨ 유량이 증가하여 펌프물이 과속으로 흐를 때

(3) **공동현상**의 **방지대책**
① 펌프의 **흡입수두**를 작게 한다.
② 펌프의 **마찰손실**을 작게 한다.
③ 펌프의 **임펠러속도**(회전수)를 작게 한다.
④ 펌프의 **설치위치**를 수원보다 낮게 한다.
⑤ 양흡입펌프를 사용한다(펌프의 흡입측을 가압한다).
⑥ 관 내의 물의 정압을 그때의 증기압보다 높게 한다.
⑦ 흡입관의 구경을 크게 한다.
⑧ 펌프를 **2개** 이상 설치한다.
⑨ 펌프의 고정위치를 흡수면과 가깝게 한다. **보기 ①**
⑩ 설계 이상의 토출량을 내지 않도록 한다. **보기 ③**
⑪ 가능한 한 흡수관을 간단하게 시공한다. **보기 ④**

답 ②

★

## 113 일제개방형 스프링클러설비에서 일제개방밸브 2차측 배관의 구조기준으로 옳은 것은?

① 수직 주배관과 연결하고 개폐표시형 밸브를 설치하여야 한다.
② 역류개폐가 가능한 체크밸브를 설치하여야 한다.
③ 개폐표시형 밸브를 설치하고 이 밸브의 2차측에 자동배수장치를 설치하여야 한다.
④ 개폐표시형 밸브를 설치하고 이 밸브의 1차측에 압력스위치를 설치하여야 한다.

④ 일제개방밸브의 2차측 배관에는 **개폐표시형 밸브**를 설치하고 이 밸브의 1차측에 **압력스위치** 및 **자동배수장치**를 설치하여야 한다.

답 ④

★★★

## 114 감지기회로에는 종단저항을 설치한다. 다음 중 옳지 않은 것은?

① 도통시험을 위해 종단저항을 설치한다.
② 점검 및 관리가 쉬운 장소에 설치한다.
③ 전용함을 설치하는 경우 그 설치높이는 바닥으로부터 1.0m 이내로 한다.
④ 감지기회로의 끝부분에 설치하며, 종단감지기에 설치할 경우에는 구별이 쉽도록 해당 감지기의 기판 및 감지기 외부 등에 별도의 표시를 한다.

③ 전용함을 설치하는 경우 그 설치높이는 바닥으로부터 **1.5m** 이내로 한다.

답 ③

★★★

## 115 감지기 부착높이가 20m 이상인 곳에도 감지기를 설치하여야 한다. 다음 중 20m 이상에 설치할 수 없는 감지기는?

19회 문119
17회 문120
14회 문112
08회 문111
07회 문125
06회 문123
02회 문124

① 광전식 공기흡입형 아날로그방식 감지기
② 불꽃감지기
③ 광전식 분리형 아날로그방식 감지기
④ 연기복합형 감지기

해설 **감지기**의 **부착높이**(NFPC 203 제7조, NFTC 203 2.4.1)

| 부착높이 | 감지기의 종류 |
|---|---|
| 4m 미만 | • 차동식(스포트형, 분포형)<br>• 보상식 스포트형<br>• 정온식(스포트형, 감지선형)<br>• 이온화식 또는 광전식(스포트형, 분리형, 공기흡입형)<br>• 열복합형<br>• 연기복합형<br>• 열연기복합형<br>• 불꽃감지기 |
| 4m 이상 8m 미만 | • 차동식(스포트형, 분포형)<br>• 보상식 스포트형<br>• 정온식(스포트형, 감지선형) 특종 또는 1종<br>• 이온화식 1종 또는 2종<br>• 광전식(스포트형, 분리형, 공기흡입형) 1종 또는 2종<br>• 열복합형<br>• 연기복합형<br>• 열연기복합형<br>• 불꽃감지기 |
| 8m 이상 15m 미만 | • 차동식 분포형<br>• 이온화식 1종 또는 2종<br>• 광전식(스포트형, 분리형, 공기흡입형) 1종 또는 2종<br>• 연기복합형<br>• 불꽃감지기 |
| 15m 이상 20m 미만 | • 이온화식 1종<br>• 광전식(스포트형, 분리형, 공기흡입형) 1종<br>• 연기복합형<br>• 불꽃감지기 |
| 20m 이상 | • 불꽃감지기 보기 ②<br>• 광전식(분리형, 공기흡입형) 중 아날로그방식 보기 ① ③ |

답 ④

★

## 116 준비작동식 스프링클러설비에 대한 설명으로 옳은 것은?

① 구조원리상 화재감지장치로는 감지기만을 사용하여야 한다.

② 배수식의 수동기동장치는 수신부에 일괄 설치하여야 한다.

③ 준비작동밸브 1차측과 2차측의 압력균형을 위해 반드시 공기압축기를 설치하여야 한다.

④ 전기식 기동장치에는 전자개방밸브(Solenoid valve)가 필요하다.

해설 ① 화재감지장치로는 **감지기** 및 **스프링클러 헤드**를 사용한다.
② **수동기동장치**는 각 **구역**마다 설치한다.
③ 반드시 공기압축기를 설치하여야 하는 것은 **건식 밸브**이다.
④ 전기식 기동장치에는 **전자개방밸브**(Solenoid valve)가 필요하다. 보기 ④

답 ④

★★★

## 117 다음은 비상방송설비의 설치기준을 설명한 것이다. 옳지 않은 것은?

① 확성기는 각 층마다 설치하되, 그 층의 각 부분으로부터 하나의 확성기까지의 수평거리가 25m 이하가 되도록 하고, 해당 층의 각 부분에 유효하게 경보를 발할 수 있도록 한다.

② 음량조정기를 설치하는 경우 음량조정기의 배선은 3선식으로 한다.

③ 다른 방송설비와 공용하는 것에 있어서는 화재시 비상경보 외의 방송을 차단할 수 있도록 한다.

④ 11층의 건물에서 2층 이상의 층에서 발화한 때에는 발화층·직상층에, 1층에서 발화한 때에는 발화층·직상층 및 지하층에, 지하층에서 발화한 때에는 발화층·직상층·기타의 지하층에서 우선적으로 경보를 발할 수 있도록 한다.

해설 **비상방송설비·자동화재탐지설비 우선경보방식 적용대상물**

11층(공동주택 16층) 이상의 특정소방대상물의 경보

‖ 음향장치의 경보 ‖

| 발화층 | 경보층 | |
|---|---|---|
| | 11층(공동주택 16층) 미만 | 11층(공동주택 16층) 이상 보기 ④ |
| 2층 이상 발화 | 전층 일제경보 | • 발화층<br>• 직상 4개층 |
| 1층 발화 | 전층 일제경보 | • 발화층<br>• 직상 4개층<br>• 지하층 |
| 지하층 발화 | 전층 일제경보 | • 발화층<br>• 직상층<br>• 기타의 지하층 |

답 ④

★
**118** **다음 중 원심펌프의 체적효율(體積效率)에 영향을 미치는 것은?**

① 펌프의 입구에서 출구에 이르는 물의 마찰 손실
② 패킹상자(Packing box) 부분의 누수손실
③ 축과 축받침 사이의 마찰손실
④ 회전차의 날개입구 및 출구에서의 충돌손실

해설 **패킹상자**(Packing box) 부분의 누수손실 · **체적효율**에 영향을 미친다.

※ **체적효율** : 펌프의 이론토출량과 실제 토출량과의 비율

답 ②

★★
**119** **스프링클러설비에서 펌프토출측 배관상에 설치되는 압력챔버(Chamber)의 기능으로 볼 수 없는 것은?**

① 일정범위의 방수압력 유지
② 화재경보의 발령
③ 수격의 완충작용
④ 펌프의 자동기동

해설 **압력챔버**의 **기능**

(1) 화재경보의 발령 **보기 ②**
(2) 수격의 완충작용 **보기 ③**
(3) 펌프의 자동기동 **보기 ④**

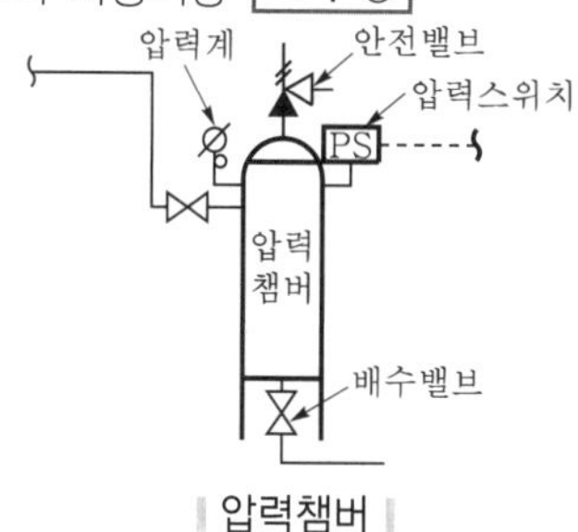

| 압력챔버 |

답 ①

★
**120** **자동화재탐지설비의 감지기에 대한 설명으로 옳은 것은?**

① 광전식 분리형 감지기는 지하층 실내면적 $40m^2$ 미만인 장소에도 설치할 수 있다.
② 정온식 스포트형은 리크공의 기능으로 오동작을 방지할 수 있다.
③ 공기관식의 차동식 분포형은 바이메탈의 원리를 응용한 것이다.
④ 비축적형 감지기는 축적형에 비해 비화재보 발령 가능성이 작다.

해설 ① **광전식 분리형 감지기**는 지하층 실내면적 $40m^2$ 미만인 장소에도 설치할 수 있다.
② **공기관식 차동식 분포형 · 차동식 스포트형**은 **리크공**의 기능으로 오동작을 방지할 수 있다.
③ 정온식 스포트형은 **바이메탈**(Bimetal)의 원리를 응용한 것이다.
④ 비축적형 감지기는 축적형에 비해 비화재보 발령 가능성이 크다.

참고

**지하층 실내면적 $40m^2$ 미만에 설치할 수 있는 감지기**(NFPC 203 제7조, NFTC 203 2.4.1)
(1) 불꽃감지기
(2) 정온식 감지선형 감지기
(3) 분포형 감지기
(4) 복합형 감지기
(5) 광전식 분리형 감지기
(6) 아날로그방식의 감지기
(7) 다신호방식의 감지기
(8) 축적방식의 감지기

답 ①

★★★
**121** **다음은 연결살수설비에 대한 기준이다. 옳지 않은 것은?**


19회 문107
15회 문123
13회 문122


① 개방형 헤드를 사용하는 연결살수설비에 있어서 하나의 송수구역에 설치하는 살수헤드의 수는 10개 이하로 한다.
② 송수구는 구경 65mm 이상의 쌍구형으로 한다. 다만, 하나의 송수구역에 살수헤드가 10개 이하 부착된 경우에는 단구형으로 할 수 있다.
③ 폐쇄형 헤드를 사용하는 연결살수설비에는 시험배관을 설치한다.
④ 천장 또는 반자의 각 부분으로부터 하나의 살수헤드(연결살수설비 전용헤드의 경우)까지의 수평거리는 3.7m 이하로 한다.

해설

② 65mm 이상 → 65mm

송수구는 구경 **65mm**의 **쌍구형**으로 하여야 한다. 다만, 하나의 송수구역에 부착하는 살수헤드의 수가 **10개** 이하인 것에 있어서는 **단구형**의 것으로 할 수 있다.

답 ②



★★

**122** P형 수신기의 감지기와의 배선회로에서 종단저항이 11kΩ, 릴레이 저항이 950Ω, 회로전압이 DC 24V이고 상시 감시전류가 2mA라고 하면 감지기가 동작할 때 회로에 흐르는 전류는 몇 mA인가?

19회 문106

① 24　　② 34
③ 47　　④ 57

해설 **감시전류**

$$=\frac{\text{회로전압}}{\text{종단저항}+\text{릴레이저항}+\text{배선저항}}$$

$$2\times10^{-3}=\frac{24}{11\times10^{3}+950+\text{배선저항}}$$

∴ 배선저항 : 50Ω

$$\text{동작전류}=\frac{\text{회로전압}}{\text{릴레이저항}+\text{배선저항}}$$

$$=\frac{24}{950+50}$$

$=0.024\text{A}$

$=24\text{mA}$

답 ①

★

**123** 자동스프링클러 소화설비시스템 중에서 건식 스프링클러 소화설비에 물의 공급을 신속하게 하기 위해서 설치하는 부속장치는 다음 중 어느 것인가?

① 익저스터(Exhauster), 액셀레이터(Accelerator)
② 리타딩챔버(Retarding chamber), 압력탱크(Pressure tank)
③ 파일럿밸브(Pilot valve), 유량지시계(Flow indicator)
④ 중간챔버(Intermediate chamber), 다이어프램(Diaphragm)

해설 **액셀레이터**(Accelerator), **익저스터**(Exhauster)
건식 밸브 개방시 압축공기의 배출속도를 가속시켜 1차측 배관 내의 가압수를 2차측 헤드까지 신속히 송수할 수 있도록 한다.

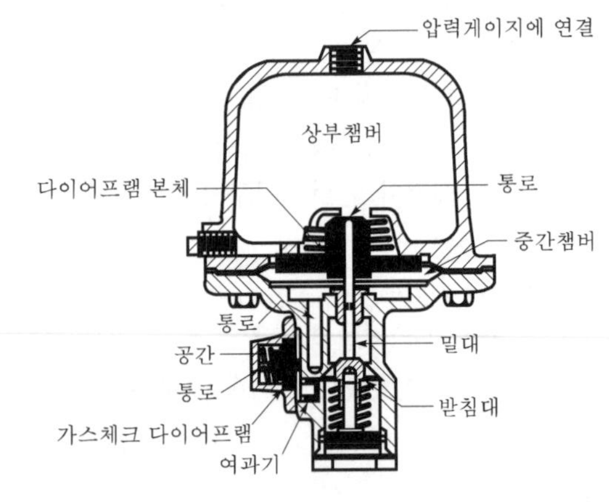


| 액셀레이터 |

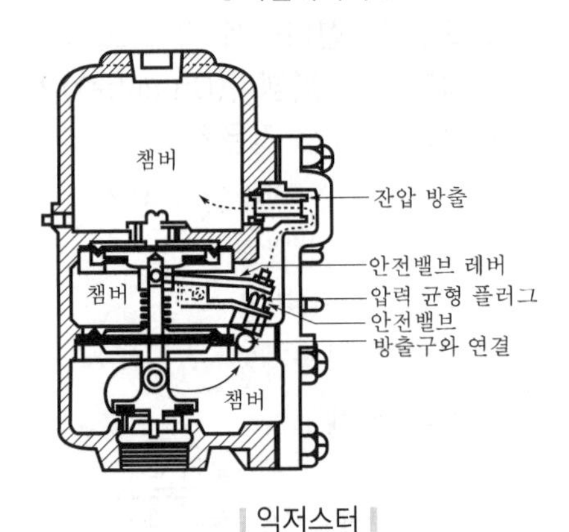


| 익저스터 |

답 ①

★

**124** 준비작동식 스프링클러설비에서 화재발생시 헤드가 개방되었음에도 불구하고 정상적인 살수가 되지 않을 경우 그 원인으로 볼 수 없는 것은?

① 화재감지기의 고장
② 전자개방밸브 회로의 고장
③ 경보용 압력스위치의 고장
④ 준비작동밸브 1차측의 개폐밸브 차단

해설 ③은 헤드가 개방되기 전에 작동한다.

답 ③

★★
**125** 내용적이 $110m^3$인 소방대상물에 할론 1301 소화설비를 설치하고자 한다. 소화에 필요한 할론의 설계농도를 8%라고 하면 필요한 약제량은? (단, 설계기준 온도는 20℃, 할론 1301의 비체적은 $0.16m^3/kg$, 기타 사항은 무시한다.)

① 69.78kg ② 59.78kg
③ 79.98kg ④ 89.78kg

해설

할론농도[%]

$$= \frac{방출가스량}{방호구역체적 + 방출가스량} \times 100$$

$$8\% = \frac{방출가스량}{110m^3 + 방출가스량} \times 100$$

$(110m^3 + 방출가스량) \times 8\% = 방출가스량 \times 100$

$880 + (방출가스량 \times 8) = 방출가스량 \times 100$

↳ 계산편의를 위해 단위 생략

$방출가스량 \times 100 = 880 + (방출가스량 \times 8)$

$방출가스량 \times 100 - (방출가스량 \times 8) = 880$

$92 \times 방출가스량 = 880$

$$방출가스량 = \frac{880}{92} = 9.5652m^3$$

$\therefore$ 방출가스량 $= 9.5652m^3$

**비체적**이 $0.16m^3/kg$이므로

$$약제량 = \frac{9.5652m^3}{0.16m^3/kg} = 59.78kg$$

답 ②

# 허물을 덮어주세요

어느 화가가 알렉산드로스 대왕의 초상화를 그리기로 한 후 고민에 빠졌습니다. 왜냐하면 대왕의 이마에는 추하기 짝이 없는 상처가 있었기 때문입니다.

화가는 대왕의 상처를 그대로 화폭에 담고 싶지는 않았습니다.

대왕의 위엄에 손상을 입히고 싶지 않았기 때문이죠.

그러나 상처를 그리지 않는다면 그 초상화는 진실한 것이 되지 못하므로 화가 자신의 신망은 여지없이 땅에 떨어지고 말 것입니다.

화가는 고민 끝에 한 가지 방법을 생각해냈습니다.

대왕이 이마에 손을 짚고 쉬고 있는 모습을 그려야겠다고 생각한 것입니다.

다른 사람의 상처를 보셨다면 그의 허물을 가려줄 방법을 생각해 봐야 하지 않을까요? 사랑은 허다한 허물을 덮는다고 합니다.

• 「지하철 사랑의 편지」 중에서 •

# 1995년도 제02회 소방시설관리사 1차 국가자격시험

| 문제형별 | 시 간 | 시험과목 |
|---|---|---|
| A | 125분 | ① 소방안전관리론 및 화재역학<br>② 소방수리학, 약제화학 및 소방전기<br>③ 소방관련 법령<br>④ 위험물의 성질 · 상태 및 시설기준<br>⑤ 소방시설의 구조 원리 |

| 수험번호 | | 성 명 | |
|---|---|---|---|

## 【 수험자 유의사항 】

1. **시험문제지**는 단일형별(A형)이며, 답안카드형별 기재란에 표시된 형별(A형)을 확인하시기 바랍니다. 시험문제지의 **총면수**, **문제번호 일련순서**, **인쇄상태** 등을 확인하시고, 문제지 표지에 수험번호와 성명을 기재하시기 바랍니다.

2. 답은 각 문제마다 요구하는 **가장 적합하거나 가까운 답 1개**만 선택하고, 답안카드 작성시 **마킹착오**로 인한 불이익은 전적으로 **수험자에게 책임**이 있음을 알려드립니다.

3. 답안카드는 국가전문자격 공통 표준형으로 문제번호가 1번부터 125번까지 인쇄되어 있습니다. 답안 마킹시에는 반드시 **시험문제지의 문제번호와 동일한 번호**에 마킹하여야 합니다.

4. **감독위원의 지시에 불응하거나 시험시간 종료 후 답안카드를 제출하지 않을 경우** 불이익이 발생할 수 있음을 알려드립니다.

5. 시험문제지는 시험 종료 후 가져가시기 바랍니다.

# 02회 1995. 03. 19. 시행

**제 1 과목** 소방안전관리론 및 화재역학

★★★
**01** 목조건축물의 화재에 대한 설명으로 잘못된 것은?
17회 문 25 / 13회 문 11 / 10회 문 03 / 04회 문 17

① 최성기를 지나면 지붕과 벽이 무너진다.
② 최성기까지의 소요시간은 평균 15분이다.
③ 최성기에 이르면 최고 1300℃까지 온도가 오르기도 한다.
④ 최성기에 이르면 연기의 색깔은 흑색으로 변한다.

해설 **목조건축물**의 **화재**
(1) 최성기를 지나면 **지붕**과 **벽**이 무너진다. 보기 ①
(2) 최성기까지의 소요시간은 평균 **7분** 정도이다.
(3) 최성기에 이르면 최고 **1300℃**까지 온도가 오르기도 한다. 보기 ③
(4) 최성기에 이르면 연기의 색깔은 **흑색**으로 변한다. 보기 ④
(5) 발화하여 진화할 때까지의 소요시간은 풍속이 **0.3~3m/s**일 때 **13~24**분이고, **10m/s** 이상일 때 **15분** 이내가 된다.

② 15분 → 7분

답 ②

★
**02** 다음 중 석유류 제품 취급시 정전기 발생이 증가하는 경우가 아닌 것은 어느 것인가?

① 필터를 통과할 때
② 유속이 높을 때
③ 비전도성 부유물질이 적을 때
④ 와류가 형성될 때

해설 **정전기**발생이 **증가**하는 경우
(1) 필터를 통과할 때 보기 ①
(2) 유속이 높을 때 보기 ②
(3) 비전도성 부유물질이 많을 때 보기 ③
(4) 와류가 형성될 때 보기 ④

③ 적을 때 → 많을 때

답 ③

★
**03** 최근 5년(2014~2018년) 간 장소별 화재발생비율이 가장 높은 것은?

① 단독주택 ② 공동주택
③ 야외 ④ 음식점

해설 **장소별 화재발생비율**이 가장 높은 순서
단독주택 > 공동주택 > 야외 > 음식점 > 공장시설 > 동식물시설 > 일상 서비스 시설 > 창고시설 > 판매시설 보기 ①

답 ①

★
**04** 방화구획 면적을 작게 할 경우의 특징이 아닌 것은?

① 정보를 전달하기 쉽다.
② 화재성장의 억제가 유리하다.
③ 시각적 장애를 일으킨다.
④ 연기의 평면적 확대를 억제한다.

해설 **방화구획 면적**을 작게 할 경우의 특징
(1) 정보를 전달하기 어렵다.
(2) 화재성장의 억제가 유리하다. 보기 ②
(3) 시각적 장애를 일으킨다. 보기 ③
(4) 연기의 평면적 확대를 억제한다. 보기 ④

① 쉽다. → 어렵다.

답 ①

★★★
**05** 다음 중 연기의 농도가 짙어지는 경우는?

① 온도가 낮을 때 ② 공기가 많을 때
③ 환기가 잘될 때 ④ 압력이 높을 때

해설 **연기**의 **농도**가 **짙**어지는 경우
(1) 온도가 낮을 때 보기 ①
(2) 공기가 작을 때
(3) 환기가 잘 안 될 때
(4) 압력이 낮을 때

답 ①

★★
**06** 액면연소에 해당되지 않는 것은?

① 경계층연소 ② 포트(Pot)연소
③ 전파화염 ④ 분무연소

해설 **액면연소**에 해당되는 것

(1) 경계층연소 보기 ①

(2) 포트(Pot)연소 보기 ②

(3) 전파화염 보기 ③

※ **액면연소** : 규격이나 치수가 일정한 용기의 액면 위에서 연소하는 것

답 ④

★★★

## 07 건축물 화재시 제2차 안전구획은?

① 복도 ② 계단전실
③ 지상 ④ 계단

해설 **피난시설**의 **안전구획**

| 구 분 | 설 정 |
|---|---|
| 1차 안전구획 | **복도** |
| 2차 안전구획 | **부실**(계단전실) 보기 ② |
| 3차 안전구획 | **계단** |

답 ②

★

## 08 다음의 국내 화재발생 원인 중 가장 많은 비율을 차지하는 것은?

① 화학적 요인 ② 기계적 요인
③ 교통사고 ④ 전기적 요인

해설 **화재**의 **발생현황**

| 구 분 | 설 명 |
|---|---|
| **원인별** | 부주의>전기적 요인 보기 ④ >기계적 요인>화학적 요인>교통사고>가스누출 |
| **장소별** | 근린생활시설>공동주택>공장 및 창고>복합건축물>업무시설>숙박시설>교육연구시설 |
| **계절별** | 겨울>봄>가을>여름 |

답 ④

★

## 09 안전사고를 분석하기 위한 방법으로 옳지 않은 것은?

① 안전사고를 개별적으로 분석한다.
② 사고내용의 공통점을 찾아낸다.
③ 사고내용의 주된 사항을 찾아낸다.
④ 유사한 사고를 사전에 예방하기 위하여 결함사항을 찾아낸다.

해설 **안전사고**를 **분석**하기 위한 방법

(1) 안전사고를 **개별적**으로 **분석**한다. 보기 ①

(2) 사고내용의 **주된 사항**을 찾아낸다. 보기 ③

(3) 유사한 사고를 사전에 예방하기 위하여 결함사항을 찾아낸다. 보기 ④

답 ②

★

## 10 다음 중 상온상압에서 연소시 g－mol당 연소열이 가장 많이 발생하는 가스는 어느 것인가?

① $n$－부탄 ② 에탄
③ 메탄 ④ 프로판

해설 **$n$－부탄**

상온상압에서 연소시 g－mol당 연소열이 가장 많이 발생하는 가스

※ **mol** : 아보가드로수에 해당하는 물질의 입자 또는 원자의 집합

답 ①

★★★

## 11 건축물 설계시 화재하중에 대한 내화도의 계산으로서 적합한 것은?

18회 문 14 / 17회 문 10 / 16회 문 24 / 14회 문 09 / 13회 문 17 / 12회 문 20 / 11회 문 20 / 08회 문 10 / 07회 문 15 / 06회 문 05 / 06회 문 09 / 04회 문 01

① $50kg/m^2$ : 1.5~2시간
② $100kg/m^2$ : 2~3시간
③ $200kg/m^2$ : 3~4시간
④ $300kg/m^2$ : 4~6시간

해설 건축물의 **화재하중**에 대한 **내화도**

| 화재하중 | 내화도 |
|---|---|
| $50kg/m^2$ | 1~1.5시간 |
| $100kg/m^2$ | 1.5~3시간 |
| $200kg/m^2$ | 3~4시간 보기 ③ |

※ **화재하중** : 화재실 또는 화재구획의 단위 면적당 가연물의 양

참고

건축물의 화재하중

| 건축물의 용도 | 화재하중[$kg/m^2$] |
|---|---|
| 호텔 | 5~15 |
| 병원 | 10~15 |
| 사무실 | 10~20 |
| 주택·아파트 | 30~60 |
| 점포(백화점) | 100~200 |
| 도서관 | 250 |
| 창고 | 200~1000 |

답 ③

★★★
**12** 버너의 화염에서 혼합기의 유출속도가 연소속도를 상회할 때 일어나는 연소현상은 어느 것인가?

18회 문 03
16회 문 03
10회 문 17

① 역화(Back fire)
② 불꽃뜨임(Lift)
③ 분젠화염
④ 천이영역

해설 **연소상의 문제점**

| 구 분 | 설 명 |
|---|---|
| **백파이어**<br>(Back fire, 역화) | 가스가 노즐에서 분출되는 속도가 연소속도보다 느려져 버너 내부에서 연소하게 되는 현상<br>∥ 백파이어 ∥<br>혼합가스의 유출속도 < 연소속도 |
| **리프트**<br>(Lift, 불꽃뜨임)<br>보기 ② | 가스가 노즐에서 나가는 속도가 연소속도보다 빨라서 불꽃이 버너의 노즐에서 떨어져서 연소하게 되는 현상<br>∥ 리프트 ∥<br>혼합가스의 유출속도 > 연소속도 |
| **블로오프**<br>(Blow off) | 리프트상태에서 불이 꺼지는 현상<br>∥ 블로오프 ∥ |

답 ②

★★★
**13** Flash-over에 영향을 미치는 요인이 아닌 것은?

① 건축물 내장재료
② 화원의 크기
③ 개구부의 비율
④ 방화구획의 설정

해설 **플래시오버**에 **영향**을 미치는 것
(1) 개구율(창문 등의 개구부 크기)
(2) 내장재료의 종류(실내의 내장재료)
(3) 화원의 크기
(4) 실의 내표면적(실의 넓이 · 모양)

※ **플래시오버**(Flash over) : 화재로 인하여 실내의 온도가 급격히 상승하여 화재가 순간적으로 실내 전체에 확산되어 연소되는 현상

답 ④

★★
**14** 가연성 물질이 공기와 혼합되었을 경우 최소발화에너지가 가장 작은 것으로 추정되는 물질은?

19회 문 01
17회 문 07
12회 문 22
10회 문 20

① 아세틸렌 ② 에탄
③ 벤젠 ④ 헥산

해설 **최소발화에너지**가 극히 작은 것

| 가연성가스 | 최소발화에너지 |
|---|---|
| 수소($H_2$) | 0.02mJ |
| 아세틸렌($C_2H_2$) 보기 ① | |
| 메탄($CH_4$) | 0.3mJ |
| 에탄($C_2H_6$) | |
| 프로판($C_3H_8$) | |
| 부탄($C_4H_{10}$) | |

※ **최소발화에너지** : 국부적으로 온도를 높이는 전기불꽃과 같은 점화원에 의해 점화될 때의 에너지 최소값으로 '**최소정전기점화에너지**'라고도 부른다.

답 ①

★
**15** 가스폭발한계에 대한 설명 중 틀린 것은?

① 위쪽으로 전파하는 화염에서 폭발범위가 넓게 측정된다.
② 폭발한계는 압력변화의 영향을 받는다.
③ 일반적으로 온도상승에 의하여 폭발범위가 좁아진다.
④ 가는 관에서 측정된 폭발범위는 좁게 나타난다.

해설 ③ 일반적으로 온도상승에 의하여 폭발범위가 넓어진다.

참고

**폭발한계와 위험성**
(1) 하한계가 낮을수록 위험하다.
(2) 상한계가 높을수록 위험하다.
(3) 연소범위가 넓을수록 위험하다.
(4) 연소범위의 하한계는 그 물질의 인화점에 해당된다.
(5) 연소범위는 주위온도와 관계가 깊다.
(6) 압력상승시 하한계는 불변, 상한계만 상승한다.

답 ③

★★★
## 16 분해연소를 일으키는 물질은 어느 것인가?

① 코크스 ② 목재
③ 황 ④ 나이트로글리세린

해설 **연소의 형태**

| 구 분 | 설 명 |
|---|---|
| 표면연소 | 숯, 코크스, 목탄, 금속분 |
| 분해연소 보기 ② | 석탄, 종이, 플라스틱, 목재, 고무, 중유, 아스팔트 |
| 증발연소 | 황, 왁스, 파라핀, 나프탈렌, 가솔린, 등유, 경유, 알코올, 아세톤 |
| 자기연소 | 나이트로글리세린, 나이트로셀룰로오스(질화면), TNT, 피크린산 |
| 액적연소 | 벙커C유 |
| 확산연소 | 메탄($CH_4$), 암모니아($NH_3$), 아세틸렌($C_2H_2$), 일산화탄소(CO), 수소($H_2$) |

기억법 표숯코목탄금, 분석종플목고중아
증황왁파나 가등경알아톤

답 ②

★★★
## 17 연소의 3요소에 한 항목을 추가하면 연소의 4요소가 된다. 추가되는 항목은 어느 것인가?

① 반응열 ② 압력
③ 열전도 ④ 연쇄반응

해설 **연소의 4요소**
(1) 가연물
(2) 산소공급원 ─ 연소의 3요소
(3) 점화원
(4) 연쇄반응 보기 ④

답 ④

★★★
## 18 연소시 가연물질의 구비조건은?

① 산소와 결합할 때 발열량이 작아야 한다.
② 열전도도가 커야 한다.
③ 연소반응의 활성화에너지가 작아야 한다.
④ 산소와의 결합력이 약한 물질이어야 한다.

해설 **가연물질의 구비조건**
(1) 산소와 결합할 때 발열량이 많아야 한다.
(2) **열전도도**가 작아야 한다.
(3) 연소반응의 **활성화에너지**가 작아야 한다. 보기 ③
(4) 산소와의 결합력이 강한 물질이어야 한다.

※ **활성화에너지** : 가연물이 처음 연소하는 데 필요한 열

답 ③

★
## 19 소염현상에 대한 설명 중 잘못된 것은 어느 것인가?

① 가연성 기체와 산화제의 농도가 현저하게 저하될 때 일어난다.
② 불활성 기체의 농도가 피크치 농도 이상일 때 소염된다.
③ 연소반응의 활성기가 미연소물질로 Feed back될 때 일어난다.
④ 열의 손실에 의한 열방출속도가 열발생속도보다 커질 때 소염된다.

해설 ③ 연소반응의 활성기가 미연소물질로 Feed back이 안 될 때 일어난다.

가연물 + 산소공급원 + 점화 —착화→ 연소생성물 + 활성기(열)
(Feed back ×)

※ **소염** : 연소가 지속되지 않고 화염이 없어지는 현상

답 ③

★★
## 20 건축물의 화재시 그 성장을 한정된 범위로 억제하기 위하여 공간을 구획하는데, 이에 해당되지 않는 것은?

18회 문 08
11회 문 12

① 수직구획 ② 측면구획
③ 수평구획 ④ 용도구획

해설 **건축물 내부**의 **연소확대방지**를 위한 **방화계획**

(1) 수평구획 보기 ③
(2) 수직구획 보기 ①
(3) 용도구획 보기 ④

비교

**건축물의 방재기능 설정요소**(건축물을 지을 때 내외부 및 부지 등의 방재계획을 고려한 계획)
(1) 부지선정, 배치계획
(2) 평면계획
(3) 단면계획
(4) 입면계획
(5) 재료계획

답 ②

★★★
## 21 다음 중 확실한 피난로가 보장되는 피난 형태는?

① Z형 ② H형
③ X형 ④ T형

해설 **피난형태**

| 형 태 | 피난방향 | 상 황 |
|---|---|---|
| X형 보기 ③ | | **확실한 피난통로**가 보장되어 신속한 피난이 가능하다. |
| Y형 | | |
| CO형 | | 피난자들의 집중으로 **패닉**(Panic)**현상**이 일어날 수 있다. |
| H형 | | |

답 ③

★
## 22 화재시 피난시간은 여러 가지 요소에 의해 영향을 받는다. 피난시 체류를 일으키는 요인으로 볼 수 없는 것은?

① 출구폭의 협소
② 복도폭의 협소
③ 가구, 칸막이 등의 배치
④ 전실의 협소

해설 **피난**시 **체류**를 일으키는 요인
(1) 출구폭의 협소 보기 ①
(2) 복도폭의 협소 보기 ②
(3) 가구, 칸막이 등의 배치 보기 ③

답 ④

★★★
## 23 피난시설을 계획하는 일반적인 원칙이 아닌 것은?

19회 문 12
18회 문 21
17회 문 11
15회 문 22
14회 문 24
11회 문 03
10회 문 06
03회 문 03

① 피난수단은 원시적인 방법에 의하는 것을 원칙으로 한다.
② 연기의 침입을 방지하기 위해 피난경로를 복잡하게 한다.
③ 피난용 출구는 항시 사용할 수 있도록 자물쇠를 풀어 둔다.
④ 피난경로에는 피난방향을 명백히 표시한다.

해설 **피난대책**의 일반적인 원칙
(1) 피난경로는 **간단 명료**하게 한다.
(2) 피난구조설비는 **고정식 설비**를 위주로 설치한다.
(3) 피난수단은 **원시적 방법**에 의한 것을 원칙으로 한다. 보기 ①
(4) **2방향**의 피난통로를 확보한다.
(5) 피난통로를 **완전불연화**한다.
(6) 피난용 출구는 항시 사용할 수 있도록 자물쇠를 풀어 둔다. 보기 ③

답 ②

★★
## 24 연소에 대한 설명 중 틀린 것은?

15회 문 02
12회 문 07

① 인화점은 착화의 용이성을 나타내는 지표가 될 수 있다.
② 발화점은 점화원이 없는 상태에서 가연성 혼합기가 발화하는 데 필요한 최저온도이다.
③ 인화점은 화염에 의해 발화가능한 혼합기가 형성되는 최저온도이다.
④ 인화점이 높을수록 발화점이 높다.

해설 ④ 인화점이 높을수록 반드시 발화점이 높은 것은 아니다.

참고

**연소와 관계되는 용어**

(1) **발화점** : 가연성 물질에 불꽃을 접하지 아니하였을 때 연소가 가능한 최저온도
(2) **인화점** : 휘발성 물질에 **불꽃**을 접하여 연소가 가능한 최저온도
(3) **연소점** : 어떤 인화성 액체가 공기 중에서 열을 받아 점화원의 존재하에 **지속적**인 연소를 일으킬 수 있는 온도

답 ④

★

## 25 가연성 혼합기의 점화지연시간에 영향을 미치는 요인이 아닌 것은?

① 혼합가스의 농도
② 혼합가스의 활성화에너지
③ 혼합가스의 초기압력
④ 혼합가스의 연소한계

해설 가연성 혼합기의 **점화지연시간**에 영향을 미치는 요인

(1) 혼합가스의 농도 **보기 ①**
(2) 혼합가스의 활성화에너지 **보기 ②**
(3) 혼합가스의 연소한계 **보기 ④**

※ **가연성 혼합기** : 가연물이 공기 중에서 연소범위 안에 있는 상태

답 ③

**제 2 과목** 소방수리학·약제화학 및 소방전기

★

## 26 개폐기의 접촉재료로서 구비하여야 할 일반적인 조건이 아닌 것은?

① 방전에 의한 소모, 변형이 적을 것
② 접촉저항이 클 것
③ 융착하지 않을 것
④ 방전이 발생하지 않을 것

해설 **개폐기 접촉재료**의 **구비조건**

(1) 접촉저항이 작을 것
(2) 융착하지 않을 것 **보기 ③**
(3) 방전이 발생하지 않을 것 **보기 ④**
(4) 방전에 의한 소모, 변형이 적을 것 **보기 ①**

② 클 것 → 작을 것

답 ②

★★★

## 27 레이놀즈수(Reynold's Number)란?

① 정상류와 비정상류를 구별하여 주는 척도가 된다.
② 등류와 비등류를 구별하여 주는 척도가 된다.
③ 층류와 난류를 구별하여 주는 척도가 된다.
④ 실제유체와 이상유체를 구별하여 주는 척도가 된다.

해설 **레이놀즈수**

| 구 분 | 설 명 |
|---|---|
| **층류** | $Re < 2100$ |
| **천이영역**(임계영역) | $2100 < Re < 4000$ |
| **난류** | $Re > 4000$ |

※ **레이놀즈수(Reynold's number)** : **층류**와 **난류**를 **구분**하기 위한 계수

답 ③

★★

## 28 관로에 유체가 흐를 때 관마찰손실은?

19회 문 29
18회 문 46
15회 문 28
08회 문 05
07회 문 36

① 관 길이에 반비례한다.
② 관 직경에 비례한다.
③ 유속의 제곱에 비례한다.
④ 유속에 반비례한다.

해설 **마찰손실**

다르시-웨버의 식(Darcy-Weisbach formula, **층류**)

$$H = \frac{\Delta p}{\gamma} = \frac{flV^2}{2gD}$$

여기서, $H$ : 마찰손실[m]
$\Delta p$ : 압력차[kN/m$^2$]
$\gamma$ : 비중량(물의 비중량 9.8kN/m$^3$)
$f$ : 관마찰계수
$l$ : 길이[m]
$V$ : 유속[m/s]
$g$ : 중력가속도(9.8m/s$^2$)
$D$ : 내경[m]

① 관 길이에 비례한다.
② 관 직경에 반비례한다.
③ 유속의 제곱에 비례한다.

답 ③

★★★

**29** 연소의 연쇄반응을 차단하거나 억제하는 물질이 될 수 있는 가스계 소화약제는?

① $NH_4H_2PO_4$ ② $CF_3Br$
③ $NaHCO_3$ ④ $KHCO_3$

해설 **할론소화약제**
연소의 연쇄반응을 차단하거나 억제하는 물질이 될 수 있는 가스계 소화약제

| 종 류 | 약 칭 | 분자식 |
|---|---|---|
| Halon 1011 | CB | $CH_2ClBr$ |
| Halon 104 | CTC | $CCl_4$ |
| Halon 1211 | BCF | $CF_2ClBr$ |
| Halon 1301 | BTM | $CF_3Br$ 보기 ② |
| Halon 2402 | FB | $C_2F_4Br_2$ |

참고

**분말소화약제**(질식효과)

| 종 별 | 주성분 | 착 색 |
|---|---|---|
| 제1종 | 중탄산나트륨 ($NaHCO_3$) | 백색 |
| 제2종 | 중탄산칼륨 ($KHCO_3$) | 담자색(담회색) |
| 제3종 | 제1인산암모늄 ($NH_4H_2PO_4$) | 담홍색 |
| 제4종 | 중탄산칼륨+요소 ($KHCO_3+(NH_2)_2CO$) | 회(백)색 |

답 ②

★★★

**30** 최대눈금이 50V인 직류 전압계가 있다. 이 전압계를 사용하여 150V의 전압을 측정하려면 배율기의 저항은 몇 Ω을 사용하여야 하는가? (단, 전압계의 내부저항은 500Ω이다.)

① 100 ② 250
③ 500 ④ 1000

해설 **측정하고자 하는 전압**

$$V_0 = V\left(1+\frac{R_m}{R_v}\right)[\text{V}]$$

여기서, $V_0$ : 측정하고자 하는 전압[V]
$V$ : 전압계의 최대눈금[V]
$R_v$ : 전압계 내부저항[Ω]
$R_m$ : 배율기 저항[Ω]

**배율기**의 **저항** $R_m$은

$$R_m = R_v\left(\frac{V_0}{v}-1\right) = 500\left(\frac{150}{50-1}\right) = 1000\Omega$$

※ **배율기**(Multiplier) : 전압계의 측정범위를 확대하기 위해 전압계와 직렬로 접속하는 저항

참고

**분류기(Shunt)**
전류계의 측정범위를 확대하기 위해 전류계와 **병렬**로 **접속**하는 저항

$$I_0 = I\left(1+\frac{R_A}{R_s}\right)[\text{A}]$$

여기서, $I_0$ : 측정하고자 하는 **전류**[A]
$I$ : 전류계의 최대눈금[A]
$R_A$ : 전류계 내부저항[Ω]
$R_s$ : 분류기 저항[Ω]

답 ④

★

**31** 다음 중 왕복 피스톤펌프의 유량변동을 평균화하기 위하여 설치하는 것은 어느 것인가?

① 서지탱크(Surge tank)
② 체크밸브(Check valve)
③ 공기실(Air chamber)
④ 스트레이너(Strainer)

해설

| 구 분 | 설 명 |
|---|---|
| **서지탱크**(Surge tank) | 수격작용 방지 |
| **체크밸브**(Check valve) | 역류 방지 |
| **공기실**(Air chamber) | 왕복 피스톤펌프의 유량변동 평준화 보기 ③ |
| **스트레이너**(Strainer) | 이물질 제거 |

답 ③

★★★

**32** 그림에서 a, b 간의 합성저항(Ω)은?

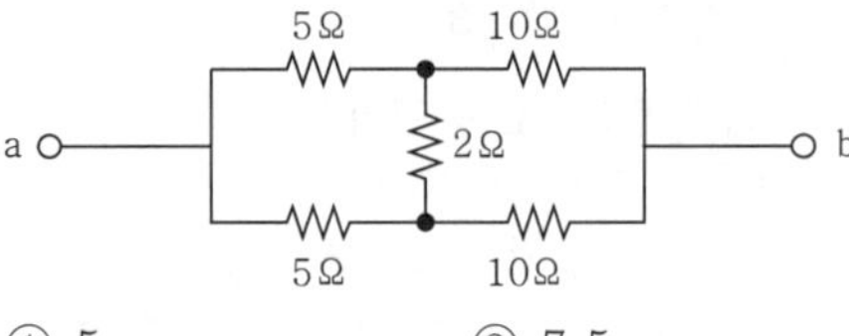


① 5 ② 7.5
③ 15 ④ 30

해설 **휘트스톤브리지**(Wheatstone bridge)이므로 등가회로로 나타내면

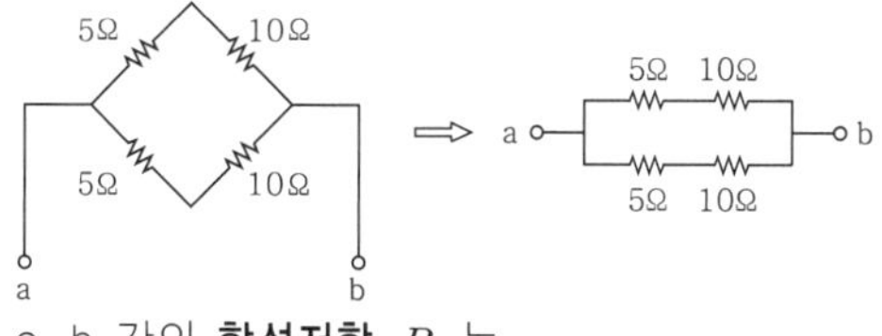


a, b 간의 **합성저항** $R_{ab}$는

$$R_{ab}=\frac{(5+10)\times(5+10)}{(5+10)+(5+10)}=7.5\Omega$$

답 ②

★

## 33 다음의 화학평형에서 오른쪽으로 진행시키기 위한 조건은? (단, $N_2+3H_2 \leftrightarrows 2NH_3+2\times11.89$kcal/h이다.)

① 저온감압 ② 고온감압
③ 고온가압 ④ 저온가압

해설 **오른쪽**으로 **진행**시키기 위한 **조건**

| 구 분 | 설 명 |
|---|---|
| **저온** | 온도를 낮추면 발열반응이 촉진되어 오른쪽으로 진행한다. |
| **가압** | 압력이 증가하면 $N_2$, $H_2$와 $NH_3$의 농도가 영향을 받지 않으므로 아무런 변화도 일어나지 않는다. |

※ **왼쪽**으로 **진행**시키기 위한 **조건** : **고온가압**

답 ④

★★★

## 34 다음 중 온도를 전압으로 변환시키는 요소는?

① 차동변압기 ② 열전대
③ 측온저항 ④ 광전지

해설 **변환요소**

| 변환요소 | 기기·감지기 |
|---|---|
| 온도 → 임피던스 | • 정온식 감지선형 감지기 |
| **온**도 → **전**압 | • **열**전대식 감지기 보기 ②<br>• **열**반도체식 감지기 |
| 변위 → 압력 | 유압분사관 |
| 변위 → 전압 | • 포텐셔미터<br>• 차동변압기<br>• 전위차계 |

※ **열전대**는 온도를 전압으로 변환시키는 요소로서, 감지기 중 **열전대식 차동식 분포형 감지기**에 이용된다.

기억법 **온전열**

답 ②

★

## 35 수력기계에서 공동현상(Cavitation)이 발생하는 원인은?

① 유속이 빠르기 때문이다.
② 유속이 늦기 때문이다.
③ 압력이 높기 때문이다.
④ 압력이 낮기 때문이다.

해설 **공동현상**

압력이 낮기 때문에 발생한다.

※ **공동현상(Cavitation)** : 펌프의 흡입측 배관 내의 물의 정압이 기존의 증기압보다 낮아져서 기포가 발생되어 물이 흡입되지 않는 현상이다.

답 ④

★★★

## 36 물의 기화열이 539cal란, 어떠한 의미인가?

① 0℃의 물 1g이 얼음으로 변화하는 데 539cal의 열량이 필요하다.
② 100℃의 물 1g이 수증기로 변화하는 데 539cal의 열량이 필요하다.
③ 0℃의 얼음 1g이 물로 변화하는 데 539cal의 열량이 필요하다.
④ 0℃의 물 1g이 100℃의 물로 변화하는 데 539cal의 열량이 필요하다.

해설 **기화열**과 **융해열**

| 기화열 | 융해열 |
|---|---|
| 100℃의 물 1g이 수증기로 변화하는 데 필요한 열량 | 0℃의 얼음 1g이 물로 변화하는 데 필요한 열량 |

중요

**물의 잠열**

| 구 분 | 설 명 |
|---|---|
| 융해잠열 | **80cal/g** |
| 기화(증발)잠열 | **539cal/g** |
| 0℃의 물 1g이 100℃의 수증기가 되는 데 필요한 열량 | **639cal/g** |
| 0℃의 얼음 1g이 100℃의 수증기가 되는 데 필요한 열량 | **719cal/g** |

기억법 **100수5(백수5)**

답 ②

★
**37** 지름이 75mm이고 수정계수가 0.96인 노즐의 지름이 200mm인 관에 부착되어 물을 분출시키고 있다. 200mm 관의 수두가 8.4m일 때 노즐출구에서의 유속은?

16회 문 10
11회 문 34

① 4.26m/s ② 10.8m/s
③ 12.3m/s ④ 24.6m/s

해설 **토리첼리**의 **식**(Torricelli's theorem)

$$V=\sqrt{2gH}$$

여기서, $V$ : 유속〔m/s〕
$g$ : 중력가속도(9.8m/s²)
$H$ : 높이〔m〕

**유속** $V$는

$$V=\sqrt{2gH}$$
$$=\sqrt{2\times 9.8\text{m/s}^2\times 8.4\text{m}} \fallingdotseq 12.3\text{m/s}$$

답 ③

★★
**38** 다음 중 소방관로에 흐르는 물의 압력이 392.28kPa일 때 이 단면에서의 압력수두는?

15회 문 32
06회 문 34
05회 문 42
03회 문107
02회 문 41

① 40m ② 45m
③ 400m ④ 600m

해설 **압력수두**

$$H=\frac{P}{\gamma}$$

여기서, $H$ : 압력수두〔m〕
$P$ : 압력(〔kPa〕 또는 〔kN/m²〕)
$\gamma$ : 비중량(물의 비중량 9.8kN/m³)

**압력수두** $H$는

$$H=\frac{P}{\gamma}=\frac{392.28\text{kPa}}{9.8\text{kN/m}^3}=\frac{392.28\text{kN/m}^2}{9.8\text{kN/m}^3}\fallingdotseq 40\text{m}$$

답 ①

★★★
**39** 유량 1m³/min, 전양정 25m인 원심펌프를 설계하고자 한다. 펌프의 축동력을 구하면? (단, 펌프의 전효율은 75%이다.)

19회 문 30
15회 문 31

① 1.567kW ② 5.447kW
③ 0.565kW ④ 4.447kW

해설 **축동력**

$$P=\frac{0.163QH}{\eta}$$

여기서, $P$ : 축동력〔kW〕
$Q$ : 유량〔m³/min〕
$H$ : 전양정〔m〕
$\eta$ : 효율

**펌프**의 **축동력** $P$는

$$P=\frac{0.163QH}{\eta}$$
$$=\frac{0.163\times 1\text{m}^3/\text{min}\times 25\text{m}}{0.75}\fallingdotseq 5.447\text{kW}$$

참고

**소방검사펌프의 동력**

(1) **전동력** : 일반적인 전동기의 동력(용량)을 말한다.

$$P=\frac{\gamma QH}{1000\eta}K$$

여기서, $P$: 전동력〔kW〕
$\gamma$: 비중량(물의 비중량 9800N/m³)
$Q$: 유량〔m³/s〕
$H$: 전양정〔m〕
$K$: 전달계수
$\eta$ : 효율

또는,

$$P=\frac{0.163QH}{\eta}K$$

여기서, $P$: 전동력〔kW〕
$Q$ : 유량〔m³/min〕
$H$: 전양정〔m〕
$K$: 전달계수
$\eta$ : 효율

(2) **축동력** : 전달계수($K$)를 고려하지 않은 동력이다.

$$P=\frac{\gamma QH}{1000\eta}$$

여기서, $P$: 전동력〔kW〕
$\gamma$: 비중량(물의 비중량 9800N/m³)
$Q$: 유량〔m³/s〕
$H$: 전양정〔m〕
$\eta$ : 효율

또는,

$$P=\frac{0.163\,QH}{\eta}$$

여기서, $P$: 전동력〔kW〕
$Q$: 유량〔m³/min〕
$H$: 전양정〔m〕
$\eta$ : 효율

(3) **수동력**
전달계수($K$)와 효율($\eta$)을 고려하지 않은 동력이다.

$$P = \frac{\gamma QH}{1000}$$

여기서, $P$ : 전동력〔kW〕
$\gamma$ : 비중량(물의 비중량 9800N/m³)
$Q$ : 유량〔m³/s〕
$H$ : 전양정〔m〕

또는,

$$P = 0.163\,QH$$

여기서, $P$ : 전동력〔kW〕
$Q$ : 유량〔m³/min〕
$H$ : 전양정〔m〕

답 ②

★
## 40 물소화약제의 소화효과를 높이기 위한 방법 중 가장 적합한 것은?

① 안개모양으로 분무(Mist) 주수한다.
② 센 압력으로 방사한다.
③ 대량의 물을 한꺼번에 방사한다.
④ 물의 방사를 꾸준히 하여 소화력을 높인다.

해설 **분무주수**
물소화약제의 소화효과를 높이기 위한 가장 좋은 방법

참고

**분무주수의 기대효과**
(1) 질식효과
(2) 냉각효과
(3) 유화효과(에멀션효과)
(4) 희석효과

답 ①

★★
## 41 액면하 15m 지점의 압력이 204kPa이다. 이 액체의 비중량은?

15회 문 32
06회 문 34
05회 문 42
03회 문107
02회 문 38

① $10.5\text{kN/m}^3$ ② $12.6\text{kN/m}^3$
③ $13.6\text{kN/m}^3$ ④ $15.6\text{kN/m}^3$

해설 **압력수두**

$$H = \frac{P}{\gamma}$$

여기서, $H$ : 압력수두〔m〕
$P$ : 압력〔kPa〕
$\gamma$ : 비중량(물의 비중량 9.8kN/m³)

$$1\text{kPa} = 1\text{kN/m}^2$$

비중량 $\gamma$는

$$\gamma = \frac{P}{H} = \frac{204\text{kPa}}{15\text{m}} = \frac{204\text{kN/m}^2}{15\text{m}} \fallingdotseq 13.6\text{kN/m}^3$$

답 ③

★★
## 42 일정한 용적의 액체를 흡입측에서 송출측으로 이동시키는 펌프의 명칭은?

① 원심펌프 ② 사류펌프
③ 축류펌프 ④ 왕복펌프

해설 **펌프의 종류**
(1) **터보형**(Turbo type)
고속회전이 가능하고 구조가 간단하며 소형 경량이고 취급이 용이하며 효율이 높고 맥동이 적다.
① 원심펌프 ┬ 볼트류펌프 : 안내날개가 없다.
　　　　　└ 터빈펌프 : 안내날개가 있다.
② 사류펌프
③ 축류펌프
(2) **용적형**(Positive displacement type)
① 왕복펌프 ┬ 피스톤펌프
보기 ④　　├ 플런저펌프
　　　　　├ 워싱톤펌프
　　　　　└ 다이어프램펌프
② 회전펌프 ┬ 기어펌프(치차펌프)
　　　　　├ 베인펌프
　　　　　└ 나사펌프

답 ④

★★★
## 43 다음 회로에서 단자 a, b 사이에 4Ω의 저항을 접속했을 때, 4Ω에 흐르는 전류(A)를 구하면?

17회 문 44
13회 문 40
08회 문 33

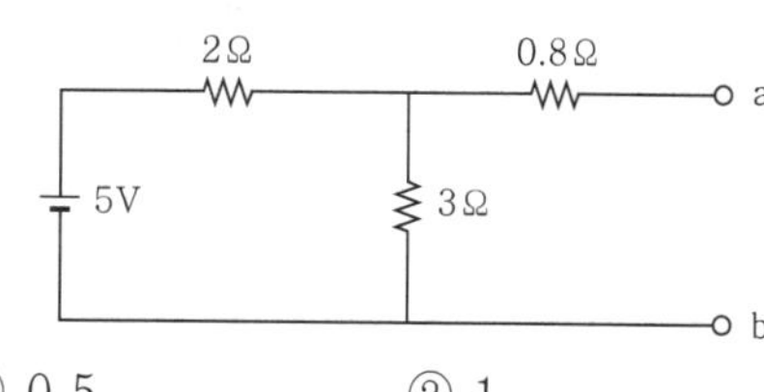


① 0.5 ② 1
③ 2 ④ 5

해설 등가회로로 나타내면

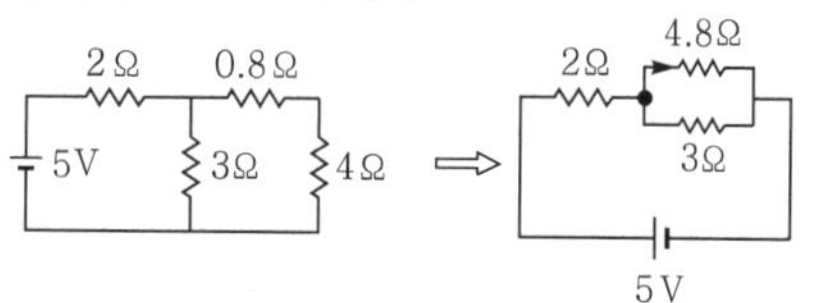

**전체전류** $I$는

$$I=\frac{V}{R}$$

$$=\frac{5}{2+\frac{4.8\times3}{4.8+3}}=1.3\text{A}$$

$R_1$ : 4.8Ω, $R_2$ : 3Ω이라 하면

4.8Ω에 흐르는 전류 $I_1$은

$$I_1=\frac{R_2}{R_1+R_2}I$$

$$=\frac{3}{4.8+3}\times1.3=0.5\text{A}$$

답 ①



★★

## 44 100V, 500W의 전열기에서 전열선의 길이를 반감시키면 소비전력(W)은?

① 250 ② 500

③ 1000 ④ 2000

해설

$P=VI=I^2R=\frac{V^2}{R}$ 이므로

$$R=\frac{V^2}{P}=\frac{100^2}{500}=20\Omega$$

길이를 반감시키면 저항은 기존의 $\frac{1}{2}$**배**가 되므로

$$R'=\frac{1}{2}R=\frac{1}{2}\times20=10\Omega$$

**소비전력** $P'$는

$$P'=\frac{V^2}{R'}=\frac{100^2}{10}=1000\text{W}$$

답 ③

★★

## 45 상온 20℃에서 동의 저항온도계수는 0.004이다. 온도가 40℃일 때 동선의 저항은?

① 4% 증가 ② 4% 감소

③ 8% 증가 ④ 8% 감소

해설

$$R_2=R_1[1+\alpha_{t_1}(t_2-t_1)][\Omega]$$

여기서, $t_1$ : 상승 전의 온도[℃]

$t_2$ : 상승 후의 온도[℃]

$\alpha_{t_1}$ : $t_1$[℃]에서의 온도계수

$R_1$ : $t_1$[℃]의 도체의 저항[Ω]

$R_2$ : $t_2$[℃]의 도체의 저항[Ω]

$t_2$의 도체의 저항 $R_2$는

$$R_2=R_1[1+\alpha_{t_1}(t_2-t_1)]$$

$$R_2=R_1[1+0.004(40-20)]$$

$$R_2=1.08R_1$$

∴ 동선의 저항은 8% 증가되었다.

답 ③

★

## 46 전기기기의 자심재료로서 적합한 사항이 아닌 것은?

① 보자력 및 잔류자기가 적을 것

② 히스테리시스손이 적을 것

③ 자기포화의 값이 적을 것

④ 투자율이 클 것

해설 **전기기기의 자심재료**

(1) 보자력 및 잔류자기가 적을 것 **보기 ①**

(2) 히스테리시스손이 적을 것 **보기 ②**

(3) 자기포화의 값이 클 것 **보기 ③**

(4) 투자율이 클 것 **보기 ④**

③ 적을 것 → 클 것

※ **자기포화** : 자화곡선에서 자계의 세기를 크게 하여도 자화의 세기가 변하지 않는 영역

답 ③

★

## 47 환원제가 아닌 것은?

① $CO_2$

② Na

③ $SO_4$

④ $H_2SO_4$

해설 **환원제**

(1) 일산화탄소(CO)

(2) 수소($H_2$)

(3) 나트륨(Na) **보기 ②**

(4) 사산화황($SO_4$) **보기 ③**

(5) 황산($H_2SO_4$) **보기 ④**

※ **환원제** : 그 물질 자체는 산화하기 쉬우나 다른 물질에게는 산소를 잃거나 수소를 흡수하는 물질

답 ①

★★★

**48** 수격작용(Water hammering)의 방지 대책이 아닌 것은?

17회 문 33
10회 문 26
09회 문 30
02회 문116

① 펌프의 운전 중 각종 밸브를 급격히 개폐하여 충격을 최소화한다.
② 펌프측에 플라이휠(Fly wheel)을 설치하여 급제동, 급회전을 방지한다.
③ 에어챔버(Air chamber)를 설치한다.
④ 관 내 유속이 빠를수록 수격이 발생하므로 관경을 크게 하거나 유속을 조정한다.

해설

① 수격작용의 발생원인

참고

**관 내에서 발생하는 현상**

(1) **공동현상(cavitation)** : 펌프의 흡입측 배관 내의 물의 정압이 기존의 증기압보다 낮아져서 기포가 발생하여 물이 흡입되지 않는 현상이다.
① 공동현상의 발생현상
㉠ 소음과 진동발생
㉡ 관 부식
㉢ **임펠러**의 **손상**(수차의 날개를 해친다)
㉣ 펌프의 성능 저하
② 공동현상의 발생원인
㉠ 펌프의 흡입수두가 클 때(소화펌프의 흡입고가 클 때)
㉡ 펌프의 마찰손실이 클 때
㉢ 펌프의 임펠러속도가 클 때
㉣ 펌프의 설치위치가 수원보다 높을 때
㉤ 관 내의 수온이 높을 때(물의 온도가 높을 때)
㉥ 관 내의 물의 정압이 그때의 증기압보다 낮을 때
㉦ 흡입관의 구경이 작을 때
㉧ 흡입거리가 길 때
㉨ 유량이 증가하여 펌프물이 과속으로 흐를 때
③ 공동현상의 방지대책
㉠ 펌프의 흡입수두를 작게 한다.
㉡ 펌프의 마찰손실을 작게 한다.
㉢ 펌프의 **임펠러속도**(회전수)를 작게 한다.
㉣ 펌프의 설치위치를 수원보다 낮게 한다.
㉤ 양흡입펌프를 사용한다(펌프의 흡입측을 가압한다).
㉥ 관 내의 물의 정압을 그때의 증기압보다 높게 한다.
㉦ 흡입관의 구경을 크게 한다.
㉧ 펌프를 2개 이상 설치한다.

(2) **수격작용(Water hammering)** : 배관 속의 물흐름을 급히 차단하였을 때 동압이 정압으로 전환되면서 일어나는 쇼크(Shock) 현상으로, 다시 말하면 배관 내를 흐르는 유체의 유속을 급격하게 변화 시키므로 압력이 상승 또는 하강하여 **관로**의 **벽면**을 **치는 현상**이다.
① 수격작용의 발생원인
㉠ 펌프가 갑자기 정지할 때
㉡ 급히 밸브를 개폐할 때
㉢ 정상운전시 유체의 압력변동이 생길 때
② 수격작용의 방지대책
㉠ 관의 관경(직경)을 크게 한다.
㉡ 관 내의 유속을 낮게 한다(관로에서 일부 고압수를 방출한다).
㉢ 조압수조(Surge tank)를 관선에 설치한다.
㉣ **플라이휠**(Flywheel)을 설치한다.
㉤ 펌프 송출구(토출측) 가까이에 밸브를 설치한다.
㉥ 에어챔버(Air chamber)를 설치한다.

(3) **맥동현상(Surging)** : 유량이 단속적으로 변하여 펌프 입출구에 설치된 진공계・압력계가 흔들리고 진동과 소음이 일어나며 펌프의 토출유량이 변하는 현상이다.
① 맥동현상의 발생원인
㉠ 배관 중에 **수조**가 있을 때
㉡ 배관 중에 **기체상태**의 부분이 있을 때
㉢ **유량조절밸브**가 배관 중 수조의 위치 **후방**에 있을 때
㉣ 펌프의 특성곡선이 **산모양**이고 운전점이 그 **정상부**일 때
② 맥동현상의 방지대책
㉠ 배관 중의 불필요한 수조를 없앤다.
㉡ 배관 내의 기체(공기)를 제거한다.
㉢ 유량조절밸브를 배관 중 수조의 전방에 설치한다.
㉣ 운전점을 고려하여 적합한 펌프를 선정한다.
㉤ 풍량 또는 토출량을 줄인다.

답 ①

★
**49** **유체의 유동형태 중 정상류(Steady flow)의 설명으로 옳은 것은?**

① 모든 점에서 유동특성이 시간에 따라 변하지 않는다.
② 어느 순간에 서로 이웃하는 입자들이 상태가 같다.
③ 모든 점에서 유체의 상태가 시간에 따라 일정한 비율로 변한다.
④ 유체의 입자들이 모두 열을 지어 질서있게 흐른다.

해설 **정상유동**과 **비정상유동**

| 정상유동 (Steady flow) | 비정상유동 (Unsteady flow) |
|---|---|
| 시간에 따라 압력, 속도, 밀도 등이 변하지 않는 것 | 시간에 따라 압력, 속도, 밀도 등이 변하는 것 |

① 정상유동

답 ①

★★
**50** **피토-정압관(Pitot static tube)은 무엇을 측정하는 데 사용하는가?**

① 유동하고 있는 유체에 대한 정압
② 유동하고 있는 유체에 대한 동압
③ 유동하고 있는 유체에 대한 전압
④ 유동하고 있는 유체의 비중량

해설 **유동하고 있는 유체의 동압 측정** 보기 ②
(1) 시차액주계

| 시차액주계 |

(2) 피토관

| 피토관 |

(3) 피토-정압관
(4) 열선속도계

참고

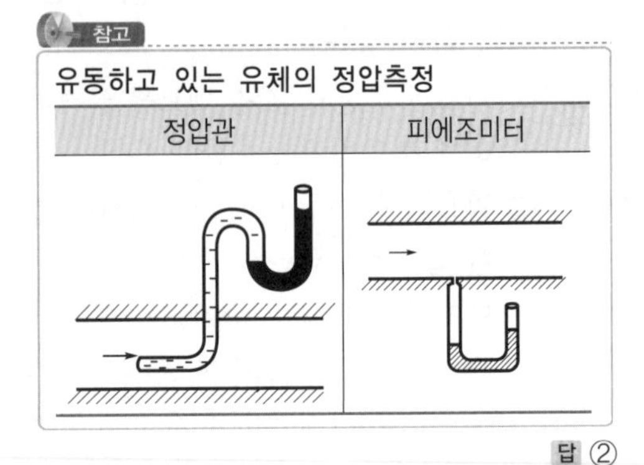


답 ②

**제 3 과목 소방관련법령**

★★
**51** **소방시설관리사의 행정안전부령에 따른 자격정지기간은?**

① 1월 이내 ② 3월 이내
③ 6월 이내 ④ 1년 이내

해설 **소방시설법 제28조**
소방시설관리사의 자격정지기간 : **1년** 이내

답 ④

★★
**52** **특정소방대상물에서 지하구의 길이는?**

① 50m 이상
② 500m 이상
③ 1000m 이상
④ 2000m 이상

해설 **소방시설법 시행령 [별표 2]**
**지하구의 길이**
**50m** 이상

답 ①

★★★
**53** **화재현장에 소방활동구역을 설정하여 그 구역의 출입을 제한시킬 수 있는 사람은?**

17회 문 53
16회 문 54
10회 문 71
03회 문 53

① 구역 내에 있는 소방대상물의 관계인
② 구역 내에 있는 소방대상물의 근무자
③ 소방안전관리자
④ 소방대장

해설 기본법 제23조
소방활동구역의 설정
(1) 설정권자 : **소방대장** 보기 ④
(2) 설정구역 ┬ **화재현장**
└ **재난 · 재해** 등의 **위급한 상황**이 발생한 현장

비교
**화재예방법 제2조**
화재예방강화지구의 지정 : **시 · 도지사**

답 ④

★
## 54 소방시설 설치 및 관리에 관한 법률 시행령에서 규정하는 특정소방대상물의 분류가 잘못된 것은?

18회 문 63
14회 문 67
13회 문 58
12회 문 68
09회 문 73
08회 문 55
06회 문 58
05회 문 63
05회 문 69

① 자동차 검사장 : 운수시설
② 동식물원 : 문화 및 집회시설
③ 무도장 및 무도학원 : 위락시설
④ 전신전화국 : 방송통신시설

해설 소방시설법 시행령 [별표 2]
항공기 및 자동차 관련 시설
(1) 항공기격납고
(2) 주차용 건축물, 차고, 철골 조립식 주차시설(바닥면이 조립식이 아닌 것 포함) 및 기계장치에 의한 주차시설
(3) 세차장
(4) 폐차장
(5) 자동차 검사장 보기 ①
(6) 자동차 매매장
(7) 자동차 정비공장
(8) 운전학원 · 정비학원
(9) 차고 및 주기장(駐機場)

중요
**운수시설**
(1) 여객자동차터미널
(2) 철도 및 도시철도시설(정비창 등 관련 시설 포함)
(3) 공항시설(항공관제탑 포함)
(4) 항만시설 및 종합여객시설

답 ①

★★★
## 55 소화활동설비에 해당되지 않는 것은?

19회 문 62
17회 문110
16회 문 58
12회 문 61
10회 문 70
10회 문120
09회 문 70
06회 문 52

① 연소방지설비
② 무선통신보조설비
③ 자동화재속보설비
④ 연결송수관설비

해설 소방시설법 시행령 [별표 1]
소화활동설비
(1) **제**연설비
(2) **연**결송수관설비
(3) **연**결살수설비
(4) **비**상**콘**센트설비
(5) **무**선통신보조설비
(6) **연**소방지설비

기억법 3연 무제비콘

③ 경보설비

답 ③

★
## 56 지하가의 경우 스프링클러설비를 설치하여야 할 기준면적은?

① 연면적 $1000m^2$ 이상
② 연면적 $2100m^2$ 이상
③ 연면적 $600m^2$ 이상
④ 연면적 $6000m^2$ 이상

해설 소방시설법 시행령 [별표 4]
스프링클러설비의 설치대상

| 설치대상 | 조 건 |
|---|---|
| ① 문화 및 집회시설(동 · 식물원 제외)<br>② 종교시설(주요구조부가 목조인 것 제외)<br>③ 운동시설[물놀이형 시설, 바닥(불연재료), 관람석 없는 운동시설 제외] | • 수용인원 – **100명** 이상<br>• 영화상영관 – 지하층 · 무창층 **500**$m^2$(기타 **1000**$m^2$)<br>• 무대부<br>① 지하층 · 무창층 · 4층 이상 **300**$m^2$ 이상<br>② 1~3층 **500**$m^2$ 이상 |
| ④ 판매시설<br>⑤ 운수시설<br>⑥ 물류터미널 | • 수용인원 **500명** 이상<br>• 바닥면적 합계 **5000**$m^2$ 이상 |
| ⑦ 조산원, 산후조리원<br>⑧ 정신의료기관<br>⑨ 종합병원, 병원, 치과병원, 한방병원 및 요양병원<br>⑩ 노유자시설<br>⑪ 수련시설(숙박 가능한 곳)<br>⑫ 숙박시설 | • 바닥면적 합계 **600**$m^2$ 이상 |
| ⑬ 지하가(터널 제외) | • 연면적 **1000**$m^2$ 이상 보기 ① |

| 설치대상 | 조 건 |
|---|---|
| ⑭ 지하층·무창층(축사 제외)<br>⑮ 4층 이상 | • 바닥면적 1000m² 이상 |
| ⑯ 10m 넘는 랙식 창고 | • 바닥면적 합계 1500m² 이상 |
| ⑰ 창고시설(물류터미널 제외) | • 바닥면적 합계 5000m² 이상 |
| ⑱ 기숙사<br>⑲ 복합건축물 | • 연면적 5000m² 이상 |
| ⑳ 6층 이상 | 모든 층 |
| ㉑ 공장 또는 창고시설 | • 특수가연물 저장·취급 - 지정수량 1000배 이상<br>• 중·저준위 방사성 폐기물의 저장시설 중 소화수를 수집·처리하는 설비가 있는 저장시설 |
| ㉒ 지붕 또는 외벽이 불연재료가 아니거나 내화구조가 아닌 공장 또는 창고시설 | • 물류터미널(⑥에 해당하지 않는 것)<br>① 바닥면적 합계 2500m² 이상<br>② 수용인원 250명<br>• 창고시설(물류터미널 제외) - 바닥면적 합계 2500m² 이상<br>• 지하층·무창층·4층 이상(⑭·⑮에 해당하지 않는 것) - 바닥면적 500m² 이상<br>• 랙식 창고(⑯에 해당하지 않는 것) - 바닥면적 합계 750m² 이상<br>• 특수가연물 저장·취급(㉑에 해당하지 않는 것) - 지정수량 500배 이상 |
| ㉓ 교정 및 군사시설 | • 보호감호소, 교도소, 구치소 및 그 지소, 보호관찰소, 갱생보호시설, 치료감호시설, 소년원 및 소년분류심사원의 수용거실<br>• 보호시설(외국인보호소는 보호대상자의 생활공간으로 한정)<br>• 유치장 |
| ㉔ 발전시설 | • 전기저장시설 |

답 ①

★★

## 57 일반 소방시설설계업의 영업범위에 해당하지 않는 것은?

① 연면적 30000m² 미만에 설치되는 특정소방대상물의 소방시설 설계

② 아파트에 설치되는 소방시설의 설계

③ 위험물제조소 등에 설치되는 소방시설의 설계

④ 모든 특정소방대상물의 소방시설의 설계

해설 **공사업령 [별표 1]**
**소방시설설계업의 시설 및 영업범위**

| 종 류 | | 영업범위 |
|---|---|---|
| 전문 설계업 | | • **모든 특정소방대상물**의 소방시설 설계 **보기 ④** |
| 일반 설계업 | 기계 | • **아파트**에 설치되는 소방시설의 설계<br>• 연면적 30000m² 미만의 특정소방대상물에 설치되는 소방시설의 설계<br>• **위험물제조소** 등에 설치되는 소방시설의 설계 |
| | 전기 | |

④ 일반이 아닌 전문설계업 범위이다.

답 ④

★★★

## 58 다음 중 소방안전관리자가 하지 않아도 되는 일은?

① 자위소방대 및 초기대응체계의 구성·운영·교육

② 소방계획서의 작성

③ 민방위 조직관리

④ 소방시설의 관리

해설 **화재예방법 제24조 제⑤항**
**관계인 및 소방안전관리자의 업무**

| 특정소방대상물(관계인) | 소방안전관리대상물(소방안전관리자) |
|---|---|
| ① 피난시설·방화구획 및 방화시설의 관리<br>② 소방시설, 그 밖의 소방관련시설의 관리<br>③ **화기취급**의 감독<br>④ 소방안전관리에 필요한 업무<br>⑤ 화재발생시 초기대응 | ① 피난시설·방화구획 및 방화시설의 관리<br>② 소방시설, 그 밖의 소방관련시설의 관리<br>③ **화기취급**의 감독<br>④ 소방안전관리에 필요한 업무<br>⑤ **소방계획서**의 작성 및 시행(대통령령으로 정하는 사항 포함)<br>⑥ **자위소방대** 및 **초기대응체계**의 구성·운영·교육<br>⑦ 소방훈련 및 교육<br>⑧ 소방안전관리에 관한 업무수행에 관한 기록·유지<br>⑨ 화재발생시 초기대응 |

용어

| 소방안전관리대상물 | 특정소방대상물 |
| --- | --- |
| 대통령령으로 정하는 특정소방대상물 | 건축물 등의 규모·용도 및 수용인원 등을 고려하여 소방시설을 설치하여야 하는 소방대상물로서 대통령령으로 정하는 것 |

답 ③

★
**59** **관리권원이 분리되어 있는 특정소방대상물의 소방안전관리를 의무적으로 하여야 하는 특정소방대상물은?**

① 높이 21m를 초과하는 고층건축물
② 지하가
③ 위험물을 저장하는 건축물
④ 아파트로서 7층을 초과하는 건축물

해설 **화재예방법 제35조, 화재예방법 시행령 제35조**
**관리의 권원이 분리된 특정소방대상물의 소방안전관리**
(1) 복합건축물(지하층을 제외한 **11층** 이상 또는 연면적 **30000m$^2$** 이상)
(2) **지하가**(지하의 인공구조물 안에 설치된 상점 및 사무실, 그 밖에 이와 비슷한 시설이 연속하여 지하도에 접하여 설치된 것과 그 지하도를 합한 것) 보기 ②
(3) 도매시장, 소매시장 및 전통시장

답 ②

★★
**60** **소방시설업 등록의 결격사유자가 아닌 사람은?**

① 피성년후견인
② 집행유예기간 중에 있는 사람
③ 미성년자
④ 등록취소 후 2년이 지나지 아니한 사람

해설 **공사업법 제5조**
**소방시설업의 등록결격사유**
(1) 피성년후견인 보기 ①
(2) 금고 이상의 실형을 선고받고 그 집행이 끝나거나(집행이 끝난 것으로 보는 경우 포함) 면제된 날부터 **2년**이 지나지 아니한 사람
(3) 금고 이상의 형의 집행유예를 선고받고 그 **유예기간** 중에 있는 사람 보기 ②
(4) 등록취소 후 **2년**이 지나지 아니한 자 보기 ④
(5) **법인**의 **대표자**가 위 (1)~(4)에 해당되는 경우
(6) **법인**의 **임원**이 위 (2)~(4)에 해당되는 경우

답 ③

★★
**61** **상주공사감리는 연면적 몇 m$^2$ 이상의 특정소방대상물에 대한 공사를 말하는가?**

① 10000 ② 20000
③ 30000 ④ 40000

해설 **공사업령 [별표 3]**
**상주공사감리**
(1) 연면적 **30000m$^2$** 이상 보기 ③
(2) **16층** 이상(**지하층 포함**) **500세대** 이상인 **아파트**

답 ③

★★★
**62** **다음 중 가연성 고체인 것은 어느 것인가?**

19회 문 81
15회 문 76
13회 문 68
10회 문 78
08회 문 80
05회 문 54

① 과염소산
② 아세트알데하이드
③ 질산
④ 마그네슘

해설 **위험물령 [별표 1]**
**위험물**

| 유별 | 성 질 | 품 명 |
| --- | --- | --- |
| 제1류 | 산화성 고체 | • 아염소산염류<br>• 염소산염류<br>• 과염소산염류<br>• 무기과산화물<br>• 브로민산염류<br>• 아이오딘산염류<br>• 삼산화크로뮴<br>• 과망가니즈산염류<br>• 다이크로뮴산염류<br>기억법 1산고(일산GO) |
| 제2류 | 가연성 고체 | • 황화인<br>• 적린<br>• 황<br>• 철분<br>• 마그네슘 보기 ④<br>• 금속분<br>• 인화성 고체<br>기억법 2황화적황마 |

| 유별 | 성질 | 품명 |
|---|---|---|
| 제 3 류 | 자연 발화성 물질 및 금수성 물질 | • **칼**륨<br>• **나트**륨<br>• 알킬알루미늄<br>• 알킬리튬<br>• **황**린<br>• 알칼리금속(칼륨 및 나트륨 제외) 및 알칼리토금속<br>• 유기금속화합물(알킬알루미늄 및 알킬리튬 제외)<br>• 금속수소화물<br>• 금속인화물<br>• 칼슘 또는 알루미늄의 탄화물<br>기억법 3황칼나트 |
| 제 4 류 | 인화성 액체 | • 특수인화물(아세트알데하이드)<br>• 제1석유류<br>• 알코올류<br>• 제2석유류<br>• 제3석유류<br>• 제4석유류<br>• 동식물유류 |
| 제 5 류 | 자기 반응성 물질 | • 유기과산화물<br>• 질산에스터류(셀룰로이드)<br>• 나이트로화합물<br>• 나이트로소화합물<br>• 아조화합물<br>• 다이아조화합물<br>• 하이드라진 유도체 |
| 제 6 류 | **산**화성 **액**체 | • **과염**소산<br>• 과**산**화수소<br>• **질**산<br>기억법 6산액과염산질 |

① 산화성 액체
② 인화성 액체
③ 산화성 액체
④ 가연성 고체

답 ④

★

**63** 탱크안전성능검사의 검사내용이 아닌 것은?

① 기초검사
② 지반검사
③ 비파괴검사
④ 용접부검사

해설 **위험물령 제8조 제①항**
**탱크안전성능검사의 검사내용**

(1) 기초검사 보기 ①
(2) 지반검사 보기 ②
(3) 충수검사
(4) 수압검사
(5) 용접부검사 보기 ④
(6) 암반탱크검사

답 ③

★★★

**64** 제조 또는 가공공정에서 방염처리를 하여야 하는 방염대상물품에 해당하지 않는 것은?

19회 문 61 / 15회 문 62 / 12회 문 14 / 12회 문 67 / 04회 문 60

① 무대에서 사용하는 막
② 전시용 합판
③ 책상
④ 카펫

해설 **소방시설법 시행령 제31조**
**방염대상물품**

| 제조 또는 가공 공정에서 방염처리를 한 방염대상물품 | 건축물 내부의 천장이나 벽에 부착하거나 설치하는 것 |
|---|---|
| ① 창문에 설치하는 **커튼류**(블라인드 포함)<br>② 카펫 보기 ④<br>③ **벽지류**(두께 2mm 미만인 **종이벽지 제외**)<br>④ **전시용 합판·목재** 또는 **섬유판** 보기 ②<br>⑤ **무대용 합판·목재** 또는 **섬유판**<br>⑥ **암막·무대막**(영화상영관·가상체험 체육시설업의 **스크린** 포함) 보기 ①<br>⑦ 섬유류 또는 합성수지류 등을 원료로 하여 제작된 소파·의자(단란주점영업, 유흥주점영업 및 노래연습장업의 영업장에 설치하는 것만 해당) | ① 종이류(두께 **2mm 이상**), **합성수지류** 또는 **섬유류**를 주원료로 한 물품<br>② **합판**이나 **목재**<br>③ 공간을 구획하기 위하여 설치하는 **간이 칸막이**<br>④ **흡음재**(흡음용 커튼 포함) 또는 **방음재**(방음용 커튼 포함)<br>※ 가구류(옷장, 찬장, 식탁, 식탁용 의자, 사무용 책상, 사무용 의자, 계산대)와 너비 10cm 이하인 반자돌림대, 내부 마감재료 제외 |

답 ③

★★★
## 65 건축허가 등의 동의대상물로서 옳지 않은 것은?

17회 문 61
16회 문 60
15회 문 59
13회 문 61
09회 문 68

① 기계장치에 의한 주차시설로서 10대 이상 주차할 수 있는 것
② 연면적 $400m^2$ 이상인 것
③ 항공기격납고
④ 지하구

해설 **소방시설법 시행령 제7조**
건축허가 등의 동의대상물

(1) 연면적 $400m^2$(학교시설 : $100m^2$, **수련시설 · 노유자시설 : $200m^2$, 정신의료기관 · 장애인 의료재활시설** : $300m^2$) 이상 보기 ②
(2) **6층** 이상인 건축물
(3) 차고 · 주차장으로서 바닥면적 $200m^2$ 이상 (자동차 **20대** 이상) 보기 ①
(4) **항공기격납고, 관망탑, 항공관제탑, 방송용 송수신탑** 보기 ③
(5) 지하층 또는 무창층의 바닥면적 $150m^2$ 이상 (공연장은 $100m^2$ 이상)
(6) **위험물저장 및 처리시설, 지하구** 보기 ④
(7) 전기저장시설, 풍력발전소
(8) 조산원, 산후조리원, 의원(입원실 있는 것)
(9) 결핵환자나 한센인이 24시간 생활하는 노유자시설
(10) 요양병원(의료재활시설 제외)
(11) 노인주거복지시설 · 노인의료복지시설 및 재가노인복지시설, 학대피해노인 전용쉼터, 아동복지시설, 장애인거주시설
(12) 정신질환자 관련시설(공동생활가정을 제외한 재활훈련시설과 종합시설 중 24시간 주거를 제공하지 않는 시설 제외)
(13) 노숙인자활시설, 노숙인재활시설 및 노숙인요양시설
(14) 공장 또는 창고시설로서 지정수량의 **750배 이상**의 특수가연물을 저장 · 취급하는 것
(15) 가스시설로서 지상에 노출된 탱크의 저장용량의 합계가 **100톤** 이상인 것

① 10대 이상 → 20대 이상

답 ①

★★★
## 66 특수가연물이 아닌 것은?

① 대팻밥　　② 목재가공품
③ 파라핀　　④ 볏짚

해설 **화재예방법 시행령 [별표 2]**
특수가연물

| 품 명 | | 수 량 |
|---|---|---|
| 가연성 액체류 | | $2m^3$ 이상 |
| 목재가공품 및 나무부스러기 보기 ② | | $10m^3$ 이상 |
| 면화류 | | 200kg 이상 |
| 나무껍질 및 대팻밥 보기 ① | | 400kg 이상 |
| 넝마 및 종이부스러기 | | 1000kg 이상 |
| 사류(絲類) | | |
| 볏짚류 보기 ④ | | |
| 가연성 고체류 | | 3000kg 이상 |
| 고무류 · 플라스틱류 | 발포시킨 것 | $20m^3$ 이상 |
| | 그 밖의 것 | 3000kg 이상 |
| 석탄 · 목탄류 | | 10000kg 이상 |

※ **특수가연물** : 화재가 발생하면 그 확대가 빠른 물품

가액목면나 넝사볏가고 고석
2 1 2 4 1 3 3 1

답 ③

★
## 67 소방시설업을 등록하지 아니하고 영업한 사람의 벌칙은?

① 1년 이하의 징역
② 2년 이하의 징역
③ 3년 이하의 징역
④ 5년 이하의 징역

해설 **공사업법 제35조**
3년 이하의 징역 또는 3000만원 이하의 벌금
소방시설업 미등록자

답 ③

★★★
## 68 방염성능기준 이상의 실내장식물 등을 설치하여야 하는 특정소방대상물이 아닌 것은?

19회 문 65
16회 문 67
14회 문 61
13회 문 60
09회 문 12

① 방송국　　② 체력단련장
③ 수영장　　④ 종합병원

해설 **소방시설법 시행령 제30조**
**방염성능기준 이상 적용 특정소방대상물**

(1) 체력단련장, 공연장 및 종교집회장 보기 ②
(2) 문화 및 집회시설
(3) 종교시설
(4) 운동시설(**수영장**은 **제외**)
(5) 의원, 조산원, 산후조리원
(6) 의료시설(종합병원, 정신의료기관) 보기 ④
(7) 교육연구시설 중 **합숙소**
(8) 노유자시설
(9) 숙박이 가능한 수련시설
(10) 숙박시설
(11) 방송국 및 촬영소 보기 ①
(12) 다중이용업소(단란주점영업, 유흥주점영업, 노래연습장의 영업장 등)
(13) 층수가 11층 이상인 것(**아파트**는 **제외**)

• **11층 이상** : '**고층건축물**'에 해당된다.

답 ③

★★
### 69 특정소방대상물에서 정하는 지하구의 규격은?

① 폭 1.5m 이상, 높이 2.5m 이상
② 폭 2.8m 이상, 높이 5m 이상
③ 폭 2.5m 이상, 높이 4m 이상
④ 폭 1.8m 이상, 높이 2m 이상

해설 **소방시설법 시행령 [별표 2]**
**지하구의 규격**

| 구 분 | 설 명 |
|---|---|
| 폭 | **1.8m** 이상 보기 ④ |
| 높이 | **2m** 이상 보기 ④ |
| 길이 | **50m** 이상 |

답 ④

★
### 70 다음 중 청문을 실시하지 않아도 되는 경우는?

① 소방기술사 자격의 취소
② 소방용품의 형식승인 취소
③ 소방용품의 성능시험 지정기관의 지정 취소
④ 소방시설관리업의 등록 취소

해설 **화재예방법 제46조, 소방시설법 제49조**
**청문실시대상**

(1) 소방시설 **관리사자격**의 취소 및 정지
(2) 소방시설 **관리업**의 **등록 취소** 및 영업정지 보기 ④
(3) **소방용품**의 **형식승인 취소** 및 제품검사 중지 보기 ②
(4) 소방용품의 성능시험 **지정기관**의 **지정 취소** 및 업무정지 보기 ③
(5) 우수품질인증의 취소
(6) 소방용품의 성능인증 취소
(7) 소방안전관리자의 자격취소
(8) 진단기관의 지정취소

답 ①

★★★
### 71 소방시설 설치 및 관리에 관한 법령상 일반소방시설관리업의 등록기준으로 옳지 않은 것은?

05회 문 70
02회 문 71

① 보조기술인력으로 중급점검자는 1명 이상 있어야 한다.
② 보조기술인력으로 초급점검자는 1명 이상 있어야 한다.
③ 소방공무원으로 3년 이상 근무하고 소방기술인정자격수첩을 발급받은 사람은 보조기술인력이 될 수 있다.
④ 주된 기술인력은 소방시설관리사 1명 이상이다.

해설 **소방시설법 시행령 [별표 9]**
**일반소방시설관리업의 등록기준**

| 기술인력 | 기 준 |
|---|---|
| 주된 기술인력 | • 소방시설관리사+실무경력 1년 : **1명** 이상 |
| 보조 기술인력 | • 중급점검자 : **1명** 이상<br>• 초급점검자 : **1명** 이상 |

③ 해당없음

답 ③

★★★
### 72 특정소방대상물의 방염성능의 기준은 어느 영으로 정하여지는가?

① 대통령령 ② 행정안전부령
③ 시 · 도의 조례 ④ 국토교통부령

해설 **소방시설법 제20~21조**

| 방염성능기준 | 방염성능검사 |
|---|---|
| **대통령령** 보기 ① | **소방청장** |

※ **방염성능** : 화재의 발생 초기단계에서 화재 확대의 매개체를 **단절**시키는 성질

답 ①

★★★

**73** 소방시설 설치 및 관리에 관한 법령상 소방시설 등의 자체점검에 관한 설명으로 옳지 않은 것은?

14회 문 58 / 12회 문 60 / 03회 문 56

① 작동점검 대상인 자동화재탐지설비 설치 대상물은 관계인이 점검할 수 있다.

② 제연설비가 설치된 터널은 종합점검 대상이다.

③ 특급 소방안전관리대상물의 종합점검은 반기에 1회 이상 실시한다.

④ 종합점검 대상인 특정소방대상물의 작동점검은 종합점검을 받은 달부터 3개월이 되는 달에 실시한다.

해설 **소방시설법 시행규칙 [별표 3]**
**소방시설 등 자체점검의 점검대상, 점검자의 자격, 점검횟수 및 시기**

(1) **작동점검**

| 점검대상 | 점검자의 자격 (주된 인력) | 점검횟수 및 점검시기 |
|---|---|---|
| 간이스프링클러설비 · 자동화재탐지설비 | • 관계인 **보기 ①**<br>• 소방안전관리자로 선임된 소방시설관리사 또는 소방기술사<br>• 소방시설관리업에 등록된 기술인력 중 소방시설관리사 또는 「소방시설공사업법 시행규칙」에 따른 특급점검자 | 작동점검은 **연 1회** 이상 실시하며, 종합점검대상은 종합점검을 받은 달부터 **6개월**이 되는 달에 실시 **보기 ④** |

(2) **종합점검**

| 점검대상 | 점검실시 |
|---|---|
| • 제연설비 터널 **보기 ②**<br>• 스프링클러설비<br>중요<br>① 공공기관 : 1000m²<br>② 다중이용업 : 2000m²<br>③ 물분무등(호스릴 ×) : 5000m² | **반기별 1회** 이상 **보기 ③** |

④ 3개월 → 6개월

답 ④

★★★

**74** 화재의 예방 및 안전관리에 관한 법령상 특급 소방안전관리대상물의 소방안전관리자로 선임할 수 없는 사람은?

18회 문 60 / 14회 문 62 / 11회 문 57 / 02회 문 74

① 소방설비산업기사 자격을 취득한 후 5년간 1급 소방안전관리대상물의 소방안전관리자로 근무한 실무경력이 있는 사람

② 소방공무원으로 25년간 근무한 경력이 있는 사람

③ 소방시설관리사의 자격이 있는 사람

④ 소방기술사의 자격이 있는 사람

해설 **화재예방법 시행령 [별표 4]**

(1) **특급 소방안전관리대상물**의 **소방안전관리자 선임조건**

| 자 격 | 경 력 | 비 고 |
|---|---|---|
| • 소방기술사<br>• 소방시설관리사 | 경력 필요 없음 | 특급 소방안전관리자 자격증을 받은 사람 |
| • 1급 소방안전관리자(소방설비기사) | 5년 | |
| • 1급 소방안전관리자(소방설비산업기사) | 7년 | |
| • 소방공무원 | 20년 | |
| • 소방청장이 실시하는 특급 소방안전관리대상물의 소방안전관리에 관한 시험에 합격한 사람 | 경력 필요 없음 | |

(2) **1급 소방안전관리대상물**의 **소방안전관리자 선임조건**

| 자 격 | 경 력 | 비 고 |
|---|---|---|
| • 소방설비기사 · 소방설비산업기사 | 경력 필요 없음 | 1급 소방안전관리자 자격증을 받은 사람 |
| • 소방공무원 | 7년 | |
| • 소방청장이 실시하는 1급 소방안전관리대상물의 소방안전관리에 관한 시험에 합격한 사람 | 경력 필요 없음 | |
| • 특급 소방안전관리대상물의 소방안전관리자 자격이 인정되는 사람 | | |

(3) **2급 소방안전관리대상물**의 **소방안전관리자 선임조건**

| 자 격 | 경 력 | 비 고 |
|---|---|---|
| • 위험물기능장 · 위험물산업기사 · 위험물기능사 | 경력 필요 없음 | 2급 소방안전관리자 자격증을 받은 사람 |
| • 소방공무원 | 3년 | |
| • 소방청장이 실시하는 2급 소방안전관리대상물의 소방안전관리에 관한 시험에 합격한 사람 | 경력 필요 없음 | |
| • 「기업활동 규제완화에 관한 특별조치법」에 따라 소방안전관리자로 선임된 사람(소방안전관리자로 선임된 기간으로 한정) | | |
| • 특급 또는 1급 소방안전관리대상물의 소방안전관리자 자격이 인정되는 사람 | | |

(4) **3급 소방안전관리대상물**의 **소방안전관리자 선임조건**

| 자 격 | 경 력 | 비 고 |
|---|---|---|
| • 소방공무원 | 1년 | 3급 소방안전관리자 자격증을 받은 사람 |
| • 소방청장이 실시하는 3급 소방안전관리대상물의 소방안전관리에 관한 시험에 합격한 사람 | 경력 필요 없음 | |
| • 「기업활동 규제완화에 관한 특별조치법」에 따라 소방안전관리자로 선임된 사람(소방안전관리자로 선임된 기간으로 한정) | | |
| • 특급 소방안전관리대상물, 1급 소방안전관리대상물 또는 2급 소방안전관리대상물의 소방안전관리자 자격이 인정되는 사람 | | |

참고

**소방안전관리자 및 소방안전관리보조자를 선임하는 특정소방대상물**(화재예방법 시행령 [별표 4])

| 소방안전관리대상물 | 특정소방대상물 |
|---|---|
| 특급 소방안전관리대상물 (**동식물원, 철강 등 불연성 물품 저장 · 취급창고, 지하구, 위험물제조소 등** 제외) | • **50층** 이상(지하층 제외) 또는 지상 **200m** 이상 아파트<br>• **30층** 이상(지하층 포함) 또는 지상 **120m** 이상(아파트 제외)<br>• 연면적 **10만$m^2$** 이상(아파트 제외) |
| 1급 소방안전관리대상물 (**동식물원, 철강 등 불연성 물품 저장 · 취급창고, 지하구, 위험물제조소 등** 제외) | • **30층** 이상(지하층 제외) 또는 지상 **120m** 이상 **아파트**<br>• 연면적 **15000$m^2$** 이상인 것(아파트 및 연립주택 제외)<br>• **11층** 이상(아파트 제외)<br>• 가연성 가스를 **1000t** 이상 저장 · 취급하는 시설 |
| 2급 소방안전관리대상물 | • 지하구<br>• 가스제조설비를 갖추고 도시가스사업 허가를 받아야 하는 시설 또는 가연성 가스를 **100~1000t** 미만 저장 · 취급하는 시설<br>• **옥내소화전설비 · 스프링클러설비** 설치대상물<br>• **물분무등소화설비**(호스릴방식의 물분무등소화설비만을 설치한 경우 제외) 설치대상물<br>• 공동주택<br>• 목조건축물(국보 · 보물) |
| 3급 소방안전관리대상물 | • 간이스프링클러설비(주택전용 간이스프링클러설비 제외) 설치대상물<br>• **자동화재탐지설비** 설치대상물 |

③ 5년간 → 7년 이상

답 ①

★★
**75** 제연설비를 면제할 수 있는 대체가능한 설비는?

① 공기조화설비
② 연결살수설비
③ 스프링클러설비
④ 비상경보설비

해설 **소방시설법 시행령 [별표 5]**
**제연설비의 대체설비**
공기조화설비

참고

**연결송수관설비의 대체설비**
(1) 옥내소화전설비
(2) 스프링클러설비
(3) 연결살수설비
(4) 간이 스프링클러설비

답 ①

**제 4 과목** 위험물의 성질·상태 및 시설기준

★★★
**76** 위험물제조소의 옥외에 있는 액체위험물을 취급하는 $100m^3$ 및 $50m^3$의 용량인 2개의 탱크 주위에 설치하여야 하는 방유제의 최소 기준용량은?

17회 문 91
13회 문 90
09회 문 89
08회 문 77
04회 문 86

① $50m^3$　② $55m^3$
③ $60m^3$　④ 75m

해설 **위험물규칙 [별표 4]**
옥외에 있는 위험물제조소 방유제의 용량
=탱크최대용량×0.5+기타 탱크용량의 합×0.1
$=100m^3\times0.5+50m^3\times0.1$
$=55m^3$

참고

**옥외에 있는 위험물제조소 방유제의 용량**(위험물규칙 [별표 4] Ⅸ)

| 1개의 탱크 | 2개 이상의 탱크 |
|---|---|
| 방유제용량=탱크용량×0.5 | 방유제용량=탱크최대용량×0.5+기타 탱크용량의 합×0.1 |

답 ②

★
**77** 배관과 탱크부분의 완충조치로서 적당하지 않은 이음방법은?

① 리벳조인트
② 볼조인트
③ 루프조인트
④ 플렉시블조인트

해설 **배관**과 **탱크**의 **완충조치** 이음
(1) 볼조인트 **보기 ②**
(2) 루프조인트 **보기 ③**
(3) 플렉시블조인트 **보기 ④**

답 ①

★
**78** 물과 반응해서 가연성 가스인 아세틸렌이 발생하지 않는 것은?

① $Na_2C_2$
② $Al_4C_3$
③ $CaC_2$
④ $Li_2C_2$

해설 물과 반응하여 **아세틸렌**을 발생시키는 **물질**
(1) 탄화칼슘($CaC_2$) **보기 ③**
(2) 탄화리튬($Li_2C_2$) **보기 ④**
(3) 탄화나트륨($Na_2C_2$) **보기 ①**

② **탄화알루미늄**($Al_4C_3$)은 물과 반응하여 **메탄가스**($CH_4$)를 발생시킨다.

답 ②

★★★
**79** 물질의 자연발화의 형성조건으로 적당하지 않은 것은?

① 열전도율이 낮다.
② 방열속도가 발열속도보다 빠르다.
③ 공기의 이동이 적다.
④ 분말상의 형태이다.

해설 **자연발화**의 **형성조건**
(1) **열전도율**이 낮다. **보기 ①**
(2) 방열속도가 발열속도보다 **느리다.**
(3) 공기의 이동이 적다. **보기 ③**

(4) 분말상의 형태이다. 보기 ④

② 빠르다. → 느리다.

참고

**방열과 발열**

| 방 열 | 발 열 |
|---|---|
| 방출하는 열을 말하며 다른 말로 표현하면 **외부로 빼앗기는 열** | 화재시 발생하는 열 |

※ 물질이 **발열**(발생하는 열)은 많은데 **방열**(외부로 빼앗기는 열)이 적다면 물질 자체에 **축열**(축적되는 열)이 많아지므로 물질의 온도가 상승하여 자연발화가 일어나게 되는 것이다.

답 ②

★
## 80 제2류 위험물에 대한 설명 중 틀린 것은?

18회 문 78 / 18회 문 80 / 16회 문 78 / 16회 문 84 / 15회 문 80 / 14회 문 79 / 14회 문 81 / 13회 문 78 / 13회 문 79 / 12회 문 71 / 09회 문 82 / 02회 문 80

① 황화인은 물과 접촉시 반응하므로 물의 사용을 금한다.
② 아연분과 황은 어떤 비율로 혼합되어 있어도 가열하면 폭발한다.
③ 적린은 연소시에 오산화인의 흰 연기를 발생시킨다.
④ 마그네슘은 알칼리에는 안정하나 산과 반응하여 산소를 발생한다.

해설

④ 마그네슘(Mg)은 **산 · 물**과 반응하여 **수소**($H_2$)를 발생시킨다.

(1) 산과 반응 : $Mg + 2HCl \rightarrow MgCl_2 + H_2 \uparrow$
(2) 물과 반응 : $Mg + 2H_2O \rightarrow Mg(OH)_2 + H_2 \uparrow$

답 ④

★★
## 81 보유공지의 기능으로 적당하지 않은 것은?

① 위험물시설의 화재시 연소 방지
② 위험물의 원활한 공급
③ 소방활동의 공간 제공
④ 피난상 필요한 공간 제공

해설 **보유공지**의 기능

(1) 소방활동의 공간 제공 보기 ③
(2) 피난상 필요한 공간 제공 보기 ④
(3) 위험물시설의 화재시 연소 방지 보기 ①

참고

**보유공지** 절대 중요!

(1) **옥내저장소**(위험물규칙 [별표 5])

| 위험물의 최대수량 | 공지너비 | |
|---|---|---|
| | 내화구조 | 기타구조 |
| 지정수량의 5배 이하 | – | 0.5m 이상 |
| 지정수량의 5배 초과 10배 이하 | 1m 이상 | 1.5m 이상 |
| 지정수량의 10배 초과 20배 이하 | 2m 이상 | 3m 이상 |
| 지정수량의 20배 초과 50배 이하 | 3m 이상 | 5m 이상 |
| 지정수량의 50배 초과 200배 이하 | 5m 이상 | 10m 이상 |
| 지정수량의 200배 초과 | 10m 이상 | 15m 이상 |

(2) **옥외저장소**(위험물규칙 [별표 11])

| 위험물의 최대수량 | 공지의 너비 |
|---|---|
| 지정수량의 10배 이하 | 3m 이상 |
| 지정수량의 11~20배 이하 | 5m 이상 |
| 지정수량의 21~50배 이하 | 9m 이상 |
| 지정수량의 51~200배 이하 | 12m 이상 |
| 지정수량의 200배 초과 | 15m 이상 |

(3) **옥외탱크저장소**(위험물규칙 [별표 6])

| 위험물의 최대수량 | 공지의 너비 |
|---|---|
| 지정수량의 500배 이하 | 3m 이상 |
| 지정수량의 501~1000배 이하 | 5m 이상 |
| 지정수량의 1001~2000배 이하 | 9m 이상 |
| 지정수량의 2001~3000배 이하 | 12m 이상 |
| 지정수량의 3001~4000배 이하 | 15m 이상 |
| 지정수량의 4000배 초과 | 당해 탱크의 수평단면의 **최대 지름**(가로형인 경우에는 긴 변)과 **높이** 중 **큰 것**과 같은 거리 이상(단, 30m 초과의 경우에는 **30m 이상**으로 할 수 있고, 15m 미만의 경우에는 **15m 이상**) |

(4) **지정과산화물의 옥내저장소**(위험물규칙 [별표 5])

| 저장 또는 취급하는 위험물의 최대수량 | 공지의 너비 | |
|---|---|---|
| | 저장창고의 주위에 담 또는 토제를 설치하는 경우 | 기타의 경우 |
| 5배 이하 | 3.0m 이상 | 10m 이상 |
| 6~10배 이하 | 5.0m 이상 | 15m 이상 |
| 11~20배 이하 | 6.5m 이상 | 20m 이상 |
| 21~40배 이하 | 8.0m 이상 | 25m 이상 |
| 41~60배 이하 | 10.0m 이상 | 30m 이상 |
| 61~90배 이하 | 11.5m 이상 | 35m 이상 |
| 91~150배 이하 | 13.0m 이상 | 40m 이상 |
| 151~300배 이하 | 15.0m 이상 | 45m 이상 |
| 300배 초과 | 16.5m 이상 | 50m 이상 |

답 ②

★★
## 82 알킬알루미늄 등의 이동탱크저장소에 있어서 이동저장탱크로부터 알킬알루미늄 등을 꺼낼 때에는 동시에 몇 kPa 이하의 압력으로 불활성의 기체를 봉입하여야 하는가?

① 100 ② 200
③ 300 ④ 400

해설 **위험물규칙 [별표 18]**
**위험물을 꺼낼 때 불활성 기체 봉입압력**

| 위험물 | 봉입압력 |
|---|---|
| • 아세트알데하이드 등 | 100kPa 이하 |
| • 알킬알루미늄 등 | 200kPa 이하 **보기 ②** |

답 ②

★
## 83 소방관련법령에서 규정한 나이트로화합물은?

① 피크린산
② 나이트로벤젠
③ 나이트로글리세린
④ 질산에틸

해설 **소방관련법령**에서 규정한 **나이트로화합물**
(1) 트리나이트로톨루엔(TNT) : $C_6H_2CH_3(NO_2)_3$
(2) 피크린산(TNP) : $C_6H_2(NO_2)_3OH$ **보기 ①**
(3) 트리나이트로벤젠 : $C_6H_3(NO_2)_3$
(4) 다이나이트로나프탈렌(DNN) : $C_{10}H_6(NO_2)_2$

※ **나이트로화합물** : 나이트로기($NO_2$)가 2 이상인 것

답 ①

★★★
## 84 위험물제조소별 주의사항으로 옳지 않은 것은?

① 황화인 – 화기주의
② 인화성 고체 – 화기주의
③ 휘발유 – 화기엄금
④ 셀룰로이드 – 화기엄금

해설 **위험물규칙 [별표 4]**
① 제2류(황화인) – 화기주의
② 제2류(인화성 고체) – 화기엄금
③ 제4류(휘발유) – 화기엄금
④ 제5류(셀룰로이드) – 화기엄금

참고

**위험물규칙 [별표 4]**
**제조소의 게시판 주의사항**

| 위험물 | | 주의사항 |
|---|---|---|
| 제1류 위험물 | 알칼리금속의 과산화물 | • 물기엄금 |
| | 기타 | • 별도의 표시를 하지 않는다. |
| 제2류 위험물 | 인화성 고체 | • 화기엄금 **보기 ②** |
| | 기타 | • 화기주의 |
| 제3류 위험물 | 자연발화성 물질 | • 화기엄금 |
| | 금수성 물질 | • 물기엄금 |
| 제4류 위험물 | | • 화기엄금 |
| 제5류 위험물 | | • 화기엄금 |
| 제6류 위험물 | | • 별도의 표시를 하지 않는다. |

답 ②

★★★
## 85 고체위험물은 운반용기 내용적의 몇 % 이하의 수납률로 수납하여야 하는가?

① 36 ② 60
③ 95 ④ 98

해설 위험물규칙 [별표 19]
운반용기의 수납률

| 위험물 | 수납률 |
|---|---|
| • 알킬알루미늄 등 | 90% 이하(50℃에서 5% 이상 공간용적 유지) |
| • 고체위험물 | 95% 이하 보기 ③ |
| • 액체위험물 | 98% 이하(55℃에서 누설되지 않을 것) |

답 ③

★★★
### 86 산소를 함유하고 있지 않기 때문에 산화성 물질과의 혼합 위험성이 있는 위험물은?

① 제1류 위험물 ② 제2류 위험물
③ 제5류 위험물 ④ 제6류 위험물

해설 **산소공급원**
산소를 함유하고 있는 위험물
(1) 제1류 위험물 보기 ①
(2) 제5류 위험물 보기 ③
(3) 제6류 위험물 보기 ④

답 ②

★
### 87 물에 잘 녹지도 않고 물과 반응하지 않기 때문에 물에 의한 냉각소화가 효과적인 것은?

① 제3류 위험물 ② 제4류 위험물
③ 제5류 위험물 ④ 제6류 위험물

해설 물에 의한 **냉각소화**가 가능한 위험물
(1) 제1류 위험물(무기과산화물 제외)
(2) 제2류 위험물(금속분 제외)
(3) 제5류 위험물 보기 ③

답 ③

★★
### 88 주유취급소의 시설기준 중 옳은 것은 어느 것인가?

① 보일러 등에 직접 접속하는 전용탱크의 용량은 20000L 이하이다.
② 휴게음식점을 설치할 수 있다.
③ 고정주유설비와 도로경계선은 거리제한이 없다.
④ 주유관의 길이는 20m 이내이어야 한다.

해설 위험물규칙 [별표 13]
주유취급소의 시설기준
(1) 고정주유설비의 중심선을 기점으로 하여 도로경계선까지 **4m** 이상, 부지경계선·담 및 건축물의 벽까지 **2m**(개구부가 없는 벽까지는 **1m**) 이상의 거리를 두어야 한다.
(2) 주유관의 최대길이는 **5m**이다.
(3) 보일러 등에 직접 접속하는 전용탱크의 용량은 **10000L** 이하이다.
(4) **휴게음식점**을 설치할 수 있다. 보기 ②

답 ②

★★
### 89 다음 중 허가용량을 제한하고 있는 저장시설은?

① 옥외저장시설 ② 옥외탱크저장시설
③ 옥내탱크저장시설 ④ 선박탱크저장시설

해설 위험물규칙 [별표 7·9] Ⅰ
허용용량을 제한하고 있는 시설

| 간이탱크저장시설 | 옥내탱크저장시설 보기 ③ |
|---|---|
| 600L 이하 | 지정수량의 **40배**(제4석유류 및 동식물유류 외의 **제4류** 위험물은 최대 **20000L** 이하) |

참고

수치 절대 중요!

| 구 분 | 설 명 |
|---|---|
| 100L 이하 | ① 셀프용 고정주유설비 **휘발유 주유량**의 상한(위험물규칙 [별표 13]) ② 셀프용 고정주유설비 **급유량**의 상한 (위험물규칙 [별표 13]) |
| 200L 이하 | 셀프용 고정주유설비 **경유** 주유량의 상한(위험물규칙 [별표 13]) |
| 400L 이상 | 이송취급소 **기자재창고 포소화약제** 저장량(위험물규칙 [별표 15]) |
| 600L 이하 | 간이탱크저장소의 탱크용량(위험물규칙[별표 9]) |
| 1900L 미만 | **알킬알루미늄** 등을 저장·취급하는 이동저장탱크의 용량(위험물규칙 [별표 10]) |
| 2000L 미만 | 이동저장탱크의 **방파판** 설치 제외(위험물규칙 [별표 10]) |
| 2000L 이하 | 주유취급소의 **폐유탱크** 용량(위험물규칙[별표 13]) |

| 구 분 | 설 명 |
|---|---|
| 4000L 이하 | 이동저장탱크의 칸막이 설치(위험물규칙[별표 10]) |
| 40000L 이하 | 일반취급소의 지하전용탱크의 용량(위험물규칙 [별표 16]) |
| 60000L 이하 | **고속국도** 주유취급소의 특례(위험물규칙[별표 13]) |
| 50만~100만L 미만 | **준특정 옥외탱크저장소**의 용량(위험물규칙 [별표 6]) |
| 100만L 이상 | ① **특정 옥외탱크저장소**의 용량(위험물규칙 [별표 6])<br>② 옥외저장탱크의 **개폐상황 확인장치** 설치(위험물규칙[별표 6]) |
| 1000만L 이상 | 옥외저장탱크의 **간막이둑** 설치 용량(위험물규칙 [별표 6]) |

답 ③

★★★
## 90 위험물을 저장한 탱크에서 화재가 발생하였을 때 Slop over 현상이 일어날 수 있는 위험물은?

① 제1류 위험물
② 제2류 위험물
③ 제3류 위험물
④ 제4류 위험물

해설 Slop over 현상은 **제4류 위험물**(기름)에서 발생한다.

참고

**유류탱크, 가스탱크에서 발생하는 현상**

| 구 분 | 설 명 |
|---|---|
| 블래비(BLEVE ; Boiling Liquid Expanding Vapour Explosion) | 과열상태의 탱크에서 내부의 액화가스가 분출하여 기화되어 폭발하는 현상<br>안전밸브<br>액화가스<br>블래비(BLEVE) |
| 보일오버(Boil over) | ① **중질유**의 탱크에서 장시간 조용히 연소하다 탱크 내의 잔존기름이 갑자기 분출하는 현상<br>② 유류탱크에서 **탱크바닥**에 물과 기름의 **에멀션**(Emulsion)이 섞여 있을 때 이로 인하여 화재가 발생하는 현상<br>③ 연소유면으로부터 **100℃** 이상의 열파가 탱크 저부에 고여 있는 물을 비등하게 하면서 연소유를 탱크 밖으로 비산시키며 연소하는 현상 |
| 오일오버(Oil over) | 저장탱크 내에 저장된 유류저장량이 내용적의 **50%** 이하로 충전되어 있을 때 화재로 인하여 탱크가 폭발하는 현상 |
| 프로스오버(Froth over) | 물이 점성의 뜨거운 기름표면 아래에서 끓을 때 화재를 수반하지 않고 용기가 넘치는 현상 |
| 슬롭오버(Slop over) 보기 ④ | ① 물이 연소유의 뜨거운 표면에 들어갈 때 **기름**표면에서 화재가 발생하는 현상<br>② 유화제로 소화하기 위한 물이 수분의 급격한 증발에 의하여 액면이 거품을 일으키면서 열유층 밑의 냉유가 급히 열팽창하여 기름의 일부가 불이 붙은 채 탱크벽을 넘어서 일출하는 현상 |

답 ④

★
## 91 자연발화의 위험이 있는 동일 위험물은 지정수량의 몇 배 이하마다 구분하여 저장하여야 하는가?

① 2배　　② 5배
③ 10배　　④ 20배

해설 **위험물규칙 [별표 18]**
자연발화할 우려가 있는 위험물 또는 재해가 현저하게 증대할 우려가 있는 위험물을 다량 저장할 때에는 지정수량의 **10배** 이하마다 구분하여 상호간 **0.3m** 이상의 간격을 두어야 한다.
보기 ③

답 ③

★★★
**92** 지정수량 10배 이상을 취급하는 위험물제조소 중에서 피뢰침을 설치하지 않아도 되는 곳은?

16회 문 89

① 제1류 위험물제조소
② 제2류 위험물제조소
③ 제5류 위험물제조소
④ 제6류 위험물제조소

해설 **위험물규칙 [별표 4]** 보기 ④
지정수량의 **10배** 이상의 위험물을 취급하는 제조소(**제6류 위험물**을 취급하는 위험물제조소 제외)에는 피뢰침을 설치하여야 한다. 다만, 위험물제조소 주위의 상황에 따라 안전상 지장이 없는 경우에는 피뢰침을 설치하지 아니할 수 있다.

답 ④

★
**93** 옥외저장소에 저장할 수 있는 지정수량 이상의 위험물은?

18회 문 99
17회 문 92
11회 문 89
09회 문 08

① 황 ② 휘발유
③ 질산에틸 ④ 적린

해설 **위험물령 [별표 2]**
**옥외저장소에 저장할 수 있는 지정수량 이상의 위험물**
(1) 제2류 위험물(**황**) 보기 ①
(2) 제4류 위험물(**2~4석유류 · 동식물유류**)
(3) 제6류 위험물
(4) 인화성 고체 · 제1석유류(인화점 0℃ 이상)

① 제2류 위험물 ② 제1석유류
③ 제5류 위험물 ④ 제2류 위험물

답 ①

★
**94** 물에 잘 녹지 않고 물보다 가벼우며 인화점이 가장 낮은 위험물은?

19회 문 80
11회 문 78
06회 문 85
04회 문 98

① 아세톤 ② 다이에틸에터
③ 이황화탄소 ④ 산화프로필렌

해설 **다이에틸에터**
물에 잘 녹지 않고 물보다 가벼우며 인화점이 **-45℃**로서 낮다.

①·④ 수용성(물에 잘 녹는다)
③ 물보다 무겁다.

답 ②

★★
**95** 간이탱크저장소의 탱크에 설치하는 밸브 없는 통기관의 기준으로 적합하지 않은 것은?

① 통기관의 지름은 25mm 이상으로 할 것
② 통기관은 옥내에 설치하되, 그 선단의 높이는 지상 1.5m 이상으로 할 것
③ 통기관의 끝부분은 수평면에 대하여 아래로 45° 이상 구부려 빗물 등이 들어가지 아니하도록 할 것
④ 가는 눈의 구리망 등으로 인화방지장치를 할 것

해설 **위험물규칙 [별표 9]**
**간이저장탱크의 밸브 없는 통기관 설치기준**
(1) 통기관의 지름은 **25mm** 이상으로 할 것 보기 ①
(2) 통기관은 **옥외**에 설치하되, 그 끝부분의 높이는 지상 **1.5m** 이상으로 할 것 보기 ②
(3) 통기관의 끝부분은 수평면에 대하여 아래로 **45°** 이상 구부려 빗물 등이 침투하지 아니하도록 할 것 보기 ③
(4) 가는 눈의 구리망 등으로 **인화방지장치**를 할 것 보기 ④

② 옥내 → 옥외

답 ②

★★★
**96** 옥내저장소의 바닥을 물이 스며들지 못하는 구조로 해야 할 위험물에 해당하지 않는 것은?

① 제2류 위험물
② 제3류 위험물
③ 제6류 위험물
④ 알칼리금속의 과산화물

해설 **위험물규칙 [별표 5]**
**옥내저장소의 물이 스며들지 않는 구조**
(1) 제1류 위험물 : **알칼리금속**의 **과산화물** 보기 ④
(2) 제2류 위험물 : **철분 · 금속분 · 마그네슘** 보기 ①
(3) 제3류 위험물(금수성 물질) 보기 ②
(4) 제4류 위험물

답 ③

★★★
**97** 과산화수소에 대한 설명 중 옳지 않은 것은?

18회 문 87
07회 문 76

① 주로 산화제로 사용되나 환원제로 사용될 때도 있다.
② 상온 이하에서 묽은황산에 과산화바륨을 조금씩 넣으면 발생한다.
③ 상온에서도 분해되어 물과 산소로 나뉘어 진다.
④ 순수한 것은 점성이 없는 무색투명한 액체이다.

해설
④ 순수한 것은 점성이 있는 무색투명한 액체이다.

※ **점성**: 끈적거리는 성질

답 ④

★
**98** 위험물의 취급 중 소비에 관한 기준으로 틀린 것은?

① 추출공정에 있어서는 추출관의 내부압력이 이상 상승하지 아니하도록 하여야 한다.
② 분사도장작업은 방화상 유효한 격벽 등으로 구획된 안전한 장소에서 하여야 한다.
③ 열처리작업은 위험물이 위험한 온도에 달하지 아니하도록 하여야 한다.
④ 버너를 사용하는 경우에는 버너의 역화를 방지하고 위험물이 넘치지 아니하도록 하여야 한다.

해설 **위험물규칙 [별표 18]**
**위험물의 취급 중 소비에 관한 기준**
(1) **분사도장작업**은 방화상 유효한 **격벽** 등으로 구획된 안전한 장소에서 실시할 것 보기 ②
(2) **담금질** 또는 **열처리작업**은 위험물이 위험한 온도에 이르지 아니하도록 하여 실시할 것 보기 ③
(3) 삭제 〈2009.3.17〉
(4) 버너를 사용하는 경우에는 버너의 역화를 방지하고 위험물이 넘치지 아니하도록 할 것 보기 ④

① 위험물 취급 중 **제조**에 관한 기준

답 ①

★
**99** 과염소산칼륨의 위험성에 관한 설명 중 틀린 것은?

19회 문 76
17회 문 76
16회 문 83
15회 문 86
13회 문 77
06회 문 98
05회 문 77

① 진한 황산과 접촉하면 폭발한다.
② 황이나 목탄 등과 혼합되면 폭발할 염려가 있다.
③ 상온에서는 비교적 안정하나 수산화나트륨 용액과 혼합되면 폭발한다.
④ 알루미늄이나 마그네슘과 혼합되면 폭발할 염려가 있다.

해설
③ 상온에서는 불안정하여 **이산화염소**로 분해된다.

답 ③

★★★
**100** 다른 건축물에 대한 안전거리를 두어야 하는 옥내저장소는?

18회 문 92
16회 문 92
15회 문 88
14회 문 88
13회 문 88
11회 문 66
10회 문 87
09회 문 92
07회 문 77
06회 문100
05회 문 79
04회 문 83

① 지정수량 20배 미만의 제4석유류를 저장하는 옥내저장소
② 지정수량 20배 미만의 동식물유류를 취급하는 옥내저장소
③ 제5류 위험물을 저장하는 옥내저장소
④ 제6류 위험물을 저장 또는 취급하는 옥내저장소

해설 **위험물규칙 [별표 5]**
**옥내저장소의 안전거리 규정 제외**
(1) **제6류 위험물**
(2) 지정수량 **20배** 미만의 **제4석유류**
(3) 지정수량 **20배** 미만의 **동식물유류**

답 ③

## 제 5 과목 소방시설의 구조 원리

★★★
**101** 옥외소화전의 노즐(구경 19mm)에서 방수압을 측정하였더니 0.25MPa이었다면 방수량은?

① 174.5L/min ② 194.5L/min
③ 372.7L/min ④ 392.7L/min

해설 **방수량**

$$Q = 0.653D^2\sqrt{10P}$$

여기서, $Q$ : 방수량〔L/min〕
$D$ : 구경〔mm〕
$P$ : 방수압〔MPa〕

방수량 $Q$는

$Q = 0.653D^2\sqrt{10P}$
$= 0.653 \times 19^2 \times \sqrt{10 \times 0.25} = 372.7\,\text{L/min}$

답 ③



★★★
## 102 스프링클러설비에서 교차배관의 분기되는 지점을 기점으로 한쪽 가지관에 설치하는 헤드의 개수는?

① 6개 이하 ② 8개 이하
③ 10개 이하 ④ 12개 이하

해설 한쪽 가지관에 설치하는 헤드의 개수 : **8개** 이하

답 ②

★
## 103 비상전원의 사용전압이 150V일 때 절연저항은 0.1MΩ 이상이어야 한다. 측정법이 옳지 않은 것은?

① 배선과 대지 사이
② 전용수전설비의 변압기 2차측과 외함 사이
③ 축전지설비의 외함과 대지 사이
④ 수신기 1차측과 대지 사이

해설 **절연저항**의 **측정법**

(1) 배선과 대지 사이 **보기 ①**
(2) 전용수전설비의 변압기 2차측과 외함 사이 **보기 ②**
(3) 수신기 1차측과 대지 사이 **보기 ④**

참고

**절연저항값과 판정기준**

| 전압구분 | 절연저항 |
|---|---|
| 대지전압이 150V 이하 | 0.1MΩ 이상 |
| 대지전압이 150V를 넘고 300V 이하 | 0.2MΩ 이상 |
| 사용전압이 300V를 넘고 400V 미만 | 0.3MΩ 이상 |
| 400V 이상 | 0.4MΩ 이상 |

답 ③

★
## 104 자동화재탐지설비의 전원이 상용전원으로부터 예비전원으로 전환되는 원인으로 틀린 것은?

① 정류기 2차측의 부하저항이 증대되었다.
② 전원퓨즈가 단절되었다.
③ 정류회로의 고장으로 직류전압이 생기지 않았다.
④ 변압기의 고장으로 2차측 전압이 생기지 않았다.

해설 ① 정류기 2차측의 부하저항이 증대되었다 하더라도 정류기가 손상되지 않는 한 상용전원에서 예비전원으로 전환되지 않는다.

답 ①

★★★
## 105 배관 내의 이물질 등으로 하향형의 스프링클러헤드가 막힐 우려가 있어 교차배관 상단에서 가지배관을 분기하여 헤드를 설치하는 스프링클러설비 방식은?

① 폐쇄형 습식 ② 폐쇄형 건식
③ 일제살수식 ④ 개방형 건식

해설 **폐쇄형 습식**(회향식, 상부분기 방식)
배관 내의 이물질 등으로 하향형의 스프링클러헤드가 막힐 우려가 있어 교차배관 상단에서 가지배관을 분기하여 헤드를 설치하는 방식

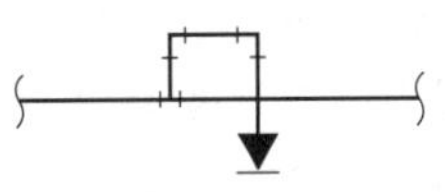

‖ 상부분기방식(회향식) ‖

답 ①

★
## 106 스프링클러헤드의 장비점검 사항으로 중요도가 낮은 것은?

① 헤드의 부식유무
② 헤드의 강도
③ 최고온도의 변화
④ 헤드의 감열 방해

해설 ② 헤드의 강도는 중요도가 낮다.

답 ②

★★★

**107** **옥내소화전설비에서 펌프의 성능시험 배관에 대한 설명으로 옳은 것은?**

① 펌프의 토출측에 설치된 개폐밸브 이후에서 분기할 것
② 배관의 구경은 정격토출압력의 50% 이하에서 정격토출량의 120% 이상을 토출할 수 있는 크기 이상으로 할 것
③ 펌프 정격토출량의 175% 이상 측정할 수 있는 유량측정장치를 설치할 것
④ 정격토출량이 분당 100L 이하인 펌프는 유량측정장치를 설치하지 않아도 좋다.

해설 **펌프**의 **성능시험배관**
(1) 펌프의 토출측에 설치된 **개폐밸브 이전**에서 분기할 것
(2) 배관의 구경은 정격토출량의 **150%**로 운전시 정격토출압력의 **65%** 이상이 되도록 할 것
(3) 펌프 정격토출량의 **175% 이상** 측정할 수 있는 **유**량**측**정장치를 설치할 것 **보기 ③**

기억법 **유측 175**

답 ③

★★

**108** 18회 문106 **스프링클러 소화설비용 펌프의 흡입측 압력이 0.25MPa이었고, 토출측 압력이 0.96MPa로 나타났다면 압축비를 1.4로 할 때 펌프의 단수는?**

① 4 ② 3
③ 2 ④ 1

해설 **압축비**

$$K = \sqrt[\varepsilon]{\frac{p_2}{p_1}}$$

여기서, $K$ : 압축비
$\varepsilon$ : 단수
$p_1$ : 흡입측 압력〔MPa〕
$p_2$ : 토출측 압력〔MPa〕

$$K = \sqrt[\varepsilon]{\frac{p_2}{p_1}}$$

$$1.4 = \sqrt[\varepsilon]{\frac{0.96\text{MPa}}{0.25\text{MPa}}}$$

$$\therefore \varepsilon = 4$$

답 ①

★★★

**109** **스프링클러설비를 설치한 하나의 층의 바닥면적이 7500m²일 때 유수검지장치를 몇 개 이상 설치하여야 하는가?**

① 1개
② 2개
③ 3개
④ 4개

해설 $\frac{7500\text{m}^2}{3000\text{m}^2} = 2.5 = $ **3개**(절상)

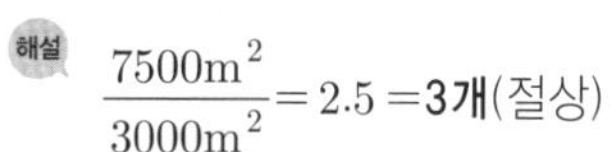

참고

**폐쇄형 설비의 방호구역 및 유수검지장치**(NFPC 103 제6조, NFTC 103 2.3)
(1) 하나의 방호구역의 바닥면적은 **3000m²**를 초과하지 않아야 한다.
(2) 하나의 방호구역에는 **1개** 이상의 **유수검지장치** 또는 **일제개방밸브**를 설치하여야 한다.

답 ③

★★★

**110** **자동화재탐지설비의 음향장치는 정격전압의 몇 % 전압에서 음향을 발할 수 있어야 하며, 음량은 음향장치의 중심으로부터 1m 위치에서 몇 dB 이상이어야 하는가?**

① 80%, 90dB ② 80%, 80dB
③ 90%, 80dB ④ 90%, 90dB

해설 자동화재탐지설비의 음향장치는 정격전압의 **80%** 전압에서 음향을 발할 수 있어야 하며(단, 건전지를 주전원으로 사용하는 경우 제외), 음량은 음향장치의 중심으로부터 **1m** 위치에서 **90dB** 이상이어야 한다. **보기 ①**

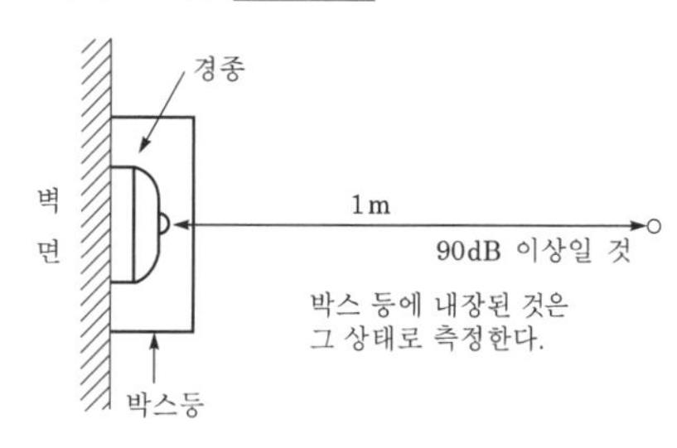


▮음향장치의 음량측정▮

답 ①

★★★
**111** 표시온도가 78~120℃인 퓨지블링크형 스프링클러헤드의 프레임 색상은?

15회 문104
06회 문112

① 흰색 ② 파란색
③ 빨간색 ④ 초록색

해설 **퓨지블링크형 · 유리벌브형**(스프링클러헤드의 형식승인 및 제품검사의 기술기준 제12조 6)

| 퓨지블링크형 | | 유리벌브형 | |
|---|---|---|---|
| 표시온도[℃] | 색 | 표시온도[℃] | 색 |
| 77℃ 미만 | 표시 없음 | 57℃ | 오렌지 |
| 78~120℃ | 흰색 보기 ① | 68℃ | 빨강 |
| 121~162℃ | 파랑 | 79℃ | 노랑 |
| 163~203℃ | 빨강 | 93℃ | 초록 |
| 204~259℃ | 초록 | 141℃ | 파랑 |
| 260~319℃ | 오렌지 | 182℃ | 연한 자주 |
| 320℃ 이상 | 검정 | 227℃ 이상 | 검정 |

답 ①

★★★
**112** 지하 1층, 지상 5층 건물의 각 층에 옥내소화전이 3개씩 설치되어 있다. 이 건물이 필요로 하는 수원의 최소용량은?

① $13.0\text{m}^3$ ② $5.2\text{m}^3$
③ $17.3\text{m}^3$ ④ $10.4\text{m}^3$

해설

$$Q \geq 2.6N$$

여기서, $Q$ : 수원의 저수량[$\text{m}^3$]
$N$ : 가장 많은 층의 소화전 개수(최대 2개)

**수원의 저수량** $Q$는

$Q = 2.6N = 2.6 \times 2 = 5.2\text{m}^3$

답 ②

★
**113** 소화펌프가 송수불능일 때 그 원인이 아닌 것은?

① 스트레이너(Strainer)가 막혀 있다.
② 축수부의 패킹을 과하게 조였다.
③ 토출압력이 불충분하다.
④ NPSH가 부족하다.

해설 ② 축수부의 패킹을 과하게 조였다고 하여 송수불량이 일어나지는 않는다.

참고
**NPSH**(Net Positive Suction Head)
흡입양정

답 ②

★
**114** 다음은 감지기 설치에 관한 설명이다. 차동식 분포형의 경우 공기관을 벽체 등에 관통시킬 때의 조치로서 적합한 것은?

① 공기관을 부드러운 비닐관으로 보호한다.
② 공기관을 나체로 통과시켜도 된다.
③ 관통부분에 부싱 등을 끼우고 그 속에 공기관을 통과시킨다.
④ 2개의 공기관을 병렬로 통과시킨다.

해설 공기관을 벽체 등에 관통시킬 때는 공기관의 **찌그러짐**을 **방지**하기 위하여 관통부분에 부싱 등을 끼우고 그 속에 공기관을 통과시킨다.

답 ③

★★
**115** 방호체적 $500\text{m}^3$인 전산기기실에 이산화탄소 소화설비를 전역방출방식으로 설치하고자 한다. 이곳에 필요한 이산화탄소 소화약제의 양(kg)은?

19회 문118
19회 문122
16회 문107
15회 문112
13회 문109
10회 문 28
10회 문118
05회 문104
04회 문117

① 1120 ② 520
③ 680 ④ 650

해설 **심부화재**의 **약제량**(NFPC 106 제5조, NFTC 106 2.2.1.2)

| 방호대상물 | 약제량 |
|---|---|
| 전기설비(전산기기실) | $1.3\text{kg/m}^3$ |
| 전기설비($55\text{m}^3$ 미만) | $1.6\text{kg/m}^3$ |
| 서고, 박물관, 목재가공품창고, 전자제품창고 | $2.0\text{kg/m}^3$ |
| 석탄창고, 면화류창고, 고무류, 모피창고, 집진설비 | $2.7\text{kg/m}^3$ |

기억법 서박목전(선박이 목전에 있다)
석면고모집(석면은 고모집에 있다)

$CO_2$ 저장량=방호구역체적[$\text{m}^3$]×약제량[$\text{kg/m}^3$]+개구부면적[$\text{m}^2$]×개구부가산량($10\text{kg/m}^2$)
$=500\text{m}^3 \times 1.3\text{kg/m}^3 = 650\text{kg}$

※ 개구부에 대한 언급이 없으므로 **개구부면적** 및 **개구부가산량**은 고려하지 않는다.

답 ④

★

**116** **소화펌프의 토출구에 설치한 압력계의 바늘이 심한 진동을 일으킬 때 이를 방지할 수 있는 방법이 아닌 것은?**

17회 문 33
10회 문 26
09회 문 30
02회 문 48

① 펌프에서 발생되는 진동원인을 제거한다.
② 압력계를 배관에 부착할 때 동 배관을 코일처럼 감은 뒤 연결한다.
③ 플렉시블 호스를 이용하여 압력계를 연결한다.
④ 압력계를 주배관에 직결한다.

해설 ④는 해당되지 않는다.

참고

**맥동현상(Surging)**
유량이 단속적으로 변하여 펌프 입출구에 설치된 진공계·압력계가 흔들리고 진동과 소음이 일어나며 펌프의 토출유량이 변하는 현상이다.

답 ④

★★★

**117** **플루팅루프탱크의 측면과 원형 파이프 사이의 환상부분에 포를 방출하는 연쇄 발포기의 명칭은?**

① Ⅰ형 포방출구
② 표면하주입식 포방출구
③ Ⅱ형 포방출구
④ 특형 포방출구

해설 **포방출구**(위험물안전관리에 관한 세부기준 제133조)

| 탱크의 구조 | 포방출구 |
|---|---|
| 고정지붕구조(콘루프탱크) | • Ⅰ형 방출구<br>• Ⅱ형 방출구<br>• Ⅲ형 방출구(표면하주입식 방출구)<br>• Ⅳ형 방출구(반표면하주입식 방출구) |
| 부상덮개부착 고정지붕구조 | • Ⅱ형 방출구 |
| 부상지붕구조(플루팅루프탱크) | • 특형 방출구 **보기 ④** |

기억법 **특플(터프가이)**

답 ④

★

**118** **다음 중 P형 수신기의 기능이 아닌 것은?**

① 회로도통시험 ② 다중통신방식
③ 발신기 응답 ④ 전화회로

해설 **P형 수신기의 기능**
(1) 회로도통시험 **보기 ①**
(2) 1:1 통신방식
(3) 발신기 응답 **보기 ③**
(4) 전화회로 **보기 ④**

② R형 수신기의 기능

답 ②

02회

★

**119** **제연설비에 있어서 송풍기의 설치가 정상적으로 이루어졌는데도 임펠러에 진동이 심하게 발생한다면 어떻게 하는 것이 가장 합리적인가?**

① 송풍기 임펠러의 다이내믹 밸런스를 점검한다.
② 임펠러 회전수를 충분히 높여준다.
③ 송풍기 흡입구 단면적을 크게 하여 흡입손실을 최대한 줄여준다.
④ 여유있는 부하를 위해 전동기 용량을 증가시켜 본다.

해설 **임펠러**(Impeller)에 **진동**이 심한 경우 송풍기 임펠러의 **다이내믹 밸런스**(Dynamic balance)를 점검한다.

답 ①

★

**120** **소화설비의 송수펌프에 진동이 심하게 발생될 때 그 원인이 아닌 것은?**

① 모터와 펌프의 축결합상태 불량
② 임펠러의 마모가 심하여
③ 펌프의 기초가 부실하여
④ 캐비테이션의 발생

해설 **펌프**에 **진동**이 발생하는 원인
(1) 모터와 펌프의 축결합상태 불량 **보기 ①**
(2) 펌프의 기초부실 **보기 ③**
(3) 공동현상(Cavitation) 발생 **보기 ④**

답 ②

★★★
## 121 정온식 감지기의 공칭작동온도의 범위는?

① 70~160℃ ② 70~150℃
③ 60~120℃ ④ 60~150℃

해설 **정온식 감지기**

| 구 분 | 범 위 |
|---|---|
| 공칭작동온도 | 60~150℃ 보기 ④ |
| 60~80℃ | 5℃ 눈금 |
| 80℃ 초과 | 10℃ 눈금 |

답 ④

★★
## 122 공기관식 차동식 분포형 감지기의 완공검사를 하고자 한다. 아직 전원이 공급되지 않았고 측정기는 시계, 테스터, 마노미터, 테스터 펌프이다. 다음 중 시험할 수 없는 것은?

① 접점수고시험
② 작동시간, 계속시험을 측정
③ 수신기의 화재작동시험
④ 공기관의 유통시험

해설 ③ 수신기의 화재작동시험은 전원이 공급되어야 가능하다.

답 ③

★
## 123 지하수조에서 옥내소화전용 펌프의 풋밸브 위에 일반 급수펌프의 풋밸브가 설치되어 있을 때 소화에 필요한 유효수량($m^3$)은?

① 지하수조의 바닥면과 일반 급수용 펌프의 풋밸브 사이의 수량
② 일반 급수펌프의 풋밸브와 옥내소화전용 펌프의 풋밸브 사이의 수량
③ 옥내소화전용 펌프의 풋밸브와 지하수조 상단 사이의 수량
④ 지하수조에 바닥면과 상단 사이의 전체 수량

해설 **유효수량** 보기 ②
일반 급수펌프의 풋밸브(Foot valve)와 옥내소화전용 펌프의 풋밸브 사이의 수량

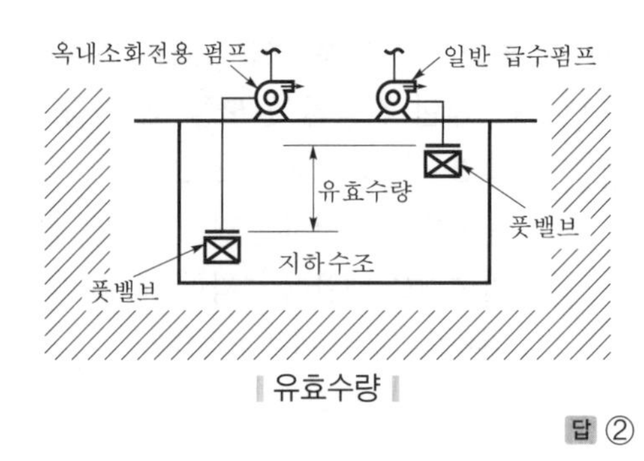


| 유효수량 |

답 ②

★★★
## 124 자동화재탐지설비의 감지기 부착높이가 15m 이상인 경우에 부착할 수 없는 감지기는?

19회 문119
17회 문120
14회 문112
08회 문111
07회 문125
06회 문123
03회 문115

① 차동식 분포형
② 이온화식 1종
③ 광전식 1종
④ 연기복합형

해설 **감지기**의 **부착높이**

| 부착높이 | 감지기의 종류 |
|---|---|
| **4**m **미**만 | • 차동식(스포트형, 분포형) ┐ **열**감지기<br>• 보상식 스포트형 ┘<br>• 정온식(스포트형, 감지선형)<br>• 이온화식 또는 광전식(스포트형, 분리형, 공기흡입형) : **연**기감지기<br>• 열복합형 ┐<br>• 연기복합형 ├ **복**합형 감지기<br>• 열연기복합형 ┘<br>• **불**꽃감지기<br>기억법 **열연불복 4미** |
| 4~**8**m **미**만 | • 차동식(스포트형, 분포형) ┐<br>• 보상식 스포트형 ├ **열**감지기<br>• **정**온식(스포트형, 감지선형) **특**종 또는 **1**종 ┘<br>• **이**온화식 **1**종 또는 **2**종<br>• **광**전식(스포트형, 분리형, 공기흡입형) 1종 또는 2종 ┘ 연기감지기<br>• 열복합형 ┐<br>• 연기복합형 ├ **복**합형 감지기<br>• 열연기복합형 ┘<br>• **불**꽃감지기<br>기억법 **8미열 정특1 이광12 복불** |

| 부착 높이 | 감지기의 종류 |
|---|---|
| 8~15m 미만 | • 차동식 분포형 보기 ①<br>• 이온화식 1종 또는 2종<br>• 광전식(스포트형, 분리형, 공기흡입형) 1종 또는 2종<br>• 연기복합형<br>• 불꽃감지기<br>기억법 15분 이광12 연복불 |
| 15~20m 미만 | • 이온화식 1종<br>• 광전식(스포트형, 분리형, 공기흡입형) 1종<br>• 연기복합형<br>• 불꽃감지기<br>기억법 이광불연복2 |
| 20m 이상 | • 불꽃감지기<br>• 광전식(분리형, 공기흡입형) 중 아날로그방식<br>기억법 불광아 |

답 ①

**125 발신기를 눌렀으나 작동하지 않았다. 그 원인이 될 수 없는 것은?**

① 발신기의 접점 불량
② 수신기 내부 계전기의 불량
③ 응답램프의 불량
④ 배선의 단선

해설 **발신기**를 눌렀을 때 **작동**하지 않는 **경우의 원인**
(1) 발신기의 접점 불량 보기 ①
(2) 수신기 내부 계전기의 불량 보기 ②
(3) 배선의 단선 보기 ④

답 ③

## 친밀한 사귐을 위한 10가지 충고

1. 만나면 무슨 일이든 명랑하게 먼저 말을 건네라.
2. 그리고 웃어라.
3. 그 상대방의 이름을 어떤 식으로든지 불러라.
   (사람에게 가장 아름다운 음악은 자기의 이름이다.)
4. 그에게 친절을 베풀라.
5. 당신이 하고 있는 일이 재미있는 것처럼 말하고 행동하라.
   (성실한 삶을 살고 있음을 보여라)
6. 상대방에게 진정한 관심을 가지라.
   (싫어할 사람이 없다.)
7. 상대방만이 갖고 있는 장점을 칭찬하는 사람이 되라.
8. 상대방의 감정을 늘 생각하는 사람이 되라.
9. 내가 할 수 있는 서비스를 늘 신속히 하라.
10. 이 모든 것에 유머와 겸손을 더하라.

•김형모의 「마음의 고통을 돕기 위한 10가지 충고」 중에서

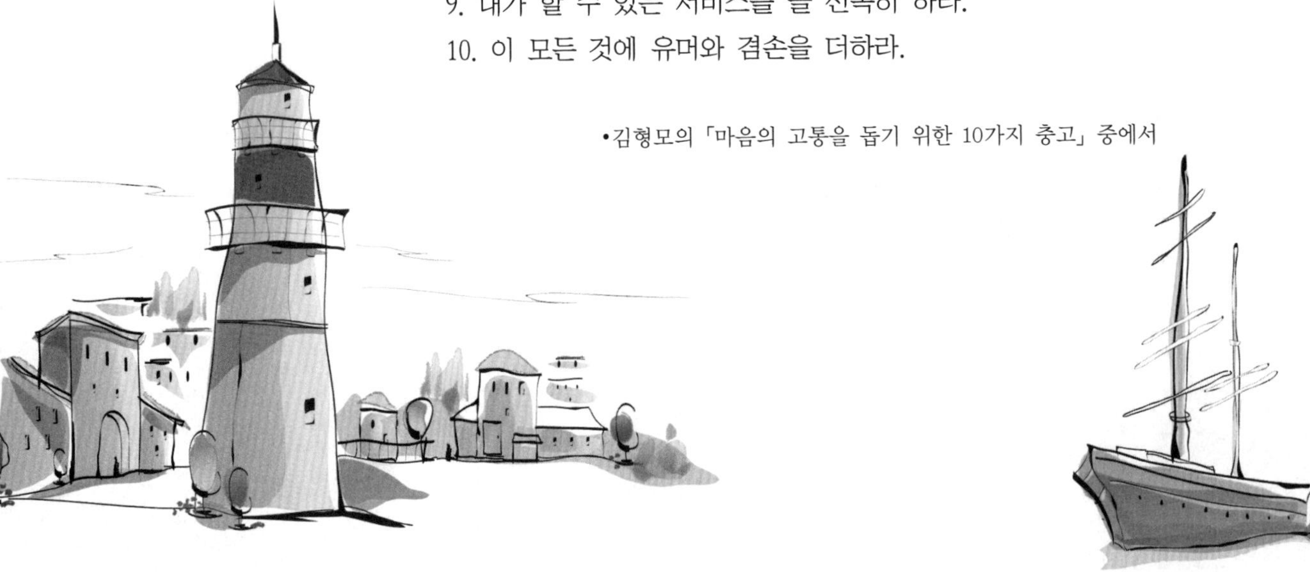

| 성 명 (필적감정용) |
|---|
| |

| 교시 기재란 | | | |
|---|---|---|---|
| ( )교시 | ① | ② | ③ |

| 문제지 형별 기재란 | | |
|---|---|---|
| ( )형 | Ⓐ | Ⓑ |

| 선 택 과 목 1 |
|---|
| |

| 선 택 과 목 2 |
|---|
| |

| 수 험 번 호 | | | | | | | |
|---|---|---|---|---|---|---|---|
| | | | | | | | |
| ⓪ | ⓪ | ⓪ | ⓪ | ⓪ | ⓪ | ⓪ | ⓪ |
| ① | ① | ① | ① | ① | ① | ① | ① |
| ② | ② | ② | ② | ② | ② | ② | ② |
| ③ | ③ | ③ | ③ | ③ | ③ | ③ | ③ |
| ④ | ④ | ④ | ④ | ④ | ④ | ④ | ④ |
| ⑤ | ⑤ | ⑤ | ⑤ | ⑤ | ⑤ | ⑤ | ⑤ |
| ⑥ | ⑥ | ⑥ | ⑥ | ⑥ | ⑥ | ⑥ | ⑥ |
| ⑦ | ⑦ | ⑦ | ⑦ | ⑦ | ⑦ | ⑦ | ⑦ |
| ⑧ | ⑧ | ⑧ | ⑧ | ⑧ | ⑧ | ⑧ | ⑧ |
| ⑨ | ⑨ | ⑨ | ⑨ | ⑨ | ⑨ | ⑨ | ⑨ |

| 감독위원 확인 |
|---|
| ㊞ |

# (　　　)년도 (　　　　　　　) 제(　　)차 국가전문자격시험 답안카드

| No. | | No. | | No. | | No. | | No. | | No. | | No. | |
|---|---|---|---|---|---|---|---|---|---|---|---|---|---|
| 1 | ① ② ③ ④ | 21 | ① ② ③ ④ | 41 | ① ② ③ ④ | 61 | ① ② ③ ④ | 81 | ① ② ③ ④ | 101 | ① ② ③ ④ | 121 | ① ② ③ ④ |
| 2 | ① ② ③ ④ | 22 | ① ② ③ ④ | 42 | ① ② ③ ④ | 62 | ① ② ③ ④ | 82 | ① ② ③ ④ | 102 | ① ② ③ ④ | 122 | ① ② ③ ④ |
| 3 | ① ② ③ ④ | 23 | ① ② ③ ④ | 43 | ① ② ③ ④ | 63 | ① ② ③ ④ | 83 | ① ② ③ ④ | 103 | ① ② ③ ④ | 123 | ① ② ③ ④ |
| 4 | ① ② ③ ④ | 24 | ① ② ③ ④ | 44 | ① ② ③ ④ | 64 | ① ② ③ ④ | 84 | ① ② ③ ④ | 104 | ① ② ③ ④ | 124 | ① ② ③ ④ |
| 5 | ① ② ③ ④ | 25 | ① ② ③ ④ | 45 | ① ② ③ ④ | 65 | ① ② ③ ④ | 85 | ① ② ③ ④ | 105 | ① ② ③ ④ | 125 | ① ② ③ ④ |
| 6 | ① ② ③ ④ | 26 | ① ② ③ ④ | 46 | ① ② ③ ④ | 66 | ① ② ③ ④ | 86 | ① ② ③ ④ | 106 | ① ② ③ ④ | | |
| 7 | ① ② ③ ④ | 27 | ① ② ③ ④ | 47 | ① ② ③ ④ | 67 | ① ② ③ ④ | 87 | ① ② ③ ④ | 107 | ① ② ③ ④ | | |
| 8 | ① ② ③ ④ | 28 | ① ② ③ ④ | 48 | ① ② ③ ④ | 68 | ① ② ③ ④ | 88 | ① ② ③ ④ | 108 | ① ② ③ ④ | | |
| 9 | ① ② ③ ④ | 29 | ① ② ③ ④ | 49 | ① ② ③ ④ | 69 | ① ② ③ ④ | 89 | ① ② ③ ④ | 109 | ① ② ③ ④ | | |
| 10 | ① ② ③ ④ | 30 | ① ② ③ ④ | 50 | ① ② ③ ④ | 70 | ① ② ③ ④ | 90 | ① ② ③ ④ | 110 | ① ② ③ ④ | | |
| 11 | ① ② ③ ④ | 31 | ① ② ③ ④ | 51 | ① ② ③ ④ | 71 | ① ② ③ ④ | 91 | ① ② ③ ④ | 111 | ① ② ③ ④ | | 수험자 여러분의 합격을 기원합니다. |
| 12 | ① ② ③ ④ | 32 | ① ② ③ ④ | 52 | ① ② ③ ④ | 72 | ① ② ③ ④ | 92 | ① ② ③ ④ | 112 | ① ② ③ ④ | | |
| 13 | ① ② ③ ④ | 33 | ① ② ③ ④ | 53 | ① ② ③ ④ | 73 | ① ② ③ ④ | 93 | ① ② ③ ④ | 113 | ① ② ③ ④ | | |
| 14 | ① ② ③ ④ | 34 | ① ② ③ ④ | 54 | ① ② ③ ④ | 74 | ① ② ③ ④ | 94 | ① ② ③ ④ | 114 | ① ② ③ ④ | | |
| 15 | ① ② ③ ④ | 35 | ① ② ③ ④ | 55 | ① ② ③ ④ | 75 | ① ② ③ ④ | 95 | ① ② ③ ④ | 115 | ① ② ③ ④ | | |
| 16 | ① ② ③ ④ | 36 | ① ② ③ ④ | 56 | ① ② ③ ④ | 76 | ① ② ③ ④ | 96 | ① ② ③ ④ | 116 | ① ② ③ ④ | | |
| 17 | ① ② ③ ④ | 37 | ① ② ③ ④ | 57 | ① ② ③ ④ | 77 | ① ② ③ ④ | 97 | ① ② ③ ④ | 117 | ① ② ③ ④ | | |
| 18 | ① ② ③ ④ | 38 | ① ② ③ ④ | 58 | ① ② ③ ④ | 78 | ① ② ③ ④ | 98 | ① ② ③ ④ | 118 | ① ② ③ ④ | | |
| 19 | ① ② ③ ④ | 39 | ① ② ③ ④ | 59 | ① ② ③ ④ | 79 | ① ② ③ ④ | 99 | ① ② ③ ④ | 119 | ① ② ③ ④ | | |
| 20 | ① ② ③ ④ | 40 | ① ② ③ ④ | 60 | ① ② ③ ④ | 80 | ① ② ③ ④ | 100 | ① ② ③ ④ | 120 | ① ② ③ ④ | | |

**마킹주의**

바르게 마킹 : ●
잘 못 마킹 : ⊗, ⊙, ⓥ, ◎, ⓘ, ⊖, ◶, ◍

—— ( 예 시 ) ——→

| 성 명 |
| --- |
| 홍 길 동 |

| 교시 기재란 | | | |
| --- | --- | --- | --- |
| ( 1 )교시 | ● | ② | ③ |
| 문제지 형별 기재란 | | | |
| ( A )형 | ● | Ⓑ | |
| 선 택 과 목 1 | | | |
| | | | |
| 선 택 과 목 2 | | | |
| | | | |

| 수 | 험 | 번 | 호 | | | | |
| --- | --- | --- | --- | --- | --- | --- | --- |
| 0 | 1 | 3 | 2 | 9 | 8 | 0 | 1 |
| ● | ⓪ | ⓪ | ⓪ | ⓪ | ⓪ | ● | ⓪ |
| ① | ● | ① | ① | ① | ① | ① | ● |
| ② | ② | ② | ● | ② | ② | ② | ② |
| ③ | ③ | ● | ③ | ③ | ③ | ③ | ③ |
| ④ | ④ | ④ | ④ | ④ | ④ | ④ | ④ |
| ⑤ | ⑤ | ⑤ | ⑤ | ⑤ | ⑤ | ⑤ | ⑤ |
| ⑥ | ⑥ | ⑥ | ⑥ | ⑥ | ⑥ | ⑥ | ⑥ |
| ⑦ | ⑦ | ⑦ | ⑦ | ⑦ | ⑦ | ⑦ | ⑦ |
| ⑧ | ⑧ | ⑧ | ⑧ | ⑧ | ● | ⑧ | ⑧ |
| ⑨ | ⑨ | ⑨ | ⑨ | ● | ⑨ | ⑨ | ⑨ |

| 감독위원 확인 |
| --- |
| 김 갑 ㊞ 독 |

## 수험자 유의사항

1. 시험 중에는 통신기기(휴대전화・소형 무전기 등) 및 전자기기(초소형 카메라 등)를 소지하거나 사용할 수 없습니다.
2. 부정행위 예방을 위해 시험문제지에도 수험번호와 성명을 반드시 기재하시기 바랍니다.
3. **시험시간이 종료되면 즉시 답안작성을 멈춰야** 하며, 종료시간 이후 계속 답안을 작성하거나 감독위원의 답안카드 제출지시에 불응할 때에는 당해 시험이 무효처리 됩니다.
4. 기타 감독위원의 정당한 지시에 불응하여 타 수험자의 시험에 방해가 될 경우 퇴실조치 될 수 있습니다.

## 답안카드 작성 시 유의사항

1. 답안카드 기재・마킹 시에는 **반드시 검정색 사인펜을 사용**해야 합니다.
2. 답안카드를 잘못 작성했을 시에는 카드를 교체하거나 수정테이프를 사용하여 수정할 수 있습니다.
   그러나 불완전한 수정처리로 인해 발생하는 전산자동판독불가 등 불이익은 수험자의 귀책사유입니다.
   – 수정테이프 이외의 수정액, 스티커 등은 사용 불가
   – 답안카드 왼쪽(성명・수험번호 등)을 제외한 '답안란'만 수정테이프로 수정 가능
3. 성명란은 수험자 본인의 성명을 정자체로 기재합니다.
4. 교시 기재란은 해당교시를 기재하고 해당 란에 마킹합니다.
5. 시험문제지 형별기재란은 시험문제지 형별을 기재하고, 우측 형별마킹난은 해당 형별을 마킹합니다.
6. 수험번호란은 숫자로 기재하고 아래 해당번호에 마킹합니다.
7. 시험문제지 형별 및 수험번호 등 마킹착오로 인한 불이익은 전적으로 수험자의 귀책사유입니다.
8. 감독위원의 날인이 없는 답안카드는 무효처리 됩니다.
9. 상단과 우측의 검은색 띠( ▮▮▮ ) 부분은 낙서를 금지합니다.
10. 답안카드의 채점은 전산 판독결과에 따르며, 문제지 형별 및 답안 란의 마킹누락, 마킹착오, 불완전한 마킹 등은 수험자의 귀책사유에 해당하므로 이의제기를 하더라도 받아들여지지 않습니다.

## 부정행위 처리규정

시험 중 다음과 같은 행위를 하는 자는 당해 시험을 무효처리하고 자격별 관련 규정에 따라 일정기간 동안 시험에 응시할 수 있는 자격을 정지합니다.

1. 시험과 관련된 대화, 답안카드 교환, 다른 수험자의 답안・문제지를 보고 답안 작성, 대리시험을 치르거나 치르게 하는 행위, 시험문제 내용과 관련된 물건을 휴대하거나 이를 주고받는 행위
2. 시험장 내외로부터 도움을 받아 답안을 작성하는 행위, 공인어학성적 및 응시자격서류를 허위기재하여 제출하는 행위
3. 통신기기(휴대전화・소형 무전기 등) 및 전자기기(초소형 카메라 등)를 휴대하거나 사용하는 행위
4. 다른 수험자와 성명 및 수험번호를 바꾸어 작성・제출하는 행위
5. 기타 부정 또는 불공정한 방법으로 시험을 치르는 행위